“十二五”国家重点图书

铅锌冶炼生产技术手册

主　编　王吉坤
副主编　冯桂林

北　京
冶　金　工　业　出　版　社
2012

内 容 简 介

全书将过程理论与生产实践结合起来，突出“实用性和对比性”，包括基本理论、不同的工艺流程及其特色、主要设备维护与操作、资源循环和节能、安全环保等铅锌生产过程中的实用技术和数据图表，反映了铅锌冶炼方面的最新工艺、技术和发展方向，充分展示了我国在该领域的科研与生产技术水平的发展现状。

全书共分8篇，第1篇概论、第2篇铅锌矿的采矿与选矿、第3篇铅锌硫化精矿的脱硫焙烧与烧结焙烧、第4篇锌冶炼工艺技术、第5篇铅冶炼工艺技术、第6篇铅锌矿伴生资源的综合利用、第7篇铅锌二次资源的提取和产品延伸、第8篇铅锌冶金生产过程的环境治理与保护，此外，附录中列出了铅锌及主要伴生元素的热力学性质。

本书适合铅锌生产领域的生产、管理人员，冶金研究院所的科研人员，高校师生参考阅读。

图书在版编目(CIP)数据

铅锌冶炼生产技术手册/王吉坤主编. —北京：冶金工业出版社，2012.1

“十二五”国家重点图书

ISBN 978-7-5024-5586-6

Ⅰ.①铅… Ⅱ.①王… Ⅲ.①炼铅—技术手册 ②炼锌—技术手册 Ⅳ.①TF81－62

中国版本图书馆CIP数据核字(2011)第231171号

出 版 人 曹胜利
地 址 北京北河沿大街嵩祝院北巷39号，邮编100009
电 话 (010)64027926 电子信箱 yjcbs@cnmip.com.cn
责任编辑 杨盈园 美术编辑 李 新 版式设计 孙跃红
责任校对 王永欣 责任印制 牛晓波
ISBN 978-7-5024-5586-6
北京兴华印刷厂印刷；冶金工业出版社出版发行；各地新华书店经销
2012年1月第1版，2012年1月第1次印刷
787mm×1092mm 1/16；76.25印张；1848千字；1197页
280.00元

冶金工业出版社投稿电话:(010)64027932 投稿信箱:tougao@cnmip.com.cn
冶金工业出版社发行部 电话:(010)64044283 传真:(010)64027893
冶金书店 地址:北京东四西大街46号(100010) 电话:(010)65289081(兼传真)
(本书如有印装质量问题，本社发行部负责退换)

《铅锌冶炼生产技术手册》
编辑委员会

《铅锌冶炼生产技术手册》
编审委员会

主　　编：王吉坤

副 主 编：冯桂林

编写人员：（按姓名汉语拼音字母顺序排列）

包崇军　蔡　文　柴立元　陈军辉　陈为亮
窦传龙　冯桂林　符　岩　高富娥　郭天立
何藹平　贾著红　蒋荣生　李斌川　李德磊
李　贵　李国伟　李　衡　罗虎成　罗永光
闵小波　彭　兵　王吉坤　王积瑶　王新文
王远文　王云燕　未立清　肖　康　许冬云
严小陵　杨大锦　杨　明　杨士跃　翟秀静
张敬奇　张文红　赵国权　周廷熙　朱　威
朱祖泽

审稿人员：（按姓名汉语拼音字母顺序排列）

陈孝华　冯桂林　郭森魁　何藹平　唐　荣
王吉坤　朱祖泽

《铅锌冶炼生产技术手册》
参编单位

牵头单位： 云南冶金集团股份有限公司

参编单位：（按汉语拼音字母顺序排列）

北京有色金属研究总院

白银有色集团股份有限公司西北铅锌冶炼厂

东北大学材料与冶金学院

河南豫光金铅集团有限责任公司

昆明理工大学冶金与热能工程学院

西部矿业股份有限公司铅业分公司

中国恩菲工程技术有限公司

中国有色金属学会

中金岭南有色金属股份有限公司韶关冶炼厂

中南大学冶金科学与工程学院

中冶葫芦岛有色金属集团有限公司

株洲冶炼集团股份有限公司

前言

****

20世纪90年代以来，我国铅锌冶炼技术迅速发展，自主创新和技术引进相结合，使我国已成为世界铅、锌的生产大国。2005年，为了系统总结铅锌冶金领域所取得的丰硕成就，更好地推广前沿成果，促进有关生产技术水平的提高，为我国有色工业的持续健康发展提供有益借鉴，冶金工业出版社在广泛征求有关专家和行业人员的意见后，计划出版《铅锌冶炼生产技术手册》。

冶金工业出版社委托云南冶金集团股份有限公司作为牵头组织单位，邀请国内铅锌冶炼的骨干企业、大专院校和科研单位的专家和工程技术人员共同参与编写《铅锌冶炼生产技术手册》（以下简称《手册》）。《手册》以铅锌生产第一线的工程技术人员为主要读者对象，将过程理论与生产实践结合起来，突出“实用性和对比性”，内容包括基本理论、不同的工艺流程及其特色、主要设备维护与操作、资源循环和节能、安全环保等铅锌生产过程中的实用技术和数据图表，反映了铅锌冶炼方面的最新工艺、技术和发展方向，充分展示了我国在该领域的科研与生产技术水平的发展现状。

在参编单位大力支持下，通过全体参编人员的共同努力，《手册》的编写历时近5年。对于《手册》的编写，需要说明以下几点：

（1）本《手册》是“工具书”的创新形式，主要从“技术”的层面上对铅锌冶炼生产过程进行论述。编者根据指导生产过程的原则，收集、归纳整理了必要的资料、数据，但不求包罗万象；对过程化学原理和物理作用进行简略介绍，但不作深入的理论分析；用较多的篇幅介绍了生产过程的实践。希望能为一线工程技术人员指导生产实践提供借鉴和参考。

（2）由于各篇章分别由各参编单位独立撰写，部分内容不可避免有所重复。但为反映有关企业和工艺过程的特点，同时考虑方便读者在查阅相关内容时保持系统性和完整性，除有十分必要，不作大的删改。《手册》所列部分涉及资源储量、产能、产量的统计数据不完全一致，是由于编写者采用资料的来源及统计口径不尽相同所致。

(3)《手册》作为生产一线工程技术人员的工具书，为方便使用，书中的温度单位除涉及热力学的数据采用“开”式温标（K）外，其余全部采用摄氏温度（℃）。

(4) 为尊重参编撰写者的著作权以及“文责自负”的原则，《手册》在每位参编者负责撰写部分的末尾都特别标出了以上段落撰写者的姓名。

(5)《手册》编写的宗旨是总结我国铅锌冶金工艺技术发展的现状，以满足生产第一线工程技术人员工作需要。为此，编者力图在其中反映我国相关领域技术发展的最新成果。但是，我国铅锌冶金技术的发展日新月异，就在《手册》编写过程中，一系列引进或自主开发的铅锌冶金先进工艺技术相继投产或建设，其中株洲冶炼集团股份有限公司引进芬兰奥托昆普公司的100kt/a硫化锌精矿常压富氧直接浸出工艺、深圳市中金岭南有色金属股份有限公司丹霞冶炼厂引进加拿大Dynatec公司100kt/a电锌氧压酸浸工艺、云南锡业集团（控股）有限责任公司引进澳大利亚奥图泰奥斯麦特公司的100kt/a奥斯麦特炼铅工艺等相继建成投产；中国恩菲工程技术有限公司与济源金利冶炼有限责任公司联合研发的“熔融铅氧化渣侧吹还原技术”及河南豫光金铅集团有限责任公司研究开发的“液态高铅渣直接还原技术”应用于工业生产；北京矿冶研究总院与灵宝市华宝产业有限责任公司合作研究开发的铅富氧闪速熔炼（HUAS闪速炼铅法）试生产获得成功，等等。这些先进工艺技术的相关内容均未能进入《手册》，不能不算是一个“遗憾”。

《手册》作为一种工具书，编写者辑录了大量资料。在此，谨代表参与《手册》编写的编撰者对所采用资料的原作者致以诚挚的谢意。在《手册》编写过程中，始终得到了云南冶金集团股份有限公司等所有参编单位的大力支持和帮助，编委会的各位专家学者对《手册》的谋篇布局、大纲审定、落实编写人员等方面都给予了极为重要的指导和帮助，中国有色金属学会重冶金学术委员会尉克俭、陈莉也提供了许多非常宝贵的建议，对此一并表示诚挚的谢意。

承蒙中国工程院邱定蕃院士和戴永年资深院士推荐，《手册》被选列为“十二五”国家重点图书，特代表全体编写者向两位院士致以衷心谢意。

受编写组人员的水平所限，不当之处在所难免，尚祈广大读者、专家不吝赐教，给予指正。

编 者

2010年12月于昆明

目录

****

第1篇 概 论

第2篇 铅锌矿的采矿与选矿

第3篇　铅锌硫化精矿的脱硫焙烧与烧结焙烧

第4篇 锌冶炼工艺技术

第5篇 铅冶炼工艺技术

第6篇　铅锌矿伴生资源的综合利用

第7篇 铅锌二次资源的提取和产品延伸

第8篇 铅锌冶金生产过程的环境治理与保护

附录　铅锌及主要伴生元素的热力学性质

第1篇

概　　论

引　　言

铅、锌是人类现代文明进程中具有重要作用的基础原材料，在有色金属全球消费量中仅次于铜和铝。

铅是人类史前使用的六种金属之一。由于可从自然界中直接获得和从矿石中提取金属的过程很容易实现，具有非常良好的可加工性能，所以在公元前70～50世纪，史前人类已先后发现了金、银和铅。铅在公元前30世纪就已应用于人类日常生活。公元前16～14世纪，铅已成为常见金属。中国出土的古代铅块，最早年代可追溯到距今3500～4000年前。洛阳出土的西周铅戈，含铅高达99.75%，可作为中国古代具有较高铅冶炼技术的佐证。

铅的冶炼几乎全部采用火法，湿法炼铅至今仍处于试验阶段。长期以来，火法炼铅普遍采用烧结焙烧-鼓风炉还原熔炼流程。至20世纪90年代，该工艺的铅产量占世界总产量的85%以上，其余部分主要是密闭鼓风炉工艺（约占10%）和少量采用直接炼铅工艺。90年代以来，直接炼铅工艺迅速发展，多种先进的直接炼铅技术实现工业应用，正在取代传统的烧结焙烧工艺，以达到简化流程、改善环境的目的。

19世纪中叶，铅的一系列特性为人们发现，铅能抵抗酸、碱、潮湿大气等的腐蚀，铅具有很大的密度并能吸收放射性射线，能与多种金属组成合金，特别是铅酸蓄电池的发明，使炼铅工业获得了重大发展。

时至今日，尽管铅的毒性和对环境的影响已为人们充分认识，将其从某些应用领域中排除。然而，铅在其他很多领域中的应用，在相当长的一段时间内仍将拥有很大的市场比重。

现代铅酸蓄电池由于良好的免维护性及比能量的提高，使其原本具有的电压高、电能效率高、无记忆效应的可循环再生性能、经济性（电池价格低和电源使用成本低）和废弃电池再生的资源化程度高等优异性能得以更好的发挥，保证了巨型铅酸蓄电池组作为风力电站、太阳能电站等现代清洁能源不可替代的储能装置以及电网调峰储能装置和不间断电源（UPS）。尽管铅酸蓄电池的单位重量电容量（比能量）目前尚不能满足作为电动汽车动力电池的要求，但其使用环境温度的适应性及能经受高倍率放电的特性使其成为优良的内燃机启动电源而难以取代。

统计数据表明，世界金属铅消耗量的60%以上用于铅酸蓄电池生产，2000年世界总计耗铅615.39万吨，其中用于制造铅酸蓄电池的金属铅在300万吨以上。美国是蓄电池耗铅比例最高的国家，一直保持在80%以上，2000年美国用于蓄电池的精铅占消费量的90.9%，达150万吨以上，为世界铅消费量的24.5%。

铅作为一种良好的放射线屏蔽防护材料为其他金属所不可替代，是发展核电不可或缺的重要金属。

总之，铅的消费更多的是与人类对“能源”的需求和消耗密切关联在一起的，人类文明社会不可能没有铅，这是对铅消费市场的一个可以肯定的结论；由于铅在应用过程中可以回收重复利用的程度高和相对价廉的特点决定，随着能源科学技术的进步，铅的消费市场仍将不断发展。

人类文献中从未发现有天然金属锌存在的记载。锌的发现与应用最初是含锌的铜合金，中国古代称之为“鍮石（toushi）”，单质锌的提取晚于黄铜的冶炼。山东胶县三里河龙山文化地层中出土的黄铜锥是全球迄今发现人类最早使用锌的物证，其年代为公元前2400~2000年；中国也是最早掌握炼锌技术的国家，最迟到公元10世纪初叶，贵州赫章妈姑地区已能冶炼“倭铅（woyan，锌的古称）”，在《宝藏畅微论》（公元918年）中已有倭铅的记叙。明代《天工开物》（公元1637年）记录了火法炼锌的技术、产地及锌的物理化学性质。黄铜和锌是从中国传入欧洲的；英国布里斯托尔（Bristol）1738年开始锌的工业生产。19世纪，平罐炼锌技术在法国、比利时得到较大发展；1929年，竖罐炼锌在美国实现工业应用。20世纪40~50年代竖罐炼锌发展较快，60年代竖罐所产锌锭占世界总产量的11%。70年代以后由于环保要求提高及石油供应紧张等原因，逐渐被湿法炼锌取代；20世纪50年代，英国帝国熔炼公司发明帝国熔炼法（ISP），以直接处理以铅锌混合矿为原料的烧结块，同时产出粗铅和粗锌两种产品为特点。目前，采用该法生产的铅、锌产品仍在世界总产量中占有一定比例；湿法炼锌自1915年在美国进入工业生产以来，由于具有劳动条件好、环境污染程度低、易于实现生产连续化、设备大型化、机械化和自动化及原料综合利用等特点，湿法炼锌在全球锌总产量中所占的比例已达85%以上；20世纪70年代开始工业应用的硫化锌精矿加压酸浸技术，使炼锌工业摆脱了硫酸市场的桎梏。特别是两段加压酸浸工艺的应用，实现了名副其实的湿法炼锌流程。

综观锌的消费结构，尽管近年来用于生产结构材料（包括黄铜、青铜、压铸合金等）耗用的锌量有所增加，但金属锌及锌制品更主要的是用作功能材料，作为一种“牺牲物质”来提高其他材料的使用性能，如钢材镀锌、油漆涂料、橡胶以及塑料的填充剂等。由此，决定了锌二次资源回收的比率比其他金属低得多，锌的消费更依赖于锌矿产资源的开发和锌金属的提取冶金。

虽然锌在某些领域也面临着铝、塑料等替代材料的竞争，但广泛和不可替代的用途将使锌的消费不断增长，其市场前景是良好的。

20 世纪 90 年代中期以来，特别是进入 21 世纪后，我国铅锌冶金工业技术进步的速度明显加快。大型骨干企业在国家有关政策引导下，大力实行结构调整，采用高新技术进行技术改造，通过自主创新和引进相结合，加快了向世界铅锌生产强国迈进的步伐。在广大工程技术人员的努力下，一系列现代化铅锌冶炼工艺及装备成功实现工业应用并获得新的发展，资本集中度逐渐提高，骨干企业逐渐实现规模化和集约化，铅锌总产量逐年提高，已发展成为铅锌生产大国。但与世界铅锌冶炼先进企业比较，总体技术及装备水平尚有较大差距，尤其是铅冶炼领域，还有一大批中小型铅锌冶金企业尚未能跟上技术进步的步伐。铅锌冶炼行业技术发展不平衡的现状，与“科学发展观”和实现“流程制造工业绿色化”的要求还有很大差距。

为推动我国铅锌冶金工业的持续、健康发展，根据冶金工业出版社的规划，在系统总结近年来铅锌冶金领域丰硕成果的基础上，编写出版“生产技术”层面的工具书。工具书以铅锌冶炼骨干企业的先进冶炼工艺过程的生产实践为主线，突出生产实践与过程理论结合、生产实践为主，实用性与对比性结合、以实用为主及国内国外结合、以国内为主的原则，介绍生产过程实践，提供有关工艺流程的基本理论、工艺特点、主要设备维护与操作、资源循环和节能、安全环保等实用技术和数据图表，以满足一线工程技术人员从事科技活动、推动技术创新、指导生产的需要。

（撰稿 冯桂林）

1 铅锌和主要伴生元素及其化合物的性质

1.1 铅及其化合物的性质

1.1.1 铅的物理性质

铅是蓝灰色金属，新的断口具有灿烂的金属光泽，其结晶属于等轴晶系（八面体或六面体）。

铅密度大，硬度小，展性好，延性差，熔点和沸点都低，导热和导电性差。液态铅的流动性好。高温下铅容易挥发。能阻挡X射线的穿透。铅的物理性质见表1-1。

表1-1 铅的物理性质

物理性质	数值	物理性质	数值
密度/$g \cdot cm^{-3}$	11.34	热导率(100℃)/$W \cdot (cm \cdot ℃)^{-1}$	0.3391
硬度	1.5	电阻温度系数(20℃)/K^{-1}	3.36×10^{-3}
熔点/℃	327.502	电阻率(20℃)/$\Omega \cdot cm$	20.648×10^{-6}
沸点/℃	1525	压缩系数(20℃)/$cm \cdot kg^{-1}$	1.50×10^{-6}
熔化潜热/$J \cdot g^{-1}$	26.204	平均比热容/$J \cdot (g \cdot ℃)^{-1}$	0.1281
挥发潜热/$J \cdot g^{-1}$	841.386	表面张力/$N \cdot cm^{-1}$	0.00444
线膨胀系数(20℃)/K^{-1}	29.1×10^{-6}	凝固收缩率/%	3.44

1.1.2 铅的化学性质

铅（Pb）是元素周期表中的Ⅳ主族元素，铅的原子价层电子构型为ns^2np^2，能形成氧化数为+2、+4的化合物。

金属铅在空气中受到氧、水和二氧化碳作用，其表面会很快氧化生成保护薄膜而失去光泽，变灰暗。溶于硝酸、热硫酸、有机酸和碱液，铅与冷盐酸、冷硫酸几乎不起作用，能缓慢溶于强碱性溶液。具有两性，既能形成高铅酸的金属盐，又能形成酸的铅盐。在加热下，铅能很快与氧、硫、卤素化合。

铅的化学性质见表1-2。

表 1-2 铅的化学性质

化学性质	数 值	化学性质	数 值
原子序数	82	标准电位/V	-0.126
相对原子质量	207.21	电负性	1.9
价层电子构型	$6s^26p^2$	结晶构造	面心立方
原子半径/nm	0.175	电导率(IACS)/%	8.3
离子半径/nm		氧化数	2，4
$r(M^{4+})$	0.078	易溶于	硝酸、硼氟酸、硅氟酸、醋酸、硝酸银
$r(M^{2+})$	0.119	难溶于	稀盐酸、硫酸

1.1.3 铅的化合物及其性质

1.1.3.1 硫化铅

天然产出的硫化铅（PbS）称方铅矿，色黑，具有金属光泽。硫化铅的熔点 1135℃，沸点 1281℃，熔化后的硫化铅、硫酸铅流动性极好。浓硝酸、盐酸、硫酸及三氯化铁水溶液能溶解硫化铅。

1.1.3.2 一氧化铅

一氧化铅（PbO）是两性氧化物，它与 SiO_2 或 Fe_2O_3 可结合成硅酸盐或亚铁酸盐，也可与 CaO 或 MgO 结合成亚铅酸盐或铅酸盐。PbO 是一种强氧化剂，易使 Fe、Te、S、As、Sb 等全部氧化或部分氧化。PbO 可在浓碱溶液、氨性硫酸铵溶液、硅氟酸溶液以及碱金属或碱土金属氯化物的热浓溶液中溶解。

1.1.3.3 硅酸铅

PbO 与 SiO_2 可形成 $4PbO \cdot SiO_2$、$2PbO \cdot SiO_2$ 和 $PbO \cdot SiO_2$ 三种硅酸铅（$xPbO \cdot ySiO_2$）化合物。铅的硅酸盐的熔化温度低，其熔体的流动性好。

1.1.3.4 碳酸铅

天然的碳酸铅（$PbCO_3$）称白铅矿，它是氧化铅矿中的主要成分，白铅矿加热时很容易分解，所以碳酸铅是很容易还原的化合物。

1.1.3.5 硫酸铅

天然的硫酸铅（$PbSO_4$）矿称铅矾。硫酸铅为白色单斜方晶体，带甜味，密度为 $6.34g/cm^3$，熔点为 1170℃。硫酸铅微溶于热水和浓硫酸，能溶于浓盐酸、浓碱、浓氨以及醋酸胺和各类胺溶液中，并且遇硫即生成黑色硫化铅。

1.1.3.6 氯化铅

氯化铅（$PbCl_2$）的熔点为 498℃，沸点 954℃，密度 $5.91g/cm^3$。氯化铅在水中的溶解度极小，但能良好的溶解在碱金属和碱土金属的氯化物的水溶液中。

1.2 锌及其化合物的性质

1.2.1 锌的物理性质

锌是一种白而略带蓝灰色金属，断面具有金属光泽。结晶为最密堆积的六方晶格。熔点和沸点都较低，质软，有延展性，但加工后则变硬，熔化后的流动性良好。锌是很好的导热体和导电体。在熔点附近的蒸汽压很小，但液态锌蒸汽压随温度升高而急增，906.97℃时即达100kPa，这是火法炼锌的基础。

锌的物理性质见表1-3。

表1-3 锌的物理性质

物理性质	数值	物理性质	数值
密度(20℃)/$g \cdot cm^{-3}$	7.13	升华热/$kJ \cdot mol^{-1}$	131.25
硬度	2.5	离子水合热/$kJ \cdot mol^{-1}$	2056.5
熔点/℃	419.6	线膨胀系数(20℃)/K^{-1}	39.7×10^{-6}
沸点/℃	907	热导率(18℃)/$W \cdot (m \cdot K)^{-1}$	113
溶化热/$kJ \cdot mol^{-1}$	7.38	电阻温度系数/K^{-1}	0.00417
汽化热/$kJ \cdot mol^{-1}$	114.75	电阻率(20℃)/$\mu\Omega \cdot cm$	5.96

1.2.2 锌的化学性质

锌（Zn）位于化学周期表ds区ⅡB族。价电子组态为$(n-1)d^{10}ns^2$，由于$(n-1)d$电子更趋稳定，已经不具有参与成键的能力，对金属键的形成有贡献的仅仅是ns电子，所以，锌元素的金属键比铜元素的金属键弱。所以与铜元素相比锌元素的金属半径增大，熔点和沸点下降，其熔点和沸点甚至还低于碱土金属。

锌有三种结晶状态：α、β和γ锌，其同质异性变化温度为170℃和330℃。已知锌有15个同位素。

锌的化学性质见表1-4。锌的化学性质活泼，在常温下的空气中，表面生成一层薄而致密的碱式碳酸锌膜，可阻止进一步氧化。当温度达到225℃后，锌氧化激烈。燃烧时，发出蓝绿色火焰。锌与酸和碱作用会放出氢气，也易从溶液中置换金、银、铜。

表1-4 锌的化学性质

化学性质	数值	化学性质	数值
原子序数	30	结晶构造	密排六方
相对原子质量	65.4	a/nm	0.2665
原子半径/nm	0.125	b/nm	
离子半径 $r(M^{2+})$/nm	0.074	c/nm	0.4947
原子体积/$cm^3 \cdot mol^{-1}$	9.17		
标准电位/V	−0.763	价层电子构型	$3d^{10}4s^2$
电负性	1.6	易溶于	盐酸、稀硫酸和碱性溶液

1.2.3 锌的化合物及其性质

1.2.3.1 氧化锌

氧化锌（ZnO）俗称锌白，为白色粉末，但在加热时会发黄，可溶解于酸和氨液中，氧化锌的真密度为5.78g/cm^3，熔点为1973℃。氧化锌在1000℃以上开始挥发，1400℃以上挥发激烈。

氧化锌为两性氧化物，可与酸和强碱反应生成相应的盐类，在高温下可与各种酸性氧化物或碱性氧化物，如SiO_2、Fe_2O_3、Na_2O等，生成硅酸锌、铁酸锌、锌酸钠。氧化锌能被碳和一氧化碳还原成金属锌。

1.2.3.2 硫化锌

硫化锌（ZnS）：纯硫化锌为白色物质，但工业上用的硫化锌由于内部含有方铅矿、赤铁矿、黄铁矿等杂质常带褐色、褐黑色、褐黄色或灰红色。硫化锌在自然界常以闪锌矿出现，闪锌矿的真密度为4.083g/cm^3。

硫化锌在常压下不熔化，在高温下经过液相阶段直接气化挥发。硫化锌在空气中加热易氧化生成氧化锌，在温度600℃时反应已较剧烈。在氮气流中1200℃即可显著挥发，如在氧化气氛中加热时，由于挥发后的硫化锌蒸气氧化生成氧化锌和二氧化硫，更加速了硫化锌挥发的进行，这对于硫化锌精矿的沸腾焙烧有重要意义。

硫化锌可溶于盐酸和浓硫酸溶液中，但不溶于稀硫酸，可以采用各种氧化剂，如高铁离子Fe^{3+}将溶液中的硫离子氧化成元素硫。这样，可通过降低溶液中硫的浓度，使溶解过程加快进行，硫化锌精矿直接酸浸的可能性就在于此。若在ZnS晶体中加入微量Cu、Mn、Ag做活化剂，经光照可发出不同颜色的荧光，可做荧光粉。

1.2.3.3 硫酸锌

硫酸锌（$ZnSO_4$）：极易水化，生成含有7个结晶水的水化合物七水硫酸锌（$ZnSO_4 \cdot 7H_2O$）。硫酸锌溶液蒸发结晶时或加热脱水时，按控制的温度不同可形成一系列水化合物，主要有$ZnSO_4 \cdot 7H_2O$、$ZnSO_4 \cdot H_2O$等。

1.2.3.4 硅酸锌

硅酸锌（Zn_2SiO_4）：硅酸锌晶格里，硅氧络离子$[SiO_4]^{4-}$以孤立的岛状形式存在于结构中，这些“小岛”通过金属阳离子的静电引力把它们相互连接起来。这一类硅酸盐又常称为“岛状硅酸盐”。硅酸锌的熔点为1509℃，硅酸锌的密度为3.9～4.2g/cm^3，布氏硬度5～6。

1.3 铅锌矿中重要伴生元素及其化合物的性质

1.3.1 铅锌矿中重要的伴生元素

在铅锌矿的选矿与冶炼过程中，伴生元素是作为杂质而被除去，同时也是重要的综合利用资源。铅锌矿中伴生的元素很多，重要的有周期表中与之相邻同周期或同族位置的镓、锗、砷、银、镉、铟、锡、锑、碲、金、汞、铊及铋等。它们的物理化学性质以及应用形态，对铅锌提取冶金和综合利用过程有密切关系。

1.3.1.1 铟

和其他稀散金属一样，铟无单独矿床，主要分散于锌、铅、锡和钨等硫化或氧化矿物中，并由处理这些矿物的副产品中回收。铟是锗晶体管中的掺杂元素，锑化铟和磷化铟可分别用作红外线检波器和微波振荡器，也正在研究含铟的异质结激光器。铟主要是锌精炼的副产品。

1.3.1.2 铊

铊是稀散元素之一，是一种半金属。铊没有单独的矿床，主要赋存于铜、铅和锌等硫化矿中。铊从这些矿物原料在焙烧、烧结和冶炼过程的挥发烟尘中以副产品回收。

铊及其化合物可用于光学玻璃和电子元件的玻璃密封以及放射线的屏蔽窗等，也用于红外线通讯。按锌矿床中的铊资源统计，铊的世界储量约有820t。

铊盐有毒性，在重金属冶炼工艺流程中回收铊，既有利于矿物原料的综合利用，又能防止污染环境。铊的化合物，Tl_2CO_3、Tl_2SO_4、$Tl_2(SO_4)_3$、TlAc、$Tl(Ac)_3$ 和 Tl_2O 等是具有强蓄积性的剧毒化合物！铊及铊化物的毒性是剧毒农药的几倍，远远高于砷化物的毒性。铊化合物对人的急性毒性剂量为6～40mg/$kg_{体重}$，成人最小致死量为12mg/$kg_{体重}$，儿童更为敏感，仅为8.8～15mg/$kg_{体重}$。当铊剂量大于8.8mg/$kg_{体重}$，便可致人死亡！铊是一种神经毒物，并可引起肾脏、肝脏等多脏器的损害。一价铊化合物的毒性远大于三价铊的化合物。

1.3.1.3 锡

锡是排列在铂、黄金及银后面的第四种贵金属。它富有光泽、无毒、不易氧化变色，具有很好的杀菌、净化和保鲜效用。生活中常用于食品保鲜、罐头内层的防腐膜等。

由于锡的化学性质十分稳定，不和水、各种酸类和碱类发生化学反应的缘故，目前，镀锡铁皮不仅广泛用于食品工业上，如罐头工业，而且在军工、仪表、电器以及轻工业的许多部门都有应用。锡还可以镀到铜线或其他金属上，以防止这些金属被酸碱等腐蚀。

锡可以与许多金属合成多种性质各异、用途广泛的合金。最常见的合金有锡和锑铜合成的锡基轴承合金，以及铅、锡、锑合成的铅基轴承合金，用来制造汽轮机、发电机和飞机等承受高速高压机械设备的轴承。铜与锡的合金——青铜目前主要用来制造耐磨零件和耐腐蚀的设备。在铜与锌的合金——黄铜中加入锡，就成了锡黄铜，多用于制造船舶零件和船舶焊接条等，素有“海军黄铜”之称。到20世纪研制出具有特殊性能的含锡合金，用于航空、核动力和超导领域。

1.3.1.4 锑

锑是电和热的不良导体，在常温下不易氧化，有抗腐蚀性能。因此，锑在合金中的主要作用是增加硬度，常被称为金属或合金的硬化剂。在金属中加入比例不等的锑后，金属的硬度就会加大。如蓄电池极板、轴承合金、印刷合金（铅字）、焊料、电缆包皮及枪弹中都含锑。铅锡锑合金可作薄板冲压模具。高纯锑是半导体硅和锗的掺杂元素。

锑可用作聚对苯二甲酸乙二醇酯（PET）生产中的缩聚催化剂。锑化物可作阻燃剂，应用在各式塑料和防火材料中。含锑的铅合金耐腐蚀，是生产蓄电池极板、化工管道和电缆包皮的首选材料。锑与锡、铅、铜的合金强度高、极耐磨，是制造轴承、齿轮的好材料。高纯度锑及其他金属的复合物（如银锑、镓锑）是生产半导体和电热装置的理想材料。锑的化合物锑白是优良的白色颜料，常用在陶瓷、橡胶、油漆、玻璃、纺织及化工产业。

随着科学技术的发展，锑现在已被广泛用于生产各种阻燃剂、搪瓷、玻璃、橡胶、涂料、颜料、陶瓷、塑料、半导体元件、烟花、医药及化工等部门产品。

1.3.1.5 汞

汞是地壳中相当稀少的一种元素。常温下汞是唯一的液态金属，并能够挥发，有害于人体健康。

汞具有密度大、表面张力大、电阻率大、温度系数小和体积变化均匀的特点。汞受热均匀膨胀且不润湿玻璃，故用于制造温度计。

汞能溶解许多金属形成汞的合金——汞齐。利用这一特点，可用来从矿石中提取金、银和铊等金属。银锡合金用汞溶解制得银锡汞齐，它能在很短的时间内硬化，并有很好的强度，故作补牙的填充材料。汞银合金是良好的牙科材料。

汞的蒸气在电弧中导电，并放出富有紫外线的光，故在电器和机械工业中可用来制作汞弧整流器和振荡器，水银灯，血压表，水印真空泵，标准电池及广泛用于分析仪器中的各种电极。

汞的一些化合物在医药上有消毒、利尿和镇痛作用，在中医学上，汞用作治疗恶疮、疥癣药物的原料。汞可用作精密铸造的铸模和原子反应堆的冷却剂以及镉基轴承合金的组元等。

汞的用途较广，在总的用量中，金属汞占30%，化合物状态的汞约占70%。

1.3.1.6 镉

镉的天然矿物为数很少，主要有镉闪锌矿、硫镉矿、镉黑锰矿和菱镉矿。镉的半径与锌相比大约13%，所以能够进入闪锌矿的结构内共生。但是很少发现镉与锌的氧化物共生。Cd^{2+}与Ca^{2+}的原子半径分别为1.03nm和1.06nm，相差无几，所以镉常出现在含钙的矿物内，但呈极分散的状态。

镉是一种吸收中子的优良金属，它具有较大的热中子俘获截面，因此含银（80%）、铟（15%）、镉（5%）的合金可做原子反应堆的控制棒，以减缓核子连锁反应速率。

镉作为合金组土元素能配成很多合金，如含镉0.5%~1.0%的硬铜合金，有较高的抗拉强度和耐磨性。镉（98.65%）、镍（1.35%）合金是飞机发动机的轴承材料。很多低熔点合金中含有镉，著名的伍德易熔合金中含有镉达12.5%。镍—镉和银—镉电池具有体积小、容量大等优点。镉的化合物曾广泛用于制造颜料、塑料稳定剂、荧光粉等。镉还用于钢件镀层防腐，但因其毒性大，这项用途有减缩趋势。

金属镉比锌更易挥发，因此，在用高温炼锌时，它比锌更早逸出。镉有毒性，会对呼吸道产生刺激，长期暴露会造成嗅觉丧失症、牙龈黄斑或渐成黄圈。镉化合物不易被肠道吸收，但可经呼吸被体内吸收，积存于肝脏或肾脏造成危害。

1.3.1.7 铋

铋主要用于制造易熔合金。铋同铅、锡、锑、铟等金属组成的合金制成保险丝与焊锡，用于消防装置、自动喷水器、锅炉安全塞和电气工业。铋合金具有凝固时不收缩的特性，用于铸造印刷铅字和高精度铸型。铋作为可安全使用的“绿色金属”，除用于医药行业外，也广泛应用于半导体、超导体、阻燃剂、颜料、化妆品、化学试剂、电子陶瓷等领域，大有取代铅、锑、镉汞等有毒元素的趋势。

1.3.1.8 锗

在自然界没有单独的锗矿床，它主要以微量或共晶状态赋存于闪锌矿、某些铁矿及其他碳化矿物中，而从这些矿物的处理过程的烟尘或残留物中得到回收。

锗是重要的半导体材料。20世纪60年代以来，虽然锗在半导体工业中的统治地位逐渐被性能更佳，价格更低，资源更为丰富的硅取代，但是由于锗的电子迁移率和锗器件的频率比硅高，强度比硅好，所以在高频、远红外和航空、航天领域锗材料仍然占主导地位。此外，锗在热成像仪、夜视仪及辐射探测器中的应用发展也很快。随着现代科学技术的发展，锗在光导纤维、太阳能电池、荧光粉、医药和催化剂等方面的应用日见广泛。特别是随着光导纤维的发展，光纤级的 $GeCl_4$ 日益受到重视，成为锗的重要用途。

1.3.1.9 碲

碲消费量的80%是在冶金工业中应用：钢和铜合金加入少量碲，能改善其切削加工性能并增加硬度。在白口铁中碲用作碳化物的稳定剂，使表面坚固耐磨。在铅中添加碲用于海底电缆的护套可提高材料的抗蚀性能。铅中加入碲能增加铅的硬度，用于电池极板和印刷合金。碲还可用作石油热解的催化剂以及制冷材料和红外材料。

1.3.1.10 金

金的最重要的用途是作为国际货币储备。因为，金有良好的工艺加工性，又有瑰丽的金黄色光泽，成为珠宝装饰的主体材料。有良好延展性的金可以打制成金箔、微米金丝和金粉。金在工业与科技方面的应用也很广泛。金在大气与水中具有极高的抗腐蚀稳定性。导电和导热性突出，导电性在所有金属中居第三位。金的原子核具有较大的捕获中子的有效截面。对红外线几乎完全反射。金的合金还具有触媒性质。金很容易镀到其他金属、陶器和玻璃表面上，实现其抗蚀、导电、导热以及其他优良的性能。在一定压力下金容易被熔焊和锻焊。金能够制成超导体和有机金。由于金的这些突出性能，使它成为现代高新技术中重要的材料。在电子信息技术、宇航技术、化工技术以及医疗技术等领域广泛应用。

1.3.1.11 银

银具有很好的延展性和柔韧性，延展性在所有金属中仅次于金。银也是珠宝饰品材料之一。银在所有金属中具有最高的导电和导热性。银常用来制作灵敏度极高的物理仪器元件。用银做的接触点，具有很强的耐磨性和可靠性，广泛使用在电工电器、航空航天、船舰、核装置、计算机以及信息设备与装置中。在所有金属中，银对自然光线的反射性能最好，因此，银在制镜工业上占有很重要的位置。在电镀工业中，银是不可缺少的材料。感光材料是由银盐制成的。另外，银离子还具有杀菌功能。

1.3.1.12 砷

砷作合金添加剂生产铅制弹丸、印刷合金、黄铜（冷凝器用）、蓄电池栅板、耐磨合金、高强结构钢及耐蚀钢等。黄铜中含有砷时可防止脱锌。高纯砷是制取化合物半导体砷化镓、砷化铟等的原料，也是半导体材料锗和硅的掺杂元素，这些材料广泛用作二极管、发光二极管、红外线发射器、激光器等。砷的化合物还用于制造农药、防腐剂、染料和医药等。

1.3.2 伴生元素的物理性质

表1-5列出了铅锌矿中重要的与铅锌冶金有关的伴生元素的物理性质。

1.3.3 伴生元素及其化合物的化学性质

与铅锌冶金有关的伴生元素及其化合物的化学性质分别列于表1-6和表1-7。

表 1-5 伴生元素的冶金常用物理性质

伴生元素	铟	铊	锡	锑	汞	镉
外　观	光亮，银白色	银白色	银白色	灰锑、黑锑、黄锑及爆锑	银白色液体	银白或铅灰色
密度/g · cm^{-3}	7.302（固体 20℃） 7.023（液体 157℃） 5.763（液体 2109℃）	11.85（27℃）	5.85（灰锡） 7.5（白锡） 6.55（脆锡） 6.988（液态锡）	6.884（20℃） 6.697（630.5℃）	13.595（20℃）	8.366（熔点下固态） 8.017（熔点下液态）
熔点/℃	156.6	303	231.96	630.5	-38.7	320.9
沸点/℃	2075 ~ 2100	1473	2687	1587	35.7	767.3
熔化热/kJ · mol^{-1}	3.303	4.31 ~ 6.15	7.07	19.87	2.295	6.1
汽化热/kJ · mol^{-1}	234.2	162.37 ~ 164.08	288.70	195.100	58.52	99.9
蒸发热/kJ · mol^{-1}	233	164.1	295.8	77.14	59.229	99.57
电阻率/μΩ · cm	8.37(20℃)	18.0(0℃)	11.0(0℃)	37(0℃)	98.4(50℃)	6.83(0℃)
热导率/W · (cm · K)$^{-1}$	0.816	0.461	0.666	0.243	0.0834	0.968
比热容/J · (g · K)$^{-1}$	0.23	0.13	0.227	0.21	0.139	0.231
电导率/S · m^{-1}	0.116×10^{-6}	0.0617×10^{-6}	0.0917×10^{-6}	0.0288×10^{-6}	0.01404×10^{-6}	0.138×10^{-6}
莫氏硬度	0.92 ~ 1.2	1.2	3.75	3.0 ~ 3.5	—	2

续表 1-5

伴生元素	铋	锗	碲	金	银	砷
外 观	银白色或微红色	银白色或银灰色	银白色	金黄色	银白色	有金属光泽
密度/g·cm^{-3}	9.84（293K） 9.74（544K 固） 10.07（544K 液）	5.323（固态 25℃） 5.557（液态 1000℃）	6.2～6.42（固体） 6.06（液体） 5.85～6.15（无定形）	19.32（固体） 17.3（1063℃熔化） 18.2（1063℃凝固）	10.5（27℃）	5.727（27℃）
熔点/℃	271.3	958.5	452	1064.43	960.5	808
沸点/℃	1560	2830	1390	2808	2212	610
熔化热/kJ·mol^{-1}	10.86	34.7	17.86	12.55	11.28	369.9
汽化热/kJ·mol^{-1}	151.31	334.3	114.10	56.8	99.7	
蒸发热/kJ·mol^{-1}	104.8	351.4	52.55	334.4	250.58	34.76
电阻率/μΩ·cm			2×10^{5}	2.40（20℃）	1.59（20℃）	
热导率/W·(cm·K)$^{-1}$	0.0787	0.599	0.0235	3.17	4.29	0.502
		6.3	0.014	30.96	41.8	
比热容/J·(g·K)$^{-1}$	0.12	0.310	0.2012	0.128	0.235	0.33
电导率/S·m^{-1}	0.00867×10^{-6}	1.45×10^{-8}	2.0×10^{-6}	0.452	0.63	0.0345
莫氏硬度	2.5	6	2.25	2.5	2.7	3.5

表 1-6 伴生元素的化学性质

伴生元素	铟	铊	锡	锑	汞	镉
原子序号	49	81	50	51	80	48
相对原子质量	114.82	204.37	118.710	121.75	200.59	112.4
外电子层构型	$4d^{10}5s^25p^1$	$6s^26p^1$	$5s^25p^2$	$5s^25p^3$	$5d^{10}6s^2$	$4d^{10}5s^2$
原子价态	+1，+3	+1，+3	+2，+4	+3，+5	+[illegible]，+2，+3	+2
标准电极电位/V	-0.34	-0.33	-0.126	0.32	0.845	-0.403
离子半径 r/nm	0.08	0.147（Tl^+），0.086（Tl^{3+}）	rM^{4+} 0.069，rM^{2+} 0.118	rM^{3+} 0.076，rM^{3-} 0.245，rM^{5+} 0.062	0.[illegible]10（rM^{2+}）	0.097（rM^{3+}）
表面张力/N·m^{-1}	560±5dyn/cm（1dyn=10^{-5}N）（156.4℃）	0.464~0.467	5320~5160	0.368（750℃），0.348（1100℃）	454dyn/cm	0.66（321℃）
电负性	1.7	1.8	1.8	1.9	1.44	1.46
结晶构造	正方面心格子	六方晶系（α-Tl），立方体心（β-Tl），立方面心（γ-Tl）	白锡为四方晶系；灰锡为金刚石形立方晶系；脆锡为正交晶系	六方晶系	斜六方体	六方晶胞
易溶于	HCl，H_2SO_4，HN_3，$H_2C_2O_4$	HNO_3，浓 H_2SO_4	浓酸，强碱	热硝酸，热硫酸	硝酸，热浓硫酸	硝酸，水
难溶于	冷 HNO_3，碱，HAC	HCl，H_2O，碱	水，缓慢溶于稀酸	NaOH，稀酸	稀硫酸，盐酸，碱	盐酸，硫酸
同位素个数	2	2	10	30	18	8
配位数	4，6	3，6	4	6	2(多数)，4(少数)	4
与氧作用	超过800℃时，开始燃烧；3~70nm的粉于100℃开始氧化	室温下，与空气中的氧作用形成氧化膜而保护内部	空气中生成 SnO_2 保护膜而稳定，加热下氧化加快	室温下稳定，赤热时与水反应	空气中稳定	潮湿空气中缓慢，加热下作用
与硫作用	在620℃时与硫蒸气化合	加热下与硫化合	能够	与热硫反应	常温下化合	能 够
与氯作用	室温下表面失去光泽	常温下与卤素反应	加热下作用	常温下与卤素反应	加热与氯气反应	高稳下激烈反应

续表 1-6

伴生元素	铋	锗	碲	金	银	砷
原子序号	83	32	52	79	47	33
相对原子质量	209.0	72.59	127.6	196.967	107.868	74.922
外电子层构型	$6s^2 6p^3$	$3d^{10} 4s^2 4p^2$	$4d^{10} 5s^2 5p^4$	$5d^{10} 6s^1$	$4d^{10} 5s^1$	$3d^{10} 4s^2 4p^2$
原子价态	-3，+3，+5	0，+2，+4	+2，+6	+1，+2，+3	+1，+2，+3	+3，+5
标准电极电位/V	0.32	0.25~0.23	-1.14	1.68	0.799	
离子半径 r/pm	120	73(Ge^{2+})， 39，53(Ge^{4+})	137	144.2	144.4	121
表面张力/N·m^{-1}	376×10^{-5}	60000	0.178~0.182		0.92	
电负性	1.9	2.01	2.1	2.4	1.9	
结晶构造	斜方晶系	面心立方（金刚石型）	立方晶系	面心立方	面心立方	四面体
易溶于	硫酸，硝酸	热酸，热碱液 （加氧化剂），稀 H_2O_2	HNO_3，浓 H_2SO_4， 王水，氢氧化钾， 氰化钾	王水，硫脲， 碱金属氰化物	硝酸，浓硫酸	硝酸，王水，强碱
难溶于	非氧化性酸	稀 H_2SO_4， HCl 冷碱液	水，稀 HCl， 碱（无氧化剂）	水，酸，强碱	非氧化性的 酸（盐酸）	水
同位素个数	19	21	3	21	27	22
配位数		4，6	6	2	2	
与氧作用	室温下空气中稳定， 加热到熔点以上燃烧	室温下稳定， 加热600℃被氧化	空气中燃烧	不直接反应	不直接反应	200℃空气中加热 发出荧光，400℃燃烧
与硫作用	在红热时作用	不反应	不作用	高温反应	与硫化氢反应	与硫化合， 生成三价化合物
与氯作用	粉状在氯气中着火	室温与氯剧烈反应	容易激烈反应	反应较慢	在室温反应较慢	易与氟化合

表 1-7 伴生元素的化合物及其性质

化合物名称与分子式	常温下外观	密度/g·cm^{-3}	熔点/℃	沸点/℃	常温、高温或加热下行为	与水作用	与酸、碱或其他试剂作用	其他性质
氧化铟 In_2O_3	无定形或晶体的黄色粉末	7.18（立方晶系） 7.31（三方晶系）	1910	3300	高于 1123K 时离解，生成 In_3O_4。红热时可被氢、钠和镁等还原为金属铟和 In_2O	不溶	溶于浓碱，易溶于酸	气态的 HCl 在室温下与其发生反应
氧化亚铟 In_2O	黑色粉末	6.99			838K 下升华，在 1053K 的空气中氧化为 In_2O_3，温度更高则离解为金属铟和氧	不溶	易溶于盐酸并放出氢	在室温空气中很容易被氧化
一氧化铟 InO	灰色粉末				高温下难挥发	不溶	易溶于酸	
氢氧化铟 $In(OH)_3$	白色，立方体心晶体	4.33～4.38			加热到 200～350℃便会完全分解，变成 In_2O_3，没有其他中间产物生成	不溶于水和氨水	可溶于酸和碱，室温下溶于苛性钠，加热，铟酸钠分解析出氢氧化物	两性化合物
氯化铟 $InCl_3$	白色固体	3.46	585	546	易挥发	易溶，生成含结晶水的三氯化铟	与 NaOH 作用沉淀出铟的羟基氯化物	能够与 Zn、Mg、Te 等元素的卤化物形成不同化合价的类质同晶现象
硫酸铟 $In(SO_4)_3$	黄色或灰色单斜晶体				含结晶水的硫酸铟加热时随温度升高逐步失去结晶水，高于 1073K 时发生水解	易溶	可与碱金属形成矾盐，与硫酸作用生成复盐	极易形成过饱和溶液
硫化铟 In_2S_3	(1)黄色的 α-In_2S_3，属立方面心晶晶型；(2)红棕色的 β-In_2O_3，属尖晶石晶型		1050～1100		大于 1073K 时明显挥发，在空气中加热会随温度不同而生成不同的氧化产物	不溶	不溶于稀酸，可为浓酸所分解	
硫化亚铟 In_2S_2	红色斜方晶体	5.18	679～705		在 1123K 的真空中易挥发，易解离成 In_2S 和硫	不溶		熔化时为固液异成分

续表 1-7

化合物名称与分子式	常温下外观	密度/g·cm^{-3}	熔点/℃	沸点/℃	常温、高温或加热下行为	与水作用	与酸、碱或其他试剂作用	其他性质
二氧化锡 SnO_2	天然的为黑色或褐色。在氧中燃烧生成白色粉末	6.8~7.1	2000	2500	1080℃以上，与熔融锡作用生成 SnO 挥发。 400℃以上，与 H_2、CO 作用生成金属锡。 与赤热的固体碳作用生成金属锡。 与熔融的 NaOH 作用生成锡酸钠，可溶于水	不 溶	不溶于酸碱溶液	与金属锌及稀酸接触，还原为锡。此性质用于鉴定锡石
氧化锡 SnO	黑色粉末	6.446	1040	1425	在中性气氛中，385℃开始发生歧化反应： $2SnO = Sn + SnO_2$ 液态 SnO 可稳定在 1000℃左右，显著挥发		易溶于许多酸、碱和盐	与卤素单质反应
硫化锡 SnS	铅灰色细片状晶体		880	1230	在高温下才稳定存在。高温下，可以被氧化成 SnO_2	在水中的溶解度 1.6×10^{-28}	溶解在中等强度以上的盐酸，溶于碱溶液	在 820℃时，与 PbS 形成共晶。在 785℃与 FeS 形成共晶
二氯化锡 $SnCl_2$	白色针状晶体	3.94	246	652	常温下，在空气中较稳定，长时间发生水解和氧化； 被氯气氯化成 $SnCl_4$	300~600℃与水蒸气接触即水解成 SnO	水溶液溶于酸碱溶液	有很强的还原能力
四氯化锡 $SnCl_4$	常温下为无色液体，含水的为无色透明固体	2.23	−33	114.1	遇水蒸气就水解，冒出浓烈白烟，形成白色浓雾	与水混溶时形成许多结晶水合物	能与氯化铵化合，生成复盐 $SnCl_4\cdot2NH_4Cl$（媒染剂）	Sn^{4+} 也易被复电性金属从水溶液中置换出来

续表 1-7

化合物名称与分子式	常温下外观	密度/g·cm^{-3}	熔点/℃	沸点/℃	常温、高温或加热下行为	与水作用	与酸、碱或其他试剂作用	其他性质
三硫化二锑 Sb_2S_3	钢灰色斜方结晶带放射状，有金属光泽	4.64	550	1080~1090	极易氧化，在空气中着火点视其粒度而异	几乎不溶，沸水中可缓慢氧化为 Sb_2O_3，受热易分解	溶于热的浓盐酸、浓烧碱、硫化钠和三氯化铁溶液中	氢还原的速率随反应温度的提高而增加
五硫化二锑 Sb_2S_5	金黄色粉末	4.12~4.2			在空气中易燃，加热至 120~170℃即可全部分解为 Sb_2S_3 和硫元素	不溶于水	硝酸或硫酸可使其分解为 Sb_2S_5，溶于碱金属硫化物及硫化铵溶液	在氢气流中加热，其可直接还原为金属锑
三氧化二锑 Sb_2O_3	白色粉末，受热时为黄色	5.67	656	1425	易被 C 或 CO 还原为金属锑	在水中的溶解度很小	难溶于稀硫酸和稀硝酸，可溶于碱金属硫化物，能完全溶于酒石酸	两性氧化物
四氧化二锑 Sb_2O_4	白色结晶体	6.59~7.5	不熔化	不挥发	在 900℃时开始离解，1030℃完全分解：$2Sb_2O_4 = 2Sb_2O_3 + O_2$	微溶于水	溶于盐酸，不溶于其他酸类，溶于碱	
五氧化二锑 Sb_2O_5	金黄色粉末，水合物胶体			不挥发	易分解，70℃时开始分解	微溶于水	不溶于硝酸，可溶于碱性溶液	
三氟化锑 SbF_3	无色结晶	4.379	280	346	在室温下呈油状液体，在空气中吸潮生成 $SbF_3 \cdot 2H_2O$	易升华，易溶于水	在氢氟酸存在下可进一步溶解，并且不易水解，稀溶液和浓溶液都很稳定	在无机和有机化学工业中用作氟化剂，以取代氯

续表 1-7

化合物名称与分子式	常温下外观	密度/g·cm^{-3}	熔点/℃	沸点/℃	常温、高温或加热下行为	与水作用	与酸、碱或其他试剂作用	其他性质
三氯化锑 $SbCl_3$	白色，易潮结晶	3.06	73.4	222.6	溶化后为无色透明油状液体，商业上称为“锑油”	在潮湿空气中水解，产生烟雾，易溶于水	可溶于苯、二硫化碳、丙酮、乙醇、乙醚等有机溶剂，以及盐酸、酒石酸等溶液	具有强腐蚀性
三溴化锑 $SbBr_3$	白色，易潮结晶	4.148	96.0	287		易潮解，遇水即分解	溶于二硫化碳、氢溴酸	用于媒染剂
锑化氢 H_3Sb	无色剧毒气体	5.603	-88	-17	具有强还原性，当有空气或氧存在时，在室温下即可分解为锑和水	溶于水	微溶于酒精和二硫化碳	用于制造 n-型半导体时的气相掺杂剂
氧化汞 HgO	红、黄两种变体	11.08（27.5℃）			在 500℃，氧化汞受热可分解为汞和氧气	微溶于水	在汞盐溶液中加入碱，可得到黄色 HgO	有毒性
黄色氧化汞 HgO	无定形橙黄色粉末	11.03（27.5℃）			遇光变黑，加热时变为黄色，冷后又复为黄色。化学性质活泼			
氧化亚汞 Hg_2O	黑色或黑褐色	9.8			常温下不稳定，受热与遇光即可分解	不溶于水	溶于硝酸	
过氧化汞 HgO_2	红色粉末				在空气中极不稳定	遇水逐渐分解		
硫酸汞 Hg_2SO_4	白色微粒晶体	6.47				常温下水中的溶解度为 0.005%	在硫酸中长时间作用可生成硫酸汞	
氟化汞 Hg_2F_2	黄色四方晶体	8.73	570		不稳定，在潮湿空气中或光照下黄色结晶变黑	难溶	能溶于硝酸，和氨气也发生反应	在玻璃器皿中加热生成 Hg 和 SiF_4

续表 1-7

化合物名称与分子式	常温下外观	密度/g·cm^{-3}	熔点/℃	沸点/℃	常温、高温或加热下行为	与水作用	与酸、碱或其他试剂作用	其他性质
升汞 $HgCl_2$	白色粉末晶体，剧毒	5.44	550	576		溶于水，其水溶液不电离	溶于酸（包括醋酸）、酒精、醇及吡啶	用途较广
甘汞 Hg_2Cl_2	白色的四方晶体	7.15	575	583（升华点）	很不稳定，在光的作用下分解为汞和氯化汞	不溶于水	溶于沸腾盐酸、硝酸和硫酸，遇碱可被分解，不溶于酒精、醇及稀酸	用途较广
氧化镉 CdO_2	因制备方法不同，颜色也不同	6.95	700 升华	900 分解	在潮湿空气中慢慢转变为碳酸镉	难溶于水	易溶于酸及铵盐类溶液	在 300 ~ 670℃ 内，可被 C、CO、H_2 或 CH_4 还原为金属
氢氧化镉 $Cd(OH)_2$	无色，有光泽的片状晶体	4.79			250℃ 下加热氢氧化镉得到绿黄色氧化镉；800℃ 下加热氢氧化镉得到蓝黑色氧化镉	几乎不溶于水	溶于酸，微溶于碱。 溶于氨水形成络离子$[Cd(NH_3)_4]^{2+}$	具有 CdI_2 型层状结构，属六方晶系
氟化镉 CdF_2	白　色	6.64	1110	1758		微溶，不形成水合物	溶于氢氟酸和其他无机酸，不溶于乙醇或液氨	
氯化镉 $CdCl_2$	白　色	4.047	568	960		易溶，形成水合物	用于醇、醚和液氨	
溴化镉 $CdBr_2$	黄　色	5.192	567	863		易溶，形成水合物	用于醇、醚和液氨	
碘化镉 CdI_2	棕　色	5.56	387	793		易溶，不形成水合物	用于醇、醚和液氨	
硫化镉 CdS	柠檬黄色	4.82（α-CdS） 4.50（β-CdS）	1475 ±258		易挥发	微　溶	易溶于氨水，溶于浓酸或热的稀酸，不溶于$(NH_4)_2S$, Na_2S	广泛用于半导体材料

续表 1-7

化合物名称与分子式	常温下外观	密度/g·cm^{-3}	熔点/℃	沸点/℃	常温、高温或加热下行为	与水作用	与酸、碱或其他试剂作用	其他性质
三氧化二铋 Bi_2O_3	黄色粉末	8.2	655~710	1890	加热时呈红橙色，易为C和CH_4所还原	不溶	易溶于酸，在浓碱溶液中溶解得很少	难挥发的化合物，还是稳定的化合物
三硫化二铋 Bi_2S_3	棕黑色晶体	6.4~7.1	685~775	未确定	120℃即开始升华	几乎不溶于水	在室温下就易溶于稀硝酸，盐酸	难挥发化合物
氯化铋 $BiCl_3$	白色易潮晶体	4.75（25℃）	230~233	441~447		不溶于水	溶于盐酸	
二氧化锗 GeO_2	白色沙状粉末		1115		加热熔化前逐渐软化	略溶，溶液显酸性	随着酸浓度的增加其溶解度下降，溶于碱	有明显的导电作用
一氧化锗 GeO	暗灰色粉末	1.83			室温在空气中稳定	不溶于水	缓慢溶于盐酸和硫酸，溶于碱中形成亚锗酸盐	
氧化金 Au_2O_3	暗棕色粉末				加热至220℃易放出本身所含的氧			
三氯化金 $AuCl_3$	红褐色粉末	4.67				易溶	溶于酸	
氰化金 AuCN	黄色粉末	7.12			AuCN与H_2S不反应，但与H_2S+NH_4OH混合剂反应生成Au_2S	不溶		
硫化金 Au_2S	深褐色						不溶于稀盐酸和稀硫酸，但溶于强氧化剂王水和氯水。也可溶于碱性氰化物溶液	
氟化银 AgF	黄色		435		在干燥空气中，将其加热至超过其熔点都是稳定的，但加热至暗红色时，它能被水蒸气分解	易溶	溶于酸	感光性。在光照下被分解为单质（先变为紫色，最后变为黑色）
碘化银 AgI	黄色		558	1504	能被日光还原出银并有氯气放出	难溶于水	一般不溶于无机酸，但溶于浓盐酸，还溶于硫代硫酸钠、氰化钠和氨水	除用于照相技术外，还可用于宇宙射线的电离检测
硝酸银 $AgNO_3$	无色结晶		212		受热不稳定，加热到713K即分解，在日光照射下，$AgNO_3$也会分解	易溶于水	易溶于很多有机溶剂	多数金属易从其水溶液中置换出银

2 铅锌的应用、生产与消费

2.1 铅锌的应用领域及主要用途

2.1.1 锌的应用领域及主要用途

2.1.1.1 锌的传统应用领域

锌是重要的有色金属原材料，锌在有色金属的消费中仅次于铜和铝。金属锌具有良好的压延性、耐磨性和抗腐蚀性，能与多种金属制成物理与化学性能更加优良的合金。

含少量铅镉等元素的锌板可制成锌锰干电池负极、印花锌板、有粉腐蚀照相制版和胶印印刷板等。锌也常和铝制成合金，以获得强度高、延展性好的铸件。在制成薄板时，锌还常和少量铜、钛制成合金，以获得必需的抗蠕变性能。

金属锌具有良好的抗电磁场性能，适合作仪器仪表零件的材料、仪表壳体及钱币。金属锌与其他金属碰撞不会发生火花，适合作井下防爆器材。

锌的导电率是标准电工铜的29%，在射频干扰的场合，锌板是一种非常有效的屏蔽材料。高纯锌制造的Ag-Zn电池，体积小而能量大，多用于飞机和航天仪表上。锌的熔点低和流动性良好，适于压铸制造各种精密铸件。锌的抗腐性良好，可用于制造火药箱子、家具、贮存器和无线电装置的零件。在冶金工业中，锌可用于从含金溶液中置换金和用锌粉净液除铜、镉等。

近年来，西方国家开始尝试直接用锌制备屋顶覆盖材料，例如，用锌作屋顶板材使用年限可长达120～140年，而且可回收再用，而用镀锌铁板作屋顶材料的使用寿命一般为5～10年。

锌的主要产品有：金属锌、锌基合金和氧化锌，这些产品用途非常广泛，主要有以下几个方面：

（1）镀锌：通过在熔融金属槽中热浸镀锌的方法，使之成为覆盖层以保护钢材和钢铁制品，如镀锌板广泛用于汽车、建筑、船舶、轻工等行业。

（2）制造合金：锌熔化后的流动性良好，能和许多有色金属形成合金。如铜锌形成的黄铜合金、铜锡锌形成的青铜合金、铜锡铅锌形成的抗磨合金等，它们在机械工业、汽车制造工业、军事工业、轻工业和交通运输业中得到广泛的应用。其中锌与铝、铜等组成的合金，广泛用于压铸件。用于制造黄铜和青铜的锌，约占全球锌全部消费量的10%。

锌本身的强度和硬度不高，但加入铝、铜等合金元素后，其强度和硬度均大为提高，尤其是锌铜钛合金的出现，其综合力学性能已接近或达到铝合金、黄铜、灰铸铁的水平，其抗蠕变性能也大幅度提高。

锌也是记忆合金的原料。一般金属材料受到外力作用后，首先发生弹性形变达到屈服点，就产生塑性变形，应力消除后留下永久变形。但有些材料在发生了塑性变形后，经过合适的热过程能够回复到变形前的形状，具有形状记忆效应作用的金属一般是两种以上的金属元素组成的合金，称为形状记忆合金。CuZn、CuAlNi 和 CuAuZn 等属于铜基记忆合金。

锌合金的加工性能比较优良，道次加工率可达60%~80%。锌合金中压性能优越，可进行深拉延，并具有自润滑性。锌合金可用钎焊、电阻焊或电弧焊进行焊接，表面可进行电镀、涂漆处理，切削加工性能良好。在一定条件下具有优越的超塑性能。

(3) 制造氧化锌：氧化锌广泛用于橡胶、涂料、搪瓷、医药、印刷和纤维等工业，约占总量的11%。氧化锌可用于制造颜料、橡胶制造业。氯化锌可作为木材防腐剂。

表2-1 列出了西方国家和我国锌产品的应用领域及其所占份额。

表2-1 西方国家和中国用锌领域及所占比例 (%)

应用领域	西方国家			中国			
	1995 年	1997 年	2000 年	1995 年	1997 年	2000 年	2006 年
镀 锌	46.3	47.9	48.0	24.6	28.0	31.4	49.0
锌合金	15.5	15.0	15.3	8.4	8.8	9.3	14.0
青铜和黄铜	18.5	18.1	18.4	15.6	14.0	12.7	8.0
锌半制品	7.0	6.9	6.7	9.0	9.0	9.0	6.0
化学制品	8.5	7.9	7.7	14.0	14.0	14.0	8.0
锌 粉	1.0	1.1	0.7	20.1	21.0	22.0	12.0
其 他	3.2	3.0	3.2	8.7	5.2	4.3	3.0

2.1.1.2 锌在新兴技术领域中的应用

纳米氧化锌是近年来被应用的一种新型纳米材料，因其具有明显的表面效应、体积效应、量子尺寸效应和宏观隧道效应，在催化、光学、磁学、力学和医学等方面有许多不同于常规材料的特殊功能，使其在涂料、印染、玻璃和医药等方面具有重要的应用价值，特别是在用作橡胶的活化剂以提高橡胶的耐撕裂、耐磨性及抗老化性能方面有广泛的应用。

A 催化及光催化领域的应用

由于纳米氧化锌具有极强的表面效应，表面原子数与总原子数之比随着纳米粒子尺寸的减小而大幅度的增加，粒子的表面能及表面张力也随着增加，从而引起纳米粒子性质的变化。另外，由于纳米氧化锌大的比表面积，表面的键态与颗粒内部的不同，表面原子配位不全，这就导致表面活性位置增多，形成凸凹不平的原子台阶，加大了反应接触面。采用纳米氧化锌作催化剂，能极大提高反应速率和产品质量。

在紫外线照射下，纳米氧化锌光催化反应可除去多种有毒气体，并能与多种有机物发生氧化反应，从而把大多数病毒和细菌杀死，因此可被广泛应用于空气净化、废水处理等领域。

B 光、电及气敏等领域的应用

气敏材料的基本要求是对吸附气体有快速的反应，吸附后能改变其物理性质，且反应可逆和能再生。纳米氧化锌的高比表面积、高活性等表面半导体性能正是增进气体元件灵敏度的原因，致使它对外界环境十分敏感，从而引起电阻显著变化。利用这种性能可作温度计及气体传感器。此外，氧化锌对多种可燃性气体具有较高的气体敏感度，如通过掺杂可对硫化氢、酒精和二氧化硫等气体选择性检测。随着纳米科学的兴起和发展，将超微粒子用作化学传感器材料，氧化锌显示出良好的应用前景，越来越引起人们的关注。

C 日用化工及生物医学领域的应用

含纳米氧化锌的陶瓷制品烧结温度可降至400~600℃，极大降低了能源消耗，产品质量也大幅提高。同时这种陶瓷制品具有良好的韧性，这是由于纳米超微粒子制成的固体材料具有大的界面，界面原子排列相当混乱。原子在外力变形条件下自己容易迁移，表现出好的韧性与一定的延展性，使陶瓷材料具有新奇的力学性能。将纳米氧化锌添加到各种涂料中，用于各种材料表面涂层，具有很好的抗潮、抗腐蚀性、耐光性，并可显著提高涂膜的机械强度和附着力。纳米氧化锌添加到汽车金属闪光面漆中可制造汽车专用变色漆。另外纳米氧化锌可用于生产混合消臭剂的除臭纤维及各种布料和服饰中，能吸收臭味，净化空气。

2.1.2 铅的应用领域及主要用途

铅作为史前金属，对人类社会发展和文明进步做出了重大贡献。在现代工业所消耗的有色金属中，铅居第4位，仅次于铝、铜和锌，成为工业基础的重要金属之一。

2.1.2.1 铅的传统应用领域

铅以金属、合金或化合物形式用于国民经济的诸多部门。铅的应用领域主要是蓄电池、建筑业和化学工业。

A 蓄电池

蓄电池工业的用铅量最大，全世界大约60%以上的铅用于蓄电池生产。随着汽车工业和其他机动车工业的发展，蓄电池工业对铅的需求量也在增加。同时，蓄电池电力车在航空港、车站、码头以及市内交通运输中的应用也很广泛。

铅酸蓄电池的应用可分为3个方面：

（1）在以汽油或柴油作动力的汽车中作启动、照明、点火蓄电池（SLI）；

（2）在电动汽车中作动力蓄电池；

（3）作不中断电源和储能电源用的工业蓄电池。

铅蓄电池也是很好的移动电源，可以作为不间断供电（UPS）系统应用于医院、电信和计算机网络。特别是由于铅钙合金的出现，开发了新型的密封不加水的免维护铅酸蓄电池，实现了巨型铅酸蓄电池组与普通电路并网。目前，世界上有多套这种蓄电池组在线运行。如南非瓦尔雷夫金矿竖井的铅酸蓄电池组供电系统，容量为7.4MW·h，电压为2100~3000V。德国汉加蓄电池公司的7MW·h的负荷调节系统，美国加州斯泰特斯韦尔市电力公司，印第安纳州曼西市德科雷米蓄电池厂和威斯康星州密尔沃基市约翰森康托尔斯黄铜铸造厂等，都兴建了削峰铅酸蓄电池组。在德国柏林和日本大阪也有一些大型蓄电池组在并网运行，国际铅锌研究组织与加州埃德森电力部门联建了一套世界上最大的蓄电池组，容量达40MW·h。

以铅酸蓄电池为动力的电动汽车还处于开发的初级阶段。发达国家已投资3500万美元开发这种汽车，预计到2010年它们对铅的需求可能达到84kt。

目前，铅蓄电池按使用性能大致可以分为四种：

（1）普通蓄电池 铅合金中含锑量为3%～9%，这种蓄电池析气量大，需经常维护；其使用寿命为1～2年，价格便宜，容易生产。但普通蓄电池在工业发达国家已处于淘汰阶段，我国也开始开发新品种。

（2）少维护蓄电池 这是免维护初级产品，铅合金中含锑量为2%～4%，析气量较小，其使用寿命为2～3年。

（3）免维护蓄电池 铅合金中含锑量在2%以下。以汽车用蓄电池为例，行驶3×10^5km后，在汽车大修前才有可能加水维护，使用寿命4年以上。缺点是价格比较高。

（4）全密闭蓄电池 采用无锑铅合金，失水量和自动放电极小，其寿命在5年以上。

B 建筑业

在建筑行业中，铅板用作隔音材料已日益广泛（但在屋顶、挡板、管道和填料方面的用量已在下降），X射线室的铅玻璃和壁板等还是离不开使用铅，铅具有阻尼性而被用作建筑物防止地震破坏的减振器。特别是世界上数百座的核反应堆，每年产生数以万吨的高辐射废料需要安全处理。铅对这种放射性废料辐射有良好的屏蔽性能，用铅材料密封的核废料埋入地下极为安全。

C 化学工业及其他领域

铅的化合物（主要是氧化物）除用于蓄电池制造外，还用于油漆、颜料、陶瓷、玻璃、橡胶、染料、火柴以及黏结材料和石油精炼中。铅的化合物如铅白、黄丹等常用于油漆、玻璃、陶瓷、橡胶等工业部门和医疗部门。硫酸铅、磷酸铅及硬脂酸铅用作聚氯乙烯的稳定剂。四乙基铅$Pb(C_2H_6)_4$加在汽油内可提高汽油的辛烷值，防止燃烧时爆炸。作为汽油防爆添加剂和辛烷增强剂的用铅量已逐年缩减。

铅具有高度的化学稳定性，其抗酸、抗碱的能力极强。铅用于设备的防腐、防漏以及溶液贮存，也用作电缆的保护套以防腐蚀。铅还用于特殊的包装，如铅箔和铅板包装贮存放射性物质，保护X射线胶片。

铅坨则用作渔具沉子、电梯配重以及潜水艇和船体稳定镇重等方面。运输行业用铅作轴承合金。铅锡合金作车辆油箱以及车体焊料和填料有很多性能优点，比如耐石油腐蚀、可成形和可焊接性。

2.1.2.2 铅在新兴技术领域中的应用

铅在新兴技术领域中的应用近年来不断发展。用含0.03%～1.0%Ca的铅钙合金制造免维护长寿电池（MFS），用金属氧化物弥散于铅中以增加铅强度的弥散强化铅（DSL铅），复铅钢板以及铅铟合金轴承，铅铝合金轴承，用铅弥散于聚四氟乙烯中的无润滑轴承等。

铅也是一种实用的超导体。铅的临界温度为7.20K，临界磁场为0.0803T，铅系合金$PbMo_6S_8$在4.2K下测得H_{c2}为53T，它的超导电性与铁磁性共存，同时有很好的抗中子辐照能力。

2.2 世界与中国的铅锌的生产量

2.2.1 锌的生产

2.2.1.1 世界锌生产

世界锌的主要生产国有：中国、加拿大、日本、美国、西班牙、德国、澳大利亚、法国、韩国、意大利、墨西哥和俄罗斯，其中以中国产锌最多，其次为加拿大。

表 2-2 为世界主要地区锌的产量。

表 2-2 世界主要地区锌产量 (kt)

地 区	2002 年	2003 年	2004 年	2005 年	2006 年 1 ~ 7 月	2007 年 1 ~ 7 月
欧 洲	2904	2744	2720	2561	1519	1436
非 洲	147	197	260	274	152	176
美 洲	1903	1930	1993	1873	1113	1076
亚 洲	4189	4450	4906	5060	2883	3172
大洋洲	567	553	474	457	264	232
世界合计	9710	9874	10353	10226	5931	6112
西方合计	6669	6646	6671	6488	3817	3783

2.2.1.2 中国锌生产

近 15 年来，中国铅锌工业发展取得了令世人瞩目的成就，我国已成为世界最大锌生产和消费大国，在国际锌的供需体系中发挥着日益重要的作用。我国的锌产量已连续 11 年居世界第一位，锌的消费连续 5 年居世界第一位，中国铅锌工业已经受到国际铅锌行业的广泛关注。

我国的锌矿产量虽然居全球第一，但是冶炼生产能力大于矿山产出量。因此，近几年需要从国外进口部分锌精矿以满足冶炼方面的需求。国内的锌精矿供不应求，不少锌冶炼厂由于缺少原料而减产，同时锌矿原料的价格也因供给的紧张而上涨，并且涨幅很大。中国锌精矿的自给率情况见表 2-3。

表 2-3 中国锌精矿的自给率情况

自给率情况	2000 年	2001 年	2002 年	2003 年	2004 年	2005 年	2006 年	2007 年
锌精矿的产量/kt	1780	1570	1620	2000	2380	2570	2714	3430
矿产锌产量/kt	1890	1970	2130	2260	2420	2760	3150	3710
冶炼回收率/%	92	93	92	93	93	93.5	92.5	93.5
锌精矿净进口量/kt	-30	320	390	373	306	284	393	800

根据中国有色金属工业协会信息统计部的《有色金属工业统计资料汇编》：

2005 年，我国生产锌精矿含锌 2547.8kt。其中：云南 496.6kt，甘肃 288.7kt，内蒙古 273.3kt，湖南 185.1kt，广西 165.9kt，陕西 122.7kt，广东 116.1kt，四川 99.1kt，青海 92.4kt，福建 55.3kt。10 省（自治区）合计产锌精矿含锌 1895.2kt，占全国总产量的 74.38%。

2006 年，我国生产锌精矿含锌 2844kt，比 2005 年增长 11.63%。其中：云南 661.1kt，内蒙古 473.4kt，甘肃 300.1kt，湖南 202.6kt，广西 162.8kt，四川 140.1kt，广东 124.7kt，陕西 120.7kt，青海 98.1kt，江西 65.6kt。10 省（自治区）合计产锌精矿含锌 2349.2kt，占全国总产量的 82.6%。

2007年，我国生产锌精矿含锌量为3048kt，比2006年增长7.17%。其中：云南680.6kt、内蒙古473.4kt、湖南306.9kt、甘肃274.8kt、广西232.2kt、四川189.3kt、广东157.7kt、陕西146.9kt、青海98.8kt、福建95.4kt，10省（自治区）合计锌精矿总产量达2656kt，占全国总产量的87.14%。

2.2.2 铅的生产

近几年世界精铅产量基本保持在6Mt/a左右。随着一些西方国家铅冶炼厂迫于日趋严格的环保法规和受生产成本费用的限制而关停，相对来说，我国的铅冶炼发展较快。2003年的精铅产量达到1.54Mt，居世界第1位，从而弥补了西方国家的减产。

2.2.2.1 世界铅生产

世界铅的主要生产国有：中国、澳大利亚、美国、加拿大、秘鲁、哈萨克斯坦、墨西哥等国家，其中以中国产铅最多，其次为澳大利亚。

世界铅产量状况以及不同地区铅产量分布见表2-4和表2-5。

表2-4 世界铅产量状况 (kt)

项 目	2000年	2001年	2002年	2003年	2004年	2005年	2006年	2007年	年均递增率/%
矿产铅产量	3072	3086	2886	3139	3100	3629	3707	3830	3.20
再生铅产量	3459	3487	3571	3609	3648	4045	4270	4332	3.26
精炼铅产量	6714	6613	6702	6821	6813	7719	8064	8110	2.74
再生铅占精炼铅/%	51.52	53.16	53.28	52.88	53.54	52.40	52.95	53.40	

表2-5 世界精铅产量 (kt)

地 区	2002年	2003年	2004年	2005年	2006年	2007年 1~9月
欧 洲	1761	1589	1569	1702	1280	1279
非 洲	144	138	100	130	99	103
美 洲	2092	2092	2005	2007	1489	1545
亚 洲	2361	2630	3002	3429	2515	2886
大洋洲	311	315	281	276	203	178
世界合计	6670	6764	6957	7544	5586	5992
西方合计	4928	4783	4592	4753	3552	3622

2.2.2.2 中国铅生产

中国铅矿供应情况见表2-6。

表2-6 中国铅产量情况 (kt)

产 量	2000年	2001年	2002年	2003年	2004年	2005年	2006年	2007年
铅矿含量	740	750	850	880	1000	1140	1270	1340
精铅产量	1100	1200	1330	1560	1940	2940	2720	2790
原生铅产量	900	970	1060	1210	1410	1710	1910	1910
中国精铅矿进口量	210	280	270	410	500	670	740	670
进口精矿占原生铅产量密度/%	23.33	28.87	25.66	33.72	35.46	39.18	38.74	35.08

根据中国有色金属工业协会信息统计部的《有色金属工业统计资料汇编》：

2005 年，我国铅精矿含铅产量为 1142kt，同比增长 14.52%。其中：云南 113.8 kt，湖南 111.3kt，内蒙古 99.9kt，青海 75.1kt，甘肃 67.8kt，广东 57.3kt，广西 53.6kt，四川 52.3kt，福建 26.2kt，辽宁 25.4kt。10 省（自治区）合计 682.7kt，占全国铅矿总产量的 59.8%。

2006 年，我国铅精矿含铅产量为 1331kt，同比增长 16.55%。其中：内蒙古 144.5 kt，云南 104.1kt，湖南 99.6kt，四川 82.6kt，广东 79.3kt，青海 76.3kt，甘肃 68.3kt，广西 57.8kt，福建 33.8kt，河南 19.9kt。10 省（自治区）合计 766.2kt，占全国铅矿总产量的 57.57%。

2007 年，我国铅精矿含铅产量为 1402.1kt，比去年同期增长 5.34%。其中：内蒙古 197.4kt、湖南 138.4kt、云南 132.6kt、四川 103.8kt、广东 93.9kt、青海 74.8kt、广西 73.7kt、甘肃 60.0kt、福建 44.7kt、河南 35.6kt，10 省（自治区）合计铅精矿总产量达 954.9kt，占全国总产量的 68.1%。

2.3 世界与中国的铅锌消费量

2.3.1 锌的消费

2.3.1.1 世界锌消费

表 2-7 列出了世界上主要的锌消费国的消费量。表 2-8 为发达国家锌消费的构成。

表 2-7 世界上主要锌消费国的消费量 (kt)

国 家	2002 年	2003 年	2004 年	2005 年	2006 年	2007 年	2008 年 1～11 月
中 国	1676.1	2318.2	2551.2	3037.0	3115.0	3597.0	3703.0
美 国	1311.9	1129.3	1112.0	1077.0	1153.0	1016.0	909.0
日 本	604.3	619.4	621.2	602.0	594.0	588.0	532.0
德 国	5310	5584	5140	5110	5640	5350	4910
韩 国	466.6	437.5	445.0	501.0	534.0	512.0	477.0
世界总消费量	9327.2	9420.2	10153.4	10191.7	10903.3	11646.0	12330.0

表 2-8 2002 年发达国家锌的消费构成 (%)

消费形式	法 国	德 国	意大利	英 国	日 本	美 国	澳大利亚
镀 锌	45.3	29.7	22.7	45.9	62.3	54.6	78.3
压铸合金	9.8	6.7	16.0	20.6	9.0	18.4	6.4
黄铜、青铜	10.9	27.0	52.2	16.2	14.5	13.8	7.3
轧制锌材	23.8	27.7	3.0	1.4	1.4	0	0.5
锌氧化物	8.0	8.6	5.8	9.0	10.2	0	6.3
其 他	1.7	0.3	0.3	6.9	2.6	13.2	1.2

全球锌市场供应平衡见表 2-9。

表 2-9 世界锌供求平衡表

项 目	2001 年	2002 年	2003 年	2004 年	2005 年	2006 年	2007 年
矿产锌产量/万 t	909.78	889.43	957.46	928.93	924.56	998.13	1143
锌产量/万 t	922.54	966.96	990.27	1010.08	1023	1065	1141
锌供应量/万 t	924.84	967.26	990.97	1013.58	1023	1065	1141
锌消费/万 t	877.81	928.52	973.25	1005.87	1062	1115	1157
锌市场供求平衡/万 t	+47	+38	+17	+7	-39	-50	-16.0
LM 价格/美元 · t^{-1}	886	779	827	1047	1381	3274	3236

2.3.1.2 中国锌消费

在锌的消费中，近年来亚洲国家增长速度最快，中国和印度的消费增长是全球锌消费增长的主要驱动力量。世界锌消费的地区结构变化也表明，未来世界锌的消费将凭借亚洲国家经济的快速增长而继续保持稳定的增长。

在我国，锌的中间消费主要是镀锌钢材、压铸锌合金、黄铜、氧化锌以及电池，最终消费主要集中在建筑、通信、交通运输、农业、轻工、家电和汽车等行业。

镀锌是锌消费中份额最大的部分，占47%左右。长期以来，镀锌板都是国内钢材消费最旺盛的品种之一，生产一直不能满足消费需求，生产厂家因此纷纷扩张产能。2004 年，国内共有 25 家企业建成 32 条镀机，产能 583 万 t，2005 年在建镀机 26 条，产能 536 万 t，2005 年底国内镀锌板的产能超过 800 万 t，对刺激锌的消费增长有促进作用，预计 2010 年国内镀锌板的产能将超过 1600 万 t。

我国精锌消费量统计已在表 2-7 中列出。

2.3.2 铅的消费

2.3.2.1 世界铅的消费

近几年，世界各主要铅消费国的精铅消费情况列于表 2-10。世界铅市场供求平衡见表 2-11。

表 2-10 世界各主要铅消费国的精铅消费量 （万 t）

国 家	1995 年	1996 年	1997 年	1998 年	1999 年	2000 年	2001 年	2002 年	2003 年
美 国	147.2	154.0	165.0	172.6	174.5	166.0	169.4	153.6	149.3
中 国	44.8	46.4	52.8	53.0	52.5	66.0	75.9	95.0	105.0
德 国	36.8	30.3	33.9	36.2	37.4	38.9	40.1	38.8	
日 本	33.4	33.0	32.9	32.2	31.8	34.3	32.13	29.75	24.30
英 国	28.5	27.3	27.0	27.6	28.3	30.1	29.83	30.57	
意大利	24.7	28.8	25.9	26.2	26.5	27.9	28.3	28.1	
韩 国	26.3	23.1	29.5	26.0	25.56	30.91	31.23	34.30	34.2
世界合计	554.8	568.6	590.3	582.0	618.8	642.3	654.8	665.5	672.6

表 2-11 世界铅市场供求平衡 (万 t)

项 目	2001 年	2002 年	2003 年	2004 年	2005 年	2006 年	2007 年
世界矿产铅产量	308.3	287.5	311.21	319.23	395.05	395.95	368.5
世界精铅产量	661.57	669.25	682.74	691.52	755.18	763.6	809.0
美国 DLA 抛售量	4	1	6	6.0	3.6	1.0	0
世界精铅供应量	665.57	670.25	688.74	697.52	767.2	795.8	809.0
世界精铅消费量	656.15	687.91	694.08	710.33	788.8	813.4	817.0
世界铅市场平衡	9	-17	-5	-13	-21.6	-17.6	-8.0
LME 现货价/美元·t^{-1}	476	452	514	886	976	1289	2578

2.3.2.2 中国铅的消费

国内铅的初级消费结果以及铅市场供应平衡见表 2-12 和表 2-13。

表 2-12 中国铅的初级消费结构 (%)

时 间	蓄电池	铅 材	氧化铅	铅合金	电缆护套	其 他
1995 年	57.5	2	14.3	14.7	2.5	9.0
2000 年	63.8	3	12.9	14.3	1.7	4.3
2006 年	72	6	11.3	9.0	0.7	1

表 2-13 中国铅市场供应平衡 (万 t)

项 目	2002 年	2003 年	2004 年	2005 年	2006 年	2007 年	2008 年	2009 年
产 量	133	156	193.5	239.1	271.4	279	305	318
消费量	95	123	174	207	235	255	275	286
精铅净出口量	36.4	41	40.4	41.9	50.4	21.6	12	15
市场平衡	1.6	-8	-20.9	-9.8	-14	2.4	18.0	17
国内 1 号铅锭价格/元·t^{-1}	4724	5343	8977	9321	12153	19515	17130	11500

3 铅锌资源

铅在地壳中的克拉克值为 15×10^{-6}，锌在地壳中的克拉克值为 80×10^{-6}，但易成矿而存在于地壳中。在自然界原生矿床中铅锌共生极为密切。它们具有共同的成矿物质来源和十分相似的地球化学行为，有类似的外层电子结构，都具有强烈的亲硫性，并形成相同的易溶络合物。它们被铁锰质、黏土或有机质吸附的情况也很相近。地壳中已发现的铅锌矿物约有 250 多种，大约 1/3 是硫化物和硫酸盐类。方铅矿、闪锌矿等是冶炼铅锌的主要工业矿物原料。

3.1 铅锌矿石与矿物

锌资源的特点是铅锌共生，世界上极少发现单独的铅矿和锌矿，闪锌矿与方铅矿（PbS）在天然矿床中常常紧密共生。在自然界中，目前已知铅矿物有 200 种，锌矿物有 58 种，但主要铅矿物只有 40 ~ 50 种，主要锌矿物只有 13 种。其中有工业意义的铅矿物 11 种，锌矿物 7 种。这些有工业价值的铅、锌矿物可分为硫化矿物和氧化矿物两大类。全世界所产的铅和锌金属绝大部分是从硫化矿中冶炼出来的，很少一部分是从氧化矿中提取的。

在自然界中铅和锌矿物在矿石中绝大多数是相伴而生的。在矿石中除了铅、锌矿物共生外，还常共生或伴生有铜、硫、银、金、铋、钼、锑、汞、镁、锡、钨、锰、重晶石、萤石等。很少形成独立矿物的分散元素锗、镓、铟、镉等也在铅锌矿石中含有。按地球化学性质来分析，铅、锌均属亲硫元素族，它们在岩浆期后的热液作用下形成硫化矿物。由于铅、锌在成矿过程中富集与定位机制相类似，因而常呈紧密共生，而且在热液作用过程中被其他元素相互置换，就赋予铅、锌硫化物矿床中往往伴生有贵金属及其他稀散元素。

以矿石自然类型为基础，按矿石氧化程度可分为硫化矿石（铅或锌氧化率小于 10%）、氧化矿石（铅或锌氧化率大于 30%）、混合矿石（铅或锌氧化率 10% ~ 30%）；按矿石中主要有用组分可分为：铅矿石、锌矿石、铅锌矿石、铅锌铜矿石、铅锌硫矿石、铅锌铜硫矿石、铅锡矿石、铅锑矿石、锌铜矿石等；按矿石结构构造可分为：浸染状矿石、致密块状矿石、角砾状矿石、条带状矿石、细脉浸染状矿石等。

硫化铅矿的主要组成矿物为方铅矿，属原生矿物，分布最广。氧化铅矿的主要组成矿物是白铅矿及铅矾，均属次生矿物，是原生硫化铅矿物受风化作用及含有碳酸盐的地下水的作用而逐渐变成的。由于成因不同，氧化铅矿常产于铅矿体的上层，硫化铅矿则产于下层。

硫化锌矿中的锌多呈闪锌矿或铁闪锌矿状态存在，最多的还是闪锌矿。氧化锌矿中的锌多呈菱锌矿与硅锌矿状态存在。氧化锌矿物也是由硫化锌矿物经长期风化转变形成的。

氧化铅锌矿物则是由表生作用所形成的，由于铅与锌的氧化电位及溶解度各有差异，因此铅与锌元素的迁移能力不同。铅金属基本上是在氧化带原地残留下来，而锌金属则流失或渗透到下部与不同介质进行相互交代形成锌的次生氧化物。主要铅锌工业矿物及其一般特征见表 3-1。

表 3-1 主要铅锌工业矿物及其一般特征

编号	矿物类型	矿物名称	英文名称	化学式	含量/%	形 态	硬度	密度/g·cm^{-3}	颜 色	其他性质
1	硫化矿	方铅矿	Galena	PbS	Pb 86.6	立方体	2.5	7.4～7.6	铅 灰	弱导电性
2	硫化矿	硫锑铅矿	Boulangerite	$2PbS \cdot Sb_2S_3$	Pb 58.5	细粒状、针状	2.5～3	7.2～7.3	铅 灰	脆
3	硫化矿	脆硫铅锑矿	Jamesonite	$2PbS \cdot Sb_2S_3$	Pb 50.65	柱 状	2.5～3	5.5～6.0	铅 灰	性 脆
4	硫化矿	车轮矿	Bournonite	$2PbS \cdot Cu_2S \cdot Sb_2S_3$	Pb 42.4	短柱状	2～3	5.7～5.9	铅灰、黑	
5	氧化矿	白铅矿	Cerusslte	$PbCO_3$	Pb 77.55	板状假六方双锥	3～3.5	4.66～6.57	白、灰	极脆，见状断口
6	氧化矿	铅 矾	Angleslte	$PbSO_4$	Pb 68.30	厚板状、粗柱状	3.0	6.2～6.35	无色迹	
7	氧化矿	铬酸铅矿	Crocolte	$PbCrO_4$	Pb 64.10	长柱状	2.5～3	5.9～6.1	橘 红	性 脆
8	氧化矿	磷酸氯铅矿	Pyromorphlte	$3Pb_3(PO_4)_2 \cdot PbCl_2$	Pb 76.37	细柱状	3.5～4	6.9～7.0	黄绿、鲜红	
9	氧化矿	砷酸铅矿	Mimetlte	$3Pb_3(AsO_4)_2 \cdot PbCl_2$	Pb 69.61	空心柱	2.8～3	6.7～7.2	黄、褐、绿	
10	氧化矿	矾酸铅矿	Uanadinite	$3Pb_3(VO_4)_2 \cdot PbCl_2$	Pb 73.15	四方板状、双锥状、锥状	3.0	3.9～4.1	黄、褐、红	
11	氧化矿	钼铅矿	Wulfenlte	$PbMoO_4$	Pb 58.38	四面体、菱形十二面体	3.5～4	4.2	橙黄、蜡黄	断口为油脂光泽
12	硫化矿	闪锌矿	Sphalerlte	ZnS	Zn 67.1	四面体、菱形十二面体	4.0	3.90	浅黄、棕褐、黄	
13	硫化矿	铁闪锌矿	Marnatlet	$nZnS \cdot mFeS$	Zn 小于 60.0	尖状体	3.5～4	4.3～4.45	褐	
14	硫化矿	纤维锌矿	Wurtzlte	ZnS	Zn 67.1	菱面体、偏三角面体	5.0	3.4～4.45	浅 棕	
15	氧化矿	菱锌矿	Smlthsonlte	$ZnCO_3$	Zn 64.0	板 状	4.5～5	3.4～3.5	灰白、浅绿、浅褐	
16	氧化矿	异极矿	Hemlmorpholte	$ZnSiO_4 \cdot H_2O$	Zn 67.5	菱面体	5.5	3.9～4.2	白、蓝、黄	强热电性
17	氧化矿	硅锌矿	Willemite	Zn_2SiO_4	Zn 73.0		2～2.5	3.9～4.2	白、灰、浅绿	
18	氧化矿	水锌矿	Hydrozlnclte	$2Zn(OH)_2 \cdot ZnCO_3$	Zn 75.2			3.6～3.8	白绿、白浅黄	

3.2 世界铅锌矿产资源状况

3.2.1 世界铅锌的储量和储量基础

3.2.1.1 铅锌储量和储量基础的概念

关于矿产资源储量的概念与分类，在1999年以前，我国使用的规范是将勘查阶段完成的资源储量作为划分储量级别的依据，分为表内、表外和A、B、C、D和E等级。这种分类没有明确的涉及资源储量在经济方面可行性的条件。旧分类是以计划经济为基础的划分方式。

新的分类是由地质评价（地质保证程度）、可行性评价阶段和经济可靠性三维要素构成的框架分类。

资源量：是指查明矿产资源的一部分和潜在矿产资源。包括经可行性研究或预可行性研究证实为次边际经济的矿产资源以及经过勘查而未进行可行性研究或预可行性研究的内蕴经济的矿产资源，以及经过预查后预测的矿产资源。

储量基础：是查明矿产资源的一部分。它能满足现行采矿和生产所需的指标要求（包括品位、质量、厚度、开采技术条件等），是经详查、勘探所获控制的、探明的并通过可行性研究、预可行性研究认为属于经济的、边际经济的部分，用未扣除设计、采矿损失的数量表述。

储量：是指基础储量中的经济可采部分。在预可行性研究、可行性研究或编制年度采掘计划时，经过了对经济、开采、选冶、环境、法律、市场、社会和政府等诸因素的研究及相应修改，结果表明在当时是经济可采或已经开采的部分。用扣除了设计、采矿损失的可实际开采数量表述，依据地质可靠程度和可行性评价阶段不同，又可分为可采储量和预可采储量。

3.2.1.2 世界铅锌的资源储量和储量基础

世界铅锌资源分布广泛，已知在50余个国家均有分布。据美国地质调查局报道：2005年全球查明铅资源量为15亿多吨，铅储量为6700万t，储量基础为14000万t，现有铅储量和储量基础的静态保证年限分别为22年和45年。2005年全球查明锌资源量为19亿多吨，锌储量220Mt，储量基础460Mt，现有锌储量和储量基础的静态保证年限分别为24年和50年。由于现有铅储量和储量基础只占铅资源量的4.5%和9.3%，锌储量与储量基础只占锌资源量的10.5%和23.6%，说明全球铅锌的勘查潜力不小。

1990年以来世界铅锌储量和储量基础的变化情况见表3-2。

表3-2 世界铅锌储量和储量基础 （万t）

年 份	铅		锌	
	储 量	储量基础	储 量	储量基础
1990	7000	12000	14400	29500
1995	6800	12000	14000	33000
2000	6400	13000	19000	43000
2001	6400	13000	19000	44000
2002	6800	14000	20000	45000

续表 3-2

年 份	铅		锌	
	储 量	储量基础	储 量	储量基础
2003	6700	14000	22000	46000
2004	6700	14000	22000	46000
2005	6700	14000	22000	46000
2006	6700	14000	22000	46000
2007	7900	17000	18000	48000

20 世纪 90 年代 10 年间，全球铅锌矿山生产不断攀升，合计生产铅含量 2970 万 t 和锌含量 7290 万 t，但 10 年间全球铅储量只减少了 600 万 t，储量基础不仅没有减少，反而增加了 1000 万 t；锌储量和储量基础也是不仅没有减少，反而分别增加了 4600 万 t 和 13500 万 t。这说明勘探投入增加的储量丰富，除了弥补生产消耗储量外，还新增不少储量供持续生产使用。20 世纪 90 年代由于勘查投入增加，各增加铅锌资源量 1 亿多吨。近几年由于铅锌需求旺盛，价格坚挺，全球铅锌矿勘查受到重视，投入勘查资金不断增加，铅锌储量明显增加，扣除当年生产消耗的储量外，2005 年保有的铅锌储量和储量基础仍与 2004 年持平。

据美国地质调查局统计，2007 年全球铅储量为 7900 万 t，比 2006 年增长 17.91%，储量基础为 17000 万 t，比 2006 年增长 21.43%。2007 年全球铅储量及储量基础的增长主要是因为澳大利亚的储量增加。另外加拿大的储量变化加大，2007 年加拿大的铅储量和储量基础都有较大程度的减少。澳大利亚是全球铅储量最多的国家，储量为 2400 万 t，占全球储量的 30.57%；储量基础 5900 万 t，占全球储量基础的 34.69%。2007 年全球锌储量为 1.8 亿 t，比 2006 年减少 18.18%，储量基础为 4.8 亿 t，比 2006 年增长 4.35%。

2007 年美国、加拿大、哈萨克斯坦等几个锌储量大国的储量减少是导致 2007 年整体储量减少的原因，不过澳大利亚的储量及储量基础又有大幅增加，因此全球锌储量基础没有太大变化。澳大利亚是全球锌储量最丰富的国家，2007 年储量为 4200 万 t，占全球储量的 23.08%；储量基础 10000 万 t，占全球储量基础的 20.75%。表 3-3 和表 3-4 分别列出了全球主要铅与锌储量国的储量和储量基础。

表 3-3 全球主要铅储量国的铅储量与储量基础 （万 t）

国 家	储 量				储量基础			
	2006 年		2007 年		2006 年		2007 年	
	数 量	比例/%	数 量	比例/%	数 量	比例/%	数 量	比例/%
美 国	810	12.18	770	9.81	2000	13.88	1900	11.17
澳大利亚	1500	22.56	2400	30.57	2800	19.43	5900	34.69
加拿大	200	3.01	40	0.51	900	6.25	500	2.94
中 国	1100	16.54	1100	14.01	3600	24.98	3600	21.16
哈萨克斯坦	500	7.52	500	6.37	700	4.86	700	4.12
墨西哥	150	2.26	150	1.91	200	1.39	200	1.18

续表 3-3

国 家	储 量				储量基础			
	2006 年		2007 年		2006 年		2007 年	
	数 量	比例/%	数 量	比例/%	数 量	比例/%	数 量	比例/%
摩洛哥	50	0.75	50	0.64	100	0.69	100	0.59
秘 鲁	350	5.26	350	4.46	400	2.78	400	2.35
波 兰	—	—	—	—	540	3.75	540	3.17
南 非	40	0.60	40	0.51	70	0.49	70	0.41
瑞 典	50	0.75	50	0.64	100	0.69	100	0.59
其他国家	1900	28.57	2400	30.57	3000	20.82	3000	17.64
全球合计	6700	100.00	7900	100.00	14000	100.00	17000	100.00

表 3-4 全球主要锌储量国的锌储量与储量基础 （万 t）

国 家	储 量				储量基础			
	2006 年		2007 年		2006 年		2007 年	
	数 量	比例/%	数 量	比例/%	数 量	比例/%	数 量	比例/%
美 国	3000	13.64	1400	7.69	9000	19.57	9000	18.67
澳大利亚	3300	15.00	4200	23.08	8000	17.39	10000	20.75
加拿大	1100	5.00	500	2.75	3100	6.74	3000	6.22
中 国	3300	15.00	3300	18.13	9200	20.00	9200	19.09
哈萨克斯坦	3000	13.64	1400	7.69	3500	7.61	3500	7.26
墨西哥	800	3.64	700	3.85	2500	5.43	2500	5.19
秘 鲁	1600	7.27	1800	9.89	2000	4.35	2300	4.77
其他国家	5900	26.82	4900	26.92	8700	18.91	8700	18.05
全球合计	22000	100.00	18000	100.00	46000	100.00	48000	100.00

3.2.2 世界铅锌资源的分布

世界铅锌储量和储量基础较多的国家有澳大利亚、中国、美国、加拿大、墨西哥、秘鲁、哈萨克斯坦、南非、摩洛哥和瑞典等。它们合计占 2007 年世界铅锌储量基础的 80% 左右。澳大利亚、美国和俄罗斯的铅锌矿床多以铅为主；中国和加拿大的铅锌矿床多以锌为主。

2007 年，澳大利亚铅、锌储量基础分别达 5900 万 t 和 10000 万 t，分别占世界铅、锌储量基础的 34.69% 和 20.75%。铅锌资源主要分布在新南威尔士州、昆士兰州、北部地方、西澳大利亚州及塔斯马尼亚州等地区。新南威尔士州的布罗肯希尔（Broken Hill），昆士兰州的芒特·艾萨(Mount Isa)、“世纪”(Centurv)，北部地方的麦克阿瑟河（McArthur

River）和西澳大利亚州的阿德米勒尔湾（Admirals Bay）等的铅锌矿床均是世界著名的、储量在千万吨级以上的大矿床。

美国铅、锌储量基础分别占世界的11.17%和18.67%，2007年铅和锌储量基础分别为1900万t和9000万t。主要分布在密苏里州东南部，密苏里、堪萨斯和俄克拉何马三州交界地区，田纳西州的中部和东部，密西西比河谷上游的威斯康星州，以及阿拉斯加州，爱达荷州和犹他州等地区。重要矿床有位于密苏里东南部的维伯纳姆（Viburnum）矿带和老铅矿带（Old Lead Belt）内的矿床，三州（Tri State）矿区，爱达荷州的克达伦（Coeurd' Alene）矿区，以及阿拉斯加州“红狗”（Red Dog）矿区等。

加拿大铅、锌储量基础分别占世界的2.94%和6.22%，2007年铅、锌储量基础分别为500万t和3000万t。主要分布在育空地区、西北地区、不列颠哥伦比亚省、新斯科舍省和安大略省等。重要矿床有育空地区塞尔温盆地中的霍华兹山口（Hovards Pass）、法罗（Faro）等矿床，不列颠哥伦比亚贝尔特盆地中的沙利文（Sullivan）矿床，新斯科舍省巴瑟斯特地区的不伦瑞克12号（Brunswick）矿床，西北地区的派因波因特（Pine Point）矿床以及安大略省的基德克里克（Kidd Creek）矿床等。

2007年，墨西哥铅、锌合计的储量基础2700万t，铅锌矿床主要分布在奇瓦瓦州、科阿韦拉州和萨卡特卡斯州。重要矿床有奇瓦瓦州的圣欧拉里亚（Santa Eulalia）和圣巴巴拉（Santa Barbara），科阿韦拉州的塞拉莫加达（Sierra Mo jada），萨卡特卡斯州的里尔德安占利斯（Real de Angeles）等。

2007年，秘鲁铅、锌合计的储量基础为2700万t，铅锌矿床主要分布在帕斯科省和利马省。著名的矿床有帕斯科省的塞罗德帕斯科（Cerro de Pasco）。近年又在帕斯科矿区发现圣格雷戈里奥（San Gregorio）矿床。

亚洲铅锌储量较多的国家除中国外还有朝鲜、蒙古、日本、印度、缅甸、印度尼西亚、哈萨克斯坦、伊朗和土耳其等。朝鲜铅锌矿床主要分布在西北部的咸镜南道，其检德（Komdok）铅锌矿已跃居世界第一大矿床。蒙古有察布（Ksav）等大型铅锌矿床。日本北鹿（Hokuroku）地区的“黑矿”（Kuroko）含有大量铅和锌。印度的铅锌储量集中在拉贾斯坦邦，重要的矿床有书普尔-阿古恰（Rampura-Agucha）等。缅甸东部有大型的包德温（Bawdwin）铅锌矿床。哈萨克斯坦是前苏联重要的铅锌产区，2007年铅和锌的储量基础分别为700万t和3500万t，分别占世界铅锌储量基础的4.12%和7.26%。矿床主要分布在该国的东部、东北部和西南部。重要矿床有东北部阿尔泰地区的济良诺夫（Zhuliannov）、列宁诺戈尔斯克（Lieninogorsk）矿床，东部的捷克Tekeli矿床和西南缘卡拉套山区的沙尔基亚（Shalkva）矿床等。伊朗西北部有安古兰（Angouran）大型铅、锌矿床，近年在中部地区发现迈赫迪耶巴德（Medhdiabad）大型矿床。土耳其中部有恰耶利-马登科伊（Cayeli-M adenkoy）大型矿床。印度尼西亚近年在勿里洞岛（Belitung）、达里（Dairi）等矿地发现一些大型铅锌矿床。

非洲铅、锌储量集中在南非、纳米比亚、摩洛哥和阿尔及利亚等国家。南非铅锌的储量主要分布在该国的西北部，重要矿床有甘斯爆（Gamsberg）和阿格尼斯（Agenevs）等。纳米比亚西南部有大型的斯科比翁（Skorpion）锌矿床。摩洛哥2007年铅的储量基础为100万t，重要矿床有泰维西特-布贝克（Touissit-Boubeker）等。阿尔及利亚于1990年在其北部贝贾亚东南的阿米祖地区发现大的铅锌矿床。

欧洲铅锌储量主要分布在波兰、德国、爱尔兰、西班牙、葡萄牙、南斯拉夫、意大利、瑞典和俄罗斯等国。重要矿床有波兰上西里西亚（Upper Silesian）地区的矿床，德国的腊梅尔斯伯格（Rammelsberg）和麦根（Meggen），爱尔兰的纳凡（Navan）和利希恩（Lisheen），西班牙的雷奥辛（Reocin）、索提尔（Sotiel）和洛斯赖莱斯（Los Frailes），葡萄牙的内维斯科尔沃（Neves-Corvo）和阿尔朱斯特莱尔（Aljistrel）等。前南斯拉夫特雷普查（Trepca），意大利蒙特维基奥（Montevecchic），瑞典拉伊斯瓦尔（Laisvall）矿床等。俄罗斯有不少大型的矿床，主要分布在乌拉尔黄铁矿带，如布雷阿瓦侣（Блыава）、乌恰林（Учалинск）等矿床，以及西伯利亚的戈列夫（Горевское）、霍洛德宁（Хололнина）、奥泽尔诺耶（Озерное）等矿床。

3.2.3 世界铅锌矿的主要类型和重要铅锌矿床

世界勘查和开采铅锌矿的主要类型有：喷气沉积型（Sedex 型）、密西西比河谷型、砂页岩型、黄铁矿型、矽卡岩型、热液交代型、脉型等。其中以前4类为主，约占世界铅锌总储量的85%以上。目前喷气沉积型铅锌矿受到重视，不仅储量大，而且品位高，如像澳大利亚的 Broken Hill 铅锌矿（铅锌金属储量大于 5500 万 t，铅锌合计品位 25%）、Mcarthur river 铅锌矿（铅锌金属储量2580 万 t，铅锌合计品位 13.6%）和 Centurg“世纪”铅锌矿（铅锌金属储量 1610 万 t，铅锌合计品位 11.5%）；加拿大的 Sullivan 铅锌矿（铅锌金属储量大于 2083 万 t，铅锌合计品位 11.9%）；美国的 Red Dog 铅锌矿（铅锌金属储量 3162 万 t，铅锌合计品位 20.4%），但中国至今尚未发现这类特大型矿床。另外大型的密西西比河谷型矿床也有发现，如波兰的 Up-per Silesia 铅锌矿（铅锌金属储量 3200 万 t，品位为 12%），美国的 Viburnum Trend 铅锌矿（铅锌金属储量 3000 万 t，品位为 7.0%）。另外沉积变质型矿床找到了特大型的朝鲜检德铅锌矿（铅锌金属储量 4000 万 t，也有报道为 7000 万 t，铅锌合计品位 7% ~10%）。

20 世纪 70 年代以来，世界范围内发现了不少重要的铅、锌矿床，如澳大利亚“世纪”（1990 年发现）、坎宁顿（1990）、杜加尔德河（20 世纪 80 年代）、阿德米勒尔湾（1981）、赫利尔（1981）；美国“红狗”（1975）、克兰多（1975）；加拿大霍华兹山口（1972）、西尔奎（1978）、米德韦（1981）、波拉里斯（1975）；墨西哥谢拉莫哈达（20 世纪 90 年代）；秘鲁圣格雷戈里奥（20 世纪 90 年代）；爱尔兰纳凡（1971）；葡萄牙内维斯-科尔沃（1981）；南非甘斯堡（1973）、阿格尼斯（1971）；印度兰普拉阿古恰（1979）；伊朗迈赫迪耶巴德（20 世纪 90 年代）、安古兰（20 世纪 90 年代）等。我国在这时期也有许多重要发现，如新疆可可塔勒（1986）、内蒙古白音诺（1970）、四川呷村（1972），以及 2000 年以后在河南省西南部发现的银多金属大型矿产地等。

据统计，全球铅锌金属储量（包括已开采量）超过 500 万 t 的巨型铅锌矿床近 60 个，其中澳大利亚 9 个，美国 7 个，加拿大 6 个，中国 5 个（包括云南兰坪金顶、甘肃厂坝、广东凡口、内蒙古东升庙和广西大厂等矿田），四国合计巨型铅锌矿床数占全球 45%。目前世界特大型铅锌矿床情况见表 3-5。

表 3-5 目前世界特大型铅锌矿床（铅+锌原始金属储量大于500万t）

序 号	国家(地区)	矿床或矿区	储量（Pb+Zn)/万t	品位（Pb+Zn)/%	矿床类型	成矿时代	发现年代
1	加拿大	基德克里克(Kidd Creck)	952	6.42	VMS	太古宙	1964
2	加拿大	不伦瑞克12号(Brunswick)	>1070	13	VMS	古生代	1952
3	加拿大	派因波特因(Pine Point)	820	10	MVT	古生代	1962
4	加拿大	法罗（Faro)	599	9.5	Sedex	古生代	20世纪50年代后
5	加拿大	霍华兹山口(Howards Pass)	850	7.7	Sedex	古生代	1972
6	加拿大	沙利文（Sullivan)	>2083	11.9	Sedex	元古宙	1892
7	美 国	“红狗”矿田(Red Dog)	3162	20.4	Sedex	古生代	1975
8	美 国	维伯纳姆矿带(Viburnum Trend)	3000	7	MVT	古生代	1955
9	美 国	老铅矿带(Old Lead Belt)	910	3	MVT	古生代	1725
10	美 国	三州矿区（Tri State)	1315	2.9	MVT	古生代	1848
11	美 国	马斯科特（Mascot)	600	3.6	MVT	古生代	1892
12	美 国	宾厄姆（Bingham)	660	6.9	矽卡岩型	新生代	1863
13	美 国	克达伦(Coeurd Alene)	>1000	11.8	沉积变质岩	元古宙	1885
14	格陵兰	皮里地	1800	7	Sedex		1993
15	墨西哥	塞拉莫加达(Sierra Mojada)	628	8.22	矽卡岩型	元古宙	20世纪90年代
16	秘 鲁	圣格雷戈里奥(San Cregorio)	693	9.52	交代型	中生代	20世纪90年代
17	秘 鲁	安塔米纳(Antamina)	575	1.03	矽卡岩型		1996年
18	秘 鲁	塞罗德帕斯科(Ceiro de Pasco)	825	12.7	热液-交代型	中生代	1630
19	玻利维亚	圣克里斯托巴尔(San Cristobal)	549	2.12	热液型	新生代	1996
20	巴 西	瓦赞蒂（Vazante)	513	18	非硫化物型	元古宙	
21	澳大利亚	布罗肯希尔(Broken Hill)	>5500	25	Sedex	元古宙	1883

续表 3-5

序 号	国家(地区)	矿床或矿区	储量(Pb + Zn)/万 t	品位(Pb + Zn)/%	矿床类型	成矿时代	发现年代
22	澳大利亚	芒特·艾萨(Mount Isa)	1169	13.2	Sedex	元古宙	1923
23	澳大利亚	希尔顿(Hilton)	643	17.3	Sedex	元古宙	1947
24	澳大利亚	杜加尔德河(Dugald River)	542	15.7	Sedex	元古宙	20 世纪 80 年代
25	澳大利亚	坎宁倾(Cannington)	718	13.4	Sedex	元古宙	1990
26	澳大利亚	"世纪"(Century)	1610	11.5	Sedex	元古宙	1990
27	澳大利亚	乔治菲什(George Fisher)	1781	16.5	Sedex	元古宙	
28	澳大利亚	麦克阿瑟河(McArthur River)	2580	13.6	Sedex	元古宙	1955
29	澳大利亚	阿德米勒尔湾(Admirals Bay)	1044	8.7	MVT	古生代	1981
30	爱尔兰	纳凡(Navan)	994	11.99	Sedex	古生代	1971
31	波 兰	上西里西亚(Upper Silesia)	3200	12	MVT	古-中生代	
32	德 国	弗赖贝格(Freiberg)	1400	5~6.5	热液脉型	中生代	
33	德 国	腊梅尔斯伯格(Rammelsberg)	840	28	Sedex	古生代	1859
34	德 国	麦根(Meggen)	678	11.3	Sedex	古生代	1852
35	德 国	莫巴什-梅舍尼什(Manbach-Meaherunch)	500		砂岩型	中生代	
36	西班牙	雷奥辛(Reocin)	>900	10~20	MVT	古生代	
37	葡萄牙	阿尔朱斯特莱尔(Aljistrel)	520	5.2	VMS	古生代	20 世纪 60 年代
38	南斯拉夫	特雷普查(Trepca)	500	10	矽卡岩型	新生代	
39	意大利	蒙特维基奥(Montevecchio)	500	7~10	热液脉型	古生代	1848
40	南 非	甘斯堡(Gamsberg)	1268	7.65	Sedex	元古宙	1973
41	南 非	阿格尼斯(Ageneys)	978	2.8~6.6	Sedex	元古宙	1971
42	纳米比亚	斯科比翁(Skarpion)	>600	7~10	MVT	元古宙	
43	摩洛哥	泰维西特(Tourissit)	665	9.5	MVT	中生代	
44	哈萨克斯坦	捷克利(Tekeli)	550	11	Sedex	元古宙	20 世纪 30 年代
45	哈萨克斯坦	济良诺夫(Zhuliannew)	>500	11	VMS		
46	哈萨克斯坦	莎尔基亚(Shalkya)	1239	4.13	沉积型	古生代	

续表 3-5

序 号	国家(地区)	矿床或矿区	储量（Pb + Zn)/万 t	品位（Pb + Zn)/%	矿床类型	成矿时代	发现年代
47	乌兹别克斯坦	乌奇库拉奇（Uchkulach）	677	3.4	MVT		
48	伊　朗	麦赫迪耶巴德（Medhdiabad）	1220	12.7	MVT		20 世纪 90 年代
49	伊　朗	安古兰（Angouran）	650	30 ~ 40	MVT	古生代	
50	印　度	兰普尔阿古恰（Rampura-Agucha）	920	15.05	VMS	太古宙	1979
51	缅　甸	包德温（Bawdwin）	820	9.5	热液型	古生代	11 世纪
52	朝　鲜	检德（Kamdok）	7000	7 ~ 10	沉积变质岩	元古宙	15 世纪
53	日　本	北鹿地区（Hokuroku Region）	663	6.5	VMS	新生代	
54	中　国	云南金顶	1610	8.44	砂岩型	古生代	20 世纪 60 年代
55	中　国	甘肃厂坝矿田	792	8.46	Sedex	古生代	20 世纪 60 年代
56	中　国	广东凡口	829	14.01	MVT	古生代	20 世纪 50 年代
57	中　国	内蒙古东升庙	626	3.25	Sedex	古生代	1957
58	中　国	广西大厂矿田	579	2.77 ~ 15.53	热液型	古生代	

3.3 我国铅锌矿产资源状况

3.3.1 我国的铅锌储量与资源分布

我国铅锌矿产资源比较丰富，是我国的优势矿种，分布广泛且又相对集中。我国 29 个省（市、自治区）几乎都有铅锌资源，相对集中在滇西兰平、秦岭、南岭、川滇和狼山五大矿区，这些矿区成为我国铅锌资源的富集地区，多数大型铅锌矿床都分布在这里。

主要成矿有利区域有：华南褶皱系成矿区、华北地台北缘成矿区、黔滇川成矿带、滇西兰坪地区、四川昌台地区、长江中下游成矿带、川黔湘鄂成矿带、秦岭礼县-榨水成矿带和阿尔泰山南缘成矿带。

铅资源主要集中在云南、广东、陕西、青海等省区，合计保有储量占全国总量的 80%。云南铅矿资源储量占全国总储量的 17%，位居全国榜首；内蒙古、广东、甘肃、江西、湖南、四川、陕西次之，资源储量均在 200 万 t 以上。

锌资源主要集中在云南、内蒙古、甘肃、湖南、广西、广东、四川等省区，合计保有储量占全国总量的 70%。全国锌储量以云南最多，占全国 25.68%；甘肃和内蒙古次之，占 20% 以上；其他如内蒙古、甘肃、广西、湖南、广东、四川、河北等省（区）的锌矿资源储量也较丰富，均在400万t以上。

2007年我国铅储量为1100万t，占世界铅储量的14.01%，锌储量为3300万t，占世界锌储量的18.13%。2007年我国铅锌储量基础分别为3600万t和9200万t，分别占世界铅、锌储量基础的21.16%和19.09%。

截至2006年底，全国共有铅矿区1243个，锌矿区1266个。其中，80%以上的铅锌资源储量都分布在云南、内蒙古、广东、甘肃、江西、湖南、四川、陕西、青海、福建、广西等11个省区内。重要的铅锌矿床有云南金顶、广东凡口、甘肃厂坝、内蒙古东升庙、广西大厂、四川大梁子、江西冷水坑、湖南水口山、青海锡铁山和新疆可可塔勒等。

“十五”期间，国家加大了对铅锌矿产资源勘查的投资力度，铅锌矿产查明资源储量增长很快，除满足当年的矿山开采对资源储量的消耗外，还有净增长。2005年铅、锌矿产保有资源储量分别为3934.54万t与9495.28万t，分别比2000年的3512.3万t与9278.12万t增长12%与2.3%。

按2006年的矿山实际开采量与采矿回收率，这些基础储量可供开采的年限，即所谓的静态保证年限，只有9年与14年。如果考虑资源量，其折算率按60%计算，现有铅锌资源储量可供开采的年限，有可能分别延长到21年与24年。

3.3.2 我国铅锌资源的特点

我国的铅锌矿资源除了有分布广泛且又相对集中的特点外，与其他国家的铅锌矿资源相比，还有以下的特点：

（1）大中型铅锌矿床较多，特大型矿床较少。我国现有大中型铅矿99处，探明的储量和资源量分别占全国的84.9%和66.9%，其中大型铅矿区14处，探明的储量和资源量分别占全国的50.3%和31.1%。另外现有大中型锌矿187处，探明的储量和资源量分别占全国的96.2%和86.4%，其中大型锌矿区44处，探明的储量和资源量分别占全国的76.6%和58.1%。小型铅锌矿区虽然数量众多，探明的铅锌储量和资源量仅占全国的6.5%和18.9%。特大型铅锌矿床数量虽少，但储量巨大，云南兰坪、广东凡口、甘肃厂坝、内蒙古东升庙和广西大厂五座特大型铅锌矿合计保有储量占全国总储量的1/4以上。

（2）铅锌共生，锌高铅低，矿石类型复杂，共伴生组分多。在我国的铅锌矿床中，铅锌密切共生，单一铅矿或锌矿都很少，而且锌品位高于铅，铅锌品位比值一般为1∶2.6，国外多为1∶1.2。

我国铅锌矿床的类型以层控型为主，火山岩型与矽卡岩型也占相当大比例。矿石类型复杂，主要有铅锌矿石、铅锌铜矿石、铅锡矿石、铅锌锡锑矿石、锌铜矿石等，单一类型很少。在我国的铅锌矿床中，共伴生有用元素高达50余种，这些共伴生的有用元素大多数可以综合回收利用，尤以白银、黄金、镉、铋、铟、锗最具有回收价值，其中白银产量增长与铅锌产量增加密不可分。

（3）贫矿多，富矿少，以硫化矿为主，开采损失较大。我国铅锌矿山的品位之和大多在5%~10%，品位大于10%的矿石仅占总储量的15%。国外铅锌矿山的品位之和多在10%以上。在我国的铅锌矿中，硫化矿占绝大多数，90%的储量为原生硫化矿，只有云南兰坪和会泽、广西泗顶、辽宁紫河、陕西铅峒山等少数地区是氧化铅锌矿床。

我国地质调查局发展研究中心对国内116个大中型铅锌矿的统计分析表明，我国铅锌矿床全国平均综合品位为6.48%，其中铅品位为1.99%、锌品位为4.49%。在116个大中型铅锌矿床中，铅锌综合品位大于15%的矿体占4.5%，我国特富矿不多，铅锌综合品位在4%~7%之间矿体约占50%。根据当前国际市场铅锌价格，开采铅锌综合品位4%左右矿体也不亏损。但我国中小型铅锌矿绝大多数都是民营企业，为了追求利润，在开采过程中吃富弃贫，采大弃小，采易弃难现象普遍存在，资源损失还相当严重。

（4）露天开采量少，主要是坑内开采。在我国有色金属采矿业中，铅锌采矿业居第二位，采掘总量2000多万吨。其中坑采占90%，露天开采仅占10%。大型铅锌矿如锡铁山、凡口、厂坝、会泽、东升庙等企业都是坑内开采，采矿技术相对复杂，特别是群采破坏最严重三大矿区兰坪、厂坝和大厂，上面好的资源基本采完，并给深部安全生产带来严重隐患，吃富弃贫，开采损失比较大，留下大量的采室区、塌陷区、残矿区。

3.3.3 我国铅锌资源开发利用现状

3.3.3.1 *勘探情况*

全国已利用的铅矿区571处，合计查明资源储量2540万t，占总查明资源储量的65%。其中，基础储量1168万t，占总基础储量的84%。可供规划利用的矿区260处，合计查明资源储量935万t，占总查明资源储量的24%。其中，基础储量184万t，占总基础储量的13%。主要集中分布在江西、内蒙古、四川、云南、甘肃等地。

全国已利用的锌矿区607处，合计查明资源储量6864万t，占总查明资源储量的72%。其中，基础储量3810万t，占总基础储量的89%。可供规划利用的矿区273处，合计查明资源储量2100万t，占总查明资源储量的22%。其中，基础储量419万t，占总基础储量的10%。主要集中分布在内蒙古、江西、河北、四川、甘肃、云南、广西、黑龙江、湖南和江苏等地。

近几年来，我国加大了对铅锌主要成矿区带找矿的支持力度，并将铅锌矿列为国土资源大调查重点矿种。西南地区的地勘评价成果表明，西南三江地区的铅锌资源总量比原来预测的要多。据估计，我国未查明的铅锌远景资源量已超过4亿t。2006年我国新增铅矿资源储量255万t、新增锌矿资源储量486.59万t。2007年我国新增铅矿资源储量273.86万t、新增锌矿资源储量524.97万t，是近几年中增长幅度最大的一年。

在“十一五”后3年中，我国将通过加大对16个重要成矿区带的公益性地质调查投入力度，进一步推动商业性矿产勘查工作的发展，有望在矿产资源调查评价和勘查方面实现新的重大突破。“十一五”期间，我国预计将新增铅锌资源储量5000万t，并有望形成豫西南铅锌银矿、闽中铅锌矿、鄂西铅锌矿、大兴安岭中南段铅锌银矿、塔里木西缘铅锌矿等一批可供国家规划和建设的大型有色金属原料基地，铅锌矿资源供应紧张的局面有望在一定程度上得到缓解。

3.3.3.2 *矿业开发*

由于有色金属市场价格全面高涨，近年来矿产开发已成为投资热点，铅锌也不例外。2006年，铅锌矿采选新开工项目投资额为53.45亿元，比2003年的3.02亿元增长16.7倍；该年度完成的投资额高达64.45亿元。2007年新开工项目投资127.98亿元，完成投资116.73亿元，年增长率为239%和181.1%；到2007年年底，共计有采矿生产能力4596万t/a。矿石含铅114.68万t，含锌325.26万t，分别比2003年的67.28万t与

169.72 万 t 增长 170.45% 和 191.65%；选矿能力 3732 万 t，生产铅精矿含铅 128.85 万 t，锌精矿含锌 307.8 万 t。分别比 2003 年的 76.36 万 t 和 175.19 万 t 增长 168.74% 和 175.7%。铅锌矿采选生产能力较大的省区有：云南、湖南、广西、广东、青海、甘肃、四川、内蒙古、陕西；但主要集中在云南、内蒙古和湖南，三省区铅锌矿采矿生产能力约占全国总量的 40% 以上。

2006 年，铅锌矿冶炼新开工项目投资额为 48.47 亿元，本年完成投资 79.57 亿元，到年底共计有粗铅冶炼能力 232.61 万 t，铅电解能力 325.28 万 t。2007 年新开工项目投资 144.06 亿元，完成投资 127.47 亿元。形成粗铅冶炼能力 250.11 万 t，铅电解 342.52 万 t。粗铅冶炼能力主要集中在河南、湖南、云南、广西和甘肃，铅电解能力则主要集中在河南、湖南、云南和广西；2007 年底，蒸馏锌生产能力 83.41 万 t，精馏锌生产能力 87.61 万 t，主要集中在辽宁、贵州、陕西和广东；电锌生产能力 334.72 万 t，主要是集中在湖南、云南、广西、河南、四川、甘肃、内蒙古和辽宁；锌品生产能力 64.23 万 t，主要是集中在广西、云南、湖南和辽宁。

2006 年，我国生产铅精矿含铅 133.06 万 t，比上年增长 16.5%；生产铅 271.49 万 t，比上年增长 13.5%；国产铅精矿能够满足冶炼需求的 49%；而矿山锌产量 284.42 万 t，比上年增长 11.6%；锌产量 316.27 万 t，比上年增长 13.9%；国产锌精矿能够满足冶炼需求的 89.9%。主要的铅锌精矿生产商有青海西部矿业、广东中金岭南、云南锡业集团、云南兰坪金鼎锌业、云南驰宏锌锗公司、白银有色公司、内蒙古白音诺尔铅锌矿、南京栖霞山锌阳矿业、湖南水口山矿务局、湖南黄沙坪铅锌矿、广西柳州华锡、辽宁青城子铅锌矿等。

2007 年，我国铅锌矿山采、选生产能力吨石量分别为 4600 万 t 与 3700 万 t，比上年分别增长 27.1% 和 12.7%，2007 年生产矿产铅 204.2 万 t，比上年增长 -2.51%，生产铅 278.83 万 t，比上年增长 2.56%；生产矿产锌 370.73 万 t，比上年增长 17.78%，生产锌 374.26 万 t，比上年增长 18.33%。

我国铅锌矿山的采矿损失率坑采一般为 8%，贫化率 12%，露采损失率 3.5%，贫化率 2%。选矿实际回收率铅一般为 85%，锌一般为 89%。铅锌冶炼总回收率一般为 94%。

尽管大部分铅锌矿区已经开发，但“大矿小开”的情况不少。例如，云南都龙锡锌多金属矿、内蒙古霍各乞铜铅锌矿和炭窑口铅锌矿等，矿床规模一般都在 100 万 t 以上，但目前的开采规模都不大。有的局部开采，有的单采富矿，多数尚未正规开发，因此，大有生产潜力可挖。

3.4 二次铅锌资源的开发利用

3.4.1 二次铅资源的开发利用

3.4.1.1 二次铅资源的构成与再生铅产量

二次铅资源是指回收的各种铅废件和铅废料。

二次铅资源中以废蓄电池回收的数量最大。铅蓄电池的板极是由含锑 3% ~8% 的铅锑合金格栅和涂于其上的填料所组成。正极板填料为红褐色的 PbO_2，负极板填料为灰色的金属铅粉，其他为氧、硫、水（即氧化铅、硫酸铅）等。其中，格栅约占废蓄电池总量的

25%，箱体占20%，隔板占1%，其余的54%为填料、渣泥和各种接头、跨接板等。

根据世界金属统计局公布的资料，世界产铅总量的51%用于生产蓄电池，而铅总产量的40%是由再生铅生产获得的，废蓄电池则占再生铅生产原料的90%。

除废蓄电池以外，化工冶金器械的耐酸衬里与部件中的废旧铅板、铅皮、铅管、电线包皮，各类铅基的轴承合金、弹丸合金，铅锡焊料以及各种含铅下脚料、碎屑和铅渣等，也是重要的二次铅资源。这些原料来源不一，组成也极为复杂。

随着科学技术和国民经济的发展，铅的消费量不断增加，大量的铅废件和铅废料成为生产再生铅的二次铅料。

世界各国对再生铅生产都比较重视，一些工业比较发达的国家，如美、英、日、德的再生铅消费量已占铅的总消费量的50%以上。2003年美国再生铅产量达到113.6万t，占其本国精炼铅产量的82.3%，日本、法国、德国、瑞典、意大利等一些国家再生铅产量占其本国铅产量的比例也均超过了50%，就连铅资源丰富的加拿大再生铅产量也接近总产量的50%。

2007年世界再生铅产量433.1万t，再生铅产量排名世界前十位的国家为：美国、中国、德国、日本、英国、意大利、加拿大、墨西哥、西班牙和比利时。2005~2007年世界主要国家再生铅产量见表3-6。

表3-6 2005~2007年世界主要国家再生铅产量 （万t）

位次	国家	2005年	2006年	2007年
1	美国	115.0	116.0	120.4
2	中国	54.0	80.0	80.0
3	德国	27.7	26.5	29.4
4	日本	16.8	17.2	17.0
5	英国	14.3	14.4	14.4
6	意大利	16.2	15.6	14.2
7	加拿大	12.0	13.5	14.1
8	墨西哥	11.0	11.5	11.5
9	西班牙	11.0	11.0	11.0
10	比利时	8.7	9.7	9.7
世界合计		404.5	427.0	433.1

中国再生铅工业起步于20世纪50年代，最近十几年来，随着对环境保护和资源综合利用的重视，中国再生铅工业取得了一定的进展，已经初步形成独立的产业，产量从1990年的2.82万t增长到2003年的28.25万t，2007年，中国精铅产量为275.3万t、再生铅产量为80.0万t，2007年再生铅年产量占全国精炼铅产量的29%。近年来，西方国家再生铅产量占精炼铅产量的比例为42%~65%。与国外相比，中国再生铅产量占精炼铅产量的比例偏小。

3.4.1.2 再生铅的国内外生产状况

二次铅资源的再生利用是以铅废件和废料为原料，生产精铅、铅基合金或铅化合物产品。由于从二次铅料回收铅比较容易，加上再生铅生产的能耗低、投资省、易于生产、劳动生产率高、经济效益好又能节约矿产资源，目前已形成再生铅工业。

我国现有废蓄电池再生铅的工厂很多，但生产规模小，技术落后。当前我国300多家再生铅生产企业中，95%以上是非国有企业，它们的生产能力从几十吨到几千吨不等，年产量在2万t以上的企业屈指可数。这些小企业凭借低成本、经营手段“灵活”，在与大企业的竞争中占有一定优势。目前，全国规模较大、比较正规的、无污染的再生铅生产企业只有3家，由于中国废铅蓄电池等再生铅原料收购不集中，相当一部分被小企业收走，使得大企业原料不充足，生产能力不饱和，生产成本高，根本无法与小企业进行竞争，出现了有规模、有科技手段却难以出效益的不正常的现象。

中国大多数小企业主要采用传统的小反射炉、冲天炉等工艺，极板和浆料混炼，回收率比国外工艺低10%～15%，只有80%～85%。每年大约有1万多吨铅在混炼过程中流失。国内一般再生铅企业能源消耗吨铅为500～600kg（标准煤），而国外平均为150～200kg，中国再生铅能耗比国外高3倍以上。由于废铅酸蓄电池拆解后无分选处理技术，板栅金属和铅膏混炼，合金成分根本没有合理利用，综合利用率低。另外，中国再生铅企业90%以上没有采取降尘处理，熔炼过程中排放了大量铅蒸汽、铅尘、二氧化硫等有害物质，严重污染环境。以全国每年大约冶炼30万t废铅蓄电池，产出约14万t再生铅计算，年排放烟尘约2.4万t。烟尘中大约含有60%左右的铅、锑、砷，若无收尘设施，每年就会有1.8万t的铅、锑，1.05万t的二氧化硫排向大气；将耗水约168万m^3；年产弃渣量高达6万t，其中含铅6000t、砷600t、锑2000t。

在发达国家甚至一些发展中国家，对再生铅行业的环保要求近乎苛刻，排污、排废要严格控制在标准以内，否则就要被处以巨额罚款或关闭。美国的再生铅企业仅有十余家，而年产量却高达100多万吨，主要是这些企业都很强大。做强做大不只为降低成本，提高质量，也为预防和治理污染提供了保证。中国发展再生铅工业必须走做强做大的道路，才能够提高再生铅资源利用率和保护环境。

目前国内再生铅工艺大致有三种方法。一是反射炉熔炼，加还原剂（铁屑）和熔剂，使铅及部分合金成分还原富集，杂质造渣。该法工艺简单，但劳动强度大，环境污染严重，且金属回收率低。二是将铅废料与铅原料一起配料入鼓风炉熔炼，回收率可达80%以上。三是一些小厂采用坩埚熔炼，用铸铁锅、石墨坩埚在1000℃左右还原废铅料，回收率可达90%左右，但是作业条件恶劣，环境污染严重。国内某公司吸取国外的处理工艺，废蓄电池经破碎分选，铅脱硫，短窑冶炼与精炼。回收率达到95%，能耗降低，每年可回收2万t，经济和社会效益显著。徐州有国内最大的再生铅厂。

3.4.2 二次锌资源的开发利用

3.4.2.1 二次锌资源的构成

可用于再生锌的二次资源有：热镀锌渣，电炉炼钢的含锌烟尘，锌制品生产过程的废品、废料及冲轧边角料，废旧锌及锌合金零件，废镀锌制品，化工生产的含锌副产物、废料及次等氧化锌等。

A 热镀锌渣

镀锌可经济有效地防止钢材腐蚀。热镀锌是将表面经净化和活化的带钢于450～460℃

的镀锌锅形成镀层，再经铬酸盐溶液钝化提高耐白锈性制成。随着我国国民经济快速发展，钢铁工业的高速增长，热镀用锌不断增加，成为当前锌的主要用途。现约有40%的锌用于镀锌，从事热镀锌的企业有1000多家，年耗锌约12万t，而锌利用率仅40%～60%。

热镀锌渣是热镀锌锅的浮渣和锅底捞出渣，为含锌达93%～95%的合金，是重要的锌二次资源。

B 炼钢电炉烟尘

炼钢电炉烟尘的化学组成主要取决于炼钢所用废钢原料，一般含锌15%～25%。国外对炼钢烟尘的回收利用已有成熟工艺。过去我国只有50t以上的电炉才设收尘装置，但收集的烟尘也没利用，不仅危害环境，对资源也是很大浪费。随着我国镀锌废钢的大幅度增加，炼钢炉烟尘对再生锌生产更显重要。

C 废锌锰电池

我国电池产量占全球产量的一半，用于锌锰电池生产的锌占锌总消费量约20%，每年报废锌锰电池达50万t，估计从中能回收锌7万t、铜1.4万t、锰11万t。如此大量的废电池若长期不回收利用，不仅严重浪费资源，而且汞、镉等有害元素污染环境，威胁人们健康。因此，废电池的回收利用在国内外受到日益广泛的关注。美、日、韩等国已建立起废锌锰干电池回收利用企业。我国对废干电池回收利用虽有许多研发报道，毕竟工艺技术还不成熟，而且，由于电池消费过于分散，用后难以集中回收，利用的经济效益不高等原因，尚未形成工业规模生产。

3.4.2.2 国内外再生锌的利用状况

据估计，目前全世界每年消耗金属锌及化合物锌约1000万t，其中70%来自矿石，30%来自再生原料回收。

据国际锌协会资料，欧洲生产再生锌的基本原料及其应用比例为：黄铜废料42%，镀锌渣27%，压铸产品废料16%，炼钢烟尘6%，锌材加工半成品废料6%，化工锌废料2%，其他1%。

随着我国工业化经济快速增长，矿产资源的消费增速远远高于国民经济的发展速度。一次锌资源，从2000年开始出现持续性、普遍性供应紧张。国内一次锌资源储量和储量保证年限分别为14.1年和21.8年，新的数据是只能再维持7～8年，保证年限不到世界平均水平的一半。因此，在充分利用国外锌资源的同时，实现锌资源利用从一次资源为主，向二次资源为主转变，建设资源节约型可持续发展的锌产业已刻不容缓。随着国民经济建设中各种含锌材料用量增加，二次锌资源积累加快，为再生锌产业的发展提供了原料条件。

目前，我国锌的产量和消费量均居世界之首，但再生锌产量不多，2006年仅11万t，只占当年锌产量的3.48%。

4 铅锌冶金的主要原料、主要产品及有关质量标准

4.1 铅锌冶金原料及相关质量标准

4.1.1 铅冶金原料及质量标准

4.1.1.1 铅冶金原料

铅的原料包括矿物原料和二次铅料两大类。矿物原料分硫化矿和氧化矿两种。硫化矿中的铅矿物主要是方铅矿（PbS），硫化铅矿属原生矿，是当今炼铅的主要原料。纯方铅矿含铅86.6%；含硫13.4%。但是，自然界很少有纯净的铅矿物，绝大多数的铅矿物是与其他金属矿物共生，而且多半是铅品位不高，所以一般需先经选矿得铅精矿后才进行冶炼。

硫化铅矿中通常共生的有辉银矿（Ag_2S）和辉铋矿（Bi_2S_3），所以银和铋是炼铅企业综合回收的重要元素。结晶颗粒大的方铅矿含银比较少，而多种硫化物组成的铅矿含银较高。如铅锌矿（含 PbS 和 ZnS）和铜铅锌矿（含 $CuFeS_2$、PbS 和 ZnS）常伴生有黄铁矿（FeS_2）、硫砷铁矿（FeAsS）和其他硫化矿物，矿石中还常伴有石灰石、石英石、重晶石等脉石成分。

硫化铅矿一般都经过分选后进行熔炼，铅锌密闭鼓风炉熔炼法和基夫赛特熔炼法可处理铅锌混合矿。

氧化矿主要为白铅矿（$PbCO_3$）和铅矾（$PbSO_4$），它们都属于次生矿，是原生矿经风化作用和含有碳酸盐的地下水作用而成。因白铅矿和铅矾都含有氧，所以统称为铅的氧化矿。由于矿的成因不同，氧化矿常在铅矿床的上层，而硫化矿则在下层。铅的氧化矿贮量比硫化矿少得多，故其经济价值较小。

铅矿石一般含铅为3%~9%，最低含铅量在0.4%~1.5%，必须进行选矿富集，得到适合冶炼要求的铅精矿。表4-1所列为一些铅精矿成分实例。

表4-1 国内外铅精矿成分实例 （%）

矿例		Pb	Zn	Fe	Cu	Sb	As	S	MgO	SiO_2	CaO	$Ag/g\cdot t^{-1}$	$Au/g\cdot t^{-1}$
国内精矿	Ⅰ	66.0	4.9	6	0.7	0.1	0.05	16.5	0.1	1.5	0.5	900	3.5
	Ⅱ	59.2	5.74	9.03	0.04	0.48	0.08	19.2	0.47	1.55	1.13	547	—
	Ⅲ	60	5.16	8.67	0.5	0.46	—	20.2	—	1.47	0.46	926	0.78
	Ⅳ	46	3.08	11.1	1.6	—	0.22	17.6	—	4.5	0.48	800	10
国外精矿	Ⅰ	76.8	3.1	1.99	0.03	—	0.2	14.1	0.2	—	75	—	—
	Ⅱ	74.2	1.3	3	0.4	—	0.12	15	0.5	1	1.7	—	—
	Ⅲ	50	4.04	—	0.47	0.03	0.004	15.7	—	13.5	2.3	—	—

4.1.1.2 铅精矿的化学成分及冶炼工艺对铅精矿质量的要求

铅精矿是由主金属铅、硫和伴生元素 Zn、Cu、Fe、As、Sb、Bi、Sn、Au、Ag 以及脉石氧化物 SiO_2、CaO、MgO、Al_2O_3 等组成。为了保证冶金产品质量和获得较高的生产效率，避免有害杂质的影响，使生产能够顺利进行，铅冶炼工艺对铅精矿成分有一定要求：

(1) 主金属含量不宜过低，通常要求大于40%。含量过低，对整个铅冶炼工艺会出现单位物料产出的金属铅量减少，从而降低生产效率。

(2) 杂质铜含量不宜过高，通常要求小于1.5%，铜过高，烧结块中铜含量会相应升高，在鼓风炉还原熔炼过程中，所产生的锍量增加，结果导致溶于锍中的主金属铅损失增加，同时易洗刷鼓风炉水套，不仅缩短水套的使用寿命，也容易造成冲炮等安全事故。另外，含铜太高，也易造成粗铅和电铅中铜含量超标。

(3) 含锌量不宜过高，锌的硫化物和氧化物均是高熔点、黏度大的化合物，特别是硫化锌，如含量过高，则在熔炼时这些锌的化合物进入熔渣和铅锍，导致它们熔点升高、黏度增大、密度差变小和分离困难，甚至因饱和在铅锍和熔渣之间析出形成横膈膜，严重影响鼓风炉炉况，妨碍熔体分离，故锌含量一般要小于5%。

(4) 砷、锑等杂质含量也有严格要求，通常要求两者之和小于1.2%，如果过高，则经配料烧结后，在鼓风炉中形成黄渣的量会增加，而且金属铅的流失量会相应增大，更严重的是会造成粗铅、阳极铅含砷、锑过高。此外，在电解精炼过程中，使铅溶解速度变慢，并且阳极泥难以洗刷干净。这样既影响电流效率，又影响生产效率。

(5) 氧化物杂质要求：MgO、Al_2O_3 等杂质会影响鼓风炉渣型，故一般要求 MgO 小于2%，氧化铝小于4%。

我国铅精矿的等级标准（YS/T 391—1997）见表4-2。由表可见，铅精矿的质量除了考虑到其含铅品位之外，另外的一个重要因素就是杂质锌的含量。铅精矿品位愈高，则冶炼的生产率和回收率愈高，能耗愈低，单位消耗和成本也愈小。铅精矿含铜过高，熔炼过程中铅的损失也会相应增大。铅精矿含锌越高，熔炼时的困难也越大。特别是含铜、锌都高的铅精矿，在一般情况下都很难处理。

表4-2 我国铅精矿的等级标准（YS/T 391—1997）

品 级	铅(不小于) w/%	杂质(不大于)w/%				
		Cu	Zn	As	MgO	Al_2O_3
一级品	70	1.5	5.0	0.3	2.0	4.0
二级品	65	1.5	5.0	0.35	2.0	4.0
三级品	60	1.5	5.0	0.4	2.0	4.0
四级品	55	2.0	6.0	0.5	2.0	4.0
五级品	50	2.0	7.0	协议	2.0	4.0
六级品	45	2.0	8.0	协议	2.0	4.0
七级品	40	2.0	6.0	协议	2.0	4.0

4.1.1.3 再生铅原料

再生铅原料的构成见3.4.1节。

再生铅原料中，除铅外，一般还含有不少数量的 Sb、Sn、Cu 和 Bi 等元素。其中，铅含量通常大于80%。部分再生铅原料化学成分见表4-3。

表4-3 再生铅原料的化学成分（质量分数） （%）

再生铅原料名称	Pb	Sb	Sn	Cu	Bi
废铅蓄电池极板	85~94	2~6	0.03~0.5	0.03~0.3	<0.1
压管铅板（管）	>99	<0.5	0.01~0.03	<0.1	
铅锑合金	85~92	3~8	0.1~1.0	0.1~0.8	0.2~0.5
电缆铅皮	96~99	0.11~0.6	0.4~0.8	0.018~0.31	
印刷合金	98~99	0.05~0.24	0.02~0.05	0.02~0.13	

再生铅原料具有物理形态和化学成分变化大的特点，从这类原料中提铅应根据具体的原料对象采取不同的处理方法。总的原则是，同一组别的金属及合金废料因化学成分一致或接近一致，可采取直接重熔加精炼的方法。这是一种成本低、经济效益好的利用方法。但大多数再生铅原料是混杂型的，不可能直接重熔处理，可以通过一系列的预处理（如拆解、破碎、分选等），其中化学组成一致或接近一致的某一部分或几部分彼此分离开来，再对分离后的各个组分分别按火法、湿法或湿法-火法联合流程处理。

4.1.2 锌冶金原料及质量标准

我国铅锌资源的特点是多金属硫化物共生矿床多，矿石类型复杂，较难分选，成分复杂，但伴生矿综合利用价值高。我国的铅锌矿是镉、铟、银等金属的主要矿源，也是硫、铋、锗、铊、碲等元素和金属的重要来源。因为金属品位不高，铅锌共生，并含有大量脉石和其他杂质金属，所以，矿石需先经过选矿。通常采用复选法优先选出锌精矿，副产铅精矿和硫精矿。我国某些大型铅锌矿产出的锌精矿成分实例见表4-4。

表4-4 锌精矿成分（质量分数）实例 （%）

精矿来源	Zn	Pb	S	Fe	Cu	Cd	As	Sb	SiO_2	$Ag/g\cdot t^{-1}$
湖 南	44.83	0.98	32.43	15.60	0.64	0.20	<0.20	0.001	1.32	80
黑龙江	51.34	0.88	32.53	11.48	0.12	0.02	0.04	0.02	0.5	85
广 东	51.92	1.4	32.69	7.03	0.20	0.14	<0.20	0.01	3.88	180
甘 肃	55.00	1.09	30.35	4.40	0.04	0.12	0.01	0.011	3.05	33

硫化锌精矿是生产锌的主要原料。它的粒度细、表面积大、活性高。成分一般为 $w(\mathrm{Zn})45\%\sim60\%$，$w(\mathrm{Fe})5\%\sim15\%$，硫的含量变化不大，为 $w(\mathrm{S})30\%\sim33\%$。锌精矿中，主要成分Zn，Fe和S三者共占总量的90%左右。

4.2 铅锌冶金产品及相关质量标准

4.2.1 铅冶金产品及质量标准

4.2.1.1 铅锭

铅锭的国家标准（GB/T 469—1995）见表4-5。

表 4-5 铅锭的质量标准（GB/T 469—1995）

牌号	规格	化学成分(质量分数)/%										用途
		Pb	杂质（不大于）									
		(不小于)	Ag	Cu	Bi	As	Sb	Sn	Zn	Fe	总和	
Pb99.994	每块质量24kg、42kg或48kg	99.994	0.0005	0.001	0.003	0.0005	0.001	0.001	0.0005	0.0005	0.006	用于蓄电池、电缆、油漆、压延品、合金等
Pb99.99		99.99	0.001	0.0015	0.005	0.001	0.001	0.001	0.001	0.001	0.01	
Pb99.96		99.96	0.0015	0.002	0.03	0.005	0.005	0.002	0.002	0.002	0.04	
Pb99.90		99.90	0.002	0.01	0.03	0.05	0.05	0.005	0.002	0.002	0.10	

注：1. 铅含量以100%减去表中所测得的8个杂质含量之和而得。
2. 铅锭为长方梯形、平底或底部有槽沟，两端有突出耳部。

4.2.1.2 粗铅的质量标准

粗铅的质量标准（YS/T 71—1993）见表4-6。

表 4-6 粗铅的质量标准（YS/T 71—1993）

牌号	Pb(质量分数)/%	杂质(质量分数)/%		用途
		Sb	As	
Pb98.0C	98.0	0.8	0.6	用于进一步精炼
Pb96.0C	96.0	0.9	0.7	
Pb94.0C	94.0	1.0	0.9	

注：粗铅锭为长方梯形，分小锭和大锭两种规格：小锭两端有突出的耳部，锭重30～50kg；大锭应附有完整可靠的吊环，锭重不超过2.0t。

4.2.2 锌冶金产品及质量标准

本节涉及的锌冶金产品有四种：锌锭、铸造锌合金锭、铸造锌合金和压铸锌合金。

4.2.2.1 锌锭质量标准

锌锭质量标准见表4-7。

表 4-7 各种锌锭牌号的化学成分（GB/T 470—1997）

牌号	化学成分(质量分数)/%									
	Zn	杂质含量（不大于）								
	(不小于)	Pb	Cd	Fe	Cu	Sn	Al	As	Sb	总量
Zn99.995	99.995	0.003	0.002	0.001	0.001	0.001				0.0050
Zn99.99	99.99	0.005	0.003	0.003	0.002	0.001				0.010
Zn99.95	99.95	0.020	0.02	0.010	0.002	0.001				0.050
Zn99.5	99.5	0.3	0.07	0.04	0.002	0.002	0.010	0.005	0.01	0.50
Zn98.7	98.7	1.0	0.20	0.05	0.005	0.002	0.010	0.01	0.02	1.30

注：锌锭单块质量20～27kg，外形无飞边、无大耳、无浮渣、无冷隔层、无夹杂物、无表面污染。

4.2.2.2 铸造锌合金锭质量标准

铸造锌合金锭质量标准（GB/T 8783—1988）包括铸造锌合金锭的规格、尺寸与用途，以及铸造锌合金锭的化学成分和合金锭的杂质允许含量。可分别见表4-8～表4-10。

表4-8 铸造锌合金锭的规格、尺寸与用途

规格和尺寸	用 途
250±5；115±2；115±2；240±5；54±2；30±2；40±2；10 450±15；30；310±15；90±10；80±10；65±10	用于制造锌合金铸件

表4-9 铸造锌合金锭的化学成分（GB/T 8783—1988）

牌 号	化学成分(质量分数)/%				
	主 要 成 分				
	Al	Cu	Mg	Pb	Zn
ZZnAlD4A	3.9～4.3	—	0.03～0.06	—	余量
ZZnAlD4	3.9～4.3	—	0.03～0.06	—	余量
ZZnAlD40.1	3.9～4.3	0.10～0.15	0.05～0.1	—	余量
ZZnAlD40.5	3.9～4.3	0.5～0.9	0.08～0.15	—	余量
ZZnAlD41A	3.9～4.3	0.25～0.50	0.03～0.06	—	余量
ZZnAlD41	3.9～4.3	0.25～0.50	0.03～0.06	—	余量
ZZnAlD43A	3.9～4.3	2.50～3.50	0.03～0.06	—	余量
ZZnAlD43	3.9～4.3	2.50～3.50	0.03～0.06	—	余量
ZZnAlD51	4.5～6.0	0.8～0.18	0.02～0.05	—	余量
ZZnAlD551	4.5～5.5	4.5～5.5	—	0.5～1.5	余量
ZZnAlD64	6.5～7.5	3.5～4.5	0.03～0.06	—	余量
ZZnAlD91.5	9.0～11.0	1.0～2.0	0.03～0.06	—	余量

表4-10 铸造锌合金锭的杂质允许含量（GB/T 8783—1988）

牌 号	化学成分(质量分数)/%						用 途 举 例
	杂质（不大于）						
	Fe	Pb	Cd	Sn	Si	Cu	
ZZnAlD4A	0.03	0.003	0.003	0.001	—	0.03	用于压铸较大铸件及仪表、汽车零件外壳
ZZnAlD4	0.1	0.005	0.003	0.002	—	0.03	用于压铸较大铸件及仪表、汽车零件外壳
ZZnAlD40.1	0.1	0.005	0.003	0.003	—	—	用于压铸较大铸件及仪表、汽车零件外壳
ZZnAlD40.5	0.1	0.015	0.01	0.005	—	—	广泛用于压铸零件

续表 4-10

牌　号	化学成分(质量分数)/%						用 途 举 例
	杂质（不大于）						
	Fe	Pb	Cd	Sn	Si	Cu	
ZZnAlD41A	0. 03	0. 003	0. 003	0. 001	—	—	广泛用于压铸零件，用于复杂形状铸件
ZZnAlD41	0. 1	0. 005	0. 003	0. 002	—	—	广泛用于压铸零件，用于复杂形状铸件
ZZnAlD43A	0. 05	0. 003	0. 003	0. 001	—	—	用于压铸各种零件
ZZnAlD43	0. 1	0. 03	0. 003	0. 005	—	—	用于压铸各种零件
ZZnAlD51	0. 1	—	0. 005	0. 002	—	—	用于模铸造及压铸零件
ZZnAlD551	0. 1	—	0. 005	0. 002	—	—	用于铸造矿山圆锥机护板
ZZnAlD64	0. 2	0. 007	0. 005	0. 005	—	—	用于军械零件、仪表零件
ZZnAlD91. 5	0. 1	0. 02	0. 015	0. 01	0. 03	—	用于复杂形状铸件及制造轴承
ZZnAlD101	0. 1	0. 03	0. 02	0. 01	—	—	用于制造轴承
ZZnAlD102	0. 2	0. 03	0. 02	0. 01	—	—	用于制造机床、水泵等轴承
ZZnAlD105	0. 1	0. 02	0. 015	0. 01	0. 03	—	用于制造轴承
ZZnAlD111	0. 075	0. 004	0. 003	0. 002	—	—	用于硬模铸件

4.2.2.3　铸造锌合金成分与用途

A　化学成分与用途

铸造锌合金的化学成分与用途见表 4-11。

表 4-11　铸造锌合金的化学成分与用途（GB/T 1175—1997）

合金牌号	合金代号	化学成分(质量分数)/%										用途
		合金元素				杂质（不大于）					杂质总和	
		Al	Cu	Mg	Zn	Fe	Pb	Cd	Sn	其他		
ZZnAl4Cu1Mg	ZA4-1	3. 5 ~ 4. 5	0. 75 ~ 1. 25	0. 03 ~ 0. 08	余量	0. 1	0. 015	0. 005	0. 003	—	0. 2	适用于制造锌合金铸件
ZZnAl4Cu3Mg	ZA4-3	3. 5 ~ 4. 3	2. 5 ~ 3. 2	0. 03 ~ 0. 06	余量	0. 075	Pb + Cd 0. 009		0. 002	—	—	
ZZnAl6Cu1	ZA6-1	5. 6 ~ 6. 0	1. 2 ~ 1. 6	—	余量	0. 075	Pb + Cd 0. 009		0. 002	Mg 0. 005	—	
ZZnAl8Cu1Mg	ZA8-1	8. 0 ~ 8. 8	0. 8 ~ 1. 3	0. 015 ~ 0. 030	余量	0. 075	0. 006	0. 006	0. 003	Mn0. 001 Cr0. 01 Ni0. 01	—	
ZZnAl9Cu2Mg	ZA9-2	8. 0 ~ 10. 0	1. 0 ~ 2. 0	0. 03 ~ 0. 06	余量	0. 2	0. 03	0. 02	0. 01	Si0. 1	0. 35	
ZZnAl11Cu1Mg	ZA11-1	10. 5 ~ 11. 5	0. 5 ~ 1. 2	0. 015 ~ 0. 030	余量	0. 075	0. 006	0. 006	0. 003	Mn0. 001 Cr0. 01 Ni0. 01	—	
ZZnAl11Cu5Mg	ZA11-5	10. 0 ~ 12. 0	4. 0 ~ 5. 5	0. 03 ~ 0. 06	余量	0. 2	0. 03	0. 02	0. 01	Si0. 05	0. 35	
ZZnAl27Cu2Mg	ZA27-2	25. 0 ~ 28. 0	2. 0 ~ 2. 5	0. 010 ~ 0. 020	余量	0. 075	0. 006	0. 006	0. 003	Mn0. 001 Cr0. 01 Ni0. 01	—	

B 力学性能

表4-12列出了铸造锌合金的力学性能（摘自GB/T 1175—1997）。

表4-12 铸造锌合金的力学性能（GB/T 1175—1997）

合金牌号	合金代号	铸造方法及状态	抗拉强度 σ_b（不小于）/MPa	伸长率 δ_5（不小于）/%	布氏硬度 HBS（不小于）
ZZnAl4Cu1Mg	ZA4-1	JF	175	0.5	80
ZZnAl4Cu3Mg	ZA4-3	SF	220	0.5	90
		JF	240	1	100
ZZnAl6Cu1	ZA6-1	SF	180	1	80
		JF	220	1.5	80
ZZnAl8Cu1Mg	ZA8-1	SF	250	1	80
		JF	225	1	85
ZZnAl9Cu2Mg	ZA9-2	SF	275	0.7	90
		JF	315	1.5	105
ZZnAl11Cu1Mg	ZA11-1	SF	280	1	90
		JF	310	1	90
ZZnAl11Cu5Mg	ZA11-5	SF	275	0.5	80
		JF	295	1.0	100
ZZnAl27Cu2Mg	ZA27-2	SF	400	3	110
		ST3	310	8	90
		JF	420	1	110

注：1. T3工艺为320℃、3h、炉冷；

2. 工艺代号：S—砂型铸造；J—金属型铸造；F—铸态；T3—均匀化处理。

4.2.2.4 压铸锌合金

A 压铸锌合金的化学成分与用途

压铸锌合金的化学成分见表4-13（GB/T 13818—1992）。

表4-13 压铸锌合金的化学成分（GB/T 13818—1992）

合金牌号	合金代号	化学成分（质量分数）/% 主要成分 Al	Cu	Mg	Zn	杂质（不大于） Fe	Pb	Sn	Cd	Cu	用途
ZZnAl4Y	YX040	3.5~4.3		0.02~0.06	余量	0.1	0.005	0.003	0.004	0.25	适用于制造锌合金压铸件
ZZnAl4Cu1Y	YX041	3.5~4.3	0.75~1.25	0.03~0.08	余量	0.1	0.005	0.003	0.004	—	
ZZnAl4Cu3Y	YX043	3.5~4.3	2.5~3.0	0.02~0.06	余量	0.1	0.005	0.003	0.004	—	

注：在合金牌号前面以字母Z（“铸”字汉语拼音第一字母）表示属于铸造合金；

在合金牌号后面书写Y（“压”字汉语拼音第一个字母）表示属于压力铸造。

B 压铸锌合金的力学性能

压铸锌合金的力学性能见表4-14。

表 4-14 压铸锌合金的力学性能（GB/T 13818—1992）

合金牌号	合金代号	抗拉强度 σ_b/MPa	伸长率 $\delta(l_0=50mm)$/%	布氏硬度 HBS (5/250/30)	冲击韧度 α_K/J·cm^{-2}
ZZnAl4Y	YX040	≥250	≥1	≥80	≥35
ZZnAl4Cu1Y	YX041	≥270	≥2	≥90	≥39
ZZnAl4Cu3Y	YX043	≥320	≥2	≥95	≥42

4.3 铅锌延伸加工的主要产品及相关质量标准

4.3.1 锌的延伸加工产品

本节的锌的延伸加工产品包括锌阳极板、胶印锌板、电池锌板、照相制版用微晶锌板和电池锌饼等五种。

4.3.1.1 锌阳极板

锌阳极板的标准（GB/T 2058—1989）见表 4-15。

表 4-15 锌阳极板标准（GB/T 2058—1989）

牌号	厚度/mm	宽度/mm 150	200	300	400	450	500	理论质量 /kg·m^{-2}	用途
		最大长度/mm							
Zn1 Zn2	5	1000	1000	1000	1000	950	850	35.8	用于电镀
	6	900	900	900	900	800	750	42.9	
	8	700	900	700	700	600	500	57.2	
	10	500	600	600	500	450	400	71.5	
	12	400	600	400	400	—	—	85.9	

注：理论质量按密度 7.15g/cm^3 计算。

4.3.1.2 胶印锌板

胶印锌板的标准见表 4-16。

表 4-16 胶印锌板标准（GB/T 3496—1983）

牌号	化学成分/%	力学性能	规格/mm 厚度	宽度	长度	用途
XJ	主要成分 Zn 余量，Pb 0.3 ~ 0.5， Cd 0.09 ~ 0.14，Fe 0.008 ~ 0.02 杂质≤Al 0.03，Cu 0.005， Sn 0.001，杂质总和：0.05	σ_b≥155MPa δ_{10}≥15% 硬度：50HBS 反复弯曲：7 次	0.55	640 762 765 1144	680 915 975 1219	用于工业胶印

注：1. 表中未列入的杂质包括在总和内；

2. 经供需双方协议，可供其他规格的板材。

4.3.1.3 电池锌板

电池锌板的标准见表 4-17。

表4-17 电池锌板的标准（GB/T 1978—1988）

牌号	化学成分(质量分数)/%							杯突深度/mm	规格/mm			用途
	Zn	Fe	Cd	Pb	Cu	Sn	总和		厚度	宽度	长度	
XD1	余量	0.011	0.20～0.35	0.30～0.50	0.002	0.002	0.02	4.5～9	0.25、0.28 0.30、0.35 0.40、0.45 0.50、0.60	100～510	750～1200	用于制造锌锰电池的负极
XD2	余量	0.008～0.015	0.03～0.06	0.35～0.80	0.002	0.003	0.025	≥5				

注：1. 表中未列入的金属元素包括在总和中；
2. 经双方协议，可供应其他化学成分的锌板；
3. 表中元素只规定单项值时，为最大含量；
4. 经双方协议，可供应其他规格的锌板；
5. 经双方协议，各种规格厚度的锌板可以成卷供应。

4.3.1.4 照相制版用微晶锌板（YS/T 225—1994）

照相制版用微晶锌板的标准见表4-18。

表4-18 照相制版用微晶锌板的标准（YS/T 225—1994）

牌 号	主要成分(质量分数)/%			杂质含量(质量分数)/%						规格/mm			用 途
	Zn	Al	Mg	Pb	Fe	Cd	Cu	Sn	总和	厚度	宽度	长度	
X12	余量	0.02～0.10	0.05～0.15	≤0.005	≤0.006	≤0.005	≤0.001	≤0.001	≤0.013	0.8～1.6	318～510		用于无粉腐蚀照相制版

注：1. 板材布氏硬度大于50HBS；
2. 厚度尺寸系列：0.8mm、1.0mm、1.2mm、1.5mm、1.6mm；
3. 经双方协议，可供应其他规格的板材：厚度为0.8mm、1.5mm、1.6mm时，长度为600～1200mm；厚度为1.0mm、1.2mm时，长度为550～1200mm。

4.3.1.5 电池锌饼

A 电池锌饼的牌号、化学成分与用途

电池锌饼的牌号、化学成分与用途见表4-19。

表4-19 电池锌饼的牌号、化学成分与用途（GB/T 3610—1997）

产品牌号	化学成分(质量分数)/%							用 途
	主要成分			杂质含量				
	Zn	Cd	Pb	Fe	Cu	Sn	杂质总和	
XB1	余量	0.03～0.06	0.35～0.80	≤0.015	≤0.002	≤0.003	0.025	用于制造锌锰电池的负极整体锌铜
XB2	余量	0.05～0.10	0.10～0.20	≤0.006	≤0.002	≤0.001	0.01	
XB3	余量	0.05～0.10	0.50～0.80	≤0.002	≤0.002	≤0.001	0.01	

注：锌饼的布氏硬度为38.0～49.5HBS2.5/62.5/30。

B 电池锌饼的尺寸规格

电池锌饼的尺寸规格分两种：圆形和六角形。两种形状的锌饼的尺寸规格分别列于表4-20和表4-21。

表 4-20 圆形电池锌饼的尺寸规格（GB/T 3610—1997） （mm）

型号	R20			R14		R10		R6		R1	R03	
直径 *D*	31.9	31.5	30.90	24.40	24.10	19.20	19.00	13.20	12.90	10.60	9.60	9.30
厚度 *H*	3.30～4.80	3.20～5.00	3.20～5.00	3.00～4.60	3.00～4.60	3.30～4.10	3.30～4.10	5.00～6.00	5.00～6.00	3.80	6.50～6.80	6.50～6.80

表 4-21 六角锌饼的尺寸规格（GB/T 3610—1997） （mm）

型 号	最长对角线 *B*	厚度 *H*	型 号	最长对角线 *B*	厚度 *H*
R20	31.90 30.90	3.90～5.60 3.90～5.60	R41	24.40	4.50～5.00

4.3.2 铅及铅合金加工产品

4.3.2.1 铅及铅合金加工产品的化学成分与用途

铅及铅合金加工产品包括铅锑合金、硬铅合金、特硬铅合金和铅银合金。它们的化学成分与用途分别列于表4-22、表4-23、表4-24和表4-25。

表 4-22 铅锑合金的牌号、化学成分和用途

牌 号	主要成分（质量分数）/%		杂质含量（质量分数）/%								产品类别	用途举例
	Pb	Sb	Ag	Cu	As	Bi	Sn	Zn	Fe	总和		
PbSb0.5	余量	0.3～0.8	—	—	≤0.005	≤0.06	≤0.008	≤0.005	≤0.005	≤0.15	板、带、管、棒、线	适用于国防、化肥、化纤、农药、造船、电气等工业部门，用作放射性防护、耐酸、耐蚀等材料
PbSb2		1.5～2.5	—	—	≤0.010	≤0.06	≤0.008	≤0.005	≤0.005	≤0.20		
PbSb4		3.5～4.5	—	—	≤0.010	≤0.06	≤0.008	≤0.005	≤0.005	≤0.20		
PbSb6		5.5～6.5	—	—	≤0.015	≤0.08	≤0.01	≤0.01	≤0.01	≤0.30		
PbSb8		7.5～8.5	—	—	≤0.015	≤0.08	≤0.01	≤0.01	≤0.01	≤0.30		

表 4-23 硬铅合金的代号、化学成分及用途

代号	主要成分(质量分数)/%				杂质含量(质量分数)/%							产品类别	用途举例
	Sb	Cu	Sn	Pb	Ag	As	Bi	Fe	Zn	Ca + Na	总和		
PbSb4-0.2-0.5	3.5 ~ 4.5	0.05 ~ 0.2	0.05 ~ 0.5	余量	≤0.02	≤0.015	≤0.08	≤0.01	≤0.01	≤0.05	≤0.30	板、带、管、棒	化学纤维等工业用作耐酸、耐蚀材料
PbSb6-0.2-0.5	5.5 ~ 6.5	0.05 ~ 0.2	0.05 ~ 0.5	余量	≤0.02	≤0.015	≤0.08	≤0.01	≤0.01	≤0.05	≤0.30		
PbSb8-0.2-0.5	7.5 ~ 8.5	0.05 ~ 0.2	0.05 ~ 0.5	余量	≤0.02	≤0.015	≤0.08	≤0.01	≤0.01	≤0.05	≤0.30	板、带、管、棒、铸件	
PbSb10-0.2-0.5	9.5 ~ 10.5	0.05 ~ 0.2	0.05 ~ 0.5	余量	≤0.02	≤0.015	≤0.08	≤0.01	≤0.01	≤0.05	≤0.30	铸件	

表 4-24 特硬铅合金的代号、化学成分及用途

代号	主要成分(质量分数)/%						杂质含量(质量分数)/%							产品类别	用途举例
	Sb	Cu	Ag	Te	Se	Pb	Sn	Bi	As	Fe	Zn	Ca + Na	总和		
PbSb0.5-0.1		0.1 ~ 0.5	0.01 ~ 0.1	0.04 ~ 0.1	0.01 ~ 0.05	余量	≤0.002	≤0.03	≤0.003	≤0.003	≤0.002	≤0.05	≤0.3	板、带、管、棒	维尼龙等工业中用作耐蚀材料
PbSb0.5-2		0.1 ~ 0.5	0.01 ~ 2.0	0.04 ~ 0.1	0.01 ~ 0.05	余量	≤0.002	≤0.03	≤0.003	≤0.003	≤0.002	≤0.05	≤0.3		
PbSb2-0.1-0.5	1.5 ~ 2.5	0.05 ~ 0.2	0.01 ~ 0.5	0.04 ~ 0.1	0.01 ~ 0.05	余量	≤0.01	≤0.08	≤0.015	≤0.01	≤0.01	≤0.05	≤0.3		
PbSb4-0.1-0.5	3.5 ~ 4.5	0.05 ~ 0.2	0.01 ~ 0.5	0.04 ~ 0.1	0.01 ~ 0.05	余量	≤0.01	≤0.08	≤0.015	≤0.01	≤0.01	≤0.05	≤0.3		
PbSb6-0.1-0.5	5.5 ~ 6.5	0.05 ~ 0.2	0.01 ~ 0.5	0.04 ~ 0.1	0.01 ~ 0.05	余量	≤0.01	≤0.08	≤0.015	≤0.01	≤0.01	≤0.05	≤0.3		
PbSb8-0.1-0.5	7.5 ~ 8.5	0.05 ~ 0.2	0.01 ~ 0.5	0.04 ~ 0.1	0.01 ~ 0.05	余量	≤0.01	≤0.08	≤0.015	≤0.01	≤0.01	≤0.05	≤0.3		

表 4-25 铅-银合金的代号、成分及用途

代号	主要成分(质量分数)/%		杂质含量(质量分数)/%										产品类别	用途举例
	Ag	Pb	Cu	Sb	Sn	As	Bi	Mg	Zn	Fe	Ca + Na	总和		
PbAg0.6	0.5 ~ 0.7	余量	≤0.001	≤0.005	≤0.002	≤0.002	≤0.03	≤0.005	≤0.002	≤0.003	≤0.002	≤0.05	板管线	电解用耐酸耐蚀材料和高温焊料
PbAg1	0.8 ~ 1.2	余量	≤0.001	≤0.005	≤0.002	≤0.002	≤0.03	≤0.005	≤0.002	≤0.003	≤0.002	≤0.05		
PbAg2.5	2 ~ 3	余量	≤0.001	≤0.005	≤0.002	≤0.002	≤0.03	≤0.005	≤0.002	≤0.003	≤0.002	≤0.05	线	

4.3.2.2　铅及铅合金板

A　铅及铅锑合金板的牌号、规格与用途

铅及铅锑合金板的牌号、规格与用途见表4-26。

表4-26　铅及铅锑合金板的牌号、规格与用途（GB/T 1470—1988）

牌　号	规格(厚度)/mm	用　途
Pb1、Pb2、Pb3	0.5~5.0（0.5晋级）、6.0~10.0（1.0晋级）、12.0、14.0、15.0、16.0、18.0、20.0、25.0	用于做放射性防护、稀硫酸容器衬里和耐酸材料
PbSb0.5、PbSb2、PbSb4、PbSb6、PbSb8	1.0~5.0（0.5晋级）、6.0~10.0（1.0晋级）、12.0、14.0、15.0、16.0、18.0、20.0、22.0、25.0	

B　铅及铅锑合金板化学成分

铅及铅锑合金板的化学成分标准见表4-27。

表4-27　铅及铅锑合金板的化学成分标准（GB/T 1470—1988）

金属分类	牌号	主要成分（质量分数）/%		杂质含量（质量分数）/%								
		Pb	Sb	Ag	Cu	Sb	As	Bi	Sn	Zn	Fe	总和
纯铅	Pb1	≥99.994	—	0.0005	0.001	0.001	0.0005	0.003	0.001	0.0005	0.0005	0.006
	Pb2	≥99.9	—	0.002	0.01	0.05	0.01	0.03	0.01	0.002	0.002	1.0
	Pb3	≥99.0	—	0.003	0.1	0.5	0.2	0.2	0.2	0.01	0.01	0.15
铅锑合金	PbSb0.5	余量	0.3~0.8	—	—	—	0.005	0.06	0.008	0.005	0.005	0.2
	PbSb2		1.5~2.5	—	—	—	0.010	0.06	0.008	0.005	0.005	0.2
	PbSb4		3.5~4.5	—	—	—	0.010	0.06	0.008	0.005	0.005	0.2
	PbSb6		5.5~6.5	—	—	—	0.015	0.06	0.01	0.01	0.01	0.3
	PbSb8		7.5~8.5	—	—	—	0.015	0.06	0.01	0.01	0.01	0.3

注：铅含量按100%减去杂质含量的总和计算，得数不再进行修约。

C　铅及铅锑合金板力学性能

铅及铅锑合金板的力学性能标准见表4-28。

表4-28　铅及铅锑合金板的硬度标准（GB/T 1470—1988）

合金牌号	PbSb0.5	PbSb2	PbSb4	PbSb6	PbSb8
维氏硬度HV	—	≥6.6	≥7.2	≥8.1	≥9.5

4.3.2.3　铅阳极板

A　铅阳极板的牌号、规格与用途

铅阳极板的牌号、规格与用途见表4-29。

表 4-29 铅阳极板的牌号、规格与用途（GB/T 1471—1988）

牌 号	制造方法	规格/mm			用 途
		厚 度	宽 度	长 度	
PbAg1	轧制	2.0、3.0、4.0、5.0、6.0、7.0、8.0、9.0、10.0、12.0、14.0、15.0	1000~2500	≥1000	用于电解工业

B 铅阳极板的化学成分

铅阳极板材的化学成分标准见表4-30。

表 4-30 铅阳极板材的化学成分（GB/T 1471—1988）

合金牌号	主要成分（质量分数）/%		杂质含量（质量分数）/%								
	Pb	Ag	Cu	Su	As	Sb	Bi	Fe	Zn	Mg + Ca + Na	总和
PbAg1	余量	0.8~1.2	0.001	0.004	0.002	0.002	0.006	0.002	0.001	0.003	0.02

4.3.2.4 铅锑合金管的化学成分

铅锑合金管的化学成分标准见表4-31。

表 4-31 铅及铅锑合金管的化学成分（GB/T 1472—1988）

金属分类	牌号	主要成分（质量分数）/%		杂质含量（质量分数）/%								
		Pb	Sb	Ag	Cu	Sb	As	Bi	Sn	Zn	Fe	总和
纯铅	Pb1	≥99.994	—	0.0005	0.001	0.001	0.0005	0.003	0.001	0.0005	0.0005	0.006
	Pb2	≥99.9	—	0.002	0.01	0.05	0.01	0.03	0.01	0.002	0.002	1.0
	Pb3	≥99.0	—	0.003	0.1	0.5	0.2	0.2	0.2	0.01	0.01	0.15
铅锑合金	PbSb0.5	余量	0.3~0.8	—	—	—	0.005	0.06	0.008	0.005	0.005	0.2
	PbSb2		1.5~2.5	—	—	—	0.010	0.06	0.008	0.005	0.005	0.2
	PbSb4		3.5~4.5	—	—	—	0.010	0.06	0.008	0.005	0.005	0.2
	PbSb6		5.5~6.5	—	—	—	0.015	0.06	0.01	0.01	0.01	0.3
	PbSb8		7.5~8.5	—	—	—	0.015	0.06	0.01	0.01	0.01	0.3

4.3.2.5 铅及铅锑合金棒

A 铅及铅锑合金棒的牌号、规格与用途

铅及铅锑合金棒的牌号、规格与用途见表4-32。

表 4-32 铅及铅锑合金棒的牌号、规格与用途（GB/T 1473—1988）

品 种	牌 号	制造方法	规格（直径）/mm	用 途
纯铅棒	Pb1、Pb2、Pb3	挤制	6、8、10、12、15、18、20、22、25、30、35、40、45、50、55、60、65、70、75、80、85、90、95、100	用作耐酸材料等
铅锑合金棒	PbSb0.5、PbSb2、PbSb4、PbSb6、PbSb8			

注：棒材交货长度（不定尺长度）：直径6~20mm者，成卷或直条供应。长度不得小于2.5m，直径20mm以上者，以直条供应，长度不得小于1m。

B　铅及铅锑合金棒材的化学成分

铅及铅锑合金棒材的牌号和化学成分见表4-33。

表4-33　铅及铅锑合金棒材的牌号和化学成分（GB/T 1473—1988）

品种	牌号	主要成分（质量分数）/%		杂质含量（质量分数）/%								
		Pb	Sb	Ag	Cu	Sb	As	Bi	Sn	Zn	Fe	总和
纯铅棒	Pb1	≥99.994	—	0.0005	0.001	0.001	0.0005	0.003	0.001	0.0005	0.0005	0.006
	Pb2	≥99.9	—	0.002	0.01	0.05	0.01	0.03	0.01	0.002	0.002	1.0
	Pb3	≥99.0	—	0.003	0.1	0.5	0.2	0.2	0.2	0.01	0.01	0.15
铅锑合金棒	PbSb0.5	余量	0.3～0.8	—	—	—	0.005	0.06	0.008	0.005	0.005	0.2
	PbSb2		1.5～2.5	—	—	—	0.010	0.06	0.008	0.005	0.005	0.2
	PbSb4		3.5～4.5	—	—	—	0.010	0.06	0.008	0.005	0.005	0.2
	PbSb6		5.5～6.5	—	—	—	0.015	0.06	0.01	0.01	0.01	0.3
	PbSb8		7.5～8.5	—	—	—	0.015	0.06	0.01	0.01	0.01	0.3

注：铅含量（质量分数）按100%减去表中杂质含量总和计算，所得结果不再进行修约。

4.3.2.6　铅及铅锑合金线

A　铅及铅锑合金线的牌号、规格与用途

铅及铅锑合金线的牌号、规格与用途见表4-34。

表4-34　铅及铅锑合金线的牌号、规格与用途（GB/T 1474—1988）

牌　号	交货形式	直径范围①/mm	用　途
Pb1、Pb2、Pb3 PbSb0.5、PbSb2、PbSb4、PbSb6	成卷 成卷	0.5～5.0	适用于各个工业部门作耐酸、耐蚀材料

①直径优选系列：0.5mm、0.6mm、0.8mm、1.0mm、1.2mm、1.5mm、2.0mm、2.5mm、3.0mm、4.0mm、5.0mm。

B　铅及铅锑合金线的化学成分

铅及铅锑合金线材的化学成分见表4-35。

表4-35　铅及铅锑合金线材的化学成分（GB/T 1474—1988）

金属分类	牌号	主要成分（质量分数）/%		杂质含量（质量分数）/%								
		Pb	Sb	Ag	Cu	Sb	As	Bi	Sn	Zn	Fe	总和
纯铅	Pb1	≥99.994	—	0.0005	0.001	0.001	0.0005	0.003	0.001	0.0005	0.0005	0.006
	Pb2	≥99.9	—	0.002	0.01	0.05	0.01	0.03	0.01	0.002	0.002	1.0
	Pb3	≥99.0	—	0.003	0.1	0.5	0.2	0.2	0.2	0.01	0.01	0.15
铅锑合金	PbSb0.5	余量	0.3～0.8	—	—	—	0.005	0.06	0.008	0.005	0.005	0.2
	PbSb2		1.5～2.5	—	—	—	0.010	0.06	0.008	0.005	0.005	0.2
	PbSb4		3.5～4.5	—	—	—	0.010	0.06	0.008	0.005	0.005	0.2
	PbSb6		5.5～6.5	—	—	—	0.015	0.06	0.01	0.01	0.01	0.3
	PbSb8		7.5～8.5	—	—	—	0.015	0.06	0.01	0.01	0.01	0.3

注：铅含量（质量分数）按100%减去杂质含量总和计算，所得结果不再进行修约。

5 铅锌生产方法概述

5.1 铅锌冶金发展史略

铅是人类最早提炼出来的金属之一，炼铅术和炼铜术大致始于同一历史时期。

埃及于前王朝时期（早于公元前3000年）即用铅制作小的人像，美索不达米亚于乌拉克三期（Wruk Ⅲ，公元前3000年）已应用铅质水管，克里特在米诺文化中期发现铅器，但是直到公元前15世纪之后，铅才常见于巴勒斯坦等地。

中国在夏代（公元前21~16世纪）已用铅作货币，世称“玄贝”。商代中期青铜器铸造已较多地用铅，西周铅戈含铅达99.75%。宋应星所著《天工开物》中列举的铅矿物种类有“银矿铅”、“铜山铅”和“草节铅”，并记述了铅的冶炼方法。在古代，铅被加入铜中成为合金化金属，同时用来制作铅白（$2PbCO_3 \cdot Pb(OH)_2$、铅丹（Pb_3O_4））等。

铅虽然发现很早，但铅的工业化进程发展较迟。铅以工业规模生产开始于16世纪。欧洲于17世纪有大规模生产铅的记载。北美洲于1661年开始采炼铅矿。1800年欧洲产铅约20kt，其中一半产于英国。19世纪中叶，人们发现铅能抗酸、抗碱、防潮和具有吸收放射性射线等性能，并且可以与其他金属组成各种合金、制造蓄电池等新用途，铅的生产开始发展。

当代提取铅金属的工业生产几乎全是采用火法冶金工艺，湿法炼铅至今仍属于试验阶段。20世纪90年代以前（中国是在2002年以前）世界铅100%采用烧结焙烧-鼓风炉还原工艺。该工艺存在SO_2低空污染严重，铅尘易造成铅中毒等现象。20世纪70年代后期，漂悬熔炼和熔池熔炼技术用于炼铅的研究工作取得进展。90年代，基夫赛特法、QSL法、富氧顶吹浸没熔炼法、卡尔多法、SKS（水口山）法等新的炼铅工艺逐步走向工业化。这些工艺较好地解决了铅冶炼的环境污染问题。

人类在古代已经使用含锌的铜合金（即黄铜），但分离出单质锌却较晚。

我国炼锌历史悠久，是世界上最早的产锌国家之一。早在唐朝以前就炼出了金属锌，到明朝炼锌技术已达很高水平。早期的锌冶炼均属火法还原熔炼，明朝时就以泥罐做容器，以菱锌矿为原料，木炭为还原剂，由底部外加热，采用还原蒸馏法制取金属锌。在16世纪，中国的金属锌开始传入欧洲，称为“Tutenague”，纯度达98%以上。

生产锌的方法由我国传到欧洲，到15世纪欧洲才有小规模的锌生产，但在生产过程中遇到了巨大的困难，以致锌生产长期处在停顿状态。英国布里斯托于1738年开始生产金属锌。1746年德国化学家马格拉夫将异极矿（H_2ZnSiO_2）与木炭共置于密封器皿中煅烧，提炼出金属锌。直到19世纪平罐蒸馏法才在比利时、法国等国家得到较大的发展，在很长一段时间内成为锌的主要生产方法。

20世纪30年代，竖罐炼锌技术实现了工业化。电热法炼锌自20世纪30年代在工业上获得应用，到20世纪80年代，我国开始采用电热法炼锌工艺。

湿法炼锌开始研究较早，但正式应用于工业生产是第一次世界大战中期。此后，湿法炼锌不断发展和进步，产量不断增加。相比之下该时期火法炼锌进步迟缓。但是，进入20世纪50年代，英国成功研究出鼓风炉炼锌技术，同时发明了铅雨冷凝器，能够有效地处理铅锌混合精矿。密闭鼓风炉炼锌（ISP）技术异军突起，与其他火法炼锌相比，具有生产能力大、燃料消耗少和原料适应性强等优点。在20世纪50~60年代迅速发展，相继兴建了十几座密闭鼓风炉炼锌厂。与此同时，湿法炼锌领域针对浸出渣火法处理能耗高、过程复杂等弊端，开展了广泛的研究，相继出现了“黄钾铁矾法”、“针铁矿法”、“赤铁矿法”等除铁方法，从而使热酸浸出法取得成功，促进了湿法炼锌的高速发展。

自20世纪70年代以来，随着环境保护要求日趋严格，以及能源价格上涨等原因，平罐炼锌技术逐渐被淘汰，竖罐炼锌产量逐渐下降，鼓风炉炼锌也发展不前。湿法炼锌得到发展。

自20世纪90年代，湿法炼锌又出现了硫化锌精矿和高硅氧化锌矿石直接酸浸法，接下来的硫化锌矿直接电积的试验研究，使湿法炼锌的工艺过程进一步简化。20世纪80年代初，第一个工业规模的锌精矿加压酸浸工厂在加拿大特雷尔（Trail）建成投产，它的研究工作则是开始于20世纪40年代。

湿法炼锌是当今世界最主要的炼锌方法，其产量占世界总锌产量的85%左右。

我国是炼锌起步最早的国家，但旧中国长期处于半封建半殖民地社会，工业得不到发展。直到新中国成立后，炼锌业才有长足的进步。不仅对湖南、东北的炼锌厂进行了技术改造和扩建，而且相继建设了株洲冶炼厂、葫芦岛锌厂、韶关冶炼厂等大型炼锌厂。进入20世纪80年代，锌生产得到迅猛发展，除扩大了原有冶炼厂的生产规模外，又新建了一大批大中小型炼锌厂。近十年来我国锌产量迅速增长，2007年达到371.42万t，占世界锌总产量的33%。从2002年起，我国锌产量、消费量均居世界第一，是名副其实的锌的生产和消费大国。

5.2 锌冶炼方法

铅锌冶炼的工艺流程大致可划分为火法流程与湿法流程两大类。工艺流程的选择首先取决于矿石或精矿的组成性质，还要依据所在地区的能源条件以及水和材料等供应情况而定。铁是锌精矿中最主要的杂质金属，采用的冶炼工艺流程要有利于原料中的锌铁分离。相近的化学性质决定了它们在冶金过程中的行为相似，应使铁全部进入熔炼渣或浸出渣中，而且渣量要小，分离性能要好，从而减少随渣带走的金属损失。选定的流程不但是有经济效益的，而且，对环境是友好的，资源的消耗是最少的。

5.2.1 火法炼锌

火法炼锌首先是将锌精矿进行氧化焙烧或烧结焙烧，使精矿中的ZnS变为ZnO，以便为碳质还原剂还原为金属锌。由于锌的沸点低，仅为906℃，故还原出来的是锌蒸气，从而与脉石及其他杂质分离。锌蒸气再引入冷凝器内冷凝为液体锌，这就是蒸馏法炼锌。与锌一道呈蒸气状态进入气相的还有其他易挥发的杂质金属，如镉和铅，这些元素会影响锌的纯度，须将冷凝所得的粗锌进行精炼。火法炼锌的精炼方法是利用锌和杂质金属的沸点不同，采用蒸馏的方法来提纯称为锌精馏。精馏得到纯度在99.99%以上的精锌，再将精馏锌浇铸成锭。火法炼锌的一般原则工艺流程见图5-1。

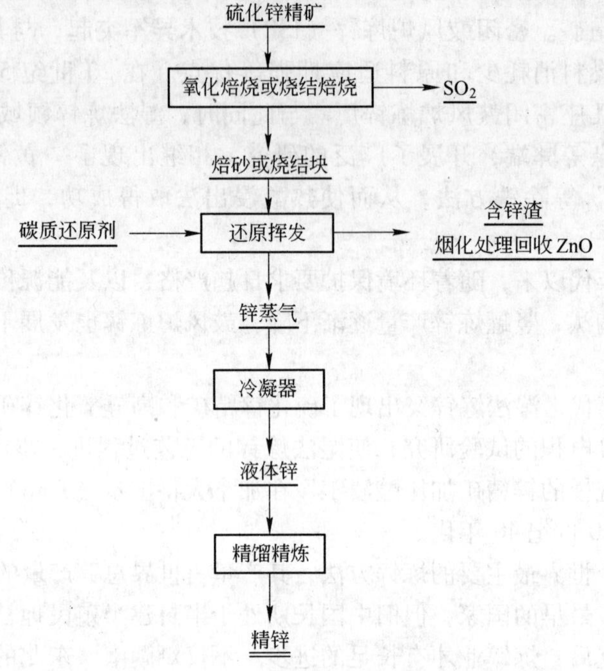

图5-1 火法炼锌的一般原则工艺流程

火法炼锌包括鼓风炉炼锌、竖罐炼锌、电热法炼锌和平罐炼锌。平罐炼锌在20世纪前是唯一的炼锌方法，是一种简单而又落后的炼锌方法，由于能耗高，生产率低，目前已被淘汰。竖罐炼锌和电热法炼锌于20世纪初用于工业生产，在生产能力和连续化操作方面比平罐炼锌优越。但电热法由于耗电量太大，现在已很少采用。竖罐炼锌存在单系列产能低、能耗高和劳动条件差等缺点，国外已于1980年关闭了最后一条生产线，目前我国还有工厂采用。密闭鼓风炉炼铅锌是世界上最主要的几乎是唯一的火法炼锌方法。目前全球总共有12个公司的15台密闭鼓风炉在进行锌的生产，其产量占世界锌总产量的13%左右。

5.2.1.1 鼓风炉炼锌（ISP法）

鼓风炉炼锌法于1950年由英国帝国熔炼公司（Imperial Smelting Processes Limited）将铅雨冷凝器应用于鼓风炉炼锌获得成功，并投入生产，故称ISP法（帝国熔炼法）。该工艺主要由铅锌精矿烧结焙烧、烧结块还原熔炼、锌蒸气冷凝和粗锌精炼4个过程组成。我国韶关冶炼厂现有两台密闭鼓风炉，年产锌130kt，该厂所采用的鼓风炉炼锌流程如图5-2。

ISP法的炉体基本上与炼铅鼓风炉相同。一般采用炉身上部横断面积为17.2m^2的标准密闭鼓风炉。铅雨冷凝器是鼓风炉炼锌的特殊设备，炉顶部都用双层料钟密封装置加料，以保持高温和防止炉气逸出。烧结块趁热加入，同时加入的焦炭也必须预热到800℃。炉

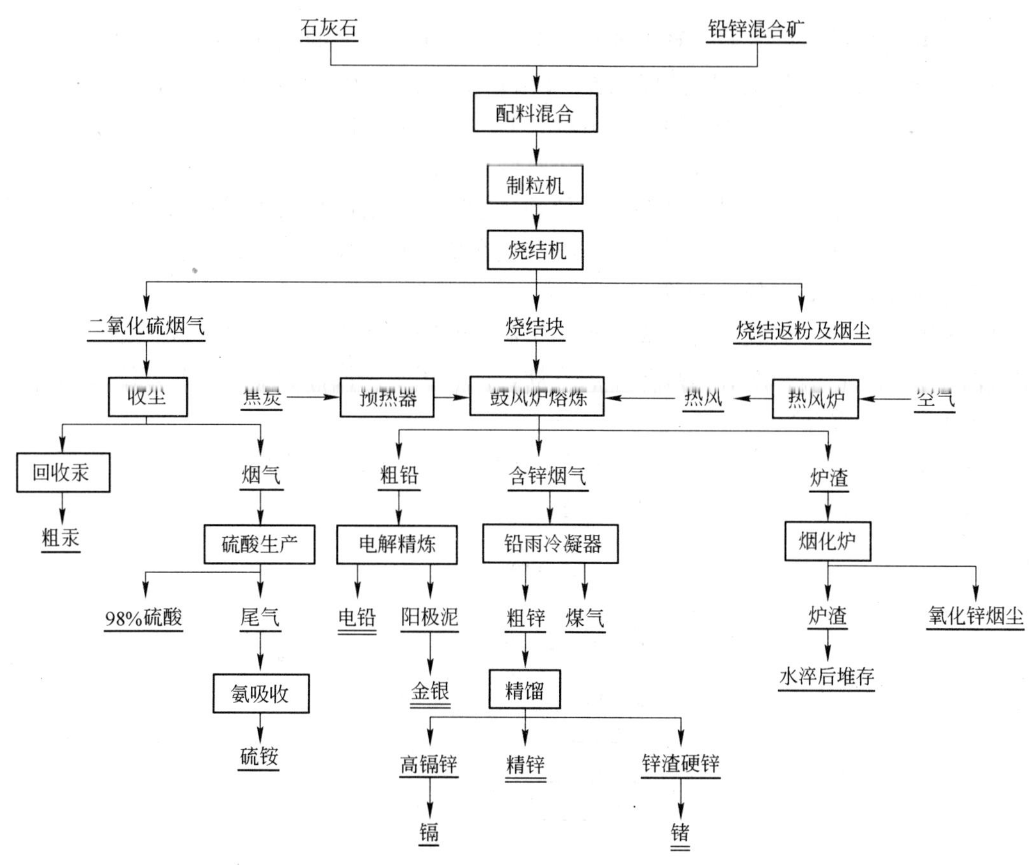

图 5-2 鼓风炉炼锌流程

顶还设有若干炉顶风口，以便鼓入热风使炉气中的 CO 部分燃烧，确保离开炉顶时的炉气温度不低于 1000℃。离开炉顶进入冷凝器时的炉气成分为 Zn 6%、CO_2 10%、CO 20%，其余为 N_2，炉气进入铅雨冷凝器，锌便冷凝形成 Pb-Zn 合金，以防被 CO_2 氧化成 ZnO。

密闭鼓风炉炼锌与间接加热的蒸馏法炼锌不同。含铅锌成分的烧结块在竖式炉膛内被燃烧的焦炭直接加热同时被还原成金属，并在炉内高温下蒸发为锌蒸气，从炉顶逸出进入冷凝器。在铅雨冷凝器中锌蒸气被飞扬的铅滴迅速冷却和溶解后落入铅池，并在后续的冷却过程析出，成为产品粗锌。炉料中的铅在捕集金银等伴生金属后落入炉缸，从炉底放出。铅雨冷凝器的出现使鼓风炉炼铅锌在工业上获得成功，成为能在同一冶炼设备中处理复杂铅锌物料的较为有效的方法。

鼓风炉炼锌具有以下优点：

（1）生产能力大、燃料消耗少、建筑投资费用少，生产维修及操作技术均较竖罐简单；

（2）对冶炼精矿的要求不如蒸馏法、电解法等要求严格；

（3）有价金属综合回收率高，特别是贵金属回收良好，锌回收率高达 90% 以上；

（4）原料适应广，包括铅锌混合矿、含铜的铅锌矿，以及各种铅锌氧化物残渣和中间物料。

因为湿法炼锌技术的发展、环保要求日益严格、焦炭价格的上涨、铅锌矿分选技术的提高，以及烧结过程产生的烟气和粉尘污染问题难以解决等多种原因，20 世纪后期，国外新建和扩建的炼锌厂不再采用该工艺流程，其只在发展中国家有一定的竞争力。

原有密闭鼓风炉炼锌厂的技术发展主要有以下方面：提高鼓风量，改进备料，提高鼓风与焦炭预热温度以增加产量；处理低品位的复杂原料；采用热压团或粉状含锌物料直接喷吹入炉，提高二次物料的处理量；低浓度富氧在烧结和鼓风炉中的试验和应用；溜槽汽化冷却以及喷淋冷却炉壳的运用等。

鼓风炉炼锌在烧结焙烧时有二氧化硫、铅蒸气及粉尘产生，对环境造成污染，鼓风炉在熔炼时存在消耗冶金焦炭和清理炉结的麻烦，但它仍是当代锌冶金的重要方法之一。

5.2.1.2 竖罐炼锌

竖罐炼锌是在立式罐内进行的还原蒸馏过程，其工艺主要包括团矿制备、还原蒸馏和锌蒸气冷凝 3 个部分，其工艺流程见图 5-3。

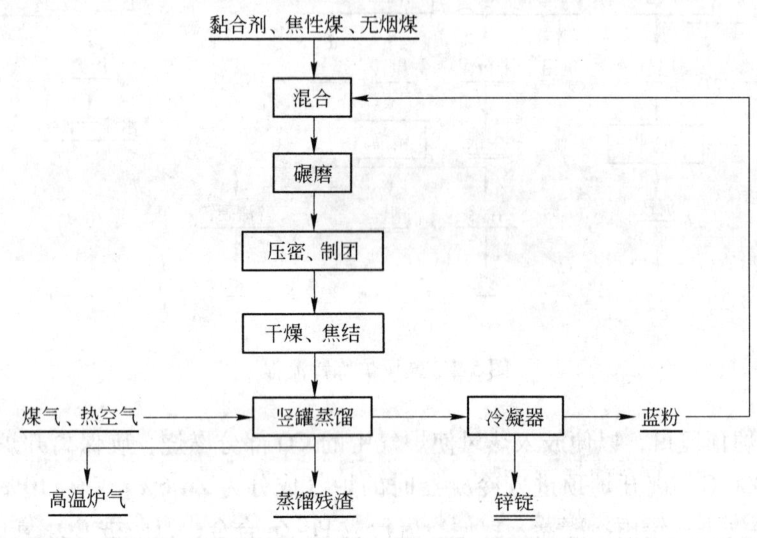

图 5-3 竖罐蒸馏法锌生产流程

竖罐炼锌所用原料首先要进行焙烧，焙烧矿再与还原煤混合后制团。这是由于大面积的竖罐不适于松散的物料，因此混合后的炉料不能直接装入竖罐内而要先制团。制团的方法是将已混合好的炉料先以机械的压力压成一定形状的团矿，然后在焦结炉内焦结，得到坚硬有孔的团矿。随后团矿装入炉内进行蒸馏。蒸馏所得蒸气为锌蒸气和一氧化碳，将锌蒸气先导入冷凝器，冷凝得液锌，再进入洗涤器，得到蓝粉。蒸馏完后的团矿仍保持原有形状，自罐下部排出，成为蒸馏残渣。

1927 年，美国新泽西（New Jersey）公司首先在工业上采用竖罐炼锌法。它比平罐炼锌前进了一大步，具有过程连续化生产、生产率高、机械化程度高、锌回收率高和燃料消耗较少的优点。但其缺点也很明显，需消耗昂贵的碳化硅材料和焦炭，炉料制备复杂且费用高，粗锌需要精炼，同时由于采用外部加热限制了设备容量的扩大，环保费用高。因而目前处于被淘汰之中。

竖罐炼锌的节能途径可以从设备材质与结构的改进、工艺与热工制度的完善以及管理优化等几方面进行改进。我国葫芦岛锌厂对竖罐炼锌生产方法进行了改造，例如发展大型竖罐、扩大规模、提高余热利用和降低能耗指标，使竖罐炼锌保持一定的生命力。

5.2.1.3 电热法炼锌

电热法炼锌是利用电能直接加热炉料连续蒸馏出锌，其工艺流程包括混料、烧结、电炉还原熔炼和冷凝。

电热法炼锌是将经过严格分级的焙烧矿和与之同体积的颗粒焦炭装入炉内，利用电阻加热。当炉料内部达到氧化锌的还原温度时，蒸馏残渣以固体状态同残留的焦炭一起经由炉底的回转排矿机排出，还原所得的含锌蒸气从炉上部进入装满熔融锌的U形冷凝器中，在通过熔融态锌的过程中因急冷而凝固，冷凝的锌从冷凝熔池中抽出。

对比平罐炼锌和竖罐炼锌，电热法炼锌具有对原料成分要求不严、适于处理含铜铁硅高的物料、能较好地控制环境污染和金属回收率高等优点。它的缺点是：电耗高、消耗焦炭、电极材料和耐火材料消耗量大，以及粗锌品位较低；同时，产能不能满足大规模炼锌的生产要求，其应用受到限制。现在采用电热法炼锌的厂家有：日本的三日市冶炼厂（年生产能力120kt），美国的莫那卡炼锌厂（年产35kt）和几家规模较小的工厂。

5.2.1.4 平罐炼锌

平罐炼锌是一种简单而又古老的炼锌方法，现在已被淘汰。

平罐炼锌是将锌焙砂配入过量还原煤中，充分混合后装入蒸馏炉的平罐中。采用罐外燃烧煤或煤气间接供热，当温度升至1027℃左右，料中氧化锌还原成锌蒸气，锌蒸气在冷凝器内冷凝为液体锌。待氧化锌全部被还原后，从罐内卸出蒸馏残渣。

平罐炼锌生产1t一级锌的能耗为9.6×10^{10}J，为各种炼锌法中最高。该法具有投资少、设备简单、容易建设等优点，但是此法具有间歇作业、劳动强度大、操作条件差、锌的直收率低、燃料消耗大、耐火材料消耗多和劳动生产率低等缺点。

5.2.2 湿法炼锌

湿法炼锌又称电解法炼锌，包括传统的常规湿法炼锌工艺和近年来新发展的全湿法炼锌工艺。

5.2.2.1 传统湿法炼锌工艺

传统湿法炼锌实际上是火法-湿法联合流程，它的标准流程是锌精矿焙烧—浸出—净液—电积。其中因浸出作业的条件不同又分为低温常规浸出和高温高酸浸出两种，如图5-4（*a*）和图5-4（*b*）中所示。该工艺实质是以稀硫酸为溶剂溶解锌焙砂，使锌焙砂中的锌尽可能地溶入溶液中，制成硫酸锌溶液，再对硫酸锌溶液进行净化以除去溶液中的杂质，然后再从净化液中电解析出金属锌，电锌再熔铸成锌锭。

20世纪60年代以前，湿法炼锌厂都是采用常规流程，一部分锌损失在浸出渣中，锌的直接回收率只有80%左右，需设置渣处理设施，以回收渣中的锌。20世纪60年代末以来，高温高酸浸出法以及各种沉铁方法投入工业生产，有效地解决了浸出渣的处理，锌的冶炼回收率最高可达97%~98%。

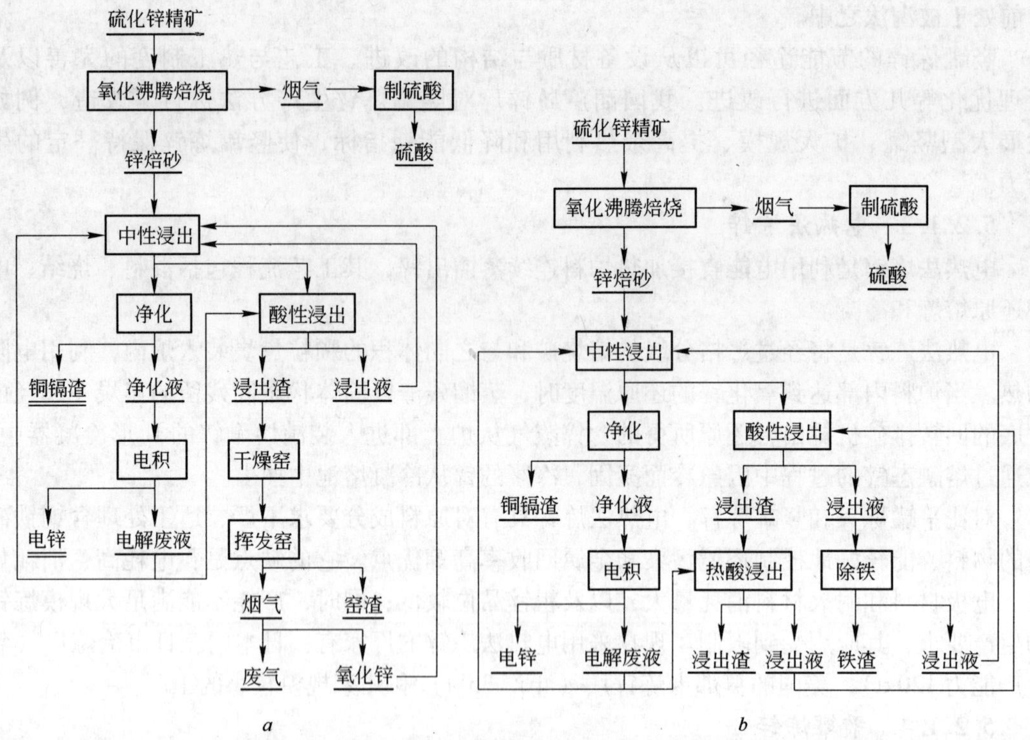

图5-4 湿法炼锌原则工艺流程

a—常规湿法炼锌流程；*b*—热酸浸出湿法炼锌流程

5.2.2.2 直接氧压浸出工艺

硫化锌精矿直接氧压浸出是加拿大舍利特高尔顿矿业公司（现为Dynatec公司）开发的一种炼锌方法。

直接氧压浸出流程见图5-5。该工艺省去了传统湿法炼锌工艺中的焙烧和制酸工序，

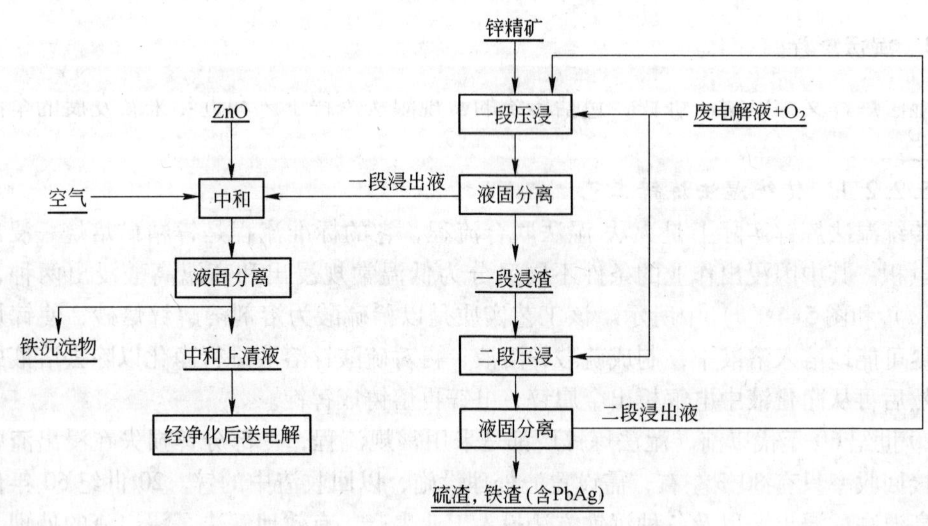

图5-5 直接氧压浸出流程

锌精矿中的硫以元素硫富集在浸出渣中另行处理。

硫化锌精矿经细磨后直接进行加压酸浸。直接氧压浸出得到的硫酸锌溶液用传统方法经净化、电积得到纯锌。浸出过程中，矿物中的硫转变为单质硫而不是二氧化硫。整个反应如下：

$$ZnS + H_2SO_4 + \frac{1}{2}O_2 = ZnSO_4 + H_2O + S^0$$

氧的传递因铁的溶解而强化，反应过程如下：

$$ZnS + Fe_2(SO_4)_3 = ZnSO_4 + 2FeSO_4 + S^0$$

$$2FeSO_4 + H_2SO_4 + \frac{1}{2}O_2 = Fe_2(SO_4)_3 + H_2O$$

酸溶性铁来自闪锌矿本身及磁黄铁矿（Fe_7S_8）或黄铁矿，铜也被浸出，而铅形成不溶的 $PbSO_4$ 或黄铅铁矾。该过程在150℃和1013.25kPa（或氧压为709.275kPa）的条件下进行。

两段逆流过程完全取代传统的焙烧和浸出，生产中采用两个高压釜。第一段是锌精矿加入第一个高压釜，浸出剂为废电解液和来自第二个高压釜的浸出液。第一段锌浸出率为75%，浸出液经（用ZnO）中和，将铁以水合氧化物形式沉淀后，溶液输往净化和电解。

第一段的浸出渣加入第二个高压釜，进行第二段浸出，操作条件同上，但 H^+/ZnS 比值较大。锌的提取率通常达到97%，有时高达99%。将第二段浸出液返回到第一个高压釜，固体渣经浮选、过滤得单质硫，滤渣可用于回收铜和贵金属。

两级高压釜氧浸锌精矿的主要优点是没有废气，没有烟尘，实现了清洁生产。国外已建成投产的加压酸浸工厂有5家。我国云南冶金集团股份公司经多年试验研究，于2004年建成锌加压酸浸厂并投入工业生产，是世界上第二个自主开发成功并实现锌加压浸出产业化的国家，目前已有三家湿法炼锌厂采用加压浸出工艺。

除了氧压浸出之外，还有富氧常压浸出。芬兰奥托昆普公司开发的硫化锌精矿富氧常压直接浸出工艺已经在世界上3座工厂实现了工业化生产。富氧常压直接浸出工业化生产是在氧压浸出之后发展起来的新工艺，其基本反应过程仍用氧作为氧化剂，三价铁离子作催化剂，硫以元素硫产出，富氧常压直接浸出精矿的制备过程类适于氧压浸出工艺。

5.3　我国锌冶金技术现状

5.3.1　我国锌冶金技术现状与进展

我国锌冶炼工艺技术以湿法冶炼为主，火法冶炼其次。

我国常规浸出工艺以株冶较为典型，浸出渣多用回转窑挥发其残锌。高温高酸浸出渣则直接送渣场堆存，或视铅、银含量送铅厂处理，其浸出液除铁在我国又有4种不同工艺，如白银西北铅锌冶炼厂等采用的黄钾铁矾法；赤峰库博红烨锌厂等采用的氨矾铁渣法，由于铁渣中锌含量低，又称为低污染黄钾铁矾法；云南祥云飞龙实业有限公司等采用针铁矿法；温州和池州冶炼厂等采用喷淋法除铁，称为仲针铁矿法。湿法炼锌工艺流程呈现出多样性。

20世纪90年代，随着单系列100kt/a电锌冶炼厂的建设，采用和研制了109m^2 的大型沸腾焙烧炉、大型单通道模式壁余热锅炉、溢流密封螺旋排灰装置、焙砂沸腾冷却器、高效冷却筒、150m^3 高效节能搅拌槽、高效浓密机、自动板框压滤机、1.6m^2 极板、全塑大型电解槽、机械化剥锌片机、40t 大型低频熔锌感应电炉、自动浇铸—码垛—打包机等先进设备和锑盐三段深度净液等技术。分别在白银、株冶、曲靖、济源、巴彦淖尔等地建成投产，5 个锌厂其装备和自控水平已进入世界先进行列。其中，云南驰宏锌锗公司曲靖冶炼厂在国内首家实现溶液深度净化—长周期电积—机械剥锌流程的工业生产。在工艺操作方面，劳动生产率及电解液净液深度与发达国家相比仍有一定差距。

我国现存的火法冶炼锌工艺有三种，即竖罐炼锌、ISP 鼓风炉炼锌和电炉炼锌。

竖罐炼锌目前仅有我国还在生产，以葫芦岛锌厂为典型。该厂开发了高温沸腾焙烧、自热焦结炉、大型蒸馏炉、精馏炉、双层煤气发生炉、罐渣旋涡熔炼挥发炉等技术，将竖罐炼锌提高到一个新水平，先后建成了 200kt/a 竖罐炼锌的生产能力。但因单系列产能难以大型化，加上能耗和环保难与湿法工艺媲美而没有获得大规模推广应用。

ISP 鼓风炉炼锌法在我国 2005 年产锌 20 万 t。电炉炼锌在我国部分边远省区有锌矿资源且电力充足的地方不断发展。目前，全国已有 35 个工厂建厂投产了 58 台电炉，电炉装机总功率为 112000kV·A，年产锌 15 万 t 左右。

以 2005 年统计数据计算，电锌 170.6 万 t，占锌总产量的 61.5%；ISP 鼓风炉产锌 21 万 t，占 7.6%；电炉产锌 16 万 t，占 5.8%；其余竖罐产锌约 35 万 t，占 13%。随着再建和改扩建炼锌厂的投产，我国湿法炼锌厂的产能将会显著提高。

我国锌冶金技术取得的新进展有以下几方面：

（1）高铁锌精矿铁自催化加压浸出新工艺。该工艺利用高铁硫化锌精矿中的铁的自催化作用，在 140～150℃的温度、氧气存在条件下，进行高铁硫化锌精矿的直接加压酸浸。云南冶金集团处理含 Zn 42.17%、Fe 14.38%、S 29.28% 的精矿，工业性连续试验指标为：锌浸出率 98.05%，铁浸出率仅 29.22%，元素硫转化率 92.2%。现已经建成并投产了 10kt/a 电锌的生产线和 20kt/a 的试生产线，进入了产业化阶段。该工艺具有工艺简洁、环境友好、资源充足和适应性强等优点。

（2）高硅氧化锌矿和低品位氧化矿的处理。云南祥云飞龙实业有限公司将高硅氧化锌矿与硫化矿焙砂的中温中酸浸出渣按适当配比混合，再经高温高酸浸出，用针铁矿法沉铁，脱硅，净液，电解生产电锌。该厂已采用上述工艺生产多年，锌的总回收率达 94% 左右。2005 年该厂电锌产量已突破 50kt/a，证明该工艺成熟可靠。该厂同时用硫酸浸出处理 Zn 7%～8% 的低品位氧化矿，浸出率达 70%～80%，并用酸洗萃取、电积工艺回收过去堆积的锌浸出渣，产能已经达到 10kt/a 电锌，这些技术为我国难处理的高硅氧化锌矿和低品位氧化锌矿经济有效地利用开创了新途径。

（3）长周期电积及机械剥锌技术。机械化剥锌是现代炼锌技术的重要组成部分，它不仅是湿法炼锌技术水平高低的表征，也是湿法炼锌一系列工艺技术指标控制水平的反映；同时它还影响到后续先进技术应用的可能与否，以及炼锌生产过程若干技术经济指标的进一步提高，如电积车间单位产品投资的降低、占地面积的减少、电积过程单位电耗的降低、阴极铝板消耗的降低、作业条件改善、劳动生产率的提高等。国际上湿法炼锌的电积过程普遍采用机械化剥锌。

机械剥锌工艺对电积过程有一系列相应的要求，一是永久阴极极板上沉积的金属锌片必须达到足够的厚度，使锌片具有一定的刚度和强度，以保证锌片在剥锌机相应装置的作用下及时和良好的与极板剥离，并在剥离过程中保持整体性，锌片厚度一般在 3～5mm。二是为使锌片达到此厚度，电积周期要求在 40h 以上。三是为保证长周期电积时较高的电流效率、良好的阴极锌表面质量和避免杂质在阴极析出，必须实现浸出液的深度净化。

深度净化—长周期电积—机械剥锌技术在我国首先应用于云南冶金集团总公司所属驰宏锌锗公司的 100kt/a 电锌系统。主要指标：电积周期 48h，电流效率大于 88%，直收率大于 86%，冶炼回收率大于 96%，0 号锌品率 100%，全员劳动生产率提高 4.6 倍。

5.3.2 我国锌冶金技术与国外的差距

我国是世界上最大的锌生产国与消费国，但不是锌生产技术的强国。我国锌冶炼技术与发达国家相比还存在一定的差距，具体表现在以下几方面：

（1）产业规模和经济水平较低。我国企业平均规模与经济规模的比值为 39%，企业平均规模显著偏小；MES（最小经济规模）企业产量占全部产量的 53.2%，MFS 企业产量占全部产量的份额不高；分散生产经营状态较严重。

（2）劳动生产率低，某些生产工艺落后。我国锌冶炼厂的劳动生产率远落后于国外，特别是 2005 年以前建成的工厂。以 200kt 锌冶炼厂为例，国外只需 600 人，而我国需要 6000 人，生产率之比是 1∶10。生产工艺与国外先进的水平相比，还存在一定的差距，落后的火法冶锌所占比例较高，尤其在自动控制、工艺稳定和环保方面。

（3）二次金属回收率低。美国 80 座电炉炼钢厂产出的锌镉铅烟尘，收集后进一步冶炼。我国处理镀锌钢材、杂黄铜等含锌原料时，锌未回收利用，没有形成产业。我国是世界第一蓄电池生产大国，耗锌 130～140kt，回收废旧蓄电池有待提高。

5.4 锌冶金技术的发展动向

锌冶炼存在如下特殊性：(1) 锌的沸点低，在火法冶炼温度下难以液态产出；(2) 锌的氧化物稳定性高，还原挥发难度较大；(3) 难以从锌的硫化物直接氧化得到金属；(4) 锌的负电性大，电积过程对净化要求高。所以，这在一定程度上影响了锌冶炼技术的发展较慢。

锌冶炼的新技术包括：硫化锌精矿的直接电解、溶剂萃取—电解法提锌、喷吹炼锌法、硫化物直接还原法、$Zn\text{-}MnO_2$ 同时电解法、改变湿法炼锌的电化体系等，其中部分技术尚未得到工业应用。在将来相当长一段时间内，锌冶炼工艺的开发还很难取得较大的进展，锌冶炼技术的发展还将集中在现有技术的完善方面。

20 世纪 90 年代以来，特别是进入 21 世纪后，有色金属工业向高效、节能、清洁和安全方向发展。世界炼锌技术的发展趋势是生产规模日益高度集中，以先进工艺技术为基础，工艺设备大型化，生产过程的连续化、机械化，计算机过程控制技术的广泛应用和计算机过程控制及信息系统集成技术（TCMS）的推广。

设备大型化在湿法炼锌方面尤其突出。国外锌冶炼厂已采用的沸腾焙烧炉面积达到 $123m^2$，日处理锌精矿 800t。目前还准备建设日处理 1000t 的炉子；浸出槽容积 $400m^3$、净化槽容积 $200m^3$；浸出矿浆浓密槽直径 65～70m。

高压浸出釜容积已经超过 300m^3。采用大电解槽、大极板电积工艺，大型极板面积 2.6m^2、超大型极板面积达 3.4m^2，普遍采用机械化剥锌和极板整理、装出槽生产线；生产过程的自动化控制程度普遍很高；劳动生产率高达 400t/(人·a)以上。

湿法炼锌由于资源综合利用好、单位能耗相对较低、对环境友好程度高，是国际锌冶金发展的主流，其产量接近总产量的90%。硫化锌精矿加压直接酸浸技术是湿法炼锌的重大技术进步，特别是两段加压浸出的工业应用实现了名副其实的全湿法炼锌。

除了以上技术发展之外，国际上有色金属企业的资本集中度在日益提高，目前公认的锌冶炼厂经济规模为 100kt/a 以上。

5.5 铅冶炼方法

目前，铅的冶炼几乎全是火法，火法炼铅普遍采用传统的烧结焙烧-鼓风炉熔炼流程，该工艺约占世界产铅量的 80% 以上。

湿法炼铅虽然避免了火法工艺必然产出 SO_2 烟气的问题，但综合回收金、银、铋、铜、锡、锑等有价金属的过程比火法工艺复杂，作业费用相对较高，对于价值相对很低的“贱金属”铅而言，湿法工艺的经济性，常常是影响其发展的重要因素。所以，湿法炼铅工艺的发展比较缓慢。20 世纪 80 年代，国内外都进行过湿法炼铅试验，许多工厂也进行了半工业化试验。技术上没有问题，只是成本无法与火法炼铅相比，虽说环保较好，也没有工厂产业化。

火法炼铅方法包括传统的烧结焙烧-鼓风炉还原熔炼工艺和直接炼铅工艺，以及沉淀熔炼法。烧结-鼓风炉熔炼工艺和直接炼铅工艺属于氧化还原熔炼的范畴，沉淀熔炼法则是置换反应过程。

氧化还原熔炼包括硫化铅精矿中的硫化铅及其他硫化物的高温氧化生成氧化物（也可能生成金属）和氧化物的还原两个过程。在传统的烧结-鼓风炉熔炼方法中，这两个过程是分开单独进行的。而在直接炼铅法中，氧化和还原过程可以在一个单独的炉内分阶段进行，也可以在两个炉内分开连续进行。

直接炼铅法是利用硫化铅精矿迅速氧化放出大量的热，使炉料内各组分之间瞬时完成所有的冶金反应，过程反应热得到充分利用。冶金炉是密闭的，使用富氧或纯氧冶炼，产出高 SO_2 浓度的烟气，硫回收与捕集程度大大提高，克服了传统炼铅法的缺点。新炼铅工艺有关情况见表 5-1。直接炼铅法主要有 Kivcet 法、QSL 法、Kaldo 法、Ausmelt/ISA 顶吹法等。

5.5.1 烧结焙烧-鼓风炉还原熔炼法

烧结焙烧-鼓风炉还原熔炼法主要包括硫化铅精矿烧结焙烧和烧结块鼓风炉还原熔炼两个工序，图 5-6 所示为鼓风炉熔炼工艺原则流程。

烧结焙烧使硫化铅氧化为氧化铅将硫脱除，同时反应生成一系列低熔点的硅酸铅等使粉矿黏结成块，以满足鼓风炉熔炼的需要。鼓风炉还原熔炼使氧化铅还原成金属铅，金银等贵金属进入粗铅有利于下步回收，脉石成分造渣除去。

烧结焙烧-鼓风炉还原熔炼流程处理量大，生产过程稳定。但存在能耗高、返料量大、SO_2 捕集回收困难、铅蒸气和含铅粉尘污染环境、劳动条件差等问题。

表 5-1 新炼铅工艺的研究开发与应用情况

项	目	基夫赛特法（KIVCET）	QSL 法	富氧顶吹法（艾萨法、奥斯麦特法、ISA-YMG 法）		卡尔多法	氧气侧吹法
1	研究开发	20 世纪 60 年代苏联“有色金属科学研究院”	20 世纪 70 年代，德国公司	1973 年，澳大利亚联邦科学工业研究组织；2003 年，中国云南冶金集团		20 世纪 70 年代瑞典波立顿公司	20 世纪 70 年代，苏联，中国，2000 年
2	第一台工业装置投产	1986 年处理铅精矿	1990 年处理铅精矿	1991 年处理铅精矿	1996 年处理蓄电池膏/铅精矿	1976 年处理铅烟尘	2001 年，处理铅精矿，试验炉
3	代表厂家	意大利新萨明公司，处理铅精矿和含铅渣料，炉料 600t/d 生产	德国斯托贝尔格铅厂，处理铅精矿与渣料，生产	MTM 公司 ISA 铅厂，处理铅精矿，两炉串联，1995 年停产	欧洲矿业公司，处理蓄电池膏/铅精矿，处理量 189.3kt/a，燃料为天然气，熔炼段数 2 段，1996 年投产	瑞典波立顿公司。处理铅精矿，粗铅 50kt/a	河南新乡，处理硫化铅精矿。15kt/a
		加拿大科明科公司，处理接受出渣和铅精矿，炉料 1340t/d 生产	韩国锌业公司温山冶炼厂，处理铅精矿与渣料，炉料 550t/d 生产	云南冶金集团驰宏公司，处理铅精矿，顶吹氧化熔炼—富铅渣鼓风炉强化还原，2005 年投产	印度斯坦锌公司，处理铅精矿 85kt/a，燃料为轻油，单炉分段完成氧化熔炼、还原熔炼、烟化 3 段作业，2005 年投产	西部矿业公司，处理硫化铅精矿，生产规模 50kt/a 粗铅，2005 年投产	
4	原料	硫化铅精矿 + 铅渣 + 烤渣	硫化铅精矿 + 含铅渣料	硫化铅精矿或杂铅料	蓄电池膏、铅精矿	硫化铅精矿、杂铅料	硫化铅精矿
5	炉料准备	干燥，含水小于 1%，粒度小于 1mm	混合、制粒，球粒含水 8%	对炉料含水无严格要求，细颗粒物料制粒，球粒含水小于 10%	对炉料含水无严格要求，细颗粒物料制粒，球粒含水小于 10%	干燥，含水 0.5%，粒度小于 5mm	炉料含水小于 10%。粒度小于 20mm

续表 5-1

项目		基夫赛特法（KIVCET）	QSL 法	富氧顶吹法（艾萨法、奥斯麦特法、ISA-YMG 法）		卡尔多法	氧气侧吹法
6	熔炼方式	工业纯氧 闪速熔炼 焦虑层还原	工业纯氧 底 吹 熔池熔炼 粉煤为还原剂	富 氧 顶 吹 熔池熔炼 焦炭为还原剂	富 氧 顶 吹 熔池熔炼 硫化铅精矿为还原剂	富 氧 顶 吹 熔池熔炼 焦炭为还原剂	纯氧或富氧 侧 吹 熔池熔炼 煤粉为还原剂
7	熔炼设备	固定式 KIVCET 炉 固定喷嘴	可转动 QSL 炉 固定喷嘴	固定式 富氧顶吹炉 活动喷枪	固定式 富氧顶吹炉 活动喷枪	转 动 卡尔多炉 活动喷枪	固定式 侧吹炉 水冷固定喷嘴
8	作业方式	连续作业，氧化和还原在同一反应完成	连续作业，氧化和还原在同一反应完成	连续作业，氧化和还原分别在两台炉中完成	连续周期作业。氧化、还原（或烟花）在一台炉中连续分段完成	间断作业，氧化和还原在同一反应器内完成	连续作业，氧化和还原分别在1台炉中完成
9	烟气 SO_2 浓度/%	30% ~40%，连续，有制酸实践	连续，有制酸实践	约 15%，连续，有制酸实践	氧化 8% ~10%，还原 3% ~5%，有制酸实践	氧化熔炼 16%、还原熔炼 1% ~6%、有制液态 SO_2 及硫酸的实践	氧化熔炼大于 20%，连续
10	S（入烟气）	>97	>97	>97	>97	>97	>97
11	渣含 Pb（质量分数）/%	<2	4 ~6	2 ~5	还原渣 Pb5% 氧化渣 Pb0.8% ~1.5%	3 ~4	1 ~3

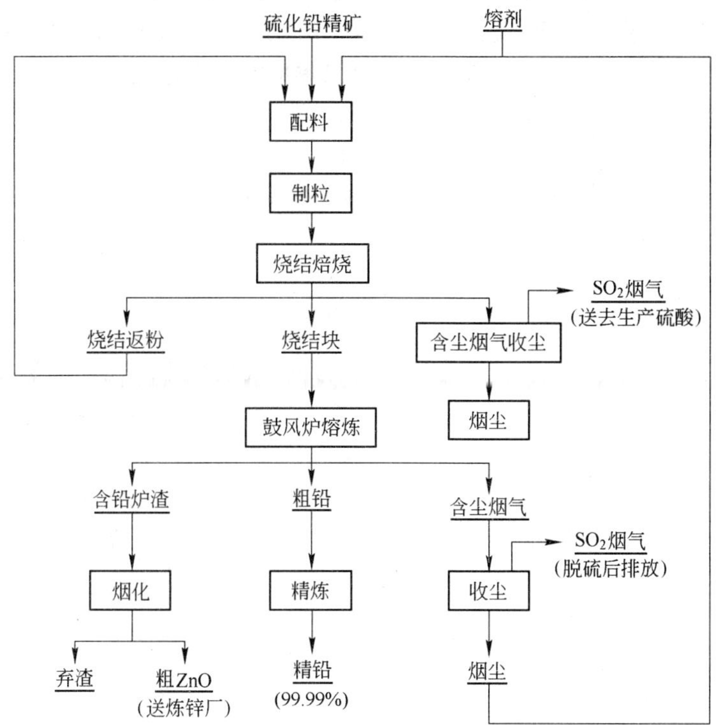

图 5-6 铅烧结-鼓风炉熔炼工艺原则流程

5.5.2 Kivcet 直接炼铅法

Kivcet 法实质上是一台闪速熔炼炉与贫化电炉的结合。该法自 20 世纪 80 年代初问世以来，工艺日趋成熟并走向了世界。Kivcet 法的过程为：经细磨合干燥的硫化铅精矿用氧气喷入闪速熔炼塔，通过喷入的氧气与精矿在悬浮状态强化条件下完成整个氧化熔炼过程；熔炼区域生成的氧化物熔体落入熔池表面后，在透过炽热的固体还原剂的过滤层时，氧化铅被还原成金属铅，然后在电炉沉降池内进行澄清分离，直接产出粗铅，完成熔炼全过程。烟气可供制酸。

Kivcet 法主要优点是工艺过程连续稳定，设备使用寿命长，原料适应性强，烟气量较小，SO_2 含量高（25% ~50%），制酸后尾气符合环保要求，金属和硫的回收率高，余热回收率较高。但要求入炉物料必须细磨合深度干燥，而且烟尘率高达 25% 以上，使废热锅炉和收尘系统的负荷大大增加。闪速熔炼工艺流程复杂、设备庞大、投资较大，是目前几种直接炼铅技术中单位产品投资最高的工艺。

5.5.3 QSL 直接炼铅法

该法为富氧底吹熔池熔炼，QSL 炉为可转动一定角度的卧式长圆筒，分为氧化和还原两个区域，分别配有浸没式底吹氧气喷枪和粉煤喷枪。铅精矿由顶部加入氧化区与氧枪喷入的氧气在熔池中反应生成氧化铅和 SO_2，并放出大量热量使过程自热，氧化铅与硫化铅发生交互反应生成一次粗铅由氧化区端头的底部通过虹吸放出，炉渣逆粗铅流动方向流动，从反应器的另一端放出。炉渣在运动过程中由氧化区进入还原区，其中的PbO被粉煤喷嘴喷入的粉煤还原，渣含铅逐渐降低，产出二次粗铅和铅锌氧化物烟尘。二次粗铅和一次粗铅合并一起放出。

QSL法具有原料适应性强、设备简单、原料不需要预处理直接入炉、连续作业、自动化程度高、环保好、投资相对较低等优点。但存在还原段工艺条件复杂、工艺操作难度大、投产周期长等缺点。

5.5.4 富氧顶吹直接炼铅法

富氧顶吹浸没熔炼法是在澳大利亚联邦科学与工业研究组织发明的赛罗熔炼法（SIROSMELT）基础上由不同应用技术开发者研究开发的几种直接炼铅工艺，包括ISA法、Ausmelt法及I-Y法。其主要过程是通过垂直插入渣层的喷枪向熔池中直接喷入空气或富氧空气、燃料，强烈地搅拌熔池，使炉料发生强烈的熔化、氧化、还原、造渣等物理化学过程。通过喷枪喷入的气体、燃料及炭质还原剂的用量，来调节和控制熔炼工艺，分别实现氧化与还原过程。该方法可以在一台炉中分阶段实现氧化熔炼与还原熔炼，甚至包括渣烟化处理作业。也可以在两台炉内实现连续氧化与熔炼，分段还原熔炼和渣烟化过程。I-Y法采用富氧顶吹氧化熔炼处理铅精矿，富铅渣鼓风炉强化还原熔炼。有原料适应性强，投资少的优点。

5.5.5 Kaldo直接炼铅法

瑞典波立顿金属公司的卡尔多（Kaldo）技术是氧气冶金在顶吹转炉上的应用。卡尔多炉本体的形状与炼钢氧气顶吹转炉相似。卡尔多法通过喷枪氧气、燃料及炉料喷入自身旋转的炉膛内，在炉膛空间强烈氧化并熔融，落入熔池后完成氧化熔炼过程。当熔池达到一定深度后停止加料，通过溜槽加入还原煤，使渣中的氧化铅还原为金属铅，并贫化炉渣。当还原过程结束后提起喷枪、倾动炉体倒渣和粗铅，然后再重新开始氧化熔炼。该法的优点是熔炼、还原和精炼在同一熔炼炉内完成，原料适应性强，生产灵活，生产规模可大可小。缺点是由于采用阶段作业，烟气SO_2浓度（氧化期）高（还原期）低差很大，且不连续，需要SO_2制冷和压缩系统配合制酸；入炉物料含水要求小于0.5%，需配复杂的干燥系统；还原期需要烧油。因此，影响经济效益的因素多，变化大，难以判断，因而，应用受到一定限制。

5.5.6 沉淀熔炼法

对硫亲和力大于铅的金属都可从硫化铅中将铅置换出来。沉淀熔炼即基于此一原理。常用的置换剂为金属铁，其反应如下：

$$PbS + Fe \xlongequal{} Pb + FeS$$

上述反应进行不彻底，因有部分PbS与FeS结合成PbS·3FeS（铅冰铜），所以铁只能从PbS中取代出$w_{Pb}=72\%\sim79\%$的铅。沉淀熔炼需加入过量的铁才能达到上述直收率，这时过剩的铁会溶入铅冰铜中。因此，严格地说，在高温（高于1000℃）下沉淀熔铁的反应为：

$$4PbS + 4Fe = 3Pb + PbS \cdot 3FeS + Fe$$

沉淀熔炼用多用反射炉或电炉，铁的配入量达精矿量的30%～40%，所用的铁最好是废钢铁碎屑。

沉淀熔炼法流程简单，易于操作，粗铅质量较好，铅的挥发损失较低，投资较少，但铁屑和燃料消耗大，回收率低，劳动条件较差，劳动生产率也不高。在大型生产中常用此原理以降低铅冰铜的含铅量，提高熔炼时的铅直收率。在废蓄电池熔炼回收铅时，此法还常被采用。

5.5.7　加碱熔炼法

该法是将纯碱（或烧碱）和碳质燃料（煤粒或焦炭粒）与铅精矿充分混合后，在反射炉或电炉中熔炼获得粗铅和渣铜锍。熔炼温度1000～1100℃。粗铅富集了Au、Ag、Bi等有价金属，粗铅品位$w_{Pb}=98\%\sim98.5\%$，回收率达98.4%。粗铅含$w_{Cu}=0.25\%\sim0.35\%$。烟尘率3.8%。渣铜锍除含有各种钠盐外，还富集了$w_{Cu}=94.5\%$的铜和$w_{Zn}=71.2\%$的锌以及大部分的Se、Te、Mo（$w=90\%\sim96\%$）。渣铜锍含铅仅$w_{Pb}=0.1\%\sim0.3\%$。烟尘富集了$w_{Zn}=21\%$的锌和几乎$w_{Cd}=100\%$的镉，可作提镉原料。

由于纯碱再生的流程比较复杂，而且渣铜锍中除了硫化钠和碳酸钠之外，还有其他钠盐如硫代硫酸钠、亚硫酸钠、硫酸钠、偏硅酸钠等，使纯碱再生效果不够理想。

在工业生产中常将沉淀法与加碱法联合使用，称为曹达铁屑炼铅法。熔炼可在反射炉进行，熔炼温度1250～1300℃，周期作业，每炉物料分2～3次加入，待全部炉料熔化后半小时即可停风，放出全部熔体。熔炼周期6～8h。曹达铁屑炼铅法消除了二氧化硫气体对大气的污染，具有节能和环保的优点，但须使用昂贵的纯碱作熔剂，而纯碱的再生又过于复杂。

5.5.8　湿法炼铅

近年来，试验研究所采用的湿法炼铅方法是多种多样的，铅矿湿法处理归纳为3个途径：（1）硫化铅矿直接还原成金属铅；（2）硫化铅矿的非氧化浸出；（3）硫化铅矿的氧化浸出。

硫化铅矿直接还原是通过电解过程实现的；硫化铅矿的非氧化浸出一般是在盐酸溶液中进行；硫化铅矿的氧化浸出可以采用电解氧化，也可以采用氧化剂氧化，氧化剂包括空气、氧气、双氧水、过氧化铅、三氯化铁、硫酸高铁和硅氟酸铁等。氧化浸出可在酸性介质中进行，也可在碱性介质中进行。酸性介质包括盐酸、高氯酸、硫酸、硝酸、醋酸和硅氟酸溶液等；碱性介质有碳酸钠和氢氧化钠等。

在上述湿法炼铅方法中，用三氯化铁作氧化剂对硫化铅矿进行氧化浸出的过程被研究得最为充分，在硅氟酸介质中进行硫化铅矿氧化浸出的几种方法越来越受到人们的重视。用三氯化铁浸出方法处理硫化铅矿的主要优点在于浸出速度比较快，反应的副产品容易再生，对复杂硫化铅矿处理的适应性较强。

5.6 我国铅冶金技术现状

5.6.1 我国铅冶金技术现状

在过去的10年里，我国的铅冶炼行业发展迅速。我国铅产量近10年间年均递增14.9%，增长速度为世界之最。据统计，目前全国建成铅冶炼厂400多家，其中2005年精铅产量在100kt以上的冶炼厂有3家，50~100kt的8家。30kt/a以上的铅冶炼厂18家，其总产量约为1330kt，占全国精铅总产量的56%。

近年来，随着国家对环保要求日趋严格，新的炼铅方法在我国逐步得到推广应用。炼铅工业近年来的技术进步，主要是新开发的直接炼铅新工艺。我国自主研究的底吹氧化（SKS法）—鼓风炉还原熔炼在经过多年完善后已在工业上得到了迅速的推广。国内已有8条生产线投产，粗铅产能达66万t/a。在建的有8家，产能610kt/a。正在设计的还有10家，产能800kt/a。共计26家，总产能可达2070kt/a。云南冶金集团驰宏公司引进的艾萨（ISA）氧化熔炼技术与自主发明专利集成创新的“富氧顶吹—鼓风炉强化还原熔炼工艺（I-Y法）”不但已经顺利生产，而且，还转让给了哈萨克斯坦Kazzinc JSC公司。我国自主开发的氧气底吹—鼓风炉还原炼铅（SKS法）新工艺推广速度很快。目前，我国矿产精铅多数由氧气底吹—鼓风炉还原工艺生产。但是，目前我国炼铅工业应用新工艺的只占总产能的30%，其他70%仍然是小规模的高能耗高污染的落后的烧结-鼓风炉工艺（其中一部分已在改造）。

铅冶炼行业是最近被环保部门点名的两个必须重点治理的行业之一，所以，加快技术改造已势在必行。

5.6.2 我国铅冶金技术与国外的差距

多年以来，我国铅冶炼行业投资分散、生产集中度低。

我国虽然是一个铅生产的大国，但在生产技术方面相对落后，尤其在二次铅的回收方面与国外还有很大的差距，国内现有大大小小的再生铅生产企业300家，生产能力从几十吨到上千吨不等，20kt以上的企业屈指可数。工艺上主要采用传统的小反射炉、鼓风炉等熔炼工艺。随着汽车工业的发展，废蓄电池等二次资源的回收量还在增加，应努力做好这方面的工作。

5.7 铅冶金技术的发展动向

5.7.1 火法炼铅

随着世界各国环保政策的要求日益严格，铅冶炼领域对技术进步的要求日益突出。近20年来，世界各国开发和应用了旨在提高效率、节能和改善环境的现代铅冶炼技术。这些新的技术基本上属于以下几方面：

（1）改造传统技术，延长服务时期。对传统烧结—鼓风炉流程的改进，集中于大型化、高强度，提高生产率，降低焦炭消耗，提高烟气SO_2的捕集利用率。

采用富氧烧结，强化烧结过程，降低鼓风量，提高烟气二氧化硫浓度。将物料粒度、水分、点火温度、风量、料层高度等条件进行了优化，使烧结透气性、结块率、床能力等指标大幅度提高。同时，改进烧结机密封系统。

采用双排风口的椅式鼓风炉强化过程。东海伦那铅厂熔炼时，总风量的60%从下排风口鼓入，40%从上排风鼓入。

鼓风炉采用富氧、热风和喷粉煤三项措施，降低焦耗。水口山三厂使用富氧的浓度为23.6%时，床能率提高5.7%，焦率降低7.7%。加拿大特雷尔厂在用26.1%的富氧鼓风时，单位熔炼量超过空气熔炼量的22%～25%。烟尘量由4.5%降到4.0%。日本神岗冶炼厂铅鼓风炉采用250℃的热风进行熔炼，焦耗降至6%～7%，生产能力比冷空气时提高了70%。云南冶金集团在传统炼铅鼓风炉上移植高炉喷吹技术，将粉状烟煤、半焦与褐煤混合物等廉价燃料通过风口喷入鼓风炉，床能力提高了10%，焦率下降15%，粗铅冶炼成本下降。

低浓度SO_2烟气制酸技术和含硫尾气脱硫技术的推广应用，解决了传统烧结—鼓风炉过程中硫的回收问题。较为成功的方法有丹麦托普索法、非稳态制酸法和其他一些方法等。有些厂家制酸尾气设有碱洗或氨吸收脱硫装置，尾气可达标排放。利用电石渣、石灰石、石灰或金属氧化物（现铅锌冶炼厂大多用氧化锌粉）吸收，也收到良好的效果。

含锌的铅鼓风炉渣烟化综合利用工艺有新进展。将烟化炉炉膛上部做成膜式壁辐射式余热锅炉，实现烟化炉—余热锅炉一体化，充分利用余热，终渣含Zn小于2%，实现了铅厂无废渣。

（2）发挥传统鼓风炉优势，处理富铅渣，完善直接炼铅新工艺。将鼓风炉工艺与直接炼铅工艺集成，用熔池熔炼取代了传统炼铅工艺中的烧结和返粉破碎工序。由于熔池熔炼的烟气SO_2浓度高，利于制酸，硫的回收率高达95%～96%。从而彻底根治了SO_2和铅扬尘的污染。

熔池熔炼时，产出一半的粗铅量。另一半铅赋存在含铅40%～45%的高铅渣中，经铸块后送鼓风炉还原熔炼产出弃渣。利用鼓风炉高强还原熔炼的优点来处理富铅渣，提高了渣的贫化效果，同时还消除了鼓风炉低SO_2浓度烟气的排放。冶炼流程短，焦耗和成本低。

熔池熔炼+鼓风炉还原渣的代表工艺是我国豫光金铅公司的氧气底吹—鼓风炉还原炼铅法和云南驰宏公司的富氧顶吹—鼓风炉还原熔炼（ISA-YGM）法。后者在鼓风炉上还运用了喷粉煤强化还原技术。2005年投产以来，产能超设计达80kt/a，铅总回收率98.5%，银直收率85%，硫捕集率99%，粗铅综合能耗335kg(标准煤)/t，较传统烧结—鼓风炉工艺降低47%以上。

（3）完善与补充已应用的直接炼铅工艺。目前，在已经成熟的直接炼铅工艺中，富铅渣的处理仍然影响着新工艺在能耗和效率上的进一步提高。这是完善直接炼铅工艺的一个重要方面。河南豫光金铅公司研究开发了液态富铅渣的还原炼铅工艺，充分利用液态高铅渣的潜热，进行熔融还原，产出含铅较低的弃渣。该课题列为国家“十一五”重大科技攻关项目。目前试验工作已取得突破性进展，年产1万t粗铅的试验炉已经连续运转了半年，节能减排效果明显，渣含铅等技术经济指标良好。项目通过了省级成果鉴定，达到了国际先进水平。工业化应用的准备工作已开始，预计工业化应用后，每吨铅的冶炼耗能将比现行的鼓风炉降低30%，大幅度地降低生产成本。熔态铅渣还原技术的成功，将推动直接炼铅工艺的进一步发展。

(4) 继续试验研究更新的硫化铅精矿的熔炼方法。已经存在的各种直接炼铅方法中，在工艺和设备上，都存在着一些不足之处，限制了它们的推广应用。如卡尔多炼铅法，在经济有效地处理硫化铅精矿方面，目前尚未见有确切的报道。QSL 法由最初的四家工厂采纳，到现在只剩下了（不是全部处理铅精矿的）两家。在充分利用硫化精矿的自热熔炼潜力方面，基夫赛特工艺较之熔池熔炼有更好的表现。

近几年来，在总结了已经出现过的各种直接炼铅方法的优劣之后，出现了火法炼铅新方法的试验研究。

目前，在铅冶炼新技术的研究方面，云南冶金集团、中国瑞林公司、中南大学和江西理工大学等单位合作，借鉴国内外相关粗铅冶炼工艺的特点，正在研究创新的“漩涡柱铅闪速熔炼工艺技术”。利用这种新熔炼过程具有的非常好的传热传质动力学条件，将形成了非常高的生产效率、高脱硫率、低能耗和环境清洁的巨大优势。

此外，河南新乡中联总公司与长沙有色冶金设计研究院及俄罗斯合作，开展了氧气侧吹熔池熔炼直接炼铅工艺的工业试验。该工艺既能完成硫化铅精矿的氧化熔炼，又可以完成固态或液态高铅渣的熔融还原。氧化熔炼一次铅产率达60% ~70%，出炉烟气 SO_2 浓度为20% ~24%。以煤作燃料和还原剂，能耗降低，终渣含铅小于3%，铅冶炼回收率大于96%，金银回收率大于99%。

灵宝市鑫华铅业公司在闪速熔炼炼铅工艺方面正在进行工业化装置开发。

5.7.2 铅精炼工艺

大极板大电解槽、低电流密度和长周期电解的开发与应用是铅电解近几年的趋势。云南冶金集团驰宏公司采取了自主研究开发与引进消化吸收先进装备集成的方式，在国内首次实现“大极板、大电解槽、低电流密度、长周期粗铅电解精炼工艺”的工业生产。与国内同规模铅电解系统比较，机械化、自动化水平及流程系统、装备的集约化程度大幅度提高，全员实物劳动生产率提高3倍以上。缩小了我国铅精炼生产在技术装备和工艺控制方面与世界先进水平的差距，为我国铅精炼生产的技术进步起到了重要的示范作用。

5.7.3 再生铅的冶炼

再生铅冶炼技术的研究开发一直是朝着规模化、环保化和集约化方向发展。废铅酸蓄电池的冶炼方法有3个方向，一是原生有色企业进入再生领域，在原生铅冶炼厂把蓄电池碎料与铅精矿混合处理，主要用基夫赛特法、奥斯麦特法、艾萨法、QSL 法和国内的氧气底吹—鼓风炉还原等直接炼铅的方法处理，不仅回收了铅，同时还能有效回收电池中的硫酸。二是单独火法冶炼，可用鼓风炉、竖炉、回转炉、反射炉和采取其中两种或3种联合应用。为消除环境污染，一般在火法冶炼前，应该进行预处理脱硫。三是全湿法固相电解法冶炼。

(1) 破碎分离—铅精矿搭配火法熔炼工艺。在铅精矿火法熔炼的同时，配入废蓄电池中破碎分离的含硫铅膏，在高温熔炼的同时，还原铅脱除硫，硫进入烟气回收成硫酸。在分离设备的选择上，豫光金铅公司引进的是意大利 CX 预处理设备，豫北金铅公司则引进美国 LMT 公司废铅蓄电池破碎分离预处理设备。

（2）破碎分离—脱硫—火法冶炼工艺。我国从“七五”期间开始研究改进含铅蓄电池的回收利用问题，并将无污染再生铅技术研究列入“八五”科技攻关计划。在广泛调研的基础上，提出了较为先进的破碎分离—脱硫—火法冶炼处理工艺，包括破碎分选、铅膏脱硫、短窑冶炼、精炼等几个工序。该工艺可以消除铅蒸气和 SO_2 污染，使铅的回收率提高到95%并可降低能耗。江苏春兴公司从美国引进两套MA废铅酸蓄电池破碎分选系统。湖北金洋公司采用废蓄电池预处理破碎分选、铅膏脱硫转化和密闭短窑富氧燃烧冶炼等工艺技术。

（3）全湿法工艺技术的研究。为了进一步消除熔炼和粗铅精炼带来的含铅烟尘，国外冶炼工作者进行了湿法工艺的研究。发达国家目前主要采用整只废电池机械破碎分选法，将整只电池分成废酸液、板栅、铅膏、废塑料和废隔板等几部分。废酸经过废水处理池处理后再重复利用；板栅可通过低温熔炼，直接做成合金或粗铅；对含硫铅膏采用脱硫预处理技术进行脱硫，再分别采用火法、湿法或干湿联合法工艺还原回收铅；塑料则经过清洗后作为副产品外售。这种机械操作一方面有效避免了工人在生产过程中的铅中毒，减轻了工人的劳动强度；另一方面把板栅材料和膏泥分开，减少了进炉的物料量，提高了炉料的铅品位，从而减少了烟气量、弃渣量、烟尘量、能耗、二氧化硫的排放量，提高了金属的回收率、工效和产能，这对环境保护是非常有利的。铅膏的还原冶炼大多采用燃油回转窑，使用清洁能源自动测温、自动加料，运用布袋除尘自动控制车间内、外的烟气、烟尘排放量，达到规定的环保要求，使金属铅的回收率大于95%。在最终的废渣处理上，国外采取的是集中深度填埋，从而进一步控制了残留铅余量对土壤的危害。

当今世界上，节约能源消耗，减少温室气体排放已经成为全社会的共识，国际组织和各国政府采取的措施越来越具体和强硬。尤其金属工业受到的压力日益增加。硫化铅精矿的氧化还原熔炼是一个（包括直接与间接的）耗碳行业，因而，影响未来铅冶炼发展的重要因素还不止是目前的（SO_2 与铅）污染防治和降低能源成本。未来的铅冶炼过程，与其他金属生产一样，也会有降低碳排放的要求。从这方面看，湿法炼铅的研究与开发不会长期处于目前的缓慢状态。

（撰稿 翟秀静 符 岩 李斌川
审稿 朱祖泽 冯桂林）

参考文献

[1] 赵天从．有色金属冶金提取手册[M]．有色冶金总论部分．北京：冶金工业出版社．1992.

[2] 陈国发．重金属冶金学[M]．北京：冶金工业出版社，1992.

[3] 孙连超，田荣璋．锌及锌合金物理冶金学[M]．湖南：中南工业大学出版社．1994.

[4] 北京有色冶金设计研究总院等．重有色金属冶炼设计手册（铅锌铋卷）[M]．北京：冶金工业出版社，1995.

[5] 邱竹贤．有色金属冶金学[M]．北京：冶金工业出版社，1998.

[6] 朱训．中国矿情（第二卷 金属矿产）[M]．北京：科学出版社，1999.

[7] 陈国发，王德全．铅冶金学[M]．北京：冶金工业出版社，2000.
[8] 冯桂林，何蔼平．有色金属矿产资源的开发及加工技术（提取冶金部分）[M]．昆明：云南科技出版社，2000.
[9] 东乃良，李凤楼．选矿手册（第八卷）[M]．北京：冶金工业出版社，2000.
[10] 周敬原．铅锌冶炼技术现状及发展动向[J]．有色金属工业，2001.（5）.
[11] 国土资源部信息中心．世界矿产资源年评（2000~2001）．北京：地质出版社，2002.
[12]《铅锌冶金学》编委会．铅锌冶金学．北京：科学出版社，2003.
[13] 杨声海．Zn(Ⅱ)-NH_3-NH_4Cl-H_2O 体系制备高纯锌理论及应用[M]．长沙：中南大学出版社，2003.
[14] 杨宏孝，凌芝，颜秀茹．无机化学[M]．北京：高等教育出版社，2003.
[15] 彭容秋．铅冶金[M]．长沙：中南大学出版社，2004.
[16] 赵天从，等．有色冶金提取手册（锡锑汞）[M]．北京：冶金工业出版社，2005.
[17] 戴自希．世界铅锌资源的分布、类型和勘查准则[J]．世界有色金属，2005，3：15~23.
[18] 董英，王吉坤、冯桂林．常用有色金属资源开发与加工[M]．北京：冶金工业出版社，2005.
[19] 国土资源部信息中心．世界矿产资源年评（2003~2004）[M]．北京：地质出版社，2005.
[20] 黄礼煌．金银提取技术[M]．北京：冶金工业出版社，2005.
[21] 黄伯云，等．中国材料工程大全（第四卷 有色金属材料工程）[M]．北京：化学工业出版社，2006.
[22] 麦振海，低品位高硅氧化锌矿加压浸出试验研究．昆明：昆明理工大学，2006.
[23] 欧阳丽伟．铅锌冶炼企业循环经济评价研究．中南大学，2006.6.
[24] 蒋继穆．我国锌冶炼现状及近年来的技术进展[J]．中国有色冶金重金属．2006，（5）.
[25] 中国有色金属工业协会信息统计部．2005 年有色金属工业统计资料汇编．2006.8.
[26] 国土资源部信息中心．世界矿产资源年评（2004~2005）[M]．北京：地质出版社，2006.
[27] 江珏存．2007 年上半年铅锌行业经济运行情况．中国有色金属通报，2007.
[28] 刘斯仁．我国铜、锌资源“走出去开发”战略研究[D]．对外经济贸易大学，2007.6.
[29] 张江徽，陆钟武．锌再生资源与回收途径及中国再生锌现状[J]．资源科学，2007.（5）.
[30] 雷力，周兴龙，文书明，等．我国铅锌矿资源特点及开发利用现状[J]．矿业快报，2007(9)：1~4.
[31] 中国有色金属工业协会信息统计部．2006 年有色金属工业统计资料汇编，2007.8.
[32] 王军．锌市场评述[J]．矿冶，2007.(9)：55~58.
[34] 曹异生．近年铅锌矿业进展及前景展望[J]．中国金属通报．2007，30：31~34.
[35] 罗德先．2007 年世界铜铝铅原生与再生产量、消费量．
[36] 钮因健．有色金属工业科技创新[M]．北京：冶金工业出版社，2008.
[37] 中国有色金属工业协会信息统计部．2007 年有色金属工业统计资料汇编．2008.8.

铅锌矿的采矿与选矿

6 铅 锌 矿 床

6.1 铅锌的矿床类型

铅锌矿床的类型繁多，其分类较为复杂，各家的划分准则各有侧重。有的强调成矿温度，有的以含矿围岩为划分准则，有的则着重成矿机制。

目前，铅锌矿床分类的趋势是把含矿岩石建造和成矿作用密切结合起来。由此，要分析成矿物质的基本来源、主要作用及其方式，控矿的主要地质因素及矿床的工业意义等。

以多成因成矿观点指导，按成因类型划分的中国铅锌矿床的地质特征，归纳于表6-1的大类中。

早在1958年，按工业类型来划分，将铅锌矿床分为6种。随着新矿源的不断发现，以及研究的深入，划分方案有了变化，以1989年版的《中国矿床》分类方案为基础，可从各大类中，划分出如下几种工业类型的矿床。

6.1.1 矽卡岩型

广义的矽卡岩型（参见表6-1中ⅠA栏和ⅠB栏）铅锌矿床包括表6-1所列的矽卡岩（狭义）型和热液交代型，其中，前者工业价值不大。通常更多见的是指后者，其矿床产于接触带的矽卡岩和围岩中，矽卡岩形成之后，其间的各种扭裂和角砾破碎处，易于中酸性岩浆岩的充填交代，一个矿区内矿体数量众多，其中的主矿体有工业价值，矿体上部富铅，下部富含铜、锌，伴生元素以银、铋偏高。

表 6-1 中国铅锌床的成因类型和地质特征简介

矿床类型		矿床主要地质特征				铅锌之外的有用元素	矿石质量及矿床规模	矿床实例
大类	类型及编号	含矿围岩及其蚀变	金属矿物	非金属矿物	矿石结构构造			
岩浆热液型	矽卡岩（狭义）型（ⅠA）	灰岩、白云岩、钙质页岩、凝灰岩与中酸性岩浆岩接触交代形成的矽卡岩。（矽卡岩化、绿帘石化等明显分带）	方铅矿、闪锌矿、黄铁矿、黄铜矿、磁铁矿、辉钼矿、白钨矿、锡石等	石榴石、绿帘石、透辉石、一钙铁辉石、阳起石、萤石、绿泥石、方解石等	浸染状、细脉状、条带状	有可能共生 Cu、W、Sn，伴生 Fe、Ag、Sb、Cd、Se、Te、In 等	贫—中矿、中小型为主	连南、桓仁、夏山、花牛山
	热液交代型（ⅠB）	不纯灰岩、生物碎屑灰岩、白云质灰岩、石灰岩。（绿泥石化、绢云母化、硅化、矽卡岩化不发育）	方铅矿、闪锌矿、黄铁矿、黄铜矿	石英、方解石、萤石、石榴石、透辉石等	致密块状、条带状、浸染状、角砾状	有可能共生 Cu、S 伴生 W、Sn、Mo、Bi、Cd、Ga、In、Ag、Au	富—中矿、大型、中型	黄沙坪、水口山、八家子、金船塘
内生	热液充填型脉状（ⅠC）	岩浆岩、变质岩、砂页岩、灰岩。（绿泥石化、绢云母化、硅化、碳酸盐化、黄铁矿化、电气石化）	方铅矿、闪锌矿、黄铁矿、脆硫锑铅矿、锡石、黑钨矿、锰菱铁矿、辉银矿	石英、萤石、方解石、重晶石	角砾状、浸染状、条带状、网脉状、块状、胶状	有可能共生 W、Sn、Ag、Au，伴生 S、Ag、Sb、SnAs、Cu、Ga、Ce、In	中—贫矿、中小型、个别大型	桃林、锯板坑、红旗岭、清水塘、文峪
火山热液	陆相火山热液脉状（ⅡA）	中性、酸性火山岩、火山碎屑岩、熔凝灰岩及附近变质岩等。（硅化、绿泥石化、绢云母化、碳酸性化、明矾石化、高岭土化）	方铅矿、闪锌矿、黄铁矿、硫盐矿物	石英、绿泥石、绢云母、钠长石、方解石	块状、条带状、细脉状	伴生 Cu、Ag、S、Mo、In、Ga	中—贫矿、中小型	五部、三河、安下、永嘉、大岭口、澜沧
火山沉积型 内生	陆相火山热液交代型（ⅡB）	酸性火山岩、类流纹岩、流纹质凝灰岩、凝灰角砾岩、集块岩、细晶岩等。（黄铁矿化、绿泥石化、叶蜡石化等）	方铅矿、闪锌矿	石英、长石、绿泥石、叶蜡石、绢云母	细脉状、浸染状、团块状	有可能共生 Ag、Au，伴生 Cu、S、Cd、In、Ag	贫矿，小型、个别中型	银坑、麻邛、岬村

续表 6-1

矿床类型		矿床主要地质特征				铅锌之外的有用元素	矿石质量及矿床规模	矿床实例
大类	类型及编号	含矿围岩及其蚀变	金属矿物	非金属矿物	矿石结构构造			
火山热液	次火山-斑岩型 (ⅡC)	花岗斑岩、流纹斑岩、正长斑岩及接触带附近围岩(硅化、绢云母化、黄铁矿化、绿泥石化,呈面形分布)	方铅矿、闪锌矿、辉钼矿、辉铜矿、黄铁矿、磁铁矿	石英、钾长石、绿泥石、绢云母等	浸染状、网脉状、角砾状	有可能共生 Ag,伴生 Ag、Ga、Cu、Mo、稀土、U、Th	贫矿、大中型	银山、冷水坑、姚安、北衙、香夼、望宝山
火山沉积型 内生	海相火山沉积-火山热液型 (ⅡD)	流纹质凝灰岩、英安岩、石英角斑岩、凝灰岩、细碧岩、千枚岩、大理岩、绢云母石英岩。(硅化、重晶石化、其次为绢云母化、绿泥石化、青盘岩化、高岭土化)	黄铁矿、黄铜矿、闪锌矿、方铅矿	石英、钠长石、绿泥石等	浸染状、网脉状、皱纹状、块状	共生 S、Cu 伴生 Fe、Au、Ag、In、Cd、Tl	中—富矿、中大型、已发现巨型	小铁山、锡铁山、石青硐、红透山
	碳酸盐岩型 (ⅢA)	白云岩、灰岩、不纯碳酸盐岩。(微弱少数较强蚀变、黄铁矿化、白云石化、菱铁矿化、有时有重晶石化、硅化、绿泥石化、绢云母化)	闪锌矿、方铅矿、黄铁矿、有时有黄铜矿、菱铁矿	方解石、白云石为主	致密块状、松散状、细粒浸染状、条带状、脉状、网脉状、角砾状	共生 S,伴生 Cu、Be、Cd、Se、Te、In、Tl、Ge	中—富矿、中大型	凡口、泗顶、栖霞山、青城子、大梁子、柴河
沉积改造型	泥岩-细碎屑岩型 (ⅢB)	泥岩、粉砂岩、含碳酸质岩石。(蚀变较微弱或无蚀变)	方铅矿、闪锌矿、黄铁矿、磁黄铁矿、黄铜矿	石英、方解石,少量的云母、透闪石、阳起石、长石、石榴石等	块状、层纹状、条带状、细粒浸染状、团块状	共生 S,可能共生 Cu,伴生 Ag、Cd、Au、Co、Bi	中—富矿、大中型、特大型	厂坝、东升庙、高板河、银峒子
内外型	砂砾岩型 (ⅢC)	砂岩、砾岩的浅色层。(微弱蚀变,有方解石化)	闪锌矿、方铅矿、菱铁矿	石英、方解石为主、石膏、天青石次之	条带状、层纹状、细粒浸染状、脉状、网脉状、束状、梳状、晶洞状	共生 S,伴生 Cu、Ag、Cd、Au、Co、Bi	中—富矿、大中型、已发现巨型	金顶、保安、乌拉根、普雄
变质型	变质型 (Ⅳ)	角闪斜长岩与变质伟晶花岗岩、矽卡岩中、石英云母片岩、千枚岩夹硅质灰岩	方铅矿、闪锌矿、磁黄铁矿、黄铜矿、黄铁矿	透辉石、石榴石、石英、角闪石、电气石	块状、条带状	伴生 Cu	中(贫矿),小型	西榆皮、沱沟、荒山沟等
风化型	风化型 (Ⅴ)		白铅矿、铅矾、菱锌矿、水锌矿等			伴生 W、Sn	中—富矿、中型	建水普雄、赫章等

6.1.2 变质岩中热液充填型

其成矿方式以充填作用（参见表6-1中ⅠC栏）为主，矿体形态以脉状为主。矿质来源可以是岩浆热液的叠加，岩浆结晶分异的产物，或成岩后受到地下热水的活化淋滤。矿体均为不同性质的断裂构造所控制。该类型的储量占我国铅锌储量的25%，但工业意义不如其他矿床，矿床以中、小型为主，个别为大型，贫矿较多。

6.1.3 陆相火山岩型

该类型矿床的矿体主要赋存于火山岩（参见表6-1中ⅡA栏）中，矿床与火山穹隆关系最为密切，其次与破火山口、火山洼地有关。矿岩多呈浸染状，含黄铁矿和铜都较少，金属矿物以闪锌矿、方铅矿为主，伴生银矿物往往较高。

6.1.4 次火山—斑岩型

这类矿床主要赋存在花岗斑岩（参见表6-1中ⅡC栏）中，也可产于斑岩体与围岩的接触带或附近的围岩中，成矿作用为火山喷溢物浸入斑岩所致。矿石的构造多为浸染状、细脉染状。矿石品位较贫，但其矿化较均匀，矿床规模较大。

6.1.5 海相火山岩黄铁矿型

这类矿床产在海底环境下，多位于火山喷发中心或其附近，从喷发中心向外，火山岩的厚度逐渐变薄，相应的矿床也由火山热液过渡到火山沉积混合型（参见表6-1中ⅡD栏），最后出现的是沉积型。大量的硫化铁矿物的存在是这类矿床的特点，有些区域的硫化物量可达60%以上。矿石物质组成较复杂，常有铜的伴生，金银含量也较高，还常含有多种稀散元素。我国西北地区古生代海相火山岩比较发育，已在这一带发现大、中型矿床。

青海锡铁山矿属这类矿床，其铅锌储量达300万t，矿石处理量达3000t/d。

以下介绍的沉积—改造型（3个亚类）铅锌矿床，其成矿作用的相似之处是：成矿的前阶段为沉积作用，矿质得以初步富集，形成矿源层或硫源层；成矿的后阶段为改造作用，经底部的岩浆提供热动力使含矿热液改造，形成铅锌矿床。沉积—改造型矿床的铅锌储量占我国铅锌储量的52%。

6.1.6 碳酸盐岩中沉积改造型

该类矿床明显受层位和构造双重控制，产出层位以浅海相碳酸盐岩（参见表6-1中ⅢA栏）建造为主。其矿石物质组成特点是：当含矿岩系主要为较纯的结晶白云岩—灰岩时，则金属矿物主要为浅色闪锌矿和方铅矿，黄铁矿则很少。矿石结构主要为团块状、浸染状、脉状和角砾状。而当含矿岩系主要为相对富含泥炭质、粉砂质和生物有机质的不纯碳酸盐岩时，常有大量的黄铁矿，出现较多的铅锌硫矿石和铅锌铁锰矿石。矿石结构中除见有大量中粗粒块状、团块状和脉状富矿石外，还常见反映沉积特征的层纹状、层纹条带状矿石。矿石中一般含铜较高。

广东凡口铅锌矿属这类矿床，它是我国目前铅锌精矿产量最大的矿山，矿石处理量达

4500t/d。

6.1.7 泥岩—细碎屑岩中沉积改造型

该类矿床受层位和岩相控制，含矿岩系为多泥岩、粉砂岩、细砂岩（参见表6-1中ⅢB栏），也常含较多的碳酸盐质岩石，似层状矿体与围岩整合产出，其矿体的不同部位由不同特征岩相建造。矿石常含较多的黄铁矿，有时含银较高。

特大型铅锌矿甘肃厂坝（若包括周围的几个矿体，则铅锌储量近800万t）和内蒙古东升庙（储量近500万t）均属这类矿床。

6.1.8 砂砾岩中沉积改造型

该类矿床可产于海相或陆相砂岩或砾岩中（参见表6-1中ⅢC栏）。海相砂砾岩型如广西保安，陆相砂砾岩型如云南兰坪。陆相砂砾岩型的矿石中常伴生有石膏、重晶石、天青石等膏盐类矿物，这些矿物具有经济价值，此外，伴生的银、镉、铊也较高，应予以回收。

云南兰坪金顶铅锌矿属这类矿床，是我国目前规模最大的铅锌矿床，铅锌储量近1400万t。

6.2 铅、锌矿石的类型

从选矿的角度，按工艺矿物学方面划分铅锌矿石有如下两种分类方法。

6.2.1 按氧化程度分类

因为矿石的氧化程度直接涉及选矿方法、工艺流程、工艺条件及选别指标，所以按此将矿石进行分类是有意义的。

按照铅锌矿物的氧化程度，可以将矿石分为：

硫化矿石：铅锌氧化率小于10%；

混合矿石：铅锌氧化率为10%～30%；

氧化矿石：铅锌氧化率大于30%。

我国乃至全世界的铅锌矿石中，硫化铅锌矿占绝大多数，氧化铅锌矿石占极少部分。

氧化铅锌矿石是由硫化矿石氧化而来，其矿体底部未受氧化的部位仍有硫化铅锌矿石。在我国，有较多氧化铅锌矿石的矿山，有云南的兰坪、广西的泗顶和辽宁的柴河等少数几个。

6.2.2 按有用组分分类

在自然界中铅和锌矿物在矿石中绝大多数是相伴而生的。在矿石中除了铅、锌矿物共生外，还常共生或伴生有铜、硫、银、金、铋、钼、锑、汞、镁、锡、钨、锰、重晶石、萤石等。很少形成独立矿物的分散元素锗、镓、铟、镉等也在铅锌矿石中含有。

按有用组分分类，不仅可以考虑选别方法、工艺流程和药剂制度的不同选择，还可以直观地看到分选的复杂程度及推断综合利用的前景。

如上所述，由于有用组分种类较多，因而按其组分进行矿石类型划分可达约20种。

但在我国，工业价值较大、且较为常见的有以下几类：

（1）铅锌硫矿石：如广东凡口、湖南水口山、青海锡铁山、甘肃厂坝，云南会泽等；

（2）铜锌硫矿石：如建德；

（3）铜铅锌硫矿石：如甘肃小铁山；

（4）银铅锌矿石：如江西冷水坑；

（5）铅锌萤石或重晶石矿石：如湖南桃林；

（6）锡石铅锌矿石：如广西大厂锡矿、云南个旧锡矿等。

按铜铅锌三种组分划分，在我国，铜铅锌矿石约占 30%；铜锌矿石约占 20%；铅锌矿石约占 50%。

（撰稿 严小陵 冯桂林）

7 铅锌矿的采矿

7.1 概述

回顾人类及发展的漫长历史可知，地球在自己漫长的演化、形成与发展过程中，不但衍生了人类，而且也给人类提供了生存及发展不可缺少的矿产资源，为社会的发展起了巨大的推动作用。尽管人类社会已经进入了21世纪的信息时代，但70%的农业生产资料和80%的工业原料仍来自于矿产资源，95%的能源仍是依赖矿业提供。人类生存和社会发展都与矿产资源的开发利用密不可分。从人类诞生的那天起，矿产资源就是人类及其社会生存和发展不可缺少的物质基础，是生产及生活资料的重要来源。

矿产是地球在漫长而复杂的演化中经不同地质年代的地质作用形成的地质体，矿产资源是自然资源的重要组成部分。矿产资源是不可再生的资源。

一般矿产资源是指那些开采利用时，在技术上是可行的，经济上是合理的矿物及岩石资源。因此矿产资源是个动态的概念，在今天看来是不能利用的废石，将来随着科学技术水平提高以及经济的发展，它们就可能成为可利用的矿产资源。如过去低品位的矿石而今成为有价值的矿物，斑脱岩过去不能用，但随着黏土矿物化性能的深入研究，斑脱岩已成为具有广泛用途的膨润土矿产资源；又如石英，过去多只作为玻璃原料，而今天的信息时代中则成为光导纤维的原料。

7.1.1 世界铅锌资源蕴藏

世界范围内铅锌资源是丰富的，全球大陆已知铅锌资源除南极洲外，其他五大洲约50余个国家均有分布。据美国地调局统计，2002年世界已查明的铅资源量有15亿t，储量为6800万t，储量基础为14000万t；锌资源量有19亿t，储量20000万t，储量基础为45000万t。铅储量比20世纪90年代初减少200万t，储量基础增加2000万t；锌储量和储量基础各比90年代初增加5600万t和15500万t、这是由于近几年来世界各国对贱金属的勘查较为重视，加大了勘查投入，发现了大量矿床，增加了资源量。

关于资源储量的分级，我国现已采用国际通用的定义。

储量：是指基础储量中的经济可采部分。在预可行性研究、可行性研究或编制年度采掘计划当时，经过了对经济、开采、选冶、环境、法律、市场、社会和政府等诸因素的研究及相应修改，结果表明在当时是经济可采或已经开采的部分。用扣除了设计、采矿损失的可实际开采数量表述，依据地质可靠程度和可行性评价阶段不同，又可分为可采储量和预可采储量。

基础储量：是查明矿产资源的一部分。它能满足现行采矿和生产所需的指标要求（包括品位、质量、厚度、开采技术条件等），是经详查、勘探所获控制的、探明的并通过可行性研究、预可行性研究认为属于经济的、边际经济的部分，用未扣除设计、采矿损失的数量表述。

资源量：是指查明矿产资源的一部分和潜在矿产资源。包括经可行性研究或预可行性研究证实为次边际经济的矿产资源以及经过勘查而未进行可行性研究或预可行性研究的内蕴经济的矿产资源；以及经过预查后预测的矿产资源。

世界铅锌资源状况、资源分布及已探明（包括已开采）的重要矿床见第1篇第3章。

7.1.2 世界铅锌矿山现状

目前，世界上约有700多个铅锌矿山，分布在50多个国家。近年来（1998年以来），有铅锌矿山产量的有46个国家。铅矿山产量较平稳或略呈下降趋势，而锌矿山产量则呈上升趋势。铅、锌消费量均呈上升趋势。

2002年全世界共有38个同家和地区开采铅矿，世界矿山铅产量为275.90万t，比前几年略有下降。铅的主要生产国有澳大利亚、中国、美国、秘鲁、墨西哥和加拿大等，年产量一般均在10万t以上，尤其是澳大利亚和中国，年产量在50万t以上。世界铅矿山产量见表7-1。

表7-1 世界铅矿山产量 （万t）

国家（地区）	1995年	1996年	1997年	1998年	1999年	2000年	2001年	2002年
澳大利亚	45.27	52.20	53.10	61.73	68.10	67.80	71.40	68.30
中国	51.98	64.31	71.19	71.19	54.89	65.95	67.58	56.84
美国	40.82	44.44	44.58	46.30	52.00	46.80	46.08	43.85
秘鲁	23.25	24.88	25.82	25.77	27.05	27.06	28.95	29.75
墨西哥	17.97	16.71	17.87	16.30	12.85	13.80	13.64	13.87
加拿大	21.03	25.73	18.62	18.93	16.22	14.88	15.39	9.72
瑞典	10.01	9.88	10.86	11.44	11.64	10.66	8.60	4.30
摩洛哥	6.71	7.18	7.42	7.03	6.97	7.17	6.77	5.31
波兰	5.50	5.87	5.48	5.40	6.29	5.12	5.26	4.50
南非	8.69	8.75	8.31	8.41	8.02	7.53	5.42	5.03
西班牙	3.05	2.38	2.32	1.88	4.18	4.03	4.95	2.33
爱尔兰	4.61	4.53	4.51	3.65	4.38	5.78	4.45	3.25
哈萨克斯坦	5.33	2.88	3.03	3.01	3.41	3.92	3.77	4.52
朝鲜	5.50	4.00	3.50	3.10	2.60	2.20	2.61	2.61
印度	2.86	3.50	3.30	3.25	3.21	2.89	2.56	2.66
其他	29.04	27.07	24.90	23.48	19.71	20.58	20.03	19.06
世界总计	281.62	304.31	304.81	310.87	301.52	306.17	307.46	275.90

2002年全世界共有41个国家和地区开采锌矿，世界锌矿山产量885.34万t，比2001年有所下降，但从近年来看，基本上是趋于上升的。锌的主要生产国有中国、澳大利亚、秘鲁、加拿大、美国、墨西哥、哈萨克斯坦、爱尔兰和印度等，年产量均在20万t以上。尤其是中国、澳大利亚和秘鲁三国，年产量在120万t以上。

世界锌矿山产量及世界大的锌矿山见表7-2、表7-3。

表 7-2　世界锌矿山产量　（万 t）

国家（地区）	1995 年	1996 年	1997 年	1998 年	1999 年	2000 年	2001 年	2002 年
中　国	161.07	112.14	120.99	120.98	147.60	178.03	169.32	149.92
澳大利亚	93.70	107.10	96.18	105.90	116.30	142.00	151.80	146.93
秘　鲁	68.84	76.06	86.53	86.35	89.95	91.03	105.66	122.02
加拿大	112.12	123.53	107.64	106.45	102.10	100.22	106.47	91.57
美　国	63.20	60.00	58.88	70.16	81.30	82.86	79.65	78.72
墨西哥	34.69	34.82	36.67	38.49	22.96	35.72	41.35	45.07
哈萨克斯坦	14.81	15.81	22.41	22.43	28.83	32.21	34.50	39.28
爱尔兰	18.41	16.35	19.48	18.10	22.61	26.29	30.24	25.27
印　度	14.45	15.40	13.69	19.03	16.11	19.01	21.11	23.43
西班牙	17.22	14.01	17.18	12.81	15.40	20.13	16.49	16.20
俄罗斯	14.70	12.60	12.61	14.28	13.20	13.60	15.70	16.58
瑞　典	16.80	16.01	15.54	16.47	17.44	17.68	15.63	14.86
玻利维亚	14.61	14.50	15.45	15.07	14.63	14.91	14.20	14.05
波　兰	15.70	15.90	15.83	15.60	15.48	15.69	15.27	14.50
摩洛哥	7.99	7.97	8.93	11.23	11.26	10.49	9.09	9.10
其　他	48.18	90.37	84.81	85.62	70.89	73.15	74.05	77.84
世界总计	717.49	732.57	732.82	758.97	786.06	873.02	900.53	885.34

表 7-3　世界年产量大于 100kt 的锌矿山

国家（地区）	矿　山	年产量/kt	公　司
美　国	“红狗”（Red Dog）	52.5	科明科（Cominco）
加拿大	贝尔艾拉德（Bell Allard）	10.0	诺兰达（Noranda）
加拿大	不伦瑞克（Brunswick）	24.0	诺兰达（Noranda）
加拿大	基德克里克（Kidd Creek）	10.0	“鹰桥”（Falconbridge）
加拿大	波拉里斯（Polaris）	12.5	科明科（Cominco）
加拿大	沙利文（Sullivan）	10.0	科明科（Cominco）
秘　鲁	塞罗德帕斯科（Cerro de pasco）	19.0	伏尔坎（Volcan）
澳大利亚	“世纪”（Century）	50.0	帕斯明科（Pasminco）
澳大利亚	赫利尔（Hellyer）	12.0	西部金属公司（Western Metals）
澳大利亚	麦克阿瑟河（McArthur River）	15.0	芒特·艾萨矿业公司等（MIM 等）
澳大利亚	芒特·艾萨（Mount Isa）	15.0	芒特·艾萨矿业公司（MIM）
澳大利亚	布罗肯希尔（Broken Hill）	18.5	帕斯明科（Pasminco）
澳大利亚	皮拉拉（Pillara）	10.0	西部矿业公司（Western）
澳大利亚	斯卡迪莱斯（Scuddles）	10.0	诺曼底采矿公司（Normandy Mining）
中　国	厂坝（Changba）	10.0	中国铜铅锌集团公司（CCLZ）
印　度	兰布尔－阿古恰（Rampura Agucha）	13.0	印度斯坦锌公司（Hindustan Zinc）
爱尔兰	利希恩（Lisheen）	17.5	米诺尔科利希恩公司和伊凡尼亚西部公司（Minorco Lisheen，Ivemia West）
爱尔兰	塔拉（Tara）	16.5	奥托昆普（Outokumpu）
西班牙	洛斯弗莱斯（Los Frailes）	13.0	博立顿（Boliden）

7.1.3 国内铅锌资源

充分认识国内的矿情是科学合理开发利用国内的矿产资源所必需的。我国疆域辽阔，有广阔的储矿空间，有发育齐全及分布广泛的地层及地质成矿条件，蕴藏着丰富的矿产资源。全国已有矿床及矿业数十万处，形成的矿区上万处，已探明储量的矿种约140种。可以说，我国是世界上矿产资源总量丰富、配套程度较高的少数几个国家之一，也是开发利用矿产资源历史最为悠久的矿业生产和矿产品消耗大国之一。但是也应该看到，由于我国人口众多，人均拥有的矿产资源量却相对不足，还不及世界人均水平的一半，已探明的矿产资源量远不能满足国民经济日益增长的需要。而且，国内的矿产资源多数较贫，且较为分散。

分析国内21世纪初的经济状况，依靠大量投入矿产资源而使产值增加的资源密集型和高资源密集型产业，仍是国民经济的主要支柱，经济的发展还处于资源过度消耗阶段，如果资源利用不合理，会加剧环境的污染及生态环境的破坏。在贯彻实施可持续发展和科教兴国战略中，如何科学合理地开发利用矿产资源已势在必行，必须从各方面采取切实措施，促进根本性转变，尽快建立及形成节约资源及保护环境的国民经济新体系。

我国幅员辽阔，但已探明的矿产资源仍不能满足国民经济建设日益增长的需要，除进口部分不足的矿产外，还应加强地质调研及找矿。加强找矿扩充矿产资源是充分利用矿产资源的一条重要途径。

矿产资源是国民经济发展的重要物质基础和能源保障。1949年以来，国内矿产资源的勘查和矿业的发展均取得了巨大的成就和进步。2003年按45种主要矿产品价值计算，国内矿产资源总产值占全球的14.64%，居世界第3位。

改革开放以来，国内铅锌工业得到快速发展，产业规模急速扩大，已成为当代世界主要铅锌生产国和出口大国之一。“九五”期间国内铅锌产量年增长率分别为20.15%和14.15%，消费量年增长率分别为8.3%和10.2%。到2002年底，国内已建成较大规模的铅锌冶炼企业300多家，生产能力达3.6Mt/a，仅2002年国内铅锌产量分别达到1.3Mt和2.1Mt，跃居世界首位；铅锌出口量分别为0.42Mt和0.5Mt，是世界上最大的铅出口国和第二大锌出口国，国内铅锌工业的发展对世界铅锌矿业的盛衰与发展将产生深远影响。国内铅锌资源丰富，探明储量已跃居世界前列。由于全球经济拉动增长较快，从而带动铅锌消费量呈快速增长之势。

国内已有27个省、市、自治区发现并开发了铅锌矿产资源，从富集程度和保有储量来看，主要分布于云南、内蒙古、甘肃、青海、广东、湖南和广西等省区。由于消费需求的逐年增长，加快了国内铅锌资源开发的速度，使得保有资源储量急速下降。国土资源部资料显示，2004年国内铅锌的资源储量分别为8.24Mt和20.95Mt，基础储量分别为26.86Mt和32.5Mt。虽然有一定的内蕴资源基础，但并不十分丰富，已不能满足经济快速增长的客观需要，资源储备的严重不足将成为未来国内铅锌工业持续发展的制约瓶颈。由于铅锌冶炼产能的不断扩张，资源的高强度消耗和地质勘查工作的相对滞后，使铅锌资源原材料供给率呈快速下降趋势，导致产业的结构性矛盾日渐突出。从2000年开始，国内已从铅锌原料的净出口国变为净进口国，2000年国内铅精矿（含量）净进口量达0.308Mt，占精矿供给的35%，锌精矿还能勉强维持国内平衡；到2002年铅锌精矿进口量分别达到0.389Mt和0.785Mt。国内铅锌矿资源大省潜能见表7-4、表7-5。

表7-4　国内铅矿资源大省潜能

省（自治区）	2004年铅精矿产量/万t	资源储量/万t	基础储量/万t	查明资源储量/万t
内蒙古	8.03	113.04	157.51	322.21
湖南	7.05	45.01	69.20	275.04
广东	5.35	112.16	148.20	396.11
广西	3.97	21.61	34.83	148.39
云南	7.78	194.55	338.26	709.04
甘肃	6.79	84.90	118.91	285.04
青海	6.31	90.57	102.53	184.11

表7-5　国内锌矿资源大省潜能

省（自治区）	2004年锌精矿产量/万t	资源储量/万t	基础储量/万t	查明资源储量/万t
内蒙古	24.30	382.59	540.39	1078.60
湖南	16.37	115.05	183.00	645.29
广东	12.16	207.15	263.63	594.52
广西	15.30	107.68	176.02	603.44
云南	30.84	859.05	1514.36	2060.89
甘肃	27.42	370.29	469.86	920.67
青海	7.38	96.31	109.40	234.49
陕西	9.67	29.30	60.70	276.39
四川	8.62	165.11	216.84	524.25

7.2　矿床成因概述

铅锌为亲硫力特强的元素，因其固有的地球化学性质，不仅赋予了铅锌矿在自然界中经常紧密伴生，伴生有多种稀散元素和贵金属，故有“多金属”之称，而且表现在成矿作用和时间、空间分布上，具有广泛的适应性。加之成矿阶段的多期性，形成各种各样矿物共生组合，致使铅锌矿床分类复杂化。回顾自20世纪初以来，国内外有关铅锌矿床分类不下几十种方案。尽管分类方案繁多，分歧大，但就分类性质而论，总括起来，不外乎两种情况：一种属成因分类，一种属工业分类。以下对以成因为基础，以工业意义为主导的两者有机结合，称为“中国铅锌矿床类型”作简介。

7.2.1　混浆源热液系铅锌矿床

热液系铅锌矿床，根据地质与测试资料的综合分析其矿质来源，一般以地壳深部硅铝层重熔同熔混合岩浆为主。成矿作用的性质以岩浆热液作用为主。所处大地构造环境，一般以分布于华南、东南沿海裙皱系加里东冒地槽褶皱区的盖层及中朝准地台南北沿的秦岭、燕山褶皱带为主。或以国内自北而南的三大东西向构造量体系与新华夏构造体系的复合部位所控制。

矿床分布特点是：均产于与成矿在成因或空间上有一定关系的中酸性浅成或超浅成岩浆岩分布的碳酸盐类建造为主的地区。矿床赋存的地层，一般以上古生界为主，亦有部分产于下古生界或前震旦系地层中。常以浅海相的碳酸盐岩类为主，部分为碎屑岩或变质岩中的碳酸盐类岩石的夹层。岩性以不纯的灰岩、大理岩、白云质灰岩，生物碎屑灰岩或不同结构构造的灰岩与砂页岩互层的组合中。控矿构造一般以倒转背斜加断层，层间破碎构造或岩体接触构造为主。矿体形态较复杂。矿体一般成群、成带、成片分布，且多而散（一般十几个至几百个不等），矿物组分复杂，有益伴生组分较多，以及成矿阶段的多期性和围岩蚀变多而强烈等，均属本系铅锌矿床的一般共性，而区别于其他矿系铅锌矿床。

热液系铅锌矿床，是国内主要类型之一。在普查勘探和生产建设中均占有重要的地位。矿床规模以大型矿床为多见。

根据成矿作用因素、方式和构成不同工业意义矿床的主要控矿地质因素，本系矿床可分为如下3个类型：

（1）接触型不规则状铅锌矿床；

（2）矽卡岩型不规则状铅锌矿床；

（3）充填型脉状，似层状铅锌矿床。

7.2.1.1　接触型不规则状铅锌矿床

接触型不规则状铅锌矿床主要特点是矿体以赋存于浅成或超浅成的中酸性小侵入岩体（面积一般小于2km^2）与碳酸盐类岩石的接触带范围的有利容矿构造部位内为主。这种小侵入岩体一般为石英斑岩、花岗斑岩、花岗闪长岩等为主。多属燕山期产物，岩体产状多呈不规则岩株状并分支为岩脉、岩墙、大多呈蘑菇状产出。如湖南水口山、黄沙坪等铅锌多金属矿床即是以直接产于超伏状的小侵入岩体与围岩接触带间或外接触带的碳酸盐类为主的断裂破碎带或层间破碎带中。矿石建造以Pb、Zn、S—石英、方解石类型为代表。围岩蚀变以绿泥石化、绢云母化、矽卡岩化等常见，且与成矿关系密切。本型矿床规模一般以大型居多，矿石致密块状，富矿为主，具有各种有益伴生组分，是国内热液系铅锌矿床中最重要的类型。

7.2.1.2　矽卡岩型不规则状铅锌矿床

与接触型不规则状铅锌矿床型的明显区别标志是矿床产于内外接触带的矽卡岩中，属矽卡岩阶段后的热液交代作用的产物。铅锌矿的空间分布严格受侵入岩体接触产状及矽卡岩形态控制，并随其变化而变化。同时，侵入岩体的规模一般均较接触型不规则状铅锌矿床型规模为大，通常为几平方公里，有的呈岩基产出。在成矿作用中经受了高中温与低温热液阶段的多期矿化作用，故在矿物共生组合上一般亦较复杂。矿床原生分带性较明显，矿石建造以Pb-Zn-Cu-W-Sn—钙矽卡岩类矿物组合为主。矿石一般以浸染状中、贫矿石为主，这可能是因含钙质的硅酸盐类成分的矽卡岩，其化学活泼性远不及碳酸盐岩类围岩有利于交代作用之故。

故本型矿床在工业意义上的特点是：一般以中小型为主。贫矿居多，且矿体形态复杂，矿体可多达几十至几百个，且星罗棋布，勘探难度大。但在国内分布较广泛，伴生元素较多，有利综合利用和地方小型开采。如连南、夏山、上台门、铜山岭、天宝山、桓仁等矿区均属之。

7.2.1.3 充填型脉状，似层状铅锌矿床

本型矿床在空间分布上与接触型不规则状铅锌矿床、矽卡岩型不规则状铅锌矿床不同的是，赋存位置相距侵入岩体较远，一般由几百米至1～2km。再者矿体形态较为简单，一般是脉状或似层状产于碳酸盐类岩石中的断裂带。层间破碎带中，而产于岩浆岩断裂构造中的脉状矿体工业意义一般不大。似层状矿体较厚大、集中，1～2层为主。本型矿床另一特点是成矿作用方式均受充填、交代作用双重因素所控制。工业矿体在脉体中往往呈囊状，扁豆状断续分布，品位变化较大，矿石建造以Pb、Zn（Sn）-石英萤石（方解石）类型为代表。矿床规模一般以中小型居多，如湖南东坡野鸡尾矿区为代表，而呈似层状产出矿床以中大型居多。

7.2.2 岩壳源层控系铅锌矿床

作为形成矿源层的原始矿质来源，是以古陆长期侵蚀的陆源矿质为主，成矿作用性质以同生沉积作用为基础，多数后经各种地质作用改造，或经岩浆热液的叠加而再次富集的多因成矿作用的矿床。

本系铅锌矿床的最大特点是：赋存于某些特定的层位中，多数受地层岩相、岩性的控制。所处大地构造环境，通常分布在相对稳定的准地台区的边缘，如扬子准地台，中朝准地台区的沉积盖层中；也有产于褶皱系如华南、秦岭、三江褶皱系的后加里东地台，后扬子地台盖层中或局部陆相盆地等。矿床赋存层位以早、晚古生代的早期地层中最为普遍，并以浅海相的碳酸盐类的沉积建造为主。另一特点是，多数矿区内外未见岩浆活动，甚至所在矿区的整个大区域的范围内亦无岩浆岩的侵入活动踪迹。但有岩浆热液叠加型矿床例外。构造控矿程度相对不及热液系矿床重要，相反，特定岩相或沉积建造因素却显得更为突出。

矿体形态一般较简单，以层状、似层状或透镜状较普遍，亦有脉状矿体。矿层通常以1～2层为主，很少超过十余层，一般均与围岩产状一致，随围岩褶皱起伏而变化。矿物组分简单，矿石建造以铅、锌、黄铁矿（菱铁矿）、方解石、白云石（重晶石）类型为主。矿石类型在空间分布上往往具有相变的特点。另是围岩蚀变种类、程度均远不及热液系矿床复杂和强烈，通常以轻微的碳酸盐化、白云母化、退色化和沙化、重晶石化为主。但岩浆热液叠加改造的矿床，则有矽卡岩化、绿泥石化等围岩蚀变，矿物组分也相对复杂。

本系铅锌矿床工业意义，同样属国内重要的铅锌矿床类型之一。在矿床规模上一般以中型居多，且分布广泛，目前国内已经探明的几个特大型的铅锌矿床亦多属此系矿床。

根据成矿作用因素或成矿环境的不同，本矿系又可细分如下类型：

（1）沉积再造型层状矿床；

（2）沉积—改造型似层状、（不规则脉状）矿床；

（3）古岩溶型不规则矿床；

（4）沉积改造、叠加型似层状矿床。

7.2.2.1 沉积再造型层状矿床

沉积再造型矿床是以特定岩相古地理环境下，沉积成岩阶段形成的铅锌等元素的矿化相对富集甚至形成矿化层。后经断裂、构造因素的影响，并在深部循环热卤水的作用下，

使原始矿质重结晶或熔融活化转移，再次沉淀成矿。其特点是成矿物质来源基本上是“就地取材”，“时空”范围，一般多局限于一个“纪”或“系”。

以具有泻湖相的沉积型的高板河式矿床为典型代表。含矿地层一般为上震旦统隐晶质—微粒状白云岩与泥质岩（板岩、页岩）互层的岩性组合，构成多个低级的沉积韵律。白云岩有时夹燧石结核或条带状。含锰质或炭质较高，有时局部夹透镜状磷块岩。泥质岩层一般含碳质、泥质，有时含锰质，并有团块状、浸染状黄铁矿或球眼状石墨，风化页岩中有时见有白色“岩霜”的膏盐帽。这一套岩性岩相组合特点，反映了当时沉积盆地是处于干燥气候，蒸发量大，海水不甚流畅或停滞还原的环境。铅锌矿层通常产于白云岩中或白云岩与页岩、板岩接触部位为主。如湘西南董家河。

本矿床工业意义，总的来说属贫矿，以锌为主，有时相变为层状黄铁矿床。

7.2.2.2 沉积—改造型似层状、（不规则脉状）矿床

根据改造作用的地质因素不同，又可细分如下亚类：

（1）构造—岩浆（热源）改造的似层状、不规则脉状铅锌矿床。

该型铅锌矿床产出层位以古生代早期（D-C 纪）的浅海相碳酸盐建造为主，岩性组合一般具有海进程序特点，岩性为厚层状灰岩，泥灰岩和生物灰岩，白云质灰岩或白云岩，砂页岩夹层等，一般含生物化石较丰富。本型在床与层控系矿床中其他类型区别的主要标志之一，矿区内一般无岩浆活动，但在矿区外围数公里至 10 余公里范围内，常有燕山期的中酸性岩浆岩侵入活动，或呈岩基、岩株状产出。

矿体一般呈似层状、层状沿碳酸盐类岩层的层间破碎带或张性为主的断裂构造中穿层呈脉状或不规则状产出。矿体一般有数层，走向长一般几百米至千米不等，矿体厚度几米至十几米，最厚达几十米。矿石建造以铅、锌、黄铁矿—方解石类型为代表。矿物组分相对复杂些，常伴有黄铜矿、菱铁矿、菱锰矿、硫锑铅矿、黄铁矿等，有时沿铅锌矿体的外围往往相变为含菱铁矿的铅锌矿体，继而变为以菱铁矿为主。有时伴有单独的铜矿体。围岩蚀变种类相对复杂和程度深些，常见有硅化、黄铁矿化、绿泥石化等。

本矿床工业意义，一般以中型规模居多，矿床物质组分相对复杂，有时亦可构成大型矿床规模，如凡口铅锌矿床。

（2）受构造—循环热卤水强改造的似层状铅锌矿床。

该型铅锌矿的赋存层位的岩相或沉积建造除有类似构造—岩浆（热源）改造的似层状、不规则脉状铅锌矿床型的浅海相的碳酸盐建造外，尚存在陆相盆地中的碎屑岩建造及膏盐建造。如滇西金顶铅锌矿，即是赋存于三江褶皱系中的新生代山间盆地中的白垩系与第三系（石英砂岩、含角砾的砂岩夹粉砂岩及灰岩角砾岩、砂泥岩等）岩层中，而上伏岩为含盐膏岩系。

矿石建造属铅锌—方解石、白云石式重晶石类型。矿物组分相对复杂，常伴生有黄铁矿、菱铁矿、白铁矿、黄铜矿、硫锑铅矿、辉锑矿、赤铁矿等，一般均含 S、Cd、Ge、Se、Ga、As、Ba 等伴生元素。矿石结构构造亦较复杂，既有自形晶粒状、镶嵌状、鲕状结构，亦有文象状、乳浊状、交代残余状结构，以及浸染状、条带状、斑块状、细脉状、缝合线状、角砾状等构造。如黔西地区的铅、锌矿矿床，矿石结构构造特征型较典型，如生物碎屑细粒结构和层理、缝合线、条带状、鲕状构造等。同时在空间分布上，矿石类型也显有相变或分带现象。

本型矿床规模，一般以中型为主，个别（如金顶矿区）可构成特大型，矿石以中富矿为主，分布亦较广泛，它是国内铅锌矿床重要类型之一。如金顶、泗顶、杉树林、顶头山、渔塘等矿区。

（3）受变质作用改造的似层状铅锌矿床。

本类矿床共同特点是：大地构造环境多属地槽褶皱区，经受区域性变质作用较强烈，有利的岩相古地理环境，均属位于古陆或大海岛边缘的开阔的海滨—浅海带—半封闭的海湾泻湖盆地演化的局部滞流、还原或半氧化—还原滞流洼地，气候多属较干燥条件下的浅海区；岩相属碎屑岩—碳酸盐岩类变化带，或复杂岩性互层带的部位；同一层位铅锌丰度值较高，矿体呈层状与地层整合产出，经变质作用随同褶皱起伏。片理化较普遍，矿石具有明显的条带状构造或微层状构造，或重结晶作用，使矿石晶粒相对变粗。其差别仅在于变质作用改造程度深浅不同而已。

典型矿区实例：柞水大西沟矿床、厂坝（西城成矿带）矿田。

7.2.2.3 古岩溶型不规则矿床

如关门山矿床、大梁子矿床及康滇地轴北段东缘铅锌矿带。本类矿床在国内铅锌矿中尚属新的类型，其特点是矿体形态复杂，矿石一般较富，往往可构成大型规模，具有较大的工业意义。

7.2.2.4 沉积改造、叠加型似层状矿床

如后江桥铁锰铅锌矿床。

7.2.3 幔浆源火山系铅锌矿床

矿质来源一般以上地幔岩浆热液为主，成矿作用性质与火山作用有关。所处大地的构造环境通常以地槽褶皱系造山作用、岩浆活动、火山作用或区域变质作用均较强烈的活动地带为主。但亦有产于准地台区的内陆凹陷盆地中。本系铅锌矿床赋存的地层时代一般以中生代晚期较普遍。赋存矿体地层为陆相，海相火山岩建造，或具有次火山性质的岩浆侵入活动。矿石建造以铅、锌、黄铁矿、黄铜矿—石英、方解石、重晶石类型为常见。

根据成矿作用性质、方式及控矿因素的不同，本系矿床可分为如下类型：

（1）火山—热液型透镜状、脉状铅锌矿床；

（2）变质的火山—沉积型似层状、透镜状铅锌矿床；

（3）似斑岩型大透镜状、大脉状铅锌矿床。

7.2.3.1 火山—热液型透镜状、脉状铅锌矿床

典型矿床实例：麻邛甲村含金富银多金属矿床；浙江黄岩五步矿床。

本矿床在国内东南沿海浙闽具有广泛分布，但一般以小型居多，且多属中贫矿，个别可构成大中型规模。

7.2.3.2 变质的火山—沉积型似层状、透镜状铅锌矿床

本型矿床主要特征是，赋存在早古生代早期的地槽褶皱系中，岩性以受变质的中酸性海底火山—沉积相的细碧角斑岩建造为主，亦有产于强变质的片麻岩系中。岩性包括变质的流纹质凝灰岩、英安岩或安山质凝灰岩、石英角斑质凝灰岩，细碧玢岩质凝灰岩、石英角斑岩、细碧玢岩，角闪玢岩及变质不一的千枚岩、片岩夹大理岩组成的绿岩系。这套岩系片理化发育，并富含长石质。普遍受变质作用的影响。如红透山铅锌矿床、锡铁山铅锌

矿床、小铁山铅锌矿床等。

本型矿床规模一般以中型居多，个别也可形成特大型矿床，是火山系铅锌矿床中最重要类型之一。

7.2.3.3 似斑岩型大透镜状、大脉状铅锌矿床

斑岩型多金属矿床因具特有的工业意义，在国内外愈来愈被人们所重视，国内外报导很少，仅见于国内云南姚安和江西冷水坑矿区，分别产于碱性正长斑岩和花岗斑岩中，具有斑岩型矿床某些特点，但研究程度不高。

典型矿床实例：姚安铅矿床、冷水坑铅锌矿床。

本类矿床规模可达大型，矿体形态简单，矿石品位较低，均属贫矿。

7.2.4 混合源断裂系铅锌矿床

本系矿质来源较复杂，可能既有深部地壳同熔，重熔混合岩浆热液以及侧分泌作用而吸取围岩中的原始矿质。成矿作用性质为热液作用，侧分泌作用及不同程度的变质作用的改造。而成矿方式以充填作用为主。

本系矿床所处大地构造环境，一般位于准地台基底褶皱的结晶地块区为主，部分位于褶皱系中的冒地槽范围。矿床赋存的地层以前震旦系浅变质岩系为主，也有少数产于深变质的片麻岩相带或侵入岩体中。岩性组合较复杂，但总的特点是以硅铝酸盐类岩石为主。一般以含杂质不一，片理化蚀变程度不同的千枚岩、千枚状板岩、页岩、砂质页岩、变砂岩、石英砂岩等为主。Pb、Zn、S等亲硫元素的区域背景值较高，通常大于克拉克值若干倍至几十倍。另外，区内一般均有大片的中酸性花岗岩类等活动，出露面积较大（数平方公里至数十平方公里），有的呈岩基状产出，而中基性侵入岩多呈岩墙产出。有的岩体并受区域变质作用、混合岩化作用影响。

根据控矿断裂构造性质和矿石建造的不同，本矿系可细分为如下类型：

（1）沿破碎带充填型宽脉状铅锌矿床；

（2）沿断裂带充填型复脉状铅锌矿床。

7.2.4.1 沿破碎带充填型宽脉状铅锌矿床

断裂破碎带是控制宽脉状铅锌矿的主要控矿、容矿构造。区域性的压扭性断裂破碎带控制了矿田的空间分布规律，而由其派生的次级规模的张扭性、羽状断裂或断裂带产状转折部位控制了矿床和矿体的展布。

矿体通常呈厚大的脉状或大透镜状，产于破碎构造中，或断续出现，或侧列分布。矿体总体形态较简单，但有分支复合变化及扁豆状夹层。矿体厚度一般十几米至几十米，长几百米至几千米不等。矿物组分简单，以铅、锌—石英萤石型为常见。矿石以浸染状、块状、角砾状、细脉、网脉状为主。多属贫矿石。围岩蚀变以绿泥石化、硅化、绢云母化与成矿关系密切。如湖南桃林铅锌矿床。

本型铅锌矿床，矿石品位低，属贫矿，但规模可达中—大型，且矿体形态较简单稳定，便于开采。如桃林、东冲、大尖山、沙里塔什等矿区。

7.2.4.2 沿断裂带充填型复脉状铅锌矿床

区域性的大断裂派生的次级断层、片理带、裂隙构造直接控制了矿体的空间展布规律。通常以扭性或张扭性断裂构造为主，形成相互平行的侧列式的矿脉群或脉组，有时作

等距性的排列分布。它与沿破碎带充填型宽脉状铅锌矿床型区别在于后者从低序次的张扭性或张性的破碎程度较大的断层为直接的容矿构造，因此一般只形成单一的厚大脉状矿体。而沿断裂带充填型复脉状铅锌矿床型矿体则呈相互平行的厚度较薄（1～2m）的矿脉群或矿脉带产出。单矿脉通常作侧列分布，具有尖灭再现或尖灭侧现，分支复合，膨大缩小等变化，而矿体中富集“矿柱”，一般具有侧伏现象，有时亦作等距性的分布。如东岗山、红旗岭、厚婆坳、锯板坑等。

本类矿床一般为中小型铅锌矿床。

7.2.5 岩壳源沉积系铅锌矿床

7.2.5.1 同生沉积型似层状铅锌矿床

仅有新疆喀什地区乌拉根矿区具此特点。矿物组分简单，主要为方铅矿、闪锌矿，富含天青石，围岩蚀变轻微，矿石属金属硫化物胶结的砂屑状结构同生沉积特点。

7.2.5.2 残坡积—洪积型似层状砂铅（锌）矿床

本类型铅锌矿床主要分布于扬子准地台的西南缘，气候潮湿，地形切割、剥蚀程度较深的第四系地层覆盖区。铅锌矿床产在第四系残坡积—河流洪积相的砂砾层、砂层及黏土层中，一般距原生铅锌矿床不远，经风化、搬运短距离，就地沉积成矿。砂矿层的形态取决于基岩起伏情况，一般属残坡积型砂矿，常呈透镜状或囊状分布；而河床冲积，洪积型矿床则较稳定，呈似层状或层状，砂矿床分布面积一般小于1km^2，矿层厚度几米至十几米不等。矿石以中富矿较多，矿物组分除方铅矿、闪锌矿等原生硫化物外，氧化矿物较多，并富含泥质，多属难选矿石。矿床规模一般为中小型，在国内分布和工业利用上均不普遍。本类矿床因氧化作用往往可使伴生有益组分Au、Cd、Ge等元素品位富集，有利综合利用。（如赫章、大厂、会泽等矿区）。

7.2.6 矿床特征

矿床特征见表7-6、表7-7、表7-8、表7-9。

表7-6 中酸性岩浆岩矿床特征

特 征	中酸性岩浆岩铅锌矿床		
	矽卡岩型	斑岩型	长英质侵入岩型
地质背景	活化地台，大陆边缘，造山晚期的岩浆作用	活化地台，大断裂带	活化地台
围岩类型	花岗闪长岩至花岗岩，闪长岩至正长岩，碳酸盐岩、钙质碎屑岩	各种斑岩及外接触带岩石	花岗岩、花岗闪长岩类及碎屑岩类或变质岩
矿物组合	闪锌矿、方铅矿、磁黄铁矿、黄铁矿、萤石、石英、方解石及白云母等	黄铁矿、雌黄铁矿、磁铁矿、方铅矿、闪锌矿、黄铜矿、绢云母、石英、重晶石	毒砂、黄铁矿、锡石、雌黄铁矿、黄铜矿、深色闪锌矿、方铅矿、石英、白云母、萤石等
围岩蚀变	主要有矽卡岩化、硅化、绢云母化等、蚀变强烈	主要有黄铁矿、硅化、绢云母化等，蚀变强烈	主要有绢云母化、绿泥石化、斜长石化等，蚀变强烈
成矿时代	主要为中生代，但也可以是任何时代	以燕山期为主，此为加里东期和印支期	以燕山早期为主

续表 7-6

特征	中酸性岩浆岩铅锌矿床		
	矽卡岩型	斑岩型	长英质侵入岩型
流体包裹体	均一温度：280～560℃ 矿石矿物沉淀温度：180～300℃ 盐度：1%～26% NaCl（质量分数） 气液包裹体，出现有含 CO_2 包裹体	均一温度：190～550℃ 盐度：4%～17% NaCl（质量分数） 气体及气液包裹体及 CO_2 包裹体	均一温度：200～350℃ 盐度：5%～26% NaCl（质量分数） 液体包裹体或气液包裹体
铅同位素	多为接近单阶段演化的正常铅	多属正常铅	多属正常铅
$\delta^{34}S$	多为正值： $\delta^{34}S=-2‰\sim+7‰$	多为正值： $\delta^{34}S=-1‰\sim+5‰$	多为正值： $\delta^{34}S=-1‰\sim+8‰$
氧、碳同位素	$\delta^{2}O$ 多为 +5‰左右 $\delta^{2}C$ 多为 −5‰左右	$\delta^{2}O$ 多为 +5‰左右 $\delta^{2}C$ 多为 −5‰左右	$\delta^{2}O$ 多为 +5‰左右 $\delta^{2}C$ 多为 −5‰左右
矿石特征	花岗晶状结构，以块状-浸染状矿石为主	以块状、浸染状、角砾状矿石为主	以致密块状、细脉浸染状、角砾状矿石为主
实 例	中国：湖南水口山铅锌矿 美国：新墨西哥州汉诺里-费耶罗地区	中国：山东香夼铅锌矿床 加拿大：曼纽托巴弗林弗伦铜铅锌矿	中国：广西新华铅锌银矿床 法国：莱马林铅锌矿床

表 7-7 碎屑沉积岩矿床特征

特 征	碎屑沉积岩型铅锌矿床	
	砂砾岩型	沉积喷气-喷溢型
沉积或成矿环境	主岩沉积在大陆和海洋结合的环境中，山前地带、河流相、泻潮-三角洲、滨海、潮汐带、砂坝环境等，一般继之以海侵	海相克拉通边缘与地槽和克拉通盆地，伴随较小的局限盆地、火山断陷盆地
构造背景	在构造稳定条件下，强烈的风化作用和区域准平原化作用，伴随着海洋台地或山前地带沉积作用，至少与某些造山运动隆起作用有关	克拉通外缘、地槽和克拉通内盆地与受同生断层控制的转枢带伴生，形成典型的半地堑
围岩类型	陆相及海相的泥岩、粉砂岩、石英质或长石质砂岩、砾岩、砂砾岩、局部为蒸发岩	宁静海相沉积岩，包括：黑色页岩、粉砂岩、砂岩、燧石、白云岩、泥晶灰岩和浊积岩、同生陆棚相中的局部蒸发岩段，火山岩以凝灰岩为主，一般常与沉积期断层伴随出现
岩石结构	层理、交错层理、古水道、水流构造和层内崩滑角砾岩、石英及附属的方解石胶结构	横穿（断层）转扭带的沉积厚度和沉积相明显变化，同沉积期断层附近的滑坡角砾岩和砾岩
矿物组合	细-中粒结晶的方铅矿为主，次为闪锌矿、黄铁矿、重晶石、萤石、石英、方解石，含某些有机质碎屑	黄铁矿、雌黄铁矿、闪锌矿、方解石、重晶石及黄铜矿等
矿石特征	粒状结构，块状、浸染状构造，局部有交错层理等沉积构造	细晶和浸染状、纹层状构造，粗晶质和块状构造是变质作用的产物

续表 7-7

特 征	碎屑沉积岩型铅锌矿床	
	砂砾岩型	沉积喷气-喷溢型
围岩蚀变	微弱	弱～强，主要有硅化、电气石化、钠长石化、绿泥石化和白云母化
成矿时代	主岩时代为元古代—白垩纪	中元古代（1700～1400Ma），寒武纪—石炭纪（530～300Ma）
控矿条件	具多孔性的岩石及不透水障壁	宁静沉积相环境，较大断层控制盆地内的小型局部盆地，同生断层
液体包裹体	均一温度：100～200℃ 盐度：6%～14% NaCl（质量分数） 液体包裹体为主	均一温度：150～350℃ 盐度：1%～20% NaCl（质量分数） 液体包裹体为主
铅同位素	正常 Pb 或异常 Pb	多正常 Pb
硫同位素	变化很大	变化大，一般为正值
$\delta^{12}O$ 和 $\delta^{13}C$	变化较大，一般反映了主岩的特征	变化较大，基本上反映了主岩的特征
实 例	中国：云南兰坪金顶铅锌矿床 加拿大：萨斯喀彻温乔治湖矿	中国：陕西柞水-山阳铅锌矿田 澳大利亚：布罗肯希尔铅锌银矿床

表 7-8 碳酸盐岩型矿床特征

特 征	碳酸盐岩型铅锌矿床
成矿环境	陆棚、浅海、潮间和潮下海相环境，矿床一般存在于沉积盆地的边缘
构造背景	稳定的克拉通地台及稳定的大陆架
围岩类型	白云岩、石灰岩及局部含有砂岩、砾岩和钙质页岩的不纯碳酸盐岩
矿物组合	方铅矿、闪锌矿、黄铁矿、黄铜矿、白铁矿、白云石、方解石、石膏等
矿石特征	粗-中细粒交代结构、胶体孔隙充填结构，块状、条带状、浸染状构造
围岩蚀变	一般较弱，主要有白云石化、黄铁矿化、硅化等
控矿条件	溶洞崩塌角砾岩、断层、透水礁、滑塌角砾岩、粗晶白云岩等
成矿时代	元古代—三叠纪，主要存在于古生代
液体包裹体	均一温度：50～250℃ 盐度：20%～23% NaCl（质量分数） 液体包裹体为主
铅同位素	异常 Pb、正常 Pb 或混合 Pb
硫、氧、碳同位素	$\delta^{34}S$：多为正值，$-10‰$～$+40‰$ $\delta^{18}O$：$+10‰$～$+25‰$ $\delta^{13}C$：$+5‰$～$-15‰$
实 例	中国：广东凡口铅锌矿床 美国：密苏里维布努姆（Viburnum）附近地区 MVT 矿床

表 7-9 剪切带型矿床特征

特 征	剪切带型铅锌矿床	
	剪切带蚀变岩型	脉状 Pb-Zn-Ag 型
构造位置	槽台边缘的构造活动带、大断裂交汇部位的韧—脆性剪切带及其后的张性断裂带	地体边缘地台剪切带的共轭或次级断层，造山运动史上的晚期构造，挤压作用后地壳伸长期或之后
围岩类型	沉积岩：碎屑岩、泥岩及碳酸盐岩和部分火山岩 侵入岩：广泛分布重熔型花岗岩 变质岩：绿片岩-片麻岩，糜棱岩（剪切特征变质产物）	沉积岩：前寒武—中生代的细—中粒碎屑岩盆地，含有少量火山岩 侵入岩：I 形和 S 形花岗岩、花岗闪长岩（最常见）、二长岩、正长岩等 变质岩：主要为绿片岩，部分为麻粒岩
矿物组合	闪锌矿、方铅矿、黄铁矿、黄铜矿、雌黄铁矿、石英、萤石、重晶石等	方铅矿、闪锌矿、黄铁矿、菱铁矿、石英、白云石和方解石等
围岩蚀变	剪切带内岩石强烈糜棱岩化，热液蚀变主要有绢云母化、硅化、绿泥石化及硫化物矿化	绢云母化、硅化和黄铁矿化
成矿时代	主要为古生代—中新生代	前寒武纪—始新世
控矿条件	剪切带与区域断裂的交汇部位及韧性剪切带中挤压破碎带或破碎带内	
金属比值		Pb/(Pb + Zn):0.51 ~ 0.72 (Ag × 100)/[(Ag × 100) + Pb]:0.22 ~ 0.63
液体包裹体	均一温度：160 ~ 290℃ 盐度较低，液相包裹体为主	均一温度：250 ~ 300℃ 盐度：0 ~ 26% NaCl（质量分数） CO_2 丰富，但不混溶，微量 CH_4、N_2
硫同位素		$\delta^{34}S$ 变化极大，与矿区围岩有关
碳同位素		$\delta^{13}C = 0 \sim -14‰$，碳可能是从围岩中析出，均一化的 $\delta^{13}C$ 在 $-8‰ \sim 5‰$（可能来源于深部地幔 CO_2 的去气作用）之间
铅同位素		线性或散射分布，矿床中的 Pb 同位素可分 1 ~ 4 组，上地壳造山运动的 Pb，局部存在下地壳和上地幔成分
实 例	中国：辽宁青城子铅锌矿床 西班牙南北部的鲁维亚莱斯铅锌矿床	中国：湖南清水塘铅锌矿 加拿大：科卡尼兰奇（Kokanee Range）和基诺希尔铅锌银矿床

7.3 铅锌矿开采

矿床开采方式分为露天开采与地下开采。

7.3.1 露天开采概述

7.3.1.1 露天境界

A 确定露天开采境界的原则

在矿床开采设计中，根据矿床的自然因素，可能遇到如下三种情况：

(1) 矿床全部宜用地下开采；

(2) 矿床上部宜用露天开采，而下部只能用地下开采；

(3) 矿床全部宜用露天开采，或上部用露天开采而剩余部分暂不宜开采。

对于后两种情况，需要确定合理露天开采境界，包括确定合理开采深度，露天采场底部平面周界及露天矿最终边坡角。

露天开采境界的确定，实质上是剥采比大小的控制。因为，随着露天开采境界的延伸和扩大，可采储量增加了，但剥离岩量也相应地增大。合理的露天开采境界，就是指所控制的剥采比不超过经济上合理的剥采比。

在露天矿境界设计中，需要控制的剥采比有平均剥采比、境界剥采比及生产剥采比等，剥采比的单位可用 m^3/m^3、m^3/t 或 t/t 表示。

(1) 平均剥采比（n_p），是指露天开采境界内岩石总量与矿石总量之比值；

(2) 境界剥采比（n_j），是指露天开采境界每增加一个单位深度所引起岩石增量与矿石增量之比值；

(3) 生产剥采比（n_s），是指露天矿某一时期内所剥离的岩石量与所采出的矿石量之比值，按若干分期均衡计划安排的生产剥采比，称均衡生产剥采比，其值在某一均衡期内被认为是固定的；

(4) 经济合理剥采比（n_{jh}），是指露天开采在经济上最大允许的剥采比。它是一个理论上的极限值，是确定露天矿最终境界的重要技术经济依据。

确定经济合理剥采比的方法较多，归纳起来主要有两类：一是比较法，它是以露天开采和地下开采的经济效果作比较来计算的，用以划分矿床露天开采和地下开采的界线，如原矿成本比较法、产品成本比较法、储量盈利比较法、折算费用比较法等；二是价格法，它是用露天开采成本和矿石价格作比较来计算的，在矿床只宜露天开采的场合，用以划分矿床露天开采部分和暂不宜开采部分的界线，如最低利润比较法、最高成本比较法、回收投资比较法等。

B 影响露天开采境界的主要因素

a 自然因素

包括矿床赋存条件，如矿体形态、大小、厚度、倾角等，矿石种类及品位，矿石和围岩性质，地形、矿区附近的河流、工程和水文地质等。

b 技术组织因素

包括露天和地下开采技术水平、装备水平，矿山附近的铁路、公路、水运以及主要建筑物和构筑物等。

c 经济因素

包括基建投资、基建时间和投产时间，矿石的开采成本和销售价格，开采过程矿石的贫化和损失，以及国民经济发展水平等。

上述因素，对不同矿床条件，其影响程度是不同的，在确定露天开采境界时应综合考虑。

7.3.1.2 矿床开拓

A 露天矿床开拓分类

露天矿床的开拓方式与运输方式密切联系。露天矿床开拓分类主要根据运输方式来确定，按运输干线的布线形式和固定性作为进一步分类的依据。露天矿床开拓按运输方式可分为：

（1）公路运输开拓；

（2）铁路运输开拓；

（3）联合运输开拓，联合运输开拓包括：

1）公路—铁路联合运输开拓；

2）公路（铁路）—破碎站—带式输送机联合运输开拓；

3）公路（铁路）—箕斗联合运输开拓；

4）公路（铁路）—平硐溜井联合运输开拓。

B 影响开拓方式的主要因素

a 矿体赋存的地质地形条件对开拓方式的影响

按矿体赋存条件可能有一种或几种不同的开拓方式和方案。赋存较浅、平面尺寸较大的矿体，可采用公路运输开拓或铁路运输开拓。对于赋存较深的矿体、开采深度较大的露天矿，可采用公路—带式输送机运输开拓或斜坡箕斗提升开拓。当矿体赋存较深、平面尺寸较大时，除能用公路—带式输送机联合运输开拓和斜坡箕斗提升开拓外，还可用铁路—公路联合运输开拓。矿体赋存条件复杂、分散、平面尺寸和高差不大的山坡露天或开采深度不大的凹陷露天矿，采用公路运输开拓更为适宜。矿体赋存在地形高差很大、坡陡的山峰，采用平硐溜井开拓被认为是技术上可行、经济上合理的开拓方式。

b 露天矿生产能力对开拓方式的影响

露天矿生产能力的大小，影响着采掘运输设备的选型，而运输设备类型的不同，开拓方式亦各异。如生产能力大的带式输送机运输与生产能力小的斜坡箕斗提升，其开拓方式是不同的。若在露天矿场最终边帮布置沟道，前者倾角一般不大于18°，斜交最终边帮倾向布置沟道；斜坡箕斗提升是沿着最终边帮倾向布置沟道，且在集运水平设转载栈桥。

基建工程量和基建期限对开拓方式和方案的要求，是为减少基建工程量、缩短建设期限和减少基建投资，可靠近矿体布置移动坑线开拓，矿体倾角小时采用底帮固定坑线开拓，以及采用横向布置开段沟进行开拓。

c 降低矿石损失与贫化对开拓方式的要求

矿石损失与贫化直接影响着矿产资源的利用程度和生产的经济效益。在选择开拓方式和方案时，要优先考虑有利于降低矿石损失与贫化的开拓方式，这对开采矿石价值高的矿体更为重要。开采有岩石夹层的矿体，采用汽车运输开拓和采场内采用汽车运输的部分联合开拓方案，有利于进行分采，以减少矿石损失与贫化。采用工作线由顶帮向底帮推进的固定坑线开拓和靠近矿体上盘的移动坑线开拓，均可减少矿岩接触带处的矿石损失与贫化。

d 地下开拓方式的利用

依据矿体赋存条件，上部用露天开采，深部用地下开采。当先进行地下开采，后转露天开采时，若地下开拓系统能满足露天矿矿石生产能力要求，且经济合理，可利用地下开拓系统运输露天矿采出的矿石。

C 选择开拓方式的主要原则

矿山开拓方式选择的主要原则是在满足国家要求的前提下，选择生产工艺简单可靠，基建工程量小，基建投资少，生产经营费用低，占地少，投产早，达产快，且静态和动态资金回收期短，投资收益率高对区域经济有带动作用，社会效益好的开拓运输系统。

露天矿开拓方式直接影响着基建工程量、基建时间和基建投资。不同的开拓方式，矿岩运输成本及能耗亦各异，运输成本一般占矿岩生产成本的40%～60%。

7.3.1.3 露天采剥方法及陡帮开采

A 采剥方法

a 多元化原则划分

适用于露天方法开采的全部矿床可分为两大类：一类是水平和缓倾斜矿床，其倾角从0°～12°；另一类是倾斜和急倾斜矿床（矿层和矿体）。这些矿床的开采顺序以及露天采掘工作的综合机械化系统是大不相同的。水平和缓倾斜矿床是按剥离岩层与矿层的整个厚度开采，即露天矿不必延伸；而倾斜和急倾斜矿体要沿垂直方向划分成若干水平分层（台阶），各水平分层在露天采场不断延伸的过程中依次开采直至采完为止。矿岩回采方法决定采装设备的工作效率。露天采矿方法见表7-10。

表7-10 露天采矿方法

类别	采矿方法	排土场位置	进路推进方向
水平和缓倾斜矿床（无延伸型采矿方法）			
Ⅰ	单斗挖掘机剥离倒堆	内部排土	纵向、横向
Ⅱ	连续式运输—排土机组剥离	内部排土	纵向、横向
Ⅲ	间断式挖掘机—运输机组	外部排土 内部排土 联合排土	纵向 横向 环形
Ⅳ	连续式挖掘机—运输机组	内部排土 外部排土 联合排土	纵向 横向 扇形
Ⅴ	小型机械化与水力机械化	外部排土 内部排土 联合排土	不同方向，依矿山地质条件而定
Ⅵ	水平和缓倾斜矿床联合采矿方法	Ⅰ～Ⅴ类方法的某种合理联合方式	
倾斜和急倾斜矿床（延伸型采矿方法）			
Ⅶ	间断式挖掘机—运输机组	外部排土 内部排土 联合排土	纵向 横向 环形
Ⅷ	连续式挖掘机—运输机组	内部排土 外部排土 联合排土	纵向 横向 扇形
Ⅸ	露天—地下联合与露天转地下	露天—地下同时开采和露天转地下开采时的某种合理联合方法	

b　按工作线布置方式

（1）纵向采剥方法。纵向采剥时，露天矿的采剥工作线沿矿体走向布置，横向推进。当露天矿采用固定坑线开拓时，工作线由顶帮向底帮推进，也可由底帮向顶帮推进，但一般多采用底帮固定坑线开拓。也可以采用移动坑线开拓，此时开段沟布置在矿体的上盘、下盘接触线或矿体中间。工作线由中间向顶帮和底帮推进。

其主要优点是：纵向开采时，工作线是平行推进的，所以沿工作线上的采掘带宽度基本上是相等的，因而能充分利用工作线，有利于管理工作。

开段沟可以布置在矿体的上盘或顶帮，工作线垂直走向推进，因而有利于减少矿石的损失和贫化。

纵向采剥方法的主要缺点是：在一定的矿山技术条件下，矿岩内部运输距离较大（与横向采剥方法相比）；当工作线从底帮向顶帮推进时，矿石损失和贫化较大；当矿体为倾斜和急倾斜时，基建剥岩量较大；纵向采剥方法不灵活，对矿石品种和品位波动较大的矿山不利于分采。

纵向采剥方法适用条件：

1）铁路运输的露天矿；

2）长宽比接近于 1 的汽车运输露天矿；

3）有特殊要求的汽车运输矿山。

（2）横向采剥方法。横向采剥方法是指露天矿采剥工作线横交矿体走向布置，沿矿体走向推进。开段沟可以布置在露天矿的端部或者境界中的任何一个地方，并垂直矿体走向掘沟，形成初始工作线，从一端向另一端，或从中间向两端推进。

横向采剥方法优点：减少基建工程量；减少采场内部运输距离；减少开沟工程量；增加工作线长度。

横向采剥方法主要缺点是：采场作业台阶多，设备上下调动频繁，影响其生产能力；生产组织和管理比较复杂，容易因计划不周而造成采场的采剥失调等。此外，在山坡地形的条件下，横向采剥的生产剥采比较纵向采剥（工作线从上盘向下盘推进）时为大，见图 7-1。

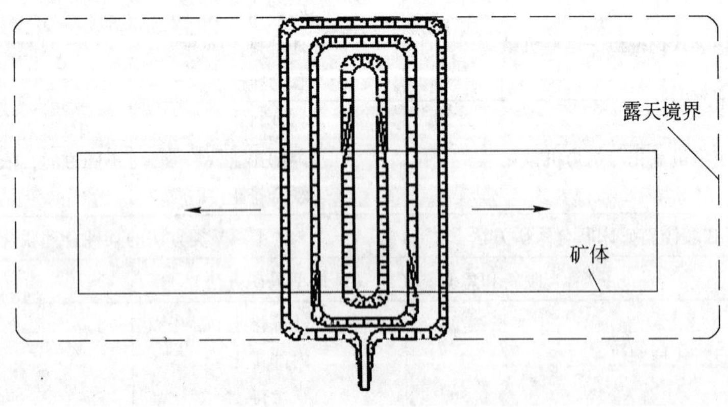

图 7-1　横向采剥法

适用条件：横向采剥方法主要适用于汽车运输的露天矿，因为汽车运输机动灵活，对工作线长度要求比较短，能适应各种不同的矿体埋藏条件和品位的空间分布。此外，长宽比大的露天矿，在其他条件相同时，采用横向采剥方法较为有利。

（3）扇形采剥方法。扇形采剥时，工作线上每个点的推进速度是不同的，工作线的推进方向也是变化的，因而生产组织管理复杂，各开采水平之间影响较大，新水平准备时间较长，且同时开采台阶数少。

沟道线路与工作面线路可以直接连接，无需设连接平台，因而可以减少运距，有利丁提高露天开采的经济效益。在开采水平或缓倾斜矿体时，通过调整回转中枢的位置，可使露天矿的工作线长度基本保持不变，见图7-2。

扇形采剥方法多用于矿岩比较松软的水平和缓倾斜矿体。特别是使用运输排土和带式输送机的露天矿。

用螺旋坑线开拓的露天矿，使用扇形采剥方法。

（4）环形采剥方法。环形采剥时，采场工作线向四周发展。当开采凹陷露天矿时，工作线自里向外扩展，当开采孤立山峰型露天矿时，工作线自外向里发展，采用这种方法时，一般先在矿体中间掘一个圆坑，其直径约为50～200m，依采掘运输设备的规格而定，然后向四周发展。此时露天矿的发展像一个截头圆锥沿矿体的倾斜方向下移，环形采剥时圆形工作线上各点的推进速度是不同的，依矿体倾角及主推进方向而定，沿推进方向的工作线推进速度最大，逆推进方向的工作线推进速度最小。此时多采用移动坑线开拓，并且坑线多沿圆坑的周边布置见图7-3。

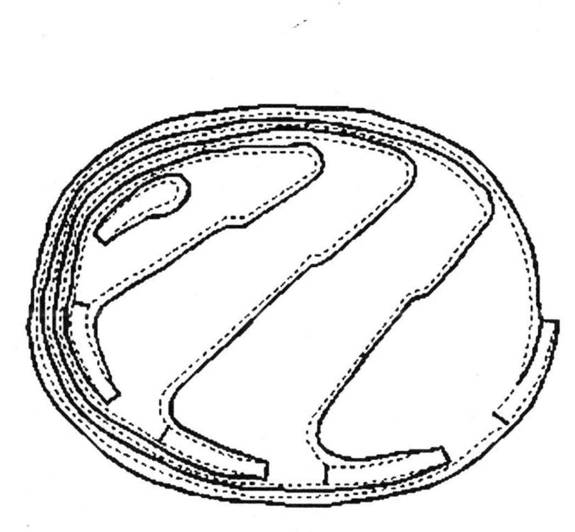

图7-2 扇形采剥方法

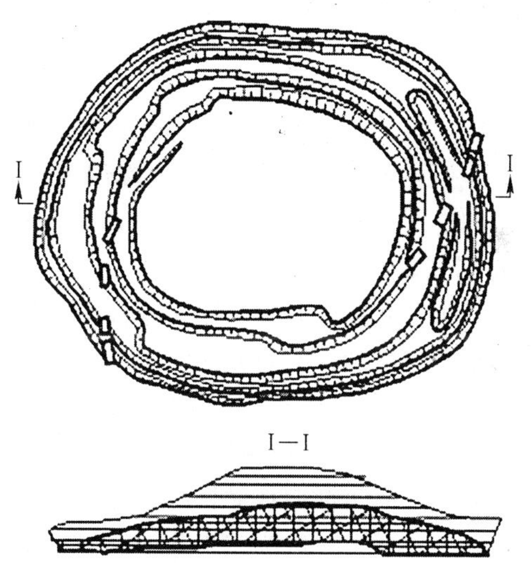

图7-3 环形采剥方法

主要优点：基建工程量小，延伸速度快。使用比较灵活。环形采剥时，露天开采境界随时都可以从中央向四周扩大而不影响生产。若环形采剥方法改为横向采剥方法时，无需补做很多工程。

主要缺点：环形采剥方法的主要缺点是线路的修筑和维护工程量大，这主要是由于大量使用移动坑线所引起的。

环形采剥方法的适用条件：

1）矿体平面尺寸大致呈圆形的倾斜及急斜倾矿体；

2）环形采剥方法一般只用于汽车运输开拓的矿山。

B 陡帮开采

采用缓帮（见图 7-4），即台阶全面开采时，工作帮坡角一般为 8° ~ 15°；采用陡帮（见图 7-5），即台阶轮流开采时，工作帮坡角可达 25° ~ 35°；有时还更大，接近最终边坡角。

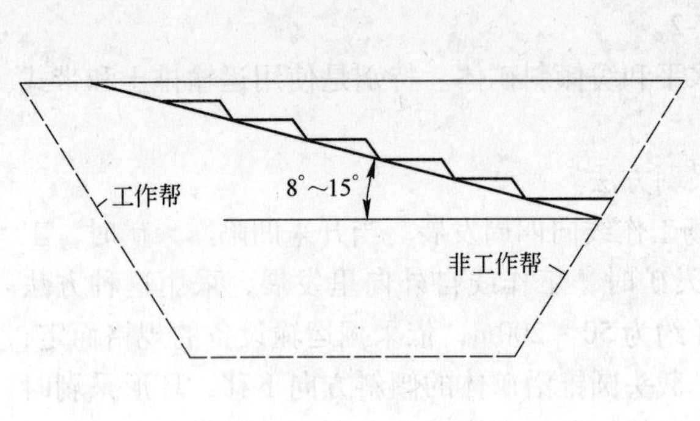

图 7-4 缓工作帮作业示意图

图 7-5 陡工作帮结构示意图

陡帮开采时（见图 7-5），工作帮上不是每个台阶布置挖掘机，即不是每个台阶都处于作业状态，其中一部分台阶是作业台阶，另一部分台阶则是暂不作业台阶。作业台阶和暂不作业台阶轮流开采。

作业台阶保留最小工作平盘宽度，暂不作业台阶只保留很窄的平台。

开拓运输特点：陡帮开采时露天矿多使用汽车运输。

如果露天矿的开采深度较深，运输距离较长，可采用联合运输。最常见的是汽车-破碎机-带式输送机系统。

对于采用陡帮开采的凹陷露天矿，其开拓运输的特点是大量使用移动坑线，并且坑线穿过整个工作帮，有时露天矿上盘和下盘都设置移动坑线。由于采场大量使用移动坑线，所以采场公路的修筑、维护和保养的工作量很大。

陡帮开采时，露天矿分为两个区。剥岩区不断向外扩展，位置不断改变，工作帮坡角陡，而且又大量使用移动坑线，线路的位置不断改变，还经常受到工作面爆破工艺的影响和干扰。坑底采矿区为正常作业区，从中采出的矿石不断通过剥岩区往外运输，这就形成了极其复杂的开拓运输系统。它既要保证该运输系统安全可靠和畅通无阻，又要保证运输合理，经济效益好，要求如下：

（1）建立两套完整的独立的开拓运输系统。陡帮开采时，最好为上部剥岩区和下部采矿区建立两套完整的独立运输系统。它们各自独立，单独为各自的采区服务，但又用联络道将它们互相连接起来，即建立两套或多套既各自独立，又相互联系，相互补充的开拓运输系统，确保矿山运输畅通无阻。

（2）在下盘建立一条安全可靠、畅通无阻的运输干线。当矿体倾角比较缓，下盘的剥岩量不大时，可以在下盘实行缓帮开采，此时工作平盘较宽，在此工作帮上建立一条通向选矿厂（或矿仓）和排土场的通道是完全可能的，这就解决了坑底采矿区的运输和安全问题。

(3) 其他措施。适当地分流，保持露天矿合理的货流方向，避免某个区间负荷过大。还可以用端环线将上下盘的干线连接起来，确保每个工作面有几个出口，从而保证露天矿的运输安全可靠和畅通无阻。

从图7 6所示可看出，露天矿开采完成后整个露天采矿场终了的情况。图中显示了开拓系统、最终边帮组成要素、露天矿底平面周界等。

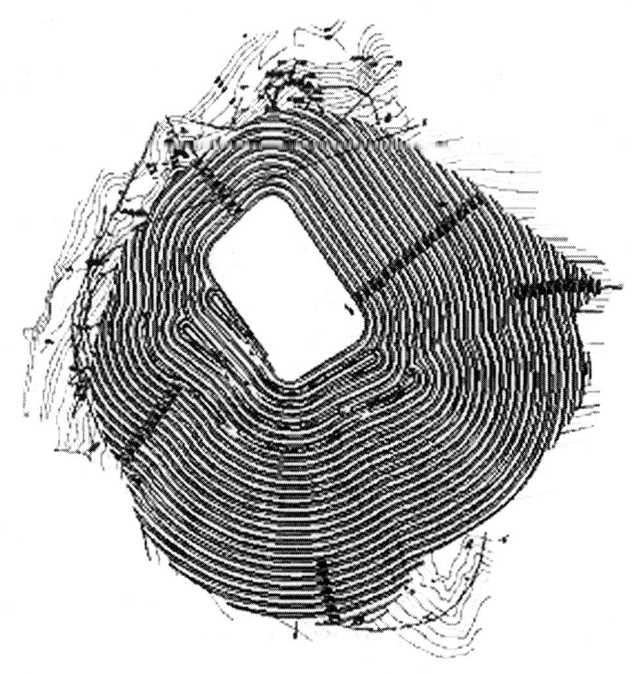

图7-6 露天矿开采平面

7.3.2 地下开采概述

一般来说，当露天方式开采不能完成矿物开采（经济上不合理）时，可采用地下开采。

7.3.2.1 开拓方法

根据主要开拓巷道的类型，矿床开拓方法可分为平硐开拓、斜井开拓、竖井开拓、斜坡道开拓和联合开拓。凡用一种主要开拓巷道开拓矿床的称为单一开拓，用两种或两种以上的主要开拓巷道开拓矿床的称为联合开拓。

按照主要开拓巷道与矿床的相对位置不同，可分为下盘、侧翼、上盘和穿过矿体等开拓方法。从实际应用上看，下盘和侧翼开拓方法使用的较为广泛。上盘和穿过矿体的开拓方法，除受到条件限制外，一般很少采用。

按照主要开拓巷道内所配置的提升、运输设备不同，可分为：有轨运输、无轨运输和带式输送机运输。斜井分为：串车斜井、台车斜井、箕斗斜井和带式输送机斜井。竖井分为：罐笼井、箕斗井和混合井。斜坡道为汽车运输。对某一个矿床开拓讲，可以是一种或几种提升、运输方法的联合。

开拓方法分类见表7-11。

表7-11 开拓方法分类

开拓方法		开拓方法的要素	
		主要开拓巷道的类型	主要开拓巷道与矿床的相对位置
单一开拓法	平硐开拓	平硐	与矿体走向相交（下盘或上盘）；沿矿体走向
	斜井开拓	斜井	下盘；侧翼；脉内
	竖井开拓	竖井	下盘；侧翼；上盘；穿过矿体
	斜坡道开拓	斜坡道	下盘；侧翼；上盘
联合开拓法	平硐、斜井（盲斜井）联合开拓	矿床上部用平硐开拓，平硐上、下部用斜井（盲斜井）联合开拓	下盘、侧翼、上盘平硐，下盘、侧翼斜井（盲斜井）
	平硐、竖井（盲竖井）联合开拓	矿床上部用平硐开拓，平硐上、下部用竖井（盲竖井）联合开拓	下盘、侧翼、上盘平硐，下盘、上盘、侧翼竖井（盲竖井）
	平硐、斜坡道联合开拓	矿床上部用平硐开拓，平硐上、下部用斜坡道联合开拓	下盘、侧翼、上盘平硐，下盘、侧翼斜坡道
	斜井与盲斜井联合开拓	矿床上部用斜井开拓，下部用盲斜井开拓	下盘、侧翼
	斜井盲竖井开拓	矿床上部用斜井开拓，下部用盲竖井开拓	下盘、侧翼
	斜井斜坡道开拓	矿床上部用斜井开拓，下部用斜坡道开拓	下盘、侧翼
	竖井盲斜井开拓	矿床上部用竖井开拓，下部用盲斜井开拓	下盘、侧翼
	竖井盲竖井开拓	矿床上部用竖井开拓，下部用盲竖井开拓	下盘、侧翼、上盘
	竖井、斜坡道开拓	矿床上部用竖井开拓，下部用斜坡道开拓	下盘、侧翼
	多种井巷联合开拓	平硐、斜井、竖井、斜坡道等联合开拓	几种位置

A　平硐开拓

在侵蚀基准面以上的高山和丘陵地区矿床，有相当数量的工业储量时，可用平硐开拓。一般说来，只要地形允许，利用平硐开拓矿床的全部、大部或局部，都是合理的（见图7-7）。

根据主平硐与矿床的相对位置不同，主平硐位置可分为沿脉及穿脉两种。沿脉平硐可以是脉外的，也可以是脉内，但以脉外平硐居多。穿脉平硐可以是垂直走向的，也可以与走向有一定的交角；可以是下盘穿脉也可以是上盘穿脉，也可以偏向矿体的一翼。受地形、工业场地、外部运输和开采技术条件的限制，均有适用的可能，但只要条件允许以下盘开拓为好。

根据出矿系统不同，平硐开拓可分为阶段平硐和主平硐。

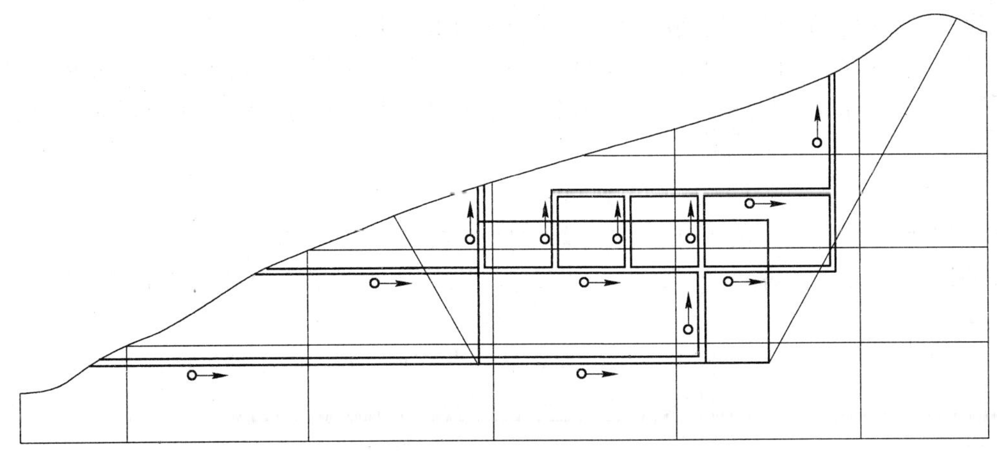

图 7-7 平硐开拓方案示意图

阶段平硐开拓，矿石可经各阶段平硐用矿车、汽车、地面有轨斜坡道及简易索道等方式直接运至选厂或用户。这一开拓方式可不开凿副井及溜井，因而具有基建工程量小、投资少及投产快等优点。但坑口分散、运输距离长且环节多，管理费用高、产量小，故多用于小型矿山开拓。

主平硐开拓，在主平硐以上的各阶段的矿石，可通过溜井下放至主平硐水平。经主平硐用电机车、带式输送机或汽车运至地表受矿仓。人员、设备、材料用副井、电梯井、斜井或无轨斜坡道送至工作面。也有在地面用有轨斜坡道或汽车联系各阶段平硐的。

B 斜井开拓

斜井开拓（见图 7-8）适用于缓倾斜和倾斜矿床，特别适用于倾角为 20°～40°的层状矿床的开拓。对于急倾斜侧翼倾覆的矿床可用侧翼斜井开拓，也有在急倾斜矿床采用微倾斜斜井开拓的。

斜井开拓较竖井开拓简单，建设速度快，投资小。但由于提升能力小，经营费用高，管理复杂，故多用于开拓埋藏不深的中、小型矿山，大型矿山使用较少。随着带式输送机的发展，为大型或特大型矿山采用斜井开拓提供了可能。斜井的提升方式有串车（台车）、箕斗和带式输送机三种。

C 竖井开拓

竖井开拓（见图 7-9）适用于急倾斜和埋藏较深的水平和缓倾斜矿床的开拓。也适用

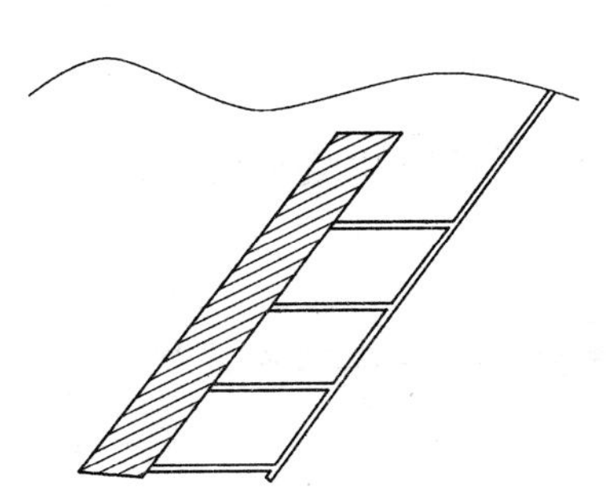

图 7-8 斜井开拓方案示意图

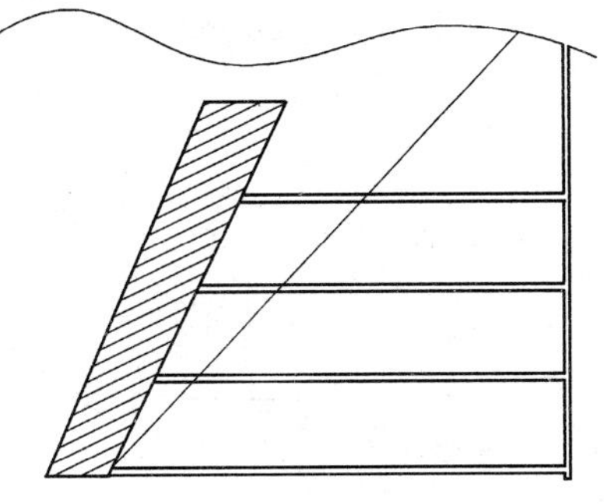

图 7-9 竖井开拓方案示意图

于工程、水文地质条件复杂，或需特殊凿井法施工的矿床。

竖井开拓在国内外矿床开拓中得到广泛的应用。随着采矿工业的发展，浅部和易采的矿床逐渐减少，深部和开采条件复杂的矿床会逐渐增多，因而采用竖井开拓的矿山也会增多。

国内采用竖井开拓的矿山占有较大的密度。开采深度较大的矿山多为竖井开拓。目前采用单绳单段提升的矿山，其提升深度一般在500～600m左右，采用多绳单段提升的矿山，其提升深度近1000m。国外由于采用布雷尔提升机，单段提升深度已达2440m。

竖井开拓的矿山，由于竖井延深较为复杂，为了便于矿山的正常生产，基建时竖井应开凿到合适的深度，使矿山能保有足够年限的可供开拓的矿量。

根据竖井与矿床的相对位置不同，可分为下盘、侧翼和上盘三类竖井开拓。穿过矿体的竖井开拓很少采用。

按提升容器不同，竖井可分为罐笼井、箕斗井和混合井。

D 斜坡道开拓

随着无轨采掘设备的发展和在井下的大量应用，为了便于无轨设备运输矿石和出入井下，产生了一种新的巷道——斜坡道。根据用途不同，无轨斜坡道分为主要斜坡道和辅助斜坡道。主要斜坡道是运输矿石的斜坡道，可直通地表，构成斜坡道开拓；或与其他主要井巷联合使用，构成联合开拓。

根据运输线路的布置形式，斜坡道可分为直线式、折返式和螺旋式三类。直线式斜坡道多用于埋藏不深的用汽车运矿的矿山。折返式斜坡道由于布置灵活，施工方便，司机视距好，行车安全，路面维护方便等，在生产实际中应用最广。螺旋式斜坡道由于施工条件复杂，行车安全条件差，故使用较少。

斜坡道开拓（见图7-10），其形式多数采用折返式，少数采用直线式，当矿体呈圆柱状时也可采用螺旋式。这种开拓方式主要用于开拓深度与生产规模不大的矿山比较合适。对于埋藏深度很深的矿床，其浅部也可用斜坡道开拓。当开采到深部时，再将浅部斜坡道

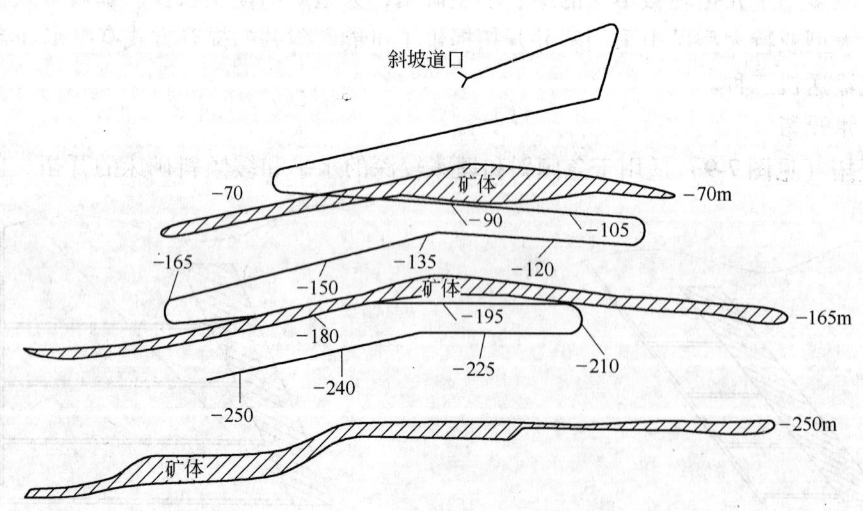

图7-10 斜坡道开拓方案示意图

改作辅助斜坡道，它的突出优点是可以节省工程量和投资，加快矿山建设速度，缩短矿山建设时间，斜坡道掘进到回采阶段就可进行采矿；同时便于无轨设备畅通于各工作面，加快设备周转，提高设备利用率。此外，还便于无轨设备出坑修理；采用斜坡道开拓的矿山还可分期投资，分期建设。

E　联合开拓

当采用单一开拓方法开拓矿床在技术上不可行或经济上不合理，或由于某种原因矿床需分期建设、分期开拓，用两种或两种以上的主要井巷开拓一个井田，因而形成了联合开拓。

联合开拓主要适用于下列条件：

（1）受地形或受矿石和围岩条件限制，矿床需采用平硐与井筒或斜坡道联合开拓。

（2）由于矿床的浅部和深都是分期勘探、分期开拓的，利用原有井筒延深，或是不可行或是不经济，在深部不得不开凿新的井筒，因而形成两段（或两段以上）井筒接力提升。

（3）矿床的上部和下部储量、产状和空间位置有较大变化，因而上部和下部需要采用不同的井型开拓；

（4）老矿山的改扩建工程除要保留或改造原有主井外，又要增加不同井型的新的主井，但其开拓系统是统一的。

根据国内外矿山的实践联合开拓概括为以下几类：

（1）平硐、井筒（竖井、斜井）联合开拓；

（2）明井（竖井、斜井）与盲井（盲竖井、盲斜井）联合开拓；

（3）平硐、井筒与斜坡道联合开拓；

a　平硐与井筒联合开拓（见图7-11）

根据主平硐与主提升井的位置有以下三种主要型式：

（1）平硐上部的矿石有结块性、自燃性，或因矿石和围岩极不稳固，不宜用溜井放矿时，可用井筒（竖井、斜井）下放矿石。

（2）平硐下部的矿体用井筒（竖井、斜井）运送矿石。

（3）用井筒（竖井、斜井）开拓的矿山，由于井口与矿仓标高不一致，需要一段平硐与矿仓连接。

上述三种条件均构成平硐与井筒联合开拓。井筒可以是明井，也可以是盲井。

b　明井与盲井联合开拓

有些矿床勘探到保有适当的工业储量和合理的生产年限后，即告一段落，深部往往是远景储量，或没有控制，在这样的地质资料的基础上，矿山便可进行建设。当生产进行到适当年限后再进行深部勘探，为矿山二期建设提供依据，使矿山形成接力的联合开拓；有些矿山

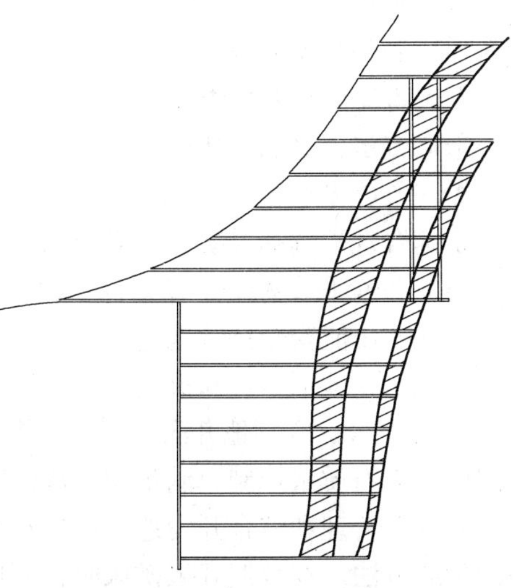

图7-11　联合开拓方案示意图

在生产过程中，不断地进行探矿以获得新的储量，以延长矿山寿命，因而矿山开拓也是分期进行的，有些矿山深部储量增加，扩建是合理的事，需开凿新的矿石提升井以扩大生产能力，原有井筒继续使用；有些矿山深部储量减少很多，继续延伸原有井筒不经济，另行开凿规模较小的盲提升井是合理的；有些矿山深部矿体倾角变缓，利用原有井筒延深石门过长，另开盲井是合理的。凡此种种都构成明井筒与盲井筒的联合开拓。

c　平硐、井筒与斜坡道联合开拓

由于无轨采矿技术的发展，国外改扩建的矿山，使用此种方案较多。随着国内工业水平的提高，今后平硐、井筒与斜坡道联合开拓的矿山也会逐渐增多。

平硐、井筒与斜坡道联合开拓分为三类：

(1) 平硐—斜坡道联合开拓；

(2) 斜井—斜坡道联合开拓；

(3) 竖井—斜坡道联合开拓。

平硐—斜坡道联合开拓：这种开拓方法是矿床上部采用平硐开拓，平硐标高以下采用无轨斜坡道开拓。上部各阶段的矿石经溜井、平硐运出地表，平硐若为无轨运输，下部各阶段矿岩利用坑内卡车经斜坡道、平硐运出地表。当矿石具有结块性、自燃性、不便于用溜井或者矿体与围岩极不稳固，不便于溜井施工时，上部各阶段矿石亦可采用坑内卡车沿上部斜坡道下运，再经平硐运出地表。

斜井—斜坡道联合开拓：这种开拓方法是指上部各阶段采用斜井开拓，用串车、箕斗提升或带式输送机运输，深部矿体或边缘矿体采用盲斜坡道开拓。深部各阶段和矿床边缘的矿石用坑内卡车经斜坡道运到斜井井底破碎硐室，破碎后经斜井提出地表。

竖井—斜坡道联合开拓：这种开拓方式指矿床上部用竖井开拓，矿床深部矿体和边缘矿体采用盲斜坡道开拓。采用这种开拓方式往往是由于深部和边缘矿体地质储量不多，或距原有井筒较远，延深竖井或新建盲竖井投资多，经济上不合理，因而采用盲斜坡道开拓。

d　多种主要井巷联合开拓

大型和特大型矿山，由于矿山范围大，生产条件复杂，特别是老矿山改造更是如此，因而形成多种主要井巷联合开拓是可能的。

7.3.2.2　*采矿方法*

采矿方法就是从矿块中开采矿石所进行的采准、切割和回采工作的总称。

A　采矿方法选择的基本要求

正确合理地选择采矿方法必须满足下列基本要求：

(1) 安全和良好的工作条件：保证工人在开采过程中安全生产和良好的作业条件，同时要保证矿山能安全持续地进行生产，防止井下和地表的建筑物、主要设施和各种设备遭到破坏，防止地下水灾和火灾及其他重大灾害的发生。

(2) 充分、合理地开采地下矿产资源：选择的采矿方法要贫化小，矿石质量高，有利于配矿和矿石质量控制，满足加工部门对矿石质量的要求。

充分、合理和综合开发地下矿产资源，特别对于富矿、稀缺矿床开采，要选择回收率高的采矿方法。在分期开采矿床时，要选择使后期开采不遭到破坏的采矿方法，有效地保护矿产资源。

（3）生产能力大，劳动生产率高：要尽可能选择生产能力大和劳动生产率高的采矿方法。减少多阶段作业，以利于生产管理和实施强化集中开采。

（4）生产成本低、经济效益高：选择采矿方法时，不仅要考虑矿石回采成本，还要考虑矿石加工成本，使采选成本低，综合经济效益好。

B 采矿方法选择的主要影响因素

矿体地质条件、开采技术经济条件和加工技术要求是采矿方法选择的主要影响因素。

a 矿床地质条件

矿床地质条件对于采矿方法选择有直接影响，起控制性作用，因此必须具备充分可靠的地质资料才能进行采矿方法选择。

矿床地质条件一般包括下列内容：

（1）矿石和围岩的物理力学性质。在矿石和围岩的物理力学性质中，矿石和围岩的稳固性是关键因素，它决定采场地压管理方法、采场结构参数和主要回采工艺过程。

（2）矿体产状。矿体产状主要指倾角、厚度和形状等。矿体倾角主要影响矿石在采场内的运搬方式，而且还与厚度有关。急倾斜矿体，可利用矿石自重运搬，薄矿体采用留矿法时，倾角应大于60°，厚度较大的矿体则可不受这些限制。倾斜矿体，可考虑爆力运搬。水平或缓倾斜矿体则需用机械运搬。

（3）矿体厚度影响采矿方法和落矿方法的选择以及矿块的布置方式。极薄矿体的采矿方法要考虑分采或混采；单层崩落法一般要求矿体厚度不大于3m；分段崩落法要求厚度大于6～8m；阶段崩落法要求厚度大于15～20m。在落矿方法中，浅孔落矿一般用于厚度小于5～8m的矿体；中深孔落矿一般用于厚度大于5～8m的矿体；大直径深孔落矿一般用于10m以上的厚度矿体。

一般，极薄和薄矿体，矿块沿走向布置。厚和极厚矿体，矿块应垂直走向布置。矿体形状和矿石与围岩的接触情况影响采矿方法的落矿方式和矿石运搬方式选择。如矿体形状不规则，接触面不明显时，采用大直径深孔落矿，会引起较大的矿石损失和贫化。在极薄矿体中，矿体形状是否规则，接触面是否明显，都影响分采和混采方式的选择。

（4）矿石的品位及价值。开采品位较高的富矿和贵重、稀有矿产资源时，要求采用回收率高、贫化率低的采矿方法，例如充填法。反之，则应采用成本低、效率高的采矿方法，如崩落法或空场法。

（5）有用矿物在矿体和围岩中的分布。有用矿物的分布可分为均匀的、渐变的和不规则的三种类型。

若有用矿物在矿体中分布比较均匀，一般不用选别回采的采矿方法，如用崩落法或空场法；反之，有用成分分布不均匀而又差别很大时，应考虑能剔除夹石或分采的采矿法。若围岩有矿化现象，则回采过程中围岩混入的限制可以适当放宽，可采用大量崩落采矿法。当围岩中含有有害元素，在选矿和冶炼时应选用控制围岩混入的采矿法。

（6）矿体赋存深度。赋存深度超过500～600m或原岩应力很大时，地压增大，有可能产生冲击地压或岩爆现象，采用充填法和崩落法较为适宜。

（7）矿石和围岩的自燃性与结块性。矿石和围岩中含硫（或硫、碳均高），有自燃或发火倾向时，应采用充填法或预灌浆的分段崩落法或分段矿房法，避免采用留矿法、阶段崩落法和大量崩落矿柱的采矿法。

开采放射性矿石，一般采用通风条件较好的充填法。具有氧化结块性的矿石（含硫较高的矿石）应采用空场法或充填法，避免采用留矿法和大量崩落采矿法，以防止矿石结块，影响生产。

b 开采技术经济条件和加工技术要求

(1) 地表是否允许陷落：在地表移动带范围内，如果有河流、农田、居民区、公路、铁路、风景区、文化遗址和重要建筑物，或者由于环境保护的要求，地表不允许陷落，此时应优先考虑能保护地表的采矿方法，如充填法或留有矿柱和采后充填采空区的采矿方法。

(2) 加工部门对产品的技术要求：矿石的品位及品级是加工部门的技术要求。

如可直接入炉冶炼的富铁矿石对品位、品级、有害成分、矿石块度都有一定的技术要求。这些技术要求将影响到采矿方法的选择。

(3) 技术装备与材料供应：选择某些需要大量材料（如水泥、木材和充填料）的采矿方法时，需考虑材料来源和供应情况。采矿方法与采矿设备要相适应。选择采矿方法时，要考虑采矿设备和备品备件供应情况，凿、装、运设备要配套，以充分发挥设备的效率。

(4) 采矿方法所要求的技术管理水平：选择的采矿方法应力求简单，有灵活性，工人易掌握，管理方便。

采矿方法选择的实践表明：正确选择采矿方法具有十分重要意义。相反，当矿山的采矿方法选择不适当时，必然影响生产正常进行并带来经济损失。

C 采矿方法选择的原则

在分析研究矿床地质条件、岩石力学数据，矿山设备材料供应情况、有关矿石加工资料等开采技术经济因素之后，即可根据基本要求选择采矿方法（见表7-12、表7-13）。

表7-12 采矿方法

类别	组别	典型方案
空场采矿法	全面采矿法	留不规则矿柱全面采矿法 留规则矿柱全面采矿法
	房柱采矿法	留连续矿柱房柱采矿法 留间隔矿柱房柱采矿法
	留矿采矿法	浅孔留矿采矿法
	分段矿房采矿法	分段矿房采矿法
	阶段矿房采矿法	水平深孔阶段矿房采矿法 垂直深孔阶段矿房采矿法
充填采矿法	垂直分条充填采矿法	单层（水力、胶结）充填采矿法
	上向分层充填采矿法	上向水平分层充填采矿法 上向倾斜分层充填采矿法
	上向进路充填采矿法	上向进路充填采矿法
	下向分层（进路）充填采矿法	下向分层（进路）充填采矿法
	方框支架充填采矿法	方框支架充填采矿法
	削壁充填采矿法	削壁充填采矿法

续表 7-12

类 别	组 别	典 型 方 案
崩落采矿法	单层崩落采矿法	长壁式单层崩落采矿法 短壁式单层崩落采矿法 进路式单层崩落采矿法
	分层崩落采矿法	进路分层崩落采矿法 壁式分层崩落采矿法
	分段崩落采矿法	无底柱分段崩落采矿法 有底柱分段崩落采矿法
	阶段崩落采矿法	水平深孔阶段强制崩落采矿法 垂直深孔阶段强制崩落采矿法

表 7-13 根据矿体赋存状态、矿岩稳固性可能采用的采矿方法

矿体倾角	矿体厚度	矿岩稳固性			
		矿石稳固 围岩稳固	矿石稳固 围岩不稳固	矿石不稳固 围岩稳固	矿石不稳固 围岩不稳固
缓倾斜	薄、极薄	全面法、房柱法	单层崩落法，垂直分条充填法	垂直分条充填法，全面法，单层崩落法	垂直分条充填法，单层崩落法
	中 厚	分段矿房法，房柱法，全面法	分段矿房法，分层崩落法，有底柱分段崩落法，分层充填法，锚杆房柱法	分段矿房法，上向进路充填法，垂直分条充填法	有底柱分段崩落法，分层崩落法，垂直分条充填法
	厚和极厚	阶段矿房法，分段、阶段崩落法，上向分层充填法	分段、阶段崩落法，上向分层充填法	上向进路充填法，分段崩落法，阶段崩落法	分段、阶段崩落法，分层崩落法，下向充填法，上向进路充填法
倾 斜	薄、极薄	全面法、房柱法	垂直分条充填法，上向分层充填法单层崩落法	上向进路充填法，分段矿房法，分段崩落法，全面法	分层崩落法，上向进路充填法，下向分层充填法，分段崩落法
	中 厚	分段矿房法	有底柱分段崩落法，上向分层充填法	上向进路充填法，分段矿房法，有底柱分段崩落法	有底柱分段崩落法，下向分层充填法，上向进路充填法，分层崩落法
	厚和极厚	阶段矿房法，分段矿房法	分段、阶段崩落法，上向分层充填法	上向进路充填法，分段矿房法，分段、阶段崩落法，下向分层充填法	分层崩落法，上向进路充填法，下向分层充填法，分段、阶段崩落法

续表 7-13

矿体倾角	矿体厚度	矿岩稳固性			
		矿石稳固 围岩稳固	矿石稳固 围岩不稳固	矿石不稳固 围岩稳固	矿石不稳固 围岩不稳固
急倾斜	极 薄	削壁充填法，留矿法	削壁充填法	上向进路充填法，下向分层充填法	下向分层充填法，上向进路充填法
	薄	留矿法，分段、阶段矿房法	上向分层充填法，分层崩落法，分段崩落法	上向进路充填法，分层崩落法，分段崩落法，分段矿房法	上向进路充填法，下向分层充填法，分层崩落法，分段崩落法
	中 厚	分段矿房法，阶段矿房法，分段崩落法	分段矿房法，上向分层充填法，分段崩落法	上向进路充填法，下向分层充填法，分层崩落法，分段崩落法，分段矿房法	下向分层充填法，上向进路充填法，分层崩落法，分段、阶段崩落法
	厚和极厚	阶段矿房法，分段、阶段崩落法	分段矿房法，分段、阶段崩落法，上向分层充填法	上向进路充填法，下向分层充填法，分层崩落法，分段、阶段崩落法	分段、阶段崩落法，下向分层充填法，上向进路充填法，分层崩落法

D 采矿方法简介

以采空区维护方法分类，主要划分为空场采矿法、充填采矿法、崩落采矿法三大类：

（1）空场采矿法：亦称自然支撑采矿法。这种方法将矿块划分为矿房和矿柱，分步回采，先回采矿房后回采矿柱。在回采矿房时所形成的采空区，利用矿柱支撑来控制地压。因此矿石和围岩均需稳固，是使用本类采矿方法的基本条件。在回采矿房时采场的临时留矿，主要是起到继续上采的工作台作用，而对维护采场只起临时辅助的支撑作用，当留矿放出后，仍靠矿柱维护采空区。

（2）充填采矿法：本类采矿方法中有些分两步进行回采。在第一步回采时，随回采工作面的推进，充填采空区以防止围岩崩落。另一些采矿方法是一步或连续回采，回采和充填交替进行。这类采矿方法是用充填采空区的方法控制地压，因此它适用于各种矿岩条件。

（3）崩落采矿法：本类采矿方法为一步回采。随回采工作面的推进，有计划地崩落围岩充填采空区以管理地压的采矿方法。

在实际采矿活动中，采矿方法繁多，以下简单介绍几种。

a 留矿采矿法

留矿采矿法主要用来开采矿石和围岩稳固的矿体。矿体厚度虽不受限制，但超过5m时，技术经济效果不如深孔和中深孔落矿的阶段矿房法，一般应用较少。矿体倾角，在薄矿脉中，一般要求不小于60°，在中厚矿体中，一般要求不小于55°，倾角越小，放矿越困难，粉矿损失和平场工作量也越大。由于矿房中贮存有大量矿石，贮存期往往长达1~3年，因此矿石和围岩不能具有自燃性、氧化性和结块性；高硫矿床，矿石有放射性等应慎重采用（见图7-12）。

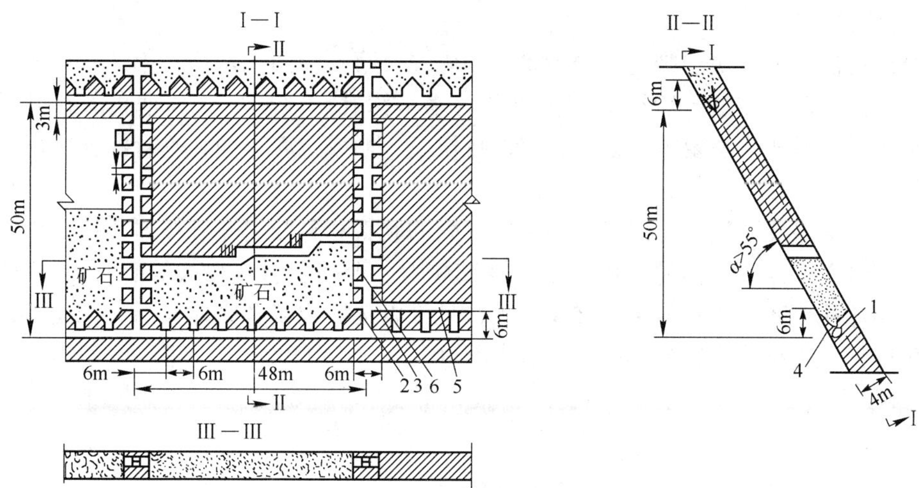

图7-12 留矿采矿法

1—中段运输平巷；2—人行通风材料天井；3—联络巷道；4—漏斗井；5—拉底平巷；6—间柱

b 全面采矿法

全面采矿法适合于开采矿石和顶板岩石中等稳固以上的水平和缓倾斜薄矿体，厚度小于3～4m最适宜。开采底板起伏较大或厚度较大，以及矿石品位分布不均匀的矿体，需要加密探矿巷道。顶板欠稳固，不允许有较大暴露面积时，可划分分间回采。当矿体倾角达到30°～45°时，工人需站在矿堆上作业，因此，在回采过程中，每次崩落的矿石要局部留矿作为工作台，待整个矿块回采结束后，再把暂留的矿石全部运出，这就成为全面法的变形方案——留矿全面法（见图7-13）。

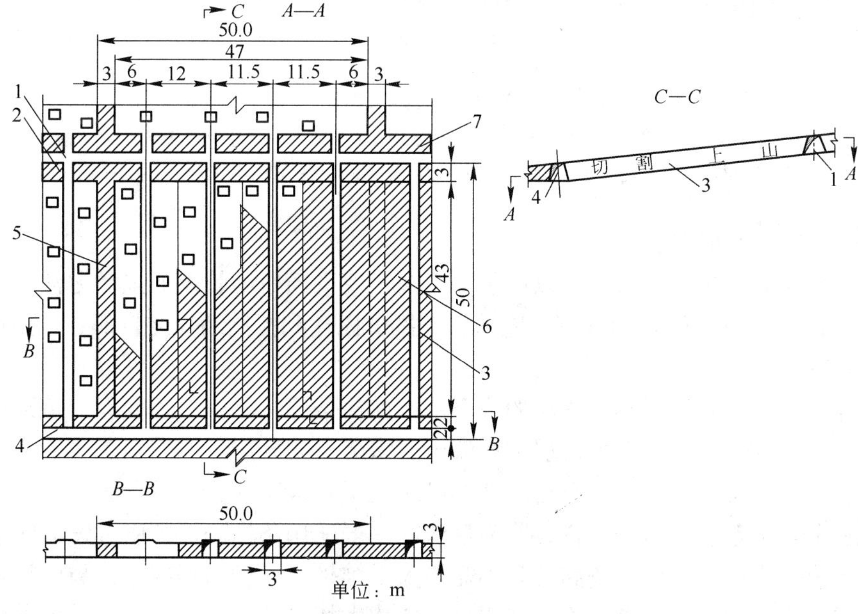

图7-13 全面采矿法

1—盘区上沿运输平巷；2—回风安全出口；3—切割上山；4—盘区下沿运输平巷；5—盘区矿柱；6—矿体；7—盘区矿柱

c 阶段矿房法

阶段矿房法是把矿块规则地划分为矿房和矿柱，第一步回采矿房，第二步回采矿柱的空场采矿法。按落矿方法，阶段矿房法可分为水平深孔阶段矿房法和垂直深孔阶段矿房法。水平深孔阶段矿房法要求在矿房底部进行拉底，形成拉底空间；垂直深孔阶段矿房法除拉底外，还需要在矿房全高开切割槽。

阶段矿房法主要适用于开采矿石和围岩稳固的倾斜和急倾斜厚和极厚矿体，以及极厚的水平和缓倾斜矿体。矿体的几何形状应该较规则，否则会引起很大的矿石损失和贫化。由于是采用深孔落矿，矿石的损失贫化较大，且难以选别回采和剔除夹石，因此，最好是矿石品位较低、价格不高，矿体中不含有夹石（见图7-14）。

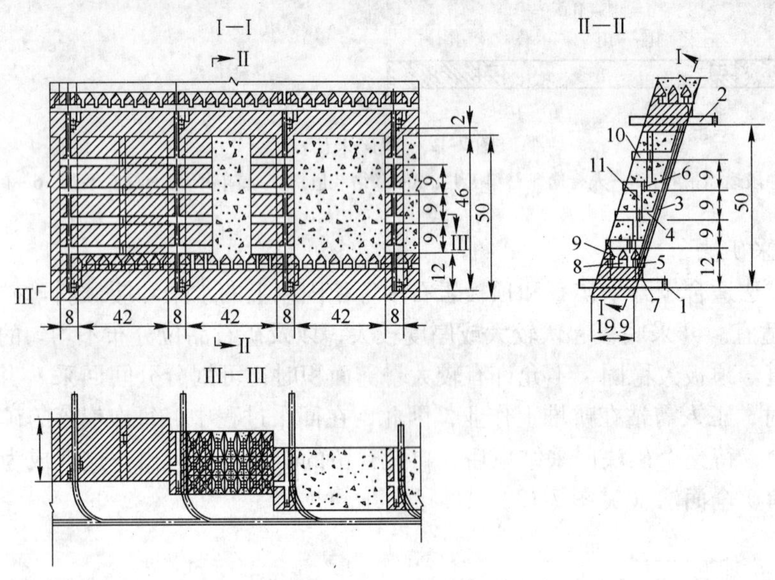

图7-14 阶段矿房法

1—下盘脉外运输平巷；2—下盘穿脉装矿道；3—脉内天井；4—脉内、脉外天井联络道；5—脉内电耙道；6—分段凿岩巷道；7—装矿小井；8—电耙硐室；9—漏头颈；10—切割槽巷；11—切割天井

d 无底柱分段崩落法

崩落采矿法为一步骤回采，是以崩落围岩来实现采场地压管理的采矿方法，即随着矿石的崩落，强制（或自然）崩落围岩充填采空区，以达到控制地压之目的，这是崩落采矿法共有的基本特征。

地表允许崩落是使用崩落采矿法的一个基本前提条件，所以，地面有河流通过或有重要建筑物、构筑物，以及在上覆岩层中有流砂、未疏干的砂层、厚层亚黏土、充满水的溶洞时，不宜采用这类采矿方法。有自燃性的矿床也不宜采用这类采矿方法。

无底柱分段崩落法的适用条件，除崩落法的一般适用条件外，还应考虑下列条件：

矿石要有一定的稳固性，进路一般不需要大量维护，爆破后眉线不易冒落，炮孔不易变形，能保证正常的装药爆破工作。围岩最好能成大块自然崩落，也可以采用强制崩落。

本法适用于急倾斜中厚以上的矿体，以及倾斜的、缓倾斜的极厚矿体。由于分段之间进路采用菱形布置，上分段进路之间的一部分矿石要在下分段回收，如果矿体厚度在垂直方向不能重合地布置 3 ~5 个分段，因矿石损失量太大而不宜采用此法。

矿石不太贵重，围岩含品位，可选性好有利于使用本法。

优点：

无底柱分段崩落法，没有复杂的底部结构，采准和回采工艺简单，便于采用大型无轨设备，实现高度机械化。

回采工作以进路为单位，掘进回采进路、钻凿深孔、出矿等作业可以在同一矿块上下分段的不同进路中同时进行，作业集中互不干扰，易于管理，具有较大的灵活性，并能较快地投入生产。

生产能力大，劳动生产率高。

工人在断面不大的进路中作业，安全性好。此外，在进路端部出矿，没有狭窄的放矿口，不易堵塞，发生堵塞时处理也比较方便。

在进路中以小步距后退回采，有利于分采分运、剔除夹石。

缺点：

在覆盖岩石下放矿，且每次崩落的矿石都是在多个废石接触面下放出，故矿石贫化率大。回采工作在独头巷道中进行，通风条件差（见图 7-15）。

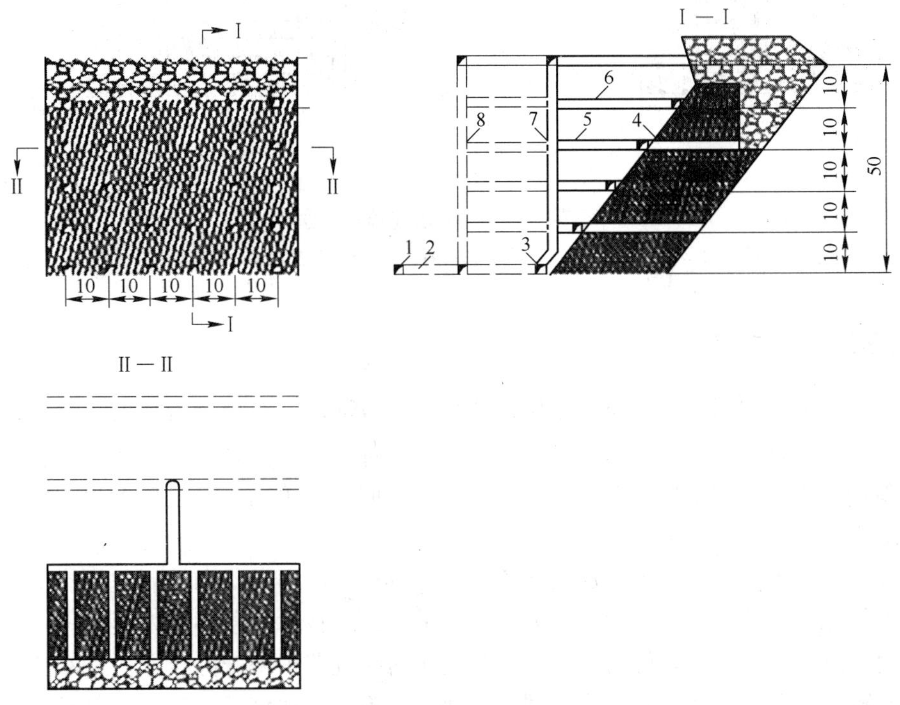

图 7-15 无底柱分段崩落法

1—胶外运输巷；2—运输联络巷；3—脉内运输巷；4—采矿巷道；5—分段沿脉巷道；6—分段联络巷；7—溜矿井；8—设备通风井

e 充填采矿法

充填采矿法是将矿块划分为矿房与矿柱，用两步回采，先采矿房而后采矿柱，随着回采工作面的推进，用充填材料充填回采后的空间。充填体对矿房上下盘围岩起支撑作用，同时在回采工作面形成工作台，作业人员在其上进行凿岩、爆破与出矿等工作。

这类采矿方法，一般用于开采矿石稳固，围岩稳固性较差，围岩或地表需要保护的稀有、贵重金属矿床或高品位矿床。

充填采矿法分为垂直分条充填采矿法、上向分层充填采矿法、上向进路充填采矿法、下向分层充填采矿法、方框支架及削壁充填采矿法。

根据充填材料的不同，充填采矿法分为干式充填法、水砂充填法、尾砂充填法与胶结充填法四种。

图7-16所示为上向分层充填采矿法。

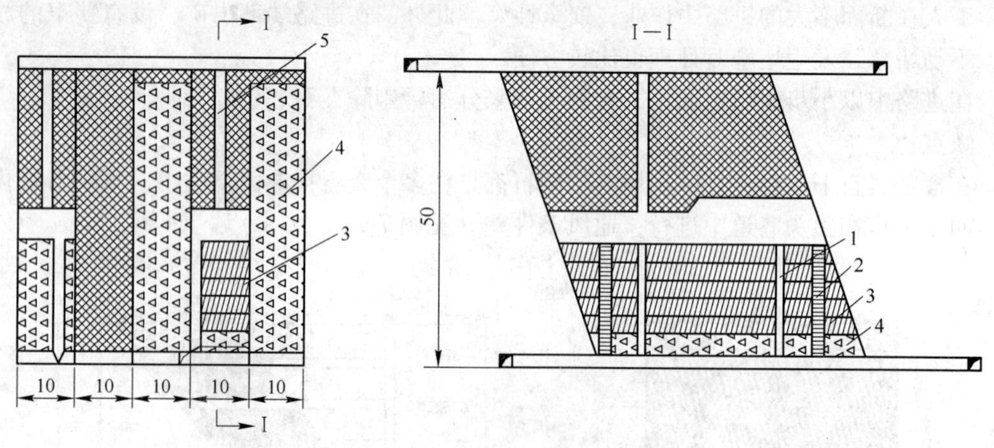

图7-16 上向分层充填采矿法

1—溜矿井；2—人行脱水井；3—尾砂充填体；4—胶结充填体；5—充填通风井

7.3.3 国外铅锌矿开采

矿山工业在美国国民生产总值中所占比例不到4%，但按绝对值来说，美国矿业在世界上处于前列。直到20世纪末，美国是世界第一大产铝国，煤、铜、金居第二，而且也是其他多种金属、矿物原料及燃料的主要生产国。同时，美国还是世界上工业矿物和建筑材料的最大生产国。

国外的矿山工业规模巨大，加之相关产业尤其是与矿山设备和控制技术有关的生产能力高度集约化，这就为促进新的开采方法、开采工艺与技术设备的开发提供了一个良好的环境。它反过来又吸引了其他与矿业有关的公司纷纷到美国来开办企业。如小松矿山系统公司在并购了德雷塞公司、德马格公司和模块采矿系统公司之后，现已将其总部设在伊利诺伊州。又如，特富克斯公司在并购了O & K公司和尤尼特里格公司之后，在美国办起了实力雄厚的生产企业而且总部也设在美国。采取这种举措的还有日立公司同欧几里得公司、阿特拉斯·科普柯公司同瓦格纳公司等一些合资企业。此外，信息时代新技术的层出不穷，也大大推动了国外矿山开采的机械化、自动化与机器人化的发展。

7.3.3.1 露天开采

在国外矿山中，20世纪作为露天开采快速发展与扩大的一个世纪，其技术、装备得到了极大的发展和提高。20 世纪初，几乎所有矿物和燃料都是由地下矿采出的，然而到 20 世纪末，露天开采量已占到矿物原料和固体燃料供应量（以吨数计产量）的 70% 以上。此外还需要剥除大量的表土和废石，因此露天开采的矿岩总量比例要更大些。露天开采之所以如此突飞猛进完全在于它本身的优点：单位开采成本很低；作业安全效果优良；便于采用信息时代新技术；能够保持很高的开采效率，从而有利于开采单位价值（品位）很低的矿石或矿物原料。

A 露天矿开采工艺

（1）国内外露天矿采剥方法的进展大致相同，多为陡帮开采，如组合台阶开采，高台阶、倾斜分条开采以及横采横扩等。

同时采用分期开采、分区开采，尽可能地缩短建设周期，提高了矿山企业的经济效益。露天矿剥离方法，多用多台阶、组合台阶的方式，增大台阶高度（12～15m）；提高工作帮坡角（26°～35°）；采取分期剥离方法，以缩短建设周期，提高生产能力；开采工艺均有从间断工艺向半连续、连续工艺发展的趋势。

（2）采矿工艺连续化半连续化。国外已有一部分矿山进行连续或半连续开采。随着露天矿开采向深部发展，该工艺的意义日渐突出。

（3）可移式破碎站。可移式破碎站是汽车、破碎机和胶带运输机组成的间断连续运输工艺的核心技术装备之一。随着开采深度的增加，破碎机组必须随时快速移动，以保证汽车始终处于最佳运距下工作。由于固定式破碎机组造价高、建设时间长、搬迁困难、移动拆装工作量大、费用高，难以适应采矿下降速度的要求。这些年，大型移动破碎机组的研制与开发取得了迅速发展。国外大型露天矿间断、连续运输也多采用可移式破碎站。

（4）陡坡铁路运输。其目的是充分利用现有的铁路运输设备，提高铁路运输线路的坡度，减少铁路展线长度，增大铁路运输可能达到的采深，提高矿山的经济效益。

B 装备水平

与西欧和俄罗斯的露天开采业相反，美国大多数露天矿采用的都是间断开采工艺，这种工艺包括以下工序：

穿爆：用以破碎矿岩体；

铲装：穿爆之后，用电铲或液压铲，或者用前装机铲掘装载；

运卸：使用的是矿用汽车，有自卸式的或拖挂式的。

过去 20 年中，间断式露天开采工艺一直不断得到发展而且大有改观。如今已可供应相当机动灵活的大型液压铲，具有强大的铲掘力，可以进行选别回采，并且可以在各工作面之间快速移位。同时，已研制出数种系列的大型轮式装载机，可使许多露天矿大大降低采掘费用。

a 露天矿用汽车

国外大型矿山，无论是液力机械传动的、还是交流驱动的电动轮汽车，其载重量大多为 240t、320t、150t，小松公司与卡特公司已研制出载重量 360t 的汽车。

随着新型柴油发动机的开发，新型汽车轮胎以及传动系统不断增多，矿用汽车的规格不断增大。20 世纪 80 年代初期，所设计出的最大矿用汽车是 154t（170 短吨）用于载运物料。可是到了 1999 年，大约有 150 台载重量为 290t（320 短吨）的汽车已投入运行。预计在未来，这种大型汽车的使用台数将达到400台。最近，至少有两家汽车制造公司已可供应载重量达327t（360短吨）的矿用汽车。

汽车载重量翻了一倍，因而汽车运量增加1倍，这就使露天矿汽车单位运费降低达50%，另外，载重量超过363t（400短吨）的矿用汽车现已在设计。

b 钻机

国外普遍采用牙轮钻，直径大多为310~380mm，有的达559mm，孔深可达73m。

c 矿用电铲

国外液压电铲的应用在不断扩大（占26%），电动铲仍占绝对优势（占48%）。斗容以16.8m^3、21m^3、30m^3、38m^3、43m^3为主（20世纪70年代以11.5m^3和13m^3为主）。

d 矿用电机车

国外露天采矿场使用电机车运输的主要是原独联体的一些国家，这些国家深凹露天矿电机车一般是直流电机或交流电机驱动的联动机组，黏重一般为300t以上，最大黏重为480t。

e 大倾角运输机

大倾角运输技术在露天矿山运输中具有明显的优越性。美国、前苏联、瑞典、德国、英国等都进行了这方面的研究，如美国大陆公司研制了由两条胶带组成的夹持式大倾角运输机，瑞典斯维特拉公司研制了带横隔板的波浪挡边大倾角运输机和由两条胶带牵引的袋式大倾角运输机，英国休伍德公司研制了链板与胶带组合的大倾角运输机等。这些运输机都实现了大于30°的大倾角连续运输。前南斯拉夫麦依丹佩克铜矿因采用了大陆公司的大倾角运输系统，使采场内的汽车用量减少2/3，运距缩短4km，其中35km是连续陡坡，大幅度降低了运输成本，每年可节省1200万美元。

7.3.3.2 坑内开采

A 地下矿开采工艺

西方工业发达国家约有大型地下开采矿山456个，其中年产300万~500万t和500万~1000万t的矿山分别为62个和80多个，还有几座年产1000万t以上的特大型矿山。目前主要采矿方法有以下几种。

a 充填采矿法

充填采矿法在国外发展的特点是各工序实现机械化和设备大型化，主要表现在落矿、支护和出矿等方面。充填工艺技术中胶结充填技术发展较快，经历了从分级尾砂胶结充填到全尾砂高浓度胶结充填，再到不脱水、不收缩的全尾砂胶结充填3个发展阶段；在回采工艺方法上，从提高分层分段高度直至发展大孔落矿，阶段全高嗣后充填技术有较大发展；改进采场结构参数，实现盘区机械化充填；充填系统实现了微机控制的半自动化、自动化；采用全尾砂胶结膏体泵送充填新工艺，从而使充填采矿法进入高效采矿的行列。

在充填工艺方面，以德国PM公司为代表的全尾砂膏体充填工艺，可在低水泥消耗条件下获得高质量的充填体，其技术代表了充填技术的最高水平。凡口铅锌矿研究成功的高浓度全尾砂活化搅拌自流输送胶结充填工艺，尾砂利用率达95%以上，充填浓度达72%~75%。

b 空场采矿法

阶段矿房法特别是以VCR法为代表的大直径深孔阶段矿房法有长足进步。国外采用空场法采出的矿石约占60%，南非的全面法、法国的房柱法、赞比亚和芬兰的分段空场法、加拿大及澳大利亚的阶段空场法和VCR法代表着国外空场法的技术发展动态和水平。

c 崩落采矿法

西方国家的矿山开采正朝着高效率、无轨化方向发展，前苏联研制了振动出矿和连续运输设备；瑞典采用高阶段高分段采矿，采场高154m、长100m，采场劳动生产率达到300t/(工·班)。

B 装备水平

a 地下铲运机

铲运机是井下采矿主导设备。国外铲运机的载重能力大，整机性能、可靠性、生产效率、舒适度和自动化程度都很高。桑德威·培姆鲁克公司生产了最大载重25t的电动铲运机和载重10t、16.1t的新型柴油铲运机，不仅工作安全可靠，生产效率高，而且还可在温度55℃左右的条件下工作。国外铲运机的发展较快，从柴油铲运机、电动铲运机到遥控铲运机，斗容从最小0.38m^{3}到最大6.1m^{3}各种型号和规格。

b 井下矿用自卸汽车

在采矿业发达的国家，如瑞典、美国、德国、芬兰、加拿大，地下矿山已广泛推广应用无轨化采矿技术。这些国家使用铲运机、井下矿用自卸汽车等井下无轨运输设备的出矿量已占总出矿量的80%～85%。一般日产1000～3000t的地下矿采用20～35t矿用汽车，日产15000～40000t则采用45～60t的汽车，20t以下的井下矿用自卸汽车则很少采用。瑞典已开始用120t的7轴大型卡车取代45t和65t卡车。

c 井下钻机

国外采矿业比较发达的国家基本上实现了中深孔全液压化、深孔大直径高气压化。全液压钻进技术正向大直径深孔方向发展。具有全液压钻进和高气压潜孔钻进技术优点的水力潜孔钻机，前几年在南非已投入使用，并取得前所未有的经济技术效果。国外地下钻机在完善机械、液压技术的同时大量引入了自动控制以及无线遥控技术，大大改善了操作环境，提高了设备作业效率。如瑞典地下矿山使用潜孔钻，直径为165mm，生产能力为50m/工班，每米崩矿量为15～30t；加拿大基德克利克矿和澳大利亚芒特·艾萨矿使用的牙轮钻机，直径为170～250mm，凿岩速度为6～10m/h，每米崩矿量为75～88t。液压凿岩台车已成批生产并广泛使用，与风动凿岩机相比，效率高50%～100%，而且没有雾气，还便于自动化。瑞典等国已使用了程序控制台车，无需工人操作，可自动定好炮孔位置，自动钻进。

d 辅助设备

国外矿山的喷锚、装药、撬顶松石等都采用机械化辅助车辆。如阿特拉斯公司生产的锚杆台车，阿立马克公司生产的松石机（撬顶、清理浮石用），尼特诺贝尔公司生产的装药车等均已在地下矿山普遍使用。

总体看，发达国家的地下采矿装备的发展方向主要有：一是装备无轨化、液压化、自动化程度高。先进的采矿装备已完全实现了无轨化、液压化。并采用了无人驾驶、机器人作业等新技术。二是装备技术性能成熟，可靠性高。国外矿山企业往往选用全球知名采矿设备专业厂家的产品，如用世界有名的采矿设备厂家阿特拉斯公司、瓦格纳公司、GHH公司、艾姆科公司的产品。这些厂家的产品技术性能成熟，可靠性高，技术服务周到。三是装备配套，机械化程度高。国外先进地下采矿装备从凿岩、装药到装运全程实现了机械化配套作业。各种类型的液压钻车、液压凿岩机、柴油或电动及遥控铲运机是极普通的基本装备。

7.3.3.3 发展趋势

矿业界迄今尚未能达到的目标是实现开采系统完全自动化操作。如获成功，可大大提高生产效率，降低生产成本，提高作业安全水平。过去几十年来，曾经做了许多尝试，以期实现采掘作业的自动化和机器人化。在英国、波兰和前苏联，都曾试用过自动化长壁式开采系统。有些露天矿曾采用过自动化设备操作技术，而且日本有一座采石场现仍在使用。虽然有几套这种操作系统曾经使用了一段时间，但最终却都未能证明应用这种系统的经济可行性或技术可行性，或者这两方面的可行性。这当中所遇到的几个主要问题是：缺乏适用的传感器，而且都不可靠，经受不了恶劣的采掘作业环境；缺少足够的数据传输和数据处理能力；对于系统各个组成部分的相互影响缺乏全面了解。

计算机、通信技术以及全球卫星定位技术的新进展激励人们再接再厉，重新致力于开发全自动化智能型开采系统。这种系统可以做到生产操作的实时控制与管理，以达到优化矿山生产运作的目的。

A 高效率采矿

近20年来，地下采矿技术发展很快，采矿装备在实现无轨化和液压化的基础上，正在向大型化、智能化方向发展。高效采矿设备的日趋先进及应用范围扩大，采矿效率极大提高。

a 地下铲运机

现已发展为载重25t的Toro2500 OE型电动铲运机。

b 井下汽车

瑞典已开始用120t的7轴大型卡车，取代45t和65t卡车。

c 井下钻机

井下钻机也向大型化发展，配有水力潜孔冲击式凿岩机的Simba W型自动遥控台车，正取代原有台车，其凿岩效率提高25%～35%。

随着微电子技术的飞速发展，近几年来，地下矿山已有遥控铲运机和凿岩机；无人驾驶汽车在试运行。国外还开发出了凿岩机器人、装载机器人和采煤机器人等矿山设备。矿山设备正逐步实现遥控化、智能化。

由于矿山设备逐步大型化和智能化，地下矿山的3种高效率采矿法——大直径深孔落矿空场采矿法、机械化充填采矿法及大量崩落采矿法将朝着高阶段（120～200m），大采场（矿段），一步骤回采，采准、切割合二为一的方向发展。它们在大规模开采和集中强化开采中将发挥重要作用。

大量落矿采矿技术的发展，落矿高效率与出矿低效率的矛盾越来越突出，为了提高出矿效率，装载机—移动式破碎机胶带运输机和连续装载机—胶带运输机运矿配套的间断—连续采矿系统，将逐步得到应用和发展。

B 连续采矿

采矿过程中采用机械切割矿岩可实现切割空间不需施爆而明显提高其稳固性；机械切割能准确地开采目标矿石，可使矿石贫化率降到最低；连续切割的矿石块度，适于连续运输，可实现切割、落矿、装载、运输工艺平行连续进行的连续采矿。

连续采矿代表着采矿工艺的变革方向，是采矿技术发展的必然，它的实现关键在于高效的连续装载与连续运输设备，及与其相适应的连续作业系统。

C 深部采矿

据不完全统计，国外开采深度超千米的金属矿山有80多座，其中最多的是南非。南非绝大多数金矿的开采水平大都在1000m。

深井开采存在高应力、高温和高井深的特殊开采环境。在深井开采中存在由于高应力导致的岩爆、冒顶等灾害；由于高井温的恶劣工作环境，工人的生理条件难以承受；由于深井导致矿石提升、排水困难，以及人们心理承受力脆弱，随着矿业开发的继续，矿井深度越来越深，深部采矿技术将成为采矿技术研究的重要方向之一。

D 无人采矿

矿山数字化是矿山智能化的基础。矿山智能化主要指的是智能采矿，即采矿决策过程高度可靠、准确。要实现矿山智能化要有几个条件：采矿设备智能化，各种遥控的机器人；能动态地获取采矿工艺技术的关键数据与资料，包括地质条件、品位、岩层状况、人员与设备的位置、采矿工序，等等，有充足的资料后，才能更加科学地对采矿进行规划、设计与控制；有高度现代化的采矿调度系统。

智能化采矿设备（机器人）与现代化采矿调度系统的集成，就是遥控机器人采矿，即无人采矿。

7.3.4 国内铅锌矿开采

国内铅锌矿开采情况见表7-14。

表7-14 国内铅锌矿开采情况

项 目	2000年	2001年	2002年	2003年	2004年	2005年
铅锌矿石损失率/%						
坑采	7.11	7.12	6.93	7.99	8.03	9.95
露采	3.11	4.75	3.84	2.32	1.62	5.75
铅锌矿石贫化率/%						
坑采	12.63	12.19	2.13	0.53	10.73	10.88
露采	8.85	6.39	7.26	6.01	6.25	4.81

7.3.4.1 露天开采

A 露天矿开采工艺

露天矿采剥方法的进展国内外大致相同，具体内容参阅2.3.3.1节中A。此处不再重复。

B 装备水平

a 钻机

国内重点冶金矿山穿孔设备是潜孔钻与牙轮钻共存，牙轮钻比例较高（88%），钻孔直径以250mm、310mm为主，中型矿山以潜孔钻为主，钻孔直径以200mm为主。

b 矿用电铲

国内重点露天矿的采、装主要以电铲为主，斗容最大为16.8m^3。

c 露天矿用汽车

国内大型露天矿山汽车的最大载重量达到120t、170t。

d 矿用电机车

国内电机车一般为直流电机驱动，黏重一般为150t。2001年湘潭电机厂为攀钢矿业公司生产了1台黏重224t电机车，目前运行情况良好。

e 大倾角运输机

马鞍山矿山研究院与澳大利亚西澳矿业学院合作，开展了具有自己特色的大倾角运输技术的研究工作，建成一座6m多高的试验模型机，取得了很好的效果。

7.3.4.2 坑内开采

A 地下矿采矿方法

国内铅锌矿山使用的采矿方法主要为崩落法、空场法和充填法。由于采用了新技术、新工艺、新设备，扩大了充填采矿方法的使用范围，国内地下金属矿山采矿方法的密度发生了很大变化。国内地下金属矿山采矿方法比例见表7-15。

表7-15 国内地下金属矿山采矿方法比例

项 目	充填采矿法	空场采矿法	崩落采矿法	合 计
矿山数/个	28	99	58	185
比例/%	15.14	53.51	31.35	100

a 充填采矿法

20世纪80年代以来，国内随着采场装运设备的发展，充填采矿法取得了重大进展，已形成了分层充填、分段充填和阶段充填的完整体系。机械化分层（上向分层）充填已在凡口铅锌矿得到了成功的应用，盘区（采场）生产能力已达800t/d以上，回采工班效率已达到30t。

b 空场采矿法

阶段矿房法特别是以VCR法为代表的大直径深孔阶段矿房法有了长足进步。凡口铅锌矿与长沙矿山研究院、北京矿冶研究总院合作进行了VCR法的试验研究，引进和研制了一批设备，形成了颇具特色的工艺技术和配套装备较完善的FQD采矿法，矿块生产能力达250~500t/d。

c 崩落采矿法

国内在阶段强制崩落法的工艺及装备技术方面都有较大进展，研究出了平底式振动出矿的新型底部结构、垂直深孔多排同段挤压崩矿的新技术，实现了采场出矿连续作业。中条山铜矿与科研单位和高等院校一起完成了国家攻关项目，在进行阶段自然崩落法研究中对矿岩可崩性评价、崩落块度预测理论、矿体自然崩落规律及控制方法、底部结构的应力分析及支护系统优化、松散矿体的移动规律及放矿控制技术等理论与实践进行了系统的研究，取得了突破性进展，阶段高120m，年产量可达300万~360万t，其工艺技术及理论研究基本达到世界先进水平。

B 无废开采技术

无废开采技术是最大限度地降低废物采出量，或是采出的废物得到充分利用的一种理想状态下的开采技术。即尽可能少地采出废石或直接在原地回收有用成分。如采用地下溶浸、溶化、熔炼、地下气化等物理、化学工艺开采方法，这类工艺可减少矿物资源采掘量，从而减少废料的产生。

C 装备水平

a 地下铲运机

国内从20世纪70年代中期引进波兰BUMAR铲运机开始，先后引进了30多种不同规格和型号的铲运机；在引进消化、吸收的基础上，自主研制生产了20多种不同型号和规格的铲运机；目前，国内地下矿所使用的铲运机的55%是从国外进口，斗容大多为0.38～6m^3，70%的以柴油机为动力。

b 井下矿用自卸汽车

国内地下矿用汽车的研制处于发展阶段，有一些是引进国外的散件进行组装。自行开发的有长沙矿山研究院研制的QD-18型，北京矿冶研究总院研制的JZC-10型和DKC12型及北京安期生公司研制的JKC25型等几种。这些设备在矿山不同程度地使用，发挥着重要作用。

c 井下钻机

国内地下采场钻孔设备，除了少数大型矿山完全采用国外成套设备、装备水平与国际先进水平接近之外，绝大部分中小型矿山地下采场普遍使用的仍然是20世纪60～70年代推广的钻机产品，其中YGZ-90钻架和YQ-100潜孔钻架仍是大多数矿山的主要钻孔设备，钻孔设备的装备水平远不能适应实现现代机械化开采的要求。将露天矿使用的潜孔和牙轮两种凿岩方式引用到井下，实现了坑内穿孔从小直径浅孔、中深孔向大直径深孔的发展，推进了地下采矿穿孔技术的较大变革。

国内组织有关企业研究开发地下矿山高风压潜孔钻机，在瑞典ROC-306型潜孔钻机基础上仿制成功DQ-150J型高压潜孔钻机，用于凡口铅锌矿VCR法的穿孔作业，运行过程中存在回转、行走力量不足等问题。国产地下牙轮钻机KY-120型和KY-70型在黄沙坪铅锌矿使用，主要问题是钻头寿命短。

d 辅助设备

20世纪80年代，国内地下金属矿山先后从芬兰、瑞典、法国、德国、美国、加拿大等国引进锚杆钻车、混凝土输送和喷射车、装药车、松石机（撬毛车）、自行式碎石机、抛掷充填车、材料车、检修车、润滑车、人车、平板车等无轨辅助设备，这些引进设备为无轨辅助设备的国产化提供了有利条件。

7.3.4.3 国内与国外采矿技术水平的综合比较

国外采矿技术的发展主要是通过提高机械化程度，采用高效采矿方法，追求高劳动生产率和低成本。

无轨化是公认的发展地下矿山的必由之路，国外大多数矿山已实现无轨化，并采用了相应的高效设备；国内目前无轨化尚未得到大面积推广，主要原因是国内生产矿山绝大多数是中小规模，仍采用有轨运输方式。国外目前正着手发展连续采矿及依靠遥控、遥感及机器人技术实现无人采矿，而国内对于这种远期发展的研究开发尚未提到日程上来。采矿业的总体技术水平与国外差距甚大。

采矿方法及工艺技术水平，国内与世界先进水平较接近。国外地下矿山几种高效采矿方法及工艺国内均有采用，如全尾砂膏体泵充填新工艺、盘区机械化、高浓度（70%～80%）全尾砂胶结充填及工艺、大直径深孔阶段矿房法及爆破工艺、阶段自然崩落法在崩、放矿理论及工艺、振动放矿技术等都达到或基本达到世界先进水平，但仅限于少数经济实力雄厚的有条件的大型矿山。

国内矿山机械化水平与国外差距相当大。国内虽已研制了1000万t级露天矿大型配套设备，仿制了国外大部分矿山设备，自主研制了多种地下矿山的采掘设备，国外已使用的设备国内基本都引进或仿制，但使用效果极不理想。主要差距不在于设备数量及品种，而在于设备质量、性能及配套程度。国内矿山设备的完好率、作业率都不高，从综合装备水平看，少数重点矿山基本达到国外发达国家20世纪80年代初水平，而大部分中小矿山停留在国外60年代水平。

矿山生产规模及劳动生产率相差甚远。

国内矿山生产规模一般只有资源条件大体相同的国外矿山的1/2～1/5。国内一般露天矿山采场劳动生产率为3000t/(人·d)，相当于发达国家的1/10；地下矿山全员劳动生产率较低的只有140t/(人·a)，重点矿山290t/(人·a)，只相当于发达国家的1/20。

在矿山设备新产品设计、加工、试验等方面，国内与国外有不小差距。国外一些大的设备公司开发研究力量很强，有专门研究开发队伍，根据市场需要推出新产品。设计手段非常先进，全部采用CAD系统；加工厂设备先进、自动化程度高，加工质量严格保证，并要严格进行测试；国外并不强调国产化，采用世界最先进的技术和配套件，而国内过于强调国产化比例，致使整台设备全部自制，质量低，可靠性差；国外注意新产品的试验修改完善工作，如Atlas公司有自己的地下试验场，新产品试制出来先在试验场进行试验，充分暴露机器各种问题，并立即修改，经过多次反复，机器性能已达使用要求时才出厂。

7.4 采矿技术发展方向

国内外采矿技术的发展主要表现在各种采矿方法的密度和回采技术装备有了很大变化，均沿着高效率、高回采率和机械化、半自动化、自动化方向发展，采场生产能力和劳动生产率有了较大提高。根据矿山具体情况，尽可能使矿山大型化、无轨化。

采矿技术发展的总趋势可归结为以下几点：

（1）由于采矿设备的愈加完善和更加可靠，生产率在不断提高；

（2）采矿系统在不断完善和改进；

（3）作业和生产安全在不断提高；

（4）在环境保护方面有更加可以被接受和采纳的采矿方法。

除上述采矿技术的变化外，在组织结构和矿业风险的资金筹集方面也都发生了变革和改善。

采用更大和更可靠的采矿设备提高生产率，在过去的30～40年内，采矿技术是遵循着进化而非革命的途径发展起来的。除此之外，在20世纪60年代的后期在露天和地下矿山开始推行了无轨采矿技术，趋势是发展了采矿设备的自动化和遥控技术。近年来采矿设备和采矿系统的可靠性增强，实现了自动化和遥控，并在采矿工业中得到广泛应用。

7.4.1 地下矿山采矿技术

地下矿体的采出，在岩体中形成空区，破坏了原来平衡的应力场。因此，应力必然进行传递和调整，其传递和调整的结果，可能导致围岩应力场再次处于平衡状态；另一种可能，由于采矿的影响，导致围岩强度降低和松动，致使围岩大范围破坏，整体结构失稳。

矿区工程地质条件是影响矿区围岩稳定性的内在因素。矿岩类型、物理力学性质、结构面发育程度以及矿岩体的变形特性、流变特性，则在很大程度上控制矿岩体的破坏机理、失稳形式和稳定状态。认识和评价矿岩体的工程地质条件，准确、可靠地预计矿岩体力学、变形参数，是进行采场围岩稳定性分析的基础。矿岩体物理力学性质，矿床的形成方式和演变过程决定了矿、岩的基本力学性质。矿岩体的物理力学性质包括矿石和岩石的密度、容重、气孔率、膨胀性等。矿、岩石强度主要是指矿、岩石的抗剪强度、抗拉和抗压强度。矿、岩石的变形特性通常基于节理发育程度、节理面形态以及结构面力学性质，是含矿岩体变形破坏的控制性因素。因此，矿、岩石的结构特性主要区别在于其内在的结构面类型、规模和性质不同所显现的矿、岩体结构效应上的差异，在力学性质上主要表现为各向异性、非均质性和高度非线性。

7.4.1.1 金属矿山尾砂综合利用和综合治理技术

目前，矿产资源开采过程中和开采后，都存在一系列的环境破坏问题，如选矿尾砂的排放对地表的污染；矿床开采后，由于地下空区的存在而造成的地表塌陷和位移；此外，采空区的存在还会对开采中的矿山带来地压危害。这些问题不仅会造成环境的污染和破坏，还会造成资源损失，危及人身财产安全；

如果采用全尾砂充填技术，同时对尾砂进行综合利用，既可节省建造尾砂库所需的投资，还可避免地压的危害，提高资源的回收率以及减少矿山开采对环境的影响。

将尾砂充填回采空区可达到既废物利用，又治理环境的双重目的。这也是国内外治理尾砂造成的环境污染问题的总的趋势。

尾砂充填技术是20世纪初发展起来的，其作用是作为回采时的工作台并控制围岩位移。70年代中期后，国内外研究发展了一些全尾砂充填技术，其主要代表是德国PM公司在格仑德铅锌矿研究成功的全尾砂膏体泵送充填工艺；前苏联的阿奇赛多金属公司研究成功的高浓度全尾砂活化搅拌自流输送充填工艺。这两项技术虽然实现了全尾砂充填，但投资大，关键设备（如脱水设备、强力搅拌设备和柱塞泵等）需由国外引进，凡口铅锌矿曾引进该技术及设备，但在实际生产中还存在不少问题，广泛推广应用，还有待时日。

国内地下开采的矿山中，空场采矿法占54%，充填采矿法占15%左右；若在采用空场采矿法和嗣后充填的矿山中采用低成本的全尾砂充填技术，将可能解决排放尾砂造成的地表环境污染和采用空场采矿法开采所固有的地压逐步增高而造成的开采条件恶化问题，同时可节省建造尾矿库所需的投资。

7.4.1.2 先进采矿技术

A 高效率采矿

随着现代科技的发展，特别是信息传输技术和人工智能的发展，其成果将不断应用于采矿业，将改变传统的采矿方式。矿山设备进一步大型化和智能化，地下矿山高效率采矿方法将朝着高阶段，大采场（矿段），一步骤回采，采准、切割同步进行的方向发展。这些方法在大规模开采和集中强化开采中将发挥重要作用。

随着开采深度增大，深井开采的矿山越来越多，提高采矿强度，实现深井高效率采矿的问题，将引起人们更多的重视，以下6个方面的工程技术会有很大的发展：

（1）为了有效地控制地压，减少矿柱损失，提高矿石回收率，一步骤连续采矿会得到广泛应用。

（2）为了提高出矿效率和矿山自动化水平，间断-连续采矿工艺系统，将逐步得到很大发展。

（3）为了减少深井废石的提升量，把选厂（粗选厂）移至井下，是一个重要发展方向。

（4）为了解决深井提升的困难，降低深井的提升成本，减少井巷工程，深井水力提升将是一个重要的发展方向。

（5）针对深井高应力的特殊条件，非常规的、适应深井开采特殊条件的新的采矿方法，将是一个重要的研究课题。

（6）为了将废石充填到深井下部，有效地缩短井下工作线长度，并减小顶板压力，采用上行开采问题将引起更多关注。

B 无废害开采

可持续发展是划时代的全新发展观，是20世纪人类观念的根本性变革之一。1987年联合国环境与发展委员会将可持续发展观念提了出来，以后又实施了清洁生产计划（1989）和环境管理系列标准（1996）。这两项行动计划，对矿业可持续发展进程产生了积极的推进作用。

1989年联合国环境规划署开始在全球推行清洁生产计划，先后在中国、巴西、印度等9个国家，建立起国家清洁生产中心，目前清洁生产已成为产业界可持续发展的重要战略举措。

无废害采矿是21世纪矿业可持续发展的重要课题之一。所谓无废害采矿就是最大限度地减少废料的产出、排放，提高资源综合利用率，减少或杜绝矿产资源开发的负面影响的工艺技术。

实现无废害采矿的主要途径有以下方面：

（1）提高资源综合利用程度。提高选冶技术水平，不断提高资源的利用率，以减少污染，并延缓资源耗竭速度，维持矿业的可持续发展。

（2）实现废料产出最小化。如采用合理的开拓系统和采切比小的采矿方法从源头上控制废石产出率；采用上行开采顺序、建设井下选厂，将废石、尾砂回填采空区。

（3）推动废料资源化。加强综合回收，使不具开发价值的“个性物”变成矿产资源，提高废料资源化的水平，包括制作建筑材料和矿区复垦、造地等。

（4）研究高技术的特殊采矿方法。如研究高压水胀裂矿岩采矿法、镶嵌金刚石刃具的钢绳切割采矿法，开采弱结性矿物的深孔水力采矿法和原地破碎溶浸采矿法等。

原地溶浸采矿是理想的无废害采矿（清洁采矿）方法，它分为钻孔溶浸法和原地爆破破碎溶浸法两类，前者是将浸出液通过钻孔注入地下矿体中，有选择性地浸出有价组分，再将溶液抽出送车间回收有价金属。后者是将矿块爆破破碎后，在上部中段喷洒溶浸液，下部中段收集富液。国内于1970年在铀矿开采中开始试验钻孔溶浸法研究，1991年正式工业性应用，近年，也开始试验原地爆破破碎溶浸法。原地溶浸采矿只适用于具有一定地质、水文条件的矿床，如果矿化不均，矿层各部位的渗透性不同、或部分有用成分难以浸出都会影响开采的经济指标。因此，目前常用的是地面堆浸法。溶浸采矿可处理的金属有：铜、铀、金、银、锰、铂、铅、锌、镍、铬、钴、铁、汞、砷、铱等20多种。

地面堆浸方法，已成为从低品位矿石提取金属的有效方法，已发展到很大规模和很高的机械化程度，它不仅可以处理氧化矿、低品位铜矿（包括表外矿、废石、浮选尾矿），而且可以处理硫化铜矿和铜精矿。采用溶浸技术，从矿石到电铜只有浸出、萃取、电积3个工序，它与传统的火法炼铜工艺相比，其生产成本和投资费用均降低1/3。1999年世界上采用溶浸技术生产的铜已达到220万t，占世界矿铜产量的15%以上，其中智利达到120万t，美国70万t，世界最大浸出萃取电积工厂是智利埃尔阿夫拉，它的年产量达26.5万t。

国内于1997年在德兴铜矿建成细菌堆浸废石年产2000t的电积铜厂，紫金山金矿的地面堆浸规模也很大，在金矿系统乃至全国都有较大影响。但是，国内与外国相比差距仍然很大：生产规模相对较小，设备还很简陋；对不同类型矿物缺乏浸出技术和工业应用经验；缺乏在高海拔和寒冷地区推广浸出—萃取—电积技术的经验；缺乏优良萃取剂；自动控制技术水平低。

回收低品位矿石，是21世纪矿业发展的重要方向，发展生物冶金技术和原地溶浸技术，对品位低、埋藏深、难采矿体的开采利用具有特别重要意义。

C 连续采矿

世界矿业界不少专家，从长远目标出发，极力推崇以连续切割设备来取代传统采矿工艺的爆破开采。一些外国公司投入巨资开发硬岩连续切割机，并有移动式采矿机，采掘钾盐矿的多转轮采矿机，磨蚀性射流凿岩的钻进型采矿机等问世。

采用机械切割矿岩的优越性在于：（1）切割空间不需爆破，对周围矿岩的影响降到最低，而明显提高其稳固性，人员、设备更为安全；（2）机械切割能准确地开采目标矿石，可实现薄矿体的分采，可使矿石贫化率降到最低；（3）机械连续切割的矿石块度，适于带式运输机连续运输，可实现切割、落矿、装载、运输工艺平行连续进行的连续采矿。总之，机械切割岩石方法具有作业连续，破岩效率高，采掘速度快，生产成本低，作业安全，劳动条件好，对帮壁和周围环境的危害小，可减少支护，能进行选择性开采，从而提高回收率和降低贫化率，以及易于实现自动化作业，采下的矿岩块度适于运输等一系列优点，是一种理想的采掘工艺。尽管多数连续采掘机械仍处于试验研究阶段，但已显示出强大的生命力和竞争力。因此完全可以相信，随着科学技术水平的进一步提高和采矿生产的进一步发展，机械切割岩石技术必将逐步取代凿岩爆破方法。

但连续采矿机的可行性受两方面的挑战：（1）采矿机作业受金属矿床形态多变及复杂地质条件的限制；（2）切割头寿命及费用。因此，硬岩采矿机要投入工业应用尚需时日，但人们对其前景仍然看好，因为它为实现无人矿井迈出决定性的一步，同时从它可用于水利、铁道、公路工程来说也是一个重大突破，这是澳洲、西欧、北欧等地区仍继续投入巨资开发研究的重要原因。

用硬岩切割机实现连续采矿尚需时日，因此，基于爆破落矿技术的连续采矿，在国内外也在进行试验。具有代表性的技术思路是：以矿段为回采单元，矿段间不留间柱；采切、回采、充填三大工序，分别在相邻3个矿段中平行进行互相衔接，采矿工作连续推进。由于连续采矿是以回采矿段间不留间柱为主要特征，故又称“无间柱连续采矿”。

传统的开采方法存在许多弊端，其要害就是留有大量间柱。实现无间柱连续采矿，是地下金属矿开采技术的一个重大变革，其表现在：（1）回采工作面连续推进，有利于井下采矿作业的合理集中，实现高强度采矿；（2）可从根本上解决长期以来因留大量矿柱给矿山带来多中段作业、资源大量损失的问题；（3）阶段连续回采时，强采、强出、强充，围岩暴露时间短，有利于采场地压控制，对于围岩稳固性稍差，特别是地压较大的深部矿床开采，将是一种有效的开采方式；（4）连续回采将推动地下金属矿山作业机械化、工艺连续化、生产集中化和管理科学化的进程，促进矿山现代化。

连续采矿代表着采矿工艺的变革方向，是采矿技术发展的必然，它的实现关键在于高效的连续装载与连续运输设备，及与其相适应的连续作业系统。

D 深部采矿

国内大型金属露天矿已所剩无几，有的已开采到临界深度，面临关闭或转入深部开采状态；在约占矿山总数90%的地下金属矿山中，20世纪50年代建成的矿山3/5因储量枯竭而接近尾声或已闭坑，其余2/5的矿山正逐步向深部开采过渡。

E 无人采矿

无人采矿，实现矿业信息化，这已经成为从20世纪90年代开始的矿业最高追求。要实现矿山数字化，必须具备下列条件：

（1）建立快速、准确、自动化的信息采集与处理系统。

（2）建立有效的生产经营管理信息系统（包括生产计划、车间生产、统计调度、生产监控、地测管理、物资管理、财务管理、人事劳资、文秘档案等等），形成企业局域网络，并入国际互联网。

（3）建立一个具有足够容量，能传递声频、数据和视频信息的双向信息和通信网络。使企业置于国际大环境中。这样的企业将由封闭式管理向开放式管理过渡，成为与国内外信息市场接轨的现代化矿山。

以加拿大国际镍公司（Inco）为代表的国外发达采矿技术已初步实现了遥控采矿，即“利用现代的新技术，包括地下通信、定位、信息处理、监测和控制系统，去操作采矿设备和系统”。1996年Inco公司和矿产能源中心共同承担了采矿自动化项目。主要目标是：利用远程通信技术和机器人技术实现地面工作站对地下设备的遥控，完成全部采矿过程。主要研究内容涉及：宽带通信系统、定位与导航系统、钻孔设备、雷管和装药系统、铲运车和采矿操作系统。Inco公司提供试验矿山及实验过程中的全方位技术支持，开发通信软件和导航定位系统并最终开发采矿操作系统；该公司从20世纪90年代开始研究遥控采矿技术，目标是实现整个采矿过程的遥控操作。2000年已研制出样机，并在加拿大安大略省的萨德伯里盆地的几家地下镍矿试用，实现了从地面对地下矿山进行实时控制，甚至可以从400km以外的首都多伦多对地下镍矿的采、掘、运活动进行远距离控制。目前有14台遥控采矿设备投入运行，Inco公司在地面大楼内设立一个中央控制站，对该公司所属的多个矿山、多个矿体的开采活动进行集中自动控制。目前，加拿大已制定出一项拟在2050年实现的远景规划，计划将加拿大北部边远地区的一个矿山装备成为无人开采矿井，从萨德伯里通过卫星操纵矿山的所有设备，实现机械自动破碎和自动掘进采矿。芬兰也于1992年提出了自己的智能采矿技术方案，涉及采矿过程实时控制、资源实时管理、矿山信息网建设、新机械应用和自动控制等专题。瑞典制定了向矿山自动化进军的战略计划。1996年澳大利亚联邦科工研究组织（CSIRO）与悉尼大学共同开展地下铲运机专用传感器的选择研究，通过收集大量的安装在地下铲运机上的传感器的数据，筛选适合地下环境的传感器。随后，开展地下自主铲运机的开发工作，主要研究内容包括：（1）利用航位推测法、地下地图和激光扫描仪开发传感器和控制系统，实现机车的控制和路标、路障的探测；（2）将上述系统集成到工业样机中，开发地下自主铲运车；（3）完成工业试验。

21世纪，机器人和自动化技术在矿山机械中的应用成为热点研究方向，地下矿山机械自动化的核心问题是定向、导航技术。绝对导航技术和反应导航技术已经在地下巷道自主机车上取得成功应用。绝对导航技术需要详细的地图信息，而这些信息在地下巷道中很难获取。地下巷道每天都在变化中，基于静态地图的控制是很危险的。同时定位与制图为地下巷道地图的建立和实时更新提供了很好的解决方案。近10年来，许多研究人员尝试将反应导航技术应用于铲运机，尤其是针对轨道引导的系统，基于“沿墙壁”的导航系统与基于轨道引导的导航系统相比有明显优势，因为它不需要依赖于基础设施的引导，因而安装维护费用低。CSIRO已成功地将此技术应用于30t的地下自主铲运机。

设备方面，国外地下铲运机遥控技术已经成熟，并被大量采用。遥控采用数字和计算机技术，具有故障自我诊断、同步编解码传输，具备软件消除干扰、侦错、校正等功能，在地下恶劣环境条件下，仍能保证控制信号的可靠传输，此外，遥控器还设有安全钥匙开关、加强型看门狗自动停止装置、信号搜寻及频偏自动追踪电路、防止电源突断对策、可编程式继电器输出等安全和方便设施，确保了地下遥控设备的安全高效使用。目前，采矿设备主要遥控操作方式有：

（1）视距控制。是操作员位于作业区内的危险范围外，直接观察和控制采矿设备。视距范围一般在20~200m范围内。许多制造厂都已实现视距遥控标准化，并且根据实际应用需要，可定制安装操作装置上的操纵杆指示仪表和按钮。

（2）视频遥控。是在视距遥控系统上增加了一个视频监视器。系统允许操作员利用安装在手提控制箱上的视频监控设备，增加了操作员一定距离视野。视频遥控要比视距控制复杂，它包括2~3个装在机器上的摄像机、发射器、装在手提控制箱上的接收器与监视器等。

半自主与自主自动控制系统是一个集成的系统，一般主要由机载控制系统、无线通信网络，导航系统和操作站几部分组成。导航系统目前用得较多的是光检测导航、回转激光检测导航和扫描激光导航。系统远程操作工作原理为：在露天控制站里，操作员可同时控制几辆地下车辆的装载与卸料，通过控制站里操作手柄与脚踏板以及从车辆来的音频信号、视频信号及数据来控制，一旦完成装载或者卸料，车辆便跟踪光导航线自动完成运输。此时操作员可操作另一台采矿车辆的装卸工作。

自主采矿车辆近几年得到了迅速发展，也是当前采矿设备的最先进最复杂的采矿技术，而且刚刚由CAT公司及合作伙伴试验成功。

地下矿山的无人采矿已有许多研究，但它的难度比露天矿要大得多，由于GPS难以用于地下，开发实用的通信系统便成为一个关键。加拿大国际镍公司研制了一种基于有线电视和无线电发射技术相结合的地下通信系统，并在斯托比（Stobie）矿投入试用，这种功能很强的宽带网络与矿山各中段的无线电单元相结合，可传输多频道的视频信号，操作每台设备。该矿除了固定设备已实现自动化外，铲运机、凿岩台车、井下汽车均已实现了无人驾驶，工人在地面遥控这些设备。中央控制系统安装有：数据库系统、模拟系统和规划设计软件，它直接向采矿设备发送工作指令。设备基本上是自主运行，整个井下工作面基本上不需工作人员。

矿山设备远距离遥控和监控技术，以及应用电子计算机进行储量、品位和边界圈定，出矿品位监测和调配，运输和生产调度，采矿方法优化设计，岩层监控及预报等方面都有长足进步。总之，发达国家的矿山20世纪90年代初就进入了信息时代，随着计算机运算速度、图形处理能力和网络通信速度的迅速提高，矿山信息技术的应用水平不断提高，自动化程度也不断提高，如遥控铲装、无人驾驶、自动导航等技术已完成实验，进入应用阶段。同时，地下采矿设备正向集成化、智能化、网络化、模块化方向发展。

我国无轨采矿装备的研制始于20世纪70年代中期，通过技术引进和消化吸收，重大技术装备的攻关研究取得了一批科研成果，大大提高了有色矿山的技术装备水平，成功地研制开发了0.76m^3、1m^3、2m^3、3m^{3}的柴油及电动铲运机；2t及5t通用底盘；8t、10t、12t、15t、25t地下自卸汽车；小型锚喷支护车辆和露天矿装药台车以及一些单台的无轨辅助设备已在国内的一些矿山运用。但纵观我国矿山全局，技术装备两极分化，总体落后。地下设备的开发主要集中在机械化、大型化、系列化的研究开发和完善等方面，设备自动化、智能化的研究几乎属于空白。

从20世纪80年代中期起，计算机在我国矿山得到应用，经过科学研究和学术界与工业界近20年的努力，取得了不小进展。许多以前需要人工完成的工作，如文字处理、报表生成、财务管理、绘图等，如今已不同程度地在计算机上完成；一些矿业公司和矿山企业建成了局域网，不同规模的管理信息系统的应用较为普遍，并开始向更高层次升级。总体上，露天矿的信息化和自动化程度较高，如我国江西铜业公司德兴铜矿和辽宁齐大山铁矿等已应用GPS系统对所有露天设备进行管理，效果明显。但开展地下无人采矿和设备定位跟踪管理的研究还不多，与国外先进技术的差距越来越大，应加速发展矿业领域的高新技术，占领科技的制高点。

20世纪80年代，北京矿冶研究总院与武山铜矿及白银公司小铁山铜矿等联合进行了地下遥控铲运机的消化和国产化研究。主要采用模拟信号技术，进行视距范围的遥控技术的研究，由于当时计算机技术、信息技术等发展水平有限，再加上地下环境恶劣，导致信号经常受到干扰，设备动作可靠性不高，影响了操作效率。后来这方面工作开展得不多，国内遥控铲运机的技术研究至今没有进一步发展。国内也出现了KT18、KT23、KJ69、KJ155等地下无线通信系统和地下人员设备的定位系统，并在阳煤集团新景矿、安徽淮北桃园矿等地下矿山投入使用，对地下作业人员的集中监控管理和灾难救护提供有力保障。但这些系统对地下人员设备的定位精度还达不到无人采矿的要求。

由于技术垄断和技术壁垒，国外地下采矿设备的先进无人操纵控制技术和高精度定向定位技术还没进入我国。国内至今尚未见到类似的研究报道和成果。开展这方面研究完全是自主开发，可为我国今后地下矿山向着自动化、智能化及无人化方向发展奠定基础。

F 高强度、低贫损采矿工艺

采矿工艺将围绕提高采矿生产能力这个主目标，重点研究改进充填采矿法中的深孔阶段充填采矿法、分段充填采矿法，空场采矿法中的大直径深孔阶段矿房采矿法和崩落采矿法中阶段自然崩落采矿法与强制崩落采矿法，使之成为高效率、低成本、低贫化、低损失的采矿方法。

G 充填工艺的研究

英国的 Beau 和 Viles 以及 Bexpu 最早提出把充填水封闭在充填体内，以取消水的观点，并研制成功了煤矿整体浇注的快速凝固和快速硬化的砂浆系统。但材料成本太高。之后 Smant（1988）等人又研究了另一种材料系统，成本有所改善。国内共有 10 余家单位进行了高保水速凝固化材料的研究。国内外所研制的各种高保水速凝材料均存在着成本高，充填后充填体易风化等缺点，造成了制约该项技术广泛应用的主要障碍，这也正是这项技术所要攻克的关键技术之一。

块石胶结充填自研究成功，在北美得到迅速推广后，近年来也在国内得到迅速发展。

7.4.1.3 大型、高效和无轨化矿山设备

研制高效率大孔穿爆设备，中深孔全液压凿岩机械，井巷钻进机械，以及铲运机为主体的装运设备，振动出矿和连续采矿及与之配套的辅助机械等系列设备，要求尽可能实现无轨化、高效化和半自动化、自动化。采矿激光测位装置，实现微机控制的凿岩台车，可自动清除车厢内黏结物的高效连续式装载和自卸式运输列车及由微机控制的铲运机等将得到发展和应用。大型矿山将采用全盘机械化、高效率的大型设备，并实现遥控及自动化。

7.4.1.4 重视资源回采范围

加强复杂地质条件和难采矿床开采技术研究，以扩大资源回收。如深井开采，矿岩松软矿床开采，老矿山二次资源回采，高硫高温自燃发火、高地应力矿山和大涌水量矿床开采等，以及提高选冶技术水平，开采那些过去不能利用的矿物。据统计，世界 90% 的工业品和 17% 的消费品是用矿物原料生产的，目前，世界各国都存在矿产资源日趋减少，品位不断下降等问题。19 世纪铜矿开采品位为 10%，20 世纪只为 1%。目前，品位 0.5%，储量 100 ~ 1000t 的有色金属矿；品位 0.1% ~ 0.2%，储量 10 ~ 100t 的汞、铋、钼矿；品位 0.0005%，储量 0.01 ~ 0.1t 的铂、金矿等，甚至品位更低、储量更小均列入了开采范围。以世界各国矿石开采的速度估算，21 世纪初全世界将采出现已查明的镍、钴矿储量的 50%，铅、锌、钨矿储量的 90%，西欧各国矿产自给率仅为 24%，而日本只有 6%。

矿产资源的综合利用是矿业发展的技术经济政策，也是人类社会发展中一项长远的战略方针。根据物质再生理论，物质在结构上具有多元素、多成分性，具有多种物质功能，并且在一定条件下能量及功能可以相互转换，废弃物不仅仅是污染源，而且是潜在资源、再生资源。随着科学的进步，相当多的废弃物可以被再生利用。经过综合利用的废弃物能变为新的生产要素回到生产和消费领域。矿产资源开采过程中的综合开发利用，包括共生、伴生矿的综合利用，贫矿的综合开发利用和尾矿、矿渣的综合利用。共生、伴生矿的综合利用。许多共生、伴生组分具有重要的经济价值，有可能通过综合利用，回收多种高价值的有用矿物。科技进步可以提高人们综合利用矿产资源的技术水平，包括改进采矿方

法、提高选冶技术，变废为宝、物尽其用，最大限度地降低矿产资源的人为损失，最大限度地发挥有限资源的潜力。贫矿的综合开发利用。贫矿和富矿是在一定条件下的相对概念。随着高品位的富矿减少和采选冶技术水平的提高，开发贫矿已是世界性的必然趋势。开发贫矿技术的提高，将极大地拓宽矿产资源的利用面，提高矿产资源的利用率。总之，矿产资源是不可再生、不可循环、不可更新的资源，不是取之不尽、用之不竭的，而是数量有限的资源。矿产资源短缺与经济发展和人口增长对矿产资源的需求增长之间的矛盾是一个世界性的难题。人均资源占有水平本来就低，并将继续降低，矿产资源的矛盾将日益突出。科技进步有助于有效地增加矿产资源的储量、提高矿产资源的利用率、减少经济发展和人口增长对矿产资源的需求，从而有效地缓解矿产资源供给与需求之间的矛盾。

7.4.2 露天矿

就露天矿来说，如何有效地、动态地监测、调度和管理设备，并协调好人员与设备、设备与设备、设备与生产的关系，是露天矿实现无人采矿目标的重要内容。

美国模块公司为了上述目标，已成功地开发出一个大范围的采矿调度系统。它是采用最新计算机、无线数据通信、调度优化以及全球卫星定位系统技术，进行露天矿生产的计算机实时控制与管理的系统。其核心是使用全球卫星定位系统，工业应用非常成功。

7.4.2.1 趋向于应用更大型的采矿设备

采用更大型的采矿设备是采矿技术发展中已最明确不过的趋势之一。这种发展趋势在露天开采中更为明确。图 7-17 ~ 图 7-20 说明最广为应用的采矿设备的发展趋势。

图 7-17 说明了自 1960 年以来，可用于矿山生产中的汽车规格的发展倾向。在此期间，汽车的规格已加大了 4 倍多。这不仅体现在汽车的载重上，也体现在汽车的装机容积上。超大型汽车仍有持续发展趋势，而且在市场上极有竞争力。

在露天矿运输领域汽车遥控作业将是未来的发展方向。在机械领域特别是在卫星定位系统领域所取得的进步将有助于汽车遥控作业的发展。

图 7-18 说明装载机规格的加大幅度甚至已超过露天矿用汽车的发展速度。虽然在 20 世纪 60 年代在市场上装载机的最大斗容只有 5m^3，但现在市场上装载机的最大斗容已达 40m^3，在同一时期内装载机功率已从 200kW 加大到 1800kW。

挖掘机在过去的 30 年里，液压挖掘机的规格已加大到 10 多倍（见图 7-19）。

在露天矿用设备中索斗铲铲斗容积的加大趋势最明显。从图 7-20 中可以看出，索斗

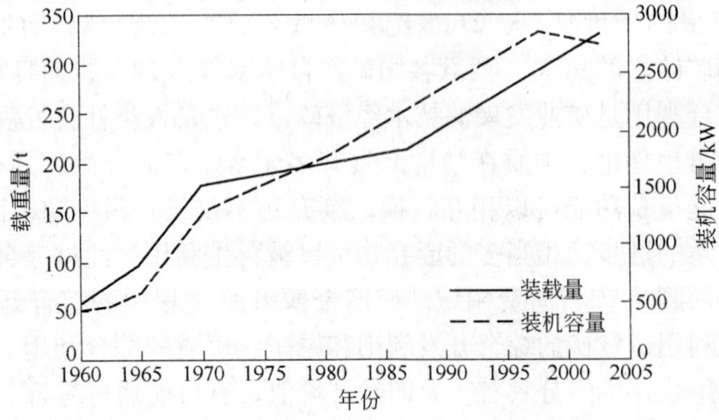

图 7-17 汽车规格及装机容量的发展趋势

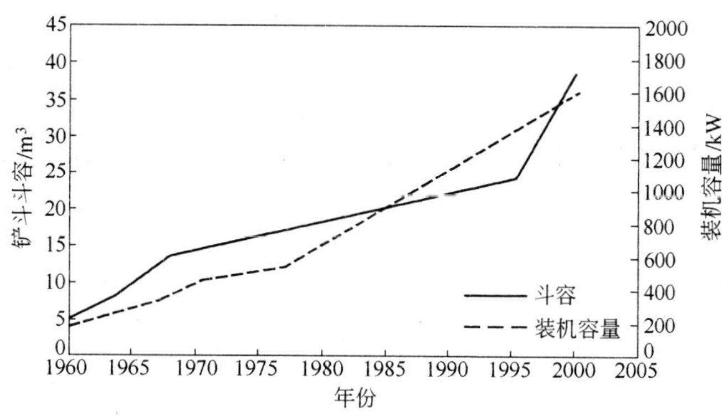

图 7-18 装载机铲斗斗容和装机容量的发展趋势

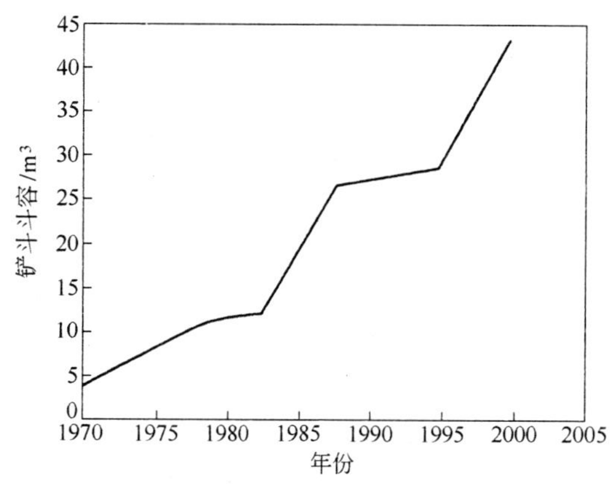

图 7-19 液压挖掘机容量的发展趋势

图 7-20 索斗铲铲斗容积的发展趋势

铲的铲斗容积已从 1960 年的 75m³ 加大到 2000 年的 120m³。

7.4.2.2 露天矿开采工艺

A 露天矿采剥方法

露天矿采剥多为陡帮开采，多用多台阶、组合台阶的方式，增大台阶高度；提高工作帮坡角；采取分期剥离方法，以缩短建设周期，提高生产能力；开采工艺均有从间断工艺向半连续、连续工艺发展的趋势。

B 工艺连续化半连续化

国外已有矿山进行连续或半连续开采。随着露天矿开采向深部发展，该工艺的优势更加显现，无论在规模、劳动生产率、生产成本等意义日渐突出。

C 移动式破碎站

随着露天矿开采深度的不断增加，为保证汽车运输始终处于最佳运距下工作，发挥其最大效能，破碎站必须跟随进行相应的移动。固定式破碎机组造价高、建设时间长、搬迁困难、移动拆装工作量大、费用高，难以适应露天采矿工作面下降速度的要求。针对这些情况，这些年大型移动破碎机组的研制与开发取得了迅速发展。

D 陡坡铁路运输

为充分利用现有的铁路运输设备，通过提高铁路运输线路的坡度，减少铁路展线长度，增大铁路运输可能达到的采深，以提高矿山的经济效益。

随着开采深度的增加，作业台阶的下降，运输线路的总长度不断加长，运输成本越来越高，其坡度也越来越陡。大多数露天铁矿均采用铁路运输或铁汽联合开拓运输的方式，随着深度的不断增加，采场的作业空间逐渐变窄，有效铁路运输线路也随之减少，铁路运输量和铁路直采量大幅度减少，汽车运输量急剧加大，运输成本居高不下，将严重制约露天矿山的生产与发展。

我国的大多数大中型露天矿山经过多年的开采，已进入到深凹开采阶段，最大凹陷已突破 400m 大关。从空中往下看，采区已成为一个深不见底的巨大黑洞，站在采区坑口往下看，如临绝壁，让人目眩心颤，一条环形的铁路线沿着坑壁一圈一圈往地心盘旋，运输矿石的火车艰难地绕着圈爬行。目前国内大型露天矿山绝大多数采用的是 25‰以下的缓坡度铁路运输，运输难度大，制约了开采效率。如何把深凹地心的矿产运上来，已成为一个越来越严重的难题。陡坡铁路技术攻关成功，可以继续强化利用铁路运输设备，缩短铁路运输距离，充分发挥了铁路运输潜力和能力大、环保高的优势，采用该系统，可以减少铁路站场和折返站数 50% ~100%，缩短铁路铺设线路和架线摩电网路里程，加快列车往返时间，提高运输效率；可以进一步延伸铁路运输开拓深度，使转载站更接近工作面，减少汽车周转量和数量，降低运输成本；有效解决了长期困扰矿山发展的“瓶颈”问题。陡坡铁路运输技术就是将矿山铁路坡度从 30‰以下，提高到 40‰ ~50‰，继续利用原有的铁路运输系统，充分发挥铁路运输潜力，降低汽车周转量和运输量，节约运输成本，同时有利于延长矿山服务年限，从而获得巨大的经济效益和社会效益。

（撰稿　张敬奇　审稿　陈孝华）

8 铅 锌 选 矿

8.1 铅锌多金属矿石工艺矿物学特性综述

选矿工艺矿物学主要是研究矿石中矿物的成分特征、解离特性及矿物的物理性质和化学性质与矿石可选性之间的内在联系。这对于选矿工艺方法的选择、流程结构优化、设备选择及选矿指标的评价都起到决定性的作用。

矿床成因对铅锌矿的矿物组成及矿石性质有很大影响。铅—锌矿床大部分形成于热液阶段，特别是中低温热液时期常形成巨大的矿床，其中常含有银。我国铅锌矿床按生成条件可划分为以下6种工业类型：

（1）矽卡岩型铅锌矿床。这类矿床除具有一切矽卡岩型矿床的共同特点外，还具有下列不同之处：1）铅锌的成矿时期远晚于矽卡岩的形成时期，因而铅锌矿床与矽卡岩的空间分布不一致，甚至完全不在矽卡岩中；2）矿体形状比较复杂；3）在矿物组合方面，除方铅矿和闪锌矿外，还常含有毒砂、辉铋矿、辉钼矿、锡石、白钨矿等。矽卡岩常为辉石，绿帘石矽卡岩。

矿石品位较高，铅和锌含量可达10%～20%。矿床规模一般为中小型。

（2）热液型脉状铅锌矿床。这类矿床是由热液填充作用造成的，产于各种岩石裂隙中。矿体呈脉状、矿物成分简单，按矿物的共生组合又可分为：1）方铅矿—闪锌矿—锡石类。2）含石英和碳酸盐类的方铅矿—闪锌矿类。3）方铅矿—重晶石—萤石类等。矿石一般较富，铅含量可达8%～20%；锌可达12%～25%。我国铅锌矿床和矿点大约有半数属于这一类矿床。矿床规模一般为中小型，也有个别大型。

（3）黄铁矿型铅锌矿床。这类铅锌矿床与黄铁矿型铜矿床属同一类型，铜和铅锌常伴生在一起，当铅锌含量多时即称为铅锌矿床。主要矿物为黄铁矿、闪锌矿、方铅矿、黄铜矿，共生的还有黝铜矿、自然金、碲银矿，还常含有多种稀散元素等。铅锌含量变化较大，铅为3%～25%，锌为3%～12%。一般锌多于铅，常为大型的锌矿床或中型的铅矿床。

（4）碳酸盐岩层热液交代铅锌矿床。这类矿床分布在厚层碳酸盐发育地区，产在石灰岩和白云岩中。这是铅锌矿床中一种重要的类型，按成因类型属中—低温热液矿床。矿体沿碳酸盐体的裂隙充填交代，并以交代作用为主，因而矿体形状极不规则，如凸镜状、筒状、板状、巢状等。主要金属矿物为方铅矿、闪锌矿、黄铁矿。脉石矿物为方解石、石英，有时有萤石、重晶石。矿石以致密块状为主。矿床规模不定，小型大型均有，但品位高、分布广，因此具有重要的工业意义。

（5）碳酸盐岩层层状铅锌矿床。矿床产于石灰岩和白云岩中。矿体形状比较简单，多为层状，也有呈脉状及不规则形状的情况，矿化现象一般都呈浸染状，铅锌矿常和方解石细脉在一起。矿物成分很简单，主要矿物有方铅矿、闪锌矿、黄铁矿，有时有黄铜矿，一般不含金、银的含量也很少。铅锌含量不高，一般含铅2.7%~5%，锌3%~12%，但金属储量大，可达几十万吨到100万吨以上。世界上20%~25%的铅锌都产自这类矿床。

(6) 风化残余矿床。由于铅盐难于溶解，所以当原生矿床风化时，铅即形成次生矿物(主要是白铅矿、铅矾)残留下来形成矿床。锌则有可能流失，也有可能就地交代重新沉淀。

可见，对于铅锌多金属矿石，无论是有价元素的数量、矿物的种类以及矿石的结构特性，都比单一金属矿石复杂得多。

不同矿床类型的铅锌矿石，其工艺矿物学特性有相同之处，也有不同之处，并不完全取决于矿床成因，更多的是与矿石中矿物组成及矿物的嵌布特性有关。

8.1.1 铅锌矿石的矿物组成概况

铅锌矿石的矿物组成是比较复杂的，按照矿物组成情况，可分为以下几类：

(1) 简单的硫化铅锌矿石。矿石的有用矿物主要是方铅矿、闪锌矿，没有或很少其他的金属硫化矿物。脉石矿物的组成也比较简单，一般是石英、长石、方解石、白云石等，有时也有萤石、重晶石。这类矿石易于选别，有价矿物与脉石分选的难度不大，主要是使铅、锌矿物充分分离的问题。

(2) 铅、锌、硫多金属矿石。这类矿石中除铅、锌硫化矿物之外，主要是含有比较多的铁的硫化矿物—黄铁矿、白铁矿、磁黄铁矿，有时还有砷黄铁矿、毒砂等。铁的硫化矿物的数量，可以从百分之几到百分之几十，有时会远远超过铅锌硫化矿物的数量。这类矿石中，铁的硫化矿物的种类、数量以及它们与铅、锌硫化矿物的结合状态对选矿工艺与作业制度起着决定性作用。

(3) 铜、铅、锌多金属矿石。这类矿石与前两类矿石相比，又多了铜的硫化矿物，常见的有黄铜矿、斑铜矿、辉铜矿。有时还会有一些其他的硫化铜矿物。铜矿与铅、锌矿物的结合状态，对这类矿石选矿的难易程度影响很大，而且铜矿物易在局部或表面氧化时产生可溶性的铜化合物，这些铜离子会对矿石中的其他金属矿物产生活化作用，从而改变矿物彼此间的可浮性差异，造成选矿工艺与作业制度的改变。

(4) 复杂组成的铅锌多金属矿石。这类矿石中除铅、锌矿石外，还含有一些其他重金属矿物，例如锡石、黄锡矿、黑钨矿、辉锑矿、辉铋矿、磁铁矿等，同样也会有黄铁矿、磁黄铁矿。脉石矿物的组成常常也更复杂一些。这类矿石主要是金属矿物的种类多，要回收的对象也多。它们的选矿性能差异很大，选矿工艺必然复杂，其流程结构与作业条件，在很大程度上受各种矿物组成变化的影响。

(5) 铅、锌氧化矿石。按照规范，氧化率在30%以上就属于氧化矿石。硫化矿被氧化到一定程度后，矿石中的铅矿物除方铅矿外，还会有白铅矿、铅矾；锌矿物除闪锌矿外，还会有菱锌矿、水锌矿、异极矿等；硫化铁矿物也会在过程中生成赤铁矿、褐铁矿、针铁矿等。这些氧化矿物的选矿性能(密度、磁性、可浮性等)都与硫化矿物有很大差别。当矿石中既有铅锌硫化矿物又有铅锌氧化矿物时，选矿工艺方法、作业条件、流程结构等，都会发生较大的变化，工艺流程也复杂得多。如果矿石的氧化程度很深，硫化矿物在矿石中所占的密度很小时，虽然金属矿物的种类会有所简化，但脉石矿物常常会出现一些疏松多孔的、容易泥化的氧化矿物，如黏土、高岭石、多孔状的褐铁矿等，它们对选矿过程常常产生不良的影响。此外，在矿石氧化并重新沉积成矿的过程中，铅、锌金属离子常常会被褐铁矿以及其他泥质矿物吸附（呈离子吸附状态，并没有构成新的矿物），导致这些矿物中含有较高的铅、锌金属，这些情况都会影响到选矿工艺与作业条件的选择。

8.1.2 铅锌矿石中有价元素的赋存状态概况

铅锌矿石中的有价成分比较复杂，除铅、锌外，常常伴生有铜、硫、铁、锡、钨、金、银、镉、锗、镓、铟等有价元素，有时还有钒、锑、铋、汞、锶等元素。

铅、锌、铜、硫、铁、锡等元素，一般都以独立的矿物状态存在，而其他金属则多以类质同象状态赋存在铅、锌、铜、硫等矿物的晶格中，有的虽然也有独立的矿物，但常常与铅、锌矿物相互精密包裹共生。

下面是这些元素在铅锌矿中的一般赋存状态。

铅：基本上只呈矿物状态存在，硫化矿中为方铅矿，氧化矿中为白铅矿和铅矾。

锌：基本上只呈矿物状态存在，硫化矿中为闪锌矿与铁闪锌矿；氧化矿中主要有菱锌矿、水锌矿、异极矿，有时会呈离子状态分散、吸附在褐铁矿以及黏土中。

铜：在硫化铅锌矿石中多呈黄铜矿、斑铜矿，偶有辉铜矿存在。氧化程度不高的铅锌矿石中，铜还可能呈孔雀石与铜蓝的状态出现，而在氧化程度深的铅锌矿石中，铜会在氧化过程中转移、流失，以至于很少会有铜的氧化矿物出现。

铁：在铅锌硫化矿矿石中，铁主要呈黄铁矿、磁黄铁矿存在。在氧化矿石中，主要是赤铁矿、褐铁矿。此外，铁还会赋存在一些含铁脉石矿物中，如铁橄榄石、铁铝榴石等。

锡：主要是锡石。但在硫化铅锌矿石中，常常会呈黄锡矿存在。

金：自然界中，绝大多数情况下金呈自然金的状态。由于粒度极细常被其他矿物包裹。在铅锌矿石中，金与黄铁矿以及铜矿物的关系比较紧密。

银：这是铅锌矿石中最常见的伴生有价元素，银常以类质同象状态赋存在方铅矿的晶格中。但也常有独立的银矿物出现，其赋存状态与共生关系比较复杂，有关情况在本篇3.6.2一节中有专门的叙述。

镉：这也是铅锌矿石中常见的伴生元素。镉有独立的矿物—硫镉矿，但不常见；多数情况下是以类质同象的状态赋存于闪锌矿中。

铟：在铅锌矿中，铟主要赋存在闪锌矿、特别是铁闪锌矿中。闪锌矿含铁越高、铟的含量也高。由于铟有亲铁的倾向，与铅锌矿石中的磁铁矿等铁矿物的关系常比较密切。

镓、锗：这两种元素常常一起出现，但锗在地壳中的丰度要比镓高得多，所以铅锌矿中常常只有锗具有回收利用的价值。锗极少有独立的矿物，多以类质同象状态产于闪锌矿中。

上述这些伴生有价元素多在铅锌硫化矿石中出现。在硫化铅锌矿氧化过程中，矿物都要经过氧化、溶解、重结晶这个过程，伴生的稀有金属元素会在这个过程中分散、流失，所以氧化铅锌矿石，特别是氧化程度较深的矿石，伴生金属会少得多，有的甚至变成单一的氧化铅矿石或单一的氧化锌矿石；而矿石中的褐铁矿，特别是一些多孔状的褐铁矿以及一些黏土矿物中，会吸附这些金属（也包括铅、锌）离子，以至于褐铁矿与黏土矿物中常常是含其他金属的。

8.1.3 矿石中矿物的嵌布状态

铅锌多金属矿石中，矿物的组成比较复杂，因此，它们的嵌布状态也呈多样性。

铅锌硫化矿矿物的产出粒度变化极大，常会有很粗大的颗粒，有时达到几十毫米、甚至更大，而结晶粒度细小的则只有几个微米。在比较多的矿石中，都会是粗粒与细粒同时存在，也就是呈粗细不均匀的粒度嵌布。

在铜、铅、锌矿石中的铜矿物，一般产出粒度不会太大，而且常常会与方铅矿、闪锌矿结合得比较紧密，有时会呈细粒浸染状分散在铅、锌矿物与黄铁矿中，从而造成不易解离，也给分选带来困难。

铁的硫化物—黄铁矿与磁黄铁矿常常会形成比较大的矿粒或矿块，而铜、铅、锌的硫化物会呈较细的颗粒分散嵌布在其中。

在铅锌矿石中的其他金属矿物，如锡石、黑钨矿、辉锑矿、辉铋矿等，其产出粒度一般不大，多呈中、细粒嵌布。呈氧化物状态出现的锡石、黑钨矿等，一般与铅锌硫化矿物结合得不紧密，而是呈中、细粒嵌布在脉石矿物中。

铅、锌氧化矿石中，铅锌矿物的嵌布状态比较复杂。氧化铅（白铅矿、铅矾等）多是在原地成矿，矿物的粒度一般不太粗大；而氧化锌矿物（菱锌矿、水锌矿等）常常是异地转移成矿，有的氧化锌矿会形成很大的矿块，甚至沉积成较厚的层状矿块，但也有呈细粒嵌布状态与碳酸盐脉石（方解石、白云石）紧密结合在一起。此外，铅锌硫化矿在氧化过程中，特别是锌，会被褐铁矿与黏土矿物吸附，呈非矿物状态分散在褐铁矿和黏土矿物的矿粒中。

8.2 铅锌矿石分选主过程的工艺、流程与设备

8.2.1 铅锌矿石的配矿和碎磨工艺及设备

8.2.1.1 *原矿矿石的匀配*

当选矿厂处理性质复杂、种类不一，品位相差较大的矿石时，若不加配矿混匀，随采随送到选矿厂处理，这样入选的矿石性质波动变化大。对于铅锌多金属的选矿过程，其工艺条件和药剂制度难以适应矿石性质随意的变化，势必降低选矿指标。只有个别自动化水平较高的选厂（如：西林铅锌矿选厂），可以根据检测出的原矿品位变化，适当调整捕收剂、抑制剂用量。而矿石性质的变化是多方面的，原矿品位只是其内容之一，药剂制度也只是工艺条件因素之一，尚有许多不易改变的因素。因此，应注意加强原矿管理，合理匀配矿石，以保证原矿性质的相对稳定，达到生产过程稳定运行。

我国水口山铅锌矿选矿厂对外购矿石分类堆放，分别进行选矿试验，然后按可选性等级按量合理配矿入选，有利于选矿指标的提高，八家子铅锌矿选厂也采取了相似的措施。

前苏联卡拉盖林斯克矿选厂对半年来的各班报表分析表明：只有稳定给矿较长的一段时间，才能充分发挥选矿厂现有控制系统的效能，才能获得较好的选矿工艺指标。而原矿性质波动的班次，对选矿生产指标及药剂消耗影响极大。因而在采矿场建立能供选矿厂 3 ~4 天处理的贮矿场进行配矿，使铅、锌品位波动不超过 ±0.4%，重晶石的品位波动不超过 8%，取得了明显的选别效果，铅、锌、重晶石的回收率提高幅度较大，铅、锌精矿品位亦有提高，药剂消耗降低 10% ~15%。建立配矿设施的投资半年内即可回收。

澳大利亚伍德隆（Woodlawn）矿山，在选矿之前将矿石分成6种类型分别堆放。各种矿石在破碎前匀配，一次匀配供选矿厂生产2～3个星期之用。1981年6月开始混匀全部复杂矿石，为此精心地设计了容量达8万～10万t的大堆矿场，足够6～8个星期稳定均一的给矿，查明矿石特性，为以后最佳化处理，制定合理的选别药剂制度提供数据。

8.2.1.2 碎矿筛分工艺与设备

根据我国铅锌矿山的实践，已投产的铅锌选厂的碎矿工艺大致有以下几种：（1）二段一闭路破碎；（2）三段开路破碎；（3）三段一闭路破碎；（4）新三段一闭路破碎或四段一闭路破碎。

上述几种碎矿流程中，二段一闭路破碎流程，过去多见于生产规模为日处理矿量500t以下规模的小型铅锌矿选厂。在较早建成的选厂中，此工艺的最终破碎粒度大（大于25mm），致使后序磨矿工序能耗高。近年来，在简化破碎工艺流程、增大破碎比、减少破碎段数，以降低投资、降低系统能耗和运转费方面研究和生产应用取得较大的进展，一些新型高效破碎设备投入生产，使得二段一闭路破碎流程也能使破碎产品的粒度达到－15mm以下。云南驰宏锌锗有限公司2004年新建成的会泽2000t/d选矿厂，采用Nordberg公司生产的新型颚式破碎机和液压圆锥破碎机组成二段一闭路的破碎流程，产品粒度为－12mm，投产后运行良好。这种新的二段一闭路破碎流程，会有较好的发展前景。

三段开路破碎流程在20世纪50～60年代建成的铅锌选厂中采用较多。但终因开路破碎，随着破碎机破碎腔的磨损，又无有效的筛分控制，而造成最终破碎粒度过大。一些选厂已陆续将这一流程改为三段一闭路破碎流程。

三段一闭路碎矿流程，是目前我国大、中型铅锌选厂采用最多的碎矿流程。这种碎矿流程碎矿产品粒度一般可达－15mm。通常，粗碎为颚式破碎机，中碎为标准圆锥破碎机，细碎为短头圆锥破碎机与振动筛组成的闭路流程。

新三段一闭路破碎或四段一闭路破碎流程，是由高效液压圆锥破碎机能实现超细破碎而引出的。新三段一闭路碎矿工艺是：采用超重型弹簧圆锥破碎机和高效液压圆锥破碎机，以及双轴重型振动筛而构成的破碎流程。该流程能使破碎产品粒度达到8mm以下，从而实现了“多碎少磨”，提高了磨矿工序处理能力，降低了碎磨系统的能耗，取得较好的经济效益。高效液压圆锥破碎机由美国AC公司制造，目前国内正进行引进和研制工作，其中几种型号已能生产。凡口铅锌矿的技术改造，采用了引进技术生产的700型高效液压圆锥破碎机作为细碎设备，能有效控制最终破碎粒度在8mm以下。流程中采用振幅大、筛分效率高的双轴重型振筛，配以破碎机功率自动控制，提高了破碎系统的生产能力。四段一闭路碎矿流程是在原三段碎矿流程加超细碎破碎机作为第四段而来，其较低的技术改造费用亦可达到降低入磨粒度的效果，只是厂房面积大、流程长。

有不少矿山，将粗碎工序设置在坑下，不仅可以减少二次爆破的工作量，免除一些特大块矿运输的麻烦，也保证了运送至选矿厂的矿石粒度相对较细且均匀，有利于选矿厂破碎工艺的选择。

根据一般的生产实践经验，当进入中碎的合格粒度含量大于15%时，一般应设置预先筛分作业，以改善中碎机的作业条件，增强破碎系统的生产能力。

当原矿中粉矿（3～0mm的矿石）含量占5%以上，其中－0.074mm（－200目）的粒级占粉矿量10%左右，含水量超过8%～10%时，为了保证碎矿作业畅通和避免矿仓堵塞，通常在粗碎或细碎前设置脱泥洗矿作业，常用的洗矿设备有洗矿筛、槽式洗矿机、圆筒洗矿机等。洗矿筛下产品（通常为 -7mm），进入单螺旋分级机，其返砂送粉矿仓，溢流经浓密机浓缩后与一段磨矿分级机溢流合并。

8.2.1.3 磨矿分级工艺与设备

铅锌矿选厂磨矿作业的设备组合有：小型选厂以螺旋分级机与磨机相组合为主；大、中型选厂当磨矿粒度较粗时，一般也采用磨机和螺旋分级机相组合的形式；当矿石的解离粒度较细，需二段磨矿时，磨矿作业的设备组合形式有：磨机—高堰式螺旋分级机/沉没式螺旋分级机，或磨机—高堰式螺旋分级机/水力旋流器的组合形式。

目前，比较流行的一段磨矿流程，常采用溢流型球磨机与水力旋流器构成闭路，该方案有能耗低、占地面积较小等优点。但对于黄铁矿含量高的硫化铅锌矿石，它有一个很大的弱点，由于大量黄铁矿的存在，会使矿浆形成重悬浮液状态，易造成尚未磨细的轻矿物从旋流器溢流中跑出（跑粗），而已单体解离的重矿物（特别是方铅矿）却进入旋流器沉砂，返回磨矿机再磨，从而造成“过粉碎”。

由于铅矿石密度大，硬度小，易过粉碎。为了改善磨矿条件，提高选矿回收率，我国多数选厂都采用了粗精矿再磨，或者中矿再磨工艺。有一些选厂采用了阶段磨矿、阶段选别工艺，即将粗选后的尾矿再磨再选。采用上述几种磨选工艺，既可避免矿石一次性磨到单体解离而造成粗粒嵌布的矿物过粉碎，又可解决欠磨达不到单体解离。

凡口铅锌矿选厂采用阶段磨选工艺，并在第二段球磨之后使用独立浮选槽，进行快速浮选作业，预先浮获占铅精矿量1/3的铅粗精矿，不经再磨直接送给第四次铅精选作业，而后序浮获的铅粗精矿，则进入第三段球磨，使细度达到 -360 目占 80.7%（而第二段磨矿细度则为 -200 目占 87.6%）。由此，既避免了过粉碎，提高了选别回收率，又减轻了第三段球磨机的压力，提高了磨矿处理能力。

西林铅锌矿选厂在第一段磨矿后，采用螺旋分级机检查分级加水力旋流器控制分级，以增加第一段球磨机的返砂量，由此使第二段磨矿分级溢流粒度由 -0.074mm 占 78% 提高到 -0.074mm 占 85% 以上，使铅粗精矿中的铁闪锌矿与方铅矿的连生体显著减少。铅粗精矿进入第三段磨矿，将其磨至 -0.043mm 占 95%，达到铅锌矿物充分解离，进入铅精选时，将精选的尾矿作为中矿返回铅粗选。锌粗精矿亦如铅粗精矿一样，进行再磨再选。由此有效地解决了金属矿物粗细不均匀嵌布，分选困难的问题。

浑江铅锌矿选厂的新区矿石性质复杂，银、铅、锌矿物呈细粒不均匀嵌布，金属硫化物分离浮选困难。原生产一段磨矿流程，铅、锌、银的回收率低，且精矿中铅、锌互含量高，得不到合格产品。改为原矿两段磨矿，铅粗精矿再磨流程，用螺旋分级机和水力旋流器的组合分级设备进行预先分级、检查分级和控制分级，确保溢流产品粒度达到 -0.074mm占 85% 以上，铅粗精矿再磨粒度为 -0.043mm 占 90% 以上；并使用更有效的药剂、使铅、银回收率大幅提高，铅、锌精矿品级达到合格，由此使得矿山转亏为盈。

8.2.2 铅锌矿石的预选抛废工艺和设备

对于粗粒嵌布或集合体嵌布的铅锌矿石，采用生产能力大、选矿费用低的预选抛废措施，预先丢弃大量脉石和围岩废石，在国外是较为普遍的。而国内的绝大多数各类矿山，尤其是中小矿山、地方矿山还没有引起足够的重视。就国内铅锌矿选厂来看，采用预选抛废者极少，除在1969~1974年在柴河铅锌矿选矿厂采用圆锥分选机预选抛废外，目前只有广西大厂的长坡锡铅锌选矿厂采用重介质旋流器进行预选抛废，其他大多数铅锌矿选矿厂对此未进行过研究。

8.2.2.1 预选抛废的设备简介

对于铅锌矿石的预选，到目前为止，虽然各种拣选机预选抛废的研究工作取得了一定的进展，但主要还是应用重介质法。

重介质选矿机在选别中，对于粗块度矿石，粒度上限可达100mm，下限为6~10mm，应用较多或比较成功的有圆锥形或圆筒形重介质选矿机、重介质振动溜槽等，这些设备主要靠重力分选。对于块度较小的矿石，粒度上限为10~30mm，下限可达0.5mm，应用较多或比较成功的有重介质旋流器、重介质涡流分选器等，这些设备主要靠离心力分选。

圆锥形选矿机的外形结构较为简单，设备的关键是如何使重介质悬浮。有些圆锥形选矿机是在其底部设置喷射器与充气提液器，使加重剂由停车时的沉淀状态变为悬浮状态。分选出的轻产品靠自流排卸或借助机械装置强制排出，重产品用空气提液器、虹吸器和各种机械设备（斗式或轮式提升器、螺旋输送器）进行排卸。

重介质振动溜槽，其槽体受到振动和上升水流的作用，使重介质松散悬浮，并使矿石一边向尾端运动，一边按密度分层。尾端设一分离隔板就可将上层轻矿物与下层重矿物分开。其特点是由于槽体有振动，槽内有上升水流，因此，可以使用粒度比较粗的加重剂，可以不受或少受重介悬浮液黏度的限制。

重介质旋流器的构造和普通水力旋流器基本相同，矿浆在器内的运动规律也基本相似。不同的是矿石按密度分层，其分离密度一般比介质悬浮液的密度高0.2~0.4，这是由于重介质颗粒在旋流器内也受到惯性离心力的作用。在对分选起主要作用的接近锥底处，形成更高的密度。重介质旋流器与普通重介质分选机的不同之处则在于，旋流器中由于介质流具有大的速度梯度，它可以使介质的黏度显著降低，因而有利于细粒矿物的分选，处理粒度下限可至0.5mm。重介质旋流器的设备结构参数（如旋流器直径、溢流管和沉砂口直径、锥角等）和选矿工艺参数（如给料压力、矿介比、介质密度及加重剂种类等）对分选效果的影响较复杂，相互制约关系较为密切，其参数值多需试验确定或以处理类似矿石的选厂生产实践经验作参考。

重介质涡流器可以认为是重介质旋流器的新发展，它好似一个倒置的重介质旋流器。它与重介质旋流器的主要区别是：其一为正压分选，在沉砂口插入一根与外界相通的空气管，可在器内形成一个等于大气压力的空气柱，能稳定生产过程。其二是锥比大。锥比近于1，可用这种设备处理较同规格重介质旋流器更为粗的物料而不易阻塞。

将两个重介质旋流器串联起来，对结构稍加改进，原苏联乌克兰煤选矿科学研究院研制的三产品重介质旋流器，其特点是第一节旋流器不仅分离获得浓度低的精矿，同时还对第二节旋流器给矿起浓缩作用。

两段动力式重介质分选器为两个串联起来的柱体，有各自单独的介质给入管、重产品排出管。该设备现由意大利因普罗明公司生产。其第二节旋流器处理前段旋流器的轻产品，两段介质压力可以不同。对意大利马苏亚选厂进行的对比试验表明。它与单段重介质分选器相比，可使重产品含铅由4.27%提高至7.89%，铅回收率由88.5%提高至91.5%。

这些重介质旋流器的共同问题是易损部位的耐磨材料尚未获得很好的解决，近年来，一些耐磨材料的研究与运用，已使磨损有所减轻。

对重介质分选来说，扩大选矿粒度上限没有多大意义，因为较粗粒级基本上没有单体解离；而降低分选粒度下限却有其局限性，这是因为入选粒度的降低，也要求加重剂的粒度相应降低，这一方面使得脱介筛分变得困难，介质回收损失增加；另一方面，含加重剂的悬浮液黏度相应增加，导致分选效果变差。据介绍，应用一种磁性悬浮液选矿机，并且在分选过程中添加表面活性剂以避免细粒絮凝，可处理 0.1 ~ 15mm 的铅锌铜矿石。若应用磁流体选矿，由于外加磁场对磁流体的加重作用，可使矿物的“浮力”增加，而黏度仍较小，由此可提高分选精度，但由于磁流体的回收尚难解决，目前应用受到限制。

近年来，除重介质预选外，还开发研制了许多更新的预选方法及设备，如辐射、超声波、超导、激光光电等预选技术与设备。辐射选矿法可用于不具有放射性的铅锌矿石，这是由于辐射源已有多种，如，γ 射线、β 射线、X 射线、中子、紫外光、可见光、红外线和无线电波等均可用于拣选过程。分选方法亦有多种，出现了反射法、吸收法、人造放射法和磁场能量变化法等。如芬兰奥托昆普公司即 Pyhaslnai 矿利用 γ 射线预选机对铜锌矿石进行预处理，可抛弃废石 45%，铜、锌的回收率分别达 82.9% 和 95.5%。

8.2.2.2 圆锥分选机预选抛废实例（柴河铅锌矿）

该厂处理的矿石类型有两种，一种为原生矿，另一种为氧化矿。在原生矿中，主要为致密块状，有部分被氧化。有用矿物嵌布粒度较粗。绝大部分脉石矿物密度在 2.83 ~ 2.87g/cm^3 之间，适合采用重介质预选富集工艺。

重介质选矿生产工艺流程如图 8-1 所示。原矿给矿粒度小于 30mm，经筛孔为 10mm

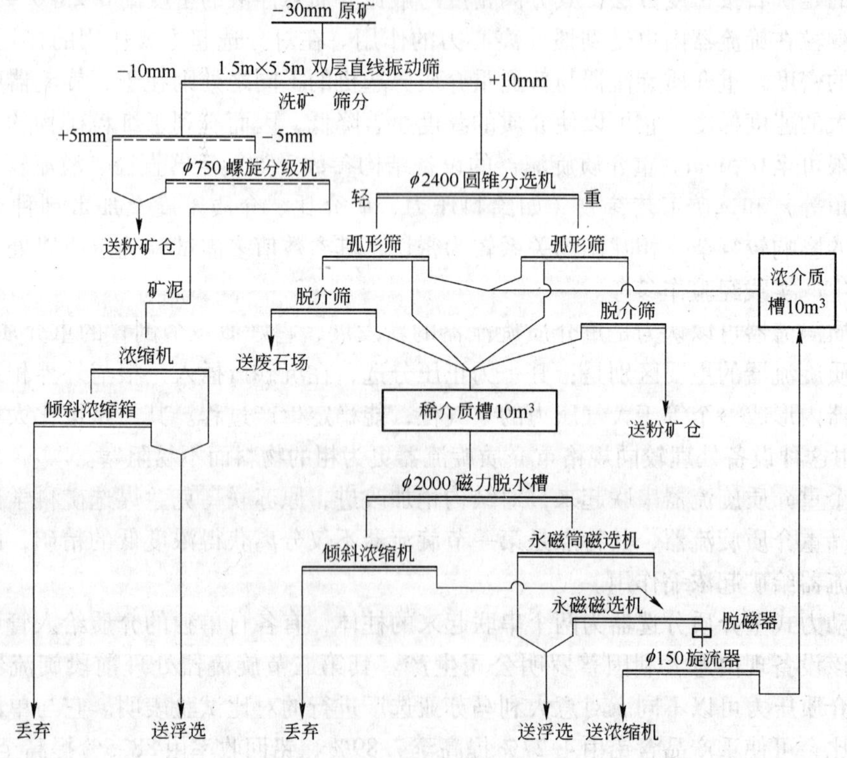

图 8-1 柴河选厂重介质选矿生产工艺流程

的1.5m×1.5m双层直线振动筛进行洗矿、筛分。+10mm矿石进入直径为2.4m圆锥分选机，在密度为2.87~2.90g/cm^{3}的介质中分选。分选出的重产品经1.8m×5.5m脱介筛脱出介质后，再经直径为ϕ0.40m的螺旋输送机和宽为0.4m脱水斗式提升机送至粉矿仓。轻产品经1.8m×5.5m脱介筛和宽为0.40m脱水斗式提升机给入1.5m^{3}箕斗送往废石场。-10mm矿石经ϕ0.75m螺旋分级机脱泥与重产品一起送往粉矿仓。

重介质采用硅铁作介质。介质的制备是将粒度为100mm的硅铁块经碎磨至-0.074mm占90%供使用。重介质是循环使用的，介质的净化处理是用ϕ4.2m磁力脱水槽，1.4m×1.4m倾斜浓密箱与ϕ0.6m×1.4m永磁筒型磁选机组成的介质回收系统进行处理。再经ϕ0.5m旋流器浓缩后返回到矿石分选系统。

矿石经重介质选矿处理丢弃废石后，使浮选给矿品位由原来的含铅2.3%、锌4.30%分别提高至3.5%、6.7%。重介质车间总回收率为铅96%、锌96%。其生产指标见表8-1。

表8-1 柴河选矿厂重介质选矿生产指标

产品名称	产率/%	品位/%		回收率/%	
		Pb	Zn	Pb	Zn
轻产品（废石）	36.42	0.198	0.340	3.15	2.86
分离浓密机溢流	0.51	4.904	6.751	1.09	0.79
磁选介质总尾矿	0.05	4.267	7.154	0.10	0.09
总丢弃产品	36.98			4.34	3.74
综合精矿	57.75	3.36	6.62	84.86	88.12
分级浓密机底流	5.27	4.685	7.154	10.80	8.14
总精矿	63.02	3.48	6.67	95.66	96.26
原 矿	100.00	2.287	4.333	100.00	100.00

重介质选矿技术的应用，不但增加了选矿厂的生产能力，同时也为采矿采用高效率的采矿方法、扩大边界品位、充分利用国家资源创造了有利条件。

8.2.2.3 重介质旋流器预选抛废实例（长坡锡铅锌矿）

该厂所处理的矿石金属矿物多呈集合体嵌布，脉石和围岩废石的矿化极小，含量高达80%以上，密度小于2.8g/cm^3，这就具备了采用重介质旋流器预选的可能性和必要性。

重介质旋流器选别生产流程如图8-2所示。

原矿给矿粒度小于20mm，筛除小于3mm的细粒级矿石后，经恒压斗与介质混合后进入重介质旋流器分选。分选后的轻产品、重产品分别进入双层脱介筛的上层和下层，脱去重介质。之后轻产品用皮带运输机运至堆场，重产品经磨至小于3mm后与原矿筛筛下产品合并进入主选系统。

重介质旋流器的分选粒度下限可以低于3mm；但从筛分脱介的有效性考虑，一般将入选物料定为3mm以上。

重介质为自产的硫砷混合精矿（即黄铁矿和砷黄铁矿）。重介质循环使用，这有利于避免它进入主选系统而导致浮选药耗增加。使用重介质还注意了不被矿泥混入，将浓缩溢流汇集于选厂硫精矿池。新添介质注意到脱除部分药剂和细泥。

在正常情况下，重介质旋流器的选别指标见表8-2。

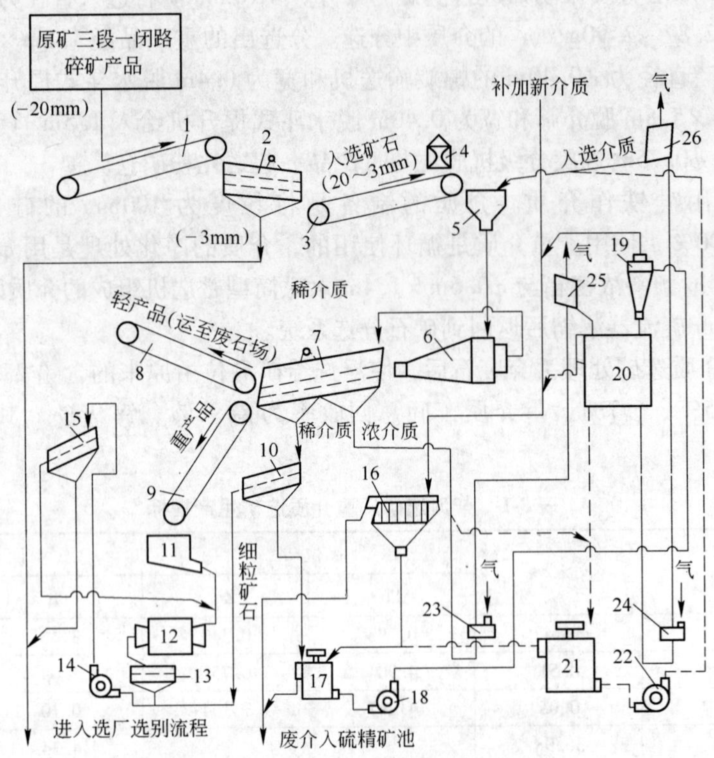

图8-2 长坡选厂硫化矿的重介质选矿生产流程（设备联系图）

1—原矿皮带运输机；2—原矿筛；3—给矿皮带运输机；4—电磁除铁器；5—恒压斗；6—重介质旋流器；7—双层脱介筛；8—轻产品皮带运输机；9—重产品皮带运输机；10—稀介质净化筛；11—重产品矿仓；12—棒磨机；13—小摇筛；14—4SP砂泵；15—棒磨产品检查筛；16—倾斜板浓密箱；17—稀介质桶；18—稀介质砂泵；19—介质浓缩旋流器；20，21—浓介质桶；22—浓介质泵；23—一级空气提升混合器；24—二级空气提升混合器；25—一级空气提升气液分离器；26—二级空气提升气液分离器

表8-2 长坡选矿厂重介质选矿生产指标

产品名称	产率/%	品位/%			回收率/%		
		Sn	Pb	Zn	Sn	Pb	Zn
给 矿	100	0.35~0.45	0.4~0.5	1.7~2.1	100	100	100
重产品	40~50	0.5~0.9	0.6~0.9	0.4~2.5	90~95	88~94	88~95
轻产品	50~60	0.04~0.08	0.05~0.10	0.25~0.40	5~10	6~12	5~12

8.2.2.4 国外铅锌矿选厂的重介质预选抛废实例

国外铅锌矿选矿厂，对预选抛废普遍重视，只要矿石性质合适，都尽可能采取预选抛废措施。

澳大利亚的芒特·艾萨铅锌矿选矿厂建成了规模为800t/h的重介质选矿车间，安装了4台DSM400mm重介质旋流器，其抛废率达30%～40%，金属回收率在90%以上，使选厂年处理量由 200 万 t 提高到 320 万 t，精矿直接生产费用降低了 30%。

德国的梅根铅锌矿选矿厂使用两种型式的重介质分选设备：一种是维达格型，用其处理 170 ~ 15mm 粒级，介质为密度 2.95g/cm^3 的硅铁；另一种是重介质旋流器，用两台处理筛出的 15 ~ 1.5mm 粒级，介质为密度 2.75g/cm^3 的硅铁与磁铁矿混合物。通过重介质预先分选，虽然抛废率只有 20% ~ 22.8%，但据称经济上也是合算的。

美国的杨锌矿选厂，将 12.7 ~ 38.1mm 粒级物料给入 ϕ4.9m 的威姆科圆锥形重介质选矿机进行选别，丢弃了给矿量 80% 的废石，废石量占原矿量的 60%，含锌为 0.25%。

意大利的塞尔托里（Saltori）选矿厂，用重介质预选处理氧化矿时，用维达格重介质旋流器，分出含锌 18% 的重产品送往威尔兹回转窑处理，剩余的轻产品送往磨浮，而重介质预选处理混合矿时，用维姆科重介质圆筒选矿机分选 +6mm 粒级，重产品送往第三段破碎和磨浮，作业产率为 60% 的轻产品用于制造水泥和建筑材料。

8.2.3 铅锌矿选厂的浮选设备及其展望

我国浮选设备同其他选矿设备一样，经历了进口、仿制、改造、研制到系列化生产的阶段。铅锌选矿厂过去大量采用 A 型系列的浮选机。此类浮选机与原苏联米哈诺布尔系列浮选机相似，其能耗高，充气量低，分选效率不佳，操作和维护费用高。为了改变这种落后面貌，20 世纪 80 年代初以来，已研制出了多种型号，具有效率高、能耗低的系列化浮选机，有些机型还适应了大型化、自动化发展的需要。由此而来，新建选矿厂和老厂改造得以采用了多种新型浮选设备。

浮选柱对于简化浮选流程、减少厂房面积和降低生产成本等均有明显作用。在浮选柱的研制与应用方面，60 年代中期在我国曾受到重视，一些铜矿、铅矿、铅锌矿选厂（如柴河、八家子）曾试用过，但由于研究工作不够，充气器堵塞问题一时难以解决，只得陆续改用了浮选机。近年来，国外浮选柱的应用研究发展迅速并形成了热潮，使其生产应用迅速扩张。国内在大量引进浮选柱的同时进行了一系列研发工作，浮选柱重新在一些选矿厂获得应用。例如德兴铜矿、柿竹园多金属矿等矿山的选矿厂中都采用了新研发的浮选柱。目前，国内除一般浮选柱外，还研究开发了“旋流—静态微泡浮选柱”、“筛孔充填浮选柱”等新型浮选柱设备。

以下分类介绍各种浮选设备。

8.2.3.1 充气搅拌式浮选机简介

在国外，选矿设备的大型化发展主要体现在这类浮选机上。如丹佛浮选机单槽容积已发展到 45m^3，维姆科浮选机单槽容积达 85m^3，最大的 OK 型浮选机单槽容积已达 100m^3。在国内，生产上应用的最大单机容积为在德兴铜矿试验成功的 38m^{3}KYF-38 型浮选机。浮选设备的大型化有利于节约投资与减少生产费用，便于维修和实现自动控制。

但应注意的是，应避免槽数太少出现矿浆“短路”现象，一般粗扫选作业不应少于 8 槽。粗选采用大型浮选机，扫选为稍小型号的浮选机，可使大型浮选机所固有的经济效益得到利用。

国内研制生产并应用较多的充气搅拌式浮选机主要有以下几种类型。

A CHF-X 型浮选机

CHF-X 型浮选机是仿丹佛型，于 1978 年研制成功。其特点是矿浆循环量大，循环区域大，充气量高、叶轮线速度低、功耗省。现有容积为3.5m^3、7.0m^{3}和14m^{3}三种规格。在10多个大中型选矿厂推广使用CHF-X14型浮选机，均取得了较A型浮选机更高的技术经济指标。这些指标主要反映在回收率提高，单机功率减小，叶轮盖板寿命提高，起泡剂用量亦可节省。

B LCH-X5m^{3}浮选机

LCH-X5m^{3}浮选机由北京矿冶研究院研制，其叶轮和定子结构独特，能同时产生双循环矿浆和双向充气，流态好，矿浆循环量大，充气量大。叶轮与定子间隙大，磨损轻，操作方便，安装维修容易。

C KYF型和XCF型浮选机

KYF型和XCF型浮选机是由北京矿冶研究院研制的。其中XCF型充气式浮选机具有吸浆能力，它与KYF型组成联合机组时，可以水平配置，不需要泡沫泵。

KYF型充气式浮选机与国内外其他类型浮选机相比，其叶轮定子系统设计合理并有创新，流态佳、空气分散好、选别效率高、节能显著、结构简单合理、磨损小、操作维修方便。该机16m^{3}型首先在牟定铜矿应用成功，取代了原有的6A浮选机。现在已有1m^3、2m^3、3m^3、4m^3、8m^3、16m^3、24m^3、38m^{3}多种规格，可供大中小型矿山使用。

8.2.3.2 机械搅拌式浮选机简介

机械搅拌式浮选机由于具有自吸气能力，因而不需要鼓风设备，有些机型不仅能自吸气，还能自吸浆，因而便于浮选作业水平配置，新研制出的机型还便于在老厂改造时更替亦具有自吸气能力的A型浮选机。

对于自吸式浮选机，也做过朝更大型化方向的努力。然而到目前为止，国外自吸式浮选机最大单机容积可达63m^3，国内最大单机容积仅为20m^3，但若要达到像充气式浮选机那样的大型程度，有很大难度。这是因为：若叶轮浸入过深，则叶轮腔内难以形成足够的真空度，而靠增加叶轮转速来提高真空度，则电耗上升，磨损加快。

国内研制生产并应用较多的机械搅拌式浮选机主要有以下几种类型。

A JJF型浮选机

JJF型浮选机是仿维姆科型，于1982年研制成功。其特点是叶轮直径小，高度大，浸没深度浅，能够自吸足够的空气量，槽中安装假底和导管装置，使矿浆实现下部大循环，吸气量稳定，定子上设分散罩，可在底部强烈混合区到上部稳定的分离区之间形成一个过渡区，因而液面稳定无翻花现象。其选别效率高，电耗低，磨损轻，操作维修方便。现已在近百个矿山推广使用近3000台。目前有容积为1m^3、2m^3、3m^3、4m^3、5m^3、8m^3、10m^3、16m^3、20m^3、24m^3、28m^{3}共11种规格。其中：4m^3、8m^3、16m^3、24m^{3}为浅槽型，5m^3、10m^3、20m^3、28m^{3}为深槽型。

JJF型浮选机自身无自吸浆能力。为了便于配置，最好在每个浮选作业的第1个槽子选用具有吸浆能力的SF型浮选机或JJF-Ⅱ型浮选机，这样配成的联合机组有利于充分发挥各种浮选机的优越性能，在西林、桃林、水口山、凡口、锡铁山、黄沙坪、小铁山等铅锌矿选厂均采用SF/JJF联合机组，获得了满意的技术经济指标。

B SF型浮选机

SF型浮选机采用后倾式双叶片叶轮，并配以导流管和假底，其结构合理、性能好、有自吸空气和矿浆的能力，水平配置，不需要泡沫泵，此外还有功率小、叶轮转速低、叶轮与盖板磨损轻、吸气量大、矿液面稳定等优点。采用该机有利于流程布置，尤其适合于复杂流程和选别段数多的选厂使用。目前该机有 0.15m^3、0.37m^3、1.2m^3、2.8m^3、4m^3、8m^3、10m^3、20m^3 等几种规格，由内蒙古黄金机修厂制造。该机在桓仁、铅硐山、京盛、栖霞山等铅锌矿选厂使用，取得了提高回收率、节约电能的效果。

C XJZ 型浮选机

XJZ 型浮选机矿浆循环性能好，选别指标比 A 型浮选机高，均具自吸气能力，每段选别的首槽还有自吸浆能力。该机有 1.1m^3 和 2.8m^3 两种规格，特别适合于中、小型选厂对 A 型浮选机的改造，可以利用原有基础和除主轴、叶轮、盖板以外的绝大部分零件，节省改造费用。

8.2.3.3 国外浮选柱简介

20 世纪 80 年代以来，浮选柱的研制与应用盛行于美国、加拿大、澳大利亚、德国、前苏联等国家，由于多家机构和公司的投入，以及新思路的不断呈现，至今浮选柱已有许多种类型。

浮选柱之所以受重视是因为它有这样一些优点：(1) 投资费用低、占地面积小；(2) 没有运转部件，减少了维修费用；(3) 适宜自动控制；(4) 由于湍流低，因而机械夹杂少，精矿品位高，用于精选作业，能减少段数；用于粗扫选作业，其设备容积大，可替代多台浮选机；(5) 有些浮选柱配有能产生微泡的发泡器，对细粒矿物的回收更有效。

浮选柱曾因充气器容易堵塞而在 60～70 年代停滞发展，到如今，充气器的发泡方式。结构和材质与已往已有很大的不同，其位置也普遍由已往的内部发泡改为安装在外部。这样一来，堵塞问题基本得到解决，多数浮选柱即使其充气器出现故障，也能做到不停机及时处理。

以下简略介绍几种国外工业上使用的浮选柱。

A 加拿大柱浮选公司浮选柱

不同规格的这种浮选柱，其柱高在 10～15m，直径或长宽为 0.4～2m 范围。其充气器为有孔胶管，安装在柱的下部，矿浆在溢流堰下约 3m 处泵入，泡沫层厚度在 0.2～2m 之间波动，以 1.0～1.3m 为佳。

该柱于 1980 年成功应用于加拿大加斯佩选矿厂钼浮选回路，一台 0.9m×0.9m×12m 浮选柱用作第二次精选设备，另一台 0.45m×0.45m×12m 浮选柱用作第三次精选设备。1982 年又安装一台 1.8m×1.8m×12m 浮选柱（槽容积为 38.9m^3），用于取代原有 16 台 14m^3 丹佛 D-R 浮选机（槽容积共 224m^3），用作第一次精选设备。

B 原苏联 ϕⅡ型浮选柱

ϕⅡ型浮选柱特点是主充气器设在侧部，共有上下两层，是用有孔的弹性胶管制成的；辅助充气器设在底部，是用一套橡皮垫圈组合成的。根据物料中矿物含量不同，原矿可在柱上部中央泡沫层下给入，也可在低于泡沫溢流堰 1m 处给入。尾矿可借升液器提升到一定高度再排出。

C 美国矿业局国际控股有限公司浮选柱

这种浮选柱安装了旋涡气泡发生器，它位于柱体的外部，可以在不干扰浮选作业的情况下，进行维修和更换部件。而且可以控制气泡尺寸和数量，没有堵塞问题。其主要原理是使溶有空气的水流在高压下通过一个狭小的喷嘴来产生气泡。喷嘴为耐磨损的陶瓷材料，其使用寿命较长。

D 詹姆森浮选柱

澳大利亚纽卡斯尔大学 G. J. Jameson 教授于 1986 年发明研制出第一台詹姆森（Jameson）浮选柱，近年来发展较快，至 2003 年已工业应用 225 台。该设备由矿浆与空气混合用的下导管和浮选分离用的低高度浮选槽（矮柱）组成；混有药剂的矿浆用泵打入下导管的混合头内，经喷嘴形成喷射流，产生一个负压区，从而吸入空气产生气泡，避免了常规浮选机经充气器压入空气所引起的麻烦；而且混合速度快，矿化快，浮选效率高；因此大大降低了浮选柱的高度，便于操作管理和维护。

E 微泡浮选柱

这种浮选柱安装了能产生微泡的在线微泡发生器。其直径为 0.05 ~ 0.1m，不易堵塞，安装在柱体的外部，其产生微泡的原理是：部分矿浆以较高速度被泵送到在线混合器，使叶片对导入的带有定量气体和起泡剂的液流产生剪切作用，气体被剪切成 100 ~ 400μm 的微泡。

除上述介绍的几种外，较为引人注目的还有：澳大利亚纽卡斯尔大学研制的詹姆森浮选柱，美国密西根大学杨锦隆推出的充填介质浮选柱，美国犹他大学推出的喷气水力旋流浮选柱，英国威姆科公司与利兹大学推出的威姆科—利兹浮选柱等，其矿浆流态与通常意义上的浮选柱有较大差别，在此不作一一介绍。

新型发泡器除如上介绍的旋涡气泡发生器和微泡发生器外，较为引人注目的还有文氏管发泡器和高效气动液压型充气器等。

8.2.4 铅锌及其多金属矿的浮选原则流程

为了适于冶炼的要求，对于铅锌及其多金属矿，绝大部分都需经选矿加工以便使之分离，其选别以浮选法为主，重选及选冶联合流程也有应用。由于铅锌及其多金属矿石中，待分出精矿的种类、伴生元素的走向要求、矿石的类型、共生关系、矿物的可浮性等差异，不同的矿石要求有相适应的磨矿、浮选流程结构，浮选流程有如下 7 种。

8.2.4.1 优先浮选流程

在处理多金属矿石时，如果浮选一种矿物而抑制其余的矿物，然后再活化并浮选另一种被抑制的矿物，这种依次回收有用矿物的流程，称为优先浮选流程。

当有用矿物间可浮性差异较大，且矿物之间共生不很密切，或不呈集合体嵌布、其含量又较高时，用优先浮选流程有利。它具有工艺条件容易控制，一般选矿生产指标较高且稳定。与混合浮选流程相比，其缺点是浮选时间较长，所需浮选机较多，磨矿费用较高，以及消耗大量抑制剂和活化剂，由此造成了生产成本相对偏高。

对于硫化铅锌矿石，若闪锌矿未经自然活化，或活化得不严重时，可按先浮铅矿物，再浮锌矿物，最后浮黄铁矿的次序进行。此流程在铅浮选循环中，应最大限度地浮出铅矿物，并使闪锌矿、硫化铁矿物留在浮选槽内。采用这一流程的有我国的凡口、西林、锡铁山、澜沧等铅锌矿选矿厂。

对于硫化铜锌矿石，一般采用先浮铜后浮锌的方案。但当铜矿物可浮性变坏或主要为次生硫化铜矿物，而闪锌矿在矿床中又被活化时，可考虑抑铜浮锌方案。

对于硫化铜铅锌矿石，也有按铜矿物、铅矿物、锌矿物的次序依次浮选的例子。如：

澳大利亚的伍德—朗德矿选厂。但应指出的是，由于铜铅锌多金属硫化矿一般都比较复杂，特别是铜的硫化矿物与方铅矿可浮性相近，所以优先浮选流程对硫化铜铅锌矿石现在用得较少。

近年来，硫化矿无捕收剂浮选研究较多，利用方铅矿比铜的硫化物具有优越的自然浮游性这一特点，通过添加药剂使方铅矿表面形成元素硫，而铜的硫化物的表面形成含氧化合物，而达到先浮选部分方铅矿的目的，此流程现今仍处于实验室研究阶段。

8.2.4.2 全混合浮选流程

全混合浮选流程即把全部硫化矿物选到混合精矿中，然后对混合精矿再作分离的流程。通常经第一段磨矿后，就可把铜、铅、锌、硫等有用矿物作为混合精矿全部浮出，之后对混合精矿作再磨再选。成分为铅锌、铜锌、铜铅锌组合的各种类型矿石，在再选过程中，对各种组分矿物的浮游顺序大体按优先浮选或部分混合浮选的次序。

当多种硫化矿物的颗粒较细，并在脉石中嵌布成较大的集合体时，采用全混合浮选，因大量的脉石不进入再磨分离浮选流程，节省了磨矿费用。浮选设备台数相对较少；相应的药剂用量亦可减少。该种流程的最大缺点是在混合精矿中有过剩的活化剂和捕收剂，致使在后序分离浮选中待抑制的矿物颗粒表面亦有所吸附，由此造成分离浮选困难，通常在混合精矿分离前需用氰化物解吸闪锌矿表面的金属活化离子，用硫化钠解吸闪锌矿表面的捕收剂，用活性炭或离子交换树脂吸附矿浆中的药剂。

我国的小铁山、青城子等铅锌矿选矿厂采用这一流程。国外矿山中，前苏联列宁诺戈尔斯克和别洛乌索夫斯克选厂、保加利亚克尔查里选厂、日本释迦内选厂和南非楚梅布选厂对铜、铅、锌、黄铁矿进行先全混合浮选，然后再分选混合精矿的流程。

8.2.4.3 部分混合浮选流程

部分混合浮选流程即把可浮性相近的有用矿物选到混合精矿中，然后进行分离浮选的流程。

对于硫化铜锌矿石，若硫化铁矿物与硫化锌矿物可浮性比较接近时，优先浮选铜矿物之后，再从尾矿中混合浮选硫化锌和硫化铁矿物。若部分铁的硫化物的可浮性很好，很难抑制，而闪锌矿的可浮性较差时，在不加或少加闪锌矿抑制剂的条件下，采用铜硫部分混合浮选，然后加活化剂从尾矿中进行锌硫混合浮选，之后，分别进行铜硫分离和锌硫分离。

对于硫化铜铅锌矿石，一般采用如图8-3所示的“双混”“双分离”流程，即先作铜铅混选，再作锌硫混选，之后分别对上述两种混选产品进行铜铅分离。

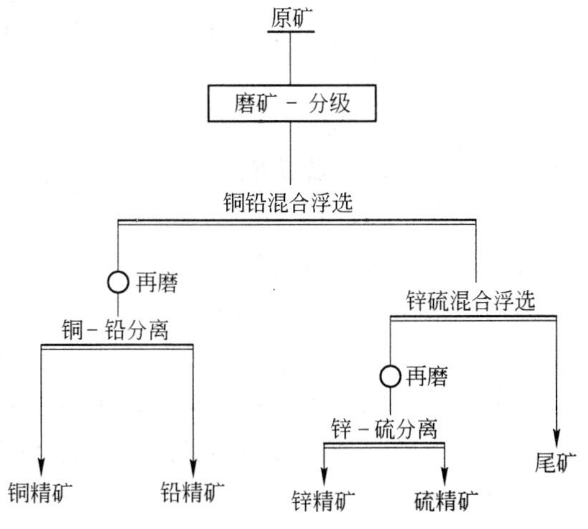

图8-3 部分混合浮选流程

这种流程兼有优先浮选与混合浮选两种流程的优点，浮选分离的工艺条件易于控制，因此，在许多铜铅锌多金属硫化矿选矿实践中得到广泛的应用。如：我国的桃林、佛子冲、银山、天宝山、八家子等铜铅锌矿选厂均采用这一流程。

8.2.4.4 等可浮浮选流程

根据矿石中矿物可浮性的差异，依次浮出可浮性好的、中等的以及较差的矿物群，然后再按需要进行分离浮选或精选，产出各种有用矿物的单独精矿的选矿工艺称为等可浮浮选。铅锌硫的等可浮浮选流程如图8-4所示。

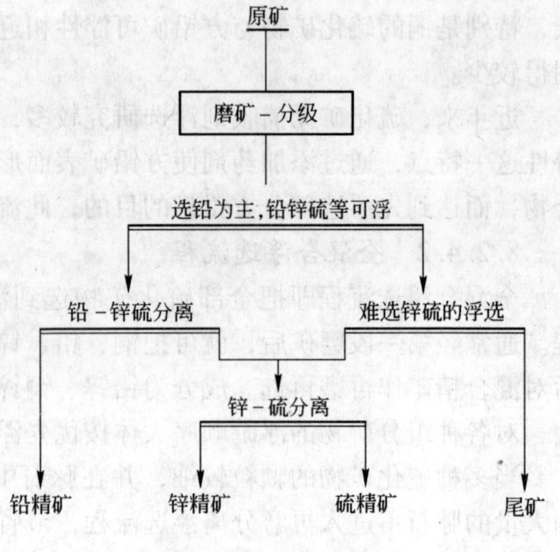

图8-4 等可浮浮选流程

当多金属矿石中，有一种或两种矿物（如硫化铜、硫化铅矿物）可浮性好，而其他矿物（如硫化锌、硫化铁矿物）可浮性差，同时还有易浮和难浮两部分，采用该种流程有利。

这种流程与混合浮选相比，可免去对难浮锌矿物的活化和随后分离时的强抑制；与优先浮选相比，可免去对易浮锌矿物的抑制和随后浮选时的强活化。由于该种流程合理利用了矿物自然可浮性的差异，实行先易后难的合理分选，一般可获得较好的选矿指标，并能降低药剂费用。这种流程的缺点是浮选作业线较长，工艺过程的操作控制也较复杂。

水口山铅锌矿选厂由于处理的矿石复杂多变，既有自产的东部矿体易选矿石，又有自产的西部矿体难选矿石（难选矿石的特点是铅氧化率高，结晶较细，次生铜含量较高，黄铁矿易浮）；还有矿石性质差异较大的外购矿石。因此采用过几种流程进行试生产，先后有：优先浮选流程、铅锌—硫部分混合浮选流程及铅锌硫等可浮流程。最后于1981年采用铅锌硫等可浮流程。前四种流程，浮选的第一步常常要用氰化物对部分易浮的黄铁矿进行强抑制，否则铅精矿质量难以保证。改用铅锌硫等可浮流程后，先把锌硫分成易浮和难浮两部分，后序的铅锌硫分离作业，就可实现无氰优先浮铅。与原先有氰流程相比，铅锌分选指标相当，而随硫化矿回收的金、银回收率分别提高了4.08%和0.87%，且浮选药剂费用也有所下降。

黄沙坪铅锌矿选矿厂采用等可浮工艺取得成功。其矿石的主要金属矿物有方铅矿、铁闪锌矿、纤维锌矿、黄铁矿、黄铜矿等；主要脉石矿物有石英、方解石、萤石、绢云母、绿泥石等。矿石中矿物为中、细粒不均匀嵌布。硫化矿物之间共生密切。该厂自1966年投产以来先后采用过两段磨矿全浮、部分混合及一段磨矿全浮直至目前生产使用的等可浮浮选流程。采用图8-4所示的铅锌硫等可浮流程后，克服了全混合浮选和部分混合浮选重拉重压的药剂作用互相抵消的缺点。该工艺与药剂组合和改进磨矿制度等技术相配合，改善了技术经济指标。将不同浮选工艺流程生产指标对比表明，采用等可浮流程，不但铅、锌精矿品位更高，且回收率亦更高，均在90%以上。此外，选矿药剂费用显著降低，取得较好的经济效益。

8.2.4.5 异步混合浮选流程

在研究铅锌矿物的最佳可浮性条件的问题时，认识到方铅矿与闪锌矿的最佳浮游活性及黄铁矿的最低浮游活性所需条件有很大差异。若在整个铅锌混合浮选过程中，人为地、分阶段地控制矿浆 pH 值、抑制与活化条件、捕收剂的作用强度等因素，很好地控制各种矿物的浮游活性和浮游速度，确保铅锌矿物不同步地在各自适宜的浮选条件下最充分地发挥其特有的浮游性，由此可获得高的选矿指标，这样的方法称为异步混合浮选流程，原则流程如图 8-5 所示。

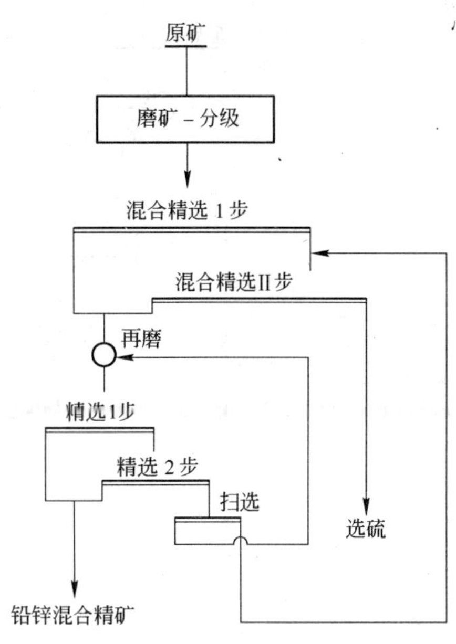

图 8-5 异步混合浮选流程

传统的混合浮选工艺通常在一个作业里，添加大量的石灰调整矿浆介质 pH 值达 11.5 以上，同时，添加硫酸铜活化剂及捕收力强的丁基黄药进行浮选。由此虽达到最佳浮游闪锌矿的条件，但对方铅矿的浮游却不利，对黄铁矿的抑制也不合适。方铅的最佳浮游活性所需条件是无 Cu^{2+} 活化，矿浆介质 pH 值为 8.5 ~9.5；黄铁矿的最低浮游活性是不加 $CuSO_4$ 及高 pH 值。由此看来，一个作业里不可能设定出上述各种矿物所要求的条件，只能顾此失彼。而用异步混合浮选流程可很好地解决多金属硫化矿分选中互相制约严重，精矿品位和金属回收率难以提高的技术难题。通常让闪锌矿被 $CuSO_4$ 活化，可利于绝大部分浮游性较差的方铅矿优先充分上浮，而又使闪锌矿的总浮游性不减。

对单一的金属矿物，由于同种矿物的细粒与粗粒可浮性有差异，采用异步浮选流程，先调浆成适合于细粒矿物的最佳浮选条件，再调成适于粗粒矿物的最佳浮选条件，对提高金属回收率可取得好效果，对伴生银的回收也有利。

该流程用于凡口铅锌矿，实现了铜锌银矿物的充分回收，铅锌混合精矿品位得以提高，从而混合精矿的冶炼成本亦下降，多年生产实践还表明，该工艺流程结构简单，适应性强，易于操作，生产指标稳定，创造了选矿厂生产的历史最高水平。生产指标达到铅锌混合精矿品位（Pb + Zn）54.5%，混合精矿中铅、锌、银回收率分别为 89.37%、97.63%、88.15%。

该流程用于浑江铅锌矿、天台铅锌银矿、平水铜锌矿亦取得了成功。

8.2.4.6 分支串流浮选流程

即将两个平行浮选系列的泡沫产品进行合理的串流，譬如第一支浮选系列的粗选泡沫送至第二支浮选系列的原矿浆搅拌槽，第二支浮选系列的第一次扫选泡沫返入第一支浮选系列的原矿搅拌槽，该流程如图 8-6 所示。

由于第一支粗选泡沫并入第二支，既可提高第二支的入选品位，又可减去第一支的精选作业。同时，从第一支泡沫中带过来的过剩药剂又可以在第二支起作用，第二支加药就可以大大减少。第二支第一次扫选泡沫返至第一支的原矿搅拌槽，亦可提高第一支入选品位和充分利用剩余药剂。该流程与常规浮选流程相比，具有降低浮选药剂消耗，提高选别指标，减少精选作业，节省浮选机槽数等优点。

银山铅锌矿选矿厂采用分支串流浮选流程取得成功。该厂处理的原矿中的主要金属矿

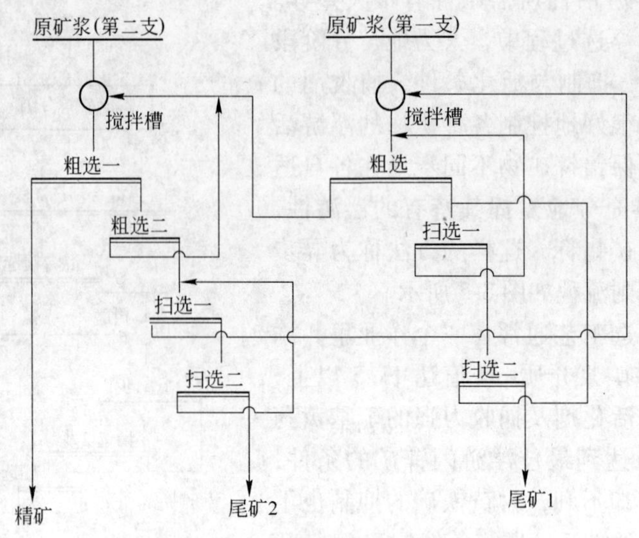

图 8-6 分支串流浮选流程

物为方铅矿、闪锌矿、黄铁矿、黄铜矿等；脉石矿物主要有石英、绢云母、方解石等。入选矿石来自银山区、九区和北山 3 个矿区，矿石性质差异较大，以九区矿石难选。该厂自 20 世纪 60 年代建厂以来，一直采用优先浮选流程，但随着九区难选矿石量增加，选矿指标下降。1982 年，该厂采用了分支串流浮选流程，在不增加设备和厂房的条件下，提高选矿生产指标并增强了银和黄铁矿的回收。长期生产实践表明，该工艺流程适应银山的矿石性质，不仅能提高选矿指标，且操作稳定，精矿质量也易于控制；处理量增加了 15%；应用该流程，在不增加浮选设备和少用资金的条件下，综合回收了铅锌矿石中的黄铁矿；分支串流浮选流程与同期原流程相比，铅回收率提高了 1.0% ~1.5%，锌回收率提高 2%；采用分支串流浮选流程后，在铅精矿中银的含量由 138.3g/t 提高到 299.3g/t，银的回收率有明显提高。

8.2.4.7 氧化铅锌矿及混合矿的浮选流程

通常来说，氧化铅锌矿床是指氧化率高于30%的矿石，混合矿的氧化率为10% ~30%。矿石中受风化变质的氧化铅锌矿物与残余的硫化矿物伴生在一起，由于矿物种类繁多，其可浮性、捕收药剂对浮选药剂与浮选条件要求的差异较大，浮选流程大体分为优先依次浮选和混合浮选两大类，按各种矿物浮选次序的不同，又分为以下几种流程：

(1) 硫化铅—氧化铅—硫化锌—氧化锌依次浮选流程。该流程要求药剂制度控制严格，其药耗较大，硫化锌的浮选指标不高，只适于处理氧化率不高，原矿品位较高的矿石。

(2) 硫化铅—硫化锌—氧化铅—氧化锌依次浮选流程。该流程由于硫化锌在氧化铅之前浮出，与前一种流程相比，可以避免活化氧化铅时，使用硫化钠而对后序浮硫化锌产生抑制作用，因而硫化锌浮选时活化容易，之后浮氧化铅，则不受前道工序干扰，且有利于降低氧化铅精矿中的锌含量，该流程的缺点是一部分易浮氧化铅会在浮硫化锌时上浮，不利于降低硫化锌精矿中的铅含量。

（3）硫化铅和易浮氧化铅—硫化锌—剩余氧化铅—氧化锌依次浮选流程。该流程与第二种流程相比，将易浮氧化铅先选出，有利于降低锌精矿的含铅量。同时，还可以进一步演变成将硫化铅和氧化铅一起选成铅精矿、将硫化锌和氧化锌一起选成锌精矿（采用胺法混选）的流程，这种流程具有流程较短、简单的特点，只是由于硫化锌精矿冶炼工艺与氧化锌精矿的冶炼工艺有差异，硫、氧混合的锌精矿不利于下一步的冶炼处理。

（4）硫化矿和氧化矿分别混合浮选流程。用硫代捕收剂浮选得到铅锌硫化矿粗精矿，然后用脂肪酸类捕收剂浮出铅锌氧化矿粗精矿。对硫化矿粗精矿，通常可用浮选分离，而对氧化矿粗精矿，则一般用硫酸浸出其中的氧化锌。

采用这种工艺，矿石不需要脱泥，药剂制度和流程控制较简单，能获得较高回收率，但用酸浸，其成本较高，设备腐蚀较严重。

（5）硫化矿和氧化矿全混合浮选流程。用脂肪酸类捕收剂将所有铅锌矿物浮出，然后用常规浮选分离硫化矿，用酸浸分离氧化铅锌矿。

该流程与第四种流程相比，减少了浮选辅助设备，降低了浮选剂耗量，回收率亦较高，但仍存在着成本高、酸蚀重的缺点。

但应当指出，由于不同矿山产出的矿石、甚至同一矿山不同矿段产出的矿石的氧化程度差别很大，以及矿石结构、组成的差异，此类选矿工艺的变化是很大的，还常常采用浮选与重选相结合的工艺流程。

8.2.5 铅锌矿选厂精矿的脱水工艺与设备

铅锌矿选厂分选出的各种精矿，通常要经两段脱水流程。第一段用浓缩机浓密，一般采用耙式浓缩机；二段脱水用过滤机过滤，可选用的机型较多。由于铅锌矿选厂过去常用效率不高的真空过滤技术，因而对细粒精矿的脱水，仅用两段脱水尚达不到产品水分要求，需用第三段干燥作业。由此造成能耗、粉尘过高，尤其是粉尘中含铅，对操作人员极为有害。如今，多数铅锌矿选厂均对三段脱水工艺进行了技术改造，多用国产的全自动或半自动板框压滤机替换原用的圆盘式真空过滤机或转鼓式真空过滤机，取消干燥作业，使能耗下降，环境改善。而当精矿粒度相对较粗时，用真空过滤设备即可达到精矿水分指标的选厂，则大多仍沿用原设备。

浓缩设备的选型原则一般是根据给料量的大小、精矿沉淀特性而定，常用设备有中心传动耙式浓缩机、周边传动耙式浓缩机和高效浓缩机，有时辅助使用絮凝剂。

如上所述，当精矿颗粒较粗时，可选用常规的真空过滤设备。但是，近年来，在选矿领域，贫、细、杂矿石增多，复杂的多金属硫化矿石则更多采用再磨再选的工艺流程，由此使得固液分离作业大大地增多了细粒级的比例。精矿颗粒愈细小，则沉降速度越慢，浆体黏度越大，可滤性越差，常规的脱水设备通常不能满足脱水要求。目前，过滤细粒精矿的有效设备是板框压滤机和微孔陶瓷过滤机。以下就这两种设备作简略介绍。

8.2.5.1 板框压滤机

涉及到固液分离的部门很多，如：金属矿及非金属矿物分选，选煤、化工、湿法冶金等，而且固液分离在这些部门的加工过程中是一个重要作业。为了适用于不同需要，研制出了种类繁多的压滤机以供选择。如：板框式压滤机、带式压滤机、气压罐式压滤机、加压叶滤机等等，但在金属矿精矿过滤中，用得最多的是板框压滤机。

用于精矿脱水的压滤机，其工作循环包括：压紧滤板、进浆、压榨、高压吹气脱干、卸饼、滤布清洗等作业阶段。全自动板框压滤机对上述过程全部由计算机控制自动进行。国产常用型号为 XMZ 型。

卧式的板框压滤机，便于操作和检修，滤室数目可任意选定，便于向大型化发展。现在最大过滤面积已超过 $100m^2$。易损的橡胶压榨膜和滤布可自行修复使用，节省备件使用费。

8.2.5.2 微孔陶瓷过滤机

微孔陶瓷圆盘真空过滤机面世于 20 世纪 80 年代中期，经多年生产考验和改进之后，显示了良好的应用发展前景。这种过滤机的外貌与普通圆盘真空过滤机相像，最大的结构特点是用陶瓷滤盘做过滤介质，不要滤布。现由芬兰 OutokumpuMintec 公司独家生产，近年又推出了加压式的微孔陶瓷圆盘过滤机。

此机在工作原理上有了新突破，利用了毛细过滤原理，微孔可以吸水和透水，而进入孔的水则可以阻止气体通过，从而形成了无空气消耗的过滤过程，由此不仅节省了能源，而且易于达到高真空度或高气压，从而使滤饼含水率下降。用于该设备的过滤介质，是一种以氧化铝为基本成分的陶瓷滤盘，其上布满直径小于 2μm 的小孔。氧化铝基陶瓷具有较好的耐磨性和耐腐蚀性，其价格适中，容易制成各种尺寸和形状的过滤介质。

陶瓷圆盘真空过滤机的工作步骤包括：启动、滤饼形成、滤饼脱水、刮饼、滤饼排放和清洗。过程可进行全自动程序控制。

经过一定过滤周期之后，反冲洗不足以维持滤盘的透水性。如黏土之类的细小颗粒或结垢将堵塞微孔，有机物也可能在滤盘表面形成不透水的薄膜。这时需要排空矿浆，并用超声波清洗和酸洗。

Outokumpu 公司生产的工业型陶瓷过滤机，按过滤面积表示，有 $1m^2$、$5m^2$、$15m^2$、$30m^2$、$45m^2$ 五种规格，另外，还生产过滤面积为 $0.026m^2$ 实验室陶瓷过滤机。

波兰 Trzebionka 矿的铅精矿原用 $4m^2$ 普通圆盘真空过滤机，1993 年末，改用一台 $15m^2$ 陶瓷圆盘真空过滤机，直接安装在精矿仓的顶上，工艺简化，运行稳定，精矿含水率下降，电机功率由 97kW 降到 15kW，噪声降低，粉尘亦减少。

我国凡口铅锌矿于 1994 年安装一台 $45m^2$ 陶瓷圆盘真空过滤机，用于锌精矿过滤。滤饼水分由原来普通圆盘真空过滤机的 11% ~12.5% 降到 8% ~9%。生产能力为 30 ~45t/h，节能 90%，预计一年可回收设备投资。该矿 1995 年又购进 CC-15 和 CC-45 型陶瓷过滤机各一台，用于铅精矿和硫精矿脱水。

目前，国内采用陶瓷过滤机的选矿厂已越来越多。

8.3 硫化及氧化铅锌矿物的浮选行为特性

在有工业意义的铅锌矿物中，方铅矿和闪锌矿占矿石中铅锌矿物组成的绝大多数，氧化矿物中的白铅矿、菱锌矿、异极矿也有一定比例。在此就这些矿物的晶体结构、物理化学特性，与各种药剂的作用特点及浮选电化学行为分述如下。

8.3.1 方铅矿的浮选行为与特性

8.3.1.1 方铅矿的晶体结构及天然可浮性

方铅矿（PbS）的化学组分为86.60% Pb，13.4% S。它属于等轴晶系，NaCl型构造，硫离子作最紧密堆积，铅离子充填于硫离子所组成的八面体空隙中，为面心立方晶系，其配位数为6。晶体多呈立方体，有时为八面体与立方体聚形，有时为菱形十二面体与八面体的聚形，具有立方体最完全解理。方铅矿的密度为7.4～7.6g/cm^3，硬度为2～3，性脆，具微弱的导电性和良好的检波性。

由于方铅矿的晶体属离子型向金属型过渡的类型；虽然离子键的断裂必然产生亲水性的极性表面，然而碎磨过程中新生的表面多为解理面，离子键没有断裂，表面呈现出良好的疏水性。对不同产地的方铅矿所进行的一些试验表明，在缺氧水中，在不加捕收剂和起泡剂的条件下（pH值为6.8），方铅矿可全部浮出。这说明方铅矿具有较好的天然可浮性。

方铅矿中常混入银、铜、锌，有时还有铁、砷、锑、铋、镉、铊、铟、硒等，它们多呈显微包裹体存在，其形式有银的硫化物、闪锌矿、黝铜矿、毒砂等。这些杂质的种类会影响其可浮性。例如，方铅矿中如果含有银、铋或铜，其可浮性将升高；如果含有锌、锰或锑等，其可浮性将降低。同时，杂质的不同亦使对方铅矿的抑制作用有所不同。例如，氰化物对含有极细的锌或锰包裹体的方铅矿的抑制作用较含有铋或铜的方铅矿强烈些。晶体缺陷可改变方铅矿的可浮性。例如，具有阳离子空位的方铅矿表面形成P型半导体，该空位成为对黄原酸阴离子较强的吸附中心，使其可浮性升高。

在氧化条件下，方铅矿较闪锌矿稳定，但常沿矿物的解理和四周逐渐氧化，并形成难溶于水的铅矾（$PbSO_4$）或铅黄（PbO，斜方晶系）、密陀僧（PbO，立方晶系）。当铅矾进一步与碳酸盐作用则形成白铅矿（$PbCO_3$）。白铅矿在氧化带中进一步氧化并与$Fe_2(SO_4)_3$作用时可形成铅铁矾。

8.3.1.2 方铅矿与捕收剂的作用

方铅矿是最易浮游的硫化矿物之一，在浮选方铅矿时不必活化；在很宽的pH值范围内，能与大多数硫代捕收剂作用。黄药、黑药及白药均是其有效的捕收剂。柴油等中性油对方铅矿，特别是细粒方铅矿具有良好的捕收作用，因此常作为其他捕收剂的辅助添加剂，黄药是最常用的捕收剂。

黑药的捕收能力相对地比黄药弱些，但其选择性好，较适于方铅矿的浮选。其中，苯胺黑药、丁基铵黑药等药剂选铅比25号黑药、31号黑药选铅效果更好。此外，黑药由于不像黄药那样在酸性介质中易分解，其稳定性较高，在较低pH值也能有效地捕收方铅矿。白药和硫氮类药剂对方铅矿亦有选择性捕收作用。

矿浆的pH值对捕收剂与方铅矿相互作用的影响很大，黄药浮方铅矿必须在弱碱性或碱性介质中进行才不会分解，随着pH值升高，黄药的捕收能力下降，要达到相同的上浮率，捕收剂用量需剧增。它存在一个浮选的临界pH值。当矿浆pH值大于临界值时，方铅矿就不浮游。例如用乙基黄药25g/L时，其临界pH值为10.4；戊基黄药31.6g/L时，临界pH值为12.1；而乙基钠黑药32.5g/L时，临界pH值为6.2。黑药通常在较低 pH 值下使用，低级黄药适用于弱碱性介质，而在碱性及石灰形成的介质中多使用高级黄药。

黄药与不同种类的硫化矿物作用，其可能的表面产物有：络合比为 1∶2 的黄原酸铅 PbX_2、络合比为 1∶1 的黄原酸铅 PbX、物理吸附的双黄药 X_2 及黄原酸 HX、元素硫及其上述产物的混合物。方铅矿与黄药的作用机理，从可以检测出的产物分析，有人提出了所谓“半氧化假说”。该假说认为：在轻微氧化条件下，方铅矿表面生成硫代硫酸盐 $m\mathrm{PbS}\cdot n\mathrm{PbS_2O_3}$。它是一种介于硫化铅与硫酸铅之间的中间产物，并与方铅矿晶格有紧密联系。这种表面轻度氧化的方铅矿与黄药作用时，黄原酸阴离子便置换了方铅矿表面的 $S_2O_3^{2-}$，于是在矿物表面上生成一层稳定的黄原酸铅，并固着在方铅矿表面的晶格上。如果方铅矿表面过度氧化，则氧化产物为硫酸铅，它与黄药作用所生成的黄原酸铅易从矿物表面脱落。红外光谱测试、水和丙酮的解吸试验及高能电子衍射法对吸附物的研究均表明在方铅矿表面只有黄原酸铅存在，未发现双黄药。

从电子学的角度分析，重金属硫化矿一般是半导体，其整体电子性能随化学当量成分、杂质含量和各种晶格缺陷的不同而可能变化。由于方铅矿表面的化学当量成分从富铅变为富硫，其电子传导性就从 N 型（电子半导体）变成 P 型（空穴半导体）。在天然方铅矿中，N 型半导体比较常见，受电子吸附剂应能够化学吸附于 N 型半导体上；另一方面，给电子吸附剂黄原酸应易于化学吸附在 P 型半导体上。业已证明，氧的吸附使 PbS 的表面区域从 N 型变成 P 型，这种转变理应促进黄原酸的化学吸附。

从电化学的角度分析，认为在硫化矿物浮选体系中由于又具有氧化还原性的矿物、捕收剂、调整剂以及水中溶解氧的存在，硫化矿物将作为电极，在其表面发生阳极氧化和阴极还原。这一电化学反应过程的阴极还原通常由氧提供；阳极氧化，则由矿物的种类和所处的矿浆条件所决定。从热力学的角度分析，其依据是将矿物的残余电位（或称静电位）$E_{静}$ 与硫氢捕收剂离子氧化为二聚物的标准可逆电位 $Ex^-/x2$ 作比较，从而可以判断阳极氧化反应为：当 $E_{静} > Ex^-/x2$ 时，为硫氢捕收剂离子氧化为二聚物；当 $E_{静} < Ex^-/x2$ 时，硫化矿物氧化，并与捕收剂反应生成疏水的硫代捕收剂金属盐。

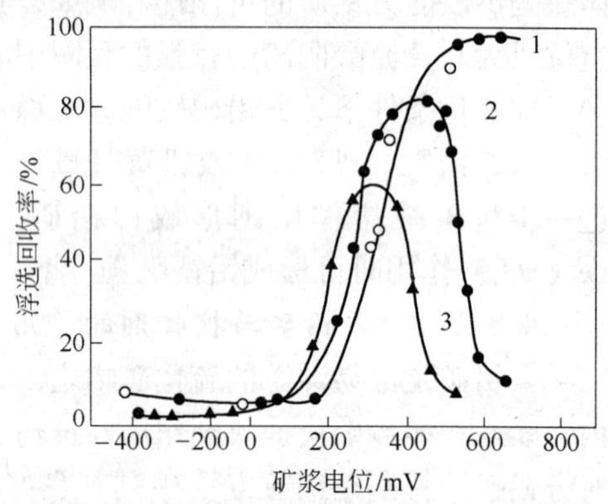

图 8-7　方铅矿无捕收剂浮选回收率与矿浆电位的关系曲线

1—pH 值为 4；2—pH 值为 6；3—pH 值为 9

对方铅矿的无捕收剂浮选表明：它在较低的 pH 值，适宜的氧化条件下才可浮，其浮选回收率与矿浆电位、矿浆 pH 值的关系如图 8-7 所示。

用线性电位扫描伏安曲线（如图 8-8 所示）和 Eh-pH 值关系图（如图 8-9 所示）研究其表面反应过程，结果表明：在强酸性溶液中，阳极氧化的产物只有元素硫，其阳极电流峰开始出现的电位相应于下述反应产生：

$$\mathrm{PbS} \longrightarrow \mathrm{Pb^{2+}} + \mathrm{S} + 2\mathrm{e^-}$$

方铅矿表面产生了疏水性的元素硫，由此使得无捕收剂浮选的回收率在此电位区间急

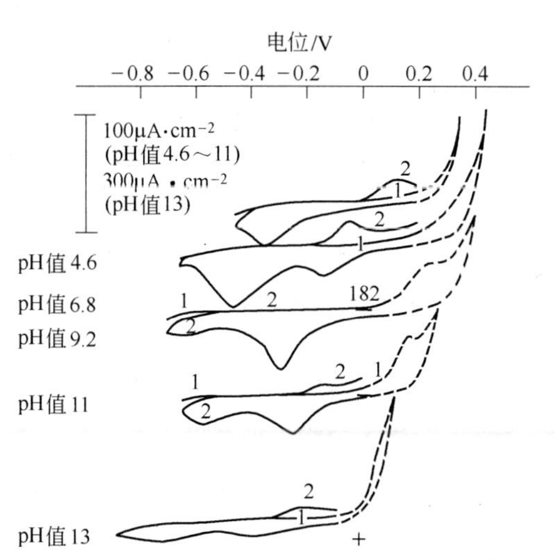

图 8-8 方铅矿在不同 pH 值的循环伏安曲线

扫描速率 20mV/s；搅动溶液（虚线）；静止溶液（实线）

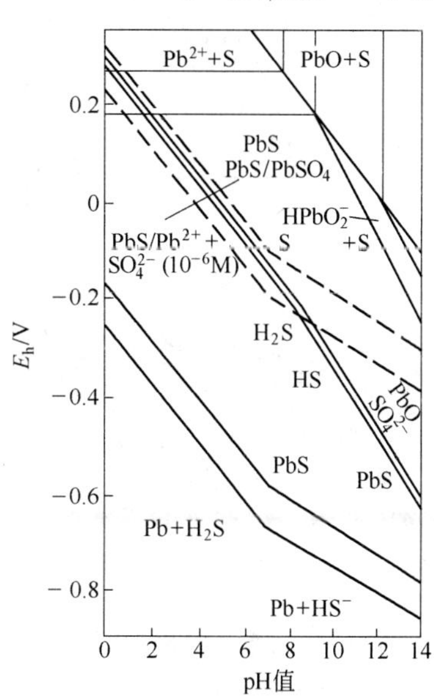

图 8-9 25℃时 Pb-S-H₂O 体系的 Eh-pH 值关系

剧上升。在弱酸性溶液中，由于逆向扫描出现两个阴极电流峰，由此判断出：方铅矿的阳极氧化反应为：

$$PbS + H_2O \longrightarrow PbO + S + 2H^+ + 2e^-$$

在弱碱性溶液中，可以观察到有硫代硫酸盐生成的特征，其阳极氧化反应，既有如上所述的部分方铅矿氧化成元素硫，亦有如下的部分方铅矿氧化成硫代硫酸根，其反应式为：

$$2PbS + 3H_2O \longrightarrow 2Pb^{2+} + S_2O_3^{2-} + 6H^+ + 8e^-$$

根据循环伏安曲线上的电量推算，随着 pH 值增加，氧化成硫代硫酸盐的方铅矿量与氧化成硫的方铅矿量之比也增加。

对方铅矿的捕收剂诱导浮选研究表明（如图 8-10 所示）：如若磨矿在氧化状态下（如瓷磨或不锈钢磨），则后序浮选可在非常负的电位下诱导发生；如若磨矿在还原状态下（如钢磨或加入 NaS 的各种形式磨矿），则电位低于 −0.1V 时几乎没有浮选。由图 8-10还可发现：方铅矿浮选有较高的电位上限。将有与无捕收剂的扫描伏安曲线进行对比来研究乙基黄药与方铅矿的作用，试验结果如图 8-11 所示，由图可以认为检测到了乙基黄药在方铅矿表面发生单分子层化学吸附的电流峰。若将预先氧化处理的方铅矿作循环伏安曲线，如图 8-12 所示，则在低电位下

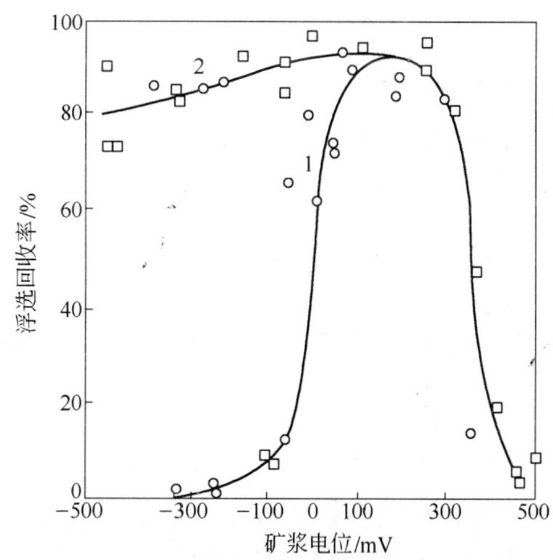

图 8-10 有捕收剂存在时磨矿环境对方铅矿浮选回收率-电位关系的影响

pH = 8；1—磨矿时加入硫化剂；2—磨矿时未加硫化剂

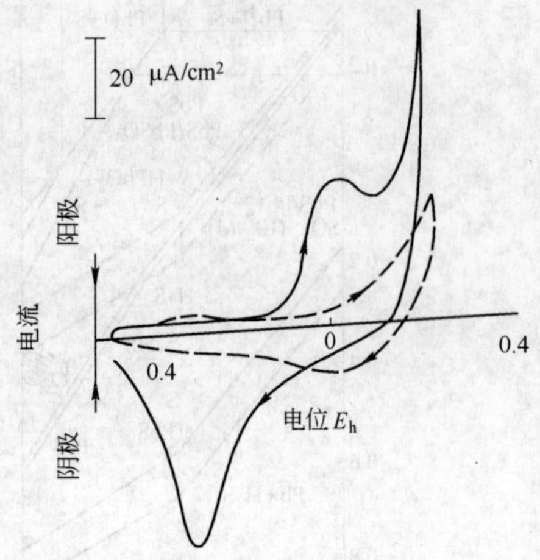

图8-11 方铅矿电极在pH值为9.2缓冲液中的伏安曲线

扫描速率10mV/s；实线—9.5×10^{-3}mol/L乙基黄药；虚线—无乙基黄药

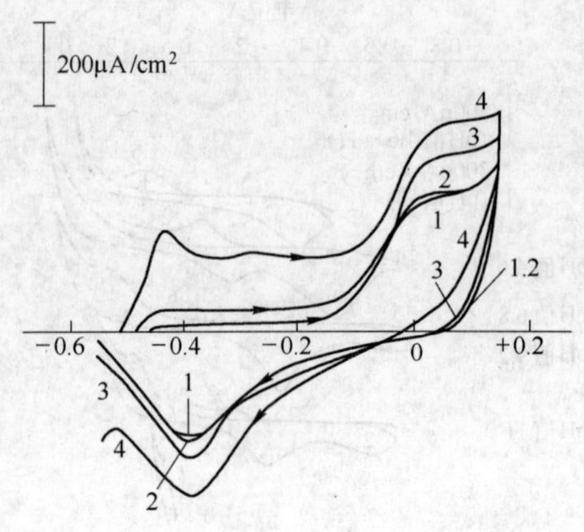

图8-12 方铅矿电极的循环伏安曲线

pH值为9.2，乙基黄药（1×10^{-2}mol/L）电极先在（1）0.56V；（2）0.2V；（3）0.3V；（4）0.6V极化100s。然后在−0.56V预极化至电流为零，从−0.56V开始电位扫描

出现了另外一个阳极峰，该峰与金属铅在乙基黄药溶液的循环伏安曲线具有相同的特征，它们都是金属铅与黄药阳极氧化生成黄原酸铅，由此认为预氧化的阳极反应为方铅矿和黄药生成黄原酸铅和硫代硫酸盐。当电位处于低值时，黄原酸铅还原为金属铅，而硫代硫酸盐不受影响，因而如上所述的阳极峰得以呈现。若在黄药作用下将阳极氧化进行较长时间后，对表面产物的提取表明：它们是黄原酸铅和双黄药。由此对乙基黄药和方铅矿的相互作用提出了所谓混合电位机理。即：初始时，阳极反应是巯基捕收剂离子（X^-）的化学吸附，其阳极反应式为：

$$X^- \longrightarrow Xads + e^-$$

由于方铅矿的负二价硫被氧化为一部分硫代硫酸盐，另一部分元素硫，硫氢捕收剂得以与硫化矿物反应生成硫氢捕收剂金属盐，其阳极反应式为：

$$2PbS + 4X^- + 3H_2O \longrightarrow 2PbX_2 + S_2O_3^{2-} + 6H^+ + 8e^-$$

或

$$PbS + 2X^- \longrightarrow PbX_2 + S + 2e^-$$

矿物覆盖了黄原酸铅之后，阳极反应为黄药氧化成二聚物双黄药，其反应式为：

$$2ROCS_2 \longrightarrow ROCS_2S_2COR$$

8.3.1.3 方铅矿与抑制剂的作用

当方铅矿与黄铜矿等铜矿物共生时，在分选过程中，一般都采用抑铅浮铜的工艺流程。方铅矿的抑制剂主要有重铬酸盐、亚硫酸盐、高锰酸钾、漂白粉、硫化钠、羧甲基纤维素及腐殖酸钠等。以下分别说明其抑制效果和机理。

A 重铬酸盐

重铬酸盐（$K_2Cr_2O_7$ 或 $Na_2Cr_2O_7$）的抑制作用是同它在水中生成 CrO_4^{2-} 离子及它们的

氧化性能有关。重铬酸盐在弱碱性介质中（pH = 8 左右）生成铬酸盐，其反应式为：

$$Na_2Cr_2O_7 + 2NaOH = 2Na_2CrO_4 + H_2O$$

CrO_4^{2-} 离子对方铅矿的抑制作用是由于 CrO_4^{2-} 离子化学吸附在它们的表面上，使它们的表面具有高度的亲水性，因而受到抑制。CrO_4^{2-} 离子能和氧化了的方铅矿表面反应生成难溶性的铬酸铅：

$$[PbS]PbSO_4 + CrO_4^{2-} = [PbS]PbCrO_4 + SO_4^{2-}$$

CrO_4^{2-} 离子只能与表面稍许氧化的方铅矿作用，因此在用重铬酸盐作方铅矿的抑制剂时，常进行较长时间的搅拌，以便使矿物表面氧化。

重铬酸盐和铬酸盐在酸性溶液中都是强氧化剂，因此它们在弱酸性矿浆中可以氧化方铅矿。然而酸性过强时，六价铬迅速夺取电子还原为三价铬而失去抑制效果；碱性过强时，由于 OH^- 的竞争，氧化速度减弱，也不利于抑制。因此，用重铬酸盐作抑制剂时，矿浆的 pH 值通常为 7.4 ~8。

试验考察表明：纯净的方铅矿除了在中性介质 pH 值区之外，均不受铬酸根离子抑制，而经氧化处理过的方铅矿表面，受 CrO_4^{2-} 离子抑制最强烈，方铅矿对铬酸盐的吸附量，随表面氧化程度加深而增加，这是由于铬酸根（CrO_4^{2-}）同表面上的氧化铅反应生成强烈亲水的 $PbCrO_4$ 薄膜所致。方铅矿被重铬酸盐抑制后非常难以活化，需用大量的亚硫酸钠及硫酸亚铁等还原剂，或用盐酸处理，或在酸性介质中用氰化钠处理才能使它部分活化。

B 亚硫酸盐

研究表明，亚硫酸盐对方铅矿抑制机理与重铬酸盐相似，除了矿浆 pH 值 > 11 的以外，纯净方铅矿不受亚硫酸盐的抑制，而氧化的方铅矿则在广泛的 pH 值范围内受到抑制，且随氧化程度的加深而加剧。纯净的方铅矿其黄药吸附量不受亚硫酸盐影响，而氧化了的方铅矿对黄药的吸附量随着亚硫酸钠用量的增加而下降，且氧化愈深，下降得愈多。方铅矿受亚硫酸盐作用后，其表面上所保留的黄药吸附量恒定值仍可引起方铅矿的浮选，因此一般认为亚硫酸盐的抑制作用是与在方铅矿表面上生成亲水性亚硫酸铅薄膜有关，而不是阻止黄药的吸附。

C 硫化钠

硫化钠（$Na_2S \cdot 9H_2O$）在浮选实践中的作用是多方面的，它可作为硫化矿的抑制剂，有色金属氧化矿物的硫化剂（活化剂），矿浆 pH 值调整剂，硫化矿物混合精矿分离浮选前的脱药剂等。如果方铅矿受到氧化作用，则其表面覆盖有 $PbSO_4$，就影响其可浮性，这时，可添加少量的硫化钠进行活化，但其用量不能过高，否则会引起抑制。大量的硫化钠能强烈地抑制除辉钼矿以外的其他各种硫化矿物，而对方铅矿的抑制是最强烈的。

关于硫化钠对方铅矿的抑制机理尚存在不同的看法，但根据现有资料可以认为，在硫化钠的作用下，部分氧化了的方铅矿表面被还原成纯的硫化物表面，接着 HS^- 一方面排挤掉吸附在方铅矿表面的黄药，同时，HS^- 离子又吸附在矿物表面造成亲水性，从而抑制矿物的浮游。

硫化钠在水中按下列反应解离：

$$Na_2S + 2H_2O = 2NaOH + H_2S$$

$$NaOH \Longrightarrow Na^{+} + OH^{-}$$

$$H_2S \Longrightarrow H^{+} + HS^{-} \quad K_1 = 3.0 \times 10^{-7}$$

$$HS^{-} \Longrightarrow H^{+} + S^{2-} \quad K_2 = 2.0 \times 10^{-15}$$

硫化钠在水中解离的情况与水的 pH 值有关，用硫化钠抑制方铅矿时，最适宜的 pH 值为7~11（9.5左右最有效），因为这时矿浆中 HS^{-} 的浓度最大。

硫化钠对方铅矿等硫化矿物的抑制作用虽强，但它作为硫化矿物的选择性抑制剂，应用并不广泛，这主要是因硫化钠对空气，特别是对含二氧化碳的空气不稳定所致。在二氧化碳（虽然它在空气中的含量较低）的作用下，硫化钠溶液的 pH 值很快降低，离子平衡趋向生成硫化氢分子，并有一部分硫化氢分子与浮选时引入的空气通过溶液一起析出。空气中的氧把硫化钠氧化成硫酸盐，而硫化矿物的存在对这一反应起了催化作用。由于迅速分解，硫化钠在用量少时很快就失效，用量多时又失去选择性。

D 羧甲基纤维素[$C_6H_7O_2(OH)_2OCH_2COOH$](CMC)

广西冶金研究所对东南金矿佛子冲矽卡岩型矿石在铜铅混合精矿的分选中，采用 CMC 作为方铅矿的抑制剂。CMC 可同时抑制方铅矿和未被金属阳离子活化过的闪锌矿，但相比起来，对方铅矿的抑制作用相对地更强烈。

CMC 是具有醚基取代的碱纤维素聚合物，按甲基纤维素钠盐结构式中有两个较强的极性基，即羟基（—OH）和羧基（—COOH），羟基与矿物表面的亲固能力弱，因此，在与硫化矿物作用时，CMC 分子中的羧基选择性地吸附在矿物表面上，而延伸到溶液中的羟基与水分子作用，使矿物表面形成一层水膜，从而使矿物受到抑制。

CMC 对不同矿床所产的方铅矿的抑制，所需的 CMC 浓度不完全相同，此外合理地选择金属阳离子与 CMC 配合使用效果会更好些。例如，单矿物试验表明，CMC 与 Cu^{2+} 配合使用有利于分选方铅矿和闪锌矿，与 Ca^{2+} 配合使用有利于方铅矿和黄铜矿的分选。此外，搅拌强度、搅拌时间和加药顺序等也影响 CMC 对矿物的抑制。

E 腐殖酸

腐殖酸是一种高分子有机酸，是植物残体腐解后形成的产物，它是一种高度氧化了的木质素，是一种天然的高分子聚合电解质的混合物。它由苯、萘、吡咯、吡啶、呋喃、吲哚等环状单元组成为复合体，各环之间有桥键相连，环上有羧基、酚基、甲氧基、醌基、半醌基、醇羟基、烯醇基、磺酸基、胺基及碳基等官能团，故对矿物表面的金属离子有较强的络合力和螯合力，对方铅矿有抑制作用。用于铅铜分离、铅锡分离时，用量应适量，否则会失去选择性。

8.3.2 闪锌矿的浮选行为与特性

8.3.2.1 闪锌矿的晶体结构及天然可浮性

闪锌矿的化学组分为67.1%Zn，32.9%S。它属于等轴晶系，原子半径较大的硫离子成紧密堆积，较小的锌离子位于半数四面体空隙中，配位数为4。晶形常为四面体，平行解理完全，一般多呈粒状集合体产出，外生者呈肾状。闪锌矿的密度为3.9~4.2g/cm³，莫氏硬度为3~4。

某些金属离子能够同晶形置换闪锌矿晶格上的锌，这些离子的半径与锌离子半径相近，它们是铁、镉、锰、铜、铟、镓、汞、锗等。富含铁的闪锌矿变种称为铁闪锌矿(Zn、Fe)S，其含铁量最高可达26%，这样的高铁闪锌矿颜色变成黑色。闪锌矿若含镉，其含镉量通常为0.1%～0.5%，若含镉达5%，称为镉闪锌矿(Zn、Cd)S。此外，闪锌矿中还可含有机械混杂物，常见的有黄铜矿、黝锡矿、磁黄铁矿等微细包裹物。

由于Zn、S的电负性差别不太大，因而闪锌矿的化学键是典型的介于离子键与共价键之间的混合键。纯闪锌矿的离子键性比例为20%。若铁置换闪锌矿的锌，则离子键性比例随含铁量提高而增加，铁闪锌矿的离子键性比例可高达36%。

硫化锌按其电导率来说，接近于绝缘体。实际上天然的闪锌矿存在不少杂质而具有半导体性质。若闪锌矿晶格上的部分锌原子被铁所取代，则它的导电类型属于N型，即电子型半导体；若闪锌矿晶格上的一些锌原子被铜所取代，则它的导电类型属于P型，即空穴型半导体。Mn和Ca等元素杂质不改变闪锌矿的导电类型。作为N型半导体的闪锌矿，其键能带隙为3.7eV，要比其他普通金属硫化物大得多（如方铅矿为0.34eV)，因而其电催化性能不佳。

闪锌矿常与方铅矿共生，成因产状也同方铅矿相同，主要产于接触交代矽卡岩型矿床及中—低温热液型矿床中。闪锌矿中含FeS量与闪锌矿形成温度之间有一定关系。一般认为，高温热液矿床中闪锌矿颜色深，与富含铁离子的矿物共生；低温热液矿床中的闪锌矿颜色浅，与不含铁离子或与少量含铁矿物共生。在同一矿床中，早期沉淀的颜色深，而晚期沉淀的颜色浅。

纤维锌矿（ZnS）为闪锌矿的同质异象变体，一般少见，主要产于低温热液矿床中，并与铜、铅、锑、砷的硫化物及硫盐共生。但常含较多的镉（最高达38.6% Cd)，所以当该矿物含量高时，可作为镉矿开采。

对锗、镓、铟、镉元素的富集情况考察，据认为，锗主要在中—低温和低温热液矿床中含量较高。铟存在于形成温度较高的铅锌矿床中，在暗色闪锌矿中富集，尤其是富集在铁闪锌矿中。

闪锌矿在地表氧化过程中氧化成易溶于水的$ZnSO_4$而流失，所以在铅锌矿床氧化带锌的含量远比铅少，锌的次生矿物远不如铅的次生矿物分布广泛。如果矿床围岩为石灰岩，则常形成菱锌矿（$ZnCO_3$）沉积下来。当菱锌矿进一步被CO_2和SiO_2的水溶液改造时，便形成异极矿$Zn[Si_2O_7](CO_3)_2H_2O$。因此，在氧化带中最典型的次生矿物是菱锌矿、异极矿，其次是水锌矿$Zn_5(CO_3)_2(OH)_6$，偶见皓矾（$ZnSO_4 \cdot 7H_2O$)，绿铜锌矿$(Zn、Cu)_5(CO_3)(OH)_6$，硅锌矿$Zn_2[SiO_4]$等。

闪锌矿的可浮性在很大程度上取决于其中所含的杂质。一般来说，闪锌矿是一种较难浮选的硫化矿物，特别是含铁高的铁闪锌矿更是如此。但含Cd、Cu、Pb、Ag这类杂质时，可浮性则有所提高。

有些学者认为闪锌矿的表面存在有各种离子与锌类质同象从而组成同晶形化合物，由此提供了闪锌矿天然活化的条件。对不同矿区的天然闪锌矿，用乳钵湿磨，在缺氧不加捕收剂和起泡剂的条件下，用单泡管浮选，pH值为6.8时，回收率在50%左右；若有氧存在，则矿物失去其天然可浮性。在上述矿样试验中，若用Cu^{2+}离子活化，则浮选回收率均能达到100%。矿物表面的处理方法对闪锌矿的天然可浮性影响亦很大，瓷磨的闪锌矿显出了一定程度的天然可浮性，而钢磨则无可浮性；这是由于磨矿过程中产生了还原状态的铁，它对闪锌矿的抑制作用很强。

8.3.2.2 闪锌矿与捕收剂的作用

闪锌矿的浮选行为有两个明显的特点。其一，它对硫氢类捕收剂的反应差，短链类黄药对闪锌矿的捕收能力很弱或者无捕收能力，使用长链类黄药也仅能使其勉强上浮。其二，经铜离子或其他重金属离子活化后的闪锌矿，可与绝大多数硫氢类捕收剂作用而浮选。

经长链类捕收剂作用后的闪锌矿，其可浮性相对而言在酸性介质中要好一些。在最佳浮选 pH 值（约为3.5）的条件下，黄药的烃链越短，捕收能力越弱。未经活化的闪锌矿或铁闪锌矿，需用长烃链黄药才可浮选。

从电化学的角度分析，闪锌矿不能促进捕收剂的氧化催化作用，难于把黄药氧化成双黄药，只有靠生成硫氢捕收剂金属盐来达到浮选效果。

8.3.2.3 闪锌矿与活化剂的作用

从闪锌矿表面的电子衍射图谱中可知，闪锌矿和铁闪锌矿的新鲜表面氧化作用很大程度上取决于矿物的来源，在闪锌矿表面的氧化产物主要有 $Zn(OH)_2$ 和 $ZnCO_3$，比较少的有 $ZnSO_4$ 和 ZnS_2O_3，闪锌矿表面的 $ZnCO_3$ 是由于矿浆水中提供了碳酸根离子的缘故。铁闪锌矿的表面氧化产物除了有上述成分外，主要的还有 FeO(OH)，比较少的还有 $Fe(OH)_2$和 $FeSO_4$。

闪锌矿能被多种重金属阳离子所活化。通过试验证实：Cu^{2+}、Ag^{+}、Hg^{2+}、Pb^{2+}等离子均能活化闪锌矿。通常，这些重金属离子能与 S^{2-} 离子生成比 ZnS 溶度积更小的硫化物。因而这两者的相对难溶程度可作为重金属阳离子活化闪锌矿能力的一般实用判据。然而亦有例外，如 Sn^{2+} 和 Ti^{2+} 离子可以成功地活化闪锌矿，但是它们的硫化物却比 ZnS 更易溶解。

闪锌矿经活化后，其浮选行为就与活化剂相应金属的硫化物相似。实践中，常用硫酸铜作为活化剂，其活化机理可用如下的反应式来描述溶液中的铜离子取代闪锌矿表面锌离子的过程：

$$[ZnS]ZnS + Cu^{2+} = [ZnS]CuS + Zn^{2+}$$

铜离子比较容易进入闪锌矿的晶格，其解释为铜和锌的离子半径接近，并且铜和硫的亲和性比锌和硫的亲和性更大。在闪锌矿表面覆盖了硫化铜后，虽不影响矿物晶格深处，却可从表面的改性达到影响矿物导电类型的效果。从电子学的角度分析，多数闪锌矿为电子型半导体，由于其晶格表面层上有富集电子的表面，因此不能稳定地吸附黄药。吸附于矿物表面的一些二价铜离子可以从闪锌矿晶格的表面层取得电子，成为一价铜离子，从而使闪锌矿表面层电子浓度下降，闪锌矿表面导电性由电子型（N）转为空穴型（P）后，就能稳定地吸附黄药。

如果浮选过程是在弱碱性或中性介质中进行，则所加入的铜盐会首先水解成氢氧化铜或碱式盐，这些水解产物也可以活化闪锌矿。这是因为它们在溶液中电离也可产生少量的 Cu^{2+}、$Cu(OH)^{+}$等离子，这些铜离子会迅速地被闪锌矿表面所吸附，并生成硫化铜。由于 $Cu(OH)_2$ 的溶度积大于 CuS，因此氢氧化铜电离为 Cu^{2+} 离子的过程将继续下去，并以硫化铜薄膜的形式沉积在闪锌矿表面。

通常认为，闪锌矿表面形成了硫化铜后，会使它的浮选行为与硫化铜相似，但也有不尽相同的例子，有些学者对某地的闪锌矿研究表明：在添加硫酸铜的石灰介质中（pH 值为 8～11.5），经缓慢搅拌后进行浮选，闪锌矿的可浮性很差，锌回收率不大于 30%。经电子显微镜下用电子衍射法检测出闪锌矿表面上生成了较多的 CuS，而这些新形成的 CuS 对黄药并不能形成稳定的吸附。若过程改为先使闪锌矿颗粒在石灰介质中通过预先强烈搅拌和充气，然后加入硫酸铜溶液就能使闪锌矿在整个碱性范围上有良好的可浮性。为了探明强搅拌后活化闪锌矿取得效果的原因，对其过程的各阶段用电子衍射法检测发现：闪锌矿表面形成了铜的硫氧类化合物（主要是 $CuSO_4$），这种产物能促进黄药的吸附。要达到这样的效果，前提是在闪锌矿表面必须预先存在锌的硫氧类化合物（检测出主要是 $ZnSO_4$，少量为 ZnS_2O_3），其活化作用可用如下反应式描述：

$$[ZnS] \longrightarrow ZnSO_4 + Cu^{2+} \longrightarrow [ZnS]CuSO_4 + Zn^{2+}$$

$$\longrightarrow [ZnS]Cu^{2+} + Zn^{2+} + SO_4^{2+}$$

由此看来，在石灰介质中活化闪锌矿，铜离子和氧气协同作为闪锌矿的活化剂。

以上是石灰介质中活化闪锌矿需要适当程度氧化的例子。然而通常，过分的氧化会导致闪锌矿上铜吸附量降低。

闪锌矿中的含铁量对铜离子活化过程有很大影响。对人工合成闪锌矿的研究表明，随着闪锌矿中含铁量的升高，Cu^{2+} 离子的吸附量降低，相应黄药的吸附量也降低，所以铁闪锌矿较难活化。

用硫酸铜活化闪锌矿时，pH 值对其表面吸附能力有很大影响。当 pH 值为 6 时，闪锌矿对 Cu^{2+} 离子吸附最强；在酸性及碱性矿浆中，吸附量均有所下降；当 pH 值为 9 时，吸附能力最低，但在 pH 值为 11 时，又出现另一个吸附峰值。

用铜离子活化闪锌矿的速度受矿浆温度、介质 pH 值、矿浆中存在的其他离子，以及它们的浓度等影响。提高矿浆温度可加速铜离子的吸附。在矿浆中存在一定浓度的离子，如 Fe^{2+}、Cr^{2+}、S^{2-}、HS^- 和 $S_2O_3^{2+}$ 等会使得铜离子吸附变得困难，这些离子亦可作为闪锌矿的抑制剂。

某些矿床的闪锌矿，由于与次生硫化铜矿物（如辉铜矿、铜蓝、斑铜矿）共生，常被 Cu^{2+} 离子等重金属离子自然活化，而在磨矿过程中，硫化铜矿物的氧化也会产生 Cu^{2+} 离子而活化闪锌矿。没有受到活化的闪锌矿可浮性低，这给铅锌矿石及铜铅锌矿石等多金属矿石的浮选分离带来便利。但是天然活化了的闪锌矿，其浮选活性高，在优先浮选中必须加入不同的抑制剂。某些受到严重活化的闪锌矿，或者含有显微状与胶体状铜矿物包裹体，或者在晶格中有铜离子掺杂的闪锌矿，或者矿浆中 Cu^{2+} 离子多时，往往会给浮选分离带来很大困难。

8.3.2.4 闪锌矿与抑制剂的作用

闪锌矿的抑制剂主要有氰化物、硫酸锌、硫化钠、亚硫酸及其盐类、硫代硫酸钠等，或者上述药剂相互组合及与其他药剂组合使用，这些方法可列于表 8-3 中。

表8-3 组合抑制剂抑制闪锌矿和其他矿物

组合抑制剂	抑制矿物	组合抑制剂	抑制矿物
氰化锌的铵络合物	闪锌矿	亚硝酸钠 + 硫化钠 + 石灰	闪锌矿、黄铁矿
硫酸锌 + 碳酸钠	闪锌矿	硫化钠或水玻璃 + 硫酸锌 + 石灰	闪锌矿、黄铁矿
硫酸锌 + 硫酸亚铁	闪锌矿	一亚硫酸根络亚铁钠 $Na_2[Fe(SO_3)_2]$	闪锌矿、方铅矿、黄铁矿
硫酸锌 + 亚硫酸盐	闪锌矿	硫化钠 + SO_2	闪锌矿、黄铁矿
铁氰化钾 + 硫酸的复合盐	闪锌矿	硫化钠 + 氰化物 + 硫酸亚铁	闪锌矿、黄铁矿、硫化铜矿
氰化物 + 硫酸亚铁	闪锌矿	硫代硫酸盐 + 可溶性铁盐	闪锌矿、方铅矿、黄铁矿
硫酸锌 + 重铬酸钾	闪锌矿		

A 氰化物（NaCN 和 KCN）

它是闪锌矿和黄铁矿的典型抑制剂。其抑制机理有以下几个方面。

其一，氰化物能与许多金属离子（如 Zn^{2+}、Cu^{2+}、Fe^{3+} 等）生成易溶的稳定络离子或进一步生成亲水性沉淀物，它与 Cu^{2+} 离子反应如下：

$$2NaCN + Cu^{2+} \longrightarrow Cu(CN)_2 + 2Na^+$$

$$2Cu(CN)_2 \longrightarrow Cu_2(CN)_2 \downarrow + (CN)_2 \uparrow$$

若氰化物过量时生成稳定的络离子 $Cu(CN)^{2-}$，即

$$Cu_2(CN)_2 + 2NaCN \longrightarrow 2Na^+ + 2Cu(CN)^{2-}$$

其二，氰化物可以将矿物表面的活化离子清洗下来；其三，氰化物还可在闪锌矿表面生成亲水性膜 $Zn(CN)_2$，由此阻碍捕收剂作用。

一般说来，氰化物用来抑制未经活化的闪锌矿或纯闪锌矿效果较好，用它来抑制被硫酸铜活化并经黄药处理后的闪锌矿效果较差。若矿石中含有提供铜离子的次生铜矿物时，闪锌矿是很难被抑制的。

用氰化物抑制的闪锌矿经较长时间作用后，会出现局部活化现象。其中一种观点认为由于有氧化作用，在闪锌矿表面可以重新形成铜的活化膜。一部分铜离子使溶液中的氰离子浓度下降。为了避免抑制失效，可组合使用 Na_2S，它不仅造成还原状态，而且破坏铜氰络合物，释放氰离子重新抑制闪锌矿。另一种观点认为氰化物与闪锌矿作用生成了可溶性的络离子 $Zn(CN)_4^{2-}$，从而清除了矿物表面上的抑制膜。根据这样的分析，实践过程在锌浮选回路中可将少量氰化物与硫酸铜一起添加，来活化闪锌矿，其活化效果比单用硫酸铜更好，一般硫酸铜与氰化钾比例为（3.5~5）：1。

B 硫酸锌和锌酸钠

硫酸锌是闪锌矿和铁闪锌矿的典型抑制剂。对于被 Cu^{2+} 离子活化的闪锌矿可用它来抑制。单独使用硫酸锌时，只有在碱性介质中才能起作用，且矿浆 pH 值愈高，抑制作用愈明显。

硫酸锌在水中解离成 $Zn(OH)_2$、$HZnO_2^-$、ZnO_2^-、$Zn(OH)^{3-}$ 和 $Zn(OH)_4^{2-}$ 等，这些水解产物可吸附在闪锌矿表面，由此增强了亲水性。同样，锌酸钠如 $NaZn(OH)_3$ 和 $Na_2Zn(OH)_4$ 亦可水解出上述产物，因而也用作闪锌矿的抑制剂。

在强碱性范围（pH 值为 10.5～12）内，水解产物 $Zn(OH)_4^{2-}$ 和 $Zn(OH)^{3-}$ 比结构相似的 $Zn(CN)_4^{2-}$ 更有选择性。这是由于闪锌矿晶格和锌酸根离子有相同的电子排列和相同的四面体构造，两种四面体还有相似的尺寸，因而两种四面体可以稳定地连接在一起。试验表明：锌酸根离子只吸附在闪锌矿上，而不作用在其他硫化矿物上。

如若矿浆没有调到强碱性，那么单用硫酸锌，其抑制效果不佳，通常多与其他抑制剂如氰化物、硫化钠、碳酸钠、亚硫酸钠、硫代硫酸钠等配合使用。

生产实践表明：氰化物和硫酸锌组合使用，比单用氰化物或硫酸锌的效果好。同样的道理，用氰化锌 $Zn(CN)_2$、四氰络锌酸钠 $Na_2Zn(CN)_4$ 作为抑制剂效果也不错。其机理，不仅具有氰离子可以清除闪锌矿表面 CuS 的作用，还可在闪锌矿表面形成亲水性 $Zn(CN)_2$ 薄膜或吸附上 $Zn(CN)_4^{2-}$ 离子以阻碍捕收剂作用。硫酸锌和氰化物配合作用时，对硫化矿的抑制按下列顺序递减：闪锌矿、黄铁矿、黄铜矿、白铁矿、斑铜矿、黝铜矿、铜蓝、辉铜矿。

C　硫化钠

硫化钠对闪锌矿也有强烈的抑制作用，但由于它对方铅矿的抑制作用更强，且易氧化分解，故不常用作闪锌矿的抑制剂。硫化钠在水中水解成 HS^- 和 S^{2-} 离子，它既可以将矿物表面的黄原酸根离子排挤掉，也可以把矿物表面的双黄药先还原成黄药，然后再排挤掉。

由于硫化钠对硫化矿的选择性不佳，因此如若要用它抑制闪锌矿时，要控制其用量在临界浓度以下，以达到限制硫化铜矿物氧化成铜离子的不良影响。有以上作用尚不足以选择性抑制闪锌矿，通常将硫化钠与硫酸锌混合使用抑制闪锌矿。其组合抑制机理为：硫化钠与硫酸锌反应生成分散极细的胶态硫化锌，即：

$$Na_2S + ZnSO_4 = ZnS(\text{胶态}) + Na_2SO_4$$

胶态硫化锌具有巨大的比表面，它可吸收矿浆中的铜离子，也可吸附在闪锌矿表面，使其受到抑制。硫化钠与硫酸锌的配制方式及硫化钠在矿浆中的浓度等因素对能否有效抑制闪锌矿影响很大。预先配制好的胶态硫化锌抑制效果差，只有在矿浆中新生成的胶态硫化锌才有显著的抑制效果。

D　硫氧类化合物

这一类药剂有：亚硫酸氢钠（$NaHSO_3$）、亚硫酸钠（Na_2SO_3）、硫代硫酸钠（$Na_2S_2O_3$）、连二亚硫酸钠（$Na_2S_2O_4$）等。

在优先浮选 Pb—Zn 矿石中，典型的方法就是采用亚硫酸法抑制闪锌矿（或铁闪锌矿），或用亚硫酸钠和硫酸锌组合药方。

其抑制机理：一种观点认为亚硫酸根离子可与重金属离子生成稳定的络离子，达到清除这些活化金属离子的效果，从而对闪锌矿起抑制作用。另一种观点认为，它与亚硫酸根离子的还原作用有关，它既可以阻止硫化矿物的表面氧化，亦可阻止次生铜矿物的氧化，还可使矿浆中的 Cu^{2+} 离子还原为 Cu^+ 离子，使之失去活化作用。

单用亚硫酸盐、硫代硫酸盐等硫氧类化合物只能较好地抑制黄铁矿，对闪锌矿的抑制效果欠佳，通常可与硫酸锌、硫化钠或氰化物混合使用，以加强抑制。

E　其他抑制剂

在优先分离铅锌硫混合精矿时，可用二氨锌络合物作闪锌矿和铁闪锌矿的抑制剂。这类络合物有：二硝基二氧络锌[$Zn(NH_3)(NO)_2$]、一亚硫酸根二氨络锌[$Zn(NH_3)_2(S_3)$]、一氰二氨络锌[$Zn(NH_3)_2(CN)$]。

当优先浮选 Pb—Zn 和 Pb—Zn—Cu 矿石时，用阳离子交换树脂能降低矿浆中的铜离子浓度和闪锌矿表面的铜离子，从而阻止铜离子对闪锌矿的活化作用。试验结果表明，磺化阳离子树脂吸附 Cu^{2+} 离子要比闪锌矿表面吸附 Cu^{2+} 快 25 ~ 30 倍，用这种方法分离除去的铜的数量比闪锌矿表面真正吸附的数量要多得多。天然沸石也具有同样的性质，因而它也可作为闪锌矿的抑制剂。

被硫酸锌或亚硫酸盐等抑制过的闪锌矿通常可用硫酸铜活化，但被大量氰化物抑制的闪锌矿则较难活化。

在多金属硫化矿石的处理过程中，二甲基二硫代氨基甲酯对硫化锌矿物亦有着明显的抑制作用。该有机抑制剂具有接近乙基二硫代氨基甲酸酯那样，比黄药和黑药更强的吸附能力，但没有足够长链的疏水基因。该药剂的抑制作用不是靠亲水基团，而是靠竞争吸附作用避免捕收剂的附着。对于铅锌矿石中含银较高，既需要提高铅锌分离效果，又不能像氰化物那样影响银回收率的浮选场合，试验研究应考虑使用该药剂。

闪锌矿的浮选通常是在由石灰形成的碱性介质（pH 值为 9 ~ 11.5）中进行，一方面是为了抑制伴生的黄铁矿，同时在这一 pH 值范围内闪锌矿对铜离子的吸附能力也有所增强，可浮性变好。由于晶格杂质、自发的活化作用等原因，使不同矿床甚至是同一矿床的不同空间位置的闪锌矿的可浮性往往有很大差异，这无疑给铅锌矿的浮选控制带来很大的困难。

8.3.3　氧化铅矿的浮选行为

氧化铅矿的浮选大体有两类方法，其中最常用的是硫化-黄药浮选法。如若矿石中钙镁碳酸盐矿物含量很低，且难以硫化的氧化铅矿物含量较高时，可考虑用脂肪酸法或羟基喹啉法。

氧化铅矿物浮选效果的好坏取决于如下一些因素：氧化铅矿物的类型、矿浆中有害影响的消除、硫化问题、与捕收剂作用问题以及调整剂的使用问题等。

8.3.3.1　氧化铅矿物的类型与可选性

氧化铅矿石的可选性主要取决于氧化铅矿物的种类。氧化铅矿物按可浮性可分为三类，见表 8-4。研究发现，氧化铅矿的可浮性与其表面的晶格能的大小，有着非常密切的关系。晶格能愈大，矿物表面与极性水分子的键合能力愈大，水化膜愈牢固，由此愈妨碍药剂和矿物表面的作用。第一类矿物为晶格能小、易浮、矿物解理面极性较小，存在着较多的铅离子，易与硫化剂形成稳定的硫化膜，用硫化—黄药法浮选，效果良好，属于此类的矿物有白铅矿、铅矾和彩钼铅矿。第二类为晶格能较大，矿物解理面极性较大，表面存在着较多的氢氧负离子，使动电位为较高负值，致使硫化膜难以稳定。但密度较大，常用重选法回收，也可用联合流程处理。属于此类的矿物有钒铅矿、磷氯铅矿和砷铅矿等。第三类为结构复杂，晶格能最大，解理面极性很强，不能进行硫化处理，可浮性极差，密度也小。目前只能用水冶及特殊选矿法处理，但表面存在铁离子时，也可用氧化铁矿的浮选捕收剂进行浮选。

表 8-4 氧化铅矿物的结构与可浮

分类	矿 物	化 学 式	密度 /g·cm^{-3}	比晶格能 /kJ	纯水中电位 /-mV	最佳浮选 pH 值范围
Ⅰ	白铅矿	$PbCO_3$	6.4~6.6	1002.83	0.65	8.5~9.5
	彩钼铅矿	$PbMoO_4$	6.3~7.0	1249.23	1.17	8.5~9.0
	铅 矾	$PbSO_4$	6.1~6.4	1195.60	0.88	7.0~7.5
Ⅱ	钒铅矿	$Pb_5[Cl(VO_4)_3]$	6.7~7.7	1365.30	2.08	7.0~7.2
	磷氯铅矿	$Pb_5(PO_4)_3Cl$	6.7~7.7	1403.61	3.55	7.0~7.2
	砷铅矿	$Pb_2(AsO_4)Cl$	7.2	1394.19	4.88	6.0~6.5
Ⅲ	砷磷铅矿	$PbFe_5[(OH)_6(SO_4)AsO_4]$	4.1~4.3	2130.35	6.78	5.5~6.0
	铅铁矿	$PbFe_6[(OH)_6(SO_4)_8]$	3.2	2129.05		

8.3.3.2 氧化铅矿物与硫化钠的作用

硫化钠易溶于水，在水中电离和水解出 S^{2-}、HS^-、OH^-、Na^+ 离子和 H_2S 分子，其反应式为：

$$Na_2S = 2Na^+ + S^{2-} \quad 完全电离$$

$$S^{2-} + H_2O = HS^- + OH^-$$

$$HS^- + H_2O = H_2S + OH^-$$

计算表明，在 pH 值为 7~12 时，HS^- 占优势，这正是氧化铅矿硫化浮选的适宜 pH 值范围。

以白铅矿为例，其硫化机理反应式为：

$$PbCO_3(表面) + HS^- = PbS(表面) + HCO_3^-$$

$$Pb(OH)_2(表面) + HS^- = PbS(表面) + H_2O + OH^-$$

式中表示，白铅矿表面的 CO_3^{2-}、OH^- 被硫离子取代，这样形成硫化膜中的硫离子是化学固着在矿物表面 Pb 原子上，甚至可以渗入一定深度，与晶格阴离子交换，最终 PbS 层厚度为十几个单分子层厚，由此使矿粒变黑。

将经硫化物处理过的白铅矿与未经处理的白铅矿、水化白铅矿和方铅矿的红外光谱对比表明，碳酸盐的特征峰大大降低，PbS 的特征峰呈现明显。关于氧化铅矿物的硫化程度有研究表明：对 0.325g/L Na_2S 溶液中白铅矿在解理面上所吸附 S 原子数的计算，并参照 XPS 分析结果可知，只有 25% 的铅原子被硫化。通常认为，白铅矿的最大硫化度不到 80%。

尽管硫化后的氧化铅矿物的硫化膜在强搅拌下易于脱落，但比较不经硫化和经过硫化条件下，黄药与白铅矿的作用表明：不硫化时，作用生成的 $Pb(EtX)_2$ 易于脱落而沉淀于矿浆中，经硫化后，能保证 $Pb(EtX)_2$ 较为稳定地键合于矿物表面。

由于硫化钠的作用不仅是使矿物表面形成硫化薄膜，而且可降低矿浆中金属阳离子的浓度，调整矿浆 pH 值，因此硫化剂的用量除了与氧化铅矿物含量有关外，在很大程度上还与矿物的物质组成、矿泥含量、可溶离子的种类等有关。硫化过程中硫化剂的用量要适宜，过多的硫化钠会因为铅离子被 HS^- 离子所饱和，而与黄原酸根离子发生竞争吸附。硫化钠用量范围一般为500～1500g/t。

硫化作用与矿浆pH值紧密相关，白铅矿的硫化作用最佳pH值为9.5，铅矾则为7～9。若只考虑到硫化后捕收剂的作用效果，则pH值应向低值拓宽。然而更应考虑的不仅有捕收问题，而且还有对脉石抑制效果。综合起来pH值为9～10是最适宜的，它既有利于提高硫化率和捕收剂吸附，而且又能促进羧甲基纤维素、水玻璃、六偏磷酸钠等对易浮硅酸盐脉石矿物的抑制作用。

硫化钠的添加地点及搅拌条件对硫化过程的影响也较大，其影响程度与矿石性质有很大关系，有预先加入、混合添加、分段添加等方式，最适宜的添加方式应由试验研究确定。

硫化钠与白铅矿的接触硫化时间较短，而铅矾需较长的硫化时间。硫化过程中对有些矿石，要求不充气搅拌，以避免硫化钠氧化。

浮选温度对其效果也有一定的影响，随着温度的升高，硫化作用加速，但一般不采用加温浮选。

用作硫化剂的硫化钙、硫氢化钠、硫化钡，其硫化机理与硫化钠硫化相同；若用元素硫或硫化亚铁在高温（400～500℃）下焙烧使其表面硫化，则生成的硫化膜不易脱落，此外，还有用多硫化钠进行硫化的方法。

8.3.3.3 硫化后的氧化铅矿物与硫代捕收剂的作用

关于硫代捕收剂与硫化了的氧化铅矿的作用机理目前还没有定论。化学反应假说认为：其相互作用是化学反应，反应产物的溶度积愈小，反应愈容易发生，药剂对该矿物的捕收能力愈强；离子交换学说认为，黄药的阴离子与氧化铅锌矿表面的阴离子产生交换吸附；共吸附说认为，产物不仅有黄原酸盐吸附，还可产生双黄药的共吸附。

红外光谱法研究硫化的氧化铅矿物与黄药作用有一定局限性，虽然可以判定有 $Pb(EtX)_2$ 形成，但难以判定它是以吸附状态存在还是以沉淀夹杂。X光电子能谱法（XPS）可以排除沉淀物干扰，通过比较不同硫化钠浓度、黄药浓度下的O/Pb、C/Pb和S/Pb的变化表明，在适宜的 Na_2S 浓度下，黄药才能最有效地吸附。由于黄原酸铅的吸附，可以使S和Pb的键能有所改变。

浮选氧化铅矿的主要捕收剂是戊基黄药、丁基黄药和仲辛基黄药等一类的高级黄药，环已胺黑药用于柴河铅锌矿效果比各类黄药要好。此外，混合用药取得更好效果的例子亦较多，如磷胺六号与丁黄药或25号黑药混合使用，黄药与煤油或页岩焦油混合使用，长链黄药与短链黄药混合使用，丁黄药与丁胺黑药混合使用等等。

8.3.3.4 脉石矿物有害影响的排除和抑制

如若矿浆中的一些因素造成氧化铅矿物表面覆盖上碳酸钙沉淀，则会阻碍其硫化及与捕收剂作用。这些因素是矿石中含有可溶性盐，主要是铁和碱土金属的硫酸盐，例如石膏、铁赭石、黄钾铁矾等，它们会使矿浆中的 Ca^{2+} 浓度增大，甚至使脉石矿物白云石、方解石的 Ca^{2+} 溶出，若再将矿浆调到pH值为9～10进行硫化浮选时，一部分 Ca^{2+} 转化为碳酸钙覆盖物。有以下一些措施克服其不利影响。其一，用洗矿或脱泥的措施除去可溶性盐；其二，改在弱酸性矿浆中，用黑药作捕收剂进行硫化浮选，以避免 CO_3^{2-} 与 Ca^{2+} 生成碳酸钙；其三，往矿浆中加入氯化铵或其他铵盐，以增加碳酸钙的溶解度，限制其在矿物表面生成沉淀；其四，用聚丙烯酸或六偏磷酸钠作调整剂，络合矿浆中的钙离子；其五，用碳酸钠调 pH 值，使 $CaCO_3$ 预先沉淀。

聚丙烯酸和六偏磷酸钠不仅具有络合矿浆中钙镁离子的作用，而且对方解石、白云石矿泥有强烈的分散作用和抑制作用，因而对脉石为石灰岩、方解石、白云岩类型的矿石，需用它作抑制剂。它还常与水玻璃配合使用，以抑制多种脉石矿物。当选别含有大量绢云母、绿泥石的物料时，在氧化铅精选中应用羧甲基纤维素，可使精矿品位提高。

8.3.4 氧化锌矿的浮选行为

8.3.4.1 氧化锌矿石的类型与可选性

从矿石中回收氧化锌矿物的工艺比氧化铅复杂，其困难在很大程度上是由于物质组成的复杂性，以及氧化锌矿物同脉石矿物浮选的相似性。在氧化锌和混合锌矿石中，氧化锌矿物常与氢氧化铁紧密结合，在很多情况下，即使矿石磨得很细也不能使锌和铁矿物得到满意的分离。

围岩的特性、可溶性盐，以及矿泥对氧化锌矿物可浮性的影响比氧化铅矿物更大。大量黏土质矿泥形成含锌的铝硅化合物，以及含锌的黏土和高岭土等可作为大多数氧化锌矿石的特征。

钙、镁、铁的可溶性盐能使氧化锌矿物浮选变坏，它们消耗硫化钠，并与铅和锌的碳酸盐发生置换反应，生成不溶的碳酸钙与碳酸镁沉淀覆盖在氧化锌矿物表面，妨碍与浮选药剂接触；矿浆中锌、铅和铁的硫酸盐存在，则会生成这些金属的氢氧化物污染氧化锌矿物，使可浮性急剧变坏。

含锌的硅酸盐矿物，如异极矿、硅锌矿等，被破碎时，沿 Zn—O 键断裂，表面呈 Zn^- 或 SiO_4^- 不饱和键，而 SiO_4 四面体的体积比 Zn 大，能将 Zn 原子屏蔽，故呈现出与石英相似的表面结构和物理化学特性，导致矿物溶解度低，难以硫化，不宜套用菱锌矿的浮选方法。

按选矿观点，根据矿石的物质组成，氧化锌矿石可分为如下几种类型：

（1）纯碳酸盐矿石：矿石中的矿物为菱锌矿、石灰石、白云石，这种矿石经预先硫化，然后用脂肪胺浮选，可获得比较满意的效果。

（2）被铁的氧化物和氢氧化物污染的碳酸盐矿石：矿石中的锌矿物为菱锌矿、异极矿、水锌矿。锌矿物在充分解离的情况下，经预先硫化，用脂肪胺浮选，也可得到满意的结果。

（3）氧化铁、氢氧化铁和黏土含量高的碳酸盐—硅酸盐矿石：矿石中的锌矿物为异极矿、硅锌矿、菱锌矿、铁磷锌矿。在锌矿物充分解离后，经脱泥并加调整剂进行浮选，可达到一定的工艺指标。

（4）硅酸盐矿石：矿石中的锌矿物为硅锌矿、锌铁尖晶石、红锌矿、异极矿，其中菱锌矿较少。这类是难浮的矿石。

（5）赭石-黏土质矿石：其中的锌矿物呈极细粒分散状态，并呈黄钾铁矾、赭石和黏土的形态产出。在允许的磨矿限度内，锌矿物绝大多数均不能单体解离，此类矿石为不可浮的矿石。

8.3.4.2 氧化锌矿物与硫化钠的作用

菱锌矿（$ZnCO_3$）的荷电特征和硫化机理与白铅矿相似，都是表面的碳酸盐和氢氧化物转变为硫化物。然而不同的是菱锌矿的硫化覆盖层仅为一个单分子层厚。

提高硫化温度，虽不能明显增大硫化程度，但有利于形成更为牢固的硫化膜，避免硫化锌在低温那样生成凝胶态。通常温度为 50～60℃时，有良好的硫化效果。异极矿和硅锌矿在低温下硫化效果不佳，提高温度至 50～60℃，亦能成功地硫化。若用元素硫或 FeS_2 在 400～500℃高温下焙烧硫化，则可生成厚而牢的硫化锌膜。

硫化钠的用量与矿石的特性和捕收方式有关。矿泥、褐铁矿、可溶盐会大量吸附硫化钠。若采用加温硫化—铜离子活化—硫代捕收剂浮选的方法，那么 Na_2S 过量会引起回收率的降低，这是因为矿浆中的硫离子会与后加入的铜离子反应，生成胶体硫化铜沉淀，于是就妨碍铜离子活化和捕收剂作用；此外，亦使矿浆碱度升高，妨碍捕收剂吸附。若采用硫化后脂肪胺浮选那么过量的硫化钠不起抑制作用。通常硫化钠的用量变化范围很大，一般为 2～6kg/t，氧化率高时，应达 6～12kg/t，氧化率低的混合矿石，以 1～2kg/t 为宜。

8.3.4.3 氧化锌矿物与阳离子捕收剂的作用

一般说来，胺类捕收剂在 $pH > 10.5$ 的矿浆中，以胺分子为多，在 $pH < 10.5$ 的矿浆中，以水解产物 RNH^{3+} 离子为多。

由于氧化矿物的表面多带负电性，经硫化后，显示了更大的负电性，所以阳离子捕收剂与其作用，必然会发生双电层内的静电吸附。当胺浓度较高时，在静电吸附的基础上，捕收剂的非极性基烃链互相缔合，发生半胶束吸附，当捕收剂吸附的正电量多于其他定位离子的累积负电荷量时，就会使矿粒的动电位变号。另外，胺分子上的氮原子可以与氧化锌矿晶格上的金属离子键合生成络合物。用伯胺浮选氧化锌矿物，其效果优于使用仲胺和叔胺，其原因是伯胺中的氮原子只有一个与烷基相连接，空间位阻小，氮原子的独对电子容易与 Zn^{2+} 离子生成络合物，而仲胺、叔胺的氮原子与较多的烷基相连接故其捕收能力不如伯胺强。伯胺捕收剂的链长以 12～15 个碳原子为好。已查明，pH 值为 10.5 时，菱锌矿和水锌矿的浮游率最高；当 pH 值为 11.5 时，异极矿和硅锌矿的浮游率最大。

8.3.4.4 胺法浮选前矿泥的处理

矿泥和可溶盐的有害影响是胺法浮选氧化锌矿的主要困难，从氧化锌矿的成矿特征上看，泥化现象可以说是必然存在的，在实际生产中，泥化现象要比实验室中严重得多。黏土矿物表面能大，会吸附大量的胺类捕收剂，矿泥还会罩盖在已吸附捕收剂的氧化锌矿物上，使有效浮起所需的药剂量急剧增加。氧化锌矿胺法浮选前脱泥不仅可改善浮选的指标，而且可减少药剂耗量，然而，当细泥中锌金属含量较高时，脱泥造成金属损失严重，因而出现了一些不脱泥条件下，消除矿泥影响，强化浮选的方法。不过，总的看来，不脱泥而获得成功的例子还是很少的。

从调整剂的使用情况来看，六偏磷酸钠能有效地抑制石英和白云石类脉石，水玻璃对含铁质脉石、绢云母和绿泥石抑制效果较好，将上述两种药剂混用，综合抑制效果更佳。柴河铅锌矿混用这两种药剂，显著地减少了矿泥和可溶盐对氧化锌矿上浮的干扰。腐殖酸钠对褐铁矿抑制效果较好，聚丙烯酸可减少矿浆的钙镁离子和抑制钙镁碳酸盐脉石；羧甲基纤维素对黏土矿泥具有良好的抑制作用。使用如上所述的这些抑制剂，均有不脱泥，达到提高锌回收率的现场成功实例。此外，从碳酸盐、硫酸盐类脉石中分选氧化锌矿时，将碳酸钠和硫化钠混用调 pH 值，效果较好。

有资料报道，把矿浆预先进行电化学处理，在一定程度上可以降低矿泥的有害影响。

降低脱泥粒度下限的同时，采用分粒级浮选。这是由于不同粒级的矿粒有着不同的浮游性能。粗粒级浮选选择性高，富集比大，但其浮游活度易于消失，经几次精选后，精矿中粗粒级锌损失率较高，经多次循环后会随尾矿流失；与此相反，细粒级氧化锌矿物，选择性低，但精选时粒级回收率高，因此分粒级浮选可以避免不同粒级的相互干扰，分别调出各自适宜的浮选条件，达到提高分选指标的目的。意大利的 Son Giovanni 和 Campo Pisano 两个选厂，我国的柴河铅锌矿小型试验，兰坪铅锌矿选厂试验应用分粒级浮选法均取得了一定的效果。

8.3.4.5 胺法浮选过程中捕收作用的强化

为了减少硫化-胺法浮选的药剂耗量，增强捕收效果，研究和实践中制定了如下措施：

(1) 胺盐与硫化钠混成的乳浊液。将硫化钠溶液与脂肪酸胺盐酸盐或醋酸盐溶液预先混合，然后进行强烈搅拌所形成的乳浊液用来浮选氧化锌矿石，可明显增加胺的选择性捕收效果。柴河铅锌矿选厂按此法投产应用，在不脱泥的情况下，用六偏磷酸钠与水玻璃混用抑制硅酸盐类脉石矿物，十八胺与硫化钠比例为 1 ∶ 100 左右，取得氧化锌回收率 70% ~80%，品位 32% ~40% 的良好指标。

该法对异极矿和硅锌矿也可较好地浮选。对被铁浸染，含有可溶盐和赭色黏土矿泥的物料亦能适宜。但不宜用于处理含有大量云母、绢云母、绿泥石或碳质页岩的矿石。若要用此法处理这一类矿石，所得到的精矿要用淀粉抑制氧化锌，进行反浮选处理，以提高精矿的质量。

(2) 混合胺与仲辛基黄药混用。仲辛基黄药不仅能够消除硫化—胺法浮选过程中可溶性盐（如硫酸锌、硫酸亚铁）对氧化锌矿物的抑制作用，而且能与烷基胺相互促进吸附。两者混用，可提高不同粒级，特别是 10μm 以下细粒的锌矿物的回收率。这一方法用于会泽铅锌矿新平坑脉矿矿石时，按胺与黄药比例为 3 ∶ 1，不脱原生矿泥进行连选试验浮氧化锌矿，取得锌精矿品位为 31.68%，回收率为 66.6% 的较好指标。

此外，用煤油将胺盐配成乳浊液，也能减轻矿泥的不利影响，节省胺用量。用廉价的癸二胺下脚料作为混合胺的代用品，价格要便宜得多。

8.3.4.6 氧化锌矿的其他浮选方法

A 加温硫化后用硫代捕收剂浮选

矿石脱泥后将矿浆加温到 50 ~60℃，用 Na_2S 进行硫化并加硫酸铜活化，之后加黄药及黑药浮选。加温是为了使氧化锌矿物表面生成较为牢固且覆盖层较厚的硫化铜膜。为了避免单独析出硫化铜沉淀，应小心调整硫离子、硫酸铜和捕收剂之间的浓度比。采用这一方法浮选会泽氧化锌矿时，能得到品位为 40%，回收率为 73.2% 的指标。

B 脂肪酸类捕收剂浮选法

脂肪酸类捕收剂的选择性较差，若直接浮选氧化锌矿物，它只适应于脉石为硅酸盐矿物的矿石。对于脉石为碳酸盐和硫酸盐矿物的矿石，若用其他方法分选出的氧化锌粗精矿品位不高，可将矿浆经硫化钠和碳酸钠处理之后，用油酸反浮选脉石矿物。

C 长烃链硫醇浮选法

氧化锌矿物经硫化后，不用铜离子活化，用络合能力较强的长烃链硫醇浮选，它对磷锌矿和异极矿均有效。其缺点是硫醇味臭，耗量较大，工业生产指标不够稳定。

D 两性捕收剂及水解聚丙烯腈浮选

对厂坝铅锌矿2号矿体试样的小型闭路浮选试验表明：用两性捕收剂AE-12钠盐与水解聚丙烯腈配合使用，可以取得与混合胺浮选相近似的指标。

E 螯合捕收剂浮选

这一方法只处在试验室人工混合矿样的研究程度。用辛基羟肟酸捕收菱锌矿、铁磷锌矿的可浮性范围较宽，最佳pH值在8左右，为碳酸盐矿物所形成矿浆的自然pH值范围内。羟肟酸在铁磷锌矿的吸附量要比在磷锌矿上大一些，这是因为它的羟肟酸基团能与Fe^{2+}离子键合，它呈多层吸附于铁磷锌矿表面，使铁磷锌矿零电点由10向低值漂移。用辛基羟肟酸浮选分离人工混合氧化锌矿物与方解石、石英是有效的。

F 絮凝浮选法

该方法包括3个阶段，即分散—絮凝—浮选。分散剂有碳酸钠、焦磷酸钠、焦磷酸钾和焦磷酸铵等，耗量一般为(0.3~0.5)×454g/t。絮凝剂有碱性淀粉或碱性木薯，一般耗量在(0.3~0.5)×454g/t，配制絮凝剂溶液需在70~90℃条件下加温30min。捕收剂用四甲基二戊基三巯基丙酸酯，用量一般为(1~2)×454g/t。

选择性絮凝在浮选前最后一个低速搅拌槽中完成，搅拌时间以2~20min为宜，由此可使絮团增大1~10倍，之后矿浆进入粗选槽，还需依次添加起泡剂(0.3~0.5)×454g/t、硫化钠(1~2)×454g/t，捕收剂和塔尔油与2号燃料油的混合物（2∶1）为(0.75~0.25)×454g/t。应用该工艺流程，不脱泥直接处理，较脱泥及不加絮凝作业，锌精矿品位和回收率有所改善。

G 有机活化剂作用后浮选

氧化锌矿的有机活化剂可以从下列螯合剂中选择，第一类为含胺基类：有乙二胺、丙二胺、胺基苯硫酚、苯二胺等。第二类为不含胺基类：有8-羟基喹啉、烷基二硫代碳酸盐、4-甲基-1，2-二巯基苯、水杨醛、三氮唑、二甲酚橙等。

乙二胺能与氧化锌矿物表面的锌离子作用，生成螯合物，尤其是处理含较多难溶氧化锌矿物（如异极矿、硅锌矿）的矿石，能使矿物表面微溶，从而对捕收剂的吸附起促进作用。对于自身具备微溶能力的氧化锌矿物（如磷锌矿、水锌矿），乙二胺用量应适当，它以不导致表面螯合物较多地进入液相为宜，由此亦可收到较单用硫化钠更好的效果。

H 氨基硫酚

A. Marabini等人用5n-己氧基-2-氨基硫酚分选Masua-MassaPelo-ggio矿山的样品。该样品主要元素为：5.6% Zn（其中4.5%为磷锌矿，1.1%为闪锌矿），1.3% Pb，21.4% Ca，5.7% Fe和7.3% Si。在羧甲基纤维素250g/t，添加1200g/t捕收剂，最终pH值为11.4的条件下，对原矿含Zn 5.2%，可获得精矿含Zn 24.4%，回收率达82.5%的指标。

8.3.5 硫化铅锌矿捕收剂

对硫化矿捕收剂选择性的要求，主要表现在对黄铁矿的捕收能力弱，对欲捕收的某种有价成分捕收力强，对混合精矿的下一步分选容易等。

我国铅锌选矿厂在硫化铅锌矿石的浮选生产中除了继续采用乙基黄药、丁基黄药和25号黑药类传统捕收剂外，近一二十年还推广应用及新研制成功多种捕收剂，以下分选效果好的一些药剂作介绍。

8.3.5.1 黄药类

使用最广的是乙黄药和丁黄药，当铅锌混合浮选时，为了使下一步铅锌分离容易进行，混合浮选时多采用乙黄药。

异丁基黄药以炼油副产品异丁醇为原料制备，不像正丁基黄药那样以粮食为原料，其价格便宜。且异丁基黄药的选择性比正丁基黄药选择性好，用量可较少。

胺醇黄药，学名为二乙基胺甲醇黄药，由株洲选矿药剂厂生产，其捕收能力强，浮选速度快，环境污染小，还能提高伴生金银的回收率。对衡东易选铅锌矿小型试验表明：使用胺醇黄药，铅、锌回收率比用25号黑药和丁黄药可以分别提高7%和13%。

8.3.5.2 黑药类

早期使用的甲酚黑药系列药剂，如15号黑药、25号黑药、31号黑药，由于或多或少都含有未反应完全的有毒游离甲酚，现在已很少使用。

丁基铵黑药属于醇类黑药之一，该药应用于铜铅锌矿石的浮选时，具有一定的起泡性能，选择性较好，特别是在弱碱性介质中对黄铁矿、磁黄铁矿的捕收能力弱，由此，为提高伴生金银的回收创造了极为有利的条件。泗顶铅锌矿工业试验，铅回收率提高约7%，锌精矿中铅含量降低0.27%。长坡锡矿使用丁基铵黑药，铅回收率提高5%～6%，降低药剂用量2/3。此外，在西林、黄沙坪、柿竹园、潘家冲、河三、八家子等铅锌矿选厂获得了广泛应用。

苯胺黑药与甲苯胺黑药和环已胺黑药同属于胺黑药，其选择性好，捕收力强，低毒，是铅锌硫化物良好的捕收剂。凡口铅锌矿的工业试验表明，在流程相同的条件下，使用苯胺黑药、硫氨酯比甲酚黑药和丁黄药，铅精矿品位提高1%，铅回收率提高5%。此外，该药在栖霞山、孟恩套力盖、大宝山、西林、浑江等铅锌矿选厂亦应用成功。

8.3.5.3 硫氮及硫氨酯类

该药剂对铜、铅、锌等金属硫化矿物捕收能力强，在抑铜浮铅中使用，可获得比黄药更好的分选效果；在抑锌浮铅中使用，将矿浆调成高碱度，可以不用或少用氰化物。该药在黄沙坪、银山、水口山、潘家冲等铅锌矿选厂均有应用。

8.3.5.4 硫氨酯类

异丙基乙硫氨酯（牌号Z-200）对铜矿物和活化的闪锌矿有较强的捕收能力，对含金的黄铁矿也有一定的捕收能力，而对不含金的硫化铁矿物的捕收能力则很弱，因而可在少用石灰，节省捕收剂用量的条件下，浮选主要的金属硫化矿物，并综合回收金、银。该药已在孟恩套力盖铅锌矿应用。

8.3.5.5 硫醇类

结构比较简单的硫醇R—SH，其捕收力强，但选择性差，且低级硫醇味臭，因而在多金属硫化矿中很少使用。

巯基苯骈噻唑，它属于硫醇的衍生物，对方铅矿的捕收能力强，对未经活化的闪锌矿和黄铁矿捕收力较弱，它对矿石中部分氧化的碳酸铅矿物，可以不经硫化亦能捕收。当矿石中有金和含金黄铁矿时，亦有利于综合回收金入主要金属矿物中。

8.3.5.6 硫脲类

均-二苯基硫脲，国内俗称“白药”，它的选择性好，特点是对黄铁矿的捕收能力很弱，而对方铅矿，特别是含银方铅矿有较强的捕收性能。所以比较适用于多金属硫化矿的优先浮选，并多用于铜、铅、锌、铁硫化物分选时作为方铅矿的捕收剂。由于白药价贵，多与黄药或黑药混合使用，且使用时需溶于有机溶剂中，所以工业上目前应用不多。

8.3.6 氧化铅锌矿捕收剂

近十几年来，氧化铅锌矿的捕收剂的研究进展很快，它在提高氧化铅锌矿的浮选指标，发展浮选工艺等方面都起到很好的作用。

通常，对于氧化铅矿物的浮选，尤其是在先浮氧化铅后浮硫化锌的场合，希望捕收剂选择性好，对氧化铅矿物捕收力强，而对硫化锌矿物捕收力弱。对于氧化锌矿物的浮选，则希望寻找到药效高，价廉低耗的捕收剂。

8.3.6.1 黄药类

氧化铅矿的硫化浮选常用烃链较长的黄药，如丁黄药、仲辛基黄药等。

仲辛基黄药的捕收能力优于丁黄药，对以浮选白铅矿为主的氧化铅矿石，常能使回收率提高 1% ~2%。但由于合成仲辛基黄药时，常存在仲辛醇反应不完全的现象，因而易使泡沫发黏。在配制时，若将溶液加热至沸腾，可以清除这一缺陷。仲辛基黄药在个旧、革新等选厂的氧化铅浮选中获得应用。

8.3.6.2 黑药类

苯胺黑药和环已胺黑药，是氧化铅锌矿的有效捕收剂。用环已胺黑药对泗顶铅锌矿的多个矿样进行试验，结果表明，该药可简化流程，提高铅回收率，改善铅精矿质量。

8.3.6.3 硫醇类

长烃链硫醇有很强的捕收能力，而其挥发性小，气味弱。以十五烷基硫醇浮选泗顶氧化锌矿的试验结果看，十五烷基硫醇对磷锌矿和方解石有较好的捕收能力，而对石英捕收能力较弱，特别是在 pH 值为 7 时，对磷锌矿的捕收能力更强；当十五烷基硫醇浓度为 167mg/L 时，磷锌矿 98% 浮游。用十五烷基硫醇为捕收剂，丹宁为抑制剂，磷锌矿略受抑制，而方解石被强烈抑制。

巯基苯骈噻唑对氧化铅矿物有较强的捕收能力，可不经硫化浮选，对氧化铜、氧化锌矿物，若经硫化后再用巯基苯骈噻唑浮选，亦可获得较好的选别效果。

8.3.6.4 胺类捕收剂

它是氧化锌矿物的主要捕收剂。

混合胺，其主要成分是混合伯胺，其他约 20% 为仲胺或叔胺，其烃链长度为 C_{10} ~ C_{20}，将混合胺与盐酸或醋酸按 1 : 1（摩尔比）配比，适当加温待溶后再用水稀释成乳状溶液以供使用。它已成功地用于柴河、泗顶、兰坪等铅锌矿选厂的氧化锌矿浮选。其中，兰坪铅锌矿的氧化锌矿浮选试验结果表明，采用十八胺效果良好。

硫化—胺法浮选时，可用硫化钠溶液与脂肪胺盐酸或醋酸盐溶液混合后进行强烈搅拌形成的乳浊液，用来浮选氧化锌矿，所得指标高于胺法。

醚胺是指烃基为 ROR′（烷氧基）的一些有机胺类化合物。其中 R′常为正丙基。其化学通式为：$RO—CH_2CH_2CH_2NH_2$；式中，R 为 $C_{8\sim16}$烷基。从醚胺的结构式中可以看出，由于碳链中引进了醚基，这样降低了熔点，在水中易于溶解，可以充分发挥其作用，另一方面，在醚基的氧上有两对独对电子，也可以吸附在氧化锌矿的表面增加了捕收能力，因此使用醚胺比使用高级脂肪胺好。另外，醚胺尚具有相当的起泡能力，使用时，可以不加或少加起泡剂。

支链脂肪胺用作氧化锌矿的捕收剂由西德专利提出，为6个碳原子以上的支链脂肪胺水溶性盐或油溶性盐，如3-甲基戊胺，1，2-二甲基丁胺，2-丁基己胺，浮选氧化锌矿效果良好。其中，以有效成分为60%的2丁基己胺醋酸盐为捕收剂浮选摩洛哥的异极矿，得到含锌37.2%，回收率78.7%的氧化锌精矿。使用分子较小的支链伯胺作捕收剂效果较好的原因是分子较小，且支链使得分子间吸引力降低，其在水中更易溶解和分散。

癸二胺下脚料是化工厂用蓖麻油作原料生产尼龙1010时的一种下脚废料，主要成分是癸二胺，但含有不少其他杂质。用它来浮选澜沧、奕良等地的氧化锌矿时，所得指标和混合胺相近，但用量略高，不过癸二胺下脚料的特点之一是价格便宜，能降低选矿成本。

8.3.6.5　螯合浮选剂类

5-乙基水杨醛肟和5-丙基水杨醛肟在酸性和弱碱性介质中，对铅矾和磷锌矿有较强的捕收作用。其分子结构中增加了适当长度的烷基支链，使得捕收能力得以增强。用5-丙基水杨醛肟浮选磷锌矿和白云石的试验结果说明，在相同的捕收剂浓度和pH值下，磷锌矿的浮选速度很快，而白云石的速度较慢，可将两者分离。

8-羟基喹啉和2-甲基-8-羟基喹啉对磷锌矿和白铅矿均有较强的捕收能力，可不经硫化，不经铜离子活化直接浮选。其中2-甲基-8-羟基喹啉浮选磷锌矿和异极矿，在较宽的pH值范围内（pH = 6 ~ 10）能得到较高的回收率，硅锌矿在pH值为6 ~ 7时也浮得很好。

双硫腙是可作氧化锌矿物捕收剂的硫脲衍生物，它浮选氧化锌矿物的最佳pH值为5.5 ~ 9，pH值低于5.5时，因锌矿物溶解而产生双硫腙锌沉淀。

8.3.6.6　两性捕收剂

N-十二烷基α-氨基乙酸钠，其结构式为$C_{12}H_{25}$—$NHCH_2COONa$，用它浮选厂坝铅锌氧化矿时，结果指出，它与抑制剂水解聚丙烯腈配合使用，所得到的精矿指标与混合胺很接近，且浮选速度快，不必使用起泡剂。

8.3.6.7　巯基苯并噻唑

6-丙氧基巯基苯并噻唑和6-甲巯基苯并噻唑在pH值为8.2，用硅酸钠抑制脉石矿物，对于氧化铅的选择性优于氧化锌，尤其前者，烃链与芳环连接处含有一个醚氧原子，选择性较好，该烃链以3 ~ 6个碳原子为宜。

8.3.6.8　氨基硫酚

5n-己氧基-2-氨基硫酚在pH值为11.4，用羧甲基纤维素钠抑制脉石矿物，不必预先硫化，可直接浮选菱锌矿，其分子结构中烃链与芳环连接处的醚氧原子，与苯环的共振引起的电子释放效应增加了胺基氮的活性，其烃链用5个或6个碳原子长，可获得最佳浮选结果。

8.4　铅锌多金属硫化矿的浮选分离方法

8.4.1　铅锌及其多金属硫化矿的可选性分析

我国的铜铅锌复杂硫化矿资源中，铜铅锌矿石约占30%；铜锌矿石约占20%；铅锌矿石约占50%。

浮选法是目前多金属硫化矿的主要选矿方法。浮选的效果，采用的流程以及浮选工艺条件等与所处理矿石的矿物组成及其结构特点密切相关。主要影响因素如下：

（1）矿物种类及赋存状态。当矿石中只含铅锌矿物时，则浮选工艺条件及流程相对都比较简单些，较容易达到好的分选效果。如果除了铅锌矿物外，还含有铜矿物、黄铁矿、贵金属以及其他伴生矿物时，它们的选别就会变得比较复杂。如果矿石中还有褐铁矿、赭石泥质状矿物、可溶性重金属盐、石墨、碳质页岩及滑石等时，这些物质均会导致多金属硫化矿石选矿过程的复杂化。

通常，多金属硫化矿石中，低锌硫矿石比较好选，黄铁矿易抑制，分离指标较高；而高锌硫矿石，黄铁矿就难于抑制，易造成铜精矿、铅精矿中含硫高，产品质量低，同时对锌硫分离影响也很严重。特别是大量磁黄铁矿的存在，会加速矿石的氧化，氧化后产生各种金属离子，使闪锌矿与硫化铁矿物难以抑制。若矿石中含有高度可浮的碳质磁黄铁矿，对它也难以抑制。

某种有价组分的矿物种类较多时，硫化矿物间可浮性常常交错重叠。含锌硫化矿物种类较多，主要是闪锌矿，此外还有纤维闪锌矿，以及少量含铁或镉固溶体变种的铁闪锌矿或镉闪锌矿，它们的可浮性差异较大。如若矿石中含有较多的次生硫化铜矿物，则闪锌矿常常不同程度地受到铜离子活化。被铜离子活化的闪锌矿是易浮的，其浮游性甚至可与铜蓝相似。而砷黝铜矿和闪锌矿的浮选性又相近。矿物间可浮性的这样交错重叠会造成被活化的闪锌矿混入铜铅精矿中，砷黝铜矿混入闪锌矿中，易浮的硫化铁矿物混入铜铅精矿中等，这是导致多金属硫化矿难以分离的重要原因之一。

（2）矿物的嵌布特性。有用组分的硫化矿物致密共生，嵌布粒度较细，且不均匀互相嵌镶，甚至黄铜矿有时呈星点状包裹在闪锌矿中，或与闪锌矿呈乳浊状结构，那么在磨矿中就难于达到单体解离，影响分选效果。

对于粒度嵌布细的矿物，虽然有时细磨能达到单体解离的程度，但是细磨，一方面会产生过粉碎现象而使浮选过程恶化，而且，另一方面，矿粒的比表面积增大，会使铜矿物等的可溶性增大，矿浆中难免离子的浓度增大，使浮选过程的操作控制困难，分选效果变坏。特别是高温热液型矿床，常见到的黄铜矿往往呈细粒浸染，赋存于闪锌矿中，致使铜锌分选困难。

（3）硫化矿物被氧化造成闪锌矿被活化。硫化矿物性质的变化不仅发生在矿床中，而且在开采、堆放以及磨浮过程中都会发生。含次生铜矿物多得多的金属矿石，其硫化铁含量高，次生铜矿物含量高，可溶性盐类含量高，闪锌矿在采矿场中就被活化。硫化矿物的氧化受温度、空气湿度、物料的粒度的影响而程度不同，如若开采和堆放时间过长，这样的矿石的硫酸盐含量甚至会比新采矿石的硫酸盐含量高好几倍。例如，采用“留矿法”开采的矿山，其出矿慢，有时甚至要在井底和露天贮存达几个月或一年才能把矿石运交选矿厂，特别是当矿石中所含水分多时，就会增大闪锌矿被铜离子活化的程度。

8.4.2 硫化铅锌矿的浮选分离

硫化铅锌矿的分离一般采用浮铅抑锌，这是因为方铅矿的可浮性比闪锌矿好，以及方铅矿抑制后难以活化，而且多数硫化铅锌矿中，锌矿物量比铅矿物量高，“浮少抑多”更为合理。浮锌抑铅只在铅精矿需要脱锌时才采用。

铅浮选循环中，矿浆 pH 值范围一般为 8 ~ 10，多用 Na_2CO_3 调浆，需要强碱性介质（如 pH 值为 11 以上），则用石灰或 NaOH 调浆，但大量使用石灰对方铅矿的浮选往往是有害的。先用石灰过多还对后序锌硫分离带来麻烦，各循环出现“强压强拉”现象，为此，当硫化铁矿物可浮性较好时可考虑先只抑硫化锌矿物，混合浮选铅硫，然后再加石灰进行铅硫分离。

铅浮选所用的捕收剂多为乙黄药、异丙基黄药等低级黄药，有时配合使用少量高级黄药有利于提高铅的回收率。硫氮 9 号以及苯胺黑药对方铅矿的捕收能力强，用量低，可在较宽 pH 值范围内使用，选择性较好，并可降低闪锌矿抑制剂用量。黑药类捕收剂在碱性介质中对黄铁矿捕收能力弱，因此适用于矿石中含黄铁矿较多的硫化铅锌矿石。常用的有 25 号、31 号黑药、丁铵黑药。此外，磷胺 4 号（N、N-二苯基二硫代氨基磷酸）及磷胺 6 号与乙黄药、黑药相比，捕收能力较强，选择性较好，溶解后无臭，浮选泡沫不黏。此外，非极性油可作为一种辅助捕收剂使用。

按照对闪锌矿抑制措施的不同进行分类，硫化铅锌矿的分离可分为以下几种方法：

（1）硫酸锌法。单一硫酸锌法：该法适用于铅锌矿石优先浮选流程。对于不含黄铁矿的铅锌矿石是可行的。例如，西林铅锌矿选矿厂，为提高银、铅回收率，在优先选铅作业采用选择性好的苯胺黑药为主的混合捕收剂，在浮铅前只添加硫酸锌作闪锌矿的抑制剂。

硫酸锌-石灰法：当矿石中含少量黄铁矿时，为了抑制黄铁矿可采用这种方法。在铅锌浮选循环中加入硫酸锌和石灰，在 pH 值为 7 ~ 8 的弱碱性介质中抑制闪锌矿及黄铁矿，优先浮选方铅矿。黄沙坪铅锌矿选矿厂混合精矿分离时也采用这一方法。

胶体碳酸锌法（即碳酸钠-硫酸锌法）：该法通常是将硫酸锌及碳酸钠加入磨矿机中，用石灰调整矿浆介质 pH 值至碱性，用黄药或黑药优先浮选方铅矿。当石灰用量大时，方铅矿易被抑制。柴河、凡口铅锌矿选矿厂曾采用这一方法。

以硫酸锌为主体的抑制方法只适用于原矿中没有或仅有极少量铜矿物的硫化铅锌矿石。少量的铜矿物导致铅精矿质量不高，可在铅精选作业中添加高锰酸钾，使黄铜矿、闪锌矿被选择性氧化而受抑制。

（2）硫酸及亚硫酸盐法。该法包括 SO_2、H_2SO_3、Na_2SO_3、Na_2HSO_3、$Na_2S_2O_3$ 等药剂以及它们与硫酸锌的混合使用。与氰化物法相比，它具有无污染、不溶解矿石中的金、银等贵金属，并对黄铜矿有一定活化作用。由于亚硫酸盐对方铅矿也有一定的抑制作用，因此用量必须严格。此外，亚硫酸盐在矿浆中易被氧化分解，故常采用分段加药。

二氧化硫法：如日本丰羽铅锌矿选矿厂，在铅硫混合浮选时向矿浆中通入二氧化硫气体，以抑制闪锌矿（其 pH 值为 6.5），再用黄药和黑药浮选方铅矿和黄铁矿。

亚硫酸盐—硫酸锌法：对于铜离子活化的闪锌矿，单独使用亚硫酸盐抑制效果较差，可同时使用硫酸锌则能增强抑制效果。如诸暨铅锌矿选厂在铅、硫、铜部分混合浮选作业中，采用黄药作捕收剂（浮选矿浆 pH 值为 9 ~ 7），用亚硫酸氢钠与硫酸锌抑制闪锌矿。浑江铅锌矿选矿厂在优先选铅的回路中，采用硫酸锌和硫代硫酸钠代替氰化物抑制闪锌矿。

（3）硫化钠法。单一硫化钠法：由于硫化钠可与矿浆中铜离子反应生成不溶性的硫化铜沉淀，因而可防止闪锌矿的活化。但由于硫化钠对方铅矿也有一定的抑制作用，因此必须严格控制用量。澳大利亚布罗肯希尔（BrokenHill）铅锌矿的两个选厂在铅锌浮选中使用了这种方法。

硫化钠—硫酸锌法：往矿浆中添加这两种药剂时，将生成胶体硫化锌。当矿石中含有较多次生硫化铜矿物时可采用这种方法。如八家子铅锌矿选矿厂在铜铅混合浮选时采用硫化钠—硫酸锌—碳酸钠来抑制闪锌矿。水口山铅锌矿选矿厂用硫化钠—硫酸锌—硫代硫酸钠抑制闪锌矿。桃林铅锌矿的铅和锌矿物分离时，采用硫化钠—硫酸锌—亚硫酸钠组合药剂取代氰化物抑制闪锌矿。

(4) 氰化物法。硫化铅锌矿物的分离过去主要采用这种方法，它有操作稳定、分高效果好等优点。但氰化物会溶解金和银，同时因其剧毒会污染环境，因此目前只有在矿石性质和工艺有特殊要求的情况下，才应用氰化物抑制闪锌矿。

该法通常是氰化钾或氰化钠与硫酸锌共同使用，在碱性介质中抑制闪锌矿。在实践中对一些含金银的硫化矿石用非氰化物法可获得较氰化物法高的贵金属回收率。当矿石中含有可溶性铜盐或铁盐时，氰化物的效力将明显降低。当矿石中含有可溶于氰化物溶液中的次生硫化铜矿物时，会生成氰铜铬盐而活化闪锌矿及黄铁矿，在这种情况下氰化物用量往往很大而且抑制效果差。对于某些含有大量可浮性相近的铅锌硫化矿物的矿石，完全不用氰化物则不能获得满意结果。银山、青城子等铅锌矿选矿厂都加入一定量的氰化物来抑制闪锌矿和黄铁矿。

(5) 高碱工艺。这是针对硫化铅锌矿中的硫化锌矿物和硫化铁矿物具有可浮性好、且不易被抑制的矿物特性而研发的工艺。即在 pH 值大于12 的介质环境下，添加锌、硫矿物的抑制剂进行抑锌浮铅。一般情况下，当 pH 值大于12 时，方铅矿也会受到一定程度的抑制，使可浮性下降，故此方法需要采用较高级的黄药（如丁基黄药）作捕收剂，甚至需要预先加入适量的捕收剂以保护方铅矿的浮游活度，然后再高碱抑制其他硫化物。此法在凡口铅锌矿取得了良好的效果，铅精矿品位52%、回收率81.6%，锌精矿品位53.0%、回收率93.1%，大幅度提高了生产指标。江苏吴县铜矿采用此工艺分离铅、锌、硫，与原弱碱工艺相比，铅精矿和锌精矿品位分别提高8%和2%，铅、锌回收率分别提高1.5%和3%。

8.4.3 硫化铜锌矿的浮选分离

硫化铜锌矿的分离一般采用抑锌浮铜。抑铜浮锌只在次生硫化铜中较多采用。

铜浮选循环中，一般多采用选择性强、用量少、捕收力较弱的捕收剂，以有利于分选。常是乙基黄药，如果铜的回收率不够满意，可以混合使用乙基黄药与较高级黄药（如丁基或戊基黄药）。若硫化铜矿物的表面受到氧化时，混合使用黑药与黄药，可得到良好结果。我国常用的是25号黑药和丁基钠黑药、丁基铵黑药，其中丁基铵黑药选择性较好。

按照抑制剂的使用情况，硫化铜锌矿的分离可分为以下几种方法：

(1) 氰化物法。在铜锌分离时常采用抑锌浮铜的方法。由于氰化物是闪锌矿与黄铁矿的典型抑制剂，所以用氰化物抑制闪锌矿浮出铜矿物的方法是一种传统的铜锌分离方法，但氰化物用量大时对一些硫化铜矿物，特别是含铁的硫化铜矿物，如黄铜矿与斑铜矿等也能产生抑制作用。当它在矿浆中浓度很高时，会抑制所有的硫化物，因此在使用时必须严格控制其用量。

氰化物用量与被抑制的矿物种类、矿浆 pH 值、矿浆温度以及捕收剂的种类和浓度有关。使用时，配成2%～5%溶液添加。常与硫酸锌及石灰等配合使用。在浮选含金的矿石时，因氰盐会溶解贵金属，所以只有在当用浮选法选出目的矿物（如硫化铜等）后，尾矿需进行氰化处理时，才宜用氰化物作抑制剂。

此外，铁氰化物（黄血盐及赤血盐）有时也用作次生硫化铜矿物的抑制剂进行抑铜浮锌。

（2）硫酸锌法。硫酸锌常与氢氧化钠或石灰配合使用作闪锌矿的抑制剂。硫酸锌单独使用时，对闪锌矿没有明显的抑制作用，但与氢氧化钠共用时，就显出抑制作用，且 pH 值愈高，抑制效果愈显著。云锡公司大屯选矿厂在铜锌矿物分离中采用硫酸锌与石灰抑锌浮铜，效果很好。

硫酸锌与碳酸钠共用：作为闪锌矿的抑制剂。硫酸锌与碳酸钠混合使用，反应生成碱式碳酸锌溶胶，这种溶胶能吸附在闪锌矿表面形成亲水性胶膜，起到抑制作用。

（3）硫化钠法。硫化钠的用量少时对矿物表面有活化作用，用量较大时可作为闪锌矿与黄铁矿的抑制剂。更大时除了辉铜矿以外，能抑制所有的硫化铜铅锌矿物。生产实践中很少单独采用硫化钠作闪锌矿的抑制剂，一般都与其他药剂配合使用。小铁山矿选厂铜与铅锌分离采用硫化钠和亚硫酸作为铅锌矿物的抑制剂。

（4）亚硫酸及盐类法。亚硫酸及其盐类与其他药剂配合使用，在一定条件下可有效地抑制锌与硫化铁矿物，并对受轻微氧化或污染的铜矿物有一定的活化作用。特别对一些矿物组成复杂的矿石，氰化法往往不能奏效时，亚硫酸法可改善分选指标，达到分选目的。同时又能取代氰化物，对减少污染、保护环境、减少贵金属损失都很有意义，故近年来被广泛用于多金属硫化矿石的分选，尤其是铜锌矿物的分选。亚硫酸及其盐类与其他药剂配合作抑制剂使用时一般效果较好，但它的使用是有条件的，具体采用哪种亚硫酸盐类与哪些药剂配合与所处理的矿石性质有关。

（5）加温浮选法。放置氧化加温浮选法：日本有的选矿厂将铜锌混合精矿脱水后放置 10 天左右，然后用温水调浆，加硫酸铜在 50℃左右抑制铜浮选闪锌矿，黄铜矿由于受氧化而失去浮游性。

加温亚硫酸浮选法：加二氧化硫搅拌（pH 值为 4）→加石灰搅拌（pH 值为 6）→磨矿→加温（50～70℃）的条件下可有效地从锌精矿中脱除铜（浮铜抑锌）。其中再磨矿作业不可缺少，它有利于矿物与亚硫酸的相互作用，加温促进相互作用的进行。

充气加温搅拌法：充气加温搅拌主要是提高对黄铁矿的抑制作用，改善闪锌矿的浮游性。次生铜矿物含量高的复杂铜锌矿石的分选通常是很困难的。其可选性在很大程度上取决于硫化铜矿物在矿床中以及在磨矿、浮选中的氧化和溶解的情况以及它们对闪锌矿活化的影响。一般说来，次生铜矿物氧化和溶解很快，特别是在有大量黄铁矿存在的情况下，氧化会大大加速。硫化铜的氧化和溶解必然会使矿浆中铜离子增多，进入矿浆中的铜离子数量又与矿浆 pH 值、温度、磨矿时间及充气时间等有关。因此，在磨矿—浮选过程中应尽量减少泥化，分段添加抑制剂，固定矿浆中铜离子以及除掉闪锌矿表面的活化膜等，以改善分选效果。

8.4.4 硫化铜铅锌矿的浮选分离

8.4.4.1 铜铅与锌硫的分离浮选

由于铜铅矿物可浮性相近，所以在流程结构中，除了优先浮选外，无论是采用全混合还是部分混合浮选流程，通常总是把铜与铅选为铜铅混合精矿。

铜铅混合浮选的捕收剂有乙基黄药、异丙基黄药、丁基黄药、戊基黄药、31 号与 242 号黑药、巯基苯并噻唑、硫醇、均二苯硫脲等以及这些药剂的混合使用。使用时，有必要分批添加。

上述药剂中，捕收力较强的药剂只宜少量添加，如戊基黄药，它对于浮选除去闪锌矿的选择性较差；捕收力过弱的药剂，如乙黄药，虽有较好的选择性，不至于使闪锌矿进入泡沫产品，但却使得浮选底流中方铅矿含量偏高，这既影响锌精矿质量，又造成铅损失。相比起来，一些异构黄药，例如异丙基黄药，既有利于铅的回收，又不至于造成闪锌矿的上浮。

更多的场合是混合使用捕收剂，如乙黄药与戊黄药、黄药与均二苯硫脲、异丙基黄药与巯基苯并噻唑、醇黑药与巯基苯并噻唑、异丙基黄药与 Z-200 等。

最常用的介质调整剂为苏打。对闪锌矿与黄铁矿都有抑制作用的抑制剂有亚硫酸钠、硫化钠、氰化物、锌氰络合物等，其中亚硫酸钠可与硫化钠联合使用。石灰既可调整矿浆 pH 值，又可抑制黄铁矿，但在铜铅混浮作业中只宜少量添加。

8.4.4.2　锌硫的分离浮选

从铜浮选、铅浮选或铜铅混合浮选的尾矿中回收闪锌矿与黄铁矿有混合浮选及优先浮锌两种流程。其中锌硫混合精矿的分离方法有：（1）在大量石灰造成的强碱性介质中抑硫浮锌；（2）混合精矿加温充气搅拌进行抑硫浮锌；（3）二氧化硫蒸气加温抑锌浮硫等。

采用优先浮锌流程对后序浮硫较为麻烦，需要用一些措施消除石灰的不利影响，如通过矿浆浓缩，并在浮选前加水稀释矿浆，来达到除去矿浆中 $Ca(OH)_2$ 的目的；或用 H_2SO_4 降低矿浆 pH 值，有时用碳酸钠活化，再从锌浮选尾矿中回收黄铁矿。

关于闪锌矿的活化和硫化铁矿物的抑制问题。$CuCl_2$、$CuCO_3$ 或者二者的含氨水溶液可用来代替 $CuSO_4$ 作为闪锌矿的活化剂，其优点是比 $CuSO_4$ 便宜，若与其他药剂配合使用，还可以提高可溶性。氨对硫化铁矿物具有选择性抑制作用。当硫化铁矿石中含有黄铁矿、白铁矿、磁黄铁矿、毒砂等时，用石灰不能抑制的这些矿物，用氨则很易抑制，且可促进目的矿物的浮游，因此在分选中具有明显效果。氨以水溶液形式添加，用量大致使 pH 值达 9 以上为佳。氨也与石灰、碳酸钠、氰化钠以及亚硫酸氢钠等配合使用。

硫酸铜的用量要适当。如果用量过大，会使泡沫发脆，导致锌进入尾矿；如果用量不足，就会产生矿化差、流动快的泡沫，也会使锌损失于尾矿中。加入少量氰化钠（一般不超过 5g/t 的用量）有利于抑硫浮锌，特别是对于闪锌矿精选，有显著作用。

铜铅混合浮选时所残余的捕收剂对于锌品位较低的给料，足以获得较好的锌回收率，对含锌较高的给料，则需要补加捕收剂。补加的捕收剂中，高级黄药的比例应高一些；常用于锌浮选作业的捕收剂是 Z-200（O-异丙基-N-乙基硫代氨基甲酸酯），它对被活化的闪锌矿捕收能力强，对黄铁矿捕收能力弱。实践中，它多与低级黄药混合使用。使用黄药时，也应注意泡沫特性，过量会使泡沫发脆，导致锌损失于尾矿中。

8.4.4.3　铜铅混合精矿分离前的脱药

由于在铜铅混合精矿中存在着大量的过剩浮选药剂，对分选效果往往产生不良影响，所以在混合精矿分选之前，必须首先脱除矿浆和矿物表面吸附的药剂。常见的脱药方法有：

（1）机械脱药法：包括浓缩、过滤、洗涤、擦洗、搅拌、再磨、超声波处理以及多次精选等方式。这些方法操作简便，但脱药不彻底，效果较差。混合精矿再磨的主要作用是使连生体单体解离，在精选中能提高品位，同时也能使一部分吸附于矿物表面的药剂脱除。采用浓缩机或水力旋流器只能除去矿浆中的过剩药剂。搅拌是在高浓度矿浆条件下，在搅拌槽中进行的，依赖矿粒间的相互摩擦以脱除矿粒表面的药剂，此法不适宜于易泥化的矿物。而混合精矿进行浓缩过滤，并在过滤机上喷水洗涤，这是一种较彻底的机械脱药方法。

（2）化学及物理化学脱药法：这些方法包括用硫化钠、活性炭解吸以及其他化学药剂脱药。硫化钠能解吸矿物表面吸附的捕收剂，脱药比较彻底，但硫化钠用量大，且脱药后要经浓缩过滤以除去剩余的硫化钠，因而需要大量的脱药设备，使这种方法在实用上受到一定限制。

青城子铅锌矿选厂于 1963 ~ 1965 年底曾用过硫化钠对铅锌硫混合精矿解吸捕收剂，再通过浓密机脱药。脱药后分离，铅精矿品位提高 4.12%，锌精矿品位提高 4.29%；铅、锌回收率分别提高 2% 和 0.92%。

利用活性炭的巨大吸附性能，以除去矿物表面及矿浆中的过剩药剂，这种脱药方法虽不如硫化钠彻底，但使用方便，因而应用较广。八家子、桃林铅锌矿选矿厂铜铅混合精矿脱药采用了活性炭法。

（3）特殊脱药法：包括充氧、加温、焙烧及蒸吹等。这些方法较复杂，成本高，只在某些特殊情况下才应用。

在生产实践中常用的是浓缩、过滤、再磨矿以及活性炭脱药等，联合应用以上几种方法时，效果会更好些。

8.4.4.4　抑铅浮铜分离铜铅混合精矿

研究过的抑铅方法很多，在实践中使用的主要有以下几种：

（1）重铬酸盐法：重铬酸钾（钠）是方铅矿的有效抑制剂，它们对铜矿物的浮选没有影响，因此国内外常用它们来分选铜铅混合精矿。

重铬酸盐法的特点是用量较少。如果铜矿物是原生硫化铜矿物（如黄铜矿），则铅与铜矿物能获得较好的分选。如果矿石中的铜矿物是次生硫化铜（如辉铜矿），或除了原生硫化铜外，还存在有相当量的次生硫化铜时，则铜铅分离的效果就比较差。这是由于有次生硫化铜或易受氧化的铜矿物存在时，会有相当量的铜离子进入矿浆中，这些铜离子吸附在方铅矿表面，从而使方铅矿难于抑制。

用重铬酸盐分选硫化铜铅混合精矿时，在适当的药剂条件下，矿浆的搅拌时间非常重要，应严格加以控制，因搅拌时间过长，硫化铜矿物的晶体表面也将受到破坏而不浮。因此，最佳搅拌时间应该是使方铅矿的表面充分氧化，而硫化铜矿物的表面刚开始氧化时，就立即进行浮选。这样铜铅矿物的分离就比较好。总之，掌握最佳的搅拌时间是重铬酸盐法有效分离铜铅混合精矿的关键之一。搅拌时间可通过试验来确定，一般为 0.5 ~ 1h 左右。

重铬酸盐对黄药的影响也应注意。当重铬酸盐的浓度很高，介质是酸性或中性时，重铬酸盐对黄药表现出氧化作用；当介质呈碱性（pH 值大于 7.5）时，黄药不受重铬酸盐的影响。

重铬酸盐法通常用在铜铅混合精矿中，当铅多铜少，杂质含量低，即分离后的尾矿能作为合格铅精矿时才采用。铜铅混合精矿中当含有不易被氰化物抑制的辉铜矿和铜蓝，铅矿物表面又受到污染易被氰化物抑制时，采用重铬酸盐法较为有利。重铬酸盐的用量范围一般为1～1.25kg/t。

用重铬酸盐抑制过的方铅矿虽可用硫酸亚铁、盐酸及亚硫酸钠等还原剂使之活化，但一般来说，活化是较难的，所以铜铅混合浮选时，应进行空白精选，以除去夹杂的大量脉石，否则会降低铅精矿的质量。八家子矿石选出的铜铅混合精矿进行铜铅分离时采用了重铬酸钠和亚硫酸抑铅选铜。

(2) 亚硫酸类及其他药剂的组合法。

硫代硫酸钠—硫酸亚铁法：首先用硫化钠或活性炭对混合精矿进行脱药，然后用硫代硫酸钠与硫酸亚铁在弱酸性矿浆中抑铅浮铜。

亚硫酸法：二氧化硫是一种良好的抑制剂，它在一定条件下能抑制闪锌矿、黄铁矿，对铜矿物有活化作用，对受轻微氧化的硫化矿物有较好的分选性能。亚硫酸盐对已被铜离子活化的闪锌矿有抑制作用。亚硫酸盐对方铅矿、黄铁矿的抑制作用可认为是相应金属的亲水性亚硫酸盐在矿物表面上沉积的结果。

亚硫酸—淀粉法：此法是先通入二氧化硫，使矿浆pH值为4，然后加石灰将pH值调至6，再加淀粉，抑铅浮铜（闪锌矿也被抑制）。该法在加拿大、日本应用较多。

淀粉—二氧化硫—重铬酸钾法：加淀粉和SO_2，搅拌3～5min，抑制方铅矿浮出黄铜矿。加重铬酸钾搅拌5～10min，使铜精矿中的铅降低。铜精选加入少量重铬酸钾。影响铜铅混合精矿分选最重要的因素之一是黄药用量。黄药用量适当，分选效果好；反之，分选效果不佳。黄药用量大，方铅矿难于抑制，必须加大淀粉用量，从而使较多的方铅矿受到抑制，同时铜矿物也不同程度受到抑制，因此，过量的黄药和淀粉会造成铜精矿中含较多的铅，而铅精矿中又含较多的铜。

硫酸—亚硫酸—淀粉法：日本中龙选矿厂采用了此法。在pH值为6.8的条件下，用硫酸2kg/t，亚硫酸100g/t，淀粉10g/t抑铅锌浮铜。铅作业回收率可达97.9%。

亚硫酸盐—硫酸锌法：该法在桓仁铅锌矿选矿厂用于铜铅混合精矿的分选及铅精矿脱锌。在铜铅混合精矿分选时，采用$Na_2SO_3 : ZnSO_4 = 2 : 5$的比例，总用量为280g/t，在pH值为7，矿浆浓度为20%固体的条件下抑铅浮铜。精选时加重铬酸钾5～10g/t。

(3) 其他方法。羧甲基纤维素（CMC）—水玻璃法：秘鲁劳拉的复杂铜—铅—锌矿石中，含有次生铜矿物，造成分离较困难，采用所甲基纤维素（CMC）和磷酸盐（$NaHPO_3$）与重铬酸盐的络合物来抑制铅，使选矿指标大幅提高。同时，选矿厂尾矿水中六价铬离子的含量降低到只有原来的1/10。广西河三佛子冲铅锌矿选矿厂，在铜铅混合精矿的分选中曾采用CMC代替重铬酸盐抑铅浮铜。并取得了较好效果，用水玻璃与CMC的混合剂及焦磷酸与CMC的混合剂抑铅浮铜取得了更好的效果。实践表明，CMC对方铅矿有较好的抑制作用，但对铜矿物的浮游性也有较大影响，不利于铜回收率的提高；水玻璃对方铅矿的抑制作用稍弱，但对铜矿物浮游性影响较小，铜回收率较高。水玻璃与CMC的混合剂对方铅矿的抑制作用强，铜铅分离效果好，工艺简单，易于操作，指标稳定，适应性强。

加温浮选法：先用蒸汽把铜铅混合精矿加温到60℃左右，在酸性和中性矿浆中，黄铜矿的可浮性提高（辉铜矿与铜蓝有受抑制的倾向，但无明显影响），而方铅矿被抑制。分选时不必用其他药剂，所得铜精矿品位较高，含铅锌低。这一方法由于不需加药剂，可以减少对环境的污染。八家子铅锌矿选矿厂曾于 1970 年 1 月 ~ 1980 年 2 月在铜铅混合精矿分离中采用过蒸汽加温至 50 ~ 60℃的办法。

充气氧化法：在 pH 值小于 3 的条件下，对铜铅混合精矿进行充气氧化，不加任何捕收剂，仅加适量起泡剂就可浮出黄铜矿。

8.4.4.5 抑铜浮铅分离铜铅精矿

抑铜浮铅分离铜铅精矿有以下两种方法：

（1）氰化物法。氰化物是黄铁矿、闪锌矿及黄铜矿等的有效抑制剂，对方铅矿则几乎不产生抑制作用。所以氰化物法是抑铜浮铅的主要方法，分选效果较好。用此法选出的铅精矿中，夹杂的铜、锌和黄铁矿较少，精矿质量和回收率较高。如果矿石中有次生硫化铜矿物存在，则氰化物的抑制效果较差，这时就要与硫酸锌配合使用。氰化物有毒，且会溶解矿石中的金、银及次生硫化铜矿物，因此，氰化物法不适于处理含金银的矿石。

（2）氧化锌—氰化物法。把氧化锌与氰化物按质量 1∶2 比例配合，反应后生成可溶性的氧化锌络合物，然后再加硫酸铵混合使用，就能有效地抑制斑铜矿和砷黝铜矿，但对辉铜矿没有抑制作用。

8.5 氧化铅锌矿石的选矿方法

氧化铅锌矿石是指氧化率大于 30% 的铅锌矿石。此类矿石的组成、结构都比较复杂。单纯的氧化铅矿床或者单纯的氧化锌矿床颇为少见，通常都是既有硫化矿物、又有氧化矿物的复杂矿床。

近几年来，多金属氧化矿浮选实际使用的原则流程如下。

8.5.1 铅锌硫化矿与氧化矿顺序浮选流程

属于这种情况的，又可包括三类流程。（1）硫化铅—氧化铅—硫化锌—氧化锌依次浮选流程；（2）硫化铅—硫化锌—氧化铅—氧化锌依次浮选流程；（3）硫化铅和易浮氧化铅—硫化锌—氧化锌依次浮选流程。

第一类流程，药剂制度需要严格控制，且药剂用量较大，浮选指标不高，只适用于处理原矿品位高，而氧化率不高的矿石。第二类流程适用性较好，它具有以下特点，硫化锌在氧化铅之前浮出，与先浮选氧化铅、后浮选硫化锌相比，可以避免硫化钠对硫化锌的强烈抑制，利于提高锌精矿的品位和回收率；再浮选氧化铅矿时，又不受硫化锌的干扰，利于降低氧化铅精矿中的含锌量。但当铅的氧化率过高时，由于一部分易浮氧化铅矿物在浮选硫化锌时上浮，不利于锌精矿含铅的降低。第三类流程不仅具有第二类流程的优点，而且还解决了易浮氧化铅在选硫化锌矿时有一部分上浮的问题。是一类比较合理的流程，其选别指标较高，但药剂用量仍大。顺序浮选流程见图 8-13。

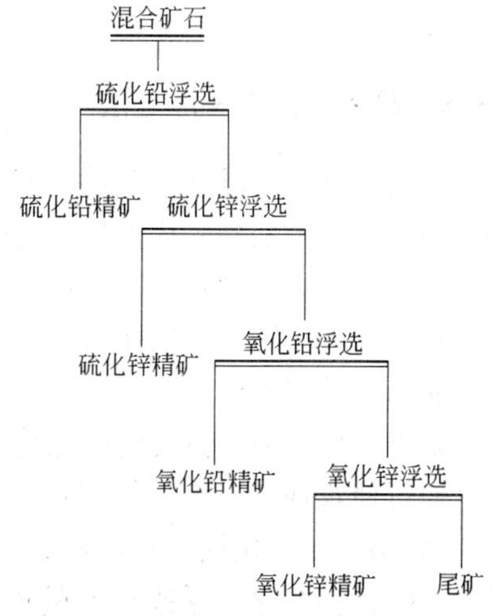

图 8-13 硫化矿和氧化矿顺序浮选流程

8.5.2　硫化矿和氧化矿分别混合浮选的流程

用黄药类药剂捕收剂浮选得出铅锌硫化矿精矿，再按通常的分离工艺进行分离，然后用脂肪酸类捕收剂浮选得出氧化铅锌混合粗精矿，然后用硫酸浸出，实现锌、铅氧化矿的分离。采用这种工艺，矿石不需要脱泥，药剂制度和流程控制较简单，能获得较高的回收率，但用酸浸出时，设备腐蚀较严重，成本较高。

8.5.3　铅、锌硫化矿和氧化矿混合浮选

铅的硫化物和氧化物采用硫化剂硫化后加高级黄药一起选成铅精矿，锌的硫化物和氧化物采用硫化剂硫化后加脂肪酸胺一起选成锌精矿。这个工艺流程较为简单，能节省减少设备数量和厂房与厂房面积。但是硫化钠的用量需要比较严格的控制，以避免过多的过剩硫氢离子妨碍铅或锌的硫化矿浮游。另外，硫化锌与氧化锌选成同一个锌精矿、对下一步的冶炼工艺选择不利。

8.5.4　重介质预选—威尔兹法—密闭鼓风炉

意大利卡累利阿大学机阿米公司的科技人员为了改造撒丁地区的氧化铅锌选厂，拟定了三种流程：（1）浮选—精矿入密闭鼓风炉；（2）威尔兹法—烟尘入密闭鼓风炉；（3）重介质预选—威尔兹法—密闭鼓风炉。并对三个流程分别进行了半工业试验和经济分析；结果表明，重介质预选—威尔兹法—密闭鼓风炉流程，在经济技术上都有较好的指标，铅锌回收率均高于单一浮选和单一的冶炼处理。故而决定按此流程新建马苏阿重介质预选厂。

该流程的特点是取消浮选过程，把重介质预选与威尔兹法结合，前者抛废，提高矿石品位，后者能回收细粒；采用密闭鼓风炉系由于铅锌不必进行分离，铅锌的品位也要求不高，从而有利于铅锌回收率的提高。重产品和细泥送入威尔兹窑处理，铅锌在威尔兹窑中的挥发率均在 90% 以上，进入烟尘的金属回收率比单一浮选高得多。

塞尔扎里选厂也按此流程进行了改造，只是 -0.5mm 的细粒级产品和重介质预选的轻产品仍要进行浮选。

8.5.5　热化学处理—浮选法

热化学处理—浮选法又称为焙烧浮选法，是用于处理低品位氧化铅锌矿石的一种方法，特别适宜于处理氧化铅锌矿的碳酸盐类矿石。该流程先将矿石进行预先处理来改变铅锌碳酸盐类矿物与脉石矿物的浮游力。在添加少量二硫化铁（FeS_2）或元素硫的条件下进行热化学处理，结果在氧化铅锌矿物的表面上生成硫化薄膜，使铅锌碳酸盐矿石的浮选成为可能，而且这些矿物的浮选条件与一般硫化矿物的浮选条件相似。

研究结果证明，只要磨矿已使氧化铅锌矿的颗粒单体解离，则用预先热化学处理的方法，便可使难选矿石变成易选矿石。同时证明，在温度 400 ~ 500℃时，添加元素硫和在 500℃时添加二硫化铁，对试料进行处理，可产生最有效的浮选过程；物料中二硫化铁数量较大时，会恶化锌浮选精矿的质量，其原因是部分硫化了的氧化铁进入到了浮选精矿之中。

8.6 复杂铅锌矿的联合处理方法

8.6.1 复杂硫化矿的选冶联合处理方法

复杂硫化矿是指难以经济地从其中提取出一种或多种合格组分精矿的矿石。这类矿石占有的比例较高，目前其利用率尚低，将来会越来越依赖于这些复杂矿石。

复杂铜铅锌矿石中，由于黄铁矿、磁黄铁矿含量较高，为除去这些硫化铁矿物，造成有色金属和贵金属的损失，而且可能还需要特别细磨。

从紧密共生的多金属铜、铅、锌、黄铁矿中，只有降低回收率的情况下才有可能生产较纯的单独精矿，而选别过程改为产出混合精矿，则铜、铅、锌三种金属可达到更高的回收率，然而混合精矿的冶炼需要专门工艺。考虑到所有影响经济性的因素，可在选别中采用折中的解决方法：生产含锌的铅铜精矿和另外获得一种高品位的，符合正常标准的锌精矿。

因而，为了最佳地利用所有的工艺方法和针对原料的特殊性能，将选矿和冶炼紧密联合考虑是必不可少的。

8.6.1.1 火法处理

一般来说，火法处理有需要燃料和造成大气污染的缺点。固定硫虽可减少污染，但可能代价很高，尤其是给料中含有残余的黄铁矿或磁黄铁矿。

A 密闭鼓风炉熔炼法（ISP 法）

此法在许多冶炼厂用来处理复杂锌铅精矿。对于 Pb：Zn，从 0.4 ~10 和 Cu：Zn，从 0.01 ~0.035 的焙砂已在铅锌鼓风炉中熔炼成功。

在炉子内，铅被还原并熔融；然后，通过炉料下降时聚集金、银、锑、铜、铋，因此，炉料中的铜含量有个限度，铅流出作为粗铅锭。锌先被还原挥发，然后引出冷凝成粗锌锭。

炉料中硫化铁含量过高时会被还原成金属铁，容易在炉缸中产生积铁故障，使炉缸凝死。该法还需消耗较多质量好、价格高的焦炭。

B Kivcet 法

该法适于用来处理铅多铜少或铜多铅少的混杂精矿。其设备的结构为在旋涡炉反应室内进行强烈氧化，并同时在后置的电阻加热膛式炉内进行还原。

硫化锌先被氧化成氧化锌，而后还原蒸发，最后以含一些铅的不纯氧化锌形式富集。对于铅多铜少的物料，硫化铅先被氧化成氧化铅，而后转化成含铜的铅锭；对于铜多铅少的物料，则产出含铅的冰铜。这两种产品，进一步处理均较麻烦。

这个方法具有省去烧结、使用氧和产出高浓度 SO_2 气的优点。此外，与 ISP 法相比，可使用价廉的还原剂。

C CONTOP 法

该法利用氧和熔炼旋风炉的作用产生 1700 ~2000℃的高温，它比 Kivcet 法的温度高得多。旋风炉将熔化物直接排入还原炉，还原炉中用喷枪喷射煤或气态还原剂进行还原。

Pb、Zn、As 等挥发物被排出，并收集在气体净化系统中；Cu 则以铜锍或粗铜形式产出。

8.6.1.2 湿法处理

一般说来，湿法处理混合精矿要达到以下目的：(1) 溶解有色金属有用成分，并使得铁不溶解；(2) 分离溶解的金属，并以纯产品回收每一种金属；(3) 假如物料含有贵金属，应将其富集于中间产品或残渣中。

A 硫酸化焙烧-浸出法

硫酸化焙烧在温度约为700℃，以约50%的过量空气中进行；浸出则需在浓度为70%～95%，以约50g/L H_2SO_4 的热酸中进行；Zn 和 Cu 被浸出，随后可用电解法回收。$PbSO_4$、贵金属则留于残渣中，需进一步处理。物料中的硫化铁矿物，被氧化焙烧成赤铁矿，而留于残渣中。

新布伦瑞克塔姆建有一座规模为10t/d的半工业试验厂，用于处理含4%～34% Pb，2%～10% Zn的混合精矿。Pb、Zn回收率达95%。日本同和矿业公司建有一座规模为100t/d的生产厂，处理含16.7% Zn、2.4% Pb、10.6% Cu的混合精矿，Zn回收率达65%，Cu回收率达93%。

B 氯化法

此法需加热至50℃以上，用盐酸、氯化铁或氯化铜作浸出剂浸出，物料中的多种成分均可在较短时间内浸出，包括铜、锌、铅、钙、镁等。随后处理较复杂的溶液。

$PbCl_2$ 可用结晶法获得，Zn 和 Cu 可用溶剂萃取法分离出来，也可用电解法产出，在电解过程中，需要用隔膜槽以防护在阳极产生的湿氯气，一般是先将 Zn 萃取分离后再电解产出粉末铜。当这种粉末铜产生于不纯净的浸提液时，它会含有 As、Bi、Fe、Hg 和 Sb 等杂质，成为一种难处理的物料。

氯化法由于原材料较贵，需再生盐酸，由此亦使得流程复杂化。铁在盐酸再生阶段以 FeOOH、$Fe_3(SO_4)_2(OH)\cdot 5H_2O$ 等形态沉淀下来，硫以元素硫或黄铁矿残渣形态存在。

C 氧压浸出法

此法需升温至150℃，在690kPa压力下，利用氧和返回电解液进行两段加压浸出，硫化物直接转化成硫酸盐和元素硫。

此法对贵金属的回收率不是特别高。此外，由于在浸出过程中，黄铜矿、黄铁矿和元素硫优先熔融黏结包裹，当 Cu 含量增加到高于3%时，Cu 回收率下降到大约60%。

浸出液与残渣分离后，用电解法回收 Zn，然后用 H_2S 沉淀 Cu。Pb 以 $PbSO_4$ 形态存在于残渣中，需进一步处理。

D 氨浸法

此法只能浸出 Cu 和 Zn。此法需升温至60～90℃，用氧在常压下用氨水浸出，Cu 和 Zn 溶入浸出液中，随后，可用溶剂萃取分离出来。

浸出液最终成为硫酸铵溶液，结晶后可用作化肥出售，如若市场有限，则需要回收氨再循环使用和使其成为石膏清除硫。

E 焙烧—苛性碱浸出法

此法曾试用于处理含锌为主的混杂精矿。

先将混杂精矿进行完全脱硫焙烧，随后进行还原焙烧以分解铁酸锌，然后在返回的苛性碱电解液中浸出；溶液经净化后，在特殊电解槽内将锌电解沉积成粉末。之后将浸出残渣熔炼得到含银的铁—铜金属产品和氧化烟尘，剩余的锌和铅富集于氧化物烟尘中。

浸出过程需加温至95℃，以约400g/L NaOH浓度的碱液在常压下浸出。浸出—电积可回收95%的锌。

F 细菌浸出法

氧化亚铁硫杆菌可氧化浸出硫化铜—锌精矿，且对硫化锌的浸出比大多数硫化铜矿物的浸出要快许多倍和更彻底。细菌虽可氧化一部分Pb使其成为$PbSO_4$，但不能把铅溶出；因而可以将铜、锌、镉等从混合精矿中与铅分离开来。浸出液用电解沉积法回收锌和铜；浸出残渣为品位提高了的铅精矿。

前苏联对尼柯拉耶夫难选的铜—锌混合矿，采取先混合浮选，获得含铜9%～11%、含锌11%～15%的不合格精矿，再用细菌进行槽式浸出，锌的提取速率最高可达577 mg/(L·h)，浸出液锌浓度高达120g/L。

8.6.2 难选氧化铅锌矿的联合处理方法

尽管氧化铅锌的单一浮选法有多种用药方案，但都存在着耗药量大，选别指标偏低的问题。特别是对于氢氧化铁和黏土含量较高，而锌矿物又与其他矿物或黏土紧密共生的多金属氧化铅锌矿石，其选别是很困难的。为此，发展了多种联合流程，如重选—浮选流程，浮选—水冶流程，重选—火冶流程，重介质预选—回转窑焙烧—密闭鼓风炉熔炼流程，硫化焙烧—浮选法等。

8.6.2.1 重选—浮选联合流程

单用重选方法，其富集比较低，回收率和品位都不理想，然而用重浮联合流程，往往可以降低处理费用，预先抛废或预先获得部分精矿。

柴河铅锌矿用重介质预选抛废，之后进行浮选的流程前已有所述。对于尾矿再处理，试验则曾用螺旋溜槽预选丢废—再浮选的流程，其试验结果见章后面论述内容。

云南彝良铅锌矿也是采用重介质旋流器和跳汰预选抛废，然后浮选分离的工艺，一直生产到氧化矿采磬闭坑。

云南会泽氧化铅锌矿，多数时间不对矿石作选矿处理，曾有一段时间采用了浮选—重选—反浮选联合流程，其流程为先浮选铅，其尾矿脱泥，用摇床选锌，重选尾矿反浮选除钙、镁脉石，获得另一部分锌中矿。对原矿含Pb 2.32%、Zn 9.03%，获得铅精矿含Pb 41.20%，铅回收率达67.66%；混合锌精矿（包括重选精矿、反浮选锌中矿和矿泥）含Zn 15.98%，锌回收率88.67%。此流程说明用摇床代替胺法浮锌是值得考虑的。

云南革新铅矿，采用重浮联合流程，用摇床回收白铅矿和方铅矿，由于细级别含铅矿物会“漂”走损失，对这一级别用浮选法回收；由于其中含有磷氯铅矿一类难浮铅矿物，采用仲辛基黄药作捕收剂效果较佳。

云南澜沧铅矿选厂原采用浮重联合工艺，先浮选得一部分铅精矿，浮选尾矿经ϕ125mm旋流器浓缩后进入摇床选别，再得另一部分重选铅精矿，这两部分中，前者为主。现在这些氧化矿石已开采殆尽，对老尾矿，有人提出了用离心机、带式溜槽和矿泥摇床来加以回收。

8.6.2.2 重选—浮选—磁选联合流程

矿石中若含有稀散金属锗、铊、铟等及褐铁矿时，由于这些稀散金属往往吸附于褐铁矿中，且稀散金属可在冶炼铅锌的副产品中回收，因而用湿式强磁选可有效地回收褐铁矿及稀散金属。

如云南奕良氧化铅锌矿选厂，曾采用过单一浮选流程、重浮联合流程及重浮磁联合流程。单一浮选流程为先选铅后选锌，曾对流程内部结构做过4次改进，虽然能做到有效脱除钙镁脉石，但存在着药剂费用很高的缺点。重浮联合流程为先分两个粒级进行重选预选，对13～3mm粒级用重介质旋流器，对-3mm粒级采用跳汰。由此脱除了废石和对浮选干扰较大的细泥；两股重产品矿流经磨矿后再浮选选铅，达到铅锌分离。此流程中采用跳汰，它对锌矿物与白云石的分离效果并不理想，只是因为国内脱介筛网的现状只能达到下限2～3mm，此外，跳汰对易粉碎的白铅矿和含锗的褐铁矿和黏土均不能有效回收。

针对如上所述-3mm跳汰所存在的严重缺陷，又拟订了重—浮—磁联合流程。对-3mm粒级不用跳汰，而改用直接浮选铅、铅浮选尾矿用反浮选脱除方解石、白云石，槽内产品用强磁选单独回收出含锗高达265g/t的锗铁产品，粗粒级磨矿后的浮铅尾矿和细粒级的磁选尾矿为锌精矿，由此，既回收了锗，又将锗锌分开，有利于下一步冶炼分别处理。

8.6.2.3 重介质预选—烟化挥发—密闭鼓风炉熔炼法

为了处理意大利撒丁地区的氧化铅锌矿石，曾比较过多种流程，最后确定用该流程，并以此新建了马苏阿重介质预选厂。

重介质预选抛废，提高了矿石品位，将粗粒级重产品和细泥一起送入威尔兹炉中烟化挥发，氧化铅锌在威尔兹炉中的挥发率均在90%以上，挥发的烟尘进入密闭鼓风炉中熔炼。其烟化—熔炼过程，不必要求铅锌分离，对铅锌品位也要求不高，从而有利于铅锌回收率的提高。

意大利的塞尔托里选厂则按此流程，并进行了改造，对粗粒级用重介质预选，对-0.5mm的细粒级和重介质预选的轻产品仍要进行浮选，重选精矿和浮选精矿合并入威尔兹炉烟化挥发，烟尘入密闭鼓风炉中熔炼。

8.6.2.4 重选—烟化挥发—浸出流程

粗粒氧化铅锌矿可用重选处理，但品位不高；矿石品位的富集主要靠火法冶炼，从烟尘中富集，将烟尘浸出，获得产品。

云南会泽铅锌矿选厂曾用过浮选法，但不能获得合格精矿，且药耗高，回收率低。采用重选法，虽然富集程度仍不高，但在生产成本较低的情况下，丢弃产率为50%的尾矿，产出富集比为2左右的氧化铅锌混合精矿，为火法冶炼提供较好的入炉原料。

重选工艺流程为二次洗矿，三次旋流器脱泥分级，+25mm粒级用跳汰选别，-25～+2mm粒级作为自然精矿，不需选别及脱水；-2mm用离心机选别，脱水后与粗粒精矿合并。

8.6.2.5 浮选—水冶联合流程

用单一浮选法，尤其是其中的氧化锌浮选，药剂消耗较高，而当矿石中氢氧化铁、黏土及可溶盐含量较高时，单一浮选流程往往不如联合流程。

在浮选—水冶联合流程中，有以下几种类型：（1）浮选只是选收其中的硫化矿和部分氧化铅矿物，其浮铅尾矿，再用水冶法处理；（2）浮选只是用脂肪酸获得混合氧化铅、铜、锌精矿，对混合精矿用硫酸浸出其中的铜、锌，剩余的含铅浸出渣用冶炼回收。

前苏联选矿设计院乌拉尔分院，采用浮选—水冶联合流程，对多金属氧化铅锌矿进行试验。方法是先用浮选法获得低品位（含铅39.95%）铅精矿，铅回收率只有68.8%，然后再用水冶法处理浮铅尾矿，再回收21.4%的铅、60.0%的铜和84.3%的锌，以此方法能充分回收各种有用成分。

8.6.2.6　硫化焙烧—浮选法

此法适合于处理铅锌以碳酸盐形态存在的氧化铅锌矿石，特别是对于品位低，嵌布粒度细，用浮选效果不佳的矿石。

硫化焙烧时，添加少量黄铁矿、二硫化铁或元素硫的条件下进行热化学处理，结果在氧化铅锌矿的表面上生成硫化薄膜，使得铅锌碳酸盐矿物在硫代捕收剂作用下的浮选成为可能，其浮选条件与一般硫化矿物的浮选条件相似。

试验研究以哥尔尼司来契克选厂浮选尾矿为试料。该矿样含锌2.91%，氧化物的锌为2.32%～2.54%，主要锌矿物为磷锌矿，含铅0.75%，白铅矿为主的铅占0.6%，脉石主要是白云石，物料粒度为-60μm占70%。试验证明，在温度400～500℃时，添加为试料量的0.5%～2%的元素硫；或在温度为500℃时，添加为试料量的1.2%～4.8%的白铁矿；焙烧60min以上，就会在氧化铅锌矿物上形成硫化物表面。硫化后的物料经硫酸铜活化后用乙黄药浮选。开路试验可获得锌品位为12.75%，锌回收率为76.70%；铅品位为2.56%，铅回收率为58.98%；产率为17.51%的混合精矿。

8.7　铅锌矿选矿厂的综合利用、环保与自控

8.7.1　铅锌矿产资源的综合开发利用

多种元素往往共生或伴生于铅锌矿产资源中，在技术和经济适宜的条件下，应充分地开发利用。其主要内容包括：综合利用矿产中的各种有用组分，甚至利用由其产生的废渣、废液、废气；并同时开采利用矿体中及其邻近部位的其他矿产；或从多种用途出发合理利用不同质量和特点的同一种矿产。

一些有用组分与铅锌共生，含量较高时，即使单独开采亦合算。这些矿产主要是黑色金属和有色金属矿产，如铁、锰、铜、钨、锡、钼、铋、汞、锑、镁等，以及非金属矿产，如硫化铁、萤石、重晶石、磷块岩、宝玉石、石材等。这些共生组分往往能形成独立的矿物，而且品位亦较高时，就有必要将它与铅锌矿物分选开来。而另有一些伴生有用组分在铅锌矿体形成的区域内，其含量较低，或者很少形成独立矿物，只能在选冶铅锌主金属的过程中综合回收利用。这些矿产除上述所列的黑色和有色金属矿产外，主要还有贵金属（金、银）、稀有和稀土元素（铍、钽、铌、锶、铈、钇等）、分散元素（锗、镉、镓、铟等）和放射性元素铀。它们除了以独立矿物同时结晶析出外，还可与铅锌呈类质同象置换，或形成固溶体。从一些矿山出现伴生组分来分析，单纯铅锌矿山常伴生有银、镉、铟等；如果铅锌矿山共生有铜矿产，常就会有金伴生；如果铅锌矿山共生钨矿产，则常有钼、铁等伴生组分存在。

当钨或锡与铅锌多金属硫化矿共生时，一般多采用重选、浮选、磁选、电选等多种方法的联合。这类矿石的选矿原则流程大致有下列几种：（1）先重选后浮选流程，即原矿经粗磨后，先用跳汰机或摇床等重选法选出含钨或锡及硫化物的混合精矿，同时丢弃尾矿。然后将粗精矿进行再磨，浮选硫化物，浮选尾矿即为钨精矿或锡精矿。这种流程适合于钨矿物或锡石与硫化物呈集合体嵌布的矿石。（2）先浮选后重选流程：即将矿石磨到达到单

体解离，并适于浮选的粒度后，先浮出铅锌多金属硫化矿，浮选尾矿再用重选回收钨或锡矿物。这种流程适合于以铅锌硫化矿为主产品的选厂，或者铅锌硫化矿虽为副产品，但含大量磁黄铁矿的矿石。当锑汞与铅锌硫化矿共生时，可用硝酸铅或硫酸铜将闪锌矿、辉锑矿和辰砂活化后，浮选出硫化物混合精矿，对混合精矿，可用重铬酸钾抑制铅和锑的硫化物，用硫氮九号浮选辰砂和闪锌矿。汞锌混合精矿加入硫酸锌和氰化钠抑制锌浮选汞。如上所述只是方法之一，针对不同性质的矿石，还应探讨更多的方法。

当铁锰与铅锌硫化矿共生时，为了综合利用，可采用优先浮选或混合—优先浮选流程选出硫化矿物，分别得到各种硫化物精矿，然后用磁选富集磁铁矿和用脂肪酸等药剂浮出其他铁矿物和菱锰矿。

当萤石或重晶石与铅锌硫化物共生时。也按先浮硫化矿物，后浮萤石或重晶石的次序进行。

当绢云母、石榴子石、长石或者石英砂等含量较高时，应考虑从尾矿中回收利用。

在综合利用方面，最值得说明的是从铅锌矿山中回收银。从已探明的全国银储量和全国各年的银产量上看，铅锌矿山中的银占一半至2/3。据统计，我国几乎所有的铅锌矿山都共生或伴生有白银。近年来，各铅锌选厂均强化了对银的综合回收，为此开展了较多的科研工作和积累了一定的生产实践经验。在本章下一节将作专门阐述。

伴生在铅锌矿体的分散元素、稀有、稀土元素一般留在冶炼系统的各工序中综合回收，选矿的任务是搞清这些元素的赋存状态和走向，将这些有用组分随铅锌矿物一起充分地回收。

8.7.2 铅锌矿产资源中银的综合回收

8.7.2.1 银的工艺矿物学特性

银之所以常常共生或伴生于铅锌矿床中，是因为银的离子半径接近于铅离子半径，银矿物的形成时间接近于方铅矿的形成时间。

A 银的主要工业矿物及其矿物组合特征

从银的地球化学性质上看，银由于具有较高的迁移能力和亲硫性，可在不同构造单元中得以富集，因而银的矿物种类繁多。目前在世界上发现的银矿物种类已达到 110 多种。根据银矿物的化学成分特征可以将其分为银的自然元素及金属互化物、硫化物、硒化物、碲化物、砷化物、锑化物、卤化物、硫盐、硫酸盐共十类。尽管银的矿物种类众多，但主要是以硫化物和硫酸盐的形式产出。由于银有多种形态，不同价态具有不同离子半径，因而很容易置换其他元素的位置，这种类质同象置换往往是在高温条件下发生。尤其是有铋存在时可极大地增加银在方铅矿中的溶解度，而使其类质同象银含量增加；当温度下降时则析出银的硫化物或银铋硫盐矿物。

银的主要工业矿物有：自然银 Ag、螺状硫银矿 Ag_2S、硫碲银矿 Ag_4TeS、深红银矿 Ag_3SbS_3、淡红银矿 Ag_3AsS_3、银锑黝铜矿 $(CuAg)_4 + Cu_{22} + Sb_4[Cu + S_2]_6S$、黝锑银矿 $(AgCu)_{10} + Cu_{22} + Sb_4S_3$、硫锑铜银矿 $(AgCu)_{16}Sb_2S_{11}$、脆银矿 Ag_4AgSbS_4 等。这其中最重要的是银锑黝铜矿（黝锑银矿）、深红银矿、螺状硫银矿这三种，它们常作为伴生银矿床中丰度较高的矿物。此外，特定矿床中，硫锑铜银矿在广西张公岭铅锌矿作为主要银矿物产出，硫碲银矿在辽宁八家子铅锌矿作为主要银矿物产出。

尽管银的矿物种类众多，但仍可从主要银矿物的组合特征中了解银矿物的产出状况，伴生银矿床主要的银矿物组合有：（1）以富锑为特征的组合：该组合常见的矿物有银锑黝铜矿 + 黝锑银矿 + 深红银矿，典型矿床有湖南横山岭、宝山、香花岭、水口山、黄沙坪、南京栖霞山。江西银山、广东大尖山、金子窝、厚婆坳等；（2）以富银为特征的组合：主要银矿物仅有螺状硫银矿（有时见有自然银），典型矿床有云南会泽、江西冷水坑等；（3）螺状硫银矿 + 银锑黝铜矿 + 深红银矿组合：该组合形成条件介于上述两组合之间，典型矿床有广东凡口铅锌矿；（4）螺状硫银矿 + 硫碲银矿 + 黝锑银矿组合：反映了富银、富碲，亦含有一定量的锑，典型矿床有辽宁八家子矿；（5）银锑黝铜矿 + 深红银矿 + 硫锑铜银矿组合：反映了富锑、富铜的特征，典型矿床为广西张公岭；（6）以银的铋硫盐为主：银矿物以铋铅硫盐（$Ag_{25}Pb_{30}Bi_{41}S_{104}$），反映了富铋贫锑的特征，典型矿床为广西佛子冲。

B 银矿物的嵌布特征及其赋存状态

多数银矿物的嵌布粒度变化都比较大，粒度粗的部分，磨矿能使其呈单矿物的形态解离，但是这一部分的量较少，据统计，仅个别矿床有部分粒度较大的银矿物（如云南会泽铅锌矿床 +74μm 的银矿物占 15.96%，湖南桂阳宝山铅锌矿床 +80μm 的银矿物占 10.34%）。绝大部分银矿物嵌布粒度较细，磨矿难以使其呈单矿物的形态解离，然而由于银矿物往往被载体矿物包裹或与其他有用矿物连生，因而可以在选别载体矿物时将其顺便回收。例如：凡口铅锌矿矿石中，主要银矿物深红银矿的嵌布粒度为 3 ~ 20μm；浑江铅锌矿矿石中，主要银矿物银黝铜矿的嵌布粒度为 -19μm 占约 43%。小铁山多金属矿石中的金、银矿物更为细小。其粒度小于 3μm 者约 38%，小于 10μm 者约 63%，其银矿物主要为螺状硫银矿。

银锑黝铜矿可看作银以类质同象方式替代了黝铜矿中的铜，其含银量变化较大，而嵌布粒度愈细。则含银越高。

伴生银铅锌矿床银的嵌体矿物最主要的是方铅矿，其次为闪锌矿，再次为黄铁矿。例如：云南会泽、湖南宝山、广西南崖、广东金子窝等矿，其方铅矿中含银较高，约 80% 的银矿物赋存于方铅矿中；广东凡口、广东大尖山、广西佛子冲、湖南香花岭、横山岭等矿，有约 60% 银分布于方铅矿中；湖南水口山、辽宁八家子等矿虽银在方铅矿中配分比例不高，但类质同象方式存在的银矿物——银锑黝铜矿的分配比例较高，约占 50%，也较易回收。江苏栖霞山铅锌矿是一个例外，在方铅矿、闪锌矿中的分配率各占 12.4%，而在黄铁矿中占 38.2%，银锑黝铜矿占 32.4%。

从载体矿物的粒度分布来看，虽然方铅矿有较大比例，其嵌布粒度较粗，在常规磨矿条件下是可以单体解离而有利于选别回收的。但值得注意的是方铅矿在成矿作用过程中结晶出时间较长，一般地早期结晶出的方铅矿粒粗、“干净”、含银低，而后期结晶出的方铅矿多呈细粒集合体，其含银较高。

赋存在方铅矿上的银，有的矿石以类质同象为主，有的矿石则以独立银矿物呈包裹体存在为主。赋存在闪锌矿、黄铁矿中的银，主要以银矿物包裹体存在，少量以类质同象银存在。对江苏栖霞山铅锌矿石中黄铁矿赋存银研究表明：银矿物有碲银矿、螺状硫银矿等，以小于 20μm 的显微包体存在。显然，常规磨选条件下，尚难将银矿物从黄铁矿中解离并分选开来。而对硫精矿再磨，则需达到很高的细度，才可再选出一部分银矿物，由此势必尚有一部分银进入最终硫精矿中，而从硫铁矿或硫铁矿烧渣中回收银，尚需深入研究。

C 铅锌矿石中伴生银的可选性特征

影响伴生银的选收效果的因素较多，不仅与银的工艺矿物学特性有关，也与载银矿物的选收效果有关。

在选收各种银矿物的过程中，其浮游性质既与银矿物本身的物理、化学性质有关，也与其载体矿物的工艺性质密切相关。通常，辉银矿—螺状硫银矿的浮游性质接近于方铅矿，并常产出于方铅矿中，因此，易随铅精矿富集得到回收。深红银矿—淡红银矿与捕收剂的作用虽接近于方铅矿，但易受石灰的影响。银黝铜矿—黝锑银矿的浮游性质介于方铅矿与闪锌矿之间，但常随矿物中的Ag、Sb、As含量的变化而变化，一般为随着Ag含量增加其可浮性提高，As含量增高则使其可浮性变差。

由于银矿物主要赋存于方铅矿、黄铜矿、闪锌矿和黄铁矿等硫化物中，而且与这些载体矿物相比，银矿物含量低、粒度小，这就决定了银只能随这些载体矿物的精矿富集而作为副产品综合回收。然而从这些矿物中提取银却有较大差别。就目前的选冶工艺条件而言，银在铅精矿、铜精矿的冶炼中较易回收，并可获得较高的回收率（一般可大于90%），因而其精矿中含银计价高，银在锌精矿中的冶炼回收所要求的技术工艺条件则较复杂，回收率一般仅为60%～70%，因而锌精矿中含银计价低；而赋存在硫精矿中的银则尚难被工业利用。因而，银在各种载体矿物中的分配率是决定银的选冶回收率高低的重要因素之一。选矿理想回收率的计算通常可按扣除赋存于硫化铁矿物、毒砂及脉石中的微细粒银矿物而得。

各种载银矿物回收率的高低会直接影响到银回收率的高低。方铅矿在一般情况下属可浮性良好的矿物，其上有一些银矿物包裹体存在时，往往使其浮游性质更好，广东凡口铅锌矿就是如此，然而，我国西北一些矿区产出的方铅矿，却随含银量增加，可浮性下降，其原因尚不清楚。而方铅矿中若有黄铁矿、磁黄铁矿等微细包裹体形态存在时，则浮游性质恶化。载银的闪锌矿，若被铁以类质同象形式置换，或被磁黄铁矿包裹，则可浮性下降，由此不利于银的综合回收。而矿石中氧化程度高，含泥、含炭质或含毒砂时，会对铜铅锌矿物的回收产生不良影响，也使得伴生银的回收率偏低。

8.7.2.2 提高伴生银选矿回收率的途径

A 加强伴生银工艺矿物学的研究

根据工艺矿物学研究结果，才能有针对性地开展选矿试验研究，并设计合理的磨矿工艺条件、流程结构及药剂制度，并预测银的生产指标和经济指标。

B 加强磨矿工艺的研究，适当增加磨矿细度

银矿物或其载体矿物与脉石及其他非载体矿物比较充分地单体解离是提高银回收率的先决条件。由于多数矿石中，细粒嵌布的方铅矿含银高，因而适当将矿石磨得细一些，使细粒载银方铅矿充分解离，虽对铅的回收率增加不大，却十分有利于提高银的回收率。西林、浑江、凡口、孟恩等几个选矿厂的试验结果都表明了这一点，而且磨矿细度是影响银回收率的主要因素之一。例如，对于西林铅锌矿矿石，当磨矿细度为 $-74\mu m$ 占60%时，在铅精矿中银回收率只有61%，而当其达到占75%时，铅精矿中银回收率上升至71%。

此外，采用阶段磨矿阶段选别的工艺对于提高银的回收率也十分有利。其第一段磨选，只使粗粒方铅矿解离，而使银矿物尽量保留赋存于方铅矿中，使其在铅精矿中富集回

收，以避免银矿物的解离过于分散而导致银的选矿损失，而其第二段磨选，则使细粒载银方铅矿解离并回收，例如广东大尖山铅锌矿矿石，其方铅矿的嵌布粒度较大，粒径一般为0.2~0.4mm，而赋存于粗粒方铅矿上的银矿物包裹体，较多为20~50μm。而原选矿流程采用一段磨矿，容易使银矿物从方铅矿上解离开来，并相当一部分被富集到锌精矿中，为了改变这一不合理分布，采用分两段磨矿两段浮选分别回收粗、细粒方铅矿，使问题获得较好的解决。

C 调整选矿流程结构

一种选矿流程对某种主金属矿物可能具有良好的选别效果，但对于与这种矿物伴生的某些银矿物来说，未必具有同等的选别效果。而铅锌多金属共生矿的分选流程很多，一般都要经过不同流程方案对比试验确定。

从研究与实践方面来对比优先、混合、等可浮以及异步混合浮选流程对银、铅、锌矿物的综合回收指标发现，依次优先浮选流程常不利于银的回收，银矿物难免会过多地落入尾矿中。而混合浮选，则便于将载银的黄铁矿细磨，以使银矿物解离开来，并被后序作业选入铅精矿中，如上所述的南京栖霞山铅锌矿，则以混合浮选—混合精矿再磨再分离流程对银的综合回收有利。更为多见的是以异步混合浮选及等可浮流程为佳。例如，采用异步混合浮选后，凡口铅锌矿选厂的铅锌混合精矿中银回收率达88.19%；小铁山多金属矿选厂，其铜精矿中银回收率达21.98%，铅锌混合精矿中银回收率达60.03%。

D 研制并采用新的选矿药剂和新的配方

伴生银的回收一般是将银矿物及其载体矿物选入某主金属元素精矿产品中，因而确定的药剂制度，不仅要对主金属矿物具有较好的选别效果，而且要尽量将单独的银矿物选入方铅矿中。

目前，我国铅锌矿选厂常用药剂有30余种，使用最多的有丁基黄药、石灰、硫酸锌、硫酸铜、松醇油等。

通常，氰化物和石灰的用量稍多，就会对银的回收十分有害，前者会溶解银矿物，而后者的影响经试验研究表明：当需要用石灰抑制黄铁矿时，用乙基黄药或甲酚黑药作捕收剂，石灰对辉银矿—螺状硫银矿的可浮性影响不大，对银锑黝铜矿抑制甚微，而深红银矿—淡红银矿则易受抑制，即使采用戊基黄药作捕收剂，深红银矿—淡红银矿仍在一定程度上受石灰抑制。此外，石灰还使矿泥（特别是滑石泥）凝聚，这亦对浮选过程不利。因此，浮选银矿物及载银矿物时，用 $NaCO_3$ 调节矿浆 pH 值，严格控制石灰用量，或另选其他抑制剂来抑制硫铁矿，则有利于银的综合回收。

浮选氧化矿石有时需要添加硫化钠，这时要注意严格控制用量，因为硫化钠会排挤银矿物及载银矿物表面上的黄药。更适宜的方法是浮出银矿物及载银矿物之后，再进行硫化浮选；或者浮铅矾及白铅矿时，不用硫化钠硫化，直接用巯基苯并噻唑进行浮选。

近年来，我国铅锌矿选厂，使用丁基铵黑药增多了，这主要是因为它对银的选择性捕收效果好，而对黄铁矿捕收力弱。常见的混合用药方案中均配入了丁基铵黑药。如丁铵黑药+乙黄药、丁铵黑药+苯胺黑药+丁基黄药、丁铵黑药+Z-200，丁铵黑药+氨基硫醇等，均取得了较单用黄药更好的效果。

E 制定合理的产品规格

银的选矿回收率的高低常与主金属精矿产品的质量规格要求有关，二者呈负相关关系。若主金属精矿质量规格低些，将使精矿产率提高，进入产品中的银矿物或银的载体矿物相应也多些，从而能提高银的选矿回收率。因此合理产品规格的制定，要以整体经济效益核算为依据。例如：黄沙坪铅锌矿银的选矿回收率与主金属精矿的产率密切相关，当铅精矿含铅由70%降低至65%之后，产率提高0.29%，银的回收率可相应地提高2.9%。有的选矿厂甚至把精矿品位降得更低，以保证银的回收率。

8.7.2.3　综合回收银的铅锌矿选厂实例

为了最大限度地综合回收有价矿物，综合采用如上所述的各项技术措施，会获得较好的技术经济效果，以下介绍一些选矿厂实例。

A　黑龙江西林铅锌矿

西林铅锌矿原矿含银为72g/t，主要银矿物为银黝铜矿、深红银矿等，其粒径多为7～30μm，并主要赋存于方铅矿中，为了强化银的回收，改进了磨矿工艺，采用水力旋流器对一段磨矿进行控制分级，提高返砂量，磨矿细度 -74μm 含量由原来的低于80%提高到85%，并在铅优先浮选时，用丁铵黑药 + 苯胺黑药 + 丁基黄药作捕收剂，采取不加石灰的措施，为银矿物浮选创造了良好的介质条件。工业试验表明，铅精矿中银回收率由73.18%提高到81.13%，银在铅精矿和锌精矿中的总回收率则达到86.61%。

B　浑江铅锌矿

该矿矿石中铅银锌矿物嵌布非常细小，方铅矿、闪锌矿、银矿物 -10μm 分别占24%、20.92%、26.2%，分选十分困难。原生产流程采用一段磨矿，使细度达到 -74μm 占60%，优先选铅、锌硫混合浮选流程，生产出的铅、锌精矿均为等外品，铅、银、锌回收率分别为40.2%、30.12%、88.52%。矿山面临倒闭的威胁，经研究采用阶段细磨，选铅使用苯胺黑药，7次精选流程，冬季选锌采用加温措施。新工艺投产后，选矿生产指标达到铅精矿品位57%，铅、银回收率分别达到80.46%、63.28%；锌精矿品位49%，锌、银回收率分别为90.56%、26.8%。且生产稳定，使矿山转亏为盈。

C　孟恩会力盖银铅锌矿

该矿矿石中银矿物以黑硫银锡矿（Ag_8SnS_6）及深红银矿为主，银矿物约75%分布在方铅矿中，17%～18%分布在闪锌矿中。原生产磨矿粒度为 -74μm 占60%，用丁基黄药、松醇油选银铅，其指标为铅精矿品位63%，铅、银回收率分别为85%、66%；锌、银回收率分别为78%、22%。经研究改进为：采用磨矿细度为 -74μm 占70%，使用苯胺黑药与硫氨酯选银铅，将铅扫选泡沫返到第一次铅精选，使银铅矿物尽早进入铅精矿，增加铅精选次数，使选矿生产指标达到铅精矿品位72%～73%，铅、银回收率分别达到94%、79%；锌精矿品位47%，锌、银回收率为84%、17%。

D　柿竹园铅锌矿

该矿选厂采用优先浮选工艺，流程结构为铅分两步粗选，粗精矿分别精选的流程，并采取选择和控制适宜银矿物浮选的药剂制度和矿浆碱度，用丁基铵黑药取代硫氮9号，在优先浮铅时采取不添加石灰，利用矿浆自然 pH 值（pH 值为7～8），使得银回收率由52.75%提高到67.87%，银在铅精矿 + 锌精矿中的总回收率达76.79%。此外，根据柿竹园矿蛇形坪横山岭矿区的磁黄铁矿（黄铁矿）型铅锌银矿石中的银赋存于脉石，硫铁矿中的分配率达33.72%，特别是较多的粗粒自然银和银黝铜矿等多种银矿物包裹在脉石中，其中银分配率高达18.85%的特点，建议提高磨矿细度，使银矿物与脉石、黄铁矿解离，则有望使银的回收率得到进一步的提高。

8.7.3 铅锌矿产资源中锗的综合回收

锗属于稀散元素，它很少以单独矿物形式存在，由于锗与造岩元素硅的地球化学性质相似，因此，大部分锗散布于各种硅酸盐岩石中，难以利用。当锗伴生于主金属中，或被某种矿物吸附达到较高含量时，或在煤中被富集时，才有综合回收价值。

8.7.3.1 铅锌矿床中锗的赋存状况

在岩浆期后成矿的热液中，锗容易以类质同象形式进入闪锌矿晶格中，这是因为其结晶构造与共价键的相似性。锗含量与矿物的成矿温度呈反比关系，低温热液矿床的闪锌矿含锗量高达0.005%，个别高达0.3%；而高温热液矿床中含锗量通常只有0.0005%，很少达到0.005%。此外，据统计查明，闪锌矿中锗含量也与铁密切相关，一般含铁低的闪锌矿含锗较高。

在铅锌矿床的氧化带中，其中的褐铁矿或黏土含锗量通常较高，这是因为含锗的岩石，经长期风化后，锗被溶出并由地下水带来，致使它们与铝和铁等形成难溶的氢氧化物悬浮态或胶体态，在适当的条件下，胶体态进一步吸附锗，并脱水而使铝、铁与锗共生于同一晶格中。

8.7.3.2 伴生锗的资源状况

我国锗资源主要伴生于铅锌矿中，约占锗总储量的70%。有三类成因的铅锌矿床含锗较可观，即：热液交代型铅锌矿床（如湖南水口山矿）、沉积改造型铅锌矿床（如广东凡口矿）和砂铅矿床（如云南会泽矿、贵州赫章矿）。在前两类铅锌矿床中，锗以类质同象赋存于硫化矿物中（如方铅矿、闪锌矿），锗品位平均分别为17g/t和15g/t，后一类铅锌矿床中锗以类质同象散布于氧化锌矿石中，锗品位平均为390g/t，上述三类铅锌矿中伴生的锗，目前均有所回收，是我国锗的主要工业来源。

8.7.3.3 会泽铅锌矿氧化矿石选矿试验中锗的走向

会泽铅锌矿是云南省铅锌锗生产的主要基地之一。其矿山厂脉矿是会泽铅锌矿的主要原料之一，也是国内典型的难选氧化铅锌矿，其矿受长期风化淋滤作用，氧化程度很深，伴生锗、钒等元素。

已往矿山厂脉矿一直是原矿直接入炉冶炼。其流程为将 −8mm 矿石送入鼓风炉熔化，熔渣经烟化挥发产出烟尘，再从烟尘中制备锗精矿。尽管其锌、锗的回收率很高，但由于有高达30%以上的钙镁脉石入炉，使得煤焦消耗大，容易造成死炉事故，因而，对矿石进行了大量选矿研究。

A 矿石性质

矿山厂脉矿矿石是以土状和白云岩中浸染状两种形态产出的铅锌多金属氧化矿。铅、锌氧化率均在90%以上。铅矿物有白铅矿、铅矾、钒铅锌矿、铅铁矾及少量残余的方铅矿等，锌矿物有磷锌矿、异极矿、硅锌矿、铁磷锌矿及微量闪锌矿等。有用矿物大部分受氢氧化铁和黏土污染，含泥量高、可溶性盐含量也高。脉石矿物主要有白云石、方解石、褐铁矿、黏土，并含少量石英、高岭土和石膏。

矿石中伴生锗和钒。锗无单矿物存在，主要赋存于锌矿物、褐铁矿和黏土中。褐铁矿中的含锗量高达55g/t，黏土含锗也有一定含量，因此，应尽量将褐铁矿和黏土作为产品回收。钒主要以钒铅锌矿形式存在。

B　选矿试验流程、药剂及指标

a　先选铅—脱泥后选锌—浮选脱除尾矿

选铅用硫化—丁黄药浮选，为一粗一精一扫，选铅后的尾矿用 ϕ75mm 水力旋流器脱泥，旋流器底流用硫化—混合胺浮选，为一粗一精，胺法选锌后的尾矿用氧化石蜡皂脱除尾矿，并获得锌中矿。缺点是药剂耗量大，污染严重，其指标列于表 8-5 中第 1 栏。

b　先选铅—脱泥后摇床选锌—反浮选脱除尾矿

选铅、脱泥及反浮选的方法与使用药剂同表 8-5 中流程（1），不同之处是将胺法选锌改为摇床选锌，由此降低了药剂用量，其指标列于表 8-5 中第 2 栏。

表 8-5　会泽铅锌矿选试验指标　（%）

流程	产品名称	$r\frac{\beta Pb;\ \beta Zn;\ \beta Ge}{\varepsilon Pb;\ \varepsilon Zn;\ \varepsilon Ge}$
流程（1）	原矿	$100.00\ \frac{3.33;\ 14.75;\ 34}{100.00;\ 100.00;\ 100.00}$
	铅精矿	$5.66\ \frac{38.85;\ 7.15;\ 38}{66.03;\ 2.74;\ 6.29}$
	锌精矿	$33.01\ \frac{1.54;\ 35.30;\ 37.3}{15.26;\ 79.00;\ 35.99}$
	中矿	$13.41\ \frac{1.49;\ 4.77;\ 68}{6.02;\ 4.34;\ 26.65}$
	矿泥	$14.37\ \frac{2.24;\ 10.55;\ 46}{9.67;\ 10.28;\ 19.31}$
	尾矿	$33.55\ \frac{0.30;\ 1.60;\ 12}{3.02;\ 3.64;\ 11.76}$
流程（2）	原矿	$100.00\ \frac{2.32;\ 9.03;\ 22}{100.00;\ 100.00;\ 100.00}$
	铅精矿	$3.81\ \frac{41.20;\ 7.50;\ 33}{67.66;\ 3.17;\ 5.67}$
	锌精矿	$20.85\ \frac{1.54;\ 22.84;\ 37}{13.72;\ 52.73;\ 34.34}$
	中矿	$8.69\ \frac{0.87;\ 16.80;\ 50}{3.26;\ 16.17;\ 19.40}$
	矿泥	$20.55\ \frac{1.30;\ 8.68;\ 31}{11.51;\ 19.77;\ 28.23}$
	尾矿	$46.10\ \frac{0.19;\ 1.60;\ 6}{3.85;\ 8.16;\ 12.36}$
流程（3）	原矿	$100.00\ \frac{3.90;\ 12.78;\ 29}{100.00;\ 100.00;\ 100.00}$
	铅精矿	$6.44\ \frac{34.56;\ 10.44;\ 30}{71.92;\ 5.26;\ 6.68}$
	锌精矿	$22.82\ \frac{0.99;\ 40.05;\ 38}{5.80;\ 71.5;\ 30.0}$
	中矿	$26.25\ \frac{1.61;\ 5.30;\ 44}{10.84;\ 10.91;\ 39.82}$
	矿泥	$9.06\ \frac{2.58;\ 10.32;\ 36}{5.99;\ 7.31;\ 11.30}$
	尾矿	$35.45\ \frac{0.60;\ 1.87;\ 10}{5.4;\ 5.01;\ 12.22}$
流程（4）	原矿	$100.00\ \frac{3.44;\ 12.7;\ 25}{100.00;\ 100.00;\ 100.00}$
	铅精矿	$5.83\ \frac{41.46;\ 16.79;\ 38}{70.23;\ 7.71;\ 8.78}$
	锌精矿	$62.99\ \frac{1.23;\ 16.17;\ 33}{22.47;\ 80.18;\ 82.45}$
	尾矿	$31.18\ \frac{0.81;\ 4.93;\ 7.1}{7.30;\ 12.11;\ 8.77}$

注：流程（1）、（2）、（3）中的锌精矿、中矿和矿泥应合并作为含锗混合锌精矿送往冶炼厂。

c　先脱泥—选铅—选锌—再磨后反浮选脱除尾矿

先洗矿脱泥，有利于钒铅锌矿的浮选，选铅用硫化—仲辛基黄药浮选，选锌用硫化—混合胺浮选，将方解石、白云石等作为尾矿反浮选出来，而将含铅锌和锗的褐铁矿留于槽内作为产品回收（用强磁选代替反浮选丢尾，以回收褐铁矿，则更合适），其试验指标列于 8-5 中第 3 栏。

d　重介质旋流器预选—浮铅联合流程

原矿经破碎洗矿筛分后，13 ~ 3mm 物料用重介质旋流器预选，丢弃轻产品，重产品与

2～0mm 物料进入选铅作业，浮选铅的底流即为锌精矿。质地疏松、密度较低的褐铁矿一部分进入筛下产品，得以回收，另外少部分进入旋流器轻产品，导致锌和锗的损失。其指标列于表 8-5 中第 4 栏。

由表 8-5 中的数据可见，在流程（1）和流程（3）中矿泥和中矿的锌品位偏低，但由于其含锗量较高，因而中矿和矿泥均有较高的利用价值。四种流程中的混合锌精矿锗回收率均在 80% 以上，若加上铅精矿中回收的锗，则两者的锗总回收率在 87% 以上。

随着矿山厂脉矿资源的消失，其供矿量逐渐减少，今后将主要由麒麟厂提供深部硫化矿。

8.7.4 铅锌矿选矿厂的环境保护

8.7.4.1 铅锌矿选厂的污染源种类和治理方法

铅锌矿选厂的主要污染源包括选矿废水、尾矿泥砂、破碎筛分车间的粉尘以及破碎磨矿等大型设备产生的噪声等。

对于铅锌矿选厂，破碎、筛分粉尘的污染治理情况通常尚好。在设计选矿厂时，就拟定了解决治理粉尘超标的技术方案，在物料的破碎、筛分设备可设防尘罩，在运矿设备的落料点设排尘点，用风管将这些尘料吸往除尘器排除。

破碎、磨矿噪声的治理办法不多。只有个别选矿厂在磨矿机中使用橡胶衬板，可使噪声有一定程度降低。

尾矿库的粉尘和风砂会对环境和农作物造成破坏。对此，防治措施大致有如下几种：（1）洒水和水幕法：向干燥尾矿库滩面喷水或在山谷型尾矿坝顶附近向空中喷水，形成水幕将尘源隔开；（2）覆盖法：在尾矿表面覆盖土石，防止风砂扬起或被雨水冲蚀。合适的土壤有利于蓄水或导水，保温或导温，供肥及保肥等；（3）植被法：在尾矿库的坝坡、库内种植永久性植物，达到保土固堤的效果。例如：水口山铅锌矿在尾矿库的坝坡上，种植苦楝树和马边草，其长势良好，保护了生态环境；（4）尾矿库表面固化：在尾矿库表面喷洒覆盖剂，形成尾矿的覆盖膜，达到防尘的目的。覆盖剂通常是一种乳化状溶液，无毒，具水溶性和一定的耐雨性和抗寒性；（5）采用尾砂充填或胶结充填采矿工艺，利用尾砂作为充填料，返回坑下充填采空区，既可以有效解决尾矿固有的环境危害，又有利于降低矿山充填料的加工费用。

铅锌矿山的废水是主要污染源，它包括来自采矿场的废水和选矿厂的废水。选矿厂废水包括：尾矿水、精矿溢流水、事故水、选厂冲洗水、尾矿库渗透水等。

来自采矿场的废水需处理后才能排放或供选厂使用。其成因是：矿石受地下水和雨水的浸泡，由于细菌氧化和其他物理、化学、生物作用，产生出含重金属离子的酸性矿山废水，其中含有大量的硫酸根、亚铁和高铁离子，同时也含锌、镉、砷、氟等离子。

选矿厂的废水与所使用的药剂密切相关，其污染物有：（1）悬浮物，这些悬浮物有微细的矿粒，胶体状的各类沉淀物。含尾矿的废水若流入农田，细泥会堵塞土壤的毛细管，从而使其贫瘠化。（2）酸性或碱性废水，铅锌选厂的废水通常是呈碱性的。（3）各类有机和无机的浮选药剂。铅锌浮选中加入的各种抑制剂，如氰化物、重铬酸盐、硫化钠、硫酸锌及有机抑制剂，还有各种捕收剂和起泡剂。特别是氧化矿浮选中，捕收剂用量更大。

其中，氰化物是剧毒物质，水体受其污染后，会严重影响水产养殖业的发展。此外，事故水和冲洗水含油较高。(4) 重金属离子，危害极大的有：镉、铅、铬、砷、汞等离子，具有一定危害的有铜、锌、锑、硒、铁、锰等离子。其成因是：由于铅锌多金属矿石中含有的重金属矿物种类多，含量高，在选矿生产过程中添加的浮选药剂，特别是氰化物和重铬酸盐，会导致重金属矿物溶出重金属离子。此外，原矿的氧化程度高时，重金属氧化物和硫酸盐的溶解量比其硫化物高，重金属离子含量亦高。重金属危害的特点是不能被降解，反而能在微生物作用下，转化为毒性更强的有机化合物，并且经过食物链放大作用，可在生物体内器官中蓄积，造成累积性中毒。

工业废水最高容许排放浓度见表8-6。

表8-6 工业废水最高容许排放浓度

有害物质或项目名称	最高允许排放浓度
pH 值	6～9
悬浮物（水力排灰、洗煤水、水力冲渣、尾矿水）/mg·L^{-1}	500
生化需氧量（5天20℃）/mg·L^{-1}	60
化学耗氧量（重铬酸钾法）/mg·L^{-1}	100
硫化物/mg·L^{-1}	1
挥发性酚/mg·L^{-1}	0.5
氰化物（以CN计）/mg·L^{-1}	0.5
有机磷/mg·L^{-1}	0.5
石油类/mg·L^{-1}	10
铜及其化合物（按Cu^{2+}计）/mg·L^{-1}	1
锌及其化合物（按Zn^{2+}计）/mg·L^{-1}	5
氟的无机化合物（按F^{-}计）/mg·L^{-1}	10
硝基苯类/mg·L^{-1}	5
苯胺类/mg·L^{-1}	3

废水处理有不同的分类方法，但从原理上可分为物理处理法、化学处理法和生物学处理法三大类，每大类又可分为若干种分离方法，详见表8-7。选矿废水处理应根据废水水质、水量及生产工艺特点，从节省能源与综合回收的角度考虑，确定适宜的处理技术。

对于成分复杂的废水，往往需要联用几种处理方法。下面从表8-7中选择几种常用于处理铅锌矿选厂废水的方法加以讨论。

(1) 中和法。中和法是采用适当的中和剂、调整pH值，使酸性或碱性废水达到排放标准或回用指标。而且将pH值调至合适范围，还能使溶解在废水中的铁、铝、铜、锌、锰、镉等金属离子，形成氢氧化物沉淀而除去。对酸性废水常用的中和剂为消石灰及石灰石，其价格便宜，沉降速度快。

(2) 氧化法。氧化法是利用氧化反应将水中的污染物质分解，使之无害化的处理方法。常用的氧化剂有活性氯系的液氯、次氯酸钠、漂白粉及过氧化氢、过硫酸钠、臭氧等。含氰废水及含黄药、硫化钠等浮选药剂的选矿废水，常用该法处理。此外，曝气法也是利用氧化作用，该法从空气中得到充分的氧气，使水中的无机物和有机物氧化，变有害为无害。

表8-7 污染物与处理技术

状态	污染物	净化技术	浓缩技术	深度处理技术	渣处理技术
不溶物质	悬浮物 沉淀物 金属氢氧化物	筛网 沉降分离 凝聚沉降 澄清过滤 浮选、离心	沉淀浓缩 脱水过滤 离心脱水 脱水筛分 湿式造粒	精密过滤 (处理水再利用)	自然脱水 蒸发—干燥 掩埋，投入海洋 (有价物质再利用)
水溶性物质	无机酸、 碱金属离子、 氰化物等 可溶物质	中和、沉淀、 晶析、氧化、 还原、吸附、 离子交换提取	凝聚沉降 沉淀浓缩 凝聚浮上 脱水过滤 离心脱水	精密过滤 电渗析 (处理水再利用)	蒸发—干燥 掩埋，投入海洋 (有价物质再利用)

除上述两种方法外，常用的还有下列措施：(1) 采用加大尾矿库容积，增加库存时间，既可降解化学耗氧物质，也可减少排放尾矿水的污染颗粒量。(2) 改进选矿工艺制度，采用无氰工艺，以使用低毒或无毒药剂代替剧毒、有毒药剂。(3) 提高选矿厂的回水利用率，减少排放量。

8.7.4.2 铅锌矿选厂废水的处理实例

A 凡口铅锌矿选矿废水的治理

该矿的选矿废水的治理是从工艺改革入手，取得了环境和经济双效益。1981 年尾矿水监测结果为 pH 值 10.5 ~ 12.0、铅为 10.8mg/L、锌为 10.82mg/L。1976 年以前还采用氰化物选矿时，尾矿含氰达 2.07mg/L，每天有 720kg 氰化物随废水排入天然水系，引起 3 个区的土地受到污染。

选矿厂废水的治理的总原则是：改革工艺，消除剧毒药，废水归总，中和沉淀。由于该矿尾矿库距矿区 16km，因此，选矿厂除正常排送的尾矿浆之外，破碎、磨矿、浮选等生产过程中的废水及冲洗地板水归总后排入厂内沉淀池进行中和处理，处理水达到排放标准，污泥回收。制药室污水及精矿厂房水作为尾砂补加水由泵排至尾矿库。铅和硫浓密机溢流水按系统循环使用。锌浓密机溢流水作尾矿输送补加水。

选矿先后采用无氰选矿工艺和高碱度浮选工艺，消除了剧毒药品的污染。现生产使用的高碱浮选工艺，其尾矿水中的铅和锌都是以氢氧化合物的形式存在。当 OH^- 离子浓度高时，则 $Pb(OH)_2$ 和 $Zn(OH)_2$ 可能再溶解，因此采用硫酸调节尾矿水的 pH 值。pH 值控制在 8.6 ~ 6.4 时，废水中铅的含量在 0.23 ~ 0.16mg/L 之间，按 pH 值控制在 7.3 时计算，每吨废水加入硫酸量为 21kg。废水在送出前调整 pH 值，以免在高碱废水排入尾矿库后产生返溶现象。pH 值控制在 7.3 ~ 8.5 的范围，尾矿水合格率达 91.8%。

通过对废水的治理，该矿废水排放合格率逐年提高。金属流失从 5% 下降为 1.7%。选矿工艺的改革不但消除了剧毒药品的污染，改善了环境，而且提高了金属回收率，带来了较好的经济效益。

B 桃林铅锌矿选矿废水的治理

该矿原废水的特点是：(1) 浑浊度高，尾砂水的浊度正常情况下为 1500mg/L；且其固形物极细，沉降极慢；（2）化学成分复杂，浮选使用了 15 种药剂，在废水中含有大量的重金属和残留药剂，铅、锌、铜、铬、氰化物、化学需氧量均超过国家规定的排放标准。

该矿采取了以下治理措施：

（1）改革浮选工艺，使用低毒药剂。用丁铵黑药代替 25 号黑药；用乙硫氮代替黄药；用甘苄油代替松醇油；减少甲酚的污染和恶臭味，改善了现场的劳动环境。

（2）循环使用废水。对废水采取逐级返回，循环使用。先后安装了铜、锌、萤石溢流水返回泵，分别将溢流水泵至铜、铅分离作业，锌精选作业，萤石精选作业使用。其余废水送尾矿池。

（3）废水集中治理，对浮选检修、砂泵、管道故障停车放出的砂浆及卫生冲洗水等，流入环保废水池，进行集中处理。

（4）对尾矿水联用硫酸铝混凝法和澄清过滤法。其办法是在尾砂坝的总排水口周围设置围井过滤设施，即在排水井周围以块石堆砌了两堵围井墙，内墙与外墙间充填以炉渣。卵石、河砂作为过滤层，絮凝后的尾砂水经内高而外低地穿过过滤层而达到过滤的目的。

处理效果见表 8-8。

表 8-8 桃林铅锌矿废水处理前后的检测结果 （mg/L）

名 称	pH 值	Cu	Pb	Zn	Cr^{6+}	F	As	CN^-	化学耗氧量	浊度
总溢流水	7.7	3.96	2.77	4.4	6.80	120	未检	未检	116	300
事故废水	未检	2.72	2.97	6.5	0.25	380	未检	未检	581.6	380
尾砂水	7.7	1.80	2.58	2.03	10.1	15.30	0.25	0.75	593.49	
排放标准	6 ~ 9	1.00	1.50	4.00	0.50	15.00	0.50	0.50	100.00	400
外排选矿废水	8.25	<0.03	0.25	0.35	<0.1	9.4	0.10	<0.02	26.43	215

该矿经上述治理后，不仅使外排的选矿废水中各种有害成分的含量均降到适宜排放的浓度，而且由于含有残留药剂的选矿废水循环使用，降低了约 30% 的药剂消耗，节约了选矿成本，获得了一定的经济效益。

C 厂坝铅锌矿的废水处理

（1）矿坑废水的处理：此废水中锌和铜都大大超过排放标准，且呈酸性，既不能作为选矿用水，也不能直接排放。采用石灰综合法处理矿坑废水，只要控制好加入石灰的量，以达到需要的 pH 值，再加入适量的助滤剂（如聚丙烯酸胺等），配上有效的固液分离装置，处理后水质既可排放，也可供选矿使用。中和渣可用硫酸进行湿法处理，将其中的锌和铜转变成化工产品或金属回收利用，这又可获得一些经济效益。

（2）含油废水的处理：这些废水来自各车间的设备冷却和地面冲洗水，其主要污染物是呈细乳状的机械油和大量的固体悬浮物（微细的矿粒等），利用油、水和固体悬浮物的密度差，可去除污染物，使水得到净化。

（3）氧化矿废水的处理：废水中带入了大量的多种浮选药剂，尤其是含 S^{2-} 和混合胺较高，采用石英进行胶体脱药与混凝沉淀处理后，S^{2-} 含量由 150 ~ 300mg/L 降至 6 ~

20mg/L，混合胺由 11～24mg/L 降至 0.04～0.07mg/L，达到了循环使用要求。

（4）尾矿废水的处理：主要污染物是黄药、松醇油等，对这样的水质，国内大多数选厂采用尾矿库自净处理法或混凝沉降法，国外则尽可能选用易降解的起泡剂代替稳定性好的松醇油，而该矿采用漂白粉法处理，工艺简单、费用低。可使丁基黄药由 36mg/L 降至 5mg/L，松醇油由 11.8mg/L 降至小于 0.0005mg/L。

D 其他铅锌选厂废水处理简介

会泽铅锌矿选厂因处理难选混合铅锌矿，选别过程中加入了多种药剂，使废水中含铅、锌等重金属、pH 值及化学耗氧量均高。采用曝气法处理，废水在曝气池内停留 20～24h，再澄清过滤，使化学耗氧量由 801.5mg/L 降至 140.9mg/L，Pb^{2+} 由 112.95mg/L 降至 0.20mg/L。

黄沙坪铅锌矿选厂废水中铅、锌、硫、酚、pH 值均超标，用液氯法—硫酸亚铁法处理。方法是先加氯水，以除去硫、酚，再投入硫酸亚铁，并用石灰调整 pH 值至中性，然后加 3 号絮凝剂，静置沉淀，可达到废水排放标准。

E 原苏联选矿试验厂使用回水对选矿指标的影响

原苏联有色金属矿冶研究院试验厂，研究了回水对铅、锌、硫选矿指标的影响，半工业试验规模为 250t/d。

选矿流程为优先浮铅，之后进行锌硫混浮。对锌硫混合精矿进行抑硫浮锌处理。

将选矿全部最终产物的液相汇合在一起，其 pH 值为 12～12.5，含有氰化物、硫代氰酸盐、硫酸盐、起泡剂，以及铅、锌、铜离子（这三种金属离子含量均小于 0.1mg/L）。

将这种水澄清一昼夜，并进行调整以降低 pH 值，方法是在尾矿池中，用空气鼓泡，使水体与二氧化碳接触，使 pH 值降到 8.5～9，此时，黄药亦完全受到破坏。

使用过程中发现，由于锌硫混选中所需的起泡剂浓度较高，使得回水的起泡剂浓度高到铅浮选回路所不适宜的程度，其泡沫过多。原用起泡剂 T-66 在水循环使用若干次后，就可发现铅回路有多余的泡沫，用活性炭处理回水 26h，可使 T-66 的浓度降低一半。改用起泡剂 Д-3，并在磨矿中或向溢流鼓泡的设备中给入 300g/t 矿石的活性炭。可减少过多的泡沫，并且在铅浮选回路不必添加起泡剂。

为了补充尾矿坝中不可回收的水损失，应在铅精矿、锌精矿的精选过程中给入约 25% 的新鲜水。

按这样的办法，对回水循环使用 7 次后，水中的各种成分达到稳定。

由于回水中累积了氰化物和硫代氰酸盐。如若这两种药剂在铅浮选回路的消耗量仍不变，则会使闪锌矿和黄铁矿受到更大的抑制，从而使得后续锌硫浮选回路的硫酸铜、丁基黄药、起泡剂耗量增加，还需添加苏打活化黄铁矿，这样是不合适的。恰当的措施是降低氰化物和硫代氰酸盐的消耗量，并控制好其在矿浆中的浓度。由于其浓度的正常化，所以没有必要提高锌硫混选回路中的硫酸铜、黄药和起泡剂的用量，其消耗量应保持不变。

对回水和药剂制度采用如上所述的措施，可以成功地保持选别指标接近于用新鲜水的程度，其各项指标对比列于表 8-9 中。

表 8-9 用新鲜水和回水操作时的技术指标

精 矿	品位/%			回收率/%		
	铅	锌	铁	铅	锌	铁
新 鲜 水						
铅精矿	51.56	2.97	5.26	63.3	0.5	0.3
锌精矿	0.53	53.53	7.43	6.4	91.2	4.8
黄铁矿精矿	0.26	0.61	38.7	10.4	3.5	82.2
尾 矿	0.27	0.37	3.26	19.8	4.8	12.7
回 水						
铅精矿	48.41	3.34	6.18	64.4	6	0.4
锌精矿	0.35	55.16	6.87	4.4	91.4	4.3
黄铁矿精矿	0.27	0.71	40.0	11.2	3.9	84.5
尾 矿	0.28	0.43	2.97	20.1	4.1	10.8

8.7.5 铅锌矿选厂的自动化检测与控制

8.7.5.1 破碎—分级过程的检测与控制

碎矿过程自动控制的首要任务是确保碎矿设备的安全运转，提高设备的处理能力，降低能耗和尽可能降低破碎产品的粒度。

目前，我国的一些大中型铅锌矿选厂的破碎车间都装备有如下一些检测与自动控制装置：

(1) 联动和事故运转连锁装置；

(2) 在给料输送皮带上安装金属探测器和除铁装置；

(3) 给矿漏斗设有堵塞报警装置；

(4) 粉矿仓设料位测试装置；

(5) 碎矿主机装有润滑系统控制保护装置，对如下一些参数做检测与调节：油温、油压、油量、回油油温等；

(6) 我国一些自动化水平较高的选厂，设置有破碎系统集中控制操作室，对破碎作业进行日常的监控与调度。

8.7.5.2 磨矿—分级回路的检测与控制

磨矿过程是选矿厂的关键工序，其能量消耗约占选厂总能耗的40% ~50%，磨矿机的产品的数量及其质量直接影响选矿技术经济指标。磨矿—分级回路控制目标是：最大限度地提高这一回路的生产能力，并保持合理的磨矿粒度，同时达到节能的效果。

球磨机效率的高低，取决于磨矿介质（钢球的添加量和球的配比）、矿石性质、磨矿浓度3个基本因素。为此，通过如下一些措施来实现磨矿分级过程的稳定控制。

(1) 在给料输送皮带上，设有电子皮带秤计量，并将检测结果反馈到带式给矿机的变频调速器上，从而实现给矿量的恒定控制。

(2) 采用矿浆静压法并通过差压变送器来检测分级溢流的密度变化。并输出信号，自动控制加水量，保持矿浆浓度稳定。矿浆浓度检测还可采用 γ 射线密度计、重浮子浓度计等，其控制系统大致一样。

（3）为了保证水力旋流器良好的分级效果，在砂泵池内安装液位计，在砂泵出口管路上安装浓度计和电磁流量计，以实现对砂泵池液面控制，从而保持旋流器给矿有恒定的压力和给矿量。

（4）有些选厂引进了 PSM 型粒度分析仪，将粒度检测值与人工设定值比较，通过运算，根据粒度大小与旋流器给矿浓度相关关系，改变给水量，以保证溢流产品粒度稳定。

（5）有些选厂还对磨矿浓度实行控制，通过测定给矿量和返砂量，改变磨机加水量，达到磨矿浓度的恒定。

（6）一些选厂自制了自动加球机，实现了钢球的定时定量自动添加，减轻了操作工人的劳动强度。

8.7.5.3 浮选过程的自动控制

浮选过程控制的目标是：稳定作业，获得合格的精矿，提高有用组分的回收率和降低药剂消耗。为此，需对矿浆 pH 值、浮选药剂量、浮选槽液位、浮选槽充气量和中矿返回量等进行控制，并及时了解精矿质量和尾矿中有价成分的损失。我国的大中型铅锌选厂常装备如下一些检测与自动控制装置：

（1）在浮选系列安装国产智能 pH 值过程控制仪，对矿浆 pH 值进行检测，反馈控制，并输出信号控制石灰乳（或其他 pH 值调整剂）的加入量，从而达到 pH 值稳定。

（2）配备国产微机控制加药机，对多个加药点，进行定时、定量加药，并将各加药点的有关参数显示在 CRT 屏幕上。更复杂有效的控制手段是根据原矿、精矿、尾矿的品位和回收率及给矿量变化，调整加药量，并进行控制，达到提高选别指标和节省药剂的效果。

（3）X 射线荧光分析仪成为选别作业自动化的核心设备，可对原矿、精矿、尾矿浆的铜、铅、锌、银等元素进行在线品位检测，从而为计算机控制浮选过程提供了前提条件。一些研究者还利用神经网络理论指导建立控制模型。

（4）浮选槽液位控制。根据尾矿品位的高低，升高浮选槽矿浆液位，则泡沫刮出量增多，回收率高，尾矿品位下降，但精矿品位下降；反之，尾矿品位上升。

（5）浮选过程的电化学控制。通过对浮选过程电化学反应的研究和热力学计算，建立数学模型，利用传感器对铅和锌的粗选及精选等主要作业进行电位控制，以此调整各给药点的加药量。

8.7.5.4 脱水过程自动控制

脱水工段浓缩作业的底流排矿浓度波动大，人工难以精确控制，影响后续作业正常运行，控制办法是，在矿浆出口的管道上，安装一台浓度计进行检测，并使用电动调节阀调节排矿流量，使矿浆浓度稳定在某一个给定的范围。

脱水工段过滤作业自动控制通常一部分由过滤机的配套仪器来实现，另一部分需另行配置，如对过滤机内矿槽液面进行检测和报警，对放矿阀门进行开、闭控制及故障检测及报警，对矿浆提升泵池溢出检测与报警等。

8.7.5.5 铅锌矿选厂检测与控制实例

凡口铅锌矿选矿厂在磨矿作业配备电子秤、变频调速器、浓度计、流量计、PSM-400 型粒度分析仪，并安装计算机系统集中管理，所用的控制策略是对给矿、给水和磨矿产品的浓度、细度进行单回路控制，由此可使处理量提高 5% ~10%，能耗降低 10%。在浮选作业引进 Courier-30X 荧光分析仪2台、pH 值检测仪、国产微机加药机，并由 PC 工业计算机和神经网络系统进行控制，还安装有工业大屏幕显示屏，指导工人操作，采用这些措施，提高了铅、锌回收率，节省了药剂5% ~10%。

西林铅锌矿选矿厂与北矿院合作，研制成功 FK-1 型浮选过程控制系统。该系统采用集中管理、分散控制的思想。模拟量数值的采集、加药量的控制和显示等均由相应的专用智能仪器完成。各部分相对独立，其中的一部分发生故障并不影响系统其他部分的工作。首先找出浮选过程中各加药点的加药量与原矿品位之间的函数关系，并用精矿含杂量和回收率，对此函数关系进行修正，以计算值为依据，对各加药点的抑制剂、捕收剂用量作适量增减。现场操作人员可利用系统的自检功能，检测软、硬件的工作状况，还可对控制系统进行离线仿真，修改控制模型及其参数，该系统的投入运行，有效地改善了工人的工作条件，降低了劳动强度及选厂的生产成本，提高了生产指标，为选厂带来了可观的经济效益。该厂的检测与控制设备实现了全部国产化，为我国铅锌矿选厂的自动化管理探索了一条成功之路。

8.8 铅锌矿选厂实例

8.8.1 硫化铅锌矿选厂实例

硫化铅锌矿石在铅锌资源中的占有率较多，其开发利用率高，在国内外已建成的选厂也较多。

在此以凡口铅锌矿和水口山铅锌矿为例加以介绍，这不仅是因为这两座矿山是我国的重要铅锌精矿产地，而且选厂经历了多次流程变革和技术改造，集中了一批先进的铅锌选矿工艺和设备。

8.8.1.1 凡口铅锌矿选厂

A 概况

凡口铅锌矿位于广东仁化县。选厂一期（第Ⅰ系列）建设规模1000t/d，于1968年建成投产，第二期（第Ⅱ、Ⅲ系列）规模2000t/d，分别于1971年和1982年建成。1990年，经改造规模达4500t/d，使凡口铅锌矿选矿厂成为中国最大的铅锌矿选厂。

B 矿床与矿石

该矿床为沉积—改造型碳酸盐岩矿床，有多个矿化地段共180多条矿体，其中以狮岭、金星岭地段规模最大。

矿石绝大部分为致密块状原生硫化矿石，其矿物成分简单且分布较均匀，矿体垂直分带规律是上部铅锌较富，向下含硫增高并出现单一黄铁矿。主要有价矿物为方铅矿、闪锌矿和黄铁矿，主要脉石矿物为石英、方解石、白云石、绢云母和绿泥石。原矿中含铅为5.00%，锌为10.35%，硫为24.93%，铁为19.35%，砷为0.10%，银为110g/t。

岩矿鉴定工作指出，铅锌硫矿物嵌布复杂，共生关系密切，由于闪锌矿生成早于方铅矿，而又比黄铁矿晚，因而呈现出按生成时间，后者沿前者的晶粒间隙或裂隙解理充填溶蚀交代。方铅矿多呈他形晶粒或细脉状嵌布于黄铁矿、闪锌矿中，属不均匀细粒嵌布，硫化矿物与脉石镶嵌关系较简单，易被磨矿解离，然而铅、锌、硫矿物镶嵌关系密切，一般磨矿条件下，难以单体解离，因此，这三种矿物难以分选。

银主要赋存于方铅矿中，其次是在闪锌矿中，主要含银矿物为银黝铜矿、深红银矿。汞以辰砂的形式存在于闪锌矿中，镉、镓、锗等稀散元素，以类质同象的形式分布在闪锌矿中。

C 生产工艺流程沿革

自建厂以来，所采用的生产工艺流程及生产指标列于表8-10。

表8-10 凡口矿选厂生产工艺沿革及生产指标

流程序号	时间	生产工艺流程	产品名称	品位/%		回收率/%		其他指标
				Pb	Zn	Pb	Zn	
(1)	1968年	设计为三段磨矿铅锌混合浮选，粗精矿再磨再选，中矿单独再磨再选	铅精矿 锌精矿	38.49 2.06	5.46 42.62	75.32	91.25	
(2)	1969年	采用一段或两段磨矿、铅锌混合浮选后再分离	铅精矿 锌精矿	38.71 2.47	6.61 43.59	72.72	87.15	
(3)	1974～1975年	采用优先浮选，铅锌精矿再磨，优先浮选时，以胶体碳酸钠取代氰化物	铅精矿 锌精矿	41.80 2.30	4.75 48.43	75.60	90.03	
(4)	1976年7月～1978年	采用三段磨矿，铅锌优先浮选，中矿进行铅锌混合浮选，产出部分铅锌混合精矿	铅精矿 锌精矿 混合精矿	53.18 1.13 11.75	3.07 52.54 31.30	44.22 41.10	47.33 47.33	
(5)	1978～1980年8月	采用三段磨矿，优先浮选，铅集中精选流程	铅精矿 锌精矿	40.04 2.36	5.79 51.12	74.93	89.71	硫精矿： $\beta_s=38.96\%$ $\varepsilon_s=30.11\%$
(6)	1980年	采用高碱度，用丁基黄药优先浮选流程	铅精矿 锌精矿	52.03 1.60	4.58 51.36	80.96	90.54	硫精矿： $\beta_s=38.86\%$ $\varepsilon_s=59.59\%$
(7)	1982～1983年	在第Ⅱ系列采用三段磨矿，全浮-分离浮选流程	铅精矿 锌精矿	49.89 1.55	4.22 50.61	81.82	90.10	
(8)	1987～1991年	在第Ⅲ系列采用异步混选工艺生产铅锌混合精矿	混合精矿	(Pb+Zn) 54.33%		88.62	97.63	混合精矿中： $\beta_{Ag}=311.69g/t$ $\varepsilon_{Ag}=88.56\%$
(9)	1991年8月	在第Ⅱ系列，采用混合药剂快速浮选工艺	铅精矿 锌精矿	58.88 1.38	4.13 53.67	82.09	93.82	铅精矿中： $\varepsilon_{Ag}=45.07\%$ 锌精矿中： $\varepsilon_{Ag}=36.43\%$

其中：序号（6），采用高碱度，用丁基黄药优先浮选流程。原矿经两段磨矿分级后细度达 $-74\mu m$ 80%～88%，铅浮选以石灰+硫酸锌作为抑制剂，为一粗一扫四精流程，其中铅粗精矿再磨细度达 $-36\mu m$ 90%；锌浮选为一粗三精两扫，添加硫酸铜+丁黄药。

序号（8）为异步混合浮选工艺，选铅锌混合精矿流程为二粗五精三扫；以苯胺黑药+丁黄药作为捕收剂，其中混合粗选的精矿细磨至-40μm 87.1%再进入精选。此流程的实施，是由于韶关冶炼厂的密闭鼓风炉冶炼工艺已日臻完善，对铅锌混合精矿可直接入炉冶炼，并分别产出铅锭和锌锭。为此采用异步混合浮选，不仅降低了选矿成本，简化了流程，提高了铅锌回收率，而且第一步粗选及精选Ⅰ的第一步可不用石灰，由此亦提高了银回收率。

序号（9）为混合药剂快速浮选工艺，铅浮选为二粗五精二扫，其中铅粗精矿再磨至-360目80.7%以石灰作为锌硫抑制剂，丁黄药+乙硫氮作捕收剂，锌浮选为三粗三精二扫，添加硫酸铜+丁黄药。在优先选铅回路，从粗选作业分出产率约为3%，含铅约为50%，回收率约为30%的较粗粒铅粗精矿，不经再磨直接送给第四次铅精选作业，而其他铅粗精矿经再磨至80% -360目，经四次精选选出铅精矿，该流程与原有高碱优先流程相比，铅精矿的铅、银回收率相近的情况下，品位大为提高。

D 选厂生产工艺流程及设备

碎矿流程为三段一闭路。粗碎设在矿坑内，用两台0.6m×0.9m颚式破碎机将采下的-500mm矿石破碎至-180mm，再提升至地面，由架空索道运至选矿厂破碎车间。中碎用ϕ1.65m标准型圆锥破碎机，细碎用ϕ2.2m短头型圆锥破碎机与筛分机组成闭路破碎，破碎的最终产品粒度为-15mm。

磨矿与浮选经改造后成为三个不同的系列，Ⅰ系列和Ⅱ系列处理能力为2050t/d，Ⅲ系列处理能力为400t/d。根据市场需要，Ⅰ系列采用异步混选工艺生产韶关冶炼厂密闭鼓风炉冶炼所需的铅锌混合精矿，Ⅱ系列采用高碱工艺生产铅精矿和锌精矿，Ⅲ系列为洗矿后的泥处理流程，亦生产混合精矿。铅、锌浮选尾矿集中处理，先经浓缩后，回收黄铁矿。Ⅰ、Ⅱ系列均采用阶段磨选流程，-15mm原矿分别经两台ϕ2.7m×3.6m格子型球磨机与两台ϕ2m螺旋分级机组成第一段闭路磨矿，其分级溢流细度为65% -200目（-74μm）；再经3台ϕ0.35m旋流器与一台ϕ2.7m×3.6m溢流型球磨机组成第一段闭路磨矿，旋流器溢流浓度约为39%，产品粒度约为87% -200目（-74μm）。Ⅰ、Ⅱ系列均采用粗精矿再磨流程，浮选粗精矿，经ϕ2.1m×3.0m溢流型球磨机与ϕ0.35m旋流器组成闭路磨矿，磨至80% -360目，送精选作业。粗、扫选作业采用JJF-8型浮选机，精选采用JJF-4型浮选机，仅在铅精选少数作业采用6A型浮选机。

1986年2月在浮选作业安装了芬兰奥托昆普公司的Couier-30X荧光分析仪2台，并配以计算机系统和神经网络系统进行控制。能对原矿、铅、锌精矿及尾矿等5个矿浆点的Pb、Zn、Fe、Ag品位进行在线检测，巡回分析一次仅需15min，且分析精度接近化学分析结果。检测结果经数据处理、自动记录和显示，操作人员可以直接从显示屏上看到浮选指标的变化，及时调整有关工艺条件，选矿指标得到显著提高。

1994~1995年先后两次从芬兰奥托昆普公司购进两台CC-45型、一台CC-15型的陶瓷过滤机用于锌精矿、硫精矿和铅精矿的脱水，替换了传统的盘式真空过滤机，达到了降低精矿水分，节能的效果。

选矿主要设备见表8-11。

表 8-11 选矿主要设备

设备名称	规 格	数量/台	设备名称	规 格	数量/台
中型板式给矿机	HBG1200×1800	2	浮选机	6A	16
重型振动筛	1750×3500	1	搅拌槽	ϕ2500×2500	4
标准圆锥破碎机	ϕ1650	1	提升搅拌槽	ϕ2500×2500	10
短头圆锥破碎机	ϕ2200	1	提升搅拌槽	ϕ2000×2000	2
惯性振动筛	2S-2 型 1500×3000	5	浓缩机	ϕ30 周边传动	3
圆盘给矿机	ϕ1500 敞开式	14	浓缩机	ϕ24 周边传动	1
格子型球磨机	ϕ2700×3600	4	浓缩机	ϕ18 周边传动	3
溢流型球磨机	ϕ2700×3600	2	圆盘过滤机	PZC68	12
双螺旋分级机	ϕ2000	4	载流 X 荧光分析仪		1
水力旋流器	ϕ350	24	陶瓷过滤机	CC-15	2
浮选机	JJF-8	100	陶瓷过滤机	CC-15	1
浮选机	JJF-4	28			

8.8.1.2 水口山铅锌矿选厂

A 概况

水口山铅锌矿位于湖南省常宁县。于 1952 年 2 月建成规模 200t/d；1958 年，扩建成规模 1100t/d。

B 矿石性质

水口山铅锌矿属中温热液交代矿床，由老鸦巢和鸭公塘两个矿段组成。老鸦巢矿石结晶较粗，比较易选，鸭公塘矿石矿物嵌布粒度较细，氧化泥化程度较高，比较难选。矿石中主要金属矿物是方铅矿、闪锌矿、黄铁矿、黄铜矿。此外，尚有少量的沥青铀矿，及金、银、镉、铋、镓、铟、钴、硒等伴生元素，脉石矿物主要有方解石、石英等。

选厂处理的外购矿石量约占总处理矿量的 30%，金属量却占 60%，铅品位一般为 6% ~8%，锌品位 14% ~16%。由于外购矿石性质复杂多变，因此必须经过化验和可选性试验，然后再分类贮存，分批配矿。配矿后入选矿石铅的平均品位为 3% 左右，锌 5% 左右，硫 17% 左右。

水口山铅锌矿的接替资源是康家湾铅锌金多金属矿区。该矿区距水口山矿区 2.5km，为硅化角砾岩中温热液多金属矿床。矿石中金属矿物主要为黄铁矿、闪锌矿、方铅矿，还有少量铁闪锌矿、毒砂、白铁矿、黄铜矿、赤铁矿、车轮矿等。脉石矿物主要是石英、玉髓，其次是方解石、白云母、绿泥石、萤石等。方铅矿呈粗细不均匀嵌布，是银的主要载体矿物。锌矿物和黄铁矿多呈不规则粒状集合体产出，大部分为中粗粒结晶。闪锌矿含铜约 0.3%，其晶面上分布有银，黄铁矿是金和砷的主要载体矿物。以重介质—浮选联合流程进行扩大试验，可获得较高质量的铅、锌精矿，且回收率均分别达约 90% 左右。银可望富集于铅精矿中，金则主要富集于硫精矿中。

C 选矿生产工艺流程沿革

自建厂以来，有多次流程变更，其流程及生产指标列于表 8-12。

表 8-12 水口山矿选厂生产工艺沿革及生产指标

序号及流程	产品名称	品位/%			回收率/%		
		Pb	Zn	S	Pb	Zn	S
(1) 顺序优先浮选流程	铅精矿	62.52			86.61		51.2
	锌精矿	1.16	4.55				
	硫精矿		50.31	36.42			
	原　矿	2.98		9.85			
(2) 铅锌混合优先浮选流程	铅精矿	63.62	4.44		89.95	93.50	61.34
	锌精矿	0.84	49.73				
	硫精矿	0.35	0.37	37.22			
	原　矿	2.60	5.44	12.71			
(3) 铅锌等可浮流程	铅精矿	70.35	3.14	17.54	91.31	93.00	47.88
	锌精矿	0.79	48.84	30.63			
	硫精矿	0.39	0.33	37.61			
	原　矿	3.19	4.07	12.12			
(4) 铅锌—锌硫等可浮流程	铅精矿	65.98	5.00	17.37	85.70	88.82	72.67
	锌精矿	1.54	49.94	31.52			
	硫精矿	0.42	0.53	40.78			
	原　矿	2.76	4.07	14.58			
(5) 铅锌硫等可浮流程	铅精矿	61.94	4.65	20.48	85.90	91.52	65.08
	锌精矿	1.79	51.15	31.83			
	硫精矿	0.55	0.52	40.94			
	原　矿	2.63	4.80	12.55			
(6) 阶段磨选流程	铅精矿	61.86	5.77	19.93	79.20	90.70	67.29
	锌精矿	1.61	51.63	32.20			
	硫精矿	0.58	0.59	43.24			
	原　矿	2.64	6.47	18.53			
(7) 分段调浆分步串联分速浮选流程(1991 年指标)	铅精矿	58.27			80.30	85.90	57.06
	锌精矿		49.25				
	硫精矿			37.37			
	原　矿	3.71	6.75	18.34			

(1) 顺序优先浮选流程(始于建厂):浮铅时,添加氰化物和硫酸锌抑制闪锌矿和黄铁矿,采用黄药与黑药作混合捕收剂;浮锌时,用硫酸铜作活化剂,并添加石灰调 pH 值至 9.2 抑制黄铁矿,加丁黄药和乙黄药作捕收剂;浮硫时,添加苏打和硫酸铜活化黄铁矿,仍以丁黄药和乙黄药作捕收剂,处理自产矿石时,分选指标较佳。对于外购比例增多的矿石,由于含有各种可溶性重金属离子,使锌矿物受活化,因而指标逐渐下降,选别指标列于表 8-12。由此看来,铅、锌、硫依次优先浮选流程已不能适应性质多变的外购矿石。

(2) 铅锌混合优先浮选流程(始于 1964 年 4 月):由于部分锌矿物已被预先活化,因而采取因势利导，适当活化闪锌矿。采用此流程，对锌矿物实行“先重拉，后重压”，致使铅锌浮选分离困难；对黄铁矿实行“先重压，后重拉”，致使黄铁矿的活化剂碳酸钠消耗量增大。

(3) 铅锌等可浮流程（始于1966年5月）：浮选过程分为两个阶段进行，第一阶段实行以铅为主的铅锌等速混合浮选，既不活化也不抑制锌矿物；第二阶段是以锌为主的铅锌等速混合浮选，需添加硫酸铜活化闪锌矿、石灰抑制黄铁矿；混选尾矿再选硫铁矿。将两次铅锌混合精矿按铅品位的高低，依次进入铅锌分离浮选循环。该流程的适应性比前一流程更好，对铅的分选指标有所提高，但对硫的回收率下降，这是由于一部分易浮的硫铁矿也随铅锌混选时上浮。该流程还存在着其结构复杂、药耗高、设备多、耗电量大的缺点。

(4) 铅锌—锌硫等可浮流程（始于1970年10月）：该流程先对黄铁矿实行轻微抑制，而后与锌矿物充分地上浮，锌硫分离浮选是抑制黄铁矿，产出硫精矿。由于黄铁矿在浮选过程中没有受到强烈抑制，在锌硫等可浮作业能充分上浮，所以大幅度地提高了硫回收率。该流程的另一特点是各作业互相干扰少，操作稳定，适应性强，药剂费用低。

(5) 铅锌硫等可浮流程（始于1981年2月）：由于铅锌—锌硫等速浮选流程在抑硫时，除添加石灰外，还要添加少量氰化物，不利于环境保护。此外，铅硫还有共性，抑硫时对铅的浮选也有妨碍。实行铅锌硫等可浮流程后，三种产品的技术指标没有明显的变化，它的优点是：革除氰化物，消除了环境污染，并显著地提高了金银回收率。不足之处在于还需寻找更有效的非氰抑制剂，以提高铅硫分选指标。

(6) 阶段磨选流程（始于1985年元月）：由于老鸭巢矿石量减少，鸭公塘矿石量增多，外购矿石比例增加，入选矿石品位下降，氧化率和泥化程度都愈来愈高，矿物的可浮性愈来愈差。从考查中获悉，矿物过磨或欠磨，都会降低金属回收率。采用阶段磨选可较好地解决这一问题。即将铅锌等可浮粗选尾矿再磨后，再进行第二阶段的铅锌等可浮。

(7) 分支串流浮选流程（始于1985年12月）：铅浮选回路改为分支串流浮选流程，取消中矿再磨作业。即矿浆分两支进行第一段铅等可浮；浮选尾矿再磨后进第二段铅等可浮；两段等可浮精矿采用串流浮选工艺进行铅、锌分离，而后又将锌硫混合浮选回路改为分支串流浮选流程。生产实验表明，铅、锌回收率分别提高2.25%和1.13%；铅精矿四级以上的品级率由1985年的51.23%上升到了73.93%；锌精矿五级以上的品级率由23.05%上升到65.04%。此外，药剂费用降低5.3%，使选矿成本下降。

(8) 分段调浆分步串联分速浮选流程（1991年）：即为现生产流程，该流程较好地解决了外购矿石处理量增加，造成铅回收率和品位下降的问题，同时降低了锌精矿中含铅量。并将方铅矿捕收剂改为25号黑药+丁铵黑药，由此可降低石灰用量，使金、银在铅精矿中的实收率提高。

D 现在的生产流程及设备

现选厂处理自产矿石和外购矿石。破碎流程为三段一闭路，粗碎为0.4m×0.6m颚式破碎机，中碎为ϕ1.2m标准圆锥破碎机，细碎为ϕ1200短头圆锥破碎机。

磨浮工艺流程较为复杂，原矿给入ϕ2.7m×3.6m格子型球磨机，螺旋分级机溢流采用水力旋流器控制分级，旋流器沉砂给入ϕ2.4m×1.2m圆锥形球磨机与螺旋分级机构成闭路磨矿，该分级溢流与旋流器溢流混合进铅浮选回路。铅浮选先进行一粗三精三扫；产出铅精矿1、扫选Ⅰ精矿及选铅尾矿Ⅰ；再对扫选Ⅰ精矿进行再磨再选；为一粗三精二扫；

产出铅精矿Ⅱ和选铅尾矿Ⅱ。两股选铅尾矿合并进行一粗二扫锌硫混选；丢弃最终尾矿。锌硫混合精矿分离产出锌精矿和硫精矿。其铅浮选的特点是中矿再磨，分段调浆，分步串联，分速浮选工艺。

生产指标见表8-12第（7）栏，主要设备见表8-13。

表8-13 选厂主要设备

设备名称	规 格	数量/台	设备名称	规 格	数量/台
颚式破碎机	400×600	1	浮选机	5A	34
标准圆锥破碎机	ϕ1200	1	浓密机	ϕ9000	1
短头圆锥破碎机	ϕ1200	1	浓密机	ϕ12000	1
格子型球磨机	2700×3600	1	浓密机	ϕ18000	1
圆锥形球磨机	2400×1200	2	过滤机		8
浮选机	6A	52			

8.8.2 硫化铜铅锌矿选厂实例

8.8.2.1 概况

小铁山铜铅锌矿选矿厂位于甘肃省白银市，选矿厂于1980年4月正式投产，原设计规模为2000t/d。

8.8.2.2 *矿床与矿石*

该矿属于黄铁矿型（海相火山沉积-火山热液型）铜铅锌多金属复杂硫化矿床。含矿围岩为石英角斑凝灰岩，底盘为石英钠长斑岩，顶盘为绿泥石片岩。矿区内围岩蚀变比较明显，块状矿体顶部以绿泥石化为主；中间为绿泥石化、硅化；块状矿体下部和浸染矿体中则以绢云母化、硅化发育；另外，局部有铁白云石化和重晶石化。

矿石开采共分为8个中段，一中段以上为混合矿石，二中段以下为原生带硫化矿石。矿石中主要有价元素为铅、锌、铜、硫、金、银等，原矿多元素分析及物相分析分别见表8-14、表8-15、表8-16。

表8-14 原矿多元素分析结果

成 分	Cu	Pb	Zn	Fe	S	SiO_2	CaO	MgO	Al_2O_3
原生矿/%	0.94	3.794	7.67	15.0	20.0	35.61	0.79	1.75	6.5
混合矿/%	0.87	2.45	3.65	14.10	14.95	42.42	1.85	1.85	7.80
成 分	As	Sb	Ba	Se	Ga	Cd	In	Au/$g \cdot t^{-1}$	Ag/$g \cdot t^{-1}$
原生矿/%	0.0916	0.0135	1.90	0.0063	0.0014	0.0262	0.00092	1.60	160.0
混合矿/%	0.065	0.011	2.42	0.004	0.00035	0.024	—	2.50	88.5

表8-15 铜物相分析结果

矿石类型	项 目	总 铜	原生硫化铜	次生硫化铜	氧化铜
原生矿	含量/%	0.88	0.715	0.155	0.01
	占有率/%	100.00	81.25	17.61	1.14
混合矿	含量/%	0.90	0.51	0.51	0.08
	占有率/%	100.00	34.44	56.67	8.89

表 8-16　铅、锌物相分析结果

矿石类型	项　目	铅物相			锌物相		
		总　铅	硫化铅	氧化铅	总　锌	硫化锌	氧化锌
原生矿	含量/%	3.79	3.50	0.29	7.07	6.855	0.215
	占有率/%	100.00	92.35	7.65	100.00	96.96	3.04
混合矿	含量/%	2.41	1.86	0.55	3.65	3.18	0.47
	占有率/%	100.00	77.18	22.82	100.00	87.12	12.88

主要金属矿物为黄铁矿、闪锌矿、方铅矿、黄铜矿等；其次有斑铜矿、铜蓝，还有微量的银金矿、金银矿、自然金、自然银、辉银矿、螺状硫银矿、硫金银矿等；主要脉石矿物有石英、绢云母、绿泥石、铁白云石、方解石、斜长石等；其次有重晶石、高岭土等。

闪锌矿、黄铜矿、方铅矿等矿物常沿早期生成的黄铁矿颗粒的间隙或破碎裂隙充填，并对其进行溶蚀交代和包裹；另一部分黄铜矿和方铅矿则沿闪锌矿的颗粒间隙或裂隙充填交代，由此可见，黄铁矿、方铅矿、闪锌矿、黄铜矿等矿物的嵌布关系较为复杂，铜、铅、锌矿物一般呈 0.02 ~0.30mm 细小矿粒。其中 −74μm 的铜矿物占 69.15%、方铅矿占 61.8%、闪锌矿占 46.55%。金、银矿物在各类矿石中的含量变化很大，它与金属硫化矿物的关系较密切，其中嵌布粒度大于 43μm 的金矿物约占金矿物总量的 70%，由此可见矿石中金矿物采用重选法回收是可行的。

8.8.2.3　选厂生产工艺流程及设备

由坑内采出的最大块度为 500mm 的矿石，采用三段一闭路破碎流程碎矿，粒度为 −12mm的最终产品送往粉矿仓。粗碎用 0.6m ×0.9m 复摆式颚式破碎机，中碎用 ϕ1.65m 标准型圆锥破碎机，细碎用 ϕ1.75m 短头型圆锥破碎机。粗碎前的预先筛分采用棒条间距为 0.15m 的固定棒条筛，中碎后的矿石经 1.5m ×3m 惯性振动筛筛分，该筛与细碎组成闭路。

磨矿分为三段。第一段磨矿分为两个系列，用两台 42.7m ×3.6m 格子型球磨机，分别与 ϕ2.4m 高堰式双螺旋分级机组成闭路磨矿。分级机溢流浓度为 30%，粒度为 −74μm 占 70% ~75%。第二段磨矿是一台 ϕ2.1m ×3m 溢流型球磨机，它与旋流器组成闭路，对铜铅锌硫混合精矿进行再磨，其溢流浓度为 26%，粒度为 −74μm 占 96%。第三段磨矿是一台 ϕ1.5m ×3m 溢流型球磨机，它对先经浓缩的脱硫后的铜铅锌混合精矿实行开路磨矿，磨矿粒度 −74μm 占 96%。

铜铅锌与硫的分离，采用石灰作黄铁矿的抑制剂，铜与铅锌的分离，采用硫化钠 + 亚硫酸作铅锌矿物的抑制剂，各浮选作业均以丁黄药作捕收剂。铅锌混合精矿经浓缩、过滤、干燥三段脱水，铜精矿和硫精矿经浓缩、过滤二段脱水。工业试验指标见表 8-17，主要设备规格及数量见表 8-18。

表 8-17　工业试验指标

产品名称	品位/%						回收率/%					
	Cu	Pb	Zn	S	Au	Ag	Cu	Pb	Zn	S	Au/g · t^{-1}	Ag/g · t^{-1}
铜精矿	14.82	6.35	2.29	38.28	4.21	383.90	66.57	7.06	1.36	13.76	16.33	23.75
铅锌精矿	2.47	11.86	35.94	31.66	9.12	432.0	26.03	80.17	92.18	20.45	64.53	59.28
硫精矿	0.43	0.65	0.57	36.34	1.38	57.55	2.85	4.33	2.03	30.75	11.59	9.37
尾　矿	0.06	0.19	0.14	6.79	0.31	11.30	4.55	8.44	4.44	35.04	7.55	7.60
原　矿	0.98	1.80	3.34	14.26	1.32	13.35	100.00	100.00	100.00	100.00	100.00	100.00

表 8-18　选厂主要设备明细

设备名称	规　格	数量/台	设备名称	规　格	数量/台
颚式破碎机	600 × 900	1	浮选机	JJF-8	14
标准圆锥破碎机	ϕ1650	1	浮选机	SF-8	6
短头圆锥破碎机	ϕ1750	1	浮选机	XJK-1. 1	8
惯性振动筛	SZZ1500 × 3000	2	周边传动浓密机	ϕ15	1
格子型球磨机	ϕ2700 × 3600	2	周边传动浓密机	ϕ24	1
溢流型球磨机	ϕ2100 × 3000	2	周边传动浓密机	ϕ30	2
溢流型球磨机	ϕ1500 × 3000	1	圆盘真空过滤机	PG8-2. 7/6	5
高堰工双螺旋分级机	GSF-2400	2	桨叶式圆筒干燥机	ϕ1. 2 × 12	2
浮选机	XJK-2. 0	108			

8.8.2.4　选矿工艺流程的改进

（1）采用重—浮联合流程以提高金的回收率。由于金矿物损失于尾矿和硫精矿中的比例较高，且这些损失的金矿物粒度较大，单体解离率较高。为了提高金的回收率，该厂研究制定了重选—浮选联合流程，将部分粗磨条件下已单体解离的粗粒金用重选回收，细粒金细磨后用浮选与铜铅锌一起回收。重选部分的流程如图 8-14 所示，重—浮流程比单—浮选流程虽可使金的总回收率提高 10%，但重选加水过多，使得硫化矿浮选浓度难以控制，影响铜铅锌的浮选指标，选厂虽已按重—浮流程进行了改造，但重选设备并没有应用于生产。

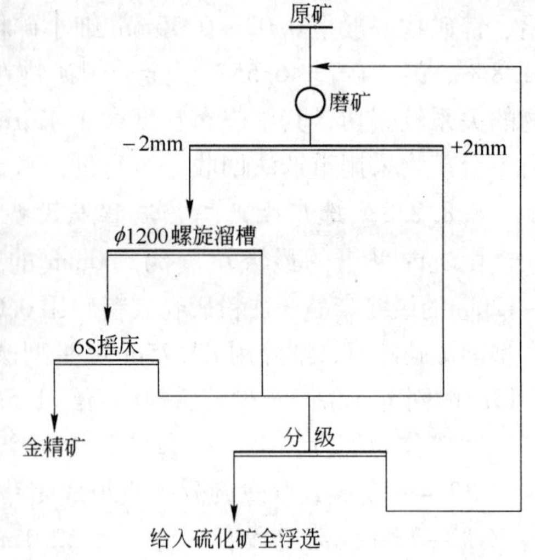

图 8-14　重—浮联合流程中的重选流程

（2）采用三段磨矿、铜铅锌异步混合浮选工艺流程进行工业试验。为了提高选厂金、银、铅、锌回收率和铅锌混合精矿质量，北矿院与选厂合作，于 1990 年 9 ~ 10 月完成了铜铅锌异步混选工艺流程工业试验。工业试验为日处理矿石 1000t。

在浮选前，用二段闭路磨矿使细达到 -74μm 占 85% 左右，铜铅锌异步混合浮选的第一步，必须严格控制石灰的添加量，使 pH 值为 8.5 ~ 9，并应用苯胺黑药作捕收剂，使金、银在弱碱性介质中与铜、铅一起上浮；粗选的第二步，加大石灰用量，使 pH 值为 11.5 ~ 12，并添加硫酸铜活化闪锌矿，达到抑制黄铁矿，浮选闪锌矿的目的。为了提高混合精矿质量，铜铅锌混合粗精矿再磨至 -38μm 占 42%，然后进行精选作业，精选 I 为两步，之后再加三次精选。在铜与铅锌分离的回路，将矿物浓缩后再磨至 -38μm 占 95%，分离流程为二粗二精二扫。

工业试验结果表明：可获得铜精矿品位 14.82%，铜的回收率 66.57%，铅锌混合精矿品位（Pb + Zn）47.80%，铅回收率 80.17%，银总回收率达 83.09%，金银回收率提高幅度相当大，该工艺的不足是采用的药剂种类较多，在生产上推广应用有一定的难度。

8.8.3 氧化（混合）铅锌矿选厂实例

我国的氧化铅锌矿石，主要集中在云南省，其他地方如辽宁、四川、广西、青海和内蒙古等地也有所发现。

云南省的特大型兰坪铅锌矿床，其氧化矿石的金属量占总储量的50%，但现在正生产的仅为规模日处理100t的小选厂。其他选厂氧化矿石比例较高的有如：日处理750t的澜沧铅矿选厂，日处理750t的革新矿选厂，日处理500t的新建矿选厂，均只生产铅精矿，另外，如奕良、促进、普雄、勐兴均为小型选厂。

广西泗顶铅锌矿，为日处理720t的中型选厂，曾于1966年开始浮选氧化铅，1969年之后分别浮选氧化铅和氧化锌，至1977年时停选，80年代后期开始，采用回转窑挥发富集，直接处理氧化铅锌矿石。

辽宁柴河铅锌矿曾是我国中型氧化铅锌矿企业，然而，如今其资源已开采殆尽，已于1992年闭坑。由于该矿曾进行过多次流程改造，积累了较丰富的生产实践经验，在此将作专门介绍。

8.8.3.1 柴河氧化铅锌矿选矿厂

A 概况

柴河铅锌矿位于辽宁省铁岭市，于1966年9月建成了规模为500t/d采选企业，1969年4月重介质选矿投产，1974年，因矿石性质变化，重介质车间停产，选厂第Ⅱ磨浮系列扩建完工投产，选厂处理能力达到900～1000t/d。至90年代，矿山开采已近末期，处理量下降到700t/d左右，矿山于1992年闭坑。

B 矿床与矿石

该矿床赋存于条带状白云岩中，沿裂隙交代形成中低温热液交代矿床。

矿石大体分为三类：第一类为以硫化矿物为主的致密块状矿石，品位高，氧化率低，有用矿物多呈集合体嵌布，属易磨易选矿石，这类矿石为数较少；第二类为细脉浸染矿石，铅锌品位较低，氧化率高，难磨难选；第三类为松散泥状氧化矿石，铅锌品位低，氧化程度深，含泥高，属难选矿石。

入选矿石为铅锌硫化矿石和氧化矿石的混合矿石。投产初期，入选原矿品位高（铅为4%～5%，锌为10%～12%）氧化率低（一般为15%～20%左右）。经多年开采后，由于资源枯竭，原矿品位大幅度下降，氧化率显著上升，矿石由铅锌硫化矿、氧化矿混合矿石逐渐变为铅锌半氧化矿石。原矿品位下降到铅1%～1.2%，锌2.5%～3.5%。铅、锌氧化率已分别上升到35%和46%左右。

原矿矿物种类复杂，特别是铅锌氧化矿物达10余种。硫化矿物主要有方铅矿、闪锌矿、黄铁矿及伴生少量银、铜和汞。氧化矿物主要为白铅矿，其次为铅矾、铅铁矾、菱锌矿、异极矿、硅锌矿及为数较多的褐铁矿。脉石矿物主要是白云石、方解石及少量石英、重晶石等。原矿含泥较高，并含有较多的可溶性盐类。方铅矿、闪锌矿嵌布粒度最大为0.4mm，一般为0.1～0.4mm，银主要赋存于方铅矿中，汞与镉主要赋存于闪锌矿中。

原矿多元素分析及物相分析分别列于表8-19、表8-20、表8-21。

表 8-19 原矿多元素分析结果

成 分	Pb	Zn	Cu	S	Fe	Cd	Hg	Au/g · t^{-1}	Ag/g · t^{-1}
含量(质量分数)/%	1.02	2.24	0.017	0.15	0.95	0.0051	0.045	34.34	<0.05

表 8-20 铅物相分析结果

物 相	铅钒中铅	氧化物中铅	硫化物中铅	铅铁矾等中铅	合 计
含量(质量分数)/%	0.04	0.30	0.68	0.04	1.06
占有率/%	3.77	28.30	64.15	3.77	100.00

表 8-21 锌物相分析结果

物 相	氧化物中锌	硅酸盐中锌	硫化物中锌	其 他	合 计
含量(质量分数)/%	1.381	0.11	2.161	0.039	3.69
占有率/%	37.42	2.98	58.54	1.06	100.00

C 生产工艺流程的演变

(1) 1969年4月~1974年，采用重介质预选抛废。重介质选矿丢废率为30%~40%，作业总回收率铅、锌均达到96%。

(2) 回收氧化铅、锌矿物。原设计浮选流程为铅锌硫化矿石的铅、锌依次优先浮选。投产后，原矿铅锌氧化率上升，1966年增加了氧化铅浮选循环。即硫化铅优先浮选后，采用硫化钠硫化，添加捕收剂浮选氧化铅，然后浮选硫化锌。1969年又增加了氧化锌浮选作业。在硫化锌浮选后，采用φ125旋流器脱泥，添加水玻璃、拷胶抑制脉石，硫化钠调浆，采用脂肪胺浮选氧化锌。氧化锌精矿品位为25%左右，氧化锌矿物回收率为30%左右。

(3) 先选硫化矿后选氧化矿的优先浮选流程。1973年，将铅、锌依次优先浮选流程改为先选硫化矿后选氧化矿的优先浮选流程。“先硫后氧”比“先铅后锌”流程的药剂用量降低的幅度是：黑药28.51%，丁黄药15.8%，二号油10.12%，硫酸铜56.5%，碳酸钠30.85%，硫酸锌32.78%，氰化物26.92%，石灰55.24%。两种流程生产指标对比见表8-22。

表 8-22 两种选别流程生产指标 (%)

浮选流程	入选品位		精矿品位		回收率		入选品位		精矿品位		回收率	
	Pb	Zn	Pb	Zn	Pb	Zn	Pb	Zn	Pb	Zn	Pb	Zn
先铅后锌	0.55	11.33	1.48	48.23	6.76	88.67	0.65	16.65	47.62	18.14	46.16	0.14
先硫后氧	0.57	10.20	1.61	55.71	7.11	87.16	9.90	1.50	46.90	3.18	67.04	0.12

(4) 氧化锌不脱泥浮选新工艺。该新工艺主要特点是：(1) 水玻璃与六偏磷酸钠配合使用，更加有效地分散矿泥，络合钙镁离子等可溶性盐类；(2) 混合胺与硫化钠溶液按一定比例配成乳化液，增强胺的捕收与选择性。采用上述新药剂制度，从而取消了氧化锌矿浮选之前的预先脱泥作业。工业试验流程和指标如图8-15所示。

由图8-15上所示的指标可知，不脱泥浮选氧化锌新工艺流程能有效地回收氧化锌，氧化锌精矿品位可达到30%以上，锌回收率可达80%，精矿品位和回收率都大幅度提高。与意大利高诺选矿厂的加温浮选法相比，具有工艺简单，成本低的特点。

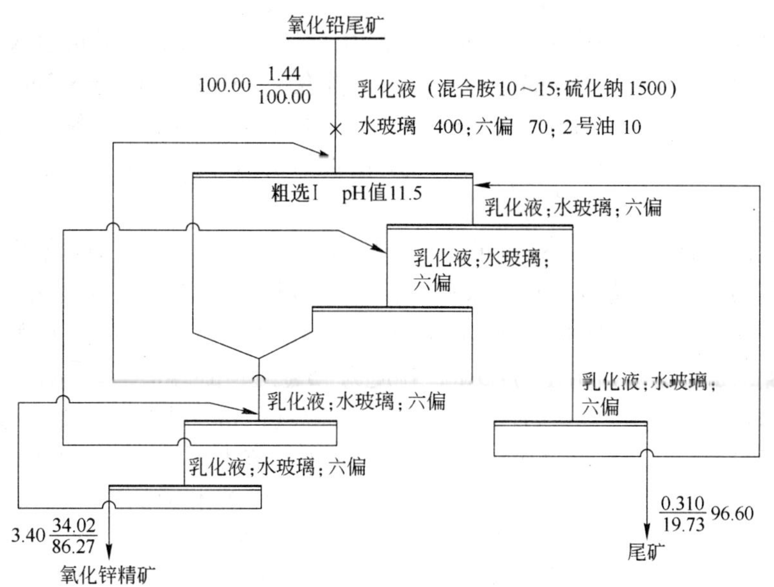

图 8-15 不脱泥氧化锌浮选新工艺流程

将 1979 年脱泥老工艺与 1981 年不脱泥新工艺的指标相比可知，采用新工艺后，氧化锌精矿的品位和回收率均有大幅度提高，指标列于表 8-23。存在的主要问题是矿石中含有 15% 的硅锌矿及矿浆中细级别碳酸锌的浮选，须进一步探索更加有效的工艺和药剂制度。

表 8-23 氧化锌浮选不脱泥生产指标

时 间	工艺制度	药剂用量/g · t^{-1}				氧化锌浮选指标/%		
		硫化钠	十八胺	水玻璃	六偏	入选品位	精矿品位	回收率
1979 年	脱 泥	2000	22	500	0	1.32	25.27	43.70
1981 年	不脱泥	2000	29	600	100	1.75	30.20	59.42

（5）易浮氧化铅与硫化铅合并浮选。该厂经试验研究发现，将氧化铅矿物中占大多数的易浮氧化铅（碳酸铅）硫化，与硫化铅同时浮选；难选氧化铅（主要是硫酸铅）在浮选硫化锌后再进一步硫化、浮选，可以提高铅回收率。长期生产实践证明，在磨机中添加适量硫化钠（2000g/t 左右），并对磨矿分级溢流进行充气活化，这样不但可以硫化浮选氧化铅矿物，而且硫化铅矿物的可浮性亦有所提高，并一起上浮，铅的总回收率提高 3% ~ 5%，铅精矿中含锌及锌精矿中含铅均有所下降。该工艺投入生产后，氧化铅的浮选回收率由 1979 年的 58.82% 提高到 1983 年的 71.63%。

（6）浮选柱在硫化矿浮选中的应用。该厂于 1967 年初开始使用浮选柱，将其用于浮选硫化铅、锌矿物的粗、扫选作业。该设备对原矿含泥高、磨矿粒度细的入选矿石有较好的适应性，各项指标均优于 6A 浮选机。

D 选厂生产工艺流程及设备

从采场来的原矿最大粒度为480mm。矿石由1.2m×7m板式给矿机给入0.6m×0.9m颚式破碎机，粗碎排矿为-100mm。该产品给入筛孔为18mm的1.0m×3m惯性振动筛筛分。筛上产品进入筛孔为30mm的1.2m×1.2m振动筛筛分，+30mm粒级进入φ1.65m标准圆锥破碎机，-30mm+18mm粒级给入φ1.65m短头圆锥破碎机，中细碎产品同时返回第一段筛分，小于18mm产品送粉矿仓。

磨矿为两段闭路流程。-18mm的原矿分别给入两台φ2.7m×2.1m格子型球磨机，每台磨机分别与φ2m单螺旋分级机组成闭路磨矿。该段分级机溢流浓度为40%，粒度为60% -74μm。第一段磨矿分级溢流给入由φ0.5m旋流器与φ2m×3m溢流型球磨机组成的闭路磨矿回路。旋流器溢流浓度为40%，粒度为75% -74μm。

浮选为依次优先流程，其次序为硫化铅和易浮氧化铅、硫化锌、难浮氧化铅、氧化锌。硫化铅及易浮氧化铅的浮选添加$ZnSO_4$、$NaCO_3$，流程为一粗一扫四精，粗扫选均用浮选柱；扫选尾矿进行延续浮选，流程为一粗一精一扫。硫化锌的浮选添加石灰、$CuSO_4$，流程为一粗三精二扫。氧化铅的浮选为硫化黄药浮选，流程为一粗三精二扫。氧化锌的浮选添加水玻璃、六偏磷酸钠、胺和Na_2S，流程为一粗一扫三精。选厂主要设备规格及数量列于表8-24。

表8-24 选厂主要设备

设备名称	规 格	数量/台	设备名称	规 格	数量/台
颚式破碎机	600×900	1	浮选柱	φ2200×6000	2
标准圆锥破碎机	φ1650	1	浮选柱	φ2500×4500	2
短头圆锥破碎机	φ1750	1	浮选柱	φ2200×7000	2
惯性振动筛	1200×2000	1	浮选柱	6A	67
惯性振动筛	1500×3000	2	中心传动式浓密机	φ12000	3
格子型球磨机	φ2700×2100	2	圆筒形过滤机	φ2600	1
溢流型球磨机	φ2000×3500	1	折带式过滤机	20m^2	4
水力旋流器	φ500	2	圆盘式过滤机	51m^2	1
单螺旋分级机	φ2000	1	水环式真空泵	ZK-4	5
浮选柱	φ2000×4500	4			

E 尾矿再分选的试验研究

由于柴河铅锌矿可采资源日趋枯竭，为了延长矿山服务年限，应考虑回收库存老尾矿。该厂自投产以来，已堆存363万吨尾矿，其中有回收价值的尾矿量为85万吨，其铅平均品位为0.303%，锌平均品位为2.182%。

这样的尾矿直接用浮选法处理，技术经济上均不可行。试验拟定了重选预先富集—再浮选的工艺流程。

预先富集是用螺旋溜槽丢弃品位很低的泥质最终尾矿，并产出粗细两种尾矿精矿。其试验结果列于表8-25。由表可见，粗尾矿精矿富集比较高，应作为下一步浮选的研究对象，而细尾矿精矿铅锌未得到有效富集，经浮选试验亦未能取得合格产品，目前尚无处理价值。

表 8-25 尾矿重选预先富集结果

产品名称	产率/%	品位/%			回收率/%		
		铅	锌	银/g·t⁻¹	铅	锌	银/g·t⁻¹
粗尾砂精矿	17.84	1.149	7.441	70.0	51.81	62.63	53.06
细尾砂精矿	16.83	0.418	1.600	21.0	18.81	12.91	15.02
尾　矿	65.33	0.151	0.800	11.5	26.38	24.66	31.92
原　矿	100.00	0.374	2.120	23.5	100.00	100.00	100.00

粗尾砂精矿的物相列于表 8-26。由表可见，铅、锌氧化矿比例较高。此外，物料中还含有黄铁矿、褐铁矿和针铁矿，脉石矿物有白云石、方解石及石英等。

表 8-26 粗砂物相分析结果

铅物相	铅钒中的铅	白铅矿中的铅	方铅矿中的铅	铅铁矾中的铅	全　铅
含量(质量分数)/%	0.211	0.582	0.201	0.167	1.191
分布率/%	17.72	48.87	16.88	16.53	100.00

锌物相	锌钒中的锌	磷锌矿中的锌	硅酸锌中的锌	闪锌矿中的锌	锌铁尖晶石中锌	全　锌
含量(质量分数)/%	0.043	2.646	2.632	1.825	0.076	7.222
分布率/%	0.60	36.64	36.44	25.27	1.05	100.0

经多种方案探索，最后确定了选别顺序为：粗砂精矿经磨矿达 $-74\mu m$ 占 85%之后，先将硫化铅矿物、氧化铅矿物、黄铁矿一起混选，再依次选出硫化锌矿物、氧化锌矿物。对铅硫混合精矿，经再磨达 -320 目 93%后，再抑硫浮铅，产出铅精矿和硫精矿。

试验中流程的结构和药剂制度列于表 8-27，试验结果列于表 8-28。

表 8-27 流程结构及药剂制度

加药点及流程结构	药剂名称及用量/g·t⁻¹	加药点及流程结构	药剂名称及用量/g·t⁻¹
磨机及铅硫混选 (一粗二精二扫)	硫化钠 300 丁基铵黑药 20 丁基黄药 200	硫化锌浮选 (一粗二精二扫)	石灰 1000 硫酸铜 1000 丁基黄药 170
铅硫分离 (一粗二精二扫)	硫化钠 400 氰化物 25 石灰 325	氧化锌浮选 (一粗二精二扫)	六偏磷酸钠 100 水玻璃 1000 硫化钠 4500 混合胺 450

表 8-28 闭路流程试验结果

产品名称	产率/%	品位/%							
		铅	硫化铅含　铅	氧化铅含铅	锌	硫化锌含锌	氧化锌含锌	铁	银/g·t⁻¹
铅精矿	1.37	40.570	13.880	26.690	6.770	2.660	4.110	14.960	1774
硫化铁精矿	6.51	3.906	1.045	2.861	8.220	4.603	3.620	37.830	150
硫化锌精矿	3.19	0.580	0.439	0.141	48.800	43.36	5.440	2.358	114

续表 8-28

产品名称	产率/%	品位/%							
		铅	硫化铅含铅	氧化铅含铅	锌	硫化锌含锌	氧化锌含锌	铁	银/g·t^{-1}
氧化锌精矿	11.30	1.320	0.888	0.432	40.940	3.140	37.800	5.434	190
锌精矿	14.49	1.157	0.789	0.368	42.670	11.990	30.680	4.756	173.3
尾矿	77.63	0.221	0.036	0.185	0.812	0.148	0.664	1.541	14.0
原矿	100.0	1.149	0.400	0.749	7.441	2.189	5.252	4.555	70.0
	回收率/%								
铅精矿	48.36	47.50	48.83	1.25	1.66	1.07	4.50	34.72	
硫化铁精矿	22.12	16.98	24.88	7.19	13.69	4.49	54.07	13.95	
硫化锌精矿	1.61	3.50	0.60	20.92	63.19	3.30	1.65	5.20	
氧化锌精矿	12.98	25.05	6.52	67.17	16.21	81.32	13.48	30.67	
锌精矿	14.59	28.55	7.12	83.09	79.40	84.62	15.13	35.87	
原矿	14.93	6.97	19.17	8.47	5.25	9.82	26.30	15.46	

8.8.3.2 云南彝良氧化铅锌矿选厂

该矿位于滇东北地区彝良县境内，原为土法选厂，1979 年建成每天 100t 的小型浮选厂，流程几经变迁，现为重—浮联合流程的选矿厂。

A 矿石性质

矿石含铅 8% ~12%，锌 15% ~20%，矿石氧化程度很深，铅锌氧化率分别为 90% 和 95%；含铁达 7% ~15%，含泥较多，矿石在组成上粗细粒级有很大差异。目的矿物嵌布粒度较粗，有利于粗磨分离，磨至 75% -74μm，就已基本解离，且易于浮选。

主要的铅矿物为白铅矿、方铅矿；主要的锌矿物为菱锌矿；主要的脉石矿物为方解石、白云石、少量的菱镁矿；此外还有 18% ~20% 的褐铁矿。方铅矿含银，菱锌矿含镉、锗，它们在选矿过程中分别进入铅、锌精矿。原矿的化学组成见表 8-29，矿物组成见表 8-30。

表 8-29 矿石的化学组成

元 素	Pb	Zn	Cd	Ge	Ag	Fe	SiO_2	Al_2O_3	CaO	MgO
质量分数/%	9.65	20.22	0.046	0.0061	148g/t	8.26	1.33	0.50	10.81	5.45

表 8-30 矿石的矿物相对组成

矿 物	方铅矿	白铅矿、铅矾	菱锌矿	异极矿	闪锌矿	褐铁矿	方解石	石英	黏土
质量分数/%	1.5	9.5	33.4	0.34	0.26	17.1	35.6	1.1	1.1

B 工艺流程

投产以来，选矿工艺经历了两个阶段的变化。

投产初期至 1980 年 4 月，采用全浮选流程。这一期间，流程的内部结构进行过 4 次改造调整，各流程的结构见图 8-16*a*、图 8-16*b*、图 8-16*c*、图 8-16*d*。按图示流程生产时，获得的平均生产指标为，原矿含铅 10.62%，含锌 20.23%，铅精矿品位为 43.69%、回收率为 66.92%，锌精矿品位为 27.36%、锌回收率为 40.66%。

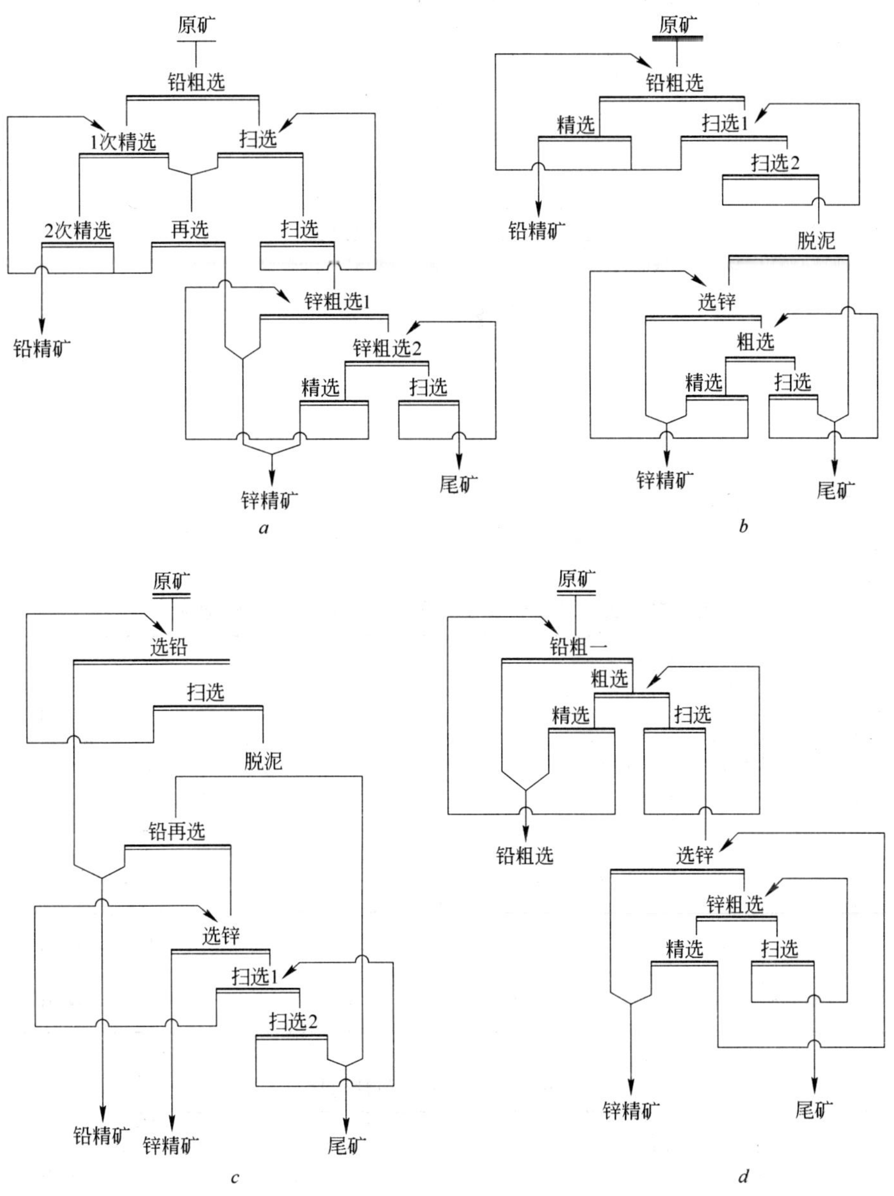

图 8-16　彝良氧化铅锌矿全浮选流程

从以上可以看出，全浮选流程所得指标较低，特别是锌的指标。经分析研究，影响指标的因素主要是，多点出矿，不同出矿点产出的矿石中含泥量变动较大，全部原矿合并直接进入浮选，流程不能适应矿石性质的变化，是造成药耗高，指标低，成本高的主要原因。

1980年下半年以后，采用重—浮联合流程。在浮选之前，加入重介质分选及跳汰作业，进行预选，脱除废石和其中对浮选干扰较大的细泥。该流程（见图8-17）的特点是，预选直接抛弃了约占原矿35%的尾矿，从而简化了选矿流程，降低药耗80%（见表8-31），浮选指标（见表8-32）和生产能力提高50%。

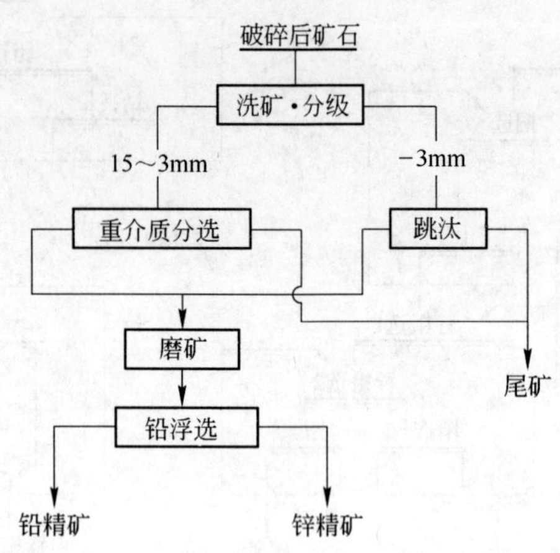

图8-17 彝良氧化铅锌矿重—浮联合原则流程

表8-31 彝良氧化铅锌矿浮选和重—浮流程选矿指标

产品名称	直接浮选流程					重—浮流程				
	产率/%	品位/%		回收率/%		产率/%	品位/%		回收率/%	
		Pb	Zn	Pb	Zn		Pb	Zn	Pb	Zn
铅精矿	14.2	53.25	8.20	84.3	5.9	17.5	57.46	9.22	85.5	8.4
锌精矿	49.7	2.0	31.69	11.1	78.1	47.6	2.03	31.26	8.2	77.5
尾 矿	36.1	1.15	8.82	4.6	16.0	34.9	2.13	7.74	6.3	14.1
原 矿	100.0	9.00	19.91	100.0	100.0	100.0	11.5	19.20	100.0	100.0

表8-32 两种流程药耗对比

流 程		苏打	水玻璃	丁黄药	松药	硫化钠	偏磷酸钠	混合胺	合计
全浮	小型	500	5000	360	320	10100	150	500	16930
	连续	500	6000	480	320	14300	200	550	22350
重 浮		325	651	169	65	1953	—	—	3163

（撰稿 严小陵 冯桂林 审稿 唐 荣）

参考文献

[1] 1991年《采矿手册》编辑委员会编[M]. 北京：冶金工业出版社，采矿手册第三卷1~205.

[2] 1991年《采矿手册》编辑委员会编[M]. 北京：冶金工业出版社，采矿手册第四卷1~408.

[3] 王育民，等. 中国铅锌矿床地质勘探问题研究. 湖南省地质矿产局. 湖南省矿产储量委员会，1984年，21~79.

[4] 古德生. 地下金属矿采矿科学技术的发展趋势[J]. 黄金，2004(1)25，18~22.

[5] 郭树林. 地下金属矿山采矿技术进展及研究方向[J]. 黄金，2003，1(1)，17~21.

[6] 战凯. 地下金属矿山无轨采矿装备发展趋势[J]. 采矿技术，2006，9，34~38.

[7] 吴爱祥. 国内外地下金属矿山连续开采技术研究的发展[J]. 矿冶工程，2002，9(22)3，7~10.

[8] [奥地利]H1. 瓦格纳露天和地下采矿技术的发展趋势[J]. 矿业工程，2004，4(2)2，18~24.

[9] [英国]J1. 查德威克露天开采：技术述评[J]. 国外金属矿山，2002(6)，27~31.

[10] 戈洛辛斯基. 美国露天开采技术发展形势[J]. 国外金属矿山，2000(3)，22~27.

[11] 吴荣庆，张燕如. 张安宁. 铅锌资源供需形势分析及市场前景预测[J]. 江苏地质，2007，31(1)，59~63.

[12] 周爱民. 有色矿山采矿技术新进展[J]. 采矿技术，2005，9(5)，3，7~48.

[13] 王运敏. 冶金矿山采矿技术的发展趋势及科技发展战略[J]. 金属矿山，2006，1(总第355期)，19~60.

[14] 陈志宇. 我国铅锌资源状况及市场形势分析[J]. 世界有色金属，2002(10)，7~37.

[15] 葛振华. 我国铅锌资源现状及未来的供需形势[J]. 世界有色金属，2003(9)，4~7.

[16] 许敬华. 我国铅锌矿资源后备基地的选择与建设[J]. 世界有色金属，2006(8)，6~8.

[17] 孙豁然. 我国金属矿采矿技术回顾与展望[J]. 金属矿山，2003(10，总第328期)，6~71.

[18] 加拿大露天采矿的发展[J]. 矿业快报，2000，1月(1)总第331期，3~4.

[19] 戴自希. 世界铅锌资源的分布、类型和勘查准则[J]. 世界有色金属，2005(3)，6~23.

[20] 战凯. 我国地下矿山无轨采矿设备现状及发展趋势[J]. 世界有色金属，2004(6)，20~25.

[21] 郭洪中. 铅锌矿床的类型划分及特征，3~21.

[22] 常德河，等. 国内外金属矿山采矿技术及装备的发展. 中国有色金属学会第三届学术会议论文集，179~184.

[23] 郭金峰. 我国地下矿山采矿技术现状和发展趋势[J]. 金属矿山，2005，9(增刊)，1~17.

[24] 戴自希. 世界铅锌资源和开发利用现状[J]. 世界有色金属，2004(3)，22~29.

[25] 罗大锋. 当代中国矿产资源开发存在的问题及对策[J]. 中国工程科学，2005，9(7)增刊，49~82.

[26] 东乃良，李凤楼. 铅锌多金属矿选矿. 选矿手册. 第8卷第1分册[M]. 北京：冶金工业出版社.

[27]《中国铅锌矿山》编委会. 中国铅锌矿山.

[28] 陈腻川，朱裕生，等. 中国矿床成矿模式[M]. 北京：地质出版社，1993.

[29] A. D. Zunkel, etc. Complex Sulfides Processing of Ores, Concentrates and by Products. A Publication of Metallurgical Society, INC.

[30] 胡熙庚. 有色金属硫化矿选矿[M]. 北京：冶金工业出版社，1987.

[31] 石道民，杨敖. 氧化铅锌矿的浮选[M]. 昆明：云南科技出版社，1996.

[32] R Woods. 硫化矿物浮选的电化学[J]. 国外金属矿选矿，1996.

[33] 冯其明，陈荩. 硫化矿物浮选电化学[M]. 长沙：中南工业大学出版社，1992.

[34] 冶金部科技情报研究总所，等. 国外铅锌矿石的选别(一)(二).

[35] 北京矿冶研究总院编. 矿冶科学与工程新进展（上、下册）[M]. 北京：冶金工业出版社，1996.

[36] 辽宁省抚顺市科技情报研究所编. 铅锌矿选矿技术中文资料.

[37] 北京有色冶金设计研究总院选矿室．国内外铅锌选矿资料汇编（上、中、下册），1984.
[38] 李绥远，等．中国伴生银矿床银的工艺矿物学[M]．北京：地质出版社，1996.
[39] 徐鑫坤，魏昶．锌冶金学[M]．昆明：云南科技出版社，1996.
[40] 严小陵．选矿研究 50 年回顾[J]．云南冶金，2003（32）.
[41] 孙传尧．当代世界的矿物加工技术与装备—第十届选矿年评．北京：科学出版社，2006.
[42] 董英，王吉坤，冯桂林．常用有色金属资源开发与加工[M]．北京：冶金工业出版社，2005.

铅锌硫化精矿的脱硫焙烧与烧结焙烧

9 铅锌硫化精矿焙烧与烧结的理论基础

9.1 焙烧与烧结的目的与要求

焙烧是矿石或精矿在下一步冶金处理（熔炼或浸出）前的预处理过程。焙烧过程的实质就是在一定的气氛中加热矿石或精矿使其发生化学变化，改变其成分以适应下一步冶金处理的要求，但矿石或精矿并不熔化。

湿法炼锌厂采用硫酸化焙烧，使焙烧矿中形成少量硫酸盐以补偿电解与浸出循环系统中硫酸的损失。经验证明，焙烧矿中只需约3%～4%可溶硫就足以补偿硫酸的损失。

湿法炼锌对焙烧的要求：(1) 尽可能完全地氧化金属硫化物，并在焙烧矿中得到氧化物及少量硫酸盐；(2) 使砷和锑氧化，并以挥发物状态从精矿中除去；(3) 在焙烧时尽可能少地得到不溶于稀硫酸溶液的铁酸锌；(4) 得到 SO_2 浓度大的焙烧烟气以供制造硫酸；(5) 得到细小粒子状的焙烧矿以利于浸出的进行。

火法炼锌厂采用氧化焙烧，在焙烧时力求尽可能除去全部硫。

火法炼锌对焙烧的要求：(1) 使硫化物尽可能氧化为氧化物，焙砂只允许有较低的残硫；(2) 最大限度地以挥发物状态除去砷与锑，尽可能完全地脱铅、脱镉；(3) 焙烧结果所得焙烧矿主要由金属氧化物组成；(4) 尽量降低烟尘率，以得到较多量的锌焙砂；(5) 得到 SO_2 浓度较高的炉气，以利制酸。

当铅锌硫化精矿采用鼓风炉进行还原熔炼时，因鼓风炉只能处理块状物料，因此，在焙烧时利用硫化物氧化放出的热量升高温度，使粉状的硫化精矿在高温下氧化并熔结成块，此过程即烧结焙烧。

现代炼锌工厂锌精矿粉状焙烧所用方法有多层焙烧、悬浮焙烧和沸腾焙烧。但在20

世纪 90 年代以后多层焙烧、悬浮焙烧逐步淘汰，以沸腾焙烧为主要发展方向。

铅锌冶炼厂为了实现硫化精矿的焙烧或烧结焙烧的目的，可以在不同的技术条件（如温度，气氛等）下与各种冶金设备（如流态化焙烧炉、烧结机等）中进行；在同等条件下及同样的设备中进行时，还可以采取不同的技术措施（如富氧鼓风、吸风与鼓风烧结等）来强化生产过程，提高产品质量，改善劳动条件与环境保护，从而获得更好的经济效益与社会效益。

硫化铅精矿中的主要金属硫化物是方铅矿 PbS，另外还有 ZnS、FeS_2、FeAsS、Sb_2S_3、CdS、$CuFeS_2$、Bi_2S_3 等。硫化锌精矿中的主要金属硫化物是闪锌矿 ZnS，其他硫化物有 ZnS · FeS、FeS_2、FeAsS、CdS、Hg_2S、$CuFeS_2$、Sb_2S_3、PbS 等。两种精矿中存在的硫化物基本相同，而铅锌混合精矿的成分也与上相同。故本章主要讨论 PbS 与 ZnS 的氧化规律，其次是 FeS_2、FeAsS、CdS、Hg_2S 等的氧化规律。

9.2　金属硫化物氧化生成氧化物的理论基础

9.2.1　金属硫化物氧化的热力学条件

焙烧过程的热力学条件的选择，决定金属硫化物转变成氧化物的完成程度。根据焙烧过程的目的，可以确定热力学条件的选择，从而确定焙烧的工艺条件，这可以从硫化物与焙烧产物以及炉内气体之间的化学平衡来进行考察。如何加快焙烧反应速度，提高焙烧设备生产能力，主要从气相与固体矿料之间的气—固反应来理解。

硫化物氧化焙烧的主要反应可用下式表示：

$$\frac{2}{3}MS(s) + O_2 = \frac{2}{3}MO(s) + \frac{2}{3}SO_2 \tag{9-1}$$

精矿中所含的某些不稳定硫化物，如 FeS_2、$CuFeS_2$ 等，首先遇热分解变成低价硫化物和硫，分解出来的单体硫在空气中燃烧生成 SO_2，其反应式如下：

$$\frac{1}{2}S_2 + O_2 = SO_2 \tag{9-2}$$

$$\Delta G^{\ominus} = -363070 + 73.41T$$

硫及其金属氧化物发生氧化反应的标准自由焓变化与温度的关系如图 9-1 所示。一般而言，位于图下方的硫化物容易进行氧化反应，且氧化反应的生成物（MO 和 SO_2）都很稳定，基本上为不可逆过程，如 FeS、ZnS、Sb_2S_3 都很容易氧化，但 PbS、CuS 等却相对难以氧化。至于 AgS、HgS 等与其说其氧化物稳定，不如说其金属状态更稳定。

式 9-2 硫的燃烧反应式的 $\Delta G^{\ominus}$，表达式的首项 ΔH 是一很大的负值，表明该反应属于强烈的放热反应。金属硫化物的氧化也都是放热反应。因此，硫化矿的氧化焙烧不需要补充燃料。这种以矿料本身所含成分作为热源而进行的焙烧为自热焙烧。要维持焙烧反应继续进行，必须保持足够的温度和提供足够的氧气。在空气中加热硫化矿，当达到某一温度，硫化物氧化所放出的热足以使氧化过程自发地扩展到全部物料，并使反应加速进行，这一温度称为着火温度，其数值因硫化矿的种类和粒度不同而有所不同。硫化精矿的粒度大多为 50 ~ 100μm，粒度愈小，着火温度愈低。实际的焙烧在着火温度附近

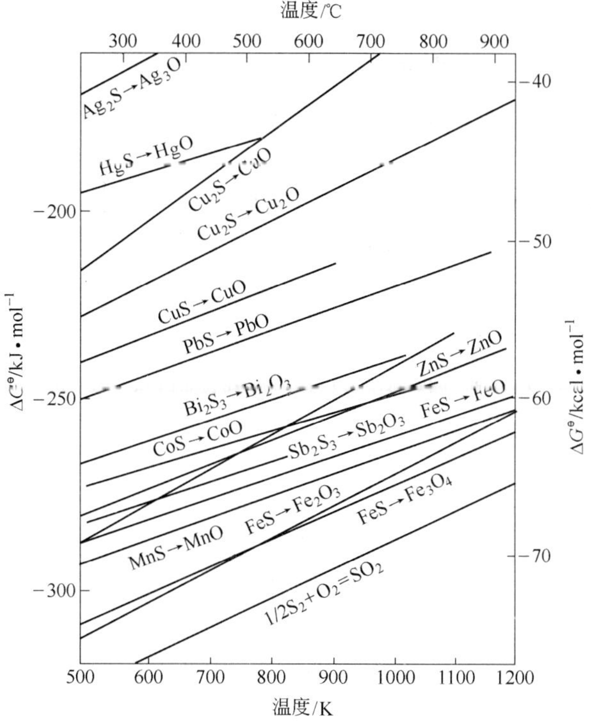

图 9-1 硫化物氧化的标准自由焓变化图（1mol 氧气）

时，氧化反应速度是缓慢的，要加快氧化反应速度，应当利用氧化放热在足够高的温度下进行。

9.2.2 ZnS 氧化的热力学

硫化锌精矿焙烧过程实质上是硫化物的氧化过程，焙烧产物的组成在很大程度上取决于温度和所控制的炉气组分，所以通过控制温度和炉气组分这两个因素就可以控制焙烧产物的组成。获得所需的 ZnO 或 $ZnSO_4$。参与焙烧反应的主要元素是锌、硫和氧，当处理含铁较高的精矿时，铁也是参与反应的主要元素，即讨论的主要问题是 Zn-S-O 系与 Zn-Fe-S-O 系的热力学性质。硫化锌焙烧发生的反应主要有以下几大类：

（1）硫化锌氧化生成氧化锌

$$2ZnS + 3O_2 \longrightarrow 2ZnO + 2SO_2 \tag{9-3}$$

（2）硫酸锌和三氧化硫的生成

$$ZnS + 2O_2 = ZnSO_4 \tag{9-4}$$

$$2SO_2 + O_2 = 2SO_3 \tag{9-5}$$

（3）氧化锌与三氧化二铁形成铁酸

$$ZnO + Fe_2O_3 = ZnO \cdot Fe_2O_3 \tag{9-6}$$

对 ZnS 而言，式 9-3 进行的趋势取决于温度和气相组成。但是在实际的焙烧温度下（1123～1373K），式 9-3 只会向右进行是不可逆的，并且反应时放出大量的热量。式 9-5、式 9-6 是可逆的放热反应，在低温下有利于反应向右进行。硫酸锌的生成反应是复杂的，最终的反应可能是：

$$ZnO + SO_2 + \frac{1}{2}O_2 \xlongequal{\quad} ZnSO_4 \tag{9-7}$$

因此，在 Zn-S-O 系中已知的凝聚相有 Zn、ZnO、ZnS、$ZnSO_4$、$ZnO \cdot 2ZnSO_4$。该体系的化学位图所需的化学反应的平衡常数列于表 9-1。根据所列的化学平衡的热力学数据，作出以 $\lg p_{SO_2} - \lg p_{O_2}$ 表示的等温（1100K）化学位图如图 9-2 所示。

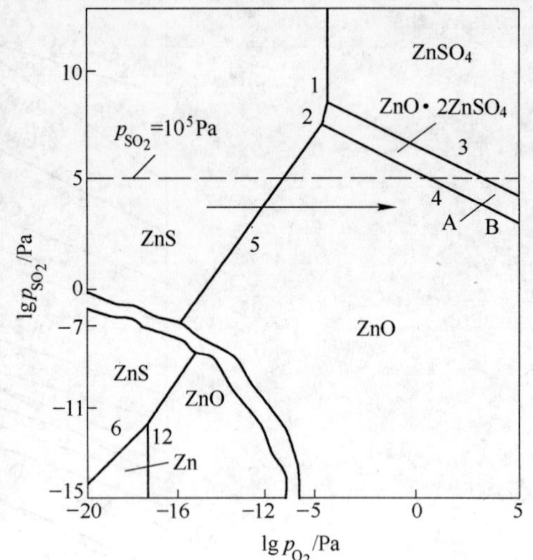

图 9-2 Zn-S-O 系的 $\lg p_{SO_2} - \lg p_{O_2}$ 等温（1100K）化学位图

在 1100K 时，Zn-S-O 系平衡状态图重要特性如下：

（1）金属锌的稳定区被限制在特别低的 p_{SO_2} 及 p_{O_2} 数值范围内，这说明要从 Zn 直接获得金属锌是比较困难的，很难像铅冶金那样直接熔炼得到金属铅，或像铜冶金那样从铜锍吹炼得到金属铜。

（2）硫酸锌的稳定性比铅的硫酸盐小得多。硫酸锌分解反应不能错误地写成

$$ZnSO_4 \xlongequal{\quad} ZnO + SO_2 + \frac{1}{2}O_2 \tag{9-8}$$

由图 9-2 确定，$ZnSO_4$ 的分解要经过一个中间产物，即碱式硫酸盐，要在 ZnO 与 $ZnSO_4$ 之间形成一稳定的平衡是不可能的，它一定是按表 9-1 中的反应式（2）和反应式（4）进行两段分解。因而，如果控制焙烧条件，在产物中只保持少量硫酸盐时，应该得到碱式硫酸盐而不是正硫酸盐。

（3）在 1200K 以上高温时，锌的硫酸盐会全部分解，要想使 ZnS 完全转化为 ZnO 焙烧的温度需要控制在 1000℃ 以上。我国火法炼锌厂实际氧化焙烧温度控制在 1070～1200℃，就是这个理由。而许多湿法炼锌厂已将锌精矿焙烧的温度从 850℃ 左右提高到 950℃ 以上，甚至达到 1200℃，以保证锌硫酸盐的彻底分解。

不同温度下 Zn-S-O 系的化学位图见图 9-3。Zn-S-O 系的化学反应的平衡常数列于表 9-1。

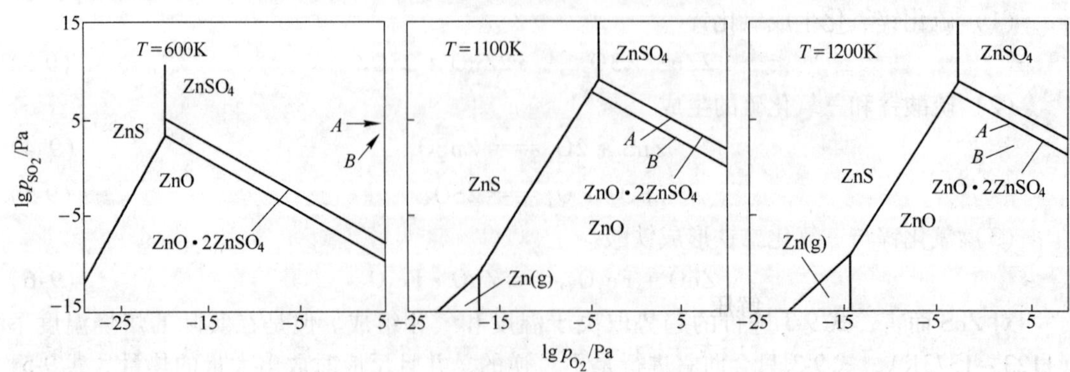

图 9-3 不同温度下 Zn-S-O 系的化学位图

表 9-1 Zn-S-O 系的化学反应平衡常数

反 应	k_p	各温度下的 $\lg k_p$（$p=10^2$kPa）					
		700K	900K	1100K	1300K	1600K	1873K
(1) $ZnS+2O_2 = ZnSO_4$(αβ)	$1/p_{O_2}^2$	39280	26607	18614	13206	7888	4257
(2) $3ZnS+5.5O_2 = ZnO\cdot 2ZnSO_4+SO_2$	$p_{SO_2}^{?}\times p_{O_2}^{3.3}$	107555	-75843	64973	40627	25035	16223
(3) $ZnO\cdot 2ZnSO_4+SO_2+0.5O_2 = 3ZnSO_4$ (αβ)	$p_{SO_2}^{-1}\times p_{O_2}^{-0.6}$	10285	3978	0.869	-1008	-2271	-3452
(4) $3ZnO+2SO_2+O_2 = ZnO\cdot 2ZnSO_4$	$p_{SO_2}^{-2}\times p_{O_2}^{-1}$	20606	10520	3.76	-0.848	-4.693	-8.068
(5) $ZnS+1.5O_2 = ZnO+SO_2$	$p_{SO_2}\times p_{O_2}^{-1.5}$	29065	21774	17071	13825	10199	8096
(6) $ZnS+O_2 = Zn(s,l)+SO_2$	$p_{SO_2}\times p_{O_2}^{-1}$	8155	6852	5876	—	—	
(7) $ZnS+O_2 = Zn(g)+SO_2$	$p_{SO_2}\times p_{Zn}\times p_{O_2}^{-1}$	—	—	—	5671	5489	5264
(8) $ZnO\cdot 2ZnSO_4 = 3ZnO+2SO_2$	p_{SO_2}	-15790	-8900	-4140	-0.884	1820	4044
(9) $ZnS = Zn(l)+0.5S_2$	$p_{S_2}^{0.3}$	—	-10344	-7500	—	—	—
(10) $ZnS = Zn(g)+0.5S_2$	$p_{S_2}^{0.5}\times p_{Zn}$	—	—	—	-5060	-2504	-1001
(11) $3ZnSO_4$(αβ)$= ZnO\cdot 2ZnSO_4+SO_3$	p_{SO_3}	-7877	-3168	-1050	0.142	0.701	1440
(12) $ZnO = Zn(s,l)+0.5O_2$	$p_{O_2}^{0.5}$	-20795	-14922	-11196	—	—	—
(13) $Zn(g)+0.5O_2 = ZnO$	$p_{O_2}^{-0.3}\times p_{Zn}^{-1}$	—	—	—	8154	4697	2504
(14) $0.5S_2+O_2 = SO_2$	$p_{SO_2}/(p_{O_2}^{-1}\times p_{S_2}^{-0.5})$	—	17196	13376	10731	7993	6265
(15) $ZnS+7ZnSO_4$(α、β) $=4(ZnO\cdot ZnSO_4)+4SO_2$	$p_{SO_2}^4$	-1860	10697	15139	17288	16972	18065
(16) $2ZnS+3(ZnO\cdot 2ZnSO_4)$ $=11ZnO+8SO_2$	$p_{SO_2}^8$	-3688	11988	22863	30192	35278	40396
(17) $ZnS+ZnO = 3Zn(s,l)+SO_2$	p_{SO_2}	-33665	-22991	-16516	—	—	—
(18) $ZnS+2ZnO = 3Zn(g)+SO_2$	$p_{SO_2}\times p_{Zn}^3$	—	—	—	-10636	-3931	0.4

9.3 金属硫化物氧化生成硫酸盐的热力学条件

在硫化矿进行氧化焙烧时，伴随氧化物也可能生成少量硫酸盐，而以形成硫酸盐为目的的硫酸化焙烧，必须提供适合于硫酸盐生成的条件。

氧化物与硫酸盐之间的平衡关系如下：

$$MSO_4 = MO + SO_3 \tag{9-9}$$

$$SO_2 + \frac{1}{2}O_2 = SO_3 \tag{9-10}$$

$$K = p_{SO_3}/(p_{SO_2}\times p_{O_2}^{1/2})$$

式中 p_{SO_3}——硫酸盐的离解压。

如果实际炉气中 SO_3 分压大于 p_{SO_3}，就会发生硫酸盐的生成反应。这种关系对于碱式硫酸盐（xMO · MSO_4）也同样适用。

图 9-4 绘出了几种硫酸盐的离解压与温度的关系，当各种硫酸盐处于离解压曲线的左侧时是稳定的。在其右则向分解方向进行反应。在以这些曲线所划分的（Ⅰ）、（Ⅱ）、（Ⅲ）等区域内，其稳定的化合物形态如下：

（Ⅰ）$Fe_2(SO_4)_3$、$CuSO_4$、$ZnSO_4$；

（Ⅱ）Fe_2O_3、$CuSO_4$、$ZnSO_4$；

（Ⅲ）Fe_2O_3、$CuO \cdot CuSO_4$、$ZnSO_4$。

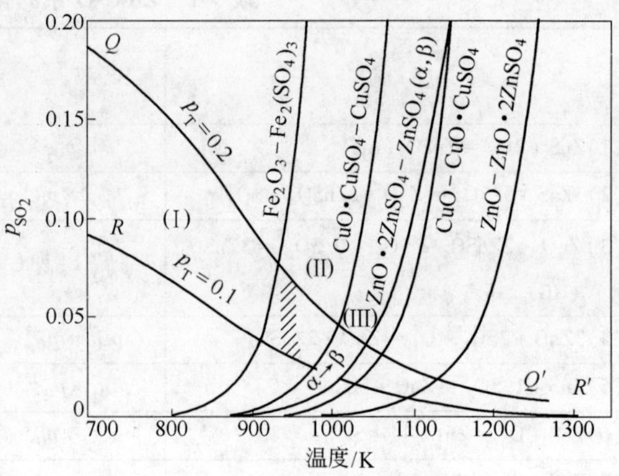

图 9-4　几种硫酸盐的离解压与温度的关系

所以，讨论硫酸盐的稳定性，在温度一定时，要考虑两个方面，一方面是 MSO_4 本身在该温度下的离解压，另一方面是炉气中 p_{SO_3} 的分压。因此，确定好焙烧温度就可以实现只将某些有色金属变为硫酸盐的所谓选择性硫酸化焙烧。例如，在图中区域（Ⅱ）的范围内，铁只变成氧化物，铜和锌都被硫酸化，其最佳温度应当是 950K ± 20K。降低 50K，铁将被硫酸化随后会被大量浸出。相反，将温度升高 50K，铜与锌的硫酸盐发生分解。从计算判断，温度波动的容许范围是 950K ± 20K 这个数值与实验结果极为吻合。要实现选择性硫酸化焙烧，焙烧过程是在氧化气氛中进行，但温度较低，应低于欲提取金属硫酸盐的分解温度。为了达到最好的硫酸盐化，在炉内要维持较小的抽力，较多量的过剩空气，并使炉气与焙烧炉料有较长的接触时间，采用流态化焙烧可以很好地满足要求。

9.4　铅、锌硫化物氧化过程的动力学

从上面的热力学分析可知，硫化锌焙烧可能产出氧化锌、硫酸锌和碱式硫酸锌或是它们的混合物。但是在硫化锌精矿的流态化焙烧和烧结焙烧中，硫化锌氧化为氧化物的反应是最主要的反应，硫化锌的焙烧都是氧化焙烧过程，反应式为：

$$ZnS + \frac{3}{2}O_2 \xlongequal{\quad} ZnO + SO_2 \tag{9-11}$$

$$\Delta G^\ominus = -451870 + 75.3T(\text{J})$$

如式 9-11 所述，硫化矿的氧化焙烧包含着许多放热反应，因而供热不会成为反应速度的控制步骤。根据实验测定，ZnS 氧化为 ZnO 的过程，当由化学反应的限速阶段转变为受扩散控制阶段时，其温度波动在 948 ~ 1118K 之间，但锌精矿沸腾氧化焙烧温度大多在 1173 ~ 1273K 之间，温度对反应速度的影响已不是决定因素。

任何固体与气体反应剂发生相互作用时，反应是通过气体反应剂在固体表面上的活性吸附而在固体物质表面上进行的，同时按前述硫化物氧化机理可以把发生于固体物质的反应分为 6 个阶段，其中最缓慢的阶段决定整个过程的速度。硫化物颗粒被氧化过程示意于图 9-5。

从图 9-5 可以认为本反应是按以下 6 个步骤进行的：

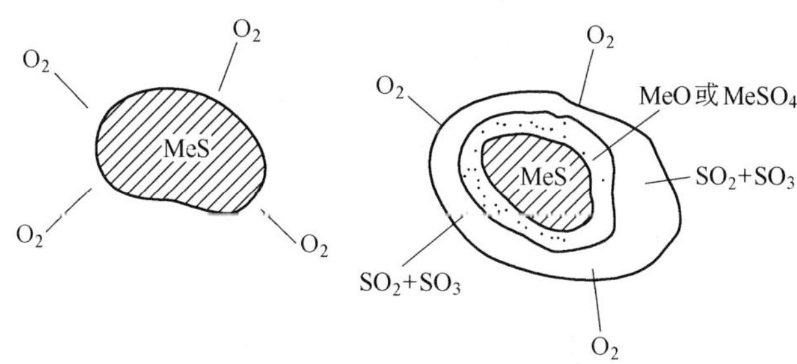

图 9-5 硫化物颗粒被氧化时的示意图

(1) 气体反应剂从气流扩散到固体物质的反应表面;

(2) 在固体物质表面上气体反应剂的活性吸附;

(3) 气体反应剂向固体粒子内部的扩散;

(4) 在两相交界面上的化学反应;

(5) 反应的气体产物从固体表面的脱附;

(6) 反应的气体产物从固体表面扩散至气流主体。

由上述6个步骤可以看出，第(1)、(3)、(6)步骤属扩散阶段；第(2)、(4)、(5)步骤为吸附、化学反应及脱附，这3个步骤是化学作用过程。而(1)、(3)、(6)步骤为总扩散过程，它给反应以决定性的影响，又将该过程分为动力学期和扩散期。过程进行的初期，气体反应剂向固体表面扩散，其速度取决于气体分子的运动速度，故称为动力学期。而此后的化学反应，在其表面形成由金属氧化物或硫酸盐组成的薄膜。同时，脱附的气体也形成气体膜。因此，在这一时期，气体必须通过气体产物与固体产物的薄膜进行扩散，故称为扩散时期。扩散时期通常又分为内扩散过程和外扩散过程。内扩散过程是在固体内部进行的；外扩散过程是气体反应剂从气流到达固体表面和反应的气体产物从固体表面扩散到气流中去的过程。

在硫化物颗粒开始氧化的初期，化学反应速度控制着焙烧反应速度。但当反应进行到某种程度时，颗粒表面便为氧化生成物所覆盖，参与反应的氧通过这一氧化物层向反应界面的扩散速度，或反应生成物 SO_2 通过扩散从反应界面离去的速度等便成为总氧化速度的控制步骤。

即反应从颗粒表面向其中心部位逐层进行，当焙烧反应进行到某种程度时，矿粒表面便为氧化生成物所覆盖，参与反应的氧通过这一氧化物层向反应界面扩散的度或反应生成物 SO_2 通过扩散从反应界面离去的速度便成为总氧化速度的控制步骤。

硫化锌精矿中的锌主要以闪锌矿形态存在，闪锌矿的结构非常致密，与其他硫化矿物(黄铁矿、黄铜矿等)比较不容易发生氧化反应。

试验证明，将0.1mm大小的闪锌矿放在空气中加热到650℃左右，它的氧化反应速度就相当大了，反应进行时放出的热量不仅足以补偿散失于周围环境的热损失，还能提高矿粒本身的温度，从而加速反应的进行。所以在低温下改变其他条件对加速反应进行的意义不大，只有把温度提高到着火点650℃以上化学反应才具有较大的速度。

锌精矿的粒度小于0.07mm，其密度取决于成分，一般波动在3.4~4.3t/m³，堆积密度为1.9~2.2t/m^3，比表面积为43~82m^2/kg。开始熔化温度取决于化学组成与矿相组成，波动在1000~1200℃。着火温度与粒度有关，小于0.05mm时为554℃，1~2mm为755℃在流化床层中着火温度要高一些，在富氧气流中则要低一些，如在纯氧中比在空气中要低50℃。

对于在不同温度及各种气体组成的条件下测出的ZnS氧化反应的表观活化能列于表9-2。

表9-2 不同条件下测出的ZnS氧化反应的表观活化能及转化温度

温度范围/℃	气体组成	活化能/kJ·mol^{-1}		转变温度/℃
		低温	高温	
700~870	氮气 p_{O_2}=0.8~85kPa	252.1	—	845
680~940	氮气中1.4%O_2~50.0%O_2	208.6	—	830
500~1440	空气，未烧结	171.4	3.0	675
740~1020	空气，烧结粒子	83.62	—	—
640~830	氮气中20%O_2~100%O_2	—	29.3	—
640~830	空气	261.3	14.6	750

硫化锌精矿在流态化床中被空气氧化的氧化速度与温度及气流速度的关系：随着温度的升高，氧化过程的总速度加快。因此，焙烧过程应在最大允许的温度下进行。但是温度太高，会发生烧结现象，已烧结的物料会使焙烧作用逐渐减慢而停止。硫化物比氧化物较容易形成易熔物，但随着硫化物减少而氧化物增多时，就有可能提高焙烧温度。在生产实践中，开始焙烧时温度较低，随着硫被烧去，炉内温度可逐渐升高，以加速硫化物的氧化。

结合实际生产，从反应动力学考虑，焙烧的速度及氧化的完全程度依所供给空气量的多少而定。在实际生产中大多焙烧都是在有过剩空气量下进行的。气流中氧的分压愈大，氧的扩散梯度也愈大，硫化物的氧化速度也就增大。焙烧过程采用富氧空气，可以加速硫化物的氧化反应，从而提高设备生产率。减小矿石粒度，即减小氧化层厚度，增大反应面积，也有利于提高氧的扩散速度，但颗粒也不宜太细，如颗粒过细，在生产中会形成过多的烟尘量。

此外，生成的氧化物层的致密程度等物理性质对气体扩散速度也有很大影响。对于铅锌硫化矿的焙烧，如果生成物层形成像$PbO \cdot SiO_2$一类的低熔点物，将MS颗粒黏结甚至包裹起来，就会降低MS的氧化速度。所以一些工厂对沸腾焙烧锌精矿，规定了其中Pb和SiO_2的含量，对铅精矿烧结焙烧也限制了烧结炉料中的铅量和硫量，以避免过早烧结而降低焙烧脱硫率。

9.5 焙烧时其他成分的行为

9.5.1 铁的硫化物在焙烧过程中的变化

在铅锌硫化精矿中存在有大量铁，一般含量波动在5%~10%之间，个别高达12%以上，因此对焙烧进行的影响必须有清楚的了解。

硫化精矿中的铁主要是以黄铁矿（FeS_2）、磁硫铁矿（Fe_nS_{n+1}）以及铁闪锌矿（$ZnS \cdot FeS_2$）的形态存在。黄铁矿（FeS_2）在焙烧的高温条件下容易发生分解反应，即 $FeS_2 \rightarrow FeS + 1/2S_2$，黄铁矿在各种温度时的分解压见表9-3，磁硫铁矿也和黄铁矿一样，在加热时分解，分解反应式如下：$Fe_nS_{n+1} \rightarrow nFeS + 1/2S_2$，然后会进一步与空气中的氧作用，铁被氧化产生 FeO、Fe_3O_4 和 Fe_2O_3。应用氧化反应的热力学数据，作出 Fe-S-O 系化学位图见图9-6，Zn-Fe-S-O 系化学位图见图9-7。

表 9-3 黄铁矿在不同温度下的分解压

温度/℃	575	610	645	665	672	680
分解压/Pa	100	1796	14165	33383	45619	68894

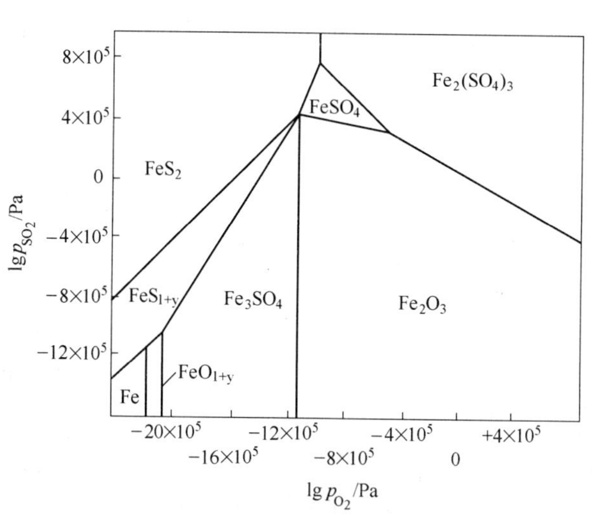

图9-6 Fe-S-O 系化学位图（700℃）

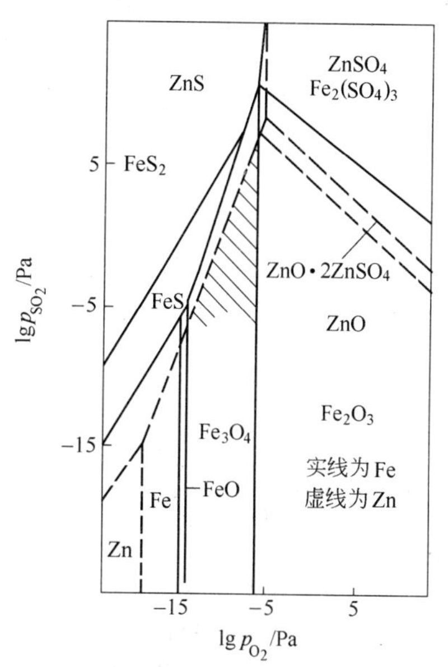

图9-7 Zn-Fe-S-O 系化学位图（1000K）

图9-6表明，在一定的温度下，随着氧压 p_{O_2} 的增大，铁的氧化产物从低价开始依次氧化，即 $FeO \rightarrow Fe_3O_4 \rightarrow Fe_2O_3$，随着温度的升高，平衡反应的稳定区逐步向上方移动，其生成硫酸盐的区域缩小，与铅、锌比较，铁氧化生成硫酸盐的可能性要小得多。所以在铅锌硫化精矿焙烧或烧结的高温（900～1000℃）及强氧化气氛的条件下，精矿中铁的最终氧化产物是 Fe_2O_3。

当锌精矿中的铁含量很高时，铁的形态除了 FeS 外，还会有铁闪锌矿（$mZnS \cdot nFeS$），由于它们紧密的结合，自然在焙烧过程中会生成更多的铁酸锌（$mZnO \cdot nFe_2O_3$）。由于 $mZnO \cdot nFe_2O_3$ 难溶于稀硫酸溶液，对湿法冶金来说是不利的。要想在高温与强氧化气氛下减少 $mZnO \cdot nFe_2O_3$ 的生成是很困难的（见图9-7）。氧化锌与 Fe_2O_3 相互接触在550℃以上焙烧时，就按下列反应生成铁酸锌：

$$ZnO + Fe_2O_3 = ZnO \cdot Fe_2O_3 \tag{9-12}$$

铁酸锌用稀酸浸出时不溶解，造成锌的损失。故精矿中含铁过高，就使浸出时造成大量锌损失。

在湿法炼锌沸腾炉焙烧的实际生产中，焙砂可溶锌率与锌精矿含铁的关系，锌精矿含铁每升高1个百分点，焙砂可溶锌率约下降0.7个百分点。因此，在进行锌精矿配料操作中，需要控制混合锌精矿中铁的含量，否则影响系统的金属回收率。

火法炼锌中，在高温时CO作用于铁酸锌，则由于Fe_2O_3被还原，使铁酸锌破坏，自由状态的ZnO就会继续被CO还原为金属锌。所以在焙烧时，铁酸锌的形成对于火法炼锌并无太大的影响。

9.5.2 镉的硫化物在焙烧过程中的变化

镉没有单独的矿床，常伴生在铅锌矿中，矿中锌镉含量比约为100∶1，常以辉镉矿（CdS）的形态存在。在焙烧过程中，如何富集镉以便进一步回收，曾在许多工厂进行过研究。

H. H. Kellogg对提取冶金的蒸发化学作了一些研究。从Cd-O和Cd-S系表明，其分解反应为

$$CdO(s) \xlongequal{\quad} Cd(g) + \frac{1}{2}O_2$$

$$\Delta G^{\ominus}_{1200K} = 118(kJ) \tag{9-13}$$

$$CdS(s) \xlongequal{\quad} Cd(g) + \frac{1}{2}S_2$$

$$\Delta G^{\ominus}_{1200K} = 89(kJ) \tag{9-14}$$

对Cd-S系而言，在任何温度下，Cd的蒸气压比Cd-O系大，说明CdS的化学稳定性比CdO小，较易分解产生镉蒸气而进入气相。

Cd-S-O系1200K的化学位图见图9-8，图中的等p_{Cd}线表明，在CdO与CdS的共存线上，镉的蒸气压达到较高的数值。与Cd-O和Cd-S系比较，在Cd-S-O三元系里，p_{Cd}大大提高，这是由于CdS与CdO的交互反应所致：

$$2CdO(s) + CdS(s) \xlongequal{\quad} 3Cd(g) + SO_2(g) \tag{9-15}$$

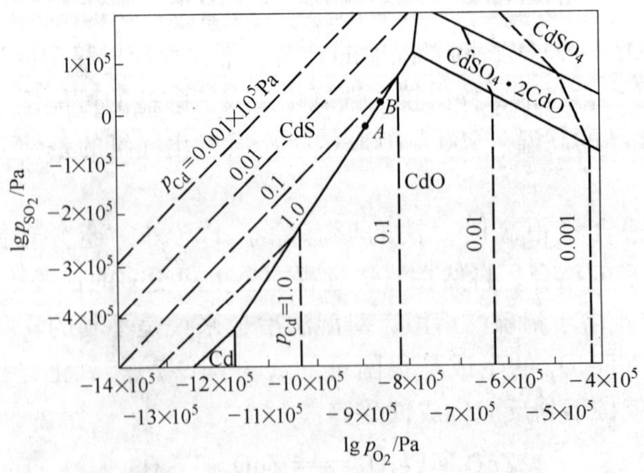

图9-8 Cd-S-O系1200K的化学位图

在1200K时，$K_{1200K}=p_{Cd}^3 \cdot p_{SO_2}=5.86\times10^{-3}$，$p_{Cd}=3p_{SO_2}$，于是$p_{Cd}=0.364\times10^5$Pa，$p_{SO_2}=0.121\times10^5$Pa，所以在1200K时交互反应是迅速的，即在900℃以上的焙烧条件下，精矿中的镉容易氧化挥发。

镉的硫化物与氧化物在焙烧温度下具有相当大的蒸气压，如1000℃时CdO为133Pa，CdS为1.2kPa。硫酸镉是一种稳定的化合物，但在高温焙烧时分解，并形成CdO，氧化镉在1000℃时开始挥发，此时其蒸气压为133Pa，当1220℃时氧化镉的挥发很大，此时其蒸气压达3.06kPa。与一般规律相同，硫化物较氧化物易挥发。硫化镉在氮气流中于980℃开始挥发，1000℃时全部挥发。根据手册资料，在950℃进行流态化焙烧，锌精矿中镉有50%挥发。

国内火法炼锌厂在提高焙烧温度（1100℃）以及减少过剩空气量（过剩空气系数小于1.1时），可使镉挥发90%～95%，并使镉富集在电收尘的烟尘中，再从烟尘中提取镉。

而湿法炼锌厂，镉仍留在焙烧产物中，一般通过在浸出液加锌粉除杂时，使镉沉淀生成铜镉渣，再进一步处理回收镉。

9.5.3 其他硫化物在焙烧过程中的变化

9.5.3.1 汞的硫化物在焙烧过程中的变化

铅锌精矿中常含有汞，其以硫化矿物辰砂（HgS）的形态存在。辰砂易挥发，在常压下不熔化而升华，升华温度为580℃。在铅锌精矿的焙烧与烧结过程中，HgS易从精矿中挥发出来后再发生氧化分解或直接分解的反应产生金属汞蒸气，随烟气带走，其总反应为

$$HgS + O_2 \xlongequal{} Hg(g) + SO_2 \qquad \Delta G^{\ominus} = -177 - 0.13T \tag{9-16}$$

在现行的高温流态化焙烧或烧结条件下，无论是精矿中没有被氧化的HgS或氧化后的HgO，都是不稳定的化合物，会分解产出汞蒸气，被烟气带入净化收尘与制酸系统。

9.5.3.2 铜的硫化物在焙烧过程中的变化

铅锌精矿中铜的硫化物主要以黄铜矿（$CuFeS_2$）的形态存在。$CuFeS_2$在焙烧或烧结的高温下会发生分解反应：

$$CuFeS_2 \longrightarrow Cu_2S + 2FeS + \frac{1}{2}S_2 \tag{9-17}$$

Cu-S-O系化学位图见图9-9，由图9-9可知，黄铜矿分解后产生的Cu_2S，在p_{O_2}大的条件下，会发生氧化反应产生$CuSO_4$和Cu_2O，在实际的焙烧温度及气氛下，$CuSO_4$很不稳定，故在焙烧的产物中铜主要以Cu_2O的形态存在。有一部分Cu_2O也能与Fe_2O_3反应生成$Cu_2O\cdot Fe_2O_3$，或与硅酸盐结合，生成硅酸盐状态的铜。所以，高温焙烧硫化锌精矿主要得到自由状态和结合状态的氧化铜。焙烧矿中自由状态氧化铜或结合状态的氧化铜两者

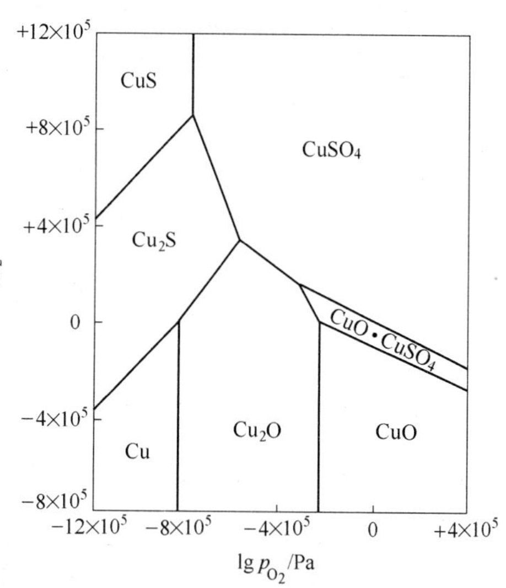

图9-9 850℃ Cu-S-O系化学位图

量的多少视温度而定。

9.5.3.3 砷、锑的硫化物在焙烧过程中的变化

硫化锌精矿中的砷主要以硫砷铁矿（即毒砂 FeAsS）与雄黄矿（As_2S_3）存在；锑主要以辉锑矿（Sb_2S_3）存在。在高温下 FeAsS 会发生分解反应：

$$FeAsS \longrightarrow FeS + As \tag{9-18}$$

As 会挥发进入气相然后与空气中的 O_2 发生氧化反应：

$$2As + \frac{3}{2}O_2 = As_2O_3 \tag{9-19}$$

As_2O_3 随气相进入烟气冷却收尘系统。

As_2S_3 与 Sb_2S_3 在氧化焙烧条件下的氧化反应为：

$$As_2S_3 + \frac{9}{2}O_2 = As_2O_3 + 3SO_2 \tag{9-20}$$

$$Sb_2S_3 + \frac{9}{2}O_2 = Sb_2O_3 + 3SO_2 \tag{9-21}$$

As_2O_3 与 Sb_2O_3 都具有很大的挥发性，氧化挥发出来后均随烟气带走，在收尘系统进入烟尘产品中。故铅锌硫化精矿焙烧与烧结过程中产出的烟尘常含砷锑较高，给烟尘的处理带来一些麻烦。这种挥发特性却为砷、锑的冶炼及提纯提供了有利的条件。

9.5.3.4 铋的硫化物在焙烧过程中的变化

硫化锌精矿含铋不多，而有些铅精矿含铋却很高。铅精矿中铋是以辉铋矿（Bi_2S_3）的形态存在，在高温氧化焙烧或烧结的条件下，Bi_2S_3 会发生氧化反应：

$$Bi_2S_3 + \frac{9}{2}O_2 = Bi_2O_3 + 3SO_2 \tag{9-22}$$

结果铋以 Bi_2O_3 的形态留在烧结块中。

9.5.3.5 稀贵金属在焙烧过程中的变化

贵金属金银以自然金与银的形态存在于精矿中，部分银以辉银矿（Ag_2S）的形态存在精矿中，Ag_2S 在高温氧化焙烧条件下容易发生分解，氧化产生的 Ag_2O 也分解为金属银。所以金银最终都以金属态留在焙砂与烧结块中，当焙烧含银的硫化锌精矿时，烟尘中可见到有大量的银挥发。这是因为银在硫化锌精矿中与铅结合，而铅具有较大的挥发性，把银带至烟尘中富集。

铟、锗、镓、铊等稀散金属，除了铊能挥发进入烟尘以外，其他都会以氧化物形态留在焙砂或烧结块的产品中。

9.5.4 SiO_2 和 CaO 等脉石矿物在焙烧过程中的变化

在铅锌硫化精矿中，SiO_2 大都以游离石英矿存在，而 CaO、MgO 大都以碳酸盐 $CaCO_3$（方解石）和 $MgCO_3$（菱镁矿）的形态存在。以及各种结合状态存在的硅酸盐以及碳酸盐、氧化铝等。碳酸盐在加热时分解为金属氧化物与二氧化碳。各种碳酸盐分解多少与分解与否视其分解温度与焙烧温度而定。

碳酸盐在高温条件下会发生分解反应，即：

$$CaCO_3 \longrightarrow CaO + CO_2 \tag{9-23}$$

$$MgCO_3 \longrightarrow MgO + CO_2 \tag{9-24}$$

这种分解反应均为吸热反应，它们在烧结焙烧过程中可以消耗一些硫化物氧化放出的过剩热，起到一定的热量调节剂作用，防止过早烧结。

CaO 能与 SO_3 反应生成 $CaSO_4$，而 $CaSO_4$ 在现行硫化精矿的焙烧与烧结的温度下很难分解完全。所以，在铅烧结焙烧中过多地加入钙熔剂对脱硫无益。

游离 SiO_2 并不溶解于稀硫酸，当它形成硅酸盐后便会溶解，溶解后在一定的温度与 pH 值条件下会形成硅胶，致使矿浆的澄清与过滤发生困难，所以对湿法炼锌而言，希望处理含 SiO_2 较少的锌精矿。

二氧化硅与硅酸盐在氧化气氛中焙烧时如不与硫化锌精矿中其他成分相接触，则不起什么本质的变化。二氧化硅与金属氧化物 MO（PbO、ZnO、FeO 与 CaO 等）接触时，形成熔点较低的硅酸盐，促使精矿熔结。

$$MO + SiO_2 \longrightarrow MO \cdot SiO_2 \tag{9-25}$$

当硫化精矿中二氧化硅含量很少以及焙烧温度不高时，形成的硅酸盐很少。因为硅酸锌的形成温度较高，此时就不形成硅酸锌。但在硫化锌精矿中有时二氧化硅含量甚多（大于 4%），在此种情况下焙烧温度又较高时，便会形成硅酸锌。

此外，炉料中的 CaO 及焙烧产生的 ZnO 可与硅酸铅形成更为复杂的硅酸盐熔体，铅精矿烧结时形成多种易熔化合物，列于表 9-4 中。这些易熔化合物在冷却时便成为炉料的胶结剂，其中起主要胶结作用的是硅酸铅与铁酸铅。以硅酸铅为主的这些易熔物的形成对铅精矿或铅锌混合精矿的烧结焙烧而言，起到了很好的黏结作用，对烧结块的强度提供了保证。

表 9-4　铅烧结焙烧时形成的易熔化合物

形成易熔物的体系	反应产物	熔化温度/℃
PbS、PbO、PbS-$PbSO_4$	Pb	327
PbO-SiO_2	共晶 81% PbO	670
	共晶 85% PbO	670
	共晶 89.4% PbO	717
PbO · SiO_2	化合物 88.1% PbO	714
	化合物 84.8% PbO	690
	化合物 78.8% PbO	766
PbO-Sb_2O_3	混合物 25% Sb_2O_3	590
PbS + O_2	PbO	885
PbO-Fe_2O_3	17% Fe_2O_3 熔体	850
	20% Fe_2O_3 熔体	925
PbS-Cu_2S	共晶 51% Cu_2S	550
PbS-FeS	共晶 30% FeS	863
Ag_2S-FeS	共晶 11% FeS	615
Ag_2S-Cu_2S	共晶 30% Cu_2S	677

但是对于硫化锌精矿的沸腾焙烧，这种易熔物的形成，却是非常不希望的。低熔点的化合物和共晶的形成不利于沸腾炉的稳定运行。在精矿的流态化焙烧炉中，精矿粒子的黏结是流态化床不能均匀形成的主要原因，严重时可使流态化床全部结死，不能继续进行正常流态化焙烧，而要被迫停炉处理。所以，许多工厂对流态化焙烧的入炉锌精矿限制了铅与硅的含量。对于 Pb-Sb 硫化精矿而言，形成的易熔物种类很多，要实现正常的流态化焙烧，就必须控制焙烧的温度在很低的水平（如 500 ~ 600℃），否则流态化床就会结死。因此，Pb-Sb 硫化精矿的低温流态化焙烧的脱硫率很低。只能作为烧结前的预脱硫过程。

10 硫化锌精矿的沸腾焙烧

现代铅锌冶炼厂火法炼锌与湿法炼锌焙烧硫化锌精矿采用沸腾焙烧，铅锑硫化精矿预脱硫采用沸腾焙烧。本章将讨论硫化锌精矿的沸腾焙烧。

流态化沸腾焙烧技术是20世纪50年代初联邦德国的巴登苯胺纯碱公司和美国的道尔公司分别开发的。我国在50年代初期，对流态化技术的研究和应用即进行了许多工作。最早的应用实例是流态化焙烧。1955年南京化工公司采用流态化技术焙烧黄铁矿以产生二氧化硫并制造硫酸；1957年在葫芦岛流态化焙烧锌精矿生产氧化锌和二氧化硫获得成功。目前，世界上最大的硫铁矿沸腾焙烧炉为西班牙的福雷特公司帕洛斯工厂制酸系统，于1982年建成，其炉床面积为123m^2，容积为2800m^3，设计生产能力为日产910～1000t硫酸。

硫化锌精矿的焙烧多采用沸腾焙烧技术，即使用沸腾焙烧炉，其炉床面积从几个平方到澳大利亚里斯敦炼锌厂（1975年）和比利时巴伦锌厂（1986年）的123m^2，单台炉设计生产能力达800～1000t锌精矿，能与年产量10万～12万吨金属锌的工厂配套。

锌精矿沸腾焙烧就是利用具有一定气流速度的空气自下而上通过炉内矿层，使固体颗粒被吹动，相互分离而呈悬浮状态，达到固体颗粒（锌精矿）与气体氧化剂（空气）的充分接触，以利化学反应的进行。其主要化学反应见式10-1～式10-6：

$$2ZnS + 3O_2 = 2ZnO + 2SO_2\uparrow \tag{10-1}$$

$$ZnS + 2O_2 = ZnSO_4 \tag{10-2}$$

$$3ZnSO_4 + ZnS = 4ZnO + 4SO_2\uparrow \tag{10-3}$$

$$2SO_2 + O_2 = 2SO_3\uparrow \tag{10-4}$$

$$ZnO + SO_3 = ZnSO_4 \tag{10-5}$$

$$xZnO + yFe_2O_3 = xZnO \cdot yFe_2O_3 \tag{10-6}$$

硫化精矿的沸腾焙烧属于强化冶金过程，氧化反应剧烈进行放出大量热，可以维持炉内锌精矿焙烧的正常温度900～1100℃。由于精矿粒子被气流强烈搅动而在炉内不停地翻动，整个炉内各部分的物理化学反应比较均一，从而可以保持炉内各部分的温度很均匀，温差只有10℃左右。而且可以设置活动的冷却水管，当温度上升时，随时将其插入流态化床以调节温度。所以采用沸腾焙烧可以严格控制焙烧温度。

精矿加入沸腾炉后立即进入高温焙烧室，在其中被气流连续翻动发生焙烧反应。一部分较粗的颗粒在炉内停留一段时间后，从相对于加料口处设置的溢流排放口排出，成为焙砂产品。另一部分较细的颗粒（湿法炼锌约占50%，火法炼锌约23%），随气流带至炉子上部空间继续发生氧化反应。由于炉内气流速度大（一般线速度为0.4～0.8m/s），这些被气流挟带的粒子在炉内停留不到1min就被带出炉外，在收尘设备中收集下来，这部分产品是烟尘。这些烟尘完全可以满足湿法炼锌厂的要求，与细磨以后的焙砂混合使用。对于火法炼锌厂，由于烟尘中的硫（包括 S_{SO_4} 及 S_S）及某些易挥发的杂质（铅与锡）较多，需要另行处理或返回焙烧，才能满足火法冶炼的要求。当作业温度稍低（900℃以下）时，得到的焙砂产品的成分变化不大，而烟尘中的硫化物硫含量（S_S）就会增加。所以现在湿法炼锌厂都维持900℃以上高温作业，以提高烟尘质量。

10.1 流态化原理

在气流作用下，使床层中的固体颗粒处于上下翻动、沸腾的流动状态，此简称为固体流态化。此项技术已广泛用于化工、冶金等领域。

在图10-1中用 u_f 来表示临界流态化速度。若将流速 u 增至超过临界值，即 $u > u_f$，一部分气体会形成气泡，使整个料层具有沸腾着的液体的状态，采用这种气体-固体接触的焙烧方法称为流态化焙烧又称沸腾焙烧。上升气泡的尾迹中裹有一部分固体颗粒，随之夹带而上，使上下的物料混合，有利于整个料层温度的均匀化，如此，可避免其他常用设备中的不利现象：部分地区因温度偏低，反应不足；部分地区因温度偏高，易引起烧结等。若再进一步增加流速，气泡增多、加大，逐步汇合成一连续气-固混合相；而另一部分颗

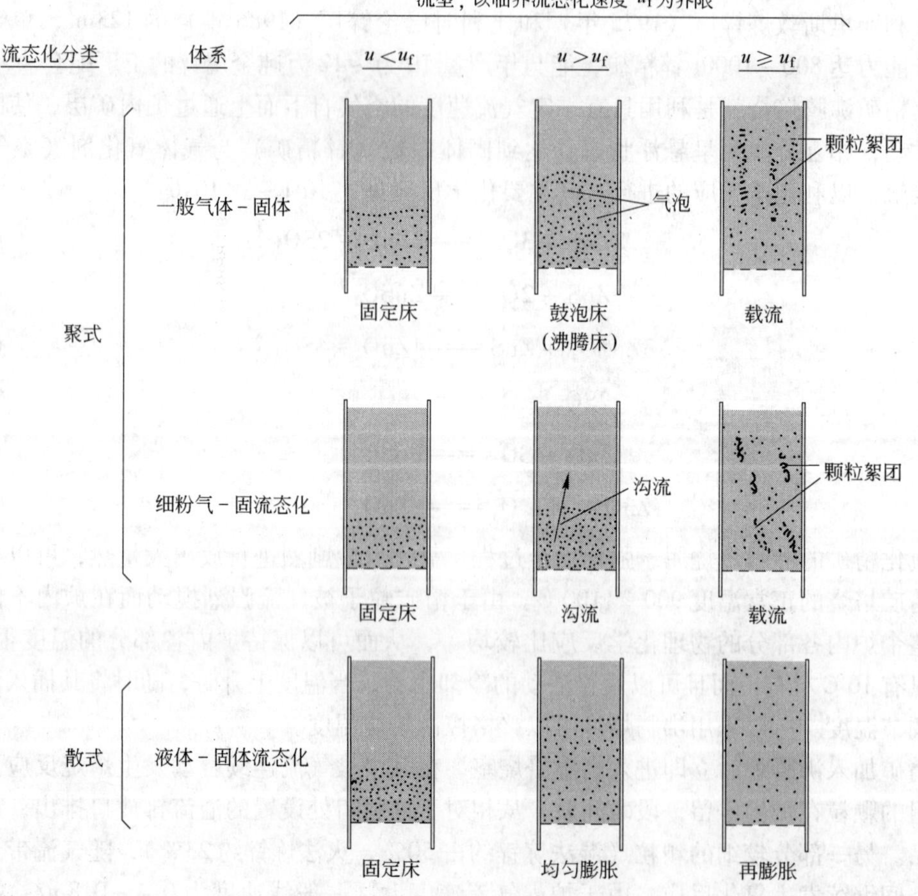

图10-1 沸腾焙烧原理及操作范围

粒却团聚为时而形成、时而解体的絮状体，如此，再次强化颗粒与气体之间的接触。但是，不是所有的物料在达到临界流速 u_f 后都进入沸腾状态。有些易于相互黏附、流动性不好的颗粒，特别是较细的粉末，在流速达到临界值后，会形成沟渠，使部分气体短路流出，减弱气、固之间的接触。对这种内聚性强的物料，只有当流速很大时才形成颗粒团絮的第二种流型。上述的流型，总称为聚式流态化：气体汇聚成气泡，颗粒汇聚成絮团。与这些不同的是颗粒物料在液体中的流态化。在液—固体系中，随着流速的增加，颗粒相互离散而单独运动，不具什么明显的泡和团的现象。这种流态化称为散式流态化。

10.2 沸腾炉的结构性能及主要技术参数

10.2.1 沸腾炉的结构性能

沸腾焙烧炉炉体为钢壳内衬保温砖再衬耐火砖构成。为防止冷凝酸腐蚀，有的钢壳外面还包裹有保温层。炉子的最下部是风室，设有空气进口管，其上是空气分布板。空气分布板上是耐火混凝土炉床，埋设有许多开小孔的风帽。旧的炉型一般为直筒形，新的炉型炉膛中部为向上扩大的圆锥体（又称扩大段），上部焙烧空间的截面积比沸腾层的截面积大，以延长烟气停留时间，减少固体粒子吹出。沸腾层中装有冷却水套或余热锅炉的冷却管，炉体还设有加料口、焙砂溢流口、炉气出口、点火口、二次空气进口等接口，炉顶有的还设有防爆孔。

沸腾焙烧炉与其他炉型相比，具有这样一些特点：（1）焙烧强度高；（2）矿渣残硫低；（3）可以焙烧低品位矿；（4）炉气中二氧化硫浓度高、三氧化硫含量少；（5）可以较多地回收热能产生中压蒸气，焙烧过程产生的蒸气通常有35%～45%是通过沸腾层中的冷却管获得；（6）炉床温度均匀；（7）结构简单，无转动部件，且投资省，维修费用少；（8）操作人员少，自动化程度高，操作费用低；（9）开车迅速且方便，停车引起的空气污染少。但沸腾炉炉气带矿尘较多，空气鼓风机动力消耗较大。

现在常用的锌精矿沸腾焙烧炉可分为三种类型：（1）带前室的直形炉，我国及前苏联的一些工厂采用；（2）道尔（Dorr）型湿法加料直形炉，日本多数厂家采用；（3）鲁奇（Lurgi）扩大型炉，我国和西欧、美、加等国多数厂家采用。关于炉子的具体结构见图10-2、图10-3、图10-4。

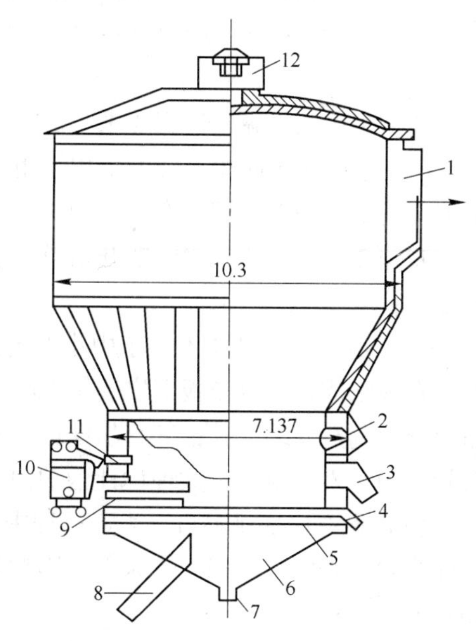

图10-2 鲁奇式沸腾炉

1—炉气出口；2—燃烧嘴；3—焙砂溢流口；4—底卸料口；5—空气分布板；6—风箱；7—风箱排放口；8—进风管；9—冷却管；10—抛料机；11—加料孔；12—炉顶安全罩

鲁奇式炉上部结构采用扩大段，使烟气流速减慢，烟尘率降低，同时延长了烟气在炉内的停留时间，烟气中的烟尘得到了充分的焙烧，

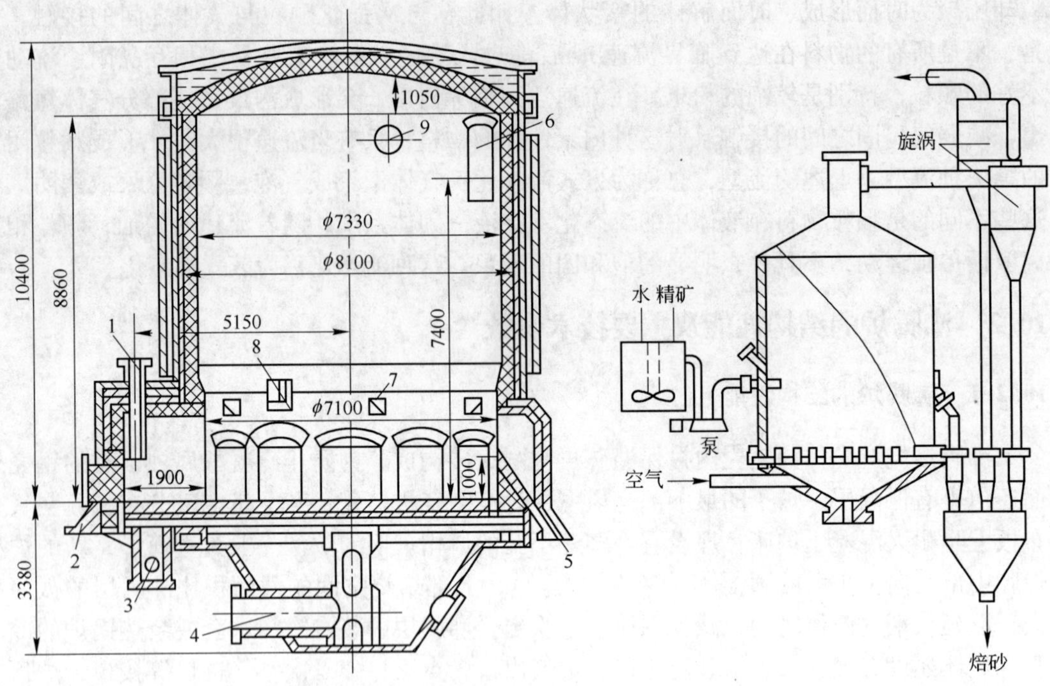

图 10-3 42m² 前室加料直筒形焙烧炉
1—加料孔；2—事故排出口；3—前室进风口；
4—炉底进风口；5—排料口；6—排烟口；
7—点火孔；8—操作门；9—开炉用排烟口

图 10-4 道尔型湿法加料
直形炉结构示意图

从而使烟尘中的含硫量达到要求。烟尘焙烧质量得到保证。低的烟尘率相应地提高了焙砂的产出率，减小了收尘系统的负担，由于上述优点，并且鲁奇型炉易于大型化，因此新建的流态化焙烧炉多采用鲁奇型炉型。目前，世界上约有60多台鲁奇型炉在锌厂使用。

我国20世纪90年代中期开始设计投产的109m² 鲁奇式锌精矿流态化焙烧炉，结构特点如下：

（1）分布板的结构不同于中小型流态化焙烧炉。分布板不是整体的，而是由近60块箱形孔板组成，在分布板上安装了10900个与传统风帽完全不同的特制的直通式风帽。分布板分块制造安装，其精度容易保证，直通式风帽结构简单，制造精度高，阻力及风速分布较均匀，寿命很长。这种设计为炉内形成稳定的流态化床创造了很好的条件。

（2）设有底部排料口。生产过程中在流态化床内有时会生成一些粗颗粒和结块，需要定期排除，否则将沉积于炉床上，影响炉料正常流态化。从底排料口和机械排料装置可定期排放粗颗粒。

（3）钢结构设计。该焙烧炉为圆筒形炉壳，下部和上部分别用 $\delta=20$mm 和 $\delta=18$mm 钢板焊接而成。为确保炉衬砌体的质量和整体性，保证炉子寿命长，对炉壳的制造精度提出了较高的要求。

（4）砖体设计。该焙烧炉炉墙厚500mm，内层为310mm厚的高铝砖，外砌185mm厚的轻质黏土砖，采用同一规格的楔形砖砌筑。炉顶跨度为 ϕ17300mm，半径为11700mm 的球形拱顶。拱顶砖设计带有凸凹槽、厚度 380mm 的异型砖，考虑到砖要承受很大的侧向力，选用热弯曲强度高、耐磨性好的高铝砖。

（5）流态化床的排热与补热。生产过程中要保持流态化床的温度稳定，要在流态化床内设置排热与补热装置，否则由于诸多因素的影响，炉内会出现热量不平衡、温度波动大的现象。为了便于调整温度，在流态化床上方的炉墙上安装有喷水装置和补热烧嘴，炉温偏高时将水喷入炉内降温，炉内温度偏低时开启补热烧嘴提温。另外，焙烧是放热反应，为提高处理能力，减少过剩空气量，流态化床内多余的热量必须排走，为此，在流态化床圆周炉墙上设有插入到流态化床内 4～6 组汽化冷却排热管。此排热管属烟气余热锅炉的分支，这样既排走了热量，又以蒸汽的形式回收了余热。

我国某冶炼厂采用道尔型沸腾炉，炉床面积 $41m^2$，前室面积 $1m^2$，炉床直径 7100mm，炉膛高度为 10917mm，炉床外壳钢板厚 12mm，炉壳内衬耐火黏土砖上部厚 230mm，下部厚 460mm，硅酸铅纤维板 40mm，耐热混凝土 180mm，炉顶用异形耐火黏土砖砌筑，炉床用耐热混凝土捣固，该炉结构简单，主要采用耐火黏土砖，造价较低，且温度变化适应性好，可缩短开停炉时间，开炉时可节约大量煤气，另外由于炉子为直筒形，炉墙上不易积灰。

$42m^2$ 道尔型沸腾炉和鲁奇式沸腾炉炉底风箱均采用空气分布柱对进风箱空气进行初步的分流，空气再经空气分布板进一步细分，使进入炉膛的空气流量和压力分布均匀，以确保炉膛沸腾稳定。$42m^2$ 道尔型沸腾炉炉床上风帽采用伞形风帽，鲁奇式沸腾炉炉床上采用直通型风帽。伞形风帽在沸腾炉生产比较波动时能良好地保证沸腾层的稳定，能满足处理较为复杂的混合锌精矿，但对空气的阻力比较大；直通型风帽抗生产波动能力较差，而空气阻力较小。

$42m^2$ 道尔型沸腾炉采用前室加料装置，混合锌精矿经前室加料管加入到前室，经鼓风作用呈沸腾状态，在前室内完成沉杂、预热和初步着火燃烧过程，然后再进入炉膛完成沸腾焙烧过程。前室加料装置能使混合锌精矿中的杂物（如铁钉、螺帽等）和影响沸腾层的大颗粒物料沉积而减少对沸腾层的影响，但前室加料使物料在焙烧过程中行进路线较直而单一，造成沸腾层表面气相非常不均匀，引起过剩空气系数增大而减小了烟气中二氧化硫的浓度。

鲁奇式沸腾炉采用抛料机抛料装置，混合锌精矿加入到抛料机内高速皮带上，获得较高速度，在惯性力作用下以一定的角度被抛入到炉膛中。抛入到炉膛的混合锌精矿在上升炉气和沸腾层的作用下迅速扩散，能短时较均匀的进入沸腾层各区而完成焙烧过程，沸腾层表面气相较为均匀，烟气中二氧化硫浓度较高。道尔型沸腾炉和鲁奇式沸腾炉本体有关参数见表 10-1。

表 10-1　道尔型和鲁奇式沸腾焙烧炉主要结构

项　目	单　位	道尔型	鲁奇式
炉床面积	m^2	42	109
本床直径	m	7.1	11.78
沸腾层高度	m	1.05～1.15	0.85
炉膛总高	m	9.913	17200

续表 10-1

项 目	单 位	道尔型	鲁奇式
炉膛容积与床面积之比		9.2∶1	19∶1
气体分布板孔眼率	%	1.1	0.283
孔眼喷出速度	m/s	11~12	54
风帽数	个	1637	10900
水套面积	m^2	17.5	40.2
流态化层温度	K	1113~1133	1153~1193

10.2.2 沸腾焙烧主要技术参数的确定

沸腾焙烧炉的主要技术参数包括炉床面积，流化床层高度，空气分布板的结构、炉膛的有效高度等，分述如下。

10.2.2.1 流态化床面积的确定

流态化床面积 F 按下式计算：

$$F = A/a \quad (m^2) \tag{10-7}$$

式中 A——炉子日处理量，t/d；

a——床能力，t/(m^2·d)。

床能力是单位炉床面积每天处理的精矿量，它标志炉子处理精矿能力的大小，计算式为：

$$a = 86400W_{操作}/V \cdot (1 + \beta t_{层}) \tag{10-8}$$

式中 $W_{操作}$——流态化床线速度，一般为0.5~0.8m/s；

V——焙烧每吨物料所需空气量（标态下），m^3/t；

β——$\beta = 1/273$；

$t_{层}$——流态化床温度，℃。

锌精矿流态化焙烧炉的床能力一般为5~6t/(m^2·d)，有些工厂可达7~8t/(m^2·d)。

我国使用的18~45m^2 的流态化焙烧炉一般均有前室，小于5m^2 的炉子可不用前室，16m^2 的炉子也有不用前室的。前室面积通常为炉床面积的5%~10%。对圆形炉，炉床直径 $D_{床}$ 计算为：

$$D_{床} = 1.13(F_{床} - F_{前室})^{1/2} = 1.13(F_{炉床})^{1/2} \tag{10-9}$$

式中 $F_{前室}$——流态化焙烧炉前室面积，m^2；

$D_{床}$——炉床直径，m。

矩形炉的长与宽之比一般为（2~3）∶1，根据生产要求确定。

当流化床面积确定以后，应该根据生产规模选择炉子大小。一般趋向于一个工厂选用一台大炉生产，无备用炉。小炉有1~20m^2 的，大炉有42~109m^2 的。目前世界上最大的锌流态化焙烧炉是澳大利亚 Risdon 厂1975年投产的，床面积为123m^2，日处理800t精矿，德国 Lurgi 公司还准备建一台日处理1000t的流态化焙烧炉。我国目前设计采用的新炉，炉床面积为109m^2。

10.2.2.2 流化床层高度

流化床层的高度，近似地等于气体分布板到溢流排料口的高度。流化床层的高度适当与否，对稳定流态化焙烧过程和保证产品质量有重要意义。流化床层太薄，炉内热容量小，易出现沟流，换热器不好布置；流化床层太厚，鼓风压力增大，动力消耗增大。因此流化床层高度应满足下列要求：（1）保证流化层的均匀性，精矿在炉内有足够的停留时间，使焙烧反应进行充分，以获得符合要求的产品；（2）使流态化焙烧过程具有足够的热稳定性，当料量稍许波动时，炉内温度应稳定在规定的范围内，短时间停电、停风或停料仍能够顺利开炉，而不需要重新点火；（3）与换热器的布置相匹配。

根据生产实践，锌精矿流态化焙烧的床层高度一般为1m左右。德国一电锌厂床层的高度为1.8～2.0m，这样鼓风压力增加很多，电耗也就增加；但炉子工作很稳定，脱硫率也有所提高，所以仍认为高床层有利。

精矿在流态化床层的平均停留时间按下式计算：

$$\tau = FrH/q(1-\eta) \tag{10-10}$$

式中 τ——精矿在炉内停留时间，h；

F——炉床面积，m^2；

r——流态化床平均密度，t/m^3；

H——流化床高度，m；

q——精矿加入量，t/h；

η——烟尘率。

一般锌精矿流态化焙烧，精矿在炉内停留时间约为4～7h。

10.2.2.3 炉膛的有效高度

炉膛有效高度是指流化床以上的空间高度，对侧排烟的炉子是指溢流口下沿至排烟口中心线的高度，此高度要保证烟尘在炉膛停留时间内应完成预定的物理-化学反应，以保证烟尘质量，并尽可能降低烟尘率。为此，流态化焙烧炉有增加炉膛高度及容积的趋势，特别是高温氧化焙烧的炉子。炉膛高度可计算为：

$$H_{膛} = aV_{烟}(1+\beta t_{膛})F_{床} \cdot \tau_{气}/86400F_{膛} \tag{10-11}$$

式中 $H_{膛}$——炉膛有效高度，m；

a——床能力，$t/(m^2 \cdot d)$；

$V_{烟}$——焙烧每吨物料产生的烟气量（标态下），$m^3/t_{料}$；

$t_{膛}$——炉膛温度，℃；

$F_{床}$——床面积，m^2；

$F_{膛}$——炉膛面积，m^2；

$\tau_{气}$——烟气停留时间，s；

β——$\beta = 1/273$。

采用扩大炉膛时，炉膛的高度应根据炉膛面积的变化情况来分段计算。烟气停留时间根据经验研究，一般为15～25s。

此外，也可用下列经验公式估算炉膛的高度：

$$V_{膛} = (10 \sim 18)F_{床} \tag{10-12}$$

式中 $V_{膛}$——炉膛有效容积，m^3；

$F_{床}$——床面积，m^2。

采用经验公式时，取较大的系数有利于提高烟尘质量；若采用制粒焙烧或浆式进料，烟尘较少，可取小的系数。

为了提高烟尘的焙烧质量，目前国外有增加沸腾焙烧炉炉膛高度的趋势，有的炉膛有效容积与床面积的比值已达25。

10.2.2.4 炉腹角

采用上部扩大形流态化炉，上部炉膛直径与下部床层处直径之比约等于1.03～1.05，炉腹角一般为7°～30°。当烟尘黏性较大时，炉腹角应小于10°，角度太大，容易在扩大段积尘，当积尘增加到一定厚度时，易塌落，塌落较多时，可能造成安全事故和死炉。

几个工厂的鲁奇型炉的主要尺寸列于表10-2。

表10-2 几个工厂的鲁奇型炉的主要尺寸

炉床面积/m^2	56	65	72	109	123
流化床层处的直径/mm	8432	8840	9600	11800	12550
上部扩大处直径/mm	12649	11840	12800	16300	16050
空间高度/mm	16352	16655	17000	20380	19110
炉腹角/(°)	25	20	20	20	20

10.2.2.5 风帽及空气分布板

如图10-5所示，气体分布板一般由风帽、花板和耐火衬垫构成。气体分布板的设计应使进入床层的气体分布均匀，创造良好的初始流态化条件，具体考虑下列条件：有一定的孔眼喷出速度，使物料颗粒特别是使大颗粒受到激发湍动起来；具有一定的阻力，以减少流态化层各处的料层阻力的波动。此外还应不漏料、不堵塞、耐摩擦、耐腐蚀、不变形；结构简单，便于制作、安装和检修。鲁奇型炉分布板一般采用格栅式空气分布板结构，预制成1～2m^2左右的块状，以供拼装，搁置于钢梁之上。

设计风帽的主要数据是孔眼率及空气从风帽孔眼中射出的速度。孔眼率即全部风帽孔眼总面积与炉床面积之比，波动在0.5%～1%之间。孔眼的直径为4～10mm。以空气从孔眼喷出的速度为10～12m/s来校准孔眼大小合适与否。

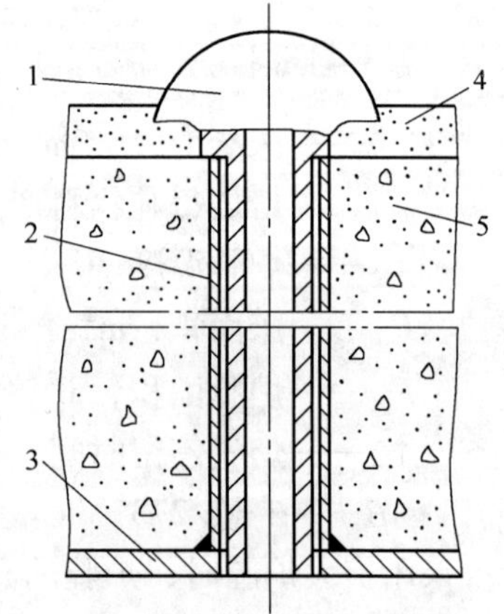

图10-5 风帽安装示意图
1—风帽；2—套管；3—炉底花板；4—耐火；5—耐火混凝土

风帽大致可分为直流式、侧流式、密孔式和填充式4种。锌精矿流态化焙烧炉广泛应用侧流式风帽。从风帽的侧孔喷出的空气紧贴分布板进入床层，对床层搅动作用较好，孔眼不易被堵塞，不易漏料。

风帽的孔眼数一般为4个、6个、8个。材质多为耐热铸铁，根据流化层温度可选用低铬铸铁、中硅球墨铸铁、高铬铸铁等，也可选用合金钢制作。

风帽的密度一般为35～70个/m^2，鲁奇式锌精矿流态化焙烧炉风帽密度大于90个/m^2，风帽中心距为100～180mm，视风帽排列密度和排列方式而定。在可能的条件下，加大风帽排列密度有利于改善初始流化条件。风帽的排列方式有：（1）同心圆排列，适用于圆形炉；（2）等边三角形排列，这种方式排列均匀、布置紧凑、风帽中心距相等，适用于圆形和矩形分布板，用于圆形炉时，周边2～3圈应采用同心圆排列；（3）正方形排列，适用于矩形炉和鲁奇式流态化焙烧炉。但无论采用哪种排列方式，其目的都是为了使分布板各处的气流均匀，因此排列方式还应与排列密度相配合，以确保炉内的中心和周边保持同样的风压。

10.3 沸腾焙烧工艺过程及参数

锌精矿流态化焙烧的生产工艺流程应根据原料特性、生产要求与规模以及炉子大小等因素确定，图10-6所示为我国锌精矿焙烧的流程图，图10-7所示为我国锌精矿焙烧的设备连接图。从焙烧的流程图和设备连接图看可将锌精矿流态化焙烧工艺分为三部分，即加料与流态化焙烧、烟气冷却与收尘、产品的排出。

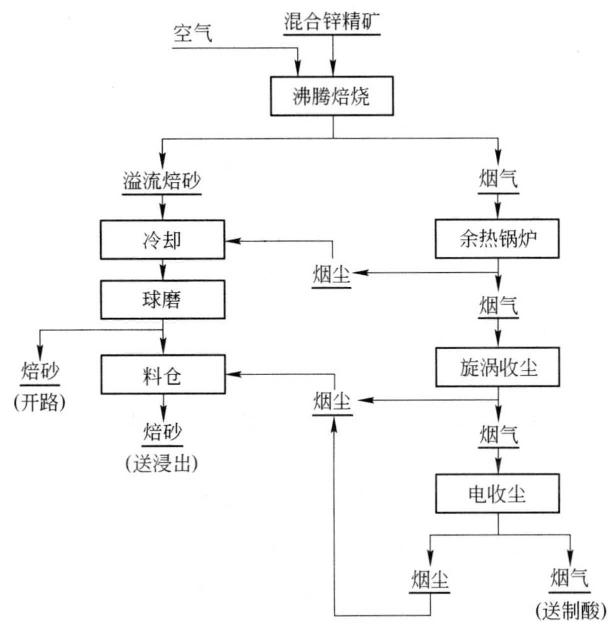

图10-6 锌精矿焙烧的流程

10.3.1 锌精矿的干燥与沸腾炉的加料

沸腾炉的加料方式主要是指所加精矿的状态。现在采用的有按干精矿（含水小于6%～8%）、矿浆（含水25%左右）及制粒（1～5mm）三种不同物料的加料方法。

10.3.1.1 浆式进料

浆式进料要求精矿预先制成矿浆，矿浆含水25%～35%左右，然后用泵将矿浆喷入炉内。这种加料方法的优点：精矿不必干燥，尤其是选矿和冶炼在一个厂区内更为有利；冶炼厂和酸厂综合回收的泥浆可直接混入加料系统，避免对这些中间物料进行再处理；焙烧

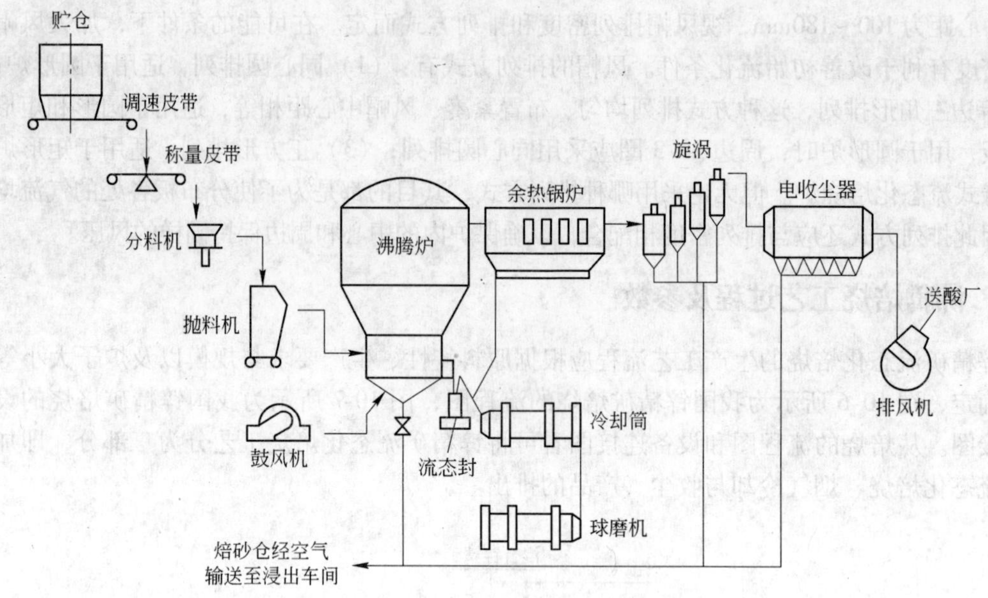

图 10-7 锌精矿焙烧的设备连接

炉温度的控制可通过矿浆的含水量调整，简化了操作。但这种加料方式也存在一些缺点：例如，道尔型炉的生产率比鲁奇炉干法加料低 1 倍左右，只有 3.8 ~ 5.1t/(m^2 · d)；生产的蒸汽量要少 15% ~20%；由于大量水分蒸发，烟气量大，烟尘率高，且水蒸气含量高，造成烟气热焓高，因而增加了收尘设备和制酸净化装置的负荷；污酸处理量相应增加。

各厂采用的浆式进料装置不完全相同，如日本彦岛炼锌厂的浆式进料，锌精矿经胶带运输机送到浆化槽，浆化后的矿浆自流到湿式振动筛，筛上的粗粒精矿进入湿式球磨，球磨后的矿浆由泥浆泵返回振动筛，筛下的矿浆入机械搅拌和气动搅拌的中间贮槽，再由隔膜泵送入焙烧炉顶部的高位分配槽，高位分配槽底部设 6 ~8 个矿浆下料管分别给到炉子的加料喷嘴，多余的矿浆溢流出来返回中间槽。

1987 年北京有色冶金设计研究总院设计的中原冶炼厂沸腾焙烧车间，是我国第一座采用浆式进料的工厂，该厂除引进两台软管泵输送矿浆外，其余设备均由国内自行设计，1991 年一次投产成功，据报道其操作稳定，车间卫生极佳，易于实现文明生产，效果令人满意。

日本各湿法炼锌厂曾都采用炉身直径不变的道尔型沸腾炉浆式进料，但由于矿浆加料存在许多缺点，日本有的工厂如神冈电锌厂已改用鲁奇型炉，进料方式也随着改变。该厂采用鲁奇型炉后，流态化床层的温度由 980℃ 提高到 1010℃，产物中的硫化物硫含量(S_S) 由 0.69% 降到 0.22%，锌浸出率则由 93.8% 升高到 94.3%。电力单耗方面，原道尔炉处理 1t 矿耗电 102kW · h，而改为鲁奇炉后仅为 74kW · h。所以湿法加料制度没有多大发展，目前世界上多采用干法加料的鲁奇型炉，约有 60 台炉子在生产。

10.3.1.2 干法加料

干法加料需要将精矿先经干燥到含水小于 10%，可采用干燥窑或进行热气流干燥。圆筒干燥窑是一种最简单的机械干燥设备，窑身由钢板制成，窑内不衬耐火砖，直径一般为

1.5～2.5m，长10～12m，窑身有3°～6°倾斜角，窑的内面设有纵向挡料板，起扬料与卸料作用。干燥窑可采用顺流和逆流两种加热方式，干燥窑的加热燃料可用煤气、重油和粉煤等。回转窑干燥流程图见图10-8，干燥窑的生产率依据很多因素而定，与精矿中的水分、粒度、窑内容积、窑转数、倾斜度、窑内气体温度、气体速度等有关。常以干燥强度表示干燥窑的干燥能力；干燥强度即单位时间、单位干燥窑容积所汽化除去的水分量，通常用“kg/(m³·h)”表示。在生产实践中干燥窑的干燥强度一般为40～80kg/(m³·h)。

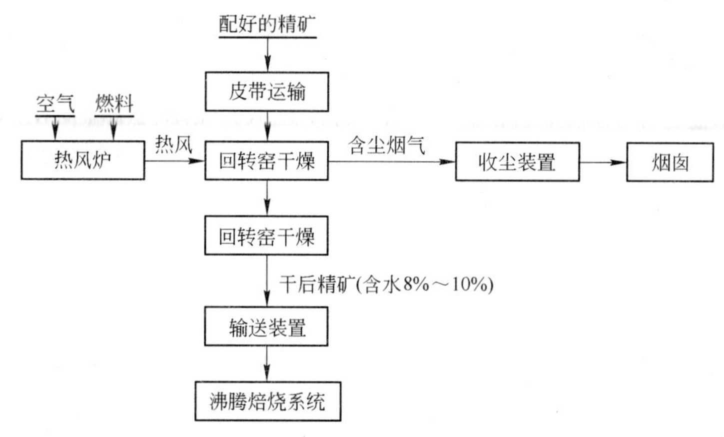

图10-8 回转窑干燥流程

干式加料往炉内加入精矿的设备一般采用圆盘给料机和皮带给料机，根据加料点不同可分为前室管点式和抛料机散式加料两种。

管点式加料在设有前室时用斜插入炉内的溜板或溜管加料，这种加料方式结构简单，但因湿料流动性差，易堵塞溜管，下料不均匀，炉内温度波动大；有前室的流态化焙烧炉采用前室加料，这对防止加料口堵塞以及事故处理有一定的好处，同时对精矿筛分及杂质含量等要求可适当放宽。但结构比较复杂、进料较集中，易使前室堆积。

采用抛甩干法加料，是将精矿通过位于流态化床层上1m处左右的料枪或高速（20～25m/s）皮带，使精矿均匀抛甩在床层的上面，这是前室加料与矿浆加料难于办到的。由于烟气量小，并且炉子上部扩大后气流夹带的尘粒向上移动的速度小，这种加料法的烟尘率并未增大。采用鲁奇型炉和干法抛甩加料后，流态化炉的生产率提高到6.5～8t/(m²·d)，增长25%～30%，而产品质量并不降低。对于50m²以上的大炉，为了使精矿均匀铺到流化床层表面，可以从三四个点设置抛甩加料设备。带式抛料机规格：带宽0.5m，长2～2.5m，朝加料口倾斜15°～20°安装。

精矿制粒沸腾焙烧，可以提高生产率与减少烟尘率。产出的焙砂粒子很适合于电炉熔炼，对于目前大型湿法炼锌厂而言优点并不明显。因此，制粒流态化焙烧只是与电炉炼锌配合使用。

10.3.2 焙砂的排出与冷却

流态化焙烧炉所得的焙烧矿（焙砂）从流态化层溢流口自动排出，可采用湿法和干法两种输送方式：（1）湿法输送方式。出炉热焙砂直接落入冲矿溜槽；锅炉尘、旋风收尘器尘等汇集一起用螺旋输送机或刮板送入冲矿溜槽，以矿浆形态送往浸出系统；电收尘器收集的烟尘可用刮板和气力输送装置送往浆化槽，然后泵往浸出系统。湿法输送焙砂简化了设备，利用了焙砂的显热，但焙烧作业和浸出作业之间无缓冲余地，也无法对焙砂计量。此法一般与连续浸出联用。（2）干法输送方式。出炉热焙砂经冷却后采用干法输送方式送往贮矿仓；烟尘用气力输送装置或皮带送至贮矿仓。流态化焙烧因没有备用炉，贮矿仓容量应能保证贮存12～15d的焙烧矿量或者更多。粒度较粗的焙砂不利于浸出，热焙砂冷却后须经干式球磨后才能送往贮仓。

高温焙砂冷却设备可采用流态化冷却器或冷却圆筒，冷却介质主要是水或空气。空气冷却效率低，一般常用水冷却。流态化冷却器是一种带水套的冷却设备，内部鼓入空气使焙砂呈流态化状态。水套用水冷却可产热水或低压蒸汽。流态化冷却器作为一种冷却设备存在一定的缺点：冷却效率低，出口焙砂温度高，烟气如进入烟气系统会冲淡 SO_2 浓度等需另建收尘系统单独处理。因此，近几年多采用冷却圆筒，而将流态化冷却器仅作为一级冷却设备。

冷却圆筒有外淋式、浸没式和列管式三种。外淋式和浸没式均为在筒外部用水冷却，存在着冷却效率低、现场蒸汽量大、设备氧化腐蚀严重、水利用率低等不足。

列管式圆筒冷却器筒体为水冷夹套，内部有冷却水管，冷却水的进出由设于筒体尾部的进出水装置控制。进出水装置独立于筒体外，与筒体之间采用耐高温高压软管相连，连接方式为柔性连接。列管式冷却器属高效冷却设备，当冷却水使用软化水时可作为余热锅炉用水。

10.3.3 烟气冷却与收尘

流态化焙烧过程产生大量烟气，并且温度高，含尘高。对于锌精矿流态化焙烧而言，每焙烧1t锌精矿约产生1800m^3 的烟气（标态下）。烟气温度高达900～1050℃，含尘在200～300g/m^3，含 SO_2 为10%左右，所以烟气的处理非常重要。

常见的烟气冷却有以下4种方式：

（1）表面冷却器（或外淋水）。设备简单、投资较少，可根据生产和气候情况调节水量并控制温度，但设备寿命短，热量未利用，冷却效率低，常被一些规模小的工厂采用。

（2）水套冷却器。同表面冷却器相比投资较少，设备制作简单，冷却效率高，缺点是耗水量大，热量利用率低，易腐蚀。

（3）汽化冷却器。汽化冷却器是高温气体在炉管内流动。沸水从汽包经下降管流入冷却器底部，在管壁受热，变为汽水混合物，由上升管返回汽包。汽化冷却器结构简单，因壳体承受蒸汽压力，适用于生产压力不高的蒸汽。其优点是可生产低压蒸汽回收热量，投资较少，冷却效率高，但仍存在烟气腐蚀、寿命较短等不足。

（4）余热锅炉。余热锅炉是沸水流过管内，高温气体流经管外。因锅炉壳体不承受蒸汽压力，适用于生产高压蒸汽。根据沸水的流动形式，余热锅炉又可分为：1）自然循环式，管内沸水流动的推动力是下降管内的水与上升管内的汽水混合物之间的重度差。为保证一定的循环量，汽包需有足够的安装高度。2）强制循环式，在下降管路中安装循环泵，借以提高管内沸水流速，防止气泡停滞恶化传热。

余热锅炉可生产中高压蒸汽，热利用率高，耐腐蚀，设备使用寿命长，但投资较大，设备制作管理要求严格。

由于余热锅炉可产生高压蒸汽用于生产或供发电，具有烟气腐蚀性小，设备使用寿命长等优点，故是目前最理想的冷却方式。

流态化焙烧炉的烟气一般先经余热锅炉，使烟气温度降到400℃左右，利用烟气带出的热生产 $30\times10^5\sim60\times10^5$Pa 的蒸汽，然后经旋涡收尘及电收尘收集尘粒，从电收尘排出的烟气温度降到300℃左右，含尘量降到 100 ~ 300mg/m^3，便可送硫酸厂生产硫酸。

10.4 沸腾炉操作条件控制与调节

10.4.1 鼓风压力与鼓风量

精矿正常流态化时，料层的压力降大约等于床层单位面积上的质量。

对锌精矿流态化焙烧来说，实测每 10mm 高度床层的压力降约为 1 ~ 1.2kPa。根据压力降大小的变化可以判断焙烧过程中料层正常流态化的状态。因此，床层压力降的设定，乃是控制焙烧过程的重要条件，也是设计流态化炉和选用鼓风机的重要数据。除了床层的压力降以外，焙烧的鼓风压力还要加上空气分布板与送风管道的阻力。空气分布板的压力降由于各厂采用的风帽结构差别较大，波动也较大，为 1 ~ 5kPa。这样，如果采用 1m 高的床层，锌精矿流态化焙烧的鼓风压力一般为 15 ~ 20kPa。由于开炉时新铺好的料层，比正常流态化的料层孔隙度小得多，故新开炉时的鼓风压力要比正常作业时大得多。所以在选定鼓风机额定风压时，应比实际鼓风压力大 30% ~ 50%。

正常流态化的另一个重要因素是单位炉床面积的鼓风量，也即床层空间的直线速度。当床层的高度一定时，精矿的粒度增大，正常的鼓风量也要增大，才能保证必须的鼓风直线速度。因为大粒度精矿料层的空隙度较大，阻力较小，要达到同样的压力降，大粒料层就必须要有大得多的鼓风量。当风量一定时，控制炉料的粒度甚为重要，加入过大的颗粒就会发生沉底现象，堵住风帽，造成流态化不均匀，甚至被迫停炉。

控制风量对流态化焙烧的实际操作极为重要，它不仅对保证床层的稳定，而且对烟气中 SO_2 的浓度以及焙烧温度也有直接影响。粒度较小的精矿，采用较小的风量及相应较小的直线速度，则生产率较低。炉顶烟气温度比床层高得多，说明被气流带至炉子上部空间焙烧的细粒较多，烟尘率一定较高，但烟气中的 SO_2 浓度较高。对含铅较高的精矿，必须采用较大的鼓风量以达到较大的直线速度，才能保证不会结炉。但炉顶烟气温度反比床层低，说明精矿粒子在床层有黏结现象，带至炉子上部发生氧化的粒子减少了。由于风量增大许多，故烟气中 SO_2 的浓度下降较多。

1999 年，Kokkola 电锌厂调整不同的工艺用风量（40000m^3/h、42000m^3/h 和 44000m^3/h）进行了 3 次试验。床层温度 950℃，床层高度保持不变。试验结果见图 10-9 和图 10-10。工艺用风对工艺产生如下影响：焙烧炉焙砂和锅炉焙砂中硫化物含量升高，精矿加料量增加及焙砂在炉内停留时间缩短。当工艺用风量增大时，蒸汽产量增加。

在生产实践中，理论鼓风量一般根据精矿中硫化矿物在焙烧过程中与空气中的氧发生的氧化反应来计算。已知锌精矿中的锌、铁、铅、铜、锡等金属是以金属硫化物形态存在，在焙烧中可以确定它们的相应氧化物为 ZnO、Fe_2O_3、PbO、CuO、CdO 等。当然在焙砂中尤其在烟尘中也会有一些生成 MSO_4 或其他化合物，但由于量少，在计算中可以忽略

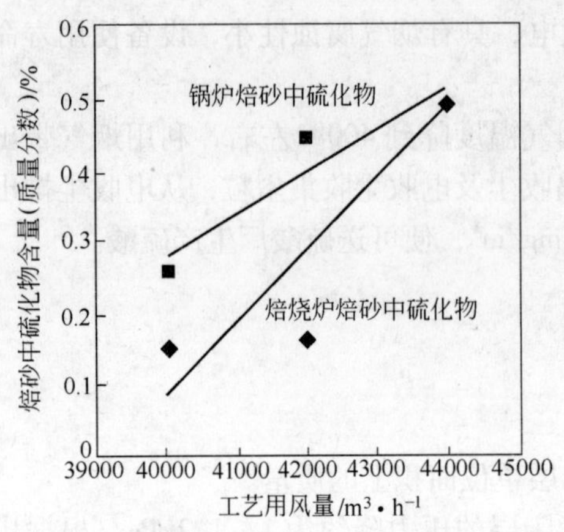

图10-9 工艺用风量对焙砂中硫化物含量的影响

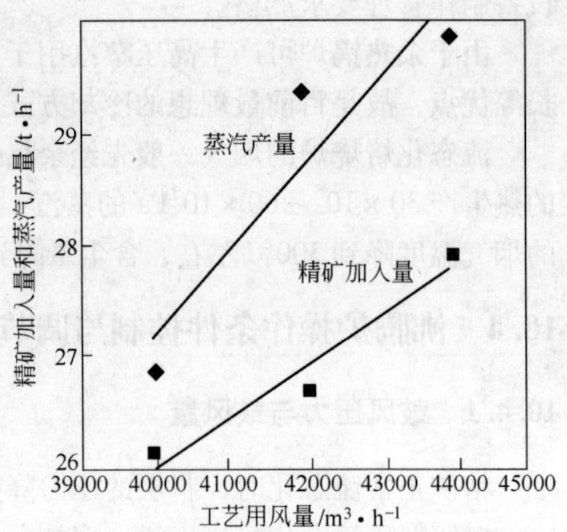

图10-10 工艺用风量对精矿加入量和蒸汽产量的影响

不计。锌精矿焙烧的脱硫率一般为90%以上。脱去的硫可以按95%氧化为SO_2，5%氧化为SO_3来计算。根据这些氧化反应计算出氧量后，便可算出理论空气量。焙烧1t锌精矿的鼓风量（标态下）约为1500~1800m³，平均为1650m³。

为了加速反应的进行，提高设备的生产率。实际的鼓风量一般比理论计算的空气量要大。对湿法炼锌厂来说，过剩量为10%~30%，平均为20%。对火法炼锌厂，过剩量要小一些，为5%~10%。所以焙烧1t锌精矿的实际鼓风量约为1800m³。应着重指出，在选用流态化炉的鼓风机时，风机的额定风量应比实际需要的风量大30%以上，是为了在开炉时能造成均匀的流态化床，以及由于停电或其他事故被迫停风以后重新鼓风开炉的需要。有时考虑到流态化炉提高生产率后需要的鼓风量，还要选更大一些的鼓风机。

空气在炉内流态化床层中每秒上升的距离（m），称为气流速度或鼓风直线速度。直线速度的计算方法，为每秒钟通过炉内的空气量，除以床层空间的横断面积。空气量数值应该换算为流化床层温度下的体积。各炼锌厂采用的鼓风直线速度波动在0.4~0.8m/s之间。目前许多炼锌厂乐于采用高的鼓风直线速度，以提高焙烧炉的生产率。

10.4.2 焙烧温度和空气过剩系数控制

锌精矿沸腾焙烧后的焙烧矿可分别用于湿法炼锌和火法炼锌，其目的不同，所控制的流态化焙烧的温度和空气过剩系数参数也就不同。

10.4.2.1 硫酸化焙烧温度和空气过剩系数

前面已经对硫酸化焙烧的目的进行了描述，要使焙砂质量满足湿法炼锌的要求，设计时焙烧温度和空气过剩系数参数的选取至关重要，某锌冶炼厂实测的焙烧温度对焙砂质量影响，见表10-3，由此可见，提高焙烧温度，有利于脱硫，但为使得到的焙砂含一定量硫酸盐形态的硫，焙烧温度不宜太高，以防止硫酸盐分解；同时焙烧温度越高，砷和锑的脱除程度便越差，因为砷和锑的三氧化物在高温下会生成不挥发的五氧化物；铁酸锌及硅酸锌的生成量也随温度的升高而增加；另外，温度升高，焙砂粒度将也会有所增大，不利于锌的浸出。

表 10-3 焙烧温度对焙砂质量的影响

焙烧温度/℃	830~850	850~870	870~890	890~920
可熔锌/%	93.8	95	91.75	91.57
可熔铁/%	4.58	4.56	3.21	3.20
可熔硅/%	1.10	1.52	2.33	2.70
含硫/%	3.11	2.88	2.19	1.94

因此，在选取硫酸化焙烧时的一个关键工艺参数焙烧温度时，应考虑锌精矿原料的成分（特别是杂质含量）和焙烧温度对锌焙砂质量的影响。一般地，原料矿中铁、二氧化硅含量高时，温度宜取低值尽量少生成铁酸锌和硅酸锌，以提高锌的可熔率；反之，当原料矿中的铁、二氧化硅含量低时，焙烧生成的铁酸锌、硅酸锌已很少，对锌的可熔率影响很小，可适当提高焙烧温度，并兼顾降低焙砂残硫；原料矿中砷和锑含量高时，温度宜取低值；反之，当原料矿中的砷和锑含量低时，可适当提高焙烧温度。另外，选取焙烧温度还考虑物料的熔结性，含铅高则易形成低熔点物质，温度不宜取得太高，否则影响沸腾炉的运行周期。

另一个关键工艺参数空气过剩系数的选取：为保证焙烧过程中硫化物的氧化反应完全，需要一定的过剩系数，同时硫酸盐的生成，也要求有较多的过剩空气。但同时也要考虑若空气过剩系数较大，炉气出口的 SO_2 浓度将会降低，不利于后系统的烟气制酸。综合考虑，一般酸化焙烧的空气过剩系数宜为 1.15~1.30，不得超过 1.30。

10.4.2.2 氧化焙烧温度和空气过剩系数

要使氧化焙烧达到火法炼锌的要求，设计时焙烧温度和空气过剩系数参数的选取同酸化焙烧一样至关重要。空气过剩系数为 1.2 时，焙烧温度与铅、镉、硫脱除率的关系见表 10-4。焙烧温度为 1090℃时空气过剩系数与铅、镉、硫脱除率的关系见表 10-5。

表 10-4 焙烧温度与铅、镉、硫脱除率的关系

焙烧温度/℃	950	1000	1050	1070	1100	1150
脱铅率/%	15	29	39	55	75	90
脱镉率/%	11.0	22.0	71.4	85.7	92.7	97.8
脱硫率/%	92.0	92.7	93.2	93.5	96.3	96.4

表 10-5 空气过剩系数与铅、镉、硫脱除率的关系

空气过剩系数	1.02	1.06	1.09	1.14	1.20
脱铅率/%	94.8	92.3	88	78	58
脱镉率/%	98.5	98.2	97.9	97.0	93.5
脱硫率/%	94.6	95.9	96	>96	>96

由表 10-4 可见，焙烧的温度越高，杂质脱除效率明显提高；同时焙烧温度的提高，也有利于矿尘粒度变大，降低烟尘率。由表 10-5 可见，空气过剩系数加大，脱硫率增加，但铅、镉脱除率却降低。因为 S、Pb、Cd 的脱除效率均随焙烧温度的升高而增大，且有利

于烟尘率的减小，故焙烧温度只要选择低于烧结温度的30～50℃即可，一般控制在1080～1100℃；在选定焙烧温度后，再考虑在该温度下，不同空气过剩系数下的S、Pb、Cd的脱除效率，找出能满足要求的脱除效率下的最佳空气过剩系数。但同时应注意，空气过剩系数太小，空气量过少，虽有利于炉中SO_2浓度的提高，但实际操作时易产生升华硫，影响生产，一般空气过剩系数取1.05～1.10。

10.4.3 原料成分和粒度控制

锌系统要维持稳定的生产，必须保证锌精矿成分的稳定，各个工厂对锌精矿成分要求不一，但其目的都是得到合格的焙烧产物。一般要求进厂锌精矿应符合一定的规定。其化学成分见表10-6。

表10-6 进厂锌精矿应符合的规定 （质量分数/%）

品级	Zn	杂质（不大于）											
		Pb	Fe	As	SiO_2	Cu	F	Sb	Ge	Ni	Cd	Sn	Co
一级品	≥55	1.0	6	0.2	4.0	0.8	0.2	0.03	0.005	0.0025	0.3	0.1	0.006
二级品	≥50	1.5	8	0.4	5.0	1.0	0.2	0.03	0.005	0.0025	0.3	0.1	0.006
三级品	≥45	1.5	12	0.5	5.5	1.0	0.2	0.03	0.005	0.004	0.3	0.1	0.006
四级品	≥40	2.0	14	0.5	6.0	1.5	0.2	0.03	0.005	0.004	0.3	0.1	0.006

混合锌精矿的物理规格方面应满足：(1) 水分：6%～8%；(2) 黏结粒度：≤14mm；(3) 不夹带铁钉、螺帽、砖头等杂物。混合锌精矿的化学成分应符合表10-7的规定。

表10-7 混合锌精矿的化学成分要求

元 素	Zn	S	Fe	SiO_2	Pb	Ge	As	Sb	Co	Ni
质量分数/%	≥47	28～32	≤12	≤5	≤1.8	≤0.006	≤0.45	≤0.07	≤0.015	≤0.004

精矿粒度的影响对沸腾焙烧非常关键，硫化锌精矿粒度越小，其着火温度越低，能够保证焙烧反应尽早进行。硫化锌精矿的粒度小，则其真实表面积大，与各介质间的接触面积大，就会有利于热的传递，保证炉内温度的均匀。硫化锌精矿的粒度小，空气中的O_2向颗粒中心扩散的时间就短，SO_2和SO_3气膜向炉气扩散的时间也短，从而保证反应的充分。

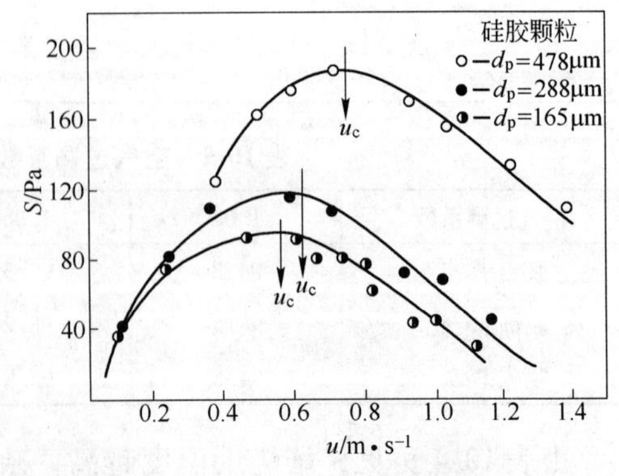

图10-11 不同颗粒尺寸的流化床中流型转变过程与气速的关系

从理论上讲，当床中颗粒尺寸加大时，沸腾层中气泡直径增加，相同气速下床内压力波动幅度加大，向湍动流态化转变的气速就会升高，见图10-11。因此，采用细颗粒（GeldartA类颗粒）有助于在较低的气速下进入湍动流态化区域，使得床层操作较为平稳，且床中传热、传质效率较高。这也是目前绝大部分工业流化床反应器采用细颗粒的原因。采用细颗粒后的湍动流态化所具有的特点，是良好的流化床反应器所追求的目标。但小粒度的硫化锌精矿进行氧化焙烧时，其粒度越小，带出速度越小，在生产过程中产生的烟尘量就大。从而使烟气系统温度升高、余热锅炉过热器温度超标且黏结严重，沸腾炉的稳定运行受到威胁，同时这也不符合氧化焙烧生产的要求。

另一方面，硫化锌精矿的固体颗粒被气体流态化时。如果颗粒粒度差距较大，气体就不能均匀地流过沸腾层。如果不均匀性严重，可能形成部分区域流动慢、部分区域流动快的状况。甚至形成部分区域“死区”，出现“沟流”现象。另外，在同一操作速度下，小粒度颗粒的反应更强烈，向上运动的过程中受到的阻力又小，故沸腾层内的小粒度颗粒部分多集中在上部，大粒度颗粒的部分多集中在下部。这就形成了两个不同的反应区域，破坏了沸腾层的均匀性。在同一操作速度下，硫化锌精矿的粒度越大，沸腾层的有效黏度也越大。而其有效黏度大，在沸腾层内形成的气泡就大，当沸腾层内形成大气泡且集中向上涌时，沸腾层就会被分割，大气泡将整个上部物料抬起，造成大量物料被气泡带走，形成“沸涌”现象，从而破坏了沸腾层的稳定性。

因此，针对不同粒度的硫化锌精矿需采取一定的措施。对于粗颗粒的锌精矿，可以进行再次干燥、破碎处理，使之达到生产要求。对细粒度锌精矿，在保证锌品位及各种杂质合格的基础上，针对锌精矿的粒度不同及当时的仓储情况，采用以下几个原则：（1）做到均匀配料，尽量选用同一粒度级别的矿种；（2）优先采购粒度适中的矿种；（3）因为加入少量的细粒度矿能够使沸腾层有效黏度降低，起到粗颗粒间润滑剂的作用，有利于改善沸腾层的均匀性，所以把小粒度硫化锌精矿作为粗颗粒间的润滑剂适量加入，但细粒度精矿加入量不能超过总精矿加入量的30%；（4）采用在配料前（矿仓）和配料后喷水增湿，使其在干燥窑内制粒的方法使细粒度锌精矿颗粒变大。

在沸腾焙烧时应同时采取措施，在正常的生产情况下，根据沸腾炉的生产能力和操作指标，一般采用三稳定原则：稳定风量、稳定料量、稳定温度，即在加料量一定时，应通过保证风量基本不变，来保证操作速度的恒定，但细粒度的锌精矿入炉，其带出速度相应减小，为了保证沸腾焙烧的正常生产，必须对操作速度即运行风量做出相应调整。

针对粉矿沸腾焙烧存在的问题，我国科技工作者经过多年的努力研究，发展了制粒沸腾焙烧技术。20 世纪 90 年代国内某厂首次采用 $0.35m^2$ 的制粒沸腾炉进行锌精矿制粒沸腾焙烧技术的半工业试验，取得了初步成功后，现在发展的制粒沸腾炉床面积已扩大到了 $3m^2$。

制粒沸腾炉与常规粉矿沸腾炉相比较，见表 10-8，具有以下几方面的优点：

（1）沸腾炉生产能力大，单位面积床能力由 $6\sim8t/(m^2\cdot d)$ 增大到 $20\sim30t/(m^2\cdot d)$。

（2）烟尘率低。烟尘率降到 10%～15%。其中约 5% 进入电收尘并富集了铅、镉等稀贵金属，以利于综合回收利用，其余粗烟尘全部返回配料制粒，不需要进行二次焙烧。

（3）锌精矿通过制粒后可提高其熔点，焙烧温度比粉矿炉可提高 40～50℃，对避免烧结有利。

（4）入炉粒矿的水分小于 1%，减轻了对后续设备的腐蚀。

表 10-8 制粒沸腾炉与常规粉矿沸腾炉的比较

项 目	物料粒度 /mm	焙烧温度 /℃	床能力 /t·(m²·d)⁻¹	烟尘率/%	焙砂 $S_{总}$/%	焙砂 $S_{不}$/%
常规沸腾炉	80% <0.074	850~950	5~8	30~60	2~4	0.5~1.5
制粒沸腾炉	0.5~7.0	1050~1200	20~30	10~15	0.5~1.1	0.02~0.35

贵州省冶金设计研究院设计的某厂制粒沸腾焙烧—制酸系统，其设计生产能力为年产锌焙砂为5000t（以含锌金属量计），副产硫酸10000t。该厂锌精矿制粒沸腾焙烧—制酸系统主要由制粒干燥、沸腾焙烧、硫酸工段三大工段组成。虽然该厂生产取得成功，但制粒沸腾焙烧工艺中仍然需要注意以下一些问题：（1）由于制粒干燥工段制粒工序较为复杂，粒矿粒度范围较窄，造成该工段有时出现合格粒矿供应不足的情况。同时由于制粒流程长，该工段劳动定员多，对降低生产成本不利。（2）制粒干燥工段回转干燥窑采用燃煤对湿粒矿进行干燥，煤耗较大。（3）当制粒矿粒度偏小时，沸腾炉炉顶温度升高，烟尘率达15%，易堵塞汽化冷却器管路和在炉内结瘤，这就要求制粒矿必须保证平均粒度在0.85~1.45mm范围，同时制粒矿要具有一定的强度。（4）锌焙砂残硫波动较大，必须进一步完善操作规程及控制指标，将残硫率稳定在1%以下，以适应市场对焙砂质量的需求。

10.5 特殊操作及故障处理

10.5.1 烘炉

沸腾焙烧炉底为耐火混凝土构筑，炉墙及炉顶为耐火砖砌筑。为了烘干砌体的水分，延长炉体使用寿命，新炉或炉体大修后的炉都要进行烘炉。烘炉方法可根据各地区的具体情况采取不同的烘炉方法。新建炉烘炉一般与锅炉烘炉联系在一起进行。烘炉前应进行系统检查和试车，并测定风帽阻力，同时应制定升温曲线及升温计划，升温速度一般控制在10~30℃/h之间，切忌升温过急。株洲冶炼集团的道尔焙烧炉新炉烘炉时先用木柴点火，然后用煤气慢慢升温，升温速度控制在5~10℃/h，温度升至250~300℃时，保温3~5天，一般为80h，再逐步降温，降温速度一般为10℃/h左右，要求烘炉升温、降温的速度均匀稳定。升温曲线如图10-12所示。

10.5.2 开炉

流态化焙烧炉开炉一般经过测试风帽阻力、铺料冷试、升温与加料等阶段。测试阻力是检查流态化层的气体分布情况。铺料冷试方法是用人工以及用加料设备将焙烧矿或用焙烧矿掺入不超过20%的锌精矿组成的炉料铺入炉内，料层厚度为300~600mm（流态化层高度约1000mm时）。也有些小炉开炉采用空炉或用沙子、碎木屑等做底料。铺好后

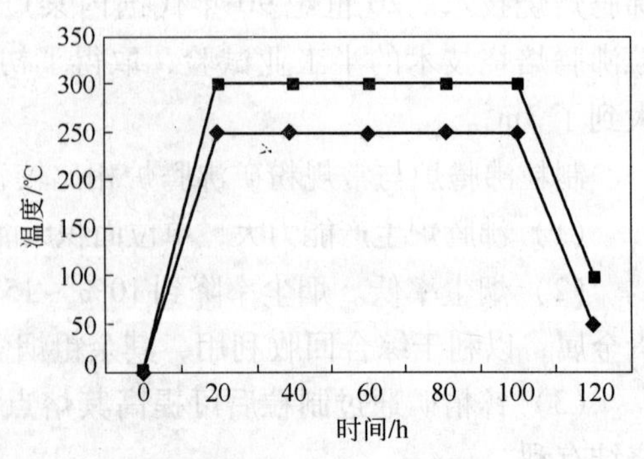

图 10-12 新建炉升温曲线

鼓风冷试10~20min，使整个料层达到均匀平整，如发现有局部不流态化的区域，应查找原因，并妥善处理好后再鼓风冷试，直到全部流态化且停风后料层表面平整为止。冷试后开始点火升温，所用燃料可根据各地条件采用木柴、木炭、锯木屑、煤气、柴油和重油等。

当炉内温度（表面温度）达到750~780℃时，开动鼓风机，开始送风至微沸腾，送风后，继续升温，当表面温度大于650℃时，开始少量加料。加料前应检查前室沸腾情况，当沸腾正常后，启动圆盘，加料量控制在正常料量的1/5~1/3，当沸腾层中部温度升至750℃时，将炉膛风量增至正常风量的1/3~1/2，增风后，当沸腾层底部温度大幅度上升时，增加加料量。再升温约30min，当沸腾层标温大于820℃，前室中、上部温度升至750℃后，应根据压差情况，适当增减风量、料量。若标温继续上升至850℃时，则打开排料口，全部撤除煤气，同时联系化工厂接通烟气，启动后排风机并带负荷，提起钟罩，烟气停止从副烟道放空，并密封好所有烟气系统，确保SO_2浓度。

10.5.3 停炉

停炉分计划停炉和临时停炉（焖炉）。

计划停炉先停止加料，继续鼓风使流态化层冷却，待炉料完全冷却下来后停止鼓风，打开炉门进行清理。停止加料后，炉气中SO_2的浓度迅速下降，当浓度降至5%以下可封闭制酸系统，炉气引入开炉烟囱排空。

临时停炉（焖炉）是为处理临时停电、停风，或者炉内有局部结块或沉积现象需要处理等其他事故，暂停炉几分钟到十几小时，然后恢复正常生产。焙烧炉在停炉之前，确认沸腾炉状况正常后，先停止向炉内加料，继续鼓风5~10min，使流态化层温度降至850℃左右（这样可以避免料层发生黏结）时，停止送风，密封沸腾炉的加料口、排料口、保持炉气出口微正压。曾有停风时间在16h以内，无需升温，直接恢复鼓风仍可使料层流态化并继续生产的记录。

10.5.4 事故及处理

沸腾焙烧炉的事故主要有加料口堵塞、炉料烧结、床层沉积、突然停电、水套漏水等。

造成加料口（前室）堵塞的原因主要有：炉料水分过高（超过10%）以泥饼状进入炉内，容易使炉料沉积于底部，引起加料口烧结而堵塞。由于备料系统管理不严，炉料中夹带有铁器、石块等杂物，造成加料口沉积。炉料中有大量粗颗粒，使流态化层沸腾不佳，逐渐形成沉积。

为防止加料口堵塞，应在备料系统严格控制锌精矿的水分、粒度及其他杂物。发现堵塞可及时用高压风进行处理或焖炉处理前室，即按照临时停炉操作方法先停下炉，清理堵塞物后再送风开炉。

造成床层沉积的原因是炉料中粗颗粒过多，实践指出，少量的10~20mm的物料，在流态化层剧烈搅动的条件下可以随其他物料一齐排出。但是粗颗粒过多，会沉降堆积于炉底，逐渐形成床层沉积。由于炉料中低熔点杂质较多，高温时部分炉料产生熔结而沉降，沉积于流态化层底部，造成下部温度降低，压力降也下降。

风帽堵塞过多，这可以由压力降逐渐升高的现象来判断。当压力降较正常情况上涨3000Pa 以上时，风帽堵塞达到通风孔截面积的 50% ~70% 时就会引起床层局部不流态化，造成沉积。当发生床层沉积时，可采用高压风管或用喷水枪向流态化层内喷水等方法处理，严重时须停炉处理。

发生局部烧结时亦可采用钎子扎、高压风管或喷水枪处理，如处理不好时，则需焖炉将局部烧结块清理出来后继续开炉。流态化层大面积烧结后，必须停炉清理。

冷却水套长期运行后因磨损或腐蚀等原因可能漏水。水套漏水时有如下现象：加料量增加、温度保不住、局部温度下降、给水和蒸汽流量增大、炉顶负压增加（烟气量增大）、炉膛压力升高、风箱底部潮湿等。经检查发现水套漏水后，可停止向漏水水套供水，或焖炉更换水套后继续开炉，若无法处理需停炉更换新水套后再重新开炉。

10.6 焙烧矿质量及焙烧主要技术经济指标

10.6.1 焙烧矿的质量要求

由于炼锌工艺不同，对锌焙烧矿的质量要求也不相同。各厂对锌焙烧矿的质量要求也不尽相同。

从硫化锌精矿焙烧的热力学和动力学可知，温度对化学反应速度影响很大，有关试验证明：硫化锌精矿氧化过程由化学反应的限速阶段转变为受扩散所限制的温度大约在675℃左右。焙烧温度升高的限制主要是由硫化精矿的熔结性决定，粒子表面烧结后便阻碍气体的扩散，严重时甚至使整个沸腾层结死而不能正常沸腾。因此在硫化锌精矿沸腾焙烧过程中，沸腾焙烧炉焙烧温度的控制是一个极为重要的参数，一方面必须保证焙烧产物质量能满足后续浸出、净液、电解工艺的要求，另一方面必须尽量满足沸腾焙烧炉正常经济运行的要求。目前世界各湿法炼锌厂都趋于采用高温焙烧，温度已提高到1000℃左右。

湿法炼锌的焙烧矿的质量标准见表 10-9。

表 10-9 湿法炼锌的锌焙烧矿质量标准

成 分	Zn	$Zn_{熔}$	$S_{全}$	$SiO_{2熔}$	$Fe_{熔}$	Pb	As	Ge
含量（质量分数）/%	55 ~60	51 ~56	≤1.0	≤2.5	3 ~5	≤1.5	≤0.4	≤0.005

注：1. 可熔锌率不小于91%；2. 粒度在 2mm 以上者占比例不大于 10%。

国外湿法炼锌厂锌焙烧矿成分见表 10-10。

表 10-10 国外湿法炼锌厂锌焙烧矿成分 （质量分数/%）

厂 别	Zn	Fe	Pb	Cu	Cd	$S_{全}$	$S_{不}$	$S_{可}$
神 冈	64.8	6.5	0.55	0.33	0.47	1.20	0.20	1.00
秋 田	59.2	9.2	0.55	0.81	0.23	2.40	0.30	2.10

我国采用电炉炼锌工艺的某厂对锌焙烧矿的质量要求见表 10-11。

表 10-11　某电炉炼锌厂的锌焙烧矿质量标准

级别	Zn 含量(不小于)/%	杂质含量(不大于)/%					
		Pb	Cd	Fe	S	SiO_2	As
一级	65	0.20	0.05	6	0.5	4	0.05
二级	62	1.5	0.10	8	0.5	5	0.10
三级	60	1.0		10	0.5		

由于冶炼工艺、设备、产品的规格不同，而采取的焙烧技术操作也不同。对焙烧矿的质量要求也不相同。如湿法炼锌与火法炼锌对锌焙烧矿的要求就截然不同。在火法炼锌中蒸馏法炼锌与电热法炼锌、直接法生产氧化锌、鼓风炉法炼锌也都大不相同。美国的新泽西锌公司和帕尔默顿锌厂约瑟夫铅公司的德甫冶炼厂采用电阻炉和竖罐炼锌冶炼工艺，沸腾焙烧温度 1000～1050℃，脱铅率为 20%，脱镉率为 10%，脱硫率为 90%。焙砂进入烧结机烧结，烧结的脱铅率为 45%，脱镉率为 72.3%。

10.6.2　主要技术经济指标

我国两种典型炉型与日本神冈冶炼厂的技术经济指标比较见表 10-12。

表 10-12　国内两种炉型与日本神冈冶炼厂的技术经济指标比较

项　目	国内典型炉型		日本神冈冶炼厂	
	鲁奇型炉	道尔型炉	鲁奇型炉	道尔型炉
电力单耗/kW · h · t^{-1}锌精矿	43	34	74	102
产出蒸汽/t · t^{-1}锌精矿	0.9～1.0	0.7～0.8	0.96～0.98	0.8
维修费用（以道尔型为 100）	180	100	70	100
床层温度/℃	910～930	850～870	1050	980
过剩空气系数	1.05	1.1	1.15～1.25	0.95～1.30
烟尘率/%	40～50	50～60	50～60	40～50
风压/kPa	14～16	16～20	16671～19613	19613～29419
连续运行天数/d	180	90	270	30～40
焙砂可熔锌率/%	90.5	91		
焙砂含 S_{SO_4}/%	0.4	0.5	0.34	0.32
焙砂含 S_S/%	0.3	0.5	0.20	0.18
焙砂含 $S_{全}$/%	0.7	1.0	0.54	0.50
烟尘可熔锌率/%	90.5	90		
烟尘含 S_{SO_4}/%	3.0	2.5	1.02	0.88
烟尘含 S_S/%	1.2	1.5	0.22	0.69
烟尘含 $S_{全}$/%	4.2	4.0	1.24	1.57
脱硫率/%	90	91		
床能力/t · $(m^2 \cdot d)^{-1}$	7.2	5.8		
锌浸出率/%			94.3	93.8

炉型的不同对其产物的质量影响主要表现在烟尘可熔硫方面，对于鲁奇型炉型来说，由于其采用了上部扩大型炉膛，除风帽的作用使扩散过程得以强化外，上部扩大型炉膛也利于扩散过程进行，炉膛上部使稀相中的扩散过程得以强化，温度梯度也有着细微的变化，从而使鲁奇型沸腾炉烟尘表面附近的 p_{O_2} 较道尔型沸腾炉的要大。在稀相中，当其他条件相同的情况下，道尔型沸腾炉有利于 $ZnSO_4$ 的分解，从而使烟尘的可熔硫存在着一定的差别。

某厂道尔型沸腾炉采用菌型风帽，而鲁奇型沸腾炉采用的是可强化扩散作用的直通型风帽，炉型与风帽同时强化了浓相和稀相中的扩散过程，在其他条件一定时，鲁奇式炉产物中的可熔硫势必高于道尔型沸腾炉的可熔硫。

对于同一台炉来说，其温度等工艺是一定的，根据前面的热力学分析可知，若温度 T 一定，则 $p_{SO_2}=f(p_{O_2})$，因此产物中可熔硫的含量取决于 $p_{SO_2}=f(p_{O_2})$ 这一函数关系，而在具体的工艺过程中，$f(p_{O_2})$ 可以通过沸腾炉的风料比来进行比较，由于多个方面的原因，可以使沸腾炉的风料比发生变化；沸腾炉的风料比高，则炉气中过剩空气系数小，从而减小了 p_{O_2}，使产物中的可熔硫含量降低。

（撰稿　肖　康　审稿　何蔼平　冯桂林）

11 硫化精矿的烧结焙烧

采用烧结焙烧处理硫化铅精矿、铅锌混合精矿和铅锑精矿，产出烧结块供下一步鼓风炉还原熔炼处理。精矿烧结焙烧的目的是氧化脱硫，并使粒度细小的精矿烧结成块，得到具有多孔和一定强度的烧结块。这个过程中还需尽可能地提高烟气中 SO_2 的浓度，以利于制酸，同时力求富集原料中易挥发的有价金属，以便于综合回收。

铅精矿的烧结焙烧曾采用先在多膛炉焙烧预脱硫，再在烧结机上烧结成块，或先在烧结机上预焙烧脱去一部分硫，再进行第二次烧结焙烧制得烧结块。现在几乎所有工厂均采用加大量返粉冲稀原料中的硫，即可在烧结机上进行一次烧结焙烧制得烧结块。这种加返粉一次烧结焙烧的生产工厂流程如图 11-1 所示。鼓风炉炼锌于 20 世纪 50 年代投入大规模工业生产，开始生产就采用大型烧结机进行锌铅混合精矿烧结焙烧。

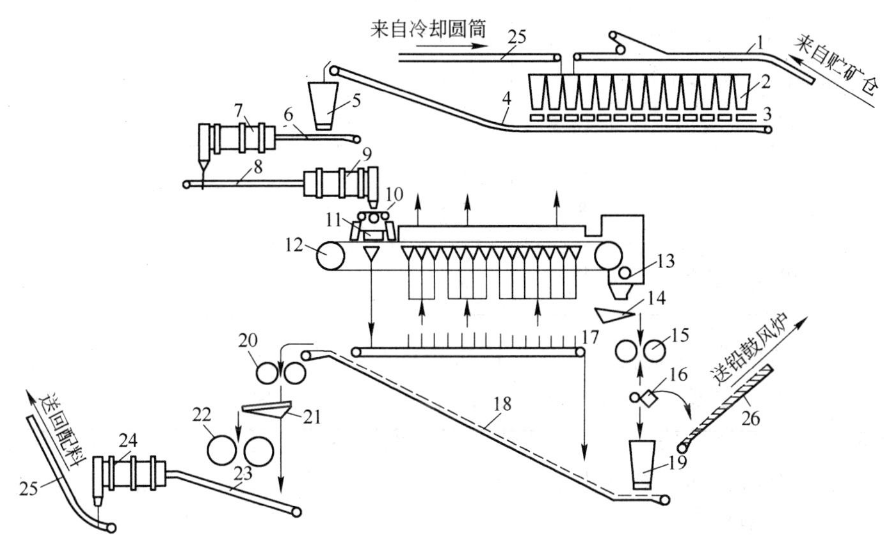

图 11-1 铅精矿烧结焙烧工艺流程

1—移动式皮带运输机；2—配料仓；3—圆盘给料机；4，6，8，17，23，25—皮带运输机；5—中间仓；7—混合圆筒；9—制粒圆筒；10—分料皮带运输机；11—点火炉；12—鼓风烧结机；13—单轴破碎机；14—振动给料机；15—齿辊破碎机；16—ROSS 辊筛；18—返粉链板运输机；19—中间仓；20—波纹辊破碎机；21—振动筛；22—光辊破碎机；24—冷却圆筒；26—烧结块链板运输机

11.1 烧结焙烧的炉料及配料

11.1.1 炉料

一些工厂铅烧结焙烧的炉料组成见表 11-1。经过配料后的混合料的化学成分见表 11-2。

表 11-1 一些铅厂烧结炉料的组成 (kg)

炉料组成名称	工厂编号									
	1	2	3	4	5	6	7	8	9	10
铅精矿	100	100	100	100	100	100	100	100	100	100
石英砂	7.55	—	2.7	—	3.8	3.3	9.5	—	1.8	4
石灰石	15.46	15.4	4.7	8.3	7.7	3.4~10	0.5	12.5	10	10
铁矿石	7.8	9.9①	4.9	—	15.4	1.7~3.3	4.8	24①	—	—
水淬渣	65.25	22②	45.1	79.2	57.3	38	—	29	46	10
返　粉	119.6	289	192	—	192	—	165	250	243	365
锌浸出渣	—	—	—	10.4	—	13	—	—	12	10
烟　尘	8.9	6.1	—	—	7.7	—	—	—	11	—
焦　粉	—	—	—	4.2	—	—	—	—	—	1

①黄铁矿烧渣；②铜鼓风炉渣。

表 11-2 一些工厂烧结炉料（混合料）的化学成分 （质量分数/%）

工厂编号	Pb	S	SiO_2	CaO + MgO	Fe	Cu	Zn	备 注
1	38.9~44.46	4.9~8.41	9.3~11.4	6.8~9.36	9.6~12.2	0.98~1.48	4.53~6.1	
2	30~60	7.8~9.4	—	—	—	0.7~1.5	4.05~8.93	
3	46.0	6.0	10.3	10.0	12.2	0.3	5.1	
4	43.0	5.1	10.6	7.1	11.3	1.0	5.4	
5	42.5	6.7	8.9	7.8	9.9	—	7.8	
6	16~19	5.5~7.5	3~4	4~6 (CaO)	8~10 (FeO)	—	38~42	为鼓风炉炼锌炉料

表 11-1 列出的炉料组成表明，各工厂采用的种类及配比不一样，但其共同点是要加入一定数量的熔剂（石英砂、石灰石和铁矿石），以适应鼓风炉熔炼的造渣要求。一般鼓风炉熔炼是处理自熔烧结块，所以在铅烧结时已配好熔剂。近来许多工厂为了利用含金石英砂，则其配比有所增加，炉渣中 SiO_2 的含量也随之增加。各工厂熔剂的配比波动较大，是根据各厂所选渣型来计算。

铅烧结炉料组成的另一共同点是加入一定数量返粉（为烧结碎料或破碎的烧结块），返粉的配入量根据炉料的含硫量确定。炉料中硫含量多，意味着要氧化的 MS 多。一次烧结焙烧的脱硫率为70%左右，炉料含硫过多则烧结块中残留的硫便会增多，达不到鼓风炉熔炼对烧结块含硫的要求。除返粉外的烧结炉料含硫往往高于加在烧结机上的炉料含硫要求，必须加入含硫低的返粉来冲稀炉料中的硫含量。经过配料混合后，加到烧结机上最终混合料含硫波动在5% ~7%之间。

铅烧结混合料在烧结过程中容易产生许多易熔的物质，并且铅含量愈高愈容易熔结。为防止炉料过早熔结而使 MS 没有完全氧化好，便需要控制混合料中的铅含量。表 11-2 表明，各工厂混合料含铅波动在40% ~45%之间，若铅含量超过这一要求，各工厂都采用配入水淬渣稀释铅的方法。必须指出，配入水淬渣总是不适宜的，因为，它降低了鼓风炉熔炼的实际产铅量。

鼓风炉炼锌炉料含铅一般应大于16%，而不超过20%。

许多工厂为了增加鼓风炉的产铅量，已将混合料中的铅含量提高到45%以上。如日本直岛炼铅厂因为处理的铅精矿含铅很高，已将混合料含铅从45%提高到50%，最高达到52%。直岛炼铅厂配料中各种组成的数量、主要化学成分及粒度见表11-3。该厂生产规模为月产3000t精铅。

表11-3　直岛炼铅厂烧结炉料

炉料组成	数量 /t·d^{-1}	化学成分/%		粒度比率/%				
		Pb	S	4.76mm	2.83mm	0.84mm	0.105mm	−0.105mm
铅精矿	151.2	77.2	14.5	0	0	0	6.5	93.5
铁矿石	7.4	—	—	15.2	14.3	33.0	28.0	9.5
石英砂	4.1	—	—	10.6	21.5	26.0	14.4	27.3
石灰石	6.9	—	—	0.7	5.5	47.8	32.2	14.0
返　渣	68.2	2.5	3.0	0.3	2.9	67.8	27.8	1.4
杂　矿	60.1	55.3	7.2	4.5	3.4	28.4	40.4	23.2
返　粉	291	45.4	3.0	33.6	24.0	28.9	13.5（−0.84mm）	
混合料	588.9	51.0	6.0	17.4	12.9	26.2	43.5（−0.84mm）	

现在的炼铅厂大都处理再生铅物料，如废铅蓄电池的膏泥（为含$PbSO_4$、Pb、PbO_2的泥浆），铅锌冶炼厂各种含Pb、Ag的渣料等。值得特别注意的是铅冶炼厂处理锌浸出渣，这是铅锌冶炼联合企业发挥互相配合优势的一个方面，为湿法炼锌浸出渣的处理提供了最好的方法。加拿大Trail铅锌冶炼厂采用Kivcet法炼铅，铅炉料由27%的铅精矿和73%再生铅物料组成。再生铅物料中94%是锌浸出渣，6%是废蓄电池膏泥。日本神冈炼铅厂采用鼓风炉熔炼流程，同时处理大量锌浸出渣。该厂处理的原材料特性及其化学成分分别列于表11-4及表11-5，也列出了配料比及混合料成分。这种互相配合不仅消除了湿法炼锌的渣害，也为回收锌精矿中的金银及其他有价金属提供了最好的方法。

表11-4　神冈炼铅厂处理的原材料特性

原　料	粒度(mm)分布率/%						堆密度 /g·cm^{-3}	水分/%	配比/%
	+4	−4+1.6	−1.6+0.25	−0.25+0.15	−0.15+0.1	−0.1			
铅精矿	—	—	0.6	2.6	8.4	88.4	2.5	5~15	30
石英砂	90	10	—	—	—	—	1.5	4	5.5
石灰石	90	10	—	—	—	—	1.5	4	8
铁矿石	—	—	—	—	—	100	1.8	11	0.5
浸出渣(干)	0.1		1.5		1.9	96.5	—	—	—
浸出渣(湿)	40	20	40	—	—	—	1.4	20	15
返　粉	71	20	9	—	—	—	1.5	0	40
共　计	100.00								

表 11-5 神冈炼铅厂处理的原料化学成分 (质量分数/%)

原料	Pb	Zn	Cu	Fe	S	Bi	$Ag/g\cdot t^{-1}$	$Au/g\cdot t^{-1}$
精矿Ⅰ(占20%)	62.8	8.76	0.07	2.03	15.40	0.54	2287	1.42
精矿Ⅱ(占80%)	61.5	5.49	0.34	7.13	19.7	0.003	366	0.8
浸出渣	2.8	20.0	0.37	23.4	5.65	0.08	359	0.1
精矿:浸出渣=2:1(混合料)	37.4	9.0	0.38	11.1	8.4	(混合料包括石灰石、石英熔渣)		

当炉料的化学组成确定之后，炉料各组成的配比要进行配料计算，然后根据计算结果进行配料。

11.1.2 配料及其方法

11.1.2.1 配料

A 铅精矿烧结

铅烧结混合料，生产中一般控制的主要成分含量如下(%)：

Pb	S	Cu	Zn
40~45	5~7	<1.5	<7

由于铅鼓风烧结对原料的适应范围大，故当原料含铅品位较高时，烧结混合料的含铅量也可适当升高，达45%~50%也不致影响生产。

B 铅锌混合矿烧结

铅锌烧结混合料，成分控制比铅烧结严格，一般控制如下：Pb+Zn>48%，$Pb+SiO_2<26\%$，S 5.5%~6.5%。

铅锌混合精矿的铅含量应大于16%，铅锌比1:2.2左右。混合精矿中铅锌比例不符合此要求时，应配入单一精矿加以调整。

配料中应严格控制 SiO_2 3.5%~4%以及 $Pb+SiO_2<26\%$，否则烧结块块率下降，料线部位炉结严重，炉况不稳，生产会受到很大影响。

11.1.2.2 配料方法

配料方法有两种即仓式配料法与堆式配料法，也有联合使用的。

堆式配料：将不同物料按一定比例沿水平方向用移动式卸料机均匀分层铺成料堆，经取样化验和调整成分后，再按垂直方向从一端切割取用混合料的配料方法。堆式配料占用原料数量大，影响资金周转，占用配料厂房(料场)面积大，不适用于采用计算机控制配料的生产方式。

仓式配料：将炉料诸组成，如铅精矿、熔剂、返粉等分别贮入不同的配料仓中，每一个配料仓出口设有给料和称量设备，通过调节给料量，控制各种炉料的数量比例。此种配料方法设备简单，操作方便，易于调节配料比，不受炉料粒度差异的限制，可进行连续配料。但是当铅精矿品种多时，需设置许多精矿料仓，使工艺过程和设备配置复杂化，因此在采用仓式配料法的同时应辅之铅精矿的抓斗配料或堆式配料相结合，将多品种的精矿变成一种成分均匀的混合精矿。

国内工厂多为仓式配料。为避免物料对胶带面的黏附、减少清理工作的劳动强度，实践中一般将数量大，松散不黏结的返粉布于底层，干燥的熔剂等布于中间，含水高的精矿则覆盖在最上层，这对后一工序混合与制粒也有利。

配料程序为返粉→熔剂→烟尘、杂矿→水淬渣→精矿。

当工厂规模大、原料来源复杂时，国外也有采用堆式配料的。

仓式配料系统包括配料仓、给料设备与称量设备。按一定数量配好的炉料，需要经过润湿、混合与制粒。炉料的润湿与混合作业几乎是同时进行的。润湿的目的除了减少扬尘损失与改善劳动卫生条件之外，也是改善炉料透气性所必须的。任何一种物料都有一个最合适的水分含量，以得到具有最大容积和疏松度，以便在烧结焙烧过程中使料层具有较好的透气性。根据生产和试验所测定的铅精矿、返粉、石灰石粉等物料的最佳湿度列于表 11-6。

表 11-6　各种物料的最佳湿度

项　目	铅精矿种类				返　粉		石灰石粉	烧　渣
	1	2	3	4	粗粒	细粒		
最佳含水量/%	7.2	8.1	8.3	6.3	2.5	6.0	6.5	20

当炉料的粒度和组成发生变化时，最佳湿度值也会发生变化。混合炉料的含水量一般为 4% ~10%，多数工厂控制在 5% ~7%。

混合料加水后体积会有所变化，可测其堆积密度以获得最佳的含水量，即当物料的堆积密度最小时，炉料透气性最好，表示其湿度适宜。最佳含水量还取决于混合料的物料组成和粒度组成，通常可由试验确定，一般为 5% ~7%。杜依斯堡厂最佳水分的测定见图 11-2。

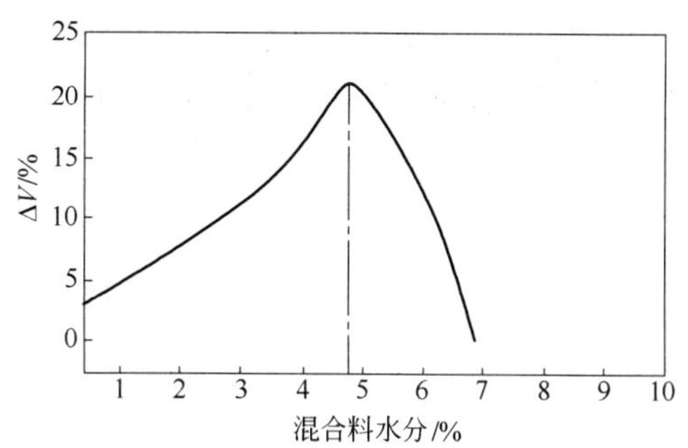

图 11-2　杜依斯堡厂最佳水分的测定

为使混合料水分达到要求，返粉加水湿润过程至关重要。混合料加水一般分三段进行。

返粉段加水，一般在冷却返粉时加入，返粉加水的关键在于使水分能均匀渗透到返粉颗粒内部，返粉含水一般为 2.5% ~4%。其水分可采用电导仪测定，也可用温度计间接测定。

混合段加水，混合段加水量约占二段、三段加水量的 75%。混合段加水后最好有一段时间使水分充分渗透润湿物料，再进行制粒。试验表明，经 1h 后可提高烧结机产量 10%。圆筒混合机内的加水量应从进料端到排料端由大到小喷洒在筒内料坡的中部，效果较好。

制粒段加水，制粒段加水仅限于调整混合料湿度，以期获得较好的造球效果，加入量约为二、三段加水量的 25%。加入时，水滴不宜粗大，这样方能保证制粒效果良好。

湿度控制可从排料口取样分析，也可安设自动控制装置。如用中子水分计，或通过导电性、透气性和红外线连续自动测定混合料的湿度，而后在加水系统进行自控调节。

11.2 烧结返粉的制备

返粉的粒度组成直接影响烧结焙烧炉料的粒度，是炉料透气性是否良好的主要因素之一。返粉制备包括烧结块的润湿与冷却、破碎和筛分等内容。

返粉的质量要求应是粒度组成均匀，大于6mm和小于1mm的粒级应尽可能少，要有适当的水分并且是渗透水而不是表面水。美国Herculaneum炼铅厂的返粉粒度见表11-7。

表11-7 美国Herculaneum炼铅厂的返粉粒度

粒度/mm	+25	+19	+9.4	+6	+3.36	+1.19	+0.42	-0.42
分布率/%	3	8	15	17	20	20	15	2

国外某些工厂返粉粒度控制见表11-8。

表11-8 国外某些工厂返粉粒度控制

工　厂	Pirie港炼铅厂	直岛炼铅厂	契岛炼铅厂	前苏联各炼铅厂
控制条件	小于10mm，-3mm占60%	-6mm达到85%	-10mm	小于10~12mm

澳大利亚Mount Isa炼铅厂的烧结产物，采用四段热破碎流程见图11-3。该厂返粉进光面辊破碎机之前不加水冷却，破碎时的温度仍在200℃左右。

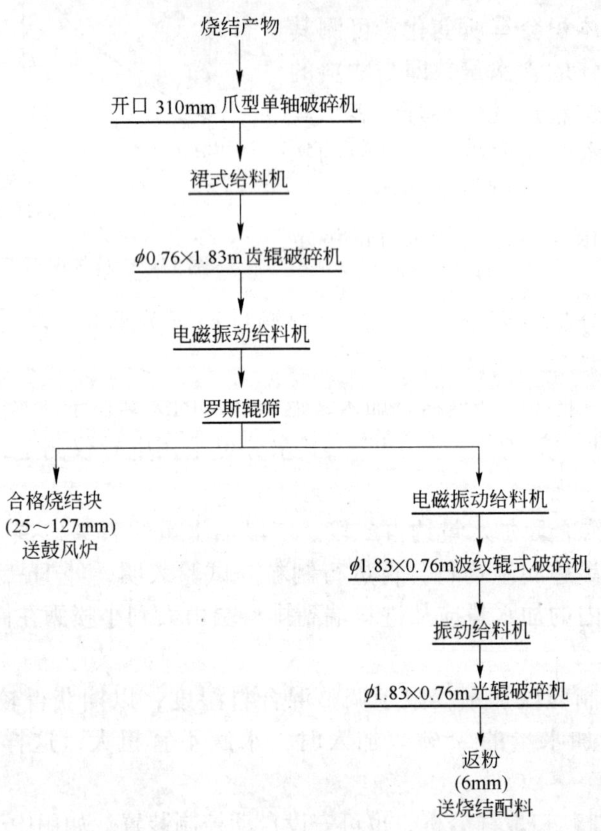

图11-3 Mount Isa炼铅厂烧结产物的破碎流程

日本契岛炼铅厂烧结产物的破碎流程见图 11-4。该厂原采用齿辊破碎，得到 40mm 大小的烧结块送鼓风炉熔炼，由于夹杂粉料多，熔炼发生困难，后改用图 11-4 的破碎流程。

中金岭南韶关冶炼厂返粉破碎流程如图 11-5 所示。

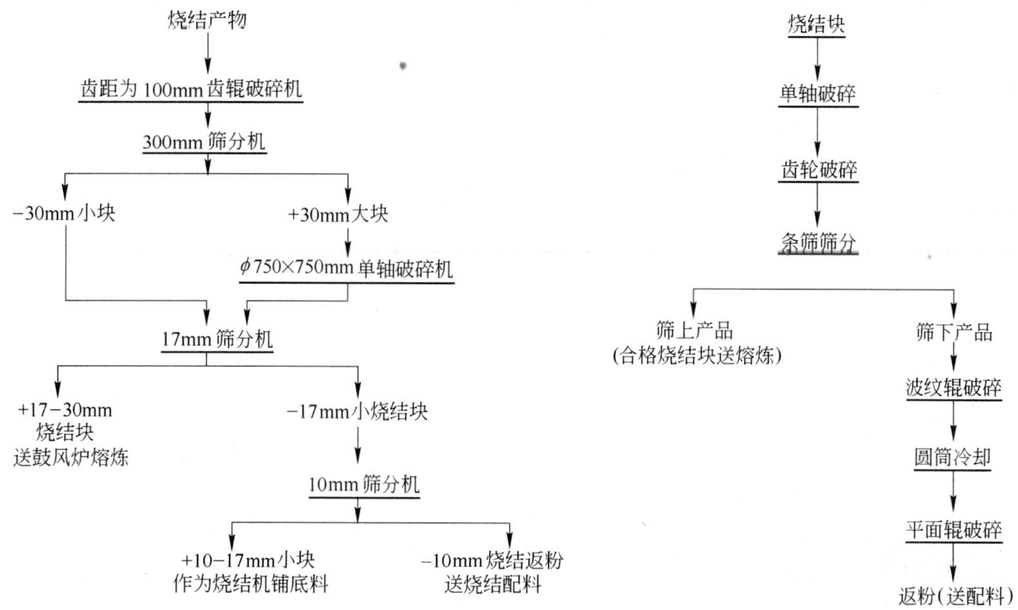

图 11-4　契岛炼铅厂的烧结块破碎流程　　图 11-5　中金岭南韶关冶炼厂返粉破碎流程

返粉的润湿与冷却应串联在破碎过程之中，以减少粉尘飞扬，并使水分能渗入返粉颗粒内部。

11.3　烧结炉料的制粒

铅烧结焙烧的炉料应具有良好的透气性，在实践中透气性以单位时间内单位面积上透过的空气量，单位为[$m^3/(m^2 \cdot min)$]表示。铅烧结焙烧常用的几种物料的透气性与粒度的关系见表 11-9。

表 11-9　烧结物料的透气性与粒度的关系

物料粒度/mm	透气性/$m^3 \cdot (m^2 \cdot min)^{-1}$			
	返　粉	石灰石	河　砂	水淬渣
0 ~ 3	0.0081	0.0095		
3 ~ 6	0.080	0.0400	0.1250	0.2320
6 ~ 10		0.133		
8 ~ 14	0.2308			

许多研究及生产实践表明，烧结炉料的透气性的好坏，随炉料中 0 ~ 2mm 粒级的减少和 2 ~ 6mm 粒级的增加而急剧变化。

为了达到最好的指标，炉料中小于 2mm 的粒级不应超过 10% ~ 15%，以接近 10% 为佳。国内生产实践认为返粉粒度以3~6mm为好。

大多数工厂将熔剂破碎到小于10mm，有些工厂已破碎到0~3mm，以增大焙烧的反应能力。

烧结物料的混合与制粒可在一台设备内完成，也可分开在两台设备内完成，一般多采用后者。

炼铅厂采用的制粒设备有圆筒与圆盘制粒机。几种圆筒制粒机和圆盘制粒机的特性分别列于表11-10和表11-11。

表11-10 圆筒制粒机的特性

编号	直径/m	长度/m	倾斜度/(°)	转速/r·min^{-1}
1	1.80	4.5	0~4	16
2	1.6	4.5	5	10
3	2.4	4.57	10.2cm/全长	9
4	2.6	7.90	6.2cm/m	9
5	2.75	9.15	—	—
6	2.8	6.2	1.50	5~6

表11-11 圆盘制粒机的特性

编号	直径/m	转速/r·min^{-1}	生产率/t·h^{-1}	倾角/(°)	边高/mm
1	3.2	8.65~10.62	4	45	300
2	3.5	10~11.5	30~35	45	320
3	4.5	10~12	—	55	—
4	5.0	10~12	—	45~50	—
5	5.4	8~10	18	45~60	700~1100

工厂实践经验表明，分开进行混合与制粒可提高烧结产量12%。鼓风烧结物料的混合与制粒多采用圆筒设备，只是因所起主要作用和放置位置不同而有所区别。混合圆筒以混合为主，一般远离烧结厂房，这是为了加强水分对混合料的渗透和润湿。制粒圆筒以制粒为主，多靠近烧结机并设于烧结厂房顶部楼层，以避免过多的转运对制粒料的损坏。

表11-12列出部分铅锌厂使用的混合、制粒设备实例。

表11-12 混合、制粒设备实例

厂别	烧结机面积/m^2	混合				制粒			
		设备规格/m	转速/r·min^{-1}	占临界转速/%	筒内状况	设备规格/m	转速/r·min^{-1}	占临界转速/%	筒内状况
韶冶	110	$\phi2.8\times6$	6.7	24.5		$\phi2.8\times6$	6	23.6	光筒
株冶	60	$\phi2.2\times6.2$	6.7	23.9		$\phi2.2\times6$	8.5	30.3	光筒
埃文茅斯	132	$\phi2.5\times6$	6	22.2	有桨叶	$\phi2.5\times6$	8	30.6	光筒
科克尔-克里克	94	$\phi4.9$ 圆盘混合机	4			$\phi2.5\times7.3$	7	26	设置V形环

续表 11-12

厂 别	烧结机面积/m^2	混合				制粒			
		设备规格/m	转速/$r \cdot min^{-1}$	占临界转速/%	筒内状况	设备规格/m	转速/$r \cdot min^{-1}$	占临界转速/%	筒内状况
八　户	90	$\phi 2.5 \times 6$	6	22.2	有桨叶	$\phi 2.5 \times 6$	6	22.2	光筒
努瓦耶勒-高道特	80	$\phi 2.5 \times 6$	9.5	35.4	光筒	$\phi 4.6$ 圆盘制粒机	13		
播　磨	75					$\phi 2.5 \times 6$	6	22.2	光筒
杜依斯堡	73	$\phi 2 \times 5$	5.75	20	光筒	$\phi 2 \times 5$	8	26.6	光筒

制粒后的混合料粒度组成一般要求是：小于 3mm 的控制在 10% ~15%；3 ~6mm 40% ~60%；6 ~9mm 20% ~25%；大于 9mm 的不超过 15%，混合料粒度组成实例见表 11-13。

表 11-13　混合料粒度组成实例　(%)

编　号	粒度/mm				
	<1	1 ~3	3 ~6	6 ~9	>9
1			>80	>80	
2	6 ~11	15 ~23	28 ~41	23 ~28	15 ~18
3	10.8	17.5	41.1	27.1	3.5
4		<3 小于 25	>35	<25	<15
5		<3 小于 10 ~15	40 ~60	20 ~25	10 ~15

日本契岛炼铅厂原将炉料先在圆筒混合机中混合，再经两台并联、直径为 3.6m 的圆盘制粒机制粒，制粒效果不令人满意。后来取消圆筒混合机，改为两台串联、直径为 4m 的圆盘制粒机制粒，炉料粒度明显改善，有关情况比较见表 11-14。

表 11-14　契岛炼铅厂改进制粒的比较

粒级/mm	改进前	改进后
+6	17%	25%
8 ~6	24%	33%
2 ~8	14%	30% (-3 +1.5mm)
-2	45%	12% (-1.5mm)
合计	100%	100%
堆密度/$g \cdot cm^{-3}$	2.1	2.4

直岛炼铅厂混合炉料的粒度，圆筒制料机出口炉料的粒度、点火料层及主料层的粒度见表 11-15。

表11-15 直岛炼铅厂各种物料的粒度分布 (%)

物料名称	+10mm	10~4.8mm	4.8~2.8mm	2.8~0.8mm	-2.8mm
混合料		17.4	12.9	26.2	43.5
圆筒制粒机出口	4.7	15.1	21.7	40.4	18.1
点火料层	32.3	32.1	7.4	9.8	18.4
主料层	1.3	13.0	23.5	44.2	18.0

圆筒制粒机结构简单，生产能力大，运转平稳，占地面积小，便于控制，圆盘制粒机制粒效果好，但结构复杂，维护费用高，易出故障，生产能力低，耗电量大，占地面积大。因此目前趋向用圆筒制粒机取代圆盘制粒机。

混合料在混合与制粒圆筒内要有一定的停留时间，以保证达到满意的混合与制粒效果，一般混合与制粒的总停留时间为5min左右，在分配上混合约为2~2.5min，制粒约为2.5~3min。

11.4 铅锌精矿烧结焙烧

11.4.1 带式烧结机

硫化精矿的烧结焙烧可在烧结盘、烧结锅和烧结机上进行。烧结盘、烧结锅烟气无法处理，污染环境，已被淘汰。现在大中型铅锌冶炼厂均采用带式烧结机。

带式烧结机是由许多紧密相连接的小车组成的，机架的两端都装有相同直径的大星轮。首端头部星轮由电动机通过减速装置而带动，星轮的齿间距离与小车前后辊轮间的距离相吻合，故大星轮转动时其齿扣住沿下轨道而来的小车，将它提升到上轨道，同时将前面的所有小车推动，使之紧紧地联结在一起。从点火炉到机尾的小车炉箅下设有风箱，小车顺次经过每个风箱，最后到达卸料端，借尾部星轮而依次往下翻落，然后沿下轨道重返头部大星轮处，如此周而复始地循环运动。

鼓风烧结机的构造如图11-6所示，由传动装置、头部星轮装置、尾部摆架、台车、点火炉、加料斗、风箱、密封烟罩、尾部密封罩、骨架、轨道、头部弯道、灰箱、溜板、炉箅震打器、箅条压辊、润滑装置等组成。

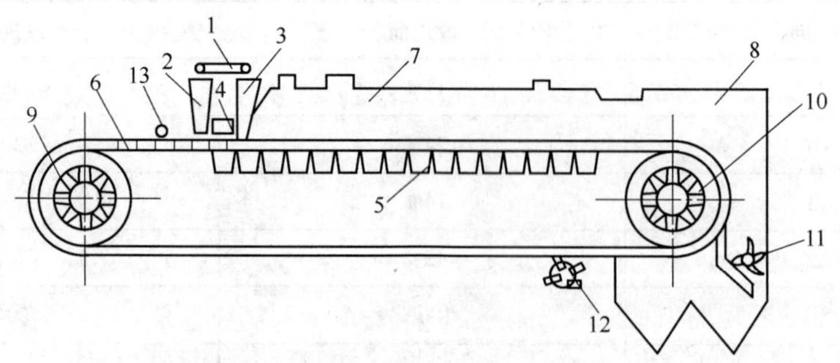

图11-6 鼓风烧结机构造示意图

1—梭式布料机；2—点火层加料斗；3—主料层加料斗；4—点火炉；5—风箱；6—烧结台车；7—烟罩；8—尾部烟罩；9—头部星轮；10—尾部星轮；11—单车破碎机；12—炉箅震打器；13—箅条压辊

中金岭南韶关冶炼厂110m^{2}烧结机的主要技术性能见表11-16。

表11-16 110m^{2}烧结机的主要技术性能

序号	项目	数值	序号	项目	数值
1	台车宽度/m	2.5	7	头尾轮中心距/mm	5524
2	有效烧结长度/m	44	8	头尾轮节圆直径/mm	2775.5
3	有效烧结面积/m^2	110	9	主传动电机功率/kW	30
4	风箱数量/个	16	10	台车数量/个	119
5	点火料层厚度/mm	35~40	11	压辊直径/mm	300
6	料层总厚度/mm	330~360	12	烟罩直径/mm	2300

当生产规模确定后，可由日处理总料量或脱硫量（t）和选定的床能力或脱硫强度[t/(m^2·d)]求出所需烧结机有效床面积（m^2），由有效床面积选定定型的烧结机有效面积及烧结机的台数。我国定型设计制造的刚性滑道鼓风烧结机的主要尺寸和技术性能列于表11-17。

美国Herculaneum炼铅厂除了计划维修外，烧结机一般每天工作24h，每周工作7天，每年工作11.5个月，计划维修时间每周8h。

11.4.2 烧结焙烧工艺

11.4.2.1 料层厚度

鼓风烧结分成两次铺料，第一次铺料为点火料层，一般为40~55mm，第二次铺料为主料层，一般为320~500mm，因此总料层为360~555mm，生产中一次料层变化不大，而主要是调节二次料层的厚度来适应原料的变化。当混合料含铅与硫较低、熔结温度较高时取较大值，反之则取较小值。

11.4.2.2 台车速度

烧结机台车的速度一般不宜过大，以减轻台车与密封装置的磨损。为此，大型烧结机应尽量加大宽度，这样可减少烧结机周边漏风率。通常台车速度为600~1800mm/min。

台车速度与加料量、料层总厚度、烧结机宽度等因素有关，其计算式如下：

$$V=\frac{Q}{60Bhy}$$

式中 V——台车速度，m/min；
Q——加入物料量，t/h；
B——台车宽度，m；
h——料层总厚度，m；
y——物料堆积密度，t/m^3，一般为1.8~2.2。

生产中台车速度还必须与主料层厚度、垂直烧结速度相适应。当台车行进到鼓风烧结段最后一个风箱上时，应完成整个烧结过程，料层烧穿。常说的烧穿点，应位于鼓风烧结段与返烟段交接处附近。

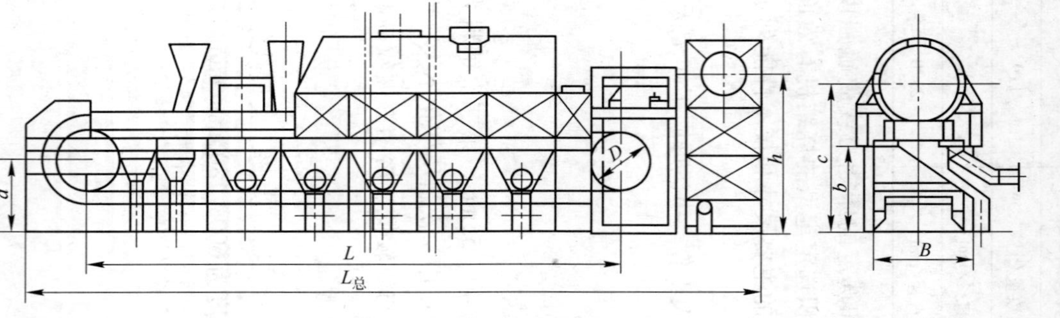

表 11-17 刚性滑道鼓风烧结机主要尺寸和技术性能

烧结机有效面积/m^2	台车规格（宽×长）/m×m	星轮节距/m	台车运行速度/$m \cdot min^{-1}$	尾部形式	功率/kW	润滑形式	总重/t	主要尺寸/mm							
								a	b	c	D	h	B	L	$L_{总}$
18	1.5×1	0.51	0.32~0.96	摆架	7.5	流出式自动干油集中润滑	280	2840	3700	6400	2453	7340	3770	20300	28640
24	1.5×1	0.51	0.32~0.96	摆架	11	流出式自动干油集中润滑	300	2840	3700	6400	2453	7340	3770	24300	32640
36	2×1	0.51	0.36~1.08	移动架	11	流出式自动干油集中润滑	440	3000	3940	6440	2775.5	6600	3700	29240	37790
45	2×1	0.51	0.4~1.2	移动架	15	流出式自动干油集中润滑	550	3000	3940	6440	2775.5	6600	3700	33740	42290
60	2.5×1	0.51	0.5~1.5	移动架	22	流出式自动干油集中润滑	660	3000	3940	6360	2775.5	7000	4200	36240	44790
70	2.5×1	0.51	0.5~1.5	移动架 摆架	30	流出式自动干油集中润滑	745 740	3000	3940	6482	2775.5	7000	4200	42740	51290
90	2.5×1	0.51	0.5~1.5	移动架	30	流出式自动干油集中润滑	820	3000	3940	6662	2775.5	7000	4200	48240	56790
110	2.5×1	0.51	0.6~1.8	移动架 摆架	30	流出式自动干油集中润滑	917 912	3000	3940	6662	2775.5	7000	4200	56240	64790
108	3×1.5	0.76	0.6~1.8	移动架	30	流出式自动干油集中润滑	992	3820	5365	7962	4136	8000	4800	50595	42115
125	3×1.5	0.76	0.65~2.0	移动架	40	流出式自动干油集中润滑	1100	3820	5365	7962	4136	8000	4800	56595	68115

料层垂直烧结所需时间与台车走完烧结段所需时间应相等，其关系式如下：

$$L = V\frac{h}{V_0}$$

式中 L——鼓风烧结段长度（即烧穿点），m；

V——台车速度，m/min；

h——主料层厚度，mm；

V_0——垂直烧结速度，mm/min，通过试验测定或取类似工厂数据，一般为 10～20。

为便于调节台车速度，控制烧结过程的技术条件，烧结机应采用无级调速传动机构。

11.4.2.3 风量、风压及温度

A 风量

当其他条件一定时，通过鼓风烧结料层的风量与烧结机的产量成正比，鼓风烧结所需空气量可根据冶金计算确定，也可根据生产实践选取，通常鼓风烧结的鼓风强度为 15～30m^3/(m^2·min)，为了提高烟气 SO_2 浓度，在稳定各项生产技术指标的前提下尽可能取下限。因为，当烟罩内压力相同时，SO_2 浓度与单位炉料鼓风量有关，例如每吨炉料消耗 470m^3 新鲜空气时，SO_2 浓度 4.6%；430m^3 时为 5.2%；350m^3 时为 5.5%～6.0%。当然 SO_2 浓度也与烟罩内的压力有关，也即与烟罩漏风率有关。为减少漏风，烧结机的长宽比一般为 9～15。

B 风压

鼓风机风压一般为 3000～6000Pa。为便于调节和控制烧结过程，通常设 1～2 台新鲜空气风机。当选用 2 台风机时，常在烧结段前段设 1 台新鲜空气风机，烧结段后段设另 1 台新鲜空气风机。返烟段采用耐高温的返烟风机，由于管道系统阻力和料层阻力大，故风机压力应取上限。

C 温度

鼓风箱温度一般不高，返烟段最高只达 300℃左右。但烧结料面上烟罩内温度却变化较大。从前到后温度逐渐增高，返烟段可高达 500～600℃。国外有的工厂，例如澳大利亚科克尔-克里克厂将返烟高温段烟罩（大约为烟罩总长的 1/3）做成夹套，通入空气冷却，产生的热风温度达 270℃左右，返回点火炉使用，既延长了烟罩寿命，又充分利用了废热。

表 11-18 为株冶铅鼓风烧结机供风系统操作数据实例。

表 11-18 株冶 60m^2 铅鼓风烧结机供风系统操作数据实例

风 机	鼓风强度 /m^3·(m^2·min)$^{-1}$	风箱压力 /Pa	风箱温度 /℃	对应烟罩内温度/℃	烟气 SO_2 浓度 /%
点火吸风机	吸风强度 50～55	600～1000	80～150	点火炉 800～950	≤1
1 号新鲜空气风机	18～20	2500～4000	常温	100～250	
2 号新鲜空气风机	19.5～20.5	3000～4000	35～50	250～350	
返烟风机	19～29	2500～3500	200～250	350～500	1～2
主风机	14～16.3	0～50		200～250	3～3.5

表 11-19 为韶冶 110m^2 铅锌鼓风烧结机供风系统操作数据实例。

表 11-19　韶冶 $110m^2$ 铅锌鼓风烧结机供风系统操作数据实例

风　机	风箱号	风箱温度/℃	风箱压力/Pa	鼓风强度/$m^3\cdot(m^2\cdot min)^{-1}$	料面上部烟气	
					温度/℃	SO_2 浓度/%
点火吸风机	0	60~80	900~1500	17~20	1000~1100	0.3~0.7
1号新鲜空气风机	1	常温	2500~4000	20~25	60~100	
	2	常温	2600~4100	17~20	70~110	1.93
2号新鲜空气风机	3	常温	2500~4000	16~20	75~110	4.10
	4	常温	2600~4200	16~20	110~140	4.83
	5	常温	2600~4200	20~25	150~250	7.30
	6	常温	2200~3500	16~20	200~300	7.83
1号返烟风机	7	80~120	2900~4500	16~20	250~450	7.3
	8	80~120	2400~4200	16~20	300~500	6.35
	9	80~120	2400~4200	16~20	400~600	6.0
2号返烟风机	10	150~250	2500~4200	15~20	350~550	6.0
	11	150~250	2500~4200	15~20	350~550	
	12	150~250	2500~4200	15~20	350~550	
	13	150~250	2500~4200	15~20	350~550	2.52
	14	150~250	2500~4200	15~20	350~450	

注：1号返烟风机烟气成分：SO_2 0.3%~0.5%，O_2 19%~20%。2号返烟风机烟气成分：SO_2 1.9%~2.2%，O_2 11%~14%；出口总管烟气成分：SO_2 4.5%~6.5%，SO_3 0.01%~0.02%，H_2O 12%~15%，含尘 15~25g/m^3。

表11-20为科克尔-克里克铅锌烧结机供风系统操作数据实例。

表 11-20　科克尔-克里克铅锌烧结机供风系统操作数据实例

风　机	风箱号	温度/℃	风箱压力/Pa	供风强度/$m^3\cdot(m^2\cdot min)^{-1}$	SO_2 浓度/%
点火吸风机	吸风箱	80	873	15.22	2.0
1号新鲜空气风机	1	25	2000~2500	14.23	
	2		2300~3000	14.23	
	3		2800~3300	16.59	
2号新鲜空气风机	4		2500~2800	17.55	
	5		2500~2800	16.59	
2号新鲜空气风机	6	25	2500~2800	16.59	
	7		2000~2300	19.05	
	8		1000~1500	16.91	
	9		750~1250	11.88	
	10		500~750	10.27	
返烟风机	11	300	500~750	13.59	2~3
	12		500~750	13.27	
	13		500~750	5.99	
	总烟道	270		12.09	6~7

注：点火吸风箱 3.35m^2，每个鼓风箱面积为 5.95m^2。

11.5　烧结焙烧产物与金属分布

11.5.1　烧结焙烧产物

11.5.1.1　烧结块

对烧结块化学成分的主要要求是铅与锌的品位和残硫量，其他造渣成分则按鼓风炉熔炼的要求加入一定量的熔剂。铅鼓风烧结机烧结块一般含铅42%～45%，但根据原料情况也可高达45%～50%。残硫视含铜量而定，一般为1.5%～2.0%。铅锌烧结时要求烧结块含铅16%～20%，含锌30%～40%，残硫小于1%，二氧化硅含量一般要求不小于3%，否则会影响烧结块强度。

铅烧结块的块度一般为50～150mm，小于50mm和大于150mm的数量合计不超过25%；铅锌烧结块的块度一般为30～100mm。

表11-21为烧结块的化学成分与块度实例。

表11-21　烧结块的化学成分与块度实例

种　类	编　号	化学成分/%							块度/mm
		Pb	Zn	S	Fe	SiO_2	CaO	Cu	
铅烧结块	1	42～48	4.5～5.5	1.6～1.7	9.5～12.5	8～10	7～9	0.4～0.45	40～150
	2	43.5	6.27	1.48	11.44	11.18	8.45		50～200
	3	43.39	6.45	2.06	12.88	11.56	8.28	0.8	50～150
	4	440.5	5.75	3.13	13.0	16.28	8.5	0.5	30～150
铅锌烧结块	5	16.11	33.5	1.01	16.78	5.4		5.56	30～100
	6	19.10	39.1	0.6	9.65	3.68	4.77	0.19	30～100
	7	17.63	39.26	1.0	9.05	4.59	6.3		30～100

11.5.1.2　烟尘

铅、镉、铊、汞及其化合物易于挥发，富集在烟尘中，汞则绝大部分进入烟气中。铅锌烧结时，一般铅挥发率占原料中铅的10%～15%，镉为50%～90%，汞在98%以上。铅烧结时，铅的挥发率为4%左右，镉为10%～40%，铊为55%～85%，汞在98%以上。烟尘一般返回配料，但当某一种元素（如镉、铊）达到一定含量时，可将富集烟尘抽出作为提取有价金属的原料。

在没有锌精馏的工厂中，铅锌烧结的富镉烟尘是提取镉的原料，即提取部分镉后再返回配料。在有锌精馏的工厂中，从精馏中间产物（镉尘）提取镉，但也应控制粗锌含镉不超过0.25%。如果超过此值，应从烧结的富镉烟尘中提取部分镉后再返回配料，避免因粗锌含镉过高而影响锌精馏塔能力和精锌质量。

烧结烟尘产出率通常为混合料的1%～2%。铅锌烧结时烟尘产出率为原料中锌硫量的18%～24%。表11-22为烧结烟尘化学成分与产出率实例。

表 11-22 烧结烟尘化学成分与产出率实例

编 号	化学成分(质量分数)/%								产出率/%
	Pb	Zn	As	Cu	Fe	S	SiO_2	CaO	
1	67.86	2.7	1.25	0.33	1.34	8.1	1.36	5.45	2.0
				Cd					
2	53.52	1.65		1.32		9.9			
3	62.96	1.06		1.57	0.4	6.6	0.45	1.49	
4	69.6		0.48			7.14			1.2~1.5
				Cd					
5	63.56	1.66	0.16	2.12	0.14	9.3			

11.5.1.3 烟气

烧结烟气的烟气量、温度及二氧化硫浓度随烧结设备的密封性能和工艺条件而变化。在工艺条件一定的前提下，烧结设备的密封性能好坏对烟气二氧化硫浓度的高低影响极大。生产中28m^2鼓风烧结机由于弹性滑道密封性能差，漏风率达92%，导致成品烟气中SO_2从5.87%降低到3.06%。国内外铅和铅锌烧结机现已普遍采用刚性滑道取代弹性滑道密封，其密封性能好。鼓风返烟烧结的烟气SO_2一般为4.5%~6.5%，个别厂达7%左右。但实践中铅烧结的SO_2浓度较铅锌烧结略低。烟气温度180~350℃，烟气量可通过烧结机脱硫量及烟气中SO_2浓度进行计算。表11-23为鼓风烧结烟气性能实例。

表 11-23 鼓风烧结烟气性能实例

厂家	烧结机面积/m^2	烟气量/$m^3 \cdot h^{-1}$	烟气成分(质量分数)/%					烟尘量/$g \cdot m^{-3}$	烟气温度/℃
			SO_2	CO_2	O_2	N_2	H_2O		
1	70	36620~44640	3.5~4.3	1.8~2.2	10.6~12.4	68.7~70.3	11.9~14.2	13.8~16.9	200~250
2	60	50300~58600	3~3.5	1.9~2.2	11.8~13.0	71.3~72.3	9.8~11.2	12.6~14.7	200~250
3	110	88630	5.33	1.72	9.42	69.44	14.08	17.16	250~300

11.5.2 烧结过程中各元素分布

烧结过程中元素分布的参考数据列入表11-24。

表 11-24 烧结过程中元素分布 (质量分数/%)

项 目		Pb	Zn	Cu	Cd	As	Sb	Bi	In
铅烧结	烧结块	96	99	98	66~93	90	92	93	92~99
	烟尘	4	1	2	7~34	10	8	7	1~8
铅锌烧结	烧结块	85~95	99.5		10~50	93	93		
	烟尘	5~15	0.5		50~90	7	7		

续表 11-24

项 目		Tl	Se	Te	Hg	Ge	Au	Ag
铅烧结	烧结块	15~45	65~75	60~80	1	98~99	99.4	97~99
	烟尘	55~85	25~35	20~40	99	1~2	0.6	1~3
铅锌烧结	烧结块				2	85	100	98
	烟尘				98	15		2

烧结过程中镉的富集程度与循环量见图 11-7。

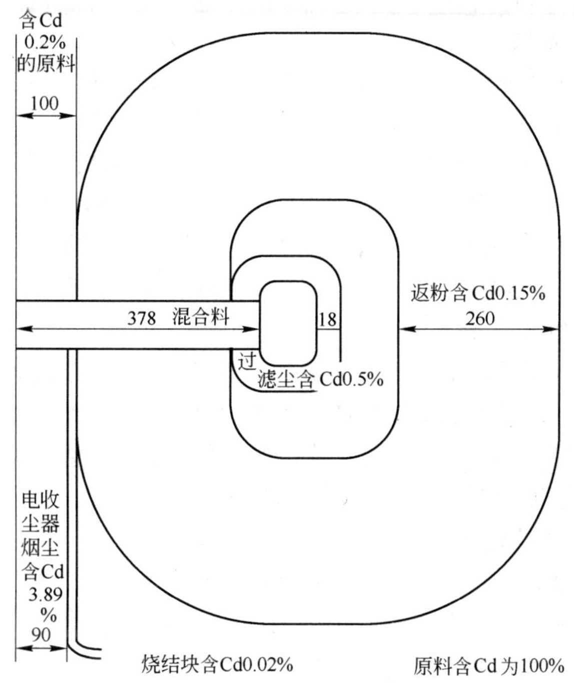

图 11-7 镉的富集程度与其循环量（杜依斯堡厂数据）

镉在铅锌烧结、熔炼过程的分布见图 11-8。

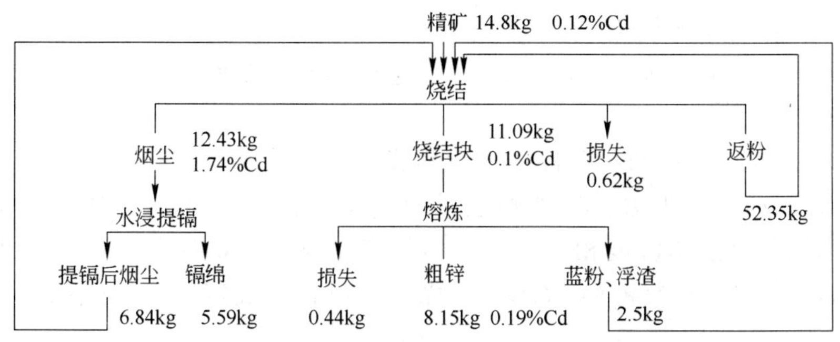

图 11-8 镉在铅锌烧结、熔炼过程中的分布

11.6 铅锌精矿烧结焙烧的生产操作

11.6.1 正常操作控制与调整

11.6.1.1 点火操作

点火操作是烧结焙烧的关键操作之一。点火时要控制好点火温度和0号风箱负压。点火温度太高，炉料表面会结壳；温度低，点火层厚度不够。点火温度控制在950~1050℃比较适合，点火煤气压力2452~5884Pa。0号风箱负压是点火层往下燃烧的动力，当点火料层厚度40~55mm，一般控制在800~1000Pa。当点火料层通过点火炉以后，表面红层的厚度占整个点火层厚度的2/3时，可认为点火效果最佳。

11.6.1.2 台车速度

台车的运行速度主要取决于炉料成分、炉料粒度、鼓风量、料层厚度等因素。在烧结时，车速必须与料层厚度相适应，以保证小车到达最后的鼓风箱时烧结过程已进行完毕。在生产过程中，一般很少将车速与料层厚度同时改变。实际烧结过程有两种操作法，即厚料层慢车速与薄料层快车速操作法。前者的目的是使点火时间延长，又由于料层较厚，热的利用率较好，从而可提高焙烧反应带的温度，使焙烧及烧结效果好，有利于提高烟气SO_2浓度。后者是为了减少料层的阻力，使空气容易鼓入，有利于防止炉料过早结块，从而提高过程的脱硫率和改善烧结块质量。

在生产实践中，为了提高烧结机的利用率，车速应与垂直烧结速度相适应，避免烧结过早或欠烧，最简单的调节方法是根据烧穿点来调节车速。在给定的料层厚度情况下，若要保持烧结机上的烧穿点不变，即在保证完全脱硫的前提下垂直烧结速度越快，车速也要加快。一般小车运行速度控制在1.0~1.7m/min。

11.6.1.3 垂直烧结速度

所谓垂直烧结速度，是指烧结焙烧时间除料层厚度之商（$V_1 = h/t$）。而烧结时间又是小车运行速度除以点火到烧穿点的有效长度之商（$t = L/V$），故垂直烧结速度可以从下式求出：

$$V_1 = hV/1000L$$

式中 V_1——垂直烧结速度，mm/min；

V——小车运行速度，m/min；

h——主料层厚度，mm；

L——从点火到烧穿点的有效长度，m。

生产实践中，通常根据炉料的透气性选择适当的料层厚度，再根据垂直烧结速度的大小来确定小车的速度。

垂直烧结速度与炉料的物理性质、化学成分、点火温度、进风量以及气体成分等因素有关，其波动范围很大。反映料层垂直烧透了的位置即为烧穿点（也称为烧透点），它与床层最高烧结温度相对应（一般烧穿点温度为600~800℃，仅测得料面上空温度，并非实际的料层烧穿点温度）。烧穿点位置的确定，要以烧结床层温度最高点为依据。

在生产实践中，垂直烧结速度一般为10~30mm/min。

11.6.1.4 鼓风制度

烧结过程是强氧化过程，需要大量的空气或返回烟气参与反应。生产实践中，实际空气的消耗大于理论量，要有一定过量空气才能使料烧透；目前，标准的铅锌烧结单位鼓风量（标态下）约为425m^3/t。

最适宜的鼓风强度取决于采用哪种烧结混合料，并且要能保证炉料充分脱硫，提高烟气SO_2浓度和满足制酸烟气量要求。鼓风强度小时，透过料层的空气少，烧结速度减慢，同时由于料层的温度不能达到烧结温度，温度低，脱硫率也低。但是，鼓风强度的提高受到额定的风压所限制，风量大则风压增加，风压过大容易造成料层穿孔而跑空风，使烧结过程变坏。另外，风压过大，小车与风箱滑动轨之间漏风增大；加大风量，势必造成烟气量膨胀，从而降低烟气SO_2浓度，不利于制酸。料层厚度为320～500mm时，一般控制风箱的风压为5884～8000Pa。

11.6.1.5 床层温度

床层温度是指烧结机料层中的实际温度（也称为料层温度）。床层温度在烧结机的不同位置及料层的不同高度均不相同。在烧结过程中，锌和铁的硫化物容易氧化，但硫化铅的氧化则需要较高的氧位。因而烧结过程中要有较高的温度才能使硫脱除。另外，有关研究表明，ZnO结晶过程只在高于1300℃的温度下才进行，在低于1200℃的情况下即使料层高温时间长，ZnO的晶格化过程也不能发生。因此，控制较高的床层温度对烧结过程的脱硫和提高烧结块强度是很必要的。

床层温度通常难于测定，一般通过床层阻力和烟气温度来判断。床层温度高，熔融液相层厚，床层阻力相应增加。

11.6.2 非正常操作控制与调整

11.6.2.1 烧结过程正常的判断

影响烧结过程的因素很多。在生产实践中可以根据测量仪表指示、分析化验结果和观察烧结机尾卸料端的现象来判断烧结过程的好坏。当烧结块成块率高、粉料少或从尾部观察到烧结块垂直断面只有1/3的红层，表明小车到达最末一个风箱时，烧结过程恰好结束，进程控制良好。反之，如看到烧结块红层多，烟尘大，或烧结块冷却过快，没什么红层，或倒出的烧结块块度小，粉料多，都说明作业不正常。烧穿点也是判断烧结程度正常与否的一个标志，从安装在烟罩内的热电偶测到的温度观察，烧穿点稳定或波动不大，并且烧穿点温度较高，在500～600℃以上，则表明烧结焙烧状况良好；若烧穿点温度过高或过低，烧穿点前移或后移严重，则说明烧结情况不正常。风箱内的风压是判断作业是否正常、炉料制料好坏、炉床布料是否均匀的依据。若风压高，可能是烧结混合料的细颗粒太多或混合料含水分过高或过低。在生产中，每隔2h取样分析一次返粉含硫，并根据返粉含硫量指导配料。

11.6.2.2 烧结过程中的工艺故障处理

烧结焙烧作业不正常往往影响烧结块的质量（如烧结块残硫高，强度低）、烟气SO_2浓度和烧结机单位生产率。因此应仔细查明原因，及时处理。结块好而焙烧不好表现为烧结块块度大，但残硫高，造成原因是炉料含SO_2和铅高，形成大量的易熔相，结果使烧结块强度大，因过早烧结而脱硫不好。

焙烧好，结块差，表现为结块块度小，强度低，但残硫不高，原因是由于炉料中二氧化硅和铅含量低，因而缺少黏结相（硅酸铅）或是点火温度太低，以致过程进行比较缓慢，氧化反应产生的热量不够集中，使结块不好。

烧结和焙烧都不好，表现为烧结块不仅块度小，强度低，而且残硫高，其原因是配料不准确，粒度过细，床层阻力大，风量控制不合理，炉料水分控制不当，水分过湿点不着火，料层厚度和车速配合不当。

烧结机生产率低，造成原因是配料成分控制不当，风机运转不正常，风压太低，风量不足，影响烧结焙烧过程进行的速度，漏风严重，使透过料层的空气量少，小车速度和料层厚度与焙烧速度不相适应。

烧结烟气 SO_2 浓度低，原因是炉料硫偏低，炉料过干或过湿，或细粒物料太多，床层阻力升高，料层没铺到料，造成跑空车，烟罩控制负压过大，鼓风量太大。

亚性烧结现象表现为烟气 SO_2 浓度低，烧穿点温度低，结块率低并夹有生料、块残硫及返粉含硫高，造成原因是配料事故如主成分严重高于控制值，点火效果不好，炉料水分过干或过湿，炉箅大面积堵塞，风量控制失调。

11.7 烧结焙烧的量平衡关系

铅烧结焙烧的物料平衡见表11-25；硫平衡关系如图11-9所示。

表11-25 铅烧结焙烧的物料平衡

加入			产出		
物 料	数量/kg	比例/%	物 料	数量/kg	比例/%
硫化铅精矿	80.00	14.96	烧结块	120.91	22.61
氧化铅粉矿	20.00	3.74	烧结烟尘	2.45	0.46
鼓风炉烟尘	2.10	0.93	返 粉	174.23	32.58
水淬渣	18.94	3.54	烟 气	236.01	44.12
烧结烟尘	2.45	0.46	损 失	1.25	0.23
返 粉	174.23	32.58			
石英砂	3.46	0.65			
石灰石	7.71	1.44			
点火重油	1.24	0.23			
空 气	203.25	38.00			
水 分	21.47	4.01			
合 计	534.85	100.00	合 计	534.85	100.00

从铅烧结焙烧的物料平衡数据看出，整个烧结过程得到的实际烧结块，只占总产物（烟气除外）量的40%多一点，返粉占60%少一点，即大量产物返粉又要返回到下一过程处理，如此反复循环，使烧结焙烧过程处于加工大量返粉的条件下生产，无效耗费大。从硫平衡图看出，精矿中硫进入烟气能用于制酸的不到85%，有15%还残留在烧结块中，到鼓风炉熔炼时这部分硫有60%又随烟气排入大气中污染环境。这些都是传统鼓风炉炼铅流程的主要缺点。

铅烧结焙烧的热平衡列于表11-26。契岛 $33m^2$ 烧结机的热平衡如图11-10所示。

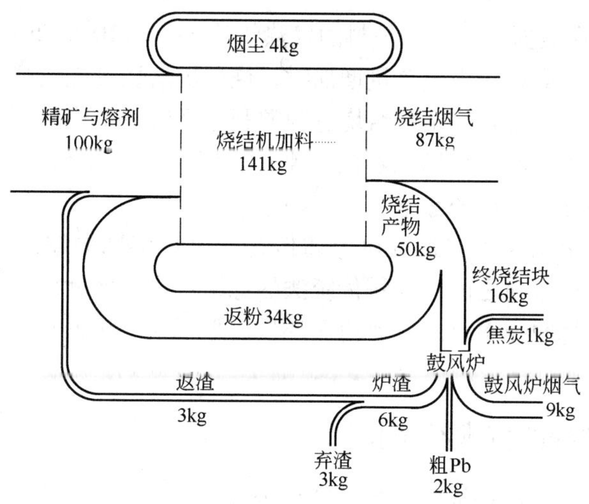

图 11-9 铅鼓风炉烧结焙烧硫的平衡

表 11-26 铅烧结焙烧的热平衡

收 入			支 出		
项 目	kJ	%	项 目	kJ	%
点火料的发热	102089	5.87	水分蒸发热	318067	18.30
炉料的显热	33262	1.91	吸热反应热	183342	10.54
水分的显热	10292	0.59	富烟气带走热	226354	13.00
空气和氧带入热	85813	4.93	贫烟气带走热	458984	26.45
放热反应热	1506240	86.70	烧结块和返粉带走热	508356	29.25
			热损失	42593	2.46
合 计	1737696	100.00	合 计	1737696	100.00

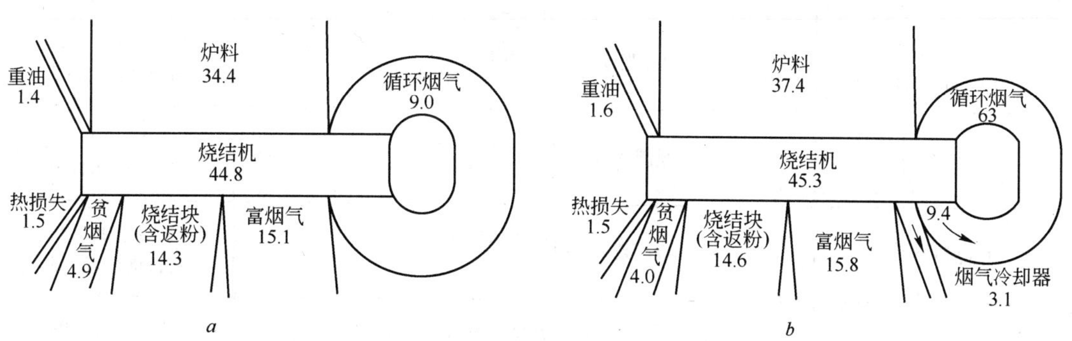

图 11-10 契岛 $33m^2$ 烧结机的热平衡

a—建立烟气冷却器之前，$\times 10^6$kJ/h；*b*—建立烟气冷却器以后，$\times 10^6$kJ/h

从热平衡数据可知，硫化物氧化放出的热占总热收入的87%，而主要被低温烟气和烧结块与返粉带走，不仅难以利用，反而要进行冷却。所以，硫化铅精矿氧化放出的热，除了少部分用于维持烧结过程所需的温度外，大都没有被利用。热能利用率低也是传统鼓风炉炼铅的主要缺点。

图11-10的热平衡数据表明，当炉料的发热值从34.4×10^6kJ/h增加到37.4×10^6kJ/h时，也即处理料量增加或炉料中硫含量增加时，烧结机焙烧过程的热收入便会增多，烧结料层中的温度也会升高，这是烧结机焙烧过程顺利进行所不希望的。所以契岛炼铅厂在提高烧结机的产量时，为了保持烧结焙烧的热平衡，将循环烟气进行冷却之后再循环使用，利用烟气冷却器排除部分增加的热量。

硫化铅精矿直接熔炼方法就是针对上述传统鼓风炉熔炼的缺点而开发的新的炼铅方法。当直接熔炼法尚未实现之前，采用传统法的炼铅厂也应该针对上述缺点采取一些补救措施，如提高烧结焙烧脱硫率以减少返粉循环量，采用吸收法处理鼓风炉熔炼的烟气，以减少对环境的污染。

11.8 烧结焙烧过程的技术经济指标

铅烧结焙烧或铅锌烧结焙烧的指标计算见表11-27。

表11-27 烧结指标计算

项 目	计算方法	一般指标
鼓（吸）风强度 $/m^3\cdot(m^2\cdot min)^{-1}$	鼓（吸）风强度$=\dfrac{鼓风（吸风）量}{烧结有效面积}$	鼓风烧结15~30 （吸风烧结60~80）
漏风率/%	漏风率$=\dfrac{漏风量}{漏风前风量}\times100\%$	鼓风烧结10~90 （吸风烧结50~100）
垂直烧结速度 $/mm\cdot min^{-1}$	垂直烧结速度$=\dfrac{料层厚度}{烧穿时间}$	铅烧结10~15 铅锌烧结12~20
床能率 $/t\cdot(m^2\cdot d)^{-1}$	烧结机床能率$=\dfrac{总处理物料量}{有效床面积\times作业日数}$	铅烧结6~10
脱硫强度 $/t\cdot(m^2\cdot d)^{-1}$	脱硫强度$=\dfrac{脱除硫量}{有效床面积\times作业日数}$	铅烧结0.8~2.1 铅锌烧结1.3~2.1
脱硫率/%	脱硫率$=\dfrac{脱除硫量}{装入物料含硫量}\times100\%$	铅烧结70~90 铅锌烧结80~92
成品块率/%	成品块率$=\dfrac{合格烧结块量}{烧结矿量}\times100\%$	铅烧结25~35 铅锌烧结20~30
金属回收率/%	铅(锌)烧结回收率$=\dfrac{烧结块含铅(锌)量}{原料含(锌)量-返回品含铅(锌)量}\times100\%$	铅烧结98.5~99.3 铅锌烧结96.5~98
作业率/%	烧结作业率$=\dfrac{烧结机开车时数}{日工作小时数}\times100\%$	铅烧结85~95 铅锌烧结85~95

国内外一些炼铅厂的技术经济指标列于表11-28。鼓风炉炼锌厂的铅锌烧结的技术经济指标见表11-29。

表 11-28 国内外一些炼铅厂烧结焙烧技术经济指标

序号	主要设备性能的技术经济指标	株冶集团	Pirie 港厂（澳）	Mount ISa 厂（澳）	Herculaneum 厂（美）	ynmkeht 厂（哈）	Y-K 厂（哈）
1	原料成分/% Pb	60.00	75.00	51.50	66～73	43.65	51.30
	Zn	4.50	3.60	6.50	0.6～2	7.55	8.44
	Cu	0.2	0.90	—	0.2～1.3	1.77	3.2
	S	18.30	15.50	22.40	15～16	15～20	10～20
2	配料方式	仓式	仓式	精矿浆与返粉混合	仓式	堆式	堆式
3	返粉制备方式	单轴-齿辊-辊筛-波辊-光辊-圆筒冷却	单轴-辊筛-二段光辊	单轴-齿辊-辊筛-波辊-光辊	单轴-齿辊-辊筛-圆筒冷却-光辊	单轴-振动筛-四辊破碎	单轴-固定条筛-四辊破碎
4	返粉粒度/mm	<6	<10	<10	<6	<8	—
5	混合制粒方式	二段圆筒	混合台	圆盘	一段圆筒	一段圆筒	一段圆筒
6	烧结焙烧						
	焙烧方式	鼓风返烟	鼓风	鼓风	鼓风	富氧鼓风返烟	吸风
	烧结机台数/台	1	3（一台备用）	1	1	2	3
	每台有效面积/m^2	60	92	93	96.75	75	50（2） 75（1）
	每台风箱个数/个	12	9	10	13	14	13
	每个风箱面积/m^2	5	10.2	9.3	7.45	5.36	1个2 12个4
7	炉料含硫/%	6～6.5	6.8	—	5.5～6	6.5～8	6～8
	炉料含水/%	5～6	5～5.5	—	5～5.5	5.5～6	5～8
	点火料层厚/mm	30	25	40	32	25	—
	总料层厚/mm	300	250～300	460	250～300	300	200～300
8	台车速度/$m \cdot min^{-1}$	0.75～0.9	0.9～1.5	0.8～1.8	1.14～1.4	1.1～1.3	1～1.6
	鼓（吸）风压力/kPa	5～6	1.5～3.5	4.5～5	3.8～5.1	2.5～4	6～8
9	点　火						
	点火装置	点火炉	点火炉	点火炉	点火炉	点火炉	点火炉
	点火燃料	煤气	重油	重油	天然气	天然气	重油
	燃料消耗				3.1m^3		
10	单位生产能力/$t \cdot (m^2 \cdot d)^{-1}$						
	炉　料	22	—	—	35	41.4	28.2
	烧结块	6～7	15.8～18.4	—	18.8	13.01	8.4
	脱硫量	1.05～1.2	1.34～1.56	1.93～2.36	1.65～2.0	1.266	0.8
11	烟　气						
	SO_2/%	3.5～4.5	6	2～3	6～8	4.5～6	0.6～1.0
	回收情况	硫酸	硫酸	—	硫酸	硫酸	—
12	铅回收率/%	99	—	—	—	99.1	97.2

表 11-29 鼓风炉炼锌厂铅锌烧结焙烧的技术经济指标

名 称	单位	Cockle-Creek 厂（澳）	Duisburg 厂（德）	Miasteczko 厂（波）	Veles 厂（马其顿）	韶关冶炼厂
烧结面积	m^2	77.5	67	90	80	102.5
新料加入量	t/d	877	625	731	641	920
返粉/新料		2.2	1.58	3.46	4.30	4.54
新料含硫	%	—	16.09	21.19	19.06	29.59
新料含铅	%	—	17.06	17.94	21.88	14.81
新料含锌	%	—	33.23	38.13	38.09	36.63
新料含镉	%	—	0.50	0.20	—	—
烧结块产量	t/(m^2·h)	0.3987	0.3140	0.2808	0.2856	0.2803
作业小时产块	t/h	30.90	21.04	25.27	22.58	28.73
烧结块含铅	%	17.27	18.44	18.82	20.45	19.23
烧结块含锌	%	40.59	39.25	45.27	40.49	42.63
烧结块含硫	%	0.76	0.71	1.08	0.71	0.70
烧结块中 CaO/SiO_2		1.50	0.97	1.01	1.01	1.35
烧结块含 FeO	%	13.65	14.14	8.63	11.86	9.10
烧结块块度上限	mm	150	100	120	120	120
烧结块块度下限	mm	12.5	25	27	40	40
点火层厚度	mm	37.5	35	40	30	40
主料层厚度	mm	350	350	400	350	350
新鲜空气总量（标态下）	m^3/h	69262	49900	85166	50610	78331
SO_2 烟气浓度	%	5.08	5.45	5.08	5.79	6.2
SO_2 烟气温度	℃	271	304	303	174	255
烧结机作业率	%	89.25	91.95	85.64	72.11	93.38
烧结机脱硫能率	t/(m^2·d)	—	—	1.65	1.62	1.79

11.9 烧结焙烧的改进与发展

在炉况稳定，得到合格烧结块的前提下，提高烟气的 SO_2 浓度，提高单位生产率是冶金工作者追求的目标。

鼓风烧结烟气中的 SO_2 浓度，主要取决于合理的鼓风制度，适当的供风量和正常的烧结过程。烧结不好不但不能产出合格的烧结块，而且难以获得符合制酸要求的烟气。

鼓风制度有两种：单纯鼓风烧结和鼓风返烟烧结。

采用富氧鼓风烧结既能提高单位生产能力又能提高烟气二氧化硫浓度。

11.9.1 单纯鼓风烧结

采用单纯鼓风烧结，要获得符合制酸要求的烟气有两种方法：(1) 仅抽取中部鼓风箱上方 SO_2 浓度较高的部分烟气用于制酸，而头、尾部低浓度烟气则放空。但是这种方法已不符合环保要求。(2) 严格地控制鼓风量和烧结过程的终点，使烧结成品烟气中的 SO_2 浓度达到制酸要求。这种做法要求炉料透气性必须保持均匀而稳定，尾部烧穿点不能剧烈地前后移动。努瓦耶勒-高道特工厂控制鼓风强度为16~20m^3/(m^2·min)，实现了单纯鼓风烧结烟气制酸，烟气SO_2浓度仅比一般返烟提浓法低0.5%。

11.9.2 鼓风返烟烧结

在正常的烧结过程中，点火烟气、烧结机尾部烟气中SO_2浓度较低，仅0.3%~2%，含O_2 17%~19%。返烟烧结就是将这部分低浓度SO_2烟气返回通过烧结机后段烧结层，以充分利用这部分烟气中的O_2并提高其SO_2浓度，从而最终达到提高烧结成品烟气SO_2浓度的目的。

返烟鼓风烧结的风量，根据经验分配如下：以成品烟气量为Q，新鲜空气量为$0.8Q$，点火吸风烟气量为$0.2Q$，返烟量根据浓度变化，通常波动于$0.3\sim0.7Q$之间。但生产上有逐渐降低返烟量的趋向，返烟管道内的烟气温度约150~350℃，SO_2浓度在2.0%。成品烟气温度180~350℃，SO_2浓度3.5%~6.5%。

鼓风返烟烧结鼓风制度实例见图11-11~图11-16。

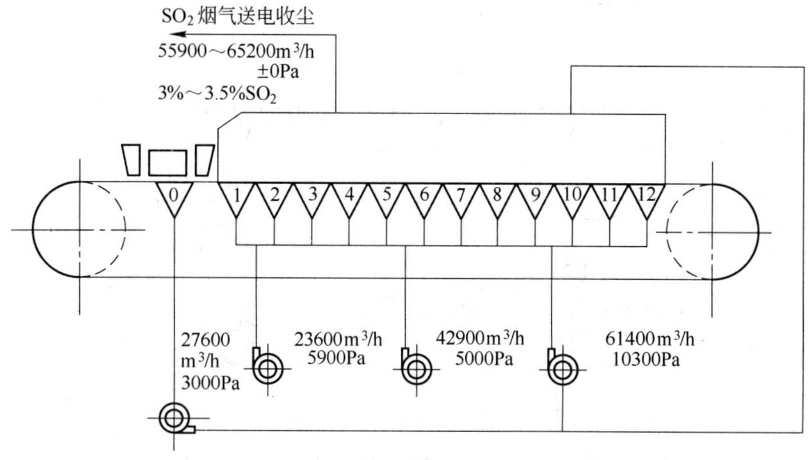

图11-11 60m^2铅烧结机返烟提浓系统

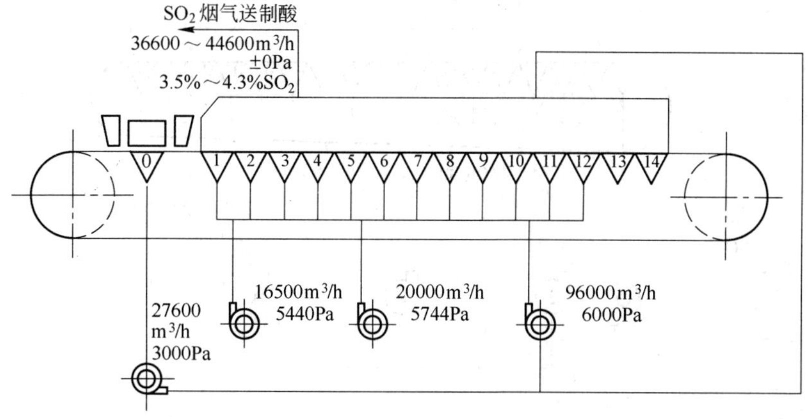

图11-12 70m^2铅烧结机返烟提浓系统

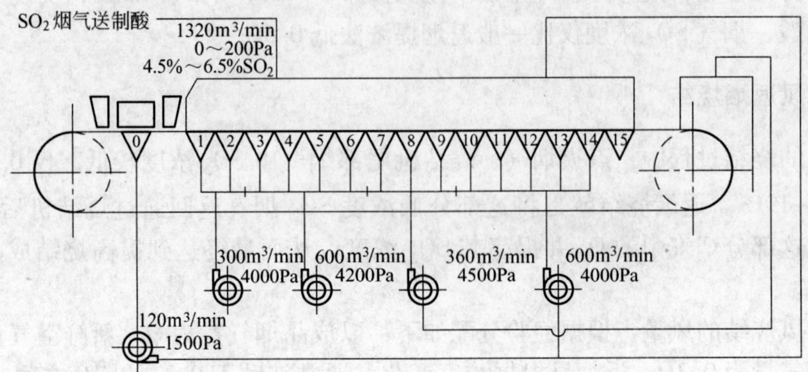

图 11-13 110m² 铅锌烧结机返烟提浓系统

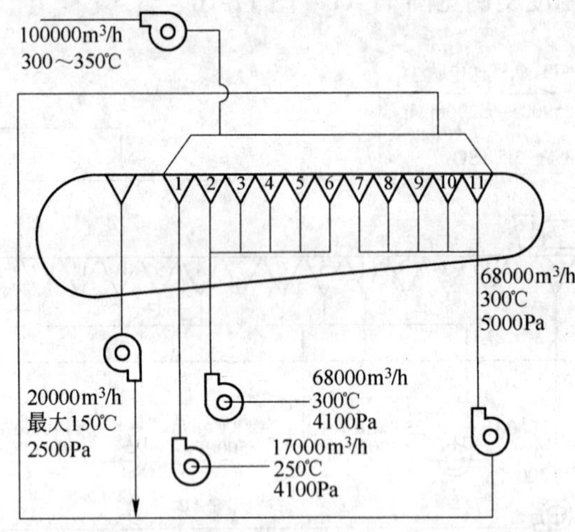

图 11-14 埃文茅斯冶炼厂4号炉铅锌烧结机返烟提浓系统

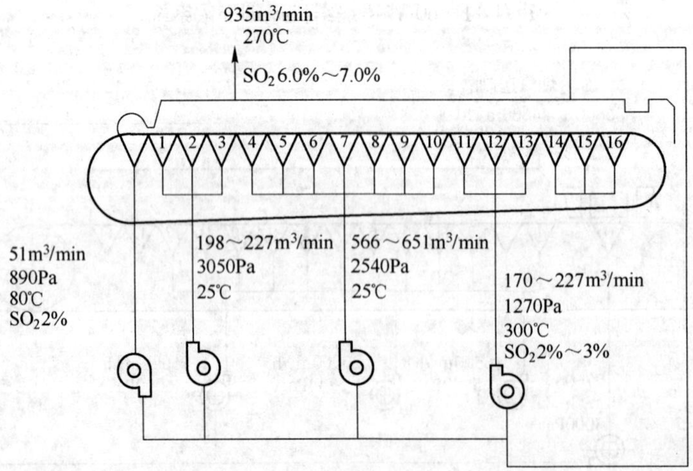

图 11-15 科克尔-克里克冶炼厂铅锌烧结机返烟提浓系统

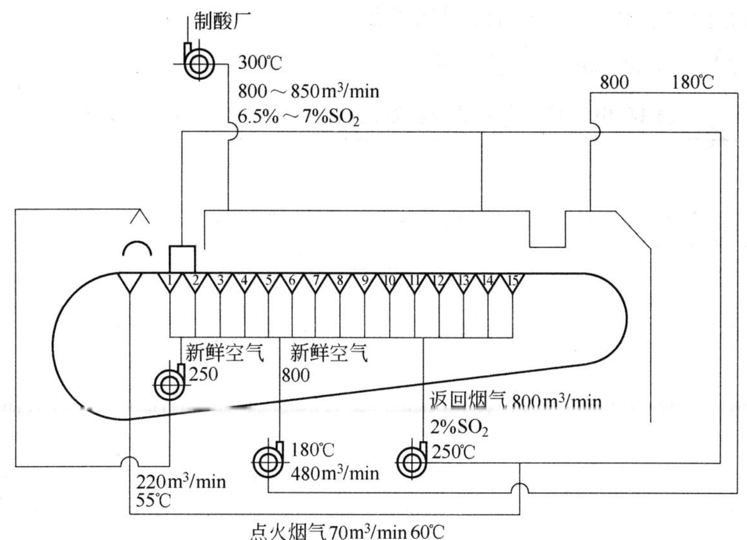

图 11-16 杜依斯堡冶炼厂铅锌烧结机返烟提浓系统

单纯鼓风烧结鼓风制度实例见图 11-17。

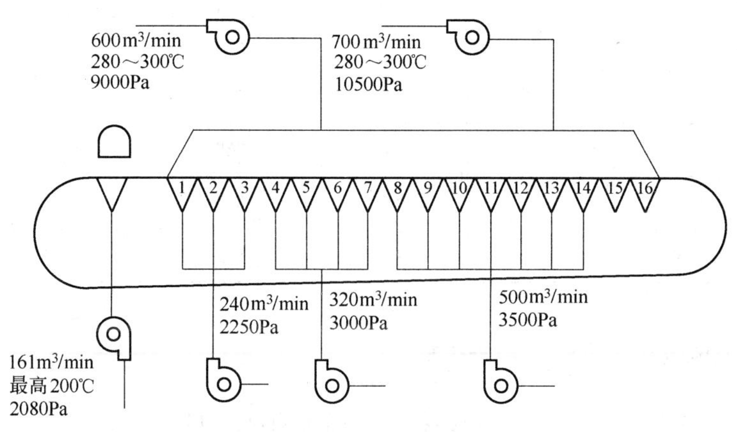

图 11-17 努瓦耶勒-高道特冶炼厂铅锌烧结机单纯鼓风系统

11.9.3 富氧鼓风烧结

采用富氧鼓风烧结对提高单位生产能力和烟气二氧化硫浓度是一项有效措施，效果肯定。但需详细研究炉料的物理化学性质与采用富氧的关系，才能发挥富氧鼓风的效果。根据国外生产情况，铅富氧烧结时，控制氧浓度最好为 22.5% ~24%；氧浓度超过 24% 时，烧结块含硫量高，脱硫率、烟气 SO_2 浓度和单位烧结能力也都下降。铅锌富氧烧结的浓度一般为 21.5% ~24%，鼓入第 2 ~5 号风箱。富氧鼓风烧结后，烧结机脱硫强度可提高 15% ~20%，烧结成品烟气中 SO_2 浓度约提高 0.5%。

烧结机尾部烟罩的通风烟气含 SO_2 0.1% ~0.5%，含氧为 19% ~20%。出于对环境保护的考虑，应将这部分烟气返回烧结取代新鲜空气。但由于含氧低，故最好配入工业氧使氧含量达到21%以上，以利于烧结过程的进行。

表11-30为鼓风中富氧浓度变化与烧结主要工艺指标的关系。

表11-30 鼓风中富氧浓度变化与烧结主要工艺指标的关系

鼓风含氧/%	含硫/%			台车速度/m·min^{-1}	吨混合料富氧单耗/m^3·t^{-1}	烧结块生产能率/%
	混合料	烧结块	烧结块硫酸盐硫			
21	7.2	2.185	1.18	1.3	718	100
21~22.5	7.39	1.82	1.37	1.35	795	115
22.5~23	7.08	1.89	1.20	1.35	766	115
23~23.5	6.97	1.84	1.29	1.37	781	117
23.5~24	6.85	1.98	1.16	1.37	785	117
24~25	7.45	2.13	1.37	1.27	815	108.5

鼓风含氧/%	脱硫强度/t·(m^2·d)$^{-1}$	烟气SO_2浓度/%	烧结块强度(+10mm)	烧结块软化温度/℃		脱硫率/%
				开始	最终	
21	1.266	5.29	85.89	845	1035	80.0
21~22.5	1.94	6.20	90.8	855	1028	89.9
22.5~23	1.77	6.75	91.5	842	1010	88.7
23~23.5	1.78	6.80	90.2	865	1002	88.9
23.5~24	1.65	6.60	92.1	840	982	87.5
24~25	1.68	6.30	93.7	842	944	87.5

11.9.4 富氧鼓风烧结主要技术经济指标

含氧23%~24%的铅精矿富氧烧结技术指标实例见表11-31。

表11-31 铅精矿富氧（23%~24%）烧结技术经济指标实例

项目	单位	编号							
		1	2	3	4	5	6	7	8
原料成分：Pb	%	37.6	37.32	35.71	39.38	38.08	35.46	38.05	36.98
Cu	%	1.25	1.38	1.0	1.32	1.41	1.17	1.29	1.62
S	%	13.0	14.88	13.97	10.87	13.86	13.99	13.11	15.7
熔剂：炉料	%	5.9	6.7	6.87	5.47	5.34	7.0	6.14	5.11
熔剂：原料	%	15.8	18.6	18.03	11.7	15.61	19.32	18.04	14.45
成品块率：对炉料	%	30.4	31.5	31.5	31.5	31.5	31.5	31.5	31.5
对原料	%	84.5	87.44	82.68	67.3	93.8	86.8	92.54	89.01

续表 11-31

项目	单位	编号							
		1	2	3	4	5	6	7	8
烧结块成分：Pb	%	42.2	42.31	42.8	41.97	40.2	40.4	40.75	41.25
Cu	%	1.33	1.7	1.65	1.55	1.76	1.79	1.75	1.75
S	%	1.95	1.87	1.97	2.0	1.96	2.03	2.26	2.15
铅入烧结率	%	99.22	99.13	99.05	99.06	99.03	99.25	99.09	99.26
硫入成品烟气率	%	68.6	61.88	62.87	64.55	67.6	65.06	69.93	59.85
烧结机产块能力	t/(m^2·d)	13.62	12.27	12.09	12.79	13.66	12.78	13.43	12.56
脱硫强度	t/(m^2·d)	1.76	1.858	1.805	1.809	1.751	1.818	1.678	1.946
烟气 SO_2 浓度	%	6.9	7.2	5.7	5.9	7.2	5.89	5.9	5.8
烧结块耗氧量	m^3/t	137.5	112.6	89.72	113.8	113.1	113.13	108.7	136.14

普通空气与富氧空气烧结的技术经济指标比较见表 11-32。

表 11-32 普通空气与富氧空气烧结的主要技术经济指标比较

指标名称	单位	普通空气烧结	富氧空气烧结
烧结机单位生产能率	$t_{结块}$/(m^2·d)	11.2	13.01
脱硫强度	t/(m^2·d)	1.266	1.785
烧结块含硫	%	2.185	2.10
原料含硫	%	14.89	13.80
铅入烧结块率	%	99.07	99.10
烧结车间铅损耗	%	0.82	0.77
铅入烟尘率	%	4.83	4.07
吨烧结块氧气消耗量	m^3/t		114.95
烧结块含铅	%	100	122.3
硫酸产量	%	100	162.8
烧结机工作时间	d/a	234	344

注：烧结块含铅和硫酸产量以普通空气烧结为 100% 进行比较。

（撰稿 窦传龙 审稿 何蔼平 冯桂林）

参 考 文 献

[1] 株洲冶炼集团．冶金读本[M]．编写小组编．湖南：湖南人民出版社，1972.

[2] 邱竹贤．有色金属冶金学[M]．北京：冶金工业出版社，1987.

[3] 赵天从．重金属冶金学，下册[M]．北京：冶金工业出版社，1987.

[4] 李若彬．湿法炼锌沸腾焙烧的新进展[J]．工程设计与研究，1990，3：19～22.

[5] 彭容秋．重金属冶金学[M]．湖南：中南工业大学出版社，1991.

[6] 王忠实．我国锌精矿沸腾焙烧技术的进展[J]．有色冶炼，1995，6.

[7] 张有理．沸腾焙烧炉设计中结构参数的确定与分析[J]．有色金属设计，1995，3：29～33.

[8] 汤桂华．硫酸[M]．北京：化学工业出版社，1999.

[9] 有色冶金炉设计手册编委会编．有色冶金炉设计手册[M]．北京：冶金工业出版社，2000，9.

[10] 铅锌冶金学编委会编．铅锌冶金学[M]．北京：科学出版社，2003.

[11] 徐帮学．铅锌冶炼技术工艺流程与质量检验标准实用手册[M]．吉林：银声音像出版社，2004.

[12] Kurt Svens，Bernd Kerstiens，Marcus Runkel. 现代锌工艺技术的最新经验[J]．株冶科技，2005(2)：1～7.

锌冶炼工艺技术

12 湿法炼锌

湿法炼锌是20世纪20年代出现的炼锌方法，应用于工业生产的历史虽然不长，但发展速度非常迅速。20世纪60年代，采用湿法工艺的锌产量开始超过火法炼锌，70年代中期约占总产量的70%，80年代初达到80%。目前，湿法锌占世界锌总产量的85%以上。至2007年，我国湿法（电解）锌的产量占全国锌总产量的65.9%。传统湿法炼锌工艺实际上是火法—湿法联合流程，包括焙烧、浸出、净化、电积和制酸5个主要过程。20世纪80年代初，一段式硫化锌精矿氧压直接浸出技术应用于工业生产，部分取代了焙烧过程，形成氧压浸出与传统焙烧-浸出并列的生产流程，部分缓解了炼锌生产受制于硫酸市场的局面。1993年，两段氧压酸浸湿法炼锌工艺投入工业运行，彻底取代了锌精矿的焙烧，实现了名副其实的湿法炼锌。

12.1 湿法冶金提取锌的浸出过程

湿法炼锌的浸出是以稀硫酸溶液（废电解液）作溶剂，控制适当的酸度、温度和压力等条件，将含锌物料（如锌焙砂、锌烟尘、锌氧化矿、锌浸出渣及硫化锌精矿等）中的锌化合物溶解呈硫酸锌进入溶液、不溶固体形成残渣的过程。浸出由有价金属溶解和水解除杂两个过程组成，浸出所得的混合矿浆再经浓缩、过滤将溶液与残渣分离，得到符合净化工序要求的硫酸锌溶液。

浸出的目的是使含锌物料中的含锌化合物尽可能迅速与完全地溶解进入溶液，而杂质金属尽可能少溶解，并希望获得一个过滤性良好、易于分离的矿浆。浸出液经过澄清或过滤，得到含锌浓度很高、酸度很低、含杂质较少的溶液。

由于浸出对湿法炼锌的经济技术指标和浸出以后的后续工序能否正常生产均有决定性的作用。因此，工业生产对浸出工艺流程十分重视。国内外炼锌厂根据各自的不同条件创造出了多种不同的工艺流程。为了达到浸出的目的，浸出过程可采用不同的浸出方法，见表12-1。

表12-1 浸出方法分类

分类	名称	特征
按过程酸度等不同	中性浸出	终点pH值为5.2~5.4，333~343K
	酸性浸出（低酸浸出）	终酸1~5g/L（10~20g/L），348~353K
	热酸浸出（高酸浸出）	终酸40~60g/L，363~368K
	超酸浸出	终酸120~130g/L，363~368K
	氧压浸出	终酸15~30g/L，408~423K，氧分压350~1000kPa
	还原浸出	终酸20g/L，373~383K，SO_2，压强150~200kPa
按过程段数不同	一段浸出	一段中性浸出；一段氧压浸出；一段还原浸出
	二段浸出	一段中浸、一段酸浸；两段中浸；两段酸浸；两段氧压酸浸
	三段浸出	一段中浸、一段低浸、一段热酸浸出
	四段浸出	一段中浸、一段酸浸、一段高浸、一段超酸浸出
按作业方式不同	间断浸出	浸出过程在同一槽内分批间断进行
	连续浸出	浸出过程在几个槽内循序进行

浸出工序使用的含锌原料主要有硫化锌精矿（直接浸出）或硫化锌精矿经过焙烧产出的焙烧矿、氧化锌精矿、冶金企业生产过程中产出的粗氧化锌粉或氧化锌烟尘，其中焙烧矿是目前湿法炼锌浸出过程的主要原料。

此外，硫酸也是浸出使用的主要原料之一。

浸出所用的各种原料，在组成、性质等方面有很大不同，故浸出方法也有较大的差异，由此便产生多种浸出工艺，如焙烧矿常规浸出工艺、焙烧矿热酸浸出工艺、硫化锌精矿氧压浸出工艺、氧化锌精矿氧压浸出工艺以及粗氧化锌粉酸浸工艺。

12.1.1 锌焙烧矿的浸出

世界上的湿法炼锌厂焙烧矿的浸出过程，多数是第一段采用中性浸出、第二段采用酸性或热酸浸出的连续复浸出流程。浸出渣用火法还原挥发或黄钾铁矾法处理。最通用的两种工艺流程如图12-1和图12-2所示。

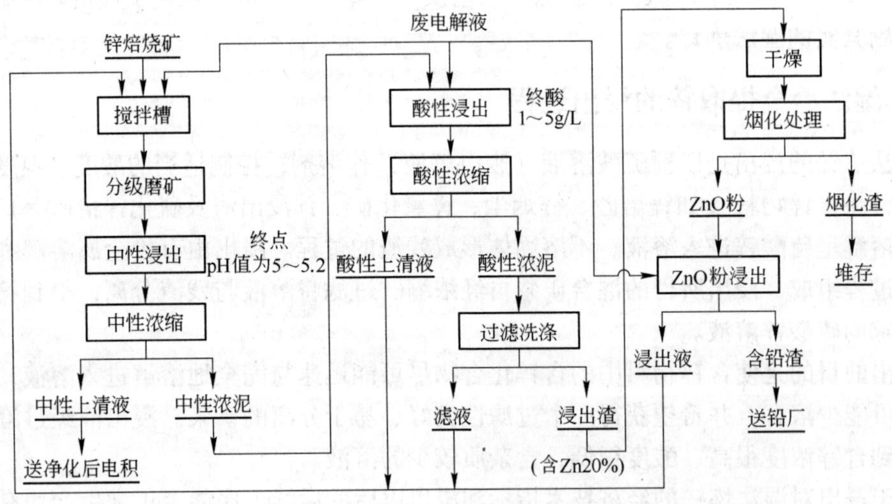

图12-1 湿法炼锌常规浸出流程

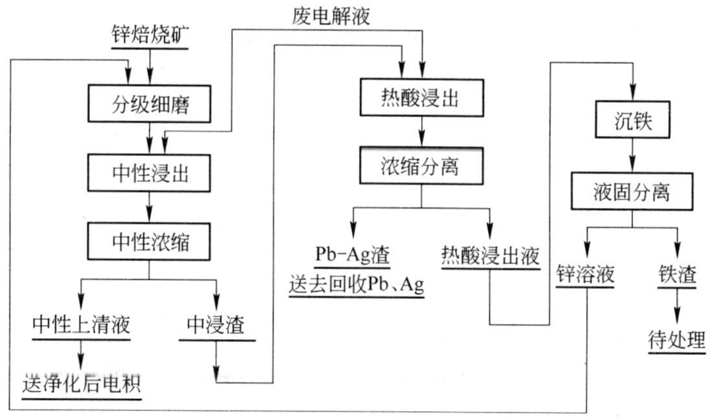

图 12-2 湿法炼锌热酸浸出流程

常规浸出流程采用一段中性浸出和一段酸性浸出或两段中性浸出的复浸出流程，酸性浸出渣用火法处理加浸出流程。中性浸出的目的是保证把铁、砷、锑、铝、硅酸除到合格要求，仅有部分 ZnO 溶解，锌的浸出率为 75% ~80%；二次浸出主要任务是进一步提高锌的浸出率，同时还要得到过滤性能良好的矿浆，以利于后一步进行固液体分离。经过两段浸出，锌的浸出率为 85% ~90%，渣中含锌大于 20%，其中以铁酸锌存在的锌占总锌量的 60% 以上，为了提高锌的回收率，需采用火法或湿法回收其中的锌。

锌焙烧矿热酸浸出法是 20 世纪 60 年代后期随着各种除铁方法研制成功而发展起来的。由于热酸浸出可使铁酸锌溶解，进入溶液中的铁能用黄钾铁矾法、针铁矿法以及赤铁矿法等从溶液中有效分离，因此，热酸浸出法在 20 世纪 70 年代后得到了广泛应用。采用热酸浸出，可使整个湿法炼锌流程缩短，生产成本降低，锌的浸出率达 97% ~98%，并获得含贵金属的铅银渣，而且各种新型除铁方法得到的铁渣容易过滤洗涤。

12.1.1.1 浸出过程的理论基础

A 浸出过程的热力学

硫化锌精矿经沸腾焙烧，所产锌焙砂和锌烟尘混合后称为锌焙烧矿。锌焙烧矿中的锌主要呈 ZnO、$ZnSO_4$、$ZnO \cdot Fe_2O_3$、$2ZnO \cdot SiO_2$ 及 ZnS 等形态存在，其他伴生金属铁、铅、铜、镉、砷、锑、镍、钴等也呈类似的形态。脉石成分则呈氧化物，如 CaO、MgO、Al_2O_3 及 SiO_2 形态存在。它们在硫酸溶液中的稳定性可以用标准 $pH^{\ominus}$ 值来衡量，$pH^{\ominus}$ 值小的难以浸出，$pH^{\ominus}$ 值大的容易浸出。

锌焙烧矿用稀硫酸为溶剂进行浸出时，ZnO 及其他金属氧化物在稀硫酸的作用下溶解进入溶液，溶解反应的通式可用下式表示：

$$Me_nO + mH_2SO_4 = Me_n(SO_4)_m + mH_2O$$

用离子反应式表示：

$$Me_nO_{n/2} + nH^+ = Me^{n+} + 0.5nH_2O \qquad K = a_{Me^{n+}}/a_{H^+}^n$$

当反应达到平衡时，有：

$$\lg a_{Me^{n+}} = \lg K - n\mathrm{pH} \tag{12-1}$$

根据式12-1，可作出 $\lg a_{Me^{n+}}$-pH值图（见图12-3）。根据图12-3，可以直接获得氧化物的浸出条件。从图12-3可以看出，ZnO在酸性溶液中完全溶解，当浸出液中 $a_{Zn^{2+}}=1$ 时，浸出液的pH值应控制在5.5以下。

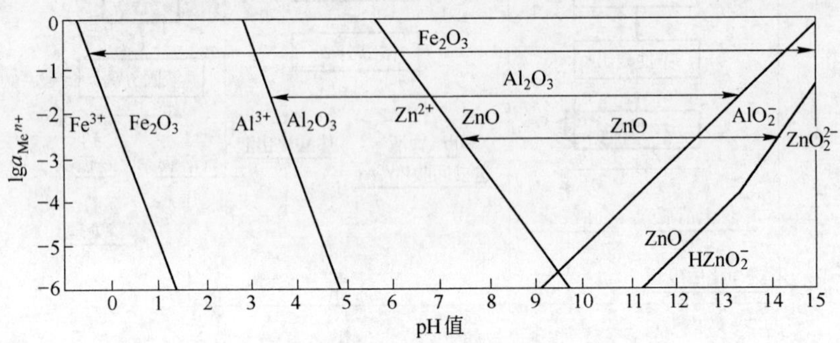

图12-3 浸出液中 $\lg a_{Me^{n+}}$ 与溶液pH值的关系（298K）

浸出过程的有关化学反应可用下列通式表示：

$$aA^{+}+nH^{+}+ze = bB+cH_2O$$

根据反应的特点，可将反应分为三类，第（Ⅰ）类反应中仅有电子迁移，H^+ 或 OH^- 没有变化，即与电位 φ 有关而与pH值无关的氧化还原反应，在第（Ⅰ）类反应中又有简单电极反应和离子间电极反应两种情况，对简单电极反应：

$$Me^{z+}+ze = Me$$

其电位可用下式表示（$a_{Me}=1$）：

$$\varphi=\varphi^{\ominus}+\frac{0.0591}{z}\lg a_{Me^{z+}}$$

对于离子间的电极反应：

$$Me^{x+}+ze = Me^{(x-z)+}$$

其电极电位可用下式表示：

$$\varphi_{(Me^{x+}/Me^{(x-z)+})}=\varphi^{\ominus}+0.0591\lg\frac{a_{Me^{x+}}}{a_{Me^{(x-z)+}}}$$

第（Ⅱ）类反应无电子迁移但反应过程中消耗或产生了 H^+ 或 OH^-，其化学反应可用下式表示：

$$aA^{+}+nH^{+} = bB+cH_2O$$

第（Ⅱ）类反应的平衡条件是：

$$pH=pH^{\ominus}-\frac{1}{n}\lg\frac{a_B^b}{a_A^a}$$

如：

$$Zn(OH)_2+2H^{+} = Zn^{2+}+2H_2O$$

在298K时，

$$pH=5.5-\frac{1}{2}\lg a_{Zn^{2+}}$$

第（Ⅲ）类反应中既有电子迁移又消耗（或产生）了 H^+ 或 OH^-，即与电位和pH值都有关的氧化还原反应：

$$aA^{+} + nH^{+} + ze = bB + cH_2O$$

其反应的电极电位为：

$$\varphi = \varphi^{\ominus} - \frac{n}{z} \times \frac{2.303RT}{F}pH + \frac{2.303RT}{zF} \times \lg \frac{a_A^a}{a_B^b}$$

在 298K 时：

$$\varphi = \varphi^{\ominus} - \frac{n0.0591pH}{z} + \frac{0.0591}{z} \times \lg \frac{a_A^a}{a_B^b}$$

这一类常见的反应有：

$$Zn(OH)_2 + 2H^{+} + 2e = Zn + 2H_2O$$

$$Fe(OH)_3 + 3H^{+} + e = Fe^{2+} + 3H_2O$$

已知，水仅仅是在一定电位和 pH 值条件下才是稳定的，水稳定的上限是析出氧，其稳定程度由下式确定。

$$O_2 + 4H^{+} + 4e = 2H_2O$$

$$\varphi_{(O_2/H_2O)} = 1.229 - 0.0591pH \quad (p_{O_2} = 101kPa)$$

水稳定的下限是析出氢，其稳定程度由下式确定。

$$2H^{+} + 2e = H_2$$

$$\varphi_{(H^{+}/H_2)} = 0.0591pH \quad (p_{H_2} = 101kPa)$$

根据表 12-2 所列的 $\varphi_1^{\ominus}$、$\varphi_3^{\ominus}$、$pH_2^{\ominus}$ 值数值，并假定金属离子活度等于 1、温度为 298K，根据（Ⅰ）、（Ⅱ）、（Ⅲ）类反应的化学方程式，可绘制出有关金属的 Me-H_2O 系 φ-pH 值图。按上述理论分析，可作出的锌焙烧矿浸出时 Zn-H_2O 系的 φ-pH 值图（见图 12-4）。

表 12-2 有关 Me-H_2O 系 $\varphi_1^{\ominus}$、$\varphi_3^{\ominus}$、$pH_2^{\ominus}$ 值数值

Me^{n+}-Me	$Me(OH)_n$	$\varphi_1^{\ominus}$/V	$\varphi_3^{\ominus}$/V	$pH_2^{\ominus}$ 值
Zn^{2+}-Zn	$Zn(OH)_n$	-0.763	-0.417	5.85
Ag^{+}-Ag	Ag_2O	0.7991	1.173	6.32
Cu^{2+}-Cu	$Cu(OH)_2$	0.337	0.609	4.60
BiO^{+}-Bi	Bi_2O_3	0.320	0.370	2.57
AsO^{+}-As	As_2O_3	0.254	0.234	-1.02
SbO^{+}-Sb	Sb_2O_3	0.212	0.152	-3.05
Tl^{+}-Tl	TlOH	-0.336	0.483	13.90
Pb^{2+}-Pb	$Pb(OH)_2$	-0.126	0.242	6.23
Ni^{2+}-Ni	$Ni(OH)_2$	-0.241	0.110	6.09
Co^{2+}-Co	$Co(OH)_2$	-0.277	0.095	6.30
Cd^{2+}-Cd	$Cd(OH)_2$	-0.403	0.022	7.20

续表 12-2

Me^{n+}-Me	$Me(OH)_n$	$\varphi_1^{\ominus}$/V	$\varphi_3^{\ominus}$/V	$pH_2^{\ominus}$ 值
Fe^{2+}-Fe	$Fe(OH)_2$	-0.440	-0.047	6.64
Sn^{2+}-Sn	$Sn(OH)_2$	-0.136	-0.091	0.74
In^{3+}-In	$In(OH)_3$	-0.342	-0.173	3.00
Cr^{2+}-Cr	CrO	-0.913	-0.588	5.50
Mn^{2+}-Mn	$Mn(OH)_2$	-1.180	-0.727	7.65

从图 12-4 可以看出，整个 Zn-H_2O 系 φ-pH 值图分为 Zn^{2+} 和 $Zn(OH)_2$ 及 Zn 3 个区域，这 3 个区域也就构成了湿法炼锌的浸出、水解、净化和电积过程所要求的稳定区域。

浸出过程就是要创造条件使原料中的锌及其他有价金属越过Ⅰ线而进入 Zn^{2+} 区。水解、净化即创造条件使 Zn^{2+} 停留在 Zn^{2+} 区域，同时使杂质再超过Ⅱ线进入 $Me(OH)_x$ 区。电积即是创造条件在阴极上施加电位，使 Zn^{2+} 进入 Zn 区。湿法炼锌的浸出过程，就是利用各种金属离子在浸出液中的稳定性不同，使锌、镉等有价金属溶解进入溶液，与原料中的脉石分开。在中性浸出终了再调整 pH 值破坏铁、铝、锡等杂质的稳定性，使铁等杂质转为固相进入沉淀而与 Zn 溶液分离。

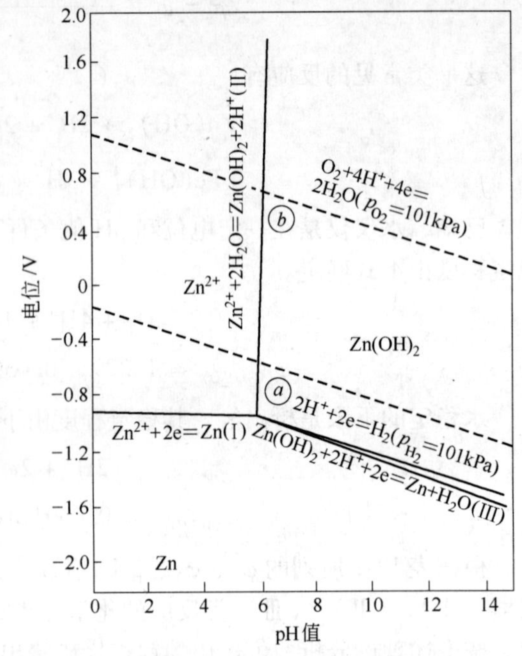

图 12-4 Zn-H_2O 系 φ-pH 值（298K，$a_{Zn^{2+}}=1$）

锌原料中 ZnO 用稀硫酸浸出反应为：

$$ZnO + 2H^+ \xlongequal{\quad} Zn^{2+} + H_2O$$

标准吉布斯自由能变化为：

$$\Delta G^{\ominus} = -66.208\text{kJ/mol}$$

即

$$\lg K_a = \frac{-66.208 \times 1000}{-RT} = 11.6$$

$$K_a = \frac{a_{Zn^{2+}}}{a_{H^+}} = 10^{11.6} \tag{12-2}$$

这说明反应在达到平衡状态后，H^+ 和 Zn^{2+} 两种离子浓度可相差很远，在 H^+ 离子浓度很小的情况下，可以允许很高的锌离子浓度，即在中性浸出终了，及时将溶液酸度降到很低，为除去铁、砷等杂质创造了条件。

由式 12-2 可知，锌离子的水解 pH 值大致为：在 298K，当锌离子活度按 1mol/L 计时，

则 $a_{H^+}^2 = 10^{-11.6}$，即 pH 值为 5.8。

根据表 12-2 所列的 $\varphi_1^{\ominus}$、$\varphi_3^{\ominus}$、$pH_2^{\ominus}$ 值数值和前述的原理，可绘制出有关金属的 $Me\text{-}H_2O$ 系 φ-pH 值图（见图 12-5）。

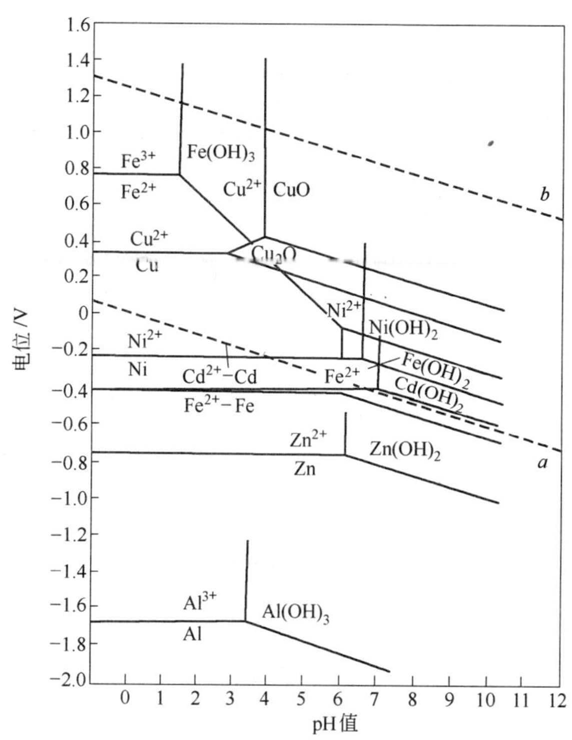

图 12-5　$Me\text{-}H_2O$ 系 φ-pH 值图（25℃，$a_{Me^{n+}}=1$）

由图 12-5 可以看出，在锌中性浸出终了时，控制浸出终点 pH 值为 5.2，一些金属可以呈氢氧化物沉淀的形态被除去。

B　金属氧化物、铁酸盐、砷酸盐、硅酸盐在酸浸过程中的稳定性

在炼锌的主要原料锌焙砂中，一般均存在金属的氧化物、铁酸盐、砷酸盐和硅酸等锌的多种化合物，它们在酸浸出过程中溶解的难易程度，或在酸性溶液中的稳定性，可用 $pH^{\ominus}$ 值来衡量，$pH^{\ominus}$ 值小的较难浸出，$pH^{\ominus}$ 值大的较易浸出。上述有关化合物的溶解反应，以及 298K、373K、473K 下的 $pH^{\ominus}$ 值见表 12-3。

表 12-3　金属氧化物、铁酸盐和砷酸盐酸溶平衡 $pH^{\ominus}$ 值

酸溶反应	平衡标准 $pH^{\ominus}$ 值		
	298K	373K	473K
$SnO_2 + 4H^+ = Sn^{4+} + 2H_2O$	−2.102	−2.895	−3.55
$Cu_2O + 2H^+ = 2Cu^+ + H_2O$	−0.8395	−1.921	
$Fe_2O_3 + 6H^+ = 2Fe^{3+} + 3H_2O$	−0.24	−0.9998	−1.579
$Ga_2O_3 + 6H^+ = 2Ga^{3+} + 3H_2O$	0.743		−1.412

续表 12-3

酸溶反应	平衡标准 $pH^{\ominus}$ 值		
	298K	373K	473K
$Fe_3O_4+8H^+=2Fe^{3+}+Fe^{2+}+4H_2O$	0.891	0.043	
$In_2O_3+6H^+=2In^{3+}+3H_2O$	2.522	0.969	-0.453
$CuO+2H^+=Cu^{2+}+H_2O$	3.945	3.594	1.78
$ZnO+2H^+=Zn^{2+}+H_2O$	5.801	4.347	2.88
$NiO+2H^+=Ni^{2+}+H_2O$	6.06	3.162	2.58
$CoO+2H^+=Co^{2+}+H_2O$	7.51	5.5809	3.89
$CdO+2H^+=Cd^{2+}+H_2O$	8.69		
$MnO+2H^+=Mn^{2+}+H_2O$	8.98	6.7921	
$ZnO\cdot Fe_2O_3+8H^+=Zn^{2+}+2Fe^{3+}+4H_2O$	0.6747	-0.1524	
$NiO\cdot Fe_2O_3+8H^+=Ni^{2+}+2Fe^{3+}+4H_2O$	1.227	0.205	
$CoO\cdot Fe_2O_3+8H^+=Co^{2+}+2Fe^{3+}+4H_2O$	1.213	0.352	
$CuO\cdot Fe_2O_3+8H^+=Cu^{2+}+2Fe^{3+}+4H_2O$	1.581	0.560	
$FeAsO_4+3H^+=Fe^{3+}+H_3As_4$	1.027	0.1921	-0.511
$Cu_3(AsO_4)_2+6H^+=3Cu^{2+}+2H_3AsO_4$	1.918	1.32	
$Zn_3(AsO_4)_2+6H^+=3Zn^{2+}+2H_3AsO_4$	3.294	2.441	
$Co_3(AsO_4)_2+6H^+=3Co^{2+}+2H_3AsO_4$	3.162	2.382	
$PbSiO_2+2H^+=Pb^{2+}+H_2SiO_3$	2.86		
$FeO\cdot SiO_2+2H^+=Fe^{2+}+H_2SiO_3$	2.63		
$ZnO\cdot SiO_2+2H^+=Zn^{2+}+H_2SiO_3$	1.791		

由表12-3中的 $pH^{\ominus}$ 值可以看出如下几条规则：

（1）金属氧化物在酸性溶液中的稳定性的次序是：$SnO_2>Cu_2O>Fe_2O_3>Ga_2O_3>Fe_3O_4>In_2O_3>CuO>ZnO>NiO>CaO>CdO>MnO$。由于铁的氧化物较难溶解，故在常压下、温度为298~373K、pH值为1~1.5的浸出条件下可以实现Mn、Cd、Co、Ni、Zn、Cu与铁的分离。

（2）有关金属的铁酸盐，在酸性溶液中的稳定性的次序为：

$$ZnO\cdot Fe_2O_3>NiO\cdot Fe_2O_3>CoO\cdot Fe_2O_3>CuO\cdot Fe_2O_3$$

（3）有关金属的砷酸盐，在酸性溶液中的稳定性的次序为：

$$FeAsO_4>Cu_3(AsO_4)_2>Co_3(AsO_4)_2>Zn_3(AsO_4)_2$$

（4）有关金属硅酸盐，在酸性溶液中的稳定性的次序为：

$$PbSiO_3>FeSiO_3>ZnSiO_3$$

（5）锌、铜、钴等金属化合物的稳定次序是：

铁酸盐 > 硅酸盐 > 砷酸盐 > 氧化物

（6）所有氧化物、铁酸盐、砷酸盐的 $pH^{\ominus}$ 值均随温度升高而下降，即要求在更高的酸度下进行浸出。

C 浸出过程动力学

锌物料的浸出过程属于固-液相之间的多相反应，浸出速度主要取决于表面化学反应速度和扩散速度。浸出过程的特点是：溶液与锌物料的化学反应是在相与相的界面上进行，固体的物料被饱和溶液层所包围，此时在被溶解的固体颗粒表面上便形成一层薄的饱和溶液层（扩散层），溶剂离子需经此饱和层向固体颗粒内部扩散，饱和层溶液中的离子向外扩散，方能使溶解过程继续进行。因此，浸出过程的机理和步骤可以理解为：

（1）稀硫酸在固体（原料）的表面上吸附（包括孔隙及毛细管）。

（2）在两者接触的表面上，稀硫酸与固体（锌原料）进行化学反应，生成硫酸盐并溶入溶液。

（3）随之固体表面上的溶液层不断富集硫酸盐，并在固体表面上形成一层薄的硫酸盐饱和液层（一般称为扩散层）。

（4）硫酸盐饱和层阻碍着焙砂与稀硫酸的接触。

（5）依靠饱和溶液离开界面向溶液内扩散以及硫酸向饱和溶液层的扩散作用，使原料的溶解反应继续进行。

因此，锌物料（锌焙烧矿等）浸出由两个阶段组成，即由稀硫酸与锌原料中金属化合物的化学反应阶段和生成的金属硫酸盐溶解并进入溶液的扩散阶段组成。氧化锌的酸溶过程如图12-6所示。

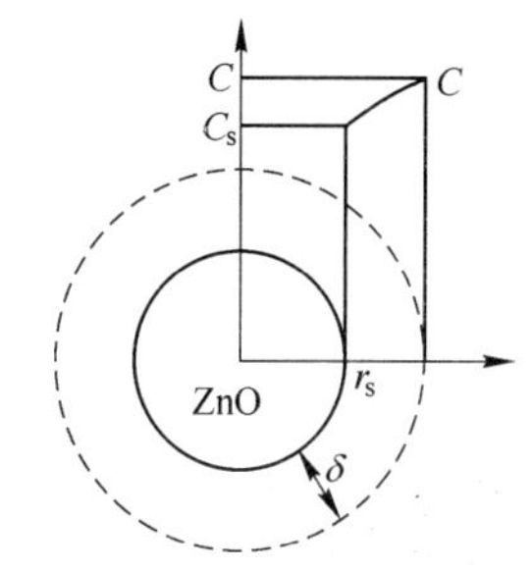

图12-6 氧化锌的酸溶过程

生产实践证明，在水溶液中进行的湿法冶金反应，往往进行得非常快，而反应物质的扩散则很慢，成为浸出速度的限制步骤。因此，要提高浸出速度，必须要提高扩散速度。

氧化锌浸出的扩散速度用下式表示：

$$\frac{\mathrm{d}M}{\mathrm{d}t} = DS\frac{C - C_s}{\delta}$$

式中 $\frac{\mathrm{d}M}{\mathrm{d}t}$——扩散速度，即单位时间物质扩散的摩尔数；

C，C_s——分别为溶液本体及反应表面处酸的浓度；

S——反应表面积，对球形颗粒 $S = 4\pi r_i^2$；

δ——扩散层厚度，取决于搅拌强度。在静止状态下为0.5mm，充分搅拌时为0.01mm；

D——扩散系数，由下式决定：

$$D = \frac{RT}{N}\cdot\frac{1}{2\pi\mu d}$$

R——气体常数；

T——绝对温度；

N——阿伏伽德罗常数；

μ——矿浆黏度；

d——颗粒直径。

浸出速度与温度、溶剂浓度、搅拌强度、矿的粒度、矿浆黏度及锌焙烧矿的物理化学特性有关。一般而言，为了加快浸出速度，要充分磨细矿物（增大 S），提高温度（增大 D），提高溶剂浓度（增大 $C-C_s$），加强搅拌（使 δ 减少）等。在选择这些浸出动力学条件时，必须依据过程的技术要求、经济及环保等因素而确定。

化学反应速度和扩散速度都受温度影响。温度每升高 1K，扩散速度约增加 1% ~3%，而化学反应速度约增加 10%。当表观活化能小于 20kJ/mol 时，认为是扩散控制步骤；若大于 40kJ/mol 时，认为是化学反应控制步骤。氧化锌的溶解速度可能随温度、溶剂浓度及搅拌程度等因素而由扩散控制转化为化学反应控制步骤。

氧化锌的浸出速度与反应时间关系可用缩核模型动力学方程表示：

$$1-(1-\alpha)^{1/3} = \frac{KC}{\rho r_o}t \tag{12-3}$$

式中 α——反应率，即矿粒质量减少的比率；

K——反应速度常数；

ρ——颗粒摩尔密度；

r_o——粒子原始半径；

t——反应时间。

式 12-3 中 $1-(1-\alpha)^{1/3}$ 与 t 呈直线关系，也可求得浸出率与时间的关系。铁酸锌在硫酸溶液中的溶解情况遵从这个通式，如图 12-7 所示。

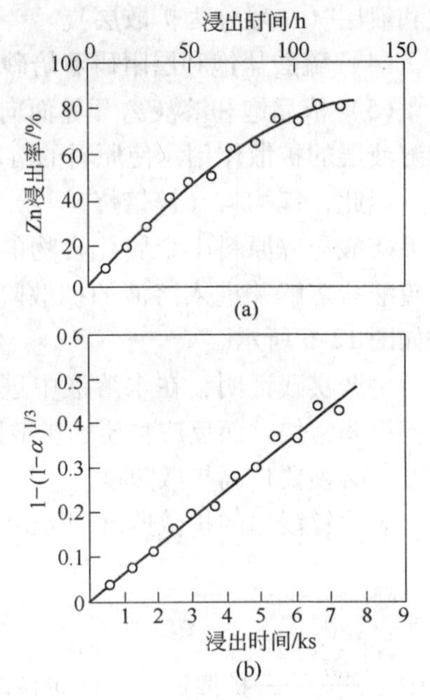

图 12-7 铁酸锌在酸溶液中的溶解速度

浸出的效果以浸出率表示，它是指溶液中的锌量与浸出物料中总锌量之比的百分数，是浸出过程的重要技术经济指标之一。

浸出率与浸出速度的关系，可以认为是当浸出速度愈大，意味着在一定时间内浸出的回收率愈高；或当浸出的时间一定时，浸出回收率随浸出速度的增大而增大。

D 锌原料中各组分在浸出过程中的行为

锌原料中主要成分为锌的化合物，此外还有一定量的铁、铜、砷、锑、镍、钴、金、银等金属化合物以及含钙、硅、铝、镁等元素的脉石物质，它们在浸出过程中的行为如下：

（1）$ZnSO_4$：焙烧矿中的 $ZnSO_4$ 直接溶解于水形成硫酸锌水溶液。$ZnSO_4$ 易溶于水，在水中的溶解度受温度、酸度及其他金属硫酸盐浓度等因素影响，其溶解度随温度升高而增加。在一般的工业生产条件下，$ZnSO_4$ 在溶液中具有较高的溶解度，因而成为湿法冶炼的基本条件之一。

（2）ZnO：锌焙烧矿的主要成分是自由状态的 ZnO，浸出时与硫酸作用生成硫酸锌进入溶液：

$$ZnO + H_2SO_4 = ZnSO_4 + H_2O$$

它是浸出过程中的主要反应。生成的 $ZnSO_4$ 溶解时放出溶解热。

（3）ZnS：在常规的浸出条件下，ZnS 难溶于稀硫酸，可认为 ZnS 在稀硫酸中基本上不溶解而入渣。因此，ZnS 锌精矿需经焙烧后再用稀酸常压浸出。

ZnS 可溶于热的浓硫酸中，其反应为：

$$ZnS + H_2SO_4(浓) === ZnSO_4 + H_2S$$

浓硫酸还可以将析出的 H_2S 氧化成元素硫，其反应为：

$$H_2S + H_2SO_4(浓) === H_2SO_3 + S + H_2O$$

但因常规法浸出酸溶液一般较稀，且自由酸首先与焙砂中大量的 ZnO 反应，故上述反应意义很小。

在有高铁离子即 $Fe_2(SO_4)_3$ 存在时，ZnS 可按以下反应溶解：

$$Fe_2(SO_4)_3 + ZnS === ZnSO_4 + 2FeSO_4 + S$$

ZnS 被溶解的程度随硫酸浓度、硫酸高铁浓度的增大及溶液温度的升高而增大。在常规法浸出过程中，浸出溶液中 Fe^{3+} 含量很少，且废电解液中硫酸浓度不大，故 ZnS 在实际浸出过程中基本不溶解而进入浸出渣中。在热酸浸出时，ZnS 的溶解大大增加。

（4）铁酸锌（$ZnO \cdot Fe_2O_3$）：锌精矿中的铁经过焙烧，很大一部分以 $ZnO \cdot Fe_2O_3$ 形式存在，在常规浸出的条件下（温度 60～70℃，终酸 1～5g/L），铁酸锌的浸出率一般只有 1%～3%，这说明相当数量与铁结合的锌仍将保留在残渣中。采用高温高酸浸出焙砂（90℃左右，始酸 120～150g/L 左右，终酸 40～60g/L 左右），铁酸锌可按以下反应溶解：

$$ZnO \cdot Fe_2O_3 + 4H_2SO_4 === ZnSO_4 + Fe_2(SO_4)_3 + H_2O$$

与此同时，大量的铁进入溶液。因此，采用此法时必须首先解决溶液的除铁问题。

（5）硅酸锌（$2ZnO \cdot SiO_2$）及其他金属硅酸盐：它们均易溶于稀硫酸中，按如下反应：

$$MeO \cdot SiO_2 + H_2SO_4 === MeSO_4 + SiO_2 \cdot H_2O$$

硅酸锌在浸出过程中较易被溶解，锌和可溶硅一起进入溶液，酸度降低（即 pH 值升高）时硅形成胶体硅酸，影响矿浆的澄清和过滤性能。但一般焙烧矿中含硅不高，通常控制在 5% 以下对澄清和过滤性能影响不大。当 pH 值升高到 5.2～5.4 时，硅酸发生凝聚，并与 $Fe(OH)_3$ 一同沉淀入渣。

（6）铁：铁在锌焙烧矿中主要呈 Fe_2O_3 状态存在，部分以 Fe_3O_4 状态存在，并可能有极少量的 FeO、$FeSO_4$ 及 $Fe_2(SO_4)_3$。

Fe_2O_3 在很稀的硫酸溶液中浸出（中性浸出）时不溶解，但是在酸性溶液浸出时，能部分溶解以 $Fe_2(SO_4)_3$ 形式进入溶液中：

$$Fe_2O_3 + 3H_2SO_4 === Fe_2(SO_4)_3 + 3H_2O$$

当浸出物料中有金属硫化物存在时，生成的 $Fe_2(SO_4)_3$ 又会被还原为 $FeSO_4$：

$$Fe_2(SO_4)_3 + MeS === 2FeSO_4 + MeSO_4 + S$$

FeO 易溶于稀硫酸溶液中，呈 $FeSO_4$ 进入溶液：

$$FeO + H_2SO_4 === FeSO_4 + H_2O$$

磁性的 Fe_3O_4 不溶于稀硫酸溶液，浸出时基本上不溶出。

$FeSO_4$ 和 $Fe_2(SO_4)_3$ 浸出时溶解于稀硫酸溶液中。

铁的硅酸盐($FeO \cdot SiO_2$)与硫酸作用时，特别是在酸性浸出时易于分解以低价硫酸盐形式进入溶液。其反应如下：

$$FeO \cdot SiO_2 + H_2SO_4 = FeSO_4 + H_2SiO_3$$

反应过程中产出的硅酸呈胶体状，给下一步矿浆液固分离带来困难。

可见，在浸出过程中进入溶液中的铁主要以低价铁形态存在，其量约为焙烧矿中所含铁量的10%~20%。

(7) 铝：铝在焙砂中呈氧化铝（Al_2O_3）或与碱金属氧化物结合的铝酸盐形态存在。在浸出过程中，大部分氧化铝不会溶解而留在残渣中，仅有少量的氧化铝按下式反应溶解进入溶液：

$$Al_2O_3 + 3H_2SO_4 = Al_2(SO_4)_3 + 3H_2O$$

(8) 铜：铜在焙砂中以自由状态氧化铜（CuO）、结合状态的铁酸铜（$CuO \cdot Fe_2O_3$）及硅酸铜（$CuO \cdot SiO_2$）形态存在。在常规法浸出时铜的氧化物很容易溶解进入溶液，但由于铜在溶液中的稳定性较差，水解沉淀的pH值较低（$pH^{\ominus}_{298}$值为4.604），因而在中性浸出终了时大部分铜水解沉淀，铜在常规法浸出中的浸出率一般为30%~40%。

在含酸较高的酸性浸出过程中，焙烧矿中的铜约有50%转入溶液内，而另一半则留在浸出残渣中。当硅酸铜溶解时，将带入一定量的硅酸进入溶液中。

$$CuO + H_2SO_4 = CuSO_4 + H_2O$$

$$CuO \cdot Fe_2O_3 + H_2SO_4 = CuSO_4 + Fe_2O_3 + H_2O$$

$$CuO \cdot SiO_2 + H_2SO_4 = CuSO_4 + H_2SiO_3$$

(9) 镉、镍、钴：锌精矿中的镉、镍和钴在焙烧过程中主要以CdO、NiO和CoO形式存在。在浸出时几乎全部以硫酸盐形态进入溶液，其反应如下：

$$CdO + H_2SO_4 = CdSO_4 + H_2O$$

$$NiO + H_2SO_4 = NiSO_4 + H_2O$$

$$CoO + H_2SO_4 = CoSO_4 + H_2O$$

(10) 铅：铅在焙烧过程中呈氧化铅（PbO）、硅酸铅（$PbO \cdot SiO_2$）和硫化铅（PbS）形态存在。PbO和$PbO \cdot SiO_2$浸出时生成$PbSO_4$与不溶的PbS进入浸出残渣中。

$$PbO + H_2SO_4 = PbSO_4 \downarrow + H_2O$$

$$PbO \cdot SiO_2 + H_2SO_4 = PbSO_4 \downarrow + H_2SiO_3$$

可见，焙烧矿中的铅在浸出时消耗硫酸，硅酸铅在浸出时还使溶液中硅酸含量增高，不利于下一步矿浆液固分离。

(11) 镓、铟：镓、铟在酸性浸出时能部分溶解，但在中性浸出过程中几乎全部从溶液中沉淀出来进入浸出的残渣中。

(12) 砷：砷的许多物理化学性质与金属不同，它的氧化物是两性化合物，但酸性比碱性强得多，尤其是高价氧化物酸性较强。低价的As_2O_3易挥发，故焙烧烟尘中的砷是以易挥发的As_2O_3为主。高价的As_2O_5不易挥发，且有较强的酸性，易与碱性金属氧化物如ZnO、PbO等形成砷酸盐留于焙砂中。

砷的氧化物为两性物质。As_2O_3 易溶于水，生成亚砷酸：

$$As_2O_3 + 3H_2O = 2H_3AsO_3$$

而在酸性较强的溶液中溶解时可生成 As^{3+}：

$$As_2O_3 + 6H^+ = 2As^{3+} + 3H_2O$$

由表 12-3 中有关物质的酸溶 $pH^{\ominus}$ 值可以看出，砷酸盐较 ZnO 等氧化物稳定得多，在酸度较低的溶液中较难溶，但在酸度较高的溶液中可按下式分解：

$$MeAsO_4 + 3H^+ = Me^{3+} + H_3AsO_4$$

$$Me_3(AsO_4)_2 + 6H^+ = 3Me^{2+} + 2H_3AsO_4$$

由此可见，在浸出液中低价、高价砷离子同时存在。在工业生产的浸出过程中，为了将 Fe^{2+} 氧化成 Fe^{3+}，需向溶液中加入氧化剂软锰矿，因砷的两种配位离子的氧化还原电位 $\varphi^{\ominus}_{AsO_4^{3-}/AsO_2^{2-}}$（0.56V）较 $\varphi^{\ominus}_{Fe^{3+}/Fe^{2+}}$（0.76V）还低，因此在 Fe^{2+} 氧化时，亚砷酸或 As^{3+} 也被氧化成高价状态，成为正砷酸（H_3AsO_4）或 As^{5+}。

H_3AsO_4 还可能按下式电离成正砷酸根阴离子。

$$H_3AsO_4 = H^+ + H_2AsO_4^- \qquad K_1 = 6 \times 10^{-3}$$

$$H_2AsO_4^- = H^+ + HAsO_4^{2-} \qquad K_2 = 2 \times 10^{-7}$$

$$HAsO_4^{2-} = H^+ + AsO_4^{3-} \qquad K_3 = 3 \times 10^{-12}$$

由于正砷酸的酸性较亚砷酸的酸性强，在溶液中主要按酸式离解，因此在工业浸出液中砷将主要以高价的配位阴离子存在，很少有简单的砷阳离子。

（13）锑：锑的物理化学性质与砷相似，烟尘和焙砂中锑以 +3 价和 +5 价两种化合物存在，在高温下，Sb_2O_3 和 Sb_2O_5 都能和各种金属氧化物形成亚锑酸盐和正锑酸盐。

锑的两种氧化物在稀酸中均较难溶解，但在高温高酸溶出时也能以 Sb^{3+} 和 Sb^{5+} 进入溶液。两种锑酸盐在浸出时易被硫酸分解，生成亚锑酸和正锑酸。由于 Sb^{3+} 和 Sb^{5+} 的氧化还原电位较 $\varphi^{\ominus}_{Fe^{3+}/Fe^{2+}}$ 还低，故在 MnO_2 的氧化下，锑能被氧化成高价状态。

由于锑酸在稀酸中溶解度很小，在溶液中主要以锑酸和亚锑酸的胶体存在，一般来说工业浸出液中，锑呈阳离子或配阴离子的形式均很少。

（14）锗：在焙烧矿中主要以二氧化锗（GeO_2）和锗酸盐形态存在，少量以硫化锗形态存在。中性浸出时，硫化锗和锗酸盐不溶解而进入浸出渣内。二氧化锗及其他锗酸盐在酸性浸出时进入溶液中。当中性浸出中点控制 pH 值为 5.2～5.4 时，锗（Ge^{4+}）水解析出氢氧化锗，与氢氧化铁一起共沉淀进入渣中。

（15）铊：铊在焙砂中含量很少，浸出时入溶液中，在加锌粉净化除铜、镉时将与铜、镉一道进入铜镉渣中而被除去。

（16）氯：焙烧矿中的少量氯化物（如 KCl 和 NaCl）在浸出时溶解进入溶液。氯离子一般随水带入溶液中。

（17）钾、钠、镁：在焙烧矿中，钾、钠、镁通常以氧化物或氯化物形态存在，在浸出过程中，则以硫酸盐（K_2SO_4、Na_2SO_4、$MgSO_4$）或氯化物（KCl、NaCl、$MgCl_2$）形态进入溶液。

(18) 钙、钡：在焙烧矿中，钙和钡主要以氧化物、硫酸盐和少量未分解的碳酸盐形态存在。浸出时，按下式转变成硫酸盐而进入残渣中：

$$CaO + H_2SO_4 = CaSO_4\downarrow + H_2O$$

$$CaCO_3 + H_2SO_4 = CaSO_4\downarrow + H_2O + CO_2$$

$$BaCO_3 + H_2SO_4 = BaSO_4\downarrow + H_2O + CO_2$$

$CaSO_4$ 微溶，当溶液温度降低时，$CaSO_4$ 便结晶析出，堵塞管道。

(19) 金、银：金在浸出过程中不溶解，全部留在浸出残渣中。银以硫化银（Ag_2S）和硫酸银（Ag_2SO_4）形态存在于焙烧矿中。硫化银在浸出时不溶解进入浸出渣中，硫酸银则能溶解进入溶液，当溶液中存在有 Cl^- 存在时，将结合为氯化银沉淀进入渣中，实际成为硫酸锌溶液的除氯剂。

(20) SiO_2：在焙砂中二氧化硅一般呈游离状态（SiO_2）和结合状态（$MeO \cdot SiO_2$）的硅酸盐（多与 ZnO 结合）存在。在浸出过程中，游离的二氧化硅不会溶解而进入渣中，硅酸盐则在稀硫酸溶液中部分溶解：

$$2ZnO \cdot SiO_2 + 2H_2SO_4 = 2ZnSO_4 + SiO_2 + H_2O$$

生成的 SiO_2 不能立即沉淀而呈胶体状态存在于溶液中，在浸出终点时（pH 值为 5.2 ~ 5.4）随 $Fe(OH)_3$ 沉淀一起除去。

由锌焙烧矿中各成分的行为可以看出，用稀硫酸溶液浸出锌焙烧矿时，在锌溶解的同时，还有一定量的铁、砷、锑、铜、镍、镉、钴、锗、硅酸等杂质也溶入溶液中。所有这些杂质的存在，对下一个生产工序（浓缩、过滤、净化、电解）都有一定的影响。因此，锌焙烧矿浸出时所获得的硫酸锌溶液，必须最大限度地将有害杂质从溶液中除去，以获得纯净的硫酸溶液，从而达到使电解沉积过程顺利进行的目的。

E 中性浸出及水解除杂质

a 中性浸出过程实质及基本反应

在湿法炼锌生产中，测定溶液的 pH 值，可以了解过程反应进行的情况，达到正确控制浸出终点的目的。

中性浸出过程实际上包括两个过程，即焙烧矿中 ZnO 的溶解和浸出液中 Fe^{3+} 的水解。对 ZnO 而言，溶解属浸出过程。对 Fe^{3+} 而言是中和水解除铁，属净化过程，因而水解沉淀过程是在中性浸出阶段完成的。

中和水解是一种除杂质的方法，称为中和水解法。它是利用不同金属盐类在水溶液中水解生成氢氧化物的 pH 值不同，在保证水溶液中主体金属离子不发生水解 pH 值条件下，用降低溶液酸度的方法，使某些伴生金属离子水解生成氢氧化物沉淀而与溶液分离的方法。降低溶液的酸度是加入某些中和剂，如锌焙砂、锌烟尘、石灰乳等。

中性浸出主要反应为：

水解反应：$$Fe_2(SO_4)_3 + 6H_2O = 2Fe(OH)_3\downarrow + 3H_2SO_4$$

中和反应：$$2H_2SO_4 + 3ZnO = 3ZnSO_4 + 3H_2O$$

总反应：$$Fe_2(SO_4)_3 + 3ZnO + 3H_2O = 3ZnSO_4 + 2Fe(OH)_3\downarrow$$

水解除杂质就是在浸出终了调节溶液 pH 值，使锌离子不致水解，而杂质金属离子全部或部分以氢氧化物 $Me(OH)_n$ 形式析出。金属离子水解按下式进行：

$$Me^{n+} + nH_2O = Me(OH)_n + nH^+$$

此类反应的平衡条件是：

$$pH = pH^{\ominus} - \frac{1}{n}\lg a_{Me^{n+}}$$

根据上式，可根据上式计算出杂质的去除程度。

所以，$pH^{\ominus}$ 值是金属离子 Me^{n+} 水解程度的重要数值。当溶液温度为 25℃和 70℃时，$pH^{\ominus}_{25}$ 和 $pH^{\ominus}_{70}$ 的值见表 12-4。

表 12-4 $Me(OH)_n$ 生成时的平衡值 $pH^{\ominus}$ 值

$Me(OH)_n + nH^+ = Me^{n+} + nH_2O$	$\Delta G^{\ominus}$(25℃) /J·mol^{-1}	$S^{\ominus}$(25℃) /J·(mol·K)$^{-1}$	$pH^{\ominus}_{25}$ 值	$pH^{\ominus}_{70}$ 值
$Tl(OH)_3 + 3H^+ = Tl^{3+} + 3H_2O$	+51431	-285.0	-0.716	-0.775
$Co(OH)_3 + 3H^+ = Co^{3+} + 3H_2O$	+25081	—	-0.35	—
$FeOOH + 3H^+ = Fe^{3+} + 2H_2O$	+22591	-957.4	-0.3154	0.807
$Cr(OH)_3 + 3H^+ = Cr^{3+} + 3H_2O$	-106501	-752.1	1.533	0.923
$Fe(OH)_3 + 3H^+ = Fe^{3+} + 3H_2O$	-115547	-752.1	1.617	0.990
$Ga(OH)_3 + 3H^+ = Ga^{3+} + 3H_2O$	-134010	-930.8	1.870	1.120
$In(OH)_3 + 3H^+ = In^{3+} + 3H_2O$	-206595	-645.3	2.883	2.160
$Al(OH)_3 + 3H^+ = Al^{3+} + 3H_2O$	-230744	-731.1	3.22	2.4
$Bi(OH)_3 + 3H^+ = Bi^{3+} + 3H_2O$	-267410	—	3.732	—
$Sn(OH)_2 + 2H^+ = Sn^{2+} + 2H_2O$	-35830	77.6	0.75	0.717
$TlOH + H^+ = Tl^+ + H_2O$	-327532	522.2	13.90	12.95
$Cu(OH)_2 + 2H^+ = Cu^{2+} + 2H_2O$	-219987	-160.6	4.604	3.87
$Zn(OH)_2 + 2H^+ = Zn^{2+} + 2H_2O$	-279564	-208.7	5.85	4.91
$Cr(OH)_2 + 2H^+ = Cr^{2+} + 2H_2O$	-262507	—	5.49	—
$Ni(OH)_2 + 2H^+ = Ni^{2+} + 2H_2O$	-290938	-414.5	6.09	4.96
$Pb(OH)_2 + 2H^+ = Pb^{2+} + 2H_2O$	-325813	-307.0	6.82	6.18(5.678)
$Fe(OH)_2 + 2H^+ = Fe^{2+} + 2H_2O$	-317145	-221.9	6.65	5.60
$Cd(OH)_2 + 2H^+ = Cd^{2+} + 2H_2O$	-329873	-57.0	7.20	6.20
$Mn(OH)_2 + 2H^+ = Mn^{2+} + 2H_2O$	-365703	-134.3	7.655	6.55
$Co(OH)_2 + 2H^+ = Co^{2+} + 2H_2O$	-300971	-230.6	6.30	5.29

注：t = 25℃、70℃，a = 1 时的数据。

按 $pH = pH^{\ominus} - \frac{1}{n}\lg a_{Me^{n+}}$ 作图，得图 12-8。由图 12-8 可以看出金属离子活度在溶液中的稳定性随 pH 值变化而变化的情况。

随着浸出过程的进行，溶液中酸度逐渐降低，由图 12-8 可知，某些杂质随着 pH 值升高，稳定度发生变化，能发生水解净化被除去。控制浸出终点的 pH 值愈高，杂质的水解除去则愈彻底。但硫酸锌在一定的 pH 值下也发生水解沉淀，锌在水解 pH 值与其浓度有关，如生产实践浸出液锌的浓度控制在 130 ~ 140 g/L，则浸出终了所能允许的最大 pH 值不得超过5.5 ~5.6。故工业生产中为了确保规定的锌浓度，浸出终点 pH 值取5.2 ~5.4。

综上所述，当浸出终点 pH 值控制在5.2 ~ 5.4 时，根据表12-4 和图12-8 各种杂质水解除去的可能性，以及浸出后续工序的需要，在生产实践中浸出后期水解除杂质主要是针对铁、砷、锑、硅几个元素进行，由于铁与砷、锑以及铁和硅之间在水解沉淀过程中有着密切的关系，这些元素水解析出的好坏不仅关系它们本身净化的程度，而且还成为浸出矿浆能否很好澄清、过滤的关键。

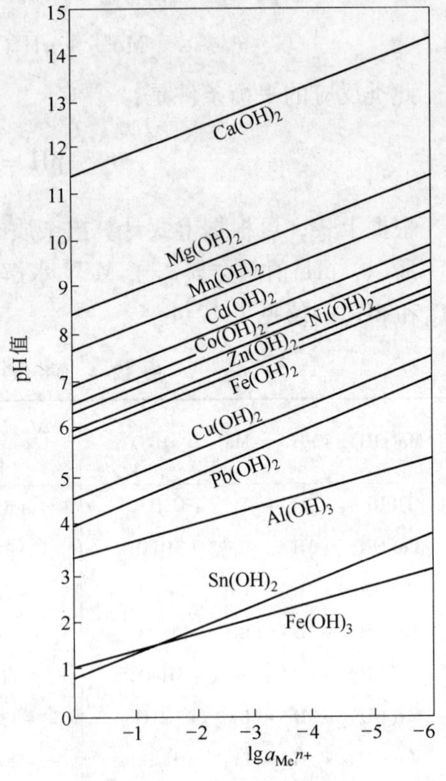

图12-8 几种金属氢氧化物在水溶液中的稳定区（25℃）

b 三价铁水解及净化作用

据图12-8 讨论各金属在中性浸出时的行为：

（1）Zn^{2+}：当溶液中 $a_{Zn^{2+}} = 10^{-1}$，水解 pH 值为6，这是控制中和水解的极限 pH 值。

（2）Cu^{2+}、Cd^{2+}、Co^{2+}、Fe^{2+}：当溶液中 $a_{Cu^{2+}} = 10^{-2}$、$a_{Cd^{2+}} = 10^{-3}$、$a_{Co^{2+}} = 10^{-4}$ 及 $a_{Fe^{2+}} = 10^0 \sim 10^{-6}$时，它们的水解 pH 值分别为6.1、8.7、8.3 及6.65 ~9.65，说明在中性浸出时它们不能水解沉淀。当 Cu^{2+} 浓度 >800mg/L 时，可能水解除去一部分。

（3）Fe^{3+}：当溶液中 $a_{Fe^{2+}} = 10^0 \sim 10^{-6}$时，其水解 pH 值为1.57 ~3.57。说明在中性浸出时，Fe^{3+}的浓度可降至 10^{-6}以下，一般为 10^{-4}。即在中性浸出过程中，当溶液 pH 值达2 时，Fe^{3+}已开始水解，当 pH 值达3.57 时，水解基本完全。

可见中性浸出的关键在于使下列反应进行：

$$Fe^{2+} - e \xlongequal{\quad} Fe^{3+} \qquad E_{Fe^{3+}} = 0.77 + 0.059\lg\frac{a_{Fe^{3+}}}{a_{Fe^{2+}}}$$

当 $a_{Fe^{3+}}/a_{Fe^{2+}} = 1$ 时，$E^0 = +0.77V$，即 $a_{Fe^{3+}} = a_{Fe^{2+}}$，若提高溶液的电位，$a_{Fe^{3+}}$ 也增大，当电位为0.95V 时，Fe^{3+}浓度达99.9%。由此，如果加入某些氧化剂以提高溶液的氧化还原电位，即可以达到上述目的。H_2O_2、MnO_4^-、ClO_3^-、O_2、空气（p_{O_2} =0.21 大气压，21.28kPa）及 MnO_2 均可作为氧化剂。选取用氧化剂时，必须从经济、反应快速、不污染溶液等原则考虑。生产实践中，多采用 MnO_2 软锰矿作氧化剂，其氧化作用如下：

$$MnO_2 + 4H^+ + 2e \xlongequal{\quad} MnO_2 + 2H_2O \qquad E_{Mn^{2+}/MnO_2} = 1.23 - 0.12pH - 0.03\lg a_{Mn^{2+}}$$

氧化总反应为：

$$2Fe^{2+} + MnO_2 + 4H^+ \xlongequal{\quad} 2Fe^{3+} + Mn^{2+} + 2H_2O$$

反应的推动力是在电位图上由两线的间隔距离表示：

$$\Delta E = E_{Mn^{2+}/MnO_2} - E_{Fe^{3+}/Fe^{2+}} = 0.46 - 0.12pH - 0.03\lg\frac{a_{Fe^{3+}}^2 \cdot a_{Mn^{2+}}}{a_{Fe^{2+}}^2} \tag{12-4}$$

由上式中看出，当提高溶液酸度（降低 pH 值），差值 ΔE 愈正，则愈有利氧化反应的进行，所以该氧化反应必须在酸性溶液中进行。生产实践证明，当溶液含酸 10 ~ 20g/L 时，氧化效果最好，此时溶液中硫酸的活度在 40℃时 $a_{H}^{+} = 0.08 \sim 0.12$。如果取 $a_{H}^{+} = 0.1$，则 pH 值为 1，代入式 12-4，便得到该反应平衡时（$\Delta E = 0$）的平衡常数：

$$\frac{a_{Fe^{3+}}^2 \cdot a_{Mn^{2+}}}{a_{Fe^{2+}}^2} = 10^{11.4}$$

中性浸出前液中锰的含量为 3 ~ 5g/L，其 $a_{Mn^{2+}} = 1.82 \times 10^{-2}$。则反应达平衡时：

$$\frac{a_{Fe^{3+}}}{a_{Fe^{2+}}} = \sqrt{\frac{10^{11.4}}{1.82 \times 10^{-2}}} = 3.72 \times 10^6$$

由此可见，Fe^{2+} 被 MnO_2 氧化的氧化程度是很高的。故 pH 值为 5.2 时，溶液中的铁沉得相当完全。

空气中的氧也能使 Fe^{2+} 氧化成 Fe^{3+}，但氧化速度很慢，其水解产物是针铁矿（α-FeOOH）。

中性浸出过程用二氧化锰作氧化剂，使溶液中的 Fe^{2+} 氧化成 Fe^{3+}，而后中和水解，生成氢氧化铁沉淀。

c 水解除硅

众所周知，硅在浸出矿浆中基本上是以胶体而不是以离子状态存在的。硅胶过多将使矿浆澄清、沉降性能恶化。胶体溶液胶粒是带电的，硅酸的等电点在 pH 值为 2 附近，pH 值大于 2 时，硅胶微粒带负电，pH 值小于 2 时硅胶微粒带正电，当浸出终点控制在 pH 值为 5.2 时，氢氧化铁和硅酸胶体带有相反的电荷，两种胶体在静电引力作用下，将会聚结在一起，使二者从溶液中共同析出。锌焙烧矿中性浸出时，硅胶在 pH 值为 4.8 ~ 5.0 时大量聚结析出，而不是在其等电点处大量析出。实践证明，两种胶体凝结作用是相辅相成的，不应看成是主动和被动的作用。

显然共同凝结作用除与过程的技术条件有关外，还与两种胶体的数量有关。如果一种胶体多、一种胶体少，或胶粒子电荷相差较大，则可能产生部分凝结沉降。为了使浸出矿浆易于沉降或过滤，凝结析出的胶团应当是体积较大，且有牢固的结构方能有较大的沉降速度。如析出的颗粒很细，结构又疏松，将给澄清浓缩造成困难，为此工业生产通常向溶液中加入聚丙烯酰胺（三号凝聚剂）来改善和加速沉降过程。

聚丙烯酰胺是一种高分子化合物，属亲水性胶体，通常不带电荷，胶体的稳定性不是靠同性电荷的相互排斥力，而是靠溶剂化来实现。加入聚丙烯酰胺，在浸出矿浆中疏水性的氢氧化铁和亲水性的聚丙烯酰胺胶体共同存在，两种胶体在相遇碰撞后，聚丙烯酰胺的烃基将被吸附在氢氧化铁胶体表面。由于聚丙烯酰胺分子链很长，在其数量很少的情况下，每个高分子便可能粘住多个氢氧化铁胶粒，使它们结合在一起促使其凝聚。从聚丙烯酰胺在矿浆沉降中所起的作用看，它不能加入过多，否则会产生相反的现象。如浓度过大则氢氧化铁的胶粒表面将全部被其包围形成一层膜，阻碍各胶粒的相互凝聚。

在生产实践中浸出后期水解除杂质主要是针对铁、砷、锑、硅几个元素进行，由于铁与砷、锑、铁和硅之间在水解沉淀过程中有着密切的关系，这些元素水解析出的好坏不仅关系它们本身净化的程度，而且还成为浸出矿浆能否很好澄清、过滤的关键。

在中性浸出过程中，控制中性浸出温度为50～70℃、终点pH值为5.2～5.4、适当的搅拌强度和中和速度以及加入凝聚剂，有利于$Fe(OH)_3$的凝聚及与硅胶相互凝聚而共同沉淀。在锌焙砂中性浸出Fe^{3+}沉淀的同时，溶液中的As、Sb可与铁共同沉淀进入渣中。为使As、Sb降至0.1mg/L以下，生产实践中一般控制Fe与As+Sb之比为10～15倍。如果溶液中铁不足，必须补加$FeSO_4$。

（撰稿 陈为亮）

12.1.1.2 浸出物料的特性与浸出过程质量、操作以及冶炼回收率的关系

浸出物料主要为硫化锌精矿的焙烧矿、浸出渣挥发或处理其他含锌物料所得氧化锌，以及各种含锌烟尘。

浸出物料的特性直接影响浸出作业、溶液质量、操作以及回收率，其中以化学组成、物相组成以及粒度与浸出生产的关系最密切。

A 焙烧矿的化学组成和物相组成

化学成分，包括主金属Zn、伴生金属Pb、Cu、Cd、Ge、In、Ga、Au、Ag以及Fe、S、SiO_2等有害杂质的含量，主金属及有害杂质的物相、全锌量、水溶锌量、可溶锌量、可溶二氧化硅量、可溶铁量、不溶硫量等是锌焙烧矿质量的重要表征，是确定浸出工艺及流程结构的主要依据。

a 焙烧矿全锌含量

全锌的多少在其他条件相同下直接与浸出渣量有关系。一般而言，含锌愈高浸出渣量愈少，随渣损失的金属也少。焙烧矿的全锌量决定于锌精矿的品质及矿物性质，为追求好的经济效益，一般要求焙烧矿含锌50%以上。根据某厂生产实践，当焙砂中全锌量63.8%时渣率为32%，而焙砂中含全锌量为49%～50%时，则渣率达54%～60%，使锌的直接回收率降低。

b 可溶锌率

可溶锌表示浸出物料中可以溶出锌的数量，直接影响锌的浸出速率及浸出率。可溶锌率愈高浸出速率愈大，浸出率愈高。若铁酸锌、锌酸盐等难溶化合物含量高，浸出速率便会降低，浸出率也会下降。同时，可溶锌率对湿法炼锌的直接回收率和冶炼总回收率极有关系。可溶锌率降低1%，则直接回收率降低1%，冶炼总回收率降低0.1%～0.2%。对于传统浸出工艺，可溶锌率是一个重要指标，一般要求可溶锌率大于90%。尽管热酸浸出工艺可以分解铁酸锌等难溶组分，但可溶锌率高，对加速浸出过程也是有利的。

水溶锌主要指以硫酸盐形态存在于焙烧矿中的锌，水溶锌量决定于焙烧工作制度。一般地说水溶锌不够，则湿法冶炼系统中硫酸不足，需额外补充，增加硫酸消耗。如水溶锌过多，则会增高系统含酸量，破坏酸平衡，对生产操作不利。

可溶SiO_2主要来源于焙烧矿中的金属硅酸盐（$MeO \cdot SiO_2$）。焙烧过程的高温状态下，二氧化硅基本上全部转化为金属硅酸盐。浸出时，金属硅酸盐被硫酸分解后即产生胶态

SiO_2。可溶 SiO_2 量的多少影响浸出后矿浆的浓缩（或澄清）与过滤，故它的含量愈少愈好。一般精矿含二氧化硅量或焙烧矿中可溶 SiO_2 量大于5%就属于高硅矿，它使浸出后固液分离困难，并影响浸出操作。

c 铁含量

焙烧矿中的铁含量在传统浸出工艺中对浸出率及渣量均有重大影响。通常，焙烧矿中含铁增加1%，不溶锌量增加0.6%。在热酸浸出工艺中，铁含量除影响作业进程之外，与沉铁渣的数量成正比。

d 二氧化硅含量

焙烧矿中的硅酸盐（$MeO \cdot SiO_2$）能溶解于稀硫酸溶液中，在浸出过程中呈胶体状态，严重影响矿浆澄清和过滤。焙烧矿中可溶硅含量应愈低愈好。在高温焙烧中二氧化硅几乎全部转变为可溶性盐，为使浸出过程顺利进行，一般要求精矿含 SiO_2 量最高不超过5%。

e 砷、锑含量

锌焙烧矿中砷、锑不宜多，因为它影响浸出之后的沉淀和浸出液的质量，所以愈少愈好，一般要求锌精矿中砷+锑的含量不超过0.3%～0.5%，焙烧矿中砷、锑总量小于0.4%。

f 氟、氯及残硫量

氟、氯会影响电积过程的正常进行，从硫酸锌溶液中脱除氟、氯比较麻烦，应尽量减少氟、氯进入系统的途径。一般要求焙烧矿中氟、氯含量不大于0.02%。

焙烧矿中的不溶硫一般是焙烧过程中残留的金属硫化物。传统浸出过程中，稀酸不能分解金属硫化物，是造成浸出率下降的关键。金属硫化物只有在高温高酸浸出条件下才被溶解，因此，不溶硫量应尽可能低。

B 锌焙烧矿的粒度组成

焙砂的粒度及粒级组成依精矿粒度、精矿湿度及焙烧备料方法不同，不同工厂的差异很大。锌精矿粒度大小与锌焙烧矿质量的关系密切，表12-5显示焙烧矿筛分产物中硫化物形态硫与硫酸盐锌量含量的分析结果。粒度愈细，硫化物硫的含量愈少、硫酸盐锌含量愈多。

表12-5 不同粒度的沸腾焙烧矿的 S_S 和 Zn_{SO_4} 含量

焙烧矿粒度/mm	含量/%		焙烧矿粒度/mm	含量/%	
	Zn_{SO_4}	S_S		Zn_{SO_4}	S_S
+3	1.57	1.03	-0.21～+0.15	2.92	0.28
-3～+0.88	1.94	0.73	-0.15～+0.1	3.04	0.10
-0.88～+0.32	1.26	0.81	-0.1～+0.074	3.04	0.10
-0.32～+0.21	2.68	0.24	-0.074	3.54	0.08

锌焙烧矿的粒度对浸出速度甚有关系。粒度愈小，表面积愈大，浸出速率愈高。浸出物料粒度不仅与浸出反应速度有关，还与浸出锌的溶解程度（即浸出率）、水解净化除铁以及 SiO_2 胶体凝聚快慢等都有关系。但粒度过细也不适宜，它增大矿浆黏度，且沉淀困难，对浸出与浓缩、过滤皆不利。焙烧矿粒度过粗除对浸出不利外，还会沉积在管道和设

备中，造成管道和设备堵塞，甚至造成搅拌机、浓缩槽耙臂等的毁坏。

表12-6列出焙烧矿溶解速度与粒度的关系。

表12-6 锌焙烧矿的溶解速度与粒度的关系

锌焙烧矿粒度/mm	-3 ~ +0.88	-0.88 ~ +0.32	-0.32 ~ +0.21	-0.21 ~ +0.15	-0.15
溶解的时间/min	55	40	35	2	1

表12-7是浸出5min后矿浆pH值与焙烧矿粒度的关系。

表12-7 浸出5min后矿浆pH值与焙烧矿粒度的关系

粒度/mm	-0.88 ~ +0.32	-0.32 ~ +0.21	-0.21 ~ +0.15	-0.15 ~ +0.10	-0.10 ~ +0.074	-0.074
矿浆pH值	1.23	2.26	4.48	4.7	4.85	4.73

用不同粒度的焙烧矿作为中和剂，中和水解除Fe、Cu的效果见表12-8。

表12-8 不同粒度焙烧矿中和矿浆水解除Fe、Cu的脱除率

粒度/mm	脱除率/%		粒度/mm	脱除率/%	
	Cu	Fe		Cu	Fe
-5 ~ +6	25.0	35.4	-0.25 ~ +0.15	51.2	75.0
-3 ~ +1	32.5	44.8	-0.15 ~ +0.074	95.5	86.5
-1 ~ +0.5	34.8	53.8	-0.074	100.0	93.1
-0.5 ~ +0.25	54.3	59.4			

注：用过量焙烧矿中和，沉铜时间40min，沉铁时间30min。

通过对试验的观察及数据显示，浸出物料的粒度在0.15 ~ 0.20mm为宜。为提高生产效率和锌浸出率，较好地组织生产，在浸出流程中要考虑物料的分级与磨细。

12.1.1.3 焙烧矿的浸出-浸出渣烟化挥发工艺

浸出工艺流程的选择一般是根据原料来源、成分、数量以及建设条件等具体情况选定，但其主要目的是在保证得到锌的最大浸出率和高质量的浸出液的前提下取得好的经济效果。

焙烧矿经浸出，浸出渣采用烟化挥发是传统的湿法浸出工艺，国内湿法炼锌厂采用该工艺较为普遍，不同工厂的工艺流程根据烟化设备采用回转窑或烟化炉及具体配置情况不同略有变化，但原则流程相同。

A 焙烧矿的浸出流程

焙烧矿浸出作业一般都是在常压下进行。

根据浸出过程终点溶液酸度的不同，分为中性浸出和酸性浸出。中性浸出终点的pH值为5.2 ~ 5.4，酸性浸出终点溶液中还含有较多的游离酸，一般为1 ~ 5g/L或更高。

根据浸出过程的连续与否，可分为间断浸出和连续浸出。间断浸出是将锌焙烧矿在浸出槽内分批间断地进行浸出。间断浸出由于能准确地掌握硫酸和锌焙烧矿的装入量，便于控制浸出的终点和保证浸出液的质量，适宜于处理不同成分或质量较差的锌精矿；连续浸出是矿浆与溶液按一定比例连续不断地在浸出设备内反应，浸出过程连续在几个浸出槽内循序进行。连续浸出一般适宜于处理质量好、化学成分稳定的锌精矿。连续浸出还具有以下优点：（1）设备利用率高；（2）节约人力，劳动生产率高；（3）过程易实现自动化，矿浆成分稳定；（4）浸出始酸较低，从而减少了有害杂质进入浸出液；（5）可采用热焙砂冲矿，节约了焙砂冷却设备，利用热焙砂的物理显热节约能耗。

现代湿法炼锌厂的浸出作业无论是连续浸出还是间断浸出，按其浸出作业阶段又分为：

（1）一段浸出法仅有 1 个中性浸出阶段；

（2）二段浸出流程（1 个中性浸出阶段和一个酸性浸出阶段，或者两段均为中性浸出）；

（3）三段浸出流程（1 个中性和两个酸性浸出阶段或者两个中性和 1 个酸性浸出阶段）。

焙烧矿的中性浸出，锌溶出率一般只能达到 70% 左右，由于还存在大量过剩的焙砂使作业迅速达到终点（pH 值为 5 ~ 5.2），保证了中性浸出液中主金属锌与杂质的分离，有利于下步净化工序的进行。

中性浸出渣中，即使是优质锌精矿的焙砂，一般情况尚有 20% 的锌不能溶出，因此，仅有中性浸出的一段浸出流程很少采用。为保证高的浸出率，必须提高酸度进行二次浸出即酸性浸出。对于某些原料，中性浸出渣中锌的残留率高得多，有的甚至达到 70% 以上。为此，采用热酸浸出或再进行第三段更高酸度的浸出。三段浸出流程由于流程结构复杂、设备多、溶液周转量大等因素，除十分必要一般很少采用。

图 12-9 所示为两段中性间断浸出的流程图。该流程的特点是两段都为中性浸出，锌焙烧矿需经冷却，且只有一段中性浓缩，二次中性浸出后的矿浆不经浓缩而直接送往过滤。

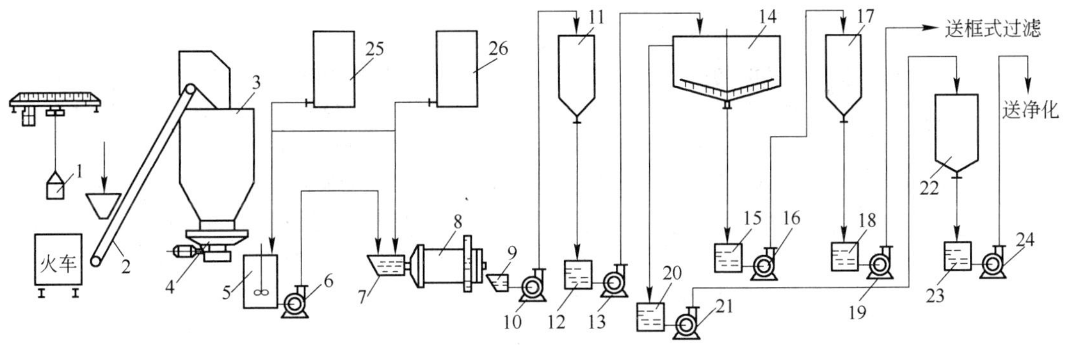

图 12-9　焙烧矿间断浸出设备连接

1—5t 抓斗桥式起重机；2—$B=500$ 胶带输送机；3—350t 焙烧矿贮备仓；4—$\phi2000$ 圆盘给料机；5—$\phi1000\times1600$ 搅拌槽；6，10，13，19，21，24—5 英寸铜泵；7，9—中间槽；8—$\phi1200\times1400$ 球磨机；11—$\phi4200\times5500$ 一次浸出槽；12，18—矿浆中间槽；14—$\phi10500\times3800$ 浓密机；15—底流中间槽；16—3 寸铜泵；17—$\phi3840\times5500$ 二次浸出槽；20，23—上清液中间槽；22—$\phi4000\times4400$ 上清液贮备加温槽；25，26—$\phi4200\times5500$ 过滤液贮槽

（1 寸 = 3.33cm）

此流程的优点是：

（1）均为间断浸出，便于控制浸出的技术条件和保证上清液的质量；能因矿制宜，有利于处理不同成分和质量较差的锌焙烧矿。

（2）因采用两段中性浸出，在二次中性浸出时还能除去一部分杂质，可减少杂质在浸出过程中的循环与积累。

图12-10所示为两段连续浸出工艺的设备流程图。该流程是采用两段连续浸出，一段为中性浸出，一段为酸性浸出。对分级后经球磨的大粒渣则是两段酸性浸出。这个流程的特点是采用水力冲矿，即在焙烧炉排料口下面设有冲矿溜槽，热矿直接排入溜槽内，被含酸（30~80g/L）的氧化液冲走；焙烧烟尘也分别从不同地点进入溜槽。这些烧矿、烟尘和含酸溶液便在溜槽和中间槽内自然浆化，经泵送往圆锥分级机分级，然后再分别送往中性和酸性浸出系统，经过中、酸性两段浓缩，中性上清液送净化工序，酸性浓泥送过滤工序。

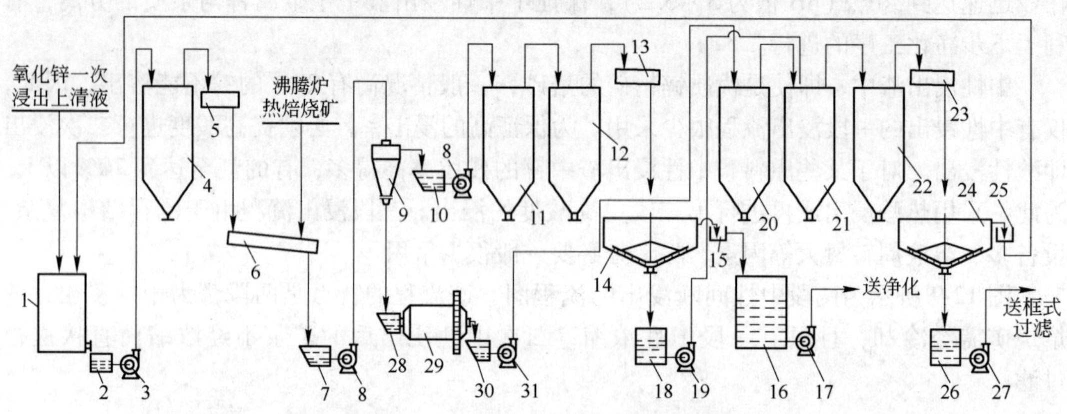

图12-10 焙烧矿连续浸出设备连接图

1—ϕ7000×5300混合液槽；2—中间槽；3—4PWA型铜泵；4—ϕ4000×10000氧化槽；5—氧化液溜槽；6—冲矿溜槽；7—中间槽；8—4PWA型铜泵；9—ϕ2100圆锥分级机；10—中间槽；11，12—ϕ4000×10000中性浸出槽；13—中性矿浆溜槽；14—ϕ18000×3600中性浓密机；15—中性上清液溜槽；16—ϕ5000×5300上清液贮槽；17—KH3 10/32上清液泵；18—浓密底流中间槽；19—4PSJN胶泵；20~22—ϕ4000×10000酸性浸出槽；23—酸性矿浆溜槽；24—ϕ18000×3600酸性浓密机；25—酸性上清液溜槽；26—底流中间槽；27—4PSJN胶泵；28—球磨进料中间槽；29—ϕ1200×1800球磨机；30—中间槽；31—2$\frac{1}{2}$PWA型铜泵

该流程的优点是：

（1）不需要冷却热矿的设备；

（2）消除了烟尘的飞扬，劳动条件好；

（3）可以利用热烧矿的物理热加热浸出矿浆；

（4）设备利用率高；

（5）浸出过程的酸度低。

也有的工厂不采用冲矿的方式，焙砂冷却后经球磨干磨，流程中设有焙砂中间仓用于暂时储存一部分焙砂。该处置方法的优点是：

（1）磨矿粒度较细，有利于浸出。浸出渣含锌一般较冲矿浸出工艺低1%~1.5%；

（2）设置焙砂中间仓有益于协调焙烧工序与浸出工序之间的衔接。

我国株洲冶炼厂、葫芦岛锌厂湿法炼锌和水口山矿务局四厂等均采用常规浸出工艺。

株洲冶炼厂湿法炼锌老系统（锌产量 15×10^4t/a）和新系统（15×10^4t/a）都采用常规法浸出工艺，所不同的是前者采用热焙砂湿法上矿工艺，后者将热焙砂经冷却、干式球磨后送去浸出系统，所得浸出渣采用浮选法回收银，银入银精矿的回收率达到50%左右，尾矿经干燥后送回转窑烟化回收锌，其工艺流程见图 12-11。

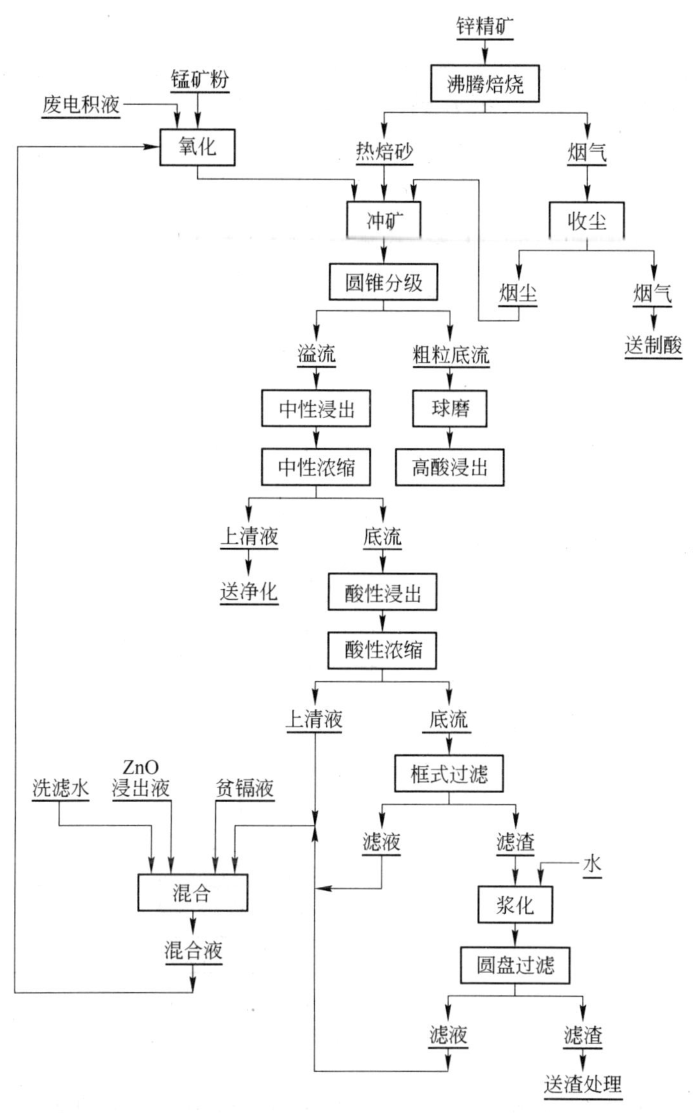

图 12-11 株洲冶炼厂热焙砂冲矿两段连续浸出工艺流程

该流程为两段逆流浸出（仅对分级后的少量大颗粒原料增加一段酸浸），即一段中浸和一段酸浸。中浸上清液送净化，中浸底流进酸浸，酸浸后的上清波再返回中浸。

湿法冲矿工艺流程的特点是在焙烧炉的排料口下面设置一溜槽，从炉内排出的热料直接落入溜槽内，并被连续流经溜槽的稀硫酸溶液（含 30～50g/L 的 H_2SO_4，俗称氧化液）带到矿浆分级器，分级溢流进中性浸出，分级底流经球磨后进酸性浸出。其优点主要有：(1) 省去了热焙砂的冷却设备；(2) 可以利用热焙砂的显热加热浸出溶液，减轻了浸出槽的加热负荷。

株洲冶炼厂新建的湿法炼锌系统未采用冲矿工艺，焙砂经冷却、球磨后送浸出系统，多余焙砂送焙砂储仓储存。其优点是：

（1）焙砂经干式球磨后，粒度较细，能取得较好的浸出效果，浸出渣含锌比冲矿浸出工艺低1%～1.5%；（2）由于设置了焙砂储仓，浸出部分不会因焙烧系统发生故障停产而受到影响。

日本安中电锌厂也采用复浸出-浸出渣浮选回收银后送回转窑挥发锌的流程，银入银精矿的回收率达到65%～80%，银精矿含银为4000～8000g/t，其工艺流程如图12-12所示。

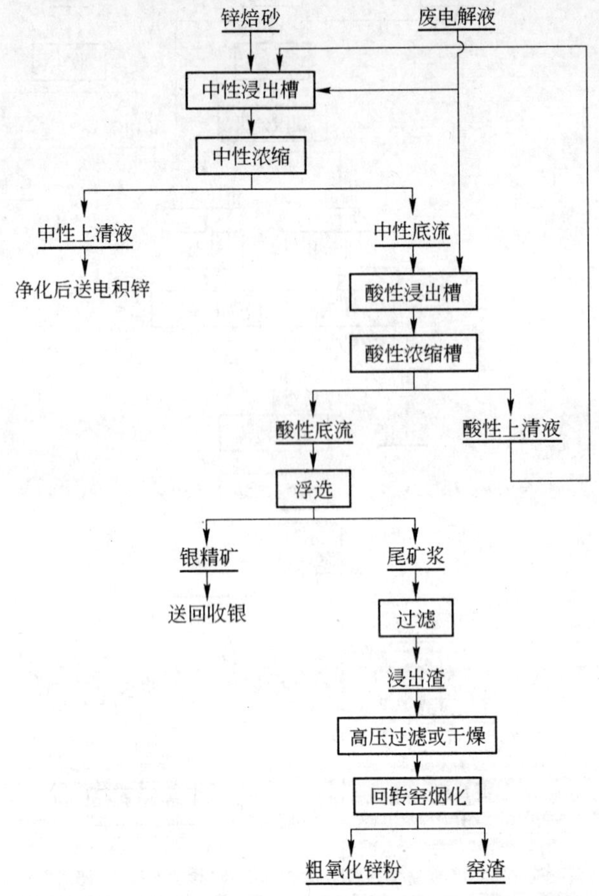

图12-12 复浸出-浸出渣浮选银后送回转窑还原挥发锌的流程

株洲冶炼厂和安中电锌厂的生产数据见表12-9。

表12-9 复浸出-浸出渣浮选后送回转窑挥发锌的生产数据

名　称	株洲冶炼厂	安中电锌厂	名　称	株洲冶炼厂	安中电锌厂
中性浸出温度/K	333～343	328	酸性浸出终点（pH值）	1.5～3	2.0
中性浸出终点（pH值）	5.0	4.2	酸性浸出时间/min	120	120
中性浸出时间/min	30～40	45	浸出渣率/%	40～55	—
酸性浸出温度/K	343～358	328	锌浸出率/%	85～87	—

图 12-13 所示为日本彦岛两段连续浸出工艺流程图。该流程亦为一段中浸和一段酸浸两段逆流连续浸出，它与株洲冶炼厂流程的区别是未采用热焙烧矿冲矿，焙烧矿经冷却、筛分，大颗粒不经酸浸直接返回焙烧。该流程的优点是：

（1）浸出料经两次分级能较好地保证焙砂粒度，能取得较好的浸出效果；（2）大颗粒中的锌主要以未氧化的硫化锌形式存在，浸出时不易溶解的 ZnS 返回焙烧，有利于提高浸出率。

图 12-14 所示为两段中性间断浸出工艺流程图。

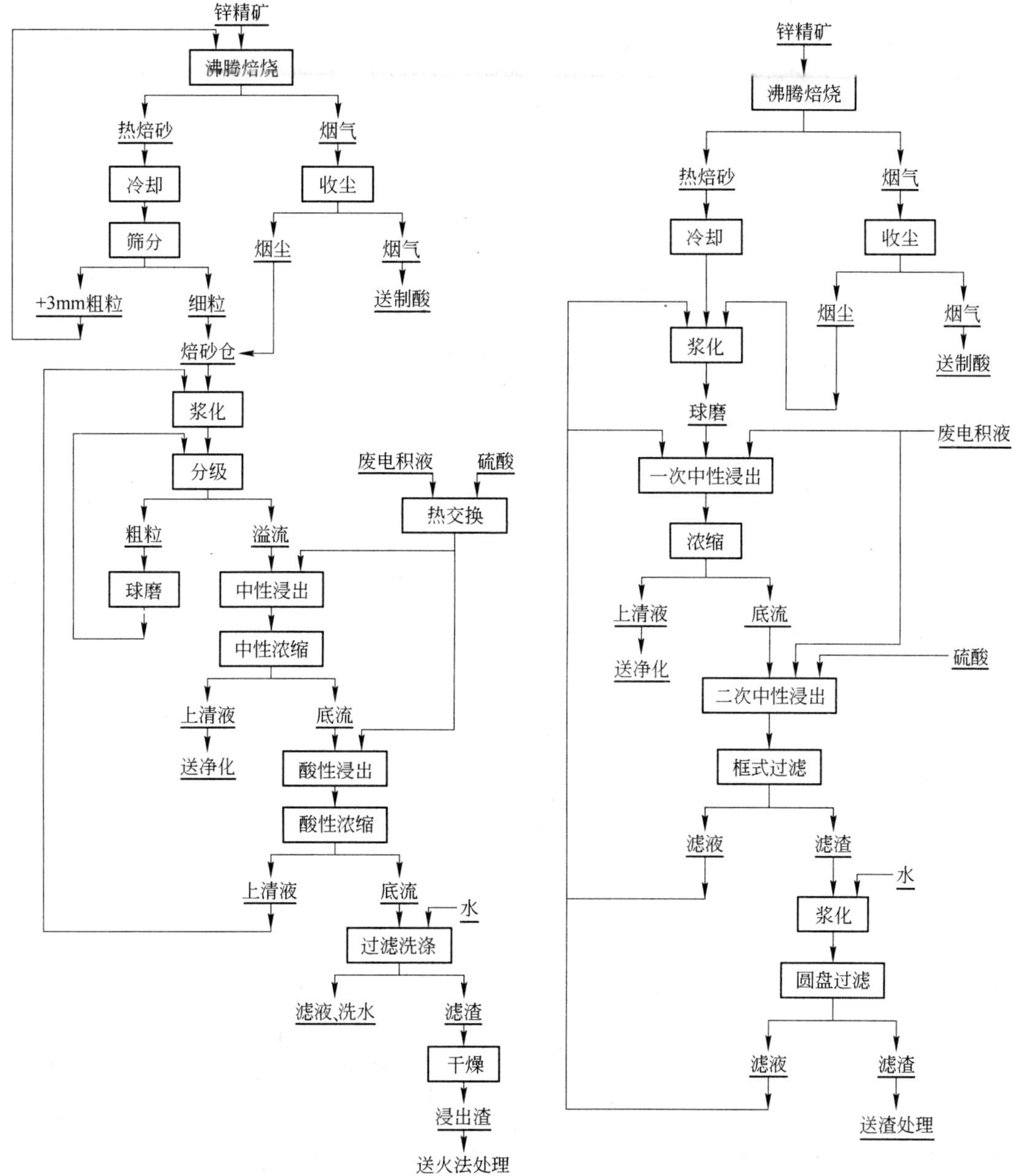

图 12-13　日本彦岛两段连续浸出工艺流程

图 12-14　沈阳冶炼厂湿法上矿两段中性间断浸出工艺流程

该流程特点是将焙烧矿在浸出槽内分批、间断、周期地进行浸出，即先将废电解液、二次浸出后的过滤液放入槽内，然后将焙烧矿及跑、冒、滴、漏、洗水等废液在球磨机内混合、细磨、浆化后用泵连续送到浸出槽内进行一次中性浸出。随着矿浆的进入，浸出槽内酸度不断降低，当达到浸出终点 pH 值为 5.2 ~ 5.4 时停止进料，并将槽内矿浆全部泵入浓缩槽澄清分离，浓缩槽的底流再进行第二次中性浸出。由此周而复始地进行作业。该流程的优点主要有：

（1）易于控制浸出条件，前后两槽的浸出矿浆质量互不干扰，如遇原料变化，可及时调整技术条件，对保证上清液质量有利；

（2）可减少杂质在过程中循环积累。

分析上述各工艺流程，可以看出采用二段浸出的目的是既要达到锌的最大浸出率，又要确保浸出液的质量。第一段中性浸出的目的是在尽可能除去铁、砷、锑等杂质的前提下保证浸出矿浆易于澄清、沉降，以获得质量良好、能满足净化工序要求的浸出液；再通过第二段浸出更好地提高锌的浸出率。

为了加大浸出速率，提高锌的浸出率，多数湿法炼锌厂非常重视焙烧矿的分级与磨矿。采用常规法浸出的工厂，由于没有高温高酸浸出段，为了提高锌的浸出率，磨矿显得尤为重要。通常要求进入浸出槽之前焙烧矿的粒度应 90% 以上要通过 0.1 ~ 0.074mm，有的厂甚至要求粒度为 0.04mm 以下的要占到 50% 以上。而许多工厂常常是采用更为灵活有效的办法，将分级出来的粗颗粒细磨后还单独增加一段酸浸以提高锌的浸出率。

B 浸出渣的烟化挥发

在湿法炼锌生产过程中所得浸出渣，因其中含有较多量的锌及一些有价金属（Pb、Cu、Cd、In、Ge 及 Au、Ag 等），必须加以回收。浸出渣的主要成分见表 12-10。

表 12-10 锌浸出渣成分 （质量分数/%）

厂别 \ 元素	Zn	Pb	Cu	Fe	CaO + MgO	Al_2O_3	S	SiO_2	Au + Ag
1	28.10	5.40	1.12	26.00	6.70	5.70	8.00	5.70	微
2	23.17	4.82	1.22	29.30	1.96	2.11	11.67	5.14	微
3	18.67	11.76	1.29	23.00	3.19	4.58	11.88	5.99	0.025
4	16.90	12.10	0.80	19.10	5.40	4.70	12.40	5.10	0.029

现代炼锌厂浸出渣的处理方法通常为烟化法和浸出法等，各厂不一。

烟化法处理锌浸出渣的实质是在高温（1000 ~ 1300℃）条件下，用碳作还原剂，使浸出渣中的 Zn、Pb、Cd 等金属氧化物还原成金属并挥发进入气相，再被炉气中的氧及二氧化碳氧化成金属氧化物（烟尘），从而达到分离回收的目的。烟化法根据所采用的设备不同又分为回转窑挥发工艺、烟化炉烟化工艺和旋涡炉熔炼工艺等。一般而言，经过高温固化的浸出渣，其中的重金属残留物多数都已经转化为难溶的硅酸盐，基本上实现了冶金废渣的无害化和减量化，可以大大减轻环境危害的程度。国内通常采用回转窑工艺及烟化炉烟化工艺。

a 锌浸出渣的回转窑烟化挥发

锌浸出渣回转窑处理过程是：将干燥后的浸出渣配入50%的焦粉（还原剂）混合，加入到回转窑中。当窑转动时，炉料随之翻动，在高温下（1100~1250℃）料中的金属氧化物（如锌、铅、镉及部分稀有金属）与还原剂碳接触，被还原成金属蒸气入气相，在气相中又被氧化成氧化物，随烟气进入收尘设备中被捕集下来。所得氧化锌烟尘即为处理浸出渣之产品。铜和贵金属金、银留于窑渣中。因此，挥发法是基于金属或金属氧化物易于还原挥发的性能，与不易挥发的金属及其化合物分离，从而使有价金属得到富集，为进一步提取创造条件。

1. 浸出渣中各种组分在回转窑挥发过程中的行为

锌在浸出渣中主要以铁酸锌（$ZnO \cdot Fe_2O_3$）、硫化锌（ZnS）、硫酸锌（$ZnSO_4$）、氧化锌（ZnO）及硅酸锌（$ZnO \cdot SiO_2$）等形态存在，铅主要以硫酸铅（$PbSO_4$）及硫化铅（PbS）形态存在。锌、铅化合物在窑内的主要反应如下：

（1）铁酸锌：锌精矿中的铁焙烧时生成铁酸锌，在常规浸出条件下铁酸锌几乎不溶解而残留于渣中，约占渣含锌量的50%~60%，在窑内的反应如下：

$$3(ZnO \cdot Fe_2O_3) + C = 2Fe_3O_4 + 3ZnO + CO$$

$$ZnO \cdot Fe_2O_3 + CO = ZnO + 2FeO + CO_2$$

$$ZnO + CO = Zn(g) + CO_2$$

当窑温在1050℃以上时，上述反应进行很快，且有部分氧化铁被还原为金属铁，促使氧化锌的还原。

$$ZnO + Fe = Zn(g) + FeO$$

$$ZnO \cdot Fe_2O_3 + 2Fe = Zn(g) + 4FeO$$

（2）硫化锌：焙烧矿中未被氧气的硫化锌，不溶于稀酸而残留于浸出渣中，约占渣含锌量的25%~30%，在窑内被强制送入的空气氧化，再被还原而挥发。此外，当窑内有金属铁和氧化钙存在时相互作用产生锌蒸气：

$$ZnS + Fe = Zn(g) + FeS$$

$$ZnS + CaO + C = Zn(g) + CaS + CO$$

（3）硫酸锌：硫酸锌是过滤时未被洗净而夹杂于渣中的。在回转窑预热段，窑温900℃左右并呈氧化性气氛时，发生下列反应：

$$2ZnSO_4 = 2ZnO + 2SO_2 + O_2$$

$$ZnSO_4 + C = ZnO + SO_2 + CO$$

$$ZnSO_4 + CO = ZnO + SO_2 + CO_2$$

ZnO进入高温带后被还原为Zn而挥发。但如果炉料混合搅拌不好及焦率过高，预热带呈还原性气氛时，$ZnSO_4$被还原成ZnS，其反应如下：

$$ZnSO_4 + 2C = ZnS + 2CO_2$$

$$ZnSO_4 + 4CO = ZnS + 4CO_2$$

（4）氧化锌：浸出渣中游离态氧化锌数量很少，其中一部分是由于尚未与稀酸反应留在渣中，按下式被还原：

$$ZnO + C \longrightarrow Zn(g) + 2CO_2$$

或

$$ZnO + CO \longrightarrow Zn(g) + CO_2$$

（5）硅酸锌：焙烧过程形成的硅酸锌一般都能硫酸破坏而被浸出，少量形成胶体物质而残留在浸出渣中。在温度1100～1200℃时被还原并挥发，其反应如下：

$$ZnO \cdot SiO_2 + C \longrightarrow Zn(g) + SiO_2 + CO$$

或

$$ZnO \cdot SiO_2 + CO \longrightarrow Zn(g) + SiO_2 + CO_2$$

当物料中含CaO时可加速$ZnO \cdot SiO_2$的还原

$$ZnO \cdot SiO_2 + CaO \longrightarrow ZnO + CaO \cdot SiO_2$$

（6）硫酸铅：铅在渣中大部分以硫酸铅形态存在，也有少量的硫化铅、氧化铅及硅酸铅（$PbO \cdot SiO_2$）。硫酸铅在窑内被还原成硫化铅，氧化铅被还原成金属铅，硫酸铅、氧化铅和硫化铅也可能进行相互反应形成金属铅：

$$PbSO_4 + PbS \longrightarrow 2Pb + 2SO_2$$

$$PbS + 2PbO \longrightarrow 3Pb + SO_2$$

过程中不论PbS、PbO还是Pb都能挥发，且以PbS、PbO挥发显著。

硫化铅可与其他金属硫化物形成冰铜，PbO与SiO_2形成低熔点的硅酸铅。所以当炉料含PbS过高时，产生的金属铅、铜锍及低熔点硅酸盐由于其渗透力强，会渗入窑衬而侵蚀炉衬，或使炉料部分熔融形成炉结恶化操作。炉料中配加较多的焦粉，采用强制通风、延长高温区、提高废气出口温度，可抑制炉结产生，也有利于铅、锌的挥发。

镉、铟、锗等挥发进入烟尘中并得到富集。

浸出渣中的铜以铁酸铜（$CuO \cdot Fe_2O_3$）及硅酸铜（$CuO \cdot SiO_2$）形态存在，贵金属以自由金属及硫化银（Ag_2S）形态存在于渣中，在回转窑内，铜、金、银及镓的化合物都不挥发，完全留在窑渣中。因此，当窑渣含铜、金、银较高时，须另行处理加以提取。

回转窑处理锌浸出渣可使大部分砷固定在窑渣中，窑渣性质较湿法渣稳定，含可溶重金属少，便于堆存。

2. 回转窑挥发过程的控制

（1）回转窑挥发的工艺流程：回转窑挥发处理浸出渣的流程见图12-15。

（2）回转窑的结构及技术性能：锌浸出渣挥发回转窑为长30～50m，外径2～3.5m，用$\delta = 16 \sim 20$mm锅炉钢板制成外壳、内衬耐火材料的圆筒体，窑体长径比（1：12）～（1：15），筒体用若干个支撑滚圈及托轮支撑在水泥基础上构成回转体，倾斜角一般为3°～5°。回转窑通过一个大齿轮与可调整转速的传动装置相连，转动速度60～120s/r。

窑头设有燃烧室，排料管，窑头密封圈及鼓入空气装置，窑尾设有加料管，密封圈，沉降室等，其结构示意图如图12-16所示。

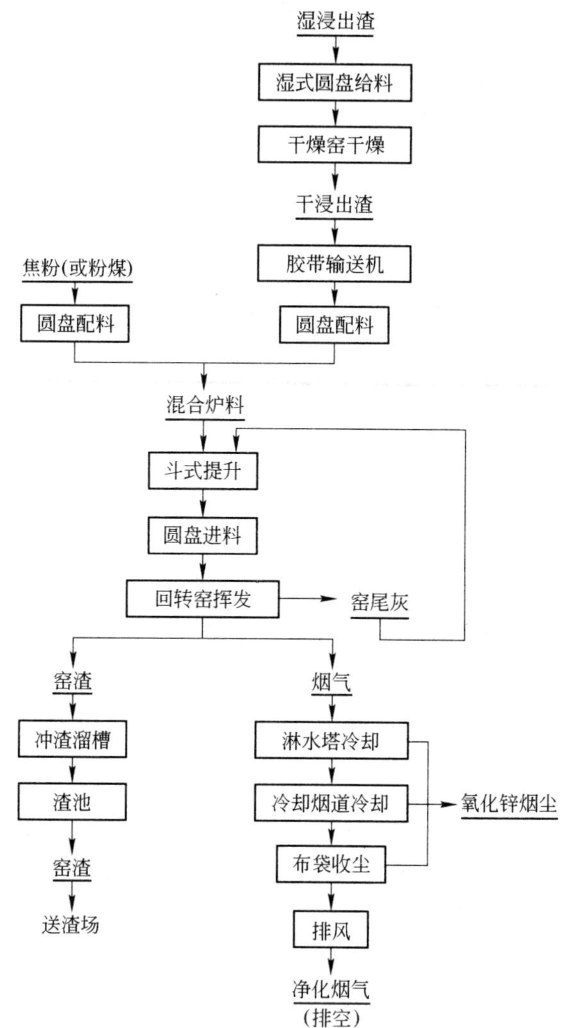

图 12-15　浸出渣回转窑挥发处理流程

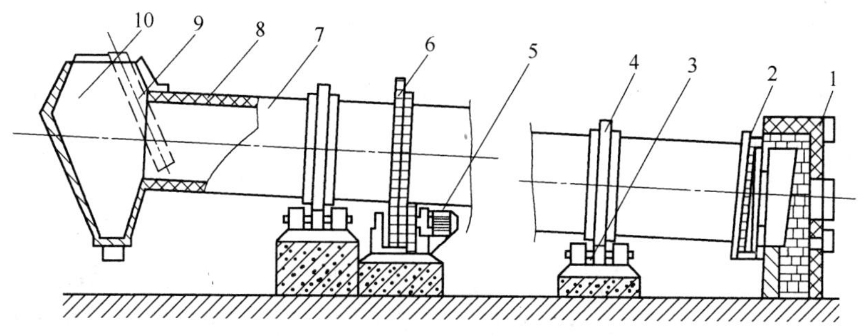

图 12-16　回转窑构造示意图

1—燃烧室；2—密封圈；3—托轮；4—支撑滚圈；5—电动机；
6—齿轮；7—窑身；8—窑内衬；9—下料管；10—沉降室

回转窑在高温条件下工作，既要承受高温化学腐蚀作用，又要承受炉料的机械磨损。要选择适当的耐火材料，以提高生产效率，延长窑寿命。耐火材料的选择根据炉料性质而定，锌浸出渣中碱土金属、特别是含铁较多，冶金过程形成的熔渣属碱性渣型，故以碱性耐火材料为好。国内锌浸出渣挥发回转窑技术性能实例见表12-11。

表12-11 挥发窑技术性能实例

项 目	厂 别	
	1	2
窑规格/m	ϕ2.84×44	ϕ2.3×32
有效直径/m	2.4	1.68～1.9
容积/m^3	200	91
反应带内衬	铝镁砖或高铝砖	镁质耐火砖
窑倾角/(°)	3	3
转速/$s \cdot r^{-1}$	60～120	60
挥发能力（接金属锌、铅计算）/$kg \cdot m^{-3}$	160～170	150
处理量/t·(日·台)$^{-1}$	230～240	105

（3）浸出渣的干燥：湿法炼锌所得浸出渣，因含水分很多（35%～45%），不能直接处理，需先进行干燥至含水12%～18%。干燥一般在较小型的回转窑内进行。干燥窑有两种结构，一种内衬耐火砖，另一种不衬耐火砖而在窑的内壁挂铁链。燃料可用重油或煤气。干燥温度衬耐火砖的窑控制在1000℃以上，不衬耐火砖的窑则较低。浸出渣中含硫酸盐多时衬砖窑经常发生结窑，需定时清除窑结。挂链的窑可有效地防止结窑，但脱水强度较差。以有效内径1.2m、长12m的衬砖窑为例，在转速1～2r/min、窑尾负压30～40Pa的条件下，控制窑头温度1000～1150℃、窑尾炉气温度250～350℃，干燥能力达5～6.5t/h浸出渣，干燥强度可达45kg/(m^3·h)。挂链窑的窑温控制较低，窑头约800～900℃，窑尾约250～300℃，干燥强度达40kg/(m^3·h)。

（4）回转窑操作与控制。

1）配料与加料：干燥后的浸出渣配入还原剂及燃料（焦粉或无烟煤），用量视浸出渣铅锌含量及性质而定。为保证窑内的反应温度及铅、锌的还原挥发，并使炉料具有一定的疏松性，焦粉配加量一般为浸出渣的50%左右。焦率过高使窑温太高、还原性气氛太强，随窑渣排出的剩余焦粉增加不利于节能降耗；焦率过低则炉料疏松性差、透气性不好，使铅、锌的还原挥发不完全，有价金属的回收率下降。同时还可能产生结窑。焦粉粒度对铅、锌挥发会产生影响，粒度太粗，炉料虽透气性好，但与浸出渣相互接触表面小，且焦粒粗料易过早软化，不利铅锌还原；粒度太细，炉料透气性差，也不利铅、锌还原。适宜粒度为5～15mm。一般要求焦粉的固定碳65%～75%，挥发分7%～8%，灰分12%～18%。

炉料的各组分通过给料装置按配料比给入混料装置混匀，均匀连续不断地加入回转窑。加料速度要适当，一般保持炉料填充率为回转窑断面的15%左右。随窑体转动，炉料被带至较高部位并被扬起落下，跌落过程中炉料不断混合翻动，使金属氧化物与还原剂炭良好接触，同时加强了炉料与高温烟气之间的换热，有利于冶金反应的进行，以获得较高的锌、铅挥发率。填充率不宜过高，否则料层过厚翻动不良，会引起挥发指标降低。

2）窑温控制：窑内必须保持必要的高温。回转窑的热源主要依靠焦粉的燃烧和锌蒸气的氧化放热。依据窑内温度，炉料在窑内分为四带，即干燥带、预热带、反应挥发带和冷却带。料中铅锌挥发多少决定于窑内反应挥发带的温度和长短。反应带炉料的最高温度可达1200℃。炉料温度愈高，锌、铅氧化物还原愈快，挥发得愈完全。但温度过高，一是可能引起炉料熔结，反而降低挥发效率；同时还会造成炉衬的过早损坏。以某厂 φ2.4m×44m 锌渣挥发窑为例，窑内烟气及炉料沿窑长的温度分布曲线见图12-17。各带长度与温度区间见表12-12。

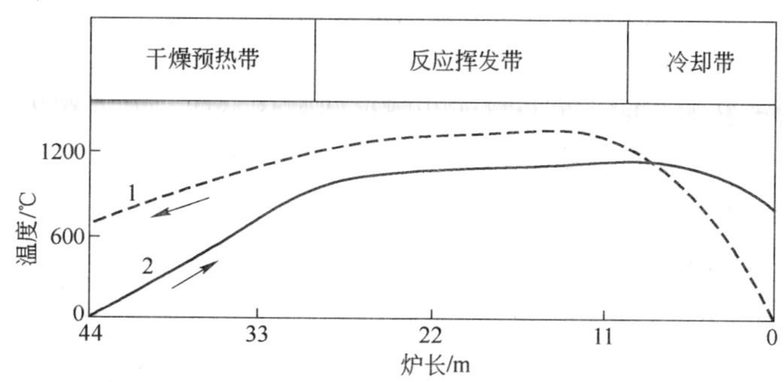

图12-17　回转窑内烟气及炉料的温度分布

1—烟气温度；2—炉料温度

表12-12　窑内各带长度及温度区间

项　目	距离窑头/m	炉料温度/℃	炉气温度/℃
干燥带	0~8	300~700	700~750
预热带	8~15	700~1000	1000~1100
反应带	15~37	1000~1200	1200~1300
冷却带	37~44	700~1000	650~900

3）强制送风：强制鼓风是在窑头插入风管，斜对料面并距料面100~150mm处鼓入压力为0.2~0.25MPa的压缩空气。这样可增长窑内反应带，保持有适当高的温度，增加氧化气氛。同时能使局部炉料扬起，造成良好的翻动，从而使锌、铅更好挥发，提高生产效率。实践证明，采取强制鼓风，窑的挥发能力提高10%~20%。

4）窑内负压的控制：窑内负压是决定强制鼓风的基本条件之一。负压过大，进入冷空气增多，窑内温度降低，反应带往后移，尾部温度升高，而且机械带尘也多，影响氧化锌质量。负压小，窑前部有冒火的危险，并产生局部高温，反应带缩短。生产实践中，以控制窑尾负压在50~80Pa为宜。

5）回转窑转速：窑转动快慢，决定着炉料在窑内停留的时间。转速过快，炉料还原反应进行不完全，窑渣含锌高，转速太慢，易使炉料发黏，生产量减少。一般以炉料在窑内停留时间2~3h控制转速，正常转速为0.7~1r/min。

6）回转窑的生产率：回转窑的生产率依据窑内有效容积（即衬里内的容积）而定，一般取窑的日生产率为每1m^{3}有效容积处理的炉料量（t）。另一种计算法是按窑的挥发能力，即每昼夜每1m^{3}的有效容积挥发的锌、铅总量（kg）。窑的挥发能力依据料中锌、铅比值不同而异，列示如下：

炉料中（Zn：Pb）：	1：1	1.5：1	2：1	2.5：1	3：1	4：1	10：1	15：1
挥发能力/$kg\cdot(m^3\cdot d)^{-1}$：	95	100	105	112	120	125	135	160

7）开窑操作：新砌或大修后的窑，内衬必须先进行烘烤，脱去其中的水分，以稳定耐火材料性能。严格掌握回转窑的烤窑操作，对延长窑寿命是一个重要环节。

烘烤窑和开窑程序及注意事项如下：

①点火前对窑内及其设备、仪表进行认真检查，确认无误后才能点火。

②先打开直升烟道，点火后在100℃以内最好用木柴，也可直接用煤气或重油小火焰进行烘烤，必须严格控制升温速度，窑尾温度波动不超过15℃。

③严格控制窑的转速，防止窑身弯曲和耐火砖受热不均。温度在200℃以内时，间断转动窑体0.5～1r/h，温度在200～300℃时，间断转动窑体1～2r/h，温度在300℃以上时，窑体转动控制在0.5～1r/min。

④当窑尾温度升到700～800℃时，开始进料，一般先加焦粉约1.5t，然后加混合料。约1～2小时后，当物料到达高温反应带时，可插入风管开始强制鼓风，关闭直升烟道，开动排风机收尘。

⑤注意调节排风机抽力，控制窑尾负压在30～50Pa，防止造成窑内温度迅速下降。

⑥进料时注意窑尾温度必须保证在700℃以上，方可关闭煤气或重油，温度过低可延长煤气或重油燃烧时间，确保窑的正常运行。

新窑烤窑一般为3天左右，局部修窑1～2天即可。

8）停窑操作：锌渣挥发窑工作稳定、连续，一般很少停窑。当发现窑内，主要是反应带的衬砖，由于高温化学腐蚀与磨损使厚度减薄，须停窑检修更换；或因其他设备影响需要停窑时，时间较短可以停料保温，时间很长则停窑另行升温开窑。

停窑操作较简单，操作程序为：

①停止加料，继续加入部分焦粉，待物料中的锌基本挥发完全后，再打开直升烟道，停排风机。

②停料后，尽量关闭所有开口，控制直升烟道开启度，继续转动回转窑，平缓降温直至完全冷却，最后停抽风机。

（5）回转窑常见故障及处理方法。

1）炉料熔融与黏接：回转窑操作中最常见的故障是炉料结圈。结圈严重时炉料不能向前运动，迫使停窑。结圈物的矿物组成主要是橄榄石、辉石、ZnS和$Fe_{21}O_{23}$等，其组成见表12-13。

表12-13 回转窑结圈的成分示例

项 目	Zn	Pb	Cu	Fe	S	SiO_2	Ca	Mg
表面层	18.21	0.25	0.58	22.49	13.15	24.72	3.76	2.11
中间层	22.20	0.32	0.68	17.71	17.86	24.60	3.64	1.48
底 层	18.0	0.39	0.88	17.81	15.36	25.90	4.48	2.01

防止及处理窑结圈的方法是经常观察窑内情况，及时打掉结圈黏结物。加入适量的石灰，可以起防止熔化和黏结作用。如出现炉料发黏，可增加焦粉量或适当开大窑尾负压，适当调整窑体转速。结圈严重时，可停止加入炉料而改加焦粒，同时提高炉温，这样结圈可逐渐熔化，并被焦屑磨掉和吸附而排出。一般经一昼夜可把结圈消除。

2）炉料分层：当窑内温度过高时，炉料中的浸出渣过早熔化，密度较小的焦粉在窑内被熔体排挤、浮在熔体表面，形成分层现象，影响金属氧化物的还原。

防止及处理炉料分层的方法是适当增加窑尾负压，并将风管提高离开料面，控制窑温回复正常范围；同时适度加快窑体转速放出部分熔渣。如系局部高温产生熔化分层，则可调整风管位置，适当降低风机抽力，使窑内温度趋向均匀。

3）窑头回火、窑尾冒烟：排风机突然停车、烟道系统堵塞或窑尾密封圈和沉降室漏风严重，收尘系统突然阻力增加或抽力减少等都可造成窑内负压不足而引起窑尾冒烟，严重时引起回火。发现这种情况，及时找出原因，分别进行处理。

4）窑体振动、窜动：窑体安装不正或由于窑内严重结块，各部受力不均都会使窑体产生振动。防止及处理方法为经常检查各部零件及润滑部分，及时清除窑内结块。如突然停电，要马上设法用人工盘车，使窑转动。当出现窑体窜动时应对托轮进行适当调整。

（6）浸出渣挥发产品的质量及挥发技术经济指标。

1）产品质量：挥发窑主要产品为氧化锌，按其产出部位不同可分两种，一种为冷却烟道所收集，称为烟道氧化锌，其量约占45% ~48%；另一为布袋收尘器收集的，称为布袋氧化锌，其量约占52% ~55%。前者含锌45% ~56%，锌可溶率95% ~96%；后者品位较高，含锌可达65%以上，锌溶出率97% ~98%。一般将其合并经多膛炉焙烧脱氟、氯后送氧化锌浸出系统。两种产物的成分见表12-14。

表12-14 烟道氧化锌及布袋氧化锌的产品成分 （质量分数/%）

种类＼成分	锌	铅	铟	锗	砷	锑	氟	氯	铁	锌可溶率
烟道氧化锌	45 ~ 56	9 ~ 11	0.02 ~ 0.071	0.001 ~ 0.004	<0.5	<0.02	0.07 ~ 0.15	0.1 ~ 0.2	0.5 ~ 1	95.55
布袋氧化锌	66 ~ 68	8.5 ~ 9.5	0.03 ~ 0.08	0.002 ~ 0.005	<0.5	<0.02	0.06 ~ 0.1	0.06 ~ 0.12	0.5 ~ 1	97.53

株洲冶炼厂回转窑挥发所处理的浸出渣及挥发窑产品组成分见表12-15。

表12-15 回转窑处理浸出渣的原料及产品实例 （质量分数/%）

物料	Zn	Pb	Cd	Cu	S	As	Sb	C	Ag/g·t^{-1}	In
浸出渣	20 ~ 22	3.2 ~ 3.5	0.3 ~ 0.35	0.83	6 ~ 7	0.8 ~ 1.0	0.2 ~ 0.3		220 ~ 300	0.05 ~ 0.06
窑渣	1.5 ~ 2.5	0.3 ~ 0.5	0.1	0.7 ~ 1.2	4 ~ 5	0.4 ~ 0.5	0.06 ~ 0.1	15 ~ 22	150 ~ 200	0.016 ~ 0.026
氧化锌粉	60 ~ 62	8 ~ 10	1.5 ~ 2.5		2 ~ 3	0.4 ~ 0.5	0.06 ~ 0.15	2.5 ~ 3.5	150 ~ 200	0.15 ~ 0.18

浸出渣中有价金属的回收率如下（%）：Zn 92~94，Pb 82~84，In 80~85，Ge 32~35，Ga 14，Cd 90~92。

2）回转窑炉寿：回转窑生产中十分关注的问题是窑体寿命。在正常生产中，由于料处于高温和不断沿窑衬向前运行状态，因此窑衬受到窑渣的化学侵蚀和机械冲刷磨损两种作用。这样窑衬逐渐变薄，达一定程度后不能生产，必须停窑换衬。窑体寿命视窑衬材料、窑渣组成及操作情况而定。在同样操作情况下，由于窑渣中形成的FeO在高温下能形成$FeO \cdot SiO_2$和$FeO \cdot Al_2O_3$，对黏土砖和高铝砖窑衬有较强烈的化学侵蚀作用，特别是窑渣中SiO_2不足时，此化学侵蚀作用更甚。所以用铝镁砖或镁砖作衬比用黏土砖或高铝砖窑体寿命较长。用高铝砖寿命约1个月，而用铝镁砖或镁砖则可达2.5个月左右。某厂采取反应带外壳喷水强制冷却的措施，对延长炉寿有一定作用。

株洲冶炼厂三座回转窑的规格、操作条件及技术指标见表12-16。

表12-16 株洲冶炼厂回转窑的规格、操作条件及技术指标

项 目	技术规格及指标	$\phi_{内}$ 2.75m×44m $\phi_{外}$ 3.3m×44m	$\phi_{内}$ 2.9m×52m $\phi_{外}$ 3.45m×52m	$\phi_{内}$ 3.6m×58.2m $\phi_{外}$ 4.15m×58.2m
工艺操作条件	窑转速/$r \cdot min^{-1}$	0.5~1	0.5~1	0.5~0.67
	压缩风压/MPa	0.18~0.2	0.1~0.14	0.16~0.2
	最高温度/℃	1150~1250	1200~1300	1200~1300
	窑尾温度/℃	500~800	550~800	550~800
	焦率/%	45~55	55~60	55~60
	烟气量/$m^3 \cdot h^{-1}$	20000~25000	30000~35000	40000~50000
主要技术指标	窑渣含锌/%	1.5~2.5	1.8~2.5	2~3
	锌回收率/%	92~95	90~93	90~92
	铅回收率/%	85~90	85~90	85~90
	焦粉单耗/$kg \cdot t_{ZnO}^{-1}$	1800~2000	2000~2200	2200~2400
	氧化锌产量/$t \cdot d^{-1}$	45~50	60~70	95~120

（撰稿 冯桂林 陈为亮）

b 锌浸出渣的烟化炉挥发

采用烟化炉还原挥发工艺直接处理湿法炼锌的浸出渣，是我国有色冶金工程技术人员自主研究开发的湿法炼锌渣处理工艺。

烟化炉烟化挥发工艺属于熔池熔炼范畴，熔池熔炼的冶金反应过程是在动态的熔池中完成的。熔池熔炼利用工艺气体的喷射作用使熔池中的高温熔体剧烈搅动，与直接投入熔池中的炉料混合并使其分散和加热，从而迅速完成高温冶金物理化学反应过程的强化冶金过程。

烟化炉还原挥发铅锌炉渣工艺的工业应用，最早可追溯到20世纪20年代末。1920年，加拿大特累尔（Trail）炼铅厂已经采用烟化炉处理铅鼓风炉渣；1927年，美国蒙大拿州东海伦娜（East Helena）炼铅厂投入生产，铅锌炉渣处理也采用烟化炉还原挥发。在熔池熔炼过程从单纯向熔体中鼓入空气使熔体中可燃烧的组分产生氧化反应（炼钢转炉），发展到在鼓入工艺气体的同时，将固体燃料和还原剂（粉煤）鼓到熔体之中，气、液（熔融炉渣）、固（碳质燃料及还原剂）的多相反应和空间气-气反应都在同一个反应器中完成。燃料燃烧产生的热量保证了过程进行的必要的温度和满足了还原过程对外加热量的要求，固体还原剂与熔渣中的氧化物发生还原反应并挥发进入炉气空间，再与专门补入的空气发生氧化反应。铅锌炉渣烟化技术的工业应用，标志着熔池熔炼向新的技术领域的发展。

1. 烟化炉烟化挥发的过程原理及影响因素

铅锌熔渣烟化的实质属于还原挥发过程，利用工艺气体（一般为空气）将粉煤通过喷嘴喷射到烟化炉内的熔渣中，一部分粉煤燃烧发热、保持熔体处于高温状态，一部分粉煤将熔渣中的铅锌化合物还原成金属，并以气态挥发进入气相，气相中的铅锌金属蒸气随气流上升到炉膛上部空间和进入烟道，与烟气中的 CO_2 和从二次风口吸入的空气发生氧化反应成为 ZnO 和 PbO 形态，被收尘设备捕集后得到回收。在上述过程中，In、Cd、Sn 和部分 Ge 也同时挥发进入烟尘而得到富集。

在烟化挥发含铅锌熔渣的过程中，必须使熔池保持一定的高温和足够高的还原势，熔池温度和还原势靠调整粉煤与空气的比例来实现。当需要提升炉温时，一般控制空气过剩系数 α 的数值为 0.8 ~1.0，使碳尽可能完全燃烧发热提高熔体的温度；然后控制 α 值为 0.6 ~0.7，以提高炉内的还原势，达到将炉渣中的铅锌氧化物还原为金属并挥发进入气相的目的。

大量热力学研究的成果已经确认，温度高于 1200℃时，ZnO、$ZnO \cdot Fe_2O_3$ 以及大部分 $ZnO \cdot SiO_2$ 都已被还原，铅的化合物较锌的化合物更容易被还原。所以，在满足锌还原挥发的条件下，铅的还原挥发更彻底。

影响烟化挥发过程的主要因素有燃料、鼓风强度及空气过剩系数 α 值、温度、入炉物料及渣含金属量及渣型组成等。尽管天然气、氢气作为燃料及还原剂具有很多优点，但考虑工业生产的经济性和能源供应的现实条件，一般采用挥发分含量较高的煤种制备粉煤即可保证过程需要；鼓风强度直接影响熔炼炉温和过程强化程度、工艺过程的炉气量和金属蒸气压，空气过剩系数 α 值是影响 CO_2/CO 比值的主要因素，鼓风强度决定于燃料消耗和 α 值。在一定数值内，α 值愈大，CO_2 分压愈高，燃料燃烧更完全，可以获得更高的熔炼温度和更大的生产率。反之，α 值愈小，CO 分压增大，炉内的还原势增强。实践表明，控制还原期的 α 值为 0.62 ~0.65 时，85%以上的锌可被还原挥发，铅的挥发率可达 95%；在其他条件相同时，提高烟化过程的温度和延长吹炼时间对锌、铅的挥发有利。研究数据表明，随着温度的提高，锌、铅挥发率相应增高。过程温度过低，还原速度和挥发速度都会降低，同时熔渣黏度增加甚至结炉。但过程温度超过 1350℃后，由于铁氧化物被还原成金属铁，可能形成炉内积铁和生成 Zn—Fe、Sn—Fe 等合金，不利于烟化作业。因此，烟化温度一般控制在 1150 ~1300℃之间。入炉物料中的锌、铅品位高，可获得较高的金属回收率和较低的作业费用。目前，烟化炉处理的物料中含锌不宜低于 5% ~6%。为避免铁的还原和铁合金生成和考虑作业的经济性，烟化炉抛渣含锌不宜过低，一般控制 0.8%左右，还应综合考虑挥发速度、反应物的活度、炉渣熔点、密度及黏度等各种因素。烟化过程的炉渣主要是由炉料和燃煤带入的 FeO、SiO_2、CaO 及 Al_2O_3 等组分构成的多元体系。FeO

组分的加入会使炉渣的密度有所提高、但可降低熔点和黏度，对吹炼过程有利。对于铅锌炉渣的还原挥发，渣型组成中 FeO 含量过高容易产生积铁和铁合金，一般控制不大于20%，CaO 不小于14%，SiO_2 30%左右，CaO/SiO_2 比0.7～0.75。Al_2O_3 对炉渣黏度影响大，应尽量避免带入。

熔池深度也是影响挥发效果的一个因素，熔池愈深，粉煤的有效利用率愈高，有利于降低煤耗，但金属挥发速度相对降低，需要延长吹炼时间。实际生产过程中采用深熔池作业，虽然每一周期吹炼时间有所延长，但每次处理的熔渣量相对增加，因此设备的生产率不一定降低。应当指出，熔池不宜过深，受鼓风机压力和鼓入风量的限制，过深的熔池，工艺气体难以穿透，会造成熔渣鼓泡搅动不良，粉煤也难以均匀喷入，将给作业带来困难。

烟化炉结构见图12-18。

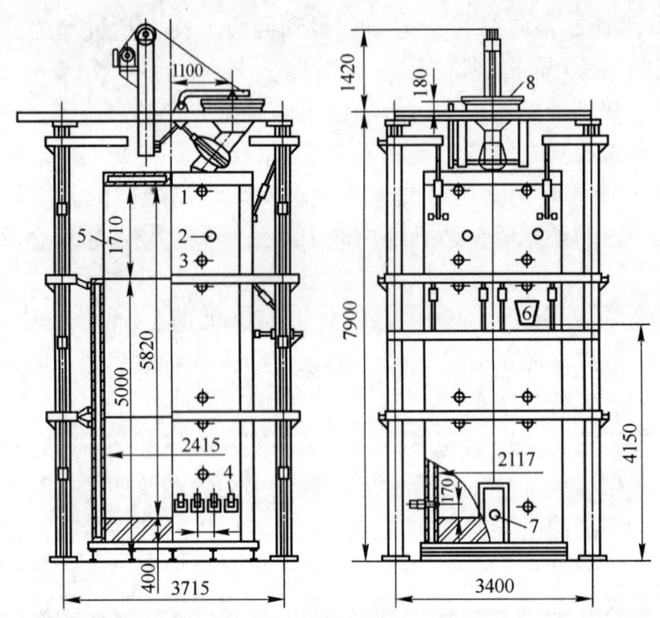

图12-18　烟化炉结构示意图

1—水套出水管；2—三次风口；3—水套进水管；4—风口；5—排烟口；6—熔渣加入口；7—放渣口；8—冷料加入口

烟化炉是一种矩形竖式全水套（包括炉底）冶金炉。受风口工艺气体射流穿透能力的限制，炉宽一般不超过3m，设备规模能力通过调整炉体长度来增减炉床面积。在侧墙上距炉底平面100～250mm、按中心间距布置风口。端墙一端靠近炉底部位设置放渣口，侧墙中上部设有与鼓风炉电热前床溜槽相连的熔渣加入口，稍高部位设有冷料加入口，在冷料口与炉顶水套之间适当位置设置数个3次风口。烟化炉顶部通过一段倾斜水套烟道与废热锅炉相连，废热锅炉后面是收尘系统，收尘系统后面必要时设置烟气脱硫装置。

烟化炉挥发过程为周期性作业，开炉无需预先烘炉，来自鼓风炉电热前床的高温炉渣直接加入到炉内，同时鼓入空气及粉煤，控制风煤比使炉温迅速升高至1250℃以上，然后转入还原期，还原挥发渣中的铅、锌等金属。一般控制熔渣含锌降低到1%～2%时即为吹炼终点，放渣后开始下一周期的作业。

烟化炉烟化挥发铅锌炉渣的操作技术条件一般为：

作业温度：1200～1250℃

作业周期：70～150min

空气过剩系数（α）：加热期0.75～1.0，还原期0.55～0.7

鼓风压力：40～70kPa

主要技术经济指标如下：

单位生产率：30～50t/(m^2·d)

锌单位挥发量：4～6t/(m^2·d)

粉煤单耗：0.17～0.27t/$t_{渣}$

金属回收率：Zn 85%～95%，Pb 95%～99%

烟尘品位：Zn 50%～65%，Pb 10%～30%

弃渣含 Zn <2%，Pb <0.2%

2. 锌浸出渣烟化炉烟化挥发工艺的开发

云南驰宏锌锗股份有限公司自20世纪60年代开始，一直采用鼓风炉化矿-烟化炉挥发富集熔炼工艺处理富锗铅锌氧化矿。进入21世纪，随着铅锌氧化矿资源的消失，鼓风炉化矿已远不能适应烟化炉的生产，而硫化锌精矿焙砂浸出过程产出的大量浸出渣需要进一步处理。为适应生产发展的需要，该公司开展了湿法炼锌渣烟化炉还原挥发生产氧化锌的研究，在工业生产的6.6m^2烟化炉上，烟化挥发硫化矿系统产出的含锌8%～18%的焙烧矿浸出渣。浸出渣经干燥、压密造块，冷料直接入炉处理，先后开展了单独处理锌浸出渣、全冷料入炉烟化及鼓风炉熔渣配加锌浸出渣烟化两种工艺路线的试验。

单独处理锌浸出渣、全冷料入炉烟化试验的锌渣包括来自现行生产过程产出的高锌渣、铅银渣以及历年生产堆存的混合锌渣。成分组成见表12-17。

表12-17 烟化试验各种锌渣的组成 （质量分数/%）

分类		Zn	Pb	Fe	SiO_2	CaO	MgO	Al_2O_3	S
流程产出	高锌渣	19.65	2.24	4.48	4.89	19.60	2.52	1.64	13.00
	铅银渣	13.61	7.86	13.60	5.20	8.97	2.13	1.40	14.45
堆存混合渣		16.63	5.05	9.04	9.09	14.29	2.32	1.52	13.73

燃料及还原剂采用工厂附近地区产出的劣质烟煤：固定碳49%～51%，挥发分16%～17%，灰分34%～35%。

试验先后进行了多种加料方式、渣型调配、炉料制备方式的试验及人工手动控制与计算机过程控制的操作控制试验。通过试验确定，锌渣经干燥、配加少量氧化锌矿压密造块，采用预留部分熔渣、全冷料开炉，大风、高温强化熔炼操作，分次间断进料、定时部分放渣的周期性连续烟化操作制度，工艺顺行、流程通畅。工业试验连续稳定运行18.26天，进料1800余吨，放渣266次。获得的技术经济（平均）指标见表12-18。

表 12-18 锌浸出渣烟化试验技术经济指标

项目名称		指 标	项目名称		指 标
原料处理量(干重)/t		1811.5	金属挥发率	$w(Zn)/\%$	95.46
炉床面积/m^2		6.6		$w(Pb)/\%$	97.69
炉床能力(湿)/$t\cdot(m^2\cdot d)^{-1}$		17.29		$w(Ge)/\%$	96.02
耗煤率/%		54.25	烟尘品位	$w(Zn)/\%$	52.08
烟尘率/%		32.65		$w(Pb)/\%$	11.57
产渣率/%		80		$w(Ge)/\%$	0.0306
金属回收率	Zn/%	94.26	渣含金属	$w(Zn)/\%$	0.98
	Pb/%	94.76		$w(Pb)/\%$	0.11
	Ge/%	94.49		$w(Ge)/\%$	0.0005

试验结果表明：采用烟化炉烟化挥发工艺全冷料入炉周期性连续烟化操作制度，单独处理锌浸出渣综合回收有价金属，技术可行、经济合理，可作为一种独立的新型渣处理工艺应用于湿法炼锌系统。

根据该公司为铅锌综合冶炼厂，同时产出鼓风炉还原熔炼铅渣和锌湿法浸出渣的实际，在工业生产规模的系统上，开展了锌浸出渣与鼓风炉熔渣的配比分别为0.5∶1，1∶1，1.5∶1和2∶1的烟化炉烟化挥发试验。结果显示，锌浸出渣压密造块、冷料直接入炉烟化挥发工艺对原料的适应性良好，不论两者的配比如何变化，烟化效果均能达到预期目的。

为改善冷料直接入炉对炉内热工制度的影响，加速固体锌渣的熔化速度和强化过程，开展“大风高温强化熔炼技术攻关”，进行了不同鼓风强度的试验。有关试验数据见表12-19。

表 12-19 烟化炉鼓风强度与吹炼周期的关系

炉 序	锌渣加入比例/%	鼓风强度 /$m^3\cdot(m^2\cdot min)^{-1}$	作业周期/min	渣含锌/%
1	40	37	160	0.87
2	40	42	130	0.86
3	40	45	100	0.79

结果显示，增大鼓风强度，炉内熔渣搅动更加剧烈，加快了固体锌渣在高温熔体中的分散过程，加速了熔化、脱硫及还原挥发速度，作业周期明显缩短，过程得到了强化。

为适应锌渣压密造块冷料入炉和大风高温强化熔炼工艺的需要，对烟化炉本体进行了技术改造：

(1) 将冷料加入口的位置提高2m，解决了大风高温强化熔炼条件下、熔渣喷溅堵塞冷料口造成加料困难的问题，并设置用丝杆控制的水套闸板，控制调整加料口开启度，减少了高温烟气外泄对操作环境的污染危害；

(2) 由于鼓风强度提高，入炉风速由71m/s提高到101.9m/s，炉底水套的冲刷和腐蚀损伤加剧。为此，采用双层水套炉底代替单层水套炉底，大幅度提高了炉底的使用寿命，检修周期延长1倍以上；

(3) 为适应保留部分底渣、以加速固体冷料熔化的操作制度，放渣口设置锥形水套渣塞。采用调节水冷强度控制渣开口放渣和堵塞渣口的操作，既方便了放渣操作，又保证操作过程可靠性和安全性。

为提高烟化炉的生产效率，保证在安全生产前提下获取稳定的工艺技术指标。在充分总结具有代表性的风口操作人员的操作经验及技术经济指标的基础上，开发了烟化炉计算机在线检测控制系统。采用红外温度传感器、图像识别系统、PLC 控制器、专家经验模型及工控机，形成闭环优化模糊控制（EECS）系统，实现烟化过程的在线检测和控制。系统可根据炉况变化，自动修正给煤量，再通过信号合成器将给煤增量与专家经验合成、量化，最终形成控制信号，保持吹炼过程的优化状态。

在取得成功的基础上，锌浸出渣烟化炉烟化挥发工艺正式应用于工业生产。2000 ~ 2007 年共处理湿法炼锌渣 315kt，回收氧化锌含锌金属 42. 6kt。

3. 驰宏锌锗公司锌浸出渣烟化挥发的工业实践

（1）锌浸出渣的主要成分如下：

Zn 8% ~18%，Pb 2% ~5%，Ge 0. 013% ~0. 018%，Ag 0. 015%。

（2）工艺流程：来自硫化锌精矿焙砂浸出系统含水为 28% ~30% 的浸出渣，用 ϕ1. 4m ×12m 回转窑干燥至水分 10% ~15%，配入 20% 的氧化锌矿作为黏结剂，通过混料碾压-压密造块，块度控制 40mm ×40mm ×20mm，经皮带运输机送至烟化炉冷料仓备用。

烟化炉在上一作业周期结束后，在保留部分熔渣和正常鼓风条件下加入第一批浸出渣块料，然后加入鼓风炉熔渣，第二批冷料在熔渣加完之前全部加入炉内。在计算机控制系统控制下进行升温，当炉内温度达到 1250℃以上时，自动转入还原挥发阶段。接近周期末尾时，计算机控制系统自动判断吹炼过程到达终点后，发出结束吹炼、准备放渣的信号。操作工控制渣塞水套的水温，开口放渣。当熔池渣面下降到一半左右时，加大渣塞水套的水量，迅速降低渣口温度，使流过渣口通道的熔渣冷却凝固，自动堵住渣口，转入下一作业周期。

锌浸出渣压密造块的工艺流程见图 12-19，烟化挥发工艺流程见图 12-20。

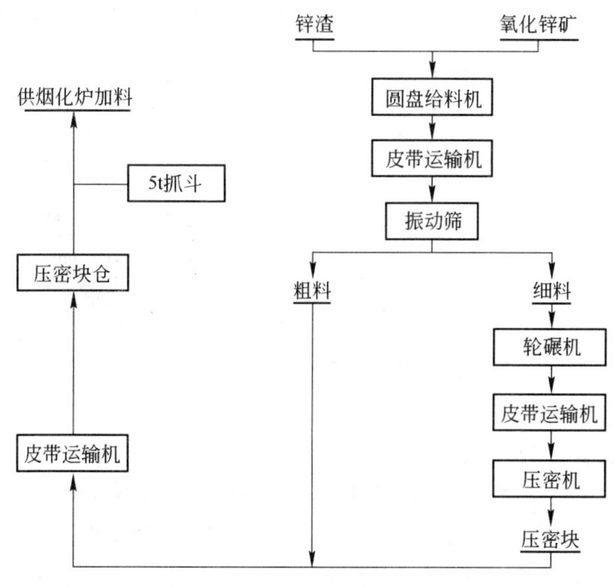

图 12-19　锌渣压密造块工艺流程

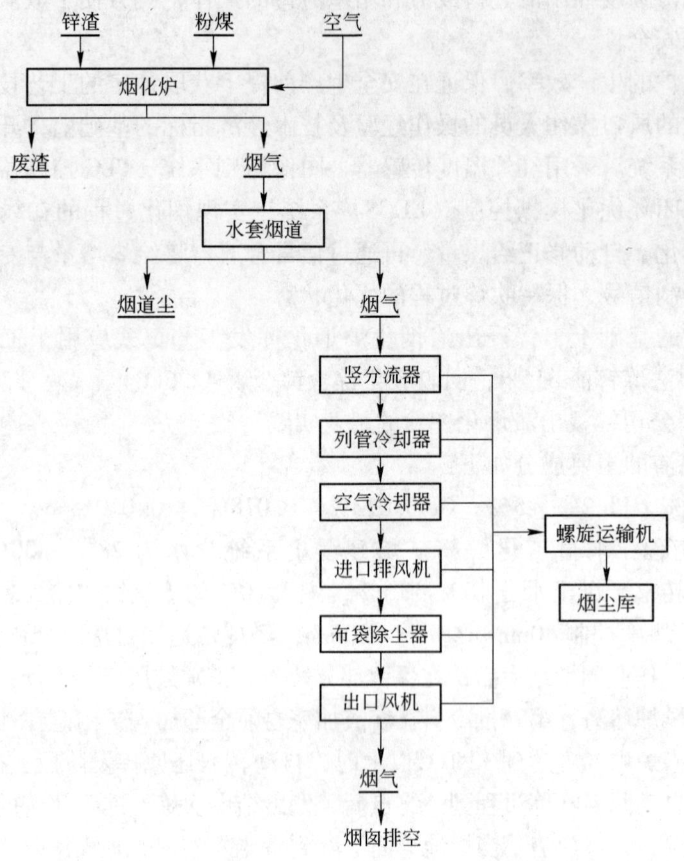

图 12-20 锌浸出渣烟化炉烟化挥发工艺流程

(3) 烟化炉技术参数：6.6m^2 锌浸出渣烟化炉主要技术参数见表 12-20。

表 12-20 烟化炉主要技术参数

项 目	指 标	项 目	指 标
炉床面积/m^2	6.6	处理能力/$t \cdot d^{-1}$	200 ~230
炉 型	立式	熔池渣层深度/mm	990
炉膛尺寸 ($L \times B \times H$)/mm×mm×mm	1805×2415×7905	作业周期/min	105~110
风口比/%	0.412	鼓风机型号	D-350 (800kW)
风口个数/个	24	鼓风强度/$m^3 \cdot (m^2 \cdot min)^{-1}$	48~50
风口直径/mm	ϕ38	二次风压/MPa	0.075~0.08

(4) 工艺参数及操作制度。

装料量：16~18t/炉，按鼓风炉熔渣与浸出渣的配比(60% ~65%)∶(35% ~40%)装料；

加料制度：鼓风炉熔渣加入前将第一批浸出渣冷料加入烟化炉中，与底渣混合开始加温。开始加入鼓风炉熔渣后，投入第二批冷料，冷料在熔渣加完之前全部加完；

鼓风制度：烟化作业全过程不改变鼓入风量，通过调整给煤量控制升温阶段和还原挥发阶段的炉温及还原气氛的强弱；

渣型控制：控制 $CaO/SiO_2=0.6\sim0.7$，渣中 SiO_2 含量 28% ~30%，FeO 含量允许适度波动；

炉温控制：1150 ~1260℃；

作业时间控制：吹炼周期 108 ~114min，其中，加料 18 ~22min，吹炼 78 ~80min，放渣 10 ~12min。

（5）主要技术经济指标。烟化炉直接处理锌浸出渣的主要技术经济指标见表 12-21。

表 12-21 烟化作业的主要技术经济指标

项 目	指 标	项 目	指 标
烟化炉处理能力/$t\cdot d^{-1}$	200 ~230	金属挥发率/%	Zn90 ~92
炉床能力/$t\cdot(m^2\cdot d)^{-1}$	30 ~35		Pb95 ~98
炉料含 Zn/%	13 ~18		Ge94 ~97
弃渣含 Zn/%	<1.2	金属回收率/%	Zn >90
粉煤率/%	26 ~28		Pb >90
			Ge >90

（6）与国内企业同类型技术的综合比较。驰宏公司锌浸出渣烟化炉与国内有关企业鼓风炉渣烟化炉相关指标的比较见表 12-22 及表 12-23。

表 12-22 烟化炉供风系统比较

项 目	驰宏公司	株洲冶炼厂	韶关冶炼厂
风口区断面积/m^2	6.6	7	8
鼓风强度/$m^3\cdot(m^2\cdot min)^{-1}$	48 ~50	28 ~30	25 ~30
鼓风压力/kPa	75 ~85	50 ~70	60 ~65
一、二次风比例	35 : 65	30 : 70	30 : 70

表 12-23 烟化炉技术经济指标比较

项 目	驰宏公司	株洲冶炼厂	韶关冶炼厂
固体锌渣（冷）/%	35 ~40		
鼓风炉熔渣/%	60 ~65	100	100
入炉料含 Zn/%	13 ~18	7 ~9	5 ~8
炉床能力/$t\cdot(m^2\cdot d)^{-1}$	30 ~35	30 ~35	30 ~35
粉煤率/%	26 ~28①	22 ~25	15 ~18
金属挥发率/%	Zn 90 ~92	75 ~85	80 ~85
	Pb 95 ~98	85 ~95	85 ~95
	Ge 94 ~97	80 ~90	90 ~95

① 驰宏公司所用为当地劣质煤：固定碳 49% ~51%，挥发分 16% ~17%，灰分 34% ~35%。

（撰稿 冯桂林）

12.1.1.4 锌焙烧矿热酸浸出黄钾铁矾除铁工艺

锌焙烧矿的热酸浸出工艺是20世纪60年代后期，随各种从浸出液中除铁新方法的研究开发成功发展起来的浸出工艺。传统的湿法炼锌对原料要求严格，希望锌精矿含铁尽可能低，力求通过选矿将与硫化锌（闪锌矿）伴生的铁矿物分离出去。但所有浮选精矿中仍不可避免的含有铁，其含量为6% ~15%。铁的存在使焙烧过程中必然生成铁酸锌。在传统焙烧矿浸出过程中，铁酸锌不能被稀酸分解溶出而残留在渣中，这是引起锌损失的主要原因。提高浸出过程的酸度和温度，可以有效地破坏焙砂中的铁酸锌，获得很高的锌浸出率，但铁也随之大量溶出，传统的中和水解除铁工艺会大量生成胶态氢氧化铁，液固分离十分困难、且溶出的锌又随之损失，因此，高温高酸浸出长期以来都不能在实际生产中应用。

1960 ~1965年，挪威（Det Norske Zink Kompani）、澳大利亚（Electrolyic Company of Australasia）和西班牙等国的冶金科技工作者同时各自研究，发现三价铁离子在较高的温度、常压和添加碱金属或铵离子条件下，可形成分子式为$AFe_3(SO_4)_2(OH)_6$的三价铁化合物沉淀，其中的A可以是K^+、Na^+、NH_4^+等。这种化合物呈菱形结晶，易于沉降与过滤。分子结构研究的结果，这种化合物与自然界中的黄钾铁矾矿物相当。研究成果利用于湿法炼锌的浸出液沉铁过程，开发成功黄钾铁矾法。1968年，挪威诺尔斯克电锌公司艾特海姆电锌厂首先采用黄钾铁矾法改造传统湿法炼锌流程，减少了铁对锌浸出率和对溶液净化过程的影响，使进入溶液的铁以复盐形式沉淀，达到有效分离铁、大幅提高锌回收率的目的，锌回收率从85% ~93%提高到96% ~98%，浸出渣中的铅、银等有价金属得到较大程度的富集，有利于这些有价金属的综合回收。热酸浸出从20世纪70年代开始得到广泛的应用，目前，国内外采用热酸浸出—黄钾铁矾法沉铁工艺的工厂有20家以上。现代湿法炼锌厂典型的热酸浸出—黄钾铁矾法沉铁工艺流程见图12-21。

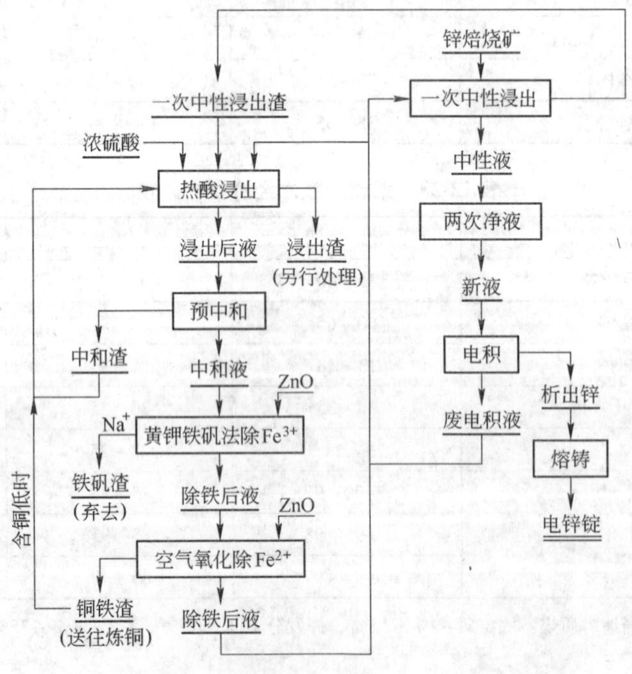

图12-21 中浸渣热酸浸出黄钾铁矾沉铁工艺流程

所谓热酸浸出即是将传统焙烧矿浸出工艺的中性浸出渣，在高酸度和高的作业温度条件下再次浸出的过程。如前所述，锌浸出渣中，一般含锌20%左右，其主要形式为铁酸锌，也有硫化锌，其量多少视焙烧情况而定。因铁酸锌和硫化锌在稀酸低温下不溶解，因此残留于一般采用的低温稀酸浸出的渣中。铁酸锌可以较好地溶于浓热硫酸中早为人们熟知，过去湿法炼锌所以不采用浓热硫酸浸出，是因为浓热硫酸浸出时焙烧矿中大量铁（60%左右）溶入溶液中，从溶液中用中和法沉淀除去大量的铁，将造成过滤时的极大困难。

硫酸高铁在水溶液中的水解过程很复杂，在酸性时即沉淀出碱式硫酸铁，它的成分随着溶液的pH值、温度、沉淀方法和采用的废电解液的变化而异，这些因素都影响到沉淀物的成分和过滤性质。进一步研究得知，当硫酸锌溶液中铁离子的浓度很高的情况下，$Fe_2(SO_4)_3$可以在高温下水解，形成复合碱式硫酸盐沉淀，而且当有钾、钠、铵等离子存在时，沉淀物形成快、沉淀率高，此复合碱式硫酸盐沉淀物的凝聚性好，易于过滤，且不溶于酸中。于是在生产实践中依此开发形成一种实际可行的沉淀除铁方法。该复合碱式硫酸盐的结构和成分，经X光分析和化学分析，与自然界中存在的黄钾铁矾矿相似，故将以复合碱式硫酸盐沉淀除铁的方法称为黄钾铁矾法。

黄钾铁矾法沉铁工艺的开发成功，使热酸浸出的应用成为可能。改进后的浸出工艺一般是将传统浸出工艺的酸性浸出改为高温、高酸浸出，使中浸渣中稀酸不能分解的铁酸锌、硫化锌等溶解，同时将渣中的铜、镉、铟等也浸出来。整个流程形成不同酸度、多段逆流的浸出过程，浸出液经黄钾铁矾法沉铁之后返回中性浸出，锌的浸出率提高到95%以上。铅、银等金属几乎全部留在浸出渣中，即为铅银渣。由于大量铁被浸出，使铅银渣数量显著减少，铅、银含量提高，可直接送铅系统进一步回收有价金属。

黄钾铁矾法沉铁的化学反应及除铁过程：黄钾铁矾的组成可以通过式$AFe_2(SO_4)_3\cdot(OH)_6$或$A_2[Fe_6(SO_4)_4(OH)_{12}]$表示。式中的A可以是$K^+$、$Na^+$、$Rb^+$、$NH_4{}^+$、$Ag^+$或$H_2O^+$等阳离子。这些离子的存在对沉矾过程的作用很显著，$K^+$作用效果最好，只要1h铁实际上全沉淀了。$Na^+$和$NH_4^+$作用效果大致相近。与$K^+$比较，沉铁量相同时时间约增加一倍。但对于沉矾的生产过程而言，所需反应时间还是很短的。故生产实践中从经济性出发，多采用Na^+和NH_4^+。

黄钾铁矾($KFe_3(SO_4)_2(OH)_6$)是一种很稳定的复杂难溶物质，在一个大的pH值变化范围内都稳定存在。Fe_2O_3、$ZnO\cdot Fe_2O_3$、$FeAsO_4$、In_2O_3、$In(OH)_3$等化合物都包含在它的稳定区之内，在有K^+和HSO_4^-离子存在条件下，上述物质可以发生固态铁化合物之间的相变反应，生成稳定的黄钾铁矾。

黄钾铁矾法沉淀铁的化学反应式如下：

$$3Fe_2(SO_4)_3 + 10H_2O + 2NH_4OH = (NH_4)_2[Fe_6(SO_4)_4(OH)_{12}]\downarrow + 5H_2SO_4$$

（黄铵铁矾）

$$3Fe_2(SO_4)_3 + 12H_2O + Na_2SO_4 = Na_2[Fe_6(SO_4)_4(OH)_{12}]\downarrow + 6H_2SO_4$$

（黄钠铁矾）

$$3Fe_2(SO_4)_3 + 14H_2O = (H_3O)_2Fe_6(SO_4)_4(OH)_{12} + 5H_2SO_4$$

（草黄铁矾）

由以上反应式看出，水解产出黄钾铁矾沉淀时还产出硫酸，实际生产中用氧化锌或锌焙烧矿中和以利反应过程向右进行。ZnO 是最适宜的中和剂，既能中和硫酸又增加锌离子。实际生产中，任何含 ZnO 的物料都可以作为中和剂。当可溶性氧化铁与 ZnO 同时存在时，氧化铁同样参加反应，反应式如下：

$$ZnO + H_2SO_4 \xlongequal{} ZnSO_4 + H_2O$$

$$3Fe_2(SO_4)_3 + 5ZnO + 2NH_3 \cdot H_2O + 5H_2O \xlongequal{} (NH_4)_2Fe_6(SO_4)_4(OH)_{12} + 5ZnSO_4$$

$$4Fe_2(SO_4)_2 + 5Fe_2O_3 + 6NH_3 \cdot H_2O + 15H_2O \xlongequal{} 3(NH_4)_2Fe_6(SO_4)(OH)_{12}\text{（黄铵铁矾）}$$

上述反应中碱金属离子的消耗量可根据化学式计算。对于 $NH_3 \cdot H_2O$，需要量约为沉淀铁量的10%。生产实际中碱金属离子的消耗量往往较理论量少，原因是工厂大量循环溶液中存在积累的钾、钠等碱金属离子。

有关研究指出，通过热力学计算，温度升高黄钾铁矾存在区域的 pH 值愈负，温度愈高愈沉矾愈完全。因此，生产过程中采用沉矾作业的温度一般都在 95～100℃。

实际生产中常用锌焙砂作为中和剂，但由于其中的铁酸锌不能很好溶解，使系统总的锌浸出率下降。为此，必须增加铁钒渣酸洗工序，酸洗液返回沉铁作业。酸洗铁钒渣可提高锌的回收率1.5%～2.0%，同时也可提高 Cu、Cd 的回收率。

黄钾铁矾法沉铁，由于铁钒渣中带有 SO_4^{2-}，可形成系统中硫酸根的开路，对保持系统酸平衡有利。

沉矾过程包括铁矾的生成及铁矾的结晶沉淀。影响沉矾过程的因素有以下几个方面：

（1）碱金属离子种类及浓度：沉矾的必要条件是有碱金属离子参与，不同碱金属离子形成铁矾的效果及稳定性不同。依次为 $K^+ > NH_4^+ > Na^+$，并随离子浓度的提高水解沉淀速度增加。由于钾盐的物质属性及价格所限，实际生产中一般都采用极易获得又价廉的氨水作为沉矾剂。

（2）沉矾作业的温度：常压条件下，温度愈高对沉矾愈有利。室温下黄钾铁矾生成非常缓慢，随温度升高生成速度逐渐加快，在100℃左右时，沉矾过程几个小时内即可接近完全，实际生产中一般控制在95℃左右。应该指出，黄钾铁矾在180～200℃时开始解离破坏，进一步加压提高反应温度是没有必要的。

（3）沉矾过程中的酸度：100℃时黄钾铁矾形成的理想 pH 值为1.5～1.6，若偏离此范围可能造成结晶生成过快、晶体颗粒太细或局部酸度过低、形成 $Fe(OH)_3$ 沉淀，对液固分离产生不利影响。因此，当接近终点时须控制中和速度，使酸度缓慢变化。

（4）铁离子浓度：沉矾作业对铁离子浓度有很宽的适应性，从铁离子浓度1.5～170g/L 的溶液中都能很容易的沉淀铁矾，形成铁矾的铁离子浓度下限大致为0.06g/L。黄钾铁矾法的除铁率一般为90%～95%，残存的铁须再进一步以 $Fe(OH)_3$ 形式沉淀，同时除去溶液中的 As、Sb 等。因此，沉矾以后的溶液一般都合并中性浸出液进行深度除铁净化。

（5）添加晶种：黄钾铁矾反应生成过程中，晶核的形成过程需要克服能量较强的势能壁垒。为加速作业过程的进行，沉矾过程中加入晶种可大大缩短晶核形成的诱发期和促进晶体长大，能显著地促进和改善铁的沉淀。晶种加入量可大于铁矾生成量，加大晶种循环量对改善沉降、过滤和洗涤均十分有利。实际生产过程中，以矿浆形式返回沉矾作业的最佳晶种量大约为生成铁矾数量的3～4倍。

沉矾作业控制的工艺操作条件：作业温度95℃，控制溶液pH值为1.5，加入Na^+或NH_4^+，添加晶种，作业时间4～5h。

通过表12-24所列各种固体物料的成分，考查热酸浸出黄钾铁矾法的效果。

表12-24 黄钾铁矾法处理锌浸出渣过程的固体物料分析

物料名称	成分（质量分数/%）						
	Zn	Cu	Cd	Fe	Pb	Sn	Ag
中性浸出渣	27.0	0.5	0.1	24	4.5	—	0.024
铅-银渣（水洗）	4.0	0.3	0.05	15	14.0	—	0.075
黄钾铁矾渣	6.0	0.4	0.05	30.0	1.4		—
黄钾铁矾酸洗渣	3.0	0.2	0.02	30.0	1.5	—	—

黄钾铁矾法的优点：

（1）由于铁矾带走少量硫酸根，有利于部分酸根积累工厂的系统酸平衡；

（2）黄钾铁矾是一种结晶形态的沉淀，疏水性较好，易于从矿浆中沉降分离，有利于液固分离作业；

（3）黄钾铁矾分子中碱金属组分的含量很小，因此试剂消耗较小；

（4）沉矾过程化学反应析出的酸量少，过程控制的pH值较低（1～1.5），中和剂消耗少且利用率高。

黄钾铁矾法的主要缺点：铁矾渣数量大，堆存性能不好，即便是经过酸洗，其中也还含有相当数量的可溶出重金属离子，渣中铁品位不高（30%左右），不便利用，废渣无害化问题尚未完全解决。

为进一步改进完善黄钾铁矾法，澳大利亚里斯顿（Riston）电锌厂研究开发出一种低污染黄钾铁矾法。其特点是沉矾过程中不加中和剂，以减少有价金属在铁钒渣中的损失并改善铁钒渣对环境的污染。其基本原理是通过低温预中和及用中性浸出液作为稀释剂，在沉矾前调整溶液成分，使沉矾过程中不用加入中和剂即能达到满意的除铁效果，并能产出“纯铁矾渣”。这是黄钾铁矾法的新进展，优点显著。

开发者认为，在一般的黄钾铁矾法中，热酸浸出液中游离硫酸的含量很高。沉矾过程中，也要生成大量硫酸。为保证沉矾反应的进行，达到铁完全沉淀的目的，必须用大量焙砂作为中和剂中和残酸，避免大量Fe^{3+}返回中性浸出加重负担，其结果必然造成铁钒渣含锌高。

高铁离子浓度（20～25g/L）、高酸（40～60g/L）的热酸浸出液，在90℃高温下进行预中和时有大量Fe^{3+}沉淀，增大了热酸浸出及后续过程的物料流量。当把温度降低到55～70℃进行中和时，溶液中的Fe^{3+}能更稳定的存在。同时用低酸、低Fe^{3+}含量的中性浸出液稀释热酸浸出液，可以避免沉矾过程中溶液酸度的迅速升高，阻碍沉矾过程的进行，从而减少了中和剂（焙砂）的用量。

长沙矿冶研究院马荣骏等在20世纪80年代开展了低污染铁矾法炼锌工艺的研究，取得良好效果，高酸浸出液的铁离子含量由27g/L左右降低到1g/L以下，并得到几乎不含浸出残渣的纯铁钒渣，实现了无中和剂沉矾过程。

低温预中和沉矾流程见图12-22，中性浸出液稀释沉矾流程见图12-23。

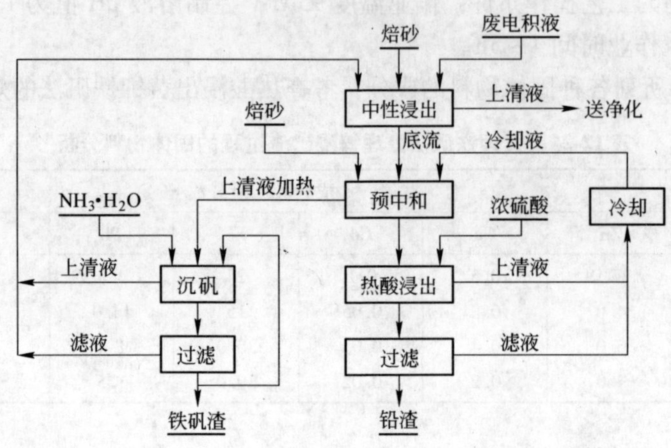

图12-22 低温预中和无污染黄钾铁矾法流程

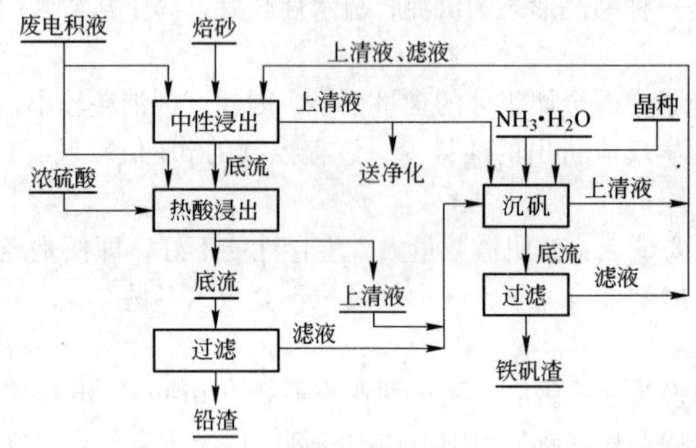

图12-23 中性浸出液稀释沉矾工艺流程

常规铁矾法与低污染铁矾法金属回收率与铁钒渣成分比较见表12-25。

表12-25 常规铁矾法与低污染铁矾法金属回收率与铁钒渣组成

元素	常规铁矾法/%			低污染铁矾法/%		
	铁钒渣成分	金属回收率	进入相应渣的回收率	铁钒渣成分	金属回收率	进入相应渣的回收率
Fe	25~30			32		
Zn	2~6	94~97		1.3	98~99	
Cu	0.16~0.3		约90	0.04		
Cd	0.05~0.2	94~97		0.004	97~98	95
Pb	0.2~2.0		约75	0.2		>95
$Ag/g·t^{-1}$	10~15		约75	4		>95
$Au/g·t^{-1}$	0.6		约75	<0.19		>95
Co	0.005			0.002		

低污染黄钾铁矾法的优缺点：

（1）沉矾过程不需加中和剂，可沉淀出“纯”铁矾渣，渣含铁较高，重金属污染较小；

（2）铁矾渣中有价金属损失减少，可改善铁矾渣对环境的污染危害，金属回收率高；

（3）稀释高酸浸出液进行沉矾，增大了沉铁过程溶液的处理量，增加了设备负荷。

（撰稿　王吉坤）

12.1.1.5　焙烧矿高温高酸浸出针铁矿法除铁工艺

A　针铁矿法的发展概况及基本过程

a　发展概况

针铁矿法除铁工艺是比利时老山公司（Vieille Montagne）于 1965 ~ 1969 年研究成功的，简称 V. M. 法。该法先将硫酸锌溶液中的 Fe^{3+} 采用 ZnS 精矿还原为 Fe^{2+}，再用空气缓慢氧化为 Fe^{3+}，以针铁矿（α-FeOOH）形式沉淀除铁。1971 年，比利时老山公司巴伦（Balen）厂开始应用针铁矿法于工业生产。随后，应用此法相继投产的厂家有比利时奥尔佩特（Overpolt）厂和法国维威埃（Viveiz）厂、美国巴特勒斯维尔（Bartlesville）厂、意大利 SAMIM 公司维斯姆港锌电解厂以及韩国温山（Onsan）冶炼厂（1985 年由黄钾铁矾法改为针铁矿法）等。我国于 1995 年在水口山矿务局第四冶炼厂应用于工业生产，年生产电锌规模为 20kt。

随着 V. M. 针铁矿法的深入研究，相继还采用了 $ZnSO_3$、SO_2、PbS 等作为还原剂进行了大量的研究工作，并取得了较好的试验结果。

20 世纪 70 年代澳大利亚电锌公司（Electrolytic Zinc）研究了一种新的针铁矿法（简称 E. Z. 法），将高 Fe^{3+} 溶液均匀缓慢地加入至不含铁的溶液中，要求沉铁溶液含 Fe^{3+} 浓度 $<1g/L$，使 Fe^{3+} 以针铁矿沉淀，又称为稀释法。

我国温州冶炼厂于 1985 年应用 E. Z. 法于工业生产，称作喷淋除铁法，获得了良好结果。

b　针铁矿法沉铁工艺的基本过程

针铁矿的析出条件是溶液中含 Fe^{3+} 低（$[Fe^{3+}] < 1g/L$），pH 值为 3 ~ 5，温度 80 ~ 100℃，分散空气，加入晶种。其操作程序是在所要求的温度下，先将溶液中的 Fe^{3+} 用 SO_2 或 ZnS 还原成 Fe^{2+}，然后加 ZnO 调节 pH 值到 3 ~ 5，再用空气缓慢氧化，使其呈 α-FeOOH析出。所以针铁矿法沉淀铁包括 Fe^{3+} 的还原及 Fe^{2+} 的氧化两个关键作业：

（1）Fe^{3+} 的还原：目前工业生产中采用高质量的硫化锌精矿（ZnS）及亚硫酸锌（$ZnSO_3$）作还原剂。选用还原剂时首先考虑还原剂的电位小于 Fe^{3+}/Fe^{2+} 的还原电位，且差距越大越好。在以 ZnS 为 Fe^{3+} 的还原剂时，ZnS 还原 Fe^{3+} 的反应式如下：

$$2Fe^{3+} + ZnS = Zn^{2+} + 2Fe^{2+} + S^{\circ}\downarrow$$

这是个氧化—还原反应，可分解为：

阴极反应：
$$Fe^{3+} + e = Fe^{2+}$$

$$E_{Fe^{3+}/Fe^{2+}} = 0.77 + 0.059\lg\frac{a_{Fe^{3+}}}{a_{Fe^{2+}}}$$

阳极反应：
$$Zn^{2+} + S + 2e = ZnS$$

$$E_{Zn^{2+}/ZnS} = 0.26 + 0.03\lg a_{Zn^{2+}}$$

当 Fe^{3+} 被 ZnS 还原的反应达平衡时，则 $E_{Fe^{3+}/Fe^{2+}} = E_{Zn^{2+}/ZnS}$ 于是：

$$0.77 + 0.059\lg\frac{a_{Fe^{3+}}}{a_{Fe^{2+}}} = 0.26 + 0.03\lg a_{Zn^{2+}}$$

如果某热酸浸出液含锌 60g/L（约为 1mol/L），此时锌的活度系数为 0.043，则 $\lg a_{Zn^{2+}} = -1.37$，代入上式得：

$$\lg a_{Fe^{3+}}/a_{Fe^{2+}} = -9.19$$

则
$$a_{Fe^{2+}} = 10^{9.19}a_{Fe^{3+}}$$

计算说明，溶液中的 Fe^{3+} 被 ZnS 还原是很彻底的，但实际上还原过程非常缓慢。为了加快反应速度，采用近沸腾温度（90～95℃），硫酸浓度高于 50g/L，ZnS 的过剩量为 12%～20%，还原时间 3～6h，Fe^{3+} 的还原率达 90%，溶液中残存 Fe^{3+} 1～2g/L。

（2）Fe^{2+} 的氧化：针铁矿法普遍采用空气做氧化剂，氧化反应为：

$$4H^+ + 4Fe^{2+} + O_2 \xlongequal{} 4Fe^{3+} + 2H_2O$$

在 25℃下氧的电位、氧分压及溶液 pH 值之间的关系为

$$E_{O_2/H_2O} = 1.23 + 0.0148\lg p_{O_2} - 0.059\text{pH} \tag{12-5}$$

从式 12-5 看出，随氧分压下降及溶液 pH 值升高，氧电位相应下降。针铁矿的氧化过程是在氧分压为 21kPa 和溶液 pH 值为 4～4.5 的条件下进行的，这时 $E_{O_2/H_2O} = 0.98V$。Fe^{3+} 被还原至 Fe^{2+} 的限度 $a_{Fe^{3+}}/a_{Fe^{2+}} = 10^{9.19}$ 时，其电位 $E_{Fe^{3+}/Fe^{2+}} = 0.23V$，$\Delta E = 0.75V$。可见，空气氧化 Fe^{2+} 是很彻底的。实际生产过程中 $a_{Fe^{3+}}/a_{Fe^{2+}} = 10^{-4}$，$\Delta E$ 为 0.45V。

空气氧化亚铁是通过溶解在溶液中的氧来实现的。依据研究所得不同反应机理的结果，在温度为 20～80℃，pH 值为 0～2 的范围内，Fe^{2+} 氧化为 Fe^{3+} 的氧化速度可表示：

$$\frac{1}{4}\frac{d[Fe^{3+}]}{dt} = 1.32\times10^{11}\frac{[Fe^{2+}]^{1.84}[O_2]^{1.01}}{[H^+]^{0.25}}\exp\left(\frac{-1.76\times10^3}{RT}\right) \tag{12-6}$$

式 12-6 中指出，单位时间 dt 内 Fe^{2+} 氧化的数量 $d[Fe^{3+}]$ 随溶液中 $[O_2]$ 增加而增加。为此，实践中采用特殊设备，如循环风管机械搅拌器、叶轮搅拌器、透平搅拌器及高效氧化反应器等，将空气分散并加压喷射入溶液，产生极细小的气泡，以增大空气中氧与溶液的接触面；Fe^{2+} 的氧化速度反比于 $[H^+]^{0.25}$，当溶液的酸度愈低，即 pH 值愈大时，Fe^{2+} 的氧化反应速度便愈大。当 pH < 1.9 时，溶液中的 Fe^{2+} 几乎不被空气中的 O_2 所氧化。实践证明，当 pH 值为 3～5 时，氧化反应迅速而彻底。温度升高有利于氧化反应的进行，但空气中的氧在溶液中的溶解则随之下降，实践中仍采用大于 80℃。

溶液中存在 Cu^{2+} 对 Fe^{2+} 的氧化过程具有良好的催化作用，当 pH > 2.5 时能加速 Fe^{2+} 的氧化过程，其反应为：

$$Fe^{2+} + Cu^{2+} \xlongequal{} Fe^{3+} + Cu^+$$

当溶液 pH 值及温度越高时，Cu^{2+} 的催化作用愈强。生产实践中一般要求 $[Cu^{2+}]$ > 0.4g/L。

加入晶种能加速针铁矿的水解沉淀。

针铁矿氧化除铁工序包括紧密相连的两个反应，即低铁的氧化和高铁的水解。氧化沉淀总反应为：

$$2FeSO_4 + \frac{1}{2}O_2 + 3H_2O = 2FeOOH\downarrow + 2H_2SO_4$$

为了维持沉铁的 pH 值条件，必须加焙砂边中和边氧化。沉铁总反应为：

$$2FeSO_4 + \frac{1}{2}O_2 + 2ZnO + H_2O = 2FeOOH + 2ZnSO_4$$

针铁矿沉铁技术条件为：85 ~ 90℃，pH 值为 3.5 ~ 4.5，分散空气，添加晶种，Fe^{3+} 初始浓度 1 ~ 2g/L，反应时间 3 ~ 4h。

B V. M. 针铁矿法的应用实例

a 比利时巴伦锌厂

图 12-24 所示为比利时巴伦锌厂热酸浸出-针铁矿法的工艺流程。

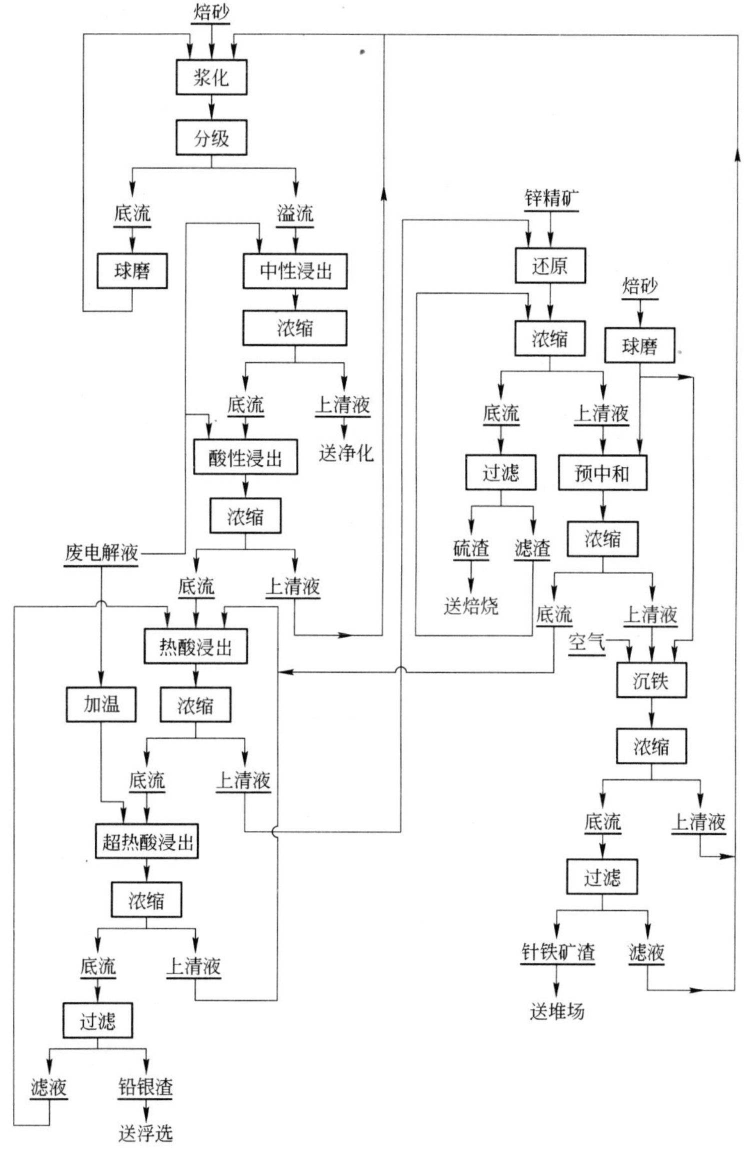

图 12-24 巴伦厂热酸浸出-针铁矿法沉铁工艺流程

热酸浸出液中 Fe^{3+} 的含量为 20～30g/L，溶液酸度为 50～60g/L，溶液中还有 Zn^{2+}、Cu^{2+}、Cd^{2+}、As^{3+}、Sb^{3+} 等金属离子。为了沉铁需要首先将溶液中的 Fe^{3+} 用锌精矿中的 ZnS 还原为 Fe^{2+}。还原作业在机械搅拌槽内连续或间断进行。还原作业的技术条件为：温度 85～90℃，还原时间 7h，Fe^{3+} 的还原率大于 90%，溶液中剩余的 $[Fe^{3+}]<2g/L$。

在还原作业过程中，锌精矿的加入量视溶液的还原程度而定，采用调速螺旋加料器进行控制。锌精矿用量过剩 15%～20%。

还原后的矿浆，加入絮凝剂至 15mg/L，送浓密机澄清分离，上清液送预中和，使溶液含酸量由 50～60g/L 降至 3g/L，底流经过滤得还原渣（即硫渣），送流态化焙烧。

巴伦厂还原渣量为：每加 1t 锌精矿产渣 0.5t，渣成分为：S 50%～60%，Zn 约 15%。

经过还原与预中和的溶液，采用针铁矿法沉铁，使铁生成针铁矿（α-FeOOH）沉淀除去。沉铁的过程在机械搅拌槽内连续或间断进行，反应所需的焙砂先在干式球磨机内磨细，然后加入槽内，作业温度 80～90℃，用氧气作氧化剂，使过程延续时间缩短至 4h，鼓入氧气量为每立方米反应溶液每小时 $10m^3$。为了提高反应速率，溶液中保持含 Cu 250mg/L，始酸 pH 值为 3.51 左右，终酸 pH 值为 2.41 左右，以便溶出焙砂中未反应的 ZnO。在中和沉铁时，焙砂中的 $ZnO \cdot Fe_2O_3$ 不能溶出，因而损失了锌。该厂为了提高锌的回收率，使用含 Fe 3%～4% 的硫化锌精矿焙烧所得的焙砂作中和剂，锌的总回收率大于 97%。作业完成后，加入絮凝剂至 10mg/L 后送浓缩槽，浓缩槽上清液送浆化槽浆化焙砂，浓缩底流经过滤产出的针铁矿渣经洗涤后送渣场。

巴伦厂处理的酸浸渣成分为（%）：Zn 19.13，Cd 0.17，Cu 0.90，Fe 25.37，Pb 7.35，Sn 0.25，As 0.495，Sb 0.102，Co 0.0185，Ni 0.0126，Ag 463g/t。经过热酸浸出与超热酸浸出后，得到的热酸浸出液成分为（g/L）：Zn 60，H_2SO_4 50，Fe^{3+} 20，Fe^{2+} 4。各主要金属的浸出率为（%）：Zn 95，Fe 94，Cu 97.5。

巴伦厂针铁矿渣量约为焙砂量的 22%，其成分为（%）：Zn 6，Pb 2，Fe 40，Cu 0.4，Cd 0.1，Sb 0.06。

铅银渣量为焙砂量的 12%，其成分为（%）：Zn 4.5，Pb 15，Fe 6.5，Cu 0.15，Cd 0.1，Sb 0.2，Ag 1000g/t。铅银渣用浮选法处理，得含 Pb 50% 的硫化铅精矿和含 Ag 1.4% 的硫化物银精矿。铅浮选回收率 72%，银浮选回收率 84%。

硫渣量为锌精矿（还原剂）量的 50%，其成分为（%）：Zn 15，S 50～60，Pb 1.6，Fe 3.5，Cu 0.4，Ag 120g/t。

b　维威埃厂

在总结巴伦厂针铁矿法生产实践的基础上，法国维威埃厂针铁矿法工艺流程（见图 12-25）于 1975 年 8 月建成投产。该工艺与巴伦厂不同之处就是将巴伦厂的热酸浸出和还原两工序合并为一个工序，这样大大缩短了操作时间，可节约蒸汽用量，同时节省设备投资 15%～20%。

在热酸浸出时加入锌精矿，可使浸出液中的 Fe^{3+} 不断得到还原，这样可促进 $ZnO \cdot Fe_2O_3$ 溶解反应的进行，加快浸出速度，可减少浸出时间 50%，因而可节省设备和投资。在巴伦厂热酸浸出需 6h，还原需 7h，而维威埃厂热酸浸出和还原合并后一共只需 4h。

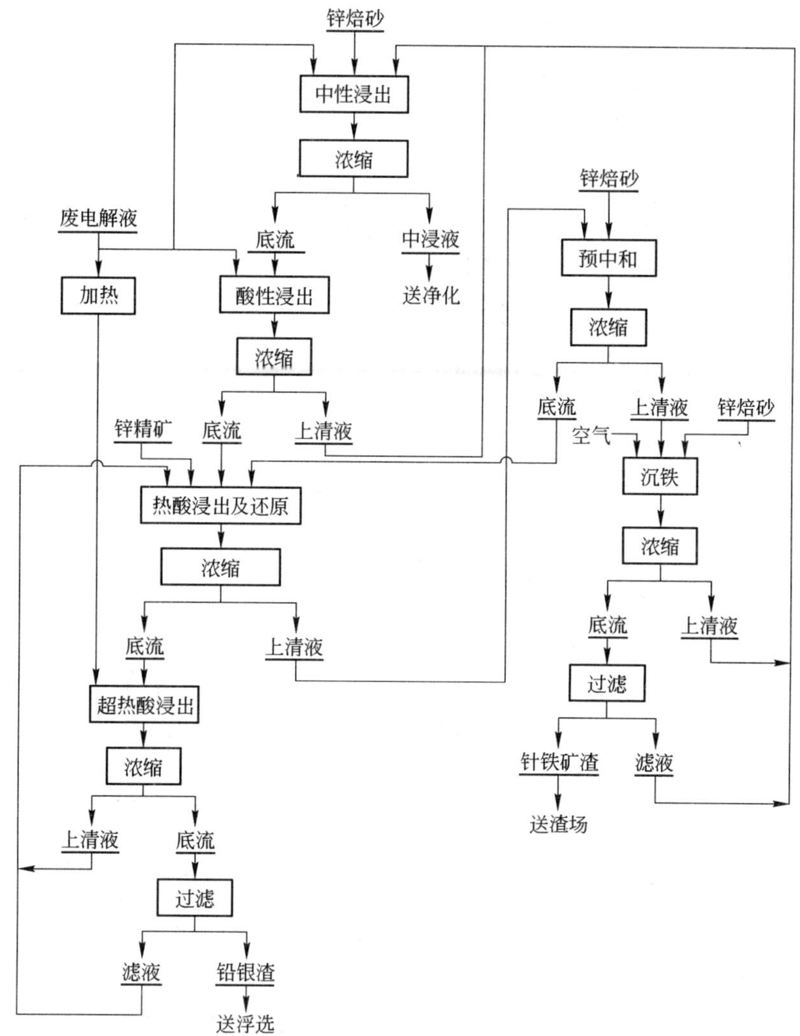

图 12-25 维威埃厂热酸浸出—针铁矿法沉铁工艺流程

c 韩国锌业公司

与黄钾铁矾法沉铁相比，针铁矿法渣量少，火法处理针铁矿渣比处理含氨和硫酸盐离子的黄钾铁矾渣投资少、成本低，针铁矿渣含铁高约 40%（黄钾铁矾渣含铁 30% 左右），针铁矿渣出售给水泥厂作补铁用更为容易。经比较分析研究，韩国锌业公司（KZC）根据锌生产规模扩大的需要，决定改黄钾铁矾法为针铁矿法，并于 1987 年在温山冶炼厂将针铁矿法投入工业生产。该厂的针铁矿法工艺流程见图 12-26。

韩国锌业公司温山冶炼厂铁矿法的投产，使该厂锌生产规模从 70kt/a 扩大到 160kt/a，产出的渣量大幅度增加，但由于黄钾铁矾法改为针铁矿法后，产渣量相对较少，而且渣的出售更容易，因此，厂内渣的积累量减少。该公司于 1995 年 8 月建成投产 Ausmelt 炉用于处理针铁矿渣。

d 水口山四厂

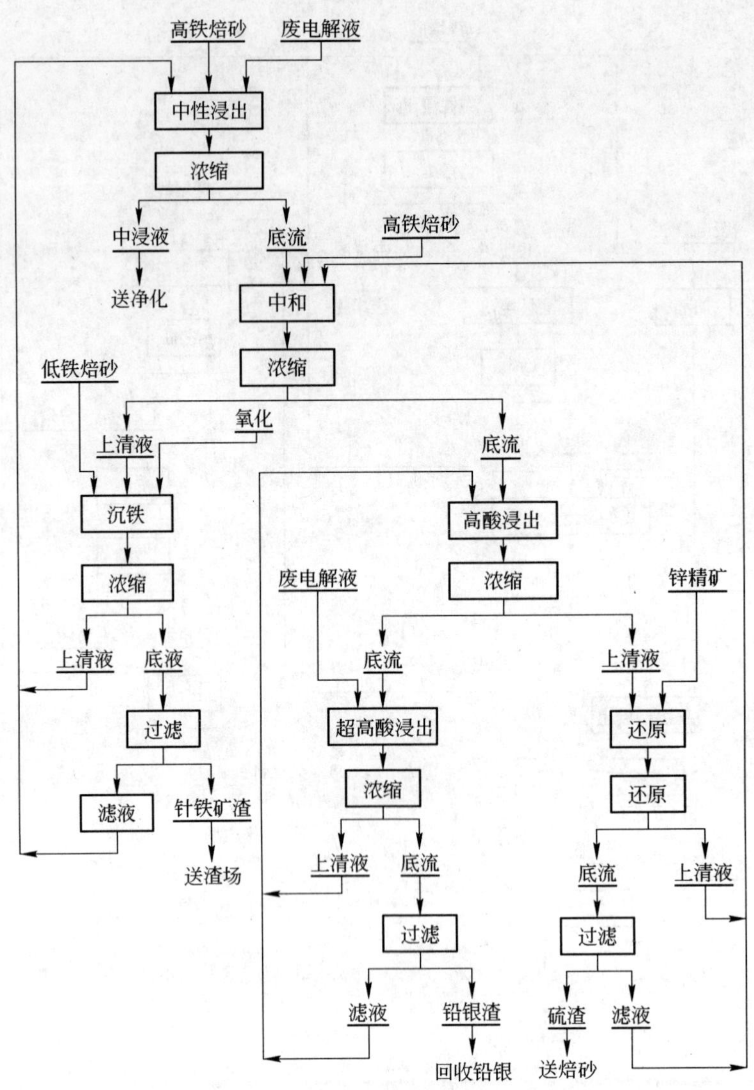

图 12-26 温山冶炼厂热酸浸出—针铁矿法沉铁工艺流程

水口山四厂热酸浸出—针铁矿法沉铁工艺流程见图 12-27。

为了还原酸性浸出浓缩槽的上清液，向球磨机内加入锌精矿作还原剂，还原时间为 4h，操作周期为 5h，作业温度 80 ~ 85℃，锌精矿用可调速的螺旋加料机控制加料量，浸出液含 Fe^{3+} 约 15g/L，铁还原率 90% 以上，还原后液中 Fe^{3+} 含量低于 2g/L，锌精矿的用量过剩 20% 左右。还原后的矿浆泵至浓缩机，上清液送预中和槽，底流经圆盘过滤机过滤后得硫渣，硫渣送焙烧工段。

水口山四厂采用针铁矿法沉铁时，以水口山三厂烟化炉氧化锌烟尘作沉铁中和剂。沉铁为间断作业，鼓入压缩空气。沉铁时间为 3h，操作周期为 5.5h，作业温度 80 ~ 90℃，始酸 pH 值为 3 ~ 4，终点 [Fe^{2+}] < 2g/L。沉铁后矿浆泵送浓缩槽，浓缩底流采用两段过滤。铁渣成分（%）为：Zn 5.49，Fe 33.75，Cd 0.04，Cu 1.05，Pb 11.62，Ag

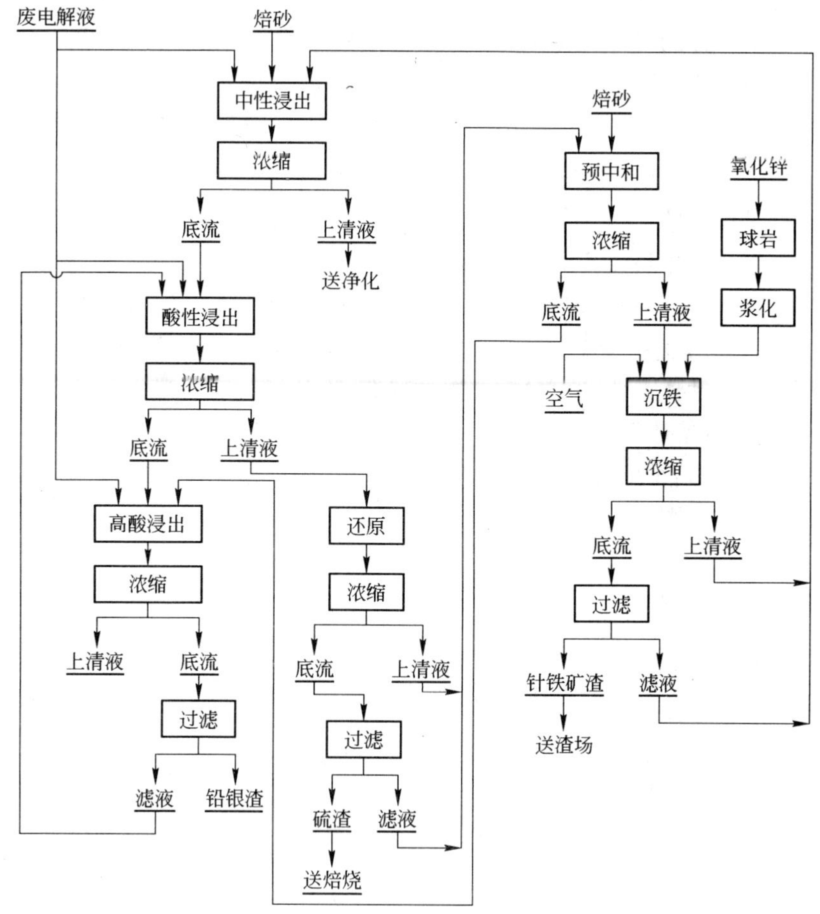

图 12-27 水口山四厂热酸浸出—针铁矿法沉铁工艺流程

45.22g/t，Au 0.49g/t。

V. M. 针铁矿法锌总回收率97% ~98% 。

V. M. 针铁矿法的特点如下：

（1）铁沉淀完全，溶液最后含 Fe^{3+} <1g/L;

（2）铁渣为晶体结构，澄清过滤性能好；

（3）沉铁的同时，可有效地除去 As、Sb、Ge，并可除去溶液中大部分（60% ~80%）氯。

V. M. 针铁矿法沉铁的缺点是：

（1）V. M. 针铁矿法需要对铁进行还原-氧化过程；

（2）针铁矿含有一些水溶性阳离子和阴离子（即 12% SO_4^{2-} 或 6% Cl^-），有可能在渣堆存时渗漏而污染环境；

（3）沉铁过程 pH 值的控制要求比黄钾铁矾法严格。

C E. Z. 针铁矿法的应用实例

V. M. 针铁矿法动力消耗大、设备复杂、操作较麻烦，澳大利亚电锌公司（Electrolytic Zinc）为了简化工艺，研究出部分水解法（即E. Z法）。E. Z. 法与V. M. 法都是针铁矿法，其沉铁原理是一样的，都是形成针铁矿 α-FeOOH 沉淀，要求溶液[Fe^{3+}]<1g/L，但采用的方法不一样。E. Z法采用稀释法，将高含量的Fe^{3+}弱酸性浸出液用喷淋的方式加入搅拌均匀的[Fe^{3+}]<1g/L的近中性溶液中，并不断加入中和剂，保持溶液pH值3.5~5.0，溶液中的Fe^{3+}即生成α-FeOOH（$Fe_2O_3 \cdot xH_2O$）沉淀，其反应式为：

$$Fe_2(SO_4)_3 + xH_2O + 2ZnO \xlongequal{\quad} Fe_2O_3 \cdot xH_2O + 3ZnSO_4$$

在沉铁过程中，Fe^{3+}的加入速度等于针铁矿沉铁速度。

V. M. 法把溶液Fe^{3+}还原为Fe^{2+}，然后再用氧使Fe^{2+}氧化为Fe^{3+}，同时生成α-FeOOH沉淀。而E. Z法比V. M. 法省去了Fe^{3+}的还原工序，工艺流程简单，操作较容易，但稀散金属进入铁渣，不利于稀散金属的回收。

a 维斯麦港铅锌冶炼厂

意大利SAMIM公司维斯麦港铅锌冶炼厂采用一段中性浸出，中浸渣用类针铁矿法进行处理，其工艺流程见图12-28。

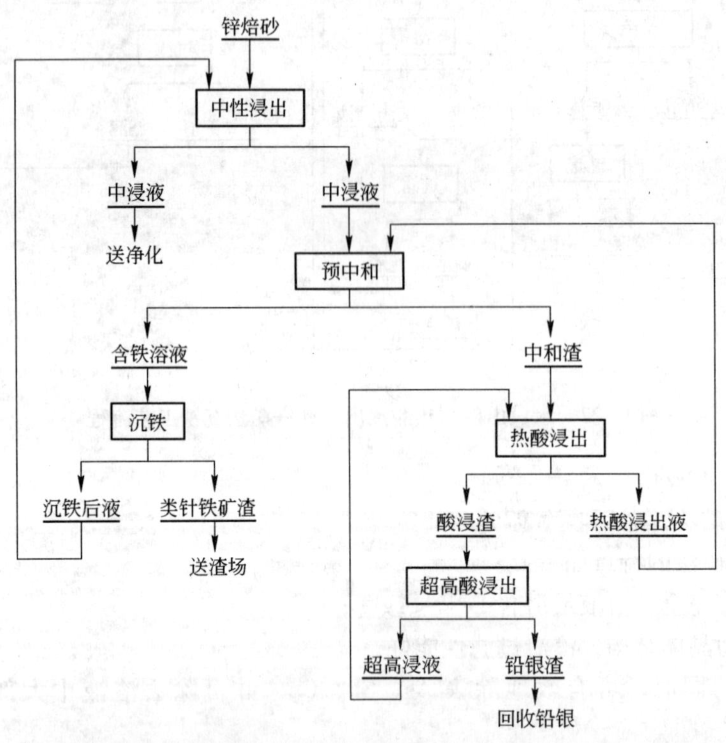

图12-28 维斯麦港铅锌冶炼厂热酸浸出—类针铁矿沉铁工艺流程

将高Fe^{3+}的溶液与中和剂一道均匀缓慢地加入到加热且强烈搅拌的沉铁槽中，使Fe^{3+}的加入速度等于针铁矿沉铁速度，故溶液中Fe^{3+}浓度低，得到的铁渣组成为$Fe_2O_3 \cdot 0.64\ H_2O \cdot 0.2\ SO_3$，称为类针铁矿法。

该厂的沉铁过程为：将含铁溶液连续送入4台并列的反应器中，并加入中和剂以维持pH值为3.0~3.5，在强烈搅拌的条件下，加入的含铁溶液很快地分散在整个反应器的溶液中，铁溶液浓度立即被稀释，然后在上述 pH 值条件下充分水解沉淀。沉淀的铁渣很容易澄清与过滤，锌浸出率达 96.5%。类针铁矿渣成分为（%）：Zn 4～8，Pb 1～2，Cu 0.3～0.5，Fe 35～42，SiO_2 1～2，硫酸盐 5～15。这种渣与石灰混合后堆存。

b 温州冶炼厂

我国温州冶炼厂喷淋除铁的工艺流程见图 12-29，其原理为 E.Z. 针铁矿法。

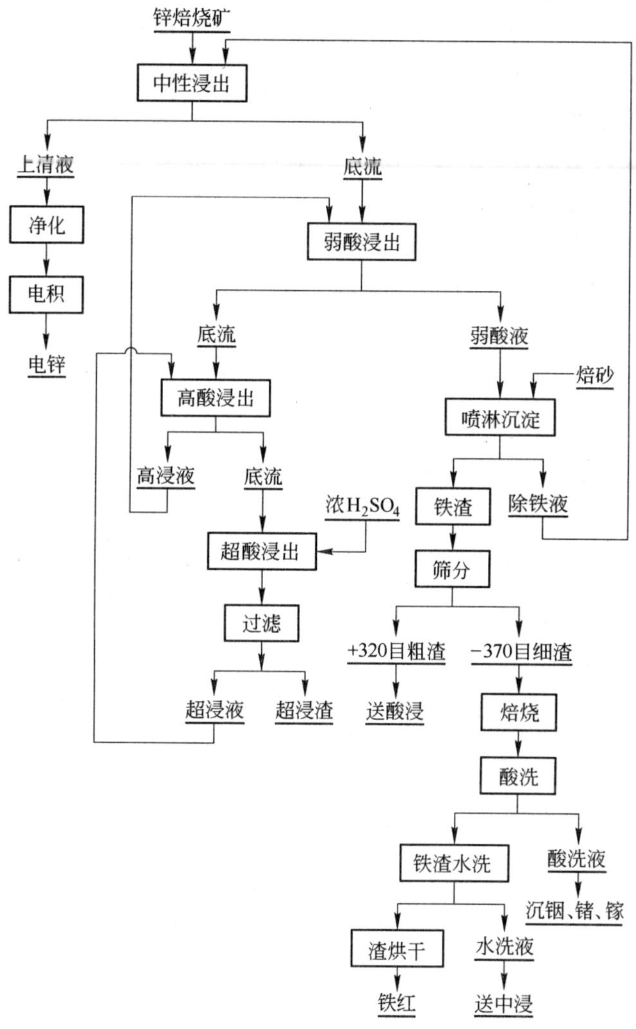

图 12-29 温州冶炼厂喷淋除铁的工艺流程

在沉铁过程中，采用的技术条件为：温度 80℃，pH 值为 3.0～3.5，中和铁水解生成的酸需加入的焙砂量为理论量的 1.5～2 倍。在此条件下，铁的沉淀率为 94%～99%，沉铁后液含铁量小于 1g/L、含 As 小于 0.0002g/L、含 SiO_2 小于 0.75g/L，沉铁渣经分级后，粗渣含锌大于 30%，可返热酸浸出，细渣含锌为 5%～6%。

E.Z. 法的特点是对高浓度 Fe^{3+} 溶液不需要进行还原处理，但是中和酸需要较多的中和剂。其他特点与 V.M. 针铁矿法相同。

针铁矿法与黄钾铁矾法相比，不需消耗碱或铵试剂，渣量少，渣含铁高、含锌6%～8%，但铁渣仍不能利用；有利于稀散金属的回收；除砷、锑、氟的效果较佳；设备复杂，费用高，操作麻烦。

12.1.1.6 焙烧矿高温高酸浸出赤铁矿法除铁工艺

A 发展概况

赤铁矿法是由日本同和矿业公司于1968～1970年间发明的，1972年在日本饭岛冶炼厂投入生产。该法基于在高温（200℃）、高压（1.8～2.0MPa）条件下，Fe^{3+}以赤铁矿（Fe_2O_3）形式沉淀。20世纪80年代，日本帮助当时的联邦德国建成了Dattlen（达特恩）世界上第二个赤铁矿法炼锌厂。

B 赤铁矿法沉铁工艺

赤铁矿法沉铁法是在高压釜内于高温（200℃）条件下通入高压空气，使Fe^{2+}氧化成Fe^{3+}并以赤铁矿沉淀，按其形成条件，温度越高越有利于在较高酸度下沉铁。

日本饭岛炼锌厂年产电锌150kt，采用赤铁矿法处理锌浸出渣。采用两段高压处理，第一段为高压SO_2还原浸出，第二段为高压水解除铁，其工艺流程见图12-30。

（1）还原浸出：锌浸出渣调浆配液进入卧式机械搅拌加压釜，用SO_2作还原剂，维持

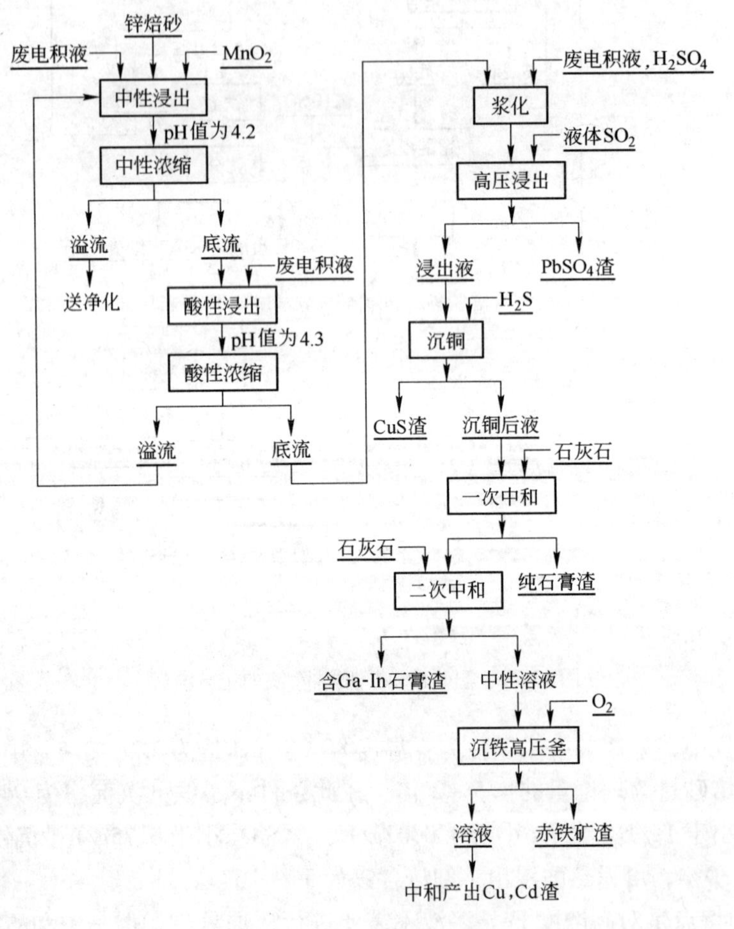

图12-30 饭岛炼锌厂赤铁矿法沉铁工艺流程

压力 152～202kPa，浸出温度 100～110℃，浸出时间 3h，发生的反应为：

$$ZnO \cdot Fe_2O_3 + 2H_2SO_4 + SO_2 = ZnSO_4 + 2FeSO_4 + 2H_2O$$

浸出渣中的伴生金属同时溶解，锌、铁、镉、铜的浸出率大于 90%～95%。

（2）除铜沉铟：还原浸出矿浆送除铜槽，通 H_2S 除 Cu、As，得含 Au、Ag 的铜精矿；再两段石灰中和（pH 值为 2 及 pH 值为 4.5）回收锗、镓、铟。

（3）高压沉铁：除铜后液经两段中和后送入高压釜内，蒸汽加热至 200℃，鼓入纯氧，釜内压力 2MPa，停留 3h，Fe^{2+} 氧化呈 Fe_2O_3 沉淀，其反应为：

$$2FeSO_4 + \frac{1}{2}O_2 + 2H_2O = Fe_2O_3 \downarrow + 2H_2SO_4$$

溶液含铁量由 40～50g/L 降至 1g/L 左右，除铁率高于 90%。铁渣含铁 58%～60%，S 3%，是较易处理的铁原料。

赤铁矿法生产 1t 电锌，产出硫化铜渣 195kg，其成分（%）为：Cu 4.7，Pb 19.1，Zn 6.2，Fe 2.8，Ag 1500g/L。产出纯石膏 170kg，成分（%）为：Zn 0.2，Fe 0.3，CaO 32，SO_3 45。产出 Ga-In 石膏 24kg，成分（%）为：Zn 8.5，Fe 7.9，CaO 6，SO_3 30，Ga 800g/L，In 1700g/t。产出赤铁矿渣 190kg，成分（%）为：Zn 0.8，Fe 55.0，S 3.0。

赤铁矿法的优点是锌及伴生金属浸出率高，原料的综合利用好，能从渣中回收 Ga 和 In，产渣量少，渣的过滤性好，渣含铁高（58%），经焙烧脱硫后可作炼铁原料；缺点是需用高压釜，建设投资费用大，蒸汽消耗多，酸平衡用石灰中和，产生大量的石膏（$CaSO_4 \cdot 2H_2O$）渣。

德国达特恩电锌厂采用的赤铁矿法沉铁工艺，Fe^{3+} 的还原是采用硫化锌精矿作还原剂，然后加压处理，在 200℃和 2MPa 压力下鼓入氧气，使铁氧化并以赤铁矿沉淀，其中含铁 64%，经充分洗涤后作副产物出售，其生产流程见图 12-31。

加拿大瓦利菲尔德锌厂采用一种高温转化法处理铁酸锌渣，在高压釜内于 200℃和 100kPa 氧压条件下，使铁酸盐溶解，同时铁以赤铁矿形式沉淀，从而回收锌、铜、银、镉等金属。该工艺的特点是将浸出和沉淀合并在一段完成。一段法在操作中需要严格控制加料顺序。间歇作业时，铁酸锌渣必须在无氧存在下加热。用于浸出的废电解液与铁酸锌渣浆料的混合也必须在无氧条件下进行，最后才输入氧气，这样可以避免赤铁矿中夹杂过多的碱式硫酸铁沉淀物，也提高了锌的浸出率。赤铁矿铁渣成分（%）为：Fe 51～57，Zn 0.3～2.3，S 1.6～2.4；浸出液成分（g/L）为：Fe 2.1～4.4，H_2SO_4 15～20；锌浸出率达 95%。

12.1.1.7　几种沉铁方法的比较

表 12-26 和表 12-27 是几种锌渣的化学成分和几种沉铁方法比较。

表 12-26　几种浸出渣的化学成分　　（质量分数/%）

名　称	Zn	Cu	Cd	Fe	Pb
铁矾渣	6.0	0.4	0.05	30	1.4
酸洗后铁矾渣	3.0	0.2	0.02	30	1.5
针铁矿渣	8.50	0.5	0.05	41.35	2.20
赤铁矿渣	0.45	—	0.01	58～60	—
普通浸出渣	18～22	0.5～0.8	0.15～0.2	20～30	6～8

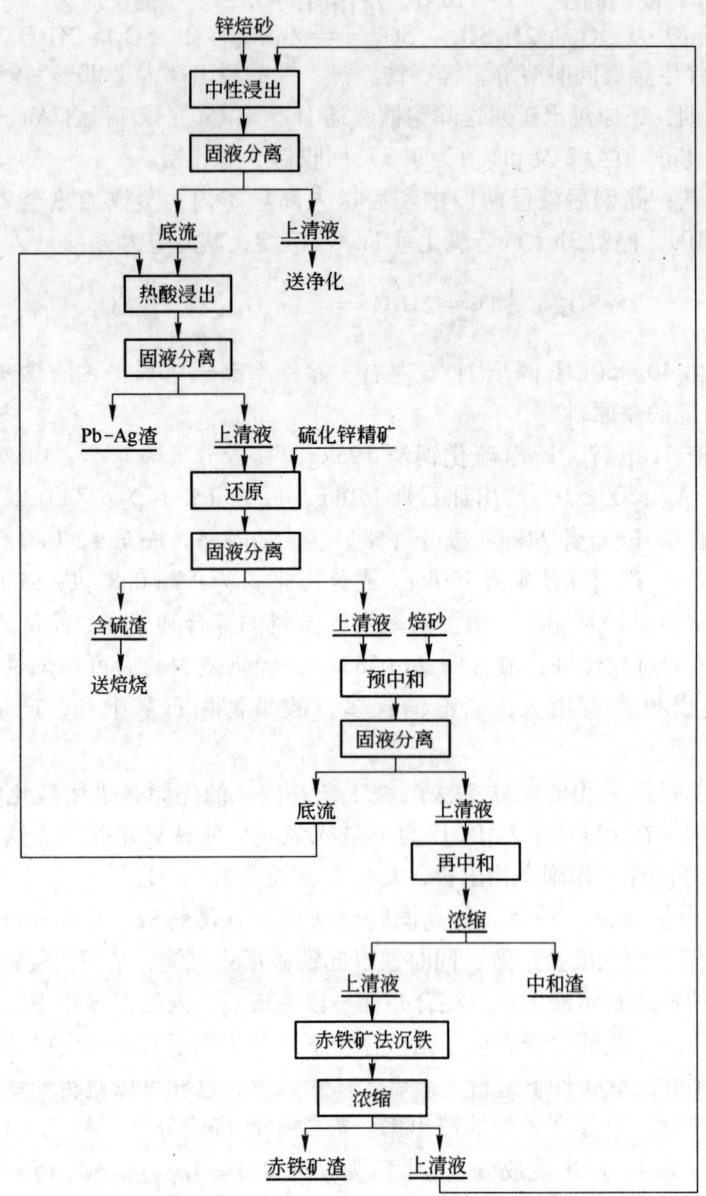

图12-31 达特恩电锌厂赤铁矿法沉铁工艺流程

表12-27 几种沉铁方法的比较

技术条件	黄铁矾法	转化法	针铁矿法	赤铁矿法
酸度（pH值）	<1.5	<1.5	2.5~3.5	硫酸大于2%
温度/℃	90~100	90~100	70~90	约200
时间/h	3	3~4	1.5	3
添加剂	NH_4^+, Na^+, K^+	NH_4^+, Na^+, K^+	无	无
残渣量/电锌量	0.8		0.5	0①

续表 12-27

技术条件	黄铁矾法	转化法	针铁矿法	赤铁矿法
沉铁率/%	90~95	90~95	90	90
渣含铁/%	约30	<30	40~50	60~67
铁渣过滤性能	很好	很好	很好	很好
锌回收率/%	97.3	98	97.7	98.4
银回收率/%	93	0	85	99
基建投资	中	低	较高	很高
技术操作要求	较容易	简单	较难	较难
酸平衡	能分离出酸	能分离出酸	不易平衡	需加石灰中和
渣的可能用途	几乎没有	几乎没有	几乎没有	水泥、陶瓷或炼铁

①由于赤铁矿可以卖给其他行业，不算作残渣，故残渣量/电锌量为零。

（撰稿　陈为亮）

12.1.2 氧化锌矿直接浸出

氧化锌矿也是重要的锌冶金原料之一，其可以作为湿法炼锌和火法炼锌的原料。不同产地的氧化锌矿性质差异比较大。含锌品位高的氧化锌矿，一般在18%~20%以上，可以直接作为锌冶金的原料；品位低的氧化锌矿一般采用预处理如回转窑和烟化炉等挥发富集后作为锌冶金的原料，或采用浸出-萃取技术生产金属锌。

氧化锌矿直接作为锌冶金原料时，其所要求的最低锌品位由锌市场价格和处理时消耗成本所决定。如采用酸浸工艺时，矿石酸的单耗影响浸出锌量的单位加工成本，其消耗量决定所处理氧化锌矿中锌的最低品位。

12.1.2.1 氧化锌矿矿石性质及对浸出过程的影响

A 氧化锌矿分类

氧化锌矿可分为高硅类型、高铁类型和硅铁混合类型，也可分为高钙镁类型和低钙镁类型，按杂质元素氟氯、镍钴来分，还可分为高氟氯氧化锌矿、高镍钴氧化锌矿和低氟氯的氧化锌锌矿、低镍钴氧化锌矿。钙、镁、铁、硅和其他杂质如氯和氟等都低的氧化锌矿，锌品位高时则属于优质氧化锌矿。在氧化锌矿直接酸浸工艺中，高硅类型特别是硅酸锌含量比较高时，浸出液溶液形成胶体无法实现液固分离；高铁、高钙镁类型的氧化锌矿直接酸浸时，酸耗高，浸出液除铁、除镁试剂消耗高，造成生产成本高，矿石性质明显影响湿法冶金工艺和加工成本。对于火法炼锌，矿石类型对工艺的影响相对小些，在同样的装备水平下，锌品位相同的不同类型的氧化锌矿的加工成本差异不太大。高氟氯氧化锌矿和高镍钴的氧化锌矿在湿法炼锌的浸出过程中氟氯、镍钴被浸出进入浸出液，影响锌电积过程或浸出液的净化。各类型氧化锌矿的典型化学成分见表12-28。

表 12-28 各种类型的氧化锌矿的典型化学成分 （质量分数/%）

元 素	Zn	Pb	SiO_2	Fe	CaO	MgO	Al_2O_3	As	F	Cl	S
高硅氧化锌矿	10.63	3.13	50.8	2.47	6.17	0.58	3.23	0.022			0.45
高铁氧化锌矿	14.71	2.22	8.50	21.58	8.87	0.25	1.16	0.22			
高硅高铁氧化锌矿	9.64		15.06	8.49	25.34	1.07					
高钙镁氧化锌矿	22.3	3.09	0.91	2.99	14.39	13.11	0.11				7.51
高硅、高钙镁氧化锌矿	7.61	1.02	21.52	6.89	23.26	0.84	2.14	0.11			3.25
高氟氯氧化锌矿	32.43	8.15	11.10	0.69	4.11	2.61	0.51	0.18	0.34	0.025	

（1）高硅氧化锌矿：高硅氧化锌矿中二氧化硅含量比较高，典型高硅氧化锌矿中二氧化硅含量在30%以上。高硅氧化锌矿中的二氧化硅部分为游离二氧化硅，其对氧化锌矿的湿法冶金没有明显的影响，部分为酸不溶或微溶的结合二氧化硅如硅酸盐矿物中的二氧化硅，有部分为可溶的二氧化硅如硅酸锌，其酸溶过程中溶出后易形成胶体，明显影响浸出的液固分离。

（2）高铁氧化锌矿：高铁氧化锌矿中铁的含量高，一般在10%以上。铁可能以铁酸锌、磁铁矿、赤铁矿或褐铁矿以及复杂的化合物形态存在于氧化锌矿中，其在氧化锌矿湿法冶金的浸出过程中部分被浸出进入浸出液，增加除铁的氧化剂消耗，也容易形成胶体或除铁条件要求苛刻，增加除铁成本。

（3）高硅高铁氧化锌矿：高硅高铁氧化锌矿硅和铁都相对比较高，铁一般在8%以上、二氧化硅在15%以上。该类型的氧化锌矿湿法炼锌时浸出过程也有难度，浸出液处理的成本也比较高。

（4）高钙镁氧化锌矿：高钙镁氧化锌矿中 CaO + MgO 量比较高，一般在20%以上，其虽然不影响湿法炼锌工艺，浸出时固液分离也相对容易，但浸出时酸耗比较高，特别是 MgO 含量高，浸出液中的 Mg^{2+} 含量高，容易在管道中结晶，影响设备的正常运行和影响电解时的电流效率等。

（5）高硅、铁和钙镁的氧化锌矿：该类型的氧化锌矿中，二氧化硅含量在10%以上、铁的含量在5%以上、CaO + MgO 在10%以上，一方面浸出过程有一定的难度，另一方面浸出时酸耗高、浸出液净化除铁成本也高，造成浸出的综合成本高。

（6）高氟氯氧化锌矿：此类型的氧化锌矿不多，氧化锌矿中 F + Cl 含量高，一般在0.1%以上，其浸出时在溶液一次循环后，浸出液中 F + Cl > 100mg/L。当矿石中含有少量的钙镁时，氟容易形成溶解度不高的 CaF_2 或 MgF_2 实现氟的脱除，但氯进入到溶液中则没有有效方法脱除，造成溶液中 Cl^- 含量高，锌电积时阳极板消耗大，阴极锌中的铅含量高。

（7）高镍钴氧化锌矿：高镍钴的氧化锌矿不多，一般，Ni + Co > 0.1%，同氟氯一样，其在浸出过程中被浸出进入浸出液，使浸出液的净化时锌粉消耗增加，甚至需要增加净化段数才能有效实现镍钴净化。

氧化锌矿还可分为高砷锑氧化锌矿、高含泥量氧化锌矿或上述几种同时存在，如高硅高铁高镍钴氧化锌矿等类型。

B 氧化锌矿矿石性质及对浸出过程的影响

氧化锌矿矿石由于风化程度不同和形成条件不同，外观形态差别比较大，其性质影响浸出性能。高风化程度的氧化锌矿颗粒比较细，表现出含泥量高，浸出后液固分离比较困难；中等或低风化的氧化锌矿则颗粒比较大，部分成块状，浸出时需要进行磨矿，浸出后液固分离性能好；火山形成的氧化锌矿则颗粒大，成致密块状，磨矿困难，浸出时液固分离好。

氧化锌矿石中各种元素的赋存形态也直接影响浸出过程，甚至影响工艺方案的选择：

(1) 锌的赋存形态对浸出的影响：含锌的主要矿物有磷锌矿（$ZnCO_3$）、硅锌矿（Zn_2SiO_4）、异极矿（$H_2Zn_2SiO_5$ 或 $Zn_2SiO_4 \cdot H_2O$）、红锌矿（ZnO）、锌尖晶石（$ZnO \cdot Al_2O_3$）、水锌矿[$3Zn(OH)_2 \cdot 2ZnCO_3$]、锌铁尖晶石[$(Fe,Zn,Mn)O \cdot (Fe,Mn)_2O_3$]、铁磷锌矿[$(Zn,Fe)CO_3$]、绿铜锌矿[$3(Cu,Zn)CO_3 \cdot 3(Zn,Cu)(OH)_2$]、硫酸锌矿（$ZnSO_4$）、皓矾（$ZnSO_4 \cdot 7H_2O$）和磷锌异极混合矿等。当以磷锌矿、水锌矿、绿铜锌矿、铁磷锌矿以及含高钙镁的碳酸盐存在时，浸出过程中形成大量的二氧化碳气体，容易出现冒槽，此类氧化锌矿浸出时矿粉应缓慢加入到浸出液中，让反应形成的二氧化碳气体有足够时间离开浸出槽；以硅锌矿、异极矿为主的氧化锌矿浸出时，浸出过程中也需要较慢速度，以使浸出形成的游离二氧化硅形成结晶的二氧化硅，保证浸出后液固分离效果好，采用的技术有加压浸出、浓酸熟化浸出等；以红锌矿、皓矾、硫酸锌存在的氧化锌矿则对浸出过程中影响不大，只要保证足够的浸出速度，就能够将大部分锌浸出来；以锌尖晶石、锌铁尖晶石存在的氧化锌矿中的锌在浸出过程中很难被浸出，要实现其浸出，必须采用高温、高酸或加压浸出等方法才有可能实现锌的浸出，此类氧化锌矿类似含锌的鼓风炉炼铅炉渣，直接浸出基本上不容易实现锌的浸出。

(2) 脉石矿物对氧化锌矿浸出的影响：氧化锌矿中的其他矿物也影响浸出过程，氧化锌矿中主要非锌的矿物一般有方铅矿、铅矾、白铁矿、针铁矿、黄铁矿、毒砂、石英、方解石、石膏、长石、黏土矿物、白云石、褐铁矿、玉髓、天青石、白云母、高岭石、伊利石和重晶石等。在浸出过程中方解石、白云石被酸分解形成硫酸盐和二氧化碳，氧化锌矿中钙、镁含量高时，浸出时产生大量的二氧化碳气体，容易冒槽，同时也消耗大量的酸，浸出液中的硫酸镁浓度高，容易在管道上结晶和降低硫酸锌的电积时的电流效率，从而影响整个湿法炼锌工艺；针铁矿、菱铁矿、褐铁矿在酸浸过程中少量溶解，造成浸出液中的铁含量高，致使除铁时消耗大量的氧化剂和能源；黄铁矿、毒砂在酸浸过程中与酸反应容易形成硫化氢、砷化氢，污染环境；赤铁矿和磁铁矿在酸浸时基本上不被浸出；其他铁酸盐或含铁的复杂化合物在酸浸过程中也基本不被酸所溶解，对酸浸工艺基本没有影响；石英、石膏、长石、黏土矿物、玉髓、天青石、白云母、高岭石、伊利石和重晶石等矿物在酸浸过程基本没有变化，对酸浸过程基本上没有影响；方铅矿和铅矾或其他的氧化铅、碳酸铅在浸出过程中以硫酸铅形态存在于渣中，对浸出过程也基本没有影响，但是会增加酸耗。

(3) 氧化锌矿中杂质对浸出的影响：氧化锌矿中杂质如 As、Sb、Ni、Co、F、Cl 和 Cu、Cd、Pb 等虽然含量低，但对锌的湿法冶金工艺影响比较大，主要影响是造成湿法炼锌的消耗增加。

氧化锌矿中杂质 As 和 Sb 主要以砷酸铁和锑酸盐的形态存在，以单质氧化物、毒砂存在的可能性比较小，其在浸出过程的低酸度下基本上不被浸出，少量浸出的在除铁过程一同被除去，对浸出过程和湿法炼锌影响不大。

杂质 Ni 和 Co 以类质同象取代褐铁矿等含铁矿中铁，在浸出时被部分浸出，其虽然不影响浸出过程，但氧化锌矿中 Ni 和 Co 含量高时，使浸出液中 Ni 和 Co 的浓度高，浸出液净化除 Ni 和 Co 时锌粉消耗增加。当氧化锌矿中 Ni 和 Co 高到一定的程度，浸出液中 Ni 和 Co 比较高时，高的锌粉消耗将影响这种类型的氧化锌矿的利用程度。

杂质 F 和 Cl 在氧化锌矿中赋存形态比较复杂，F 可能以萤石或其他复杂的化合物形态存在，Cl 主要以复杂的化合物形态存在，以食盐形态存在的比较少。在酸浸过程中，F 和 Cl 都会部分或绝大部分被浸出，进入浸出液。虽然 F 和 Cl 对浸出过程基本没有影响，对浸出液净化也影响不大，但对电积过程影响很大，Cl^- 使阳极板腐蚀加快，还造成阴极锌中杂质 Pb 含量升高；F^- 腐蚀阴极板，使阴极板上的锌的剥离变得困难。原料中 F 和 Cl 含量比较高时必须进行脱除才能进行浸出，以消除 F 和 Cl 对湿法炼锌的影响。

杂质 Cu 和 Cd 与氧化锌共生，在浸出时大部分被浸出，对浸出过程没有影响，只是增大净化的锌粉消耗。

杂质 Pb 以方铅矿、铅矾或其他的氧化铅、碳酸铅形态存在，在浸出时消耗少量的硫酸，形成难溶的硫酸铅，浸出液中少量的铅在净化时被锌粉置换而除去。

12.1.2.2 氧化锌矿直接浸出工艺

工业上氧化锌矿基本上采用直接酸浸的工艺，只有少部分氧化锌矿采用预处理技术处理后再酸浸。

预处理主要是焙烧脱 F 和 Cl 或重介质选矿除钙和镁。氧化锌矿焙烧脱 F 和 Cl 的技术与锌氧粉脱 F 和 Cl 相似，在高温（800～1000℃）条件下，使物料中的 F 和 Cl 以 HF 和 HCl 形态被脱除，当然也会形成易挥发的 $ZnCl_2$ 等，造成少量锌的损失。重介质选矿是利用矿物的密度差异进行氧化锌矿的分选，使其中的钙、镁矿物绝大部分从氧化锌矿中分选出来，降低氧化锌矿中的钙和镁的含量，从而降低浸出过程的酸消耗量。

对于低品位的氧化锌矿一般很少采用直接酸浸技术，主要因为直接酸浸时酸耗高，处理成本高。低品位氧化锌矿采用选矿或冶金方法使锌富集后再进行酸浸。

氧化锌矿直接酸浸中最大的问题是水的平衡。浸出渣如果不充分洗涤，渣中水溶锌高，在渣的堆存过程被雨水冲洗而造成环境污染，如果充分洗涤，则产生大量低浓度的硫酸锌洗涤水，其中锌回收和水的利用变得比较复杂。

氧化锌矿的直接酸浸工艺原则流程见图 12-32。

A 磨矿与浸出工艺

氧化锌矿在直接酸浸时，一般需要磨矿，由于氧化锌矿含有一定的水分，直接磨矿比较困难或无法磨矿。通常在磨矿前进行干燥，干燥至含水小于1%即可进入球磨。磨矿过程中要保证磨矿的细度，一般矿浆浓度在30%～40%。为了保证水的平衡，需要大量的溶液。磨矿的溶液可以采用中性浸出液，也可以采用二段浸出液。中性浸出液返回磨矿，可以减少溶液中酸对磨机的腐蚀，同时减少对氧化锌矿的干燥设备和干燥成本，但中性浸出液中的微弱的酸也对球磨机有一定的影响，同时需要增加一次液固分离装置。如果采用二段浸出液直接进行磨矿，必须采用耐酸球磨机和耐酸钢球。磨矿过程中，磨矿的细度要由氧化锌矿中锌的浸出性能决定，一般为 -80 目。浸出性能好，则磨矿粒度大，可在 -60～-80 目；浸出性能差，磨矿粒度细，可在 -120～-160 目，以提高锌的浸出率。

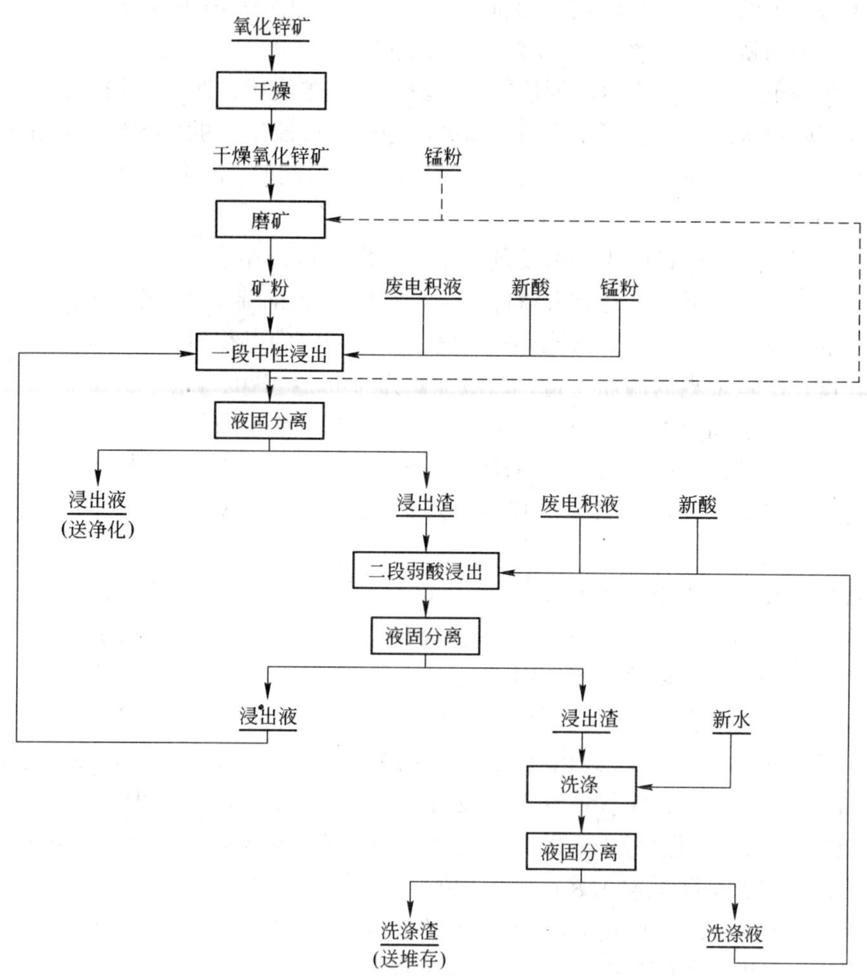

图 12-32 氧化锌矿直接浸出的原则工艺流程

氧化锌矿的粒度能够满足浸出要求，即能够被搅拌和达到锌浸出所要求的水平，则不需要磨矿而直接进行搅拌浸出。

如果氧化锌矿颗粒大，含泥量低，氧化矿块颗粒的空隙大，易于渗透，则可以采用堆浸工艺进行浸出。堆浸需要场地大，周期长，这也是堆浸的缺点，所以在工业上氧化锌矿很少采用堆浸。

在一段中性搅拌浸出时，浸出条件为：浸出温度 40 ~ 100℃，浸出时间 1 ~ 6h，浸出终点的 pH 值为 5.2 ~ 5.4，浸出液固比（3 ~ 6）：1。浸出的液固比由氧化锌矿中锌的品位和锌的浸出性能所决定，确保浸出液中锌的浓度在 120 ~ 150g/L。浸出液中锌浓度越高，越能降低浸出液的净化单耗和能耗，从而降低整个锌产品的各种单耗，但浸出液浓度高，一段浸出渣中夹带的水溶锌量大，二段弱酸浸出时浸出液含锌浓度会升高，给二段浸出渣的洗涤带来不利。

一段中性浸出的浸出液由废电解液和新酸及二段浸出液组成，锰粉和电积的阳极泥作为氧化剂，在混合槽中与浸出液混合，配制成氧化浸出液，再加入搅拌浸出槽。锰粉的加入量由氧化锌矿中铁的浸出量决定，保证浸出液中 Fe^{2+} 能够被氧化为 Fe^{3+} 即可，过多则造成浪费，过少则铁不能有效除去，增大净化的负担。

一段中性浸出过程中，应尽可能使锌在一段浸出中被浸出，减少二段浸出的锌量，降低二段浸出液的锌浓度，有利于二段浸出渣的洗涤。一段浸出一般要求锌的浸出量占总浸出量的 60% 以上。浸出时间尽可能长，在保证浸出率的同时，也能够保证浸出液的终点 pH 值在规定的范围内。

一段浸出后期加入少量的 3 号絮凝剂，絮凝剂配制可以用水或浸出液进行配制。3 号絮凝剂的加入量要尽可能少，达到絮凝即可，否则部分溶解到浸出液中，虽然在净化时能够带走部分的絮凝剂，但有部分可能存在新液中，影响锌的电积过程。不同的氧化锌矿和不同磨矿粒度，决定絮凝剂的加入量，一般吨矿为 0.1 ~ 1.0kg。

一段浸出后的液固分离可以采用浓密和板框压滤等。浓密虽然运行成本低，但底流的矿浆浓度低，水分高，造成二段浸出时浸出液锌浓度高，不利于二段浸出渣的洗涤。板框压滤可以使浸出渣的水分降到 20% ~ 40%，减少浸出渣的可溶锌夹带量，但运行复杂，成本与浓密相比要高。

在一段中性浸出过程中，还要控制浸出液中悬浮物的含量小于 20mg/L。如果浸出液中的悬浮物的含量高，其净化时悬浮物吸附在锌粉的表面，减少了锌粉的活性，增大锌粉单耗，因此在板框压滤时要注意不跑混。

二段弱酸浸出的条件为：浸出温度 40 ~ 100℃，浸出时间 1 ~ 6h，浸出终点的 pH 值为 2 ~ 4，浸出液固比（2 ~ 6）: 1。浸出终点的 pH 值根据一段沉淀的铁在二段浸出过程的酸溶性确定，如果酸溶性差，即沉淀的铁在二段弱酸浸出过程中浸出量很少，主要原因是氧化锌矿中碱金属含量高，浸出液中铁的沉淀大部分是铁矾或非氢氧化铁沉淀，此时可以适当提高二段浸出的终酸即降低浸出终点的 pH 值。

实际上，只要电解制度和氧化锌矿的浸出性能及酸耗确定，氧化锌矿的浸出工艺条件基本确定。唯一的变化就是新酸的加入点和补充过程消耗水的数量。为了降低二段浸出的浸出液锌离子浓度，洗涤水应补充到二段弱酸浸出中。工艺条件的确定可以采用如图 12-33 所示的流程进行确定。实际确定工艺技术条件的原则采用全流程的酸的平衡原则。

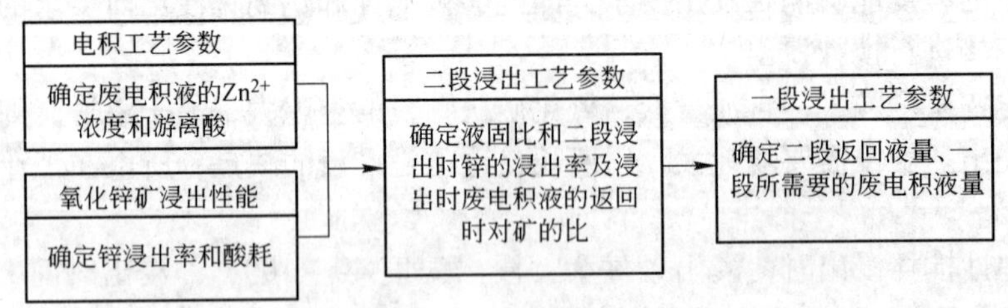

图 12-33　氧化锌矿浸出工艺制度确定的原则流程

如电积时采用的废液含锌 45g/L，游离酸为 140g/L，氧化锌矿的含锌 25%，锌的浸出率 85%，则浸出时每吨干矿需要的总废电积液量为：

$$1000 \times 0.25 \times 0.85 \div (140 \div 98 \times 65.39) = 2.27\text{m}^3$$

一段浸出液中锌离子浓度约为 138g/L。浸出过程中脉石矿物消耗的酸用新酸补充。

在氧化锌矿的实际浸出过程中，浸出液的锌离子浓度为110～120g/L，要保证浸出-电积的长期稳定运行，电积废液控制为锌离子浓度45g/L，游离酸浓度97～110g/L。由于低酸度电积时直流电耗高，必须采用高游离酸电积，用新酸进行补充，使电积废液的酸度保持在140g/L以上。在浸出过程中酸消耗在生成硫酸锌，由硫酸锌将硫酸酸根带到电积过程中。如果浸出液中硫酸锌浓度低时，带到电积系统的硫酸根离子不足，电积形成的游离酸量不足，因此应在电积配液时补充部分新酸。这与传统的焙砂浸出-电积工艺不同，也与现有大部分氧化锌矿的浸出-电积工艺不同。

如果二段浸出液固比为2∶1，一段浸出渣渣率为85%，渣含水30%，则需要废电积液量为：

$$1 \times 0.85 \times 0.30 \div (1 - 30\%) = 0.36\text{m}^3$$

此时，需要电积废液量为：

$$2 \times 1 \times 0.85 - 0.36 = 1.24\text{m}^3$$

进入一段浸出的废液量为2.27－1.24＝1.03m^3，其余为二段浸出液返回。如果废液含酸140g/L，其中游离酸为173.6kg，假设该氧化锌矿的酸耗（不含废电积液返回的酸）为100kg/t锌矿，并且假设脉石矿物的酸反应速度与锌浸出速度相当，则二段浸出需要的锌浸出量大约为：

$$173.6 \div [98 \times 65.39 + 100 \div (1000 \times 0.25 \times 0.85)] = 132.12\text{kg}$$

该浸出锌量约占总浸出锌量的41.48%。该浸出锌量的比例仍然比较大，如果洗涤水返回二段浸出，终渣渣率70%，终渣含水30%，则洗涤渣带走的水量为0.3m^3，用该溶液返回二段浸出，减少废液量0.3m^3，实际废液量为0.94m^3，此时二段浸出锌量占总浸出锌量的31.45%，明显降低二段浸出的锌量，也降低了二段浸出的锌离子浓度。

考虑到浸出液在净化和电积过程中有一定的挥发，以及氧化锌矿中所有水分都进入浸出过程中，二段返回一段的洗涤水量＝渣带走的水量＋挥发损失及净化渣带走的水量－氧化锌矿带入的水量。

总之，氧化锌矿的直接酸浸的工艺参数如浸出温度、浸出时间由矿石的性质决定，浸出的液固比等则由电积工艺参数决定。当液固比比计算值高时，浸出液锌浓度达不到保证，需要在电积系统的配酸过程中补充新酸，保证电积的正常进行。所补充的新酸量则在浸出过程中的酸耗上进行扣减。

当氧化锌矿中的锌品位低到一定的程度，如氧化锌矿的锌品位低到18%，浸出率85%，则废液返回量降低到1.64m^3，浸出液固比较低，无法进行搅拌浸出，此时必须采用部分浸出液在浸出过程中循环或降低废液含酸（如果不降低废液含酸，浸出的新酸部分必须补充到电积配液中，减少浸出的新酸量，但浸出补酸与电积配液补酸总量为矿石消耗的酸量）。

此外，为了尽可能提高氧化锌矿的锌浸出率，还可以采用三段逆流浸出，第三段浸出的酸度要比第二段高。

B　浸出渣的洗涤

浸出渣由于夹带浸出液，渣中的水溶锌含量高，如果不进行洗涤，一方面造成环境污染，另一方面也造成锌的损失，使锌的总浸出率降低，资源不能充分利用。

浸出渣的洗涤可以采用浓密洗涤和搅拌-压滤洗涤，在二段弱酸浸出时浸出液中锌离子浓度一般在65～95g/L。如果浓密洗涤的底流矿浆浓度在50%，板框压滤洗涤渣含水分30%，在不同的浸出液含锌和洗涤水消耗的情况下，达到渣夹带水中锌离子浓度小于1g/L时洗涤段数见表12-29。

表12-29 不同洗涤条件下的洗涤要求

洗涤液固比	参数	浓密洗涤时渣夹带溶液含锌/$g \cdot L^{-1}$				压滤洗涤时渣夹带溶液含锌/$g \cdot L^{-1}$			
		65	75	85	95	65	75	85	95
1.0∶1	洗涤段数					9	9	10	10
	渣中水的锌/$g \cdot L^{-1}$					0.81	0.93	0.45	0.51
1.5∶1	洗涤段数					5	5	5	5
	渣中水的锌/$g \cdot L^{-1}$					0.56	0.65	0.73	0.82
2.0∶1	洗涤段数	>16	>16	>16	>16	4	4	4	4
	渣中水的锌/$g \cdot L^{-1}$	3.82	4.41	4.00	5.59	0.35	0.41	0.46	0.52
2.5∶1	洗涤段数	9	9	9	9	3	3	3	3
	渣中水的锌/$g \cdot L^{-1}$	0.57	0.66	0.75	0.84	0.57	0.66	0.75	0.83
3.0∶1	洗涤段数	6	6	6	7				
	渣中水的锌/$g \cdot L^{-1}$	0.52	0.59	0.67	0.37				

采用浓密洗涤时洗涤段数多，洗涤水量大才能达到压滤洗涤的效果，压滤洗涤的洗涤段数少，洗涤水消耗少，与浓密洗涤相比洗涤水量消耗减少约一半。

在浓密洗涤、液固比为2.5时，洗涤所产出的溶液含锌40～65g/L，而板框压滤洗涤、液固比1.5时洗涤所产出的溶液含锌25～40g/L。浓密洗涤每吨渣可以回收锌60～100kg，压滤洗涤可以回收锌25～45kg。对于氧化锌矿而言，洗涤后锌的浸出回收率提高5%～10%。当锌价格比较低时，庞大的洗涤成本高于多回收锌的价值，浸出渣可能不进行洗涤而简单处理后堆放。

C 洗涤水的处理及其中锌的回收利用

在氧化锌矿的直接浸出过程中，需要对浸出渣进行洗涤，洗涤过程所产生的溶液大约有20%～40%可以返回循环利用。由于系统水平衡的问题，多余部分不能返回利用，但不能外排，必须回收其中的锌。虽然目前大部分处理氧化锌矿的冶金企业没有洗涤水综合利用设施，大型企业采用焙砂，洗涤水基本可以补充各种渣等带走水分和蒸发水分中，但单独采用氧化锌矿为原料的小型湿法炼锌企业，洗涤水多而造成水量不平衡，洗涤水的处理显得十分重要。洗涤水的处理主要是回收其中的锌和实现水的再循环利用及保证湿法炼锌过程的水平衡。

从洗涤水中回收锌和水的方法有蒸发浓缩、中和沉淀、萃取-反萃和离子交换等方法。

a 蒸发浓缩法

硫酸锌洗涤水的蒸发浓缩结晶是采用加热的方法，使溶液中水蒸发，硫酸锌溶液浓缩，浓缩到一定的程度后返回锌系统。在蒸发浓缩液返回系统时也带入一定量的溶液，在水量多时，则采用浓缩结晶的办法，排出多余的水。蒸发浓缩的流程如图12-34所示。

蒸发浓缩时，洗涤水需要浓缩到溶液含锌在250g/L以上，否则冷却结晶时结晶率低。

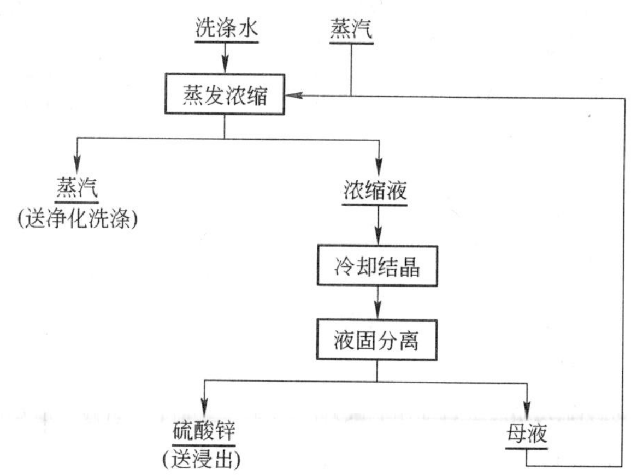

图 12-34 洗涤水的蒸发浓缩结晶原则流程

该方法简单，但能耗高、洗涤水中的杂质如硫酸镁不能有效外排，在系统中循环。

为了降低蒸发能耗，可以将蒸发浓缩的溶液蒸发到与浸出液相当的锌离子水平返回一段浸出，如果溶液多时，则有部分的二段弱酸浸出液也进入蒸发浓缩工序，减少蒸发浓缩的程度，降低能耗和省去冷却结晶和结晶产品的分离工序。

b 中和沉淀法

中和沉淀可以采用石灰、氨水、碳氨、碳酸钠、氢氧化钠等作为沉淀剂沉淀洗涤水中的锌，并实现洗涤水再循环利用。用碳酸钠和氢氧化钠由于成本高，同时，沉淀后产生的硫酸钠溶液不能有效循环利用，故不作介绍：

(1) 石灰沉淀：石灰沉淀时，将石灰用洗涤水制成石灰乳，在搅拌的条件缓慢加入到含硫酸锌的洗涤水中。中和沉淀温度 50～60℃、中和时间 180～240min、石灰用量为理论量的 1.2～1.4 倍，沉淀终点 pH 值为 6.5～7.0，锌的沉淀率大于 99%，沉淀后液含锌小于 5mg/L。若洗涤水中硫酸镁含量比较高，在此 pH 值下硫酸镁不会沉淀，需继续中和到 pH 值大于 11，可以将溶液中的镁全部沉淀下来，达到溶液除镁的目的。沉镁后的溶液调整 pH 值后，返回洗涤系统。石灰沉淀时沉淀渣含锌为 20%～30%，沉淀渣弱酸浸出时锌的浸出率大于 98%，能够实现锌的有效回收利用。该法的优点是简单，但产出沉淀渣含锌不高，弱酸浸出过程也要产生一定量的洗涤水，需要返回处理。

(2) 碳氨沉淀：在搅拌的条件下，碳氨直接以固体的形式加入到洗涤水中，或用少量洗涤水溶解碳氨后加入到洗涤水中。碳氨沉淀温度 50～60℃、沉淀时间 40～120min、碳氨用量为理论量的 1.1～1.2 倍，沉淀终点 pH 值为 7.0～7.5，锌的沉淀率大于 98%，沉淀后液含锌小于 0.5g/L。沉淀渣含锌大于 50%，沉淀渣酸溶性即锌的浸出率 100%。与石灰相比，沉淀后液的锌浓度高，这是由于部分锌形成锌氨络离子所致，但沉淀后液可返回渣洗涤中避免锌的损失。该法优点简单，碳氨的价格适当，缺点是沉淀后液的锌浓度高于国家规定的排放标准，不能外排。

(3) 氨水沉淀：氨水在搅拌的条件下直接加入到洗涤水中，沉淀温度 50～60℃、沉淀时间 40～80min、氨水用量为理论量的 2.0～2.5 倍，沉淀终点 pH 值大于 7.5，锌的沉淀率大于98%，沉淀后液含锌小于0.5g/L。沉淀渣含锌大于50%，沉淀渣酸溶性即锌的浸出率100%。该方法简单，缺点是沉淀后液锌浓度高、氨水消耗高。

碳氨沉淀产出大量的硫酸铵溶液，其虽然可以作为肥料，但大量的外排必然产生污染，为了产出含锌高、酸溶性好的沉淀渣，结合上述的方法，形成一种新的沉淀方法，沉淀工艺流程如图12-35所示。

该工艺的实质是氨水沉淀，不足的氨用碳氨补充。沉淀后的硫酸铵溶液直接蒸氨难度大，采用石灰转化，形成氨水，氨水的转化率大于98%。氨水蒸氨比较容易，在100℃时60~120min基本可以蒸完。此时，形成的石膏质量好，杂质含量低，可以作为石膏产品销售。该法的优点综合利用好，完全消除水的污染，实现水的循环利用，缺点是工艺复杂，投资大。

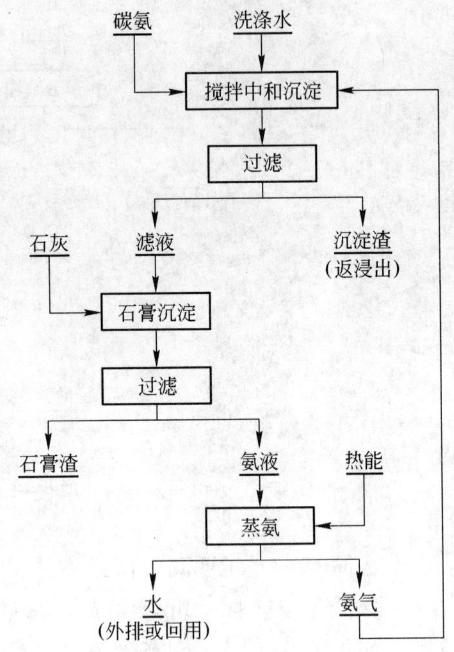

图12-35 碳氨-氨水-石灰综合处理洗涤水工艺流程

c 萃取-反萃法

P204、P507、Cyanex272、Cynaex923、P538、TOA、N235、N263、Versatic10、Versatic100、NapHthenic acid、Kelex100、TBP等都可以从弱酸性的硫酸锌溶液中萃取锌。但考虑价格因素，通常采用P204作为萃取剂，用溶剂油或260号航空煤油作为稀释剂配制的有机相进行锌的溶剂萃取。

P204萃取剂对锌的饱和容量见表12-30。

表12-30 P204萃取锌时的饱和容量

有机相中P204浓度/%	5	20	25	30	35	40	45
有机相中锌的饱和容量/g·L^{-1}	3.6	14.2	17.9	21.1	24.9	28.6	32.5

有机相中锌的饱和容量不大，且与有机相中萃取剂含量基本呈线性关系，在萃取剂浓度为40%的有机相中锌的饱和容量仅为28.6g/L。但有机相含萃取剂大于40%以上时容易出现乳化现象，使有机相与水相的分离困难。因此，有机相中的萃取剂浓度应根据洗涤水中的锌离子浓度、萃取相比等确定，一般不超过40%。

在锌的萃取过程中，影响锌萃取率的最大不利因素是萃取过程产生的酸，在pH值小于0.5时锌基本上不被萃取或萃取率十分低。而萃取过程产生酸，pH值必然降低，造成锌的萃取率不高。为获得高的萃取率，有机相必须皂化或萃取过程中加碱中和所产出的酸，才能保证锌的萃取率大于98%。但是P204在皂化和中性溶液中的溶解度大，萃取剂消耗高。

萃取条件：混合时间5min、澄清时间5~30min、萃取温度10~40℃（温度高有利于萃取），萃取的相比和有机相中萃取剂浓度根据洗涤水中的锌浓度确定。如果采用中和-萃取的方式，萃取级数为2~3级，萃取率大于99%；如果不中和，萃取级数大于6级，锌萃取率为80%~90%。由于有机相锌的饱和容量低，洗涤水含锌的浓度应在10~20g/L以下。

有机相中锌的反萃率随酸度的升高而升高，一般反萃的酸度大于70g/L硫酸，才能保证具有比较好的反萃效果。采用废电积液，混合时间5min、澄清分离时间10~30min、反萃温度10~40℃（温度低有利于反萃）、反萃级数3级，锌的反萃率大于98%。

当溶液中铁含量高时，铁最容易被萃取，在反萃过程中部分被反萃，造成反萃后液的铁含量超标，因此，进入萃取的铁应严格控制。有机相中的铁会降低锌的饱和容量，其中的铁采用盐酸洗涤或氟化铵沉淀而除去。沉淀时形成的氟化铁用氨水再生形成氟化铵，实现氟化铵的循环利用。

萃取法的优点是消耗试剂低，但设备庞大、工艺复杂，最大的缺点是萃取过程中如果不皂化或中和，锌的萃取率低，萃取形成的含有少量锌的低浓度硫酸溶液无法充分利用，如返回作为洗涤水，洗涤渣的酸度高、可溶锌量大，造成环境污染；如果中和后返回，其实质与中和沉淀相似，消耗相似，但工艺过程更加复杂，过程成本更高。

12.1.3 工业锌氧粉和含锌烟尘的浸出

12.1.3.1 工业锌氧粉及含锌烟尘的来源与组成

工业锌氧粉主要是低品位锌矿或锌精矿湿法炼锌过程的浸出渣采用烟化炉挥发和回转窑挥发（Waelz法）及金属浴熔融还原法、鼓风炉还原挥发、旋涡炉还原挥发、电炉还原挥发的锌蒸气在空气中氧化形成的粉末，其中夹带一定量的原矿粉末和其他易挥发的金属如Pb、Ge、In等有价金属。低品位氧化锌矿挥发生产锌氧粉的原则流程如图12-36所示。

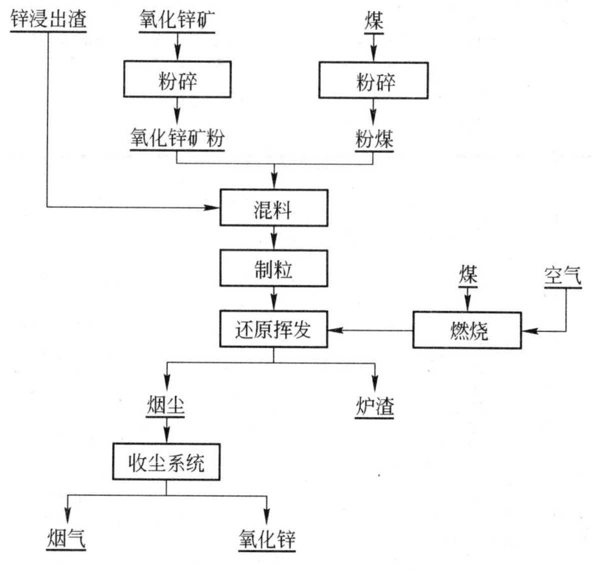

图12-36 工业锌氧粉生产的原则流程

工业锌氧粉含锌一般在45%~70%，其他杂质有SiO_2、Al_2O_3、Fe、Pb、As_2O_3、S、CaO、MgO、Sb_2O_3、Cd、C、Bi、F和Cl等，同时也含Ge、In、Tl和Ga等有价金属。

表12-31是典型的锌氧粉成分。

表12-31 典型的锌氧粉化学成分 （质量分数/%）

组 分	Zn	Pb	FeO	CaO	MgO	SiO_2	S
含 量	45~70	2~10	2~10	1~5	1~5	1~5	0.1~4
组 分	Sb	C	F	Cl	As	$Ge/g\cdot t^{-1}$	$In/g\cdot t^{-1}$
含 量	0.1~1.0	0~10	0.1~1.5	0.1~1.0	0.1~1.5	10~1000	10~500

锌氧粉中的有价元素Pb、Ge和In的含量与原料低品位氧化锌矿或浸出渣中的这些元素含量有关，随着原料产地不同，差异也比较大。在还原挥发过程中随部分返料和细颗粒尘而带到锌氧粉中；杂质元素As、Sb、Bi、F和Cl在还原挥发过程中被还原后，与锌一同挥发进入锌氧粉中，其含量也与原料密切相关，大部分挥发进入锌氧粉，少部分为随返料或细颗粒尘带入锌氧粉中；杂质元素S、F和Cl主要为硫酸盐还原分解后形成三氧化硫或二氧化硫及HF、F_2和HCl、Cl_2后被锌氧粉所吸附，并与锌氧粉中的锌反应形成相应的锌卤化物，SiO_2、FeO、CaO、MgO和Al_2O_3主要是返料和细颗粒粉尘所带入锌氧粉中。

锌氧粉中的锌含量除与原料密切相关外，还与生产工艺密切相关。理论上，锌氧粉由可挥发的元素氧化物组成，实际上却含有大量的脉石矿物，这些脉石矿物都是以返料或细颗粒尘带入到锌氧粉中，生产工艺上如控制返料和细尘进入锌氧粉中，则可以生产出高品质的氧化锌粉。通常采用制粒或压团的方法，减少细颗粒尘随烟气进入锌氧粉。表12-32列出了部分企业及不同工艺生产的氧化锌的化学成分。

表12-32 氧化锌粉的化学成分 （质量分数/%）

成分	株洲冶炼厂		沈阳冶炼厂	会泽铅锌矿	钢铁厂产氧化锌	铜加工厂产氧化锌粉
	铅烟化炉氧化锌	锌回转窑氧化锌	锌回转窑氧化锌	氧化矿烟化炉氧化锌		
Zn	59~61	66.39	60~68	53~58	56~60	(ZnO)75.96
Pb	11~12	10.40	8.5~9.5	16~22	7~10	10.45
F	0.9~1.1	0.167	0.05~0.1	0.11~0.17		1.1~2
Cl	0.03~0.06	0.126	0.06~0.08	0.055~0.07	2~4	0.2~0.4
In	0.08~0.1	0.064	0.03~0.08			
Ge	0.008	0.0124	0.005~0.01	0.025~0.032		
Ga	0.003	0.0116				
As	0.3~0.9	0.423	<0.5	0.4~0.6	0.01~0.02	<0.01
Sb	0.2~0.4	0.0566	<0.02	0.07~0.12		<0.01
SiO_2	0.8~1.0	0.277		1.5~2.5	0.4~0.6	
CaO	0.2~0.5	0.038		0.45~1.6	0.5~0.8	
Al_2O_3	0.13~0.75			0.2~0.6	(FeO)2~3	
S	1.82~2.40	2.73		1.2~3.4	1~2	

锌氧粉中锌主要ZnO形态存在，少量以铁酸锌、硅酸锌形态存在；Pb也以PbO形态存在，少量以铅酸锌、硅酸铅等形态存在；CaO、SiO_2、MgO大部分以单纯氧化物形态存在，少部分为复杂化合物；Al_2O_3主要以复杂化合物形态存在；C为返料和细颗粒碳粉带

入到锌氧粉中，以单质形态存在；Sb 和 As 主要以 Sb_2O_3、As_2O_3 形态存在，如果还原过程中还原气氛很强、烟道系统中氧化不完全时还可能有少量以金属形态存在，复杂的锑盐和砷盐含量不高；F、Cl 和 S 主要被锌氧粉所吸附并形成相应的盐类。

锌氧粉是锌蒸气氧化所形成，形成的氧化锌为非晶态氧化，粒度一般为 -120 目，少量的粗颗粒为返料和原料的细尘所致；锌氧粉颗粒细，加上为非晶态，堆密度小于 $1.0g/cm^3$。

此外，锌浮渣采用火法脱氯后也产出质量比较好的锌氧粉，其中锌含量大于 70%。

含锌烟尘主要有炼铁过程所产出的瓦斯泥及其他金属还原熔炼-氧化精炼时所产出的烟气收尘时所产出的含锌烟尘。这些烟尘虽然有时含锌比较高，但不能直接作为锌冶炼的原料，主要是其中酸可溶的杂质含量比较高，影响湿法炼锌时的杂质分离，增加分离杂质的成本。

无论是低品位锌矿、锌浸出渣还是瓦斯泥作为原料，生产出的锌氧粉中锌的品位高，锌以酸溶性比较好的 ZnO 形态存在。所含的杂质如 As、Sb、Fe 以及 In、Ge 等组分，在湿法炼锌过程中有合适的分离或回收方法，对湿法炼锌影响不大，但其中含有的杂质 F 和 Cl 对湿法炼锌过程影响较大且比较难以从 $ZnSO_4$ 溶液中有效除去。因此，工业锌氧粉作为湿法炼锌的原料时，首先必须脱除其中的 F 和 Cl。

12.1.3.2 工业锌氧粉中氟、氯等杂质的脱除

工业锌氧粉的 F 和 Cl 脱除方法有湿法和火法的多种方法，都是根据 F 和 Cl 在锌氧粉中的性质进行脱 F 和 Cl。

脱 F 和 Cl 的方法有：

（1）水洗涤脱 F 和 Cl：利用氯化锌和氟化锌及 F_2 和 Cl_2 都能溶解在水中实现脱 F 和 Cl。水洗涤脱 F 和 Cl 的效率低，洗涤后锌氧粉含 F 和 Cl 仍然比较高。虽然水洗脱 F 和 Cl 工艺简单，操作方便，但不能满足湿法炼锌的要求。

（2）酸或碱溶液洗涤脱 Cl：该方法其用酸或碱能够溶解并破坏包裹氯化锌、氟化锌与氧化锌的固溶体，从而更彻底实现脱除锌氧粉中的 F 和 Cl。但酸或碱洗涤时造成锌的损失较大，所产出的废水不能有效处理，污染环境，同时脱 F 和 Cl 效果也不特别好，不能够完全满足锌氧粉湿法炼锌的要求，工业上采用该法的不多。

（3）硅胶除 F、717 树脂除 Cl：该方法 F 和 Cl 脱除率不高，约 50%，仍然不能满足工业脱 F 和 Cl 的要求。

（4）高温焙烧脱 F 和 Cl：高温焙烧脱 F 和 Cl 是基于 $ZnCl_2$、ZnF_2 的沸点低，在高温下易挥发，同时氧的存在使 $ZnCl_2$、ZnF_2 氧化生成 ZnO，释放出挥发性比较好的 F_2 和 Cl_2，此外吸附在 ZnO 颗粒上的 F 和 Cl 在高温下也比较容易脱附，因此，F 和 Cl 的脱除效果较好。

这里主要介绍工业生产上用得比较多的火法脱 F 和 Cl。

A 回转窑脱 F 和 Cl

回转窑脱 F 和 Cl 的原则流程图如图 12-37 所示。

锌氧粉的堆密度 $0.8g/cm^3$，安息角 35°～40°。氧化锌粉首先用皮带或斗提机送到高位料仓，高位料仓一般能够储存 1～2 天物料。

高位料仓的锌氧粉经过圆盘给料机给入圆筒制粒机或圆盘制粒机制粒。制粒的目的是减少烟尘量和返料量。制粒过程中往锌氧粉上喷撒水，使细颗粒的氧化锌相互黏接、团聚

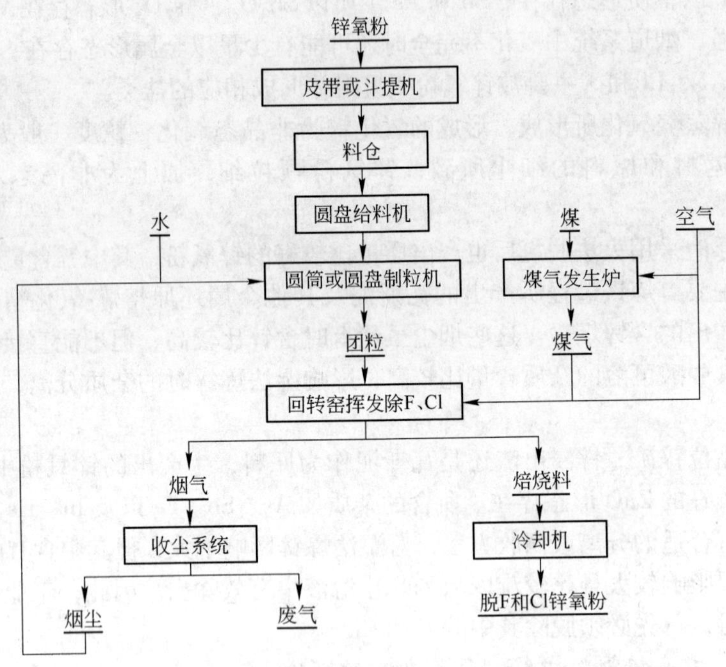

图12-37 回转窑锌氧粉脱F和Cl的原则流程

形成大颗粒氧化锌，在制粒时水分控制在8%～12%。采用圆筒制粒机时，倾角1°～3°，圆筒内装有按螺旋分布的料板，其可使物料向前运动，圆筒制粒机处理能力是总体积的15%～20%，停留时间约60～180min。圆筒制粒机制粒后的颗粒粒径为3～6mm。采用圆盘制粒机时，水分控制为8%～12%，圆盘制粒机的线速度比圆筒制粒机大，物料的运动速度更快。如果制粒的颗粒越大，圆盘的倾角就越小，一般为40°～60°，圆盘的转速0.5～2r/min。圆盘制粒机所制的颗粒一般比圆筒制粒机所制颗粒较大，为8～20mm，甚至更大。制粒后的锌氧粉加入到回转窑的窑尾，随回转窑的转动向窑头移动，温度逐渐升高，窑尾的温度在200～250℃，保证收尘系统中水蒸气温度在露点以上，不使收尘布袋被冷凝水阻塞。回转窑长度越长，窑尾的温度越低。

在设计时应充分考虑长径比的关系，保证物料在高温区停留时间约30min，其他的参数按传统进行选择，如倾角3°～5°，填充量12%～15%，转速0.5～2r/min，长径比10～20。

回转窑高温带控制在800～1100℃，温度由物料脱F和Cl的温度决定，各种产地的锌氧粉因F和Cl含量及脉石成分的不同而略有差异，同时要控制炉内气氛为弱氧化性气氛，如果是还原性气氛容易造成锌的还原挥发，增大物料在过程中的循环量和单位能耗。当煤气中有少量的水分时，能够加快脱F和Cl的速度，其实质是加快高温卤化锌的水解，从而加快脱F和Cl的速度。

烟气进入收尘系统中，所收集的尘可以返回制粒，但烟尘中的F和Cl含量相对于锌氧粉而言要高许多，返回配料会加大F和Cl的循环量。一般情况，返料返回制粒，收尘的细颗粒氧化锌尘则作为生产氯化锌的原料，减少F和Cl的循环。由于烟气中含有HCl

和 HF，并且温度大于 100℃，对收尘系统设备的腐蚀比较大，在操作中应经常注意观察收尘系统，以作必要的检修。

从回转窑脱 F 和 Cl 的锌氧粉产品，温度为 700～900℃，由于含有大量热量，必须加以利用，而且其温度高，不能直接送到浸出工序。高温脱 F 和 Cl 后的锌氧粉首先通过水或空气冷却圆筒或环冷机使温度降到 100℃以下再送浸出，冷却高温锌氧粉的热空气送到煤气发生炉或回转窑燃烧煤气，充分利用脱 F 和 Cl 的氧化锌所含的热量，减少煤气和煤的消耗。

澳大利亚 Pirie 港电锌厂在回转窑中焙烧处理氧化锌粉。该厂年产电锌 4.5×10^4t，原料来自铅炉渣烟化处理过程的氧化锌粉，其成分（%）如下：Zn 66.0，Pb 12.5，F 0.25，Cl 0.20。

回转窑焙烧的生产数据如下：

回转窑尺寸$(L\times\phi)$/m×m	27.5×2.24
加热用重油消耗/L·h^{-1}	450
相当于焙烧 1t 氧化锌粉的重油消耗/L	58
平均加料速度/t·h^{-1}	8.2

温度控制：

产品排出的温度/℃	1150
气体排出的温度/℃	500

焙烧后产出的 ZnO 粉的成分：

元　素	Zn	Pb	F	Cl
含量/%	68	12.0	0.005	0.02

B　多膛炉脱 F 和 Cl

多膛炉脱锌氧粉中的 F 和 Cl 的原理与回转窑脱 F 和 Cl 的原理相同，也是在高温下氧化并使锌氧粉中吸附或形成的卤化物解吸或分解并挥发与锌氧粉分离，以实现脱 F 和 Cl，只是采用的设备不同。多膛炉脱 F 和 Cl 的工艺流程与回转窑脱 F 和 Cl 的工艺流程基本相同，唯一的差异是多膛炉直接处理锌氧粉，而回转窑则需要制粒后才能处理。

多膛炉是圆柱形的炉子，炉内分为许多层，一般为 7～12 层，顶部设有锌氧粉的干燥层，每层用厚度为 150～250mm 的异型黏土砖砌成拱球形，拱角为 7°左右，即在同一个炉内形成多层的炉膛。每层炉膛均开有下料孔，以便热气流从下而上运动，锌氧粉则从上而下运动，一方面使锌氧粉的温度升高，另一方面使脱除的 F 和 Cl 随气流带出。孔的位置设在中心或周边，其每层交叉分布，目的是使锌氧粉在炉内有较长的运动距离，保证温度能够达到预定值，并有足够的停留时间。每一层都设有耙臂，耙臂上有耙齿，炉子中央有一个带动耙臂旋转的轴，使耙齿带动炉膛上的锌氧粉向前运动，运动到下料孔落到下一层炉膛上。由于炉内温度高，耙臂和中央转轴采用冷空气冷却，冷却后的空气供煤气燃烧用。

多膛炉设计中，料孔的分布应保证物料在高温部分的平均停留时间在 5～20min 以上，转轴的速度和孔的距离以及耙的齿数是设计计算的部分依据。

多膛炉是目前大型湿法炼锌厂脱 F 和 Cl 的最主要设备。多膛炉在不同位置设置多个煤气燃烧室，燃烧室的高温气体通过加热孔进入炉膛加热炉料。为了保证热利用率高和炉膛内一定的温度梯度，下部炉膛的加热点数比上层炉膛的加热点数要多，下部炉膛的温度比较高，以保证高温停留时间，这是多膛炉设计的另一依据。

株洲冶炼厂多膛炉的结构示意见图12-38。

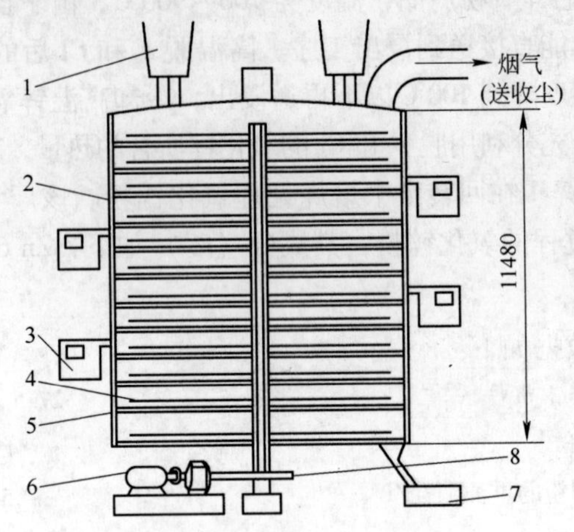

图12-38 多膛焙烧炉（ϕ6564mm）

1—加料斗；2—炉体；3—燃烧室；4—耙臂；5—中心轴；
6—减速箱与电机；7—冷却圆筒；8—传动齿轮

技术参数如下：

炉壳外径：6454mm　　炉子内径：6080mm

炉壳高度：11480mm　　炉子总高：16500mm

工作床面积：255m²　　炉床层数：13层（其中顶层为干燥层）

炉膛层高：864mm　　每层的操作门数：5~6个

中心轴（双层套管）直径：$\phi_{内}$ 494mm，$\phi_{外}$ 836mm　　耙臂长度：2947mm

每个耙臂的齿数：9~12个　　耙臂转速：1r/min

多膛炉脱F和Cl后的锌氧粉通过热交换器降温后供湿法炼锌的浸出系统使用，交换的热空气供煤气燃烧用。

多膛炉处理氧化锌粉的工艺操作条件及技术指标列于表12-33。

表12-33 多膛炉操作条件及技术指标

项目		
温度控制/℃	第四层 680~720	第六层 680~720
	第八层 680~720	第十层 500~550
负压控制/Pa	20	
锌直收率/%	>98	
脱氟效率/%	>93	
脱氯效率/%	>80	
总收尘率/%	>96	
煤气消耗/m³·(h·台)$^{-1}$	1500~1800	
焙烧时间/h	2	
处理能力/t·(m²·d)$^{-1}$	0.22~0.35	

12.1.3.3 锌氧粉及烟尘的浸出作业

由锌浸出渣和低品位氧化锌矿挥发生产的锌氧粉，如果 F 和 Cl 的含量低时可以直接进入湿法炼锌系统，F 和 Cl 含量高时，则需要进行脱 F 和 Cl，脱 F 和 Cl 后的锌氧粉再进入锌湿法冶炼系统。

锌氧粉一般不直接进入浸出系统，通常作为锌焙砂湿法炼锌时的中和剂，特别是采用高温高酸处理浸出渣和加压酸浸浸出液最好的中和剂。对于有些地区，由于只有锌氧粉作为湿法炼锌的原料，锌氧粉才直接进入浸出系统。锌氧粉直接浸出与锌焙砂和氧化锌矿的浸出大同小异。图 12-39 所示为锌氧粉和脱 F、Cl 锌氧粉湿法直接生产电锌的浸出原则流程。

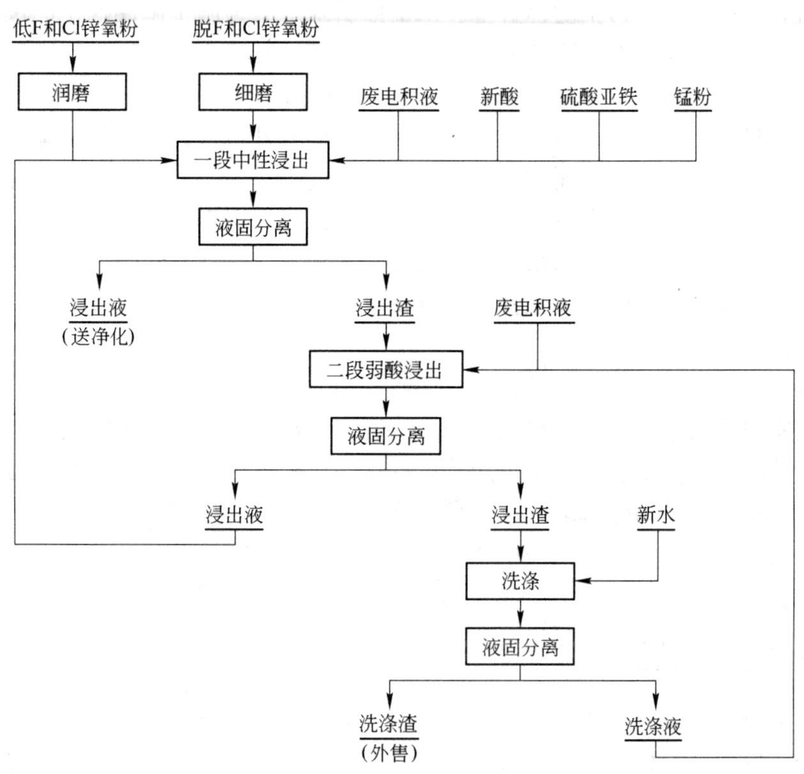

图 12-39 锌氧粉和脱 F、Cl 锌氧粉湿法直接生产电锌的浸出原则流程

锌氧粉由于堆密度小，在搅拌浸出时容易漂浮在浸出槽的液面上，不容易被浸出液润湿，在搅拌浸出时随溶液在搅拌槽的溶液表面上运动，达不到溶出的目的。为了使锌氧粉尽快溶出，锌氧粉应先用浸出液或洗涤水润湿，通常采用润磨机或圆筒混料机进行润湿，润湿后的锌氧粉再加入到浸出槽中进行浸出；如果不采用润湿设备，则在浸出槽的设计上，采用特殊的装置，使加入的锌氧粉能够浸埋入浸出液中实现锌氧粉的浸出。

回转窑和多膛炉脱 F、Cl 的锌氧粉由于高温作用，表面性质发生变化，对水溶液的亲和能力强，一般不需要润湿即可加入到浸出槽中进行浸出。脱 F 和 Cl 的锌氧粉在高温下有烧结作用，形成较大的颗粒。特别是回转窑脱 F 和 Cl 的锌氧粉，在搅拌浸出时，由于颗粒大不容易悬浮在浸出液中，需要细磨，既强化浸出过程，又可保证浸出作业的正常进行。

由于锌氧粉一般含 As 和 Sb 比锌焙砂要高，而铁含量低，为了保证在浸出过程中 As 和 Sb 能够有效除去，常加入硫酸亚铁，其在浸出过程中被氧化水解形成氢氧化铁胶体吸附或共沉淀 As 和 Sb，保证浸出液中的 As 和 Sb 在规定的 2mg/L 的范围内。硫酸亚铁的加入量为 Fe/(As + Sb) = 20 左右，但有的高达 40。为了强化浸出过程和氧化亚铁离子，通常要加软锰矿，其量是将 Fe^{2+} 氧化为 Fe^{3+} 理论量的 1.1 ~ 1.3 倍，保证浸出液中 Fe^{2+} 的量在 20mg/L 以下。

一段浸出的条件和氧化锌矿的浸出条件相似，浸出温度 40 ~ 100℃、浸出时间 2 ~ 6h，浸出终点 pH 值为 5.2 ~ 5.4。浸出温度低，则浸出时间长，提高温度可以加速过程的进行。浸出的液固比由锌氧粉中的锌含量和浸出液所要求的锌离子浓度而定。浸出过程中由于有少量的耗酸物质如 CaO、MgO 和 PbO，浸出时需要补充少量新酸。

由于 As 和 Sb 有可能以金属形态存在于锌氧粉中，锌氧粉的浸出时要特别注意 H_3As 的形成，在浸出槽的设计上，应注意搅拌槽中的气体对外排放，不要污染车间空气。

锌氧粉中常伴随有稀散金属如 Ge 和 In，在一段浸出时，应控制浸出终点的 pH 值尽可能高，使 Ge 和 In 等稀散金属进入浸出渣，以便在二段浸出中再回收利用。

一段浸出时的液固分离可以采用浓密和板框压滤。由于锌氧粉中胶体量大，锌氧粉浸出后的液固分离相对于焙砂和氧化锌矿都要困难，在液固分离时尽可能选择板框压滤，并且压滤的能力相对要大。

如果锌氧粉中稀散金属含量低，没有回收价值，二段浸出的工艺技术参数与氧化锌矿相似；如果要回收稀散金属，则浸出终点 pH 值控制小于 2，以保证稀散金属在二段浸出中能够有效被浸出，再从浸出液中采用萃取或中和沉淀的方法回收。此时的二段浸出液不能直接返回一段浸出，而是萃取或沉淀稀散金属后再返回一段浸出。

二段浸出渣与一段浸出渣的性质相似，过滤性能差，液固分离选择压滤和压滤设备能力相对要大。

锌氧粉由于含锌品位高，浸出渣量小，洗涤水用量少，过程的水平衡和酸平衡容易控制，故不作详细说明。

锌氧粉一般含铅高，浸出渣含铅有时高达 30% ~ 40%，也是炼铅的好原料，可以直接销售到铅冶炼厂作为炼铅的原料。

为了提高锌氧粉的锌浸出率和锌氧粉中稀散金属的浸出率，还可在二段浸出之后增加第三段浸出，三段浸出液返回二段浸出和一段浸出。浸出的过程与二段相似。

（撰稿　杨大锦）

12.1.4　炼铁高炉瓦斯泥的处理

瓦斯泥是钢铁冶炼的一种副产物。铅锌等有色金属在自然界中常与铁共存，铅锌常以硫化物、碳酸盐或硅酸盐存在，故炼铁的原料中常含有少量的铅、锌等有色金属。在炼铁过程中，铅、锌可被还原，因其具有较好的挥发性而进入高炉煤气中，在高炉上部会被氧化富集于烟尘中，以瓦斯泥（灰）的形式产出。干法布袋收尘捕收的称为瓦斯灰，湿法收尘器捕收的称为瓦斯泥。瓦斯灰和瓦斯泥的成分相近，但是瓦斯泥含水分较多。

由于钢铁冶炼能力大，一般而言，瓦斯泥（灰）的产出量也比较大。高炉瓦斯泥（灰）的产生量一般为15~50kg/t生铁，全国每年产出的高炉炼铁烟尘约600万t，其中有色金属的含量很可观。在矿产资源日益紧张的今天，它已经成为一种重要的二次资源。

瓦斯泥（灰）的成分较为复杂，因产地不同所含的铅、锌等有价金属差别很大。一般含C 5%~15%，有的高达20%~30%，FeO 30%~50%，含锌一般为9%~25%。典型的瓦斯泥成分见表12-34。

表12-34 瓦斯泥的典型化学成分 （质量分数/%）

组 分	Zn	Pb	Fe	CaO	MgO	SiO_2	S	F	Cl	TiO_2	S	P	C	水分
样1	22~24	4~5	26~30	6~7	2.5~3.0	3~3.5	1.8~2.2	0.2~0.4	1~1.5					9~11
样2	9.92		29.70	4.82	1.29	11.20				3.55	0.53	0.07	16.80	
样3	9.5	1.5	28	6		9	0.6						18	5~50

注：样1为柳钢瓦斯泥；样2为攀钢瓦斯泥；样3为昆钢瓦斯泥，其中In 0.015%、Bi 0.1%。

铅锌在高炉生产中存在两个循环，一是高炉内部的循环，铅锌在高炉下部还原、蒸发，随煤气上升，到达温度较低的区域被冷凝、氧化，沉积在料柱中，随炉料下降，在高炉下部又被还原、蒸发……；二是高炉—烧结之间的循环，由于瓦斯灰（泥）主要含铁、碳和CaO，所以常作为炼铁原料返回烧结，烧结块送高炉冶炼，造成铅锌在炼铁流程中的积累。铅锌是高炉冶炼的有害杂质，炉内富集的铅锌蒸气会渗入炉墙和炉衬，使炉衬的侵蚀速度加快，降低炉寿；铅锌还可能在高炉内黏结形成炉瘤，使炉况恶化。在钢铁企业中，对于表12-34含铅锌高的瓦斯灰（泥）只有堆存。

瓦斯泥中铅锌含量与其原料中铅锌含量密切相关，原料铅锌含量低，瓦斯泥中的含量就低，甚至到没有利用的价值。

瓦斯灰（泥）的粒度很细，一般小于200目的占97%~100%，平均粒径20~25μm。其中的锌主要以铁酸锌的形态存在，少量以氧化锌形态存在；铁主要以Fe_2O_3形态存在，SiO_2以石英形态存在，CaO和MgO为钢铁生产时加入石灰石或石灰所形成的细颗粒尘。这样的瓦斯泥如果直接用于锌湿法冶炼，锌浸出率低；如果采用高温、高酸浸出，则铁的浸出率高，对铁的分离量增加；F、Cl和S主要为瓦斯泥吸附并形成相应的盐。

因此，瓦斯泥一般采用与锌焙砂湿法浸出渣和低品位锌矿相同的处理方法，大部分采用还原挥发，铅和锌在烟尘中以锌氧粉的形态回收，还原挥发Pb和Zn的渣作为炼铁的原料。

20世纪80年代，有人提出从瓦斯灰（泥）中提取锌等有价金属的问题，限于当时的条件没能产业化。21世纪有人研究并实现了产业化，不但提取了铅、锌、铋，还提取了铟等稀散金属，取得了较好的经济效益。

瓦斯灰（泥）的还原挥发可以采用回转窑或韦氏炉；窑渣可以采用磁选产出铁精矿返回炼铁；中性浸出液经过净化，电积产出电锌；酸浸渣经还原熔炼产出粗铅；酸浸液作为提取铟的原料。

其原则流程见图12-40。

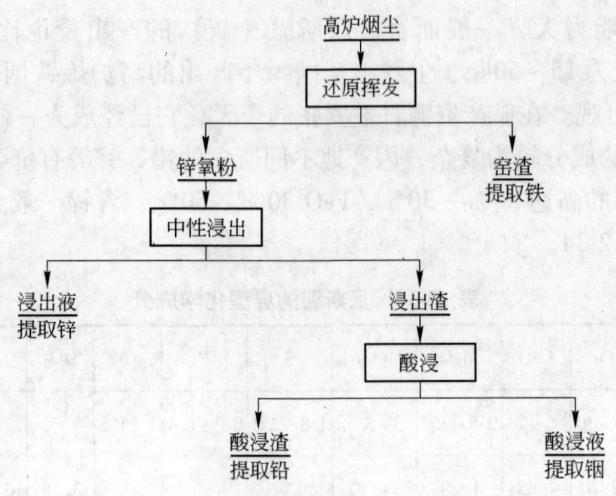

图12-40 高炉烟尘提取有价金属的原则流程

（撰稿 何蔼平 杨大锦）

12.1.5 浸出作业的主要设备

12.1.5.1 分级与磨矿设备

不论是硫化锌精矿的焙烧矿、菱锌矿的煅烧矿，还是氧化锌烟尘的焙烧矿，都具有不同的粒度。为了全部浸出其中的锌，不同粒度的矿就需要不同的浸出时间。细粒矿浸出较快，大粒矿浸出慢。因此，在一定的浸出时间内只能溶出细粒矿中全部锌和粗粒矿中部分锌。未溶的锌留在浸出渣中，降低了锌的直收率。焙烧矿粒度与浸出速度的关系如下：

焙烧矿粒度/mm	-3 ~ +0.88	-0.88 ~ +0.32	-0.32 ~ +0.21	-0.21 ~ +0.15	-0.15
浸出时间/min	5.5	4.0	3.5	2	1

此外，在湿法炼锌浸出系统中，有沿溜槽及管子输送溶液与焙烧矿的混合物、用砂泵运送矿浆、在空气与机械搅拌器中搅拌矿浆以及在浓缩槽中浓缩矿浆等操作，当焙烧矿或浸出料中有粗粒存在时会使浸出过程复杂化：粗粒矿堵塞设备与管子，在浓缩槽中磨毁耙齿及耙动机械部分，在溜槽中由于粗粒下沉，在矿浆流动时发生溶液溢流等现象。因此，焙烧矿或浸出料在浸出前必须进行磨矿与分级，要求在进入浸出槽之前，粒度在0.1 ~ 0.074mm的焙烧矿超过90%。

分级是将粒度大小不同的混合物料在介质中按其沉降速度不同分成若干个粒度相近的窄级别的过程。使用空气作为分级介质的称作干式分级，使用水作为分级介质的称作湿式分级。在湿法炼锌厂，通常采用湿式分级。

与磨矿机构成闭路循环的分级作业，经分级后的物料分为粗、细两部分，细粒部分称为溢流；粗粒部分称为沉砂或返砂。溢流产品的粒度（常以溢流按某一规定的筛析粒度的含量百分数来表示）就是分级作业的分级粒度。分级粒度是指进入沉砂和溢流中的几率各为50%的颗粒的粒度。在分级过程中，凡大于分级粒度的颗粒多数进入沉砂，小于分级粒度的颗粒多数进入溢流。

常用的矿浆分级设备为水力旋流器、圆锥分级机及螺旋分级机。通常，要求分级后的溢流矿浆大于80目的颗粒不应超过固体量的1%。分级后粗颗粒矿浆连续进入内装石球（卵石）的球磨机磨细。

A 分级机

水力旋流器是湿法炼锌常用的分级设备之一，是用不锈钢或铸铁衬胶制成，其结构如图12-41所示。它的分级原理是：矿浆由圆筒部分沿切线方向进入，由于泵的压力使矿浆进入口产生涡流离心力的作用，把矿浆中固体颗粒抛向器壁，并沿器壁向下运动，其粗粒从下部底流器排出。含细粒的矿浆则沿导流管上升，从上部溢流口排出。

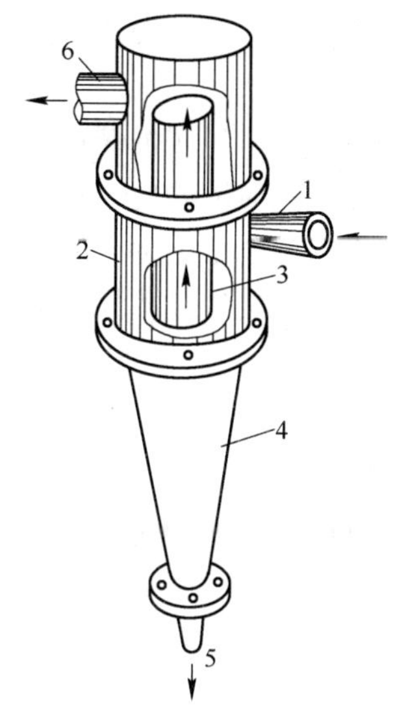

图12-41 水力旋流器

1—矿浆进入管；2—旋流器体；3—细粒矿浆上升管；4—锥体；5—粗粒排出口；6—细粒矿浆排出管

水力旋流器的优点是结构简单、分级效率高、占地面积小、生产能力大、投资费用省、维修容易等，其缺点是易磨损、易堵塞、动力消耗较大。同时它必须靠矿浆输入泵的压力，压力愈大，则离心力愈大，其分级效率愈好。常用材料为钢板衬胶或衬辉绿岩，也可用不锈钢板制作，前者较为耐用。

水力旋流器用于锌焙烧矿浆的分级时，溢流粒度一般为0.1～0.07mm。操作中，采用较高的进口压力和较低的给矿浓度，溢流粒度可更细。

水力旋流器的规格的选定取决于生产能力和溢流要求的粒度。当生产能力较大和溢流粒度较粗时，可选择较大的规格；反之，宜选用较小的规格。

在连续浸出流程中，水力旋流器一般应考虑100%的备用；在间断浸出流程可考虑30%～50%的备用。

圆锥分级机是一圆锥形的分级设备，它用不锈钢或其他金属材料加以防腐衬里层制成，见图12-42。圆锥分级机是基于矿浆中粗、细颗粒沉降速度不同进行分级的设备。与

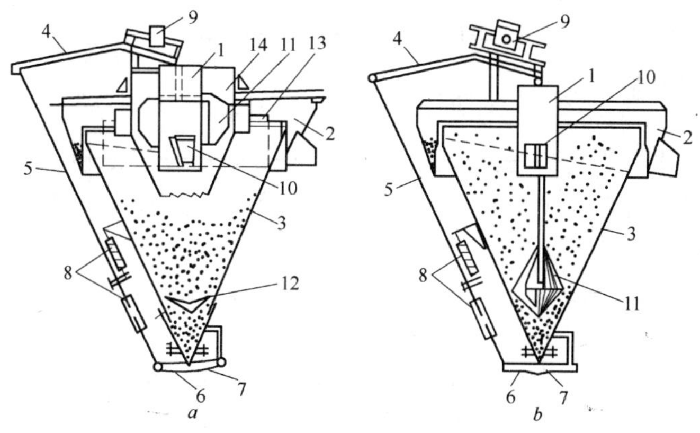

图12-42 自动排料圆锥分级机

a—砂锥；*b*—泥锥

1—给矿筒；2—溢流槽；3—圆锥体；4，6—杠杆；5—联杆；7—活阀；8—弹簧；9—平衡锤；10—缓冲器；11—浮漂；12—隔板；13—减循环；14—内圆锥

水力旋流器相比，其设备特点是不需加压给矿，溢流粒度稍粗，排矿常有堵塞，排砂口磨损较快。

矿浆由溜槽经缓冲筒进入圆锥内。由于矿浆进入断面较大的圆锥，故其流速大大降低，因此粗颗粒焙砂便在重力作用下向锥底沉降，并连续从底口排出大粒渣，同时含细颗粒的矿浆则由圆锥上部的溜槽溢出。

圆锥分级机的技术性能见表12-35。

表12-35 圆锥分级机的技术性能

直径/mm	沉降面积/m^2	容积/m^3	深度/mm	给矿粒度/mm	给矿管/mm	排矿管/mm	质量/kg	制造厂
ϕ1000	0.78	0.27	1000			ϕ25	270	
ϕ1500	2.0	0.83	1385			ϕ38		云锡公司
ϕ2000	3.0	2.27	2100	2.0		ϕ50		
ϕ2500	4.9	4			ϕ150	ϕ50~68	850	
ϕ3000	7.0	6.65	2900			ϕ68	1000	

图12-43所示为螺旋分级机，螺旋分级机由底部呈半圆形的水槽、螺旋叶片、支撑螺旋轴的上下两端轴承、螺旋轴传动装置和提升机构组成。

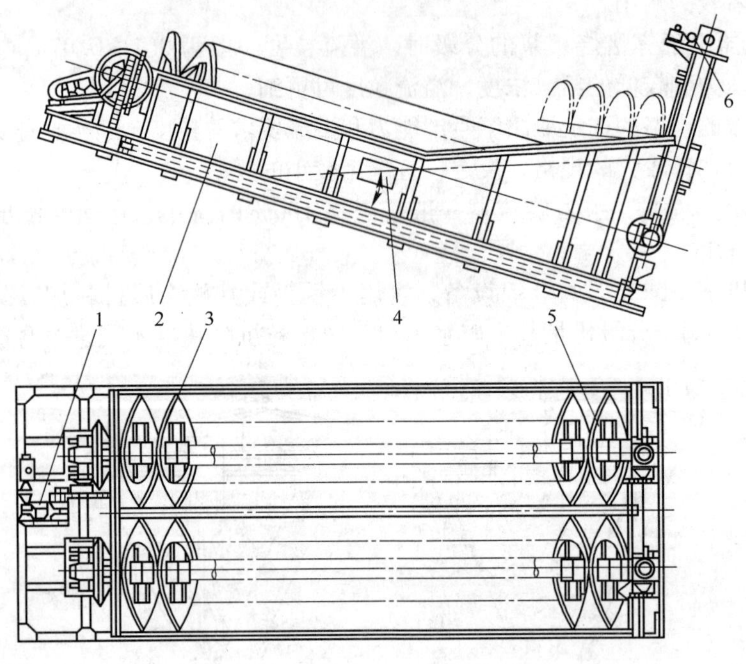

图12-43 高堰式双螺旋分级机

1—传动装置；2—斜槽；3—左、右螺旋轴；4—进料口；5—下部支座；6—提升机构

从槽子侧边进料口给入水槽的矿浆，在向槽子下端溢流堰流动的过程中，矿粒开始沉降分级，细颗粒因沉降速度小，呈悬浮状态被水流带经溢流堰排出，成为溢流；而粗颗粒的

沉降速度大，沉到槽底后被旋转的螺旋叶片运至槽子上端，成为返砂，送回磨矿机再磨。

螺旋分级机的螺旋叶片用放射状辐条与中空轴连接，轴的两端安置在上下部支座中，由槽子上端的传动装置带动作低速旋转。下端轴承装在提升机构的底部，通过提升机构可使其上升或下降，以便在停机时将螺旋提起，免得被沉砂压住，使开机时不至于过负荷。同时，提升机构的升降还可以调整螺旋叶片与槽底的间距，借以调整返砂量。

根据螺旋在水槽内的位置和矿浆面的高低不同，螺旋分级机可分沉没式、高堰式和低堰式三种。

影响螺旋分级机分级过程主要为 3 个方面：矿石性质（包括分级给料的含泥量及粒度组成、矿石的密度和形状等），设备构造（指槽子倾角的大小、溢流堰的高低和螺旋的转速等）和操作方法（矿浆浓度、给矿量及给矿均匀程度）。

螺旋分级机按螺旋数目不同，又可分为单螺旋和双螺旋分级机。两者的分级性能相同，只不过双螺旋分级机的处理能力更大，适合于与大型磨矿机配合使用。螺旋分级机的规格以螺旋的直径来表示。我国生产的螺旋分级机的技术规格和性能列于表 12-36。

B　球磨机

球磨机是破碎粗颗粒焙烧矿的设备，是靠研磨体的冲击作用、研磨体之间及研磨体与球磨机内壁表面之间的研磨作用来达到磨碎物料的目的。它是一钢制圆筒体，筒内壁有防腐耐磨的衬板，筒内装有钢球或圆卵石等。在筒体两端装有空心轴颈的铸铁端盖，空心轴颈支撑在滑动的轴承上，并通过大型齿轮与电动机减速器连接带动球磨机旋转。

湿法炼锌常用的球磨机为溢流型球磨机（如图 12-44 所示），其优点是构造简单、易于管理维修、磨矿产品粒度细（一般小于 0.2mm），缺点是单位容积处理量低、排矿粒度不均匀。球磨机的内衬和磨矿介质根据磨矿方式和溶液的性质不同而采用不同的材质。干式磨矿球磨机的内衬常为锰钢板，磨矿介质为钢球，其缺点是功耗高、噪音大。近年来有采用硬橡胶作内衬的，其优点是磨矿效率高、功耗低、噪音小且耐用。湿式磨矿的球磨机

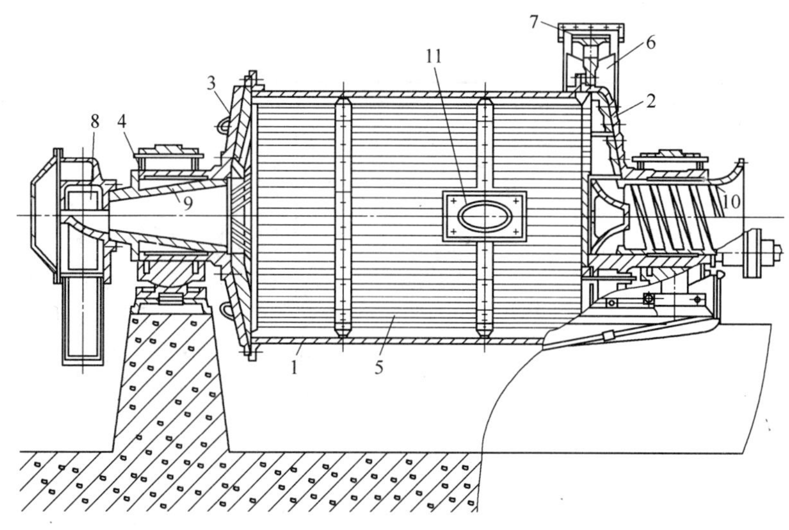

图 12-44　溢流式圆筒形球磨机

1—圆筒；2，3—端盖；4—主轴承；5—衬板；6—小齿轮；7—大齿圈；8—给矿器；9—锥形衬套；10—轴承衬套；11—检修孔

表 12-36 国产螺旋分级机的技术规格和性能

类 型	型号及规格	螺旋转速 /r·min⁻¹	水槽坡度 /(°)	生产能力/t·d⁻¹		电动机功率/kW		外形尺寸（长×宽×高） /mm×mm×mm	机器质量/t
				按返砂	按溢流	旋转螺旋用	提升螺旋用		
高堰式单螺旋	FG-3ϕ300	8~30		44~73	13	1.1		3840×490×1140	
	FG-5ϕ500	8.0~12.5	14~18.5	135~210	32	1.1		5480×680×1480	1.600
	FG-7ϕ750	6~10	14~18.5	340~570	65	3		6720×1267×1584	2.829
	FG-10ϕ1000	5~8	14~18	675~1080	110	5.5		7590×1240×2380	3.990
	FG-12ϕ1200	5~7	12	1170~1870	155	5.5	2.2	8180×1570×3100（右）	8.537
								8230×1592×3100（左）	8.565
	FG-15ϕ1500	2.5~6	14~18.5	1830~2740	235	7.5	2.2	10410×1920×4070	11.167
	FG-20ϕ2000	3.6~5.5	14~18.5	3290~5940	400	11	3	10788×2524×4486	20.464
	FG-24ϕ2400	3.64	14~18.5	6800	580	13	3	11562×2910×4966	25.647
高堰式双螺旋	2FG-12ϕ1200	6.0	14~18.5	2340~3740	310	5.5×2	1.5×2	8290×2780×3080	15.841
	2FG-15ϕ1500	2.5~6	14~18.5	2280~5480	470	7.5×2	2.2×2	10410×3392×4070	22.110
	2FG-20ϕ2000	3.6~5.5	14~18.5	7780~11880	800	23，30	3×2	10955×4595×4490	35.341
	2FG-24ϕ2400	3.67	18~18.5	13600	1160	30	3	12710×5430×5690	45.874
	2FG-30ϕ3000	3.2		23300	1785	40	4	16020×6640×6350	73.027
沉没式单螺旋	FC-10ϕ1000	528		675~1080	85			9590×1290×2670	6.000
	FC-12ϕ1200	527	15	1170~1870	120	7.5	2.2	10371×1534×3912	11.022
	FC-15ϕ1500	2.56	14~18.5	1830~2740	185	7.5	2.2	12670×1810×4888	15.340
	FC-20ϕ2000	3.65	14~18.5	3210~5940	320	13，10	3	15398×2524×5343	29.056
	FC-24ϕ2400	3.64	14~18.5	6800	490	17	4	16700×2926×7190	38.410
沉没式双螺旋	2FC-12ϕ1200	6.0		2340~3740	240	5.5×2	1.5×2	10190×3154×3745	17.600
	2FC-15ϕ1500	2.5~6	14~18.5	2280~5480	370	7.5	2.2	12670×3368×4888	27.450
	2FC-20ϕ2000	3.6~5.5	14~18.5	7780~11880	640	22，30	3	15700×4595×5635	50.000
	2FC-24ϕ2400	3.67	14~18.5	13700	910	30	3	14701×5430×6885	67.860
	2FC-30ϕ3000	3.2	18~18.5	23300	1410	40	4	17091×6640×8680	84.870

因溶液一般为酸性溶液，故球磨机内衬除衬以橡胶外，还衬上花岗岩（麻石），磨矿介质为直径60～150mm的卵石。磨矿介质的装填量为筒体有效容积的25%～40%。

球磨机的生产能力[t/(m^3·h)或t/(台·h)]一般采用实际生产指标或工业性试验指标。

株冶球磨机为ϕ1200mm×1800mm，装有460～150mm的卵石，卵石量为筒体容积的25%～30%。在微酸性条件下（pH值为3～4），当矿浆流量为30m^3/h时，磨矿效率见表12-37。表12-38为锌焙烧矿湿式球磨机生产实例。

表12-37 株冶球磨机磨矿效率实例 （%）

矿浆粒度/mm	水力旋流器底流			圆锥分级机底流		
	磨前矿浆	磨后矿浆	磨矿效率	磨前矿浆	磨后矿浆	磨矿效率
+0.297	1.5～3.9	0.1～0.3	92.3～93.3	8.0	0.3	96.2
-0.297～+0.177	1.3～1.6	0.6～0.7		8.2	3.9	
-0.177～+0.149	9.3～17.5	2.5～5.8		11.4	7.1	
-0.149～+0.125	0.5～0.7	0.2～0.3		0.5	2.1	

表12-38 锌焙烧矿湿式球磨机生产指标实例

厂 别	生产规模/kt·a^{-1}	规格/mm×mm	台数	生产能力/t矿·(台·h)$^{-1}$	生产能力/t矿·(m^3·h)$^{-1}$	说 明
株 冶	100	ϕ1200×1800	3	7～8	3.5～4	连续磨矿，磨矿粒度大于0.02mm的占10%以上
沈 冶	20	ϕ1200×1400	2			间断磨矿
柳州锌品厂	10	ϕ1800×2400	1	6		间断磨矿
会泽铅锌矿	1	ϕ900×900	1	1.2		间断磨矿

注：株冶磨矿进料为圆锥分级机底流，其余厂均为全部焙烧矿矿浆。

正确选择球磨机的转速以及球的大小和装球量、控制好处理量及矿浆的液固比，对提高球磨机的磨矿效率有很大的影响。

选用球磨机时，大中型厂设一台备用，小型厂可不设备用。

12.1.5.2 浸出槽

常压浸出采用的浸出槽，依搅拌方式不同分为空气搅拌槽和机械搅拌槽，容积一般为50～100m^3。目前浸出槽趋向大型化，120～400m^3的大槽已在工业上应用。

容积为100m^3的连续浸出空气搅拌槽如图12-45所示，机械搅拌槽如图12-46和图12-47所示。浸出槽的数量可计算为：

$$N=\frac{Qt}{24V_0\eta}$$

式中 N——浸出槽个数，个；

Q——日浸出矿浆量，m^3；

t——浸出时间（间断浸出取作业周期时间），h；

V_0——每个浸出的几何体积，m^3；

η——浸出槽的容积利用系数。连续浸出取0.8，间断浸出取0.85。

浸出槽的备用率为20%～50%，当槽数$N=2$时取上限值，但各类浸出槽可设公共备用槽。

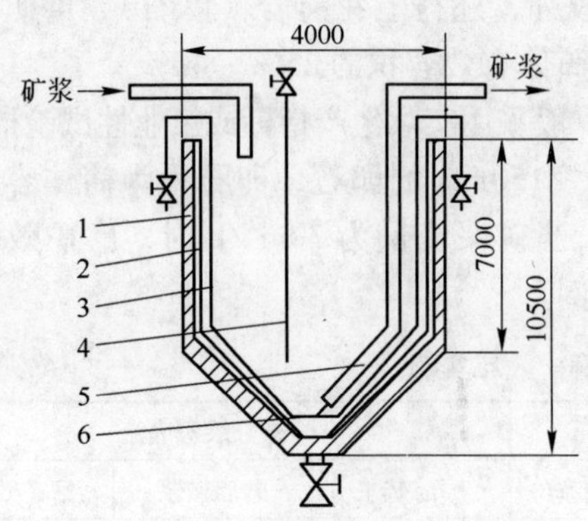

图 12-45 空气搅拌浸出槽

1—混凝土槽体；2—防护衬里；3—搅拌用风管；4—蒸汽管；5—扬升器；6—扬升器用风管

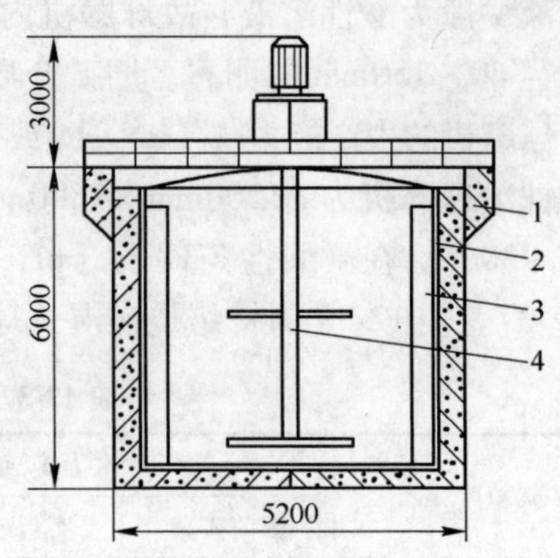

图 12-46 机械搅拌（无导流筒）浸出槽

1—混凝土槽体；2—防腐层；3—阻尼板；4—搅拌机

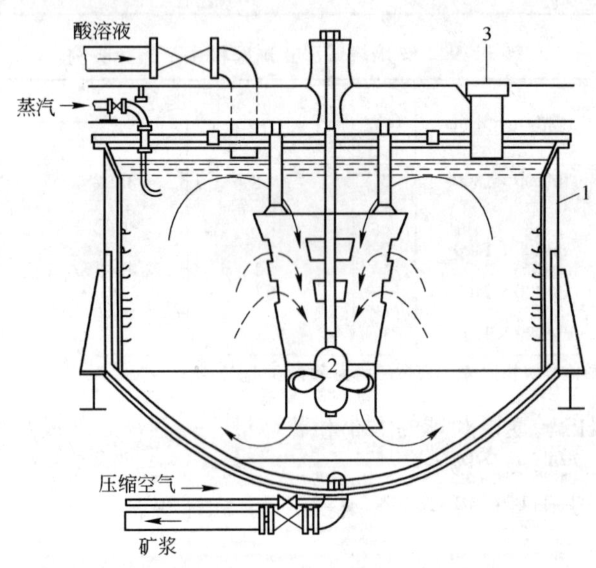

图 12-47 机械搅拌（有导流筒）浸出槽

1—槽体；2—搅拌桨；3—焙砂加入孔

A 空气搅拌浸出槽

空气搅拌槽又称巴秋克槽。槽体为钢筋混凝土，内衬环氧树脂玻璃布或瓷砖，槽底为锥形，槽内装有两根或三根压缩空气管通向锥底，通入0.13～0.16MPa的压缩空气，使矿浆剧烈搅拌。另设一蒸汽管用来加温矿浆。槽内还安装有扬升器，它是一根插入锥底的长管，直径150～200mm，下部是个喇叭口，扬升风管插入喇叭口处，操作时从扬升风管送入压缩空气，此时由于空气导入扬升器，扬升器内便充满矿浆和空气的混合物，扬升器内外矿浆便形成密度差，加上空气压力的驱动，于是矿浆便沿扬升器上升导出槽外。连续浸出便靠这种扬升器把几个搅拌槽串联起来。实践证明，连续浸出采用这种空气搅拌槽效果良好。此外，充气对浸出过程起强化氧化作用，对提高浸出上清液质量有利。它的不足之处在于风压不够时容易造成死槽、堵槽，渣含锌较高，加重了掏槽、清槽的工作量，另外蒸汽消耗大，现场环境较恶劣。

该槽结构简单，容易防腐，使用寿命长，无转动机械，维修方便，但需昂贵的不锈钢管作扬升器，动力消耗大，现场环境差等。

B 机械搅拌浸出槽

机械搅拌槽由搅拌装置、槽体、槽盖和桥架组成。槽体可用钢筋混凝土捣制或钢板焊制，内衬瓷砖。矿浆的搅拌是靠电动机带动的螺旋搅拌器，搅拌桨叶用耐酸、耐磨材料制成。与空气搅拌相比，机械搅拌槽的搅拌更为激烈，浸出效果好，动力消耗小，操作环境改善，但搅拌桨磨损快。

搅拌器是浸出槽的重要部件，根据不同的工艺条件选择不同形式的搅拌器。搅拌器的作用是使搅拌槽内固体颗粒在溶液中均匀悬浮，以加速固液间的传质过程。传统的搅拌器采用开启式折叶涡轮，使介质在槽内既产生轴向流又产生径向流，从而使矿浆颗粒不断出现新的界面，以利于传质和混合过程的实现。搅拌强度是强化浸出过程的重要参数，它取决于工艺过程的要求，由计算结合生产经验确立，一般为85r/min。改进后的搅拌器设双层桨叶，既保留了折叶涡轮的优点，又大大节约能耗，取消了容易腐蚀的导流筒（见图12-47），在槽内增设挡板（阻尼板），以实现最佳搅拌效果。如不设挡板，则可改变槽型，有的改成八角形槽。一般槽型选用立式圆筒形槽体，平底平盖，下部设置清渣入孔及放液口。浸出槽一般呈阶梯形配置，实现多槽串接，其优点是这种浸出槽掏槽方便，堵槽少，动力消耗小，浸出渣含锌比空气搅拌槽低1个百分点，且现场环境较好，易于实现自动控制。

C 流态化浸出槽

为了强化浸出过程，乌克兰锌厂、株洲冶炼厂、漓阳锌厂和鸡街冶炼厂采用流态化浸出槽（沸腾浸出槽）代替搅拌槽，其结构见图12-48。流态化浸出槽是一个从下向上扩大的空心圆锥体，用不锈钢或钢板加耐酸内衬制成。矿浆由下部进入，硫酸溶液由上部加入，形成逆流运动，并在不同区域内发生流态化的同时也按粒度进行分级。该装置结构简单，占地面积小，劳动生产率高，金属损失小，实现了湿法炼锌自动化。

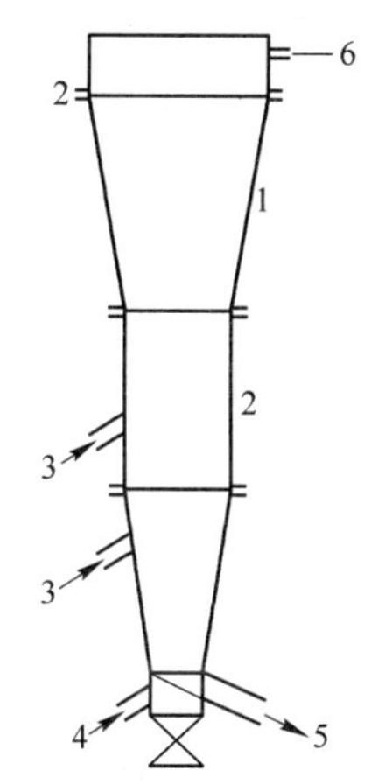

图12-48 酸性流态化浸出槽示意图

1—圆锥体；2—圆柱体；3—中性矿浆进入孔；4—废电解液加入孔；5—浸出矿浆排放孔；6—上清液排放孔

一些工厂所采用的浸出槽的特性列于表12-39。

表12-39 锌浸出槽的规格性能

项目	株洲冶炼厂		沈阳冶炼厂		柳州锌品厂		秋田电锌厂		彦岛炼锌厂		马格拉港锌厂	
年产锌能力/kt	100		20		10		90		84		45	
浸出段次	一次浸出	二次浸出	一次浸出	二次浸出	一次浸出	二次浸出	一次浸出	二次浸出	一次浸出	二次浸出	一次浸出	二次浸出

续表 12-39

项 目	株洲冶炼厂		沈阳冶炼厂		柳州锌品厂		秋田电锌厂		彦岛炼锌厂		马格拉港锌厂	
浸出槽规格/m	ϕ4×10.5	ϕ4×10.5	ϕ4×5.5	ϕ4×4.5	ϕ4×4.7	ϕ4×4.7					ϕ4.8×3.4	
槽容积/m³	100	90	80，4个	55，2个			400	400	80	80	60	
槽数/个	4	4	$V=68m^3$ 1个	$V=50m^3$ 1个	5	2	1	1	3	4	5（备用1）	3
槽体结构及防腐衬里	钢筋混凝土衬环氧树脂，锥部加衬瓷砖	钢筋混凝土衬环氧树脂，再衬瓷砖	钢筋混凝土衬玻璃钢	钢板内衬环氧树脂	混凝土，衬环氧树脂，再衬瓷砖	混凝土，衬环氧树脂，再衬瓷砖	混凝土，衬环氧树脂，再衬瓷砖	混凝土，衬环氧树脂，再衬瓷砖	钢板，再衬人造橡胶及高分子聚合物	钢板，再衬人造橡胶及高分子聚合物	混凝土，内衬两层瓷砖	混凝土，内衬两层瓷砖
搅拌方式	空气搅拌①	空气搅拌①	空气搅拌		机械搅拌	机械搅拌	机械搅拌空气提升管	机械搅拌空气提升管	空气搅拌	空气搅拌		

①矿浆搅拌的空气消耗量为0.2～0.3m³/(min·m³)。

12.1.5.3 高压釜

锌浸出渣的高压还原浸出、针铁矿除铁及硫化锌精矿的氧压浸出等过程所用高压设备为卧式圆筒形高压釜（或称压煮器），如图12-49和图12-50所示。釜体为碳钢内衬铅和耐酸砖，内部构件均为钛材和不锈钢。釜内部由隔板分成相连通的4～5个室，各室装有搅拌桨，第一室的容积为其他室的2倍。表12-40为一些工厂高压釜的技术参数。

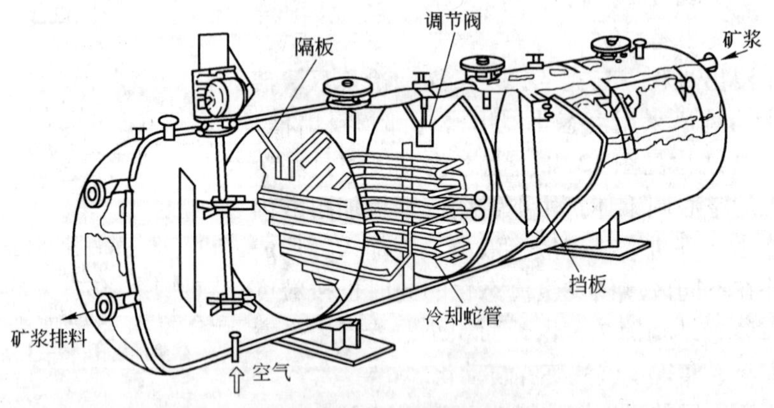

图12-49 卧式高压釜结构

表12-40 高压釜技术参数

项 目	特累尔（加）	蒂明斯（加）	项 目	特累尔（加）	蒂明斯（加）
釜内室、搅拌桨数目	4室5桨	4室5桨	工作容积/m³	100	50
规格/m×m	ϕ3.7×15.7	ϕ3.2×12.2	釜内材质	钛材，316L不锈钢	钛材，904L不锈钢
总容积/m³	130	72			

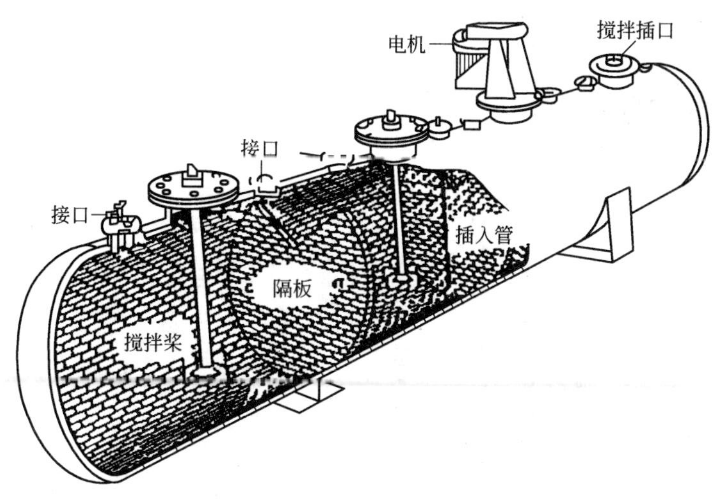

图 12-50 卧式高压釜截面

12.1.5.4 离心泵

离心泵是湿法炼锌生产中用于输送矿浆和溶液的主要设备。根据矿浆和溶液的性质及输送量的不同，采用各种不同规格和型号的离心泵，主要有耐酸污水泵、硬铅泵、硅铁泵、不锈钢泵、钛泵、玻璃钢泵等。选用泵时，除考虑扬程、流量、矿浆浓度外，还应充分注意其防腐性和耐磨性。泵的使用寿命取决于其材质和结构，尤其是轴封结构。泵壳、叶轮为磷青铜、轴为碳钢，并在碳钢轴上采用不锈钢轴套和橡胶密封环的 PW 型耐酸污水泵可适用于固体物浓度 50% 以下的矿浆输送。含固体物浓度 60% ~70% 的矿浆可采用 PSJ 型砂泵。输送浸出用电解废液和混合液可采用玻璃钢泵、FQA 型硬铅泵或钛铁泵。

表 12-41 为湿法炼锌常用泵类的综合性能。

12.1.6 浸出作业的操作控制

12.1.6.1 连续浸出过程的操作

A 一次连续中性浸出

一次中性浸出不仅能浸出焙烧矿中大部分可溶锌，还能在浸出终了时除掉溶液中的铁、砷、锑、锗等杂质，以产出合格的上清液供净化作业之用。因此，要求严格控制浸出终点的 pH 值为 5.0 ~5.4。一些生产厂采用石灰乳作中和剂控制终点，而大多数厂则采用稍微过量的焙烧矿。

中性浸出的操作主要在中性浸出槽内控制。实际上，当沸腾炉产出的焙砂排入溜槽时，浸出过程就开始了，而中性浸出过程所控制的技术条件又与氧化槽的配酸操作密切相连，所以一次中性连续浸出的操作实际上包括了氧化液的制备（进入冲矿溜槽后称为冲矿液）、上矿、机械搅拌、分级和中性浸出等作业过程。

a 氧化液的制备

为了在浸出过程中最大限度地提取锌，同时除去铁、砷、锑等杂质，需要配制一定酸度的稀硫酸溶液，并在这种溶液中加入一定量的硫酸亚铁和二氧化锰。加入二氧化锰的目

表 12-41 湿法炼锌常用泵类综合性能

类　型	型号及其含义	流量 /$m^3 \cdot h^{-1}$	扬程/kPa	允许吸上真空高度/m	用　途	生　产　厂
金属耐腐蚀泵	F 型：根据触液部件材质不同，其材料代号分别为： B—1Cr18Ni9；E—Cr28；1G—1 号耐酸硅铸铁； G_{15}—高硅铁；H—HT20～40；L—1Cr13； M—Cr18Ni12Mo_2Ti；Q—硬铅；J—耐碱铝铸铁； U—铝青铜，铜 9—4 50F-25A 型（又如 50FB—25A）： 50—泵吸入口直径，mm；F—悬臂式耐酸腐蚀离心泵； 25—泵设计点扬程值，m；A—泵叶轮经切割； B—泵过流部分零件材料号	2～400	150～1050	4～6.7	输送不含固体颗粒，有腐蚀性的液体。被输送介质温度为 -20～320℃（因泵过流部材质不同而有差别），如废电解液、硫酸、上清液、新液	大连耐酸泵厂， 沈阳水泵厂， 石家庄水泵厂， 上海水泵厂， 广州重型机械厂， 长沙水泵厂， 桂林机械厂， 天津第二工业泵厂， 龙岩水泵厂
玻璃钢离心泵	FS 型：根据泵过流部件材质不同，其材料代号分别为： S—环氧树脂；S_1—氯化聚醚； S_2—酚醛玻璃钢；S_3—聚丙烯 25FSZ-16A 型：25—泵入口直径，mm；F—悬臂式耐腐蚀离心泵；S—环氧树脂；Z—泵与电机直连； 16—泵设计点扬程，m；A—泵叶轮经切割	3.6～105	115～620	4～6.5	输送不含悬浮颗粒的酸、碱、盐类等有腐蚀性的液体。其使用温度随输送不同介质的不同浓度而不同，从 30～120℃。输送介质如硫酸、盐酸、亚硫酸、硝酸、碱液等	沈阳市耐酸泵厂， 株洲市塑料二厂
硬聚氯乙烯离心泵	101，102，100，130，150，200 型	6～76	130～480	1.9～6	输送腐蚀性液体，被输送介质温度 -5～45℃	101，102 型： 上海万里塑料厂， 上海化工厂， 100,130,150,200 型： 营口市塑料器械厂， 株洲市塑料二厂， 宜兴非金属化工机械厂
陶瓷泵	HTB 型：泵内部和触液零部件都采用耐腐蚀的化工陶瓷制作 HTB10.0/30-168 型： HTB—化工陶瓷泵；10.0—泵进口直径，cm； 30—泵设计点扬程，m；168—改型标记	5～100	100～500		耐氢氟酸和热浓碱腐蚀，对其他介质中不含悬浮物及不具有快速凝固性的无机酸液和有机酸液都具有一定的抗腐蚀性，介质温度 -15～100℃，急变温度差不大于 50℃，输送密度不大于 1.2～1.4g/cm^3 的有腐蚀性的矿浆，介质温度 -15～100℃，急变温度差不大于 50℃，如浸出矿浆，污水，上清液等	
	HTB—ZK15.0/35—左型： HTB—化工陶瓷泵；Z—杂质砂泵；K—半开式叶轮；左—泵的转向，在电机端观看，叶轮为顺时针方向旋转（逆时针方向不标记），其余数字同前	10～220	185～500			
金属耐腐蚀液下泵	FY 型：触液部件材质符号与金属耐腐蚀泵相同 65FYB(中)-40 型：65—泵吸入口直径，mm； FY—耐腐蚀液下泵；B—蚀液部件材质代号； (中)—带有中间导轴承结构；40—泵设计点扬程，m	3.6～190.8	150～530		输送不含固体颗粒，温度为 -20～105℃，有腐蚀性液体，介质密度 1～1.85g/cm^3	龙岩水泵厂， 佛山水泵厂
	DY-Y 型，DB-25Y-16 型： DB—大连耐酸泵厂；25—泵入口直径，mm； Y—液下式；16—泵设计点扬程，m	1.8～58.9	104～480		输送温度为 -20～140℃清洁的酸、碱等有腐蚀性液体	大连耐酸泵厂
塑料液下泵	Y100L-2-B_5 型	14	200		输送 80℃以下的酸、碱、盐液及有机溶剂	株洲市塑料二厂

的是使溶液中的 Fe^{2+} 氧化成 Fe^{3+}，故在工厂里习惯称这种溶液为氧化液。配制这种氧化液的槽子称为氧化槽。

无论采用湿法上矿还是采用干法上矿，一些生产厂都预先制备氧化浸出液，以便在中性浸出过程中水解除去砷、锑、锗等有害杂质。

制备氧化液时，在空气搅拌的氧化槽内连续打入混合液（混合液由矿粉酸性上清液、氧化锌浸出上清液、过滤液等汇经混合槽内混合而成）和废电解液，同时加入已制备好的硫酸亚铁溶液或铁矾和含二氧化锰的锰矿浆（电解阳极泥加锰粉而成）或锰矿粉。铁、锰的加入量视原料中砷、锑、铁的含量而定。氧化液的酸度因其下料量不同而波动在 20 ~ 80g/L，含铁一般要求在 1 ~ 1.5g/L。制备好的氧化液用空气扬升器扬升至冲矿溜槽进行冲矿。

氧化槽的操作主要是控制氧化液的流量、酸度和含铁量，将溶液中的 Fe^{2+} 充分氧化成 Fe^{3+}。因此，操作人员必须定期取样分析氧化液中酸、全铁、亚铁的含量，并根据中性浸出液中含铁、砷、锑的情况，调整亚铁和锰矿浆（或锰粉）的加入量，使硫酸亚铁在氧化槽内充分氧化成硫酸铁，以便在中性浸出时硫酸铁水解生成氢氧化铁沉淀，并促进砷、锑沉淀。在生产实践中，当原料含砷、锑比较稳定（一般在 0.4% 以下）、混合液含铁在 1g/L以上，则不必另加硫酸亚铁，只需加入少量锰矿浆或锰粉即可满足生产要求。

表 12-42 是氧化浸出液配制技术条件实例，表 12-43 是国外锌厂中性浸出水解除杂质的实例。

表 12-42 氧化浸出液配制技术条件实例

项 目	技术条件	说 明
铁加入量	为溶液中含砷、锑量的 15 ~ 20 倍	铁以硫酸亚铁的形式加入时，应先制成含 Fe^{2+} 100g/L 以上的硫酸亚铁溶液；也可以利用焙烧矿中的铁，以热酸浸出液代替硫酸亚铁液
锰加入量	为溶液中亚铁量的 0.5 ~ 1 倍	锰以软锰矿或阳极泥形式加入，有的厂锰的加入量还考虑到焙烧矿中的硫化物量
酸度/g·L^{-1}	20 ~ 40	采用湿法上矿则配成氧化浸出液与焙烧矿的液固比为 (10 ~ 15) : 1
氧化温度/℃	50 ~ 60	
氧化时间/min	15 ~ 30	
搅拌方式	机械搅拌或空气搅拌或二者兼用，搅拌风压 0.15 ~ 0.18MPa	用空气作氧化剂可以减少锰矿的用量，从而减少浸出液中的含锰量，提高电流效率

表 12-43 国外锌厂中性浸出水解除杂质方式实例

厂 别	中性浸出水解方式	说 明
马格拉港锌厂	硫酸亚铁 + 软锰矿 + 阳极泥	有 5 个连续作业的浸出槽，硫酸亚铁和软锰及 96% 的焙烧矿加入第 1 槽
萨格特锌厂	硫酸亚铁 + 软锰矿 + 阳极泥	有 4 个连续作业的浸出槽，在第 2 个槽内加入硫酸亚铁和软锰矿，使浸出液中铁浓度约 1g/L
克拉克斯维尔锌厂	硫酸亚铁 + 软锰矿 + 阳极泥	有 5 个连续作业的浸出空气搅拌槽，在第 5 个槽内加入硫酸亚铁和软锰矿

续表 12-43

厂 别	中性浸出水解方式	说 明
巴伦锌厂	利用焙烧矿中的铁+空气+阳极泥	混合液（含针铁矿法沉铁后液）和阳极泥浆、焙烧矿先经球磨—分级，溢流送中浸，空气从螺旋桨下吸入，使铁氧化
奥文佩尔特铁厂	利用焙烧矿中的铁+空气+阳极泥	混合液、阳极泥浆和焙烧矿先经浆化后进入浸出槽，浸出槽用机械及空气搅拌
蒂明斯锌厂	利用焙烧矿中的铁+空气+阳极泥	沉矾后液先用空气氧化，再与其他溶液和焙烧矿一道进入浸出槽，有3个连续作业的机械搅拌槽。第二槽pH值为2.8~3.2，并鼓进空气
秋田冶炼厂	利用焙烧矿中的铁+空气+阳极泥	浸出时加入阳极泥并鼓进空气
饭岛炼锌厂	利用焙烧矿中的铁+空气+阳极泥	中性浸出至pH值为5.0时鼓进空气，并特设4个氧化槽鼓风氧化
神冈锌厂	利用焙烧矿中的铁+软锰矿+阳极泥	有6个浸出槽。第一槽加入焙烧矿、废电解液，软锰矿浆和阳极泥浆，控制出口溶液含硫酸5g/L，Fe^{2+} 100mg/L以下
埃特海姆锌厂	利用焙烧矿中的铁+软锰矿+阳极泥	软锰矿、阳极泥先与混合液混合氧化后再和焙烧矿分别同时进入浸出槽
彦岛炼锌厂	在酸性浸出工序加入阳极泥或软锰矿	两段连续浸出，在酸性浸出时加入阳极泥浆
科科拉锌厂	在酸性浸出工序加入阳极泥或软锰矿	两段连续浸出，有4个热酸浸出槽，在第一槽加入二氧化锰矿浆

b 湿法上矿的操作

氧化液扬至冲矿溜槽后，连续不断地流经沸腾炉排料口，红热的焙烧矿连续不断地从排料口排入不锈钢冲矿溜槽。占焙烧矿50%左右的烟尘也分别从不同地点排入冲矿溜槽，其中汽化冷却器的烟尘由螺旋给料机或电磁给料器间断排料而入，其余烟尘（包括冷却烟道烟尘和旋涡烟尘及电收尘）经真空输送汇集后，视中性浸出的酸度情况用螺旋给料机排入溜槽，用以调整酸度和终点pH值。冲矿后的矿浆通过不锈钢条筛后用泵送去分级。

湿法上矿包括冲矿溜槽和上矿泵的操作。冲矿溜槽要经常检查清理，防止结块堵塞。条筛上的大块要及时铲出送去球磨。操作人员除保证设备正常运转外，还要随时和氧化槽及中性浸出岗位联系，根据焙烧矿和烟尘的下料情况，保持冲矿流量稳定。

湿法上矿是连续浸出的优点之一。沸腾炉的焙烧矿和烟尘直接排入冲矿溜槽，既不需要冷却设备，又可利用焙烧矿的热量，同时避免了焙烧矿和烟尘在运输过程中的飞扬，从而改善了劳动条件。

表12-44是湿法上矿及操作实例。

表 12-44 湿法上矿及其效果实例

厂 别	浸出方式	上 矿 方 式	效 果
株 冶	连 续	冲矿液 烟尘 溜槽——→中间槽→泵→圆锥分级 热焙砂 溢流→中性浸出 底流→球磨→高酸浸出	冲矿含硫酸 20 ~40g/L，与热焙砂、热烟尘接触后流经溜槽、泵、分级机及输送管道，到中浸槽前矿浆含酸 pH 值为 3.5 左右
饭岛锌厂	连 续	溢流→汇集槽→浸出槽 焙烧矿→浆化槽→拖带分级机 底流→管磨机→返拖带分级机	焙砂中大部分锌、铜、镉已在浆化槽内溶解
巴伦锌厂	连 续	溢流→中性浸出 焙烧矿→浆化槽→水力旋流分级 底流→球磨机→返浆化槽	焙砂中 25% 的锌在进入中浸槽前已溶解
奥文佩尔特锌厂	连 续	混合液 浆化槽→中性浸出槽 焙烧矿	中性浸出阶段，焙烧矿中约 75% 的锌已溶解
萨格特锌厂	连 续	溢流→中性浸出 废电解液 溢流→水力旋沉分级 浆化槽→双耗分级机 底流→返双耗分级机 焙 烧 矿 底流→球磨机→返双耗分级机	在浆化—分级—细磨过程中，浸出作业已完成 70%；一段中性浸出中，锌的浸出率达到 88% ~ 94%

c 机械搅拌槽的操作

冲矿液连续沿着有一定坡度的溜槽流经沸腾炉排料口时，连续从排料口落入溜槽内的热焙砂便被冲矿液冲走，通过间隙为 5 ~ 10mm 的条筛，流入机械搅拌槽。沸腾炉烟尘经圆盘给料机排入机械搅拌槽，利用机械搅拌，使烟尘、焙砂和含酸溶液均匀混合，变成矿浆，浆化后的矿浆连续流入中间槽，再由耐酸污水泵连续输送到水力旋流器。

机械搅拌槽岗位操作人员除保证设备正常运转、保持稳定的流量和圆盘均匀排烟尘外，还必须经常检查矿浆的 pH 值，以防止变成中性矿浆，影响浸出效果。此外，还必须将条筛上的大块物料铲出，及时用小车送至球磨机磨细，以提高锌的回收率，还必须随时了解焙砂和烟尘的排料情况，调整氧化槽的技术操作条件。

d 分级和球磨的操作

连续浸出采用圆锥分级和湿式球磨。分级的目的是使矿浆中的粗颗粒焙烧矿分离出来，经球磨磨细后再进行浸出。

粒度的大小对锌的浸出率有很大关系。粒度愈小，浸出时溶剂与焙烧矿的接触面积愈大，浸出速度就愈快。

实践证明，如分级球磨效率不好，其粗颗粒相对增多，则浸出渣含锌增高，浸出率降低，同时也因粗颗粒容易沉积而造成浸出槽、浓缩槽及其管道的堵塞。

圆锥分级的操作主要是防止底流口的堵塞，如发现堵塞应及时处理。底流口因磨损会逐渐增大，因此应及时更换，以保证分级效率。球磨的操作除保证设备正常运转外，还要经常检查球磨机内的装球量，并及时补加新球，保持装球量为筒体体积的20% ~30%。分级后的溢流矿浆用泵送中性浸出，经球磨后的底流则打至高酸槽进行酸性浸出。

e 中性浸出的操作

分级后的溢流矿浆连续进入中性浸出。一般经过用空气扬升器串联的两个浸出槽后即结束中性浸出阶段，浸出矿浆经扬升器扬出，通过溜槽送往中性浓缩槽。中性浸出的时间根据矿浆流量和浸出槽的体积而定，一般为30 ~60min。浸出过程在压缩空气的剧烈搅拌下进行，并用蒸汽加热到60 ~70℃。浸出液的开始酸度随冲矿液的含酸和下烟尘的速度而稍有波动。矿浆经过两个浸出槽后其终点pH值能达到5.2 ~5.4，只需在溜槽内加入少量的3号凝聚剂，矿浆液固分离便很快，使下一步浓缩容易进行。

终点pH值的控制是中性浸出操作的关键，因为控制的恰当与否直接影响浸出液的质量、渣含锌以及下一工序浓缩和澄清性能的好坏。中性浸出的操作有以下几点：

（1）经常检查中性浸出槽进口和出口的pH值。如发现pH值过高或过低时，要及时和氧化槽岗位联系，调整冲矿液酸度，控制出口pH值为5.2 ~5.4。

（2）使用酸度计检查终点pH值。

（3）按时取样化验分析含砷量。当砷超过0.24mg/L时应及时检查原因，采取措施。当pH值为5.2 ~5.4时，如铁定性呈黄色、砷不合格时，应通知氧化槽岗位，增加硫酸亚铁和锰矿浆的加入量；如铁定性呈红色、砷不合格时，说明亚铁氧化不完全，故应增加氧化槽的锰矿浆加入量，直到铁定性呈黄色、砷合格时为止。

（4）必须根据沸腾炉的排料量经常检查冲矿液流量，以保证适当的液固比。如氧化液流量过小，则含酸相对增高，杂质浸出量相对增加，同时也使矿浆澄清困难，故应及时与有关岗位联系加大流量，使中性浸出矿浆的液固比保持在（10 ~ 15）：1，保证浸出液的质量和良好的澄清速度。

（5）经常检查浸出槽内矿浆的体积。矿浆体积不少于槽容积的75% ~80%，以保证浸出时间。此外，还必须经常检查浸出矿浆的温度和搅拌强度，并及时进行调整，要注意防止堵塞扬升器和搅拌风管，发现故障及时处理。

一次中性连续浸出的关键操作在一次中性浸出槽。一次浸出岗位是一次连续中性浸出“把关”的地方，所以该岗位操作人员必须与各工序操作人员紧密联系，加强配合才能保证中性浸出的操作正确而达到生产效果。中性浸出矿浆用空气扬升器扬至中性矿浆溜槽，经溜槽流入中性浓缩槽进行液固分离。

终点pH值必须根据所用原料及具体情况进行控制，在间断浸出操作中，显得更为明显。

一次中性连续浸出的技术操作条件：

冲矿液的酸度（H_2SO_4）	20 ~80g/L
浸出矿浆的液固比	（10 ~ 15）：1

浸出时间	0.5 ~ 1h
浸出温度	60 ~ 70℃
搅拌风压	>1.5kg/cm^2
终点 pH 值	5.2 ~ 5.4
浸出液质量要求	Zn 120 ~ 140g/L
	As≤0.24mg/L
	Sb≤0.5mg/L
	Fe≤200mg/L

目前，大多数湿法炼锌厂采用机械搅拌来代替空气搅拌。

B　二次连续酸性浸出

二次酸性浸出的矿浆来自中性浓缩的底流浓泥和圆锥分级机的底流。锌焙砂经过一次中性浸出后，经中性浓缩澄清分离所得的浓泥渣，通常含有酸溶锌（即能溶解于酸的氧化锌）10% ~20%，有时甚至更高。这种含锌浓泥进行二次浸出的目的就是最大限制地从浓泥中回收锌，提高锌的回收率，从而产出含锌量最少的残渣。

分级后的粗颗粒底流经球磨破碎后，首先用一个浸出槽进行高酸浸出，槽内矿浆的 pH 值控制在 1.0 ~1.5 左右。高酸浸出的目的是强化浸出以提高锌的浸出率，同时将分级后的粗颗粒底流进入酸性浸出系统，可避免大颗粒“生矿”进入中性浸出系统，以免堵塞槽子和管道。

二次酸性浸出是在两个或三个用空气扬升器串联的空气搅拌槽中进行。中性浓缩槽的底流浓泥在中间槽内首先加入一部分废电解液后，连续泵至第 2 个酸性浸出槽。因此，矿浆在运输过程中便已开始浸出。同时，经高酸浸出后的分级底流也用扬升器从第 1 个槽连续扬至第 2 槽与中性底流汇合，经第 3 个槽而达到浸出终点。

酸性连续浸出操作的关键也是控制 pH 值，使最后一个浸出槽出口的 pH 值保持 2.5 ~ 3.5。为了达到这个目的，在操作中要经常检查各槽矿浆的 pH 值。根据分级底流和中性浓泥的密度和流量情况，调整第 1 槽和第 2 槽的废电解液加入量，同时应注意废液的加入量的分配。废电解液应尽量加入高酸槽。这样不但提高锌浸出率，而且酸性浸出液中的含铁量也有所增加。用这种酸性上清液送往冲矿，如原料含砷、锑稳定，则氧化液可少加或不加硫酸亚铁。为了最大限度地回收锌，除了严格控制酸度外，还要保持足够高的温度和强烈的搅拌，以达到降低渣含锌和提高浸出率的目的。

经酸性浸出后的矿浆用空气扬升器送出，沿酸性矿浆溜槽流入酸性浓缩槽。浓缩后得到酸性上清液和底流浓泥，上清液连续流入混合槽，然后送往一次中性浸出作冲矿，浓泥用泵送过滤工序。

二次酸性连续浸出的技术操作条件：

球磨矿浆密度	1.4 ~ 1.6g/cm^3
中性浓泥密度	1.35 ~ 1.45g/cm^3
浸出矿浆液固比	(8 ~ 10) : 1
浸出时间	1 ~ 2h
浸出温度	65 ~ 75℃
搅拌风压	>1.5kg/cm^2

pH值控制	高酸槽出口1.0~1.5 第二槽出口2.0~2.5 第三槽出口2.5~3.5

目前，一些湿法炼锌厂酸性连续浸出已实现了pH值的自动控制，改善了劳动条件，稳定了pH值的控制，有利于生产的进行。

12.1.6.2 间断浸出过程的操作

我国某厂采用由两个中性浸出段组成的间断浸出。

A 一次中性间断浸出

一次中性间断浸出在空气搅拌槽中进行。浸出开始先是配液：往槽内打入一定量废电解液，根据系统液体周转情况适当打入部分氧化锌浸出液或其他返回系统的含锌液，使体积约占槽体积的1/3，混合酸度达70~130g/L。根据矿粉中砷、锑和可溶铁含量，再加入适量的硫酸亚铁，同时用压缩空气（压强为1.5kg/cm^2）搅拌。然后按照体积和溶液含酸量计算出槽内的含酸量，按酸料比（实践或实验）估算出应投焙烧矿量，就可开始进料磨矿。进料是用二次中性浸出滤液与焙烧矿经机械搅拌浆化后进入球磨，经球磨的矿浆打入浸出槽。在开始进料的同时，应在球磨加入一定量的二氧化锰（软锰矿或锌电解阳极泥），并在浸出槽及时取样，检测溶液中的Fe^{2+}含量，若未氧化完全，还需补加二氧化锰（称锰粉）。

随着焙烧矿的不断加入，槽内溶液含酸量逐渐减少，此时应经常测定残酸，酸降到7~9g/L时，即停止进料，让其充分浸出。待检验溶液含酸为5~10g/L时，停止输入矿浆，但仍输入中性溶液，清洗球磨及管道内的矿浆，中和至残酸为0.3~0.5g/L时，停止输入溶液，加入焙烧矿或预先制备好的石灰乳，以中和浸出槽内矿浆中的残酸。在即将接近终点时，操作人员不停地用玻璃烧杯取样观察矿浆粒子运动的情况，当发现微粒且粒子运动较快时，立即停止加焙烧矿或石灰乳，同时停止鼓风与加温。此时，这一槽的操作就告完成。溶液经分析砷合格、铁定性呈黄色后，用泵输送至中性浓缩槽澄清。上清液送净化工序，而浓泥送往二次浸出槽进行浸出。

间断浸出作业时间，由于操作的熟练程度不同及浸出槽的大小有所差异。表12-45为一次中性间断浸出作业时间分配实例。

表12-45 一次中性间断浸出作业时间分配实例 (min)

项目	沈冶	会泽铅锌矿	柳州锌品厂	开封炼锌厂
输入废电解液	60	50~80	30	20
加硫酸亚铁并取样	10	15~20	约15	5
加温	50~70（加温、磨矿、中和合计）	20~25	60	20~30
磨矿		50~70	约25	40
中和		10~15	60	10
澄清	60~70	（化验）20~30		120
矿浆放出	40~60	40~60	60	40~60
合计	220~270	270~300	约240	255~285

焙烧矿的一次中性浸出矿浆大多被送往浓密机进行液固分离，但对一些采用干法上矿的工厂，一次连续中性浸出后的矿浆还须经分级—球磨处理，然后再根据物料的性质采取不同的处理措施，或返回中性浸出，或单独酸浸，或与中性浓密机底流合并进行二次浸出。表 12-46 为干法上矿及其效果实例。

浸出达到终点后随即"放罐"，将矿浆打入浓缩槽，并加入少量凝聚剂以促进沉淀。

一次中性间断浸出的技术条件：

浸出开始酸度	70～140g/L
磨矿液固比	(2.5 ～ 3.5)：1
酸性液含铁（即中和至 10～15g/L 时）	>1g/L
浸出反应温度	60～70℃
浸出时间	45～60min
终点 pH 值	5.2～5.4
浸出液质量	Fe≤10mg/L
	Sb≤0.4mg/L
	As≤0.24mg/L
操作周期	3～4h

B　二次中性间断浸出

二次浸出的目的是进一步浸出一次中性浸出所得浓泥中未溶解的锌，以提高浸出率。二次浸出的物料主要来自一次中性浓密机底流，也有来自湿法上矿经分级机分出的底流磨矿后的矿浆，或来自中性浸出矿浆经分级机分出的底流（或经磨矿）矿浆。

焙烧矿二次浸出的终点可以选用中性或酸性。一些一次、二次都采用间断浸出的中小型锌厂，两次浸出都采用较高的始酸，锌的浸出率高，其终点都采用石灰乳中和至中性，二次浸出矿浆的液固分离常不设浓密机，直接进行过滤、洗涤。由于二次浸出也是中性，返回一次浸出的溶液含铁量很少，故一次浸出须加硫酸亚铁，以保证水解除杂质后的含铁量。

目前，大多数锌厂第二次浸出都采用酸性浸出，终点 pH 值为 2.5～3.5，可以提高锌的浸出率，并可利用浸出的铁返回到一次中性浸出。表 12-47 为二次间断浸出作业周期实例。

二次浸出槽与一次浸出槽相似。因为浓泥中含氧化锌量不多，且溶解又较慢，因此二次浸出槽内需设置加热管。二次中性间断浸出操作时，先往槽内打入废电解液，同时鼓风搅拌并开始加热。然后打入浓泥，使其在强酸中进行浸出。溶液中含酸由于氧化锌的溶解逐渐降低，待酸降至 2.5～3.0g/L 时，停止加入浓泥，并保持大风搅拌和足够的温度，使其充分浸出。搅拌 2～4h 后，槽内矿浆 pH 值升到 2～3 时，加石灰乳中和至 pH 值5.0～5.2，随即停止搅拌和加温，将矿浆送往过滤，滤液含锌可达 110～135g/L。

二次中性间断浸出的技术条件：

浸出开始酸度	130g/L 以上
浸出温度	60～70℃
搅拌时间	2～3h
终点前 pH 值	2.0～3.0
终点 pH 值	5.0～5.2
操作周期	6～8h

表 12-46 干法上矿及其效果实例

厂别	上矿方式	说明
马格拉港锌厂（意大利）	硫酸亚铁、软锰矿、混合液 → 一次浸出（焙烧矿 ↗）→ 分级 ↗ 溢流→中性浸出；↘ 底流→湿式磨矿→返一次浸出	一次浸出有5个60m³的浸出槽，第1槽加入焙烧矿总量的96%，用pH值计控制硫酸亚铁和软锰矿的加入量；第2槽控制pH值为2.8；第3、4槽控制pH值为4.0；第5槽加入4%的焙烧矿，控制pH值为4.8~4.9
埃德海姆锌厂（挪威）	软锰矿浆、氧化液 ↘、焙烧矿 ↗ 中性浸出→分级 ↗ 溢流→中性浓密；↘ 底流→球磨→返中浸或热酸浸出	软锰矿浆先与混合液混合，用空气氧化后再与焙烧矿分别同时加入浸出槽
巴特勒斯维尔锌厂（美国）	废电解液 ↘、二氧化锰 ↗ 浆化 ↘、焙烧矿 ↗ 中性浸出→分级 ↗ 溢流→中性浸出；↘ 底流→球磨→返中浸	此种带有分级—球磨的一段中性浸出，锌的浸出率达到90%~92%
蒂明斯锌厂（加拿大）	混合液 ↘、焙烧矿 ↗ 中性浸出→分级 ↗ 溢流→中性浸出；↘ 底流→球磨→返中浸（阳极泥 ↗）	3个200m³的中性浸出槽，第1槽控制含硫酸10g/L；第2槽加入少量焙烧矿和部分中性浓密机底流，并鼓进空气，第3槽控制pH值为4.5左右
埃恩锌厂（比利时）	混合液 ↘、二氧化锰、焙烧矿 ↗ → 中性浸出→分级 ↗ 溢流→中性浸出；↘ 底流→酸性浸出	先在1个40m³的浆化槽内浆化后，再用4个80m³的浸出槽浸出
神冈炼锌厂（日本）	二氧化锰 ↘、废电解液、焙烧矿 ↗ → 中性浸出→中性浓密	有6个浸出槽，第1槽控制含硫酸5g/L，加入二氧化锰粉和阳极泥矿浆，控制Fe^{2+} 10mg/L以下；第2槽控制pH值为1.5~1.7。第4槽加入碳酸钙，控制pH值为3.5~4.0；第6槽控制pH值为5.0~5.4。一段中性浸出锌浸出率达93.8%

表 12-47 二次间断浸出作业周期实例 (min)

项 目	沈 冶	会泽铅锌矿	项 目	沈 冶	会泽铅锌矿
加入浓密机底流	80 ~ 90	40 ~ 50	中 和	10 ~ 20	10 ~ 20
加入废电解液或浓硫酸		40 ~ 60	矿浆放出	40 ~ 80	40 ~ 60
搅拌浸出	120 ~ 180	230 ~ 240	合 计	250 ~ 370	360 ~ 430

焙烧矿粉经过两段间断浸出，浸出率约为 80% ~87%，浸出渣含锌 17% ~20%，浸出渣率 50% ~55%。

12.1.6.3 浸出过程的技术控制

保证浸出液的质量和提高锌的回收率是浸出过程的重要任务。通常所说的浸出液的质量好，就是指浸出液中的杂质（如铁、砷、锑、锗等有害杂质）和悬浮物的含量很低。锌的回收率要高，就是指锌焙砂（包括烟尘）经过浸出后，要使尽量多的锌进入溶液，最后留在浸出残渣中的锌要少。在浸出过程的技术工艺流程确定以后，保证浸出液的质量和提高锌的回收率就取决于浸出过程的技术控制及原料成分。

A 浸出终点的控制

浸出终点用 pH 值来衡量，控制终点 pH 值是浸出过程最重要的因素。终点 pH 值控制正确与否，不仅对浸出而且对后面各工序的技术操作条件和技术经济指标均有很大的影响。

在生产过程中，为了使砷、锑、铁能很好地除去，并得到良好的沉淀率，应严格控制浸出终点 pH 值。中性浸出时利用控制终点 pH 值 5.2 ~ 5.4，使 $Fe_2(SO_4)_3$ 水解呈 $Fe(OH)_3$沉淀并吸附砷、锑、锗共同沉淀的原理，达到除去铁、砷、锑、锗等有害杂质的目的。

在实际操作中，随着焙烧矿（包括烟尘）中的锌不断被浸出，矿浆中的酸量不断减少，接近浸出终点时，通常是用精密 pH 试纸、甲基橙指示剂、酸度计检测溶液中残酸和观察矿浆颗粒的运动情况来控制和判断浸出终点的 pH 值。

（1）pH 值试纸测定：用 pH 值试纸检测浸出液的含酸是一种最简便的方法。一般生产中常用的有 pH 值为 0.5 ~5.0 和 pH 值为 3.8 ~5.4 两种精密 pH 值试纸。

（2）甲基橙指示剂测定：首先用烧杯取矿浆试样，然后滴入预先配制好的甲基橙指示剂。根据矿浆表面颜色显色情况可以判断矿浆 pH 值的高低。当甲基橙指示剂滴下后，矿浆表面显黄色，而且迅速扩散，说明浸出终点 pH 值已达 5.0 ~5.1，静置 30min 左右 pH 值达 5.2 ~5.3。如果甲基橙指示剂滴下后在矿浆表面扩散不快，而扩散的圆圈略带红色，说明矿浆中还含有微酸（操作人员习惯称为“过嫩”，pH 值小于 5.2）。

（3）使用酸度计检查终点 pH 值。

（4）观察矿浆颗粒的运动情况：当矿浆的 pH 值逐渐升高时，溶液内氢氧化铁和硅酸的颗粒也自发生成，凝聚变大。用玻璃烧杯取矿浆试样，从杯外观察矿浆颗粒的运动情况。当粒子由微细迅速变大，上、下激烈动，似“沸腾”状态，液固分离迅速，分离后的上清液较清，此时浸出液即达到终点，pH 值约为 5.2 ~5.4。如果颗粒细，粒子运动缓慢，这种粒子称为“酸性粒子”，沉淀后的上清液不清，略带红色且浑浊，有菌状胶体悬浮物，说明 pH 值低，溶液中还含有微酸。当颗粒细且沉淀慢，沉淀后上清液呈乳白色，表面有时形成一层很厚的毛绒状，这种情况说明 pH 值控制太高（习惯称为“过老”，此时 pH 值在5.4 以上）。

终点 pH 值必须根据所用原料及具体情况来进行控制。处理焙烧矿时，当发现微粒出现，且在烧杯内上、下翻动加快时应立即停风，终点 pH 值即为5.2 左右。处理细粒度的物料（如烟尘或氧化锌粉）时，见微粒即停风，终点 pH 值为5.0 左右。

在连续浸出过程中，如果浸出槽内返液较多（返液系指二次浸出液、氧化锌浸出液、过滤液）、配酸低，则 pH 值可控制高一点，终点 pH 值控制 5.2 ~ 5.4；若返液少、配酸高，槽内反应大，pH 值则可控制低一点，一般控制 5.0 ~ 5.2。

在连续浸出操作中，一次中性浸出的终点 pH 值的控制没有间断浸出操作那样严格，有时终点 pH 值偏高，有时终点 pH 值偏低。一般工厂为了保证浸出液的质量，终点 pH 值偏高，而浓缩澄清则依靠增加浓缩面积或者加入 3 号凝聚剂来保证矿浆的澄清速度。但在间断浸出操作中，要求较为严格，终点 pH 值过高或过低，都必须进行处理。如 pH 值过低，可加入石灰乳提高 pH 值，使沉淀加快。如 pH 值过高，则在放浸出槽矿浆时速度放慢一点，以保证浓缩槽的上清线。

B 一次中性浸出液质量的控制

中性浸出液的质量要求铁、砷、锑等杂质的含量在极限以下，即 Fe < 20mg/L、As < 0.24mg/L、Sb < 0.2mg/L，同时要求浸出液中的悬浮物小于 1.5g/L。

a 铁、砷、锑的控制

为了除去溶液中的砷、锑，溶液中必须含有足够的铁量。若溶液中的铁量不足以完全除去砷、锑时，必须另外增加溶液中的铁量。在实际操作中，一般加入预先制备好的含铁溶液（硫酸亚铁溶液或铁矾），加入的铁量为锌焙砂中（砷 + 锑）量的 15 ~ 20 倍。在 pH 值5.2 ~ 5.4，不仅把一次浸出液（上清液）中的铁、砷、锑等有害杂质除到必要的限度以下，且能得到清亮、含悬浮物少的浸出液。故连续浸出时，一般要求成分一致、质量较好的原料和连续均匀供料，以保证浸出液的质量。某厂采用连续浸出，由于精矿数量大，供应点多，成分波动大，难以进行准确和稳定的配料；同时沸腾焙烧炉排料也不均匀（间断排烟尘）。因此，浸出无法按照焙砂的砷、锑含量来加入铁量。

在生产过程中，根据溶液中铁、砷、锑的化验分析来检查其含量，当发现不合格时，就根据具体情况进行处理，采用压缩空气将浸出液在搅拌槽内进行搅拌，用加入二氧化锰并加石灰乳的方法进行处理。

为了保证中性浸出液内铁、砷、锑、镍等有害杂质除至允许限度以下，除控制上述条件外，还要求：

(1) 氧化锌浸出液必须专门进行处理。浸出残渣经挥发窑处理后所得氧化锌，有的直接送浸出，有的经焙烧脱氟、氯并除去部分砷、锑再送浸出。氧化锌浸出后上清液含铁、砷、锑、锗等有害杂质较高，给一次中性浸出造成困难。因此，氧化锌浸出液必须进行处理，处理方法有两种：一种是在氧化锌浸出时，加入足够量的铁，控制终点 pH 值 5.2 ~ 5.4，利用水解沉淀法除去部分砷、锑等杂质；另一种是将氧化锌浸出后的上清液返至除砷、锑槽，加入硫酸铜，在 75 ~ 80℃的温度下，加石灰乳保持 pH 值5.2 ~ 5.4 并进行强烈搅拌以除去部分砷、锑，再返回一次中性浸出。

(2) 不要将含铁、砷、锑等有害杂质较高的混合液（即混合槽的溶液）返回一次中性矿浆溜槽，否则将影响中性浓缩上清液的质量。

(3) 经常分析硫酸亚铁溶液内镍的含量，控制其在 20 ~ 50mg/L 以下，如果超过很高，就会使一次中性浸出液含镍偏高，将引起电解时电流效率显著降低。

b 固体悬浮物的控制

稳定一次浸出的操作和控制好技术条件，就能保证一次浸出液（上清液）含固体悬浮物少。

如前所述，锌精矿中含铅、铁、二氧化硅高时，由于在焙烧过程中生成易溶于稀硫酸溶液的硅酸盐，显著地恶化矿浆的澄清。工厂实践中指出：当焙砂中含可溶二氧化硅 2% ~5% 时，在浸出酸度为 125g/L，可溶二氧化硅浸出率 84% ~86%，而浸出酸度为 0.05g/L 时，可溶二氧化硅浸出率只有 25% ~26%。由此可见，焙砂中硅酸盐的含量愈多，浸出的酸度愈大，则进入溶液的二氧化硅愈多，这样使中性浸出矿浆的澄清造成困难。所以，有的工厂一般采用低酸浸出。某厂利用间断浸出法在处理含硅高的矿时，曾发生浓缩上清液恶化。采用低酸浸出（如酸 40 ~ 50g/L），加强过滤，减少浓缩槽浓泥体积，严格控制终点 pH 值 5.2 ~ 5.4 等措施后，问题才得到解决。

为了尽可能减少上清液中的悬浮物，还应当控制溶液的合理含锌量，若浸出液含锌超过 160g/L，使溶液的密度和黏度增大，悬浮物的澄清困难。某厂实践证明，浸出液含锌不宜超过 150g/L。此外，浸出温度和浸出时间及矿浆液固比都对上清液悬浮物含量有一定影响。控制较高的浸出温度，准确及时地掌握浸出终点停风搅拌时间以及控制矿浆液固比在 (10 ~ 12) : 1 之间，均可起到减少上清液悬浮物含量的作用。

表 12-48 是国内外一些厂一次中性浸出技术操作条件实例，表 12-49 是国内外一些厂一次中性浸出上清液成分实例。

表 12-48 国内外各厂一次中性浸出技术操作条件实例

项 目	株冶	沈冶	柳州锌品厂	开封炼锌厂	西北冶	柳州市有色总厂	秋田炼锌厂（日本）	马格拉港锌厂（意）	蒂明斯锌厂（加拿大）
浸出方式	连续	间断	间断	间断	连续	间断	连续	连续	连续
浸出温度/℃	60 ~ 75	60 ~ 70	85 ~ 90	60 ~ 75	65 ~ 70	60 ~ 70	70	75	90 ~ 95
浸出时间/min	30 ~ 60	反应时间 40min 以上	60	50	60	60	125	138	
液固化	(10 ~ 15): 1		(5 ~ 6): 1	(2.5 ~ 8.5): 1	(10 ~ 15): 1				
浸出过程酸度控制	上矿时始酸 20 ~ 40 g/L，进入第 1 浸出槽的 pH 值为 3.5，出第 2 槽 pH 值为 5.0 ~ 5.2	始酸：> 70 g/L，终酸：pH 值为 5.2 ~ 5.4	始酸：150 ~ 160 g/L，终酸：pH 值为 5 ~ 5.2	始酸：125 ~ 150 g/L，终酸：pH 值为 5.2 ~ 5.4	pH 值为 5 ~ 5.4	始酸 50 ~ 60g/L，终酸 pH 值为 5 ~ 5.2	1 个 400m^3 浸出槽，终酸 pH 值为 4.8 ~ 5.2	5 个浸出槽，第 1 槽加入 98% 的焙烧矿、亚铁液及锰矿；第 2 槽 pH 值为 2.8，第 3、4 槽 pH 值为 4，第 5 槽 pH 值为 4.9	第 1 槽含酸 10g/L，第 2 槽加入少量焙烧矿和部分浓密机底流并鼓进空气，第 3 槽 pH 值为 4.5 左右

续表 12-48

项　目	株冶	沈冶	柳州锌品厂	开封炼锌厂	西北冶	柳州市有色总厂	秋田炼锌厂（日本）	马格拉港锌厂（意）	蒂明斯锌厂（加拿大）
搅拌方式	空气搅拌风压 0.15～0.18MPa	空气搅拌风压 >0.15MPa	机械搅拌	机械搅拌	机械搅拌	机械搅拌＋空气搅拌	机械搅拌＋空气搅拌	机械搅拌	机械搅拌
浸出液含锌 /g·L^{-1}	130～170	145～155	150～160	140～150	150	130～150	170	145	150

表 12-49　国内外一些厂一次中性浸出上清液成分实例　(g/L)

上清液成分	株冶	沈冶	柳州锌品厂	开封炼锌厂	西北冶	柳州市有色总厂	秋田炼锌厂	马格拉港锌厂	蒂明斯锌厂	巴特勒斯维尔锌厂
Zn	130～170	145～155	150～160	140～150	150	130～150	170～181	145	150	152
Cu	0.16～0.45		0.3～0.4	0.15～0.4	0.147	0.01～0.05	0.2～1.2	0.09	0.7	0.42
Cd	0.6～1.0		1.5～1.8	0.6～1.2	0.342	0.02～0.1	0.25～0.4	0.55	0.7	1.407
As	≤0.00036		} 0.001（As、Sb）	0.00024	0.0003	0.0001～0.0003		0.00002		0.00006
Sb	≤0.0005	≤0.0006		0.002	0.0006	0.0002～0.0003		0.0004		0.000053
Ni	0.008～0.012		0.0005	0.008～0.012	0.007	0.01～0.05		0.0020		0.000063
Co	0.008～0.025		0.008～0.01	0.0024～0.02	0.0012	0.01～0.04	0.008～0.01	0.011	0.025	0.043
Ge	≤0.0005		0.001			0.00001～0.00003		0.00007		0.000027
Mn	2.5～5.0		2.5～3.5	2.5				3.5		3.1
SiO_2	0.07～0.10					0.06～0.10				
Fe	≤0.02	≤0.01	0.018～0.020	0.020	0.02	0.006～0.02	0.006～0.01	0.0010	<0.01	0.0052
CaO	≤0.9			0.9		0.9～1.2				0.547
F	≤0.05			0.05		0.005～0.01				0.0006
Cl	≤0.10			0.10				0.0025		0.10
密度 /t·m^{-3}	1.35～1.45	>1.4	1.28	1.35～1.45	1.3～1.6	1.35～1.4		0.075		1.387

C　二次浸出的技术控制

锌焙砂经过一次中性浸出后，经中性浓缩、澄清分离所得的浓泥内通常含有 18%～20% 的酸溶锌（即能溶解于酸的氧化锌），有时甚至更高。这种含锌浓泥进行二次浸出的目的就是最大限度地从浓泥中回收锌，提高锌的回收率，从而产出含锌量最少的浸出渣。

二次浸出可采用中性浸出或酸性浸出。为了尽可能完全的使锌溶于溶液，并保证二次浸出矿浆有良好的澄清和过滤性能，二次浸出的技术控制很重要：

(1) 浸出矿浆的温度：温度愈高，不仅锌的浸出率愈高，同时也能保证矿浆有良好的澄清和过滤速度。通常用蒸汽加温，其加温方法有直接通入蒸汽或者采用蛇形蒸汽管间接加温，使浸出矿浆温度保持在 65℃以上，有时甚至高达 70～80℃。

（2）保证浸出时间和充分的搅拌强度：充分地进行搅拌，有利于稀硫酸溶液与浓泥中的固体物料进行接触，加快浓泥中锌的溶解，一般在保证溶液含酸的条件下，搅拌时间不少于2h。

（3）矿浆的液固比愈大，澄清就愈好，锌回收率也相应提高。一般酸性浸出矿浆液固比在（6～8）：1左右。

（4）浸出终点的控制：不同的浸出方法，其终点控制也不同。如某厂二次浸出采用中性浸出，浸出矿浆直接送去过滤，终点pH值控制5.2～5.4；而另一厂采用酸性浸出，终点pH值控制在2.5～3.5，经酸性浓缩槽浓缩的底流浓泥送去进行过滤，pH值可达4.8～5.4也能保证良好的过滤。

连续浸出生产中，二次浸出的技术控制是关系到湿法炼锌正常生产的重要因素之一。若二次浸出控制不当，不仅影响二次浸出的作业本身，而且也影响到一次浸出的正常进行。例如某厂连续生产以来，曾出现矿浆澄清恶化的情况，浸出液严重浑浊，二次浸出上清液中含固体悬浮物达232g/L，而一次浸出上清液含固体悬浮物也高达3.9g/L，使净液压滤困难，新液供应不上，打乱了正常的生产秩序。

影响矿浆澄清的因素很多也很复杂，但在生产实践中发现，一次中性浸出的技术操作及其技术条件发生变化，只造成一次中性浸出矿浆澄清较差的暂时现象，且很快就会好转。而每次大的“恶性循环”都是从二次浸出矿浆澄清恶化开始，继而造成一次浸出矿浆澄清恶化。这是因为当二次浸出终点pH值控制在5.0～5.4时，虽然能使矿浆有良好的澄清，但由于矿浆粒子在输送至过滤时，使易于沉淀的粒子被搅碎，同时生成大量的氢氧化物悬浮体，给过滤造成困难，从而影响浓泥的排出，使含固体悬浮物的浓泥积存于浓缩槽中，致使浓缩槽浓泥越来越多，澄清更为困难。当pH值控制过低，pH值小于2.0时，因氢氧化铁及硅酸都未开始凝聚，澄清过滤性能也差。此外，大量加入浓硫酸，相应的减少了矿浆的液固比，且在高酸作用下，铁酸锌和硅酸锌大量溶解，析出硅酸，使矿浆澄清更为困难。上述操作条件的变化，使酸性浓缩上清液中形成大量的固体悬浮物，其悬浮的细小固体颗粒达232g/L，返回一次中性浸出时，增加了一次中性浸出矿浆中的细粒固体悬浮物，不仅难以沉淀，同时减少了一次浸出矿浆的液固比，使一次浸出矿浆澄清困难，结果含大量悬浮物的一次浸出上清液压滤困难，迫使大量的上清液返回冲矿，使一次浸出的液固比更小，溶液含锌剧增，曾达到190～200g/L，溶液的密度和黏度也因此而增大，结果大量悬浮的细小颗粒循环于浸出过程中，造成“恶性循环”。在每次“恶性循环”时，采取加强浸出操作，严格控制终点pH值；采取加大冲矿液流量，减少焙砂，加强过滤并将含大量悬浮固体的二次浸出上清液再澄清一次，得到悬浮物较少的上清液送去冲矿，以加大浸出矿浆的液固比；同时改变沸腾焙烧前的配料比，尽量少用含硅高的锌精矿，改善矿浆的澄清；此外，还加入3号絮凝剂，强化二次浸出矿浆的澄清。某厂由于采取上述措施，逐步解决了浸出矿浆澄清的继续恶化，扭转了被动局面，转入正常生产。从上述措施中可以看出，为了保证浸出的正常进行，关键在于浸出终点的正确控制及采用较大的矿浆液固比。

国外一些连续浸出工厂浸出操作的重点放在二次酸性浸出上，其二次浸出的控制要求相当严格。如国外某厂除了保持二次浸出矿浆液固比（15～20）：1（有的工厂更高，达40：1）和终点残酸3～5g/L外，还规定二次酸性上清液中的含固量波动范围在200mg/L

左右。虽然如此严格，但也发生过酸性上清液浑浊、过滤困难的情况。当发生这种情况时，采取了下列措施：

(1) 加强过滤：不仅加速底流浓泥过滤，同时也对含大量固体悬浮物的上清液进行过滤，使大量细小固体悬浮物不返回中性浸出。

(2) 改变二次浸出操作条件：由正常控制二次浸出终点残酸 3 ~ 5g/L 降低至 1 ~ 2 g/L，以改善矿浆的澄清。

(3) 酸性浓缩槽加蒸汽管直接加温到 70 ~ 80℃，以改善浓缩矿浆澄清。

表 12-50 是国内外一些厂二次浸出技术操作条件实例，表 12-51 是国内外一些厂二次浸出上清液成分实例。

表 12-50 国内外一些工厂的二次浸出技术操作条件实例

条件名称	株 冶	沈 冶	柳州锌品厂	彦岛炼锌厂	秋田炼锌厂	马格拉港锌厂
浸出方式	连续	间断	间断	连续	连续	连续
始酸/g·L^{-1}		>130	120			
终点 pH 值	2.0 ~ 2.5	5.0 ~ 5.2	5.2	1.8 ~ 2.0	1.8 ~ 2.0	5.0
浸出温度/℃	65 ~ 85	65 ~ 80	75 ~ 90	65 ~ 70	70	75
浸出时间/min	90 ~ 150	60 ~ 90	60	230	200	
液固比	(7 ~ 9) : 1	(7 ~ 9) : 1	5 : 1			
浸出过程酸度控制	各槽出口 pH 值：第 1 槽 0.5 ~ 1，第 2 槽 1.5 ~ 2.0，第 3 槽 2.0 ~ 2.5	残酸 2 ~ 5g/L，石灰中和前 pH 值为 2 ~ 3，石灰中和后 pH 值为 5.0 ~ 5.2				第 1 槽加中性浸出底流和废电解液，第 2 槽用 pH 值计自动控制，第 3 槽加石灰乳中和至中性
搅拌方式	空气搅拌，风压：0.15 ~ 0.18MPa	空气搅拌，风压：>0.15MPa	机械搅拌	空气搅拌	400m^3/槽，每槽设有 6 个 22kW 搅拌器，10 根风管	
浸出液含锌/g·L^{-1}	145	135	110 ~ 125			

表 12-51 国内外工厂二次浸出上清液成分实例 (g/L)

成 分	株 冶	沈 冶	安中炼锌厂	细仓炼锌厂
Zn	135 ~ 150	145 ~ 155	153	170
Cu	0.5 ~ 0.7	0.4 ~ 0.5	0.722	0.5
Cd	0.5 ~ 0.6	0.4 ~ 0.5	0.630	0.4
Fe	0.5 ~ 1.2	≤0.01	0.207	0.05
Co	0.007 ~ 0.011		0.017	0.002
Ni	0.008 ~ 0.01		0.004	

续表 12-51

成分	株冶	沈冶	安中炼锌厂	细仓炼锌厂
As	0.0015～0.012			
Sb	0.00025～0.0003	≤0.0004		
Ge	0.0002～0.0023			
Mn	4.5～6.7			
SiO_2	0.35～0.45			
In	0.0005～0.006			
Cl			0.020	
密度/$t \cdot m^{-3}$	1.3～1.32			

12.1.6.4 浸出过程的“三大平衡”

湿法炼锌是一个溶液闭路循环系统。因此系统中溶液体积、溶液含锌量和浸出渣的排出量均应保持一定，即通常所谓的保持水平衡（溶液体积平衡）、金属平衡（锌平衡）、渣平衡，一般在生产实践中称之为“三大平衡”。它对于浸出过程，特别是连续浸出过程的稳定操作和技术条件的控制具有非常重要的意义。

A 水平衡（溶液体积平衡）

溶液体积平衡是指矿浆和溶液所占用的体积保持一定。体积平衡取决于进入系统的水和排出系统的水是否能保持基本相等。一般进入系统的水有蒸汽加温、添加剂的溶液、滤渣洗涤水、滤布洗涤水、泵的水封、设备及地面的冲洗及其他生产过程的用水等。排出系统的水有电解液冷却蒸发、浸出渣含水、矿浆和溶液在搅拌加温过程中的蒸发、自然蒸发及其他损耗等。

体积平衡是湿法炼锌生产得以正常进行的关键，它是关系到提高金属回收率、减少酸锌流失、保护环境和文明生产的重要问题。在整个湿法炼锌生产系统中，进行闭路循环的溶液，每天由于洗渣、洗滤布、洗地面或其他设备带进若干数量的水，这些水将增加车间设备中的溶液体积。如进入系统的水超过排出系统的水则体积增大，当超过正常设备的容积时就会产生体积“膨胀”，使溶液无法周转或自设备中满溢出来，甚至导致“跑酸冒液”，造成整个系统生产被动。反之，溶液体积缩小，则会引起溶液含锌增高，给浸出渣的过滤和溶液的压滤带来困难，使矿浆和溶液的循环量减少，使得无法满足冲矿液的流量，使浸出矿浆液固比减少，对生产也不利。为了避免这种现象，必须使每天加入的水量和溶液蒸发的水、随渣带走的水以及各种漏失的水量相抵消，也就是使进入和排出的溶液相等。当出现溶液体积缩小时，只要及时往系统中补充水即可解决。因此，生产实践中主要是防止体积“膨胀”。

湿法炼锌体积的增减与生产量、气候、管理有关。在实践中，一般夏秋季气温高、电解液要求冷却的梯度大，其蒸发量也大，相对而言，进入的水少，易使溶液体积减小；而冬天和春天因气温低，电解液要求冷却的梯度小，其蒸发量也少，易使溶液体积增大，导致溶液体积“膨胀”。因此，要保持体积平衡主要是加强管理，严格控制进入系统的水量。为了保持溶液的正常平衡，除了规定各处的加水量外，还应当有备用的贮槽，即使在发生事故时，很快的能使过程中放出废电解液和溶液，并有可能在必要的情况下向过程中加入硫酸、废电解液、蒸汽或水。由于在浸出时，溶液和矿浆的少量漏液都会引起设备过早的损坏，因此，为了保护浸出过程在设备完好的条件下操作以及提高锌的回收率，必须防止跑液和漏液，并及时检查、维护、修理各种设备。

B 锌平衡

溶液中含锌量一定，通常称为金属平衡。为了保持溶液中金属平衡，必须使进入浸出液中的锌量与电解析出的锌量平衡。

湿法炼锌生产系统的中性溶液含锌是根据所选工艺流程、电解制度而确定的。一般采用中电流密度时，常控制中性液含锌量在130～150g/L。若溶液含锌过高，将使浸出矿浆的密度和黏度增大，给浸出矿浆的液固分离带来困难；同时含锌量太高，使电解酸量增加，电解条件恶化，金属损失大，严重时使生产难以进行，从而影响电解作业。溶液中含锌量过低，由于循环液携带的锌离子量小于电积锌的析出量，将造成电解液的贫化，增大溶液的周转量，不仅增大的设备负荷及动力消耗，同时也破坏了生产制度，使其难以保持正常的作业技术条件，严重影响其生产的技术经济指标。

在体积保持平衡的状态下，造成溶液含锌过高和过低的原因主要是由焙烧矿含水溶锌发生变化所致。溶液含锌升高，意味着进入系统的硫酸量增加。因此，为保持溶液含锌稳定，必须严格控制电解电流强度和投料量的平衡及加酸量，保证焙烧矿含水溶锌稳定，并加强管理，作好体积平衡。

C 渣的平衡

渣平衡是指排出的浸出渣要与投矿量保持平衡，即保持浓泥的体积一定。

浸出各段一般说来在原料成分不变的情况下，浓泥体积应保持一定。浓缩槽浓泥体积增大，矿浆澄清困难，不仅影响上清液的质量，也直接影响到下一段生产的进行，无法保持浸出过程正常作业的稳定。浓泥体积的变化往往是造成恶性循环的始因，如中性底流浓泥量增大，必将引起酸性浸出条件的波动和造成二段浸出矿浆恶化及澄清过滤困难，而澄清过滤困难又将影响浓泥的排出，使浓缩槽浓泥愈加增多，澄清更为困难，又造成上清液含悬浮物增多。当返回一次中性浸出时，又增加了一次浸出矿浆的悬浮物和固体量，从而减少了一次浸出矿浆的液固比，使一次浸出矿浆澄清困难，无法稳定浸出的正常操作。结果是中性上清液中悬浮物大量增加，净液工序的压滤负担加重，甚至无法完成净液作业。如将多余的溶液返回到中性浸出，将使浸出液含锌量更大，溶液的密度和黏度随之增大，反过来又增加了澄清过滤的困难，这种恶性循环如不采取措施及时消除，生产过程将遭到严重破坏。

中性浓缩底流浓泥量增大或减少，或者球磨机大粒渣矿浆量的波动，都会引起酸性浸出条件的波动。如酸性浓缩底流浓泥增大时，也会造成上清液浑浊。某厂因酸性浓缩浓泥未及时排出，浓泥密度达2.0～2.10g/cm^3，使矿浆澄清恶化，含大量悬浮固体颗粒的上清液返回一次中性浸出，因而使设备负荷增大而损坏浓缩机。为此，必须使进入浸出的含锌物料量与排出的渣量维持平衡。如某厂的浸出渣率为50%～55%，即往浸出系统投入1t焙烧矿，则需要排出0.5～0.55t的浸出渣（干渣）。如果浸出残渣排出不及时，则渣积压在浓缩槽内，使槽内浓泥体积增大，上清区和澄清区减少，故使矿浆澄清困难，引起上清液浑浊，或者产不出上清液，也无法稳定浸出正常操作，而且还可能导致浓缩槽的堵塞。实践证明，1t焙砂产出1t湿渣，就能保证浸出正常生产。

浸出渣不能及时排出的原因主要有以下几点：

（1）渣性不好。渣性一般指浸出渣的过滤性能。渣性不好往往因集中使用含硅、铁高的原料或浸出终点 pH 值控制不当所引起。原料含硅、铁高，致使浸出矿浆黏度增大，过滤性能差。此外，浸出终点 pH 值控制不当，甚至出现浸出"跑酸"等情况，氢氧化铁水解沉淀不好，也使过滤困难。

（2）浓缩槽沉淀不好，渣排不出来。矿浆在浓缩槽内澄清分离不好，大量的渣悬浮在溶液中，浓泥液固比大、密度小、过滤负荷加重，浓泥不能及时过滤出去，增加了在浓缩槽停留时间，无法排出。

（3）设备发生故障，影响浸出渣的处理。如过滤设备、真空系统、干燥窑、挥发窑等出现故障，都可影响浸出渣的排出。

浸出过程的"三大平衡"是湿法炼锌生产赖以正常进行的三大要素，在生产管理和技术操作上必须高度注意。

12.1.6.5 浸出过程的故障处理

A 上清液浑浊

浸出矿浆液固分离不好，上清液浑浊是浸出常见的故障之一。当中性上清液浑浊时，溶液中含固体悬浮物大量增加，有时甚至高达 50g/L 以上，含铁也超过 10mg/L，致使净液工序压滤困难，新液供应不上，打乱了生产的正常秩序。在连续浸出过程中，中性上清液的浑浊往往起源于酸性浸出和酸性浓缩。当酸性澄清条件恶化时，酸性上清液浑浊，含固量达 200g/L 以上。这样，酸性上清液送往中性浸出系统时，中性浸出液含固量增加，液固比减小，中性浓缩槽的沉降条件也随之恶化。同时，由于中、酸性浓缩沉降不好，大量的渣悬浮在溶液中而无法排出，因而大大地影响了上清液的质量。

上清液浑浊的原因较多，主要有原料的粒度和硅的含量、溶液的含铁量、pH 值的控制、烟尘的下料均匀程度、浸出渣的排出是否畅通等。在浸出的实践中，解决上清液浑浊的措施主要是：

（1）对于中性矿浆的澄清过程。

1）加强配料管理，不宜集中使用粒度过细或者含硅高的焙烧矿粉；

2）严格控制浸出矿浆含铁量，一般含铁在 1.0～1.5mg/L；

3）严格控制中性浸出液的 pH 值，均匀加入烟尘，使终点 pH 值稳定在 5.2～5.4；

4）均匀、适量地加入凝聚剂。

（2）对于酸性矿浆的澄清过程。

1）根据原料情况确定最合适的酸性浸出的终点 pH 值，并且保持 pH 值稳定；

2）加大中性浓缩的底流量，提高酸性浸出矿浆的液固比和温度，适当地添加凝聚剂；

3）强化过滤，及时、迅速地排出浸出渣。

B 浸出"跑酸"和 pH 值"过高"

在中性浸出过程中，"跑酸"和 pH 值"过高"（工厂俗称 pH 值"过老"）是常遇到的故障。所谓"跑酸"就是浸出终点 pH 值过低，把酸带到浓缩槽，致使浓缩槽内矿浆的 pH 值下降，影响浸出液质量。而 pH 值"过高"则是浸出终点 pH 值高于所要求的范围。pH 值"过高"往往会将"生矿"带入浓缩槽，使浓缩槽底部黏结，甚至堵塞浓缩槽。

浸出时“跑酸”和 pH 值“过高”往往是由于操作不当、责任心不强造成的。当中性浸出“跑酸”时，操作人员应迅速通知浓缩槽岗位，立即停止放出和停止中性上清液送往净化系统，同时适当补加新矿浆中和残酸，提高浸出矿浆的 pH 值，直至中性浓缩槽内矿浆的 pH 值恢复到 5.2 ~ 5.4，经检查上清液质量合格方可恢复正常作业。当中性浸出 pH 值“过高”时，应及时补加非电解液调 pH 值，并将浸出槽出口的 pH 值稍稍降低，直到浓缩槽内矿浆的 pH 值恢复正常为止。

12.1.6.6 浸出过程中的现场快速分析

A 试剂配制

(1) 甲基橙液的配制：取蒸馏水 2.5L，加 0.5L 工业纯酒精和 12g 甲基橙粉，缓慢溶解摇匀。即为浓度 0.4% 的甲基橙水溶液。

(2) 氢氧化钠标准液的配制：称取分析纯氢氧化钠 4g，溶于 1L 蒸馏水中，搅拌均匀后即可使用，其浓度为 0.1mol/L。

(3) 高锰酸钾溶液的配制：取蒸馏水 1L，加 1g 化学纯高锰酸钾粉缓慢溶解，摇匀待用，其浓度是 0.1%。

(4) 10% 硫氰酸铵液的配制：取蒸馏水 1L，加化学纯硫氰酸铵 100g 溶解摇匀即可。

B 溶液的酸度分析及硫酸亚铁的定性分析方法

(1) 酸的分析：取过滤后溶液 5mL 置于 500mL 烧杯内，加水 50 ~ 70mL，后加 0.4% 甲基橙 3 ~ 4 滴。用配制的 0.1mol/L 氢氧化钠标准溶液滴定至黄色，标定所消耗的体积（mL）数即为所测液体含硫酸量。

(2) 亚铁的定性分析：取过滤后试液 10mL 置于 500mL 烧杯中，加水 50 ~ 70mL，用 0.1% 高锰酸钾滴定，至显高锰酸钾颜色即为终点。当所消耗的高锰酸钾溶液的体积在 0.5mL 以下时则亚铁合格，如在 0.5mL 以上时应适当补加锰粉或阳极泥，确保至铁除尽。

(3) 铁定性检查方法：用量筒取滤过后溶液 5mL，试管中再加过氧化氢、硝酸各 3 ~ 4 滴，摇匀后加入 10% 硫氰酸铵溶液 5mL，见试液呈黄血盐色合格。

12.1.6.7 浸出作业的技术经济指标

浸出主要技术经济指标有锌的浸出率、浸出渣率和渣含锌等。

A 锌的浸出率

锌浸出率系锌焙烧矿经过两段浸出后进入溶液的锌量与投入焙烧矿中总锌量之比，用百分数表示。在工业生产中，锌浸出率一般按下式计算：

$$\text{锌浸出率} = \frac{\text{焙烧矿中总锌量} - (\text{渣含全锌量} - \text{渣含水溶锌量}) \times \text{渣量}}{\text{焙烧矿中总锌量}} \times 100\%$$

在两段逆流浸出流程中，当焙烧矿含锌量为 50% ~ 57%、可溶锌率为 90% ~ 92% 时，锌浸出率为 80% ~ 87%。其他有价金属的浸出率一般为：铜 80%，镉 80%，钴 70%。

B 浸出渣率

浸出渣率是指一定量的焙烧矿经浸出、过滤、干燥后产出的干渣量与焙烧矿量的百分比。渣率与焙烧矿品位及可溶锌率、含铁量和浸出流程有直接关系。采用两段逆流浸出流程，当焙烧矿含锌为 50% ~ 57% 时，相应的浸出渣率一般为 55% ~ 50%。若焙烧矿含铁量小于 10%，则浸出渣率将小于 50%。

C　浸出渣含锌

浸出渣含锌包括酸溶锌、水溶锌和不溶锌。浸出渣含锌与焙烧矿质量（可溶锌率）、粒度、浸出酸度、温度、时间以及过滤、洗涤制度等因素有关。前5个因素主要影响浸出渣率与渣含酸溶锌的高低。强化过滤、洗涤制度，增加洗水量，可降低渣含水溶锌。

由上述可知，为提高锌的浸出率，就要降低渣率和渣含锌。生产实践中，各厂渣含全锌一般为18%～22%，酸溶锌5.5%～7.5%，水溶锌0.5%～5.5%。

锌浸出率、浸出渣率及浸出渣含锌都与焙烧矿的成分、质量（粒度、可溶锌或可溶硫含量）、浸出流程、浸出酸度、温度和时间以及洗涤、过滤等因素有关，其中锌的浸出率主要取决于焙烧矿中的含铁量。洗涤、过滤流程直接影响浸出渣中的水溶锌含量。增加洗水量可使渣中的水溶锌降低，但受系统溶液体积平衡限制。当采用框式过滤机-圆盘过滤机洗涤、过滤，每吨湿渣洗水用量0.4～0.5t时，水溶锌为3.5%～4%。如二次浸出矿浆采用浓密逆流倾析洗涤、用带式过滤机过滤，浸出渣含水溶锌可降至1%～2%。日本的彦岛炼锌厂采用两段串联的浓密机进行浓密逆流倾析洗涤，末级浓密机的底流用浆化槽和带式过滤机进行两次浆化和过滤，可使浸出渣含锌由22.4%降到19.6%，其中水溶锌为2.3%，每年可回收600t锌。

焙烧矿成分与锌浸出率、锌浸出渣成分和锌浸出渣率实例见表12-52。

表12-52　锌浸出率、锌浸出渣成分和锌浸出渣率实例

厂　别	焙烧矿成分（质量分数）/%	浸出段数	浸出率/%	浸出渣成分（质量分数）/%	浸出渣率/%
株　冶	Zn 57.5；$Zn_{可}$ 92.06；Fe 11.66	2段：1中，1酸	85～87	Zn 21.45；$Zn_{酸}$ 8.31；$Zn_{水}$ 3.69	52～55
沈　冶	$Zn_{全}$ >47；$Zn_{可}$ ≥90；$Fe_{可}$ <6.5	2段中浸	84～86	Zn 17～20；$Zn_{酸}$ <5.8；$Zn_{水}$ 6.0	50～55
柳州锌品厂	Zn 55.18；$Zn_{可}$ 51.47；$Zn_{水}$ 0.4；Fe 9.5	2段中浸	76～79	Zn 20；$Zn_{水}$ 5～6	50～55
彦岛炼锌厂	Zn 57.2；S_{SO_4} 1.63；S_S 0.22；Fe 10.8	2段：1中，1酸		Zn 21.2；$Zn_{水}$ 2.3；Fe 30.8	33
安中炼锌厂	Zn 58；S_{SO_4} 1.5；S_S 0.5；Fe 10.9	2段：1中，1酸	中浸81.0；酸浸89.5；总浸出率98	Zn 19.64；Fe 25.5；Pb 5.5	
细仓炼锌厂	Zn 65～67；S_S 0.2；S_T 1.13；Fe 7.76	2段：1中，1酸	中浸75；酸浸20；总浸出率95	Zn 21～23；Fe 27；Pb 4～5	
秋田电锌厂	Zn 59.7；S_{SO_4} 2.1；S_S 0.3；Fe 9.02	2段：1中，1酸	95	Zn 17.73；Fe 26.51；Pb 5.06	40
会津电锌厂	Zn 58.3；S 2.24；Fe 11.22	2段：1中，1酸	中浸75；酸浸17.3 总浸出率：92.3	Zn 22；Fe 28.7；Pb 3.4	
马格拉港锌厂	Zn 62～64；S_{SO_4} 1.7～1.9；S_S 2～2.2；Fe 2.5	2段中浸	91～92	Zn 15.4；$Zn_{水}$ 3.5；Pb 6.5	

（撰稿　陈为亮）

12.1.7 硫化锌精矿直接加压酸浸工艺

加压浸出是一种是在高于大气压力条件下使浸出作业的温度高于常压液体沸点的湿法冶金过程，加压浸出也称热压浸出或压煮。加压浸出可以在碱性介质中进行，也可以在酸性介质中进行。加压浸出最早出现在1887年，拜耳将压煮器应用于氢氧化钠浸溶铝土矿，发明了广泛使用的拜耳法。20世纪40年代加压湿法冶金在提取重有色金属方面的应用研究取得了突破性进展，主要用于提取铜、镍、钴、锌和贵金属。加压浸出属于湿法冶金领域的强化冶金过程。

加压浸出过程是借助一个密闭的反应器——压力釜来实现的。20世纪50年代加拿大舍利特·高登公司研究开发的卧式多室压力釜推动了加压浸出技术的大规模工业应用，这种结构的压力釜至今仍被广泛采用。

12.1.7.1 加压湿法冶金的一般概念

20世纪50年代，冶金学者针对某些在常温常压条件下、用常见溶剂难以浸溶分解的矿物在提高温度和氧气压力条件下，在水溶液中氧化反应的反应机理进行了广泛研究。前苏联冶金学者萨波尔（Соболь）综合当时国际上大量研究的结果指出：当有氧气参与和加压状态下，矿物在水溶液中氧化过程的次序是：(1)气态氧在水溶液中的溶解；(2) 溶解了的氧被矿物表面吸附；(3) 吸附了的氧活化，即由分子态变成原子态；(4) 形成中间化合物—所谓活化络合物，其中有矿物分子、氧原子以及溶液的独立组分（多半是水分子和氢氧离子）参加；(5) 从活化络合物形成最终氧化产物，此时也有溶液组分参与；(6) 最终氧化产物的溶解。反应时需要剧烈地充气以保持溶液处于被氧饱和的状态。在此情况下，氧化速度将不是取决于气体在液体中的扩散，而是决定于在被氧化矿物表面上进行化学反应的速度，同时也与在溶液中氧的浓度和催化剂存在与否有关。

F. 哈伯斯(F. Habashi)指出：只要液体与气体接触，在界面的两侧存在着气体和液体的静止膜，溶质通过这些膜的任何转移都被扩散所影响，这些膜对于物质由一个相到另一个相的转移呈现控制性的阻力。对于溶解度小的气体如氧气，氧气溶解于水，吸收速度是很低的，因为跨过液体膜能够建立的浓度差非常小。在界面处的液体实质上被一定压力条件下的溶质（氧）所饱和，因而气体膜的阻力可以忽略。此时的速度方程式为：

$$\text{速度} = \frac{D'A}{\delta'}(C_i - C)$$

式中 D'——气体在气相中的扩散系数；

A——界面的表面积；

δ'——液体附面层的厚度；

C_i——界面处气体的浓度；

C——液体主体中气体的浓度。

氧气在水中的溶解度非常小，在1个大气压（敞开容器内）的室温条件下只有7mg/L，且随温度升高而降低，当水温接近沸点时水中溶解的氧近于零。而在密闭容器中，氧在水中溶解度明显区别于敞开条件下的溶解度。当密闭容器中的压力提高时，氧在水中的溶解度也会随之而增大。氧在水中的溶解度与温度和分压的关系见图12-51。

在高温、高压下，气体在水中的溶解度随温度的升高而增大，这对高温、高压下的湿法冶金过程是很重要的。水中溶解的氧增加将有利于推动反应向右进行。

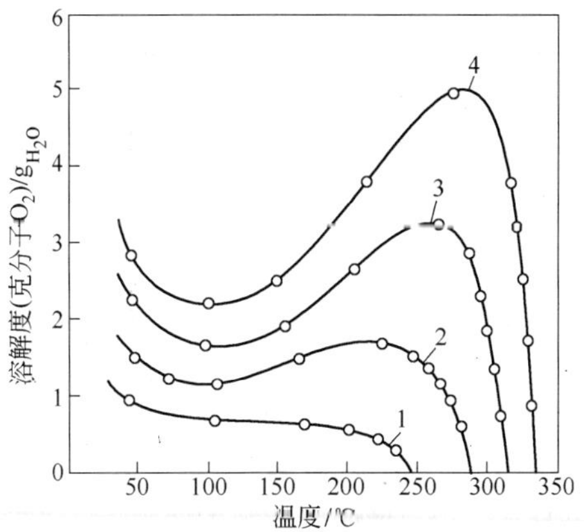

图 12-51 氧在水中溶解度与温度和分压的关系

1—3.4MPa；2—6.8MPa；3—10.3MPa；4—13.7MPa

固体矿物加压浸出的过程属于气—液—固三相之间的异相反应过程，利用某些具有催化作用的物质，可以促进异相反应之间氧化过程的反应速度。能够起催化氧化作用的主要是一些变价元素的离子：如 Fe（Fe^{3+}/Fe^{2+}）、Cu（Cu^{2+}/Cu^{+}）、Sb（Sb^{5+}/Sb^{3+}）等。这些变价元素的离子都存在于溶液中，溶解在溶液中的氧分子将低价离子氧化为高价离子（中间物质）。高价离子作为氧的传递者将固相离子氧化形成可溶物质，自身被还原成低价离子，如此反复加速了反应过程的进行。

萨波尔指出，如果在溶液中有催化剂存在，则天然金属及许多矿物的氧化便明显的加速。在酸性介质中，通常铜离子和铁离子一道充作催化剂，铁、铜盐的催化作用如下：

$$MeS(s) + 2Fe^{3+} \longrightarrow Me^{2+} + S^0 + 2Fe^{2+}$$

$$Me(s) + 2Fe^{3+} \longrightarrow Me^{2+} + 2Fe^{2+}$$

$$2Fe^{2+} + 2Cu^{2+} \longrightarrow 2Fe^{3+} + 2Cu^{+}$$

$$2Cu^{+} + \frac{1}{2}O_2 + 2H^{+} \longrightarrow 2Cu^{2+} + H_2O$$

这种催化作用即是所谓“液相催化”。

萨波尔还指出，欲使硫化矿物快速并充分地氧化，提高溶液的温度并使用催化剂较之于增大压煮器（高压釜）中氧的分压更为有效。

综合以上各种因素，在工作压力大于 1 个大气压、温度高于 100℃、有氧化介质（空气）参与，并有大量铁、铜离子存在条件下的难溶矿物加压酸浸，是一种强化的湿法冶金过程。

加压浸出工艺已广泛应用于重有色金属的湿法冶金工厂。将推动湿法冶金进入一个崭新的发展时代。

表 12-53 列出了已经投产的重金属加压湿法冶金工厂。

表 12-53 重金属加压湿法冶金工厂

序 号	公司或厂名	原料和种类	设计能力/万吨 · a^{-1}	投产日期
1	萨斯喀切温（加拿大）	硫化镍精矿、镍锍	2.49（镍）	1954 年
2	加菲尔德（美国）	钴精矿		已关闭
3	弗雷德里克（美国）	Cu-Ni-Co 硫化物		已关闭
4	阿马克斯镍港精炼厂（美国）	古巴毛阿 Ni-Co 硫化物、含钴镍锍		1954 年、1974 年改建

续表 12-53

序 号	公司或厂名	原料和种类	设计能力/万吨·a^{-1}	投产日期
5	毛阿镍厂（古巴）	含镍红土矿		1959 年
6	奥托昆普公司哈贾尔塔（芬兰）	硫 镍	（产镍）1.7	1960 年
7	西方矿冶公司克温那那（澳大利亚）	镍 锍	（镍粉）3	1969 年
8	吕斯腾宝精炼厂（南非）	含铜镍锍	125t/d	1981 年
9	英帕拉铂公司（南非）	含铜镍锍		1969 年
10	科明科公司特累尔厂（加拿大）	锌精矿	日处理精矿 188t	1981 年
11	蒂明斯厂（加拿大）	锌精矿	日处理精矿 100t	1983 年
12	西部铂厂（南非）	含铜镍锍	12t/d	1985 年
			10t/d	1991 年
13	麦克劳林（美国）	金 矿	2700t/d	1985 年
14	圣本托（巴西）	金精矿	240t/d	1986 年
15	巴瑞克梅库金矿（美国）	金 矿	180t/d	1988 年
16	格且尔金矿（美国）	金 矿	2730t/d	1989 年
17	巴甫勒兹铂厂（南非）	含铜镍锍	3t/d	1989 年
18	巴瑞克哥兹采克（美国）	金 矿	1360t/d	1990 年
19	巴瑞克哥兹采克（美国）	金 矿	5450t/d	1991 年
20	波格拉金矿（巴布亚新几内亚）	金精矿	1350t/d	1991 年
21	诺森铂厂（南非）	含铜镍锍	20t/d	1991 年
22	鲁尔锌厂（德国）	锌精矿	300t/d	1991 年
23	坎贝尔金矿（加拿大）	金精矿	70t/d	1991 年
24	波格拉金矿（巴布亚新几内亚）	含金黄铁矿	2700t/d	1992 年
25	里尔厂（巴布亚新几内亚）	金精矿	90t/d	1992 年
26	新疆阜康冶炼厂（中国）	含铜镍锍	（产镍）0.2	1993 年
27	巴瑞克哥兹采克（美国）	金 矿	11580t/d	1993 年
28	哈德逊湾矿冶公司（加拿大）	锌精矿、铅精矿（两段浸出）	处理精矿 21.6t/h	1993 年
29	奥林匹亚斯金矿（希腊）	含金砷黄铁矿	315t/d	1994 年
30	里尔厂（巴布亚新几内亚）	金 矿	13250t/d	1994 年
31	巴尔哈什（哈萨克斯坦）	锌精矿	11.5	2003 年
32	云南冶金集团（中国）	锌精矿（一段浸出）	（电锌）1	2004 年
33	云南冶金集团（中国）	锌精矿（两段浸出）	（电锌）2	2008 年

12.1.7.2 硫化锌精矿氧压酸浸工艺过程化学

A 工艺过程化学

通常，硫化锌精矿氧化性加压酸浸的化学反应方程式如下：

$$ZnS + H_2SO_4 + \frac{1}{2}O_2 = ZnSO_4 + H_2O + S^0$$

上述反应在气-液-固三相之间进行，加之即使是在加压条件下 O_2 在水中的溶解度也很小。对于纯净的闪锌矿（ZnS）的浸出过程，由于缺少能够在气-固两相之间迅速传递氧的离子，该反应向右进行的速度是很慢的。

实际生产过程中，锌精矿很少是纯粹的闪锌矿，一般都或多或少有黄铁矿（FeS_2）、磁黄铁矿（Fe_7S_8）等矿物混杂其中，特别是硫化锌矿物（或部分）以铁闪锌矿形态赋存的情况下，锌精矿中都含有一定数量的铁。加压酸浸过程中，还同时发生下列反应：

$$FeS_2 + H_2SO_4 + \frac{1}{2}O_2 = FeSO_4 + H_2O + 2S^0$$

$$Fe_7S_8 + 7H_2SO_4 + 3.5O_2 = 7FeSO_4 + 7H_2O + 8S^0$$

铁闪锌矿是一种铁原子从闪锌矿晶格中取代锌原子的类质同象矿物，铁闪锌矿浮选精矿中的铁含量随铁原子取代锌原子的数量变化，取代愈多精矿含铁愈高，铁组分不可能通过选矿过程将其从矿物中分离。这种高铁锌精矿在氧压酸浸过程中的反应按以下化学方程式进行：

$$Zn(Fe)S + H_2SO_4 + O_2 \longrightarrow ZnSO_4 + FeSO_4 + H_2O + S^0$$

在加压酸浸低 pH 值条件下，上述三组反应生成的 Fe^{2+} 与溶液中溶解的 O_2 发生反应，被氧化为 Fe^{3+}：

$$2FeSO_4 + 3H_2SO_4 + 1.5O_2 = Fe_2(SO_4)_3 + 3H_2O$$

反应生成的三价铁离子是硫化锌矿物中锌得以直接溶解的关键，Fe^{3+} 与硫化锌反应，生成硫酸锌和硫酸亚铁：

$$ZnS + Fe_2(SO_4)_3 = ZnSO_4 + 2FeSO_4 + S^0$$

生成的硫酸亚铁很容易被重新氧化为硫酸高铁。

这种亚铁离子（Fe^{2+}）与高铁离子（Fe^{3+}）之间的氧化—还原过程，起到了传递氧的作用，加速了硫化锌的浸出过程。

表 12-54 列出了不同铁含量的锌精矿浸出时的耗氧速度和浸出 2h 的浸出率。

表 12-54 含铁量不同的锌精矿的耗氧速度和锌浸出率

锌精矿含铁品位/%	1.85	6.03	10.2
耗氧量/$L \cdot min^{-1}$	0.15	0.36	0.88
浸 2h 的锌浸出率/%	51	>97	>97

一般情况下，锌精矿含铁达到 4% 以上时，浸出 2h 可获得满足生产要求的锌浸出率，不用外加铁。

除上述锌和铁的反应外，锌精矿中其他硫化物，特别是硫化铅也与硫酸和氧发生反应，生成硫酸铅：

$$PbS + H_2SO_4 + 0.5O_2 = PbSO_4 \downarrow + S^0 + H_2O$$

在加压浸出末段、高温低酸条件下，铅、铁硫酸盐发生水解反应，生成复杂铅铁矾：

$$PbSO_4 + 3Fe_2(SO_4)_3 + 12H_2O \xlongequal{} PbFe_6(SO_4)_4(HO)_{12}\downarrow + 6H_2SO_4$$

在同样条件下，铁生成水合氢铁矾沉淀：

$$3Fe_2(SO_4)_3 + 14H_2O \xlongequal{} 2(H_3O)Fe_3(SO_4)_2(HO)_6\downarrow + 5H_2SO_4$$

铜在锌精矿中常以黄铜矿形态存在，可大部分被浸出：

$$CuFeS_2 + 2H_2SO_4 + O_2 \xlongequal{} CuSO_4 + FeSO_4 + 2S^0 + 2H_2O$$

B 浸出过程反应速率的影响因素

在硫化锌精矿氧压酸浸过程中，影响反应速率的主要因素有以下几个方面：

（1）固相物料的反应表面积。锌精矿的比表面积愈大，固-液两相之间的接触愈充分，进行反应的表面积就愈大。增大锌精矿的比表面积是通过提高磨矿细度来达到的，锌精矿的粒度愈小则比表面积愈大。但精矿粒度受磨矿过程的能耗和浸出矿浆液固分离因素的限制，一般控制粒度为 -325 目（0.043mm）大于90%。其次，由于浸出过程在硫的熔点以上进行，硫化物氧压浸出反应生成的元素硫呈熔融状态包裹矿粒覆盖反应表面，通过加入表面活性剂——木质磺酸盐分散熔融硫，暴露矿粒的反应表面。

（2）温度和压力。对于多相反应而言，升高反应系统的温度对反应速率产生明显的影响，温度升高将促进粒子热运动加强、增加反应产物的溶解度、提高活化分子比率、降低溶液的黏度、增大扩散推动力以及减薄扩散层等等。多种推动因素的综合作用，使反应速度的温度系数的值大于1（1.2~1.5）。在高压釜中可以将反应过程的温度提高到比常压液体沸点高得多的温度区间，反应速度由此可以获得更大的提高速率；当密闭容器中的压力提高时，氧在水中的溶解度也会随之而增大。在高温高压下，气体在水中的溶解度随压力和温度的升高而增大，这对高温高压下的湿法冶金过程是有利的；高压釜内由于气相氧化介质的高速鼓入并充分分散，矿浆始终处于被氧饱和的情况下，氧化速度将不取决于气体在液体中的扩散，而是取决于在被氧化的固相组分表面上进行化学反应的速度。

（3）催化剂。硫化锌精矿氧压酸浸的反应速率也与在溶液中催化剂存在与否有关，如果在溶液中有催化剂存在，则天然金属及许多矿物的氧化过程便明显的被加速。在硫酸体系中，除前已述及的铁离子（Fe^{2+}/Fe^{3+}）外，铜离子（Cu^{+}/Cu^{2+}）也可以视为促进氧化过程进行的催化剂。

（4）搅拌与供氧方式。锌精矿氧压浸出过程是由精矿和固体浸出产物、熔融硫、浸出液和含氧的气体共同构成的多相反应体系。搅拌速度、供入矿浆中氧气的分散程度都对反应速率的高低有明显的影响。氧压浸出过程中，搅拌承担着多重任务，一是固相（锌精矿及浸出固相产物）在液相中呈悬浮状态；再者是使鼓入液相的气相（氧气）被充分击碎、形成直径很小的气泡并均匀的分散于液相中；还有是赋予液相以较大的运动速度，使其处于强烈的紊流状态下，加速气-液之间和固-液之间传质过程的进行，强烈搅拌可以提高矿浆运动的紊流强度。在搅拌装置结构、桨叶形式和搅拌功率都已经定型的情况下，确定合理的搅拌机转速，是达到上述目的的关键。

前已述及，高压釜内保持氧气在液相中“饱和”，是保证氧压浸出过程迅速、彻底完成的重要条件。除与搅拌有关外，如何将氧气持续、稳定的鼓入到高压釜内，并良好的分散于矿浆中，是保证矿浆中“氧饱和”的关键。氧气通过特殊装置鼓入到高压釜内的液相

（矿浆）中，供氧装置的出口应尽可能深入到液相的下部、靠近搅拌桨叶，并保证氧气尽可能好的分散到矿浆中。

12.1.7.3 国外硫化锌精矿加压浸出工艺的发展概况

Sherritt Gordon 公司在 20 世纪 50 年代后期首先提出锌精矿的加压浸出技术，浸出过程最初在低于硫的熔点下进行，70 年代发现添加表面活性剂可以在高于硫的熔点温度下浸出，反应速度大为提高。硫化锌精矿的直接加压浸出在 1975 年 2 月获得美国专利授权。1977 年进行了日处理 3t 的中间工厂试验，研究表明，采用加压酸浸—电积工艺比传统的焙烧—浸出—电积流程更经济、流程更简短。

1981 年，Sherritt Gordon 公司的锌精矿加压浸出工厂投产，在加压状态下，锌精矿中的硫化锌在废电解液中与氧作用生成硫酸盐和元素硫，而黄铁矿直接氧化生成硫酸根。锌精矿加压浸出的效率高，适应性好，与传统的炼锌方法比，具有工艺流程简短、环境友好、伴生金属的综合回收利用程度高、工艺灵活等特点，摆脱了冶金生产受制于硫酸市场的困境。

硫化锌精矿直接加压浸出工艺包含两种流程：一段式加压酸浸工艺流程和两段逆流加压酸浸工艺流程。前者适应于传统焙烧—浸出—电积工艺流程已经具备一定规模，需要进一步扩大产能的炼锌厂；后者是名副其实的湿法炼锌工艺，对原料具有更好的适应能力，完全避免了焙烧—制酸过程的环境污染问题和硫酸贮存、运输的制约。

A 特累尔（Trail）锌厂的加压浸出

特累尔厂是 Cominco 公司的主要冶炼基地。锌冶炼能力 290kt/a，铅生产能力 150kt/a，是世界上生产能力最大的锌冶炼厂之一。职工约 2000 多人，其中锌厂 800 人。

从 1977 年开始，该厂进行现代化的改造，其主要标志是大极板电积，自动化操作，大型电炉熔铸，在世界上第一家采用锌精矿氧压酸浸新工艺。

锌冶炼工艺流程如图 12-52 所示，浸出系统由三部分组成：一是锌精矿沸腾焙烧焙砂浸出，二是锌精矿氧压浸出系统，三是烟尘浸出系统。提供的金属量分别为 650t/d、120 ~ 150t/d 及 100t/d。

特累尔厂锌精矿加压浸出于 1981 年 1 月投产。设计年生产能力为处理锌精矿 64kt（188t/d），生产锌 30kt，元素硫 18kt。投产以来，对原设计进行了不断的改进，使操作稳定，生产能力逐年提高，1988 ~ 1989 年，锌精矿的处理能力已达到 117kt/a，1994 年最高月处理锌精矿达到 11.3kt(376.7t/d)。

加压浸出车间有操作工人 12 人，分 4 班，每班 3 人。维修工人 10 人，其中管道工 2 人，机械修泵工 1 人，仪表工 1 人，外请电焊工、电工、钢件加工工人各 2 人。工厂人员素质很好，都经过培训。操作控制自动化程度高，主要手工操作是硫过滤后卸渣。

加压浸出工艺流程和指标：特累尔厂锌精矿加压浸出工艺流程见图 12-53。锌精矿为 Sullivan 矿，其主要成分为：Zn 49%、Pb 4%、Fe 11.0%、S 30.0%。浸出给入废电解液含 H_2SO_4 150g/L，用 93% 的浓硫酸调至含 H_2SO_4 165g/L。纯氧作氧化剂，添加剂为木质磺酸盐。

氧压浸出在 ϕ3.7m × 15.2m 的 4 室卧式高压釜中进行。浸出前精矿经球磨，浸出矿浆浮选回收硫，浮选尾矿和浸出液一起送焙砂浸出工厂的酸浸工序。浮选硫后的氧压浸出矿浆（含浸出液及浮选回收硫后的浮选尾矿，其含固量为 50g/L）、除镉后的氧化锌浸出液和电解废液一起加入酸性浸出槽，同时加入焙砂进行酸性浸出。

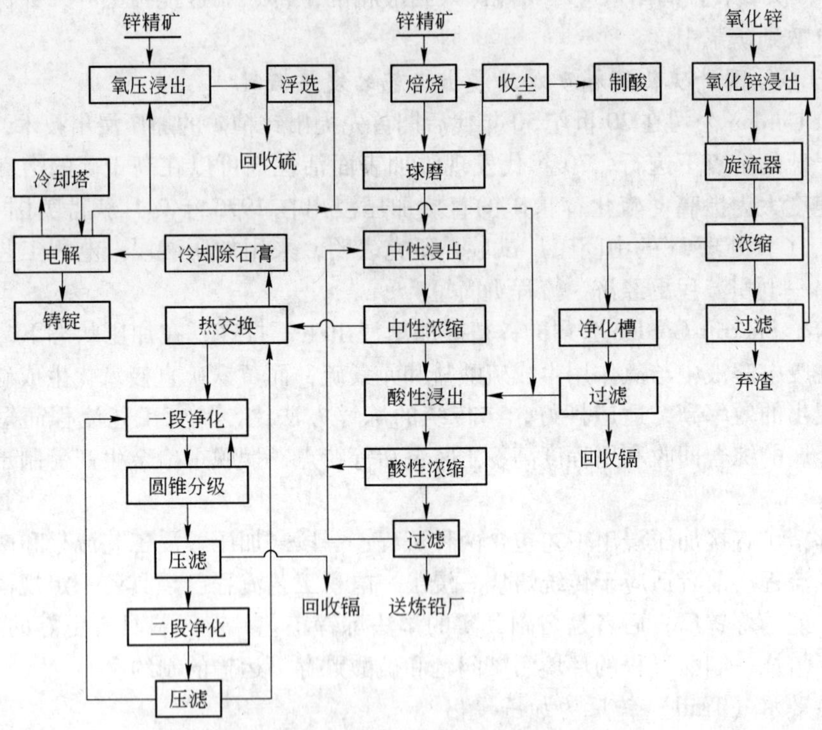

图 12-52 特累尔电锌厂工艺流程

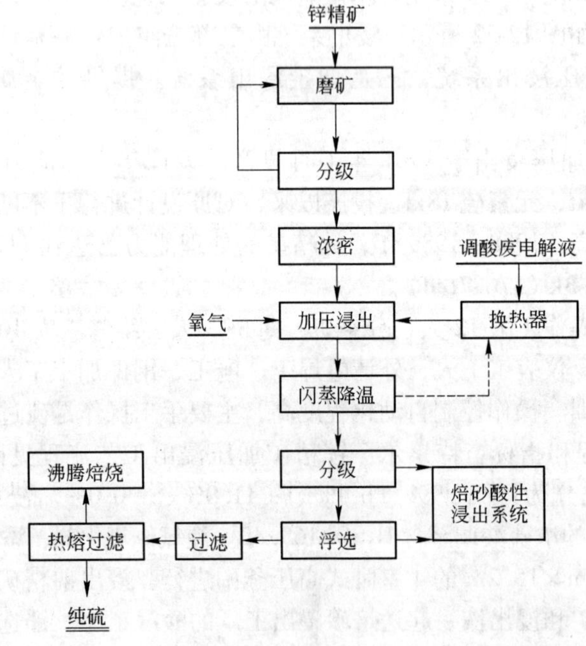

图 12-53 特累尔锌精矿加压浸出工艺流程

锌精矿用调速运输皮带自300t储仓运往球磨机进行湿式磨矿。球磨机规格为ϕ2m×3m，电机功率149kW，球磨后精矿由10个旋流器进行分级，旋流器压力0.28MPa，底流返回球磨，98%小于44μm的溢流矿浆进入浓密机（直径15.24m，深2.44m，耙臂为普通钢），浓密机底流密度为2.14g/cm^3，含固量70%，底流至精矿给料槽，在给料槽中加入木质磺酸盐，加入量为0.1g/L。溢流返回磨矿补充用水。

精矿浆用Zimpro型隔膜泵泵入四室高压釜第一隔室，泵的压强1.72MPa。釜内反应温度为145℃，压强1.27MPa，反应时间40~60min，釜内氧气浓度为89%，排气量为300m^3/h，排出釜内惰性气体。氧的利用率为90%。

浸出后矿浆从釜内排出到闪蒸槽，压强由加压阀调节（减压阀寿命3~4月），温度降低，但要保持硫在熔化状态，闪蒸槽的蒸汽用来预热废电解液。液体蒸发量约为8%~10%。闪蒸槽装有放射性液面探测器，上、下部装有压强测量装置。

闪蒸槽矿浆排至调节槽，调节槽内冷却蛇管将矿浆温度降至85℃。矿浆由调节槽上部排出泵送至水力旋流器进行液固分离。旋流器底流用浮选-热熔-过滤回收元素硫，溢流（浸出后液）与浮选尾矿合并进焙砂浸出系统，有2%元素硫进入溢流。浸出后液（溢流）含Fe约4g/L（Fe^{2+}0.4g/L）、H_2SO_4约25g/L，合并至焙烧矿浸出系统的酸浸液返回中性浸出。

每吨精矿加压浸出工段消耗：蒸汽90kg、电50kW·h、氧气214kg。

特累尔厂锌精矿加压浸出系统自1981年建成投产，经过不断改进，1984年达到了设计规模。1988~1989年，对设备进行了一系列重大改造，使加压浸出系统的生产能力逐步扩大。1988年，处理103000t精矿，达设计能力的193%，有效开工率约为80%。1989年一季度，处理精矿总计31000t，产出产品硫7900t，有效开工率大约87%，锌的提取率保持95%上下，为设计能力的250%。

1997年，特累尔厂新建了一台ϕ3.7m×19m的5室高压釜，前4室加入工业纯氧，各室都添加废电解液，处理能力为23t/h。年产锌超过8万吨，锌提取率大于97%。

B 蒂明斯（Timmins）炼锌厂的加压浸出系统

1983年投产的加拿大梯明斯厂是第2个锌加压浸出工厂。

蒂明斯厂建成于1972年，是加拿大Falcombridge有限公司Kidd Greek分公司的下属炼锌厂，1983年采用氧压浸出扩大电锌生产能力。锌冶炼工艺流程见图12-54。

蒂明斯由于电解能力有富余，1983年建成锌精矿加压浸出车间与主流程相结合扩大电锌生产，年电锌生产能力为2万t，使锌厂总生产能力达12万t/a。选择加压浸出流程的考虑是：可以处理低品位锌精矿，很容易与老流程配合，可以回收元素硫，基建投资省。加压浸出车间投产3个月后就很顺利，生产稳定，实际产量达2.6万吨。

加压浸出的原则流程与特累尔厂相似，由于来自选矿厂的锌精矿粒度已经达到95%小于44μm，不需再磨；加压浸出液经氧化槽氧化铁后直接返回中性浸出，废液不需预热，硫暂未回收。因此，加压浸出系统的流程更简单，占地面积更少。

加压浸出厂加入和产出的物料分析见表12-55。锌精矿直接加入衬胶矿浆槽，用衬胶离心泵送到矿浆供给槽，表面活性剂也加入到矿浆供给槽，然后矿浆用蛋泵泵入四室高压釜的第一隔室，给料量的大小由程序自动控制，泵的压力为1.38MPa，有两台泵，一台备用。泵的汽缸中球阀和衬垫2个月换一次，主要是磨蚀。

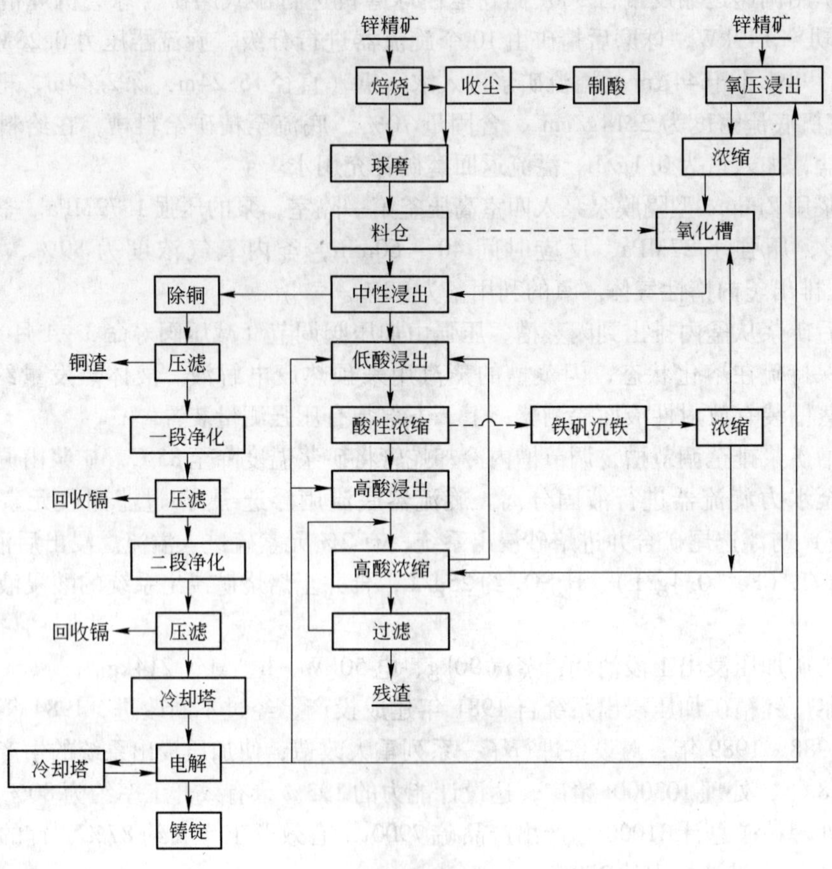

图12-54 蒂明斯电锌厂工艺流程

表12-55 加压浸出作业的物料分析

物料名称		Zn	Fe	S	H_2SO_4
加入	锌精矿	55	10	32	
	废电解液	50	<1		170~180
	锌焙砂	64	13	2	
	铁矾液	110	3		5
产出	氧化槽矿浆固体	36	25		
	氧化槽矿浆溶液	160	<1		
	浓密机底流固体	2	13		
	浓密机底流溶液	145	3		

废电解液用离心泵（材料为20号合金）送入高压釜，废电解液泵压力为1.24MPa，泵的进口ϕ101.6mm，出口ϕ76.2mm，叶轮254mm。由于釜内热反应好，废电解液不需预热。高压釜浸出矿浆浓密机的溢流，一部分（2~5m^3/h）返回到高压釜第二隔室用来调节温度，还有一部分返回到闪蒸槽以保持闪蒸槽壁不黏结，通过闪蒸槽中部装的8个喷嘴喷入。

氧气和蒸汽从釜的上部进入釜内，氧气管直插入釜的下部。釜内排气量视反应结果而定，排气管在第二室的上面，排出釜内 CO_2 和氮气。釜内反应温度为 140 ~ 150℃，压强 0.96MPa，氧气浓度 92%，蒸汽管用来调节温度。

高压釜 ϕ3.2m × 12.2m，碳钢外壳，内衬铅和耐酸砖。高压釜安全阀的压强为 1.34MPa，第四室装有液位计。高压釜浸出后的矿浆排至闪蒸槽，压强降至大气压，温度约 100℃，排料管和阀门材料为 20 号合金，闪蒸槽喷嘴材料由陶瓷改为 316L 不锈钢。喷嘴寿命为 2 个月，主要是磨蚀，换一次喷嘴降温后更换时间只需 3min。喷嘴尺寸与处理量（为设计能力）关系见表 12-56。

表 12-56 喷嘴尺寸与处理量（为设计能力）关系

喷嘴尺寸/mm	19	22.2	25.4	28.6
处理精矿/%	90	100	130	150

矿浆经闪蒸槽后流入调节槽，使硫从熔融态转化为结晶态，铜熔炼的电收尘烟尘（含 Zn 约 25%）加到调节槽进行浸出，并有利于 Fe^{2+} 氧化为 Fe^{3+}。然后由调节槽上部排出进入 ϕ9m 的浓密机，在排入浓密机的管路上加入絮凝剂。浓密机为木制衬铅，耙臂为 20 号合金。浓密机底流（含固量约 30%）泵送到黄钾铁矾渣洗涤系统。

浓密机溢流一部分返回到高压釜和闪蒸槽，大部分与黄钾铁矾沉淀后液一起进入两个串联的氧化槽的第一槽（容积每个 $40m^3$），在此充空气氧化，并加入焙砂中和，控制 pH 值为 4.5。氧化槽矿浆泵入焙砂浸出流程的中性浸出系统。加压浸出（渣）率和浸出液成分见表 12-57。加压浸出耗氧为 $275kg/t_{锌精矿}$，该厂锌精矿加压浸出锌的成本比焙烧浸出流程约高 6%。表 12-58 列出了 1994 年 9 月和 1995 年 3 月的生产情况。

表 12-57 加压浸出（渣）率和浸出液成分

$w(Zn)/\%$	$w(Cu)/\%$	$w(Cd)/\%$	$\gamma/\%$	$H_2SO_4/g \cdot L^{-1}$	$Fe/g \cdot L^{-1}$	$Fe^{2+}/g \cdot L^{-1}$
98	70	98	49	15	3	0.5

表 12-58 1994 年 9 月和 1995 年 3 月的生产情况

时　间	锌精矿处理量/t	加料量/$t \cdot h^{-1}$	作业率/%	锌提取率/%
1994 年 9 月	3937	6.1	96.8	96.9
1995 年 3 月	4069	5.9	81.8	97.1

浸出液净化采用 $200m^3$ 的大型机械搅拌槽，厂房显得紧凑，占地面积小。电解厂房都是密闭式的，电流密度 $650A/m^2$。

C　鲁尔（Ruhr）锌厂的加压浸出系统

第 3 个采用加压浸出的工厂是 1991 年投产的德国鲁尔锌厂。

鲁尔锌厂原来的工艺流程为焙烧矿-高温高酸浸出-电积工艺。副产品是元素硫和 Pb-Ag 精矿（渣）。赤铁矿法沉铁，铁渣卖给水泥厂和制瓦厂做原料。工厂日处理 300t 精矿。

锌精矿加压浸出锌的方法被 Ruhr 锌厂选来作为工厂扩产的方案是由于该法锌回收率高，原料适应范围宽以及能满足政府对环保的严格要求等原因。1988 年该项目开始试验及工程研究，1989年第一季度完成详细设计并开始施工。扩产后，两种工艺结合在一起，锌的总生产能力达到20万吨。1991年投产后的工艺流程如图12-55所示。

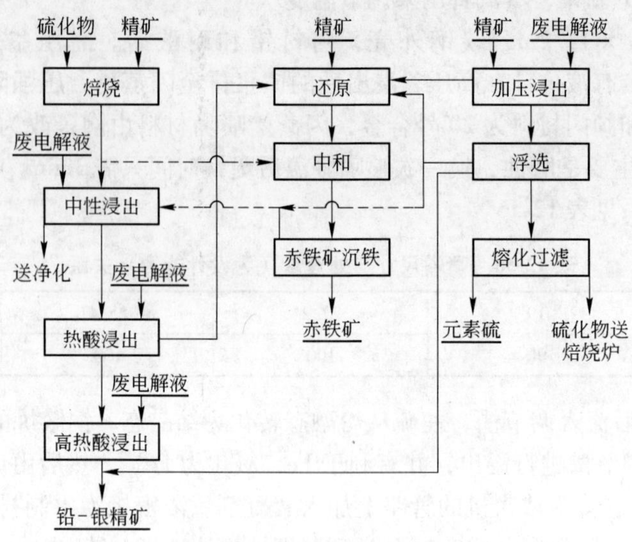

图12-55 鲁尔锌厂加压浸出系统与原工艺结合流程

在相当一段时间里，认为赤铁矿法很好的利用了流程中的铁，经济效益好，但鲁尔锌厂的生产实践证明该法成本高，流程复杂。到1993年3月，该厂从1979年以来一直采用的赤铁矿沉铁工艺停产，以简化流程。从1993年6月起，流程简化为图12-56所示。

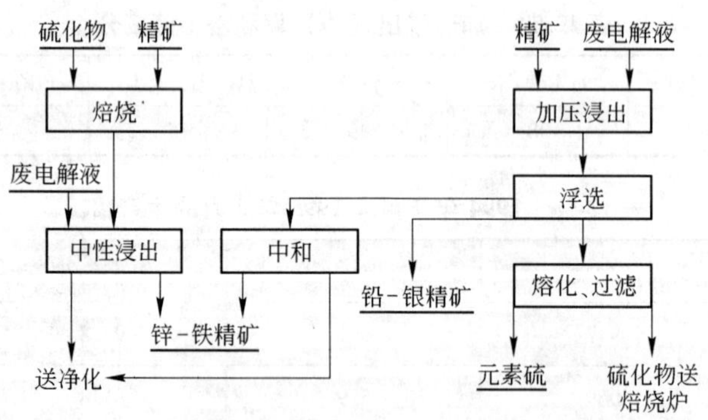

图12-56 鲁尔锌厂简化流程（1993年6月之后）

鲁尔锌厂加压釜为一台ϕ3.9m×22.7m卧式五室压力釜，设计年产锌5万吨，锌浸出率高于97%。鲁尔锌厂加压浸出的指标不错，加压釜的运转率也高。在1993～1994年期间，锌精矿品位为45%～50%，锌提取率平均达98%，加压釜的运转率为95%，环境污染小。

D 哈德逊湾矿冶公司（HBMS）的两段式加压酸浸炼锌工艺

1993年7月，哈德逊湾矿冶公司建成世界上第一个两段式加压浸出的锌冶炼厂，实现了名副其实的湿法炼锌。

该公司位于加拿大 Manitoba 省，弗林—弗隆（Flin Flon）的冶炼厂始建于 1930 年，生产系统包括湿法炼锌厂和粗铜精炼厂。锌厂原来采用焙烧—浸出—电积的常规工艺。

哈德逊湾矿冶公司为了达到政府严格的环保要求，采用加压浸出工艺对炼锌厂的焙烧—浸出流程进行技术改造。从投产以来，操作运行良好，工厂很快超过了设计能力，至今工艺流程没有大的变化，图 12-57 所示为其原则流程。

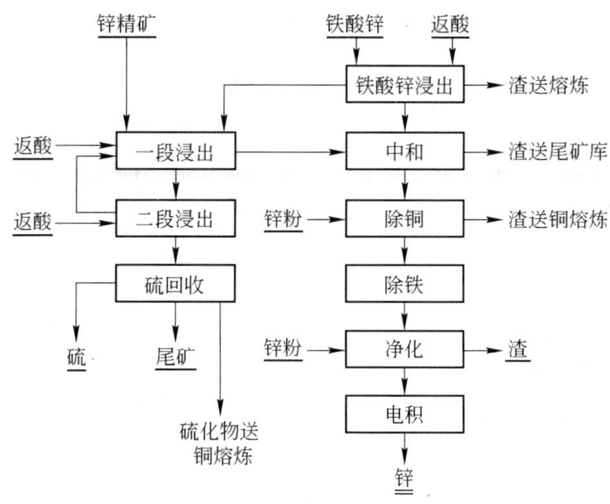

图 12-57 哈德逊湾矿冶公司锌厂工艺流程

精矿、返回电解液及现存的铁酸锌经浸出后产生的溶液一起加入第一段浸出加压釜进行低酸浸出，在这里约 75% 的锌被浸出。然后进入第二段压力釜高酸浸出剩余的锌。出压力釜的矿浆经浓密后，上清液逆流返回第一段加压浸出，底流送去浮选硫，浮选精矿经洗涤、过滤送去热滤以分离元素硫、金和未反应的硫化物，后者送去铜熔炼厂处理。

设计采用三台（一台备用）高压釜，规格为 ϕ3. 9m × 21. 5m，分为 5 个室，搅拌电机功率 110kW，设计年产锌 95000t，2001 年实际产锌 115kt。加压浸出厂的锌精矿设计处理能力为 21. 6t/h，投产初期（1993 年 3 季度）为 14. 9t/h。经过一年时间达到设计能力，到 1995 年 4 月，精矿处理能力提高到 22. 2t/h。两段加压浸出锌的浸出率超过了 99% 。

弗林—弗隆锌冶炼厂的生产实践证明，两段加压浸出工艺是一种可靠的工艺。

2002 年，哈萨克斯坦引进加拿大 Cominco 加压浸出技术，在巴尔哈什建设了年产电锌 11. 5 万吨的湿法炼锌厂，2003 年第四季度投产。

12. 1. 7. 4 国内硫化锌精矿加压浸出技术的研究开发与发展

1983 年起，北京矿冶研究总院针对株洲冶炼厂生产所用锌精矿，进行了 2L 高压釜加压酸浸小型试验、选矿分离元素硫的探索试验及 10L 高压釜扩大试验。1984 年 10 月，提交了“锌精矿氧压酸浸新工艺 2L 高压釜试验研究报告”，“锌精矿氧压酸浸新工艺 10L 高压釜扩大试验研究报告”,“锌精矿在氧压酸浸过程中的相变研究及有关影响因素的探讨”。

1985 年，株洲冶炼厂、北京矿冶研究总院和长沙有色冶金设计研究院组成联合攻关组，进行了 300L 高压釜扩大试验，重点考查和验证添加剂用量、酸锌摩尔比、时间及温度、压力对浸出过程的影响，对多元素走向、硫酸平衡、体积平衡、氧气消耗和浸出渣物相及过滤性能等进行了考查和讨论，并于当年底提交了加压浸出试验报告。

1986年9月，株洲冶炼厂、北京矿冶研究总院等单位的研究人员组成的考察组赴加拿大实地考察Trail冶炼厂和Timmins冶炼厂，并参观了压力浸出工艺的开发基地——Sherritt Gordon Mines Ltd. 的Trail试验研究中心，与锌精矿氧压浸出工艺的开发者和主要试验研究人员进行了技术交流。

1987年，中国科学院化工冶金研究所进行了以硝酸为氧化剂的锌精矿催化氧化直接酸浸工艺的研究。试验规模为2L压力釜，硝酸浓度9g/L左右，浸出温度在硫熔点以下，氧分压0.2～0.4MPa，浸出时间3h，锌浸出率达到95%。

1999年，云南冶金集团总公司、中国科学院化工冶金研究所合作对含铁15.81%的以铁闪锌矿为主的高铁硫化锌精矿进行了添加硝酸的催化氧化加压酸浸试验室小型试验、扩大试验及不加硝酸的补充试验，在100℃温度下浸出5h，锌浸出率97.8%，铁浸出率60.6%。2002年1月，完成3.24m^3高压釜连续加压浸出的半工业试验，浸出温度100～104℃，浸出压强0.55MPa，浸出（矿浆在釜内停留）时间4.7～5.5h。试验指标为：平均渣率59.3%、锌浸出率93.12%、铁浸出率30.69%、元素硫转化率71.35%，银在渣中的分布率86.81%，铅在渣中的分布率75.69%。

2002年开始，云南冶金集团总公司从满足工业生产需要出发，以提高浸出效率，缩短浸出时间，降低作业成本为目的，以高铁硫化锌精矿为原料，采用1.2MPa的工作压力，高于硫熔点的浸出温度，另行开展了系统的试验研究。小型试验采用10L压力釜，半工业连续加压浸出试验采用容积3.24m^3的高压釜，2003年初完成全部试验。对于高铁锌精矿原料，在含锌品位低，浸出渣量大的情况下，两段浸出综合，锌的浸出率达到96%，铁的浸出率15.2%，较好地实现了锌、铁分离。产出的低残酸、低杂质的浸出液可用常规沉铁工艺净化处理。低铁锌精矿一段加压浸出工艺获得的锌浸出率达到98.1%、铁浸出率37.9%、元素硫转化率79.93%，浸出液合并传统工艺流程进行沉矾除铁后送净化，指标优于传统湿法炼锌工艺。2004年12月，以此为依据设计的年产10000t电锌的一段加压浸出—电积工业生产系统（另加传统流程5kt/$a_{电锌}$）在云南冶金集团股份公司所属云南永昌铅锌股份有限公司建成投产，在国内首次实现硫化锌精矿一段加压酸浸工艺的工业化应用。2008年，国内第一条两段加压酸浸的全湿法电锌生产线在云南冶金集团股份公司澜沧铅锌公司投产，使我国成为国际上第二家全面掌握硫化锌精矿加压酸浸炼锌技术的国家。

12.1.7.5 硫化锌精矿直接加压酸浸工艺产业化技术的开发及工业性试验

云南铅锌资源蕴藏丰富，锌资源储量占全国1/5以上，其中约1/3以铁闪锌矿形态赋存，金属量约700多万吨。铁闪锌矿中铁以类质同象取代锌原子存在于矿物晶格中，选矿过程不能分离。浮选精矿中锌低铁高，锌品位一般40%左右，含铁高达15%～22%。长期以来一直未能找到经济、合理的冶炼工艺。

2003年，云南冶金集团根据硫化锌精矿加压酸浸工艺研究、一段加压酸浸及两段逆流加压酸浸小型试验和连续浸出半工业试验取得的成果，开展工业性试验，开发加压酸浸工艺的产业化技术。其中，一段加压酸浸工艺的工业性试验在集团所属云南永昌铅锌股份公司进行，两段逆流加压酸浸工艺工业性试验在云南冶金集团澜沧铅矿股份公司实施。“硫化锌精矿加压浸出技术工业性试验”列入云南省“十五”重点科技攻关计划。

“高铁锌精矿加压浸出技术产业化”列为2004年国家发展改革委员会高技术产业化西部专项计划项目。

A 一段连续加压酸浸工艺的工业性试验

永昌铅锌股份有限公司是云南冶金集团股份公司的控股企业。公司始建于1958年，至1996年，已建成铅锌矿采选400t/d、锌冶炼13000t/a、硫酸15000t/a的生产能力，是我国目前位于怒江以西唯一规模化的锌冶炼厂。锌冶炼采用“硫化锌精矿焙烧-焙砂浸出-黄钾铁矾法沉铁-净化-电积”的传统湿法炼锌工艺。

永昌公司资源供应充裕，又毗邻境外铅锌矿产区。附近地区水力资源丰富，电力供应充足，企业的发展对当地区域经济影响极大。该厂地处云南西南部经济欠发达地区，附近在商品硫酸经济运输半径内很少也不宜大量发展耗酸工业，由于硫酸“涨库”影响锌冶炼正常生产的情况时有发生。为促进企业和地区经济的发展，云南冶金集团决定在永昌公司建设10000t/a加压酸浸系统，承担工业性试验，试验任务完成后用于改造现有锌冶炼系统。

2003年11月，工业试验系统的工程设计全部完成。2003年12月开工建设，2004年下半年建成，投入设备调试和试运行。一段加压酸浸工业性试验的正式试验从2005年1月5日至3月24日。试验分为两个阶段，第一阶段结合设备调试及试运行进行，以永昌公司自产锌精矿为试料，第二阶段的试料为高铁锌精矿。试验与现行生产流程衔接，电积废液来自生产流程，浸出液合并到生产流程中进行后续处理。

工业性试验的工艺流程见图12-58。

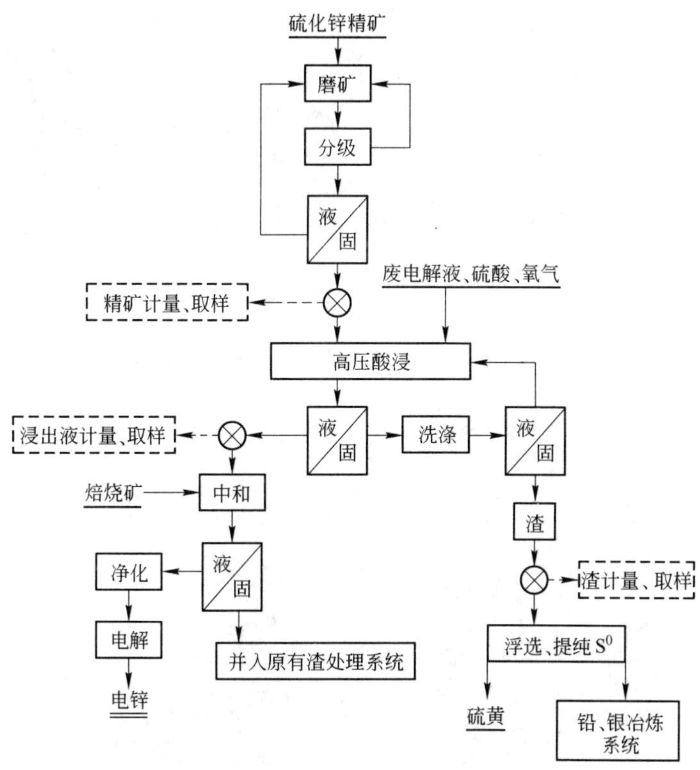

图12-58 硫化锌精矿一段加压酸浸工业性试验工艺流程

工业性试验试料中，自产浮选精矿的粒度为 -0.074mm 占 80%，密度为 4.17g/cm^3，平均含水量 13.57%，其主要化学成分为：Zn 45.56% ~47.93%，Pb 3.78% ~4.66%，Fe 6.80% ~8.08%，S 28.71% ~29.40%，Ag 40.41 ~67.67g/t。外购高铁锌精矿试料含 Zn 38.95% ~44.88%，含 Fe 10.79% ~19.96%，含 S 27.96% ~32.45%。表 12-59 列出自产锌精矿主要成分的平均值及转入正常生产后高铁锌精矿主要成分的分析结果。

表 12-59 一段加压酸浸工业性试验试料主要成分 （质量分数/%）

试 料	Zn	Fe	S	Pb	Cu	Ag/g·t^{-1}	SiO_2
自产锌精矿	47.09	7.37	28.97	4.18	0.62	50.74	55.51
高铁锌精矿	37.4	21.81	31.99	1.29	0.65	82.27	1.80

工业性试验用 40m^3 加压浸出釜见图 12-59。矿浆加压泵见图 12-60。加压浸出工业性试验现场见图 12-61。电解车间见图 12-62。

图 12-59 40m^3 加压浸出釜

图 12-60 工业性试验矿浆加压泵

图 12-61 一段加压酸浸工业性试验现场

图 12-62 工业性试验的电解车间

一段加压浸出连续工业性试验的工艺条件：

（1）试料锌精矿再磨粒度：-300 目 >90%；

（2）矿浆液固比：6∶1 ~ 10∶1；

（3）浸出温度：140 ~ 150℃；

（4）高压釜工作压强：0.8 ~ 1.2MPa；

（5）氧气给入量：按每吨精矿 220kg 控制。

a 高铁锌精矿的一段加压酸浸试验

2005 年 2 月 12 日 ~ 3 月 24 日，进行了高铁硫化锌精矿的加压浸出连续工业性试验，历时 39 天。高铁硫化锌精矿试料锌品位 38.95% ~ 45.4%，平均 42.17%；铁品位 9.09% ~ 19.96%，平均 14.38%；硫品位平均 29.28%；铜品位平均 0.5%。分析数据显示，绝大部分试料样品含铁高于 10%，少数含铁品位略低于 10%。最低锌品位 38.95%；最高铁品位达到 19.96%。

矿物鉴定表明：锌精矿是以铁闪锌矿为主的浮选精矿。

试料元素组成分析数据统计见图12-63。

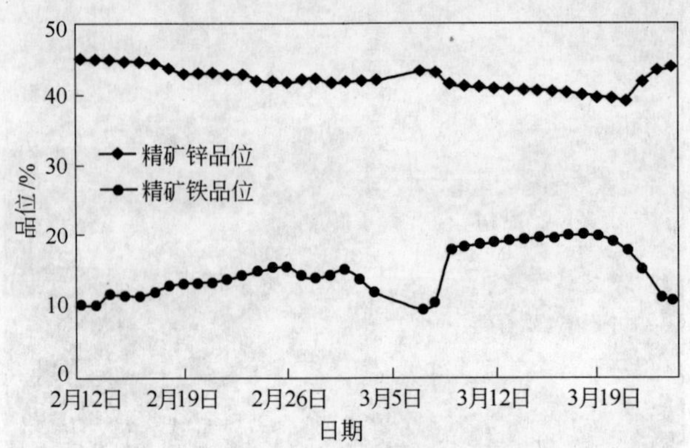

图12-63 工业试验期间高铁锌精矿Zn、Fe品位统计

控制加压泵流量，保证矿浆在釜内停留（浸出）时间为90min。

浸出渣洗涤后取样分析，锌浸出洗涤渣的锌品位3.44%～1.39%，渣计算锌浸出率平均98.06%，锌总回收率94.25%。渣中元素硫含量的变化较大，但波动范围稳定，统计的硫转化率达到92.22%，其余的7.78%以硫化物和硫酸根的形式进入铁矾渣，基本可以维持硫的平衡。元素硫的总回收率大于80%，银回收率大于90%。

洗涤渣中的锌、元素硫含量日平均数的统计见图12-64。

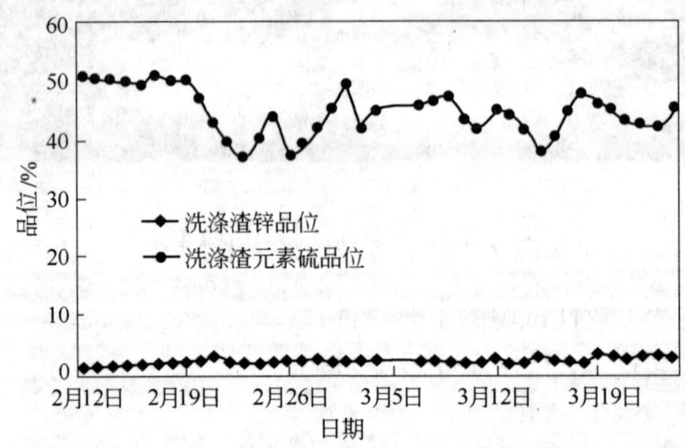

图12-64 经过洗涤的高铁锌精矿加压浸出渣中的Zn、S含量

浸出液的锌离子浓度变化较大，主要与精矿含锌品位、电解废液的酸度有关。用锌焙砂中和后，可以达到要求的含锌浓度。

浸出液铁含量十分稳定，总铁离子浓度平均为5.71g/L，液体铁浸出率为29.22%，有效实现了锌的选择性浸出。采用常规中和—沉矾工艺，可以将铁浓度降低，达到净化前液的杂质含量要求。

绝大部分浸出液游离酸浓度普遍高于30g/L，波动在40g/L左右。说明一段加压浸出的浸出液残酸较高，需要较多的焙砂作为中和剂。该法特别适合于现有传统湿法炼锌厂的扩产改造，提高原料适应性，降低炼锌主体工艺对耗酸工业的依赖。

浸出液平均含铜641.73mg/L，铜的浸出率94.46%。

图12-65为浸出液中锌离子、铁（总）离子及游离酸浓度的统计曲线。

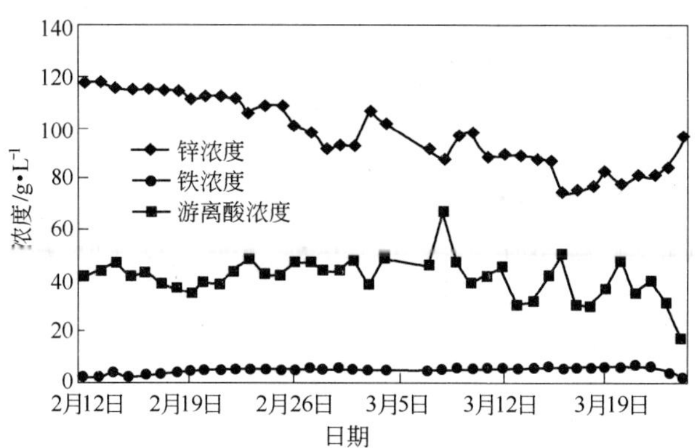

图12-65　高铁锌精矿一段连续加压浸出浸出液Zn、Fe、H_2SO_4浓度统计

统计数据显示，一段连续加压浸出工业性试验的技术指标是稳定的，充分证实采用加压浸出工艺单独处理高铁锌资源的优越性和对高铁锌精矿铁含量波动的良好适应性，有利于企业扩大原料来源。

b　常规硫化锌精矿一段连续加压酸浸试验

常规锌精矿一段连续加压酸浸工业性试验是在设备调试及试运行完成后，系统正常运行基础上顺延开展的。从2005年1月5日开始，按试验设计连续取样，至2005年2月11日改投高铁锌精矿试料为止，本阶段试验共历时34天。

试验采用永昌公司现行锌冶炼生产所用锌精矿，锌品位平均46.34%，绝大部分含铁低于10%，铁平均9.14%。试料锌精矿锌、铁品位日平均数的统计曲线见图12-66。

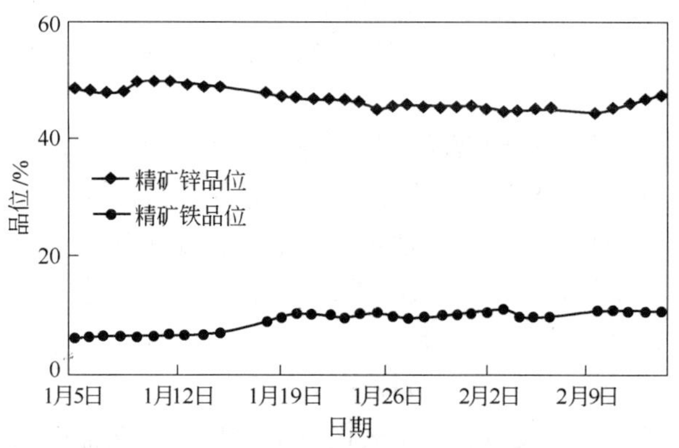

图12-66　常规硫化锌精矿Zn、Fe品位日平均统计

锌精矿再磨后用电积废液调浆，连续泵入高压釜。控制高压釜流量，保持矿浆在釜内的停留时间为90min。浸出渣经洗涤后取样分析，渣样含锌波动于1.52%～2.79%之间，

指标稳定。渣计锌浸出率平均99.36%，浸出—固液分离的作业直收率98.03%。按渣含锌最高值计算，浸出—固液分离的作业回收率还达到96.91%。上述指标显示，对于常规硫化锌精矿，浸出时间还可以缩短，即加压釜单位容积的精矿处理量还可以大幅度提高。分析认为：采用一段连续加压酸浸工艺处理高品位锌精矿，可在保证足够高的浸出率条件下，获得更高的浸出作业效率，有利于提高企业的经济效益。洗涤后浸出渣中Zn、S含量日均值统计曲线见图12-67。

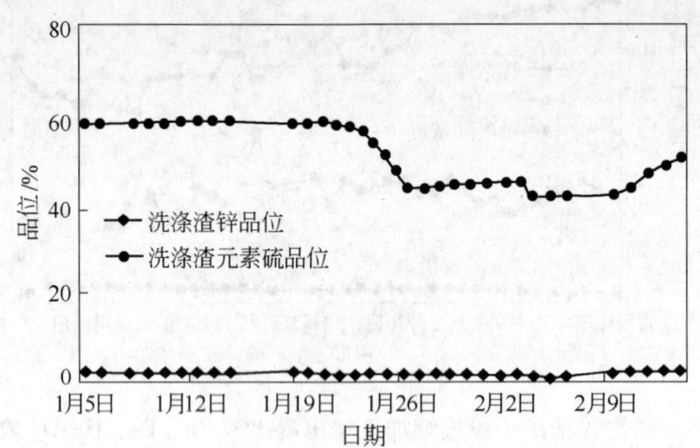

图12-67 常规锌精矿渣含Zn、S日均值统计

2005年3月25日，在硫化锌精矿一段连续加压酸浸技术工业性试验完成全部试验任务后，我国第一套一段加压酸浸流程与焙烧-浸出流程配套的湿法炼锌生产系统投入工业生产运转。

B 硫化锌精矿加压酸浸工艺产业化技术的研究开发

硫化锌精矿一段连续加压酸浸技术工业性试验，在验证工艺可行的同时，还承担产业化技术的开发任务。

有色金属工业属于流程工业范畴。对于流程工业而言，任何一项先进的流程技术都是由一种或几种先进的工艺与能保证工艺连续稳定运行的、性能先进的过程设备以及将流程各作业工序联系在一个封闭连续系统中的各种泵、管、阀门等构件和必要的过程控制系统构成。

云南冶金集团在研究开发硫化锌精矿加压酸浸技术的过程中，系统研究了加压浸出的各种关键设备和配套技术，自主开发了可同时承受高温、高压、耐蚀、耐磨的压力浸出釜；配合有关企业开发研制了适合加压浸出工艺、能满足加压输送带腐蚀性矿浆、并能准确计量的特种泵；开发了加压釜氧气供给系统和弥散装置、搅拌机密封液的自动伺服系统、加压浸出过程的计算机控制系统等。

a 加压浸出釜中的氧气供给和弥散技术

氧气是硫化锌精矿加压酸浸过程中重要的反应物质，为保证硫化锌精矿在加压酸浸的固-液-气三相体系中高效完成冶金反应过程的氧化介质，氧气的供给和分散十分关键。加压浸出釜中氧气是通过专门的喷嘴供入的，供给系统及喷嘴需要解决以下问题：

(1) 矿浆在浸出釜内处于剧烈搅拌状态下，其中的固体颗粒对喷嘴有磨损作用。在高温、高酸度、高氧分压及磨蚀条件下，钛管难以保证长时间连续生产的安全性。需要研究开发能同时满足在上述苛刻条件下耐温、耐酸蚀、耐磨损、阻燃性能优越的材料。

（2）缩小氧气喷嘴的喷孔直径是减小氧气泡直径，提高气泡比表面积，强化浸出过程的主要手段。在加压状态下，反应过程中形成的无水石膏容易成致密物质在喷嘴微孔中结垢；当搅拌系统发生意外停机时，矿浆中的固体沉降也会造成喷嘴堵塞。需要设计开发和研制特殊结构的喷嘴。

研究开发的工业压力釜氧气弥散喷嘴，采用金属与耐高温腐蚀的减磨材料复合，经特殊处理形成微孔，喷嘴和微孔采用特殊结构设计，配套事故连锁控制系统，保证了氧气供给系统的安全运行和氧气的良好弥散。

加压酸浸系统投产以来，该供氧系统及喷嘴一直保持了良好的运行状态，只需要按检修计划定期更换，即可维持压力釜正常氧气的供应和弥散，氧气利用率90%以上。

b 国产化加压计量泵的研究开发

矿浆加压计量泵作为硫化锌精矿加压浸出技术的关键设备，要求同时具有加压（2.5MPa）和计量（精度1%）的功能和满足大流量（$30m^3/h$以上）的输送任务，国内尚无定型产品，过去主要依赖进口。自主开发需要解决的主要技术问题如下：

（1）泵体过流部分和管道同时承受矿浆中悬浮精矿的磨削、硫酸及硫化氢的腐蚀，其中硫化氢是一种对镍、铬系材料腐蚀性极强的介质，对材料材质的要求十分苛刻，需要选择能很好适应上述输送介质性质的材料。

（2）泵室进出口阀芯、阀座在正常工作状态下，经常处于高频冲击和悬浮体的高速冲刷工况，磨损速度很快。一旦由于磨损产生间隙，会使矿浆回流，导致效率下降、计量不准和加速磨损，严重影响加压计量泵的正常工作。

通过对加压泵和管线腐蚀原因的分析，国产化加压泵的研究开发在制造厂家与用户的密切配合下，从两方面进行：

（1）经过详细的计算和设计，调整加压浸出投料的方式为：锌精矿用少量电解废液调浆降低矿浆酸度，加氧化剂抑制硫化氢产生；提高矿浆浓度减少固体颗粒沉积，单独泵送加压釜内；绝大部分电解废液另用耐酸能力强的隔膜泵直接泵入釜内。

（2）设备制造厂对矿浆泵和废液泵的过流部分及进出口阀芯、阀座，根据不同的工况，分别采用耐磨材料或耐蚀材料制造，满足了不同介质对材质的不同要求。

经过一系列改进，国产化加压计量泵已很好地满足了加压酸浸工艺的要求，能够稳定地将矿浆和电解废液加压送入压力釜，流量控制实现$0\sim800m^3/h$的线性调节。腐蚀问题基本解决、管线寿命明显延长。

c 压力釜的过程计算机控制系统技术开发

硫化锌精矿的加压酸浸过程是湿法炼锌流程中的一个单元工艺过程。过程是在以加压浸出釜为核心单元过程设备，配以锌精矿配料调浆槽、硫酸（电解废液）储槽、釜内温度调控装置、氧化介质供给装置、矿浆减压（闪蒸）槽等辅助过程设备，加压计量泵、酸泵、矿浆泵等过程机器以及连接管道、阀门等组成的过程装备中完成的。加压酸浸过程在密闭容器中、高于大气压强和液体（常压）沸点，充满工业纯氧，工作介质（矿浆）酸度较高、冶金反应过程迅速强烈放热并处于强烈搅拌的工况条件下进行，高压釜内的钛质构件、传感器以及部分关键部位的阀门等器件，直接暴露于高温、高氧分压、强腐蚀和承受固体颗粒磨削的环境中，工况条件十分苛刻。为保证浸出生产过程在确定的工艺条件下连续、稳定、安全的进行，必须采用完善的监控手段和可控制系统，使整个运行过程在受控条件下进行。

在分析工艺过程及相关设备结构及工作特性的基础上，确定硫化锌精矿的加压浸出过程的主要监测控制点为：（1）高压釜各反应室的温度监测及控制；（2）高压釜的工作压力监测及控制；（3）高压釜内反应物的液位监测及控制；（4）各个高压釜的氧气压力监测及控制；（5）高压釜各反应室氧气用量监测；（6）各反应室搅拌机运行状态、负荷电流电压的监控；（7）各搅拌机密封系统的监测；（8）各中间储槽及缓冲罐的液位监测；（9）加压泵及各个泵、阀的连锁控制等。

鉴于加压浸出过程是一个单元过程，上述各监测控制参数之间是相互关联的，相互影响并具有一定的耦合性。根据工艺特点及对设备安全性的要求，连锁控制必须准确、迅速。单元仪表或简单的电气连锁控制不能满足需要，必须采用高可靠性的可编程计算机控制系统。

工业试验选用了精度较高及响应速度较快的测量仪表，温度、压力传感器，并采取了可靠、必要的防腐蚀措施；液位测量采用非接触式测量方式；通过液相介质的控制阀采用过流部件用高耐蚀性和抗磨蚀材料制造的特种阀门等。选用美国OPT022公司的SNAP PAC可编程控制系统，直接对现场实施信号采集和参数控制。现场控制器通过工业以太网与置于车间控制室的监控计算机互联形成控制器-人机界面两个层次的网络拓扑结构，网络接口预留了与工厂其他控制系统或管理系统集成的开放性接口，形成了完整的加压酸浸工艺计算机控制系统，系统具有的功能如下：

（1）远程（车间控制室）工艺流程图动态显示及控制：依托上位监控计算机和良好的人机界面组态软件，实现车间控制室内模拟工艺流程图和工艺参数的远程动态显示，设备运行状况及各测控点虚拟仪表的显示，通过人机界面进行测控参数值设置和设定参数越限值。

（2）通过对控制器进行编程、组态及调试，实现了：

1）高压釜液位的控制。通过对液位测量信号进行PID控制算法运算，输出浸出矿浆排出口阀门开度的控制信号，保证了高压釜内矿浆液位能连续稳定在给定的参数值范围内；

2）高压釜工作压力的控制。通过对压力信号进行PID运算，控制高压釜调压卸压排气阀的开度，保持高压釜工作压强的稳定和及时排出釜内的反应废气，以保证加压浸出过程在工艺要求的压强和氧分压条件；

3）高压釜各室浸出温度的调节控制。工业试验用高压釜为四反应室的卧式连续浸出釜，各室分别设有独立的钛质换热排管。不同反应室内的工况各不相同，矿浆通过加压泵压入高压釜第一室，由于温度较低需要迅速加温使反应启动。在第二、三两室中，氧化反应剧烈进行，大量反应热的产生容易引起温度过高，一般需要通入冷却水移热降温。第四室由于放热反应趋于完成，且矿浆中已生成大量元素硫，为保证矿浆维持在硫的熔点以上，又需要导入蒸汽保温。根据对高压釜各室温度值的监测，通过位式控制方式控制换热排管上电磁阀的开闭，切换换热介质，分别控制各室的温度在规定范围之内；

4）供氧管道及加压泵后矿浆管与高压釜压力波动的极限信号连锁控制。正常情况下，供氧管道的压强和加压泵的压头必须高于高压釜工作压强，确保工作介质（氧气和矿浆）顺利加入到高压釜内。为保证高压反应釜的压力平衡及设备安全：通过对供氧系统压力与釜压进行减法运算，当差值不大于0时，迅速输出一个开关信号关闭供氧管道上的截断阀，防止矿浆倒灌进入供氧管路。当釜压异常升高超过一定数值时，及时输出开关信号，切断高压釜进料阀门，同时打开进料管回流阀门，防止加压泵“憋”压引发事故。

（3）生产过程的实时数据及历史数据记录、存储，工艺技术指标分析管理和报表打印：依托上位监控软件的功能，建立实时数据库和及时备份存储于静态历史数据库，并通过上位组态显示相应时间段的历史曲线、趋势曲线，根据要求进行工艺技术指标的计算、分析和报表打印。实时提供系统的各类原始数据，使操作者、管理者及时掌握系统运行状态，为管理者对生产过程的指挥、调度提供决策依据。

（4）异常报警功能：根据氧压酸浸工艺特点，完善而又优先级分明的参数报警系统是生产操作当中不可缺少的工具，通过认真研究并组态而成的报警系统，使生产一线操作工对生产中工艺控制参数的异常波动、事故隐患等，能够作出综合性分析和预判，及时进行应急处置，防止和减少事故的危害影响。系统同时具备报警追忆功能，可通过事件回溯进行事故分析，找出问题所在，以利总结经验。

投产以来，经历了一些意外事故的考验，计算机控制系统保证了高压釜内的工作状态处于严密的监控之下，确保加压浸出过程工艺控制参数始终处于受控状态，工艺过程及设备运行稳定，劳动生产率大幅提高，操作条件和劳动强度大幅度改善。特别是在保证设备安全运行方面发挥了十分重要的作用，显示报警状态准确、维护方便、响应迅速。系统开工率达90%。

工业试验过程计算机控制技术的开发与应用，使硫化锌精矿加压浸出工艺的产业化技术具备了流程性产品先进制造技术的属性。同时充分显示了技术示范作用，为多段加压浸出和多台加压釜同时运行实施 DCS 系统控制提供了技术依据和可供借鉴的经验。

C 工业性试验的技术经济指标

a 工艺技术条件

（1）磨矿粒度：-300 目 >90%；

（2）矿浆液固比：6∶1 ~ 10∶1；

（3）浸出温度：140 ~150℃；

（4）浸出压强：0.8 ~1.2MPa；

（5）氧气耗量：$220kg/t_{精矿}$；

（6）浸出时间：90 ~120min。

b 金属回收率及主要消耗

（1）常规硫化锌精矿。

锌浸出率：99.36%；

浸出—液固分离段锌的作业直收率：98.03%；

锌总回收率：92%以上；

银回收率：90%以上；

元素硫的转化率：89.1%；

元素硫的总回收率：80%以上。

（2）高铁锌精矿。

锌浸出率：98.06%；

锌浸出—液固分离段的作业直收率：96.20%；

锌总回收率：90%以上；

银回收率：90%以上；

元素硫的转化率：92.22%；

元素硫的总回收率：80%以上；

铁浸出率：29.22%。

c 几种代表性的加压浸出产品成分（见表12-60）

表12-60 几种代表性的浸出产品成分

产品名称	Zn	$Fe_{总}$	Fe^{2+}	Cu	游离酸	Cl	S	Pb	$Ag/g\cdot t^{-1}$
常规浸出液/$g\cdot L^{-1}$	116.13	5.89	2.44	0.6	39.4	0.59			
高铁浸出液/$g\cdot L^{-1}$	97.93	5.65	0.81	0.78	39.15	0.49			
常规浸出渣/%	2.79						59.18		105.69
高铁浸出渣/%	2.91						45.09	4.5	126.11
浮选硫精矿/%	0.55						80.28	0.73	

12.1.7.6 硫化锌精矿加压酸浸技术的工业实践

A 云南永昌公司一段加压酸浸工艺的工业实践

云南冶金集团总公司研究开发的硫化锌精矿加压酸浸工艺技术，在集团所属云南永昌铅锌股份有限公司完成工业试验后，即作为技术示范厂转入正常工业生产。

该一段加压酸浸工艺与原有锌精矿焙烧-浸出工艺联合运行后，工厂电锌生产能力扩大到20000t/a（硫酸仍保持12000t/a）。自投产以来，加压浸出系统流程通畅，设备运转稳定，大大提高了原料适应性，技术指标长时间保持为锌浸出率大于98%，铁浸出率控制在29%以下，锌总回收率96%以上。硫化锌精矿中的硫92.22%转化为单质硫，通过自行研究开发的浮选工艺，成功实现元素硫与铅银渣的有效分离。

B 云南澜沧铅矿公司两段逆流加压酸浸工艺的工业实践

在永昌公司一段加压浸出电锌示范厂产业化取得成功的基础上，云南冶金集团在所属云南澜沧铅矿有限公司新建了20000$t/a_{电锌}$、采用两段逆流加压酸浸工艺技术处理自产高铁锌精矿的全湿法炼锌厂（技术示范厂）。新建锌厂的浸出系统充分应用了永昌公司一段加压浸出技术的成功经验。2005年底开工建设，2007年6月建成。

投入试生产以来，主要解决了两段浸出过程的相互衔接，元素硫在流程设备中的凝结等一系列产业化过程中的技术难题，2008年底实现了正常生产。高铁锌精矿含锌40%左右，含铁14%～16%，锌浸出率不小于95%，铁浸出率控制在30%以下。

云南澜沧铅矿有限公司的两段逆流加压酸浸车间见图12-68。

图 12-68 澜沧铅矿 $40m^3$ 高压釜两段逆流加压浸出车间

C 大兴安岭云冶矿业开发公司锌冶炼厂加压酸浸工艺

大兴安岭云冶矿业开发公司锌冶炼厂位于黑龙江省大兴安岭地区加格达奇，设计规模为电锌20000t/a。为适应大兴安岭林区极为严格的环境保护要求，采用在云南冶金集团技术攻关所获成果基础上改进的两段加压酸浸全湿法工艺。冶炼厂于2008年5月开工建设，扣除当地气候条件的影响，通过12个月的有效施工，于2010年8月建成。2010年8月16日代料试车，22日正式投料，9月12日产出第一批锌片，一次成功投产。

a 主要设备

加压浸出系统采用云南冶金集团自主开发的 $100m^3$ 级卧式5室5桨高压浸出釜，碳钢釜体、内壁搪铅，用自主开发的特殊胶泥衬砌耐酸砖，内部换热盘管及搅拌桨为国产钛质构件，配套国产搅拌桨密封装置，高压釜配置为2+1，矿浆输送采用国产高压计量泵，浸出作业采用FCS系统进行过程控制。

高压浸出釜参数为：

直径：$\phi_{外}$ 3060×13860，$\phi_{内}$ 2700

结构：5室5桨，每室设有7.6m^2 加热盘管

高压浸出釜见图12-69，车间配置见图12-70，车间主控室及监控系统显示屏见图12-71及图12-72，矿浆高压计量泵见图12-73。

b 原料成分

锌精矿来自呼伦贝尔甲乌拉，精矿主要成分（质量分数/%）：

Zn 47.83，S 31.88，Fe 11.14，Cu 1.11，Pb 0.82，Cd 0.32，Co 0.0041

c 试生产所获技术指标

锌精矿处理量：约140t/d

浸出率：>97%～99%

渣含锌：约1%（不计可溶锌），<5%（流程产出渣）

浸出液中铁离子浓度：<2g/L

浸出液残酸：<5g/L

电锌质量：Zn 99.995%（0号）

图 12-69 100m^3 高压浸出釜

图 12-70 兴安云冶公司 100m^3 高压釜两段逆流加压浸出车间

图 12-71 制液车间主控室及监控系统

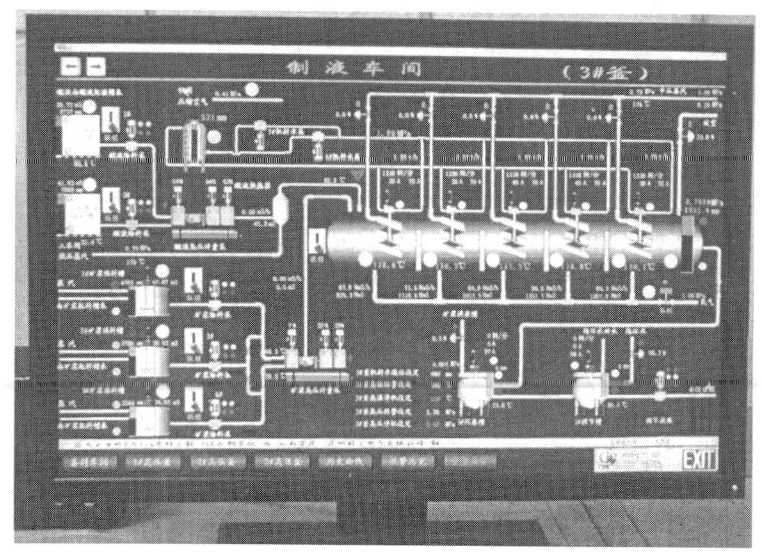

图 12-72　高压釜浸出过程控制系统显示屏

图 12-73　矿浆高压计量泵

兴安云冶公司的生产实践显示，改进后的两段加压酸浸流程具有更多的优点：在精矿含铁超过 10% 的情况下，保持高浸出率和产出含铁小于 2g/L 的浸出液，大幅度减轻了中和除铁作业的压力；一段浸出直接产出含锌很低的浸出渣送硫回收工序，排除了熔融元素硫凝结对二段浸出过程的影响，保证了流程顺行；二段浸出设备能力大大富余，若将备用釜用于一段浸出投入运行，制液系统的能力将能满足年产 40000t 电锌的溶液需求。

云南冶金集团还开发成功了“硫化铅锌混合精矿直接加压浸出工艺”和“高硅氧化锌矿加压酸浸工艺”，并应用于工业生产，进一步扩大了原料来源和资源利用率。

表 12-61 列出了云南冶金集团加压酸浸工艺主要技术指标与国外同类工厂及传统湿法炼锌工艺有关指标的比较。

到目前为止，采用该项技术已在国内建成投产 4 个企业。除上述示范厂外，通过技术

表 12-61 加压浸出技术主要指标对比

项目	Cominco	Falconbrideg Timmins	Ruhr Zink	HBMS	云冶永昌公司	云冶澜沧公司	兴安云冶公司	传统湿法
高压釜尺寸	φ3.7m×15.2m	φ3.2m×12.2m	—	φ3.9m×21.5m	φ2.6m×10.6m	φ2.6m×10.6m	φ3.06m×13.86m	
结构	4室4桨	4室4桨	4室4桨	4室4桨	4室4桨	4室4桨	5室5桨	
防腐	碳钢釜体、内壁搪铅、衬砌耐酸高温纤维和耐酸砖	碳钢釜体、内壁搪铅，衬砌耐酸砖，内部构件由钛和904L不锈钢制成			碳钢釜体、内部搪铅，特种胶泥衬砌耐酸砖，内部构件由钛组成	碳钢釜体、内部搪铅，特种胶泥衬砌耐酸砖，内部构件由钛组成	碳钢釜体、内部搪铅，特种胶泥衬砌耐酸砖，内部构件由钛组成	
浸出条件：								
总压/kPa	1250～1300	1100～1240	1600	1100～1200	1200	1200	1800	
温度/℃	140～155	130～145	150	140～145	135～165	150	一室130,其余150～160	
处理时间/min	100	120	90	40～60（第一级） 40～120（第二级）	90	一段：60 二段：90	110 60	
运转率/%	90	90.2	95	—	95			
锌精矿品位/%	49	54			Zn 46.34	～40	47.83	49～54
锌精矿含 Fe/%					14.38	14～16	11.14	
浸出率/%	98	98	>97	>99	>98	≥95	97～99	80
O_2 消耗 kg/$t_{精矿}$	214	275			220	220		
锌总回收率/%	95.4	95.8			>95	>90		90
硫黄回收率/%	83～91	未回收硫	85～90		70	80		

转让，在建水县建成投产一个电锌10kt/a的一段加压浸出工厂。另与国内两家企业鉴订技术许可协议，相关工程正在建设中。云南冶金集团在建的呼伦贝尔锌冶炼厂（电锌140kt/a）也将采用两段加压浸出技术。

实践证明，加压浸出技术是目前处理高铁硫化锌精矿最好的工艺，对常规硫化锌精矿也有很大的发展前景。

（撰稿　冯桂林　王吉坤　周廷熙）

12.2　浸出矿浆的液固分离

液固分离是将悬浮液分离成液相和固相的过程。液固分离是湿法冶金提取金属的重要环节，与湿法冶金的其他作业过程比较，液固分离过程不易强化，作业需要用很长的时间才能完成，往往成为制约整个生产过程的瓶颈。

液固分离工序是湿法炼锌过程中最不起眼的工序，但又是对冶金过程三大平衡（金属平衡、溶液平衡、渣平衡）影响最关键的工序。液固分离工序的顺行与否，直接影响流程畅通和正常生产的程度，是已经溶出的有价金属能否获得最大限度有效回收的保障。为保证生产过程的正常进行，及时将浸出渣排出到流程之外，液固分离的设备能力要适当大于浸出生产能力，以保证在矿浆沉降性能不良情况下仍能正常生产。过滤设备应尽量采用高性能的先进设备，用最少的洗水，产出含液量尽可能少的干渣，以保证将作业损失降低到最小和最大限度的改善操作条件。

对于湿法炼锌的浸出过程，液固分离直接影响浸出效果的实现与否，对锌金属的直接回收率影响甚大。浸出矿浆是数量很大的细粒子悬浮液，其中固相（浸出渣）粒子与液相（浸出液）的密度差较大，一般采用沉降浓缩加过滤的方法达到液固分离的目的。

浓缩是从液固比为(8～12)∶1的矿浆中通过自由沉降悬浮颗粒直接使矿浆的液固两相得到初步分离的过程。矿浆浓缩以后所得到的仍然是一种液固比为(2～4)∶1的悬浮体(浓泥)，还需要进一步进行分离。过滤就是将浓缩以后所得到的浓泥在装有过滤介质的过滤机中，在一定的压力差作用下，使溶液通过过滤介质，而固体（浸出渣）则截留在过滤介质上，达到矿浆的液固分离的过程。

12.2.1　浸出矿浆的沉降浓缩

浸出矿浆的沉降浓缩是利用矿浆中固体粒子的密度大于液相密度，在重力作用下澄清分离获得含有少量悬浮物的溶液和含有一定量液体的浓泥的过程。沉降浓缩的产物一为上清液，其中固体物质的含量一般为1～2g/L，另一产物浓泥中一般含液量为50%。

12.2.1.1　浸出矿浆沉降浓缩的基本原理

浸出矿浆是一种不稳定的悬浮液，当固相（浸出过程的不溶物）中固体粒子的密度大于液相的密度时，在重力作用下，固体粒子即会自由沉降，使悬浮矿浆的体积逐渐压缩，浓度逐渐增大，上部逐渐形成澄清的液相，这就是沉降浓缩过程。在固体粒子均匀下沉的条件下沉降的速度如下：

$$V_t = \frac{2r^2(\gamma_{固} - \gamma_{液})}{9\mu} \tag{12-7}$$

式中 V_t——粒子沉降速度，m/s；

r——粒子半径，m；

$\gamma_{固}$，$\gamma_{液}$——固体粒子与液体的密度，kg/m³；

μ——介质的黏度，kg/(s·m²)。

式12-7适用于粒度范围0.05～10μm、雷诺数 $Re<1$（基本静止）的情况。矿浆中固体微粒的沉降速度与微粒大小、微粒密度、液体密度及黏度有关。粒子粒度愈大沉降速度愈快，或者使固体粒子团聚加大粒度就能加快沉降速度。固体与液体之间的密度差愈大，以及减小矿浆黏度皆能使沉降加速。实际浓缩过程中，固体粒子大小不一，自由沉降时粒度较大的较粒度小的先沉淀。为使所有微粒全部沉淀以获得澄清液体，必须按照最小粒度的粒子半径进行计算。浓矿浆中的粒子不存在自由沉降过程，而是粗粒沉降时带着细粒一同沉降。

实际生产过程中浓缩过程采用浓密机进行，矿浆在浓密机中沉降的过程如图12-74所示。

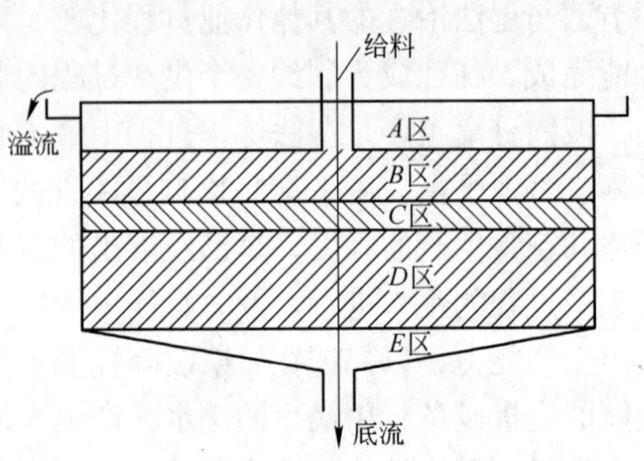

图12-74 浓密机的浓缩过程

浓密机的作业空间一般可分成澄清区（A区）、自由沉降区（B区）、过渡区（C区）、压缩区（D区）和浓缩物区（E区）。锌浸出的悬浮液首先进入B区，固体颗粒沉降后进入过渡区（C区）。在过渡区中，部分颗粒靠自身沉降，而另一部分颗粒因受到密集颗粒的阻碍难以沉降，然后进入压缩区（D区）。

在压缩区，悬浮液中的固体颗粒已形成较紧密的絮凝团，絮团虽继续沉降但速度较慢，然后进入浓缩物区（E区）。在此区因浓密机刮板的运动、挤压，浓泥的浓度进一步提高，最后由浓缩槽底口排出。浓缩得到的上清液，作为液固分离的产品由溢流堰排出，送下一工序处理。

当矿浆进入浓密机后，固体粒子在重力的作用下开始下沉，大颗粒在锥形底部形成沉淀层，其上形成液固混合的悬浮层，再上是含固体粒子较少的上清层。作业中，力求槽内上清区占的比例愈大愈好，而浓泥区保持在最小的高度，以利提高浓密机的生产能力，控制一定的浓泥（底流）密度，可间断排渣，也可连续排渣。生产中为了加快浓缩与澄清速度，通常适量加入絮凝剂，促进固体粒子相互聚集而形成絮凝团以快速沉降。

影响浓缩过程的因素有：

（1）pH值：pH值是湿法冶金中浸出、澄清、净液、过滤等过程最重要的因素。在湿法炼锌生产的中性浸出矿浆中，pH值最高不超过5.6。pH值在4.8～5.4时，一般矿浆的澄清效果甚好。同时，此条件对细粒胶质氢氧化物及硅酸的聚结与沉淀最为有利。生产中应对每一种精矿单独研究，确定合适的和较窄的pH值范围，并严格控制工艺条件。

（2）溶液中 SiO_2 与 $Fe_2(SO_4)_3$ 的含量：浸出液中硅酸与铁盐含量高时，矿浆的澄清效果显著恶化。当处理含有大量硅酸与铁盐的浸出矿浆时，矿浆黏度增大，可采取将矿浆加热到 70℃以上以降低黏度、促进氢氧化物粒子聚结等措施来改善澄清效果。

（3）焙烧矿及矿浆的物理状态：焙烧矿的物理状态直接影响矿浆的澄清与浓缩。颗粒沉降速度决定于粒度大小，颗粒愈大，则沉淀愈快；反之，粒度愈小，则沉淀愈慢。若焙烧矿中极细颗粒的物料比率过大，同时含有硅胶等成分使浸出液呈悬浮状态的情况下，浓缩只能得到混浊的上清液。另外，矿浆的液固比愈大，对浓缩澄清愈有利。

（4）溶液的密度与固体颗粒的密度：溶液与固体颗粒的密度差愈大，则澄清愈好。当溶液中锌离子浓度过高，以及镁、钾、钠、锰等粒子浓度高时，溶液的密度和黏度均增大，液固之间的密度差减小，固体粒子的沉降速度随之减慢。实际生产中，锌离子浓度一般都控制在一个适当的浓度范围内（120 ~ 180g/L）。

（5）浸出作业的操作方式与槽内滞留时间的长短：浸出过程后期，中和过程的操作方式对澄清过程会产生影响。中和剂加入速度过快，引起局部 pH 值过高和沉淀生成过快，沉淀物的结晶微细，使沉淀困难，尤其是当搅拌强度较弱时，产生的影响更明显，因而操作条件的控制对沉淀极为重要。中性浸出到达终点后，在浸出槽里滞留时间的长短也会影响澄清分离。浸出过程在强烈搅拌中进行，滞留时间愈短，中和反应生成的氢氧化物团粒被搅拌击碎的可能性愈小。保留的大团块愈多，愈有利于澄清。

（6）矿浆温度：矿浆温度是影响矿浆浓密沉降效率的另一重要因素。矿浆温度升高，黏度减小，沉降速度加快。中性浸出矿浆浓密温度应保持在 65 ~ 70℃，酸性矿浆应在 70 ~ 75℃。为此，浸出矿浆浓密机一般应设槽盖，必要时（寒冷地区）还须设槽壁保温砖。

（7）浓缩装置中固体物料的负载程度：浓缩装置本身的容积是有限的，为保证浸出矿浆进入浓缩槽后有足够的空间和时间进行沉降，控制固体物料的负载程度是浓密岗位最主要的操作指标。及时排出底流使上清区稳定在适当的范围（正常情况为 1 ~ 2m）内，并严格控制矿浆的加入速度，勤检查、调整，按规定测定 pH 值，确保上清液质量。

（8）添加剂的影响：矿浆中的粒子沉降速度除与粒子大小有关外，还与粒子凝聚性有关。在中性浸出矿浆中添加适当数量的凝聚剂将使澄清与过滤大大加速。凝聚剂的作用是使微小的悬浮颗粒凝聚成大粒子，从而加速沉淀速度。常用的凝聚剂是聚丙烯酰胺，又称 3 号凝聚剂，其用量视矿浆沉淀性能好坏而定。一般来讲，沉淀性能好，少加或不加；沉淀性能不好，适当多加。通常，中性浸出矿浆每立方米加入 10 ~ 30g 即可。凝聚剂先用水溶化、稀释到 0.3% ~ 0.6% 的浓度后再加入。需要注意，凝聚剂加入后切勿强烈搅拌！

12.2.1.2 浓缩设备的结构性能

浓缩槽（也称浓密槽或浓密机）是浸出矿浆液固分离过程中浸出液与浸渣初步分离的设备。湿法炼锌生产中常用的浓密槽为带锥底的大直径圆槽，直径 10 ~ 18m 甚至更大，槽深（圆筒部分）3 ~ 4m。大型浓密机的槽体多用钢筋混凝土构筑，内衬环氧玻璃钢，槽底在玻璃钢衬里上加砌瓷板、瓷砖等耐磨防腐材料。

槽内中心处悬挂有缓冲筒，筒底部有筛板。该装置的作用是使进入槽内待浓缩的矿浆与上清区隔离，保证上清液质量。筛板起缓冲作用，使进入浓缩槽的矿浆减少冲力。浓缩槽内壁的上面设有溢流沟。上清液从槽中溢出进入溢流沟，由排液口排出。锥底中心设有底流放渣口并安装有直径 200 ~ 250mm 的铜质闸阀。考虑到经常开闭的阀门的检修更换，通常两个阀门串联安装，靠近锥底的一个经常处于常开状态，日常操作控制使用与排泥管连接的阀门。有的还装有水管和高压风管，用于排除阀门和放渣口堵塞故障。见图12-75。

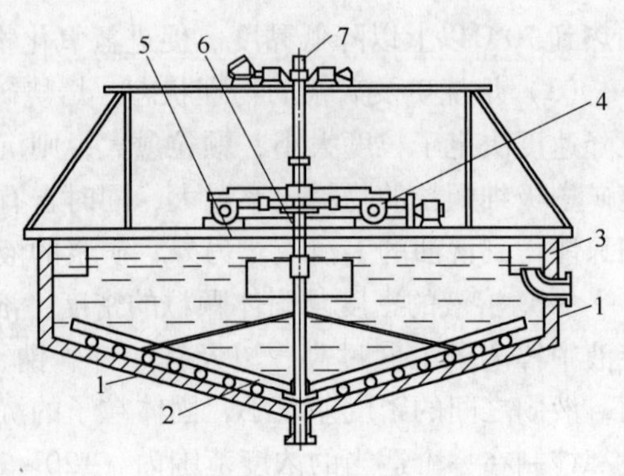

图12-75 浓缩槽

1—槽体；2—耙臂；3—溢流沟；4—传动装置；5—缓冲圆筒；6—中心轴；7—提升装置

浓密机呈十字形对称安装两组与浓缩槽锥底平行的带耙齿的浓泥耙臂，一组耙臂长度直达槽的边缘，另一组耙臂长度只是槽直径的2/3。耙臂固定在一根中心轴上，并用拉杆将远端与中心轴连接固定防止移位变形。耙齿与槽底的间距为70～100mm。当耙臂转动时，耙臂上的耙齿随之带动沉降颗粒（浓泥），使其移向槽底中心。

耙臂的传动有两种方式，直径较小的浓密机采用中心转动，其转速是根据槽子的大小不同调节在5～12r/min。大型浓密槽多采用耙臂受力更为合理的周边传动方式。

矿浆沉降过程的指标是澄清速度，它以一定时间内上清液的高度（cm）或上清液占全矿浆的百分数表示，称为上清率。浓密机的生产率以1m^{2}沉降面积每昼夜产出的上清液体积（m^3）表示：

$$F = \frac{K_t - K_n}{3600V_t \cdot K_t}\nu,\ t = \frac{H}{V_t}$$

式中 F——浓缩槽的断面积，m^2；

K_t——浓泥的浓度，以每1kg浓泥中所含干固体（kg）数表示；

K_n——浓缩前矿浆的浓度，以每1kg矿浆中所含干固体（kg）数表示；

V_t——固体粒子沉降速度，m/s；

ν——澄清的液体量，m^3/h；

t——沉降的时间，s；

H——浓缩槽的高，m。

浓缩槽的生产能力取决于沉降面积。沉降面积愈大，生产能力愈大。浓缩槽的单位面积生产率在很大范围内变动；在很多工厂按作业周期24h计，当上清率为70%～80%时，浓缩槽上清液产出的能力为3.5～55m^3/(m^2·d)。

这里所说的沉降面积是指浓密机的垂直投影面积，且由于沉降距离太大对沉降过程是不利的，浓密机的深度不易很大。在湿法冶金工厂里，浓密机一般都是形体庞大、占用大量土地的构筑物。鉴于建筑结构的限制，目前大量应用的浓密机，尚无数层叠加配置的例子。

国内外湿法炼锌厂浓密机使用实例分别见表12-62和表12-63。

表12-62 我国湿法炼锌厂浓密机使用实例

项 目	株洲冶炼厂	沈阳冶炼厂	柳州锌品厂	开封炼锌厂	会泽铅锌矿	西北铅锌冶炼厂
槽体材质	钢筋混凝土	钢筋混凝土	钢筋混凝土	钢板	钢筋混凝土	钢筋混凝土
直径/m	18	10.5	9	6	10.5	ϕ15，ϕ20

续表 12-62

项　目	株洲冶炼厂	沈阳冶炼厂	柳州锌品厂	开封炼锌厂	会泽铅锌矿	西北铅锌冶炼厂
高度/m	3.6	3.8	3	3	3.35	3
沉降面积/m^2	255	86.6	63.58	28.26	82	176.7，344.0
耙臂转速/$r \cdot min^{-1}$	12（0.8）	9～10	0.15	3	9～10	12.44，0.068
防腐衬里	①		环氧树脂	软塑料		环氧树脂、酚醛、瓷砖

①槽内壁衬里有生漆麻布、环氧树脂；锥底加衬有瓷板、耐酸混凝土护层。

表 12-63　国外湿法炼锌厂浓密机使用实例

项　目	车里雅宾斯克（俄罗斯）	大瀑布厂（美国）	特累尔厂（加拿大）
直径/m	15	15.25	9.6～15.2
高度/m	4.3	4.3	3.6～4.5
容积/m^3	730		250～900
耙臂转速/$r \cdot min^{-1}$	5～6	5.5	4.5～8
每日处理矿浆量/$t \cdot d^{-1}$	600	650	300～550
矿浆入槽时液固比	14	15	30
产出底流量/$t \cdot d^{-1}$	150	80	90～160
底流液固比	4	3	4
产出上清液/$t \cdot d^{-1}$	450	570	210～390
上清液中固体含量/$g \cdot L^{-1}$	1～2	2～3	3～4
沉淀层的高度/m	0.6		

倾斜板浓密机是一种强化浓缩过程的设备，可将浓缩效率提高 3 倍以上。倾斜板浓密机的工作原理是在同样空间内，通过设置倾斜安装的隔板，将浓密沉降过程分散到若干个沉降通道中进行，相当于将若干个沉降槽叠加在一起同时工作。倾斜板浓密机沉降效率大幅提高的原因之二是应用“浅层沉降”原理，斜板之间较小的间距使矿浆中的固相较快集聚。矿浆从斜板下端平流进入沉降通道后，在平稳向上运动过程中，液固逐渐分离，上清液通过斜板上端与其他通道的上清液汇合流出浓密机；固体粒子在斜板上集聚，由于斜板具有足够大的倾斜度，浓泥积累到一定厚度时，受重力作用向下滑动落入浓密机深部的底流层中，通过底阀排至后续工序。圆形浓密机中增设斜板后增加的沉降（投影）面积计算为：

$$A = \Sigma L\pi(r_i + R_i)\cos\alpha$$

斜板浓密机在湿法冶金领域的推广应用，主要受制于斜板及构件的材料性能。湿法冶金过程的浸出矿浆一般都具有较强腐蚀性、较高温度和产生结晶等，工况条件相对比较苛刻。过去曾采用玻璃板作为斜板，由于结垢和易碎而无法推广。高分子材料的大量普及使斜板浓密机应用日益广泛，近年来具有抗静电功能和能在更高温度环境下稳定工作的高分子材料的开发成功，为倾斜板浓密机在湿法冶金中的应用提供了坚实的技术基础。

经过浓缩之后，从浓密机溢流口排出的中性浸出上清液中固体悬浮物含量一般在 2g/L 左右，酸性浸出的上清液中固体悬浮物含量略高于中性浸出液。从浓密机底流口排出的浓泥中固体含量为30%～50%，通常用隔膜泵等适宜输送高浓度浆料的设备送往过滤工序。对于某些采用逆流浸出流程（如逆流高温高酸浸出流程）或逆流洗涤流程的工厂，底流转至下一浸出（洗涤）工序。

12.2.1.3 浓缩作业的操作和故障处理

浓缩过程的任务主要是产出合格的上清液，排出浓泥，保持浓缩槽内的体积平衡。岗位操作人员除了保持浓缩槽的正常运转外，还应做到如下几点：

（1）经常检查中性浓缩槽上清液的pH值是否保持在5.2～5.4之间，如不正常及时与浸出岗位联系进行调整。

（2）经常定性检查中性上清液中二价铁的含量，如不合格，应及时通知浸出岗位采取措施。

（3）经常测定浓缩槽内上清液的高度，保持体积稳定，防止跑溢流沟和堵底流。

（4）注意底流排出情况，防止底流堵塞，使浓泥的排出畅通无阻。

在浓缩槽的操作中，有时还会遇到上清液不合格，或者浸出矿浆不沉淀、产不出上清液等故障：

（1）上清液质量不合格。中性浸出液由于浸出岗位中和未达终点引起“跑酸”，并使砷、锑不合格时，应立即停止将上清液送去净液，并通知浸出工序适当提高pH值，直到恢复正常为止。

（2）底流排出口堵塞。底流口堵塞往往是由于：1）浸出pH值过高或磨矿控制不好造成“跑粗”，造成浸出不良，大量未反应的焙烧矿带入浓缩槽；2）底流口结块或异物堵塞；3）底流开得太小等。针对第一种原因，应通知浸出岗位调整pH值，提高磨矿效率，并开大底流迅速扭转；如属于2）、3）种原因，则应及时采取措施予以排除。防止底流排出口堵塞是浓缩槽操作中应该特别注意的。

（3）上清液浑浊。浓缩槽上清液浑浊往往是由于浸出作业异常所引起，这已在浸出部分述及。如遇此情况，甚至“恶性循环”，浓缩岗位更应仔细操作，协助浸出岗位及时扭转。

12.2.1.4 浓缩作业技术条件及技术指标

浓密机参数及浓缩作业操作条件示例见表12-64。

表12-64 浓密机及浸出矿浆浓缩作业的技术操作条件实例

项目	株洲冶炼厂				柳州锌品厂	开封冶炼厂	西北铅锌冶炼厂		会泽铅锌矿
	焙烧矿中浸矿浆	焙烧矿酸浸矿浆	氧化锌中浸矿浆	氧化锌酸浸矿浆	焙烧矿中浸矿浆	焙烧矿中浸矿浆	酸性浸出	沉矾	
浸出方式	连续	连续	间断	间断	间断	间断	连续	连续	
设备规格									
直径/m	18	18	18	18	9	6	15	21.35	10.5
高度/m	3.6	3.6	3.6	3.6	3	3	3	3	3.35
沉降面积/m^2	255	255	255	255	63.68	28.26	176.7	355.0	82
耙臂转速/$r \cdot min^{-1}$	12	12	8	8	0.15	3	12.44	0.068	9～10

续表 12-64

项目	株洲冶炼厂				柳州锌品厂	开封冶炼厂	西北铅锌冶炼厂		会泽铅锌矿
	焙烧矿中浸矿浆	焙烧矿酸浸矿浆	氧化锌中浸矿浆	氧化锌酸浸矿浆	焙烧矿中浸矿浆	焙烧矿中浸矿浆	酸性浸出	沉矾	
槽体材质	钢筋混凝土	钢筋混凝土	钢筋混凝土	钢筋混凝土	钢筋混凝土	钢板	钢筋混凝土	钢筋混凝土	钢筋混凝土
防腐衬里	①	①	①	①	环氧树脂	软塑料	②	②	
操作条件及指标									
矿浆液固比	(18~20):1	(10~12):1	(10~13):1	(10~12):1	(9~10):1	(9~13):1			
温度/℃	60~70	60~75	50~60	40~50	70~80	60~70			
酸度(pH值)	5.2~5.4	2.5~3.5	5~5.2	18~20 g/L	5.0~5.2	5.2~5.4			
上清液悬浮物含量/$g \cdot L^{-1}$	≤1.5	≤100	≤1.5	≤1.5	2	1.5	0.5~1.0	0.5~1.0	
底流浓度/$t \cdot m^{-3}$	1.4~1.55	1.65~1.9	1.5±	1.5~1.6	1.3	1.4~1.5	320 g/L	340 g/L	
底流液固比	(6~7):1	(4~5):1	(6~7):1	(5~6):1	(6~7):1	(6~7):1			
上清液产率/$m^3 \cdot (m^2 \cdot d)^{-1}$	3.5~4.5	4~5		0.8~1.0	2.3~3.1	5.3	$10m^3/h$	$5.56m^3/h$	
3号絮凝剂单耗/$kg \cdot t^{-1}$(析出锌)	0.8~1.2		3.5~4.5	1.2	0.13	0.8~1.2			

①防腐衬里为生漆麻布、环氧树脂，锥底加衬瓷板、耐酸混凝土；②隔离层环氧树脂，内衬耐酸砖。

12.2.2 浸出矿浆的过滤

工业生产过程中的过滤是一种在外力推动下，利用多孔介质拦截悬浮液中的固体粒子实现液固分离的作业过程。湿法冶金过程中，凡是溶液或浆液中悬浮的固体微粒不能在适当时间内以沉降法得到分离时采用过滤法将其除去，以得到固体物质含量能满足后续工序要求的清溶液。对于湿法炼锌浸出矿浆的过滤，是在沉降浓缩作业之后，为进一步分离浓泥（浸出残渣）中含有的可溶锌和最大限度回收锌浸出液的作业。过滤还是湿法炼锌过程中“三大平衡”（金属平衡、溶液体积平衡、渣平衡）之一的渣平衡的关键工序。

浸出工艺不同，锌的浸出率也不同。对于锌焙烧矿，经过两段浸出后约80%左右的锌以硫酸锌（$ZnSO_4$）形式进入溶液，而20%左右则进入渣中。其渣含锌为酸溶锌5%~7%，水溶锌3%~5%和不溶锌（主要是铁酸锌和硫化锌），它们和焙烧矿中的脉石及其他不溶解的金属化合物一道组成浸出渣，其量约占焙烧矿的50%~55%（称之渣率）；对于硫化锌精矿直接加压酸浸工艺，锌的浸出率在98%以上，浸出渣主要由未被浸出的硫化锌、元素硫和精矿中的脉石组分等组成。

锌焙烧矿及氧化锌矿浸出渣成分的实例见表12-65。

表 12-65 锌焙烧矿及氧化锌矿浸出渣的成分 (质量分数/%)

元素 \ 厂别	1	2	3	元素 \ 厂别	1	2	3
Zn	20 ~ 22	17 ~ 18	10 ~ 16	MgO + CaO	3 ~ 4	<8	—
Pb	3 ~ 4	2 ~ 4	25 ~ 30	SiO_2	10 ~ 13	<12	6 ~ 10
Cu	0.3 ~ 0.6	1.0	0.5 ~ 1.0	S	5	5	—
Fe	25 ~ 27	19 ~ 21	8 ~ 10	Au + Ag/g · t^{-1}	200 ~ 300	250 ~ 300	—
Al_2O_3	3 ~ 5	—	—				

注：1，2 厂为焙烧矿浸出渣；3 厂为氧化锌浸出渣。

12.2.2.1 过滤的原理及方法

过滤的过程实质是利用从悬浮液中截留在多孔介质（滤布等）上的固体微粒，使其逐渐堆积，通过架桥作用形成疏松的滤饼来实现的。不论哪一种过滤介质孔隙的孔径，通常都大于悬浮物粒子的直径，不可能拦截悬浮液中小于其孔径的粒子。滤饼中孔道形状多变、曲折，由不同直径微粒构成的“间隙”、孔径有大有小，可以截留所有的大小粒子。所以，过滤过程中一般都要在滤饼形成后才能获得“清亮”的滤液。但同时，滤饼也增加了液体通过过滤介质层的阻力，滤饼愈厚，过滤阻力愈大。在施加于悬浮液上的外力（过滤推动力）一定的条件下，由于滤饼厚度的增厚，过滤速度愈来愈慢。一般都采取这种“恒压过滤”方式。湿法冶金过程中的过滤推动力通常是大气压力（真空过滤）或机械（泵）加压，所能赋予的动能是一定的，实践中滤饼厚度以 25 ~ 35mm 为宜。

过滤的生产能力取决于过滤速度。过滤速度为单位时间内每单位面积过滤介质所能滤出的滤液量[$m^3/(m^2 \cdot h)$]或滤渣(浸出渣)量[$kg/(m^2 \cdot h)$]。影响过滤速度的因素有：滤渣的性质，滤饼的厚度，过滤矿浆的温度及过滤推动力的大小和过滤介质的性质等。

（1）滤渣的性质 当过滤矿浆中含有较多的氢氧化铁、硅酸等胶状物质或硫酸钙、硫酸铅等微粒时，矿浆黏度增加，且胶体和微粒物质堵塞过滤介质的毛细孔，从而使过滤困难，降低过滤速度。

当矿浆中铜离子含量较高时，硫酸铜会使过滤介质发绿变硬和发脆，使过滤发生困难，并影响滤布寿命。当矿浆中含锌、钙、镁过高，黏度增加，硫酸锌易局部水解或结晶而堵塞毛细孔，增加过滤的阻力，使过滤速度降低。

矿浆中固体物粒度过粗或过细也将影响过滤速度和过滤作业。粗粒多则滤渣难于黏附在介质上，不能形成稳定的滤饼，容易脱落出现穿滤现象；粒度过细又易堵塞滤布毛细孔，也影响过滤速度。

（2）滤饼的厚度 随着过滤过程的进行，滤渣厚度逐渐增加，溶液通过介质的阻力增大，使过滤速度下降。因此，当滤饼增加到一定厚度后就应剥离卸渣，必要时还需清洗过滤介质，然后重新开始在过滤介质上建立新的滤饼层。以能始终保持在最佳过滤速度下操作。根据生产实践，滤饼厚度以25～35mm为宜。

(3) 矿浆温度 提高温度可增加矿浆的流动性，可使一些硫酸盐的溶解度增加而减少滤布毛细孔的结晶阻塞，还有利于矿浆固体颗粒的胶结。因此，矿浆温度高将明显地提高过滤速度，从而提高生产能力。生产中一般用蒸汽直接加温到70～80℃。

(4) 过滤推动力 过滤介质两边的压力差即为过滤推动力。对于真空抽滤系统，真空度是过滤作业提高生产能力的关键，是操作中控制的主要条件之一。湿法炼锌厂多用水环式真空泵制造真空。过滤作业的真空度可达45～85kPa；对于压滤系统，推动力取决于压滤机结构、过滤介质的强度及矿浆泵的压头，通常为0.3～1.0MPa。

(5) 过滤介质的性质 过滤介质除具有耐温、耐腐蚀和耐磨性能外，还要有毛细孔作用好和 定强度。

此外，与浓缩沉淀一样，矿浆的pH值、液固比的大小以及是否加添加剂等都对过滤速度有所影响。

12.2.2.2 过滤设备的结构性能

根据过滤介质两边压力差产生的方式不同，过滤机分为压滤机（正压力）与真空过滤机（负压力）。真空过滤机有连续作业与间歇作业两种，压滤机仅能间歇作业。真空过滤机根据通常的知识判断其压力差不能大于101.3kPa，通常的抽力不超过86.6kPa。压滤机的压力差根据压滤机结构及过滤介质的强度而定，通常不超过0.3～0.4MPa。在湿法炼锌中以真空过滤机过滤浸出矿浆，以压滤机过滤净液后的溶液。常用的真空过滤机有框式真空过滤机及圆盘真空过滤机。随着科学技术的进步、新材料的不断出现，以及过滤机应用领域的不断扩大，过滤机才得到迅猛发展。现在过滤机已经在许多工业领域获得了广泛应用。目前过滤机正在向大型化、智能化、多功能化方向发展，对其潜在功能的研究要开发，将为未来过滤机的发展提供广阔的应用空间。

湿法炼锌常用的过滤机介绍如下。

A 板框压滤机

板框压滤机属于间歇式加压过滤机，它具有构造简单、单位过滤面积占地少、过滤面积的选择范围宽、对物料的适应性强、过滤洗涤充分、处理量大、操作维修方便、固相回收率高、故障少、寿命长等特点，是湿法炼锌中所有加压过滤设备中结构最简单、应用最广泛的一种机型。但是框式压滤机滤渣含液较多（约55%）、滤布耗量大，为间歇性操作，常用作初步过滤。

板框压滤机的形式虽然很多，但其基本结构却很简单，主要是由安装在主梁上的一组滤板和滤框交替排列（板框式）或由若干块凹型滤板依次排列（厢式）而组成的。每块滤板两侧面均覆有滤布，形成以滤布为壁的滤室。

板框压滤机主要组成部分包括：(1) 液压压紧装置；(2) 覆有塑料封板的压紧板（或称头板）；(3) 两侧面覆有滤布的塑料隔膜滤板；(4) 覆有塑料封板的止推板（或称尾板）；(5) 具有防腐性能的主梁。另外辅助装置有供气（或供水）系统、供油站及控制柜等。

工作循环为闭板→过滤开始→过滤结束→滤饼洗涤和压榨→开板→滤饼背离和卸除→滤布洗涤。工作原理如图12-76所示。

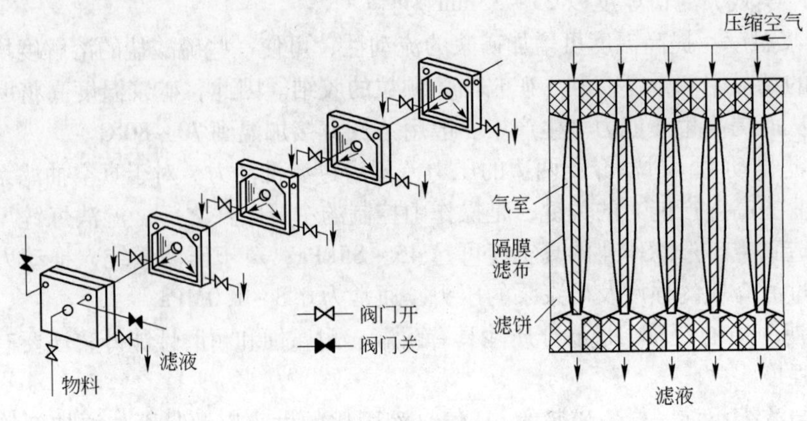

图 12-76 板框式压滤机工作原理

B 框式真空过滤机

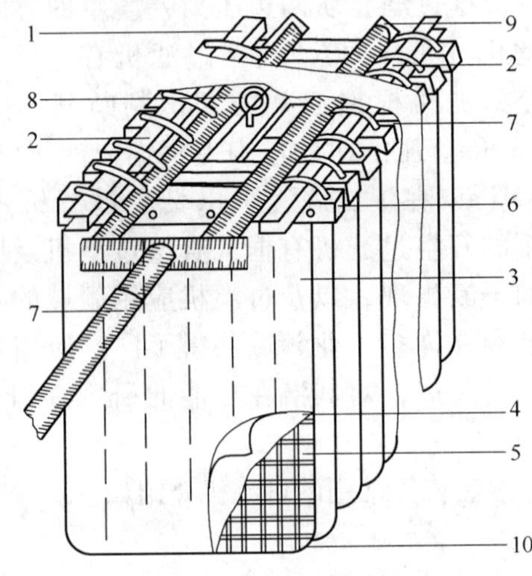

图 12-77 莫尔过滤机结构

1—槽钢支架；2—聚液管；3—叶片；4—滤布；5—竹箅子；6—木夹板；7—胶管；8—吊环；9—U形管；10—滤袋缝头

框式真空过滤机又称莫尔式过滤机，如图12-77所示。它由滤槽和滤机两部分组成。槽内衬防腐层，分为抽槽和鼓槽，它是由多片相互平行的框子组成，悬挂在工字梁上。每片用不锈钢（或紫铜管）弯成U形。管的内侧下部钻有若干个小孔，装有竹箅子做骨架，外套过滤布袋用线缝牢。每片上都用木夹板夹住并用铜螺丝上紧，然后挂在工字钢架上。U形管一头或两头用小钢丝胶管（ϕ38mm）与聚液管相连。

操作时用吊车把莫尔过滤机放入抽槽，保持矿浆没至压板。聚液管用粗钢丝管（ϕ75mm）与受液器相连。在真空作用下矿浆液穿过滤布经U形管和聚液管抽入受液器，用泵排出。粘附在滤布上的渣达到25～35mm厚时（约40～60min）即将莫尔过滤机吊至鼓槽悬挂5min，然后关闭真空并鼓入压缩空气，使滤渣脱落掉入鼓槽，再加水鼓风浆化后送二次过滤。

框式过滤机由于工作效率低、劳动强度大，现代大型湿法炼锌厂中基本上不再采用。

C 圆盘真空过滤机

圆盘真空过滤机由水平空心轴以及装在它上面的若干个圆盘、矿浆槽、渣斗、传动机构等组成，其结构如图12-78所示。空心轴装在两个轴承上，由电动机、减速器等驱动装置带动在矿浆槽中旋转。空心轴分为内壁和外壁两层，在内外壁之间的环状空隙中用纵向的筋片分隔开，形成12～14个通道。轴的两端（也有的是一端）有分配头，在分配头不动的一面连有真空管道和压缩空气管。

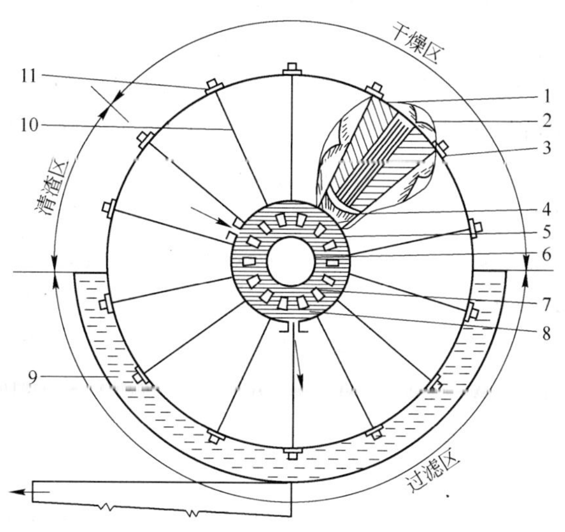

图 12-78　圆盘过滤机结构

1—堵头；2—滤布；3—不锈钢叶片；4—风嘴；5—外壁；6—内壁；7—隔壁；8—空心轴；9—矿浆槽；10—长丝杆；11—压板

每个圆盘由 12 ~ 14 个扇形板组成。扇形板是由带有沟纹的木板或钻有许多小孔的铝板制成，其上覆盖以过滤布袋，并通过带螺纹的风嘴与空心轴相连。当圆盘旋转时，依次经过滤区、干燥区以及清渣区而循环进行。当圆盘进入过滤区（即叶片浸入矿浆内时）时，在真空作用下，溶液通过滤布抽入受液器，滤渣黏附在滤布上面。圆盘叶片从矿浆中出来后即进入抽干区，此时仍处于真空抽滤状态，以使滤渣抽干。随即圆盘叶片转至卸渣区，由于分配头的作用，叶片内失去真空，而鼓入压缩空气将渣吹脱下。

圆盘式过滤机的过滤面积视圆盘的数目而不同，一般为 20 ~ 60m^2。

圆盘真空过滤机的特点是结构紧凑、占地面积小，可连续过滤，生产能力大，滤渣含溶液较少（35% ~ 40%），但缺点是滤布消耗较大、更换滤布比较麻烦、维修较难、滤渣不能充分洗涤，因此常用作二次过滤。

D　带式过滤机

水平带式真空过滤机是一种高效固液分离设备，其结构如图 12-79 所示。它利用环形

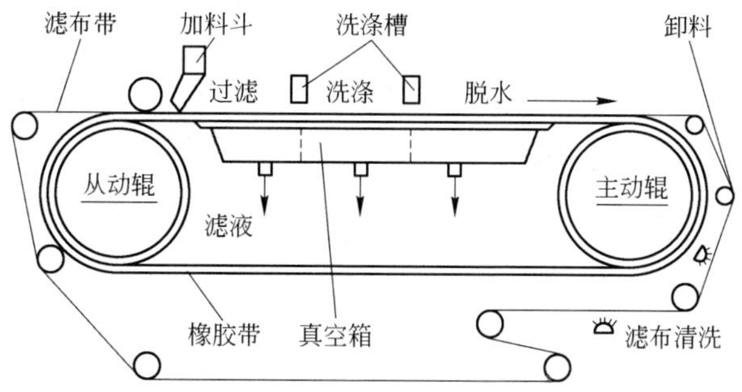

图 12-79　水平带式真空过滤机结构

胶带、滤布在固定的真空箱上运动，沿传送带式滤布的不同区段部位加料、过滤、淋水洗涤和吹气干燥、自动卸载滤饼和清洗滤布连续自动进行，并能实现多段逆流洗涤。过滤机面积为18～63m^2，滤布带速可调，移动速度为1～7m/min；生产能力大，达100～150kg/(m^2·h)；滤渣可进行有效洗涤，渣含水30%。该机具有自动化程度高、可大幅度减轻操作人员劳动强度和提高劳动生产率等优点。缺点是占地面积大，投资高等。

E 自动厢式压滤机

自动厢式压滤机是20世纪60年代以后发展起来的。其特点是过滤压力高，最高压力已达2.0MPa；单机过滤面积大，国外已有1727m^{2}的产品问世，国内的最大过滤面积已达1050m^2；滤饼含液量低，经压榨后的滤饼含液量可再降低5%～15%；抗腐蚀性好，滤板可采用多种增强型塑料，质量轻，弹性好，耐腐蚀，适应性广；运转费用低，可实现多台连续作业、联机控制。因此，现代压滤机多以厢式的为主。

自动厢式压滤机按滤板安装方向分为卧式和立式；按滤布安装方式分为滤布固定式、滤布单行走式和滤布全行走式；按有无挤压装置分为隔膜挤压型和无隔膜挤压型；按滤液排出方式分为明流式和暗流式；按操作方式分为全自动操作和半自动操作。其压紧方式一般均为液压压紧。

厢式压滤机工作时首先将滤板压紧，然后启动进料泵将料浆压入各个滤室内进行过滤，固体颗粒留在滤室内，滤液穿过滤布，经过滤板的排液沟槽流到滤板排液口，排出机外。过滤结束，启动洗涤泵将洗液通入滤室洗涤滤饼，将压紧板拉回，第一滤室里的滤饼从张开的滤布上落下，当压紧板到达预定位置时，位于横梁两侧的拉板装置将滤板一块接一块地依次拉开，因滤板间的滤布呈八字形张开，故滤饼很容易因自重自然下落。滤饼全部卸除后，主油缸启动，推动压紧板将全部滤板合在一起压紧，至此一个工作循环完成。清洗滤布可在卸料后进行，或若干个工作循环后清洗一次。通过清洗喷嘴时，射出高压水进行清洗。

a 滤布固定式自动厢式压滤机

滤布固定式自动厢式压滤机（如图12-80所示）又分两种形式：无隔膜压榨型和隔膜压榨型，其中以无隔膜压榨型的居多。

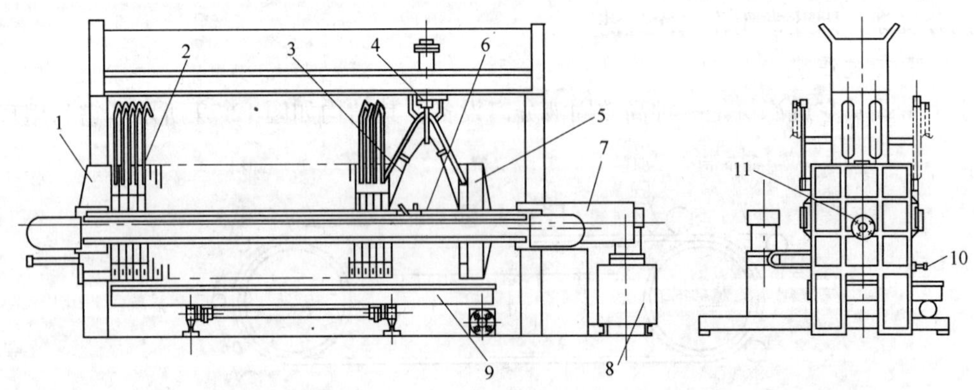

图12-80 滤布固定式自动厢式压滤机示意图

1—止推板；2—滤板组件；3—主滤布；4—滤布振打装置；5—压紧板；6—滤板移动装置；7—压紧装置；8—液压系统；9—滤液收集槽；10—滤液阀；11—进料口

滤布固定式自动厢式压滤机与板框压滤机相比具有以下明显优点：(1) 采用了厢式滤板，便于卸料；(2) 滤板压紧时可以实现自动保压；(3) 设有滤液移动装置，实现了自动拉板；(4) 设有滤布振打装置，滤饼卸除完全；(5) 设有滤饼清洗装置，可经常清洗滤布，提高了过滤效率；(6) 设有电控系统，实现了操作程序自动控制。

b 滤布固定式压榨型自动厢式压滤机

滤布固定式压榨型自动厢式压滤机除具有无隔膜压榨型的六种优点外，还采用了隔膜压榨技术，可进一步降低滤饼水分，另外，还可在滤室的料浆不充满情况下过滤，滤饼厚度可以随意选择。滤布固定式压榨型自动厢式压滤机滤板布置是采用厢式滤板与隔膜滤板交错排列，工作原理与无隔膜压榨型的大体相似，只是在过滤和洗涤结束后，通入压缩空气（或水），使橡胶隔膜鼓胀，对滤饼进行挤压，可使滤饼进一步脱水。采用压缩空气时，压榨阶段压强一般为 0.6MPa。采用高压水时，压榨压强可达 2.0MPa 以上，工作原理见图 12-81。

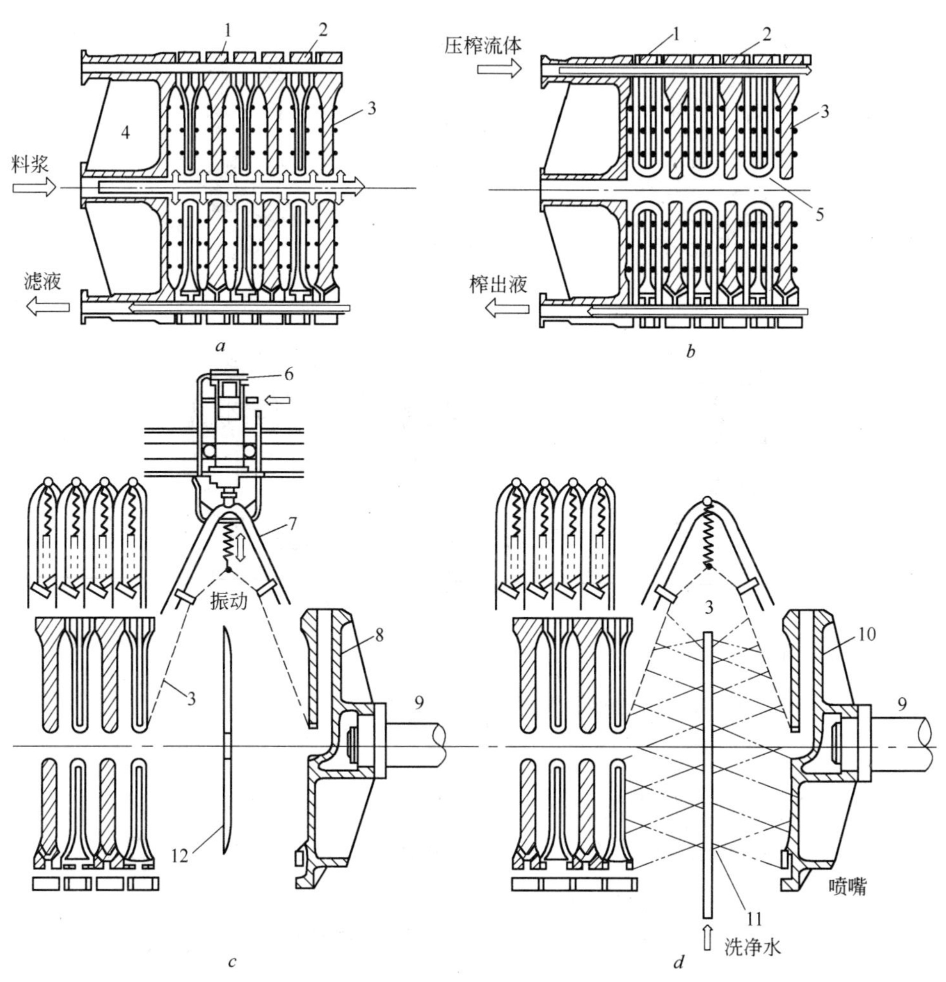

图 12-81 滤布固定式压榨型自动厢式压滤机

a—过滤行程；*b*—压榨行程；*c*—滤饼卸出行程；*d*—滤布曲张装置

1—压榨板；2—滤板；3—滤布；4—止推板；5—压榨膜；6—滤布振动装置；7—滤布曲张装置；8，10—压紧板；9—油压装置；11—喷嘴；12—压榨杆

c 滤布单行走式自动厢式压滤机

滤布单行走式自动厢式压滤机的各滤室的滤布自成体系，由驱动装置带动滤布同时上下行走，滤饼卸除时，滤布张开角度大，易自动卸除，滤布在上升过程中内外均可得到清洗。其代表机型为Lasta型，该压滤机有ISF型和ISD型两种型号，结构相同，不同之处仅是后者在滤室下增加了压榨膜。

滤布单行走厢式压滤机目前均采用顶部进料原理，图12-82是ISD型滤布单行走厢式压滤机工作原理。与滤布固定式压滤机的工作不同处在于滤浆从顶部进料，经过滤、洗涤和压榨脱水后，油缸启动将各滤室同时打开，滤布包着滤饼向下行走，滤布两个下端在转辊处作U形转弯，滤布越向下行其张角越大，这样滤饼很容易从滤布上剥离落下。滤饼卸除后，滤布开始上升，同时高压水对滤布的两侧进行清洗。返程结束时，滤布到达原位，清洗也即停止，滤板经合板、压紧可进行下一工作循环。

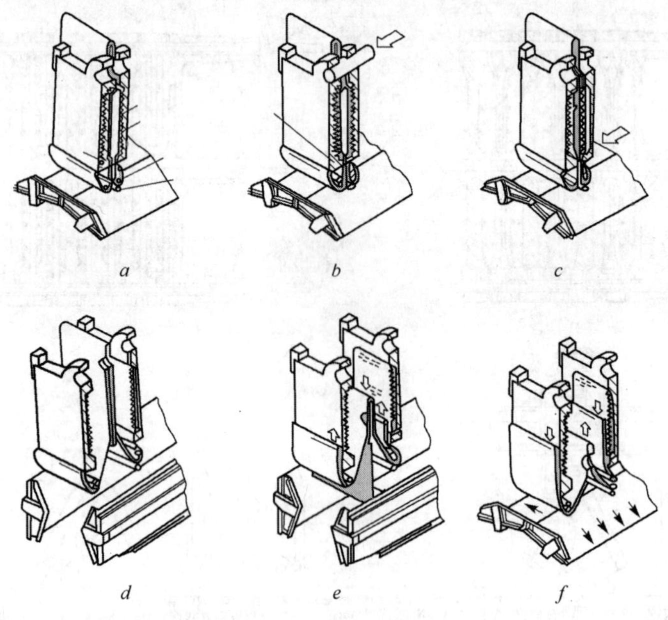

图12-82 滤布单行走自动厢式压滤机工作原理示意图

a—闭板；*b*—过滤；*c*—压榨；*d*—卸饼；*e*—清洗滤布；*f*—开板

ISD型压滤机每个压滤周期均分以下6道程序：

（1）闭板：是进行过滤的准备过程，用油缸操作，通过压紧板及压榨膜压紧，形成滤室，同时卸料门关闭。

（2）过滤：将滤浆在0.5MPa压力下，于一定时间内压入所有滤室，液相经滤布进行过滤。

（3）压榨：在过滤结束的同时，对隔膜供给压力水，橡胶隔膜压榨滤饼，最大压力2MPa，压榨一定时间，便得到低含湿率的滤饼。

（4）开板：为滤饼卸出的准备过程，用油缸操作，使滤板及隔膜恢复到原来的位置。并将卸料门打开。

（5）卸饼：在滤板拉开结束的同时，滤布由行走装置驱动下降，在滤板下端展开，滤饼剥离下落。

（6）清洗滤布：滤饼剥离结束以后，滤布上升到原来的位置，同时由清洗喷嘴喷射2MPa的压力水来清洗滤布的两面。滤布清洗通常几个周期进行一次。

以上各程序均由控制室的程序控制器进行操纵和监控。

d 滤布全行走式自动压滤机

滤布全行走式自动压滤机多为立式的，最早出现于前苏联，后由芬兰LAROX公司给予了改进和完善。目前的LAROX PF型自动压滤机是一种立式、压榨型滤布全行走全自动压滤机。

LAROX PF型压滤机结构示意如图12-83所示。

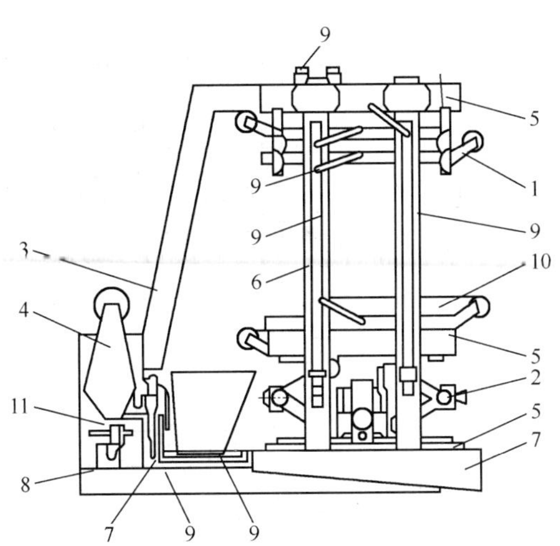

图12-83 LAROX PF型压滤机结构示意图

1—压滤板框；2—顶紧装置；3—滤布松紧装置；4—滤布驱动装置；5—压板；6—立柱；7—集水槽；8—机座；9—管路；10—滤布；11—气动装置

LAROX PF型自动压滤机具有以下优点：

（1）压榨力可达1.6MPa，滤饼残余水分含量很低，从而可达到明显的节能目的。

（2）用于精矿脱水，一般可使滤饼水分降至10%以下，这样在许多情况下可以节省干燥作业，从而达到简化工艺流程、降低投资、节省能源、改善操作环境和降低运行与保养费用的目的。

（3）占地面积少。

（4）采用逆流或顺流洗涤，洗涤均匀，洗涤效率高于其他任何洗涤系统、洗涤液耗量低，洗涤液循环量减少。

（5）采用全自动操作。

LAROX PF型自动压滤机由控制器进行控制，可根据需要按长程序或短程序运行。长程序包括过滤、压榨、洗涤、二次压榨、吹干和卸饼6个过程，短程序则不包括洗涤和二次压榨过程。其工作原理见图12-84。

（1）过滤：板框组闭合后，料浆通过分配管进入各个板框腔，滤液穿过滤布进入滤液腔并经过滤液管排出，滤饼初步形成。

（2）压榨：将高压水送入各板框橡胶隔膜的后面，隔膜膨胀挤压滤饼，挤压出的滤液通过滤布排出。

（3）洗涤：洗涤液由与料浆进入板框相同的路径进入过滤腔，顶起隔膜，挤出高压水，同时洗涤滤饼。洗液经过滤布进入滤液腔，然后经滤液管排出。

（4）二次压榨：洗涤后留在过滤腔中的洗涤液用与第一次挤压相同的方式，对滤饼实施二次挤压，挤压过滤腔中的洗涤液。

（5）吹干：压缩空气经与料浆进入相同的路径被送入过滤腔，并顶起隔膜，排出高压

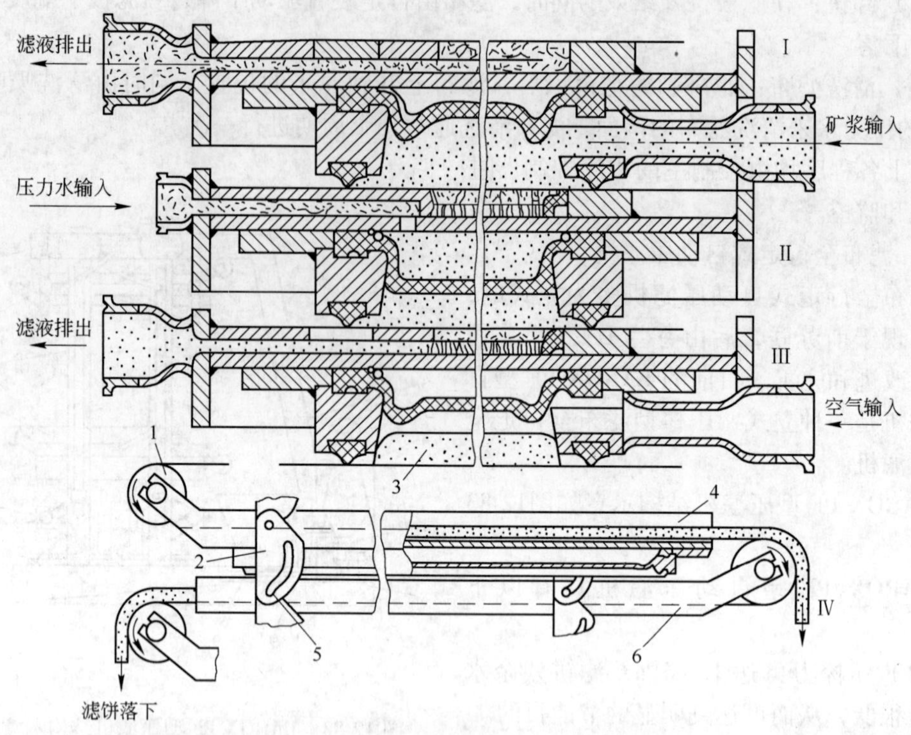

图 12-84 LAROX PF 型自动压滤机工作原理

Ⅰ—过滤；Ⅱ—压滤；Ⅲ—吹干；Ⅳ—卸滤饼；

1—滤布托辊；2—悬挂板；3—滤饼；4—左板；5—销轴；6—右板

水。空气穿过滤饼后，滤饼水分进一步降低。

（6）卸饼：滤饼吹干后，板框组件打开，同时开动滤布驱动装置，滤布上的滤饼从两侧排出。

12.2.2.3 过滤作业的主要操作条件及技术指标

湿法炼锌对浸出矿浆浓泥的过滤国内一般采用两段过滤，第一段过滤的滤饼加水浆化（洗涤）后再次过滤，第二段过滤的滤饼即为最终的滤渣。

第一段过滤由于液固比较大且要重新浆化，一般对滤渣含水要求不是很严格，只要求过滤速度快、处理能力大、操作简单方便。同时，由于浓泥多为酸度较高的酸性底流，对设备和过滤介质要求具有较好的耐腐蚀性，现代大型湿法炼锌厂多采用带式真空过滤机。

带式过滤机实例的有关数据见表12-66。

表 12-66 带式过滤机实例的设备规格型号、技术参数及操作条件

设备规格及技术参数	操作条件	设备规格及技术参数	操作条件
DZG30/1800 型	温度 75～80℃	滤带宽度 1800mm	渣含水小于 30%
过滤面积 30m^2	矿浆密度 1.7～1.9g/cm^3	生产能力 3600kg/(台·d)	真空度 0.06MPa
胶带速度 0.3～3m/min	pH 值 4.0～4.5		

第二段过滤的是经过洗涤后的浆料，要求得到含水溶锌和水分较低的滤饼。现代大型湿法炼锌厂的二段过滤多采用高效压滤式过滤机，如自动板框压滤机或厢式压滤机。随着装备制造业的技术进步，压滤机的自动化程度大幅度提高，压紧、过滤、洗涤、卸渣、滤布清洗等过程均通过程序控制自动实现。有关设备实例的参数及操作条件见表12-67。

表12-67 二段过滤用过滤机实例的设备型号参数及操作条件

设备名称	设备规格型号及技术参数	操作条件
圆盘过滤机	凸Y50-2.5/6型 过滤面积51m² 滤盘直径2.5m 扇形板72块 生产能力60～80t/(台·d)	矿浆温度65～85℃ 矿浆密度1.7～1.9g/cm³ 滤饼含水35%～45% 真空度0.06MPa
LAROX压滤机	PF-A型 过滤面积31.5m² 滤板尺寸900mm×1750mm 送料压力0.2～1.0MPa 吹洗风压0.4～0.7MPa 生产能力60～80t/(台·d)	矿浆温度60～70℃ 矿浆密度1.6～1.9g/cm³ 滤饼含水21%左右
厢式压滤机	XMK160 滤板数量65块 滤室容积2.75m³ 生产能力90t/(台·d)	矿浆温度50℃ 矿浆密度1.6～2.0g/cm³ 滤饼含水25%左右

工业上常用的过滤介质种类很多，如棉布、丝织品、毛织品、人造纤维布、橡胶布等。过滤介质的选择取决于被过滤的矿浆和溶液的性质。湿法炼锌生产中，一般采用平纹或斜纹的棉织物（帆布）或涤纶布。

表12-68和表12-69分别是框式过滤机和圆盘真空过滤机技术操作条件实例。

表12-68 框式过滤机技术操作条件实例

条件名称	株冶		沈冶		开封冶炼厂
	焙烧矿酸性浸出浓密底流	氧化锌酸性浸出浓密底流	焙烧矿二次中性浸出矿浆底流	氧化矿二次酸性浸出矿浆底流	焙烧矿二次中性浸出矿浆底流
温度/℃	75～90	75～90	70～80	>70	70～85
真空度/kPa	46.7～66.7	46.7～66.7	40～50	53.3～60	46.7～66.7
操作周期/min	60～90	90～120	60～80	60～70	60～90
矿浆酸度（pH值）	4.8～5.0	15～20g/L	5.0～5.2	4～6	5.0
滤饼厚度/mm	20～25	10～15	20～25	20～25	1～4
滤渣含水/%	45～55	45～55	45～50	<42	30～40
洗涤水用量/$m^3 \cdot t_{湿渣}^{-1}$	0.2～0.3	0.2～0.3	0.4～0.6	0.4～0.8	0.1～0.3
滤渣浆化后密度/$t \cdot m^{-3}$	1.7～1.9	1.6～1.8	1.5～1.7	1.8	1.6～1.8
吹渣风压①/kPa	>80	>80	>120	150	110～150

①吹渣风量消耗0.1～0.15m³/(m²·min)。

表 12-69 圆盘真空过滤机技术操作条件实例

条件名称	株冶		沈冶	开封炼锌厂
	焙烧矿框式过滤后浆化渣	氧化锌框式过滤后浆化渣	焙烧矿框式过滤后浆化渣	焙烧矿框式过滤后浆化渣
温度/℃	65~75	65~75	70~80	70~85
真空度/kPa	46.7~66.7	46.7~66.7	<54	46.7~66.7
吹渣风压①/kPa	>78	>78	120~150	108~147
滤渣含水分/%	35~40	35~40	35~40	30~40

①吹渣风量消耗0.1~0.15m^3/(m^2·min)。

表12-70是我国湿法炼锌厂过滤机使用实例。

表 12-70 我国湿法炼锌厂过滤机使用实例

项目	株冶		沈冶		开封炼锌厂
	焙烧矿系统	氧化锌系统	焙烧矿系统	氧化锌系统	焙烧矿系统
框式过滤机					
过滤面积/m^2·台$^{-1}$	130	130	32	13.9	12
过滤机台数/台	5	2	6	3	4
圆盘过滤机					
过滤面积/m^2·台$^{-1}$	51	51	18	18	18
圆盘直径/mm	2500	2500	1800	1800	1800
滤盘数量/个	6	6	4	4	4
圆盘转速/r·min^{-1}	4.9~13.7	4.9~13.7	4.5~13.7	4.5~13.7	4.5~13.7
过滤机台数/台	6	2	6		1 (1)

我国湿法炼锌厂过滤机的技术经济指标实例见表12-71。

表 12-71 过滤技术经济指标实例

技术指标名称	株冶	沈冶	开封炼锌厂
焙烧矿框式过滤机能力/kg·(m^2·d)$^{-1}$	600~800	700~800	600~700
氧化锌框式过滤机能力/kg·(m^2·d)$^{-1}$	200~300		
焙烧矿圆盘真空过滤机能力/kg·(m^2·d)$^{-1}$	1100~1500	1000~1200	900~1200
氧化锌圆盘真空过滤机能力/kg·(m^2·d)$^{-1}$	600		
焙烧矿浸出滤渣含全锌/%	21~23.5	17~20	19~22
其中：水溶锌	3.6~4.0	<6	4.5~5.5
酸溶锌	6.7~8.4	<5.8	5~7

续表 12-71

技术指标名称	株 冶	沈 冶	开封炼锌厂
氧化锌浸出滤渣含全锌/%	13.5～18		
其中：水溶锌 酸溶锌	3.5～4.2 1.4～2.0		
框式过滤机滤布消耗量/$m^2 \cdot t^{-1}_{析出锌}$	0.34～0.37	0.12	1～1.5
圆盘真空过滤机滤布消耗量/$m^2 \cdot t^{-1}_{析出锌}$	0.34～0.37	0.3	0.2～0.3

注：过滤机能力是以干渣计。

12.2.2.4 过滤操作及故障处理

过滤是继浓缩之后进一步液固分离的过程，一般采用二段过滤。

一段过滤是针对酸性浓缩底流（浓泥）进行过滤，由于滤渣要浆化再滤，对渣含水要求不很严格。要求过滤速度快，处理能力大，操作简单方便，一般采用莫尔真空过滤机和带式真空过滤机。吸滤板材质和真空系统材质均要求耐腐蚀，一般采用不锈钢材料。一段过滤的缺点是设备占地面积大，系统配置较为复杂。

二段过滤是将一段渣浆化、洗涤，再加压过滤分离。二段过滤设备一般配备的是圆盘真空过滤机、LAROX 压滤机、自动厢式压滤机等。

A 过滤操作要点

过滤操作的要点如下：

（1）经常检查真空度。真空度的高低直接影响过滤速度。操作中应经常检查管道、阀门、莫尔过滤机的聚合口、圆盘过滤机的分配头、受液器、分离器等有否漏气现象，防止“跑真空”。同时要注意液面控制，使莫尔过滤机叶片淹没在矿浆液面以下，圆盘过滤机液面维持在大轴中心线以下 1/2 的位置，以保证真空系统真空度在 46.67kPa 以上。

（2）经常检查过滤矿浆的 pH 值和密度。如发现矿浆 pH 值过低（低于 4.0 以下）或渣密度下降，要及时通知浸出和浓缩岗位采取措施。

（3）经常检查矿浆温度，并用蒸汽加温，保持矿浆温度在 100℃以上。

（4）及时起吊卸渣。莫尔过滤机卸渣周期是根据渣性和滤饼的厚度来确定的。一般滤饼厚度以 20～35mm 为宜，卸渣周期为 60～70min 左右。对于圆盘过滤，如脱渣不好时，可辅以人工扒渣，以提高过滤效率。

（5）防止损坏滤布，及时更换滤布。莫尔过滤在起吊、下吊、鼓风卸渣时应小心操作，防止损坏滤布。如发现滤布损坏时应及时处理，以保持过滤液的质量，防止渣由滤布坏处带入真空系统，引起真空系统的堵塞。

B 过滤作业的故障及处置

过滤的故障多为真空系统堵塞、渣性不好、大粒渣堵槽等。

（1）真空系统阻塞往往是由于过滤布损坏所致。过滤布损坏而未及时更换，使渣带入真空系统，致使真空管道、受液器、分离器、液封槽等堵塞而严重影响过滤。同时，溶液也因此而抽至真空泵，影响真空泵的正常运转。在生产中，当发现真空度有问题时应及时查明原因，迅速排除故障，恢复正常作业。

（2）渣性不好。渣性不好往往表现为渣不粘布、滤饼薄而呈稀泥状、抽不干、鼓不掉、过滤速度慢。这种现象的出现除因浸出矿浆 pH 值过低外，多因原料含铁、二氧化硅过高或集中处理细粒的精矿所引起。出现这种情况时，可通知浸出岗位改变其配料，同时提高过滤温度和真空度，增开过滤机等。

（3）大粒渣堵槽。浸出矿浆粗粒多时，会出现大粒渣沉积于抽槽的底部，莫尔过滤机起吊卸渣后放不下布，因而滤布易被损坏。遇到这种情况就需掏槽，把大粒渣处理干净。

（撰稿 陈为亮 冯桂林）

12.3 锌湿法冶炼浸出液的净化

锌冶炼原料（焙烧矿和锌精矿）在浸出过程中，当欲提取的主体有价金属从原料中被浸出的同时，某些杂质元素也同时进入溶液。如果杂质含量超过一定限度，将给电积提锌过程带来不利影响。为了保证电积获得高质量的阴极锌，在电积之前必须将某些危害电积过程的杂质除去，以获得尽可能纯净的溶液。从浸出溶液中将杂质元素与主体元素分离的过程即浸出溶液的净化。

净化的目的是将浸出过滤后的上清液中的铁、铜、镉、钴、镍、砷、锑等杂质除至电解过程的允许含量范围之内，确保电积过程的正常进行并生产出较高等级的锌片。同时，通过净化过程的富集作用，使原料中的有价伴生元素得到富集，以便于从相应的净化渣中进一步回收有价金属。在很多情况下，净化分离出来的杂质，往往又是有价金属半产品，是可加以回收的重要原料。因此，净化过程也是一个资源综合利用的过程。

在湿法炼锌工艺中，浸出液要经过3个净化过程，第一个净化过程是焙烧矿在中性浸出时，控制浸出终点的 pH 值，使杂质元素水解沉淀，进入浸出渣中。第二个净化过程是从酸浸液中脱除铁，在热酸浸出、常压氧浸及加压氧浸工艺中，大量的铁进入溶液。必须采取相应的除铁工艺，在尽量减少溶液中锌离子损失的情况下使溶液中的铁尽可能沉淀除去。第三个净化过程是中性浸出液在电解前必须进一步进行净化除杂，脱除分离中性浸出液中的杂质元素，使其含量符合电积锌要求。

关于浸出液的第一个和第二个净化过程，在12.1节湿法冶金提取锌的浸出过程中已有深入的叙述。本节除对上述两个净化过程涉及的相关原理进行简要介绍外，主要叙述中性浸出液中杂质的净化过程。

12.3.1 浸出液的成分及电积过程对硫酸锌溶液中各组分含量的要求

来自浸出工序的锌浸出液（中性上清液），由于锌焙砂中各组分在浸出时的行为，浸出过程中许多杂质化合物都随同锌的化合物一道溶解进入溶液。由于不同工厂所处理的原料组分不同、所采用的浸出工艺流程及操作控制条件的差异，溶液中各种组分以及组分含量波动很大。国内外部分工厂的锌中性浸出液成分见表12-72及表12-73。

表 12-72 国内部分炼锌厂中性浸出液的成分实例 (g/L)

工厂	Zn	Cu	Cd	Ni	Co	Sb	Fe	Cl
株洲冶炼厂	130~170	0.15~0.4	0.6~1.2	0.0008~0.0012	0.0008~0.0025	≤0.0005	0.02	≤0.010
会泽铅锌矿	110~130	0.10~0.5	0.8~1.0	0.002	0.0004	≤0.0003	0.015	≤0.2
祥云飞龙公司（1）	100~120	1.204	0.680	0.0009	0.0025	0.00024	0.005	≤0.08
祥云飞龙公司（2）	130~140	0.82	1.05	0.0008	0.008~0.0011	0.0003	0.008	0.10

表 12-73 国外部分工厂上清液成分 (mg/L)

元素名称	中性上清液成分				
	美国 Bartles Ville	比利时 Balen	比利时 Overplet	德国 Dattern	日本秋田
Cu	420	500	400~500	327	1000
Cd	1407	350	400~600	275	200~300
Co	43	10	20~30	9~15	8~10
Ni	63	1.5	10~30	2~3	
As	0.06	0.15	0.1	0.6	
Sb	0.05	0.35	0.05~0.1		
Ge	0.027	0.4	0.02~0.05		

表 12-74 列出了 1995 年对国内外湿法炼锌厂中性浸出液成分范围的统计数据及平均含量。

表 12-74 中性浸出液的主要成分的含量范围及平均值

项目	$Zn/g\cdot L^{-1}$	$Cu/g\cdot L^{-1}$	$Cd/g\cdot L^{-1}$	$Co/mg\cdot L^{-1}$	$Ni/mg\cdot L^{-1}$	$Cl/mg\cdot L^{-1}$
含量	120~179	0.25~1.20	0.60~1.20	0.5~12.5	0.5~45	30~1000
平均含量	149.0	0.65	0.80	6.30	14.10	221

为保证最经济地进行电积及产出高纯度的阴极锌，在电积前必须对来自浸出工序的溶液进行净化，把各种杂质脱除至能满足电积过程工艺要求的允许含量以下，产出合格净化后液（新液）供给电积工序。新液中杂质的允许含量还与电积周期有关，随电积周期的延长，要求更低的杂质含量。

目前，国内湿法炼锌厂的电积周期多为 24h，对配入电解槽前液的纯硫酸锌溶液（新液）的成分要求见表 12-75。

表 12-75 电积过程对新液成分的要求

元素	Zn		Cu	Cd	Co	Ni	Sb	Mn
mg/L	$(130\sim170)\times10^3$		<0.5	<2	<3	<1	<0.1	$(3\sim5)\times10^3$
元素	Ge	As	F	Cl	Pb	SiO_2	Fe	固体悬浮物
mg/L	<0.1	0.24~0.61	<80	<100	<0.1	<40	<20	$<1.5\times10^3$

表 12-76 列出国外部分工厂净化后液的成分。

表 12-76 国外部分工厂净化后液的成分 (mg/L)

元 素	净化后液成分				
	美国 Bartles Ville	比利时 Balen	比利时 Overplet	德国 Dattern	日本秋田
Cu	<0.1	<0.2	0.2	0.2	<0.01
Cd	2.3	5	1	0.28	<0.05
Co	0.7	0.25	1	0.1 ~0.2	0.6
Ni	0.3	<0.01	0.05	0.05 ~0.15	0.03
As	<0.01	<0.09	0.02	<0.02	0.01
Sb	0.012	0.1	0.02		0.03
Ge	<0.01	0.01	0.02		<0.001

12.3.2 从硫酸锌溶液中除去有害组分的方法

在湿法炼锌生产的浸出作业过程中,进入浸出液中的铁、砷、锑、胶态二氧化硅等数量较多的杂质,工业上常用的净化方法从过程原理上分有离子沉淀法、共沉淀法和置换沉淀法等。

12.3.2.1 离子沉淀净化法

所谓离子沉淀法,就是溶液中某种离子在沉淀剂的作用下,形成难溶化合物形态而沉淀的过程。为了达到使主体有价元素和杂质相分离的目的,工业生产中常用两种方法实现离子沉淀:一是使杂质呈难溶化合物形态沉淀,而主元素留在溶液中,这就是所谓的溶液净化沉淀法;二是使有价元素呈难溶化合物沉淀,而杂质留在溶液中,这个过程称为制备纯化合物沉淀法。

湿法冶金过程中经常遇到的难溶化合物有氢氧化物、硫化物、碳酸盐、黄酸盐和草酸盐等,但是具有普遍意义的是形成难溶氢氧化物的水解法和呈硫化物沉淀的选择分离法。

A 氢氧化物及碱式盐沉淀法

除了少数碱金属氢氧化物以外,大多数的金属氢氧化物都属于难溶的化合物。在工业生产实践中,使溶液中的金属离子呈氢氧化物形态沉淀,包含两个方面不同的目的:一是使主体金属元素从溶液中呈氢氧化物形态沉淀出来,如生产氧化铝时,铝呈氢氧化铝从铝酸钠溶液中沉淀析出;二是使杂质元素从溶液中呈氢氧化物沉淀,如锌焙砂浸出过程中,通过控制浸出终点 pH 值,使杂质铁呈 $Fe(OH)_3$ 沉淀分离除去。

物理化学的观点认为, 上述两种生成难溶氢氧化物的反应都属于水解过程。金属离子水解反应可用下列通式表示:

$$Me^{z+} + zOH^- \Longrightarrow Me(OH)_z(s)$$

反应的标准吉布斯自由能变化为:

$$\Delta G^{\ominus}_{(1)} = \Delta G^{\ominus}_{Me(OH)_z} - z\Delta G^{\ominus}_{OH^-}$$

及

$$\lg K_{sp} = \frac{\Delta G^{\ominus}_{(1)}}{2.303RT}$$

式中，K_{sp}为离子溶度积，当$\Delta G^{\ominus}$已知时，就可以计算反应的K_{sp}。

$$\begin{aligned}\lg K_{sp} &= \lg(a_{Me^{z+}} \cdot a_{OH^-}^z) \\ &= \lg a_{Me^{z+}} + z\lg a_{OH^-} \\ &= \lg a_{Me^{z+}} + z(\lg K_w - \lg a_{H^+})\end{aligned}$$

式中 K_w——水的离子积，整理后得：

$$pH = \frac{1}{z}\lg K_{sp} - \lg K_w - \frac{1}{z}\lg a_{Me^{z+}} \tag{12-8}$$

式 12-8 即为 Me^{z+} 水解沉淀时平衡 pH 值的计算式。由式 12-8 中可看出，形成氢氧化物沉淀的 pH 值与氢氧化物的溶度积和溶液中金属离子的活度有关。

表 12-77 中所列数值为 298K 及 $Me^{z+}=1$ 时生成 $Me(OH)_z$ 的平衡 pH 值，也即开始出现氢氧化物沉淀的 pH 值。

表 12-77 298K 及 $Me^{z+}=1$ 时部分金属氢氧化物沉淀的 pH 值

氢氧化物的生成反应	溶度积 K_{sp}	溶解度/$mol \cdot L^{-1}$	生成 $Me(OH)_z$ 的 pH 值
$Tl^{3+}+3OH^- = Tl(OH)_3$	1.5×10^{-44}	4.8×10^{-12}	-1.5
$Sn^{4+}+4OH^- = Sn(OH)_4$	1.0×10^{-56}	2.1×10^{-12}	0.1
$Co^{3+}+3OH^- = Co(OH)_3$	3.0×10^{-41}	5.1×10^{-11}	1.0
$Sb^{3+}+3OH^- = Sb(OH)_3$	4.2×10^{-42}	1.1×10^{-11}	1.2
$Fe^{3+}+3OH^- = Fe(OH)_3$	4.0×10^{-38}	2.0×10^{-10}	1.6
$Al^{3+}+3OH^- = Al(OH)_3$	1.9×10^{-33}	2.9×10^{-9}	3.1
$Bi^{3+}+3OH^- = Bi(OH)_3$	4.3×10^{-33}	6.3×10^{-9}	3.9
$Cu^{2+}+2OH^- = Cu(OH)_2$	5.6×10^{-20}	2.4×10^{-7}	4.5
$Zn^{2+}+2OH^- = Zn(OH)_2$	4.5×10^{-17}	2.2×10^{-6}	5.9
$Co^{2+}+2OH^- = Co(OH)_2$	2.0×10^{-16}	3.6×10^{-6}	6.4
$Fe^{2+}+2OH^- = Fe(OH)_2$	1.6×10^{-15}	0.7×10^{-5}	6.7
$Cd^{2+}+2OH^- = Cd(OH)_2$	1.2×10^{-14}	1.2×10^{-5}	7.0
$Ni^{2+}+2OH^- = Ni(OH)_2$	1.0×10^{-15}	1.4×10^{-5}	7.1
$Mg^{2+}+2OH^- = Mg(OH)_2$	5.5×10^{-12}	1.1×10^{-4}	8.4

表 12-77 可用来比较各种金属离子形成氢氧化物的顺序。当氢氧化物从含有几种价位相同的阳离子多元盐溶液中沉淀时，首先开始析出的是其形成 pH 值最低，即其溶解度最小的氢氧化物。在有不同价态金属离子的体系中，由于高价氢氧化物比低价氢氧化物的溶解度更小，高价态阳离子总是比低价态阳离子在 pH 值更低的溶液中形成氢氧化物。

实践表明，纯净氢氧化物，只能从稀溶液中生成，在一般溶液中常常形成碱式盐沉淀。

设有碱式盐 $\alpha MeA_{\frac{z}{y}} \cdot \beta Me(OH)_z$，其形成反应式可表示为：

$$(\alpha+\beta)Me^{z+} + \frac{z}{y}\alpha A^{y-} + z\beta OH^- = \alpha MeA_{\frac{z}{y}} \cdot \beta Me(OH)_z$$

式中 α，β——系数；

z——阳离子 Me^{z+} 的价数；

y——阴离子 A^{y-} 的价数。

设 $\Delta G^{\ominus}$ 为上式反应的标准吉布斯自由能变化，则可推导出：

$$pH = \frac{\Delta G^{\ominus}}{2.303 z\beta RT} - \lg K_w - \frac{\alpha + \beta}{z\beta}\lg a_{Me^{z+}} - \frac{\alpha}{y\beta}\lg a_{A^{y-}} \tag{12-9}$$

从式12-9中可看出，形成碱式盐平衡pH值与 Me^{z+} 的活度（$a_{Me^{z+}}$）和价数（z）、碱式盐的成分（α 和 β）、阴离子 A^{y-} 的活度（$a_{A^{y-}}$）和价数（y）有关。

表12-78所列为298K及 $(a_{Me^{z+}}) = (a_{A^{y-}}) = 1$ 时形成金属碱式盐平衡pH值及有关数据。

表12-78 298K及 $(a_{Me^{z+}}) = (a_{A^{y-}}) = 1$ 时形成金属碱式盐的平衡pH值及有关数据

碱式盐的化学式	碱式盐的标准生成吉布斯自由焓 $\Delta G^{\ominus}$/kJ·mol^{-1}	形成碱式盐的pH
$5Fe_2(SO_4)_3 \cdot 2Fe(OH)_3$	-820.6	<0
$Fe_2(SO_4)_3 \cdot Fe(OH)_3$	-305.43	<0
$CuSO_4 \cdot Cu(OH)_2$	-253.13	3.1
$2CdSO_4 \cdot Cd(OH)_2$	-123.43	3.9
$ZnSO_4 \cdot Zn(OH)_2$	-116.73	3.8
$ZnCl_2 \cdot 2Zn(OH)_2$	-206.27	5.1
$3NiSO_4 \cdot 4Ni(OH)_2$	-401.66	5.2
$FeSO_4 \cdot 2Fe(OH)_2$	-197.48	5.3
$CdSO_4 \cdot 2Cd(OH)_2$	-190.79	5.8

由表12-77和表12-78可看出，当溶液的pH值升高时，先沉淀析出的是金属碱式盐，也就是说，对相同的金属离子来说，其碱式盐析出的pH值低于氢氧化物析出的pH值。从表12-78中还可看出，溶液中金属离子形成碱式盐和表12-77中金属离子形成氢氧化物的情况一样，同一金属的高价离子形成碱式盐的pH值低于低价离子形成碱式盐的pH值，即同一金属的高价离子可在较低的pH值下沉淀析出。

因此，为了使金属离子呈难溶化合物形态沉淀，在沉淀之前或沉淀同时必须将低价金属离子氧化成更高价态的金属离子。在应用方面，典型的就是在浸出过程中，为了确保溶液中的铁合格，在浸出过程中加入氧化剂将 Fe^{2+} 完全氧化成 Fe^{3+}，控制浸出终点pH值将铁除去，以达到要求。

在实际生产过程中，应用离子沉淀法除杂质，只有当杂质离子沉淀的pH值低于主体金属元素沉淀的pH值才能实现，否则会造成主体金属元素的损失。在锌湿法冶炼生产中，由于锌离子沉淀的实际pH值为5.6，故应用离子沉淀法除杂质只能除去溶液中的铁、硅及部分的砷、锑、锗，而对于铜、镉、钴、镍、锰、镁等由于其离子沉淀的pH值高于5.6，不能用离子沉淀法除去。

B 硫化物沉淀法

在现代湿法冶金中，以气态的 H_2S 作为沉淀剂使水溶液中的金属离子呈硫化物的形态沉淀出来的方法在工业中得到应用，并经实践证明是一个既经济又高效的方法。

这种方法在实际生产中应用于两种目的不同的场合，一种是使有价金属从稀溶液中沉淀，得到品位高的硫化物富集产品，以便于进一步回收处理；另一种是用于进行金属的选择分离和净化，即使主体金属元素保留在溶液中的同时使伴生的金属离子形成硫化物形态沉淀。

硫化物沉淀分离金属，是基于各种硫化物的溶度积不同，溶度积越小的硫化物越易形成硫化物沉淀析出。

硫化物在水溶液中的稳定性通常用溶度积表示：

$$Me_2S_z = 2Me^{z+} + zS^{2-}$$

$$K_{sp(Me_2S_z)} = [Me^{z+}]^2 \cdot [S^{2-}]^z \tag{12-10}$$

在 298K 时，溶液中的硫离子 $[S^{2-}]$ 是由 H_2S 按下列两段离解而产生：

$$H_2S = H^+ + HS^- \qquad K_1 = 10^{-7.6}$$

$$HS^- = H^+ + S^{2-} \qquad K_2 = 10^{-14.4}$$

总反应

$$H_2S = 2H^+ + S^{2-} \qquad K = K_1K_2 = 10^{-22}$$

$$K = \frac{[H^+]^2 \cdot [S^{2-}]}{[H_2S]}$$

因为在 298K 时溶液中的 H_2S 饱和浓度为 0.1mol/L，故得：

$$[H^+]^2 \cdot [S^{2-}] = 10^{-23} \tag{12-11}$$

由式 12-10 和式 12-11 可导出一价金属硫化物 Me_2S 沉淀的平衡 pH 值的计算式为：

$$pH = 11.5 + \frac{1}{2}\lg K_{sp(Me_2S)} - \lg a_{Me^+} \tag{12-12}$$

二价金属硫化物 MeS 沉淀的平衡 pH 值的计算式为：

$$pH = 11.5 + \frac{1}{2}\lg K_{sp(MeS)} - \frac{1}{2}\lg a_{Me^{2+}} \tag{12-13}$$

三价金属硫化物 Me_2S_3 沉淀的平衡 pH 值的计算式为：

$$pH = 11.5 + \frac{1}{6}\lg K_{sp(Me_2S_3)} - \frac{1}{3}\lg a_{Me^{3+}} \tag{12-14}$$

由上列三式可见，生成硫化物的 pH 值不仅与硫化物的溶度积有关，而且还与金属离子的活度和离子价态有关。

以上三式的推导可知系数 11.5 是在 H_2S 浓度为 0.1mol/L 的条件下推算出来的，如果溶液中 H_2S 的浓度大于 0.1mol/L，则此系数将会降低，也即表明硫化物沉淀析出的 pH 值将会降低。

某些金属硫化物在 298K 时的溶度积见表 12-79。如果已知金属离子的活度和价态数，将各种金属硫化物的溶度积分别代入式 12-12 ~ 式 12-14 中，就可求出各种金属硫化物的平衡 pH 值。

表 12-79 某些金属硫化物在 298K 时的溶度积

金属硫化物	K_{sp}	lg$K$	金属硫化物	K_{sp}	lg$K$
FeS	1.32×10^{-17}	-16.88	CdS	2.14×10^{-26}	-25.67
NiS	2.82×10^{-20}	-19.55	PbS	2.92×10^{-27}	-26.64
CoS	1.80×10^{-22}	-21.64	CuS	2.40×10^{-35}	-34.62
ZnS	2.34×10^{-24}	-23.63			

在常温常压条件下，H_2S 在水溶液中的溶解度仅为 0.1mol/L，只有提高 H_2S 的分压，才能提高溶液中 H_2S 的浓度。所以现代湿法冶金中已采用高温高压硫化沉淀过程。

温度升高，硫化物的溶解积增加，不利于硫化沉淀，但是升高温度 H_2S 离解度增大，又有利于硫化沉淀，且从动力学方面考虑，提高温度可以加快反应速度。

H_2S 在水溶液中的溶解度随着温度的升高而下降，但是提高 H_2S 的分压，H_2S 的溶解度又能提高。

总的来说，高温高压有利于硫化沉淀。

12.3.2.2 共沉淀净化法

A 分散体系概念

在湿法冶金过程中，物质在溶液中分散成胶体的现象是经常遇到的，如锌焙烧矿中性浸出过程时，产生的 $Fe(OH)_3$ 就是一种胶体，$Fe(OH)_3$ 在沉淀过程中能够吸附砷、锑、锗等共沉。这种利用胶体吸附特性除去溶液中其他杂质的过程称为共沉淀净化。

一种物质分散成微粒分散在另一种物质中称为分散体系，被分散的物质称为分散质，分散质周围的介质叫做分散剂。例如在锌焙烧矿中性浸出过程产生的极细粒的氢氧化铁和电解质所组成的体系就是一种分散体系。从广义上讲溶液也就是一种分散体系。

根据分散体系中分散质粒子的大小不同，把分散体系分为下列几类：

(1) 溶液：分散质被分散成单个的分子或离子，其粒子直径在 1×10^{-7}cm 以下。

(2) 溶胶：又称胶体溶液，它的分散质是由许多分子聚集而成的颗粒，粒子直径在 $10^{-7}\sim10^{-5}$cm 之间。

(3) 悬浊液：分散质也是由许多分子聚集而成的颗粒，粒子直径在 $10^{-5}\sim10^{-3}$cm 之间。

溶液是溶质以分子或离子状态分散在溶剂中形成的均相体系，溶质和溶剂没有物理相界面，它是稳定的体系。溶胶与悬浊液都属于胶体范围。在胶体中分散的粒子是许多分子的聚合体，分散质与分散剂之间有物理相界面，它是不稳定的多相体系。

胶体的分散质与分散剂可以是固体、液体或气体。在湿法冶金中常遇到的是固体所形成的水溶液。

B 胶体的基本特性

胶体的特性很多，在此只介绍与湿法冶金有关的几个基本特性。

a 胶体的高度分散性与吸附能

胶体中分散质颗粒很小，所以胶体具有高度的分散性，正是这种高度的分散性，使体系中的胶体粒子具有巨大的表面积。这可用以下例子进行说明，一个立方体粒子的每边边长是 1cm，则它的表面积是 $6cm^2$。如果将它分成边长为 1×10^{-5}cm 的粒子，则这些离子的

总表面积将是 $60m^2$（$600000cm^2$），是原来总表面积的 100000 倍。正是由于胶体具有这样巨大的表面积，致使胶体粒子具有很大的吸附能力。

通常所说的吸附作用是指固体的吸附作用。由于固体内部的微粒与它周围微粒之间的引力在各个方向可以相互抵消（如图 12-85 中 A 所示），而在表面层的微粒受各个方面的引力并不相同（如图 12-85 中 B 所示），因此它能吸住与它接触的气相或液相中的某些微粒。相同质量的同一物质，其表面积越大，则吸附能力越强，所以经粉碎得很细的固体由于表面积很大，吸附能力就增强。如木炭是多孔物质，所以总表面很大，便具有较强的吸附能力，活性炭的总表面积越大，吸附能力越强。所以在湿法冶金中，常用活性炭来吸附净化除去某些杂质。

b 胶体的电泳现象与其带电性

如图 12-86 所示，将 $FeCl_3$ 水解所得到的红褐色 $Fe(OH)_3$ 胶体装入 U 形管中，然后插入两根金属电极，接通直流电源后，就会产生阴极附近的颜色逐渐变深的现象，表明 $Fe(OH)_3$胶体离子移向阴极。这种胶体微粒受电的作用而移动的现象称为电泳。

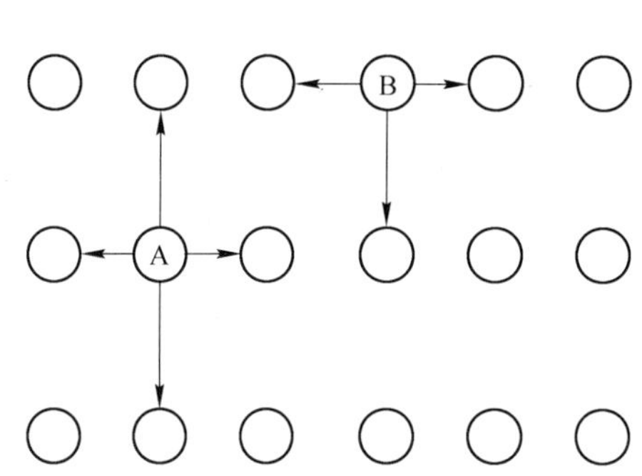

图 12-85 固体吸引力来源示意图

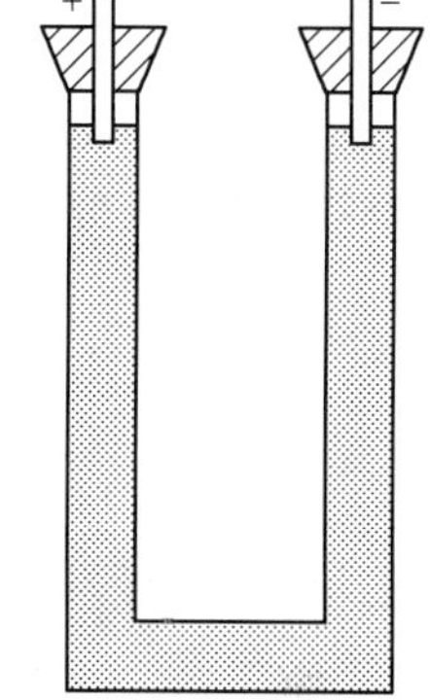

图 12-86 胶体的电泳现象

从电泳现象可知，在稳定的胶体中，大多数情况下，胶体微粒是带电的。胶体微粒所带电荷的多少虽有不同，但同一种类的胶体微粒所带的电荷的符号却是相同的。电泳实验确定：金属硫化物溶胶的粒子一般带负电荷，金属氢氧化物溶胶粒子一般带正电荷。但也有一些物质的胶粒因生成条件不同，所带电荷也不一样。在 $FeCl_3$ 水解时，在酸性溶液条件下，得到的 $Fe(OH)_3$ 胶粒带正电荷，而在碱性溶液条件下，得到的 $Fe(OH)_3$ 胶粒带负电荷。

由于胶体系统具有高度分散性，使胶粒具有巨大的比表面积，从而就可能选择性地吸附溶液中的一种离子，使胶粒带电。胶体粒子带电，正是由于胶体粒子的这种强吸附性所致。对于整个胶体溶液来说是电中性的，这是由于胶粒质点的电荷被溶液中带相反电荷的离子所抵消的缘故。胶体带电对胶体的许多性质发生很大的影响，特别是对其稳定性有很大的影响。

c 胶体的稳定性

在湿法冶金中，时常看到反应生成沉淀物，其大颗粒很快地下沉，而小颗粒在胶体范围内的粒子却很稳定地存在于电解质溶液中不下沉。这种胶体粒子稳定地在电解质溶液中自由运动而不下沉的现象称为胶体的稳定性。其原因就是因为溶液中高度分散的胶体粒子具有扩散行为，能抵抗自身的重力而免于下沉，即有动力稳定性；同时其微小的胶体粒子带电，形成扩散双电层，具有电动电位，能避免质点的聚结，即有不聚结稳定性。两种稳定性的共同作用，就维持了溶胶的稳定。

d 胶体的结构

目前对胶体粒子结构理论认识是：胶体粒子中心部分是由许多分子聚集而成的很小的微粒，称为胶核。在胶核的表面上吸附了一层一定种类的离子，而这种离子又吸引一部分带相反电荷的离子在它的周围。这两层离子形成了胶核的吸附层，由胶核和吸附层构成胶粒。

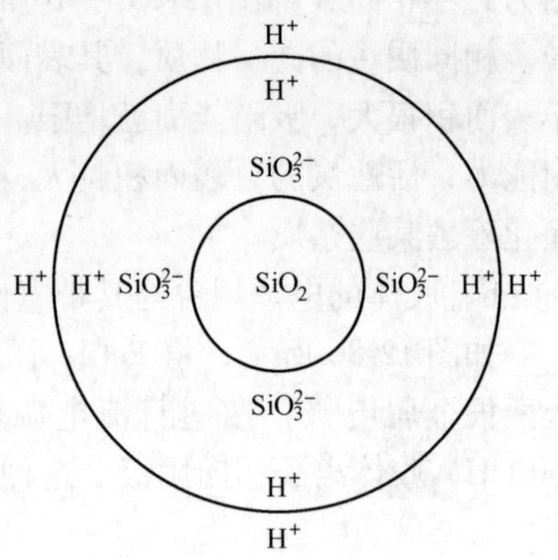

图 12-87 硅胶的胶粒结构

由于吸附层中直接与胶核接近的离子电荷比外层带相反电荷的离子的电荷多，所以胶粒是带电的。还有一部分带相反电荷的离子则在离胶核较远的地方运动，与胶核的联系较弱，它们便形成所谓的扩散层。

硅胶的结构示意见图 12-87。

具有这种结构的硅胶化学式为：

$$\underbrace{\underbrace{[SiO]\cdot nSiO_3^{2-},\ 2yH^+}_{\text{吸附层}}}_{\text{胶粒}}\ \underbrace{2xH^+}_{\text{扩散层}}$$

胶核运动时，吸附层的离子和它一起运动，这就是胶体电泳现象产生的原因。

C 胶体的凝结与吸附

在湿法冶金中，时常产生胶体溶液，这对液固分离，如沉降、过滤带来许多困难。因此，必须设法使胶体溶液中的微小胶粒互相碰撞，进一步凝结成大颗粒，便于从溶液中迅速沉降或易于过滤。使胶体凝结的作用称为胶体的凝结或者称为破坏胶体。破坏胶体常用的方法有以下几种。

a 加电解质

由于胶体粒子带有相同的电荷，它们相互排斥而难于凝结成大颗粒沉降。如果向胶体溶液中加入另一种电解质，这样就增加了溶液内离子的浓度，给带电胶粒创造了吸引带相反电荷离子的条件。当胶粒接触或吸引到带相反电荷的离子时，胶粒所带的电荷会部分或全部被中和，因而失去了胶体保持稳定的条件，这样胶体粒子在自由运动过程中，由于相互碰撞便会结合成较大的粒子，形成凝结，并在重力作用下迅速下降。

在湿法炼锌过程中，形成的 $Fe(OH)_3$ 胶体（为除砷、锑所必须），给液固分离造成了困难，为了破坏这种胶体，浸出过程中需要一边加入焙烧矿调整 pH 值，一边看生成沉淀颗粒的大小。当 pH 值调整到 5.2 ~ 5.4 时，颗粒长大。其原因是用焙烧矿调整 pH 值过程中，除保证使 Fe^{3+} 尽可能水解沉淀所需要的 pH 值（约 3.5）外，继续加入的焙烧矿所产生的电解质，会使 $Fe(OH)_3$ 胶体粒子所带的电荷被中和。这时矿浆的 pH 值也继续升高，当 pH 值达到一定值（pH 值为 5.2）时，原来胶体粒子 $Fe(OH)_3$ 所带的电荷几乎被完全中和，胶体粒子几乎为电中性。若 pH 值控制不好，pH 值继续升高，胶体粒子 $Fe(OH)_3$吸附过多的相反电荷的离子，会变成带相异电荷的粒子，也不利于胶体粒子的凝结沉降。

胶体粒子呈电中性的状态，称为“等电状态”。在等电状态下最有利于胶体粒子的凝聚。胶体粒子呈等电状态时的 pH 值称等电点。当 pH 值为 5.2 时，是 $Fe(OH)_3$ 胶体粒子的等电点，此时胶体粒子不带电，吸水程度最低，凝结性最好，胶体粒子迅速增大而加快沉降。当 pH < 5.2 时，$Fe(OH)_3$ 胶体粒子带正电，吸水性强，呈膨润状，沉淀不好，砷、锑除去不完整，澄清过滤困难；当 pH > 5.2 时，$Fe(OH)_3$ 胶体粒子带负电，同样吸水性强，呈膨润状，沉淀不好，砷锑除去虽然彻底，但却影响澄清与过滤。这就是在锌焙烧矿中性浸出过程中要严格控制 pH 值的原因。

在其他金属的湿法冶金中，往往加入 Na_2CO_3、$Ca(OH)_2$ 等电解质进行中和除铁，同样也是一种破坏胶体的措施。

按此道理，如果不是向胶体溶液中加入电解质，而是加入一种带相反电荷的胶体溶液，当它们相互接触时，也能使胶体粒子所带的电荷被中和掉，也能够促使胶体粒子相互凝聚、长大而迅速沉降。

b　加热胶体溶液

加热电解质溶液可以减弱胶体粒子对离子的吸附能力，从而减少胶体粒子所带的电荷，同时也可以增强胶粒的运动能力，使胶粒之间的相互碰撞的机会增多，从而凝聚下沉。

此外，水溶液中的胶体，往往吸附水分子，在胶粒周围形成水膜，水膜也会阻碍胶粒的凝聚，当加热时，可以破坏水膜，也能促进胶体的凝聚。因此，在实际生产过程中常常采用加热的方法来破坏胶体，促使胶粒凝聚长大，使澄清与分离较容易进行。

c　加凝聚剂

将某些有机物加入胶体溶液中，能使很小的胶体粒子很快就凝聚长大成大颗粒，这样就达到迅速沉降的目的。这种能使胶粒凝聚的物质称为凝聚剂（又称为凝结剂或凝集剂）。目前在湿法冶金中常用的 3 号凝聚剂即聚丙烯酰氨和各种动物胶。

在选择凝聚剂时，除了考虑它能增加沉降效果外，还必须考虑对整个湿法冶金特别是对电解过程有没有危害。

由于胶体有很强的吸附性，胶粒除了吸附荷电离子而使其本身带电，促进其稳定难于凝聚成大颗粒沉降下来外，还能选择性地吸附溶液中的一些有害杂质。这种选择吸附作用可以被用在生产上净化除去溶液中的某些杂质。在锌焙烧矿中性浸出过程中，当 $Fe(OH)_3$ 胶粒在浸出矿浆中形成时，能够优先吸附溶解在溶液中的砷和锑离子，当 pH 值为 5.2 时，加入 3 号凝聚剂，$Fe(OH)_3$ 胶粒凝聚沉降时，便把吸附的砷、锑离子凝聚在一起共同沉降，达到净化除去砷、锑的目的。这种净化方法称为吸附共沉淀法，它是各种湿法冶金中净化除去砷锑常用的方法之一。

砷、锑与铁共沉淀法除砷、锑的生产实践表明，砷锑除去的完全程度，主要决定于溶液中铁的含量。铁含有量越高，溶液中的砷、锑去除越完全。一般要求溶液中的铁含量约为砷、锑含量的 10 ~ 20 倍。

在生产实践中，还有一种共沉淀现象，就是在电解的溶液中，有两种难溶的电解质共存，当它们晶体结构相同时，它们便可以生成共晶一起沉淀下来，这种沉淀称为共晶沉淀。在锌电解沉积过程中，电解液中含有少量的铅，铅会在阴极析出，从而影响产品质量。为了降低电解液中的铅含量，特向电解液中加入碳酸锶，碳酸锶在电解液中会转变成难溶液的硫酸锶，而硫酸锶与硫酸铅都是难溶的硫酸盐，它们晶体结构相同，晶格大小相似，从而形成共晶而沉淀出来。

12.3.2.3 置换沉淀净化法

A 置换沉淀过程的热力学

如果将电极电位较低（负）的金属加入到电极电位较高（正）的金属盐溶液中，则电极电位较低的金属将取代电极电位较正的金属，而本身则进入溶液中。从热力学的角度考虑，任何金属均可能按其在电动势序中的位置被更负电性的金属从溶液中置换出来。按电化学原理，锌的标准电位较负，当锌粉加入到硫酸锌溶液中时，便会将较正电性的金属铜、镉、钴、镍等（用Me代表）从硫酸锌溶液中置换出来：

$$Zn + Me^{2+} \equiv Zn^{2+} + Me$$

此类氧化-还原反应可视为无数微电池的总和。阳极反应是锌粉氧化而溶解：

$$Zn - 2e \equiv Zn^{2+} \qquad E^{\ominus}_{298} = -0.763V$$

阴极反应是金属离子还原析出：

$$Cu^{2+} + 2e \equiv Cu \qquad E^{\ominus}_{298} = -0.337V$$

$$Cd^{2+} + 2e \equiv Cd \qquad E^{\ominus}_{298} = -0.403V$$

$$Co^{2+} + 2e \equiv Co \qquad E^{\ominus}_{298} = -0.277V$$

$$Ni^{2+} + 2e \equiv Ni \qquad E^{\ominus}_{298} = -0.25V$$

锌粉从硫酸锌溶液中置换铜、镉、钴、镍的反应式为：

$$Cu^{2+} + Zn \equiv Zn^{2+} + Cu\downarrow$$

$$Cd^{2+} + Zn \equiv Zn^{2+} + Cd\downarrow$$

$$Co^{2+} + Zn \equiv Zn^{2+} + Co\downarrow$$

$$Ni^{2+} + Zn \equiv Zn^{2+} + Ni\downarrow$$

从热力学的角度讲，任何金属均有可能按其还原电势顺序被较负电性的金属从溶液中置换出来。图12-88所示为置换净化原理。

表12-80列出了标准电势条件下金属还原电势的次序。

由图12-88及表12-80可知，锌能够置换位于它的电位以上的金属，如铜、镉等。而杂质离子被锌粉置换除去的极限程度取决于它们之间的电位差 $\Delta E_{Zn/Me}$。若两种金属电位差愈大，置换反应愈彻底。

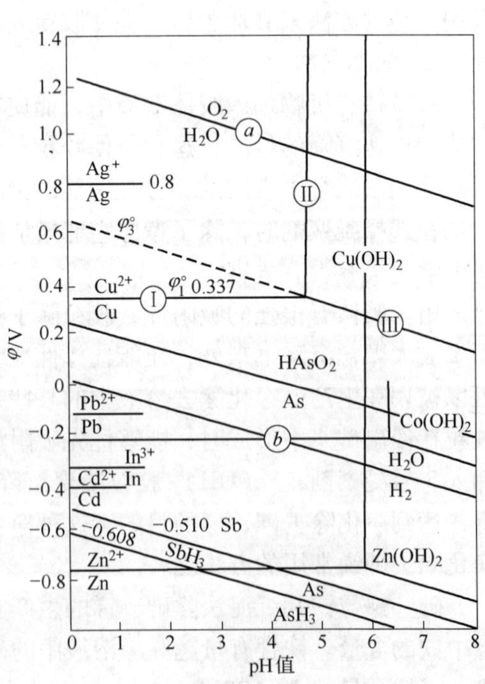

图12-88 置换净化原理

表 12-80 25℃水溶液及标准电势条件下的还原电势次序

电 极	还原电势/V	电 极	还原电势/V
Li^+/Li	-3.045	In^{3+}/In	-0.335
Cs^+/Cs	-2.923	Tl^+/Tl	-0.335
Rb^+/Rb	-2.925	Co^{2+}/Co	-0.267
K^+/K	-2.925	Ni^{2+}/Ni	-0.241
Ra^{2+}/Ra	-2.920	Mo^{3+}/Mo	-0.200
Ba^{2+}/Ba	-2.900	In^+/In	-0.140
Sr^{2+}/Sr	-2.890	Sn^{2+}/Sn	-0.140
Ca^{2+}/Ca	-2.870	Pb^{2+}/Pb	-0.126
Na^+/Na	-2.713	Fe^{3+}/Fe	-0.036
La^{3+}/La	-2.520	$2H^+/H_2$	0.000
Ce^{3+}/Ce	-2.480	$Sb^{3+}/Sb(SbO^+)$	+0.100(0.212)
Mg^{2+}/Mg	-2.370	$Bi^{3+}/Bi(BiO^+)$	+0.200(0.320)
Y^{3+}/Y	-2.370	$As^{3+}/As(AsO^+)$	+0.300(0.254)
Sc^{3+}/Sc	-2.080	Cu^{2+}/Cu	+0.337
Tb^{4+}/Tb	-1.900	Co^{3+}/Co	+0.400
Be^{2+}/Be	-1.850	Ru^{2+}/Ru	+0.450
U^{3+}/U	-1.800	Cu^+/Cu	+0.520
Hf^{4+}/Hf	-1.700	Te^{4+}/Te	+0.560
Al^{3+}/Al	-1.660	Tl^{3+}/Tl	+0.710
Ti^{2+}/Ti	-1.630	$Hg^+/2Hg$	+0.791
Zr^{4+}/Zr	-1.530	Ag^+/Ag	+0.800
U^{4+}/U	-1.400	Rb^{3+}/Rb	+0.800
V^{2+}/V	-1.190	Pb^{4+}/Pb	+0.800
Mn^{2+}/Mn	-1.180	Os^{2+}/Os	+0.850
Nb^{3+}/Nb	-1.100	Hg^{2+}/Hg	+0.854
Cr^{2+}/Cr	-0.860	Pd^{2+}/Pd	+0.987
Zn^{2+}/Zn	-0.763	Ir^{3+}/Ir	+1.150
Cr^{3+}/Cr	-0.740	Pt^{2+}/Pt	+1.200
Ga^{3+}/Ga	-0.530	Ag^{2+}/Ag	+1.369
Ga^{2+}/Ga	-0.450	Au^{3+}/Au	+1.500
Fe^{2+}/Fe	-0.440	Cl^{4+}/Cl	+1.680
Cd^{2+}/Cd	-0.402	Au^+/Au	+1.680

判断置换反应的方向，可用微电池电动势差 $\Delta E_{Zn/Me}$ 来表示，其值大于 0 则能被锌所置换：

$$\Delta E_{Zn/Me} = E_{Me^{2+}/Me} - E_{Zn^{2+}/Zn}$$

$$Zn + Cu^{2+} \Longrightarrow Zn^{2+} + Cu \qquad \Delta E_{Zn/Cu} = +1.1V$$

$$Zn + Cd^{2+} \Longrightarrow Zn^{2+} + Cd \qquad \Delta E_{Zn/Cd} = +0.36V$$

$$Zn + Co^{2+} \Longrightarrow Zn^{2+} + Co \qquad \Delta E_{Zn/Co} = +0.49V$$

$$Zn + Ni^{2+} \Longrightarrow Zn^{2+} + Ni \qquad \Delta E_{Zn/Ni} = +0.513V$$

在有过量置换金属存在的情况下，上述反应将一直进行到平衡时为止，也就是进行到两种金属的电化可逆电位相等时为止。平衡条件下金属置换的方程式如下：

$$z_2Me_1^{z_1^+} + z_1Me_2 \Longrightarrow z_2Me_1 + z_1Me_2^{z_2^+}$$

式中，z_1、z_2 为被置换金属 Me_1 和置换金属 Me_2 的价数。

因此，反应平衡条件可表示如下：

$$E_1^{\ominus} + \frac{RT}{z_1F}\ln a_1 = E_2^{\ominus} + \frac{RT}{z_2F}\ln a_2 \tag{12-15}$$

如果两种金属的价数相同，即 $z_1 = z_2$，那么式 12-15 可表示为：

$$E_1^{\ominus} - E_2^{\ominus} = \frac{RT}{zF}\ln\frac{a_1}{a_2} \tag{12-16}$$

由式 12-16 可见，在平衡状态下，溶液中两种金属离子活度之比可表示为：

$$\frac{\alpha_1}{\alpha_2} = 10^{\frac{(E_1^{\ominus} - E_2^{\ominus})zF}{2.303RT}} \tag{12-17}$$

根据式 12-17 对二价金属所作的一些计算结果列于表 12-81 中。

表 12-81　在平衡状态下被置换金属和置换金属离子活度的比值

置换金属	被置换金属	金属的标准电位		a_1/a_2
		置换金属	被置换金属	
Zn	Cu	−0.713	+0.337	1.0×10^{-38}
Fe	Cu	−0.404	+0.337	1.3×10^{-27}
Ni	Cu	−0.241	+0.337	2.0×10^{-20}
Zn	Ni	−0.763	−0.241	5.0×10^{-19}
Cu	Hg	+0.337	+0.792	1.6×10^{-16}
Zn	Cd	−0.763	−0.401	3.2×10^{-13}
Zn	Fe	−0.763	−0.440	8.0×10^{-12}
Co	Ni	−0.276	−0.241	4.0×10^{-2}

由表 12-81 可看出，锌粉置换铜、镉、钴、镍都是可能的，它们的电池电动势差皆为正值，且正值愈大，置换反应就愈容易进行。当有过量锌粉存在时，置换反应将进行到两种金属的电化学可逆电位相等为止，即 $\Delta E_{Zn/Me} = 0$。因此，锌粉置换反应的平衡条件是：

$$E^{\ominus}_{Me^{2+}/Me} + \frac{0.0591}{2}\lg a_{Me^{2+}} = E^{\ominus}_{Zn^{2+}/Zn} + \frac{0.0591}{2}\lg a_{Zn^{2+}}$$

$$E^{\ominus}_{Me^{2+}/Me} - E^{\ominus}_{Zn^{2+}/Zn} = \frac{0.0591}{2}\lg\frac{a_{Zn^{2+}}}{a_{Me^{2+}}} = 0.0295\lg\frac{a_{Zn^{2+}}}{a_{Me^{2+}}}$$

式中，$a_{Zn^{2+}/Zn}/a_{Me^{2+}/Me}$是在平衡状态时，置换剂锌与被置换金属的活度比值，表示置换的程度。以锌粉置换除铜为例，当置换反应达到平衡（298K）时，$\Delta E_{Zn/Cu}=0$：

$$0.337-(-0.763)=0.0295\lg\frac{a_{Zn^{2+}}}{a_{Cu^{2+}}}$$

$$a_{Cu^{2+}}=5.15\times10^{-38}a_{Zn^{2+}}$$

这说明锌可以完全将铜从溶液中置换出来。在298K时，表12-82列出了置换过程中金属的还原电位的次序。

表12-82 置换过程中不同金属离子浓度的平衡电位（298K）

电极反应	$E^{\ominus}$/V	$\Delta E_{平衡}$/V	$\Delta E_{平衡}$/V
$Zn^{2+}+2e=Zn$	-0.763	-0.755（100g/L）	-0.752（150g/L）
$Cd^{2+}+2e=Cd$	-0.403	-0.482（500mg/L）	-0.752（2×10^{-7}mg/L）
$Cu^{2+}+2e=Cu$	+0.337	+0.32（300mg/L）	-0.752（3.18×10^{-35}mg/L）
$Co^{2+}+2e=Co$	-0.277	-0.356（10mg/L）	-0.752（5×10^{-12}mg/L）
$Ni^{2+}+2e=Ni$	-0.250	-0.388（1mg/L）	-0.752（1.5×10^{-17}mg/L）
$SbH_3=Sb+3H^++3e$	+0.51	+0.752（pH值为5，$p_{SbH_3}=206$Pa）	+0.752（pH值为4，$p_{SbH_3}=202.65$Pa）
$AsH_3=As+3H^++3e$	+0.608	+0.752（pH值为5，$p_{AsH_3}=0.58\times10^{-2}$Pa）	+0.752（pH值为4，$p_{AsH_3}=5.77$Pa）

注：（）内的数字为平衡浓度或平衡分压。

在一般锌湿法冶金过程中，浸出液中的锌浓度约为150g/L，锌的电极反应的平衡电位值为-0.752V（见表12-82）。当溶液中的杂质铜、镉、钴、镍等离子的平衡电位值达到-0.752V时，由热力学计算看出，溶液中的杂质离子浓度是很低的，也就是说从热力学上来说，这些杂质都能被锌置换完全，采用锌粉置换法可将铜、镉、钴、镍可除至很低的程度。实践证明，锌粉除铜很容易，除镉也不困难，除钴、镍置换反应非常缓慢，单独用锌粉除钴、镍难于实现，必须采取其他措施，因而除钴、镍的方法也较多而复杂。

置换过程中，可能同时产生某些有害反应，必须采取相应措施予以防止：

（1）微电池阴极上可能析出氧：

$$O_2+4e+4H^+ \longrightarrow 2H_2O \qquad E_{O_2/OH^-}=1.23-0.0591pH(p_{O_2}=1atm)$$

因氧的氧化—还原电位很高，它优先在阴极上还原，将负电性金属氧化而增加锌粉消耗，或者氧化被沉淀金属而反溶，降低置换效果。因此，在置换过程中应尽量避免空气与溶液接触，因而一般采用机械搅拌而不采用空气搅拌。

（2）微电池阴极上还可能析出氢：

$$2H^++2e \longrightarrow H_2 \qquad E_{H^+/H_2}=-0.0591pH(p_{H_2}=1atm)$$

由于氢的析出，则增大锌粉的消耗。为使氢不优先析出，可提高溶液的pH值，以降低氢的电极电位，所以置换过程在近中性溶液中进行；或提高氢的析出超电位，或降低杂质金属的析出超电位，都有利于提高净化效率。往溶液中加入正电性金属，使与被置换金属形成合金而增大与金属锌之间的电位差。工业生产过程中，锌粉置换除钴、镍时，补加正电性金属铜、砷、铅等即基于上述因素。

（3）在锌粉置换的条件下，有析出AsH_3的可能：

$$As + 3H^+ + 3e \xlongequal{} AsH_3 \qquad E = 0.608 - 0.591pH - \frac{0.591}{6}\lg p_{AsH_3}$$

$$HAsO_2 + 6H^+ + 6e \xlongequal{} AsH_3 + 2H_2O \qquad E = -0.18 - 0.591pH - \frac{0.591}{6}\lg p_{AsH_3}$$

为了避免 AsH_3 的析出，须提高溶液的 pH 值，以降低 AsH_3 的电极电位。因此，砷、锑最好是在中性浸出时通过中和水解使其尽量脱除。

在许多的情况下，用置换沉淀法有可能完全除去溶液中被置换金属的离子。然而，置换过程不仅仅决定于热力学，还与一系列的动力学因素有关。

B 置换沉淀过程的动力学

置换沉淀也称内电解，其理论基础是沿着原电池理论发展起来的。根据电极反应动力学的现代理论，在任何与水溶液电解质相接触的金属表面上，进行着共轭的阴极和阳极的电化学反应。这些反应是在完全相同的等电位的金属表面上进行的。因此，如果把一块金属放在一种含有更正电性金属离子的溶液中，由于热力学的不稳定性，便立即在金属与溶液之间开始离子交换，并在金属上有离子置换金属覆盖的表面区域形成。电子将沿着金属由置换金属流向被置换金属形成的阴极区域。在阳极区域，则不可避免地会发生逆过程—置换金属的离子化，其数量与被置换金属的数量相当，如图 12-89 所示。

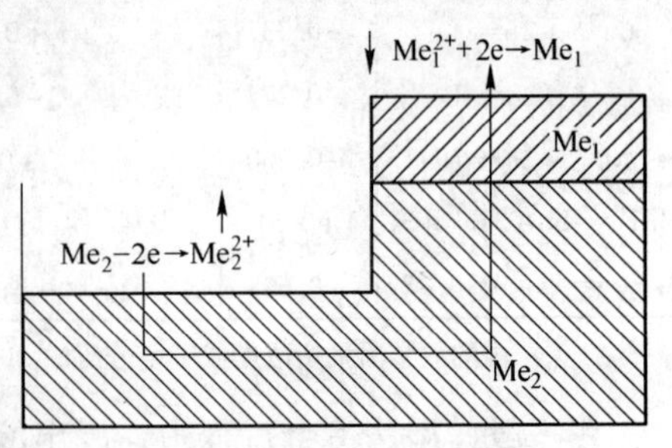

图 12-89 置换沉淀过程示意图

在置换过程中，被置换金属离子和置换金属离子的浓度不断发生变化，这就不可避免的引起两种金属的可逆电位以及阳极极化和阴极极化发生变化。因此，过程速度随时间发生急剧变化。

一般来说，如果在置换过程中总速度一开始易受到诸如极化和电阻等几个因素的限制，那么动力学规律便极为复杂。在最简单的情况下，动力学规律或者是可以决定阴极过程的速度，（过程的阴极限制），或者是可以决定阳极过程的速度（过程的阳极限制），或者是决定于电解质中的欧姆电压降。

在过程为阳极限制的情况下，被置换金属表面上测得的电位随着反应的进行向正的一方移动，趋于纯正电性金属电位；相反，在阴极限制的情况下，被置换金属的电位向更负的一方移动则趋于原电池负电性金属的电位。实验已经确定，在用镍粉置换铜离子时，被置换的铜的电位向更正的方向移动，这说明镍置换铜离子的速度决定于阳极镍的氧化速度；在用锌粉置换铜离子时，被置换出的铜的电位向更负的方向移动，而锌阳极的电位实际保持不变，这说明锌置换铜离子的速度决定于阴极铜的还原速度。

在大多数情况下，置换速度服从于一级反应速度方程式（$n=1$）：

$$-\frac{dc_{Me_1}}{dc_{Me_2}} = kc_{Me_1}^n$$

式中 c_{Me_1}——被置电位换较正金属离子的浓度。

必须指出，还有许多其他影响置换过程及反应结果的重要因素，如：

（1）置换金属与被置换物结合物的组成。用于置换的金属应该和被置换物结合的物质组成可溶性化合物。例如，铁不能与氨组成可溶液性的络合物，故不能用铁来置换氨液中的铜。

（2）置换温度。置换温度对置换过程的速度和程度有很大的影响。随着温度升高，被置换的金属离子向阴极区扩散的速度增大，化学极化急剧降低，阳极区发生去极化作用等。因此，提高温度可以大大提高置换速度和程度。

（3）置换金属的用量。呈固体形态加入用于置换的金属应该过量，这一点在欲除去极少量的较正电性的金属时特别重要。

（4）置换金属的比表面积。置换金属的比表面积越大，置换反应速度进行得越迅速和越完全。因此，置换金属必须进行磨细后再加入到溶液中，这是因为粒度越细，置换金属的比表面积越大。

（5）置换过程的搅拌速度。置换过程必须进行搅拌，这是因为搅拌可以除去沉积在置换金属表面上的被置换金属，以露出置换金属的新鲜活性表面。例如在用铁屑从铜溶液中置换铜时，铁的一部分表面（有时甚至全部表面）会被析出的铜所覆盖，从而使铁的表面变成惰性。因此，需要加强搅拌，除去铁表面上松软的沉淀铜，露出铁，促进反应的进行。此外搅拌还可以减缓置换金属落入槽底的速度，提高置换剂的使用效率。

（6）溶液中的阴离子和表面活性物质的作用。在硝酸溶液中，置换过程对电位序规律有各种偏差发生，这是由于硝酸根离子还原为亚硝酸根离子比金属离子还原为金属更加容易的缘故。氯离子可以使诸如镍等金属的表面不容易发生氧化，从而使镍从氯化物溶液中置换更正电性的金属更有利。

（7）氧的还原与氢的析出。在电解质溶液中经常有一定数量的溶解氧存在，由于氧具有较高的电位，故在阴极上进行如下反应：

$$4H^+ + O_2 + 4e \longrightarrow H_2O$$

在许多情况下，还必须考虑较负电性金属与电解质溶液中氢离子的相互反应，如果置换金属的电位处于氢电极在给定条件下的可逆电位之下，那么这种金属便不能与溶液处于平衡，而将进行置换金属的自溶解并析出氢气：

$$H^+ + e \longrightarrow \frac{1}{2}H_2$$

以上两个反应对置换过程是不利的，因为均会使置换金属被无益溶解，而不会使相当数量的被置换金属析出，并可能在置换后期引起被置换金属的反溶。

判断置换沉积过程的反应速度是受扩散步骤控制还是受电化学反应步骤控制的经验法则是：以 $E^\ominus$ 表示置换反应体系即原电池的标准电动势，若 $E^\ominus > 0.36V$，则置换沉积过程的反应速度受扩散步骤控制；若 $E^\ominus < 0.36V$，则过程的反应速度受电化学反应步骤控制。事实上，绝大多数有实用价值的置换沉积体系的 $E^\ominus$ 值均大于 0.36V，因此，绝大多数置换沉积过程的反应速度是受扩散传质步骤控制的。这样一来，便可基于扩散传质过程的反应速度方程导出下列适用于绝大多数置换沉积过程的反应速度方程：

$$\lg \frac{c}{c_0} = -\frac{kA}{2.303V}t$$

式中　c_0，c——分别为被置换金属离子的起始浓度和时间为 t 时的浓度，mol/L；

k——扩散速度常数，m/s；

A——反应表面积，m^2；

V——溶液体积，m^3；

t——反应时间，s。

由于置换沉积过程大多受扩散步骤控制，因此，各种类型置换反应器的设计均着重于强化溶液与置换金属之间的相对运动，以增强固—液相之间的传质过程。此外，从速度方程可以看出，采取措施以增大反应的表面积，也是提高置换沉积过程速度的重要手段。

12.3.3　中性浸出过程中杂质的净化

12.3.3.1　中性浸出过程中的水解除杂

中性浸出过程中同时完成中和水解除杂，在中性浸出终点时调节溶液的 pH 值，在确保锌离子不水解的前提下，使杂质金属离子全部或部分以氢氧化物 $Me(OH)_n$ 形式析出，金属离子的水解按下式进行：

$$Me^{n+} + nH_2O \longrightarrow Me(OH)_n + nH^+$$

该反应式无电子迁移，离子活度只与溶液 pH 值有关，反应的平衡条件是

$$pH = pH^{\ominus} - \frac{1}{n}\lg a_{Me^{n+}}$$

当水溶液的 pH 值大于标准 $pH^{\ominus}$ 值时，$a_{Me^{n+}}$ 就小于 1，金属离子便水解沉淀；反之，水溶液的 pH 值小于标准 $pH^{\ominus}$ 值时，$a_{Me^{n+}}$ 就大于 1，$Me(OH)_n$ 便溶解。

所以 $pH^{\ominus}$ 值是金属离子 Me^{n+} 水解程度的重要数值。按上述反应计算得出 $pH^{\ominus}_{25}$ 值和 $pH^{\ominus}_{70}$ 值见表 12-83。

表 12-83　$Me(OH)_n$ 生成 $pH^{\ominus}$ 值平衡

$Me(OH)_n + nH^+ = Me^{n+} + nH_2O$	$\Delta G^{\ominus}$(25℃) /J·mol^{-1}	$S^{\ominus}$(25℃) /J·(mol·K)$^{-1}$	$pH^{\ominus}$值(25℃)	$pH^{\ominus}$值(70℃)
$Tl(OH)_3 + 3H^+ = Tl^{3+} + 3H_2O$	+51431	-280.5	-0.716	-0.775
$Co(OH)_3 + 3H^+ = Co^{3+} + 3H_2O$	+25081	—	-0.35	—
$FeOOH + 3H^+ = Fe^{3+} + 2H_2O$	+22591	-957.4	-0.3154	-0.807
$Cr(OH)_3 + 3H^+ = Cr^{3+} 3H_2O$	-106501	-752.1	1.533	-0.923
$Fe(OH)_3 + 3H^+ = Fe^{3+} + 3H_2O$	-115547	-752.1	1.617	0.990
$Ga(OH)_3 + 3H^+ = Ga^{3+} + 3H_2O$	-134010	-930.8	1.870	1.12
$In(OH)_3 + 3H^+ = In^{3+} + 3H_2O$	-206595	-645.3	2.833	2.160
$Al(OH)_3 + 3H^+ = Al^{3+} + 3H_2O$	-230744	-731.1	3.22	2.4
$Bi(OH)_3 + 3H^+ = Bi^{3+} + 3H_2O$	-267410	—	3.732	
$Sn(OH)_2 + 2H^+ = Sn^{2+} + 2H_2O$	-35830	77.6	0.75	0.717
$TlOH + H^+ = Tl^+ + H_2O$	-327532	522.2	13.90	12.95
$Cu(OH)_2 + 2H^+ = Cu^{2+} + 2H_2O$	-219987	-106.6	4.604	3.87

续表 12-83

$Me(OH)_n+nH^+=Me^{n+}+nH_2O$	$\Delta G^\ominus$(25℃) /J·mol^{-1}	$S^\ominus$(25℃) /J·(mol·K)$^{-1}$	$pH^\ominus$值(25℃)	$pH^\ominus$值(70℃)
$Zn(OH)_2+2H^+=Zn^{2+}+2H_2O$	-279564	-208.7	5.85	4.91
$Cr(OH)_2+2H^+=Cr^{2+}+2H_2O$	-262507	—	5.49	—
$Ni(OH)_2+2H^+=Ni^{2+}+2H_2O$	-290938	-414.5	6.09	4.96
$Pb(OH)_2+2H^+=Pb^{2+}+2H_2O$	-325813	-307.0	6.82	6.81(5.678)
$Fe(OH)_2+2H^+=Fe^{2+}+2H_2O$	-317145	-221.9	6.65	5.60
$Cd(OH)_2+2H^+=Cd^{2+}+2H_2O$	-329873	-57	7.20	6.20
$Mn(OH)_2+2H^+=Mn^{2+}+2H_2O$	-365703	-134.3	7.655	6.55
$Co(OH)_2+2H^+=Co^{2+}+2H_2O$	-300971	-230.6	6.03	5.29

根据 $pH^\ominus$ 值便可计算出有关金属离子水解平衡的 pH 值。

按反应式的平衡关系，即 $pH=pH^\ominus-\frac{1}{n}\lg a_{Me^{n+}}$ 作图，由图 12-90 可看出金属离子活度在溶液中的稳定性随 pH 值变化的情况。

随着浸出过程的进行，溶液中的酸度逐渐降低，溶液的 pH 值逐渐升高，由图 12-90 可看出某些元素随着溶液 pH 值升高，稳定度发生变化，并能发生水解被除去。

控制浸出终点的 pH 值越高，杂质水解除去越彻底，但是硫酸锌在一定的 pH 值下也将发生水解，硫酸锌水解的 pH 值与其浓度有关，在实际生产过程中，中浸液中的锌含有量达到 130g/L 以上，在130 ~ 140g/L 含锌的硫酸锌水溶液中，锌水解的 pH 值为 5.5 ~5.6，故中性浸出终点的 pH 值所允许的最高值不能超过 5.5 ~5.6，故在工业生产中为了确保浸出液中的锌离子浓度，中性浸出的终点控制在 5.2 ~5.4。综上所述，由图 12-90 和表 12-83 中可看出，当中性浸出的终点 pH 值控制在 5.2 ~5.4 时，在中性浸出过程中能够水解除去的元素有 Fe^{3+}、As、Sb、Si。由于铁与 As、Sb、Si 之间在水解过程中有着密切的关系，这些元素水解的好坏不仅仅关系其本身的净化程度，而且还成为浸出矿浆能否很好澄清、过滤的关键。

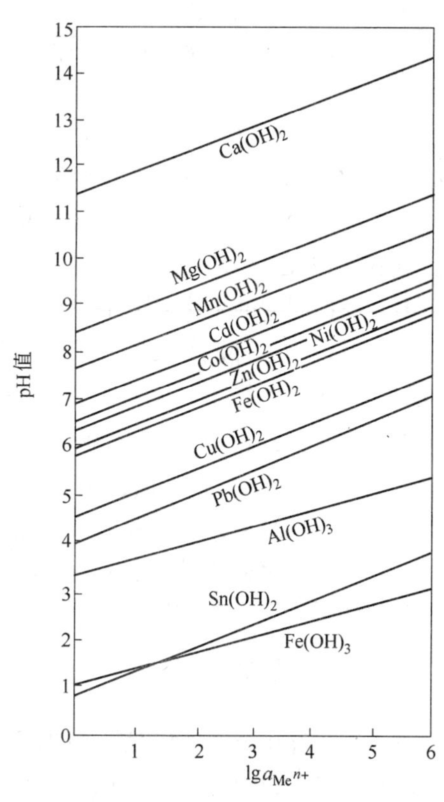

图 12-90 25℃时几种金属氢氧化物在水溶液中的稳定区

12.3.3.2 水解除铁

铁在浸出过程中以二价铁盐 $FeSO_4$ 和三价铁盐 $Fe_2(SO_4)_3$ 的形态存在，当浸出终点 pH 值为 5.2 ~5.4 的条件下，二价铁不能水解，必须使其氧化成三价铁。工业上通常用自然的软锰矿和电解阳极泥（含二氧化锰）作为氧化剂，在酸性介质中使硫酸亚铁氧化成硫酸铁，反应式为：

$$2Fe^{2+} + 4H^{+} + MnO_2 \longrightarrow 2Fe^{3+} + 2H_2O + Mn^{2+}$$

$$K_a = \frac{a_{Fe^{3+}}^2 a_{Mn^{2+}}}{a_{Fe^{2+}}^2 a_{H^+}^4} \tag{12-18}$$

由式12-18可以看出，欲使Fe^{2+}氧化反应向右进行，必须有H^+存在，即在酸性溶液中进行，从反应的平衡常数K_a可知二价铁离子和氢离子活度指数较高，对反应平衡的影响极大，故使用MnO_2作氧化剂时总是在酸性较强的溶液中进行。

高铁水解反应按下式进行。

$$Fe_2(SO_4)_3 + 6H_2O \longrightarrow 2Fe(OH)_3 + 3H_2SO_4 \tag{12-19}$$

由反应式12-19可知，高铁的水解有酸产生，而且随着水解的进行，溶液的酸度在增加，要使反应不断进行必须不断中和除酸，才能使溶液保持高铁水解需要的pH值，使高铁水解完全。在工业生产中，浸出液的中和水解除铁在中性浸出的终点阶段进行，高铁水解产生的酸被矿浆中的氧化锌及其他金属氧化物浸出所消耗，不需要额外添加中和剂即可满足终点pH值控制的需要。

12.3.3.3 水解除砷、锑

在中性浸出阶段，浸出液中的砷主要是以高价配阴离子形式存在，很少以简单的阳离子存在；锑主要是以H_3SbO_4、H_3SbO_3和SbO_4^{3-}存在。当浸出终点pH值控制在5.2~5.4时，仅靠其自身在浸出液中的稳定性不能完全水解除去，必须借助于三价铁的吸附才能够很好的除去。

三价铁对除砷锑有两个作用：一是化学作用，三价铁与砷、锑形成难溶的砷酸铁和锑酸铁的复盐；二是氢氧化铁胶体将它们吸附凝聚沉降析出。

在浸出液中，锑主要是以锑酸的胶体存在，故主要被氢氧化铁胶体（$Fe(OH)_3$）吸附沉降。氢氧化铁是一种胶体，因其胶体微粒带有相同的电荷，相互排斥而不易沉降，$Fe(OH)_3$在不同的酸度下因吸附的离子不同，带的电荷也不相同，在溶液的pH值小于5.2时，$Fe(OH)_3$胶体微粒吸附Fe^{3+}离子而带正电，在溶液的pH值大于5.2时，$Fe(OH)_3$胶体微粒带负电，定位离子为OH^-，其等电点在pH值等于5.2附近。由于pH值小于5.2时，$Fe(OH)_3$胶体微粒带正电，AsO_4^{3-}、SbO_4^{3-}将成为其反离子。一般而言，当溶液pH值小于5.2时，溶液中的各种负离子都可以成为“反离子”被$Fe(OH)_3$胶核所吸附，其中一部分可以进入到胶团和胶团一起运动。在浸出过程中，当溶液的pH值小于5.2时，可以成为反离子的物质很多，如OH^-、SO_4^{2-}、AsO_4^{3-}、SbO_4^{3-}、GeO_3^{2-}等，但它们进入胶团吸附层的数量取决于这些离子的浓度和其所荷电荷的大小。浓度高、荷电荷多的更容易进入吸附层。因此，在中性浸出过程中进入氢氧化铁胶粒吸附层的负离子主要是SO_4^{2-}、AsO_4^{3-}、SbO_4^{3-}、GeO_3^{2-}。

砷、锑只有在溶液的酸度很高的情况下才能以阳离子As^{5+}、Sb^{5+}的形态存在。对于中性浸出而言，终点pH值控制在5以上，砷、锑将主要以配位离子AsO_4^{3-}、SbO_4^{3-}形态存在，阳离子As^{5+}、Sb^{5+}的形态存在的量很少。尽管AsO_4^{3-}、SbO_4^{3-}在溶液中的浓度比SO_4^{2-}低得多，但是由于它们在荷电方面占极大的优势，故可以被$Fe(OH)_3$胶核吸附在表面层中。

进入 $Fe(OH)_3$ 胶粒吸附层中的砷、锑与溶液中砷、锑的浓度成正比，吸附砷、锑的数量也和氢氧化铁的数量成正比。氢氧化铁的量越多，吸附的砷锑数量也越多，因而残留在溶液中的砷、锑量就越少。生产实践表明，为了使溶液中的砷、锑彻底除去，一般要求溶液中的铁含量为含砷量的 10～15 倍、含锑量的 20～40 倍。因此当溶液中的铁量不足时，还需要向溶液中补入铁，但溶液的含铁量也不宜控制过高，否则将产生大量的氢氧化铁沉淀，浸出渣量大、对澄清和过滤造成困难，并造成带走的锌量增加，降低锌的回收率。

12.3.3.4　水解除硅

硅在浸出矿浆中基本上以胶体而不是以离子状态存在。硅胶过多会使矿浆的澄清、沉降性能恶化。胶体溶液中的胶体微粒是带电的，硅胶的等电点在 pH 值等于 2 附近，溶液的 pH 值大于 2 时，硅胶微粒带负电，溶液的 pH 值小于 2 时，硅胶微粒带正电，当浸出终点 pH 值在 5.2 时，$Fe(OH)_3$ 胶体微粒和硅酸胶体带有相反的电荷，两者在静电的作用下，将会凝结在一起，共同从溶液中析出。在中性浸出过程中，硅胶在 pH 值等于 4.8～5.0 时大量聚集析出，而不是在其等电点的 pH 值处大量析出。实践证明，两种胶体的凝结作用相辅相成。

共同凝结作用除与过程控制的技术条件有关外，还与两种胶体的数量有关。如果一种胶体多、一种胶体的数量少，或胶粒的电荷相差较大，则可能产生部分凝结沉降。为了使浸出矿浆易于沉降或过滤，凝结析出的胶团应当是体积较大，且有牢固的结构并有较大的沉降速度。如果析出的颗粒很细，结构又疏松，将会给澄清浓缩造成困难。为此工业生产中通常向溶液中加入三号凝聚剂（聚丙烯酰胺）来改善和加速沉降过程。

聚丙烯酰胺是一种高分子化合物，属亲水性胶体，通常不带电荷，胶体的稳定性不是靠同性电荷的相互排斥，而是靠溶剂化实现。加入聚丙烯酰胺，在浸出矿浆中疏水性的氢氧化铁和亲水性的聚丙烯酰胶体共同存在，两种胶体相遇碰撞后，聚丙烯酰胺的烃基将被吸附在氢氧化铁胶体表面。由于聚丙烯酰胺的分子链很长，每个分子便可以粘住多个氢氧化铁胶粒，使它们结合在一起使其凝聚。从聚丙烯酰胺在矿浆沉降中所起的作用可知，聚丙烯酰胺不能加入过多，否则会产生相反的现象，即氢氧化铁的胶粒表面将全部被聚丙烯酰胺包围形成一层膜，有碍于各胶粒的互相凝聚。

12.3.4　锌粉置换法净化中性浸出液的生产实践

湿法炼锌原料浸出过程中进入溶液各种杂质，通过中性浸出阶段的中和水解除杂，将绝大部分的铁、锗、铟、二氧化硅和大部分的砷、锑等杂质沉淀进入中性浸出渣后，中性浸出液中仍含有一定数量 Cu、Cd、Co、Ni、As、Sb 等对电积过程有害的杂质。为满足电解的要求，必须将这些杂质净化至允许含量之下，同时使 Cu、Cd、Co 等有价金属得到富集，以便于进一步回收。

12.3.4.1　置换净化工艺流程

湿法炼锌的锌粉置换净化的工艺及流程取决于中性浸出液中的杂质成分及对净化后液的要求。根据添加剂的不同，锌粉置换净化有若干种不同的工艺流程；根据净化过程温度的不同，又分为两种类型，一种是先热净化（高温）后冷净化（低温）流程，又称正向净化；另一种是先冷净化（低温）后热净化（高温）流程，又称反向净化或逆向净化。一般工厂多采用两段净化流程。为了进一步深度净化，国外及国内新建工厂采用了三段或四段净化流程；按净化的作业方式不同有间断和连续作业两种。间断作业由于操作与控制相对较易，可根据溶液成分的变化及时调整组织生产，为中、小型湿法炼锌厂广泛应用。连续作业的优点是生产率较高、占地面积少、设备易于实现大型化、自动化，故近年来发展较快，但该法操作与控制要求较高。现代湿法炼锌厂多采用多段深度净化工艺，工艺过程趋向于采用计算机过程控制系统技术实施在线检测及控制的连续作业方式，优点是生产率较高、占地面积少、设备易于实现大型化。表12-84列出了工厂常用的净化工艺。

表12-84 中性浸出液锌粉置换净化工艺举例

流程类别	第一段	第二段	第三段	第四段	工厂举例
黄药净化法	加锌粉除Cu、Cd，得Cu-Cd渣，送去提镉并回收铜	加黄药除钴，得钴渣送去提钴			株洲冶炼厂
锑盐净化法	加锌粉除Cu、Cd，得Cu-Cd渣，送去回收铜、镉	加锌粉和Sb_2O_3除钴，得钴渣送回收钴	加锌粉除镉		西北铅锌厂 Clarkville厂（美）
砷盐净化法	加锌粉和As_2O_3除Cu、Co、Ni，得铜渣，送回收铜	加锌粉除镉，得镉渣，送提镉	加锌粉除反溶镉，得镉渣，返回第二段	再进行一次加锌粉除镉	神冈厂（日） 秋田厂（日） 沈阳冶炼厂
β-萘酚法	加锌粉除Cu、Cd，各Cu-Cd渣，送去提镉并回收铜	加亚硝基-β-萘酚除钴，得钴渣，送回收钴	加锌粉除反溶镉	活性炭吸附有机物	安中厂（日） 彦岛厂（日） 祥云飞龙公司
合金锌粉法	加Zn-Pb-Sb合金锌粉除Cu、Cd、Co	加锌粉除镉	加锌粉		柳州锌品厂

硫酸锌溶液的正向净化与反向净化原则流程见图12-91和图12-92。

在生产过程中，为了促进净化反应，对过程温度需要进行严格控制。净化的温度控制

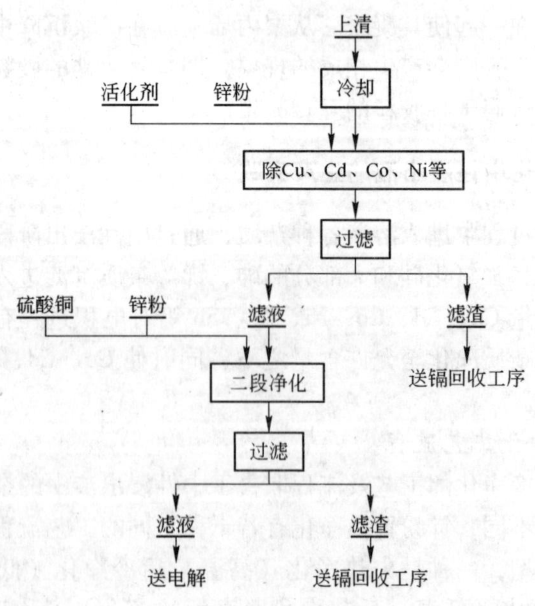

图12-91 正向硫酸锌溶液净化流程

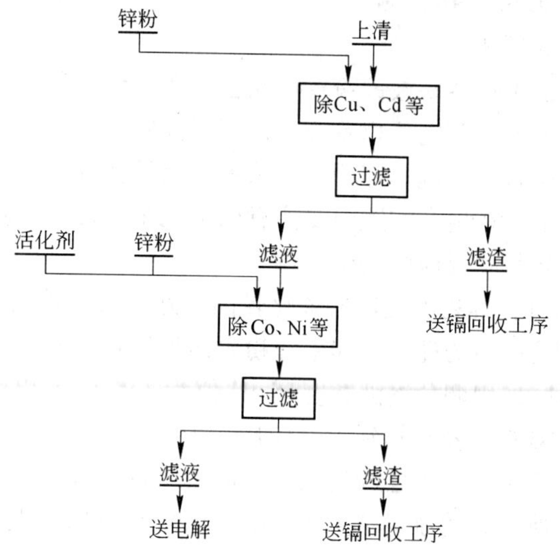

图 12-92 反向硫酸锌溶液净化流程

方式主要有以下几种常见的组合方式：高温—低温两段净化、低温—高温两段净化、低温—高温—中温三段净化、高温—中温—低温三段净化等。在此净化工艺过程中，每段净化控制的温度差别较大，高温指作业过程中溶液的温度高于80℃，中温指作业过程中溶液的温度65～75℃，低温指作业过程中溶液的温度50～65℃。

国外部分工厂净化作业的实例见表12-85。

表 12-85 国外部分工厂净化作业实例

厂 家	净化段数及方式	净化技术方法	净化温度控制特点
皮里港锌厂（澳）	两段间断净化	砷盐法	一段温度：85℃ 二段温度：75℃
蒂明斯锌厂（加）	两段间断净化	砷盐法	一段温度：95℃ 二段温度：75℃
弗林弗朗锌厂（加）	两段连续净化	砷盐法	一段温度：85℃ 二段温度：75℃
萨格特锌厂（美）	三段净化	砷盐法	一段温度：95℃ 二段温度：65℃ 三段温度：55～65℃
克拉克斯维尔锌厂（美）	两段连续净化	铅锑合金锌粉法	一段温度：55～65℃ 二段温度：90℃
奥文佩尔特锌厂（比）	两段连续净化	反向锑盐法	一段温度：50～60℃ 二段温度：80～85℃
瓦利菲尔德锌厂（加）	两段间断净化	反向锑盐法	一段温度：85～95℃ 二段温度：<80℃
特累尔锌厂（加）	两段连续净化	锑盐法	一段温度：78℃ 二段温度：78℃

12.3.4.2 锌粉置换法除铜、镉

A 影响置换过程的因素

从热力学上说，铜、镉较容易被锌粉置换除去，在净化过程中，大多数工厂是在同一过程将铜、镉除去。由于铜与锌电位相差较大，铜则优先于镉沉淀析出，在生产实践中以控制镉合格为标准。从动力学上说，锌粉置换除铜、镉是在锌粉表面上进行的多相反应过程，置换反应受扩散控制，在生产实践中要注意以下几个方面，以改善传质条件，提高净化效果，同时也要注意某些副反应的发生。

（1）锌粉质量与用量：锌粉的纯度应该比较高，除了不应带入新的杂质外，还应避免锌粉被氧化，以避免增大锌粉的耗量。如果锌粉表面被氧化，则不起置换作用而增大锌粉消耗。澳大利亚皮里港厂采用调节溶液酸度至pH值为3.5~4，以活化锌粉，即使锌粉表面氧化锌溶解而露出新鲜的锌表面起到置换作用，但易产生AsH_3气体，同时使锌粉消耗增加。所以要求置换用锌粉较纯净且避免氧化。增大比表面可以加速置换反应的进行。锌粉粒度愈细，比表面积愈大，可加速置换反应，但锌粉粒度过细会导致其飘浮在溶液表面，反而不利于锌粉的有效利用，一般要求锌粉粒度应通过120~150μm。如果一次加锌粉同时沉积铜和镉，锌粉粒度一般应通过150~70μm；如果按两段分别沉积铜和镉，则可先用较粗的锌粉沉积铜，再用较细的锌粉沉积镉。如比利时巴伦电锌厂，当中性溶液含铜超过400mg/L时，首先加锌屑沉铜。锌粉用量取决于锌粉粒度、纯度以及溶液中被置换金属的含量，一般锌粉用量控制为超过理论量的2倍。除铜时，锌粉用量约为理论量的1.2~1.5倍，为了有效防止镉的复溶，需增加锌粉用量至理论量的3~6倍。溶液中锗存在会使镉复溶，为了使溶液中锗浓度降至0.28mg/L以下，需要加入超过理论量5倍的锌粉。我国某厂锌粉除铜、镉过程吨锌粉单耗为30~50kg。

（2）搅拌强度：置换过程是在搅拌槽中进行，提高搅拌速度以强化扩散传质对加速置换反应是有利的。因此，流态化床净化技术具有优越性。锌粉除铜、镉过程不宜采用过分强烈的搅拌，这样会带入空气溶解于溶液中，引起锌粉氧化而出现钝化现象，也会引起镉的氧化和重新溶解，其溶解反应为：

$$Cd + H_2SO_4 + \frac{1}{2}O_2 = CdSO_4 + H_2O$$

为此，一般采用机械搅拌或沸腾连续净化槽。

（3）置换温度：提高温度有利于置换反应的加速，也会增进锌粉的溶解和镉的复溶，一般控制60~70℃为宜。对锌粉置换除镉，由于镉在40~54℃之间有同素异形体的转变而增大镉的溶解度，因此当温度过高时会促使镉复溶，工艺上一般控制在50~60℃之间。温度对镉复溶的影响见表12-86。

表12-86 温度升高对Cd^{2+}复溶进入溶液量的影响

温度/℃	60	61	62	63	65	66	67
Cd^{2+}浓度/$mg \cdot L^{-1}$	4	4.5	5	6	9	11	13

（4）中性上清液质量：中性上清液的酸度、锌浓度、杂质含量及固体悬浮物等均影响置换过程的正常进行。送去净化的中性上清液，应保持溶液pH值为5.2~5.4。溶液的pH值越低越有利于H_2的析出，但会增大锌粉无益耗损和镉的复溶。在锌粉用量为理论量

的3倍时，要使溶液残余的铜和镉符合要求，溶液的pH值应维持在3以上。如果溶液含铜高而需要优先沉积铜而保留镉，则宜将中性浸出液酸化至含 H_2SO_4 0.1~0.2g/L（pH值为3），以便活化锌表面，促进铜的沉积。生产实践中，为使净化溶液中残余的Cu、Cd达到净化要求，须维持溶液的pH值在3.5以上。中性上清液的浓度低有利于锌粉表面 Zn^{2+} 的扩散，但如果浓度过低则因为增大了锌与氢之间的电势差而有利于 H_2 的析出，从而导致锌粉消耗量的增大，故中性上清液的锌浓度一般以150~180g/L较为合适。锌浓度太高、固体悬浮物多、含杂高及可溶 SiO_2 过高，都能延长净化渣的压滤时间和增加镉的复溶；砷、锑含量高也增加锌粉消耗及镉的复溶，故要求中性上清液质量合格。

（5）添加剂的作用：锌粉置换除铜、镉过程中，有时需要加入硫酸铜。生产实践指明，当保持溶液中[Cu^{2+}]:[Cd^{2+}] = 1:3时，除镉效果最佳。这是由于形成属于互化物 Cu_2Cd 而提高了电位及形成Cu-Zn原电池的作用，促使Zn不断溶解而保持锌粉一定的新鲜表面而活化了锌粉。当 Cu^{2+} 太多时则会降低氢的超电压，增加锌粉消耗。单独用锌粉置换沉镉时，Cu^{2+} 具有催化作用，Cu^{2+} 的浓度以0.20~0.25g/L为好。

（6）副反应的发生：尽管在浸出过程中已将大部分的As、Sb通过共沉淀的方法除去，但仍有一定量的As、Sb存在于浸出液中，置换过程中尤其在酸度较高的情况下，可能会发生如下反应：

$$As + 3H^+ + 3e = AsH_3 \uparrow$$

$$Sb + 3H^+ + 3e = SbH_3 \uparrow$$

在实际溶液pH值条件下，不可避免地产生剧毒气体 AsH_3 和 SbH_3（后者很不稳定，在锌电积条件下 SbH_3 容易分解），因此，在浸出段应尽可能将砷、锑完全除去。另外，在生产中应加强工作场地的通风换气，确保生产安全。

当锌粉一段除铜、镉后，可使中性液中含铜由200~400mg/L降至0.5mg/L以下，含镉400~500mg/L降至7mg/L以下。获得含Zn 35%~40%、Cu 3%~6%、Cd 4%~10%的铜镉渣，送去回收锌、铜、镉。

B 镉复溶及避免镉复溶的措施

前已述及，镉的复溶与温度有很大的关系，故必须控制适宜的操作温度。另外，生产实践表明，镉的复溶还与时间、渣量以及溶液成分等因素有关。其中铜镉渣与溶液的接触时间长短对镉的复溶影响较大，表12-87为净化后液中 Cd^{2+} 的浓度与尚未液固分离的铜镉渣的接触时间的关系。

表12-87 尚未液固分离的铜镉渣的存放时间对镉复溶量的影响

时间/h	0	1	2	3	4	5	6	7	8
Cd^{2+} 浓度/mg·L^{-1}	0.4	1.2	2.3	5.1	11	25	36	50	86

由于置换析出的铜镉渣与溶液接触的时间越长则置换后液含镉越高，故净化作业结束后应快速进行固液分离。生产实践表明，溶液中铜镉渣的渣量也对镉复溶有很大影响，渣量越多则镉的复溶越厉害，故在生产过程中应定期清理槽罐，采用流态化净化时应尽量缩短放渣周期。

溶液中的杂质As、Sb的存在，不仅增加了锌粉的单耗，也促使镉的复溶。因此，中性浸出时应尽可能将这些杂质完全除去。此外，还需要控制好中性浸出液中 Cu^{2+} 的浓度，Cu^{2+} 的浓度应控制 0.2 ~ 0.3g/L 为宜。

为尽量避免除铜、镉净化过程中镉的复溶，生产实践中除控制好操作技术条件外，还须控制好适宜的锌粉过量倍数，有的工厂在除铜、镉中将锌粉分批次投入，并在净化压滤前投入少量锌粉压槽以及通过增加铜镉渣中的金属锌粉量来减少镉的复溶。

12.3.4.3 锌粉—黄药法除钴

分析 Co/Co^{2+} 与 Zn/Zn^{2+} 之间的标准电位差，硫酸锌溶液中的 Co^{2+} 可以被锌粉置换，残余的 Co^{2+} 浓度可以降到 5×10^{-12} mg/L。但实践中单纯用锌粉置换除钴却是很困难的，这是由于钴、镍、铁等过渡族元素，具有很大的析出超电压，使钴的析出电位变得更负，减小了与金属锌的析出电位差。提高置换过程的温度，超电压随之降低。为了有效地净化除钴，必须在较高温度下，加锌粉的同时添加某些降低钴超电压的较正电性金属，如铜、砷、锑或其盐类，在此条件下，钴与锌和各种不同金属组成微电池：

$$\xrightarrow[E_{Zn}]{Zn|\ Zn^{2+}|}\xrightarrow[E_{Co}]{|\ Co^{2+}|\ Co(Me)}$$

钴在微电池阴极析出的条件是：锌析出电位绝对值 $|E_{Zn}|$ 大于钴析出电位绝对值 $|E_{Co}|$，即 $|E_{Zn}|>|E_{Co}|$，锌粉置换反应便可不断进行，且差愈大，置换速度愈快。

在锌粉置换除钴工艺中，锌粉的消耗通常是理论量的 10 ~ 20 倍，作业时间长，过程要求在高温（大于80℃）条件下进行，且常有毒气 AsH_3 和 SbH_3 产生，国内外一直在寻求净化除钴新法，锌粉—黄药法是其中的一种。

黄药是一种有机试剂，其中黄酸钾（$C_2H_5OCS_2K$）和黄酸钠（$C_2H_5OCS_2Na$）被应用于湿法炼锌过程中的净化除钴，其机理在于黄药能与溶液中的钴、镍等重金属形成难溶的络盐沉淀。黄药与重金属形成黄酸盐的溶度积见表 12-88。

表 12-88 重金属黄酸盐的溶度积

黄酸盐	溶度积	黄酸盐	溶度积
$Cu(C_2H_5OCS_2)_2$	5.2×10^{-20}	$Fe(C_2H_5OCS_2)_3$	10^{-21}
$Cd(C_2H_5OCS_2)_2$	2.6×10^{-14}	$Co(C_2H_5OCS_2)_2$	5.6×10^{-9}
$Zn(C_2H_5OCS_2)_2$	4.9×10^{-9}	$Co(C_2H_5OCS_2)_3$	$10^{-13}\sim10^{-14}$
$Fe(C_2H_5OCS_2)_2$	8×10^{-8}		

表 12-88 显示，Cu^{2+}、Cd^{2+}、Fe^{3+}、Co^{3+} 等杂质的黄酸盐比锌的黄酸盐难溶，所以加入黄药便可以除去锌浸出液中的杂质金属离子。

黄药除钴的反应如下：

$$8C_2H_5OCS_2Na + 2CuSO_4 + 2CoSO_4 =\!=\!=$$
$$Cu_2(C_2H_5OCS_2)\downarrow + 2Co(C_2H_5OCS_2)_3\downarrow + 4Na_2SO_4$$

Co 离子只有呈 Co^{3+} 状态才能优先与黄药作用生成 $Co(C_2H_5OCS_2)_3$ 沉淀，在 $ZnSO_4$ 溶液中若没有氧化剂存在，便会产生大量的白色的黄酸锌沉淀。上述化学反应方程式可以看出，$CuSO_4$ 在除钴过程中是一种氧化剂。另外，空气、$Fe_2(SO_4)_3$、$KMnO_4$ 等均可作为氧化剂，但会给溶液带入新的杂质，因此除空气外一般不采用。实践证明，用 $CuSO_4\cdot H_2O$（胆矾）作氧化剂其效果最好。因此，工业生产中广泛添加胆矾作氧化剂。为了使除钴效果更好，常向净化槽中鼓入空气。

从表 12-88 还可看出，黄药能与钴以外的其他重金属如铜、镉、铁等发生反应，所以，为减少黄药试剂消耗，应在除钴前首先将这些杂质尽可能完全除去。

由于净化液中钴离子浓度较低，仅为 8～15mg/L，要使反应迅速进行而又彻底，必须加入过量的黄药。在生产实践中，黄药的加入量为溶液中钴量的 10～15 倍（一般为 12 倍），硫酸铜的加入量为黄药量的 1/3～1/5，直到溶液含钴合格为止。

由于黄药试剂较为昂贵，不能再生，且净化过程特别是净化渣酸洗过程中会散发出臭味，劳动条件恶化，除钴、镍不彻底，净化后液残留黄药对电解造成不利影响，从黄酸钴渣中提取钴的过程复杂等，故国内仅有株洲冶炼厂、开封冶炼厂、会泽铅锌矿等少数厂家采用。

此法第一段用锌粉除 Cu、Cd，第二段用黄药除 Co。该方法能够有效控制新液的 Cu、Cd 含量，并能分别回收 Cu、Cd、Co，蒸汽消耗低。但生产实践表明，此方法对 Co、Ni、As 等杂质深度净化效果不理想。操作技术条件和实例见表 12-89 和表 12-90。工艺流程见图 12-93。

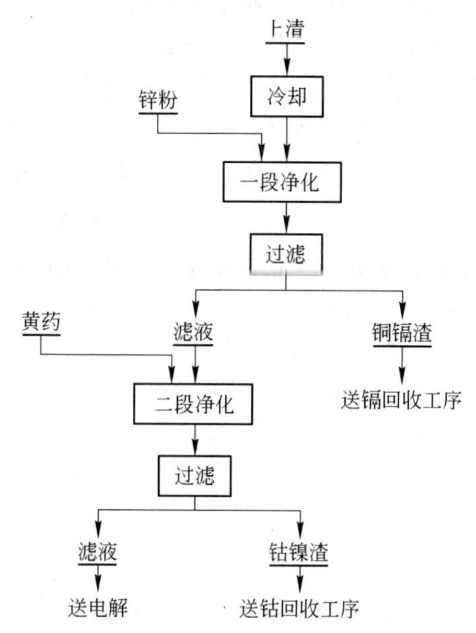

图 12-93 锌粉—黄药法硫酸锌溶液净化流程

表 12-89 锌粉—黄药法生产实例

条件名称	株冶	开封炼锌厂	条件名称	株冶	开封炼锌厂
溶液 pH 值	5.4 以上	5.2～5.4	硫酸铜用量/倍	1/7～1/10	1/2
除钴作业温度/℃	40～50	35～45	高锰酸钾用量/倍		
除钴前液镉含量/$mg \cdot L^{-1}$	5	2	反应时间/min	15～30	30～60
黄药用量/倍	3～4	3～5	净化时间/min	150～200	220～240

注：黄药用量为溶液中钴含量的倍数；硫酸铜用量为黄药的倍数。

表 12-90 锌粉—黄药法技术条件

条件名称		技术条件
净化前液质量要求	温度/℃	40～50
	酸度（pH 值）	5.4 以上
	$Cd/mg \cdot L^{-1}$	<5
	$Ni/mg \cdot L^{-1}$	<1.5
黄药用量/倍		3～4
硫酸铜用量/倍		1/7～1/10
作业时间/min		15～30

锌粉黄药法第一段净化加入锌粉除铜、镉，第二段用黄药除钴。中性浸出上清液经净化吸附共沉淀除去大量As、Sb等杂质后，经冷却塔冷却，温度降低到50～60℃，泵入一段净化槽内加入锌粉置换溶液中Cu、Cd，使其生成Cu、Cd海绵渣，净化过程在机械搅拌槽内进行，可以采用连续作业也可采用间断作业；使用沸腾槽为连续净化方式，锌粉由上部的加料器经导流筒加入，中上清由沸腾槽的底部沿切线方向泵入，呈螺旋式向上运动。中上清液在在沸腾槽内向上运动的过程中，充分与锌粉混合接触，低电极电位的锌粉将高电极电位的Cu、Cd从溶液中置换出来。置换后的溶液经过沉降室溢流出来，铜镉渣沉到槽底，定期放出过滤，滤渣送镉回收工序处理。一段净化后的溶液进入二段进行除钴作业，在除钴过程中，加入少量的氧化剂高锰酸钾和硫酸铜，将溶液中的二价钴氧化为三价，使钴易于从溶液中脱除，除钴的渣液经过滤后，合格溶液送电解，滤渣送钴回收工序。

黄药还与Cu、Ni、Cd、Fe、As、Sb等发生反应，故综合除杂效果良好。但是由于过量的黄药能够与锌反应生成黄酸锌沉淀，使净化渣中含有大量的锌，导致锌的损失，且净化渣含钴品位低，不利于综合回收有价金属，因此黄酸钴渣需进行酸洗，将净化渣中的锌大部分回收，并有利于钴渣的进一步处理。

实践证明，黄药除钴的最佳温度应控制在35～40℃之间。温度过高会导致黄药分解与挥发，产生一种有臭味的气体，使劳动卫生条件恶化，同时增加黄药消耗并降低除钴效率。温度过低，又会降低反应速度，延长作业时间。生产实践中为了加速反应的进行，所有的黄药都是预先配成10%的水溶液。黄药试剂的调配只能用冷水，且不宜放置时间过长，否则会导致黄药的分解而失效，其反应如下：

$$C_2H_5OCS_2Na + H_2O \xlongequal{} C_2H_5OH + NaOH + CS_2$$

黄药在酸性溶液中也易发生分解，所以当除钴溶液的pH值较低时，便会增加黄药单耗，降低除钴效率。为此，黄药除钴过程应在中性溶液中进行，一般控制溶液pH值为5.2～5.4。溶液pH值与除钴效率的关系见表12-91。

表12-91　溶液pH值与除钴效率的关系

溶液pH值	除钴前溶液含钴量/mg · L^{-1}	除钴后溶液含钴量/mg · L^{-1}	除钴率/%
3.0	33	28	15.2
5.5	32	4	87.5①

①原文献中为88.0%。

12.3.4.4　砷盐法

砷盐法是用砷盐作为锌粉活化剂在较高的温度下除铜、钴、镍及部分镉，然后在不加热的情况下加锌粉除残镉，即所谓的先“热”后“冷”法。

单独使用锌粉可以除去液中的Cu、Cd，却不能实现Co、Ni的有效脱除，而当溶液中有足够的Cu^{2+}和亚砷酸盐存在时，添加锌粉后能够有效地脱除Co。

砷盐法是用砷盐作为锌粉活化剂在较高的温度下除Co、Cu和Ni及部分Cd，由于Cd在高温下易复溶，所以需要增加一段低温加锌粉除残Cd的过程，工艺流程见图12-94。

中性浸出上清液与锌粉、砒霜在机械搅拌净化槽内进行一段高温净化，将溶液中的Co、Ni和部分的Cd有效脱除，净化渣液经过滤实现液固分离，滤渣送镉工序，而溶液经冷却后进行除残镉净化作业，加入锌粉除Cd，同时加入高锰酸钾及空气进行氧化除铁，

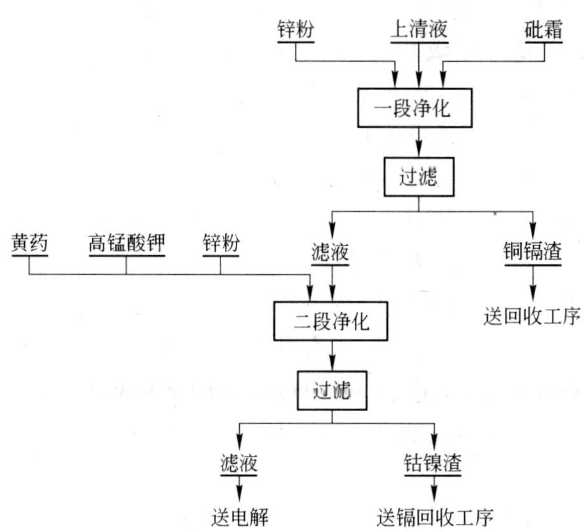

图 12-94 砷盐法硫酸锌溶液净化流程

净化渣液经过滤实现液固分离，滤渣送镉工序，而溶液送电解。

砷盐法的技术条件和生产实例见表 12-92 及表 12-93。

表 12-92 砷盐法净化的技术条件

条件名称	技术条件	条件名称	技术条件
温度/℃	60～65	氢氧化钠用量/kg·m^{-3}	0.04
pH 值	5.2～5.4	锌粉粒度/mm	0.15～0.18
砒霜用量/kg·m^{-3}	0.14～0.16(砒霜中 As_2O_3 > 98%，Sb < 0.1% Fe < 0.2%)	硫酸铜用量/kg·m^{-3}	0.06～0.13
锌粉用量/kg·m^{-3}	3～4.5	反应时间/min	120～180

表 12-93 神岛冶炼厂砷盐净化法操作条件

段别	温度/℃	pH 值	反应时间/min
一段	85～90	5.0～5.4	180～240
二段	55～60	5.0～5.4	120～130
三段	50～55	5.0～5.4	120～130

砷盐净化法可以保证将溶液中的 Co^{2+} 和 Ni^{2+} 除到要求的程度，得到高质量的净液（钴、镍含量降到 1mg/L 以下）。但是此法存在如下缺点：

（1）原料中的铜不足时需要补加铜；

（2）得到的 Cu-Co 渣被砷污染，不利于综合回收有价金属；

（3）作业过程要求高温（80℃以上）；

（4）净液过程会产生剧毒气体 AsH_3；

（5）锌粉耗量大（50～70kg/t$_{锌}$），需在净化作业结束后迅速分离钴渣，否则会导致钴和某些杂质的反溶，降低除钴效率。

因此，许多工厂采用锑盐或Pb-Sb合金锌粉代替砷盐净化。

12.3.4.5 反向锑盐法（逆锑法）

反向锑盐法是先在较低温度下除铜、镉（冷净化），然后在高温（80～90℃）加锌粉和锑盐除钴、镍、锗、砷、锑等杂质，这种先冷后热的净化方式，可以分别得到铜镉渣和钴渣，有利于伴生金属回收，铜镉损失较少。世界上此法应用最多。

在净化生产工艺中，为确保溶液质量，按净化的次数有两段、三段甚至是四段净化之分；按净化过程的温度控制进行划分，有高温、低温和中温净化之分。传统的净化方法无论是逆锑法还是砷盐法，净化过程的温度均控制是高温净化、低温净化及中温净化相组合，即净化过程均是分两段以上进行，通过控制过程温度从而实现溶液的净化除杂。

反向锑盐法的技术条件和生产实例见表12-94和表12-95。

表12-94 反向锑盐法的操作条件

生产厂家	名　称	技术条件	
		温度/℃	作业时间/min
西北冶炼厂	一段净化	50～55	15～20
	二段净化	85～90	90
巴伦锌厂（比）	一段净化	50～55	45～60
	二段净化	90	180
会东铅锌冶炼厂	一段净化	50～55	46～50
	二段净化	90	60

表12-95 反向锑盐法净化各段的技术参数

项　目	第一段脱铜	第二段脱镉	第三段脱钴
温度/℃	65～70	60～65	90～95
pH值	4.0～4.5	4.0～4.5	4.0～4.5
添加剂	锌粉	锌粉	锌粉，Sb_2O_3(2～4mg/L)，$CuSO_4\cdot5H_2O$(125mg/L)
作业时间/min	45	90	180～270

锑盐净化有如下优点：

（1）可不需加硫酸铜，在第二段中已除去镉，减少了镉进入钴渣的量，镉的回收率较砷盐净化法高，可达60%；

（2）铜、镉除去后，加锑除钴的效果更好，当溶液含钴量高达15～20mg/L时也能达到好的效果；

（3）由于SbH_3比AsH_3容易分解，产生剧毒气体的危害性较小，劳动条件大为改善；

（4）锑的活性大，添加剂消耗少。

锑盐法与砷盐法除钴的副反应是已沉淀的钴发生反溶而降低除钴效率，一般除钴效率不大于95%。这是由于与锌粉结合的铜或锑脱离了锌粉或锌粉耗尽时，钴便与铜或锑形成新的微电池，钴则作为微电池的阳极而溶解入液。所以，一些工厂在净化末期还要补加一至二次锌粉，以保证有足够的锌粉与置换出的金属结合，使溶液中钴达到要求程度，但会增加溶液中锑浓度。

12.3.4.6 铅锌合金锌粉法

合金锌粉是指含有少量铅、锑、砷等成分的金属锌粉。合金锌粉可通过在金属锌中添加合金元素后用传统的雾化法制取，也可通过电炉还原熔炼氧化锌矿挥发、冷凝制取含有铅、锑、砷、镉等多种合金成分的电炉合金锌粉。雾化合金锌粉与电炉合金锌粉由于合金的结晶状态及粒度不同，净化效果也不相同。

合金锌粉由于含有的Pb、Sb等金属微粒，在中性硫酸锌溶液中与锌形成局部微电池，由于其中的Sb对Co、As对Cu具有更大的亲和力，被置换的Co、Cu粒子沉积在Pb、Sb、As周围，并能很好的阻止Co的反溶。合金锌粉能使净化效果明显改善。

日本会津电锌厂采用铅锑合金锌粉除钴，合金锌粉含锑0.02%～0.05%，铅0.05%～1.0%。在国内，柳州锌品厂第一家在生产中采用铅锑合金，生产操作技术条件见表12-96。

表12-96 柳州锌品厂铅锑合金生产操作技术条件

生产技术条件	一段净化	二段净化
pH值	5～5.2	5.4
温度/℃	55	80～85
锌粉用量	溶液中铜镉含量的1.7倍	普通锌粉1kg/m^3 合金锌粉1kg/m^3（Pb 1.5%～2.5%，Sb 0.15%～0.25%）
作业时间/min	30～40	40

20世纪80年代，云南冶金集团股份有限公司会泽铅锌矿开发成功电炉活性合金锌粉净化工艺。该矿采用埋弧电炉还原熔炼富氧化锌矿、锌蒸气空间快速冷凝，充分利用氧化锌矿中的Pb、Sb、As等伴生组分随锌一同挥发、冷凝形成合金的工艺生产超细活性合金锌粉。由于这种锌粉粒度极细（90%通过325目）、比表面积大以及合金元素的微电池作用，大幅度提高了净化效率。实践证明，它能有效地除去溶液中的钴、铜、镉、砷、锑、锗等有害杂质，达到溶液的深度净化，并保证安全生产，与使用雾化锌粉相比，降低锌粉消耗约15%～30%。电炉熔炼挥发锌粉生产工艺及电炉活性合金锌粉净化技术在国内多家工厂推广应用，我国一些工厂几乎全部用电炉合金锌粉代替传统的雾化锌粉。

12.3.4.7 四氢硼酸钠（$NaBH_4$）净化法

溶液中$NaBH_4$的稳定性随溶液pH值降低和温度的升高而降低。为了使$NaBH_4$稳定和pH值在净化过程中保持不变，需要在常温下配制含有一定量的NaOH和$NaBH_4$的溶液（例如2.2g/L $NaBH_4$及2.3g/L NaOH的溶液）。$NaBH_4$还原钴、镍及铜、镉、铅、锑、铁等金属离子的反应为：

$$4MeSO_4 + NaBH_4 + 10NaOH = 4Me + 4Na_2SO_4 + Na_3BO_3 + 7H_2O$$

这种方法能有效的深度净化除去钴、镍及其他比锌电极电位更高的杂质，工艺简单，在较低的温度下即能迅速的进行还原反应，作业时间仅需要10min，还原沉淀物中的钴、镍含量高，易于综合回收处理。

虽然$NaBH_4$的价格较高，但沉淀1t杂质仅需要0.15t $NaBH_4$，因此与置换法相比，在经济上还是可以考虑的。

12.3.4.8 硫酸锌溶液中氟、氯的净化

湿法炼锌工艺中，氟、氯主要来源于原料，尤其是氧化矿或工业氧化锌，氯还可能来自自来水。原料中的氟、氯在浸出过程中几乎全部进入溶液中。当新液含氯高时，使铅阳极腐蚀加剧，锌片含铅上升，降低阴极锌的品级率；含氟量高会引起阴极板（铝板）腐蚀，造成锌片剥离困难，阴极板消耗增加，员工劳动强度增大，电解生产成本增加和产品质量下降，同时在电解过程中部分氯以氯气析出，恶化劳动环境，造成环境污染。从溶液中净化除氟、氯常采用以下方法：

（1）利用钍的盐类从溶液中除氟。钍的盐类除氟原理是氟与钍形成难溶的化合物沉淀除去。但是由于钍盐价格昂贵，工业上一般很少应用。

（2）在浸出过程加入少量的石灰乳除氟。加入石灰乳除氟的原理是氟与钙形成难溶的化合物氟化钙（CaF_2）。但是由于向流程中引入钙，会形成流程中的钙富集，堵塞管道，造成工作量增加，工业生产中应用也很少。

（3）硫酸银沉淀除氯法。硫酸银沉淀除氯法的基本原理是使硫酸银与溶液中的氯盐作用，生成难溶的氯化银沉淀从而将溶液中的氯脱除。其反应式如下：

$$Ag_2SO_4 + ZnCl_2 = 2AgCl\downarrow + ZnSO_4$$

此法除氯效果很好，但是银盐价格昂贵，且净化渣中的银回收率较低，因此，在工业应用过程中受到限制。

（4）铜渣除氯。铜渣除氯的基本原理是利用铜及溶液中的Cu^{2+}发生歧化作用，生成Cu^+，再与溶液中的氯离子Cl^-作用生成难溶的氯化亚铜（CuCl）沉淀，从而将溶液中的氯除去。

$$Cu + Cu^{2+} + 2Cl^- = 2CuCl\downarrow$$

所使用的铜渣可以是净化时产出的铜镉渣，也可以是从铜镉渣中回收镉后产出的铜渣。

（5）离子交换法除氟、氯。离子交换法除氯的基本原理是利用树脂可交换基团与溶液中的氯离子发生置换反应，使溶液中的氯离子吸附在树脂上，而树脂上可交换离子进入到溶液中。某厂在含氯260～370mg/L的溶液中采用国产717号强碱性阴离子交换树脂除氯，取得了良好的效果。

国产717号树脂，原为氯型，用1.5%的硫酸处理，使它转化成硫酸型。对硫酸锌溶液进行交换时，虽然离子交换是高价离子大于低价离子，即$SO_4^{2-} > Cl^- > F^-$，但是在高浓度中性溶液内（含SO_4^{2-}高达200g/L）时，氯离子表现出比SO_4^{2-}更大的交换能力。所以用717号树脂交换时，氯离子将取代树脂上的硫酸根（SO_4^{2-}），而从溶液中除去。然后再用1.5%的硫酸溶液洗淋树脂获得再生。

离子交换除氯法比采用焙烧法除氯具有设备简单、投资少、劳动条件好及不影响稀有

金属回收等优点。

由于从溶液中除氟、氯的效果一般都不好，处理含氟、氯较高的原料时，需经预先焙烧脱氟、氯后再进行浸出。

12.3.4.9 钙、镁离子的净化

湿法炼锌中的钙、镁是从原料中带入的。钙、镁盐类进入到湿法炼锌流程中，不能在净化过程中用一般的净化方法除去，会在流程中不断的循环富集，直达饱和状态。钙、镁盐类在溶液中大量存在，给湿法炼锌带来了一些不良的影响。如：

（1）钙、镁盐类进入溶液，增大了溶液的密度，使溶液的黏度增大，造成液固分离困难。$CaSO_4$、$MgSO_4$ 过滤过程中会在滤布上结晶析出，堵塞滤布毛细孔，使过滤难于进行。

（2）钙、镁富集于溶液中，当溶液局部温度下降时，Ca^{2+}、Mg^{2+} 分别以 $CaSO_4$、$MgSO_4$结晶析出，容易在散热的设备和输送溶液的管道中沉积，并且这种结晶会成为坚硬的固体，造成设备损坏和管道堵塞，严重时引起停产，给湿法炼锌过程造成很大的危害。

（3）在锌电积过程中，钙、镁盐类高时，增加电解液电阻，降低电流效率。

基于以上的危害，清除溶液中的钙镁是湿法锌冶炼的一个重要任务，目前常用的净化除钙、镁的方法有五类。

A 在焙烧前除钙、镁

国外的一些湿法冶炼厂当锌精矿含 Mg 达到 0.6% 时，采用稀硫酸洗涤除去钙、镁，其反应化学方程式为：

$$CaCO_3 + H_2SO_4 = CaSO_4 + H_2O + CO_2$$

$$MgCO_3 + H_2SO_4 = MgSO_4 + H_2O + CO_2$$

$$MgO + H_2SO_4 = MgSO_4 + H_2O$$

$$CaO + H_2SO_4 = CaSO_4 + H_2O$$

使 Mg、Ca 以 $MgSO_4$ 和 $CaSO_4$ 进入到洗涤液中排除。这种方法能够有效除去锌精矿中的钙、镁，但是由于增加了一个工序，必然会带来有价金属的损失。如果锌精矿中含有 ZnO 和 $ZnCO_3$，这一部分锌在酸洗涤时进入到洗涤液中，回收困难，造成损失。

B 溶液集中冷却除钙、镁

用冷却的方法除钙、镁的原理是基于 Ca^{2+}、Mg^{2+} 与 Zn^{2+} 溶解度的差别，当溶液中的钙、镁含量接近饱和时，采用强制降温的方法，使 Ca^{2+}、Mg^{2+} 以 $MgSO_4$ 和 $CaSO_4$ 结晶析出，从而降低溶液中 Ca^{2+}、Mg^{2+} 的含量。

工业生产中，鼓风式冷却塔将净化合格后的新液冷却到 40～50℃，放置在新液贮槽内，自然缓慢冷却沉降，使钙、镁盐生成结晶，在贮槽内壁和底部沉积，定期清除结晶物，从而实现钙、镁的脱除。也有一些工厂，将净化后的新液加入到电解冷却塔内，与电解循环废液一起冷却，$MgSO_4$ 和 $CaSO_4$ 结晶在冷却塔的塔壁上和冷却塔底部。

C 氨法除镁

用25%的氨水中和中性电解液，其组成为（g/L）：Zn 130～140，Mg 5～7，Mn 2～3，K 1～3，Na 2～4，Cl 0.2～0.4，控制温度 50℃、pH 值为 7.0～7.2，经 1h，锌呈碱式硫酸锌[$ZnSO_4 \cdot 3Zn(OH)_2 \cdot H_2O$]析出，沉淀率为 95%～98%。杂质元素中 98%～99% 的

Mg^{2+}、85%～95%的 Mn^{2+} 和几乎全部的 K^+、Na^+、Cl^- 离子都留在溶液中。

D 石灰乳中和除镁

印度德巴里（Debari）锌厂每小时抽出 4.3m^3 废电解液用石灰乳在常温下处理，沉淀出氢氧化锌，将含大部分镁的滤液丢弃，可阻止镁在系统中的积累。或在温度为 70～80℃及 pH 值为 6.3～6.7 的条件下加石灰乳于废电解液或中性硫酸锌溶液中，可沉淀出碱式硫酸锌，其反应为：

$$4ZnSO_4 + 3Ca(OH)_2 + 10H_2O = ZnSO_4 \cdot 3Zn(OH)_2 \cdot 4H_2O + 3CaSO_4 \cdot 2H_2O$$

其结果是 70% 的镁和 60% 的氟化物可除去。

E 电解脱镁

日本彦岛炼锌厂当电解液中含镁达 20g/L 时采用隔膜电解脱镁工艺除镁，包括：（1）隔膜电解。从电解车间抽出部分废液送隔膜电解槽，进一步电解至含锌 20g/L；（2）石膏回收。隔膜电解尾液含 H_2SO_4 200g/L 以上，用碳酸钙中和游离酸以回收石膏；（3）中和工序。石膏工序排出的废液用消石灰中和以回收氢氧化锌，最终滤液送废水处理系统。

还有一些工厂使用一部分溶液生产硫酸锌等副产品，从硫酸锌等副产品中将系统中部分钙、镁开路分流出去。

12.3.5 净化过程的主要设备

净化过程主要设备是净化槽，有沸腾净液槽和机械搅拌槽；净化过程液固分离采用压滤机和管式过滤器等。

12.3.5.1 沸腾净液槽

我国湿法炼锌厂采用连续沸腾净液槽除铜、镉，槽的结构如图 12-95 所示。

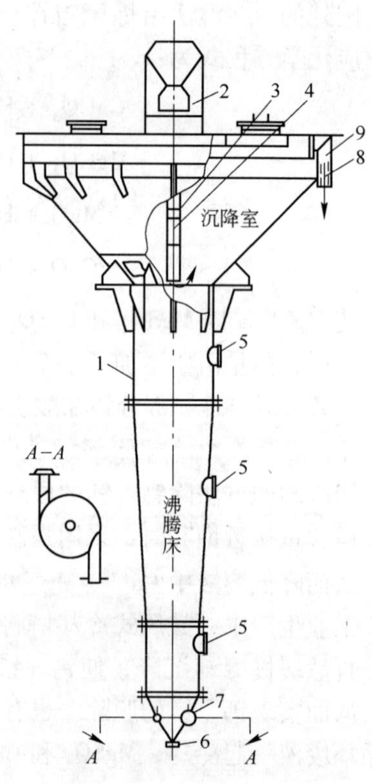

图 12-95 沸腾净液除铜镉槽

1—槽体；2—加料圆盘；3—搅拌机；4—下料圆筒；5—窥视孔；6—放渣口；7—进液口；8—出液口；9—溢流沟

沸腾槽体用钢板焊成，内衬铅皮。锌粉由上部导流筒加入，溶液由下部进液口沿切线方向压入，在槽内螺旋上升，并与锌粉呈逆流运动，在沸腾床内形成强烈搅拌而加速置换反应的进行。该设备具有结构简单、连续作业、强化过程、生产能力大、使用寿命长、劳动条件好等优点。株洲冶炼厂对机械搅拌槽和沸腾净液槽的作业状况进行了比较，对比结果见表 12-97。

株洲冶炼厂使用的沸腾净液槽槽体为钢板焊接，除锥体部分衬胶外其余均衬铅板，西北铅锌冶炼厂使用的槽体为不锈钢焊制。两厂使用的槽体的主要技术性能是相同的。西北铅锌冶炼厂、株洲冶炼厂沸腾净化除铜镉槽主要技术性能如下：

设备总高	10130mm
流态化层高度	5900mm
有效容积	$20m^3$
生产能力	$60\sim80m^3/h$
沸腾层内溶液停留时间	3~5min
溶液在槽内停留时间	15~20min
作业温度	55~60℃
放渣周期	4~8h
锌粉搅拌器转速	400r/min
搅拌器桨叶直径	160mm
搅拌器电机型号	5041~5046，1.0kW

表 12-97 株洲冶炼厂两种净化设备的操作性能对比

项 目	沸腾净液槽	机械搅拌槽
操作方式	连 续	间 断
搅拌方式	流态化	机械搅拌
反应时间/min	3~5	40~60
$1m^3$ 槽的处理量/$m^3\cdot h^{-1}$	3~4	0.33~0.5
锌粉：溶液含铜、镉量	2~3 倍	2.7~4 倍

不同段沸腾净液除铜、镉槽的直径可根据各区段溶液流速确定。各区段的溶液速度 v 可按下列数值选取：

进液管	$v_1=1.5\sim1.8m/s$
下 部	$v_2=75\sim80m/h$
中 部	$v_3=33\sim40m/h$
顶 部	$v_4=3\sim4m/h$

沸腾净液槽为 $20m^3$ 标准设计，需要台数可按槽生产能力和日需处理上清液量计算。

12.3.5.2 机械搅拌槽

槽子容积为 $50\sim100m^3$，净化槽也趋于扩大化，有 $150m^3$ 及 $220m^3$ 等。槽材质有木质、不锈钢及钢筋混凝土槽体。槽内搅拌器为不锈钢制，转速为45~140r/min。机械搅拌净化槽可单个间断作业，

图 12-96 机械搅拌净化槽

1—传动设置；2—变速箱；3—通风孔；4—桥架；5—槽盖；6—进液口；7—槽体；8—耐酸瓷砖；9—放空口；10—搅拌轴；11—搅拌桨叶；12—出液口；13—出液孔

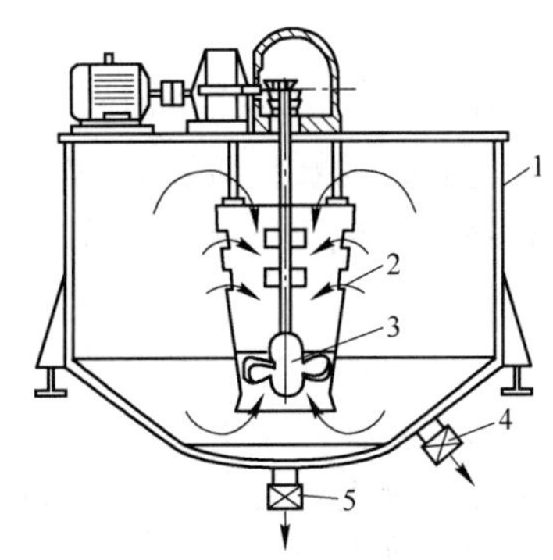

图 12-97 有导流筒的机械搅拌净化除钴槽

1—槽体；2—导流筒；3—叶浆搅拌器；4—放液阀；5—放渣底阀

也可几个槽作阶梯排列形成连续作业或用虹吸管连接连续作业。图12-96和图12-97为我国某厂机械搅拌除钴槽结构图，表12-98为一些工厂净化槽规格。

表12-98 部分工厂净化槽规格

项 目	瓦利菲尔德（加）	萨格特（美）	神冈厂（日）	马格拉港（意）	科科拉（芬）	西北铅锌冶炼厂	株洲冶炼厂Ⅰ	株洲冶炼厂Ⅱ
直径/m	9	5.5	6.1~9.1	4.8		6.0	6	5.75
高/m	3.15	4.7	3.2	3.4		4.5	4.5	5.5
有效容积/m^3	220	—	—	60	200	100	100	143
材 质	木质	木质	不锈钢	不锈钢	不锈钢	不锈钢	钢筋混凝土	钢筋混凝土
搅拌方式	机械（45r/min）	机械	—	—	—	机械（83r/min）	机械	机械

12.3.5.3 厢式压滤机

厢式压滤机以滤板的棱状表面向里凹的形式来代替滤框，这样在相邻的滤板间就形成了单独的滤厢，如图12-98所示。

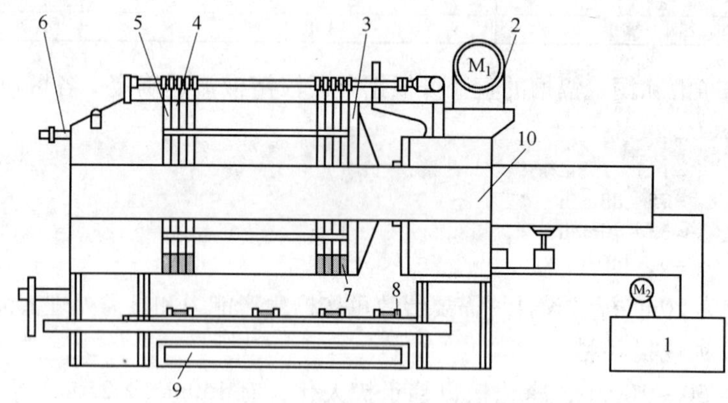

图12-98 厢式压滤机

1—液压系统；2—滤布驱动装置；3—尾板；4—隔膜板；5—滤板（实板）；6—压缩空气进口；7—滤液口；8—滤布洗涤系统；9—接液盘；10—机架

这种压滤机的进料通道通常与板框压滤机不同。滤箱借助在板中央的相当大的孔连通起来，而滤布借助螺旋活接头固定，滤板上有孔。为压干滤饼，在每两个滤板中夹有可以膨胀的塑料袋（或可以膨胀的橡皮膜）。当过滤结束时，滤饼被可膨胀的塑料袋压榨而降低液体含量。

厢式压滤机的滤板用聚丙烯塑料压铸而成，具有结构简单、耐腐蚀性强、操作简便等优点，是替代板框压滤机成为净化用的主要过滤设备。但其缺点是间断作业、辅助操作时间长、劳动强度大。为了消除笨重的体力劳动，提高设备生产能力，许多湿法炼锌厂采用自动压滤机，既保留了压滤机特有的性能，又借助了机械、电器、液压、气动实现操作过程全部自动化，但其结构复杂、更换滤布麻烦、滤布损耗较大等。

12.3.5.4 板框压滤机

板框压滤机是湿法炼锌净化工序普遍应用的一种液固分离设备，系统装置在钢架上，多个滤板与滤框交替排列而成，其装置情况及部件如图12-99所示。

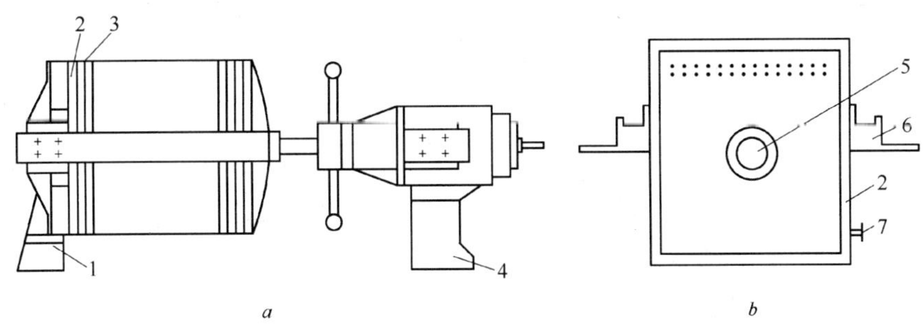

图12-99 板框压滤机装置及部件

a—整体设备正视图；*b*—压滤机滤板

1—支架；2—滤板；3—滤布框；4—油压系统；5—进液孔；6—手柄；7—出液孔

每台过滤机所用滤板与滤框的数目，根据过滤机的生产能力及料液的情况而定。框的数目为10～60个，组装时将板与框交替排列，每一滤板与滤框间夹有滤布，将压滤机分成若干个单独的滤室，而后借助油压机等装置将它们压成一块整体。操作压强一般为0.3～0.5MPa（表压）。板框材质为铸铁、木材、橡胶等，视过滤介质的性质而选定。滤框厚通常为20～75mm。滤板较滤框薄。滤框为正方形，其边长一般为0.1～1m，过滤面积35～100m^2。我国某厂采用的压滤机压滤面积为62m^2，压滤速度为0.4m^3/(m^2·h)，进液压强为0.3MPa，油压顶紧压强为30MPa。板框压滤机性能列于表12-99。

表12-99 净化用板框压滤机性能

项 目	株洲冶炼厂		沈阳冶炼厂	
压滤溶液	除铜镉后液	除钴后液	除铜镉钴后液	除镉后液
压滤机板框规格 /mm×mm	900×900	900×900	865×870	865×870
每台压滤面积/m^2	62	62	35	20.35
数量/台	9	8	4	
压紧装置	液压	液压	手动	手动
压滤速度 /m^3·(m^2·h)$^{-1}$	0.4	0.5	0.26～0.37	0.3～0.4
压滤时间/h·次$^{-1}$	3～4	5～6	4～5	6～8
拆装时间/h·次$^{-1}$	1	1	0.5～0.7	0.5～0.7

板框压滤机具有结构简单、制造方便、适应性强、溶液质量较好等优点，主要缺点是间歇作业、装卸作业时间长、劳动强度大、滤布消耗高。

12.3.5.5 管式过滤器

我国研制成功的尼龙管式过滤器是一种高效的液固分离设备，一些工厂已用它代替原来的一段或两段的板框式压滤机。图 12-100 所示为我国某厂采用的尼龙管式过滤器结构。

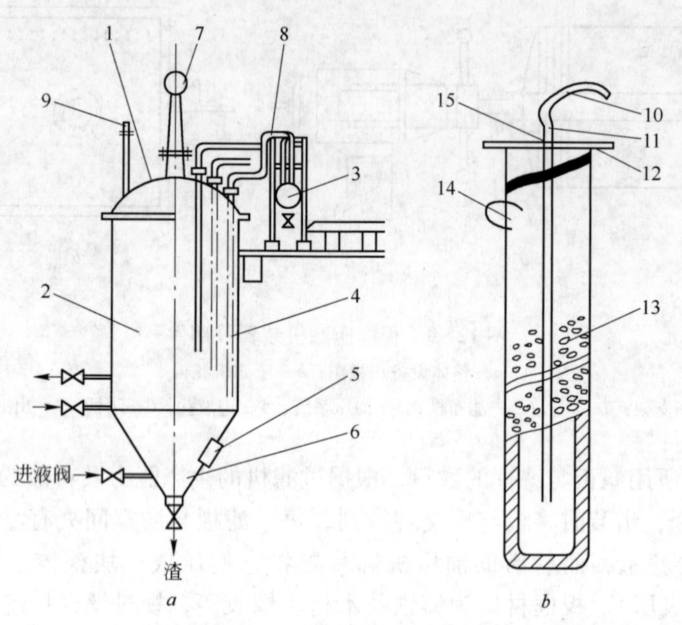

图 12-100 管式过滤器

a—管式过滤器正视图；b—过滤管示意图

1—封头；2—筒体；3—聚流装置；4—过滤管；5—人孔；6—锥底；7—压力表；8—玻璃管；9—安全阀；10—胶皮管；11—出液管；12—盖板；13—钢管；14—涤纶袋；15—吊钩

管式过滤器属于明流、稀渣型，它由封头、筒体、锥体、过滤管、环形聚流装置等组成。筒内无需防腐，封头（即筒盖）用钢板焊接压制成形，其上开有 48 个直径为 108mm 的孔，并焊以套管和法兰，用以安装过滤管。

筒体用钢板焊接成圆筒形，其上开有残液放出口、吹风口和进水口，并装有阀门。

锥体用钢板制作与筒体焊在一起，锥度为 60°，其上有成切线方向的进液口，锥底装有放渣阀。

过滤器如图 12-100*a* 所示，系由钻有小孔的钢管套上铁丝网，其上再套上尼龙袋而成，其中心有一细钢管做出液管。滤液穿过过滤管沿出液管引至环形聚流装置，渣则残留于罐内及管壁上，经一定时间用压缩空气反吹，使之脱落并由排渣口放出。表 12-100 为株洲冶炼厂管式过滤器规格。

表 12-100 管式过滤器的规格

名 称	技术规格	材 质
一次管式过滤器	面积 $64m^2$，滤速 $0.4 \sim 0.8m^3/(m^2 \cdot h)$	罐体钢板
一次洗水管式过滤器	面积 $44.2m^2$	罐体钢板
二次管式过滤器	面积 $97m^2$，滤速 $0.5 \sim 0.9m^3/(m^2 \cdot h)$	罐体钢板
二次洗水管式过滤器	面积 $97m^2$，滤速 $0.5 \sim 0.9m^3/(m^2 \cdot h)$	罐体钢板

与板框压滤机比较，尼龙袋管式过滤器制作容易、过滤速度快、滤液质量好、滤布寿命长、金属损失少，改善了劳动条件并减轻了劳动强度等，其缺点是更换滤布麻烦、滤液液固比大、阀门多、操作繁琐等。

12.3.5.6 净化过程的加热设备

高温净化过程使用的溶液加热设备，以往多使用蒸汽加热蛇形盘管，由于传热效果差，致使加热升温速度慢，许多湿法炼锌厂都改用加热速度快、热效率高的板式换热器。换热器是使热量从一种流体传给另一种流体的热交换设备。板式换热器按其工作方式的不同可分为外置式和内置式两种，其中外置式换热器又分为平板式换热器和螺旋板式换热器两种。螺旋板换热器国内最早由株洲冶炼厂引进使用，而板式换热器则应用较为广泛。内置式换热器由多组并联的换热器组成，放置于净液槽内，其工作原理与蒸汽蛇形管相似，优点是增大了换热面积和传热传质速度，加热升温速度较快。

A 平板式换热器

平板式换热器如图12-101所示，它主要由换热板片、压紧板和导杆、支架等组成。其中，换热板片是换热器的核心部分，它是多片组合，由上、下定位缺口支撑于上、下导杆上，并夹持于固定压紧板与活动压紧板之间，当旋动压紧螺栓时，活动压紧板被紧压于换热板片上，使换热器处于工作状态。

每块换热板面都压有规则的凹凸波纹，相邻两片的边缘都衬有垫片，压紧后可以达到密封的目的，并形成两板间的流体流道。变换两板间密封垫片的厚度，可起到调整流道宽度的作用。每块板的4个角上，各开有一个圆孔，其中有两个圆孔和板面上的流道相通。工作时，冷、热流体同时在板片两侧流道流过，可以逆流，也可并流，在流动过程中通过金属换热板片进行换热。流体通过流道进行换热的工作原理如图12-102所示。

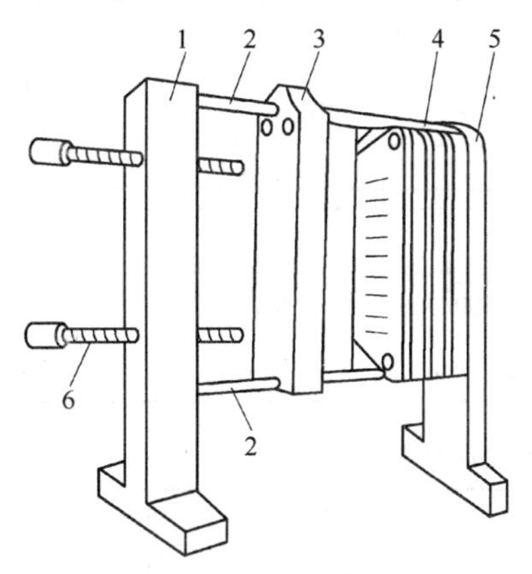

图12-101 平板式换热器

1—支架；2—导杆；3—活动压板；4—换热板片；5—固定压板；6—压紧螺栓

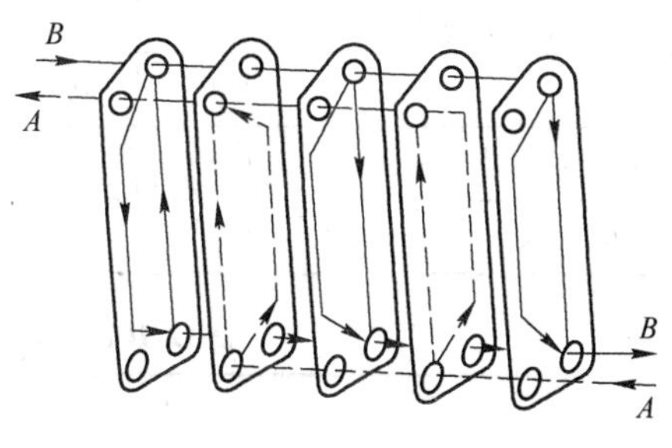

图12-102 平板式换热器的换热原理

A—热流体；*B*—冷流体

根据工艺的需要，平板式换热器的流道可以进行不同的流程组合，如并联组合、串联组合和混联组合。图12-103所示为不同流程组合的示意图。

平板式换热器是一种高效而紧凑的换热器，其主要优点是传热系数大，传热面积大，

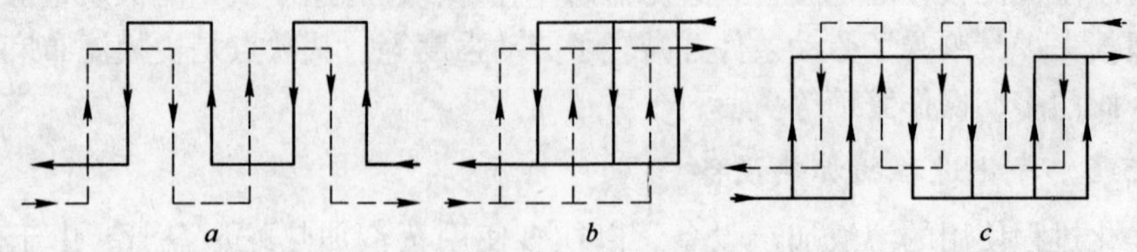

图 12-103 不同的流程组合

a—串联；b—并联；c—混联

结构紧凑、材料消耗少，适应性大，拆卸方便，有利于清洗、检修；主要缺点是密封困难，容易泄漏，操作压力低，使用流量小，换热板片造型复杂，成本较高，流道狭窄，不宜处理特别容易结垢和堵塞的介质，密封垫片的耐温、耐压和耐腐蚀尚未达到满意的结果等。

根据平板式换热器的主要特点，决定了它的使用条件是：压强小于或等于 1.5MPa、温度小于或等于 150℃，且适应于介质结垢性、腐蚀性强，需用贵重金属制造或需经常检修的情况。

国外主要国家的产品性能见表 12-101，几种平板式换热器的尺寸参数列于表 12-102。

表 12-101 国外平板式换热器的技术性能

国 别	允许压强 /MPa	允许温度 /℃	板片换热面积 /m^2	设备换热面积 /m^2	处理量 /$m^3\cdot h^{-1}$	总传热系数 /$W\cdot(m^2\cdot ℃)^{-1}$
瑞 典	2.5	360	0.03～1.4	1～500	0.3～570	2300～5800
英 国	1.58	260	0.11～0.52	3～280	0.45～550	7000
德 国	1.6	360	0.09～0.55	100	1200（四段并联）	2900
丹 麦	2.0	140			0.5～20	
美 国	2.1	360	0.17～0.56	743		5800
苏 联	1.6	150	0.2～0.5	3～300	200	3500
日 本	1.5	150	0.08～0.8	0.12～250	0.1～300	2900～4650

表 12-102 国外平板式换热器的尺寸参数

型 号	板 型	板片尺寸			流 道		板厚 /mm	许用条件	
		长/m	宽/m	有效面积 /m^2	板距 /mm	截面积 /m^2		压强 /MPa	温度 /℃
美国 HT 型	梯形断面平直波纹 下底 20.6mm 下底角 60° 高 7.9mm	有效 0.78	有效 0.182	0.142	3.5	0.636×10^{-3}	1.0		

续表 12-102

型号	板型		板片尺寸 长/m	板片尺寸 宽/m	板片尺寸 有效面积/m²	流道 板距/mm	流道 截面积/m²	板厚/mm	许用条件 压强/MPa	许用条件 温度/℃
日本蒸馏型 N. P. H	梯形断面平直波	A	有效 0.81 总长 1.18	有效 0.32 总宽 0.37	0.26	8.0	2.56×10^{-3}	1.0	0.4	120
						7.5	2.24×10^{-3}			
		B	有效 0.445 总长 0.6	有效 0.18 总宽 0.22	0.08	7.0	1.26×10^{-3}	1.0		
						6.0	1.02×10^{-3}			
美国瘤型 Super-Plate-S	截球直径 20mm 高 6mm 列距 22mm 同列球间距 25.4mm		折合长 1.0	有效 0.3		6.0	0.0018		1.0	
瑞典 P-15	等腰三角形断面平直波纹 波距 30mm 高 7.6mm 顶角 120°		有效 1.18 总长 1.37	有效 0.445 总宽 0.5	0.52	4.8	0.002	1.0	1.0	150
瑞典 Rosen-blads-3	圆弧断面人字形波纹		有效 0.89 总长 1.145	有效 0.365 总宽 0.415	0.33	2.7	0.001	0.7	1.5	140

B 螺旋板式换热器

螺旋板式换热器是高效的板式换热器之一，由于它具有结构紧凑、制造容易和传热效率高等优点，广泛地应用于冶金、化工、石油、医药及食品等各工业部门。

螺旋板式换热器的换热壁面是由两块平行金属板 1、2 卷成的螺旋板，如图 12-104 所示。平行板间设置定距撑使其保持一定距离，构成一定截面的螺旋通道。由于平行板的内端头焊在同一块中间隔板 3 上，外端头分别焊在与壳体 4 相连的连接板上，因而使通道被隔开。当在螺旋通道两侧加上端盖密封，就形成了 A、B 两条流体通道。

根据螺旋通道两侧密封结构的不同，螺旋板式换热器可以分为三种形式，即Ⅰ型、Ⅱ型、Ⅲ型，其结构示意图分别见图 12-105、图 12-106 及图 12-107。

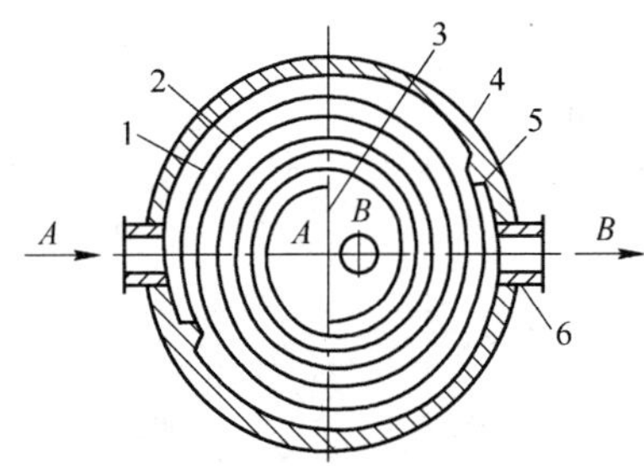

图 12-104 螺旋换热壁面

1，2—螺旋板；3—中间隔板；4—壳体；5—连接板；6—接管

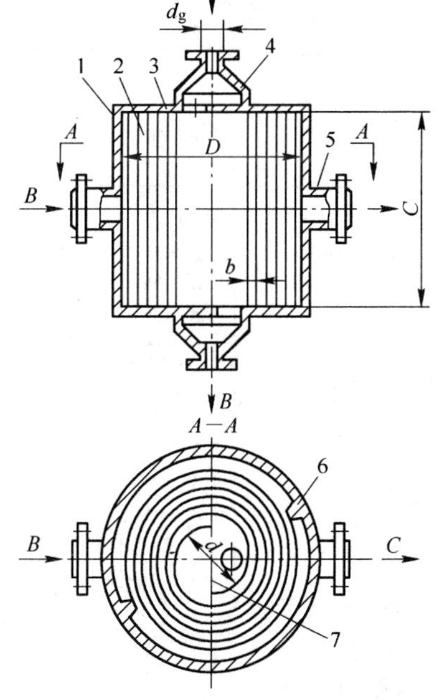

图 12-105 Ⅰ型螺旋板式换热器

1—壳体；2—螺旋板；3—密封件；4，5—接管；6—连接板；7—中间隔板

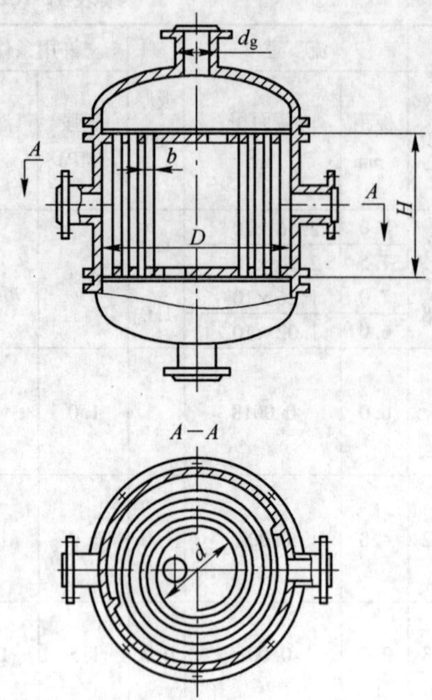

图 12-106 Ⅱ型螺旋板式换热器

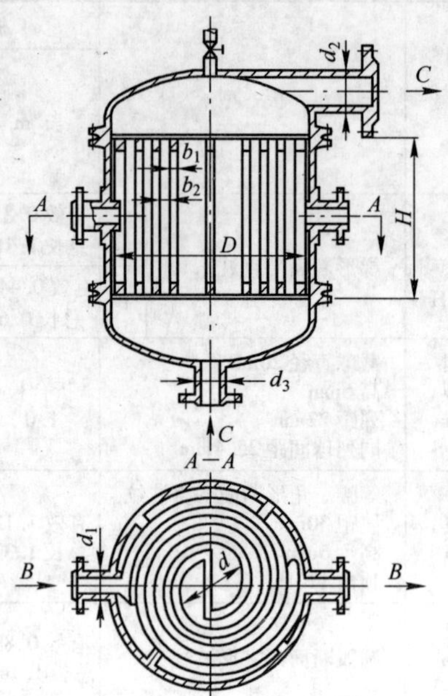

图 12-107 Ⅲ型螺旋板式换热器

生产中常用的螺旋板式换热器是不可拆式螺旋板换热器，其主要参数和尺寸列于表 12-103。

表 12-103 螺旋板式换热器的主要参数和尺寸

形　式	Ⅰ			Ⅱ				Ⅲ
公称压强/MPa	≤0.6	≤0.6	≤2.5	≤0.6	≤1.6	≤0.6，≤1.6	≤1.6	≤1.6
材　料	碳素钢	不锈钢	碳素钢	碳素钢	碳素钢	不锈钢	碳素钢	不锈钢
公称换热面积/m^2	1,2,3,4,6,10,15,20,25,30,40,50,80,100,130	1,2,4,6,10,16,20,30	2.5,5,10,15,20,30,40,50	1,2,3,4,6,10,15,20,25,30,40,50,60,80,100,130	1,2,3,5,10,15,20,25,30	1,2,4,6,10,16,20,30	1,2,3,5,8,10,15,20,25,30,35,40,50,60,80,100,120	1，2，4，6，12，25
螺旋通道宽度/mm	5,10,15,20	5,10	5,10	5,10,15,20	5,10,15,20	5,10,15,20	10	10
螺旋板宽度/mm	0.2,0.3,0.4,0.6,0.8,1.0,1.2	0.3,0.45,0.9	0.3,0.4,0.6,0.8,1.0,1.2	0.2,0.3,0.4,0.6,0.8,1.0,1.2	0.2,0.3,0.4,0.6,0.8,1.0,1.2	0.3,0.45,0.9	0.3,0.4,0.6,0.8,1.0,1.2	0.3，0.45，0.9
螺旋板厚度/mm	4.0	1.5	4.0	4.0	4.0	1.5	4.0	1.5
设备外径/mm	300,400,600,800,1000,1200,1500	300,400,600,800	300,400,600,800	300,400,600,800,1000,1200,1500	300,400,600,800,1000	300,400,600,800	400,600,800,1000,1200,1500	400,600,800
螺旋中心直径/mm	160,200,300	160,200	160,200	160,200,300	160,200,300	160,200	160	160

螺旋板式换热器的优点是传热效率高，流道不易结垢，可以回收低温热能，结构紧凑，工作可靠，制造成本低；其缺点是不耐高压、检修及清洗困难。目前，各国生产的螺旋板式换热器最大工作压强大也仅达4MPa。

由于螺旋板式换热器所具有的优点，世界各国应用比较普遍。世界各国生产螺旋板式换热器主要公司的产品技术特性列于表12-104。

表12-104 国外生产螺旋板式换热器主要公司产品技术特性

国别	公司	最高压强/MPa	最高温度/℃	最大传热面积/m^2	最高传热系数/W·(m^2·℃)$^{-1}$
瑞典	Alfa—Laval	1.5	400	200	2500
	Rosenblad	1.6	300	1.5~186	2700
	ROCA			500	
日本	大江	2.0（可拆） 4.0（不可拆）	1000	200	
	川化	2.0	400	200	3300
美国		1.1	450	149	
英国		1.0		1~75	
苏联		1.0	300	3~100	

换热器的尺寸范围，各国厂家各自采用了不同的系列，具体尺寸范围见表12-105。

表12-105 国外螺旋板式换热器的尺寸范围

国别	公司	传热面积/m^2	最大直径/mm	螺旋板宽度/mm	螺旋板厚度/mm	流道宽度/mm
瑞典	Rosenblad	1.5~168	1400	300~1400		
日本		5~50	885	200~1200	2~4	5~30
美国	Union Carbide		1473.2	101.6~1828.8	3~8（碳素钢） 1.6~5.8（不锈钢）	4.76~25.4
英国	APV	1.5~75		300~1400		
德国		150		1500		

12.3.6 净化作业的操作和控制

12.3.6.1 连续两段锌粉除铜镉的操作和控制

波兰Boleslaw电锌厂对中性浸出液的净化，采用连续两段加锌粉除铜镉，其生产工艺流程如图12-108所示。

两段净化过程控制的温度为50~55℃，在40m^3的几个机械搅拌槽中进行。锌粉是先加水浸湿呈悬浮状态再加入净化槽中。生产1t电锌的锌粉消耗量为25~27kg。

第一段净化后经压滤产出的镉渣送去回收镉，滤液含铜仍高达20~50mg/L，送去第二段净化。第二段净化后的镉渣含镉低，则返回第一段净化槽中。

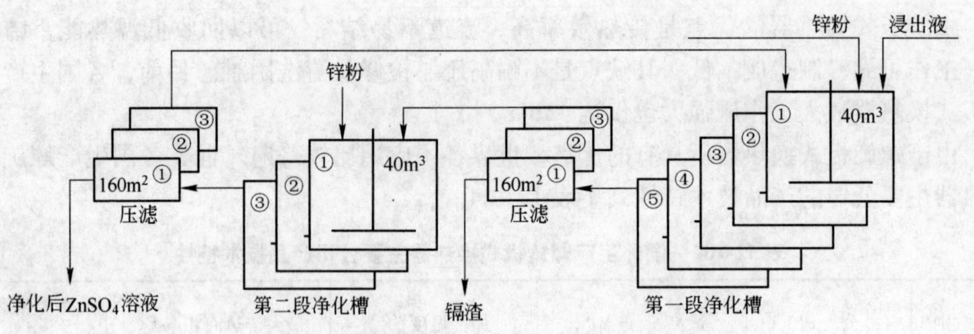

图 12-108 两段加锌粉除铜镉的生产工艺流程

净化前后溶液的成分见表 12-106。

表 12-106 两段连续净化前、后液的成分 (g/L)

项目	Zn	Cd	Cu	Fe	As	Ge	Co	Cl	Mn	Mg
净化前浸出液	135	1.2	0.15	0.007	0.0002	0.0004	0.0035	0.15	1.5	14.0
净化后浸出液	135	0.0004	0.0001	0.005	0.0001	0.0001	0.0035	0.12	1.6	14.0

这种操作工艺适宜于处理含镉高、含钴等其他杂质较少的浸出液。

12.3.6.2 锌粉-砷盐净化法的操作和控制

砷盐净化法有许多工厂采用，由于各厂的具体情况不同，采用的流程也很不一样。加拿大埃克斯塔尔（Ecstall）电锌厂采用两段周期作业净化法，即第一段高温95℃，加入大于0.25mm 的锌粉和 As_2O_3，除钴和铜；第二段在75℃时，加入小于0.25mm 的锌粉和硫酸铜除镉。

日本神冈电锌厂采用三段砷盐净化法（见图 12-109），即第一段在80℃下加锌粉与 As_2O_3 除钴和铜；第二段在65℃时加锌粉和三次净化渣除镉；第三段在60℃时加锌粉除残余镉。各段净化参数见表 12-107，其生产数据列于表 12-108，生产 1t 锌的试剂总消耗（kg）为锌粉 19.5、As_2O_3 1.0、$CuSO_4$ 0.3。

表 12-107 神冈厂三段净化生产数据

生产条件	温度/℃	pH 值	停留时间/min	控制杂质浓度/mg·L^{-1}
一段净化	75~95	5.2	240	Co<0.1
二段净化	55~60	5.2	110	Cd<3.0
三段净化	50~55	5.2	110	Cd<1.0

表 12-108 浸出液和净化渣的化学分析数据

项目	Zn /g·L^{-1}	Cu /mg·L^{-1}	Cd /mg·L^{-1}	Fe /mg·L^{-1}	Co /mg·L^{-1}	Ni /mg·L^{-1}	Tl /mg·L^{-1}	Cl /mg·L^{-1}	F /mg·L^{-1}
浸出液	168	570	784	12	48	0.5	0.3	17	1.0
一段净化后液	168	0.2	600	10	<0.1	0.01	0.3	17	1.0
二段净化后液	168	0.2	26	10	<0.1	<0.01	0.1	17	1.0
三段净化后液	168	0.2	<1.0	10	<0.1	<0.01	0.1	17	1.0

净化渣成分(质量分数)/%	Zn	Cd	Cu	Co	Fe
一段 Cu-Co 渣	10.0	0.7	42.0	4.2	0.1
二段 Cd 渣	18.0	37.6	0.32	0.001	0.02

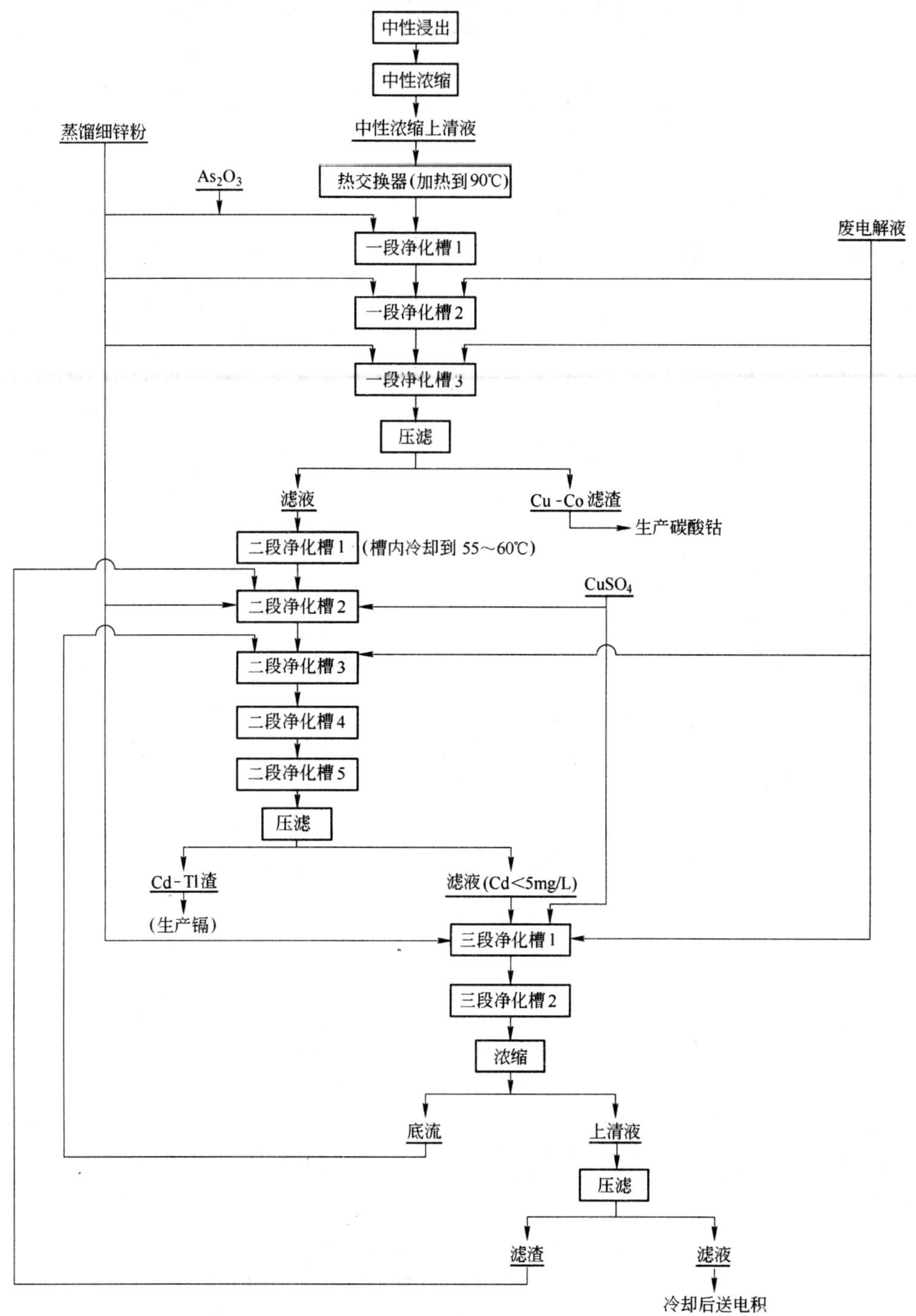

图12-109 神冈厂砷盐净化流程

日本的饭岛与秋田两电锌厂也采用砷盐净化法。因为浸出液含铜很高，其工艺流程是在神冈厂三段净化之前增加一段加粗锌粉预先脱铜。这两厂采用砷盐净化法的另一特点是在第二段加锌粉和 As_2O_3 的除钴过程在较低的温度70～75℃条件下进行。两厂所产浸出液和净化后液成分见表12-109。

表 12-109 饭岛和秋田两电锌厂的浸出液及净化后液的成分

项目	厂别	Cu/mg·L⁻¹	Cd/mg·L⁻¹	Co/mg·L⁻¹	Ge/mg·L⁻¹	Zn/g·L⁻¹
浸出液	饭岛厂	1160	550	5	—	153
	秋田厂	900	370	5	—	170
净化后液	饭岛厂	—	0.4	0.02	0.02	150
	秋田厂	微	0.1	0.2	—	170

这几家工厂虽然是采用二、三、四段三种不同的砷盐净化流程，所得到的净液质量都很高。秋田电锌厂采用四段是由于浸出液含铜可达 1000mg/L 以上，如果铜含量在500mg/L以下，完全没有必要增加单独的沉铜工序。神冈厂的第三段和秋田厂的第四段，是为了保证溶液质量，减少锌粉消耗所采取的附加措施。所以，基本的砷盐净化法都是二段净化，第一段在高温 80～95℃加锌粉和 As_2O_3 除铜与钴，第二段加锌粉除镉。

许多采用砷盐净化法的工厂都采用两段间断净化流程。我国沈阳冶炼厂原采用加黄药除钴，1969 年改为两段砷盐净化法，取得了较好效果，净液质量大大提高。其工艺流程见图 12-110。

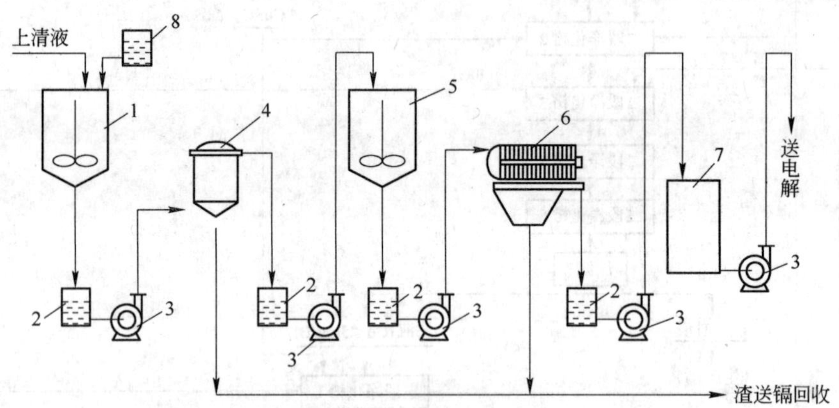

图 12-110 沈阳冶炼厂净化设备连接

1—ϕ4000mm×4300mm 一次净化槽；2—中间槽；3—泵；4—管式过滤器；5—ϕ4000mm×4200mm 二次净化槽；6—压滤机；7—新液贮槽；8—砒霜溶解槽

沈阳冶炼厂锌粉-砒霜（As_2O_3）除铜、镉、钴、镍技术操作条件见表 12-110，作业周期时间分配见表 12-111。

表 12-110 锌粉-砒霜除铜镉钴镍技术操作条件

条件名称	技术参数
温度/℃	60～65
pH 值	5.2～5.4
1m³ 溶液的砒霜用量/kg	0.14～0.16（砒霜中 As_2O_3 >98%，Sb<0.1%，Fe<0.2%）
1m³ 溶液的氢氧化钠用量/kg	0.04（不常加）
1m³ 溶液的锌粉用量/kg	3～4.5
锌粉粒度/mm	0.15～0.18
1m³ 溶液的硫酸铜加入量/kg	0.06～0.13
反应时间/min	120～180

表 12-111 锌粉-砒霜除铜镉钴镍操作周期时间分配

操　作	时间/min
输入溶液	40（净化槽容积 $56m^3$）
加锌粉、砒霜搅拌	120～180
压　滤	60～80
共　计	220～300

经一次净化后的溶液，由于高温和压滤过程的影响导致镉的复溶，镉含量仍达100mg/L，且溶液含有 Fe 15～20mg/L，故需二次净化。二次净化在机械搅拌槽中进行，加高锰酸钾、通空气氧化以除去溶液中的铁。根据溶液含镉、钴量，加锌粉和硫酸铜搅拌，经检验合格后压滤，所得溶液中 Co＜2mg/L、Cd＜2mg/L、Fe＜10mg/L，操作周期一般为 2.5～3h。

表 12-112 是国外一些工厂砷盐净化液的主要化学成分。

表 12-112 砷盐净化液的主要化学成分 (mg/L)

工　厂	$Zn/g \cdot L^{-1}$	Cd	Cu	Co	Fe	As
埃克斯塔尔厂（加）	170	0.5	0.1	0.2	15	0.01
神冈厂（日）	—	痕	痕	0.3	3	—
秋田厂（日）	112	0.1	痕	0.8	18	—
鲁尔厂（德）	170	0.28	0.2	0.1～0.2	25	0.02
科科拉厂（芬）	152	0.5	0.1	0.45	28	0.02

12.3.6.3 锌粉-锑盐净化的操作和控制

锌粉-锑盐净化法是目前世界上采用最多的方法，但是各厂的流程则有所不同。具体工艺流程和操作各工厂根据生产实际而定。

我国西北铅锌冶炼厂原设计为二段逆锑净化流程，为了提高净化液质量于 1998 年通过技术改造，改为三段逆锑净化流程，与 1993 年投产的葫芦岛锌厂电解锌分厂的净化流程相同，其工艺流程图、设备连接图及各段技术参数分别见图 12-111、图 12-112 和表12-113所示。

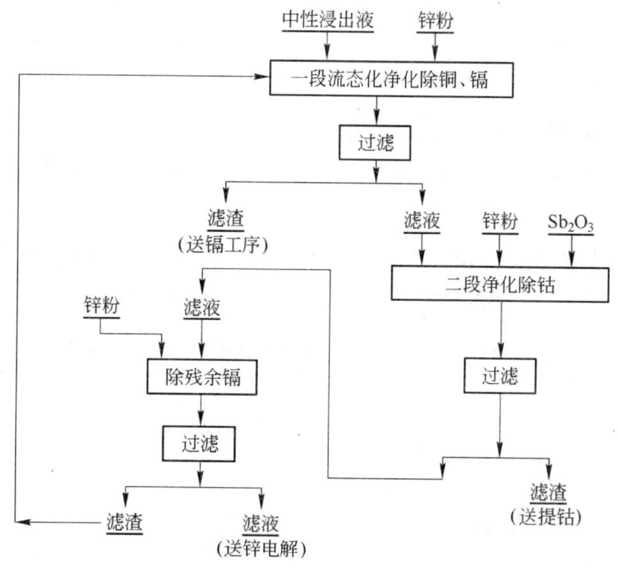

图 12-111 西北铅锌冶炼厂净化工艺流程

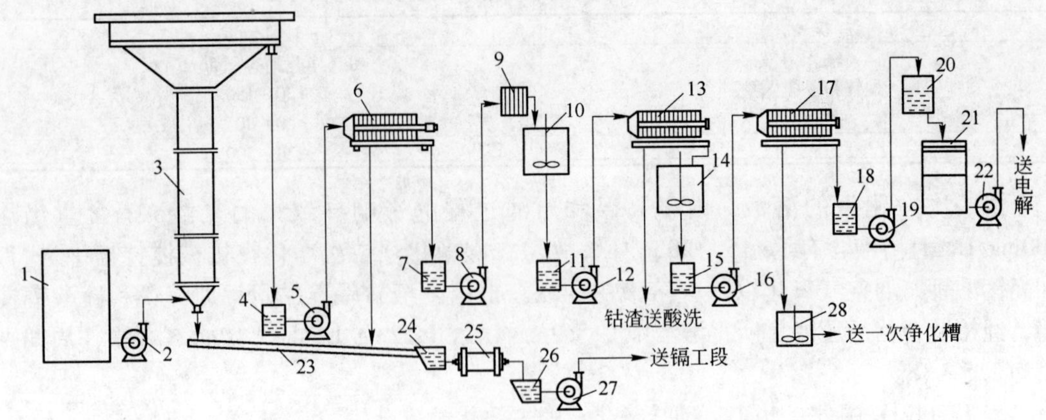

图 12-112 西北铅锌冶炼厂净化设备连接图

1—中上清贮槽；2，5，8，12，16，19，22，27—HTB-ZK 陶瓷泵；3—流态化净液槽；4，7，11，15，18，24，26—中间槽；6，13，17—80m² 厢式压滤机；9—板式换热器；10，14—75m³ 净化槽；20—新液贮槽；21—冷却塔；23—铜镉渣溜槽；25—ϕ900 球磨机；28—浆化槽

表 12-113 西北铅锌冶炼厂逆锑净化各段的技术参数

项 目	第一段除铜镉	第二段除钴	第三段除残镉
温度/℃ pH 值	50～60 4.8～5.2	85～90 5.0～5.4	70～75 5.0～5.4
添加剂	喷吹锌粉量是铜镉理论量的 1.5～2 倍	合金锌粉 1.5kg/m³ 喷吹锌粉 1.0kg/m³ Sb_2O_3 1.5g/m³	喷吹锌粉 0.5kg/m³
搅拌方式 停留时间/min	流态化 15～20	机械搅拌（83r/min） 90	机械搅拌（83r/min） 30

该流程具有以下特点：

（1）第一段净化采用流态化槽除铜、镉；

（2）第二段净化加合金锌粉（1.5%～4% Pb、0.05%～0.1% Sb）、喷吹锌粉和 Sb_2O_3 除钴、镍。

我国株洲冶炼厂Ⅱ系统采用的三段连续逆锑净化流程与葫芦岛锌厂和西北铅锌冶炼厂相似，除钴段添加的活性剂为酒石酸锑钾，该厂的净化各段操作条件见表 12-114。

表 12-114 株洲冶炼厂逆锑净化各段的技术参数

项 目	第一段除铜镉	第二段除钴	第三段除残镉
温度/℃ pH 值	55～60 3.5～4.5	85～90 3.5～4.5	70～80
添加剂	喷吹锌粉 2kg/m³	喷吹锌粉 4kg/m³ 酒石酸锑钾 3g/m³	喷吹锌粉 1kg/m³
搅拌方式 停留时间/min	机械搅拌 60～90	机械搅拌 150～180	机械搅拌 60～90

美国 Asarco 公司电锌厂采用以 Sb_2O_3 作为除钴的活化剂的三段连续净化流程，其各段参数见表 12-115，工艺流程见图 12-113。比利时的巴伦厂也采用类似的流程。

表 12-115 美国 Asarco 公司电锌厂逆锑净化各段的技术参数

项 目	第一段除铜镉	第二段除钴	第三段除残镉
温度/℃	65 ~ 70	60 ~ 65	90 ~ 95
pH 值	4.0 ~ 4.5	4.0 ~ 4.5	4.0 ~ 4.5
添加剂	锌粉	锌粉	锌粉、Sb_2O_3、$CuSO_4$
停留时间/min	45	90	180 ~ 270

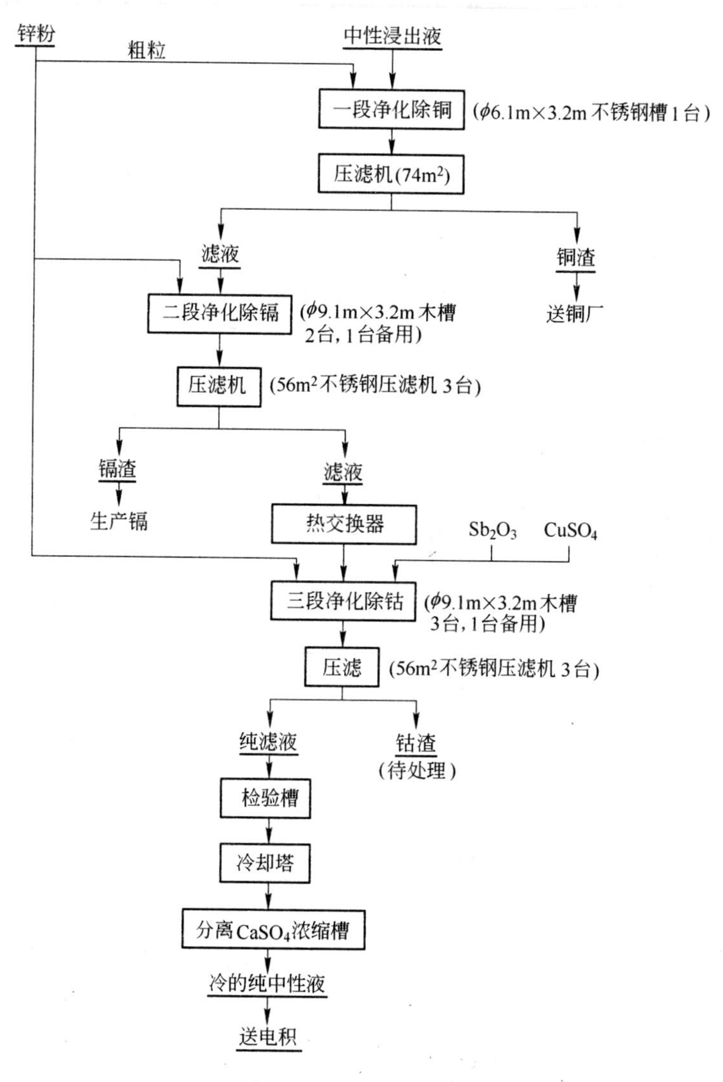

图 12-113 美国 Asarco 公司电锌厂的净化流程

所有净化槽均用机械搅拌，并加盖与排风系统连接。含锌 150 ~ 160g/L 的中性浸出液以流速为 450L/min 加入净化槽。第一段加粗锌粉除去 90% 的铜，得到的铜渣含铜高约

80%。第二段除去所有的镉和残余的铜，第三段高温除钴。各段净化所得溶液组成列于表12-116。

表12-116 美国Asarco公司电锌厂逆锑净化各段溶液成分的变化 (mg/L)

组 成	浸出液	第一段净化后液	第二段净化后液	第三段净化后液
$Zn/g\cdot L^{-1}$	150~160	150~160	150~160	150~160
$Mg/g\cdot L^{-1}$	6~8	6~8	6~8	6~8
$Mn/g\cdot L^{-1}$	1~2	1~2	1~2	1~2
Cu	180~500	6~36	0.2~0.3	0.2~0.3
Cd	760~1150	700~1060	1.0~1.5	1.0
Co	20~45	20~45	10~25	0.1~0.25
As	4.5	—	—	—
Sb	2.0~10.0	2.8	<0.15	<0.02
Ge	1.4~3.0	1.4~3.0	<0.05	0.001~0.005
Ni	2.0~10.0	—	<1.0	0.05
Fe	<10	<10	<10	<10

锑盐净化除采用传统的三段净化流程外，也有部分工厂将三段流程改为二段净化流程，如祥云飞龙有限责任公司和会东电锌厂均采用该法，其工艺过程如下：第一段维持80℃以上的高温条件下加锌粉、硫酸铜和酒石酸锑钾除铜、镉、钴，产出的净化渣送去提镉和回收铜、钴；第二段在60~70℃的温度条件下加锌粉除残余镉，产出的净化液也完全满足电解沉积的要求。该工艺的操作条件见表12-117所示。

表12-117 飞龙实业有限责任公司二段净化的技术参数

项 目	一段净化	二段净化
温度/℃	80~85	60~70
pH值	4.5~5.2	4.5~5.2
作业时间/min	120~180	30~60
净液槽容积/m^3	45	45
搅拌转速/$r\cdot min^{-1}$	108	108
添加剂	电炉锌粉3~4kg/m^3，酒石酸锑钾2kg/m^3，硫酸铜按理论量加入	电炉锌粉1kg/m^3
中浸液成分	Zn 135~145g/L，Cu 300~350mg/L，Cd 0.8~0.9g/L，Co 8~12mg/L，Ni 14~16mg/L	
净化后液成分	Zn 140~150g/L，Cu≤0.2mg/L，Cd≤1.0mg/L，Co≤1.5mg/L，As≤0.2mg/L，Sb≤0.3mg/L	

生产实践表明，采用二段锑盐净化完全能产出合格的净化液，其操作步骤类似于砷盐净化法，但浸出液杂质成分不宜过高，否则锌粉单耗大，所产出的净化渣在后续处理时流程较为复杂，将可能导致钴、镍等杂质在系统中闭路循环，需加以妥善解决。

由于钴的析出超电压较大，氢的超电压又比较低，故须在净化除钴时添加活化剂才能达到除钴的目的。锑盐净化中除需控制好操作技术条件外，还需维持一定的Sb/Co比，一般工厂控制为0.6~1。

我国会东电锌厂采用酒石酸锑钾（吐酒石）作除钴的活化剂，进行两段净化操作，技术条件见表12-118，其特点是操作步骤类似于砷盐净化法。

表12-118 会东电锌厂加锑盐净化法技术条件

项 目	第一段净化	第二段净化
加入试剂	锌粉，酒石酸锑钾，$CuSO_4$	锌粉，$CuSO_4$
温度/℃	80～85	45～50
净化时间/min	90	60

净化后液成分（g/L）如下：

Zn	As	Ni	Co	Cd	Cu	Ge
120～130	<0.00006	<0.0015	<0.0015	<0.0015	<0.0003	<0.00002

近年来我国湿法炼锌厂越来越广泛地用电炉锌粉代替喷吹锌粉。由于电炉锌粉其粒度较细，反应比表面积大，且锌粉中含有一定量的Pb、As、Sb、Sn等成分，具有合金锌粉的特性，在净化除钴时可降低除钴的锌粉单耗，取得了良好的效果。

澳大利亚里斯顿电锌厂采用逆锑净化流程，经过实验室和半工业试验进行了许多改进，其净化流程如图12-114所示。该流程的主要特点如下：

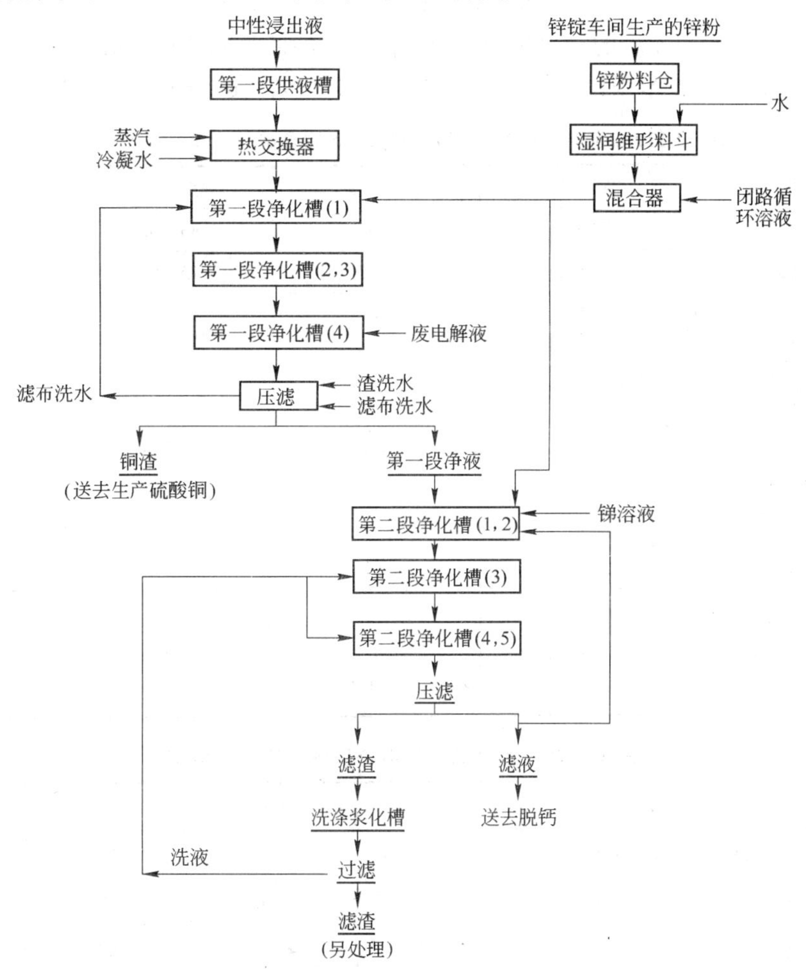

图12-114 澳大利亚里斯顿电锌厂两段逆锑净化流程

（1）第一段维持80℃以上的高温条件下加锌粉除铜，以保证被置换出来的镉迅速返溶，便可产出高品位的铜渣，进一步处理后获得硫酸铜产品。同时，在4台可利用的净化槽中有3台运转，被置换出的铜渣在槽内停留时间达到80min左右，使渣中的镉足以返溶。产出的铜渣成分如下：80% Cu，2.3% $Zn_{总}$，0.3% $Zn_{水}$，1% ~2% Cd、0.3% Co、1.2% Pb。

（2）第二段维持82~85℃的高温条件下，加细锌粉和锑活化剂进行净化，除去钴、镉、镍和残余的铜。细锌粉的粒径为17~24μm，较粗的细锌粉为30~35μm，锌粉含铅量0.8%~0.9%。采用这种含铅细锌粉不仅可以避免镉的返溶，也可以减少锌粉消耗。锑活化剂加入量为0.65~1.3mg/L，溶液中的Pb^{2+}（呈$PbSO_4$）控制在10~20mg/L。产出的第二次置换渣成分：19% Cd，1.0% Co，55% Zn，送去生产铜。

（3）锌粉加水润湿后呈悬浮状态加入，并严格根据在线分析溶液成分来控制加入量。

加拿大电锌公司瓦列菲尔德电锌厂在1975~1976年建立了加Sb_2O_3三段连续净化系统代替原来的二段间断砷盐净化法，其特点如下：

（1）第一段净化不加锌粉，而加入第二段和第三段净化所产含锌很高的Cu-Cd渣，从而减少锌粉消耗，但得到一种复杂的Cu-Cd-Co渣。

（2）增加Cu-Cd-Co渣的浸出过程，以提高锌镉的回收率并提高渣中的铜含量。

三段净化过程的技术条件及主要设备列于表12-119，典型分析数据列于表12-120。

表12-119 瓦利菲尔德电锌厂三段净化的参数（含渣浸出过程）

名 称	第一段	第二段	第三段	渣浸出
温度/℃	72±2	95	85~90	90~95
pH值（或始酸）/$g \cdot L^{-1}$	~4.2	3.85±0.15	3.75±0.15	4.0（300）
停留时间/h	2	4	0.75	间断进行
溶液中含固体量/$g \cdot L^{-1}$	5~7	3~5	—	—
试剂消耗				
锌粉/$kg \cdot min^{-1}$	—	20~30	3	100kg/批
Sb_2O_3/$mg \cdot L^{-1}$	—	1.5~2.0	—	—
As_2O_3	—	—	—	50kg/批
生产槽数（备用）/台	2（1）	4（1）	1	2
槽子尺寸/m				
直径	9	9	9	5.8
高	3~3.7	3~4.0	3.2	72m^3

表12-120 瓦列菲尔德电锌厂净化的分析数据 （mg/L）

溶 液	Zn/$g \cdot L^{-1}$	Cu	Cd	Co	Sb
送来的中性浸出液	145	833	570	15	—
第一段净化后液	148	<1	<10	7	—
第二段净化后液	150	<0.1	<0.1	0.1	—
第三段净化后液	155	<0.1	<0.2	0.1	<0.02

续表 12-120

固体渣/%	Zn	Cu	Cd	As
第一段浓缩底流	45	7	6	—
第二段旋流器底流	75	2	2	—
第三段滤渣	85 ~ 90	2	2	—
再浸出渣	10 ~ 15	45 ~ 60	3 ~ 5	1

哈萨克斯坦的乌-卡炼锌厂采用一次加锌粉与酒石酸锑钾除铜、镉、钴的连续逆流净化流程（见图 12-115）。该流程的特点如下：

（1）一次加锌粉，连续两段逆流净化。

（2）锌粉加入第二段，处理第一段净化过的溶液，第二段所得的净化渣含铜、镉、钴等很低，却含有 70% 的金属锌，这种净化渣经球磨后返回第一段作锌粉置换剂用，可以降低锌粉消耗 15.5%。

（3）锑盐加入第一段并同时加入第二段产的净化渣，置换得到的 Cu-Cd-Co 渣成分（%）为：Cu 15.7 ~ 17，Cd 4.0 ~ 5.0，Co 0.02 ~ 0.025，Zn 30。这种渣送去回收镉。若原料含钴高时，处理这种复杂成分的渣也很困难。

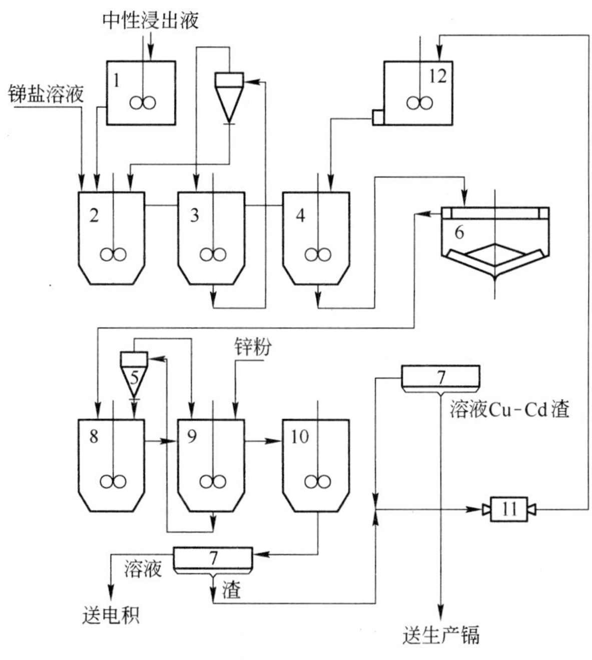

图 12-115　乌-卡厂连续逆流净化流程

1—集液槽；2 ~ 4——次净化槽；5—水力旋流器；6—浓缩槽；7—过滤器；8 ~ 10—二次净化槽；11—破碎机；12—二段净化渣给料

（4）净化所得净液成分（mg/L）为：Cu 0.25，Cd 2.5，Co 1.5。表明净化质量不高。

我国一些工厂采用如图 12-116 所示的两段正锑净液流程，即第一段高温除钴、铜及第二段低温除镉。

12.3.6.4　合金锌粉净化的操作和控制

日本会津电锌厂曾经采用Pb-Sb合金锌粉除钴，合金锌粉含0.02% ~0.05% Sb和0.05% ~1.0% Pb。用这种锌粉除钴，效率大大提高，并避免了钴的反溶。

与砷盐法相比，采用合金锌粉净液可避免剧毒砷化氢气体的产生；与锑盐法相比，采用合金锌粉净液可避免额外的锑地带入溶液中。

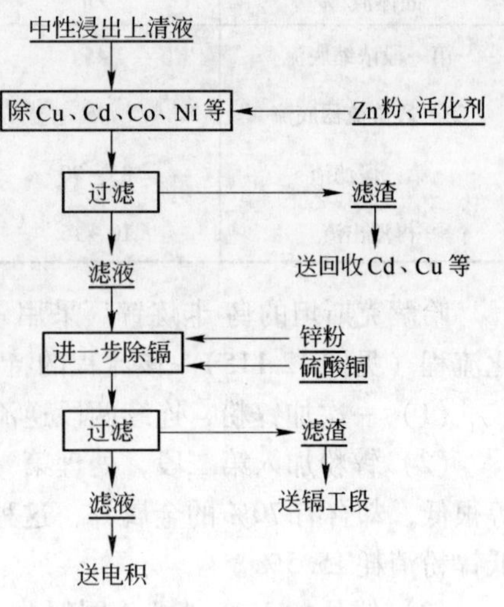

图12-116　正锑净化工艺流程

我国柳州锌品厂的净化过程为第一段加普通锌粉除铜和镉；第二段加普通锌粉与合金锌粉除镍、钴、锗，普通锌粉与合金锌粉的用量比为1:1，合金锌粉含Sb 1.5% ~2.5%、含Pb 0.15% ~0.25%。其第一段的技术操作条件如下：

溶液酸度：	pH值为5 ~5.2
温度：	<55℃
锌粉：	溶液含铜、镉量的1.7倍
反应时间：	30 ~40min
搅拌方式：	机械搅拌

第二段的技术操作条件如下：

溶液酸度：	pH值为5.4
温度：	80 ~85℃
普通锌粉用量：	$1kg/m^3_{溶液}$
合金锌粉成分：	1.5% ~2.5% Sb，0.15% ~0.25% Pb
合金锌粉用量：	$1kg/m^3_{溶液}$
反应时间：	40min

净化前液含Cd 3mg/L，净化后液杂质含量为（mg/L）：Cu 0.1，Cd 1，Ni 1，Co 1，Ge 0.04。

一次净化渣成分（%）：Zn 30 ~40，Cu 4.9，Fe 0.94，As 0.25，Sb 0.01，H_2O 40 ~50。净化渣率为2.85kg/m^3溶液。

二次净化渣成分（%）：Zn 40 ~50，Cd 1.3 ~1.5，Cu 1.36，Co 0.014，As 0.02，Sb 0.01，Ge 0.01，H_2O 40 ~50。净化渣率为4.2kg/m^3溶液。

净液材料消耗（$kg/t_{锌}$）：锌粉20 ~21，高锰酸钾0.1 ~0.2，合金锌粉20 ~21。

本法第二段净液温度为80 ~85℃，消耗蒸汽较多。另外，当上清液含钴高时，合金锌粉耗量较大。

12.3.6.5　锌粉-黄药净化的操作和控制

中国、俄罗斯、东欧等一些国家中还有工厂采用黄药除钴净化法。

株洲冶炼厂Ⅰ系统采用黄药除钴两段净化流程，净化设备连接见图12-117。第一段加锌粉连续置换除铜镉，第二段间断加黄药除钴。

第一段净化在特殊结构的流态化槽中进行。锌粉从流态化槽的顶部加入，待净化的锌

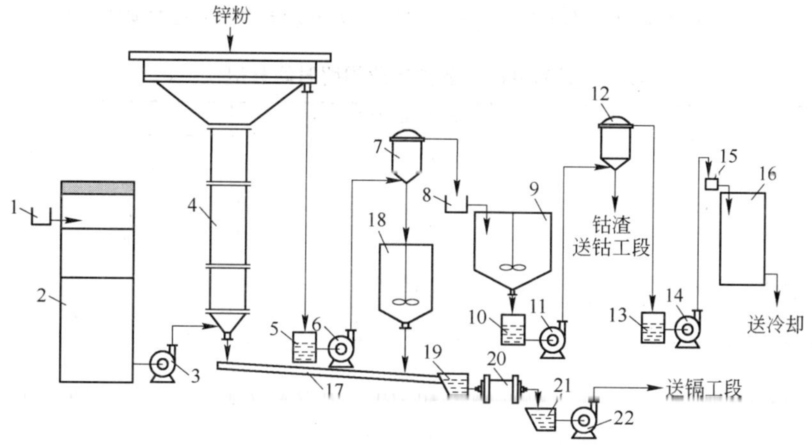

图 12-117 株洲冶炼厂Ⅰ系统净化设备连接

1—上清液溜槽；2—冷却塔；3，6，11，14，22—陶瓷泵；4—20m³ 流态化除铜镉槽；5，10，13，19，21—中间槽；7，12—管式过滤器；8，15—溜槽；9—ϕ6400×4600 除钴槽；16—新液贮槽；17—铜镉渣溜槽；18—浆化槽；20—球磨机

溶液从流态化槽底部外周沿切线方向送入槽内，使加入的锌粉在槽内处于悬浮状态，从而强化液固接触反应，提高净化效率。第二段净化是在机械搅拌槽中间段进行。

两段净化后的矿浆用尼龙管式过滤器过滤，过滤速度比原来的板式压滤机提高 50% ~ 60%，减轻了劳动强度，滤布使用寿命提高 3 ~ 5 倍。

两段净化过程的主要操作控制技术参数如下：

一段净化：

流态化净化槽单槽容积/m^3	20
处理溶液的能力/$m^3\cdot(h\cdot台)^{-1}$	60 ~ 80
上清溶液中铜镉比	1：(3 ~ 4)
反应温度/℃	55 ~ 65
锌粉消耗/$kg\cdot m^{-3}$	3 ~ 4（相当于 40 ~ 50kg/$t_{锌}$）
管式过滤器面积/$m^2\cdot台^{-1}$	64
过滤速度/$m^3\cdot(m^2\cdot h)^{-1}$	0.4 ~ 0.8

二段净化：

机械搅拌反应槽单槽容积/m^3	100
反应温度/℃	40 ~ 50
溶液 pH 值	>5.4
吨锌试剂单耗	
黄药/kg	4.5 ~ 5.0
硫酸铜/kg	1.0
作业时间/min	15 ~ 20
过滤器面积/$m^2\cdot台^{-1}$	97
过滤速度/$m^3\cdot(m^2\cdot h)^{-1}$	0.5 ~ 0.9

黄药除钴为间断操作，国内仅有株洲冶炼厂、开封冶炼厂、会泽铅锌矿等少数厂家采

用。黄药除钴的作业周期时间分配见表12-121，黄药除钴的技术参数见表12-122。

表12-121 除钴作业周期时间分配 (min)

项 目	株洲冶炼厂	会泽铅锌矿
输入溶液	40~60	40~50
加高锰酸钾		10~15（加高锰酸钾、加硫酸铜）
加硫酸铜	40~50（加硫酸铜、加黄药、搅拌）	
加黄药		30~40
搅 拌		90~120
取样分析	30	
压 滤	40~60	50~60
合 计	150~200	220~280

表12-122 黄药除钴各厂技术参数

条件名称	株洲冶炼厂	开封冶炼厂	会泽铅锌矿
温度/℃	40~50	35~45	40~45
pH值	>5.4	5.2~5.4	5.2~5.4
$1m^3$ 溶液Cd的含量/g	5	2	5~7
黄药用量（倍）①	3~4	3~5	15~20
硫酸铜用量（倍）②	1/7~1/10	1/2	1/5~1/4
高锰酸钾用量（倍）③			2~3
反应时间/min	15~30	30~60	130~175
操作周期/min	150~200	220~240	220~280

①黄药用量为钴和镉理论量的倍数；

②硫酸铜用量为黄药加入量的倍数；

③高锰酸钾用量为钴理论量的倍数。

株洲冶炼厂Ⅰ系统浸出上清液与净化后液成分列于表12-123，所产Cu-Cd渣与钴渣成分列于表12-124。净化过程材料消耗实例见表12-125。

表12-123 浸出液与净化液成分 (g/L)

溶液	Zn	Fe	Cd	Cu	Ni	Co	Ge	As	Sb
浸出液	130~170	0.025	0.6~1.20	0.15~0.4	0.008~0.012	0.008~0.0025	0.0004	0.00048	0.0005
净化液	140~165	0.03	0.0025	0.002	0.002	0.001	0.00004	0.00024	0.0003

表12-124 铜镉渣与钴渣的成分 (质量分数/%)

净化渣	Zn	Cd	Cu	Ni	Co	As	Sb	Ge
铜镉渣	40.26	14.31	5.64	0.076	0.0212	0.278	0.088	0.0029
钴 渣	16.08	2.306	4.17	0.0022	1.67	0.23	0.1	0.0021

表12-125 净化材料消耗实例 ($kg/t_{锌}$)

材 料	株洲冶炼厂	开封冶炼厂	会泽铅锌矿
锌 粉	40~45	30~45	30
黄 药	4.5~5	9~15	2
硫酸铜	0.5~1	4	1.5
高锰酸钾	—	0.2	0.13

12.3.6.6 锌粉-β-萘酚净化的操作和控制

日本安中电锌厂采用β-萘酚四段净化法除钴。第一、第二段加锌粉除铜、镉，第三段加α-亚硝基-β-萘酚除钴，第四段用活性炭吸附有机物，其操作条件列于表12-126。意大利马格拉港电锌厂则是第一段加锌粉除铜、镉，第二段加α-亚硝基-β-萘酚除钴，第三段加锌粉除残镉。印度德巴里（Debari）锌冶炼厂采用β-萘酚两段净化，第一段加锌粉除铜、镉，第二段加 $NaNO_2$ 和β-萘酚除钴。加拿大弗林弗朗锌冶炼厂采用β-萘酚三段净化，第一段加锌粉除铜、镉，当溶液中 $Cu^{2+} < 150mg/L$ 时，加 $CuSO_4$ 和沉淀As、Sb和Ge的活化剂，第二段继续加锌粉和 $CuSO_4$ 除残余铜、镉，第三段加亚硝酸、苛性钠、β-萘酚除钴。

表12-126 安中电锌厂β-萘酚净化操作条件

项　目	第一段	第二段	第三段	第四段
加入试剂/$g \cdot L^{-1}$	锌粉	锌粉0.8	β-萘酚（Fe+Co当量）	粒状活性炭
温度/℃	53	65	63	60
停留时间/min	120	150	120	20

我国祥云飞龙公司于2001年开始采用该净化工艺（见图12-118）。

（1）α-亚硝基-β-萘酚溶液的配制：由β-萘酚易溶于碱而难溶于水，且 $NaNO_2$ 在碱性溶液中稳定，故除钴液的配制需在NaOH碱性溶液中配制，生产中一般配制成浓度为100g/L的溶液待用。α-亚硝基-β-萘酚性能不稳定，配制成的溶液应避光保存，且放置时间不宜过长，一般不超过2h。

（2）活性炭的预处理：活性炭中夹带有较多的Fe、As、Sb等杂质，使用前应经过预处理，可用稀硫酸水溶液浸泡，再用水洗、烘干待用。若使用木质活性炭吸附，也可不经预处理而直接使用。

（3）除钴操作与控制：用硫酸将除钴前液酸化至pH值2.8～3.0，根据前液含钴量计算加入的除钴液，除钴过程需监测溶液酸度确保pH值为2.8～3.0，反应时间30～60min。

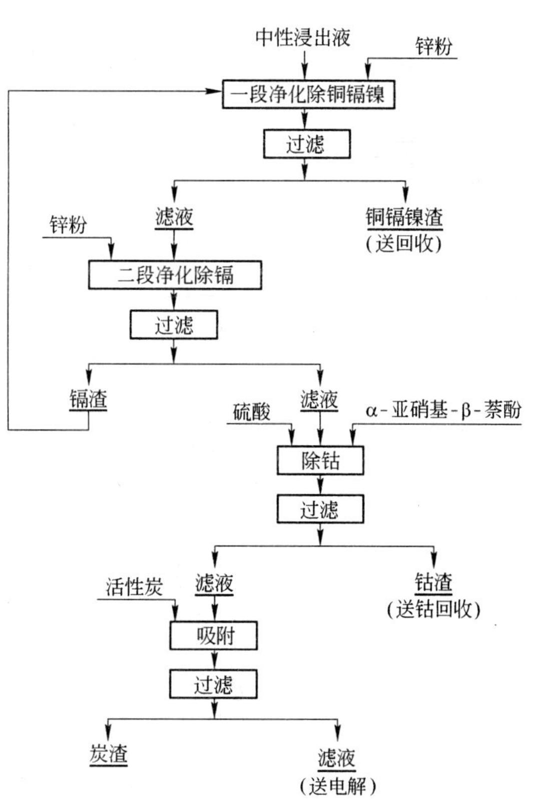

图12-118 α-亚硝基-β-萘酚除钴净化工艺流程

祥云飞龙公司的生产实践表明，α-亚硝基-β-萘酚除钴反应过程较为迅速，除钴后液含钴可降至1.0mg/L以下。反应温度对除钴效果影响甚微，但与酸度有关。除钴及吸附工艺技术参数如下。

（1）除钴。

机械搅拌反应槽容积/m^3	35
α-亚硝基-β-萘酚浓度/$mg\cdot L^{-1}$	100
反应温度/℃	45~55
反应pH值	2.8~3.0
α-亚硝基-β-萘酚用量	10~12倍（钴量）
后液含钴/$mg\cdot L^{-1}$	0.8~1.0

（2）活性炭吸附。

吸附温度/℃	40~45
吸附时间/min	60~90
781活性炭用量/$g\cdot L^{-1}$	0.8~1.2
吸附后液β-萘酚含量/$mg\cdot L^{-1}$	≤1.0

α-亚硝基-β-萘酚除钴净化生产成本相对较低，工艺条件的控制也较为简单，除钴过程在60℃以下进行，可降低蒸汽消耗，特别是钴渣可从湿法炼锌系统中单独分离出来，既可避免钴在系统中的循环积累，又便于经煅烧回收钴。但是，与逆锑净化法相比，α-亚硝基-β-萘酚除钴法的综合除杂能力相对较差，浸出液中的Fe、As、Sb、Cd、Ni等杂质仍需用锌粉置换除去，且净化后液中残留的β-萘酚会影响电解过程，除钴后液需用活性炭吸附，故该法推广应用受到一定的限制。尽管如此，由于该法对除钴的选择性较强，即便溶液含钴高达50~100mg/L，也可用该法将钴彻底除去，故与其他净化方法相比，对于高钴溶液的净化仍具有优势。

表12-127是一些工厂净化除铜、镉、钴的技术参数。

表12-127 一些工厂净化除铜、镉、钴技术参数

工厂	流程与方法	各段目的		沉淀剂与技术条件
沈冶	二段砷盐法	Ⅰ	除Cu、Co	锌粉、硫酸铜、As_2O_3，>60℃，2~3h
		Ⅱ	除Cd、Fe	锌粉、硫酸铜、高锰酸钾，50~60℃，50~70min
蒂明斯（加）	二段	Ⅰ	除Cu、Co、Ni	锌粉、硫酸铜，95℃，pH值为3.5~4
		Ⅱ	除Cd	锌粉、硫酸铜，75℃，pH值为4，90min
科科拉（芬）	三段砷盐法	Ⅰ	除Cu、Co、Ni	锌粉、As_2O_3，95℃
		Ⅱ	除Cd	锌粉、硫酸铜，75℃
		Ⅲ	除残Cd	锌粉，70℃
秋田（日）	四段砷盐法	Ⅰ	除Cu	锌粉，70℃
		Ⅱ	除Cu、Co、Ni	锌粉、As_2O_3、Ⅳ段渣，75℃，100min
		Ⅲ	除残Cd	锌粉，70℃，20min
		Ⅳ	除残Cd	锌粉，65℃，20min
会东	二段正锑盐法	Ⅰ	除Cu、Co、Ni	锌粉、硫酸铜、酒石酸锑钾，80~85℃，90min
		Ⅱ	除Cd、Fe	锌粉、硫酸铜、高锰酸钾，45~50℃，60min
巴伦（比）	三段逆锑盐法	Ⅰ	除Cu	废锌，60℃，pH值为5
		Ⅱ	除Co	锌粉、锑粉，65℃
		Ⅲ	除残Cd	锌粉，60℃，pH值为5

续表 12-127

工　厂	流程与方法		各段目的	沉淀剂与技术条件
柳　州	二　段 合金锌粉法	Ⅰ Ⅱ	除 Cu、Cd 除 Co	锌粉，45～50℃ 锌粉、电炉合金锌粉，80～90℃
会津（日）	三　段 合金锌粉法	Ⅰ Ⅱ Ⅲ	除 Cu、Cd 除 Co 除残 Cd	锌粉，45～55℃ Pb-Sb 合金锌粉，80～85℃ 锌粉，45～50℃
株　冶	二　段 黄药法	Ⅰ Ⅱ	除 Cu、Cd 除 Co	锌粉、硫酸铜，55～60℃，20min（连续沸腾槽） 黄药、硫酸铜，40～50℃，15～30min（间断）
里斯敦（澳）	二　段 β-萘酚法	Ⅰ Ⅱ	除 Cu、Cd 除 Co	锌粉 β-萘酚碱性溶液、亚硝酸钠、废电解液，pH 值为 2.7
马格拉港（意）	三　段 β-萘酚法	Ⅰ Ⅱ Ⅲ	除 Cd、 除 Co、Fe、有机物 除 Cd、Sb、Ce	锌粉、硫酸铜 β-萘酚、亚硝酸钠、高锰酸钾、活性炭，pH 值为 2.8 锌粉、硫酸铜
安中（日）	四　段 β-萘酚法	Ⅰ Ⅱ Ⅲ Ⅳ	除 Cu、Cd 除 Cu、Cd 除 Co 除有机物	锌粉，55℃，pH 值为 5.6，80min 锌粉；55℃，pH 值为 5.6，110min β-萘酚、亚硝酸钠、苛性钠，63℃，pH 值为 1.5，75min 活性炭固定床，63℃，20min

12.3.7 净化过程的主要技术经济指标

我国主要湿法炼锌厂净化过程的主要技术经济指标见表 12-128。

表 12-128 我国湿法炼锌厂溶液净化过程的主要技术经济指标

厂　名	净化方式及段数	生产 1t 锌的锌粉及消耗/kg	生产 1t 锌的添加剂及消耗/kg	锌回收率/%
株洲冶炼厂Ⅰ系统	锌粉-黄药法 二段间断	喷吹锌粉 40～45	黄药 4.5～5 $CuSO_4$ 0.5～1	99.5
株洲冶炼厂Ⅱ系统	锌粉-锑盐法 三段连续	喷吹锌粉≤60	酒石酸锑钾≤0.03	
西北铅锌冶炼厂	锌粉-锑盐法 三段连续	喷吹锌粉 15～20 合金锌粉 25～30	Sb_2O_3 0.016～0.02	99.3
沈阳冶炼厂	锌粉-砷盐法 两段间断	锌粉 50～60	$As_2O_3$2.4～2.6 $CuSO_4$ 4～12	
柳州锌品厂	锌粉-锑盐法 两段间断	喷吹锌粉 20～21 合金锌粉 20～21	$KMnO_4$ 0.1～0.2	
开封炼锌厂	锌粉-黄药法 两段间断	锌粉 30～45	黄药 9～15 $CuSO_4$ 4 $KMnO_4$ 0.2	
会泽冶炼厂	锌粉-黄药法 两段间断	锌粉 30	黄药 2 $CuSO_4$ 1.5 $KMnO_4$ 0.13	

根据统计资料，目前世界上有75%的湿法炼锌厂采用连续二段净化方法。净化阶段的反应时间为1.6～11.0h，平均为8.2h。净化温度为50～98℃，平均温度为74℃。

有75%的工厂除钴的活化剂采用锑和砷的氧化物。当添加锑时，温度为66～90℃，其平均温度为80℃。

生产1t锌的锌粉消耗在20世纪80年代中期的统计是16～150kg，整个净化过程的锌粉消耗为2.7～88.8kg，平均为47.9kg。

其他试剂的消耗如下（kg）：

As_2O_3	Sb_2O_3	β-萘酚	$CuSO_4$
1.0	0.021	0.9	2.0

经过净化后产出的硫酸锌溶液成分的世界统计数据列于表12-129。

表12-129 净化后硫酸锌溶液成分的统计数据 （mg/L）

组 成	含 量	
	波动范围	平 均
$Zn/g \cdot L^{-1}$	180～130	151.6
Cd	3.9～0.0	0.71
Fe	60.0～0.1	7.49
Co	2.00～0.01	0.27
Ni	1.00～0.0	0.12
Ge	0.1～0.0	0.02
Sb	11～0.001	0.578
F	194～0.51	20.48
Cl	1100～55	229.7
$Mn/g \cdot L^{-1}$	14.5～0.037	4.6
$Mg/g \cdot L^{-1}$	18.0～0.87	10.06
$Ag/g \cdot L^{-1}$	0.02	0.02

我国湿法炼锌厂净化后的硫酸锌溶液成分见表12-130。

表12-130 我国湿法炼锌厂净化后的硫酸锌溶液成分 （mg/L）

成 分	株洲冶炼厂Ⅰ	株洲冶炼厂Ⅱ	沈阳冶炼厂	西北铅锌冶炼厂	柳州锌品厂	开封炼锌厂	会泽冶炼厂
$Zn/g \cdot L^{-1}$	140～170	130～170	120～160	150～170	135～140	130～150	120～130
Cu	≤0.2	≤0.2	0.5	≤0.1	0.1	0.5	<0.5
Cd	≤1.5	≤1	2	≤0.8	1	2	<4
Co	≤1	≤1	2	≤0.7	1	2	<4
Ni	≤1.5	≤1	0.5	≤0.7	0.1	5	
As	≤0.24	≤0.24	0.06	≤0.05	0.061	0.06	
Sb	≤0.3	≤0.3	0.12	≤0.1	0.02	0.1	
Ge	≤0.05	≤0.04	0.01		0.04		
Fe	≤20	≤20	10	≤20	18	10	<30
F	≤50	≤50	100	≤30		50	<50
Cl	≤200	≤200	150	≤200		150	<80
$Mn/g \cdot L^{-1}$	2～5		2	4～5	3～4	3～5.5	

一些工厂的净化液及净化渣的成分实例分别列于表 12-131 和表 12-132。

表 12-131 一些工厂净化液成分 (mg/L)

工 厂	Cu	Cd	Co	Ni	Fe	As	$Zn/g\cdot L^{-1}$
沈 冶(中)	0.5	2	1~2	0.5	10	0.06	120~160
蒂明斯(加)	0.1	0.5	0.2	—	10	0.01	170
科科拉(芬)	0.1	0.5	0.45	—	28	0.02	152
秋 田(日)	痕	0.1	0.8	—	18	—	112
会 东(中)	<0.3	<1.5	<1.5	<1.5	<20	<0.06	100~130
巴 伦(比)	<0.1	0.2	<0.2	<0.1	<5	<0.01	160
柳 州(中)	—	≤0.2	≤0.1	—	≤20	≤0.06	125~135
会 津(日)	—	0.2~0.6	0.3~0.8		10	—	180~185
株 冶(中)	≤0.2	≤1.5	≤1.0	≤1.5	≤20	≤0.04	130~170
里兹顿(澳)	0.05	0.3	8	0.3	0.2	—	115~120
马格拉港(意)	0.1	0.3	0.4	0.2	0.2	0.003	144
安 中(日)	微	<0.5	0.2	0.05	10	—	150

表 12-132 净化渣成分实例 (质量分数/%)

工 厂	渣 名	Zn	Cd	Cu	Co	Sb	Pb
株冶(中)	铜镉渣	40.26	14.31	5.64	0.0211	0.088	—
	钴渣	16.68	2.306	4.17	1.67	0.23	—
巴伦(比)	铜渣	2	0.5	80	—	—	—
	钴渣	23	2	6	6	0.5	4
	镉渣	30	12	10	0.3	0.2	2.4

12.3.8 置换净化的安全问题

在置换的净化过程中,常析出剧毒气体 AsH_3 或 SbH_3。

在锌粉置换净化条件下,AsH_3 和 SbH_3 可能从元素 As、Sb 和从 $HAsO_2$ 或 $HSbO_2$ 析出,它们的电位是:

$$As + 3H^+ \xlongequal{} AsH_3\uparrow$$

$$E = -0.608 - 0.0591pH - \frac{0.0591}{3}\lg p_{AsH_3}$$

$$Sb + 3H^+ \xlongequal{} SbH_3\uparrow$$

$$E = -0.51 - 0.0591pH - \frac{0.0591}{3}\lg p_{SbH_3}$$

$$HAsO_2 + 6H^+ + 6e \xlongequal{} AsH_3\uparrow + 2H_2O$$

$$E = -0.18 - 0.0591pH$$

$$HSbO_2 + 6H^+ + 6e \xlongequal{} SbH_3\uparrow + 2H_2O$$

$$E = -0.14 - 0.0591pH$$

从上面可看出,元素 As、Sb 生成 AsH_3 和 SbH_3 的可能性比从 $HAsO_2$、$HSbO_2$ 生成的

可能性大得多。在锌粉置换条件下（$a_{Zn^{2+}}=1$，$p_{AsH_3}=p_{SbH_3}=101325Pa$），从元素As、Sb生成$AsH_3$，$SbH_3$的平衡pH值为2.61和3.29，当溶液的pH值上升，平衡的p_{AsH_3}和p_{SbH_3}相应下降。当溶液pH值为5时，p_{AsH_3}下降为1.36×10^{-2} Pa，p_{SbH_3}下降为802Pa。而从$HAsO_2$，$HSbO_2$生成AsH_3的平衡pH值为9.81，生成SbH_3平衡pH值为10.5。总之，在实际生产过程的溶液pH值条件下，肯定会生成AsH_3和SbH_3气体。

AsH_3和SbH_3气体是剧毒物质，对人体危害极大，故在净化置换作业过程中，一定要有严格的预防和保护措施。

12.3.9 驰宏公司溶液深度净化生产实践

大极板-长周期电积-机械化自动剥锌是先进湿法炼锌工艺技术的重要标识之一。至2005年为止，中国湿法炼锌工厂仍全部采用24小时的电解周期，溶液净化深度不能满足长周期电积的要求是关键因素。云南冶金集团公司自主研究开发了富锗硫酸锌溶液的深度净化技术，为大极板-长周期电积-机械化自动剥锌流程在所属驰宏公司曲靖锌厂实现工业应用奠定了基础。

驰宏公司所处理的硫化锌精矿含锗平均110g/t，焙烧脱硫后更加富集，虽采取以抑制锗为目的的选择性浸出工艺，浸出液中含锗仍高达0.5~0.6mg/L。为保证长周期电积的进行，研究开发了“合理利用杂质净化过程置换反应速度差异及相互作用，控制合适技术参数的多段净化工艺”，在DCS系统控制锌粉连续、均匀和准确加入确保置换产物不返溶的深度净化技术，净化后溶液的杂质含量降低了1~2个数量级，与常规24h电积工艺新液质量要求的比较见表12-133。

表12-133 深度净化液与常规电积新液杂质含量比较

杂质元素	Ge	Cu	Cd	Fe	As	Co	Ni	Sb
深度净化液/mg·L^{-1}	0.04	0.1	0.8	5	0.03	0.15	0.1	0.02
常规新液/mg·L^{-1}	<0.1	<0.5	<2	<20	—	<3	<1	<0.1

深度净化的效果是：电积周期48h，阴极锌片厚度大于3mm，电流效率88.74%，0号锌产率100%，实现机械化自动剥锌，剥锌成功率90%以上。

12.3.9.1 工艺流程简述

由浸出送来的中浸上清液泵入一段净化槽，一段净化槽共3台，规格为$\phi5750\times5500$，$V=120m^3$/台，3台串联连续操作。锌粉经振动给料机可加入各净化槽，反应完成后浆液流至中间槽，再用泵送至5台$F=100m^2$的厢式压滤机进行液固分离，所得滤渣即铜镉渣，经浆化后泵至镉工段回收镉。所得滤液经3台$F=60m^2$的螺旋板加热器加温到85~90℃后流入二段净化槽。

二段净化槽共4台，规格同一段净化槽，也是4台串联连续操作。锌粉经振动给料机加入各净化槽，同时加入酒石酸锑钾溶液，反应完成后排料至中间槽，再用泵送至5台$F=100m^2$的厢式压滤机压滤，二段净化压滤后液送往三段净化槽。所得滤渣即钴渣，再经酸洗、压滤，得到钴精矿，暂堆存待回收钴。滤液再用锌粉、酒石酸锑钾沉钴，再经压滤，滤渣与上述钴精矿合并卸在同一堆场，滤液送浸出车间。

三段净化槽共2台，规格也同一段净化槽，2台串联连续操作。锌粉经振动给料机加入槽内，以除去残余的镉。反应完成后第二槽排料至中间槽，再用泵送至3台 $F=100m^2$ 的厢式压滤机压滤，所得滤渣含锌较高，可返回到一段净化槽再利用。所得滤液即新液，用废电解液调酸至含 H_2SO_4 1～3g/L，以减少新液在输送过程中的结晶，然后用泵送往电解车间。

12.3.9.2 净化工艺流程图

深度净化工艺流程如图12-119所示。

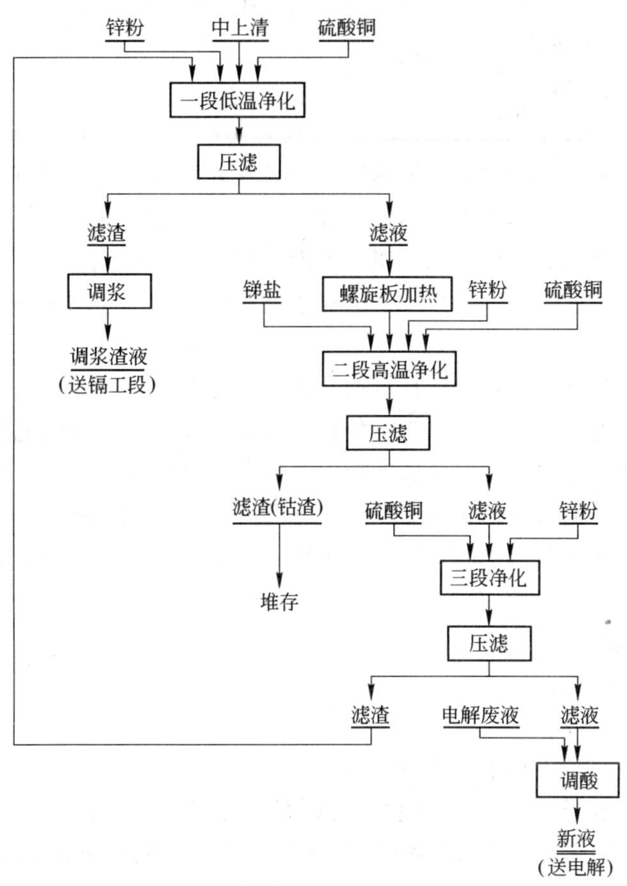

图12-119 深度净化工艺流程

12.3.9.3 硫酸锌溶液深度净化生产实践

A 实现深度净化的基本条件

前面表12-82中列出了锌粉置换过程中不同金属离子浓度的平衡电位。分析有关数据可知：

（1）氧的电位比浸出溶液中任何杂质的电位都正，即氧将会优先在阴极上还原。因此，在锌粉的置换反应过程中不能有氧存在，要求锌粉置换过程连续并不能采用空气搅拌。

（2）除氧外，其他金属杂质离子还有一个与氢离子竞争放电的问题。为了达到净化的目的，要使溶液中的金属杂质离子优先放电析出，而不是氢离子放电析出，需要降低氢离子的析出电极电位，即溶液的 pH 值要高，同时提高氢析出的超电压，降低杂质金属离子析出的超电压。

(3) 正电性的金属杂质如铜、砷、锑等，在任何情况下，它们都比氢优先在阴极上析出，因而这类杂质容易除去。

(4) 负电性的金属杂质，分成两种类型：一类是电极电位为负值，但却比锌的电极电位高，如镉、钴、镍等，为了使它们优先在阴极上放电析出，只要控制适当高的 pH 值，不使氢优先放电即可除去；另一类是电极电位比锌还要负，如锰等，不管控制多高的溶液 pH 值，也不能用锌粉置换的方法除去。

B 镉的析出与复溶问题

a 镉的析出

假设加入的锌粉和析出的镉都是纯物质（其活度均为1），镉与锌的电位差为 0.36V。而在实际的生产过程中，析出的镉是与锌形成合金，使两者的电极电位差急剧减小，不利于镉的析出。可以认为，如果析出的金属与置换金属（锌）形成合金，尤其是生成金属间化合物时，两者的电极电位差就会减小，这对于杂质的脱除，特别是溶液的深度净化显然是不利的。

但是，如果合金的形成不是发生在置换金属与被置换金属之间，而是在两种或多种被置换金属之间形成，此时，阳极的电极电位将由形成合金金属中电极电位较正的金属的电极电位决定，在合金中的另外一些金属的析出电极电位也相应升高，有利于杂质金属离子的放电析出。由于铜的电极电位为正值（+0.337V），比镉的电极电位（-0.402V）高，故在实际生产中，溶液中铜离子的存在有利于镉的脱除，一般要求溶液中的 $Cu^{2+}:Cd^{2+}\geqslant 1:3$。

b 镉的复溶问题

镉的复溶有两种情况：

(1) 温度升高。

(2) 搅拌、压滤作业时间和停放时间过长。

镉的复溶有两种解释。一种是“电化学溶解”，指的是被置换出来的金属镉对溶液中其他金属阳离子的置换作用。只要溶液中含有一定浓度的电极电位比镉更正的金属阳离子，这种置换反应就容易发生，使镉溶解进入到溶液中。另一种是“化学溶解”，指的是被置换的镉容易被氧化生成氧化镉后，又被溶液中的弱酸溶解而进入到溶液中。

其反应可表示为：

$$Cd + Cu^{2+} \xlongequal{} Cd^{2+} + Cu$$

$$Cd + \frac{1}{2}O \xlongequal{} CdO$$

$$CdO + H_2SO_4 \xlongequal{} CdSO_4 + H_2O$$

温度升高引起镉的复溶主要因为随着溶液温度升高，氢析出的超电压下降，当氢析出的电极电位高于镉析出的电极电位后，溶液中的氢离子就在镉上放电析出氢气，而镉则溶解进入到溶液中。

同时，锌对镉可以产生一定的保护作用（阻止其溶解），即被置换出来的镉与锌黏接在一起时，两者在溶液中形成微电池，锌为阳极溶解，而镉则为阴极不会溶解。当两者分开后，锌对镉没有保护作用。此时，由于镉的电极电位较负，若有其他电极电位较其正的金属与其黏接在一起，则镉就成为新的微电池的阳极，溶解进入到溶液中。这也就是搅拌、压滤作业时间和停放时间过长造成镉复溶的主要原因。

c 钴、镍的析出问题

钴和镍的标准电极电位比镉的还正，从理论上而言，应该比镉更容易被锌粉置换出来，但是在实际生产中却恰恰相反。由于钴和镍在锌上析出有较高超电压，并且温度越低，其析出和超电压越高，其超电压与温度的关系见表12-134。

表12-134 钴镍超电压与温度的关系

电 极	电极电位	析出电位/V			超电压/V		
		15℃	55℃	95℃	15℃	55℃	95℃
Co^{2+}/Co	-0.28	-0.56	-0.46	-0.36	0.28	0.18	0.08
Ni^{2+}/Ni	-0.23	-0.57	-0.46	-0.29	0.36	0.20	0.06

为此，要在溶液中对钴镍进行深度净化，就要降低钴、镍在锌上析出的超电压。一般采取以下方法：

（1）提高净化过程的温度：温度越高，钴和镍在锌上析出的超电压越小，钴、镍越容易从溶液中析出。

（2）使钴和镍在容易析出的金属上析出：由于钴和镍在金属锑上析出的超电压很低，也即容易在金属锑上析出，而锑则又容易在金属锌上析出，因此，可以向溶液中加入锑盐，锌粉先置换产生金属锑后，再使钴和镍在金属锑上析出，有利于溶液中钴和镍的脱除。也可以认为，析出的锑与钴、镍形成合金，将钴和镍析出和电极电位升高，降低了钴和镍在金属锌析出的超电压。

12.3.9.4 影响锌粉除镉因素的分析

影响锌粉除镉的因素主要有：

（1）锌粉的质量和用量。锌粉的质量是指锌粉的粒度和纯度。锌粉置换除铜、镉是多相反应，所以锌粉的粒度应细一些，一般要求锌粉粒度为100目左右，而锌粉的纯度应高，不应将杂质再带入到溶液中。但是，锌粉过细则会浮在溶液表面，也不利于置换反应。

（2）中性浸出液的质量。所谓中性浸出液的质量是指中性浸出液中杂质和固体悬浮物含量的多少、溶液pH值的高低。

溶液中固体悬浮物会覆盖锌粉表面，阻碍锌粉与溶液中杂质离子的接触，不利于置换反应的进行，同时还将增大净化的渣量，增加液固分离的时间，增加了镉的返溶，降低了渣中铜、镉含量，不利于下一步综合回收利用。要求中性浸出液中的悬浮物小于1.5g/L。

溶液的酸度增加，将使大量的锌粉消耗在置换析出氢气上，同时还会使已析出的镉复溶。

（3）置换过程的温度。温度升高，溶液中杂质离子的扩散速度增加，故一般升高温度利于置换反应，但是在除镉时过高的温度会促使镉的复溶，而除钴时则要求温度越高越好。因此，温度的控制应与相应的置换过程相一致。

(4) 搅拌强度。溶液中的杂质离子需要从溶液中向锌粉表面扩散才能发生置换反应，增加搅拌强度有利于杂质离子的扩散，故可以加速置换反应的进行。但应注意搅拌造成镉的复溶问题。

(5) 添加剂的用量。在净化除镉时，需要加入一定量的硫酸铜，生产实践证明，当溶液中的 Cu^{2+} 浓度低于30mg/L时，除镉的效果不好；而溶液中的 Cu^{2+} 浓度过高时，反而会降低氢的超电压，促使氢的析出。同时，溶滤过的 Cu^{2+} 会使已置换出的镉返溶。在正常生产的条件下，控制溶液中的 Cu^{2+} 在200mg/L时，除镉效果最好。

(6) 过滤速度。在过滤过程中，会造成一定量镉的复溶，过滤时间越长，复溶的镉越多，故过滤速度越快越好。

12.3.9.5 深度净化的技术条件

中性浸出液采用三段净化流程，全部采用自产电炉活性合金锌粉作为净化剂，电炉锌粉及添加剂的质量要求如下：

电炉锌粉：有效锌≥75%，As 0.05%～0.2%，Pb 0.5%～2.5%，筛余物（60目）≤6.0%；

硫酸铜：$CuSO_4 \cdot 5H_2O$≥94.0%，酸度（以 H_2SO_4 计）≤0.2%，Fe≤0.8%，As≤0.015%，Ni≤0.01%，Co≤0.15%，水不溶物≤0.4%；

锑氧粉：Sb_2O_3 不小于99%，As_2O_3≤0.12%，Pb≤0.2%，Fe_2O_3≤0.006%，CuO≤0.002%，Se≤0.005%，白度≥91%，平均粒度1.6～2.5μm。

各段净化主要技术操作条件见表12-135。

表12-135 各段净化主要技术操作条件

	操作条件	数 值
一段	净化温度/℃	55～65
	净化时间/h	1～1.5
	锌粉用量/$g \cdot L^{-1}$	0.8～1.2
	硫酸铜用量	按溶液中 Cd^{2+} 量的1/3加入
	流量/$m^3 \cdot h^{-1}$	约250
	净化过滤液含 Cd/$mg \cdot L^{-1}$	≤10
二段	净化温度/℃	85～90
	净化时间/h	2.0～2.5
	锌粉用量/$g \cdot L^{-1}$	2.0～2.5
	酒石酸锑钾用量	Sb：Co =（0.6～1）：1
	硫酸铜用量/$g \cdot L^{-1}$	0.5～0.7
	流量/$m^3 \cdot h^{-1}$	约250
	净化过滤液含 Co/$mg \cdot L^{-1}$	≤0.5
	净化过滤液含 Ge/$mg \cdot L^{-1}$	≤0.05
三段	净化温度/℃	75～80
	净化时间/h	1～1.5
	锌粉用量/$mg \cdot L^{-1}$	约0.4
	硫酸铜用量/$g \cdot L^{-1}$	0.3～0.5
	流量/$m^3 \cdot h^{-1}$	约250
	净化过滤液含 Cd/$mg \cdot L^{-1}$	≤5
	净化过滤液含 Ge/$mg \cdot L^{-1}$	≤0.05

12.3.9.6 净化效果

A 新液质量

净化工序产出新液的成分见表 12-136。

表 12-136 深度净化新液的成分

$Zn/g \cdot L^{-1}$	$Cu/mg \cdot L^{-1}$	$Cd/mg \cdot L^{-1}$	$Co/mg \cdot L^{-1}$	$Fe/mg \cdot L^{-1}$	$Ge/mg \cdot L^{-1}$	$H_2SO_4/g \cdot L^{-1}$
145 ~ 155	0.1	0.5	0.15	5	0.04	1 ~ 3

B 技术经济指标

净化作业的主要技术指标及原材料单耗见表 12-137。

表 12-137 净化作业的指标

净化作业锌回收率	99.3%	酒石酸锑钾	$32g/t_{析出锌}$
新液产量	约 $250m^3/h$	蒸汽（0.2 ~ 0.3MPa）	约 $1t/t_{析出锌}$
原材料单耗		生产水	约 $1.2m^3/t_{析出锌}$
锌 粉	$30 \sim 35kg/t_{析出锌}$		

12.4 硫酸锌的电解沉积

湿法炼锌的最后阶段是通过电解沉积，从硫酸锌水溶液中将金属锌沉积出来的作业过程是湿法炼锌的重要生产环节。锌精矿焙烧、浸出、净化等各个作业过程的好坏，都将在电积过程中最终获得证实；产品的数量和品质也在这个过程中体现；锌电积能耗占生产全过程能耗的 80% 左右，在很大程度上影响湿法炼锌的成本。电解沉积是湿法炼锌的重要生产环节。

12.4.1 概述

12.4.1.1 锌的电积过程

电积是指采用不溶阳极，在直流电作用下将溶液中金属的离子还原并沉积在阴极上的过程。锌电积是将净化后的硫酸锌溶液（新液）与一定比例的电解废液混合，混合液冷却后经过溜槽、管道流入电解槽内，用含有 0.5% ~ 1% Ag 的铅板作阳极，压延铝板作阴极并联悬挂在电解槽内，通入直流电后，在阴极上析出金属锌，在阳极上放出氧气，同时产生以二氧化锰为主要成分的阳极泥，溶液中硫酸得到再生。锌电积总反应如下：

$$ZnSO_4 + H_2O \xlongequal{直流电} Zn + H_2SO_4 + \frac{1}{2}O_2$$

随着电积过程的进行，溶液中锌离子浓度不断降低，硫酸浓度相应增加。为了保持锌电积条件的稳定，必须维持电解槽中的电解液成分在一个合适的范围，锌离子浓度为 45 ~ 60g/L、游离 H_2SO_4 135 ~ 170g/L。从电解槽出液端溢出的废电解液，一部分返回浸出作溶剂，一部分与一定量的新液混合、经冷却后返回电解循环使用，以维持电解液中锌与硫酸的浓度，并稳定电解系统中溶液的体积。经过一定时间的电解沉积（24 ~ 48h）后，将沉积有金属锌的阴极吊出电积槽，剥下析出的锌片，送熔铸工序熔化浇注成商品锌锭或配制成锌合金锭出售。阴极铝板经清刷平整处理后再装入电解槽中继续进行电积。废阴极铝板供配制铝合金锭或熔铸成铝锭，废阳极送阳极制造车间配以适量的铅锭和银粉制新阳极，阳极泥加入适量锰矿粉经球磨后送浸出作氧化剂。

按所采用技术条件不同，锌电积有三种方法，表12-138所列为三种电解制度及其比较。

表12-138 锌电解沉积三种方法的比较

方 法	电解液含硫酸 $/g \cdot L^{-1}$	阴极电流密度 $/A \cdot m^{-2}$	优 缺 点
低酸低电流密度法	110~130	300~450	耗电少；生产能力小；基建投资大
中酸中电流密度法（中间法）	130~160	500~700	生产操作比前者简单，生产能力比前者大，但比后者小；基建投资较小
高酸高电流密度法	220~300	1000以上	生产能力大；耗电多；电解槽内部结构复杂

目前国外许多工厂倾向采用低电流密度（300~400A/m^2）、大阴极（1.6~3.4m^2），以适应机械化、自动化作业及降低电耗。我国大多数工厂采用低电流密度的上限和中电流密度的下限，为450~550A/m^2，国外少数工厂采用高酸高电流密度法（如美国克洛格电锌厂采用960A/m^2、H_2SO_4 260g/L的作业条件）。

12.4.1.2 锌电解液成分

锌电积的电解液除主要成分$ZnSO_4$、H_2SO_4和H_2O外，还存在微量杂质金属的硫酸盐及部分阴离子（主要为氯离子和氟离子），某些工厂电解液的主要成分列于表12-139。表12-140列举了部分工厂电解液杂质允许含量。

表12-139 某些工厂电解液的主要成分 (g/L)

冶炼厂名称	中性净液含锌	流入电解液成分		流出电解液成分		
		Zn	H_2SO_4	Zn	H_2SO_4	Mn
株洲冶炼厂（中）	150	58	160	50	175	2.5~5.0
沈阳冶炼厂（中）	135~160	—	—	55~65	145~165	—
西北铅锌冶炼厂（中）	165~175	63	175	58	185	3.5~6.0
神冈冶炼厂（日）	169	60	170	55	177	—
饭岛锌厂（日）	150	—	—	60	165	—
安中锌冶炼厂（日）	160	—	—	55~60	160~170	3.0
科科拉厂（芬）	152	69	158	61.8	180	7.54
特累尔厂（加）	150	55	143	50	150	—
埃克斯塔尔厂（加）	170	66.7	190	60	200	—
萨格特（美）	175	—	—	55	200	3
诺尔登哈姆厂（德）	170			55~60	200	2.0

表 12-140 锌电解液杂质允许含量及工厂数据 (mg/L)

元素	净液中允许含量	株洲冶炼厂	沈阳冶炼厂	会东铅锌矿	柳州锌品厂	开封冶炼厂	西北铅锌冶炼厂	巴伦厂(比利时)	安中锌冶炼厂(日)
As	0.05	≤0.24	≤0.06	<0.06	0.061	0.06	0.05	0.01	<0.05
Sb	0.05	≤0.3	≤0.12	<0.1	0.02	0.1	0.1	0.01	0.001
Ge	0.005	≤0.05	≤0.01	<0.02	0.04	—	—	0.01	0.001
Co	0.1	<1	≤2	<1.5	1	2	0.2	0.2	<0.5
Ni	0.1	≤2	≤0.5	<1.5	0.1	5	0.1	0.1	0.2
Cl	100	≤200	≤150	<300	—	100	<100	—	—
F	50	≤50	≤100	<100	—	50	<30	—	—
Cu	0.05	<0.2	≤0.5	<0.3	0.1	0.5	0.1	0.1	—
Cd	0.3	≤1.5	≤2	<1.5	1	2	0.3	0.3	微量
Pb	0.04	—	—	—	—	—	—	—	—
Fe	<20	≤20	≤10	<10	18	10	5	10	—
Mn/g·L^{-1}	3~6	2~5	>2	2.5~4	3~4	3~5.5	—	—	1.2

元素	净液中允许含量	巴特勒斯维尔厂(美)	瓦利菲尔德锌厂(加)	奥韦佩尔特锌厂(比利时)	达特恩锌厂(德)	神冈冶炼厂(日)	佛林佛伦厂(加)	饭岛锌厂(日)
As	0.05	<10	0.02	0.02	<0.02	—	0.03	-
Sb	0.05	12	0.02	0.02	—	—	0.02	0.08
Ge	0.005	<10	—	—	—	—	0.006	0.004
Co	0.1	0.7	0.1	0.2	<0.1	<0.1	8.1	0.010
Ni	0.1	0.3	微量	0.05	<0.05	<0.01	—	0.012
Cl	100	100	—	—	50~100	17	4.9	—
F	50	0.4	—	—	2~2.5	1.0	8.8	—
Cu	0.05	<0.1	微量	—	<0.2	0.2	1.2	—
Cd	0.3	2.3	0.2	0.2	<0.1	<0.1	0.5	0.4
Pb	0.04	—	—	—	—	—	—	—
Fe	<20	<0.1	—	—	25~30	10	18	5
Mn/g·L^{-1}	3~6	3.16	3	3.5	2.5	—	0.035	—

目前，锌电解液中锌的浓度波动在40~60g/L的范围内，硫酸浓度则逐步提高，已从110~140g/L提高到170~200g/L。对溶液中杂质的含量各厂也有不同要求。加拿大特累尔锌厂在进行改造时曾做过调查，为了适应电流密度大幅度的变化，对电解液中杂质含量（mg/L）的要求如下：

Cd<0.3　Co<0.3　Sb<0.03　Ge<0.03

Fe<10　F<10　Cl 50~100　Mn 1.8g/L

为了节约电能，近年来各电锌厂还注意控制电解液中镁的浓度。饭岛和彦岛等电锌厂，当电解液中镁含量超过20g/L时，则抽出部分电解液，先电积使电解液中锌降至20g/L，当H_2SO_4升至200g/L时加石灰中和脱镁，使镁含量降至15~20g/L。此外，为了节约电能，提高电锌质量及改善劳动条件等的需要，电解液中还常加入一些添加剂，如骨胶、碳酸锶或钡的碳酸盐、皂根和豆饼等。

图12-120所示为纯体系的锌电积示意图，图12-121所示为锌电积的电化学示意图，图12-122所示为锌电积的一般生产流程图。

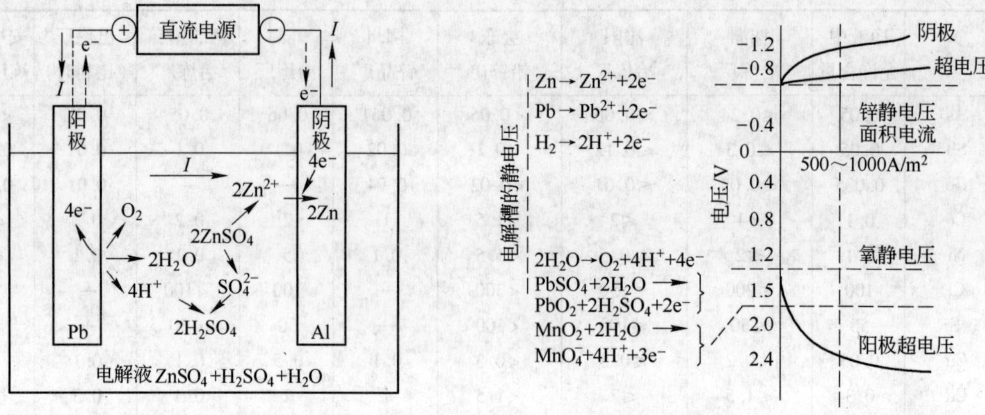

图 12-120 锌电积示意图　　图 12-121 锌电积的电化学示意图

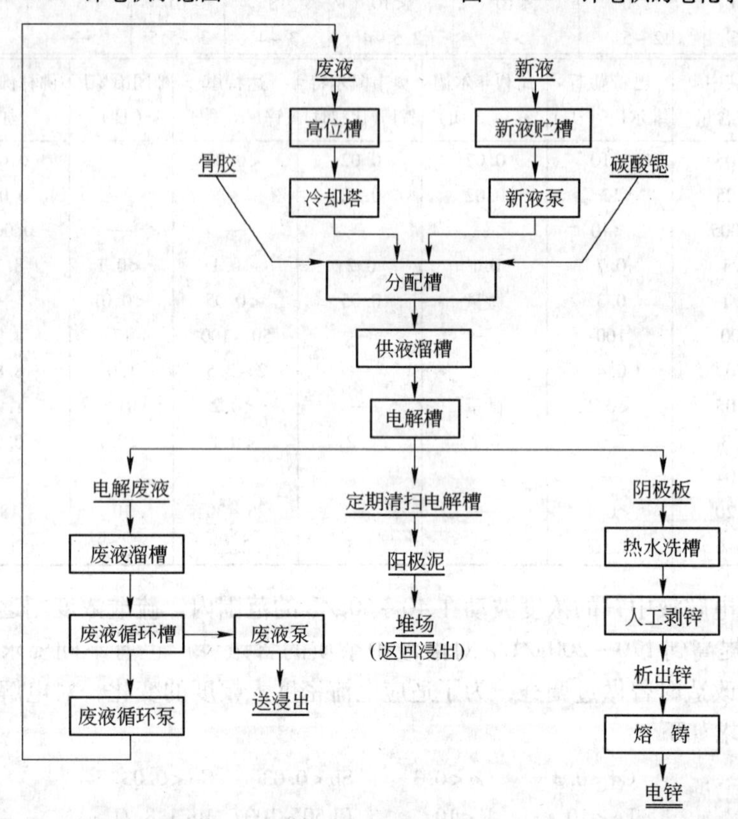

图 12-122 从硫酸锌溶液电积锌的生产流程

12.4.2 硫酸锌溶液电积过程中的电极反应

供给锌电解液的主要成分为 $ZnSO_4$、H_2SO_4 和 H_2O，并含有微量杂质金属铜、镉、钴、镍等的硫酸盐。对于纯的 $ZnSO_4$、H_2SO_4 水溶液体系，在溶液中，它们呈离子状态存在：

$$ZnSO_4 \rightleftharpoons Zn^{2+} + SO_4^{2-}$$

$$H_2SO_4 \rightleftharpoons 2H^+ + SO_4^{2-}$$

$$H_2O \rightleftharpoons H^+ + OH^-$$

当直流电通过阴极和阳极导入装有电解质水溶液的电解槽时，水溶液中电解质的正离子和负离子便会分别向阴极和阳极迁移，并同时在两个电极与溶液的界面上发生还原与氧化反应，从而分别产出还原物与氧化物。

在电极与溶液的界面上发生的反应叫做电极反应。对于采用不溶阳极、从硫酸锌溶液中电解沉积金属锌的过程，其主要电极反应如下：

阴极主要反应： $Zn^{2+} + 2e = Zn$

阳极主要反应： $2OH^- - 2e = H_2O + \frac{1}{2}O_2$

或 $H_2O - 2e = 2H^+ + \frac{1}{2}O_2$

电极过程的总反应为：

$$ZnSO_4 + H_2O \xrightarrow{直流电} Zn + H_2SO_4 + \frac{1}{2}O_2$$

12.4.2.1 电极反应的基本概念

A 分解电压

a 理论分解电压

当金属浸没在含有该金属离子的溶液中时，在溶液与金属之间便开始有离子交换。在浸没的最初时刻，原子离子化以及离子中和的速度一般彼此不相等的。如果说在最初时刻离子化的速度大于离子的中和速度，则金属表面便荷有负电，并立即开始吸引正离子。因此，在电极附近比在溶液本体中有某些过剩的阳离子，以抵消电极表面的过剩负电荷。

随着时间的推移，由于电极表面负电荷增多，金属原子离子化过程的速度将减慢，相反金属阳离子中和速度将增大直到这两种速度相等为止。在此种情况下，金属表面原子与溶液中离子之间建立起动态的平衡，并在金属表面与溶液之间形成电位差，这种电位差即为平衡电极电位（ε_e）。

如果在最初时刻，原子离子化的速度小于离子的中和速度，也将会产生双电层。与上述不同的是，金属表面荷有正电。

在电解质水溶液体系中，如果认为阴阳电极之间的欧姆电阻很小可忽略不计时，在可逆情况下使之分解所必需的最低电压，称为理论分解电压。理论分解电压（V_e）是阳极平衡电极电位（$\varepsilon_{e(A)}$）与阴极平衡电极电位（$\varepsilon_{e(K)}$）之差：

$$V_e = \varepsilon_{e(A)} - \varepsilon_{e(K)}$$

电极的平衡电极电位是可以根据电解过程实际发生的电极反应、电解液组成和温度等条件，按能斯特公式计算，即某一电解质的理论分解电压可以通过计算而得知的。

b 实际分解电压

当电流通过电解槽，电极反应以明显的速度进行时，电极上的反应平衡电位已偏离平衡状态，而成为不可逆状态，这时的电极电位就不是平衡电极电位，阳极电位偏正，阴极电位偏负。这样，能使电解质溶液连续不断发生电解反应所必需的最小电压称为电解质的实际分解电压。显然，实际分解电压比理论分解电压大，有时甚至大很多。

实际分解电压（V_f）简称分解电压，其值为阳极实际析出电位（ε_A）与阴极实际析出电位（ε_K）之差：

$$V_f = \varepsilon_A - \varepsilon_K$$

B 极化现象与超电位

如前所述，电解时的实际分解电压比理论分解电压大，有时甚至大很多，这是由于电流通过电解槽时，电极上的反应过程偏离了平衡状态，相应的电极电位已不等于平衡电极电位，通常将这种偏离平衡电极电位的现象称为极化现象。

电解实践表明，任何一个电极反应都不是一步完成的，而是一个连续的复杂过程。一般说来包括以下几个过程：

（1）反应离子由溶液本体向双电层外界移动并继续经双电层向电极表面靠近。这一阶段，在很大程度上靠扩散来实现，扩散是由于溶质在溶液本体与双电层外界的浓度差引起的；

（2）反应离子在电极表面或双电层中进行电极反应前的转化过程，例如表面吸附或发生化学变化；

（3）在电极上的电子传递—电化学氧化或电化学还原反应；

（4）反应产物在电极表面或双电层中进行电极反应后的转化过程，例如自电极表面的脱附，反应产物的复合、分解或其他化学变化；

（5）反应产物形成新相，或反应产物自电极表面向溶液本体中或向液体电极的内部传递。

在这些连续而复杂的反应过程中，一般总存在着某一最慢步骤，整个电极反应过程的动力学就由最慢步骤的动力学所决定。若电化学步骤最慢，则整个电极反应的反应速度就由电化学动力学基本规律所决定。若扩散速度最慢，则整个电极反应的反应速度就由扩散动力学基本规律所决定。所以说，极化现象是由电化学极化和浓差极化而引起的。

为了定量表述极化的程度，引入了超电位的概念。所谓超电位（$\Delta\varepsilon$）是指实际电极电位（ε）与平衡电位（ε_e）的差值。$\Delta\varepsilon$ 对阳极过程来说为正值，而对阴极过程来说为负值，由于习惯上超电位用正值表示，因而阳极过程的超电位（$\Delta\varepsilon_A$）表示为：

$$\Delta\varepsilon_A = \varepsilon_A - \varepsilon_{e(A)}$$

而阴极过程的超电位（$\Delta\varepsilon_K$）表示为：

$$\Delta\varepsilon_K = \varepsilon_K - \varepsilon_{e(K)}$$

还需说明的是，$\Delta\varepsilon$ 习惯上往往简写成 η。超电位越大，表明电极反应偏离平衡状态越远，即电极极化程度越大。

所谓超电压（ΔV），就是实际分解电压（V_f）与理论分解电压（V_e）之差值：

$$\Delta V = V_f - V_e = \varepsilon_A - \varepsilon_K - (\varepsilon_{e(A)} - \varepsilon_{e(K)})$$

$$=\varepsilon_A-\varepsilon_{e(A)}+\varepsilon_{e(K)}-\varepsilon_K$$

$$=\Delta\varepsilon_A+\Delta\varepsilon_K$$

$$=\eta_A+\eta_K$$

也就是说，当知道阴、阳极在实际电解时的超电位就可以计算出某一电解过程的实际分解电压。

电解实践还表明，超电位与电流密度（单位电极面积上所通过的电流强度）有关，电流密度越高，其超电位越大。

当电流密度较小时，电极上被氧化或被还原的离子消耗不大，扩散能保证向电极表面供应反应物质，反应生成物也能及时排开。这时，电极反应速度决定于电化学反应速度，过程处于电化学动力学区。当电流密度增大时，电极反应速度随之增大，电流密度越大，电极反应速度增大越多。若电流密度增大至某一值时，会致使扩散不能保证向电极表面供应相应数量的反应物质。这时，传质的因素就限制着电极反应速度，即电极反应速度决定于扩散速度，过程处于扩散动力学区。这个最大电流密度称为极限电流密度。

描述电解过程单个电极上的电流密度与电极电位关系的曲线称为极化曲线。图 12-123 所示为描述阳离子还原速度与电极电位的示范性阴极极化曲线。

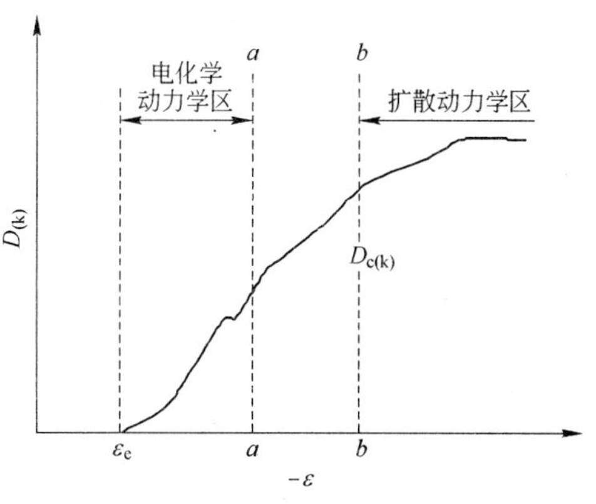

图 12-123 电化学动力学区和扩散动力学区的阴极极化

图 12-123 表明，电化学动力学区大致以图中 *aa* 线为界，纯扩散动力学区则以 *bb* 线为界。在 *aa* 线与 *bb* 线之间存在着混合动力学区。阳极极化曲线原理与阴极极化曲线相同，不同之处是随着电流密度的增高而向正值方向偏离。

从图 12-123 可以看出，当电流密度较小时，电极电位偏离平衡电位也较小，电极过程处于电化学动力学区。随着电流密度的增加，阴极极化值增大，反应速度也增大。当电流密度增至某一值后，由于扩散不能在单位时间内向电极表面供应足够数量的阳离子而开始使电极反应速度变慢。这种阻碍作用随着阴极极化的增大而愈加强烈，电极反应速度也愈来愈受着扩散的限制。当达到极限电流密度时，扩散速度已达可能的最大值，极化曲线与横轴平行。这时，再用增大极化的办法已不可能再增大电极的反应速度。要再增大电极的反应速度，只能靠强化扩散的措施。

当逐渐增大电极的阴极极化时，首先达到金属 $Me_{Ⅰ}$ 的平衡电位 $\varepsilon_{e(Ⅰ)}$（见图 12-124）。而当电极电位逐步移向负的一方并变得比 $Me_{Ⅰ}$ 的平衡电位更负时，阳极 $Me_{Ⅰ}^{z+}$ 便开始还原并有衡量还原速度的电流密度 D_k 通过。在极化很小的情况下，过程将处于电化学动力学区。当极化在增大时，从某一电位开始，过程的速度开始受扩散限制，表示电化学动力学规律的曲线（虚线Ⅰ）和测出的极化曲线（实线表示）分道而行，最后对阳离子 $Me_{Ⅰ}^{z+}$ 而言的某一极化值下出现极限电流密度 $D_{c(Ⅰ)}$ 的条件，所有这些都是在比 $\varepsilon_{e(Ⅱ)}$ 更正的电位下发生的。因此，阳离子 $Me_{Ⅱ}^{z+}$ 不参与反应，即不能被还原。

当电极电位变得比阳离子 Me_{II}^{z+} 的平衡电位更负时，金属阳离子 Me_{II}^{z+} 就开始还原。在电位只比 $\varepsilon_{e(II)}$ 稍负的条件下，阳离子 Me_{II}^{z+} 还原过程处于电化学动力学区。这时，在紧靠电极的溶液层中含 Me_{I}^{z+} 离子极少，而 Me_{II}^{z+} 很多，很利于 Me_{II}^{z+} 的还原。在此电位下，电极上有两种离子还原：Me_{I}^{z+} 离子以极限速度还原（以 $D_{c(I)}$ 值衡量）；Me_{II}^{z+} 以电化学规律的速度还原，这个规律在图 12-124 中以虚线Ⅱ表示。这样，所测到的电流密度即虚线Ⅱ的纵坐标与 $D_{c(I)}$ 之和。当电位变得比 $\varepsilon_{e(II)}$ 更负时，可观察到电流密度增大。如果电位继续向负的一方增大，将会导致向上面的 Me_{I}^{z+} 所述那样的 Me_{II}^{z+} 还原速度的变化规律，最终将出现对 Me_{II}^{z+} 离子而言的极限电流密度 $D_{c(II)}$ 条件。在此情况下，$D_{c(k)}=D_{c(I)}+D_{c(II)}$。在图的上部已分别标出了电化学动力学、混合动力学和扩散动力学的各个区域。

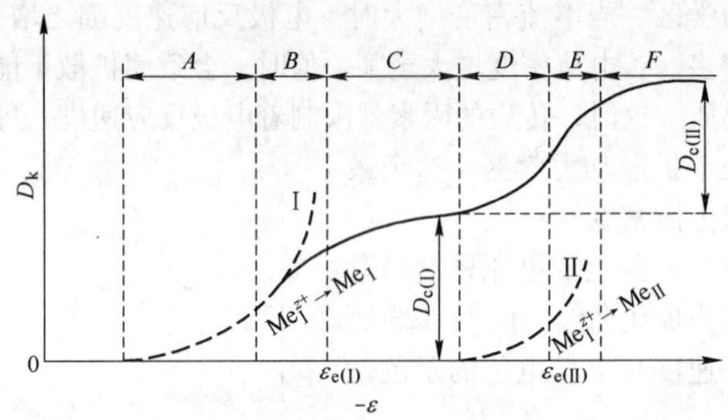

图 12-124 两种阳离子还原的极化

A—阳离子 Me_{I}^{z+} 还原电化学动力学区；B—阳离子 Me_{I}^{z+} 还原混合动力学区；
C—阳离子 Me_{I}^{z+} 还原扩散动力学区；D—阳离子 Me_{I}^{z+} 还原电化学动力学区；
E—阳离子 Me_{I}^{z+} 还原混合动力学区；F—阳离子 Me_{I}^{z+} 还原扩散动力学区

由图 12-124 可看出，对两种能还原的阳离子来说，在极化曲线上有两个波线的出现，每个波线分别经相当于这些离子各自的极限电流的水平段通过。如果溶液中有更多种的阳离子，则在极化曲线上将会出现更多的波。

以上讨论的是阴极极化曲线。如果溶液中有一种或多种能氧化的阴离子存在，原则上类似阴极极化，则会在惰性电极（例如铂电极）上出现阴极极化，其极化曲线波也类似。阳极极化与阴极极化不同之处是：阴极极化值为负，阳极极化值为正。

12.4.2.2 锌电积过程的阴极反应

在锌电积的阴极区存在有 Zn^{2+}、H^+、微量 Pb^{2+} 及其他杂质金属离子（Me^{n+}），当通过直流电时，在阴极上的主要反应有：

$$Zn^{2+}+2e = Zn \qquad E^{\ominus}_{Zn^{2+}/Zn}=-0.763V$$

$$2H^{+}+2e = H_2\uparrow \qquad E^{\ominus}_{H^{+}/H_2}=0.0V$$

在 298K（25℃）时，锌和氢的放电电位如下：

$$E_{Zn^{2+}/Zn}=E^{\ominus}_{Zn^{2+}/Zn}+\frac{2.303RT}{2F}\lg a_{Zn^{2+}}=-0.763+0.0295\lg a_{Zn^{2+}}$$

$$E_{H^+/H}=E^{\ominus}_{H^+/H}+\frac{2.303RT}{F}\lg a_{H^+}=0.0591\lg a_{H^+}$$

在工业生产条件下，若电解液成分为 H_2SO_4（活度系数 $\gamma=0.13$）120g/L、Zn（$\gamma=0.53$）55g/L，密度 1.25g/cm³（相应活度 $a_{Zn^{2+}}=0.0424$，$a_{H^+}=0.142$），在 313K（40℃）时平衡电位分别为：

$$E_{Zn^{2+}/Zn}=E^{\ominus}_{Zn^{2+}/Zn}+\frac{2.303RT}{2F}\lg a_{Zn^{2+}}$$

$$=-0.763+\frac{0.063}{2}\lg a0.0424$$

$$=-0.806V$$

$$E_{H^+/H}=E^{\ominus}_{H^+/H}+\frac{2.303RT}{F}\lg a_{H^+}$$

$$=0+0.063\lg 0.142$$

$$=0.053V$$

因为 $E_{H^+/H}>E_{Zn^{2+}/Zn}$，从热力学的观点来看，在析出锌之前，电位较正的氢应优先析出，锌的电解析出似乎是不可能的。然而在实际的电积锌过程中，伴随有极化现象而产生电极反应的超电压（以 η 表示），加上这个超电压，阴极反应的析出电位（E'）应为：

$$E'_{Zn^{2+}/Zn}=E^{\ominus}_{Zn^{2+}/Zn}+\frac{2.303RT}{2F}\lg a_{Zn^{2+}}-\eta_{Zn}$$

$$E'_{H^+/H_2}=E^{\ominus}_{H^+/H_2}+\frac{2.303RT}{F}\lg a_{H^+}-\eta_{H}$$

在工业生产条件下，当电解液含 H_2SO_4 120g/L、Zn55g/L、密度为 1.25g/cm³、电解温度 40℃（313K）、电流密度 500A/m² 时，氢在锌电极上的超电压 $\eta_H=1.105V$，锌的超电压 $\eta_{Zn}=0.03V$，计算得 $E'_{Zn^{2+}/Zn}=-0.836V$，$E'_{H^+/H_2}=-1.144V$。可见，由于氢析出超电压的存在，使氢的析出电位比锌为负，锌则优先于氢析出，从而保证了锌电积的顺利进行。

氢离子在某种金属上析出的电位与标准电极电位之差称为氢的超电压，也就是要使氢在某种金属上析出所必需的附加电压。在生产过程中，要使氢不在阴极上析出，应创造使锌析出优先进行的生产条件以提高析出锌的电流效率，同时要增大氢在阴极上析出的超电压使氢难于放电析出。

氢的析出超电压不是一个常数，其值大小随阴极材料、电流密度、电解温度、添加剂及溶液成分而变。在锌电积过程中，氢气析出不可避免。为了提高锌的电流效率，必须设法提高氢的析出超电压。

氢的析出超电压与电流密度、温度及阴极材料的关系由塔菲尔公式描述：

$$\eta_H=a+b\lg D_k$$

式中 D_k——阴极电流密度，A/m²；

a——依据阴极材料与温度而定的经验常数值；

$b=\frac{2\times 2.3RT}{F}$。

表12-141列出了在不同金属阴极上，氢析出的塔菲尔常数 a，b 值，温度 $t=293\text{K}$。

表12-141 氢在某些金属上的塔菲尔常数

金 属	酸性溶液		碱性溶液	
	a	b	a	b
Ag	0.95	0.10	0.73	0.12
Al	1.00	0.10	0.64	0.14
Au	0.40	0.12	—	—
Be	1.08	0.12	—	—
Bi	0.84	0.12	—	—
Cd	1.40	0.12	1.05	0.16
Co	0.62	0.14	0.60	0.14
Cu	0.87	0.12	0.96	0.12
Fe	0.70	0.12	0.76	0.11
Ge	0.97	0.12	—	—
Hg	1.41	0.114	1.54	0.11
Mn	0.80	0.10	0.90	0.12
Mo	0.66	0.08	0.67	0.14
Nb	0.80	0.10	—	—
Ni	0.63	0.11	0.65	0.10
Pb	1.56	0.11	1.36	0.25
Pd	0.24	0.03	0.53	0.13
Pt	0.10	0.03	0.31	0.10
Sb	1.00	0.11	—	—
Sn	1.20	0.13	1.28	0.23
Ti	0.82	0.14	0.83	0.14
Tl	1.55	0.14	—	—
W	0.43	0.10	—	—
Zn	1.24	0.12	1.20	0.12

对于不同的阴极金属，常数 b 值很相近，接近于0.12；常数 a 值介于0.1～1.5V之间，相差较大。按 a 值大小，把阴极金属大致分为三类。

高超电压金属（$a=1.2\sim1.5\text{V}$），有Pb、Cd、Hg、Tl、Zn、Sn、Al等；

中超电压金属（$a=0.5\sim0.7\text{V}$），有Fe、Co、Ni、Cu、Au等；

低超电压金属（$a=0.1\sim0.3\text{V}$），有Pt、Pd等。

氢在不同阴极金属的超电压见表12-142。

表 12-142　氢在不同金属上的超电压（298K）　（V）

电流密度 /A·m⁻²	金属名称											
	Al	Zn	Pt（光铂）	Au	Ag	Cu	Bi	Sn	Pb	Ni	Cd	Fe
100	0.825	0.746	0.068	0.390	0.7618	0.584	1.05	1.0767	1.090	0.747	1.134	0.5571
500	0.968	0.926	0.186	0.507	0.8300	—	1.15	1.1851	1.168	0.890	1.211	0.7000
1000	1.066	1.064	0.288	0.588	0.8749	0.801	1.14	1.2230	1.179	1.048	1.216	0.8184
2000	1.176	1.168	0.355	0.688	0.9397	0.988	1.20	1.2342	1.217	1.130	1.228	0.9854
5000	1.237	1.201	0.573	0.770	1.0300	1.186	1.21	1.2380	1.235	1.208	1.246	1.2561

当以铝阴极进行电解时，阴极上很快地覆盖一层很薄的锌，故实际上变成锌阴极。

实践证明，氢在锌阴极上析出的超电压随着电流密度的增大、电解液温度的下降以及添加胶量的增加而增大。电解液中锌离子浓度增高，溶液中存在的杂质可使氢的析出超电压降低。阴极表面结构的状态对氢超电压大小有间接影响。阴极表面愈不平整，则实际表面愈大，真正的电流密度愈小，氢气超电压也愈小。若电解液中添加胶质，可以增大氢气超电压使析出锌平整。电解温度、电流密度、中性盐浓度及添加胶量对氢气超电压的影响示于图 12-125 ~ 图 12-127 中。

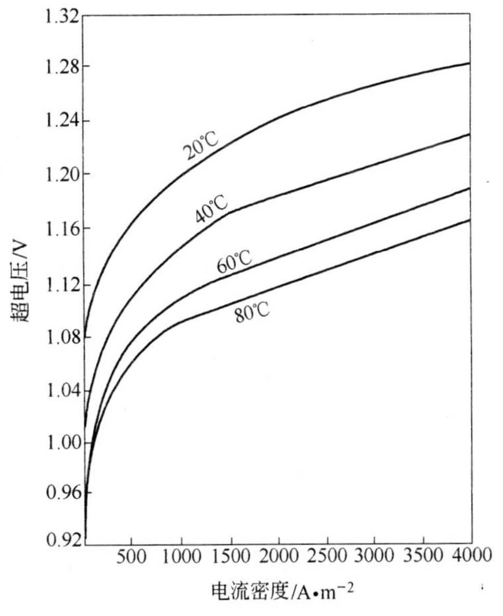

图 12-125　在 H_2SO_4 溶液中不同电流密度下电解温度变化对氢在锌阴极上析出的超电压的影响

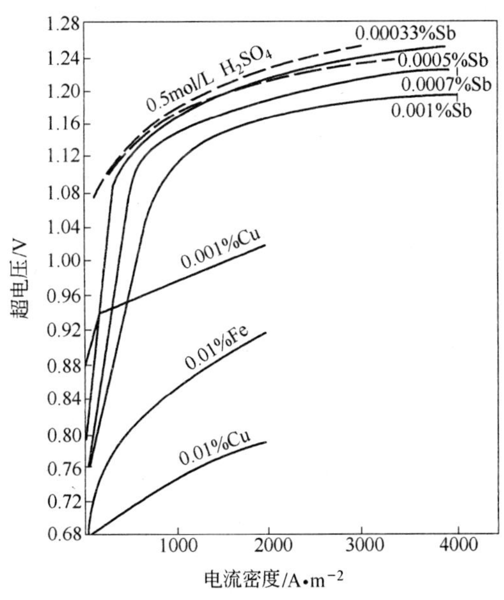

图 12-126　在 0.5mol/L H_2SO_4 电解液中不同电流密度、各种杂质对氢在锌阴极上超电压的影响

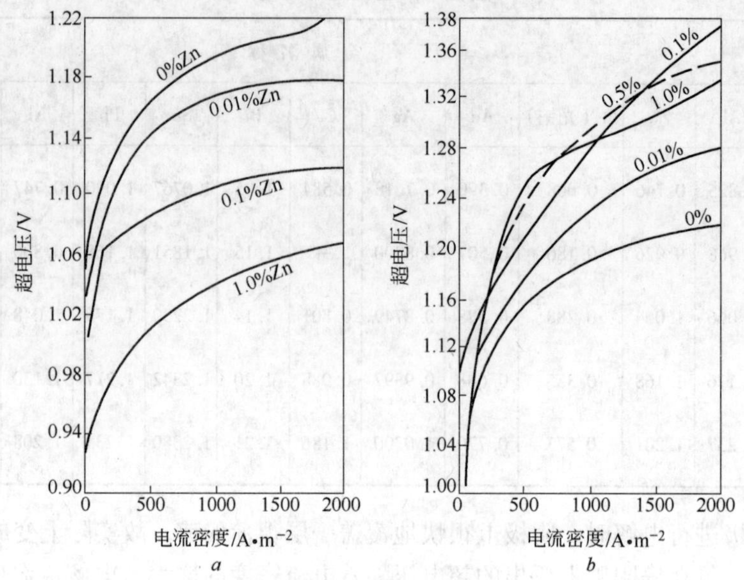

图 12-127 氢在锌阴极上不同电流密度下的超电压

a—在 17% H_2SO_4 电解液中不同电流密度下锌浓度的影响；

b—在 0.5mol/L H_2SO_4 的电解液中不同电流密度下胶量的影响

随着电解液温度的升高，塔菲尔公式中的 *a* 值减小，氢的超电压减小，见表 12-143。

表 12-143 在当量浓度的硫酸溶液中不同温度时氢在锌上的超电压 (V)

电流密度 /A · m⁻²	温度/K			
	293	313	333	353
300	1.140	1.075	1.050	1.040
500	1.164	1.105	1.075	1.070
1000	1.195	1.145	1.105	1.095

电解液中添加胶，可以增大氢的超电压，但胶只能达到一定限度，过分增加胶量时氢的超电压又开始下降。

此外，某些杂质存在对电积过程影响很大。当电解液中存在有较容易析出的杂质（甚至微量）时，这些杂质就会随锌一起沉积，且氢在这些杂质上的超电压较在锌上为小，于是引起氢在阴极强烈地析出，并降低锌的产出率。

由于氢的标准电极电位比锌要正得多，加上在实际电积过程中影响氢的超电压的因素很多，因此在工业生产条件下不可避免地有氢气析出。氢气的析出（工业生产中也称为“烧板”）是工业锌电积中常常遇到的技术难题，严重时甚至不能在阴极上析出锌。所以，锌电积技术的成功运用在很大程度上有赖于设法保持高的氢的超电压，使析氢反应尽可能少发生，以便析锌反应仍具有足够高的电流效率。

根据电离理论，氢离子在溶液中是以物理离子状态存在的，这种粒子是由质子（H^+）与水分子结合而成的粒子 H_3O^+，并与几个水分子化学结合成水合离子。

阴极上的析氢反应包括下列几个过程：

（1）H_3O^+离子脱水。

$$[(H_3O)\cdot nH_2O]^+ = (H_3O^+) + nH_2O$$

（2）已脱水的 H_3O^+ 放电，亦即破坏质子与水分子之间的结合并与电极上的电子结合，形成氢原子，为金属电极所吸附。

$$(H_3O^+) = H_2O + H^+$$

$$H^+ + e = H(Me)$$

（3）吸附在阴极表面上的氢原子结合成氢分子。

$$H + H = H_2(Me)$$

（4）氢分子脱附，进入溶液中，于是溶液中就饱和了氢，因而形成了气体氢泡，进入气相中。

$$nH_2(Me) = nH_2(l) + Me = nH_2(l) = nH_2(g)$$

这 4 个过程中有一个过程的速率很小时就会产生阴极析氢反应的超电压。加速这个过程，必须消耗能量，此活化能等于电量与电位的乘积，即：

$$\Delta E_{活化} = nFE_{H_2O}$$

式中，nF 为形成 1mol 氢所需电量，等于 2×96500C。

在生产实践中，正是因为氢的超电压很大，才保证了锌的电积析出而氢很少析出。氢的超电压大小直接影响电积过程的电流效率，因此总是力求增大氢的超电压以提高电流效率。所以，凡是增大氢的超电压的措施，都相应的能提高电流效率。

除了锌、氢等阳离子外，工业电解液还含有很多其他的杂质阳离子，它们会对锌电解产生很大的干扰。由于这些杂质阳离子中绝大多数的标准还原电位比锌更正，并且它们析出时的超电压一般也很小，它们将优先于锌在阴极析出，降低锌电积的电流效率。当电解液中的杂质金属离子的浓度超过危害限度，按下式放电析出：

$$Me^{n+} + ne = Me$$

杂质金属离子的析出使产品质量和电流效率降低。要防止这些离子在阴极上放电，就必须大大地减小它们的活度。如在室温条件下，当锌和镉同时在阴极上放电析出时，锌、镉两种离子的平衡浓度之比为：

$$\lg \frac{a_{Cd^{2+}}}{a_{Zn^{2+}}} = -12.2$$

当 $a_{Zn^{2+}} = 1$ 时，

$$a_{Cd^{2+}} = 10^{-12.2} mol/L$$

这说明，对在电位次序表上位于锌附近的元素镉来说，要防止电解液中镉的析出，溶液中锌、镉离子活度之比 $a_{Zn^{2+}}/a_{Cd^{2+}}$ 必须大于 $10^{12.2}$。对于表上位于锌后面更远一些的元素，所必须保持的相应活度比就更大。因此，在实际电解生产作业中，要在阴极上获得纯净的金属，必须使电解液中杂质含量通过净化降至规定的限度以下，尤其是那些较主体金属更正电性的杂质，应严格控制其含量，才能尽量减少其析出，以保证主体金属的质量。

金属锌的析出是电结晶过程，包括新晶核的生成及晶核成长两个过程。电积过程要求得到致密平整的阴极沉积物。粗糙的阴极表面会降低氢的超电位与加速已沉积金属逆溶解，阴极锌表面不平整容易造成阴阳极之间的短路将引起电流效率降低。

在阴极沉积物形成的过程中，有两个平行进行的过程：晶核的形成和晶体的长大。在结晶开始时，金属并不是在阴极的整个表面上沉积，而只是在对阳离子放电需要最小活化能的个别点上沉积，被沉积金属的晶体，首先在阴极金属晶体的棱角上生成，电流只通过这些点传送，这些点上的实际电流密度比整个表面的平均电流密度要大得多。

在靠近已生成晶体的阴极部分的电解液中，被沉积金属的离子浓度贫化，于是在阴极主体金属晶体的边缘上产生新的晶核，分散的晶核数量逐步增加，直到阴极的整个表面为沉积物所覆盖。

影响阴极沉积物结构的主要因素有以下几个方面：

(1) 电流密度。低电流密度时，过程一般为电化学步骤控制，晶体成长速度远大于晶核形成的速度，故产物为粗粒沉积物。若在确保离子浓度的条件下，增大电流密度以提高极化，能得到致密的电积层。然而过高的电流密度会造成电极附近放电离子的贫化，致使产品成为粉末状，或者造成杂质与氢的析出。由于氢的析出，电极附近溶液酸度降低，导致形成金属氢氧化物或碱式盐沉淀。

(2) 温度。升高温度能使扩散速度增大，同时又降低超电位，促使晶体的成长，因此升高温度导致形成粗粒沉积物。对于锌电积过程，升温会使氢的超电位降低，从而导致氢的析出。

(3) 电解液循环速度。加强电解液的循环可以消除浓度的局部不均衡与局部过热等现象，并使阴极附近的离子浓度均衡，因而使极化降低。加强电解液的循环，特别是采用高的电流密度时，有利于得到致密的阴极沉积物。

(4) 氢离子浓度。氢离子的浓度或者说溶液的 pH 值是影响电结晶晶体结构的重要因素。在一定范围内提高溶液的酸度，可以改善电解液的电导，而使电能消耗降低。但若氢离子浓度过高，则有利于氢的放电析出，在阴极沉积物中氢含量增大。生产实践表明，在氢气大量析出的情况下，将不可能获得致密的沉积物。只有在采取了有利于提高氢的超电位、防止氢析出的措施时，才能适当提高电解液的酸度。

但是氢离子浓度也不能过低，过低时会形成海绵状沉积物，不能很好地黏附到阴极上，有时甚至从阴极上掉下来。

(5) 添加剂。为了获得致密而平整的阴极沉积物，常在电解液中添加少量表面活性物质和胶体物质，如树胶、动物胶等，一般常用动物胶。

一般认为胶质主要被吸附在阴极表面的凸出部分，形成导电不良的保护膜，使这些凸出部分与阳极之间的电阻增大，消除了阴极凹入部分及凸出部分与阳极之间的电阻差，使阴极表面上各点的电流分布均匀，产出的阴极沉积物也就较为平整致密。

生产实践中，为了保证高的氢超电压以达到高电流效率，可采用较高的电流密度、较低的电解液温度、较纯净的硫酸锌溶液及添加胶质等重要条件进行电积。

12.4.2.3 锌电积过程的阳极反应

目前工业生产大多采用含银 0.5% ~1% 的铅银合金板作不溶阳极，通直流电后，阳极上发生的主要反应是氧的析出，同时使电解液的酸度增大：

$$4OH^- - 4e = O_2 + 2H_2O \qquad E^{\ominus}_{O_2/OH^-} = 0.401V$$

或

$$2H_2O - 4e = O_2 + 4H^+ \qquad E^{\ominus}_{O_2/O_2H^-} = 1.229V$$

它们消耗的电量约占通过阳极电量的98%。

对使用前未镀膜的新阳极，在直流电流作用下，由于氧气超电压（约为0.5V）的存在，在发生上述正常阳极析氧反应之前，首先发生铅的阳极溶解，并形成硫酸铅覆盖在阳极表面上：

$$Pb - 2e = Pb^{2+} \qquad E^{\ominus}_1 = -0.126V$$

$$Pb + SO_4^{2-} - 2e = PbSO_4 \qquad E^{\ominus}_2 = -0.356V$$

该反应对阳极的坚固性及对阴极锌质量有本质影响。

A 铅阳极在硫酸溶液中的电极反应过程

曾经对铅在硫酸溶液中阳极氧化的行为进行过研究，当阳极电流密度 D_A 为 $0.2A/m^2$ 时，全部电流均用于铅溶解成二价离子，当 D_A 增大到 $0.2A/m^2$ 以上时，阳极电位 ε_A 急剧增大，同时硫酸铅转变为二氧化铅。当电流密度继续增大时，才有氧析出。铅在电流密度增大时的氧化行为如图12-128所示。

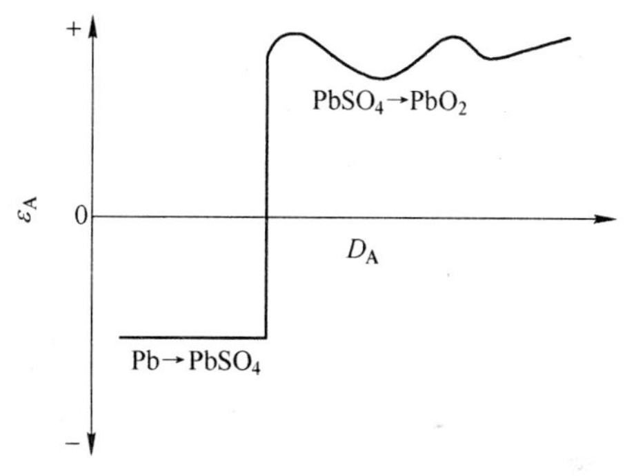

图12-128 铅在电流密度增大时的阳极氧化

因此，铅阳极在电流作用下的行为可表述如下：当电流通过时，铅便溶解。由于硫酸铅的溶解度很小，故在阳极附近迅速出现电解液为硫酸铅过饱和的现象，于是硫酸铅便开始在阳极表面结晶。此时与电解液相接触的金属铅表面减小，使铅离子转入电解液的量增多，并且也使更多硫酸铅在阳极上结晶，直到比电导很小的硫酸铅膜几乎覆盖整个阳极表面时为止。结果，阳极上的实际电流密度增大，从而阳极电位便急剧地增大。

根据标准电极电位（还原电位）判断，除了铅氧化成二价铅离子外，阳极上先是进行氢氧根离子的放电，但因氧的放电析出超电位很大，故实际上先是二价铅离子的再氧化和铅直接氧化成四价状态，伴随生成四价铅的盐，此盐发生水解而生成二氧化铅。二氧化铅开始是在硫酸铅组成的氧化膜的孔隙中生成，然后硫酸铅逐步为二氧化铅膜所替代，最后，二氧化铅成为进行阳极基本过程即氧析出过程的工作表面。

需要指出的是，二氧化铅膜的形成，并不会使电积时铅阳极被破坏的过程终止。由于二氧化铅的多孔性，经过这些孔隙，电解液仍可以直接通向铅的表面，在铅阳极表面上，进行上述所有各种氧化和离子放电过程。

在孔隙中发生和消失的二氧化铅及铅的其他化合物具有不相同的比容，致使二氧化铅膜变得松散，甚至可以脱离阳极，这在生产实践中称为阳极泥脱落。

生产实践表明，铅阳极的稳定性较差，从而要求寻找更为稳定的阳极材料，其中包括铅基合金。研究结果认为，含银0.019摩尔分数的铅银合金比较稳定。

B 氧在铅或铅银合金阳极上的析出

在阳极上，氧的析出要在比氧电极平衡电位正得多的电位下才能发生，这是因为氧在阳极析出的超电位很大。研究氧的超电位现象最大的障碍是氧的电极平衡电位的不可重现性，阻碍了氧超电位的测定。所以，在很多情况下是利用实测的阳极电位。

表12-144所列为利用已预先在每升含1mol H_2SO_4 溶液中进行阳极极化并已覆盖着二氧化铅膜的铅和铅银合金阳极进行实验测定出的阳极电位数据。

表12-144 铅与铅银合金阳极的电位（V）与电流密度和温度的关系

电流密度/A·m^{-2}	温度/K					
	298	322	348	298	322	348
	铅			银为0.019摩尔分数的铅银合金		
50	1.99	1.90	1.83	1.91	1.86	1.82
100	2.02	1.95	1.86	1.94	1.89	1.85
200	2.04	1.98	1.90	1.99	1.92	1.88
400	2.07	2.01	1.95	2.02	1.96	1.90
600	2.09	2.02	1.96	2.03	1.97	1.92
1000	2.12	2.05	1.98	2.05	2.00	1.94
2000	2.15	2.09	2.01	2.10	2.05	1.96
3000	2.18	2.12	2.03	2.15	2.09	1.96
4000	2.23	2.18	2.06	—	—	—
5000	2.27	2.20	2.09	2.19	2.17	1.99

从表12-144可以看出，铅和铅银合金在硫酸溶液中的阳极电位是相当高的，这就证明氧在覆盖着二氧化铅的阳极上的超电位很大。铅银阳极的电位稍低于铅阳极的电位（视条件而定，差额在0.01~0.1V之间），这是由于氧在铅银阳极上的超电位较低。

氧在阳极上的析出，通常认为是由于氢氧根离子按下列反应放电：

$$4OH^- - 4e = 2H_2O + O_2$$

这一反应在2.10mol/L的硫酸溶液中发生，当硫酸浓度增大到4.96~8.76mol/L时，阳极上便开始 SO_4^{2-} 放电，并可能有 $S_2O_8^{2-}$ 如下列反应式生成：

$$2SO_4^{2-} - 2e = S_2O_8^{2-}$$

有关氧在各种阳极材料上析出的超电位列于表12-145中，以供参考和使用。

表12-145 298K时氧在不同电极材料上的超电位与电流密度的关系

电流密度/A·m^{-2}	超电位/V							
	石墨	Au	Cu	Ag	光滑Pt	铂黑Pt	光滑Ni	海绵Ni
10	0.525	0.673	0.442	0.580	0.721	0.398	0.353	0.414
50	0.705	0.927	0.546	0.674	0.80	0.480	0.461	0.511
100	0.896	0.963	0.580	0.729	0.85	0.521	0.519	0.563
200	0.963	0.996	0.605	0.813	0.92	0.561	—	—
500	—	1.064	0.637	0.912	1.16	0.605	0.670	0.653

续表 12-145

电流密度 /A·m^{-2}	超电位/V							
	石墨	Au	Cu	Ag	光滑 Pt	铂黑 Pt	光滑 Ni	海绵 Ni
1000	1.091	1.224	0.660	0.984	1.28	0.638	0.726	0.687
2000	1.142	—	0.687	1.038	1.34	—	0.775	0.714
5000	1.186	1.527	0.735	1.080	1.43	0.705	0.821	0.740
10000	1.240	1.630	0.793	1.131	1.49	0.766	0.853	0.762
15000	1.282	1.680	0.836	1.140	1.38	0.786	0.871	0.759

铅在电极反应过程中形成的 $PbSO_4$ 一部分溶解于电解液中，其溶解度随温度和硫酸浓度而变，见表 12-146。在工业电解液中，Pb^{2+} 含量最高达 5～10mg/L。在未被 $PbSO_4$ 覆盖的阳极表面上，铅可直接氧化成 PbO_2，即：

$$Pb + 2H_2O - 4e = PbO_2 + 4H^+ \qquad E_3^\ominus = 0.655V$$

表 12-146 硫酸铅在硫酸溶液中的溶解度

硫酸浓度 /%	不同温度下溶液中 $PbSO_4$ 含量/mg·L^{-1}				硫酸浓度 /%	不同温度下溶液中 $PbSO_4$ 含量/mg·L^{-1}			
	273K	298K	308K	323K		273K	298K	308K	323K
0.5	2.0	2.5	4.3	11.5	20.0	0.5	1.2	2.8	8.0
5.0	1.6	2.0	4.0	10.3	30.0	0.4	1.2	2.0	4.6
10.0	1.2	1.6	3.8	9.6	40.0	0.4	1.2	1.8	2.8

随着金属铅自由表面接近完全消失，即发生下列反应：

$$Pb^{2+} + 2H_2O - 2e = PbO_2 + 4H^+ \qquad E_4^\ominus = 1.45V$$

一部分 $PbSO_4$ 可继续在阳极氧化为 PbO_2，反应如下：

$$PbSO_4 + 2H_2O - 2e = PbO_2 + 4H^+ + SO_4^{2-} \qquad E_5^\ominus = 1.685V$$

待铅阳极基本为 PbO_2 覆盖后，即进入正常的阳极反应，结果在阳极上放出氧气，电解液中 H^+ 浓度增加，并与未放电的 SO_4^{2-} 结合，使 H_2SO_4 不断地产生，其产量为析出锌量的 1.5 倍。

阳极上放出的氧，消耗于 3 个方面：

（1）大部分氧由阳极表面形成气泡，并吸附少量的酸和水（微粒）逸出电解槽形成酸雾，使设备腐蚀，劳动条件恶化；

（2）小部分氧与阳极表面作用，参与生成过氧化铅（PbO_2）阳极膜，形成阳极钝化而起不溶性阳极的作用，并保护阳极不受腐蚀。

（3）一部分氧与溶液中二价锰作用形成高锰酸和二氧化锰，其反应为：

$$2MnSO_4 + 3H_2O + 5O_2 = 2HMnO_4 + 2H_2SO_4$$

该反应生成的 MnO_4^- 使无色的硫酸锌溶液变成紫红色。高锰酸继续与硫酸锰作用：

$$MnSO_4 + HMnO_4 + 2H_2O = 5MnO_2\downarrow + 3H_2SO_4$$

反应生成的 MnO_2 一部分沉于槽底形成阳极泥，可返回浸出作用氧化剂；一部分附于阳极表面，形成比较致密的 MnO_2 薄膜，加强了 PbO_2 的强度而保护阳极不受腐蚀，因此，在工业生产中，可通过控制电积液中 Mn^{2+} 浓度来降低析出锌含铅量和减缓铅阳极的化学腐蚀。在锌电积过程中，始终维持 Mn^{2+} 氧化成 MnO_2 反应的进行。但 MnO_2 在阳极过多地析出，一方面会增加浸出工序的负担，另一方面会引起电积液中 Mn^{2+} 的贫化而直接影响析出锌质量。

由于阳极的抗腐蚀性取决于在银-铅阳极板表面上保持一稳定的 PbO_2/MnO_2 覆盖层，为此，银-铅阳极必须在1.9V以上的电压下操作，并要求电解液含 Mn^{2+} 3~5g/L。

当溶液中含有氯离子时，在阳极氧化析出氯气，污染车间空气，并腐蚀阳极，其反应为：

$$2Cl^- - 2e = Cl_2\uparrow \qquad E^\ominus = 1.36V$$

$$Cl^- + 4H_2O - 8e = ClO_4^- + 8H^+ \qquad E^\ominus = 1.39V$$

在正常生产条件下，阳极表面上主要发生析氧的反应：

$$2H_2O - 4e = O_2 + 4H^+$$

该反应所消耗的电量约占阳极通过总电流的98%。其次发生的反应是 Mn^{2+} 的氧化反应产生 MnO_2，即：

$$Mn^{2+} + 2H_2O - 2e = MnO_2 + 4H^+$$

铅阳极反应关系着阳极寿命及阴极锌质量。电积液中的氟、氯是极其有害的，它们不仅使铅阳极腐蚀加剧，造成电积作业剥锌困难及铅阳极单耗增加，而且还导致阴极锌含铅升高，电积槽上空含氟、氯升高，使操作条件恶化，严重影响工人的身体健康。所以在工业生产中一般要求电积液中含氟、氯尽可能低。

此外，由于铅及其氧化产物具有不同的体积密度，因此，铅阳极表面的 PbO_2 层可能存在孔隙，甚至部分脱落。在正常生产条件下，形成 $PbSO_4$ 的反应仍有少量进行。虽然 PbO_2 不溶于水，但 $PbSO_4$ 在电解液中有一定的溶解量（见表12-146）。在工业电解液中，Pb^{2+} 含量最高可达5~10mg/L，这样会使阳极寿命缩短，并使析出锌质量降低。

阳极析氧反应的电压包括氧析出的超电压在内的阳极电压，约占整个槽电压的50%，这对降低槽电压有很大的意义。

氧在阳极上析出时超电压的大小与阳极材质、阳极表面状态及其他因素有关。在一些金属上氧的超电压见表12-147。

表12-147 氧在各种金属上的超电压（298K）

金 属	Au	Pt	Cd	Ag	Pb	Cu	Fe	Co	Ni
超电压/V	0.52	0.44	0.42	0.40	0.30	0.25	0.23	0.13	0.12

锌电积在不同条件下，在铅阳极或铅银阳极上析氧的电极电位，与电流密度和温度的关系的实测数据列于表12-148。从表列数据可见，氧的析出电位比平衡电位要高，而且随阳极材质不同而有所差异，如用0.7% Ag和2% Ca的铅阳极时，阳极电位比1% Ag的铅阳极又可降低0.12V，而且腐蚀现象可减少。

表 12-148 阳极电位与电流密度及温度的关系

电流密度/$A\cdot m^{-2}$	铅阳极电位/V			铅银阳极（1%Ag）电位/V		
	298K	323K	348K	298K	323K	348K
100	2.02	1.95	1.86	1.94	1.89	1.85
200	2.04	1.98	1.90	1.99	1.92	1.88
400	2.07	2.01	1.95	2.02	1.96	1.90
600	2.09	2.02	1.96	2.03	1.97	1.92
1000	2.12	2.05	1.98	2.05	2.00	1.94

注：所用阳极是在 1mol/L 的硫酸溶液中预先极化处理，形成了 PbO_2 膜。

工业锌电积的进行始终伴随着在阳极上析出氧气。氧的超电压愈大，则电积时电能消耗愈多，因此应力求降低氧的超电压。由于铅银阳极的阳极电位较低，形成的 PbO_2 较细且致密，导电性较好，耐腐蚀性较强，故在锌电积厂普遍采用。

在电流密度为 500A/m^2 时，实测的阳极电压随电积时间的延长而变化，见表 12-149。

表 12-149 阳极电压与电积时间的关系（电流密度 500A/m^2）

电积时间/h	1	30	60	120
铅阳极/V	2.101	2.157	2.172	2.217
铅银阳极/V	2.013	2.013	2.053	2.061

在实际生产中，电流密度一般采用 400~600A/m^2。在电流密度为 100~800A/m^2 的范围内，电极电位与电流密度及铅银阳极含银量的关系列于表 12-150 中。

表 12-150 各种铅银阳极在不同电流密度下的电位测定值

电极电位/V \ D_k/$A\cdot m^{-2}$	100	200	300	400	500	600	700	800
Pb-0.7%Ag	2.147	2.189	—	—	—	—	—	—
Pb-0.85%Ag	2.085	2.119	2.135	2.143	2.150	2.173	2.181	
Pb-1.0%Ag	1.998	2.027	2.042	2.050	2.058	2.065	2.081	2.089
Pb-1.2%Ag	1.966	1.996	2.019	2.035	2.042	2.050	2.058	2.065
Pb-1.4%Ag	1.906	1.934	1.957	1.973	1.981	2.011	2.019	

由表 12-150 可知，在锌电解液中，对于铅银合金阳极，阳极电位随着银含量的增加而降低，其中电极的阳极电位最低。当铅银合金中银含量由 0.7% 升至 1.0% 时，阳极电位下降幅度较大，当银含量继续上升时，阳极电位下降幅度较小。银含量变化对铅银合金电位的影响见图 12-129。从图 12-129 可以看出，在银含量在 0.8% 以内，电极电位随银含量升高下降明显，在银含量超过 0.8% 以后，电极电位变化趋于平缓。湿法炼锌工业中用铅银合金做阳极时，选取合适的银含量，既能有效降低阳极超电压，又尽可能减少白

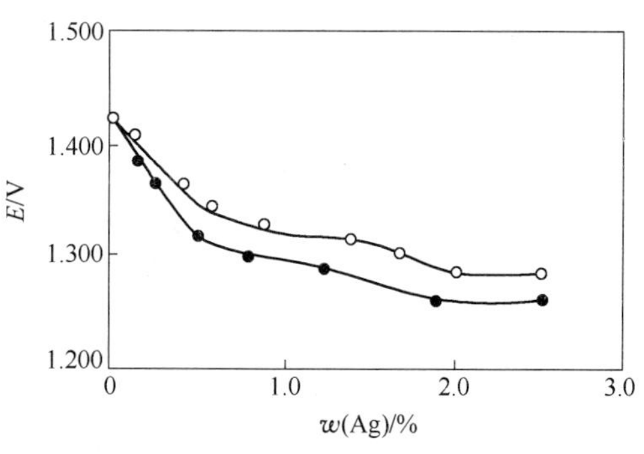

图 12-129 48h 极化后阳极电位与合金含 Ag 量的关系

○—快固化合金；●—慢固化合金

银消耗。因此，在湿法炼锌工业生产中，大多采用含银0.5%～1%的铅银合金作阳极。

12.4.3 电锌产品的质量与杂质在电积过程中行为的关系

12.4.3.1 电锌质量

随着科学技术的发展，在压铸零件、电镀和热浸镀、医药、化学试剂等用锌工业部门对品级要求愈来愈高，一般要求含锌99.99%以上，杂质总含量不超过0.01%，其中铁小于0.003%、镉小于0.002%、铜小于0.001%、铅小于0.005%。我国国家标准规定的锌锭牌号的化学成分见表12-151。

表12-151 各种锌锭牌号的化学成分（GB/T 470—1997）

牌 号	化学成分（质量分数）/%									
	Zn	杂质含量（不大于）								
	（不小于）	Pb	Cd	Fe	Cu	Sn	Al	As	Sb	总量
Zn99.995	99.995	0.003	0.002	0.001	0.001	0.001	—	—	—	0.0050
Zn99.99	99.99	0.005	0.003	0.003	0.002	0.001	—	—	—	0.010
Zn99.95	99.95	0.020	0.02	0.010	0.002	0.001	—	—	—	0.050
Zn99.5	99.5	0.3	0.07	0.04	0.002	0.002	0.010	0.005	0.01	0.50
Zn98.7	98.7	1.0	0.20	0.05	0.005	0.002	0.010	0.01	0.02	1.30

生产实践证明，影响电锌质量的杂质主要是铅、镉、铁。为了提高电锌质量，必须降低溶液中杂质含量及严格控制生产条件，而关键的问题在于努力降低电解液中杂质的含量。

电解液中微量杂质的存在，能改变电极和溶液界面的结构，直接影响到析出锌的结晶状态，降低电流电效率及电锌质量。

12.4.3.2 杂质在电积过程中的行为

A 杂质在阴极上的析出

在锌电积过程中，杂质不仅影响锌电积的电化学及结晶过程，而且某些杂质还可能在锌阴极上析出，从而影响电积过程的电流效率和电锌的质量。其中，杂质金属离子在阴极放电析出是影响锌电积过程的主要因素。

杂质金属离子能否在阴极放电析出，取决于其平衡电位的大小、锌离子浓度和杂质离子浓度。当电解液中锌离子浓度为55g/L（$a_{Zn}=0.0424mol/L$）时，按能斯特公式计算某些杂质离子放电的最低浓度列于表12-152中，表中同时列出了锌及常见杂质的标准还原电位、一般含量及放电最低浓度数据。

表12-152 杂质离子与锌同时放电的最低浓度（298K）

Me^{n+}	$E^{\ominus}/V$	一般含量 /mg·L⁻¹	放电平衡浓度 /mg·L⁻¹	Me^{n+}	$E^{\ominus}/V$	一般含量 /mg·L⁻¹	放电平衡浓度 /mg·L⁻¹
Zn^{2+}	-0.763	$(50\sim60)\times10^3$	55×10^3	Fe^{2+}	-0.44	10～20	2.82×10^{-8}
Cd^{2+}	-0.403	0.3～2	3.19×10^{-9}	Pb^{2+}	-0.126	0.04～0.1	2.58×10^{-18}
Cu^{2+}	+0.34	0.5～0.05	1.43×10^{-34}	As^{3+}	+0.25	0.05～0.1	2.36×10^{-49}
Ni^{2+}	-0.25	0.1～2	1.13×10^{-14}	Sb^{3+}	+0.15	0.05～0.1	4.56×10^{-44}
Co^{2+}	-0.277	0.1～3	9.25×10^{-14}	Ge^{2+}	-0.15	0.005～0.1	4.70×10^{-40}

由表12-152可见，杂质在阴极上析出不可避免。在电解槽通电后，正离子都趋向阴

极，但能否在阴极上放电，取决于其平衡电位的大小：

$$E_{(\text{平i})} = E_{\text{i}}^{\ominus} + \frac{RT}{nF}\ln\frac{a_{\text{i}}}{c_{\text{i}}}$$

式中 $E_{\text{i}}^{\ominus}$——i 离子的标准电位；

a_{i}——i 离子在阴极液层中的活度；

c_{i}——i 在阴极锌中的含量；

n——参加反应的电子数；

F——法拉第常数。

如果杂质 i 不与锌或其他杂质形成合金，则有：

$$E_{(\text{平i})} = E_{\text{i}}^{\ominus} + \frac{RT}{nF}\ln a_{\text{i}}$$

若杂质析出后形成合金，结果杂质将更易析出，开始析出的具体条件为：

$$E_{\text{i}} \geqslant E_{(\text{平i})}$$

在不形成合金的最简单条件下，若要二价杂质离子 Me^{2+} 不在阴极上析出，则：

$$E_{(\text{平Zn})} > E_{(\text{平i})}$$

$$\frac{a_{\text{Zn}^{2+}}}{a_{\text{Me}^{2+}}} > 10^{0.995(E_{\text{Me}^{2+}}^{\ominus}+0.763)T^{-1}\times 10^{4}}$$

如在 298K 以 Fe^{2+} 为例，$E_{\text{Fe}^{2+}}^{\ominus} = -0.44\text{V}$，若要 Fe^{2+} 不在阴极上析出，则：

$$\frac{a_{\text{Zn}^{2+}}}{a_{\text{Fe}^{2+}}} > 10^{10.09}$$

这实际上是不可能达到的。因此，像比铁更正电性的金属离子，在阴极上析出（或还原成低价）将是不可避免的。

一般金属的极化超电压都不高，在相同条件下，化学极化超电压基本上按下列次序增加：Hg、Ag、Pb、Tl、Cd、Bi、Sn、Cu、Zn、Co、Ni、Fe。这说明在浓度相近的条件下，大多数杂质将比 Zn^{2+} 有更大的还原速率。

杂质的析出速度虽然与析出电位有关，但当溶液杂质浓度低到一定程度时，决定析出速度的因素已不是析出电位，而是取决于杂质扩散到阴极表面的速度，即析出速度就等于扩散速度。所以任一离子的析出速度，决定于其极限电流密度，其数学表达式为：

$$D_{\text{d}} = \frac{nFD_{\text{i}}c_{\text{i}}}{\delta}$$

式中 D_{d}——极限电流密度，A/m^2；

n——参加反应的电子数；

F——法拉第常数；

D_{i}——离子扩散系数，cm^2/s；

c_{i}——离子浓度，mol/m^3；

δ——扩散层厚度，cm。

因电解液中杂质离子浓度很低，实际析出速度只能接近或等于其极限电流密度。因此，进入阴极的杂质量将与其浓度成正比。阴极锌中的某杂质 i 的含量由下式决定：

$$W_i\% = \frac{D_d \cdot M_i}{D_k \cdot M_{Zn} \cdot \eta}$$

式中 $W_i\%$——杂质在阴极锌中的质量分数；

M_i——杂质相对原子质量；

M_{Zn}——锌相对原子质量；

η——电流效率；

D_k——电流密度，A/m^2。

以 Cu^{2+} 为例，设 $D_k = 500A/m^2$，$\eta = 90\%$，$D_i = 8.0 \times 10^{-6}cm^2/s$，$\delta = 0.03cm$，经两段净化，电解液中杂质 Cu^{2+} 的浓度 $c_i = 3 \times 10^{-6}mol/L$，则：

$$D_d = 2 \times 96500 \times 8.0 \times 10^{-6} \times 10^{-4} \times \frac{3 \times 10^{-6} \times 10^3}{0.03 \times 10^{-2}} = 1.544 \times 10^{-3}A/m^2$$

$$W_{Cu^{2+}}\% = \frac{1.544 \times 10^{-3} \times 63.54}{500 \times 65.38 \times 0.90} = 0.0033\%$$

阴极锌含铜达到了 Zn99.99 电锌含铜小于 0.001% 的标准。

因此，要提高电锌质量，必须降低溶液中杂质含量及提高电流效率。

B 杂质在电解时的行为

微量杂质对电解过程的影响，按其危害情况不同可分为以下 5 类。

a 降低物理质量及电流效率的杂质

降低物理质量及电流效率的杂质主要包括铜、钴、镍、砷、锑、锗等。它们可能在阴极析出，促使形成 Zn－H 微电池，加速氢离子放电和锌反溶，形成各种形态的“烧板”现象而降低锌的电流效率。根据生产实践总结，它们影响析出锌表面状态的情况为：铜形成圆形透孔，周边不规则；镍呈葫芦瓢形孔洞；钴呈独立小圆孔，甚至烧穿成洞；锗形成黑色圆环，严重时形成大面积针状小孔；锑使阴极表面呈条沟状；砷使阴极表面起皱纹，失去光泽，或呈苞芽状。

锑、锗与砷在不同程度上影响电积过程。实践证明，锗最有害，锑次之。它们都能使阴极锌表面起皱纹，严重时产生蜂窝状或海绵状沉积物。锑的危害还在于形成锑化氢，又被电解液还原析出氢气：

$$SbH_3 + 3H^+ = Sb^{3+} + 3H_2\uparrow$$

锗的行为与锑类似，其危害较锑更大，也形成氢化物：

$$GeH_4 + 4H^+ = Ge^{4+} + 4H_2\uparrow$$

$$Ge^{4+} + 4e = Ge$$

$$Ge + 2H_2 = GeH_4$$

这样循环反应，既消耗电能又降低电效，在高温时危害更大，当锗与锑共存时危害加剧。锗、锑还加剧其他杂质的危害作用，如随锑含量的增加，钴的危害加剧，见表 12-153。当加入胶质，将不同程度消除锑、锗的危害，见表 12-154。由于微小的氢气泡在电极锌表面上吸附，使得继续沉积的锌含有大量的气体，形成疏松发黑状态，易被溶液中的硫酸所溶解，严重地降低阴极锌质量与电积过程的电流效率。

表 12-153 有锑存在时钴对电流效率的影响

Co/mg · L^{-1} Sb/mg · L^{-1}	0	10	20	电解条件
0	97	95	91	Zn 60g/L
0.05	96	82	80.4	$H_2SO_4$100g/L
0.10	92.6	66.6	75.6	D_k =400A/m^2，308K

表 12-154 加胶质时锑、锗对电流效率的影响

Co/mg · L^{-1} 明胶/g · L^{-1}	0	10	50	100	备 注	
0	96	84	75	69.8	D_k =400A/m^2	
0.2	95.8	95.4	94.5	94	T =303K	
Sb/mg · L^{-1} 明胶/g · L^{-1}	**0**	**0.05**	**0.1**	**0.2**	**0.6**	**1**
0	97	96	92.6	88.6	77.8	62.5
0.02	94.8	96.7	96.8	96.1	86.2	72.5

b 降低化学质量的杂质

降低化学质量的杂质主要是铜、镉、铅等，它们能在阴极析出。铜既影响电效，又降低化学质量；镉降低化学质量，对电效影响甚小；铅是降低化学质量的主要杂质，锌的品级往往由含铅量所决定。

c 降低电流效率的杂质

降低电流效率的杂质主要是铁和锰，它们一般不在阴极析出，不至影响析出锌的物理质量和化学质量，而是在阴、阳极之间进行氧化-还原反应消耗电能，使锌返溶，降低电流效率，如铁的氧化—还原反应如下：

阴极 $$Fe_2(SO_4)_3 + Zn = ZnSO_4 + 2FeSO_4$$

阳极 $$4FeSO_4 + 2H_2SO_4 + O_2 = 2Fe_2(SO_4)_3 + 2H_2O$$

锰离子的作用类似于铁，七价锰离子的存在使砷、锑危害更严重。但锰也起着有益的作用，如二氧化锰对铅阳极起保护作用，可减少砷、锑、钴的危害性等。故现代电锌生产要求电解液含有一定量的锰离子，一般是 3 ~ 5g/L，也有一些工厂控制锰含量为 12 ~ 14g/L，个别的高达 17g/L。

d 增加电阻的杂质

增加电阻的杂质主要是那些比锌更为负电性的钾、钠、钙、镁等元素的硫酸盐。其总量可达 20 ~ 25g/L，其中镁为 3 ~ 17g/L。它们含量过多时，增大溶液黏度，增大电阻而增加电能消耗。钙、镁含量过高时，容易析出结晶，阻塞管道，影响操作。需定时抽出部分电解液脱除这些杂质。

e 腐蚀阴、阳极的阴离子

腐蚀阴、阳极的阴离子主要是氯离子和氟离子。氯离子腐蚀阳极，增大溶液中铅含量，使析出锌含铅增加而降低锌的品级，同时缩短阳极寿命。因此，在工业生产中要求电解液含氯不超过200mg/L。氯离子在阳极形成氯酸盐，严重腐蚀阳极：

$$3Pb + 6H^+ + ClO_3^- \longrightarrow 3Pb^{2+} + Cl^- + 3H_2O$$

当有 MnO_2 存在时，可抑制 Cl^- 的有害作用：

$$MnO_2 + 4H^+ + 2Cl^- \longrightarrow Mn^{2+} + Cl_2 + 2H_2O$$

氟离子能破坏阴极铝板表面的氧化铝膜，使析出锌与铝板发生黏结，致使锌片难于剥离，同时也造成阴极铝板的消耗增加。加入酒石酸锑钾，可缓解锌片难剥的状况。工业生产要求电解液含氟不超过50mg/L。

为改善剥锌情况，一般往电解液中加酒石酸锑钾（俗称吐酒石），发生如下反应：

$$K(SbO)C_4H_4O_6 + H_2SO_4 + 2H_2O \longrightarrow Sb(OH)_3 + H_2C_4H_4O_6 + KHSO_4$$

反应后生成的氢氧化锑胶状物质，略带正电荷，附着在阴极铝板表面上，使锌析出时避免与铝板表面形成铝锌合金。酒石酸锑钾的加入要严防过量，否则会发生“烧板”现象。

为了产生高纯度的锌，提高电效、降低电耗，各工厂都严格要求净化液中的杂质含量在限度以下，部分工厂净液中杂质的含量见表12-155。

表12-155 部分工厂电解新液成分实例

元素	净液中允许含量	工厂溶液中实际含量							
		株洲冶炼厂	沈阳冶炼厂	会东冶炼厂	Datteln厂（德）	Bartlesville厂（美）	Flin Flon厂（加）	神冈厂（日）	Balen厂（比）
As	0.05	≤0.24	≤0.06	<0.06	<0.02	<10	0.03	—	0.01
Sb	0.05	≤0.3	≤0.12	<0.1	—	12	0.02	—	0.01
Ge	0.005	≤0.05	≤0.01	<0.02	—	<10	0.006		0.01
Co	0.1	<1	≤2	<1.5	<0.1	0.7	8.1	<0.1	0.2
Ni	0.1	≤2	≤0.5	<300	<0.05	0.3	—	<0.01	0.1
Cl	100	≤200	≤150	<100	50~100	100	4.9	17	—
F	50	≤50	≤100	<0.3	2~2.5	0.4	8.8	1.0	—
Cu	0.05	<0.2	≤0.5	<1.5	<0.2	<0.1	1.2	0.2	0.1
Cd	0.3	≤1.5	≤0.2	—	<0.1	2.3	0.5	<0.1	0.3
Pb	0.04	—	—	<10	—	—	—	—	—
Fe	<20	≤20	≤10	2.5~4	25~30	<0.1	18	10	10
Mn	3~6	2~5	>2		2.5	3.16	35	—	—

前苏联各厂为了获得纯度较高的阴极锌，规定了溶液中各种杂质的含量要求（mg/L）为：Cd 0.4~0.6，Cu 0.02~0.04，Fe 30~40，Cl 30~50，F 2~5，Pb 0.015~0.03，Co 0.6~0.9，Ni <0.2，Mn 3.5g/L。

C 添加剂

在锌电积过程中，为了改善阴极锌质量和劳动条件以及获得好的技术经济指标，特意加入某些添加剂。按它们的作用不同，添加剂可分为四类：

（1）使析出锌平整、光滑、致密的添加剂。这类添加剂主要是胶及某些表面活性物质甲酚、β-萘酚等。通常使用动物胶（$H_2NCHRCOOH$），在酸性溶液中带正电荷，电解时受直流电作用移向阴极，并吸附在高电流密度的点上，阻止了晶核的成长，迫使放电离子形成新晶核，使析出锌呈细晶粒状；减少锑、钴等杂质的有害影响；能增加氢的超电压，抑制氢析出；能阻止杂质在阴极上的微电池作用而减少锌的返溶。其加入电解液的量为0.01～1g/L。表面活性物质具有相同的作用。里兹顿电锌厂采取混合添加剂：胶25mg/L，β-萘酚25mg/L和锑0.15mg/L，获得比较好的效果。

（2）提高阴极锌化学质量的添加剂。主要是碳酸锶、碳酸钡及水玻璃等，它们能降低溶液中Pb^{2+}浓度，减少阴极锌含铅。碳酸锶（$SrCO_3$）是一种微溶于水的弱酸盐，在水中的溶解度比$SrSO_4$还小，$PbCO_3$的溶解度更小。硫酸锶及碳酸锶的溶度积都非常小，且后者比前者更小两个数量级（$SrSO_4$ 2.8×10^{-7}，$SrCO_3$ 1.6×10^{-9}）在锌电解液中，由于SO_4^{2-}的浓度较大，$SrCO_3$溶解后产生的锶离子在浓度很小时就超过其溶度积并以$SrCO_3$晶体作为非自发核心结晶，同时由于两价铅离子的离子半径与锶离子非常接近，很容易发生类质同象共结晶，促使溶液中处于饱和状态的$PbSO_4$以具有很大表面能的$SrSO_4$为晶核，共同结晶析出。从而降低了电解液中的铅离子，使析出锌中的杂质铅含量更低。

（3）使阴极锌易于剥离的添加剂。主要是酒石酸锑钾[$K(SbO)C_4H_4O_6$]，在酸性溶液中生成的$Sb(OH)_3$是一种具有冻胶性质的胶体，带正电荷，移向阴极并吸附在铝板上形成一层结构疏松的薄膜，使锌片易于剥离。其用量按电解液中含锑为0.1～0.2mg/L加入，一般在装槽前10～15min加入电解槽的供液端。

为了防止锌铝黏结，南非公司的电锌厂和加拿大特累尔电锌厂将铝阴极板先在低氟锌溶液中电解10min“预镀”，然后再将阴极装入高氟系统中使用，可有效防止在以后24h的高氟系统中出现黏结现象。

（4）降低酸雾的添加剂。主要是皂角粉、丝石竹、大豆饼及水玻璃一类起泡剂，它们能在电解液表面形成200～300mm厚的泡沫层，该泡沫层表面张力大且非常稳定，对电解液微粒起过滤作用而能有效地捕集酸雾，使空气含酸控制在$2mg/m^3$以下，从而减少了对环境的污染、改善了劳动条件，并减少了电解液的损失及对设备和厂房设施的腐蚀。

为了消除车间酸雾，一些工厂采用强制通风或通风与添加剂相并用的方法，使空气含酸小于$1mg/m^3$。

表12-156为一些工厂锌电积添加剂种类及用量，表12-157为国内一些工厂锌电积添加剂单耗。

表12-156 锌电积添加剂种类及每吨锌消耗添加剂量 (kg)

添加剂	科科拉(Kokkla)	诺丁汉姆(Nordenham)	神冈	会津	秋田	饭岛	埃克斯塔尔(Ecstall)	特累尔(Trail)
树 胶	0.118	0.031	—	—	—	—	—	—
甲苯酸	0.041	0.021	10mL	—	—	—	0.018～0.032	0.03
Na_2SiO_3	0.98	0.9	—	—	—	—	—	—
$BaCO_3$	9.86	—	—	—	—	—	—	—
$SrCO_3$	—	5.74	—	—	—	1.6	3.6～5.5	—
骨 胶	—	—	0.01	0.1	0.1	0.07	0.026～0.032	0.08
豆 饼	—	—	—	0.14	0.11	0.16	—	—

表 12-157 锌电积添加剂单耗 ($kg/t_{锌}$)

添加剂	株洲冶炼厂	沈阳冶炼厂	西北冶炼厂	柳州市有色总厂	青海冶炼厂
皂 根		0.5	0.7~1.0		
骨 胶	0.3~0.5	2~4kg/班	0.5~1.0	0.6	0.5
酒石酸锑钾	0.3~0.4g/(d·槽)	加至电解液含锑0.12mg/L	0.003		
碳酸锶	0.4~0.7	1~2	0.2~0.25	0.25	0.26

12.4.3.3 保证电锌产品质量的措施

A 降低镉、铜含量的措施

析出锌中镉、铜主要来源于电解液。为了提高电锌质量，必须降低溶液中杂质含量并严格控制生产条件。实践证明，溶液中杂质可以通过深度净化降低至要求限度以下。铜还可能来源于含铜物料（如 $CuSO_4$ 等）进入电解槽中，冲洗铜导电头（板）的水也含有铜等，因此应保持槽面清洁并尽可能地避免冲洗水进入电解液。

B 降低铁含量的措施

由于铁在电积锌过程中不断地进行氧化-还原反应，析出锌中的铁含量处于较低水平。但为了提高电流效率，降低电能消耗，一般工厂使溶液中含铁小于20mg/L。此外，由于铁和锌在高温下互溶，在熔铸过程中，要避免用铁器进入炉内熔锌中，禁止用铁质工具进行扒渣等作业。

C 降低铅含量的措施

铅是影响阴极锌化学品级的主要杂质之一。析出锌中铅来源主要是来自电解过程铅-银阳极的铅，溶解于电解液中 Pb^{2+} 在阴极上的析出及从阳极表面脱离的 PbO_2 粒子在阴极锌中的机械夹杂，对电锌品级的影响极大。悬浮于电解液中的 PbO_2 微粒，因吸附 H^+ 而带正电荷，随电解液的定向流动，黏附于阴极上，一部分被析出锌所包裹，一部分先被还原成 Pb^{2+}（$PbO_2 + 4H^+ + 2e = Pb^{2+} + 2H_2O$），而后在阴极上放电再析出。

铅在阴极中的含量随溶液中铅离子、氯离子、硫酸浓度及温度的增加而增加，随电流密度的增加及含有一定的锰离子而降低，如图 12-130 所示。如温度升高 10℃，铅的溶解度增加，溶液中的铅离子浓度可提高15%~20%。阴极电流密度从200A/m² 提高到500A/m²，阴极锌中的铅含量便减少3/4。这是因为当电流效率一定时，提高阴极电流密度，虽然单位时间析出的锌量增加，但由于铅离子按极限电流密度析出，相同时间内析出的铅量不变，因此阴极中含铅量是随阴极电流密度的增加而下降。

降低阴极锌含铅，提高电锌质量，可采取如下措施：

(1) 控制适当的电解条件。实践证明，当提高电解液含锌量及电流密度，降低酸度及温度，有利于降低阴极锌含铅量，但这些条件受到电流效率及电能消耗的限制。如图 12-131所示，当溶液中含有一定的锰离子，可阻止阳极腐蚀，抑制氯的有害作用，减少 PbO_2 移向阳极的数量，从而减少铅离子进入溶液。在不降低电效的条件下，电解液中含适量钴，可降低阳极电位而阻止阳极铅腐蚀。

电解液中氟、氯、锰的含量控制适当，可以得到含铅较低的阴极锌。一般锌阴极中的铅含量随电解液中的氟、氯含量增加而升高，因此，要求控制电积液中的氟含量在80mg/L以下，氯含量在 100mg/L 以下。但当电积液中 Mn 与 Cl 的浓度比大于或等于 3~

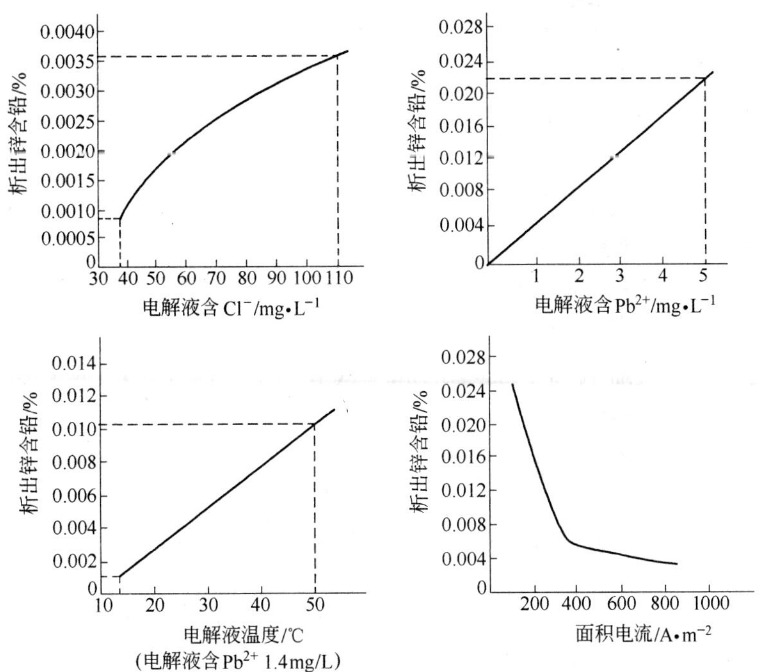

图 12-130 析出锌含铅与电解液中 Cl^- 量、电解液中 Pb^{2+} 量、电解液温度及面积电流的关系（阳极为含 Ag 1% 的铅板）

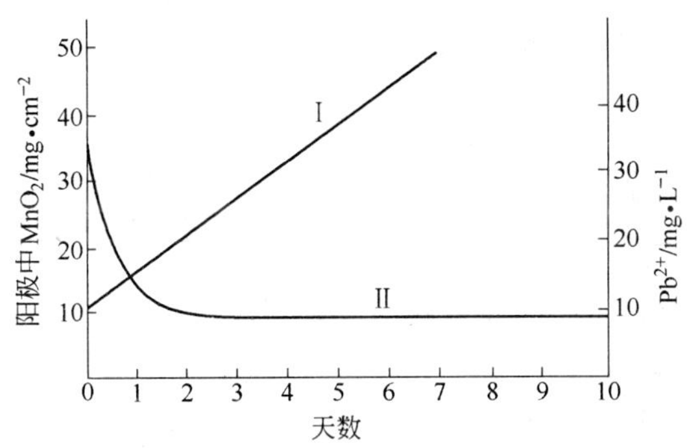

图 12-131 当铅银阳极硫酸中极化时，锰对铅离子转入电解液的影响

Ⅰ—MnO_2 数量；Ⅱ—电解液中铅量

（条件 $D_k=450A/m^2$，酸 100g/L，$T=310K$，$t=6h$）

3.5 时，即使电解液中含氯达到 350～1000mg/L，阴极锌中含铅量仍可小于 0.005%。一般电解液中存在有 1～3g/L Mn^{2+}，会在阳极上生成黏附性好的 MnO_2 使 PbO_2 薄膜的孔隙减小，从而阻碍阳极的腐蚀。如在 $450A/m^2$ 电流密度下，控制电积液温度为 37℃（310K）、酸度为 100g/L H_2SO_4，对含银 1% 的铅板阳极进行电积，实验表明随着阳极 PbO_2 薄膜中 MnO_2 含量的增加，电解液中的铅含量无变化。

（2）阳极镀膜。在正式电解之前，对于新阳极或经刷洗后的阳极，在低温25℃（298K）和低电流密度（20～30A/m^2）下电解，使阳极上析出的氧与铅反应，在阳极表面形成较致密的PbO_2薄膜，保护阳极不被硫酸溶液腐蚀。加拿大特累尔厂在氟化钾（40g/L）和硫酸盐（40g/L）的水溶液中，于工业电流密度下对阳极进行钝化处理8～12h，也达到同样的效果。

（3）添加特殊试剂。为了降低电解液中的Pb^{2+}和减少已进入溶液中的Pb^{2+}在阴极上析出，各工厂均向流入电解槽的电解液中加入适量的碳酸锶（$SrCO_3$），在酸性溶液中转变成溶液溶解度更小的硫酸锶（$SrSO_4$），与硫酸铅晶格大小相近，形成类质同晶而共同沉淀。碳酸锶的加入量通常为0.5～2kg/$t_{锌}$，但也有加到6kg的。图12-132所示为碳酸锶消耗量与阴极含铅的关系。也可用碳酸钡代替碳酸锶，其用量为碳酸锶的1～1.5倍，科科拉电锌厂生产1t锌加入9.86kg $BaCO_3$。在电解液中加入水玻璃（Na_2SiO_3）对于降低阴极锌含铅也有一定作用。

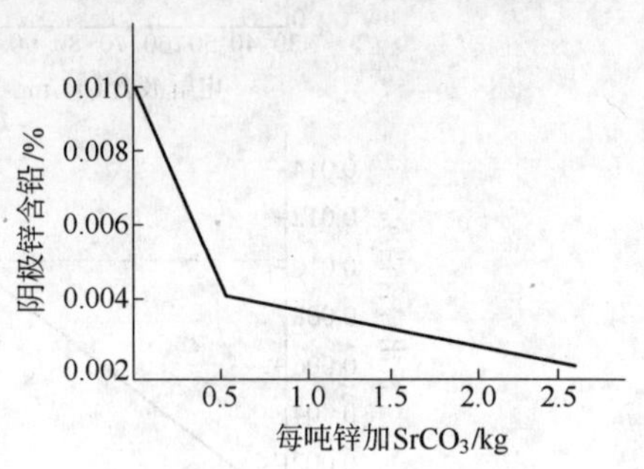

图12-132 碳酸锶消耗量与阴极锌含铅的关系

（4）定期洗刷阳极。随着电积时间的延长，阳极板上黏附的阳极泥厚度增加。为了避免阳极膜过厚而脱落造成电解液中阳极泥悬浮量增加，一般需定期洗刷阳极板。工厂洗刷周期视阳极板制造工艺不同而不同，一般9～10天刷洗一次，也有的为26～30天洗刷一次。

洗刷阳极有机械法刷洗和溶蚀法两种。我国各厂家普遍采用机械洗刷。日本彦岛电解厂则采用$FeSO_4$溶液溶解阳极表面MnO_2，所得溶液返回浸出用，既不损坏阳极表面膜，还延长寿命。

（5）定期掏槽。为了避免阳极泥过厚而漂浮于电解液中，一般30～40天清洗电解槽一次。清洗方法有人工清洗和机械清洗，大多数工厂采用真空吸滤法掏槽。阳极泥主要成分为（%）：MnO_2 60～70、Pb 4～14、Zn 2～4。

（6）加强工艺操作管理。保证供电稳定，加强槽面管理及铸型管理。因为，阳极电流密度的波动，易引起阳极膜疏松而脱落，故应保持供电稳定；保持槽面清洁，避免导引铜棒腐蚀而污染溶液；熔铸时，将含铅较高的碎锌片、飞边及树枝结晶与整块的清洁锌片分开熔铸，应避免铁器具与熔锌接触。

12.4.4 锌电积过程的电流密度、电流效率、槽电压和电能效率

12.4.4.1 锌电积的电流密度

电流密度也称面积电流，是指单位电极面积上通过的电流强度。对于锌电积现行的并联电解制度，电流密度为一个电解槽内全部阴极总有效面积上通过的电流强度。电流密度可计算为：

$$J_k = I/F$$

式中 J_k——电流密度，A/m^2；

I——通过电解槽的电流强度，A；

F——一个电解槽内全部阴极有效面积的总和。

电流密度是锌电积生产中重要的一项技术经济指标，是衡量电积过程强度的标志，直接决定工厂的生产效率。电流密度高低与电解液电阻的大小成正比例关系，对电能效率有明显的影响。在锌电积过程中，正确选择电流密度对生产过程、最终产品质量和过程的电能消耗有很大的意义。

12.4.4.2 锌电积的电流效率

电解反应的进行，理论上都应该遵循法拉第定律。但在生产实践中，阴极上析出1mol物质所需要通过电解液的电量往往大于96500C。这是由于阴极上在主体金属析出的同时，还有杂质和氢气析出、阴极沉积物发生氧化溶解以及电路上有短路与漏电等现象发生，使通过的电量未能全部用于析出主体金属。电流效率即是通过电量有效利用程度的衡量指标。

所谓电流效率，一般是指阴极电流效率，即金属在阴极上沉积的实际量与在相同条件下按法拉第定律计算得出的理论量之比值（以百分数表示）。在工业上，常用电积过程实际析出锌量与通过相同电量在理论上应得析出锌量的百分比称为电流效率，按下式计算：

$$\text{电流效率} = \frac{\text{实际析出锌量}}{\text{理论析出锌量}} \times 100\%$$

$$\eta = \frac{G}{qItN} \times 100\%$$

式中 η——电流效率，%；

G——在时间 t 内，阴极实际析出的锌量，g；

q——锌电化当量，1.2195g/(A·h)；

I——电流强度，A；

t——电积时间，h；

N——电解槽数。

某金属的电化当量就是它的原子量 Me 除以它的离子价数 z，再除以法拉第单位96500C（即26.8A·h）所得之商。在工业上通常采用每A·h析出的克数来表示电化当量 q，即：

$$q = \frac{Me}{z \times 26.8} \quad \text{g/(A·h)}$$

某些金属的电化学当量见表12-158中。

表12-158 某些金属的电化学当量

元 素	化合价	相对原子质量	电化当量	
			1C析出的物质量/mg	1A·h析出的物质量/g
Al	3	26.89	0.0932	0.3356
Bi	3	208.98	0.7219	2.5995
Fe	2	55.85	0.2894	1.0420
Fe	3	55.85	0.1929	0.6947

续表 12-158

元素	化合价	相对原子质量	电化当量	
			1C 析出的物质量/mg	1A·h 析出的物质量/g
Au	1	197.00	2.0415	7.3507
Au	3	197.00	0.6805	2.4502
Cd	2	112.41	0.5824	2.0972
Co	2	58.94	0.3054	1.0996
Mg	2	24.32	0.1260	0.4537
Mn	2	54.94	0.2847	1.0250
Cu	1	63.54	0.6584	2.3709
Cu	2	63.54	0.3292	1.1854
Ni	2	58.71	0.3042	1.0953
Sn	2	118.70	0.6150	2.2146
Sn	4	118.70	0.3075	1.1013
Pb	2	207.21	1.0736	3.8659
Ag	1	107.88	1.1179	4.0254
Cr	3	52.01	0.1797	0.6469
Cr	6	52.01	0.0898	0.3234
Zn	2	65.38	0.3388	1.2198

电流效率是锌电积过程中一项重要的技术经济指标。现代湿法炼锌工业中阴极电流效率一般为85%~95%。根据对世界各国炼锌厂电流效率调查统计的资料显示：1995年平均电流效率89.2%，2000年上升到90.3%（各厂电效波动在89%~92%之间）。

电流效率随许多因素而变化。影响电流效率的因素有：电解液中锌及酸含量、阴极电流密度、电解液的温度、电解液的纯度、阴极表面状态、电解析出时间、漏电影响以及添加剂的使用情况等。必须根据这些因素，采取有效措施，提高电流效率。

A 选择经济电流密度

阴极电流密度（面积电流）的高低直接影响析出锌的产量、质量、电流效率和电能消耗以及厂房中的酸雾含量。随着电流密度的提高，氢气析出超电压增加，可提高电流效率（如图12-133所示），并能获得结晶致密的阴极锌。但电流密度的提高又会增大电解液的电阻电压降和升高温度，加剧杂质的析出。因此电流密度的选择必须与溶液中锌、酸含量，电解液循环及溶液净化深度相适应。

综观湿法炼锌工艺发展的历程，不同时期、不同工厂采用的阴极电流密度差异较大，波动在200~1100A/m² 之间。20世纪70年代以来建设的电锌厂，所采用的电流密度波动范围大大缩小，为300~700A/m²。据山田等人按规模分类进行的统计：49kt/a以下的工厂采用的电流密度平均为569A/m²，50~99kt/a的工厂平均为537A/m²，100kt/a以上的工厂平均为496A/m²；各类工厂平均为527A/m²。2000年的调查统计的电流密度波动范围为505~536A/m²。我国各锌厂的电流密度波动在300~600A/m² 之间。

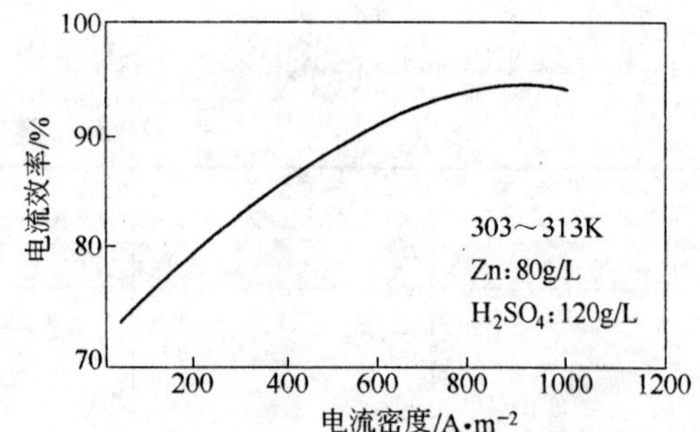

图12-133 电流密度对电流效率的影响

在相同条件（酸度、温度、极矩）下，电流密度每增加100A/m²，由于溶液电阻增大使电压损失增加0.17V（占5.3%），对电能消耗的影响十分明显。为减少电能消耗、降低生产成本和保持高的电流效率，国外许多工厂采用变化的电流密度制度，以适应电力企业按季节不同与昼夜电负荷波动确定电价高低的现实。日本各厂根据季节与昼夜供电负荷的波动状况，采用的电流密度变化见图12-134。饭岛电锌厂夏季不同时段的电流密度见图12-135。我国株洲冶炼厂等一些炼锌厂也实行可变电流密度制度进行生产。

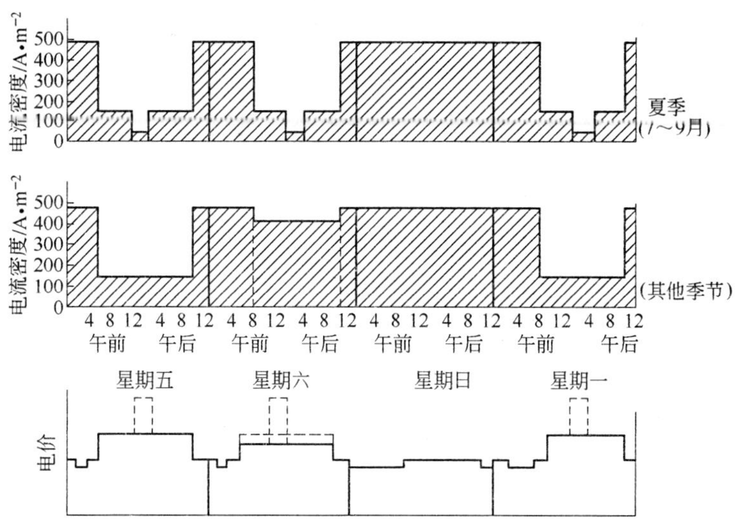

图12-134 日本电锌厂采用的电流密度与季节及昼夜时间段的关系

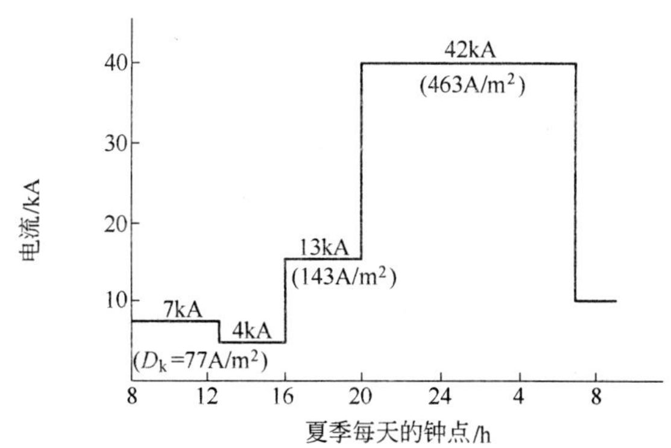

图12-135 饭岛电锌厂夏季不同时段电流密度的变化

B 相对稳定的锌、酸含量

电解液的主要成分是$ZnSO_4$和H_2SO_4。稳定电解液中适当的$ZnSO_4$和H_2SO_4浓度，对提高电流效率是有益的。在500～550A/m²的电流密度下，维持电解液含锌45～60g/L，可获得不低于90%的电流效率。

新液含锌越高，单位体积新液析出的锌量就越多，相应的废电解液含硫酸量也越多，废电解液的酸锌比越大。实践证明，废电解液的酸度每提高10g/L，槽电压降低0.013V，相当于每吨锌节能13kW·h。但电解时，氢析出的超电压随锌离子浓度的增加、硫酸浓度的降低和电流密度的提高而增加。若电解液含锌离子过低，则硫酸浓度相对增大，阴极附近由于锌离子浓度过低发生浓差极化现象，造成阴极上析出锌的返溶。在其他条件一定的情况下，随着电解液含酸量的增加，析出锌的反溶加剧，氢在阴极上析出的可能性增大，将导致电流效率显著降低。图12-136～图12-138和表12-159表明了电流效率与溶液中锌浓度、硫酸浓度及电流密度的关系。由图中可以看出，随着电解液中锌浓度的增加和酸浓度的下降，锌电积过程的电流效率也随之升高；电流效率随电流密度的增加而显著提高。

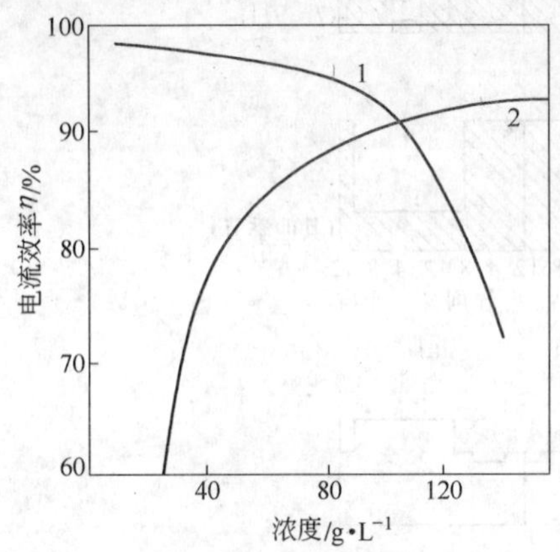

图12-136 电解液的酸度与锌离子浓度对电流效率的影响

（$T=30\sim40$℃；$D_k=400\sim500A/m^2$）

1—［Zn^{2+}］=60g/L；2—［H_2SO_4］=120g/L

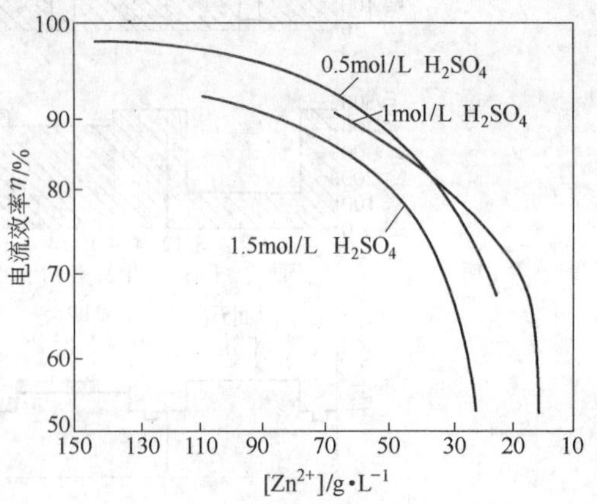

图12-137 在不同酸度时电解液中锌含量

（$T=303K$；$D_k=100A/m^2$）

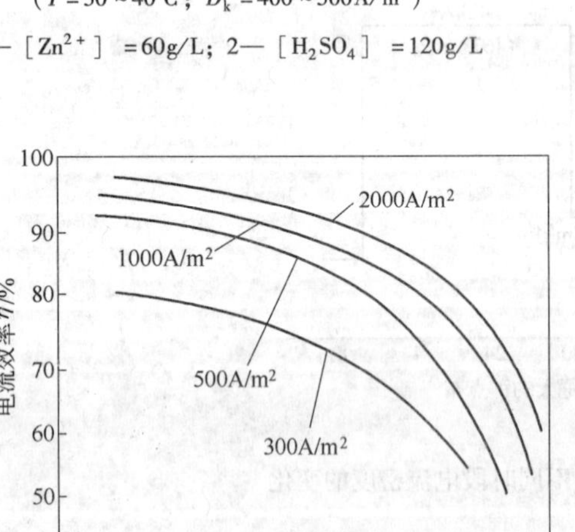

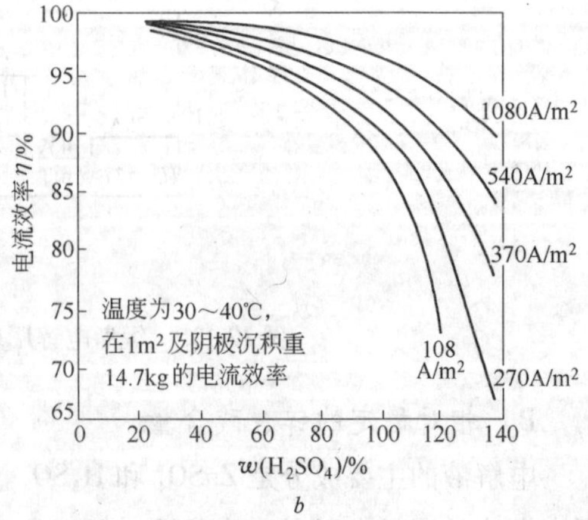

图12-138 在不同电流密度时电解液酸度与电流效率的关系曲线

a—电积液Zn 150g/L；*b*—电积液Zn 80g/L

表 12-159　电解液含锌量对电流效率的影响

电解液含锌量/g·L^{-1}	52.90	52.20	49.83	48.26	47.77	34.55	36.64	36.23
电流效率/%	93.33	93.41	87.37	86.26	85.71	78.95	77.88	78.03
电解液含酸量/g·L^{-1}	116.50		115.50		117.00		118.30	

一定的锌离子浓度是正常进行锌电积和获得较高电流效率的基本条件，较高的酸度是降低能耗的主要措施。在一定的电流密度下，必须保持与其相应并相对稳定的锌、酸含量。如果新液中锌离子浓度相对稳定，则生产中需严格控制生产中的废电解液的酸、锌比，以维持相对稳定的电解液锌浓度。当新液含锌高时控制溶液含酸不超过200g/L，当新液含锌低时控制废液含锌不低于45g/L，从而维持电积过程高的电流效率。一般酸、锌比控制在（2.5 ~ 4）：1 的范围内，如电解液锌浓度为 45 ~ 75g/L，新液含锌 140 ~ 180g/L，硫酸浓度为 160 ~ 210g/L。电解液成分决定于送入电解槽的新液成分及槽内电解液含酸制度，可以近似地认为，从电解槽排出的废电解液，就成分来说，相当于电极之间的电解液，或称工作电解液。目前电锌厂的电解液主要成分锌的浓度差别不大，为 50 ~ 60g/L，硫酸的浓度趋向于提高到 180 ~ 200g/L。一些工厂电解液成分见表 12-139。

C　控制适当低的电解液温度

随着锌电积过程的进行，由于电解液电阻、电化学反应、短路及烧板等原因会使电解液温度升高。在生产中，提高电解液温度可以降低电解液的电阻，减少电能消耗。温度每提高 1℃，槽电压降低 0.006V，相当于每吨锌节能 6kW·h。但氢的超电压随温度的升高而降低，杂质的危害及析出锌的返溶也随温度的升高而加剧。因此，电解液必须冷却降温，一般控制电解液温度为 35 ~ 40℃。目前，电锌厂大都采用大体积电解液的大循环冷却制度来维持所控制电解液的温度，同时通过将新液添加到循环电解液（废液）中调整控制锌离子浓度和锌酸比。国内某厂控制废液与新液的比例为（15 ~ 25）：1，混合后经空气冷却塔冷却后送电积槽，电积液温度控制在 38 ~ 42℃。

电解液的温度对锌电积电流效率的影响如图 12-139 所示。图中曲线表明，在 35 ~ 40℃（308 ~ 313K）的温度范围内可以得到满意的电流效率，这是目前几乎所有冶炼厂控制的电解液温度范围。

图 12-140 表明在不同酸度下电解液的温度与电流效率的关系（电积条件：电流密度

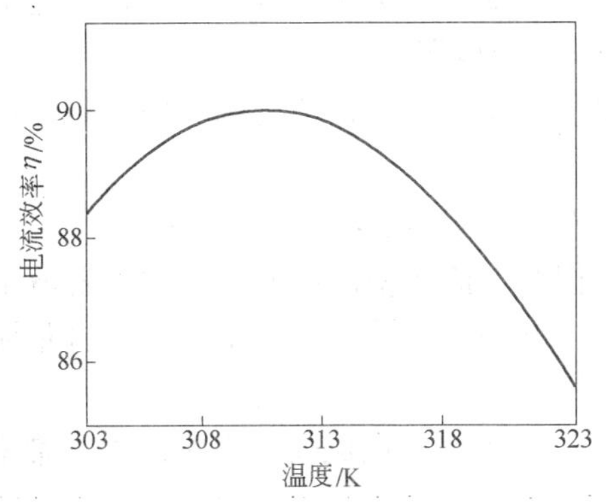

图 12-139　电解液温度对锌电积电流效率的影响

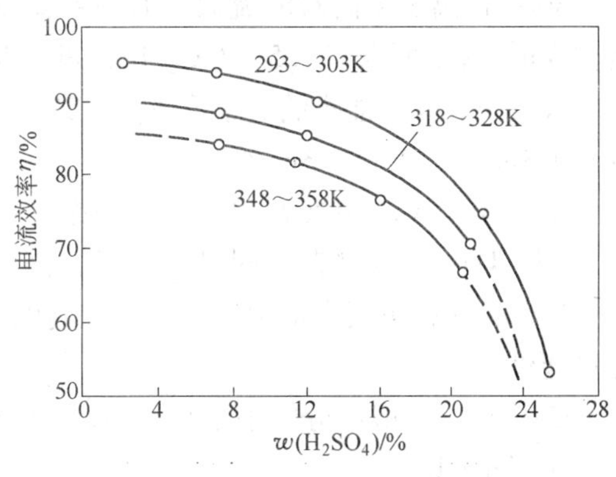

图 12-140　在不同温度时电流效率与电解液酸度的关系曲线

1000A/m^2，电解液含 H_2SO_4 150g/L，含 Zn 55g/L）。电流效率随电解温度升高而降低，这是由于氢气超电压减小，而且电解液酸度愈大，电流效率降低愈厉害。

D 尽量提高电解液纯度

凡是电解液中存在的能降低氢超电压和标准还原电位比锌更正、能以锌为阳极形成微电池反应的金属杂质，如铁、镍、钴、铜、砷、锑及锗等，都会使锌电积的电流效率降低。这些杂质大都会引起烧板、析出锌返溶，使阴极上沉积的锌表面状态恶化，以致电流效率大大降低。如图 12-141 所示，铁、镍、钴、铜、砷、锑及锗等杂质的存在大都会引起烧板，析出锌返溶使阴极沉积锌的表面状态变化，因而使电流效率大大降低。所以，所有湿法炼锌厂都要求电解前液必须进行深度净化，使杂质含量降至危害限度以下。由于各个工厂的原料组分、生产条件的差别以及实验研究结果的差异，各种杂质对电流效率影响程度的表现也不尽相同，所以各厂规定对中性净液中杂质含量的要求也有所不同。

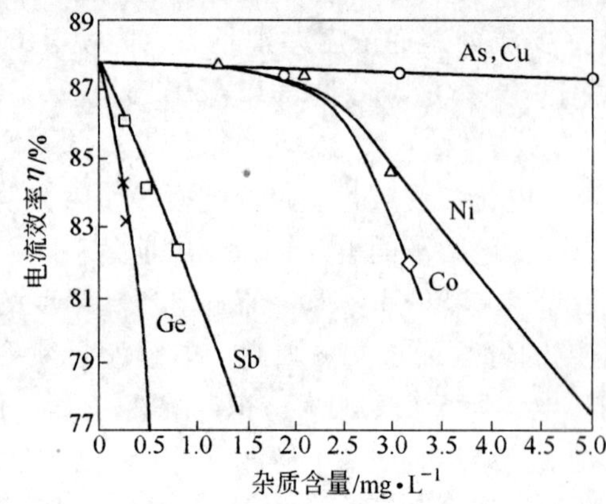

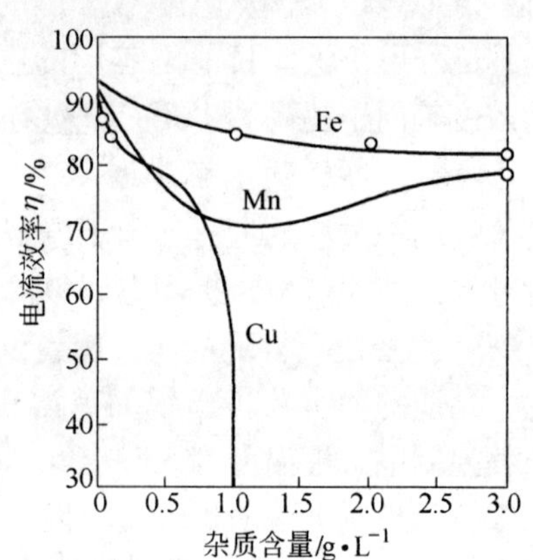

图 12-141 锌电解液中杂质对电流效率的影响

根据加拿大特累尔厂总结的各种少量元素对锌的电积电流效率的影响如下：

V、Nb、Ta：这三种元素的实验室数据高于 1mg/L 时，会严重影响电流效率，但一般在电解液中不存在这些元素；

Mn：锰离子太高对电流效率有一些影响，因为高价锰离子会在阴极还原。锌的电解液中 Mn^{2+} 含量要求在 1.5～3.0g/L 之间，以有利于浸出和电积；

Fe、Ni、Co：能降低电流效率，尤其是钴，故希望在电解液中的浓度为：Fe $<$ 5mg/L、Co $<$ 0.3mg/L、Ni $<$ 0.3mg/L；

Cu、Ag、Au：从提高电流效率考虑，希望在电解液中的浓度均小于 0.1mg/L；

Cd、Hg：与某些杂质同时存在时，镉可阻止它们对电流效率的影响，希望电解液中 Cd $<$ 0.5mg/L；汞沉在铝阴极上可以提高电流效率，考虑其毒性及对产品的污染，含量应尽可能低；

Ge、Sn：一般应分别小于 0.05mg/L 和 0.1mg/L，因为锗对电流效率影响最大，希望 Ge $<$ 0.02mg/L；

As、Sb：电解液中 As $<$ 1mg/L，Sb $<$ 0.01mg/L 才不会影响电流效率。

根据晋森冈等人的研究，各种杂质对锌电积的电流效率等影响特征总结见图 12-142。

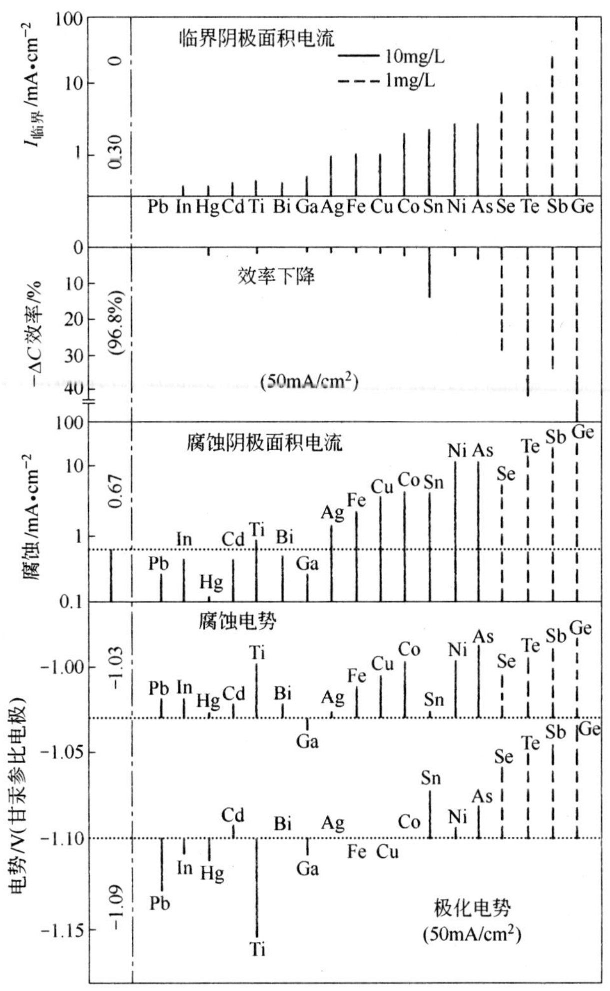

图 12-142 各种杂质对锌电积的影响

根据文献资料对杂质的分类，对锌电流效率影响较大的杂质有 As、Sb、Ge、Co、Ni、Se 等。据此确定电解液与精矿中杂质的允许含量见表 12-160。

表 12-160 杂质在锌电解液与精矿中的允许含量

分 类	元 素	电解液中含量/mg·L^{-1}	精矿中含量(质量分数)/%	备 注
1	As	0.05	0.2	这类杂质降低氢析出的超电压，从而降低电流效率
	Sb	0.05	0.1	
	Ge	0.005	0.005	
	Co	0.1	0.005	
	Ni	0.1	0.006	
	Se	0.005	0.001	
2	Cl	10	0.03	这类杂质腐蚀阳极，使析出锌含铅高
	F	50	0.015	
3	Cu	0.05	—	这类杂质降低锌的析出质量
	Cd	0.3	—	
	Pb	0.04	4.0	

E 合理使用添加剂

析出锌的表面如果粗糙、凹凸不平或呈树枝状，阴极的表面积就会增大，使实际阴极电流密度下降、降低电流效率，严重时还会引起阴阳极之间发生接触短路。为使析出锌平整、光滑、致密，降低某些杂质的危害，减少氢气析出及阻止锌的返溶，一般需加入胶质或某些表面活性剂。常用的添加剂是胶，其加入量是根据析出锌的表面状况而定，它在电解液中的浓度控制在10～15mg/L。胶应预先溶化后均匀加入电解槽内。若胶量过多，会增大溶液电阻并使锌片发脆。

胶最明显的影响是使锌晶体沉积具有一定的方向，因为电结晶过程受电流密度及超电压的影响甚为明显，即一般最紧密排列的平面或具有最大超电压的晶面，成长速率最小；对锌沉积来说，（0002）晶面下的成长速率最小，由于简单的几何原因，在自由及横向长成的条件下，（0002）晶面将平行于基底慢慢成长而残留下来，（10，1）、（10，2）及（10，3）等平面由于成长速率大，彼此长在一块而消失。锌本身的超电压是低的，因此横向成长方式本来应是最主要的，但胶的加入，使被胶优先吸附的平面增加了超电压，因而阻碍了锌的自由成长，使其倾向于外向成长，横向成长受限制。此外，胶还明显增加成核速率，使晶粒尺寸降低。

杂质存在时对锌析出状态的影响大约可分成4类：第一类为In、Cu、Co，在含量小于10mg/L时对锌沉积物的结晶几乎无影响，其表面状态如纯锌溶液，但有时铜的存在会使沿电极面的垂直方向出现一些较深的小孔。当含钴高时，钴能在阴极上析出，析出的钴呈单相存在，因此形成贯穿的小孔，孔径有时达1～5mm。第二类为Ni、As、Cd、Te、Pb，当含量小于10mg/L时，一般均对锌的晶体长大有抑制作用，从而得到细小的阴极沉积物，但是As大于30mg/L时，使阴极形成海绵状锌。Ni大于10mg/L时，则像钴一样，使阴极形成小的孔洞。第三类为Hg、Ag及Ga，当含量小于10mg/L时，得到有光泽的晶体，阴极沉积物呈现条纹状。第四类为Ge、Sb、Te、Se等，均易使阴极形态发生很大变化，如电积液中Se由0.1mg/L增到1.0mg/L时，使阴极锌穿孔数目增多，Te由0.01mg/L增至0.05mg/L时，使锌阴极表面迅速形成树枝状瘤，色泽发暗，在对应于树枝状瘤的基底，面向铝板的一面，可看到锌的穿孔溶解；Ge在0.1mg以下时，使锌阴极呈现较平的条纹状，当由0.1mg/L增至0.5mg/L，影响与Se相似，但小孔形成数量更多。又如含Sb为0.1mg/L时，六方体晶体呈散乱分布，严重时表面凹凸不平并长瘤；Sb含量再增加时，则使阴极形成垂直沟状条纹，表面形成麦芽及海绵锌。加入胶质等表面活性剂能有效抑制杂质对锌析出状态的影响，减少析出锌的返溶。添加剂对减少析出锌返溶的作用见表12-161。

表12-161 杂质存在时，添加剂对减少析出锌返溶的作用

添加剂及用量 /mg·L^{-1}	杂质存在时锌的返溶速率/cm^3·(cm^2·min)$^{-1}$			
	Ni 50mg/L	Co 100mg/L	Cu 25mg/L	Sb 25mg/L
无添加剂	0.664	0.299	0.48	0.1315
胶 10	0.0242	0.0384	0.392	0.0651
胶 25	0.022	0.0165	0.346	0.0584
胶 50	0.091	0.0136	0.317	0.030

续表 12-161

添加剂及用量/mg·L^{-1}	杂质存在时锌的返溶速率/cm^3·(cm^2·min)$^{-1}$			
	Ni 50mg/L	Co 100mg/L	Cu 25mg/L	Sb 25mg/L
胶 100	0.0156	0.0123	0.241	0.0148
β-萘酚 10	0.0248	0.0248	0.0388	0.0685
β-萘酚 25	0.0239	0.0183	0.335	0.0595
β-萘酚 50	—	0.0285	0.352	0.060
皂根 10	0.0512	0.0299	0.0478	0.711
皂根 25	0.0334	0.050	0.426	0.0602
皂根 50	0.0255	0.0471	0.376	0.0308
皂根 100	0.0205	0.0281	0.330	0.0200

F 电解液有良好的循环制度

随着电积过程的进行，锌在阴极析出，阴极附近的锌离子浓度不断降低、酸度不断升高，电流效率随之降低。当锌离子浓度降至40g/L时，电流效率小于80%。为了维持阴极附近一定的锌、酸浓度，电解液必须不断循环，即不断往槽内供给按一定比例混合有中性硫酸锌溶液的废电解液，同时从槽中排走相应的废电解液。加大电解液的循环速度，以及时补充锌浓度、消除浓差极化，保持较低的电解液温度，从而提高电流效率。同时，加大电解液的循环速度还有利于提高电流密度，增加产量及降低电能消耗，但过大的电解液循环速度会使阳极泥悬浮量加大，增加阳极泥包裹沉积在阴极锌内的机会，增加溶液的漏电损失等。

为了维持稳定的锌、酸含量，必须保持均匀的电解液流量。供给电解槽中性硫酸锌溶液（新液）的流量，依据所采用的电流密度及电解前后电解液的成分而定，按下式计算为：

$$Q = \frac{Iq\eta N}{100(P_1 - P_2)}$$

式中 Q——送入电解槽中性硫酸锌溶液流量，m^3/h；

I——电流强度，A；

η——电流密度，A/m^2；

N——串联电解槽数；

q——电化学当量，1.2195g/(A·h)；

P_1——新液含锌，g/L；

P_2——废电解液含锌，g/L。

生产中多采用新液与废电解液按一定体积比例混合，经冷却后加入电解槽的方法进行循环，称为“大循环”。生产中依据废电解液酸锌比，控制新液与废液混合体积比，一般为1∶(5～25)。

G 制定合理的析出周期

实践指出，在一定的电流密度下，电积时间与电流效率密切相关，电流效率随电积时间的延长而降低，如表12-162所示。可见，析出时间越短，电流效率越高，但阴极锌片较薄，剥离困难，出装槽工作频繁，工人劳动量大，阴极铝板消耗增加、寿命缩短。若析出周期越长，锌片越厚，表面变得粗糙，易引起阴、阳极短路，锌的返溶严重，电解液温度也升高，电流密度有所降低，杂质的有害作用加剧，导致电流效率降低。对于采用人工剥锌的工厂，电积析出周期一般为24h，机械化和自动化剥锌通常采用电积析出周期为48~72h。云南驰宏锌锗公司100kt/a电锌厂采用48h的长周期电积，电流效率88%~89%，阴极锌片厚度3mm以上，是国内第一家实现机械剥锌的湿法炼锌生产线。加拿大特累尔厂全自动化锌电解车间采用72h的析出周期。

表12-162 电积析出时间对电流效率的影响

电积时间/h	电流效率/%	析出表面状况
19	91.317	平 整
24	90.635	呈鸡皮疙瘩状
37	80.804	呈树枝状、灰黑色

H 消除或减少漏电损失

电积过程的漏电损失直接影响电流效率。新电解液、废电解液、槽内冷却水、电解槽对地之间的绝缘不良等都会造成漏电，漏电大小与电解的具体条件及设备状况有关。各种液体漏电以废电积液最为严重，约占总漏电量的90%以上。此外，阴阳极之间的接触漏电，与阴阳极寿命及绝缘措施有关。因此，消除或减少漏电损失是提高电流效率的有效措施之一，为此，生产中应力求做到：（1）及时清理绝缘缝，保持现场清洁、干燥，以防止供电线路及电解槽对地的漏电；（2）电解液进电解槽之前或废电解液出槽后，采用溶液断流器（如三级虹吸、翻板式与飞溅断流器等），以减少溶液漏电损失；（3）切实加强操作管理，加强阴、阳极平整，减少电解槽内阴、阳极短路的漏电现象。

I 提高技术管理整体化水平

我国一些工厂总结的“槽上三把关，槽下七不准”及“一平、二光、三消灭、四不下槽”等操作经验，都是加强管理、提高电效的重要措施。

综上所述，为提高电流效率应创造下列条件：不断提高电解液纯度；合理选择并控制好电解液锌、酸含量，合理的电流密度和析出周期；维持较低的电解温度；适当加入胶；减少漏电，做到绝缘好；保持现场干燥清洁；加强操作，及时处理接触短路。

12.4.4.3 槽电压

槽电压是指电解槽内相邻阴、阳极之间的电压降，可直接用直流电压表测出。为简化计算，生产实践中是用所有串联电解槽的总电压降（V_1），减去导电板线路电压降（V_2），除以串联电路上的总槽数（N）之商，即为槽电压（$V_{槽}$），比如：

$$V_{槽} = \frac{V_1 - V_2}{N}$$

槽电压是一项重要的技术经济指标，直接影响到锌电积的电能消耗。

电解槽的槽电压由硫酸锌分解电压（$V_{分}$）、电解液电阻电压降（$V_{液}$）、阴阳极电阻电压降（$V_{极}$）、阳极泥电阻电压降（$V_{泥}$）及接触点电阻电压降（$V_{接}$）等五项组成，即：

$$V_{槽} = V_{分} + V_{液} + V_{极} + V_{泥} + V_{接}$$

A 硫酸锌分解电压

锌电积过程中硫酸锌的实际分解电压，由理论分解电压（E）及超电压（η）组成，如：

$$V_{分} = \left(E^{\ominus}_{O_2} + \frac{2.303RT}{F}\lg a_{OH^-} + \eta_{O_2}\right) - \left(E^{\ominus}_{Zn} + \frac{2.303RT}{2F}\lg a_{Zn^{2+}} - \eta_{Zn}\right)$$

$$= \left(E^{\ominus}_{O_2} + \frac{2.303RT}{F}\lg a_{OH^-}\right) - \left(E^{\ominus}_{Zn} + \frac{2.303RT}{2F}\lg a_{Zn^{2+}}\right) + \eta_{O_2} - \eta_{Zn}$$

可见硫酸锌的实际分解电压与电流密度、电解液温度及锌、酸含量有关，一般为2.4～2.8V。

B 电解液电阻电压降

阴阳极间克服电解液的电阻的电压降大小与电流密度、阴阳极间距离、电解液的比电阻成正比，表示为：

$$V_{液} = D_k \rho L \times 10^{-4}$$

式中 D_k——阴极电流密度 A/m^2；

ρ——电解液比电阻，Ω · cm；

L——阴阳极间距离，cm。

表 12-163 为硫酸锌溶液比电阻随酸度及锌浓度的变化。

表 12-163 在 40℃（313K）下硫酸锌溶液的比电阻 （Ω · cm）

硫酸浓度/g · L^{-1}	溶液含锌量/g · L^{-1}				
	30	40	60	80	100
100	2.65	2.88	3.14	3.47	3.73
110	2.43	2.65	3.02	3.23	3.49
120	2.24	2.44	2.70	3.00	3.25
130	2.09	2.28	2.53	2.82	3.07
140	1.97	2.16	2.38	2.65	2.90
150	1.87	2.05	2.25	2.50	2.76
160	1.79	1.96	2.16	2.39	2.64
170	1.72	1.87	2.06	2.28	2.52
180	1.66	1.81	1.99	2.20	2.42
190	1.61	1.74	1.92	2.12	2.33
200	1.56	1.69	1.85	2.04	2.25
210	1.52	1.65	1.79	1.97	2.18
220	1.48	1.60	1.74	1.92	2.12
230	1.42	1.55	1.70	1.87	2.05

饭岛电锌厂总结了影响电解液电导率的诸多因素，用下式来表达它们之间的关系：

$$K = -0.0317C_{Zn} + 0.00155C_{H_2SO_4} - 0.015C_{Mg} + 0.048T + 0.2175$$

式中 K——电导率，S/cm；

C_{Zn}，$C_{H_2SO_4}$，C_{Mg}——分别代表电解液中锌、游离 H_2SO_4 和镁的浓度，g/L；

T——绝对温度，K。

图12-143、图12-144和表12-164说明了极间距离、电流密度和电解液酸度、温度对槽电压的影响：槽电压随电流密度的增加、温度及酸度的降低、极间距离的增大而增大。缩短极距离有利于降低槽电压。我国工厂多数采用人工吊装极片和剥锌，一般采用同极中心距为58～65mm，国外多采用70～90mm，以方便机械化出装槽。

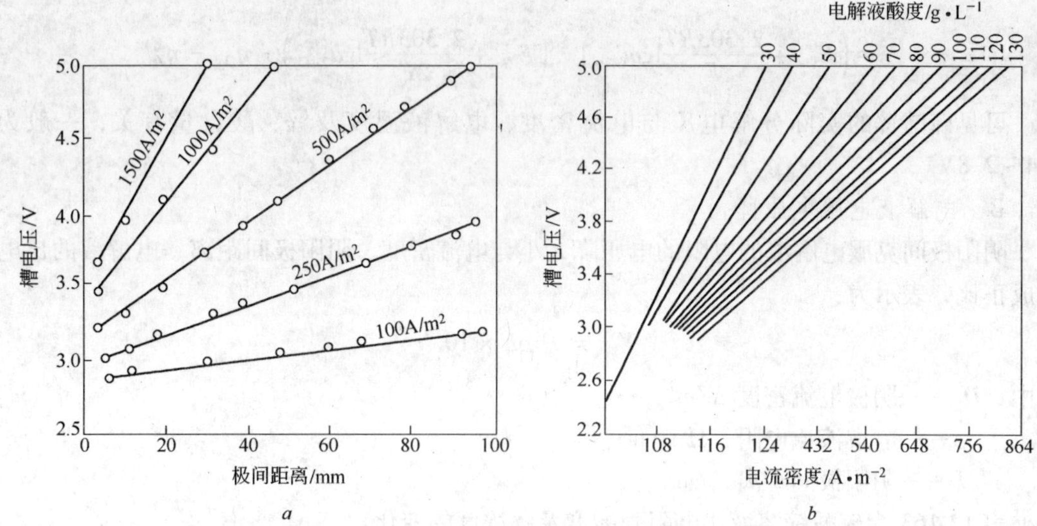

图12-143 电解锌的槽电压与极间距离、电流密度的关系

a—电解液含 H_2SO_4 100g/L，温度25℃；*b*—电解液含锌80g/L，极间距5cm，温度35℃

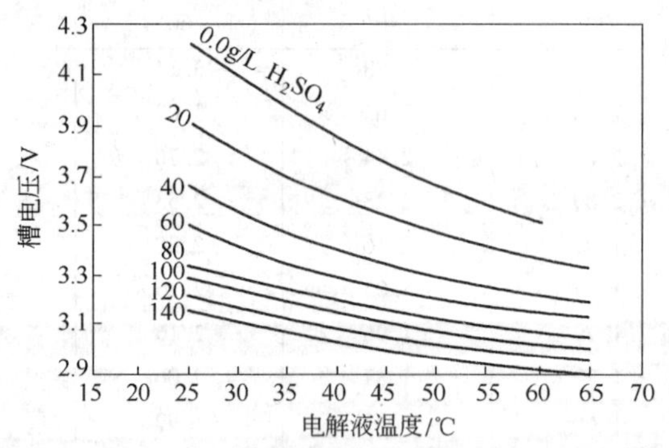

图12-144 电流密度为532A/m²，温度对槽电压的影响

表12-164 极间距对电解液电压降的影响

同极间中心距/mm	电解液电压降/V	降低百分数（以同极间中心距110mm为基数）/%
110	0.800	—
90	0.600	25
70	0.418	48.2
62	0.403	49.6

溶液中的钙、镁、锰和碱金属的杂质离子及胶等将会增大电解液的比电阻。电解液电阻电压降约为0.4~0.6V。

C 阴、阳极电阻电压降

这部分电压降包括极板、导电棒及导电头的电阻电压降，铅-银合金阳极为0.02~0.03V，铝阴极为0.01~0.02V。若采用铅-银-钙三元合金为阳极，可降低槽电压20~30mV。

D 接触点电阻电压降

这部分电压降大小与相互接触的面积、接触表面的清洁程度、接触的多少及两接触面间的压力有关，一般为0.03~0.05V（阴、阳极导电采用夹接法）。某厂采用压触式搭接法，其槽电压比前者要高20V左右，但电流效率提高1%~2%。由于这种接触导电头在工业生产中数以千个乃至上万个，因此，力求降低接触电压降对于节约电能有着重要的实际意义。实际操作中，必须注意各接触点导电良好。

E 阳极泥电阻电压降

随着电解沉积的进行，阳极表面不可避免地要生成阳极泥膜（MnO_2），它要消耗一部分电压，阳极上析出的氧气泡的电阻也要消耗一定的电压。定期刷洗阳极，有利于降低和稳定其电压降，但清刷阳极后的第一天往往导致电解液浑浊，使析出锌含铅升高。阳极泥电阻电压降约为0.15~0.20V。

工厂槽电压一般为3.1~3.6V。表12-165是锌电解槽电压分配情况。

表12-165 锌电解槽电压分配情况

项 目	电压降/V	分配率/%	项 目	电压降/V	分配率/%
硫酸锌分解电压	2.4~2.6	75~80	接触点电阻电压降	0.03~0.05	1~1.4
电解液电阻电压降	0.4~0.6	13~17	阳极泥电阻电压降	0.15~0.20	5~6
阳极电阻电压降	0.02~0.03	0.7~0.8	槽电压	3.3~3.4	100.00
阴极电阻电压降	0.01~0.02	0.3~0.5			

槽电压决定于电流密度、电积液的酸度和温度以及电极间的距离，此外还与接触点电阻有关。因此，降低槽电压的途径就是减少电解液的电阻率，缩短极间距离，减少接触点上的电压损失等。

表12-166是里斯敦电锌厂的槽电压平衡数值，该厂采用的联合添加剂为：胶25mg/L，β-萘酚25mg/L，Sb 0.15mg/L，槽电压一般波动在3.4~3.6V之间。

表12-166 里斯敦电锌厂槽电压平衡

项 目		$V_{槽}$/V	%
阴 极	(1) 可逆阴极电位	-0.819	
	(2) 阴极超电压	-0.062	
	(3) 添加剂的作用	-0.001	
	阴极总电压	-(-0.882)	25.4
阳 极	(1) 可逆阳极电位	+1.217	
	(2) O_2 析出的超电压	+0.84	
	(3) 添加剂的作用	-0.216	

续表 12-166

项 目	$V_{槽}$/V	%
阳极总电压	+1.841	53.3
分解电压合计	+2.723	78.6
电积液电阻压降	+0.594	17.1
阳极泥电阻压降	+0.15	4.3
槽电压合计	3.467	100

注：电积液成分为44g/L Zn，99g/L H_2SO_4，11g/L Mn，10mg/L Co。

12.4.5 锌电积的电能消耗

锌电积的电能消耗一般用直流电单耗表示，生产1t阴极锌（析出锌）所消耗的直流电量按下式计算：

$$W = \frac{\text{实际消耗直流电量}}{\text{阴极锌产量}} = \frac{V_{槽}\, nIt}{Intq\eta} \times 1000$$

$$= 820V_{槽}/\eta \tag{12-20}$$

式中 W——每吨阴极锌直流电单耗，kW·h；

I——电流强度，A；

$V_{槽}$——槽电压，V；

n——串联电解槽数目；

t——电积时间，h；

q——锌的电化当量，1.2195g/(A·h)；

η——电流效率，%。

从公式12-20可见，电能消耗与电流效率成反比，与槽电压成正比。因此，在生产实践中，要降低电能消耗，降低电锌成本，必须采取一切措施提高电流效率，同时降低槽电压。而影响电流效率及槽电压的因素是错综复杂的，在选择技术条件时须全面分析，同时兼顾在高的电流效率下求得最低的电能消耗两个方面。图12-145所示为电流密度、电解液酸度对电能消耗的影响。由图可见，提高电流密度，槽电压显著增大，电能消耗增加。随着电解液酸度的增加，电耗降低，达到一定限度以后，电能消耗又重新增加。电流密度愈大，则电解液中允许的含酸量也愈高。电解液含酸低时，因其电阻大，使电能消耗较高，当电解液含酸超过一定值后，又由于电流效率的显著降低而使电能消耗增大。

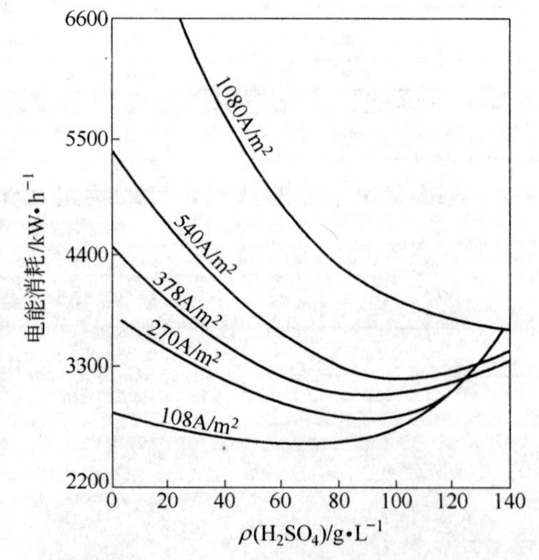

图12-145 电能消耗与电解液酸度、电流密度的关系

由图12-145还可看出，当电流密度为108A/m²

时，酸度在40～80g/L之间虽然电能消耗最小且波动最平稳，但从每升电解液中析出的锌量减少，在同样产量的情况下，比高电流密度所要的电积槽数增加，工业生产中不宜采用这种低电流密度制度。比较而言，当电流密度为540A/m^2时，电解液中含酸80～120g/L的区间，酸度变化对电能消耗的影响波动最小，又能有足够数量的金属锌产出，能保证良好的经济效益。因此，这一电流密度区间多为工业生产采用。

电能消耗是湿法炼锌的重要技术经济指标之一。目前，各湿法炼锌厂的电流效率一般为90% ±2%，槽电压为(3.2 ±0.2)V，则工业上实际电能消耗一般为3000～3300kW·h/$t_{锌}$。根据1985年、1995年和2000年对世界各锌厂的调查，每吨阴极锌直流电单耗分别为3181kW·h、3191kW·h、3202kW·h，变化不大，其能耗占整个生产锌锭的总能耗的70%～80%，占湿法炼锌成本的20%。降低阴极锌电能单耗是降低生产成本的重要方面，必须采用一切措施降低槽电压并努力提高电流效率。

日本饭岛电锌厂锌电积过程的槽电压分布见表12-167。为了降低槽电压，该厂采取了措施，这些措施使电耗下降的效果见表12-168。

表12-167 饭岛电锌厂槽电压分布

项 目	电压/V	所占比例/%
分解电压（含超电压）	2.6～2.7	75～78
阳极泥电压降	0.2～0.3	6～9
电解液电压降	0.438～0.641	12.5～18.5
接触点电压降	0.017～0.020	0.5～0.6
槽电压	3.458	

表12-168 饭岛电锌厂降低槽电压的措施

类 别	措 施	1977～1984年间的改进	吨锌电耗下降/kW·h
降低电解液电阻	提高电解液的温度	30～40℃	321
	提高 H_2SO_4 浓度	150～166g/L	30
	控制 Mg^{2+} 浓度	14～9g/L	—
	缩短阳极中心距	75～67mm	27
降低阳极泥电阻	缩短阳极清理周期	44～22d	126
	除去电解液中的石膏		
降低面积电流	增加槽装极板数	48～56片	—

生产1t锌的电耗与电解液成分和温度、电流密度、极距、阳极的清洁等多种因素有关。加拿大科明科公司（Comico）为改造特累尔厂（Trail）所作的调查及实验研究示于图12-146～图12-151。

12.4.6 锌电积的主要设备

锌电积系统的主要设备包括：电解槽，阴极，阳极，供电设备，载流母线，电积液冷却设备及剥锌机等。

12.4.6.1 电解槽

电积锌生产用的电解槽是一种长方形的槽子。一般长2～4.5mm，宽0.8～1.2m，深

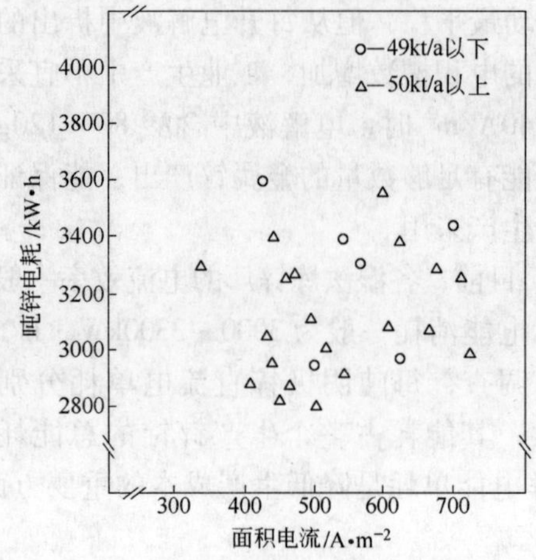

图 12-146　某些电锌厂电能消耗与电流密度（面积电流）的关系

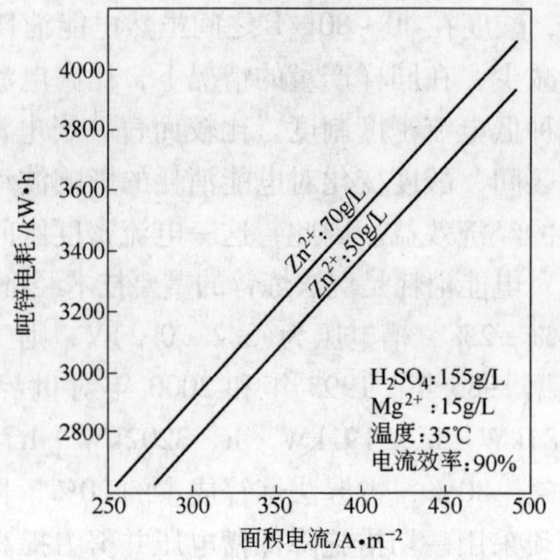

图 12-147　电解槽中锌离子浓度对电能消耗的影响

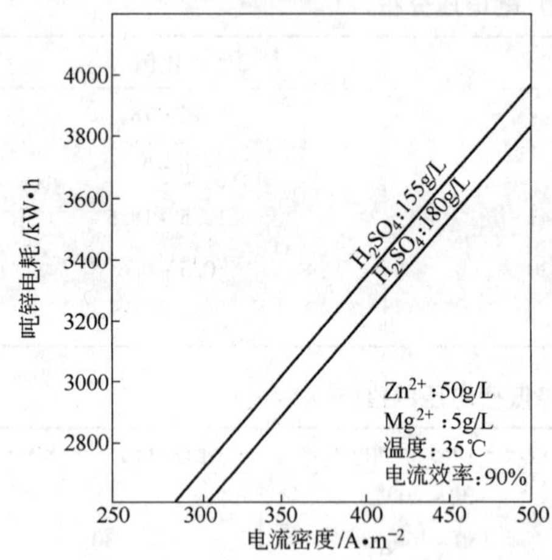

图 12-148　电解液中酸浓度对锌电能消耗的影响

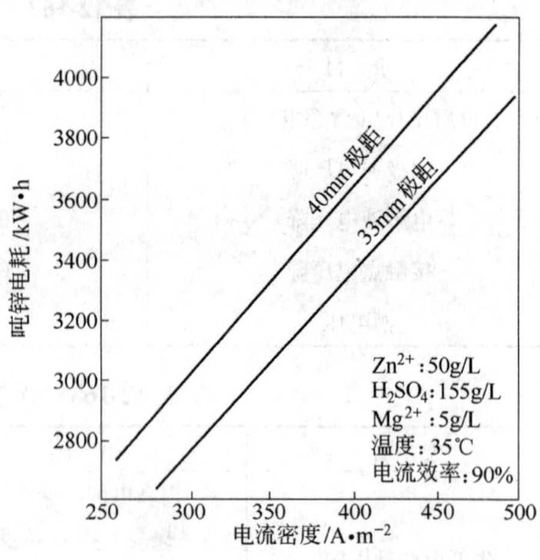

图 12-149　两极面的极距对锌电能消耗的影响

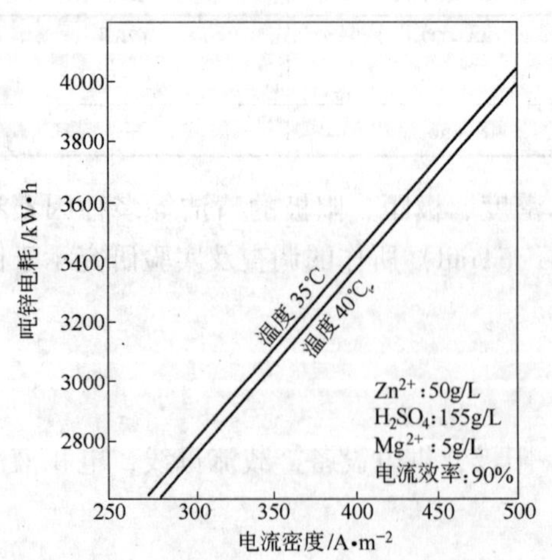

图 12-150　电解液的温度对锌电能消耗的影响

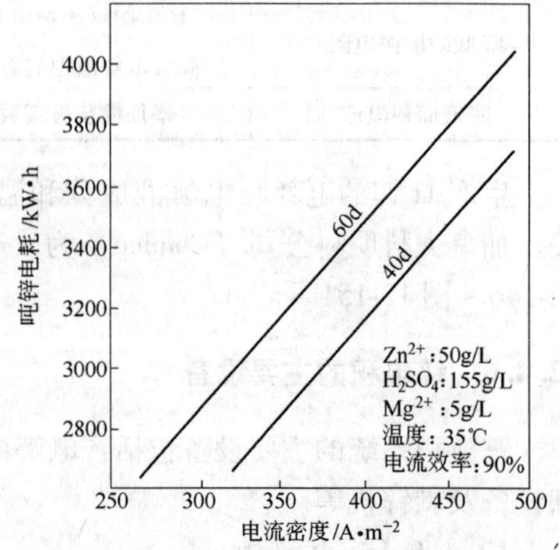

图 12-151　阳极清理周期对锌电能消耗的影响

1～2.5m。阴、阳极板交错装在电解槽内，出液端有溢流堰和溢流口。电解槽的数目及大小，依据选用的电解参数及生产规模而定，如，日产析出锌数量、需要的阴极有效总面积、每片阴极的有效面积、极板尺寸、每槽阴极片数、电解槽内部尺寸、电解槽结构及防腐材料等。近年来由于采用大阴极板和机械化剥锌，电解槽的尺寸也随之增大。电解槽的长度由选定的电流密度、阴极板数量及极间距离而确定；宽度与深度由阴极板尺寸而确定。同时，为了保证电解液的正常循环，阴极边缘至槽壁的距离一般为60～100mm，槽深按阴极下缘距槽底400～500mm考虑，以便阳极泥沉淀于槽底。槽底为平底型和漏斗型，我国均采用平底型。

电解槽按制作材料分类主要有钢筋混凝土电解槽、塑料电解槽、玻璃钢电解槽等。我国大部分电积锌生产工厂采用钢筋混凝土电解槽，外用沥青油毛毡防护，内衬铅皮、软塑料、环氧玻璃钢等。图12-152所示为软聚氯乙烯衬里钢筋混凝土电解槽结构示意图。这种电解槽具有不变形、不被浸透、不漏电及使用寿命长等优点。但易被电解液腐蚀，因此要求严格的防腐措施。目前多采用厚为5mm的软聚氯乙烯作内衬，外壁也包以软塑料，可以延长槽的使用寿命，还具有绝缘性能好、防腐性能强等优点。近年来，钢骨架整体环氧玻璃钢电解槽及钢骨架聚氯乙烯板槽体的电解槽逐渐推广应用，这两种电解槽的特点是质量轻、绝缘性能好、使用寿命较长，维修方便，破损后可进行修补，修复后强度较好，缺点是投资较大。

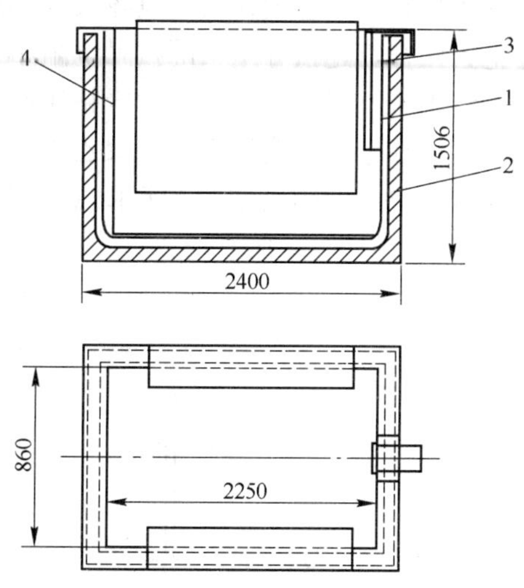

图12-152　电解槽结构示意图
1—槽体；2—软聚氯乙烯衬里；
3—溢流堰；4—沥青油毛毡

电解槽放置在进行了防腐处理的钢筋混凝土梁上，槽子与梁之间垫以绝缘瓷砖。槽子之间留有15～20mm的绝缘缝。槽壁与楼板之间留有80～100mm的绝缘缝。电解槽一般采用水平式配置，每个电解槽单独供液，通过供液溜槽至各电解槽形成独立的循环系统。

某些工厂电解槽的结构参数列于表12-169。

表12-169　电解槽的结构参数

项　目	株洲冶炼厂	神冈厂	Kokkola厂	Ecstall厂	彦岛厂	Balen厂	Trail厂
材　质	钢筋混凝土	钢板	钢筋混凝土	钢筋混凝土	钢板	钢筋混凝土	钢筋混凝土
衬　里	软聚氯乙烯	橡胶	铅皮	铅皮	橡胶	软塑料	软塑料
长/mm	2250	1740	3740	3352	2850	4550	5100
宽/mm	850	766	800	787	860	1230	1500
深/mm	1450	1278	1500	1397	1750	2150	2400
槽中装电极数：							
阳极/片	33	19	41	41	34	46	51
阴极/片	32	18	40	40	33	45	50

12.4.6.2 阴极

阴极由极板（铝板）、导电棒、铜导电头（或导电片）和阴极吊环组成。极板用压延纯铝板（Al＞99.5%）制成，阴极尺寸一般长1020～1520mm、宽600～900mm、厚4～6mm，重10～12kg。阴极导电棒用硬铝加工制成，与极板焊接连接或用特制的模子浇铸成一体。阴极表面要求光滑平整，否则会引起锌的沉积粗糙与结晶不均匀。为减少阴极边缘形成树枝状结晶，阴极通常比阳极宽10～40mm。国内阴极导电头有两种结构形式，多数工厂所用阴极导电头用厚为5～6mm的紫铜板做成，用螺栓固定在导电棒端头后再用铝焊条焊牢，以减少接触电阻。近年来，一种新型导电头日益推广，这种导电头采用金属复合技术将接触铜排包覆在与导电棒尺寸相近的铝块中，用氩弧焊与导电棒结合为一体，焊接导电头比螺钉连接导电头的接触电阻小。为了防止阴、阳极短路及析出锌包住阴极周边造成剥锌困难，通常阴极的两边缘粘压有聚乙烯塑料条。为了适应机械化剥锌的需要，现在有些工厂在电解槽两侧固定有聚乙烯绝缘导向装置，而阴极两边缘不需另外包塑料条。螺栓连接导电头的阴极结构示意图见图12-153，铜铝复合材料导电头与导电棒的连接见图12-154。

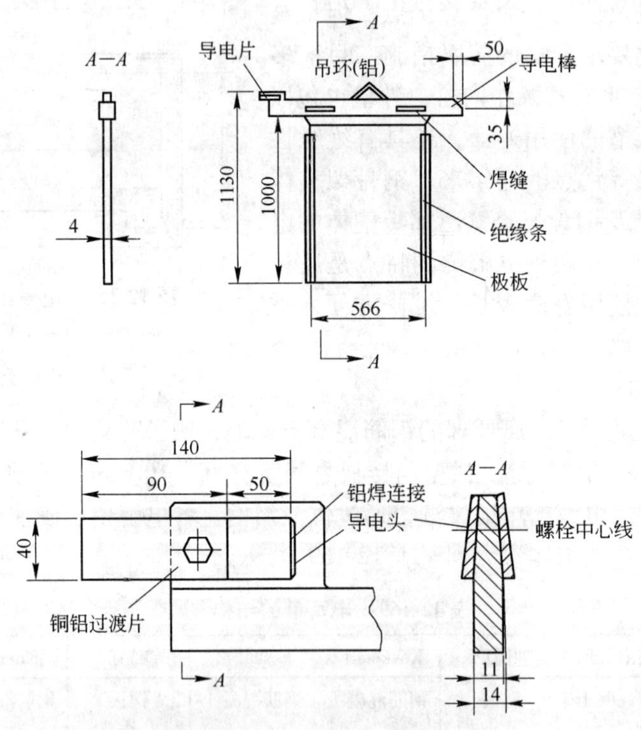

图12-153 常用阴极板结构示意

阴极尺寸依生产规模而变化，生产规模较大的工厂，多采用较大的阴极。一片阴极浸在电解液里面积平均为1.75m^2，而多数工厂采用1.0～1.5m^2的阴极。目前所建新厂均趋于采用大阴极。各工厂采用的具体阴极尺寸列于表12-170。大极板阴极为适应装出槽的机械化吊运，已将导电棒上的三角形吊环改为羊角型的吊钩，结构示意见图12-155。

图 12-154 铜铝复合材料导电头与导电棒的连接

图 12-155 大极板阴极的吊钩

表 12-170 阴极规格

尺 寸	株洲冶炼厂	彦岛厂	神冈厂	Nordenham 厂	Trail 厂	Balen 厂	Vesme 厂
长/m	1.0	1.12	1.06	1.122	1.520	1.745	—
宽/m	0.666	0.8	0.71	0.6	0.89	1.00	—
面积/m^2	1.15	1.7	1.3	1.25	2.3	3.2	3.4
厚/m	—	7	6	5	—	7	—
阴极寿命/月	—	—	19	—	13	48	—

注：神冈厂已改为 3.2m^2 的大阴极。

一个槽内所装阴极数取决于生产规模及电流密度。大型电解槽所装阴极数已超过 100 片。

由于剥锌机和计算机控制技术的应用，阴极尺寸已不受人体高度和体力限制，于是出现了一些采用浸没面积为 2.5m^2 以上的所谓“Jumbo”大型阴极自动化锌电积车间。目前国外采用大型阴极自动化电积车间有 10 多家，年生产能力合计 100×10^4t 以上。比利时巴伦电锌厂 1969 年开始用以机械化、自动化作业的大型阴极（2.6m^2/片），1982 年该厂又采用了浸没面积为 3.2m^2/片的 Super Jumbo 超大型阴极，其投资分别比手工操作的电积车间少 20% ~40%，操作工人的工作量与手工操作相比减少 1/2 ~2/3，劳动生产能率则提高 3 ~5 倍。电积槽也相应改为钢筋混凝土预应力并联结构，长约 10m 的大型电积槽，每槽装阴极片数高达 100 片。法国阿比炼锌厂更是采用了进一步改进设计所谓 Superjumbo Comptact Module（S. C. M.）大阴极（3.22m^2/片），每槽装阴极片数高达 124 片，投资与劳力消耗更低。

阴极浸没面积的发展及相应的锌电解特性列于表 12-171。

表 12-171 阴极浸没面积及电解特性

冶炼厂名称	阴极面积/m^2	每槽装阴极数/片	每槽总沉积面积/m^2	面积电流/$A \cdot m^{-2}$	槽电流/A	每槽产锌量/$t \cdot d^{-1}$	接触点电流/A	
							正常	最大
一般阴极	1	36~44	36~44	高达700	高达30000	0.79	700	1400
Valleyfield厂	1.6	44	70.4	375	26400	0.69	600	1200
Datteln厂	2.0	40	80	450	36000	0.95	900	1800
Balen厂	2.6	44	114	410	46740	1.23	1062	2124
Trail厂	3.0	50	150	400	60000	1.6	1200	2400
Balen厂	3.2	100	320	475	152000	4.0	1520	3040
Portvesme厂	3.4	56	190	350	66500	—	1530	3100

图12-156所示为同等规模（10kt/a阴极锌）电锌车间，采用大型、超大型及S. C. M.型阴极条件下车间配置的比较，技术经济特性列于表12-172。

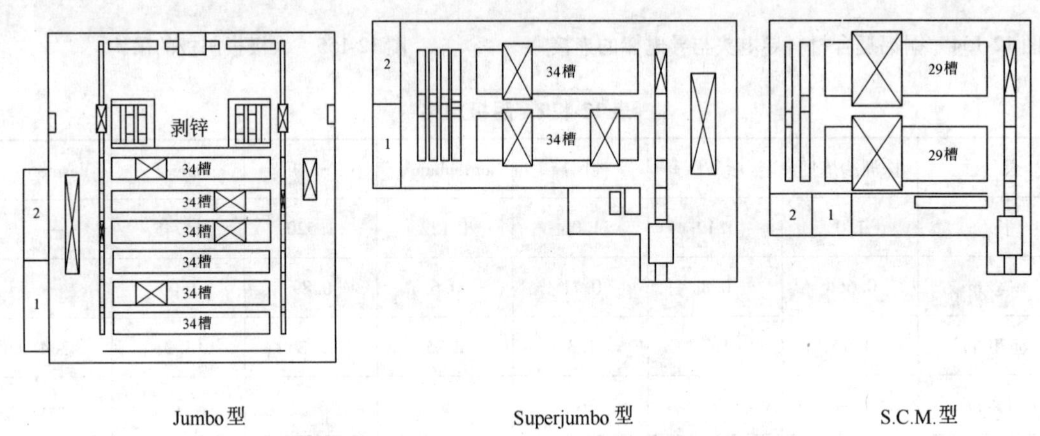

图12-156 三种阴极的电解厂房配置
1—整流室；2—控制室

表 12-172 三种大阴极锌电解系统技术经济特性的比较（450A/m^2）

项 目	Jumbo大型阴极槽	Superjumbo超大型阴极槽	S. C. M. 超大型阴极槽
每槽装阴极数/片	45	100	124
每个阴极浸没总面积/m^2	2.6	3.2	3.22
每槽阴极浸没面积/m^2	114	320	400
电解槽数/个	204	720	58
阴极总数/片	9180	7200	7192
单槽电解锌产量/$t \cdot (d \cdot 槽)^{-1}$	1.37	3.84	4.79
需要厂房面积/$m^2 \cdot (kt \cdot a)^{-1}$	49	29.7	23
需要厂房容积/$m^3 \cdot (kt \cdot a)^{-1}$	600	400	255
投资比/%	100	76	60
劳力/人·$h \cdot t^{-1}$ （直接生产+维修）	1.4 (1+0.4)	0.8 (0.6+0.2)	0.6 (0.5+0.1)
行车台数/台	8	4	2
剥锌机台数/台	2×2	1×2	1×2
运输机数/台	12	5	3

从上述数据及配置图看出，采用大面积阴极后，同等生产规模的电锌厂所需电解槽数目大为减少，厂房面积减小，行车等附属机械设备的台数大幅减少，操作工人的装出槽等作业量明显减轻，可以大大提高劳动生产率和节约投资。

比利时 Balen 电锌厂采用 3.2m^2 大阴极的操作制度及指标见表 12-173。其阴阳极尺寸见图 12-157。

表 12-173 Balen 电锌厂 3.2m^2 大阴极阴、阳极电积的工艺参数及技术经济指标

参数		数值	参数	数值
阴极浸没面积/m^2		3.2	电解液温度/℃	37
每槽装阴极数/片		96	阴极沉积时间/h	48
每槽阴极总有效面积/m^2		307	每槽每天产阴极锌量/t	3.6
面积电流/$A \cdot m^{-2}$		450	每天剥锌所需时间/h	12
槽电流/A		138000	电流效率/%	91
电解液成分/$g \cdot L^{-1}$	Zn	50	吨锌直流电耗/kW · h	3070
	H_2SO_4	200		

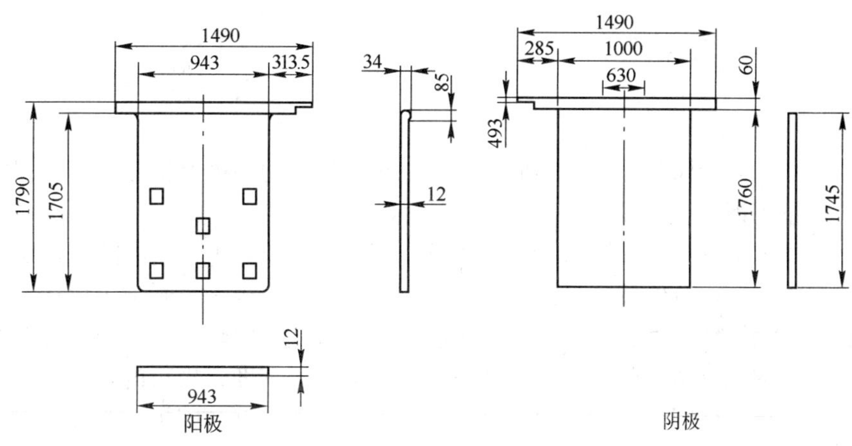

图 12-157 Balen 电锌厂 3.2m^2 大阴极及配套阳极的具体尺寸

加拿大 Trail 电锌厂采用大极板技术进行改造后，年产电锌达 272kt。改造前后，该厂进行了充分调查研究与中间工厂试验，改建后的新厂采用 3.0m^2 的大阴极，与老厂相比，其操作条件与效果对比见表 12-174。

表 12-174 改建后的新厂与老厂的对比

生产规模/$kt \cdot a^{-1}$	新厂：272	老厂：245	阴极总数/片	26928	49680
阴极浸没面积/m^2	3.0	0.87	阳极总数/片	26400	47520
电流密度/$A \cdot m^{-2}$	400	690	工作的电解槽数/个	528	2160
接触电流/A	1200	600	每个阴极沉积的锌重/kg	95	15
每天出槽阴极数/片	8800	47520	阴极沉积周期/h	72	24
每天起吊阴极的次数/次	176	4320	生产 1t 锌的电耗 /kW · h	2800	3400

从表12-174所列数据比较看出，采用大阴极后产能提高，操作量大幅减少，电耗大大降低。

日本神冈电锌厂原用1.3m^2的阴极，在扩建时改为3.2m^2的阴极，电耗降低10%。

由于受阴阳接触点通过的电流强度的限制，在现有技术条件下阴极浸没面积不可能无限制扩大。在一定的电流密度下，阴极浸没面积的大小与通过的接触电流强度的关系见图12-158。

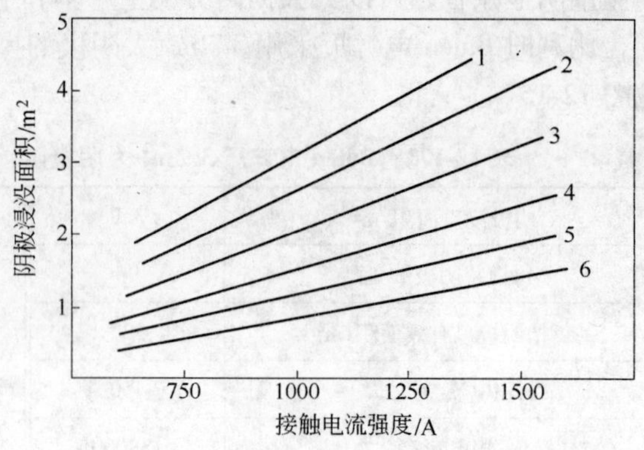

图12-158　阴极浸没面积与接触电流的关系

图中曲线	电流密度/A·m^{-2}	电积时间/h
1	320	96
2	370	72
3	450	48
4	660	24
5	800	16
6	1080	8

意大利Vesme港电锌厂采用大阴极特点是，应用Tonolli专利的铜接触片固定在铝导电头上，曾经在面积电流为450 A/m^2、接触电流为1530A（短期为3100A）条件下长期连续实验，没有发生重大问题。

阴极平均寿命一般为18个月，每吨电锌消耗铝板1.4~1.8kg。

12.4.6.3　阳极

阳极由极板、导电棒及导电头组成。目前电积锌使用的阳极有铅银合金阳极、铅银钙合金阳极、铅银钙锶合金阳极等。

目前，我国大部分工厂广泛采用铅银合金（含银0.5%~1%）阳极，其制造工艺简单，但由于含银较高而造价较高。阳极有铸造阳极和压延阳极。压延阳极比铸造阳极强度大、寿命长，对阴极锌污染较少。铸造阳极制作方便，质量较轻。阳极板可分为平板式和格网式两种。格网式可增大阳极面积，从而降低阳极电流密度，极板的重量减轻，但强度稍差。常用的极板为格网式。为减少阳极变形，近来出现了打孔阳极。阳极上的小圆孔可减轻极板重量及改善电解液的循环。阳极的结构示意图见图12-159。

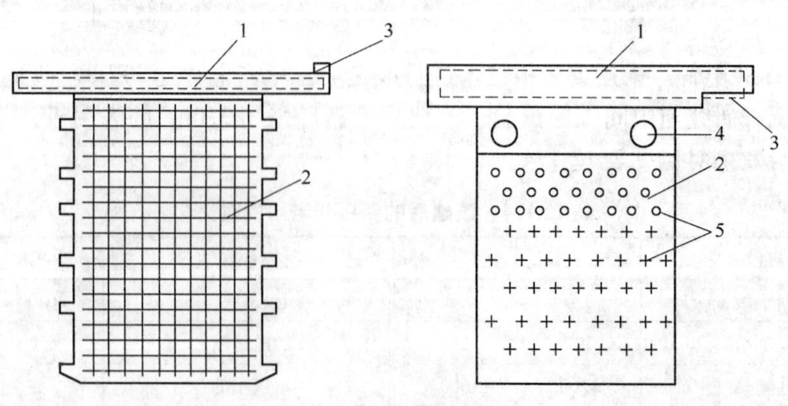

图12-159　阳极结构示意图

1—导电棒；2—极板；3—导电头；4—吊装孔；5—小孔（为减轻极板质量）

阳极尺寸依阴极尺寸确定，阳极的长、宽尺寸通常比阴极小 20mm。阳极一般为长 900 ~ 1077mm、宽 620 ~ 718mm、厚 5 ~ 6mm，格网内厚 3mm，重 50 ~ 70kg。随着机械化程度和溶液净化程度的提高，阴极片尺寸有扩大的趋势，阴极片甚至扩大到 3.2m^2，阳极面积自然也随之扩大。阳极寿命一般为 1.5 ~ 2 年，每吨电锌耗铅为 0.7 ~ 2kg（含其他铅料）。面积为 1.24m^2 的阳极工作一个月后约损失铅 5.8kg。为保证阴极板两面都均匀的沉积金属锌，电解槽中所装阳极数一般比阴极多 1 片。

阳极导电棒为紫铜板，外包铸 3mm 左右厚的铅，以避免在酸雾作用下生成硫酸铜落入电解槽污染产品。为使阳极导电棒的紫铜板与包覆的铅合金接触良好，工业生产中采用铸造包覆。先将铜板酸洗后挂锡，挂锡的铜板预热后在铸模中铸入铅银合金中，冷却后再与阳极板焊接在一起。导电棒端头紫铜露出的部分称为导电头，与阴极或导电板搭接。阳极板的两个侧边装有硬聚氯乙烯、聚乙烯及聚丙烯制成的绝缘条或嵌在导向装置的绝缘条内，可加强极板强度，防止极板弯曲发生接触短路。

目前，阳极板大多采用含银 0.5% ~ 1% 的铅银合金。优点是合金配置工艺成熟，加工工艺简单，循环利用率高。铅银合金阳极由于含银高使造价较高，还存在氧的析出电位高引起槽电压升高；材料硬度较小、易受机械磨损及化学腐蚀导致阴极锌被铅污染等缺点。为了提高析出锌质量、延长阳极寿命、降低造价、节约电能，多年来对阳极材质的选择进行过许多研究，比较成功的是在铅银合金中加入钙（小于 1%）。

钙的加入可降低氧的析出超电压，并能促使阳极表面由疏松的 α-PbO_2 转变为致密的 β-PbO_2。加拿大特累尔锌厂研究使用的 Pb-Ag-Ca（Ag 0.25%，Ca 0.05%）三元合金阳极、德国达特恩电锌厂及我国一些工厂研究使用的 Pb-Ag-Ca-Sr（Ag 0.25%，Ca 0.05% ~ 1%，Sr 0.05% ~ 0.25%）四元合金阳极被越来越多的电积锌生产厂家所重视，这种阳极具有强度高、硬度大、导电好、造价低，耐腐蚀、使用寿命长（6 ~ 8 年）、使用时表面形成的致密的 PbO_2 及 MnO_2 层使阴极析出锌含铅低、降低阳极电势从而降低电能消耗等优点。但其制造工艺较复杂。哈萨克斯坦奇姆肯特电锌厂采用 0.5% Ag + 1% Tl + 0.1% Ca + Pb 合金阳极，可降低阴极锌含铅。我国葫芦岛锌厂、沈阳冶炼厂等电锌厂先后试用了 Pb-Ag-Ca-Sr 和 Pb-Ag-Ca 合金阳极板，其 Ag 含量仅 0.2% ~ 0.3%，能节约 Ag 用量，降低阳极成本，且在电积过程中可节省 $SrCO_3$ 用量，降低槽压。但阳极回收时，钙和银的损失大，且长时间使用时极板弯曲，难以复原。前苏联试验过含 Th 1.78% 和 Ag 0.53% ~ 1.04% 的三元合金铅阳极，在工业电积条件下最耐腐蚀。日本专利介绍采用含 Ti 1% ~ 10% 的钛锰合金板作阳极，在电积时在阳极表面上镀上一层致密的 MnO_2 膜，使阳极实际上完全不溶，从而提高了阴极锌质量，同时还改善了电积指标，槽电压有所降低，电流效率比铅阳极提高 1%，钛合金阳极还具有质轻且强度大的优点。株洲冶炼厂也进行过节能钛阳极的工业试验。

某些工厂所用阳极的特性列于表 12-175。

表 12-175　部分工厂阳极的特性

特　性	株洲冶炼厂	俄罗斯某厂	彦岛厂	Trail 厂	神冈厂	Balen 厂	Nordenham 厂
阳极板（材质）	1% Ag	1% Ag	0.7% Ag	0.75% Ag	0.75% Ag	0.5% Ag	0.75% Ag
尺寸：长/mm	975	1075	1164	1500	1050	1705	965
宽/mm	620	650	730	840	610	943	550
厚/mm	6	8.7	10	—	10	12	8

续表 12-175

特 性	株洲冶炼厂	俄罗斯某厂	彦岛厂	Trail 厂	神冈厂	Balen 厂	Nordenham 厂
质量/kg	46	45	—	214	—	—	—
阳极寿命/月	—	19~20	—	72	59	42	—
隔离器绝缘材质	聚氯乙烯	聚氯乙烯					

我国锌电积用阴、阳极的规格实例见表12-176。表12-177是国外一些工厂锌电解槽、阴极和阳极规格的实例。

表12-176 我国锌电积阴、阳极规格实例

特 性	株洲冶炼厂	沈阳冶炼厂	西北铅锌冶炼厂	柳州锌品厂	开封炼锌厂
阴极：成分/%	Al 99.5~99.7	零号压延铝板	Al 99.5~99.7	压延铝板	
长/mm	1000	1020	1190	900	1000
宽/mm	666	665	800	600	666
厚/mm	4	4	6	4	4
有效面积/m^2·片$^{-1}$	1.13	1.13	1.6	0.9	1.2
绝缘条材料	聚丙烯	高压聚乙烯		聚丙烯	高压聚乙烯
质量/kg·片$^{-1}$	10.5	7~8	21.93		10.5
阳极：成分/%	Pb 99，Ag 1.0	Pb 99，Ag 1.0	Pb 99.3，Ag 0.7		Pb 99，Ag 1.0
长/mm	975	970	1170	960	975
宽/mm	620	620	780	540	620
厚/mm	6	6	7.3	8	6
绝缘条材料	聚丙烯	硬聚氯乙烯		硬聚氯乙烯	硬聚氯乙烯
质量/kg·片$^{-1}$	46	约50	99.5	50	50

表12-177 国外锌电解槽、阴极和阳极规格实例

项 目	彦岛炼锌厂	饭岛锌冶炼厂	达特恩电锌厂	瓦利菲尔德锌厂
电解槽规格（长×宽×深）/mm×mm×mm	2850×860×1750	3250×890×1525	3338×800×1450	3000×760×1370
电解槽结构	钢板焊接,内衬橡胶	钢板焊接,内衬硬橡胶	钢筋混凝土内衬铅板	钢筋混凝土内衬铅板
同极距离/mm	75	75		75
每槽装入极片数：				
阴极/片	33	38	40	36
阳极/片	34	39	41	37
阴极规格（长×宽×厚）/mm×mm×mm	1164×800×6	1050×780×5	1300×600×5	914×533×5
有效面积/m^2			1.2	0.8
阳极规格（长×宽×厚）/mm×mm×mm		1030×745×8	1250×550×8	876×495×8
铅阳极含银/%	0.75	1.0	0.75	0.75

续表 12-177

项　目	蒂明斯电锌厂	巴特勒斯维尔锌厂	大瀑布厂	里斯敦锌电解厂
电解槽规格（长×宽×深）/mm×mm×mm	3353×787×1397	有效容积 9.0m^3	2790×1016×1520	3930×850×1380
电解槽结构	钢筋混凝土内衬铅皮	钢筋混凝土内衬沥青	木槽内衬铅皮	木槽内衬铅皮
同极距离/mm	76	90	75	76
每槽装入极片数：				
阴极/片	40	44	27	44
阳极/片	41	45	28	45
阴极规格（长×宽×厚）/mm×mm×mm				1140×635×6.4
有效面积/m^2	1.07	2.6		
阳极规格（长×宽×厚）/mm×mm×mm	有效面积 0.98m^2			1105×580×9.5
铅阳极含银/%	0.75	0.25		1.0

12.4.6.4　供电设备与电路连接

锌电积生产直流电的供电设备有硅整流器和水银整流器两种。硅整流器具有整流效率高（大于98%）、无汞毒、操作维修方便等优点，被多数工厂采用。在选择整流器时，必须适应电解槽总电压降和电流强度的要求。

电解槽按行列组合配置在一个水平上，构成供电回路，电路按槽与槽串联、槽内电极以并联的方式连接。一个车间内的电积槽的配置原则是：紧凑而便于操作和维修，供电、供液线路最短，而且漏电可能性最小。供电回路一般按双列配置，可为 2～8 列，最简单的配置是由两列组成一个供电系统。如某厂每 240 个电积槽组成一个供电回路，在这个系统中，又按每 40 个串联的电积槽组成一列，共 6 列。图 12-160 所示为两列组成一个供电系统的配置。每列电解槽内交错装有阴、阳极，依靠阳极导电头与相邻一槽的阴极导电头采用夹接法（或采用搭接法通过槽间导电板）实现导电。列与列之间设置导电板，将前一列的最末槽与后一列的首槽相接。因此，在一个供电系统中，列与列和槽与槽之间是串联的，每个槽的阴、阳极是并联的。

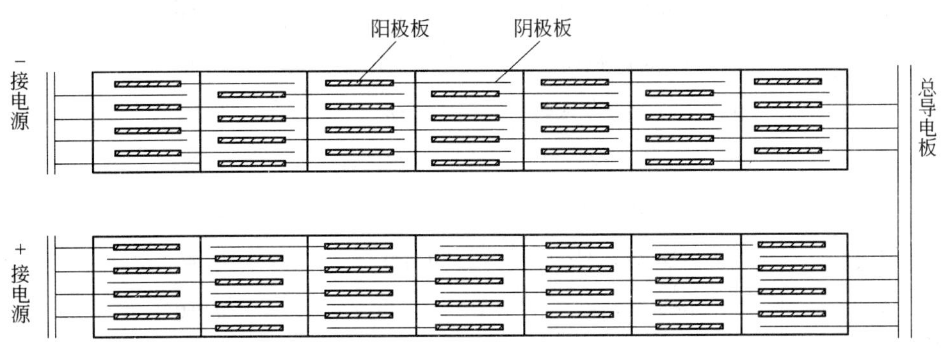

图 12-160　成组式电解槽的供电系统

一般连接列与列和槽与槽的导电板为铜排，电解槽与供电所之间的导电板用铝排或铜排。供电所应尽量靠近电解厂房，以减少导电板的长度及导线电阻。导电板用电阻率为0.017～0.074Ω·m的铜板或电阻率为0.092Ω·m的铝板做成。导电板的断面按允许电流密度1.0～1.2A/mm^2计算。

12.4.6.5 电解液冷却方式与设备

锌电积沉积过程中，由于电解液电阻的存在，电积液在直流电作用下产生热效应，同时还有锌等金属的反溶发热，使电积液温度逐渐升高，甚至超过正常电积过程所规定的容许温度（35～45℃）。电积液温度过高引起阴极上氢的超电压减小，锌从阴极上的溶解速度增大，杂质的可溶性增加，从而加剧了杂质的危害，使电流效率下降。另外，过高的槽温使硬PVC电解槽变形甚至损坏。因此，为维持电解槽的热平衡，保证稳定的电积液温度，必须设置电积液的冷却设施。

根据山田等人的统计，年生产能力在5kt以下的工厂，电解液的温度宜稳定在36.9℃；年产量5～10kt的工厂的电解液温度宜稳定在34.7℃。

株洲冶炼厂锌电积的热平衡测定列于表12-178。根据设计资料计算的锌电解热平衡列于表12-179。

表12-178 锌电积的热平衡（测定周期27h）

序号	热收入			
	项目	数值		
		Gcal/h	GJ/h	%
1	直流电供入热量	7.661	32.023	34.28
2	混合液带入物理热	14.754	61.672	65.82
合计		22.415	93.695	100.00
序号	热支出			
	项目	数值		
		Gcal/h	GJ/h	%
1	析出锌带走物理热	忽略不计	忽略不计	—
2	理论分解电压降耗能	4.868	20.348	21.72
3	废液带走物理热	15.770	65.919	70.35
4	电积液表面蒸发水分吸热	0.164	0.686	0.73
5	电积液表面散热	0.164	0.686	0.73
6	接点电压降耗能	0.141	0.589	0.63
7	浓差极化及电化学极化耗能	1.470	0.145	6.56
8	槽体表面散热	0.110	0.460	0.49
9	误差及其他	-0.272	-1.138	-1.21
合计		22.415	93.695	100.00

表 12-179 锌电积的热平衡（计算值）

收入			支出		
项目	kJ/h	%	项目	kJ/h	%
电流通过产生的热量	44832	50.98	废液带走的热量	34066	38.73
新液带入的热量	43116	49.02	电积液表面蒸发损失热量	4528	5.15
			电积液喷溅损失热量	102	0.12
			辐射、对流、传导损失热量	514	0.58
			剩余热量	48734	55.42
合计	87948	100.00	合计	87944	100.00

从热平衡表看出，电热效应产生大量的热，如果不能及时排除这些热量，电积液温度便会升高。因此在工业生产中，应排除电解槽内多余的热量，从而使电积液温度保持稳定。

在工业上，电积液的冷却曾先后采用过槽内分散冷却、真空蒸发冷却和槽外集中冷却三种方式，表 12-180 为三种冷却方式的特点。

表 12-180 三种冷却方式的特点

冷却方式	优点	缺点
槽内冷却	设备简单，容易上马，动力消耗少	间接热交换的水消耗大；受地区条件限制；电积槽利用系数小；耗用较多有色金属
真空蒸发冷却	不受地区气候条件限制，能保证电积液达到较低温度，电积槽利用系数大；由于蒸发水分可增加洗渣水量，降低渣中水溶锌，从而提高锌的直收率	设备制造较复杂，投资大，蒸汽和水消耗量大，能耗高，经营费用高，须经常清理结晶
空气冷却塔冷却	设备制造比较简单，不消耗水和蒸汽，电积槽利用系数大，经营费用低，可蒸发部分水分，操作维修方便	电积液的循环量较大

国内外近年来新建和改扩建的电锌厂均采用空气冷却塔冷却电积液，已不再采用槽内分散冷却和真空蒸发冷却，槽外集中冷却设备大多采用喷淋式空气冷却塔。

空气冷却塔必须根据冷却要求和地区气候条件进行设计选型。按通风方式，空气冷却塔可分为自然通风和机械通风（强制通风）两类；按被冷却电积液与空气流动方向，可分为逆流式和横流式两类；按被冷却液喷洒成的冷却表面形式，分为点滴式、点滴薄膜式、薄膜式和溅水式四种；按外围结构方式，分为敞开式和密闭式两类；在机械通风中，又分为抽风和鼓风两种。

如果溶液含酸具有腐蚀性、含悬浮物、有钙盐和镁盐结晶物析出、冷却幅宽不大、冷却后溶液温度要求比较严格和溶液损失要小等，应采用具有较好捕滴装置的强制鼓风逆流喷淋式的空气冷却塔。目前，国内各电锌厂采用的冷却塔大都属于此类型。它的工作原理是：电积液从上至下通过空气冷却塔，而在该塔的下部强制鼓风，使空气在与溶液逆流运行的过程中，带走大量蒸发的水分，达到降低电积液温度的目的。

冷却塔可分为圆形、方形或长方形断面，一般能力较大的冷却塔宜采用长方形。如比利时一电锌厂的冷却塔为长方形，长8m，宽4m，高8m，最大送风量（标态）为$220\times10^3m^3/h$，每1h喷洒溶液150~200m^3。水分蒸发量约为加入的新电积液量的9%~14%，循环的溶液量约为加入新液量的10~15倍。表12-181为我国常用的鼓风式玻璃钢空气冷却塔的特性。

表12-181 鼓风式玻璃钢空气冷却塔系列

项目		WB-L50	WB-L40	WB-L30	WB-L24	WB-L12.5
塔体尺寸$(B\times L\times H)$ /mm×mm×mm		5015×10800 ×10025	5015×10800 ×10025	5015×10800 ×10025	5015×10800 ×10025	5015×10800 ×10025
冷却介质		锌电积液	锌电积液	锌电积液	锌电积液	锌电积液
冷却液量/$m^3\cdot h^{-1}$		250~300	250~300	250~300	250	68
冷却面积/m^2		50	40	30	24	12.5
冷却温度/℃	进液	40~41	41	40~41	41	50
	出液	35~36	35	35~36	35	45
鼓风机	风量/$m^3\cdot h^{-1}$	25×10^4	25×10^4	$(18\sim20)\times10^4$	$(18\sim20)\times10^4$	47500
	风压/Pa	250	250	196~245	196~245	370
	电机型号	Y200L_2-6	Y200L_2-6	Y200L_1-6	Y200L_1-6	JDO_2F618/6
	功率/kW	22	22	18.5	18.5	4.5/8.5

空气冷却塔是借助于增湿鼓入塔内空气来使电积液中的水分蒸发和利用鼓入的冷空气与热电积液两者温度差的热传导，以降低被冷却的溶液温度。因此，进塔空气温度和相对湿度越低，冷却能力则越大。在工业上，常称被冷溶液出塔温度与进塔湿空气温度差为冷却幅高；被冷液进塔与出塔温度差为冷却幅宽。冷却幅高越大，冷却幅宽越小，其冷却能力越大。实践中，冷却幅宽一般为5~10℃。

空气冷却塔安装在室外，应高出附近建筑物的房顶标高，以免捕滴装置损坏时排出的湿空气可能夹带酸雾影响其他作业区域。冷却后的电积液由集液槽经溜槽分流到电解槽中。

我国湿法炼锌厂多采用空气冷却塔集中冷却电积液。冷却塔是一个中空的长方形槽塔，槽体为内衬环氧树脂玻璃钢的钢筋混凝土结构或钢板焊制结构，玻璃钢槽体内衬软塑料的冷却塔正被愈来愈多的厂家所使用。通常塔身高10~15m，槽截面积25~50m^2。电积液自上而下喷洒成滴至槽底。塔下部侧面装有轴流式风机，大型风扇将冷空气从塔体一侧鼓入，冷空气自下而上逆流运动，达到蒸发水分带走热量、冷却电积液的目的。塔顶设置有喷淋及捕滴装置，喷淋装置是将送至冷却塔的电解液经分配后喷洒成小液滴或较小束状液体的装置，种类一般有喷头、小型束管、螺旋式喷嘴等。塔顶捕滴装置用硬塑料板做成格栅捕滴，其上铺有厚50~100mm尼龙纱网，以便捕集被空气带上来的微小电积液液滴，减少电解液的损失及对环境的污染。捕滴层愈厚，捕滴效果愈好，但增加了风机的阻力。某厂将捕滴装置安装至喷淋装置的上部，不仅达到了捕集液滴的目的，而且减少了因液体

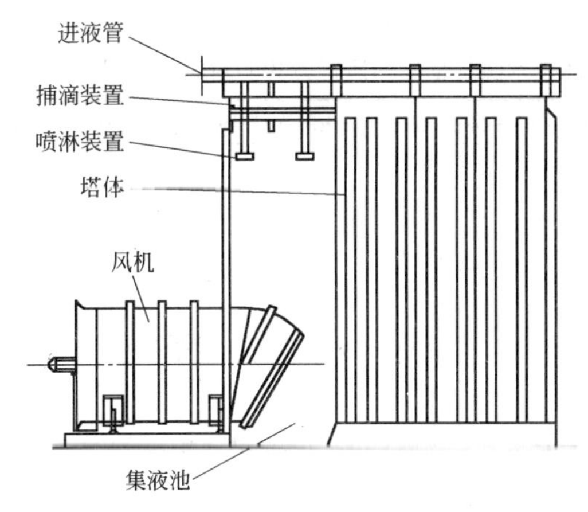

图 12-161 空气冷却塔结构示意

喷溅至捕滴装置上造成结晶物（$CaSO_4$、$MgSO_4$ 结晶）堵塞捕滴装置的现象，收到了良好效果。塔底为集液池，为混凝土结构，内衬环氧玻璃布，深 400mm，池底坡度 1%。电积液经冷却后落入集液池，然后流出塔体进入大循环系统。塔底一般还设有 ϕ460 ~ 1000mm 的排晶管，以便在清理塔内结晶物时将结晶物运出塔体，工作时排晶管用聚氯乙烯罩罩住，以防止液体流失。图 12-161 所示为我国空气冷却塔示意结构，我国电积液空气冷却塔的特性见表 12-181。

由于蒸发带走了电解液中的部分水分，这就允许在洗涤锌渣时多加水，从而可以提高锌的回收率。

空气冷却塔具有动力消耗少、简单、可靠、投资少、维修方便等优点，因而得到广泛应用。但空气冷却塔也存在动力消耗大，受地区条件限制，同时还受季节和空气湿度的限制的缺点。

我国湿法炼锌企业一般采用矩形冷却塔和圆形冷却塔对硫酸锌溶液进行冷却。矩形冷却塔为单源吸风，轴向捕滴，纵横喷淋，容易造成液滴喷洒不均匀，喷淋空穴增多，气流短路通道增加和换热效率降低；而且捕滴装置负荷大，积存液滴多，易形成板结，捕滴能力衰减快。圆形冷却塔为单源吸风，轴向捕滴，径向喷淋，它的应用消除了喷淋空穴效应，大幅度地减少气流短路通道，换热效率得到提高，但同样存在捕滴装置负荷大，积存液滴多，喷淋管穿透处短路跑液等问题。

针对上述情况，国内自主研发了一种新型的双源吸风冷却塔，其结构示意图见图 12-162。该冷却塔具有双源吸风、径向捕滴、径向喷淋的技术性能，其冷却能力是矩形冷却塔的 1.5 倍以上，温降 6℃以上；实现深度捕滴可去除大量酸雾，出塔气流含酸降低到 2mg/m^3 以下，同时实现了锌电解液冷却与锌电解车间零成本通风，可将锌电解车间空气含酸降低到 3mg/m^3 以下。双源吸风冷却塔已在西部矿业股份有限公司、祥云飞龙实业有限公司等 5 家湿法炼锌企业使用，为锌电解车间实现清洁节能生产提供了有效的技术保证。按上述 5 家企业应用双源吸风冷却塔的年产 180kt 电锌产能计算，每年可减排酸雾 72kt。

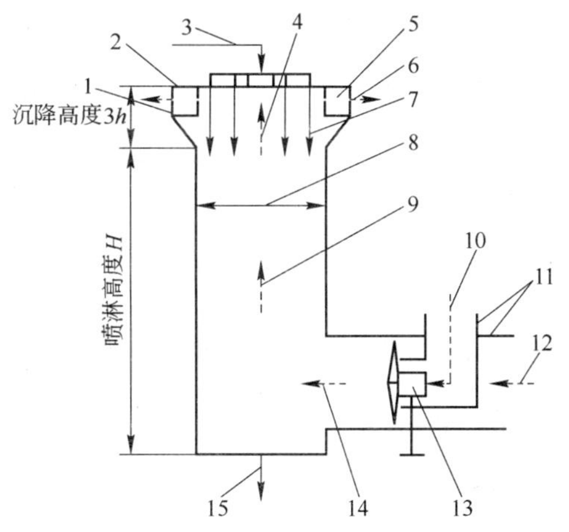

图 12-162 50m^2 双源吸风冷却塔结构示意图
1—百叶窗；2—塔顶盖板 ϕ10000mm；3—锌电解液；4—换热后气流；5—径向捕滴装置；6—气流径向出塔；7—径向喷淋装置；8—冷却面积 50m^2/ϕ8000mm；9—气流双螺旋流动；10—清新空气；11—风管；12—电解车间含酸空气；13—风机风量 36×10^4m^3/h；14—进塔气流；15—冷却后液

双源吸风冷却塔与传统冷却塔的技术经

济指标对比见表12-182，通风、冷却、除酸实施效果见表12-183。

表12-182 双源吸风冷却塔与传统冷却塔技术经济指标和运行方式的对比

项 目	单 位	$50m^2$ 矩形冷却塔	XMT-$50m^2$ 圆形冷却塔	XMT-$50m^2$ 双源吸风冷却塔
冷却面积	m^2	50	50	50
冷却能力	kJ	6.28×10^6	10.886×10^6	12.56×10^6
出塔酸雾	mg/m^3	≤20	≤20	≤2
电解液流量	m^3/h	≤350	≤500	≤600
进塔风量	m^3/h	36×10^4	36×10^4	36×10^4
风机功率	kW	30	30	30
进塔风源		清新空气	清新空气	清新空气+含酸空气
喷淋方式		纵横喷淋	径向喷淋	径向喷淋
捕滴方式		轴向捕滴	轴向捕滴	径向捕滴
气流出塔方式		轴向出塔	轴向出塔	径向出塔
喷淋高度	m	10.5	10.5	10.5
沉降高度	m	1.3	1.3	3.9
塔筒尺寸	mm	10000×5000×13500	ϕ8000×13500	ϕ8000/10000×13500
占地面积	mm×mm	17000×7000	17000×8000	17000×10000
车间含酸空气吸风量	m^3/h	0	0	$\leq27\times10^4$
设计配置（100kt/a）	台	12	6	6
设备+土建工程造价	万元/台	90	120	180
风机电耗（100kt/a）	$\times10^4$kW·h/a	312	156	156
维修费	%	100	50	50

表12-183 XMT双源吸风冷却塔与XMT圆形冷却塔的通风、冷却、除酸效果

用户名称	冷却面积 /m^2	出塔酸雾 /$mg\cdot m^{-3}$	冷却效果	含酸空气 /$m^3\cdot h^{-1}$
圆形冷却塔				
云南金鼎锌业有限公司	50	≤20	进液35℃，出液27℃；流量450m^3/h；气温22℃	$\leq27\times10^4$
葫芦岛锌冶炼有限公司	50	≤20	进液41℃，出液33℃；流量600m^3/h；气温24℃	$\leq22\times10^4$
甘肃西和锌业有限公司	50	≤20	进液40℃，出液32℃；流量500m^3/h；气温22℃	$\leq27\times10^4$
株洲冶炼集团有限公司	50	≤20	进液34℃，出液27℃；流量628m^3/h；气温17℃	$\leq27\times10^4$
双源吸风冷却塔				
西部矿业锌业分公司	50	≤2	进液65℃，出液36℃；未开风机；气温24℃	$\leq27\times10^4$
宁夏石嘴山电锌厂	20	≤2	进液40℃，出液32℃；气温24℃	$\leq12\times10^4$
红河锌联工贸有限公司	20	≤2	进液40℃，出液32℃；气温24℃	$\leq12\times10^4$
白银鑫大冶炼有限公司①	50	≤2	温降≤8℃；流量600m^3/h	$\leq27\times10^4$
祥云飞龙实业有限公司①	50	≤2	温降≤8℃；流量600m^3/h	$\leq27\times10^4$

①设计数据，其他为生产数据。

12.4.6.6 剥锌与剥锌机

锌电积车间的正常操作主要是出装槽和剥锌。沉积在铝板上的阴极锌，过去都是人工剥取，劳动强度大，需要的劳动力多。一个年产 1×10^5t 锌的锌电积车间，平均日产 300t 以上，当电流密度为 600A/m^2，每片阴极沉积面积为 0.9m^2 时，每天要剥两万张阴极。剥锌机的出现为减轻劳动强度、减少劳动力创造了良好条件。随着科技的发展，愈来愈多的生产厂家采用大阴极进行电积锌生产，这就需要有相适应的吊车运输系统及机械剥锌自动化系统。目前，已有 4 种不同类型的剥锌机用于生产，其简单工作原理如下：

（1）马格拉港铰接刀片式剥锌机：将阴极侧边小塑料条拉开，横刀起皮，竖刀剥锌；

（2）比利时巴伦双刀式剥锌机：剥锌刀将阴极片铲开，随后刀片夹紧，将阴极向上抽出；

（3）日本三井式剥锌机：先用锤敲松阴极锌片，随后用可移式剥锌刀垂直下刀进行剥离；

（4）日本东邦式剥锌机：使用这种装置时，阴极的侧边塑料条固定在电解槽里，阴极抽出后，剥锌刀即可插入阴极侧面露出的棱边，随着两刀水平下移，从而完成剥锌过程。每片阴极锌的剥离时间为 6 ~ 8s，且剥锌与研磨极板在同一机械内完成。

研磨刷板是清刷阴极铝板表面的污物，并使铝板表面重新形成一层致密氧化铝层的过程，以利于锌沉积及剥离。

国外许多电锌厂已实现了出装槽和剥锌的机械化和自动化，其中比利时巴伦电锌厂的自动机械剥锌装置投资和生产费用较低，效果良好。出装阴极的吊车为框架结构，逐行逐槽地将需要剥锌的阴极从槽内提出来，装在极片运输车上送去剥锌，运回空白阴极装入槽内。同时采用计算机控制吊车出装槽、控制机械剥锌和码堆。生产实践证明，采用机械剥锌对节约基建投资、提高劳动生产率效果非常明显。已实现机械剥锌和计算机控制的锌电积车间的共同特点是：采用较低的电流密度（300 ~ 400A/m^2），延长剥锌周期为 48h，增大有效阴极面积。这些工厂只有 0.5% ~ 1% 的阴极需要人工剥锌，大大节约了劳动力。目前国内只有大型电锌厂实现了机械化出装槽，但从阴极板上剥离锌片大部分采用手工操作。2005 年 8 月，驰宏公司年产 100kt 电锌厂在国内首次实现深度净化-长周期电积-机械剥锌的工业生产，电积周期 48h，剥锌成功率达到 90% 以上。

巴伦电锌厂对机械剥锌与手工剥锌的经济效果作了对比，结果列于表 12-184。

表 12-184 手工剥锌与机械剥锌效果对比

项 目	单 位	手工操作	机械剥锌
产 量	t/a	70000	70000
电流密度	A/m^2	320	400
沉积时间	h	48	48
电解槽数	个	400	160
每槽装阴极数	个	44	44
每个阴极面积	m^2	1.3	2.6
每个电解槽阴极总面积	m^2	57	114
占地面积	%	100	61
铅、银消耗量	%	100	82
铝的消耗量	%	100	66
每人每班剥锌量	t/(人·班)	6.7	22.5

图12-163所示为一种锌片铲剥机构的示意图。开始剥离时，两把铲刀2同时向前伸出一段距离，压滚气缸8动作，使铲刀紧贴阴极板。此时另一侧的V形挡板7使阴极板保持在规定位置上。铲刀从锌片的左上角插入锌片与阴极板之间，阴极板提升气缸3将阴极板向上提升一小段距离以便铲开一个缺口，然后铲刀顺势从一侧向另一侧水平进刀，使锌片的上方全宽上开缝，继之铲刀位置保持不变，利用提升气缸将阴极板继续上提，以使锌片从阴极板上完全剥离下来。

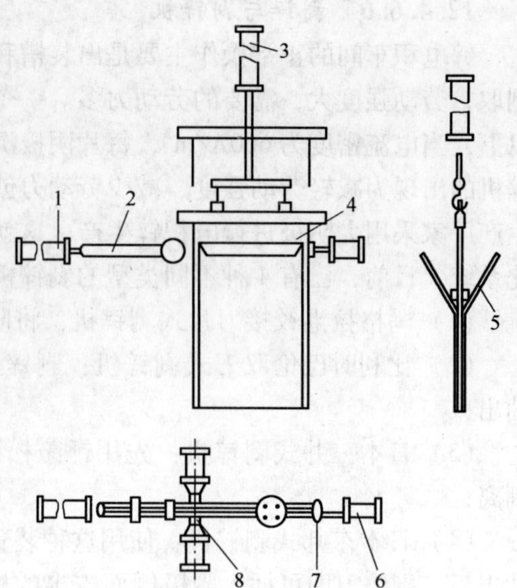

图12-163 锌片铲剥机构简图

1—铲刀驱动气缸；2—铲刀；3—阴极板提升气缸；4—阴极板；5—锌片；6—V形挡块气缸；7—V形挡块；8—压滚气缸

12.4.6.7 阴极刷板机

经剥锌及平板后的阴极铝板用刷板机清刷表面的污物。刷板机分为立式与卧式两种。卧式刷板机只有一个刷轮，一次行程只能刷铝板的一面；而立式刷板机由于有两个刷轮，一次行程可以刷铝板的两面，所以，它比卧式刷板机的生产效率高、劳动强度小。立式刷板由刷轮驱动与阴极提升机构两大部分组成，其结构如图12-164所示，生产能力为1800片/(台·日)。

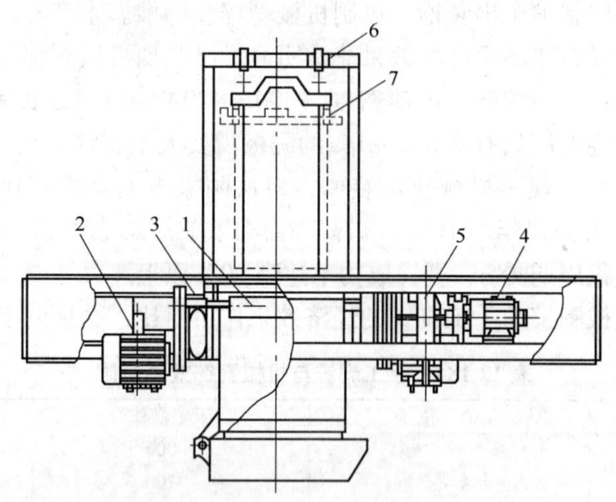

图12-164 立式阴极刷板机

1—刷轮；2，4—电机；3—手轮；5—减速机；6—卷筒滑轮；7—升降钩

12.4.7 锌电积过程的操作与控制

12.4.7.1 电积过程的开、停槽操作

锌电积正常生产过程中的停槽和开槽作业是指计划停产检修前和检修后的作业过程。

因此，在停槽前就要为开槽做好必要的准备工作，以确保开槽的顺利进行。

（1）停槽。停槽包括准备、出槽压减电流、阴阳极板处理和电解槽的清理。

1）停槽前的准备工作：首先要压缩系统溶液体积，保证一个系列的电解槽能够全部出空。准备好充足的新阳极以便更换不能继续使用的阳极板。准备好充足的导向架、绝缘条，以便在掏槽过程中对已损坏的导向架进行更换。

2）出槽压减电流：在停槽前逐渐取出槽内部分阴极板，并相应压减电流。出槽取板从电解槽进液端开始，一般先取出一吊阴极（18～24 片），相应压减一定电流，直至最后槽内留有 18～24 片阴极，停止循环并断开电源，然后尽快取出剩余的阴极。将取出阴极上的锌片剥下，阴极板经检修、平整后排放整齐备用。

3）阳极板处理：将所有的阳极板逐片吊出，放在准备好的阳极架上，用蒸汽清洗好导电头，清除板面上黏附的阳极泥和硫酸锌结晶，平整、擦干净导电头，更换不良极板，并用塑料膜盖好，待电解槽清理工作完成后再装回电解槽。

4）电解槽的清理：拔出电解槽的底塞，将槽内阳极泥放出，并彻底清理电解槽内壁及导向架上黏附的阳极泥及结晶物，用水冲洗干净备用。最后将槽间导电板擦洗干净，并将准备好的阳极装入电解槽中。

（2）开槽。开槽包括准备、灌液检漏、装阴极板和通电镀膜。

1）准备工作：清理经过清洗、平整，研磨的阴极板，并把导电头刷洗干净，然后进行槽面备板工作，每槽备足 18～24 片阴极并整齐放置在槽面上。同时将阳极导电头及铜排擦拭干净。

2）灌液检漏：将经过检验合格的电解废液和新液均匀加入到电解槽内，并进行检漏和处理漏液的溜槽、管线、电解槽及分配槽。

3）装阴极板：待补液及检漏工作结束后，调整好阳极极间距。然后沿槽列在每个电解槽的同一端装入相同数量的部分阴极板，便可送电。随后逐步装入阴极并随之增大电流。

4）通电开槽：通电开槽有两种开槽方法：

①中性开槽：将电路连接好后，向槽中灌满中性硫酸锌溶液，然后接通电路。通电后的最初一段时间内槽电压较高，随着电积过程的进行，电解液中的硫酸浓度逐渐增加，槽电压渐渐降低。当电解液含酸达 8～10g/L 时，向电解槽供入新液进行循环。电解液温度达 30℃以上开动冷却塔转入正常生产。中性开槽无需配液，但开槽通电时，溶液电阻较大，电压较高，开槽操作较为复杂。

②酸性开槽：将硫酸与硫酸锌配成含酸 70～80g/L、含锌 50～55g/L 的电解液，经冷却后加入电解槽内。迅速装入阴极并接通电路，同时开始电解液循环，转入正常电解。酸性开槽时，配液、灌液工作量较大，但开槽通电比中性开槽顺利。

5）通电镀膜：阳极镀膜的目的是在低温、低电流密度条件下进行电解，使在阳极析出的氧气与铅反应，在阳极表面形成一层二氧化铅保护膜，从而保护阳极不被硫酸溶液腐蚀。新投产的电解车间，必须对所用新阳极要进行预先镀膜。对于检修后的开槽，由于检修中一般都要更新损坏的阳极，也要安排一个镀膜过程。

工业生产过程中，镀膜作业与通电开槽作业相衔接。对于新投产的电锌系统，镀膜一般在通电开槽后即进行。其过程及技术条件是：通电后调整电流密度为 27～31A/m^2，并控制整个镀膜期间电流稳定。电解液温度控制为20℃，电解液含锌40g/L左右，含酸70～80g/L，经24h后，在阳极表面观察到一层棕褐色氧化膜说明镀膜完成。镀膜期间可间断循环电解液，此后逐渐升高电流至正常生产规定的电流密度，并加大循环量，转入正常生产；对于检修后投入运行的系统，镀膜的操作过程为：阴极板装好开始送电并逐渐增大电流，阴极电流密度增加到400～500A/m^{2}后2～4h，待阴极板上镀有一层锌后，便可进行阳极镀膜。此时，须将电流密度降低到40～60A/m^2，控制电解液含酸25～30g/L，间断循环电解液保持温度20～30℃。24h后，陆续升高电流至正常生产规定的电流密度并加大循环量，待析出锌达到一定厚度后出槽剥锌。以后，按正常生产条件运行。

12.4.7.2 电解液循环调节与温度控制

现代锌电积生产车间供液多采用大循环制，即从电解槽溢流出的废电解液（含酸130～170g/L、含锌45～55g/L）先汇集于废液溜槽，再流入循环槽及废液槽。循环槽内的废电解液与新液按体积比（(5～25)：1）混合后送至冷却系统冷却，从冷却塔后来的低温电解液通过供液溜槽供给电解槽。废液槽内的废电解液返回浸出车间作溶剂。电解液上进下出循环的流动方向如图12-165所示。

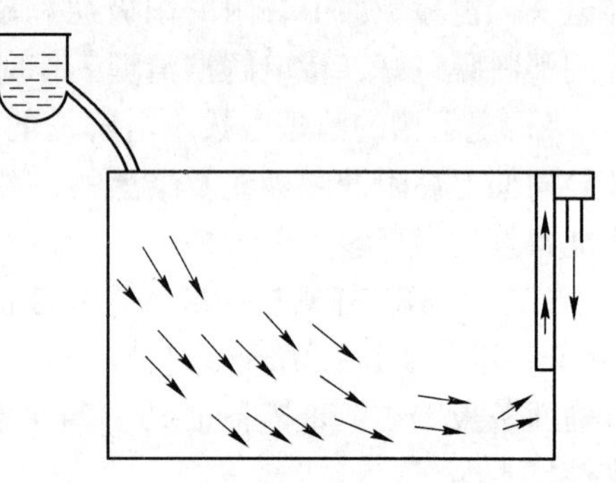

图12-165 电解液循环示意图

电积锌过程中，在直流电作用下会产生电热效应，使电解液温度逐渐升高，甚至超过电解过程所规定的允许温度（35～45℃），为保证电解过程所需的正常温度条件必须对电解液进行冷却。电解液经冷却系统冷却，温度降低。同时，水分蒸发使体积浓缩。溶液中的硫酸钙、硫酸镁会以白色透明的针状结晶析出，牢固地结附在管道、溜槽、冷却系统等设备内壁，形成结构致密的晶状结垢，影响电解液的正常循环及冷却效果。由于硫酸钙在酸性溶液中的溶解度在29℃时最低，因此，电解液冷却后的温度控制在33～35℃为宜。

12.4.7.3 槽面管理与技术条件控制

槽面管理与电解液的循环紧密相关，其主要任务是：当电流密度确定后，按技术条件控制电解液的锌酸浓度、电解液的温度及正确使用添加剂。

保证合理的电解液循环流量和各槽流量均衡，是获得好的技术经济指标的条件之一。大循环流量对于消除锌离子贫化具有重要意义，而且对槽温控制带来便利。

电积锌生产中要维持电解液中一定的锌、酸含量，在实际过程中，通过化验分析电解废液中的锌、酸含量，计算酸锌比作为控制依据，酸锌比一般控制在3.0～4.0之间。电解液的锌酸含量一般用比重计进行测定，当密度增大时，说明电解液含锌高、含酸低，这时应减少电解液流量；当密度降低时，即电解液含锌低、含酸高，则应增大电解液流量。目前，某厂正在试用电解液锌、酸含量计算机自动检测仪来取代人工化验，以便实现酸锌比的平稳控制。

电解槽内的温度是主要的技术控制条件之一，一般用酒精温度计在槽内直接测定。槽温一般控制在36～42℃之间，冬天控制不超过40℃，夏天不超过45℃。如发现个别电解槽槽温过高时，应检查该槽循环液流量是否偏小，或者是否有极板接触短路或烧板现象。

可适当增大流量并及时消除电解槽中的短路。若槽温出现普遍升高，应检查冷却塔是否正常、混合液比例是否适当并检查电解液的质量等。

锌电积最常用的添加剂是动物胶和碳酸锶。动物胶的加入须根据析出锌表面状况及时调整加入量，用较高温度的热水（大于 80℃）溶化并搅拌均匀后，均衡地加入电解槽。添加方式可连续加入，也可每隔 1 ~ 2h 加一次，保持浓度为 10 ~ 15mg/L；碳酸锶的加入需根据电解液含铅量或析出锌含铅量及时调整加入量，均衡持续的加入到混合分配槽中，随循环液连续送入电解槽。加入方式可以以固体粉末直接添加、也可以用水浆化成混悬液后添加。当发现析出锌含铅高或刷洗阳极板、清理电解槽阳极泥时，须往槽内增加碳酸锶的加入量。加入量一般每槽加 5g，清理电解阳极泥后每槽按 10 ~ 15g 添加。为改善剥锌状况，于出槽前 10 ~ 15min 向电解槽内加入酒石酸锑钾（吐酒石），吐酒石预先以温水溶解，并保持电解液含锑 0.12mg/L，不可多加，否则引起烧板。

12.4.7.4 出装槽操作及极板的处理

锌电积出装槽操作是指在作业期间内（一般出装槽周期为 24h），将阴极提出剥离析出锌，再把阴极铝板装入槽的过程。因为是不停电作业，故阴极提出是分批进行的。某厂电解车间组装槽是每槽分两次。每次出一半阴极板，即车间行车吊一次，并且是间隔一块提出，要求随出随装，尽量少空槽。当第一吊装槽后，仔细检查导电，确保导电良好后方可提出第二吊，以防断电。

出装槽要做到迅速难确，不错牙，极板不倾斜，不接触阳极，导电头要烫洗（或擦洗）干净，使导电良好。

当阴极吊出槽面时应仔细观察每片阴极析出锌的表面状况，如有带阳极泥或局部变黑甚至烧穿时，说明阳极上的阳极泥太厚或阴阳极不平造成锌片与阳极板接触。如有个别的阴极板上无锌析出，则说明与其相邻的阳极不导电，此时，应将这样的阳极作好记号，待出装槽完毕后，提出阳极，刮掉阳极泥，平直后再放回电解槽中。若阳极不导电，或损坏严重应重新更换新阳极。

装槽前，首先要准备好阴极铝板，极板要认真处理，对板上带有的污垢物要用刷板机清刷干净，做到表面清洁，使其平直不带锌，绝缘条完好，导电片螺丝上紧，导电头及导电板保持光亮，对发黑的必须及时清理或更换。对阳极板也要定期清刷表面上的阳极泥，以减少阴、阳极接触短路并防止局部电流密度增大，阳极溶解，导致污染电解液。

阴极装入槽中之后，要求阴阳极对正，上下对齐，互相平行，以免阴阳极板接触。要求阴极绝缘条不掉条，便于下次出槽的极板易于剥锌。要求阴阳极导电头接触良好，受压均匀，不紧不松。

出装槽完毕后，调整阴阳极间距离，要求极距均匀。纠正“错牙”现象，所谓“错牙”，就是槽内所有阳极的边缘不在一条直线上，因而装槽时容易碰掉铝板上的绝缘条。错牙严重时，使极板边缘与电解槽内衬接触，因此必须及时纠正。这些工作完毕后，应全面检查导电情况，检查的方法有灯照法、手摸法及扁铲法。经常使用扁铲法，它是以扁铲跨接两个阴极导电头，如有火花产生，表示不导电或导电不良，其原因主要有以下 3 方面：（1）阴极导电片松动，阴阳极搭接不良；（2）阴极不导电；（3）阳极不导电。针对具体情况及时处理，使导电良好。

某厂阳极处理周期一般为 30 ~ 40d，操作方式有两种：一是停产掏槽、全部提出阳极进行清理，二是在生产过程中逐槽逐片进行清理。清理时力求不破坏阳极表面的氧化膜。

某厂为提高电流效率，降低电能消耗，总结了一套“槽上把三关，槽下七不准”的操作法。

槽上“把三关”是：

(1) 把好导电关：导电头擦亮，导电片拧紧，阴阳极对正，极距均匀。

(2) 把好极板关：平板及时，保证极板平整，消灭接触短路。

(3) 把好检查关：精心检查，保证导电良好，槽上干净，物现本色。

槽下“七不准”是：

(1) 不平整的阴极板不准送去装槽。

(2) 导电片发热的、发黑的不准送去装槽。

(3) 带锌板、弯角板不准送去装槽。

(4) 导电片松动者不准装槽。

(5) 没有上绝缘条的阴极板不准送去装槽。

(6) 带酸板不准送去装槽。

(7) 新阴极板未经清洗去污者不准送去装槽。

12.4.7.5 电积过程的故障及处理

A 个别烧板

在电解过程中，阴极析出的金属锌因生产故障或生产技术条件控制不当而重新溶解的现象称之为“烧板”。在锌电积时，由于操作不细，造成铜导电接头的污染物掉入槽内，或添加酒石酸锑钾过量，使个别槽内的电解液含铜、锑升高，造成烧板；另外，由于循环液进液量过小，槽温升高，使槽内电解液含锌过低，硫酸含量过高，产生阴极锌返溶；阴、阳极板短路也会引起槽温升高，造成阴极锌返溶。严重时，由于阴极的激烈反溶，大量析出氢气，使电解液在槽内翻腾，犹如沸腾。处理办法是加大循环量，将含杂质高的溶液更换出来，并及时消除短路，这样可降低槽温、提高槽内锌含量、减少返溶。情况严重时还应立即取出槽内阴极，重新装入新阴极。

B 普遍烧板

普遍烧板多是由于供应的新液含杂质超过允许含量，应立即加强净化液的分析和操作，以提高净化液质量，严重时还需检查原料，强化浸出操作，加强净化水解除杂质，适当增加浸出液加铁量等。同时，应适当调整电解条件，如加大循环量、降低槽温和溶液酸度（即提高含锌量）可起到一定的缓解作用。

C 电解槽突然停电

突然停电一般多属事故停电。要迅速判别情况，若仅为直流供电系统停电，其他辅助设备（泵等）还可以运转，且短时间内能够恢复直流供电者。应向槽内加大新液量，以降低酸度减少阴极锌溶解。若短时间内不能恢复直流供电，应组织力量尽快将电解槽内的阴极全部取出，使其处于停产状态。特别要注意的是，停电后，电解厂房内严禁明火，防止电解槽面析出的氢气着火与爆炸。另一种情况是低压停电（即运转设备停电），首先应降低电解槽电流，电解液可用备用电源进行循环；若长时间不能恢复生产时，还需从槽内取出部分阴极板，以防因其他岗位缺电，供不上新液而停产。

D 电解液停止循环

电解液停止循环即对电解槽停止供液，这必然会造成电解温度和酸度升高，杂质危害加剧，恶化现场条件，电流效率降低并影响析出锌质量。停止循环的可能原因：一是由于供液系统设备出故障或需临时检修泵和供、排液溜槽；二是低压电停电；三是新液供不应求或废电解液排不出去。这些多属计划内的原因，事前应加大循环量，提高电解液含锌量，降低电解槽供电电流，适当降低电流密度，以适应停止循环的需要，但持续时间不能过长。

E 电解槽严重漏液

正常生产过程中，当个别电解槽发生严重漏液时，应对漏液电解槽所在的一组电解槽进行横电（短路），以便对漏液电解槽进行适当的处理。

首先用钢丝刷子擦亮窄路导电板和宽型导电板的接触面，将短路导电板预先排列好，用吊具吊到该槽组的两端，短路导电板与槽间导电板之间须垫绝缘瓷砖。

然后通知整流所停电，确认停电后，取出漏液电解槽全部阴极板，分别将两段短路导电板以及短路导电板与宽型槽间导电板卡紧，使该槽组短路，完成以上工作后通知整流所提升电流。

拔出放液铅塞，对漏点进行处理，处理完毕后塞好铅塞，加满电解液后通知整流所停电，确认停电后，拆除横电板，补齐槽内阴极板，确认导电后，通知整流所逐步将电流升到额定值。

F 个别电解槽起火

掏槽操作违章，横电作业未完成或根本未横电就抽空电解槽内的电解液，便会引起电解槽起火。此外，出装槽时，槽内阴阳极导电头未搭接好也会产生这种现象。这时应紧急停电，立即更换该槽内的阴、阳极板，然后继续通电。

12.4.7.6 酸雾的产生与防护

锌电积过程中释出大量的氧气和少量的氢气，它们逸出时会带出部分细小的电解液颗粒进入空间而形成酸雾。酸雾会刺激人的呼吸道与皮肤，腐蚀人的牙齿，对人体健康带来危害，对厂房及设备均有腐蚀作用，也会增加硫酸和金属锌的无名损耗，尤其是采用高电流密度生产更为严重。因此，正常操作要求车间内空气中的含酸雾（H_2SO_4）微粒最高不能超过 2mg/m^3，硫酸锌（$ZnSO_4$）最高不超过 4mg/m^3。

为防止酸雾对厂房设备的腐蚀，除基建施工时应考虑良好的防腐措施之外，每年还应有一定时间进行全车间的防腐维修工作，对厂房和设备也采取防腐措施，以延长其使用寿命。

为了预防和减轻酸雾的危害，国内外炼锌厂采用如下三种措施：

（1）加强厂房通风。降低厂房内空气中的酸雾含量。例如加拿大蒂明斯厂的电解厂房全部密闭，在面积为 196×36.6m^2 的电解厂房内用 3 台鼓风机和 21 个顶层排风机进行通风，每分钟供给车间约 9515m^3 的空气，使该车间的空气每小时全部更换 6.5 次，车间内感觉不到酸雾。比利时巴伦锌厂将电解厂房内的酸雾通过房顶抽风管进入电解废液冷却塔，由强力风扇抽排至厂房外，电解车间内空气含酸 1～4mg/m^3。

（2）使用添加剂。为减少酸雾的逸出使用特殊添加剂，主要有动物胶、丝石竹、豆饼粉、水玻璃及皂角粉等一类起泡剂，在电解液表面形成泡沫层，可有效捕集气体带出的电解液，降低酸雾形成。这些添加剂可单独使用，也可联合使用，可使槽面上空含酸由 $25mg/m^3$ 降至 $3\sim7mg/m^3$。往电解槽内加入皂根粉抑制酸雾的逸出，这种措施十分有效，但容易产生“放炮”现象，给工人操作带来不便。

（3）通风和添加剂并用，例如比利时奥韦佩尔特（Overpelt）电锌厂的电解厂房内，从正常工作平面以下到屋顶，通过自然抽风而保持室内通风，同时在电解槽内加起泡剂，使电解现场空气含酸浓度降至 $1mg/m^3$。

锌电积生产在国外一些工厂已实现了全自动化，在我国一些工厂实现了部分机械化和自动化。

另外，根据国家有关职业卫生及劳动防护的规定，锌电积车间的操作人员必须配备和坚持佩戴完备的劳动防护用品，特别是防止酸雾吸入及防腐蚀的服装、器具。

12.4.8 锌电积的技术操作条件及技术经济指标分析

表12-185是国内外部分湿法炼锌厂主要技术操作条件和技术经济指标。

表12-185 国内外部分湿法炼锌厂锌电积主要技术操作条件和技术经济指标实例

名称	秋田湿法炼锌厂	饭岛锌冶炼厂	株洲冶炼厂	西北铅锌冶炼厂	安中锌冶炼厂	巴特勒斯维尔锌厂	瓦利菲尔德锌厂	巴伦锌厂	奥韦佩尔特锌厂	达特恩锌电解厂
新液含锌 $/g\cdot L^{-1}$	172	130	140~170	150~160	160	155	170	160	160	170
废液成分 $/g\cdot L^{-1}$										
H_2SO_4	180		150~200	150~200	170~180	175	180~200	160	170	220
Zn	60		40~50	40~60	55~60	55	60~70	45~50	50	55~60
槽内温度/K	313~323	308~316	309~315	311~313	308	308	308		308~313	312~313
槽电压/V	3.3~3.6	3.3~3.6	3.2~3.6	3.2~3.5	3.45		3.15	3.3~3.45	3.3	
阴极电流密度 $/A\cdot m^{-2}$	490	370~430	480~520	400~500	400~450	450	645	375~415	375~450	450~650
同极中心距/mm	73~75	75	62	75	70~75	90	74	90	90	
电流效率/%	88~90	90	89~90	88	92	90	85~87	90	90~93	91.3
吨锌直流电耗/kW·h	3300	3126（交流）	2950~3000	2900~3100	2997（直）3720（交）		3190	3100~3250	2900~3150	3239
吨锌添加剂单耗/kg	胶0.1，β-萘酚0.05，大豆粉0.05		胶0.3~0.5，碳酸锶0.4~0.7，吐酒石3	胶0.3~0.5，碳酸锶0.4~0.7，皂根0.7~1.0	大豆饼0.2		阿拉伯胶0.03，甲酚0.2，硅酸钠0.45			阿拉伯胶0.031，甲苯2.16，碳酸锶0.6
电解周期/h	36~40	48			24~48	48	24	48	48	38~40
电解槽清理周期/d	40						15~30			42
电解槽清理方法	真空抽吸及人工							真空抽吸		槽底放空
剥阴极锌方法	人工、机械	机械	人工		人工	机械	人工	机械	机械	机械、人工

表 12-185 所列数据反映出锌电积的电能消耗是很高的，除了原料费外，电耗费用占了电锌生产成本很大的比率。

根据山田等人的统计，生产 1t 锌锭的总能耗为 38～46GJ。不同规模的各炼锌厂总能耗如图 12-166 所示。

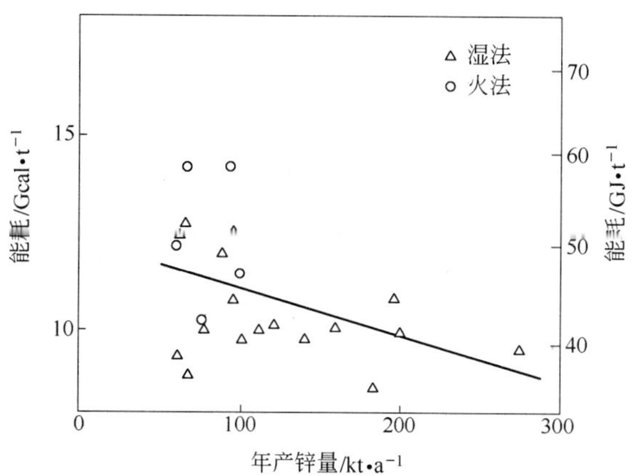

图 12-166　能耗与年产锌量的关系（50kt/a 以上）

根据克洛格的分析，湿法炼锌生产高级锌的总能耗为 50.70GJ/t，各个过程的能耗分配如表 12-186。

表 12-186　湿法炼锌过程的能耗分配

能耗/GJ		分配比例/%	能耗/GJ		分配比例/%
精矿焙烧	1.33	2.7%	熔　铸	1.49	3.0%
硫酸生产	2.66	5.33%	其　他	0.78	2.5%
浸出净化	3.57	7.1%	所需试剂生产能耗	0.50	
电　解	39.74	79.4%	总能耗	50.70	100.0%

饭岛电锌厂 1984 年电锌生产的总能耗为 44.74GJ/t，其能耗构成见表 12-187。

表 12-187　饭岛电锌厂电锌生产的能耗组成

<table>
<tr><td rowspan="6">总能耗 44.7GJ/t
100%</td><td rowspan="4">电解耗电 40.1GJ/t，占 89.4%</td><td>电解耗电 30.9GJ/t，占 69.5%</td></tr>
<tr><td>熔铸耗电 0.8GJ/t，占 2.2%</td></tr>
<tr><td>动力耗电 5.9GJ/t，占 12.2%</td></tr>
<tr><td>照明耗电 2.5GJ/t，占 5.5%</td></tr>
<tr><td rowspan="2">蒸汽 4.6GJ/t，占 10.6%</td><td>加热用汽 3.8GJ/t，占 8.4%</td></tr>
<tr><td>冷却用汽 0.8GJ/t，占 2.2%</td></tr>
</table>

从上面这些能耗分析数据看出，电解能耗约占湿法炼锌总能耗的 70% 以上。所以各个工厂对锌电积的节能都非常重视。表 12-188 列出了各厂通常采用的节能措施。表 12-189 列出了安中电锌厂在锌电积过程中采取的节能措施和收到的效果。

表12-188 锌电积节能措施

节能措施	作用
提高电解液温度40~50℃	降低电解液电阻
提高废电解液酸度160~200g/L	降低电解液电阻
降低电解液中K^+、Na^+、Mg^{2+}	降低电解液电阻
提高新液纯度，如使含钴量降至0.02mg/L	减少阴极锌的复溶
减少阴极面积电流，如增加极片，提高液面高度	降低槽电压
缩短阳极的清扫周期，如减至20d	降低阳极和阳极泥电阻
加强电解槽管理，防止短路	避免无用功
缩短电积周期	降低阴极电阻

表12-189 安中锌冶炼厂锌电积节能措施及效果

措施	吨锌电耗下降/kW·h
电解液酸锌含量：Zn55~60g/L，$H_2SO_4$170~180g/L	20
电解液中Na^+、K^+降至3.0~3.5g/L	94
减小电流密度：D_K=400~500A/m^2	60
加强阳极管理	35
防止短路	25
防止黏结	20
合计	254

表12-190列出了几个电锌厂生产1t电锌的单耗数据。

表12-190 生产1t电锌单耗

项目	蒂明斯厂	神冈厂	秋田厂	饭岛厂
电能/kW·h	3800~4000	3717~3815	4190	4186
生产用水/t	4~6	131	274	—
冷却水/t	5~35	131	—	—
Na_2CO_3/kg	23~34	—	—	—
$CuSO_4$/kg	2.7~5.4	0.3	—	—
As_2O_3/kg	0.4~1.36	0.8	1.5	0.8
锌粉/kg	41~63.5	20.4	47.3	25.6
MnO_2/kg	13.6~40.8	3.2	—	—
水玻璃/kg	0.4~0.8	—	—	—
凝聚剂/kg	0.2~0.3	—	—	—
$SrCO_3$/kg	3.62~5.44	—	—	1.6
胶/kg	0.02~0.03	0.01	0.1	0.07
甲酚酸/kg	0.018~0.03	—	—	1.62
$KMnO_4$/kg	0.009~0.013	—	—	0.2
NaOH/kg	0.31~0.36	—	—	—
石灰石/kg	4.5~31.8	—	—	—
NH_4Cl/kg		1.0	0.5	0.7
铅板/kg		1.4	1.8	—
滤布/m^2		0.1	0.2	—
铝材/kg		2.0	0.7	—
蒸汽/t		0.8	1.1	—

目前，世界上各电锌厂都朝降低电耗方向进行研究，如采用镀二氧化锰修饰的阳极，据称可节电 15%；采用甲醇萘可显著减少阳极极化；采用 $Zn-MnO_2$ 同槽电解可节电 50% 以上；采用新型节能阳极和氧扩散阳极等。

（撰稿 贾著红 陈为亮 包崇军 罗永光 审稿 冯桂林）

12.4.9 驰宏公司长周期锌电积生产实践

我国湿法炼锌的工艺技术和装备水平近年来迅速提高，但距国际先进水平尚有一定差距，主要表现为电积周期大多数采用24h、阴极板面积大部分为1.21m² 以下、阴极锌采用人工剥离。国外先进水平的湿法炼锌厂通常采用长周期（36～72h）电积、机械化剥锌工艺。

云南冶金集团在自主开发成功富锗硫化锌精矿焙砂选择性浸出、浸出液深度净化技术的基础上，长周期（48h）、大极板（1.6m²）、自动剥锌技术成功地应用于曲靖100kt/a 锌冶炼厂，电流效率88%～89%，吨锌电解直流电耗3100kW·h，机械化剥锌率达到90%，阴极锌的质量全部达到0 号锌的标准。实现了设备大型化、过程连续化、自动化和机械化，减少了环境污染，降低了物耗和能耗。与原 60kt/a 比较，劳动生产率提高4.5 倍以上。

驰宏公司机械剥锌生产线见图 12-167。

图 12-167 驰宏公司的机械剥锌生产线

12.4.9.1 工艺流程简述

电锌车间共有电解槽 400 个，分为两个厂房配置，每个厂房又分东西两个区，每区各配置 4 列，每列为 25 个电解槽。采用铅银合金阳极，每槽 49 片；压延纯铝板阴极，每槽 48 片，阴极面积 1.6m²，电极同极距 75mm，槽电压 3.28V。

来自净液工段经深度净化的新液（温度 70～80℃），与经过空气冷却塔冷却后温度约 34℃的废电解液，在混液槽中混合，通过控制新液和废电解液的混合比（1:（15～20））保证电解槽操作温度在 38～41℃，酸锌比 3.0～3.5，电积液的锌离子浓度 48～60g/L。电积前液采用大循环量(控制废液：新液为(18 ~ 20)：1)、经溜槽分别进入每个电解槽内，进液方式为上进下出，降低电积过程的锌离子浓度差和悬浮物污染阴极。采用红外温度计对槽面温度及循环液温度进行连续监测并自动控制新液与废液的流量，保证电积过程温度的稳定。

混合后的电积液加入自主研发的组合添加剂 A2 及碳酸锶，采用图像监控系统控制添加剂的配方及均匀加入，保证添加剂 A2 稳定在总浓度 25mg/L、碳酸锶浓度 15 ~ 20mg/L。电解槽流出的废电积液经废液溜槽进入废电积液循环槽，部分废电积液泵送至浸出车间，大部分废电积液泵至冷却塔进行冷却后和净液工段送来的新液混合，然后通过溜槽再进入每个电解槽。

为保证剥锌机剥锌刀头的有效进刀，在电解槽上设置了一个特殊装置，保持液面的稳定，使阴极锌片的上端不会形成斜坡并确保厚度大于 3mm。

阴极析出周期为 48h，出槽阴极板用专用吊具（见图 12-168、图 12-169）从槽中取出，出槽锌阴极板经洗去锌片表面附着的电解液后吊运至剥锌机前台车工位，通过载荷台车送入载荷运输机，载荷运输机将极板逐块输送给横向运输机。横向运输机将极板逐块移送至振打工位。通过振打使锌片上端与极板之间形成便于剥离的开缝。继续移送至剥锌工位，剥锌装置用铲刀（剥离锲）将锌片剥离落入锌片收集工位，集中送熔铸，剥锌成功率 90% 以上。未能剥离锌片的极板在经过剔除工位时，由剔除运输机剔除下线另行处置；剥去锌片的阴极板经刷板机刷板后，移动至卸载运输机，再用卸载台车卸下运至吊装工位，由吊车装入电解槽，完成一个工作循环。

图 12-168 阴极吊钩

图 12-169 阴极装、出槽专用吊具

由于采用复配添加剂，改善了阴极的表面质量，减少了阴极板对阳极泥的吸附；加上阴极锌片厚度增大、比表面积减小，阴极锌片熔铸时浮渣量明显减少，提高了熔铸过程的锌直收率。

采用大的同极距和经过剥锌机组平整后平整度较高的极板后，减少了阴、阳极板之间短路的机会，阴、阳极板的寿命延长50%以上。

电解槽约30d清理一次，掏槽采用真空抽吸，抽出的阳极泥经中间槽用泵送至浸出车间。

12.4.9.2 原料和辅助材料质量要求及主要技术条件

A 新液要求

新液要求见表12-191。

表12-191 长周期电积的新液成分

元 素	Zn	Cu	Cd	Co	Fe	Ge	H_2SO_4
浓度 $/mg \cdot L^{-1}$	145 ~ 155 g/L	0.1	0.5	0.4	10	0.02	1 ~ 3 g/L

物理规格：溶液清亮，无机械杂物。

B 碳酸锶

$SrCO_3$：青白色、粉状、无臭、无味、不溶于水，密度 $3.62g/cm^3$，$SrCO_3 > 95\%$，氯化物 $<0.20\%$，$CaCO_3 \leqslant 1.2\%$，$BaCO_3 \leqslant 2.0\%$。

C 骨胶、明胶

淡黄色或棕色细粒，黏度 $\geqslant 14.0mPa \cdot s$，凝冻浓度 $\leqslant 1.2\%$，$H_2O \leqslant 16.0\%$。

D 阴极铝板

物理要求：规格 1190mm × 800mm × 6mm，不垂直度 $<1\%$，板面平整、无裂纹。

化学要求：$Al > 99.7\%$，$Fe < 0.25\%$，$SiO_2 < 0.20\%$，$Cu < 0.04\%$。

E 二元合金阳极

物理要求规格 1170mm × 780mm × 7.3mm，板面平整无孔洞，四角垂直，误差小于5mm，导电棒板梁焊接牢固。

化学要求：Ag 1%，Pb 余量。

F 循环物料

从电解槽出来的废电解液，流入电解废液槽中。约1/10废电解液用泵送回浸出车间，作为浸出焙烧矿的稀硫酸使用，另一部分经过冷却塔冷却后，与从净液工段送来的新液按一定的比例（约1：(15 ~ 20)）混合，保持适当的酸锌比（3.0 ~ 3.6），供给电解槽使用。

G 生产能力

电解车间处理新液量为每日 3500 ~ $3800m^3$。

H 主要技术条件

主要技术条件见表12-192。

表 12-192 长周期电积主要技术条件

电解液温度/℃	36～42	同极中心距/mm	75
槽电压/V	3.2～3.4	阴极析出周期/h	48
阴极电流密度/A·m^{-2}	平均420（白天380，夜间500）	掏槽周期/d	30

12.4.9.3 产品质量及主要技术经济指标

A 产品质量状态

驰宏公司电锌生产实践中，针对富锗原料，在选择性抑锗浸出、溶液的深度净化基础上，由于长周期电积采取了一系列有效措施，同时加强了电解槽槽面操作管理，杜绝含铜物料进入电解槽中污染电解液等，阴极锌质量一直保持稳定提高的状态。0号锌产率长期稳定在99%以上，批量生产出含铅小于0.002%的锌锭，最低含铅量已达0.0014%。

B 主要经济技术指标

(1) 锌回收率99.5%；

(2) 电流效率88%～89%；

(3) 直流电耗3030kW·h/$t_{析出锌}$；

(4) 电锌全员实物劳动生产率153.85t/(人·a)；

(5) 原材料单耗。

原材料单耗见表12-193。

表 12-193 原材料单耗

碳酸锶/kg·$t_{析出锌}^{-1}$	0.4～0.7	阳极板/kg·$t_{析出锌}^{-1}$	3.5～4.0
骨胶/kg·$t_{析出锌}^{-1}$	0.3～0.5	蒸汽（0.2～0.3MPa）/t·$t_{析出锌}^{-1}$	约0.25
酒石酸锑钾/g·$t_{析出锌}^{-1}$	3	生产水/m^3·$t_{析出锌}^{-1}$	1.2
阴极铝板/kg·$t_{析出锌}^{-1}$	2.2～2.5		

12.4.9.4 阴、阳极制造

A 阴极制造

阴极由极板、导电棒、导电片和绝缘条组成，极板为铝板材，尺寸为长1190mm，宽800mm，厚6mm。导电棒由铝浇铸而成，浇铸时在特制的模子里与极板浇铸相结合。每片阴极重约21.93kg。

锌电积需消耗阴极板260t/a。

a 主要原材料规格及要求

(1) 铝板：一号或特号纯铝（含铝99.5～99.7%）6mm厚压延板，要求板面平整光亮，无裂纹和疵点，无夹渣，在5%～10%硫酸溶液内浸泡24h无明显蚀点。

(2) 塑料条：高压聚乙烯特制异型条，组成均匀，无杂色。

(3) 废铝板（废阴极板）：要求除去导电片和塑料条，无残留阳极泥和锌等。

(4) 纯铝锭：一号铝以上。

(5) 冰晶石：工业品级。

b 生产过程简述

(1) 铝板的加工制作：铝板按阴极板尺寸裁剪成片。然后，在两长边和除与阴极板连接的短边之外的其余三边上冲出供固定聚乙烯包边用的圆孔。制作好的铝片供浇铸阴极棒使用。

（2）阴极棒的制作（或铸锭）：先将废阴极经清理、剪断后送倾斜式电阻炉，同时按计算量补充加入铝锭，待温度升到900℃左右加入适量冰晶石进行充分搅拌，然后，慢慢扒出浮渣。铸棒时，将加工好的铝板插入铸模一起浇铸，要求铝板放正，板棒结合紧密。

（3）阴极板、棒的焊接：将制作好的阴极板、棒，用氩弧焊焊接，要求焊缝致密、无气孔、无夹渣。

（4）阴极板粘边：粘边前，板、棒要经平整并预热，聚乙烯条也需加热软化后进行粘边。上塑料条时要求聚乙烯条与铝板底相平齐。经粘压15～20min后，将阴极板从粘边机的模槽内取出，再用氩弧焊将铜-铝复合导电片及起吊钩焊接在导电棒上（见图12-153及图12-154），即为成品阴极。

c 主要技术经济指标

冰晶石消耗	3.7kg/t 铝锭
氩气	5 瓶/100 块阴极板
电耗	200kW·h/100 块阴极板

B 阳极制造

阳极由极板、导电棒和绝缘条组成，极板为含Pb 99%、Ag 1%的合金压延板，尺寸为长1170mm，宽780mm，厚7.3mm。导电棒为紫铜板外包铸铅后再与裁剪好的压延板相焊接。每片阳极重约99.5kg。

根据计算，锌电解需消耗阳极板420t/a。

a 主要原材料规格及要求

主要原材料规格及要求：

（1）废阳极：铲净阳极泥，去掉塑料夹；

（2）铅锭：二号铅；

（3）银锭：电解银；

（4）铜棒：紫铜；

（5）氯化氨：工业品级。

b 生产过程简述

生产过程简述：

（1）铅银中间合金制作。将铅锭在合金炉内熔化，捞渣后加入计算量的银锭（铅液温度在800～1000℃）进行充分搅拌，配制成含银约30%的铅银中间合金，供浇铸阳极使用。

（2）阳极坯件制作。将电解车间送来的废阳极，清理剪切后在熔铅锅内熔化，待熔化完毕捞出铜棒。

熔铅锅内按配比规定加入铅锭，升温至600℃，加入氯化氨搅拌，捞出浮渣。再按配比要求加入铅银中间合金，温度保持在600～700℃，充分搅拌，使铅银混合均匀后，进行浇铸得出含Ag 1%、Pb 99%的铅银合金阳极坯件。

（3）阳极板轧制。将阳极坯件送铅板轧机轧制，经轧制后，获得厚度为7.3mm的阳极板。

（4）阳极板剪切。将阳极板轧制件通过剪板机对长度和宽度进行剪切后，对剪好的极板进行长度、宽度以及对角线的测量。检验合格后，送往焊接工序。

（5）铜棒酸洗、挂锡。将熔铅锅捞出的旧铜棒及补充的新铜棒，经校直后放入酸洗槽内，以加水覆盖铜棒为宜。然后加硝酸，加入量约为水量的 1/4 ~ 1/5。

用蒸汽加热到 40 ~ 50℃，浸泡 40 ~ 50min，然后再用清水洗刷，取出擦干后挂锡。

挂锡在挂锡槽内进行，温度控制在 300 ~ 400℃，浸泡时间 10 ~ 20min 即可。

（6）铜棒浇铸。挂锡后铜棒经预热后放入铸模中合模，要使铜棒在所合模子中位置正确，模子严密。

用浇铸勺将铅液正确地对准铸模流水口快速浇入，直至浇满为止。经冷却后开模取出铸件，检验合格供焊接用。

（7）阳极板焊接。浇铸后的铜棒和轧制、剪切合格的阳极板放入焊接台具内，保持两者的中心线处于同一条直线上，两者位置放准确，进行焊接。焊缝长度与轧制板宽度相同，焊缝平整、光滑。

焊接好的阳极板由焊接台具取出进行精整后，即为成品阳极。

c 主要技术经济指标

主要技术经济指标如下：

浮渣率 ≤15%

银锭消耗 45kg/100 块阳极板（指全部用铅锭时）

电耗 800kW · h/100 块阳极板

蒸汽 0.5t/100 块阳极板

水 1t/100 块阳极板

12.4.9.5 主要技术指标比较

驰宏公司老系统（60kt/a 电锌 + 80kt/a 硫酸）劳动定员 1300 人；

100kt/a 电锌生产系统（含 250kt/a 硫酸系统）减少到 650 人，全员实物劳动生产率 153.85t/(人 · a)。

实际生产所取得的主要技术指标与国内外类似炼锌厂的对比见表 12-194。

表 12-194 主要技术指标对比

厂 名	锌浸出率/%	电积周期/h	电流效率/%	直流电耗 /kW · h · t^{-1}	剥阴极锌方式
驰宏公司 100kt/a 系统	87 ~ 88	48	88 ~ 89	3030	机械化
驰宏公司 60kt/a 系统	83 ~ 84	24	80 ~ 85	3350 ~ 3550	人工
株洲冶炼厂	85 ~ 87	24	89 ~ 90	2950 ~ 3000	人工
安中锌冶炼厂	89.5	24 ~ 48	92	2997	人工
达特恩锌电解厂	88 ~ 89	38 ~ 40	91.3	3239	机械化
巴伦锌电解厂	~ 89	48	90	3100 ~ 3250	机械化
特雷尔锌电解厂	89.32	24	85 ~ 87	3190	人工
巴特勒斯维锌电解厂	87.1	48	90 ±	3100	机械化

（撰稿 贾著红 包崇军 罗永光 审稿 冯桂林）

12.4.10 阴极锌片的熔铸

锌电积所得到的阴极锌片，虽然其化学成分已达标，但物理规格不符合要求，且运输、储存甚为不便，因此，阴极锌片要熔化铸锭才可作成品出厂。熔锌所用设备主要有反射炉和感应电炉两种。由于感应电炉不用燃料，能量利用率高，金属锌在熔铸过程中的氧化率低，直收率高，因而被广泛使用。

12.4.10.1 阴极锌片的熔铸过程

阴极锌熔铸的过程是在熔化设备中，将阴极锌片加热熔化成熔融的锌液，加少量氯化铵（NH_4Cl）搅拌，扒出浮渣，锌液铸成锌锭。

熔锌所用的设备有反射炉及感应电炉两种，无论采用哪种设备都要产生浮渣。这是由于从炉门进入空气、炉内的燃烧废气 CO_2 以及阴极锌片带入少量的水分，使炉内的锌液氧化：

$$2Zn + O_2 \xlongequal{} 2ZnO$$

$$Zn + CO_2 \xlongequal{} ZnO + CO$$

$$Zn + H_2O \xlongequal{} ZnO + H_2\uparrow$$

生成的氧化锌形成一层薄膜包住一些锌液滴，形成粒度不大的氧化锌与锌的混合物——浮渣（一般含锌80%～85%）。浮渣越多，熔铸时锌的直收率则越低。

浮渣的产出率与熔铸设备种类、熔铸温度及阴极锌片的物理质量等有关。阴极锌片的物理质量主要决定于电解液的纯度和技术条件。例如，有的工厂电解液含钴80mg/L，所得的阴极锌表面很不平，熔化这种阴极锌时浮渣产出率超过17%。如若熔化海绵状锌，所得浮渣量还更多；电积周期对浮渣产出率也有影响，随着电积周期的延长，阴极锌片的厚度增加，熔化过程中由于氧化表面减小而使浮渣减少。国内目前电积周期大多为24h，一般情况下阴极锌片的厚度只有1.5～2mm，熔铸锌直收率一般96%～97.5%。云南冶金集团驰宏锌锗公司在国内首家采用溶液深度净化、长周期电积、机械剥锌技术后，锌片结晶细密、外形光滑平整，厚度达到3mm以上，浮渣大幅减少，熔铸直收率达98.05%。

熔化阴极锌时浮渣的产出率还依熔体锌的温度而定，温度增高促使熔锌氧化，在接近锌的熔点时其氧化速度可用下式表示：

$$W = K\lg(at + 1) \tag{12-21}$$

式中 W——氧化速度；

K，a——各为常数；

t——温度。

由式12-21得知，锌的氧化速度随着温度的升高而增大，即温度增高浮渣生成量增多。故保持低温操作可以减少熔锌的氧化和烧损，提高纯金属的实收率。

当采用感应电炉熔铸时，由于不用燃料燃烧，避免了燃烧过程带入炉内的氧气及 CO_2 对锌的氧化，因而浮渣产出率比采用反射炉低。同时，感应电炉是通过感应电流直接在熔融金属内部发热而使其加温熔化，热效率较反射炉高得多。熔锌反射炉主要的缺点有：由于反射炉所依托的辐射传热方式，决定了这种设备炉膛温度高、烟气量大但热效率不高，金属的氧化率严重，炉子床能力较电炉低，操作维护困难（特别是扒渣时），能耗及金属直收率等技术经济指标均较电炉差等。熔锌时，炉内温度过高，使锌液更易氧化，因此采用低温操作（稍高于锌的熔点）可以降低浮渣产出率。但若温度过低，特别是在搅拌、扒渣时温度过低，将造成澄清分离不善、随浮渣带出的锌液增加，使浮渣含锌量显著升高，因此，一般熔化温度控制在500~550℃之间。

为了降低浮渣产出率和降低浮渣含锌，熔锌时加入氯化铵。它的作用在于与浮渣中的氧化锌发生如下反应：

$$2NH_4Cl + ZnO = ZnCl_2 + 2NH_3 + H_2O$$

反应生成低熔点的 $ZnCl_2$（约为318℃）破坏了浮渣颗粒表面的ZnO薄膜，使其中的锌暴露出新鲜表面而聚合成锌液。氯化铵消耗为1~2kg/t锌。

工厂浮渣产出率一般为2.5%~5%。浮渣的主要成分为金属锌（约占40%~50%）、氧化锌（约占50%）和少量氯化锌（约2%~3%）。浮渣中夹带着相当多的金属锌粒，一般先将大块锌粒分离出直接回炉熔化，余下进行湿法或火法处理，最大限度地回收其中的锌及氧化锌。

阴极锌的熔化通常采用工频（低频）感应电炉或反射炉。工频感应电炉与反射炉的技术经济指标比较列于表12-195中。

表12-195 阴极锌熔铸反射炉与感应电炉主要技术经济指标比较

炉子类型		反射炉	工频感应电炉
炉子熔池尺寸/mm			
长		4000	3200
宽		1700	1400
深		900	705
加热方法		煤气	电热
燃料消耗	煤气/$m^3 \cdot t_{锌}^{-1}$	287	—
	或重油/$kg \cdot t^{-1}$	30~50	
	或块煤/%	5~9	
吨锌电能消耗/kW·h		—	110~120
热利用率/%		25~30	79
吨锌氯化铵消耗/kg		1.4	0.6
熔池温度/℃		500~550	500~520
熔铸直收率/%		97.44	97.6
进入浮渣中的锌量/%		3~4	2~2.5
烟气带走锌占原料之比/%		0.5	0.2~0.3

与反射炉熔铸相比，电炉的技术经济指标具有明显优势，且劳动条件好，操作条件容易控制。国内外已逐渐用电炉熔铸取代了反射炉熔铸，反射炉熔铸只在一些小型炼锌厂使

用。国内大型骨干电锌厂已实现了阴极锌熔铸从加料、熔化、浇铸、脱模到锌锭堆垛的全部机械化及单元过程的计算机控制。

12.4.10.2 工频感应电炉的构造

工频感应电炉是熔炼铜、锌等纯金属及其合金的常用设备，其工作原理是利用强大电流通过金属的焦耳热在交变磁场的推动下高效、迅速地熔化锌片。工频感应电炉实际上相当于一台交流降压变压器，一次线圈为铜导线绕组构成的感应器，二次线圈即炉子熔沟内的锌熔体（即锌环）。当一次线圈（原线圈）加载电流后，借助铁芯的作用，二次线圈即感应产生电流，其电流强度较一次线圈内电流强度提高若干倍（视原线圈匝数而定），通常为数千安至数万安。甚大的电流在熔体锌中流动而使熔体产生焦耳热，在交变磁场力的强烈作用下，产生的脉动压缩效应和离心效应以及温差引起的对流作用，使熔沟内的高温锌液与熔池内的低温锌液形成热交换，保证阴极锌在炉内不断熔化。

熔沟内感应电流产生的热量由下式求出：

$$Q = 0.001I^2Rt$$

式中 t——时间，s；

R——熔沟电阻，Ω；

I——熔沟电流，A；

Q——热能，kJ。

工频感应电炉一般分为有芯炉和无芯炉，锌锭熔铸使用有芯炉，合金制作使用无芯炉。工频感应电炉具有热效率高、电效率高、金属烧损少、炉温易控制、化学成分易掌握、炉温均一、劳动条件好等一系列优点，但筑炉工艺复杂、更换产品品种时需要洗炉。经过多年实践，筑炉工艺已日趋完善，且采用了单向流动的不等截面熔沟、高温预烧结成型熔沟、可拆卸活动熔沟等筑炉新工艺，使感应电炉的寿命大大提高，炉子的容量已由 20 世纪 50 年代的 300kg 提高到 40 ~ 60t，目前国内最大的炉子容量已达 120t。

工频感应电炉分为感应器整体结构和感应器装配结构两种，由炉体、电气设备、冷却系统三部分组成。炉体包括炉壳、炉衬、感应线圈等。炉壳由 10 ~ 12mm 钢板焊成，要求炉子工作时炉壳不变形，外部用立柱和拉杆加强。炉子熔池盖为可拆换的活动炉盖，此顶盖系一种金属架，内衬捣实耐火混凝土，上有加料漏斗。炉子内部由耐火黏土砖砌成，熔池内壁用无定形耐火混凝土捣筑成密实性足够高的坩埚，以保证直接接触金属熔体不产生渗漏。熔池用隔墙分为两部分，墙的下部有孔，可以使熔融金属由熔化部分流入放出部分，熔体锌自炉子端墙上的放料口舀出铸锭。炉子熔池两边及后方安装 3 ~ 6 个感应器，感应器采用强制冷却方式冷却，使其保持在绝缘体允许工作温度范围内。整个炉子的熔池支撑在四个支座上。其中两个不可动，有两个是铰式可动的。这种支座可以使炉子倾斜，倒出全部熔体。

现代大型熔锌感应电炉已配置计算机控制系统。

图 12-170 所示为 20t 工频感应电炉的结构示意，其技术性能列于表 12-196。表 12-197 列出了感应电炉及附属设备的规格和特性。

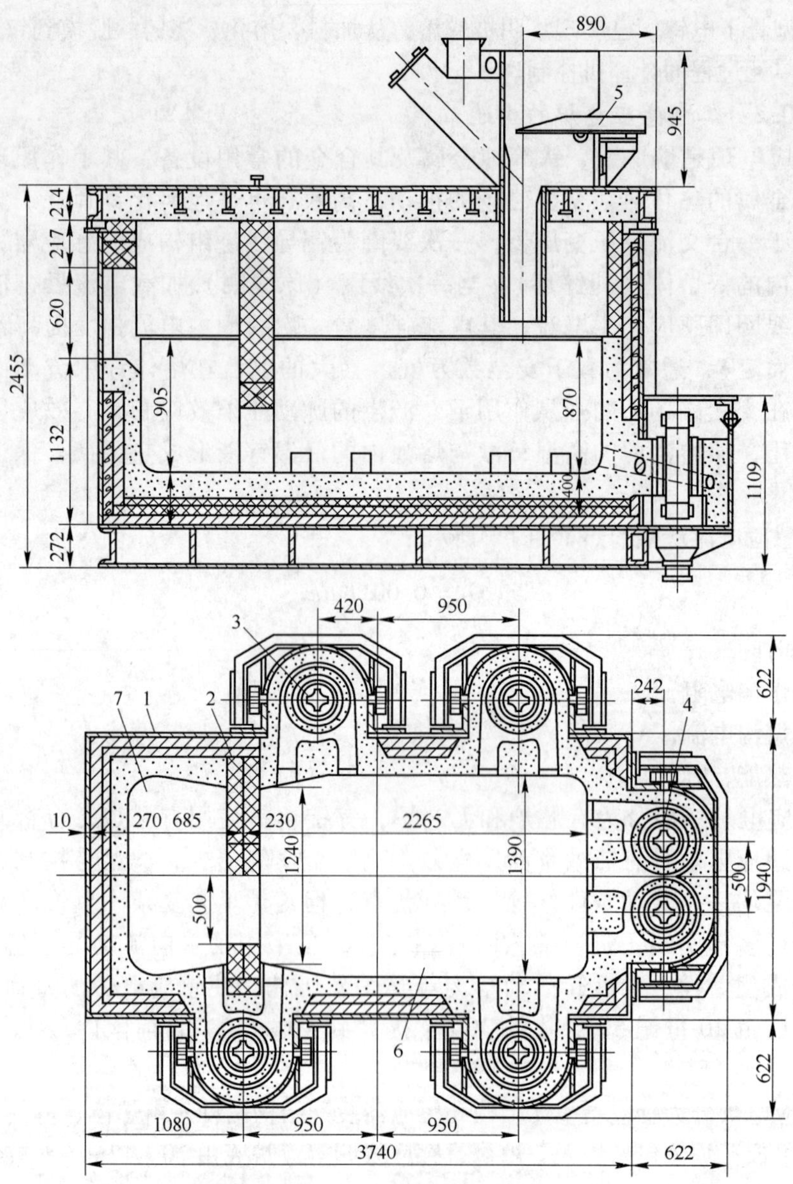

图 12-170 20t 低频感应电炉

1—炉壳；2—炉衬；3—单芯变压器；4—双芯变压器；5—加料装置；6—熔池；7—前室

表 12-196 工频感应电炉技术性能实例

项 目	炉 型		项 目	炉 型	
	有芯炉	无芯炉		有芯炉	无芯炉
额定容量/t	40	0.75	功率因数补偿前	0.75	
生产率/$t \cdot h^{-1}$	7~8	0.4	功率因数补偿后	1	
工作温度/℃	500	600	线圈匝数/匝	42~60	
功率/kW	900	800	熔沟数	3~6	
电压/V	380	380/220	熔沟位置	水平	
相数/相	3	1	吨锌耗电量/kW·h	110~120	
频率/Hz	50	5			

表 12-197 20t 低频感应炉及其附属设备的规格及性能

感应电炉	容量/t	20
	外形尺寸/m×m×m	4.362×3.184×3.4
	炉子总质量/t·台$^{-1}$	20（其中炉盖 4.388t）
	生产能力/t·h^{-1}	1.5~5，平均75t/d
	熔化室容积	2.265×1.39×0.87=2.739m^3
	浇铸室容积	1.39×0.875×0.8=0.973m^3
炉变压器	功率/kW	32~90
	一次线圈	$\phi_{外}$=293mm，匝数 2×40，铜线断面 84mm^2，I_{max}≤300A
	二次线圈	$\phi_{外}$=502mm，最大电流密度 9~12A/mm^2，锌环最小断面 2000mm^2
	冷　却	风冷，耗量 1800m^3/h，风压 1400Pa，变压器温升小于 60℃
供电变电器		SJ-1000/10，10/0.5kW，750kVA
调压器		GF-75/25，0.5/10kW，400kVA
炉变压器冷却风机		型号:4-62-11,No.7A,风量 6500~16000m^3/h,风压 950~1750Pa
圆盘铸锭机		生产能力 3.6~6t/(h·台)

12.4.10.3 感应电炉熔铸

阴极锌熔铸过程是在熔化设备中将阴极锌片加热熔化成锌液，加入少量氯化铵（NH_4Cl）搅拌，扒出浮渣，锌液铸成锌锭。主要操作在于合理使用感应电炉。

A 熔锌工频感应电炉的开停炉

a 开炉

熔锌工频感应电炉开炉有固体开炉和液体开炉两种方法。前者准备工作简单，但可靠性差；后者开炉准备工作复杂，但开炉可靠。

开炉前的准备工作有：(1) 备齐正常生产时所需用的一切工具；(2) 全面检查设备是否完整适用，特别要重点检查电气设备的安全；(3) 烘炉前应将炉子打扫干净；(4) 在熔池内铺 1~2 层锌锭与锌环接触，构成闭合回路，以扩大锌环的散热面积和尽可能减小变压器与炉膛的温度差；(5) 烘炉前除加料口外，应做好炉门的密封工作，以防散热过多。

烘炉和开炉：新筑电炉自然干燥 28~35 天，开始烘炉时用串联或并联交替连接的方法在熔池内设置电热器升温烘炉，经 10~13 天加热烘烤、逐渐升温到 300℃。在此期间，炉子变压器是低压送电，要求变压器室温度与炉体温度保持平衡。电热烘炉待锌环温度到 300℃时撤走炉内电热器，用炉子变压器升温直至锌环的熔点。当锌环开始熔化则立即将过热锌液倾入炉内并转入高功率电压级，随温度升高，逐步加入阴极锌片，将炉子熔池灌满，开炉即告结束。

开炉注意事项：根据国外电炉生产经验，升温速度为 1.5~2℃/h。我国电炉生产实践表明，升温速度可为 5~15℃/h。升温速度要平缓，不能有太大波动。往往由于升温过快或炉温时高时低，炉衬膨胀不均匀及热胀冷缩，造成炉壁裂缝和锌环断裂。尤其是在 100~300℃之间，即锌环熔化前要特别注意锌环的升温。当熔沟接近金属锌熔点（422.73℃）时，若发现电流表上的指针频繁摆动，应立即将过热锌液倾入炉内，并相对提升送电电压等级提高熔炉功率。视温度变化情况逐步加入小批量阴极锌片，直到装满炉膛为止。电压继续上升，即可转入低能力生产。

b 停炉

在接到临时停炉通知时，首先将炉内温度尽可能提高，以维持炉温。一般情况新炉可维持1h，旧炉可维持40min。炉膛加入少量木炭有利于保温。当恢复送电时，应先从较低电压等级逐渐提高，防止二次线圈电路切断或熔沟崩裂。

若停电时间较长，首先应尽可能将熔池内的锌液铸锭，留10%左右金属作为起熔体，之后封堵各进、出料口进行保温维持熔化状态。如要停炉大修，则需把锌液全部放出。

B 正常操作

a 熔锌

当开炉完毕转入正常操作后方可进料熔化。首先将阴极锌片吊运到加料斗平台翻板上，预热除去水分。每8~15min均匀加入一垛（约70cm厚）阴极锌片，以保持炉温与熔池锌液面的稳定。

阴极锌在电炉熔池内熔化过程中会形成浮渣。浮渣为氧化锌与锌液的混合物，为使锌液从浮渣中分离出来，降低浮渣率，提高锌直收率，在搅拌时加入适量的氯化铵。

根据阴极锌片的质量及炉内渣层的厚度等情况，每隔2h左右进行一次搅拌扒渣。氯化铵要边搅边加，使其充分与浮渣反应，破坏氧化锌薄膜及让锌液汇集于熔池，呈黄红色的浮渣松散的浮在熔池表面即可扒渣。扒渣时动作要轻、慢，扒到炉门稍停片刻，以减少随浮渣带出来的锌液。每次扒渣后要在炉内残留少量（厚1~2cm）的渣层，可以减缓锌液的氧化。浮渣送去另行处理。

特别指出，当温度超过500℃时铁易于与锌形成锌铁合金，使锌液含铁升高。因此，在熔铸过程中应尽量不使用铁质工具，以减少铁溶入锌液污染产品。

b 锌锭浇铸

产品锌锭不仅对内在质量（化学成分）有严格的要求，同时要求锌锭表面光滑，无飞边毛刺、没有冷隔层、夹渣、空洞等外形缺陷。为保证产品的品级，熔铸时必须对入炉原料（阴极锌片）进行严格管理，确保不被污染并严格按产品品级质量要求进行配料；并严格熔铸工艺技术条件和操作制度。

锌锭浇铸有机械浇铸和人工浇铸两种。机械浇铸设备有直线浇铸机和圆盘浇铸机，现代大型锌厂普遍采用带计算机控制系统的履带式直线浇铸机铸锭，每机有40~160个模，每块锭重25kg左右。铸锭作业包括堆垛、打包均一步完成，设备运行和工艺条件控制平稳，浇铸质量可以获得保证。劳动生产率大幅度提高，操作工人的劳动强度和操作条件大幅改善。

一些工厂还配备有合金炉，将合金成分加入锌熔体中，并铸成各种规格的锌基合金产品。

12.4.10.4 感应电炉熔铸锌的生产技术条件及其控制

A 熔锌温度

为保证锌熔铸过程的正常操作和高的产品质量、低的浮渣率，应严格控制技术操作条件。熔锌炉炉膛温度愈高熔锌能力愈大。但排出炉外的烟气含热量高、热效率低、炉温增高并促使锌液氧化、增加浮渣及烟尘率、降低锌的直收率。为了防止锌液的氧化，炉内应为还原气氛，保持微正压，控制合适炉温，以提高炉子的生产能力和锌的直收率。一般进料前熔池锌液温度控制在500℃左右为宜。表12-198为国内一些工厂熔锌炉炉温控制情况。

表12-198 熔锌炉炉温控制情况

项 目	驰宏锌锗曲靖冶炼厂①	株洲冶炼厂	西北铅锌冶炼厂
炉 型	工频感应电炉	工频感应电炉	工频感应电炉
加温时炉膛温度/℃	450～470	523	460
进料前熔池温度/℃	450～490	460～500	480～500
浇铸温度/℃	450～470	450～480	460～480

①熔池锌液采用连续实时温度检测。

B 液面控制

加入熔锌炉的阴极锌片是借助熔融锌的物理热而熔化的，因此，熔池内必须保持一定量的锌液，使阴极锌片浸没于锌液中。浇铸过程中熔池内锌液面可控制在低于浇铸口30～100mm。熔锌炉生产使用一定时间后，要清除黏结在炉壁上的炉结，一般清炉周期为10～20天，每次清炉时间为3～8h。

C 熔铸锌的直接回收率

熔铸锌的直接回收率受阴极锌质量、加料方法、加温方法和操作情况等因素的影响。对于熔锌反射炉，由于阴极锌结构疏松、含水量高，进炉阴极锌未全部浸没于锌液中，直接与火焰接触，会增加锌的氧化和浮渣量；如果氯化铵加入不当，搅拌不彻底，扒渣时温度过低都会造成渣、锌分离不好，渣带走锌量增多，这些因素均会降低锌的直接回收率。熔锌电炉的直接回收率一般为96%～98%。无论采用反射炉还是电炉哪种熔锌设备都要产生浮渣，浮渣越多，熔铸时锌的直收率越低。

熔铸锌的直接回收率计算公式如下：

$$\text{熔铸锌的直接回收率} = \frac{\text{合格锌锭含锌量}}{\text{装入物料含锌量}} \times 100\%$$

熔铸锌的直收率和浮渣的产出率与熔铸设备、熔铸温度、阴极锌的质量有关。当采用感应电炉熔铸时，由于不用燃料，炉内锌的氧化少，因而浮渣的产出率比反射炉低，锌的直收率高。同时，电炉同反射炉相比能耗较低（一般吨锌耗电为100～120kW·h）、劳动条件好、操作条件易于控制。

为了降低浮渣产出率和降低浮渣含锌，熔锌时加入氯化铵，它的作用是与浮渣中的氧化锌发生反应破坏了浮渣中的ZnO薄膜，使浮渣颗粒中被夹持的锌液滴露出新鲜表面而聚合成锌液。每吨锌消耗氯化铵1～2kg。

电炉熔铸锌的主要经济指标见表12-199。我国部分电锌厂阴极锌熔铸的技术经济指标实例见表12-200。

表 12-199 阴极锌电炉熔铸技术指标

工 厂	电炉功率/kW	熔池温度/℃	吨锌电能消耗/kW·h	吨锌氯化铵消耗/kg	熔铸直收率/%
一厂	540	450~500	110~120	1~1.3	97.5
二厂	540~900	460~500	110~120	1~1.58	96.8
三厂	1700	470	99	0.618	—
四厂	1140	470	100	0.5	97.5

表 12-200 我国电锌厂阴极锌熔铸的技术经济指标实例

指标名称	驰宏锌锗曲靖冶炼厂	株洲冶炼厂	西北铅锌冶炼厂
炉子形式	工频有芯感应炉	工频感应炉	工频感应炉
容量/功率			45t/960kW
炉子床能率（以阴极锌计）			
按炉床面积/t·$(m^2\cdot d)^{-1}$		20~22	22.6~25.9
按熔池容积/t·$(m^3\cdot d)^{-1}$		30~35	28.3~32.3
电能消耗/kW·h·$t^{-1}_{锌锭}$	110~120	110~120	110~130
氯化铵消耗/kg·$t^{-1}_{锌锭}$	0.4~0.6	1~1.3	1.5
浮渣率/%	约2	2.5~3.0	3.85
锌直收率/%	97.96~98.02	97~97.5	96.6

D 质量控制

在生产过程中，为了提高锌锭品级率，除在熔铸工序进行合理配料外，还应当在浸出液净化、电解等工序严格工艺操作，提供合格的析出锌。在生产实践中常常由于电解液中含有某些杂质而严重影响阴极锌的质量，从而影响锌锭品级率。锌锭化学成分要求见表12-151（GB/T 470—1997 锌锭的化学成分）。

湿法炼锌厂产出的锌锭质量都比较好，国内大型骨干炼锌厂一般都生产国标1号锌以上（Zn＞99.99%）的产品，西方国家称SHG级锌。国外某些工厂生产的电锌成分列于表12-201。

表 12-201 电锌厂生产的电锌成分实例 （%）

冶炼厂名称	Fe	Cu	Pb	Cd	Zn
神冈厂	0.0003	0.0001	0.0027	＜0.0001	99.997
饭岛厂	0.0003	0.0004	0.0011	0.0003	99.998
Kokkola厂	0.0008	0.0001	0.001	0.001	99.995
Odda厂	0.0003	0.0003	0.001	0.00002	余
Balen厂	0.0004~0.0008	0.0001~0.0003	0.002~0.0025	0.0002~0.0004	99.995
秋田厂	0.0003	0.0002	0.002	0.0002	99.997

按锌锭国家标准（GB 470—1983）规定，锌锭单块质量为20~27kg，并对外形及表面质量有严格要求。物理质量的控制主要在于设备的调整和生产操作，影响因素主要有：

（1）锭模：锭模型腔的形状、尺寸和结构不仅决定锌锭的形状、尺寸，也决定铸锭的质量。由于液态金属在模内的凝固不完全是自下而上依次进行的，铸锭的方向性结晶倾向较差，造成铸锭的缩孔和偏析较大。加之液态金属吸附气体、氧化和对铸模型腔底部表面的冲击引起铸模老化，从而影响铸锭表面光洁，甚至出现严重的“麻点”，锭模上下尺寸不当也会造成严重飞边、毛刺。因此对锭模的结构要合理选择，锭模材质应具有高的热导性、小的热膨胀系数、较低的弹性模数和较高的力学性能。为防止金属与模壁相互作用和黏结，避免金属的二次氧化和产生气孔，改善铸锭表面质量，使用过程中锭模表面应经常涂刷涂料并定期清洗。

（2）浇铸和冷却：烧铸温度过高、过低都对物理质量有影响。温度过高不易冷却，铸锭在运动中出现飞边、毛刺和缩孔；温度过低容易产生冷隔层和夹渣。冷却方式尤其是冷却介质数量的多少也会影响物理质量。冷却风量大，铸锭两面产生波纹，冷却风量小，不易冷却。冷却水量大，不能雾化，铸锭产生缩孔；水量小也不易冷却。

（3）锭机运行：锭机运行不平稳也会造成表面波纹和飞边毛刺。

E 浮渣处理

浮渣主要成分为金属锌（约占40%～50%）、氧化锌（约占50%）和少量氯化锌（约占2%～3%），含锌总量约80%，含氯0.5%～1%。浮渣产出率的高低，除受进炉原料影响外，主要取决于搅拌、扒渣等操作。锌浮渣率与采用的熔铸设备有关，电炉熔铸为2%～4%反射炉为4%～7%。浮渣率的计算公式如下：

$$浮渣率 = \frac{浮渣产出量}{进炉阴极锌量} \times 100\%$$

浮渣颗粒的中心多为金属锌，因此必须进行处理使之分离。国内各工厂一般先将大块锌粒分出直接回炉熔化，余下进行湿法或干法处理。

分离金属锌后进入浮渣处理流程的锌浮渣粒度分布大致如下：

粒度/mm	+0.84	-0.84～+0.34	-0.34～+0.25	-0.25
比率/%	66	9	11	14

a 湿法处理

湿法处理浮渣的过程一般是将浮渣加水连续加入圆筒球磨机磨洗，球磨排矿经分级，细粒金属锌与氧化锌（泥浆）随分级溢流流至泥浆澄清分离槽，澄清分离后溢流水返回球磨调浆，浓泥（沉淀渣）经焙烧脱氯处理后，返回浸出工序。分级作业中分离出来的粗粒锌返回熔化铸锭或作制造锌粉的原料。国内多数炼锌厂都采用湿法处理工艺。近年来，国内某厂经过改进，已将球磨水洗改为碱洗（Na_2CO_3），并将磨洗温度提高至70～80℃，可使浮渣中的氯脱去70%～80%。沉淀渣直接送浸出，粗粒渣返回熔铸，减少了焙烧除氯，改善了劳动条件，提高了锌的回收率。

b 干法处理

干法处理锌浮渣的过程是将浮渣送入专门处理锌浮渣的干式球磨机，球磨机的壳体钻有许多孔，壳体外的四周是圆筒形筛网，球磨机与水平线略成倾斜度安装，物料从头部装入其中后，由高端向低端移动。大块的浮渣在球磨机内被破碎，使金属锌与氧化锌分离，粗大的锌粒由球磨机的排料口排出。细小的锌粒与氧化锌一起通过球磨机壳体上的孔落到筛网上，筛分成金属锌粒与氧化锌粉。金属锌粒可送去吹制锌粉或返回铸锭，氧化锌粉送沸腾炉或多膛炉与锌精矿搭配焙烧脱去其中的氯返回浸出。

由于从浮渣中分离出来的氧化锌中含有氯化物，焙烧时进入烟气的氯影响制酸过程的正常进行。因此，常采取预先水洗脱氯，水洗后的浮渣含氯可降至0.4%~0.5%，含氯废水进一步提取其中的氯化锌。

表12-202为国内工厂锌浮渣处理的主要设备规格及性能实例，表12-203为国内工厂锌浮渣处理技术操作条件实例。

表12-202 锌浮渣处理的主要设备规格及性能

设备名称	沈阳冶炼厂	株洲冶炼厂
球磨机	ϕ750×1300 1台，36.5r/min	ϕ1500×1800 1台
矿浆输送泵	耐酸离心泵，$Q=45m^3$，$H=20m$	2PSB型
沉降槽	ϕ1500×2000 2个	3000×2000×2000 2个

表12-203 锌浮渣处理技术操作条件

项目	沈阳冶炼厂	株洲冶炼厂
球磨机装入浮渣量/kg·次$^{-1}$	500~700（不超过球磨机容积的一半）	3~5kg/min
球磨运转时间/min·次$^{-1}$	约40（以洗水变清为止）	连续
洗水用量/m^3·次$^{-1}$	20~30	4~6m^3/t浮渣
沉降槽排出废水要求	固体物小于0.5g/L	

12.5 湿法炼锌净化用锌粉的制造

在湿法炼锌工厂中，硫酸锌溶液净化脱铜、镉等杂质以及综合回收金属铜、镉、铟等伴生金属的生产过程，都要用一定粒度和具有反应活性的金属锌粉，锌粉的耗用量约为系统电锌产量的3%~4.5%。为了便于生产、减少运输量和满足市场要求，多数工厂都专门设有制造锌粉的工序或车间。

国内的锌粉制造主要有喷雾法和电炉蒸馏法两种工艺，传统的锌粉制造工艺是熔融锌压缩空气喷吹雾化法。空气雾化法是将锌液用压缩空气吹成雾状并在密闭容器内直接迅速冷却成锌粉。它所得锌粉虽然粒度稍大、活性稍低，但仍可满足湿法炼锌的生产要求，且燃料消耗少，生产能力大，因此国内工厂多采用雾化法制备锌粉。蒸馏法是把从蒸馏炉中挥发出的高纯锌蒸气引入密闭的容器内迅速冷凝成锌粉。该法所得锌粉粒度小、活性大、消耗量少，但制造时燃料或电力消耗较大、生产能力也低。

20世纪80年代，云南冶金集团会泽铅锌矿经多年研究攻关，开发成功富锌氧化矿电炉活性合金锌粉制造及溶液净化工艺。与雾化锌粉比较，采用电炉活性合金锌粉作为净化置换剂，净化效果明显改善，锌粉单耗降低15%~30%，减少了阴极锌在流程中的反复循环，增加了电锌产量，节能降耗效果突出，由于电炉锌粉的优良性能和应用效果，加之电炉法采用品位相对较低的氧化锌矿作为原料，有利于资源的综合利用。因此，电炉蒸馏法锌粉制造工艺在国内迅速推广。

12.5.1 熔融锌喷雾法制造锌粉

传统的锌粉制造工艺是用压缩空气喷吹雾化熔融锌液而成。原料有阴极锌片、锌锭和来自熔铸作业及浮渣处理回收的碎锌。喷雾法又分为垂直雾化法和虹吸喷吹法两种。雾化得到的锌粉，经收尘系统收集后进行筛分分级，供给用户使用。空气雾化法制造锌粉的一般工艺流程如图12-171所示。

12.5.1.1 垂直雾化法制锌粉

先将锌锭或阴极锌片或者浮渣中分出的锌粒在熔化设备（锅或炉）中熔化，使锌液温度达到550℃左右，然后将其引入铸铁或石墨制的保温坩埚内，坩埚用煤气或电阻丝加热保温，锌液连续经坩埚底部的小孔垂直向下流出，从水平配置的压缩空气喷嘴中喷出的气流与金属细流垂直相遇，锌液在0.5～0.6MPa压强压缩空气的冲击下雾化成细小的液滴，进入沉降室后迅速冷却得以不被氧化，并沉积于集尘斗中而制得锌粉，经振动筛筛分后，可得到不同粒级的锌粉。为了减少细小锌粉的损失，沉降室顶部排气出口设布袋收尘器，将细小锌粉捕集下来。所得锌粉的粒度与空气压强大小、液锌流的粗细以及空气喷嘴与液锌流之间的相对位置有关。气流压强愈大，锌粉愈细；液锌流愈细，锌粉粒度愈小。喷嘴与锌流之间距离过小则可能过度粉碎，难以沉降收集；距离过大则雾化不良，甚至成为细小的锌条。垂直雾化法的装置示意见图12-172。

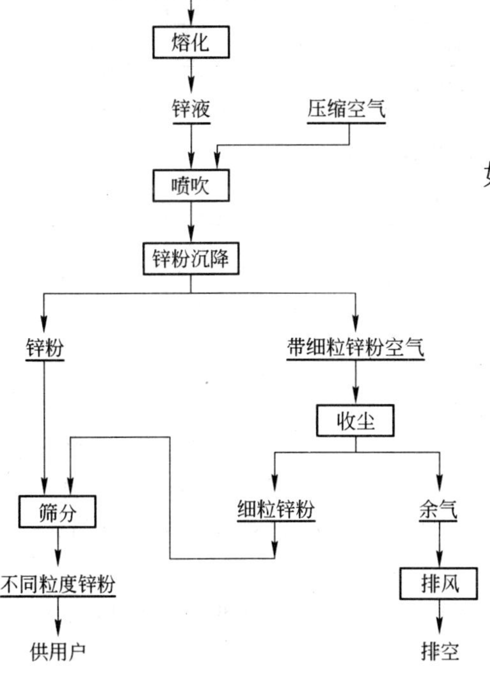

图12-171 空气雾化法生产锌粉的一般工艺流程

垂直雾化法吹制锌粉的主要技术条件：

压缩空气压强	5～6kg/cm^2
保温坩埚锌液温度	500～550℃
保温坩埚锌液流管出口直径	2～3mm

按上述技术条件，所得锌粉的粒度组成如下：

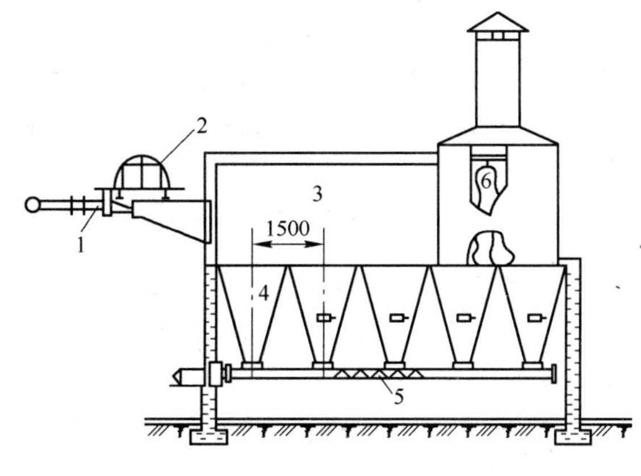

图12-172 垂直雾化法锌粉制造装置示意图
1—压缩空气喷嘴；2—保温坩埚；3—锌粉收集室；4—锌粉斗；5—锌粉输送螺旋；6—布袋收尘室

粒度/mm	+0.995	-0.995 ~ +0.2	-0.2 ~ +0.139	-0.139 ~ +0.117	-0.117
密度/%	1.2	12	14	33.8	39

垂直雾化法的生产率低，锌粉粒度粗，粒度组成不匀，合格率低，同时压缩空气耗量大。

12.5.1.2 虹吸喷吹法吹制锌粉

为提高雾化法制造锌粉的生产效率，虹吸喷吹法锌粉制造工艺逐步得到推广。虹吸喷粉装置由石英质的锌液虹吸管、空气喷嘴及电阻丝加热套管组合为一体，虹吸管插入盛锌液容器中（可直接插入熔锌炉中），喷嘴与锌粉收集装置衔接。利用压缩空气从喷嘴喷射形成的负压，将锌液吸出与高速空气混合喷出成细粒锌粉。虹吸法吹制锌粉，生产能力大、效率高，锌粉粒度细、质量好，单位产品消耗的压缩空气和电能比垂直雾化喷吹法少。

虹吸雾化装置及虹吸喷嘴结构示意见图12-173。

两种方法的技术经济指标比较见表12-204。

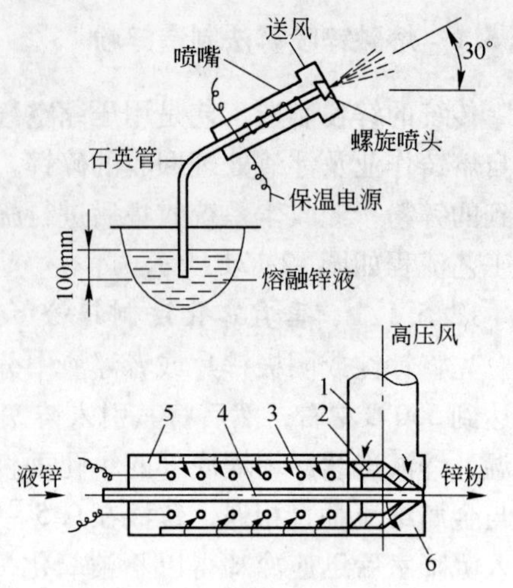

图12-173 虹吸雾化装置及虹吸喷嘴结构示意

1—进风管；2—喷嘴；3—电阻丝；4—石英管；5—加热器；6—前室

表12-204 两种锌粉制造方法主要技术经济指标比较

名 称	产量/kg·h^{-1}	合格率/%	耗风量/m^3·台$^{-1}$	备 注
虹吸法	800 ~ 900	90（-120目>60%）	10 ~ 15	合格为80目
垂直喷雾法	400 ~ 500	85（-120目>40%）	25 ~ 30	

表12-205是一些工厂锌粉制造的技术操作条件及技术经济指标。

表12-205 锌粉制造的技术操作条件及技术经济指标

项 目	株冶（新的）	株冶（老的）	沈 冶	西北冶
熔锌炉型	反射炉	反射炉		反射炉
生产能力/t·d^{-1}	12 ~ 14	4.5 ~ 6.0	3 ~ 4	20
熔锌炉锌液温度/℃	500 ~ 550	500 ~ 550	550 ~ 650	550
保温锅锌液温度/℃	500 ~ 550	>500	500 ~ 550	540
吹制锌粉方法	虹吸喷吹锌粉法	垂直喷雾法	垂直喷雾法	氮气或压缩空气喷吹
空气喷嘴与流出锌液距离/mm		50 ~ 100	100	100
空气压强（表压）/Pa	6×10^5 ~ 6.5×10^5	5×10^5	5×10^5 ~ 5.5×10^5	3×10^5
空气消耗量/m^3·kg^{-1}	0.7 ~ 1.0	约4	3.1 ~ 4.1	3.5
燃料消耗量/m^3·(kg·t)$^{-1}$	煤气600 ~ 1000	煤气600 ~ 1000	焦炭250 ~ 400	（发生炉煤气）67
锌粉直接回收率/%	93	93	约85	85
锌粉粒度/mm	-0.147 >90%	0.175 ~ 0.120 >90%	0.147 ~ 0.120	-0.104 >80%

（撰稿 冯桂林 陈为亮）

12.5.2 埋弧电炉熔炼法制造超细活性合金锌粉

12.5.2.1 概况

超细金属锌粉的传统用途主要是制造富锌涂料，广泛应用于不适宜热镀和电镀的大型钢铁构件（如大型户外钢结构建筑、海洋工程、桥梁、管道等）以及船舶、集装箱等的防腐涂覆。另外，还用于螺丝、铁钉、射钉等钢制品的机械镀锌以及作为化工、冶金、医药、农药等行业合成含锌化合物的原料。

超细金属锌粉的传统制造方法以金属锌为原料，在特殊设计的炉子内将金属锌融化后在隔绝空气条件下加热到锌熔点以上，使其蒸发为锌蒸气。高温的锌蒸气导入到密闭的被强制冷却的冷凝室中，迅速冷凝为固体粒子。由于冷凝过程直接在空间进行，新的锌粉晶核形成后，还来不及充分长大即从气相中沉降到冷凝器底部的锌粉收集斗中，因此粒度极细、粒级分布狭窄，且形状为表面光滑的规则球形粉体。该工艺制造的金属锌粉金属态锌含量高（大于97%），有害杂质含量（特别是铅、铁等）低，表面氧化少，比表面积大、松装密度小、分散性好、反应活性高，用其制成的富锌防腐涂料覆盖力强，耐腐蚀性好。但该锌粉制造过程能耗高，设备规模难以大型化。

20 世纪 70 年代，国外在大量试验研究基础上，证实含 Pb、Sb 等组分的合金锌粉，由于微电池作用能更好地净化溶液中的 Cu、Ni、Co 等杂质。日本会津锌厂，美国克拉维尔锌厂等开始应用人工合成 Pb-Sb 锌粉作为净化剂。国内南方工业大学等单位也开展了该领域的试验研究；柳州锌品厂等企业以锌浮渣为原料，采用电热法生产超细锌粉，由于粒度细、活性好、反应快，大大缩短了净化时间。

1985 年，云南冶金集团股份有限公司会泽铅锌矿开发成功电炉活性合金锌粉制造工艺。以低品位氧化锌矿为原料、埋弧电炉还原熔炼，直接冷凝生产超细锌粉。大幅度提高了资源利用率，降低了锌粉制备工艺能耗和提高了电锌直收率。同时，充分利用了矿石原料中的合金组分，使锌粉具有更好的净化活性，应用于电锌厂的溶液净化工序后，改善了净化指标，降低了锌粉单耗。1990 年以后，已完全取代雾化锌粉。目前，云南冶金集团所属炼锌厂的净化作业全部采用电炉活性合金锌粉，并实现了溶液的深度净化和 48 小时长周期电积。与使用雾化锌粉比较，锌粉单耗降低 15% ~30%。20 世纪 90 年代以后，电炉锌粉制造工艺及电炉锌粉净化技术在国内迅速推广。

12.5.2.2 埋弧电炉熔炼法活性合金锌粉的制造工艺

电炉活性合金锌粉的制造工艺与电炉炼锌工艺相似，其区别在于电炉炼锌采用锌雨冷凝器，锌蒸气冷凝成熔融态的金属锌产品，电炉锌粉则采用空间快速冷凝，使锌蒸气直接冷凝成为固态锌粉。

电炉锌粉生产工艺流程见图 12-174。

A 电炉锌粉生产工艺过程简述

电炉锌粉生产以锌焙砂、氧化锌原矿、锌渣、粗制氧化锌为原料，以无烟煤为还原剂，石英砂、石灰为添加剂，经混合焙烧，脱除部分水分、杂质后，投入三相电阻电弧炉，在 1250 ~1350℃温度下，经密闭、微正压熔炼，氧化锌被还原为锌蒸气，经直接急剧冷凝得到锌粉。

主要化学反应为：

$$ZnO + CO \longrightarrow Zn + CO_2$$

$$CO_2 + C \longrightarrow 2CO$$

$$ZnO + C \longrightarrow Zn + CO$$

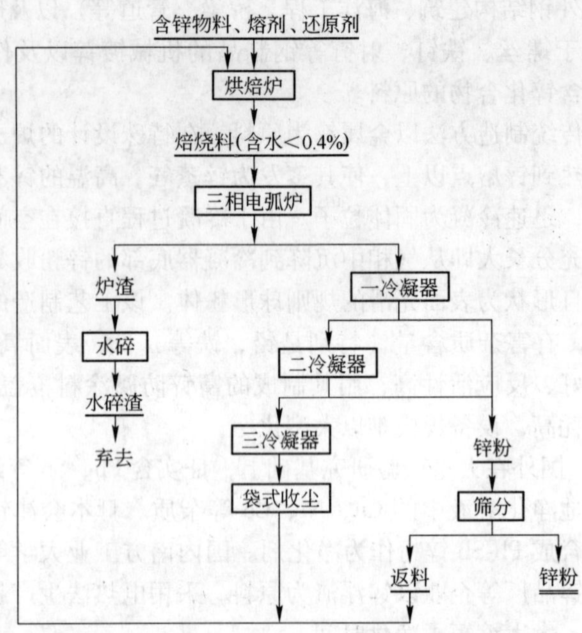

图12-174 电炉锌粉生产工艺流程

电炉锌粉生产工艺的特点:

(1) 以锌矿物为原料，直接制取锌粉。原料适应性强，氧化锌矿、次级氧化锌、锌熔铸浮渣、高铁锌精矿焙砂等均可作为生产电炉锌粉的原料，有利于合理利用原料和提高资源利用率。

(2) 原料中伴生的Sb、As、Pb等组分同时被还原挥发进入锌粉，构成提高置换活性的合金元素。

(3) 为保证金属锌充分蒸发进入气相，要求提高弧袋发热量对炉渣熔体电阻发热量的比重，以获得炉膛空间的温度。与矿热电炉熔炼工艺比较，变压器的次级电压较高。

B 电炉熔炼的操作控制

a 配料原则

渣型选择：电弧炉炉渣碱度一般为0.8~1.4，其中CaO/SiO_2应大于0.8。按下式计算。

$$R = \frac{CaO + MgO}{SiO_2} = 0.8 \sim 1.4$$

据此计算熔剂配比。锌粉生产控制的正常渣型范围见表12-206。

表 12-206 锌粉生产控制的正常渣型范围

成分	Fe	SiO_2	CaO	MgO	Al_2O_3
熔渣正常范围/%	16~20	26~30	11~15	2~5	<10

还原剂配入量：按入炉物料中的 ZnO 还原率为 98.5%，还原剂过剩系数 1.25，忽略电极还原作用计算还原剂配比。

炉料粒度控制不大于 10~15mm。配好的炉料采用多膛炉在 700~850℃温度下煅烧 1 小时以上，使碳酸盐分解，残硫降低至 1.5% 以下和将水分降到 0.4% 以下保温待用。为保证煅烧质量，料层厚度控制 200~300mm，多膛炉同一层内翻料 2 次再耙至下一层。

b 电炉操作

开炉前，在炉膛内先铺 30~40cm 厚的炉渣，再铺 20~30cm 厚的焦炭层，然后送电起弧烘炉，起弧烘炉的同时炉体冷却水套通水。严格按升温曲线控制升温过程。严密观察炉内情况，适时补加碎焦和碎料。炉温达到 850~900℃时，连通炉喉与锌粉冷凝器通道，冷凝器通水冷却。当炉内达 1100℃时，逐步加入返渣形成熔池。当熔池深度达 40cm 以上时开始投料。

炉料以热态均匀加入电炉内，避免炉气与冷料接触降低温度，还原电炉活性合金锌粉的制造工艺与电炉炼锌工艺相似，其区别在于电炉炼锌采用锌雨冷凝器，锌蒸气冷凝成熔融态的金属锌产品。电炉锌粉则采用空间快速冷凝，使锌蒸气直接冷凝成为固态锌粉。反应 $ZnO + CO \rightarrow Zn + CO_2$ 产生逆反应，影响锌粉质量。投料后逐步提高电流，转入正常生产。控制电极高度，保持三相电流均衡；控制电压等级及电极插入深度，保持熔池温度在 1250~1350℃及炉气温度不低于 1100℃。由于电炉熔炼过程中系统 CO 浓度高达 45%~76%，还原势很高，炉料中包括铁酸锌等组分在内的锌、铅、锑、砷的氧化物被还原挥发，炉料的还原率很高，部分铁氧化物也被还原为金属。

锌还原成锌蒸气后，随熔炼过程产出的高 CO 炉气经炉喉进入锌粉冷凝系统，由于温度突然降到锌熔点以下 100~200℃，处于过饱和状态的锌蒸气迅速形成冷凝核心，在急冷条件下冷凝成粒度极细的锌粉，锌粉大部沉降到冷凝器底部漏斗中，少量在二、三段冷凝器中沉降，最后经布袋过滤器进一步回收后排空。冷凝器出口温度严格控制在 150~250℃范围内，冷凝系统保持 10~30Pa 的微正压作业。随尾气排入大气中的损失为炉料总锌量的 0.2%~0.4%。收集在冷凝系统中的锌粉用螺旋输送机定时排出，经筛分后密封装桶。

避免冷空气吸入，电炉系统应维持在 50Pa 左右的正压条件下运行。从咽喉口到冷凝系统要保持密闭及畅通，冷凝器冷却水温控制 30℃左右。保持电炉炉体的密封，冷却水套不可断水。在保证电极升降灵活的条件下，用石棉绳封堵电极孔与电极之间的缝隙，防止高温易燃炉气喷出。及时续接电极，保持电极夹持器距炉顶不少于 650mm。

造渣成分在熔池内完成造渣过程并被电弧及电流充分过热，金属、锍、炉渣得以良好分离。电炉熔炼工艺渣率依入炉物料的含锌品位高低而定，约为炉料量的 40%~50%。正常生产中应保持渣池深度 500mm 左右，渣池深度超过正常值即可放渣。放渣前 3h 停止加料。

12.5.2.3 电炉炼锌的产物

A 锌粉

有效锌≥75% As 0.05%~0.2% Pb 0.5%~2.5% 筛余物（60 目）≤6.0%

B 炉渣

炉渣成分如下（%）：

Zn	Fe	CaO	MgO	Al_2O_3	SiO_2
4~8	18~24	20~29	3~7	6~10	20~26

C 炉气

炉气含CO 95%。目前由于锌粉电炉一般规模都比较小，电炉煤气基本上没有回收利用。

12.5.2.4 电炉炼锌主要技术经济指标

电炉炼锌主要技术经济指标：

锌直收率：80%±；

锌总回收率：95%~97%；

电炉床能率（指含锌物料）：1.6t/(m^2·d)；

锌粉单耗：3800~4100kW·h/t锌粉；

电极单耗：9~13kg/t锌粉；

还原焦炭单耗：200~230kg/t锌粉；

冷凝水（13.66m^2电炉）：10m^3/d；

耐火材料单耗：40~50kg/t锌粉；

炉寿命：12个月。

12.5.2.5 驰宏公司电炉锌粉的生产实践

A 电炉锌粉制造工艺的开发

驰宏锌锗股份有限公司会泽铅锌矿电锌生产系统，自20世纪60年代中期以来，一直采用自产雾化锌粉净化硫酸锌溶液。1985年，借鉴国内外溶液净化采用合金锌粉和采用电热法制备超细锌粉的经验以及依托氧化锌矿资源的优势，建设电阻电弧炉（埋弧电炉），直接进行工业性试验，研究开发电炉锌粉制造工艺。1986年8月投入试验运行，电炉炉床面积9.79m^2，设计年产锌粉1000t，以兰坪氧化锌矿为原料。试验采用的原料成分见表12-207。试验结果见表12-208~表12-210。

表12-207 电炉锌粉工艺工业性试验的原料、熔剂成分 (%)

项 目	Pb	Zn	Fe	SiO_2	CaO	MgO	Al_2O_3	S
兰坪锌矿	3.10	35.90	6.20	9.46	4.35	1.45	1.80	1.08
焙 砂	3.80	37.20	6.40	12.86	9.75	0.95	3.70	1.33
石 灰			0.60	4.08	63.35	1.75	0.50	
石英砂				≥65				

表12-208 电炉锌粉熔炼试验炉渣成分

元 素	Pb	Zn	Fe	SiO_2	CaO	MgO	Al_2O_3
%	0.45	2.25	7.30	31.08	21.35	2.50	6.38

表 12-209　锌粉质量

编　号	元素含量（质量分数/%）					
	全 Zn	含 Zn	Pb	Cd	As	Fe
87.6.30	92.30	86.68	2.42	0.49	0.026	0.28
87.7.7	91.90	87.15	4.23	0.79	0.016	0.18

表 12-210　电炉试验主要技术经济指标

年　份	入炉物料含 Zn/%	焙砂产量/t	锌粉产量/t	直收率/%	金属锌品位/%	渣含锌/%	实物劳动生产率/t·(人·a)$^{-1}$	耗电/kW·h·t^{-1}
1986			27.60		80			9191
1987	35.9		176.6	85	86			5469
1988	29.22	1293.39	502.24	95.82	79.41	4.83	5.98	4980
1989	35.55	1527.10	610.17	88.36	77.10	10.12	7.351	4154
1990	34.34	2052.67	783.86	83.95	74.36	10.58	9.332	4403.43

年　份	电极单耗/kg·t^{-1}	无烟煤单耗/t·t^{-1}	粉煤单耗/t·t^{-1}	水耗/t·t^{-1}	石灰单耗/t·t^{-1}	床能力/t·(m^2·d)$^{-1}$
1986						
1987	16	0.415		155.8	0.612	
1988	25	0.432	0.794	83.27	0.114	
1989	25	0.374	0.613	86.90	0.137	0.948
1990	26	0.412	0.754	48.23	0.157	0.978

试验转入正常生产后，产量逐渐突破设计能力，年产锌粉达 1300 ~ 1500t。1995 年，为适应生产需要，又新建 15m^2 电炉一座，设计能力年产 1500t 锌粉。随着工艺控制的不断改进，指标逐年有所提高，2002 ~ 2003 年，2 号炉炉龄长达 17 月。

B　电炉锌粉生产的主要设备

电炉锌粉生产的主要设备见表 12-211 ~ 表 12-213。

表 12-211　焙烧的主要设备

项　目	供热燃料	炉膛面积/m^2	标准出料能力/t·班$^{-1}$	下料螺旋/mm × mm
1 号焙烧炉	粉　煤	27.4	3.5	ϕ150 × 1340
2 号焙烧炉	无烟煤	34.5	4.5	ϕ150 × 1880

表 12-212　熔炼的主要设备

项　目	床面积/m^2	变压器型号	额定容量/kV·A	档位/V
1 号炉	10.33	HS 3-1800/6.3	1250	210、180、121、104
2 号炉	13.66	HS 9-2000/6.3	1400	180、210、121

表12-213 冷凝系统的主要设备

项 目	冷凝面积/m^2	循环水泵	拖动电机	振打电机
1号炉	73.30	IS100-80-125	Y160M1-2（11kW）	Y132S-6（4kW）
2号炉	15.8	IS100-80-125	Y160M1-2（15kW）	Y132S-6（4kW）
项 目	螺旋条数	规格型号		
1号炉	4	1号ϕ200，电机Y100L-2，3kW，减速箱ZQ250； 2号ϕ200，电机Y132M2-6，5.5kW，减速箱ZQ250； 3号、4号ϕ200，电机Y132S-6，3kW，减速箱WXJ-180		
2号炉	3	1号ϕ200，电机Y132M2-6，5.5kW，减速箱WD120-2； 2号ϕ300，电机Y132M2-6，5.5kW，减速箱WD120-1； 1号ϕ300，电机Y132M2-6，5.5kW，减速箱WD120		

（撰稿 贾著红 等 审稿 冯桂林）

13　火法炼锌工艺技术

13.1　火法炼锌的基本原理

经过完全氧化焙烧的焙烧矿或烧结块中，锌化合物的存在形态主要为 ZnO、ZnO · Fe_2O_3、2ZnO · SiO_2、ZnO · Al_2O_3 等，还有少量 ZnS 及 $ZnSO_4$，其中以自由状态存在的 ZnO 为主。焙烧或烧结良好的焙烧矿中 ZnS 含量极少。

火法炼锌是将焙烧矿或烧结块与炭混合，在高温（>1000℃）条件下保证 ZnO 被完全还原。由于锌的沸点低（907℃），在火法炼锌的高温（>1000℃）条件下，还原反应得到的金属锌将以蒸气状态挥发出来，在几乎不含 CO_2 的气体中冷凝得到液体金属锌。由于 ZnO 难于还原，故蒸馏锌必须在高温及强还原性气氛中进行，以尽可能将锌从其化合物中还原出来，并以气体锌的形态产出，然后再冷凝为液体金属锌。

火法炼锌采用还原蒸馏法。ZnO 要还原成金属锌实际上要在 950℃以上，而金属锌在 907℃就已沸腾。因此，炉料的还原蒸馏过程与铅、铜、铁等金属氧化物的还原熔炼不同，还原蒸馏不能直接得到熔融金属锌而只能得到金属锌的蒸气。同时，矿中的脉石不会形成熔渣，而以固体状态的干渣产出，称作蒸馏残渣。

ZnO 在蒸馏罐内加热还原的结果得到蒸馏罐气体。蒸馏罐气体主要是由 CO 和锌蒸气组成，它被导入另一密闭容器冷凝器内，锌蒸气在冷凝器内冷凝为液体金属锌。一部分锌蒸气不能很好的冷凝，在冷凝器内成为锌粉及在延伸器内（横罐蒸馏时）或第二冷凝器内（竖罐蒸馏时）成为蓝粉。此锌粉与蓝粉被收集返回再处理。蒸馏罐气体中的 CO 被导出，可作为燃料。

由上所述，从硫化锌精矿的焙烧矿或烧结块生产锌包括两个过程：（1）在蒸馏罐内还原 ZnO 并从罐内蒸馏出锌蒸气；（2）锌蒸气在冷凝器内冷凝为液体锌。

火法炼锌的方法有横罐炼锌、竖罐炼锌、电炉炼锌和密闭鼓风炉炼锌（又称帝国熔炼法或 ISP 法）。横罐炼锌和竖罐炼锌都属于蒸馏法炼锌，两种炼锌的理论基础是一致的。不论哪种蒸馏方法，蒸馏炉料都是由焙烧矿或烧结块、返料（如蓝粉及锌粉）及还原剂煤组成。锌焙烧矿与还原剂煤需要混合均匀，料中不加熔剂。横罐蒸馏时用无烟煤，有时加少量碎焦；竖罐蒸馏要用一部分焦性煤。横罐蒸馏炉和竖罐蒸馏炉都采用间接加热，燃料燃烧产生的高温炉气通过罐壁加热炉料，热效率低，需要消耗大量燃料（包括还原煤在内），同时要消耗大量导热性良好的耐火材料。因此，蒸馏法炼锌正逐渐被淘汰。

电炉炼锌不论是电弧炉或者电阻炉，都是通过电弧和炉渣的电阻发热直接加热炉料，炉气中基本上都是锌蒸气及 ZnO 与还原剂反应时产生的 CO。所以，不存在燃烧气体对锌蒸气冷凝的影响。与鼓风炉炼锌相比较，电炉炼锌的能耗高、锌直收率低，难以实现大型化。因此电热法炼锌的发展前途不大，仅适于电力供应丰裕、电价便宜地区的中、小型企业采用。20 世纪 60 年代发展起来的密闭鼓风炉炼锌采用燃料直接加热，能量利用率高，是目前火法炼锌的主要工艺。

13.1.1 氧化锌的还原

13.1.1.1 ZnO 还原的热力学

A 氧化锌被碳和一氧化碳还原

ZnO 的热还原是一个强烈的吸热反应。在大于1000℃（1273K）高温条件下，ZnO 能被炭质还原剂还原产生锌蒸气，还原反应为：

$$ZnO(s) + C(s) \Longrightarrow Zn(g) + CO(g) \tag{13-1}$$

$$\Delta G^{\ominus} = 348480 - 286.10T \quad (J)$$

上述反应的自由焓变化为正值，说明 ZnO 用固体炭还原是一个强吸热反应，在冶炼过程中必须供给大量的热，这是火法炼锌的重要特点之一。ZnO 用固体炭还原在锌沸点以上的温度下进行，得到的金属锌将以蒸气状态挥发出来，液体锌变为气体锌的熵值增加很大，促使标准自由能变化曲线上升更快，斜率变大。在950℃（1223K）左右，反应 $ZnO + C = Zn(g) + CO$ 的吉布斯自由能变化等于零。在这个温度以上变化一个相当小的温度数值，锌蒸气的压强就会发生一个很大的变化。当反应系统的温度降低时，锌蒸气将冷凝为液体锌，这就是火法炼锌的基础。

在式13-1中，ZnO 被固体炭还原产生 Zn(g) 的反应进行时，假定 $p_{Zn} = p_{CO}$，$a_{Zn} = 1$，$a_C = 1$，则上述反应的平衡常数可简化为：

$$K = \frac{p_{Zn} \cdot p_{CO}}{a_{ZnO} \cdot a_C} = p_{Zn}^2$$

由上式求出700～1100℃（973～1373K）的锌蒸气分压见表13-1。

表13-1 锌蒸气分压

温度/K	973	1073	1173	1273	1373
p_{Zn}/kPa	1	7	37	148	495

数据显示，在锌熔点以上，锌蒸气压随温度的升高急剧增大，因此，随温度的升高平衡常数增大，ZnO 被固体炭还原的反应更易于进行，当反应系统的温度降低至 $p_{Zn} = p_{Zn}^{\ominus}$ 时，锌蒸气便会冷凝为液体。

在生产实践中，用炭质还原剂还原 ZnO 时，起还原作用的主要还原剂是 CO，因此主要还原反应为：

$$ZnO(s) + CO(g) \Longrightarrow Zn(g) + CO_2(g) \tag{13-2}$$

$$\Delta G^{\ominus} = 178020 - 111.67T \quad (J)$$

这一反应的 $p_{CO_2} = p_{Zn}$，而总压强 $p_{总} = p_{CO} + p_{Zn} + p_{CO_2}$，则平衡常数为：

$$K_1 = \frac{p_{Zn} \cdot p_{CO_2}}{p_{CO}}, \quad \frac{K_1}{p_{Zn}} = \frac{p_{CO_2}}{p_{CO}}$$

不同温度下锌的饱和蒸气压 p_{Zn}^* 可由计算为：

$$\lg p_{Zn}^* = -6620T^{-1} - 1.255\lg T + 14.465 \quad (Pa)$$

当 $p_{总}=10^5$Pa 时，可求出不同温度下的 p_{Zn}、p_{CO} 和 p_{CO_2}，计算结果见表 13-2。

表 13-2 还原反应 13-1 在不同温度下的各平衡分压值 (kPa)

项 目	973K	1173K	1373K	1573K
$p_{CO_2}=p_{Zn}$	1.66	11.45	32.70	46.00
p_{CO}	96.7	77.1	34.4	7.7
p^*_{Zn}	4.7	59.0	341.0	1236.1

表 13-2 中的数据说明，在 973K 以上固体 ZnO 用 CO 还原时，在反应器中得到的仍然是气体锌，必须降温至 $p_{Zn}=p^*_{Zn}$ 时，才能使锌蒸气冷凝得到液体锌。

表 13-2 中的数据还说明，平衡气相中的 CO_2/CO 的比值随温度升高而增大。在一般还原温度（1273～1373K）下，ZnO 被 CO 还原反应体系的平衡气相中，CO_2/CO 的比值接近 1；但温度每降低 100K 时，这个比值将显著降低。所以在高温下产生的锌蒸气，在降温冷凝过程中会被气相中的 CO_2 所氧化。所以在生产过程中必须加入过量的碳，以保证还原反应 13-2 所消耗的 CO 可由炭的气化反应来补充：

$$C(s)+CO_2(g) = 2CO_2(g) \tag{13-3}$$

$$\Delta G^{\ominus}=170460-174.43T \quad (J)$$

$$K_2=\frac{p^2_{CO}}{p_{CO_2}},\quad \frac{p_{CO}}{K_2}=\frac{p^2_{CO}}{p_{CO_2}}$$

当上述 ZnO 被炭质还原剂还原时，为了使固体炭不断还原 ZnO，必须满足平衡反应式 13-2与式 13-3 的要求。

分析反应式 13-2 可知，ZnO 被还原时，在被还原的 ZnO 中，Zn 与 O 的原子个数是相等的，如果用 N 来表示气相中各成分的分子数，它们之间的化学量关系如下：

$$N_{ZnO}=N_{Zn}=N_O=N_{CO}+2N_{CO_2}$$

改用分压表示时即：

$$p_{Zn}=p_{CO}+2p_{CO_2} \tag{13-4}$$

反应式 13-2 的平衡常数可改写为：

$$\lg K_1=\lg\frac{p_{Zn}\cdot p_{CO_2}}{p_{CO}}=-17315T^{-1}-3.51\lg T+22.93 \tag{13-5}$$

反应式 13-3 的平衡常数可改写为：

$$\lg K_2=\lg\frac{p^2_{CO}}{p_{CO_2}}=-8920T^{-1}+9.12 \tag{13-6}$$

联解式 13-4、式 13-5、式 13-6 三式，可得：

$$2p^3_{CO}+K_2p^2_{CO}-K^2_2\cdot K_1=0$$

在温度为 1200～1400K（927～1127℃）的范围内，锌的饱和蒸气压 p^*_{Zn} 和平衡常数 K_1、K_2 以及计算出的 p_{CO}、p_{Zn}、p_{CO_2} 的列于表 13-3 中，p_{Zn}、p^*_{Zn} 及 $p_{总}$ 与温度的关系曲线绘于图 13-1 中。

表 13-3 各温度下 ZnO 还原的平衡数据 (MPa)

压 强	1200K	1300K	1400K	压 强	1200K	1300K	1400K
p_{Zn}^*	0.0772	0.192	0.415	p_{Zn}	0.04925	0.2954	1.3664
K_2	4.84	18	55.6	$p_{CO(校)}$	—	0.453	4.44
K_1	4.96×10^{-4}	4.8×10^{-3}	0.0331	$p_{CO_2(校)}$	—	0.0114	0.355
p_{CO}	0.049	0.29	1.293	$p_{总}$	0.0928	0.656	5.21
p_{CO_2}	5.0×10^{-4}	0.0048	0.0328				

由图 13-1 可见，从 1283K（1010℃）开始，$p_{Zn} > p_{Zn}^*$，这在物理学上是不可能的，锌蒸气应冷凝为液体锌，直到 $p_{Zn} = p_{Zn}^*$ 为止，故 1283～1400K（1010～1127℃）温度下的计算值应以 p_{Zn}^* 代 p_{Zn} 校准：

$$p_{总} = p_{Zn}^* + p_{CO(校)} + p_{CO_2(校)}$$

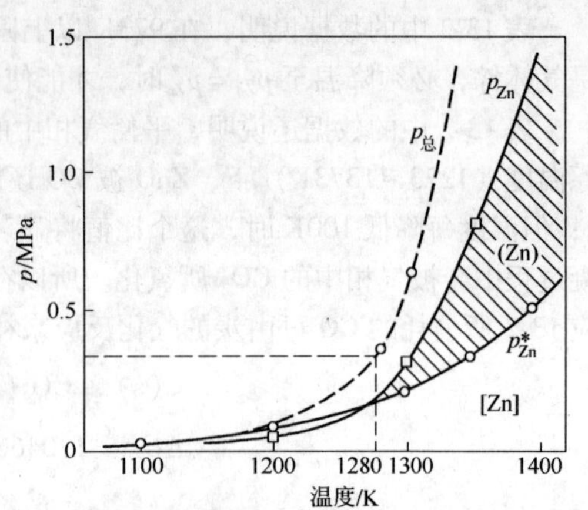

图 13-1 ZnO 用固体炭还原得出液体锌所必须的温度与压力

从表 13-3 的数据看出，当在常压（10^5Pa）下使 ZnO 还原的平衡温度约为 1200K（927℃），即 ZnO 被碳开始还原的温度。当体系的 $p_{总}$ 降低时（即小于 10^5Pa），这个开始还原温度便可降低。当前火法炼锌的炉内的总压通常维持 10^5Pa 左右，所以要使 ZnO 被碳还原的反应不断进行，必须保持 1173K（900℃）以上的高温，并且要大大超过这一温度，如 1273K（1000℃）以上，才能保证反应在工业生产要求的速度下进行。如果要求在低温下如 773K（500℃）下进行，必须使 $p_{总}$ 在小于 10^5Pa 下进行，要在大工业火法冶金设备中维持这样的负压条件，是很难实现的。

图 13-1 及表 13-3 的数据表明，当 ZnO 在 1200K（927℃）被炭还原时，反应产生的混合平衡气体中，锌的分压 $p_{Zn} \approx 0.4295\times10^5$Pa，小于纯液体锌的饱和蒸气压 p_{Zn}^*（0.772×10^5Pa），即还原产生的锌蒸气是未饱和的，因此不可能得到液体锌。当温度升高且压强增大时，还原反应产生的锌蒸气压（p_{Zn}）比纯锌的饱和蒸气压（p_{Zn}^*）增加更为迅速。到 1283K（1010℃）时两线相交，相交点 $p_{Zn} \approx p_{Zn}^* \approx 2\times10^5$Pa，$p_{总} \approx 3.5\times10^5$Pa。在相交点的温度与压强条件下，是 ZnO 被碳还原时直接得到液体锌的可能条件，但同时还必须有一个更为有利的过程来收集这部分气体。可见，ZnO 用固体炭还原生产液体锌的必要条件是温度高于 1280K(1007℃)，总压大于 350kPa。

在 ZnO 被碳还原时，如果同时有一种不挥发的金属（如铜），且又能溶解锌形成合金熔体（如 Cu-Zn 合金），由于合金中锌的活度小于 1，则 ZnO 开始还原的温度可以降低。这就是 Cu-Zn 矿直接还原生产黄铜的基础。

如前所述，氧化锌被固体炭还原的过程是由 CO 还原反应式 13-2 和布多尔反应式 13-3 两个过程构成。在这两个不同的反应过程中，CO 所起的作用是不同的：对反应式 13-2 来说它是反应物，ZnO 只有依靠它才能被还原为金属锌；但在反应式 13-3 中，它却是生成物，CO 主要就是通过这个反应才源源不断地产生，去满足反应式 13-2 的需要。在一定温度下，尽管这两个反应的 CO 和 CO_2 的压强都可以调整，但平衡气相中的 CO_2/CO 的比值却是恒定的，即 p_{CO}/p_{CO_2} 为常数。

对于反应式 13-2 和反应式 13-3，这个平衡比值是不相同的，并且随着温度的变化两个比值的变化也不相同。对于反应式 13-2，平衡气相中 p_{CO}/p_{CO_2} 比值随温度上升而下降；对于反应式 13-3，比值却随温度升高而增大。

在较低温度下，要使 ZnO 还原为金属锌必须提供 p_{CO}/p_{CO_2} 比值很高（p_{CO_2}/p_{CO} 很低）的混合气体。但在这种条件下，从布多尔反应所产生的混合气体则恰好相反，相应的 p_{CO}/p_{CO_2} 比值很小。随着温度的升高，这两个比值的差距将不断减小，当温度达到一定值时，两个比值趋于相同。温度继续升高，这种差值关系就颠倒过来，从布多尔反应所得到的平衡混合气体中 p_{CO}/p_{CO_2}，比值将比反应式 13-2 平衡气相中 p_{CO}/p_{CO_2} 比值更高，并且随着温度的上升，二者的差值变得越来越大。只有在这种情况下，焦炭或煤对于 ZnO 的还原才能得以实现，因为只有此时布多尔反应所生成的还原气氛才能满足反应式 13-2 的需要，而反应式 13-2 所消耗的 CO 也才能源源不断地从布多尔反应得到补偿。

图 13-2 为反应式 13-2 及反应式 13-3 平衡气相中 p_{CO_2}/p_{CO} 比值与温度的关系。

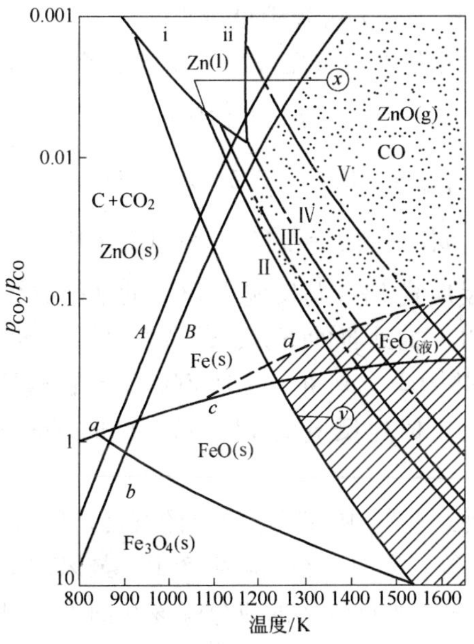

图 13-2 p_{CO_2}/p_{CO} 与温度的关系

图中各平衡曲线分别代表：

（1）$ZnO(s) + CO(g) = Zn(g) + CO_2(g)$：

曲 线	Ⅰ	Ⅱ	Ⅲ	Ⅳ	Ⅴ
a_{ZnO}	1.0	1.0	0.1	0.05	0.01
p_{Zn}/kPa	6.06	45.5	6.06	6.06	6.06

（2）$C(s) + CO_2(g) = 2CO_2(g)$：

曲 线	A	B
a_{ZnO}	1.0	1.0
$p_{CO} + p_{CO_2}$/kPa	20.2	55.5

（3）铁氧化物的还原平衡：

曲 线	反 应
a	$Fe_3O_4(\alpha)+4CO(g)=3Fe(\gamma)+4CO_2(g)$
b	$Fe_3O_4(\alpha)+CO(g)=3FeO(s)+CO_2(g)$
c	$FeO(s)+CO(g)=Fe(\gamma)+CO_2(g)$
d	$FeO(l)(a_{FeO}=0.4)+CO(g)=Fe(\gamma)+CO_2(g)$

（4）锌的稳定区：

曲 线	反 应
i	$ZnO(s)+CO(g)=Zn(l)+CO_2(g)$
ii	$Zn(l)=Zn(g)(p_{Zn}=1.01\times10^5Pa)$

从图13-2中可以明显看出，对反应式13-2，温度越高，平衡p_{CO_2}/p_{CO}值越大（p_{CO}/p_{CO_2}值越小）；而在同一温度下，p_{Zn}越高，平衡气相中p_{CO_2}/p_{CO}比值就越小（还原气氛越强）。

图13-2中*A*、*B*两条曲线分别代表$p_{CO}+p_{CO_2}$等于20.2kPa及55.5kPa时反应式13-3的平衡条件，对此反应来说，随着温度升高，平衡气相中p_{CO_2}/p_{CO}比值将急剧下降（还原气氛急剧增强）。$p_{CO}+p_{CO_2}$越大，p_{CO_2}/p_{CO}比值就越小。

在蒸馏法炼锌时，炉气中锌蒸气分压较高，如果不考虑下延部鼓风，则：

$$p_{Zn}+p_{CO}+p_{CO_2}\approx10^5Pa$$

$$p_{Zn}\approx(0.4\sim0.5)\times10^5Pa$$

$$p_{CO}+p_{CO_2}\approx(0.5\sim0.6)\times10^5Pa$$

所以在这种条件下，反应式13-2与反应式13-3的平衡曲线在1173K（900℃）左右相交。在此温度以下，曲线*B*在曲线Ⅲ的下方，即布多尔反应能够造成的还原气氛不足以使反应式13-2向右进行，从热力学上来讲，就是ZnO不能被碳还原。高于此温度，布多尔反应的平衡气相中p_{CO_2}/p_{CO}比值比反应式13-2低，此时ZnO被碳还原的过程能够顺利进行。

鼓风炉炼锌是直接加热，炉气中除还原反应的气态产物锌蒸气、CO以外，还有大量燃烧废气，包括N_2和CO_2等，所以，在实际生产中，鼓风炉炼锌炉气中锌的浓度为5%～7%，$p_{CO}+p_{CO_2}$为20%～30%，平衡气体的成分应该在图13-2中曲线Ⅰ与曲线*c*所包括的范围内（即图中画阴影线的部分）。在此条件下可使烧结块中的ZnO还原而FeO不还原。蒸馏法炼锌则不然，炉气中的锌含量比鼓风炉炼锌高得多，$p_{Zn}=45kPa$，加之气流速度很小，反应式13-3趋于平衡，气相中p_{CO_2}/p_{CO}的比值在图13-2中曲线Ⅱ与曲线*B*所包括的范围内（即图中画点的区域内），除了ZnO被还原外，FeO也被还原为金属铁，这是鼓风炉炼锌所要避免的。因此，在鼓风炉炼锌时，需控制风口区（即炉渣熔化带）以上的炉气成分使CO_2/CO（p_{CO_2}/p_{CO}）比例为0.6～0.7。这种还原气氛比蒸馏法炼锌和高炉炼铁的还原气氛要弱，而比鼓风炉炼铅的还原气氛要强。

从炉渣中还原的ZnO约占加入料中ZnO总量的60%，故保证这部分ZnO的还原完全对鼓风炉炼锌具有很大的意义。

从图13-2中可以看出，这种条件下反应式13-2与反应式13-3的相应平衡曲线为曲线

Ⅱ与曲线 A，这两条曲线的交点所对应的温度为 1073K（900℃）左右，这就是鼓风炉烧结块中的氧化锌开始还原的温度。

B 从炉渣中还原锌

鼓风炉炼锌时，一部分锌是从液态炉渣中被还原出来的。排出渣的含锌量既取决于温度和还原气氛，同时也与炉渣的组成即渣型有关。这个问题在鼓风炉炼锌时是十分重要的。

ZnO 是一种两性化合物，高温下一般表现为弱碱性，且熔点接近 2273K（2000℃），只有在与大量其他酸性氧化物共存的条件下，才有可能在鼓风炉熔炼温度范围内熔化成渣。

氧化锌在炉渣中的活度取决于炉渣的相应组成并在很大程度上依赖于其中的 CaO 和 SiO_2 的含量。增大 CaO 含量有助于提高 ZnO 的活度，因为 CaO 在高温下的碱性比 ZnO 强得多，能将 ZnO 从 $2ZnO \cdot SiO_2$ 中置换出来。而 SiO_2 含量的增大则是一个不利的因素，因为它会和 ZnO 强烈地结合。除了 CaO 和 SiO_2 外，炉渣中的其他组成物如 FeO、Al_2O_3 等也能对 ZnO 的活度产生一定影响。

FeO 在 FeO-SiO_2 二元系炉渣中的活度系数很小，但随着 CaO 的加入，其活度系数会急剧增大。ZnO 的活度系数也存在着这种情况。工业鼓风炉炼锌采用高钙碱性渣，可以认为 ZnO 在这种炉渣中具有较大的活度系数。根据有关资料，在 CaO 含量高的炼锌鼓风炉渣中，ZnO 的活度系数可以接近 3。假设鼓风炉炼锌采用以下渣型：

FeO 30%，SiO_2 23%，CaO 34%

渣中含锌 6%，若折合成 ZnO 则为 7.5%。可以算出，在这种炉渣中，ZnO 的摩尔数约为 0.06，若按活度系数为 3 计算，则：

$$a_{ZnO} = 0.06 \times 3 = 0.18$$

从固态 ZnO 和从液体炉渣中还原 ZnO 的反应为：

$$ZnO(s) + CO(g) = Zn(g) + CO_2(g) \tag{13-7}$$

$$ZnO(l) + CO(g) = Zn(g) + CO_2(g) \tag{13-8}$$

对于反应式 13-7，其平衡常数为：

$$K = \frac{p_{Zn}p_{CO_2}}{p_{CO}}$$

纯固态 ZnO 的活度没有出现在方程式中，因为它的数值恒定（等于 1）。对于反应式 13-8，其平衡常数为：

$$K' = \frac{p_{Zn}p_{CO_2}}{p_{CO}a_{ZnO}}$$

炉渣中的 ZnO 活度可以改变，因而必须把 a_{ZnO} 值包括在方程式中。

根据化学平衡的定义，在一定温度下，对同一反应来说，有关组分的分压或浓度是可以任意改变的，但是整个反应的平衡常数则必须守恒，即 $K = K'$。

对于反应式 13-7，在 1.013×10^5Pa 和 1600K 下有关气体的平衡分压为：$p_{CO} = 0.180 \times 10^5$Pa，$p_{CO_2} = 0.416 \times 10^5$Pa。由此可以求出平衡常数：

$$K = K' = \frac{0.416 \times 0.416}{0.180} \approx 0.95$$

鼓风炉炼锌时，炉气含锌约5% ~7%，若按6%计算则：

$$\frac{0.06 \times p_{CO_2}}{p_{CO}} = 0.95$$

即
$$p_{CO_2}/p_{CO} = 15.8$$

假定炉渣中ZnO活度为0.05，则有：

$$\frac{0.06 \times p_{CO_2}}{0.05 \times p_{CO}} = 0.95$$

即
$$p_{CO_2}/p_{CO} = 0.79$$

可见，在1600K（1327℃）下还原固态ZnO时，炉气中的p_{CO_2}/p_{CO}比值应为15.8，而还原炉渣中ZnO（活度为0.05）时，p_{CO_2}/p_{CO}比值则应为0.79，也就是说，后者要求的还原气氛比前者强得多，即从液态炉渣中还原ZnO要比还原固态ZnO困难得多。

如果炉渣中的ZnO活度不是0.05而是0.01那么，锌的还原就要更加困难。这时，

$$\frac{0.06 \times p_{CO_2}}{0.01 \times p_{CO}} = 0.95$$

即
$$p_{CO_2}/p_{CO} = 0.158$$

建立这样强的还原气氛在技术上是可以做到的，但在这种条件下，不仅锌被还原了，FeO也开始被还原，这就会导致鼓风炉熔炼的正常进程受到破坏。所以，炉渣的含锌量通常只能降低到2% ~3%为止。在目前的工业条件下，要想炼出无锌渣同时又不让铁被还原出来，从热力学观点来看是不可能实现的。

图13-2中曲线Ⅲ、Ⅳ、Ⅴ是假定$p_{Zn} = 6.06$kPa、a_{ZnO}分别等于0.1、0.05和0.01时，反应式13-2的平衡曲线。从这三条曲线的相对位置可以清楚地看出，当a_{ZnO}减小时，反应式13-2的平衡p_{CO_2}/p_{CO}值将降低。这就是说，炉渣中ZnO活度越小，锌就越难从中还原出来，还原反应所要求的还原气氛也就越强（p_{CO}/p_{CO_2}比值越大）。

与曲线Ⅰ相比较，曲线Ⅲ、Ⅳ、Ⅴ都向图的右上方移动，这就说明，要使液态炉渣中的ZnO完全还原，势必要引起FeO还原为金属铁，所以在讨论炉渣中的ZnO的还原时，务必了解炉渣中的FeO的还原情况。

在鼓风炉炼锌时，为了防止炉缸积铁，是不希望铁的氧化物还原为金属铁的。炉料中各种铁的氧化物被CO还原的反应式如下：

$$Fe_3O_4(\alpha) + 4CO(g) \longrightarrow 3Fe(\gamma) + 4CO_2(g) \tag{13-9}$$

$$Fe_3O_4(\alpha) + CO(g) \longrightarrow 3FeO(s) + CO_2(g) \tag{13-10}$$

$$FeO(s) + CO(g) \longrightarrow Fe(\gamma) + CO_2(g) \tag{13-11}$$

$$FeO(l)(a_{FeO} = 0.4) + CO(g) \longrightarrow Fe(\gamma) + CO_2(g) \tag{13-12}$$

反应式13-9 ~式13-12的平衡曲线分别为图13-2中的a、b、c、d四条曲线。

图13-2中c、d曲线分别表示$a_{FeO} = 1.0$和0.4时的反应式13-10平衡气相成分中

p_{CO_2}/p_{CO}与温度关系。从这两条曲线看出，当炉渣中的 FeO 活度降低时，FeO 也就较难还原，即 a_{FeO}变小，相应的曲线 c、d 则向上移动，与炉渣中 a_{FeO}变小的曲线Ⅲ、Ⅳ及Ⅴ比较，在一定的 CO_2/CO 比值条件下，炉渣中的 ZnO 可以还原，而 FeO 不被还原。例如在 1423K 下，当渣中的 $\alpha_{FeO}=0.4$ 时，渣中的 ZnO 一直可以被还原到 $a_{ZnO}=0.05$ 时为止。但是要使渣中的 ZnO 进一步还原，而 FeO 还原为金属铁，作业的困难性就增加了。目前，鼓风炉炼锌的渣含锌为5%～10%，这个数值比热力学计算出的平衡数值高许多，说明渣含锌有进一步降低的可能，与铅鼓风炉熔炼的正常炉渣（Zn 10%～15%）比较，鼓风炉炼锌含锌5%～10%则低得多，这是因为炼锌鼓风炉的还原气氛较强，同时炉渣中的 CaO 含量比正常铅炉渣要高得多，这样熔渣熔点高，在风口区可以获得更高的温度。CaO 含量高也提高了渣中的 ZnO 活度，有利于 ZnO 更好的还原而避免 FeO 的还原，在渣线水平维持较高的氧压。与炼铁高炉比较，渣线部分气相中的 CO_2 分压要高一些。

虽然可以控制鼓风炉炉内气氛使之不足以还原 FeO 而仅能还原 ZnO，但是当炽热的焦炭与液态炉渣接触时，碳会在还原 ZnO 的同时也还原了渣中的 FeO。但反应产生的金属铁能与 ZnO 发生如下反应，从而可以避免炉缸积铁：

$$ZnO(渣) + Fe(\gamma) = FeO(渣) + Zn(g) \quad (13\text{-}13)$$

可见，少量金属铁生成后，可以在炉内高温带被炉渣中的 ZnO 重新氧化成 FeO，但是由于反应式 13-13 的热力学推动力不大，因而反应式 13-13 进行的速度也不大，所起的作用也是有限的，在炉内还原气氛太强、大量铁被还原出来的情况下，将不能避免形成炉缸积铁。炉渣中 ZnO 活度越高，反应式 13-13 的热力学推动力就会越大，这在一般情况下对防止炉缸积铁是有利的。

C 铁酸锌和硅酸锌的还原

前面已经指出，ZnO 是一种两性化合物，在高温下呈碱性，能和酸性氧化物结合形成各种锌的盐类，如铁酸锌、硅酸锌等。铁酸锌在 873～973K 时就开始形成，随着温度的升高反应速度增大，并在 973K 时达到很大值。硅酸锌的生成温度较高些，生成反应大致在 1123K 左右开始并随着温度的升高而增大。这是由于 SiO_2 的酸性将随温度的上升而变强的缘故。在火法炼锌工业焙烧温度下，这两种化合物已经生成而存在于焙砂中。

a 铁酸锌的还原

铁酸锌（$ZnO \cdot Fe_2O_3$）属于尖晶石型矿物，晶格比较坚固，熔点也很高，达 1863K（1590℃），在工业还原条件下以固体状态存在，不会熔化成为液相。

锌焙砂在还原时，处于强烈的还原气氛之中。在 1273K（1000℃）左右，FeO 中的铁将比 ZnO 中的锌先被还原出来，温度越低，两者在还原难易程度上的差距就越大。如果和 Fe_2O_3 或 Fe_3O_4 还原成低价氧化物比较，那么差距就更大了。既然把 Fe_2O_3 还原成 Fe_3O_4 或者进一步还原成 FeO 要比把 ZnO 还原成金属锌容易很多，而还原自由 Fe_2O_3 和还原 $ZnO \cdot Fe_2O_3$ 中的 Fe_2O_3 在热力学上又没有多大区别，因此在焙砂中的自由 ZnO 还没有被还原之前，$ZnO \cdot Fe_2O_3$ 中的 Fe_2O_3 就已被还原了。这就意味着 $ZnO \cdot Fe_2O_3$ 的解体，即锌铁尖晶石晶格的崩溃。事实上，只要把 Fe_2O_3 还原成 Fe_3O_4，$ZnO \cdot Fe_2O_3$ 就分解了，而这种低程度的还原是很容易实现的。

在横罐、竖罐和鼓风炉风口区以上部位的还原条件下，$ZnO \cdot Fe_2O_3$ 的分解大致经历如下的一系列阶段：

$$ZnO \cdot Fe_2O_3 \rightarrow ZnO + Fe_3O_4 \rightarrow ZnO + FeO \rightarrow ZnO + Fe \rightarrow Zn + Fe$$

其中第一个步骤引起 $ZnO \cdot Fe_2O_3$ 的分解，因此最为重要。

在还原气氛中 $ZnO \cdot Fe_2O_3$ 的还原反应式为：

$$3(ZnO \cdot Fe_2O_3) + CO = 3ZnO + 2Fe_3O_4 + CO_2 \tag{13-14}$$

在973K（700℃）时，这个反应的标准自由能变化就已经是负值，并且达到 -6.90kJ。实验结果表明，在973K（700℃）下，当 $p_{CO} = 6667Pa$ 时，只需加热15min，就可以使60%以上的 $ZnO \cdot Fe_2O_3$ 发生分解。升高温度或增大CO的分压还能使 $ZnO \cdot Fe_2O_3$ 的分解反应得到进一步加速。所以，在火法炼锌的工业条件下，铁酸锌的分解反应将较自由ZnO的还原反应优先进行，因而 $ZnO \cdot Fe_2O_3$ 不会给还原过程带来任何不良影响。

从 $ZnO \cdot Fe_2O_3$ 分解析出的ZnO和原来存在于焙砂中的自由ZnO有所不同，前者将具有较大的活性。从旧相（$ZnO \cdot Fe_2O_3$）中析出新相（ZnO）虽然是一个缓慢的过程，中间要经历晶核形成和成长两个阶段，但是在新晶粒还没有来得及长大以前，它们就已经被还原了。所以，从 $ZnO \cdot Fe_2O_3$ 中析出的ZnO将较焙砂中原有的自由ZnO更易被还原。

b 硅酸锌的还原

ZnO和 SiO_2 间的结合能力要比ZnO和 Fe_2O_3 间的结合能力强得多，这是由于 SiO_2 是一种酸性很强的氧化物，而 Fe_2O_3 的酸性则很小。在1173K（900℃）以上的高温下，这种差别将变得更为显著。

从热力学上看，在焙烧温度下，硅酸锌（$2ZnO \cdot SiO_2$）比 $ZnO \cdot Fe_2O_3$ 更容易形成。至于在1123K（850℃）以下 $2ZnO \cdot SiO_2$ 的形成速度实际上远远落后于 $ZnO \cdot Fe_2O_3$，主要是由于动力学上的原因。

由于 $2ZnO \cdot SiO_2$ 的形成伴随着自由能的大量释放，因此存在于 $2ZnO \cdot SiO_2$ 中的ZnO将处于能级较低的状态，要从这种化合物中把锌还原出来是比较困难的，要求有较高的还原温度。

从 $2ZnO \cdot SiO_2$ 中还原锌的反应式如下：

$$2ZnO \cdot SiO_2 + 2C = 2Zn(g) + SiO_2 + 2CO \tag{13-15}$$

$$\Delta G^{\ominus} = 733246 - 620.70T \quad (J)$$

由此可以求出 $2ZnO \cdot SiO_2$ 的还原温度（有关物质的活度为1，气体分压为 1.01×10^5Pa 时）：

$$T = 733246/620.7 = 1181K(908℃)$$

这个数值比自由ZnO按简化式所算出的还原温度1135K（862℃）高出46K，如果按精确式计算，则 $2ZnO \cdot SiO_2$ 的还原温度应达到1210K（937℃）左右。

前面已经指出，对 $ZnO \cdot Fe_2O_3$ 来说，在还原温度下首先被还原出来的是铁而不是锌。但对 $2ZnO \cdot SiO_2$ 来说，情况则恰好相反，首先还原的是其中的ZnO而不是 SiO_2。造成这种差别的原因是由于 SiO_2 比ZnO难还原得多，SiO_2 的还原温度为1810K（1537℃），在火法炼锌的工业条件下 SiO_2 的还原反应显然很难进行。

从热力学上看，向炉料中加入 CaO 可以降低 $2ZnO \cdot SiO_2$ 的还原温度。CaO 是一种很强的碱性氧化物，它的碱性要比 ZnO 强得多。在高温下，它能把 SiO_2 从 $2ZnO \cdot SiO_2$ 中争夺过来使之解体而把 ZnO 置换出来。除 CaO 外，其他一些碱性较强的氧化物也能进行这种置换。

$$2ZnO \cdot SiO_2 + 2CaO + 2C = 2Zn(g) + 2CaO \cdot SiO_2 + 2CO \qquad (13\text{-}16)$$

$$\Delta G^{\ominus} = 595592 - 625.68T \quad (J)$$

引入 CaO 后的相应还原温度为（有关物质的活度为 1，气体分压为 1.01×10^5 Pa 时）：

$$T = 595592/625.68 = 952K(679℃)$$

这一温度比自由 ZnO 的相应还原温度低 200K 左右。可见，由于 CaO 的引入，$2ZnO \cdot SiO_2$的还原温度大大地降低了，变得比自由 ZnO 的还原温度还要低，甚至比 $ZnO \cdot Fe_2O_3$ 还低。

CaO 的加入尽管在热力学上有很大的优越性，但在动力学上有时却不很理想，特别当置换反应是固相反应时，CaO 和 SiO_2 间的相互结合只有在很高温度下才能迅速进行。

在工业上，锌焙砂中除了含 $ZnO \cdot Fe_2O_3$ 和 $2ZnO \cdot SiO_2$ 这两种化合物外，还可能存在着其他的锌盐，如高价的砷酸锌或锑酸锌等，但它们一般都比自由 ZnO 容易还原，同时在还原气氛下，高价氧化物也很容易被分解。

D 锌焙烧矿中其他组分在还原过程中的行为

焙烧矿中微量的铝酸锌在还原条件下不被还原，进入蒸馏残渣中造成锌的损失。

硫化锌在还原过程中不能被还原而损失于渣中，因此在焙烧过程中要最大限度地除去硫。

硫酸锌在焙烧矿中的含量甚微，被热还原后其结果也与硫化锌一样，最终也以硫化锌损失于渣中。

铁的化合物在焙烧矿中呈 Fe_2O_3 和 Fe_3O_4 状态，在还原过程中它们被还原成 FeO 和金属铁，对蒸馏罐壁有侵蚀作用。金属铁在竖罐传热和炉料通过时起阻碍作用。因此，焙烧矿含铁过高（12%以上）时，常在团矿中增大配煤比例，从而增强焦结矿的吸附能力，以防积铁的危害。

铅的化合物在焙烧矿中呈氧化物和硫酸盐状态存在。铅的氧化物容易被 CO 还原成金属铅，一部分金属铅挥发，并与锌蒸气一起进入冷凝器中被冷凝，降低粗锌质量，增加精馏精炼的负担。因此，竖罐炼锌应严格控制锌精矿的质量，掌握好焙烧制度。在鼓风炉熔炼过程中，PbO 在炉子上部还原，PbO 还原反应是放热反应，不需要额外补加焦炭就可炼出铅。部分金属铅在下流过程中可以溶解物料中的 Au、Ag、Cu、As、Sb、Sn、Se、Te、Bi 等元素，提高综合回收的能力。硫化铅不能被碳还原，硫酸铅被碳还原也是生成硫化铅。硫化铅与其他硫化物形成铅锍，可以溶解易挥发的 As，使这类易挥发的元素不致进入冷凝器而降低锌的冷凝效率。在竖罐炼锌过程中，铅锍对罐壁有侵蚀作用。

镉的化合物一般以氧化镉存在。在还原过程中，CdO 较 ZnO 易还原形成镉蒸气，随炉气一道进入冷凝器，其中一部分进入冷凝锌，降低锌锭质量，一部分进入蓝粉。因此，应加强焙烧过程以挥发除镉。

砷和锑一般以 As_2O_5 和 Sb_2O_5 及其盐类存在于焙烧矿中。在竖罐蒸馏过程中，焙烧矿中的砷和锑有80% ~90%进入残渣中；被还原挥发的 As、Sb、As_2O_3 和 Sb_2O_3 随锌蒸气进入冷凝器，大部分进入蓝粉。

铜的化合物主要以 CuO 形态存在于焙烧矿中，也可能有微量的硫化物。在竖罐蒸馏过程中，CuO 被 CO 还原为 Cu_2O 和金属铜，它们可能与其他硫化物反应生成 Cu_2S，并与其他硫化物结合成锍而留在残渣中；在鼓风炉熔炼过程中，烧结块中的铜容易被还原。烧结块中的铜还原后能与 As、S、Sn 等化合，将这些元素带至炉底，减少对锌冷凝的影响。还原得到的铜还可以溶解于铅中，少量会以硫化物和砷化物进入铅中，在粗铅精炼时予以回收。

焙烧矿中的 Bi、Sn、Au、Ag 等元素，在鼓风炉熔炼过程中的变化，与炼铅鼓风炉相似，大都富集在粗铅中；在竖罐蒸馏过程中则损失于蒸馏残渣中。

脉石在焙烧矿中主要有 SiO_2、Al_2O_3 以及钙和镁的氧化物。在高温还原条件下，SiO_2 可与 CaO、FeO 和 PbO 等形成硅酸盐，它还能促使硫酸盐、铁酸盐及铝酸盐分解。当铁钙硅酸盐形成熔渣时，会腐蚀竖罐的炉壁。Al_2O_3 较 SiO_2 活性小，属两性化合物，它与氧化锌生成难溶的铝酸锌。钙主要以 CaO 形态存在于渣中。在鼓风炉熔炼过程中，SiO_2、CaO、FeO、Al_2O_3、MgO 等在高温下互熔形成炉渣。

13.1.1.2 ZnO 还原的动力学

A 固态氧化锌还原的机理

固态 ZnO 用碳还原由下列过程组成：

（1）吸附在 ZnO 表面的 CO 还原 ZnO；

（2）在炭表面发生 CO_2 被碳还原的反应；

（3）ZnO 和碳两固相表面之间气体的扩散。

这些过程中互相联系并同时发生，其最慢的过程便是整个反应的控制过程。

整个反应速度测量表明，在固体炭与 ZnO 表面上发生的化学反应速度较快，而两固相表面间的气体扩散过程是最慢的过程，即为整个过程的控制过程，所以增大两固体的表面积和缩短两表面之间的距离，可以提高整个反应的速度。应用在横罐和竖罐炼锌中，必须将原料与还原剂细磨，并很好地混合，增加蒸馏罐中气流速度，有利于气体扩散，从而加速过程的进行，所以，保证炉料有良好的透气性特别重要。

在还原的平衡温度下，反应的动力和反应的速度可以认为等于零。为了得到满意的反应速度，炉料过热到1273K（1000℃）和1373K（1100℃）以上是必要的。在这样过热温度下，ZnO 与碳两相表面上的气体组成都达到平衡组成，在 ZnO 与炭之间的 CO_2/CO 气体，对于两者都具有最大反应速度，但对于单位面积上的反应速度而言，ZnO 的还原比 CO_2 在碳表面的还原速度大。由于炭的表面积可能比 ZnO 表面积大几倍，所以在生产实践上要加入过剩炭才能保证进行足够的 CO_2 还原反应，以使气相中的 CO_2/CO 比值接近于与碳平衡，以适应 ZnO 还原反应的需要，实践中加入炭量一般按理论量的2~3倍计算，这也是保证气相中低 CO_2 浓度所必需的。

ZnO 用碳还原是一个强吸热反应，再加上1273K（1000℃）下反应的产物的热焓和锌的蒸发热，每生产1kg 锌约需要5650kJ 的热，这是火法炼锌的主要问题之一，它限制了反应速度，所以改善火法炼锌的供热，是强化生产的重要措施。

B 从炉渣中还原氧化锌的机理

在鼓风炉的炉料中，锌有60%是从液态炉渣中还原出来的。从炉渣中还原锌的反应，是在一种相当复杂的多元体系中进行的，其中既有气相，也有液相和固相（焦炭）。炉渣中的ZnO既可以被炉气所还原（气/液反应），也可以被炽热的焦炭所还原（液/固反应）。

与自由ZnO比较起来，炉渣中ZnO的活度较小。炉渣的含锌量越低，其中ZnO的活度就越小，因而也就越难从中将锌还原出来。所以，炉渣中的ZnO通常是在鼓风炉内具有较高温度和较强还原气氛的区段中被还原的。

气、液两相间的反应，都是在相界面区进行的。炉渣中的ZnO被炉气还原的反应主要发生在风口区，风口区还原气体对于炉渣表层中ZnO的还原速度常数较大，表层中的ZnO含量很快就达到了局部（区域）平衡，反应的继续进行将有赖于ZnO的扩散。由于炉渣的黏度较大，ZnO在渣中的扩散速度可能远远落后于表层的化学反应速度，因而成为整个过程中反应速度最慢的环节，即控制性环节。

固体炭对于炉渣中ZnO的还原作用，主要发生在从风口到渣口这一段范围内。炉渣中的ZnO被固体炭所还原的反应属于液-固反应：

$$ZnO(l) + C(s) = Zn(g) + CO(g)$$

对于这一类型反应是在液、固两相交界面上进行的，即在焦炭表面上进行。在其他条件相同时，鼓风炉下部残留焦炭的表面积越大，还原反应的速度也就越大。由于该液-固反应主要在炉缸内进行，因此，炉缸的温度、熔池内的扩散条件、炉渣的性质和含锌量等因素就决定了ZnO的还原速度。

采用高钙渣可以提高ZnO在渣中的活度系数，因而对促进还原反应是很有利的。

C 铁酸锌和硅酸锌还原的机理

$ZnO \cdot Fe_2O_3$ 由于 Fe_2O_3 的还原而被分解，由于分解析出的ZnO具有很大的活性，因而它比焙砂中自由ZnO更易于还原。

$ZnO \cdot Fe_2O_3$ 的分解和还原机理比较复杂，属于缩核反应模型的范畴。$ZnO \cdot Fe_2O_3$ 的分解反应在热力学很容易进行，但在还原气氛不够强时，由于随着旧相的消失将有两种新相（ZnO和 Fe_3O_4）生成，使分解反应的进行有时比较困难。在低温下，新相晶核的产生和成长就可能成为整个还原过程的控制环节。

在横罐和竖罐的生产条件下，由于还原气氛很强，所形成的ZnO来不及成核长大就会被还原成金属锌蒸气而离开表面，磁性氧化铁在这种条件下也会进一步被还原成FeO和金属铁。在这种情况下，$ZnO \cdot Fe_2O_3$ 的还原速度很大。

对鼓风炉熔炼来说，由于炉子上部温度不够高并且还原气氛较弱，最初析出的ZnO微晶有可能会长大并且随炉料下移，在更高的温度下被还原成金属，而磁性氧化铁则只能被还原成FeO为止。

温度在843K（570℃）以上时，Fe_2O_3 是分三级还原的，一级和二级还原（还原成 Fe_3O_4 和FeO）要求的还原气氛不强。由于 Fe_2O_3 的还原具有阶段性，因此 $ZnO \cdot Fe_2O_3$ 的还原过程不仅有旧相的不断消失，还有新相的形成，而且所产生的新相种类还很多。这些新相的晶核往往还来不及长大就被另外的新相所代替，即不断地发生着相的更新过程，在整个过程中却可能先后或同时出现四五种甚至六七种固相（$ZnO \cdot Fe_2O_3$、ZnO、金属铁、

FeO、Fe_3O_4、Fe_2O_3 以及各种固溶体等）。这些固相大多数都不是平衡产物，只有稳定相（铁或 FeO）能够长期保留下来。

对于 $2ZnO \cdot SiO_2$ 的还原来说，反应的第一阶段是还原剂气体分子被吸附到固相表面，在第二阶段 $2ZnO \cdot SiO_2$ 中的 ZnO 被还原，使 $2ZnO \cdot SiO_2$ 晶格的崩溃，因此，ZnO 的还原和 $2ZnO \cdot SiO_2$ 的分解是同时进行的。

$2ZnO \cdot SiO_2$ 分解时，始态和终态都只有一个固相，始态是 $2ZnO \cdot SiO_2$，终态是 SiO_2，在分解过程中则两相同时并存。分解初期所析出的二氧化硅是胶体状或微晶质的，因而存在着一个孕育期，化学结晶过程成为控制性环节。这一阶段的反应速度通常很小。一旦新相形成，反应就会加速，这时微晶将逐渐长大。

虽然 $2ZnO \cdot SiO_2$ 中的 ZnO 比自由 ZnO 更难还原，且分解和还原温度比较高，但在横罐和竖罐蒸馏及鼓风炉炼锌时，$2ZnO \cdot SiO_2$ 是可以被还原的。

13.1.2 锌蒸气的冷凝

在火法炼锌过程中，ZnO 的还原反应在锌的沸点以上才以显著的速度进行，因此还原所得的锌呈蒸气状态，锌蒸气的冷凝是火法炼锌的一个重要工序。锌蒸气的冷凝是一个相变过程，即由气态锌冷凝变成液态锌，同时也是一个相当复杂的化学过程。

在冷凝器中，锌蒸气的冷凝发生在冷凝器内壁，最先冷凝于器壁上的锌为极细的点滴，随后逐渐聚成较大的点滴，而汇流于冷凝器底部。冷凝器内壁上液体锌的存在，将有利于锌蒸气的继续冷凝。若锌蒸气在气流中冷凝为微细的点滴，又来不及凝聚成为较大的点滴，即成为细尘状的锌粒，沉积于冷凝器内锌液的表面，这种锌粒叫做冷凝灰。如锌蒸气刚刚冷凝成小点滴，其表面即被氧化或硫化，生成一层氧化物或硫化物薄膜，不能汇聚成较大的点滴，最终凝固为细粉，这种细粉称为蓝粉。引起蓝粉生成的主要因素是 CO_2，因为，CO_2 会使一定数量的锌蒸气再氧化成 ZnO。

13.1.2.1 锌蒸气冷凝的特点

锌蒸气的冷凝过程存在着两种平衡：第一种是锌蒸气和液态锌之间的平衡，即物理冷凝；第二种是化学平衡，是炉气中有关组分之间的冷凝，或者说是锌蒸气和固态 ZnO 之间的平衡。这两种平衡可表示如下：

锌蒸气⇌液态锌（物理平衡）

锌蒸气⇌氧化锌（化学平衡）

锌的蒸气压与温度之间的关系如图 13-3 所示。

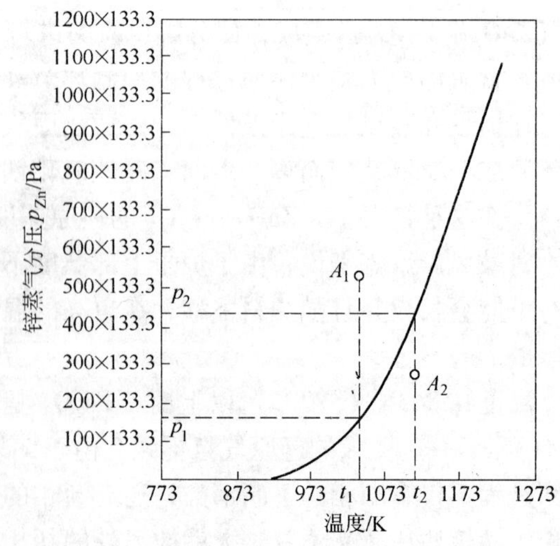

图 13-3 锌的蒸气压与温度的关系

由图可知，每一温度相应的有一锌的蒸气压，当破坏这种体系时就不平衡，于是就产生体系变为平衡的过程。例如：点 A_1 位于蒸气压平衡线的上方，也就是在蒸气的过饱和区域内，此时体系内应当进行凝结过程，以降低蒸气压，此凝结过程一直进行到蒸气压达 p_1（相应于温度 t_1）为止。

但是位于平衡曲线下面的任一点，也就是在不饱和蒸气压区域内，例如：A_2 表示此体系内温度 t_2 时的蒸气压小于温度 t_2 时的饱和蒸气压。此时体系中若有凝聚相存在，液体将气化，一直进行到体系中蒸气压达 p_2（适应于温度 t_2）为止。

当没有凝聚相存在的体系中，不饱和的蒸汽冷却时，由于温度降低，蒸汽达到某一温度时变饱和，且部分蒸汽开始冷凝，此温度叫露点。露点确定一定蒸气压的蒸汽冷却时开始冷凝时的温度。当过热的锌蒸气冷却时，蒸气压为 1.01×10^5Pa 时的气相与凝聚相之间的平衡温度是 1179.97K（906.97℃），此温度就是压强为 1.01×10^5Pa 时锌蒸气的露点。

锌饱和蒸气压与温度的关系可以下式表达：

$$\lg p_{Zn}^{*} = -6620T^{-1} - 1.255\lg T + 14.465 \quad (Pa)$$

式中，T 为绝对温度。由上式就可计算锌蒸气不同压力下的露点。

在蒸馏锌过程中，锌蒸气时常为其他气体所稀释，主要是为 CO 所稀释。因此，进入冷凝器的罐气主要是 CO、锌蒸气等组成的混合气体。这种混合气体的总压强略超过一个大气压（1.01×10^5Pa），而且每一组分气体具有自己的压强，该压力称作分压，随其容积大小而定。依据分压定律，混合气体的总压强等于各组分气体分压强之和。因此，锌蒸气被其他气体稀释得越多，则锌蒸气的分压越小，其露点也就越低。当蒸馏罐内装纯 ZnO 与纯碳时，蒸馏罐内的蒸气分压可以认为是 5.05×10^4Pa。但由于焙烧矿中除 ZnO 之外还有其他金属氧化物，故实际蒸馏罐中锌蒸气的分压较低，约为 $4.0\times10^4\sim4.9\times10^4$Pa，在此条件下锌蒸气的露点为 1103～1143K（830～870℃）。

锌蒸气在其冷却时开始冷凝的温度降低是不希望的现象。因为，不管开始冷凝温度如何，冷凝结束的温度应是一定的（稍高于锌的熔点），因此，当开始冷凝的温度降低时可以得到液体金属锌的温度间隔就会缩短，对冷凝不利。所以当处理含锌较贫的精矿时，蒸馏气体中锌蒸气分压较小，降低了锌蒸气冷凝的露点，使冷凝的条件恶化。

锌蒸气冷凝过程中，所获得的液体锌量取决于所控制的冷凝温度，如果只是控制在露点温度，则只能得到极少量的锌。锌蒸气从炉气中冷凝为液体锌的百分数是衡量冷凝过程中锌回收率的重要指标，常用冷凝效率表示：

$$冷凝效率 = \frac{冷凝所获得的锌量}{冷凝前炉气含锌量}\times100\% = \frac{C_1 - C_2}{C_1}\times100\%$$

式中 C_1——冷凝前锌蒸气的浓度；

C_2——冷凝后锌蒸气的浓度。

由上式可知，$C_1 - C_2$ 的差值愈大，则冷凝效率愈高，增加此差值的方法是加大 C_1 和减小 C_2 的值。

因此，降低冷凝温度直到接近锌的熔点，使剩余的锌蒸气压力接近零，则可获得最大冷凝效率。但实际上，由于温度控制的不准确，故被气体带走的锌量常达 2%～3%。

对于锌蒸气冷凝过程的化学平衡：

$$Zn(g) + CO_2 \Longrightarrow ZnO(s) + CO \qquad (13\text{-}17)$$

其平衡常数为：

$$K = \frac{p_{CO}}{p_{Zn}\cdot p_{CO_2}}$$

平衡常数 K 随着温度的升高而降低。

在锌的沸点以上，不管炉气成分如何变化，锌蒸气的分压 p_{Zn} 永远小于相同温度下锌的饱和蒸气压 p_{Zn}^*，因而在降温时只会发生再氧化而不会发生物理凝聚过程。这时，系统中锌蒸气的分压将由化学平衡所决定。

由于在化学平衡中的锌蒸气分压小于物理平衡中的锌蒸气分压，从热力学的观点来看，工业锌蒸气在冷凝过程中将优先发生一种与还原过程完全相反的反应，即再氧化反应。只要冷凝系统中存在一定数量的 CO_2，锌蒸气就有可能在冷凝成锌液之前再被氧化成 ZnO。当 CO_2 含量较高的含锌炉气冷凝时，如果不采取必要的措施，将根本得不到液态锌而只会获得固态的 ZnO。

因此，火法炼锌生产必须采取办法使锌蒸气从化学平衡中解脱出来并冷凝为液态锌，否则就会像回转窑或烟化炉处理低品位含锌物料那样，只能获得 ZnO 粉。要想得到金属锌，就必须限制锌蒸气的再氧化反应。从热力学的观点看，这种再氧化在某些条件下是必然要发生的，而从动力学上来说，虽然完全制止这个反应是不可能的，但在很大程度上加以削弱和抑制却是完全可以做到的。

锌蒸气冷凝为液态锌时所放出的热量是很大的（约 125.5kJ/mol），因此，锌蒸气的急剧冷凝只有通过强烈的热交换才能实现，所用的冷凝介质应具有很大的传热系数并且冷凝系统必须具有很大的热交换面积。锌雨冷凝和铅雨冷凝在很大程度上可以满足这方面的要求。

火法炼锌从横罐炼锌到竖罐炼锌，再发展到鼓风炉炼锌，生产规模越来越大，但炉气含锌量却不断下降，这就给冷凝系统提出了越来越高的要求。锌雨冷凝的出现使冷凝技术大大向前迈进了一步，而铅雨冷凝则更是一个创举，它不仅能大幅度地强化冷却过程，而且还可以降低炉气中锌的平衡分压，从而使冷凝过程具有更大的热力学推动力。

总之，锌蒸气冷凝的目的和任务就是要尽可能地强化物理凝聚过程而把化学再氧化过程削弱到最小限度。要达到这个目的，就必须采用急速冷凝的方法，这就是锌蒸气冷凝的特点。

13.1.2.2 锌蒸气冷凝的化学反应

由蒸馏罐（或炼锌鼓风炉）内逸出的气体混合物，在进行冷凝时，锌蒸气可被炉气中的 CO_2 或 H_2O 重新氧化，即：

$$Zn(g) + CO_2 \equiv ZnO(s) + CO \qquad (13\text{-}18)$$

$$Zn(g) + H_2O(g) \equiv ZnO(g) \qquad (13\text{-}19)$$

反应式 13-18 是 ZnO 还原过程中主要反应的逆反应。在鼓风炉和蒸馏炉内，ZnO 被碳及 CO 所还原，产生含锌蒸气、CO 以及 CO_2 的炉气，这种炉气从炉子上部排出后，如果缓慢降温，其中的锌蒸气就会被炉气中的 CO_2 所氧化，使锌重新变为 ZnO。这个过程通常称为锌的再氧化。

这一过程可以解释如下：

（1）ZnO 的还原反应是一个强烈的吸热反应，热焓的变化是正值，因此随温度的降低，平衡将向着生成 ZnO 和 CO 的方向移动，平衡的移动是由热力学所决定的，其结果是在高温下还原得到的金属又再度转变为氧化物。

（2）锌蒸气和 CO_2 都是反应的产物，它们将与炉气中其他组分一起离开蒸馏罐或鼓风炉，因而锌蒸气和 CO_2 的接触在这种情况下是无法避免的。

（3）再氧化是锌蒸气与 CO_2 的反应，这两种气相间的反应不是在局部而是在整个容器中发生，因此这个反应将以很大的速度进行。除非采取有效的抑制措施，否则难以制止锌蒸气的再氧化。

（4）锌蒸气的再氧化反应机理比较简单，其主要限制环节是 ZnO 新相的生成。工业炉气中大量烟尘为 ZnO 新相的析出提供了自发结晶的核心，从而也为系统生成 ZnO 创造了有利条件。

控制进入冷凝器的混合炉气中的 CO_2 的含量或 CO_2/CO 的比值，可减少锌蒸气冷凝时的重氧化，从而减少蓝粉（表面被氧化锌微粒，一般含锌达 85% ~90%，含 ZnO 为 8% ~10%）的产生；控制炉气中的水蒸气量，也可减少蓝粉的产生。

锌蒸气的再氧化现象在工业生产中是经常遇到的。在高炉炼铁时，如果炉料中含有氧化锌，它就会在炉腰或炉腹部分还原成锌蒸气，锌蒸气上升过程中又被再氧化，所生成的 ZnO 往往导致上部炉结的生成和上部炉衬的损坏。鼓风炉炼锌如不采用高温密封炉顶也会存在同样的问题。从低品位含锌物料中回收锌的各种烟化过程，由于所产含锌气中 CO_2 的含量较高，因而在冷却过程中很难得到金属锌，锌都是以 ZnO 粉形态回收。

密闭鼓风炉炼锌炉气含锌低，锌蒸气浓度为 5% ~7% 的炉气，为避免锌蒸气被 CO_2 再氧化，鼓风炉炉顶温度应在 1273 ~ 1323K（1000 ~ 1050℃）以上。与鼓风炉相比较，横罐和竖罐的炉气含锌量要高得多，一般为 40% ~45%，并且 CO_2 的含量也要低得多。因此，这种炉气比较不容易发生再氧化，锌蒸气开始再氧化的温度是 1133K（860℃），此时液态锌的平衡蒸气压约为 $5.55 \times 10^4 \sim 6.6 \times 10^4$Pa，其值仍然高于炉气中锌蒸气的分压，所以，这时物理冷凝过程尚未开始。这就是说，对于此种组分的炉气在降温过程中的再氧化反应仍然要比物理凝聚优先进行，不过由于这种炉气含锌较高而含 CO_2 很低，再氧化反应造成的危害远不像鼓风炉那么严重。在鼓风炉炼锌时，如果不采取特殊措施来抑制再氧化反应，就根本得不到液态锌。在蒸馏法中，由于炉气的 CO_2 含量本来就很低，随着再氧化的进行，CO_2 不断消耗，而在缺乏催化剂的情况下布多尔反应又不会逆向进行（产生 CO_2），所以，炉气中 CO/CO_2 的比值将急剧升高，再氧化反应将变得越来越困难，甚至可能基本上停止（如果不漏风的话）。同时，炉气的锌蒸气分压较高，这对物理凝聚很有利。这就是鼓风炉炼锌不及蒸馏法炼锌的冷凝过程容易取得较好冷凝效果的原因，也是横罐炼锌及土法炼锌无须采用特殊冷凝措施就可以获得液态金属锌的原因。

因此，加快火法炼锌炉气中锌蒸气的冷凝速度，不仅可增大冷凝设备的处理能力，更重要的是可以减少锌蒸气在冷凝过程中的再氧化，使锌的冷凝效率提高。

13.1.2.3 锌蒸气冷凝的物理过程

锌蒸气冷凝为液态锌是一种简单的物理过程，只有在过饱和状态下冷凝才会发生。系统的过饱和度是推动凝结过程自发进行的动力，过饱和度越大，系统距离平衡状态越远，其推动力也就越大。因此，欲使锌蒸气开始冷凝，必须将其冷却至露点温度，锌蒸气冷凝为锌液滴，首先形成小的锌液滴，然后汇集成锌液；由于曲率半径很小的锌液滴的饱和蒸气压较该液体的饱和蒸气压为大，故实际上锌蒸气的冷凝需在温度低于露点以下，即在过冷状态下才能进行。锌液滴的饱和蒸汽和其曲率半径的关系，可表示为：

$$RT\ln\frac{p_r}{p_\infty}=\frac{2\sigma M}{r\gamma}$$

式中 p_r——锌液滴曲率半径为 r 时表面的蒸气压；

p_∞——锌液滴曲率半径为无穷大时（对平的液体表面）的蒸气压；

γ——锌液的密度，g/cm^3；

r——锌液滴的半径，cm；

σ——锌液的表面张力，N/cm^2；

M——锌液的相对分子质量；

R——气体常数，8.314J/(K·mol)；

T——绝对温度，K。

上式又可写为

$$\ln p_r=\ln p_\infty+\frac{2\sigma M}{RTr\gamma}$$

由上式知，当 $r\to\infty$，则 $p_r=p_\infty$，锌液滴愈小，即 r 愈小，则 p_r 愈大，即愈难冷凝，温度增高，则锌液滴的蒸气压减小。还需指出，表面张力与曲率半径也有关系，此为上式未讨论到的。

在小的锌液滴表面蒸气压增大时，就使蒸汽冷凝困难，这是因为对于平的液体表面已达饱和的蒸汽而对于小液滴来说则未达到饱和。锌蒸气开始冷凝时就是产生小液滴，依照以上所述，这一步是困难的。但当有微粒灰尘存在时，由于这些灰尘作为冷凝核心，液体锌冷凝于其上面就较易。近来采用飞溅式冷凝器，造成锌液滴作为冷凝核心，亦是根据上述理由使锌蒸气易于且更快地冷凝下来。此外，由于锌蒸气在固体物表面上冷凝时所做功较自由空间形成液滴所做功小，故锌蒸气冷凝时在悬浮的灰尘与冷凝器壁或锌液滴上冷凝皆较易。

由于自发形核很困难，在工业生产中，锌蒸气的冷凝都是采用人为提供非自发凝聚核代替自发形核的方式，这有利于冷凝过程的进行。在存在着大量的、半径较大的锌滴时，冷凝在过饱和度不大的条件下就能自发地进行。也就是说，在这种条件下，锌蒸气的冷凝可以在较高温度下就开始进行。

在提供了大量的非自发核心后，冷凝过程的形核阶段基本上就不存在了，只剩下锌液滴的长大。气相中的锌凝聚到液滴上分以下四步进行：

（1）气相中锌原子通过液滴的附面层扩散到锌液表面；

（2）锌原子被吸附在液滴表面上；

（3）锌原子通过相界面进入液相，液滴长大；

（4）液滴的成分均匀化（对铅雨冷凝而言）。

飞溅式冷凝器由于在被冷凝的炉气中造成了大量的金属液滴，此液滴半径远较因过冷而产生的锌液滴半径为大，因而大大提高了锌蒸气的冷凝速度。

在给定的温度下，单位时间、单位蒸发表面积上的蒸发量（其逆过程为冷凝的气体数量，称为蒸发速度），可表示为：

$$v=\frac{C}{p_{外}}(p-p')$$

式中 v——蒸发速度；

C——与量度单位的选择以及液体其他性质有关的比例常数；

$p_{外}$——外界压力；

p——液体的饱和蒸汽，对锌的冷凝而言，为锌液的饱和蒸气压 p_{Zn}^*；

p'——与液体相邻的一层空间内蒸发物质的分压，对锌的冷凝而言，即液体锌表面上扩散层中的锌蒸气的分压。

依上式知：

当 $p_{Zn}=p'_{Zn}$，$v=0$ 即平衡状态；

当 $p_{Zn}>p'_{Zn}$，$v>0$ 即进行蒸发过程；

当 $p_{Zn}<p'_{Zn}$，$v<0$ 即进行冷凝过程。

而蒸汽的分压 p_{Zn} 比同温度下锌的饱和蒸气压 p_{Zn}^* 大的越多，则 v 的负值的绝对值愈大，冷凝过程进行的速度也就越快，即锌蒸气的过饱和程度愈大，其冷凝成液体锌的速度愈快。

依上述可知，增大锌蒸气冷凝的液体锌表面积，增大锌蒸气与液体锌相对运动速度（即减薄扩散层的厚度，提高液体锌表面上锌蒸气的分压 p'_{Zn}），都将使锌蒸气冷凝的速度增加。

由于使高温炉气降温和使锌蒸气冷凝为液体锌的过程是一大量放热反应，因而冷凝器的能力或锌蒸气的冷凝速度与冷凝器排除热量的速度有关，即：

$$\frac{dQ}{d\theta} = \lambda A \Delta t$$

式中 $\frac{dQ}{d\theta}$——单位时间内从冷凝器中排出的热量；

A——冷却面积；

λ——总传热系数；

Δt——液体锌与含锌蒸气的炉气之间的温度差。

即冷凝器的能力或锌蒸气的冷凝速度，与冷凝器由液体锌的表面积，液体锌与含锌蒸气的炉气之间的温度差和总的传热系数成正比。在锌蒸气冷凝过程中，进入和排出冷凝器的炉气和液体锌的温度基本上是一定的，即在一定炼锌设备中 Δt 基本上是一定的，因而冷凝器的能力或锌蒸气的冷凝速度，主要取决于冷却面积和总传热系数，这也是飞溅冷凝器的能力大于有挡板冷凝器，而有挡板冷凝器的能力大于无挡板的冷凝器的基本原因。

除上述温度、冷凝条件、锌蒸气浓度等因素对锌蒸气的冷凝有影响外，由于蒸馏罐气组分中有锌蒸气、CO 以及氧化性气体 CO_2 存在，锌蒸气会被再氧化。因此锌蒸气冷凝的同时，还有锌的再氧化作用。这就使冷凝过程更为复杂。

蒸馏罐气可视为锌蒸气、CO 与 CO_2 的混合气体，其中 CO 与 CO_2 之比视温度及反应式 13-3 的平衡常数 K_2 $\left(K_2 = \frac{p_{CO}^2}{p_{CO_2}}\right)$ 而定。按反应式 13-2 的平衡式，温度高时反应向右进行，温度低时向左进行。因此 CO 与 CO_2 之比还要视反应式 13-2 之平衡常数而定。同时也可得知锌蒸气冷凝时再氧化的主要氧化剂就是 CO_2。若以 p 代表总压强，则得 $p_{CO}+p_{CO_2}+p_{Zn}=p$。为简便计算，可以认为 $p=1.01\times10^5$Pa，$p_{Zn}=5.05\times10^4$Pa。设 $y=p_{CO}/p_{CO_2}$，则得：

$$y = p_{CO}/p_{CO_2} = 2K_2(1 + 2K_1)$$

这个函数列于表13-4中。若将表中数据与反应式13-2平衡时p_{CO}/p_{CO_2}值绘成曲线即得图13-4。由图13-4得知，阴影区为冷凝时获得液体区，当y值小于曲线7的值时，锌蒸气就要被氧化。

表13-4 当总压强为1.01×10^5Pa与罐气中Zn含量为50%时，还原所得y值

T/K	700	800	900	1000	1100	1200
lg$y$	-1.658	-0.848	-0.192	0.657	1.396	2.055
T/K	1300	1400	1500	1600	1700	1800
lg$y$	2.612	3.088	3.499	3.854	4.164	4.436

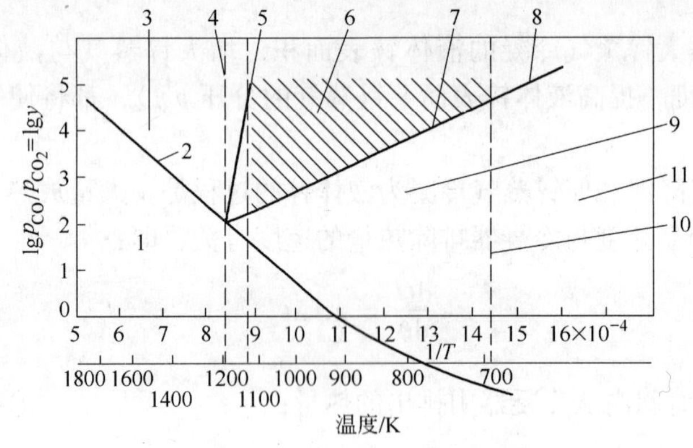

图13-4 CO与CO_2的压强随温度变化的关系

1—氧化锌；2—还原时所得的y值；3—气态锌；4—锌的沸点；5—锌蒸气5.05×10^4Pa时的饱和蒸气压；6—液体锌的冷凝；7—$ZnO + CO = Zn + CO_2$平衡时CO/CO_2对数值；8—形成物理蓝粉；9—形成化学蓝粉；10—锌的熔点；11—形成化学蓝粉与物理蓝粉

在冷凝时，$\frac{p_{Zn}}{y} = \frac{p_{Zn}\cdot p_{CO_2}}{p_{CO}}$大于反应式13-2的平衡常数$K_1$，则锌蒸气开始再氧化，即反应式13-2向左进行。当$\frac{p_{Zn}}{y}$小于K_1时，过饱和的锌蒸气顺利地冷凝。

通常锌蒸气在冷凝器内的器壁上或锌液滴上冷凝并聚集成大锌珠而落下，有一少部分锌蒸气在料的灰尘（被蒸馏罐气从炉料内带出）上和炭烟上冷凝。炭烟是在冷凝器内由于CO分解（$2CO = CO_2 + C$）所形成。在灰尘或炭烟上冷凝的锌珠易被气流带入延伸器（对横罐蒸馏而言）或第二冷凝器（对竖罐蒸馏而言），并在延伸器内或第二冷凝器内形成微细的蓝粉。当锌蒸气在悬浮颗粒上凝结的小锌珠未被气流带走时，易吸收在冷凝器内。由于锌蒸气的再氧化形成的ZnO成为锌珠上的薄膜，使其不得凝聚，结果在液体的锌面上产出冷凝灰。

无论锌冷凝灰或蓝粉的生成，都将降低锌的冷凝效率。在横罐蒸馏中冷凝为液体锌的锌蒸气仅为70%～75%，在竖罐蒸馏中冷凝为液体锌的锌蒸气高些，约为88%～94%。

在蒸馏炼锌的过程中形成粉状锌的原因很多，概括起来可归纳为物理原因与化学原因。当锌蒸气在冷凝器冷处冷凝时，形成极细的锌滴，如同锌雾，被气流带出冷凝器（气流速度愈大，带出的量愈多），进入延伸器或第二冷凝器内形成蓝粉，这部分粉状锌差不多由纯锌组成，认为是物理原因生成。形成粉状锌的化学原因，主要是指锌蒸气在冷凝器内被氧化。氧化剂主要是 CO_2，水蒸气与空气也都可作为锌的氧化剂。从蒸馏罐产出的气体中除主要的锌蒸气与 CO 以外，还有少量的 CO_2。同时，这种混合气体在冷凝器内冷却时，由于 CO 的分解，CO_2 还要增多。

锌被 CO_2 氧化的反应在实际冷凝温度（1123～773K）下进行很激烈。当锌珠被氧化时，从其表面进行，使其表面生成一层 ZnO 薄膜，阻止锌珠凝聚，形成粉状锌。少量的 CO_2 就足以形成很多的粉状锌。由此也得知，冷凝灰与蓝粉并不是纯锌组成，而是由锌与 ZnO 组成。一般来说，锌蒸气被 CO_2 再氧化是形成蓝粉的主要原因。因此，欲提高冷凝效率，必须防止冷凝过程中锌的再氧化。

为减少由化学原因所形成的粉状锌（冷凝灰），有的工厂在蒸馏炉料中加少许(1%～1.5%）食盐。当蒸馏时食盐蒸汽进入冷凝器内，此 NaCl 与锌珠表面的薄膜（ZnO）起作用，形成挥发的氯化锌（沸点 1005K）：

$$ZnO + 2NaCl = ZnCl_2 + Na_2O$$

当氯化锌形成并挥发后，使锌珠暴露，得以相互凝聚。

必须指出，在冷凝过程中提供足够量的热交换面积和锌蒸气冷凝成液体锌的表面积，以使整个被冷凝的炉气温度均匀降低和降低锌蒸气冷凝成液体锌所必需的过饱和度，对减少蓝粉的产生是有利的。

13.1.2.4 锌蒸气再氧化的防止

气态锌在高温下是很容易被氧化的，氧气、水蒸气、CO_2 都是它的氧化剂。但在生产过程中，只要注意防止冷凝系统及炉顶的漏气，炉气中自由氧是不会存在的。至于炉料和空气带入的水分，有的早已和炽热的焦炭作用变成了还原性气体（$CO + H_2$），有的则在锌蒸气析出之前就被蒸发了（如横罐、土法炼锌）。在炼锌鼓风炉中，由于采用热料入炉，炉料带入的水分可以忽略不计。因此炉气中的锌蒸气主要是被 CO_2 所再氧化的。

一般说来，氧化物的还原温度高出蒸汽的露点越多，金属在其冷却过程中再氧化的可能性就越大。这是由于在这种情况下，金属从气态冷却到液态需要经历一段相当长的降温过程，而在这段温度范围内恰好非常容易发生再氧化反应。金属冷凝成液态后，再氧化反应依然存在，由于此时系统的温度已经不高并且反应又只能在凝聚相表面进行，因此不论在氧化速度或氧化数量上，都要比气态时小得多。

在火法炼锌中，为了提高锌的冷凝效率，必须防止锌蒸气再氧化以减少蓝粉的产生。防止锌蒸气再氧化的办法很多，它们可以在不同程度上减缓再氧化反应的进行，但不可能从根本上加以制止。

A 炉气的骤冷

含锌炉气的迅速冷却可以在很大程度上抑制或削弱再氧化反应。采用飞溅式冷凝器即锌雨冷凝器或铅雨冷凝器，能强化炉气的冷却过程、缩短炉气处于高温状态的时间。为了获得液态锌而不是锌粉，急剧冷却的温度下限不能低于锌的熔点，一般介于 723～823K

(450~550℃)的温度范围内。

炉气的骤冷主要用于竖罐炼锌、特别是鼓风炉炼锌的冷凝上。对于横罐炼锌和土法炼锌来说，由于逸出炉气中 CO_2 含量非常之低，同时排出炉气的相对体积也比较小，而锌蒸气的分压又较高，因而在这种情况下，不采取骤冷办法也能得到较好的冷凝效果。

对于任何一个化学反应来说，不管是吸热反应还是放热反应，反应速度随着温度的下降而急剧减小。在锌蒸气的冷凝过程中，降低温度可以大大地减缓再氧化反应进行的速度。

迅速地降低炉气温度使它在高温停留的时间大大地缩短，取决于系统的热交换情况。炉气与环境的热交换强度越大，温度就降低得越快，从而锌蒸气被再氧化的数量也就越少。

采用飞溅式冷凝器，即锌雨冷凝器或铅雨冷凝器，能强化炉气的冷却过程、缩短炉气处于高温状态的时间。在传热上，飞溅冷凝器主要具有以下几个特点：

(1) 高温炉气直接和温度较低的锌滴或铅滴接触，进行热交换并在其上进行凝结。

(2) 冷却介质和炉气间有很大的接触面积。对一定体积的液体来说，分散形成的液滴半径越小，总的表面积就越大。另外，液滴是自下而上扬起的，在空中停留时间较长，和炉气有较长的接触时间。

(3) 冷凝器内炉气处于紊流状态，液滴又在炉气中激烈运动，并且相互碰撞，从而大大提高了对流传热系数。

这些就是锌雨冷凝和铅雨冷凝之所以具有特别高的骤冷能力的原因。

B 强化物理过程

如前所述，锌的冷凝同时包含着化学和物理两个过程，因此采取各种强化物理凝聚过程的措施都能够防止或削弱化学再氧化反应，锌蒸气一旦转变为液态锌，再氧化反应的速度就将大为降低。

给冷凝系统提供大量的、现成的凝聚核心，是强化物理过程的关键的措施。此时凝聚过程对过饱和度的要求大大地降低，只需要不大的过饱和度就能使锌蒸气发生凝聚，因而凝聚可以在较高温度下就开始进行，这对减少锌的再氧化具有很重要的意义。飞溅式冷凝器由于在被冷凝炉气中造成了大量的金属液滴，因而大大提高了锌蒸气的冷凝速度。

在提供了大量的非自发凝结核心之后，促使凝聚过程迅速进行的重要措施仍然是使锌蒸气不断地保持较大的过饱和度，提高炉气中锌蒸气的实际分压和降低锌蒸气的平衡分压都是提高系统过饱和度的途径。铅雨冷凝时液态铅锌合金中锌的活度较小，因而它的平衡分压值也较纯锌液的平衡分压小。由此可知，采用铅雨冷凝器可以改变系统的平衡条件、增大系统的过饱和度，因而在强化物理凝聚过程方面更为有利。

当然，增加系统过饱和度的根本措施还在于强化炉气的降温过程。炉气的骤冷除了上面所说的可以缩短锌蒸气在高温停留的时间外，还能大大地提高系统的过饱和度，从而可以强化物理凝聚过程。

此外，增大气体对液滴表面的冲刷和加强小滴之间的碰撞，使液滴表面附面层厚度减小和提高气态锌原子通过附面层的扩散速度对加速凝聚过程也是非常有利的。

C 控制炉气中的 CO_2 含量，防止冷凝系统漏风

锌蒸气的氧化主要是由于 CO_2 的作用，如果进入冷凝器的炉气根本不合 CO_2 或者含量

很少，那么这种氧化反应就无从进行或进行的程度非常有限。横罐及土法炼锌在炉料中加入大量的还原剂，加之罐内炉气流速很小，在动力学上对布多尔反应比较有利，因此，在这种条件下，炉气中的 CO_2 含量很低，一般都在 1% 以下。竖罐炼锌普遍采用下延部送风，炉气中 CO_2 含量比较高。鼓风炉炼锌的气流速度很大，炉气中 CO/CO_2 的比值很低，CO_2 的含量相当高，一般都在 10% 以上。

工业上采用的所谓炭质过滤层，在原理上也是利用布多尔反应来降低炉气中的 CO_2 含量。因为，在 1173K 以上的高温，只要系统中有足够的炭存在，CO_2 在平衡气相中的含量是很低的。

系统漏风会使炉气中出现自由氧，它能很快地与炉气中的锌蒸气直接发生化学反应，使其变为 ZnO，这个反应进行的热力学推动力和速度都很大。此外，自由氧与 CO 间的反应速度也很大，在动力学上很容易进行，反应生成的 CO_2 是锌蒸气的氧化剂，同样会导致锌蒸气的再氧化。因此，在工业生产中，应当极力避免冷凝系统的漏风，冷凝器及炉气出口处最好保持微正压。

另外，为了防止锌蒸气的再氧化，还必须禁止水蒸气进入含锌炉气，因为在冷凝条件下，它将与锌蒸气发生如下反应：

$$Zn(g) + H_2O(g) = ZnO + H_2$$

（撰稿　陈为亮）

13.2 竖罐炼锌

竖罐炼锌技术 1929 年诞生于美国，1937 年引入中国。该技术在中国最先由葫芦岛锌厂使用，并经葫芦岛锌厂几十年持续改进，使用至今。目前，葫芦岛锌厂的竖罐炼锌技术，无论是单炉产能还是各项技术经济指标，都已远远超过西方竖罐炼锌史上的最高水平。

竖罐炼锌技术对原料有较强的适应性，可处理含铁 14% 以下、含二氧化硅 12% 以下的锌精矿，能使用含氟、氯、砷、锑、镉等较高的氧化矿，以及各种含锌的二次物料、锌渣等。

竖罐蒸馏锌的质量，视原料含铅、镉情况而定，一般均能达到主品位 98.7% 以上。继续提纯需增设精馏工序才能实现。

竖罐炼锌技术，锌的总回收率达 95% ~96%，在各种炼锌工艺中是较高的。还能综合回收铟、镉、铅等金属，并达到较高的回收率水平。

竖罐炼锌采用发生炉煤气间接加热，并使用特定要求的洗精煤做炼锌的还原剂。工业余热通过锅炉回收蒸汽再利用。

竖罐炼锌工艺一般分为硫化锌精矿焙烧、焙烧矿制团、团矿焦结、竖罐蒸馏与冷凝等工序，原则流程见图 13-5。

13.2.1 锌焙烧矿中各组分在蒸馏过程中的行为

氧化锌：焙烧矿中的锌呈氧化锌（ZnO）、铁酸锌（$ZnO \cdot Fe_2O_3$）、硅酸锌（$ZnO \cdot SiO_2$）、铝酸锌（$ZnO \cdot Al_2O_3$）和少量硫化锌（ZnS）等状态存在，主要为游离态的 ZnO。蒸馏炉内氧化锌的还原可用下列反应式表示：

$$ZnO + CO \rightleftharpoons Zn + CO_2 \tag{13-20}$$

$$CO_2 + C \rightleftharpoons 2CO \tag{13-21}$$

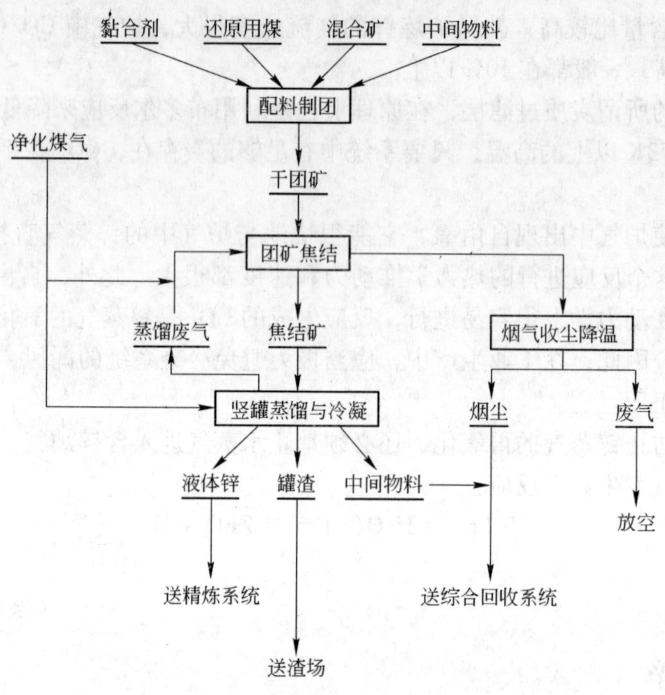

图 13-5 竖罐炼锌原则工艺流程

氧化锌还原是强烈的吸热过程，需要高温和强还原气氛。在竖罐内，氧化锌开始还原的温度是 904℃，1150℃时还原速度是 950℃时的 4 倍。在蒸馏还原区，由于处于强还原气氛中使式 13-20 不可逆。反应式 13-21 因有碳存在，可逆。低温下，反应式 13-21 比反应式 13-20 的反应速度小得多，温度只有超过 950℃，反应式 13-20 和反应式 13-21 才能基本平衡，即反应都可向右进行。氧化锌还原速度受反应式 13-21 控制。因此要使氧化锌还原迅速而完全，重要的是必须加速二氧化碳转化为一氧化碳，也即促使反应式 13-21 加速进行。

加速反应式 13-21 的重要条件是保持 1000℃以上高温。在高温且有碳存在的条件下，二氧化碳可以在短时间内转化为一氧化碳；要有过量的碳，并具有较大的活性表面，以促进二氧化碳充分地被还原，有利于造成强烈的还原气氛；炉料要有良好的透气性，使反应后产出的气体能够迅速地扩散排出，保证整个还原过程连续地、完全地进行。

铁酸锌：按下列反应分解和还原：

$$ZnO \cdot Fe_2O_3 + CO \rightleftharpoons ZnO + 2FeO + CO_2$$

$$3(ZnO \cdot Fe_2O_3) + CO \rightleftharpoons 3ZnO + 2Fe_3O_4 + CO_2$$

$$ZnO + CO \rightleftharpoons Zn + CO_2$$

铁酸锌与游离状态的氧化锌一样，可以很好地被还原。所以，焙烧过程中是否形成铁酸锌，对还原过程无关紧要。

铝酸锌：在蒸馏条件下不还原，而进入蒸馏残渣中造成锌的损失，但在焙烧矿中铝酸锌含量甚微。

硅酸锌：在焙烧中锌以硅酸锌形态存在时，蒸馏还原速度比氧化锌及铁酸锌慢些，但对蒸馏过程影响不显著。

硫化锌：蒸馏过程中不能被还原，而损失于残渣中。因此焙烧过程中要最大限度地除去硫。

硫酸锌：在焙烧矿中含量甚微，但其结果也与硫化锌一样，使硫酸锌中的锌损失于残渣中。

铁的化合物．在焙烧矿中呈三氧化二铁（Fo_2O_3）和四氧化三铁（Fo_3O_4）状态存在。通过蒸馏还原，被还原成氧化亚铁（FeO）和金属铁。氧化亚铁与游离二氧化硅作用形成硅酸铁，对罐壁有侵蚀作用。金属铁在竖罐内有时与其他低熔点物结合而形成“积铁”，黏附于罐壁，影响罐壁传热和炉料通过。为此，当焙烧矿含铁较高时（12%以上），常在团矿中增加配煤比例，使焦结矿增强吸附能力，以防“积铁”的危害。

铅的化合物：焙烧矿中铅呈氧化物和硫酸盐状态存在。铅的氧化物容易被一氧化碳还原成金属铅。硫化铅与其他硫化物形成铅冰铜，对罐壁有侵蚀作用，但数量甚微。

镉的化合物：一般呈氧化镉存在。在蒸馏中，较氧化锌易还原。镉氧化物还原后形成镉蒸气，与炉气同时进入冷凝器，一部分进入锌锭，使锌不纯；一部分进入蓝粉中。

砷和锑：一般以五氧化二砷、五氧化二锑和盐类的形态存在于焙烧矿中。在竖罐蒸馏过程中，焙烧矿中的砷与锑80%～90%进入残渣中。

铜的化合物：主要以氧化铜形态存在于焙烧矿中，也可能有硫化物，其量甚微。蒸馏时氧化铜被一氧化碳还原成氧化亚铜和金属铜。金属铜有时与其他硫化物反应生成硫化亚铜，并与其他硫化物结合成冰铜，留在残渣中。

金和银：银在焙烧矿中呈 Ag、Ag_2O、Ag_2S 和 Ag_2SO_4 等状态存在。但 Ag_2O 易分解为金属银，并溶于铅中。Ag_2S 易被其他金属夺去银而分解。银不论是金属还是化合物都留在残渣中。金一般呈单体状态，蒸馏时易溶于铅而留在残渣中。

脉石：焙烧矿中主要有二氧化硅、三氧化二铝以及钙、镁等的氧化物。在蒸馏条件下，二氧化硅可与氧化钙、氧化亚铁和氧化铅形成硅酸盐；它还促使硫酸盐、铁酸盐及铝酸盐分解。当铁钙硅酸盐混合形成熔渣时，腐蚀罐壁。三氧化二铝较二氧化硅活性小，属两性氧化物，它与氧化锌能生成难熔的铝酸锌，不能被还原。钙主要以氧化钙形态存在于残渣中。

13.2.2 团矿制备

竖罐蒸馏炼锌能够获得实际应用，是基于解决了团矿制备问题，故团矿的质量是提高竖罐生产率具有决定性作用的因素之一。现代大规模竖罐蒸馏炼锌工艺的团矿制备通常采用的流程见图13-6。

13.2.2.1 竖罐蒸馏对团矿的要求

进入竖罐蒸馏炉的炉料为焦结团矿，从以焙烧矿和还原剂煤为主要原料制团到焦结矿要经过一系列的物理和化学变化过程。这些过程包括以下步骤：锌物料和还原煤、黏合剂

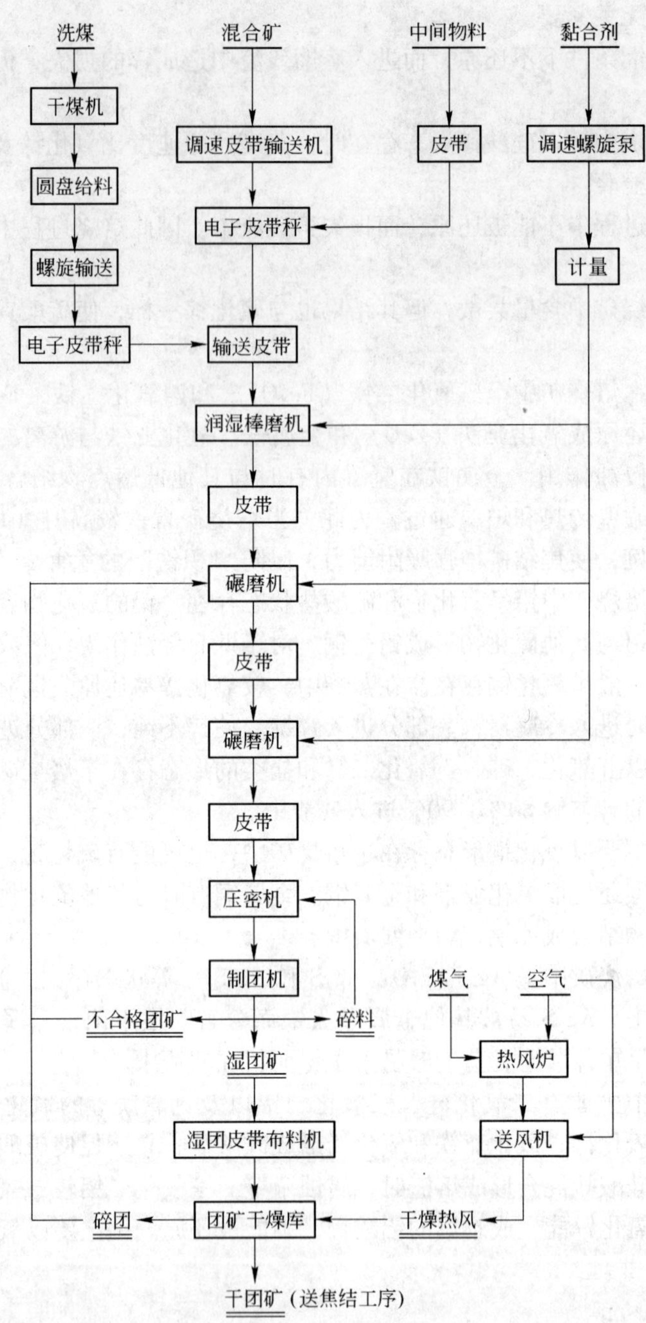

图13-6 团矿制备流程

等原辅料的准备、配料混合、碾磨压密、压团、干燥、焦结等。

为此，竖罐蒸馏对团矿的要求如下：

(1) 团矿在常温（指生团矿）和高温（指焦结矿）作业过程中具有一定的机械强度（抗压性、耐磨性及抛高度等），在贮存、运输和冶金过程中基本保持完整状态。蒸馏后残渣仍基本保持完整状态。

（2）制出的团矿锌品位均匀、稳定。

（3）焦结矿在微观上多孔使其透气性和导热性好，氧化锌还原效率高，蒸馏过程中锌能最快地还原逸出，残渣含锌低。

（4）团矿具有合适的形状和尺寸。

（5）团矿焦结前具有较低的水分。

（6）团矿含有适当的过量碳，以保证还原效率高，使锌、铅、镉等氧化物充分还原，避免低熔点杂质侵蚀、黏附在罐壁上。

13.2.2.2 团矿制备的原料要求

通常团矿的原料有焙烧氧化矿、还原煤、生产过程返回物（中间返回物）、其他含锌物料（熔铸过程的氧化锌浮渣、次氧化锌）等，这些原料按一定比例搭配并与精选的黏合剂混合破碎后，经棒磨机、碾磨机、压密机和制团机等设备处理后形成湿团矿。这些原材料的成分、粒度、性质和加工条件的选择，都与团矿质量密切相关。

选择焦结性能好的还原煤与锌原料混合压团，是保证团矿强度的关键。因为在团矿的焦结过程中，还原煤中的碳在焦结团矿中起着支撑整个团矿的骨架作用，所以加入团矿中的还原煤要在400～450℃下出现具有一定黏度的准液相的胶质体，把团矿中的颗粒物紧密包裹，最终使生团矿在焦结过程的高温下变为具有强硬的焦炭结构的焦结团矿。同时还原煤应该含有适当挥发分，这些挥发分在焦结过程中挥发，在团矿内部留有许多孔隙，使团矿具有很好的透气性。

A 焙烧矿

沸腾焙烧炉产出的焙砂（俗称氧化矿或一次矿）和沸腾焙烧炉烟尘经二次焙烧产出的焙烧矿（俗称二次矿）按生产中自然形成的比例均匀混合组成混合矿。混合矿是竖罐炼锌的主原料。其主要成分质量标准见表13-5。

表13-5 焙烧矿的主要成分质量标准 （%）

物料名称＼主要元素成分	Zn	Pb	Cd	S
氧化矿	>56	<1	<0.05	<0.6
二次矿	>50	<2	<0.07	<1.0
混合矿	>54	≤1	≤0.07	≤1

氧化矿粒度要小于20mm，密度$(1.65\sim1.78)\times10^3\text{kg/m}^3$，二次矿粒度要小于50mm，密度$(1.90\sim2.28)\times10^3\text{kg/m}^3$。物料中无杂物，含水小于1%，温度小于100℃。

B 中间返回物

竖罐蒸馏产出的中间物料包括焦结返粉、焦结烟尘、蓝粉、锌粉和氧化锌尘等。按其相近性质并为两种，即焦结返粉和其他含锌物料：

（1）焦结返粉，此种返粉包括焦结烟尘，是数量最多的含锌物料，约占蒸馏使用团矿量的5%。

（2）其他含锌物料，一般包括蓝粉、锌粉，约占团矿量的5%。

（3）氧化锌尘、锌浮渣、次氧化锌等，约占团矿量的4%。

上述物料含锌一般高于40%。次氧化锌密度小，在$1.0\times10^3kg/m^3$以下，若经圆筒制粒，再经回转窑烧结成密度大于$1.6\times10^3kg/m^3$的粒料后使用，效果会更好。上述各种物料混配在一起，构成中间返回物。要求中间返回物含锌品位大于50%，含水8%~14%，没有金属锌粒等杂物。

C 还原煤

还原煤的优劣对团矿的热物理特性及蒸馏还原效率有直接影响。竖罐蒸馏所用的还原煤必须同时具有焦结性强、固定碳高、灰分低而熔点高、低硫、含适量的挥发分和胶质层厚度等特性。在焦结时，团矿中煤的胶质体可有效地包裹焙烧矿和其他混合物颗粒，高温下转变为结合力强的焦炭结构，从而使团矿具有坚硬、耐压、耐磨、抗撞击和多孔透气的性能，以满足竖罐连续蒸馏生产的要求。因此，对还原剂煤的选择十分重要。还原剂煤可选用单一煤种或多种煤混配，不同煤种和不同混合配煤，有不同的特点。竖罐炼锌用还原剂煤按表13-6要求选用。

表13-6 还原煤的指标要求

项 目	固定碳/%	挥发分/%	灰分/%	灰分熔点/℃	x/mm	y/mm	焦结性
指 标	约59	26~29	≤13	≥1250	20~25	23~27	6~7

a 焦结性

焦结团矿的高强度主要靠煤的焦结性起作用，因此要求有一定焦结性的煤作还原剂。

b 膨胀性与收缩性

各种煤的最终收缩度（x）与最大胶质层厚度（y）不一样。x值大时，煤的收缩性大，x值对团矿影响不大；y值大时，煤的膨胀性大，促使团矿裂纹。但煤的膨胀性又与灰分的多少有很大关系。当加入60%左右的焙烧矿后，可克服煤的膨胀性大的影响。y值过小，代表煤中胶质体过低，煤的焦结性变差，对生产影响甚大。y值小于18mm的煤配制的团矿在罐内反应后，强度下降，易破碎使罐内阻力增大，残渣含锌高。

c 固定碳

对同一种焦煤，一般含固定碳高的比含固定碳低的焦结性要高。利用焦结性好、固定碳高的煤配料时，不仅可以降低煤耗，提高矿中碳的含量，保证团矿锌品位高，降低团矿单耗，而且对提高还原效率及阻止罐内形成熔渣也有益处。

d 灰分

灰分高的煤不但焦结性差，而且增加了团矿中造渣杂质CaO、MgO、Al_2O_3、SiO_2的含量，降低了团矿的锌品位。灰分熔点低时易形成熔渣，严重时影响操作进程。因此选用煤时，煤的灰分熔点应大于1250℃。

e 挥发分

挥发分可使焦结团矿具有多孔性，对蒸馏有利，也有利于焦结废气余热利用。但挥发分多的煤一般焦结性差。国外有的竖罐炼锌厂选用肥煤为还原煤，取得较好效果。我国采用主焦煤与肥煤混配，效果更佳。

f 水分

还原煤一般含水8%~12%，必须干燥使其含水小于1%。如水分高，不仅破碎困难，还影响黏合剂的加入，成团率低。

D 黏合剂

在各种炼锌原料和还原煤混合过程中，加入黏合剂用来增加混合物料的黏结性，增强团矿抗挤压、抗摔跌能力，提高团矿的物理质量。

竖罐炼锌制团工序通常使用纸浆废液做黏合剂。也有的用木质黄酸钙（即干粉黏合剂）做黏合剂，效果良好，但其造价稍高。纸浆废液黏合剂的密度对生团矿质量有显著影响。密度大，能提高生团矿的机械强度和碾磨效率，所以使用前一般都要蒸发浓缩至密度为 $1.26 \sim 1.3 \times 10^3 kg/m^3$ 左右。此外，温度高，黏合剂流动性好，容易混合均匀，对碾磨制团有利。密度 $1.28 \times 10^3 kg/m^3$ 以上的黏合剂不必浓缩，但在使用前需用蒸汽间接加热至60℃以上。

通常纸浆废液黏合剂的质量标准：常温下密度大于 $1.28 \times 10^3 kg/m^3$；pH 值小于 5；黏度 1.8 ~2.5Pa·s；$Cl^- < 10g/L$。

生产中必须注意，尽量不使用碱性黏合剂，因会造成团矿开裂，强度大幅下降。

13.2.2.3 配料混合作业控制及技术条件

焙砂与还原煤的粒度应该有 30% 左右小于 0.074mm，混合时加入纸浆废液作黏合剂。

根据生产实践，我国的竖罐炼锌厂采用如下的配比（%）：锌焙烧混合矿 50 ~60，还原煤 30 ~33，纸浆废液 5 ~6，焦结返粉 2 ~6，理论碳倍数 2.8 ~3.2，配好的制团料含锌 34 ~37。

焙烧矿、洗煤、返回物、黏合剂同时加进棒磨机（以前通常采用球磨机，但目前普遍采用润湿棒磨机，相比球磨机能耗下降很大），在棒磨机内进行混合配料和破碎。

棒磨机出口料粒度：-0.074mm（-200 目）≥40%，+0.246mm（+60 目）≤25%；棒磨机出口料湿度：以出口料有 3 ~5mm 团状颗粒，且手捏成团不散为宜；棒磨机出口料密度：$1.15 \times 10^3 kg/m^3$。

棒磨机黏合剂瞬时加入流量（L/min）：大于棒磨机台时处理量。

棒磨机黏合剂加入比例（干量）：4% 左右。

13.2.2.4 碾磨压密作业控制及技术条件

碾磨的目的是使棒磨的料增密而带有塑性。影响团矿成型率及团矿强度的因素，主要是碾磨料的块率、水分、温度和黏合剂的浓度及加入量的多少。

A 碾磨遍数

碾磨料的块率与棒磨料的密度及碾磨遍数有关。一次碾磨后的块率较低，压成的团矿强度较低。抗压力仅 1.5MPa。二次碾磨的块率为 60% 左右，其中 20mm 者占 30%，成型后团矿强度显著提高。生产实践表明，若使团矿成型和强度最好，碾磨遍数应在 2 ~3 遍。

B 碾磨料的水分

碾磨料的水分来自纸浆黏合剂（含水 50% 左右）、返料和煤。水分多，碾磨料软，团矿抗压力低；水分少料硬，团矿的抗压力高。水分和生团矿强度实测数据见表 13-7。

表 13-7 水分含量和生团矿强度关系

团矿水分/%	5.6 ~ 6.0	5.0 ~ 5.6	4.6 ~ 5.0	4.2 ~ 4.6	3.6 ~ 4.2
生团矿抗压力/MPa	1.8 ~ 2.5	2.2 ~ 2.7	2.7 ~ 3.5	3.5 ~ 4.6	4.6 ~ 5.5

通常各工厂根据各自原料的特点和操作情况，通过实践确定适宜的碾磨料水分。

碾磨料贮存一段时间对压密制团有利。日本三池厂曾经为碾磨料专设闷料坑，自然堆存3天，而后进行制团，脱硫顺利，团矿强度明显提高。一般情况下碾磨料不贮存，立即压密制团，经干燥后再送焦结系统，焦结返粉较低。

C 碾磨料温度

碾磨料时由于在碾磨过程中物料激烈摩擦生热而温度升高。纸浆黏合剂也带入少部分热量。碾磨温度高料柔软，塑性好，结合紧密。在正常情况下，混合料为28℃，一次碾磨后上升至35℃，二次碾磨后达43℃。但温度过高，水分蒸发快、黏合剂消耗增加。故碾磨温度不宜太高，碾磨次数也不宜过多。一般经过棒磨的物料碾磨次数不超过3次，温度在50℃左右。

D 压密

压密（又称初压）的作用是将碾磨料压成小团，以提高碾磨料的密度。经压密后制成的生团矿，通常抗压力可达0.3MPa以上。为防止料中混入铁器损坏辊套，压密前物料需经过磁选器。为使团块易于脱模，辊套表面需以少量水润湿。要使物料满模，需要调整块料与粉料比，正常情况块料占2/3，粉料占1/3。

13.2.2.5 压团作业控制及技术条件

压密机压出的料，经皮带运输机送至制团机上部料斗，放至制团机内，当辊套转动时，由于辊碗相互吻合，便将压密料压成一定强度的团矿。团矿的成型压力、形态及大小等对团矿的强度、制团效率和蒸馏效率都有直接影响。

A 成型压力

一般说，增大压团机的压力，会相应提高生团矿强度。图13-7所示为单位面积的压力与压缩程度的关系。

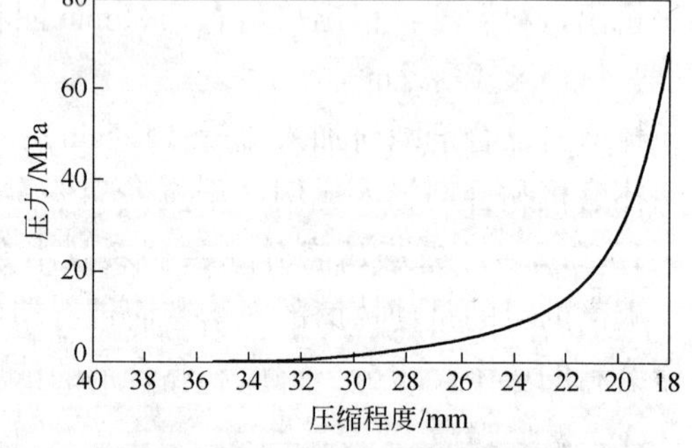

图 13-7 单位面积压力与压缩程度的关系

由图13-7看出，单位面积压力在0 ~ 30MPa范围时，混合料的压缩程度很大；在30 ~ 70MPa范围时，压缩程度不大；在70 ~ 80MPa范围时，压缩变化很小。生产实践说明，单位面积压力为15.0 ~ 20.0MPa的对辊压团机可以得到足够强度的团矿。如成型压力大于25MPa，焦结团矿易崩裂。

B 团矿形状规格

适合的团矿形状应能保证团矿之间面与面接触成一直线、点与面或点与点接触成一点的关系。这样就尽可能保证在竖罐内造成团矿料柱孔隙度大、体积质量高，同时保证了较大的团矿表面积，有利于罐内反应。目前，多选用椭圆形或枕形团矿，其大小（长×宽×高）多为(100 ~ 105)mm×(72 ~ 75)mm×(50 ~ 65)mm，团矿单重为0.5 ~ 0.6kg/个。必须指出，过分追求单一的孔隙度和装容率都将影响后续的竖罐蒸馏效果。

C 成型时间

实践表明，制团机转速与团矿质量有关，制团机转速过大，虽然能提高制团机的生产能力，但是辊套对团矿的挤压时间短，压力达不到团矿内部，导致周边和中间密度相差太大，使团矿弹性变形变成塑性变形的分量减少；转速过大，震动也大，两个辊套之间产生的掰力也大，从而造成团矿脱模过快，而产生裂纹。相反如果转速过小，虽说对质量有好处，但生产效率太低。一般来讲，制团机选择工作转速为 6 ~ 8r/min，也有的工厂高达 10.5r/min。

13.2.2.6 团矿干燥作业控制及技术条件

湿团矿在运输过程中容易破碎，焦结强度和完整率低。因此，必须进行干燥。干团应满足如下要求：

抗压力 24 ±1MPa；抛高度 4 次/m 不碎；表面光滑，无裂纹；干燥层厚度 8 ~ 12mm；水分 1.8% ~2.2% 。

若干燥后水分过低，抗压力虽高，但团矿发脆，抛高度不好，尤其是在热的时候更如此。为此干燥后的团矿应仍保持一定的水分。反之，如果水分过高，焦结时，因受热不同，里外蒸气压差大，易使水蒸气冲破致密的表面，造成团矿破裂。团矿含水为 2% 时较佳，破碎率为 2% 左右；团矿含水上升到 4% ，则焦结返粉率会成倍增高。团矿经过干燥，具有一定的干燥层厚度。再有一定的冷却时间作保证的情况下，干燥层厚度与干团抗压力成正比关系。

团矿通常采用热风干燥，将热风直接通过团矿堆。其操作条件如下：

A 湿团矿堆高

湿团矿堆高度应以不摔裂、不压碎为原则。抗压力大于 3.0MPa，抛高度大于 1 次/2m 的团矿料堆高度为 1.8 ~2.3m。

B 热风温度、速度和压力

热风温度应根据团矿含水量确定。在我国北方地区，生团矿开始干燥时的热风温度以冬季大于 70℃ 、夏秋季不超过 60℃ 为宜。随团矿内水分减少，温度可逐步升高，一般为 70 ~120℃ 。如开始温度过高，易造成团矿开裂；过低则延长干燥时间，库存量增大。

热风速度系指送入团矿库热风管道处的风速，一般为 8 ~12m/s。

热风压力以克服管道阻力和团矿堆高度阻力为宜。

C 干燥时间

干燥时间与季节的温度及相对湿度有关。如在相对湿度为 65% 的夏季，干燥所需时间较相对湿度为 45% 的秋天要延长 1 天。通常干燥周期为 5 ~7 天。送风干燥时间为 30 ~ 48h，冷却时间大于 3 天，所获得的干团质量较好。

13.2.2.7 团矿焦结作业控制及技术条件

干燥后的生团矿不仅机械强度低，而且含有 7% ~10% 的挥发分及 2% 的水分，如果直接加入竖罐内受热，生团矿中的水分和挥发分将蒸发出来，使罐口及上延部压力剧烈增大，冲淡和污染锌蒸气，使冷凝条件恶化，团矿自身也将碎裂，使蒸馏过程无法进行。因此，生团矿在蒸馏前要进行焦结。对焦结团矿的要求是：脱除全部水分；挥发分降到 1%

左右；团矿的机械强度，抗压力大于50MPa，抛高度3次/2m不碎；锌品位大于40%，杂质Pb小于0.8%，S小于0.9%，Cd 0.03%~0.04%。Fe小于10.5%；温度750~820℃。此外，焦结过程还应完成对余热以及有价金属的回收。

A 团矿焦结炉结构及工艺流程

焦结炉的大致分类，按形状可分为卧式和立式（即竖井式），按热量来源可分为外热式和自热式，按温度控制可分为低温焦结（750~800℃）和高温焦结（850~900℃）。目前应用普遍的为竖井式外热焦结炉。无论从操作调整条件及团矿的焦结质量等方面，竖井式外热焦结炉均好于自热式焦结炉。外热式焦结使用的热源主要为蒸馏炉燃烧废气，但在废气进入焦结炉前需加入煤气进行消氧，必要时还需用煤气进行提温，故蒸馏生产的能耗有所增加。而自热式焦结则在节能方面有很大优势。下面主要介绍竖井式外热焦结炉，其结构见图13-8。由于外热焦结炉的热源为蒸馏废气，故通常将焦结炉和蒸馏炉建在同一厂

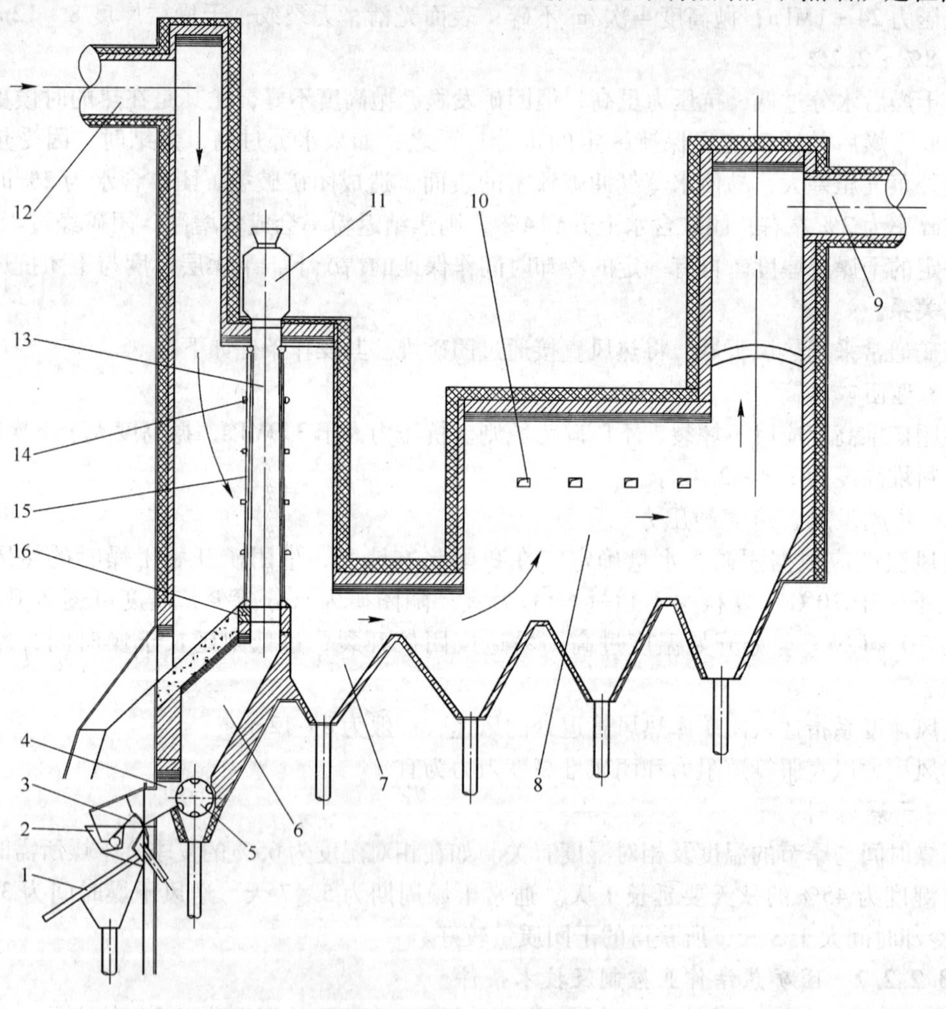

图13-8 焦结炉结构示意图

1—条筛；2—水封槽；3—水封门；4—排料口；5—排矿辊；6—储矿室；7—沉降斗；8—燃烧室；9—焦结废气出口；10—进空气口；11—加料斗；12—蒸馏废气进口；13—焦结室；14—挡管；15—汽化冷却炉栅；16—水冷合金托梁

房内，工序上也合在一起称为焦结蒸馏工序。

竖井式外热焦结工艺流程参见图 13-9。

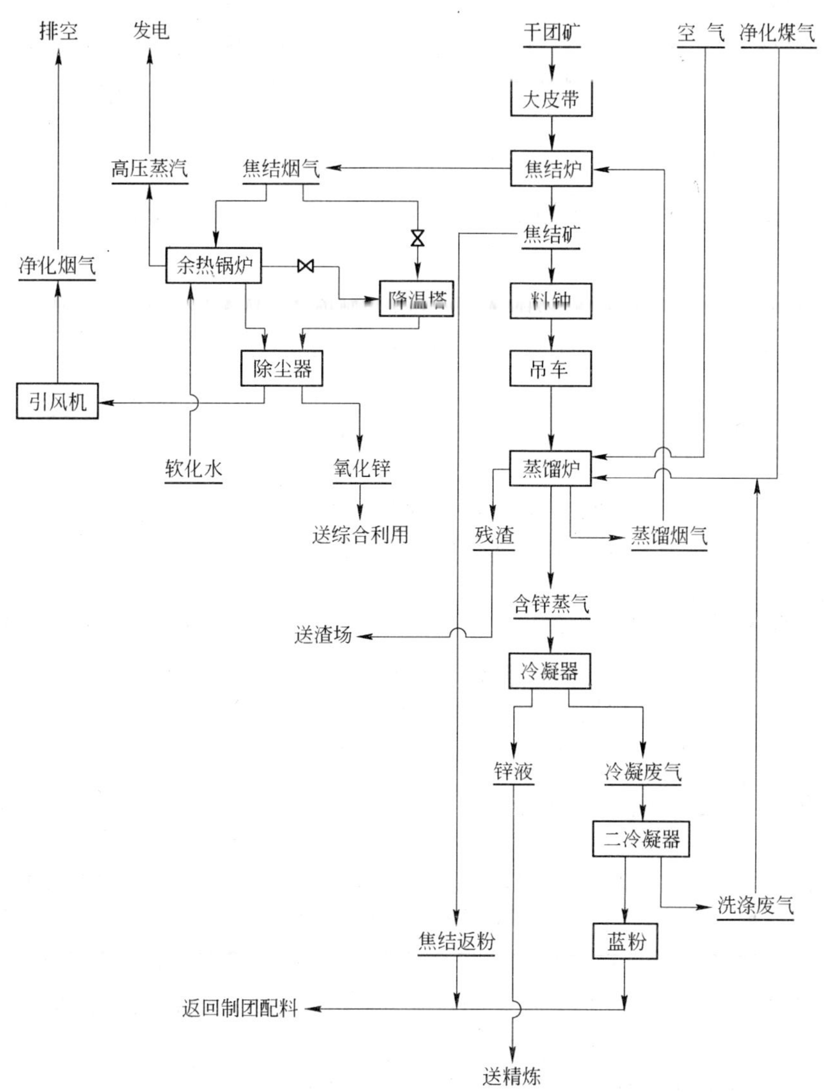

图 13-9 焦结、蒸馏工艺流程

B 团矿焦结主要技术条件

a 温度指标

废热焦结炉进口温度：950～1050℃，出口温度：200～400℃。

贮矿室温度：800±20℃。

废气总道温度：800±50℃。

燃烧室温度：≥800℃。

风机入口温度：150～250℃。

电收尘入口温度：190～230℃。

b 压力指标

废气总道压力：-220 ~ -240Pa；焦结炉进出口压差：≤300Pa。

c 质量经济指标

返粉率 <5%；烧成率≥80%；废气总道含氧≤4.2%；焦结炉进口废气含氧 <2.4%；焦结矿抗压力≥45MPa；焦结矿温度 800 ±20℃；外观完整、不乌、不烧。

C 影响焦结团矿质量的因素

a 生团矿的质量

进焦结炉团矿含水高时，造成团矿破碎率增大，返粉上升。表 13-8 是团矿含水分和焦结破损率之间关系的测试结果。

表 13-8 团矿含水分和焦结破损率之间关系

含水分/%	2	3	4	5	6
焦结破损率/%	4	4.5	5.5	7.5	9

b 入炉废气含氧量

蒸馏废气入炉时的含氧量高，造成焦结团矿出现燃烧，使得团矿中的锌氧化损失，同时也造成焦结团矿的机械强度降低，从而影响蒸馏效率。

c 入炉废气温度

蒸馏废气入焦结温度应为 700 ~ 900℃，过低或过高将影响焦结生产。当温度低于 700℃时，焦结团矿无法焦结，焦结后的团矿机械强度无法满足蒸馏生产需要。当温度高于 900℃时，金属损失明显增加，焦团质量下降。

13.2.3 竖罐蒸馏

蒸馏是使焦结团矿中的锌尽可能完全地被还原出来，将生成的锌蒸气均衡地导入冷凝器，并最大限度地冷凝为液体锌。因为，锌蒸气很容易被氧化，所以蒸馏过程是密闭的，采用间接加热，燃烧室在罐外两侧。为保证罐内温度达到 1100℃，提供蒸馏所需热量，罐本体用高导热性能的碳化硅砖砌筑，空气、煤气经换热室换热，保证煤气充分有效地燃烧。高温燃烧废气换热后，用做焦结炉的热源，最后经余热锅炉和收尘装置由风机导出排空。图 13-9 所示为竖罐蒸馏的工艺流程。

13.2.3.1 竖罐蒸馏炉及主要附属设备的结构和性能

竖罐蒸馏炉主要由蒸馏罐（即竖罐）、燃烧室、换热室及冷凝器等部分组成，见图 13-10。

A 竖罐

竖罐（罐本体、上延部和下延部）蒸馏炉简称竖罐，是一个具有狭长矩形断面的高大碳化硅构筑体，罐高一般为 8 ~ 12m。

a 罐本体与罐基

罐本体是指炉料通过碳化硅罐壁外部燃烧室吸热，完成蒸馏反应的部分。组成罐体的四壁由一对罐头和两面侧壁嵌合而成，如图 13-11 所示。此结构主要为适应炉体温度变化时，罐体可自由膨胀和伸缩，防止炉体断裂。罐体内部尺寸：宽 × 长 = (290 ~ 310) mm × (1900 ~ 2768) mm，大型罐长 = 4610mm，侧壁厚均为 100mm。罐本体高度，一般为 8 ~

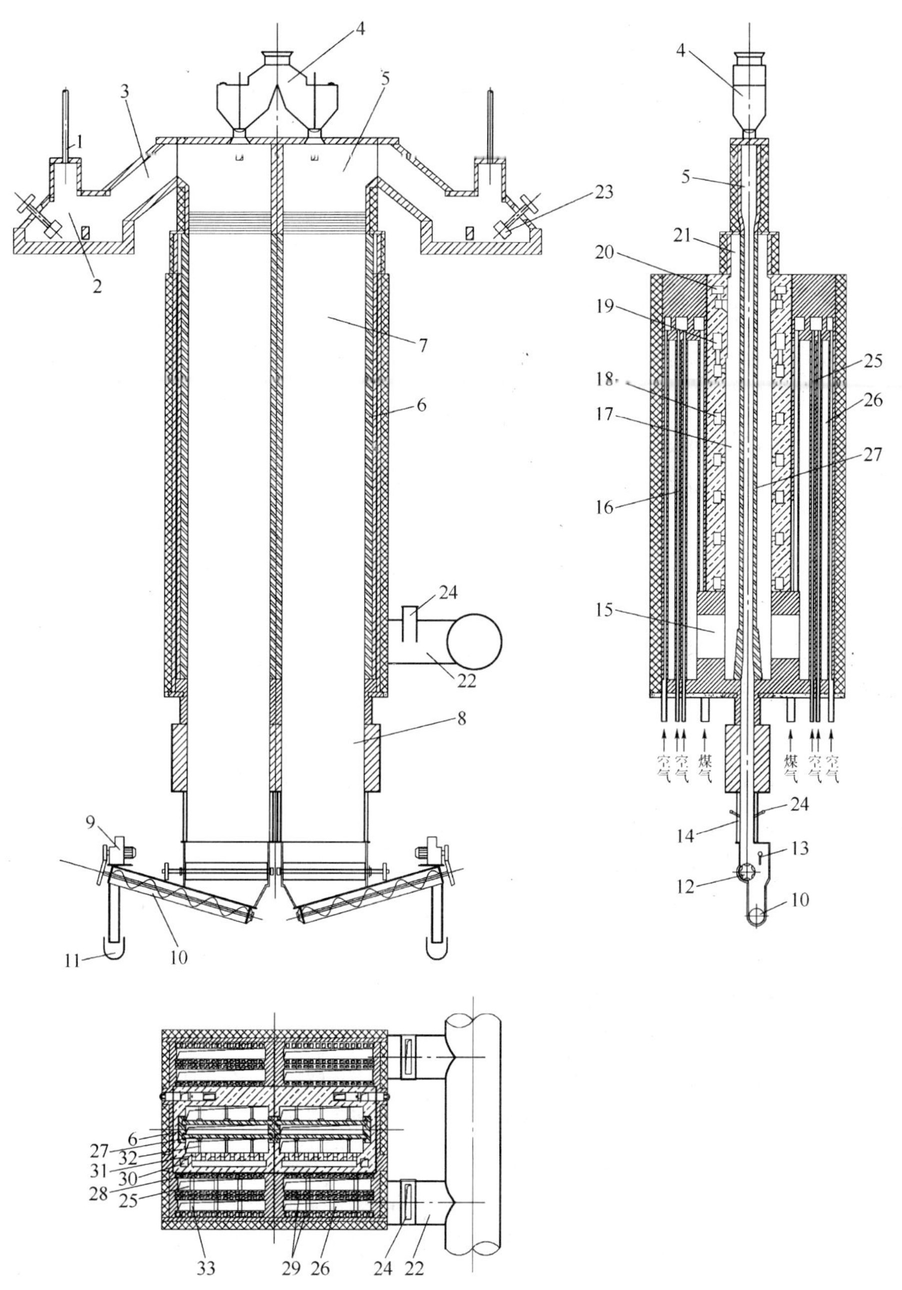

图 13-10　Z100-12 型竖罐蒸馏炉结构示意图

1—锌雨冷凝器竖管；2—锌雨冷凝器；3—倾斜部；4—加料斗；5—上延部；6—SiC 罐体；7—SiC 罐头；8—下延部；9—排渣电机；10—排渣搅笼；11—水冲渣流槽；12—排矿辊；13—排渣挡板；14—下延部水套；15—燃烧废气进换热室入口；16—筒子砖换热室；17—燃烧室；18—燃烧室空气分道；19—燃烧室空气总道；20—煤气总道；21—小燃烧室；22—废气总道；23—石墨转子；24—废气闸板槽；25—换热室废气上升道；26—换热室废气下降道；27—SiC 罐壁；28—煤气筒砖；29—空气筒砖；30—空气竖井；31—燃烧室空气分道供给空气供给孔；32—罐壁顶砖；33—换热室筒砖顶砖

图 13-11 蒸馏炉单罐本体平面结构示意图

1—SiC 罐壁；2—SiC 罐头；3—砂封；4—膨胀缝

12m 左右，但国内小厂也有低达4m 的。罐体底部至砌筑框梁称为罐基，它承受罐体全部质量，故基础部分较大，壁厚较一般侧壁增加 1 倍（230mm）。罐基高度占总高的 8% 左右。罐本体全部由高导热性碳化硅砖砌筑。筑炉砌料是小于 0. 175mm（80 目）的碳化硅灰，加入适量的结合性黏土，用16 波美的水玻璃调和制成。罐基框梁材质为大型高铝砖，并用高强度磷酸盐泥浆砌筑，使用寿命较长。

b 上延部

上延部系由小燃烧室和保温套组成，正接于罐本体上口，顶部与加料口相连，前侧接通冷凝器。其作用是使炉料与高温炉气进行热交换，并有脱铅和滤尘的效能。炉气出口经倾斜部与冷凝器相连。因冷凝器与炉体不在同一基础上，更兼受热与膨胀程度不同，冷凝器在高度方向上的延伸远小于罐体，所以倾斜部与上延部嵌接处与罐体结构类似，必须采取砂封套式的活动接头，使之留有伸缩的余地。在主燃烧室的顶部环绕罐体四周，设置一个与主燃烧室相连通的空隙，构成小燃烧室。罐壁为碳化硅砖砌筑。小燃烧室宽度一般在 240mm 以上，为防止火焰通过，两端各有一砖墙隔开。小燃烧室侧墙内砌轻质黏土砖，外加硅藻土保温砖。其温度借助主燃烧室的辐射热，以及自然对流作用保持。此外，有时由于燃烧室上部煤气过剩，向小燃烧室内送入一定量空气，也可使其温度进一步提高，一般可达950℃以上。罐体与上延部温度差减小之后，可使炉瘤的生成速度变慢，从而延长悬矿周期。上延部结构可参见图 13-10。

c 下延部

下延部正接于罐基下面，由连接部、砖套及水套组成，其内部尺寸与罐基下部完全一致，其底部与水封和排渣机构相连。下延部的作用，除迅速冷却蒸馏炉渣外，还是下部送风进口通道。为防止锌蒸气在底部冷凝，以及强化罐内蒸馏反应的扩散过程，下延部送入的空气，应转化为一氧化碳，以减少氧对罐体下部碳化硅的侵蚀。在下延部顶端采用砖套保温，内由耐火黏土砖砌筑，外边由硅藻土保温。最底层为钢板保护套，砖套高度一般在 1. 8 ~2. 4m 之间。水套与砖套相连，一般厚度为 40 ~60mm。送风管斜穿过水套两侧，每侧 4 ~6 根，与水平线成 15° ~16°。下延部结构参见图 13-10。

B 燃烧室

燃烧室是供给竖罐反应所需热量的燃烧供热装置。燃烧室对称配置在罐体两侧，其长和高与罐本体尺寸基本相同。除罐基、罐本体顶部及罐头与燃烧室砖体靠近外，受热罐壁与燃烧室侧墙宽度为 350 ~450mm。为保证罐体约 40 ~100m^2 的纵向狭长加热区温度均匀稳定，在燃烧室顶盖的下面各装有一条横向煤气道，其底部有 7 ~9 个通向燃烧室的小孔（120mm ×65mm），把煤气垂直引入燃烧室空间燃烧。在燃烧室两侧墙上的一定高度上设置一条空气总道和5~7层空气分道。横向空气总道一端与换热室连接，另一端与空气竖井相通。第一层空气道设于空气总道上层，其他各层则分别在其下面，并都有支道与空气竖井相通。在支道入口均装有调整挡板，用以调节进入的空气量。每层空气道均有与煤气道煤气喷口相对应的7~9个分孔（120mm×60mm），空气经孔洞进入燃烧室与煤气燃烧。上述结构可使燃烧室前、后、上、中、下各部分温度分布均匀，达到1300~1340℃的要求。此外，在燃烧室边墙与罐壁间有碳化硅板制的顶砖，交错分设如梅花形，横跨燃烧室空间将罐壁顶住。其主要作用是防止罐壁受罐内团矿的侧压力而产生罐壁向外倾倒，并使燃烧室气体流动形成涡流，有利于防止局部高温。

C 换热室

换热室是燃烧室的辅助机构，两者紧密相连。其作用主要是利用燃烧废气的余热来预热空气和煤气，使之达到一定温度后，进入燃烧室燃烧，以进一步提高炉温和炉热效率。换热室种类很多，依据换热气流走向、使用燃料特点和预热气体种类，我国采用的换热室有以下几种：

（1）标准型顺流式换热室；

（2）大型筒砖型顺流式换热室；

（3）小型筒砖型顺流式换热室；

（4）小型筒砖型逆流式换热室；

（5）双筒型砖顺逆流换热室。

换热室设在罐体和燃烧室端头部或两侧部。上述各种砖砌换热室的共同弱点是气密性不好，煤气漏气率经实测达30%左右，这是今后改进的重要课题。

D 冷凝器

冷凝器位于上延部之端侧，与斜角为30°~40°的倾斜部相连，基础砌筑在厂房楼板上的工字钢梁上面。在工业生产中，习惯把冷凝器分为两段。一段冷凝器内，采用“锌雨”冷凝，炉气迅速释放热能，降低温度，使锌蒸气迅速冷凝为液体锌。含尘和含锌密度很低的烟气，进入第二段冷凝器（实质为喷水洗涤器）内进行洗涤收尘，同时提供输送烟气的负压，对罐内压力进行控制。净化后的炉气含一氧化碳成分很高，可达70%以上，是具有高热值的二次能源。一般送入净化煤气管道内，作为蒸馏炉的燃料。

a 一段冷凝器

一段冷凝器为飞溅冷凝器（参见图13-10）。倾斜部为炉气的导通装置。冷凝是在转子叶轮飞溅扬起的锌雨表面上进行的，锌液强烈洗涤锌蒸气，使之被大量吸收于锌池中，冷凝效率很高。飞溅式冷凝器按转子工作角度，又可分为倾斜式和直立式两种类型。直立式转子体积小，飞溅锌量大，对炉气气流方向无选择性，锌雨充满系数大，冷凝效率高。缺点是安装拆卸不如倾斜转子简便，对转子材质有特殊要求。

倾斜式转子安装制作简便，动力消耗小，运转周期也较长，应用广泛。缺点是锌雨充满系数及冷凝效率低于前者。冷凝器的外壳用钢板焊接而成，靠近钢板衬一层石棉板，内砌保温砖，内壁为一层密度大抗磨性好的黏土耐火砖或高铝砖砌成。为防止漏锌，砖的砌缝（灰口）应小于2mm。底部为锌池，可贮存适当数量的锌液，锌池底部略有坡度，便于锌液流动，以补偿转子工作时造成的锌液空缺。在冷凝器内部有一石墨制桥式隔墙，将锌池分为前后两室。其作用是挡住浮于后室锌液面上的锌粉，使其不流入前室，减少转子磨损，对飞溅扬起落到后室的锌液，则可以从隔墙桥下流回前室。冷凝废气经冷凝室前部方箱和直管导入二冷器。为控制冷凝废气流速，常在方箱中装设调整挡板。在靠废气排出端（冷凝器前端），有一成45°倾斜角的器壁，中央装有电机带动的转子。整个转子是由传动轮、轴承支架、转子轴和叶轮转头组成，转子头与转轴一般为优质石墨或碳化硅及耐蚀的特殊合金制成，转头一部分浸入锌池锌液中。当电机转动时转轴带动 ϕ250 ~ 350mm 的转头，以每分钟360 ~ 400转的速度旋转，将液体锌飞溅成锌雨，把冷凝室整个断面封住，炉气通过锌雨实现冷凝。在冷凝室的一侧设有出锌池，与冷凝室底部相通，用水冷蛇形无缝钢管控制锌液温度。出锌池上设有刻度浮标，控制锌液面稳定，定期出锌、铸锭。在冷凝室另一侧设有扫除孔，以定期清除积存的锌粉。冷凝室容积一般为 1.4 ~ 1.8m^3，冷凝空间约为0.6 ~ 0.9m^3。

b 二段冷凝器

二段冷凝器结构见图13-12，按湿式收尘和水力喷射原理设计，其主要作用是除尘净化和输送气体。二冷器由洗涤塔（二水封）、水箱以及水力喷射机等部分组成，均为钢板和铸铁结构。冷凝废气进入二冷器时温度为400℃左右，含尘主要为氧化锌和蓝粉，含量（标态）为50 ~ 60g/m^3，净化洗涤后要求达到1 ~ 3g/m^3。若含尘量高，会造成管道堵塞，使炉气不能远距离输送。为此在二冷器后部还应安装洗涤机（与煤气洗涤相同），用以进一步洗涤废气和提高输送压头，将冷凝废气送入净化煤气系统。

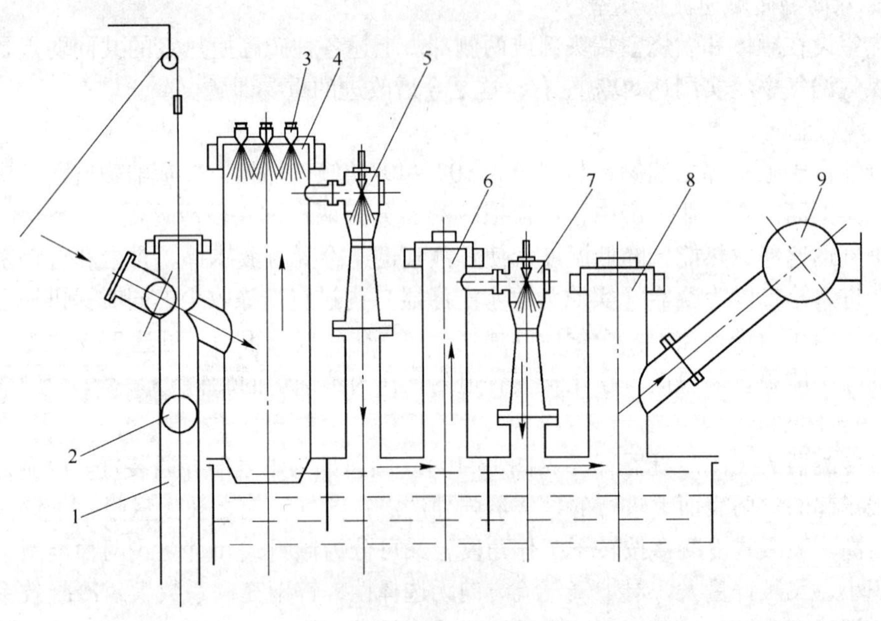

图13-12 二冷凝器示意图

1—直管；2—扫除装置；3—喷嘴；4—洗涤塔；5—第一水力喷射器；
6—空塔；7—第二水力喷射器；8—空塔；9—废气总管

E 加料和排料装置

a 加料设备

加料器由圆锥形加料斗、加料砣和砣盘、条筛、返料斗及操纵杆等部分组成，全部为钢铁结构。在加料器上部设有收尘罩（平时常闭，加料时开启），经布袋收尘器回收氧化锌。加料砣直径 340 ~360mm，外径 540mm，内通冷却水以延长使用寿命。加料装置实例见图 13-13。

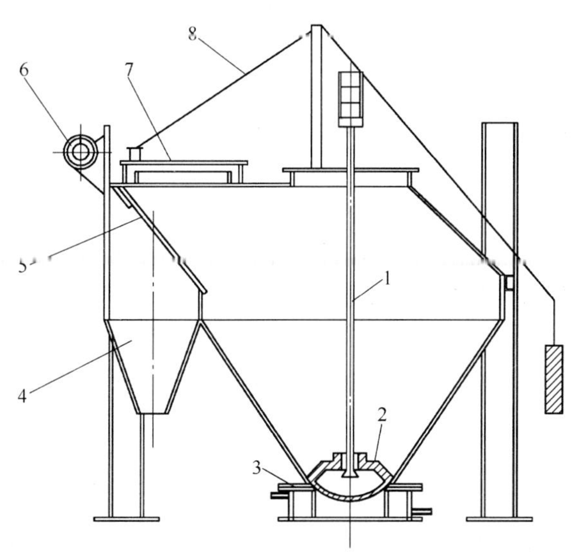

图 13-13 蒸馏炉加料设备示意图

1—拉杆；2—加料砣；3—砣盘；4—返料斗；5—条筛；6—套筒轴（用于卷扬加料车）；7—加料孔；8—收尘阀拉绳

b 排料设备

排料设备由排矿辊、排料挡板、摩擦传动装置和螺旋输送机组成。排矿辊由多片星轮组合而成，其尺寸与罐体下延部配套，一般为 ϕ(560 ~600) mm × (10 ~12) 排，长度与下延部水套相同。螺旋输送机与排矿辊水平中心线呈 20° ~28°向上倾斜，下部充水密封防止炉气外泄。排料装置参见图 13-10。

F 残渣输送装置

残渣输送，可采用机械运输，如螺旋、皮带、刮板输送等。我国某厂采用较方便的水力输送。为节约用水，冲渣水应保持封闭循环。厂房外汇总水沟，均具有一定坡度，用以加强输送距离和效果。在渣池后部设有捞渣装置和储仓。

G 铸模机

液体锌铸锭，一般使用直线浇铸机进行。

13.2.3.2 锌雨冷凝器中锌蒸气的冷凝过程

在锌雨冷凝器中，锌蒸气的冷凝在转子叶轮飞溅扬起的锌雨表面上进行，锌液强烈洗涤锌蒸气，使之被大量吸收于锌池中，冷凝效率很高。蒸馏炉炉气主要是由一氧化碳和锌蒸气组成。此外，还含有一定数量的氧化性气体，如氧及二氧化碳（随温度降低 CO_2 浓度增加）。所以锌在冷凝的同时还伴有重被氧化的现象，因而对炉气成分和温度有较严格的要求。火法炼锌产出的含锌混合气体中锌蒸气浓度波动在 5% ~50% 之间。实际上 50% 的锌蒸气浓度是炉气中没有二氧化碳时才能达到的理论浓度，一般竖罐蒸馏炉炉气含锌浓度为30%～40%。

锌蒸气浓度与很多因素有关，如原料含锌品位、还原剂的性质、蒸馏炉温度、罐下部送风量等。其中影响较大的主要为罐下部送风量。一般说来，增加送风量，炉气被冲淡，锌蒸气与一氧化碳浓度下降，致使冷凝效率降低。由于锌蒸气浓度的测定比较困难，所以除用分析法确定其浓度外，还可根据各金属氧化物的还原反应，计算出CO含量，再根据分析炉气中CO的体积百分比数推算出锌和其他成分的百分数。实践表明，计算结果接近实际情况。生产过程中锌蒸气浓度呈周期性波动，竖罐加料时浓度急剧下降。实践中，加料前罐口锌蒸气浓度为35%，加料后锌蒸气浓度只大于20%。一般需经过10min方可恢复正常。

为减少炉气中锌的再氧化损失，CO_2含量应小于1%，O_2的含量一般小于0.7%。

蒸馏炉气温度对冷凝影响较大，根据已经确定的炉气成分，可通过热力学计算，算出锌蒸气开始再氧化温度和锌蒸气开始冷凝的温度（锌的露点）。为了减少锌的再氧化损失，要求炉气进入冷凝器前的温度保持在再氧化温度以上，以进行“高温冷凝”。

高温冷凝的理论冷凝效率高，可减少竖罐炉瘤的生成。要求冷凝器保持900℃以上，并将锌液冷却至480℃左右。但由于进入冷凝器前的通道散热，实际炉气温度为800～850℃左右。锌蒸气再氧化温度实际为900～1050℃。

竖罐应用的飞溅式冷凝器以锌液为冷凝介质，利用转子使冷凝介质直接和高温炉气接触并在飞溅中形成“锌雨”，使锌蒸气冷凝积聚，介质通过蛇形冷却水管中的水带出热量。

冷凝介质的温度是影响冷凝效率和蒸锌质量的重要因素。介质在冷凝器内的温度分布是不均匀的，一般在炉气入口端较高，平均为550～580℃，贮锌槽温度为450～520℃。考虑到浇铸时易黏结铸模，故出锌前要提温50～60℃。据统计，锌提温时间占全天冶炼时间的18%～20%。由于提温造成蓝粉产出率提高，此项产出量约占全部蓝粉产出量的63.4%，超过正常操作的3倍以上。

锌蒸气的冷凝过程当然也伴随着锌雨被加热的过程，因而储锌槽内的锌液与冷凝室的温度会不断升高。为了维持冷凝继续进行，要及时调整冷却水管在锌槽的部位及浸入深度，控制冷凝室温度在500±20℃的范围。冷凝室温度过高，不仅会使冷凝效率低，而且因冷却水管在锌液中受到腐蚀使蒸锌含铁高。冷却管壁会逐渐变薄，应定期检查和更换，防止漏水在锌液中引起爆炸。在间断出锌的条件下随冷凝过程的进行，储锌槽内锌液不断增加，因而锌液面也不断增高，此时转子浸入锌液内负荷开始增大，冷凝效率降低。当锌液面升高到储槽规定的极限位置时应出锌。为保证转子的最佳工作状态（获得最大扬锌量时的浸入锌液深度），出锌间隔时间愈短愈好。这一时间的确定，与炉日产量、出锌槽总面积有关。一般为9～12次/d，每次出锌量约为800～1000kg，浇铸温度为450～500℃，锭模冷却时间与环境温度有关，一般大于10min。冷凝器要定期扫除，清除锌粉。

13.2.3.3 竖罐蒸锌正常作业条件的控制与调整

A 加料与排料

加料、排料是竖罐的重要操作之一。作业的好坏，直接影响炉日产量、蒸锌质量、锌冶炼回收率和罐体寿命。竖罐是间断加料，加料频率一般为1次/h。正常状态下，每批炉料加入量应保持固定不变，料量调整与含锌品位和蒸馏残渣含锌有关。排料通过竖罐下延部的排矿辊进行。排料速度可通过调整排矿辊转动频率，或排矿装置转矩（曲拐的偏心距）来控制，排料频率一般为 30 ~ 50 次/h。

排料操作中，必须保持罐内相对稳定的料柱，使排出渣与加入料量相平衡。为保证炉气上升和罐内温度分布均匀，有利于脱除有害杂质，确保蒸馏锌质量，要求罐内各点排料均匀。上、下延部应保持密封，防止气流分布不均影响渣含锌和下料。保证排料速度既均匀，又让炉料处于经常运动状态，使罐内料柱松散，锌蒸气最大限度地扩散。

在生产实践中，常用专设的铁钎和标尺来测量料柱高度。加料前后分别探测一次，在两次加料间隙内，还应定期探测，以了解料面下降是否均匀。如遇有排矿中断，可能是排料装置打滑，排矿辊上面产生杂质以及在下延部出现卡矿悬料等原因。当下部正常，而料面不再下降时，说明上延部出现卡矿造成悬料。发现上述情况必须及时进行处理打通，以保证加料和排料顺利进行。应特别指出，控制稳定的高料柱，有利于上延部温度控制，减少液锌回流和锌蒸气再氧化反应的进行，并有利于上延部对杂质铅、锡的过滤。

B 下延部送风与罐内压力控制

a 下延部送风

竖罐下延部送风，是一项强化生产过程的措施。在燃烧室供热充足的条件下，采取下部送风的办法，可使残渣含锌显著降低，炉日产量相应提高。送风的主要作用是强制炉气向上流动，有利于蒸馏过程中锌蒸气从团矿表面扩散，降低渣含锌。

团矿在蒸馏还原时产生的锌蒸气，在吸附作用下，不易立即从固相表面脱附；同时，竖罐中、下部产生的锌蒸气上升阻力较大。这些因素不仅阻碍还原反应的进行，也造成了锌蒸气随料柱向下部扩散的可能，使金属锌随蒸馏残渣排出损失掉。送风既可以造成强制向上的均匀气流，又可以阻止锌蒸气向下部扩散。当然，送风也同时带来不利的影响，会冲淡炉气，使冷凝效率降低，蒸锌含铅增加。为此，送风量的选择控制，除与竖罐结构和生产能力有关外，尚需考虑对冷凝的影响，一般均小于 1.2m^3/min，送风压力则以克服罐内阻力为准。

b 罐内压力控制

由于连续进行排料，罐内压力经常处于波动状态，排料时压力比正常时要增加 1 ~ 2 倍，排料愈不均匀，罐内压力波动愈大，这种压力冲击的结果，会加速罐壁漏损。当罐内压力过大，燃烧室压力较小，锌蒸气则顺罐头沙封或漏损处进入燃烧室，并迅速燃烧产生局部高温，加速罐体损坏；反之，则有燃烧废气进入罐内，冲淡炉气浓度，使锌蒸气氧化，给竖罐生产率和冷凝效率都带来不利影响。生产中通常利用罐出口压力和排出压力的显示数据来控制炉压。罐出口压力可控制在 40 ~ 140Pa，排出压力则为 200 ~ 300Pa。罐内压力变化和送风效果，可以从开、停送风的压力差（送风压差）来检查。压差过小，说明空气没有送入罐内，或中、下部罐漏严重，进入燃烧室短路；压差太大，说明送风量过多。一般应保持 80 ~ 150Pa。

若罐漏时，罐内压力均应保持下限指标，罐口压力为 10 ~ 50Pa，送风压差为 30 ~ 80Pa。

C 锌蒸气的冷凝与出锌

冷凝为火法炼锌的重要组成部分。含锌蒸气的炉气，借助冷凝器进行冷凝从而获得液体锌。冷凝效率的高低直接影响炉日产量。对于竖罐炼锌，冷凝操作还是控制蒸锌质量（主要为蒸锌含铁）的重要手段。

a 冷凝出锌的操作过程

锌蒸气进入冷凝室后，被转子飞溅的锌雨收捕下来并聚集在储锌池内。为维持冷凝持续进行，要及时调整冷却水管在锌槽的部位和浸入深度，控制冷凝室温度在480～520℃。冷却水管要定期检查和更换。出锌采用间断方式进行，为保证转子的最佳工作状态，出锌时间愈短愈好，每次出锌量根据冷凝器内锌液面高度确定。冷凝器要定期扫除，清除锌粉。炉气进入二冷器，经洗涤后送入废气洗涤机。进入水箱的蓝粉要定期清理，周期为3～6次/d，细颗粒蓝粉溢流到水沟，由沉淀池回收。

b 冷凝操作要点

为使冷凝正常进行，提高冷凝效率，确保安全生产，冷凝操作必须注意以下要点：

全部冷凝系统必须经常保持正压，各点压力均应大于20Pa，防止外部空气进入。如果出现负压，吸入空气量少时，锌蒸气被氧化，使冷凝效率降低，当吸入空气量较多时，与炉气中大量一氧化碳接触，将有爆炸的危险。为此，必须加强系统密封，经常保持炉气畅通，防止堵塞引起后部形成负压。对系统各部位要按规定扫除。

严格控制冷凝温度，在保证锌池不凝结的前提下，以较低温度为好。出锌时为了便于运输和铸模，可适当提高温度。

经常检查转子工作角度、转速、转头磨损情况，以及锌液面控制等是否处于最佳状态。

保持二冷凝器水力喷射机经常处于良好状态，使气流畅通无阻。冷凝系统作业，严禁两个或两个以上岗位同时进行操作，防止引起压力波动或废气回流发生爆炸和喷火伤人，同时防止冷凝废气放散引起煤气中毒。

c 冷凝系统积灰的清扫

在冷凝过程中，由于温度的变化，使锌蒸气再氧化而形成锌粉和蓝粉。锌粉积聚在倾斜部、一冷凝器后部和方箱下端。由极细微锌滴组成的锌雾或氧化锌，随气流一起带入二冷凝器和冷凝废气管道沉积称为蓝粉。蓝粉容易引起局部堵塞，要及时清除和处理。堵塞部位可按照压差或据经验判断，定期处理。

在倾斜部和冷凝室内，产生的锌粉比重较小，漂浮于锌液上面。正常情况下，锌池中部的桥式隔墙可以阻止锌粉向冷凝器前部（转子工作区）移动，保证转子正常工作。锌粉增多后越过隔墙污染扬锌区，阻碍气流畅通并增加转头磨损。锌粉增多的表现特征是：转头磨损快；方箱易堵；压差增大；出锌时锌液面下降但单位高度的锌量减少。

此外，锌池后部的锌粉，对冷凝下来的锌液中的杂质铁有明显的过滤作用。分析锌粉含铁经常波动在0.13%～1.2%，较锌液含铁高4～40倍。锌粉含铁增多时，如果锌液温度升高，锌粉中的铁就有少量重新进入锌液，影响蒸馏锌的质量。所以，必须对锌粉定期清理。

d 冷凝系统的压力控制

冷凝系统的压力主要由二冷凝器控制。二冷凝器按水喷射原理输送并净化烟气、回收蓝粉和二次能源。为克服系统阻力，产生足够的输送压头，保证罐口压力在80～120Pa（在扫除和处理故障时还提供负压），要求供水压力0.5～1.2MPa，以利于压力调整。

二冷正常条件下的调整方法见表13-9。

表 13-9 二冷凝器调整方法

调整项目	序号	变化情况	产生原因	处理方法
压力调整	1	罐口压力大，二水封压力小	斜管、方箱、倾斜部堵塞锌粉多	拉斜管，扫方箱处理倾斜部，扒锌粉
	2	罐口压力大，二水封压力大	直管温度高，水平管道、水力喷射机堵，料面深，送风大	降直管温度，扫除水平管道，水力喷射机，调整排料速度及送风量
	3	排出压力大，罐口、二水封压力小	过道堵，料碎悬料	扫除过道，处理悬料，提高焦结矿质量
	4	排出、罐口、二水封压力都大	送风大，下料快，二冷凝器堵	调整送风量及排料速度，调整挡板，扫除二冷凝器
	5	二水封压力大	（1）水力喷机水嘴堵； （2）水力喷机上下过道堵； （3）二水封内堵； （4）沉淀箱水位高； （5）直管温度高； （6）水封堵； （7）水平管道堵； （8）立通堵	检查水嘴，清理过道，扫除水封，起沉淀箱蓝粉，降低直管温度，扫除水平管道，立通等
温度调整	6	直管温度高，冷凝室温度低	转子皮带松，转子小	检查皮带，换转子
	7	直管温度高，冷凝室温度也高	隔墙堵，水管起不到冷却作用	掏隔墙，刷水管
	8	直管温度低，冷凝室温度高	方箱、直管根堵	扫除方箱，拉直管

D 蒸馏炉的热工调整

a 蒸馏炉供热特点

由于竖罐内进行的主要反应是吸热反应，以及锌蒸气易被氧化的特点，决定了竖罐必须采取间接加热的方式供热。竖罐供热的特点是：罐体受热面积大，一般为 40 ~ 100m^2，要求受热均匀；燃烧室与竖罐都是很高的狭长体，受热罐壁较宽，要求温度达到 1300 ~ 1340℃，并保持连续、均衡、稳定，上、中、下部及左右两侧各点温差小于 90℃；因为燃烧室排出的燃烧废气是焦结炉的主要热源，因此，其温度和成分（主要是含氧）有较为严格的要求。既要保证燃烧充分完全，又不能使过剩空气系数过大；多个蒸馏炉组成较大的炉群，这种配置虽然对保温有利，但由于炉组有煤气和废气的共同通道，连通性较强，调整时容易引起相邻炉温度与压力的波动。

b 蒸馏炉供热要求

使用燃料多为易于控制的气体燃料。一般使用发生炉煤气，也有的用重油、天然气、焦炉煤气和液化石油气等。由于燃料种类不同，在使用时所需的设备与控制条件也不同。

粗煤气自身的显热较大（400~500℃），使用时可直接送入燃烧室煤气通道内，换热室只承担对空气预热，废气出口温度较高；净化煤气含尘少，便于远距离输送，压力易控制，但自身显热很低，不易直接入炉燃烧，换热室需分别预热空气和煤气，废气出口温度较前者为低。

c 炉温控制

竖罐内温度主要靠调整燃烧室温度来进行控制，而燃烧室温度指标除决定于罐内炉料热阻与反应吸热外，在很大程度上依赖于碳化硅罐壁的热传导性能。罐内中心平均温度应控制在1150℃以上，内外部温差80~150℃。当降低炉料热阻、改善燃烧状况以及使用传热效率高的碳化硅砖时，燃烧室温度可以大幅度下降。罐内各点温度不易直接测量，从竖罐加料口向下算起，上延部范围内的温度分布规律一般是以50℃/100mm的温度梯度升高。加料口（罐口）温度为790~830℃。在罐本体上部因还原反应激烈，温度在950℃左右。中、下部温度逐渐升高到1200℃。下延部在约2m的距离内，温度由1000℃下降到500℃，温度下降梯度每100mm为28~32℃。

d 热工调整

正常状态下的热工操作主要是使燃烧室煤气和空气充分有效地燃烧，保证进入燃烧室热量多，火焰分布广，各点温度均匀稳定，燃烧废气经充分换热后均匀顺利地排出。

热工调整应遵守下列原则：低压大量，多稳少动，即燃烧室内负压和供给的煤气压力在保证生产的前提下尽量要低，维持燃烧室内大气体量，实现热量饱和；温度要尽量稳定。当温度变化需要变动条件时要及时，要小动、勤动。温度分布上高下低。空气挡板上大下小。在合理调整的基础上努力提高温度合格率。

热工调整操作要点：首先应保证煤气的质量和压力稳定。煤气质量主要指可燃成分高、热值大。可燃煤气质量除要求一氧化碳含量（一般大于28%）外，尚需要注意到其中氢和其他碳氢化合物的含量。对煤气压力要求控制小而稳定，一般为30~60Pa，以确保在燃烧室内分布均匀。

在煤气供应稳定、废气排出正常的情况下，燃烧室内各层空气道挡板开放程度应遵循由下至上逐次减少的原则加以控制，使大量空气由一、二层空气道进入燃烧室。以下各层空气支道挡板只有在必要时才做适当开启，借以调整燃烧室上、下温度分布的均衡性。

由于空气自换热室进入燃烧室以及燃烧废气排出靠系统排风机所产生的压差来控制，如果换热室和废气系统堵塞，不仅影响换热，还要影响系统负压，妨碍空气入换热室和空气、煤气的正常燃烧。事实上，经常由于竖罐罐体的漏损，罐内压力大于燃烧室压力，锌蒸气进入燃烧室迅速氧化成氧化锌，并逐渐沉积黏附在整个废气系统。因此，定期清除换热室、废气道以及排风机叶轮的积尘，保持废气畅通，是蒸馏热工操作的重要组成部分。一般废气支道压力为-200Pa。

此外，经常检查炉体以及废气总道系统的缝隙漏气，以减少冷空气吸入后降低燃烧室温度，避免废气含氧高（废气含氧一般小于4%）也很重要。由于蒸馏炉与焦结炉热源的相互牵连，在调整时还应充分注意对焦结的影响。

对燃烧室各点温度的测量使用铂铑-铂热电偶的多点电子电位计。温度调节目前尚多由人工操作。

热工调整方法见表13-10。

表13-10 蒸馏炉热工调整方法

序号	温度变化情况	产生原因	调整方法
1	燃烧室上、中、下底温度都低，换热室废气温度也低	总热量供应不足	开大抽力挡板，开大煤气蝶阀
2	上部温度低，中、下底部温度也低	煤气量不足	开大煤气量
3	上部温度低，中、下、底温度在指标以上	上部空气量不足	开一层空气挡板
4	上部温度低，中、下底部、废气温度都高	煤气过多	减少煤气量
5	上、中、下、底温度高，废气温度也高	总热量多	关抽力，减煤气
6	上部温度高于指标，下、底温度在指标以上而中部温度低	中部空气量少	开二、三、四层空气挡板
7	上、中温度都在指标以上，底部温度不低，下部温度低	下部空气量少	开五、六层空气挡板
8	上、中、下部温度都在指标以上，而底部温度低	底部空气量不足	开七层空气挡板
9	燃烧室各点温度在指标以上，换热室废气温度超高指标以上	抽力大，煤气大有过剩的CO在换热室燃烧	关小抽力和煤气，开启中、下、底空气挡板
10	燃烧室某一点温度突然升高	罐漏、锌蒸气、氧化燃烧	通知工段或补炉岗位查罐补炉

13.2.3.4 特殊操作与故障处理

A 开炉升温

为了减少对耐火材料急冷急热的温度冲击，延长炉体寿命，对大、中修及新砌筑的竖罐蒸馏炉均要求按计划升温开炉，然后才能转入正常生产。开炉主要包括：罐体、燃烧室、冷凝器升温；罐内充填底料（焦炭）；导通冷凝器。

a 罐体、燃烧室预热升温

首先应对炉体各部位进行全面检查。要求炉带紧固，炉内不准积存砖石杂物。同时应安装好测温电偶和压差计。关闭换热室空气进口和煤气、空气挡板。罐体排出部分密封，冷却水套通水。上述准备工作就绪后，即可在临时砌筑的燃烧室点火升温。

升温使用净化煤气。一般分低温、中温、高温3个阶段。为了防止煤气燃烧时产生局部高温，在蒸馏炉上、中、下各部位外边砌筑临时燃烧炉。用煤气预先燃烧，将废气引入炉内，从而使整个燃烧室和罐的上、中、下各部温度分布均匀合理。必须指出的是，点火初期燃烧室温度较低，煤气容易灭火。应保证煤气燃烧完全，否则废气中一氧化碳过剩，进入燃烧室或换热室会引起爆炸事故。还要注意堵漏抹缝。

当炉温达到950℃以上进入高温阶段。此时停止使用外部燃烧设备，应引入正常生产系统使用的预热煤气（俗称换大煤气）。然后把废气引入与正常生产炉组相连通的废气支道（俗称通废支），继续升温。

换大煤气的操作要点是：一定要先点明火，然后再慢慢开放煤气阀门。在使用净化煤气时，煤气进入燃烧室之前需要预热。但在升温过程中换热室温度较低，并且充满空气，直接送入煤气容易引起爆炸。为此，在换大煤气时，应在换热室下部煤气通道进口处先点明火，然后开启阀门。引燃后让燃烧废气先进入煤气道，将其中空气驱净。一般约6~10min即可完成。关闭煤气道进口挡板，转入正常升温。上述作业在燃烧室两侧分别进行。

升温过程若干指标的控制原则：

升温速度：500℃以下时小于5℃/h；500~1200℃时小于10℃/h；1200℃以上时小于15℃/h。

升温时间：一般为9~12天。其中，大修后升温为10~12天。中修后升温为9~10天。升温过程各部位允许温差见表13-11。

表13-11 升温允许温差

炉 型	各部位允许温差/℃				
	上、侧	上、下	上、中	中、下	下、底
Z40-80	<30	<60			
Z60-12	<30	<60	<60	<60	<60
Z100-12	<30		<60	<60	<60

换大煤气时温度波动小于50℃；通废支时温度波动小于30℃。升温曲线见图13-14。表13-12为升温开炉计划实例。

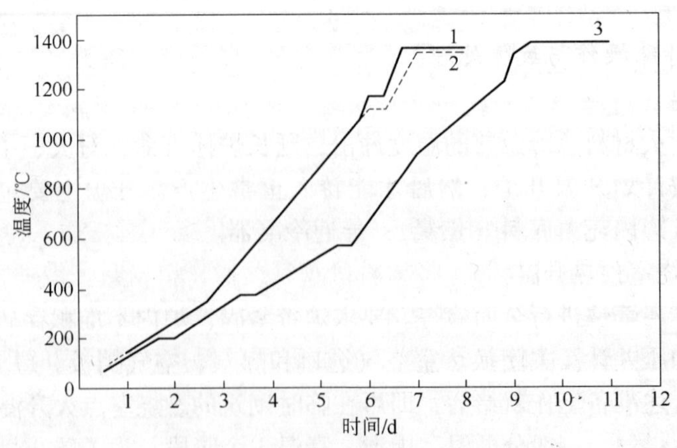

图13-14 竖罐蒸馏炉开炉升温曲线

1—Z40-80型炉；2—Z60-12型炉；3—Z100-12型炉

表 13-12 Z100－12 型蒸馏炉升温开炉计划

项目＼天数	1	2	3	4	5	6	7	8	9	10	11	12
升温速度 /℃·h^{-1}	←5℃ ±5℃→		←——5℃ ±5℃——→			←5℃ ±5℃→		←——10℃ ±5℃——→				
燃烧室温度 /℃	100～180	180～260	260～380	380～500	500～580	580～700	700～820	820～940	940～1100	1100～1340	1340	1340
保持温度		—			—			—	—	—	—	—
换大煤气									—			
通废支									—			
下延部逆风										—	—	—
排出密封	—											
排出水套通水	—											
罐内加焦											—	
冷凝器升温 /℃											—	
罐内加料												—
冷凝器加锌												—
导通冷凝器												—

注：1. 升温时，燃烧室温度以上测温度为准；

2. 升温中要抹缝；

3. 换大煤气温度波动小于 50℃，通废支温度波动小于 30℃；

4. 540℃、860℃是硅砖低、中温晶体转化点，必须恒温一定时间；

5. 若停电，则以下降温度为基础，按计划速度提温；

6. 加料前，全部校正温度。

b 罐内加底料（焦炭）

燃烧室温度达到 1300℃以上时，定好排出挡板，从加料口加焦。先加底焦，达到一定量后边加焦边排焦，排焦速度为 1.5t/h。加焦速度为 2.5t/h。要求在 16h 内将罐内加满（也有缩短至 10～12h 的，但如若控制不好容易产生悬焦），焦炭粒度应与团矿大小相似。

c 冷凝器升温

冷凝器升温可与罐内加焦同时进行。首先，点净化煤气管，插入冷凝器内烘炉、预热。待下延部送风产生大量气体时，将加料口及有关操作口密封。借助直管的自然抽力，将罐内产生的一氧化碳气体导入冷凝室并使之燃烧，冷凝器开始升温。升温速度控制在 30～50℃/h。为保证可燃气体的充分燃烧，冷凝器可以保持负压，同时用压缩空气管调节空气量助燃。温度达 800℃左右时开始恒温。

d 导通冷凝器

初开炉时锌蒸气浓度低，炉气量小，如误操作，最容易造成煤气爆炸事故。加料后封闭冷凝器各扫除孔，在 1～2 次加料后向冷凝器加锌。为防止锌液凝结，加入锌液温度一般控制在570~600℃。加锌结束即可开动转子。冷凝室开始恒温后，可用压缩空气将废气吹入锌池（出锌池）使之升温。

二水封强化器应少量给水，以达到降温、熄火、减压之目的。给水量不能过大，否则因煤气量小，有产生负压、造成爆炸的危险。然后盖一水封盖。此时，因废气没有导通，冷凝器全部为正压，应迅速检查一冷器各处是否漏气。漏气处会冒火燃烧，可用封火泥抹缝和刷水玻璃灰浆。然后，即可打开废气放散管使废气排空。

废气接触。废气从放散管导通后应根据气量大小开大强化器水管。水力喷射机适当给水。当炉气量继续增大，二冷器压力明显上升时，应关小放散管闸板，打开废气板，再关死放散管，使冷凝废气全部送入废气总道。开大水力喷射机，按正常生产压力指标进行控制。

冷凝室温度达500℃以上时，出锌槽可放入冷却水管。冷凝器开动8h，将下延部送风压力转入正常控制指标。加排料及出锌转入正常后开炉即告结束。

B 停炉降温

竖罐蒸馏炉炉体寿命一般为3~5年。罐体寿命较短，处于下限。当竖罐或燃烧室换热系统之一出现故障不能继续生产或技术指标严重下降时，即需停炉检修。停炉的一般操作程序是：

首先停止加料。继续按正常情况进行排料。可适当增加下部送风量。当料柱降至脱离上延部后停止送风，并可适当加快排料速度。在继续排料过程中，热工系统逐步调整，关小煤气支道和废气支道闸门，使燃烧室温度与罐内剩余炉料需要的热量相适应。当炉气量显著下降，罐口压力不能维持正常时，停止冷凝系统的一切操作。首先关闭二冷凝器各用水管，同时闸死冷凝废气挡板，开放散管。然后打开罐顶操作孔盖砖（如为悬矿停炉时可打开一水封盖），取出转子，一冷器放锌。放锌后封闭出锌槽和转子工作孔。

当料柱降至罐体下部时停止送煤气，关死废气支道闸门。待炉料全部排空时，停止供水。整个停炉过程中，严禁二水封负压操作，保证停炉安全。

停炉时热工调整操作要点：停止加料2h后蒸馏炉以25℃/h速度降温，8h放锌。放锌后先闸死煤气，稍后闸死废支闷炉降温。中修降温时间为6天，具体操作是：前两天闷炉，第3天开小燃烧室上盖，第4天打开四层楼面各补炉门，第5天打开三层楼面、三层半楼面各补炉门，第6天打开二层楼面，二层半楼面各补炉门及各扫除门，第7天拆炉。

C 炉瘤（悬矿）的产生与处理

a 炉瘤的成因

炉瘤又称炉结（工厂习惯称为悬矿），是目前生产条件下尚不能完全避免的现象。产生炉瘤的主要部位在罐本体与上延部的接头处，从开炉起由小到大逐渐形成。一般开炉后90~120天即发生卡矿现象，严重时被迫停炉。

炉瘤主要成分是金属锌和氧化锌。炉瘤的形成是由于进入上延部炉气温度降低，锌蒸气发生再氧化所致。锌蒸气再氧化的反应是：

$$Zn(g) + CO_2 \longequal ZnO(s) + CO$$

新生成的氧化锌黏附在罐壁上，加之上延部部分回流锌与矿尘形成混合物的渐次沉积，最终形成炉瘤（悬矿）。炉瘤硬度较大，约为5~6（莫氏），层次分明，含锌总量约为73%～79%。呈氧化物存在的锌为38%～90%，依存在部位不同成分略有差异，愈接近罐体处，金属锌含量愈低，而氧化锌量则愈高。

试验发现，炉瘤生成速度与温度变化梯度存在一致关系，控制上延部温度变化可控制炉瘤的生长。生产实践中采取在上延部外部设小燃烧室延缓炉瘤形成，使处理炉瘤周期由60～80d延长至120～170d。

b 处理方法

炉瘤形成以后，使得上延部逐渐变窄，以致罐的后部罐头处积满氧化锌和残留的团矿，造成下料困难。一般在2～3个月内发生于炉顶部加料口一侧，用铁钎打掉上部积存物（俗称打卡矿），使加料得以顺利进行。当炉瘤严重影响炉料顺行时则停炉处理，有两种方法：一种是降低料柱，打掉炉瘤后砌筑上延部和冷凝器，继续加料生产。这种方法的特点是有利于罐体维护，锌损失小。但打炉瘤操作困难，处理时间长。特别是在罐体中、下部，炉料有时黏结，当有积铁脱落造成托料（拉棚）时也必须排空才能处理。另一种方法是排空炉料处理。特点是操作方便，处理时间大为缩短，不产生拉棚。但排空后对罐体寿命有影响，锌损失增大。

处理炉瘤的基本步骤是：停止加料，以高挡速度间断排料（间隔频率是排10分钟停10分钟）；停风、停止排料、取出转子；冷凝器放锌，关闭冷凝器挡板；关水，揭开一水封盖；停风停止排料后，燃烧室以10～15℃/h速度降温，放锌后控制在1220±20℃；当料柱基本降至罐本体上部时，罐内加入干燥的冷焦炭覆盖锌蒸气，降低上升气流温度；移开加料口，同时分别拆除上延部、冷凝器和倾斜部；以高挡速度连续排空炉料，用工具打下悬矿；砌筑上延部和冷凝器，重新升温开炉；升温速度每小时20℃；燃烧室温度达1350℃时按正常开炉方法进行。

D 罐壁积铁的形成与控制

在蒸馏过程中，除氧化锌被还原外，其他金属氧化物也被还原。当使用原料含铁过高时会在罐内还原出金属铁并与其他矿物一起黏附、沉积在罐壁上（称积铁），厚度可达10～20mm，甚至更厚。积铁形似铸铁和熔渣，含铁量50%～70%，二氧化硅5%～8%，锌1%～3%。当罐内温度波动大（特别是处理炉结排空）时积铁很容易脱落。如发生在正常生产过程，则随炉料进入排矿装置，易造成不能正常排矿的故障。罐内积铁的形成一般认为是由于铁的氧化物被还原成海绵铁，然后与矿粉一起逐渐沉积在罐壁上。也有观点认为，氧化亚铁和矿粉沉积在罐壁上后铁被还原出来，其他成分呈渣状流向下部。

预防积铁的根本办法是，降低炉料中铁的含量，其次是保持较高的配煤比（提高碳倍数），以增加焦结的碳对熔结物的吸附。此外，提高焦结矿强度和蒸馏残渣完整率，保持均匀排料，也可以减少积铁的生成。

E 罐体损坏与热补

竖罐在高温下经受各种应力以及气相产物和各种金属氧化物的氧化及造渣侵蚀，是产生裂漏的主要原因，碳化硅砖和筑炉质量也直接影响罐体破损。

a 罐体侵蚀

炉料中某些金属氧化物，如CuO能对碳化硅起氧化作用：

$$2CuO + SiC \xlongequal{} SiO_2 + 2Cu + C$$

该反应在 800℃时即已开始，使罐壁受到侵蚀。此外，三氧化二铁对碳化硅有造渣作用：

$$2Fe_2O_3 + SiC = 4FeO + SiO_2 + C$$

当团矿中存在各种卤族化合物时，与碳化硅发生下列反应：

$$SiC + 4MeCl + 5CO_2 = SiCl_4 + 4MeO + 6CO$$

因 $SiCl_4$ 沸点低，受热挥发后使 SiC 砖表面剥离，并暴露出新鲜表面，使反应得以持续进行。由此可见，应控制原料中铁、铜和卤族化合物的含量；下延部采用水套和砖套相间的结构，并合理送风。因为在全水套结构时，由下部送入空气中的氧不能与碳反应完全，上升到罐内则使碳化硅砖氧化（$SiC + O_2 = SiO_2 + C$）。上部局部使用砖套后则克服了上述缺陷。竖罐的侵蚀从其纵断面看是下部严重，从横断面看是在前、后罐头两端严重。

b　竖罐裂漏与热补

罐壁的裂漏多存在于罐体进行激烈热交换的上、中部，裂纹形状不一，有的沿砖缝出现，也有整砖断裂，有横向纹也有纵向纹，裂度可达 1 ~ 5mm。个别漏损成孔洞状，直径最大可达 10 ~ 20mm。一般正常开炉 150 ~ 180 天后出现。

竖罐罐壁裂纹的产生主要与高温下的热应力、自身负荷和物料的侧压力等有关，并以前者为甚。因为，氧化锌的还原反应为吸热反应，罐壁内外形成较大的温差，于是造成外壁膨胀大，内壁膨胀小，产生了热应力。长期作用的结果，在其薄弱处即形成裂纹。又因罐内为正压，燃烧室为零压或负压，锌蒸气向外扩散进入燃烧室内燃烧，就造成局部高温，使裂纹增大，有时形成孔洞。锌蒸气氧化成氧化锌进入换热室，使系统阻力增大，被迫频繁扫除换热室时，温度波动大也加快罐体损坏。

罐上部还原强度大（温差与热应力均大），是最容易产生裂纹的地方。

稳定操作，防止温度激烈波动，可减少或延缓裂纹的生成。当裂纹严重，漏锌时，必须进行生产热负荷下的补炉。

热补炉的操作过程是：先配制补炉灰浆，在使用前加入水玻璃调成稀浆注入灰浆罐；通过观察火焰颜色准确检查裂漏部位，有发亮的绿色火焰处即为裂漏处；打开燃烧室前操作门，减少或停止供应煤气（如裂漏严重时可缩小罐口压力以致停止送风），并清除裂漏处的积灰；用压缩空气喷枪将灰浆罐内的灰浆喷射到裂漏处。如孔洞很大喷补不住时，可暂停排料进行喷补，一般约停 30min 即可；补好后封闭炉门，恢复煤气供应。

热补后，罐内压力控制视具体情况确定。待补炉灰浆烧结后（一般为 2h 左右）再恢复正常压力，散落在燃烧室底部的补炉灰必须清除。对使用净化煤气的蒸馏炉，一般在补炉后一周左右再清除熔渣。对使用粗煤气的蒸馏炉，因其下部灰渣掺入煤气系统，扫除时其碳粒熔点较高不易清除，故最好及时清理。

补炉灰浆的用料配比见表 13-13。补炉灰浆用养浆法处理时可不配或少配水玻璃，补炉用风压力 0.4 ~ 0.6MPa。

热补炉是维护罐体寿命的重要措施，补后竖罐生产周期延长。漏罐经热补后可维持使用 15 天以上。漏罐可多次热补。从第一次热补炉到罐体失去修补价值停炉可维持 6 ~ 10 个月。

表 13-13 补炉灰浆的配比

物料名称	化学成分/%	粒度/mm	熔点/℃	灰浆中组分/%	作 用
碳化硅灰	SiC≥85%	>0.246（60 目）	1775~1880	90	高温状态下烧结
黏 土	$SiO_2$52，$Al_2O_3$31	>0.246（60 目）	1690	10	高温结合剂
水玻璃	SiO_2 : NaO = 3 : 1 水稀释至 8~12Be			40~45kg （每 100kg 干料）	低温结合剂

热补炉也存在不足：热补后黏附在罐壁上的灰料会使热传导降低；补炉时未黏附在罐壁上的灰浆散落在燃烧室底部，多次热补的结果，积存的灰料容易造成废气道堵塞。此外，补炉杂质受热膨胀，有时可使罐基处罐壁受到挤压产生应力变形；补炉频率增加及时间延长，对耐火材料的热打击次数增加，反而会影响炉体寿命。补炉使炉温波动大，操作条件不易控制。

F 停电停水

蒸馏生产工序原则上不许停电、断水。如果停电断水时间超过 30min，有时可能产生特殊故障。因为停电停水后，煤气发生炉不能加煤，各送风机、引风机不能运转，焦结炉、蒸馏炉不能加排料，时间过长，就会在炉内造成黏结。来电后也无法正常排料。焦结炉、蒸馏炉水套与高温炉料的热交换继续进行，容易产生干涸和爆炸危险。

停电后，正常操作全部停止，应立即采取以下措施：焦结炉关闭补充煤气阀门，开副烟道使用自然抽力排烟；煤气发生炉底部无逆止阀者，应迅速切断送风挡板，开大蒸汽。各用户关闭煤气闸门，维护炉内和系统正压，并需要保持各炉间风压平衡；从冷凝器取出冷却水管，按工作方向定时转动转子防止锌液凝结；关闭洗涤废气出口闸门，开放散管散冷凝废气排空。

为防止各岗位间误操作，蒸馏、焦结与煤气发生炉各工序间的重要用电设备，一般装有连锁控制。连锁装置应满足以下要求：连锁范围内的设备只要有一个机组掉闸，连锁系统全部设备即应掉闸；连锁范围内一机组中之单台设备掉闸系统设备不掉闸；连锁范围内的煤气发生炉送风机组有一台掉闸，连锁系统全部设备即应掉闸。

系统掉闸后重新开车必须严格按规定的程序进行。

停供煤气时间不太长，一般可间断少量排料，维持温度，使直管温度大于 300℃，保持储锌槽不被凝结。

13.2.3.5 产品质量和主要技术经济指标分析

A 蒸馏锌质量分析

蒸馏锌中的杂质主要取决于其在锌精矿中的含量。为保证产品质量，对锌精矿必须合理搭配使用，即锌精矿在使用前要进行配料，使锌品位和杂质含量均衡稳定。

在沸腾焙烧过程中，汞、硫及大部分铅、镉等杂质分布于烟气、烟尘之中，经二次焙烧和烟气净化脱除；而其他高沸点杂质，如铜、铁、锡、银、金以及砷等大部分均积存在蒸馏残渣中。至于蒸馏过程依靠焦结脱除部分镉，冷凝过程除铁，加料过程滤出铅、铜、锡等，只能起很小的作用。如果锌精矿含铁、铜、锡等杂质过高时则会造成蒸锌质量降低。必须指出，供精馏生产的粗锌虽不分等级，但对杂质铁的含量也要求严格。因为含铁过高，将加速精馏塔盘的侵蚀。

B 蒸锌生产率

蒸馏生产率以日生产能力来表示。除受热面积大小以外，改善物料性质和供热条件是提高蒸馏炉日产量的基本因素。

为提高蒸馏炉日产量，可采取以下措施：提高和稳定团矿中含锌品位；降低焙烧矿（包括二次焙烧矿）残硫；选还原性强、灰分少的焦煤；严格控制混合烧矿的成分、粒度、配比和制团过程的有关技术条件，使制得的团矿在蒸馏过程中完整，以利于炉料间热能传递和气体扩散；确立合理的热工制度，选择适当的换热结构，提高废气与空气、煤气的换热效率和燃烧室温度；改善碳化硅质量，提高罐壁传热系数。所有这些措施都可以加速罐内反应速度，缩短冶炼时间，从而达到提高蒸馏炉生产能力的目的。

蒸馏工序中竖罐的蒸馏效率以及冷凝效率等指标与生产率有着更为直接的关系。竖罐蒸馏效率标志着炉料（团矿）中锌蒸发的程度。在投料一定的情况下可概略地以残渣含锌来表示。渣含锌愈低，蒸馏效率愈高。然而，降低渣含锌却不一定能使炉日产量按比例增加。因为，蒸馏出的锌有可能大量生成锌粉或蓝粉。所以，只有在提高冷凝效率的基础上才可能获得较高的生产率。而为了提高冷凝效率以及确保产品质量，则需保持稍低的上延部温度和小燃烧室温度，以及较低的炉气流速和均匀的上升气流。此外，送风冲淡了锌蒸气浓度，使炉气露点降低，对冷凝不利，所以送风愈小愈好。这就形成了温度与送风量一组技术条件对生产率的矛盾。因此，必须正确掌握蒸馏冷凝过程的技术条件，力求使上述诸因素达到全面平衡合理，以获得较高的生产率。

C 冶炼回收率

锌的冶炼回收率是竖罐炼锌的一项重要技术经济指标，提高回收率，减少冶炼过程的金属损失，是资源节约的重要课题。

提高锌冶炼回收率的主要途径：首先是降低渣含锌，其次是充分利用收尘设施，提高收尘效率，减少烟尘量和烟尘的泄漏损失，以及其他一切机械损失。

D 能源消耗

我国工厂竖罐炼锌的能源以煤为主。其中一部分燃料煤（也称动力煤）经过煤气发生炉制造煤气，用作蒸馏炉等冶金设备的直接燃料；另一部分洗煤（还原煤）用作蒸馏还原剂配入团矿中。除此之外，还有一些使用煤或重油的蒸汽锅炉。竖罐炼锌耗电较少，生产一吨锌一般耗电约为500~550kW·h，电力主要用于动力设备。

蒸馏锌煤耗是指从原料直到产品的各工序煤耗的总和。而通常沿用的蒸馏煤耗，则是指焦结炉与蒸馏炉的煤气消耗（折算成煤量），它只是蒸馏锌煤耗的一部分。

降低蒸锌煤耗的主要措施如下：

（1）使用锌品位高、杂质铁含量低的精矿。还原煤消耗与团矿单耗和配煤比有关：一般团矿单耗降低100kg，吨锌还原煤可降低30kg。而降低团矿单耗的主要途径就是提高锌品位和直接产出率。正常情况下，团矿中铁的含量约占锌量的1/7~1/6。铁的氧化物的需要还原煤，铁量增加不仅增加煤耗，同时还造成罐内积铁。

此外，降低精矿含水，可节约干燥用煤量。

（2）严格执行技术条件，提高管理水平和操作水平包括以下措施：降低蒸馏废气含氧，减少焦结炉补充煤气量；提高煤气发生炉技术水平，降低渣含碳，提高煤气中 CO 成分；加强还原煤干燥，改善团矿的还原性能，有利于降低渣含锌和提高炉日产量，相应降低了蒸馏煤耗（动力煤耗）；提高各种炉、窑的运转率，减少开停次数，降低燃料的无功消耗；改进炉型结构，如采用大型竖罐和波纹砖，提高热效率和处理能力等。

（3）加强能源的综合利用和回收。蒸馏炉使用的团矿在配料时使用煤量常超过理论量的 3 倍，因而蒸馏残渣中还含有 30% 左右的碳，吨锌相当于有 500kg 煤进入蒸馏残渣。对这部分蒸馏残渣回收利用，将大幅度降低能耗。

竖罐产生的冷凝废气含 CO 成分较高，发热值较高，回收利用冷凝废气也将大幅度降低能耗。

对于不含腐蚀性气体的高温燃烧废气，直接进行余热利用。例如，用蒸馏炉燃烧废气预热空气、煤气和焦结生团矿，通过废热锅炉产生蒸汽再利用等，同样具有巨大效益。

对于含有腐蚀性气体的炉气，如锌精矿沸腾焙烧炉炉气，则采用外部加水套的汽化冷却器加以回收，或者直接设中压锅炉回收余热。

此外，如沸腾炉的沸腾层，竖罐下延部以及发生炉炉体等部分均可设置汽化冷却水套，以回收余热，降低能耗。

13.2.4 国内外竖罐炼锌的发展

竖罐炼锌技术的工业化已有 70 余年的历史。由于该技术固有的特点，目前仍然以煤作为基本热源。我国相当长的时间内，电力来源于火力发电的局面不会改变。这就使竖罐炼锌技术同直接使用电能的电解锌技术相比，存在一定的成本优势。

近年来，竖罐炼锌技术在节能、环保及提高单罐产能等方面取得了很大的进步，体现在以下方面。

13.2.4.1 改进竖罐罐壁砖

竖罐罐壁砖承担着冶金反应过程中热传导的重任，要求导热系数尽量高。长期以来，竖罐罐壁砖一直使用黏土结合碳化硅材质，并采用传统的手工捣制成型生产工艺。该工艺劳动强度大、生产效率低、废品率高，成品的体积密度只有 $(2.5\sim2.6)\times10^3\mathrm{kg/m^3}$，导热系数只有 $11\sim12\mathrm{W/(m\cdot K)}$，性能指标很难进一步提高。

近年来，相关企业在提高黏土结合碳化硅砖的性能方面做了大量工作，使黏土结合碳化硅制品的体积密度提高到 $2.7\times10^3\mathrm{kg/m^3}$ 以上，导热系数提高到 $16\mathrm{W/(m\cdot K)}$，为竖罐炼锌技术的工艺节能创造了极有利的条件。

13.2.4.2 提高竖罐内冶金反应速度

竖罐罐壁砖生产工艺的改进，使其性能指标特别是导热系数和高温抗折强度等明显优于过去，给竖罐炼锌技术的发展带来了新的活力，对竖罐内冶金反应强化途径的研究再次引起重视。结果使竖罐的单位产能不断提高，目前单炉日产量已经由原来的 22.5t/(炉·d) 提高到 23.5t/(炉·d) 以上。

13.2.4.3 开发还原煤配煤技术，扩大煤源

我国的煤炭资源虽然十分丰富，但煤种和储量的分布并不均衡，很难长期稳定地使用几种固定煤种，满足竖罐炼锌生产的需要。近年来，在选择多个煤种按适当比例均匀配合，制成满足竖罐炼锌工艺要求的配合煤方面，也有许多实践，已经形成了单种煤的检

测、配煤的方法及配合煤质量要求等的系列技术标准。

13.2.4.4　综合利用竖罐炼锌残渣

竖罐炼锌残渣，含碳30%左右，并含有铅、锌、银、铜等多种有价金属。以前最好的渣处理技术是采用旋涡熔炼技术，能达到的技术水平为：有价金属从残渣到烟尘的回收率，Zn 85%、Pb 90%、Ag 80%，同时副产的蒸汽可回收利用。该技术原料制备过程复杂，生产流程长，产品烟尘再回收的难度大，设备故障率高，致使副产蒸汽的品质波动大等，存在许多不可克服的弊端。

近年来，研究把竖罐炼锌残渣作为燃料应用于顶吹熔池熔炼技术的铜熔炼过程和电锌工艺中浸出渣的处理过程，技术先进，有价元素综合回收水平高，前景十分看好。

13.2.4.5　改造煤气生产技术

竖罐炼锌生产中使用的燃料气，基本上都采用固定床发生炉生产。这种煤气发生炉，沿用了前苏联的技术，多年来没有什么改进。该技术汽化效率低，煤耗大，对原料煤的质量要求高。另外，煤气中含有大量的焦油和酚等有机物，在采用湿法对煤气净化时，焦油和酚进入水中形成大量的污水，污水处理负担沉重且很难达到环保要求。

近年来，粉煤汽化技术已经应用到火法冶金的燃料气生产中，使原料煤的使用要求大幅度放宽，显著降低了生产煤气的成本。由于粉煤汽化技术的汽化反应在900℃以上进行，焦油和酚等有机物充分裂解，煤气中没有任何有机物成分，从根源上消除了有机物污染，生产环境十分友好。目前，该技术正在完善和推广中。

13.2.4.6　改进蒸馏烟气收尘技术

传统的蒸馏烟气收尘工艺，均采用布袋收尘。由于蒸馏烟气经过焦结炉后带入了一定量的焦油等挥发性有机物成分，使布袋黏结严重，清理难度大，加上布袋阻力大，使蒸馏生产过程的稳定性受到影响。近年来，随着电收尘技术的进步，把阴极鱼骨针刺线、宽极距、ND振打清灰等技术有机地结合在一起，设计出了高技术水平的新型电收尘器。同时改变焦结炉燃烧室结构，将焦油等挥发性有机物成分充分燃烧。采用喷雾增湿塔对烟尘调质改性处理，降低烟尘比电阻等。这些技术的集成应用，显著提高了蒸馏烟气收尘的技术水平，使蒸馏法炼锌的整体技术水平得到了进一步提高。

13.2.4.7　改进竖罐蒸馏炉的结构

竖罐蒸馏炉改进总的趋向是继续扩大罐体受热面，提高罐单产能力，向大型化发展。在改进竖罐结构方面，有的已将竖罐改成内弯形罐。有的罐壁采用槽形（波纹）砖，降低罐壁热阻，对改变热辐射状态以及罐内气流运动和分布、降低渣含锌和提高炉单产已收到一定效果。在改进罐体材质、降低热阻方面，有的已打破了罐壁厚度115mm的传统规格，而使用不超过100mm厚的罐壁。此外，强化换热、提高热效率，使用大型砖砌筑罐体，减少砌缝和裂漏，也在研究中。

（撰稿　郭天立　朱　威　杨士跃）

13.3　密闭鼓风炉炼锌

1950年世界上第一台设计容量为20t/d的试生产鼓风炉投产运转以来，经过了半个多世纪的生产总结与创新研究，取得了很大的成绩与发展，目前，世界上有13台鼓风炉在进行锌的生产（见表13-14）。鼓风炉炼锌是世界上最主要的火法炼锌方法，1999年世界鼓风炉炼锌的总产量达到102万吨锌和42.9万吨铅，分别占该年世界总产量的12%和7%。

表13-14　世界正在生产锌的鼓风炉

生产厂	炉身面积/m^2	投产年份	最大锌产量/万 $t \cdot a^{-1}$	最大铅产量/万 $t \cdot a^{-1}$
Avonmmot厂（英）	27.2	1967	10.57	5.12
Chanderiya厂（印度）	21.5	1991	6.14	3.13
Cockle Creek厂（澳）	24.2	1961	9.73	4.07
Copsa Mica厂（罗）	17.2	1966	3.41	1.71
Duisburg厂（德）	19.3	1966	9.74	4.51
八户厂（日）	27.3	1969	11.44	5.21
播磨厂（日）	19.4	1966	8.89	2.86
Portovesme厂（意）	19.0	1972	8.46	3.60
韶关冶炼厂（1）	18.7	1975	8.15	3.48
韶关冶炼厂（2）	18.7	1996	7.09	3.19
Miasteczko厂（波兰）	19.0	1979	8.23	3.10
Noyelles Godault厂（法）	24.6	1962	11.57	4.83
Tvitov Veles（马其顿）	17.2	1973	5.97	3.05

鼓风炉炼锌又称帝国熔炼法（Imperial Smelting Process），简称ISP法。该法的生产工艺流程见图13-15。

鼓风炉炼锌生产工艺流程可分为如下阶段：

（1）锌铅硫化精矿、氧化物料和熔剂的脱硫、烧结与造块。

（2）烧结焙烧过程产生的SO_2烟气经净化后送去生产硫酸。

（3）烧结块和其他含Pb、Zn的团块配入焦炭，加入鼓风炉中进行热风熔炼。

（4）从鼓风炉下部放出粗铅和炉渣，在前床中分离。

（5）从炉子顶部逸出的锌蒸气引入铅雨冷凝器中，被铅雨吸收的锌蒸气在冷却溜槽中被冷却后分离出粗锌。

（6）产出的粗锌及粗铅经进一步精炼，得到符合用户要求的等级铅、锌产品。

鼓风炉炼锌可以处理难选的混合Pb-Zn硫化精矿，又能处理成分很复杂的含Pb、Zn的氧化物杂料以及湿法炼锌厂的渣料，加上技术上的诸多改进，在锌的生产领域中该法仍占有很重要的地位。本章中将主要讨论上述的（3）、（4）、（5）部分，其余部分内容在有关章节中叙述。

13.3.1　鼓风炉炼锌的化学过程

在炼锌鼓风炉中发生的主要化学反应有：

$$C + O_2 = CO_2 + 408kJ \quad (13\text{-}22)$$

$$2C + O_2 = 2CO + 246kJ \quad (13\text{-}23)$$

$$ZnO + CO = Zn + CO_2 - 188kJ \quad (13\text{-}24)$$

$$CO_2 + C = 2CO + 162kJ \quad (13\text{-}25)$$

$$PbO + CO = Pb(l) + CO_2 - 67kJ \quad (13\text{-}26)$$

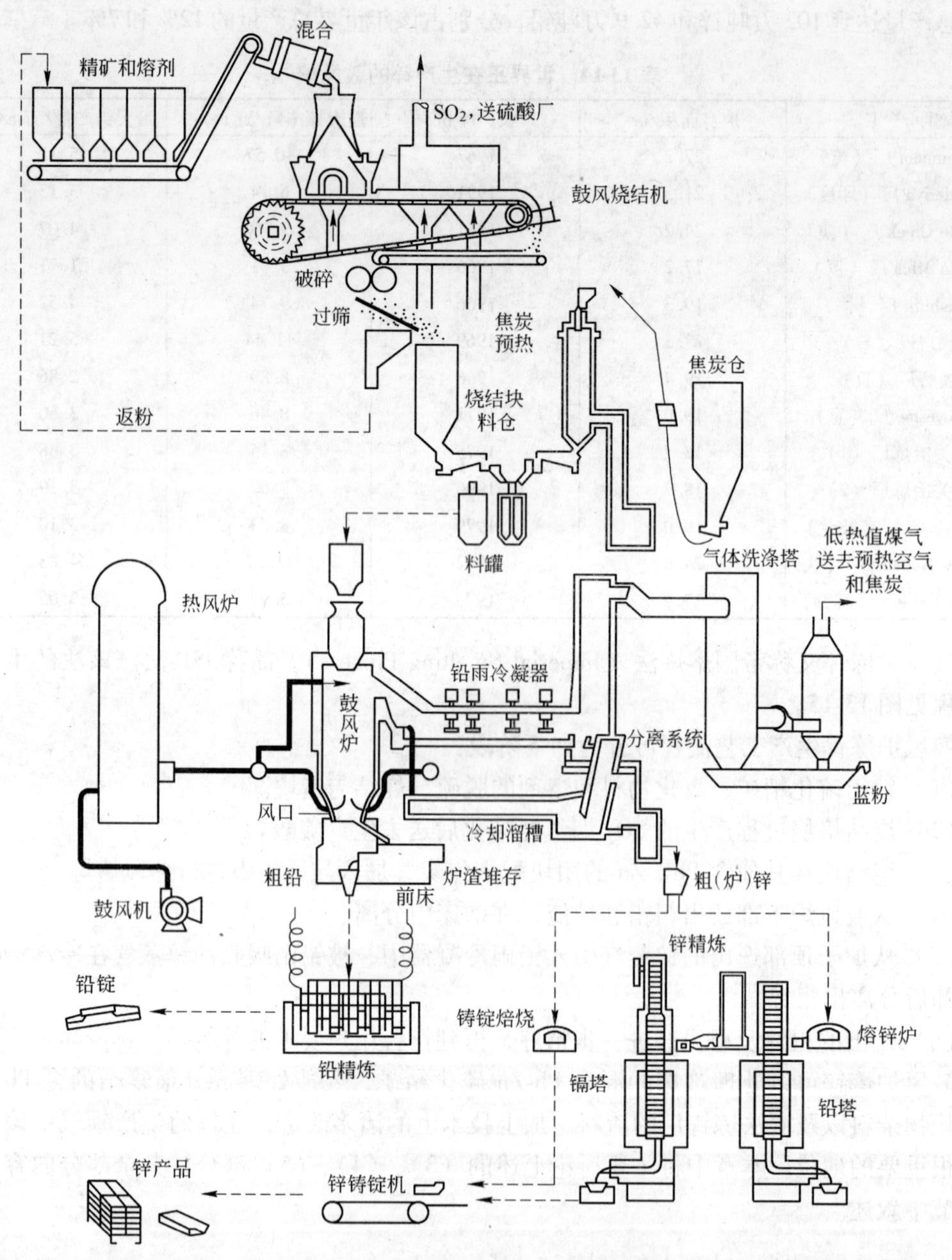

图 13-15 鼓风炉炼锌生产工艺流程

为了方便，按炉子高度划分为 4 个带来叙述。炉内各带的温度变化情况如图 13-16 所示。

13.3.1.1 炉料加热带

加入炉内的烧结块温度为400℃左右，在此带内烧结块从炉气中吸收热量，而被迅速加热到1000℃，从料面逸出的炉气温度则被降低到800～900℃。在此温度范围内，炉气中的锌有部分重新被氧化，即发生上述反应式13-24的逆反应，这个氧化反应放出热量给

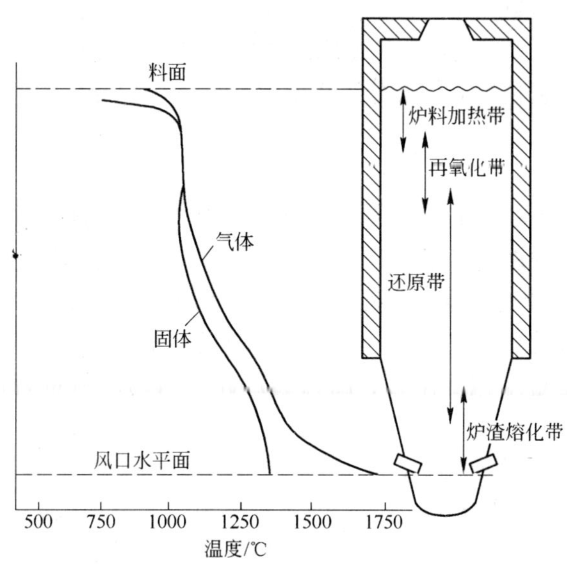

图 13-16　鼓风炉炼锌炉内各带划分示意图

予炉气。所以在此带加热炉料所需的热是来自炉气的显热和锌蒸气重新被氧化时放出的热。

为了保证进入冷凝器的含锌炉气具有足够高的温度，即超过反应式 13-24 平衡时的温度 20℃左右，必须使被炉料降低了的炉气温度再升高，需要将空气从炉顶鼓入料面上的空间，使从料面逸出炉气中的 CO 部分被燃烧，放出热量来补偿加热炉料所消耗的热量。所以炉料在此带被炉气加热，并不影响炉内主要反应的平衡。实践证明，炉料加热到 1000℃所需的大部分热量是炉顶吸入空气燃烧炉气中 CO 放出的热量，只有少量来自锌蒸气的再氧化。氧化反应产生的 ZnO，随固体炉料下降至高温区时，又需要消耗焦炭的燃烧来还原挥发。所以这部分锌的还原与氧化，只起着热量的传递作用。

此带的温度较低，除了上述反应外，只有烧结块中的 PbO 开始被还原，即发生反应式 13-26。因为该反应为放热反应，不需要外加热量；反应式 13-25 的进行只占次要地位。

13.3.1.2　再氧化带

在此带炉内炉料与炉气的温度相等。主要发生的化学反应为：炉料从炉气中吸收热量后进行的反应式 13-25，炉气中部分锌蒸气按反应式 13-24 逆向进行而被氧化，放出热量给炉气。因此，在这一带炉气与炉料的温度几乎保持不变，维持在 1000℃左右。

在再氧化带内，炉料中的 PbO 大量被还原，$PbSO_4$ 与 $CaSO_4$ 按下式还原为 PbS 和 CaO：

$$PbSO_4 + 4CO \longrightarrow PbS + 4CO_2$$

$$CaSO_4 + 3Zn(g) + Pb \longrightarrow CaO + PbS + 3ZnO$$

PbS 与 PbO 也将被锌蒸气按下式被还原：

$$PbO + Zn(g) \longrightarrow Pb + ZnO$$

$$PbS + Zn(g) \longrightarrow Pb + ZnS$$

炉料通过加热带和再氧化带后，被加热到1000℃时，ZnS在这种温度下是稳定的。在高温区挥发出来的PbS，都将被锌蒸气还原。所以，进入冷凝器的PbS数量并不与料中含量成比例关系。产生的硫化锌固体部分沉积壁上，可助长炉身结的形成，另一部分将随固料下降至高温带。

13.3.1.3 还原带

此带的温度范围为1000～1300℃左右，是炉料中的ZnO与炉气中的CO和CO_2保持平衡的区域。炉气中锌的浓度达到最大值，因为，许多ZnO在此带按反应式13-24被还原。上升炉气中的CO_2少部分被固体炭按反应式13-25还原。此带发生的这两个主要反应均为吸热反应，主要靠炉气的显热来供给。因此炉气通过此带后，温度降低300℃左右。希望ZnO在此带以固体状态还原愈多愈好，因为通过此带后的炉料将熔化造渣，ZnO会熔于渣中。

由于渣中ZnO的活度数值变小，还原变得更加困难，使渣含锌增加。ZnO在此带能否以固体状态尽量被还原，主要取决于炉渣的熔点。易熔炉渣通过高温带时将会很快熔化，便会使ZnO不能完全从渣中还原出来，所以鼓风炉炼锌希望造高熔点渣。

在这一带，炉料中易挥发的组分如Pb、PbS和As等由于高温挥发使其含量达到最大值，当其随炉气到达上部较低温区时，其中一部分冷凝在温度较低的固体炉料上。炉料下降至此带高温区时，这些组分又重新挥发，如此反复循环。循环过程中大部分铅在此带溶解了其他被还原的金属如Cu、As、Sb、Bi等，同时充分捕集了Au、Ag后下降至炉缸。最后，以粗铅形态从炉底放出。

13.3.1.4 炉渣熔化带

此带温度在1200℃以上。炉渣在此带完全熔化。熔于炉渣中的ZnO在此带还原，焦炭则按反应式13-25和反应式13-26在这一带燃烧。

有人推算，约有60%的ZnO是在这一带从液态炉渣中被还原的，因而要消耗大量的热；同时炉渣完全熔化也要消耗大量的热。所以炉料通过此带消耗的热最多，这些热量主要靠焦炭燃烧放出的热量来供给，并在此带造成1400℃的高温来保证炉渣熔化与过热。

从降低焦炭消耗的角度出发，鼓风炉炼锌应尽可能从反应式13-22获得热量。但是从炉渣中还原ZnO要求较高的CO浓度，希望提高炉料中的碳锌比。如何解决这一矛盾需要通过生产实践，确定适当的碳锌比与鼓风量。预热鼓风是解决鼓风炉炼锌这一矛盾的重要措施。

计算得知，温度1000℃时，1mol碳不完全燃烧反应放热114kJ。将0.5mol O_2和1.88mol N_2加热到1000℃时，吸热75kJ。若是鼓入冷空气，碳燃烧产生的热可能利用于生产过程的只有114－75＝39(kJ)，而且其中还有22kJ为热损失，实际供给反应的热只剩下16kJ。如果将空气预热到800℃后，再和碳发生燃烧反应，还可多得59kJ的热。

综上可知，在碳燃烧产物主要是CO时，还原ZnO和造渣熔化所需要的热，主要是由预热空气提供。若是鼓入冷空气，除能保持燃烧物料温度在1000℃左右外，几乎不起其他作用。

生产实践中，根据具体的生产条件，正确地选定碳锌比、鼓风量以及热风温度是提高产量的有效措施。

ZnS的分解压随温度升高而急剧增大，在1200℃时仅次于PbS。所以在炉料加热带和再氧化带被硫化的锌蒸气，随炉料下降到还原和炉渣熔化带时，由于温度升高可能被分解，分解后的锌又被挥发至上部，再被硫化返回风口区。如果有已还原的 Cu 和 Fe 存在，ZnS 可能被它们还原，因为在高温下 Cu_2S 和 FeS 比 ZnS 更稳定。最后铜铁硫化物形成铜锍产品，而锌以 ZnS 的形态进入铜锍的数量不多。这就是鼓风炉炼锌可处理含铜较高原料的根据。

鼓风炉炼锌炉内发生过程化学复杂且相互交错，只是为了方便讨论而人为地分为四带。对鼓风炉内反应的研究应从实际出发，才能做出正确的结论。

在鼓风炉炼锌中，约 40% 的 ZnO 从固态烧结块中还原，其余部分从熔化后的炉渣中还原。应该对两部分的还原进一步做出热力学分析，以便更好地掌握生产条件。

根据生产实践，鼓风炉炼锌炉气中锌的浓度为 5% 7%，需控制风口区（即炉渣熔化带）以上的炉气成分使 CO_2/CO 比例为 0.6～0.7。在此条件下，就可使烧结块中的 ZnO 还原，而 FeO 不被还原。因此，在鼓风炉炼锌中，还原气氛比蒸馏法炼锌和高炉炼铁的还原气氛要弱，而比鼓风炉炼铅的还原气氛强。

从炉渣中还原的 ZnO 约占加入料中 ZnO 总量的 60%，故保证这部分 ZnO 的还原完全对鼓风炉炼锌具有很大的意义。

在风口区，炉渣全部熔化，ZnO 溶解在液态炉渣中，从这种液态炉渣中还原 ZnO 比较困难，要求更强的还原气氛和较高的温度。若要使液态炉渣中的 ZnO 完全还原，势必要引起 FeO 还原为金属铁。

从相关热力学研究结果知道，当炉渣中的 FeO 活度降低时，FeO 也就较难还原。例如在 1150℃下，当渣中 $a_{FeO}=4$ 时，渣中的 ZnO 一直可以被还原到 $a_{FeO}=0.05$ 时为止。但要使渣中的 ZnO 进一步还原，而 FeO 又不还原为金属铁，则是难以办到的。生产实践说明，当渣含锌降到 2% 以下时，由于 FeO 将还原为金属铁，作业的困难性就增加了。目前鼓风炉炼锌的渣含锌 5%～10%，与铅鼓风炉熔炼的正常炉渣（Zn 10%～15%）比较低得多。这是因为炼锌鼓风炉的还原气氛较强，同时炉渣中的 CaO 含量比一般铅炉渣要高许多，提高了渣中的 ZnO 活度，有利于 ZaO 更好地还原和避免 FeO 的还原。高 CaO 含量可以提高炉渣熔点，在风口区便能获得更高的温度和在渣线水平应维持较高的氧势。与炼铁高炉比较，渣线部分气相中的 CO_2 分压要高一些。

关于锌铅烧结块在鼓风炉内的还原动力学，曾用日本播磨厂的烧结块在 827～1027℃（1100～1300K）温度下，用 $CO\text{-}CO_2\text{-}N_2$ 混合气体（$CO:CO_2=1\sim3$）进行还原试验。

试验结果表明，在实验条件下，试样还原失重受温度的影响显著，而气体组成影响则不大。使人们对鼓风炉炼锌中还原反应的速率与机理有如下的认识：

（1）烧结块中 ZnO 的还原是局部地进行，反应产生的锌会立即蒸发：

$$ZnO(s)+CO(g)=\!=\!=Zn(g)+CO_2(g)$$

这样使烧结块的外层形成多孔状，其结构主要由 FeO、CaO 的硅酸盐组成。

（2）烧结块中的 PbO 还原较其他氧化物更迅速。当在较高（1027℃）温度下锌蒸发后，在外层形成的多孔性，也促使 PbO 还原产生的金属铅得到很好的挥发：

$$PbO(s,g)+CO(g)=\!=\!=Pb(l)+CO_2(g)$$

$$Pb(l)=\!=\!=Pb(g)$$

(3) 烧结块中的铁酸锌（$ZnFe_2O_4$）在还原气氛中，会逐渐分解得到 ZnO 和铁的氧化物：

$$ZnFe_2O_4(s) + CO(g) = ZnO(s) + 2FeO(s) + CO_2(g)$$

13.3.2　炼锌鼓风炉炉内发生的其他化学变化

工业生产实践表明，鼓风炉炼锌可以处理铅锌矿，甚至含铜较高的铅锌矿。目前鼓风炉炼锌能处理含锌、铅、铜金属总量达 70% 的烧结块，其中 Cu∶Zn 达到 0.05，Pb∶Zn 达到 1。当冶炼含铅高且含一定量铜的烧结块时。锌、铅、铜的回收率分别达到 92% ~ 95%，94% ~96%、70% ~80%。

前面已经述及，PbO 在炉子上部即被还原，不致影响锌的还原。处理铅锌混合精矿，还给鼓风炉炼锌带来许多好处。在烧结焙烧时，随着铅含量的增加，烧结块的强度也增加；在鼓风炉上部被还原后的铅下流时。可以与挥发的 S 化合为 PbS，可以溶解易挥发的 As，使这些易挥发的元素不致进入冷凝器而降低锌的冷凝效率；同时下流的铅可以溶解料中的 Au、Ag、Cu、Sb、Bi 等元素，提高这些金属的回收率。PbO 在炉子上部还原，反应又是放热反应，既不影响下部氧化锌的还原，又不需要额外补加焦炭。处理高铅烧结块的渣量减少，如不减少焦炭消耗，便有更多的热来还原锌，提高锌的产量。另外进行铅锌混合熔炼时，可不进行铅锌分选，从而提高了选矿的金属回收率，并降低了成本，为难选的铅锌原料提供了很好的解决途径。

炼锌鼓风炉在冷凝部分总要消耗一定量的铅，同时炼铅便可以补偿这部分铅的需要。提高原料中铅的含量，铅的回收率便可以提高。但是当铅含量大于 24% 时，形成炉结的趋势增加，导致炉子处理量下降，技术经济指标变差。另外，被还原的 PbO 数量也受到气体中允许的 CO_2 浓度的限制，但这只是次要的。因为即使被还原的铅量等于燃碳量的一半，PbO 的还原反应对气体额外增加的 CO_2 数量也不超过 1%，这对铅雨冷凝器不是不可克服的困难。

在目前操作水平下，熔炼含铅 24% 的炉料不会发生困难，已有熔炼含 28% Pb 的烧结块的短期生产实践。

炼锌鼓风炉虽然不是炼铅鼓风炉，但是铅锌原料中的铜可以回收。烧结块中的铜容易被还原成金属铜溶解于铅，少量以硫化物和砷化物进入铅中，在粗铅精炼时予以回收。根据 1968 年的资料，世界上的鼓风炉炼锌回收了 5250t 铜。由于各个工厂处理的原料含铜有差别，粗铅含铜量波动较大为 1% ~10%，甚至试验过炼出含铜 15% 的粗铅。

在熔炼过程中，烧结块的铜被还原后能与 As、S、Sn 等化合或形成合金，将这些元素带至炉底，减少对锌冷凝的影响。故原料中少量铜能给鼓风炉炼锌带来好处。目前处理高铜原料的困难，是在炉内造铜锍时，要求烧结块中保留较多的硫，这样会增加渣含锌；粗铅含铜太高，也会给放铅带来困难；处理铜浮渣时铜的回收率不高，熔炼时铜随渣的损失也大。所以鼓风炉炼锌虽然可以回收铜，但回收率较低。例如烧结块含铜为 1.7% 时，铜的回收率只有 70%，所以鼓风炉炼锌处理高铜炉料是不经济的。

日本八户鼓风炉炼锌厂处理含铜达 2.5% 的烧结块，熔炼过程没有发生特别的困难，但渣含铜和铅含铜较高。

罗马尼亚一鼓风炉炼锌厂，处理含铜高含 Pb/Zn 也高的原料，在正常情况下，粗铅中含铜为 6.5%，偶尔达到 12% ~13%，熔炼过程并没有发生困难，渣含铜为 0.8%，铜的回收率可达 80%，粗铅在短转窑中处理，铜便富集在浮渣中。

炉料中 Cu、Bi、Sn、Sb、Au、Ag 等元素在熔炼过程中的变化，与炼铅鼓风炉相似，大都富集在粗铅中。日本八户鼓风炉炼锌厂原料中几种主要元素在冶炼产品中的分配见表 13-15。

表 13-15 八户鼓风炉炼锌厂主要元素在产品中的分配 （%）

产 品	Zn	Pb	Cu	Ag	S
粗 锌	94.5	2.1	—	—	—
粗 铅	—	83.5	1.1	80.5	—
熔浮渣	—	11.3	83.5	14.6	—
硫 酸	—	—	—	—	96.0
炉 渣	5.5	3.1	15.4	4.9	4.0

13.3.3 鼓风炉内锌蒸气的冷凝

ZnO 被碳还原后产生的反应气体中含有 Zn、CO 和 CO_2，冷却时反应逆向进行。如不采取必要的措施预防，逆反应的速度很大，将使锌蒸气重新被 CO_2 氧化。例如含 Zn 50%，CO 49%，CO_2 1% 的气体冷却时，则按质量计算，有 2% 的锌被氧化。如果采用高温（高于 1000℃）和加入过量 2 ~3 倍的碳量，使气体中的 CO_2 含量降到 0.1%，被氧化的锌只有 0.2%。

但是，即使生成的 ZnO 很少，对冷凝过程的影响也很大。冷凝过程中的氧化往往发生在锌液滴表面。形成的 ZnO 薄膜阻碍液滴进一步汇合。因此在火法炼锌的冷凝过程中有蓝粉生成，这种蓝粉实质上就是被 ZnO 覆盖的锌滴，减少了锌蒸气冷凝为液体锌的冷凝效率。一般气体中的 CO_2 含量愈高，生成蓝粉量愈多，冷凝效率便愈低。

锌蒸气的冷凝过程，是一个单一组分的两相平衡过程。即

$$Zn(l) \Longleftrightarrow Zn(g)$$

$$\Delta G^{\ominus} = 170400 - 91.257T(J)$$

根据相律可知，相变过程的自由度为 1。在平衡状态下，锌的饱和蒸气压只与温度相关。当上述相变达到平衡、即 $\Delta G^{\ominus}=0$ 时，便可求出标准状态下，纯液体锌与 10^5Pa 压力的气体锌的平衡温度为 904℃，也就是锌的沸点。与实测的 906℃稍有差异。

800℃时，相变的 $\Delta G^{\ominus}=9502$J，即 $9502 = -19.15T\lg K$。由此算出 $K=p_{Zn}/a_{Zn}=0.345$。取纯锌的活度为 1，则 $p_{Zn}=0.354\times10^5$Pa。这就是说，在 800℃时，只要气相中锌蒸气的分压 $p_{Zn}>0.354\times10^5$Pa 便会冷凝为液体锌，一直到 $p_{Zn}=0.345\times10^5$Pa 为止。气相中锌的压力愈大，开始冷凝的温度也愈高。如：气相中锌蒸气的分压 $p_{Zn}=0.5\times10^5$Pa 时，其分压的数值相当于 840℃下液体锌的饱和蒸气压，那么这种锌蒸气开始冷凝的温度即为 840℃。同时，为了使这种锌蒸气中 99% 的锌冷凝为液体，在系统压力 10^5Pa 条件下，锌

的饱和蒸气压应降低到0.01×10^5Pa，对应的相平衡温度为600℃。生产实践中，要控制一定的过冷度，以保持高的冷凝效率，冷凝器内一般保持在500℃下工作。

高温含锌气体在冷凝器内冷却和冷凝时，要放出大量的热，每冷凝1kg锌约放出1674kJ的热，这些热应从冷凝器排出。才能保持冷凝过程所要求的温度。所以在设计冷凝器时，必须充分注意冷却问题。

鼓风炉炼锌为直接加热，所产生的CO和CO_2，以及空气中大量的氮气，将炉气中的锌浓度大大冲淡。工厂的实际炉气组成（%）如下：Zn 5~7，CO_2 11~14，CO 18~20。当这种高CO_2和低Zn炉气冷却时，便会发生锌的氧化。根据下列反应的平衡常数：

$$ZnO + CO \longrightarrow Zn(g) + CO_2$$

$$\Delta G^{\ominus} = 178020 - 111.67T \quad (J)$$

$$K = p_{Zn} \cdot p_{CO_2}/p_{CO}$$

可以求出不同温度下，气相中锌的平衡分压与p_{CO_2}/p_{CO}的关系，计算结果与实测数据列于表13-16。

表13-16 锌的平衡分压

温度/K	料面处 $p_{CO_2}/p_{CO}=0.2$		炉顶鼓风后 $p_{CO_2}/p_{CO}=0.46$	
	理论 p_{Zn}值/Pa	实测 p_{Zn}值/Pa	理论 p_{Zn}值/Pa	实测 p_{Zn}值/Pa
1173	0.037×10^5	0.08×10^5	0.037×10^5	0.075×10^5
1200	0.057×10^5		0.037×10^5	
1223	0.08×10^5		0.037×10^5	
1300	0.23×10^5		0.037×10^5	

在料面附近测得CO_2/CO为0.2时，按上述方法计算的p_{Zn}与实测值相同，为8kPa，相应的平衡温度为950℃。实测料面附近的温度为900~920℃，低于平衡温度，部分锌蒸气会发生重氧化反应。为了防止降温时更多的锌重新被氧化，在鼓风炉炼锌的生产实际中，采取了保持高温炉顶与应用铅雨冷凝器两项技术措施。

13.3.3.1 高温密封炉顶

采用高温密封炉顶目的是防止锌蒸气在炉顶降温时被氧化。

ZnO的还原反应ZnO+CO═Zn+CO_2是一个吸热反应，因此其平衡常数是随温度升高而增大。某些温度下的平衡常数K如下：

温度/℃	907	1000	1100	1200
K	7.371×10^{-3}	2.981×10^{-2}	1.082×10^{-1}	3.308×10^{-1}

若实际的炉气成分为：Zn 5.9%，CO_2 11.3%，CO 18.3%，则该炉气的平衡常数K'计算如下：

$$K' = \frac{(Zn)(CO_2)}{(CO)} = \frac{(0.059)(0.113)}{(0.183)} = 0.036$$

与此数值相应的平衡温度约为1000℃左右。这就意味着，如果炉气温度降到1000℃以下，则其中的锌与CO_2发生反应生成ZnO和CO。为了保证锌蒸气不重新氧化，必须要求进入冷凝器的炉气温度不低于1000℃。所以当炉气离开炉内料面时的温度低于1000℃时，从炉顶加入二次空气，使其中部分CO燃烧以提高炉顶温度，同时将入炉焦炭进行预热到800℃。炉顶鼓风量大约为风口区鼓风量的10%。

鼓风炉炼锌炉气中CO浓度很高，应很好密封炉顶防其外逸。

13.3.3.2　铅雨冷凝器

从低Zn高CO_2的炉气中冷凝得液体锌，若采用如同竖罐炼锌的锌雨飞溅冷凝器，不能顺利实现，必须采用铅雨冷凝器。

铅雨冷凝器有如下优点：

（1）在操作温度（约550℃）下铅的蒸气压低，挥发很少。

（2）铅的熔点低（327℃），并随温度升高锌的溶解度急增。某些温度下锌在铅中的溶解度如下：

温度/℃	400	450	480	500	520	540	560	600	650
Zn/%	1.43	2.17	2.68	3.07	3.05	4.0	4.6	5.9	8.3

（3）铅的密度大，用小体积的铅就可得到大的热容量和大的冷却效率，便将炉气急冷下来。

炉气急冷很重要，其目的是使炉气通过临界再氧化区时迅速冷却，防止锌蒸气再氧化。铅雨的运动方向与气流相对，使其充分接触，更好地吸收炉气的热量，使炉气急冷到600℃以下。炉气在通过冷凝的过程中继续冷却，离开冷凝器的温度为450℃。温度为440℃左右的铅液从炉气出口端进入冷凝器，此温度下铅液中锌的溶解度为2.02%，经过与炉气热交换以后，温度升高到560～670℃，然后从冷凝器的气体入口端泵出，此时铅液中溶解的锌为2.26%（未饱和）。比进冷凝器时铅中含锌提高了0.24%。由此可以计算出循环的铅量为所要生产锌量的$\frac{100}{0.24}=417$倍。这就表明，为了恰当地降低炉气温度，铅液循环量必须是冷凝锌量的417倍。

从此看出，大量循环铅液不仅能将炉气温度迅速降下来，还将冷凝下来的锌溶解在铅中，使锌的活度降低，保护了锌不被炉气中的CO_2氧化。从目前的操作水平来说，炉气中CO_2含量超过14%时，冷凝效果变差。

采取上述两项措施以后，包括铅锌分离系统在内的冷凝效率约为87%～90%，其余4%未被铅雨吸收进入气体净化系统，以蓝粉形态产出。约6%～9%的锌是以冷凝器的清除物和冷凝分离系统的浮渣产出。

13.3.4　鼓风炉炼锌的生产实践

铅锌混合精矿经过烧结焙烧产出的烧结块、氧化物料经压团后产出的团块和一定配比的焦炭，加入鼓风炉内后，受风口区焦炭燃烧产生的高温还原气体的作用，便会发生复杂的还原熔炼反应，使铅、锌等金属氧化物还原成金属；铁的氧化物则还原为FeO，与原料中的其他脉石以及加入的熔剂等化合造渣。还原得到的铅与炉渣呈液态，从炉子下部渣口放出，一起进入前床内进行分离，分别得到粗铅和炉渣。粗铅送精炼，炉渣经烟化处理以回收其中的锌与铅。还原产生的锌蒸气随烟气一道逸出料面，然后引入铅雨冷凝器，炉气中的锌便被铅雨所吸收形成 Pb—Zn 合金熔体，再用铅泵将合金熔体泵出，流经冷却溜槽，便分离得到粗锌，进一步送精馏。从冷凝器排出的含 CO 的炉气，经洗涤与升压后用来预热空气和焦炭。韶关冶炼厂的生产工艺流程见图 13-17，鼓风炉熔炼过程的设备连接见图 13-18。

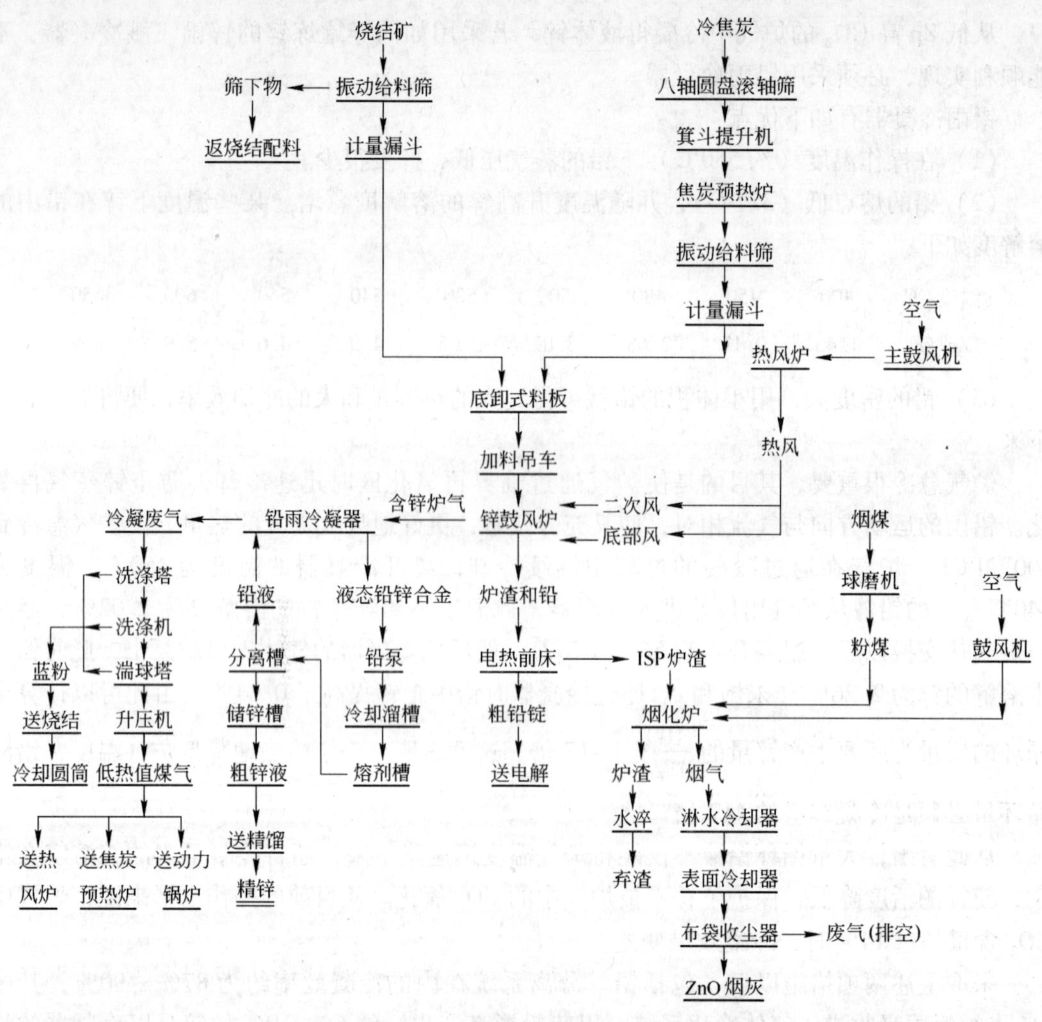

图 13-17 韶关冶炼厂的生产工艺流程

13.3.4.1 鼓风炉炼锌的原料及其准备

鼓风炉炼锌的原料来源比较广泛，可以处理各种含铅和锌的物料，各种等级的硫化锌精矿和铅精矿或锌铅混合精矿；锌、铅块矿和含锌、铅的氧化物料，如，有色冶金厂回收的氧化锌烟尘，钢铁厂回收的含锌烟尘与镀锌渣，湿法炼锌厂的浸出渣等。日本八户冶炼厂处理的各种原料成分列于表 13-17 中。

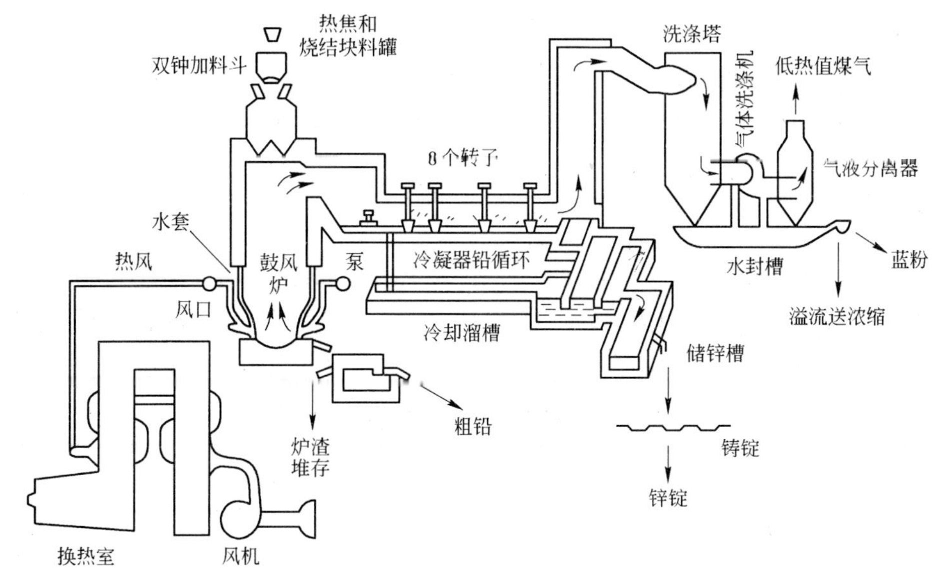

图 13-18 鼓风炉熔炼过程的设备连接

表 13-17 八户冶炼厂处理的物料成分 （%）

成　分	锌精矿	氧化锌精矿	铅精矿	氧化铅精矿	浮渣和硬渣
Zn	36 ~56	21 ~66	5.4 ~12.5	1 ~28	15 ~90
Pb	0.0 ~7.2	3 ~12	55 ~62	34 ~59	11 ~60
Cu	0.1 ~2.4	—	0.4 ~5.0	0.3 ~1.5	—
S	29 ~35	—	16 ~21	—	—
Fe	1 ~20	3 ~30	3.5 ~8.6	0.3 ~3.7	0.8
Sn	—	0.0 ~0.2	—	0.05 ~0.5	—
Cl	—	0 ~1.0	—	0.6 ~2.6	—

播磨炼锌厂处理物料的成分见表 13-18。二次物料主要是炼钢厂的烟灰经回转窑处理后产出的氧化锌粉，其他二次物料包括热镀锌厂锌灰，含 Pb-Zn 的工业废料和废水处理过程产出的沉淀物等，近几年来处理物料的锌量所占比率见图 13-19。近期该两厂处理烧结

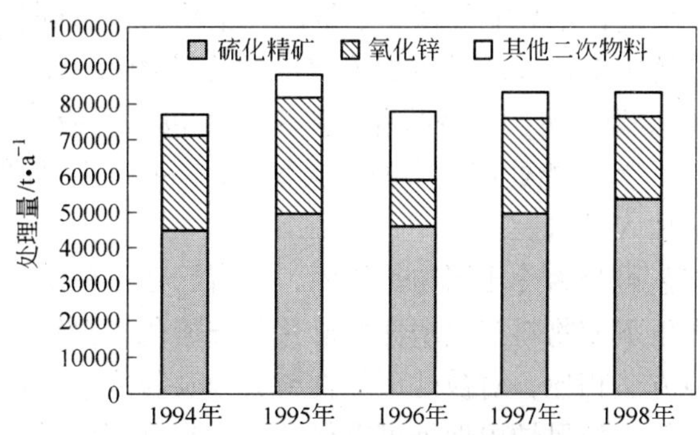

图 13-19 播磨厂处理物料的锌量所占比率

料组成如下：

八户冶炼厂

混合精矿：二次物料 =66：34

混合精矿成分（%）：Pb 18.5，Zn 38.3，Fe 7.8，S 27.7，SiO_2 2.6

二次物料化学成分（%）：Pb 11.1，Zn 38.6，Fe 10.4，SiO_2 3.6

播磨炼锌厂

混合精矿成分（%）：Pb 14.3，Zn 41.8，Fe 8.2，S 27.1，SiO_2 2.7

回转窑产氧化锌成分（%）：Pb 8.2，Zn 60.3，Fe 4.1，S 0.3，SiO_2 1.7

这些复杂的原料往往是湿法炼锌厂与鼓风炉炼铅厂难以处理的。目前世界上的鼓风炉炼锌厂处理原料中一般铅加锌的含量为45% ~60%，而每一金属的含量不低于10%。

表 13-18 播磨炼锌厂处理物料的成分 （质量分数/%）

物料		Zn	Pb	S	Fe	Sn	Cu	Cd	Ag
锌精矿	1	49.22	1.30	30.96	11.52	0.01	0.16	0.19	0.08
	2	50.06	2.90	30.10	8.67	0.21	0.21	0.17	0.01
	3	48.83	1.04	29.59	10.63	1.02	1.02	0.11	0.04
铅精矿	1	2.61	70.15	17.75	5.40	0.03	0.26	0.04	0.03
	2	7.53	55.04	22.94	10.90	0.01	0.17	0.17	0.71
	3	11.84	54.08	19.96	5.20	0.01	0.06	0.06	0.04
混合精矿	1	41.27	11.48	25.24	5.52	0.01	0.79	0.11	0.12
	2	36.97	17.91	26.85	7.64	0.01	0.74	0.08	0.09
二次物料	1	62.09	7.60	0.30	4.50	0.12	0.17	0.02	0.01
	2	64.10	0.97	0.44	6.68	0.10	0.08	0.03	0.01
	3	65.50	3.48	0.01	2.15	0.01	0.27	0.01	0.01

目前，鼓风炉炼锌厂处理的原料可分为两类。即硫化精矿与氧化物料。这两类物料在加入鼓风炉之前，应进行脱硫与成块的备料过程，其方法是进行烧结焙烧。关于烧结焙烧的生产过程请参阅本书第3篇。

随着对环境保护要求愈来愈严，以及生产的日益扩大，回收的再生物料也愈来愈多，鼓风炉炼锌厂处理这种物料的比例也就逐年增加。现有4家工厂处理再生物料占总料量的25.5% ~40%。烧结焙烧过程中只能处理一定量的再生物料，否则就会影响生产的顺利进行，例如结块率降低。德国 Duisburg 鼓风炉炼锌厂的烧结物料中，硫化精矿平均占57%，氧化物料占43%。生产实践证明，在烧结混合料中（不包括返粉的混合料），氧化物料最多不能超过30% ~40%。为了能处理更多的二次物料，一些工厂不将这种物料加到烧结过程，而是经压团后直接加入鼓风炉。

氧化物料的压团工艺可分为冷压团与热压团，后者已在一些炼锌厂中采用。

热压团是在高温高压下使物料产生塑性变形并部分熔化和凝固，然后将粉料压实成块的方法。热压团与其他方法相比，对被处理的物料成分及粒度变化范围较大，产出的团矿强度较大，颗粒均匀，加入鼓风炉内熔炼可以保证料柱有良好的透气性。对生产同样强度的团块而言，热压团比烧结焙烧生产过程简单，生产成本较低。

日本八户冶炼厂采用热压团工艺处理各种氧化物料，处理的典型物料成分见表13-19，热压团的生产工艺流程如图13-20所示。产出团块的尺寸为85mm×45mm×30mm或60mm×45mm×30mm。

表13-19　八户冶炼厂热压团的物料组成

物　料	日用料量/t	$w(Zn)$/%	$w(Pb)$/%
回转窑ZnO粉	40	57	10
锌　灰	38	67	1~2
铅　泥	7	37	22
本厂浮渣	40	26	38
碎团屑	15	49	10
合　计	140	49	19

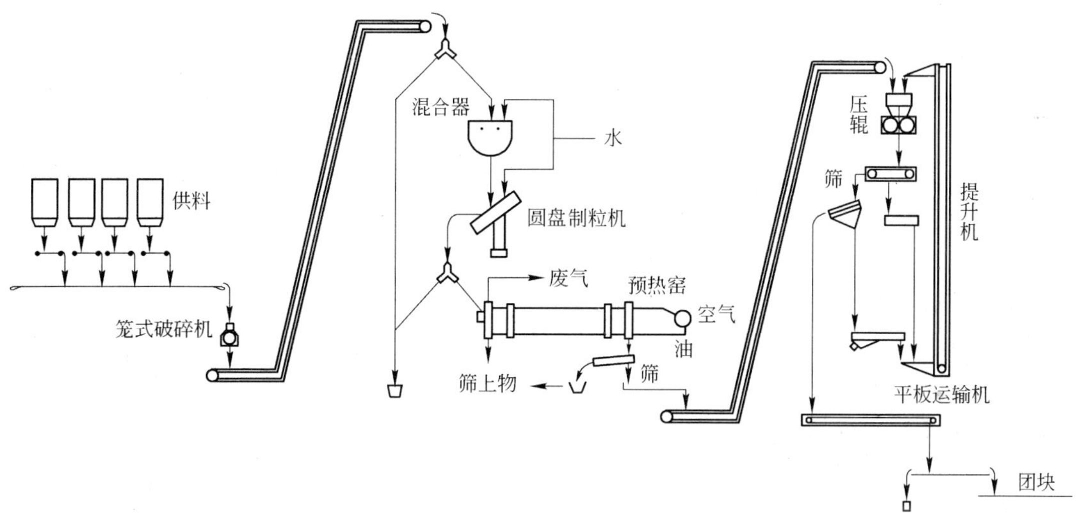

图13-20　热压团的生产工艺流程

当团块在炉内碎裂时，碎屑便会随含锌烟气一道进入冷凝器内，从而降低冷凝效率。所以热压团产出的团块应具有足够的强度，在炉内进行熔炼时不会破碎，如将2.5kg的重物从150mm高度自由下落压在团块上，团块不被压碎。

八户冶炼厂为了避免团块在运输过程中的破碎，将原先的运输卡车改建为270m长的带式运输机，以将产出的热团块运往鼓风炉熔炼车间。从图13-20可看出，该厂为了得到质量好的团块，所有物料都经过破碎、筛分、润湿和制粒，使物料的湿度稳定、粒度分布均匀，制粒后的球粒非常致密，送回转窑内预热到450℃后，再压团成型。曾经发现，压团机产出的热团块的冷却对强度有影响，如在压团机后安装一空气冷却的平板运输机，经冷却后团块的表面温度从300℃降到120℃，团块的强度也得到提高。

现在八户、Duisburg和Vesme港三家工厂采用热压团技术。Noyelles Godault和播磨厂用的热压团块是外厂加工的。

大量的热压团块加入鼓风炉时，特别要注意碱金属和卤族元素化合物对冶炼过程的影响。因为这些化合物的沸点低，会大量地从炉内挥发出来而进入冷凝器中，从而影响冷凝过程的正常进行；它们会与铅、锌氧化物形成低熔点化合物，在炉气出口与冷凝器入口处形成炉结，给操作造成困难；它们还会使冷凝器中的浮渣变得更黏稠，要从冷凝器扒出这种浮渣就变得更困难；如果飞溅的铅雨中夹带这些杂质，转子上也黏结浮渣，这些均导致冷凝效率的降低。所以含碱金属和卤素化合物高的再生锌、铅物料应预先除去这些化合物之后再送去热压团。如钢铁厂回收的含锌氧化物料，一般先经回转窑挥发焙烧，脱去卤素化合物之后，再送鼓风炉炼锌厂处理。

热压团块作为加入鼓风炉炼锌的锌物料，约占入炉锌物料总量的10%，如八户、Vesme港和Noyelles Godault炼锌厂，而Duisburg占30%左右。

多家工厂进行了再生粉状含锌物料不经压团而直接从风口喷入的生产试验，取得了一定的成果。与热压团比较，直接喷入法显示了投资省、经营费用少等优点。目前主要是从风口喷入炼钢厂的烟尘与冷凝器的浮渣。但是，直接从风口喷入再生氧化锌的数量有限，如Avonmouth喷入的粉状锌物料的锌量仅占入炉总锌量的7%。

13.3.4.2 炼锌鼓风炉及其铅雨冷凝器

A 炼锌鼓风炉

锌鼓风炉是生产系统的主体设备。炉体结构较为复杂，由炉基、炉缸、炉腹、炉身、炉顶、料钟及炉身两侧水冷风嘴组成。炉体横截面为矩形，两端为半圆形，其结构见图13-21，与一般炼铅鼓风炉大致相似。

初期的锌鼓风炉炉腹采用水套结构，由40块水套围成，分上下两层。每块水套有单独的进出水管。

随着生产的不断发展，鼓风炉鼓风量逐渐加大，炉子热负荷增加，出现水套易漏水入炉缸，水套间隙易漏渣漏气等问题，给提高炉子产量带来困难，经过一系列的试验，在澳大利亚首先出现喷淋冷却炉壳。1982年我国某厂也将水套式鼓风炉改成喷淋式冷却炉壳鼓风炉。生产实践证明，喷淋炉壳成功地消除了水进入炉缸及漏渣漏气现象，是一项提高鼓风量操作的设计。喷淋冷却炉壳包括一个整体的喷淋炉壳和等宽的炉缸及16个风口。喷淋炉壳用锅炉钢板制作。

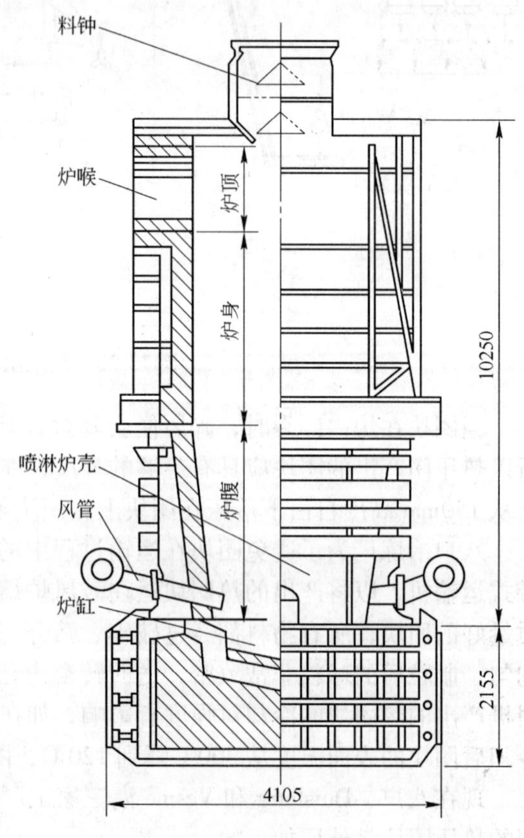

图13-21 锌鼓风炉

鼓风炉采用喷淋冷却炉壳主要有如下优点：(1) 由于加大了炉缸及风口区的尺寸，因而产量得到提高；(2) 减少了水漏入炉缸的可能性；(3) 减少了炉子的冷却水消耗量；(4) 采用整体炉壳，避免了水套缝漏渣漏气的现象；(5) 可采用焦洗技术取代常规的爆破炉结作业。

喷淋炉壳内壁用铝镁砖砌筑。有的工厂用铝铬渣块砌在风口线的下面，风口线以上的内壁用铬渣混凝土捣固。由于鼓入炉内的空气已预热到800℃以上，所以设置在炉腹部的风口是活动的并用水冷却。风口为锥形水套，在水套内装有螺旋挡板，起导流作用，以增加冷却效果。风口在使用前要经过0.45MPa的水压试验。

由于需要保持高温炉顶，故钢板围成的炉身内衬用高铝砖砌筑。在砌砖与钢板之间衬有一层轻质黏土砖和石棉板，用以保温。炉顶中央加料，在炉顶一侧或两侧开设排气孔与铅雨冷凝器相通。在炉顶还开设有数个炉顶风口，必要时鼓入热风燃烧炉气中的部分CO，以维持炉顶的高温。

整个密封炉顶是悬挂式的，以异形吊挂为骨架，用低钙磷酸盐混凝土浇注成整块，上层为轻质耐热混凝土。炉顶上部装有双钟加料器。

炼锌鼓风炉规格的表示，不同于一般鼓风炉。所谓17.2m^2的标准炼锌鼓风炉，是指炉身上部的断面积为17.2m^2，其主要参数如下：

风口断面积	11.1m^2	风口总面积	0.203m^2
风口区宽度	1595mm	风口比	2
风口区最大长度	6050mm	风口倾角	10°
端部圆半径	1345mm	相邻风口距	784mm
风口直径	127mm	炉缸深度	395mm

为了提高产量，各鼓风炉炼锌厂对标准炉进行了扩大，如Avonmouth与八户两厂的炼锌鼓风炉已从17.2m^2扩大到27m^2，铅和锌的总产量分别达到11万吨与16万吨以上。

炼锌鼓风炉的主要参数的确定，需通过生产实践不断总结与完善。各ISP厂家锌鼓风炉的参数都或多或少有差异。1998年各ISP厂家锌鼓风炉设计参数见表13-20。

表13-20 1998年各ISP厂家锌鼓风炉设计参数

参 数	Avonmouth 厂（英国）	Cockle Creek 厂（澳大利亚）	Duisburg 厂（德国）	八户厂（日本）	播磨厂（日本）	Noyelles Godault 厂（法国）	Vesme 港厂（意大利）	Miaste-Czko 厂（波兰）	Titov Veles 厂（马其顿）
砌体内炉身宽度/mm	3810	3980	3260	4400	3305	4015	3190	3226	3005
砌体内炉身长度/mm	7926	6684	6620	7150	6565	7236	6550	6586	6365
风口面炉壳高度/mm	3520	2984	3200	3470	3408	3200	2694	3000	2442
喷淋炉壳高度/mm	3170	3225	3150	3115	3236		3300	3300	
风口插入深度/mm		369	300	400	229	450	273	300	298
风口内径/mm	127	128	125	143	108	147	128	125	168
风口间距/mm	820	888	730	840	728	920	740	730	710
风嘴中心线至炉子出口距离/mm	6842	6446	6750	7322	6900		6763		6864
风嘴中心线至上渣口距离/mm	470		480	361			509		428
风口区炉缸面积/m^2	24	18	18.8	18.8	16.6	22.67	16.55	17.8	14.6
炉身面积/m^2	27.1	24.2	19.28	19.28	19.4	24.6	18.75	19	17.2
风口个数/个	18	14	16	16	16	14	16	16	16

续表 13-20

参 数	Avonmouth厂（英国）	Cockle Creek厂（澳大利亚）	Duisburg厂（德国）	八户厂（日本）	播磨厂（日本）	Noyelles Godault厂（法国）	Vesme港厂（意大利）	Miaste-Czko厂（波兰）	Titov Veles厂（马其顿）
端部风口与炉子中心线夹角/(°)	75	40		55	45	45	75	90	90
风口倾角/(°)	15	25	10	10	20.4	10	10	10	10
设计热负荷预热温度/℃	925	950	1150	1050	1000	950	1050	900	900
设计风量/$m^3 \cdot h^{-1}$	54000	42000	46000	51000	36000	42000	38000	38000	34000

B 铅雨冷凝器

铅雨冷凝器是鼓风炉炼锌的专用设备，其作用是将含锌的高温炉气冷却下来，并用铅雨将炉气中的锌吸收，然后进一步使铅液冷凝分离出液体锌。它实际上可分为两部分：锌蒸气的冷凝系统与铅锌分离系统。

冷凝系统的主要设备包括：冷凝器、转子、泵池、回铅槽及直升烟道；分离系统的主要设备包括：铅泵、冷却溜槽、熔剂槽、分离槽和储锌槽。冷凝器与鼓风炉炉喉连接，泵池（通过铅泵）和回铅槽把冷凝器和分离系统首尾连接起来，使冷凝锌蒸气的铅液在冷凝系统和分离系统中进行闭路循环。

铅雨冷凝器是一个断面呈矩形、有反拱形熔铅池炉底的密闭容室，其结构见图13-22。冷凝器的作用是将经炉喉进入冷凝器的锌蒸气骤冷下来，成为液体锌。

冷凝器的底部用耐热混凝土和高铝砖砌成熔铅池，四壁用高铝黏土砖砌筑，顶部盖一组耐热钢板制成的拱形盖板，上面再覆盖一层硅藻土砖隔热层。盖板上留有转子装入孔。冷凝器横跨烟道和清扫门等部位，用碳化硅砖砌筑。

冷凝器外壳长13.5m，宽6.5m，高2.25m；熔铅池长为10.5m，内宽5.5m，内高1.01m，容积约为$40m^3$。冷凝室中有两块垂直安装挡板，将冷凝器分成三段，作用是改善气流和循环铅液的流动及分布。

冷凝器共装8个转子，其配置见图13-22。转子是冷凝器的关键设备，它把熔融铅液扬起，造成铅塔，充满冷凝器内，起冷凝和吸收锌蒸气的作用。另外，转子还起着搅拌作用，使铅珠表面可能生成的氧化锌熔膜剥裂，并使铅液温度分布均匀。

现在一般使用的转子是干法密封整体型转子，转子的各部件由金属材料制成，转子的叶片和轴等主要部件用耐热Cr-Ni-Ti合金钢制成，转子头由四块正反相对的叶片组成，分等臂转子头和不等臂转子头（一对正反相对的叶片直径比另一对直径稍大），转子轴心通水冷却。

有的工厂采用双冷凝器。两台冷凝器分别设在炉身的两侧，每台冷凝器装有4个转子和两块挡板。但一般认为双冷凝器在设备布置和操作管理等方面都不如单冷凝器，其铅雨密度较小，冷凝效果较差。

用铅泵从泵池将高温含锌铅液泵至冷却溜槽，使其温度降低。冷却溜槽有两种冷却方式，一种是水套冷却，另一种是将冷却循环水管浸泡在溜槽的铅液中冷却。采用后一种冷

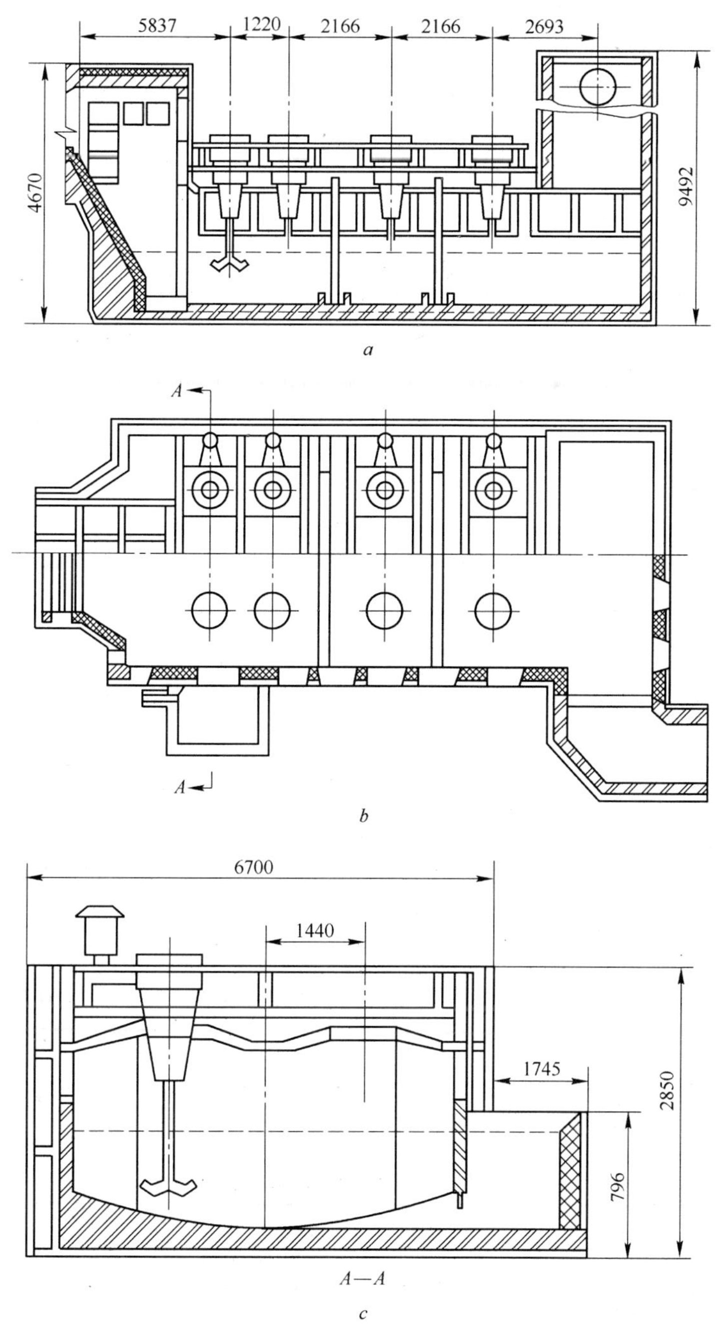

图 13-22 铅塔冷凝器结构示意

却方式的优点：(1)容易调控温度，提高冷却速度，适应鼓风炉提高产量的要求；(2) 事故率低，减轻了维修工作量；(3) 提高冷凝分离效率 0.5% ~1.0%。

经水冷溜槽冷却后的含锌铅液，进入熔剂槽后加入氯化铵，形成液态熔剂浮渣，覆盖在液态金属表面。从熔剂槽流出的液态金属，进入长方形的矩形分离槽中。分离后富铅相从底流口流入回铅溜槽，富锌相从溢流口流入熔析槽或储锌槽中，进一步分离粗锌中的铅、铁等杂质，以提高粗锌的质量。

13.3.4.3 锌鼓风炉熔炼过程的生产工艺

A 加料

加入鼓风炉的炉料主要包括烧结块、团块和焦炭。某些工厂的烧结块和团块的化学成分列于表13-21和表13-22。

表13-21 烧结块成分（质量分数）实例 （%）

厂 别	Zn	Pb	FeO	CaO	SiO_2	S
韶关冶炼厂	41.35	19.19	12.05	5.7	3.75	0.77
Avonmouth 厂（英国）	40	19.97	13.81	4.61	3.73	0.59
八户厂	34.17	21.03		4.35	3.7	0.54
播磨厂	43.52	20.19	11.85	3.64	3.15	0.43
Cockle Creek 厂	36.72	19	16.96	5.81	3.61	0.57
Duisburg 厂	39.01	18.52	15.09	3.8	3.43	0.51
Vesme 港厂	41.93	19.67				0.6

表13-22 团块成分（质量分数）实例 （%）

厂 别	Zn	Pb	Cu	Cd	S	FeO	CaO	SiO_2	Al_2O_3
Cockle Creek 厂	25.57	34.02		0.07	1.0		1.4	3.0	
Duisburg 厂	55.10	11.74	0.43	0.07	1.0	2.4	2.3	2.6	1.7
Vesme 港厂	55.97	12.83	0.07	0.36					

与铅鼓风炉熔炼相比，炼锌鼓风炉对烧结块的质量有更严格的要求。烧结块的化学成分除了满足造渣要求外，其中Zn：Pb比有一定规定，硫的含量比铅烧结块低，应小于1%。根据统计，目前，鼓风炉炼锌厂处理的烧结块实际成分（质量分数/%）：Zn 41～45，Pb 17～20，S 0.3～0.9，Fe 8～9。烧结块的强度和透气性要大，以保证还原后产生的锌蒸气能顺利通过较高的料柱而进入冷凝器。因此，规定烧结块的块度为25～100mm。某厂入炉烧结块的物理特性见表13-23。

表13-23 烧结块的物理特性

块度/mm	转鼓率/%	高温荷重软化点/℃	气孔率/%
40～100	>80	$T_3>980$，$T_{25}>1250$	>20

从烧结机卸下的热烧结块还应采取保温措施，保证加入炉内时具有较高的温度，以减少焦炭消耗和提高炉顶温度。

炼锌鼓风炉对焦炭的质量有如下要求：（1）固定炭含量不低于80%，以保证发热值高，足以保证炉内反应进行所需的高温和熔炼产物的过热；（2）焦炭的灰分应少，含硫要低（应低于1%）；（3）焦炭的反应性能应小，以免在炉子上部发生 $C+CO_2 \rightarrow 2CO$ 反应。通常致密的焦炭的反应性能较小，以焦炭的密度为 $0.9t/m^3$ 为好；（4）焦炭应有适当的块度，厂家生产经验表明以40～100mm的焦块为好；（5）焦炭应具有较大的强度，强度以转鼓率表示。转鼓率采用米贡试验（Micumtest）测定。要求焦炭的转鼓率 $M_{40}+75$，意思是转鼓旋转 40 次时，焦炭块度的调和平均值不小于原来块度调和平均值的 75%。

为了保持炉内的热平衡，以避免炉顶温度降低，合格焦炭在入炉之前应进行预热。焦炭先在预热器中加热到 800℃左右。预热器一般是利用鼓风炉产出的低热值煤气来加热，也可以采用其他燃料加热。

热的烧结块和焦炭经料罐运输吊往鼓风炉。在正常的生产过程中，鼓风炉的加料操作应与熔炼情况、炉体特点、炉料下降状况以及其他连接设备的运行相适应，做到准确、及时地向鼓风炉加料，使炉料在炉内分布均匀和料面稳定。

在正常生产条件下，我国某厂的标准型炉的加料批重是(3644 ±2)kg，其中热焦炭为(864 ±2)kg，烧结块为(2400 ±2)kg，焦率为 36%，加料周期为 6 ~7 批/h。

B 鼓风炉熔炼

锌鼓风炉顶部采用双层料钟密封装置加料，以保持高温和防止炉气逸出。炉顶两端各设置一个探料装置，以维持正常的料柱高度。炉顶还设有若干个炉顶风口，鼓入热风燃烧炉气中的 CO，确保离开炉顶时的炉气温度不低于 1000℃。

鼓风炉下部沿长度方向设置 7 ~10 个风口，从风口鼓入一定压力的热风。炉内的焦炭与热风经过化学反应产生 CO 和 CO_2，CO 还原烧结块中的金属氧化物生成金属。在料面下 1000mm 左右处烧结块中的铅化合物基本上被还原成金属铅。在炉内温度条件下保持液体状态，与被还原生成的少量铜、银、锑等一起形成粗铅，脉石成分造渣熔化，与粗铅一起下行至炉缸。锌鼓风炉下部设置一放渣口。炉缸内的铅、渣定期从渣口排出到前床，经分离后产出粗铅和炉渣。粗铅送精炼产出精铅。炉渣送烟化炉吹炼回收金属。

烧结块中的锌化合物有 40% 在固态被还原，60% 从液态炉渣中被还原，因此烧结块中的锌化合物被还原的程度最终取决于炉渣中锌化合物被还原的程度。

为了保证锌被充分还原，鼓风炉炼锌生产中的料柱高度比铅鼓风炉熔炼的料柱要高，一般为(6000 ±250)mm。

前面已经计算过与实际炉气成分相应的炉气温度应为 1000℃左右。这就意味着，如果炉气温度降到 1000℃以下，则其中的锌便会被炉气中的 CO_2 重新氧化为 ZnO。所以鼓风炉炼锌，当炉顶炉气离开料面时的温度低于 1000℃，便从炉顶鼓入空气，使其中部分 CO 燃烧以提高炉顶温度。炉顶鼓风量约为风口区鼓风量的 10%。在正常生产中鼓风炉炼锌控制炉顶温度在 1000 ~1050℃之间。

鼓风炉炼锌炉气中 CO 浓度很高，炉顶应很好密封，以防炉气外逸。出炉气体中 CO : CO_2 比值也应以上述平衡反应为准，必须满足在控制的温度下锌蒸气不被氧化。

炉顶保持一定的负压，控制压力为 1300 ~3000Pa。

进入鼓风炉的热风具一定的风压和一定风量，对锌鼓风炉熔炼过程的正常运行非常重要。在生产实践中，鼓风炉熔炼的风量大小主要取决于焦炭燃烧情况、物料质量、炉内结瘤情况、料面高度以及炉体结构等熔炼条件。大风量操作时，焦炭的燃烧速度快，熔炼速度快，炉子生产率高，还将使炉子的热量损失按比例相应减小，焦炭的还原区域扩大，并可获得较高的熔炼温度，降低渣含锌。但风量不宜过大，否则不仅会增加动力消耗，还使炉内高温区上移；气流速度过大，随气流带出的粉料也增多；特别是在料面过低、物料质量差、炉内结瘤严重的情况下，更使冷凝器内的浮渣大量增加。此外。大风量操作还受到物料质量、炉内结瘤所引起的高风压所限制。

在一般情况下，鼓风量应稳定在一定水平上，只有当炉况失常或设备发生故障影响鼓风和加料时才适当减小鼓风量。标准炉型鼓风炉主风口风量一般控制在 30000 ~ 35000m^3/h，冷风总量为 40000 ~ 45000m^3/h。

风口鼓风量也可按燃烧碳量计算。一般是按碳燃烧反应：$2C + O_2 = 2CO$ 粗略计算，则 1t 碳需要的空气量为：

$$\frac{22.4 \times 1000}{2 \times 12 \times 0.21} = 4445m^3$$

鼓风炉熔炼产出的熔体是炉渣与粗铅的混合熔体，间断地从炉子下部渣口放出。当熔渣接近风口线时，热风压力明显升高，风量降低，可以从风口窥视孔观察到熔渣跳动，此时应打开渣口放渣。这是目前锌鼓风炉熔炼普遍采用的间断放渣方式。澳大利亚的 Cockle Creek 炼锌厂在 1985 年就开始采用连续放渣技术，其放渣口结构见图 13-23。连续放渣具有下述优点：

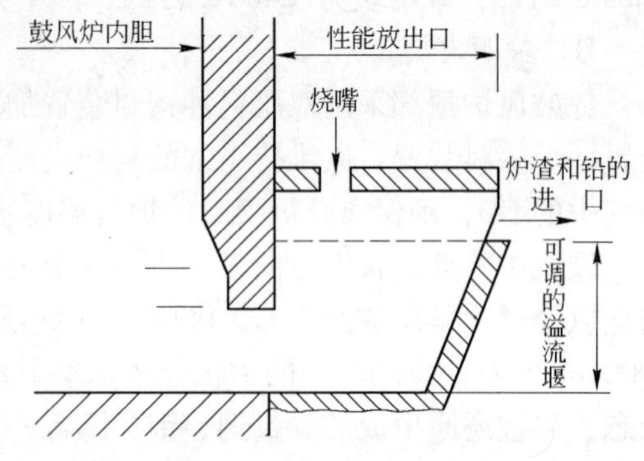

图 13-23 连续放渣示意图

（1）可以显著提高产量。采用连续放渣后，炉内渣液面稳定，炉内压力和风量则稳定，使炉子的平均送风量提高。该厂采用这种放渣方式后炉子产量提高了 20% ~25%。

（2）提高了有价金属回收率。渣中的铜、铅含量分别从 0.45% 和 0.75% 降到 0.35% 与 0.6%。

（3）采用连续放渣，为炉渣与粗铅下一步的连续处理提供了有利条件。

（4）改善了操作条件，减轻了工人的劳动强度。

但是炼锌鼓风炉连续放渣的方法，在工厂实践中仍有不少问题有待解决，目前尚未普遍推广。渣铅分离的前床大小应与炉子的生产能力相适应，以保持前床的热稳定，否则容易在前床内发生熔体冻结或渣铅分离不好的现象。

C 锌蒸气的冷凝

从料面排出进入炉顶空间的炉气（5% ~7% Zn、20% ~22% CO、10% ~12% CO_2）通过炉喉迅速到达铅雨冷凝器。炉气与冷凝器内转子扬起的铅雨接触，锌蒸气被铅雨冷凝吸收而形成含有锌的铅液。

泵池设在冷凝器一侧，安装两台铅泵。将含有锌的铅液泵至冷却溜槽。经降温后再流到熔剂槽。在熔剂槽定期加入 NH_4Cl 造熔剂渣，以除去液体表面的金属氧化物。将熔剂渣扒出，经冷却、破碎后返回锌鼓风炉内。降温后的含有锌的铅液流至分离槽。由分离槽后端一侧底流口流出，再经回铅溜槽返回至冷凝器内造铅雨。从分离槽溢流口流出的富铅锌向经熔析槽注入储锌槽。送到精炼工序产出精锌。

炉气冷凝降温后进入炉气洗涤系统。铅在冷凝、循环过程中会有损失。为了保持铅雨冷凝器内的铅液面，在生产中需定期在冷却溜槽内补加精铅槽冷凝过程的设备连接配置见图 13-24。

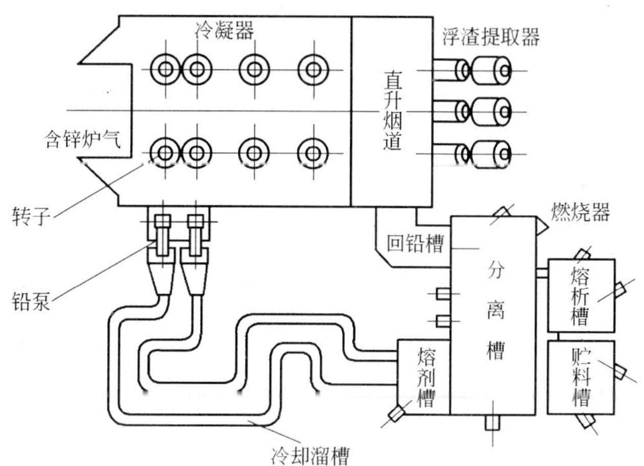

图 13-24 冷凝及分离系统组成示意图

冷凝部分有关数据

	入冷凝器	出冷凝器
烟气温度/℃	1000	430~460
含锌铅温度/℃	430~445	510~540
冷凝铅成分/%	2.25~2.28	2.00

若从冷凝器排出的铅液温度为530℃，此温度下铅的饱和锌含量为3.2%，一般实际控制的锌含量未达到饱和状态，约为2.25%~2.28%。冷却后含锌铅液的温度为435℃时，实际含锌量为2.00%，则由冷凝器带出1t锌的循环铅量约为：

$$\frac{1}{(0.0225 \sim 0.0228) - 0.020} = 357 \sim 400\text{t}$$

所以维持炉气冷凝的正常操作必须有约400倍冷凝锌量的铅液来循环。

经冷凝后的冷凝废气通过烟道送入洗涤塔，除去部分烟尘后，入洗涤机与湍球塔净化，再经升压机升压至4000~6000Pa，然后送热风炉和焦炭预热器作燃料用。这种冷凝废气成分为：CO 20%~22%，CO_2 10%~12%，O_2 <0.4%，H_2 <1%，N_2 63%~65%，发热值约2590~2980kJ/m^3，故称低热值煤气。

D 熔炼过程的炉况判断与故障的处理

在炉内不同部位、不同的产物和不同的参数上所反映出来的各种炉况现象是不同的，它们之间的联系程度也不同，只有在进行综合分析后才能正确判断。

a 判断炉况的主要依据

直接观察生产中的现象；仪表测定的参数和物料、产物化验分析的数据等。

风口是唯一可以看到炉内熔炼情况的地方，任何时候都可对炉内进行观察。主要观察的内容有：

（1）看炉温的高低。炉温的变化在风口反映较早。炉温正常时，风口明亮适当，焦炭活跃；炉温过高时，还原能力过强，风口十分明亮；反之明亮程度减弱，甚至变红或风口挂渣；

(2) 看进风的均匀性。如炉子出现炉气短路跑空时，附近的风口特别活跃，进风量大，而其他部位的风口则相对不活跃；如相邻几个风口都不活跃，而其对面的风口都很活跃，则说明炉子出现炉料偏行，在活跃风口处的料下得快。

(3) 看风口的完好程度。当某个风口烧坏时，表现为挂渣、风口发暗及冷却水温度较高等。

炉渣间断地从渣口放出，从炉渣的情况可以反映出某一段时间内炉子的熔炼情况。当炉渣流动性好，呈明亮状态时，即表明炉渣温度高，炉内温度也高；反之则渣流动性差及发红。凝固的渣样边缘光滑、中心呈玻璃状，则渣为酸性。放渣时若有铁花出现、渣的流动性差，甚至溜槽中有积铁等现象，表明炉内还原能力过强；若渣面白色的烟雾多、火焰大、渣发红，说明炉内还原能力弱。

观察下料速度主要看单位时间内的加料量、加料间距和炉内各部下料的均衡程度。下料批数减少，批距不均匀，则表明炉料下行难；如果料面长时间不下降，则是悬料；料面突然塌落，则是崩料；料面各处下降速度不一致，则是偏行下料。

此外，观察鼓风炉其他部位或附属设备所反映出来的现象也是判断炉况的依据。如风口周围的冷却水冒蒸汽，则可能是炉温过高；泵池浮渣量大，有可能是炉内结瘤严重、炉料质量差、炉顶温度过低或风量与料面高度不相适应等因素所造成。

鼓风炉配置的仪表有两大类：一类用于测量压力、温度、流量等参数；一类用于自动控制和调节。反应炉况的仪表所测定的参数有如下几项：

(1) 风压和压差。风压随料柱高度而变化。当料面高度为6250mm，主风口风量为40000～43000m^3/h，则风压为38000～45000Pa。如果料柱透气性变坏，则风压增高、风量减小；发生悬料时，热风压力显著增高；炉子出现崩料或短路跑空时，风压不稳定，波动幅度大。风口结渣或渣面接近风口时，风压也会迅速增高。

随着炉期的延续或炉料质量变差，会使炉内和冷凝器内逐渐结瘤或短期内迅速结瘤，炉身断面缩小、热风压力增加和冷凝系统的压差上升。

冷凝器的进、出口压力一般波动不大。压差增大或压力明显升高，说明冷凝器结瘤增多，进口处结瘤严重。

(2) 风量。在正常情况下，风量与风压是相适应的，即呈一定比例关系。炉况正常，风压随风量的增大而增高，且比较稳定，只在加料、放渣前后发生规律性的波动；炉况失常时，风压往往增高，而风量自动随着下降，与正常炉况时的比例相差甚远。

烧结块和焦炭是鼓风炉的主要炉料，它们的成分变化对熔炼过程状况有重要影响；而炉渣和炉气是熔炼产物，它们的成分变化直接反映出熔炼状况。在生产过程中，需要对它们及时进行化验分析，以便能在入炉前采取适当的操作方法或其他处理措施来保证炉子的正常生产。

炉渣的钙硅比和渣中含锌量是判断调整炉况的重要依据。从炉气成分可以看出焦炭的热利用率及还原气氛的强弱，也可以检查出炉体的水冷设备完好与否。炉气成分主要是CO、CO_2和少量的O_2、H_2等。炉气中CO_2含量高或CO_2/CO比值大，说明炉内焦炭的热利用率高，但还原气氛弱；反之则还原能力强。若炉气中CO含量高，而又未出现还原能力强的现象时，说明焦炭的反应性过强，焦炭利用率低。炉气中H_2含量增加，则有可能是炉料、空气带入炉内的水分过多或鼓风炉的水冷设备漏水。

炉况正常的主要特征是：热风压力正常，主风口风量稳定，炉料下行均匀，无停滞或悬料、塌料现象；风口无明显挂渣现象；渣充分过热，流动性好，渣含锌为6%～8%；炉顶温度正常；炉气中 CO_2/CO 比值适宜，冷凝分离系统运转良好，浮渣产出少。从鼓风炉生产结果看，产出粗锌量与入炉热焦量比值大于1为炉况正常的主要标志。

b 鼓风炉在熔炼过程中常见的故障及处理

鼓风炉在熔炼过程中常见的故障主要有炉身结瘤、炉渣过还原及悬料等故障。电热前床较常见且严重影响生产的故障为电热前床黄渣结壳。

（1）炉瘤的成因及处理：炉瘤生成的原因比较复杂，与炉料质量、工艺操作及炉体结构等因素有关。

1）炉料的质量。虽然炼锌鼓风炉对入炉的各类物料的质量有较高的要求，但由于物料来源复杂、烧结配料不准、化验不及时和误差等因素，会使炉料质量的波动范围超过熔炼过程的适应能力，导致炉瘤形成。

烧结块的软化温度低，很容易在炉体上部软化、烧结、导致炉身结瘤。烧结块中 SiO_2 和铅含量过高会使烧结块的软化点明显下降，增加烧结块中的 CaO 与铁含量，可促使硫化物炉瘤的形成。

烧结块和焦炭的块度小且强度低，会使炉料的透气性变坏或者在炉身上部燃烧、软化和熔结。

2）操作控制不当。如加料方式不能随着炉料情况及炉况变化而相应调整；料面波动大，炉气分布不均匀，炉顶温度低导致锌蒸气再氧化，氧化锌在炉壁冷凝析出，形成氧化锌炉瘤；料面过高，炉料在二次风口处容易发生熔结；炉况不正常或外部因素引起鼓风炉休风频繁，休风时间长，采取高料线休风操作，都将迅速助长结瘤的形成。

3）风口水套、渣口水套、空气输送管道上的水冷设备等处漏水或者炉料及空气中带入过多的水分，也是炉瘤形成的原因之一。

4）炉型结构的合理程度对炉瘤的形成部位和形成速度有很大的影响。在炉身、炉腹、炉顶及炉喉等处均可形成炉瘤。各部位的炉瘤因生成原因不同，其成分不同，见表13-24。

表13-24 炉内不同位置上的炉瘤成分 （质量分数/%）

炉瘤位置	Pb	Zn	S	SiO_2	Fe	CaO
炉腹上部	20.50	30.10	7.03	10.50	11.03	8.40
炉腹下部	23.10	28.50	12.40	7.60	9.10	10.20
炉身下部	15.50	56.20	3.01	2.15	3.51	2.50
料面水平	15.31	62.30	0.64	3.30	2.11	1.61
料面以上	7.8	62.8	0.35	3.52	1.20	1.20

通常炉身上部形成的炉结较松散，其主要成分是锌、铅金属氧化物和烧结炉料，这种炉瘤的形成速度快；在炉身下部及风口上方生成的炉结较致密，其主要成分为金属氧化物和硫化物，生成的速度较慢。

炉瘤的形成使炉子的有效容积减少，炉况不断恶化，严重影响正常生产，最终促使炉期中断。当炉瘤生长到一定程度后呈现出如下征兆：炉料下行受阻，易出现偏行和悬料现象；炉气分布不均匀，气流速度增大，铅和硫的挥发率增加；随气带出的粉料增加，引起冷凝器浮渣量增多；粗锌含银成倍增加；大块炉瘤在炉内产生很大的应力，使炉体受到破坏，如炉壳破裂、炉身上移等现象。炉瘤若在炉喉处生成，则使炉喉通道变窄，炉顶压力升高和炉气外冒。

国内外鼓风炉处理炉结的方法各有不同。处理炉瘤的常用方法有炸药爆破、焦洗、返渣洗炉等方法：

1）炸药爆破。这种方法是在炉瘤上用氧气管烧炮眼后，装上适量的炸药炸除炉瘤，再进风将炸落的炉瘤熔化。通常根据不同位置上的炉瘤而采取不同的准备工作：若炉内结瘤，则需把料面降到风口处，并在休风前后加入数批底焦和返渣，以满足清除炉结和复风的需要；待休风后打开清扫门，由此炸除炉瘤；若只炸除炉喉及冷凝器内的炉瘤，则打开炉喉处和冷凝器的清扫门进行爆破。清扫结瘤的工作应由上至下进行，过程中要适当地加进一定数量的底焦，以改善在复风过程中炉料的透气性并满足熔化炉结的热能需要。

这种爆破炉瘤的方法对清除炉身上部、中部及冷凝器内的炉瘤比较有效，但对炉下部的炉瘤不可能彻底清除，因下部炉瘤特别坚硬，且预先加入的底焦及炸落的炉瘤将下部炉瘤已经埋住。如果进行中修或大修，则可将炸落的炉瘤全部由炉下部割开的门孔耙出炉外。

2）焦洗。这是通过分阶段向炉子加进适量的焦炭，使炉内暂时形成富焦的条件，自上而下地把炉瘤熔化造渣而排出的方法。焦洗在不停炉的情况下进行，降料面过程的开始就是焦洗的开始。随着料面的下降，间断地加进小批量的焦炭，通过焦炭的燃烧，将炉顶温度控制在1350～1400℃；同时观察热风压力的变化，在热风压力显示急剧下降的部位，结瘤一定严重，应在此部位补加净焦燃烧，使炉瘤尽量熔化脱除。作为完整的焦洗过程，应该将料面降至风口区，通过焦炭的燃烧，烧化脱落炉身下部难熔化和用人工难以清除的炉瘤。随着焦洗过程的进行，炉气中 CO 逐渐减少，CO_2 逐渐增多，只有在加进焦炭时，CO 骤然增多，CO_2 减少，随后又按各自的变化趋向逐渐拉开。CO 与 CO_2 之间的差值愈大，则炉瘤熔得愈多，洗炉效果就愈好。在洗炉后期应加入返渣，以保证复风后炉渣能顺利放出。一次完整的焦洗过程需要5～8h，然后可转入重新投料恢复生产或休风清扫其他部位的炉瘤。焦洗过程应注意如下几个问题：严格控制炉顶温度，防止烧坏设备；焦炭批量大小要合适，以保证炉温波动小，炭利用率高；冷凝器的操作要适应焦洗过程，使铅锌的氧化消耗减少到最小的程度；焦洗时间不宜过长。

3）炉渣洗炉。渣洗是用易熔炉渣作为洗炉料，配入一定量的焦炭间断地加进炉内，或将洗炉渣与烧结块配成混合料，以降低渣的钙硅比，逐渐把炉瘤化掉。为增加洗炉效果，可在洗炉料中配入少量的萤石。渣洗在不停炉的情况下进行，一般应持续2～3天才能将部分炉瘤洗掉。

（2）悬料的发生及处理。当鼓风炉发生悬料时主要特征为：料面下降极慢或不下降；风压急剧上升；风量自动减小；渣口在放完渣后喷风大，炉缸熔渣液面上升慢；风口前焦炭燃烧不良；风口挂渣。当靠近炉喉处发生悬料时，加进的炉料会被挡进冷凝器内。

引起悬料的主要原因有：炉内结瘤使其有效面积减小，以致炉料下行困难；炉料质量差使炉料透气性变坏；入炉焦炭不足，炉温低，熔化的炉料过热不足而熔结成大块阻碍炉料下降；炉子休风时间长，炉内熔融的物料冷凝后黏结成一体；复风初期加料过多或过早都会使炉料透气性变坏，导致悬料发生。

出现悬料预兆时，应适当减小鼓风量，控制低料面或停止加料，这对处理早期悬料很有效。若悬料发生时，则采用放空入炉主风量使炉料靠自身的重量向下塌落的方法进行处理，这种方法俗称“坐料”。坐料时也可结合加料入炉进行，以增强坐料的效果。放风前炉内熔渣应放净，放风时速度要快，并预先打开 1～2 个风口，防止煤气倒流入风管。

总之，发生悬料时，要及时分析导致悬料原因，以便分别采取不同的措施，消除导致悬料的根本原因。

(3) 黏渣的处理。黏渣形成原因复杂，处理方法也不同。

1) 渣型发生变化。炉渣中 CaO 或 SiO_2 含量过高或过低，而熔炼条件又不能与之相适应，引起炉渣黏度增大，则应根据渣型对风温、焦率进行调整。

2) 高锌渣。炉内还原气氛弱，熔炼温度低，渣中锌含量高，炉渣过热不足，会使炉渣的黏度增大，则应提高风温或提高焦率来进行调整。

3) 过还原渣。炉内还原能力过强，使炉料中铁氧化物还原成金属铁。金属铁的熔点高，在鼓风炉熔炼条件下，使炉渣的流动性变坏，给放渣操作带来极大困难，则应迅速将风温降低 50～100℃，并减小入炉风量，或减少焦炭量，降低还原能力。

4) 特殊情况下产生的黏渣。生产中因漏水入炉，熔渣温度下降，也会使炉渣的流动性变坏，则应迅速查明漏水的设备或部位，采取相应措施杜绝漏水。

各种黏渣的生成原因不同，在采取措施前应准确分析和掌握情况，避免处理失误而增加放渣的困难。如用处理过还原渣的方法来处理高钙低温渣，结果会适得其反。

(4) 电热前床故障处理。严重危害电热前床正常运行的是黄渣在床内形成结壳。当床内黄渣积累较多时，前床温度稍有降低，黄渣会凝结成半熔融状态或坚硬的隔层，严重影响前床内渣铅的分离并减小炉膛的容积；若黄渣进入放铅虹吸道，则结死虹吸道。

生产中常采用加大前床工作电流、升高熔渣温度来熔化黄渣结壳。或者加入黄铁矿以降低黄渣的熔点。在 600℃时，黄铁矿发生如下分解反应：

$$2FeS_2 \longrightarrow 2FeS + S_2(g)$$

分解得到的元素硫与黄渣中的金属铁发生如下反应：

$$S_{2(渣)} + 2Fe_{(渣)} = 2FeS_{(渣)}$$

上述二反应生成的 FeS 进入黄渣中，使其金属铁的含量降低，改变了黄渣的成分，降低了黄渣的熔点，使凝结的黄渣层得以熔化。为了使黄铁矿与黄渣充分接触，在加黄铁矿前应减少渣层厚度，同时增大工作电流，进行搅拌和提高炉温。黄铁矿的加入量依黄渣中金属铁含量的多少而定。

13.3.4.4 鼓风炉炼锌熔炼的产物及其处理

在鼓风炉炼锌过程中，原料中的 ZnO 被还原挥发进入冷凝器，经冷凝分离后产出的粗锌品位一般为 98.5% 左右，某些工厂的粗锌成分列于表 13-25。这种粗锌要进行精炼以产出精锌。

表 13-25 粗锌成分实例 （质量分数/%）

厂 别	Zn	Pb	Fe	Cd	As	Cu	Sn	Sb
韶关冶炼厂	98.21	1.34		0.12		0.02		
Avonmouth 厂	98.3	1.47	0.03		0.05			
Noyelles Godault 厂	97.85	1.47		0.2825		0.062		0.03
Cockle Creek 厂	98.68	1.32	0.0416		0.086		0.03	
Duisburg 厂	98.51	1.19		0.1142				0.002
Vesme 港厂	98.34	1.296	1.0238	0.279	0.0016	0.0103		
Titov Veles 厂	98.3	1.33		0.29		0.0118		

由于炉气中的灰尘和其他挥发物的存在以及部分锌蒸气的再氧化，在冷凝分离系统中和烟气洗涤净化过程中，产生各种浮渣和蓝粉，其成分见表13-26。这种半产品一般是返回鼓风炉熔炼。

表 13-26 浮渣和蓝粉的一般成分 （质量分数/%）

名 称	Zn	Pb	S	As	FeO	SiO_2
泵池浮渣	28~34	28~50	1~3	0.1~0.5	0.5~1.5	1.5~3.0
冷凝器浮渣	33~53	18~40	1.0~2.5	0.1~0.3	1.0~2.5	2.0~3.5
分离槽及熔析槽浮渣	40~80	12~35		1~2		
储锌槽浮渣	70~80	2~3				
熔剂槽浮渣	45~52	20~35		3~12	CL5~11	
蓝 粉	30~45	30~45	1~3	0.5~1.5	0.5~1.5	1.5~2.5

原料中的铅在熔炼过程中被还原形成铅液，捕集了原料中的贵金属等有价组分，流入炉缸，随渣流一道进入前床，经分离后产出粗铅。各工厂粗铅的化学成分列于表13-27。

表 13-27 粗铅成分实例 （质量分数/%）

厂 别	Pb	Cu	Zn	As	Sb	Bi	Sn	Ag/kg·t^{-1}
韶关冶炼厂	98.04	0.76	0.13	0.05	0.65		0.05	
Avonmouth 厂	98.8		0.10	0.002	0.09	0.15		
Noyelles Godault 厂	93.24	3.35	0.51		0.84	0.998	0.33	
八户厂	93.9	3.6						1.0
Cockle Creek 厂	99.4	0.18		0.0015	0.2			2
Duisburg 厂	95.8	3.1	0.003		0.27			2.583
播磨厂	98.5	0.6			0.2			2.0
Vesme 港厂	94	2.7			0.15			2.75

原料中的脉石成分和铁的化合物，在熔炼过程中互相化合，形成另一种熔炼产物——炉渣。炉渣主要组成为 FeO-CaO-SiO_2 三元系，见图13-25。

对鼓风炉炼锌炉渣的要求：（1）炉渣成分必须符合熔炼时熔剂消耗最少的原则。因为熔剂的种类和消耗量决定了所采用炉渣类型的经济性，熔剂消耗少，则炉渣产量低，进入炉渣中锌的损失减少；（2）炉料中锌约有60%在炉渣中还原挥发，这就要求炉渣中CaO含量比一般铅鼓风炉炉渣高许多，因此炉渣熔点高，在风口区可获得更高的温度。CaO高还可提高渣中的ZnO活度，有利于炉渣中的锌更好地还原挥发；（3）炉渣渣型应保持稳定，选择流动性能好的炉渣。

将渣组分按CaO、FeO、Al_2O_3和SiO_2的不同含量加入FeO-CaO-SiO_2-Al_2O_3渣体系中，可得出三种可观察到的渣型：黄长石（Wustite）、方铁矿（Melilite）及硅酸二钙（Dicalcium）渣，见图13-26。炉渣的性质与上述的组分和渣型有密切的关系，并对熔炼过程有极大的影响。

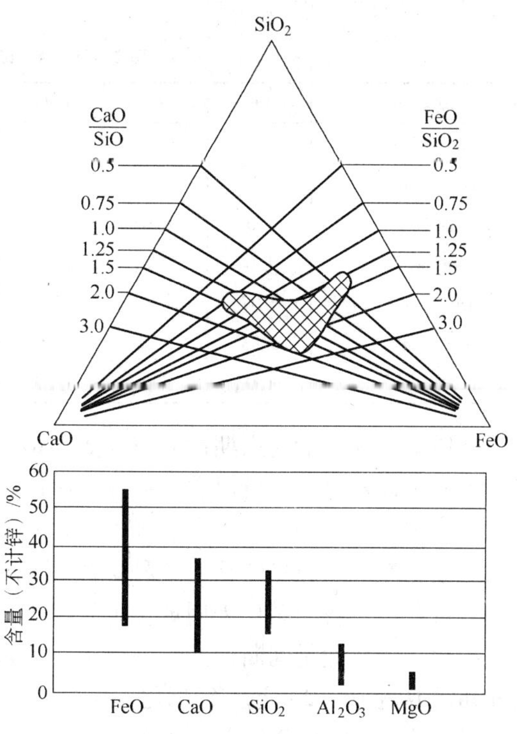

图13-25 炼锌炉渣波动范围

选择锌鼓风炉渣型时应从技术及经济两方面考虑。在实际生产中，则是根据进厂原料性质和成分的特点以及鼓风炉炼锌的操作要求，选择技术上和经济上最合理的炉渣成分。

近年来鼓风炉炼锌炉渣成分有了很大变化，CaO/SiO_2比值普遍下降，该比值有的已降至0.6~0.7（见表13-28），而FeO含量则提高了许多，甚至50%以上。这就减少了渣量，熔炼时渣中锌损失降到3.5%。渣相仍处于方铁矿相区，炉子仍然易操作，锌的回收

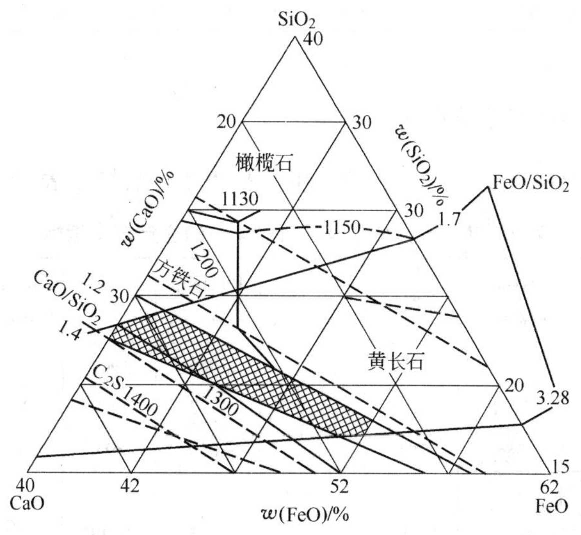

图13-26 FeO-CaO-SiO_2-Al_2O_3系（$w(Al_2O_3)=8\%$）

率由 89% 提高到 93%。

表 13-28 锌鼓风炉炉渣成分 （质量分数/%）

成 分	Pb	Zn	CaO	SiO_2	FeO	S	Al_2O_3	CaO/SiO_2
Chanderiya 厂	1.2	8.10	14.16	20	35	—	—	0.71
Avonmouth 厂	2.25	10.91	13.46	17.91	34.34	2.35	7.04	0.76
播磨厂	1.5	8.0	14.2	19.10	38.6		—	0.74
Vesme 厂	1.0	7.0	18.0	20.0	40.0			0.96
Duisburg 厂	0.97	7.4	12.5	13.8	40.5			0.90
Cockle Creek 厂	0.83	7.87	17.52	18.95	39.27	2.25	7.47	0.92
八户厂	1.0	7.0	17.5	12.3	36.0	—	—	1.42

鼓风炉炼锌一般是周期性放渣，渣和铅放入前床中，使其分层，然后从前床上部放出渣。炉渣可以水淬，也可以送渣处理工序回收与利用有价金属。

炉渣主要成分是 FeO、CaO、SiO_2 和 Al_2O_3 等，一般含锌在 6% ~ 8%，含铅小于 1%。有的炉渣含有一定数量的锗，这种炉渣可选用烟化炉或贫化炉处理，回收其中的锌、铅、锗等有价金属。我国某厂采用烟化炉处理炉渣。

烟化炉的作业是间断性的，一个正常吹炼周期约 160min，其中加料 20 ~ 40min，吹炼 100min，放渣 15 ~ 20min。经烟化挥发的锌、铅等金属，在布袋收尘器中收集下来。烟尘主要成分为 ZnO、PbO，其中含锌 55% ~ 65%，铅 6% ~ 10%，可作为产品出售或返料进行烧结或压团配料。收尘后排出的烟气放空。烟化后炉渣含锌小于 2%，水淬后弃渣。

日本八户冶炼厂采用 Ausmelt 法处理炉渣（详见第 5 篇），炉子的尺寸为 $\phi 2.4m \times 6m$，熔炼温度为 1300℃，处理渣量为 1.5t/h，用重油作还原剂。处理的炉渣成分如下：

成 分	Pb	Zn	FeO	SiO_2	CaO
质量分数/%	1.0	7.0	36.0	12.3	17.5

产出的终渣量为 10.7t/h，其成分（%）：Pb 0.2，Zn 3.5，Cu 0.6。产出的 ZnO 粉尘为 0.8t/h，其成分（%）：Pb 9.0，Zn 57.7。

13.3.5 鼓风炉炼锌的技术经济指标

各鼓风炉炼锌厂前些年来具有代表性的生产技术指标总结于表 13-29。

表 13-29 鼓风炉炼锌厂前些年来的生产技术指标

项 目	韶关冶炼厂	Avonmouth 厂	播磨厂	Cockle Creek 厂	Duisburg 厂	八户厂	Noyelles Godault 厂	Miast-Godault 厂	Vesme 港厂
开工年份	1977	1951/1967	1966	1961	1965	1969	1962	1968/1980	1972
炉床面积/m^2	17.2	27.1	15.3	17.2	17.2	17.2	24.6	17.2	17.2
炉龄/d		586	705	609	1030	895	487	341	429
炉料中									
Pb : Zn	0.45 ~ 0.5	0.46	0.45	0.53	0.45	0.43	0.41	0.45	0.45
C : Zn	0.8	0.77	0.77	0.76	0.74	0.76	0.67	0.85	0.82

续表 13-29

项　目	韶关冶炼厂	Avon-mouth 厂	播磨厂	Cockle Creek 厂	Duisburg 厂	八户厂	Noyelles Godault 厂	Miast-Godault 厂	Vesme 港厂
渣量：锌锭		0.67	0.65	0.90	0.67	0.57	0.73	0.97	0.66
渣中 Zn/%	6.33	8.4	7.3	7.2	6.9	7.1	8.5	7.1	6.9
锌入渣率/%		5.5	4.6	6.4	4.4	4.1	6.0	6.5	4.6
燃碳量（满负荷鼓风）/$t \cdot d^{-1}$	137	292	166	177	206	188	224	193	179
产金属量(满负荷)									
锌锭/$t \cdot d^{-1}$	150.4	334	194	211	245	227	283	197	194
铅锭/$t \cdot d^{-1}$	69.4	144	88	103	115	105	108	85	79
冷凝分离率/%	90~92	87.5	93.4	90.6	89.9	92.3	87.7	90.4	88.7
热平衡中耗碳占/%		73.5	75.8	67.3	69.4	73.8	66.1	79.8	78.4
锌的回收率/%	93.94	93.0	94.7	92.1	93.9	94.7	93.5	90.8	94.0
1985 年产量/kt									
锌	39.9	81.0	63.9	62.8	78.6	65.2	96.2	89.0	69.6
铅	18.7	43.8	26.3	35.6	35.0	32.4	42.1	37.4	24.9

表 13-29 所列指标是多年前的统计，近年来各厂都将鼓风炉尺寸增大了许多，产量也大大提高了。

八户厂的鼓风炉的炉身截面积 1998 年在已扩大为 $22m^2$ 的基础上又扩大为 $27.3m^2$，成为世界上最大的炼锌鼓风炉。两次扩大后的技术经济指标的比较列于表 13-30。

表 13-30　八户厂鼓风炉两次扩大的技术经济指标

项　目	原扩大型炉	1998 年扩大型炉
炉身截面积/m^2	22.0	27.3
风口区截面积/m^2	20.5	24.4
风口区数目/个	14	16
冷凝器内尺寸/m	5.5×1.016	6.0×1.096
粗锌和精锌产量/$t \cdot d^{-1}$	102000	112000
粗锌产量/$t \cdot d^{-1}$	324	355
粗铅产量/$t \cdot d^{-1}$	157	172
炉渣量/$t \cdot d^{-1}$	247	294
处理烧结块/$t \cdot d^{-1}$	778	833
处理热压团块量/$t \cdot d^{-1}$	80	130
焦炭消耗/$t \cdot d^{-1}$	308	344
鼓风量/$m^3 \cdot h^{-1}$	43920	49980
按炉身的鼓风强度/$m^3 \cdot (h \cdot m^2)^{-1}$	1996	1830
按风口区的鼓风强度/$m^3 \cdot (h \cdot m^2)^{-1}$	2142	1923
低热值煤气（LCV）产量（标态）/$m^3 \cdot h^{-1}$	66000	75600
冷凝效率/%	91.0	91.0
吨锌焦耗/kg	950	970

综合表13-29和表13-30的数据可知，八户厂的鼓风炉从标准炉17.2m^2扩大至22m^2直至27.3m^2，粗锌产量和粗铅产量分别由227t/d和105t/d提高到了324t/d、157t/d直至355t/d和172t/d。炉子的总产量和单位面积产量都有了很大的提高。近来鼓风强度还有所降低，以便将来原料充足时，还可以增加更多的产量。

除了扩大炉子尺寸以提高产量外，还应加强生产技术的改进以强化生产过程的进行，这些措施包括：

（1）提高烧结块的质量。如降低烧结块的残硫，严格控制CaO/SiO_2比等。

（2）提高热风温度。因为，ZnO还原反应为强吸热反应，提高热风温度后为反应进行提供更多的热量。目前，热风温度已从650℃提高到了1100℃。生产实践证明，热风温度再提高100℃，则锌产量提高3%～4%，或者说保持同样的产锌量，则可减少焦炭的消耗。

（3）改善空气的分布。根据鼓风炉的生产实践，对设计鼓风炉炉缸的理论计算，可以确定风口区燃烧空窝的尺寸，从而确定最佳风口数目、直径及其间距，以保证炉内气流分布均匀。

（4）改善炉子的冷却方式。将原来类似铅鼓风炉的水套冷却，改为喷淋冷却，以适应强化生产后更好地散热。

（5）选用优质耐火材料。炉缸砌筑由原来的铬镁耐火材料改为铝铬耐火材料，避免炉缸被水侵害。有几台炉子曾发生炉缸渗水而导致炉缸膨胀。这是一个严重的问题，会影响炉子作业的稳定。

（6）改良风口的设计。1998年Avonmouth厂设计了铸铜风口，这种风口的寿命超过了1年，并且简化了风口内水的循环。

（7）进一步强化熔炼过程时，可从风口喷入粉状氧化锌物料、燃料和采用富氧，这就要求同时提高冷却效果。

13.3.6 鼓风炉炼锌的物料平衡及资源充分利用

13.3.6.1 物料平衡

韶关冶炼厂的鼓风炉熔炼物料平衡列于表13-31。

Duisburg锌铅冶炼厂的鼓风炉熔炼过程的物料流量及其温度的模式绘制于图13-27。

各主要元素在产物中的分配以八户厂为例列于表13-32。播磨厂在增加二次物料处理量后，杂质含量也增加，这些杂质在产物中的分布见表13-33。

从上述物料平衡及元素在产物中的分布率可以知道，经过ISP鼓风炉熔炼各个过程之后，能得到锌与铅两种主产品，并且可使原料中各种有价元素富集于相应的产物或半产品中，然后从中综合回收。

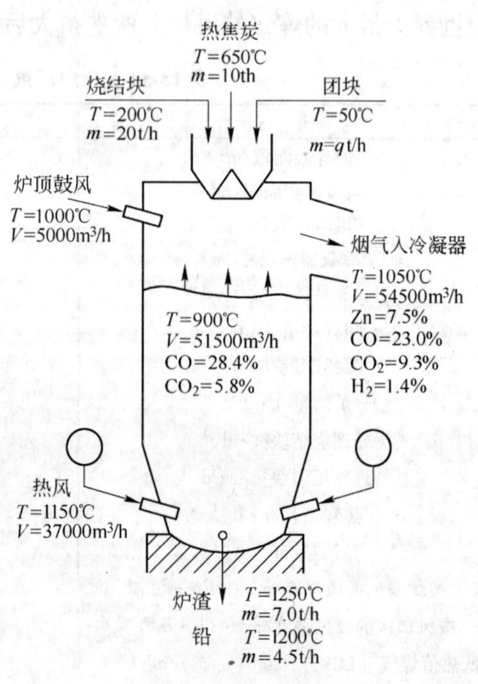

图13-27 Duisburg厂炼锌鼓风炉的物料流量及其温度模式

表 13-31 韶关冶炼厂鼓风炉熔炼物料平衡

物料或产物	质量/kg	Zn		Pb		Cu		Fe		S		As		SiO_2		CaO		MgO		Al_2O_3	
		kg	%	kg	%	kg	%	kg	%	kg	%	kg	%	kg	%	kg	%	kg	%	kg	%
加入物料：																					
烧结块	100.00	40.00	40.00	18.60	18.60	0.40	0.40	9.50	9.50	0.80	0.80	0.30	0.30	3.60	3.60	5.50	5.50	0.20	0.20	1.00	1.00
含砷浮渣	1.19	0.56	47.00	0.19	16.00			0.22				0.06	5.00								
冷凝器补铅	1.78			1.77	99.00																
焦炭	35.00																				
空气（湿）	181.00							0.24						2.98	8.51	0.30	0.90			1.60	4.57
合计	318.97	40.56		20.56		0.40		9.96		0.80		0.36		6.58		5.80		0.20		2.60	
产物：																					
粗锌	35.11	34.23	97.5	0.60	1.70																
粗铅	16.71	0.05	0.30	16.21	97.00	0.31	1.83					0.013	0.08								
黄渣	0.56	0.01	2.00	0.006	1.00	0.03	6.00	0.28	50.00	0.032	3.80	0.08	15.00								
蓝粉	4.16	1.33	32.00	1.50	36.00																
浮渣	4.76	1.90	40.00	1.52	32.00	0.06	0.18														
含砷浮渣	1.19	0.56	47.00	0.19	16.00			0.22				0.06	5.00								
炉渣	33.23	1.99	6.00	0.23	0.70			9.46	28.48	0.78	2.32	0.21	0.60	6.58	19.88	5.80	17.44	0.20	0.60	2.60	7.82
损失	0.75	0.45		0.30																	
炉气(无锌)	221.29																				
误差	1.21																				
合计	318.97	40.56		20.56		0.40		9.96		0.80		0.36		6.58		5.80		0.20		2.60	

表 13-32 八户炼锌厂主要元素在产品中的分布 (%)

产 品	Zn	Pb	Cu	Ag	S
粗 锌	94.5	2.1	—	—	—
粗 铅	—	83.5	1.1	80.5	—
铜浮渣	—	11.3	83.5	14.6	—
硫 酸	—	—	—	—	96.0
炉 渣	5.5	3.1	15.4	4.9	4.0

表 13-33 播磨厂几种杂质元素在产物中的分布 (%)

产 物	Sn	Cu	Fe	S
粗 锌	20	1	0.2	10
脱铜铅	25	10	0.1	5
铜浮渣	10	70	0.2	15
鼓风炉渣	45	19	99.5	70

13.3.6.2 有价金属的回收

A 铜和贵金属的回收

目前鼓风炉炼锌能处理含锌、铅、铜金属总量达70%的烧结块，其中Cu：Zn达到0.05，Pb：Zn达到1。当冶炼含铅高并含一定量铜的烧结块时，锌、铅、铜的回收率分别达到92%~95%，94%~96%和70%~80%。

近年来每台炉子平均回收1000t铜，各厂家因所用原料中的含铜量不同而有差异。鼓风炉炼锌虽然可以回收铜，但回收率较低。例如烧结块含铜为1.7%时，铜的回收率只有70%。罗马尼亚的Copsa Mica冶炼厂曾处理含铜高、含Pb/Zn也高的原料，粗铅含铜量达到6.5%，偶尔达到12%~13%，但渣含铜也高（0.8%），铜的回收率只有80%。

银及其他贵金属富集在粗铅中，如八户厂银在脱铜粗铅中的分布率为80.5%，粗铅含银达0.23%。还有14.6%进入铜浮渣中，入渣损失的银只占4.9%。原料中银等贵金属将在粗铅精炼过程中回收。

韶关冶炼厂粗铅含银曾达到0.2%~0.25%，从精矿到银锭的总回收率在86%以上。

关于从粗铅中回收银及其他贵金属的方法可参阅粗铅精炼篇与原料综合利用章的阳极泥处理。

B 镉和稀散金属的回收

播磨厂可以回收原料中80%的镉。实际上，约75%的镉是富集在烧结焙烧烟尘中。该厂从该烟尘中回收镉，同时，回收了铟与铊。该厂近年来回收镉、铟、铊的产量见图13-28。回收方法参见原料综合利用章。

根据澳大利亚Cockle Creek厂的测定，硒在鼓风炉炼锌中分布（%）如图13-29所示。大部分硒富集在烧结烟尘和烧结机尾部烟气洗涤塔的洗水中。该厂年产40t硒的生产工艺已建成投产。具体的工艺流程详见综合利用章。

韶关冶炼厂处理的锌精矿含锗高达0.0073%。曾测出锗在冶炼过程中分布如下：

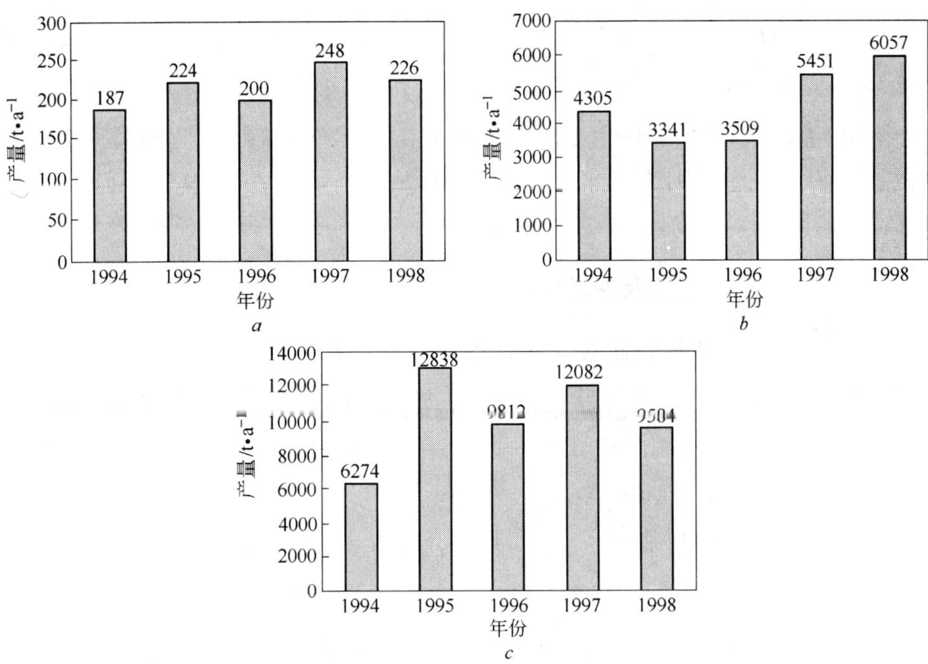

图 13-28 播磨厂近年来回收镉、铊、铟产量的变化

a—镉产量的变化；*b*—铊产量的变化；*c*—铟产量的变化

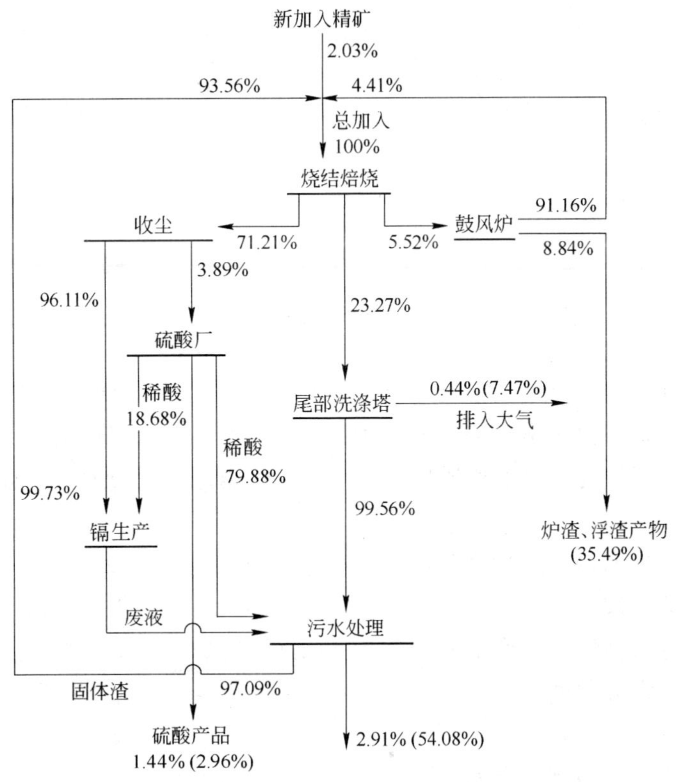

图 13-29 Cockle Creek 鼓风炉炼锌厂硒在生产中的分布

产 物	硬锌	锌渣	鼓风炉渣	烧结烟尘	鼓风炉蓝粉	鼓风炉浮渣	损失
锗的分布/%	44.37	7.0	28.78	0.16	4.37	3.51	11.81

从上述锗的分布率看出，锗主要富集在硬锌中。在锌精馏过程中铅塔产出的硬锌和B号塔产的硬锌中，含锗分别达到0.26%～0.51%和1.38%。该厂采用蒸馏熔析法从硬锌中回收锗。

13.3.7 鼓风炉炼锌的热平衡及能耗分析

13.3.7.1 鼓风炉炼锌的能耗与生产过程的热平衡

根据日本F. Yamada等人的统计，采用鼓风炉炼锌流程生产1t精锌的能耗为

烧结焙烧	0.17GJ
鼓风炉熔炼	29.3～46GJ
精馏精炼	6.3～10.5GJ
共 计	35.77～56.6GJ

鼓风炉炼锌生产1t锌约耗焦炭0.9～1.1t。八户厂能耗成本占直接生产成本的45%。八户冶炼厂与韶关冶炼厂生产1t精锌的能耗组成对照见表13-34。

表13-34 八户厂与韶关冶炼厂生产1t锌能耗组成对照

项 目	韶关冶炼厂		八户厂	
	GJ	%	GJ	%
焦 炭	39.62	52.93	29.70	65.0
电 力	12.04	16.09	10.00	21.8
液化石油气	—	—	4.01	8.8
重 油	—	—	2.00	4.4
煤 气	23.17	30.98	—	—
总耗能	74.83kJ		45.71kJ	

从上述能耗数据可以知道，采用鼓风炉炼锌工艺生产1t精锌的能耗为36～75GJ，说明能耗很大，而且要消耗大量的优质焦炭，各工厂的能耗差别很大，还有许多节能的措施未能推广。

鼓风炉炼锌产出的粗锌经精馏精炼后，才能得到含99.99% Zn的精锌，而精馏精炼过程的能耗是很大的（6.3～10.5GJ）。为了节能，许多工厂都根据市场需求开动精馏塔，不将所有的粗锌都进行精炼，所产精锌的比例占总锌量的8%～72%。

为了降低能耗，必须编制工厂各生产过程的热平衡表，经分析找出节能和利用余热的措施。

以日本八户冶炼厂为例，鼓风炉炼锌全过程每天的热平衡见表13-35。其中烧结焙烧、鼓风熔炼和精馏精炼3个过程的热平衡见表13-36～表13-38。

表 13-35 八户冶炼厂鼓风炉炼锌每天的热平衡

热收入			热支出		
项目	GJ	%	项目	GJ	%
焦炭燃烧热	6217.4	71.4	冷却水带走热	4773.9	54.8
精矿中硫化物氧化	1905.3	21.9	生产蒸汽	1430.5	16.4
液化石油气燃烧热	482.8	5.5	产物、半产物带走热	1130.0	13.0
重油燃烧热	66.9	0.8	散热损失	966.5	11.1
其他	36.8	0.4	排气显热	348.1	4.0
			其他	60.2	0.7
合计	8709.2	100.0	合计	8709.2	100.0

表 13-36 八户厂锌烧结焙烧的热平衡

热收入			热支出		
项目	GJ	%	项目	GJ	%
精矿氧化热	1905	72.4	SO_2 带走热	962	36.6
重油点火	67	2.6	烧结块带走热	505	19.2
返粉显热	79	3.0	渣泥带走热	373	14.2
其他	401	14.4	返烟显热	401	14.4
	200	7.6	返粉显热	79	3.0
			散热损失	332	12.6
合计	2652	100.0	合计	2652	100.0

表 13-37 八户厂鼓风炉熔炼的热平衡

热收入			热支出		
项目	GJ	%	项目	GJ	%
焦炭燃烧热	6127	83.2	吸热反应	1690	22.6
烧结块显热	95	1.2	冷却水带走热	1925	25.7
热风显热	940	12.6	铅、锌带走热	330	4.4
焦炭显热	223	3.0	低热值煤气带走：		
			其中：发电利用	1159	15.5
			预热焦炭	223	3.0
			预热空气	940	12.6
			预热损失	728	9.7
			生活用水	72	1.0
			鼓风炉损失	408	5.5
合计	7457	100.0	合计	7457	100.0

表 13-38 八户厂锌精馏精炼的热平衡

热收入			热支出		
项 目	GJ	%	项 目	GJ	%
液化石油气燃烧	483	63.7	金属带走热	79	10.5
预热空气	97	12.8	精馏炉散热	308	40.8
其他	178	23.5	烟气带走		
			其中：生产蒸汽	78	10.0
			锅炉散热	4	0.5
			烟气带走	129	25.4
			预热空气	97	12.8
合 计	758	100.0	合 计	758	100.0

分析八户厂的热平衡表可知，鼓风炉炼锌生产的热源主要来自优质冶金焦。为了减少焦炭的消耗，1964 年英国曾进行过富氧鼓风试验，但是只在少数几个工厂曾用过少量的富氧空气。Cockle Creek 厂在 1975 年曾在风口喷入重油，以代替 12% 的焦炭，后由于油价上涨而停止。播磨厂于 1986 年在鼓风炉风口喷入粉焦代替 6% 的块焦，此项措施继续到 1995 年 11 月。这些试验工作都表明，必须进一步寻找更适合鼓风炉熔炼要求的能源代用品。

为了充分利用本厂余热，各个工厂都采取并完善一系列生产措施。

13.3.7.2 提高热风温度

德国 Duisburg 冶炼厂已将热风温度提高到 1160℃。该厂标准炉每小时鼓入 37000m^3 的 1160℃的热风时，其热平衡列于表 13-39。

表 13-39 Duisburg 厂的鼓风炉熔炼的热平衡（按挥发 1t 锌计）

热收入			热支出		
项 目	GJ	%	项 目	GJ	%
烧结块带入热	0.17	1.05	炉渣带走	0.99	6.12
团块带入热	0.03	0.18	粗铅带走	0.07	0.43
焦炭带入热	0.82	5.06	烟尘带走	0.15	0.93
热空气带入热	5.01	30.97	入冷凝气体带走	9.64	59.59
炉顶鼓风	0.57	3.52	冷却水带走	1.60	9.88
$C \rightarrow CO$ 放热	7.16	44.28	$ZnO \rightarrow Zn$ 吸热	2.81	17.37
$C \rightarrow CO_2$ 放热	2.23	13.78	$CO_2 \rightarrow CO$ 吸热	0.92	5.68
$PbO \rightarrow Pb$ 放热	0.14	0.86			
$Cu_2O \rightarrow Cu$ 放热	0.05	0.30			
合 计	16.18	100.00	合 计	16.18	100.00

从表 13-39 的数据可以看出，Duisburg 冶炼厂的热风温度从 20 世纪 60 年代的 750 ~ 950℃提高到 1160℃以后，鼓入的空气带入的热已占总热收入的 34.49%，而焦炭燃烧热只占总的热收入的 58.06%。八户厂的热风温度为 950℃，热风带入的热占总热收入的

12.6%，焦炭燃烧热却占总热收入的83.2%。八户厂目前也将热风温度提高到1100℃以上。根据长期实验，Duisburg厂总结出炭的燃烧速度与热风温度的关系表明，单位炭消耗与热风温度的关系几乎都近似于直线，即热风温度升高，燃烧速率呈正比增加，单位焦炭消耗却呈直线关系下降，用公式表示如下：

炼锌鼓风炉中炭的燃烧速率

$$C_1 = 5.22 \times 10^{-3} \times V + 1.4 \times 10^{-2} t$$

单位锌产品的炭消耗

$$C_2/C_4 = 1.151 - 3.68 \times 10^{-4} t$$

八户厂提出的单位锌产品的焦炭消耗

$$C_2/C_4 = 1.251 - 5.73 \times 10^{-4} t$$

式中 C_1——燃炭速率，t/d；

V——鼓风速率，m^3/h；

C_2——焦炭中的炭量，t；

C_4——加料中的锌量，t；

t——热风温度，K。

公式的导出是设焦炭中的固定炭含量为88%～89%，烧结块成分为Zn 40%和Pb 18%。

当温度在600～1200℃的范围内波动，热风温度每升高100℃，可节约焦炭3.68%，这与八户厂提出的理论计算数据3.5%十分接近。目前，各厂家的热风温度均已提高。为了获得1160℃的热风，使用三台拷贝式热风炉，引用鼓风炉所产的LCV低热值煤气燃烧供热，首先利用少量LCV气燃烧，提高蓄热室的温度，使大量的LCV预热到300℃，再用这种高温LCV气燃烧来预热鼓风炉所需的空气，使其达到1200℃，其工艺流程见图13-30。

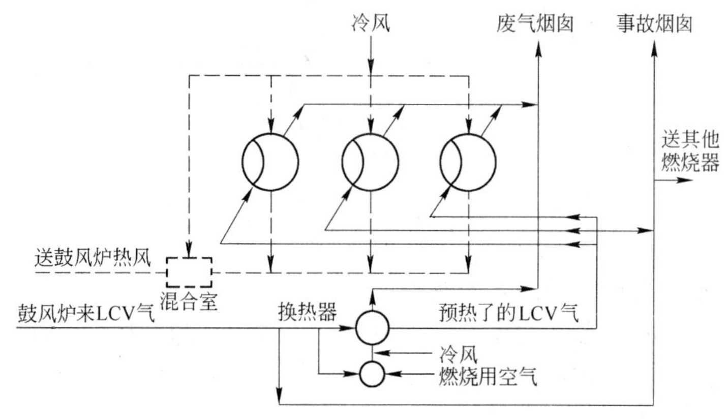

图13-30 用LCV气预热空气示意流程

韶关冶炼厂曾将热风温度由780℃提高到800℃，C/Zn比便由0.9下降到0.8。

13.3.7.3 低热值煤气（LCV）的利用

前已述及Duisburg厂利用LCV气预热空气，使进入鼓风炉的热风温度提高到1160℃。

日本八户厂利用LCV煤气，从气体洗涤系统排出的低热值煤气的特性如下：

化学成分（%）：20～24 CO，10～12 CO_2，0.5～1.2 H_2

含尘量：20mg/L

发热量：29288kJ/m^3

压力：3.6kPa

湿度：饱和（35～40℃）

有50%的LCV气一般用于预热空气和焦炭，其余排放。八户厂利用这剩余的LCV气供热。建立了第一台发电机组，现在的发电能力为2350kW。利用LCV气稀释LPG气维持这种混合气的发热值为14644kJ/m^3，可以减少10%的LPG气消耗。

13.3.7.4 空气的脱湿

八户厂根据鼓风炉作业结果与气候变化的关系，发现1972～1975年期间夏季的焦炭使用量比冬季高2.64%，是由于空气中的平均绝对湿度由冬季的4g/m^{3}变为夏季的13g/m^3，相当于LCV气中氢含量的变化。1976～1978年该厂采取空气脱湿后，与原来不脱湿的平均数据比较焦炭下降2.6%，冷凝效率提高1.2%。每年从空气中脱去1000t水，可节约焦炭约900t。

采用的脱湿剂是含浸氯化锂的活性炭。脱湿器是一个蜂窝状的转鼓，其中的材料用活性炭代替原来的石棉，并用拷贝式热风炉的余热来再生氯化锂。脱湿工艺过程见图13-31。

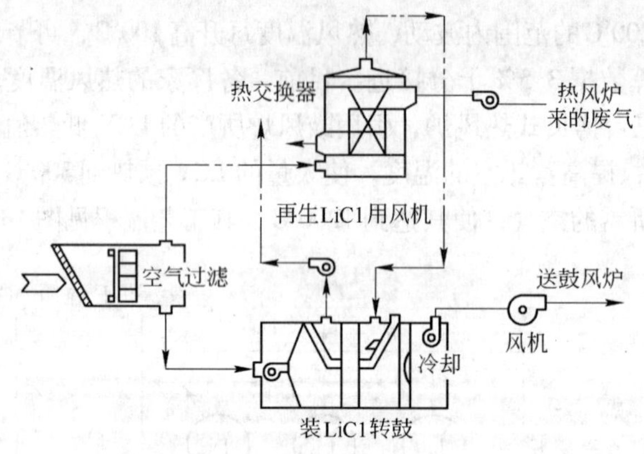

图13-31 空气脱湿过程

13.3.7.5 冷凝器循环铅潜热的利用

日本八户厂标准炉的冷凝循环铅量为400t/h，通过冷却溜槽后，温度从530℃降至430℃左右，铅液降温所放出的热一般被冷却水吸收，流至冷却塔后而排放损失了。为了回收这部分热能，八户厂于1982年12月投入第二台发电机组。

制作成板状的蒸发器与过热器浸没在铅液冷却溜槽中作为热交换器。在正常运转时在冷却溜槽上游装置12板过热器，下游装置36板蒸发器。循环水在171.2m^{2}的蒸发器内被汽化，经气液分离后导出的蒸汽进过热器（57.1m^2）升高到400℃，进入透平机的压力为1.372MPa。现在平均的发电功率为3500kW。其设备构造见图13-32。蒸发器与过热器的传热系数分别为1422kJ/(m^2·h·℃)和1172kJ/(m^2·h·℃)。

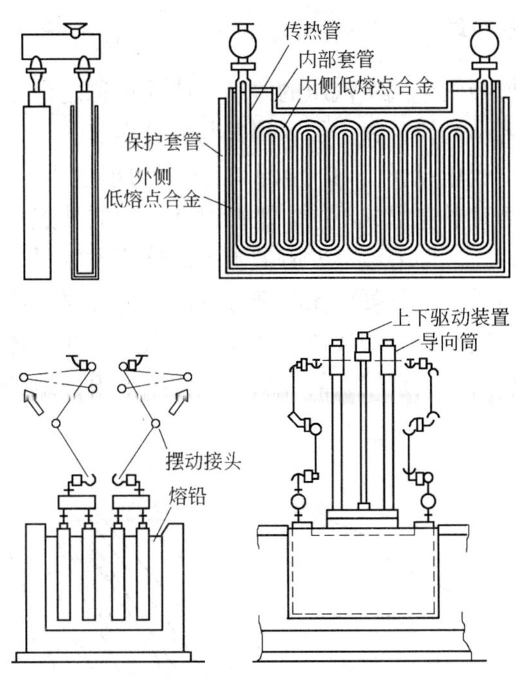

图 13-32 鼓风炉炼锌冷凝器循环铅液潜热利用的设备结构

第二台机组投产以后，加上利用 LCV 气发电的第一台机组发出的电力已能满足本厂用电的 70% 左右。

（撰稿 李 衡 王远文）

13.4 粗锌的精炼

竖罐蒸馏炼锌、鼓风炉炼锌等火法炼锌及电炉炼锌产出的粗锌含杂质大多为 1% ~ 3%，锌中主要杂质是铅、镉、铁，另外，还有更少量的铜、锡、铝、砷、银、铟、锗等。这些杂质元素都严重影响锌的质量，从而限制了锌的使用范围。因此，就要求对粗锌进行精炼以提高锌的纯度，同时回收其中的有价金属。

粗锌精炼的方法有精馏法、熔析法和真空蒸馏法。熔析法仅能部分地除去杂质铅和铁，可得到含锌约 99% 的产品。真空蒸馏法可生产各种品质的金属锌产品，但由于其能耗高、设备生产能力小，限制了其应用范围，目前主要用于生产高纯锌产品。精馏法可以直接产出纯度很高（99.995% ~99.999% 以上）的金属锌，为连续生产，单套系统生产能力大，是目前粗锌精炼的主流通用工艺。在精馏法中往往要用熔析法先除去部分的杂质铅和铁。

塔式锌精馏炉是由美国新泽西公司于 20 世纪 30 年代首创，目前，已发展普及为各种粗锌生产工艺配套进行锌精炼，在国内主要应用在竖罐炼锌、ISP 炼锌及矿热电炉炼锌等方面。我国葫芦岛锌厂于 1957 年从波兰引进了 990mm × 457mm 塔盘用于竖罐炼锌精馏生产，而后在国内多家炼锌厂推广使用。

13.4.1 粗锌精馏的基本原理

粗锌精馏是基于锌与杂质金属蒸汽压的差别，或简单称之沸点的差别，使蒸汽压比锌更大的镉及蒸汽压比锌更小的铅、铁、铜、锡等与锌分离。

在精馏塔内的精馏过程包括蒸馏和分凝回流两个物理过程。根据柯罗瓦罗夫-吉布斯定则，溶液的组成与平衡时蒸汽组成不同，平衡时蒸汽中低沸点成分的浓度因其蒸汽压大而较高沸点成分的浓度为高，即溶液蒸发时低沸点成分蒸发的量较多，换言之，经过蒸馏后蒸汽中低沸点成分富集了。当分凝回流时部分蒸汽进行冷凝，沸点较高的成分首先从蒸汽中冷凝下来，而沸点较低的成分却残留在气体中，因此，在气体中沸点低的成分就进一步富集了。这就表明，蒸汽压差别较大的金属可在常压下很好地分离。某些金属的蒸汽压见图13-33。

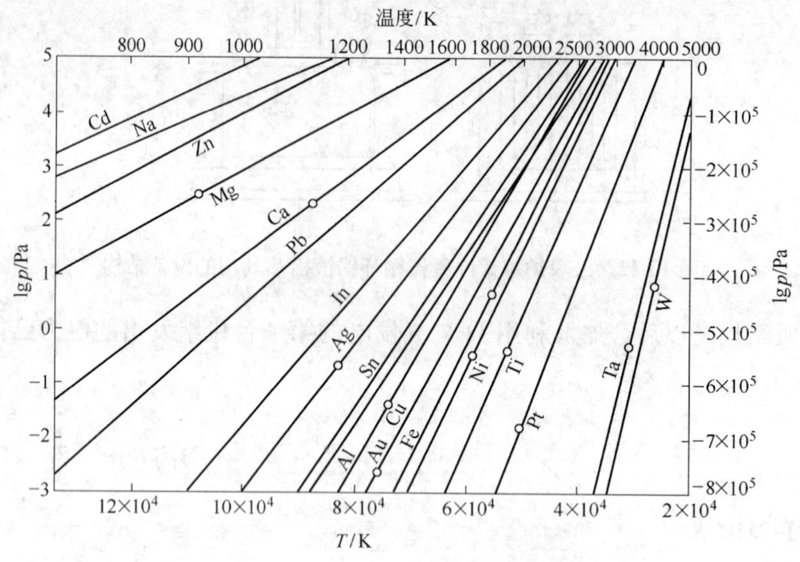

图13-33 某些金属的蒸汽压

由图13-33和表13-40中看出，在相同温度下，镉的蒸汽压远远大于锌和铅、铁等元素的蒸汽压；而锌的蒸汽压也大于铅、铁等元素的蒸汽压。在合金的沸点下，气相中铅的含量是不高的，可以认为铅在铅塔中完全不挥发而留在残余金属中。平衡气相中镉的含量很大，可以认为粗锌中的镉在铅塔中完全挥发，与挥发的锌蒸气一道进入铅塔冷凝器中冷凝为液体，再流至镉塔中实现锌与镉的分离。在精馏生产中，控制铅塔的温度就可以先将锌、镉与铅、铁等蒸汽压小的金属分离，形成锌镉合金。锌镉合金在镉塔中再进一步分离镉，得到纯锌和高镉锌。

另外，由图13-34 Zn-Pb-Cd系沸点组成图和如图13-35所示中可以看出，在铅、锌、镉三元合金中，随着合金中铅的含量增加，粗锌的沸点升高；相反镉的含量增加时，粗锌的沸点降低。加入精馏塔中的粗锌，其中铅与镉的含量并不高，可以把粗锌的沸点看作纯锌的沸点。但是当粗锌中的部分锌与镉已蒸发后，流至铅塔下部的粗锌中铅的含量便会增加，因而沸点也就相应提高。不过，从铅塔下部流出的残余金属仍以锌为主，高沸点的铁、铅、铜的含量仍然在5%以下。所以只要保证铅塔内的温度在1000℃左右，就能保证镉完全蒸发，锌的蒸发量也很大。

表13-40 Zn-Cd-Pb气液相的平衡成分

编号	液相			沸点/℃	气相		
	N_{Zn}	N_{Cd}	N_{Pb}		N_{Zn}	N_{Cd}	N_{Pb}
1	0.231	0.693	0.077	775	0.096	0.903	0.86×10^{-5}
2	0.429	0.429	0.143	809	0.220	0.780	2.8×10^{-5}
3	0.600	0.200	0.200	846	0.422	0.579	8.3×10^{-5}
4	0.200	0.600	0.200	791	0.105	0.895	2.2×10^{-5}
5	0.333	0.333	0.333	826	0.204	0.760	6.5×10^{-5}
6	0.429	0.143	0.429	869	0.519	0.481	16.0×10^{-5}
7	0.077	0.693	0.231	784	0.042	0.958	2.0×10^{-5}
8	0.143	0.429	0.429	812	0.123	0.877	4.8×10^{-5}
9	0.200	0.200	0.600	860	0.317	0.683	14.8×10^{-5}

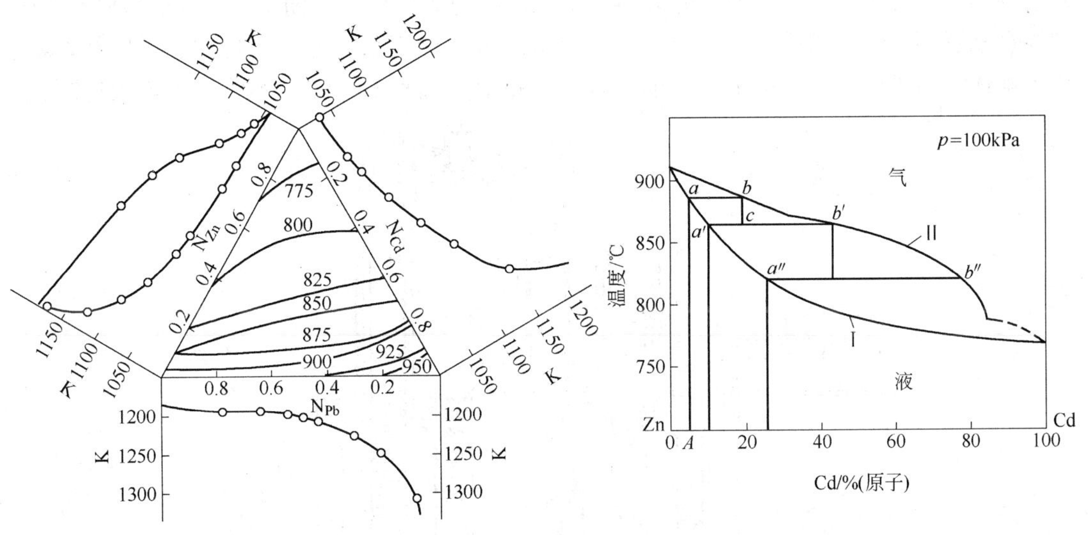

图13-34 Zn-Pb-Cd系沸点组成

图13-35 Zn-Cd系沸点组成

在精馏铅塔下延部流出的含有高沸点金属杂质的锌要经过熔析精炼，从而分离出其中的铅和铁。由图13-36得知，铅和锌在熔体状态时相互部分溶解，熔化后Pb-Zn系在418℃时分层。由于铅的密度大于锌的密度，因此，上层为含少量铅的锌，下层为含一些锌的铅。锌中的含铅量和铅中的含锌量随温度而变，温度愈低，两种金属分离愈完全。由图13-37看出，当含铁的粗锌冷却时，有糊状Fe-Zn化合物析出，称为硬锌。在熔析炉熔池中分三层，下层是粗铅（含锌5%左右），中层是硬锌，上层是精炼锌，又称B号锌（即无镉锌）。

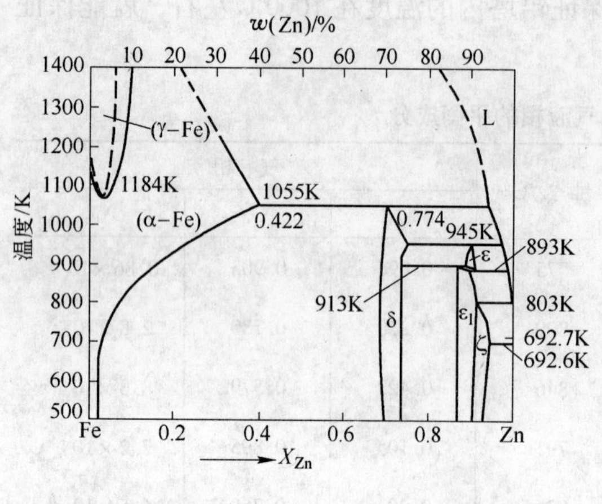

图 13-36 Zn-Fe 系状态　　图 13-37 Zn-Pb 系状态

13.4.2 锌精馏塔及其附属设备的构造与应用

精馏法精炼锌的主要设备是由两种精馏塔所组成的。第一种为铅塔，在此塔内将熔融粗锌中的锌与铅、铁、铜等高沸点杂质分离。第二种为镉塔，铅塔所得的液体锌镉合金在此塔内蒸馏和分凝回流，使镉与锌分离，得到很纯的成品精锌。图 13-38 所示为锌精馏炉的组合示意图。锌精馏设备主要由铅塔和镉塔组成。铅塔系统包括熔化炉、铅塔加料器、铅塔本体、铅塔冷凝器、熔析炉。镉塔系统包括镉塔加料器、镉塔本体、镉塔大冷凝器、

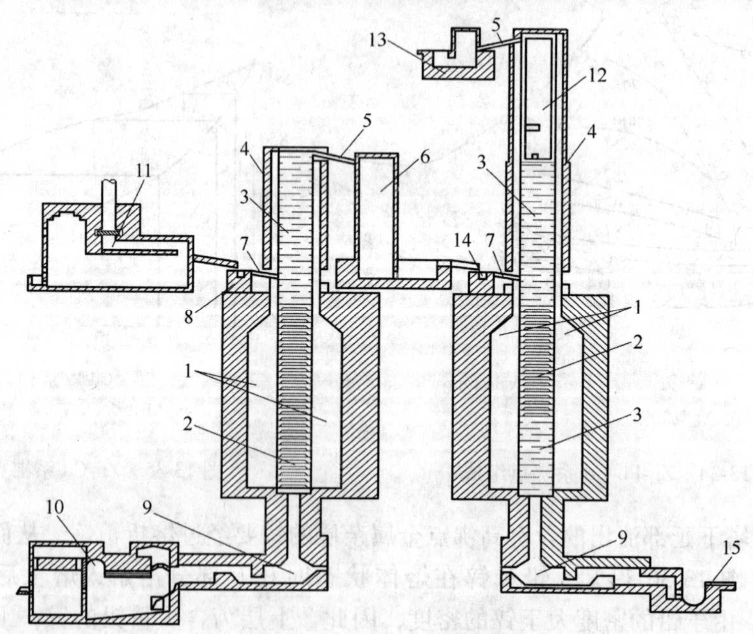

图 13-38 锌精馏炉的组合示意图

1—燃烧室；2—蒸发盘；3—回流盘；4—回流塔保温套；5—溜槽；6—铅塔冷凝器；7—加料管；8—铅塔加料器；9—下延部；10—熔析炉；11—熔化炉；12—镉塔大冷凝器；13—镉塔小冷凝器；14—镉塔加料器；15—纯锌槽

镉塔小冷凝器、纯锌槽。

13.4.2.1　熔化炉

图 13-39 所示为熔化炉结构示意图，熔化炉是由耐火材料砌筑成的反射式火焰炉，每座铅塔都配有一座熔化炉。固体和液体粗锌分别通过炉门和加料口加入熔化炉内，通过煤气加热到一定温度，液体锌从出口流入自动给料器内。熔化炉的主要作用是：

（1）熔化各种粗锌，并将液体锌加热到一定的温度，满足加料的锌液准备；

（2）混锌作用，即将各种锌混合在一起，使成分均匀；

（3）除去带入炉内的固体杂质，从炉门扒出；

（4）计量作用，通过标尺掌握炉内锌液量，以便均匀地向塔内加入锌液。

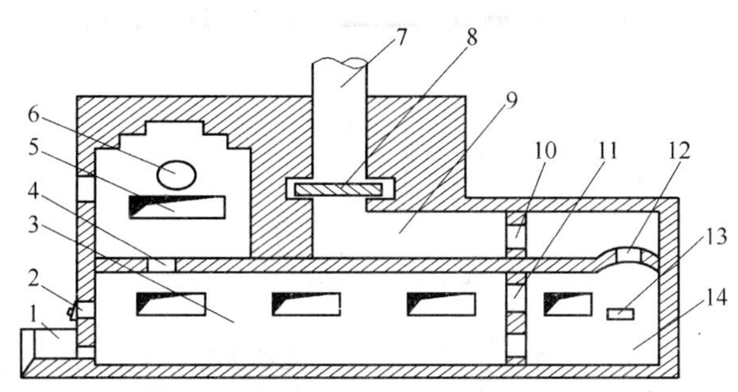

图 13-39　熔化炉结构示意图

1—加料口；2—炉门；3—大池；4—煤气进口；5—空气进口；6—煤气入口；7—烟囱；8—废气拉砖；9—废气道；10～12—废气出口；13—出料口；14—小池

熔化炉的出料口外接自动给料器。熔化炉内锌液流进自动给料器后，利用锌液流量控制装置，经过溜槽使其均匀、准确、连续地流入铅塔加料器，然后锌液进入铅塔。图 13-40所示为杠杆式针阀给料器结构示意图。

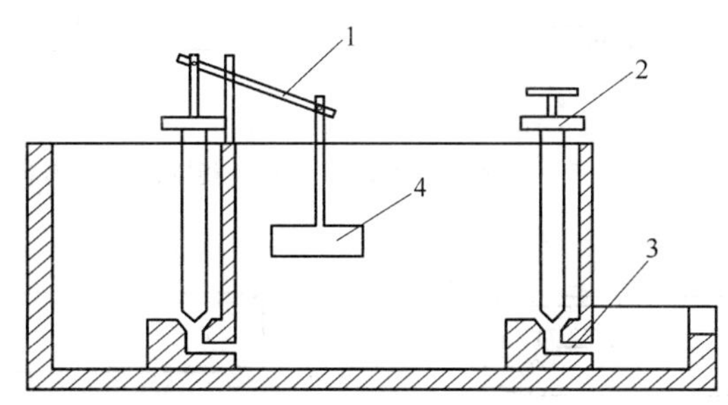

图 13-40　杠杆式针阀给料器结构示意图

1—压力杠杆；2—石墨针状阀；3—自动给料器出口；4—压力砣

13.4.2.2　铅塔加料器

铅塔加料器由碳化硅烧制而成，加料器分为两部分，并形成虹吸封，碳化硅砖隔板与加料器底有高 15cm 的缝隙，与熔化炉出口流锌溜槽相连接的一端是敞开的，与加料管连接的一端用碳化硅盖板密封，这一部分有一缺口以安装碳化硅烧制的加料管。液体锌自熔化炉流入加料器，经碳化硅砖隔板下部的缝隙流入加料管内，然后液体锌流入铅塔内，完成加料。图13-41所示为铅塔加料器结构示意图。

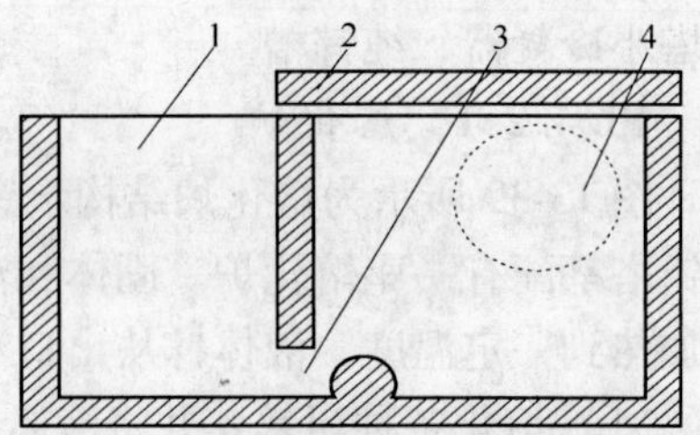

图13-41 铅塔加料器结构示意图

1—小方井；2—盖板；3—锌封口；4—流管口

13.4.2.3 铅塔

铅塔的结构示意如图13-42所示。铅塔的主要作用是脱除粗锌中高沸点的杂质Pb、Fe、Cu、Sn、In等。在铅塔燃烧室内及其上部有一个由几十块塔盘叠架的塔，其中主要是由蒸发盘和回流盘组成。塔盘由碳化硅制成，具有很好的热传导性能。蒸发盘与回流盘的结构如图13-43和图13-44所示。

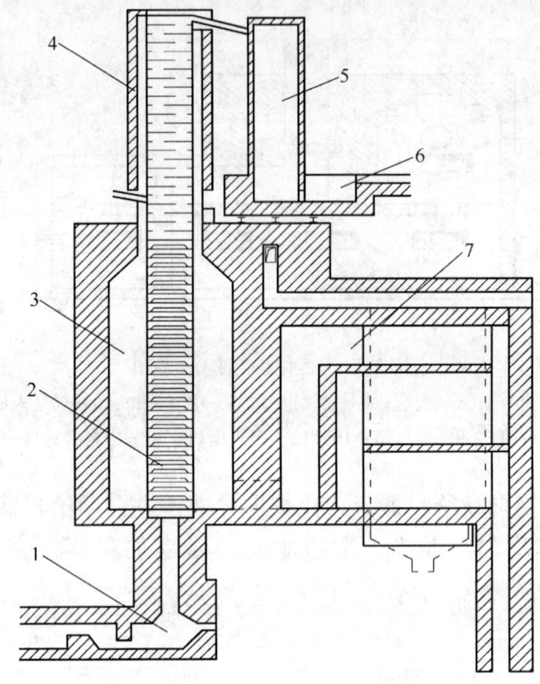

图13-42 铅塔结构示意

1—下延部；2—燃烧室；3—塔盘；4—上延部；5—冷凝器；6—储锌槽；7—换热室

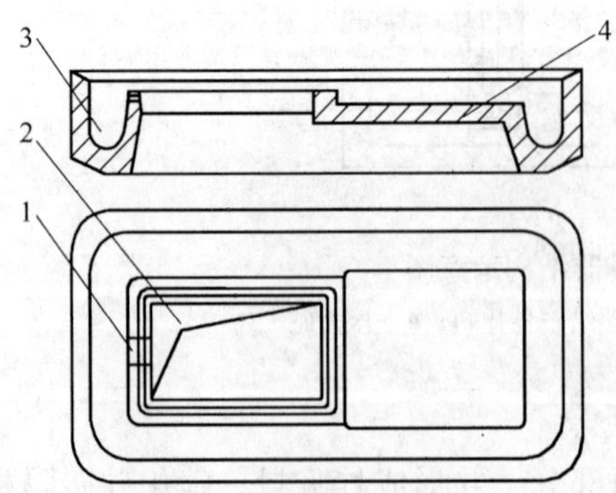

图13-43 蒸发盘结构示意图

1—溢流口；2—气孔；3—沟槽；4—盘底

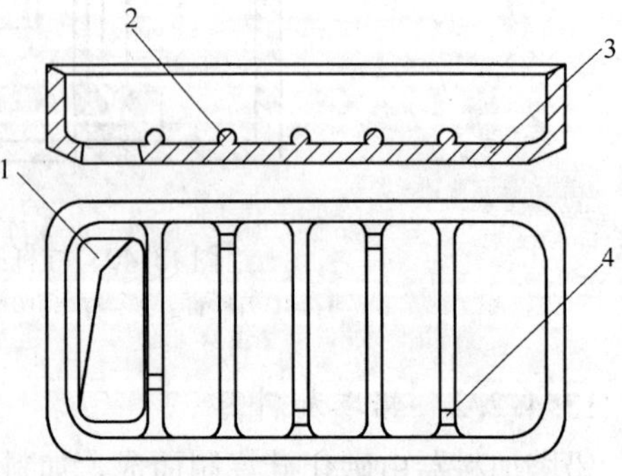

图13-44 回流盘结构示意图

1—气孔；2—导流格棱；3—盘底；4—溢流口

塔盘为长方形，其四角为圆角，可以避免因受热应力作用而破裂。蒸发盘为W形，这种盘能使熔体金属存在于盘的周围深沟内，塔盘一端有溢流口，熔体金属自溢流孔流下，蒸发的金属蒸气自气孔上升。由于熔体金属都存在于盘四周的深沟内，而深沟周围的盘壁外表面直接与燃烧火焰接触，增大塔盘的蒸发能力。回流盘为平底盘，平底盘一端有气孔，以使金属熔体流下和蒸发的金属蒸气上升。回流盘底部均匀的聚集一层厚度在8~20mm左右的熔体金属，超此深度，锌液就经盘上气孔流到下面的盘内，因此蒸发少，回流多。塔盘中除了蒸发盘和回流盘外还有底盘、导气盘、大檐盘、加料盘、出气盘、反扣盘、液封盘、顶盘等辅助塔盘。

国内通用型塔盘型号规格见表13-41。

表13-41 国内通用型塔盘型号规格

型号		名称	外形尺寸（长×宽×高）/mm×mm×mm	盘气孔尺寸		单重/kg
新号	原号			长×宽/mm×mm	面积/m^2	
TP-1	T101	底盘	990×457×195×38	102×156	0.0156	97
TP-2	T108	蒸发盘	990×457×168×38	305×241	0.0735	74
TP-3	T108a	蒸发盘	990×457×168×38	419×241	0.101	67
TP-4	T109	蒸发盘	990×457×168×38	533×241	0.128	68
TP-5	T110	导气盘	990×457×165×38	864×241	0.289	46
TP-6	T111	大檐盘	990×457×165×38	361×126	0.0458	97
TP-7	T103	加料盘	990×457×165×38	361×127	0.0458	93
TP-8	T102	回流盘	990×457×165×38	361×127	0.0458	77
TP-9	T112	出气盘	990×457×267×38	361×127	0.0458	103
TP-10	T104	液封盘	990×457×141×38	361×127	0.0458	70
TP-11	T105	反扣盘	990×457×140×38	361×127	0.0458	56
TP-12	T104a	液封盘	990×457×165×38	361×127	0.0458	70
TP-13	T107	液封盘	990×457×165×38	361×127	0.0458	76

塔盘组合是精馏塔的核心主体，即塔本体。安装、组合塔盘时，要使其紧密地一块叠着一块，形成一个密封的整体，以免塔盘内金属被塔外燃烧气体所氧化。相邻两块塔盘的开口都转成180°安装，气孔交错布置。使整个塔内形成“之”字形（或称S形）通道。塔内的锌液和蒸馏出来的锌蒸气都沿“之”字形路下流或上升，使蒸气与液体能更有效地接触。一方面使锌液在下流过程中有充分机会受热蒸发；上升气流中夹带的高沸点金属有充分的机会冷凝。

铅塔的燃烧室和换热室是精馏塔的供热和换热部位。使用的燃料主要是煤气。煤气经过换热室预热后由燃烧室顶部两侧进入，空气由左右两边墙进入，与煤气成90°相交。混合燃烧后，从底部经废气出口进入直升墙，然后进入换热室，通过反S形通道预热煤气和空气，废气经烟道、烟囱排空。

13.4.2.4 铅塔冷凝器

铅塔大冷凝器其结构见图13-42。铅塔冷凝器是用碳化硅质耐火材料砌筑的矩形容器，下设锌液封闭的底座贮槽。冷凝器的外围设有活动保温窗，以便于调节温度。它的后侧底部设有两个扫除口，用于升温、扫除和特殊情况处理。铅塔冷凝器通过顶端的方形空洞与溜槽相通，将铅塔的含镉锌蒸气导入冷凝室内，散热冷凝，冷凝的锌液储存于底座内，经过液封由底座外池连续排出，进入镉塔加料器。

13.4.2.5 熔析炉

熔析炉又称精炼炉，是由耐火材料砌筑的长方形炉体。它的作用是熔析分离铅、铁等高沸点金属杂质，储存B号锌、硬锌和粗铅。铅塔馏余锌经下延部、方井进入熔析炉。在大池内，馏余锌经熔析后分为三层：下层是粗铅，中间层是硬锌，上层是B号锌。B号锌流入小池内，保温、储存，定时排出。粗铅和硬锌根据储量定期抽出或捞出。熔析炉的结构示意图见图13-45。

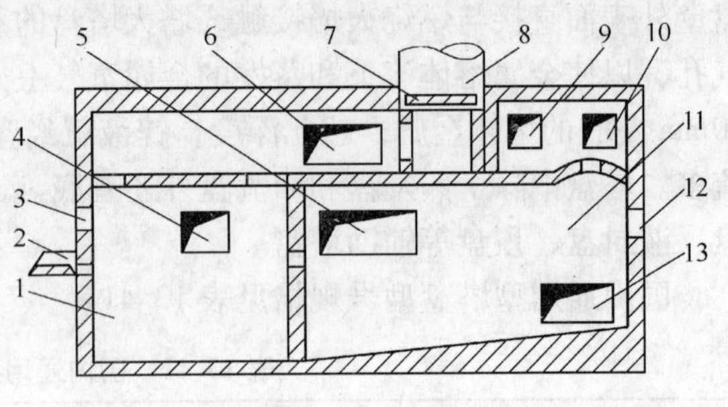

图13-45 熔析炉结构示意图

1—小池；2—出锌口；3，10—煤气入口；4—小池门；5—大池门；6—废气道；7—废气拉砖；8—烟囱；9—空气进口；11—大池；12—扫除口；13—过道

13.4.2.6 镉塔加料器

镉塔加料器的结构与铅塔加料器相似，只是容积较大，这是因为镉塔塔内压力变化较铅塔激烈。它的一端通过加料管与镉塔加料盘连接，另一端通过流槽接受来自铅塔冷凝器的含镉锌液。镉塔加料器示意如图13-46所示。其主要作用：

（1）密封作用：密闭塔体，防止空气和渣子进入塔内而造成堵塞，发生事故；

（2）连接作用：连接铅塔与镉塔，把含镉锌液稳定均匀加入塔内。

13.4.2.7 镉塔本体

镉塔的结构示意如图13-47。镉塔的主要作用是脱除含镉锌中低沸点的杂质镉，得到纯度很高的金属锌，同时获得副产品高镉锌。镉塔的塔盘组合与铅塔略不同，除燃烧室内的蒸发盘数量大多少于铅塔外，镉塔的上部几块回流盘与铅塔不同。镉塔的这部分塔盘的一端各具有小孔，以便于清扫内壁。塔盘是平底的，在塔盘内有碳化硅异型砖和塔

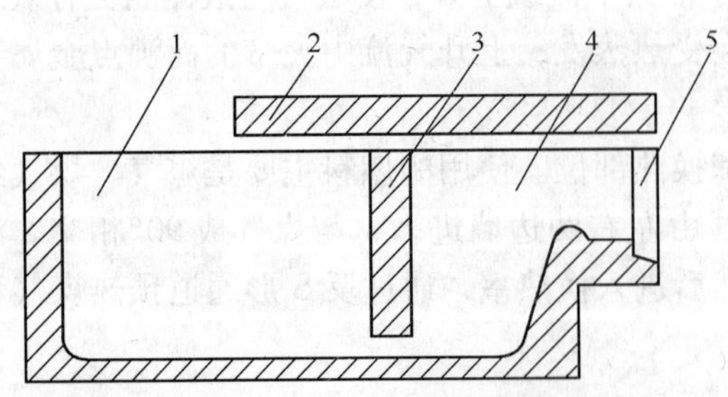

图13-46 镉塔加料器结构示意图

1—方井；2—盖板；3—锌封砖；4—密封槽；5—流管接口

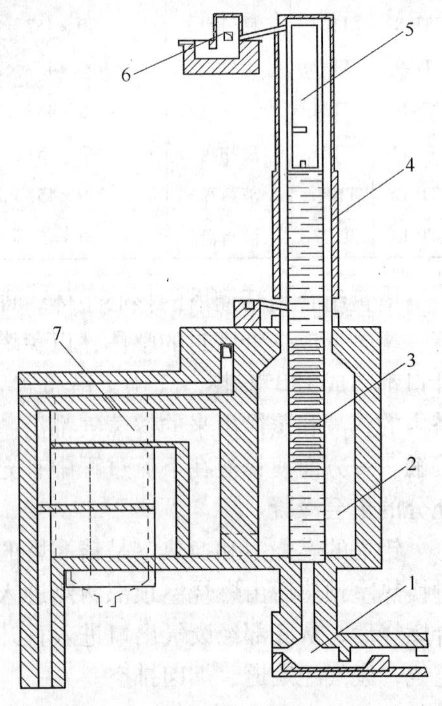

图13-47 镉塔结构示意图

1—下延部；2—燃烧室；3—塔盘；4—回流塔；5—大冷凝器；6—小冷凝器；7—换热室

盘溢流孔的边构成的液封。这种结构的作用是当在镉塔冷凝器内产生的金属氧化物或其他杂物落下时，液封可以挡住，而不影响液体锌和气体流动，再定期将杂物取出。

镉塔的燃烧室和换热室及烟道部分结构与铅塔完全相同。

13.4.2.8 镉塔大冷凝器

镉塔大冷凝器其结构见图13-47。镉塔大冷凝器置于镉塔回流段上部，与镉塔紧密相通，从镉塔回流塔顶部排出的金属蒸气进入镉塔大冷凝器内。大冷凝器是用碳化硅砖砌筑而成，顶部有小溜槽与镉塔小冷凝器相连。在外壁安装有镶上保温砖的活动门，用以调节冷凝器的温度。

大冷凝器的作用是将来自回流段的含镉蒸气逐步富集，提高浓度，大部分锌蒸气冷凝回流到镉塔，只让少量锌与高浓度的镉蒸气进入小冷凝器产出高镉锌。

13.4.2.9 镉塔小冷凝器

镉塔小冷凝器结构见图13-47，是由黏土砖或碳化硅砖砌筑而成的长方形空间，外形尺寸因粗锌含镉量而异。设有液封、扫除口和溜槽入口，以方便铸锭、扫除等操作。自镉塔大冷凝器来的含镉锌蒸气，通过溜槽进入小冷凝器，经冷凝后大部分成为液态高镉锌（含镉约为5%～20%），定时舀出、铸锭。极少部分成为镉灰及锌镉氧化物，需定时从扫除口扒出。

13.4.2.10 纯锌槽

纯锌槽是镉塔配置的用耐火材料砌筑的长方形槽体（有的工厂用有焰反射炉、电热保温槽等）。镉塔下延部流出的纯度较高的锌进入纯锌槽，再通过出锌口放出铸锭。纯锌槽的作用是储存纯锌、化废锌、返锌和保温。

13.4.3 粗锌精馏作业正常操作条件的控制与调整

13.4.3.1 工艺流程简述

精馏法精炼锌工艺主要分两阶段完成。第1个阶段在铅塔中进行，脱除高沸点的杂质金属，如铅、铁、铜、锡、银和铟等，获得含镉锌。第2个阶段是在镉塔中进行，脱除低沸点的杂质镉，获得精锌。图13-48所示为锌精馏三塔组合的工艺流程。

粗锌精馏作业过程简要概述如下：

粗锌锭或液体锌通过机械或人工加入熔化炉内，先在熔化炉内熔化并混合均匀，用煤气预热并保持温度在600～650℃。液体锌通过流量控制装置按照一定流量均匀加入到铅塔。为保证锌和镉强烈的蒸发，铅塔燃烧室温度应控制在1050～1300℃之间。液体金属由各层蒸发盘之气孔流至下面蒸发盘过程中，与上升金属蒸气（主要为锌和镉）密切接触，进行传质、传热，从而使液体有充分的机会通过交换受热蒸发，同时上升气流中夹带的沸点较高的铅、铁等也有充分的机会通过交换被洗凝下来。最后大部分锌和低沸点杂质均气化上升，残留的液体金属锌和高沸点杂质金属由铅塔的最下层底部流入熔析炉内。在熔析炉内进行熔析精炼，产品主要有含锌的铅（俗称为粗铅）、铁锌化合物（俗称为硬锌）和精炼锌（俗称为B号或无镉锌），B号锌再返回熔化炉进行精馏。

铅塔内上升的锌镉蒸气经过最上面的回流盘导入铅塔冷凝器，蒸气于此冷凝成液体（称为含镉锌），含镉锌经过镉塔加料器进入镉塔。为保证镉蒸发得比较彻底，镉塔燃烧室的温度应保持在1000～1300℃，依据含镉具体情况控制温度。镉塔内镉的蒸发较锌强烈，

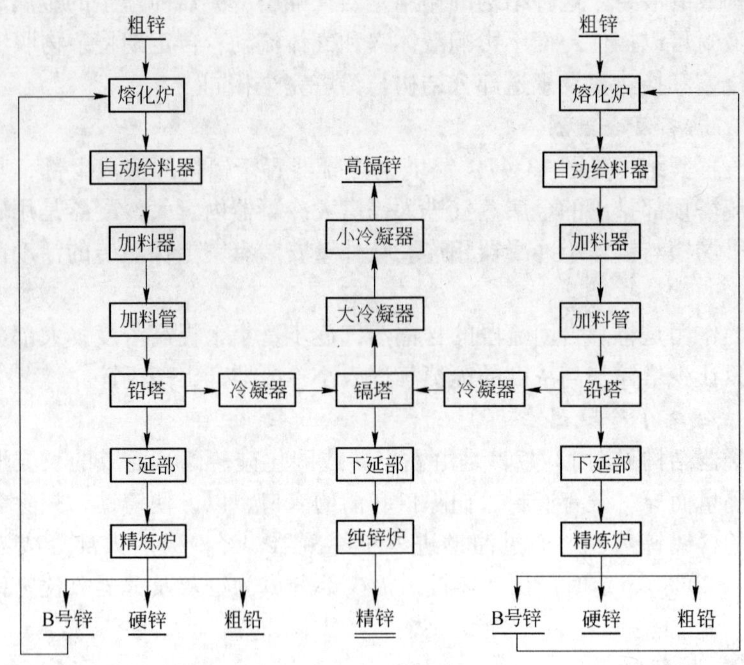

图13-48 锌精馏工艺流程

同样在进行蒸发和冷凝过程。由于锌和镉的沸点比较接近，为了使镉最大限度地蒸发，以减少精锌中含镉量，故在镉塔精馏过程中，部分锌和镉在蒸发段同时蒸发。当锌与镉的混合蒸气进入大冷凝器后锌首先冷凝，回流到镉塔，而镉得到富集。镉塔大冷凝器排出的是富镉锌蒸气，导入到小冷凝器中冷凝成为高镉锌。镉塔的最下层回流下的就是除去镉的纯锌液，流入纯锌槽后放出铸锭，这就是成品精锌锭。

图13-49所示为某厂精馏系统设备连接实例。

13.4.3.2 主要技术操作条件和对原料、燃料要求

A 主要技术操作条件

主要技术操作条件为：

铅塔燃烧室的温度：1050~1300℃

镉塔燃烧室的温度：1000~1300℃

铅塔冷凝器温度：700~850℃

镉塔冷凝器温度：850~900℃

熔化炉温度：600~650℃

精炼炉温度：大池温度450~500℃

铅塔和镉塔加料要求连续、均匀、稳定。

B 对原料要求

在正常生产中，粗锌要求无外来杂物、渣子等，杂质元素含量的要求与精锌级别、生产率、塔体寿命和操作制度有关。实践表明，为了生产含锌99.99%以上的精锌，并达到合理的技术经济指标，粗锌中铅应小于2%，镉小于0.3%，锡小于0.05%，铁小于0.1%。尤其是铁对碳化硅塔盘有严重的腐蚀作用，缩短塔体寿命，应严格控制其含量。

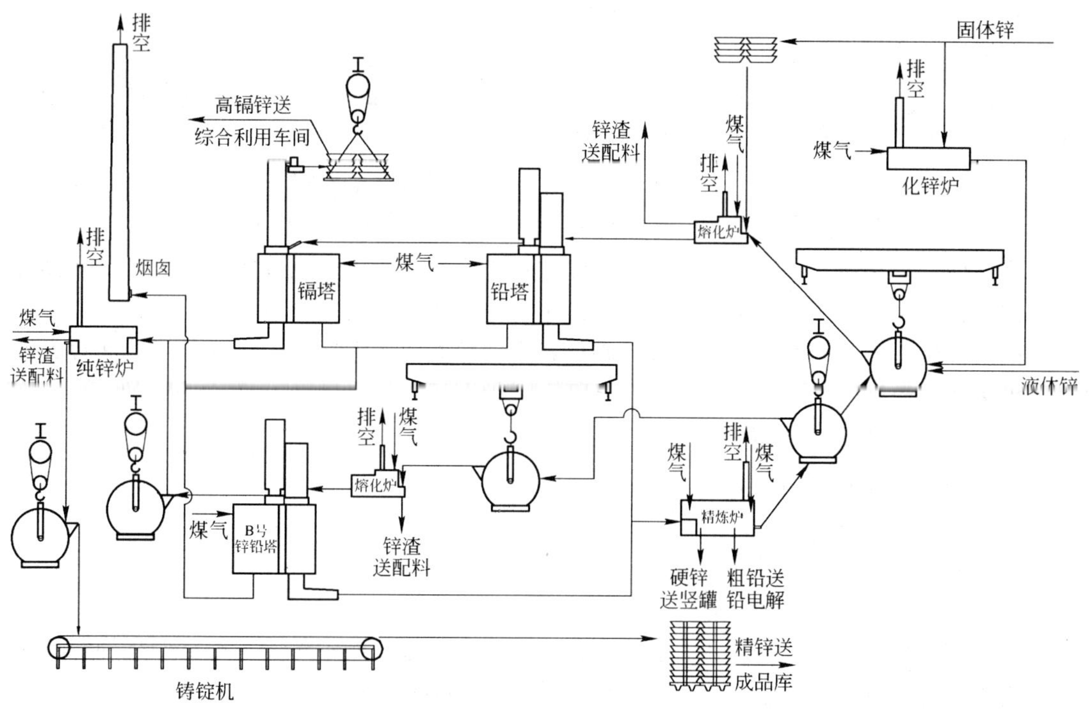

图 13-49 某厂精馏系统设备连接

表 13-42 是某些厂粗锌成分实例。

表 13-42 粗锌成分实例

厂 别	成 分	Zn	Pb	Fe	Cd	Cu	As	Sb	Sn	杂质总和
1 厂	质量分数/%	99.0	0.50	0.04	0.08	<0.005	<0.01	<0.02	<0.002	<1.0
2 厂	质量分数/%	98.6	1.25	0.013	0.1	0.002	0.028	0.002	0.001	<1.4
3 厂	质量分数/%	97.9	1.50	0.02	0.3	0.002	0.008	0.002	0.001	<2.1

C 对燃料要求

精馏塔的燃料可用天然气、发生炉煤气、石油尾气、重油裂解煤气、重油，有的工厂最新采用了恩德炉煤气，还有的小型工厂直接用煤作燃料。由于对精馏过程供热的稳定性要求较严格，因此在选用燃料时，除应因地制宜外，还应充分注意选用具有热值高、含尘（包括焦油）少、货源平稳、调节方便的燃料。另外，对燃料的压力或流量的稳定性有一定的要求，应避免频繁和大幅波动。目前，国内精馏塔多采用发生炉净化煤气，某厂对煤气的质量要求如下：煤气发热值大于 5440kJ/m^3；煤气中 CO 含量高于 25%；煤气含尘（包括焦油）低于 0.2g/m^3。表 13-43 是某厂精馏用煤气成分实例。

表 13-43 精馏用煤气成分实例

成 分	CO	H_2	CH_4	CO_2	O_2	N_2	H_2O	含尘/g·m^{-3}	发热值/kJ·m^{-3}
质量分数/%	28.2	9.0	2.5	3.0	0.5	52.5	2.5	0.14	6000

13.4.3.3 正常操作条件控制与调整

A 加料

加料操作是精馏生产中第一个主要环节，也是很关键的环节，直接影响到精锌产量和质量、炉体寿命，甚至关系到生产的安全性。因此，必须特别重视加料操作。粗锌加入精馏炉时要求均匀、连续、稳定、不断料。操作不当引起塔内压力骤升骤降，发生“涨潮”、“抽风”等异常现象，严重时会造成塔顶和冷凝器崩开及溜槽鼓开甚至塔盘裂漏。

要保证均匀、连续、稳定加料，需要注意：无论采用人工或机械加料方式加入液体锌或固体锌，都应尽可能保持熔化炉锌液面恒定，减少锌液面较大波动。

如果锌液面高，落差大，流速快，则加料多，锌液面低则加料少。避免锌液面较大波动，可采取下面措施：

(1) 缩短每次加料间隔时间；

(2) 固定每次加料数量；

(3) 投料速度慢；

(4) 保持锌锭干燥；

(5) 保持熔化炉四壁不挂渣。

锌液温度也是影响因素之一。温度高，流动性好；温度低则相反。根据所加原料的不同，熔化炉应控制不同的温度。正常时熔化炉温度：600~650℃；专加B号锌的熔化炉温度：630~680℃；大量加锌块时熔化炉温度控制在600~750℃。

保障供料系统畅通。应勤捞铅塔加料器方井液面浮渣，对自动给料器过道、出口及铅塔加料器锌封，避免长期不处理造成凝结或者堵塞现象。

熔化炉的温度通常用调节煤气量的大小来加以控制。当熔化炉温度过低时，应加大煤气量；反之，则减小煤气量。煤气调节无效可调整空气挡板开度。熔化炉渣的热传导性较差，因此，当炉膛温度过高，而锌液温度低时应扒出锌液表面的浮渣。

熔化炉生产实例见表13-44。

表13-44 熔化炉生产实例

项　目	一　厂	二　厂	维尔诺维茨厂	梅希姆公司
日加粗锌量/t·塔$^{-1}$	19~21	15~16	14~16	
加料方式	液体加料（采用杠杆针阀自动平衡给料箱）	固体加料人工定时定量	固体加料人工定时定量	固体加料采用加料机，锭重1.5t
燃料种类	净化煤气	净化煤气	净化煤气	重　油
液锌温度/℃	580~650	600~650	600~700	600~650
生产强度/t·(m^2·d)$^{-1}$	块料5.2~6.6 液料8~9	5~6（块料）	5~6（块料）	
储锌量/t·炉$^{-1}$	10~12	6~7	8.5	

铅塔产出的含镉锌在铅塔冷凝器冷凝后，经流槽流入镉塔加料器，然后经加料管流入镉塔，完成镉塔的加料。镉塔加料的连续均匀程度，除了直接受铅塔含镉锌产出稳定性制约外，还与铅塔冷凝器底座锌封、含镉锌流槽、加料器、加料管是否畅通有关。

B 精馏炉的温度控制

精馏炉的热量供应稳定是保障精锌产量、质量以及炉体寿命的重要条件，对其要求的严格程度远远高于蒸馏炉。精馏炉大多采用经预热的煤气作为燃料，对所使用的煤气的热值及压力的稳定性要求也极其严格，通常要求波动范围应小于5%。另外，加入塔内料量的稳定性和其成分也会影响到炉温的变化。因此，在热工操作过程中必须综合考虑所有影响因素，才能保证各项温度指标的完成。

铅、镉塔燃烧室和换热室各部温度和压力指标实例见表13-45。

表13-45 铅、镉塔燃烧室和换热室各部温度和压力指标实例

	项目		铅塔	镉塔
燃烧室	最高温度/℃		1300	1300
	温度	正常操作温度/℃	1050 ~ 1300	1000 ~ 1300
		允许波动温度/℃	<10 ~ 20	<10 ~ 20
		出口废气温度/℃	<1250	<1220
	压力	顶部煤气压力/Pa	±0	±0
		顶部炉气压力/Pa	-30 ~ -50	-30 ~ -50
换热室	温度	空气预热温度/℃	600 ~ 750	600 ~ 750
		煤气预热温度/℃	700 ~ 750	700 ~ 750
		换热室出口废气温度/℃	600 ~ 800	500 ~ 700
	压力	空气总道压力/Pa	30 ~ 50	30 ~ 50
		煤气总道压力/Pa	40 ~ 60	40 ~ 60
		煤气进换热室压力/Pa	180 ~ 220	160 ~ 200

精馏炉燃烧室内温度变化情况比较复杂，因而调节方法也各有不同，因人而异、因炉而异。下面介绍一些调温的基本原则和常用的操作方法。

热工调整的原则：

（1）当各炉燃烧室温度都有同样的变化时，应变动总条件（即煤气阀门和抽力挡板开度）。

（2）调整燃烧室的温度时，变动其中一个条件而在温度尚未准确反映具体情况以前，不同时变动第2个条件。

（3）炉内燃烧情况未能确定掌握以前，不能盲目调整，必须首先了解和掌握炉内燃烧的基本情况，才能采取相应的措施。

（4）经常了解加料和冷凝器保温窗开关情况，勤观察下延部流量情况。

在生产实践中，若精馏炉换热室和废气系统堵塞，不仅影响换热而且还会影响燃烧室温度。因此，应勤观察，在这些部位堵塞时及时扫除，保持废气畅通，这也是调整操作的重要组成部分。常用的燃烧室调整方法见表13-46。

表 13-46 精馏塔燃烧室调整方法

燃烧室上部	燃烧室下部	燃烧室直升墙	废气支道	调整方法
高	正常	正常	正常	关一层空气挡板
低	正常	正常	正常	开一层空气挡板
高	高	高	高	关煤气
低	低	低	低	开煤气
正常	低	高	高	开三层空气挡板
正常	高	低	低	关三层空气挡板
高	高	高	高	关抽力、关煤气
低	低	低	低	开抽力、开煤气

铅、镉塔冷凝器的温度直接关系到产品产量和质量，也是精馏生产及安全状态的标志，是调整操作的最重要指标。冷凝器直接与铅塔或镉塔相连，温度的高低直接受主塔的制约。加料量、燃烧室温度及冷凝器保温窗开关情况都是冷凝器温度的主要影响因素。调节冷凝器保温窗开关可以在一定程度上调节冷凝器的温度，也是比较快捷有效的方法之一。当冷凝器温度过高时，应打开保温窗，加速散热。当冷凝器温度过低时，应加强冷凝器保温。铅塔冷凝器温度一般控制在700～850℃，镉塔大冷凝器温度一般控制在850～900℃。实践中应根据粗锌含杂质和对精锌质量要求等情况，合理控制铅塔和镉塔冷凝器温度。

C 熔析精炼

铅塔中高沸点的杂质金属与馏余锌一起由铅塔下延部进入熔析炉，进一步进行熔析分离。由前面分析得知，熔析分离的关键因素是熔析温度和熔析时间。在操作中为了保证以上条件，必须做到制定严格的操作制度，控制熔析温度在450～500℃，有时候也会因为含杂质铅和铁的情况适当变化。通常情况下，熔析池温度太低，硬锌含铅高，硬锌发灰，严重时熔析池会凝死；温度太高，硬锌发白，B号锌含铁、铅高，造渣多。熔析时间过短，三者分离不好；时间过长，硬锌抓底。熔析较好的硬锌为蓝色针状结晶。熔析池和储锌池之间的过道也不允许淹没。否则，将使含铁、铅升高。两池之间隔墙不允许破坏，若连通，也将会造成B号锌与馏余锌混合，使B号锌含铁、铅高。对采用加铝除铁工艺的熔析炉，熔析池的上层是锌基铝铁化合物，中间层是硬锌，下层为粗铅。但是，生产实践中，必须根据粗锌含杂质及实际操作情况，及时掌握熔析炉内的熔析状态，找出捞硬锌、除铅、出B号锌的时间规律，并合理安排提温和降温时间。

由于铅塔馏余锌含有较多高沸点杂质及其化合物，而且随着在下延部的温度逐渐降低、氧化造渣等原因，很容易在铅塔下部或下延部出现堵塞现象，处理不当还会出现精馏塔爆炸等严重后果。因此，需及时疏通下延部，防止敞开下延部及造成下延部崩开、塔爆炸等。在生产过程中，要随时掌握铅塔加料量和馏余锌的流量变化，以便判断塔内情况。

D 出锌铸锭

自镉塔下延部流出的就是成品精锌。精锌流入纯锌槽后保温在580～640℃，再定时由放锌口放到精锌包子内，吊运至铸锭机铸锭。精锌铸锭是保证精锌物表质量的关键环节，合理控制好铸锭温度、保证搂皮质量和维护好铸锭设备便成为一项重要工作。精锌倒入锭模时，如果温度过高就会粘模，即锌锭难从锭模上脱掉、影响连续铸锭和易损坏铸锭模；如果锌液温度过低，凝固速度就会快，锌锭表面氧化皮除去困难，物表质量难以保证。在搂皮过程中，当锌液注入模后，用耙板将氧化渣搂至锌模一端的撮板附近，然后耙板和撮板配合将氧化渣从模中移出。搂皮时要求走板稳、起板稳、送渣准。根据锌液温度的高低，采用不同的搂皮手法。当锌液温度高时，可浅插板，慢起板；当温度低时，适当深插板，快走板。影响精锌物表质量的另一个重要因素就是铸锭设备的稳定运行。精锌铸锭大多采用直线式连续铸锭机，该设备运行稳定性要求较高，出现轻微振动就会导致精锌锭物表质量差，甚至产生废品。

13.4.4 特殊操作与故障处理

13.4.4.1 开炉

新砌筑或大、中修后的精馏塔，都要经过开炉升温达到操作指标后，才能进行正式生产，开炉工作基本上包括烘干、升温、加料三个步骤。

A 开炉前的准备工作

主要是检查供水、供电、供气设备是否良好，管路是否畅通，阀门、开关是否灵活好使。各种机械运输设备进行试车。检查各种控制仪表的测量范围、灵敏度、准确性是否满足生产要求。检查各岗位的安全措施是否齐全可靠。炉体验收，清扫、密闭精馏炉的各部位，需要保温、补刷 SiC 灰的部位及时保温、补刷。编制升温计划。锌精馏炉升温顺序见表 13-47。

表 13-47 精馏炉升温顺序及方式

部位	天数/d (1 2 3 4 5 6 7 8 9 10 11 12 13 14 15 16 17 18 19 20 21 22 23)	烘炉升温方式
塔体内部①	←→ 5℃/h 400℃	用简易燃烧室（木柴或煤），经下延部竖井引入塔内，由塔顶排出，使塔内水分排完在塔顶由镜面检查烟气，以无水气为准
塔体外部燃烧室（换热室）	← 烘烤 × 升温 1300℃ × 降温 900℃ →	用净化煤气由换热室顶部煤气总道口用木柴点火，烟气经煤气横道进入燃烧室，再经换热室从烟囱排出
烟气支道、总道及烟道	←→ 300℃	用木柴或煤气加热
熔化炉、熔析炉	←→ 650℃	先在池底烧木柴，然后烧煤气
下延部	←→ 900℃	除专设的简易燃烧室外，还可引煤气烘烤
精锌贮槽	←→ 650℃	先在池底烧木柴，然后烧煤气
冷凝器	←→ 650℃	引专设的煤气管嘴
加料器	←→	引专设的煤气管嘴

①塔体上部回流盘的升温方式有两种：一是将压密砖与塔体之间暂时留出一定间隙（40～50mm），使燃烧室的烟气上窜一部分至回流盘与保温套的间隙中进行加热；另一种方法是用专设煤气管单独加热。

B 烘塔盘、燃烧室和换热室

准备工作就绪后，就可以开始对系统各部位进行烘烤升温。其目的主要是除去耐火材料中的水分，稳定耐火材料性能，达到不裂不漏。操作顺序如下：

在精馏炉下延部后侧建小煤炉。将煤燃烧产生的废气由下延部升温、扫除口通入塔盘内。利用废气的热量干燥塔盘。然后，废气从塔顶排出。烘塔升温开始必须慎重。在100℃以下时，升温速度每小时2.5℃，防止水分蒸发太快，使塔盘灰缝出现空隙。在100～200℃时，升温速度每小时5℃。大于200℃时升温速度可以为每小时5～10℃。200℃以下采用煤和木柴，200℃以上时只用煤，严禁使用煤气。

在烘烤塔盘的同时，对新建的燃烧室和换热室也要进行烘炉。操作方法与烘塔盘类似，所用燃料为煤气。

C 燃烧室升温

燃烧室升温过程中，在600℃以下时，升温速度为每小时5℃；在600℃以上时，升温速度为每小时10℃。燃烧室温度900℃以下用净化煤气（又称小煤气）升温。900℃以上时用预热净化煤气（又称大煤气）升温，即煤气和空气需经换热室后，再进入燃烧室，燃烧升温。

小煤气点火升温。烘燃烧室的最终温度作为燃烧室升温的起始温度。点火操作如下：在煤气总道后引入煤气管嘴，塔燃烧室各层空气道全关。将升温煤气管道内空气赶净，使其含氧≤2%。在煤气总道后侧升温口处焊一个平台，用油布点燃平台上的木柴，稳定着火3～5min后给煤气。同时，轻微开启煤气和抽力拉砖，将废气引入燃烧室。煤气压力一般保持在700～800Pa。升温时，650℃以下要保持木柴明火，使木柴和煤气混合燃烧。要经常抹缝、堵漏，防止煤气过大，否则容易发生煤气放炮事故。燃烧室上、下部温度和换热室入口温度各呈一条直线（在温度仪表上可观察到），左右温差小于5℃，上下部温差小于60℃。图13-50所示为精馏炉塔体及燃烧室烘烤升温曲线。

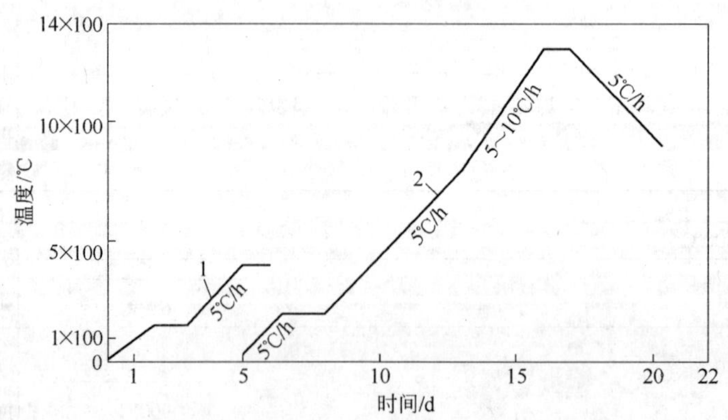

图13-50 精馏炉塔体及燃烧室烘烤升温曲线

1—塔体烘炉升温曲线；2—燃烧室烘炉升温曲线

换预热净化煤气（换大煤气）升温。当燃烧室温度在900～980℃之间、换热室进口温度大于500℃、换热室出口废气温度大于350℃时，就可以换送大煤气。操作如下：换大煤气之前先准备好工具和材料，执行机构齿轮脱出试车。操作时，稍开煤气拉砖，煤气拉砖开 150mm 左右。在煤气闸门方箱扫除口插入燃着的油布火把，然后调整抽力，使扫除口呈微负压。如果抽力过大，需先关抽力后点油布。

从蝶形开关两侧的扫除口加入木柴，稳定燃烧约 5～10min，将塔内空气赶净然后方可开煤气闸门送煤气。待煤气稳定燃烧着火后撤出火把和木柴，将扫除口封闭抹严。煤气闸门通常先开 3～4 圈即可。同时减少小煤气，在确定大煤气稳定燃烧后，迅速关闭小煤气，封闭煤气总道升温口。换大煤气要求燃烧室温度波动小于 30℃。4 个小时需将燃烧室上下左右温度调成一条线。换热室入口温度（即直升墙温度）也需调成一条线。升温过程中，左右空气拉砖、煤气拉砖和废气拉砖开关要均匀。燃烧室上下温度都达到 1100～1200℃时要恒温，要保持燃烧室上盖处呈正压，使塔盘砌筑的灰浆烧结。恒温 24h 后方可降温。降温时不能采取大煤气的方法。当温度降到约 900℃时恒温，准备加料。

D 回流塔升温

精馏塔的压密砖多为冷装压密砖。对于冷装压密砖的精馏塔采取两段升温方式。在燃烧室送小煤气点火升温时，回流塔也点火升温。升温过程中要经常检查保温套严密情况，及时抹缝堵漏，防止冒火烧坏保温套。各部位温差小于 50℃。

除此之外，其他如冷凝器、下延部等，都在不同时期用木柴和煤气升温。新建的还要烘烤。

E 加料

在各部位烘烤升温完成、燃烧室经降温至约 880℃，并恒温 10h 左右后，便可开始加料。加料前要作好一切准备工作。主要准备工作有：安装溜槽、加料管，用煤气烘烤加料器和自动给料器至烧红状态；熔化炉装满锌液（要防止锌液过满溢出流入塔内）；用精锌填装铅塔冷凝器底座，使其熔化封住底座锌封；用高镉锌封住小冷凝器底座锌封；安装自动给料器的控制器；准备升温所用各种工具、材料等。除此之外，还需要全面检查技术条件，保证升温要求。尤其是主塔温度和回流塔必须保持在 800～900℃。熔化炉内锌液温度控制在 650～750℃，降低锌液与塔盘之间的温度差。加料操作如下：

（1）用烟气量大的燃烧物，如油毡纸或木柴等，从下延部点燃（此时可把下延部升温煤气关死），待塔顶冒浓烟约 5min，将空气赶走后快速取出可燃物，尽快封闭下延部，避免再漏进空气。同时向塔体供料。

（2）锌液进入加料口后捞出浮渣及杂物，将预热好的盖板打灰、盖好，然后抹好，用煤气点火加热至正常为止。加热约半小时后，料量从小至大，逐渐达到规定的料量。一般情况下铅塔第一个班加料量为 900～1625kg/h，以后每班增加 400kg，直到正常生产料量为止。

（3）精馏塔加料后，主塔燃烧室温度仍保持约 880℃温度。经过 1 个小时后，料流到达塔中部以下时，燃烧室开始以每小时 10℃的速度提温，当下延部见锌后快速提温。2～2.5h 内燃烧室温度达到 1050℃。以后，根据冷凝器温度相应提高主塔燃烧室温度，一直到正常生产指标。

（4）下延部见锌后将锌引入熔析炉方井中，进入熔析炉；镉塔下延部见锌后将锌引入纯锌槽。下延部见锌时间可按下式计算：

下延部见锌时间 =（蒸发盘存锌量 + 回流盘存锌量 + 下延部存锌量）÷
小时加锌量 + 开始加料时间

还可以通过下延部温度上升趋势判断是否见锌、何时见锌。

(5) 随着燃烧室温度的不断升高，液锌会不断蒸发。当塔顶冒出大量锌蒸气时就可以封塔顶并保温，然后密封溜槽。将锌蒸气导入铅塔冷凝器，最后封闭铅塔冷凝器。对镉塔而言，当大冷凝器顶冒出大量锌蒸气时，封大冷凝器顶部扫除口和溜槽并保温，将锌蒸气引入小冷凝器，最后加以密封。

13.4.4.2 停炉

A 熔化炉

停炉前将炉膛渣扒净，锌液面放到最低。掏净自动给料器内锌液，停止向塔体供料。如果是大修，需将炉膛锌液放干净后再关煤气自然降温。如果是中修，炉膛内锌液可不放出，降温速度为5~10℃/h，当降到400℃以下时，关死煤气及抽力拉板，使其自然降温。最后封闭各个扫除口、炉门及加料口。

B 燃烧室

停止向塔加料约两小时后，燃烧室开始降温，停塔降温采用逐步减少燃烧室的煤气量来降低塔内温度。降温时，先减空气，后关煤气。燃烧室降温速度为5~10℃/h。当燃烧室上部温度降到800℃时，应将进口煤气闸门关死，进行自然降温。在停止对燃烧室的煤气供应后，把炉体各部位密封。当温度大于700℃不能按计划指标降温时，可打开燃烧室上盖煤气观察孔；燃烧室上部温度大于400℃不能按计划指标降温时，可打开燃烧室下部人孔和炉门；当燃烧室上部温度大于200℃不能按计划指标降温时，可打开燃烧室废气支道扫除口。

C 精馏塔

铅塔停止加料约8h后，将冷凝器底座和流槽内的含镉锌掏净，均匀加入镉塔。停止加料约20h后，将下延部内的锌及镉塔小冷凝器底座里的高镉锌掏净。

D 熔析炉

停炉前掏净硬锌及出铅，降温速度为5~10℃/h。如果大修，将炉内锌和铅全部放出后，关闭煤气。

E 纯锌槽

对于中修塔，纯锌槽内的锌液面放至最低即可。如果大修，则将精锌全部放出后再降温。

13.4.4.3 热补塔和扫除

精馏塔在生产一段时期后，塔盘易出现裂纹，从而使液体锌或锌蒸气漏入燃烧室而燃烧，产生大量的氧化锌，不仅堵塞废气系统，使燃烧室的温度控制困难，更主要的是会造成很大的金属损失：

(1) 补炉灰配料比：0.176mm（80目）黏土10%和0.176mm（80目）SiC灰90%均匀搅拌，用10%的工业磷酸（浓度85%）加90%净水调和。

(2) 调剂好补塔用灰浆和碱。

(3) 先把塔漏部位的氧化锌铲干净，同时把纸浸入水中。

(4) 把湿纸铺在铲子上→敷SiC灰泥→上面涂一层碱。

(5) 往塔体漏的部位贴，并加压烧5min左右。慢慢将铲子拿出来。如果没补上，铲掉重补，如果补上了，用石棉板挡上补炉门，观察一段时间，效果确实好，则封堵炉门，并用泥浆刷好缝。

在生产中，系统中某环节出现不畅通时就要进行扫除操作。扫除时既要准确、迅速，尽量降低对塔体温度的影响；又要保证工具完好，确保产品质量。在实际生产中，为使锌镉充分分离，要经常对镉塔回流塔及冷凝器进行扫除，扒出氧化渣。镉塔回流塔上部结构见图 13-51。镉塔回流塔冷凝器扫除部位及操作顺序为：

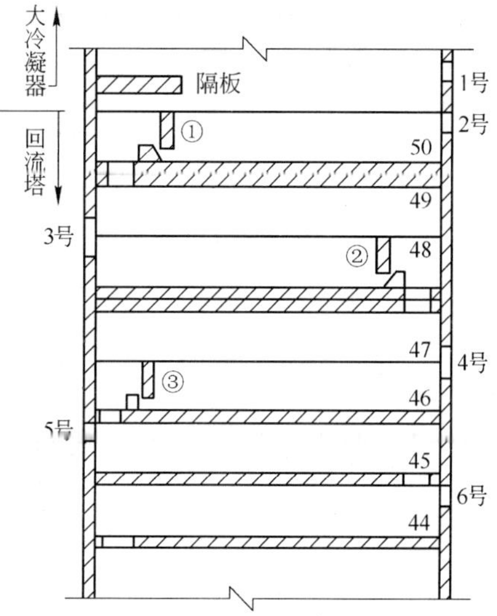

（1）扫除部位：1 号、2 号、3 号眼，冷凝器顶部及隔板。

（2）扫除顺序：1 号眼→2 号眼→冷凝器→1 号眼→2 号眼→3 号眼或 2 号眼→冷凝器→1 号眼→2 号眼→3 号眼。

扫除镉塔回流塔冷凝器时要求工具完好，工具上砍掉疙疤，然后刷 SiC 灰浆。操作时动作迅速，工具见红就换。扫除完毕再检查工具是否完整无缺。

图 13-51 镉塔回流塔上部结构示意图
①～③—塔盘内隔板

扫除操作时严禁使用铜质或铅质工具，一般应避免使用铁质工具。如果非使用铁质工具不可，必须注意做到：工具必须完好无损；铁质工具达到红热温度时不得连续使用，及时更换；严禁将铁质工具掉入熔化炉、加料器、冷凝器、回流塔、下延部、方井、熔析炉、纯锌槽及液体锌包内，如果不慎掉入，必须尽快捞出。

13.4.4.4 煤气中断

煤气中断时应注意如下几点：

（1）煤气总道压力最低不能小于 50Pa，接近或低于 50Pa 时，应立即关死煤气，防止回火爆炸。

（2）立即关总抽力和各塔废气支道挡板。

（3）若停气 1h 以上时，进行闷炉操作，同时加料器、加料管、冷凝器底座、熔化炉、精炼炉、保温炉、纯锌槽等部位，用木材加热以免出现其他故障。

（4）如果煤气压力大于 200Pa，可适当开大煤气，适当开抽力。

（5）来煤气之后，先开抽力，将炉内混合气抽净后再供给煤气、空气。当煤气压力达到 400Pa 时，将各塔废气挡板恢复到原来位置。

13.4.4.5 其他异常情况处理

精馏作业过程异常情况产生的原因及处理措施见表 13-48～表 13-50。

表 13-48 加料及熔化操作异常情况处理

情 况	原 因	措 施
仪表显示熔化炉温度高	煤气开的大 电偶套管未插入锌液 电偶未插入套管底部	调小煤气 重新装好套管电偶 将电偶插入套管底部

续表 13-48

情况	原因	措施
仪表显示熔化炉温度低	煤气量过大，不完全燃烧 煤气量过小 炉膛内锌渣多	适当调整煤气使用量，使之完全燃烧 增大煤气使用量 扒净锌渣
铅塔加料器涨潮	加料器锌封堵塞 加料器内锌渣多造成堵塞 加料管堵塞 铅塔冷凝器底座锌渣多 铅塔冷凝器温度过高 铅塔燃烧室温度过高 燃烧室提温过快	扫除加料器锌封 揭开盖板扫除 扫除加料管，严重时更换加料管 扫除冷凝器底座 打开保温窗或铲掉挂壁锌，联系调整工 联系调整工处理 联系调整工，防止提温过快
铅塔加料器抽风	加料量突然增大 特殊操作时燃烧室温度下降过多	调节加料量至正常 加强铅塔加料器的保温，适当提高锌液的温度，并报告班长处理
镉塔加料器涨潮	燃烧室温度过高 冷凝器温度过高 回流塔及保温套堵塞 加料器及加料管堵塞 加料不均匀 铅塔冷凝器锌粉多 故障处理后提温过快	燃烧室适当降温 打开保温窗 扫除 扫除 调整加料量 扫除 按规定提温
镉塔加料器抽风	锌液温度低 流量变化 燃烧室温度低 回流塔、加料器、加料管堵塞 保温套堵塞	提高锌液温度 控制流量至正常 保温和提温 扫除 扫除

表 13-49 热工调整操作异常情况处理

情况	产生原因	处理方法
铅塔、镉塔冷凝器温度低	(1) 燃烧室温度低； (2) 大冷凝器保温不好； (3) 回流塔保温不好	(1) 提温； (2) 强化保温； (3) 强化保温
精锌含镉高	(1) 原料含镉高； (2) 镉塔冷凝器温度低或燃烧室温度低； (3) 小冷凝器流槽堵或小冷凝器锌渣多； (4) 镉塔回流塔堵或回流塔保温套堵； (5) 加料器抽风氧化镉被锌流携带下来	(1) 与上道工序联系，降低原料含镉； (2) 调整至正常指标，调整后温度不达标须汇报班长和调度处理； (3) 扫除； (4) 扫除； (5) 均匀加料，防止加料器抽风

续表 13-49

情 况	产 生 原 因	处 理 方 法
精锌含铅高	(1) 铅塔燃烧室温度高; (2) 铅塔回流塔保温套不畅通; (3) 铅塔塔顶盖板开的小; (4) 加料不均匀; (5) 燃烧室下部温度及直升墙温度超高; (6) 原料含铅高	(1) 调整燃烧室温度; (2) 扫除; (3) 调整塔顶盖板; (4) 监督检查熔化工加料; (5) 调整直升墙和下部温度; (6) 与上道工序联系，降低原料含铅量

表 13-50 熔析精炼操作的异常情况处理

部 位 名 称	造 成 原 因	处 理 方 法
大池硬锌抓底	出铅过多	(1) 提温; (2) 提温后加铅; (3) 用钎子挑
精炼炉方井“涨潮”	(1) 方井硬锌或锌基铝铁化合物多，过道堵; (2) 大池温度低，硬锌或锌基铝铁化合物多; (3) 铅液面高; (4) 大、小池液面高	(1) 捞出方井硬锌或锌基铝铁化合物，疏通方井过道; (2) 提温，捞硬锌或锌基铝铁化合物; (3) 定期出铅; (4) 及时出 B 号锌
下延部往外冒火或喷气	(1) 气封与液封“马鞍”之间存锌少，“马鞍”损坏; (2)“马鞍”处下延部底部裂纹形成“暗道”，液锌走便道; (3) 气封损坏裂缝; (4) 塔内压力大	(1) 检修下延部; (2) 修补气封; (3) 调整燃烧室温度，增加回流量
下延部堵塞，无流量（加料和燃烧室温度正常）	(1) 气封堵; (2) 液封“马鞍”挂渣; (3) 气封与液封之间的硬锌或锌基铝铁化合物过多，使气封堵; (4) 下延部、流槽进空气，氧化堵死	扫除

13.4.5 精馏过程中间产品的处理

锌精馏的主要产品是精锌，中间产物有 B 号锌、粗铅、硬锌、锌渣及高镉锌等。表 13-51 是精馏产物化学成分实例。

表 13-51 精馏产物化学成分实例 （质量分数/%）

名 称	Zn	Pb	Fe	Cd	Cu	Sn	As	Sb
精馏锌	99.99 ~ 99.997	0.002	0.0015	0.0018	0.0015	0.0008	—	—
B 号锌	98 ~ 98.9	0.8 ~ 1.8	<0.03	<0.0001	0.003 ~ 0.005	<0.005	<0.01	0.04 ~ 0.1
硬 锌	90 ~ 95	2 ~ 3	2 ~ 4	<0.01	0.044	0.0015	0.0015	0.14
高镉锌	80 ~ 85	<0.002	<0.001	15 ~ 20	<0.0005	<0.001		
粗 铅	1 ~ 5	约98						
锌 渣	70 ~ 80	0.45 ~ 0.92	0.05 ~ 0.08	0.01 ~ 0.03		0.01 ~ 0.06		

13.4.5.1 B 号锌

由铅塔下延部排出的液体锌进入熔析炉，经熔析精炼后可得到B号锌。在铅塔生产中下延部排出物的产出率通常为20% ~35%，有的根据原料品位及精锌质量特殊要求产出率控制在40% ~50%。B号锌通常占下延部产出物的92% ~96%。B号锌根据工厂生产规模的不同，可以返回铅塔再进行精炼，一般是在单独的铅塔（又称B号锌塔）中精炼直接得到精锌或用它来生产优质氧化锌与细锌粉。表13-52是B号锌成分实例。

表 13-52 B 号锌成分实例

牌 号	成 分	Zn	Pb	Fe	Cd	Cu	Sn
1	质量分数/%	98 ~ 98.9	0.9 ~ 1.8	0.03 ~ 0.1	<0.0001	0.003 ~ 0.005	<0.05
2	质量分数/%	98.9	1.05	0.018	<0.0001	0.0051	0.0047

B号锌塔产出的高纯锌蒸气可生产优级氧化锌。将B号锌塔锌蒸气从塔上部引进氧化炉，锌蒸气通过氧化炉分配室顶部的喷射孔进入氧化室，在氧化室内被吸入的空气氧化成氧化锌，氧化锌再通过管道表面冷却器后经布袋收尘器收集。

B号锌塔产出的高纯锌蒸气也可以引入一密闭冷却箱内急冷，可以产出各种粒度牌号的金属锌粉。

13.4.5.2 粗铅

粗铅位于熔析炉的最底层，粗铅品位根据原料含铅量及熔析条件而异，通常铅含量为94% ~98%。表13-53是某厂粗铅成分实例。

表 13-53 某厂粗铅成分实例

成 分	Pb	Zn	In	Cu	Fe	Tl	Sn
质量分数/%	95 ~ 96	2 ~ 3	0.3 ~ 0.5	0.01	0.05	0.01 ~ 0.02	0.5

粗铅中含有少量的铟，铅对铟有良好的富集作用。在精馏塔1200℃的温度下，铟的蒸汽压很小，在铅塔中几乎不蒸发，而是与其他高沸点的金属（铅等）一起进入铅塔的熔析炉，然后借助铅对铟的良好捕集作用富集于粗铅中，可以达到粗锌富集率的110倍，成为重要的铟富集物。某厂锌精馏熔析分离得含铟粗铅成分为：In 0.5% ~1.2%，Pb 94% ~96%，Zn 1% ~3%，Fe 0.05% ~0.1%，As 0.02% ~0.1%。由于炼锌使用的锌精矿不同，因而粗铅中含铟量波动较大，一般在0.2% ~1.4%左右。含铟高的粗铅可直接回收金属铟，含铟低的粗铅可送铅精炼车间进行精炼或作为鼓风炉的补充铅，也可作为铟富集的

补充铅。锌精馏过程铟、锗的平衡见表 13-54。

表 13-54 锌精馏过程铟、锗平衡

加入					产出				
%	锗品位	锗分配	铟品位	铟分配	%	锗品位	锗分配	铟品位	铟分配
粗锌	0.012	100	0.0015	100	精锌			0.0001	2.32
					硬锌	0.34	64.10	0.1270	39.15
					粗铅			0.4600	55.98
					锌渣	0.12	34.55		
					高镉锌	0.0005	0.10		
					损失		1.25		2.55
合计		100		100	合计		100		100

某厂精馏粗铅提铟的工艺流程图见图 13-52。

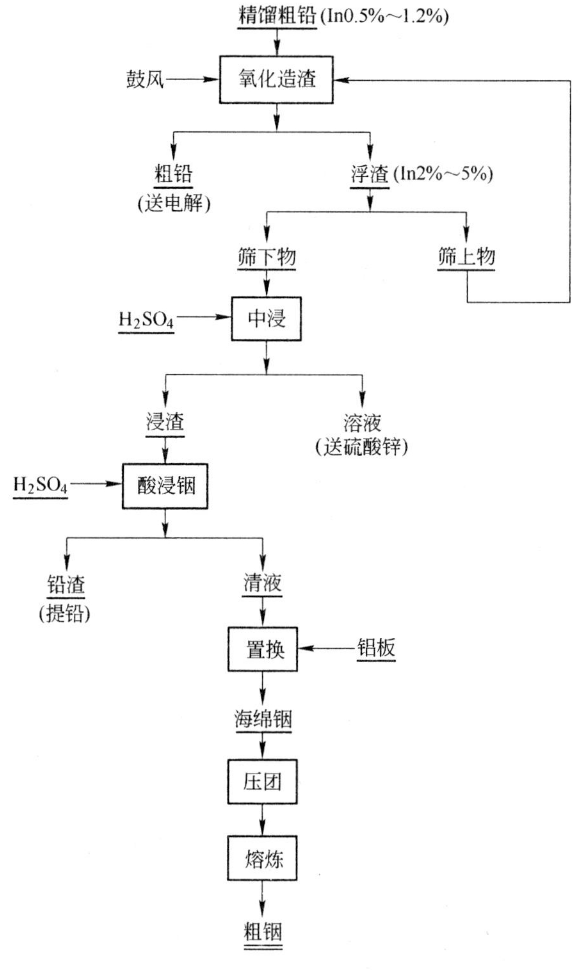

图 13-52 精馏粗铅提铟的工艺流程

13.4.5.3 硬锌

从熔析炉产出的硬锌是锌铁化合物形成的针状海绵体结晶，硬锌产出率一般为加入锌量的0.3%~1.2%。当粗锌中含锗和铟较高时，硬锌中会富集少量的锗和铟，硬锌对铟的富集率是粗锌富集率的3倍左右。硬锌是重要的提锗和铟的原料。表13-55是某厂硬锌成分实例。

表13-55 某厂硬锌成分实例

项 目	Zn	Pb	Fe	Ge	As
铅塔硬锌	75~89.97	2.01~14.9	0.51~2.36	0.26~0.51	0.5~2.25
B号塔硬锌	68.70	16.16	1.89	1.38	3.85

我国工厂通常采用电炉工艺和真空炉工艺提取硬锌中的铟和锗。经X射线衍射确定，硬锌中所含的全部铅和绝大部分锌是以单质存在，并检出$FeGe_2$、AgIn、Ag_4In。硬锌密度$6.55 \sim 7.6 \times 10^3 kg/m^3$，熔化温度700℃左右。分离主要是依据各组元蒸汽压的差别，通过加热蒸馏其中的锌以达到富集Ge、In的目的。真空炉处理硬锌工艺流程如图13-53所示。

另外，还有硬锌电解等法回收锗、铟等金属。贫铟、锗硬锌可以送火法炼锌系统生产粗锌或锌粉、氧化锌等。

13.4.5.4 锌渣

锌渣化学成分见表13-51。锌渣通常返回火法炼锌配料系统或生产硫酸锌等，有的工厂还对锌渣中的锗进行回收，某厂锌渣含Zn 60%~75%，Ge 0.12%，该厂酸浸流程生产锗精矿流程如图13-54所示。

13.4.5.5 高镉锌

镉塔上部大部分未冷凝下来的镉及部分锌进入小冷凝器冷凝，形成Cd-Zn合金，即高镉锌。高镉锌的产出率及镉品位与原料含镉量及镉塔生产强度有关。产出率一般为0.6%~2%，含镉5%~20%。高镉锌通常用作生产精镉的原料。

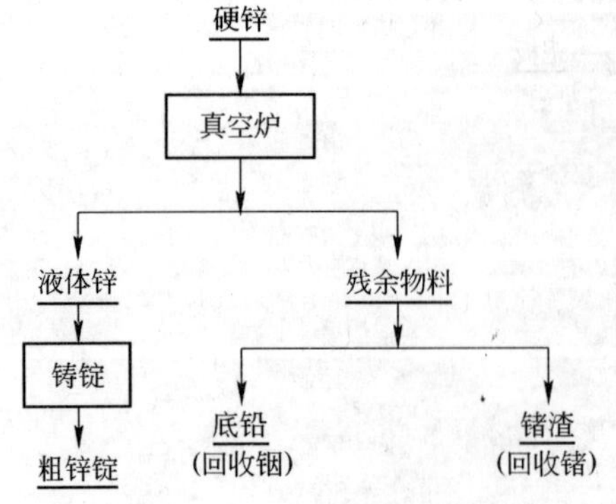

图13-53 真空炉处理硬锌工艺流程

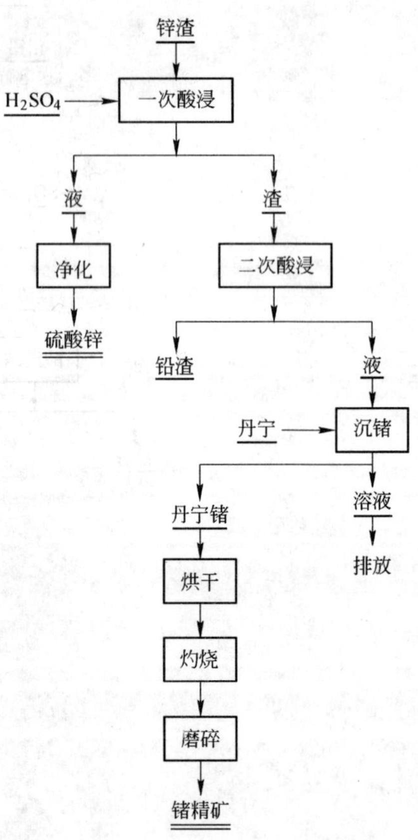

图13-54 酸浸流程生产锗精矿工艺流程

锌精馏系统中有价金属的回收越来越受到各个工厂的重视，也逐渐成为其利润增长点。因此，探索提高各有价元素的综合回收率仍然是一个重要的课题。

13.4.6 产品质量与技术经济指标分析

13.4.6.1 精锌质量

通常精馏法炼锌能够产出含锌99.995%的高纯锌，产品质量稳定。但是，生产中要特别注意工艺条件的控制、工具的使用和外来杂质的侵入。精锌中杂质铅的含量高主要是由于铅塔温度过高、回流塔散热差、原料含铅高等因素影响。杂质镉的含量高主要是由于镉塔温度低，回流效果差、扫除不及时和原料含镉高等因素影响。杂质铁的含量高则主要是工具使用不当和外来带入等因素影响。锌锭的化学成分见表12-151（GB/T 470—1997 锌锭的化学成分）。

另外，对精锌表面质量通常也有较严格的要求：精锌锭表面无飞边、无大耳、无浮渣、无冷隔层、无夹杂物、无表面污染等。

13.4.6.2 技术经济指标

A 生产能力

精馏炉的生产能力一般是以塔组每日生产的精锌量表示，但也有用生产的精锌和B号锌的总量表示的。表13-56是三塔形组塔的塔壁工作强度和生产能力实例。

表13-56 三塔形组塔的塔壁工作强度和生产能力

项 目	单 位	某 厂	某 厂	某 厂	某 厂
塔盘（长×宽×高）	mm×mm×mm	990×457×165	990×457×165	990×457×165	990×457×165
塔盘块数	块	53	38	50	53
蒸发塔盘	块	32	20	29	32
回流塔盘	块	21	18	21	21
塔体有效加热面积	m^2	12.89	8.434	10.64	12.89
铅塔日加料量	t/d	15.2	13	15.6	21
铅塔塔壁工作强度	$t/(m^2 \cdot d)$	0.9~0.95	1.33	1.1	1.18~1.29
镉塔塔壁工作强度	$t/(m^2 \cdot d)$	1.8~1.9	2.44	2.186	2.33~2.41
塔组生产精锌	t/d	23~24	20	22	28~31
精锌纯度	%	99.996	99.992	99.994	99.998
精锌直产率	%	78~80		95.7	70~75
总产出率	%	94~96	96		94~95

精馏炉的塔龄和运转率也是生产能力的重要影响因素。塔龄一般指两次塔盘拆修（中修）之间的工作时间。一般铅塔塔龄为18~24个月，大型塔应在2年以上，镉塔塔龄稍长，B号锌塔最短，约10~12个月。有的工厂的塔龄可能会更短些。塔龄降低的主要原因是粗锌含铁过高、熔析效果不好、加料不稳、加料量过大、塔盘质量差、砌筑质量差及升温过快等。精馏炉运转率是指扣除检修和停、开塔时间的实际年生产天数与日历天数之比。一般运转率为88%~91%。

B 产出率

精锌直接产出率随粗锌杂质含量、精锌品级和塔壁工作强度的不同而变化。表13-57

是某些工厂精锌及其他产物产出率实例。

表 13-57 精锌及其他产物的产出率

项 目	一厂	二厂	三厂	四厂
铅塔塔壁工作强度/$t\cdot(m^2\cdot d)^{-1}$	1.2	1.0	1.1	
精锌直接产出率/%	70	78.94	68~73	50~60
B号锌产出率/%	25~30	20~22	26~33	
硬锌产出率/%	0.8~1.2	0.94~1.1	0.33~0.6	
高镉锌产出率/%	1~1.5	0.6~0.9	0.68~1.29	
精锌总产出率/%	95	96	93.7~95.69	

C 金属回收率

精馏过程的操作和管理是影响回收率的主要因素，如：

(1) 精馏塔塔盘裂漏，锌液和锌蒸气漏入燃烧室后无法完全回收损失。

(2) 压密砖损坏或燃烧室上盖灰缝不严密，压密砖锌漏入燃烧室损失。

(3) 熔化炉、熔析炉等温度过高，造成锌氧化损失或在扒渣时飞扬损失。

(4) 处理回流塔、冷凝器、下延部等特殊操作时金属氧化物损失。

(5) 中间物料搬运损失。

锌回收率一般为99%~99.3%，铅回收率98%~99.9%，镉回收率98%~99%。表13-58是精馏炉锌回收率实例。

表 13-58 精馏炉锌回收率

项 目	一厂	二厂	三厂	四厂
年产精锌量/$t\cdot a^{-1}$	54000	8044		7610
锌直收率/%	70	78.94	79.77	68~73
锌总回收率/%	99~99.3	99.36	99.18	99.12

D 消耗指标

表13-59是精锌单耗指标实例。

表 13-59 精锌的单耗指标

项 目	一厂	二厂	三厂	四厂
煤耗/$t\cdot t^{-1}$	0.4~0.5	0.58（无烟煤）	0.7	0.5（焦炭）
粗锌消耗/$t\cdot t^{-1}$	1.04	1.053	1.038	1.045
电力单耗/$kW\cdot h\cdot t^{-1}$	7	71	71	13~14
蒸气消耗/$t\cdot t^{-1}$	0.2			
水消耗/$t\cdot t^{-1}$	0.3~0.32			

13.4.7 锌精馏炉的改进及锌精馏工艺的发展方向

13.4.7.1 锌精馏炉的改进

几十年来，国内厂家对锌精馏工艺、设备不断改进，其操作指标不断提高，达到了较高的水平。具体表现在以下几个方面。

A 塔盘规格改进

目前塔盘规格已从小型盘发展成为大型盘多个系列品种（表 13-60 中列出部分塔盘型号），可适应不同原料、不同产量、不同用途的需要。特别是韶关冶炼厂和葫芦岛锌厂分别于 1986 年和 1987 年自行研制成功 1260mm ×620mm 和 1372mm ×762mm 大塔盘，使锌精馏塔的产量、质量、能耗及炉体寿命都飞跃提高。

表 13-60 国内几种类型铅塔的技术经济指标

序号	项目	单位	塔盘尺寸/mm × mm × mm			
			600 ×300 ×90	990 ×457 ×165	1260 ×620 ×190	1372 ×762 ×190
1	加热段蒸发盘块数	块	30	30	26	30
2	加热段加热面积	m^2	4.164	13.080	17.261	22.719
3	生产能力	$t/(m^2 \cdot d)$	0.7 ~0.85	1.05 ~1.15	1.2 ~1.4	1.3 ~1.5
4	精锌能耗(标煤)	t	0.561	0.484	0.456	0.43
5	塔体寿命	月	8 ~10	11 ~13	15 ~20	24 ~30
6	运转率	%	83 ~85	88 ~90	90 ~92	93 ~95
7	精锌质量		0 号、1 号	0 号、1 号	0 号、1 号	0 号、1 号

B 塔盘的制作方式的改进

国内某锌厂首先对碳化硅塔盘采用机械成型，加之对塔盘配料的调整，使塔盘的各项理化性能指标得到了很大提高，详见表 13-61。另外，在塔盘的二次加工方面，国内南方某锌厂采用机械打磨、平口，降低了工人劳动强度，提高了塔盘二次加工的成品率和质量。塔盘制作的改进，带来了精馏炉产量的提高，延长了炉体寿命。

表 13-61 几种材质制品的理化指标对照

指标 \ 品种		机械成形黏土结合碳化硅塔盘	手工成形黏土结合碳化硅塔盘
SiC/%	(不小于)	88	88
SiO_2/%	(不大于)	9	10
Al_2O_3/%	(不大于)	1.0	1.5
Fe_2O_3/%	(不大于)	1.0	1.0
游离碳/%	(不大于)	1.0	1.0
体积密度/$g \cdot cm^{-3}$	(不小于)	2.7	2.6
显气孔率/%	(不小于)	12	16
耐压强度(20℃)/MPa	(不小于)	190	100
抗折强度(1200℃ ×0.5h)/MPa	(不小于)	40	30
导热系数 (1000℃)/$W \cdot (m \cdot K)^{-1}$		15.9	12
热膨胀系数		4.5×10^{-6}	4.5×10^{-6}

C 锌精馏生产过程中的机械化、自动化程度的提升

目前已基本实现精馏塔加料、锌液运输、温度控制、精锌铸锭及码垛捆扎的机械化和

自动化。

13.4.7.2 锌精馏工艺的发展方向

目前，锌精馏工艺附属设备的机械化和自动化工作进行得较好，工作集中在精馏炉设备的改进提高上，这是锌精馏工艺节能降耗的关键所在。精馏炉未来的发展方向主要有3个方面：塔盘大型化；燃烧系统实现自动化；进一步提高烟气的余热回收。

A 精馏炉塔盘普及大型化

实践证明，大塔盘具有系统稳定、生产能力大、煤耗低、塔体寿命长等特点。精馏炉的特点决定了对塔盘的材质要求主要是“三高一低”，即高导热、高体密、高强度、低气孔率。大塔盘更是如此。随着耐火材料的发展，对塔盘材质“三高一低”的要求将更高。

B 燃烧系统实现自动化

目前精馏炉燃烧系统的主要形式为燃料气集中一次性供给，助燃空气靠系统负压自然抽吸分段（三段或四段）给进，整个燃烧过程为全炉扩散式燃烧。其特点是整个燃烧室内的温度分布基本保持均衡。但是这种燃烧系统存在着很大弊端，在燃烧室内燃烧无法保证完全，加之燃料往往供给过量，使燃烧室与换热室之间的直升墙温度高，也直接造成了无效烟气量增加，热能损失大。同时，这种燃烧方式无法实现燃烧调整的自动化。

鉴于此，目前该系统正在进行的一个改进研究方向是，在燃烧室采用多点分布小负荷燃烧器，燃料气和助燃空气都实现强制供给，在实现燃烧室内温度分布均匀的同时，燃料和空气都处于可控可调状态，实现整个系统自动控制，使燃烧最优化。

C 进一步提高烟气的余热回收

精馏炉目前基本采用陶土质筒子砖换热室，热平衡测试表明，这种换热室的换热效率为36%～44%，烟气排出温度为450～550℃，漏气率25%～35%，随烟气带走热量占炉子总供给量的30%～35%，能量损失很大。

为此，采用新型耐热金属材质换热器和新型的换热方式，降低漏气率，提高换热效率就成为精馏炉改进中的一个方向。

（撰稿 郭天立 朱 威 李国伟）

13.5 国内火法炼锌典型生产案例

13.5.1 葫芦岛锌业股份有限公司

葫芦岛锌业股份有限公司火法炼锌系统包括竖罐炼锌系统、密闭鼓风炉炼铅锌系统，公司的竖罐炼锌始建于1937年，经过几代工程技术人员的不懈努力，近年来技术不断完善，尤其是特大型竖罐蒸馏炉的研制，大幅度地提高了单罐的产能，降低了吨锌能耗；精馏大塔盘的应用，提高了单炉的产量、降低了能耗、延长了炉龄；焦结系统烟气收尘的改造，提高了有价金属的综合回收，改善了环境；竖罐残渣用做富氧顶吹熔池熔炼粗铜系统的燃料等。各种新工艺的应用，使竖罐炼锌系统的总体技术水平已远远超过西方国家竖罐炼锌史上的最高水平。

13.5.1.1 工艺流程

葫芦岛锌业股份有限公司竖罐炼锌系统的工艺流程见图13-55。

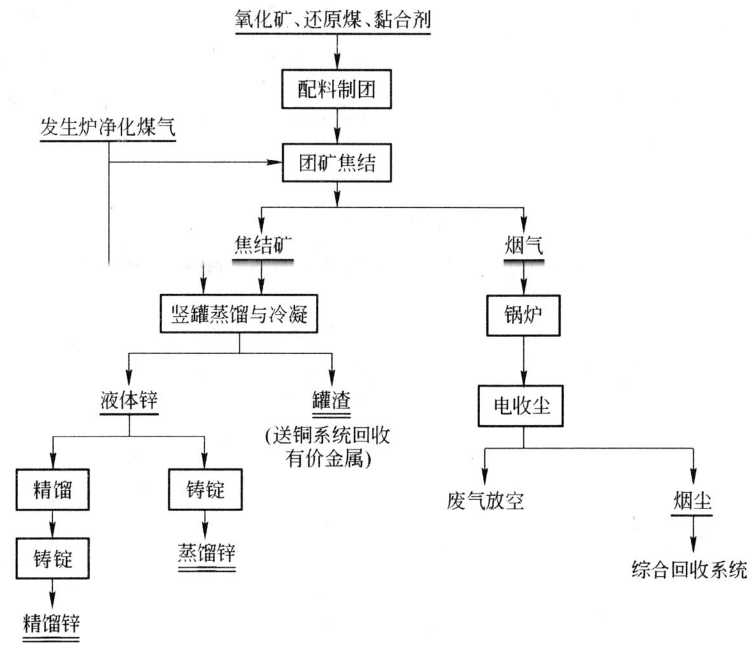

图13-55 竖罐炼锌工艺简要流程

13.5.1.2 主要工序

A 制团

制团是将洗煤（经过预先干燥）、黏合剂、混合矿、返回物四种原料经过配料、棒磨、碾磨、压团、团矿干燥等工序生产出合格团矿的过程。制团工序的主要设备、工艺指标、原料质量标准及团矿产品质量见表13-62～表13-64。

a 主要设备

表13-62 制团工序主要设备

主要设备	干煤机	棒磨机	碾磨机	压团机
生产能力/$t \cdot h^{-1}$	25	37	7.5～12.5	10
电机功率/kW	75	400	260	22

b 工艺指标

工艺指标如下：

配料比：焙烧矿52%～60%；还原煤29%～33%；返回物2%～10%；黏合剂（干量）5.8%～6.5%

团矿干燥周期：5～7天

团矿干燥温度：中温70～100℃；高温100～130℃

c 使用原料质量标准

表 13-63 制团原料质量标准

混合矿	Zn≥54%	Pb≤1%	Cd≤0.07%	S<1.0%	水分≤1.0%
黏合剂	密度≥1.280×10^3kg/m^3				
洗 煤	固定碳≥59%	灰分<13%	硫<1.0%	挥发物26%~29%	
	焦结性≥6	胶质层：X=20~25，Y=23~27		灰熔点>1250℃	
返回物	返粉含锌>35%	蓝粉含锌>65%	水分≤10%	粒度<50mm	

d 产品质量

表 13-64 团矿质量

团 矿	抗压力/MPa	抛高度	抛高度合格率/%	游离水/%
湿 团	≥2.5	1次/2m不碎	≥80	4.5~5.5
干 团	≥22	4次/1m不碎	≥80	1.8~2.5

注：要求团矿表面光滑完整，无水坑、无裂纹；团矿干燥层厚度8~12mm。

B 焦结

团矿焦结在800℃以上的高温下操作，经焦结后表面光滑完整，不烧不乌，脱除了全部水分，挥发分降到2%以下。焦结室出来的焦结废气含有大量可燃成分在专门的燃烧室内充分燃烧。加料口、燃烧室等部下来的矿尘，重新返回制团配料。焦结工序的主要设备、技术经济指标、工艺指标及焦结矿质量见表13-65~表13-68。

a 主要设备

表 13-65 焦结工序的主要设备

主要设备	焦结炉	余热锅炉	电收尘	引风机
规格型号	H5000，10.5t/(台·h)	HG-5000-1	卧式三电场、极距400mm	Yg-37-5

b 技术经济指标

表 13-66 焦结作业的技术经济指标

烧成率/%	返粉率/%	处理生团矿量/t·(炉·h)$^{-1}$
≥80	≤4.5	≥10.5

c 工艺指标

表 13-67 焦结作业的工艺指标

焦 结 炉	电 收 尘	废气总道
进口温度950~1050℃	入口温度≤230℃	压力-220~-240Pa
出口温度200~300℃	出口温度≤220℃	含氧≤4.2%
进出口压差≤300Pa	出口含尘（标态）<100mg/m^3	

贮矿室温度/℃	燃烧室温度/℃	锅炉入口温度/℃	引风机入口温度/℃
800+20	≥800	≥750	150~220

d 产品质量

表 13-68　焦结矿的产品质量

项　目	抗压力/MPa	温度/℃	外　观
焦结矿	≥75	800 + 20	完整、不乌、不烧

C　蒸馏

焦结合格的团矿加入蒸馏炉内，蒸馏过程采用间接加热方式。空气、煤气与燃烧后的高温废气在换热室换热后，在燃烧室充分混合燃烧，提供罐内反应全过程所需热量。蒸馏燃烧后废气一部分进入焦结炉，作为焦结热源；另一部分经降温后进入电收尘器，最后经风机排出。蒸馏工序的主要设备、技术经济指标及产品质量见表 13-69 ~ 表 13-71。

a　主要设备

表 13-69　蒸馏工序的主要设备

设　备	规格型号	受热面积/m^2 · 座$^{-1}$
蒸馏炉	Z100	100

b　工艺指标

工艺指标如下：

燃烧室温度：上、中部 1310 ~ 1350℃；下底部 1240 ~ 1310℃；侧面 1310 ~ 1350℃

预热空气温度：< 800℃

预热煤气温度：> 800℃

废气支道温度：< 900℃

下延部送风量：70 ~ 80m^3/(h · 台)

排出压力：< 500Pa

c　技术经济指标

表 13-70　蒸馏工序的技术经济指标

残渣含锌	燃料煤耗	标团耗/t · (t · Zn)$^{-1}$
< 1%	≤1. 050t/t · Zn	≤3. 315
炉日产量/t · (d · 台)$^{-1}$	冷凝效率/%	回收率/%
22. 5 ~ 23. 5	95 ~ 96	≥95. 5

d　产品质量

蒸馏锌化学成分见表 13-71。

表 13-71　蒸馏锌化学成分　（质量分数/%）

品 号	牌号	锌（不小于）	杂质（不大于）								
			Pb	Cd	Fe	Cu	Sn	Al	As	Sb	总和
4 号	Zn-4	99. 5	0. 3	0. 07	0. 03	0. 002	0. 002	0. 005	0. 005	0. 01	0. 50
5 号	Zn-5	98. 7	1. 0	0. 2	0. 07	0. 005	0. 002	0. 005	0. 01	0. 02	1. 30

D 精馏

a 主要设备

精馏生产主要设备是精馏塔，塔盘采用 1372mm × 762mm 大型塔盘。

铅塔：包括熔化炉、铅塔加料器、自动给料器、加料管、铅塔本体、铅塔冷凝器、精炼炉。

镉塔：包括镉塔加料器、加料管、镉塔本体、镉塔大冷凝器、镉塔小冷凝器、高镉锌储槽和纯锌槽。

b 工艺指标

工艺指标如下：

燃烧室温度：铅塔 1050 ~ 1300℃（波动范围 ±5℃）

镉塔 1000 ~ 1300℃（波动范围 ±5℃）

铅、镉塔直升道温度：单塔低于燃烧室温度 70 ~ 100℃，双塔低于燃烧室温度 0 ~ 30℃，左右温差 <30℃

废气出口温度：铅塔，单塔 400 ~ 600℃　双塔 600 ~ 800℃

镉塔，单塔 300 ~ 500℃　双塔 500 ~ 700℃

冷凝器温度：铅塔 700 ~ 800℃，温差 <50℃

镉塔，大冷凝器单塔 850 ~ 900℃　双塔 880 ~ 900℃

镉塔，小冷凝器 450 ~ 650℃

精炼炉温度：大池 460 ~ 500℃（除铁时可适当提高）

小池 600 ~ 650℃

纯锌槽温度：580 ~ 640℃

高镉锌储池温度：550 ~ 620℃

精馏塔处理量：48 ~ 57t/(d · 台)

c 技术经济指标

技术经济指标如下：

精锌回收率≥99. 30%

精锌单耗粗锌≤1. 026t/t

精锌煤耗≤0. 55t 标煤/(t · 精锌)

精锌 99. 995% 以上品率：100%

d 产品质量

精馏产品（精锌）符合 GB/T 470—1997 的质量要求，化学成分见表 13-72。

表 13-72 精锌化学成分（质量分数）

锌品位(不小于)/%	杂质成分(不大于)/%					
	Pb	Cd	Fe	Cu	Sn	杂质总和
99. 995	0. 0030	0. 0020	0. 0010	0. 0006	0. 0005	0. 0050

（撰稿 郭天立 未立清）

13.5.2 韶关冶炼厂

13.5.2.1 韶关冶炼厂 ISP 工艺发展

由于鼓风炉炼锌具有生产率高，投资少，综合回收好，特别适于处理含有锌、铅、铜的复杂矿石，因而引起人们的重视。20 世纪 60 年代前期，此法曾得到迅速发展。

1975 年，韶关冶炼厂建成了我国第一座炉身面积为 17.2m^2 的标准型鼓风炉。年设计能力为年产粗铅锌 5 万吨。1982 年采用了喷淋炉壳新技术；1987 年将水套式冷却流槽改造成浸没式流槽；1990 年完成了以烧结机为主体的技术改造，在炉子尺寸未扩大的情况下，鼓风炉粗铅锌年产量已形成 10 万吨的能力。1996 年韶关冶炼厂兴建了第二座炉身面积为 17.2m^2 的标准型鼓风炉，年设计能力为年产粗铅锌 8.5 万吨，经过两年的努力达到了设计目标。2000 年二系鼓风炉产出粗铅锌 13 万吨，其生产水平已达先进行列。2001 年一系鼓风炉产出粗铅锌 12.5 万吨，其生产水平也较高。

目前，全世界已有 14 座炼锌鼓风炉，其中 20 世纪 60 年代兴建投产的有 8 座，20 世纪 70 年代兴建投产的有 4 座，20 世纪 90 年代兴建投产的有 3 座。40 多年来，鼓风炉炼锌发展的进程大致上分成三代，详见表 13-73。澳大利亚率先实现了从第二代向第三代的过渡，接着德国和日本八户厂也完成了此过程。这三家企业的炉子生产能力已经扩大到月产粗锌 7100 ~ 7200t。除此之外，英国和法国的炉子大于标准炉，上部炉身面积分别为 25m^2 和 22m^2 以上。以上这 5 家工厂月产粗铅锌均稳定在 1 万吨以上。

表 13-73 炼锌鼓风炉发展情况

项 目	第一代	第二代	第三代
时 间	1958 ~ 1968	1969 ~ 1982	1983 ~ 1998
炉缸冷却方式	水套拼装	整体喷淋	整体喷淋
炉缸尺寸：			
长/mm	6365	6365	6365
宽/mm	1780	2580	3140
风口截面积/m^2	7.6 ~ 8.0	13.6 ~ 15.8	16.3 ~ 17.8
料线高度/m	6.0	6.3	6.3 ~ 6.4
炉床面积/m^2	17.2	17.2	17.2 ~ 27.4
风口数/个	24	16	14 或 16
风口内径/mm	ϕ159/127	ϕ127/104	ϕ127
风口倾角/(°)	10	25	25
设计适应底部风量/km^3 · h^{-1}	22 ~ 24	30 ~ 34	36 ~ 40
风温/℃	800	900 ~ 950	1000 ~ 1200
日燃炭量/t · d^{-1}	110	150 ~ 200	210 ~ 250
设计年产粗铅锌/t · a^{-1}	50000	100000	150000

炼锌鼓风炉炉身面积17.2m^2的标准炉，已经从年设计能力粗铅锌5万吨，发展成年产10万吨，先进工厂的已接近15万吨（如日本八户）。

13.5.2.2　韶冶ISP工艺流程

密闭鼓风炉铅锌冶炼生产过程（ISP工艺流程见图13-56）主要包括两个部分，即烧结与熔炼过程。前者以烧结机为主，后者以密闭鼓风炉为主体。ISP过程的物理化学反应十分复杂，操作条件比较严格，入炉物料的配比要求也非常精确，是典型的复杂连续生产过程。

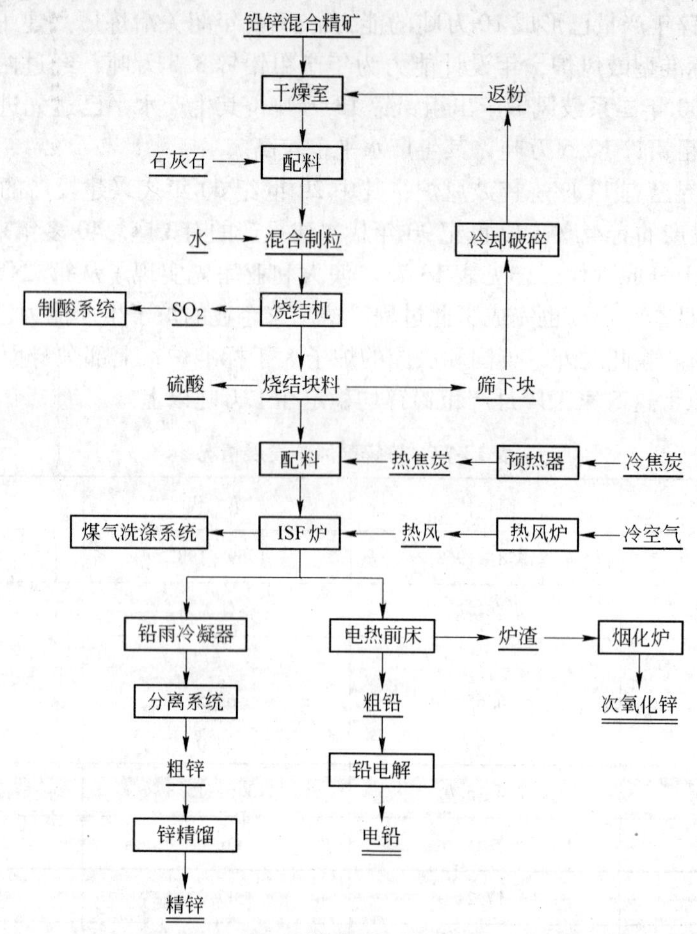

图13-56　密闭鼓风炉铅锌冶炼过程工艺流程

当经过浮选的硫化铅、硫化锌精矿或硫化铅锌混合精矿进厂后先进行干燥，去掉多余的水分。然后与烧结机返粉、石灰石和密闭鼓风炉产出的氧化物料等按一定比例混合制粒，送入烧结机进行烧结，产出具有一定强度和透气性的烧结块。烧结块进行破碎筛分，筛选出一定大小的合格烧结块送密闭鼓风炉，即ISF（Imperial Smelt Furnace）进行熔炼；不合格的烧结块再经冷却、破碎作为烧结配料的返粉使用。合格的烧结块需与预热到800℃的热焦按一定的碳锌比，以合适的加料速度和加料方式加入到密闭鼓风炉内，并从炉子底部鼓入预热到800℃以上的热风。炉料在高温和强还原气氛中进行还原熔炼。在熔炼过程中，呈熔融状态的炉渣和铅定期从炉子的底部排出，进入电热前床进行分离，从排铅口直接得到粗铅。

粗铅（Pb>98%），其中包含了金、银等贵金属。粗铅经电解而得到精铅（Pb>99.995%），炉渣送烟化炉处理，回收其中的有价金属。密闭鼓风炉还原产生的锌蒸气，从炉子的上部进入铅雨冷凝器，经冷凝后得到粗锌（Zn>98%），在经蒸馏精炼得到精锌（Zn>99.995%）。密闭鼓风炉的废气经冷却、洗涤、升压后送热风炉、电站做燃料。含硫的铅锌精矿在烧结过程中产生的 SO_2 烟气，送入制酸系统生产硫酸。

13.5.2.3 熔炼过程简介

ISP 的熔炼过程是采用 ISF（Imperial Smelt Furnace）作为熔炼炉，具有同时炼铅锌的特点。炉体基本上与铅鼓风炉相同，但其炉顶部系用双层料钟密封装置加料，以保持高温和防止炉气逸出。烧结块趁热加入，加入的焦炭也必须预热到800℃。炉子配有热风炉预热空气，入炉热风约1000℃。炉顶还设置若干炉顶风口，以便鼓入热风使炉气中的CO部分燃烧，确保离开炉顶时的炉气温度不低于1000℃。高温密封炉顶的这些措施避免了锌蒸气在炉内冷凝和氧化。离开炉顶进入冷凝器时的炉气成分为Zn 6%、$CO_2$10%、CO 20%，其余为 N_2。用锌液飞溅冷凝器不可能从这种含大量二氧化碳的低锌炉气中将锌冷凝下来，必须采用铅雨冷凝器。密闭鼓风炉铅锌冶炼过程工艺流程见图13-56。

铅雨冷凝器系因铅具有蒸气压低、熔点低，对锌的溶解度随温度的变化大，以及热容大等特点，给炉气急冷创造了良好的条件。在盛有液态铅的冷凝池中，铅液被迅速转动的转子叶片扬起形成铅雨，不仅将炉气急剧冷却，也将冷凝的锌捕集，溶解形成铅锌合金，防止锌被 CO_2 氧化生成ZnO。在冷凝器的炉气入口端，温度为727℃，约含Zn2.26%（未饱和）的铅液被泵抽出送到冷却流槽，通过冷却，分离，变为437℃含Zn2.02%的铅再次返回冷凝器内。

鼓风炉炼锌同鼓风炉炼铅相比，还原过程要求供给化学反应更多的热量，因为铅的还原反应为放热反应，而锌还原反应是吸热反应。还要求比铅鼓风炉有更强的还原气氛。ISP仿照高炉炼铁的办法，用含CO的炉气来预热鼓风，使鼓风温度提高到727℃以上，甚至高达1000℃，使得这一矛盾得到较理想的解决。

ISF（Imperial Smelt Furnace）熔炼炉与高炉相比有一个显著的特征是，它是在一个密闭的炉子里完成金属的还原反应，并且可以同时还原两种主要的金属铅和锌。ISF系统设备连接图如图13-57所示。直升烟道俗称为方箱，方箱内的压力在料钟加料时是否回零的这种现象可作为判断炉喉是否结瘤的一个标志。炉内是否有炉结更多是从生产现象中去分析判断。当炉内炉结生长到一定程度后，生产会呈现如下征兆：炉料下行受阻，易出现偏料，炉气分布不均匀，气流速度增大，铅和硫的挥发率增加，随炉气带出的粉料增加，引起冷凝器浮渣量增多；大块炉结在炉内产生很大的应力，使炉体受到破坏，如炉壳破裂，炉身上移等现象。生产过程中出现这种现象时，需休风停炉处理炉结，这是密闭鼓风炉冶炼铅锌的缺点之一。

ISP工艺最终的目的是还原出一定质量的铅、锌，而熔炼过程最终产品是粗铅和粗锌，

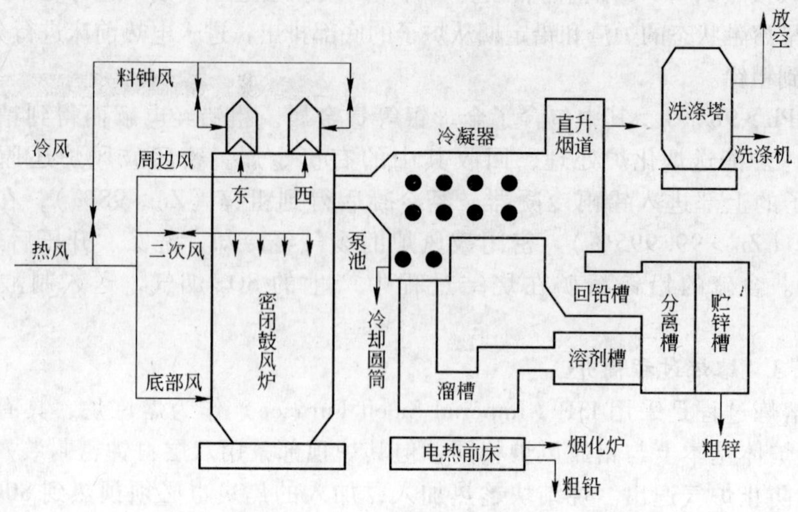

图 13-57 ISF 系统熔炼设备连接

只有熔炼过程顺利进行，才能保证一定产量的粗铅、粗锌和较高的技术经济指标。因此，熔炼过程是否顺利进行，是能否提高 ISF 生产水平的关键所在。密闭鼓风炉熔炼工艺流程如图 13-58 所示。

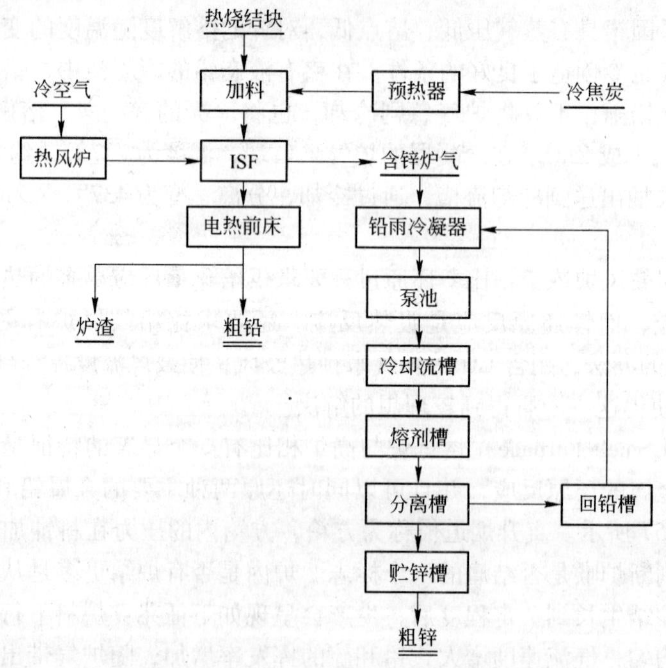

图 13-58 密闭鼓风炉熔炼工艺流程

铅锌密闭鼓风炉熔炼用冶金焦炭作为还原剂的还原过程，它和铅鼓风炉熔炼相似，也与炼铁高炉相似。为了使炉料中的锌尽量被还原，又防止炉料中的铁被还原金属铁，造成炉缸积铁和放渣困难，整个熔炼过程中控制的还原气氛比炼铅鼓风炉强，比炼铁高炉弱，即炉料中的铁最终只能被还原成氧化亚铁，使其进入炉渣。

炉料中的氧化锌有40%是在固体中被还原，而60%是在液态炉渣中被还原。因此，炉料中氧化锌被还原的程度，最终取决于炉渣中氧化锌被还原的程度。

炉料在密闭鼓风炉内熔炼过程中从上向下移动，产生一系列复杂的物理化学变化，为了叙述方便，可按炉子高度大致分成4个带，炉内各带的温度变化如图13-59所示。

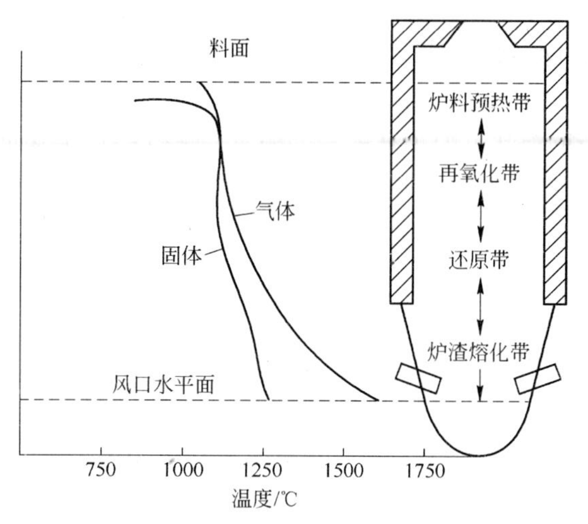

图13-59　炉内各带的温度变化

A　料预热带

在风口水平面往上5～6m处，是炉料的最上层。温度为400℃左右的烧结块加入炉内后，在此带大量吸收炉气中的热量，被迅速加热，而从料面逸出的炉气温度为800～900℃。炉气中的锌可发生再氧化反应而放出热量；烧结块中的PbO开始还原，放出部分热量。所以，加热炉料所需要的热量主要来自炉气的显热，锌蒸气再氧化和PbO还原放出的热。为了保证进入冷凝器的含锌炉气具有高于锌蒸气再氧化平衡温度20℃左右的温度，炉顶鼓入二次风，使得炉气中的CO燃烧，放出热量，以补偿加热炉料所消耗的热量。此带温度在800～1000℃范围，如果烧结块高温软化点T_3℃低于1000℃时，此带将会形成大量的由烧结块包裹焦炭的炉结。

B　再氧化带

在风口水平面上4～5m处，炉料与炉气的温度相近。在此带发生的主要反应是锌的再氧化，故称为再氧化带。炉料从炉气中吸收热量后，进行碳的氧化，炉气中的部分锌蒸气也被氧化而放出热量，温度几乎不变，在1000℃左右。再氧化带炉料中的氧化铅大量被还原。$PbSO_4$被CO还原成PbS。PbS与锌蒸气发生硫化反应，生成硫化锌和铅，此硫化锌部分沉积在炉壁上，助长炉身炉结的形成；一部分随固体物料下至高温带。如果烧结块含硫高，此带的炉身炉壁将会形成大量的硫化物炉结。

C　还原带

在风口区水平面往上1～4m处的温度为1000～1250℃，是炉料中的氧化锌大量被

CO 还原的区域，炉气中的锌含量达到最大值；少量的 CO_2 被固体碳还原为 CO，此两个反应均为吸热反应，炉气通过此带后，温度降低 300℃左右。所需的热量由炉气提供，希望在此带 ZnO 以固态还原愈多愈好，因为通过此带的炉料将熔化造渣，ZnO 会溶解于渣中，这使 ZnO 的还原变得更加困难，致使渣含锌增加。ZnO 能否以固态尽量被还原，主要取决于炉渣的熔点。部分硫化锌随固体物料下至此带也会在炉壁上沉积，助长炉身炉结的形成。

D 炉渣熔化带

在风口水平面以上 1m 处的温度为 1250℃。主要进行焦炭的燃烧，熔于熔渣中的 ZnO 的还原和脉石成分的造渣等过程。约有 60% 的 ZnO 在此带从液态炉渣中被还原。

ZnO 的还原和炉渣的熔化需要消耗大量的热量，这些热量主要依靠焦炭的燃烧和热风供给。在风口区造成 1400℃的高温来保证炉渣熔化和过热，炉渣中的 ZnO 在此带被迅速还原。鼓入热风可以使过程获得高温和合适的还原气氛。此带的炉结的多少与物料含硫有关外，还与炉子的结构和风口的插入深度有关。

（撰稿 李 衡 王远文 审稿 何蔼平 冯桂林）

参考文献

[1] 株洲冶炼厂《冶金读本》编写小组编. 锌的湿法冶炼[M]. 长沙：湖南人民出版社，1973.

[2] 东北工学院有色重金属冶炼教研室. 锌冶金[M]. 北京：冶金工业出版社，1978.

[3]《铜铅锌冶炼设计参考资料》编写组编. 铜铅锌冶炼设计参考资料（中册）[M]. 北京：冶金工业出版社，1978.

[4] 徐采栋，林蓉，汪大成，等. 锌冶金物理化学[M]. 上海：上海科技出版社，1979.

[5] 徐鑫坤，等. 锌冶金学[M]. 昆明：云南科技出版社，1979.

[6] 赵天从. 重金属冶金学（下）[M]. 北京：冶金工业出版社，1981.

[7] 陈维东主编. 国外有色冶金工厂（铅锌下册）[M]. 北京：冶金工业出版社，1988.

[8] 周冏光主编. 锌冶金工艺学[M]. 中国有色金属工业总公司职工教育教材编审办公室，1991.

[9] 彭容秋. 有色金属提取冶金手册，锌镉铅铋卷[M]. 北京：冶金工业出版社，1992.

[10] 陈国发. 重金属冶金学[M]. 北京：冶金工业出版社，1992.

[11]《选矿手册》编辑委员会编. 选矿手册：第 2 卷第 2 分册[M]. 北京：冶金工业出版社，1993.

[12]《有色金属冶炼设备》编委会编. 有色金属冶炼设备（第2卷：湿法冶炼设备）[M]. 北京：冶金工业出版社，1993.

[13] 孟凡中，等. 有色金属进展，第四卷第二册[M]. 长沙：中南工业大学出版社，1995.

[14] T Azakami, et al. Zinc & Lead, 1995, 838.

[15] 徐鑫坤，魏昶. 锌冶金学[M]. 昆明：云南科技出版社，1996.

[16] 北京有色冶金设计研究总院，等. 重有色金属冶炼手册，铅锌铋卷[M]. 北京：冶金工业出版社，1996.

[17] ISP 年回论文集，1986，1988，1990，1992，1994，1996.

[18] 贾云芝. 预焙烧处理高氟氧化锌矿的研究[J]. 云南冶金，1998(3)：29~34.

[19] J E Dutrizac，et al. Lead—Zinc2000，TMS. 2000.

[20] 王吉坤，冯桂林，徐晓军. 有色金属矿产资源的开发及加工技术[M]. 昆明：云南科技出版社，2000.

[21] 梅梅贵，王德润，周敬元，等. 湿法炼锌学[M]. 长沙：中南工业大学出版社，2001.

[22] 李肇毅. 宝钢高炉的锌危害及其抑制[J]. 宝钢技术，2002(6)：18~22.

[23] 彭容秋. 铅锌冶金学[M]. 北京：科学出版社，2003.

[24] 魏昶，王吉坤. 湿法炼锌理论与应用[M]. 昆明：云南科技出版社，2003.

[25] 陈锐、李淑艳、郭天立. 竖罐炼锌生产的强化途径分析[J]. 有色冶炼，2003，(3)：6~9.

[26] 任占誉. 低品位氧化铅锌矿硫化预处理-选矿试验研究，昆明理工大学，2003 年硕士论文.

[27] 郭天立. 炼锌竖罐用耐火材料的应用现状[J]. 有色矿冶，2003(6)：28~30.

[28] 郭天立，赵永，李淑全. 竖罐炼锌残渣回收技术的现状及展望[J]. 有色金属（冶炼部分）.2003(4)：20~22.

[29] 郭天立，未立清. 竖罐炼锌残渣为燃料采用 Ausmelt 技术处理锌浸出渣的工艺探讨[J]. 中国有色冶金.2004(6)：16~18，31.

[30] 谢美求，陈志飞，冯剑，等. 氧化锌矿湿法浸出提锌工艺研究[J]. 矿冶工程.2004(1)：67~69.

[31] 云南驰宏锌锗股份有限公司，沈立俊，等. "锌渣烟化炉连续吹炼生产氧化锌研究，第九届全国铅锌冶金生产技术、装备、材料及市场研讨会《论文集》"49~58，北京，中国有色金属学会重有色金属冶金学术委员会，2004.

[32] 彭容秋. 锌冶金[M]. 长沙：中南大学出版社，2005.

[33] 董英，王吉坤，冯桂林. 常用有色金属资源开发与加工[M]. 北京：冶金工业出版社，2005.

[34] 王吉坤，周廷熙. 硫化锌精矿加压酸浸技术及产业化[M]. 北京：冶金工业出版社，2005.

[35] 王吉坤，周廷熙，吴锦梅. 高铁闪锌矿精矿加压浸出半工业试验研究[J]. 中国工程科学，2005(7)：1，60~64.

[36] 未立清，郭天立. 竖罐炼锌用还原煤的检验方法述评[J]. 有色矿冶.2005(1)：21~24.

[37] 肖康，陈爱良. 从炼钢烟尘中回收氧化锌的研究[J]. 湖南有色金属，2005(2)：11~13，46.

[38] 朱威，未立清，郭天立. 粗锌精馏用碳化硅塔盘制作新工艺[J]. 世界有色金属.2005(3)：37~39.

[39] 未立清，朱威，郭天立. 竖罐炼锌用黏土结合碳化硅砖生产新工艺[J]. 有色金属（冶炼部分）.2005(5)：49~51.

[40] 王吉坤，阎江峰，杨大锦. 长周期电积锌研究[J]. 有色金属（冶炼部分），2006(2):17~20.

[41] 杨大锦，朱华山，陈加希，等. 湿法提锌工艺与技术[M]. 北京：冶金工业出版社，2006.

[42] 张乐如主编. 铅锌冶炼新技术[M]. 长沙：湖南科学技术出版社，2006.

[43] 高良宾，郭天立. 竖罐炼锌用还原煤配煤技术的探索[J]. 中国有色冶金.2006(5)：27~29.

[44] 郭天立，朱威，未立清，高良宾. 恩德粉煤气化技术的应用现状述评[J]. 中国有色冶金.2006(1)：30~33.

[45] 冯林永，从高钙镁低品位氧化锌矿中提取锌的研究，昆明理工大学，2006 年硕士论文.

[46] 杨家文主编. 碎矿与磨矿技术[M]. 北京：冶金工业出版社，2006.

[47] 郭天立，高良宾. 当代竖罐炼锌技术述评[J]. 中国有色冶金.2007(1)：5~6，36.

[48] 孙洪丽. 思茅山河氧化锌矿选矿新技术研究，昆明理工大学，2007 年硕士论文.

[49] 成海芳，文书明，殷志勇，攀钢高炉瓦斯泥的综合利用[J]. 矿产综合利用，2007(1)：46~48.

[50] 云南金鼎锌业公司，高硅氧化锌矿的处理[J]. 世界有色金属，2008(7)：42.

[51] 范广权．高炉炼铁操作[M]．北京：冶金工业出版社，2008.

[52] 薛正良．钢铁冶金概论[M]．北京：冶金工业出版社，2008.

[53] 云南驰宏锌锗股份有限公司，徐明刚，等．烟化炉处理湿法炼锌渣的工艺技术[J]．《世界有色金属》2008 年增刊，云南冶金集团总公司科技论文集，228 ~ 229.

[54] C，И，Соболь，唐厚舜译《压热过程在水法冶金上的应用》，Основы Металлургиия Часть Вторая Металлургиздат. 222 ~ 271.《有色冶金物理化学》(1)：21 ~ 43. 上海：上海科学技术编译馆，1963，9(1).

铅冶炼工艺技术

14 铅鼓风炉熔炼过程的基本原理

14.1 硫化铅精矿传统熔炼的原则流程

硫化铅精矿是矿产金属铅生产的主要原料，从硫化铅精矿中提取铅金属基本上都是采用火法冶金过程。不论是传统的烧结焙烧-鼓风炉还原熔炼工艺，或是近代工业生产的各种直接炼铅工艺，火法炼铅都必须经过两个高温冶金阶段，第一步是氧化 PbS 使铅氧化成为 PbO，同时将硫氧化成 SO_2 从物料中脱出。第二步，将氧化物形态存在的铅进行还原熔炼获得金属铅。传统硫化铅矿冶炼的原则流程见图 14-1。

在硫化铅精矿中，铅主要以硫化物形态存在，不可能直接还原产出金属铅，必须在氧化气氛中加热，使其发生氧化反应将硫彻底脱出，让铅以氧化物形态存在，再进行还原熔炼。此外，硫化铅精矿的粒度大都小于 200 目（0.074mm），不利于鼓风炉的竖炉作业，必须通过烧结焙烧让其结成一定尺寸的块。

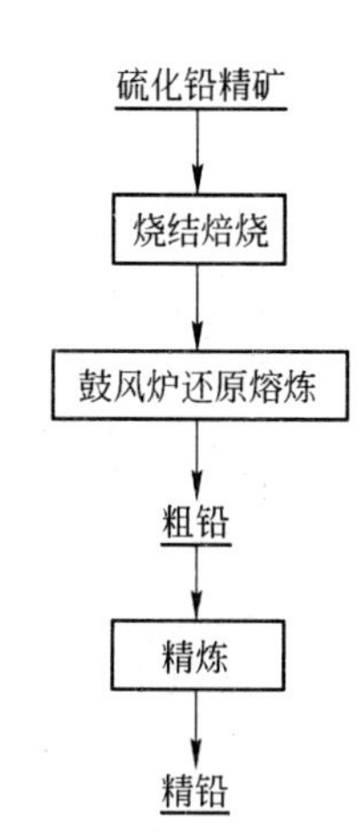

图 14-1 传统硫化铅精矿冶炼的原则流程

烧结焙烧的目的是：第一，彻底脱除硫化铅精矿中的硫；第二，使粉料在高温下烧结成块。

硫化铅精矿氧化过程的基本原理与铅锌硫化精矿的氧化原理一致，在第 3 篇第 10 章里铅锌硫化精矿焙烧与烧结的理论基础中已有详细论述。

关于直接炼铅工艺中硫化铅精矿氧化过程的基本原理，在本篇第 14.1 节中结合直接炼铅工艺过程的特点进行论述。

14.2 铅还原熔炼过程的基本原理

铅鼓风炉还原熔炼的主要目的是：将炉料中的铅尽可能还原出来；使炉料中的贵金属尽量富集于粗铅中；将炉料中的造渣成分形成适当的炉渣；使炉料中的锌尽量富集于渣中。

14.2.1 还原反应的热力学基础

14.2.1.1 C-O 系反应热力学

在鼓风炉中采用焦炭既做还原剂又提供热量，使炉内保持一定的温度和还原气氛。此外，焦炭还作为料柱骨架使炉料有一定的孔隙，便于传热、传质和熔炼过程的进行。

碳在鼓风炉中可能发生以下3种反应：

（1）碳的完全燃烧反应：

$$C(石墨) + O_2 \xlongequal{} CO_2(g) \tag{14-1}$$

（2）碳的不完全燃烧反应：

$$C(石墨) + \frac{1}{2}O_2 \xlongequal{} CO(g) \tag{14-2}$$

（3）碳的气化反应：

$$C + CO_2 \xlongequal{} 2CO \tag{14-3}$$

此外，C-O 系还发生 CO 的氧化反应：

$$CO + \frac{1}{2}O_2 \xlongequal{} CO_2 \tag{14-4}$$

上述反应中，反应式14-1、式14-2 与式14-4 为放热反应。反应式14-3 为吸热反应。由 Barin 的数据计算出反应式14-1 ~ 式14-3 的标准吉布斯自由能与温度的关系，得到下列相应各式：

$$298 \sim 600.60\text{K} \quad \Delta G^\ominus = -394397 - 1.315T \tag{14-5}$$

$$600.60 \sim 1159\text{K} \quad \Delta G^\ominus = -111920 - 88.01T \tag{14-6}$$

$$1159 \sim 1600\text{K} \quad \Delta G^\ominus = 170727 - 175.898T \tag{14-7}$$

（计算结果均为 J/mol）

根据 $\Delta G^\ominus = -RT\ln K$，可以计算出相应的平衡常数 K 值。

在一定的温度下，C 和 O_2 反应达到平衡，CO 和 CO_2 的成分一定，C-CO-CO_2 的相平衡图如图14-2 所示。

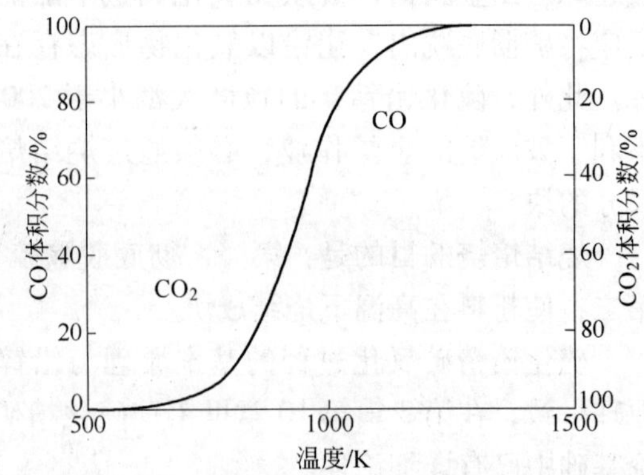

图14-2 C-CO-CO_2 的相平衡

（在 10^5Pa 时，CO-CO_2 混合气体与固态碳（石墨）达到平衡时，CO 和 CO_2 的浓度与温度的函数关系）

从图14-2 可以看出，反应达到平衡时在低温下气相中主要为 CO_2，在高温时则主要为 CO。所以保持适当还原温度，在有足够还原剂炭时，能保证气相中有足够的 CO。但是，产生过多的 CO 又会增加碳的消耗，使鼓风炉的焦耗升高。如何既保证还原的温度和气氛，又使焦炭消耗最低，是冶金工作者努力的目标。

14.2.1.2 金属氧化物的还原

金属氧化物还原的通式可表示如下：

$$MeO + C \xlongequal{} Me + CO \tag{14-8}$$

$$MeO + CO \xlongequal{} Me + CO_2 \tag{14-9}$$

式 14-8 称为直接还原，式 14-9 称为间接还原。

式 14-8 可以视为 $C + 1/2O_2 = CO$ 和 $Me + 1/2O_2 = MeO$ 二式之差；式 14-9 可以视为 $CO + 1/2O_2 = CO_2$ 和 $Me + 1/2O_2 = MeO$ 二式之差。用氧化物的生成自由能可以对氧化物的还原趋势做大致的判断。

为了能够较为直观地分析各种元素与氧的亲和力，比较各种氧化物的稳定性，以及了解各种氧化物还原的难易程度，埃林汉将氧化物的标准生成吉布斯自由能折合成元素与1mol 氧反应的标准吉布斯自由能变化与温度的关系，并绘制成图，见图 14-3。该图又称为

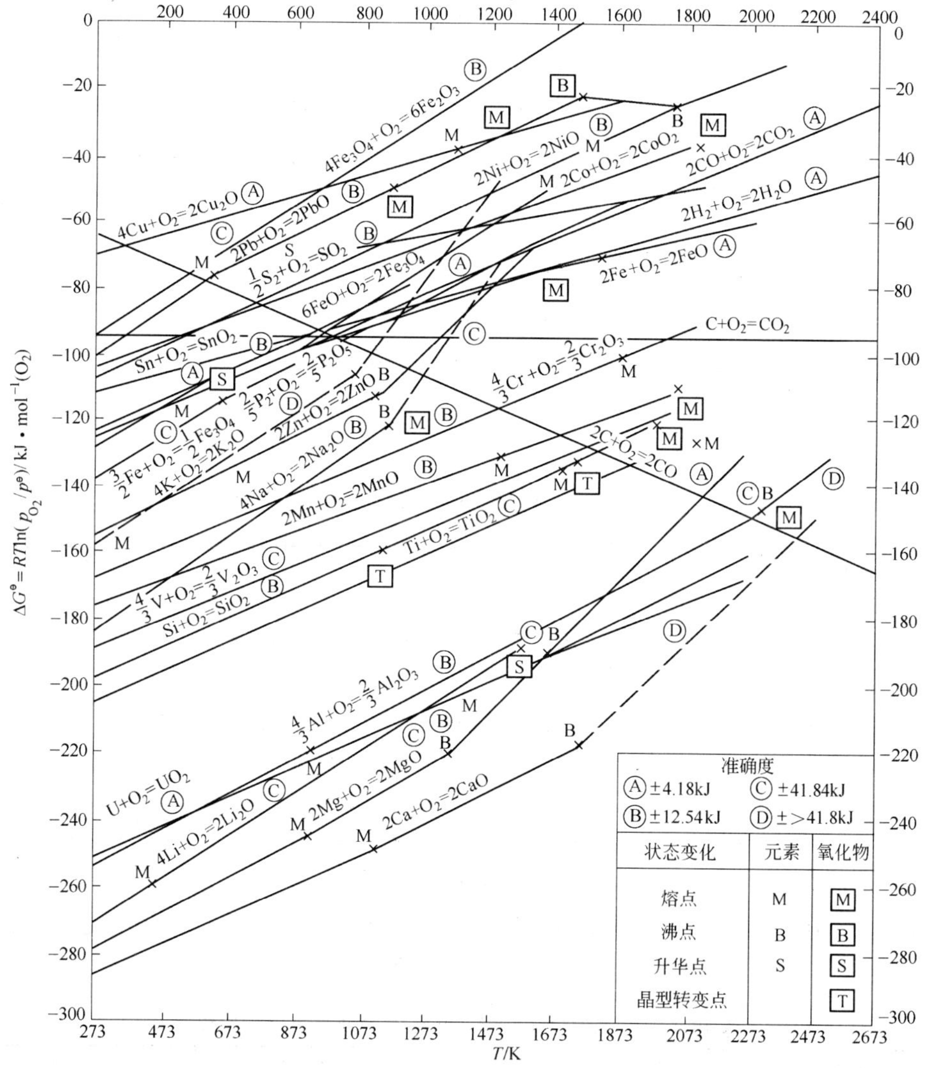

图 14-3 氧化物的 $\Delta G^{\ominus}$-T 关系

氧势图，利用该图可以分析氧化物的还原情况。

从图14-3可以看出，（1）直线位置越低，表明标准生成吉布斯自由能的负值越大，生成的氧化物越稳定，越难还原；(2)同一温度直线位置越高的氧化物越易还原；(3）位置低的元素在标准状态下可以还原位置较高元素的氧化物；(4）由于生成CO的直线斜率与其他直线不同，所以CO线将图分成3个区域：①CO线以上区域，其元素氧化物均可以被碳还原。如Fe、Mo、Sn、Ni、Co、Pb、Cu等。②CO线以下区域，其元素氧化物不能被碳还原。如Ca、Mg、Ba等。③中间区域，CO线与其线相交。当温度高于交点温度时，碳可以还原这些元素。当温度低于交点温度时，碳不能还原这些元素。

但是，需要注意的是上面说的是标准状态，实际情况更为复杂。

14.2.2 氧化铅还原的热力学

14.2.2.1 氧化铅的一氧化碳还原

从图14-3可见，氧化铅属于容易被碳还原的氧化物。

一氧化碳还原氧化铅又称为间接还原，其反应可表示为：

$$298.15 \sim 600.60\text{K} \qquad PbO(s) + CO = Pb(s) + CO_2 \tag{14-10}$$

$$600.60 \sim 1159\text{K} \qquad PbO(s) + CO = Pb(l) + CO_2 \tag{14-11}$$

$$>1159\text{K} \qquad PbO(l) + CO = Pb(l) + CO_2 \tag{14-12}$$

由Barin的数据，计算其反应的标准吉布斯自由能，如：

$$298.15 \sim 600.60\text{K} \qquad \Delta G^{\ominus} = -65988 - 8.754T$$

$$600.60 \sim 1159\text{K} \qquad \Delta G^{\ominus} = -64081 - 12.16T$$

$$1159 \sim 1600\text{K} \qquad \Delta G^{\ominus} = -96359 + 15.5T$$

（计算结果均为J/mol）

根据$\Delta G^{\ominus} = -RT\ln K$，可以计算出相应的平衡常数$K$值。

计算了一些温度下CO还原PbO的平衡常数，假定气相中仅为CO和CO_2时气相中CO的体积分数列于表14-1。

表14-1 某些温度下CO还原PbO的热力学数据

温度/K	$\lg K_p(p_{CO_2}/p_{CO})$	平衡气相（$CO+CO_2$）中CO含量（体积分数）/%
500	2.239×10^7	0
1000	9.593×10^3	0.01
1600	2.649	0.22

由表14-1的数据可见，纯PbO很容易被CO还原。

反应式14-10～式14-12均为放热反应。某些温度下的反应自由能和反应热列于表14-2。

表14-2 反应式14-10～式14-12在某些温度的反应热

温度/K	500	1000	1600
反应热/$J\cdot mol^{-1}$	66700	70923	97595

一般认为，在鼓风炉炼烧结块时，在炉子的上部以间接还原为主。由于 PbO 容易还原，在炉子上部就开始还原。

14.2.2.2 **氧化铅的碳还原**

碳还原氧化铅称为直接还原，其反应表示为：

$$600.60 \sim 1159\text{K} \quad PbO(s) + C = Pb(l) + CO \tag{14-13}$$

$$> 1159\text{K} \quad PbO(l) + C = Pb(l) + CO \tag{14-14}$$

其反应的标准吉布斯自由能由 Barin 的数据计算式：

$$600.60 \sim 1159\text{K} \quad \Delta G^{\ominus} = 107467 - 118T$$

$$1159 \sim 1600\text{K} \quad \Delta G^{\ominus} = 71.664 - 157T$$

根据 $\Delta G^{\ominus} = -RT\ln K$，同样可以计算出相应的平衡常数 K 值。

反应式 14-13、式 14-14 在某些温度下的反应自由能和反应热列于表 14-3。

表 14-3 某些温度下反应式 14-13、式 14-14 的反应自由能和反应热

温度/K	1000	1100	1200	1400	1600
$\Delta G^{\ominus}$/kJ · mol^{-1}	−80.896	−99.732	−117.279	−148.770	−164.515
反应热/J · mol^{-1}	−40944	−38006	15861	23591	31187

PbO 在 1159K 时由固相转为液相，所以反应热由吸热变为放热。

14.2.3 复杂体系中铅化合物的还原过程热力学

在烧结块中铅有相当部分以硅酸铅的形式存在，在高铅渣中铅基本以各种硅酸铅和铁酸铅存在。有人研究过，烧结块中以硅酸铅形态存在的铅约占总铅量的 40%，而高铅渣中硅酸铅占 70%。

14.2.3.1 **硅酸铅的还原**

为了了解硅酸铅还原的情况，有人研究并绘制了固体碳和一氧化碳还原氧化铅及硅酸铅的 $\Delta G^{\ominus}$-T 图，见图 14-4。

从图 14-4 可以看出：

（1）在同类反应中，直接还原的负值总比间接还原的大，即固体碳比 CO 还原的热力学趋势大。所以，保证炉料熔化后在进入炉缸前，应有足够的时间与焦炭接触，将有利于降低渣含铅。

（2）用 CO 和 C 还原硅酸铅几乎是不可能的，因为其还原反应的自由能均为正值，只有碳还原 $2PbO \cdot SiO_2$ 的反应自由能微负。

在系统中加入碱性氧化物 FeO 或 CaO 后情况发生了变化，配入碱性熔剂对铅的还原有利。因为，碱性熔剂与 SiO_2 生成化合物，使反应自由能均变成负值。从而，CO 和 C 均能还原各种铅的硅酸盐。

（3）CaO 能与 SiO_2 生成多种化合物。但是，生成 $3CaO \cdot SiO_2$ 的反应自由能负值最大。所以，造高钙渣是合理的。

（4）虽然 CaO 比 FeO 对还原反应的负值影响更大，但是，在熔炼高锌炉料时，不允许加入大量石灰石熔剂，而用部分 FeO 代替 CaO。

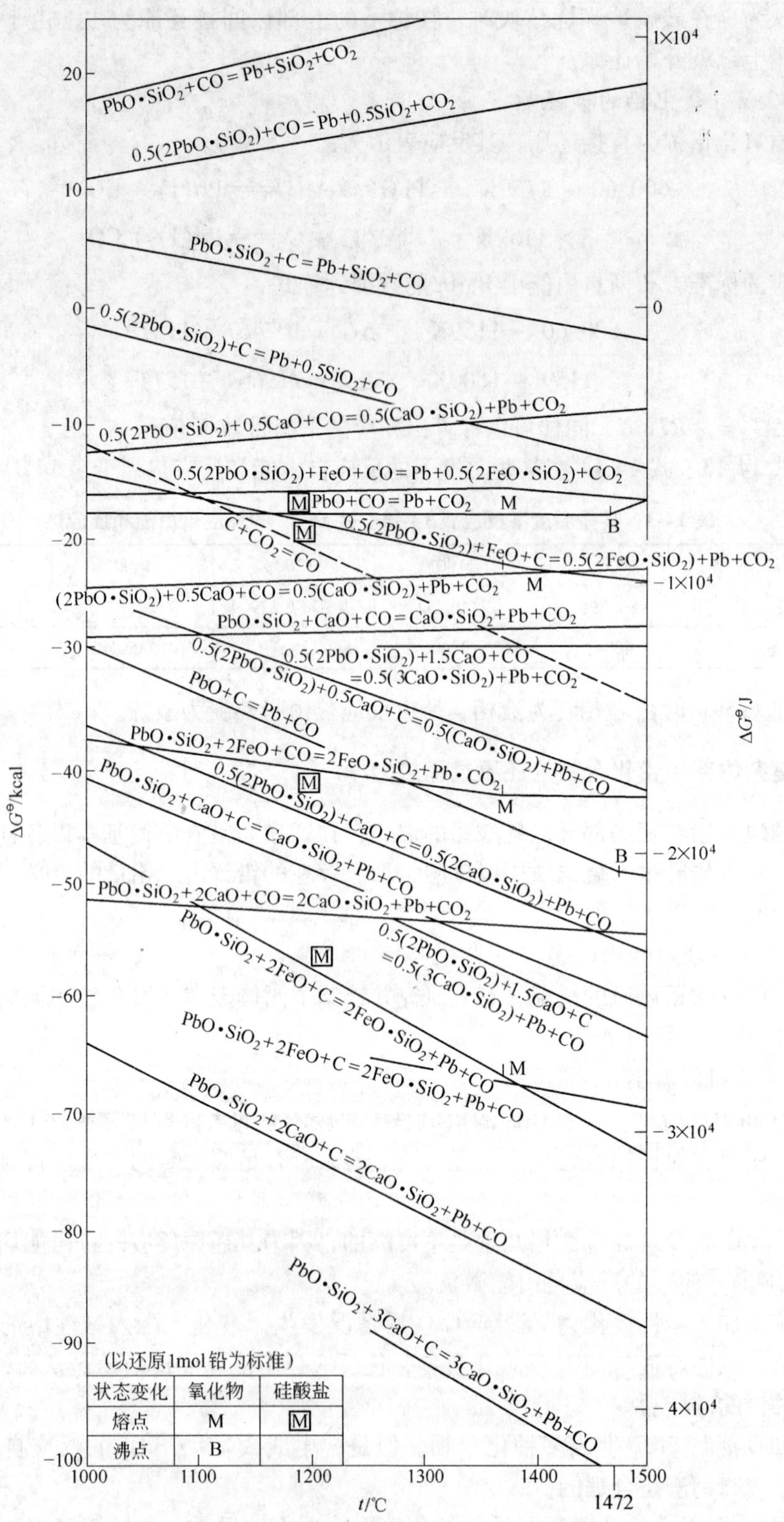

图14-4 铅化合物还原反应 $\Delta G^{\ominus}$-t 图

（5）在不加入碱性氧化物时，铅化合物被炭还原的顺序为：$PbO > 2PbO \cdot SiO_2 > PbO \cdot SiO_2$。而在加入 FeO 时，还原顺序为：$PbO \cdot SiO_2 > PbO > 2PbO \cdot SiO_2$。在加入 CaO 时还原顺序为：$PbO \cdot SiO_2 > 2PbO \cdot SiO_2 > PbO$。

14.2.3.2　冶金熔体中铅的还原

氧化铅和硅酸铅的熔点列于表 14-4。

表 14-4　氧化铅和硅酸铅的熔点

化合物	PbO	$PbO \cdot SiO_2$	$2PbO \cdot SiO_2$	$4PbO \cdot SiO_2$
熔点/K	1159	1037	1016	998

从表 14-4 可见，上述化合物的熔点都比较低，在鼓风炉的中部就已经熔化。所以，相当部分的铅化合物都是在熔融状态被还原。

在冶金熔体中 PbO 的间接还原反应的平衡关系可表述于下：

$$(PbO)_{熔体} + CO = Pb + CO_2 \tag{14-15}$$

$$K_p = \frac{p_{CO_2}}{a_{PbO} \cdot p_{CO}} = \frac{1}{a_{PbO}}\left[\frac{w_{CO_2}}{w_{CO}}\right]$$

式中，p_{CO_2}，p_{CO}分别为 CO_2 和 CO 的分压；a_{PbO}为 PbO 的活度，w_{CO_2}，w_{CO}分别为 CO_2 和 CO 的摩尔体积。

设熔体为理想溶液，即活度系数为 1，则式 14-15 可改写为：

$$K_p = \frac{1}{x_{PbO}}\left[\frac{w_{CO_2}}{w_{CO}}\right]$$

式中，x_{PbO}为 PbO 的摩尔分数，所以 $x_{PbO} < 1$。

如果 PbO 是纯物质，则其间接还原反应为：

$$PbO + CO = Pb + CO_2$$

$$K_p = \frac{p_{CO_2}}{p_{CO}} = \left[\frac{w_{CO_2}}{w_{CO}}\right]_{纯PbO}$$

温度相同时，上述两式的 K_p 相等：

$$\left[\frac{w_{CO_2}}{w_{CO}}\right]_{纯PbO} = \left[\frac{w_{CO}}{w_{CO_2}}\right]x_{PbO}$$

由此可见，熔体中的 PbO 比纯 PbO 难于还原，而且熔体中的 PbO 越低，还原所需的 CO 越高。

当 PbO 在熔体中未达饱和时，根据相律，自由度 $f = K - \varphi + 2 = 4 - 3 + 2 = 3$。由于反应的 CO 和 CO_2 摩尔体积相等，可以不考虑压力的影响，则反应的平衡气相组成则是温度和 PbO 浓度的函数。熔体中(PbO)→0 时，$w_{CO_2}/w_{CO} \to 0$，还原所需的 $w_{CO} \to 100\%$。即熔体中 PbO 越少，还原所需的 CO 越高。若 $a_{(MeO)} = 0$，则 $w_{CO} = \infty$。而实际上任何金属氧化物在冶金熔体中都有一定的活度，所以不能完全被还原出来。

如果 $(PbO)_{熔体}$是直接还原，则反应可写为：

$$\begin{array}{rl} & (PbO)_{熔体} + CO = Pb + CO_2 \\ +) & CO_2 + C = 2CO \\ \hline & (PbO)_{熔体} + C = Pb + CO \end{array}$$

当熔体中 PbO 未达饱和时，该体系的自由度为 2。所以在压力不变的情况下，$(PbO)_{熔体}$直接还原的开始温度是熔体中 PbO 浓度的函数，$(PbO)_{熔体}$越低，其开始还原的温度就越高，即更难被还原。

14.2.4 铅烧结块中各种组分在熔炼过程中的行为

14.2.4.1 一般原理

在铅的鼓风炉还原熔炼过程中，某些杂质氧化物也会被还原。被还原出来的杂质溶入金属铅熔体中。如铜、锡、砷、锑、铋以及金、银等都不同程度被还原进入粗铅中。

这类反应可以表示为：

$$Me'O + CO = [Me']_{Pb} + CO_2$$

$$K_p = \left[\frac{w_{CO_2}}{w_{CO}}\right] \cdot \frac{a_{Me'}}{a_{Me'O}} = \left[\frac{w_{CO_2}}{w_{CO}}\right]_{纯PbO}$$

假定 $a_{Me'O} = 1$ 而且 Me'-Pb 为理想溶液，则上式可以改写为：

$$\frac{w_{CO_2}}{w_{CO}} = x_{Me'}\left[\frac{w_{CO}}{w_{CO_2}}\right]_{纯Me'}$$

由此可见，当杂质氧化物还原溶入铅熔体中后，此氧化物更容易被还原。这就是粗铅中为何含有其他杂质元素，甚至含有难于还原的杂质元素的原因。当杂质元素在粗铅中的浓度很小（$x_{Me'}$很小）时，该杂质元素的氧化物就更容易被还原；当其在粗铅中达饱和时，此杂质被还原的难易程度便与其独立存在（凝聚相）时相当。

总之，铅和杂质元素的氧化物若以复杂的化合物存在，或与其他氧化物形成熔体，其还原比纯氧化物还原困难得多，此时需要更强的还原气氛或更高的还原温度；还原出来的金属若能溶于铅的熔体中，或与其他金属形成化合物，则其还原要比获得纯金属时容易；如果还原时出现中间化合物，则会使前一还原反应变得容易，而后一还原反应（中间产物的继续还原）变得更为困难。

14.2.4.2 主要杂质元素的行为

A 铁

铁在烧结块中主要以三氧化二铁存在，部分为四氧化三铁、硅酸铁和铁酸盐，少量为硫化铁。

铁的氧化物在高温和较强的还原气氛下依下列次序发生变化：$Fe_2O_3 \to Fe_3O_4 \to FeO \to Fe$。在鼓风炉炼铅控制的温度和气氛下，可以还原为氧化亚铁（FeO），成为造渣组分。有人绘制了一氧化碳还原金属氧化物的温度—气氛图，列于图 14-5，可以直观地看出在铅的鼓风炉熔炼时铁的行为。

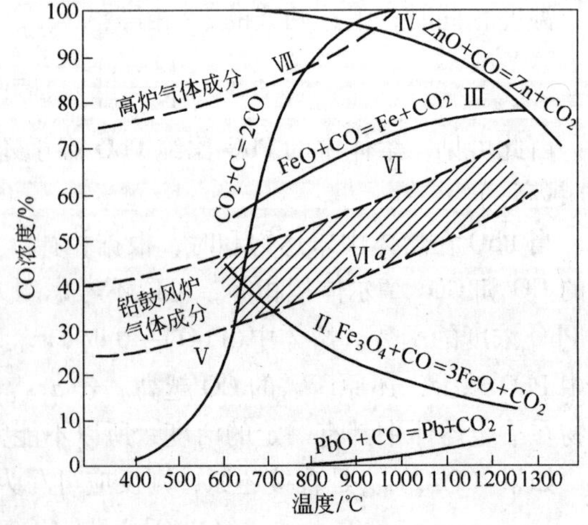

图 14-5 一氧化碳还原金属氧化物的温度—气氛

从图 14-5 中可以看出，在正常情况下铅鼓风炉中铁不可能还原为金属铁。但是当炉况波动时有可能产生金属铁。

B 铜

铜在烧结块中主要以硫化亚铜、氧化亚铜和硅酸铜的形态存在。

熔炼过程中，硫化亚铜进入锍。氧化亚铜在炉料中含硫高时被硫化亚铁等硫化生成硫化亚铜进入锍，炉料含硫很低时被还原成金属进入粗铅。

硅酸铜在炼铅鼓风炉中只能部分还原进入粗铅，部分进入炉渣。

C 锌

锌在烧结块中主要以氧化锌和铁酸锌形态存在，少部分以硫化锌和硫酸锌的形态存在。

在高温下，硫酸锌离解为氧化锌或被还原为硫化锌。硫化锌是鼓风炉炼铅过程中最有害的杂质，它会使炉渣的熔点升高，黏度增大，渣含铅增高。如果烧结块中含硫化锌较高，而因为炉渣和铜锍对硫化锌的溶解有限，当炉渣和铜锍进入温度较低的炉缸时，硫化锌会析出形成夹杂在炉渣和铜锍中的泡沫锍，恶化炉况。当炉内有铁时硫化锌可以被铁置换。

氧化锌大部分可以溶入炉渣，而且随着炉渣中 FeO 含量的增加，SiO_2 和 CaO 含量的减少，炉渣溶解 ZnO 的能力增加。所以当铅精矿含锌高时，烧结时应该尽量将硫脱净，在鼓风炉熔炼时选用高铁渣。氧化锌很难还原，但是在炉内的高温区还原气氛较强时，少部分氧化锌会被还原成锌蒸气随炉气上升，在炉子上部温度较低还原气氛较弱时又被氧化为 ZnO，锌也可能与炉气中的 SO_2 反应生成 ZnS，氧化锌和硫化锌会沉积在上部炉墙上结形成炉结，部分金属锌溶入粗铅。

D 其他元素

砷在烧结块中主要以砷酸盐的形态存在。熔炼过程中部分还原为 As_2O_3 挥发进入烟尘，部分还原为金属砷进入粗铅，部分与镍钴形成砷化物—黄渣。

锑在鼓风炉熔炼时的行为与砷相似，部分被还原为 Sb_2O_3 进入烟尘，部分被还原为金属锑进入粗铅，部分进入炉渣，还有部分可能与铁、镍、钴生成锑化物进入黄渣。

锡在烧结块中主要以氧化锡形态存在。熔炼过程中主要进入炉渣，少部分被还原进入粗铅。

镉在烧结块中主要以氧化镉形态存在。纯氧化镉比氧化铅难还原，比氧化锌容易还原。在熔炼过程中可以被还原，因为，镉的沸点仅为766℃而挥发进入烟气，后又被氧化进入烟尘。

金在烧结块中主要以金属形态存在。银在烧结块中主要以金属银形态存在，还有部分以 Ag_2S 和 Ag_2SO_4 存在。在熔炼过程中，金和银绝大部分进入粗铅，如果鼓风炉产锍则会有部分金、银分散于锍中。

铋在烧结块中主要以 Bi_2O_3 存在，铋容易还原，所以，被还原为金属进入粗铅。

铊在熔炼时挥发进入烟尘。

铟在熔炼时分散于炉渣和粗铅中。

E 脉石成分

脉石成分 SiO_2、CaO、MgO、Al_2O_3 等均与 FeO 造渣。

总之，铅鼓风炉的熔炼温度在 900~1300℃，还原气氛应为弱还原气氛，如图 14-5 的阴影部分。

14.2.5 铅还原熔炼过程的动力学

14.2.5.1 氧化铅还原动力学

氧化铅还原的机理目前还没有统一的认识。主流观点认为，可以用吸附—自动触媒催化理论解释。即：

(1) CO 气体从主体气流扩散到气—固界面；

(2) CO 穿过界面层，扩散到 PbO 块的表面；

(3) CO 被 PbO 吸附；

(4) PbO 和 CO 发生结晶化学反应，生成 Pb 和 CO_2；

(5) 反应产物 CO_2 解吸向外扩散；

(6) CO_2 通过界面层扩散到主体气流中。

整个还原过程的速度取决于上述过程中最慢的环节。

吸附—自动触媒催化反应的进程可以表示为图 14-6。

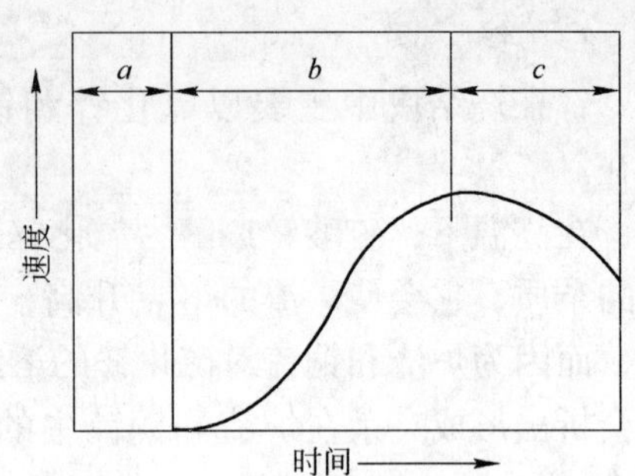

图 14-6 吸附—自动触媒催化反应速度与时间的关系

从图 14-6 可见，反应的进程可以分为 3 段：*a* 段称为诱导期，由于新相生成困难所以还原速度几乎为零。*b* 段为加速期，新相生成后，反应以新相晶核为中心向周围扩大，反应加速进行，具有自动触媒催化的性质。*c* 段称为减速期，当反应以新相晶核为中心不断扩大到与相邻反应面重和时反应面不断减小，反应也随之减速；此外反应生成的 CO_2 气体的吸附占据了部分活泼表面，妨碍还原反应的进行，也会使反应减速。

有些学者做了一些试验，可能是试验条件的差别，得出的结论不一致。另外有的学者认为，由于氧化铅的还原在高温下进行，铅的熔点低，一还原出来就流走，不会形成液膜覆盖氧化铅的表面；外扩散速度很快不是控制步骤，吸附、解吸也不是控制步骤。因此，认为 CO 还原 PbO 的控制步骤是结晶化学反应。

14.2.5.2 影响鼓风炉铅还原熔炼过程的主要因素

鼓风炉属于竖炉，炉料和炉气逆向运动，传热和传质较好。在炉内发生气—固、气—液、液—固等多相反应。为了保证反应的进行必须保持一定的温度和气氛。炉子的高温区应集中在风口区，风口区焦炭燃烧的温度越高，沿风口水平面分布均匀，熔炼速度则较快。

影响熔炼过程的主要因素为：

(1) 焦炭质量。焦炭为鼓风炉提供还原反应必须的温度、还原气氛和料柱支撑。其质量至关重要。

焦炭灰分应少，以免降低焦炭的反应能力。

焦炭气孔率适当。气孔率大能提高焦炭的反应能力，有利于燃烧和还原反应的进行。但是，对其燃烧的热利用不利，过大的反应能力会使碳的气化反应在炉子上部过早和较快进行，生成过多的 CO。

粒度均匀、适当，过大不利于反应的进行，过小会使靠近风口的焦炭迅速燃烧生成

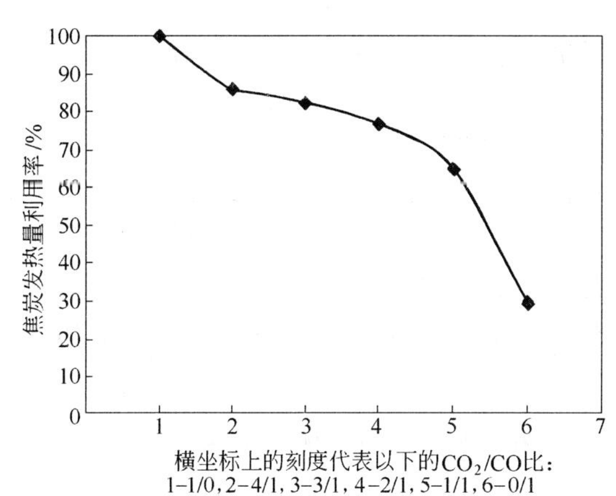

图 14-7 焦炭发热量利用率与气相中 CO_2/CO 的关系

CO_2 和 CO，使深入风口中心区的气体中氧含量过低，而发生碳的气化反应，此反应是吸热反应，使风口中心区的温度降低，温度分布不均匀，影响熔炼过程正常进行。

（2）鼓风压力和风量。鼓入炉内的空气量增加，焦炭的燃烧速度加快，可以提高风口区的温度。但是空气量过高，会使高温区延长。有人研究了焦炭发热量利用率与气相中 CO_2/CO 的关系示于图 14-7。

许多人的研究表明，当高温燃烧带的气体产物中 CO_2/CO = 1 时可以达到最高温度。由图 14-7 可知，此时焦炭的利用率不到 70%。而对铅的还原熔炼，CO_2/CO = 0.5 就可以保证还原过程的进行。为了提高焦炭的利用率，有的鼓风炉采用两排风口，从第二排风口再鼓入部分空气燃烧多余部分 CO。

鼓风炉熔炼不只要求高温区集中，还要求风口中心也为高温，加大风压可以使整个风口区水平面的燃烧反应加速。但是风压也不可过大，而使燃料局部熄火。

采用富氧和预热空气有利于改善热平衡。

（3）炉料的粒度。要求炉料粒度适当，在炉内分布均匀，以保证炉内炉气分布均匀，使炉内物理化学反应正常进行。

14.2.6 炼铅鼓风炉内的主要熔炼过程

鼓风炉熔炼铅烧结块时，炉内各熔炼区温度分布如图 14-8 所示。据此，可以把鼓风炉沿高度大致分为 6 个区域，而实际情况要复杂得多，各区域也并没有明显的界限。

14.2.6.1 预热区

温度 100～400℃。在此区域炉料被加热，水分蒸发，结晶水开始分解。

14.2.6.2 上还原区

温度 400～700℃。结晶水继续分解；易还原的金属氧化物如 PbO、CuO、Cu_2O 开始被 CO 还原生成金属；在此区域的下部，高价氧化物开始还原为低价氧化物，如 $Fe_2O_3 \rightarrow Fe_3O_4$，$Fe_3O_4 \rightarrow FeO$；PbO 与 $PbSO_4$ 和各种碱式硫酸铅开始发生交互反应生成金属铅和 SO_2。

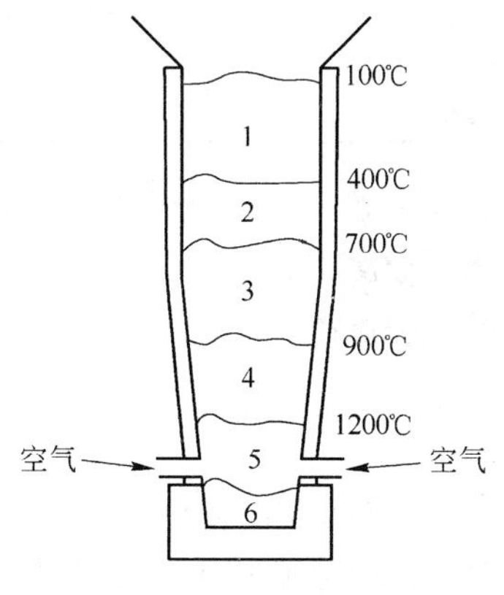

图 14-8 鼓风炉内各熔炼区分布
1—预热区；2—上还原区；3—下还原区；4—熔炼区；5—风口区；6—炉缸区

14.2.6.3 下还原区

温度 700～900℃。此区域是主要的还原区，上面区域开始的反应还在进行；CO 的还原作用更激烈，固体碳的还原作用加强，所以还原过程加快；硅酸铅熔化在与碳接触时开始被还原；各种碳酸盐的离解完成；各种硫酸盐发生离解反应；硫化物的沉淀反应也在此进行。

14.2.6.4 熔炼区

温度900~1300℃，位于焦炭层之上。上面各区域发生的反应都在此区域完成，全部炉料都在此熔化为液体。FeO和SiO_2相结合生成熔点最低的炉渣，当向下运动时，逐渐与还残存的FeO、SiO_2、CaO以及Al_2O_3、MgO、ZnO、BaO等形成最终的炉渣。CaO、FeO或Fe将PbO从硅酸铅中置换出来，进而被碳或CO还原成金属铅。共晶成分的硫化物最先熔化，并吸收其他硫化物形成锍。当砷化物含量高时，还会形成单独的砷化物相称为黄渣。

14.2.6.5 风口区

温度1300~1400℃。此区域几乎为炽热的焦炭层。在风口水平线附近是氧化带，发生氧化反应产生大量的热量，温度可以达到1400~1500℃，为鼓风炉的焦点区。在稍上部是还原带，发生碳的气化反应，产生大量的CO，造成炉内的还原气氛。因为碳的气化反应是吸热反应，所以温度下降为1300℃左右。未还原的硅酸铅在穿过炽热的焦炭层时，被还原。这一点对降低鼓风炉的渣含铅至关重要，在熔炼高铅渣时，因为高铅渣中铅主要以硅酸铅形态存在，碳的固体还原更为重要。全部熔炼产物包括粗铅、炉渣、锍、黄渣，通过焦点区被过热后，流入炉缸。

14.2.6.6 炉缸区

炉缸上部温度1300~1200℃，下部温度1200~1100℃。在炉缸中主要是液体产物，还夹杂少量固体和气体。在此区域除了发生热交换，并按密度分层外，还可能发生CaO、FeO或铁对硅酸铅的置换反应，置换出来的PbO被CO和C还原为金属铅，这些反应对降低渣含铅有利。

熔体在炉缸中按密度分层：粗铅在最下，其上是黄渣（如果产生），再上是锍，最上是炉渣。各种熔体的密度和熔化温度见表14-5。

表14-5 各种熔体的密度和熔化温度

名 称	粗 铅	黄 渣	锍	炉 渣
密度/$g \cdot cm^{-3}$	11±	7±	5±	3.5±
熔化温度/℃	327.4	1050~1100	950~1000	1050~1200

在鼓风炉熔炼时，是否产出黄渣要看原料中的镍钴含量。如果镍钴高，造黄渣可以使镍钴富集于黄渣中，否则最好不要产黄渣。

在鼓风炉炼高铅渣时，因为高铅渣含硫较低也不一定产锍。

14.2.7 鼓风炉炼铅的炉渣

炉渣性质对炼铅过程至关重要，炉渣的组成和性质决定了熔炼过程的还原程度、燃料消耗、金属回收率和炉子的生产率。

对鼓风炉炉渣的基本要求是：具有适当的熔化温度，炉渣的熔化温度影响炉子的生产率；适当的黏度，黏度小有利于渣与铅的分离。但是，熔体通过高温炽热的焦炭时，碳的直接还原作用可以使炉渣中的铅得到还原，进一步降低渣含铅，所以黏度不是越低越好；

适当的密度，密度低，有利于渣与铅的分离；适当的表面张力，炉渣的表面张力大有利于渣与铅的分离。选择渣型时，还应考虑经济因素，在保证炉渣基本性质的前提下，应该尽量少加熔剂。

一些炉渣的基本性质介绍于后。

14.2.7.1 主要炉渣组成相图

A $FeO\text{-}SiO_2$ 二元系

$FeO\text{-}SiO_2$ 二元系相图见图 14-9。

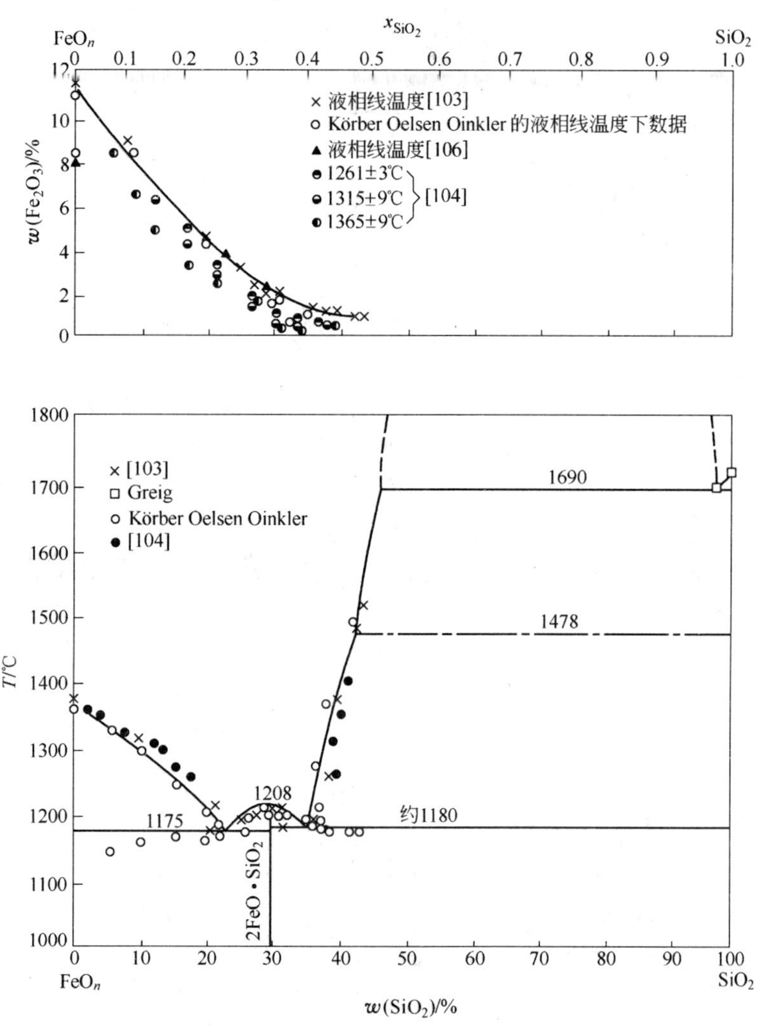

图 14-9 $FeO_n\text{-}SiO_2$ 二元系相图

B $Al_2O_3\text{-}FeO\text{-}SiO_2$ 三元系相图

$Al_2O_3\text{-}FeO\text{-}SiO_2$ 三元系相图见图 14-10。

C $CaO\text{-}FeO\text{-}SiO_2$ 三元系相图

$CaO\text{-}FeO\text{-}SiO_2$ 三元系相图见图 14-11。

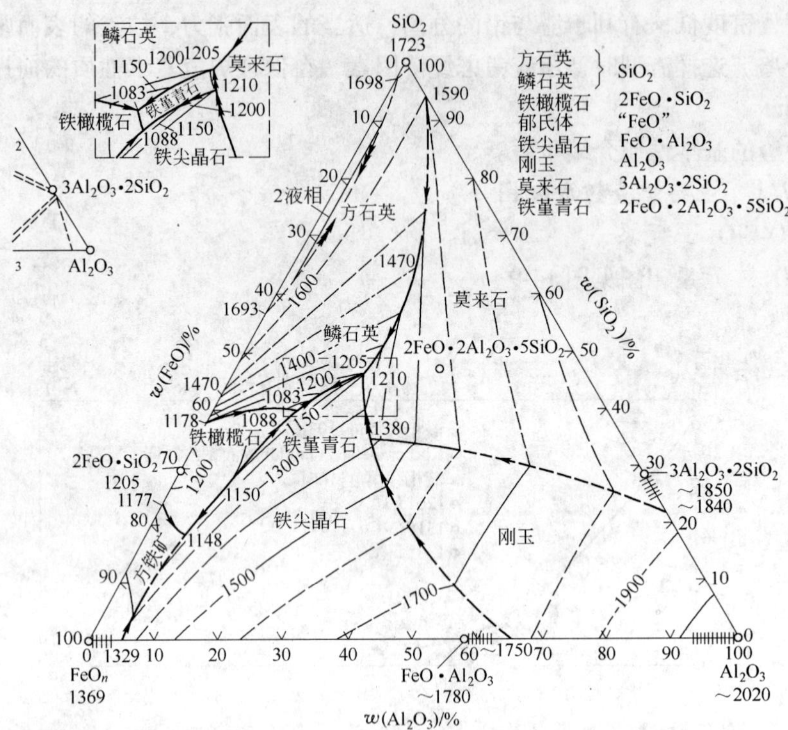

图 14-10 Al_2O_3-FeO_2-SiO_2 三元系相图

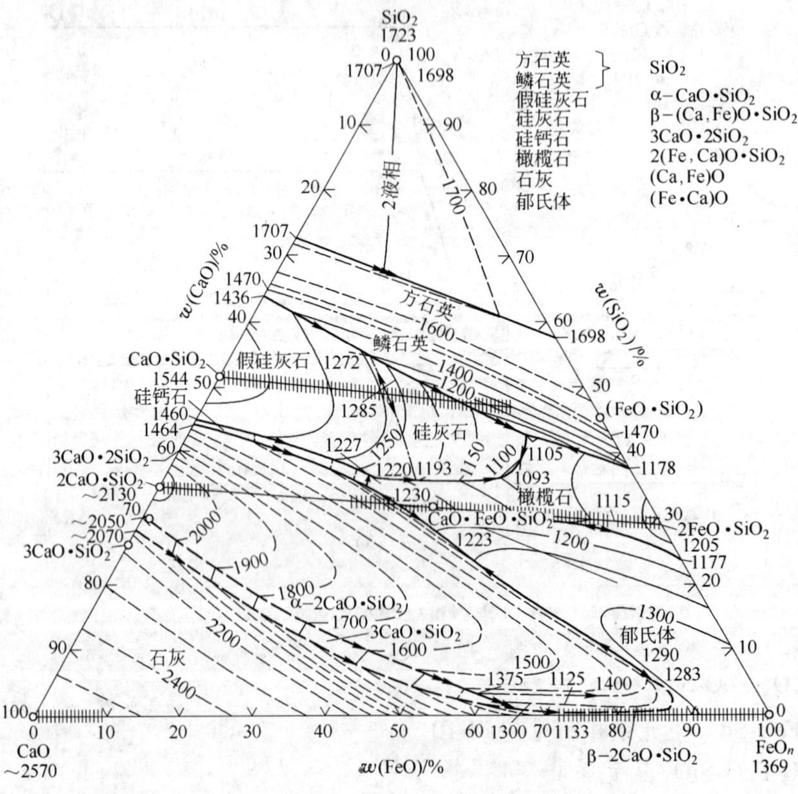

图 14-11 CaO-FeO_n-SiO_2 三元系相图

14.2.7.2 $FeO\text{-}SiO_2$ 二元系体系的活度

在 1350℃和 1600℃条件下，$FeO\text{-}SiO_2$ 二元系中 FeO 和 SiO_2 的活度与摩尔分数的关系如图 14-12 所示。

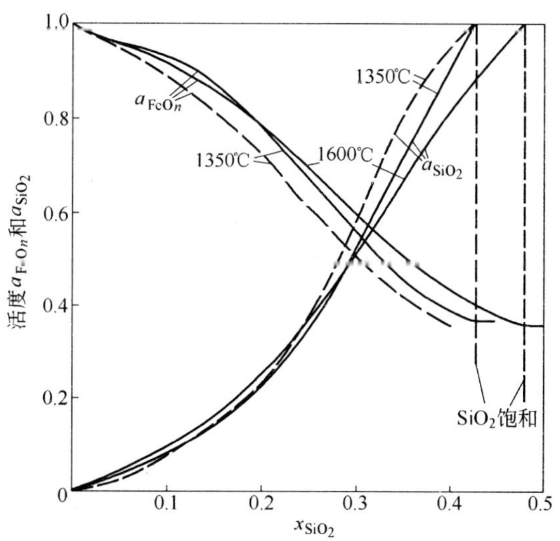

图 14-12 1350℃和 1600℃下 $FeO\text{-}SiO_2$ 二元系的 FeO 和 SiO_2 活度与摩尔分数之关系

14.2.7.3 重要炉渣体系的密度

A $FeO\text{-}SiO_2$ 二元系熔体的密度

不同成分的 $FeO\text{-}SiO_2$ 系熔体的密度列于表 14-6。

表 14-6 不同成分的 $FeO\text{-}SiO_2$ 系熔体的密度

成分(质量分数)/%		密度/$g \cdot cm^{-3}$
$w(CaO)$	$w(SiO_2)$	
46.6	53.4	2.62
50.0	50.0	2.72
59.0	41.0	2.80
62.0	38.0	2.82

B $CaO\text{-}FeO\text{-}SiO_2$ 系熔体的密度

一些温度下 $CaO\text{-}FeO\text{-}SiO_2$ 系的密度见表 14-7。

表 14-7 一些温度下 $CaO\text{-}FeO\text{-}SiO_2$ 系的密度

成分（质量分数)/%			温度/℃	密度/$g \cdot cm^{-3}$
$w(CaO)$	$w(FeO)$	$w(SiO_2)$		
0	66.7	33.3	1270	3.66
			1315	3.65
			1408	3.58
			1466	3.50

续表 14-7

成分（质量分数）/%			温度/℃	密度/$g \cdot cm^{-3}$
$w(CaO)$	$w(FeO)$	$w(SiO_2)$		
4.5	62.2	33.3	1270	3.58
			1324	3.56
			1374	3.57
			1426	3.53
5.2	62.2	32.6	1253	3.55
			1301	3.55
			1364	3.56
			1425	3.55
9.3	57.4	23.3	1270	3.47
			1310	3.46
			1367	3.45
			1413	3.43
11.6	55.4	33.0	1260	3.49
			1310	3.49
			1360	3.50
			1412	3.47
19.4	48.7	31.9	1391	3.21
			1423	3.26
24.1	42.8	33.6	1308	3.16
			1354	3.17
			1410	3.19
28.5	39.0	32.5	1282	3.18
			1295	3.12
			1323	3.18
			1360	3.17
			1412	3.16

在缺乏所需熔体的密度时，可以简略地认为熔体的密度具有加和性，用纯物质的密度进行近似计算。

14.2.7.4 重要炉渣体系的黏度

A CaO-FeO-SiO_2 系

CaO-FeO-SiO 系 1400℃的黏度见图 14-13。

B Al_2O_3-CaO-FeO-SiO_2 系

图 14-14 给出 Al_2O_3-CaO-FeO-SiO_2 系在 1300℃时的黏度曲线。

14.2.7.5 炼铅鼓风炉炉渣黏度

有人测定了一些成分的鼓风炉炉渣的黏度，见图 14-15。

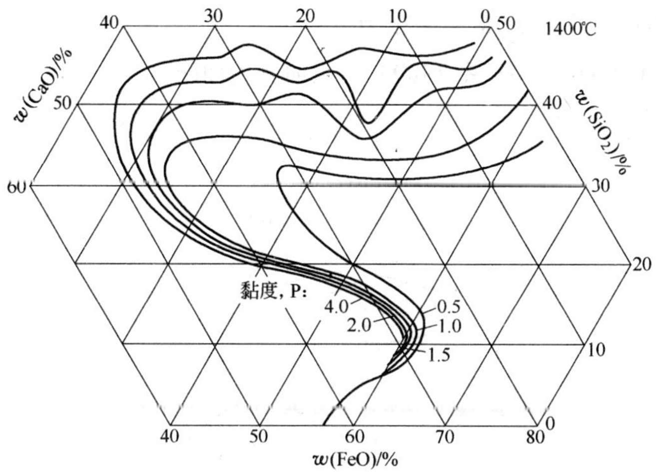

图 14-13 CaO-FeO-SiO$_2$ 系 1400℃ 的黏度

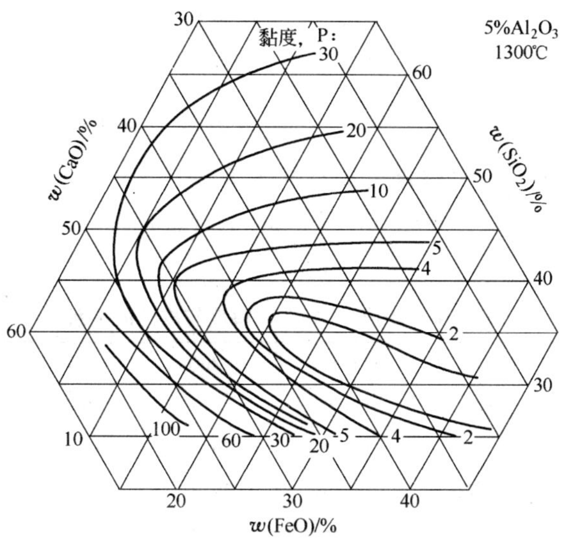

图 14-14 1300℃ 下 Al$_2$O$_3$-CaO-FeO-SiO$_2$ 系的黏度曲线

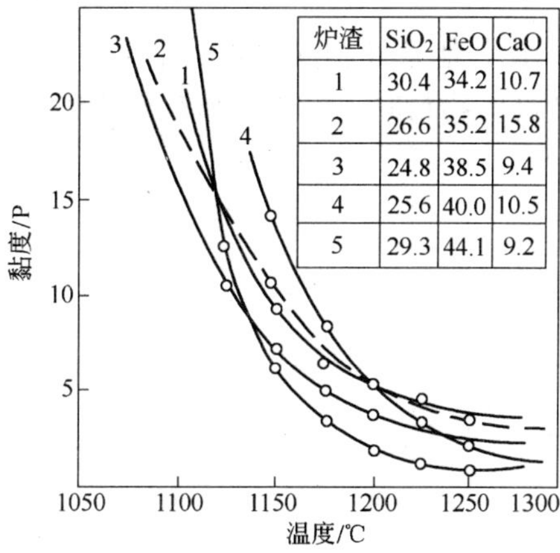

炉渣	SiO$_2$	FeO	CaO
1	30.4	34.2	10.7
2	26.6	35.2	15.8
3	24.8	38.5	9.4
4	25.6	40.0	10.5
5	29.3	44.1	9.2

图 14-15 鼓风炉炉渣的黏度

14.2.7.6 $CaO-FeO-SiO_2$ 系表面张力

图 14-16 给出 $CaO-FeO-SiO_2$ 系 1400℃的表面张力曲线。

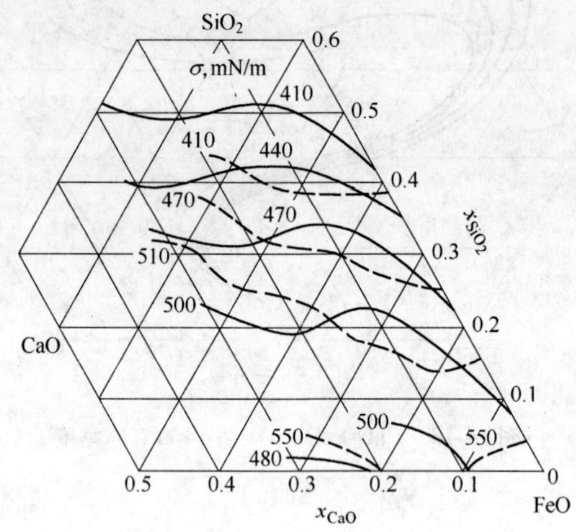

图 14-16 $CaO-FeO-SiO_2$ 系在 1400℃时的表面张力曲线

14.2.7.7 炉渣中 ZnO 溶解度与成分的关系

ZnO 在炉渣中的溶解度与 FeO、SiO_2 和 CaO 的含量有关，有人测定了炉渣中 ZnO 含量与成分的关系，现列于表 14-8。

表 14-8 炉渣中 ZnO 溶解度与成分的关系 (%)

w(ZnO)	$w(SiO_2)$	w(FeO)	w(CaO)	w(ZnO)	$w(SiO_2)$	w(FeO)	w(CaO)
0	34.20	37.80	18.00	25.0	16.31	40.10	8.59
5.0	30.62	38.26	16.12	30.0	12.73	40.57	6.70
10.0	27.05	38.72	14.23	35.0	9.16	41.02	4.82
15.0	23.47	39.18	12.35	40.0	5.58	41.48	2.94
20.0	19.89	39.64	10.47				

从表 14-8 的数据可知，在其他条件相同时炉渣中 FeO 含量越高，可以溶解的 ZnO 量也越多。所以在处理含 ZnO 高的物料时，应该造高铁低 SiO_2 和 CaO 的炉渣。

（撰稿 何蔼平）

15　铅鼓风炉还原熔炼

鼓风炉还原熔炼是最传统的竖炉熔炼技术，是竖炉熔炼技术的源头。现代鼓风炉还原熔炼最主要的应用方向是铅烧结块鼓风炉熔炼、铅锌混合烧结块密闭鼓风炉熔炼、废铅蓄电池鼓风炉熔炼和杂铜鼓风炉熔炼，后两种应用属于再生金属生产领域。

密闭鼓风炉熔炼在锌冶炼工艺技术一篇中已经讨论，本章不再累述。废铅蓄电池鼓风炉熔炼的工艺过程十分接近传统的烧结焙烧—鼓风炉炼铅，加上近年来各种铅冶炼新技术的发展，原生铅冶炼厂多将各种铅二次资源纳入原料范畴合并冶炼，大幅度提高了资源的利用率和改善了经济效益和环境效益，故本章不再单独进行论述。

近年来，由于铅精矿直接熔炼工艺的采用，在产出粗铅的同时，还产出含铅较高的炉渣。在处理这类高铅渣时，运用传统的鼓风炉熔炼，是一种较好的选择。改进后的富铅渣鼓风炉直接熔炼技术表现出许多优越性。因此，也将鼓风炉熔炼高铅渣工艺纳入本章中。

15.1　传统铅烧结块还原熔炼鼓风炉

铅矿物的鼓风炉还原熔炼是古代竖炉熔炼技术最直接的继承。鼓风炉炼铅技术是有色金属领域中竖炉熔炼技术应用的代表，其应用的历史最长，技术最成熟，应用的面最广泛。直到20世纪末为止，世界上90%以上的矿产粗铅仍然是通过鼓风炉还原熔炼铅烧结块生产的。

铅精矿的火法冶炼，究其实质都必须经过两个冶金过程，一是硫化铅精矿中的硫化铅及其他硫化物的高温氧化生成氧化物（也可能同时生成部分金属），然后是氧化物还原为金属。传统的烧结焙烧—鼓风炉还原熔炼将两个基本冶金过程分开进行：硫化铅精矿先在烧结机上经过高温氧化脱硫，并将粉状的物料熔结成烧结块，再将烧结块与焦炭一起投入鼓风炉内进行还原熔炼得到粗铅。

熔炼铅烧结块的是炉顶敞开式的鼓风炉。由于铅的氧化物相对较为容易还原（与铁矿石比较），炼铅鼓风炉的料柱高度不高（3.6～6.0m），焦点区温度1350～1450℃（较炼铁高炉低约300℃），熔炼作业在较低的风压（8～20kPa）下进行。为了保证鼓入的空气能够穿透料层到达炉子中心，相对两个风口之间的距离不能太大。因此，除小型鼓风炉采用圆形断面外，大、中型炼铅鼓风炉的水平断面都是长方形或两端为半圆的长型炉。炉子风口区宽度，国内为0.9～1.4m，国外最宽达1.83m。炉子长度取决于产量，一般不超过8m，过长不便于操作管理。与风口垂直的竖直断面，一般是从风口区呈V形逐渐向上扩张（炉腹收缩型），炉腹角一般为3°～8°，上部为直井状。这种结构的炉子可以使热量集中于风口区，并使高温炉气上升的速度逐渐降低，延长了炉料与炉气间的接触时间，有利于热交换和化学反应的进行；同时减少了随炉气带走的烟尘量。炉腹角的大小，取决于炉料的理化性质，以保证不产生悬料为原则。

鼓风炉的炉壁可全部采用水套，也可以下半部采用水套、上半部用耐火砖砌筑。利用被冷却凝固、附着在水套上的炉渣作为耐火材料，大大延长了鼓风炉的停炉大修周期和减少了耐火材料的单耗。目前鼓风炉全部采用汽化水套，既可回收一部分热量，副产低压蒸汽（2~4MPa）又大幅度降低了冷却水的消耗。传统炼铅鼓风炉的结构见图15-1。

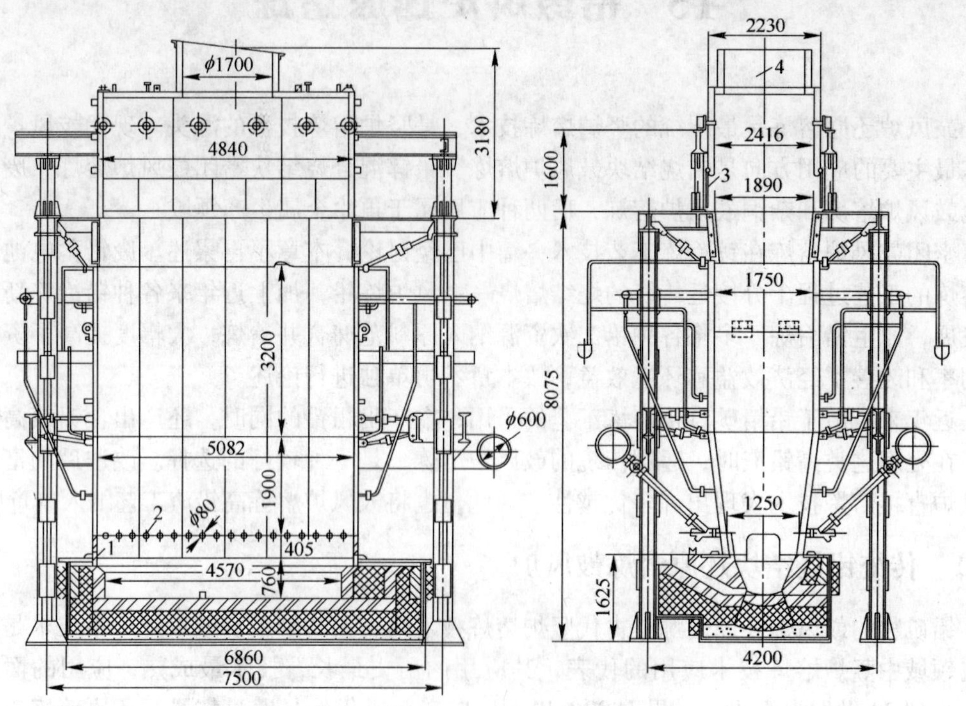

图15-1 传统炼铅鼓风炉

1—渣口；2—风口；3—加料口；4—烟道

传统鼓风炉还原熔炼铅烧结块的技术经济指标见表15-1。

表15-1 传统鼓风炉还原熔炼铅烧结块的技术经济指标

项目	指标	项目	指标
料柱高度/m	3.6~5.5	渣含铅/%	1~2
鼓风强度/$m^3 \cdot (m^2 \cdot min)^{-1}$	25~35	料面气流温度/℃	100~300
鼓风压力/kPa	11~20	烟气含尘量/$g \cdot m^{-3}$	3~6
焦率/%	11~13	烟尘率/%	0.5~2.0
炉料空气消耗量/$m^3 \cdot t^{-1}$	500~900	熔炼过程脱硫率/%	30~50
床能率/$t \cdot (m^2 \cdot d)^{-1}$	50~55	铅的直收率/%	93~96

15.2 椅形水套炼铅鼓风炉

澳大利亚皮里港铅厂在对传统鼓风炉进行了一系列研究之后，基于铅氧化物在炉气中$CO_2/CO=2$的条件下，即可满足使其有效还原的认识，为达到在提高炉子生产能力的前提下，既保证炉子的还原能力，又提高燃料的利用率，使碳质燃料燃烧趋于合理化的目的，开发了椅形水套双排风口的炼铅鼓风炉。其结构特点是上部为宽度较传统鼓风炉大的垂直炉井，设置上、下两排风口，两排风口之间的水套形状像椅子一样，使炉身断面突然收缩，下排风口的宽度与传统鼓风炉基本相同，风口个数多且风口直径较传统鼓风炉的风口直径小，上排风口区宽度达到3.0m左右。

皮里港式鼓风炉的工艺特点是：

(1) 下排风口鼓入的空气确保焦炭强烈燃烧并使燃烧气体中 $CO/CO_2 \approx 1$，保证必要的高还原强度；上排风口鼓入补充空气使炉气中的CO进一步燃烧发热，为熔炼过程提供更多的能量，提高了炉子的生产率和金属回收率。

(2) 由于采用多个小直径的风口，鼓风压力和风速相应提高，鼓入空气的穿透力加强，使炉内空气的分布和同一断面上的温度分布比较均匀，焦点区更为集中，熔炼速度更为均衡，炉子的运行状况也得到改善，生产过程的各项指标都有所改善。

(3) 采用椅形水套后，下排风口以上的炉身断面突然扩大以及上排风口气流的影响，来自下排风口回旋区的高温强还原气流，其上行运动的状态（速度和方向）都发生突然变化，促使炉气与炉料之间的传质和换热过程得以充分进行，还原反应进行较为完全，加上气流速度降低使烟尘率下降，为提高金属回收率创造了条件。

(4) 由于上部炉身宽大，容纳了更多的炉料，热容量大幅增加，加上炉内的温度分布均匀，熔炼过程的热稳定性增强，因此椅形鼓风炉的炉温均衡、炉况稳定，大大降低了炉结的形成和对熔炼过程的危害。

(5) 由于设置了上、下两排风口，当下排风口发生灌渣堵塞等故障时，可以暂时只用上排风口维持熔炼过程的进行，以处理故障进行抢修。

目前，国外已有不少大型炼铅厂采用了椅形水套鼓风炉。也有的工厂采用椅形水套但不设置上排风口的情况。

皮里港式双排风口椅形水套鼓风炉的结构参数和技术指标见表15-2。

表15-2　皮里港式双排风口椅形水套鼓风炉的结构参数和技术指标

项　目	标准炉	新型炉
下排风口区宽度/m	1.523	1.523
上排风口区和炉身顶部宽度/m	3.00	3.05
风口区长度/m	7.625	10.675
下水套底至炉身顶部距离/m	5.846	5.508
下水套底至下排风口距离/m	0.61	0.33
下水套底至上排风口距离/m	1.523	1.322
上排风口数目/个	40	46
下排风口数目/个	30	42
风口内径/mm	76.2	76.2
水套排数/个	3	3
下风口中心水平断面积/m^2	11.8	16.3
椅形水套对水平的角度/(°)	12	30
下排风口至放出口距离/mm	610	430

续表 15-2

项 目	标准炉	新型炉
鼓风强度/$m^3 \cdot (m^2 \cdot min)^{-1}$	31	14.5~22.2
鼓风压力/kPa	17	15.2~21.9
炉料含铅/%	45.3	45~52
焦率/%	6.7	10
粗铅产量/$t \cdot d^{-1}$:		
普通空气时	350	530
23% O_2 富氧空气时	370	639
渣含铅/%	3.1	2.0
烟尘率/%		2.1
床能率/$t \cdot (m^2 \cdot d)^{-1}$:		
普通空气时	$29.67_{(Pb)}$ 或 $65.5_{(料)}$	$32.52_{(Pb)}$ 或 $69.94_{(料)}$
23% O_2 富氧空气时	$31.36_{(Pb)}$ 或 $69.23_{(料)}$	$39.20_{(Pb)}$ 或 $80.82_{(料)}$
铅回收率/%		97.98

资料来源：《铅冶金学》。

椅形水套鼓风炉的结构示意图见图 15-2。

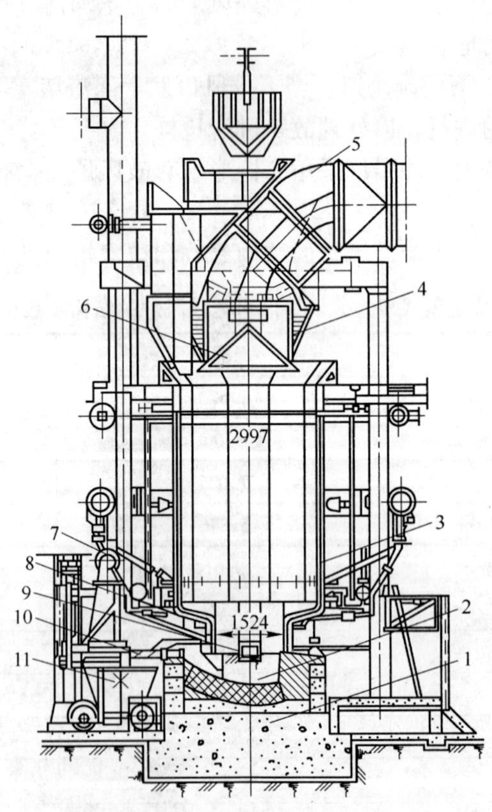

图 15-2 椅形水套炼铅鼓风炉

1—炉基；2—炉缸；3—椅形水套护身；4—炉顶；5—烟道；6—料钟；
7—上排风口；8—下排风口；9—渣口；10—虹吸口；11—盛铅包

15.3 鼓风炉炼铅过程的强化

15.3.1 预热空气与富氧鼓风在鼓风炉炼铅过程中的应用

与其他竖炉熔炼技术的应用领域一样，炼铅鼓风炉也可以通过采取预热空气鼓风、富氧鼓风以及喷吹燃料等技术措施来强化熔炼过程。国内外炼铅厂采用的强化措施主要是富氧鼓风和热风熔炼，表15-3～表15-5列出国内外部分炼铅厂富氧鼓风和热风熔炼的强化效果。到目前为止，采用鼓风炉喷吹燃料强化炼铅过程并实现工业应用的仅云南冶金集团总公司一家。

表15-3 国外部分炼铅厂富氧鼓风熔炼的情况

厂名	规模/kt·a^{-1}	鼓风含氧/%	提高床能率/%	降低焦率/%	渣含铅/%
Чимкент厂（哈萨克）	160	26	74～100	50	1.8～1.9
У-К铅锌联合企业（哈）	100	28～30	25	30	1.8～2.3
Trail厂（加拿大）	190	24	25	10	4.0
Pirie港厂（澳大利亚）	250	25	50	10～15	2.4～2.6
Kellogg厂（美国）	120	23.5	25	10	
East Helena厂（美国）	80	23.5～26	20～25	9.9～16	1.3～1.4
Hoboken厂（比利时）	125	26.5	35	10	
契岛厂	70	24	30	30	

资料来源：《铅锌冶金学》。

表15-4 水口山三厂富氧鼓风与空气鼓风炼铅比较

指标名称	富氧熔炼	空气熔炼	指标名称	富氧熔炼	空气熔炼
鼓风氧浓度/%	23.5	21	粗铅焦耗/kg·t^{-1}	249	273
鼓风强度/m^3·(m^2·min)$^{-1}$	49.45	53.08	烧结块含铅/%	41.67	41.71
粗铅产量/t·d^{-1}	104.84	97.4	粗铅含铅/%	97.88	98.00
鼓风炉处理量/t·d^{-1}	306.39	289.79	铅直收率/%	89.49	85.80
床能率/t·(m^2·d)$^{-1}$	99.48	94.09	渣含铅/%	2.93	3.26
焦率/%	8.51	9.17	烟尘率/%	3.34	3.58

资料来源：《铅锌冶金学》。

表15-5 佐贺关铅厂和原沈阳冶炼厂热风熔炼情况

项目	佐贺关铅厂			沈阳冶炼厂	
	冷风操作（1955年下半年）	热风操作（1956年下半年）	热风操作（1966年下半年）	冷风操作（1992年上半年）	热风操作（1993年上半年）
风温/℃	2530	200250	200250	2530	180200
粗铅产量/t·月$^{-1}$	489	622	1511	5000	5500
焦炭使用量/t·月$^{-1}$	312	210	365	1596	1350
焦炭单耗/kg·t^{-1}	638	337.6	241	310	245
重油使用量/kL·月$^{-1}$		9.9	19.6		
渣含铅/%	1.33	0.89	1.47	2.2	1.8

资料来源：《铅锌冶金学》。

15.3.2 喷吹粉煤强化冶金过程在鼓风炉炼铅过程中的研究与应用

截止到2005年，有色冶金领域采用煤粉喷吹技术强化竖炉熔炼冶金过程的研究与应用，在国内外均尚未见到公开报道。云南冶金集团自主开发成功鼓风炉喷吹粉煤强化熔炼技术，并实现产业化应用。用粉煤部分取代冶金焦，使焦率降低15%，鼓风炉床能力提高10%。充分利用粉煤中挥发分的强还原性能，减少炉结形成，降低劳动强度。

15.3.2.1 工业试验

2001年，云南冶金集团所属驰宏公司在7.7m^2铅鼓风炉上进行了模拟喷煤的初步试验。13天的模拟试验过程中，从部分风口喷入粉煤共1627kg。喷吹粉煤后，鼓风炉焦点区下移，风口明亮，熔渣温度提高了20~40℃，渣流动性改善。与未喷粉煤相比，床能力从30.43t/(m^2·d)提高到31.64t/(m^2·d)，渣含铅从2.82%降低到2.185%。

之后，又在该公司5.6m^2鼓风炉上进一步试验。在7天的试验期内，共喷吹粉煤34.2t，生产粗铅487.114t，渣含铅3.35%。床能力从30.03t/(m^2·d)提高到38.03t/(m^2·d)，焦率由20%下降到16%，节约焦炭82.09t，按煤焦差价220元/t计，节约焦炭费2.92万元。

2002年4季度，在上述试验的基础上，在公司所属澜沧铅矿实施了鼓风炉强化熔炼工业性试验。

试验在现行（生产能力为10000t/a的）粗铅3m^2鼓风炉系统的上进行。鼓风炉风口经过改造，使之能够满足喷吹粉煤要求。经过技术改造和完善配套，增加了粉煤制备、输送装置、空气预热与鼓风设备等配套系统。预热空气来自鼓风炉炉顶烟气加热的空气换热器，热风温度80~110℃。

试料采用该厂13m^2带式烧结机正常生产的铅烧结块。试验及稳定期的烧结块的化学成分见表15-6。

表15-6 烧结块的化学成分 （质量分数/%）

时间	Pb	SiO_2	Fe	CaO	Zn	Cu	S	Ag/g·t^{-1}
2003年11月	22.7	12.26	18.79	10.94	6.23	—	1.22	379.76
2003年12月	22.62	11.76	18.84	13.04	5.84	—	1	210.66
2004年1月	20.51	13.54	20.75	14.11	4.91	—	0.73	328.03
2004年2月	20.69	14.17	20.7	15.68	3.4	—	0.55	294.5
2004年3月	25.36	13.97	18.48	14.24	—	0.73	0.7	378.15
2004年4月	23.8	14.21	19.16	13.44	—	0.28	1.37	327.29
2004年5月	22.07	14.07	18.29	14.56	—	0.48	1.02	320.57

烧结块的X衍射分析显示：铅依次呈硅酸铅（Pb_5SiO_7、Pb_2SiO_4）、铅黄（PbO）、金属铅（Pb）和方铅矿（PbS）形态存在。脉石矿物有：磁铁矿（Fe_3O_4）、赤铁矿（Fe_2O_3）、钙黄长石（$Ca_2MgSi_2O_7$）、铁酸铜（$CuFe_2O_4$）、硅酸铁（$FeSiO_3$）、镁铁矿（$MgFe_2O_4$）和透铁橄榄石[$(Mg_{0.6}Fe_{0.4})_2SiO_4$]。

烧结块的粒度组成见表15-7。

表 15-7 烧结块的粒度组成 （%）

粒度/mm	150 ~ 120	120 ~ 90	90 ~ 60	60 ~ 30	30 ~ 5
组成/%	20	30	30	15	5

浮渣、大块渣及挂壁的化学成分见表 15-8。

表 15-8 浮渣、大块渣及挂壁的化学成分 （质量分数/%）

物料名称	Pb	SiO_2	Fe	CaO
浮 渣	38.09	37.94	15 ~ 41	0.873
大块渣	67.17	7.67	3.42	2.81
挂 壁	22.25	14.53	13.85	3.8

鼓风炉熔炼的燃料为焦炭。所用粉煤来自本厂煤矿的褐煤与自产的半焦混合（半焦：褐煤 = 7：3）经配套粉煤制备系统加工而成。

制备粉煤的燃料除焦、褐煤外，还有烟煤。前两种燃料为澜沧铅矿自产，资源丰富，价格适中，为以后的工业应用创造了好的条件。烟煤需外购，当地不产，从试验的角度考虑，需要增加煤种进行比较。

焦炭、半焦、褐煤及烟煤的工业分析见表 15-9。

表 15-9 焦炭、半焦、烟煤及褐煤的工业分析

燃料名称	工业分析/%				A 中/%		
	W	V	A	C	SiO_2	Fe	CaO
焦炭	0.94	0.9	19.91	78.25	48.94	4.42	2.64
半焦	3.96	11.2	13.52	71.32	41.65	9.67	7.66
烟煤 1	0.87	14.97	26.35	57.81	52.3	7.69	4.11
烟煤 2	0.7	14.2	22.13	62.97	60.07	2.88	2.33
褐煤	23.62	35.12	7.2	34.05	55	9.46	5.67

15.3.2.2 试生产指标

正式工业试验从 2003 年 12 月 31 日开始，至 2004 年 5 月 20 日结束。共喷粉煤 279.869t，喷煤时间累计 2637.58h，小时喷煤量 106.1kg，热风平均温度 84.6℃，焦率 10.42%，床能力 68.99t/(m^2 · d)，渣含铅 1.52%，焦煤比 9.33，置换比 1.12。与未喷粉煤相比，风口温度从 800℃提高到 850 ~ 1050℃，风口软而易捅，捅打时间间隔加长；焦点区温度提高，熔体过热情况好，渣口易开，渣温高（达 1250 ~ 1275℃），渣流动性好，炉况及炉前操作情况大有改善。2003 年 6 月份系统转入生产运行。

与该矿未喷粉煤时的技经指标比较，平均粉煤直接喷吹量占焦炭量的 22.3%，焦率下降 15%，床能力提高 10.44%，粗铅综合加工成本下降 19.13%，铅回收率 97.34%。环保达到国家排放标准。

炼铅鼓风炉喷吹粉煤强化熔炼过程为国内外首创，是鼓风炉炼铅技术的重要创新。经过工业性试验与一年的生产实践，该鼓风炉强化熔炼技术已趋成熟。

15.4 鼓风炉还原熔炼工艺在直接炼铅新技术中的发展应用

15.4.1 鼓风炉还原熔炼在直接炼铅新技术中的应用开发

随着铅精矿的（氧气底吹、顶吹沉没以及其他）熔池熔炼的应用开发，提出了如何经济合理地处理高含铅的炉渣问题。直到目前为止，国外对铅精矿直接冶炼新工艺过程中产出的富铅渣，多采用在熔融状态下喷入还原剂进行还原。由于存在某些较难克服的技术问题，富铅渣熔态还原的技术经济指标都不理想。将富铅渣水碎后，或作为烧结机配料（一般配入量不超过40%），经烧结后再返回鼓风炉熔炼。或者，直接将此种水碎渣作为铅精矿出售，这是一种不得已的办法。也在很大程度上，影响了铅精矿直接熔炼技术的优越性发挥。

在多种富铅渣处理方法的选择中，传统的炼铅鼓风炉受到了重视。

在传统鼓风炉还原熔炼过程中，主要是通过高温状态下的气相还原剂——CO来实现的。疏松多孔的烧结块中的PbO具有与CO发生气-固两相还原反应的优势条件。而对于熔点（900℃左右）相对较低的 $PbO \cdot SiO_2$ 等组分，在随炉料下行的过程中，较早熔融并产生滴流，与CO气体充分接触反应是很微弱的。$PbO \cdot SiO_2$ 的还原，是在熔体滴流到炽热的焦炭上并在穿过碳质骨架的过程中，才被彻底还原为金属铅的。

鼓风炉内熔体通过焦炭滤层的特点，为液态铅化合物（硅酸盐）的还原创造了良好条件。用经过改造的鼓风炉熔炼技术来处理高铅渣，能够得到更好的金属直收率，低的能耗。

云南历史上曾经是我国货币用银的主要产地，且历时近千年。在古代银矿附近，遗留了大量提银过程的老炉渣，其成分及性质与现代一步炼铅工艺产出的富铅渣十分近似。为满足国民经济发展的需要，云南冶金集团总公司所属澜沧铅矿，从1957年起，采用1.4m^2鼓风炉大量处理老炉渣，冶炼生产粗铅。老炉渣经筛分后，大于20mm的块料含铅60%左右，直接入炉冶炼。床能率达到54.57t/($m^2 \cdot d$)，鼓风炉利用系数29.29t/($m^2 \cdot d$)，粗铅品位98.96%，粗铅含银2000g/t以上，渣含铅平均6.05%。在没有收尘设施的条件下，冶炼回收率95.39%。1958年初又建成配套设施齐备的2.3m^2鼓风炉。至20世纪70年代，共处理老炉渣30余万吨。在长期的生产时间过程中，形成了一套颇具特色的、完整的老炉渣鼓风炉还原冶炼工艺技术。

20世纪末，为了彻底改变我国粗铅冶炼工艺技术落后、装备水平低下、环境污染严重的现状，云南冶金集团总公司将引进的澳大利亚艾萨（ISA）炼铅技术中已成熟应用于工业生产的氧化熔炼部分，与该公司拥有的富铅渣鼓风炉还原熔炼技术（YMG）进行整合与集成，创新地开发了ISA-YMG法。由于有富铅渣鼓风炉还原熔炼的优点作为重要补充，ISA法炼铅工艺才发挥出高效、节能与清洁的全面优势。

（撰稿 冯桂林）

15.4.2 鼓风炉熔炼高铅渣和烧结块的差别

15.4.2.1 烧结块和高铅渣的特点比较

表15-10为（来自德国的）艾萨炉高铅渣（供云南冶金集团试验用的炉料）的平均成分。

表 15-10　富铅渣成分的平均成分

成　分	Pb	SiO_2	Fe	CaO	Zn	S	Cu	Sb	As	Al_2O_3	$Ag/g \cdot t^{-1}$
含量(质量分数)/%	43.60	7.88	11.43	4.31	10.36	0.53	0.56	3.10	0.64	1.05	37.86

表 15-11 为表 15-10 成分的高铅渣的 X 射线衍射物相分析结果。表 15-12 为一些工厂烧结块的铅物相组成。

表 15-11　艾萨炉高铅渣的铅物相分析结果

铅物相	硅酸铅	氧化铅	金属铅	总　计
铅品位/%	20.68	18.61	1.52	40.8
分布率/%	50.69	45.59	3.72	100.00

表 15-12　一些工厂烧结块中铅物相组成

铅物相	铅品位/%				分布率/%
	№1	№2	№3	№4	
PbO	28.70	28.70	26.94	27.40	58.03～61.81
金属铅	3.83	3.00	3.64	4.10	6.33～8.77
$PbO \cdot SiO_2$	8.65	9.70	8.82	8.30	17.76～20.55
$PbO \cdot Fe_2O_3$	0.12	0.10	0.12	0.10	0.21～0.26
PbS	3.63	3.07	4.00	3.71	6.50～8.62
其他铅	1.50	2.63	2.90	3.13	3.23～6.70
总铅	46.43	47.20	46.42	46.74	约 100.00

表 15-13 为烧结块与高铅渣的物理性质以及铅化合物、硫与杂质含量的对比。

表 15-13　烧结块和高铅渣性质对比

性　质	烧结块	高铅渣
气孔率/%	50～60	致密
堆密度/$g \cdot cm^{-3}$	1.8～2.2	>3
硅酸铅含量/%	<21	>50
氧化铅含量/%	>58	<45
硫及杂质含量	高	低
比表面积	大	小
强　度	较小	较大

与烧结块的物理化学特性比较，富铅渣具有以下特性：

(1) 含铅高。高铅渣含铅相当于烧结块，甚至比一般烧结块（含铅 30%）还高，有时达到 50%。

(2) 堆密度大，气孔率低。高铅渣为致密的熔结物，堆密度 $3.05g/cm^3$ 以上，实体密度 $4.5g/cm^3$，真实密度 $4.8g/cm^3$。气孔率 5.8%。而铅烧结块为多孔疏松的自熔性物料，气孔率一般为50%~60%，堆密度1.8~2.2g/cm³。

（3）铅的化学物相不同。富铅渣中以硅酸铅形态存在的铅高达50%以上。而烧结块中以游离氧化铅形态存在的铅为主，硅酸铅形态的铅分布率不足20%。

（4）杂质成分高。富铅渣含锌达10.36%，铅锌比为4.21；锑高达3.10%，Sb+As+Cu为4.3%，必须对渣型进行优化调整和精心控制。

（5）比表面积小。

15.4.2.2 鼓风炉熔炼烧结块和高铅渣的差别

鼓风炉熔炼烧结块和熔炼高铅渣之间的差别主要是还原状态的不同。

因为氧化铅比硅酸铅容易还原，所以烧结块比高铅渣容易还原。

鼓风炉熔炼烧结块时，由于氧化铅含量高，硅酸铅含量低，还原作用以氧化铅的CO间接还原为主，气-固、气-液和固-液反应在炉子的不同高度同时进行。

富铅渣的比表面积相对小，气（CO）-固（铅的氧化物）接触面有限，气-固还原的作用受到限制。同时，因硅酸铅含量高，熔点较低（富铅渣软化点仅900~1000℃），结构致密，还原过程则以硅酸铅熔化后通过炽热的焦炭层直接还原为主。

高铅渣块料受热熔融后，固（炽热焦炭）-液（熔融铅氧化物）两相之间的还原反应和气（CO）-液（熔融铅氧化物）两相之间的还原反应就成为降低渣含铅的关键，尤其以熔融硅酸铅与炽热焦炭之间的还原过程的影响更为突出。若要获得低的渣含铅和高的铅直收率，必须采取特殊措施，才能保证熔炼过程具有能满足还原反应迅速与充分进行的条件。

熔炼烧结块时，易熔物先熔化，逐渐溶入其他造渣成分。而高铅渣几乎是到达熔化温度时，各造渣组分同时熔化。

高铅渣含硫等杂质低，熔炼时没有硫化物对熔炼过程的不利影响。可不产锍和黄渣，有利于直接回收率的提高。

高铅渣强度较大在鼓风炉中不易产生粉料，料层透气性较好，有利于炉子提高生产率。

（撰稿 何藹平 冯桂林）

16　硫化铅精矿的直接冶炼

16.1　硫化铅精矿直接冶炼的基本原理

20 世纪 80 年代以前，以硫化铅精矿为原料生产粗铅，几乎都是采用烧结—鼓风炉熔炼工艺流程。自 20 世纪 80 年代开始，陆续出现了氧气底吹炼铅法、艾萨法、基夫赛特法和瓦纽可夫法等新的炼铅法，通称为直接炼铅法。

直接炼铅法即是将硫化铅精矿直接进行熔炼，不经过烧结焙烧的方法。直接熔炼又有闪速熔炼和熔池熔炼两大类。两类方法都采用富氧或工业纯氧进行熔炼，其熔炼过程均经过铅精矿氧化和氧化铅还原两个阶段。氧化和还原分别在熔炼设备的不同区域或同一设备的不同阶段进行。

与传统烧结—鼓风炉工艺比较，最大的不同是取消了烧结工艺，规避了烧结过程中低 SO_2 浓度烟气和大量返粉处理处理的问题；工艺流程更加紧凑，装备更加先进，自动化控制程度大大提高。此外，直接炼铅法的原料的适用性广，除了处理铅精矿外，可搭配处理大量铅渣料和再生物料。

16.1.1　金属硫化物氧化生成金属的热力学条件

在高温条件下金属硫化物的氧化可能按多种途径进行，其中主要的有以下几种：

$$2MeS + 3O_2 \xlongequal{} 2MeO + 2SO_2$$

$$MeS + 2O_2 \xlongequal{} MeSO_4$$

$$MeS + O_2 \xlongequal{} Me + SO_2$$

$$MeS + 2MeO \xlongequal{} 3Me + SO_2$$

在标准状态下，反应最终生成何种产物由反应的吉布斯自由能决定，由热力学计算知可能出现 3 种情况：

（1）MeO 和 MeS 的分解压都很小，$MeSO_4$ 分解压很大时，氧化将生成 MeO；

（2）MeS 和 $MeSO_4$ 分解压都很小，MeO 的分解压很大，或者 MeS、MeO 和 $MeSO_4$ 的分解压都不大时，氧化将生成 $MeSO_4$；

（3）MeS、MeO 和 $MeSO_4$ 的分解压都很大时，氧化反应将生成金属。

为便于研究问题，有的学者将金属氧化为氧化物的标准摩尔吉布斯自由能 $\Delta G^{\ominus}$（即氧势）与温度 T 的关系作图，称为氧势图，见图 16-1。理查森和杰弗斯又在氧势图上加上了有关标尺，使其更好用。有研究者相应作出了标准状态下的硫化反应 $\Delta G^{\ominus}$-T 图称为硫势图，见图 16-2。

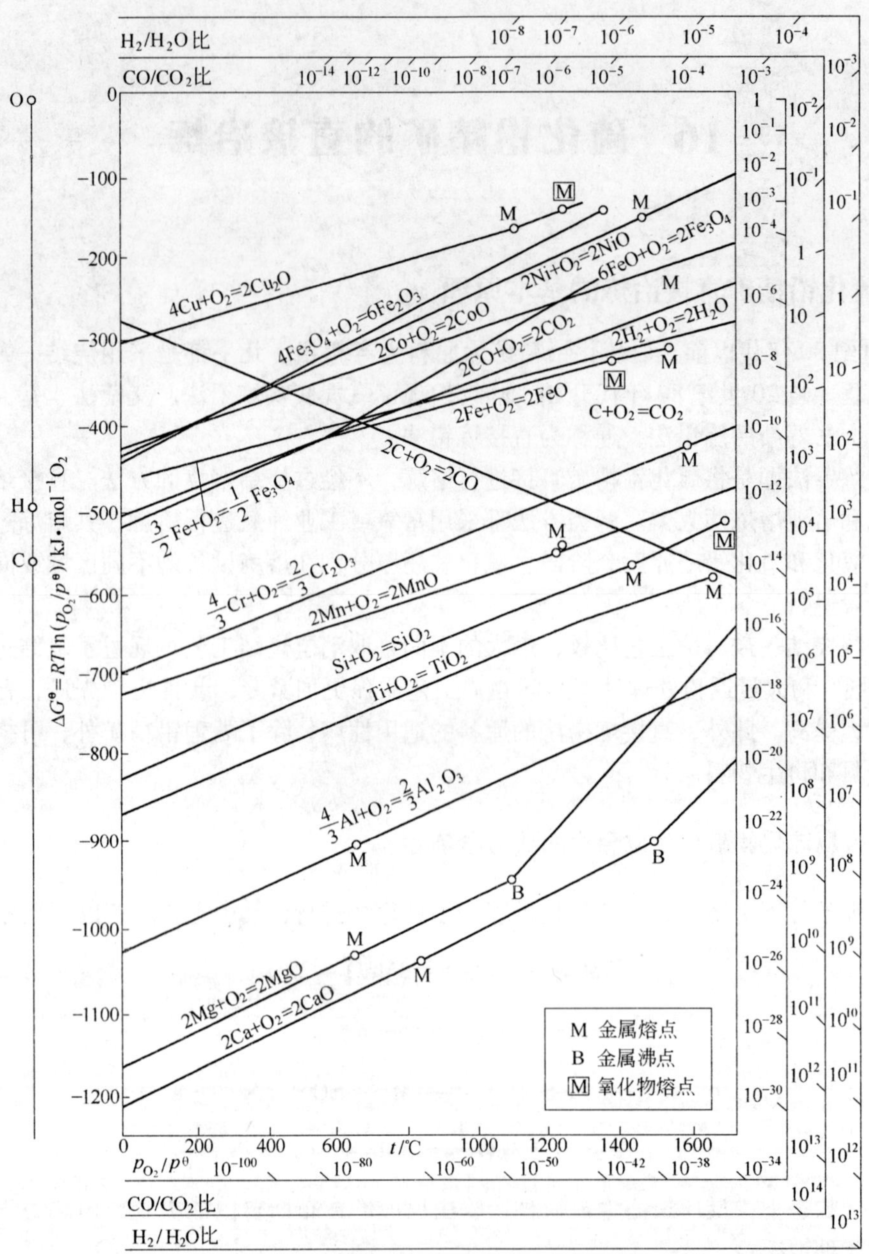

图 16-1 氧势图

从图 16-1 可以看出：

（1）图中氧化直线的位置越低，其氧化物越稳定，位置越高其氧化物越不稳定，即越容易还原，铅的氧化直线位置在左上方说明较容易还原；

（2）从图 16-1 还可以看出金属的氧化顺序，几种常见金属的氧化顺序为：锌、铁、锡、钴、镍、铅、铜、银，由于随着温度的变化有的直线相交，则相交前后顺序发生变化；

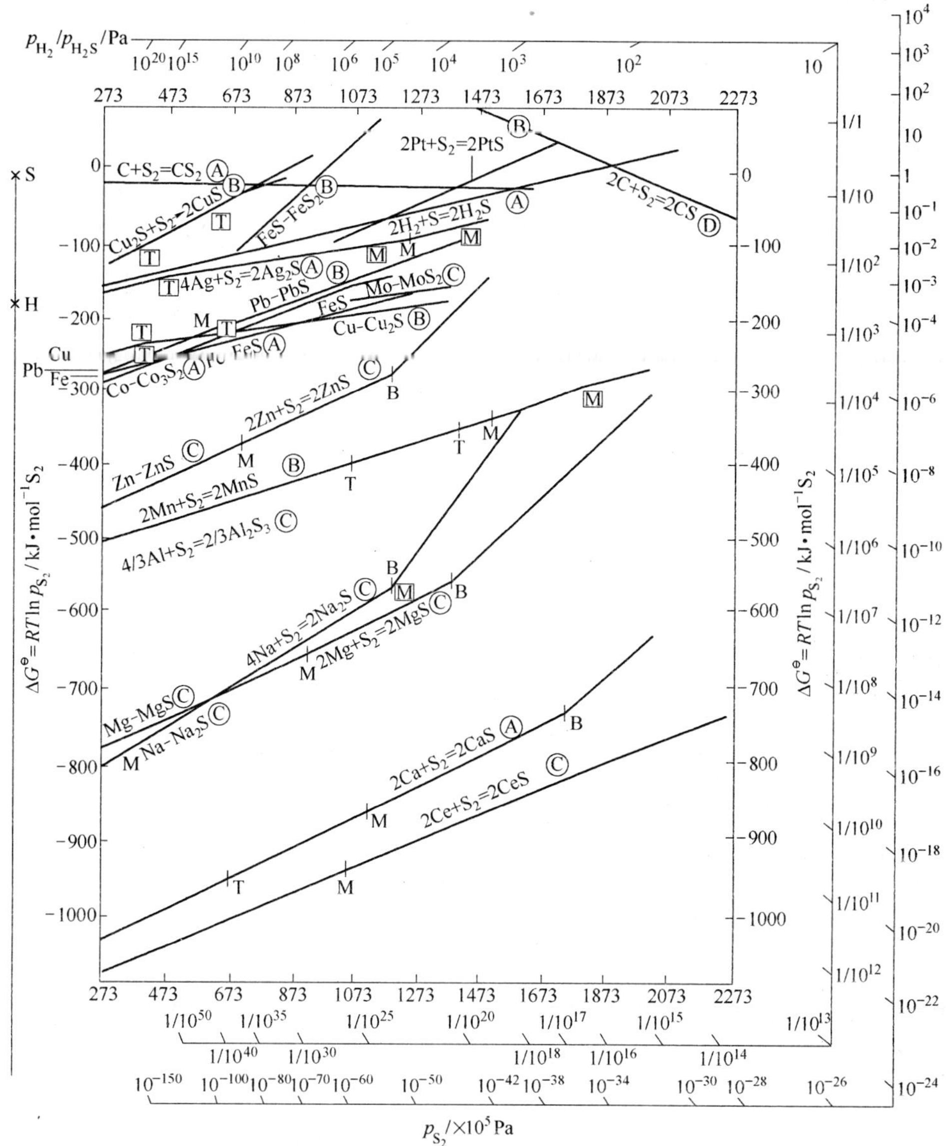

图 16-2 硫势图

(3) 利用图 16-1 右边所附的氧压标尺、p_{H_2}/p_{H_2O} 和 p_{CO}/p_{CO_2} 标尺，可直接读出一定温度下氧化物和金属平衡的氧分压 p_{O_2} 和平衡势的 p_{H_2}/p_{H_2O} 和 p_{CO}/p_{CO_2}。

从图 16-2 可以看出：

(1) 图中硫化物直线的位置越低，其硫化物越稳定，位置越高其硫化物越不稳定；

(2) 硫化物的稳定顺序，1273K 时硫化物的稳定性依次是 Ag_2S、PbS、MoS_2、FeS、Cu_2S、ZnS、MnS。

武津典彦等人对 Pb-S-O 系进行了实测，用实验数据进行计算得出的反应标准自由焓列于表 16-1。

表16-1 用实验数据进行计算得出的反应标准自由焓

反 应 式	$\Delta G^{\ominus}$/kJ
$PbS(s)+2O_2(g)\rightarrow PbSO_4(s、\alpha)$	$-815.9+0.34T$
$2(PbSO_4\cdot PbO)(s)+S_2(g)+3O_2(g)\rightarrow 4PbSO_4(s、\alpha)$	$-1478.0+0.67T$
$2(PbSO_4\cdot PbO)(s)+S_2(g)+O_2(g)\rightarrow 4PbSO_4(s、\beta)$	$-1416.3+0.61T$
$4PbS(s)+5O_2(g)\rightarrow 2(PbSO_4\cdot PbO)(s)+S_2(g)$	$-1753.1+0.67T$
$4(PbSO_4\cdot 2PbO)(s)+S_2(g)+3O_2\rightarrow 6(PbSO_4\cdot PbO)(s)$	$-1546.0+0.68T$
$Pb(l)+1/2S_2+3O_2(g)\rightarrow PbSO_4(s、\alpha)$	$-971.5+0.43T$
$2Pb(l)+1/2S_2+5/2O_2\rightarrow PbSO_4\cdot PbO(s)$	$-1187.8+0.50T$
$3Pb(l)+1/2S_2+3O_2\rightarrow PbSO_4\cdot 2PbO(s)$	$-1394.9+0.58T$
$5Pb(l)+1/2S_2+4O_2\rightarrow PbSO_4\cdot 4PbO(s)$	$-1842.2+0.78T$

李文超绘制了1100K时的Pb-S-O系稳定区图，见图16-3。

从图16-3可见，在此温度下PbS可以直接氧化生成金属铅和$PbSO_4$、$PbO\cdot PbSO_4$、$2PbO\cdot PbSO_4$，而不能直接氧化生成PbO。

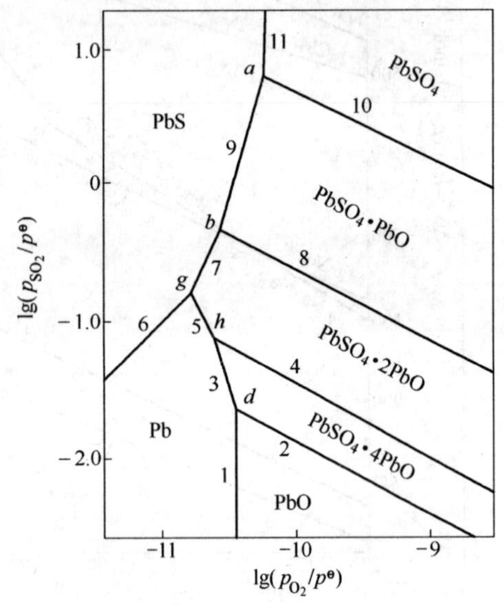

图16-3 1100K时的Pb-S-O系稳定区

舒曼（Schumann）等人用热力学数据绘制了Pb-S-O系的$\lg p_{O_2}$-$1/T$状态图。见图16-4。

图16-4的纵坐标是$\lg p_{O_2}$，横坐标是温度。图中给出了各种铅及其化合物稳定存在的区域，右下方是固态PbS的稳定存在区，右上方是固态PbSO的稳定存在区，左上方是液态PbO和$PbSO_4$的稳定存在区，左侧中部是液态铅的稳定区。在$p_{SO_2}=1\times10^5$Pa，$\lg p_{O_2}=-4.5$Pa时，960℃ PbS开始转变为液态铅。随着p_{SO_2}的降低，液态铅的稳定区加大，在$p_{SO_2}=0.5\times10$Pa，$\lg p_{O_2}=-5.7$Pa时，860℃开始出现液态铅；在$p_{SO_2}=0.05\times10$Pa，$\lg p_{O_2}=-6.3$Pa时，830℃就开始出现液态铅。适当提高温度和增加氧压都有利于生成铅，而且可以降低熔体中硫的浓度，但是过度提高氧压会进入上部的PbO(l)·PbSO4(l)稳定区，导致生成液态氧化铅、硫酸铅和各种碱式硫酸铅。

在直接熔炼时氧化段主要发生下列反应：

$$PbS+O_2 = Pb+SO_2 \tag{16-1}$$

$$Pb+1/2O_2 = PbO \tag{16-2}$$

$$PbS+2PbO = 3Pb+SO_2 \tag{16-3}$$

用Barin的数据计算了反应式16-1的反应自由能与温度的关系如下：

$$700\sim1366\text{K} \qquad \Delta G^{\ominus}=-1980523+1.539T(\text{kJ/mol})$$

$$1366\sim1600\text{K} \qquad \Delta G^{\ominus}=-222610+2.604T(\text{kJ/mol})$$

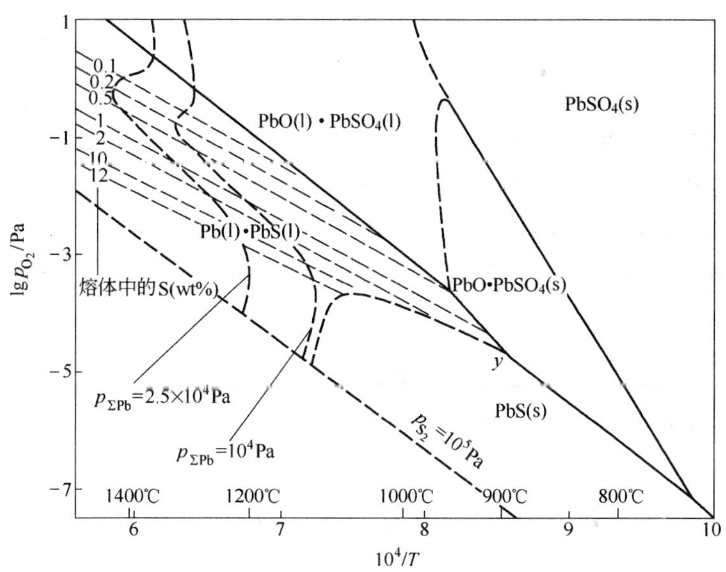

图 16-4 Pb-S-O 系的 $\lg p_{O_2}$-$1/T$ 状态图

一些温度的反应自由能列于表 16-2。

表 16-2 反应 $PbS + O_2 = Pb + SO_2$ 一些温度的反应自由能

温度/K	700	900	1100	1300	1500
$\Delta G^{\ominus}$/kJ·mol^{-1}	-208.603	-212.038	-215.101	-217.863	-218.743

从表 16-2 可见，在标准状态下，反应式 16-1 在较低的温度下就可以进行，生成金属铅。

计算了反应式 16-3 的一些温度下反应自由能列于表 16-3。

表 16-3 一些温度下反应 $PbS + 2PbO = 3Pb + SO_2$ 的反应自由能

温度/K	700	900	1100	1200	1300	1400	1600
$\Delta G^{\ominus}$/kJ·mol^{-1}	89.909	46.315	3.849	-15.124	-13.316	-46.600	-74.124

从表 16-3 的数据可见，在标准状态下，反应式 16-3 要到 1200K 以上温度才能进行。

从上述数据可以认为，在直接炼铅时，在反应器空间反应式 16-1 就可以进行，特别是采用闪速熔炼法时，由于物料较细，反应式 16-1 应进行得较好。而熔池熔炼法主要进行的是反应式 16-3。反应温度应该在 1200K 以上。此时 PbS 可按下列两式进行：

$$PbS(s) + 2PbO(l) = 3Pb(l) + SO_2 \tag{16-4}$$

$$PbS(l) + 2PbO(l) = 3Pb(l) + SO_2 \tag{16-5}$$

式 16-5 的平衡常数 k 可表示为：

$$k = \frac{a_{Pb}^3 \cdot p_{SO_2}}{a_{PbS} \cdot a_{PbO}^2}$$

如果将粗铅看为稀溶液，$a_{Pb} = 1$，用铅液中含硫量 w 的百分量表示 a_{PbS}，则平衡常数

k'可写成：

$$k' = \frac{p_{SO_2}}{w \cdot a_{PbO}^2}$$

这表明在一定温度和p_{SO_2}条件下，铅液中的硫含量与共轭炉渣相中a_{PbO}的平方成反比，即不可能同时得到低硫铅和低铅渣。在直接炼铅时，选择得到低硫铅和高铅渣，再用不同的方法从高铅渣中还原出金属铅。

矢泽彬绘制的1200℃ Pb-S-O系氧硫势图列于图16-5，可以用来直观地分析硫化铅矿冶炼的问题。

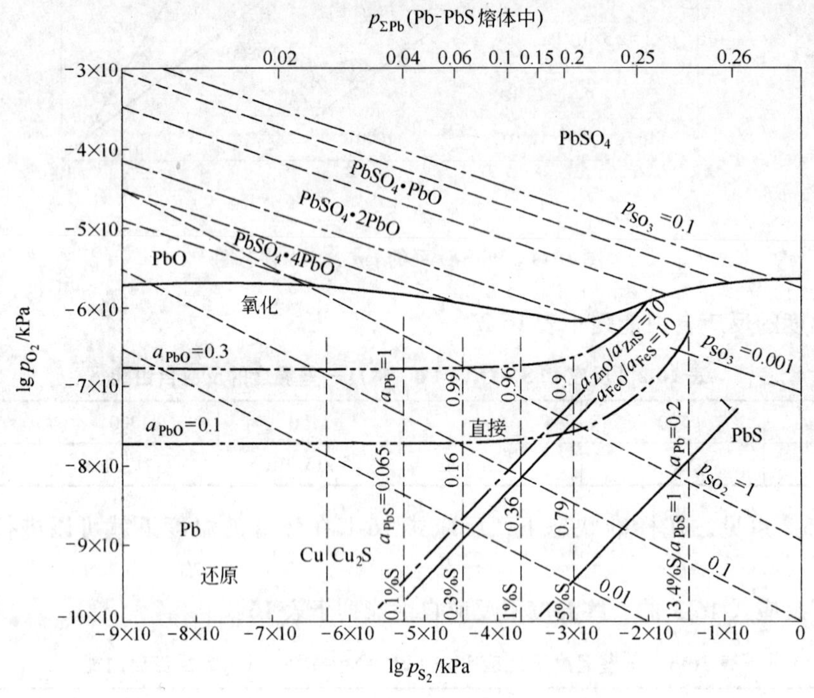

图16-5 1200℃时Pb-S-O系的氧硫势图

传统的烧结—鼓风炉炼铅法，烧结过程在图16-5中标有氧化的高氧势区域进行，鼓风炉还原熔炼过程则在标有还原的低氧势区域进行。

而在直接炼铅时，1200℃温度条件下如果$\lg p_{O_2}$控制在10^{-2}～10^{-3}Pa之间，$\lg p_{S_2}$控制在-0.5～0.5Pa之间。此时，可以产出含硫0.1%～0.3%的粗铅和含铅百分之几十的高铅渣。此高铅渣在炉子的还原段或是其他的还原设备中还原得到金属铅。

根据图16-5中用斜实线表示的FeO和FeS的活度比推测，在直接熔炼区域内FeS应完全氧化，但是在1200℃下FeO的活度在0.3左右时，会析出固体Fe_3O_4。而造高铅渣PbO进入炉渣，使FeO的活度降低，会缓解固体Fe_3O_4析出的问题。

16.1.2 硫化物与硫酸盐相互反应的热力学条件

在高温下，硫化铅氧化除生成氧化铅和金属铅外，还能生成硫酸铅和各种碱式硫酸铅，它们也会与硫化铅发生交互反应，其通式如下：

$$3MeSO_4 + MeS \xlongequal{} 4MeO + 4SO_2 \tag{16-6}$$

$$MeSO_4 + MeS \xlongequal{} 2Me + 2SO_2 \tag{16-7}$$

根据相率，式16-6和式16-7的自由度均为1。在一定的温度下，反应向左还是向右进行取决于平衡的二氧化硫分压 p_{SO_2}。当 $p'_{SO_2} < p_{SO_2}$ 时，即环境 SO_2 的分压 p'_{SO_2} 小于平衡分压 p_{SO_2} 时，反应向右进行。按反应式16-6生成MeO，而反应式16-7生成Me。当然，要注意在同一温度下反应式16-6和式16-7的 SO_2 平衡分压 p_{SO_2} 数值是不相等的。

对于铅而言，反应 $3PbSO_4 + PbS = 4PbO + 4SO_2$ 很容易进行。当温度大于550℃，只要 $PbSO_4$ 和PbS接触良好，就能生成PbO。反应 $PbSO_4 + PbS = 2Pb + 2SO_2$ 也较易进行，表16-4给出了一些温度下 SO_2 的平衡压力。

表16-4 某些温度下反应 $PbSO_4 + PbS = 2Pb + 2SO_2$ 的平衡压力

温度/℃	609	655	723
p_{SO_2}/Pa	4000	20665	98000

由此可见，$PbSO_4$ 和PbS的交互反应在较低温度就可剧烈进行。

16.1.3 直接熔炼过程中的传输现象

直接炼铅法中，基夫塞特法属于闪速熔炼；底吹法、顶吹法、侧吹法和卡尔多法都属于熔池熔炼。

16.1.3.1 闪速熔炼的传输现象

众多学者研究了铜闪速熔炼过程的传输现象，其许多结果可以借鉴。

A 精矿颗粒的运动速度

闪速熔炼的主要熔炼过程发生在反应塔内，气流中的铅精矿颗粒能否在进入沉淀池之前顺利完成氧化、着火和熔化等过程对整个熔炼过程至关重要。从化学反应的角度看，精矿颗粒的运动速度很重要。颗粒的终点速度可以用Stokes公式描述：

$$U_p = g_c(\rho_p - \rho_g)d_p^2/18\eta \tag{16-8}$$

式中 U_p——颗粒的终点速度，m/s；

g_c——重力加速度，m/s^2；

ρ_p，ρ_g——分别为颗粒与气体的密度，kg/m^3；

d_p——颗粒直径，m；

η——气体的黏度，kg/(m·s)。

按式16-8计算，10μm颗粒的终点速度仅为0.04m/s，200μm的颗粒的终点速度为1.6m/s，所以细颗粒的终点速度几乎与气流速度相等，较大颗粒通过反应塔的速度为2倍于气流速度，停留时间较小颗粒短。所以，为使反应在反应塔空间进行得完全，精矿颗粒应小些更好。

B 精矿颗粒与气流之间的传热和传质

有学者研究了反应塔内的传热和传质，得出精矿颗粒与气流之间的传热和传质速率：

$$N_{Nu} = 2 + 0.6N_{Re}^{1/2}N_{Pr}^{1/3} \tag{16-9}$$

$$N_{Sh} = 2 + 0.6N_{Re}^{1/2}N_{Sc}^{1/3} \tag{16-10}$$

式中 N_{Nu}——努塞尔数（Nusselt）$=hd_p/k$，h 为热传递系数，4.187J/(m²·s·℃)，d_p 为颗粒直径，cm，k 为流体热传导率，g/(cm·s·℃)；

N_{Sh}——舍伍德数（Sherwood）$=k_d d_p/D_v$，k_d 为质传递系数，g/(m²·s)，D_v 为反应组分通过流体的扩散系数，cm²/s；

N_{Re}——雷诺数（Roynolds）$=d_p u_p \rho/\mu$，u_p 为颗粒与流体的相对速度，cm/s，ρ 为流体密度，g/cm³，μ 为流体黏度，g/(cm·s)；

N_{Pr}——普朗特数（Prandtl）$=c_p\eta/k$，c_p 为流体质量热容，4.187J/(g·℃)；

N_{Sc}——舒米特数（Schmidt）$=\eta/D_v$。

当膜层温度为1000℃时，按式16-9计算的结果见表16-5。

表16-5 颗粒尺寸对其终点温度和传热、传质系数的影响

颗粒直径/μm	10	50	100	200
终点速度/cm·s⁻¹	0.39	9.94	39.8	158
热传递系数/J·(cm²·s·℃)⁻¹	1.27	0.36	0.19	0.12
质传递系数(O_2)/g·(m²·s)⁻¹				
在纯氧中	1.176	0.246	0.133	0.081
在空气中	0.244	0.051	0.028	0.017

由表16-5上数据可见，粗颗粒与细颗粒比较，不但表面积小，停留时间短，而且传热系数和传质系数也小。在干精矿中，由于颗粒直径分布不均匀，达到同样的反应程度是不可能的。同一条件，对于粗颗粒反应不足，对于细颗粒则已反应过度。

16.1.3.2 熔池熔炼炉内的传输现象

熔池熔炼的共同特点是熔炼的化学反应和熔化过程都是在气体-液体-固体三相形成的羽状卷流运动中进行。但是其炉型不同，喷入气体的部位和方式不同，其流动状态也会有差异。在铅冶炼领域中，如果按炉子是否转动分，转动式的有：QSL法、卡尔多法、SKS法；固定式的有：富氧顶吹法（奥斯麦特/艾萨法）、瓦纽可夫法；按气体喷入方式分，底吹法有：QSL法、SKS法；顶吹法有富氧顶吹法（奥斯麦特/艾萨法）、卡尔多法；侧吹法有：瓦纽可夫法。

A 顶吹熔池熔炼炉内的流动现象

熔池熔炼的化学反应和熔化过程都是在气体-液体-固体三相形成的卷流运动中进行。图16-6所示为顶吹熔池熔炼炉内的三相卷流运动示意图。

当气体从沉没喷枪口出来的瞬间，形成一个大的椭球形气泡，由于本身的膨胀和熔体的阻碍，被击散形成若干小气泡与流股。在浮力的作用下，分散在液体中的小气泡向上运动，并会在运动过程中继续膨胀、分裂和合并。持续不断的脉冲气泡形成，滞留于熔体内，在喷口处负压的作用下，形成了液-气向下向上的羽状卷流。羽状卷流运动造成了液-气流卷流运动裹携着从熔池面浸没下来的炉料，形成了气体-液体-固体三相卷流。在三相卷流内发生剧烈的氧化脱硫和造渣反应，使三相流区域成为热量集中的高温区，高温与反

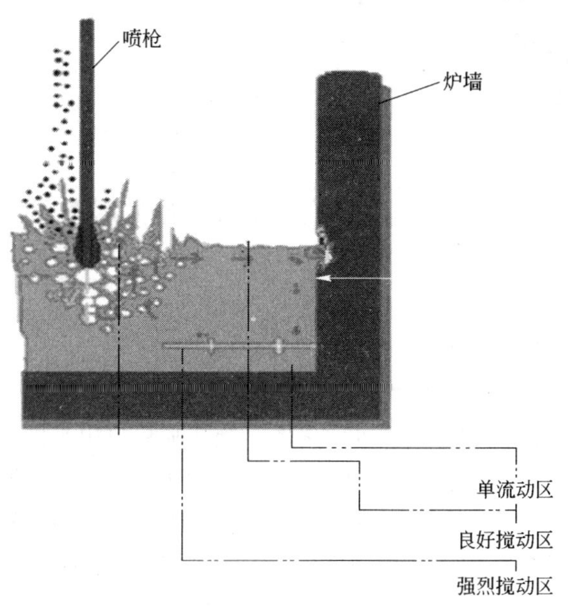

图 16-6 顶吹熔池熔炼炉内的三相卷流运动示意图

应产生的气体又加剧三相流的形成与搅动。此外，由于艾萨喷枪内部还装置有旋流片，出口气流还会有在喷口圆周切线方向上的运动。不过，这种流动的作用很微弱，可以不予考虑。

熔池的三相卷流区是一个热量集中、熔体混合能量很大，气泡充分发展和滞留的区域。这个区域为炉料的物理化学变化、热量与质量传递创造了非常良好的条件。

三相卷流区的建立与单位容积鼓风量，气泡在熔体内的停留时间，气泡直径和熔体温度有关。顶吹沉没熔炼的鼓风量与搅动混合能，可以借助侧吹（诺兰达）炉的已有公式来估计。

a 单位容积鼓风量

单位容积鼓风量可计算为：

$$V_n = R_v LD$$

式中 V_n——单位容积鼓风量，m^3/h；

R_v——容积为 V_r 的炉子的单位鼓风量，$m^3/(m^3 \cdot h)$，其值如下计算：

$$R_v = V_a/V_r$$

V_a——单位鼓风量，m^3/h；

L——起吹炼作用的熔池区长度，m；

D——熔池内直径，m。

b 熔池中的混合能量

熔池中由于气体鼓入的冲击力及气泡上升和膨胀，给熔体带来了很大的搅动能量。向密度为 ρ_m 的熔体鼓入气体时，此能量 P_m 可以用下列方程式计算：

$$P_m = 0.74QT\ln(1 + \rho_m Z/p)$$

式中 P_m——搅动能量或称混合能，W；

Q——喷入气体的流量，m^3/s；

T——熔体温度，K；

ρ_m——熔体密度，g/cm^3；

Z——风口浸没深度，cm；

p——工程大气压（本公式的推导是以旧工程制为基础，故单位仍采用大气压）。

P_m 值也可以表达为单位熔体质量的搅动功率：

$$\varepsilon = P_m/W_m$$

式中 ε——单位质量熔体所接受的混合能，kW/t；

W_m——熔体的质量，t。

有人对铜艾萨熔炼的计算和试验可供参考：当从喷枪口出来的单个气泡在标准状况下的体积为 3.4m^3 时，在熔池温度（工况条件）下则为 16m^3。从喷口出来（气体流速为 13.5m^3/s）的气泡频率为 2.3Hz。显然，这样大体积的气泡在熔体中会很快分散开，在强大的浮力功以及小部分喷流与旋流动力能的作用下产生的搅拌能量必然使熔池激烈翻腾。试验指出，对直径为 1cm 的精矿球团，卷流平均速度若为 1m/s 时，其传热系数为 1.55 J/(cm^2·s·℃)，由此计算出颗粒达到 1300℃的时间大约为 5s，完成熔炼的时间约 10s。当艾萨熔炼加料量达到 130t/h 时，混合时间小于 1min，反应时间小于 2min，鼓风中氧的利用率达到了 100%。

依靠三相卷流运动，实现熔池内的传热、传质和物理化学过程。合适的卷流强度，除了要满足这些过程的需要外，还要求对炉衬的冲刷较弱，以及在炉子空间的喷溅较少，以保证烟尘率低和炉寿命较长。

B 底吹炉的流动状况

有人对底吹炉的流动状态进行了冷态试验。其底部喷吹的流场示意图如图 16-7 所示。

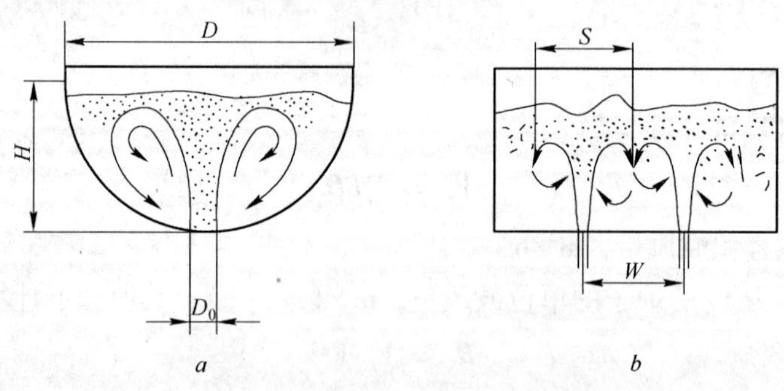

图 16-7 底吹炉的流场示意图

a—炉子圆断面的流场；*b*—沿炉子长度断面的流场

从氧枪喷出的气流股，在液体介质中分散成无数气泡并与液体混合，造成液体内大量均匀分散的气泡搅拌或沸腾状态，形成均匀的气泡扩散区。扩散区的形状及流体运动的轨迹与炉身的几何形状相吻合；搅拌能量根据使扩散区均匀、无旋流、无喷溅、无死角的要求决定。

在设计时可以用 S/W（有效搅拌直径与设计喷枪间距的比值）来判断喷枪间距设计是否合理。原则上讲，$S/W<1$ 说明喷枪间距偏大，有效搅拌直径小，两支喷枪之间会出现死角；$S/W>1$ 说明喷枪间距偏小，有效搅拌直径大，两支喷枪之间流线出现部分重叠，互相干扰抵消了部分能量，部分喷射流还会冲击炉衬；$S/W=1$ 是理论上的最佳比值，可以得到最佳搅拌效果。实践中取 S/W 略小于 1，以便有利于挂渣。

当气体通过喷枪进入熔池后，形成类似固体粉料的流态化床，整个熔池形成一个沸腾层，其体积比不鼓风时约增加 30%。

（撰稿　何蔼平）

16.2 氧气底吹直接炼铅法

16.2.1 直接炼铅的底吹方法

氧气底吹硫化铅精矿熔炼是在借鉴国外先进炼铅技术的技术上，由我国（原）水口山矿务局与（原）北京有色冶金设计研究院共同自主开发的一种先进炼铅工艺。

氧气底吹直接炼铅是利用埋在熔池底部的氧气流股的强烈搅动，使硫精矿、含铅二次物料与熔剂等原料在反应器（熔炼炉）的熔池中充分混合、迅速熔化和氧化，生成粗铅、炉渣和 SO_2 烟气。该法在目前的工业应用上，又分为两种：一是 QSL 工艺，目前在用的有德国施托尔贝格（Stolberg）冶炼厂和韩国高丽锌公司温山（Onsan）冶炼厂。我国西北铅锌冶炼厂曾经引进该工艺，由于种种原因，目前停产。二是我国自主研发的氧气底吹熔炼工艺（又名 SKS 法即水口山炼铅法），该法自 2001 年首先在河南豫光金铅集团公司工业化应用成功后，在国内被推广应用。

QSL 法和 SKS 法都属于铅的直接熔炼。如前（16.1 节）所述，在铅的熔炼中，不可能一次直接产出合格粗铅和合格弃渣。而是精矿在高氧势下过氧化，得到含铅高的炉渣和含硫粗铅，炉渣需流经一个低氧势过程贫化成弃渣。

QSL 法使用底吹转炉的方式，物料从加料口加入炉内，在氧化段底吹氧气，完成氧化过程，熔体在还原段靠底部喷吹粉煤完成还原过程，产出合格粗铅。氧化和还原是在同一个反应器的不同长度段中分别完成。

在处理氧气底吹炉炉渣的方法上，与 QSL 法不同，对 SKS 方法作了改进的豫光公司采用了鼓风炉还原熔炼。在底吹转炉中，硫化铅精矿主要是完成氧化过程，产出富铅渣和部分一次粗铅。富铅渣经冷却成块后，加到鼓风炉中进行焦炭还原，产出合格粗铅。如此，硫化铅精铅的氧化和氧化铅的还原是分别在两个单独的炉子中完成的。经过对 SKS 法的改进和发展，形成了氧气底吹熔炼—鼓风炉还原炼铅工艺。

16.2.2 氧气底吹熔炼—鼓风炉还原炼铅工艺及其特点

16.2.2.1 工艺流程

氧气底吹熔炼—鼓风炉还原炼铅工艺的流程见图 16-8。

铅精矿经过配料和制粒后形成球料，球料由转炉上部加料口加入，经沉铅和造渣反应，产出一次粗铅和低硫高铅渣，粗铅经虹吸口排出，高铅渣由渣口排出，经铸渣机铸块

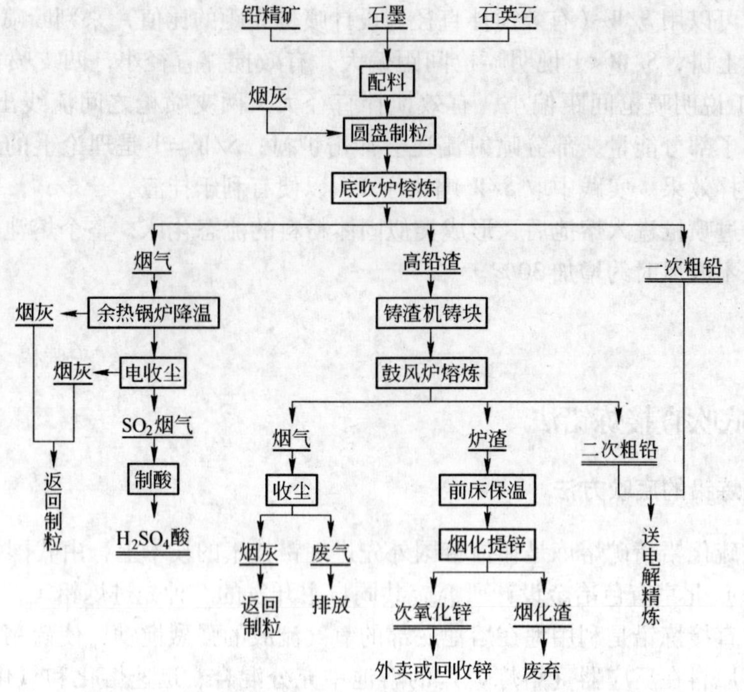

图16-8 氧气底吹炼铅—鼓风炉还原炼铅工艺流程

后，送鼓风炉进行还原熔炼，产生二次粗铅。一、二次粗铅送电解精炼生产电铅。鼓风炉烟气经收尘后放空。鼓风炉渣送烟化炉回收锌，产出氧化锌产品。

16.2.2.2 氧气底吹熔炼工艺的特点

底吹过程主要是利用底吹气体流驱动熔池内金属或锍、渣熔体循环流动来加快传递过程。底吹转炉自底部直接向熔池供气，由于金属和锍的密度比气体密度大几千至上万倍，喷入的常温气体在高温中骤然膨胀，气泡泵的作用显著，所以搅拌条件好，氧流与液态金属的接触面积大，反应迅速、均匀。

由于采用底吹方式，枪浸没在高温熔体之中，底吹熔炼的供气装置及其控制成为该方法的关键。生产中要控制供气压力能够保证熔炼要求，氧枪供气压力为0.6~1.0MPa，还原枪用粉煤载体的压缩空气压力为0.35~0.5MPa。为了延长枪的寿命，枪体采用水或氮气等进行保护，同时，为保证一旦发生停气事故时仍能供气，防止熔体灌入喷枪，当发生事故时喷枪的氧气通道将改送氮气，进行O/N切换操作保护。设计中在贮气罐的配置和氧气与氮气管道压力的设定上，应充分考虑这方面的要求。

由于铅的高挥发性，造成底吹熔炼烟气含尘浓度较高，生产中烟尘产出率高，约10%~15%，氧气底吹炉出口烟气含尘（标态）达到185mg/m^3，由于铅烟尘的高比电阻和黏性等特点，使烟气除尘成为铅底吹熔炼工艺正常运行的关键过程。

铅的底吹熔炼属于强化熔炼反应的熔池熔炼，具有以下的优点：

(1) 有效利用了精矿中的硫化物反应热，可实现熔池的自热熔炼或基本自热；

(2) 强化熔池反应，生产效率高；

(3) 产出的烟气含SO_2较高，节省烟气处理投资，制酸经济性好，尾气达标，硫的利用率大大提高，控制了环境污染；

（4）流程缩短，主反应器有效容积小，降低了基建投资；

（5）入炉料准备过程简单，原料适应性较广。

16.2.3 氧气底吹熔炼工艺及其控制

16.2.3.1 氧气底吹炉

氧气底吹熔炼炉（炉体结构及炉子简图见图16-9），是一卧式可转动的圆筒形炉，长11.4m，外径3.8m，炉壳钢板厚50mm，内衬镁铬砖380mm。炉体正下部有4支间距1200mm向炉内供高压氧气的氧枪，正上部设加料口，炉一端设有虹吸出铅口，另一端设有溢流出渣口，另外两端各有一个出烟口和一个燃烧补热口。炉料由炉子上方的加料口加入炉内，工业氧气从炉子的底部经氧枪喷入熔池，利用交互反应机理，产出一次粗铅、氧化铅渣和二氧化硫烟气。粗铅由虹吸道直接排出；氧化高铅渣经溢流渣口排出，进入连续铸渣机铸块；SO_2烟气经余热锅炉降温和电收尘器后送硫酸车间进行制酸。

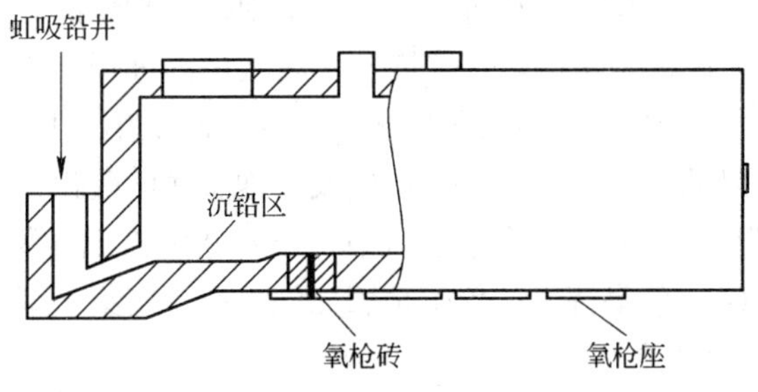

图16-9 底吹炉炉体简图

16.2.3.2 炉料氧气底吹熔炼的准备

底吹炉熔炼的准备包括配料和造球。其目的是为下道工序连续制备出化学成分均匀稳定，粒度和强度合格，符合底吹炉熔炼工艺技术要求的混合粒料。成分不同的铅精矿，先经过搭配，（兑翻）混合成成分均匀的混合矿，后与石英石、石灰石和碎煤等物料，通过定量给料机按比例配料。再与烟灰混合、湿润，进行制粒，制备出理化性能合适的粒料。然后通过定量给料机送往底吹熔炼工序。

炉料准备过程需要控制的主要工艺要求有：混合矿的兑翻均匀性、配料准确度，球料的制粒效果和球料的计量准确度。

混合铅精矿兑翻的要求：每批混合矿翻4~5遍，并且要严格执行异仓、锥形、侧翻、和清底的八字规范。要求混合矿的主要化学成分误差在±2%范围内。

配料准确度：配料误差±5%，球料的主要成分误差±2%。

制粒的目的有二点：一是使各种成分混合搅拌均匀，二是成粒后可减少精矿的粉尘。要求球料的粒度一般为6~15mm，水分8%左右。

入炉球料计量的目的是准确控制料量，以便于给出相应的氧气量来控制炉内氧势，进而控制沉铅率和高铅渣品位，如果球料计量不准或波动大，也将影响底吹炉的炉况稳定和技术指标，一般对球料的计量误差要求是±5%。

氧气底吹熔炼及鼓风炉高铅渣熔炼对各物料的控制要求：

石英石　化学成分：$SiO_2 \geq 85\%$，Fe≤3.0%，CaO≤0.5%

物理规格：粒度≤3mm，含水≤4%

石灰石　化学成分：CaO≥40%

物理规格：加入底吹炉的粒度≤3mm，含水≤4%；加入鼓风炉的粒度 10～30mm

碎煤　化学成分：C＞50%，A＜20%，W≤4%

物理规格：粒度≤3mm

焦炭　化学成分：C≥75%，A＜15%，V＜1.5%，W＜4%

物理规格：块尺寸 40～100mm，气孔率 45%

柴油　0 号

焦粉　化学成分：C＞60%，W≤4%，V＜15%，A＜15%

物理规格：粒度≤3mm

16.2.3.3　底吹炉熔炼过程的技术控制

A　底吹熔炼的目的

氧气底吹熔炼—鼓风炉高铅渣还原炼铅工艺过程中，底吹炉部分是生产的氧化段，以铅精矿为主的球粒炉料在密闭的水平回转式熔炼炉—底吹炉内进行的氧化熔炼。炉料从炉子顶部连续加入底吹炉，氧气从炉子的底部进入炉内与铅精矿发生反应，产出部分粗铅和高铅渣。底吹炉熔炼的主要目的是：（1）将炉料中铅及其他金属的硫化物氧化，使其生成 SO_2 供制取硫酸；（2）产出部分粗铅并富集金银于其中；（3）将造渣成分和氧化铅反应，生成高铅渣供鼓风炉还原熔炼；（4）使易挥发的伴生金属如铊、镉等富集于烟尘中以利于综合回收。

B　底吹熔炼的技术控制

氧气底吹氧化熔炼过程必须对氧料比、底吹炉的温度和渣型等进行良好的技术控制，方能确保氧气底吹氧化熔炼顺利地进行。其主要的技术控制如下。

a　渣型渣温控制

氧气底吹熔炼熔池由炉渣和液态铅两相组成。要求熔池有稳定的炉渣成分和温度。炉渣的熔化温度又与炉渣的成分有直接的关系，因而选择好渣型对氧气底吹炉的熔炼过程十分重要。炉渣的熔化温度高，炉膛内的温度也将升高，使烟气的温度升高幅度较大，不利于底吹炉烟气回收系统的运行，同时造成底吹炉烟尘量的增加，致使底吹炉生产困难。炉渣的温度低，炉渣的黏度大，不利于铅渣分离，也会造成底吹炉的生产困难。根据 Pb-S-O 系氧位图，铅液稳定存在的温度区域应高于 900℃。因而，熔炼温度应保证在 900℃以上，同时为确保底吹炉渣的过热要求，冶炼的温度一般控制区域在 1000～1150℃。根据 $FeO\text{-}SiO_2\text{-}CaO$ 三元相图，一般炉渣的成分应满足 $w(FeO)/w(SiO_2)=0.6\sim1.3$，$w(CaO)/w(SiO_2)=0.4\sim0.8$ 的要求。熔池温度与渣型的关系列于表 16-6。高铅渣的典型成分见表 16-7。

表 16-6　渣型与温度的关系

炉渣序号	$w(Pb)/\%$	$w(Zn)/\%$	$w(FeO)/w(SiO_2)$	$w(CaO)/w(SiO_2)$	熔池温度/℃
1	42	7～8	0.7～1.0	0.33～0.49	1040～1090
2	39.57	9.95	0.93	0.64	1100～1150
3	53.47	6.40	1.46	0.65	980
4	45.02	4.81	1.19	0.48	866
5	49.06	4.84	1.32	0.21	751
6	49.59	4.42	1.62	0.44	807

表 16-7 高铅渣的典型成分 （质量分数/%）

分 类	Pb	ZnO	Cu	FeO	SiO_2	CaO	S
1	45.77	8.52	0.28	14.07	8.29	4.59	0.41
2	43.54	8.70	0.28	15.36	9.12	4.82	0.27

b 氧料比的控制及调整

氧气底吹熔炼主要是依靠氧气在底吹炉内与硫化铅精矿中的硫反应生成氧化铅并放出热量从而实现过程自热。氧气的供给必须满足加入的铅精矿中的硫全部燃烧所需要的氧量，以及铅精矿中的杂质成分氧化所使用的氧量。在生产过程中，供给的氧气量远远大于理论供氧气量，而单位时间内氧气的供应量越大，炉内的反应速度越快，硫的燃烧速度也快，炉膛内的温度也会快速升高。由于硫化铅在较高温度下容易挥发，铅在较高的温度下也容易挥发，当炉膛内温度超过1200℃时，底吹炉氧化熔炼的烟尘率会大幅度上升，造成底吹炉的辅助设施的不良运转，影响底吹炉的生产。同时由于氧气量的增加，炉内铅与氧结合生成氧化铅的量也会增加，从而造成生产效率下降。而单位时间内氧气的供应量不足时，炉内的反应速度变慢，硫的燃烧速度也慢，炉膛内的温度不能满足底吹炉生产的需要，会造成底吹炉炉内结壳以及虹吸口堵塞，同时造成氧气底吹炉生产困难。严格的氧料比控制，可以保证底吹炉的生产顺利进行，同时可以控制入炉物料的氧化造渣和底吹炉生产一次粗铅的能力。生产实践中氧料比一般控制在 100～135 范围之内，根据不同物料的特性，在冶炼过程中及时调整。

c 烟尘率的控制

氧气底吹冶炼过程中，烟尘率的控制是十分必要的。因为烟尘率高，冶炼过程中铅的直接回收率下降。同时，由于烟气中水蒸气的含量比较高，容易造成铅烟尘在余热锅炉的直升烟道内黏结以及增大收尘系统的负荷。烟尘率与冶炼的温度有直接的关系。冶炼的温度过高，会造成铅及易挥发物质的挥发，从而造成烟尘率的提高。控制好炉渣的渣型，使冶炼制度能保持在较低的温度下进行，同时控制好氧料比，使底吹炉内的氧化放热反应保持在合理的范围，可以使底吹炉的烟尘率控制在15%以内。烟尘成分见表 16-8。

表 16-8 烟尘成分 （质量分数/%）

分 项	Pb	ZnO	FeO	SiO_2	CaO	S
1	69.06	0.78	0.72	0.70	0.41	10.10
2	66.60	0.87	0.65	0.78	0.33	10.40
3	66.60	0.09	0.86	0.88	0.37	10.41

d 沉铅率的控制

氧气底吹炉冶炼过程中，在强氧化气氛下，铅精矿中的硫化铅与氧气发生强烈反应。反应方程式如下：

$$PbS + O_2 = PbO + SO_2 \tag{16-11}$$

熔融的 PbO 与 PbS 发生交互反应产生部分粗铅，反应方程式如下：

$$PbS + PbO = Pb + SO_2 \tag{16-12}$$

反应式 16-12 生产中一般称为沉铅反应，是底吹炉产出粗铅的理论基础。底吹炉熔炼的实质是保持一定的氧化气氛，实现硫化物的氧化的同时，避免铅的过氧化造渣。生产中把底吹炉直接产出的粗铅与加入物料的铅量之比称为沉铅率，作为评价和判定底吹熔炼作业的主要指标。一般从生产技术经济考虑，沉铅率愈高愈好。但由于有鼓风炉的存在，高铅渣铸造成块后，直接进入鼓风炉进行还原熔炼，鼓风炉还原熔炼工艺条件要求高铅渣必须有一定的含铅量，因而不需要过分强调底吹炉的沉铅率。生产中根据高铅渣品位来控制沉铅率，这是该工艺的一个特点。

16.2.4 氧气底吹炉熔炼操作实践

16.2.4.1 开炉

氧气底吹炉的开炉与其他炉子大同小异。首先按烘炉曲线烘炉，待炉内温度升至要求范围时，投入底渣，底渣熔化后投入底铅，底铅熔化后即可将炉转入、正常生产。烘炉曲线见图 16-10。

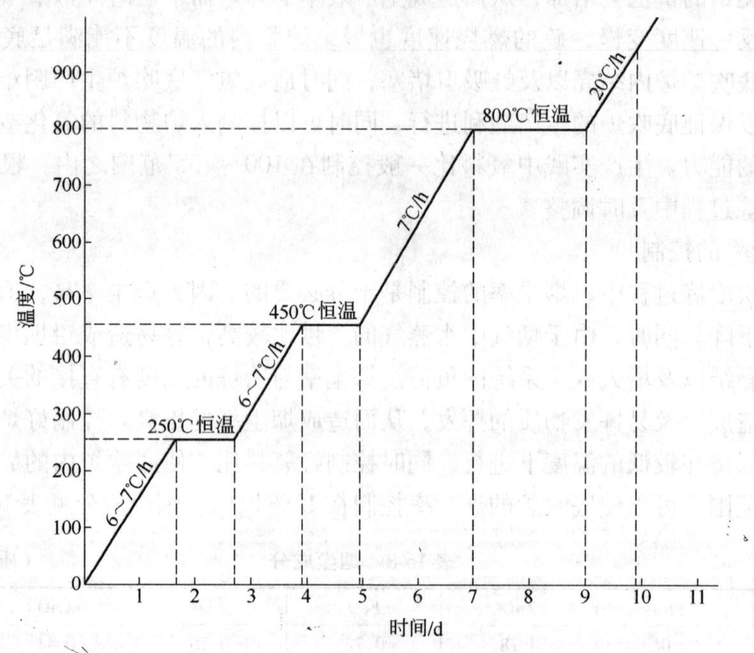

图 16-10 铅冶炼底吹炉烘炉曲线

16.2.4.2 正常操作

底吹炉的正常操作主要是放渣、放铅、调节氧气、球料入炉量以及加料口的维护等。氧气底吹炉内须维持一定厚度的渣层与铅层，较大的熔池深度可使熔炼有充分的反应时间和较大的热惰性，对稳定操作条件有利，并能取得较好指标。但熔池过深，在突然出现操作事故时，喷枪会提不出熔池液面而发生堵塞。放渣与放铅要根据炉内熔池的情况，控制渣线与铅虹吸口平衡放出，无论哪一个放的过多都将影响炉况和氧枪寿命。根据渣含铅的炉前化验数据和烟气温度来调节氧气和球料入炉量，以保证合适的高铅渣品位和最大的处理量。

16.2.4.3 停炉

氧气底吹炉的停炉，分短时停炉和长时停炉两种。短时停炉时只需将炉内存渣尽可能放出即可。长时间停炉则需将炉内渣、铅全部放出，下一次重新开炉。

16.2.4.4 底吹炉正常作业炉况判断

当底吹炉具有下列表现时，可以认为底吹炉为正常：

（1）加料口喷溅少，不堵塞；

（2）渣流动性较好，不喷溅，不堵渣；

（3）铅流动正常，浮渣少，波动良好；

（4）氧枪氧气流量、氮气流量和压力稳定不波动；

（5）渣温稳定，且在1000～1100℃之间；

（6）烟气温度稳定，且在要求范围之内。

16.2.4.5 氧气底吹炉常见故障及其原因

氧气底吹炉常见故障及其原因：

（1）加料喷溅后容易堵塞。原因是氧料比偏低，黏渣；

（2）渣流动性差，黏度大。原因是渣温低，氧料比偏低，渣型不合适；

（3）渣流动性太好，渣稀。原因是渣温高，氧料比偏高；

（4）铅表面浮渣厚。原因是氧料比偏低，渣线偏低；

（5）铅波动小或不波动。原因是虹吸口堵塞；

（6）烟气温度偏高。原因是渣成分不合适，氧料比偏低，渣线偏低；

（7）渣温偏高。原因是渣型不合适，球料发热量偏大；

（8）渣中夹杂大量明铅。原因是渣型不合适，铅坝过高，氧料比过低；

（9）渣中夹料多。原因是渣温低，辅料粒度大，氧料比过低。

16.2.5 氧气底吹熔炼高铅渣的处理

16.2.5.1 高铅渣鼓风炉熔炼的目的与技术控制

A 高铅渣鼓风炉熔炼的目的

在氧气底吹熔炼阶段，主要是完成硫化铅精矿的氧化，（直接产出粗铅）的沉铅率为50%左右。还有50%的铅进入高铅渣。在这部分铅中，有85%～90%的呈氧化铅形态，5%～10%的以金属铅存在。此外，还含有ZnO 10%～12%，Au 0.5～1g/t，Ag 150～250g/t。这些有价元素也需要在后来的渣处理过程中得到回收。豫光公司采用鼓风炉还原熔炼来处理底吹炉所产的高铅渣。

高铅渣鼓风炉还原熔炼的主要目的是：

（1）从高铅渣炉料中，使铅的化合物还原成粗铅，并富集贵金属Au与Ag于其中；

（2）使高铅渣炉料中的各种造渣成分入渣，并使锌尽可能富集其中，进而对渣中的锌进行下一步回收；

（3）将高铅渣炉料中的铜、砷、镍、钴与镍等富集于锍或黄渣中，以便综合回收。

B 高铅渣鼓风炉还原熔炼的技术控制

高铅渣鼓风炉熔炼的技术控制主要有以下几方面：

（1）焦率控制。由于高铅渣的成分和物理化学性质所决定，在鼓风炉还原熔炼过程中，需要有比熔炼烧结块更强的还原条件及良好的炉渣过热条件。为了保证铅的回收率，应适当提高鼓风炉内焦炭层厚度，以保证高铅渣中铅的充分还原。一般来讲，在纯高铅渣块熔炼时，焦率控制在18%～19%，每吨铅消耗焦炭480kg。当渣块在入炉料中的比例降为30%时。焦率可控制为16%～17%。

(2) 料柱控制。鼓风炉还原熔炼高料柱作业时，炉内还原气氛强，物料在炉内停留时间长，反应充分。符合高铅渣还原熔炼的特点，因而，熔炼高铅渣时，应采用高料柱作业。

(3) 床能力控制。高铅渣在鼓风炉内主要是依靠炽热的焦炭层进行还原熔炼，因而适当降低高铅渣的熔解量，延长还原时间，可以使高铅渣中的铅尽可能的还原。采用富氧鼓风熔炼时，能促进炭的燃烧过程强化，提高炉温，加速反应的进行，从而提高鼓风炉的床能力。但是，随着鼓风炉鼓入气体氧气含量的增加，风口区的反应会更加剧烈，部分铅容易重新氧化而进入炉渣，从而造成铅在炉渣中的损失。原则上，鼓风炉熔炼高铅渣的床能力应控制在45～50t/(m^2·d)范围，采用富氧熔炼时，鼓风炉的床能力应控制在45～60t/(m^2·d)范围。

(4) 渣型控制。底吹炉氧化熔炼产出的高铅渣成分与鼓风炉还原熔炼的炉渣成分有一定的区别，因而必须重新配料，以保证鼓风炉还原熔炼的要求。同时，由于高铅渣的性质与烧结块的性质不同，在鼓风炉内的还原也有一定的区别。因而，在鼓风炉熔炼高铅渣时，对炉渣流动性、黏度、渣的密度以及炉渣过热要求更为严格。一般认为，在鼓风炉熔炼高铅渣时，应控制炉渣的成分在 $w(FeO)/w(SiO_2)=1.2\sim1.4$, $w(CaO)/w(SiO_2)=0.5\sim0.65$ 范围。

16.2.5.2 鼓风炉熔炼高铅渣的生产操作

A 开炉

鼓风炉的开炉程序：先根据烘炉曲线烘烤炉缸，待烘烤至要求温度时，投入木柴点火，木柴燃烧兴旺后，投入焦炭与底铅，陆续加入轻本料、半轻本料和本料，即可投入正常生产。

鼓风炉炉缸理论升温曲线见图16-11。

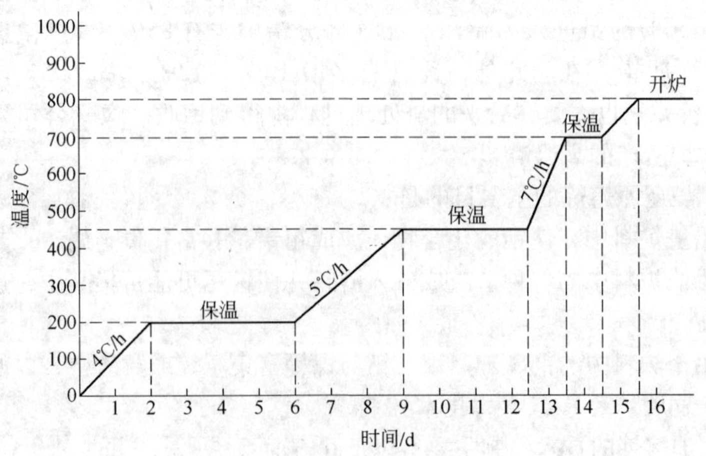

图16-11 铅冶炼鼓风炉烘炉曲线

B 正常操作

鼓风炉正常操作的条件是做到料面、汽包压力、风压、渣坝、铅坝5个稳定和黏渣及时排除。只要做到5个稳定即可使鼓风炉保持正常。鼓风炉的操作主要是及时加料，保持风口、虹吸与咽喉畅通，渣铅坝稳定，定时排放黏渣等。

C 停炉

鼓风炉的停炉分临时停炉和计划停炉两种，其中临时停炉又分有准备和无准备两种。有准备临时停炉时间较短时，只需将渣坝放低，炉后放渣即可。时间较长时，则需逐步降低料位并加焦，无准备临时停炉时，要立刻降低渣坝并打开风口大盖，防止上渣，并从炉后放渣，计划停炉时要将炉内物料全部清净，先尽可能降低料位，减少炉中结存料，放出炉缸中的铅后，停风冷却，最后清出炉内剩余物料。

D 鼓风炉正常作业炉况判断

当鼓风炉具有下列表现时，可以认为鼓风炉作业正常：

（1）炉顶温度不高且稳定，下料均匀正常；

（2）汽包压力波动不大且在要求范围内；

（3）风口不硬不黏，风口可以看到炽热焦炭层；

（4）虹吸不堵塞，浮渣少，抽风回铅；

（5）咽喉正常，不喷风、不堵塞、渣流动良好；

（6）还原能力正常；

（7）炉内无黏渣。

E 鼓风炉常见故障及其处理

鼓风炉的常见故障有炉顶故障、虹吸故障、咽喉故障、风口故障和炉结。它们的常见现象、原因及对策如下：

（1）炉顶冒大烟。

原因：料柱过低，焦点上移，风压过高，焦率过高，焦炭太碎，挥发分高。

对策：调整焦率，筛除碎焦，提高料面，调节风压，改善炉料物理规格和化学成分，及时消除炉结。

（2）炉面跑空风。

原因：炉料大小块相差悬殊，炉结严重，风压过高。

对策：改进物料物理规格，及时清除炉结，适当降低风压，用钢钎对准跑空风处反复摇动，大小块度错上料，彻底降一次料面再逐渐均匀提起。

（3）降料慢。

原因：炉料块度小、强度差，风口送风不好，焦率过低或过高，渣型选择不当。

对策：改善物料块度，加强风口操作，调整焦率，加入返渣改善炉料透气性，提高水套温度减少炉结生成，调整渣型，采用热风熔炼。

（4）风口一般故障。

表现：风口黑壳厚，进风响声大，风口中心发硬，风口区全是冷焦。

原因：焦率过低或过高，水套温度低，风口区上部长炉结，碎料过多，炉子透气性差，风焦比失调。

对策：将黑壳打掉，升高水套水温，调整焦率，均匀下料，严防碎料入炉，勤通打风口。

(5) 风口漫渣。

原因：虹吸或咽喉堵塞，炉缸内有隔层，黏渣排除不及时，突然降风，渣坝过高。

对策：及时打通漫渣风口。突然停风时，打开几个风口大盖，防止全部上渣，稳定风压操作，及时排除黏渣、降低渣坝。

(6) 咽喉故障。

原因：渣型不当，锌、铝过高，风焦比失调，黏渣排除不及时，铅坝过低。

对策：调整渣型，用钢钎捅咽喉或用氧气烧，抬高铅坝，调整风焦比，及时排除黏渣。

(7) 虹吸故障。

原因：炉料含杂质多，炉料品位低，炉缸内有隔膜，铅坝低，开炉时炉缸未处理好。

对策：用小圆钢捅虹吸，从咽喉烧炉缸，调整炉料成分。

(8) 上部炉结。

原因：碎料太多，焦点上移，炉料含锌高。

对策：减少碎料入炉，调整风焦比，改变炉料成分。

(9) 风口上部炉结。

原因：炉料含锌高，焦率不当，水套水温低。

对策：降低炉料含锌，调整焦率，提高水套水温，打炉结或加入返渣清洗炉结。

(10) 风口下部炉结。

表现：铅温度低，咽喉有铅流出，不回铅。

原因：虹吸堵塞处理不及时，还原能力过剩。

对策：加入黄铁矿或大量氧化铅，改善风焦比，停风打炉结，用氧气烧炉缸。

(11) 炉缸炉结。

原因：停风频繁，炉料杂质多，黏渣排放不及时，焦率过高，炉缸铅液少，风压太低。

对策：用氧气烧或用炸药炸炉缸，调整风焦比，及时排黏渣。

F 降低渣含铅的措施

降低渣含铅是提高金属回收率的主要途径，降低渣含铅的主要措施有：

(1) 稳定高铅渣成分；

(2) 合理控制渣坝、铅坝高度；

(3) 正确控制炉内还原能力；

(4) 采用高料柱作业；

(5) 稳定操作、均衡生产。

16.2.6 氧气底吹熔炼—鼓风炉还原高铅渣工艺的配料计算

16.2.6.1 底吹炉熔炼工艺配料计算

A 配料计算应遵循以下原则

入厂的硫化铅精矿中，一般铅的含量为40%～75%。不同的矿来源，品位差别很大。杂质及脉石成分的差别也很大。为了获得最佳的经济技术指标，首先按照入炉料的混合精矿成分要求，进行各种精矿搭配比例的计算。再根据选定的渣型进行冶金计算，得出配入的熔剂量。配料计算应遵循以下原则：

精矿成分合理，好坏搭配，铁硅钙成分合适，尽可能接近渣型要求，少配入熔剂。

渣型既满足底吹炉熔炼要求，又尽可能满足鼓风炉熔炼要求。渣熔点适当，并尽量采用低熔点渣型，以提高底吹炉床能率。

熔剂主成分越高，杂质越少越好，熔剂应含有金银等以提高综合回收价值。

B 配料计算实例

计算用入炉原材料成分见表 16-9。选用渣型：$w(FeO)/w(SiO_2)=1.5$，$w(CaO)/w(SiO_2)=0.5$。

表 16-9 配料计算的入炉原材料成分 （质量分数/%）

项 目	Pb	ZnO	Cu	FeO	SiO_2	CaO	S
混合矿	61.82	6.64	0.66	7.94	3.62	0.40	17.44
石英砂				1.29	93.22	0.82	
石灰石				1.15	5.42	43.5	

为了计算方便，设混合铅精矿为 100t，石英砂为 x t，石灰石为 y t，则可以列出方程：

$$\frac{FeO}{SiO_2}=\frac{7.94+1.29\%x+1.15\%y}{3.62+93.22\%x+5.42\%y}=1.5$$

$$\frac{CaO}{SiO_2}=\frac{0.40+0.82\%x+43.5\%y}{3.62+93.22\%x+5.42\%y}=0.5$$

解方程得 $x=1.55$，$y=5.20$，合计 106.75。

若底吹炉处理量为 24t/h，烟灰配入量 15%，水分为 8%，则各组分配料量为：

混合铅精矿 $24\times77\%\times100/106.75=17.31$t/h

石英砂 $24\times77\%\times1.55/106.75=0.27$t/h

石灰石 $24\times77\%\times5.2/106.75=0.90$t/h

烟 灰 $24\times15\%=3.6$t/h

16.2.6.2 高铅渣鼓风炉还原熔炼配料计算

配料计算实例。入炉料的成分见表 16-10。选择渣型 $w(FeO):w(SiO_2):w(CaO)=32:24:16$。

表 16-10 氧气底吹炉高铅渣鼓风炉还原熔炼的入炉料成分 （质量分数/%）

项 目	Pb	FeO	SiO_2	CaO
高铅渣	50	14	10	5.5
石灰石	—	0.72	6.52	43.5
铁 矿	—	60	22	0.32
焦 炭	—	2.21	8.28	1.1

高铅渣按 100t 计算，焦炭为 19.5t，设石灰石为 x t，铁矿为 y t，列出下面方程：

$$\frac{FeO}{SiO_2}=\frac{14+19.5\times2.21\%+0.72\%x+60\%y}{10+19.5\times8.28\%+6.52\%x+22\%y}=\frac{32}{24}$$

$$\frac{CaO}{SiO_2} = \frac{5.5 + 19.5 \times 1.1\% + 43.5\%x + 0.32\%y}{10 + 19.5 \times 8.28\% + 6.52\%x + 22\%y} = \frac{16}{24}$$

解上述两方程，得 $x = 6.845$，$y = 4.673$，即当高铅渣料投入量为100t时，需同时配入石灰石6.845t，铁矿4.673t。

16.2.7 氧气底吹熔炼—鼓风炉还原高铅渣工艺的技术经济指标

16.2.7.1 底吹炉主要技术控制指标

球料粒度	3～6mm 占60%以上
球料水分	7%～8%
氧料比	90～110m^3/t（根据混合矿中Pb、S、Fe、Zn、Cu、As、Sb等氧化所需氧气计算得出）
氧枪正常压力	0.8～1.1MPa，使用寿命20～30天
渣型	$w(FeO)/w(SiO_2) = 0.6 \sim 1.6$，$w(CaO)/w(SiO_2) = 0.4 \sim 0.8$，$w(FeO)/w(ZnO) = 1.0 \sim 1.2$
渣温	1000～1100℃
一次粗铅成分	$w(Pb) > 97.5\%$，$w(Cu) < 1\%$，$w(S) < 0.5\%$
一次沉铅率	40%～60%
烟气量（标态）	1.6～2.0m^3/h
烟尘率	12%～18%

16.2.7.2 高铅渣鼓风炉还原熔炼的技术经济指标

鼓风炉床能力	45～50t/(m^2·d)
焦率	18%
风压	13～15kPa
料柱高度	3.5～4m
粗铅品位	Pb > 97.5%
粗铅含Au	0～1g/t
粗铅含Ag	300～500g/t
渣含铅	3%～4%
渣含银	35～40g/t
烟尘率	5%～8%（返回配料）

（撰稿 李 贵 杨 明）

16.3 顶吹沉没熔炼直接炼铅法

16.3.1 顶吹沉没熔炼概况

顶吹沉没熔炼（亦称富氧顶吹喷枪沉没熔池熔炼，以下均用简称或顶吹熔池熔炼）包括了奥斯麦特（Asmelt）熔炼法和艾萨（ISA）熔炼法。它们最早源于澳大利亚发明的赛洛喷枪浸没熔炼技术，后来按各自的优势和方向，延伸并提高，形成了具有各自特点的独立方法。由于该技术的优越性能，熔炼强度大，生产率高，环境较清洁，尤其是对原料的适应性强，能够实现多金属同时回收，所以，发展比较迅速。在有色金属铜、镍、锌、铅和贵金属，甚至生铁冶炼领域中，许多工厂都选择了艾萨法或奥斯麦特法，并取得了良好的效益。目前，在铅锌火法冶炼中，已有多家工厂采用了这种工艺来生产粗铅和处理铅锌，渣见表16-11。

表 16-11 采用顶吹沉没熔炼工艺生产粗铅和处理铅锌渣的工厂

炉型	序号	工厂名称	投产年份	炉子内径/m	物料及处理能力/t·a^{-1}	温度/℃	产品	燃料	富氧浓度/%	还原剂
奥斯麦特炉	1	韩国锌公司温山		3.9	QSL 炉液态渣 10.0	1300	锌/铅烟尘	煤	35	煤
	2	韩国锌公司温山（2）		3.2	炉液态渣 10.0	1250～1300	锌烟尘	煤	21	煤
	3	欧洲金属公司德国诺敦汉姆		3.4	电池糊，高铅精矿 12.2	950～1250	铅锭	天然气	21～40	煤/石油焦
	4	黄金基地（纳米比亚）		4.4	低铅精矿/铅/铜精矿 12.0	1150～1250	铅锭/铜冰铜	重油	21	煤
	5	韩国锌公司温山（3）		2.8	二次铅 10.0	1000	铅锭	煤	40	煤
	6	韩国锌公司温山（4）		3.9	液态炉渣 10.0	1300	锌烟尘	煤	21	煤
	7	韩国锌公司温山 1（5）		3.9	铅尾矿 10.0	1200	铅烟尘	煤	40	煤
	8	韩国锌公司温山（5）		3.9	液态炉渣 8.0	1250	铅/锌烟尘	煤	21	煤
艾萨炉	9	澳大利亚芒特艾萨（MountIsa）铅冶炼示范厂	1983	2.5	铅精矿 5～10t/h	1150～1250	粗铅、富锗渣	煤		煤
	10	澳大利亚芒特艾萨（MountIsa）原生铅冶炼厂	1991		粗铅 60000（已停产）	1150～1250	粗铅、富锗渣	煤		煤
	11	英国北弗利特（Northfleet）再生铅冶炼厂	1991	1.8	二次铅物料（蓄电池、废铅板）、粗铅 30000	1150～1250	粗铅、富锗渣	煤		煤
	12	比利时霍伯肯（Hoboken）再生铅铜冶炼厂	1997		铜铅物料 2×10^5	1180～1270	粗铅、铜冰铜、粗铜	煤		煤
	13	马来西亚普拉英得(PulauIndah)再生铅冶炼厂	2000							
	14	中国云南冶金集团驰宏公司	2005	3.0	铅精矿、粗铅 80000	熔池 920～1000	粗铅、富铅渣	煤	≥34	煤

顶吹沉没熔炼技术的优点：顶吹沉没熔炼直接炼铅法采用富氧空气，具有熔炼强度高、炉体密封性好、炉子结构简单、原料适应性广、自动控制水平高、操作简单、处理能力调节幅度大等特点。与传统粗铅冶炼工艺相比，有如下优点：

(1) 工艺过程简单，流程短，熔炼速度快，生产率高。顶吹沉没熔炼工艺备料过程简单，混合后的炉料从炉顶进入熔炼炉后，在熔池中完成全部炉料的脱水、熔化、氧化、还原和造渣反应，直接产出部分粗铅和富铅渣。与传统炼铅工艺相比，流程大大缩短。由于熔炼过程熔池剧烈搅动，熔体传热传质条件非常好，化学反应快，熔炼强度大，生产效率高。若再提高富氧浓度时，生产能力还可以成倍增加。

(2) 原料的适应性强，范围广。奥斯麦特和艾萨工艺对原料适应性强，可以处理各种成分形态不同的物料。不仅可以处理铅精矿和各种含铅烟尘，还可以处理含铅的各种渣料和铅的二次回收物料。如湿法炼锌系统产生的各种含铅渣，提炼锗、铟等稀贵金属过程中产生的含铅渣和其他铅渣，以及电铅系统产生的各种铅浮渣，蓄电池废铅片等。对入炉物料粒度和水分均没有严格的要求，粉料和块料均可处理。烟尘、粉状及其他破碎后的含铅渣物料，可以根据其化学成分按比例配入铅精矿中，经过充分混合制粒后，由皮带运输机直接送入熔炼炉熔炼。

(3) 硫利用率高，作业环境清洁，环境保护效果好。传统的烧结—鼓风炉熔炼生产工艺，粉尘的低空污染严重，作业环境恶劣。由于铅精矿烧结过程中产生大量低浓度 SO_2 烟气，严重污染环境。每生产1t粗铅，向空气中排放 SO_2 600 ~ 800kg。奥斯麦特和艾萨炉炼铅法均为全密闭式生产，熔炼装置密闭性能好，烟气逸散少，作业环境清洁，而且，采用富氧空气熔炼，硫化铅氧化脱硫彻底，烟气量小，烟气含 SO_2 浓度高，可直接制酸，解决了传统烧结—鼓风炉炼铅工艺存在的环境污染问题。硫的总利用率高达97%。

(4) 操作简便，自动化程度高。奥斯麦特和艾萨炉工艺进料系统、熔炼系统和供辅设施都采用DCS控制，设备先进，自动化程度高，操作简单。能通过DCS很方便地调整燃煤、空气、富氧浓度和燃油的比例，来及时控制炉子内的反应，使冶炼过程在温度波动很小的状态下进行。一台炉子每班仅需用4 ~ 6名操作人员。

(5) 顶吹喷枪结构简单，燃料适用范围广，操作灵活方便。顶吹熔炼喷枪内管喷油或其他粉状燃料，外管喷富氧空气，仅为两层或三层同心套管。喷枪提升和驱动装置简单，可以通过调整端压的大小来控制喷枪的插入深度和熔体的搅拌强度。因此，操作简单灵活，更换维修方便。熔炼喷枪可以使用粉煤、炭粉、油和天然气，燃烧调节比大，对燃料的种类与质量无严格要求，可结合当地的实际情况，采用价格便宜，容易获得的燃料。

(6) 生产能耗低，热效率高，金属回收率高。

顶吹沉没熔炼工艺用风通过喷枪从炉顶送入熔池，熔炼强度大，热利用效率高，能充分利用硫化铅矿氧化放出的热量将炉料迅速熔化，产出液态铅和熔渣。正常熔炼条件下，通过调整富氧浓度，只需加入少量的煤即可实现自热熔炼。燃料消耗很低，处理1t含铅物料的能耗（标准煤）只有65.41kg。结构简单的固定立式圆筒形熔炼炉具有良好的密闭性，使熔炼过程热损失小。烟气的余热可以回收。由于烟尘的飞扬损失小，烟尘率不大于15%。因而，该工艺的金属回收率高。铅的综合回收率达99%。

（7）炉子使用寿命长。

筑炉采用干砌砖法（不用砂浆），间隙用捣打材料与耐火泥填充，有效地防止了耐火材料内部热表面间的衔接，在所有操作条件下能够保持紧密接触，减小了熔融物和渣渗透。熔炼过程中，无明显的温度波动。当喷枪离开熔池时，可用保温烧嘴对炉子和熔池进行保温，避免了耐火砖骤冷骤热。因此，炉子使用寿命较长。目前，铜熔炼炉寿命已经达到3年左右，铅熔炼炉达2年以上。

（8）车间占地面积小，配套设施灵活方便。

奥斯麦特炉和艾萨炉都为圆筒形立式炉体，厂房占地面积小，仅有160多平方米，容易与其他的熔炼工艺设施配套使用。尤其是对鼓风炉、反射炉和电炉等的搭配灵活，方便。特别适合于老旧工艺的更新改造。

16.3.2 顶吹沉没熔炼直接炼铅过程

16.3.2.1 顶吹沉没熔炼直接炼铅生产流程

顶吹沉没熔炼技术是在一个圆柱敞口形的炉子内，通过炉子顶部的孔，插入喷枪。冶炼过程所需的燃料和浓度约为30%～40%的富氧空气，通过浸没式喷枪直接喷射到高温熔融渣层中，使熔池内熔体产生激烈地搅动。加入的炉料被迅速加热熔化，在有限的空间内完成气-液-固相间的传热、传质和化学反应。

整个冶炼过程分为氧化和还原两步。硫化铅精矿首先在氧化部分充分氧化，得到低硫铅和高铅渣。然后，高铅渣在还原部分充分被还原，得到低铅炉渣。氧化与还原两步操作，可以在一个炉子中以相应的两段工艺来完成。也可以在单独分开，互相连接的两台炉子内进行。而且，高铅渣的熔炼也可以选择在其他类型的炉子中进行，如电炉或鼓风炉。

在一台炉子内分阶段作业的单炉生产，可以采用连续方式运转，也可用间断方式运转。

采用连续方式操作时，熔炼过程产出粗铅和富铅渣；富铅渣经水淬后堆存或出售或集中起来再用此炉还原贫化，产出粗铅和弃渣。

用间断方式操作时，即氧化熔炼和富铅渣还原分阶段交替进行时，产出粗铅和弃渣。这种方式产生的烟气不连续，烟气量及其成分波动大。特别是氧化段产生的 SO_2 浓度高，还原段产生的 SO_2 浓度低，不利于烟气的处理和制酸。

顶吹炼铅两步工艺过程如图16-12所示。德国诺丁汉姆厂采用单台奥斯麦特炼铅炉生产，其流程见图16-13。

澳大利亚MIM公司在1992年建成的年产6万吨粗铅的艾萨法工厂，采用了两台连接的炉子操作。熔炼炉能力为20t/h铅精矿，用27%的富氧空气冶炼，其工艺流程示意于图16-14。

16.3.2.2 顶吹沉没熔炼直接炼铅工艺过程

A 熔炼阶段

在氧化炉内，将铅精矿与熔剂、烟尘返料及煤充分混合，通过圆盘或圆桶制粒机制粒，制粒后含水约8%～10%的物料由炉顶加入熔炼炉中，富氧空气、燃油或其他粉状燃料通过插入熔体的浸没式喷枪喷入熔池。铅精矿中的铅、铁和锌的硫化物被喷枪吹入的富

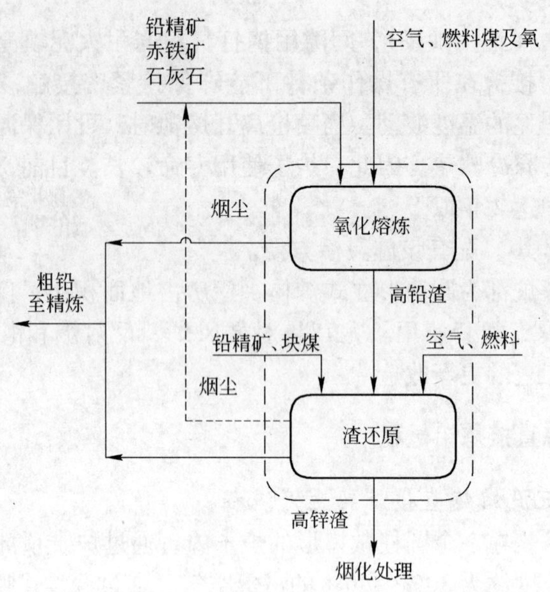

图16-12 顶吹沉没熔炼铅精矿的两步工艺示意图

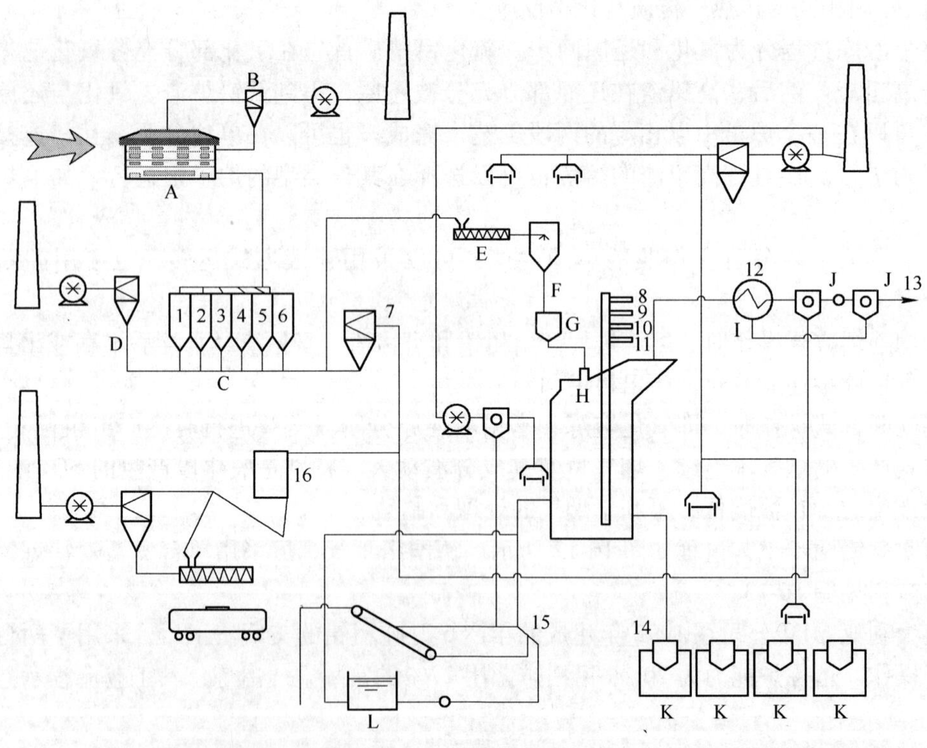

图16-13 德国诺丁汉姆厂的奥斯麦特炉熔炼工艺流程

A—原料仓；B—收尘器；C—配料设备；D—收尘器；E—螺旋加料机；F—制粒机；G—炉料分配器；
H—Ausemelt熔炼炉；I—热交换器；J—电收尘器；K—脱铜槽；L—炉渣水淬；
1—精矿；2—废蓄电池糊；3—煤；4—精炼渣；5—石灰石；6—河砂；7—烟尘；8—天然气；
9—过程空气；10—氧气；11—屏蔽空气；12—蒸汽；13—SO_2烟气；14—粗铅；15—炉渣；16—ZnO烟尘

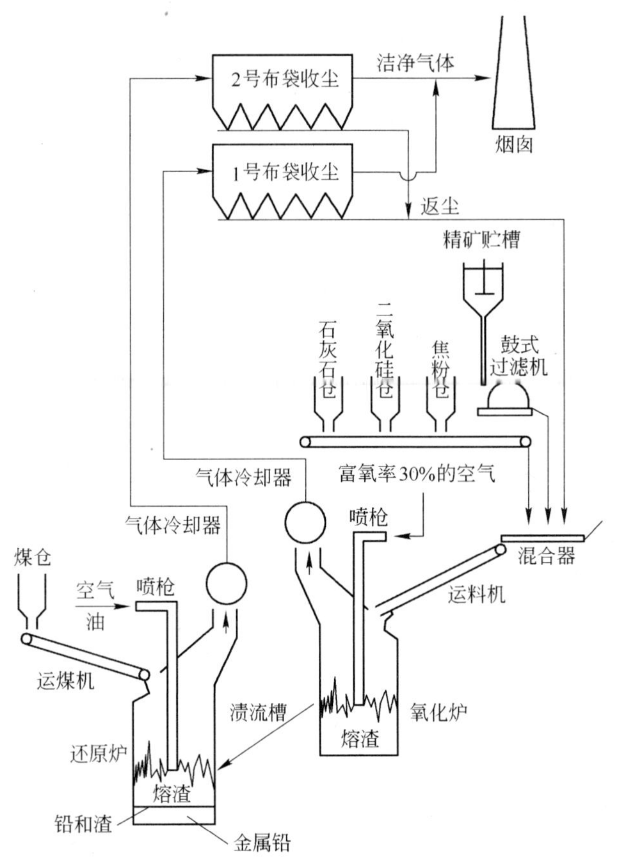

图 16-14　澳大利亚 MIM 公司年产 6 万吨粗铅艾萨炼铅厂示意图

氧空气氧化，放出大量的热量，将炉料迅速熔化，并给化学反应提供所需的能量。控制熔池温度在 1050℃左右，保持高氧位可使硫化铅充分氧化生产氧化铅。富铅渣间断经过溜槽放出，进入还原炉中进行还原熔炼，得到粗铅。PbS、ZnS 与 FeS 等硫化物氧化产出含 SO_2 较高的烟气由炉顶排至烟气处理系统，净化后送往制酸厂，供制酸。铁氧化物与原料中 SiO_2、CaO、Al_2O_3 及 MgO 等成分以及熔剂一道形成液态熔渣，大约含铅 35% ~55%，且主要以氧化铅的形式存在。

在整个氧化熔炼段中，反应所放出的热量不足以维持反应所需的全部能量，所以还需要从喷枪中喷入燃料或在配料中加入部分煤，以使反应过程温度保持在 1050°C 左右。

在正常熔炼时，入炉干精矿的设计量为 20t/h，熔池的深度保持在 1.0 ~2.5m。放渣作业使用泥泡开口机开口和堵口。

熔炼过程中，由于一些 Pb、Zn、Cd、As、Bi 和 Sb 等物质的挥发，会产生大量的烟尘，通常烟尘率在 15% 左右。烟尘经过收集后再返回至备料工段，配入铅精矿中再次进入氧化炉内熔炼，以达到铅的最大回收效果。

B　还原阶段

在艾萨炼铅法还原阶段中，还原剂是通过炉顶加入的碎煤。还原反应所需的空气与燃油是从喷枪直接喷入熔池中。控制较低氧位，增强熔池中的还原气氛，使富铅渣中的氧化铅得到最大限度的还原。熔炼过程中产生的粗铅沉降到熔池底部，与渣分离。粗铅通过排铅口定期间断排出，铸锭后送电解精炼。渣从渣口放出，水淬后堆存或通过其他方式烟化处理，回收其中的铅、锌和其他有价元素。

奥斯麦特熔炼法则是通过喷枪直接向还原炉熔池中喷入粉煤，进行还原熔炼，生成粗铅和废渣。粗铅采用虹吸口连续排放，渣间断定期放出。炉渣的处理方式和艾萨炼铅法相同。富铅渣的还原反应是一个吸热过程，因此，需要补充燃料来维持熔池温度在一定的范围，一般控制为1200°C。

还原阶段维持较高的温度，可以使铅渣具有较好的流动性，铅更容易从渣中还原出来，渣铅分离效果好，有利于降低渣含铅。还原熔炼阶段产生的烟气含硫低，经过收尘装置把烟尘收集后可直接排空。收集的还原烟尘同样含有较高的铅，可以和氧化熔炼段中产生的烟尘一道返回备料进行回收。

16.3.3 顶吹沉没熔炼炉与喷枪

16.3.3.1 顶吹沉没熔炼炉的结构

A 艾萨炉炉体结构

艾萨熔炼炉是一种钢壳内衬耐火材料的立式圆筒形敞口反应器，由炉体和炉顶盖两部分组成见图16-15。

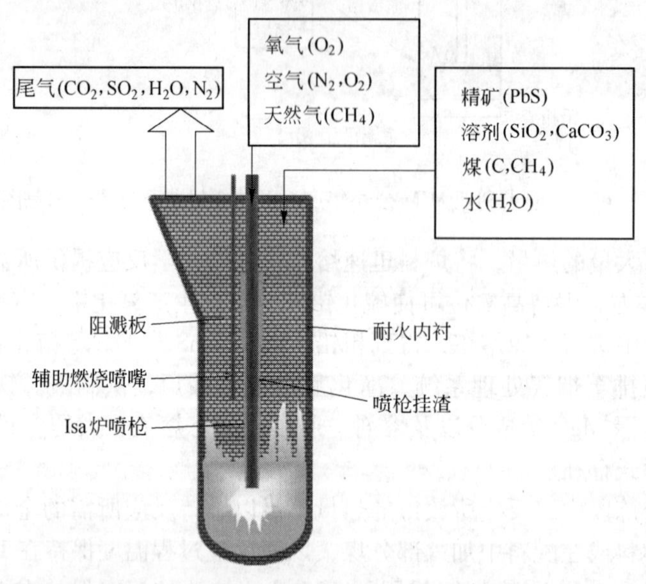

图16-15 艾萨炉结构示意图

炉体高11.2m，内壁直径约2.9m。炉子上部逐渐扩大，炉底呈反拱形。炉体的最外层是25mm厚的锅炉钢板，内衬一层75mm的保温砖，里层是450mm的镁铬砖。炉体从上到下分为烟气区和熔池区两个部分。艾萨炉的上部为扩张型敞口设计，便于烟气在出炉前突然降低流速，以减少烟尘率。

炉子底部设有两个排放口：1个放渣口，1个放铅口。铅口与渣口90°分布，高差1400mm。放铅口与炉子底部平行。排放口从里到外分为两个部分，里面部分是耐火砖砌成的圆孔，排放口外部是铜水套，损坏后可以更换。排铅口尺寸为 ϕ60mm，排渣口尺寸为 ϕ80mm。排放口外是排放溜槽，渣排放溜槽采用铸铁做的水冷型流槽。渣流槽很容易控制并易于清洁，排放之前无需预热。铅排放溜槽直接以耐火材料为内衬，外部为钢壳的流槽。

为了测量艾萨炉内熔池的温度，分别在艾萨炉炉底与熔池区域的耐火砖内安装了 16 支热电偶。炉底安装的热电偶主要用于测量开炉时炉底耐火砖的温度；熔池区域热电偶主要用于测量熔炼过程中熔池的温度，以便于随时监测熔炼过程中熔池温度的变化情况，并指导作出相应的调整，来保持熔炼所需要的温度。

为了减少熔炼时炉内熔体喷溅进入上升烟道，在炉体的上部分还装有铜水套阻溅板。其主要功能是阻挡炉子喷溅物飞溅到炉口，形成结块或进入烟道和余热锅炉系统。阻溅板的设计尺寸为 3300mm × 1000mm × 200mm，重 2000kg，安装于艾萨炉圆筒与锥体连接的部分，它位于炉子上升烟道的起点，阻溅板有 3 个通道来承载冷却水。

炉子上端设有加料口、保温烧嘴口、喷枪口和烟道口。富氧空气和轻柴油通过喷枪喷入炉内。喷枪通过炉顶的喷枪孔插入到炉子内部。正常熔炼时，喷枪底部浸入熔池液面以下 300 ~ 400mm。

炉顶装置主要有炉顶盖、喷枪口、进料口、保温烧嘴口和水冷闸板五部分，艾萨炉炉顶盖为锅炉的受热面，直接成为锅炉的一部分，以 40MPa 的压力操作，炉顶盖直接采用水冷膜式壁结构。炉顶盖设 4 个孔，分别是加料口、喷枪口、保温烧嘴口和取样口。口的内壁也都采用膜式壁结构，与顶盖连为一个整体。喷枪口是喷枪进出艾萨炉的通道口，通过喷枪口可以看出熔炼时喷枪的摆动状况，在停炉时还可检查喷枪的烧损情况、清洁喷枪和对喷枪进行复零操作。炉料的加入和炉气的排出都是通过炉顶来进行的。进料口是炉料进入炉子的通道，熔炼时需要清洁干净，以防进料口堵塞。保温烧嘴经过保温烧嘴口进出艾萨炉，停炉时喷枪被提出炉子，保温烧嘴就进入炉子对熔池进行保温。正常熔炼时，保温烧嘴被提到炉子顶部，提供二次燃烧风。当停炉时间长于半小时，就需要将余热锅炉与炉顶盖软连接的部分提起，并把水冷闸板推至炉子顶部，水冷闸板正常情况下一般不用。

尾气处理系统包括余热锅炉（WHB）、静电收尘器（ESP）和 ID 风机。

B　奥斯麦特炉炉体结构

奥斯麦特炉炉体与艾萨炉炉体基本相同，其示意图见图 16-16，只是奥斯麦特炉顶为斜坡形钢壳衬耐火材料结构。炉体钢壳用喷淋水冷却，采用捣打耐火材料衬里。因为生产过程中，控制烟气温度高于烟尘熔点，使得结瘤能够熔化落回炉内，所以炉口烟气过道内无阻溅板。

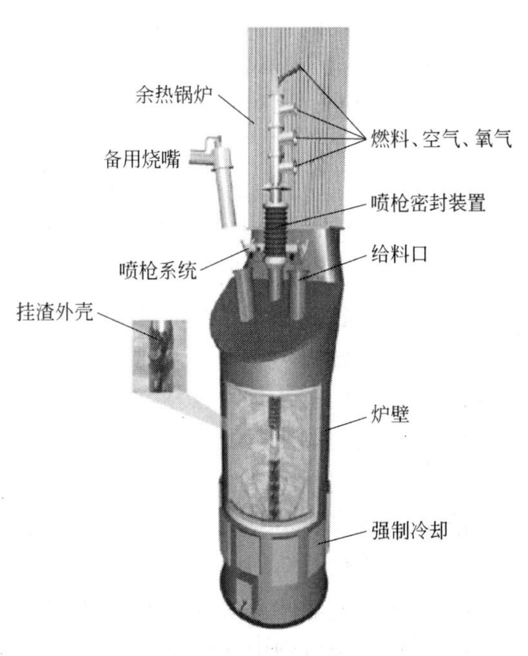

图 16-16　奥斯麦特炉示意图

C 艾萨炉与奥斯麦特炉的不同

a 辅助燃烧烧嘴

烧嘴用来加热炉体，在喷枪不使用时也用来给炉子保温，以免温度的周期性变化对耐火炉衬造成损坏。奥斯麦特炉的辅助燃烧烧嘴在正常熔炼时提至炉外，喷嘴口用盖板盖严；艾萨炉的烧嘴长期置于炉内，正常作业时，喷枪停油供风，作为熔炼的补充用风。

b 熔体排放

艾萨炉采用间断排放熔体。其优点是：排放瞬时流量大，流槽熔体不易冻结，对熔体过热温度要求较低；渣线上下波动范围大，炉衬腐蚀和磨损相对比较分散，渣线区炉衬寿命较长。其缺点是：需要设置泥炮开孔/打眼机，定期打孔、放液、堵孔，清理溜槽，操作较繁琐。熔体高度周期性上下波动，喷枪需要随时进行相应调整，需精心操作控制。

奥斯麦特炉采用虹吸口连续排放熔体；其优点是熔池液面高度恒定，波动小。喷枪插入深度不用经常调整，熔炼作业较稳定，操作易于控制。连续排液不需定期打开和堵塞放液口，操作简单，排液量稳定，便于管理。其缺点是：虹吸口内隔墙需设水套；溢流堰井设在炉外，连续放液的瞬时流量小，必须烧油保温以防止冻结；为了保证溢流放液的畅通，炉内熔体过热必须得到可靠保证，因此，炉温的调整和控制要及时且灵敏；渣线波动范围小，对炉衬磨损和腐蚀比较集中，渣线区炉衬寿命较短。此外，溢流堰的设计和清理措施仍要引起重视，以防止溢流堰堵塞。

c 炉顶炉底结构

艾萨炉与奥斯麦特炉的炉顶部均为敞口设计，便于烟气在出炉前突然降低流速，以降低烟尘率。

艾萨炉的炉底钢壳焊于钢板圈形支座上，支座底板置于混凝土圈梁基础上，由地脚螺栓固定，施工安装较方便，基础结构简单，符合热膨胀原理，在烤炉升温时，炉底对变形适应性强。

奥斯麦特采用平炉底，炉底与混凝土基础之间加钢格栅垫，格栅垫与混凝土基础上几个墩子用螺栓相连，相对而言，结构较复杂，施工安装较难，炉底四周易翘起变形，对炉底变形适应性较弱。

16.3.3.2 顶吹喷枪

A 喷枪的基本结构与工作原理

顶吹喷枪是艾萨炉与奥斯麦特炉熔炼的技术核心，主要作用是为熔炼炉提供熔炼所需要的富氧空气、燃油和燃煤等，是以悉罗（CSIRO）喷枪为基础发展而来。艾萨炉喷枪与奥斯麦特炉喷枪材质均为普通碳钢、316L不锈钢以及253MA耐热不锈钢，其工作原理基本相同，但在结构上各有特点。

驰宏公司使用的艾萨炉喷枪全长18.1m，直径为250mm。在结构上分为3层，中心为燃料通道，可采用气体或液体燃料调节熔池温度。外层为氧气及空气环形通道，氧气和空气在出喷枪前混合成富氧空气，在喷枪内距末端3.0m处安装有旋流片。

奥斯麦特喷枪在结构上分为4个通道：反应空气和氧气的各自通道，在喷枪头部喷出前混合，经喷枪末端的旋流片导出，喷入熔体；中心为燃料（粉煤）通道；最外层设有套筒风道，以供熔炼过程中在熔池上方的二次反应风。奥斯麦特炉炼铅主要采用喷枪喷粉煤补充热量，艾萨炉喷枪则采用粉煤/焦粒配入混合料中补充热量，只有还原炉采用喷枪喷粉煤补充热量和作还原剂。

顶吹喷枪的基本工作原理如下：富氧空气及燃料从中心内管输入，供熔池反应并保持熔池熔炼温度；空气从外套管输入，用以冷却喷枪外表面并搅动熔体，同时供二次反应风。外层套管内设有旋流器（环形螺旋片）。旋流片除了将富氧空气和油均匀混合外，还使气流产生高速度的漩涡状流动，强化了气体对流经的钢管壁的传热，带走了大量热量，使靠近喷枪外壁的液态渣迅速冷却，在表面形成一层凝固的渣层壳，防止高温熔体对喷枪的腐蚀，保护喷枪能够在高温炉渣中长时间工作。漩涡运动的气体从喷枪口出来后，在熔体中产生大量的气泡。依靠这些气泡强烈地搅动熔池，使熔炼过程得以迅速进行。喷枪的位置通常埋入炉料的静态渣面以下 300～400mm。通过调整燃料与空气的比例，可以快速控制熔炉内氧化或还原气氛。

艾萨炉与奥斯麦特炉喷枪都是从顶吹炉的顶部垂直插入，用各自的升降架固定，用金属软管和固定管道连接。在熔炼过程中可根据需要升降。喷枪末端损坏时，则通过升降架将喷枪从炉顶抽出进行修补，同时换上备用喷枪插入炉内。

B 喷枪系统

整个喷枪系统由喷枪驱动装置、工艺空气金属软管、喷枪、喷枪导轨、配重和挡渣门等几个部分组成。

（1）喷枪驱动装置：喷枪驱动装置包括喷枪提升驱动电机、喷枪提升驱动链、齿轮箱、盘式制动器、轴承和联轴节等部分，主要功能是喷枪的提升和下降。

（2）喷枪配重：喷枪提升驱动链条尾段装有配重，它为驱动电机提供了重力能，以减少电机的动力。配重是由填有铅的钢管制成的。铅中留有提升眼。钢丝绳穿过提升眼并和喷枪提升驱动链条尾段垂直连接。配重大约有 4800kg。

（3）挡渣门：喷枪从炉子中提升时，喷枪外表面会有一层炉渣壳，冷却时，渣壳破裂，大块的渣壳就会从枪体掉下来，有可能对在这一区域中的人员造成危害。因此，在喷枪导轨外安装有可移动的炉渣保护门。当喷枪从熔炉中被提出时，挡渣门自动关闭，以防止从喷枪上掉下的冷凝渣壳伤及操作人员。挡渣门从上到下共三道，内部是网状结构，周围是钢框结构，可通过 DCS 开启或关闭，并和喷枪的运行状况相互连锁。

C 喷枪操作

喷枪更换前的准备：对更换喷枪工作区域进行隔离和悬挂安全警示牌；确认喷枪的工艺空气和燃油管线的控制阀门已经关闭，并进行了隔离；喷枪挡渣门已经打开。

喷枪的拆卸操作顺序：打开喷枪更换操作平台的压缩空气源开关，启动操作平台工作气缸将喷枪更换平台推移至喷枪更换位置；将喷枪上的供油管线和端压空气管线脱开，并将两根管线紧紧地固定在喷枪支架上；松开弯管锁定托架上的锁定螺栓，打开托架上的卡环；打开旋转接头弯管上的垂直 V 形锁紧节；用套筒扳手将两颗 M24 的喷枪夹具紧固螺栓扭到可以旋转喷枪夹具的程度；将两块喷枪夹具各自旋转 90°；将 15t 吊车吊钩上喷枪专用吊具 3 个专用吊钩分别卡入喷枪及弯管的吊孔中，并检查吊钩是否稳固；打开气源开关保险销，并打开喷枪更换操作平台的压缩空气源开关，将喷枪更换操作平台缩回至停放位置；喷枪更换人员采用低速驱动方式操作 15t 吊车慢慢将喷枪从喷枪架上提出；操作人员在其余喷枪更换人员的指挥下将喷枪吊放至喷枪停放平台上。

喷枪的安装顺序：将组装好的工艺空气进口弯头组件安装到喷枪存放架中的喷枪上。

在紧固M27的连接螺栓时，应采取对角均匀施力紧固的方法，在确保上、下法兰贴合紧密，无缝隙；将15t吊车吊钩上喷枪专用吊具3个专用吊钩分别卡入喷枪及弯管的吊耳孔中，并检查吊钩是否稳固；打开喷枪停放平台上的喷枪锁定装置；吊车操作人员在其余喷枪更换人员的指挥下将喷枪移送至喷枪架上方；喷枪更换人员采用低速驱动方式操作15t吊车慢慢将喷枪定位于喷枪架的定位操纵；打开喷枪更换操作平台的压缩空气气源开关，启动操作平台工作气缸将喷枪更换操作平台推移至喷枪更换位置；用套筒扳手将两颗M24固定螺栓拧紧；调节弯管支撑托架及弯管锁定托架的高度，使两个V形夹紧法兰对中，并使弯管上的卡板恰当地支撑弯管锁定托架中（此步骤第一次安装工作中采用）；关闭旋转接头弯头上的垂直V形锁紧结，将两个V形法兰锁紧；将弯管锁定托架上的卡环回转到位，并将锁定螺栓拧紧到弯卡板上；将燃油管和端压空气管连接到喷枪上的接口上。

16.3.4 顶吹熔炼主要操作控制

16.3.4.1 烘炉

艾萨炉在开炉前必须将炉子从常温加热至操作温度。不要使炉砖受到热冲击，按升温曲线控制炉子的加热升温是极其重要的，能够使炉子寿命延长至最大限度。

炉子的加热包括两个阶段：加热的第一阶段是用专门加热烧嘴将炉子从常温加热至大约950℃左右；第二阶段用一个保温烧嘴将炉子从950℃加热至1050℃。

在烘炉过程的第一阶段，必须用专门设计的烘炉烧嘴对炉子进行加热，不能用保温烧嘴（保温烧嘴很难将温度控制在750℃以下）。当温度低时（小于750℃），炉子的耐火材料热度不足以将油雾在烧嘴燃烧区内迅速加热到闪点以上并点火燃烧形成稳定的燃炬，不利于温度控制，同时未点燃的油雾也会重新汇聚在炉膛内某些部位后受热蒸发为蒸汽，弥散于整个炉膛空间，可能会产生爆炸（爆燃）的危险。烘炉第一阶段温度控制不好，将会损伤耐火砌体、缩短炉子寿命。加热烧嘴装有一个点火装置，在低温状况下可以确保点燃油雾。注意！在炉内使用加热烧嘴之前，先在炉外进行点火测试是很重要的。

耐火砖温度是用砌砖时置入炉砖的热电偶（称为“加热热电偶”）来测量的。防止热冲击最好的方法是对炉砖温度的精确测量。用于测量耐火砖温度的热电偶共有17支，其中的13支用于炉子开炉升温时测量耐火砖温度。另外4支热电偶用于在生产操作期间监测耐火砖的温度，并提供耐火砖磨损的情况。可用一次性热电偶或便携式红外测温仪器测量排放口放出熔体的温度。

炉子在升温时必须严格遵守加热曲线，加热曲线如图16-17所示。

加热曲线有两个特征：第一，温度从常温开始快速加热至400℃。这个阶段为了防止炉砖水合。如果铬磁砖受潮（水合），它们可能严重受损。如果炉砖潮湿时受热（100～200℃），则此问题甚至会更严重。加热曲线的第二个特征是均热期。均热期是持续15h左右，炉温保持在约850℃。均热期使炉砖在温度更高时保持平衡（均匀受热），如需可以手动控制加热烧嘴。最重要的问题

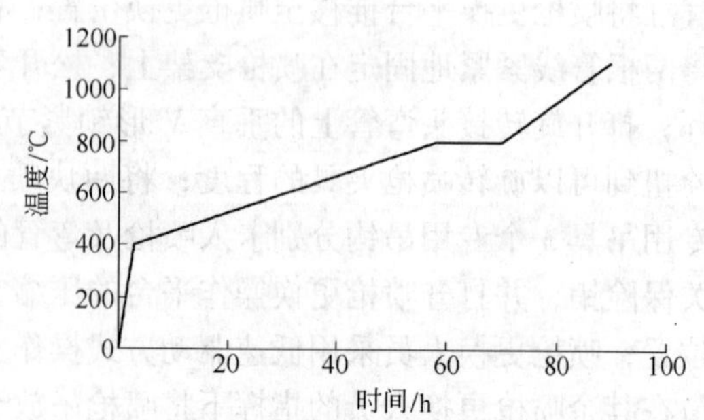

图16-17 熔炼炉升温曲线

是加热炉子时，炉温的升高决不应快于加热曲线。如果出现问题，温度已降至加热曲线以下，则不应该增加燃油率来与曲线保持一致。均热期之后是用保温烧嘴将炉子从950℃加热至1150℃的第二阶段。

烘炉前首先检查炉内耐火砌体的完整性，清扫炉内及周围的杂物；确认炉子的热电偶安装正确，能正常读取温度；确认加热烧嘴和保温烧嘴可以被正常点燃，并能提供满足升温曲线所需的热量；确认开炉用的富铅渣已被破碎为25m以下，并装入备用储存仓；确认所有水冷套（水冷板、排放套、阻溅板）已通入冷却水；确认锅炉水循环已正常运行；插上水冷板，让烟气通过环保烟道排走；启动加热烧嘴，监视炉内温度变化，确保在点火后3～4h内炉内温度达到400℃；当炉内温度接近400℃时，采用加热烧嘴进行加热，拔出水冷板，启动引风机并置于最小风量，调节烧嘴燃料率保持炉温，将温度提升到850℃，保持炉温在850℃约15h。之后，放入保温烧嘴进行升温，直到温度达到1100℃，炉温稳定在1100℃后，用喷枪替换保温烧嘴，为下枪开始融化炉渣做好准备；严格按照升温曲线进行升温，如果实际的温度下降到低于目标温度，不要试图赶上原计划，而应遵循升温曲线；在整个加热过程中监视炉体，炉底各层耐火砖热电偶测量的温度，列表记录。

16.3.4.2　熔炼操作

熔池熔炼第一步是造熔池，为了确保在接近正常生产炉温投产。应该用富铅渣，这样炉温低，形成熔池快。没有富铅渣也可用鼓风炉炉渣，但炉温控制较高，花费的时间长。加料量不能太多，开始采用1t/h的投料速度，逐步加到3～5t/h。鼓风用空气，不能使用富氧。当熔池深度达到300～400mm之后就可以投底料运行。造熔池时，投料煤量比正常要大，同时喷枪油量也较大，枪位随熔池深度增加不断上移，保持在熔池之上300mm左右。正式加料前先对喷枪挂渣，即压低枪位，使枪头浸入熔池50mm左右，具体操作可凭喷枪发出的声音来判断。挂渣操作反复上下进行多次，使喷溅起来的炉渣粘挂在喷枪上。当挂渣结束，则转入正常熔炼状态，从小料量开始，就要仔细观察风、氧气的供给情况和喷枪端部压力。在投料后炉体上部的温度测点已经不能反映熔炼温度，而应该用设在熔池区域的两层热电偶检测温度。因为这时的炉壁挂渣已达50mm以上，检测温度会出现滞后现象。熔炼开始后则定时用浸没探棒进行取样分析，以检查冶金反应情况，保证炉渣不夹生料，炉料配比适宜。若熔炼温度过高，则降低喷枪的燃油量；如果燃油已为零，可以适当降低富氧浓度，最后考虑原料中煤的加入量是否减少。若熔炼温度过低，操作顺序反之。调整温度的同时，应检查炉渣中铁含量，并控制在一定范围内。在冶金过程中，鼓风量主要包括精矿反应、块煤燃烧和油燃烧三部分用氧。根据冶金计算和燃料燃烧计算将上述三部分用风系数取定后，输入计算机，控制系统则根据冶炼过程不同需要来确定风量。

在正常生产进料后，熔池深度不断上升。当熔池深度达到2000mm时，则可以考虑放渣。一般情况8h左右粗铅深度达到600mm左右，应当排铅。此时熔体总深度的压力很大，达到10t/m^2。人工操作时，放铅口处应特别小心，应当先放渣后放铅。每次放铅后约3～4h再放渣。在整个作业过程中，加料连续进行，只有排放作业是周期性。

16.3.4.3　温度控制

熔池温度控制是冶炼过程中重要的环节。操作温度直接影响富铅渣渣况及烟尘率，熔炼炉炉砖、喷枪、余热锅炉和静电收尘器的操作及寿命。最终影响到能耗和生产效率。

温度过高，不仅增加了燃料消耗，还会导致烟尘率过高，使余热锅炉和电收尘负荷加重。高温加速耐火砖在炉渣中的融蚀，熔炼炉的操作温度越高，耐火砖的寿命就越短。

温度过低会造成水蒸气冷凝并与烟气中二氧化硫形成稀酸腐蚀设备，极大地缩短其使用寿命，也无法保证渣的流动性而导致排放困难。

如果温度忽高忽低，不稳定，则会对炉子的耐火砖带来损伤。保持炉子的均衡温度操作是熔炼炉控制的关键。熔池温度的调整参数主要是给煤率、富氧浓度和给油率。给煤率和给油率的增加有助于提高熔池温度，反之亦然。增加喷枪富氧浓度也可以使熔池温度上升。根据入炉物料的化学成分，通过 DCS 系统调整这些参数，可以使炉子保持在 1050℃左右的状态下操作。在艾萨炉内，需记住煤燃烧的一个重要特征，即在给煤率的变化和炉温变化之间有一个延时的问题。煤在熔池顶部形成一个漂浮层，且反应缓慢。加或减煤量后约 30min，才会有炉温升或降的变化。因此，不要使进煤率变得太快。例如，如果增加进煤率，由于起初的变化似乎未造成炉温的任何改变，那么就可能会很快地再次投入过多的煤，其结果是导致炉温升得太高。

精矿中所含的铁和硫量越大，熔池的温度也会越高。

16.3.4.4 富铅渣合理成分的选择与控制

在熔炼过程中，渣型主要是指渣中 SiO_2/Fe 和 CaO/SiO_2 及铅的含量。选择合理的渣型，降低渣的熔点和黏度，使渣具有很好的流动性。适当地提高 CaO/SiO_2，对提高渣的流动性也很有好处，生产上，CaO/SiO_2 一般控制在 0.4 以上，SiO_2/Fe 一般控制在 0.8。如果过高，渣的流动性会很差，排放比较困难。如果渣子的性质未得到恰当地控制，它就有可能变得很厚，使炉子的操作变得很困难。渣的熔化温度升高，导致炉温升高。随之，烟尘量也会增加。

通常，渣含铅的理想值为 40% ~55%。如果渣含铅太低，那么渣就会变得很黏稠，使炉子的操作变得很困难。如果渣含铅太高，则几乎不能产生出粗铅，而导致所有的炉渣必需用鼓风炉来进行处理。增加了成本。

SiO_2 作为熔剂加入艾萨炉，可以减少渣中固体 Fe_3O_4 生成量，从而增加熔渣的流动性，但是 SiO_2 太多，会增加熔渣的黏性。

测量渣流动性的最好方法是，当喷枪升起的同时，将浸探棒插入炉内，通过测量覆在浸探棒上的渣层厚度来测量渣的流动性。最适宜的渣覆盖厚度为 3mm，如果大于 5mm，渣的流动性不够。那么，需要升高熔池的温度或增加渣的铅含量。如果小于 2mm，则可以降低熔池温度或降低渣的铅含量。

16.3.4.5 熔池探测

探测熔池的目的：

(1) 测量炉子中金属铅和渣的数量（深度）；

(2) 测定熔池的状况（熔池的凝固）；

(3) 测定渣的流动性及黏度；

(4) 测量炉底耐火砖的损失情况；

(5) 取分析样。

炉子在每次开炉、停炉、换枪之前，都应将浸探棒浸入熔池测量，以确定熔池的深度和渣的状况。熔池准确深度决不能靠熔炼时的喷枪位置来测定，只能用浸探棒浸入炉子测量，才是可靠的。操作人员在浸入炉子测量之前，必须关闭喷枪渣门，以避免操作人员受伤。每次探测熔池，操作人员应使用浸探棒提升机将浸探棒放下，直到与炉子底部接触，让浸探棒停留在炉底，链条有部分松弛，然后拉紧链条，以防止浸探棒弄弯，确保测量准确；将浸探棒保持在此位置约1min，然后使用浸探棒提升机提起，直至从炉子中移出。提升浸探棒时，重要的是要保证浸探棒上的凝渣不要被剐掉。

16.3.5 顶吹沉没熔炼的常见问题

16.3.5.1 泡沫渣

泡沫渣产生的原因：炉渣的黏度大时，鼓入熔池的空气和煤燃烧生成的 CO_2 气体无法有效、快速地排出熔渣，大量气泡聚集于炉渣中，呈蜂窝状结构。在气体上升力的作用下，形成泡沫上涨，就产生了泡沫渣。

泡沫渣的危害：一旦泡沫渣产生，就会对生产带来巨大的影响，安全生产问题十分严重。如果泡沫熔渣从艾萨炉顶溢出来，将对设施、电器仪表以及人身安全构成巨大威胁，甚至造成毁灭性的损坏。泡沫渣产生后，必须停止进料，处理泡沫渣，直至泡沫渣消除后才能恢复正常生产，严重地影响了炉子的作业率。此外，泡沫渣产生还会使烟尘率上升、炉顶烟道结瘤严重和喷枪控制失灵等。

泡沫渣的控制：实践中发现，泡沫渣的产生与熔池中渣含铅的高低有很大关系。一般来说，随着渣含铅的升高，产生泡沫渣的可能性在增加。渣含铅以40%左右为转折点，如果渣含铅在40%以下，泡沫渣产生的可能性一般很小；但如果渣含铅超过40%，则泡沫渣一定产生。所以，实际操作中，把控制渣含铅在35%～45%，首先作为控制泡沫渣的一个有效手段。

生产实践还指出，给煤量过多，明显地打破了艾萨炉熔池传热和传质的平衡，是形成泡沫渣的另一个重要原因。因此，把逐步降低给煤量或间断加煤作为控制泡沫渣的另一个重要手段。

16.3.5.2 熔池冻结

熔池冻结是由于温度突然大幅下降，流态熔融体逐渐变为固态，使整个熔炼反应停止，熔池冻结对生产的影响较大，特别是如果在高熔池面的情况下发生熔池冻结，将给处理工作带来巨大的困难，同时还会严重损害耐火砖的寿命。

造成熔池冻结的主要原因是：

（1）喷枪严重烧损或在熔池中定位不准确，又未及时采取措施，导致操作温度急剧下降，而操作人员并没有及时停止生产，进行升温加热，最终使熔池冻结。

（2）停产保温时间过长，熔池慢慢出现冻结。

（3）锅炉炉顶和烟道出现大面积掉渣，导致熔池冻结。

（4）喷枪末端烧损导致从喷枪出来的富氧空气分布不均匀，对熔池的搅动也不均匀，进料口下方容易出现冻结。

熔池冻结的主要处理方法是对熔池加热。在加热前，如有必要对熔炼炉的耐火砖进行加热，则加热时要遵守加热曲线图。操作人员要首先探测熔池，确定熔池内凝结块的大小。如果熔池呈现固体状，那么把喷枪插入离冻结熔池30cm处，把油量开到最大，把空气流量降到最低，加热到冻结熔池熔化。一旦熔池情况良好，但是仍然还有一些凝结块在熔池中的话，把喷枪按正常情况插入，开始加热。需要记住，使用较低的空气流量可以更好的控制温度。定时探测熔池深度。如果需要，向熔池中加入一些富铅渣、铅精矿、燃煤和二氧化硅。如果熔池冻结情况严重，则向熔池加入小批量的炉渣，喷枪距炉渣30cm对其进行熔炼。重复过程，直到形成一个良好的熔池后，再进行正常的加热，直到固体全部熔化。当熔池恢复正常后，方可考虑正常投料。

16.3.5.3 排放困难

排放困难是艾萨炉生产中经常遇到的问题，往往导致艾萨炉的作业率低，生产成本升高，劳动强度加大。排放困难的原因多种多样，归纳起来，主要有以下几种：

(1) 渣型控制不好，流动性差，黏度大；

(2) 熔池搅动不充分，渣中夹杂部分“生料”，堵塞排放口；

(3) 操作温度低，富铅渣属于高熔点物质，熔池温度低也会导致排放困难；

(4) 排放口直径小，易堵塞；

(5) 炉砖脱落情况较为严重，脱落下来的碎砖在熔池中不能熔化，往往堵塞在排放口处，导致渣排放困难。

排放困难的处理措施是控制好合理的渣型，使渣具有良好的流动性；确保熔池的充分搅动、合理的操作温度和适当的反应时间；排放口的尺寸设计合理，尽可能使用开口机打开和堵塞排放口。

16.3.5.4 锅炉爆管

锅炉爆管是艾萨炉生产中比较严重的故障之一。一旦出现锅炉爆管，就会给生产和安全带来巨大的影响和危害，艾萨炉必须立刻停止熔炼。如果爆管位置在炉顶上方，情况就会更为严重，锅炉管道内的水就会进入熔池，引起爆炸，给耐火砖带来巨大的损伤。

防止锅炉爆管的措施主要有：

(1) 保持艾萨炉稳定的操作条件，使艾萨炉的烟气量和烟气温度相对稳定，从而使锅炉的工作压力保持稳定。

(2) 锅炉使用期间的定期检查和精心操作，尽早发现异常情况并迅速采取补救措施。在锅炉使用期间，应定期对下列部件和设备的运行进行检查：各种指示、记录、报警仪表和现场指示仪表，汽包入孔、炉体检修入孔门、安全阀及泄漏等，锅炉给水泵、循环水泵、振打装置和加药泵等。

(3) 经常核对锅炉的质量平衡（蒸汽量、排污量、安全阀排放量和给水量的平衡）。

(4) 严格保证给水稳定、连续和软化水的质量，锅炉给水应经过除盐处理，并进行除氧，各项指标应达到如下要求：

给水水质：硬度不大于3μg/L，溶解氧小于15μg/L，pH值8.5~9.5。

炉水水质：PO_3^{4-} 5~15μg/L，pH值大于9(25℃)。

16.3.6 富氧顶吹沉没熔池熔炼直接炼铅技术的发展——ISA-YMG炼铅工艺

16.3.6.1 ISA-YMG炼铅法工艺流程及特点

ISA-YMG炼铅法为云南冶金集团将艾萨法与鼓风炉还原法相结合并创新的一种高效节能与清洁的炼铅锌方法，该法全称为富氧顶吹沉没熔池熔炼—鼓风炉还原炼铅工艺（ISA-

YMG 法)。2005 年 6 月，云南冶金集团总公司所属驰宏公司年产粗铅 60000t/a 的 ISA-YMG 工艺铅冶炼厂正式投入生产运行，效果良好。2006 年，澳大利亚 Xtrata 公司（原 MountIsa 公司）与云南冶金集团总公司共同将该炼铅工艺推广应用到哈萨克斯坦 HazzicJSC 公司。

该工艺结合艾萨炉氧化熔炼和鼓风炉还原熔炼的优势，同时，考虑了湿法炼锌浸出渣的处理，增加了烟化炉系统。具体工艺流程见图 16-18。

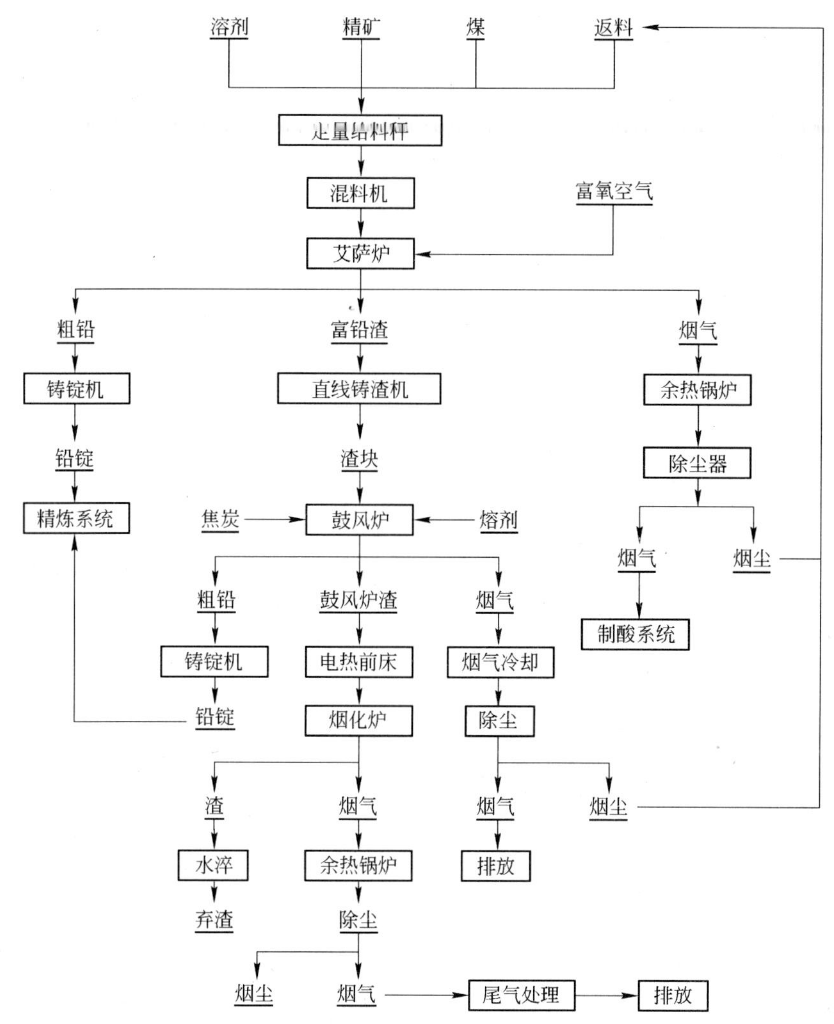

图 16-18 ISA-YGM 铅冶炼流程

富氧顶吹熔炼—鼓风炉还原炼铅工艺，具有如下特点：

（1）处理能力大，生产效率高。艾萨炉设计日处理物料 440t/d，实际生产中一般处理物料量都在 550～650t/d 以上，最高达到 760t/d。同时如果要继续提高处理能力直接提高富氧浓度即可，不需要增加大的设备与设施投入。

（2）原料适应性很强。在几年的生产实践中，艾萨炉成批量（大于 5000t）处理过的物料有优质铅精矿，有含 Cu、Zn 严重超标的杂矿，有含铅只有 25% 左右的渣料，同时也处理电铅铜浮渣等多种杂料。

(3) 设备配套灵活。艾萨炉与鼓风炉（YMG 炉）之间用铸渣机连接，可以连续，可以断开，互相制约度小。

(4) 环保效果优越。艾萨炉的密封性比较好，冶炼过程中烟气泄露点少，作业环境好。同时，产生的烟气 SO_2 浓度高，完全满足制酸要求，硫回收利用率高。

(5) 生产效率高。整个工艺采用 DCS 控制，自动程度高，生产效率大。

(6) 鼓风炉增加自有的专利技术后，处理能力大幅度提高，床能力达到 $75t/(m^2 \cdot d)$。

16.3.6.2 ISA-YGM 炼铅工艺的生产实践

A 艾萨炉原料

艾萨炉熔炼，对原料制备几乎没有什么特殊要求，不需要严格的控制，实际生产中只是用圆筒混料机在皮带输送过程中简单混合就可以满足要求。

在多年的生产实践中，艾萨炉处理的物料种类很多，既有各种品位的硫化铅精矿，也可处理各种中间物料和含铅炉渣。表 16-12 列出了曾经处理过的大批量（5000t 以上）物料的数量与主要组成。

表 16-12 ISA-YGM 炼铅工艺处理过的大批量物料统计 （质量分数/%）

编号	数量/t	Pb	Zn	Fe	SiO_2	S	CaO	MgO	Al_2O_3	Sb	Cu	$Ag/g \cdot t^{-1}$
1	150000	>71	1.73	1.89	0.96	14.24	1.71	0.90	0.22			
2	8000	约 65	4.35	4.45	1.82	16.07	0.74	0.49	0.11			
3	5000	约 55	8.28	6.94	1.99	21.69	0.75	0.18	0.24			2816
4	7000	约 52	8.16	7.30	2.70	20.82	0.67	0.82	0.53		2.59	444
5	长期原料	约 45	5.03	18.9	0.62	30.24	0.96		0.15			
6	3000	50.3	13.3	6.44	4.34	24.59	0.41	0.1	0.47			371
浮渣	3000	80.1								0.76	10.1	875.2
铅渣	6000	23.1	9.25	6.75	10.06	10.81	3.61	0.71	2.07		0.13	

从作业过程看，各种含铅物料都可以处理，但考虑经济性，最好适当搭配各种物料，尽力将入炉的物料混合均匀，保证一定时间内成分相对稳定，这样主要参数变化较小，整个系统平稳运行。

物料中不同的元素对熔炼过程与效果的影响是不同的。

在合理地控制温度和氧势的条件下，物料的铅品位越高，一次粗铅产率越大，经济效益就越高。因此，主品位铅越高，越能充分体现出艾萨炉直接炼铅的优越性。

由于富氧空气熔炼总风量比较大，烟气带走的热支出比较多，因而要求物料中的发热元素硫含量尽量高一些，当 S 含量大于 16% 时，就可以实现自热熔炼。否则要另外补充燃料。

Zn 是对艾萨炉炼铅危害较大的元素，锌含量太高时，会使富铅渣黏度加大，熔点提高，造成排渣困难，同时烟气中 ZnO 含量急剧上升，炉内白烟滚滚，影响正常作业，因此要求艾萨炉物料中的锌含量小于 6%，确保最终的富铅渣含 Zn 不大于 15%，一般渣含 Zn 尽量控制在 10% 以下。

Cu 也是对冶炼过程危害比较大的杂质元素。冶炼中，部分 Cu 被富集在一次粗铅里。粗铅浇铸过程中随着温度的变化，在表面形成铅冰铜，必须尽快打捞除去，否则给电解的阳极熔铸带来很大困难；另一部分 Cu 进入富铅渣，一般含量比较低，如果富集到一定的程度就会影响鼓风炉的还原熔炼，产生严重的“挂壁”现象，影响鼓风炉正常熔炼。

在中间返料和各种炉渣中（如表中的铅渣）Pb 与 S 的含量很低，杂质 Zn、Cu 等很高，在冶金过程中会大量吸热，增加处理成本并会带来其他不利影响。

虽然艾萨熔炼对原料成分的要求比较宽松，但精矿的水分应该严格控制。铅精矿含水分比较高时（大于6%），下料仓内很容易形成黏壁现象，下料不畅，甚至时断时续，实际给料量与设定值偏差很大，造成供风系统波动很大，风机运行极不平稳，甚至发生喘震。同时，喷枪供风也不平稳，甚至短时间断风，致使熔体倒灌，损坏喷枪。

B 艾萨炉产出物

艾萨炉氧化熔炼的主要产物有：一次粗铅、富铅渣、烟尘和烟气。原料含铜高时，同时产生少量的铅铜锍。

a 粗铅

艾萨炉产出的一次粗铅外观质量较好，杂质少，纯度高。生产实践中，有70%的粗铅的铅品位超过98%以上，少数小于96%。表16-13是粗铅质量分析统计。

表 16-13 粗铅质量分析统计 （质量分数/%）

Pb	Cu	Sb	Bi	As	Ag/g · t^{-1}
98.45	0.4	0.09	0.006		0.439
98.3	0.39	0.027	0.0113	0.002	0.419
99.6	0.16	0.146	0.0209	0.03	0.114
98.12	0.36	0.012	0.0296	0.03	0.114
97.96	0.51	0.04	0.0266	0.04	0.534
97.5	0.42	0.07	0.0153		0.243
98.7	0.87	0.09	0.0202	0.01	0.201
98.8	0.63	0.08	0.0158		0.198

b 富铅渣

控制富铅渣的成分是艾萨炉氧化熔炼的关键之一。富铅渣含铅高低直接关系着一次粗铅的产率，熔炼作业率，以及鼓风炉的还原熔炼。一般控制目标是 Pb 40% ~50%，SiO_2/Fe =0.8 ~1，CaO/SiO_2 =0.1 ~0.3。艾萨炉氧化熔炼脱 S 比较彻底，富铅渣含硫一般小于0.5%，多数在0.3%以下。富铅渣含 Cu 0.2% ~0.3%。Zn 是对冶炼过程有严重影响的杂质元素，生产中，富铅渣含锌一般不应该大于15%，达到20%时会严重影响渣排放操作。同时，烟尘含锌急剧上升，炉温持续下降，并且提温很艰难，必须停炉处理。

富铅渣含铅 Pb 超过40%。其熔点、黏度与密度等基本特性，主要由含铅量来决定，SiOz/Fe 和 CaO/SiO_2 对渣的性质影响不大。当 Pb 小于25%时，SiO_2/Fe 和 CaO/SiO_2 的变化对渣的性质影响明显，其中 SiO_2/Fe 主要对黏度的影响大，SiO_2/Fe 过大时，排放非常困难。这时，应增加配料中的石灰石，提高 CaO/SiO_2 对降低渣的黏度效果明显。表16-14是生产中部分渣的实际组成分析。

表16-14 生产实践中部分富铅渣的化学成分 （质量分数/%）

Pb	Fe	SiO_2	S	Zn	CaO	MgO	Al_2O_3	SiO_2/Fe	CaO/SiO_2
48.70	16.10	13.00	0.24	7.90	3.00	1.43	1.17	0.81	0.23
44.16	14.62	13.95	0.38	7.36	3.29	1.69	1.77	0.95	0.24
48.20	9.87	13.77	0.65	5.78	3.19	1.25	1.18	1.40	0.23
50.77	6.90	7.75	0.06	3.95	3.51	1.43	1.32	1.12	0.45
49.94	8.61	6.13	0.10	5.61	2.93	1.08	0.97	0.71	0.48
44.79	16.70	16.45	0.17	8.23	3.04	1.43	1.96	0.99	0.18
30.3	17.98	14.96	0.28	24.33	4.32			0.83	0.29

c 艾萨炉烟尘

艾萨炉烟尘多数是化学尘。烟尘中铅品位随入炉物料含Pb上升而提高。铅主要以PbO和$PbSO_4$形式存在。物相分析几乎没有发现PbS。烟尘黏性大，密度大，颗粒非常细，输送难度比较大。电除尘器对其收集效果非常明显，出口烟气含尘（标态）多数小于500mg/m^3。表16-15是艾萨炉烟尘的实例分析数据。

表16-15 艾萨炉烟尘分析实例 （质量分数/%）

Pb	S	Zn	Pb	S	Zn
64.74	5	2.43	55.25	4.8	4.35
58.4	5.4	3.2	57.29	5.1	4.98

d 烟气

烟气组成与氧化熔炼使用的富氧浓度及物料S含量关系密切。烟气中SO_2浓度多数在8%～13%，高的时候达到15%左右，O_2浓度6%～9%。烟气含尘量（标态）很高，可以达到60～70g/m^3左右。艾萨炉后段的收尘系统可将99%的烟尘过滤，出口烟气量约为鼓入风量的1.6～1.8倍。

e 鼓风炉还原熔炼产物

鼓风炉以富铅渣为原料，配入适当的石英石和石灰石，产出粗铅。鼓风炉渣含铅3%～3.5%。鼓风炉渣先进电热前床，后再进入烟化炉。前床中有少量的铅沉淀，实际进入烟化炉的渣含铅在3%以下。表16-16是部分鼓风炉渣的分析数据。

鼓风炉的烟尘含Pb在40%～45%，烟尘率在3%以下，全部返回艾萨炉熔炼系统。表16-17是部分鼓风炉烟尘的实际分析数据。

烟气主要是CO_2、N_2等，SO_2浓度很低，即使生产中喷入粉煤（即用粉煤取代部分焦炭，YMG炉的关键技术之一），烟气的SO_2浓度（标态）也在500mg/m^3以下，可以达标排放，无须处理。

表16-16 鼓风炉渣分析实例 （质量分数/%）

Pb	Fe	SiO_2	S	Zn	CaO	MgO	Al_2O_3
2.51	25.98	24.24	0.13	10.90	17.06	2.43	3.42
2.31	27.45	22.98	0.32	9.52	16.49	2.09	4.29

续表 16-16

Pb	Fe	SiO_2	S	Zn	CaO	MgO	Al_2O_3
1.94	26.51	22.59	0.11	12.19	13.78	2.44	3.45
1.94	22.62	22.40	0.21	11.19	15.56	2.29	3.97
1.51	18.13	21.70	0.074	12.77	16.14	2.52	3.50
1.49	26.18	22.94	0.12	10.05	15.39	2.20	3.01
1.49	29.18	22.94	0.19	10.05	15.39	2.20	3.01
1.28	25.51	22.59	0.11	10.19	16.78	2.44	3.45
1.24	26.75	26.87	0.097	10.21	16.21	2.88	3.21
1.12	28.73	23.44	0.343	9.978	13.13	1.92	4.06

表 16-17 鼓风炉烟尘分析实例 （质量分数/%）

Pb	S	Zn	Pb	S	Zn
45.05	1.58	21.57	57.23	2.72	16.92
46.93	1.96	19.58	50.16	1.85	16.22
57.23	2.72	16.92			

16.3.6.3 ISA-YGM 炼铅工艺的技术经济指标

经过多年的生产实践，ISA-YGM 炼铅工艺表现出良好的经济性适用性。表 16-18 是该工艺的主要生产技术指标。

表 16-18 ISA-YGM 炼铅工艺的主要技术指标

项 目	单 位	参 数	项 目	单 位	参 数
艾萨炉生产工艺指标					
日处理料量	t/d	550 ~ 650	O_2 消耗（标态）	m^3/t	80 ~ 110
日最大处理料量	t/d	760	熔池高度	m	<2.3
混合料品位	%	55 ~ 65	富铅渣含 Pb	%	40 ~ 50
混合料水分	%	~8.5	富铅渣 SiO_2/Fe		0.8 ~ 1.0
燃料煤率	%	<1	富铅渣 CaO/SiO_2		0.3 ~ 0.5
石英砂	%	2 ~ 5	熔池温度	℃	920 ~ 1000
石灰石	%	2 ~ 4	粗铅产率	%	40 ~ 60
富氧浓度	%	≥34	烟尘率	%	13 ~ 15
二次风量（标态）	m^3/s	≥1.0	烟气 SO_2 浓度	%	8 ~ 15
喷枪供风压力	MPa	0.2	氧气浓度	%	90 ~ 93
艾萨炉床能力	$t/(m^2 \cdot d)$	80 ~ 90	艾萨最大炉床能力	$t/(m^2 \cdot d)$	103
鼓风炉生产工艺指标					
炉床能力	$t/(m^2 \cdot d)$	61.25	终渣含铅	%	1.98
焦率	%	13.14	终渣含 Fe	%	27 ~ 29
烟尘率	%	2.47	终渣 SiO_2	%	20 ~ 24

生产实践指出，艾萨炉熔炼产物中的 Pb、Ag 在粗铅、富铅渣和烟尘三者之间的分配比例与鼓风炉的生产成本和经济效益密切相关。表 16-19 给出了生产中一段时间内的分配比综合统计。艾萨炉产物中铅银的分配比例影响到鼓风炉的入炉物料品位、炉内气氛和温

度等条件的控制。采取合理的分配比和合理的鼓风炉熔炼条件，才能够达到全流程最佳的经济效果。

表 16-19 艾萨炉熔炼中 Pb 和 Ag 在产物粗铅、渣和尘中的分配比例统计（以月为单位统计）

月 份	1	2	3	4	5	6
分配比	粗铅：富铅渣：烟尘					
Pb	53：33：14	46：36：17	42：43：15	38：49：13	20：66：14	28：59：13
Ag	71：22：7	73：25：2	89：9：2	85：10：4	88：11：1	78：20：2

艾萨炉的最高粗铅产率达到62%时，富铅渣含 S 只在 0.3% 以下，完全能够满足鼓风炉生产的环保要求。

（撰稿 贯著红 蒋荣生 包崇军）

16.4 氧气顶吹卡尔多转炉直接炼铅法

卡尔多炉技术是由瑞典专家 Bokalling 发明的氧气顶吹转炉熔炼技术。1976 年瑞典波立顿（Boliden）金属公司将该技术应用于有色金属冶炼，在瑞典北部的 Ronnskar 冶炼厂建成第一台卡尔多炉，用于处理含铅 43% ~ 50% 的铅尘。1981 年，在储存铅尘已全部处理完后，进行了各种不同铅精矿的熔炼试验，1982 年应用于工业化生产。到现在世界上已建成投产卡尔多炉 13 座（表 16-20），分别用于处理氧化铅精矿、硫化铅精矿、废杂铜、阳极泥、镍精矿和贵金属回收。从 1989 年开始，波立登公司 Ronnskar 冶炼厂用卡尔多炉大规模冶炼硫化铅精矿和废杂铜。每年有 200d 时间用于炼铅，其余时间用于处理废杂铜。1997 年该厂的卡尔多炉冶炼铅精矿 57272t，处理废杂铜 1571t。

伊朗铅锌总公司采用卡尔多炉技术在伊朗 Zanjian 建成了一座冶炼厂，冶炼氧化铅精矿，年生产能力为 4 万吨；意大利的 Nuosa amin 铜冶炼厂利用卡尔多炉技术处理低品位废杂铜，年生产能力为 2.5 万吨粗铜；波兰 KGHM 铜业公司采用该技术处理阳极泥。印度 SWIL 公司采用此技术处理铜精矿和废杂铜，年生产能力为 6 万吨粗铜。我国金川有色金属公司在 20 世纪 80 年代将卡尔多炉技术用于吹炼镍精矿和二次铜精矿，将其熔化吹炼成金属镍和金属铜。我国西部矿业公司已采用卡尔多炉技术建成一座 50000t/a 粗铅的炼铅厂，于 2005 年 11 月投产。该厂采用铅精矿为原料，烟气 SO_2 采用两转两吸接触法制酸。

表 16-20 卡尔多技术应用实例

工 厂	地区及国家	原 料	产 量	产 品	炉子容积/m^3	投产年份
Boliden Mineral	Ronnskar 瑞典	铅精矿 废杂铜	50000t/a Pb 20000t/a Cu	铅锭 粗铜	11	1976
Nuosa amin	意大利	废杂铜	25000t/a Cu	粗铜	11	1992
NILZ	Zanjan 伊朗	氧化铅 精矿	40000t/a Pb	铅锭	11	1992

续表 16-20

工　厂	地区及国家	原　料	产　量	产　品	炉子容积/m^3	投产年份
KGHM	Glogow 波兰	阳极泥	1100t/a Ag 800kg/a Au	银 金	2	1993
BalkhasmGd	Balkhash 哈萨克斯坦	阳极泥	400t/a Ag 1t/a Au	银 金	2	1996
Boliden Mineral	Ronnskar 瑞典	阳极泥	400t/a Ag + Au	银金合金	0.8	1997
Mexicanade Cobre	墨西哥	阳极泥	500t/a Ag 5t/a Au	银 金	1	1999
JSC Roskontakr	Kasimov 俄罗斯	废杂铜 军工废料	10000t/a Cu	粗铜	2	1999
Still Water	美国	阳极泥	50t/a Pt Pd	铂 钯	1 1	2000 2001
SWIL Ltd	Baroda 印度	铅精矿与 废杂铜	60000t/a Cu	粗铜	11	2001
金川有色金属公司	中国	镍精矿 二次铜精矿		粗镍 粗铜	11	1988
西部矿业公司	中国	硫化铅精矿	50000t/a Pb	粗铅	11	2005

16.4.1 卡尔多炉炼铅工艺及特点

16.4.1.1 卡尔多炉工艺流程

卡尔多炉炼铅工艺分为加料、氧化熔炼、还原和出渣、出铅 4 个阶段，整个冶炼过程周期性进行。其工艺流程图如图 16-19 所示。

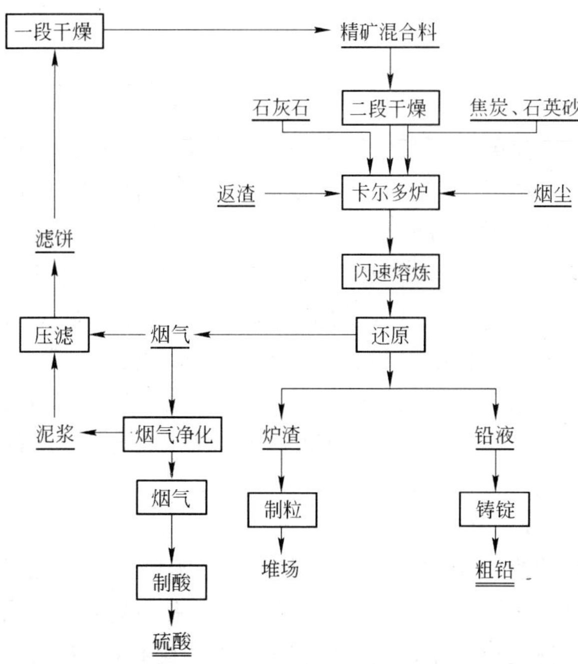

图 16-19　卡尔多炉铅冶炼工艺流程

整个卡尔多炉冶炼厂包括精矿干燥、卡尔多炉熔炼、烟气处理 3 个主要系统。见设备连接简图（图 16-20）和设备连接总图 16-21。

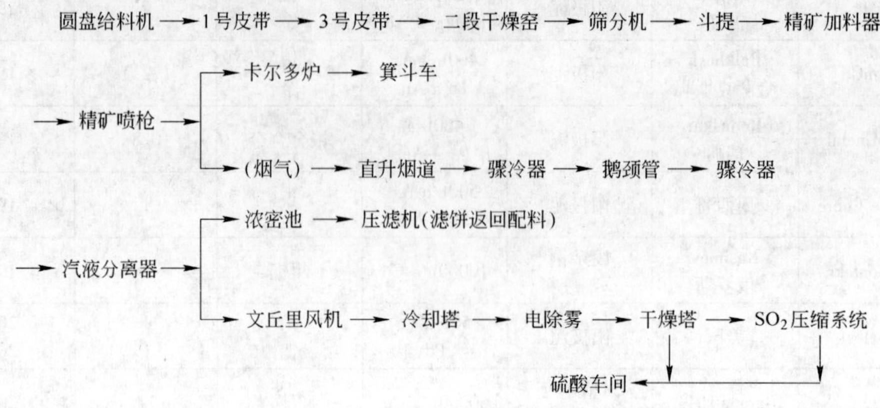

图 16-20 卡尔多炉设备连接简图

A 配料及物料输送系统

卡尔多炉配料是通过两台抓斗式行车，将精矿物料、干燥好的滤饼以及其他低品位杂矿在堆场内进行混合，混合好的物料由行车运送到圆盘给料机的储料仓内，由圆盘给料机连续均匀地将物料通过两条皮带输送到二段干燥窑进行干燥。湿滤饼通过另一套同样的输送系统传送到一段干燥窑内进行干燥，干燥好的滤饼返回料仓进行配料，或湿滤饼和精矿混合物经一段干燥后，由皮带直接输送到二段干燥窑内。两套系统是相互独立又相互交错，当一套系统出现问题时，可用另一套系统保证生产。

B 精矿干燥系统

根据工艺要求，干燥后的精矿要求含水小于 0.5%，按照以往生产的经验，当精矿含水在 12% 左右，需采用两段干燥，如果含水低于 6%，则可采用一段干燥。现在由于干燥设备和技术的进步，即使精矿含水高于 12%，采用一段干燥就可将精矿含水干燥到 0.5% 以下。卡尔多炉冶炼所采用的回转干燥窑即可满足要求，其头部温度为 750 ~ 800℃，尾部温度为 100 ~ 150℃。由于采用深度干燥，烟尘较大，而且烟气的水蒸气含量高，尾部温度高，采用干式布袋收尘后，为防止布袋产生腐蚀和黏结，将布袋收尘器设置于主厂房顶部，收尘器与干燥窑尾部用垂直管道连接。如果在同层面安装收尘器最好采用湿式收尘。

干燥后的精矿经筛分机进行筛分后，粒度小于 5mm 的细料进入斗式提升机，并输送到精矿仓，采用国外先进的自动控制精矿加料器，用压缩空气将其送入精矿喷枪，在喷枪口处和富氧空气混合喷入炉内进行闪速熔炼。大于 5mm 的粗料、熔剂、烟尘和焦粉则用箕斗车从另一条加料系统直接加入炉内。

C 卡尔多炉熔炼

卡尔多炉的标准炉型为 11m^3 炉，年生产能力为 5 万吨粗铅。如果要设计 100kt/a 的生产能力，最好采用两台 11m^3 炉，而不是将炉子尺寸加大。其主要理由是 11m^3 卡尔多炉已有多年的生产实践，设备运行可靠，其喷枪和炉子熔炼配合已取得最佳参数；其次是因为卡尔多炉周期性操作，只有在氧化阶段的烟气含高浓度的 SO_2，当处于还原段时烟气中浓

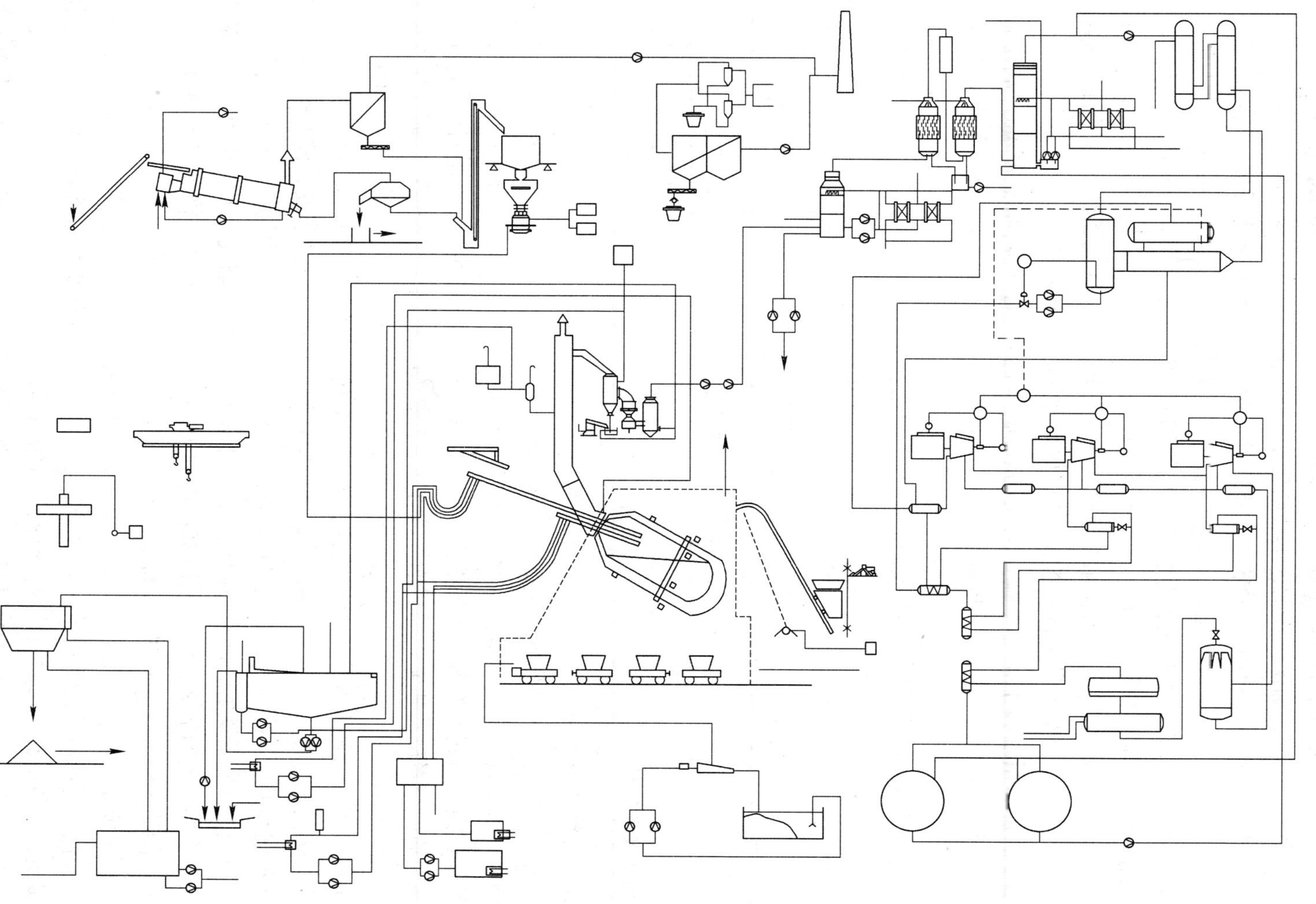

图 16-21 卡尔多炉设备连接总图

度很低，基本不能利用。而两台炉子的操作周期性进行，这样始终保持其中一台炉子处于氧化阶段，更利于烟气中的 SO_2 浓度相对稳定。再次是当一台炉子出现故障检修时，能继续用另一台进行生产，确保生产的连续性和后期的烟气制酸工序不受影响。

氧化熔炼阶段，炉内所需要的热量主要来源于精矿中 PbS 的氧化反应，其热量足够保证氧化熔炼反应的正常进行。还原阶段的热量由氧油燃烧喷枪提供。氧油喷枪最大油量为 30L/min，点火时如果炉内有明火存在且炉温在 800℃以上可采用 3L/min 自动点火以确保安全。精矿喷枪最大给料量为 1000kg/min。炉内产出的粗铅和渣从同一炉口放出，分别倒于四个置于抬包车上的包内，抬包车置于炉体下方的轨道上，注满铅液的包通过抬包车运到车间主厂房内由行车起吊进行铸锭，渣包中的渣则运去进行水淬。

卡尔多炉炼铅过程中，一个操作周期的时间一般为：箕斗车加料 40min，氧化熔炼 120～150min，还原熔炼 70～90min，出渣与放铅 30min，机动时间 3～5min，整个周期 288min。

国内某卡尔多炉炼铅厂的主要原料成分及渣型见表 16-21 和表 16-22。

表 16-21 铅精矿主要成分

成 分	Pb	Zn	Cu	As	Sb	S	Fe	CaO	SiO_2	Ag	Au
(质量分数)含量/%	63.5	6.0	0.26	<0.20	<0.60	18.11	6.0	1	2	750～850g/t	4g/t

表 16-22 炉渣主要成分

成 分	Pb	Zn	Cu	Fe	SiO_2	CaO
(质量分数)含量/%	4	15	0.09	30	22.1	24.2

D 烟气湿法净化

卡尔多炉烟气湿法净化系统包括聚冷器、文丘里系统与汽液分离器。由于卡尔多炉采用密闭循环水（其中含有大量稀酸物、固体颗粒和 F^-、Cl^- 离子），对设备和管路的冲刷和腐蚀性较强，因此聚冷器和文丘里主设备和连接件采用 SMO254 材质，汽液分离器采用玻璃钢材质，与聚冷器和文丘里相连接的冲水管路采用不锈钢与玻璃钢管，而其他管路材质为 PE 管效果较好。卡尔多炉烟气经聚冷器和文丘里降温除尘，烟气温度由 1000℃左右可降至约 60℃，后经汽液分离器烟气含尘浓度由 150g/m^3 降至 50mg/m^3 以下，这个过程是一个绝热蒸发过程，烟气与喷淋的冷却水直接接触，大量水分被蒸发，同时烟气迅速冷却到接近饱和温度。冷却后的烟气经冷却塔进一步冷却至 28℃，烟气中的大部分水蒸气被冷凝，再经电除雾器除雾，除雾后的烟气送去干燥。干燥后的烟气送入一个由水平壳管和管形热交换器组成的液冷器中，液冷器温度约为 64℃，在此温度下将烟气中部分 SO_2 冷凝，未冷凝的 SO_2 烟气进入制酸系统。

文丘里洗涤的泥浆和汽液分离器沉淀物进入浓密池沉淀，上清溢流液返回循环系统再使用，底流经过滤后返回配料系统进行干燥与精矿一起返回熔炼。聚冷器中的物料经过螺旋分级机，粗料由箕斗车加入炉内，底流进入浓密池。

由于卡尔多炉冶炼铅精矿的周期性作业，产生的 SO_2 烟气是不连续的，在氧化熔炼阶段，烟气 SO_2 的体积浓度为 16%左右，在还原阶段、出铅出渣阶段和其他时段烟气中 SO_2 体积浓度很小，几乎为零。因此必须采用 SO_2 部分冷凝系统将不连续的 SO_2 烟气转变为连

续稳定的 SO_2 烟气，以满足烟气制酸的技术要求。SO_2 部分冷凝系统的基本原理是：在 SO_2 部分冷凝系统有一套 SO_2 体积浓度检测控制装置，设定制要求的烟气 SO_2 体积浓度为 6%，在氧化阶段烟气 SO_2 体积浓度达到 16% 左右，检测控制装置就会启动冷凝系统，将高于 6% 的部分 SO_2 冷凝下来，形成液体 SO_2 进入储存塔。含 6% 的 SO_2 烟气送往制酸。当冶炼过程进入还原阶段或其他阶段时，检测控制装置就会检测到烟气 SO_2 的体积浓度低于 6%，将立即开启液态 SO_2 储存塔，自动释放 SO_2 补充到烟气中，使烟气 SO_2 的体积浓度达到 6%，这样就可以得到连续稳定的体积浓度为 6% 的 SO_2 烟气，满足制酸要求。

整个 SO_2 冷凝系统由压缩机、液化器、热交换器和 SO_2 体积浓度检测控制装置组成。液态 SO_2 储存塔的大小根据冶炼过程的参数确定。在冶炼过程的各个操作阶段可得到稳定的 SO_2 烟气，甚至在设备检修时也可以用体积浓度为 6% 的 SO_2 气体制酸，也可以根据液态 SO_2 的市场情况直接销售。

E　渣处理

卡尔多炉生产产出一种贫渣和富铅渣。贫渣从炉内倒入到放置在抬包车上的渣包后，由抬包车运送到主厂房内，带有主副钩的行车用一个专用吊具将渣包吊到制粒槽处进行水淬，高温熔融渣进入水淬溜槽后，经在溜槽内并排的几组高压水的冲洗，瞬间粒化成小颗粒，和水流一起进入粒化渣池。水淬后的渣含有其他有价金属，可用于其他工艺的原料。富渣含有大量的铅，冷却后可直接通过箕斗车加入到卡尔多炉中冶炼，也可在高温下运送到还原炉中熔炼节省能耗。

16.4.1.2　卡尔多炉炼铅的工艺特点

A　对原料适应性好

目前除卡尔多炉工艺以外的其他工艺对原料的要求都较严，而卡尔多炉在不改变任何设备的情况下，既可以用来冶炼高品位铅精矿、烟尘以及其他冶炼方法难以处理的低品位杂矿，也可以用来处理各种废旧电子元件、废铅电池、阳极泥和炼铜。处理各种原料的加工费用变化大，因而，全流程的经济效果与所处理原料的类型关系十分密切。

B　节省能耗

传统炼铅工艺将氧化和还原两个反应过程分段进行，先进行氧化脱硫烧结反应后再破碎进行还原，整个过程长，能耗高，单吨铅能耗（标煤）为 600kg。卡尔多炉的氧化熔炼和还原熔炼同在一个炉子内完成，氧化段熔炼所需要的能量主要由硫化铅精矿通过高压喷枪送入炉内，在富氧状态下闪速熔炼的反应热提供，少量的氧化物所需要的热量在后期还原时才使用氧油喷枪提供，单吨铅能耗（标煤）只有 360kg。

C　设备简单，自动化程度高

从精矿上料采用电脑控制一个圆盘给料机、一个干燥窑和几条皮带在通过斗体输送到精矿仓计量。辅料则加入到箕斗车或由电脑控制加入到炉内。喷矿时采用全自动的精矿加料器输送精矿并进行自动计量。而熔炼所需要的设备更是由一台体积很小的炉子完成，设备简单，炉体的旋转和倾翻可通过主控制系统上的几个推拉杆完成。生产出的渣和铅倒入包内后，通过主控制室的监视器和控制推杆直接运到主厂房。其他所有电机的运转及参数控制都是由电脑控制完成。卡尔多炉还配有耐火砖监测装置，通过计算机控制的激光监测仪器跟踪检测耐火材料磨损情况，可使耐火砖工作到允许的最小厚度。当更换耐火砖时可以在炽热的条件下由机械手把要拆除的砖打松，把炉体倾翻到炉口向下的位置，耐火砖就会自动脱落，不需将炉体冷却后再进行人工拆除，这样既可节约时间，也可节省人力。

D 烟气采用湿法收尘

烟气净化采用聚冷器和文丘里进行洗涤，经过汽液分离器后烟气含尘量由150g/m^{3}可以降到150mg/m^3，收尘效果高。同时可使烟气温度由1000℃左右降到60℃左右，降温效果显著，洗涤所用的水可二次使用，不需要另行补充水。这样即节省干式收尘之前的冷却设备的投资和运行费用，同时也降低了生产成本。

E 烟气SO_2采用部分冷凝技术

采用先进的SO_2冷凝技术，当处于氧化段时烟气中SO_2浓度较大，无法使后期进行有效的制酸，通过冷凝技术，将多余的SO_2储存，生产正常的时候可以将多余的SO_2根据市场需求直接销售，而在停产期间可以将液态SO_2蒸发后供给制酸工艺，不仅解决了卡尔多炉冶炼工艺的SO_2烟气不连续的问题，获得了制酸系统所需要的连续的浓度稳定的SO_2烟气，一定程度上提高了生产调度和产品销售的灵活性。但是，由于增设冷凝工序，使制酸流程的投资增大和运行费用增加。

F 环保效果好

传统工艺最大的污染源是SO_2的排放，我国的排放标准是小于960mg/m^3，北欧的排放标准是570mg/m^3，而卡尔多炉的工艺标准是小于150mg/m^3，在实际的运转中，显示在小于100mg/m^{3}的范围内，其总硫利用率达到了96.5%以上，满足严格的环保要求。另外，卡尔多炉的整体系统全部被笼罩于一个密封的环保烟罩内，包括加料、出渣、出铅等所有操作都在这个环保烟罩内进行，防止了烟气、烟尘、铅蒸气等对操作环境的影响。

16.4.2 卡尔多炉结构

卡尔多炉主要由7个部分组成，包括精矿喷枪和氧油喷枪、直升烟道、环保烟罩、炉体及炉体支架、炉体旋转装置、炉体倾翻系统和紧急倾翻系统组成。

卡尔多炉本体的形状与炼钢氧气顶吹转炉相似，有圆桶形的下部炉缸和截头圆锥形的炉口两部分组成，内衬优质耐火材料。下部炉缸的外壁固连着两个大轮圈，带轮圈的炉子本体用若干组托轮固定在一个框架结构的空间笼内。在安装于空间笼上的电机、减速传动机构的驱动下，炉子本体可以沿炉缸的轴做回转运动，其转速可通过控制系统调节。空间笼的两端有两个更大的轮圈并通过两组托轮安装在炉子基座上。在摇炉动力装置的驱动下，整个空间笼可以在保持炉子本体自旋的情况下根据工艺需要调整炉体的倾角。在正常作业倾角的部位，设有烟罩和烟道，将炉气引入收尘系统，输送燃油、氧气的燃烧喷枪和输送精矿的加料喷枪通过烟罩插入炉内。整座炉子包括粗铅包、渣包及某些附属设备用一个很大的通风集尘罩包围起来，通过一个大风机将弥散于其中的烟气和烟尘送到环境布袋净化后排空。卡尔多炉的结构见图16-22。

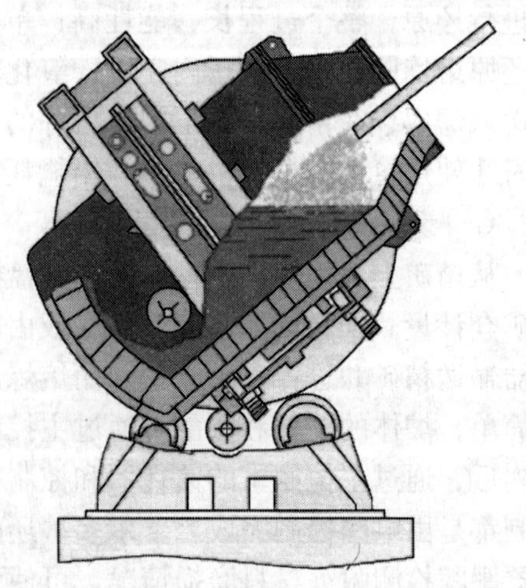

图16-22 卡尔多炉的结构

16.4.2.1 精矿喷枪和氧油喷枪

卡尔多炉前方支架装有两支喷枪，一支是用压缩空气向炉内输送精矿的精矿喷枪，精矿喷枪前端口处装有喷枪头，内部有旋片，当压缩空气输送的精矿到达喷枪头后与氧气混合。另一支是用于喷射氧气和燃烧油的氧油喷枪，氧气和燃烧油在氧油喷枪头出口混合后喷出雾化燃烧。两支喷枪装在一个托架上，由专门的液压系统提供压力，用液压马达驱动喷枪小车来控制喷枪的前进和后撤，依次调整喷枪在炉内的位置。另配备了4个高压氮气压力储能器，内部压力为24MPa，当液压驱动系统出现故障不能运行、在停电或失去动力的情况下，压力储能器能保证将喷枪从卡尔多炉炉内移出。喷枪采用三套管内镶结构。最内层为精矿和压缩空气混合物或燃烧油和空气混合物，其次层为氧气输送管，最外层采用冷却水套进行冷却，使其在高温时不会被烧损。冷却系统设有安全连锁装置，可在万一出现漏水时立即切断供水。氧油喷枪上的高效喷嘴能保证油完全燃烧。氧油喷枪的最大供油量为30L/min。精矿喷枪的喷嘴能保证精矿与氧气的良好混合，实现硫化铅精矿闪速熔炼的目的。精矿喷枪的最大给料量为1000kg/min。

16.4.2.2 直升烟道

升烟道是一个水冷集烟罩，由直升部分和一个喇叭口部分组成。直升部分采用碳钢水冷结构，分段进行水冷，各段之间才用软连接水管，喇叭口部分采用SMO254材料，喇叭口紧紧罩住卡尔多炉的加料口，之间只预留了一条100～200mm的缝隙作为进气口，以便保证炉口处的负压捕集冶炼过程产生的烟气。喇叭口部分上留有2个喷枪插入口，供氧油喷枪和精矿喷枪进出使用，为防止烟气从喷枪预留口逸出，喷枪口上运用高压空气进行密封。直升烟道顶部有1个正常排烟口和紧急排烟口，当文丘里系统出现故障或水流中断时，就会自动打开紧急排烟口。烟道内衬抗高温流体冲刷腐蚀的耐火材料。

16.4.2.3 环保烟罩

环保烟罩是一个双层结构，中间夹一层保温材料，它由一个活动盖和固定的密封罩组成。其最顶部有一个通风口接到布袋收尘器上，它将整个炉体和斜烟道罩在内部，防止从缝隙中逸散出的烟气和出渣、出铅时候的烟气进入厂房，侧面有一个方形开口和箕斗车的通道相连，两者之间采用软连接，箕斗车加料时通道中有一个自动控制的活动门，保证烟气不外散。整个环保烟罩的所有连接处采用抗温密封胶进行密封。

16.4.2.4 炉体

卡尔多炉炉体的外形和炼钢氧气顶吹转炉相似，下部为圆筒形的炉缸，上部为炉帽，炉缸和炉帽之间采用螺栓连接。整个炉子只有1个口，加料、出渣、出铅、排烟、燃烧都是由这个口实现。炉缸内衬铬镁砖，炉体外径3.65m，炉体长度6.1m。

炉体在一个带有8个弹性元件的弹性环形框架内，电机通过4个万向轴作用于托轮带动炉体轴向转动，熔炼时的转速为0～15r/min。同时，炉体可通过两个仰俯轮，进行360°的仰俯，操作者可根据加料、冶炼或出铅、出渣的需要调整炉体的角度。当加粗料时可将炉体竖起来，粗料经箕斗车直接从炉口加入。当出渣、出铅时，必须将炉体倾翻。熔炼时其倾角与水平面成28°。仰俯装置由电机、变速箱和齿轮组成。为了应付紧急情况，还配有1套紧急仰俯装置。

炉体外壳用钢板制作，内衬两层耐火砖，耐火材料采用抗渣侵蚀能力强的铬镁砖，当炉体温度超过一定的温度时，内层耐火砖需要更换，更换周期为每年更换3~4次，炉体外层耐火砖对钢壳起保护作用，视损坏情况进行更换，一般周期为2年一次。

炉帽外壳用钢板制作，用不同材质的耐火砖衬砌。最靠炉口的部分采用抗腐蚀、抗热震效果好的国外进口耐火砖，中部为抗热、抗腐蚀能力强的耐火砖、下部与炉缸连接处则采用抗渣侵蚀能力强的铬镁砖，炉帽和炉缸之间缝隙采用耐火料浇注。炉帽砖的更换周期为120炉次左右。

16.4.2.5 炉体旋转机构

炉体旋转机构是驱动炉体沿轴向转动的装置，由安装在框架上的电机驱动蜗杆传动，蜗杆带动炉体下方的4个托轮转动，由此带动炉体转动。整个旋转机构与炉体形成一个整体，无论炉体处于任何倾斜位置，都不影响炉体转动。传动电机是可以调速的，可根据需要在0~30r/min范围内调节转速。

16.4.2.6 炉体倾翻机构

倾翻系统由倾翻电机、托轮及刹车装置组成。要进行粗物料及辅料加料时，通过主控制室内的操作杆控制炉体翻转的速度，将炉体返转到90°位置，加完料返回喷矿位置。还原完成后缓慢倾翻炉体将进行出渣和出铅。

16.4.2.7 紧急倾翻装置

紧急倾翻装置是为保证在断电情况下，能将炉体内部的渣和铅全部清空，保护炉体的装置。紧急倾翻装置和炉体正常倾翻装置之间通过一个转换开关连接，当系统出现断电情况后备用电源启动，将开关打到紧急倾翻位，炉体即可进行倾倒操作。

16.4.3 技术指标及影响因素

16.4.3.1 卡尔多炉炼铅的设计条件与实际操作条件

卡尔多炉炼铅的设计条件与实际操作条件列于表16-23。

表16-23 卡尔多炉炼铅的设计条件与实际操作条件

项 目	设计操作条件	实际操作条件
(1) 干燥:		
干燥机头部温度/℃	800~850	750~800
干燥机尾部温度/℃	100~200	100~150
干燥物料水分/%	<0.5	<0.5
筛分物料粒度/mm	<5	<5
(2) 卡尔多炉熔炼:		
炉体转速/$r \cdot min^{-1}$	0~30	0~15
其中：氧化阶段	10~15	0~7
还原阶段	20~25	7~15
熔炼周期/min	288	360
其中：翻斗车加料	30	40
氧化熔炼	120~150	150~180
还原熔炼	60	70~90

续表 16-23

项　目	设计操作条件	实际操作条件
出渣放铅	15	40
机动时间	35	30
熔炼温度/℃	1000 ~ 1150	1000 ~ 1500
炉子容量（炉料）/t	90 ~ 100	100 ~ 130
加料速度/kg · min^{-1}	600 ~ 1000	400 ~ 600
氧气纯度/%	90	>99.5
氧气压力/MPa	0.3	0.3
（3）烟气处理：		
文丘里洗涤系统阻力/kPa	20	22
处理后烟气温度/℃	60	<50
处理后烟气含尘量/mg · m^{-3}	<150	<50
烟气 SO_2 体积浓度/%	6	>6

16.4.3.2　主要技术经济指标

主要技术经济指标：

铅回收率	97.5%
银入粗铅率	99.07%
金入粗铅率	98.77%
铜入粗铅率	85.8%
总硫利用率	97.45%
熔炼烟尘率	15%
年工作日	300d

生产每吨粗铅的单耗指标：

焦炭	50kg
氧气	300m^3
重油	14L
电	265kW/h
耐火材料	6kg
冷却水	400m^3/h

16.4.3.3　卡尔多炉炼铅的物料平衡

表 16-24 为年产 5 万吨粗铅的卡尔多炉炼铅的物料平衡的设计数据。

表 16-24　50000t/a 卡尔多炉炼铅的冶炼物料平衡

物料名称		数量		Cu		Zn		Pb		Fe		SiO_2		CaO		S	
加入	单位	t/a	t/d	%	t/a	%	t/a	%	t/a	%	t/a	%	t/a	%	t/a	%	t/a
	铅精矿	81000	270	0.26	211	6.0	4860	63.5	51435	6	4860	2	1620	1	810	18.1	14669
	黄铁矿渣	9137	30.46							51	4660	16	1462	1	91	1.5	137
	石灰石	13367	44.56							0.5	67	1.5	201	51.5	6884		
	硅石	4440	14.8							3	133	87	3863	1.3	58		
	合计	107944			211		4860		51435		9720		7146		7843		14806

续表16-24

物料名称		数量		Cu		Zn		Pb		Fe		SiO_2		CaO		S	
	单位	t/a	t/d	%	t/a	%	t/a	%	t/a	%	t/a	%	t/a	%	t/a	%	t/a
产出	粗铅	51450	171.5	0.35	181			97.5	50139							0.1	51
	渣	32400	108	0.09	30	15	4860	4	1296	30	9720	22.1	7146	24.2	7843	1.0	324
	烟气																14431
	合计	83850			211		4860		51425		9720		7146		7843		14806

16.4.3.4 影响技术经济指标的因素

对卡尔多炉氧气顶吹炼铅回收率影响的因素主要有以下几方面。

A 精矿粉的粒度和均匀度

卡尔多炉熔炼类似于闪速熔炼。精矿在炉内的反应时间短，而物料在炉内沉降距离短，因此要求熔炼反应要迅速完成。精矿的粒度决定了反应速度的快慢，其粒度越小其比表面积越大，在精矿喷入炉内时发生反应的速度越快。因此，粒度的大小直接影响反应的完全程度和氧化反应的速度。反应的不彻底造成炉内渣含硫较高，形成铅铜锍的量较大，使渣含铅高。所以，一般要求物料粒度控制在不大于5mm。当精矿混料不均匀时，喷入炉内有时会造成过氧或缺氧，从而产生大量的 Fe_3O_4 和未反应的PbS进入炉渣中，影响铅的直收率。

B 精矿的含水量

卡尔多炉冶炼对精矿和滤饼中的水分含量要求很高。一般原矿中含水在10%左右，而压滤出来的新滤饼的含水量在20%左右。如果原矿或滤饼中含水过高后，在卡尔多炉冶炼中会造成精矿喷枪堵塞的机械问题。同时，还影响工艺过程，由于在氧化段炉内的温度是由氧化反应放热来维持一个基本的热平衡，当含水过高的物料加入炉内后，大量的水蒸发带走热量，使炉内温度降低影响氧化反应自动进行的速度，造成氧化段反应不充分，后期还原段无法进行，致使大量冰铜存在造成铅的大量损失。因此，当精矿和滤饼中的水分过高时需要先进行一段干燥至6%左右，然后要进行二段干燥才能进行冶炼。二段干燥后混合料中水分含量要求在小于0.5%。

C 配料

配料是整个冶炼好坏的重要部分，也是控制最后渣型和渣量的关键，而渣型的好坏直接影响到冶炼程度的好坏和渣量的多少，因为炉渣在冶炼中起到相当重要的作用：

（1）由于金属氧化物的还原反应主要在炉渣中进行，金属在渣中的损失很大程度上取决于这类反应的完全程度。

（2）金属的液滴是在渣中沉降澄清的，炉渣的好坏决定了金属在渣中的机械夹杂损失。

（3）炉渣的组成通常决定了炉内的最高温度从而影响耐火砖的使用寿命。

（4）炉渣的组成影响废渣中含铅和其他有待回收的有价金属（如金、银等）。

因此，对炉渣的要求是熔点低、黏度好、还原性好。渣型控制的好坏（主要考虑渣中的Pb、CaO、Fe、SiO_2 和Zn含量）直接影响到金属的回收率。在配料时要求对各种物料进行充分混合均匀，配料过程中在考虑尽可能的产出最少渣量的情况下，辅料配比要求考虑精矿中所含各种熔剂的含量，以便在生产过程中控制渣型的最佳配比，使渣中带主金属的总量达到最小。要求炉渣中几种主要成分的含量为：Pb 小于 4%，CaO 20% ~25%，SiO_2 20% ~28%，Fe 20% ~30%，Zn 7% ~15%。

D 氧化阶段

在卡尔多炉冶炼中，精矿在喷入炉内时的反应为：

$$2PbS + 3O_2 \longequal 2PbO + 2SO_2$$

$$PbS + 2PbO \longequal 3Pb + SO_2$$

要使以上反应充分进行必须要保证充分的氧气量，造成过氧化气氛。如果氧气不足则氧化反应不彻底，造成精矿无法充分脱硫。再者氧气和精矿喷入炉内的混合程度也能影响到氧化段的脱硫程度。为了保证在氧化段炉体内具有合适的氧化气氛，在计算氧矿比时要考虑氧气的损失量，从而进行适当的调整。一般在计算值上取一个过氧化系数 1.1 ~1.2。

E 烟道负压与温度

直升烟道的负压控制和炉内温度的控制对主金属的损失也有很大关系。当烟气温度升高时烟道内的负压也会随之增大，由于精矿粉和干燥的滤饼的粒度要求在 5mm 以下，烟道负压过大，会使喷入炉内的大量的精矿粉和滤饼进入烟道形成烟道渣，造成直收率下降。铅的挥发程度随温度的升高而急剧升高，当炉内温度超过一定值后铅的挥发损失量会很大。因此在实践中一般通过调整文丘里中心锥体的位置和文丘里风机的速度来控制烟道负压保持在 -300Pa，出渣温度保持在 1200 ~1250℃ 比较合适。

F 还原阶段

a 焦炭量

焦炭在还原段的主要作用不仅仅是为了还原，它还有一个很重要的作用就是使渣形成具有疏松透气性，以便使渣中已被还原出的铅液能够集结沉降。从以往试生产中在还原阶段完成后的渣情况来看，PbO 在渣中的含量较高，渣的疏松性差并含有大量的未沉降铅液，大量焦炭漂浮在渣面上没有完全反应，渣铅中间夹层的冰铜渣含有大量的碳，造成主金属铅的损失很大，因此，需要考虑对加入炉内焦炭量进行控制。国外采用的是吨矿焦炭 30kg，但国外的矿成分与我国所采用的矿成分差异较大，因此，需要适当地调整焦炭量，并在加入焦炭时尽可能地使其覆盖在渣底部形成焦粒层，以保证炉内具有足够的还原气氛，同时也避免在氧化段时影响炉内的氧化气氛。

b 炉体转速

卡尔多炉具有自转搅拌功能，在氧化段时转速对氧化反应的影响不是很大，而在还原阶段时当炉内还原气氛足够的情况下，还原初期加快炉体自转速度，物料在炉内的抛高越大，物料的接触面加大，能加快还原反应的速度。而到还原接近尾声时，炉体的自转速度需要适当地降低以便更好地使渣中的铅液澄清分离。通过实践，现在基本保持在还原初期的转速为 7r/min 以上，而后期的转速则为 3r/min 以下。

西部矿业的卡尔多炉自投产以来，运行顺利，基本达到设计工艺指标。入炉原料铅精矿含铅 63% 时，终渣含铅 4% ~5%。

（撰稿 蔡 文 许冬云）

16.5 基夫赛特直接炼铅法

基夫赛特炼铅法是将闪速氧化熔炼与电热还原熔炼结合为一体的现代炼铅技术。

从1967年开始，前苏联全苏有色金属矿冶科学研究所（ВНИИ Цветмет）经历了处理精矿规模为5t/d的中间工厂试验和20~25t/d的半工业试验。在处理了10000t以上各种成分的铅精矿的基础上，发明了一种氧气悬浮旋涡电热工艺（Кислород Взвешеный Цикон Электронагрев Тежнология）直接炼铅技术，简称基夫赛特（КИВЦЭТ 英译为Kivcet）。并应用于乌斯季-卡缅诺戈尔斯克炼铅厂等企业的技术改造。早期的基夫赛特炉见图16-23。

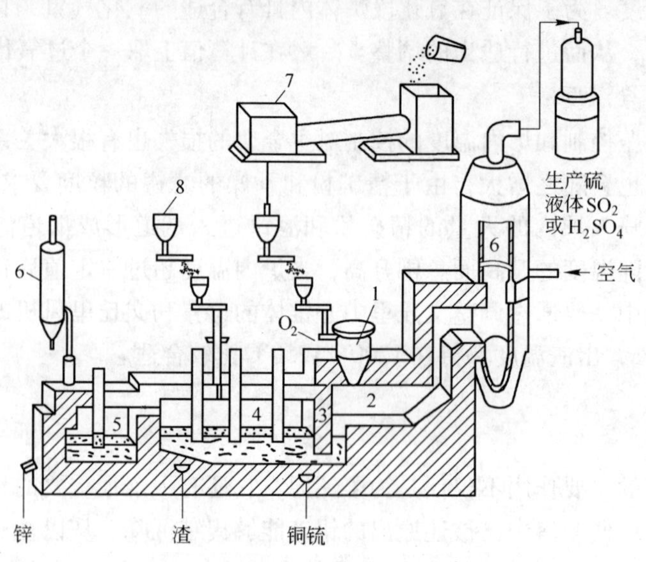

图16-23 早期基夫赛特炉结构示意图

1—旋涡器；2—分离室；3—隔墙；4—电炉；5—锌冷凝器；6—气体净化器；7—炉料干燥系统及加料器；8—还原剂加入系统

基夫赛特工艺早期采用旋涡室作为反应器，由于硫化铅精矿氧化熔炼时放出的热量难以维持反应器的热平衡，因此，将旋涡室改为目前的闪速反应塔。另外，该工艺的还原段原来全部依靠电热还原降低渣含铅锌，由于还原蒸锌是一个强烈的吸热过程且要求很强的还原气氛等，由此导致电能消耗大，成为制约该工艺进一步工业化的瓶颈。

为了降低还原段电炉的电耗，1976~1980年间，全苏有色金属矿冶科学研究所进行了长时间的半工业规模的试验研究，通过将焦炭屑与炉料一同喷入反应塔内，硫化物燃烧放出的热量使焦炭屑受热着火，并保持粒状落到反应塔下方的沉淀池表面形成一层厚150~200mm的炽热焦炭过滤层。当来自反应塔空间的高温熔体液滴穿过其中时，熔体中的铅氧化物被还原为金属铅，所发生的过程类似于鼓风炉内碳质骨架对熔融铅氧化物的还原，而铁和锌的氧化物不被还原继续留在熔渣中。大大减轻了电炉还原的负荷，生产率提高两倍以上，电耗降低到原来的1/4，提高了铅的直收率。试验结果使基夫赛特工艺实现工业化应用成为可能。但是，其关键的反应器已从旋涡室改变为闪速熔炼反应塔。

1986 年 1 月，乌斯季-卡缅诺戈尔斯克炼铅厂基夫赛特炉投产，生产处理能力为 340t/d。经过较长时间的调试后，1988 年进行了改造，减小电热区面积，扩大反应塔，采用锌系统浸出渣处理的窑渣替代碎焦炭作还原剂。处理能力提高到 500t/d，电耗降低到 120 ~ 150kW · h/t 料。另外，契姆肯特炼铅厂和远东多金属冶炼厂也采用了基夫赛特工艺。

1983 年，前苏联将基夫赛特专利技术卖给了意大利萨米姆公司（Samim），用于建设一座 84kt/a 粗铅的冶炼厂。萨米姆公司与 Snamprogetti 共同合作，在基夫赛特专利技术的基础上发展完善成为一种据称是 20 世纪世界上最先进的直接炼铅法，称为 KSS 法（Kivcet-Samim-Snamprogetti）。20 世纪 90 年代中期，加拿大科明科公司（Cominco）采用 KSS 法取代已经建成、但未能顺利投产的 QSL 炼铅系统，建设 120kt/a 基夫赛特炼铅系统，该系统于 1997 年 4 月成功投入生产运行。

16.5.1 基夫赛特法工艺过程的特点

基夫赛特炼铅工艺的最大特点是采用高强度的闪速熔炼实现高氧势条件下 PbS 的氧化脱硫和反应熔炼，同时充分利用了固体炭质还原剂对硅酸铅熔体的强还原性实现低氧势条件下 PbO 的还原和渣贫化，将高氧势强氧化熔炼过程与低氧势还原熔炼过程巧妙地结合在同一个冶金反应器之中，较好地解决了在同一装置内高氧势和低氧势难以并存的矛盾，达到了硫化铅精矿一步冶炼生产粗铅并回收利用其中的硫组分的目的。

基夫赛特炼铅的工艺过程：硫化铅浮选精矿与已经磨细的熔剂（石英）、返尘配料干燥至含 H_2O 小于 1%，再与粒度为 10 ~ 20mm、占混合料的 5% 左右的碎焦（或湿法炼锌厂威尔兹窑的含炭窑渣）混合，通过反应塔顶上两个喷嘴用纯度为 96% 的工业氧气喷入炉内。在反应塔内 1400 ~ 1450℃ 高温的作用下，异相悬浮体中的硫化铅精矿迅速着火发生氧化脱硫的反应，放出大量热量并使炉料迅速熔化，形成含有硅酸铅、硅酸锌和硅酸铁的细小熔融颗粒，在闪速熔炼过程的条件下，对于低铜原料，硫化物的脱硫率大于 97%。在上述闪速熔炼过程中，开发者很好地利用了面积率的效应，通过控制氧气供给的数量，粒度较粗的碎焦颗粒只有 10% 左右在悬浮状态产生燃烧，且主要发生在反应塔的下半部。碎焦粒的燃烧一是补充了熔炼过程中硫化物氧化燃烧热量的不足部分，以保证反应过程必要的温度。同时，在反应塔下半部的异相悬浮流体中形成了还原性的火焰，这种还原性气氛有利于基夫赛特炼铅工艺全过程的进行。上述过程中尚未全部燃烧的焦炭粒子落入反应塔下方的沉淀池，在熔池表面形成一层 150 ~ 200mm 厚的炽热的焦炭过滤层。当高温氧化物熔体粒子穿过还原性的火焰、脱离异相悬浮流体，落入熔池透过炽热焦炭层时，发生类似于鼓风炉还原熔炼的反应过程，熔融体液滴中的铅氧化物（硅酸铅）与炽热焦炭粒子之间通过液-固反应而被还原，而硅酸铁和硅酸锌不被还原继续留在熔渣中。由于熔体不会浸润焦炭而很快穿透焦炭层，最后汇集在过滤层下方的熔池中澄清分离为粗铅和高锌炉渣。

铅通过靠近熔池底部的虹吸放铅口放出送精炼系统，粗铅品位 97% ~97.5%，从精矿到粗铅的铅直收率达 97%。当原料中含 Cu 大于 1.5% 时，为避免虹吸口操作困难控制反应过程的脱硫率使之产出一部分铅铜锍，经冰铜口放出后送铜系统处理。

闪速熔炼过程产生的高温烟气（1250 ~ 1300℃），二氧化硫浓度达 20% ~30%，以及金属氧化物蒸气（主要是 PbO）和大量烟尘。经由膜式水冷壁构成的上升烟道进入余热锅炉冷却、回收热量，在上升烟道中，烟气温度降低使烟尘中的氧化物生成硫酸盐而黏结在水冷壁上，振打脱落后直接落入熔池，减少了收尘系统的负荷和返尘量（烟尘率仅为5%）。余热锅炉产出 40MPa 的蒸气用于发电。冷却后的烟气经净化除 As、F、Cl 等有害杂质之后用于生产硫酸。

锌炉渣利用连通器的原理通过水冷隔墙下端的连通口进入还原电炉熔池，在通电加热保持炉温 1200 ~ 1250℃条件下加入焦粉（-2.5mm），让高温熔体在低氧位下进行还原反应。还原过程中，铅锌等氧化物被还原，其中锌和一部分铅挥发随炉气进入复燃室与鼓入的空气反应，氧化燃烧成氧化物烟尘，产生的热量经余热锅炉及竖管式热交换器回收。还原电炉烟气从单独的烟道导出，经进一步冷却，在布袋收尘器中收集铅锌氧化物后排空。电炉渣含 Pb 1.5% ~2%，Zn 7% ~ 10%，由侧墙上的渣口放出，水碎后堆存或进一步处理回收其中的有价金属。

16.5.2 基夫赛特熔炼炉的结构

基夫赛特工艺由于存在用电炉进一步还原熔体中铅锌的氧化物，降低渣含铅及挥发回收锌的过程，炉子结构有别于奥托昆普闪速炉。其不同点主要有以下几方面：

（1）反应塔：基夫赛特炉（KSS）反应塔是一个矩形竖炉，炉墙用铬镁砖及铜水套砌成“夹糕”状；顶部筑成拱形并设有铜水套，在拱顶的中线上设置两个精矿喷嘴和一个保温燃油烧嘴。

（2）沉淀池：基夫赛特炉（KSS）沉淀池的渣线附近设置铜水套，接触熔体的一面衬砌有铬镁砖，渣线水套以上用铬镁砖砌筑成炉膛空间。

整个炉膛空间中有两道隔墙,隔墙用外面嵌砌铬镁砖的铜水套构成。一道隔墙在反应塔与还原电炉之间,深入到熔池内炉渣的表面以下,将闪速熔炼反应塔的强氧化气氛的炉膛空间与电炉炉膛的还原气氛区域有效分开。炉膛隔墙以下的熔池是连通的,利用连通器的原理,熔体可以在通道中自由流动。电炉部分设置独立的烟道及收尘系统，以回收铅锌氧化物。

另一道隔墙在反应塔与直升烟道之间，隔墙的下端与熔池表面熔体最高水平之间留有能保证高温含 SO_2 烟气顺利通过的通道。此道隔墙应该看做是反应塔空间的延伸。

（3）精矿喷嘴：基夫赛特工艺的精矿喷嘴，由于该工艺要从精矿喷嘴中随入炉物料加入粒度范围为 -20 ~ +4mm 的碎焦粒，作为覆盖在熔池表面的还原过滤层，因此，采用的喷嘴的结构形式是与所处理的物料特征相适应的。基夫赛特精矿喷嘴的结构示意图见图 16-24。

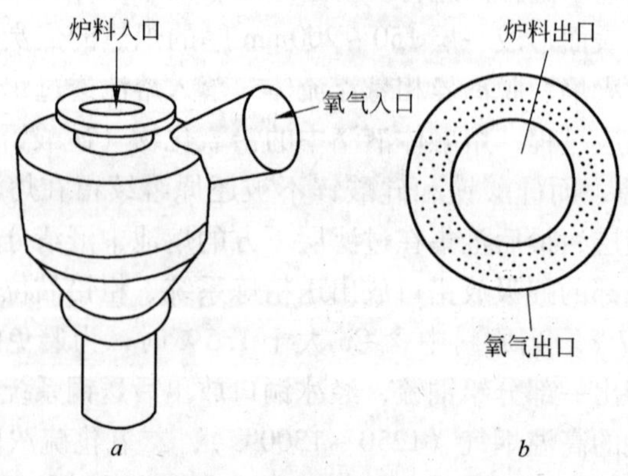

图 16-24 KSS 炼铅厂基夫赛特炉精矿喷嘴结构示意图

a—喷嘴；*b*—喷嘴物料出口局部

喷嘴的工作原理如下：炉料和碎焦粒通过 ϕ200 的直通的中心管进入喷嘴，工业氧气则通过与喷嘴端面成 30°夹角的氧气管，从切线方向进入包围中心管的工艺气体分布器，气体分布器内中心管的管壁上开有若干直径为 5~6mm 的小孔，氧气穿过小孔后形成高速射流束与中心管里的微细粒炉料混合形成异相悬浮流体，迅速弥散在整个反应塔空间。被炉内的高温气体迅速加热、着火燃烧。粒度较大的焦炭颗粒也同时被点燃，部分燃烧后落入沉淀池形成焦炭过滤层。

16.5.3 基夫赛特法工艺的工业应用及技术经济指标

目前，在工业上运转的基夫赛特炼铅炉已有 6 座。

独联体范围内有东哈萨克斯坦的乌斯季-卡缅诺戈尔斯克铅锌厂（Усть Каменогорский свинцово-цинковый комбинат）、南哈萨克斯坦的契姆肯特（Чимкент）铅厂和远东多金属生产联合体炼铅厂等三家企业采用基夫赛特炼铅工艺。

У-К 铅锌厂 1986 年开始采用基夫赛特法生产，处理物料能力为 340t/d。1988 年进行改造，日处理能力提高到 500t。

该厂基夫赛特工艺的特点如下：

（1）该厂炉料含 Cu 大于 2%，控制生产过程使产出铜锍，铜锍放出后铸块送往铜冶炼厂处理。

（2）用湿法炼锌系统浸渣挥发的窑渣代替焦炭作为还原剂，既可节约焦炭降低成本、又可同时回收窑渣中的有价金属。

（3）采用烟化炉还原挥发作为炉渣贫化手段回收其中的锌，基夫赛特炉的电炉仅用于澄清分离，相当于电热前床，出炉的融渣直接送烟化炉处理，使过程的电耗从 450kW·h/$t_{炉料}$ 大幅度降低到 120~150kW·h，并使渣含铅降低到 0.7%~0.8%。

经过技术改造，基夫赛特炼铅工艺的技术经济指标大为改善，改造前后的主要指标列入表 16-25。

表 16-25 改造前后 У-К 铅锌厂基夫赛特炼铅工艺的主要技术经济指标

项　目	设计值	1986 年生产实际	1988 年改造后	项　目	设计值	1986 年生产实际	1988 年改造后
处理能力/$t \cdot d^{-1}_{炉料}$	340	142.5	400~500	铅直收率/%	89.5	72.88	89.0~91.1
单位炉料消耗				锌回收率/%			
氧(标态)/$m^3 \cdot t^{-1}$	207	200	170~200	入熔炼渣	9.3		64.0~76.0
焦炭(还原剂)/$kg \cdot t^{-1}$	36.9	29.1	—	电热区烟尘	84.9		6.1~14.3
窑渣(还原剂)/$kg \cdot t^{-1}$			60~110	熔炼区烟气 SO_2/%	21	40~50	36~49
电/$kW \cdot h \cdot t^{-1}$	450	350	120~150	烟气含尘量(标态)/$g \cdot m^{-3}$	500~700	250~300	190~400
电极/$kg \cdot t^{-1}$	3.6		1.4~2.0	烟尘率	24		4~8
粗铅品位 Pb/%	97.0	97.0	97.0~97.9				

1974年，前苏联将基夫赛特炼铅技术转让给德国KHD公司，KHD公司曾为玻利维亚波托西铅银冶炼厂设计建成一座年处理铅精矿55000t的基夫赛特炉，年产粗铅25800t。副产精银（含Ag 99.97%）194t，锌3000t，铜500t，精锡700t，锑1900t，铋25t。锑、铋、锡由另外的工厂生产。

该厂基夫赛特炉的炉床面积31m^2，反应塔高4.3m，喷嘴设置于反应塔顶中央。电炉炉床面积25m^2，设有3根550mm的电极。熔炼温度1350～1400℃。

入炉物料（铅精矿+返料）的平均成分见表16-26。

表16-26 入炉物料（铅精矿+返料）的平均成分

成 分	Pb	Cu	Zn	Ag	Sn	Sb	SiO_2	CaO	S
质量分数/%	48	1.4	7.1	3849g/t	2.1	4.2	6.1	1.0	17.1

产出粗铅的成分见表16-27。

表16-27 产出粗铅的成分

成 分	Pb	Cu	Ag	Sn	Sb	As	S
质量分数/%	85	2.6	7293g/t	3.6	7.8	0.2	0.1

熔炼过程渣率22%，炉渣成分见表16-28。

表16-28 炉渣成分

成 分	Pb	Zn	S	Fe	$CaO+Al_2O_3$
质量分数/%	1.5～1.9	3.5～4.6	0.8～1.0	28～30	18～23

电炉还原产出的氧化锌粉含Pb 25%～28%，Zn 49%～53%。

基夫赛特炉出炉烟气温度1350℃，烟气量（标态）2000m^3/h，含SO_2 40%～48%。

粗铅直收率92.9%，铅冶炼回收率98.5%。

20世纪80年代，该专利又转让给意大利Snamprogetli设计院。Snamprogetli设计院与意大利Nuova Samim公司合作，在前苏联基夫赛特炼铅工艺专利基础上进一步研究发展，形成了KSS（Kivcet-Samim-Snamprogetli）炼铅法，并在维斯麦（Vesme）港建成一座设计能力为84kt/a粗铅的冶炼厂。该厂1987年2月投产后，经过多年的运行，目前粗铅生产能力已达120kt/a，使基夫赛特炼铅工艺发展成为据称是当时最好的炼铅工艺。维斯麦港炼铅厂KSS炼铅法的工艺流程见图16-25。

维斯麦港炼铅厂KSS炉的结构见图16-26。

维斯麦港炼铅厂KSS系统的粗铅生产能力为120kt/a，据称设备作业率达96%以上。入炉铅精矿平均含Pb 50.0%，Zn 6.0%，Cu 0.3%，同时处理电锌厂浸出渣、含铅残渣和铅蓄电池糊，炉料中配入的焦炭粒度5～15mm。用95%的工业纯氧作为工艺气体经矩形反应塔顶部的两只喷嘴将炉料喷入炉内。

维斯麦港炼铅厂KSS工艺的主要生产技术指标见表16-29。

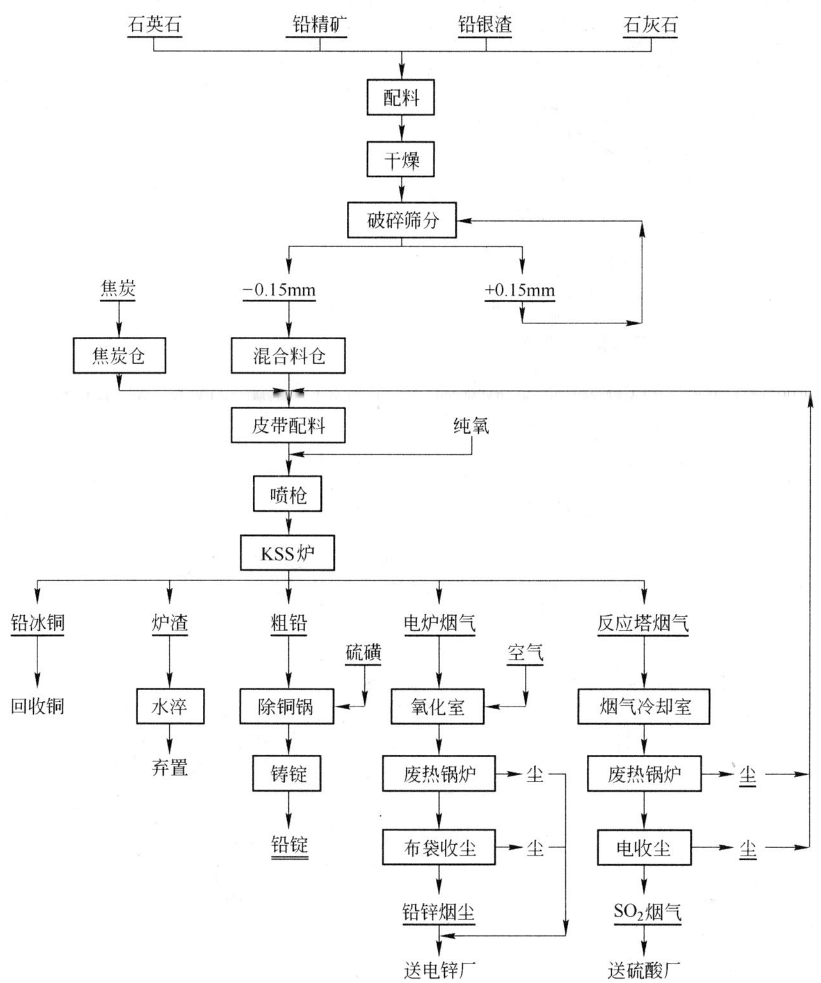

图 16-25 基夫赛特炼铅法的工艺流程

表 16-29 维斯麦港炼铅厂 KSS 工艺的主要生产技术指标

项　目	单　位	指　标
生产能力	kt(粗铅)/a	120
设备运转率	%	>96
粗铅品位	% g/t	Pb 97.5 Ag 1370
直收率	%	Pb 97.0　Ag 98.5　Cu 80.0
炉渣产率（为炉料重）	%	24～30
渣含金属	%	Pb 1.5～2　Zn 7～10
氧化锌产率（同上）	%	4～5
氧化锌成分	%	Pb 20　Zn 60
炉料脱硫率	%	50
烟气 SO_2 浓度（体积分数）（电收尘出口）	%	23
物料消耗 O_2 焦炭 电极 电能	 m^3/t（炉料） kg/t（炉料） kg/t（炉料） kW·h/t（炉料）	 16.5 （100%C）45 1 140

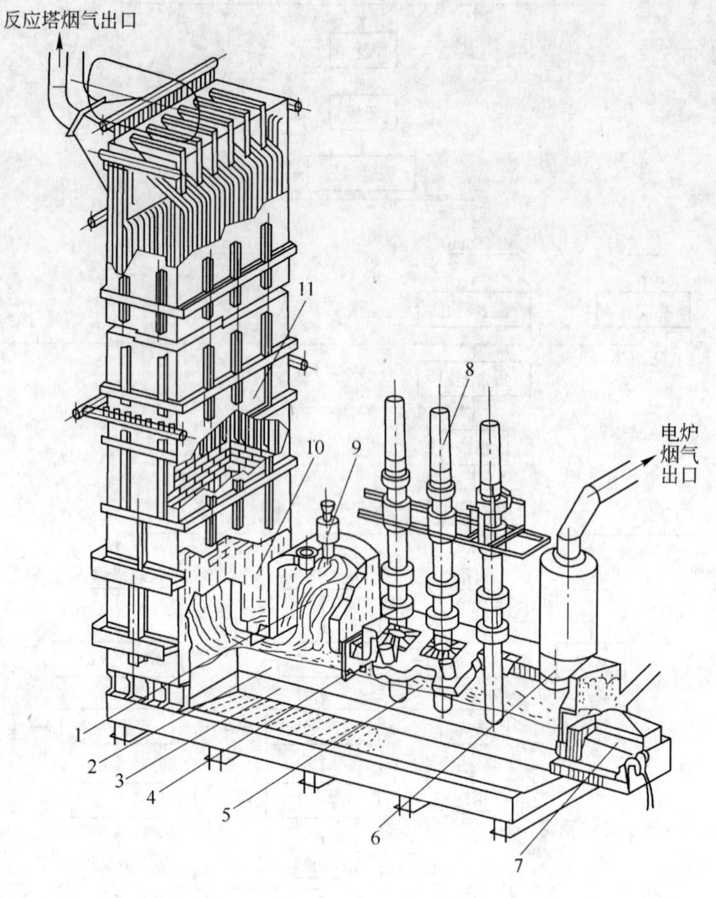

图16-26 基夫赛特炉（KSS）结构示意图

1—闪速熔炼反应塔；2—炉渣；3—粗铅；4—隔墙；5—电炉；6—复燃室；7—虹吸道；8—电极；9—喷嘴；10—直升烟道；11—竖式余热锅炉

在维斯麦港铅厂取得成功的基础上，加拿大科明科（Cominco）公司决定采用KSS法取代已经建成但一直不能正常生产的QSL炼铅工艺。1997年4月，特累尔（Trail）铅锌厂120kt/a的KSS系统投产成功，成为基夫赛特炼铅工艺工业应用的又一范例。

加拿大科明科公司特累尔铅锌厂KSS工艺的设备流程见图16-27。

特累尔铅锌厂一个突出的特点是：将全厂的四条生产线统筹为一个完整的系统，不同系统的中间产物在另一个系统中加以循环利用，有效地提高了资源的综合利用程度和减少了环境污染。湿法炼锌系统的焙砂常规浸出渣和高压酸浸渣送基夫赛特炼铅系统回收铅及贵金属，数量达到基夫赛特炉炼铅原料的50%；基夫赛特炼铅系统（包括电炉及烟化炉）回收收集的含铅氧化锌烟尘，送往湿法炼锌系统浸出工序，其数量占湿法处理量的15%左右；基夫赛特炉的烟气与锌沸腾炉烟气合并由烟气制酸系统回收生产硫酸；湿法炼锌系统的废水供炼铅厂作为生产用水。

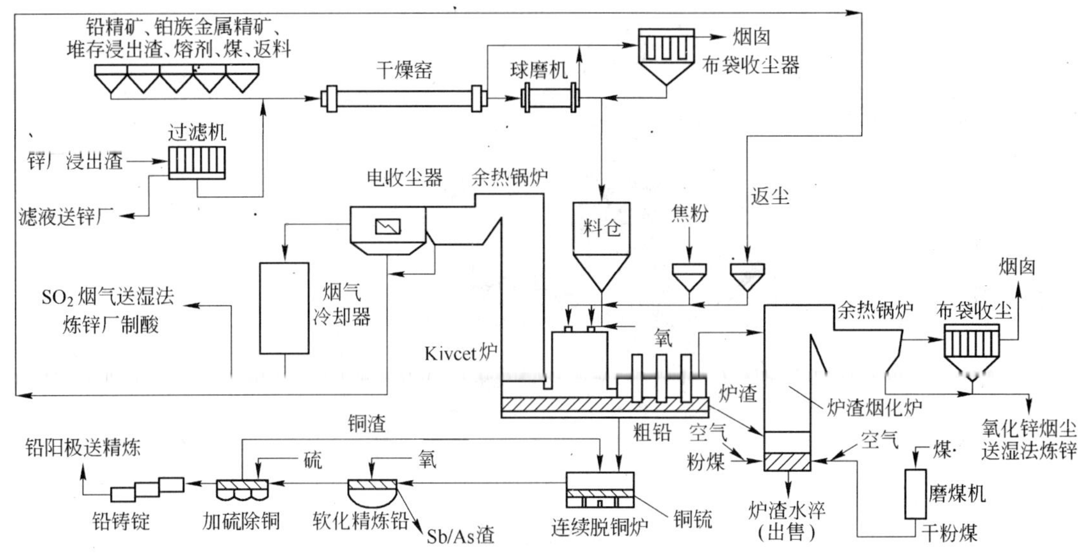

图 16-27 加拿大特累尔铅锌厂 KSS 工艺的设备流程

16.6 奥托昆普闪速炼铅工艺

16.6.1 闪速熔炼工艺的特点

闪速熔炼技术问世于20世纪中期，它的研发者是芬兰奥托昆普（Outokumpu）公司，最早应用在哈贾瓦尔塔（Harjavalta）冶炼厂铜精矿熔炼。由于闪速熔炼在强化、节能和环境保护方面的特别优势，在不断的改进、完善和取得优秀的成就中，走过了半个多世纪。从早期采用预热风，到现今的常温高富氧送风，熔炼能耗越来越低；从过去30%左右的锍品位，到现在的60%以上；从初期的简单文丘里型喷嘴，发展到目前的双腔四通道变量喷射；高热强度冶炼，将精矿小时处理能力由几十吨提高到了200t/h以上；随着烟气SO_2浓度的增加，高浓度SO_2烟气转化与动力波洗涤新技术的应用使冶炼过程硫的捕集率达到了99.9%，完全实现了清洁化生产。60年来，全球的闪速炉发展到近60台，不仅铜锍熔炼使用闪速炉，而且用闪速炉实现了粗铜吹炼生产的连续化。全世界的粗铜生产中，约有50%采用的是闪速炉工艺。

迄今为止除了进行过半工业性试验外，闪速炉炼铅尚未有过。云南冶金集团正在计划新的炼铅厂采用闪速熔炼。

炼铜的奥托昆普闪速炉结构如图16-28所示。

16.6.1.1 闪速熔炼炉内悬浮流体的运动状态

闪速熔炼的技术实质是利用均匀分散于工艺气体介质中的金属硫化物精矿粉，在悬浮状态下迅速与气体介质中的氧发生反应，从而完成硫化物的氧化、生成冶金过程产物。并利用氧化过程产生的热量，使固态物质被加热和部分熔融的工艺过程。研究结果与实践都已证明，闪速熔炼过程中各种组分之间的化学反应与其他火法冶金过程中同类物料的化学反应是相类似的。闪速熔炼过程之所以得到强化，其原因在于反应过程是在以高温强氧化

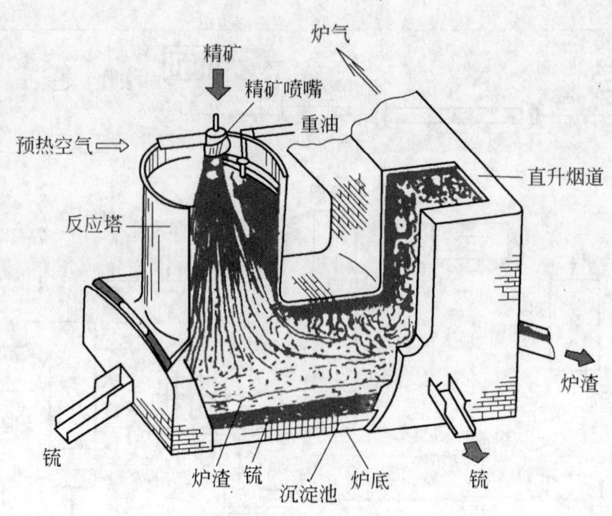

图16-28 炼铜的奥托昆普闪速炉结构

性工艺气体流为连续相，以细磨的精矿和熔剂、反应过程产生的细粒固态产物（氧化物）和熔体细滴为分散相的流体（悬浮体）体系中，在反应器中高速流动的条件下进行。不同的闪速熔炼工艺采用了不同类型的工艺方法和设备，保证被处理的物料（硫化精矿与熔剂的混合物）与工艺气体介质，在进入反应器后形成均匀的悬浮体，并置于高速运动状态之下，以使冶金物理化学过程高效、迅速地发生及完成，悬浮体的运动状态对于闪速熔炼过程具有很大的影响。

在闪速熔炼炉内，冶金过程是由异相悬浮流体在炉内空间运动的过程中完成的。因此，在闪速熔炼中，首先是要使入炉物料（精矿、熔剂和各种返料）与工艺气体（预热空气或富氧空气）成为尽可能均匀的悬浮流体。除造成均匀的悬浮流体外，还必须同时达到两个目的，即使精矿高效而迅速地氧化生成反应产物，并使其被加热和部分熔化。

闪速熔炼炉的炉内空间由反应塔、沉淀池和上升烟道构成。闪速炉的主要冶金过程在反应塔内完成。悬浮体通过反应塔顶部的精矿喷嘴喷入炉内，其中的硫化物（精矿）细粉在距离喷嘴口不远处被加热到着火温度，然后发生冶金反应和熔融。

精矿喷嘴是入炉物料与工艺气体实现均匀混合，形成异相悬浮流体并赋予速度和运动方向的关键设备。精矿喷嘴的结构形式不仅影响悬浮流体（流股）中分散相分布的均匀性，还直接影响硫化物颗粒能否迅速被点燃，以及流股的运动状态（回流状态及相对量、死区的形成与位置以及影响反应塔耐火衬里的烧蚀等）和反应产物脱离流体后的聚集状况（灰渣及磁性铁的生成、炉结的形成等）。精矿喷嘴的结构形式和工作性能实际上将影响熔炼炉炉况的顺行与否。

在喷嘴中形成的异相悬浮流体喷入反应塔后，属于限制空间的流股运动。即悬浮流体离开喷嘴口后，形成一个锥形流股，在一个被局限的空间里流动。众所周知，流股一般都属于紊流，在流股里介质质点的运动是不规则的，这些不规则运动的介质质点把动能传递给流股边界周围的介质质点，带动其发生运动。高速运动的锥形流股从周围吸入气体使体积增大而逐渐向四周扩张，直到最后充满整个反应塔的断面。在限制空间里，流股只能从有限的空间吸入气体，流股离开喷嘴初期所吸入的气体是在尔后的运动过程中，从流股中逐渐分离出来的部分。这部分不断被吸入又不断分离的气体，在锥形流股四周循环运动，为反应塔上段剧烈的传质与传热过程提供了十分重要的传递介质，使闪速熔炼的冶金过程能够在很短的时间内完成。

流股在从垂直设置的反应塔进入水平设置的沉淀池时，流股的流动要经过一个90°的迅速转向。此时，异相悬浮流体中分散相（冶金反应过程产生的锍、炉渣等高温熔融体），由于惯性力的作用，大颗粒部分脱离流股落入熔池。当流股进入沉淀池后，要水平流经一段较长的距离，由于所通过空间断面的扩大使其流速降低，加上断面宽高比较大，扁平的流股形状有利于异相悬浮流体中分散相的沉降分离。最后通过上升烟道离开系统的悬浮流体（烟气）中，分散相（烟尘）的数量已大幅度降低。由于闪速熔炼过程对悬浮流体中的分散相要具有尽可能大的比表面积，要求炉料的粒度很细。因此，闪速炉烟气的烟尘率相对较高。

16.6.1.2 闪速熔炼炉内传质与传热过程的特点

闪速熔炼过程所处理的物料是硫化物精矿与熔剂、返料以及工艺气体的异相悬浮流体，各种组分在反应体系中经历繁多的物理作用和化学作用，发生各种类型的转变。诸如在反应塔中异相悬浮流体由于受热使体积和速度发生巨大变化；由于氧化反应使悬浮体中分散相（固体）颗粒的粒度、数目、状态和物相产生转变，以及连续相（气体）组成和物理性质的改变；离开反应塔之后的悬浮体，由于运动方向的迅速变化和几何形状的改变而造成流体运动形态的变化和流线的扰动；由于异相悬浮流体中分散相物质粒子的沉降、脱离而造成悬浮体相组成和流体密度较为剧烈的变化等。这些过程均伴随着高速率的热量和物质传输。

闪速熔炼最主要的技术特征就是其冶金过程的进行是在反应器空间，以极快的速度完成的。当含有粒度极细的硫化物的异相悬浮体通过精矿喷嘴喷入反应塔后，由于吸入了流股周围高温回流气体和受到反应塔高温辐射的加热，温度迅速升高。处于高度分散状态的硫化物细粒，开始发生氧化反应并放出热量。当反应进行产生的热量大于放散的热量时，硫化物粒子的温度迅速升高，并被迅速点火氧化燃烧，放出更多的热量传给周围的介质使之升温，直到氧化反应产生的热量与通过对流及辐射传递出去的热量达到平衡。研究表明闪速熔炼氧化过程不是由化学反应的速率控制，而是由流体中的传质速率控制。反应系统传质系数（k_d）的大小，与反应组分通过流体的扩散系数（D_v）成正相关，而与反应物的颗粒直径（d_p）成反比（$k_d = 2/D_v d_p$）。在闪速熔炼炉反应塔局限的空间中，由于流股具有很高的雷诺数，异相悬浮体处于很高的紊流状态之中，使分散相与连续相之间的传质不再受扩散速度的影响，也大大提高了分散相颗粒之间相互碰撞的几率，加上分散相颗粒的直径非常小，因此物质传输过程的进行极为迅速。大量实验数据及通过对工业生产反应塔中实际取样测定的结果证实，在反应塔顶以下2m以内的区间，悬浮体的温度和二氧化硫浓度均达到了最大值，表示绝大部分的氧化反应已经完成。离开反应塔的异相悬浮体中，其成分和物态与刚从喷嘴喷入时已发生根本性的变化。连续相主要由二氧化硫、二氧化碳、氮气和少量游离氧组成，而分散相的颗粒则主要是熔融的硫化物熔体和氧化物熔体。

闪速熔炼炉反应塔内各种组分之间进行冶金反应过程的机理及反应动力学特征，决定了反应过程脱硫率的高度可控性，只要通过控制工艺气体中氧的数量，就可以有效地控制脱硫率，调整锍的品位（对于铜、镍冶炼闪速炉及黄铁矿闪速熔炼制磺）或氧化铅熔体中的残硫。

高度湍动状态下的异相悬浮流体中，分散相极高的碰撞几率，提高了反应后期成为熔融状态的质点合并长大的机会，有利于分散相从悬浮流体中分离。

从流体中分离出来的熔融物粒子等在落入沉淀池后，逐渐聚集成为熔体。聚集过程中，由于硫化物熔体与氧化物熔体之间的溶解度的差异，锍和炉渣开始相互分离。从反应塔流体中落入沉淀池的硫化物熔融体由于密度较大，其中较大的颗粒能穿过黏度较大的熔体层，与沉淀池底部的锍汇合。聚集分离过程中，冶金反应过程仍在继续进行。来自反应塔的硫化物相中的硫化铁，继续与熔融体中的三氧化二铁和 Cu、Ni、Co 等有价金属的氧化物发生硫化还原反应。其结果，三价铁被还原为二价铁，有价金属氧化物被还原硫化为硫化物，直至最终完全形成品位更高的冰铜相和有价金属及三价铁含量低的炉渣相炉渣，并按密度澄清分离。

与传质过程相同，闪速熔炼过程中连续相（气体介质）与分散相（固体物料颗粒及熔融体滴）之间的传热过程，同样具有极高的过程推动力。过程传热系数（h）的大小正比于流体热传导率，同时与系统中固态物质的颗粒直径成反比，即 $h=2k/d_p$。

16.6.2 奥托昆普闪速炼铅工艺

20 世纪 60 年代中期，奥托昆普公司曾考虑建设一座炼铅闪速炉，为此进行了一系列的扩大试验。于 1981 年在芬兰波里的奥托昆普研究中心重新进行了处理能力为 5t/h 铅精矿的半工业规模试验。对含铅为 28% ~75% 的各种铅精矿进行了成功的试验。由于精矿品位高低的影响和控制不同的氧化率，粗铅的直收率为 40% ~92% 之间和产出含铅 20% ~40% 的炉渣，炉渣经流槽放入电炉内喷吹粉煤进行还原，至渣含铅降至 1% ~3%。流程的铅总回收率 97% ~99%，烟气 SO_2 浓度为 40% ~65%。

该方法生产的粗铅质量好，有价金属回收率高。过程设备紧凑，可很好地密闭因而投资费用低，劳动条件也好。

16.6.2.1 闪速炼铅的基本原理

铅闪速熔炼法除了在闪速炉中直接产出金属铅外，其原理与铜、镍闪速熔炼是一样的。根据热平衡和原料的质量，应用高浓度富氧和工业氧直接从精矿冶炼出了金属铅。

控制硫化物氧化程度主要目的是为了获得低硫粗铅。在闪速熔炼中，易于迅速地通过控制给入的总氧量与固体物料量的比值来控制熔炼的氧化程度。提高氧化程度，会导致粗铅中含硫量降低和渣含铅升高。图 16-29 表示闪速熔炼中上述两个参数

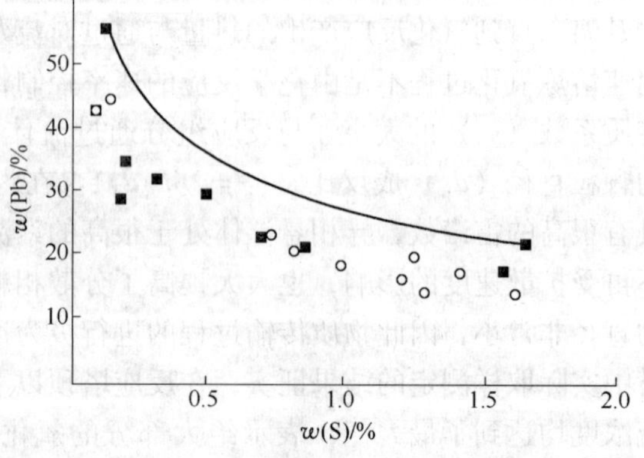

图 16-29 闪速熔炼渣含铅及粗铅含硫试验结果与热力学关系的比较
——热力学计算数据；○，■ 试验结果

的依赖关系。通过取样分析沉淀池中炉渣和粗铅的组成分，所获数据与理论计算结果十分接近，充分证实了上述论断，值得注意的是闪速熔炼炉渣中铅的含量比其他直接炼铅法都低。分析认为可能是在反应塔中部分氧化反应是发生在悬浮体中，脱硫迅速而彻底，生成的铅滴凝聚在沉淀池作为粗铅分离出来，由此获得含硫很低的产品。

Au、Cu、Zn、Sb、Bi 和 As 等在闪速炉粗铅和渣中的分配取决于精矿质量与氧化程度等许多因素。通常 Ag 和 Bi 进入粗铅，而 Zn、Sb 和 As 进入炉渣。铜进入粗铅的量约是进入炉渣的 2 倍。渣中 Cu、Sb 和 As 在渣贫化处理时将重新进入粗铅。

图 16-30 表示出反应平衡时气相中铅化合物的成分与氧分压关系。金属铅的蒸气压比硫化铅和氧化铅都低，即气相中挥发的成分最少。

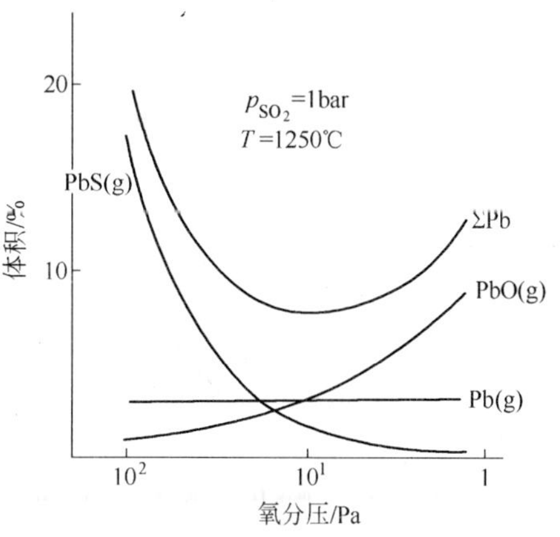

图 16-30 反应平衡时气相中各种组分与氧分压的关系

$p_{SO_2}=50kPa$，$T=1250℃$

正确和稳定地控制氧化程度对于实现最佳的操作条件和最小的操作费用是极重要的，奥托昆普铅闪速熔炼将氧压范围控制在氧化铅和硫化铅的成分最小处。

16.6.2.2 闪速炼铅的半工业试验

半工业试验在位于芬兰波里的奥托昆普研究中心利用原有的闪速熔炼试验装置进行。为满足炉渣贫化的需要，在闪速炉附近增设了一座电炉。本次试验前，新安装了计算机控制及信息采集系统。由于利用原有设备，设备能力彼此不完全配套，限制了闪速炉生产能力的发挥，试验加料速度为 6t/h。

炼铅试验的主要目的是确定工业生产的冶金条件。生产情况和设备运转状态是比较理想的，半工业试验的有效运转率在 90% 以上。

试验厂处理了四种不同的铅精矿试料，并取得满意的结果。精矿的成分列在表 16-30 中。当处理精矿Ⅲ时，相当于年产粗铅 29000t。

表 16-30 半工业试验工厂熔炼的精矿成分 （质量分数/%）

项目	Pb	Zn	Cu	Fe	S	SiO_2	CaO	MgO	Ag	As	Sb	Bi
精矿Ⅰ	28	6.1	0.5	23	33	1.4	0.2	0.2	400×10^{-6}	4.2×10^{-3}	1.1×10^{-3}	3×10^{-4}
精矿Ⅱ	43	4.4	1.8	6.6	15	13	2.8	4.9	630×10^{-6}	0.25×10^{-3}	1.5×10^{-3}	1.7×10^{-4}
精矿Ⅲ	61	8.4	0.8	4.0	17	4.1	0.2	1.8	650×10^{-6}	0.03×10^{-3}	0.15×10^{-3}	9×10^{-4}
精矿Ⅳ	74	1.8	0.8	2.3	0.9	0.9	0.6	0.4	50×10^{-6}	0.3×10^{-3}		

经深度干燥的物料和回收的烟尘通过可调速度的刮板运输机送到闪速炉，入炉炉料和空气（或富氧空气）在精矿喷嘴进行混合。准确地供给固体炉料和氧气量，必要时补充部分燃料来保证炉子正常熔炼所需要的温度。闪速熔炼炉的操作温度是由炉渣来决定的，铅闪速熔炼最适宜的渣温约在 1200℃。在炉子的直升烟道处，烟气也具有同样的温度。保持稳定的炉温对实现炉子的最佳操作，最少的热损失和最低的铅锌挥发量是

至关重要的。

半工业试验闪速炉通过外加燃料维持炉温，与不用外加燃料的较大的工业炉相比，增加了每吨精矿产生的烟气量，也增加了烟尘循环量。回收和循环的烟尘主要是硫酸铅，其铅含量占加入原矿中铅量的 30% ~45%。这个数值与半工业试验条件下烟气中理论挥发量一致，按此估算，工业规模闪速熔炼铅的循环量占精矿中铅的 10% ~25%之间。

试验结果表明，闪速熔炼炉氧化程度易于控制且反应迅速。渣中含铅量和铅中铅硫量之比与图 16-29 中的曲线一致。低的渣含铅意味着可直接在闪速炉中生产大部分的粗铅。

试验开始是处理Ⅱ号精矿，目的是产出低硫粗铅。闪速炉粗铅中硫成分在 0. 1% ~0. 35%期间，相应的初渣含铅波动在 42% ~28%之间。铅的直收率为 40% ~50%。

处理Ⅰ号精矿时粗铅平均含硫 1. 2%，粗铅的直收率 42%，渣含铅控制在 16% ~23%。闪速熔炼粗铅含硫的指标与鼓风炉粗铅水平相当。

Ⅳ号精矿的氧化试验是在两种条件下进行的。第一种试验的目的是炼含硫为 0. 5%的粗铅，相应的渣含铅分别为 23%和 29%，铅的直收率分别为 80%和 75%。Ⅳ号精矿进行了两种不同氧化程度的试验。粗铅含硫分别为 0. 3%和 0. 1%，相应的渣含铅为 33%和 50%，而铅的直收率为 92%和 82%。

出炉烟气通过强制循环余热锅炉冷却至 350℃并使部分烟尘沉降，锅炉的操作比预计的要容易，没有发现锅炉结瘤，锅炉和除尘器由水平烟道连接；降温后通过静电收尘器进一步除尘，静电除尘效果良好，净化除尘后的烟气含 SO_2 高达 90%，可被用来生产硫酸或液体 SO_2。烟气中 SO_2 的浓度决定于闪速炉供料的质量，它又决定于闪速炉的热平衡和富氧浓度。试验中烟尘输送系统的工作是正常的，偶尔被松散的烟尘所堵塞。

闪速熔炼炉渣与粗铅一起通过溜槽放入渣贫化炉中，粗铅由虹吸连续放出。炉渣用设在炉子末端的喷枪将煤喷入炉中进行还原贫化，贫化后的渣连续放出。在开始试验时，曾通过沉淀池表面的焦炭层进行还原，但反应速度慢。后改为喷吹粉煤还原，得到良好结果，既迅速又有效。电炉炉膛的宽度是 1. 0m，长度为 2. 5m。变压器的功率是 1000kV · A。在炼Ⅰ号精矿时，闪速熔炼炉渣的最高产出率是 3. 2t/h。炉内是强还原性气氛，烟气中含有呈金属态的铅和锌挥发物，用文氏管洗涤器回收。

铅闪速熔炼渣含铅及铅的回收率的数据见表 16-31。

表 16-31 铅闪速熔炼试验中渣含铅及铅的回收率

项 目	渣含铅/%	总的铅回收率/%
精矿Ⅰ	2. 0	95. 1
精矿Ⅱ	3. 2	95. 1
精矿Ⅲ	2. 8	98. 4
精矿Ⅲ（烟化试验）	1. 4	99. 3
精矿Ⅳ	1. 8	99. 7

半工业试验渣中含银波动在 8×10^{-6} 和 20×10^{-6} 之间，回收率比铅高。根据精矿成分不同，弃渣中铜量在0.1%～0.3%之间。

为了避免锌和铅在电炉中烟化挥发和锌在渣中的损失，对Ⅲ号精矿进行的初步烟化试验表明，电炉烟化是从铅精矿中回收锌的途径之一。锌的回收率平均为67%，Zn/Pb 比为1.45。

奥托昆普公司在半工业规模试验基础上，进行了年处理铅精矿 13.3 万吨（粗铅61800t/a）规模闪速炼铅系统的工程设计，但未见工业生产的报道。奥托昆普铅闪速熔炼的工艺流程见图16-31。

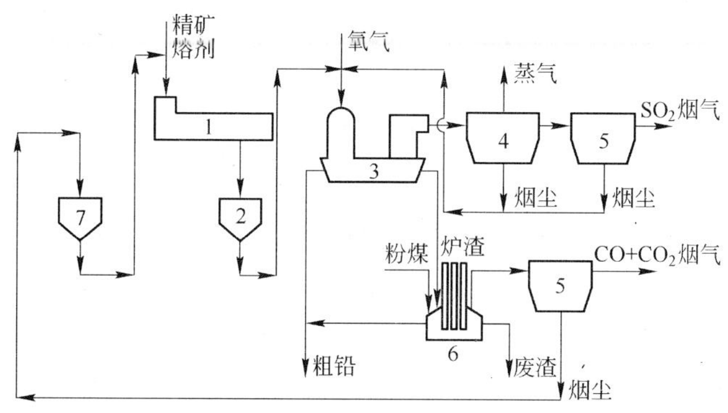

图16-31　奥托昆普炼铅工艺流程

1—干燥窑；2—料仓；3—闪速熔炼炉；4—余热锅炉；
5—收尘器；6—电炉；7—收尘器

16.7　QSL 炼铅工艺

16.7.1　QSL 工艺的研发与改进过程

QSL 法的工艺特征是硫化铅精矿直接冶炼的全过程在一个反应器内完成。铅精矿由顶部加入氧化区与氧枪喷入的氧气在熔池中反应生成氧化铅和 SO_2，并放出大量热量使过程自热，氧化铅与硫化铅发生交互反应生成一次粗铅聚集在熔池底部，通过氧化区端头的虹吸放出，炉渣受熔渣液位压差的推动与粗铅逆向运动，由氧化区流向反应器的另一端，从渣口放出。炉渣在运动过程中由氧化区进入还原区，其中的 PbO 被粉煤喷嘴喷入的粉煤还原，渣含铅逐渐降低（此渣含物料中80%的锌），还产出铅锌氧化物烟尘和二次粗铅。二次粗铅回流至氧化段熔池底部，与一次粗铅合并一起放出。

20 世纪 80 年代，德国鲁奇公司（Lurgi）根据奎诺（P. E. Queneau）教授和舒曼（R. Schuman）的研究，于1981～1986年在杜伊斯堡贝尔采留斯冶炼厂进行了工业性试验，试验装置的产能规模为30000t/a粗铅，炉子处理能力为10t/h。试验处理了大量铅精矿和含铅浸出渣后认为，该工艺适宜连续处理硫化铅精矿或铅精矿与其他含铅物料混合料并直接生产粗铅。所开发的直接炼铅工艺被命名为QSL法。

1985 年，我国在鲁奇公司工业性试验成果的基础上引进该项技术，建设了世界上第一座工业规模的 QSL 炉。1990 年 10 月，该系统建成点火投料试车。试车历时 133

天，处理铅精矿2327t，产出粗铅388.96t。试车过程打通了流程，但未能达到预期效果。试车过程暴露出工艺及炉子结构的一系列技术问题。事实证明，在一个完全连通的熔池内、同时完成硫化铅氧化熔炼产出低硫铅和初渣（富铅渣）还原熔炼产出低铅渣两个过程是不可能实现的。通过对试车过程有关技术进行的总结，为该工艺实现工业应用提供了大量经验。

1992年5月，根据上述试车所获经验改进的QSL工艺及反应器（QSL炉）结构在韩国温山投产。该反应器将氧化段与还原段之间的气相空间完全隔断并分别设置烟道，仅在渣线以下保留熔体通道。实际上已将最初设想的一体化的反应器分隔成两个连在一起的反应空间，分别独立地控制氧化熔炼所需要的高氧势和富铅渣还原必须的还原势。

16.7.2 QSL熔炼炉的结构

16.7.2.1 QSL熔炼炉的结构

QSL法的核心设备—氧气底吹炼铅反应器其外形是一卧式可转动、大长径比、两端为弧形堵头的圆筒形炉体，炉壳用锅炉钢板卷制焊接，内部用不同型号的优质铬镁砖衬砌，耐火砌体的厚度为350~450mm。整个反应器由不同直径的两段圆柱体构成，分为直径较大的氧化段和直径较小的还原段两个区域，氧化段一端设有放铅的虹吸口，渣口设在还原段的端头。炉体从渣口一端以0.5%的坡度向虹吸口端向下倾斜，以利铅液从熔池底部汇集于出铅口附近的熔池之中，再通过虹吸排出炉外。整个反应器用3个与炉壳固联的大托圈承载于托轮上，并设有控制炉体转动的驱动装置，可使炉体沿长轴线转动一定角度（约90°）。炉体上沿圆柱体长轴分别配有若干支浸没式底吹氧气喷枪（氧化段）和粉煤喷枪（还原段），喷枪从炉体外壳沿炉体圆形断面的径向，穿过特型风口耐火砖砌体进入熔池底部。与喷枪相对的一侧，分别设有烟道咽喉口以及带气封和水冷夹套的炉料加入口。当炉子正常工作时，喷枪、虹吸口、渣口、排烟咽喉口和加料口同处于与地面垂直的轴向剖面上，并分别与固定于地面或建筑物上的粗铅溜槽、渣溜槽、烟道口和加料漏斗对准。熔炼炉配有粉煤输送供给系统、工艺气体（工业纯氧）及冷却介质（氮气及纯水）分配系统、事故（氮气）保压系统及余热锅炉等附属设备。

不同时期设计的QSL炉，内部结构有所不同。最初的QSL炉，氧化段与还原段之间没有隔墙，开发者设想用改变喷枪插入角度的方式来防止氧化段与还原段熔渣的混流，但未能实现。后来在氧化段与还原段之间设置了上部空间连通的隔墙（渣坝），隔墙下部正中渣线以下留有供氧化段初渣流向还原段和还原段粗铅沿熔池底部回流至氧化段的通道。氧化段熔渣依靠与还原段熔渣之间的液位差流向还原段，还原段产出的粗铅依靠反应器的坡度沿熔池底部回流至氧化段熔池。氧化段产生的高浓度含SO_2烟气与还原段烟气混合，统一通过唯一的烟道排出炉外。20世纪90年代以后的设计用隔墙将上部空间全部封闭，氧化段与还原段之间只有熔池渣线以下的通道相连，氧化段和还原段分别设置烟道咽喉口，氧化熔炼的烟气与还原熔炼的烟气分别用不同的烟道送至不同的烟气处理系统处理。三种QSL炉的结构示意见图16-32。

下述3座QSL炉的技术参数见表16-32。

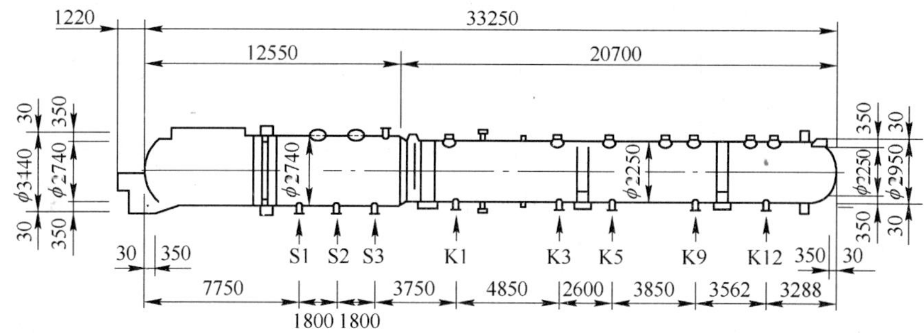

Stolberg(德)的QSL炼铅炉

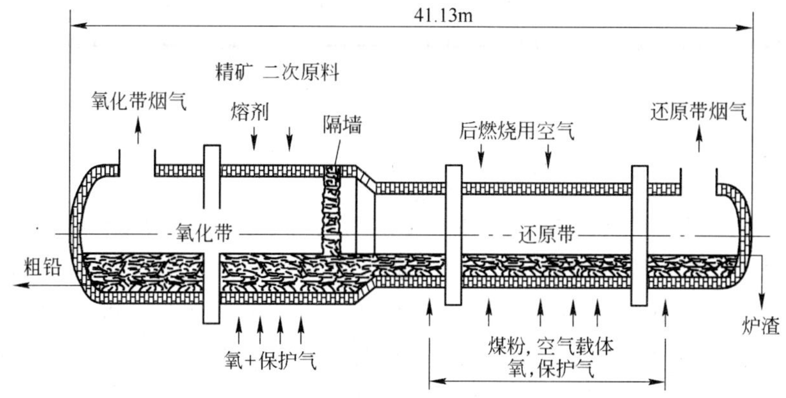

温山(韩)的QSL炉

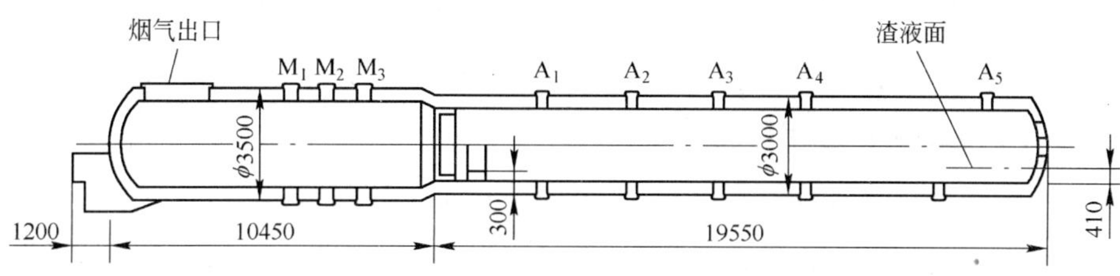

西北铅锌冶炼厂的QSL炉

图16-32 不同内部结构QSL炉的示意图

表16-32 三种形式的QSL炉的技术参数

技术参数	Stolberg(德)	温山(韩)	西北铅锌冶炼厂
设计年产粗铅/$t \cdot a^{-1}$	75000	61000	52000
投产日期	1990年11月	1992年5月	1995年12月
反应器内径/m	3.5/3.0	4.5/4.0	3.5/3.0
反应器长度/m	33.25	41.13	30.00
氧气喷枪数/支	3	4	3
粉煤喷枪数/支	5	7	5
加料口数/个	2	2	1
加料口直径/mm	400	400	400
烟道咽喉口/个	1	2	1
喷枪氧气压力/MPa			0.6~1.0
喷枪氮气压力/MPa			0.6~1.0
喷枪压缩空气压力/MPa			0.35~0.50

资料来源:《有色冶金炉设计手册》。

16.7.2.2 QSL喷枪

与QSL炉配套的喷枪是一种专用设备，喷枪按其用途不同分为氧气喷枪和粉煤喷枪两种。喷枪采用等截面钢管制作。

氧气喷枪为双层套管，内管一般采用不锈钢厚壁无缝管，中心通道通过作为工艺气体的工业纯氧。内、外管之间的环形缝隙供喷枪冷却介质（氮气）通过，为避免喷枪冷却不良引起局部烧损、保证冷却介质在环形缝隙中均匀流过，在长度超过1m，直径不大(20～30mm）的内管外壁上、沿周边均匀分布铣削加工出若干通道断面面积为1～2mm^{2}的槽，槽的数量根据冷却介质的流量确定，一般为8～14道；喷枪外管直接与高温熔体接触，一般采用耐热钢管制造。氧气喷枪的烧蚀率为0.5～0.9mm/h，设计使用寿命约为1000h。

粉煤喷枪由3层套管组成，中心管内通过粉煤，用压缩空气作为输送载体；中心管与第2层套管之间的槽形缝隙通过工业纯氧，中间层套管与外层套管之间的槽形缝隙用于通过冷却介质。粉煤喷枪的内管既要承受高温、又要承受压粉煤在压缩空气携带下高速冲刷对管壁的磨削，在材质方面要求很高。据韩国温山冶炼厂提供的数据，虽然其烧蚀率较氧气喷枪小（平均0.2～0.3mm/h)，粉煤喷枪的使用寿命也只有2000h。

喷枪的冷却介质一般采用制造工业纯氧过程中从空气中分离出来的氮气，在高压下高速通过槽形缝隙，利用氮气较高的比热容（约为干空气的1.3倍）和高速湍流将熔体加载与喷枪上的热量迅速移走，达到保护喷枪的目的。韩国和我国QSL反应器的操作中，为了强化冷却，同时还在冷却介质缝隙中通入经过软化处理的冷却水，每支喷枪的冷却水量为20～50L/h。水冷取得的冷却效果明显，上述喷枪使用寿命即是在采取水冷措施情况下达到的。

16.7.3 QSL工艺的工业应用情况

1985年3月，我国白银公司西北铅锌冶炼厂与鲁奇公司签订全套引进QSL技术与设备的合同，用于建设5.2万吨/a的粗铅冶炼厂。这是世界上第一套QSL炼铅工艺的工业装置，1990年10月点火投料进行试投产，通过试生产，初步打通了QSL炼铅工艺的流程。试生产也暴露了一系列工艺方面及设备方面的技术问题，使生产过程不能实现预期目的，必须停炉进行必要的改造与完善。在此期间，加拿大科明科公司特累尔铅厂也建设了一套QSL装置，经过3个月的试生产，由于工艺原因及设备故障而关闭。

根据此前的实践，特别是我国西北铅锌冶炼厂的实践，鲁奇公司进行了大量的技术改进，将反应器的氧化段和还原段的上部空间用隔墙完全隔断、并分别设置烟道，熔池部分在渣面以下设置通道并改进了虹吸放铅口等。1990年11月，德国施托尔贝格冶炼厂75000t/a QSL炉投产；1992年5月，韩国高丽锌公司温山冶炼厂61000t/a QSL炉投产，5个月后各项指标达到设计要求；1995年7月，我国西北铅锌冶炼厂QSL炉在借鉴施托尔贝格冶炼厂和韩国高丽锌公司温山冶炼厂经验基础上，经过技术改造后再次投料试车，按额定处理能力的70%～75%进行考核，取得初步成功。但有关指标仍达不到设计要求，运行费用太高，经济上不能平衡，虽已形成生产能力，但不能维持正常生产。西北铅锌冶炼厂QSL炼铅工艺的实践，为我国自主开发SKS工艺积累了有益的经验。

QSL炼铅的工艺技术指标见表16-33。

表 16-33 QSL 炼铅的工艺技术指标

指标名称	Stolberg（德）	温山（韩）	西北铅锌冶炼厂
年产粗铅/$t \cdot a^{-1}$	80000	60000	52000
给料量/$t \cdot d^{-1}$	500	550	260
铅精矿与浸出渣的比例	60%精矿，37% Pb-Ag 渣 + 精炼厂烟尘	52%精矿，47% Pb-Ag 渣 + 铅蓄电池泥 + Zn 滤渣 + Au/Ag 矿石	100%铅精矿
混合矿成分（质量分数）/%			
Pb	45	35	66
Zn	5	10	5
Cu	0.7	0.6	0.2
As	0.3	0.3	0.05
Sb	0.4	0.3	0.04
Cd	0.05	0.3	0.04
配料比/$t \cdot h^{-1}$			
含铅物料	20.8	22.7	11.0
石英砂	0.04	—	0.4
石灰石	0.3	2.7	0.7
返回烟尘	4.3	5.0	2.2
浸出渣	-	1.3	—
烟化炉炉渣	—	—	1.2
煤粉	1.9	2.8	0.5
炉料处理量/$t \cdot h^{-1}$	31	42	18
氧化段给氧量/$m^3 \cdot h^{-1}$	4700	7300	2250
还原段给煤量/$t \cdot h^{-1}$	0.9	1.4	0.7
天然气给入量/$m^3 \cdot h^{-1}$	400	—	—
粗铅产出量/$t \cdot h^{-1}$	9.6	7.9	7.2
弃渣产量/$t \cdot h^{-1}$	7.1	8.8	4.0
烟气量（标态）/$m^3 \cdot h^{-1}$			
氧化段		31000	
还原段	22400	55300	14000
烟尘率/%	20		
蒸汽产量（$p=4.2MPa$）/$t \cdot h^{-1}$	14.3	19.0	6.0
初渣含铅/%	50	40	40
弃渣含铅/%	2.5	2.0	2.5
氧气喷枪寿命/h		1000	
粉煤喷枪寿命/h		2000	
炉衬寿命/月	>12		

资料来源：《铅锌冶金学》；《有色冶金炉设计手册》。

QSL 法流程简短，原料适应性强，可以处理二次铅物料和块状物料，炉料准备过程简单，不需深度干燥，烟气 SO_2 浓度可以满足制酸，劳动卫生条件好，投资比传统工艺少是其优点。但由于采用氧气底吹熔炼、底喷粉煤还原，工艺操作控制难度大；特别是还原段工艺技术条件复杂，还原深度不易控制；熔池底部铅液直接暴露在喷枪高温燃烧气体的冲击搅动下，不可避免地增大挥发损失，烟尘率高达 20% ~25%；喷枪外径仅 35 ~40mm，氧化喷枪由两根同心钢管组成，还原段粉煤喷枪更由煤管、氧环和氮气加水冷却环 3 层组成。氧、氮、粉煤、压缩空气及冷却水的供应、分配系统过于精细和复杂，维修困难；喷枪使用寿命短，需要停风、停料、侧转炉体才能更换喷枪。上述等等因素造成该工艺推广应用的进程缓慢，到目前为止，在国际范围内，仅有两座 QSL 炉在运行。

（撰稿　冯桂林）

16.8 国内直接炼铅新工艺的研究与发展动向

目前，已经实现工业应用的直接炼铅工艺和技术各有特点，都较好地解决了硫化矿中硫、铁组分潜能的利用和环境污染问题。与传统工艺相比，能耗大幅度降低，明显减小了对环境的污染危害。但综观各种工艺，仍在不同方面存在某些问题：有的设备庞大，投资大，电耗高；有的工艺操作难度大，烟尘率和渣含铅高；有的是分阶段作业，烟气 SO_2 不连续，给制酸增加难度。国内自行研发并投入工业生产的富氧顶吹—鼓风炉强化还原炼铅法，把整个冶炼过程分开在两个炉子中进行。富氧顶吹炉完成氧化脱硫，产出 50% 的粗铅、可供制酸的含 SO_2 烟气以及富铅渣，富铅渣经冷凝铸块后再投入鼓风炉还原。全过程存在“冷—热”工序交替、重复消耗能源等弊病。氧气底吹—鼓风炉还原法也存在同样问题。随着科学技术的进步和时代发展，这些问题和不足有进一步改进完善的必要。至目前为止，世界上仍有 80% 左右的铅冶炼厂还在采用落后的“烧结—鼓风炉”工艺，国内情况亦然。研究开发更先进的粗铅冶炼工艺来推进世界铅冶金的技术进步，节能降耗、消除环境污染，对实现人与自然的和谐发展是具有积极意义的。

20 世纪末以来，发达国家力图将高能耗、高排放和高污染的传统原料工业转移到发展中国家或不发达国家，对这些产业的技术研发已缺乏热情。因此可供引进的先进工艺和新技术越来越少。我国的有色冶金技术近几十年取得了重大进展，对众多冶炼方法从设计到生产都积累了丰富的实践经验，具备了自主研究开发直接炼铅新工艺的技术基础。

16.8.1 氧气侧吹熔池熔炼直接炼铅工艺

河南新乡中联总公司开展了氧气侧吹熔池熔炼直接炼铅工艺的工业试验。试验采用由俄罗斯专家设计、长沙有色冶金设计研究院进行配套设计的 1.5m^2 氧气侧吹炉。

2001 年 11 月 ~2003 年 5 月，共进行 24 次试验，试验过程中，对试验炉进行了多项重大技术改造，使熔炼过程得以顺利进行，最长连续运行 62 天。累计处理铅精矿近万吨，产出粗铅 4600 多吨。

硫化铅精矿氧气侧吹熔池熔炼直接炼铅工业试验的工艺流程见图 16-33。

工业试验根据侧吹试验炉的实际情况，氧化熔炼与还原熔炼分为两步进行。即第一步先进行铅精矿氧化熔炼试验，氧化熔炼产出的富铅渣水碎后堆存。水碎渣积累一定数量后

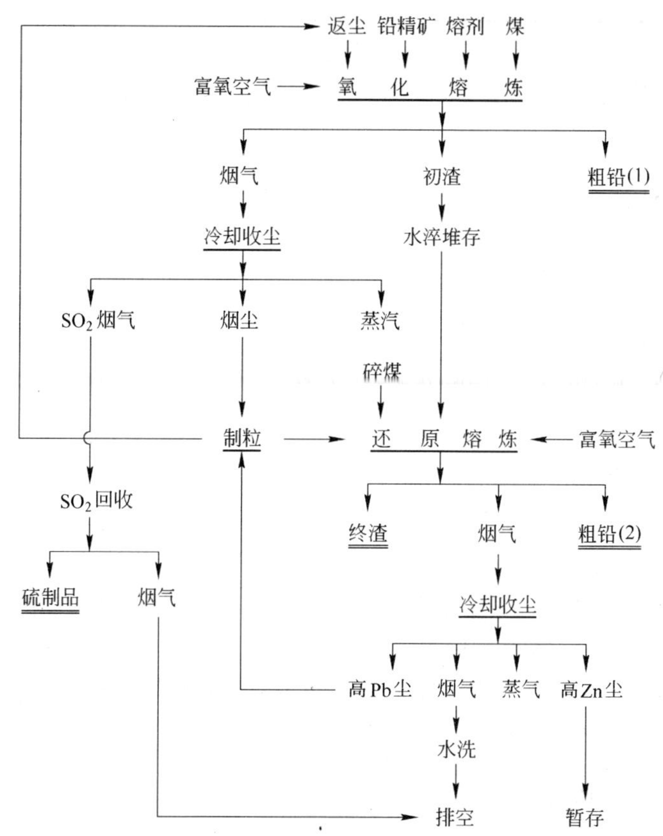

图 16-33 硫化铅精矿氧气侧吹熔池熔炼直接炼铅工业试验工艺流程

返回同一侧吹炉进行还原熔炼试验。试料铅精矿含铅约50%，水分5%～8%，返尘制粒。熔剂及煤破碎至小于20mm。精矿（富铅渣）、返尘、熔剂按比例配料后用皮带通过加料室顶部的加料口加入到侧吹炉内进行熔炼。粗铅及炉渣分别各自通过相应的虹吸道连续流出炉外。烟气从顶部烟道经汽化冷却器降温后送烟气处理系统。工艺气体为浓度87%～88%的工业氧气，输送压力0.15MPa，通过侧吹炉熔池渣线以下、反应室侧墙上的风口鼓入炉内。

工业试验的主要技术经济指标见表16-34。

表 16-34 硫化铅精矿氧气侧吹熔池熔炼工业试验的主要技术经济指标

指 标	氧 化 熔 炼	还 原 熔 炼
温度/℃	1050～1150	1200～1230
风口压力/MPa	0.085～0.095	0.08～0.09
床能力/$t \cdot (m^2 \cdot d)^{-1}$	110～125	90～100
氧气消耗(100%)/m^3	210～250	275～300
煤率(占炉料)/%	4.79	20
粗铅产率(从精矿中)/%	65～70	
(从初渣中)/%		91～95

续表 16-34

指 标	氧化熔炼	还原熔炼
粗铅含 Pb/%	>98	>96
含 S/%	0.3	
烟尘率(占炉料)/%	20 ~ 25	22 ~ 29
炉渣含 Pb/%	28 ~ 35	1 ~ 3
含 Zn/%	7 ~ 9	4 ~ 6
含 Ag/g · t^{-1}	50 ~ 55	18 ~ 25
出炉烟气 SO_2/%	20 ~ 24	
Au 回收率/%	99	
Ag 回收率/%	96	65 ~ 70

资料来源：宾万达，瓦纽可夫过程及其在我国的应用前景。

工业试验结果：侧吹炉能长时间稳定运行。既能完成硫化铅精矿的氧化熔炼、又可以完成高铅渣（固态或液态）的熔融还原。氧化熔炼一次铅产率 60% ~70%、出炉烟气 SO_2 浓度 20% ~24%；还原熔炼用煤作燃料和还原剂，实现了以煤代焦，降低了能耗，终渣含铅小于 3%，冶炼回收率：铅大于 96%、金银大于 99%。

尚需深入进行的研究开发工作主要是：工业用两区侧吹炉结构；氧化熔炼与还原熔炼连续进行的工艺控制；富铅渣液态还原的工艺控制等产业化技术。

16.8.2 CYMG 铅闪速熔炼工艺

云南冶金集团、中国瑞林公司、中南大学、江西理工大学等在前期工作的基础上，为进一步提高我国铅冶炼技术水平，借鉴国内外相关粗铅冶炼工艺的特点，自主创新、研究开发漩涡柱铅闪速熔炼工艺技术。

16.8.2.1 CYMG 漩涡柱闪速炼铅工艺的技术路线

闪速熔炼技术的基本原理是利用精矿及熔剂配成的炉料，经过充分细磨和深度干燥后，在位于反应器顶部的喷嘴中与以预热空气、富氧空气或工业纯氧作为连续相的工艺气体混合，成为悬浮流体喷入到高温炉膛中。由于悬浮流体中的分散相（炉料）具有巨大的反应表面、并与工艺气体充分接触和处于高度湍流状态而具有极为优良的传质传热动力学条件，在流股向前运动的瞬间完成氧化程度高度可控的氧化脱硫、交互反应和造渣过程。

熔池熔炼技术是通过喷枪或喷嘴将工艺气体（工业纯氧或富氧空气）鼓入反应器内的熔池剧烈搅动熔融体，同时自身（工艺气体）被“击破”成细小的气泡分散在熔体中，团块状（或粒状）的炉料直接加入到熔池中并被强烈翻腾的高温熔体迅速“吞没”、分散、熔化和发生冶金反应，形成以高温熔体为连续相、气泡和炉料颗粒为分散相的气—固—液（熔体）三相“卷流”，由于具有优良的传质、传热动力学条件以及过程局限于熔池之中，各种反应在一个很小的空间中集中、快速地完成，使冶金过程置于强化的条件下进行。

漩涡柱闪速炼铅工艺将闪速熔炼和熔池熔炼集成在一个炉子内，对现行闪速熔炼技术进行改造、完善，在闪速熔炼反应塔上应用自主创新开发的“漩涡精矿喷嘴”形成“中心漩涡柱流股”，实现“中心漩涡柱闪速熔炼”，并在沉淀池中进行交互反应和还原，最终产出低铅炉渣。这样将极大地强化熔炼过程，形成一种全新的、流程简短、环境友好、节能降耗的粗铅冶炼新工艺。

16.8.2.2 中心漩涡柱概念的建立

国内外曾进行过大量漩涡熔炼技术的研发，其共同的技术特征是工艺气体及炉料从“漩涡室切线风口进入”，流股“沿塔壁旋转”，反应产物利用高速旋流产生的离心力使熔体（分散相）从炉气（连续相）中分离、并沿塔壁流到沉淀池后澄清完成冶金过程。针对漩涡熔炼技术高温流股对漩涡室内壁耐火材料砌体的高速冲刷（$V=100\sim120\text{m/s}$）造成炉了寿命短，以及大型化技术难以突破等技术难题，为了从根本上解决漩涡炉炉衬的冲刷、腐蚀难题。2002 年，研发者依据自然界“龙卷风”现象，提出“中心漩涡柱”流股概念。在进行相关的计算机仿真实验后证实，“反应塔顶漩涡进风”能够形成“旋转的柱状气流”，仿真实验所获反应塔内分散相质点运动轨迹与温度场分布的三维图像（垂直投影）见图 16-34。

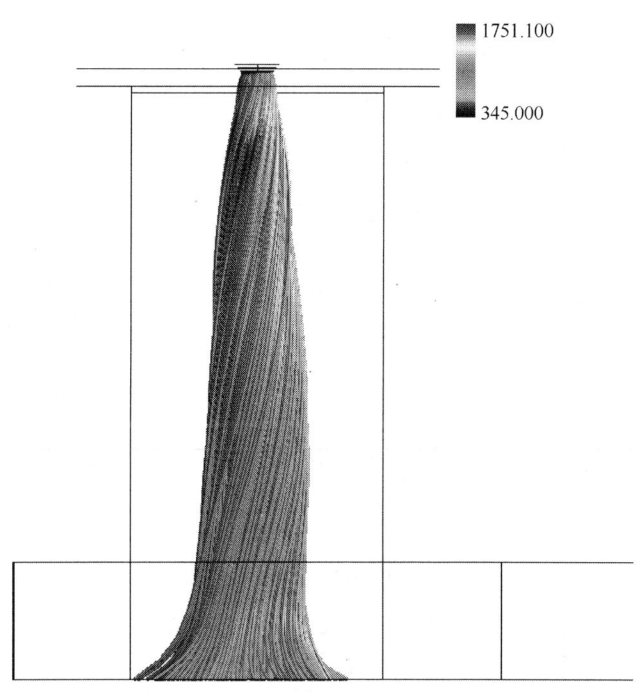

图 16-34 反应塔内分散相质点运动轨迹与温度场的仿真

反应塔内分散相质点运动轨迹与 FeO 含量分布的三维图像（水平投影）见图 16-35。

反应塔内连续相流场纵向分布的仿真见图 16-36。

闪速炉内 O_2 浓度分布的仿真见图 16-37。

16.8.2.3 漩涡柱铅闪速熔炼的工艺特点

漩涡柱铅闪速熔炼在一个反应器内完成硫化矿的氧化和粗铅的生成。反应器由装有漩涡喷嘴的反应塔、沉淀池和上升烟道构成，见图 16-38。

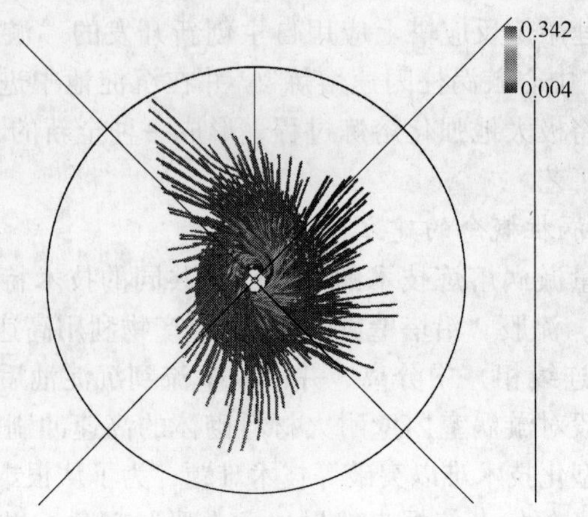

图 16-35 反应塔内分散相质点运动轨迹与 FeO 含量变化的仿真

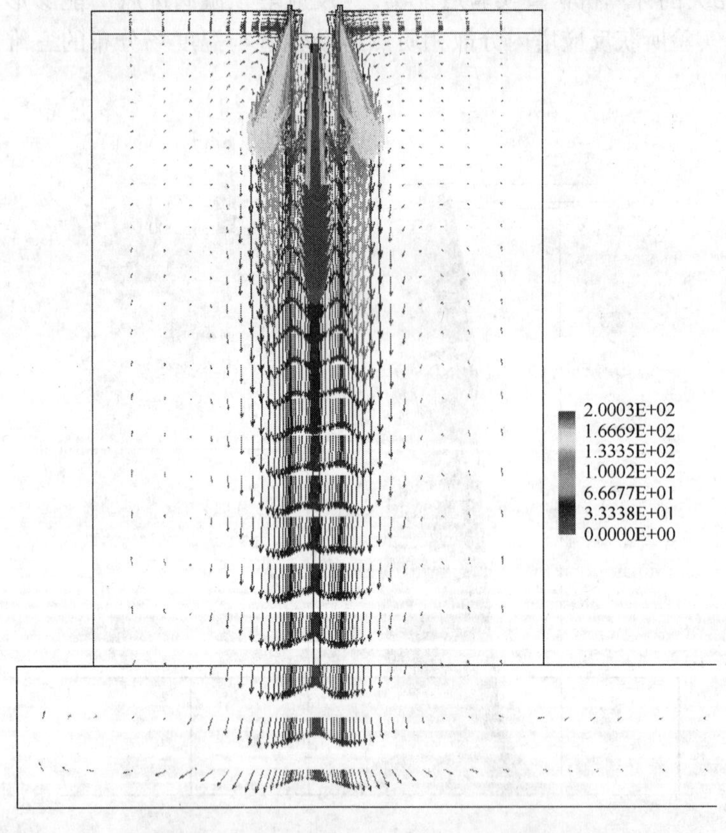

图 16-36 反应塔纵剖面气相流场的仿真

经深度脱水（含水小于 0.3%）的粉状炉料在精矿喷嘴中与工业纯氧混合，具有巨大比表面积的炉料与氧气充分接触，为闪速冶金反应提供了良好的传热传质动力学条件。因此，当这种气、固混合物以高达 60 ~ 80m/s 的速度由喷嘴喷入反应塔高温空间后，迅速被加热到反应温度，使硫化物的受热分解、氧化与熔融等冶金过程，在大约 2s 的时间内快速完成。由于这一熔炼过程所具有的良好的传热传质动力学条件，形成了非常高的生产效率、高脱硫率、低能耗以及良好的环保效果等巨大优势。

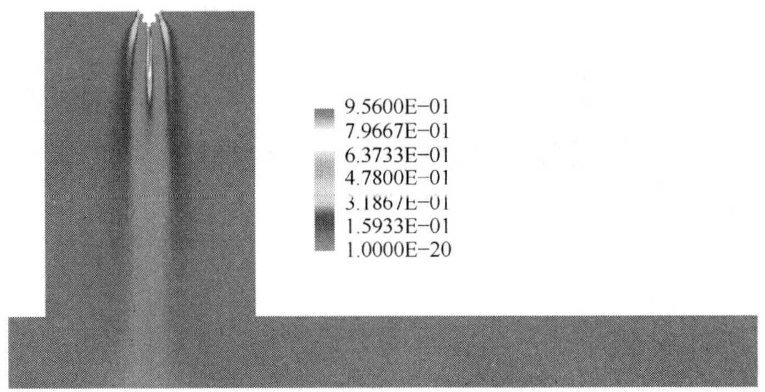

图 16-37 闪速炉内 O_2 浓度场的仿真

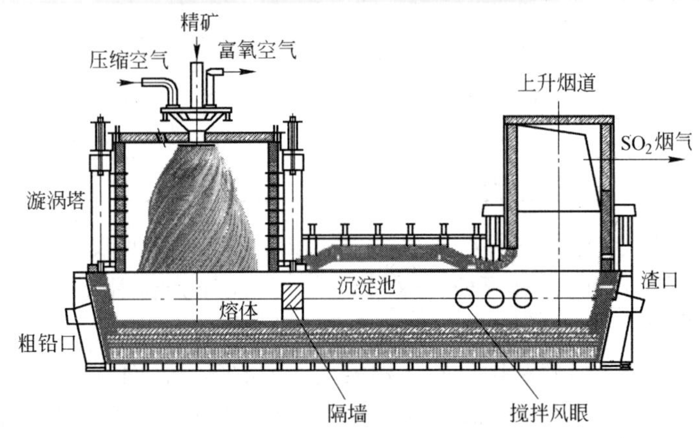

图 16-38 漩涡柱铅闪速熔炼炉结构示意图

“漩涡柱铅闪速熔炼”属于“悬浮熔炼（Suspension smelting）”范畴，但由于它具有“中心漩涡柱流股”的重要特征而区别于具有“垂直流股”特征的基夫赛特工艺和奥托昆普闪速炉工艺。

硫化铅在反应塔中快速完成氧化、脱硫、熔化及部分交互反应后，并在下落过程中聚集成较大的熔融体粒子。由于重力及离心力的作用，在悬浮漩涡柱流股从垂直向下运动转向为水平运动时，绝大部分熔融体粒子从流股中分离出来落入沉淀池，熔融体粒子中的铅氧化物在穿过熔池表面的炭粒层时，大部分被还原为金属铅并在沉淀池中与炉渣分离。在沉淀池中喷入粉煤，并鼓入氮气进行熔池搅拌，已经氧化但未被还原的氧化铅与熔渣中的硫化铅通过交互反应和炭还原，进一步降低渣含铅。通过控制风煤比，使喷入沉淀池的粉煤部分燃烧，部分聚集于熔渣表面形成还原炭滤层。这也是以“闪速熔炼加电炉还原”为工艺特征的基夫赛特法与漩涡柱闪速熔炼工艺的区别。由“中心漩涡柱流股闪速熔炼”和“沉淀池喷煤熔池熔炼”集成的漩涡柱铅闪速熔炼工艺，集中了悬浮熔炼和熔池熔炼的优点，形成一种新型的直接炼铅方法。

60000t/a 粗铅 CYMG 漩涡柱铅闪速熔炼工艺的工业性试验正在进行中，试验需要解决的主要技术难点是控制烟尘率和降低渣含铅。

（撰稿 王吉坤 冯桂林）

17 湿法炼铅技术

17.1 概述

目前，世界上硫化铅的冶炼仍以烧结—鼓风炉还原流程为主。各种方法所占比例见表17-1。

表17-1 世界和中国各种炼铅方法所占比例

项 目	烧结—鼓风炉	ISP	新 方 法
世 界	70以上	约10	10~15
中 国	65	12	23

传统的烧结—鼓风炉熔炼法存在产生大量低浓度 SO_2 难于回收污染环境；冶炼过程中产生的含铅烟尘和铅蒸气也污染环境；返料量大；不能充分利用硫化物氧化产生的热量，能耗较高等问题。QSL、Kivcet、Isa 和我国自主研发的底吹—鼓风炉熔炼，以及顶吹—鼓风炉熔炼等新的炼铅方法虽然利用了硫化物氧化产生的热量，而且大大降低了对环境的污染，但是仍然会产出 SO_2。为了彻底消除 SO_2、含铅烟尘和铅蒸气对环境的污染，近几十年来，国内外冶金工作者致力于研究铅的湿法冶金。归纳起来有酸性浸出，碱性浸出，盐类浸出、胺类浸出和电化学浸出法，这些工艺都还处于研究阶段。近年澳大利亚康派斯公司开发的 FLUBOR 工艺采用硼氟酸浸出—电积法，已经成功地实现了产业化。

湿法炼铅除了对环境友好外，能够处理复杂多金属矿和低品位原料的特点也比火法冶炼优越。过去已经研究过的有些方法技术上可行，但是经济上不合算。随着环境保护的要求越来越高，其治理费用较高；随着铅价的走高；还由于铅的原子量大，采用电积法回收铅很合算，通入相同的电量，得到的铅是铜和锌的3倍多。这些因素都将推动湿法炼铅的进一步的发展。

一些主要的湿法炼铅方法的对比列于表17-2。

表17-2 湿法炼铅方法对比

方法名称	FLUBOR法	矿浆电解	三氯化铁浸出—水溶液电解	三氯化铁浸出—熔盐电解	固相转化（氯化铁浸出）	固相转化（碳酸胺法）	硅氟酸浸出法
规 模	已产业化	有800t/a金属铋的工厂	扩大试验	扩大试验（电解槽电流强度3000A）	扩大试验	扩大试验（处理量20t/d）	扩大试验
主要设备	隔膜电解槽	隔膜电解槽	隔膜电解槽	结构特殊的电解槽	隔膜电解槽	一般电解槽	隔膜电解槽
溶 剂	硼氟酸水溶液	氯化物水溶液	氯化物水溶液	氯化物水溶液	氯化物水溶液	碳酸胺	硅氟酸铁酸性水溶液

续表 17-2

方法名称	FLUBOR 法	矿浆电解	三氯化铁浸出—水溶液电解	三氯化铁浸出—熔盐电解	固相转化（氯化铁浸出）	固相转化（碳酸胺法）	硅氟酸浸出法
产品质量	金属铅 99.99%	铅粉	海绵铅	金属铅	2 号铅	金属铅或铅的化工产品	金属铅
净化方法	抽出部分阳极液净化		浸出液加硫化剂除铜，$PbCl_2$ 结晶重溶	$PbCl_2$ 结晶熔融	浮选除杂	铅粉置换	铅粉置换
隔膜材料	塑料纤维袋	离子交换膜或耐酸滤布	离子交换膜	无	离子交换膜（S_2O_3、P205、AmV、PVC）	无	离子交换膜
阴极材料	316 不锈钢	铅片①石墨②		液态铅	钛片	铅片	
阳极材料	石墨	石墨	石墨	石墨	石墨或涂钌钛网		
电解液	硼氟酸水溶液	氯化物	氯化物	氯化物熔融物	氯化物		
对设备的要求	不高	高	高	高	较高	不高	不太高
铅浸出率/%		98①			转化率 >99	转化率 >90	约 93
电流效率/%		>90②		93	93.79	94.5	
电解直流电耗/kW·h		500① <1000②		1300	937	680	
铅回收率/%		99.5②			>98		

①北京矿冶研究总院研究。

②美国矿务局研究。

17.2 矿浆电解法

矿浆电解法（Slurry Electrolysis）是一种新的冶金方法，也是电化学溶解法中研究得最多的一种方法，最早见于20 世纪 70 年代。它在一个装置中同时完成矿石的浸出和金属的电积过程，并具有一定的溶液净化功能。向该装置中加入磨细的矿石或精矿，可直接从该装置中得到产品。

1966 年 E. C. Brace 获得一项关于铜电解的专利是最早的矿浆电解法的报道。1971 年美国 Cyprus 公司提出了一项专利，以碱金属或碱土金属氯化物为电解液加入粒度小于 200μm 的矿粉，控制 pH 值低于 3.9，温度 105℃，阳极电流密度不低于 130A/m²，可以从硫化铅矿电解回收铅。这是最早的硫化铅矿浆电解的专利。以后有许多人进行研究，但是由于诸多工程化的问题没能得到解决没有产业化。

1978年以来，北京矿冶研究总院在国内率先进行了黄铜矿、方铅矿、多金属硫化矿，含金银的铜铅矿，铋矿及废杂铜物料的矿浆电解，并逐渐实现产业化。1996年在湖南柿竹园用矿浆电解法从辉铋矿中提取铋，建成200t/a金属铋的生产线，顺利投产。以后由于该工艺各项指标较好，又将金属铋的产量增加到800t/a。2000年在云南元阳建成年处理量6000t/a的处理含铅、铜、硫都高的复杂金精矿的工厂。以后又将此技术用于广西复杂铅锑硫化矿的处理。

17.2.1 矿浆电解法的工艺

17.2.1.1 矿浆电解法的原则工艺流程

矿浆电解法的原则工艺流程见图17-1。

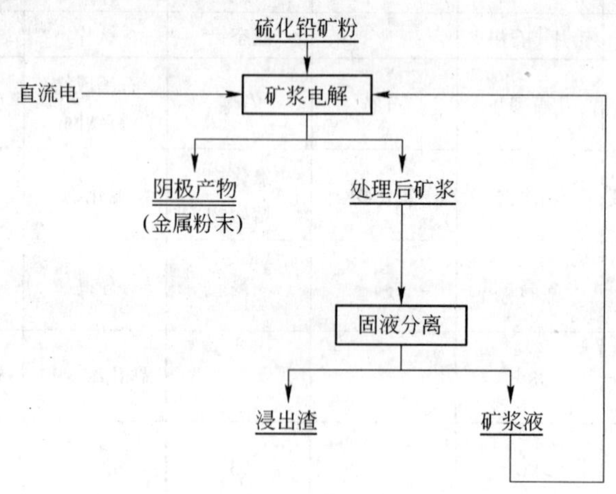

图17-1 矿浆电解法的原则工艺流程

17.2.1.2 矿浆介质

矿浆电解使用的矿浆由电解质溶液和悬浮于其中的矿粉组成，电解质溶液大多选择氯盐溶液（NaCl + HCl）。因为多数金属氯化物在水溶液中的溶解度较大。$PbCl_2$的溶解度不大，但是由于Pb^{2+}与Cl^-的配合作用随Cl^-浓度的增加而增加，其溶解度也随Cl^-浓度的增加而增加；Cl^-对阴极和阳极过程有明显的活化作用；Cl^-能与金属生成配合物使金属氧化的平衡电位低于不含Cl^-的情况，使硫化物的浸出易于实现。

氯盐溶液虽然有许多种，但是出于经济原因，一般选用NaCl + HCl或CaCl + HCl体系水溶液。HCl浓度为0.01～0.1mol/L即可。更高的浓度会使阴极上析出氢气的可能性增加，降低电流效率，经济上也不合理。

此外，国外有人研究过硅氟酸溶液、硫酸盐溶液的矿浆电解，但未见成功的案例。

17.2.1.3 矿浆电解槽

矿浆电解槽是矿浆电解法的关键设备。它与一般电解槽不同的是阴极区和阳极区要用渗滤性隔膜隔开，以保证阴极液的纯净。矿浆放在阳极区，并搅拌使其处于悬浮状态，金属矿物在此溶出。金属离子透过隔膜进入阴极区，并在阴极还原为金属沉积。

矿浆电解的阳极材料一般用石墨制成。虽然氯碱工业用的表面覆盖 RuO_2 涂层的钛阳极可大大提高阳极寿命，并降低能耗。但是由于矿浆电解的作业条件恶劣，而并不实用。阴极材料除可以用石墨外，还可以用铅制作。

电解槽的结构和形状对于产业化至关重要。早期澳大利亚得克斯特克公司采用圆形槽，难于大型化。北京矿冶研究总院在电解槽的结构上取得重大突破，为产业化创造了条件。

阴极室和阳极室之间的渗透性隔膜亦为重要因素。有的用离子交换膜，也有的认为用耐酸滤布制作即可满足要求。

矿浆电解时由于阴极室的铅离子浓度不高，阴极上只能得到铅粉，其收集和排放是必须解决的问题。

17.2.1.4 矿浆电解的主要反应

阳极反应

（1）金属硫化物矿粒的阳极氧化：

$$PbS - 2e = Pb^{2+} + S^0$$

$$MeS - 2e = Me^{2+} + S^0$$

（2）水溶物种的阳极氧化：

$$Fe^{2+} - e = Fe^{3+}$$

$$2Cl^- - 2e = Cl_2$$

（3）水的分解：

$$H_2O - 2e = 2H^+ + 1/2O_2$$

阴极反应

（1）金属的还原沉积：

$$Me^{n+} + ne = Me$$

$$Pb^{2+} + 2e = Pb$$

（2）H^+ 的还原：

$$2H^+ + 2e = H_2$$

（3）高价态铁离子的还原：

$$Fe^{3+} + e = Fe^{2+}$$

矿浆电解槽的总反应：

$$PbS \longrightarrow Pb^0 + S^0$$

非电极过程

（1）化学氧化过程：

$$MeS + 2Fe^{3+} = Me^{2+} + 2Fe^{2+} + S^0$$

$$PbS + 2Fe^{3+} = Pb^{2+} + 2Fe^{2+} + S^0$$

$$MeS + HClO + H^+ = Me^{2+} + Cl^- + H_2O + S^0$$

$$H_2S + 2Fe^{3+} \longequal 2H^+ + 2Fe^{2+} + S^0$$

（2）酸溶过程：

$$MeS + 2H^+ \longequal Me^{2+} + H_2S$$

17.2.2 铅矿浆电解的几个研究实例

17.2.2.1 得克斯特克铅矿浆电解（Dextec-Pb）

得克斯特克铅矿浆电解的试验装置见图17-2。

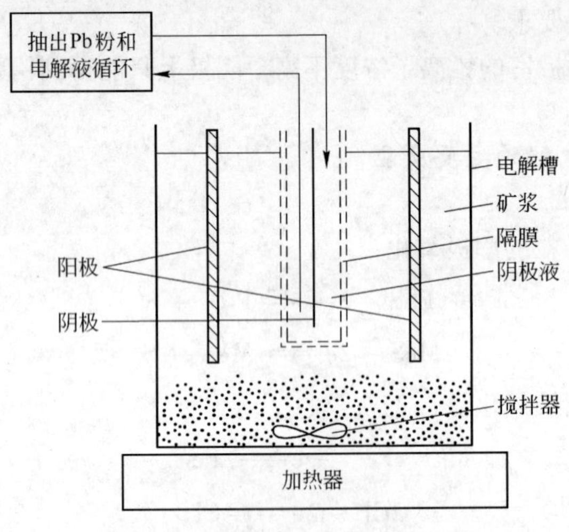

图17-2 得克斯特克铅矿浆电解装置

硫化铅矿粉或精矿与氯化物电解液一起浆化后加入电解槽中，由加热器控制一定温度，机械搅拌使矿物悬浮，在阴阳极之间通入直流电，矿石中的硫化铅被氧化成铅离子进入电解液，铅离子穿过隔膜进入阴极区，在阴极上还原为金属。

得克斯特克铅矿浆电解进行了一些试验研究，典型的结果如以下两例。

例1 1kg铅锌铜铁硫化精矿加入电解槽阳极区，电解液5L置于电解槽中，成分为NaCl 30%，$PbCl_2$ 4%，pH值为1.5～2.5，阴极和阳极均为石墨制成，面积电流为90A/m²，温度80℃，经矿浆电解5h，得到的结果见表17-3。

表17-3 得克斯特克铅矿浆电解试验结果 （质量分数/%）

成 分	Pb	Zn	Cu	Fe
原料1	8.0	24.0	10.1	18.8
渣	0.21	26.7	10.9	20.6
产品	99	0.018	0.090	0.003
原料2	11.6	18.4	10.20	15.2
渣	0.14	18.8	11.0	17.0
产品	99	0.007	0.017	0.0032

试验电流效率大于90%，槽电压低于2.0V，千克产品电耗低于1kW·h，铅的回收率为97%～99%。

例2 100g 成分为 Pb 70%，Cu 1.0%，Fe 1.9% 的高品位铅精矿在搅拌状态下缓慢加入 5L 电解液中，电解液成分为 NaCl 30%，$PbCl_2$ 4%，通入 5A 直流电，槽电压 1.9V，阳极面积电流 $90A/m^2$，经 5h 电解，渣含 Pb 0.9%，Fe 4.9%，Cu 3.2%。铅回收率 99.5%。

该法具有很高的浸出选择性，槽电压较低。

17.2.2.2 北京矿冶研究总院铅矿浆电解

北京矿冶研究总院铅矿浆电解的流程见图 17-3。

试验原料成分(质量分数/%，Au、Ag 为 g/t)：

原 料	Pb	Zn	Cu	Fe	S	Ag	Au
凡口矿	48.3	6.05	0.02	14.0	24.2	515	1.2
栖霞山矿	57.4	6.0	0.66	1.6	20.0	1770	0.83

试验电解槽容积 5L，用隔膜将电解槽分为阴极区和阳极区，阳极材料为石墨，阴极为铅片。阳极区用机械搅拌使矿粉悬浮，有电热器控制电解液温度。铅精矿直接加入阳极区。

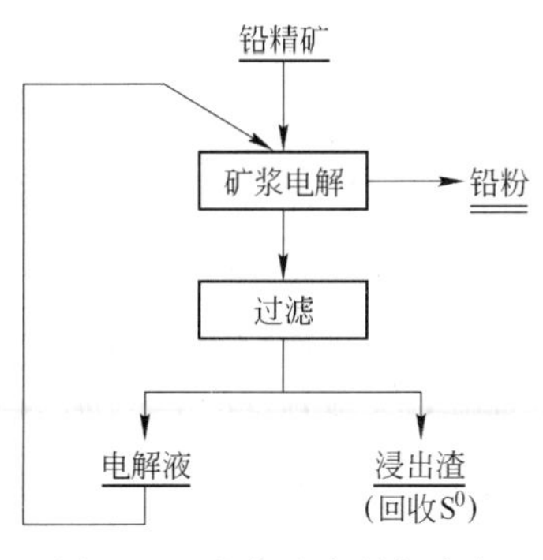

图 17-3 北京矿冶研究总院铅矿浆电解流程

通过对电解液 pH 值、温度、氯离子浓度和反应时间等因素进行试验研究，得出最佳工艺条件。在此条件下获得的主要技术指标为：

铅浸出率/%	98
渣含铅/%	1.57
渣率/%	39.3
吨铅粉电耗（直流)/kW·h	500

17.2.2.3 中南大学矿浆电解

中南大学矿浆电解的流程见图 17-4。

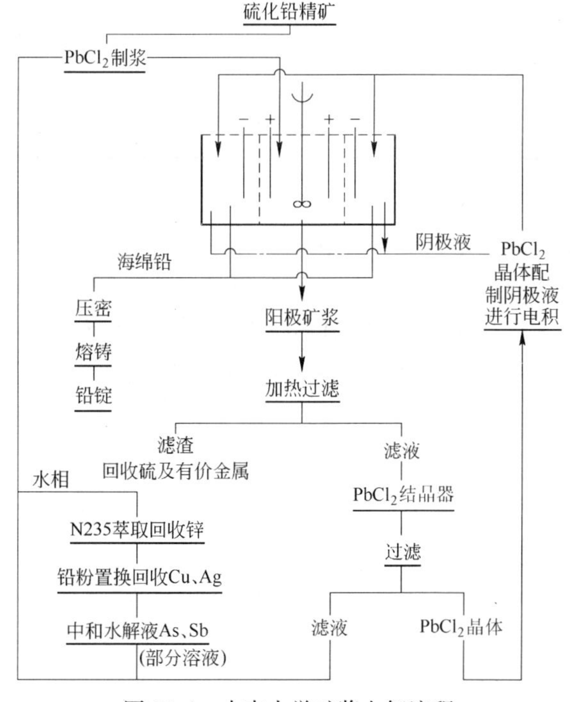

图 17-4 中南大学矿浆电解流程

该工艺采用阳离子交换膜隔开阴极区和阳极区。

小型试验的原料成分（%）为：Pb 50.34，Zn 6.03，Cu 1.12，Fe 11.21，S 22.17，Bi 0.82，Ag 0.25，Cd 0.15。

阳极液 NaCl 250～350g/L，用 HCl 调整 pH 值，使 pH 值保持 1 左右，液固比为 6，温度 60℃ 面积电流 700～1000A/m²。阳极矿浆从阳极室放出后，经加热过滤，滤渣进一步回收硫和其他有价金属。滤液先冷却结晶除去部分 $PbCl_2$，此结晶 $PbCl_2$ 与阴极循环液配制成新的阴极液加入阴极室。除去 $PbCl_2$ 的滤液中和水解除铁、砷、锑，铅粉置换除铜、铋、银，用 N235 或 P204 回收锌。

试验结果铅溶出率 95% 左右，银 87%，而铜、镉、铁的溶出率均小于 20%。得到的海绵铅纯度为腐蚀级，电流效率大于 80%，吨铅电耗为 1000～1100kW·h。

17.2.3 矿浆电解工艺的优缺点

矿浆电解工艺主要优点：

（1）流程短，在一个装置内同时完成金属矿物的浸出和金属的制取；

（2）试剂消耗少，矿浆放出经过处理后，矿浆液返回电解槽使用；

（3）能耗低，与通常的电解阳极上析出氧气不同，矿浆电解的阳极过程用来浸出矿物，故节省了能量，这从实例的吨铅电耗（500～1100kW·h）可以看出；

（4）对环境友好，矿石中的硫以元素硫的方式产出，不排放 SO_2。

矿浆电解工艺主要缺点：

（1）阴极只能产出铅粉或海绵铅；

（2）阳极矿浆若只是过滤后将溶液返回阴极室，则得到的铅纯度达不到产品要求，实例中的流程较为复杂；

（3）电解槽的结构比一般电解槽复杂。

17.3 $FeCl_3$ 浸出法

$FeCl_3$ 酸性浸出法是盐类浸出法的一种，也是研究得较多的一个方法。众多的研究者研究了氯化铅的溶解度、Pb-S-HO 系的 E-pH 图，加入 Cl^- 后的 E-log 平衡图等热力学问题，也研究了浸出过程的动力学。研究了在氯盐体系中，用氧气、氯气、三氯化铁、氯化亚铜和过氧化氢等氧化剂浸出硫化铅，但是研究得最多的是三氯化铁酸性浸出。因为三氯化铁浸出硫化铅矿的速度快，反应产生的 $FeCl_2$ 容易再生为 $FeCl_3$ 可返回使用。用 $FeCl_3$ 浸出铅精矿得到 $PbCl_2$，$PbCl_2$ 熔盐电解或水溶液电解得到金属铅。

17.3.1 $FeCl_3$ 浸出工艺

17.3.1.1 浸出工艺流程

$FeCl_3$ 浸出—水溶液电解的工艺流程见图 17-5，$FeCl_3$ 浸出—熔盐电解的工艺流程见图 17-6。

17.3.1.2 主要反应

A 浸出反应

在 $FeCl_3$ 浸出体系中既存在酸溶反应，又存在氧化反应。其反应如下：

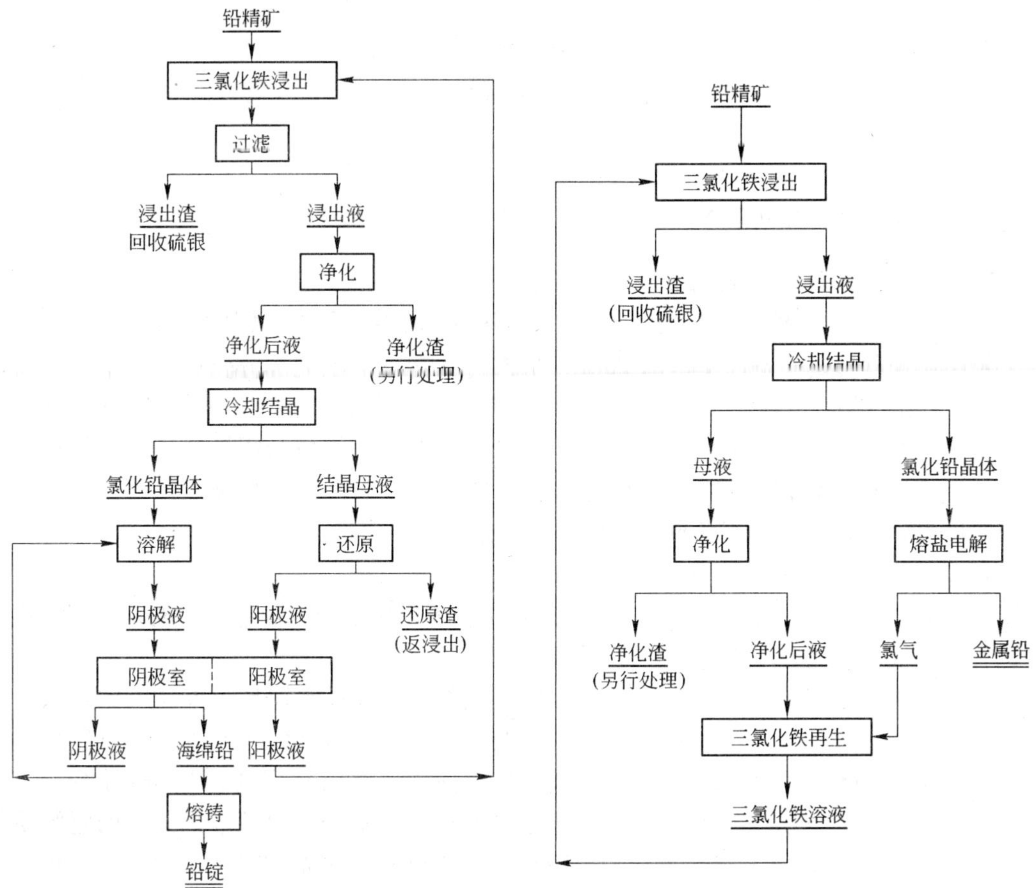

图 17-5 $FeCl_3$ 浸出—水溶液电解的工艺流程　　图 17-6 $FeCl_3$ 浸出—熔盐电解的工艺流程

$$PbS + 2H^+ = Pb^{2+} + H_2S$$

$$PbS + Fe^{3+} \longrightarrow Pb^{2+} + Fe^{2+} + S^0$$

当溶液中有足够多的 Fe^{3+} 时，还会发生 H_2S 被氧化的反应。

$$H_2S + Fe^{3+} = Fe^{2+} + 2H^+ + S^0$$

研究结果表明，当溶液中氢离子和三价铁离子的活度比 $A = a_{H^+}/a_{Fe^{3+}}$ 大于 5 时，酸溶反应是主要反应，当 A 小于 5 时，氧化反应是主要反应。

B　水溶液电解反应

$PbCl_2$ 在水溶液中的溶解度不高，但是因为会与溶液中的 Cl^- 生成配合物，使其溶解增加。采用加入 NaCl，增加溶液中的 Cl^- 量，使固态氯化铅溶解。

$$PbCl_2(s) + 2Cl^-(aq) = PbCl_4^{2-}(aq)$$

阴极　$$Pb^{2+} + 2e \longrightarrow Pb$$

阳极　$$Fe^{2+} - e \longrightarrow Fe^{3+}$$

总反应　$$2Fe^{2+} + Pb^{2+} \longrightarrow Pb + 2Fe^{3+}$$

C 熔盐电解反应

阴极 $Pb^{2+} + 2e \longrightarrow Pb$

阳极 $2Cl^{2-} - e \longrightarrow Cl_2$

总反应 $PbCl_2 \longrightarrow Pb + Cl_2$

17.3.2 作业过程、控制条件及指标

17.3.2.1 水溶液电解过程

$FeCl_3$ 浸出—水溶液电解为隔膜电解，电解槽采用阴离子膜将其分为阴极室和阳极室。

铅精矿控制一定的条件使铅以 $PbCl_4^{2-}$ 形态进入溶液。绝大部分硫以元素硫的形态和贵金属一起进入渣中，渣进一步回收硫和贵金属。浸出液加硫化剂如 H_2S、Na_2S 等除去铜等杂质。再冷却结晶出氯化铅晶体，此晶体用 NaCl 溶液溶解成为阴极液进入电解槽的阴极室。结晶母液用铅精矿还原，使溶液中的 Fe^{3+} 还原为 Fe^{2+} 即为阳极液进入阳极室。电解在阴极得到海绵铅，阳极室 Fe^{2+} 氧化为 Fe^{3+} 返回做浸出剂。

17.3.2.2 熔盐电解过程

硫化铅矿浸出过程与前面相同，得到氯化铅晶体以后采用熔盐电解。电解得到金属铅和氯气。氯气用于使 Fe^{2+} 氧化为 Fe^{3+} 返回浸出。

因为氯化铅会溶解阴极上沉积的铅；氯化铅熔点 501℃ 比较高，蒸气压比较大，在 550℃时为 373.3Pa。所以熔融的氯化铅不能单独做电解质，必须加入碱金属氯化物使其与氯化铅共熔，以降低电解质的熔点，减少氯化铅的挥发损失，提高电解质的电导率。

美国矿务局对 $FeCl_3$ 浸出—熔盐电解方法进行了许多研究。电解效果最好的电解质是 $PbCl_2$-LiCl-KCl 体系。含 LiCl 55%，KCl 45% 的 LiCl-KCl 共晶混合物熔点 354℃，比铅的熔点高 27℃，分解电压高，导电性好，与金属铅互溶性好，$PbCl_2$ 的浓度可以在较大范围内选择，是最佳的电解质。

据研究，氯化铅浓度对电流效率影响不大；而电流密度对电能消耗的影响很大，其影响见图 17-7。

美国矿务局进行扩大试验的电解装置见图 17-8。

试验操作参数：电流 3000A，槽电压 4.7V，电解质温度 450℃，电流密度 0.7A/cm，电极间距 1.9cm。

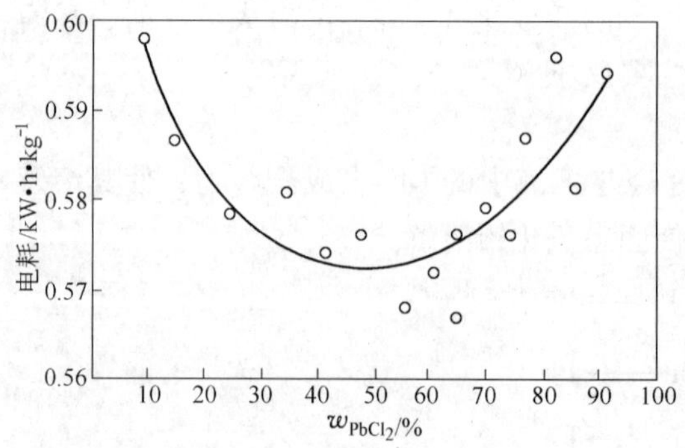

图 17-7 电流密度对电能消耗的影响

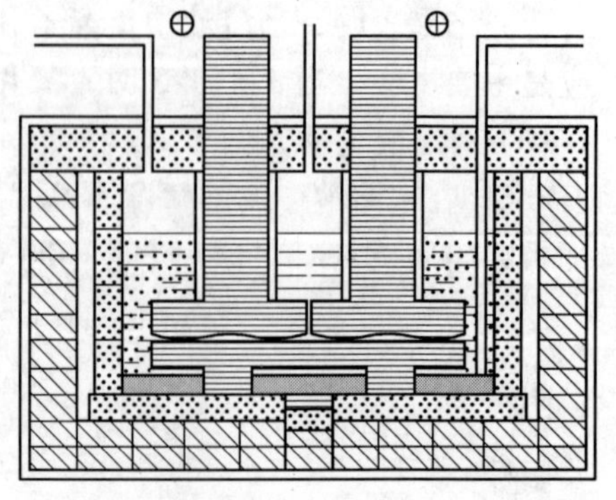

图 17-8 熔盐电解扩大试验的电解装置

指标：电流效率 93%，产铅量 10800kg，电耗 1.3kW · h/kg。

美国矿业局虽然进行了 3000A 规模的扩大试验，可以经济地小规模处理方铅矿精矿，铅的排放很少，对环境污染小。但是，要产业化也还有一些问题需要解决。如电解槽必须经受得住 $PbCl_2$ 和氯气的腐蚀，以及氯气的收集与回收等。

我国中南大学做过类似试验，遇到过类似的困难。

17.3.2.3　$FeCl_3$ 浸出工艺的优缺点

$FeCl_3$ 浸出工艺主要优点：

（1）氯盐浸出体系最大的优点是浸出速度快；

（2）浸出剂易于再生，水溶液电解时阳极直接得到 $FeCl_3$，熔盐电解时 $FeCl_2$ 可由电解产生的氯气再生 $FeCl_3$；

（3）对复杂硫化铅矿的适应能力较强。

$FeCl_3$ 浸出工艺主要缺点：

（1）氯化铅在氯盐体系内的溶解度较低，导致设备尺寸大，增加投资；

（2）熔盐电解槽的工业化生产结构还有一些困难，水溶液电解时隔膜电解槽的结构、阴离子膜的寿命及其电阻大小，都直接影响电解过程的顺利进行；

（3）氯化物水溶液和氯气腐蚀性强，对设备材料要求高。

17.4　硅氟酸浸出法

由于铅在硅氟酸体系中的溶解度较大，铅的电解精炼一直采用硅氟酸电解液体系，积累了丰富的经验，所以冶金工作者对硅氟酸浸出法做了大量工作。

17.4.1　工艺流程

硅氟酸浸出法的工艺流程见图 17-9。

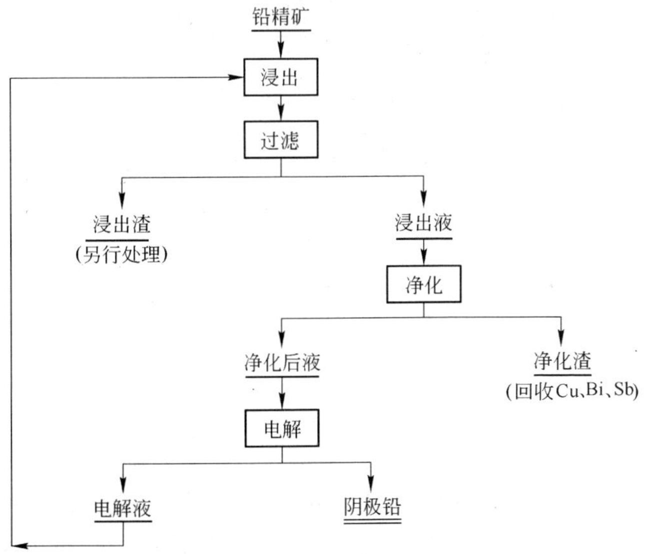

图 17-9　硅氟酸浸出法的工艺流程

17.4.2 硅氟酸浸出法的主要反应

硅氟酸浸出反应如下：

（1）在酸度较高时发生酸溶

$$PbS + 2H^+ \xlongequal{} Pb^{2+} + H_2S$$

$$H_2S + 2Fe^{3+} \xlongequal{} 2Fe^{2+} + 2H^+ + S^0$$

（2）在酸度较低时发生硫化铅的直接氧化

$$PbS + Fe_2(SiF_6)_3 \xlongequal{} PbSiF_6 + 2FeSiF_6 + S^0$$

由于溶液中的 Fe^{3+} 有利于浸出反应的进行，所以控制一定的 Fe^{3+} 浓度，实质上是酸性硅氟酸铁浸出。

电积反应与前面类似，在此不一一列出。

据研究，$PbSiF_6$ 在水中的溶解度很大，20℃时为68.97%，而且随温度升高而升高，这一点优于氯盐体系，见图17-10。

pH值的控制很重要，既要保持 SiF_6^{2-} 稳定存在，又要使硫生成单质硫，而不要进一步氧化为 SO_4^{2-}。

随着 F^- 离子浓度的增加，Fe^{3+} 被氟络合的倾向增大，电位也随着下降。所以可以通过调节 F^- 的浓度来调节氧化电位。

此外，温度对硫化铅的浸出影响也很大。20~38℃时反应速度较慢，38~95℃时反应速度较快。在65℃以下锌的浸出率比铅的低。研究还表明，硫化铅的浸出速率受表面化学反应控制，浸出表观活化能62.1kJ/mol。

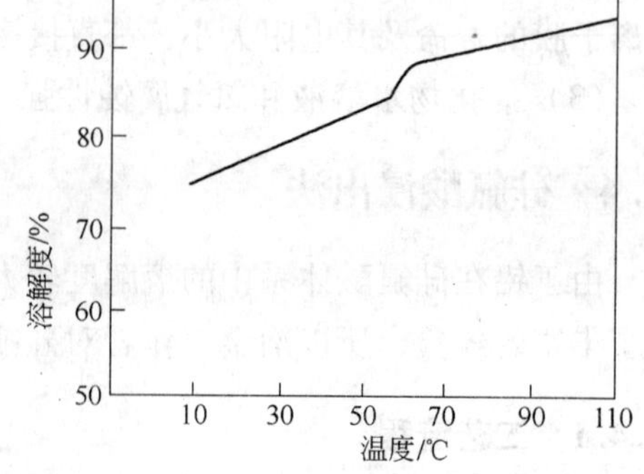

图17-10 温度对硅氟酸铅溶解度的影响

而有的研究者研究用氧气做氧化剂，其反应为：

$$2PbS + O_2 + 2H_2SiF_6 \xlongequal{} PbSiF_6 + 2S^0 + H_2O$$

硫化铅的浸出速率受氧气的扩散控制，故增加氧气的溶解和加快气流速度都有利于提高浸出速度。所以采用加压氧浸。

17.4.3 作业过程

作业过程分为三步：

第一步，浸出。铅精矿用酸性硅氟酸铁（$Fe_2(SiF_6)_3$）水溶液浸出，浸出渣富集了硫和贵金属，需进一步回收。

第二步，净化。浸出液中含有铜、铋、锑等少量杂质，用铅粉置换除去。

第三步，电积。电积在酸性硅氟酸铅（$PbSiF_6$）水溶液中进行。在阴极铅离子还原得到金属铅，在阳极 Fe^{2+} 被氧化为 Fe^{3+} 浸出剂得到再生返回浸出。由于 Fe^{3+} 还原为 Fe^{2+} 的速度比 Pb^{2+} 还原为金属铅的速度快，所以必须采用隔膜电解。

17.4.4　硅氟酸浸出法优缺点

硅氟酸浸出法主要优点：

（1）$PbSiF_6$ 在水中的溶解度大，有利于浸出和电积的进行；

（2）$Fe_2(SiF_6)_3$ 酸性水溶液浸出硫化铅的速度快；

（3）电积在阴极得到金属铅的同时，浸出剂得到再生。

硅氟酸浸出法主要缺点：

需采用隔膜电解。离子膜的选择和电解槽的结构是实现工业生产的困难所在。

17.5　固相转化法

固相转化法有两种形式：一是固相转化-浮选-氯化铅隔膜电解法；二是碳酸胺转化法。

17.5.1　固相转化-浮选-氯化铅隔膜电解法

17.5.1.1　工艺流程与主要过程

固相转化-浮选-氯化铅隔膜电解法的工艺流程见图 17-11。

铅精矿用 $FeCl_3$-NaCl 溶液浸出，使铅由 PbS 转化为 $PbCl_2$；然后用浮选的办法，分选

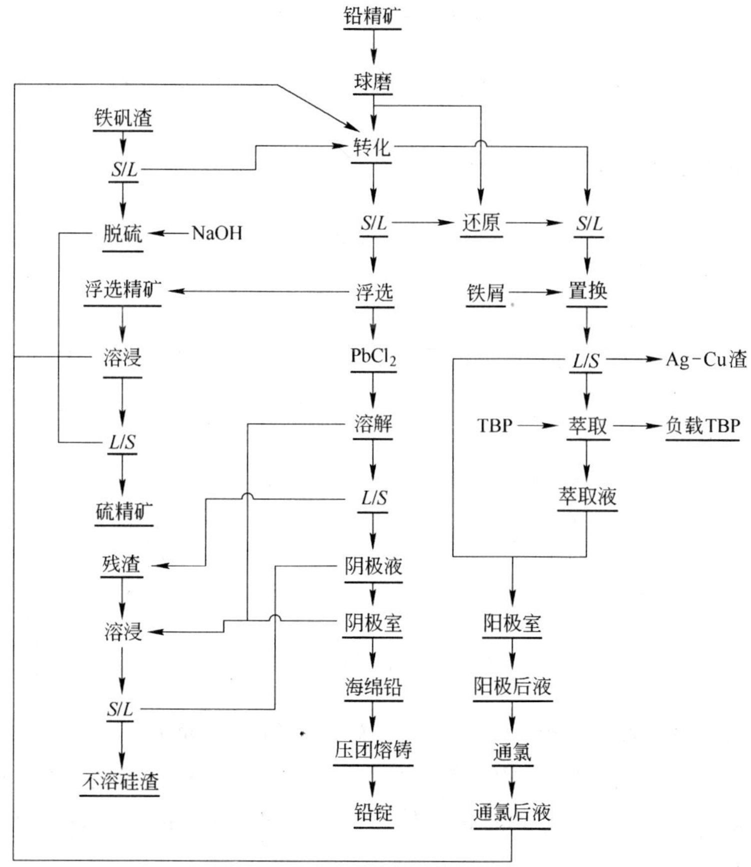

图 17-11　固相转化法的工艺流程

出含其他金属硫化物的硫精矿和氯化铅；氯化铅溶解后采用隔膜电解，得到海绵铅。

A 浸出过程与反应

浸出反应如下：

$$PbS + 2Fe^{3+} + 2Cl^{-} \longequal PbCl_2 + 2Fe^{2+} + S^0 \tag{17-1}$$

据研究，硫化铅颗粒与三氯化铁的反应首先生成固相的氯化铅。生成的反应产物（硫膜和氯化铅膜）是疏松多孔的，不会阻碍反应的继续进行。增加游离氯离子的浓度和提高温度有利于加速反应的进行。

转化铅精矿产出的二氯化铁溶液分离部分铅、银、铜后，加盐酸调整 pH 值为 1.5，温度控制在 50℃，送阳极液高位槽参加电解循环。从电解槽流出的阳极液其中的 Fe^{2+} 已经氧化为 Fe^{3+}，返回作为浸出剂。

B 净化过程与反应

转化后液净化前需要还原，用铅精矿使 Fe^{3+} 还原为 Fe^{2+}，与浸出反应式 17-1 相同。当全部 Fe^{3+} 还原后，过量的铅精矿会发生酸溶反应，还有下列副反应发生：

$$PbS + 2HCl = PbCl_2 + H_2S$$

$$2AgCl + 2H_2S \longrightarrow Ag_2S + 2HCl + 2Cl^{-}$$

$$2CuCl_2 + 2H_2S = Cu_2S + 4HCl + S^0$$

所以铅精矿应逐渐加入，不宜过量。以使 Fe^{3+} 尽可能还原，而银铜尽量少损失。

C 浮选除杂

浮选除杂的工艺见图 17-12。

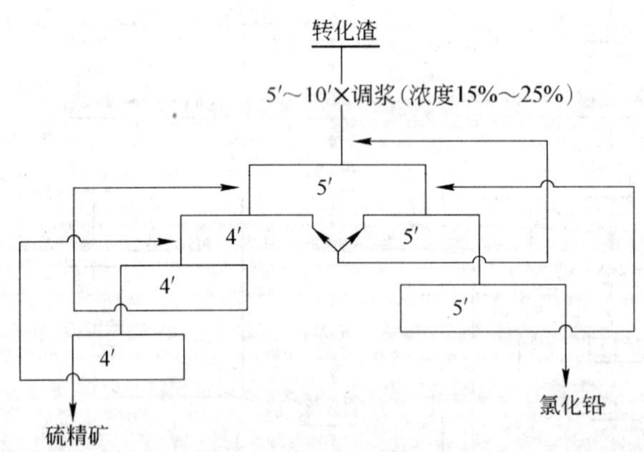

图 17-12 浮选除杂工艺

在酸性氯盐体系中加热的情况下，方铅矿转化为氯化铅的过程，相当于一个新的成矿过程。没有参加反应的硫化物（闪锌矿、黄铜矿、黄铁矿等）被清洗一新，恢复了其天然的可浮性，而新生的氯化铅是亲水性的，使它们的分离成为可能，这就是浮选除杂提纯氯化铅的依据。

浮选产出的氯化铅加入溶解槽。

D 电积过程与反应

阴极 $Pb^{2+} + 2e = Pb$

阳极 $Fe^{2+} - e = Fe^{3+}$

总反应 $2Fe^{2+} + Pb^{2+} = Pb + Fe^{3+}$

以上3个反应与三氯化铁浸出—水溶液电解法相同。电积中隔膜材料是个关键，研究中选用了多种离子膜，并改变膜的预处理方法，有效地降低了膜电阻。用 S_{203}膜、P_{205}膜、AmV 膜和 PVC 膜都可以，其中 P_{205}膜最好，扩大试验选用此膜。

电积设备连接图见图 17-13。

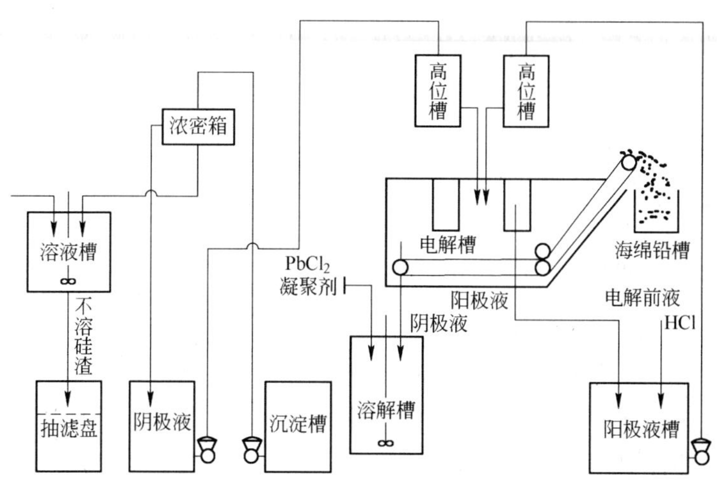

图 17-13 电积设备连接

电解槽用聚氯乙烯硬塑料焊成，槽内用 P_{205}阴离子膜将其分为阴极室和阳极室。阳极用石墨或涂钌钛网做成。阴极为钛片。阴极液和阳极液分别循环，阳极室液面比阴极室低10~15mm。电解槽底一端作成45°坡形，槽底安装涤纶布传送带，阴极产出的海绵状氯化铅落到传送带上，输送出槽外，海绵铅经压密后熔铸成产品（2号铅）。

由浮选得到的氯化铅，加入溶解槽内，用从电解槽流出的贫铅阴极液，在温度55℃和机械搅拌条件下，溶解至溶液含铅15g/L以上，再加入凝聚剂。溶解槽溢流经沉淀槽和浓密箱分离未溶氯化铅后，送高位槽作为阴极液循环。沉淀槽的未溶氯化铅返回溶解槽。浓密箱底流的氯化铅，在大于80℃下，用阴极液溶解，并使其与不溶硅渣分离。浸出液冷却结晶出的氯化铅返回溶解槽。

17.5.1.2 工艺控制条件、指标与评价

A 原料化学成分

试验用的铅精矿成分如下：

元素	Pb	Ag	Cu	Zn	Fe	S	As	SiO_2
含量/%	53.21	0.063	0.71	5.25	5.00	14.51	0.0095	9.01

B 控制条件

（1）铅精矿固相转化条件：

浸出剂成分：Fe 70 ~ 80g/L，Fe^{3+} 45 ~ 50g/L，Cl^- 240 ~ 260g/L，pH 值为 0.5

转化温度：60 ~ 70℃

转化时间：2 ~ 3h

（2）浮选除杂：

浮选试验结果列于表 17-4。

表 17-4 浮选试验结果

收入与产出	产品名称	产率/%	组成分析/%			回收率/%		
			Pb	Ag	Cu	Pb	Ag	Cu
收入	转化渣	100	56.09	0.0029	0.140	100	100	100
产出	硫精矿	16.24	10.88	0.0243	0.803	3.13	84.31	97.27
	氯化铅	83.76	65.40	0.0009	0.004	96.87	16.59	2.73
	合　计	100	56.55	0.0039	0.134	100	100	100
	对转化渣	95.23				96	157.09	91.73
	盘点中矿	4.49	46.30		0.20	3.71		
平衡		99.72				99.71		

（3）电积：

浮选得到的氯化铅成分（%）：Pb 65，Ag 0.001，Cu 0.01，Fe 0.5。

阴极液成分：NaCl 溶液浓度为 4mol，pH 值为 1，Cl^- 150 ~ 170g/L，Cu < 0.001g/L，Ag < 0.001g/L，Pb ≥ 10g/L（出液口）。

阳极液成分：Pb 5g/L，Cu 0.2g/L，Ag 0.01g/L，$Fe_{全}$ 80g/L，Cl^- 200g/L，pH 值为 1，Fe^{2+} ≥ 20g/L。

阴极液循环速度：750mL/(A·h)。

阳极液循环速度：750mL/(A·h)。

电解液温度：50℃左右。

阴极尺寸：1mm 钛片，有效面积 440mm × 550mm。

阳极尺寸：12mm 石墨，有效面积 440mm × 490mm 或 1mm 涂钌钛片，有效面积 440mm × 460mm。

同极距离：150mm。

阳极电流密度大于 350A/m^2，槽电压小于 4V。

浮选氯化铅加入量：氯化铅中铅量 ：电解产出铅量 = 1.2 ~ 1.25。

凝聚剂加入量：氯化铅量的 1/5000，浓度 0.5g/L。

（4）海绵铅压团：

压团压强 100kg/cm^2，团块直径 200mm，厚 20mm，团块密度约 8g/cm^3。

（5）熔铸：

熔铸温度 750℃，表面加 NaCl 覆盖。

C　技术经济指标

浮选铅直收率：96%。

回收率：99.71%。

电解回收率：99.30%。

电流效率：93%。

吨铅直流电耗：937kW·h。

铅的全流程总回收率：>98%。

吨铅碱耗：20.72kg。

吨铅盐酸耗：99.25kg。

D 固相转化法的优缺点

该工艺在技术上是可行的。但在经济上是否合理，还需根据现时的市场情况进行核算后，方能作出判断。

该工艺已进行过扩大试验，产出电铅17批共4150.818kg。

主要优点：

(1) 采用氯盐固相转化，转化率高；

(2) 浮选除杂，不需再净化溶液，而且成本低。

主要缺点：

(1) 电解体系较为复杂；

(2) 进一步降低槽电压和提高选矿除杂效果难度较大。

17.5.2 碳酸胺转化法

17.5.2.1 工艺流程

碳酸胺转化法的工艺流程见图17-14。

铅精矿在碳酸胺溶液中，温度50～60℃下浸出，铅转化为碳酸铅，硫转化为元素硫。碳酸铅用硅氟酸水溶液溶解，溶液用铅粉置换除去杂质后电积，得到海绵铅。

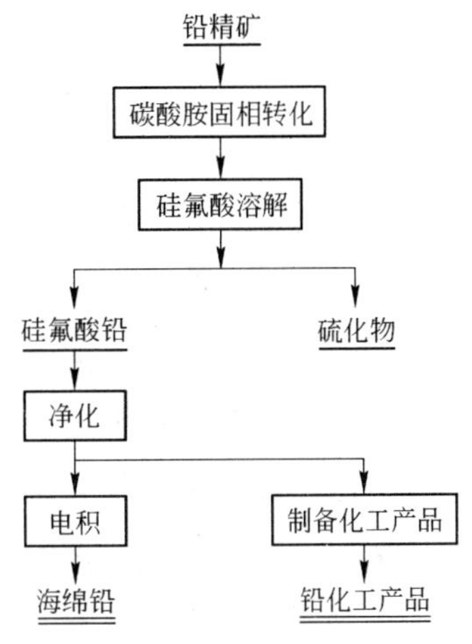

图17-14 碳酸胺转化法的工艺流程

碳酸胺转化反应：

$$PbS + (NH_4)_2CO_3 + \frac{1}{2}O_2 + H_2O = PbCO_3 + S^0 + 2NH_4OH$$

17.5.2.2 影响碳酸胺转化的主要因素

A 搅拌速度的影响

研究证明碳酸胺转化反应是氧的扩散控制，加强搅拌有利于反应的进行，转化率明显提高。研究结果见表17-5。

表17-5 搅拌速度对转化率的影响

搅拌速度/r·min^{-1}	铅转化率/%	搅拌速度/r·min^{-1}	铅转化率/%	搅拌速度/r·min^{-1}	铅转化率/%
1000	86.6	1320	95.7	2000	97.3

B 矿石粒度对转化率的影响

矿石粒度对转化率的影响列于表17-6。

表 17-6 矿石粒度对转化率的影响

编 号	矿石粒度/μm				铅转化率/%
	>71	71～50	50～40	<40	
1	21.90	10.41	23.41	44.28	56.1
2	3.35	7.15	4.09	85.41	88.7
3	1.23	2.67	3.27	92.83	88.8
4	0	0	0	100	95.8

C 矿石中硫化铁对转化率的影响

矿石中硫化铁可能作为氧的载体，对反应有催化作用，硫化铁对转化率的影响见图 17-15。

D 时间对转化率的影响

时间对转化率的影响见图 17-16。

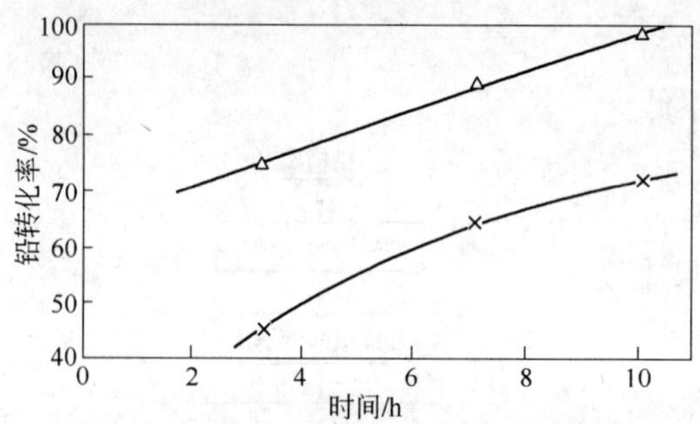

图 17-15 矿石中硫化铁对转化率的影响

×—没有 FeS_2；△—加 10% FeS_2

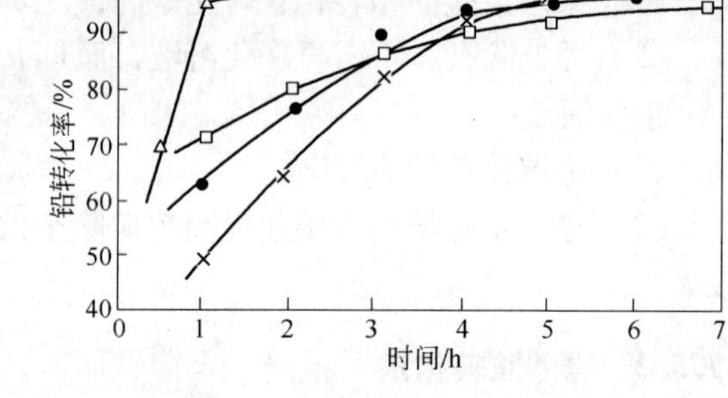

图 17-16 时间对转化率的影响

△—A 矿；□—B 矿；●—C 矿；×—D 矿

E 温度对转化率的影响

温度对转化率的影响见图 17-17。

F 碳酸胺用量对转化率的影响

碳酸胺用量对转化率的影响见图 17-18。

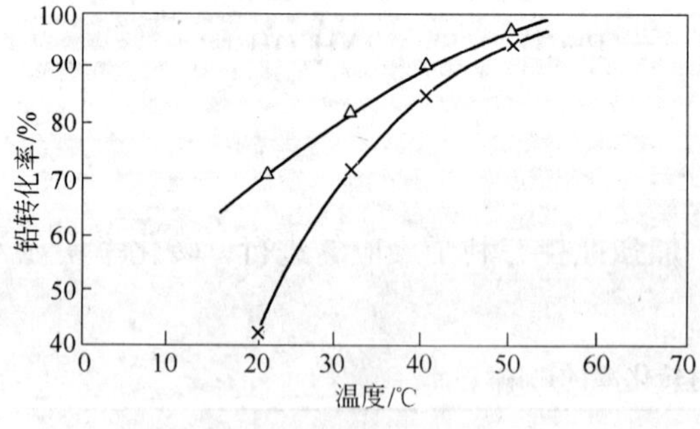

图 17-17 温度对转化率的影响

△—A 矿；×—D 矿

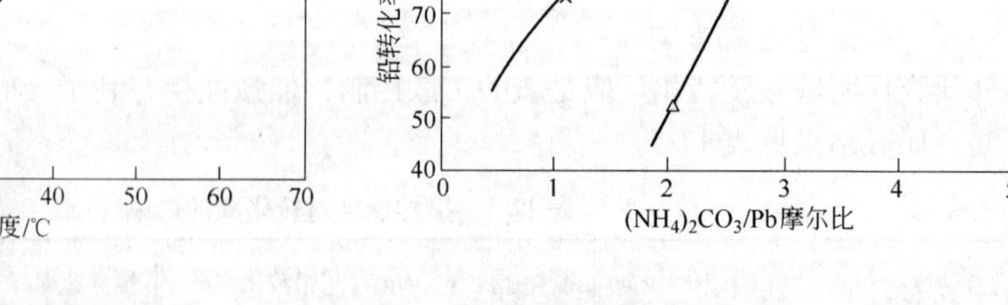

图 17-18 碳酸胺用量对转化率的影响

△—A 矿；×—D 矿

G 温度和时间对元素硫生成的影响

温度和时间对元素硫生成的影响见表 17-7。

表 17-7 温度和时间对元素硫生成的影响

序 号	温度/℃	时间/h	铅转化率/%	元素硫生成率/%	$S_xO_y^{2-}$ 生成率/%
1	60	6	92.58	61.25	38.75
2	60	5	90.83	73.69	26.31
3	60	4	92.38	76.86	23.14
4	55	5	90.17	80.02	19.98
5	50	6	92.03	82.81	17.19
6	50	4	91.03	83.58	16.42

17.5.2.3 电积试验结果

电积试验条件为：阴极面积 0.53dm^2，阳极面积 0.39dm^2，电解液温度 12 16℃，[H_2SiF_6]150g/L，[Pb^{2+}]100～150g/L。为了阻止在阳极产生 PbO_2，在电解液中加入少量磷酸。电积试验结果见表 17-8。

表 17-8 电积试验结果

电流密度	时间/h	铅产量/g	PbO_2 产量/g	PbO_2 产率/%	电流效率/%	吨铅电耗/kW·h
110	6	14.5	0.11	0.8	100	549
142	8	24.1	0.21	0.9	97.4	584
200	8	23.0	0.20	0.86	98.8	675
200	287	1647.5	17.2	1.04	94.5	688

17.5.2.4 碳酸胺转化法的优点及存在的问题

主要优点：

（1）浸出在碱性介质中进行，对设备要求不高；

（2）电解为硅氟酸电解质，可以产出致密的金属铅；

（3）还可以方便地按市场需求生产各种铅的化工产品，如三盐基硫酸铅、二盐基亚磷酸铅、硬脂酸铅、红丹、黄丹等；

（4）碳酸胺易于再生。

存在的问题：

（1）从电解的条件看要保持电解液 11～16℃，夏天需要冷却；

（2）经济上能否与火法炼铅相比，仍然是个重要问题。

17.6 弗鲁伯（FLUBOR）法

弗鲁伯法是目前世界上唯一已经工业化的湿法炼铅方法。

17.6.1 弗鲁伯法的工艺流程

弗鲁伯法主要包括铅精矿浸出，电积，工艺蒸气处理，氟氢酸制备，阳极后液净化和铅火法精炼等工序。弗鲁伯法的原则流程见图 17-19。

17.6.2 弗鲁伯法的主要反应

17.6.2.1 浸出反应

铅精矿用贫化后的含硼氟酸铁的阳极电解液浸出，反应如下：

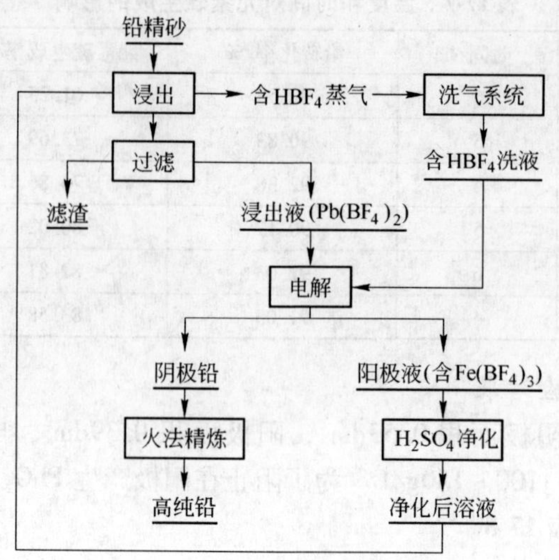

图17-19 弗鲁伯法的原则工艺流程

$$PbS + 2Fe(BF_4)_3 = Pb(BF_4)_2 + 2Fe(BF_4)_2 + S^0$$

浸出后的富铅溶液送电积。

17.6.2.2 电积反应

阴极反应：

$$Pb(BF_4)_2 + 2e = Pb\downarrow + 2(BF_4)^-$$

阳极反应：

$$2Fe(BF_4)_2 + 2(BF_4)^- = 2Fe(BF_4)_3 + 2e$$

电解总反应：

$$Pb(BF_4)_2 + 2Fe(BF_4)_2 = Pb\downarrow + 2Fe(BF_4)_3$$

电积后的贫铅溶液返回浸出。

17.6.2.3 净化反应

当杂质积累到一定程度会在阴极析出，所以电解液需要净化。先向反应器通入H_2S，使铅生成PbS沉淀，其反应如下：

$$Pb(BF_4)_2 + H_2S = PbS + 2HBF_4$$

在沉降槽中分离出PbS过滤压缩后滤饼返回浸出反应器。

滤液蒸发后加入98%的H_2SO_4净化除杂。因为铁、锌、镉等硫酸盐溶解度低而沉淀，经重力分离后溶液返回浸出反应器。其反应如下：

$$2Fe(BF_4)_3 + 3H_2SO_4 = Fe(SO_4)_3 + 6HBF_4$$

$$Me(BF_4) + H_2SO_4 = MeSO_4 + 2HBF_4$$

式中，Me代表锌、镉等。

17.6.3 作业过程和主要技术条件

浸出控制pH < 1，温度 > 80℃，液固比（12 ~ 14）：1，进行二次浸出，反应时间约4h。

电积阳极用石墨制成，阴极由316不锈钢制成，厚度3mm，放于塑料纤维袋中。槽电压3V，电流密度300A/m^2，电解液温度45～50℃。每个电极下有空气起泡装置，以提高电流效率。富铅浸出液净化后加入阴极室。添加剂为骨胶。

工艺蒸气处理系统，处理各个工序产生的废气。浸出反应器负压操作，产生的含HBF_4蒸气经该系统回收为HBF_4溶液，补充各车间所需。

净化工序处理电解后部分阳极液。先通H_2S使铅生成PbS沉淀，经过滤压缩后滤饼送浸出反应器。溶液蒸发后加入硫酸使铁、锌、镉等结晶析出，溶液得以净化，可返回反应器再用。

铅精炼，阴极铅经火法精炼产出99.99%的精炼铅。

硼氟酸制备，用40%的HF溶液和H_3BO_3按摩尔比4：1混合制得。

17.6.4 弗鲁伯法的特点与优缺点

17.6.4.1 特点与优点

特点与优点：

（1）硼氟酸铁溶液浸出方铅矿，可以产出稳定的硼氟酸铅溶液，在作业温度80℃时溶液很稳定。浸出率可达94.7%。对与铅伴生的贵金属具有选择性，对铜、银、铋等有价金属有富集作用，溶液不会与铅精矿中的硅、铝、钾等元素作用。

（2）电解可以在高电流强度下进行，仍保持较高的电流效率，阴极铅质量较好。

（3）电解后的硼氟酸溶液可以直接返回浸出，不需净化。

（4）该工艺是目前世界上唯一产业化的湿法炼铅工艺，说明在技术上可行，在经济上也是合理的。

17.6.4.2 主要缺点

主要缺点：阴极铅还需火法精炼。

湿法炼铅的方法，基本上还处于试验阶段，仅有个别的工艺应用于工业化生产。还有一些其他的方法也处于不同规模的试验阶段。详细内容参见本章参考文献。

（撰稿　何蔼平）

18 粗铅火法精炼

18.1 概述

目前，常用的炼铅方法所产出的粗铅，通常含有2%～4%的铜、砷、锑、锡、铋、铟和金银等金属。国内部分铅厂的粗铅化学成分见表18-1。国外部分铅厂的粗铅化学成分见表18-2。

表18-1 国内粗铅化学成分 （质量分数/%）

编号	Pb	Cu	Sb	As	Sn	Bi	Au/g·t^{-1}	Ag/g·t^{-1}
1	96.37	1.63	0.35	0.49	0.017	0.089	5.50	1844.4
2	96.06	2.03	0.66	0.44	0.019	0.110	5.90	1798.6
3	96.85	1.16	0.47	0.95	0.43	0.074	6.20	1760.1
4	96.67	0.94	0.82	0.26	—	0.068	—	5600
5	98.92	0.19	0.72	0.006	无	0.005	—	1412
6	96.70	0.94	0.85	0.45	0.21	0.066	—	—

表18-2 国外部分铅厂的粗铅化学成分 （质量分数/%）

工 厂	Pb	Cu	Sb	As	Sn	Bi	Ag/g·t^{-1}	Au/g·t^{-1}
皮利港（澳大利亚）	—	1.0	0.5	0.15～0.2	—	0.003	1460	1.2
特列依尔（加拿大）	98	0.05*	0.6～0.7	0.4	—	0.12	1200	—
旁基·尔稀尔（美国）	—	2.1	1.8	0.50	0.01	0.025	5000	3.0
利亚·阿罗依雅（秘鲁）	95	1.1	1.5	0.5～1.0	0.01	—	2400～3000	3.0
圣·卡维诺（意大利）	97	1.7	1.2	0.2	—	0.07	800	—
诺特菲里特（德国）	—	0.02*	0.2～0.3	0.01	—	—	2500～2800	—
科普莎·米克埃（罗马尼亚）	—	0.03*	1.5	0.2	—	0.2	2000	30
帕希伯拉姆（前捷克斯洛伐克）	90	0.9	5～6	0.6	—	—	6000	—
特列察（南斯拉夫）	95	1.0	0.3	—	—	0.2	1800	—
波洛夫基夫（保加利亚）	97	1～3	0.2～0.4	0.1～0.3	—	0.03～0.04	800～1300	—
契姆肯特（前苏联）	93	1.8～2.2	0.3～0.5	0.4～0.6	—	0.15～0.2	1000～1500	—
乌斯特·卡明诺戈尔斯克（前苏联）	90～91	2～5	1～1.5	1～2.2	—	0.05～0.07	1200～1600	—
电锌（前苏联）	95	0.8～1.3	1.0	0.5	—	0.1～0.2	1000～2000	5.0

铅中含有上述杂质元素，会影响到铅的性质，使铅的硬度增加、韧性降低，对某些试剂的抗蚀性能减弱，用这样的铅生产深加工产品时，会严重影响到产品的性质和质量，从而降低铅的使用价值，粗铅火法精炼的目的就是将这些杂质元素从粗铅中分离出来，提高铅的纯度，同时综合回收原料中的有价金属，例如铜、砷、锑、锡、铋、金、银等。

粗铅需经过精炼才能广泛地使用。粗铅精炼的方法有两种，第一种为火法精炼，另一种是先用火法除去铜与锡后，再铸成阳极进行电解精炼。目前，世界上火法精炼的生产能力约占总精炼能力的80%。采用电解精炼的国家有中国、日本、加拿大等国。

一般来说，火法精炼的优点是设备简单、投资少、占地面积小，并可以按粗铅成分和市场需求采用不同的工序，从而产出多种牌号的精铅或合金。

含铋和贵金属少的粗铅最适宜采用火法精炼。缺点是铅直收率低，劳动条件较差，工序较多，中间产品处理量大。

电解精炼的优点是能使铋及贵金属富集于阳极泥中，有利于综合回收，因此金属回收率高、劳动条件较好，并产出纯度很高的精铅。其缺点是基建投资多，只能得到单一等级的精铅，同时电解精炼前仍需采用火法精炼除去铜，有时尚需除去锡；电解精炼后还要进行碱性精炼；有两次铅的熔化过程。虽然电解精炼工序少，但是生产准备工作很烦琐，既要铸造阳极，又要制作阴极，同时还必须有一套复杂的电解液制造流程等。

火法精炼包括除铜、除砷锑锡、除碲、除银、除锌、除铋和最终精炼（除钙镁）等过程，典型的生产流程见图18-1。实践中可根据粗铅所含杂质种类和数量，选用部分精炼工

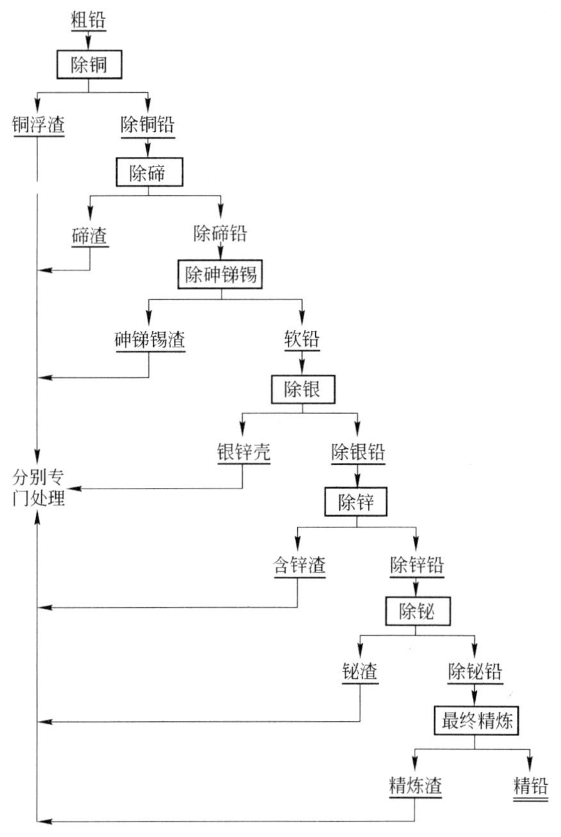

图18-1 铅火法精炼的典型生产流程

序，如美国的赫尔姑兰和我国的西北铅锌冶炼厂采用了极简单的流程，仅除铜、除银、除锌和最终精炼四道工序。西北铅锌冶炼厂粗铅精炼流程见图18-2。

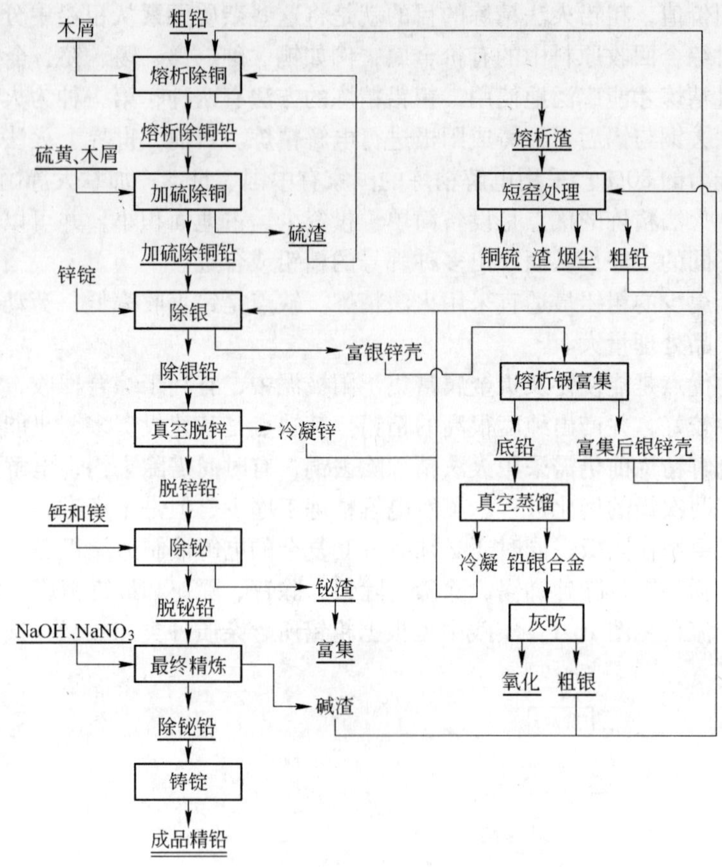

图18-2 西北铅锌冶炼厂粗铅精炼流程

注：除铋作业只有在粗铅中的铋含量大于0.02%时才进行

我国粗铅以电解精炼为主。在电解前，须将粗铅中的铜锡除至一定程度才铸成阳极装入电解槽。除铜通常是采用熔析及硫化除铜法；铜浮渣采用反射炉苏打还原熔炼流程。当粗铅是再生铅或是锡火法精炼产出的焊锡时，在电解前应除铜外，有时尚需除锡。国内工厂采用空气氧化法除锡。若粗铅在电解前不除锡时，阳极中的锡在电解时约有70%进入阴极铅，阴极铅再用碱性精炼法除去锡，产出1号精铅。锡在碱渣中呈锡酸钠形态可进一步处理产出合格的锡酸钠副产品。

火法精炼各工序采用的方法和除去杂质种类见表18-3。铅锭的（国标GB 469—1983）化学成分标准见第1篇表4-6。国外精铅标准见表18-4。

表18-3 火法精炼各工序采用的方法和除去杂质种类

工序名称	方法	除去杂质种类
除铜	熔析法；硫化法	Cu，Ni，Co，Fe，Zn
除碲	碱法	Te
除砷锑锡（软化）	氧化法（空气或富氧空气）；碱法：干渣法，稀渣法	As，Sb，Sn

续表 18-3

工 序 名 称	方　　法	除去杂质种类
除　银	加锌置换法	Au，Ag
除　锌	真空蒸馏法；碱法	Zn
除　铋	钙镁法	Bi
最终精炼	碱　法	Ca，Mg，Zn，Sb

表 18-4　国外精铅标准　　（%）

国别	牌号	铅（不小于）	杂质含量（不大于）									
			Ag	Cu	Zn	Bi	As	Sn	Sb	Fe	Ca + Mg + Na	杂质总计
俄罗斯	0	99.992	0.0003	0.0005	0.001	0.004	0.0005	0.0005	0.0005	0.001	0.002	0.008
	1C	99.99	0.001	0.001	0.001	0.005	0.0005	0.0005	0.001	0.001	0.002	0.01
	1	99.985	0.001	0.001	0.001	0.006	0.0005	0.0005	0.001	0.001	0.002	0.015
	2C	99.97	0.002	0.001	0.001	0.02	0.001	0.001	0.001	0.001	0.003	0.03
	2	99.95	0.002	0.001	0.001	0.03	0.002	0.002	0.005	0.002	0.010	0.05
	3C	99.90	0.002	0.002	0.001	0.06	0.003	0.002	0.005	0.005	0.020	0.1
	3	99.50	0.01	0.09	0.07	0.15	0.05	0.10	0.20	0.01		0.50
德国		99.99	0.001	0.001	0.001	0.005	0.001	0.001	0.001	0.001	—	0.01
		99.985	0.001	0.001	0.001	0.01	0.001	0.001	0.001	0.001	—	0.015
		99.97	0.003	0.001	0.001	0.027	0.001	0.001	0.001	0.001	—	0.03
		99.94	0.003	0.001	0.001	0.05	0.001	0.001	0.001	0.001	—	0.06
		99.9	0.005	0.005	0.001	0.09	0.001	0.001	0.001	0.001	—	0.10
法国			Ag	Cu	Zn	Bi	As	Sn	Sb	Fe	Cd	As + Sb + Sn
		99.985	0.0010	0.0010	0.0010	0.0010	0.0010	0.0030	0.0003	0.0010	0.0003	0.0005
		99.97	0.0010	0.0010	0.0010	0.0250	0.0010	0.0030	0.0003	0.0010	0.0003	0.0005
		99.90	0.0010	0.0010	0.0010	0.0950	0.0010	0.0030	0.0003	0.0010	0.0003	0.0005
		99.97	0.0050	0.0050	0.0010	0.0300	0.0010	0.0030	0.0025	0.0010	0.0010	—
		99.90	0.0050	0.0050	0.0010	0.0950	0.0010	0.0030	0.0025	0.0010	0.0010	—
		99.5	—	—	—	—	—	—	—	—	—	—
日本			Ag	Cu	Zn	Bi	As	Sn + Sb		Fe	Cd	As + Sb + Sn
	特	99.99	0.002	0.002	0.002	0.005	0.002	0.005		0.002		
	1	99.97	0.002	0.003	0.002	0.010	0.002	0.007		0.004		
	2	99.95	0.002	0.005	0.002	0.050	0.005	0.010		0.005		
	3	99.90	0.004	0.01	0.010	0.100	0.01	0.015		0.010		
	4	99.80	-	0.05	0.015	0.10	0.01	0.04		0.020		
	5	99.50	-	0.05	0.015	0.15	0.01	0.15		0.05		

火法精炼用的精炼锅容量日趋增大，目前已达 350t。年产 10 万吨精铅的工厂，各工序每天仅需操作一锅，这有利于提高劳动生产率。近年来由于精炼锅罩结构和通风系统有了长足的改进，车间卫生条件得到明显改善，空气中铅尘含量降低到 0.1 ~ 0.15mg/m^3。

西北铅锌冶炼厂采用了这种先进的锅罩通风系统，车间环境很好。

18.2 粗铅火法精炼的应用现状

铅主要应用在铅蓄电池工业中，还用来制造电缆护套、氧化铅、轴承合金、模具合金、印刷合金、焊料合金和防腐用铅等。在发达国家，蓄电池消耗量已占铅总消耗量的80%以上。2006年我国在该领域的消费量已达总消费量的78%以上。近几年我国的铅酸蓄电池工业发展很快，2006年产量已达7000万kW·h，消费铅约130万吨，而2000年该领域消费的铅量只有40万吨。随着近两年铅价的快速上涨，我国的铅酸蓄电池发展速度将有所减缓。

铅用来制造铅酸蓄电池的板栅合金和铅粉。当板栅合金和铅粉中含有一定量的铋时，对提高铅酸蓄电池的性能大有益处。

发达国家已经开始大规模使用含铋铅，例如，美国的RSR公司早在1983年以前生产的铅和铅合金中，铋含量就达0.02%左右。为提高蓄电池产品质量，国外蓄电池厂家积极推广加铋铅粉，并将其作为蓄电池发展方向加以重点推广。国外专家证实，铅粉中含0.05%～0.06%的铋，对阀控密封蓄电池有益。并且将帕斯明科（Pasminco）生产的含铋0.05%～0.06%的精铅、中国生产的电解精铅（99.99%）与加拿大生产的电解精铅（99.99%）进行了容量和循环寿命等多方面的试验。结果表明，用含铋的电解精铅制得的铅粉优于中国和加拿大的电解精铅。实践也证明，板栅合金和铅粉中含有一定量的铋确实能够提高铅酸蓄电池的性能。

陈红雨对在蓄电池的制造和使用过程中，含铋铅粉中铋的存在形式、化学特性、电化学反应、铋提高蓄电池容量机理以及不引起水损耗原理等进行了系统和深入的分析研究。哈尔滨工业大学和湖南轻工研究所等单位对板栅合金中含有一定量的铋，也进行了深入细致的研究。这些研究结果同样证实了铋的存在能够提高蓄电池某些方面的性能。

从处理粗铅成分来看，电解精炼适合处理含铋大于0.5%的粗铅，火法精炼适合处理含铋小于0.5%的粗铅。我国各炼铅厂生产的粗铅含铋均不高，均低于0.5%；有相当数量的粗铅含铋低于0.02%，无须除铋即可达到2号铅的标准。

因此，采用火法精炼工艺生产蓄电池工业用铅，会带来很多灵活性和优越性。其一，在粗铅中铋含量不高的情况下，可以免去火法精炼工艺中最难进行，而且生产成本最高的除铋工序。从而，可以缩短生产周期，降低生产成本。其二，最终产品成分可人为控制，铅蓄电池合金对成分的要求较为复杂，对Cu、As、Sb、Ag和Bi要求有一定的含量，往往无须把它们除干净，火法精炼可根据需要灵活调整铅合金的成分。

从现在世界范围的粗铅精炼情况来看，80%的精铅是采用火法精炼生产的，尤其是发达国家广泛采用该工艺。这说明火法精炼比电解精炼确实具有更多的优越性。

我国由于一定的历史原因，绝大多数工厂采用电解精炼。有必要引导我国的铅精炼行业重视火法精炼工艺。在铅蓄电池工业的消费量不断增加的情况下，采用火法精炼工艺直接生产出多种规格的铅合金，有利于我国铅精炼产业和铅蓄电池产业的健康发展。

（撰稿 张文红 王积瑶 王新文 罗虎成 李德磊）

19　粗铅电解精炼

19.1　概述

铅电解精炼旨在获得高纯度的工业用铅，并回收伴生的金、银、锑、铋及其他稀贵金属，有时也回收锡。

粗铅的电解精炼是以析出铅（或电铅）铸成的薄极片作阴极（始极片），以经过火法初步精炼的半精炼铅作可溶性阳极，在由硅氟酸和硅氟酸铅水溶液所组成的电解液体系内进行电解的过程。

目前，虽然世界上铅火法精炼的生产能力约占总精炼能力的80%，而我国、日本、韩国、加拿大等国家则大都采用电解精炼；世界上电解精炼过程也正趋于机械化、自动化和设备大型化。

由于铅的电化学当量比较大，标准电极电位又较负，给粗铅电解精炼创造了有利的条件。硅氟酸对铅的溶解度大，导电率较高。稳定性较好，且价格也较低，是其在铅电解精炼中运用的主要原因。与火法精炼相比，铅电解精炼流程简单，中间产物少，铅的产品质量和回收率都比较高，阴极铅纯度可大于$w_{Pb} \geqslant 99.99\%$。粗铅中绝大多数的铋和贵金属都富集在阳极泥中。阳极泥一般为溶解铅量的$w_{阳极泥}=1\% \sim 4\%$，所以铋和贵金属在阳极泥中可富集25～100倍。因此，电解精炼特别适合于处理含铋和贵金属较高的粗铅。

一般粗铅（或再生铅）的品质在96%～98%之间，含有2%～4%的杂质，粗铅预先进行简单火法精炼的目的是除去电解时所不能除去的杂质或对电解过程有害的杂质（如铜、锡等），并调整保留一定数量的砷锑，然后铸成一定尺寸的阳极。电解时用的阴极是用析出铅或电铅制成的。粗铅成分见表19-1。

表19-1　粗铅成分　（质量分数/%）

品　号	铅(不小于)	品　号	铅(不小于)
1号粗铅	98.00	4号粗铅	95.00
2号粗铅	97.00	5号粗铅	93.00
3号粗铅	96.00		

粗铅电解精炼工艺的主要优点是：

（1）精炼工序大为简化，一次精炼即可得到99.994%以上的1号电铅；

（2）阳极中的杂质绝大部分进入阳极泥，与火法精炼相比，中间产品的数量大为减少；

（3）大部分有价金属和贵金属都富集于阳极泥中，从而有利于有价金属和贵金属的综合回收；

（4）由于精炼工序的简化，铅的直接回收率高；

(5) 由于火法除杂质仅为一道工序，使铅蒸气对人体的危害相对减少，劳动条件相对全火法精炼要好。

粗铅电解精炼工艺的主要缺点是：

(1) 基建投资高，生产周期长，金属占压量大造成资金流转周期长；

(2) 只能得到单一等级的精铅；

(3) 仍需采用火法初步精炼除铜等，难于避免铅蒸气对人体的危害。

铅电解精炼的一般工艺流程图如图19-1所示。

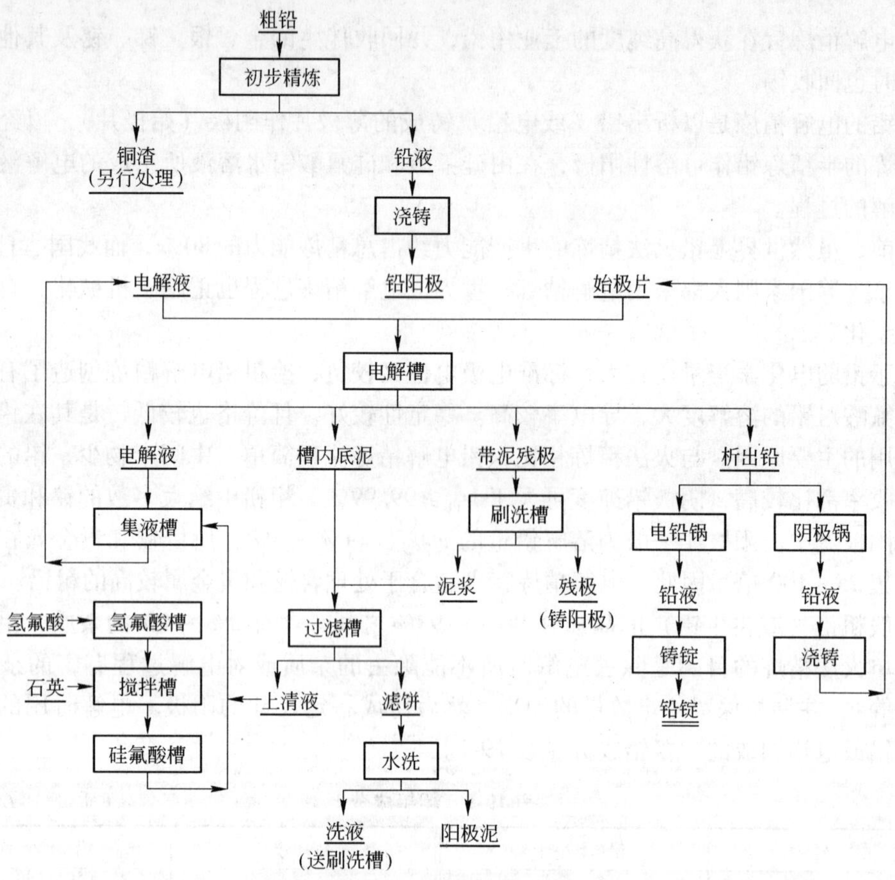

图19-1 铅电解精炼的一般工艺流程

19.2 铅电解精炼的基本原理

19.2.1 阳极过程

19.2.1.1 主要阳极反应

电解精炼体系中，阳极为含有少量杂质的铅，阴极为纯度 $w_{Pb}=99.99\%$ 的铅，电解液的主要组成为 $PbSiF_6$ 和 H_2SiF_6 的水溶液，当直流电通过时，可能发生的阳极反应及其标准电极电位为：

$$Pb - 2e = Pb^{2+} \qquad E^{\ominus}_{Pb^{2+}/Pb} = -0.126V$$

$$SiF_6^{2-} - 2e = SiF_6 \qquad E^{\ominus}_{SiF_6/SiF_6^{2-}} = -0.0039V$$

$$H_2O - 2e = \frac{1}{2}O_2 + 2H^+ \qquad E^{\ominus}_{O_2/H_2O} = 1.229V$$

很明显，阳极铅的溶解反应标准电极电位要比其他两个反应负得多，因此，在铅的电解精炼的正常情况下，阳极上的主要电极反应是铅的溶解反应。

19.2.1.2 铅阳极中杂质的行为

铅阳极电化溶解时各种杂质的行为主要取决于杂质的电极电位。铅阳极中各种元素的标准电极电位列在表19-2内。

表19-2 各种元素的标准电极电位

元　素	Zn	Fe	Cd	Co	Ni	Sn	Pb
阳离子	Zn^{2+}	Fe^{2+}	Cd^{2+}	Co^{2+}	Ni^{2+}	Sn^{2+}	Pb^{2+}
标准电极电位 $E^{\ominus}$/V	-0.763	-0.440	-0.403	-0.277	-0.250	-0.136	-0.126
元　素	As	As	Sb	Bi	Cu	Ag	Au
阳离子	AsO^+	$HAsO_2$	SbO^+	Bi^{3+}	Cu^{2+}	Ag^+	Au^{3+}
标准电极电位 $E^{\ominus}$/V	0.235	0.248	0.212	0.200	0.337	0.800	1.500

砷、锑、铋在电解液中的形态分别为AsO^+、$HAsO_2$、SbO^+和Bi^{3+}。

按照表19-2可把铅阳极中的杂质分为三类：

（1）第一类为标准电位比铅负的元素Zn、Fe、Cd、Co、Ni等基本上均能与铅一起从阳极上溶解进入电解液。

（2）第二类为标准电极电位比铅正的元素As、Sb、Bi、Cu、Ag、Au等电解时基本不溶解而留在阳极泥中，其中Cu、Ag、Au这三种金属杂质的标准电极电位比铅高得多，可以认为它们完全不溶解；As、Sb、Bi会有少量溶解而进入电解液中，电解过程中，As、Sb、Bi这三种杂质的溶解量主要决定于电解过程的技术条件和阳极泥层的厚度。随着电流密度的提高和阳极泥层的增厚，As、Sb、Bi的溶解量也随之增加。对于硅氟酸电解液电解精炼铅的过程，把铋的溶解控制到最低的程度是非常重要的。因为铋一旦溶解就会与铅一起在阴极上析出，而且，从阴极铅中除铋是非常困难的。根据对铋在铅电解精炼过程中行为的研究，阳极极化的过电位临界值为200mV，超过此值，铋的溶解便急剧增加。

（3）第三类为标准电极电位与铅接近的元素Sn，从理论上讲，它能同铅一起溶入电解液。然而，实际上锡并不完全溶解，它有一部分会留在阳极泥中。这可能是锡与一些金属能形成金属间化合物而使放电电位升高所致。

19.2.1.3 阳极泥层的性质及结构

如上所述，第二类杂质在电解精炼过程中基本上不溶解，从而在阳极泥表面上形成阳极泥层。因此，铅电解阳极泥的性质是由铅阳极中正电性元素的种类及含量决定的。不同企业或同一企业不同时期的阳极泥的组成、性质均不一定相同，有时会有很大差异。

电解过程中，铅阳极中的不溶组分在阳极表面以一种多孔的网状结构形成阳极泥层。这种阳极泥层保证了电解液中带电离子的迁移而能导电，而且还具有一定的黏着性而不致脱落，避免了污染电解液和阴极沉积物。这正是硅氟酸电解液之所以被广泛应用的重要原因。

19.2.1.4 影响阳极泥层性质和结构的因素

影响阳极泥层性质和结构的因素主要有：

(1) 铅阳极中不溶解的杂质及其含量。铅阳极中铜的存在会严重影响阳极泥的物理性质。当阳极含铜超过 Pb-Cu 系共晶成分 $w_{Cu}=0.06\%$ 时，阳极泥明显变硬和致密，阻碍铅的正常溶解，使槽电压升高，引起更多的杂质溶解。因此，电解精炼前，粗铅必须先经过初步火法精炼，将铜含量降到 0.06% 以下。

阳极中的锑对阳极泥层的性质和结构有非常重要的影响，锑能在阳极表面形成黏着性好和多孔的网状结构。这种网状结构能固定阳极泥，使其成为海绵状的泥层，不从阳极泥表面上脱落。因此铅阳极中必须含有一定量的锑。粗铅含锑过低，铅阳极泥容易脱落混入电解液中；粗铅含锑过高，阳极泥变硬，从阳极上刷洗下来困难。阳极中含锑量视各厂的具体条件而定，一般保持在 $w_{Sb}=0.5\%\sim1.5\%$ 范围内，粗铅的含锑量在初步火法精炼时调整。

砷和铋对阳极泥的影响与锑相同，但其影响不如锑那样显著。但阳极中含锑较低，但砷锑总量大于 $w_{As+Sb}=1\%$ 时，阳极泥层不至于脱落。砷和铋在阳极中的一般含量分别为 $w_{As}=0.1\%\sim0.6\%$ 和 $w_{Bi}=0.1\%\sim0.8\%$。

(2) 铅阳极的浇铸质量。为了得到蜂窝状结构的阳极泥层，除了要求阳极的杂质含量在较窄范围内之外，铅阳极还应是由粒度均匀的铅晶粒组成，杂质应处在铅晶粒的界面上。电解时，随着铅晶粒的溶解，留下来的杂质便形成蜂窝状的阳极泥层骨架。如果浇铸的阳极不均匀，必然导致阳极泥的黏着性差。为了保证浇铸出来的阳极结构均匀，关键在于浇铸阳极应有均匀的冷却速度。浇铸出来的铅阳极两个面上的铅晶粒应一致，晶粒大小通常为 50μm 左右。

(3) 电解时，阳极极化的过电位不能超过 200mV，避免阳极或阳极泥层中的杂质大量溶解，破坏阳极泥层的稳定性。

随着电解时间的延长，阳极泥逐渐变厚，二次沉淀物增多，阳极泥层内的 H^+ 和 Pb^{2+} 浓度梯度也增大。由于泥层内铅多而酸少，泥层的电压降相对增大，因而导致槽电压由最初的 0.25~0.4V 逐渐升至 0.5~0.6V，有时甚至会升到 0.7V。槽电压的升高意味着阳极的过电位增大，因而造成正电性的金属杂质进一步溶解。表 19-3 列出的数据表明了两种电解液在成分上的差别。从表 19-3 中的数据可以看出，泥层内电解液中的铅和游离酸浓度与主体电解液相差很大，泥层内电解液的杂质浓度也比主体电解液高，特别是铋的浓度相差更为明显。生产实践表明，尽管硅氟酸电解液的电解精炼对除铋有很大的选择性，但在电解末期，这种选择性会受到很大的影响。阳极泥层越厚，槽电压越高，阳极中的杂质溶解越多。而且，阳极泥层过厚，其自身质量会使泥层破碎脱落。因此，阳极泥层的厚度应受到一定的限制。

表 19-3 两种电解液的成分

名 称	密度/$g\cdot cm^{-3}$	电解液的成分/$g\cdot L^{-1}$					
		Pb	H_2SiF_6 (总)	H_2SiF (游离)	Sb	As	Bi
主体电解液	1.25	93.3	147.3	82.0	1.50	0.14	0.006
泥层内电解液	1.50	284.0	230.0	42.0	1.85	0.21	0.040

19.2.2 阴极过程

19.2.2.1 主要阴极反应

电解液中能在阴极板上放电的阳离子只有 Pb^{2+} 和 H^+。由表 19-1 可知，铅在阴极板上析出标准电极电位为 -0.126V。氢离子放电析出氢气的标准电极电位为零。在氢离子和铅离子的活度都近似等于 1 和电流密度 100 ~ 200A/m 的铅电解精炼条件下，铅析出的过电位很小，而氢析出的过电位很大，约为 1.0V。所以，氢在阴极上析出电位为：

$$2H + 2e \xlongequal{} H_2 \qquad \varepsilon_{H^+/H_2} = 0 - 1.0 = -1.0V$$

即氢在阴极上的析出电位要比铅负得多。因此，在正常的铅电解精炼过程中，阴极上只有 Pb^{2+} 放电析出金属铅，而氢则不可能在阴极上析出。

19.2.2.2 杂质在阴极上的析出

电解液中的杂质主要来自阳极溶解。Zn、Fe、Cd、Co、Ni 等杂质均能与铅一道从阳极上溶解进入电解液中，然而，这些杂质的析出电位要比铅负得多，所以，基本上不会在阴极上析出而留在电解液中，与铅一道进入电解液的只有锡，由于其析出电位与铅接近，能与铅一起在阴极上析出。如果电解液含锡过高，则必然导致阴极铅含锡过高。Au、Ag、Cu、Bi、Sb、As 等比铅更正电性的杂质在阳极上不溶解，绝大部分留在阳极泥中。

19.2.2.3 阴极铅的结晶形态及其影响因素

由于铅的交换电流密度比较大，结晶的颗粒相对比较粗。如果电解过程控制不好，阴极上便会形成粗糙和带孔隙的沉积物，或形成容易造成短路的瘤状和枝状沉积物。为了获得平整致密无瘤状和枝状的灰白色金属光泽的铅沉积物，必须做到：

（1）保持阳极泥不脱落。阳极泥脱落悬浮在电解液中，造成在阴极上夹杂，形成瘤结结晶或在阴极表面上长疙瘩；

（2）阴极应比阳极稍大，且阴极位置应对正，以免阴极边缘电力线过于集中而使铅结晶变坏；

（3）控制好电解过程的技术条件，包括适当提高电流密度，维持电解液中较低的铅离子浓度和较高的酸度，保持较低的电解温度以及加入合适的添加剂等，以改善阴极的结晶形态。用添加剂来改善阴极沉积物的结晶形态是水溶液电解生产中普遍采用的做法。生产实践证明，加入合适的添加剂可以改变电极过程的交换电流密度、传递系数和双电层电容等动力学参数，增大金属在阴极上的析出过电位。因而，有利于阴极结晶颗粒的细化和沉积物的致密。在铅电解精炼过程中采用的添加剂主要有胶、木质磺酸盐和 β-萘酚，芦荟提取物加木质磺酸盐。

正常的阴极是平滑致密的，沿阴极长度方向存在着明显的宽约 1 ~ 1.5mm 的纹路，呈铅灰间白色，并有金属光泽。

不正常的阴极结晶呈海绵状，疏松粗糙且发黑色，有时长树枝毛刺，或呈圆头粒状、瘤状的疙瘩。阴极的异常结晶不仅影响到它的质量，而是导致电流效率的下降，现将各种阴极结晶的成分列于表 19-4。

表 19-4 阴极铅异常结晶的成分 （质量分数/%）

结晶状态	Bi	Cu	As	Sb	Zn	Fe	Ag + Ag	Sn
海绵状阴极铅	0.0028	0.1080	0.0257	0.0105	0.0006	0.0010	0.0004	—
海绵状阴极铅（外表）	0.0010	0.0016	0.0004	0.0007	—	0.0080	0.0007	—
海绵状阴极铅（内部）	0.0005	0.0007	0.0002	0.0013	—	0.0080	—	—
瘤状阴极铅（周边）	0.0010	0.0010	0.0010	0.0017	—	0.0080	0.0008	—
其他粒子阴极铅	0.0003	0.0014	—	0.0017	痕迹	0.0055	0.0004	0.025
瘤状阴极铅	0.0075	0.0040	0.0371	0.0120	痕迹	0.0055	0.0004	—

19.3 铅电解精炼过程技术条件的控制

为了获得高质量的阴极铅和优良的过程技术经济指标，必须严格控制电解精炼过程的技术条件。

19.3.1 电流密度

电解槽内的阴极片数一定时，其生产能力随电流密度的提高而几乎成比例地增加，在较高的电流密度下，铅在阴极上析出的过电位增大，阴极铅晶体颗粒较细，沉淀物较致密。然而，如果电流密度过高，则杂质在阳极上溶解和在阴极上析出的量会增加，影响阴极铅的品位。当电流密度超过临界值时，由于阴极表面铅离子的贫化而会产生海绵状多孔析出物。随着电流密度的提高，阴阳极的极化加剧，会使槽电压升高，电耗增大。电流密度过高，也会导致枝状或毛刺状结晶，使短路增多，电流效率随之下降，电耗也增大。

提高阳极品位，降低其杂质含量，有利于采用高电流密度。提高电流密度的同时，应适当提高电解液中的铅离子浓度和游离硅氟酸浓度，加大电解液循环量和添加剂用量，缩短电解周期，电流密度不超过引起铋大量溶解的阳极过电位临界值（200mV）为限度。铅电解精炼的电流密度一般为120~230A/m^2。

19.3.2 电解液成分

铅电解精炼的电解液主要组成为硅氟酸铅和硅氟酸的混合水溶液。除了主要成分外，电解液中还含有少量的杂质离子和添加剂及其水解产物。生产实践证明，电解液中的Pb^{2+}和游离H_2SiF_6浓度对电解液的比电阻有较大影响。当总SiF_6^{2-}浓度一定时，电解液的比电阻随铅离子浓度的增加而升高，随游离H_2SiF_6浓度增大而降低。在铅离子浓度的一定范围内，电解液的比电阻随游离硅氟酸浓度的增大而降低。为了改善电解液的导电性，在铅电解精炼过程中应采用较低的铅离子浓度和较高的游离H_2SiF_6浓度。铅离子浓度波动在50~120g/L，游离硅氟酸浓度波动在60~150g/L范围内。一般来说，随电流密度的提高，电解液中铅和酸的浓度也相应增大。

电解液中杂质离子的浓度过高主要影响阴极铅的质量。尽量降低电解液中的杂质离子和添加剂水解产物的浓度。

电解液中杂质离子浓度的一般控制范围小于g/L：0.002Cu，0.8Sb，1.0Sn，0.001Ag，0.002Bi，3.0Fe，3.0F。

19.3.3 电解液温度

电解液温度的高低对其比电阻有较大的影响。温度越高，电解液比电阻越小。如果温度过低，电解液导电性差，槽电压升高，电耗增大，然而，温度过高，电解液蒸发损失又会增大，硅氟酸分解过程 $H_2SiF_6 = 2HF + SiF_4$ 加快，硅氟酸的消耗增加，而且分解产物 HF 和 SiF_4 气体既有腐蚀性又有毒性。

电解液温度受电流密度、气温及散热状况等条件的影响，一般波动在 30~45℃之间。在电解过程中，电流通过电解液而产生的焦耳热可维持电解液温度在30℃以上。在夏季和冬季当温度过高或过低时，可用冷却或加热装置调整电解液温度在正常范围之内。

19.3.4 电解液的循环

电解液的循环方式按电解槽排列布置的不同分为双级循环和单级循环。双级循环是利用第一级槽和第二级槽之间的位差，电解液由高位槽先后流经第一级槽和第二级槽后，流回集液槽。该法的电解槽布置紧凑、占地少、管道少、酸泵流量小、能耗低，但上下两级电解槽内电解液的浓度和温度不一致，控制不好会使第二级槽中阴极铅的质量下降，故目前已很少采用。单级循环是电解液由高位槽分别流经布置在同一水平的每个电解槽后，汇集流回集液槽。此法操作和管理都比较方便，阴极铅质量均匀，故应用较广。

就单个电解槽而言，电解液循环方式又有上进液下出液和下进液上出液两种。下进上出方式有利于槽内电解液的成分和温度均匀，但溶液流动方向与阳极泥沉降方向相反，因而妨碍阳极泥沉降。上进下出循环时则相反，它有利于阳极泥沉降，因而允许采用较大的循环速度。但是，此时槽内电解液的成分和温度不如下进上出方式均匀。

电解液循环速度决定于电流密度、阳极成分和阳极泥层厚度。当电流密度较大，阳极杂质含量较高，阳极泥层较厚时，应适当提高电解液循环速度，但应以不引起阳极泥脱落为原则。通常更换一槽电解液需时 1.5~2.5h，或根据电流密度的大小按表 19-5 关系选取其循环速度：

表 19-5 电流密度和循环速度的关系

电流密度/$A \cdot m^{-2}$	120	160	180	200	220
循环速度/$L \cdot min^{-1}$	15	18	22	25	30

19.3.5 添加剂

一般来说，电流密度较高时，添加剂的用量也较大。目前，国内多数工厂都是根据析出铅的结晶状态及经验来调整添加剂的配比和加入量，也有很多工厂采用极化测量技术来控制添加剂的加入量。表 19-6 列举了添加剂使用实例。

表 19-6 添加剂使用量 (g)

添加剂名称	1	2	3	4	5
动物胶		550	500	500	400
β-萘酚				30	15
木质磺酸盐	250	500	450		
芦荟提取物	170				

19.3.6　同极距

同极距是指同类电极的中心距离。在电解过程中缩短同极距可提高单槽产量，降低槽电压；但极距过小会使短路增多，电流效率下降。同极距通常在 80 ~ 120mm 范围内选取。

19.3.7　阴极周期和阳极寿命

阴极周期的长短与采用的电流密度有关。为了减少短路和提高电流效率，阴极周期不宜过长，阴极周期一般为 3 ~ 6 天。

采用一次电解，阳极寿命与阴极周期相同。若采用二次电解，阳极寿命为阴极周期的 2 倍。大型工厂多采用二次电解。

19.3.8　电解槽清理周期

电解过程产生的阳极泥大部分保留在阳极表面，有小部分沉落到槽底。槽底的阳极泥积累过多时，会引起电路的短路，电流效率下降，而且还会影响阴极铅的质量。槽底阳极泥清理周期主要取决于阳极泥量和阴极下端至槽底的距离，一般为 3 ~ 6 月。

电解过程中技术条件控制见表 19-7。

表 19-7　铅电解精炼过程主要技术条件

项　目	1	2	3	4
生产规模/$t \cdot a^{-1}$	60000	70000	20000	30000
电流强度/A	12000	5000 ~ 7000	3600 ~ 4800	6000
阴极电流密度/$A \cdot m^{-2}$	180 ~ 230	140 ~ 210	180 ~ 240	160
同极中心距/mm	80 ~ 90	95	80	90
电解液温度/℃	37 ~ 45	40 ~ 50	35 ~ 45	35 ~ 45
电解液循环速度/$L \cdot min^{-1}$	15 ~ 30	22 ~ 30	18 ~ 20	20 ~ 30
阴极有效尺寸/mm × mm	1000 × 670	800 × 700	730 × 630	760 × 700
每槽阴极片数	33，39	33	25	37
阴极周期/d	2	2	3 ~ 4	3
阳极尺寸/mm × mm × mm	890 × 625 × 25	760 × 660 × 25	690 × 590 × 20	720 × 660 × 15
阳极质量/kg	90 ~ 95	110 ~ 120	70 ~ 80	75
每槽阳极片数	32，38	32	24	36
阳极寿命/d	4	4	3 ~ 4	3
清槽周期/月	4	6 ~ 8	3	6

（撰稿　贾著红　蒋荣生　包崇军）

19.4　铅电解的生产实践

19.4.1　电解液与阴、阳极的制备

19.4.1.1　电解液的制备

铅电解过程中，由于电解液存在着机械损失、蒸发损失和化学分解等损失，故电解液

中的酸量需不断进行补充，制备硅氟酸的方法有以下两种。

A 氢氟酸法

用氢氟酸与石英粉(SiO_2)反应制成硅氟酸,其生产方法是将氢氟酸加入圆形搅拌槽内,在常温下按一定的比例缓缓加入石英粉,经反应后即生成硅氟酸的水溶液,其反应式如下：

$$6HF + SiO_2 = H_2SiF_6 + 2H_2O$$

搅拌槽用木材或水泥制成，内附一层塑料或沥青胶泥。某厂搅拌槽直径为2.2m，深1.8m，采用聚氯乙烯软塑料衬里，用木材制作槽体；搅拌叶用硬木制成，用机械传动装置带动旋转。HF的浓度一般为23%～28%，石英粉要求含SiO_2大于95%，粒度80～100目的为好。因石英粉易吸水结块，故使用前一般需进行烤干打碎，以使反应进行得更好。

产出的硅氟酸水溶液含酸为360g/L左右。要求含铜小于1.8g/L，游离氧小于3g/L，铁离子控制在一定范围内。

B 萤石法

氢氟酸供应困难时，可用硫酸、萤石、石英粉按一定比例在铸铁锅中加热，使其反应生成硅氟酸气体，用阴极洗水或自来水吸收，即可制成硅氟酸。用阴极洗水吸收时还可使气体中未参加反应的硫酸生成硫酸铅除去。为了提高吸收率，可用冷水冷却气体输送管道和吸收缸。吸收操作是由水喷射器造成微负压进行的。

(1) 萤石法生产硅氟酸的技术操作要求。

原料：萤石粉 $CaF_2 \geq 90\%$，$CaCO_3 \leq 6\%$，粒度<100目；

石英粉 $SiO_2 \geq 95\%$，粒度<100目，经过干燥；

硫酸 工业纯。

(2) 硅氟酸铅制造。硅氟酸铅的制造方法很多，一般采用化学法和电解法制造。化学法是将金属铅粒、氧化铅、碳酸铅直接加入有硅氟酸的槽中，经搅拌反应后即得硅氟酸铅，其反应式如下：

$$Pb + H_2SiF_6 = PbSiF_6 + H_2$$

$$PbO + H_2SiF_6 = PbSiF_6 + H_2O$$

$$PbCO_3 + H_2SiF_6 = PbSiF_6 + H_2O + CO_2$$

由于金属铅与硅氟酸作用时，反应速度较慢，所以一般常用氧化铅，为了加速反应过程可采用搅拌器连续搅拌，用压缩空气搅拌效果更好。

19.4.1.2 阳极的制造

经初步火法精炼后的粗铅，为达到电解的要求，还需铸成一定规格的阳极板。表19-8是一些厂家的阳极化学成分实例。

表19-8 一些厂家的阳极化学成分的实例 (质量分数/%)

厂名	Pb	Cu	Sb	Sn	Ag	Bi	As
1	98.58	0.07	0.61	0.004	0.18～0.25	0.19	0.31
2	98	0.05	0.35～1.0	0.01	0.13～0.18		
3	98	0.03～0.05	0.2	0.4～0.6	0.12～0.6		0.35
4	98.5	0.06	0.4～0.6		0.15～0.2	0.02	0.1～0.2
5	>95	0.04	0.8～1.3	1.0～1.8			
6	98.5	0.03	0.25～0.5		0.32～0.45		
7	>97	0.03～0.05	0.6～0.88			0.15	0.19～0.5

铅电解除了对阳极化学成分有所要求外，对其物理规格，包括外形尺寸、厚薄、块重等也有严格的要求。通常，阳极的外形与尺寸的选择决定于电解工艺对阳极的特殊要求，其原则大致如下：

铅阳极外形尺寸的大小，首先取决于工厂的生产能力和采用的制作方法。一般规模较大的工厂，或能采用机械铸型的工厂，阳极尺寸可采用大些。反之，为了减轻阳极制造工人的劳动强度，应选择外形尺寸小的阳极为宜。故阳极尺寸可供选择的范围较大，常见的长度为400~990mm，宽可为300~650mm。但就铅电解工艺特点来说，为了消除电解过程中因阳极边缘电力线较为密集而产生的厚边或瘤状结晶，阳极的外形尺寸应比所选择的阴极适当地短些和窄些（短20~40mm，窄40~60mm）。此外，为避免沿电解槽纵深方向的不均匀，阳极不宜制作得过长，故个别工厂采用宽大于长的阳极。

阳极铅含杂质的数量，直接影响着阳极厚度和块重的选择。一般来说，阳极含杂质越高，则不宜采用高电流密度和长电解周期生产，否则就会因阳极泥太厚引起槽压升高，使杂质金属溶解，所以，这种情况下阳极应做得薄些，常见的阳极板厚度均小于30mm。在电解过程中，由于电流分布得不均匀性，阳极上部比下部溶解速度稍快，因此，通常阳极上部应比下部铸得稍微厚些，以避免由此产生的断裂掉极现象。

阳极的平整光滑对减少自然短路，提高电流效率有着重要的意义。另外，为了在电解后能获得完整的残极片，以降低残极率和避免掉极造成阳极泥污染，阳极的平整和具有均匀的块重也是极为重要的。

为了提高电流效率，并获得质量合格的析出铅，电解精炼阳极的物理规格有以下要求：

（1）表面平整光滑，无氧化渣及其他杂物，无飞边，毛刺；

（2）厚薄均匀，上下部厚度差小于2mm，允许上部稍厚，但不能上薄下厚；

（3）单片质量差小于3kg。

要确保阳极质量达到上述要求，在阳极铸造过程中，控制好铅液的温度是十分重要的。实践证明，阳极铸板温度应控制在420~450℃之间为宜，铅液温度太高，则阳极表面会产生较多的氧化渣，而且易起泡（“鼓肚”），反之铅液温度过低，铅液黏度增大，流动性差，容易产生阳极厚薄不均匀，或缺耳（薄耳）、少角现象，飞边毛刺也相应增多，严重时会堵塞浇铸溜子使生产无法进行。在整个阳极铸板操作中，除温度外，其他诸如铸模摆放不平，铸板设备晃动以及浇铸铅冷却水量控制不好等，以及人为和设备造成的原因，也直接影响阳极的物理质量，需在生产中加以注意。

阳极铸型过去多为人工操作，劳动强度大。现在大多采用铅阳极圆盘铸锭机，可完成定量浇铸、脱模、起板、平直和排距5个作业，不仅节省人力，减轻劳动强度，而且能提供更高物理质量，符合工艺要求的阳极板。

圆盘为6mm的钢板制成，内外圈用角钢加固，外径6000mm，内径3500mm，盘深120mm，上面沿圆周均匀放16块铸钢阳极模，圆面下部以80mm×43mm的槽钢做骨架，骨架下固定一直径4500mm钢轨圆环，此圆环即由安装在地面固定位置上的12个铸铁滚轮承托，圆盘减速机的传动在12个托轮上转动。生产中，为加速阳极的冷凝，16块铸模皆浸在深20mm左右的水中，冷却水由模子边缘与圆盘之外圈空隙流入，被加热的水则从内圈开设的4个溢流孔中流出。当圆盘转动到取板位置，则冷却刚好完毕。此种圆盘生产能力为每小时 200 片。

19.4.1.3 阴极制造

供电解使用的阴极片（或称始极片），是用合格的析出铅制成，化学成分大致见表 19-9。

表 19-9 始极片化学成分

主要成分	杂质（不大于）（质量分数/%）		
	Cu	Ag	Bi
99.98 ~ 99.99	0.001	0.0005	0.0003

与阳极尺寸的选择一样，阴极尺寸的大小决定于工厂的生产规模和能力，大型工厂多采用大尺寸的电解槽和电极来进行生产。此外，电流密度和铅电解的其他工艺要求也对阴极尺寸的选择有着重要的影响。如，目前一些工厂为了节约能源，多采中低电流密度（120 ~ 160A/m^2）进行生产，以求降低直流电单耗，故选择大尺寸的阴极有效面积。当然，应该同时考虑的是，过长或过宽的阴极，除了会使电解液循环带来困难外，由于电流分布不均匀而产生不均匀析出，还会给电调工人在处理故障电极时带来不便。

一般阴极尺寸范围如下：长为 425 ~ 1050mm，宽为 330 ~ 760mm。

重量和厚度视制作方法而异，人工制作的阴极较薄，0.6 ~ 1mm，块重为 2.5 ~ 5.5kg 不等。机械制作得要厚一些，可达 1.5 ~ 2mm，单片重达 14kg 左右。

阴极质量的好坏对电解过程有着重要的影响。在化学成分基本保证的条件下，电解对阴极物理规格有如下要求：

（1）表面平整光滑，无飞边毛刺，无氧化渣；

（2）包裹导电铜棒的折叠处不开口，不缺角，不穿孔，上下宽度差不大于 20mm；

（3）铜棒光亮，不带稻壳灰，无油污；

（4）厚薄均匀适当。

阴极弯曲或有较多的飞边毛刺，都会给电解装槽带来困难，并造成较多的自然短路，增加电调工人的工作量，处理不及时会使电流效率降低。阴极包裹铜棒的折叠部分不压紧，可能增加短路的机会和引起掉极。极片缺角、空孔和开叉等，都在一定程度上减小了阴极有效面积，增大其电流密度，致使作业环境变坏，短路机会增多。阴极过薄，则装槽操作中易变形弯曲，同时在电解后期因强度不够产生掉极，这不仅会污染电解液，使析出的铅质量降低，而掉极严重的槽会因电流过大烧断电极，发生所谓的“放炮”事故。

目前，国内外工厂已普遍采用自动连续制片机械生产阴极。该类设备一般是由一套液压、机械、电气组成的装置，包括制片转鼓、提升传动装置、铜棒输送装置、剪切机构、平板机构及排板机组等。当转鼓转动时，铅液在其表面凝固成薄片，再通过连续的剥离、剪切、装棒、压平等一系列工序，最后制成阴极并排好间距。

此外，阴极片制造过程还包括光棒系统，即光洁阴极导电棒。将阴极导电棒装入光棒机，同时加入稻谷粗壳和浓度为 20% 的稀硫酸，转动光棒桶，桶中棒与稻壳互相擦洗，转动结束后，筛去稻壳，阴极导电棒表面的污秽被清除干净，变得光亮，然后涂上油，吊入喂棒机中。

19.4.2 电解精炼工艺过程的技术条件及控制

电解精炼时，为了获得高质量的阴极铅和优良的过程技术经济指标，各种主要技术条件都应适宜控制，互相协调，如电流密度、电解液成分和温度、电解液的循环量及添加剂等。从而获得表面致密、光滑的析出铅。

19.4.2.1 电流密度

电流密度是指单位有效面积通过的电流强度，由于在电解过程中，阴极面积稍大于阳极面积，所以电流密度通常指阴极电流密度，可表示为：

$$D_k = I/S \tag{19-1}$$

式中 D_k——阴极电流密度，A/m^2；

I——电流强度，A；

S——每一个电解槽内的阴极总有效面积，m^2。

一般电解槽内的阴极比阳极多一片，设电解槽内有 n 片阴极，每片阴极宽为 W 米，浸没在电解液中的有效长度为 L 米，则式 19-1 可写为：

$$D_k = I/LW(2n-2)$$

选择适当的电流密度对电解生产的合理进行是重要的，其基本原则是：在保证阴极质量的前提下，生产率最高而生产成本最低。

电解槽的生产能力随电流密度的提高几乎是成比例地增加，故提高电流密度可以提高产量。但在一定生产条件下，当电流密度超过一定限度时，则电流效率降低，单位析出铅的电耗增加，析出铅结晶粗糙，杂质金属在阴极上析出的可能性增加。从而使析出铅变坏，所得沉积物为松软和海绵状的析出铅，含有多量的氢气。极限电流密度是允许获得合乎要求的沉积物时的电流密度。因此，最适宜的电流密度应考虑到过程的其他条件来决定，如阳极的杂质含量及生产规模等。铅电解所用电流密度一般在 130 ~ 200A/m^2。阳极杂质较低，生产规模较大的工厂可选用200A/m^2 以上的电流密度。此外，阴阳极操作周期短的，可以选用高电流密度，还有采用周期反向电解的工厂也可采用200A/m^2 的电流密度来生产。

虽然析出铅的产量几乎正比于电流密度，但随着电流密度的提高，也会给电解带来许多不利的影响。电流密度较小时，由于铅离子的放电速度慢，晶核的长大速度大于它的生成速度，因此可以获得较粗的阴极结晶。此时，阴极的物理规格较好，电极短路现象较少，电流效率也就较高。当适当提高电流密度时，则可使阴极析出较细小的结晶，此时，析出铅致密光滑，质量较好。但当电流密度提得过高时，阴极附近的电解液发生急剧的贫化现象，铅离子浓度急剧下降，从而引起其他杂质金属离子，甚至引起氢离子开始强烈地放电，致使结晶向外伸长，造成树枝状或毛刺状结晶，同时由于杂质溶解和析出，使阴极质量变坏。当电流密度超过极限值时，阴极晶粒相当细小，排列紊乱，从而得到海绵状、多孔的析出物。

在高电流密度条件下，阴极区铅离子浓度降低。相反，阴极区由于铅迅速溶解，铅离子来不及扩散，导致阳极泥层中和阳极区铅离子浓度不断增大，结果造成严重的浓差极化，促使槽电压升高。此外随着电流密度的提高，电极反应的极化加剧，也使槽电压升高。由于电流密度提高后阴极结晶恶化，短路增多，电流效率也随之降低。因槽电压的升高和电流效率的降低，则又导致电解精炼电能耗的增大。由于浓差极化的加剧，槽电压升高使较正电性金属杂质从阳极上溶解，并在阴极上析出，使阴极析出铅质量下降，实践证明：析出铅中的Cu、Sb和Ag等较正电性的杂质以及Sn的含量随着电流密度的提高而增大。

也有些人认为提高电流密度对阴极析出铅的质量没有影响，即析出铅中的杂质成分不受电流密度的影响，认为铜、银等金属杂质在电解液中的含量虽然增加，然而其相对量仍然是极微的，在电解过程中，这些杂质无疑是以极限电流析出而与电流密度无关。在高电流密度的情况下进行电解，这些杂质在阴极上析出的速度可视为不变，而析出铅的速度却随着电流密度的提高而成比例地增加，因此，铜银等杂质在析出铅中的含量相对地减少，并达到了成品铅对杂质含量的要求。

尽管采用高电流密度电解会给过程的正常进行带来一定困难，但一些工厂仍采用高电流密度来强化生产，以达到提高产量的目的。经过生产实践，采用高电流密度生产时，要获得较高质量的电铅和较低的电能消耗，必须创造以下条件：

（1）提高阳极品位（含 pb≥98.5%），并控制其有害杂质的含量。

（2）在阳极铅中保留适当的As和Sb，使阳极泥有足够的附着强度。

（3）确定合理的生产周期和阳极厚度，以保持阳极泥层适当的厚度和较低的槽电压。

（4）适当地提高电解液中铅离子及游离硅氟酸的浓度（铅离子浓度100~130g/L，游离酸浓度80~90g/L）。

（5）适当加大电解液循环量(30L/(槽·min))。

（6）提高电极外形质量，缩短极距。

（7）采用较高的电解液温度（40~45℃）。

提高电流密度可以强化生产，提高产量，但也给电解过程带来许多不利的影响：如电解液浓度不好掌握，电效低，电耗高等。为了强化生产，周期反向电解的新技术已用于电解精炼。它的原理是：在电解时，利用一种特别的供电系统，先通较长时间的正向电流，然后再通过较短时间的反向电流，这样周期性的交替供电，称为周期反向电解。在反向电流通过时，电极极化效应将部分被消除，带电荷而黏附在阴极上的颗粒也可能被抛弃；已开始在阴极表面析出的突出结晶也可以部分地被溶解或受到抑制；可以消除电极附近的浓差极化现象，从而改善了阴极沉积物的结晶状况。在提高产量、保证质量，获得合理的技术经济指标，改善劳动条件等方面都取得了良好的效果。

19.4.2.2 电解液成分与控制

铅电解精炼的电解液是硅氟酸与硅氟酸铅的水溶液。铅在电解液中呈二价离子存在。由于硅氟酸铅易水解而产生硅氟酸，因此电解液中必须加入适量的游离硅氟酸，以抑制硅氟酸铅的水解，并能提高电解液的导电率。

生产中对电解液的要求是具有高的导电率和高的纯净度，新配制的电解液是一种无色透明的液体，生产中铁离子使电解液呈绿色，胶质添加剂使之呈棕色，使用时间较长的电解液呈现出啤酒色。

电解液的成分是随各个工厂生产条件的不同而变的，一般电解液的成分在以下范围波动，呈硅氟酸铅形式的铅离子：80~130g/L，游离硅氟酸：60~120g/L，硅氟酸离子的总量为100~190g/L，另外，在电解液中还含有少量的金属杂质离子（铁离子、锌离子等）和胶质及其分解后的氮化物等。

根据工厂实践，在槽电压的组成中，电解液的电压降占56%~62%，见表19-10，因此，降低电解液的比电阻（即提高导电率），对降低槽电压和电能消耗保证析出铅质量都是十分重要的。

表19-10 铅电解精炼的槽电压分布情况

名 称	电压/V	所占比例/%	附 注
电解液的电位降	0.2857	62.11	电解液成分/$g \cdot L^{-1}$：Pb101.8 游离硅氟酸97~92，Fe 3.39 Zn 0.455 Sn 0.141 Sb 0.9 As 0.136 D_k 191A/m^2 骨胶0.23，42℃ 极间距31mm
各接触点电位降	0.0402	8.74	
导体电位降	0.0228	4.96	
阳极泥层与浓差极化电位降	0.1113	24.19	
合 计	0.46	100.00	

从表19-10可以看出，影响槽电压的主要因素是电解液的性质。电解液的成分很复杂，既是多种电解质的混合溶液，又因加入了骨胶等添加剂而具有某些胶体的性质。其中影响电解液比电阻的主要因素是铅离子、游离硅氟酸浓度和骨胶分解产物氨基乙酸的浓度。

电解液比电阻与电解液中的硅氟酸铅及硅氟酸浓度的关系：铅离子浓度一定时，电解液的比电阻随总酸的浓度增大而降低；即随着游离酸浓度增大而降低，并且随总酸浓度增大，比电阻恒定于某一值。当总酸一定时，电解液的比电阻随铅离子浓度的升高而升高，并且硅氟酸离子总含量越低时相差越大。

游离硅氟酸是电解液性质的一个重要因素，随着电解液中游离酸含量的增加，槽电压不断地下降，见表19-11。

表19-11 游离酸与槽电压的关系

游离酸/$g \cdot L^{-1}$	94.72	95.97	99.46	99.51	100.78
槽电压/V	0.460	0.454	0.452	0.440	0.432

注：$D_k = 194A/m^2$。

随着游离酸浓度的增大，其电解液的比电阻也相应地降低。当游离硅氟酸浓度一定时，电解液的比电阻不受电解液中铅离子浓度的影响。比电阻只取决于游离硅氟酸的浓度，且随其浓度增大而降低。当游离硅氟酸浓度达到一定值后，比电阻的降低越来越小，以至于达到一恒定值。

上述只是游离硅氟酸比较高的情况，当游离硅氟酸浓度较低时，铅离子的浓度也对比电阻有影响。实践得出，当溶液中的硅氟酸浓度小于1mol/L时，铅离子浓度的增加，其电导也增加。而当铅离子浓度比较大时，游离硅氟酸浓度不变，其电导也不是一定值。

生产实践表明，杂质金属离子浓度对电解液比电阻影响不大，但是添加剂尤其是骨胶的长期使用，可使电解液比电阻增加0.7~1倍。

一般情况下，适当地提高电解液中的含铅浓度是有利的，因为高铅浓度的电解液可以获得致密光滑而且坚固的阴极析出物。如果铅离子浓度过低，会引起杂质在阴极析出，并且生成海绵状的阴极沉淀，但电解液中铅离子浓度不能太高，因为太高时会导致阴极长成粗粒的结晶。严重时会破坏电解作业的正常进行，因此工厂实践要求电解液中的铅是中等含量。

铅离子的价数对电铅质量有影响，四价铅离子放电时，以海绵状在阴极上析出，而二价铅离子在电解时可以得到较粗的阴极析出物，同时，由于不可避免地有硅氟酸铅微量水解，产生含水硅酸胶体，使析出铅获得致密的细小结晶。硅氟酸铅在水溶液中溶解度很大，15℃时可达28%，在酸性溶液中和常温下也有着很大的溶解度。所以在生产条件下，提高电解液中的铅浓度，不致造成硅氟酸铅的过饱和以及结晶析出现象。

提高电解液中游离硅氟酸，不仅是为了改善电导率，而且还能提高电流效率和阴极结晶质量。在其他条件相同时，电解液的游离硅氟酸浓度越低，则电流效率也越低，这是阴极结晶恶化和电路电压升高所致。例如：当游离酸为50～70g/L时，电流效率可达95%，而游离酸降至20g/L时，电流效率下降到83%～85%。因此，生产中一般采用酸度较高的电解液，有的工厂游离酸高达90～100g/L，但当超过120g/L后，比电阻降低不大，而酸的损失则随酸度的升高而增加。

各工厂的生产条件不同，电解液成分控制范围差异也较大，通常铅离子浓度控制在80～130g/L范围内，总酸浓度90～140g/L，有少数工厂总酸高达180g/L以上。游离硅氟酸浓度控制在60～120g/L，一般遵循这样的规律，随着电流密度的提高，电解液中的铅、酸浓度也相应提高，电解液成分生产实例见表19-12。表19-13为电解液杂质成分。

表19-12 电解液成分生产实例

项 目	厂 别								
	1	2	3	4	5	6	7	8	9
总硅氟酸/g·L^{-1}	135～160	140～165	160～180	120～140	120～135	90～120	150～170	140～190	110～140
游离硅氟酸/g·L^{-1}	51～104	80～95	40～50	65～100	60～82	20～66	100～110	80～100	50～80
铅/g·L^{-1}	80～120	80～100	130～140	65～80	75～85	80～100	60～100	80～130	80～100

表19-13 电解液成分

成 分		总酸	Pb	游离硅氟酸	Cu	As	Bi	Sb	Sn	Fe
含量/g·L^{-1}	1	140～180	80～130	<60～90	<0.002	<0.001	<0.003	<0.8	<1	<3
	2	110～140	80～110	<50～80	<0.002	<0.001	<0.002	<0.8	<0.1	3～4

某些工厂电解液成分与电流密度的关系见表19-14。

表19-14 电解液成分与电流密度的关系

项 目	厂 别						
	1	2	3	4	5	6	7
电流密度/A·m^{-2}	110～140	150～170	180～210	242	140～150	145	1301～1380
总酸/g·L^{-1}	145～150	165～170	170～190		100～150	150	110～140
游离硅氟酸/g·L^{-1}	84～87	92～93	93～99	95	60～80	63	50～80
铅/g·L^{-1}	80～90	90～110	110～130	85	60～100	125	80～110

电解液除了控制其铅酸浓度外，还要控制杂质金属的含量，电解液常见的杂质金属有：Fe、As、Sb、Zn、Sn。其最大浓度可达到：Fe 2.5～3.2g/L，As 0.39g/L，Sb 0.8～1.1g/L，Zn 0.33g/L，Sn 0.6g/L，Ni、Co、Cu、Ag 含量很少，电解液中的金属杂质除了从阴极溶解进入外，另一部分是从新酸的加入和使用的设备进入的。

电解液成分一般依据下列原则进行控制：

(1) 控制电解液含铅在一定范围。

(2) 控制游离硅氟酸浓度稍高一些。

(3) 在电解液成分控制范围内，铅、酸浓度应成比例地增减，尽量避免电解液成分剧烈地波动。成分突变会引起电解正常生产的失调，导致电流下降，析出铅结晶恶化。

(4) 控制杂质金属的浓度，尽可能地使之降低。

在电解过程中，由于阴极电流效率较阳极电流效率低及铅的化学溶解等原因，电解液中的铅离子浓度一般随电解的进行而逐渐升高。只有当阳极品位太低时，电解液游离酸含量较小时，铅离子浓度才会逐渐下降。当电解液含铅过高时，则必须脱除多余的铅，目前采用的方法有两种：

(1) 加硫酸沉淀法。这种方法是抽取一部分电解液，加入硫酸生成不溶于水的 $PbSO_4$ 沉淀，从而达到脱铅的目的，同时使硅氟酸再生：

$$PbSiF_6 + H_2SO_4 = H_2SiF_6 + PbSO_4 \downarrow$$

等溶液澄清后加入电解液中，$PbSO_4$ 经洗涤送反射炉处理。该法脱铅速度快，不需增加专门设备，但 $PbSO_4$ 处理复杂，铅的回收率低，劳动条件差，酸耗大。

(2) 不溶阳极电解法。这种方法和正常电解一样，只是采用不溶性的石墨作阳极，电积过程总反应如下：

$$PbSiF_6 + H_2O = Pb + H_2SiF_6 + 1/2O_2 \uparrow$$

电积的结果是在阴极上析出铅，而在阳极上放出氧气，同时氧和石墨阳极反应而逐渐消耗：

$$C + 2[O] = CO_2$$

随着电积过程的进行，溶液中的铅逐渐降低，游离酸和溶液温度逐渐升高，因此导电率也逐渐提高。该法缺点是速度慢，优点是能在脱铅的同时进行电解液的净化，不需另加设备，金属回收率高，酸耗小。

正常生产时，电解液中杂质的浓度一般不会积累到有害的程度，但是若采用集中清槽或停产检修后再生产时，电解液往往会受到污染而变得浑浊，此时，必须将电解液进行过滤，以除去其悬浮污染物和部分胶质。过滤是在铺有玻璃丝、木炭、锯木屑或活性炭的特别过滤槽中进行。

对于溶于电解液中的杂质，则可采用大面积电解的办法除去。一般只需经过一个周期后即可产出合格的析出铅。随着电解的进行，电解液中有害杂质的浓度可迅速下降转入正常状态，析出铅中杂质含量也随着降低。

除清槽时，阳极泥易污染电解液外，在生产中，因阳极板砷、锑含量太少，而造成阳极掉泥或掉极，出装槽操作等原因也会造成电解液污染浑浊，可使析出铅结晶变坏。为了迅速使电解液澄清，可以停止电解液循环 8～16h，即可产出合格铅。

为了保证电解液成分的稳定：(1) 每天必须对电解液进行化验分析，以确定需补充新硅氟酸量。因为随着生产的进行，电解液中游离硅氟酸的浓度也逐渐降低，必须补充电解过程中正常的酸耗。(2) 向电解液补充新酸时，要分班均匀地加入，从而维持电解过程的正常进行。一般不允许新酸集中加入，因这样易引起电解液成分变化较大，影响电解正常进行以及析出铅质量。

为了保证电解液的体积均衡，还必须分班均匀地加入洗液，一般情况下，洗液可以满足电解液的体积均衡，如不够，可以加清水。洗液由于与阳极反复作用，其含锑量较高，一般含锑 1.5～3.0g/L，所以洗液需均匀加入，同时，洗液含有悬浮的阳极泥等杂物，其杂质的含量比电解液高得多，因而在加入前，必须进行充分地沉淀，一般要求在 16h 以上。某厂实践，每日补充的洗液量一般为电解液总体积的 2.5%～3.5%，它与季节、电解液循环速度、电解液温度与机械损失等因素有关。

新酸的浓度应要求高一些，为防止有害杂质进入电解液，要求新酸杂质浓度尽可能低，某厂要求新酸为硅氟酸浓度大于 250g/L，HF 浓度小于 2g/L，Cu 小于 1.8g/L，铁离子小于 0.1g/L，不夹带杂物。吨铅酸耗公式为：

$$吨铅酸耗 = \frac{上月电解液总含酸量 + 本月补充新酸量 - 本月末电解液总含酸量}{本月析出铅产量}$$

一般吨铅酸耗 1.0～3.5kg，酸耗成本占加工费很大一部分，一般约 10%，因此对铅电解来说，降酸耗具有很大经济意义。降酸耗的措施有：

(1) 合理控制阳极成分。(2) 合理控制电解液的含酸量，可高些但不能太高。(3) 控制适当的电解液温度。(4) 加强电解管理，严守技术操作规程，加强设备的管理和维修，使机械损失减少到最大程度。(5) 精细洗涤阳极泥，使其中的酸尽量得到回收。

19.4.2.3 电解液的温度及循环

电解液温度也是电解液性质的一个重要因素，实践中大多工厂控制在 30～45℃ 之间。当电解液成分一定时，提高电解液的温度，电解液中的离子迁移速度会加快，离子水化作用降低，溶液黏度减小，导电度增大。从而，使其电阻率降低。有资料显示，液温每升高 1℃ 大约使电解液的电阻率增大 2%～2.5%，铅电解液的电阻与温度的关系见表 19-15。

表 19-15 铅电解液电阻与温度的关系

每 100mL SiF_6 /g	每 100mL Pb /g	电解液电阻/$\Omega \cdot cm^{-3}$			
		0℃	10℃	20℃	30℃
30.5	27.8	2.95	2.18	2.10	1.84
30.5	25	2.66	2.15	1.84	1.60
30.5	10	2.07	1.72	1.57	1.21
30.5	15	1.74	1.45	1.23	1.07
30.5	10	1.48	1.21	1.04	0.75
27.1	25	3.22	2.47	2.13	1.86
24	20	2.73	2.24	1.72	1.52

续表 19-15

每100mL SiF_6 /g	每100mL Pb /g	电解液电阻/Ω·cm^{-3}			
		0℃	10℃	20℃	30℃
24	15	2.01	1.67	1.33	1.14
24	10	1.62	1.33	1.14	0.99
24	5	1.31	1.45	1.14	0.87
21.9	20	3.39	2.68	2.32	1.99
18	15	3.50	2.99	2.34	2.09
18	10	2.13	1.77	1.50	1.31
16.4	15	3.80	3.25	2.54	2.28
12	10	4.62	3.74	3.35	2.69
12	10	4.84	4.13	3.51	2.81

电解液温度的提高不仅使电阻率降低，而且还会使溶液中离子活度减小，所有存在的离子放电电位改变，金属析出和氢气放出的超电位都会降低。同时，扩散速度随温度升高而加快。扩散速度加快将使阴极附近溶液不容易产生贫化层。此外，金属的超电位也降低，这两种情况，都能促使获得粗结晶的沉积物。因此，当温度升高时，必须采用提高电流密度，以使温度的影响变为不显著，以获得细结晶的沉积物。温度过高时，还会使加入电解液中的胶老化而降低其性质，电解液蒸发损失增大，电解槽的沥青衬里软化和鼓泡等不利影响出现。

电解液温度过低，则对阴极结晶状态不利，使析出铅表面粗糙，而且槽电压升高，电能耗增大。

因此，适当的电解液温度可使阴极析出铅表面状态大为改善，结晶更为平整致密，呈金属光泽。电解液温度受气温、电解液成分、电流密度及散热条件等方面的影响。一般工厂控制在30~45℃，也有的高达50℃，有研究指出：电解液温度应控制在45℃为宜，某厂实践，液温控制在45℃时，产量急剧增加，各技术经济指标都很好。

电流通过电解液产生的热量，一般可使电解液温度达到30℃以上。在冬夏季节，当温度超过控制范围时，需用蒸气或冷水通过强制方法（如蛇形笼、石墨冷却，或加热器及耐腐冷却塔等）进行人工冷却。

电解液循环能使阴极附近的浓度均衡，因而使极化降低，随着电解过程的进行，阴极附近的铅离子逐渐降低，而阳极附近及阳极泥中铅离子浓度逐渐升高。因此，两极附近的电解液成分不均匀而产生浓差极化现象，使槽电压升高。同时，在沿电解槽的纵深方向，由于电解液各组分的密度不同，在重力作用下会发生分层现象。这将引起阴阳两极的不均匀析出和溶解。为了尽量减小或消除浓差极化，必须将电解液进行循环流通。此外，由于电解槽的上下液温度不一样，在循环时，可使冷热不同的电解液对流，使其温度趋于一致。某厂电极之间的电解液与阳极泥孔隙中电解液成分比较见表19-16。

表 19-16　电极之间电解液与阳极泥孔隙中电解液成分

电解液	密度/g·cm^{-3}	电解液成分/g·L^{-1}		
		Pb^{2+}	被束缚的硅氟酸	游离的硅氟酸
极间空间	1.25	93.3	65.3	82.2
阳极泥中	1.5	284	188.0	42.0

电解槽上下部间的电解液成分比较见表19-17。

表19-17 电解液分层情况

电解液循环量/L·(min·槽)$^{-1}$	测量位置相差720mm	Pb/g·L^{-1}	总SiF_6/g·L^{-1}	电流密度/A·m^{-2}
12.4	上	43.98	135.79	223
	下	105.29	169.49	
16.0	上	61.84	146.08	223
	下	68.56	149.50	

电解液的循环速度是以每分钟流出或流入每个电解槽的电解液升数或更换每一槽电解液所需时间来表示。循环速度取决于电流密度及阳极成分。在其他条件不变时，循环速度随电流密度提高而增大，根据某厂实践，关系如下：

电流密度/A·m^{-2}	120	160	180	200	220
循环速度/L·min^{-1}	15	18	22	25	30

阳极品位低而杂质多时，也应提高循环速度，但应以不引起阳极泥脱落和浮动为原则。当电流密度和阳极成分一定时，电解液的循环速度随电解槽内电极数目的增加而提高。最佳的循环速度应通过实践来确定。通常每更换一槽电解液约需2.5h，电解液循环方式分为上进下出和下进上出两种。

下进上出的循环方式优点是能促使含硅氟酸铅较多、密度较大的下层溶液能与整个电解液充分混合，减少浓差极化的影响并使漂浮的泥渣及杂物易于从溢流口流出电解槽，还使电解液温度比较均匀。但该方式的电解液流动方向与阳极泥的沉降方向相反，妨碍阳极泥的沉降。若循环速度过大，则会搅浊电解液，所以精炼含贵金属高的阳极或阳极泥层较厚时，不宜采用此方式。

上进下出方式则允许较大的循环速度，因为电解液流动方向与阳极泥沉降方向一致，阳极泥沉降较好。但其缺点是循环不均匀，上下温差大，浓度差也大，为此，必须适当地提高其循环速度。

电解液的循环，按其电解槽的排列，可分为多级式和单级式两种。多级式电解槽中的电解液温度和浓度不均匀，控制不好会使下一级槽中的析出铅质量低。单级式的优点是析出铅质量均匀。现在各电解车间一般采用二级或单级的循环方式，并趋向于单级循环发展。

19.4.2.4 电解液的添加剂

电解添加剂是指少量的某种物质加入电解液中，会显著地改善沉积层的性质，这种物质称为添加剂。为了获得致密光滑的阴极析出铅，电解液成分除了硅氟酸铅和硅氟酸外，通常还要加入少量的有机物和无机物作为添加剂。

添加剂种类很多，各个工厂所采用的添加剂都有所不同，其量也是由工厂生产实践而得的。目前大多数工厂都采用动物胶，也有采用β-萘酚胶粉、树胶、石炭粉、木质磺酸钠（钙）以及丹宁、二苯胺、萘酚等为添加剂，来进行生产或实验的。

添加剂是表面活性物质，它使电解液具有胶体的某些性质。在电流通过时，添加剂离子向电极移动产生电泳现象，有的胶体带正电荷，通电时移向阴极；有的带负电荷通电时移向阳极。添加剂在电解液中分散度很大，并具有极大的表面积，因此具有比较强的吸附能力。它对析出铅的影响大多与阴极极化作用有关，但其作用机理现在尚无统一见解，较为一致的有以下几点：

（1）胶体结合离子论：它认为添加剂在电解液中形成胶体，吸附放电金属离子。构成胶体——金属离子型的络合物。阴极极化作用增大是由于胶体与金属离子的结合较牢固，阻碍了金属放电的缘故。

（2）吸附理论：认为添加剂具有表面活性作用。它们能吸附在电极表面，阻碍金属的析出，因而提高了阴极极化电位，改善阴极结晶质量。

应该指出，所有添加剂理论只能解释某种实验结果。到目前为止，还不能找到具有指导意义的理论，能预知哪一类添加剂适合于铅电解精炼，而只能用实验的方法确定适合铅电解的添加剂类型及其使用量。

动物胶是工厂最常用的添加剂，其中以骨胶或皮胶较为普遍。适量地加入这些物质，可获得致密光滑又具有较大强度和光泽的析出铅。因为加入这种添加剂以后，能在极板表面形成一层牢固的薄膜。在阳极，由于铅离子的溶解，这层膜能被推开。因此，在阳极由于添加剂所引起的极化现象是极微小的。胶质粒子在电解液中是带正电荷的，它能电泳而移向阴极，阴极表面上如果有突出的结晶和菌状结晶物，则此尖点的电流密度必然很大。因此，带正电荷的胶质粒子多数停留在此尖点上，增加了该点的电阻，减少了铅离子在尖点部分的放电数量。所以，能够获得光滑细致的阴极析出铅，而不至于使尖点越长越大和造成短路。

胶质的加入，会在不同的程度上使阴极极化现象加剧，所以槽电压也略有升高。在长期加胶的情况下，电解液中大量的胶质离子及其分解生成的氨基乙酸的积聚，也会降低电解液的导电能力，阴极铅的表面越来越粗糙，疙瘩及阴极周边沉积偏快的现象也越来越严重。在发现电解液中胶质或有机杂质太多时，有些工厂采用了活性炭吸附的方法除去。

芳香族的某些化合物（β-萘酚、苯酚、甲基苯、间苯二酚）也常被用作添加剂。并且发现，这类添加剂对铅阴极结晶有强烈的影响。一些研究认为，芳香族的磺化产物，特别是具有长碳氢链与亲水磺族的润滑剂，能强烈地吸附在阴极活性表面而使结晶均匀分布，并在阴极表面形成凝胶层，防止电解液中的悬浮物吸附到阴极上去。

木质磺酸钠（钙）是一种负电性的表面活性添加剂。它与正电性的表面活性物质作用方向相反。在电解过程中，主要趋向于阳极并在阳极吸附，阳极表面电力线通过越多的部位，其电溶解速度也越快，负电性的活性物质的吸附也越多，从而阻碍了该点的铅溶解速度。阳极的表面光滑平整也是阴极沉积物质量良好的保证。因此，加入阴性添加剂，使阳极光滑均匀地溶解，而不至于表面粗糙以至溶解穿透或断落。此时阴极铅的析出就比较光滑细致。并且这类添加剂能使阴极表面均匀沉积而且引起的极化现象不大，槽电压升高也较小，还有凝聚电解液中的悬浮物的作用。

不同的生产条件下，适当地控制添加剂用量十分重要。用量过少则不能起到应有的作用，析出铅会长粒子或树枝状结晶。用量过多，则会增加电解液的电阻，使槽电压升高，析出铅过硬或出现脆裂现象，有时也会使析出铅长疙瘩。

大多数有机添加剂不直接参加电化学反应，但由于在溶液中分解或阳极氧化，还有一部分在阴极析出，以及另一部分进入阳极泥中，因此电解液添加剂大多需要不断地补充。一般要均匀加入，以防极化突然加剧，导致槽电压升高。

经过多年工厂实践证明：使用联合添加剂比使用单一添加剂效果要好，联合添加剂可以使单独添加剂的作用互相加强适当地组合，可以获得任一种添加剂单独使用时所不能达到的效果。且添加剂的单耗也可减少。

在硅氟酸铅电解液中电解精炼铅时，添加剂中基本成分必须是胶质（动物胶或植物胶），不含胶质或含胶质少的添加剂都得不到良好的效果。如明胶粉与芳香族化合物组成联合添加剂，实验结果认为，当明胶粉为0.3g/L时，芳香族化合物最宜的配比为：二级苯酚1g/L，四级苯酚0.5g/L，二级间苯二酚0.5g/L，三级β-萘酚0.02g/L。胶质物料增加，则芳香族化合物用量应相应减少，不然极限电流会强烈降低，阴极极化急剧上升，槽电压升至0.8V以上，阴极发黑，出现须状结晶，析出气体，电流效率急剧下降等。而上述芳香族化合物中以采用β-萘酚较为有利，其优点是用量少，价格低，效果好。

加入添加剂后极化值都有所提高，但使用联合添加剂时的阴极极化值不是各单种添加剂的代数和，而是增加更大，这表明联合添加剂在阴极表面上强烈地吸附，保证获得致密光滑和沉积均匀的阴极表面。而明胶粉与β-萘酚联合添加剂对阴极极化值最大。

我国某厂使用骨胶、木质磺酸钠作联合添加剂，取得了满意的效果，见表19-18。某厂先单独使用骨胶作为添加剂时，面向阳极光面的阴极结晶较好，面向麻面的阴极结晶较差。在原有胶质的电解液中加入木质磺酸钙后，这种现象几乎消失。这说明木质磺酸钙在电解液中起着阴性表明活性剂的作用，消除了阳极表面粗糙所引起的电流密度集中的现象。

生产实践中，新酸的加入可以起到与添加剂相同的效果，因为，硅氟酸本身就是一种极化物质，酸中氢离子可以阻碍树枝状结晶和菌状结晶的发展，获得平滑细致的析出铅。

表19-18 每吨析出铅所用添加剂数量

添加剂	单独加入	混合加入	混合加入
骨胶/kg	1～1.5	0.5～0.8	0.5～0.6
β-萘酚/g	—	4～8	—
木质磺酸钙/kg	—	—	0.4～0.6
效果比较	较难保证阴极质量	在阳极只进行一次电解时，能保证阴极质量	可以保证二次电解阴极质量

由于联合添加剂改善了电解的条件，允许提高电解时的电流密度，并且可以获得符合要求的电铅。添加剂使用实例见表19-19。

表19-19 每吨析出铅添加剂使用实例

添加剂	1	2	3	4	5	6	7	8
骨胶/kg	0.2～0.3	0.35～0.5	0.38～0.46	0.51	0.3～0.35	0.8	0.2～0.5	0.3～0.9
β-萘酚/g	—	4～8	13	15～40	7～8	15	10～20	8～15
木质磺酸/kg	0.4	—	—	—	—	—	—	—

到目前为止，所有的添加剂理论只能解释某些实验事实，还不能找到具有指导意义的理论。由于各工厂生产条件不同，因而在现在添加剂及配比量方面尚无统一规定。目前，国内多数工厂均根据析出铅的结晶状态及管理经验来调整配比及用量。而国外已有根据阴极极化电位来自动调整添加剂用量的报道。

19.4.3 粗铅电解精炼的工艺设备

19.4.3.1 车间配置原则

铅电解过程中，有硅氟酸酸雾，熔铅、阴极铅精炼、铸锭又有铅蒸气及烟尘产生。因此，车间应置于厂区下风向，防止铅毒对人体影响；生产中物料运输量较大，在厂房内部配置上应充分利用主跨的桥式起重机吊运原材料、产品和设备，使整个车间配置紧凑，又便于操作和检修。

铅电解精炼车间分成三大部分组成：熔铅、电解、阴极铅精炼和铸锭。鉴于这三部分关系密切，熔铅与电解间物料往返量又大，故宜集中布置在同一栋厂房内，充分发挥桥式起重机的优点，避免物料转运，生产方便，管理集中。如不能将三部分布置在同一栋厂房内，则必须采用其他布置方式：

（1）熔铅与熔炼布置在一起，电解、析出铅精炼与铸锭布置在一栋厂房内。这种布置方式的优点是熔炼产出的液铅可直接加入熔铅锅。如果阳极用排版机运输，则可使转运简单化。

（2）将熔铅与电解布置在一栋厂房内，析铅精炼则在另一栋厂房内。其优点是阳极与残极可用桥式起重机吊运，生产方便，其缺点是阴极铅需转运，但是物料仅单向流动。

19.4.3.2 主要设备

A 电解槽

铅电解精炼所用的电解槽为长方体，根据电解工艺的特点，对电解槽结构的要求是：

（1）具有一定的强度，有良好的抗腐性和抗热性；

（2）便于电解液循环；

（3）结构简单，便于维修，质廉耐用；

（4）槽与槽间，槽与地面间有良好的绝缘性能，防止漏电损失。

可用木材、钢筋混凝土或混凝土做成。木材中最好的是柏木，因其质地细密而坚实，抗酸性强，唯价格较贵。其次是红松木或枞木。

木质电解槽需要用钢筋（或铜筋）贯穿木板的中心，将四壁和槽底的木板连接起来。槽子两端用扁钢（或扁铜带）拉紧。木槽重量较小，槽子结构简单，修理也方便，并具有一定的抗硅氟酸腐蚀性能，但吸湿性强，易于漏电，使用寿命短，现已少有使用。

电解槽的内衬应具有良好的抗酸性、绝缘性、耐热性及使用寿命长而且经济。塑料和硬橡胶在这些方面都具有良好的性能。沥青衬里的使用较为普遍，虽其耐热性较差，但可以加某些物料以提高其软化点及强度。沥青衬里最大的缺点是容易损坏、维护费用较大，但是也易于检修。此外，也有用松香或石蜡作内衬的，效果也好。

一般使用的沥青是软化点为50℃以上的石油沥青，比天然沥青性能好，不易开裂及软化。将沥青与粒度为0.088~0.076mm（180~200筛目）的滑石粉，按质量比1:（2.0~2.5）均匀混合。用蚌壳（俗称海蛎子）粉代替滑石粉的衬里具有更为良好的黏合性、耐热性及强度，但价格较滑石粉高。

电解槽槽体早期用木材，内衬沥青胶泥。现大多为钢筋混凝土单个预制，壁厚80mm，长度2~3.8m，个别槽长达5m。依据每槽极板片数的极间距离，两端各留80~100mm的距离为进出液用。槽宽视阴极宽度两边各留50~80mm的空余，以利于电解液循环，槽子宽度波动于700~1000mm。槽子深度取决于阴极长度和阴极下沿距槽底高度，后者一般为200~400mm。槽子总深度为1000~1400mm。

电解槽的防腐衬里过去多为烙沥青，现在则为衬5mm厚的软聚苯乙烯塑料。电解槽寿命可达50年以上，关键是制作要保证质量，使用时要精心维护，及时修理。

还有整体注塑成的聚乙烯塑料槽，厚5mm，以它作浇制钢筋混凝土槽体的内模板浇灌混凝土，经养生脱模后，即成为外部是钢筋混凝土、内部是整体防腐衬里的电解槽。这种电解槽已在我国河南豫光金铅股份有限公司使用，实践证明该槽不漏液，效果良好。

电解槽的配置依照槽与槽之间串联，槽内极间并联。有的工厂把8~16个槽子并为一列，也有把全部槽子分成两列或四列的，这要依据厂房的宽度而定。槽子高度最好保证槽底距地面1.8~2.0m，以便于检查槽子底部是否漏液和及时修理，同时便于槽下设置贮液槽。国内外部分厂电解槽规格性能见表19-20。

表19-20 部分厂电解槽规格性能

项 目	豫光金铅	株洲冶炼厂	韶关冶炼厂	水口山	特累尔	阿罗依	竹原厂	契岛厂
槽衬材质	注塑	沥青软塑	沥青软塑	软塑	沥青	沥青	软塑	软塑
槽子尺寸/mm×mm×mm	3.5×1×1.2 3.4×1×1.3	3.2×0.8×1.2 3.57×0.8×1.2	3.44×0.8×1.2 3.7×1×1.2	3.5×1×1.3	2.75×0.81×1.2	4.52×0.93×1.14	5×1.3×1.5	3×1.3×1.5
每槽阴极数量/片	35	33~35	37	36~37	25	41	44	29
每槽阳极数量/片	34	32~34	36	35~36	24	40	43	28
槽子数量/个	1348	432	448	292	768			
阴极尺寸/mm×mm	700×920	910×700 1000×800	760×700	910×700	810×680	970×760	1190×1080	1320×840
槽体材质	均为钢筋混凝土							

注：资料显示特累尔、阿罗依两厂的电解槽内衬为沥青，现用何种材料不知。

电解液的循环是从槽子的一端流入从另一端流出，它可以采取两种方式：上进下出或下进上出，它是通过溢流套（管）来实现的。

电解槽侧壁顶部有浅沟，供放置绝缘瓷砖及导电板之用。

从电解槽流出的电解液通过回液溜槽汇总而流入集液槽。集液槽也是钢筋混凝土结构，内衬防腐衬里（一般为沥青与滑石粉），其位置较低，也称为低位槽，其容积一般为电解液总体积的7%~10%。

电解液通过集液槽汇集以后，经过酸泵送至高位槽，再经过管道送入分配槽后进入电解槽。高位槽容积为电解液总体积的3%～3.5%，在电解槽停留3～5min，输送电解液的管道用塑料或硬橡胶管，也可以用不锈钢内衬沥青或橡胶，或用铁环加固的竹管。一般铅电解厂的工作电流是4000～15000A，母线用铜板或铝板，线路上的电压损失为总电压的7%～10%。供电设备通常用硅整流器。

电解槽用复联法，槽与槽之间串联，槽内电极间为并联，槽外电路的连接应当使导电材料的消耗最少，电能损失最小。

B 残极洗刷机

残极洗刷机分卧式与立式两种。卧式残极洗刷机的工作原理是：电动机通过涡轮减速机带动连杆机驱使刷架小车往复运动，小车上设有刷架，条刷安装在刷架上；条刷均匀排列，其数量为一槽残极数加一，条刷中心距与同极中心距相等。出槽残极由桥式起重机运来对准两端的定位卡放入残极洗槽中，然后开动电动机，条刷随刷架小车通过往复刷抹即可将阳极泥洗刷下来。为防止刷抹阳极时，残极纵向移动而引起掉极，目前槽边的钢轨改为角钢支撑。此种洗刷机洗刷效果较好，设备结构简单，维修方便且易清理掉极。

立式洗刷机是由电动机通过皮带轮带动齿轮箱中一组工作轴旋转，在洗刷槽上部等距离排列安装一组水平刷辊，其轴线与齿轮箱工作轴相对应，并用万向联轴器连接。刷辊中心距等于同极中心距，刷辊数量比阳极多一个。洗刷阳极时，桥式起重机用吊架将一槽残极插入刷辊间，开动电动机使刷辊旋转，并用吊钩使残极沿垂直方向做往复移动，直至洗刷干净为止。立式洗刷机的刷辊轴承要求密封性好，以防酸液侵蚀，齿轮箱维修工作量较卧式大，处理掉入洗槽内的残极不如卧式洗刷机方便。

C 始极片模板

始极片铸模板一般为厚25mm的矩形钢板，两侧焊上高30mm的凸缘，模板的内宽与始极片一致，其长度比阴极长300～400mm，以便折叠和包卷导电棒。模板顶端设一半圆形盛铅液的翻斗，长度与模板内部宽度相等。当浇注铅液温度一定时，始极片的厚度可以用改变模板的倾斜度来控制。为加快浇注速度，可在模板背后增加一个700mm×1100mm的水套夹层，通入冷却水制冷。

D 始极片制造联动线机组

始极片制造联动线机组，生产率高，适应性强，已广泛用于大中型工厂。该机采用微机控制，依靠液压和机械传动，通过光电信号无触点控制，可完成始极片自动化生产过程。始极片精度高、刚性好，大大减少了电解槽内短路现象。

该联动线机组由铅液位控制装置、制片机、牵引装置、送片机、给铜棒机、喂铜棒机、提片机、压合装置、压纹装置、排片机、液压泵站和微电脑控制系统等组成。

E 精炼锅及电铅铸锭机组

a 精炼锅

阴极析出铅含铅一般在99.9920%以上，但还含有微量的As、Sb、Sn等杂质及一些胶质物，需在铸锭之前再次精炼除去，使其符合国标的要求。精炼的方法一般有氧化精炼法和碱性精炼法，产出的电铅用机械或人工铸锭。

氧化精炼和碱性精炼一般在精炼锅中进行，国内目前使用的精炼锅，根据规模大小分为30～100t不等，使用材质为铸铁或不锈钢。

b　电铅铸锭机组

经精炼后的铅液铸锭成型，其方法有以下两种：

（1）人工铸锭：铸模在地面上摆成弧形，铸模底部装有喷水管对铸模进行冷却，一般采用虹吸管向模内灌注铅液，并趁热捞去上部的氧化渣，浇水冷却，用钩子将铅锭逐个从模内取出，刮去飞边毛刺，经打印后即可码堆入库。

（2）机械铸锭：由于人工铸锭劳动强度大而且效率低，故近年来逐渐为机械铸锭所代替，常见的铸锭机械有转盘式和连续式两种类型。转盘式目前已不多用。

连续式铸锭机由定量浇注装置、浇注机、打印装置、推锭装置和排锭装置几部分组成。浇注机为连续排列为链状的铸模组成，按一定的速度运行。铅液注入模后在运行中缓慢冷却，必要时可在模底喷水，并在尾部翻转脱出，被推锭装置送入受锭台，自动整齐排好，经辊道自动输到指定地点。

某厂直线（连续）铸型机规格为：

铸轮间距	970mm
链轴节距	420mm
铸模	40mm
铸锭质量	45 ~49kg
链带传动速度	1m/min

F　阳极泥及其洗涤装备

a　阳极泥洗涤过程

铅电解精炼除了获得阴极析出铅之外，还会得到大约1.2% ~2%的阳极泥。这些阳极泥大部分黏附在阳极表面上，有小部分因搅动或是因操作的原因从阳极板上掉入电解槽底。为了回收阳极泥中夹带的水溶铅和硅氟酸，提高铅回收率，降低酸耗，并为阳极泥处理做好准备，阳极泥必须进行过滤和洗涤。洗涤流程如图19-2所示。阳极泥中夹带的电

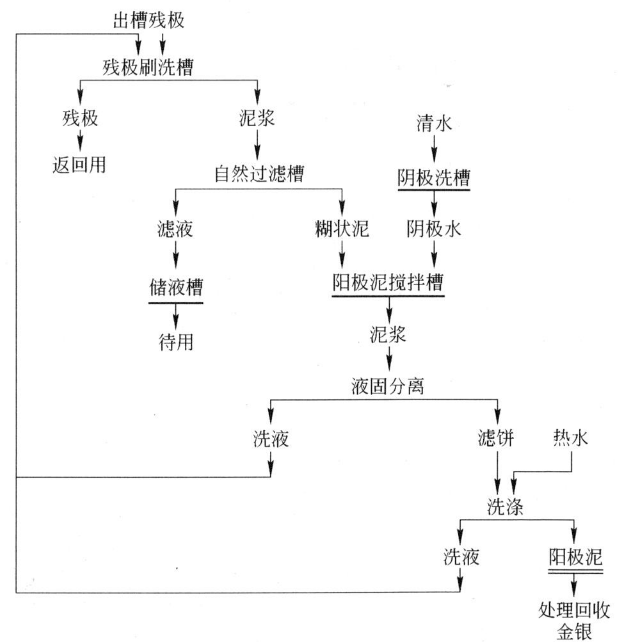

图19-2　阳极泥洗涤流程

解液与电解槽内阴阳极之间的电解液，其成分明显不同，见表19-21。

表19-21 阳极泥夹带电解液与极间电解液成分实例

名 称	密度/$g \cdot cm^{-3}$	Pb/$g \cdot L^{-1}$	总H_2SiF_6/$g \cdot L^{-1}$	游离H_2SiF_6/$g \cdot L^{-1}$
阴阳极间电解液	1.25	93.3	147.3	82
阳极泥夹带电解液	1.50	284	230	42

经洗刷机刷下的阳极泥浆和清理电解槽时的阳极泥浆，先经筛网除去杂物和铅粒子再进入中间槽，筛网孔径为3mm，中间槽中的阳极泥浆立即用泵送往机械搅拌的高位槽贮存。残极洗刷泥浆中的阳极泥颗粒细而均匀，几乎没有杂物；在高位槽中搅拌均匀后，静置16~24h也不会板结，仍能顺利地从槽中放出来，但压滤前再搅匀一次。清槽阳极泥浆中固体颗粒粗，杂质多，应及时压滤。

压滤得到的滤液，含铅含酸高，经贮槽澄清后返回电解液循环系统。阳极泥浆压滤完后，在压滤机中对滤饼进行二次逆流洗涤，洗水温度为80℃左右，一次洗水送残极洗刷槽刷洗残极。由于压滤、洗涤效果好，也可只进行一次洗涤。

压滤卸下的阳极泥送贵金属回收工序，阳极泥含水40%~45%。

b 主要设备

主要设备

（1）渗滤槽：槽体一般用钢筋混凝土槽，内衬沥青胶泥防腐；槽体也可用砖砌筑外抹水泥砂浆，内衬仍用沥青胶泥。槽底放置为方木条，其上铺草袋作为渗滤层。

（2）阳极泥浆化槽：一般用钢筋混凝土槽体，内衬沥青胶泥或软聚乙烯板防腐；搅拌桨叶用铜质材料；加热用铜质蛇形管，或用蒸汽直接加热。采用阳极泥二次离心过滤洗涤流程时，一、二次搅拌槽容积各为残极洗刷槽容积的1.2~1.4倍，以便能完全容纳从残极洗刷槽内放出和从溢流口溢出的泥浆。采用框式搅拌浆，转速为16~18r/min。

（3）离心过滤机:多采用多足式离心过滤机,与溶液接触部分采用铜质或不锈钢材质防腐。

19.4.4 铅电解精炼过程的技术经济指标和最优化措施

19.4.4.1 主要技术经济指标

A 槽电压

铅电解精炼过程的槽电压是指一个电解槽的电压降，由以下几部分组成：电解液的电压降；各接点的电压降；导体的电压；阳极泥与浓差极化的电压降所组成。生产实践中的槽电压的分布情况，由表19-22中的数据可以看出，对槽电压影响最大的是电解液电压降，其次是阳极泥与浓差极化电压降和各接点电压降。所以，降低这三种电压降对降低槽电压便很有意义。

表19-22 铅电解精炼的槽电压分布

编号	技术条件					电压降									
	电解液成分/$g \cdot L^{-1}$		电解液温度/℃	同极中心距/mm	电流密度/$A \cdot m^{-2}$	导体电压降		各接触点电压降		阳极泥与浓差极化电压降		电解液电压降		合计	
	Pb	总酸				V	%	V	%	V	%	V	%	V	%
1	100	150	30	80	127	0.04	8.9	0.04	8.9	0.115	25.5	0.225	56.7	0.45	100
2	86.65	155.08	35	80	150~160	0.0228	4.9	0.0402	8.7	0.113	24.5	0.2857	61.9	0.4617	100

应该指出，铅电解精炼过程的槽电压不是恒定的，表现为随着电解液老化时间的延长，电解液压降增加，因而平均槽电压升高。

在一个阳极泥刷洗周期内，随着电解时间的延长，阳极泥层不断变厚，阳极泥和浓差极化的电压降也不断增加，槽电压会由最初的0.3V升高至0.5～0.6V，有时甚至达0.7V。为了降低槽电压，可采用下列措施：

（1）减小电解液压降：适当缩短极间距；适当提高电解温度；适当提高电解液中的硅氟酸浓度；定期净化电解液以降低电解液中的杂质和添加剂水解产物浓度；

（2）减少阳极泥层压降：提高阳极品位；适当缩短阳极泥刷洗周期；

（3）减少浓差极化引起的压降：采用合适的电流密度；适当增大电解液的循环速度，以保持槽内电解液成分均匀，

（4）减少各接点压降：提高阴阳极加工质量；保持导电电棒光洁，接触良好。

B 电流效率

电流效率是指电解精炼时铅的实际析出量与按法拉第定律计算出来的理论析出量之比的百分数，计算公式为：

$$\eta^{*} = Q/q \cdot Itn$$

式中 η^{*}——阴极电流效率，%；

Q——阴极实际析出铅量，g；

q——铅的电化当量；

I——电流强度，A；

t——通电时间，h；

n——电解槽数。

表19-23是常用元素的电化当量。

表19-23 常用元素的电化当量

元　素	原子价	相对原子质量	电化当量/g·(A·h)$^{-1}$
H	1	1.008	0.038
O	2	16.00	0.299
Pb	2	207.20	3.865
Cu	1	63.570	2.373
	2	63.570	1.186
Zn	2	65.30	1.220
Bi	3	208.98	2.601
Au	1	197.00	7.361
	3	197.00	2.454
Ag	1	107.87	4.027
Co	2	58.933	1.100
As	3	74.921	0.932
Ni	2	58.71	1.095
Sn	2	118.69	2.215
	4	118.69	1.108

铅电解精炼过程的电流效率一般93%~98%范围，电流效率达不到100%是由于漏电造成电流损失；极板短路造成电流损失；铁在阳极和阴极上反复氧化—还原的副反应造成电流损失和已析出的阴极铅在电解液中化学溶解造成电流损失。

C 电能消耗

铅电解的电能单耗，主要取决于电解槽的平均槽电压和电流效率。根据有关资料，目前国外单位（t）电铅的电能耗约为100~160kW·h/t。工业上电能消耗可按下式计算：

$$W = V \times 1000/\eta \times 3.865 \tag{19-2}$$

式中 V——平均槽电压，V；

η——电流效率，%；

3.865——铅电化当量，g/(A·h)。

从式19-2中可以看出，电能消耗与电流效率成反比，而与槽电压成正比。故提高电流效率对降低电能有着很大的作用。电能消耗一般随电流密度的增加而增加。这是因为电流密度提高以后，会引起槽电压的升高和电流效率的降低。

槽电压对铅电解精炼生产中的电能消耗和析出铅质量有很重要的意义。确切地说，槽电压是指一个电解槽的正极导电棒与负极导电棒之间的电压降，这种电压降包括以下几个部分：电解液的电压降；各接触点电压降；导体电压降；阳极泥层与浓差极化所产生的电压降。

根据某厂测定，其各部分所占比例大致见表19-24。

表19-24 槽电压分布情况

槽电压组成部分	工厂			
	1		2	
	电压/V	百分数/%	电压/V	百分数/%
导体电压降	0.0228	4.96	0.04	8.9
各接触点电压降	0.0402	8.74	0.04	8.9
阳极泥与浓差极化	0.1113	24.19	0.115	25.5
电解液电压降	0.2857	62.11	0.255	56.7
合计	0.46	100	0.45	100

从表19-24的槽电压分布情况来看，对槽电压影响最大的首先是电解液及阳极泥层的电压降，其次是浓差极化所引起的电压降，最后是两极接触点引起的电压降。这三项电压降占槽电压的95%以上。因此，抓住这几个主要影响的因素，对降低槽电压具有重大意义。

实践证明，降低槽电压必须设法降低电解液和阳极泥层引起的电压降，其主要措施如下：

（1）改善电解液成分；（2）提高电解液温度；（3）缩短极间距；（4）控制阳极泥层厚度。

另外，还需降低阳极与阴极接触电压以及浓差极化所引起的电压降，这一方面可以通过擦亮接触点和加大电解液循环量来完成。

D 阳极泥率

阳极泥率是指电解过程产出的阳极泥量与溶解的铅阳极量之比的百分数。阳极泥率决定于阳极品位。阳极品位越高，杂质含量越低。阳极泥率一般为1%～4%。

E 硅氟酸单耗

在铅电解精炼过程中，电解液的跑、冒、滴、漏和蒸发会造成一定数量的硅氟酸损失，阳极泥、出槽阴极和残极带走电解液也会造成一定数量的硅氟酸损失。硅氟酸单耗一般为2～4kg/t。加强管理，减少电解液的跑、冒、滴、漏，加强阳极泥的过滤和洗涤以及出槽阴极和残极的洗涤是降低硅氟酸单耗的有效措施。

表19-25列出了铅电解精炼技术经济指标的实际例子。

表19-25 铅电解精炼技术经济指标实例

名称	单位	厂别						
		1	2	3	4	5	6	7
电流效率	%	94.7	95	92～95	94～96	95	81.82	96～98
槽电压	V	0.46～0.6	0.3～0.6	0.3～0.4	0.4～0.5	0.3～0.5	0.4～0.5	0.35～0.45
吨铅直流电耗	kW·h	150	110～130	131～135	160	115～132	112	118～125
残极率	%	37.84	40～45	34～40	40～43	40	49	
吨铅酸耗	kg	1.73	1	1.3～3	3	3～4	9.34	2.4～3
阳极泥率	%	1.84	1.0	1.5～2.5	4	1.8～2.0	—	1.2～1.5

19.4.4.2 铅电解精炼过程的最佳化措施

铅的硅氟酸电解精炼过程在长期的生产实践中，实质性方面的改进和完善不很显著。研究工作都是寻求最佳化的综合指标，即对铅电解精炼过程的最佳化研究，寻求改进与完善电解过程的途径，提出相应的最佳化措施。

A 缩短阳极泥刷洗周期和交换阴极

如前所述，为了保证铅电解精炼的正常进行，在铅阳极泥表面上必须有一个稳定的阳极泥层存在。然而，阳极泥层厚度应受到控制，否则，阳极泥层过厚，会使槽电压升高，耗电增大，阳极中的杂质大量溶解并在阴极析出，以及造成阳极泥层被破坏等一系列问题。特别在阳极品位低，杂质含量高时，这些问题更为突出。为了控制阳极泥层的厚度，绝大多数工厂采用了两次电解法，即阳极泥刷洗周期为阳极周期的一半。如果阳极杂质过高（如大于$w_{杂质}=5\%$），则阳极泥刷洗周期还应缩短。例如，俄罗斯的一家铅厂，阳极含铋高达$w_{Bi}=15\%$，阴极周期为6天，阳极刷洗周期为2天。此外，该厂还采用了交换阴极的措施，每天把所有的阴极互相交换一次。这样，不仅可降低直流电单耗，还提高了阴极铅的纯度，当然，这也增加了工作量。

B 技术条件的最佳化

Lange等人为了确定高电流密度下的最佳技术条件，使用了四变量三水平的正交实验设计方法。在保持胶的加入量、阳极成分、电解槽几何形状和电解液循环量不变的条件下，用回归分析法研究了$PbSiF_6$和H_2SiF_6浓度、电解液温度和电流密度对阴阳极极化、槽电压和直流电耗的影响，并建立了这些参数的变化与阴极质量和外形以及胶的消耗量之间的关系。为了把电流密度从原来的200A/m²提高到300A/m²，最优的技术条件为铅离子浓度从原来的80g/L降低到60g/L，胶最大加入量由1250g/t提高到1500g/t，游离硅氟酸浓度120g/L不变，电解液温度由原来的35℃提高到40℃。在上述最佳条件下电解，锑铋阳极泥层经受的阳极极化高达280mV，而阴极质量并未受到太大影响。

C 槽电压监测系统

某冶炼厂电解作业近年来设置了一套槽电压测定系统。该系统能把各个电解槽的槽电压显示在计算机的显示屏上，同时还能在输出数据的显示盘上点亮在设定电压下槽号的灯，并将这些槽号打印出来。这样，哪个槽该处理就可以一目了然，且处理后的结果可以在显示盘上看到。采用槽电压监控系统后，短路检测工作只在有限的几个槽上进行，既提高了电流效率，又节省了人力。

D 电流周期反向技术

电流周期反向技术最早应用于铜电解精炼，其主要作用是在高电流密度下消除或减弱阳极钝化。沈冶的电解精炼已成功地应用这一技术。

电流周期反向电解是指在电解精炼过程中，使阳极上通过电流的极性周期改变，阴极电流变成阳极电流，阳极电流变成阴极电流。一个电极上正向电流通过时间加上反向电流通过的时间为一个周期（T_C）。一个周期的长短以及一个周期内正向电流通过的时间（T_f）与反向电流通过时间（T_b）的比值（T_f/T_b）是可以控制的。

在电解精炼过程中，阳极表面附近金属离子浓度比主体电解液高，阴极表面附近金属离子浓度比主体电解液低，因此产生了浓差极化现象。而且，电解过程所采用的电流密度越高，这种浓差极化现象越严重。对于铅电解精炼过程来说，在电流密度较高的情况下，阳极泥和浓差极化压降较大，阳极过电位明显增加。当阳极过电位越过临界值200mV时，阳极中较正电性的砷、锑和铋等杂质会与铅一起溶解进入溶液，并在阴极上析出。如果阳极过电位过高，砷、锑和铋大量溶解，便会破坏阳极泥层的稳定性，使电解过程无法正常进行。在这种情况下，采用电流周期反向技术能消除或减缓浓差极化作用，降低阳极过电位，因而能避免或减少正电性杂质在阳极上的溶解和在阴极上析出。所以，电流周期性反向电解有利于提高阴极铅的纯度。

电流周期反向电解之所以能降低阳极过电位，是因为在电解期间每隔一段时间阳极电流改变成阴极电流。而且，反向电流通过的时间越长，消除阳极过电位的效果越明显。然而，电流周期反向电解时，阴极铅的电流效率会有所降低。因为反向电流通过阴极时，阴极上不但没有铅析出，而且还会使已析出的铅反溶，这相当于两倍反向电流量的损失。可见，反向电流通过的时间越长，电流效率便越低，因此采用电流周期反向电解，阴极铅的电流效率比较低，直流电单耗较高。尽管有些试验研究结果表明，电流周期反向技术具有阴极质量好，电解液损失少等许多优点，但有关的观点还不一致。故电流周期反向技术也没有被广泛应用。

E 电解液中添加剂的监测

电解液中添加剂的有效浓度对阴极沉积形态有很大影响。近十几年来，人们一直在努力寻求确定电解液中添加剂浓度的方法。向电解液中加添加剂的最普通做法是根据阴极结晶状态凭经验确定加入量。由于槽电压的大小主要与电流密度和电解液的比电阻有关，而电解液的比电阻又与电解液中添加剂浓度成正比，因此可以通过计算机监测槽电压的变化，间接地判断电解液中的添加剂浓度。采用化学分析、电位滴定和极谱法分析胶浓度的研究也有很多报道，但这些方法的分析程序较长，分析结果滞后，在实际生产中应用比较困难。

用极化测量（阴极过电位测量）的方法来监测电解液中添加剂的浓度是一种比较成功的方法。该法在铜电解精炼、锌电解提取以及铅电解精炼过程中均已获得应用。极化测量技术是采用循环伏安法来测定阴极过电位随溶液中添加剂浓度的变化。通常的做法是用标准电解液作出标准曲线，然后再把作标准曲线的程序用于实际电解液。

用阴极过电位来监测电解液中芦荟提取物和木质磺酸盐的有效浓度在加拿大柯明科铅厂已有多年的历史。芦荟提取物和木质磺酸钠对阴极过电位的影响：阴极过电位随电解液中芦荟提取物和木质磺酸盐的浓度以及电流密度的提高而明显增大。很明显，阴极过电位、芦荟提取物和木质磺酸盐的浓度以及阴极沉积生长的控制程度之间存在着一定的关系。近年来，该厂已经研制出能同时监测电解液中这两种添加剂浓度的连续监测技术。该项技术是通过对两种过电位的比较来实现对这两种添加剂的监测。一种过电位是铅在阴极基体上沉积的成核过电位（NOP）；另一种过电位是铅在已沉积的铅上继续沉积的过电位（POP）。在铅电解精炼过程中，NOP 受电解液中木质磺酸盐有效浓度的影响，木质磺酸盐起到一种晶粒细化剂的作用；POP 受电解液中芦荟提取物有效浓度的影响，芦荟提取物主要起到均化剂的作用。控制阴极沉积标准的这两种添加剂量可通过比较上述两种过电位来决定。

（撰稿　高富娥　李　贵）

19.5　大极板、长周期铅电解精炼技术的开发与生产实践

云南驰宏锌锗股份有限公司铅电解精炼技术采用的是传统的硅氟酸铅和硅氟酸水溶液电解工艺。粗铅经熔析除 Cu 和 Sn 后，利用立模浇铸成 300kg 阳极，电铅熔化后用 DM 机组浇铸成阴极铅卷，利用阴极制片机制成阴极。阴极、阳极用阴、阳极自动排距机按一定的极距排成符合电解用的阴极、阳极，利用大型旋转吊具装入盛有硅氟酸铅和硅氟酸水溶液的电解槽中通入直流电进行电解。

2000 年，云南冶金集团云南新立有色金属有限公司实施电铅系统环境治理异地技术改造项目。在大量调研基础上，分析了我国铅电解工艺技术现状及与国际同行之间的差距。与国外铅冶炼现有水平相比，电解精炼普遍存在产业集中度低、规模小、工艺技术落后、装备水平低、能耗高、劳动生产率低、环境污染严重等问题。

统计数据显示，2002 年我国年产 5 万吨以上的铅冶炼厂仅有 8 家（见表 19-26），合计产量仅占当年全国铅总产量的 48.06%。与国外先进企业工艺技术及装备水平的比较见表 19-27。

表 19-26 2002 年中国主要炼铅厂的铅产量

企业	豫光	株冶	豫北	韶关	水口山	春兴	金洋	新立	合计	全国
产量/t	137500	96600	78600	78600	68000	59700	56900	57800	633700	1324700
占比例/%	10.38	7.29	5.93	5.93	5.13	4.51	4.30	4.36	48.06	100

表 19-27 国内外铅精炼工艺及主要技术指标比较

项 目	国 内	国 外
阳极板重量/kg	<120	300
电流效率/%	92~93	>95
直流电耗/kW·h·t^{-1}	110~130	<120
总电耗/kW·h·t^{-1}	180~220	<160
能耗（标煤）/kg·t^{-1}	>120	<70
阳极浇铸装备	以圆盘浇铸机为主	阳极立模生产线
阴、阳极装槽	阴、阳极分别装槽	阴、阳极同时整体装槽
阳极洗涤	半自动多片洗涤	全自动单片洗涤

在调研基础上，云南冶金集团总公司决定采用引进国外先进技术装备与自主开发相结合，研究开发大极板电解工艺，大型化装备及计算机控制技术，提升工艺技术及装备水平。2001 年初，开始对铅电解精炼大型化设备、生产自动化、环保达标和铅电解精炼等关键工艺技术进行试验和开发研究。2005 年 8 月，大极板长周期铅电解精炼工艺投入运行，在国内铅电解行业中，首家自主研发了长周期铅电解工艺，研究开发了阴阳极整体出装槽专用自动旋转吊具、残极自动清洗机组、铜钢复合阴极导电棒、导电棒自动拨棒机组和超长型钢结构骨架内衬 LLDPE 电解槽等装置和设备；消化吸收了国内首次从日本引进的大极板立模铅阳极铸造生产线，大型阴极板生产线与 DM 机组，并实现大型高精度、长寿命阳极浇铸立模的国产化；采用全自动大型铅锭浇铸、堆垛、打包机组以及 150t 大型熔铅锅。经过三年多的实践表明，大极板、长周期铅电解精炼工艺顺畅，研发和引进的设备运行正常，各项技术经济指标达到或超过国内先进水平；控制了大气污染和实现达标排放。实现了铅电解精炼设备大型化、自动化、连续化、清洁生产，并大幅度提高了铅电解系统的集约化程度。对推动铅冶炼产业升级，提升铅冶炼的总体装备水平，促进我国铅生产技术进步，解决铅生产中的环境污染问题，发挥了很好的作用。

19.5.1 工艺流程及主要生产过程

19.5.1.1 工艺流程

大极板、长周期铅电解精炼工艺流程见图 19-3。

19.5.1.2 主要生产过程

大极板、长周期铅电解工艺的主要生产过程有以下几方面。

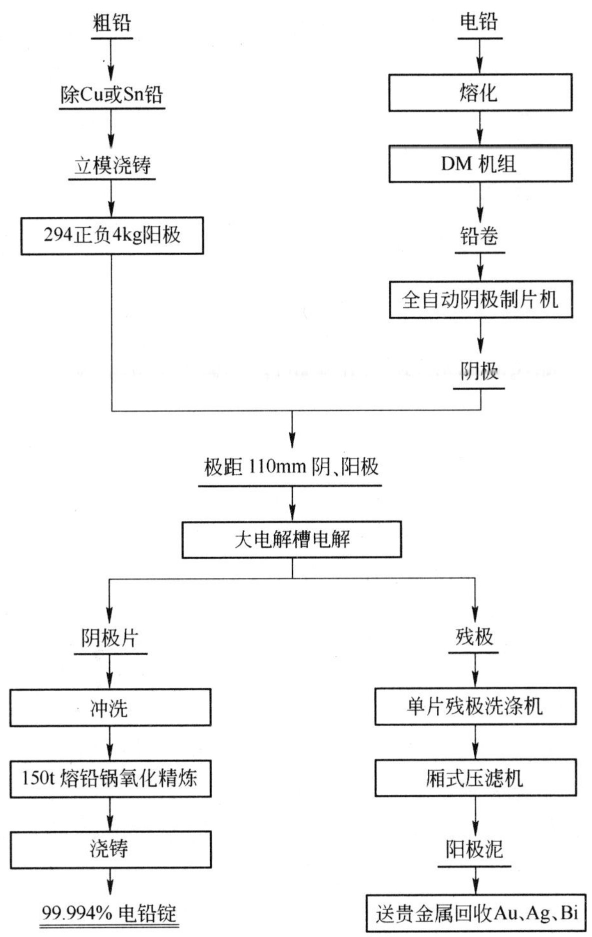

图 19-3 大极板、长周期铅电解精炼工艺流程

A 粗铅初步火法精炼

驰宏公司铅电解所处理的原料由自产粗铅和外购粗铅两部分组成，自产粗铅包括来自艾萨炉的粗铅及富铅渣鼓风炉还原熔炼的粗铅。原料粗铅的平均成分见表 19-28。

表 19-28 进入电解精炼的原料粗铅平均成分

元 素	Pb	Cu	Sb	As	Bi	Te	Sn	S	Ag/g·t⁻¹	Au/g·t⁻¹	其他
质量分数/%	97.96	0.168	0.336	0.205	0.008	0.0008	0.008	0.095	0.107	0.422	1.0822

自产粗铅与外购粗铅按一定比例搭配后，用行车吊装入熔铅锅，进行初步火法精炼。经过熔化、压渣、捞渣、加残极续锅、降温熔析、加硫除铜、调锑等步骤，除去粗铅中的部分金属杂质铜、锡等，并调整粗铅中杂质砷、锑等元素含量。产出的铜浮渣另行处理。初步精炼后的铅液中加上部分残极和阳极板浇铸废品重熔后，控制温度为 370℃ ±10℃，用铅泵打入阳极立模浇铸生产线的铅液保持炉。

B 阳极浇铸

经过初步精炼泵入保持炉的铅液，经铅阳极立模浇铸生产线进行铅液定量浇铸成阳极板。浇铸生产线由DCS系统控制，阳极生产过程实现全自动化。生产的阳极挂耳小，厚薄均匀，厚度误差为±0.2mm，无飞边毛刺。浇铸好的阳极板经联动的阳极移动机连续运送至阴阳极自动排距机排距。

C 阴极（始极片）制作

来自电解槽的阴极铅装入150t熔铅锅熔化后，由DM机组连续浇铸成厚度0.8mm±0.1mm、长约400m的铅卷，送全自动阴极板制造生产线。

铅卷装到阴极生产线的反绕机上，将铅卷端头导入阴极板制造机。经定长裁切、卷边、叠合，端头卷边、装（导电）棒、端头叠合、楔子穿孔等加工工序后，移动至倾斜输送机。阴极片转移至横向输送机，经压力机压纹、矫正，点焊机焊合上端叠合部分，再经矫正机进行弯曲矫正后，用自动移载机输送到自动排距机。

来自阳极浇铸生产线的阳极及阴极生产线的阴极，用自动移载机输送至自动排距机。在自动排距机上，阴、阳极按同极矩110mm及每组38片阳极、39片阴极的分组，完成自动排距。然后，用专用自动回转吊具经行车吊送至电解槽。

完成组合排距的阴、阳极用专用吊具装入电解槽，以硅氟酸铅（$PbSiF_6$）和游离硅氟酸（H_2SiF_6）组成的混合溶液为电解液，并通入直流电进行电解精炼。控制电流密度为140A/m^2，电解液循环量36~45L/min，温度40℃±2℃，添加自主研究开发的新型复合添加剂，阴、阳极周期同为7天。出槽时用行车将阳极残极和阴极分别吊出电解槽，残极吊至残极洗涤机逐片进行残极洗刷，再返回熔铅锅，与粗铅一起续锅熔化，洗刷下来的阳极泥送阳极板过滤。阴极铅经洗涤除去残留电解液、吊运至导电棒抽棒机抽出导电铜棒，导电铜棒送光棒机刷洗，阴极片用收拢机收拢后送150t铅锅熔化再精炼，其中小部分送始极片制造。

阴极铅经熔化，搅拌氧化进一步氧化脱除砷、锑、锡等杂质进行再精炼后，用铅泵送电铅铸锭堆垛联动线进行铸锭、堆垛、打捆，最后入库。产出的氧化渣另行处理。

19.5.1.3 主要工艺技术参数

大极板、长周期铅电解精炼的主要工艺技术参数见表19-29。

表19-29 大极板、长周期铅电解的主要工艺技术参数

工艺技术参数	指标
电解液成分/g·L^{-1}	Pb^{2+}：80~140，SiF_6^-：120~160，H^+：50~60
电流密度/A·m^{-2}	140
电解液循环量/L·min^{-1}	40~50
添加剂	新型复合添加剂
极板同极矩/mm	110
极板尺寸/mm×mm×mm	阳极：1210×810×27（质量294kg±4kg）
	阴极：1240×840×0.8（质量13kg）
电解周期/d	阳极：7
	阴极：7
电解槽尺寸/mm×mm×mm	4500×1000×1620
电解槽数量/个	344

19.5.2 主要生产设备

19.5.2.1 大极板长周期铅电解的主要设备

大极板、长周期铅电解系统的主要设备见表19-30。

表19-30 大极板、长周期铅电解系统的主要设备

序号	名 称	规格、能力	数 量	备 注
1	阳极锅灶	ϕ3500×1500，150t	4	
2	阳极立模浇铸生产线	80片/h	1	引进
3	阴阳极自动排极机组	300片/h	1	引进
4	大电解槽	4500×1000×1620	344	自主研发
5	残极洗涤机组		1	自主研发
6	阳极泥过滤压滤机		2	
7	阴极拔杆机组		1	自主研发
8	残极收拢机组		1	自主研发
9	大型自动回转吊具		2	自主研发
10	电铅锅灶	ϕ3500×1500，150t	4	
11	DM机组		1	引进
12	阴极制造机组		1	引进
13	电铅直线铸锭机组	20t/h	2	
14	铜浮渣短窑	ϕ3.1×3.64m	1	

19.5.2.2 设备的主要性能

设备的主要性能有：

（1）引进日本阳极立模浇铸生产线，整条生产线由保持炉、铅泵、铸造机、接收机、矫正机、移载起重提升机构、推出齐排输送机构、液压系统及操作控制系统等组成。产出的阳极平整、规则、无飞边毛刺，挂耳适度，尺寸稳定、厚薄均匀，厚度误差≤3mm、质量294kg±4kg。在保证长周期电解条件下大幅降低残极率、便于集约化生产。阳极立模生产线见图19-4。

图19-4 阳极立模浇铸机组

(2) 引进日本DM铅卷连铸机组及阴极制造生产线，设备组成为铅卷反绕机、阴极板制造机（附导电棒供给设备）、1号移送机、横向移送机、压力机、点焊机、矫正机、2号移送机、操作控制系统等。DM铅卷连铸机组见图19-5。生产的阴极厚薄均匀、外形平整不易变形、板面质量好。阴极上部叠合部分经电焊后可有效防止脱落。

图19-5 DM铅卷连铸机组

(3) 引进日本的阴阳极自动排距机组，一步完成阴、阳极配槽排距，配套自主研究开发的大型自动回转吊具，一次同时装槽。有效避免了阴、阳极分别排距，在搬运、装槽过程中的极板变形。阴极制造生产线及自动排距机组见图19-6。

(4) 自主研究开发大型阴阳极出装槽专用自动回转吊具，即可同时起吊、卸载阴、阳极板，也可单独起吊、卸载阴极或阳极；起吊质量最大15t；可整体回转，最大回转角度180°；既可现场操作，也可远距离操控。实现阴、阳极同时出装槽及在槽内准确定位（包括阴阳极对齐、对正及保持极间距），为避免电极短路和槽面无人管理提供了保证。大型阴阳极自动回转吊具见图19-7。

图19-6 阴极制造生产线及阴阳极自动排距机组

(5) 自主开发钢结构骨架一次滚塑成型PE内胆超长型电解槽。槽子重量小于钢筋混凝土槽、刚度高、抗渗漏性强、易于修补。内空尺寸4500mm×1000mm×1620mm，装槽数为阴极39片、阳极38片。344个电解槽分为4列横向排列于车间中，每列86槽为一个系统。系统内相邻槽子之间均用14mmPE板连接为一个整体，提高电解槽的刚度、防止变形和电解液滴漏，避免漏液造成钢结构的腐蚀。同时为减少漏电，提高电流效率打下了坚实的基础。电解槽的钢结构见图19-8。

(6) 自主开发残极单片洗涤机组，采用滚刷刷洗加高压冲洗和二次喷淋冲洗方式，以电解液作为洗液。与阳极泥过滤系统联动，洗液不易膨胀。采用PLC进行控制，操作调整方便、故障率低，结构紧凑，无须人工操作。洗涤效率高、干净。残极洗涤机组见图19-9。

图 19-7　阴阳极自动回转吊具

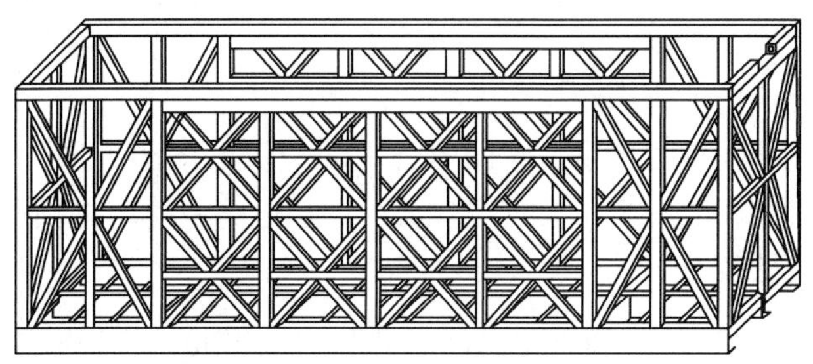

图 19-8　超长电解槽的钢结构

图 19-9　残极洗涤机组

（7）自主开发大型阴极导电棒自动抽棒机组，替代人工拔杆，实现阴极自动喷淋洗涤、抽拔导电铜棒及阴极片堆垛。机组采用 PLC 控制的电液比例控制技术，运行平稳、无冲击、工作噪声小、无须人工操作、生产效率高。图 19-10 为大型阴极导电棒自动抽棒机组。

图19-10 大型阴极导电棒自动抽棒机组

（8）采用单台容量150t的大型熔铅锅及煤气供热的新型炉灶，大幅度提高了熔化效率和降低熔铸作业的能耗。锅面设置烟罩，有利于环境保护和改善作业条件。

（9）铅锭浇铸机组生产能力为20t/h，浇铸、冷却、打码、脱模、堆垛打包自动进行。是目前国内能力最大、自动化程度最高的铅锭浇铸机组。

上述各种大型先进设备的运用，在国内首次实现铅电解的大型化，使100000t/a铅电解系统的集约化程度大幅度提高。大极板、长周期铅电解系统与国内同规模铅电解系统比较，集约化程度对比见表19-31。

表19-31 大极板、长周期铅电解系统与国内同规模电铅厂集约化程度比较

设备名称	单 位	驰宏曲靖冶炼厂	国内同规模电铅厂	备 注
阳极铸造机	台	1	4	
阴极制造机	台	1	2	
阴阳极自动排距机	台	1	6（3+3）	阴阳极分别排距
残阳极洗涤机	台	1	4	
阴极抽棒机	台	1	无	人工抽棒
大型自动回转吊架	台	1	无	
电解槽	个	344	约720	
电解槽尺寸	mm×mm×mm	4500×1000×1620	3200×800×1100	
装槽方式		阴极、阳极一次装入	阴极、阳极分别装入	
行 车	台	4	10~12	
电铅铸锭机	台	1	2	
职工人数	个	154	约500	
厂房占地面积	倍数	1	约2倍	

19.5.3 大极板、长周期铅电解精炼工艺控制

19.5.3.1 火法初步精炼工艺控制

铅电解前的火法初步精炼，目的是预先除去粗铅中危害电解过程的Cu、Sn等杂质。

根据驰宏公司粗铅原料的化学成分，其中Sn含量甚低。因此火法初步精炼不设氧化脱锡作业，移至阴极铅氧化精炼作业过程中进行。

A 熔析除铜

铜在铅液中的溶解度，随着温度的降低而减少，理论上，当铅液温度为326℃时，含铜量为0.06%。而含铜高的铅液冷却时铜呈固熔体状态析出，由于其密度比铅小（约为9），浮在铅液表面而被除去。当铅液中有砷、锑存在时，可生成难溶于铅的砷化铜和锑化铜，有利于除铜。一般铅液含砷、锑之和小于1%，铅液温度降到330～340℃时，铜可降至0.04%～0.05%，就可达到电解生产工艺要求。

B 调整锑含量

为满足铅电解对阳极含锑的要求，当粗铅含锑低时，需加入部分含锑高的粗铅或铅锑合金或者精锑，使阳极含锑达到0.4%～0.7%以上。当粗铅含锑过高或过低时，需氧化调锑，使阳极含锑在0.4%～0.7%范围内。在铅锅内调锑的基本原理为：锑等杂质氧化与氢氧化钠结合生成各种钠盐除去或者加入含锑低的粗铅。

$$4Sb + 5O_2 + 12NaOH = 4Na_3SbO_4 + 6H_2O$$

$$4As + 5O_2 + 12NaOH = 4Na_3AsO_4 + 6H_2O$$

C 粗铅火法初步精炼温度控制

粗铅火法初步精炼温度控制见表19-32。

表19-32 粗铅火法初步精炼的温度

粗铅装锅温度/℃	450～550	熔化、压渣、捞渣温度/℃	600～650
搅拌熔析温度/℃	300～350		

19.5.3.2 阳极板浇铸工艺控制

A 阳极板内在质量

成分控制：Pb≥98.5%，Cu≤0.05%，Sb 0.4%～0.7%

B 阳极板物理规格

外形尺寸：1210mm×810mm×27mm

阳极板片重：294kg±4kg

要求表面平整，无氧化渣、无飞边和毛刺；上厚下薄，无缺块与卷角，无弯耳与缺耳。

C 阳极板浇铸温度控制

铸片铅液温度：380～420℃

辊筒冷却水出口温度：42℃±3℃

19.5.3.3 始极片制作工艺控制

A 内在质量

铅含量不低于1号电铅质量标准，见表19-33。

表19-33 始极片内在化学成分

元 素	Cu	As	Sb	Sn	Bi	Ag	Zn	Fe	Pb
成分（质量分数）/%	0.001	0.0005	0.0008	0.0005	0.004	0.0008	0.0004	0.0005	>99.994

B 外形质量

(1) 外形尺寸(长×宽×厚):1370mm×840mm×(0.84±0.02)mm

(2) 外观要求:

1) 始极片表面光滑无污染,无弯曲,无通洞,无折角;

2) 包阴极导电棒处无裂痕;

3) 阴极片搭头铆焊处铆紧;

4) 铅片与导电铜棒包裹、接触紧密;

5) 阴极导电铜棒外形笔直,表面光亮清洁,无氧化与酸渍。

19.5.3.4 大极板、长周期电解工艺控制

电解液成分:H_2SiF_6 150~220g/L;Pb 60~150g/L;Cu<0.002g/L

硅氟酸成分:H_2SiF_6:18%~22%;SO_4^{2-} <0.4%;游离 F^- <3g/L 溶液清澈、透明,基本无硅胶

析出阴极片质量见表19-34。

表19-34 析出阴极片化学成分

元 素	Cu	As	Sb	Sn	Bi	Ag	Zn	Fe	Pb
质量分数/%	0.0005	0.0003	0.008	0.0005	0.0003	0.0005	0.0003	0.0005	>99.99

残极外形质量:残极无断耳、弯曲;表面阳极泥软硬度适中,阳极泥无脱落;阳极泥层厚度(双面)20~22mm。

电铅精炼工艺控制

电解液温度	35~45℃
电解液循环速度	18~22L/(min·槽)
电流密度	180~220A/m²
槽电压	0.4~0.6V
同极距	95mm
操作周期	72h

19.5.3.5 大极板、长周期电解阴极铅精炼和铸锭工艺控制

A 阴极铅精炼工艺控制

电解工序产出的析出阴极铅中,还含有一些Cu、As、Sb、Sn、Bi、Ag、Zn与Fe等杂质,金属和少量的胶性物质,特别是有些杂质金属的含量还大于1号电铅产品质量标准。所以,还需在电铅工序后进一步除杂。除杂采用的是氧化精炼和碱性精炼的联合除杂法。

a 氧化精炼

当阴极铅含锑小于0.005%时,采用搅拌氧化精炼,搅拌温度控制在510~520℃,搅拌1.5~2.0h,可将锑含量除至0.0005%以下,脱锑率达90%以上,氧化渣率一般为电铅量的0.9%~1.1%。

b 碱性精炼

利用氧化铅作氧化剂,使杂质氧化生成砷、锡、锑等金属的高价氧化物,并被烧碱吸收造渣与铅液分离。

B 铸锭工艺控制

铸锭铅液温度：480～520℃

铅锭单位：48kg±2kg

19.5.4 大极板、长周期铅电解精炼主要技术经济指标

驰宏公司铅电解主要技术经济指标见表19-35。

表19-35 大极板、长周期铅电解精炼主要技术经济指标

序号	设计指标	单位	数量	备注
一	1号电铅生产规模	t/a	100000	
二	全年生产天数			
1	铅电解精炼系统	d	330	
2	铜浮渣处理系统	d	150	
三	产品及副产品			
1	电铅	t/a	100000	质量标准：GB 469—1993
2	铜浮渣率	%	≤6	
3	阳极泥量	t/a	1200	
4	阳极泥含银	%	5～10	
	阳极泥含金	g/t	31.5	
5	阳极泥含铅	%	≤15	
6	阳极泥水分	%	<35	
四	冶炼回收率			
1	铅回收率		98.50%	粗铅至电铅（含铜浮渣处理）
2	银回收率		99.00%	粗铅至电铅（含铜浮渣处理）
3	金回收率		99.00%	粗铅至电铅（含铜浮渣处理）
4	铜回收率		82.00%	粗铅至电铅（含铜浮渣处理）
五	主要技术指标			
1	电铅一级品率	%	100	
2	电铅质量	%	≥99.994	
3	阴极电流效率	%	95.0	
4	电流密度	A/m^2	180～220	
5	槽电压	V	0.4～0.6	
6	残极率	%	41.68	
7	阳极泥率	%	1.26	
8	直流电单耗	kW·h/t	110～120	
9	铸锭渣率	%	≤1.5%	
10	铸锭渣含铅	%	82～88	

续表 19-35

序 号	设计指标	单 位	数 量	备 注
六	主要材料消耗			
1	粗 铅	t/a	103652.30	
2	硫 黄	t/a	83.67	工业三级
3	纯 碱	t/a	342.42	工业纯
4	铁 屑	t/a	214.01	含 Fe≥95%
5	焦 粉	t/a	85.61	固定碳≥75%
6	骨 胶	t/a	50	一级品
7	木质磺酸盐	t/a	50	含木质素≥50%
8	硅氟酸	t/a	400	H_2SiF_6≥360g/L, 游离 F^- <3g/L
七	主要能源消耗			
1	煤气消耗	m^3/t	300	
2	水 耗	t/t	0.2	
3	蒸汽耗	m^3/t	0.41	

19.5.5 产品质量

19.5.5.1 电铅锭外形质量

电铅锭外形质量如下：

(1) 铅锭表面洁净，无熔渣与夹层，无飞边与毛刺，无粒状氧化物及外来污染物。

(2) 铅锭表面无碎铅，无缺口与勒痕。

(3) 打包钢带位置合理，松紧适度。

(4) 单锭质量：42～46kg/锭。

(5) 单码质量：1～1.1t/码；5层/码，5锭/层，共25锭/码。

19.5.5.2 电铅锭内在质量

电铅锭成分见表 19-36。

表 19-36 电铅锭成分 (%)

元素	Pb	Cu	As	Sb	Sn	Bi	Ag	Zn	Fe	杂质总和
质量分数/%	99.994	≤0.0005	<0.0005	<0.0005	<0.0005	≤0.0008	<0.0008	≤0.0004	≤0.0005	<0.006

（撰稿 贾著红 蒋荣生 包崇军 审稿 冯桂林 朱祖泽）

参考文献

[1] 中南矿冶学院有色重金属冶炼教研室．有色重金属冶金学[M]．北京：冶金工业出版社，1959.

[2] Sokolov V L，S I Popel，O A Esin. Izvestija Vysšich Ucebnych Zavedenij，Cernaja Metallurgija，13（1970），No. 2，10 ~ 15.

[3] Lee Y E，D R Gaskell，Trans. Iron Steel Inst，Japan，11（1971），Suppi. I，5. 564 ~ 596.

[4] Simo Makipirtti. 闪速熔炼理论问题．《闪速熔炼》(译文集)．冶金部标准情报研究所，1975，85 ~ 113.

[5] 东北工学院有色重金属冶炼教研室．铅冶金[M]．北京：冶金工业出版社，1976.

[6] 基夫赛特法和其他直接炼铅法的比较．余楚蓉．译自 CIMB November 1978，《重有色冶炼》1979，No. 3，26 ~ 31.

[7] 矢泽彬（日）．直接炼铅．译自《东北大学选矿制炼研究所汇报》第 34 卷第 2 号，1978 年 12 月，余楚蓉译，董庆和校．《重有色冶炼》1980，（7）21 ~ 28.

[8] J Asteljoki，等．奥托昆普闪速炼铜法及其在炼镍和炼铅生产上的应用．1984 年国际选矿即提取冶金会议．《论文集（提取冶金部分）》．昆明：中国金属学会重金属冶金学术委员会．1984，10，106 ~ 116.

[9] 陈维东．《国外有色冶金工厂（铅锌）》(上册)[M]．株洲冶炼厂，1988.

[10] 德国钢铁工程师协会编．王俭，等译．渣图集[M]．北京：冶金工业出版社，1989.

[11] 北京有色冶金设计研究总院，等．重有色金属冶炼设计手册[M]．北京：冶金工业出版社，1996.

[12] 吴锡平．湿法炼铅新工艺研究[J]．有色矿冶，1996(5)：32 ~ 37.

[13] 周勤俭．湿法冶金中的元素硫的回收方法[J]．湿法冶金，1997(3).

[14] 陆克源，等．清洁工艺生产铅[J]．化学进展，1998(3)：344 ~ 346.

[15] 窦明民，基夫赛特（Kivcet）直接熔炼工艺的发展及现状[J]．云南冶金，1998，4，(27)，2，37 ~ 42.

[16] 王德全，等．湿法炼铅的发展状况[J]．有色金属（冶炼部分），1998(6)：5 ~ 7.

[17] 邱定蕃．矿浆电解[M]．北京：冶金工业出版社，1999.

[18] 杨显万，张英杰．矿浆电解原理[M]．北京：冶金工业出版社，2000.

[19] 冯桂林，何蔼平，等．有色金属矿产资源的开发与利用——提取冶金部分[M]．昆明：云南科技出版社，2000.

[20] 陈国发，王德全．铅冶金学[M]．北京：冶金工业出版社，2000.

[21] 任鸿九．有色金属熔池熔炼[M]．北京：冶金工业出版社，2001.

[22] 王俊中，魏昶．系中方铅矿的浸出热力学[J]．有色矿冶，2001，6，17(3)：27 ~ 30.

[23] 李文超．冶金与材料物理化学[M]．北京：冶金工业出版社，2001.

[24] 王俊中，魏昶．H_2SiF_6-$Fe_2(SiF_6)_3$-H_2O 系中方铅矿的浸出热力学[J]．有色矿冶，2001，6，17(3)：27 ~ 30.

[25] 李元坤，等．铜铅锌银多金属矿湿法分离新工艺[J]．有色金属（冶炼部分），2002(3)，11 ~ 15.

[26] 伊赫桑·巴伦（土耳其）．程乃良，等译．纯物质热化学手册[M]．北京：科学出版社，2003.

[27] 胡全红，等．铅精矿全湿法工艺研究[J]．有色金属（冶炼部分），2003(2)：5 ~ 7.

[28] 朱祖泽，贺家齐．现代铜冶金学[M]．北京：科学出版社，2003.

[29]《铅锌冶金学》编委会．铅锌冶金学[M]．北京：科学出版社，2003.

[30] Barin（土）．程乃良等译．纯物质热化学手册[M]．北京：科学出版社，2003. 10.

[31] 彭容秋．铅冶金[M]．长沙：中南大学出版社，2004.

[32] 张邦琪，朱祖泽．提高艾萨炉炉衬寿命的理论探讨[J]．有色金属（季刊），2004.

[33] 王吉坤，等．ISA-YMG 粗铅冶炼新工艺[J]．中国工程科学，2004，6(4)，：61 ~ 66.

[34] 沈强华，刘大春．铜冶金课件．昆明理工大学，2005.

[35] 张乐如．铅锌冶炼新技术[M]．长沙：湖南科学技术出版社，2005.

[36] 尹文新，等．湿法炼铅研究进展[J]．矿冶，2005，9，14(3)：49～52.
[37] 董英，王吉坤，冯桂林．常用有色金属资源开发及加工[M]．北京：冶金工业出版社．2005.
[38] 王吉坤，董英，冯桂林．ISA-YMG 粗铅冶炼新工艺的进展[J]．中国工程科学，2005 年(增刊)：256～259.
[39] 张昕红，等．湿法炼铅技术进展与 FLUBOR 工艺[J]．矿冶，2006，3，15(1)：49～52.
[40] 袁培新，等．SKS 炼铅工艺降低鼓风炉渣含铅的生产实践[J]．中国有色冶金，2006(6).
[41] 唐文忠，等．湿法炼铅技术现状与进展[J]．中国有色金属，2006，11，74～75.
[42] 陈阜东．卡尔多直接炼铅工艺[J]．《工程设计与研究》，2006，12，(121)：11～13.
[43] 王吉坤，沈立俊，贾著红．富氧顶吹熔炼—鼓风炉还原炼铅工艺（I—Y 铅冶炼方法）《中国首届熔池熔炼技术及装备专题研讨会论文集》．中国有色金属学会重冶学委会，2007，4：79～82.
[44] 李贵．铅氧气底吹熔炼工艺的应用探讨．《中国首届熔池熔炼技术及装备专题研讨会论文集》．中国有色金属学会重冶学委会，2007，4：142～147.
[45] 宾万达．瓦纽可夫过程及其在我国的应用前景．《中国首届熔池熔炼技术及装备专题研讨会论文集》．中国有色金属学会重冶学委会，2007，4：6～16.

第6篇

铅锌矿伴生资源的综合利用

20 铅锌矿共、伴生有价金属的综合利用概述

20.1 铅锌矿石中的共、伴生组分

由于地质成矿作用，冶炼铅锌的矿石中都存在共、伴生组分。在我国铅锌矿床中，大多共、伴生有铜、铁、硫、锡、金、银、铋、镉、汞、钴、铟、镓、锗、硒和碲等元素。根据伴生元素的含量及其综合利用在技术和经济上的可行性，可以将其分为有利用价值元素和无利用价值元素。应该指出，综合利用在技术上和经济上的可行性，不是固定不变的，随着市场的变化和社会经济的需要，有利用价值和无利用价值之间存在着可转换性。从地球资源最大限度利用的社会发展要求意义上来说，不存在无利用价值的矿石组分。

在有色重金属共伴生矿床中，以铅锌矿床中的含银量为最高（平均约 86.7g/t^3）。银成了铅锌矿石中主要的伴生元素，也是矿产银的主要来源。在铅锌矿石中的银储量占了全国银矿总储量的60%。从铅锌矿采选冶过程中综合回收共伴生银的产量，占全国银产量的70%～80%。金的储量和产量也相当可观。

铅锌矿床中的许多矿物同时是伴生稀散金属的赋存矿物。铅锌矿石同时也是提取许多稀贵金属的重要资源。我国的铟资源绝大部分在铅锌矿中，少量在铜矿中。

表20-1列出了一些稀散金属在铅锌矿床中的共伴生储量占全国保有储量之比。

表 20-1 一些稀散金属在铅锌矿床中的共伴生储量占全国保有储量之比

金 属	铟①	锗	镉	铊
铅锌矿床中的共伴生储量占全国保有总储量之比/%	>76	29.4②	90	90

①2006年我国铟保有储量13014t，以大厂5000t和云南4400t计，两处铅锌矿的伴生铟储量为9400t，由此估计该数据。

②锗在有色金属矿中的保有储量为3287t，在煤中的储量有6000t。由前者3287t中约有560t属于铜矿推算，则在铅锌矿中的锗保有量应为2727t，以此数据计算（2727/9287）得到该比例。近几年来，有关我国有色金属矿床中的稀散金属储量数据报道差别很大。以上表数据并不为权威机构的准确发布，仅供参考，用来说明伴生金属储量的重要性。

表20-2列出了我国几个重要大型铅锌矿床中稀散金属储量占全国总储量之比及金属生产量。

表20-2 重要大型铅锌矿床中稀散金属储量占全国总储量之比及金属生产量

金属	铟		锗		镉		铊	
	储量比/%	产量/$t\cdot a^{-1}$	储量比/%	产量/$t\cdot a^{-1}$	储量比/%	产量/$t\cdot a^{-1}$	储量比/%	产量/$t\cdot a^{-1}$
大厂富锡铟锌矿床	38.4	30			4.9			
凡口铅锌矿床			9.35①	7	2.5			
兰坪金顶铅锌矿床			4.3②		41.0	1931③	91.7	6.4
会泽铅锌矿床				10③				
全国		600④		18t③		4000③		

①文献［14］的数据为9.35%，文献［13］的数据为30.5%。

② 400÷9287×100%。

③ 2004年统计数据。

④ 2006年统计数据。

除了上表中的金属外，还有铋、镓和硒等其他金属是从铅锌冶炼过程的富集物中提取，由铅锌企业综合利用生产的这些产品在金属总产量中占有相当的份额。

回收铅锌矿石中的共伴生组分，不但是资源综合利用的要求，而且是环境保护的必需措施。将硫制酸或入渣，才能解决硫化矿处理过程中的二氧化硫污染。硫化铅锌矿中的硫，在硫酸生产中占有很重要的位置。在我国有色金属冶炼生产的副产品硫酸总量中，有46%的来自铅锌矿产原料。

20.2 铅锌矿石中共伴生组分的综合利用途径概述

铅锌矿石中的共伴生元素，多数处于与铅锌相近的周期表位置，其性质和矿物结构与主金属相近，在综合回收过程中造成程度不同的困难，使回收工艺复杂化和多样化。

铅锌矿石中，伴生元素分离方法的选择，取决于它们在矿石中的含量与其矿物组成、由技术水平决定的生产成本和金属的市场价格。

在提取主金属的同时，综合回收利用伴生金属成为铅锌矿石选冶过程的重要内容和重要生产指标。

图20-1表示出了铅锌矿石中各伴生元素的主要分布途径与富集物，通过对富集物的处理，实现伴生元素的综合回收。

20.2.1 选矿方法分离共、伴生组分

共伴生的铜、铁、锡、锑和硫等，多以有用单矿物形态赋存于主金属矿石中。可以通过选矿的方法得到单金属精矿或复合精矿分选产品，作为冶炼原料。

铜一般在浮选过程中通过铜分选获得合格的铜精矿。锡石则需要采用重—浮联合流程加以回收。锑的回收先采用浮选获得铅锑精矿，再进一步冶炼回收。铅锌矿中金的主要载体矿物为铜矿物、黄铁矿。金的回收是在主要载体矿物回收的同时加以回收。与主金属形成硫化物的硫进入主金属精矿，后在冶炼烟气制酸或浸出渣中回收。与铁形成黄铁矿的硫

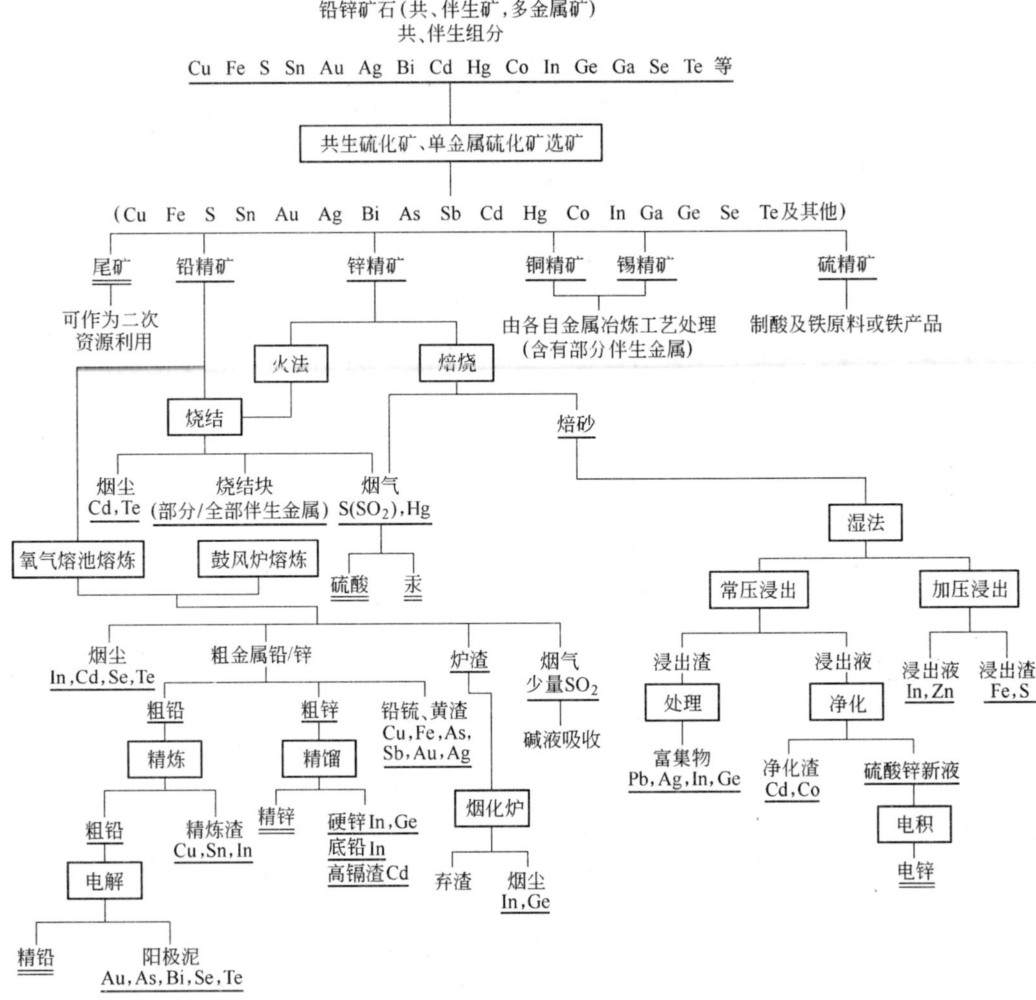

图 20-1　铅锌矿石中各伴生元素的主要分布途径与主要赋存物

注:(1)本图只表示伴生元素通过的工艺设备走向与其主要的赋存中间产物，并不代表在同一个设备中进行工艺过程;(2)中间产物名称加上下面的元素符号是表示伴生元素的主要赋存物，对赋存物料进一步处理可以综合利用这些元素

则在浮选流程中回收，产品为硫精矿或硫铁精矿。

对于共生和复杂多金属铅锌矿，一般采取的选矿工艺见表 20-3。

表 20-3　重要的铅锌共生矿和多金属矿的一般选矿工艺

共、伴生矿名称	矿石特点	选矿流程	药剂条件	代表矿山
硫化铅锌矿	不含黄铁矿的铅锌硫化矿石，极少量铜矿物	优先浮选流程	闪锌矿的抑制剂为硫酸锌，苯胺黑药为主的混合捕收剂	西林
	含少量黄铁矿，极少量铜矿物	优先浮选流程	加硫酸锌和石灰抑制闪锌矿与黄铁矿，pH 值为 7～8	丙村

续表 20-3

共、伴生矿名称	矿石特点	选矿流程	药剂条件	代表矿山
硫化铅锌矿	含少量黄铁矿，极少量铜矿物	优先浮选流程	抑制剂为碳酸钠-硫酸锌，用黄药或黑药优先浮选方铅矿	凡口、柴河
	以闪锌矿、方铅矿和黄铁矿为主，富银与锗	部分混合浮选，混合精矿再磨	高碱度无氰工艺，抑制剂为硫酸锌；活化剂硫酸铜。丁基黄药和2号油选锌	会泽麒麟
硫化铜锌矿		优先浮选。一般先浮铜后浮锌。当铜矿物可浮性不好或次生硫化铜矿物及闪锌矿在矿床中活化时，用抑制铜浮锌	抑制剂：(1)氰化物；(2)硫酸锌；(3)硫化钠；(4)亚硫酸及盐类；(5)加温抑制	
硫化铜铅锌矿石		铜铅与锌硫分离浮选。优先浮选，全混合和部分混合。产出铜铅精矿和锌精矿	捕收剂：乙基黄药、异丙基黄药、丁基黄药、31号与242号黑药、硫代氨基甲酸酯、巯基苯并噻唑、硫醇等。 抑制剂：亚硫酸钠、硫化钠、氰化物、锌氰络合物。 调整剂：苏打，石灰	
		锌硫分离浮选：从铜浮选、铅浮选或铜铅混合浮选的尾矿中回收锌矿与黄铁矿		
	不含金、银及次生硫化铜矿物，否则被抑制剂氰化物溶解	抑铜浮铅分离铜铅精矿	抑制剂：（1）氰化物；（2）氧化锌-氰化物	

伴生在铅锌矿石中的多数稀贵金属，含量不如上述元素高，一般是随主金属矿物浮选富集在精矿中，在铅锌精矿的冶炼过程中，粗金属与炉渣中有较多的分布。

尽管可以通过选矿方法将有些伴生金属与铅锌进行预先分离，但在铅锌精矿产品中仍然会留下不少的有价值金属。以下是它们在精矿冶炼过程中的分布途径。

20.2.2 铅锌冶炼过程中伴生金属的分布途径

20.2.2.1 铅冶炼过程中伴生金属的分布途径

如图20-1所示，在熔炼产物粗铅和粗锌中，所载集的伴生金属铜、锡、铋、砷、金、银，通过精炼工序被富集于相应的精炼渣中。进一步提炼精炼渣，就可得到单一金属或化合物。因而，火法精炼渣与阳极泥是综合利用伴生重、贵金属的重要途径。炉渣烟化的烟尘是提取铟和锗的主要物料。

文献 13 给出了伴生元素在株洲冶炼厂铅冶炼过程各中间产物中的含量，见表 20-4。表 20-5 是伴生元素进入铅冶炼过程各中间产物中的回收率。

表 20-4　伴生元素在铅冶炼过程各中间产物中的含量　（质量分数/%）

物料名称	Cu	Zn	Bi	Sb	Cd	Ag	Se	Te	Ge	In	Tl	Ga
烧结烟灰	—	—	—	—	1. 12	0. 07	0. 05	0. 073	0. 0007	—	0. 031	—
鼓风炉烟灰	—	—	—	—	2. 4	—	—	—	0. 002	—	0. 006	—
烟化炉氧化锌粉	—	58 ~ 65	—	—	—	—	—	—	0. 007	0. 04	—	0. 0016
浮渣反射炉锍	30 ~ 45	—	0. 02	—	—	0. 068	0. 98	0. 028	0. 001	0. 004	<0. 001	0. 005
浮渣反射炉烟尘	—	—	—	—	—	—	—	—	0. 0024	0. 6	—	0. 0016
铅电解阳极泥	—	—	16 ~ 19	24 ~ 28	—	8. 4 ~ 12	—	0. 5	—	—	—	—

表 20-5　铅冶炼过程中伴生元素进入各中间产物的回收率　（%）

元素	Pb	Zn	Cu	Cd	Bi	Au	Ag	Tl	Se	Te
产物	电铅	烟化炉氧化锌	铜锍	鼓风炉烟尘	阳极泥	阳极泥	阳极泥	烧结烟尘	鼓风炉烟尘	鼓风炉烟尘
回收率	约 95	80 ~ 92	82 ~ 83	70	约 94	95 ~ 97	95 ~ 97	33 ~ 36	47. 5	40

表 20-6 列出了我国一些工厂粗铅电解精炼阳极泥中伴生元素的分析。从表 20-6 看出，粗铅电解精炼得到的阳极泥富集了许多有价元素，是综合利用提取金、银、硒、碲和铋等的重要原料。

表 20-6　我国一些工厂铅阳极泥所含元素的分析

工　厂		1	2	3	4	5	6	7
元素含量（质量分数/%）	Au	0. 043	0. 03	0. 02 ~ 0. 045	0. 005	16. 7 ~ 18. 7	0. 025	0. 059
	Ag	12. 15	9 ~ 14	8 ~ 10	3 ~ 5		2. 63	4 ~ 5
	Se			0. 015				
	Te	0. 3		0. 10	0. 10			
	Bi	9. 32	5 ~ 7	10. 0	4 ~ 6		5. 53	5. 6
	Cu		6 ~ 8	2. 0	1 ~ 1. 5	2. 5 ~ 3. 7	1. 32	1. 74
	Pb	14. 79	8 ~ 13	6 ~ 10	15 ~ 19	8 ~ 16	8. 81	18. 42
	As	7 ~ 9		20 ~ 25	25 ~ 35		0. 67	15 ~ 23
	Sb		25 ~ 35	25 ~ 30	20 ~ 30	45 ~ 49	54. 3	16 ~ 19
	Sn						0. 38	

20. 2. 2. 2　常规湿法炼锌过程中伴生金属的分布

表 20-7 列出了株洲冶炼厂常规中性浸出，浸出渣回转窑挥发锌工艺中各伴生元素的分布。

表20-7 株洲冶炼厂常规中性浸出工艺中各伴生元素的分布

工艺过程及产物	伴生元素分布/%														
	Cd	Cu	Pb	S	Ni	Co	As	Hg	In	Ge	Ga	Tl	Bi	Sn	Sb
焙烧烟气				93				27.8							
挥发氧化锌粉			50.32						31.07						
挥发窑渣		71.42					58.74	21.49		71.14	43.95	32.18	26.46	26.46	56.9
净化铜镉渣	51.04	20.12			15.28							6.14			
净化钴渣						58.5									
进入返回料	11.97		31.25						32.95	13.9	13.9	6.98	43.24	11.15	
随废渣与废水损失	8.51	13.7													
随窑渣损失			13.7	4.23	31.79	33.21			30.7						

21 铅锌冶炼过程中铟的提取

21.1 铅冶炼过程中铟的分布与富集

随各工厂处理原料和工艺的不同，铅冶炼过程中铟的分布途径与富集程度会有差别。以下给出较典型的生产实践。

21.1.1 硫化铅精矿熔炼与精炼过程中铟的分布与富集

株洲冶炼厂对铅精矿熔炼与精炼过程中铟的分布作了两次实际测定。第 1 次测定的结果见表 21-1。第 2 次测定粗铅中的铟比第 1 次低，精矿中铟为 35.53%，第二次测定炉渣中的铟占精矿中比例为 41.58%。

表 21-1 株洲冶炼厂铅精矿熔炼与精炼过程中铟分布的实际测定值

工序	加入铟		产出铟		
	物料	数量/kg	物料	数量/kg	加入铟/产出铟×100%
精矿烧结	精矿	100	烧结块	99	99
鼓风炉熔炼	烧结块	99	粗铅 炉渣 其他与损失 熔炼产物小计	49.1① 35.53② 48①，41.58② 1.9① 99	49.6① 35.89② 48.5①，42② 1.9① 100.0
粗铅加硫除铜	粗铅	49.1	待电解粗铅 铜浮渣 加硫除铜小计	8.35 40.75 49.1	17 83 100
铜浮渣反射炉熔炼	铜浮渣	40.75	铜锍 反射炉烟尘 反射炉熔炼小计	30.56 10.19 40.75	75 25 100
熔炼炉渣烟化炉烟化	熔炼炉渣	48	烟化（氧化锌）烟尘	44.48	92.66

①第 1 次测定；②第 2 次测定。

从表 21-1 看出，按富集量的多少，提取铟的物料秩序如下：最重要是熔炼炉渣烟化炉烟化得到的氧化锌烟尘，其次是铜浮渣。株洲冶炼厂的反射炉造锍处理铜浮渣时，铟在铜锍中的富集要比在烟尘中多。铜锍进行下一步吹炼时，绝大部分（92.3%）铟进入吹炼渣。当吹炼渣与锍一起在鼓风炉中熔炼时（株洲冶炼厂原流程，现因烟气污染已经停止），铟的绝大部分转入鼓风炉烟尘。

21.1.2 氧化铅矿熔炼与精炼过程中铟的分布与富集

表21-2列出了氧化铅矿石或氧化铅锡矿石熔炼与精炼工艺流程中各富集物的铟品位。铟的富集物主要是（鼓风炉）熔炼烟尘。在粗铅精炼时，如上述硫化铅精矿的粗铅一样，铟仍然富集于反射炉烟尘中。

表21-2 氧化铅（铅锡）矿石鼓风炉熔炼与精炼工艺流程中铟的富集

过 程	富集物	铟含量/%	富集比
鼓风炉还原熔炼	鼓风炉烟尘	0.12~0.5	20~100
铜浮渣反射炉造锍熔炼	反射炉烟尘	0.1~0.5	20~100

21.1.3 铅锑精矿冶炼过程中铟的分布与富集

广西大厂（脆硫）铅锑精矿含铟0.041%。在鼓风炉熔炼粗铅锑除铜浮渣反射炉熔炼工艺中，铟几乎平均分布于粗铅锑金属、炉渣和烟尘中。粗金属精炼时，其中的铟大部分入铜浮渣。浮渣反射炉熔炼时，铟富集于反射炉烟尘。

鼓风炉烟尘含铟0.18%~0.24%，其中有80%以In_2O_3形态存在，In_2S_3占20%。反射炉浮渣含铟0.38%。

21.1.4 熔池熔炼过程中铟的分布

ZincOx Resoucese公司用Ausmelt工艺处理炼铅废渣。试验炉渣成分（%）：Zn 9.03，In 0.017，Ge 0.026，Ga 0.102。铟入富集物氧化锌烟尘中的回收率75%，烟尘中铟品位0.017%。

21.2 铅精矿冶炼过程中铟的回收

21.2.1 从硫化铅精矿熔炼炉渣中提取铟

炉渣中铟的提取过程一般首先从炉渣烟化开始。通过烟化的方法将渣中有价组分挥发出来富集于烟尘。而后，对包括铟在内有价元素进行综合回收。关于烟化过程，已在铅冶炼章节中叙述，不再对此重复。由于铅炉渣烟化产物烟尘与湿法炼锌渣挥发烟尘同属氧化锌粉，从中综合回收有价铟的方法相同，故将在以后湿法炼锌章节从挥发氧化锌尘提铟21.4.2.1节中叙述。

21.2.2 从粗铅精炼浮渣中提取铟

21.2.2.1 从浮渣反射炉熔炼烟尘中提取铟

A 浮渣反射炉熔炼烟尘的成分（表21-3）

表 21-3 浮渣反射炉熔炼烟尘的成分

成　分	In	Pb	Zn	Sn	As	Cd	Fe	Sb	SiO_2
含量(质量分数)/%	1.5～2.3	20～30	4.5～6.0	1～3	3～6	0.25～1	0.4～6.5	0.5～1	2～5

B 从浮渣反射炉熔炼烟尘中提取铟

工艺流程如图 21-1 所示。各工序的主要技术条件和指标如下：

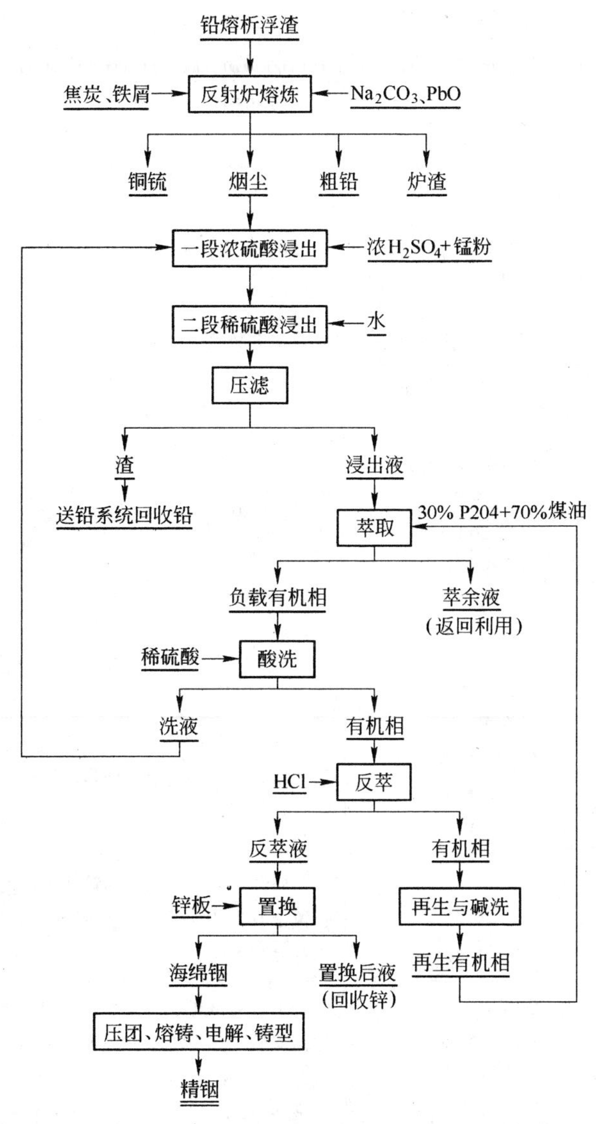

图 21-1 从浮渣熔炼烟尘中提取铟工艺流程

(1) 烟尘浸出：烟尘浸出过程在机械搅拌蒸气加热浸出罐内进行，先以浓硫酸浸出 4h，后再加水稀酸浸出 2h。氧化剂为锰粉。表 21-4 列出烟尘浸出过程的结果。

表21-4 烟尘浸出过程的工艺条件和指标

工序	操作	结果指标					
浸出	加入	烟尘1000kg（铟主要呈 $InAsO_4$ 形态）					
	产出实例Ⅰ	浸出液900L			浸出渣540kg		
		铟含量/g·L^{-1}	铟数量/kg	入液率/%	铟含量/%	铟数量/kg	入渣率/%
		2.13	19.17	96.23	0.450	2.43	12.21
		加入与产出误差①为 -1.7kg，-8.54%					
	产出实例Ⅱ	浸出液9500L			浸出渣520kg		
		铟含量/g·L^{-1}	铟数量/kg	入液率/%	铟含量/%	铟数量/kg	入渣率/%
		1.87	17.77	98.72	0.461	2.40	13.33
		加入与产出误差①为 -0.27kg，-12.05%					
	铟浸出回收率	80%~85%					

①加入与产出误差为加入减去产出之千克数及其对加入的百分比。

（2）从浸出液萃取到海绵铟制取：酸浸后的浸出液经过萃取、酸洗反萃、置换和海绵铟熔铸等各工序的工艺技术条件及其指标列于表21-5。

表21-5 从浸出液萃取到海绵铟制取各工序的工艺条件和指标

工序	工艺条件与指标	操作说明
1. 浸出液萃取		料液冷却至室温是为了防止浸出液中 SiO_2 对萃取影响，以使其沉降
萃取剂	30% P204 + 煤油	
料液温度	室温	
萃取温度	40℃	
萃余液含铟控制	<50mg/L	
萃取率	>99.5%	
萃取回收率	97%	
2. 有机相酸洗与反萃		控制合适的酸洗液浓度与流量可以有效地洗去有机相中杂质和铁、锌。酸洗液送回烟尘浸出
洗液与洗涤级数	硫酸，二级	
反萃剂与反萃级数	6M 工业盐酸，三级	
铟的反萃率	>99%	
反萃回收率	99%	
3. 有机相再生		杂质铁、砷、锡、镉和锌部分进入有机相，反萃时大部分仍留于有机相，使有机相萃铟能力下降，萃余液含铟升高，以及分相不明显，故而必须再生
再生剂	草酸	
再生时间	15min	
4. 有机相碱洗与中和	高压蒸汽加热，控制碱洗液温度	再生后有机相在搅拌条件下加入适量片碱进行碱洗。之后加稀硫酸洗涤有机相中的 Na^+ 和中和碱
5. 反萃液的置换		锌锭先放入置换槽底，后期加锌片。置换后液 $ZnCl_2$ 回收；置换过程中会有酸气、氢气和微量砷化氢放出，置换设备必须密封，槽周边通风。置换产生的气体集中处理后由排风系统排至高空大气中
置换剂	锌锭和锌片	
置换温度	室温	
置换周期	5~7h	
终了溶液控制	In<50mg/L	
置换回收率	99%	

续表 21-5

工　序	工艺条件与指标	操 作 说 明
6. 海绵铟压团、熔铸和电解		
团块含水	5% ~10%	
熔融温度	200 ~300℃	
铸成阳极板品位	98.5%	铟熔化后用木棒搅拌，捞去浮渣（铝、锌等杂质）
熔铸回收率	96%	
电解精炼回收率	95%	
电解铟纯度	In99.994%	
全过程回收率	73%	

21.2.2.2　从粗铅精炼浮渣提铟的其他方法

表 21-6 列出了国外工厂从粗铅火法氧化精炼的浮渣中提取铟的三种方法。

表 21-6　从粗铅精炼浮渣提铟的其他方法

方法名称		1. 粗铅碱性浮渣酸浸置换法	2. 粗铅浮渣还原熔炼合金氯化法	3. 粗铅浮渣还原熔炼合金电解法
主要工艺及其特点	浮渣来源	烟尘杂料、电炉熔炼粗铅加苏打或硝石脱锡、砷和铟之碱渣	鼓风炉粗铅火精炼脱铜，氧化脱锡与铟后的氧化浮渣	鼓风炉粗铅火法精炼氧化浮渣
	浮渣处理方式	直接碱性浸出-硫酸浸出	加焦炭高温还原成含 In 0.25% 的 Pb-Sn-In 合金	配 8% 焦炭 + 17% 石灰石在电炉中 1480 ~1590℃ 下熔炼得 Pb-Sn 合金。含 In 5% ~6%
	提铟工序	用化学法反复溶解与净化。锌粉置换出粗海绵铟，之后用 HCl 溶解，通 H_2S 硫化，硫化液以锌板置换得精海绵铟，将其熔铸，电解	于 300℃ 下加 $PbCl_2$ 和 $ZnCl_2$ 氯化。硫酸 + 盐酸浸出氯化渣，用铟带多段净化后，锌板置换	以浓度为 60 ~80g/L 的 $PbSiF_6$ 电解液进行双金属电解合金。产出高铟（In21% ~23%）阳极泥，经硫酸化焙烧-水浸出-粗铟板置换脱铜后，锌板置换出海绵铟，熔铸成阳极，以（HCl + NaCl）电解液电解，电铟被蒸馏除镉后再行二次电解
	产　品	电解铟	海绵铟	精铟，In99.999%
	应用工厂及文献	日本佐贺关冶炼厂、比利时优美科公司和波兰某铅厂	秘鲁拉·欧罗亚冶炼厂	加拿大科明公司科特累尔（Trail）厂铅系统

21.2.3　从氧化矿鼓风炉熔炼烟尘中提取铟

从氧化矿鼓风炉烟尘提取铟采用的一般酸浸—萃取方法，对高砷烟尘需加多段脱砷工艺，以减少砷的毒性危害和提高铟的回收率。流程如图 21-2 所示。

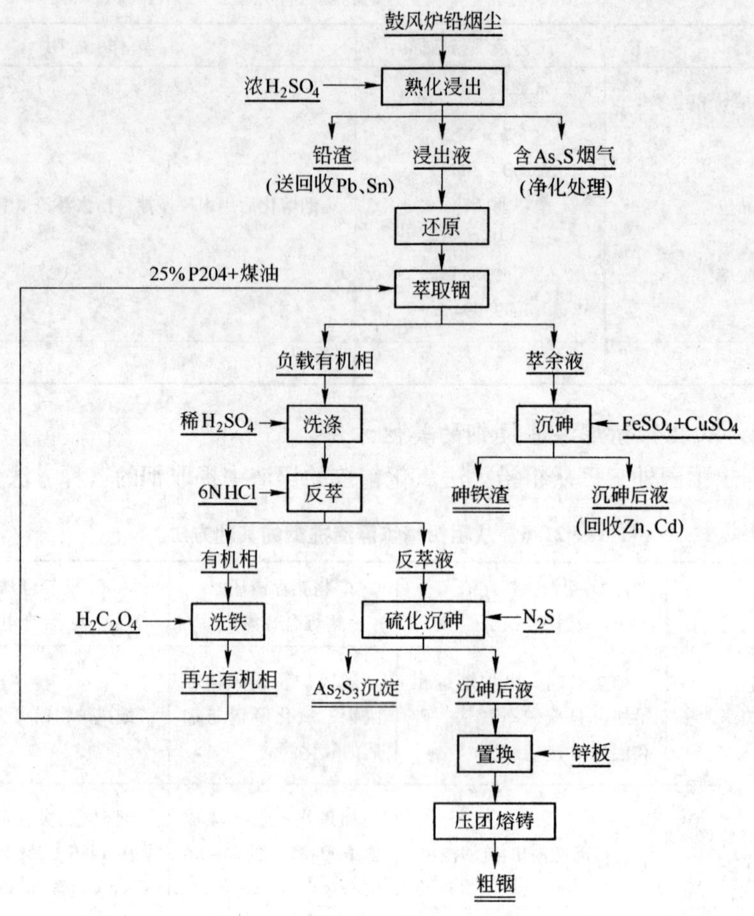

图 21-2 从氧化铅矿石鼓风炉熔炼高砷烟尘中提取铟的工艺流程

主要工艺过程如下：

(1) 浓硫酸熟化浸出烟尘，能有 40% ~60% 的砷挥发脱除，以碱液吸收处理，同时大部分铟转变成可溶性化合物进入硫酸浸出液。

(2) 萃余液沉砷条件：保持 As：Fe = 1：(0.8 ~ 1)，Cu^{2+} 达到 0.08 ~0.12g/L，反应温度 85℃，反应时间大于 3h，pH 值大于 4.8，溶液中砷以难溶的砷铁渣形式脱除。

(3) 含 $InCl_2$ 的反萃液经过 Na_2S 沉淀脱砷，以避免置换时产生砷化氢毒害。

(4) 当浸出液中 Fe^{3+} 过高时，需要还原作业。

(5) 反萃后有机相以草酸洗铁以保证再生有机相的萃铟效率。

成分（%）为 In 0.18，Cd 0.8，Zn 5.0，Pb 45，Sn 5.2，As 18.0，Fe 1.2，S 6.0 的烟尘，采用上述工艺的主要指标为：浸出率大于 85%，铟金属回收率大于 75%。

21.2.4 从铅锑精矿鼓风炉熔炼烟尘中提取铟

由铅锑精矿鼓风炉熔炼得到的烟尘采用如图 21-3 所示的方法提取铟。

该工艺流程的技术参数与指标见表 21-7。

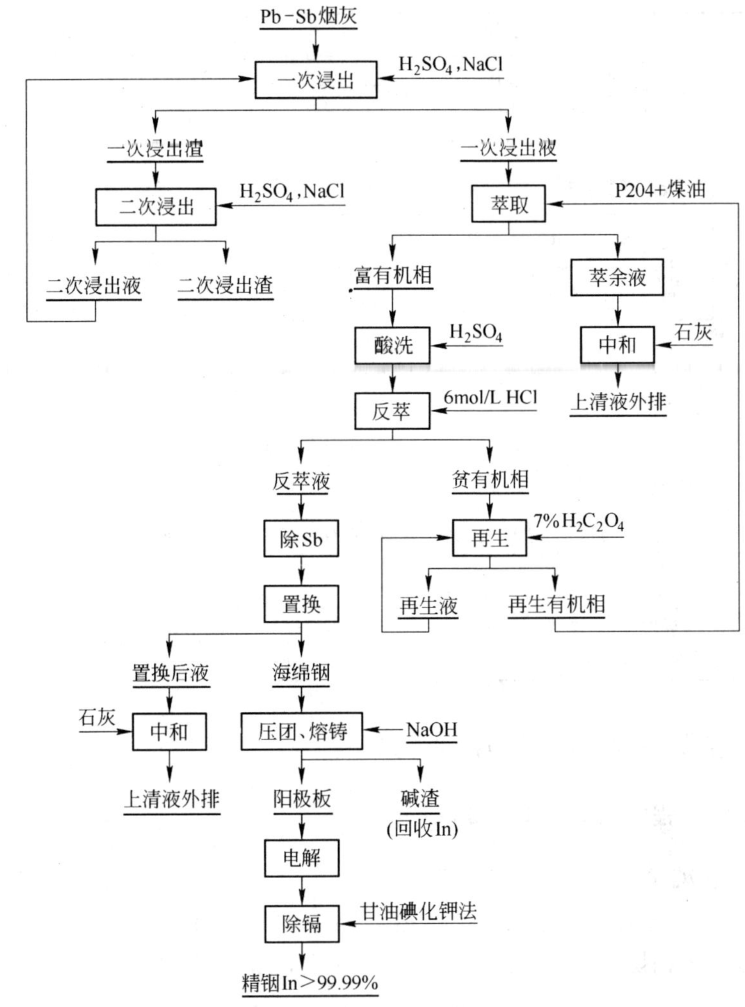

图 21-3　从铅锑精矿鼓风炉熔炼烟尘中提取铟的工艺流程

表 21-7　从铅锑精矿鼓风炉熔炼烟尘中提取铟工艺流程的技术参数与指标

工　序	技 术 参 数	指　标
一次浸出	液/固 =（5～6）/1，温度 >90℃，时间 4h，始酸 H_2SO_4 65～80g/L，NaCl 40～50g/L	烟尘含 In 0.08%～0.125%。两段浸出率 66%～72%，渣含 In 约 0.05%，浸出液含 In140～230g/L
二次浸出	液/固 =（5～6）/1，温度 >90℃，时间 4h，始酸 H_2SO_4 92～120g/L，NaCl 50g/L	
萃　取	料液：清亮无杂，温度 <35℃，SiO_2 <0.5g/L	萃取率 >95%
	有机相：25% P204 +75% 磺化煤油	
	萃取相比（O/A）=1/(5～6)	
	萃取级数：3	
	酸洗相比（O/A）=（5～6）/1	
	酸洗级数：3	

续表 21-7

工 序	技术参数	指 标
萃 取	H_2SO_4 浓度：150g/L	萃取率>95%
	反萃相比(O/A)=(5~6)/1	
	反萃级数：2	
	反萃液浓度 HCl：6mol/L	
	草酸相比(O/A)=5~6/1	
	级数：1	
	草酸浓度：7%	
除 锑	将锌片浸入反萃液中搅动，直至锌片上无黑颗粒金属锑	除锑率89%。铟损耗约1%
置 换	周期：每槽2~3天，置换终点pH值为5~6	置换率95%
压 团	压团块含水5%	
熔 铸	烧碱用量占铟量的50%~60%，温度200~300℃，时间0.5~1h	熔铸率85%，粗铟纯度>96%

21.3 锌冶炼过程中铟的富集与提取物料

21.3.1 火法炼锌过程中铟的富集与提取物料

21.3.1.1 鼓风炉（ISP）炼锌过程

表21-8列出了韶关冶炼厂鼓风炉熔炼各产品中铟的分布。熔炼产品粗锌中富集了约60%的铟，在以后的精炼工序中，进入各产出物的分配见表21-9。

表21-8 韶关冶炼厂鼓风炉熔炼锌精矿各产品中铟的分布 （质量分数/%）

加入烧结块	产出物				
	粗 锌	粗 铅	炉 渣	泵池渣	损 失
100	约60	约30	2~3	5	1~2

表21-9 粗锌精炼产品中铟的分布与含量

分配于锌渣中 11.91%	分配于硬锌中35.71%		分配于底铅中52.38%	
锌渣中含量/%	铅塔中含量/%	B塔中含量/%	铅塔中含量/%	B塔中含量/%
0.03~0.05	0.0103	0.31	0.0888	1.01

鼓风炉炼锌工艺中，提取铟的富集物有：（1）熔炼产品粗铅→熔析铜浮渣熔炼之烟尘。（2）鼓风炉渣烟化挥发之氧化锌尘。（3）粗锌精馏产品硬锌与底铅。

21.3.1.2 竖罐炼锌过程中铟的富集与提取物料

竖罐炼锌中铟的分布与富集见表21-10。焦结尘、硬锌和粗铅是竖罐炼锌过程中铟的富集物。

表 21-10　竖罐炼锌中铟的分布与富集

工　序	加入铟			产出铟		
	物料	含量/g·t⁻¹	分配/%	物料	含量/g·t⁻¹	分配/%
焙烧	锌精矿	54.5	100	焙砂	64	77.4
				烟尘	55	17.56
				电收尘	12	0.18
				镉尘	64	1.47
				损失		3.39
				合计		100.0
焦结	焙砂等	64	99.48	焦结矿	15.1	36.52
				返粉	14	1.58
				焦结尘	4130	26.69
				损失		31.69
				合计		100.00
蒸馏	焦结矿	15.1	36.52	粗锌	41.9	31.42
	硬锌		17.24	蓝粉等	40	17.29
				罐渣	6	4.79
				损失		0.18
				合计		100.0
精馏	粗锌	15.1	31.42	精锌	1.0	0.73
	硬锌	1270		高镉锌	1.0	
				硬锌	1270	17.59
				粗铅	4600	12.30
				损失		0.80
				合计		100.0

21.3.2　湿法炼锌过程中铟的分布与富集

各类浸出工序中铟的分配与富集情况见表 21-11。

表 21-11　各类浸出方法工序中铟的分配与富集

浸出方法	工　序	进入产物中	
		分配比①/%	品位②/%
常规（中性）浸出	1. 锌精矿焙烧 2. 中性浸出 3. 中浸渣回转窑挥发	入焙烧矿 95 进入浸出渣 80～100 入氧化锌尘 60～70 入窑渣 20～25	浸出渣 0.016～0.06 氧化锌粉 0.15～0.18； （大厂高铟矿）0.5～0.7 窑渣 0.014～0.026

续表 21-11

浸出方法	工　序	进入产物中		
		分配比[①]/%	品位[②]/%	
热酸浸出-黄钾铁矾法除铁	1. 中浸 2. 低浸 3. 高浸 4. 黄钾铁矾除铁 5. 浸出液净化	入浸出液 95 入高浸渣 3~5 入铁矾渣 90~93 入铜镉渣 1~2	浸出液（g/L）： 中浸 0.0014 低浸 0.136 高浸 0.125 矾上清 0.0105	焙烧矿含铟 0.089% 浸出渣（%）： 中浸 0.1464 低浸 0.136 高浸 0.0088% 铁矾渣 0.218
热酸浸出-针铁矿法除铁	1. 还原与中和 2. 沉铟 3. 氧化除铁 4. 高酸浸出 5. 净化除铜镉	入铟渣 82~86 入铁渣 5~10 入高浸渣 3~5 入铜镉渣 1~2		焙烧矿中 0.007 中浸渣 0.009 还原渣 0.013 铟渣 0.056 铁渣 0.004 热酸渣 0.007
赤铁矿法	除铜沉铟		二次石膏中 0.05~0.2	
锌精矿加压直接浸出[③] （锌精矿含铟 0.034%）	二段加压酸浸出 中和沉铟	浸出率（以渣计）（%）：92.15 沉铟率（%）：94.2	浸出液（g/L）： 一段 0.053 沉铟液（g/L）： 0.0021	浸出渣（%）： 二段 0.0046 沉铟渣（%）： 0.211

①分配比系指产物中的铟占该工序加入的铟之比率。

②分配比与品位非采自同一工厂或同一原料。

③该方法已经用于生产，但此处的提铟数据系小型试验结果。

从表 21-11 中可以得出湿法炼锌过程中铟的富集提取物料有：中性浸出渣回转窑挥发氧化锌粉，铁矾渣，沉铟渣和除铜沉铟的二次石膏。在锌精矿直接加压浸出过程中，铟与铁一道进入浸出液，以后将铁与铟分离，由得到的铟渣提铟。

21.4 锌精矿冶炼过程中铟的回收

21.4.1 从火法炼锌过程中铟的富集物提取铟

21.4.1.1 从竖罐炼锌副产品焦结烟尘提取铟

工艺流程见图 21-4，技术参数见表 21-12。表 21-12 中的萃取流程如图 21-5 所示。全流程经济技术指标列于表 21-13。

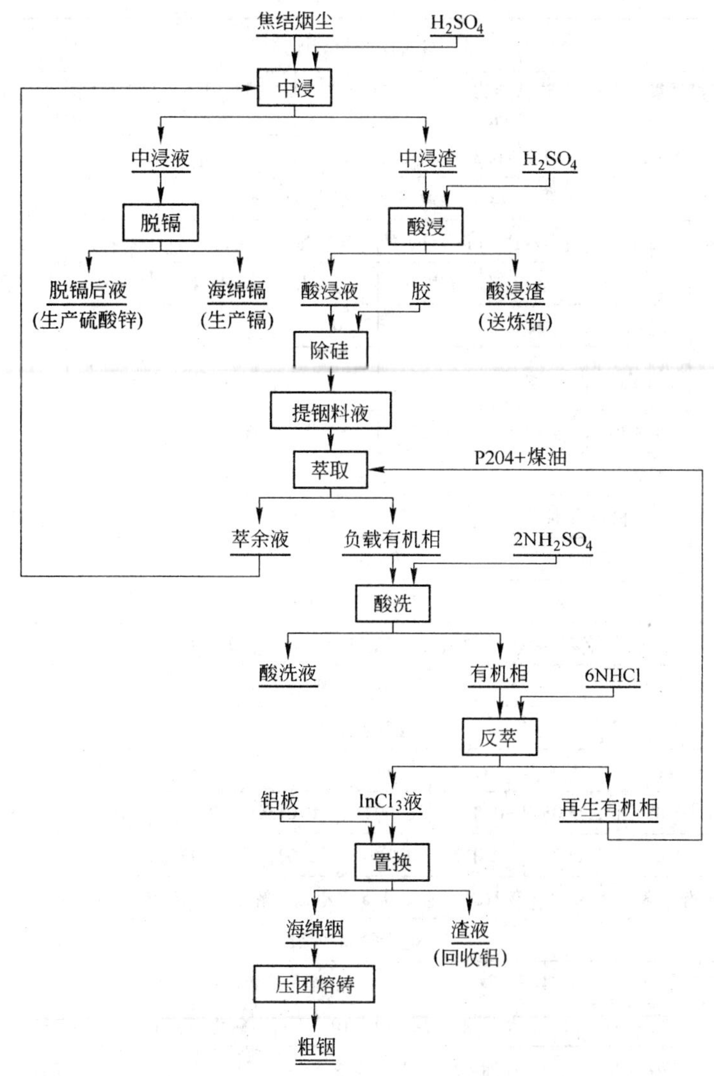

图 21-4　从竖罐炼锌焦结烟尘提取铟的工艺流程

表 21-12　从竖罐炼锌焦结烟尘提取铟的技术参数

<table>
<tr><td colspan="7">1. 酸浸工序（钢板内衬花岗岩板机械搅拌槽）</td></tr>
<tr><td colspan="7">操作与技术参数</td></tr>
<tr><td>料量/t·槽$^{-1}$</td><td>固液比</td><td>始酸/g·L^{-1}</td><td>终酸/g·L^{-1}</td><td>浸出时间/h</td><td>温度/℃</td><td>沉淀时间/h</td></tr>
<tr><td rowspan="2">6～7</td><td>中浸
1：6</td><td>中浸
90～100</td><td>中浸 pH 值
5～5.2</td><td>中浸
1～2</td><td rowspan="2">70～80</td><td rowspan="2">8～16</td></tr>
<tr><td>酸浸
1：4</td><td>酸浸
90～100</td><td>酸浸
15～20</td><td>酸浸
2～4</td></tr>
</table>

续表 21-12

2. 沉硅工序（机械搅拌槽）

加胶量占料液中 SiO_2/%	过滤速度/m^3·(m^2·h)$^{-1}$	过滤压力/MPa	反吹压力/MPa	搅拌时间/min	温度/℃	沉淀时间/h
10~12	0.8~1.0	0.2~0.3	0.3~0.5	5~10	70~80	3~4

3. 萃取工序（箱式萃取槽）

项目	相比 O/A	温度/℃	流量/m^3·(m^2·h)$^{-1}$		In^{3+}浓度/g·L^{-1}		进水相 H^+浓度	时间/min	
			水相	有机相	进水相	出水相		混合	分相
4级萃取	1/15	20~30	10		0.1	<0.01	20g/L	2~3	8~12
3级酸洗	10/1	常温	0.42			<0.5	2~2.5 N，硫酸		
3级反萃	10/1	20~30	0.42			50~70			

4. 置换工序

	酸度/mol	置换温度/℃	置换时间/h	置换后液含铟/g·L^{-1}
锌板置换	3~4	50~60	4~5	<0.01

5. 压团熔铸 1.5MPa

与第21.4.1.2节中海绵铟处理相同。见表21-14中第4项

6. 粗铟电解

粗铟成分/%

元素	In	Zn	As	Cu	Bi	Fe	Sn	Pb	Tl	Cd
1	99.5	0.03	0.0005	0.017	0.0032	0.015	0.14	0.24	0.0016	0.01
2	99.6	0.01	0.0005	0.017	0.001	0.031	0.17	0.16	0.005	0.018

粗铟电解技术条件与第21.4.1.2节中5之粗铟电解相同。见表21-14中第5项

7. 电铟除镉和除铊

条 件	温度/℃	加入试剂量		操作次数
除 镉	170~180	甘油：铟 = 1：10	碘化钾：镉量之2~3倍	2~3次
除 铊	170~180	甘油：铟 = 1：(5~6)	通HCl气体30min，搅拌	

表21-13 从竖罐炼锌副产品焦结烟尘提取铟全流程经济技术指标

各工序铟的回收率/%

浸 出	置 换	萃 取	酸 洗	反 萃	熔 铸	电 解
92~96	96~98	95~97	95~97	98~99	92~93	95~96

各工序材料消耗/kg·(kg·铟)$^{-1}$

工业盐酸	锌板99.99%	工业硫酸	甘油	工业烧碱	滤纸	分析纯硫酸	水	分析纯盐酸	蒸气	萃取剂P204	煤油(200号)	电/kW·h
310~330	4~5	300~320	2.4~3	2.5~3	2张	0.1~0.2	2000~3000	0.01~0.02	2000~3000	0.8~1	2.4~3	100~110

精铟（3个实例）的质量分析/%

In	As	Cu	Al	Fe	Sn	Pb	Tl	Cd
99.994	0.0001	0.0001	0.0001	0.0001	0.0007	0.00063	0.0011	0.001

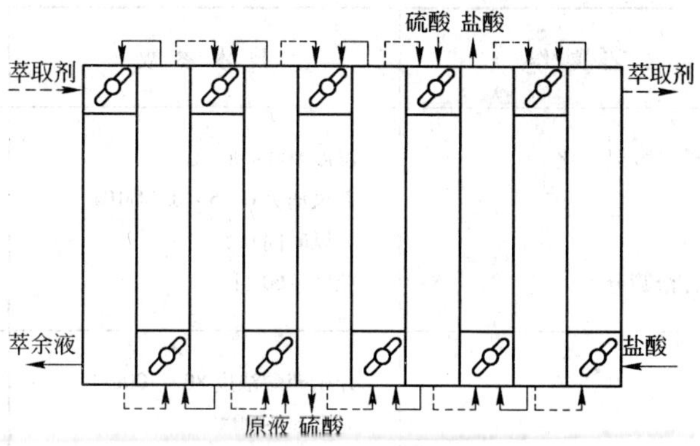

图 21-5 从竖罐炼锌副产品焦结烟尘提取铟的萃取流程

21.4.1.2 从粗锌精馏产物粗铅中提取铟

由粗锌精馏铅塔熔析炉内的含铟粗铅提取铟的工艺流程见图 21-6。其技术参数与指标列于表 21-14。

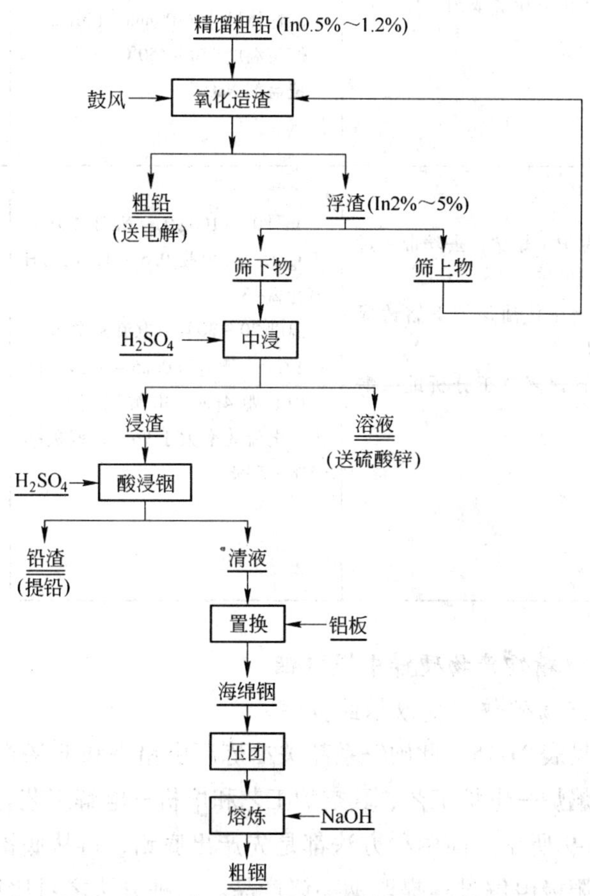

图 21-6 由锌精馏铅塔熔析炉内的含铟粗铅提取铟的工艺流程

表21-14 从锌精馏铅塔熔析炉内的含铟粗铅提取铟的工艺技术参数与指标

工 序	工艺操作	技术参数	结果与指标
1. 氧化造渣	粗铅熔融鼓风氧化 捞出浮渣筛分	温度800~900℃ 鼓风压力0.15~0.24MPa 鼓风时间0.5~1h 粒度-60目	造渣率6%~10%
2. 浸出铟	浸出	开始硫酸浓度80~100g/L 温度80~90℃ 固液比1:(4~5) 时间6h	浸出效率>85%
3. 置换	用金属铝板置换浸出液中铟	温度30~40℃ 时间8~16h	置换效率85%~99%
4. 海绵铟处理	在油压机下压制成圆柱体后熔铸成粗铟	油压机压力15MPa 圆柱体尺寸ϕ100mm×120mm 熔铸温度350~450℃ 覆盖剂NaOH	粗铟成分(%):In 99,Zn 0.02,As 0.001,Cu 0.015,Bi 0.003,Fe 0.015,Sn 0.2 Ti 0.02,Cd 0.01
5. 粗铟电解 阳极板 阴极 电解液 电解	甘油保护下熔铸;蚕丝带+过滤纸作保护套 电解铟在甘油保护下熔铸成1mm厚片 以电解铟溶解于分析纯硫酸制得	In 80~100g/L,NaCl 180~100g/L,动物胶0.5~1g/L,pH值为2~3 温度20~30℃,电流密度60~80A/m^2,槽电压0.25~0.3V,同极中心距4mm,电解周期6~7天,电流效率大于96%,残极率45%~50%	电解回收率大于95%。 阴极质量分析%: In 99.95~99.96, Ag 0.0001, Cu 0.0001, Al 0.0001, Fe 0.0001, Sn 0.00063, Pb 0.00063, Ti 0.016~0.014, Cd 0.02

21.4.1.3 从粗锌精馏产物硬锌中提取铟

A 从粗锌精馏产物硬锌中提取铟的方法

典型的硬锌成分见表21-15。此硬锌系韶关冶炼厂由铅塔和B塔产出的产品。从硬锌提取铟的方法有:隔焰炉—电炉工艺、真空炉工艺和熔析—电解工艺。硬锌处理工艺流程分别如图21-7~图21-9所示。前两种方法都是先产出底铅,再从底铅提取铟;熔析—电解法是从熔析浇铸的阳极电解过程提取铟和锗产品。三种方法之对比见表21-16。我国现在使用前两种方法。

表 21-15 韶关冶炼厂由铅塔和 B 塔产出的硬锌成分分析 （质量分数/%）

元　素	Zn	Pb	Ge	In	Ag	Fe
铅塔硬锌	80	10	0.1	<0.2	<0.05	0.5
B 塔硬锌	75	15	0.2	<0.4	<0.05	0.5

表 21-16 处理硬锌的三种方法之比较

项　目	隔焰炉	真空炉	熔析—电解
主要设备 蒸发室尺寸/mm × mm 冷凝器尺寸/mm × mm 工频感应电炉	 3.55m^2 2520 × 1230 × 3040 190kW/380V	 ϕ2000 × 4265	 熔析炉 7.6m^2 1 台， 铸锭机 16 块阳极板 电解槽 2370mm × 850mm × 1500mm
硬锌处理能力	3t/(d·炉)	2.5t/(d·炉)	约 0.125t/(槽·d)
能耗 煤气/$m^3 \cdot t^{-1}$ 电/$W \cdot h \cdot t^{-1}$ 折合标煤耗/$kg \cdot t^{-1}$	 5000 400 937	 1500 606	 400 1200 556
产品与品位			
产品	锌粉　底铅　锗渣	粗锌　锌渣　锗渣　粗铅	电解锌　粗铟　GeO_2　Ag
Zn%	>95　3 ~ 6　3 ~ 6	99.0　98.0　20.20　6.31	99.9　95
Pb%	0.56　65 ~ 75　20 ~ 30	0.97　0.86　26.89　87.10	
Ge%	0.17　0.1 ~ 1　1.3 ~ 1.5	0.0022　0.019　1.53　0.024	
In%	0.012　1.5 ~ 3.0　1 ~ 2	0.0038　0.0026　1.78　1.89	
金属回收率/%	从硬锌到底铅直收率 Zn 95 Ge 60	从硬锌到底铅直收率 Zn 90 Ge 96.14 In 98	全流程总回收率 Zn 95 Ge > 80 In > 80
其他方面评价			
设备投资	400 万元/4000t 硬锌/a	300 万元/4000t 硬锌/a	1000 万元/4000t 硬锌/a
中间物料量	多	少	多
工序	多	简单	复杂
最终产品	底铅非最终产品，需再处理	底铅非最终产品，需再处理	多种金属综合回收
环境		无“三废”排放	

B　从隔焰炉的电炉或真空炉底铅提取铟

从图 21-7 和图 21-8 工艺中产出的底铅提取铟的流程如图 21-10 所示。工艺技术参数列于表 21-17。

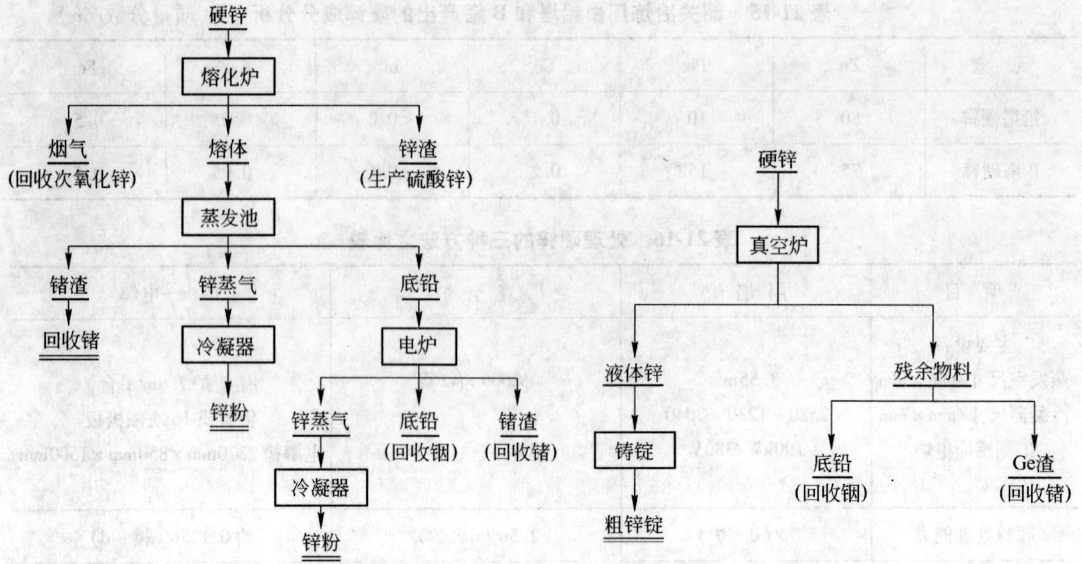

硬锌
熔化炉
烟气
(回收次氧化锌)
熔体
锌渣
(生产硫酸锌)
蒸发池
锗渣
回收锗
锌蒸气
冷凝器
锌粉
底铅
电炉
锌蒸气
冷凝器
锌粉
底铅
(回收铟)
锗渣
(回收锗)

图 21-7 隔焰炉处理硬锌工艺流程

硬锌
真空炉
液体锌
铸锭
粗锌锭
残余物料
底铅
(回收铟)
Ge渣
(回收锗)

图 21-8 真空炉处理硬锌工艺流程

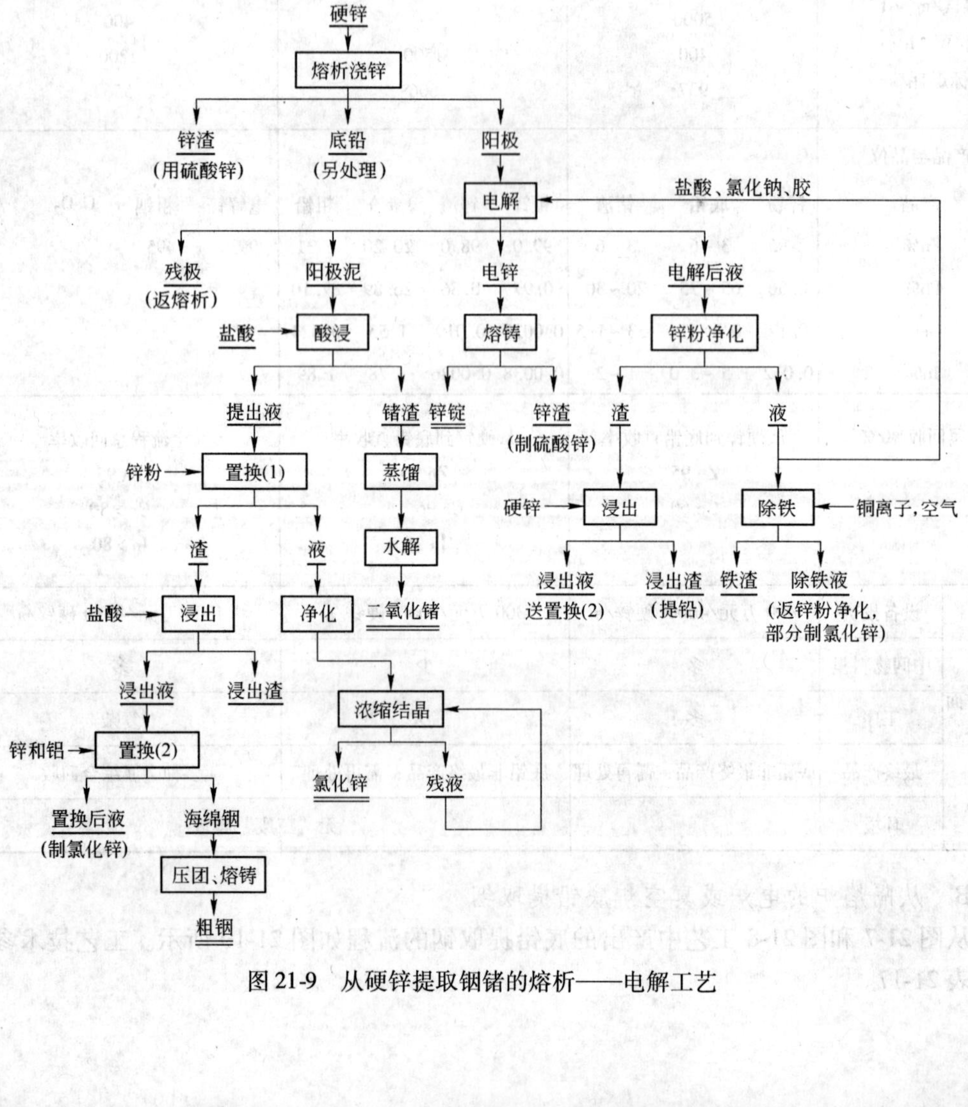
硬锌
熔析浇锌
锌渣
(用硫酸锌)
底铅
(另处理)
阳极
电解
盐酸、氯化钠、胶
残极
(返熔析)
阳极泥
电锌
电解后液
盐酸
酸浸
熔铸
锌粉净化
提出液
锗渣
锌锭
锌渣
(制硫酸锌)
渣
液
锌粉
置换(1)
蒸馏
硬锌
浸出
除铁
铜离子,空气
渣
液
水解
浸出液
送置换(2)
浸出渣
(提铅)
铁渣
除铁液
(返锌粉净化,
部分制氯化锌)
盐酸
浸出
净化
二氧化锗
浸出液
浸出渣
浓缩结晶
锌和铝
置换(2)
氯化锌
残液
置换后液
(制氯化锌)
海绵铟
压团、熔铸
粗铟

图 21-9 从硬锌提取铟锗的熔析——电解工艺

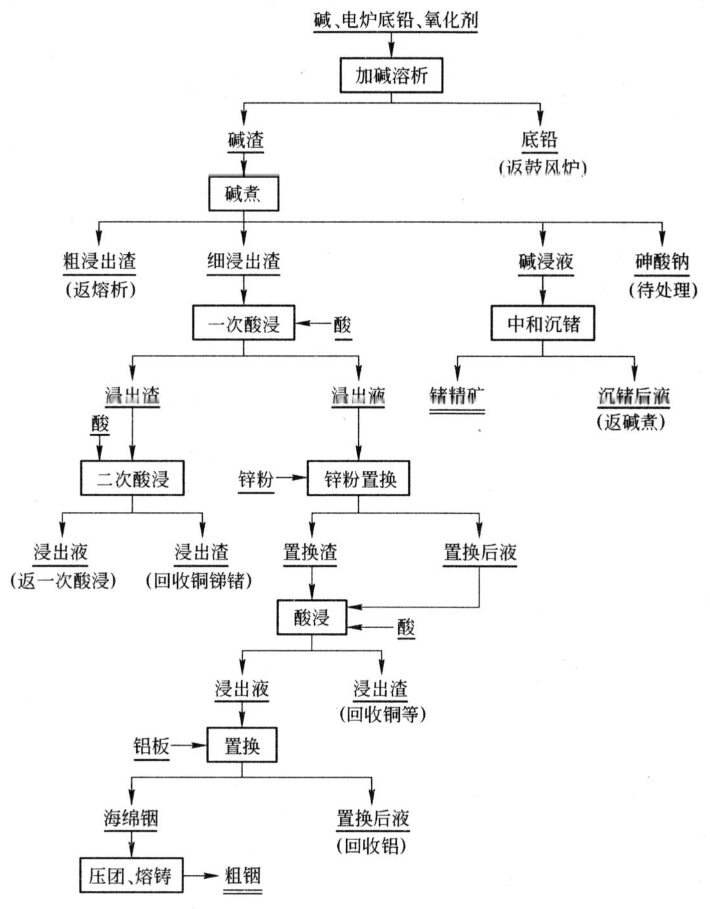

图 21-10　从底铅提取铟的流程

表 21-17　从底铅提取铟的工艺技术参数

工艺过程	技术条件
1. 底铅碱熔析	NaOH 用量 200～300kg/(t·铅) 氧化剂 $NaNO_3$ 用量 80～100kg/(t·铅) 温度 550～450℃ 时间 18～24h
2. 碱煮渣	液固比 (3～5)∶1 温度 105～110℃ 时间 1.5～2h
3. 碱煮渣的二段硫酸浸出	温度/℃：一段 50～60，二段 40～60 时间/h：一段 1～2，二段 1 液固比：一段 (3～6)∶1；二段 (5～6)∶1 终酸/g/L：一段 30～80；二段 100～180
4. 置换	一段锌粉，二段铝板 温度/℃：室温 时间/h：72～96

	In	Ge	Fe	Sb	Sn	Pb	As	Ag	Cu
硬锌成分/%	3	0.3～0.6	1.4	8	4	71	4.5	0.28	3
粗铟成分/%	98.6	0.03	0.027	0.032	0.12	0.012			
金属直收率/%	84	78.5							

21.4.2 从湿法炼锌过程中铟的富集物提取铟

21.4.2.1 由常规法中浸渣挥发氧化锌尘中提取铟

A 氧化锌粉浸出-置换-碱煮法提取铟

从常规法中浸渣挥发氧化锌尘中提取铟的碱煮法工艺流程见图21-11。该工艺的技术

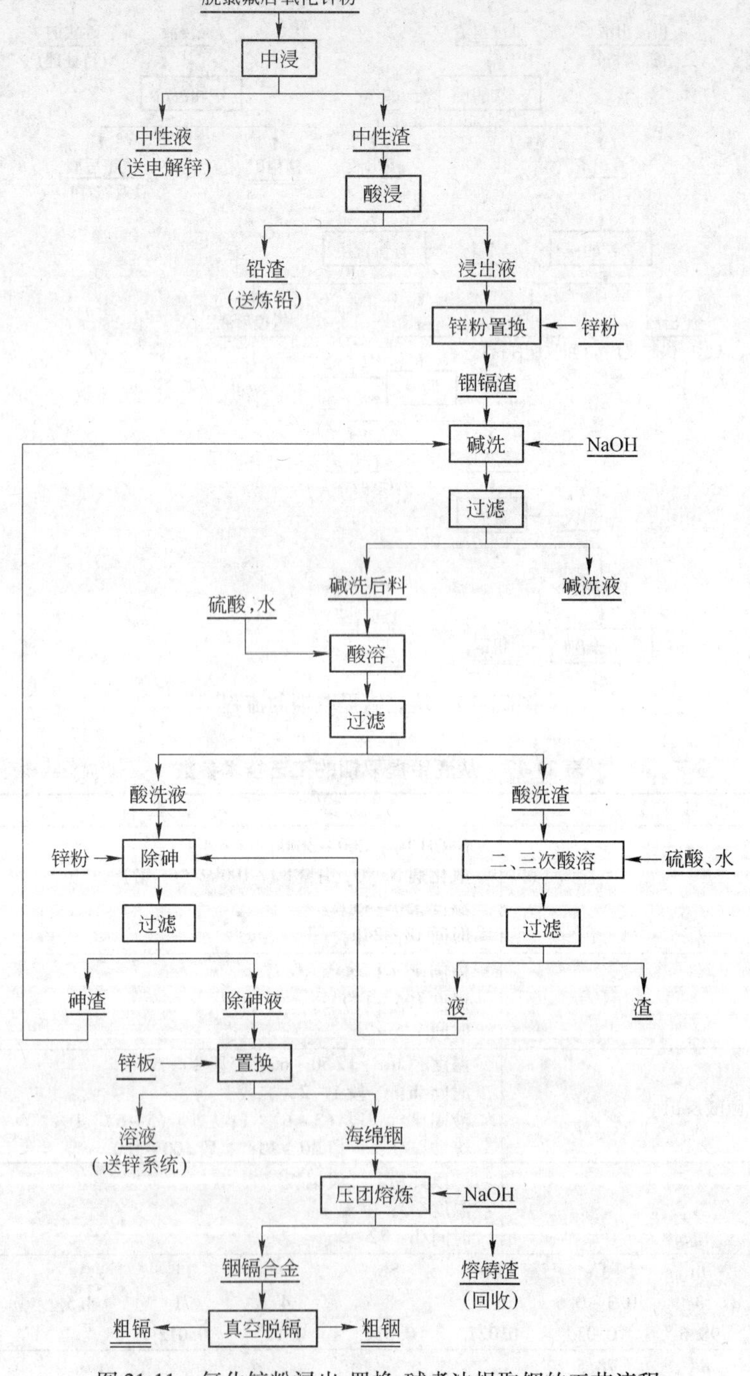

图21-11 氧化锌粉浸出-置换-碱煮法提取铟的工艺流程

操作参数见表21-18。

表21-18 氧化锌粉浸出-置换-碱煮法提取铟各工序的技术参数与指标

步骤与工序	操作	条件
1. 浸出	中性浸出与锌焙烧矿相同	
2. 置换 加锌粉从浸出液中置换沉积出铟镉渣	锌粉加入量/kg·$kg_{铟}^{-1}$	50~60
	硫酸铜加入量/kg·$kg_{铟}^{-1}$	2.5~3.0
	温度/℃	75~85
	时间/h	3~4
	酸度/g·L^{-1}	前液20±2 H_2SO_4，终液pH值为4.8~5.0
	溶液铟浓度/g·L^{-1}	前液>0.25，终液<0.003
	置换效率/%	98~99
	镉渣化学成分/%	In 1~4，Cd 10~19，Zn 10~25，As 10~15，Cu 4~9，Pb 1~3，Fe 0.8~2，Ti 0.0007~0.002，SiO_2 1，H_2O 50
3. 碱洗 将配好比例的料、碱和硝酸钠在碱煮槽内以蒸气加热，再加水稀释煮沸，后进行液固分离。铟转化成易溶于酸的氢氧化铟于滤渣中；砷、锌、铅和锡生成相应的钠盐进入溶液与铟分离；镉与硝酸钠生成稳定的氧化镉与铟一道沉淀；铁和铜不参与反应仍留于渣中	加入碱与料比值	NaOH/铟镉渣=2/3
	加入硝酸钠量/%	6
	碱洗时间/h	3~4
	碱洗后液固比	(8~10):1
	温度/℃	>90
	沉淀时间/h	>4
	原料成分/%	In 2.682，Cd 12.22，As 13.26，Cu 6.36，Zn 17.63，Pb 1.605，Tl 0.0036
	碱洗后料成分/%	In 5.51，Cd 37.8，As 5.2，Cu 12.55，Zn 1.72，Pb 1.81，Tl 0.0107
	碱洗后液/g·L^{-1}	In 0.045，Cd 微量，As 4.19，Cu 0.043，Zn 7.994，Pb 0.34，Tl 0.0001
	铟富集率/%	>200
	渣碱率/%	30~50
	回收率/%	铟98~99，镉99~99.8，
	杂质除去率/%	砷80~85，锌80~90，铅50~70
	固体碱耗/kg·L^{-1}	37~140
	硝酸钠消耗/kg·L^{-1}	12~33
4. 酸溶 用硫酸溶解，使铟镉进入溶液，铅呈硫酸铅入渣，铜以元素铜状态存在，绝大部分留于渣中	酸料比	1:0.5~0.8
	液固比	3:1
	温度/℃	>80
	酸溶时间/h	3~4
	过滤速度/m^2·$(m^2·h)^{-1}$	0.7~1
	酸洗后料成分/%	In 2.45，Cd 31.9，As 4.76，Cu 2.56，Zn 7.88，Pb 0.639，Tl 0.017

续表 21-18

步骤与工序	操 作	条 件
4. 酸溶 用硫酸溶解，使铟镉进入溶液，铅呈硫酸铅入渣，铜以元素铜状态存在，绝大部分留于渣中	酸洗后液成分/g·L^{-1}	In 8.22，Cd 107.76，As 12.28，Cu 微量，Zn 29.97，Pb 微量，Tl 0.048
	二次酸溶渣成分/%	In 0.737，Cd 10.86，As 3.22，Cu 6.88，Zn 2.99，Pb 2.97，Tl 0.0073
	二次酸溶渣渣率/%	30～35
	浸出率/%	铟 90.652，镉 89.39，砷 89.65，铜 15.37，锌 88.05，铅微
	硫酸消耗/kg·$kg_{铟}^{-1}$	70～80
	酸溶渣含量/kg·$kg_{铟}^{-1}$	<0.1
5. 加锌除砷 以使铝板置换铟时避免烧板，置换完全	酸浓度/g·L^{-1}	始酸 100～150，终酸 50～100
	温度/℃	80～85
	砷渣率/%	3～5
	砷渣含铟/%	<10
	除砷后液含砷/g·L^{-1}	0.015
6. 铝板置换铟	酸浓度/g·L^{-1}	始酸 50～100，终酸 30～50
	温度/℃	约 80
	NaCl 加入量/g·L^{-1}	5
	置换时间/h	8
	置换后液成分/g·L^{-1}	In<0.05，Zn 20～40，Al 16～20，H_2SO_4 35～50，密度 1.24～1.36
	置换后铝镉合金成分/%	In 3～5，Cd 95～97
7. 熔铸 海绵铟镉团块于铁锅熔化成合金锭	覆盖剂	苛性钠
	温度/℃	350～400
8. 铟镉分离 在真空炉罐(图 21-13)内蒸馏铟镉合金，镉蒸气导出冷凝，剩下铟	温度/℃	蒸馏 750～800，出炉约 350
	真空度	10^{-1}～10^{-2}
	蒸馏时间/h	5
	粗铟成分/%	In>95，Cu 0.02，Al 0.001，Fe 0.003，Sn 0.018，Pb 0.02，Ti 0.05，Cd 0.5～2，Ag 0.005

注：第1步工序中性浸出与锌焙烧矿相同，在此省略。

B 氧化锌粉浸出-置换-酸溶-萃取法提取铟

本方法改进了上述碱煮法流程较长，劳动强度大，材料消耗多，回收率不高的缺点。酸溶—萃取法工艺流程见图 21-12。酸溶-萃取工艺的技术条件及其指标列于表 21-19。表 21-20 为该工艺的物料平衡及其回收率。

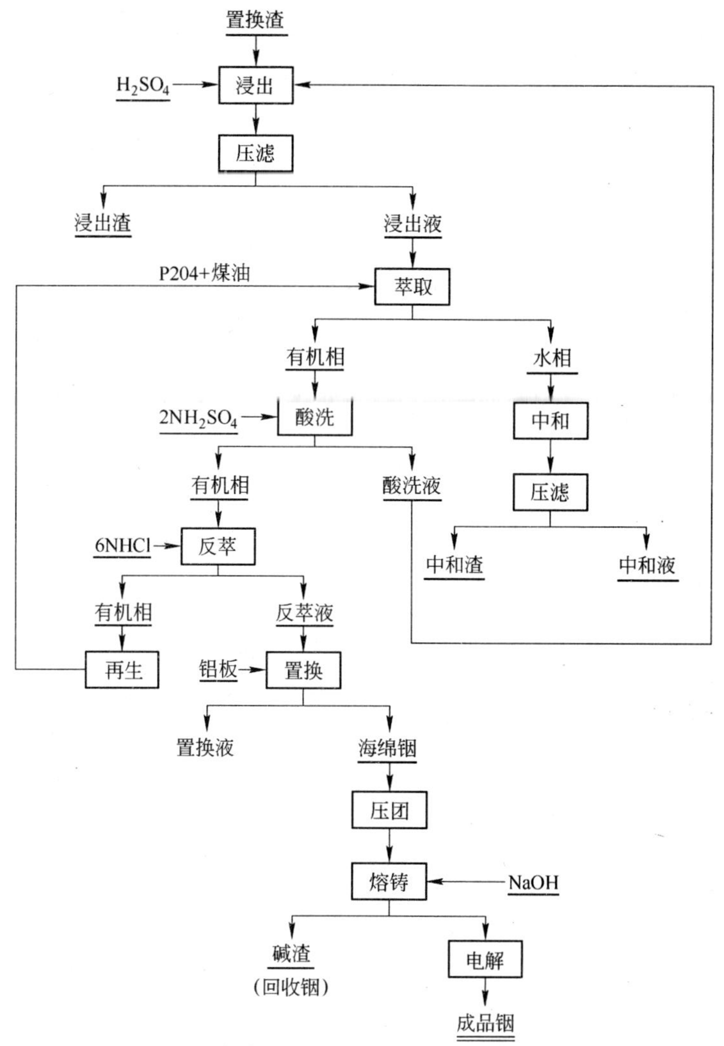

图 21-12 氧化锌粉浸出—置换—酸溶—萃取法工艺流程

表 21-19 酸溶-萃取工艺的技术条件及其指标

步骤与工序		技术条件与指标
1. 置换渣二段逆流浸出	置换渣主要成分/%	In 1 ~ 3.5，Ge 0.005 ~ 0.05，Ga 0.05 ~ 0.1，Zn 20 ~ 30，Cu 4 ~ 8，Cd 2 ~ 3，As 4 ~ 7，Pb 0.5 ~ 1.5，SiO_2 0.5 ~ 1，Fe 0.5 ~ 2
	固液比	一次浸出 1∶(8 ~ 10)，二次浸出 1∶(8 ~ 10)
	始酸浓度/$g \cdot L^{-1}$	一次浸出 80 ~ 90，二次浸出 150 ~ 180
	锰粉加入量占干渣/%	一次浸出 5 ~ 7，二次浸出 15 ~ 20
	温度/℃	一、二次浸出 95
	时间/h	一、二次浸出 4
	渣含铟/%	(二次浸出) <0.4
	置换渣酸浸液成分/$g \cdot L^{-1}$	In 2 ~ 3.5，Ge 0.01 ~ 0.03，Ga 0.02 ~ 0.04，Zn 15 ~ 30，Cu 1 ~ 4，Cd 2 ~ 5，As 1 ~ 5，Fe < 0.5，H_2SO_4 45 ~ 60

续表 21-19

步骤与工序		技术条件与指标
2. 浸出液萃取及有富铟有机相洗涤	萃取剂及单耗/kg·kg铟$^{-1}$	P204，0.6，（200号）煤油单耗1.5
	相比及方式	$A/O=2/1$，三级逆流萃取
	洗涤硫酸浓度/g·L^{-1}	150
	萃余液含铟/mg·L^{-1}	<50
3. 反萃	反萃剂及其浓度	盐酸，6mol
	反萃液含铟/kg·L^{-1}	60~80
4. 置换	置换后液含铟/mg·L^{-1}	<100
5. 海绵铟电解	电解液成分/g·L^{-1}	In 80~100，NaCl 80~100，pH值2~2.5，明胶0.5~1.0
	电解条件	电流密度40~70A/m^2，槽电压0.2~0.35V，同极距60~70mm，电解周期7d
6. 熔铸阳极	海绵铟在氢氧化钠覆盖下熔化并浇铸成电解阳极	
7. 电铟除镉铊	以甘油、碘、碘化钾将电解铟除镉铊，得到的精铟纯度99.995%	

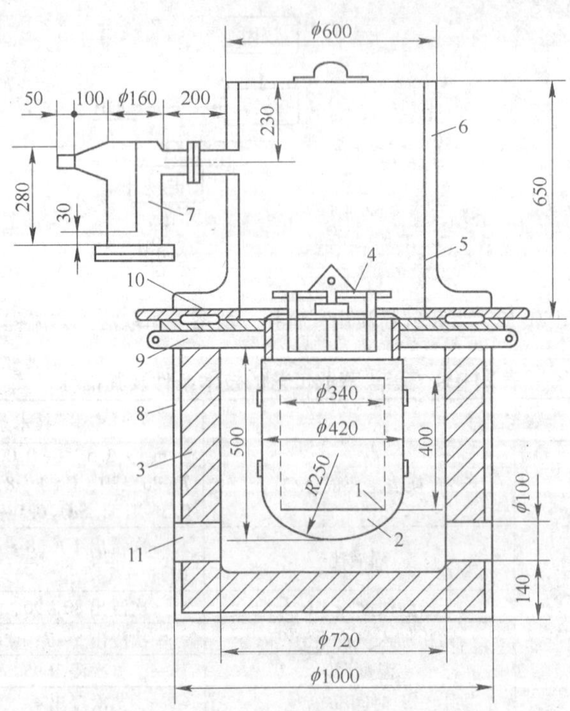

图21-13 铟镉蒸馏分离真空炉罐

1—盛料桶；2—蒸馏罐；3—加热炉；4—镉板；5—冷凝器；6—冷凝器水套；7—分离器；8—带密封圈的法兰；9—冷却水套；10—真空胶垫；11—煤气燃烧口

表 21-20　酸溶-萃取工艺的物料平衡及其回收率

工　序	产 出 物	数量/t · a^{-1}	回收率①/%
置　换	置换渣	10.67	100
浸　出	浸出液	8.86	88.6
萃　取	反萃液	8.77	98.98
置　换	海绵铟	8.42	96.0
电　解	电解铟	8.00	95.01

①回收率计算系后一道工序数量除以前一道数量，如萃取回收率 = 8.77/8.86 = 0.9898。

C　氧化锌多段浸出-萃取法回收铟

此法是对上述方法（A 和 B）的改进。改进措施和改进后的对比见表 21-21。氧化锌多段浸出-萃取法的高酸浸出流程和浸出液萃取流程分别示于图 21-14 和图 21-15。技术条件列于表 21-22。

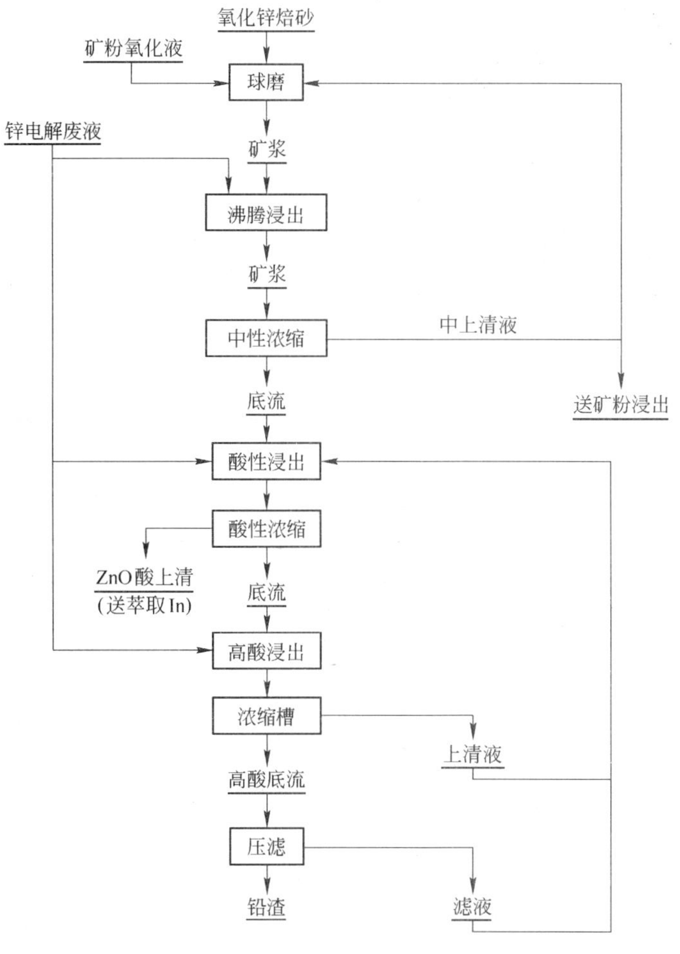

图 21-14　氧化锌多段浸出-萃取法之高酸浸出流程

表 21-21 氧化锌多段酸浸-萃取法与碱法/酸浸-萃取法改进后的对比

改进工艺	改进措施	改进前铟回收率/%	改进后铟回收率/%
1. 提高回转窑铟挥发率	改变气氛，增大气流速度和流量，控制风压在(0.9~1.0)×10^4Pa	In 75~78	当 Zn 92 时 In 88~90
2. 强化浸出	增加高酸浸出工序，使浸出终酸到80g/L	80~90	88~92
3. 酸浸液直接离心萃取	取消酸浸液锌粉置换和置换渣再浸出工序，直接进行酸浸液的离心萃取	酸浸液至精铟 32~41	酸浸液至精铟 85~90
多段酸浸-萃取法全流程总回收率		22~26	65~75

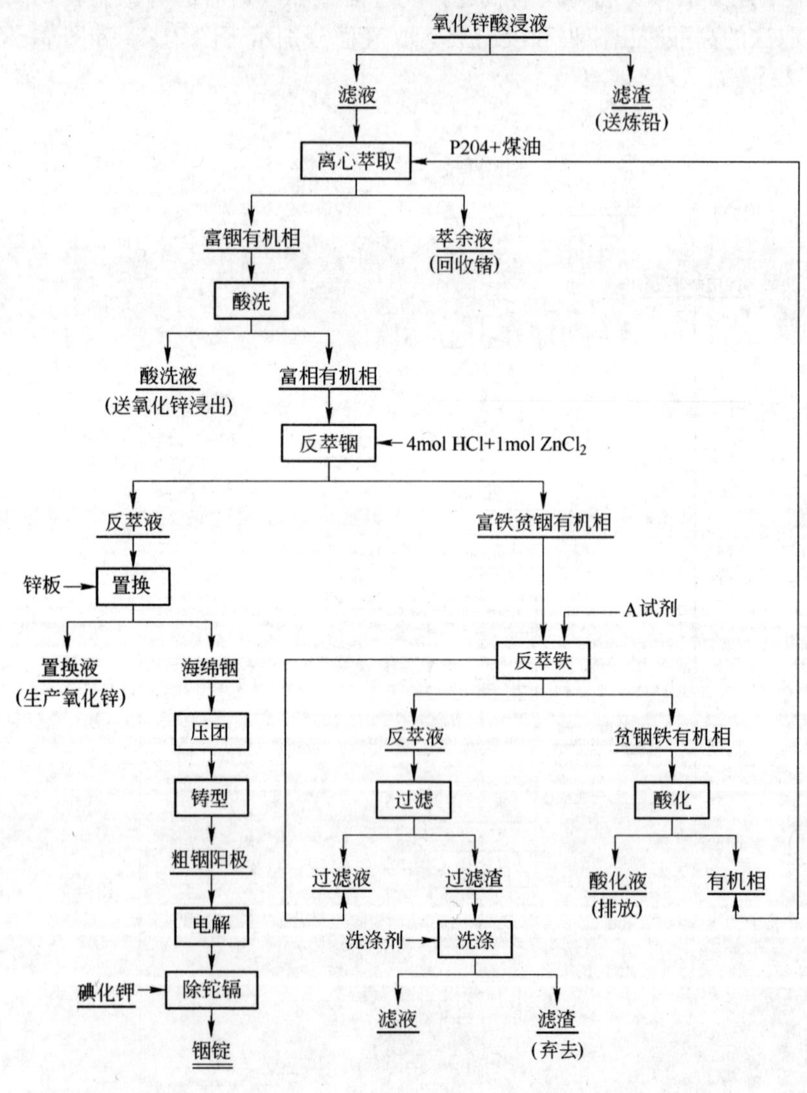

图 21-15 氧化锌多段浸出-萃取法之酸浸液提铟工艺流程

表 21-22　氧化锌多段浸出-萃取法提铟工艺技术条件与指标

1. 萃取

过程		相比 O/A	级数	混相时间/min	温度/℃
萃取	30% P204 + 65% 磺化煤油	1/10	2 ~ 3		常温
酸洗	硫酸浓度 2.5N， 有机相含 In2.4 ~ 2.6g/L	4/1	2	5	常温
反萃	4mol HCl + 1mol $ZnCl_2$	(14 ~ 20)/1	5	5	30 ~ 40

反萃液（g/L）：In 43 ~ 48，Fe 0.14 ~ 0.18，HCl 190 ~ 200

2. 置换

置换剂	始酸浓度/mol	始温	置换时间/d	置换后液含铟/mg · L^{-1}
锌板或铝板	HCl 3 ~ 3.5	室温	7	< 100

3. 熔铸阳极

熔化温度/℃	熔化时间/h	NaOH 加入量	熔铸阳极成分(质量分数)/%					
			In	Cd	Pb	Sn	Cu	Bi
200 ~ 300	0.5 ~ 1	造成稀渣	96 ~ 98	0.04 ~ 0.1	0.01 ~ 0.1	0.04 ~ 0.2	0.02 ~ 0.07	1 ~ 1.5

4. 电解

阳极规格 /mm × mm	阴极规格 /mm × mm	电流密度 /A · m^{-2}	槽电压/V	同极中心距 /mm	电解周期/d	电解液温度/℃
180 × 300	210 × 360	40 ~ 70	0.2 ~ 0.35	60 ~ 70	阳极 5 ~ 7	25 ~ 30

电解液成分（g/L）：In 80 ~ 100，NaCl 180 ~ 100，Cd < 1，Pb < 0.01，Sn < 0.01，明胶 0.5 ~ 1，pH 2 ~ 2.5

5. 甘油碘化法除去电解铟中微量镉

准备作业	搅拌温度/℃	碘化钾加入量 /g · kg 铟$^{-1}$	甘油加入量 /g · kg 铟$^{-1}$	除镉后镉含量/%
电铟蒸馏水洗	160 ~ 170	一般 7.5	0.05 ~ 0.075	0.0001

6. 除去电解铟中微量铊

搅拌温度/℃	时间/h	氯化氨加入量	氯化锌加入量	除铊铟直收率/%	除铊总回收率/%
270 ~ 280	1	In/NH_4Cl = 1000/45	In/$ZnCl_2$ = 1000/15	96	99.99

7. 铟锭熔铸

覆盖剂	苛性钠	熔铸温度(℃)：300 ~ 350

8. 恢复 P204 萃铟能力作业——反萃铁与锡

萃铁锡周期/d	萃铁锡试剂	萃铁锡试剂浓度 /mol	相比 O/A	级数	混合时间/min	温度
20	"A"	1.5	2/1	2	5	室温

9. 精铟化学分析

精铟	杂质(不大于,质量分数)/%							
In ≥ %	Cu	Pb	Zn	Sn	Fe	Al	Tl	Cd	As
99.99	0.0005	0.0015	0.002	0.002	0.001	0.001	0.0015	0.001	0.0005

D　从氧化锌粉提取铟的其他方法

从氧化锌粉提取铟的方法甚多，除了上述国内工厂使用的方法外，国外的一些方法列于表 21-23。

表 21-23 从氧化锌粉提取铟的国外的一些方法

方法名称	氧化锌粉-硫酸化焙烧-萃取法	氧化锌粉氯化焙烧-浸出-水解置换法	回转窑窑渣磁选-电解-阳极泥法	中浸渣还原-酸浸-水解法	氧化锌粉吸附浸出法	中浸渣酸化焙烧-浸出-萃取法提铟
提铟原料	回转窑氧化锌粉	回转窑氧化锌粉(%)：Zn 61.9，Pb 9.0，Cd 0.81，In 0.089。氯化尘(%)：In 0.307，Cd 4.34	回转窑窑渣，In(%)：0.05～0.15	浸出渣成分(%)：Ge 0.06，In 0.04，Ga 0.02，加焦与石灰石回转窑挥发	回转窑氧化锌粉	中浸渣成分(%)：In 0.012，Zn 20，Cd 0.2，Cu 0.92
主要工艺与特点	氧化锌粉＋浓硫酸制粒-焙烧-稀硫酸浸出-还原-萃取-反萃-硫化除杂-锌片置换-海绵铟-熔铸	氧化锌粉＋NaCl＋S-焙烧-氯化尘中浸-中性渣酸浸-中和沉淀 $In(OH)_3$-酸溶-锌板置换-铟镉合金-真空蒸馏-电解	回转窑窑渣-磁选产物-电炉熔炼-生铁电解-阳极泥酸溶-萃取-反萃-铝板置换	挥发尘碳酸钠脱氯-中浸-中浸渣＋硫酸＋硫酸钙浸出-浸出液单宁酸沉锗-沉锗后液-NaOH 中和-中和渣二次还原酸浸-二次中和-碱溶-碱液回收镓-碱渣硫酸溶解-置换	在矿浆中同时进行吸附与浸出-冲洗负载树脂-2MHCl 解吸-$InCl_3$ 铝板置换铟	中浸渣-硫酸化焙烧-稀硫酸浸出-氧化锌粉中和净化-萃取-反萃-铝板置换-熔铸-电解
主要工艺参数与指标	萃取：萃取剂：0.3M D2EHPA(P204)煤油液，相比 $O/A=1/(4\sim4.5)$，温度30～35℃。反萃：反萃剂：HCl，反萃液含铟20～55g/L，$O/A=20/1$		电解液：硫酸铁＋硫酸铵，Fe^{2+} 50g/L。电解液温度60℃，电流100～150A/m，槽电压1.0～1.2V，铁阳极寿命40～45天，阴极周期8～10天		KΦ 型(类似于乙烯磷酸二氯乙酯和乙酸乙烯酯为主体的)离子交换树脂。铟富集比达80倍，回收率为85%。吸附温度50～60℃，游离硫酸浓度9～14g/L，洗硫酸浓度16g/L	沸腾焙烧温度670℃，浸出液含铟50～70mg/L。萃取后富铟液含铟20～30g/L
产品	粗铟	电解铟	海绵铟	海绵铟、锗精矿、富镓碱液	海绵铟	电铟纯度99.99%
应用工厂	哈萨克乌斯契·卡明诺戈尔斯克锌厂	日本日曹金属公司会津锌冶炼厂	日本同和公司安中冶炼厂	意大利马格拉港炼锌厂	俄罗斯契良宾斯克电锌厂	日本秋田湿法炼锌厂

21.4.2.2 由高酸浸出的铁矾渣提取铟

广西华锡集团来宾冶炼厂采用的铁矾渣提铟工艺流程如图 21-16 所示。工艺参数见表 21-24。

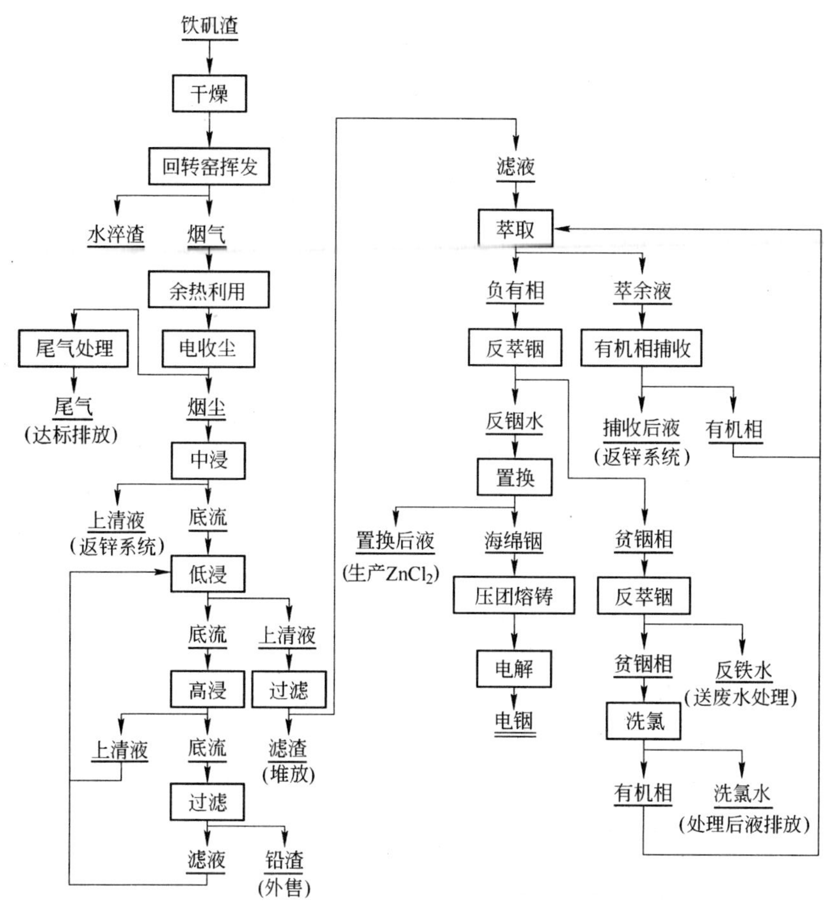

图 21-16 由高酸浸出铁矾渣提取铟工艺流程

表 21-24 来宾冶炼厂由高酸浸出铁矾渣提取铟工艺技术条件

工 序	干燥技术条件					
铁矾渣干燥	干燥温度/℃	干燥前水分/%	干燥后水分/%	铁矾渣含 In/%	铁矾渣含 Zn/%	
	400~450	20~25	15~16	0.31	4.52	
浸出技术条件						
工 序	浸出温度/℃	始酸/$g \cdot L^{-1}$	终酸/$g \cdot L^{-1}$	液固比	浸出时间/h	中浸液成分/$g \cdot L^{-1}$
中性浸出	70	100	pH 值为 5.2~5.4	6∶1	1~1.5	Zn^{2+} 140
低酸浸出	70	110~120	20	5∶1	1~1.5	
高酸浸出	80~85	150~160	80	5∶1	5	
铟入渣率/%	95					

续表 21-24

工 序	浸出温度/℃	始酸/g·L⁻¹	终酸/g·L⁻¹	液固比	浸出时间/h	中浸液成分/g·L⁻¹
浸出率/%	Zn 97，In 94					

萃取技术条件

工 序	相 比	富铟有机相含 In/g·L⁻¹
萃 取	$O/A=1/1$	5.13

反萃技术条件

工 序	反萃铟始相比	反铟级数	反萃铁相比	反铁级数	洗氯相比	洗氯级数
反 萃	$O/A=10/1$	6	$O/A=5/1$	6	$O/A=5/1$	6
反萃率	铟 99%					

置换技术条件

工 序	置换剂	置换周期/d
置 换	锌板、锌片	7
置换率/%	In 99	

电解技术条件

工 序	阳 极	阴 极	阴极周期/d	同极距/mm	槽电压/V	电流密度/A·m⁻²
电 解	海绵铟压团熔铸	钛板	7	65~70	0.3	60

各工序回收率/%

矾渣干燥	矾渣挥发	铟萃取	熔铸	电解	总回收率
Zn 99，In 99	Zn 80，In 91	96.5	99.5	99.5	75.33

21.4.2.3 由高酸浸出的针铁矿渣提取铟渣

A 从高酸浸出-针铁矿法工艺流程中获得铟渣

图 21-17 所示为广西大厂富铟锌精矿处理工艺的全流程。

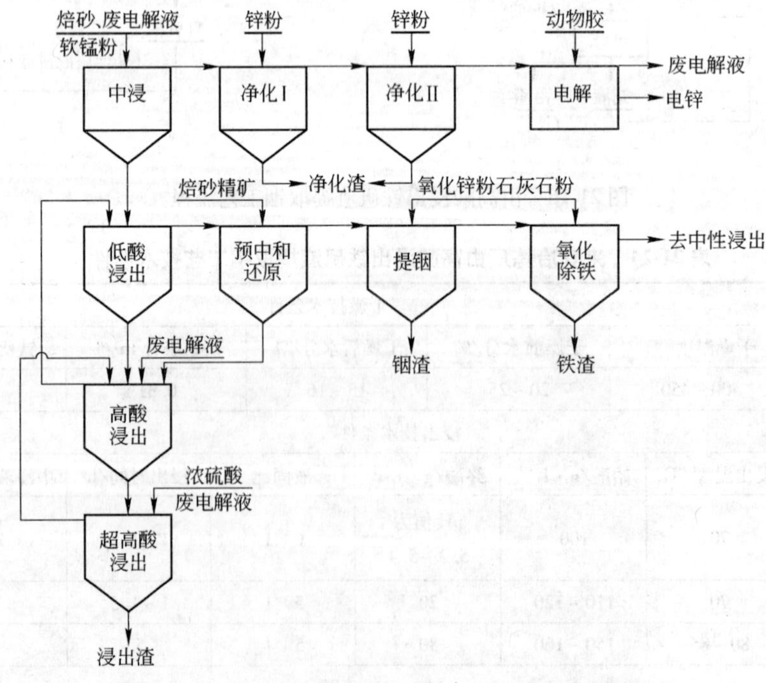

图 21-17 从热酸浸出-针铁矿法工艺流程中获得铟渣

B　从热酸浸出-亚硫酸锌还原-针铁矿法工艺流程中获得铟渣

图 21-18 所示为水口山四厂用热酸浸出-亚硫酸锌还原-针铁矿法处理低铟硫化锌矿获取铟渣流程。

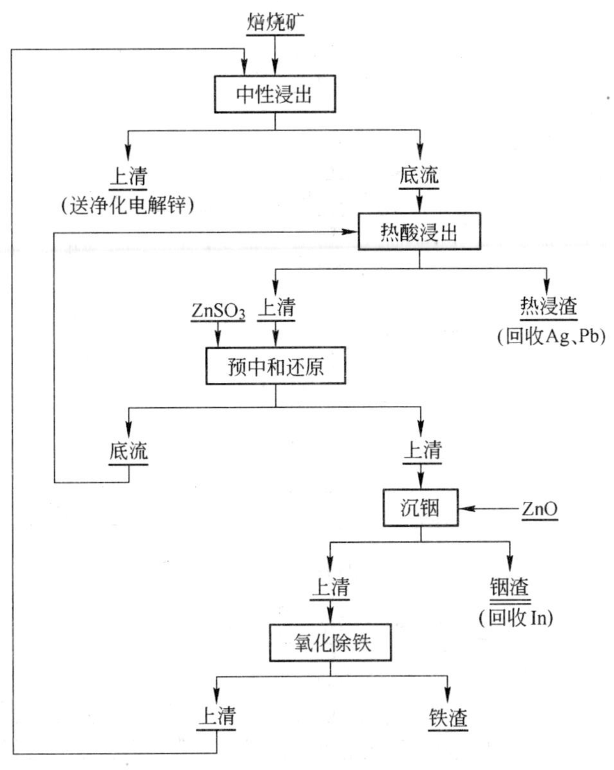

图 21-18　从热酸浸出-亚硫酸锌还原-针铁矿法工艺流程中获得铟渣

在表 21-25 中，同时列出了上述两个提铟工艺过程的控制条件及其回收率。

表 21-25　由高酸浸出的针铁矿渣提取铟渣工艺过程的控制条件及其回收率

工艺方法	工 序	控制条件			回收率/%			
		温度/℃	时间/h	终点	Zn	In	Cu	Cd
热酸浸出-针铁矿法	还原	95 ±5	4 ~ 5	Fe^{3+} 1.5g/L	直收率 72.4 总收率 96.9	直收率 92.7 总收率 95	直收率 73.25	直收率 89
	预中和	85 ±5	1	pH 值 2.0				
	中和沉淀	70 ~ 75	1	pH 值 4 ~ 4.6				
	氧化除铁	80 ±5	3.5	Fe^{3+} < 1g/L				
热酸浸出-亚硫酸锌还原-针铁矿法	还原	95 ±5	4 ~ 5	Fe^{3+} 1.5g/L	从原料到铟渣的直收率 80 沉铟率 87.2，铟渣率 8.29 铟富集倍数 8.03 铟渣品位 21.99，含 Fe 9.04			
	预中和	85 ±5	1	pH 值 2.0				
	中和沉铟	70 ~ 75	1	pH 值 4 ~ 4.6				
	氧化除铁	80 ±5	3.5	Fe^{3+} < 1g/L				

21.4.2.4　由锌浸出渣高压浸出的赤铁矿渣提取铟

该方法系日本同和公司发明，于 1972 年开始用于饭岛锌冶炼厂。直接将锌浸出渣进行高压浸出，生产流程见图21-19。技术参数见表21-26。

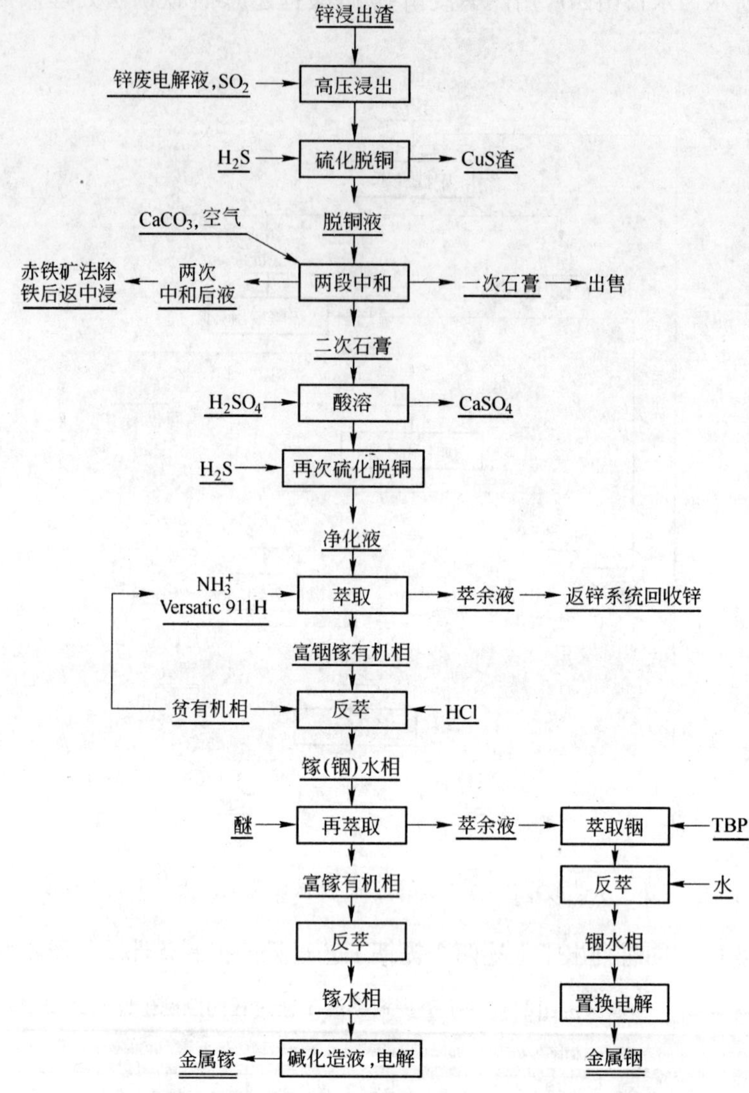

图21-19 由锌浸出渣高压浸出的赤铁矿渣提取铟生产流程

表21-26 由锌浸出渣高压浸出的赤铁矿渣提取铟的技术参数

工 序	操作/设备与技术参数	处理物料/产出物料成分
浸出过程	卧式高压釜 $2\times120m^2$/台，钢板+铅皮+瓷砖 温度：100~110℃，压力：0.15~0.20MPa 时间：3h	锌浸出渣成分（%）：In与Ga微量，Zn 19.4~17，Pb 8.9~7.5，Fe 29.6~28.7，Cu 2.4~2.6，Ag 0.062~0.666
浸出液脱铜	高压釜出来的矿浆-冷却除去溶解的 SO_2-H_2S 脱铜槽	富集了几乎全部金银的铜精矿品位25% 尾矿含Pb 30%
脱铜液中和	二次中和使锗、镓、铟沉淀，砷锑铋一同沉淀。第一次中和pH值为2，第二次pH值为4.5	

续表 21-26

工　序	操作/设备与技术参数	处理物料/产出物料成分
高压水解除铁	中和后滤液热交换器加热至110℃，于内衬纯钛立/卧式高压釜内除铁。通纯氧，釜压1.8～2MPa，氧分压0.5MPa，釜内保持温度200℃，时间3h。釜出来溶液减至常压冷却到小于40℃进行浓密，溢流送锌系统浸出	出铁前液含40～50g/L。Fe^{2+}氧化成$Fe(OH)_3$沉淀至溶液含铁1g/L。浓密溢流含游离酸30g/L，含铁3～4g/L。除铁率大于90%
二次石膏酸溶除铜	二次石膏水浆化后硫酸溶解，通H_2S除铜，还原Fe^{3+}成Fe^{2+}，加氨调节pH值为2.5～3.5	二次石膏含In 0.05%～0.2%，Ga 0.05%～0.1%，Zn 8%，Fe 4%。酸溶液成分（g/L）：In和Ga各0.25，Zn 40，Fe 20
叔碳羧酸共萃铟与镓	叔碳羧酸（Versatic911H）共萃铟与镓。盐酸反萃。用醚萃镓。萃镓余液用TBP萃铟	

21.4.2.5　由硫化锌精矿加压浸出过程中铟的回收

云南冶金集团总公司开发的具有自主知识产权的高铁闪锌矿精矿加压酸浸炼锌技术已成功用于工业生产。含铟硫化锌精矿加压浸出液中含In 0.036g/L。为了回收这部分铟，进行了与加压酸浸锌精矿相配套的铟提取试验。试验工艺流程为：预中和-还原-中和沉铟-沉铟渣浸出-萃取。

各工序的操作条件如下：

预中和：中和剂锌焙砂，用量为理论量1.1倍，温度90℃，反应时间90min，溶液中H_2SO_4中和至5g/L。

还原：还原剂硫化锌精矿，加入量为理论量1.8倍，反应时间为180min，温度90℃。Fe^{3+}还原率达到91.5%。

中和沉铟：温度70℃，pH值为4.5时，沉铟率约为94.2%，沉铁率约为83.6%。沉铟后液成分（g/L）：In^{3+} 0.0021，Fe^{3+} 0.1；沉铟渣含In 0.211%。

沉铟渣浸出：温度为常温（25℃），硫酸为150g/L。金属浸出率：In 96.6%，Fe 92.5%。沉铟渣浸出液成分（g/L）：Fe^{3+} 2.1，In^{3+} 0.085，H_2SO_4 36.7。

萃取铟铁分离：萃取剂为P204＋煤油混合液。温度25℃，相比$V_A/V_O=10/1$，时间5min。

铟萃取率约90%，铁萃取率约10%。

22 铅锌冶炼过程中锗的提取

22.1 铅锌冶炼过程中锗的分布与富集物

22.1.1 铅锌火法冶炼过程中锗的分布与富集

22.1.1.1 硫化铅精矿烧结-鼓风炉熔炼过程中锗的分布

烧结-鼓风炉熔炼流程中，锗的分布见表22-1。鼓风炉渣经过烟化炉烟化，锗有47%富集于氧化锌尘。31.05%随水淬渣弃去。

表22-1 铅鼓风炉熔炼过程中锗的分布状况 （%）

项目	入粗铅	入炉渣中	入炉渣烟化氧化锌尘	入黄渣	入烟尘	其他损失	合计
沈冶	—	97.46	—	—	1.56	0.98	100
株冶	56.43②	99①	47①	入水淬渣 31.05②	1①，12.52②		100
俄罗斯	0.5	48.7~90		0.9	2.0	6.6~47.9	100

①第1次测定；②再次测定。

22.1.1.2 氧化矿鼓风炉熔炼过程中锗的富集分布

云南驰宏公司（会泽铅锌矿）氧化铅锌矿是国内重要的有色金属伴生锗资源。氧化矿石中锗的品位为0.00036%~0.004%。鼓风炉熔炼工艺中锗的富集流程如图22-1所示。锗在烟化炉工序中的分布与品位见表22-2。

表22-2 氧化铅锌矿鼓风炉熔炼流程中锗在烟化炉工序的分布与品位①

项目	投入/kg							产出/kg		
	鼓风炉渣	铁闪锌矿	冷料	洗涤渣	粗尘	中浸渣	合计	布袋尘	废渣	合计
干重/t	8715.371	900.40	1065.40	100.72	406.17	733.57		3242.59	8679.2	
锗品位/%	0.00046	0.00046	0.0003	0.578	0.0176	0.0175		0.0341	0.0006	
锗量/kg	402.86	7.096	31.974	582.363	71.892	128.924	1225.109	1104.924	52.07	1156.994
锗分布/%	32.88	0.58	2.61	47.54	5.87	10.52	100.00	95.50	4.50	100

①锗的挥发率为90.19%。

22.1.1.3 锌密闭鼓风炉熔炼过程中锗的富集分布

韶关冶炼厂对锌烧结-密闭鼓风炉熔炼过程中锗的分布进行了测定，结果见表22-3。在韶关冶炼厂的生产流程中，锗的富集途径是烧结块→粗锌→硬锌→真空炉锗渣。硬锌是主要的富集物料。采用真空炉处理硬锌时，锗渣以高达337倍的富集比将烧结矿中的锗富集。从入炉原料到真空蒸馏锗渣，锗的回收率为37%。其他可回收锗的物料依次是蓝粉、泵池浮渣、次氧化锌、烟灰。粗铅与大布袋尘中的锗量很少。

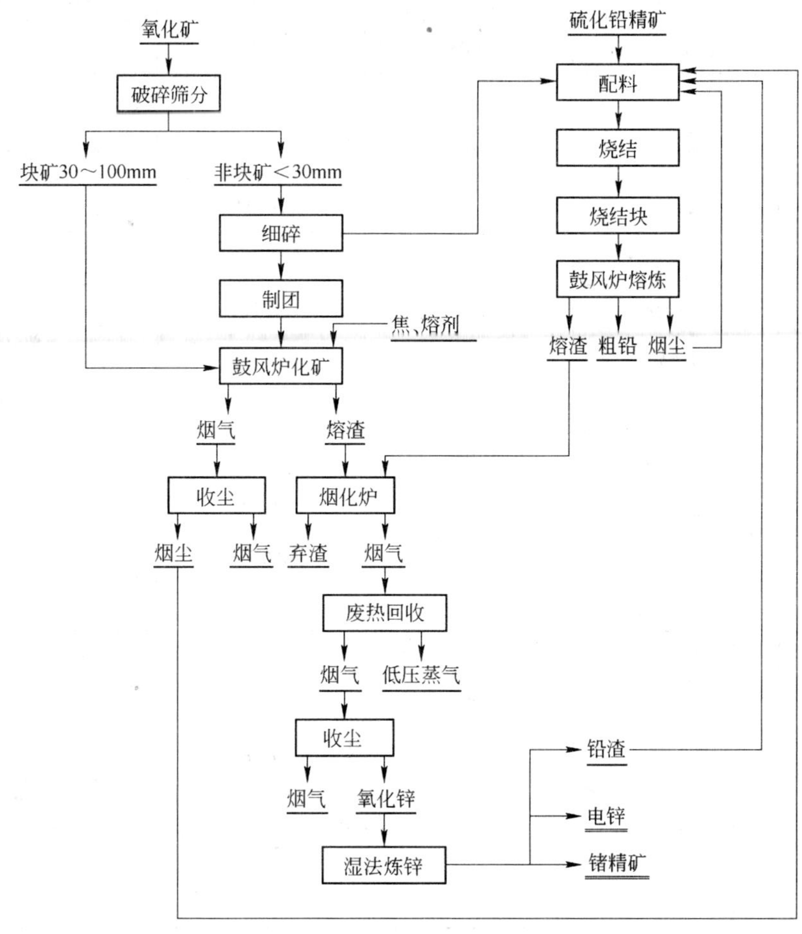

图 22-1　云南驰宏公司氧化铅锌矿鼓风炉熔炼工艺流程

表 22-3　锗在锌烧结-密闭鼓风炉熔炼过程中的分布

工艺过程	物料名称	锗品位/%	分布率/%	从原料到终产物的直收率/%
烧　结	烧结块	0.0051	92.65	100
	返　粉	0.0051	1.06	
	电收尘	0.0009	0.28	
	其　他		6.01	
	烧结过程合计		100	
密闭鼓风炉熔炼	粗　锌	0.0105	60.10	
	粗　铅	0.0014	3.00	0.28
	泵池浮渣	0.004	5.75	
	蓝　粉	0.0143	9.86	9.14
	前床渣	0.0038	20.33	
	大布袋尘	0.006	0.22	0.2
	损　失		0.74	
	熔炼过程合计		100	

续表 22-3

工艺过程	物料名称	锗品位/%	分布率/%	从原料到终产物的直收率/%
前床渣烟化炉吹炼	次氧化锌	0.0038	7.36	1.39
	烟　灰	0.0166	5.78	1.09
	烟化渣	0.003	71.87	13.54
	损　失		14.99	
	烟化过程合计		100	
粗锌精馏	铅塔硬锌	0.045	1.71	38.76
	B 号塔硬锌	0.31	67.9	
	上部铅塔锌渣	0.0078	1.49	
	下部铅塔锌渣	0.029	0.55	
	B 号塔底铅	0.037	3.52	
	损　失		22.20	
	精馏合计		100	
硬锌真空炉处理	粗　锌	0.002	0.47	
	锌　渣	0.019	0.3	
	粗　铅	0.03	0.38	
	锗　渣	1.72	95.66	37
	损　失		3.19	
	真空炉处理合计		100	

烟化炉渣中的锗占了入炉原料中锗的13.54%，此部分难以回收。

22.1.2 湿法炼锌过程中锗的分布

22.1.2.1 常规中性浸出-回转窑处理浸出渣流程中锗的分布

表22-4列出了不同工厂与资料来源的常规中性浸出渣回转窑挥发工艺中锗的分布数据。

表 22-4 常规中性浸出渣回转窑处理工艺中锗的分布（硫化锌精矿100%）

	分布/%				工厂与资料来源
	入挥发尘	入窑渣	入返回料	浸出渣	
1		71.14	13.9	（铟锗渣中）11.51	株洲冶炼厂，文献［17］
2		19.6	26.0	28.8	文献［25］

22.1.2.2 高酸浸出-黄钾铁矾除铁工艺中锗的分布

锗在高酸浸出-黄钾铁矾除铁流程中的走向见图22-2，分布见表22-5。

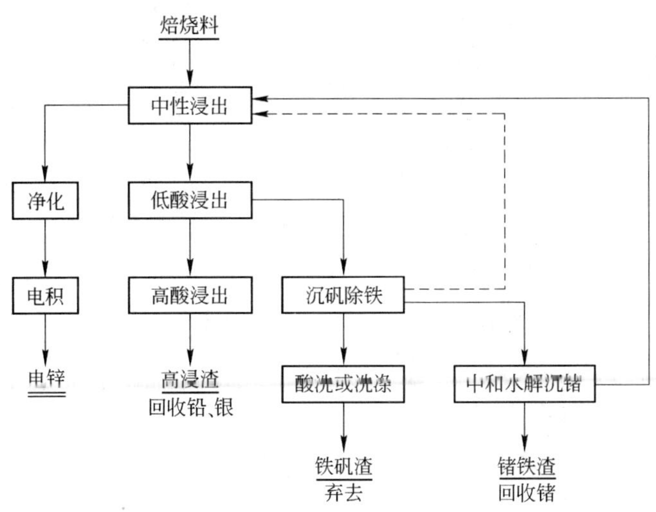

图 22-2 锗在高酸浸出-黄钾铁矾除铁流程中的走向

表 22-5 锗在高酸浸出-黄钾铁矾除铁流程中的分布

物料名称	中浸液/%	高浸渣/%	酸洗渣/%	沉锗渣/%
分 配	5.00	7.70	9.67	57.66①，77.00②

注：本表系贵州六盘水地区含锗锌精矿全部溶液沉锗的数据。
①按渣计；②按液计。

22.2 铅锌冶炼过程中锗的提取

22.2.1 从铅锌火法冶炼过程产物中提取锗

22.2.1.1 从硬锌中提取锗

鼓风炉熔炼流程粗锌蒸馏产品硬锌中锗的含量见表 22-6。

表 22-6 从密闭鼓风炉流程粗锌蒸馏得到的硬锌成分 （质量分数/%）

成 分	Zn	Pb	As	Fe	Cu	Ge
铅塔硬锌 1	80~90	8~10	0.4~1.0	0.7~1.0	0.14	0.17~0.26
铅塔硬锌 2	80	10		0.5		0.1
B 塔硬锌 1	74~80	10~15	1.0~2.5	2.0~3.0	1.5~3.0	0.7~1.0
B 塔硬锌 2	75	15		0.5		0.2

处理硬锌的方法与本篇第 21.4.33 节所述相同，见表 21-16。三种方法的工艺流程见图 21-8~图 21-10。隔焰炉—电炉工艺（或称蒸馏-熔析法）与真空炉工艺都是产出锗渣，熔析—电解工艺则是产出二氧化锗。

A 从隔焰炉—电炉工艺（蒸馏-熔析法）的锗渣提取锗之氯化浸出-蒸馏法

工艺流程如图 22-3 所示。技术条件列于表 22-7。表 22-8 和表 22-9 分别为该工艺的物料成分与过程的金属平衡。

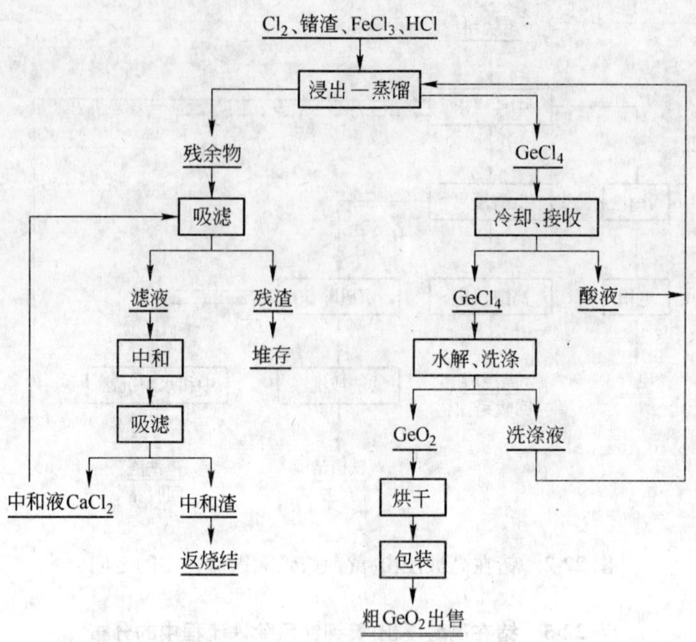

图22-3 从隔焰炉—电炉工艺之锗渣提取锗工艺流程

表22-7 从隔焰炉—电炉工艺之锗渣提取锗的工艺技术条件

工序与设备	技术条件	产品与指标
浸出：内带锚式搅拌器和内套式蒸气加热器的搪瓷釜（300L）	（1）浸出剂配制：液固比 = 8∶1，HCl酸度pH值为1，$CaCl_2$ 用量300%，$FeCl_3$ 浓度33～42g/L （2）浸出作业：温度60～70℃下通氯气，每釜料量30kg，氯气耗量37～38kg/釜，通氯时间4～5h	入釜锗渣成分（%）：Ge 4.3%～5.3%，As 23%～25%，Pb 26%～30%，Zn 10%，Cu 4%～5%。粒度<60目
蒸 馏	浸出终了，加大蒸气升温，进行 $GeCl_4$ 蒸馏	烘干粗 GeO_2 品位68%，As<1%，从锗渣到粗 GeO_2 的回收率92.24% 残渣率约20%，含Ge 0.4%～0.5%，As 1%
残液中和除砷：搪瓷釜容积500L	中和剂：石灰，温度60～90℃，中和终点pH值为4～5	残液成分：As 20g/L，Fe 50g/L，HCl 90g/L，$CaCl_2$ 310g/L。中和后液含砷降至0.012～0.024g/L，含 $CaCl_2$ 440g/L。按液计除As效率99.9%。中和渣含As 5%，还含铅、锌和铜，返熔炼系统

表22-8 隔焰炉—电炉工艺的物料成分 （质量分数/%）

物 料	Ge	Pb	Zn	Fe	As	Cu
隔焰炉底铅	1.01～1.76	16.25～36.27	27.36～66.24	1.63～6.92	1.77～5.20	0.21～1.14
电炉氧化锌	0.093～0.23	0.94～4.56	77.45～79.32	—	0.079～0.22	—
电炉锗渣	4.83～5.37	26.69～32.34	11.89～16.99	17.90～18.56	6.73～10.34	1.56～1.68
电炉底铅	0.89～1.58	64.50～77.34	1.02～3.74	约1.39	2.98～3.98	1.0～1.77

表 22-9 隔焰炉—电炉工艺过程的金属平衡

投 入	隔焰炉底铅大块	元素品位/%	Ge/1.30	Pb/26.23	Zn/41.16
		300kg 含金属量/kg	3.90	78.69	123.48
		占有率/%	100.00	100.00	100.00
产 出	氧化锌	元素品位/%	Ge/0.17	Pb/1.89	Zn/78.24
		130kg 含金属量/kg	0.221	2.46	101.71
		分布率/%	5.67	3.13	82.37
	锗 渣	元素品位/%	Ge/5.03	Pb/29.11	Zn/14.15
		56kg 含金属量/kg	2.82	16.30	8.09
		分布率/%	72.30	20.17	6.55
	电炉底铅	元素品位/%	Ge/1.19	Pb/69.46	Zn/2.13
		72kg 含金属量/kg	0.857	50.01	1.75
		分布率%	21.97	63.55	1.42
产出分布率累计			99.94	86.85	90.34

B 从硬锌中提取锗的真空法

a 真空炉蒸馏

真空法提取锗是在一定条件下，使锌蒸发进入气相后再冷凝回收。锗与其他元素基本不蒸发，富集于渣中。真空炉示意图见图 22-4。

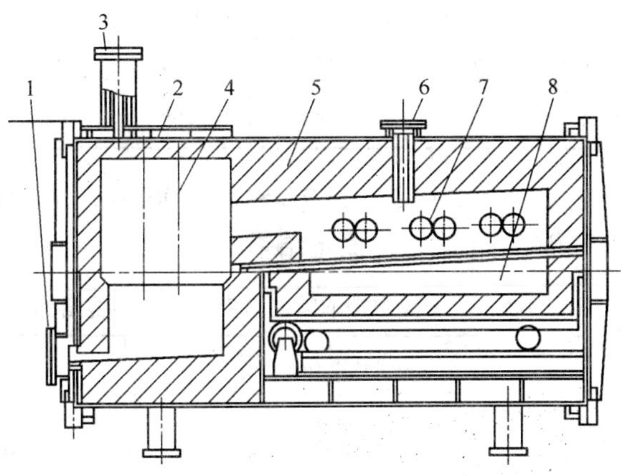

图 22-4 从硬锌中提取锗的真空炉示意图

1—放锌口；2—炉壳水套；3—抽气管；4—冷凝墙；5—砌体；6—测温孔；7—电热体；8—加料车

主要作业条件和指标如下：

蒸馏温度约 1000℃，炉内残压约 1500Pa，冷凝温度约 460℃，出料温度约 750℃。

处理吨锌电耗约 1400kW · h，处理硬锌单位加工成本约 1023 元/t。

在锗渣中锗的富集比大于 10，铟富集比为大于 3，银富集比为 5。图 22-5 所示为蒸馏温度对锗、银和砷的富集比与分布率的影响。

表 22-10 为真空炉处理硬锌的金属分布。

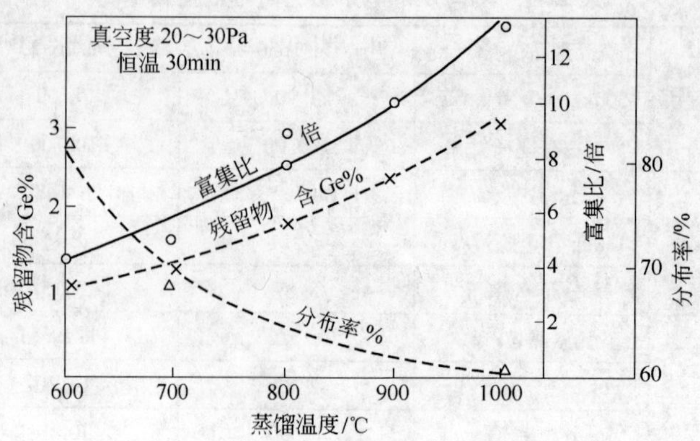

图 22-5 蒸馏温度对锗、银和砷的富集比与分布率的影响

表 22-10 真空炉处理硬锌的金属分布

项目		数量/kg	产出率/%	各成分数量/kg				
				Pb	Zn	Ge	In	Ag
投入	硬锌	636360	100.00	50782	514560	1763	2278	244
产出	粗锌	460546	72.37	4467	455940	10	18	—
	锗渣	112778	17.72	30326	22781	1725	2007	214
	粗铅	10038	1.58	8743	633	2	190	22
	锌渣	19918	3.13	171	19516	4	—	—
	损失	33080	5.2	7075	15687	22	63	8

各有价金属的直收率（%）：Zn 88，Ge 97.84，In 96.44，Ag 96.72。

车间环境良好，表 22-11 是车间环境测定结果。

表 22-11 从硬锌中提取锗的真空炉车间环境指标

车间环境	粉尘浓度/$mg \cdot m^{-3}$	含铅浓度/$mg \cdot m^{-3}$
炉头气体	2.9	0.076
炉尾气体	2.1	0.063
国家岗位卫生标准	<5	<0.5

b 从锗渣制取锗

真空炉获得的锗渣经过盐酸和氯气的氯化蒸馏法处理制取四氯化锗，水解后成二氧化锗产品。同时，由残渣回收铅，由残液回收银与铟。

C 从硬锌提取锗的熔析—电解工艺

该工艺的要点是将硬锌熔析并浇铸成阳极进行电解。电解过程中，可把95%的铟和98%的锗富集到阳极泥中，有价金属的富集比达3～3.5倍。然后，用盐酸或硫酸浸出阳极泥，锗进入浸出渣，铟进入浸出液。锗渣用氯化蒸馏方法处理，最后获得锗的氯化物产品。此法设备投资较大，技术条件控制要求较严，清理阳极泥工作量大，采用盐酸体系的设备防腐要求较高。仅为韶关冶炼厂曾经做过的试验研究，未投入工业生产运用。试验流程见图 21-9，主要指标见表 21-16。

22. 2. 1. 2 鼓风炉炉渣烟化氧化锌尘中回收锗

A 从密闭鼓风炉炉渣烟化氧化锌尘中回收锗

韶关冶炼厂炉渣烟化氧化锌尘的主要成分为：Zn 50% ~65%、Pb 5% ~10%、As 5% ~12%、Ge 0. 04% ~0. 08%。回收锗的工艺见图 22-6。

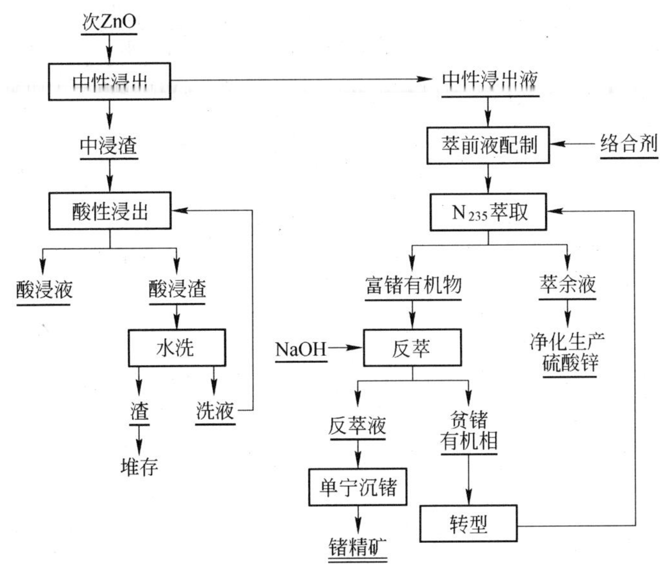

图 22-6 韶关冶炼厂从鼓风炉炉渣烟化氧化锌尘中回收锗的工艺流程

B 从氧化铅锌矿鼓风炉熔炼炉渣烟化氧化尘中回收锗

图 22-7 所示为会泽铅锌矿氧化矿生产锌及锗的工艺流程。

22. 2. 2 从硫化锌精矿湿法冶炼过程中的富集物回收锗

22. 2. 2. 1 从氧化锌尘酸浸液回收锗

A 浸出-单宁沉锗工艺

本方法实例的回转窑氧化锌尘成分见表 22-12。方法包括一段浸出液沉锗，浸渣二段补酸浸出液返回作浸原液，沉锗后液用常规方法回收其他金属。工艺流程见图 22-8。工艺技术条件与结果列于表 22-13。全流程金属直收率（%）：Ge 82% ~84%，Zn 76% ~78%，Pb≥98%。处理 1t 烟尘消耗的原材料及其成本见表 22-14 所列。

表 22-12 某厂中性渣回转窑挥发氧化锌尘成分

元 素	Zn	Ge	Pb	Fe	Cd	As	Cu	Mn	S	C	H_2O
A 含量/%	48. 70	0. 090	16. 39	0. 35	1. 10	0. 23	0. 075	0. 042	5. 95	0. 42	3. 30
B 含量/%	35. 88	0. 088	18. 90	2. 27	1. 25	0. 30	0. 10	0. 58	3. 82	5. 18	5. 10

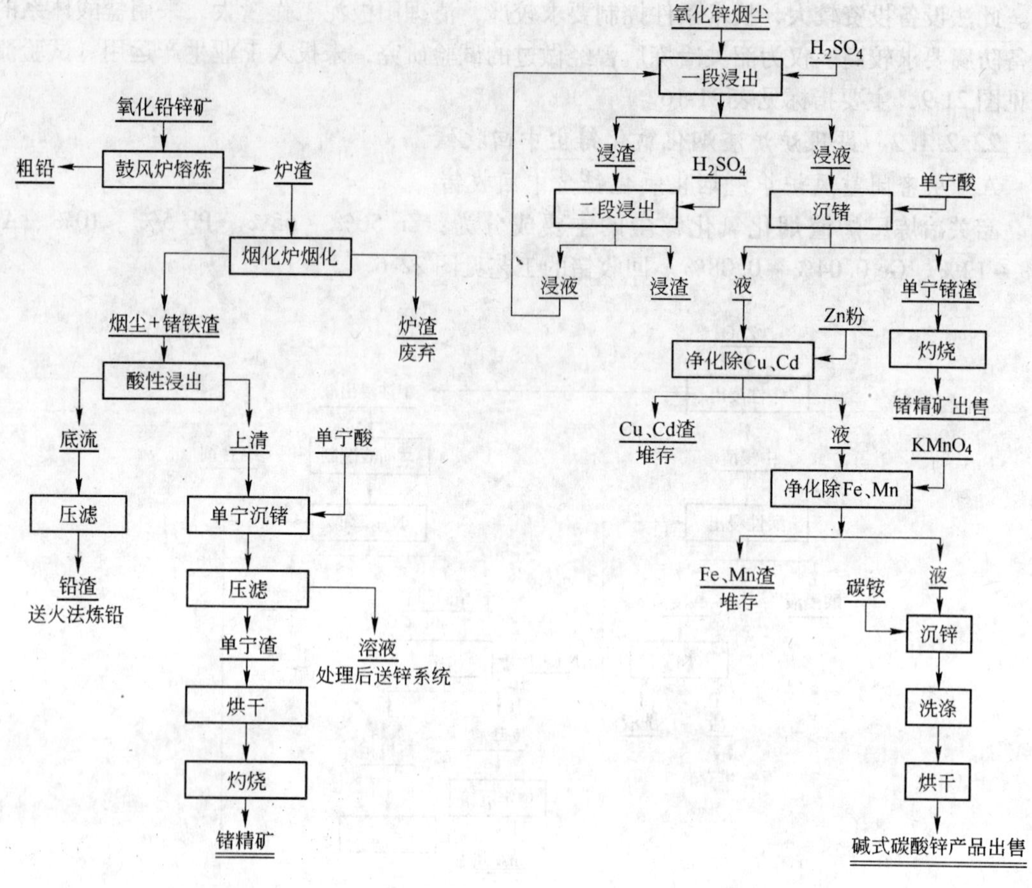

图22-7 从氧化铅锌矿熔炼炉渣烟化氧化锌尘回收锗的工艺流程

图22-8 从中浸渣回转窑挥发氧化锌尘提取锗的单宁沉锗工艺流程

表22-13 从中浸渣回转窑挥发氧化锌尘提取锗的工艺技术条件与结果（未含沉锗后液处理）

工 序	技术条件				结 果			
浸出	投料量：1.5t/槽				浸出渣		浸出液	
	浸出温度/℃	浸出时间/h	液固比	过程 pH 值	含 Ge/%	渣率/%	含 Ge/g·L^{-1}	浸出率/%
一段	70~75	2	5	2.5~3.0	0.015~0.024	27.05~35.12	0.10~0.14	88.21~90.21
二段	75~80	2	5	0.5~1			0.02~0.03	
沉锗	试剂：单宁酸式 CT-3 络合剂				锗沉淀率大于98%，直收率98%~99%			
	温度/℃ 60~70	时间/min 20	pH 值 2.5~3	试剂量锗量的20倍				
煅烧单宁锗	氧化气氛，温度450~500℃				终产品：锗精矿品位≥15%，直收率95%~96%			

表 22-14 处理每吨氧化锌尘回收锗的原材料消耗及其成本①

项 目	单价/元 · t^{-1}②	单耗/t	成本/元	占总消耗成本的比/%
氧化锌尘（Zn 35% ~ 40%，Ge 0.085%）	2100		21000	55.07
硫 酸	480	0.67	322	8.45
单宁酸	20750	0.02	415	10.88
金属锌粉	8200	0.015	123	3.23
高锰锌粉	12800	0.015	192	5.04
碳 铵	48	1.0	480	12.59
煤	160	0.5	96	2.52
水	1	10	10	0.26
电	0.5/kW · h	150kW · h	75	1.97
合 计			3813	100

①本表是在生产规模为 6t/d，连续稳定投料 450t，产出锗精矿含锗≥15%，金属锗量 280kg 的条件下之数据。
②该文发表于 2000 年 6 月，价格为此时期之前。

B 从铟萃余液回收锗的 P204 + YW-100 协同萃取工艺

单宁沉锗法的锗回收率很低，株洲冶炼厂进行了改进。回转窑氧化锌尘在多膛炉内脱氟、氯后，经中性浸出—酸性浸出，锌粉置换酸浸液，产出置换渣。置换渣两段浸出后，溶液萃取铟，萃余液按图 22-9 所示流程进行 P204 + YW-100 协同萃取。

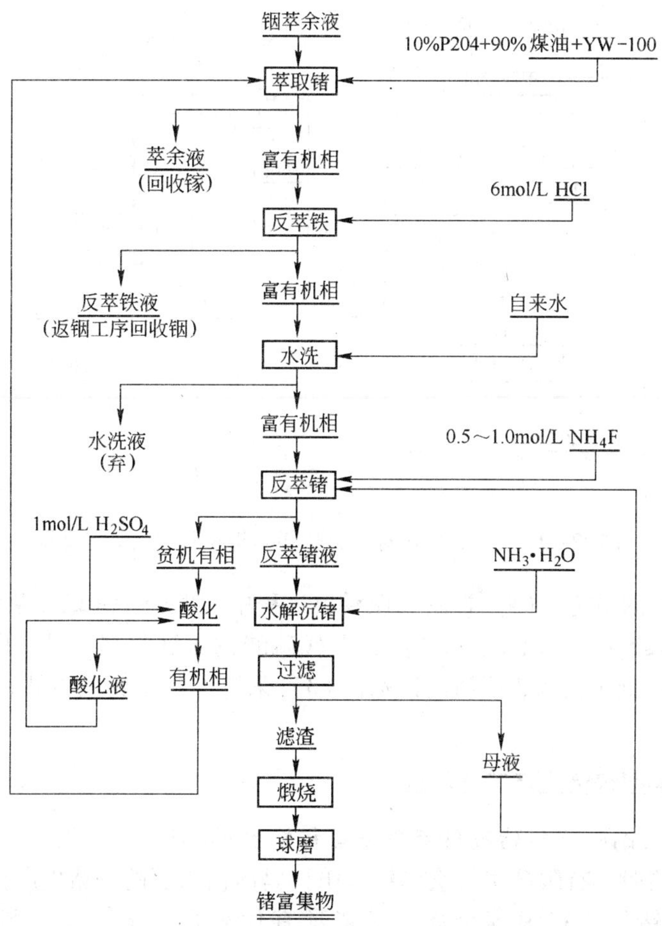

图 22-9 从铟萃余液回收锗的 P204 + YW-100 协同萃取工艺流程

萃铟料液含锗 0.018 ~ 0.038g/L，从含锗料液到二氧化锗精矿的总回收率为 97.0%。

C 7815 萃取剂萃取法

该方法在完成半工业试验后未应用于生产。参阅文献［25］。

22.2.2.2 从中浸-低酸浸出上清液沉矾过程中富集锗

四川会东铅锌矿对高酸浸出-黄钾铁矾除铁过程中锗的富集采取了改进措施，使锗的富集率改善，提高了锗入沉矾后液的总回收率（65% ~70%）。结果见表 22-15。相应的工艺流程见图 22-10。

表 22-15 会东铅锌矿高酸浸出-黄钾铁矾除铁流程中锗的走向与分布

成 分	数量/t	锗品位/$g \cdot t^{-1}$	锗量/g	分配比/%
锌焙砂与烟尘	100	73	7300	100
铁矾渣	5.39	100	539	7.38
高浸渣	12.15	144.5	1755.68	24.05
中浸上清液	451m^3	0.51mg/L	230.01	3.15
沉矾后液				65.42

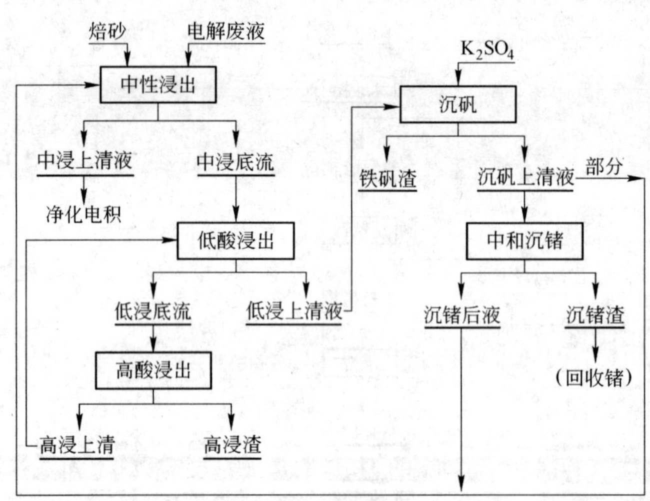

图 22-10 会东铅锌矿对高酸浸出-黄钾铁矾除铁工艺流程

提高锗富集比的措施：（1）控制中性浸出过程中的 Fe/Ge≥25（摩尔比），使锗进入中浸液中的损失≤5.0%；（2）以硫酸钾取代硫酸钠作沉矾剂，以实现在较低的 pH 值（≤2.0）下沉铁；减少锗入铁矾渣的比例；（3）采取循环富集的方式，以提高富集锗渣的品位。

22.2.3 国内外典型锌锗生产工艺流程

22.2.3.1 云南驰宏锌锗股份有限公司锌锗生产流程

云南驰宏锌锗股份有限公司（会泽铅锌矿）是国内重要的锌锗生产企业，综合回收矿石中的铅、锌、锗、镉和银等金属，工艺具有代表性，全厂生产流程绘于图 22-11 和图 22-12。

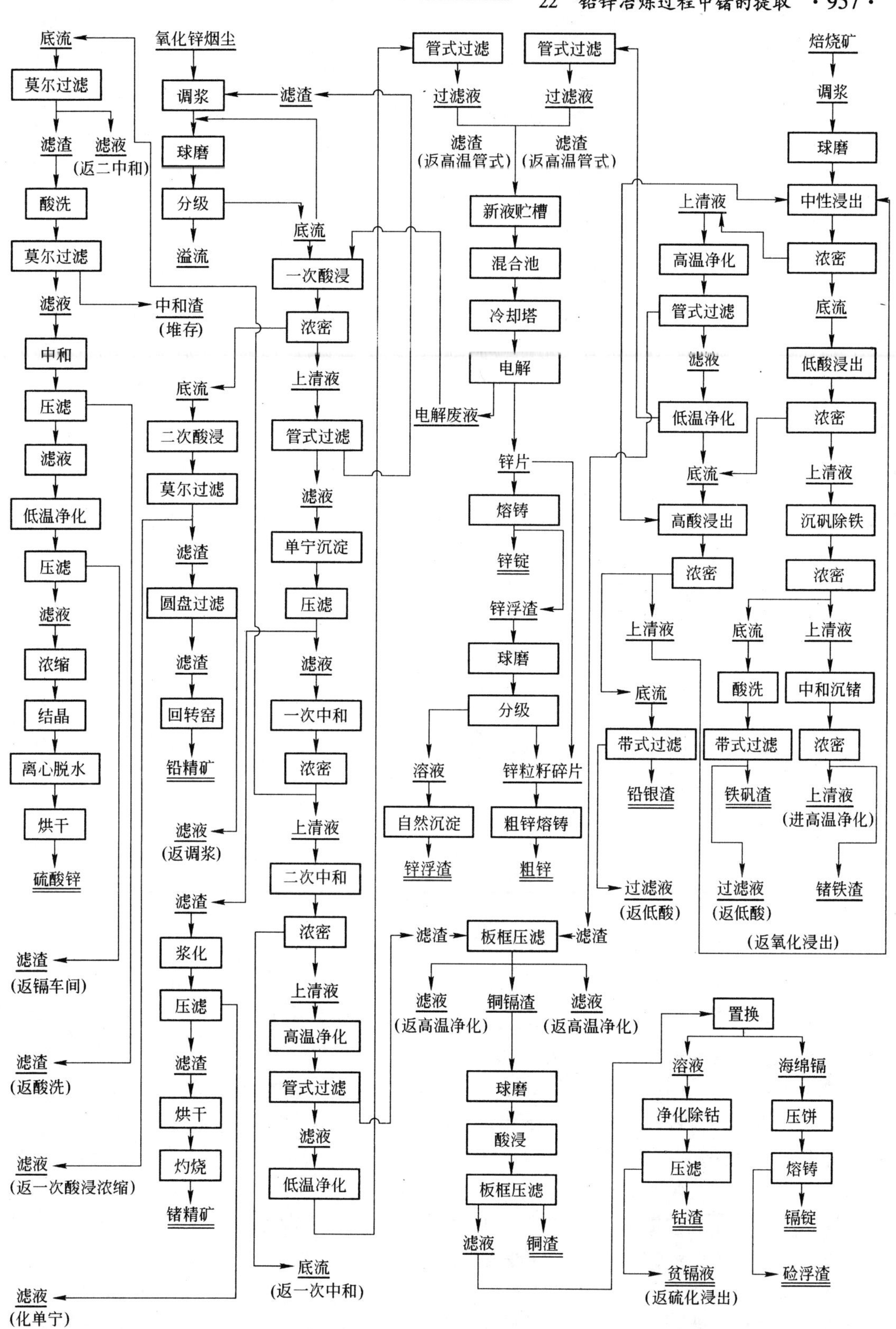

图 22-11　驰宏锌锗公司湿法冶炼生产工艺流程

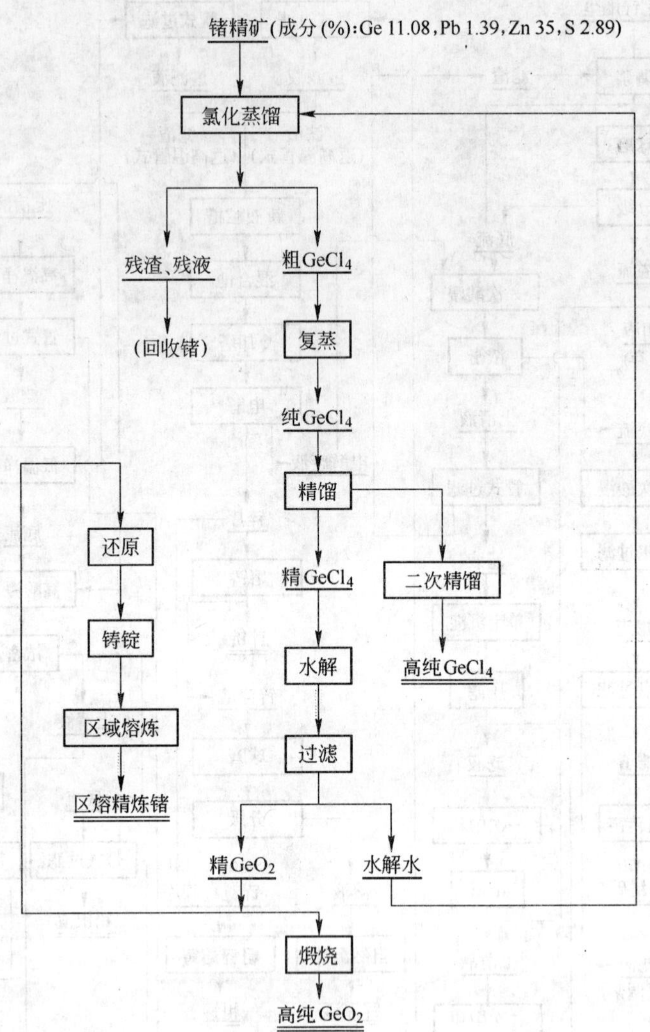

图22-12 驰宏锌锗公司锗生产工艺流程

会泽铅锌矿产出含锗200~500g/t的锗铁渣，采用创新的工艺还原和分离高铁、溶出锌锗，使锗浸出液满足单宁沉锗要求，最终产出单宁锗富集物，经灼烧产出含锗8%~25%的锗精矿，有利于后续制取锗产品指标改善。

锗精矿氯化蒸馏的残渣中仍含有约0.5%的锗，早先以碱浸等常规法回收，直收率很低，因而几十年一直堆存。蒸馏渣中的锗，80%以上为不溶解的四方晶型二氧化锗形式存在，并含有较高的氯、硅、酸。改进工艺后，采用多膛炉焙烧使硅的形态明显改变，并用低酸洗涤除去大部分氟氯，直接回收了部分锗。洗涤后的残渣用烟化炉高温强还原，改变二氧化锗形态并使其富集在氧化锌烟尘中，再以氧化锌烟尘湿法处理，单宁沉锗，新工艺既回收了蒸馏残渣中的锗又不会对环境造成危害。

从锗废料中回收二氧化锗的工艺改进使锗的直收率从原先的71.18%提高到96.06%。

应用快速、清洁、不污染产品的微波加热技术，脱除水合二氧化锗中的分子水和结晶水，获得高品质的半导体锗化合物。

22.2.3.2 国外较典型的综合提取锗、铟和镓的工艺流程

意大利马格拉港（Porto Marghra）锌电解厂是世界上第一个从锌浸出渣中综合回收镓、铟、锗的工厂。该厂的工艺流程见图22-13。

锌精矿含锗为0.006% ~0.17%，焙烧矿平均含锗0.014%。浸出渣成分（%）：水40，Zn 18，Pb 60，Ge 0.06，In 0.04，Ga 0.02。渣干燥后入回转窑还原挥发，分离出

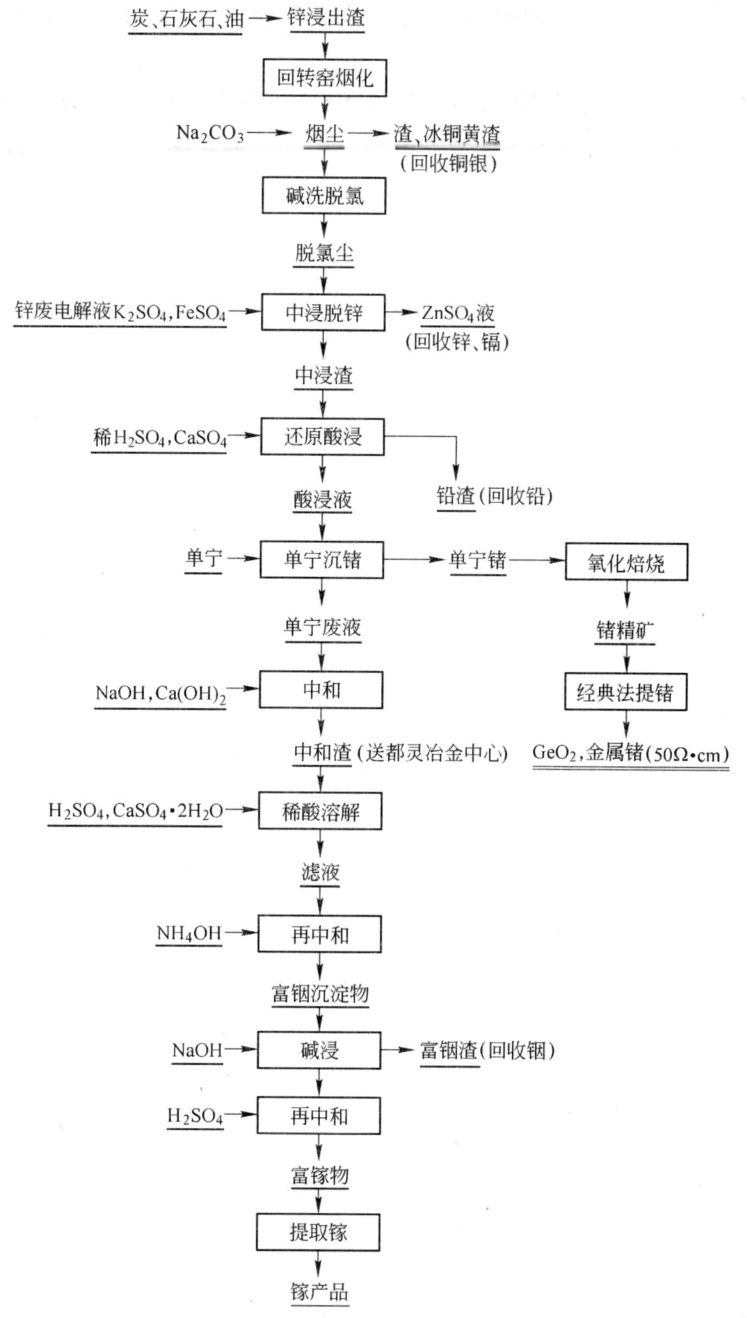

图22-13 马格拉港锌电解厂从锌浸出渣中综合回收镓、铟、锗的工艺流程

15%的铜锍和黄渣。挥发物平均成分（%）：Zn 16～56，Cd 1，Pb 15，Ge 0.1，Ga 0.02～0.04，In 0.04～0.09，Cl 0.008。

用废电解液加硫酸钾和亚硫酸铁进行浸出。挥发物逐渐加入溶液，到 pH 值为 5.5 时为止。Zn 和 Cd 几乎全部进入溶液，溶液返回锌浸出车间。

浸出渣含 Pb、Ge、In 和 Ga，还原酸浸出时，Ge、In 和 Ga 进入溶液，铅以硫酸盐形态分离，沉淀物含铅约 40%，出售。用硫酸亚铁分离三价铁。溶液在 pH 值为 1 时过滤，滤液用单宁酸沉锗。单宁废液中和沉淀出含 In 约 12% 和含 Ga 2.5% 的沉淀物，进一步提取 Ga 和 In。

单宁酸锗在 600℃温度下煅烧，产出含锗 25% 的锗精矿，进一步采用经典法提取锗。

23　铅锌冶炼过程中镉的提取

23.1　铅锌火法冶炼过程中镉的富集与提取

23.1.1　从铅锌冶炼烟尘中富集与提取镉的富集物料

在铅锌鼓风炉熔炼过程中，镉的富集物料主要有熔炼烟尘和烧结烟尘。铅冶炼过程中镉的分布见表23-1。

表23-1　株洲冶炼厂铅冶炼过程中镉的分布

项　目	铅精矿中镉/%	入烧结块/%	入鼓风炉烟尘/%	放空损失/%
第1次测定	100	93	73.47	
第2次测定	100		入布袋60	其余

火法炼锌粗锌精馏过程中，由镉塔产出的高镉锌是富镉的提取原料。表23-2给出了某厂三塔形精馏炉中镉的分布。

表23-2　某厂三塔形精馏炉中镉的分布①

项　目	总量/t	含量/%	分配率/%
进入精馏的粗锌中镉	2.716	0.0336	100
产出物料中的镉			
精锌中	0.069	0.00089	2.54
熔化渣中	0.043	0.0354	1.58
高镉锌中	2.582	10.08	95.06

①文献［17］，p.526。

23.1.2　从铅锌冶炼烟尘中提取镉的方法

23.1.2.1　从鼓风炉烟尘中富集镉

水口山第三冶炼厂的生产工艺流程见图23-1。烟尘成分见表23-3。此工艺同时也提取硒和碲。

表23-3　水口山第三冶炼厂烟尘成分

质量分数/%	Pb	Cd	Zn	Cu	As	Fe	Se	Te	Tl
烧结尘	65～70	1～2.7	1～1.5		2～4	—	0.1～0.25	0.02～0.08	0.05～0.2
鼓风炉尘	61～71	4.7～6.3	0.7～2	0.1～0.7	4.6～14	0.1～0.2	0.04～0.07	0.03～0.19	0.03

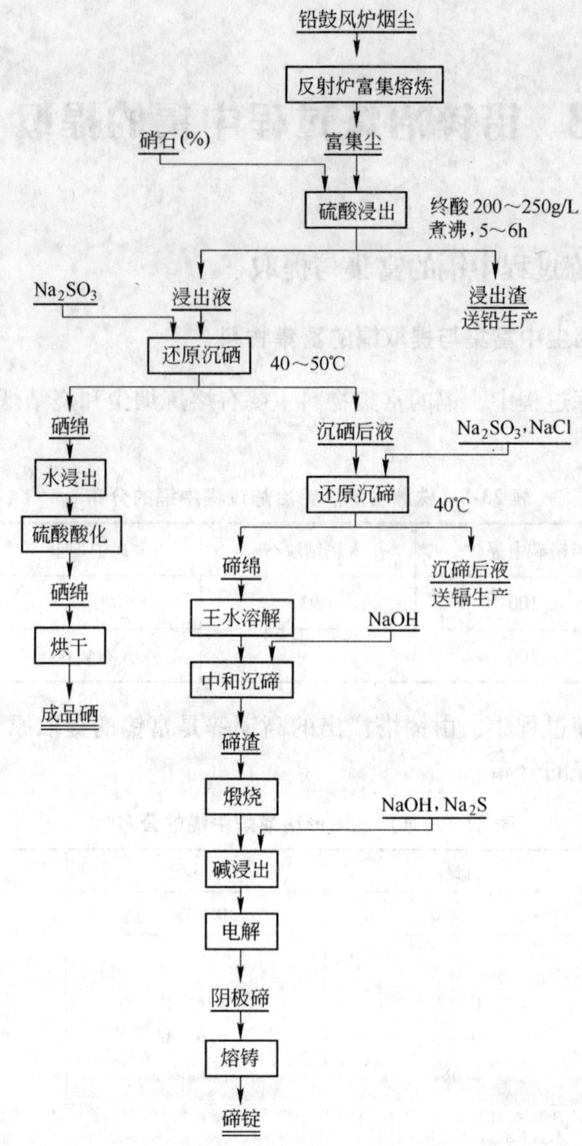

图23-1 从铅鼓风炉烟尘中提取镉的工艺流程

首先，采用富集熔炼从鼓风炉烟尘中富集镉。在富集熔炼时，硒与碲也同时被富集。

熔炼设备：反射炉。配料比：烟尘100%，河沙15%～20%，铁屑8%～12%。熔炼温度：1200℃。熔炼产物：布袋收尘；成分：Cd 10.8%～26.8%，Te 1%～1.4%，Zn 0.28%～0.5%，Pb 20%～50%。

硫酸浸出后，镉、硒和碲都进入溶液。用亚硫酸钠还原剂沉下硒和碲后，由沉后液置换出镉（参阅下面各提镉工艺中置换工序）。

23.1.2.2 从铅锌烧结烟尘中提取镉

图23-2所示为白银有色金属公司第三冶炼厂从铅锌烧结电收尘中回收镉的工艺流程。表23-4为该流程的技术条件和结果。

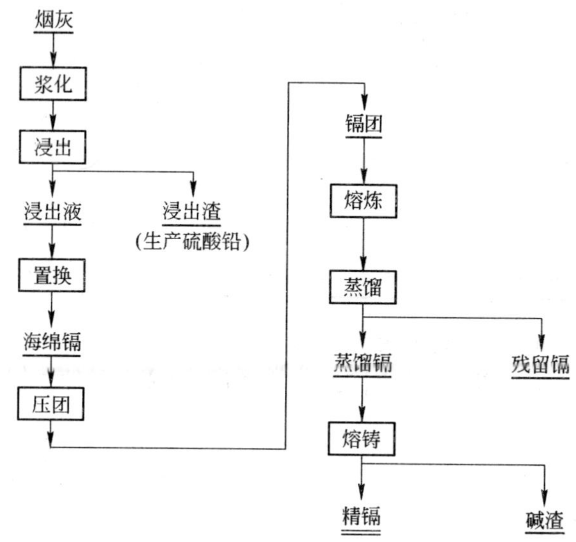

图 23-2　白银第三冶炼厂从铅锌烧结电收尘中回收镉的工艺流程

表 23-4　白银公司第三冶炼厂从铅锌烧结电收尘中回收镉的工艺技术条件和结果

工序与操作	技术条件	结　果
浸　出	3.5m^3 置换后液加 1000kg 烟灰浆化 固液比：1∶3.5 硫酸（93%）：加入量 100kg 温度：60℃ 终了酸度：pH 值 1～2 搅拌时间：2h 浸出终了澄清 20min 后真空过滤，滤饼用 70℃水洗涤 4 次	烟灰平均含镉 2.71% 总镉平均浸出率：74.75% 按可溶镉计的浸出率：98.75% 浸出渣含水：45% 含铅：60.82%～63.44%
置　换	每次注入溶液 1m^3 锌镉比：1∶1 锌板面积：5.4～6.7m^2 温度：60～70℃ 时间：3h 终了酸度：pH 值 4～5	置换前液含镉：6.38～7.22g/L 置换后液含镉：0.072～0.49g/L 置换效率：92.69%～98.9% 海绵镉平均品位：55.25% 置换工序实收率：95.18%
熔　炼	电加热不锈钢锅，功率 16kW 每炉加海绵镉 50kg 炉温：420～450℃ 碱用量：1.2～1.4kg/kg_{Cd}	粗镉品位：98.95% 碱渣含镉：0.56% 平均镉熔炼回收率：96.1%
真空蒸馏	真空炉生产能力：100kg/d 每炉处理量粗镉量：100kg 蒸馏温度：500℃ 真空度：83kPa 时间：17h 循环水出口温度：30℃	蒸馏镉产率：63%～88.7% 残留镉率：11.3%～37% 残留品位：Cd 92.5%，Pb 7.145 蒸发速度：3.71～5.22kg/h 直收率：94.38%

续表23-4

工序与操作	技术条件	结 果
蒸馏镉熔铸	烧碱加入量为镉量的10%	产品成分（%）： Cd 99.991 ~99.994，Cu 0.0001 Pb 0.0005 ~0.002，Zn 0.001 Fe 0.0005，As 0.001，Sn 0.0005 Sb 0.001，Tl 0.0013 ~0.0042
成本构成（100%）	原料16.2，材料36.66，分析费用9，水、电和气10.91，工资14，折旧13.17	

23.1.2.3 从高镉锌（锌镉合金）中提取镉

从高镉锌提取镉的工艺设备图见图23-3。镉精馏的技术条件与指标见表23-5。过程产物成分见表23-6。

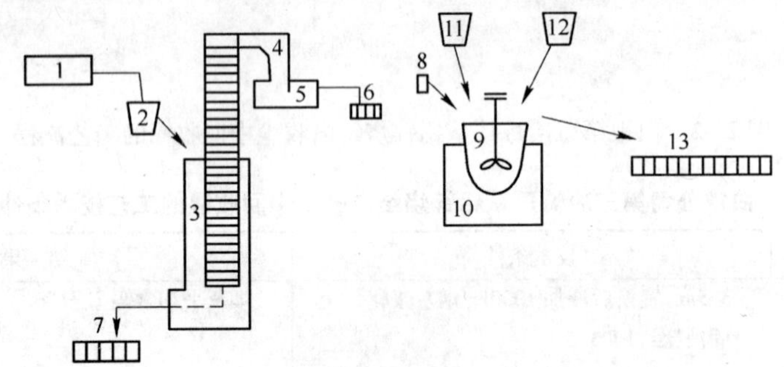

图23-3 从高镉锌提取镉的工艺设备

1—熔锌锅；2—加料锅；3—小镉塔燃烧室；4—冷凝器；5—储镉锅；6—粗镉锭模；7—粗锌锭模；8—粗镉锭；9—精镉锅；10—燃烧室；11—NaOH罐；12—$NaNO_3$罐；13—精镉锭模

表23-5 从高镉锌提取镉的工艺技术条件与指标

操作条件		工艺指标		
操作工序及装置	温度/℃	项 目	单 位	数 值
燃烧室	1020 ~1100	单位受热面产量	$t/(m^2 \cdot d)$	0.076 ~0.11
冷凝器	450 ~600	精馏镉回收率	%	99.2 ~99.9
回流部	680 ~700	精馏锌回收率	%	96.89 ~98.5
入塔液体金属	223 ~450	碱性精炼镉回收率	%	97
精 镉	400 ~430	材料单耗		
储锌槽	650 ~750	NaOH	$kg/t_{(Cd)}$	240
碱性精炼	375 ~345	$NaNO_3$	$kg/t_{(Cd)}$	210

表23-6 从高镉锌提取镉的工艺过程产物成分 （质量分数/%）

产 物	Cd	Zn	Cu	Fe	Pb	As	Sb	Sn
精馏产粗镉	97.05	2.86	<0.005	0.0005	0.0005	微	微	<0.0005
精馏产粗锌	10.01	89.85	0.0016	0.01	0.007	—	—	—
精 镉	99.99 ~99.995	0.0005 ~0.0003	0.0001	0.0005 ~0.0004	0.001 ~0.0007	0.0005 ~0.0001	0.0002	0.002 ~0.0014

23.2　湿法炼锌过程中镉的富集与提取

23.2.1　从铜镉渣中用电积法生产镉

株洲冶炼厂对镉在锌湿法冶炼过程中的分布作了测定。净化镉渣中的镉占总镉量的51.04%，进入返回物料中占11.97%，随废渣和废水的损失占8.51%。在铜镉渣处理过程中随铜带走的镉为4.32%。净化镉渣是镉的重要富集物料。铜镉渣的一般成分：Cd 2.5%～12%，Zn 35%～60%，Cu 4%～17%，Fe 0.05%～2%，此外，还含少量的砷、锑、钴、镍、铊和铟等。

电积法提镉的一般工艺流程如图23-4所示。图23-5所示为株洲冶炼厂20世纪90年代中期曾经运用过的经过改造的工艺流程，其技术条件与结果列于表23-7。

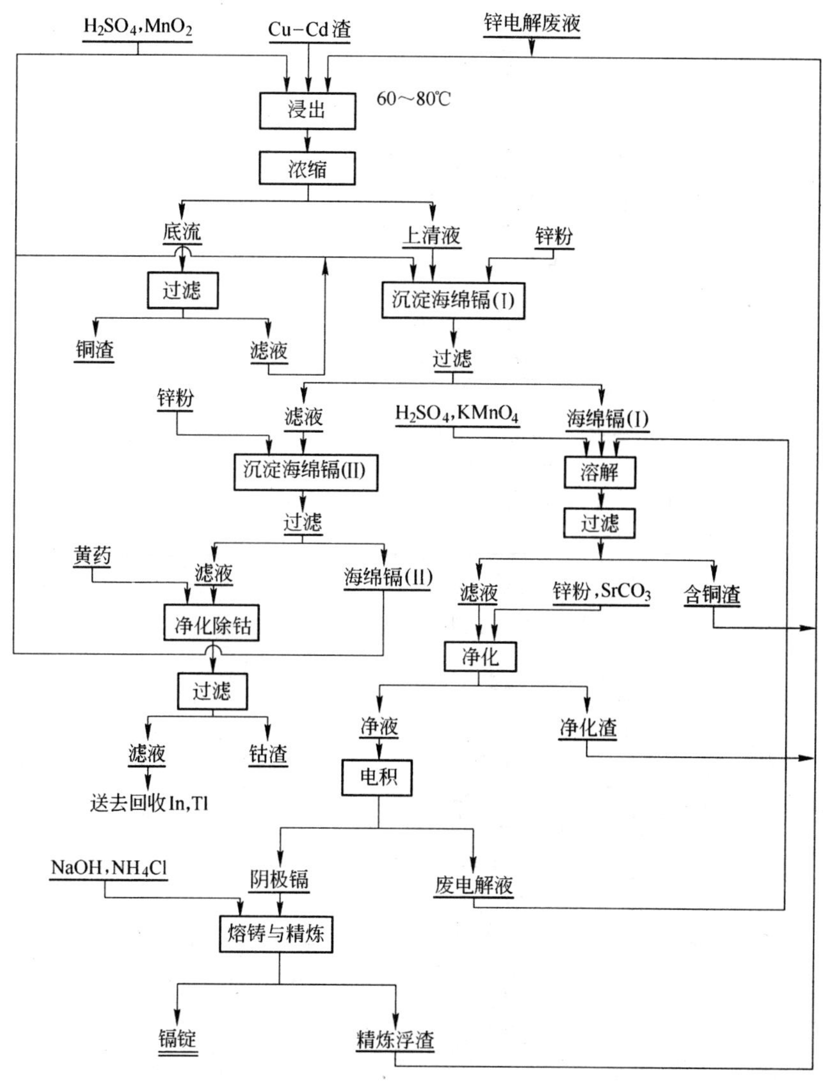

图23-4　电积法提镉的工艺流程

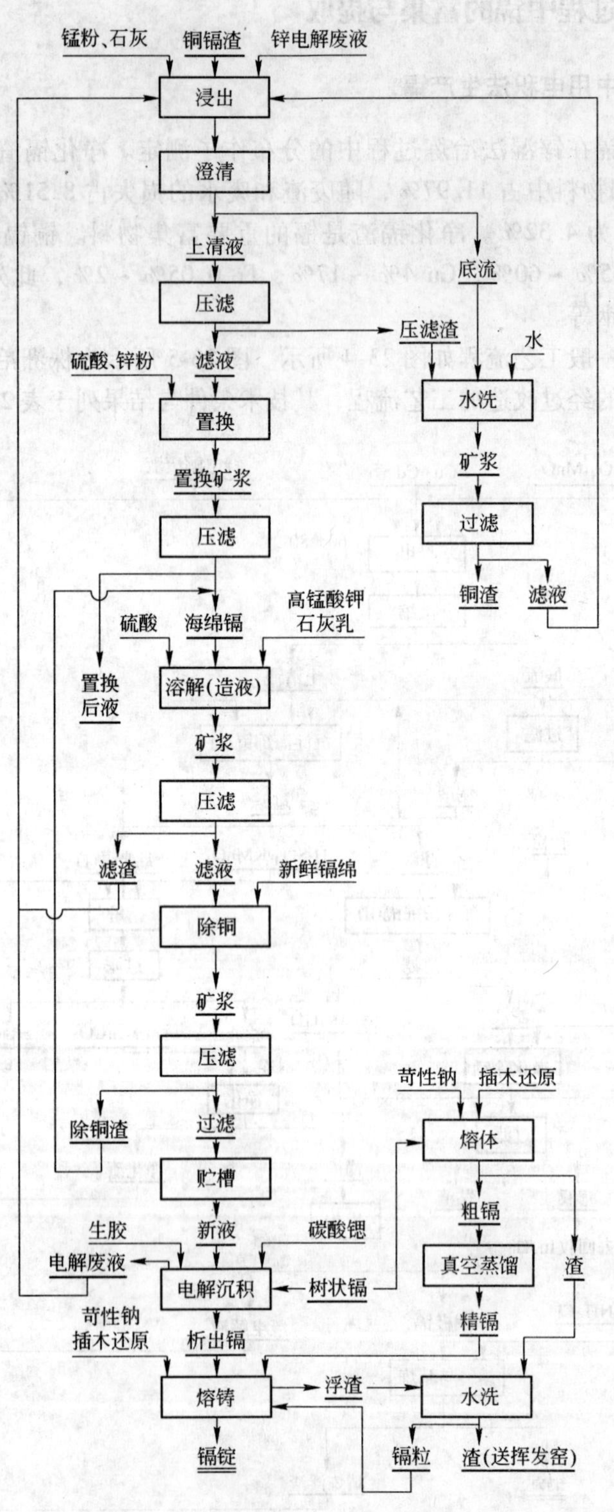

图23-5 株洲冶炼厂从铜镉渣中提取镉的旧工艺流程（已停用）

表 23-7 株洲冶炼厂从铜镉渣中提取镉的工艺技术条件与结果

工序与设备	操作技术条件	结果
1. 浸出. $50m^3$ 机械搅拌槽	硫酸最高酸度：10 ~ 15g/L 温度：80 ~ 90℃ 加入软锰矿时酸度：5 ~ 4g/L 开始加 ZnO 粉中和时酸度 pH 值为 4.8 ~ 5.0，中和终了 pH 值为 5.2 ~ 5.4 浸出过程延续时间：6 ~ 8h	滤渣成分：Cu 20% ~ 30%，Cd < 1% 滤液：Cd 8 ~ 15g/L，Zn 80 ~ 140g/L，Cu 0.05%
2. 置换： $50m^3$ 机械搅拌槽	置换前加硫酸至浸出液酸度：pH 值为 3 ~ 4 加锌粉置换，至溶液含镉小于 100mg/L 置换温度：70 ~ 75℃ 置换后贫镉液含铊 15 ~ 30mg/L 时，可以加锌粉置换铊后才造液	海绵镉含镉 60% ~ 80%
3. 造液： $9m^3$ 机械搅拌槽	海绵镉堆放 7 ~ 10d，以自然氧化 溶解温度：85 ~ 95℃ 溶解时间：2 ~ 3h 加 $KMnO_4$ 氧化除铁时酸度：0.5 ~ 1g/L 加镉绵 pH 值为 3.8 ~ 4.0 石灰乳中和终点 pH 值为 5.4	中和后液含铁 0.8 ~ 2.0g/L
4. 净化： $17m^3$ 机械搅拌槽	置换除铜：温度 50℃，置换剂：新鲜镉绵，氧化除铁加 $KMnO_4$	净化后溶液成分（g/L）： Cd 200 ~ 250，Zn 20 ~ 30，Fe < 0.05，Cu < 0.0005，As + Sb < 0.001
5. 电积： 钢筋混凝土内衬铅皮电解槽， 2.8m × 0.85m × 1.25m， 阳极 26 片，阴极 25 片， 硒整流器：2000A，0 ~ 36V	同名极距：100mm 电解液循环量：$0.103m^3/min$ 电解液温度：25 ~ 32℃ 面积电流：45 ~ $75A/m^2$ 槽电压：2.4 ~ 2.5V 电解周期：24h 电解液成分（g/L）：Cd 60 ~ 70，硫酸 120 ~ 145	电流效率 50% ~ 60%
6. 精炼熔铸	温度 450 ~ 550℃ 表面覆盖剂：NaOH	镉锭成分（%）：Cd 99.99，Pb < 0.004，Zn < 0.002，Cu < 0.001，Fe < 0.002

鉴于电积法电流效率低、烧板与掉片严重，质量差，产量小，已经适应不了生产发展的需要，因而，对提镉流程作了改进。如图 23-6 所示的工艺流程取代电积法，由于该流程还存在一些不足，后又再进行了改进，形成如图 23-7 所示的工艺流程。

23.2.2 湿法生产海绵镉-火法精炼工艺

23.2.2.1 铜镉渣过滤

设备为两台自动拉板箱式压滤机。压滤速度 $2.055m^3/(m^2 \cdot h)$，滤饼含水 26.49%，滤液含 Cd 15mg/L，Cu < 0.5mg/L。滤液返回净液工段。滤饼由废电解液浆化。浆化槽

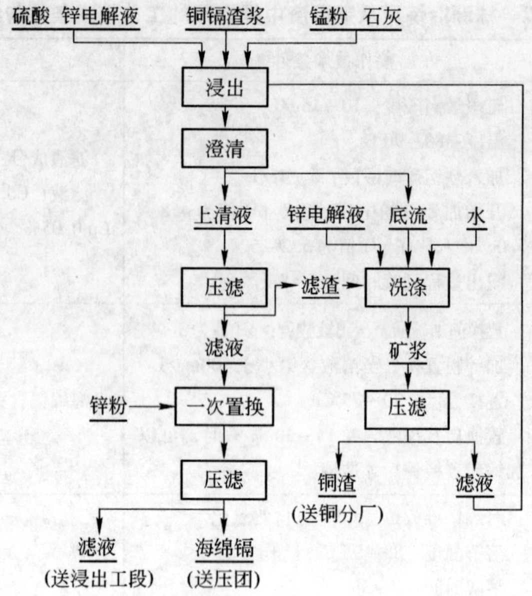

图23-6 改进前的湿法生产海绵镉-火法精炼工艺

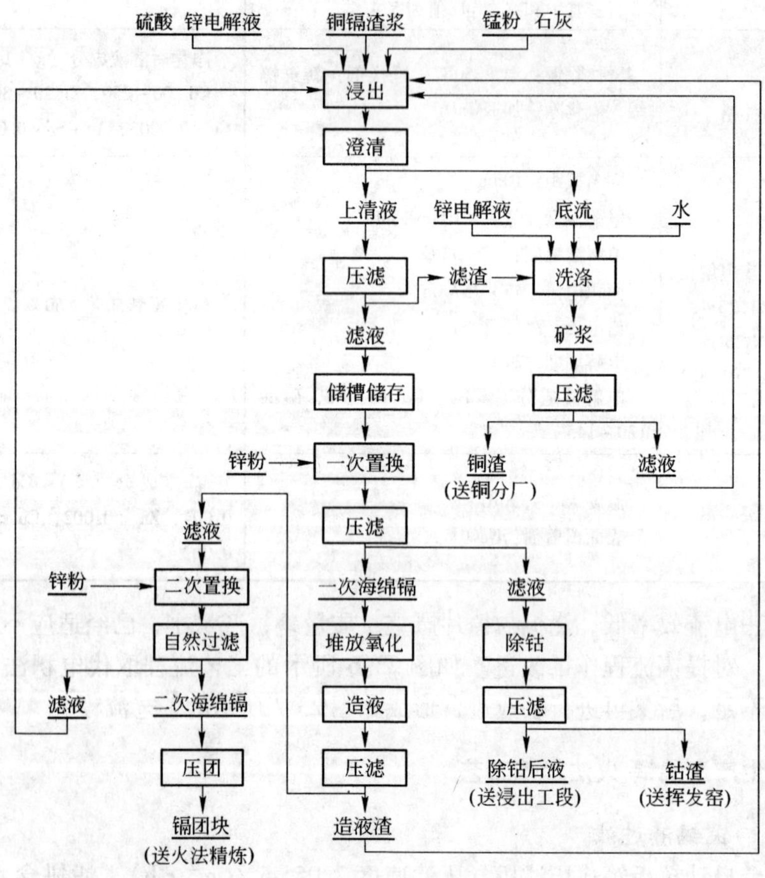

图23-7 改进后的湿法生产海绵镉-火法精炼工艺

采用机械搅拌。为了防止氢气爆炸和砷化氢中毒，浆化槽应有严格的密封措施和良好的通风条件。

23.2.2.2 铜镉渣高温中酸浸出

温度80~85℃，时间5~6h，始酸150g/L，终酸pH值2.0~2.5，浸出液用量250m³/d。

浸出终了控制：溶液呈微蓝色，终了时加少量锌粉除铜，少量碳酸锶除铅。铜镉渣干量40.4t/d，每t铜镉渣废液耗量3.5m³，溶液含Cd 20~23g/L，Fe 1g/L，镉浸出率98%。

23.2.2.3 浸出矿浆浓缩及底流过滤

底流压滤速度大于0.5m³/(m²·h)。澄清1h后，上清率可达50%以上，铜渣含水小于30%，Cd<1.5%，Zn<12%，Cu 35%~40%。

23.2.2.4 中和除铁

在溶液温度70~75℃，pH值2.0~2.5，锰粉加入量1.0~1.5kg/m³，搅拌时间20~30min条件下氧化Fe^{2+}为Fe^{3+}；中和：加石灰乳至pH值5.2~5.4。中和后液含（g/L）：Fe 52.8，As<0.5，Sb 0.85，Ge 0.25，Ni 65~75，Co 62~70。中和渣率40kg/m³，渣含Cd 1%~8%，Zn 18.7%。中和工序镉直收率96.75%。

23.2.2.5 镉置换

温度50~60℃，pH值为2.5~3.5，锌粉加入量为理论量1.1~1.2倍，镉绵含Cd≥75%（80%~85%），Zn≤4，Cu 0.001~0.01。置换后液含Cd约300mg/L。在55℃时，镍、钴等杂质基本上留在溶液中。镉绵杂质含量为（%）：Fe 0.0012~0.0062，As 0.002~0.004，Sb 0.002~0.003，Ni 0.005~0.05，Co 0.01~0.02，Pb 0.1~0.3，Ge 0.002~0.009。镉置换率98.5%。

23.2.2.6 置换后液锑盐净化

为减少锌系统中镍钴循环量，减轻净液负担，而进行本工序除镍钴。温度85~90℃，加入2~3g/L锌粉和3~5$mg/L_{锑盐}$，搅拌反应2h，溶液中的镍从50~80mg/L降至1~7mg/L，钴从40~110mg/L降至1~11mg/L。锑盐净化渣含（%）：Zn 55，Cd 2~3，Ni 0.43，Co 0.3，As 0.00745，Sb 0.092，Ge 0.002，送往挥发窑回收锌镉。

23.2.2.7 镉盐压团及粗镉熔炼

铸铁锅内熔化，温度450~550℃，加苛性钠并插木还原，镉液铸锭。粗镉成分为（%）：Cd 97~99，Zn 0.05，Pb 0.3，Cu 0.0079，Ni 0.023，Ag 0.0007，Sb 0.007。

23.2.2.8 粗镉真空蒸馏及熔铸

设备：6台800kg/(d·炉)。真空炉结构参阅图21-13。工艺条件见表21-18铜镉分离。

24 铅锌冶炼过程中金银的提取

24.1 铅冶炼过程中金银的提取

24.1.1 铅冶炼过程中金银的分布与富集

株洲冶炼厂对铅冶炼过程中金与银分布测定的数据见表24-1。

表24-1 株洲冶炼厂铅冶炼过程中金与银的分布

工 序	在各产物中的分布/%	
	Au	Ag
1. 烧结块鼓风炉熔炼	100	100
粗铅中	100①/84.79②	89.89
水淬渣	8.49	
烟 尘	6.72	
2. 脱铜精炼	100	100
阳极板	93.6	93.1
脱铜精炼浮渣	6.4	6.9
3. 浮渣处理	100	100
粗 铅	44.4	66
铅砷锍	56.6	35.6
4. 电解 阳极泥	100	

①，②分别为两次测定。

阳极泥是铅冶炼过程中金银的富集物。铅电解阳极泥的产率一般为粗铅的1.2% ~1.5% 。鼓风炉工艺流程中，粗铅阳极中所含的金、银和铋几乎全部都进入阳极泥中，据株冶测定，金银在阳极泥中的回收率，为95% ~97% 、而砷、锑、铜等则部分或大部分进入阳极泥中。

24.1.2 铅阳极泥中金银的提取

24.1.2.1 铅阳极泥的化学成分、主要物质组成与特点

银、铅、锑、铋以及铜、砷等元素在阳极泥中的总含量一般达到70% 以上。成分因各厂的原料不同而很复杂。表24-2 列出了几个工厂的铅阳极泥成分。

表 24-2　典型工厂的铅阳极泥成分　（质量分数/%）

工　厂	Ag	Pb	Sb	As	Bi	Au	Cu	Te
驰　宏	6.5	25	22	1.5	7.8	220g/t		
豫　光	13.49	14.56	33.05	2.81	4.94	0.0985		
工厂4	2.63	8.81	54.30	0.67	5.53	0.025	1.32	
工厂6	3~5	15~19	20~30	25~35	4~6	0.005	1~1.5	0.10

新产出的铅阳极泥中金银赋存状态大多为金属状态或金属间化合物。银基本上无单质存在，少部分以 AgCl 存在，大部分以 Ag_3Sb、Ag-Sb 状态存在。含金量一般都很低，金颗粒嵌布极细。堆存的铅阳极泥能进行自然氧化升温达 70℃ 以上，经 10 天左右，阳极泥含水可降至 10% 左右，阳极泥中的铅、锑、铋等元素基本上能以氧化物的形态存在。

24.1.2.2　阳极泥处理方法与金银提取工艺

阳极泥处理基本上有三种方式：火法-电解处理工艺，全湿法工艺，湿法-火法联合流程。

A　火法-电解处理工艺

火法电解处理工艺原则流程如图 24-1 所示。

熔炼设备：一般采用转炉、电炉和小型平炉。贵铅分银炉熔炼多用转炉，少用小型平炉和反射炉。除传统炉型外，富氧熔炼、熔池熔炼、底吹和顶吹转炉熔炼近来在生产上得

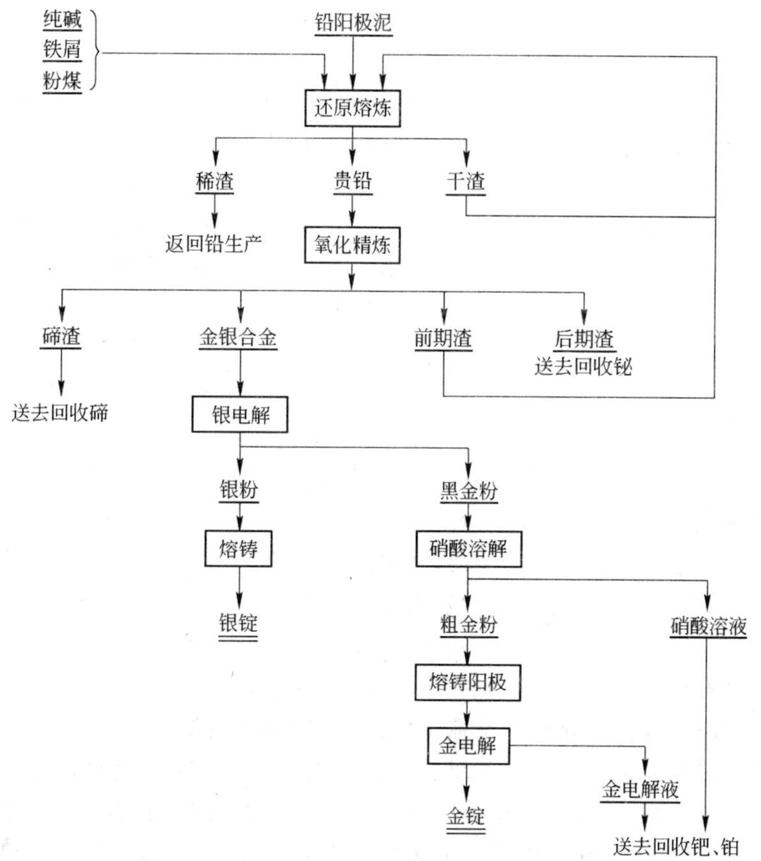

图 24-1　铅阳极泥火法-电解处理的原则流程

到了应用。豫光金铅股份公司率先在全国铅阳极泥冶炼中实现氧气底吹工艺新技术的突破，已在近两年的实践中不断完善，生产周期缩短，成本大幅度降低。

还原熔炼一般配料比：还原煤或焦粉量为阳极泥的2%～3%，纯碱3%～5%，也可以再配入2%～3%铁屑以及石灰和萤石等熔剂。熔炼温度：料入炉700～800℃，熔化1200～1300℃。熔化时间约12h。

熔炼工序金银回收率为98%～99%。

贵铅氧化精炼除去金银以外的所有杂质，获得Au＋Ag＞95%的合金。精炼条件：鼓压缩空气氧化砷锑温度800～900℃，造渣；再吹风氧化温度1000～1100℃，再造渣。后期渣含铋高。当料含硒碲高时，需要加入固体氧化剂如硝石。

贵铅、氧化精炼渣和氧化精炼产物成分列于表24-3。

表24-3 贵铅、氧化精炼渣和氧化精炼产物成分 （质量分数/%）

元素	Au	Ag	Pb	Bi	Cu	As	Sb	Te	Se
贵铅（4个厂范围）	0.296～0.76	25～56.55	5～15	3.53～30	3.98～25	0.66～2.0	2.42～25	0.35～1.92	0.22
氧化前期渣	0.23～0.05	1.16～5.62	16～38	0.4～4		9～10	10～16	0.06	
氧化后期渣（铋渣）	0.0045	5.85	4.72	50.2			0.35	2.41	
苏打渣（碲渣）	0.002	0.022	0.4～0.5	7～14	15～20	0.1	0.76		
金银粗合金	Au＋Ag＞95			＜0.2				＜0.06	

从阳极泥至金银合金的金属回收率（%）：Au 99.5，Ag 98.5，Bi（入后期渣）70，Te（入苏打渣）50%。

工厂实例：图24-2所示为采用火法-电解工艺处理阳极泥提取金银的实例工厂流程。金与银的（2002～2006年1～6月）平均直收率分别为96.64%和95.44%。

B 阳极泥湿法处理工艺

a 炼前准备

预处理的目的是使铅阳极泥中金属态的Sb、Bi、Cu、Pb、As等杂质元素转化成易溶解的氧化物形态。以便浸出过程快捷有效。预处理方法有：

（1）自然堆放氧化法，简便易行，不会过氧化。但时间长（大于20天），需有专用场地，金银物料积压，资金占用量增大。

（2）烘料氧化法，烘料脱水时自然氧化，氧化效果不稳定。在100～220℃温度下，烘料4～5h，氧化效果仍不理想；当烘料温度超过250℃时，大部分Sb将转化成难溶解的高价氧化锑Sb_2O_5。

（3）强化氧化法，选用特殊试剂在300℃下强化焙烧2h，约99%的Sb转化为可浸出的状态。该法快速有效，但处理量大时涉及能耗、试剂消耗等问题。

（4）堆放时效法：利用铅阳极泥堆放自然氧化原理，保持一定的湿度，堆放8～15d，即得满意效果。方法简单，时间短，节省设备及能耗。最佳堆放时间需根据阳极泥中Sb、Bi、Cu、Pb、As含量，堆放量及周围环境条件选定。

b 全湿法流程

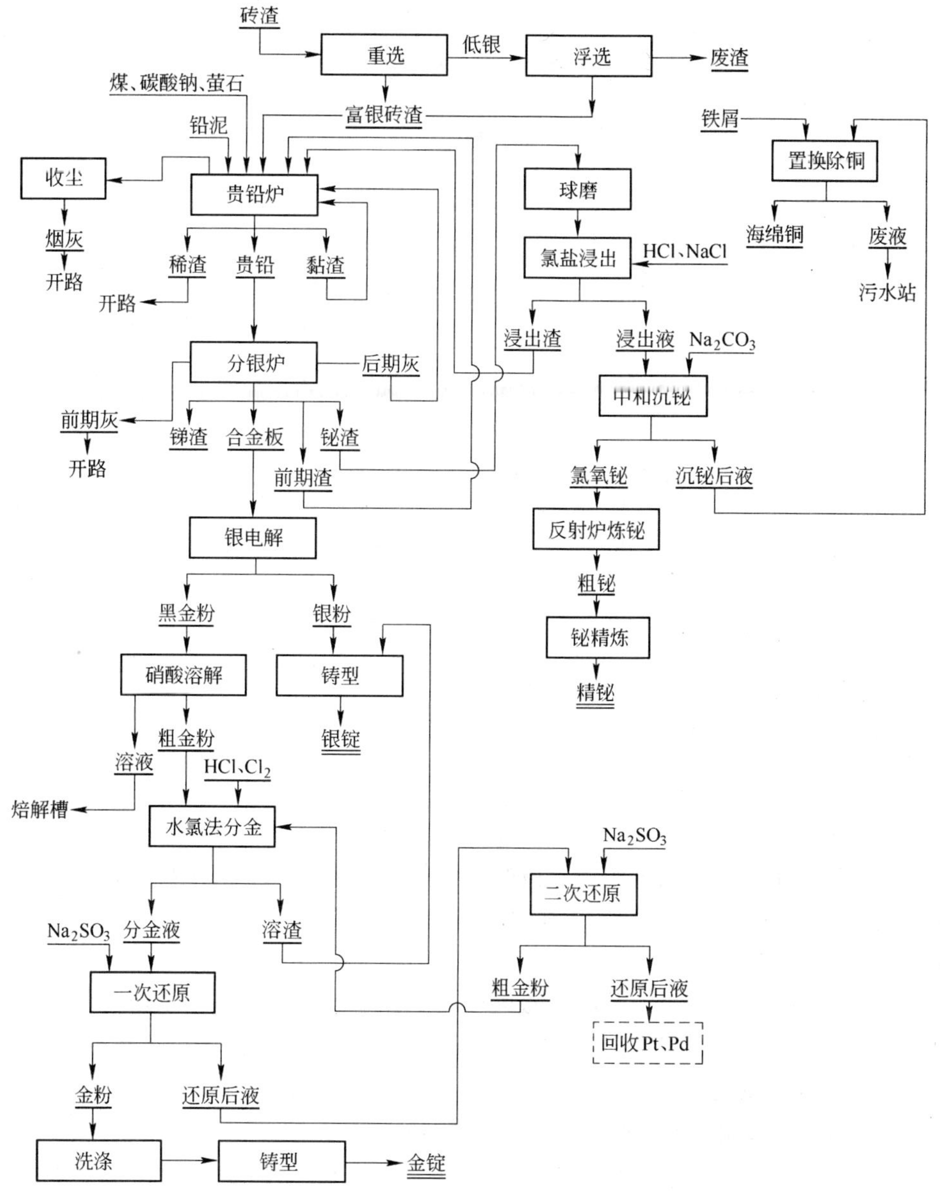

图 24-2 水口山火法-电解工艺处理阳极泥提取金银铋的生产流程

铅阳极泥湿法工艺的原则流程如图 24-3 所示。

（1）HCl + NaCl 浸出：流程基本与图 24-3 相同。阳极泥烘干后在 HCl + NaCl 水溶液中 50 ~ 70℃下浸出，较完全地分离了除 Pb 以外的贱金属。Sb、Bi、Cu 和 As 浸出率（%）分别达到 98、99、90 和 98。浸出液用水解法沉淀出含 Sb 达 60% 的锑渣，用 Na_2CO_3 中和沉淀出含 Bi 达 50% 的铋渣。

Au 和 Ag 直收率达到 97.24% 和 95.11%，比该厂原火法工艺提高了 7.66% 和 12.6%，金银总回收率在 99% 以上。

河南某厂应用该流程已经 8 年。较好地解决了火法铅尘对环境的污染，废液处理达

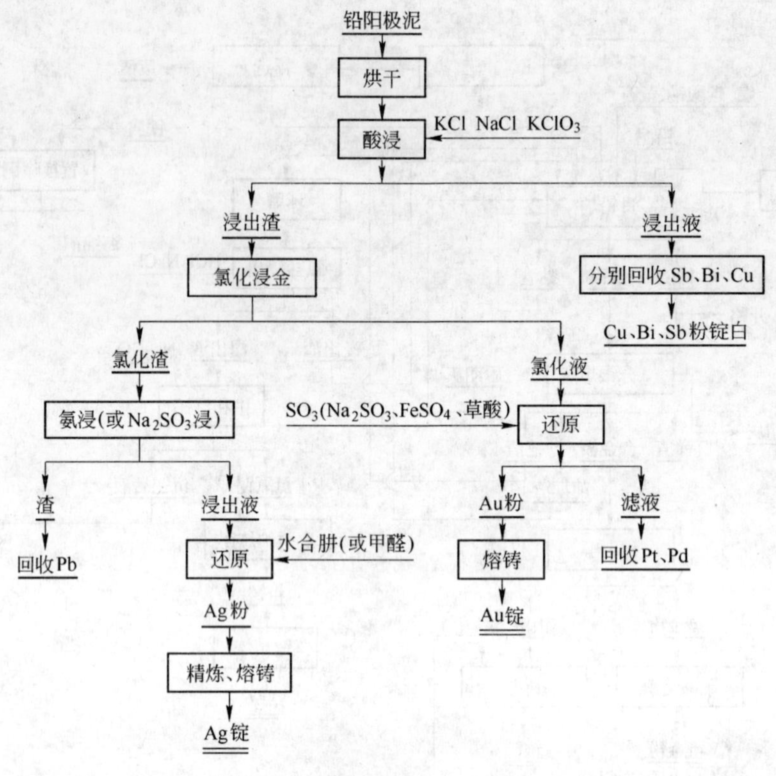

图24-3 铅阳极泥湿法工艺的原则流程

标，节约能耗。不足点：氨浸分银效果虽好，但劳动条件差，Sb的回收率低。

（2）控电氯化法：流程也基本与图24-3相同。

浸出：在HCl + NaCl体系中，温度70~80℃下，$NaClO_3$作氧化剂，控制电位400~420mV，浸出砷、锑、铋和铜，保证余酸大于1.5mol/L。从浸出液水解回收Sb，铁屑置换回收Bi，废液中和处理除砷。

氯化分金：贱金属浸出后，渣在硫酸+氯化钠体系中80~90℃条件下，$NaClO_3$为氧化剂，控制电位大于1200mV，浸金。

氨浸分银：氯化分金渣用1∶1氨水浸出，常温，贵液用水合肼于50~60℃下还原成银粉。

渣处理：氨浸分银渣熔炼为铅锭，返电解系统。

工业调试指标Sb、Bi回收率分别为85%~90%和95%，Au、Ag总回收率大于99%，Pb回收率约75%。

从湖南某厂应用的情况看，综合回收有价金属好，流程简单，过程稳定，适于在中小型铅电解厂推广应用。

（3）浸出-氯化分金-萃取法：铅电解阳极泥经氧化，用盐酸浸出除去铅、锑、铋、砷等杂质后，用氯化法将单质金浸出到酸性溶液中，金以$HAuCl_4$形态进入氯化分金液，与渣分离后，对氯化分金液进行有机萃取-草酸铵还原，获得品位达99.9%的粗金粉。粗金粉熔铸成品位为99.95%的成品金锭。萃取流程见图24-4。铅阳极泥的成分见表24-4。

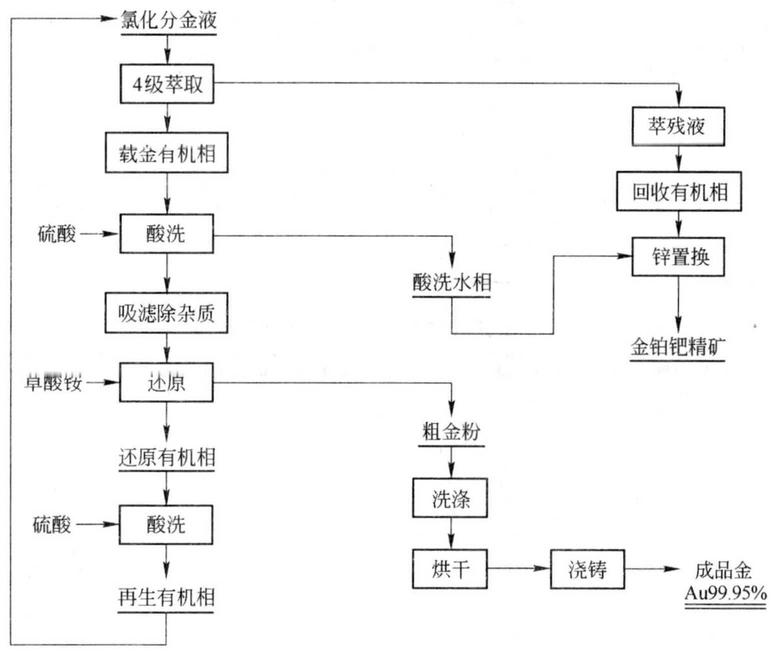

图 24-4　浸出-氯化分金-萃取法的萃取流程

表 24-4　铅阳极泥的成分

元　素	Au	Ag	Pb	As	Sb	Bi	Cu
含量（质量分数）/%	0.0985	13.49	14.56	2.81	33.05	4.94	4.97

萃取剂为复合萃取剂。间歇方式萃取。萃取反应：

$$RCl + HAuCl_4 = RAuCl_4 + H^+ + Cl^-$$

载金有机相经过滤后，与草酸铵作用，发生还原反应：

$$2RAuCl_4 + 3(NH_4)_2C_2O_4 = 2Au + 2RCl + 6NH_4Cl + 6CO_2$$

有机相中的金被还原为海绵金，纯度大于99.9%。分离后的有机相再生利用。萃残液金小于3mg/L，采用锌置换，将残余金及铂钯富集。

工艺过程参数见表24-5。氯化液萃取情况见表24-6。表24-7为萃取工艺成本及其与亚硫酸钠提金工艺对比。

表 24-5　氯化分金液萃取工艺过程参数

技术参数			
萃取工艺		还原反萃工艺	
萃取温度	室温，≥10℃	草酸铵用量	理论量的2～3.5倍
相比（O/A体积比）	1：(10～15)	还原温度	45～55℃
混相时间	5min	还原时间	70～90min
萃取级数	4级		
静止分相时间	5～7min		
搅拌轮转速	120r/min		

表 24-6 氯化液萃取情况

批号	氯化液/mg·L^{-1}			萃残液/mg·L^{-1}			酸度 /mol·L^{-1}	金萃取率/%
	Au	Pb	Cu	Au	Pb	Cu		
1	1155.5	1138.8	8254.8	2.50	746.6	7978.3	1.59	99.78
2	1020.1	563.2	7460.0	2.70	628.9	7950.0	2.13	99.74
3	864.0	725.0	6750.0	2.97	7730	6720.0	1.94	99.66
4	919.2	505.4	4460.0	2.19	498.8	4700.0	1.86	99.76
5	1005.0	623.7	592.0	2.40	832.3	5720.0	2.22	99.76

表 24-7 萃取工艺成本及其与亚硫酸钠提金工艺对比

工艺流程					
萃取工艺			亚硫酸钠工艺		
辅料名称	单耗/L	成本/元	辅料名称	单耗/L	成本/元
萃取剂	30	42.06	亚硫酸钠	39.42	134.03
草酸铵	3.5	83.48	锌 粉	10.33	128.10
硫酸（分析纯）	1.00	10.00			
去离子水	10.00	0.75			
增加人员	2名	40			
合 计		176.29			262.13

该工艺存在的问题：萃取工艺对氯化分金工艺条件要求严格，氯化液含铅及酸度是生产过程的关键环节；萃取作业前，氯化液必须冷却过滤；萃取操作温度低于10℃会导致有机相冻结，萃取率低，操作时间延长。

萃取工艺的优点：生产周期短，中间产品积压量少，金粉品位高，工艺指标较稳定，加工成本较低。明显地优于亚硫酸钠工艺（见图24-5）。

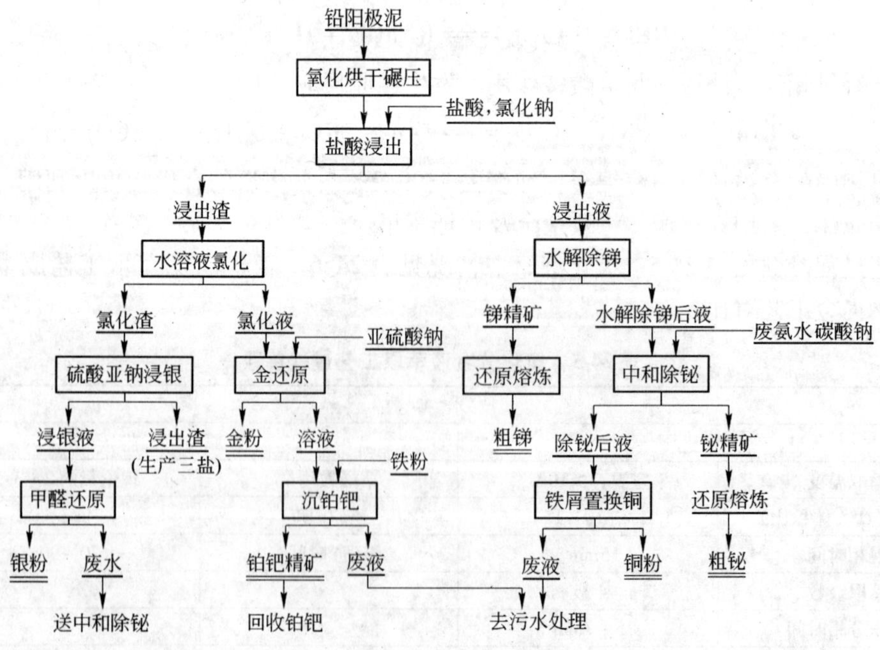

图24-5 盐酸浸出-水溶液氯化-亚硫酸钠还原金工艺流程（与图24-4工艺比较）

C 湿法-火法联合流程

本流程包括了氯化浸出-转化处理-熔炼工艺。为广东某厂采用。流程图见图 24-6。

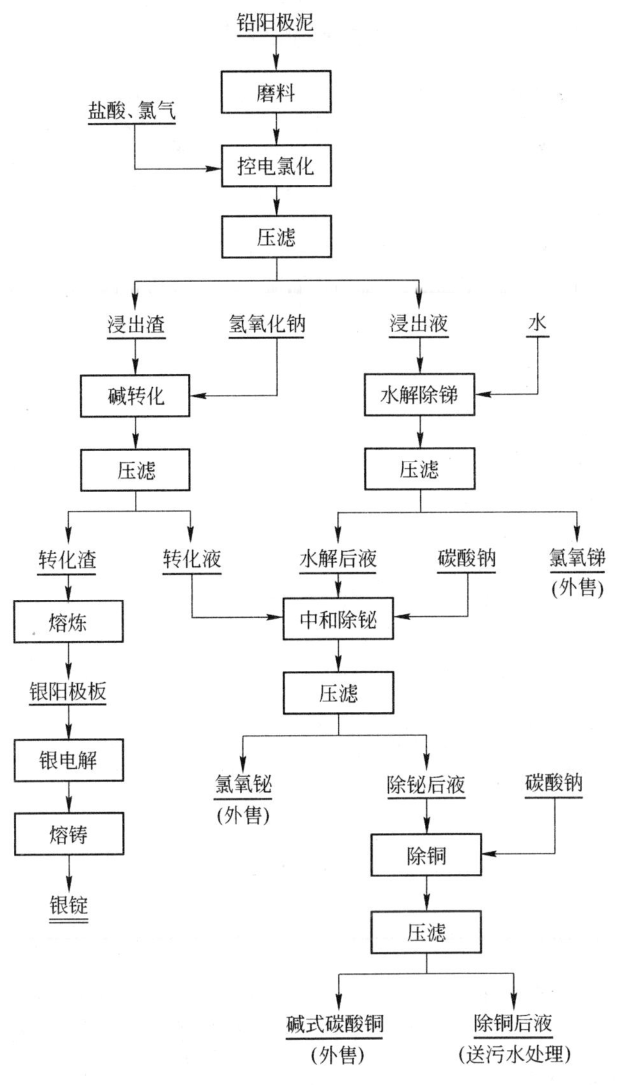

图 24-6 湿法-火法联合（氯化浸出-转态处理-熔炼工艺）流程

铅阳极泥在进入本流程之前需要经过自然氧化 15d 以上。其粒度为 50 目左右。工艺条件控制要点：还原电位低于 400mV，杂质浸出不完全；电位高于 450mV，金银的损失大。氯气加入速度、电位控制和搅拌要配合适当。最终电位恒定在 420 ~ 450mV，并使该值保持 1h；浸出渣转化的好坏直接影响银的回收率。加碱量为理论量的 1.2 倍。温度靠加碱时生成的反应热来维持，因此加碱应快速一次完成。转化渣正常颜色为黑色。渣的颜色发灰，则转化不彻底。值得注意的是，浸出渣比较黏，在转化前必须先浆化，然后再入转化槽内，加碱进行转化。

工艺特点：无单独回收金工序，贵金属分离的技术路线正确，效果好；Cu 直收率高，大于 97.5%；Sb、Bi 初级产品的直收率亦达一定水平。存在问题：酸浸渣和富银渣的离心过滤时间长，环境恶劣，劳动强度大，待进一步完善设备和技术。

24.2 锌浸出渣中银的富集与回收

图24-7所示为湿法炼锌过程中银的富集物和回收途径。

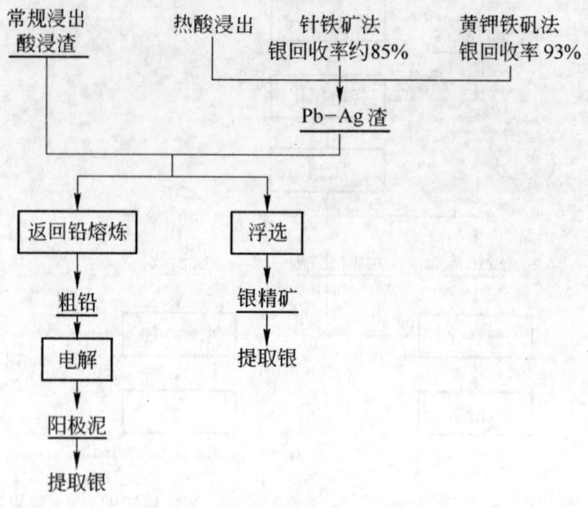

图24-7 湿法炼锌过程中银的富集物和回收途径

24.2.1 锌浸出渣返回铅熔炼系统

将锌浸出渣返回铅熔炼系统是锌冶炼厂的通常处理方法，不但减少了单独处理含银渣的设备，而且能够提高银的回收率，为湿法炼锌流程中渣开路。特别是应用熔池熔炼时，浸出渣可以和硫化铅精矿一起直接熔炼。

24.2.2 锌浸出渣浮选回收银

当工厂不具备返回铅熔炼系统的条件时，可以采用浮选方法从锌浸渣中回收银。

株洲冶炼厂实例：锌浸出渣粒度：<0.074mm占90%。流程为一粗二精三扫。捕收剂：丁基铵黑药。起泡剂：2号油。矿浆浓度为40%～50%，pH值为4～5。浸出渣、银精矿和尾矿的品位及指标见表24-8。

表24-8 株洲冶炼厂锌浸出渣浮选回收银的产品品位与指标

项 目	锌浸出渣	银精矿	尾 矿
银品位/$g \cdot t^{-1}$	200～400	6000～15000	50～120
回收率/%	100	55～75	
产率/%	100	2～3	97～98

25　铅锌冶炼过程中其他元素的回收

25.1　湿法炼锌过程中钴的回收

25.1.1　湿法炼锌过程中钴分布与富集

株洲冶炼厂曾经对钴在锌湿法冶炼过程中的分布进行过测定，其结果如图25-1所示。

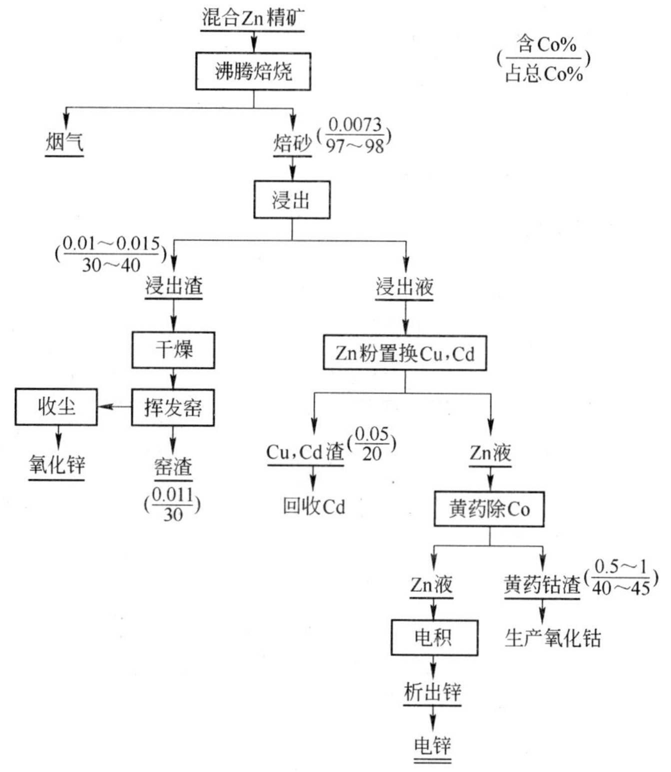

图25-1　株洲冶炼厂锌湿法冶炼过程中钴的分布

钴的各主要分布（占总钴的比例（%））：进入回转窑渣30。锌粉置换渣中20，黄药除钴渣40～45。

黄药钴渣是主要的提钴富集物。

25.1.2　从黄药钴渣中回收钴

从黄药钴渣中回收钴的生产流程见图25-2。

（1）浮选采用一粗、一精、一扫流程，生产能力为7～10m^3/h。由于黄酸盐能自身起

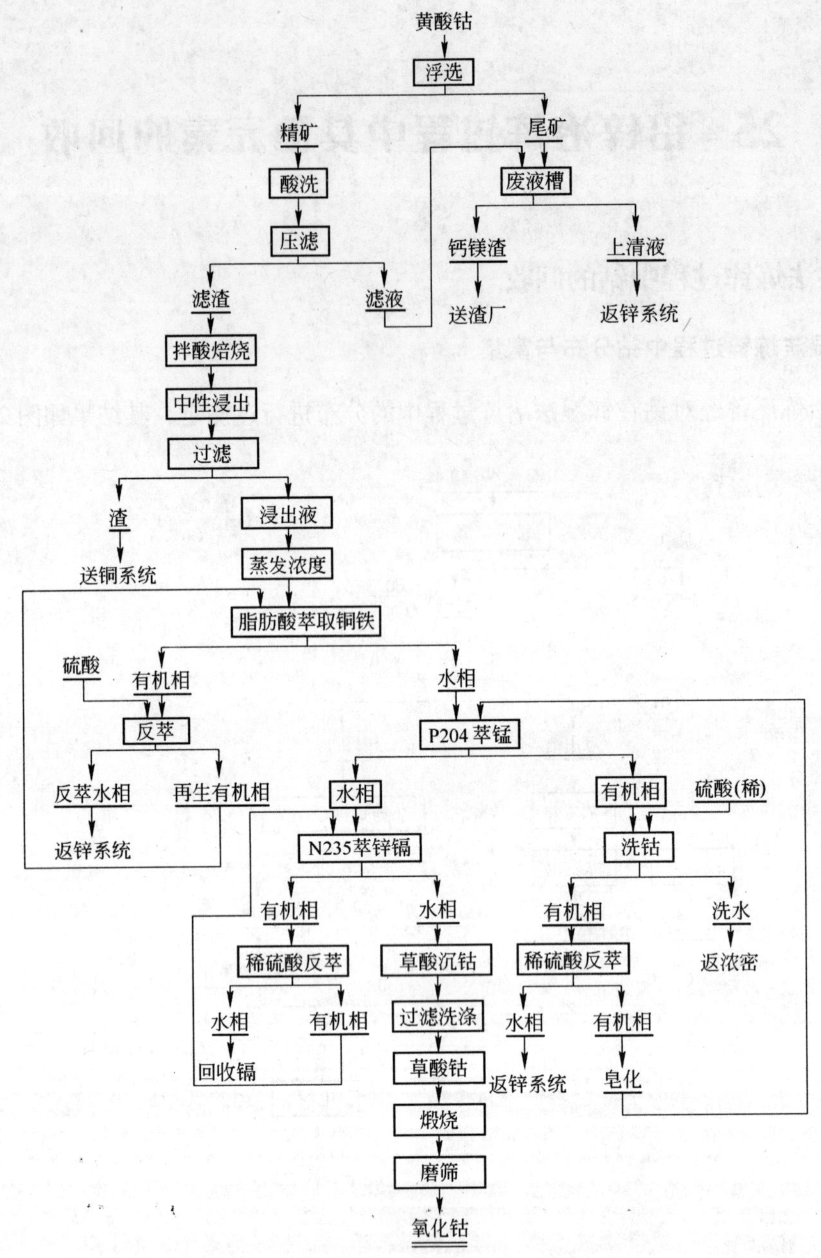

图25-2 株冶从黄药钴渣中回收钴的生产流程

泡，故无须加任何浮选剂即可直接进行浮选。浮选后钴品位可提高3.5~4倍，精矿产率只有25%。与不经过浮选作业相比，钴冶炼直收率提高了1.5%，为79.55%。成本下降，渣中95%以上的钙、镁被除去，使输送管道不易形成钙镁硫酸盐结晶。

（2）浮选后的精矿含有15%~30%的锌，经过热稀硫酸洗涤，钴渣中90%以上的锌呈硫酸锌形态进入溶液。温度不宜过高和过低，过高将导致黄酸盐剧烈分解，放出大量的有害气体CS_2，同时，会使钴造成溶解损失，过低则洗锌效果不好。酸洗渣与溶液的成分见表25-1。

表25-1 酸洗渣与溶液的成分

物料	化学成分(质量分数)					
	Co	Cu	Zn	Cd	Mn	Fe
酸洗渣/%	3~7	8~14	<3	8~25	0.008~0.07	<0.5
酸洗液/g·L^{-1}	0.01~0.1	微	60~120	0.2~2	0.2~0.5	—

(3)焙烧:酸洗渣在直焰炉中进行硫酸化焙烧,以使黄酸盐中的钴及有价金属转化成水溶性硫酸盐,并同时挥发除去部分砷、锑。严格控制炉温不超过650℃。炉温过低,砷、锑挥发不彻底;过高,硫酸钴将部分分解为难溶于水的氧化钴。此外,焙烧料层还不宜过厚,需及时翻动。焙砂要求呈粉红色,疏松多孔,不黑心,颗粒粒度小于40mm,钴可溶率大于95%。

(4)浸出:水浸出。浸出过程保持pH值3.5~3.8。部分铜、锌,镉等杂质呈碱式硫酸盐形态沉淀。液固比=(10~12):1,搅拌时间40min,温度大于90℃。浸出渣产率10%~20%,浸出渣、液和焙砂成分见表25-2。

表25-2 浸出渣、液和焙砂成分

物料	化学成分(质量分数)					
	Co	Cu	Zn	Cd	Mn	Fe
焙砂/%	5~12	10~16	10~12	10~30	0.02~0.3	—
浸出渣/%	<2.5	35~40	2~4	3~10	—	—
浸出液/g·L^{-1}	8~15	6~15	8~14	20~50	0.05~0.15	0.1~0.2

(5)硫酸钴溶液净化:浸出液因含钴较低,在净化前需要进行蒸发浓缩,一般控制密度1.2左右。

25.1.2.1 脂肪酸萃取除铜

萃取时不加稀释剂,分两次进行。第一次控制pH值为3.0~3.8。若料液中含镉量高,第一次萃取pH值高一点,反之则低一点。萃取相比$O/A=1.5/1$,温度20~40℃,铜除去率大于90%,锌与镉除去率大于50%,钴几乎不被萃取。第二次控制pH值为4.5,除铜与铁,但此同时约有30%的钴被萃入有机相中。为不使钴损失,二次萃铜后有机相不经反萃而加入浓缩液,这样,萃取有机相中的钴又被浓缩液中的铜所取代,使钴重新进入水相而不致造成损失。料液和萃余液的成分见表25-3。萃取在2m^{3}反应釜中进行。

表25-3 料液和萃余液的成分

物料	成分/g·L^{-1}					
	Co	Cu	Zn	Cd	Mn	Fe
浓缩液(除铜料液)	25~40	20~40	10~30	10~80	0.1~0.3	0.4~0.7
除铜后液(除锰料液)	15~35	<0.2	<8	8~15	0.08~0.25	<0.01
除铜反萃液	0.2~0.8	15~40	3~15	10~60	—	

续表 25-3

物 料	成分/g·L^{-1}					
	Co	Cu	Zn	Cd	Mn	Fe
除锰后液（除镉料液）	1526	微	0.2~1	3~10	<0.01	—
洗钴液	8~15	—	0.02~0.2	0.05~1	0.01~0.06	—
除锰反萃液	0.05~0.2	—	1~8	0.5~0.1	0.05~0.3	—
除锰后液	10~24	—	<0.01	<0.01	<0.01	—
碱反萃液	0.05~0.3	—	0.05~1	1~8	—	—
酸反萃液	0.05~0.1	—	—	0.08~1	—	—

25.1.2.2 P204 萃取除锌、锰

有机相组成：煤油75%，P204 25%。皂化率80%~90%。料液成分见表25-3。萃取相比=1∶2，料液流量2~4L/min。洗钴相比=（10~15）∶1（观察洗钴液呈微蓝色）。反萃相比=1∶2，反萃剂和洗钴剂均采用60g/L的稀硫酸。为保持P204的萃取能力，应采用6mol/L的HCl，每月在反应釜中集中处理1~2次。在14级混合澄清萃取箱中进行，其中6级萃取，3级洗钴，3级反萃，一级有机相澄清，一级水相澄清。

25.1.2.3 N235 萃取除镉锌

经过前面的净化工序，剩余锌含量0.2~1g/L，镉3~10g/L。需进一步深度净化。萃取剂N235在萃取之前需用盐酸处理，使之变成盐酸盐。溶液中配入盐酸，Cl^-浓度为1.5~2mol/L，设备为2m^{3}搪瓷反应釜，单级萃取，pH值为0.5~1。上述稀硫酸反萃不完全，还需用稀碱反萃。

25.1.2.4 沉钴与煅烧

用草酸沉钴。经洗涤后在箱式电阻炉中煅烧草酸钴成氧化钴。控制炉温于680~700℃。

从黄酸钴渣到氧化钴，冶炼直收率79.5%。产品氧化钴成分（%）：Co 74~75.5，Fe 0.01~0.019，Mn 0.01~0.05，Ni 0.045~0.09，Cu 0.005~0.02，Zn 0.009~0.01，Cd 0.0018~0.004，Pb 0.001~0.005，As 0.004。

25.2 锌精矿焙烧或烧结过程中汞的回收

25.2.1 锌精矿焙烧或烧结烟气中的汞

锌精矿中伴生汞，在高温氧化焙烧条件下，会以元素态挥发，随烟气一道进入烟气冷凝净化系统，会严重影响硫酸产品质量，在废水、废渣和废气中造成对环境的污染。因而，除去汞是烟气处理的必需任务。同时，汞也得到了综合回收利用。

进入烟气的汞随锌精矿中的汞含量和各工厂的情况不同而异。表25-4列出了我国几个锌冶炼厂焙烧或烧结烟气中汞的分布与含量。

表 25-4 我国几个锌冶炼厂焙烧或烧结烟气中汞的分布与含量

工 厂	锌精矿中汞含量/%	在烟气中的分布/%	在烟气中的含量/$mg \cdot m^{-3}$
葫芦岛	约0.1		300～400
韶关（凡口矿）		60	20～60
白 银	300（最大1500）g/t		
株 冶			

25.2.2 从烟气中除汞与回收的方法

25.2.2.1 玻利登-诺津克（硫化-氯化）法

国内应用工厂：西北铅锌厂（白银公司）。工艺流程见图25-3。

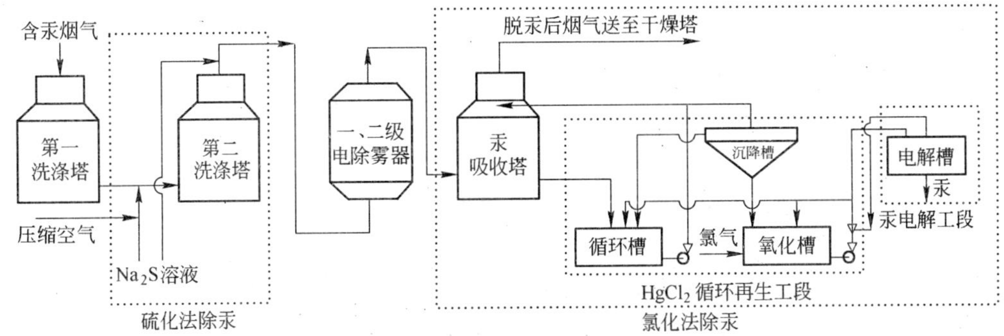

图25-3 西北铅锌厂玻利登-诺津克（硫化-氯化）法除汞与回收流程

A 净化工段烟气硫化法除汞

在第一洗涤塔出口烟道处喷入硫化钠溶液，与烟气中的部分汞反应生成硫化汞被洗涤酸排出系统。经硫化法处理后，第二洗涤塔出口的烟气汞含量由60～100mg/m^3降至30～35mg/m^3。汞蒸气分压低于净化系统出口时的饱和蒸气压，从而避免汞的冷凝，消除汞的污染。生成的不溶性硫化汞随洗涤下来的不溶性尘一起在沉淀槽中沉淀后从底流排出。底流过滤回收硫化汞，作生产汞的原料滤渣出售。滤液含汞小于5mg/m^3，直接由污酸与污水处理系统处理。

B 烟气氯化法最终除汞

氯化法除去烟气中残余的汞蒸气。在汞吸收塔内控制温度30～40℃，喷淋$HgCl_2$溶液进行逆流洗涤烟气，使汞蒸气被氧化成Hg_2Cl_2沉淀。氧化槽通入氯气，使Hg_2Cl_2氧化，重新生成具有吸收汞能力的$HgCl_2$，以循环使用溶液。循环液中应保持的$HgCl_2$与Hg_2Cl_2的一定比例。通常，维持循环液中$HgCl_2$浓度为1～3kg/m^3。

为维持工艺正常运行，应使从系统中引出的循环液（$Hg_2Cl + 2HgCl_2$）含汞量，与除下来的汞量平衡。需要将多余的氯化亚汞从系统中分离。当排出液带出汞量大于烟气中含汞量许多时，向排出液中加入锌粉，使$HgCl_2$还原成Hg_2Cl_2沉淀，从而降低排出液中含汞量，沉淀下来的Hg_2Cl_2返回系统。汞吸收塔进塔烟气汞含量为30～35mg/m^3，而出塔烟气汞含量仅为0.05～0.1mg/m^3，从而使成品酸中含汞不大于1×10^{-6}。

从系统中分离出来的氯化亚汞，再氯化成可溶性氯化汞送到电解槽电解得到纯度为99.99%的产品汞。

C 方法评价及主要技术经济指标

硫化—氯化法对精矿的汞含量适应范围大，除汞效率高，成本低。其主要技术经济指标如下：

精矿汞含量$(1\sim2)\times10^{-4}$，外排废液含汞（Hg）不大于5×10^{-6}，成品酸含汞不大于1×10^{-6}，除汞效率99.3%，氯气耗0.27kg/kg汞，锌粉耗1.5～3kg/d，水2m³/d，电37～46kW·h/d。

25.2.2.2 氯化法

应用工厂：株洲冶炼集团有限公司。

工艺流程见图25-4。

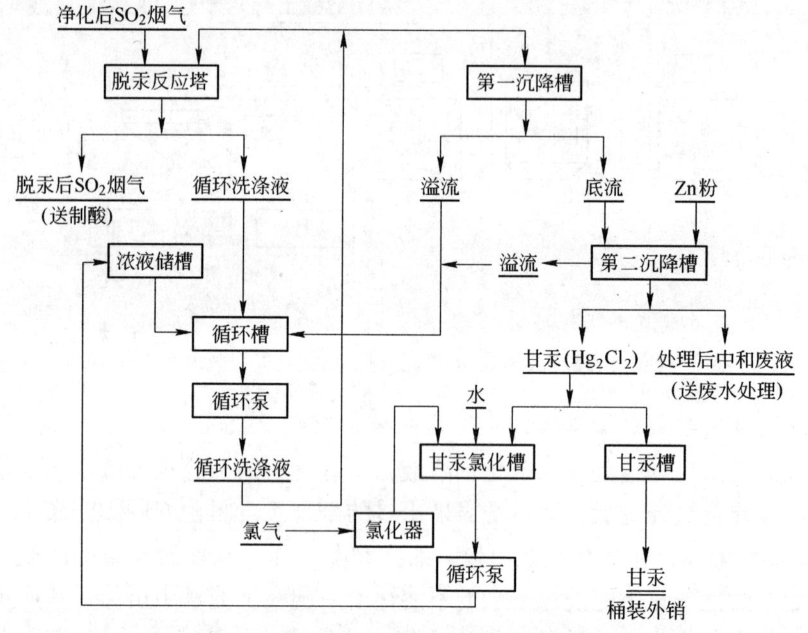

图25-4 株冶氯化法烟气除汞与回收流程

经降温、除杂与降雾后的SO_2烟气从脱汞反应塔底进入，被循环液喷淋洗涤后由塔顶排出送入下道工艺，烟气中的汞与洗涤液中$HgCl_2$反应生成不溶于水的Hg_2Cl_2，经第一、二沉降槽沉降分离后，一部分作为产品从系统中排出，另一部分送入甘汞氯化槽，经氯气氯化后作为循环液母液，送入浓$HgCl_2$液储槽备用。

工艺技术参数：入口烟气负压2500～3000Pa，烟气温度35～42℃，烟气流量80000～90000m³/h，酸雾5～15mg/m³，烟尘含量≤5mg/m³，SO_2浓度6%～7.5%。成品酸中含汞小于0.00035%，除汞效率一般能达到96%～99%。

25.2.2.3 碘络合-电解法

应用工厂：韶关冶炼厂。工艺流程见图25-5。从烟气中除汞效率99%，精制汞纯度99.99%，成品酸含汞小于1×10^{-6}，汞的总回收率45.3%。

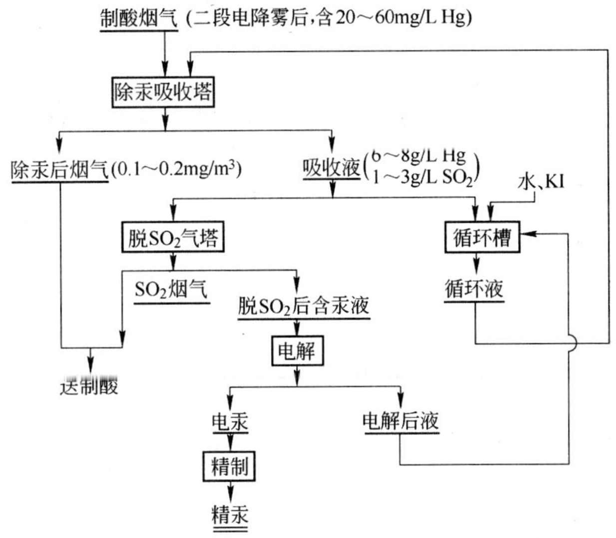

图 25-5 韶关冶炼厂碘络合-电解法工艺流程

25.2.2.4 烟气直接冷凝法

应用工厂：葫芦岛锌厂。工艺流程如图 25-6 所示。从充填塔出来的汞和汞炱与汞蒸气冷凝的液汞和汞炱一起经过火法精炼，得到纯度为 99.999% 的高纯汞。

主要技术指标：由金属汞和汞炱经过火法精炼制得的高纯汞品位为 99.999%，汞的回收率为 41%。

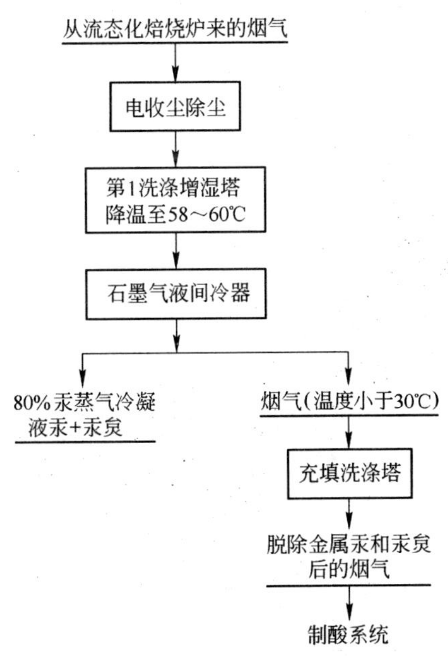

图 25-6 葫芦岛锌厂烟气直接冷凝法工艺流程

26 铅锌矿中硫资源的利用

26.1 铅烧结过程中低 SO_2 浓度烟气的制酸

26.1.1 铅烧结烟气非稳态制酸法

26.1.1.1 铅烧结烟气的特点

烧结烟气特点：烧结烟气的 SO_2 浓度较低，一般为1.5% ~4%；烟气量及 SO_2 浓度波动较大，气量变化由50% ~100%，SO_2 浓度变化由0.5% ~4.3%；烧结系统开停频繁．作业率低，导致硫酸系统亦开停频繁。对于烟气 SO_2 浓度0.99% ~4.0%，平均2.5%左右的低浓度烟气是无法用常规两转两吸或一转一吸工艺实现自热平衡，而非稳态转化工艺可实现这一目的。

26.1.1.2 非稳态转化工艺的特点

在特制的转化器中，干燥的低浓度二氧化硫冷烟气通过已预热至450℃左右的固定催化剂床层，SO_2 反应生成 SO_3 时放出热量使反应区温度开始升高，在床层中形成一个热力区（高温区），并随气流向床层出口端缓慢移动，出口端催化剂层温度随之上升。经一定时间后，借助换向阀切换气流方向，使冷烟气与原出口端催化剂层换热，热力区也随气流做反向移动。经过烟气流动方向的几次变换后，在催化剂床中建立起了一个较稳定并随气流方向缓慢移动的热力区，使得在循环周期内反应释放出来的热量等于所需吸收的热量，从而实现转化过程的自热平衡。

典型的非稳态转化制酸工艺流程见图26-1。

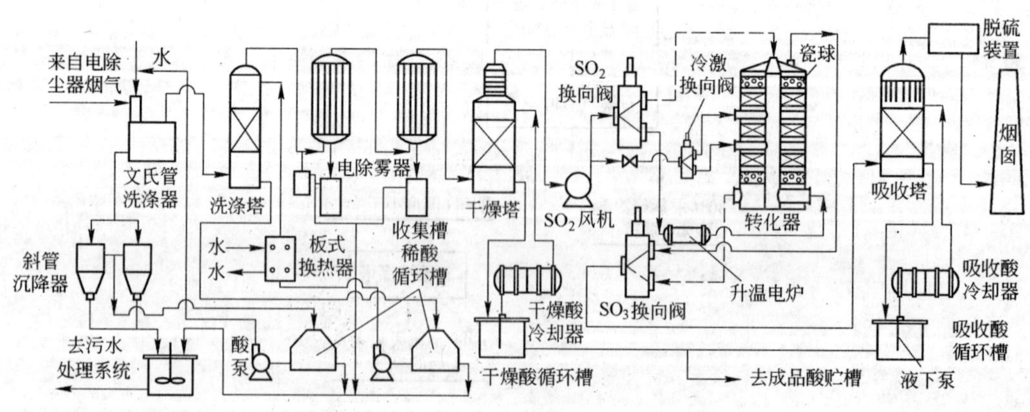

图26-1 典型的非稳态转化制酸工艺流程

非稳态转化制酸工艺的特点：

（1）非稳态转化器兼有催化反应和蓄热作用。进转化器烟气平均 SO_2% 大于1.4时即可维持转化系统自热平衡，无须庞大的外部换热设备，从而节省了投资和运行费用，处理同等气量烟气比常规制酸装置节省50%左右的钢材。

（2）转化系统阻力只是常规制酸的约50%，动力消耗低；每t硫酸可节电约15kW·h。

（3）由于沿催化剂床层深度达到最高反应温度后还存在一个低温区，有利于提高转化率。

（4）催化剂装填定额较大，而且催化剂具有较大的热容量，因而能够处理浓度和气量波动较大，特别是低浓度 SO_2 烟气，装置停车24h仍能维持操作温度，无须启动电炉，开车容易。

26.1.1.3 主要设备

表26-1列出了非稳态转化制酸的主要设备及其性能。

表26-1 非稳态转化制酸的主要设备及其性能

设备名称	形式及其应用	特点	工作条件与参数
非稳态转化器	（1）一段催化剂绝热式	进气方向周期性变换的固定床反应器，具有催化反应与蓄热换热双置功能	适用于烟气 O_2 小于1.5%
	（2）二段催化剂一点散热式		用于烟气 SO_2 1.5%～2.5%
	（3）三段催化剂两点散热式，又分： 1）中间移热式（见图26-2）； 2）中间冷激式（见图26-3）		用于烟气 SO_2 2.5%～4%
换向调节阀	TELO角式三通换向阀。气压控制式和液压控制式	液压控制式：操作稳定内部泄漏率小	压力0.25MPa，工作温度≤250℃，换向周期7～40min，行程时间2s
催化剂	S101，S108，S112		催化剂中层中间温度控制为550℃，上下层中间温度380～400℃，装填量558～616t/d 严格控制砷、氟、有机物等杂质
DCS控制系统	主要工艺参数如净化、干吸及转化系统各催化床层的压力、流量、温度等数据均可在操作站中进行显示、记录、报警，并通过操作系统进行调节、连锁和计算		

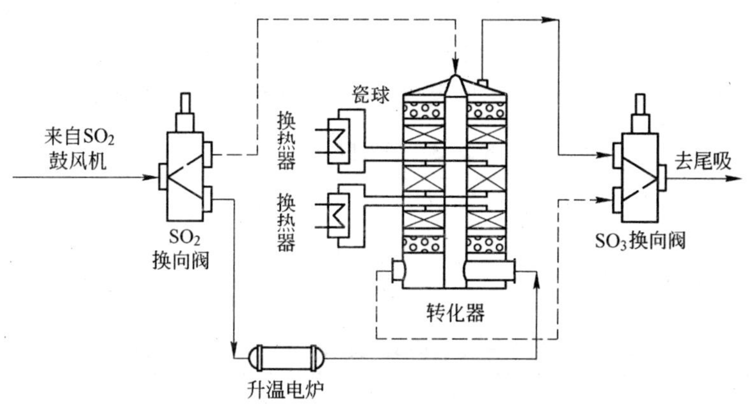

图26-2 三段中间移热式非稳态转化器的结构流程

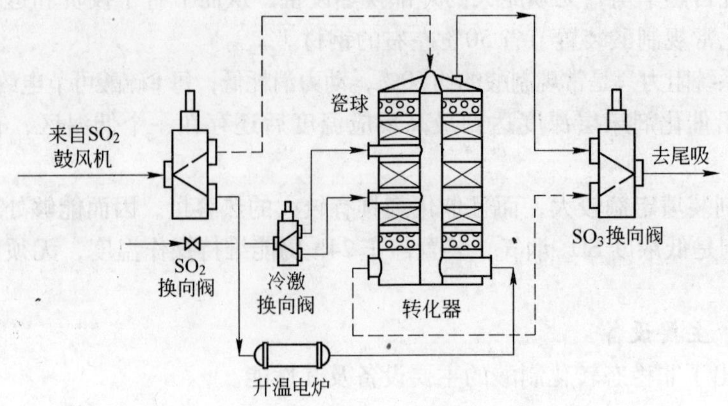

图 26-3 三段中间冷激式非稳态转化器的结构流程

26.1.1.4 生产应用与实践

应用非稳态转化制酸的国内装置有9套，工厂见表26-2。

表 26-2 国内应用非稳态转化制酸的工厂

工 厂	烟气量 /$km^3 \cdot h^{-1}$	进转化器 SO_2/%	转化率 /%	硫酸浓度 /%	转化器形式	投产年月
河南豫光金铅公司	33	1.77~4.55	91.73~94.73	93.04~94.19	五段中间移热式	1998
安阳豫北金属冶炼厂1套	40~43	1.3~3.3	90~91	92.5		2000
安阳豫北金属冶炼厂2套	58	1.4~3.2	94	92.5		2002
焦作东方金铅公司	45	2.0~3.5	90~92	92.5	三段中间冷激式	2003
济源万洋冶炼集团	50	3.5	93	92.5	三段中间冷激式	2003
河南济源金利冶炼厂	50	0.96~2.0	90~92	92.5	三段中间冷激式	2003
成都电冶厂	37	2.0	94	98	三段中间冷激式	2005
安阳岷山集团	50	1.75~2.0	92~94	92.5	三段中间冷激式	2005

济源黄金冶炼厂的主要生产情况如下：

烟气量及成分见表26-3。烟气温度：150~200℃，烟气压力：0~500Pa，烟气含尘：≤500mg/m^3，含氟：0.12346g/m^3，含砷：0.084g/m^3。保证正常生产浓酸的条件：要求净化出口烟气温度与SO_2浓度的关系见表26-4。表26-5为试车时指标。

表 26-3 烟气量及成分

成 分	SO_2	SO_3	O_2	CO_2	N_2	H_2O	合 计
流量/$m^3 \cdot h^{-1}$	998.4	1.4	4462.5	496.3	24195	3815.4	33396
成分(质量分数)/%	2.939	0.004	13.137	1.461	71.227	11.232	100

表 26-4 要求净化出口烟气温度与SO_2浓度的关系

SO_2浓度/%	2	2.5	3（设计值为2.9）
净化出口烟气温度/℃	17	20	26

表 26-5 非定态转化流程试车指标

指标名称	单位	数值
风机进口烟气中水含量	mg/m^3	88
风机进口烟气中尘含量	mg/m^3	12
风机进口烟气中酸雾含量	mg/m^3	2.256
转化率	%	87.18，最高94.0
吸收率	%	99.92，最高99.99

26.1.1.5 非稳态转化制酸投资

处理气量为50000m^3/h 的装置总投资仅为2500 万元左右（2006 年发表），建设一套50~60kt/a 的铅冶炼厂配套非稳态转化制酸装置，总投资可比其他方式节约一半以上。

26.1.2 铅烧结烟气湿式硫酸法（WSA）制酸

湿式制酸工艺（WSA）是由丹麦托普索公司于20 世纪80 年代中期开发的一种不经干燥直接进行湿式转化气冷凝成酸的制酸工艺。

该工艺的优点：不管烟气中SO_2 浓度高或低，都能生产出大于96%的浓硫酸；不会产生任何污染环境的废气和废水；不使用任何化学吸收剂，（二段）转化率大于99%。

工艺的特点：将氧化热、水合热及部分硫酸冷凝热在系统中全部被利用。当烟气中二氧化硫浓度达到2.8%时，系统可以维持自热平衡，因而适宜于低浓度烟气制酸。

应用工厂：株洲冶炼厂一台铅鼓风烧结机，处理量100~120t/h，物料含硫5%左右，烧结块含S 小于1%，烟气量75000m^3/h，烟气温度250~400℃，含尘量5%~7%。烧结机作业率90%左右，烟气二氧化硫浓度不稳定。为确保系统稳定运行，在净化入口配入SO_2 浓度为4.5%的锌沸腾炉烟气。入口烟气流量设计值为95000m^3/h。进口混合烟气SO_2 浓度3.0%~4.2%，含尘5~10mg/m^3。有害元素含量（mg/m^3）：砷80，氟950，氯650，汞15。

工艺流程见图26-4。

26.1.2.1 动力波工艺

烟气净化系统采用美国孟山都公司的动力波洗涤技术，并配置两级电除雾器。烟气在动力波出口处的参数见表26-6。

表 26-6 烟气在动力波出口处的参数（2003 年）

项目	数值	项目	数值
总入口含尘量/$mg \cdot m^{-3}$	6.025	电除雾出口含尘/$mg \cdot m^{-3}$	5.745
净化出口酸雾/$mg \cdot m^{-3}$	6	净化出口砷含量/$mg \cdot m^{-3}$	0.1~0.3
温度/℃	≤38	净化出口氟含量/$mg \cdot m^{-3}$	5.68
动力波压降/kPa	14.85	净化出口氯含量/$mg \cdot m^{-3}$	7.7
电除雾入口含尘/$mg \cdot m^{-3}$	347.5		

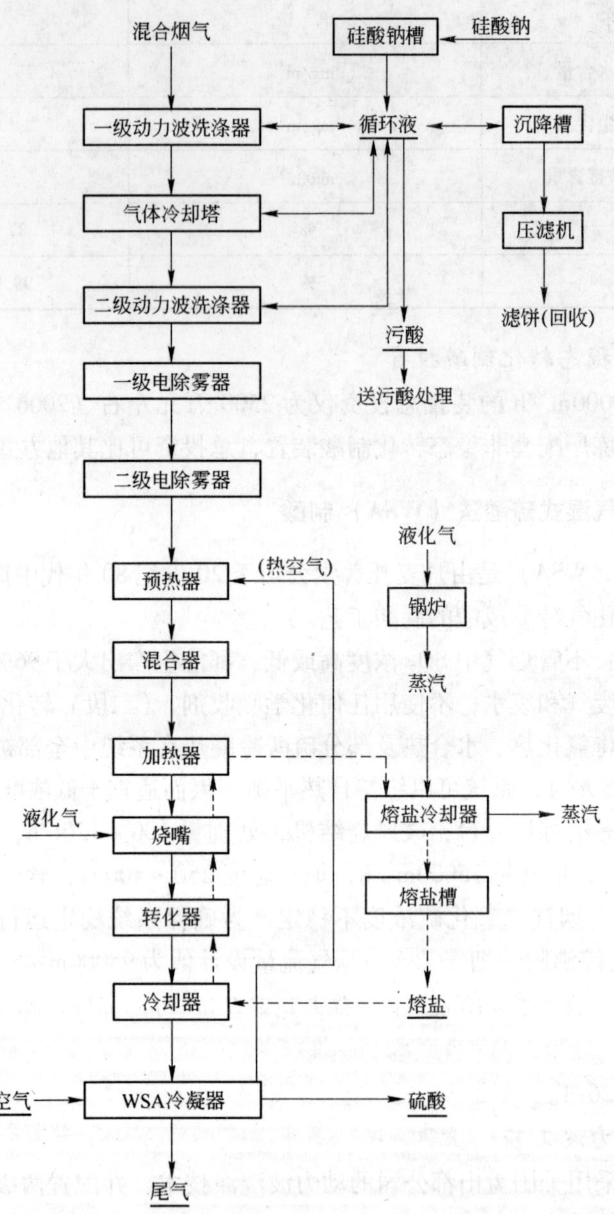

图 26-4 （株冶）铅烧结烟气 WSA 工艺流程

26.1.2.2 WSA 工艺

从动力波净化电除雾出来的烟气，为 38℃，在预热器中与预热空气进行热交换升至 150℃。预热空气是被冷凝塔内硫酸冷凝时的反应热所加热：

$$H_2SO_4(g) + 0.17H_2O \longrightarrow H_2SO_{4(液,97\%\,H_2SO_4)} + 69kJ/mol \qquad (26\text{-}1)$$

在离开冷凝器时冷却空气约为 200℃。

由混合器出来的烟气在加热器中与热介质熔盐进行热交换被加热，而熔盐的热是来自下面 SO_2 的氧化反应式 26-2 和 SO_3 水合反应式 26-3 产生的热：

$$SO_2 + 0.5O_2 \xlongequal{} SO_3 + 99kJ/mol \tag{26-2}$$

$$SO_3 + H_2O \xlongequal{} H_2SO_4(g) + 101kJ/mol \tag{26-3}$$

如果进入反应器的烟气达不到需要的温度（400℃）时，则启用液化气烧嘴加热烟气。整个工艺的反应热均用于加热工艺气体至反应温度，因而过程是自热的。

工艺烟气离开冷凝器时的温度大约为100℃。

熔盐传递床的组成为 KNO_3、$NaNO_3$ 和 $NaNO_2$ 的共晶混合物，其熔点为145℃。

转化器由3层催化剂床和3个对应的熔盐交换器组成。3层床内均填充有托普索 VK 系列硫酸催化剂。

26.1.2.3 指标

烟气净化率达到99%，二氧化硫转化率达到99.5%，硫回收率达到98%以上。尾气二氧化硫含量134mg/m³，尾气酸雾含量21.5mg/m³。尾气指标优于国家标准。外排烟气中的二氧化硫排放量由改造前30000～35000t/a减少到312.5t/a。

26.2 解决铅冶炼低 SO_2 浓度烟气制酸的新途径——SKS 法炼铅新工艺的烟气制酸

SKS 炼铅法即氧气底吹熔炼-鼓风炉还原炼铅法（水口山炼铅法），是具有国内知识产权的新工艺。该工艺解决硫回收的途径，是将铅精矿在氧气底吹炉中进行强氧化熔炼，生产粗铅、高铅渣的同时，产出高浓度 SO_2 烟气，以便于采用两转两吸制酸工艺生产出98%浓度的硫酸。

SKS 炼铅法应用工厂：河南豫光金铅集团和安徽池州有色金属公司。

SKS 炼铅法烟气制酸采用一级动力波-冷却塔-二级动力波-一级电除雾-二级电除雾稀酸洗涤半封闭循环净化、（3+1）两次转化、两次吸收制酸工艺流程。转化换热采用Ⅲ、Ⅰ-Ⅳ、Ⅱ流程。浓酸冷却采用泵前流程。污水处理采用二段中和、氧化和三段沉淀。其工艺流程图见图26-5。

工艺过程主要参数与结果：

产品及其质量：粗铅品位>98%，硫酸98%

电收尘：二次电压40～60kV，二次电流30～100mA

电除雾：电压50～65kV，电流80～150mA

尾气 SO_2 浓度：小于960mg/m³

处理后废水水质符合“污水综合排放标准”一级标准要求

硫酸生产能力：100kt/a

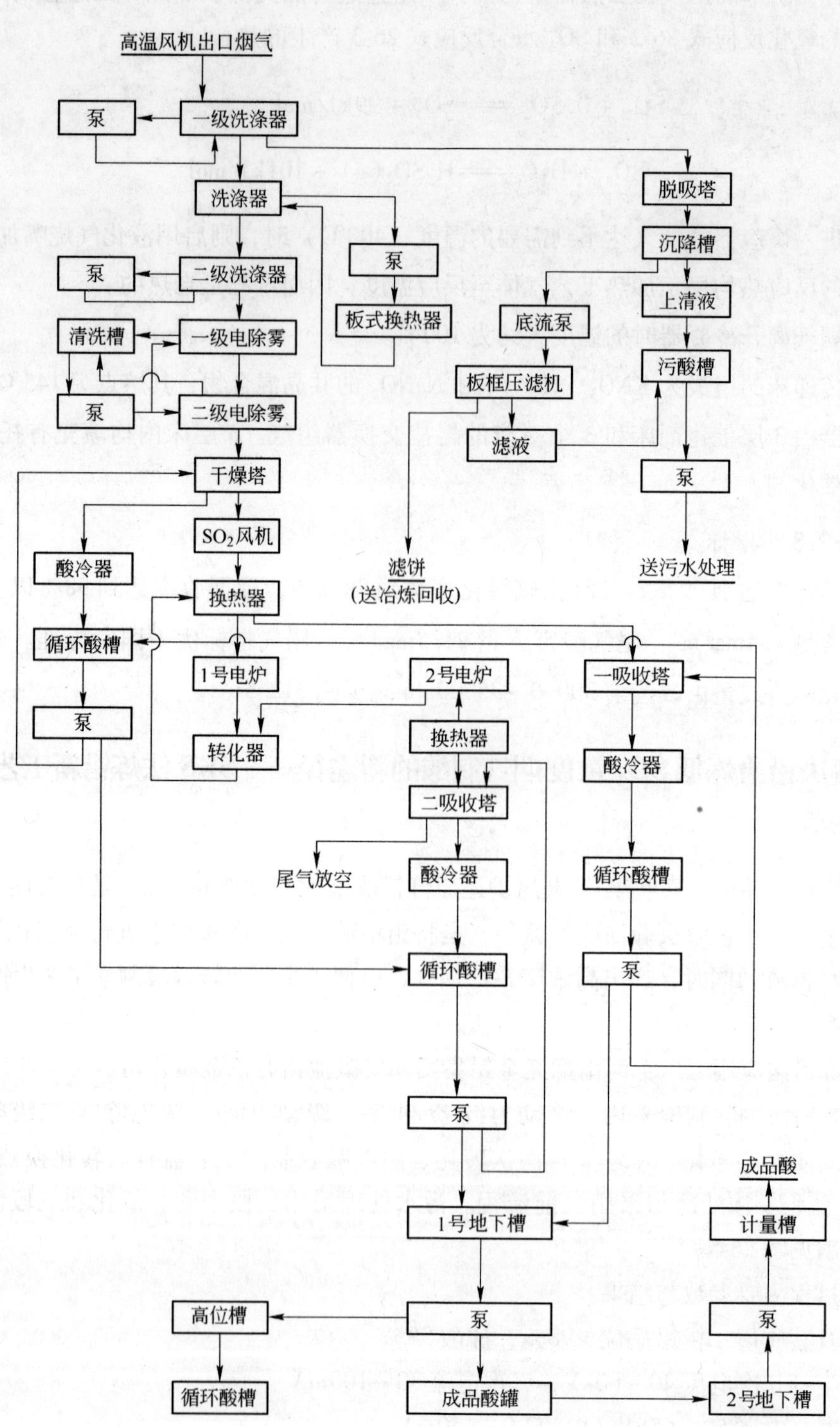

图 26-5 SKS炼铅法烟气制酸两转两吸工艺流程

（撰稿 朱祖泽 审稿 郭森魁）

参考文献

[1] 李正根. 钴的综合回收[J]. 湖南冶金, 1990, 11(6).

[2] 有色金属提取冶金手册编委会. 彭容秋. 有色金属提取冶金手册. 锌镉铅铋（卷)[M]. 北京: 冶金工业出版社, 1992.

[3] 有色金属提取手册编委会. 汪键, 赵天丛. 有色金属提取手册. 锡锑汞（卷)[M]. 北京: 冶金工业出版社, 1992.

[4] 王辉. 株冶镉生产工艺的改进[J]. 有色冶炼, 1996, 4.

[5] 杨天足, 水承静, 宾万达. 铅阳极泥湿法处理工艺述评[J]. 黄金, 1996, 17(11).

[6] 刘树琴. 从铅锌烧结电收尘烟灰中提取镉[J]. 有色金属（冶炼部分), 1997 年第 5 期.

[7] 周贵月. 济源黄金冶炼厂铅烧结机烟气制酸设计及试车[J]. 工程设计与研究, 总第 100 期, 1998.

[8] 扬茂才. 铅阳极泥综合利用工工艺实践[J]. 贵金属, 1998, 19(13).

[9] 徐庆新. 铅阳极泥湿法处理设计总结[J]. 有色冶炼, 第 28 卷第 1 期, 1999. 2.

[10] 邱光文. 含锗氧化锌烟尘综合回收锗锌工艺[J]. 云南冶金, 第 29 卷第 3 期, 2000 年 6 月.

[11] 许波. 玻利登-诺津克除汞技术及应用[J]. 有色冶炼, 第 29 卷第 6 期, 2000. 12.

[12] 李卫锋, 孙中森, 刘玉兰. 萃取技术在铅阳极泥提金中的应用[J]. 黄金, 第 22 卷第 3 期, 2001 年 3 月.

[13] 王静纯. 加强共伴生矿产综合研究. 走资源节约型道路 2002 年[J]. 矿床地质, 第 21 卷增刊.

[14] 刘侦德, 谢雪飞, 等. 凡口铅锌矿稀散金属选矿回收实践[J]. 有色金属（选矿部分), 2002 年第 2 期.

[15] 周洪武. 铅阳极泥冶炼技术简评和电热连续熔炼的可行性[J]. 有色冶炼, 2002 年 8 月第 4 期.

[16] 张宁湘. 株冶海绵镉工段改造工程浅析[J]. 湖南有色金属, 第 18 卷第 6 期, 2002 年 12 月.

[17]《铅锌冶金学》编委会（彭容秋主编）. 铅锌冶金学[J]. 北京: 科学出版社, 2003.

[18] 阳海燕, 胡岳华. 稀散金属镓锗在选冶回收过程中的富集行为分析[J]. 湖南有色金属, 第 19 卷第 6 期, 2003 年 10 月.

[19] 邹家炎, 陈少纯. 我国稀散金属资源产业发展状况研究. 中国有色金属学会第五届学术年会论文集, 2003.

[20] 张东华. 西北铅锌冶炼厂除汞工艺改造实践[J]. 有色冶炼, 2003 年 12 月第 6 期.

[21] 彭海良, 窦传龙. 株冶低浓度烟气制酸技术及生产实践. 2003 年全国硫酸工业技术交流会论文集.

[22] 陶国辉. 氯化除汞技术在锌冶炼烟气制酸中的应用[J]. 湖南有色金属, 第 20 卷第 3 期, 2004. 6.

[23] 潘方杰, 刘中清. 湿法炼锌工艺流程中富集锗的工业实践[J]. 矿冶工程, 第 24 卷第 4 期, 2004 年 8 月.

[24] 李琛. 韶冶密闭鼓风炉熔炼过程中锗铟的富集与综合回收. 长沙: 中南大学硕士学位论文, 2004.

[25] 王吉坤, 何蔼平. 现代锗冶金[M]. 北京: 冶金工业出版社, 2005.

[26] 胡德勇, 牛建英. 全面提升我国铅锌矿产资源利用水平[J]. 中国矿业, 第 15 卷第 6 期, 2005 年 6 月.

[27] 薛亚洲, 王海军. 我国铅锌矿资源综合利用现状[J]. 中国矿业, 第 14 卷第 8 期, 2005 年 8 月.

[28] 陈南洋. 国内有色冶炼低浓度二氧化硫烟气制酸技术的应用与进展[J]. 工程设计与研究, 总第 118 期, 2005 年 9 月.

[29] 王树楷. 铟冶金[M]. 北京: 冶金工业出版社, 2006.

[30] 王吉坤, 彭建蓉, 等. 高铟高铁闪锌矿加压酸浸工艺研究[J]. 有色金属（冶炼部分), 2006 年 2 期.

[31] 俞小花, 谢刚. 有色冶金过程中铟的回收[J]. 有色金属回收与利用, 2006. 3.

[32] 包崇军. 从铅阳极泥中回收铋的火法工艺实践[J]. 云南冶金，第35卷第3期，2006年6月.
[33] 麦振海，王吉坤，等. 含铟硫化锌精矿加压浸出液铟铁分离试验研究 [J]. 第35卷第6期，2006年12月.
[34] 李诚星. 水口山金银生产工艺技术的进展[J]. 中国有色冶金，2006年12月第6期.
[35] 王海帆，陈忠和，纪罗军. 低浓度烟气非稳态转化制酸工艺的应用. 2006年全国硫酸工业技术交流会论文集.
[36] 阳德炎. SKS法炼铅及烟气制酸的生产实践. 中国首届熔池熔炼技术及装备专题研讨会，2007.
[37] 张博亚，王吉坤，等. 湿法炼锌过程中铟锗的综合回收[J]. 云南冶金，第36卷第5期，2007年10月.
[38] 何焕全，黄小坷，等. 铟产业发展及对策[J]. 中国有色金属，2007年10月.
[39] 邓孟俐，谢冰. 锌冶炼过程中铟锗的综合回收[J]. 过程设计与研究，2007年12月.
[40] 万红英. 锗在ISP冶炼工艺中的回收经济性分析[J]. 有色冶金设计与研究，第29卷，第3期，2008年6月.
[41] 刘亚川，丁其光，等. 中国西部重要共伴生矿产资源综合利用[M]. 北京：冶金工业出版社，2008.

铅锌二次资源的提取和产品延伸

27 二次铅资源的提取

27.1 二次铅资源的提取和生产概况

资源匮乏已成为铅工业发展的限制条件，回收再生铅，可以减少原生铅矿的开采、节约能源、降低成本，有利于环境保护。目前世界再生铅产量已超过原生铅产量，中国的二次铅资源回收利用起步于20世纪50年代中期，产量长期徘徊在几千吨至万吨之间。一直到20世纪90年代开始，随着对环境保护和资源综合利用的重视，中国的再生铅工业取得了一定进展，已初步形成独立的产业，1995年再生铅产量达到17.53万吨，占铅总产量的26.92%。2003年再生铅产量已达到30万吨，相比1995年增加了71.42%，但我国原生铅的产量增长得更快，同期增长了211.6%，因此，再生铅产量占总铅产量的比例反而下降了（16.8%）。随后几年的再生铅占铅总产量的比例仍在10%～20%徘徊。其原因有二点：一是原生铅增长快于再生铅，二是大量的精铅出口。鉴于我国是“巴塞尔公约”签约国，有人建议，以上比例的计算应扣除出口精铅量。

1995年、2003年以及2004～2007年世界及各国原生铅、再生铅和铅总产量分别见表27-1和表27-2。

表27-1 1995年世界及各国铅产量 （万吨）

国家及地区	原生铅产量	再生铅产量	铅总量	再生铅占总铅量比例/%
欧 洲	78.20	95.80	174.0	55.1
南 美	20.95	14.60	35.10	40.30
美 国	37.29	98.50	135.70	72.50

续表 27-1

国家及地区	原生铅产量	再生铅产量	铅总量	再生铅占总铅量比例/%
加拿大	17.76	10.34	28.10	36.80
非　洲	9.00	5.50	14.50	37.90
亚　洲	18.30	26.40	44.70	59.10
日　本	15.10	13.70	28.80	47.60
澳　洲	20.90	3.40	24.30	14.00
CIS	8.60	4.80	13.40	35.80
小计（中国除外）	226.10	272.60	498.70	54.70
中　国	47.50	17.50	65.00	26.90
世界总计	273.60	290.10	563.70	51.50

表 27-2　2003 年及近年来世界铅产量　　（万吨）

国家及地区	原生铅	再生铅	铅总量	再生铅占总铅量比例/%
欧　洲	53.70	100.00	153.70	63.60
南　美	22.70	18.00	41.50	45.30
美　国	30.80	110.00	140.80	78.10
加拿大	11.80	13.20	25.00	52.80
非　洲	6.80	7.0	13.80	50.70
亚　洲	24.50	28.00	52.50	53.80
日　本	14.00	16.50	30.50	54.00
澳　洲	28.50	3.50	32.00	10.90
CIS	12.00	6.50	18.50	35.10
小计（除中国外）	208.40	303.5	511.90	59.30
中　国	148.00	30.00	178.00	16.90
世界总计	356.4	333.50	689.90	48.30
2004 年小计	165.20	325.81	490.00	66.49
中　国	159.98	34.00	193.45	17.50
世　界	324.43	359.81	683.44	52.64
2005 年小计	177.55	305.70	493.05	62.00
中　国	185.43	53.71	239.14	22.45
世　界	362.98	369.41	732.19	50.45
2006 年小计	182.80	343.02	525.82	65.23
中　国	212.78	58.71	271.49	21.60
世　界	395.58	401.73	747.31	50.38
2007 年小计	182.93	353.03	536.00	65.86
中　国	213.78	65.35	278.82	23.40
世　界	331.29	418.18	749.18	55.81

表列数据显示：

（1）自1995～2007年世界铅总产量、原生铅和再生铅都呈上升趋势，分别比1995年上升了32.90%、21.08%和44.18%。2007年再生铅占铅总产量的55.81%。

（2）除中国外的世界铅产量呈现出另一种现象，10多年内基本维持平衡，只增长了7%，其中的原生铅不增反而降了12.3%。而再生铅占铅总量的60%以上，可见发达国家对铅的二次资源利用十分重视。

世界铅产量主要依赖中国铅产量增长而增长，中国铅产量从1995年的65万t至2007年产量278.82万t，增长了328.95%。中国仍处在工业化迅速发展阶段，除满足自身快速经济发展需要外，每年还出口45万吨，要承受大量能源消耗和环境压力。再生铅产量占铅总量还不足世界平均水平的1/2，其潜力很大。

从各国再生铅产量的情况分析，基本上分为三类：（1）不生产原生铅的国家，只产出少量的再生铅，这类国家有西班牙、爱尔兰、葡萄牙、瑞士、尼日利亚和新西兰等。（2）再生铅产量超过原生铅产量的国家，这类国家有美国、德国、意大利、英国、法国和日本等。（3）再生铅产量低于原生铅的国家主要是发展中国家，特别是中国。近10多年来无论是原生铅，还是再生铅、世界铅产量的增长基本是中国完成的。

由于金属铅的特殊性，对环境要求颇为严格的规定，使该行业的发展纳入法制轨道，国外对铅的再生回收利用有严格的规定，一般都集中在经过严格审批的一些大厂进行。这点值得我国仿效。

27.2 二次铅资源的构成

27.2.1 铅的应用变化

由于塑料、纤维、计算机等的出现使铅的电缆护套、铅簿、铅管、铅印等的应用大幅下滑。另外对环境的重视，铅在家电、电子产品、汽油添加剂的使用也受到很大限制。因此，几十年来铅的应用在各领域所占比例发生了很大变化，见表27-3。

表27-3 铅在应用领域所占比例 （%）

时间	蓄电池	化工	军工	电缆护套	合金焊料	四乙基铅	其他
20世纪60年代	27.14	19.43	20.94	19.10	9.6	—	9.0
20世纪70年代	38.00	12.00	16.00	12.00	8.0	11.00	4.0
20世纪80年代	48.00	15.00	11.00	8.00	6.0	7.00	4.0
20世纪90年代	64.00	14.00	9.00	4.00	3.0	2.00	5.0
2005年	79.14	7.5	6.60	1.10	0.27	—	3.5

由表27-3可见，随着汽车、摩托车工业发展，铅酸蓄电池用铅越来越多，占铅用量的80%。发达国家这部分铅的应用高达85%，而这种趋势还在继续。化工、军工弹药部分用铅由于过于分散而无法回收。对于可回收部分铅，铅酸蓄电池用铅可占90%以上，下面就1960年和2005年铅在各领域应用的绝对量变化和可回收铅的变化列于表27-4。

表 27-4 1960 年、2005 年铅的主要消费绝对量变化

应用领域	1960 年				2005 年			
	消费量/万吨	占比例/%	可回收量/万吨	占比例/%	消费量/万吨	占比例/%	可回收量/万吨	占比例/%
电 池	64.8	27.14	64.8	100	518.6	79.14	518.6	100
化 工	46.4	19.43	—	—	49.3	7.5	—	—
电缆护套	45.6	19.10	45.6	100	7.2	1.10	7.2	100
军 工	50.00	20.94	40.00	80	43.2	6.6	34.4	80
合金焊料	22.9	9.6	4.6	20	1.8	0.27	0.054	20
其 他	9.00	2.77	4.5	50	23.00	3.5	11.5	50
合 计	238.7	100	162.9	68	655.3	—	572.3	87

从表 27-4 可知铅酸蓄电池用铅，从 20 世纪 60 年代的消耗 64.8 万吨/a 到 2005 年消耗已增至 518.6 万吨/a，占当年铅总消耗的 80%，它是最主要的二次铅资源。次要二次铅资源有电缆护套、化工用耐酸衬铅板、铅管、印刷合金、铅锡焊料、轴承合金等，尽管其中的某些方面应用早在 20 世纪 60～70 年代已停止使用，但由于这些制品使用寿命很长，因此在一些固定领域不时还大量产生旧废料。再次的二次铅资源有含铅碎屑和下脚料、冶炼厂含铅渣、烟尘和阳极泥等。但通常所说的二次铅资源主要指废铅酸蓄电池。

27.2.2 铅酸蓄电池的组成

过去，中国的汽车工业并不发达，二次铅资源的基础薄弱。“七五”以来国家把汽车工业作为国民经济的支柱产业之一，随着我国汽车、摩托车和电动自行车的发展，随着车用蓄电池产量迅速增长，据有关专家预测今后 15～20 年电池的 95% 还会是以铅酸电池为主，且使用寿命仅 3～4 年，因而今后二次铅资源将会快速增加。

车用蓄电池大致分为三类：（1）汽车启动、照明、点火用的蓄电池（SJI）。（2）电动汽车用蓄电池（BPV）。（3）作为备用/不间断电源蓄电池（UPS）如矿灯等。其中 SJI 约占 70%，BPV 和 UPS 约各占 15%。

铅酸蓄电池主要由正负极板、电解液、隔板和外壳等构成。极板则由板栅和活性物质构成，板栅一般是铅锑合金浇铸而成，现在发展的趋势是少含锑或不含锑合金极板或铅钙合金。电解液为硫酸，壳体一般由聚丙烯制成，少量的可由硬橡胶、胶木、酚醛塑料等制成，隔板则由重塑料制成。板栅合金作为铅酸蓄电池的重要的非活性元件，它的变化过程直接决定铅酸蓄电池由普通型向全封闭型、免维修型的发展过程。板栅材料经历了纯铅，高锑、中锑、低锑的铅锑合金，以及铅钙合金的发展过程。铅锑合金具有优良的力学和加工性能，然而铅锑合金板栅在电池使用过程中需经常加水和充电，即需要维修。因此，铅锑合金中的锑含量不断地被降低，以减少维护。

目前，市场上大量采用低锑的铅锑合金，用于制备少维护的铅酸电池。但是，即使低锑合金也难实现铅酸电池的“免维护”。这导致了另一类重要的合金，即铅钙合金系列的出现。铅钙合金解决了水的逸失，然而，却引发了“无锑效应”，即电池出现“早期容量损失”现象。随着铅钙合金中锡的含量提高，这一问题总算得以解决，铅钙合金被世界发达国家普遍采用，即使致力于发展低锑合金的欧洲，2000 年以后 76% 的负极和 47% 的正极也都采用铅钙锡合金。目前国内铅酸电池主要采用低锑合金，铅钙合金也占据一定的市

场，但采用的铅钙合金含锡量依旧很低。铅酸蓄电池组分和质量见表27-5和表27-6。

表27-5 铅酸蓄电池的重量和组成

废铅酸电池平均质量（17kg）	所占比率/%	金属、栅极和电极	27.5
隔离板和重塑料	4.3	聚丙烯（外壳塑料）	5.0
总糊状物	43.0	电解质	20.0
其中铅氧化物（PbO、PbO_2）	13.0	整　体	100.00
硫酸铅	30.0		

表27-6 糊状物和金属组分 （%）

名　称	糊状物	金　属	名　称	糊状物	金　属
隔离板	0.5	1.4	聚丙烯	0.5	0.7
硫酸铅	68.4	2.0	干燥整体	100.00	100.00
铅氧化物	29.6	0.9	水	13.0	3.0
金属铅	1.0	94.9			

糊状物中的铅纯度较高，因为糊状物来自电池的阳极物质，阳极一般由4（N）铅制成。当糊状物质被辗磨机妥善分离后，会遭到金属的轻微“污染”，它们在火法冶炼时，会使成品铅稍带有亚锑成分，并牢固结合在一起，成了铅/锑/锌（Pb/Sb/Zn）、铅/钙（Pb/Ca）和铅/钙/锌（Pb/Ca/Zn）。

27.2.3 二次铅资源市场

中国是世界上最重要的金属铅生产国和消费国，也是最大的精铅出口国，国内铅的供需对全球影响巨大。2007年以来，LME铅价累计涨幅超过100%。由于国内汽车工业、摩托车、电动自行车行业的发展对金属铅需求的增加，成了推高铅价的因素，也进而导致铅企业生产的积极性。我国政府出于限制粗产品出口和节能减排的考虑，政府大面积调整了出口关税，对于精炼铅不但取消了出口退税，且开始征10%出口关税，其结果增加产品成本，导致出口锐减。

我国是“控制危险废料越境转移及处置巴塞尔公约”的签约国，废铅作为危险废料不允许转移至第三国，这说明我国再生铅原料只能依靠国内市场。废铅酸电池占废铅原料的85%，因此，谁掌握废铅酸电池的回收渠道并拥有原料的再生铅企业，谁将在一轮铅价上涨行情中获利。

西方和中等以上发达国家回收废铅酸蓄电池一般的途径有：（1）制造商通过其零售网络负责回收。（2）政府批准的收集铅酸电池和含铅废物回收的强制专门联盟和专业回收公司收集后交再生利用铅厂。（3）再生铅厂经批准建立特定的废铅酸电池回收清除公司。在发达国家，单个废电池的价格是非常低的，但在欠发达国家其价格相对高得多，这就导致这些废电池很多都流入非法回收商手中，通过非正规手段尽可能获取最大利润，这些行为还导致非常严重的健康和环保问题。因此，有人建议在新铅酸电池价格中引入保证金或征收税收的办法。保证金是在新电池价格中附加补偿费，当持有者将报废电池送到官方指定的回收商手里后，就可拿回保证金。如果在购买新电池时，退回报废的电池也可以在价格上享受有一定折扣。除此之外，很多国家采取的最普通办法就是在出售新电池的厂家必须回收旧电池（以旧换新）。“保证金”和“以旧换新”这两项最简单的规定最终成了国际电池组委会法规的主要组成部分。目前该项措施已被美国大部分州采用，且证实是最有效的办法。瑞典、意大利、澳大利亚、比利时、丹麦、希腊和挪威都出现了由电池制造商和出口商、废旧电池回收者和再生铅生产商、经销商组成协会，协会通过对新电池征税，其资金用作回收旧电池的运输费和宣传费用，执行之后各国的旧电池的回收率一直保持在一个很高的水平上。一些国家废旧电池的回收率见表27-7。

表27-7 各国旧电池的回收率 （%）

国别	年份	回收率/%	国别	年份	回收率/%
美国	1990~2003	89.5~99.2	意大利	1990~2003	100
瑞典	1990~2003	95	欧盟各国	1990~2003	>90~100

日本废旧电池的回收和再生铅情况见表27-8。

表27-8 日本废旧电池的回收和再生铅 （万t）

财政年度	1997	1998	1999	2000	2001	2002	2003
电池生产量A	16.0	15.0	15.7	16.6	15.7	15.5	15.4
废电池回收量B	15.3	15.9	15.7	15.8	15.6	15.4	16.5
废电池再生量C	15.1	14.5	14.6	15.4	14.6	15.1	15.5
B/A回收率/%	95.6	106.0	100.0	95.2	99.4	99.4	107.1
C/A再生率/%	94.4	96.7	93.0	92.8	93.0	97.4	100.6

表27-8中电池生产量包括旧电池翻新替换和拆卸报废汽车得到的两部分电池，但不包括进口电池的量。因此，回收率偶然情况下有可能超过100%。从整体上看回收率和再生率都比较稳定。只是在铅价格出现比较大的波动时，即在回收、再生出现有利可图和无利可图时，才会出现波动。回收废旧电池收购价格一般比较低，1993年受日元升值的影响，导致市场下跌，废旧电池回收一度停滞，1994年废旧电池回收率下跌到63%。总之，废旧电池的回收、再生已形成一套比较完整的行之有效的办法。

我国从事废电池回收的机构有：各地物资回收公司、报废汽车回收拆解企业、再生铅生产企业、电池生产商和大量的废旧物资收购人员。其中个体私营收购点占60%、电池生产商和零售商占26%、汽车维修和“4S”店占5%、再生铅和专业回收点占9%。最终流向生产企业，其中原生铅冶炼厂占17%，规模再生铅生产厂占42%，小型再生铅生产厂占41%。我国的回收体系比较分散，废旧电池回收集散市场基本分综合市场、专业市场和特设市场三类。

综合市场：山东临沂的华东有色金属城是我国北方著名综合废旧金属交易市场，日交易量达3000t，其中有废铜、铝、铅、贵金属和不锈钢，年交易量接近100万t。按普通年份计，全年交易废铅酸电池达15万~16万t。

河南许昌的长葛也是国内主要的废旧物资回收交易市场，年交易量可达40万t，已形成金属、型材、不锈钢和炉料市场，年交易的废铅酸电池达4万t。还有湖南汨罗、浙江晋云等。

专业市场：安徽界首交易市场，界首位于皖西北，人多地少，自古就有以收购废旧物资谋生的传统，有从业人员3万多，产业覆盖全市80%乡镇。他们把收购的废旧电池进行拆解后，“一口锅、一把柴”就开始了土法冶炼，一时间，出现了许多“小铅厂”，“村村点火、户户冒烟”成了当时界首的一大景观。显而易见，这种极其粗放、原始的生产经营方式，给当地群众带来利益的同时，也给当地生态环境造成了极大的破坏。直到2004年从解决发展致命的环保问题入手，引入循环经济理念，走资源综合利用的路子，化害为利，变废为宝。集中人力、财力、物力，制定整体规划，使界首的再生铅产业走上规范发展。经过整合、改造和提升，创建了华鑫铅业集团，现该集团下辖13个子公司，有固定资产13亿元，从事生产加工人员3500人，购销运输人员近6000人，收购废旧电池从南到越南，北到俄罗斯，产品销往全国各地的大型化工企业和出口贸易公司，已形成年收购废旧电池33万吨，年生产再生铅20万吨的能力。形成从收购回收—拆解分类—再生利用—产品销售一条龙式的专业市场。

特设的市场：该市场形成与再生铅冶炼企业有着密切关系，为保证原料而特设的。如湖北的再生铅基本集中在鄂西北，以谷城的湖北金洋冶金股份有限公司为核心，在巩固原有回收网络的基础上，金洋与国内著名的"4S"店汽车专门服务点加强合作，处理其交付的废旧铅酸电池。

江苏以最大的再生铅企业春兴为依托在天津、重庆、厦门、广州等地的分公司建立了覆盖面广泛的回收网络，徐州总部的生产能力已超过10万t/a。

上海飞轮有色金属冶炼厂是上海定点处理废蓄电池企业，产能为4.5万t/a。为了开发和解决铅原料，2007年该企业与上海市内80多家电动车生产销售企业签约，对废铅酸电池实行定向回收，据悉2007年该企业产量约为3万t/a。

目前，国内废铅酸电池的回收市场和渠道仍不规范，由于大型再生铅企业、矿产铅冶炼厂和外资企业纷纷介入，废旧铅酸电池回收的竞争日益激烈，在《铅锌行业准入条件》中，国家鼓励大中型优势铅锌冶炼企业并购小型再生铅企业。安徽界首的华鑫、河北保定的新鑫铅业有限公司都是脱胎于小企业，走的是小企业联合、改造、提高的路子，经过转型，现已成功地跻身国内大中型再生铅企业的行列。

27.3 二次铅资源的回收利用企业和技术发展

27.3.1 二次铅资源的回收利用企业

发达国家对二次铅资源的循环回收企业早已制定了法律文件，特别对环境问题更有严格的规定，使该行业的发展纳入法制轨道。从20世纪60年代以来，世界原生铅的产量逐渐下降，二次再生铅的产量逐渐上升。相对其他金属，铅的回收再生比较容易。因此，铅是所有金属生产中循环率最高的。在20世纪80~90年代，世界再生铅的产量就超过了原生铅产量。鉴于环保、技术和经济原因，发达国家的再生铅生产只允许集中于少数大型企业进行。经国际铅锌研究小组整理，全球除中国外原生铅和再生铅企业名录在2005年的汇编中共有170家再生铅企业，包含了大部分大型再生铅企业，但欠发达国家和发展中国家还有很多非正规和非官方的小冶炼企业。

与此相反，我国的再生铅企业大大小小共有300多家，生产规模从几十吨到上千吨，规模在万吨以上的企业只有屈指可数的几家，且其中绝大多数企业为民营企业。相信，随着《铅锌行业准入条件》的颁发，对再生铅企业提出了起码的规模、工艺、有价金属回收率、能耗指标和其他技术经济指标及三废环保标准要求后，能逐步淘汰不满足条件的土法冶炼工艺和小型再生铅企业。我国主要的再生铅企业列于表27-9。

表 27-9 我国主要再生铅企业

名 称	产能/万 t · a^{-1}	产量/万 t	原 料	冶炼工艺
江苏徐州春兴合金集团	10	7.0	废蓄电池	反射炉
湖北谷城金洋冶金股份	6.0	5.0	废蓄电池	反射炉
安徽界首鑫华铅业集团	20.0	约 20.0	废蓄电池	反射炉
河北保定新鑫铅业	6.0		废蓄电池	反射炉
上海飞轮有色冶炼	4.5	3.0	废蓄电池	反射炉
河北安新华诚有色金属	3.0		废蓄电池	卧转式反射炉
江西弋阳德诚金属	5.0	5.0	含铅渣 + 酸泥	鼓风炉
天津东邦铅资源公司	2.0	筹备中		
河南济源豫光金铅集团	10.0			矿铅 + 再生铅底吹熔炼
河南安阳豫北金铅、金鹏	10.0			矿铅 + 再生铅
湖南水口山有色金属集团	1.0	1.0		矿铅 + 再生铅底吹熔炼
云南祥云飞龙公司	3.5	建设中		矿铅 + 再生铅底吹熔炼
湖南桃江冶炼厂	3.0	筹备中		矿铅 + 再生铅

27.3.2 二次铅资源回收利用技术

废铅酸蓄电池回收利用和再生，通常包括以下主要步骤：

（1）收集。先由车主将废蓄电池从汽车上拆下，再送到汽车服务站，在服务站换新蓄电池。从服务站将旧蓄电池送处理站，在这里旧蓄电池被解体，或直接将旧蓄电池送回收厂处理。

（2）运输。铅是有毒物质，故蓄电池的运输必须按有毒物对待，在运输过程中不能和其他物质一起混合运输，要防止蓄电池的破损和漏酸。

（3）贮存。蓄电池可贮存在室内外，但通常在室内。无论室内外，蓄电池都必须贮存在无反应，不透水的地面上，防止铅和酸污染环境。

（4）拆解。蓄电池的拆解、破碎和分选在冶炼再生之前，必须用一种或几种技术将蓄电池破碎。最普通的方法是先锤碎，锤碎的物料再在破碎机中破碎。现代蓄电池的破碎、分拣及分选过程是将铅分成金属、氧化物和硫酸盐等部分，将有机物分成壳体和隔板部分。有机物中的壳体聚丙烯可回收利用，硫酸可销售给当地的硫酸市场或中和后弃之。膏糊（PbO_2、PbO、Pb、$PbSO_4$）泵送到装有蓄电池废酸的反应器中，加苛性钠或苏打中和或转化。然后压滤，滤液经处理后弃掉，滤饼洗涤除去硫酸盐后用作炼铅原料。

过去废铅酸蓄电池的拆解都采用人工拆解，目前这种方式已在发达国家被明令禁止，但是在部分国家和地区还有人工拆解，这对工人及身心健康不利，且污染严重。

目前，采用的自动拆解设备已基本定型，据了解有意大利安吉泰（Engitec）公司的 CX 破碎分选系统和美国 LMT 公司、MA 公司、法国 BJ 公司以及日本东邦亚铅株式会社的电池破碎分离预处理系统，其中应用最为普遍的是意大利的 CX 和美国的 MA 破碎分选系统。其工作原理原则上是：带壳的废蓄电池由胶带输送机提升至破碎加料口，在其上升过程中经穿孔机将壳体击穿，电解质（H_2SO_4）流入贮槽，并送往污水处理站处理。破碎机采用“钩型重锤式结构”，将带壳的蓄电池击成小于 20mm 粒度后排出，经水平螺旋输送机连续送往水力分级箱，通过调整供水压力以及破碎物各组分密度差异，使重质部分沉入底部由螺旋机取走，经洗涤后合格的金属粒子由叉车送往铅合金车间，在添加适量的合金元素后生产合金。轻质部分随水流往水平筛，筛下物为粒度较小的氧化物部分，经步进式除膏机将其卸出，经浆化后送往压滤机，滤渣送熔炼炉或先经转化再送熔炼进行处理。滤液送往循环池，废水经处理达标排放或复用。筛上物为有机物随水流进入另一水分级箱处理，再将塑料和橡胶分开。其流程图分别见图 27-1 ~ 图 27-3。

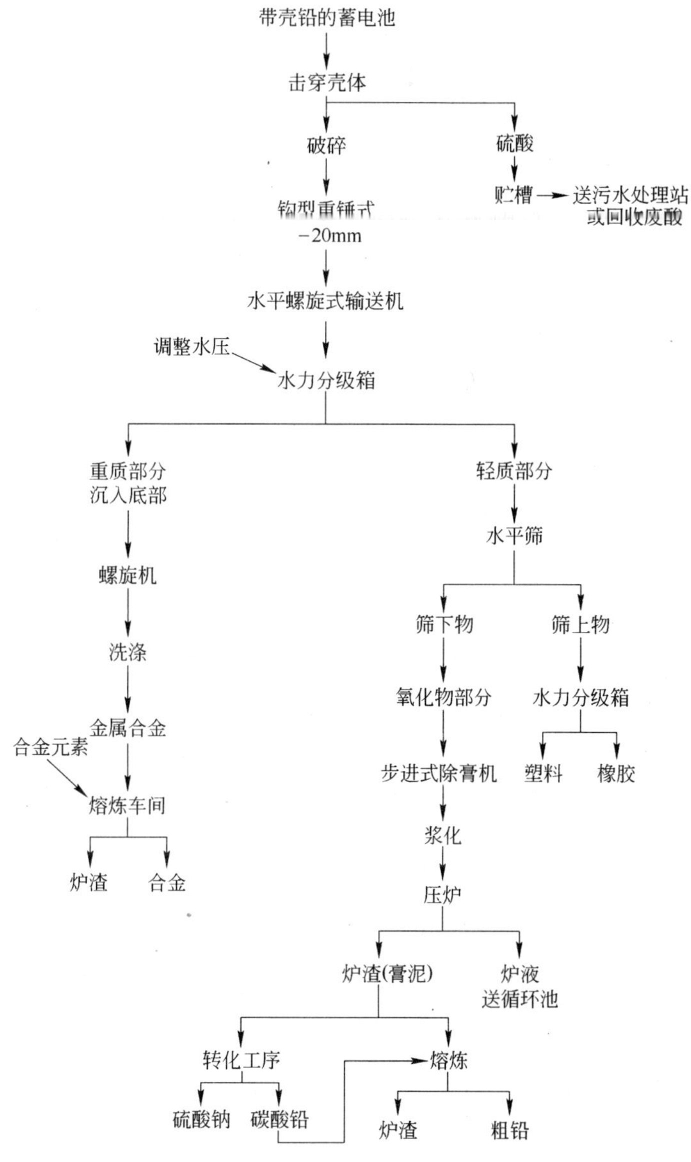

图 27-1　废蓄电池处理流程一

图 27-2 所示的柱式水力分级机，可用水压控制上升的水流速，使轻质聚氯乙烯料上浮，经过 3 个牙棒翻动后，由螺旋输送机送出，并由皮带送去露天堆场，重质合金板栅沉入底部，经螺旋输送机送出，并由卡车运到短窑熔炼工序。分离后的产物有废酸、聚氯乙烯、聚丙烯、硬胶木、膏泥和合金极板栅料。金属回收率可达 95%，塑料回收率也可达 95%，不同物料的互含量降到最低为 0.5%。

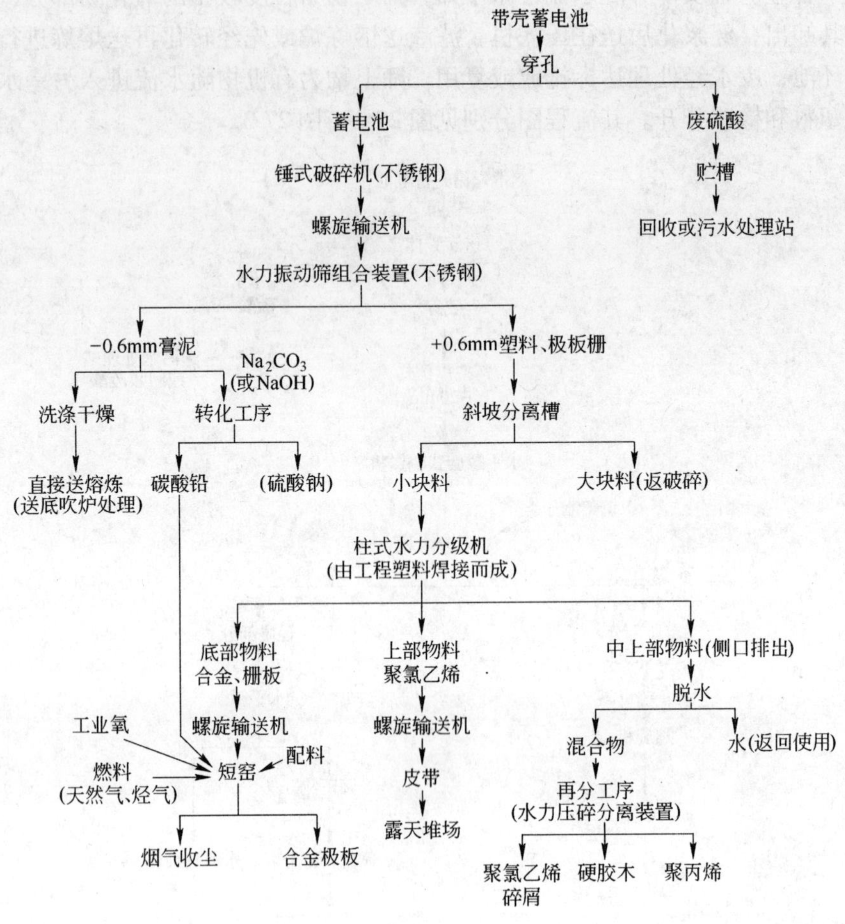

图 27-2 废蓄电池处理流程二

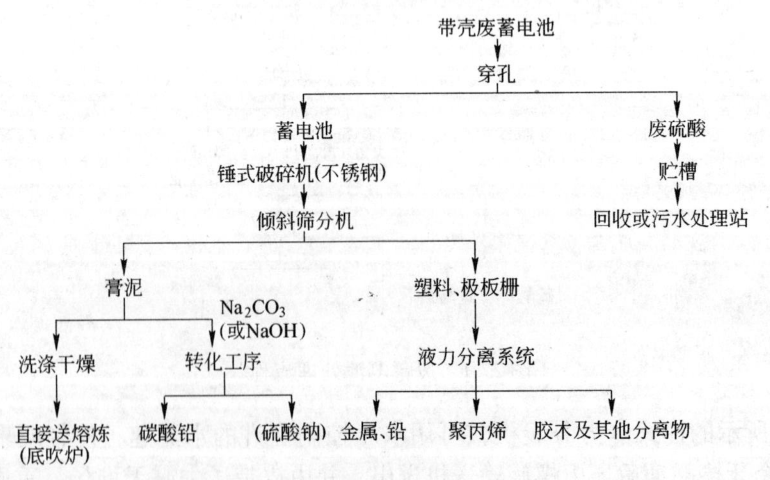

图 27-3 废蓄电池处理流程三

该预处理系统的核心是蓄电池的破碎和筛分、液（水）力分离系统和膏泥的脱硫。下面分别加以叙述。

蓄电池的破碎和筛分：废蓄电池堆存在防酸的斜坡料场，在此进行粗碎并收集酸液。经粗碎的蓄电池由装载机送料至加料仓，再用振动给料机和皮带运输至锤磨机。皮带运输机的上方装有磁性分离器将铁质物料从蓄电池中分离。粗碎料经锤磨机进行细破，细破的物料用湿式倾斜筛分，将膏泥和金属铅以及其他组分分开。膏泥浆收集至贮存池，然后再泵送至脱硫工序。其余部分送至液（水）力分离进一步分选。废蓄电池的破碎筛分作业设备连接见图 27-4。

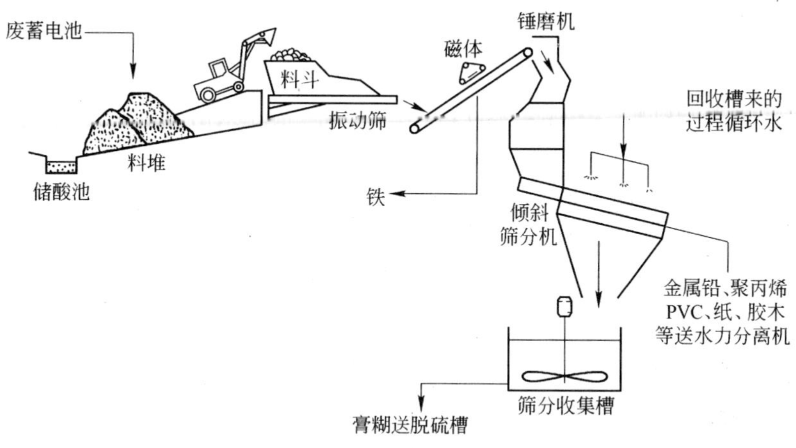

图 27-4　废蓄电池的破碎筛分作业设备连接

液（水）力分离器系统见图 27-5。

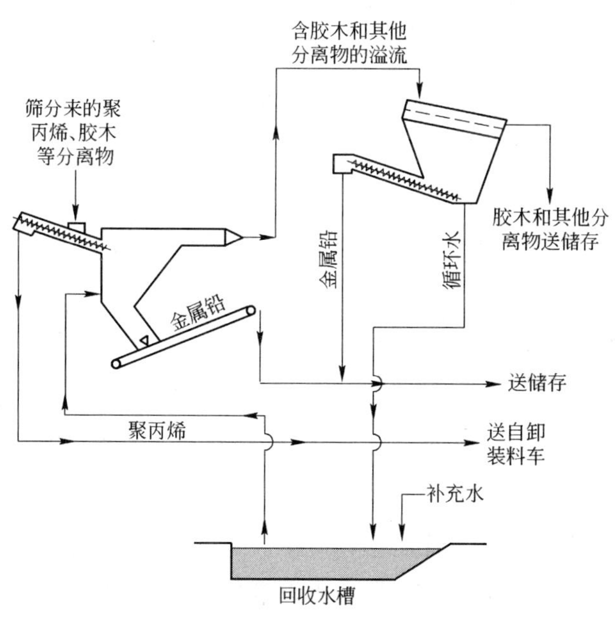

图 27-5　液力分离器系统

由振动筛分离的金属铅、破碎的蓄电池壳体物和其他物料直接加入液（水）力分离器。该过程是利用向上流动的水柱按物料的密度将物料分离。浮在水上的聚丙烯由旋转叶片送至螺旋输送器，再用皮带运输送去贮存或外运。铅沉淀在运输器上并回收，分离器的其他物料、硬胶木以及循环的水溢流至振动筛，其他物料、硬橡胶收集后再进一步处理，循环水收集在沉淀中以便再用。

膏泥处理：膏泥是一种较复杂的混合物，主要成分是 $PbSO_4$ 和 PbO_2，还有少量的 $Pb_2O(SO_4)$、Pb_2O_3，硅酸盐和其他添加物等。$PbSO_4$ 和 $Pb_2O(SO_4)$的存在使膏泥的硫含量约达6%，在直接还原熔炼时，部分硫酸根会被还原成 SO_2，这就会在熔炼时排出含 SO_2 的炉气。解决 SO_2 的逸出有以下几种方法：

（1）用添加剂固化膏泥中的硫。

（2）用添加剂转化膏泥中 $PbSO_4$ 为 $PbCO_3$ 而硫酸根转入溶液除去。

（3）石灰乳中和法除去烟气中的 SO_2。

第一种做法不算太理想，熔炼时添加剂与膏泥中的硫反应使硫进入炉渣，但这样使炉渣铅含量升高了。最常用的添加剂是苏打和铁，铁和苏打是通过生成 $x\mathrm{Na_2} \cdot y\mathrm{FeS} \cdot x\mathrm{PbS}$ 的复杂化合物进入炉渣中。这种渣要求的熔炼温度在1000℃以上。此外还降低了炉子生产效率。

第二种做法通常是往膏泥浆中加氢氧化钠和碳酸钠，反应时间约2h。再从贮酸池将废酸泵入反应槽中和，溶液pH值约为8。总的反应时间至少要8h，要控制酸的加入速度以限制二氧化碳的逸出。反应为一放热反应，在搅拌反应产生热将使溶液的温度由最初的35～40℃提高到最终的50～55℃。反应后的矿浆用压滤机过滤以尽量降低滤渣中的水分。脱硫后膏泥由于夹杂硫酸钠和残留硫酸铅，使总硫含量约为0.8%～1.2%。

膏泥的理论脱硫和中和反应可表示为：

理论脱硫反应：

$$\mathrm{PbSO_4 + Na_2CO_3 \longrightarrow PbCO_3 + Na_2SO_4}$$

中和反应：

$$\mathrm{Na_2CO_3 + H_2SO_4 \longrightarrow Na_2SO_4 + CO_2 + H_2O}$$

实际上理论脱硫反应并不会简单地发生，真正发生的是下述反应，生成的是不同的碱式碳酸铅，它们的比例取决于脱硫的操作条件：

$$\mathrm{2PbSO_4 + 3Na_2CO_3 + H_2O \longrightarrow NaPb_2(CO_3)_2OH + 2Na_2SO_4 + NaHCO_3}$$

$$\mathrm{3PbSO_4 + 4Na_2CO_3 + 2H_2O \longrightarrow Pb_3(CO_3)_2(OH)_2 + 3Na_2SO_4 + 2NaHCO_3}$$

不同的反应剂与硫酸铅的反应程度比较示于图27-6。

从图27-6可见，最佳的反应剂应是 K_2CO_3，但价格太高而不可取，其次是纯碱，但残渣中钠盐太多，且价格高也不可取。综合脱硫效果和钠盐的残留量考虑，最佳的反应剂应为苏打和纯碱的合理搭配。当然，反应温度、时间、反应剂的用量等对指标都有一定的影响。

第三种做法即石灰乳中和法吸收含 SO_2 烟气。这种方法的运行成本肯定要比第二种做

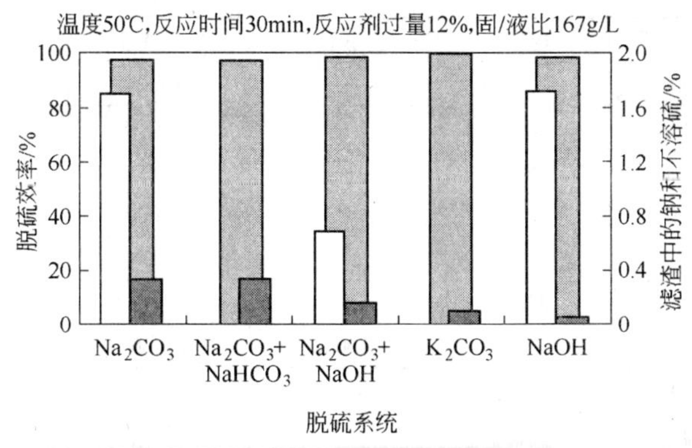

图 27-6 脱硫效果比较

■—脱硫效率；□—滤渣中的钠；■—滤渣中的不溶硫

法低，先决条件是分离得到的金属板栅和电极以及膏泥，分别进行处理，不能混炼，否则处理的烟气要增大，同时增大处理成本。最终的选择还应考虑现场条件。

我国江苏徐州春兴合金（集团）有限责任公司曾从美国 MA 公司进口其废铅酸蓄电池破碎分选系统，经吸收消化后，自行开发了一套废铅酸蓄电池破碎分选系统，据称使用效果和技术性能都不错，更适合我国国情。除此之外，引进 MA 公司破碎分选系统还有河南济源豫光金铅（集团）公司。豫北集团公司引进 LMT 公司的系统，湖北金洋引进意大利安吉泰（Engitec）公司的 CX 破碎系统。最近筹建中的天津东邦资源公司则引进日本东邦的破碎分选系统。

27.3.3 二次铅资源的冶炼技术

回收利用方法有鼓风炉熔炼、反射炉熔炼、回转短窑、电炉和艾萨或奥斯麦特法。根据国际铅锌研究小组（ILZSG）的数据，世界再生铅冶炼的产能中短窑、鼓风炉和反射炉各有 100 万 t 左右。

采用回转短窑是最为普遍的工艺。全球约有 76 家再生铅厂采用这种工艺，产能达 141 万 t。但其中的大型企业并不多，大部分回转短窑厂的产能都在 2 万～5 万 t/a，而且存在有大量非常小的冶炼厂，正是这些小厂导致平均产能只有 1.85 万 t/a。

采用鼓风炉工艺的数量为第二。接近 40 家工厂采用此工艺，产能达到 97 万 t，平均产能为 2.55 万 t。同样，大厂的数量较少，小厂数量多。鼓风炉通常和其他工艺一起使用，在欧洲有 4 家工厂依旧用鼓风炉处理不经破碎的废铅酸电池，这种方法以前被称为 Bergsoe 方法。

采用反射炉工艺数量为第三，全球有 23 家工厂采用此工艺，而产能达到 112 万 t，平均产能为 4.9 万 t，绝大部分的产能在美国，有 11 家工厂，产能从 6 万～13 万 t 不等，平均产能达 10 万 t。除美国外还有 4 个国家采用反射炉熔炼工艺，且多数厂的规模都较小。此外一些工厂开始采用相对新的浸没式喷枪熔炼工艺，有 4 家工厂采用此工艺，总产能为 42 万 t，此工艺程序灵活，且非常适合处理原生矿铅和再生铅的混合料。表 27-10 列出处理二次铅资源冶炼工艺的分布情况。

表 27-10 处理二次铅资源的冶炼工艺分布 ($t_{铅}$/a)

地域或国家	二次铅资源	鼓风炉	反射炉	回转短窑	奥斯麦特或艾萨	电 炉
欧 洲	1000000	120000	—	810000	70000	0
南美洲	188000	20000	—	168000	—	—
美 国	1100000	1050000	—	50000	—	—
加拿大	132000			132000		
非 洲	70000			70000		
亚 洲	280000	50000			40000	
日 本	165000	115000	20000	30000		
澳 洲	35000			35000		
CIS	65000	20000		35000		
中 国	300000	50000	250000			
世界总量	3335000	1445000	270000	1515000	110000	
分配/%		43.3	8.09	45.42	3.3	

注：1. 三种方法，即回转短窑、鼓风炉和反射炉保证了世界再生铅生产总量的95%以上。

2. 美国再生铅企业采用的鼓风炉或反射炉工艺没有具体区分，只是95%以上产量采用以上工艺。

3. 日本接近80%再生铅也是采用鼓风炉或反射炉工艺。

各冶炼工艺技术、经济和环境指标比较见表27-11。

表 27-11 各冶炼工艺技术、经济和环境指标比较

技术、经济环保指标	鼓风炉+反射炉		回转短窑	
	肯 定	否 定	肯 定	否 定
原料适应性		√	√	
原料准备		√	√	
生产的弹性		√	√	
生产的规模		√	√	
灵活性		√	√	
持续工作	√			√
生产效率	√			√
维护费用		√	√	
能 耗		√	√	
投资费用		√	√	
生产费用		√	√	
炉渣稳定性	√			√
排烟量		√	√	

注：比较结果显示回转短窑有更多的优越性。

结合国内和国外情况，对于常用的鼓风炉、反射炉、电炉不再做具体叙述。因为处理矿铅和再生铅，以上炉子从结构上讲没有根本上变化，只是在操作上、控制上发生一些变化。比如鼓风炉处理矿铅时打开所有的风口，而处理再生铅时则不需要，又比如反射炉熔炼，现在已开始使用富氧等。这里着重介绍回转短窑、底吹炉和固相电解法处理膏泥的方法。

27.3.3.1 回转短窑熔炼法

从表 27-11 比较中回转短窑已显示它在各方面的优越性。下面列出几种型号的回转短窑。

型号 1 空气或氧气燃烧，火焰以顺流方向穿过炉子，见图 27-7。

型号 2 氧气燃烧，火焰直接以顺流方向穿过炉子，见图 27-8。

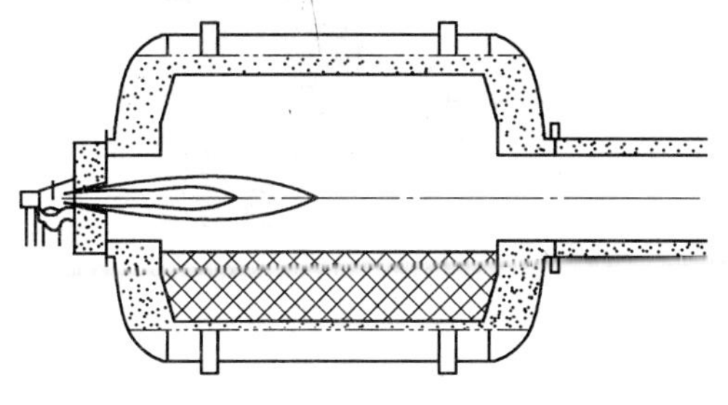

图 27-7 空气或氧气火焰顺流式炉

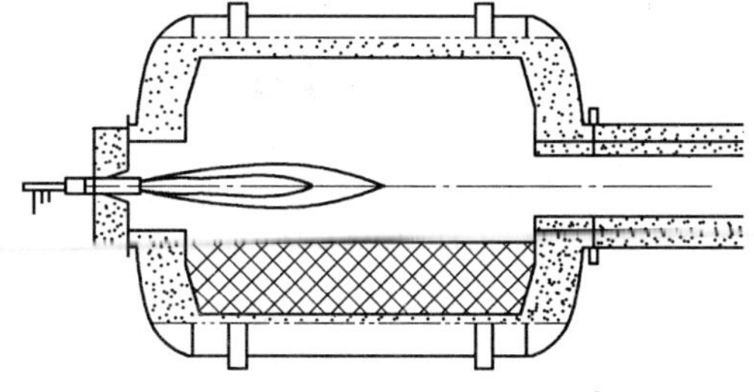

图 27-8 氧气喷火火炉/带火焰的燃料穿过

型号 3 空气或氧气燃烧，火焰以炉尾反向吹送再经炉子穿出，见图 27-9。

型号 4 氧气燃烧，火焰由炉尾反向吹送再经炉膛穿出，见图 27-10。

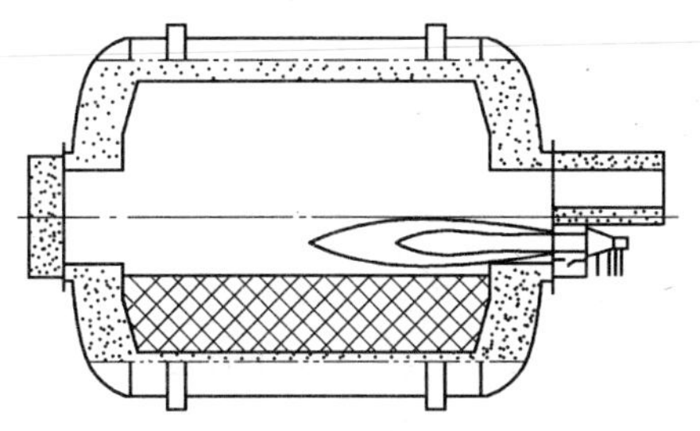

图 27-9 空气或氧气火焰反向式炉

图 27-10 氧气喷火火炉/带火焰的燃料反方向吹送

为了减少火焰穿行炉膛的阻力损失和降低冲刷并便于在倾倒时有助于完全排空，将炉子的前端改为锥体，锥体倾斜 30°。火焰改为中心轴向吹入，以进一步增加火焰在炉内停留时间，提高热效率 10%。依靠一整套自动调节流体的装置能满足最严格的安全标准要求，有利于远距离操作喷嘴的火焰。炉子安装在吸气、吸尘的通风罩下。在通风罩下收集的冷气同吸自炉内的热气相混合。混合气体的温度持续不断地被监控和调节，气体被吸入能自动除尘的过滤装置，粉尘能全部循环进入炉内。容积 $5m^3$ 的斜回转短窑完全排空的时间相比传统的由 40 ~ 60min 缩短为 10min，缩短生产周期 15% ~ 20%，整个生产周期为 5h 左右。法国 BJ 工业公司自 20 世纪 80 年代开发该炉型和投入使用以来，已开发了从 0.5 ~ $5m^3$ 有效容积的系列产品，几乎满足了各种要求。最终的炉型见图 27-11。

该炉型为氧气燃烧的斜回转短窑炉型，火焰轴向反方向吹送。

斜回转短窑见图 27-12。

法国 BJ 工业公司斜回转短窑系列产品的性能见表 27-12。

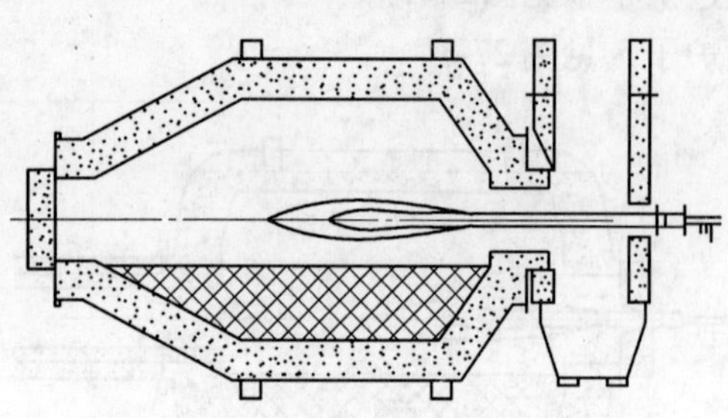

图 27-11 氧气喷火头的斜回旋炉/带火焰的燃烧反方向吹送

图 27-12 BJ 工业公司的斜回转短窑

表 27-12 斜回转短窑的性能

有效容积/m^3	装料量/t	年生产能力/$t \cdot a^{-1}$	特别炉料的平均装入量/%	
0.8	3.5	3000	糊状物（未脱硫）	55
1.5	6.0	5000	金 属	36
1.8	7.5	6000	精制油污	5
3.0	12.0	10.000	粉 尘	4
5.0	30.0	18.000		

27.3.3.2 底吹炉熔炼法

为改造传统的烧结—鼓风炉还原炼铅工艺1998年由北京有色冶金设计研究总院和水口山矿务局共同开发的底吹—鼓风炉新型炼铅工艺，近年来已在国内得到大面积推广应用，其中包括已投产的8家、能力68万t/a，在建的8家、能力61万t/a。

它采用富氧底吹熔炼方法，处理含硫和铅的原料，进行自热熔炼，产出粗铅和高铅渣。底吹炉的主要特点是具有较高的传热传质效率，氧气利用率高，炉子密封好，能实现低负压操作，炉内喷溅少，无炉结，砌体寿命长，车间环境卫生和劳动条件好，烟气二氧化硫浓度高，有利于制酸，硫回收利用率高。

在矿铅冶炼企业中搭配处理废杂铅料，可采用先进的氧气底吹熔炼工艺，铅酸蓄电池经预处理分离的膏泥或金属栅板不经预脱硫，可以直接在底吹炉中处理，烟气经两转两吸制酸后以低于国家环保标准要求排放，根据富氧底吹熔炼的热平衡计算，最大废铅处理量可占总处理物料的30%。该法是目前最优和最经济的再生铅资源综合利用途径之一。与现有采用短窑、鼓风炉和反射炉等处理方法相比，除了环保方面的绝对优势外，还有低能耗，金属回收率高和工艺流程简短的好处。

豫光金铅集团公司、水口山铅业集团公司和祥云飞龙公司都是采用底吹炉搭配处理铅废料，其工艺流程是：入炉的原料来自铅精矿和废铅酸蓄电池，废电池首先经预处理拆解分离，产出金属栅板、膏泥、外壳、隔板和废酸。金属栅板送合金车间，在添加适量的合金元素锑或锡后生产铅、铅锑合金或铅锡合金。生产过程中产生的铅渣和拆解分离的膏泥送铅底吹炉系统处理。生产工艺及铅产业循环见图 27-13。

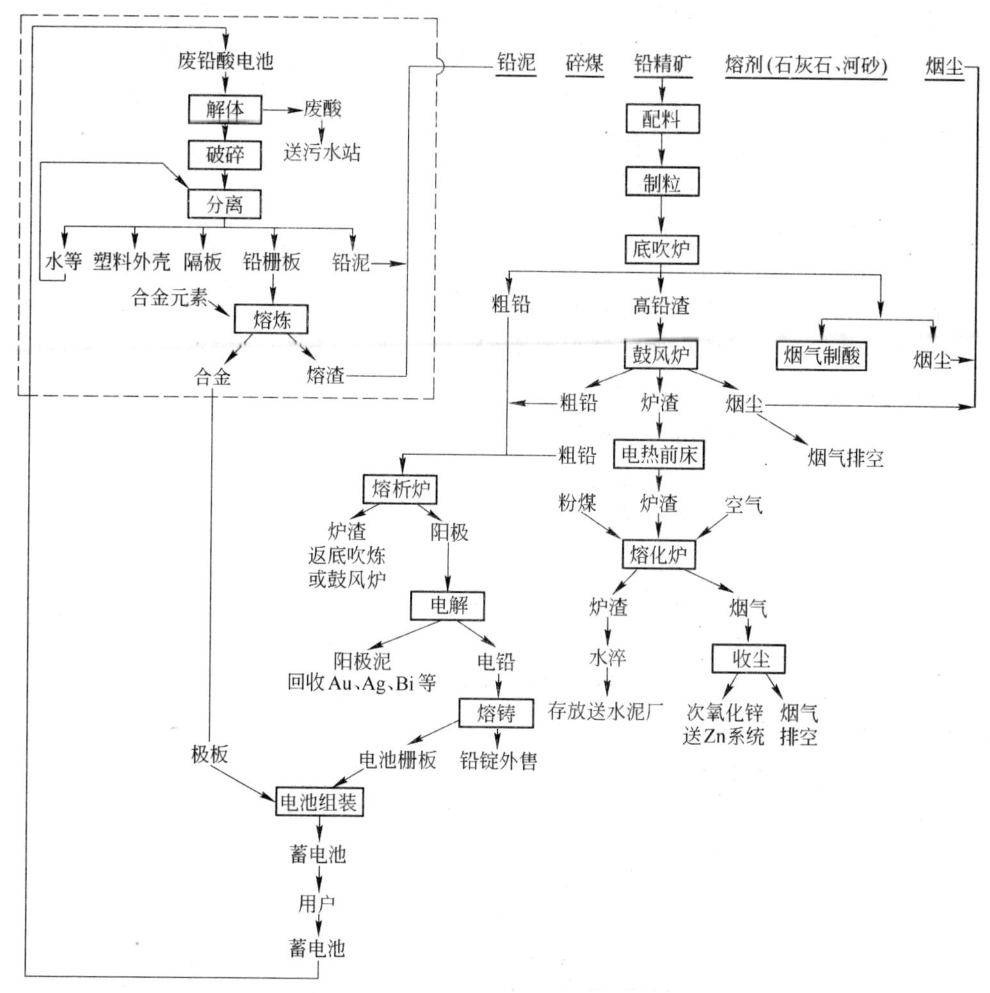

图 27-13　再生铅生产工艺及铅产业循环经济

图 27-13 中的虚线部分为再生铅生产系统，其余部分为原生铅生产系统，二者的结合作为循环铅生产企业更显其优势，主要表现在：通常单一的循环铅生产企业（包括国外）是将铅膏加碱如碳酸钠转化脱硫后，再熔炼。而现在将铅膏以及熔炼合金的炉渣和铅精矿一起直接配料，加入氧气底吹炉熔炼产出粗铅，底吹炉烟气除尘之后送制酸系统，省略了膏泥的转化脱硫工序。

板栅经低温熔铸配制成合金或生成硬铅，硬铅可电解，产品形式更为灵活。

该工艺的另一优点是实现氧气（或富氧底吹熔炼处理低硫原料）。通常，原生铅生产企业处理的原料含硫约为 20% 左右。最高可高达 44%，氧气底吹炉入炉原料含硫可降到更低，仍可以实现热平衡和烟气 SO_2 浓度满足制酸要求。

氧气底吹炉处理的铅膏主要成分为 $PbSO_4$ 和 PbO，发生的主要反应为：

$$2PbO + PbS \xlongequal{\quad} 3Pb + SO_2$$

$$PbSO_4 + PbS = 2Pb + 2SO_2$$

化学反应式中的PbS，主要来自铅精矿，在氧气底吹炉中，铅膏的主要成分由于互换反应，生成金属铅。采用底吹熔炼和高铅渣鼓风炉熔炼，弃渣含铅可以降到2.0%～2.5%，铅回收率大于98%，总硫回收率为96%以上，环保指标均符合或优于国家标准，污水达标排放，车间粉尘和铅尘含量低于规定的国家标准。此外，该工艺还有投资少，综合能耗低和生产成本低的优点。

27.3.3.3 固相电解法

固相电解法技术是1997年由中国科学院化工冶金研究所研发成功的，该工艺先将废铅酸电池用机械分离，分离成外壳塑料、隔板、栅板和膏泥部分。外壳塑料可直接出售或重新熔铸成电池外壳：隔板无害化焚烧处理或熔铸成建筑用各种容器；板栅经低温熔化并添加合金元素铸板或合金锭，用于制作新电池，膏泥经转化后，直接制涂在不锈钢阴极上，缓慢烘干，电解，阴极上还原出铅，再经熔化、铸锭供电池生产用，它是一种回收的清洁生产工艺，其工艺流程见图27-14。

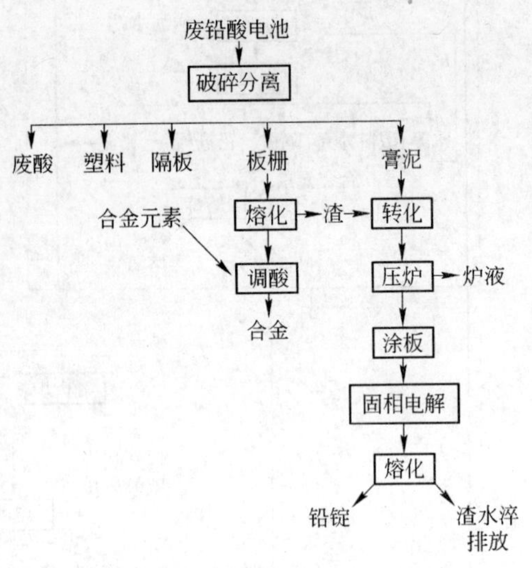

图27-14 固相电解工艺流程

其相关条件，指标如下：

名称	$PbSO_4$	PbO_2	PbO	Pb	其他
膏泥	50%～60%	15%～35%	5%～10%	2%～5%	2%～4%

转化反应：
$$PbSO_4 + 2NaOH \longrightarrow Pb(OH)_2 + Na_2SO_4$$

电解反应：

阴极：
$$PbO + 2e + H_2 = Pb + 2OH^-$$
$$PbO_2 + 4e + 2H_2O = Pb + 4OH^-$$

阳极：
$$2OH^- - 2e = H_2O + 1/2O_2$$

电解液：10%～15%的NaOH

电解温度：40～60℃

电流密度：600～1000m^2

槽电压：1.8～2.6V

极距：20mm

周期：20h

指标：

电解铅回收率	大于95%
电效	85%
电耗	600kW·h/t_{Pb}
碱耗	200kg/t_{Pb}

电铅　　99.99%

环保指标：

废水含	Pb < 0.5×10^{-6}　Fe < 5×10^{-6}　COD < 100×10^{-6}　pH 值 7 ~ 9
废渣含	Pb < 1.0%
车间空气	Pb < $10mg/m^3$

（撰稿　赵国权）

27.3.3.4　顶吹沉没熔炼法

顶吹沉没熔炼法处理蓄电池膏泥是近年来发展较快的一种再生铅生产工艺。顶吹沉没熔炼技术是澳大利亚联邦科学与工业研究组织研究开发的一种新的冶炼技术，称为赛罗熔炼法（SIROSMELT），由不同技术开发公司开发出多种应用技术应用于不同金属（包括再生铅）的冶炼，20 世纪 90 年代以来实现工业应用最多的是奥斯麦特（Ausmelt）与艾萨斯麦特（ISAsmelt）。

1991 年，英国精炼金属公司（BRM）开始以工业规模用 BRM（ISA）工艺熔炼蓄电池泥，生产能力为 30000t/a 铅金属。工艺流程为：废铅酸蓄电池采用 Engitec CX 电池破碎机破碎，分离塑料壳体等非金属后，分别收集铅板和电池糊，电池糊用氢氧化钠脱硫，脱硫后的氧化铅膏泥投入 ISA 炉熔炼，产出含铅 99.9% 的粗铅和锑铅炉渣，锑铅炉渣用工厂原有的短转炉进一步处理回收铅锑合金。铅板也采用 ISA 炉单独熔炼。ISA 炉采用空气操作，以再生油作燃料。BRM 再生铅熔炼工艺流程见图 27-15。

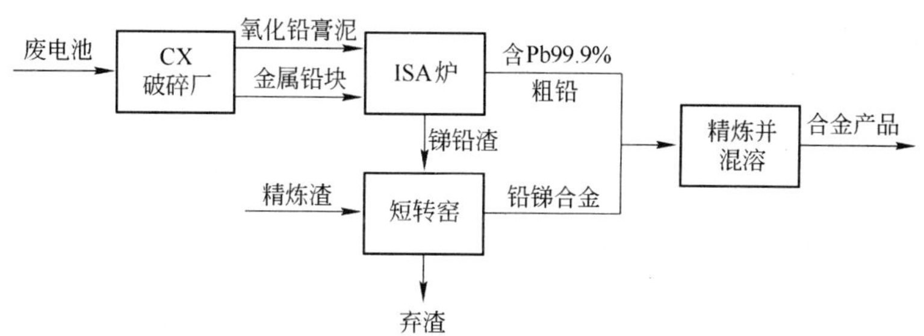

图 27-15　BRM 再生铅工艺流程示意图

BRM 流程熔炼氧化铅膏泥的金属分布为，ISA 炉熔炼氧化铅膏泥，87.2% 的铅以粗铅（Pb99.9%）产出；12.8% 的铅进入铅渣（铅渣含 PbO 55% ~ 65%），用短转炉处理后，其中 12.2% 的铅以铅锑合金产出；短转炉渣中的铅占总铅量的 0.6%。1996 年，炉子的处理能力已从原设计的 7.5t/h 提高到 12t/h 以上。1995 ~ 1996 年度的单位成本是 1992 ~ 1993 年度的 55%。从废蓄电池中分离出来的金属铅块，集中单独熔炼，生产含锑较高的软铅。

1994 年，欧洲金属集团公司在德国诺丁汉威塞尔布莱尔（Weserblei）冶炼厂，采用赛罗-奥斯麦特技术取代传统烧结机加鼓风炉的炼铅技术，1995 年建成 90000t/a 铅冶炼系统。处理含铅 60% ~ 80% 的高品位铅物料（蓄电池泥 + 铅精矿），氧化熔炼粗铅产率达 85% ~ 90%。10% ~ 15% 的铅以炉渣形态产出，炉渣含铅 40% ~ 60%，水淬后作为铅精矿出售。

1997年，比利时霍伯肯（Hoboken）再生铅铜冶炼厂采用ISA熔炼技术处理蓄电池泥与铅精矿，产出的富铅渣水淬后作为鼓风炉烧结机的配料。

2000年，马来西亚普拉英德（Pula Indah）再生铅冶炼厂，也采用ISA熔炼技术生产再生铅。

有关顶吹沉没熔炼技术的详细资料参阅本书第5篇有关章节。

（撰稿 冯桂林）

28 二次锌资源的提取

大力开展再生资源的回收利用对于实施可持续发展战略，促进经济与环境的协调发展，建设环境友好和资源节约型社会具有非常重要的现实意义。

28.1 概述

28.1.1 国外发展概况

锌主要是一种功能材料。它可增强其他金属或材料的使用性能，如镀锌钢板、橡胶、涂料及塑料的氧化锌填料等。这些材料在使用过程中都依靠锌或锌化合物来延长本身的失效期。锌的生产原料主要依靠矿产资源，但随着科技进步、锌用途的日益广泛和社会废金属容量的增加，二次锌资源的回收利用就显得尤为重要。根据国际锌协会（IZA）估计，目前西方世界每年消费的锌锭、氧化锌、锌粉和锌片总计在650 万 t 以上，其中的200 万 t 来自锌废料。2000 年美国锌循环利用量占锌总量的40% 左右，世界锌循环利用量（包括锌金属、合金和锌化合物）的增长速度为原生锌产量增长速度的3 倍，世界上再生锌工业已有了相当规模，发展势头良好。有再生锌工厂 50 多家，其中美国就有 12 家上规模的再生锌工厂。

国际铅锌研究组（ICZSG）对部分发达国家历年的锌金属总产量和再生锌产量统计结果见表 28-1。

表 28-1 部分发达国家锌金属总产量和再生锌产量

年 份	2000	2001	2002	2003	2004
精炼锌金属总产量 A/万 t	616.7		679.8	666.8	658
再生精炼锌金属产量 B/万 t	60		62.8	55.2	52.1
再生金属锌所占份额 C/%	9.7		9.2	8.3	7.9
重熔锌金属占锌合金量 D/万 t	29.6		28.2	28.1	28.5
二次原料的直接应用量 E/万 t	110.8		117.9	117.9	117.9
循环利用总量 $B+D+E$/万 t	200.4		208.9	201.2	198.5
锌循环利用量占锌总量/%	32.5		30.72	30.2	30.2

二次锌资源为各种含锌渣，其中包括电锌厂的浸出渣、热镀锌渣、废锌基合金、汽车碎片和废黄铜与火法炼铜的烟尘等，特别是随着钢铁工业的发展，镀锌钢板产量不断上升，含锌烟尘产生量不断增加，因此，二次锌资源的原料结构发生了变化，从过去以各种含锌渣、废锌合金为主改变为含锌烟尘为主，随之产生了一大批大型联合式跨国公司。大型联合公司实例见表 28-2。

表28-2 大型联合公司实例

公司名称	企 业	国 家	处理能力/万t	方 法	后续工序	原 料
德国的 Berzelius Umwelt Service AG C. B. US	BVS Metal Buisburg	德国	6	威尔兹法	无	电炉烟尘
	BU. S FreBerg GmbH	德国	5	威尔兹法	—	电炉烟尘
	Recytech S. A.	法国	8	威尔兹法	无	电炉烟尘
	Pontenossa S. P. A	意大利	9	威尔兹法	洗涤净化	电炉烟尘
	Aser S. A	西班牙	10	威尔兹法	洗涤净化	电炉烟主
欧洲金属公司	Recytech S. A	法国	8			电炉烟尘
	Harz Metal	—	5			电炉烟尘
联合矿业公司	Orerpelt	比利时				电炉烟尘
	Normanday Mining	—				各种废锌和烟尘
	Larritpigment	澳大利亚	13	蒸馏法		各种含锌废料
不列颠尼亚锌公司 Britannia Zink		英国	8 22	密闭鼓风炉（ISF）		火法炼铜烟尘 废弃锌锰电池
Befesa公司		葡萄牙	23			电炉烟尘占1/2以上
HRD（Horsehead Resources Development）美国公司		美国	38	威尔兹法		电炉烟尘
IMCO		美国 US Zink Corp				
ZCA	伊利诺伊、得克萨斯和田纳西州的5个二次锌资源生产厂 ZCA（Zink Corp of America）	美国 US Zink Corp	10			电炉烟尘

注：北美、欧洲有专业的从事二次锌资源中回收锌的企业，也有原生锌矿大型锌冶炼企业从事二次锌资源的回收和处理。开始时仅仅处理热镀锌厂的浮渣、锅底渣、废旧锌、锌基合金的零件以及化工厂的含锌废料和次产品，次的氧化锌，但随着钢铁工业的发展，热镀锌钢板产量的增加，各国的“资源保护与再生法”的修订和重新颁布及电弧炉烟尘废弃成本的大幅提高，顺应这种形势产生了一些大型联合公司或跨国公司。

在亚洲二次锌资源回收利用较好的国家有日本和印度。日本由于资源的匮乏，从20世纪70年代就开始二次锌资源的回收利用。1999年日本电炉炼钢能产出含锌烟尘52万吨/a，其中的70%得到了回收，28%经无害化处理，5%用作水泥原料。参与回收利用的公司有专业锌生产企业，专业的烟尘回收利用企业及相关钢铁企业等。

印度锌的循环利用也起始于20世纪70年代，循环利用产锌占锌总产量的15%～20%。原料主要依靠进口锌浮渣、黄铜渣和热镀锌渣等二次资源。1996～1999年间印度政府曾一度禁止锌废料进口，使得35%的企业倒闭，之后不得不解除禁令。目前印度锌循环利用再度活跃。

日本和韩国在废锌锰电池回收技术方面有所创新。以等离子体处理锌锰电池，回收铁锰合金和金属锌。年处理锌锰电池能力达6000t，也可以用湿法处理，但需要分选、焙烧、破碎和分级的过程，流程长，成本比较高。目前还没有大面积推广应用，仅仅是一种尝试而已。

28.1.2 国内的发展概况

随着我国锌消费量的大幅度增长，国内的锌废料也明显增多。锌废料的再生利用不仅仅可以节省资源和能源，且可以减少污染，改善生态。改革开放以来我国再生有色金属发展很快，特别是铜铝、铅都已形成产业。唯独再生锌的发展速度相对慢些，产量低，其所占精锌产量的比例可忽略不计，2004～2007 年我国再生锌产量分别为 8.0 万 t、8.5 万 t、11.0 万 t 和 9.7 万 t，分别占当年锌总产量的 3.18%、3.14%、3.48% 和 2.59%。目前，我国再生锌生产厂家不多，规模也不大。大都采用落后工艺技术，金属回收率不高，污染严重，特别是二恶英的污染。下面列出一些再生锌生产厂家，见表 28-3。

表 28-3 再生锌生产厂家

名　称	生产能力/万 t	处理原料	备　注
广钢集团广州金邦有色金属有限公司	6	电炉烟尘	新建
常州华扬锌业有限公司	10	电炉烟尘	新建
爱励美锌业金属有限公司（常熟）	3.4	废锌基合金	
保定鑫昌锌业有限公司	2.0 0.6	废锌基合金 烟尘（ZnO）	
宁波香毫莱宝金属有限公司	3.0 2.5（产量）	废锌基合金	
上海新格金属有限公司	0.6	废锌基合金	
江西弋阳宏业有色金属有限公司	0.8	各种含 Zn 渣	
安阳岷山有色金属有限公司	0.6	各种含 Zn 渣	

28.1.3 产量的统计

近几年我国统计的再生锌产量仅 10 万 t/a 左右，仅占锌总产量的 3% 左右，这与锌的生产和消费大国是极不相称的。发达国家统计的循环锌产量是三部分组成，即再生精炼锌、重熔锌金属和二次原料直接应用三部分之和。我国的统计数据中仅有第一部分，即再生精炼锌。如果将统计的口径统一，那么我国的循环锌的产量将有所增加。因为热镀锌的浮渣、锅底渣各占热镀锌耗锌总量的 10%，二者合计 20 万吨/a，而绝大部分厂家都配备有回收设施，自行回收，有的则包给企业的三产回收。再者铜基合金和锌基合金熔炼与加工过程的熔渣、下脚料、边角料以及残次品等占耗锌量的 20%，其量为 12 万～14 万吨/a，被厂家直接回炉回收。这些都未计入再生回收系统。

我国再生锌产业相对铜、铝和铅发展缓慢，究其原因与锌的应用特殊性有关。下面列出锌的消费结构见表 28-4。

表 28-4 我国锌消费结构

消费领域	热镀耗锌	轻工(干电池)	化　工	铜合金	锌基合金	其　他
比例/%	40	18	16	13	12	1

注：化工耗锌包括橡胶、塑料、油漆、陶瓷添加剂等。

我国近期各部门锌的消费量列于表28-5。

表28-5 我国各部门锌的消费量

年份 用途	2003		2004		2005	
	万 t/a	%	万 t/a	%	万 t/a	%
镀锌板用锌	82.8	36.70	95.2	36.70	118.8	36.70
轻工(干电池)用锌	37.3	16.53	42.8	16.50	53.5	16.53
化工用锌	33.1	14.67	38.1	14.69	47.5	14.67
铜合金用锌	26.9	11.92	30.9	11.92	38.6	11.92
锌基合金用锌	24.8	11.00	28.6	11.03	35.6	11.00
其 他	20.7	9.18	23.8	9.17	29.7	9.18
总 计	225.6	100.00	259.4	1000	323.7	100.00

随着我国的建筑、汽车、机械制造业的发展，同时电力、通信、农业、交通运输和轻工等行业对铜管、压铸锌合金、电池等产品的需求，国内锌的消费将继续保持增长。但其中的某些行业或系统由于应用的过于分散而难以回收。

首先是化工用如橡胶、油漆、陶瓷、医药和化学试剂等以锌的氧化物或其他化合物形态使用，以添加剂的状态加入以改善它们的使用性能，品种多、分散难以回收。

其次还有轻工用锌，主要是干电池用锌，它的用锌占轻工用锌总量的80%以上，2005年干电池用锌达53.5万t，占锌消费总量的16.5%，仅次于热镀锌用锌量。2005年产干电池305亿只，超过全球产量的一半以上（占54.5%），内销138.65亿只（每只干电池耗锌16.1g)，需耗锌22.4万t、铜42.6万t、锰粉33.2万t、汞57.85t。干电池的回收利用不仅仅涉及循环经济，更为严重的是汞、铜等有色金属对环境的污染。由于过于分散和回收的经济效益问题，干电池的回收基本上处于空白状态。如何解决已成为迫在眉睫的现实问题。

再次是热镀用锌，它是耗锌的最大用户，占锌消费总量的40%，2003～2005年分别达828万t、952万t和1188万t。每吨镀锌钢板平均耗锌34kg。今后镀锌钢板的产量还将继续增加，因此它的回收利用更显得重要。目前废镀锌板回收利用过于分散，对于大型钢厂而言，虽设有收尘系统，含锌价值有限，对于收到烟尘没有进行认真处理。而小钢厂则没有完整的收尘系统，烟气往往直接排空，污染环境。其实一般情况下，只要简单地分选，镀锌板单独处理，可以收到烟尘含锌在15%～25%，这是很好的锌原料。

最后含锌铜基合金，由于专业的再生铜冶炼厂的设备不配套和不健全，这部分锌也未能很好回收。真正回收的只有废锌基合金，目前国内已有几家回收工厂。

28.2 二次锌资源的来源和构成

二次锌资源包括有新废料和旧废料两类。新废料指的是工业生产过程中产生的边角料，下脚料和残次品等，旧废料则是指使用后被淘汰、被废弃的物料。它们主要来源于社会生产、流通和消费等各个领域。

28.2.1 有色加工企业产生废料

有色加工企业产生的废料，主要包括金属和合金废料。废品废件如切头尾料、浇冒口，冲轧边角料、废次品、含金属的灰渣等。这部分废料一般都由企业自己回收利用，是所谓的生产过程产生的新废料，不进入流通领域。能进入流通领域的只有少部分金属含量低的低档次废料或灰渣。如：（1）镀锌过程中由于熔融锌的氧化而产生的，浮在熔融锌的表面锌灰，锌灰主要是锌的氧化物，当然也有少量的金属锌及其他杂质。通常的组成是：Zn 60% ~85%、Pb 0.3% ~2.0%、Al 约 0.3%、Fe 0.3% ~1.5%、Cl 2% ~12%。(2)镀锌过程中，为了降低熔融锌的氧化而加入熔剂，熔剂撇渣其通常组成为 Zn 5.6%、$ZnCl_2$ 48.1%、ZnO 27.4%、$AlCl_3$ 3.1%，其余的为 Fe、Cl、Al 等的氯化物或氧化物。此外，还有镀锌槽底，由于坩埚壁和钢部件与熔融锌反应形成锌铁合金，沉淀在槽底，称之为底渣，它的典型成分为 Zn 96%、Fe 4%。(3) 在钢管镀锌时，清查表面时得到喷吹渣，它的典型成分：Zn 81%、Fe 0.3%、ZnO 约 16%、Pb 0.3%、Cd 0.1%。(4) 各种废旧锌基和铜基合金，前者多数在挑选的基础上回炉，经成分调试之后，重新铸造成合金回收，后者则在回收铜时，合金元素锌挥发，以 ZnO 烟尘回收，然后送锌冶炼处理。(5) 锌精矿湿法冶金中产生的各种含锌渣，其中包括浸出渣、净化渣和熔锅渣等。通常情况下都是由厂家自行处理的，处理之后还含有锌的渣则转卖。

28.2.2 消费领域产生的二次锌资源

该领域产生的二次锌资源的数量应该是很大的，产生于国民经济各个工业领域的工矿企业，特别是冶金工业的电弧炉炼钢时，往炉子里加入各种废钢铁：如镀锌钢板上的锌，在炼钢过程中易挥发进入烟尘，电弧炉烟尘主要含氧化锌，少量的铁酸锌以及其他金属氧化物，其典型组成为：Zn 19.4%、Fe 24.6%、Pb 4.5%、Cu 0.42%、Cd 0.1%、Mn 2.2%、Mg 1.2%、Ca 0.4%、Cr 0.3%、Si 1.4%和 Cl 6.8%。自 2005 年之后热镀锌的锌年消费量都超过 100 万 t，电弧炉炼钢烟尘锌的回收是再生锌回收利用的重中之重。

28.2.3 社会上产生的含锌废料

随着生活和消费水平的提高，设备、仪器的更新加快以及新部门、新行业的扩大，社会产生的含锌废料很有潜力。目前全国从事再生资源回收的人员有 1500 万 ~1800 万人（其中 1000 万为个体），企业有 5000 ~6000 家，网点约有 15 万个，总的二次资源（Cu、Al、Pb、Zn）回收的量约 150 万 t。二次再生资源除了成批报废的设备、仪器仪表或建筑、厂房和设施外，大部分属消费领域。因此，依靠个体的走街串巷，从社会的各个角落收购，成为不可避免。然后集中到网点，到集散地。以国内再生资源为主的集散交易市场，形成规模的有：湖南汨罗、山东临沂、河南长葛、浙江永康、广东清远和南海、河北保定、湖南永兴、辽宁大石桥、贵阳、成都和安徽界首等，其中又分专业市场和综合交易市场。废锌资源没有形成专业市场，只零散分布在各综合交易市场中。如，湖南汨罗、河南长葛、山东临沂和浙江永康五金交易市场。

湖南汨罗：汨罗有遍及全国的收购的网络，年废旧物资交易量达 80 多万吨。它的废旧物资交易具有以下特点：

（1）货源充足，汨罗有上万人，通过遍及全国的收购网络，将各种有色金属废料源源不断地运回汨罗。凡是含铜废料都含不同成分的锌。

（2）生产加工方式粗放，仍以简单分选为主，经过粗加工，制成非标准合金销售，产品附加值不高。

（3）价位低，主要是原材料，大部分为初级品，产品技术含量不高。针对以上情况，当地相关部门积极引导企业向产品的深加工发展，延伸产业链。

河南长葛：近年来长葛也逐渐成为我国重要的有色金属废料集散地，年交易量达40多万吨，其中Cu、Zn、Al废杂金属占半数以上。目前已形成有色金属交易市场的有：铝型材市场、不锈钢市场和炉料市场。

山东临沂：又称华东有色金属城，临沂地处苏、鲁、豫的交界，是连接华北、华东地区的重要枢纽，是我国目前最重要废旧金属集散地之一，日交易金属量达3000多吨，其中废杂铜（包括锌）1000t、废杂铝600t、废铅约500t、废不锈钢600t、年交易量近100万吨。该交易市场的建设和发展，不仅仅带动了周边再生有色企业的发展，也为我国再生有色金属产业发展提供了原料保证。

28.2.4 进口废旧有色金属

我国还处在工业化发展阶段，社会的废旧有色金属容量有限，无法满足再生有色金属产业发展的要求。每年都进口大量的有色金属废料，进口的废料可分为两部分，一部分是比较纯净的废有色金属或合金，海关称之为六类废料；另一部分是以回收铜铝为主的废电机、废电线电缆和废五金；含锌废料夹杂其中，海关称之为七类废料。进口数量逐年增加，趋势惊人。2004~2007年进口的七类废料分别为314万t/a、373万t/a、413万t/a和558万t/a。

为了规范进口有色金属废料的秩序，促进再生有色金属产业的健康可持续发展，对进口七类废料实行“园区定点”管理。从2003年浙江台州自主园区管理开始，截至2005年国家环保总局批准为定点园区有台州、宁波、太仓、子牙和漳州5个园区，而2006年国家环保总局又批准了河北文安、山东烟台、广西梧州、广东江门和肇庆等五地建设再生资源加工园区。2007年又批准江西鹰潭、广西玉林、广东梅州、清远、沈阳等五处。园区的建设没有统一模式，仍处在探索阶段，它的意义在于促进以“资源—产品—再生资源”为内容的循环经济的发展，其中个别园区已形成一定的规模。

浙江台州再生资源加工园区：浙江台州地区是我国最早进口境外废金属并进行拆解的地区。2003年4月在峰江安溶村组建了第一个拆解基地，开始时只有10多家企业，在当地政府和相关部门的引导下，聚集的企业已达40多家，综合拆解能力达100多万t。在台州地区废旧金属回收利用企业已涌现一批规模大、技术装备较先进的企业。如台州的齐合天地、开来丰泽、长青和中环物资再生利用有限公司等。

浙江宁波再生资源加工园区：该园区坐落于宁波市镇海港区，是区政府兴办的监港型物流园区，2003年10月被国家环保总局列为全国进口再生资源“园区管理”的试点，区内设有海关、国检和监管区、商务管理区、员工生活区、污水固废处理区以及生产加工企业。至2005年入园企业已达55家，生产工人约11500人，拆解、加工、利用废旧金属能力达100万吨以上。

江苏太仓港再生资源进口加工园区：园区位于太仓港口开发区内、区内海关、质检和监管等部门管理一条龙。目前入区的项目以六、七、十类废料的拆解加工和回收利用为主，入区企业已达38家，园区处理能力逐步扩大。该区的特点：一是企业规模大；二是入园企业专业化程度高、产业链长；三是自动化程度高。

天津子牙环保产业园：该园区经天津政府批准，国家环保总局确认。市环保局和静海县政府共同规划建设的一家进口七类废料统一规范化的管理园区。园区位于天津西南的静海县子牙镇、紧临津涞公路，交通便利。整个园区的路网分割形成 10 个生产单元，按功能分为：拆解交易区、产品深加工区、污染处理区、功能服务区和生活服务区。年拆解能力达 100 万 t，其中铜锌 40 万 t，铝 20 万 t、橡塑 10 万 t 和铁 10 万 t。还准备进行汽车、橡塑和锂电池的拆解和回收。

福建漳州全通资源再生产业园：该园区地处福建省招商局漳州开发区内，面对台湾海峡，园区有完整的公路网，交通方便。利用废旧金属、废五金、废旧电机产品、废旧运输设备及废旧塑料品，进行拆解、加工、熔炼生产铜、铝、钢铁等金属产品和再生塑料品。规划建成年处理 100 万 t 的基地，目前仍在建设中。

28.3 二次锌资源冶炼加工企业与技术发展

28.3.1 国内二次锌资源回收利用加工企业

目前，我国的再生锌产业的原料来源于国内回收和进口两部分，国内回收锌废料没有专业市场，最终集中在几大再生资源回收交易综合市场，如山东临沂、河南长葛、湖南汨罗、浙江永康五金交易市场和辽宁大石桥等。这些交易市场以铜、铝为主，废锌量相对较少。另一部分含锌废料来自进口的七类废料。据统计，我国近几年进口含锌废料量见表 28-6。同期再生锌资源量见表 28-7。

表 28-6 2000 ~ 2007 年进口含锌实物量 （万 t）

2000 年	2001 年	2002 年	2003 年	2004 年	2005 年	2006 年	2007 年
4.8	3.5	5.1	6.8	7.3	7.6	7.25	4.22

表 28-7 2000 ~ 2007 年我国再生锌量 （万 t）

年 份	2000	2001	2002	2003	2004	2005	2006	2007
进口部分	2.8	2.1	3	4	4.2	4.5	5.8	3.4
自产部分	1	1	1.2	1.5	3.8	4.0	5.2	6.3
总 量	3.8	3.1	4.2	5.5	8.0	8.5	11.0	9.7

根据二次锌原料组成，基本上可分为：以氧化锌为主的烟尘类、以废弃的各种零部件为主的合金类和以各种冶金过程产生的各种含锌渣类等三类。表 28-8 列出处理三类不同原料的企业。

表 28-8 处理三类不同废料的企业

企 业 名 称	原 料	能力/万 t	占比例/%
广钢集团广州金邦有色合金有限公司	烟尘	6	62.4
常州华杨锌业有限公司	烟尘	10	
爱励美锌金属有限公司	废合金	3.4	32.3
保定鑫昌锌业有限公司	废合金	2.0	
		0.6	
宁波香毫莱宝金属有限公司	废合金	3.0	
上海新格金属有限公司	废合金	0.6	
江西弋阳宏业有色金属有限公司	含锌渣	0.8	5.2
安阳岷山有色金属有限公司	含锌渣	0.6	

28.3.2 再生锌回收工艺技术

再生锌回收利用技术有火法、湿法或两者结合，针对不同含锌原料，回收技术有所不同。

28.3.2.1 威尔兹法

以废镀锌钢回收利用的含锌烟尘为原料，一般含锌为 19% ~25%，经威尔兹炉再挥发，得到二次烟尘。该烟尘含锌高达 50% ~60%，可以作为湿法炼锌厂的浸出原料，按浸出—溶液净化—电积流程回收锌，见图 28-1。流程特点是能耗高，流程长。

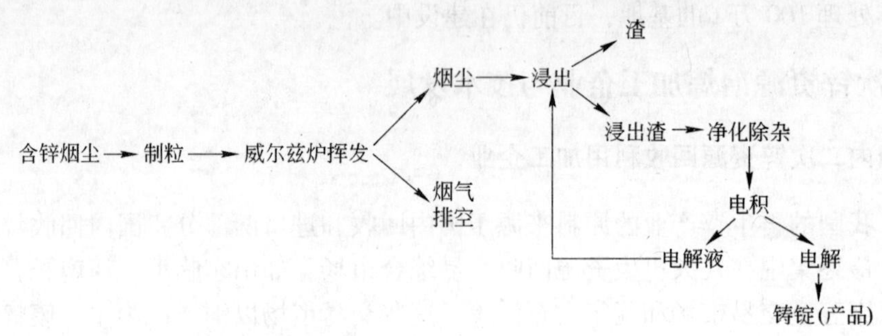

图 28-1 威尔兹法回收锌

28.3.2.2 帝国熔炼法（ISP）

该法相似于威尔兹法，烟尘需要制粒，且要求相应的强度，满足帝国密闭鼓风炉的要求。英国是该法的创始国，应用普遍。自 20 世纪 60 年代末开始推广应用一直至 90 年代，之后则已进入冷落期，因此，其他国家应用并不多。

28.3.2.3 电炉法

近年矿产资源供应越显紧张，部分低品位硫化锌矿和氧化锌矿也被充分利用，但不能用标准的传统湿法炼锌流程或高温热酸流程处理，特别是在边远山区，受规模和硫酸市场的限制，电炉还原熔炼得以发展。自 20 世纪 80 年代中期开始至今规模逐步扩大，特别对于含稀散金属铟、锗高的矿处理更具优越性，铟的直接挥发率可达 85%。下面列出电炉处理氧化锌矿规模发展见表 28-9。

表 28-9 电炉还原熔炼规模演变

年 份	1985	1997	1998	2001	2003	2005
电炉/kV · A	400	2000	1000	3150	3500	4000

电炉炼锌：直收率为 88% ~92%，总回收率为 98%

粗锌锭含锌 98.7% ~99.5%

铟的挥发率为 86% ~92%

洗涤的回收蓝粉占锌的 8%

外排烟气含锌 $80mg/m^3$

设备流程连接图见图 28-2。

可以用电炉处理含锌烟尘。为提高效率，需再次挥发，使烟尘含锌，由 19% ~25% 提高至 50% ~60%，其工艺流程如图 28-3。

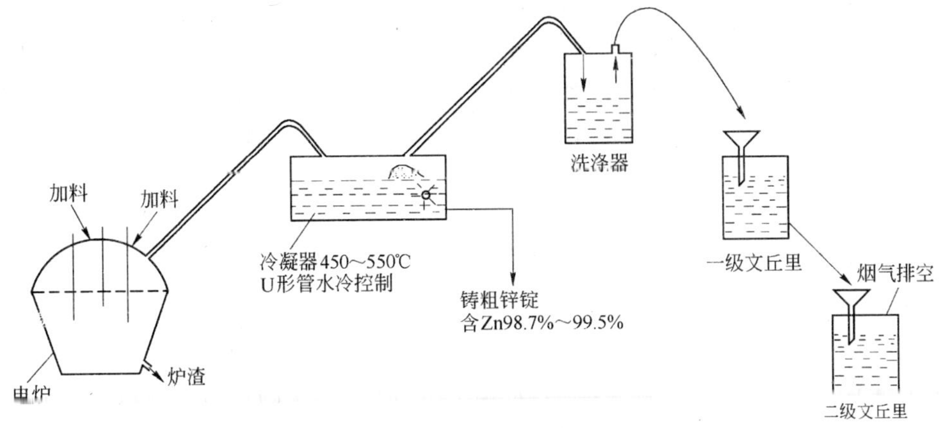

图 28-2　电炉炼锌设备流程连接

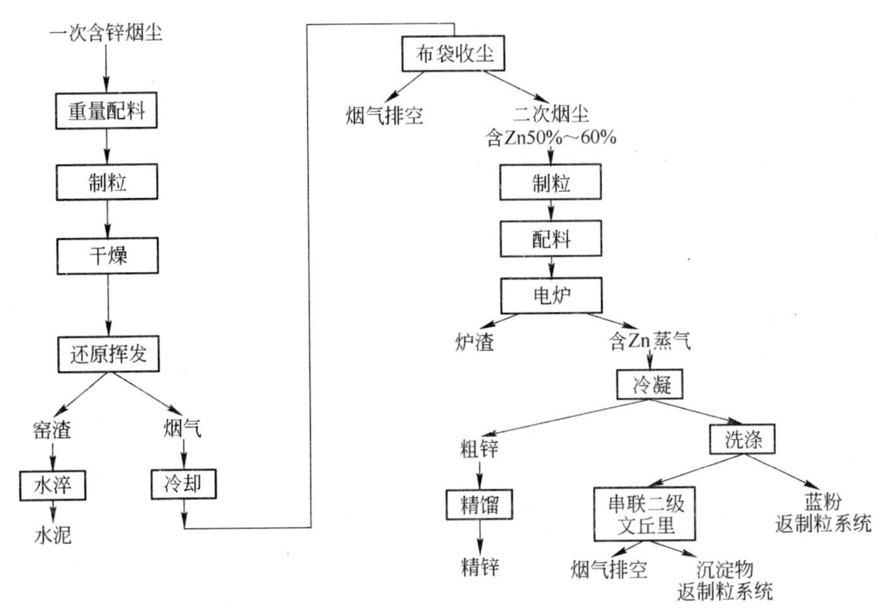

图 28-3　含锌烟尘电炉处理工艺流程

28.3.2.4　含锌烟尘直接湿法处理流程

废镀锌钢板回收含锌烟尘，一般的含锌品位低，铁、硅杂质高，直接常规湿法工艺处理要注意：(1) 铁、硅高，浸出液澄清分离困难，溶液含锌离子浓度低，达不到电锌的技术要求，含氟、氯高，需采取特殊手段，否则电锌时易出现烧板和腐蚀阳极现象。为此开发了浸出—溶液净化萃取反萃—电积锌新流程。新工艺特点：控制温度浸出。为防止铁、硅过多地转入溶液，避免恶化溶液过滤性能，浸出温度比常规低 30℃。(2) 浸出液含锌离子浓度低，通过萃取，使锌的浓度得以富集，满足电积锌的要求。(3) 浸出液和电解液成为二次独立的系统，互不干涉，特别是对于处理含氯高的物料，更为有利。因为氟、氯高将严重腐蚀阴阳极板，影响电积锌正常运行。常规流程对原料含 F、Cl 小于 0.015%。镀锌废钢板烟尘含 F、Cl 达 6% 左右。(4) 进入电积的溶液必须除去有机物，以免影响电积。萃取，反萃液中除有细小有机溶剂颗粒机械夹杂外，都有一定的水溶性，因此，反萃液在送电积锌之前，必须除去有机物，否则影响电锌质量且易出现烧板现象，降低电效。考虑流程的完整性，特别是综合利用，根据原料组成对净化渣和洗涤（杂）液作进一步检查，考虑其综合利用的可能。其流程见图28-4。

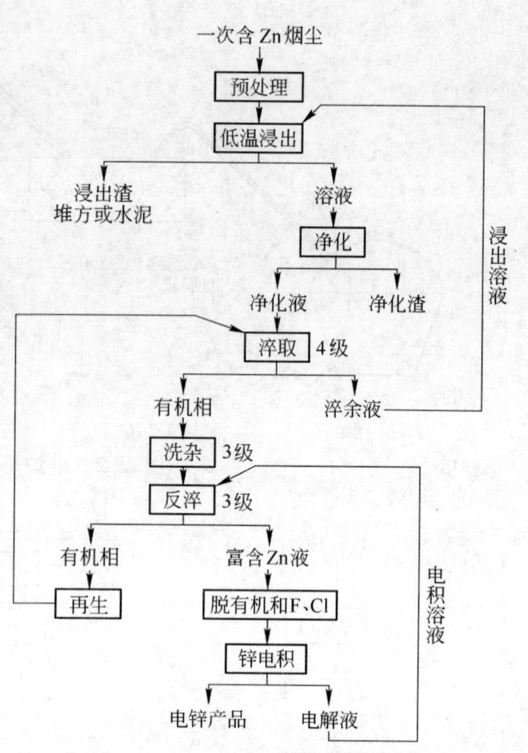

图28-4 处理含锌烟尘的湿法流程图

锌含量、酸含量、电锌液的锰离子浓度都有较大变化。

该工艺流程省去了一次烟尘制粒、再挥发、收尘等一系列工序，但新工艺则增加了浸出液的萃取、反萃取的分离富集过程以及脱有机物等。新工艺有相对简单，流程短、能耗低和回收率高等优点。

28.3.2.5 火法重熔

针对废锌基合金为原料，采用火法重熔，加调合金元素，产出合格产品，熔炼渣则作为再生回收厂的原料。采用的主要设备为钢铸的坩埚炉，容积约1m^{3}左右，燃料可用焦炭、天然气或煤气。据报道香亳莱宝（宁波）和爱励美（常熟）处理的原料全部进口。

28.3.2.6 烟化挥发

针对各种含锌炉渣、浸出渣和蒸馏渣的回收处理，可采用火法挥发，如烟化挥发回收等。

28.3.3 二次锌资源回收的新技术开发

热铸锌渣和热镀锌渣中锌含量高（94%～96%），采用传统湿法冶金工艺处理成本高，尝试用不同的电解液体系处理。

28.3.3.1 常用的湿法冶金工艺为硫酸体系

溶液净化首先加入氧化剂，将溶液中的铁全部氧化成Fe^{3+}，然后加入氨水（或碱）调节pH值，使形成氨型黄钾铁矾沉淀除去铁。该方法的优点是易于沉淀和过滤，缺点是渣量大且有水溶性、易造成二次污染，其他除铁方法还有针铁矿法和赤铁矿法。除铁后往溶液中加入锌粉，置换其中的铜、镉等杂质。镍和钴是浸出液中难以除去的杂质，如果浸出液中镍和钴杂质量大，通常采用黄药法和α-亚硝基β萘酚法去除，浸出液中的有机物用活性炭吸附去除。净化后溶液进入电积，电锌的阳极为Pb-Ag合金（其中含Ag < 0.8%），含Ag高低对降低阳极超电位影响很大，因此，锌电积时，Pb-Ag阳极含Ag要选取合适的量，既能有效降低阳极超电位，又能尽可能减少白银消耗。硫酸体系的电耗为4000kW·h/$t_{电锌}$左右。阳极电位降在槽电压中占有很大的比重，因此，欲降低能耗，需要降低阳极电位降。N. Furuya利用$Pt\text{-}H_2$阳极，在$ZnSO_4\text{-}H_2SO_4\text{-}H_2O$体系中电积锌，

得到纯度为5N的锌，电耗仅为1244kW·h/$t_{电锌}$，但阳极维修费用太昂贵而没有实际应用意义。

28.3.3.2　直接电解精炼

针对含锌94%～96%的各种废渣（如熔铸锌渣、热镀锌渣等），马春等人提出了直接电解精炼工艺，新工艺具有设备简单、投资省、成本低、无环境污染等优点。技术上是可行的，但存在电解液体系选择的问题。硫酸体系，锌在硫酸溶液中的自溶解速度相当大，会导致阴极电流效率大大降低；阳极电流效率则因锌的溶解远远超过100%，导致体系不稳定，酸耗过大，对设备耐腐蚀性要求高，因此未采用。

28.3.3.3　$ZnCl_2$-NH_4Cl体系电解精炼

该体系能在很大程度上避免传统工艺$ZnSO_4$-H_2SO_4体系中的析氢和锌的返溶现象发生，而且对于热镀锌渣的电解精炼十分有利于除去电解液中的铁，因为该体系的pH值为6.5，只要将溶液中的Fe^{2+}氧化成Fe^{3+}，即可以氨型黄钾铁矾形式沉淀除去。熔铸阳极中其他金属杂质的电位都比锌高，因而大部分不能转入溶液，而留在阳极泥中，只有少量进入溶液，加入少量锌粉便可较好除杂。对于热镀锌渣，因其铁含量较高，铁的电化学氧化几率大大增加，同时铁离子在阴极电沉积析出的可能性增大，致使阴极锌中铁含量增加，纯度下降。如含铁过高，相应阳极泥量增多，易形成骨架结构，影响锌的正常溶解，阳极极化增大，为此需要进一步用熔析熔炼法除去部分铁，将铁含量控制在2.0%以下。

28.3.3.4　其他体系研究

如$ZnCl_2$-HCl体系、ZnCl-H_2O体系等都有各自的缺点。

28.3.3.5　氨-铵盐体系

针对低品位含锌烟尘和低品位锌氧化矿，特别是硅、铁、氟、氯和碳酸盐等杂质含量高的含锌物料，用传统工艺处理，酸耗大，同时产生硅酸盐胶体，为澄清、过滤带来困难。如果用氨-铵盐体系时，不与氨配合的杂质留在渣中，Cu、Cd、Ni、Pb等虽与氨配合进入溶液，但加入适量的锌粉，经一次置换，可使溶液质量达到电积锌与结晶的要求。所以氨浸工艺可以省去或简化除杂工序，缩短工艺流程，减轻净化负担。该工艺产品种类多，可以制备氧化锌、磷酸锌、电锌和锌粉等。为了避免氯离子对Pb-Ag阳极的溶解，选用导电性能接近金属的氧化物（RuO_2、MnO_2、PbO_2和NiO等），RuO_2是该体系电解中的重要阳极材料，室温下的电导率为（2～3）$\times 10^4$g/cm，且随着温度升高而减少。采用在钛金属基体上涂覆RuO_2和TiO_2微晶混合物（微晶尺寸小于0.1μm）形成尺寸稳定的阳极，作为氨-氯化铵体系的阳极材料，阳极反应的过电位约降低1V，电耗大约为2400kW·h/$t_{电锌}$，比硫酸体系的电耗降低了约20%～30%，同时还可以消除铅对阴极锌的污染。该工艺的不足是生产过程氨味过重，实际生产中需采用密封设备，因而使设备费用增高且带来操作不便。

28.3.3.6　乙酸体系

在处理含钙高的电弧炉灰时，含锌废渣经水洗除氯之后，用乙酸转化石灰为乙酸钙，固液分离之后用硫酸处理上清液，将乙酸钙转变为硫酸钙从溶液中沉淀除去，乙酸得到再生。反应如下：

$$2HAl + CaO \longrightarrow CaAl_2 + H_2O$$

$$CaAl_2 + H_2SO_4 + H_2O \longrightarrow CaSO_4 \cdot 2H_2O + 2HAl$$

乙酸处理后的炉渣用氨-铵盐 $(NH_4)_2SO_4$ 溶液溶解氧化锌，少量的镉铅也被溶解，加入锌粉将其置换，然后蒸发得到 $Zn(OH)_2$ 和 $ZnCO_3$ 的混合物。

（撰稿 赵国权 审稿 郭森魁）

29 铅锌金属产品的延伸加工

铅锌冶炼企业大都是联合企业。这些企业不仅能实现铅冶炼过程和锌冶炼过程的互相配合、原料的综合利用、环境污染的综合治理，而且也是冶金、化工、材料的联合企业，可生产多种产品。随着科技的进步以及市场竞争的紧迫，目前铅锌冶炼厂已能利用本厂原料和生产工艺的优势生产各种铅、锌合金和铅、锌化合物，为产品的开发与延伸开辟了更为广阔的前途。

29.1 铅及铅制品深加工和发展方向

铅的用途广泛，加工品种较多。铅最大的应用领域是铅蓄电池生产，占铅的消费量一半以上，其他主要用于电缆护套、各种用途的合金、颜料、钎料、防腐、放射性防护、电气仪表、湿法冶金及机械工业等。由于铅被认为是对人类和环境有害的重金属，因此铅的应用范围受到限制，在发达国家甚至被禁止使用。

29.1.1 含铅合金

铅主要用于制造合金，铅合金种类很多，按照性能和用途铅合金可分为：耐蚀合金用于蓄电池栅板、电缆护套、电解槽耐蚀件、化工设备及管道等，焊料合金（钎料）用于电子工业，蓄电池合金用于生产铅酸电池，轴承合金用于各种轴承生产，模具合金用于塑料及机械工业用模型。

铅基合金按成分又可分为铅钙合金、铅锡合金、铅锑合金、铅砷合金、铅铝合金和湿法炼铜、湿法炼锌的不溶性阳极等多元合金。

铅锑合金、铅砷合金的成分分别见表29-1、表29-2。

表29-1 铅锑合金化学成分（质量分数）

牌 号	主要成分/%		杂质含量(不大于)/%						
	Pb	Sb	Sn	As	Bi	Fe	Zn	Ca + Na	总和
$PbSb_{0.5}$	余量	0.3~0.8	0.008	0.005	0.06	0.005	0.005	0.03	0.15
$PbSb_2$	余量	1.5~2.5	0.008	0.01	0.06	0.005	0.005	0.03	0.20
$PbSb_4$	余量	3.5~4.5	0.008	0.01	0.06	0.005	0.005	0.03	0.20
$PbSb_6$	余量	5.5~6.5	0.01	0.015	0.08	0.01	0.01	0.05	0.30
$PbSb_8$	余量	7.5~8.5	0.01	0.015	0.08	0.01	0.01	0.05	0.30
$PbSb_{10}$	余量	9.5~11	0.01	0.015	0.08	0.01	0.01	0.05	0.30
$PbSb_{12}$	余量	10~14	0.01	0.015	0.08	0.01	0.01	0.05	0.30

表 29-2 铅砷合金化学成分（质量分数）

牌 号	Pb	化学成分/%						
		As	Cu	杂质含量不大于				
				Bi	Zn	Fe	Co	Cu
Pb-As-1	含量	4~5		0.003	0.005	0.005	0.005	0.005
Pb-As-2	含量	5~7		0.003	0.005	0.005	0.005	0.005
Pb-As-3	含量	4~5	0.2~0.5	0.003	0.005	0.005	0.005	

29.1.1.1 电缆护套合金

不同电缆的工作条件及环境不尽相同，因而各型电缆应用的护套铅合金也不同。一般情况下，纯铅及含0.5%~1.0% Sb的Pb-Sb合金应用最广。为了细化晶粒，许多合金中均加入约0.006% Cu，这样形成的Pb-Sb-Cu系合金可应用于有振动负荷的条件下。同样，Pb-Sn-Cu、Pb-Te-Cu也具有较纯铅更高的疲劳强度。

英国是电缆铅护套的发源地。根据英国标准BS801（1984）规定了纯铅及三种护套铅合金，其成分列于表29-3。

表 29-3 BS801（1984）电缆护套用铅及铅合金

成分/% \ 牌号	Sb		Sn		Cd		As	Te	Ag	Cu	Bi	Zn	其他元素总量	Pb
	min	max	min	max	min	max	max	max	max	max	max	max	max	
铅	—	0.15	—	0.35	—	0.02	0.005	0.005	0.005	0.06	0.05	0.002	0.01	余量
E合金	0.15	0.25	0.35	0.45	—	0.02	0.005	0.005	0.005	0.06	0.05	0.002	0.01	余量
B合金	0.80	0.95	—	0.45	—	0.02	0.005	0.005	0.005	0.06	0.05	0.002	0.01	余量
1/2C合金	—	0.005	0.18	0.22	0.06	0.09	0.005	0.005	0.005	0.06	0.05	0.002	0.01	余量

我国目前电缆铅护套除纯铅外，主要是Pb-Sb-Cu系合金（0.4%~0.6% Sb，0.03%~0.06% Cu）及Pb-Sb-Sn合金（0.15%~0.25% Sb，0.35%~0.45% Sn）。在我国超高压自容式充油电缆中，已采用Pb-Te-As合金（0.13%~0.14% Sn，0.18%~0.20% Bi及0.07%~0.10% Te）作为电缆的密封护套，其耐振疲劳寿命比Pb-Sb-Cu合金提高两倍。

29.1.1.2 含铅的钎料

钎焊是采用液相线温度比母材固相线温度低的金属材料作钎料，将零件和钎料加热到钎料熔化，利用液态钎料润湿母材，填充接头间隙并与线材相互溶解和扩散，从而实现连接零件的一种焊接方法。

锡铅合金钎料是应用最广的钎料。锡中加铅后，强度、硬度提高，在共晶成分附近达到最大值。锡与铅形成共晶时，含锡61.9%，共晶温度为456K。锡铅料中第三组元主要为锑。锑的作用是减少钎料在液态时的氧化，提高钎焊接头的热稳定性。但锑可使流动性变差、抗蚀性降低。因此，含锑量一般控制在3%以下，在特种钎焊情况下，含锑量不能超过0.5%。

除锑外，有些钎料中还加入少量镍和银。加入1% Ni于共晶钎料中，可提高该种铅料的耐热性；加入1.5%~2.0% Ag可改善锡铅钎料的工艺性能并使其晶粒细化。Sn-Ag-Pb

合金具有高的抗拉强度，蠕变强度和剪切强度，并具有较好的疲劳抗力。锡铅钎料中加银亦可减少工件银涂层中银的溶解。

我国采用的重要的锡铅钎料的牌号和化学成分见表29-4。

表29-4 锡铅钎料的牌号和化学成分（质量分数）

牌号	主要成分/%			杂质（不大于）/%						
	Sn	Sb	Pb	Cu	Bi	As	Mg	S	Zn	Al
HlSnPb10	89~91	≤0.15	余量	0.10	0.10	0.02	0.02	0.02	0.002	0.005
HlSnPb39	59~61	≤0.8	余量	0.08	0.10	0.05	0.02	0.02	0.002	0.005
HlSnPb50	49~51	≤0.8	余量	0.08	0.10	0.05	0.02	0.02	0.002	0.005
HlSnPb58-2	39~41	1.5~2.0	余量	0.08	0.10	0.05	0.02	0.02	0.002	0.005
HlSnPb68-2	29~31	1.5~2.0	余量	0.08	0.10	0.05	0.02	0.02	0.002	0.005
HlSnPb80-2	17~19	1.5~2.0	余量	0.08	0.10	0.05	0.02	0.02	0.002	0.005
HlSnPb90-6	3~4	5~6	余量	0.08	0.10	0.02	0.05	0.02	0.002	0.005
HlSnPb73-2	24~26	1.5~2.0	余量	0.08	0.10	0.05	0.02	0.02	0.002	0.005
HlSnPb45	53~57	—	余量	0.20	0.20	0.10	0.10	—	—	—

锡铅焊料中加入某些微量元素，例如镓、磷和稀土元素等，可改善其抗氧化性能，提高其可焊性。

铅基钎料的耐热性比锡铅钎料好，其牌号和性能见表29-5。

表29-5 铅基钎料

钎料牌号	化学成分（质量分数）/%						熔化温度范围/℃	抗拉强度/MPa	伸长率/%	电阻率/Ω·cm
	Pb	Ag	Sn	In	Sb	Ni				
HlAgPb97	96~98	2.7~3.3	—	—	—	—	300~305	30	4.5	0.2
HlAgPb92-5.5	92	2.5	5.5	—	—	—	295~305	—	—	—
HlAgPb83.5-15.1.5	83.5	1.5	15	—	—	—	265~270	—	—	—
HlAgPb65-30.5	65	5	30	—	—	—	225~235	—	—	—
Pb90AgIn	90	5	—	5	—	—	290~294	—	—	—
Pb87SnSbNi	87	—	6	—	6	1	310~320	—	—	—

29.1.1.3 含铅轴承合金

轴承合金按性质的不同，可分为铅基轴承合金、铅青铜以及铝铅合金等几大类。铅基轴承合金又称铅基巴氏合金，一般均浇铸在钢背上制成双金属轴承。铅基轴承合金按其主要成分可分为两大类：一类为Pb-Sb-Sn系合金，一类为Pb-Ca-Sn系合金。

一般认为，铅基轴承合金性能比锡基轴承合金差，在工业中通常用于制作低速、低负荷或静载下工作的中负载机械设备的轴承，不适于制作在剧烈振动或冲击条件下工作的轴承。

铅青铜是以铅为主，加合金元素铜的合金，它适于制造轴承，所以又称铜基轴承合金。铅青铜的化学成分及用途列于表29-6。

表 29-6 铅青铜的化学成分及用途

牌 号	化学成分（质量分数）/%											用 途
	Sn	Zn	Pb	P	Al	Fe	Mn	Sb	Si	S	Cu	
ZQPb10-10	9.2~11.0	≤2.0	8.5~10.5	≤0.05	≤0.01	≤0.15	≤0.2	≤0.5	≤0.01	≤0.10	余量	汽车及重载荷的零件
ZQPb15-8	7.2~9.0	≤2.0	13.5~16.5	≤0.05	≤0.01	≤0.15	≤0.2	≤0.5	≤0.01	≤0.10	余量	耐酸、耐高压零件
ZQPb17-4-4	3.5~5.0	2.0~6.0	14.5~19.5	≤0.05	≤0.02	≤0.3	—	≤0.3	≤0.02	≤0.05	余量	高速滑动轴承及一般耐磨件
ZQPb20-5	4.0~6.0	≤2.0	19.0~23.0	≤0.05	≤0.01	≤0.15	≤0.2	≤0.75	≤0.01	≤0.10	余量	高速滑动轴承及耐蚀零件
ZQPb30	—	≤0.1	28.0~33.0	≤0.08	≤0.01	≤0.2	—	≤0.2	≤0.01	≤0.05	余量	高速滑动双金属轴瓦及减磨件

铝基轴承合金是20世纪60年代发展起来的一种新型减磨材料，具有承载能力大、耐磨性好、耐蚀性好、适应性广的特点。铝铅合金是在铝锡合金中添加铅、硅等元素而逐渐发展起来的。合金中的铅和锡能使轴承合金的表面性能提高。锡存在于铝中能提高铝的耐蚀性，铜能强化铝基体，硅能提高轴承合金的强度和耐磨性能。

日本D公司所开发的铝铅轴承合金成分见表29-7。

表 29-7 铝铅轴承合金成分

D公司牌号	化学成分(质量分数)/%					
	Sn	Pb	Cu	Zn	Si	Al
A17S①	17	1.7	0.3	—	—	余量
A17X①	12	1.7	0.3	—	2.5	余量
Al17X①	5.5	11.5	0.9	—	2.5	余量
A41①	—	1	0.8	3.5	3	余量

①专利产品。

29.1.1.4 易熔合金

易熔合金系指某些用于控制相导系统的低熔点合金，如火警及消防系统、电流保险装置、熔点低于453K的钎料等。用于这些目的的大多数材料是有一定精确熔点共晶合金或具有狭窄凝固范围的合金。这类合金大多成分复杂，其成分按使用的目的以及材料的工作条件来确定。这类合金主要是铋、铅、锡及镉的合金，有时还加入一些其他金属。通常，这类合金柔软并且机械强度低。

29.1.1.5 铅阳极

电解沉积及电镀锌、铜、锰、镉、镍等工艺中的不溶阳极通常用铅及铅合金制造。湿法炼铜、湿法炼锌的不溶性阳极是新开发的一种铅合金材料，这种含铅的材料作阳极，具有寿命长、提高电流效率、降低能耗的优点。Pb-1% Ag 合金可用作电解锌、电解镉、电解锰等的生产中的阳极，湿法炼铜电沉积铜时可用纯铅及铅锑合金阳极，镀铬亦可采用

Pb-7% Sn 合金阳极。

为了降低析出锌含铅、延长阳极使用寿命和降低造价，锌电解生产中使用了 Pb-Ag-Ca（Ag 0.25%，Ca 0.05%）三元合金阳极和 Pb-Ag-Ca-Sr（Ag 0.25%，Ca 0.05% ~1%，Sr 0.05% ~0.25%）四元合金阳极，后者使用寿命长达 6 ~8 年。德国鲁尔锌公司采用 Pb-Ag-Ca-Sr 四元合金代替传统的 Pb-Ag（1%）合金阳极，使阳极含银由 1% 降至 0.25%，阳极腐蚀锌降低 30%。

湿法炼铜用不溶性阳极成分为（%）：Sn 1.75；Ca 0.075；Al 0.01；Pb 余量。

29.1.2 铅蓄电池合金

铅铝合金也是一种新型合金，专用作蓄电池的材料，比以往的蓄电池合金材料密度小，有良好的导电性，且机械性能能得到改善，并使蓄电池的重量减轻，成本降低。

2005 年我国铅蓄电池工业耗铅约 148 万 t 左右，占我国铅总消费量的 70% 左右，随着铅蓄电池工业的快速发展，这一比例还在进一步扩大（部分发达国家已达 80% 以上）。所以现在铅及铅制品深加工的方向主要为铅蓄电池合金的研发和生产。

随着免维护蓄电池的发展，其使用的铅钙合金栅板材料也将相伴发展。含 0.01% ~0.12% Ca、0.1% ~0.4% Sn(Al)铅钙合金制成的栅板，使蓄电池的自放电速度降低到传统铅锑合金的 1/8 ~1/6，寿命长达 5 年甚至 8 ~10 年。

29.1.2.1 国内铅蓄电池合金的生产

在铅蓄电池工业中铅用来制造电池的正负极板栅和活性物质铅粉，在这些铅中约有一半是由再生铅工业提供的，另外 50% 是由原生铅企业通过还原熔炼和电解精炼工艺生产的，生产出的精铅大多数用于配置铅电池的板栅合金，如铅钙系列合金和铅锑系列合金等。

我国铅合金的生产主要集中在一些大型冶炼企业中，均采用电解精铅生产铅合金，这些企业的生产设备先进，拥有一批优秀的专业人才，而且生产规模较大，配置合金的熔铅锅容量可达 20 ~60t，容量愈大，配置的合金成分愈稳定，加上这些企业拥有先进的辅助设备如：大型搅拌机、铅泵、铸锭机和先进的分析设备，使得其生产的铅合金质量十分稳定。还有一些企业是国内的再生铅企业，主要以废蓄电池为原料生产还原粗铅，再采用火法精炼（火法精炼中的两三个步骤）生产出精铅或铅合金。该过程是一个纯物理过程，因此能耗低、金属回收率高，采用这种方法不但可以获得显著的经济效益，而且对环境保护极为有利，符合节能减排的世界潮流。

29.1.2.2 国外铅蓄电池合金的发展趋势

发达国家已经开始大规模使用含铋铅。为提高蓄电池产品质量，国外蓄电池厂家积极推广铅粉加铋，并将其作为蓄电池发展方向加以重点推广。研究表明，铅粉中含 0.05% ~0.06% 的铋对阀控密封蓄电池有益，并且将用 Pasminco 生产的精铅（含铋 0.05% ~0.06%）所制得的铅粉与用中国生产的电解精铅（99.99%）、加拿大生产的电解精铅（99.99%）所制得的铅粉在用于蓄电池后进行容量、循环寿命等多方面的对比试验，结果表明，用含铋的电解精铅制得的铅粉优于中国和加拿大的电解精铅所制得的铅粉。实践证明，板栅合金和铅粉中含有一定量的铋确实能够提高铅酸蓄电池的性能。

发达国家之所以大量使用含铋铅，还有另外一个重要的原因，就是与他们所采用的火法精炼工艺有关。火法精炼难于除铋，所以，其精炼铅中含有微量的铋，然而经研究含微量铋的精炼铅特别适合铅合金的生产。目前，精铅产量的80%是采用火法精炼工艺生产的，火法精炼比电解精炼投资少、占地面积小、生产周期短、最终产品成分容易控制。

目前，我国铅精炼行业已开始关注火法精炼工艺，特别是一些生产铅合金的企业已部分开始采用火法精炼工艺，使我国具备了采用火法精炼生产铅合金的条件。

29.1.2.3 我国铅蓄电池合金的发展方向

在我国蓄电池领域中，由于历史原因对含铋精铅和含铋铅合金的使用和推广不够。为推动蓄电池行业与国际接轨，我国只有大力推广粗铅火法精炼工艺，大批量生产含铋精铅及铅合金，同时铅蓄电池企业要相应大量使用含铋铅，才能降低我国铅蓄电池的制造成本，逐步提高蓄电池的性能，从而逐步增强我国加入WTO后所面临的挑战能力。

目前，蓄电池企业与生产铅合金的企业的合作不够紧密，在连续生产上脱节比较严重，往往是蓄电池企业将铅合金买来后重新熔化浇铸板栅，在此过程中不但造成大量铅及合金元素的氧化和合金元素的偏析，而且还造成二次铅污染；因此建议蓄电池企业与铅合金企业紧密联合起来，在铅合金工厂直接生产板栅和铅粉，这样不但可以降低生产成本，而且还有利于环境保护。

29.1.3 铅的化工产品

铅化工产品过去主要用作颜料。其铅化合物有铅白、铅丹、铅黄及密陀僧；盐基性硫酸铅、磷酸铅和硬脂酸铅用作聚氯乙烯的稳定剂。但是，今后铅深加工的发展主要应为适销对路、附加值高的铅化工产品，如陶瓷材料钛酸铅（$PbTiO_3$）、铅酸钡（$BaPbO_3$）等。

钛酸铅是钛酸盐电子陶瓷系列中重要的一类，具有优异的铁电、压电、耐压、热释电、高的自发极化强度及绝缘等性能，广泛用于电容器、超声换能器、热敏电阻、光电子器件和卫星探测系统，是一种良好的电子陶瓷功能材料。

铅酸钡陶瓷作为新型多功能陶瓷已经引起人们的注意。其室温电阻率为$5.0\times10^{-4}\sim8.0\times10^{-4}\Omega\cdot cm$。可以作为导电陶瓷使用，并已经作以$Cr_2O_3$为基础的陶瓷湿度传感器电极。此陶瓷还具有PTC特性，居里温度可高达1023K左右，是一种高温PTC材料，可用于大功率高温发热体和电流控制系统，而且制备方法较简单。

29.1.4 铅深加工的发展方向

因为，铅对X射线和γ射线具有良好的吸收能力，广泛用作X光机和原子能装置的防护材料。近年国外正在研究将铅用于电动汽车、重力水准测量装置、核废料包装物、氡气防护屏、微电子和超导材料等，有的已进入实用阶段。

29.2 锌的深加工及高附加值产品的延伸

锌是很重要的有色金属，锌和锌合金对世界经济的发展有着举足轻重的作用。锌冶炼企业使冶炼产品延伸，进行产品结构改革，扩大产品的深加工，开发新产品，使产品多样化，可以提高经济效益和社会效益，从而推动技术进步，拓宽锌的用途，扩大锌的市场，促进锌冶金工业的发展。

锌冶炼厂产品多样化的途径主要有3个：锌基合金制造、锌材深加工、锌粉及锌的化工产品生产。其中锌粉及锌的化工产品生产已渗透到市场经济和人类生活的各个部门，已成为人们日益重视的朝阳产业。

29.2.1 锌基合金制造

29.2.1.1 概述

自1980年以来，锌的实际消耗量以2.2%的速度增长，2006年全世界锌的消耗量达到1131.1万吨。锌及其锌合金具有易加工，良好的耐蚀性，焊接性及表面处理能力，且价格低廉，因而广泛用于电镀、钟表、印刷、日用五金、建筑、汽车制造、机械运输、电器及包装等部门，是国民经济重要的基础材料之一。

镀锌所消耗的锌量占了锌应用的最大部分，约为总消耗量的50%。铸造合金是锌应用的第二大领域，约占锌消耗量的17.5%。变形合金约占锌消耗量的6%，主要包括槽板、屋面板和其他建筑用板。

锌合金的种类很多，除铸造锌合金是按加工方法分类外，还可按成分、特性及用途来分类：

（1）按合金成分分类：锌合金按成分可分为四类，即Zn-Al系、Zn-Cu系、Zn-Pb系和Zn-Pb-Al系合金。第一类一般都含有少量Cu、Mg以提高强度和改善耐蚀性。第二类是抗蠕变合金，一般还含Ti，即实际使用时多为Zn-Cu-Ti三元基合金，有时为进一步改善其抗蠕变性能也加有少量Cr。第三类是Zn-Pb系合金，多用于冲制电池壳，并可制成各种小五金及体育运动器材等。第四类是镀锌用Zn-Pb-Al合金。

（2）按加工方式分类：锌合金按加工方法简单地分为三类：铸造合金、变形合金和热镀锌合金。铸造合金中又可按铸造方法不同而分为压力铸造合金、重力铸造合金等。Zn-Al合金和Zn-Cu-Ti合金既可直接铸造，又可进行变形加工，其中超塑性Zn-Al合金曾引起人们极大的兴趣。

（3）按性能和用途分类：锌合金按性能和用途可分为七类：抗蠕变锌合金（即Zn-Cu-Ti合金）、超塑性锌合金（如Zn-Al二元合金）、阻尼锌合金（国内又称为减震锌合金）、模具锌合金（日本标准定名为“冲压用锌合金”即ZAS）、耐磨锌合金、防腐锌合金、结构锌合金（如Zn-Cu-Ti、Zn-Al合金）。

29.2.1.2 热镀锌合金

由于锌具有牺牲阳极保护钢基的作用，可以大大延长钢铁工件的使用寿命。因此，很早人们就把镀锌作为钢铁常见的长效防腐措施，热镀锌成为锌的最重要用途。随着人们生活水平的不断提高，我国对镀锌钢材的需求日益增加，尤其是对镀锌钢板的需求增加更快。

国外已制造出多种系列及品牌的热镀锌合金，其性能均优于传统的热镀锌（Galvanized）。早期使用的Galvalum合金（Zn-55% Al及Zn-55% Al-1.5% Si）具有优良的抗蚀性能。近期发展的Galfan合金（Zn-5% Al-0.1%稀土）熔点低，流动性好，能更好地保护钢的裸露边角，使用于恶劣的海水中比传统镀锌钢抗腐蚀性提高30%～50%，稀土的加入可防止产生微小的腐蚀点，还具有延展性、可塑性、点焊性及深冲性能与着色性能等。

热镀锌合金化学成分列于表29-8中。

表 29-8 热镀锌合金的化学成分 （质量分数/%）

名 称	Zn	Al	Pb	Si	Ce	La	Fe	Ca	Sn	Cu
Zn-Al-Pb 三元合金	>99.3	0.31~0.36	0.20~0.25	—	—	—	0.006	0.03	0.03	0.03
（中国）	约45	55								
Galvalum 合金（美国）	>35	55		1.5						
Galfan 合金（日本）	>94	5.0	<0.003	—	0.065	0.035	—	<0.001	<0.001	—

目前，我国有大型钢板连续镀锌生产线 13 条，年耗锌约达 9.5 万吨；带宽在 500mm 以下的钢带连续镀锌生产线 12 条，耗锌约 1 万吨；钢管镀锌厂家约 80 余家，年耗锌达 5.5 万吨左右；金属制品镀锌厂约 300 余家，年耗锌约 5 万吨；锌型钢结构件镀锌厂约 350 余家左右，年耗锌约 11 万吨。综上所述，目前我国镀锌行业生产镀锌产品约 380 万吨，年耗锌量达 32 万吨左右。

29.2.1.3 锌铝合金

锌铝合金是以 Zn、Al 两种元素为主，Cu、Mg 为辅的多元化合金。锌铝合金因其具有良好的力学性能和耐磨性好、熔化温度低、铸造和机械加工性能优良、成本低等一系列优点而受到关注。20 世纪 60 年代研究出的适于重力铸造的 ZA12 合金，在工业上部分代替青铜、黄铜和铸铁制作耐磨零件和模具。ZA27 还具有良好的超塑性。

锌铝合金的性能具有以下特点：

（1）锌铝系列合金具有较高的强度和硬度，其中 ZA27 合金的强度几乎超过所有的铸造有色合金、铸铁，同时仍保持了良好的塑性和韧性。

（2）锌铝系列合金具有良好的摩擦性能，其摩擦系数低于或相当于锡青铜，但磨损率、摩擦表面的温升等均明显低于锡青铜，使用寿命比锡青铜长 3~5 倍，因此，特别适用于重载，中、低速的工作条件（速度不大于 7.8m/s）；其摩擦磨损性能比较见表 29-9。

表 29-9 机油润滑条件下的摩擦磨损性能

性能（1500N）	ZA27	ZA12	ZCuSn6Zn6Pb3
摩擦系数	0.0060~0.65	0.0044~0.77	0.104
磨损率（mg/20h）	0.2	2.56	4.4

（3）锌铝系列合金具有良好的铸造工艺性能，其流动性优于青铜，不易出现分散缩孔，对各种铸造工艺均有较强的适应性。

由于锌铝系列合金的熔化温度低，因此吸气倾向小而无需覆盖，也不必精炼；使得熔化工艺简单，且不污染环境，降低了熔化耗能。锌铝系列合金在熔化时合金元素的烧损率较低，因此，合金的重熔性能好，重熔五次仍不会改变合金的性能。但锌铝系列合金存在严重的比重偏析，特别是 ZA27 合金在铸造大型铸件时，容易出现“底缩”现象。

（4）锌铝系列合金具有良好的成型性能，表面容易进行电镀、阳极处理等装饰加工。

（5）锌铝系列合金的气密性优于锡青铜，适于在各种要求密封的场合工作；此外锌铝合金无磁性，受冲击不产生火花，适于在要求防爆的场合工作。

锌铝系列合金作为耐磨材料是其应用最多的一个方面，可制造在低速、重载条件下工作的各种耐磨零件，使用寿命和价格均比常用的锡青铜为优。实验结果表明，青铜轴瓦比锌铝合金轴瓦的磨损量多35%，对配对轴的磨损量多38%。

在运输业使用锌铝合金可制造悬架和车轴、轴承、传动件等工作温度不超过120～150℃而又要求耐磨的零件。

含铝从0.1%～50%的锌基合金都有超塑性。含铝22%共析锌合金，在200℃时显示出明显的超塑性，该合金如果以薄板形式在廉价模具中可以用真空吹膜法得到100%的延伸率。当合金中添加微量铜、镁、锰等元素，可改善该合金的力学性能。与塑料相比具有刚性及无毒的特点。用作各种压铸件可加工成板、带、管、棒等型材。也用作超塑性锌合金模具。

我国是一个锌、铝资源丰富而贫铜的国家，铜的自给率一直徘徊在50%～60%左右。随着我国经济的发展，铜的需求量日益增加。因此，立足国内资源，大力发展锌铝系列合金的研究与应用，替代紧缺的铜合金，具有重大的技术经济意义。

从经济效益方面分析，锌铝系列合金除具有工艺简单，熔化能耗低，成品率高，加工方便，使用寿命长等优点外，锌铝系列合金与锡青铜的价格比可达1∶6左右，可见其经济效益是显著的。

因此，锌铝系列合金在未来将有一个很大的发展，对锌铝系列合金的成分、组织、性能的研究将更加深入；锌铝系列合金的应用，将主要集中在定期更换的耐磨件、易损件或其他一些服役期限较短的零件上，并广泛应用于制造小批量的塑料模具和大型成型模具。

29.2.1.4 压铸锌合金

压铸锌合金是指含4% Al、0.1%～0.3% Cu、0.03%～0.1% Mg的锌基合金系列，要求有高的耐腐蚀性及优良的物理及机械加工性能。压铸锌合金熔点低，能够铸成精细复杂的各种构件，具有高的机械强度、耐腐蚀性、延展性及优良的可锻性和灵活的通用性，广泛用于制造高质量元件和产品。该类合金在共晶点附近流动性最好，但在高温高压条件下蠕变速度太大。

压铸合金可分为铸造、加工两大合金系列。铸造类包括压铸锌-铝合金、重力铸造锌-铝合金及压铸锌-铜-钛抗蠕变合金等，用于压铸件及各种自由铸造件如轴承、耐磨零件、模具和减震零件等。加工类包括超塑性锌-铝合金、变形性锌-铜-钛合金等，可生产半成品如带、管、棒、线型材和超塑成型零件，用于建筑、机械、仪表、汽车和电子工业等。

重力铸造锌合金为高强度、高韧性耐磨合金，具有优良的加工性能和铸造性能，用于代替铜及铜合金（青铜）作轴承材料，成本仅为青铜的1/2～2/3，还可用作轴承、轴瓦、涡轮等。

为了进一步提高锌基合金的物理、铸造及机械加工性能，通过改变合金元素及其组成可形成新的压铸锌合金系列。

29.2.1.5 黄铜

黄铜是铜-锌合金，含锌20%～40%，有时添加其他元素则为各种黄铜。黄铜包括铜锌系合金、铜锌铅系合金、铜锌锡系合金等。

铜锌系合金含铜量一般为59%～96%，余为锌，主要用途为：弹壳、弹匣、雷管、散热器件、管道、热交换器管板、硬币、奖章、景泰蓝底板、锁链、小五金、灯头、电池箱、笔套、乐器、钟表材料及仪表元件等。

铜锌铅系合金（铅黄铜）含铅1%～3%，有较好的切削性能。主要用作机械零件（如齿轮）、建筑小五金、锁链、卫生管件、冷却器管板、弹药底火、手表后盖、钟表夹板、仪表盘及锁头等。

铜锌锡系合金（锡黄铜）含锡约为0.5%～2%，具有较好的耐腐蚀性及强度。主要用作电器接插件、专电部件、板簧、开关、压力计算、止推垫、轴瓦、海洋用小五金零件及热交换器管板等。

其他铜锌系合金包括锰黄铜、锰青铜、铝黄铜、硅黄铜等，主要用作高强度和耐蚀、耐磨零件。

29.2.1.6 高阻尼性锌合金

虽然共析点的锌-铝二元合金具有较高的阻尼性（减震），但强度较低。当锌合金中添加硅、铜和锰，可提高强度，又不降低其固有的高阻尼性。其中，硅降低合金熔点，提高合金强度，铜提高合金抗腐蚀性能，锰提高合金的抗剪切强度。

29.2.1.7 变形锌合金（抗蠕变锌-铜-钛合金）

当添加少量钛时，可改善合金的抗蠕变性能。锌-铜-钛合金是高强度、抗蠕变的优良合金，耐腐蚀、防老化性能好，主要用于建筑业。主要有Zn-Ti-Cu系的ILZRO14和Zn-Ti-Cu-Cr系的ILZRO16压铸合金（成分见表29-10），可直接进行压铸生产，适于冷室压铸作业；又可作加工材料，直接制板、带、管、棒、型材及箔材。

表29-10 变形锌合金的主要化学成分 （质量分数/%）

牌 号	Al	Cu	Ti	Cr	Zn
ILZRO14	0.01～0.04	1.0～1.5	0.25～0.3		余量
ILZRO16	0.01～0.04	1.0～1.5	0.25～0.3	0.1～0.2	
Zn-0.8Cu-0.15Ti（美）	≤0.001	0.5～1.5	0.15		

29.2.1.8 模用锌合金

该合金材料是以锌为基体的锌、铜、铝三元合金（加微量镁），熔点380℃，浇铸温度420～450K，具有熔点低，耐磨性、润滑性、铸造性好，易研磨和机械加工，可以重复使用等特点。采用中温铸造工艺可制成各种合金模具，如拉延模、成形模、弯曲模、冲裁模以及注塑模、橡胶模、陶瓷模等，属于简单、快速、经济模具，其成本为钢模具的1/7～1/10。广泛用于汽车、航空、轻工、电子、机械、仪表、日用五金及家用电器等行业。

29.2.2 锌材深加工

锌材深度加工主要指在冶炼厂将初级产品锌或锌基合金铸造并轧制成板、带箔材，以及进一步冲制为电池用锌饼等，供用户直接制成成品。锌材的主要用途是干电池外壳、平板印刷板、微晶锌板、门窗挡风雨条及日用五金制品等。

电池锌板和锌饼的化学成分见表29-11。

表29-11 电池锌板及锌饼化学成分 （质量分数/%）

用 途	标 准	Zn	Fe	Cd	Pb	Cu	Sn	总和
电池锌板	GB 1978—1988	余量	0.011	0.20～0.35	0.30～0.50	0.002	0.002	0.02
		余量	0.008～0.015	0.03～0.06	0.35～0.80	0.002	0.003	0.025
锌 饼	GB 3610-T3	余量	0.015	0.03～0.06	0.35～0.80	0.002	—	0.01

29.2.3 锌粉生产

金属锌粉有雾化锌粉（大于10μm）和蒸馏粉（小于10μm）、超细粒度锌粉（-325目）、标准粒度锌粉（80~120目）、高级锌粉（Zn>99%）和合金锌粉（Zn 85%~95%）之分，主要用于以下各领域：

（1）化工生产：用于保险粉（次硫酸钠）、立德粉（锌钡白）、雕白块（次硫酸氢钠甲醛）、染料中间体等生产中，作为还原剂，用量较大，粒度较涂料锌粉稍粗，国外某企业生产的一般化工用途锌粉平均粒径为6~9μm。

（2）锌防腐涂料生产：钢铁构件的防腐是金属锌的最主要用途，涂覆的方式有热镀、电镀、热喷涂、富锌涂料、粉末镀等，其中热镀是最主要的方法。富锌涂料主要用于不适宜热镀和电镀的大型钢构件，如大型户外钢结构（海洋工程、桥梁、管道等）、船舶、集装箱等的涂覆。根据成膜基料的不同，富锌防腐涂料可分为有机富锌涂料和无机富锌涂料。有机富锌涂料常用环氧酯、环氧树脂、氯化橡胶、乙烯系树脂和聚氨酯树脂为成膜基料，锌粉在干膜中的含量高达85%~92%。无机富锌底漆以水玻璃、正硅酸乙酯或水泥浆等为基料，在干膜中锌粉含量达92%。随着建设规模的扩大及人们对防腐问题的日益重视，富锌涂料正日益得到广泛的应用。日、美等国生产防腐涂料年耗锌粉均达数万吨以上，国内仅与大秦铁路配套的秦皇岛煤码头一项工程，耗富锌防腐涂料达800t以上。与化工用途比较，涂料锌粉要求粒度更细，根据生产厂家和涂料配方、用途的不同，一般要求平均粒径为2~3μm和5~7μm两种规格，同时要求粉体呈窄粒级分布，分散性好。

细粒级锌粉除用于富锌涂料外，还用于热喷涂、粉末镀等方面，涂覆于钢铁表面，起防腐作用。

（3）湿法冶金：用于溶液净化及金属置换回收等，此项消耗很大。如湿法炼锌，用于溶液净化的锌粉消耗一般吨锌为50~70kg，一般大、中型湿法炼锌工厂都采用气雾化法自产锌粉；冷凝法生产的锌粉，经分级后粒度较粗的部分，可供给少数无自产锌粉的小型湿法炼锌厂。

（4）医药和农药：锌粉作为还原剂用于生产水杨酸、氨基比林等，作为原料用于生产代森锌、磷化锌等。

（5）电池：特制电池锌粉用于碱性锌锰电池。

（6）片状锌粉应用前景广泛，可用在富锌粉料，湿法炼锌等领域。

生产锌粉的原料有纯锌、硬锌、锌焙砂、锌烟尘、锌氧化矿、熔铸锌浮渣、热镀锌渣等。金属锌粉的生产方法见表29-12。

表29-12 金属锌粉的生产方法简介

生产方法	技术简介及特点	产品应用领域
气雾化法	属雾化制粉法。采用高压空气将熔体击碎，使其形成粉末，生产能力大，成本低，但一般只能生产325目以上粉末。粉末形貌为类球状。本法生产过程简单，技术成熟。近年来开发并形成热点的电池锌粉也采用此法生产，但对合金成分、产品形貌及粒度有特殊要求	湿法冶金中溶液净化和金属提取；化工和医药生产中作还原剂。特制的电池锌粉用于碱性锌锰电池制造

续表 29-12

生产方法	技术简介及特点	产品应用领域
冷凝法	冷凝法分为蒸发-冷凝和还原挥发-冷凝两种，前者采用金属锌为原料，后者采用锌焙砂或其他含锌氧化物料为原料。可生产细粉末，粉末形貌为球状。生产过程较气雾化法稍微复杂，技术成熟，是金属锌粉的主要生产方法	富锌涂料生产；湿法冶金中溶液净化和金属提取；化工和医药生产中作还原剂
电解法	在 Na_2ZnO_2-NaOH-H_2O 体系中电解，电流密度为 1000A/m^2。粉末形貌为树枝状或其他不规则形状。国外曾进行试验，但未见正式生产报道	预计可用作置换剂、还原剂和涂料生产

29.2.3.1 无汞锌粉

传统碱锰电池普遍存在锌粉与碱液发生反应发生在贮存期自放电析氢的现象，使电池在贮存和使用过程中容量降低，密闭电池变形、爬碱甚至爆炸。为了减缓锌的溶蚀，抑制电池的自放电，长期以来使用汞作缓蚀剂。汞虽然缓蚀效果好，但汞是极易挥发的剧毒物质，对人体和环境会造成极大的危害。随着人们环保意识的增强，世界各国逐步禁止在锌锰电池中加汞，发达国家已相继立法禁止生产含汞电池。

为实施可持续发展战略，保持电池生产和电池贸易的不断增长，使我国电池工业走向国际市场，满足国内外环保要求，就必须尽快发展无汞电池。要实现电池的无汞化，必须解决电池原辅材料的无汞化问题，尽快开发高性能无汞锌粉的制备技术，为无汞电池工业解决关键原材料的供应问题，这对于提高电池生产企业的经济效益，增强市场竞争力及推动电池无汞化技术的发展具有重要意义。

锌粉作为碱性锌锰电池的负极材料，对电池的放电性能、贮存性能等有着决定性的影响，因而制备出合格的无汞锌粉是实现碱锰电池无汞化的关键。

据统计，碱锰电池在美国已占整个原电池产量的85%～88%，西欧占65%～70%，日本占55%。我国是电池生产和出口大国，年产量达200多亿只，居世界第一，但90%以上为中低档的中性锌锰电池，计划到“十五”末期碱性锌锰电池产量达到近30亿只/a，需无汞锌粉10500～12000t。

我国现有的几家无汞碱性电池厂所需无汞锌粉原材料均需从国外进口，国外对无汞锌粉的生产技术严格保密。就我国目前锌粉的生产现状来看，国内生产的无汞锌粉的质量多数仍达不到国外同类产品水平，我国无汞电池锌粉基本以进口为主，因而，要实现碱锰电池的无汞化，必须加快无汞锌粉制备技术的研究。

国内无汞锌粉市场预测见表 29-13。

表 29-13 国内无汞锌粉市场预测

分类项	1998年	1999年	2000年	2001年	2002年	2003年	2004年	2005年
碱性锌锰电池产量/亿只	10	12	15	17	19	22	>22	>22
锌粉总消耗/t	4000	4800	6000	6800	7600	9000	>9000	>9000
无汞锌粉消耗/t	400	960	3000	6000	6000	7200	>8100	>9000
无汞化比率/%	10	20	50	60	70	80	90	100

常规的蒸馏法锌粉已不再适用于无汞化碱锰电池的制作，目前碱锰电池用无汞锌粉制备的方法主要有喷雾法、化学置换法、电解共沉积法、真空蒸发-冷凝法。

比利时联合五矿公司已在上海建立无汞锌粉生产工厂并于 1999 年 5 月投产，水口山矿务局于 2000 年 6 月投资 4300 万元兴建的 5000t 无汞锌粉工程，成为我国碱性锌锰电池锌粉生产基地，对推动我国电池工业向绿色环保型发展起到积极的作用。

29.2.3.2 纳米锌粉

纳米晶体是一种多晶体，每个晶粒的直径为纳米数量级，晶粒本身是长程有序，而晶粒的分界面既非长程有序，又非短程有序，纳米晶体材料的这种结构特点使得它与传统材料具有极不相同的性能，在磁性材料、电子材料、光学材料以及高强、高密度材料、催化剂、传感器等方面具有广阔的应用前景，因而越来越受到人们的重视。

金属锌纳米粒子作为一种崭新的材料，在化工、光学、电学以及生物医学表现出了很多独特的性能。作为高效催化剂，锌及其合金纳米粉体由于效率高、选择性强，可用于二氧化碳和氢合成甲醇等反应过程中的催化剂。

金属纳米粒子的制备方法有惰性气体蒸凝法、等离子体法、化学气相反应法、γ 射线辐照法、反相微乳液法、模板合成法等。

29.2.4 铜金粉

铜锌合金粉又称铜金粉，是一种以铜、锌为主要原料，经熔炼、喷粉、湿球磨、退火、精球磨、抛光等工序加工而成 800～1500 目极细微的鳞片状金属粉末。铜金粉具有层次丰富、色彩鲜艳，并由于其金黄色金属光泽，从而起到了烘托主题和引人注目的效果，在塑料、高级画报、高档包装、香烟外壳、证券印刷等方面得到广泛的应用。作为金属颜料之一，铜锌合金粉最大特点就是具有随角异色现象，该现象与金粉表面的平整性有关，材料表面越平整，亮度越高。

近年来，我国的印刷技术及设备有了长足的发展，以胶印、凹凸印为主体的印刷技术正逐渐成为整个印刷业的主流，传统工艺生产的铜粉质量已难以满足技术要求，每年需大量从国外进口。目前我国在凹印、服饰、建筑、涂料、机械和旅游产品等各行各业中，铜金粉的年需求量已突破 7000t，云南省仅用于烟草行业印刷香烟外壳的凹印金粉每年用量多达 160t。

目前，铜锌合金粉主要是以球磨法生产为主，球磨过程中把铜锌合金粉颗粒锻打成一个个金属薄片，但因为磨球本身加工过程中的缺陷，还有粉体间相互摩擦，粉体加工过程中表面难免出现凹凸不平现象，当光线照射到金粉上时漫反射增加，降低了金粉的亮度。目前生产上主要是以精磨和抛光两道物理工序对粉体表面处理，达到提高金粉光泽度的目的。

德国爱卡公司铜金粉的生产工艺是首先将电解铜、锌、铝按一定的比例进行熔炼熔化的铜合金经水雾化喷粉后，放入湿球磨机中粉碎，湿磨粉经退火、干燥送入精球磨机中精磨，精磨后的粉末经分级、捕集、抛光后即成产品。

凹印金粉的主要技术经济指标见表 29-14。

表 29-14 凹印金粉的主要技术指标

颜 色	青 金	水面遮盖率		8000 ~ 10000cm^2/g
粉末形状	鳞片状	颜料在相关应用方面的评价	细度	细
平均粒径 D-50	10μm		覆盖率	好
粒度分布	9 ~ 11μm 占 90%		亮度	优秀

29.2.5 锌的化工产品

锌的化工产品种类繁多，主要有氧化锌、活性氧化锌、纳米氧化锌、七水硫酸锌、一水硫酸锌、锌钡白（又称立德粉）、氯化锌、氧化锌晶须等。

29.2.5.1 氧化锌

氧化锌（ZnO）为白色粉末，由无定形或针状小颗粒组成，密度 5.606g/cm^3。在高温时呈黄色，冷却后又恢复白色，熔点 2248K。着色力是铅白的 2 倍，遮盖力是二氧化钛和硫化锌的一半。无毒、无味、无砂性。氧化锌是两性氧化物，易溶于酸、碱、氯化铵和氨水中，不溶于水和醇。吸收空气中的 CO_2 时性质发生变化。氧化锌能消毒杀菌，具有导光性能及半导体性能，并能吸收紫外线，它还像叶绿素那样能将太阳光转变为化学能。

氧化锌用途极其广泛，主要用于橡胶、塑料、油漆、石化、玻璃、陶瓷、颜料、电池、水泥、医药及饲料等行业，还用于摄像及静电复印、宇宙飞船涂料、制造焰火及烟幕弹、硝铵炸药甚至香烟的过滤嘴等方面。

橡胶工业在国内外都是最大的氧化锌市场，它大量地用于轮胎生产中，其占有的市场份额在我国占 50% 左右，在美国约占市场总额的 60%，在西欧约为 40%，在日本约占 48%，而且有继续增长的趋势。

氧化锌的第二大市场在国内外有所不同。在我国为涂料工业，其市场份额为 25% 左右；在美国为化学品工业，市场份额约 21%；西欧为陶瓷及玻璃工业，占市场总额的 15%；日本则为锌铁氧体生产，市场份额约为 11%。

工业上生产氧化锌有直接法和间接法两种。直接法是从锌矿直接加工制成氧化锌，间接法是将锌矿先炼制成锌锭，再用锌锭为原料生产氧化锌。冶炼厂主要以锌矿砂为原料，采用直接法生产氧化锌，化工厂则用商品锌为原料采用间接法生产氧化锌。直接法生产的氧化锌，由于受还原反应及煤燃烧产物的污染，含杂质多，色泽白度差颗粒较粗，通常呈针状或棒状结晶。间接法生产的氧化锌，不像直接法那样被燃料燃烧产物所污染，因而其产品纯度高，重金属杂质含量低，产品洁白，颗粒细，分散性好，通常呈球状结晶。

直接法生产氧化锌的方法主要有维特里尔炉法、电热竖炉法和回转窑法，间接法生产氧化锌的方法主要有陶土坩埚炉法和精馏法。

近年来精馏法生产氧化锌在火法炼锌厂发展迅速，已形成规模。精馏法氧化锌以其纯度高、能耗低、经济效益好等优势，突破了氧化锌生产的传统格局。氧化锌的产品质量要求见表 29-15。

表 29-15　氧化锌的产品质量要求

指标项目	直接法	间接法	
		坩埚法	精馏法
颜色（与标准样品比）	符合	符合	纯白
氧化锌（ZnO）含量/%	99.54	99.85	99.97
氧化铅（PbO）含量/%	0.057	0.0191①	<0.001①
氧化铜（CuO）含量/%	0.0038	无②	无②
氧化镉（CdO）含量/%	0.016	—	—
氧化锰（以 Mn 计）含量/%	<0.0001	无	无
金属锌含量/%	无	无	无
盐酸不溶物含量/%	0.011	0.0023	0.001
灼烧减量/%	0.20	0.108	0.05
水溶物量/%	0.25	0.017	0.01
筛余物量（320 目筛）/%	0.036	0.014	0.009
水分含量/%	0.1	—	0.02
遮盖力/$g \cdot m^{-2}$	97.8	80	84
吸油量/%	11.8	10.41	11
消色力/%	95	116	100
结晶形状（镜析）	针棒状	球状	球化状

①以 Pb 计；②以 Cu 计。

我国已有氧化锌生产厂家近百家，主要集中在华东、中南和东北地区，氧化锌年产量在 6 万吨以上（不包括冶炼厂副产的次氧化锌），其中直接法占 1/3，间接法占 2/3。精馏法生产氧化锌在我国火法炼锌厂相继建成投产以来，已形成规模，其产量已占间接法氧化锌总产量的 1/3。

用精馏高纯锌蒸气直接生产氧化锌的精馏法是间接法工艺的重大改进，选用粗锌做原料直接生产高级氧化锌，比用商品锌，既节约能源，又减少金属损失，产品氧化锌的质量优良。由于粗锌比精锌成本低，故其经济效益好。

精馏法与坩埚法相比，每吨产品节约能耗 0.33～0.38t（标煤），多回收锌 1%，降低了生产成本。由于精馏塔的灵敏度高，精馏法生产的氧化锌的纯度和产量均可灵活调整，因而能满足不同的产量和质量方面的应变要求。

我国普通等级氧化锌的消费市场已趋饱和，而优级品氧化锌的供应还不能满足国内市场的需求，需要大量进口高品质的氧化锌才能满足所需。进口氧化锌的主要市场是涂料工业，进口氧化锌的第二大用户是橡胶工业。随着涂料工业、橡胶工业及日用品、医药、石油加工等行业的发展，对高附加值的高等级氧化锌市场需求量将越来越大，因此，生产高等级氧化锌是氧化锌生产企业面临的发展机遇。

29.2.5.2　活性氧化锌

活性氧化锌为白色或微黄色球状微细粉末，密度 5.47g/cm³，熔点 2073K，不溶于水，溶于酸、碱、氯化铵和氨水中。在潮湿空气中能吸收空气中二氧化碳生成碱式碳酸锌。

活性氧化锌的纯度低于用直接法或间接法生产的氧化锌，但其特有的物理、化学性质能显示其优越性。活性氧化锌的物理化学性能与普通氧化锌类似，只是颗粒更细，其平均粒径 0.1 ~ 0.5μm，而普通氧化锌粒子在 0.5μm 左右。它们的粒子形状也不同，普通氧化锌粒子为柱状或棒状，而活性氧化锌的粒子为球状；活性氧化锌的比表面积较大，活性更高，普通氧化锌的比表面积为 1 ~ 5m^2/g，而活性氧化锌的比表面积在 35 ~ 55m^2/g 或更大些。

氧化锌一般用于橡胶工业，它主要作为天然橡胶、合成橡胶及乳胶的活化剂。活性氧化锌以独特的活化性能、比表面积大、具有良好的分散性与良好的吸附性，深受橡胶行业特别是轮胎行业的欢迎，它应用于橡胶业，不仅促进橡胶的硫化、活化和补强防老化作用，能加强硫化过程，提高橡胶制品耐撕裂性、耐磨性，同时能减量 30% 代替普通氧化锌。活性氧化锌还用于白色乳胶的着色剂和填充剂、氯丁橡胶中的硫化剂、塑料工业的光稳定剂、合成氨工业中的脱硫催化剂，还可用于涂料、搪瓷、颜料等化工工业。随着市场逐步扩大及活性氧化锌的用量将逐步增加。

国内外活性氧化锌产品标准的比较见表 29-16。

表 29-16 国内外活性氧化锌产品标准

指 标	德国拜耳标准	HG/T 2572—1994
氧化锌（ZnO）含量/%	≥95	≥95 ~ 98
水分含量/%	≤0.7	≤0.7
水溶物含量/%	≤0.5	≤0.5
灼烧减量/%	1 ~ 4	1 ~ 4
盐酸不溶物含量/%	≤0.02	≤0.02
氧化铅（以 Pb 计）含量/%	≤0.003	≤0.01
氧化锰（以 Mn 计）含量/%	≤0.001	≤0.001
氧化铜（以 Cu 计）含量/%	≤0.001	≤0.001
铁含量/%	≤0.004	—
镉含量/%	≤0.003	—
比表面积/$m^2 \cdot g^{-1}$	≥40 ~ 80	≥45
堆积密度/$g \cdot cm^{-3}$	—	≤0.35

活性氧化锌的制备方法有液相法、气相法和固相法。液相法主要有直接沉淀法、均匀沉淀法、溶胶-凝胶法、醇盐水解法、微乳液法、水热合成法、硫酸法、氯铵法、碳铵法、氨浸法、沉淀-热分解二步法和硫铵法；气相法主要有化学气相氧化法、喷雾热解法和精馏法；固相法主要有固相反应法和硫酸铵焙烧法。

29.2.5.3 纳米级氧化锌

尺寸小于 100nm 的颗粒称为纳米颗粒。纳米氧化锌属于纳米级金属氧化物，加压下熔点约 2073K，常压下 1993K 升华，呈针状或球状结构，是一种新型高功能精细无机产品。纳米材料的小尺寸效应、表面与界面效应、量子尺寸效应和宏观量子隧道效应四大效应在纳米氧化锌上同样得到充分体现，使其在众多领域表现出巨大的应用前景。目前，全球纳米氧化锌消耗量 10 万吨左右，我国所需的均从德国、日本进口。

纳米级氧化锌因其独特的性能，主要用作抗菌添加剂、防晒剂、催化剂、橡胶添加剂、吸波材料、功能电子材料、图像记录材料、导电材料、荧光物质等。

纳米材料的制备在当前材料科学研究中占据极为重要的位置，新的制备工艺和过程的研究对纳米材料的微观结构和性能具有重要的影响。目前，制备纳米氧化锌的方法主要分化学法和物理法两大类方法，见表 29-17。国内已经工业化应用的纳米氧化锌生产方法主要有均匀沉淀法和热解-气化-冷凝法。

表 29-17 纳米氧化锌的主要制备方法及特点

方法		制备	特点
化学法	溶胶-凝胶法	先制备出金属化合物，再经溶解、溶胶、凝胶过程而固化，再经低温热处理得到纳米粉体	产物颗粒均匀，过程易控制，但需经后处理，产品有一定的团聚
	水热合成法	高温高压在水溶液或水蒸气中合成，再经分离和后续处理得到纳米粉体	不需高温烧结，产物直接为晶态，团聚较少，粒度均匀，形状规则
	有机液相合成法	采用在有机溶剂中能够稳定存在的金属有机化合物和某些特殊性质的无机物为反应原料，在适当的反应条件下合成纳米粉体	纯度高，性能好，可以制备出具有半导体性质的纳米材料
	直接沉淀法	在含有一种或多种粒子的可溶性金属盐溶液中加入沉淀剂后，在一定的反应条件下形成不溶性的氢氧化物或盐类从溶液中析出，并将溶液中原有阴离子洗去，热分解后得到纳米粉体	原料简单、价廉，过程易控制，但也需经后处理，产品有部分团聚现象
	固相配位化学法	以草酸和醋酸盐为原料，在室温下利用固相配位化学法反应首先制得前驱物，如二水合草酸锌，进而前驱物经热分解制得纳米粉体	无需溶剂、产率高，反应条件易掌握
	其他化学法	如电化学法、气溶胶法、化学气相沉淀法等	能制备质量较高的纳米材料，对设备要求较高，不利于大规模生产
物理法	气相冷凝法	通过真空蒸发、加热、高频感应等方法使原料气化或形成等离子体，再经气相骤冷、成核，控制晶体长大，制备纳米粉体	纯度高、工艺过程无其他杂质污染，反应速度快，结晶组织好，但技术设备要求较高
	物理粉碎法	通过机械粉碎、电火花爆炸等得到纳米粉体	操作简单，产品纯度低，粒度分布不均匀
	深度塑性变形法	原料在准静压作用下发生严重塑性形变，使材料的尺寸细化的纳米量级	材料纯度高，粒度可控，设备要求高
	其他物理法	物理气相沉积法、低能团簇束沉积法	能生产纳米薄膜材料等，但仪器设备要求高，生产成本较高

表29-18列出部分国外有关厂家的产品技术指标。

表29-18 部分国外企业纳米氧化锌技术指标

技术指标 \ 企业名称	Nanophase Tech. Co., Ltd.	American Chemet of Zinc	Bayer Co., Ltd.	Silox Co., Ltd.
ZnO/%	99.00 (USP)	96.50	95.00	95.00
Pb/%	0.003	0.0025	0.003	0.003
Cd/%	0.003	0.015	0.003	0.003
Fe/%	0.004	0.006	0.004	0.005
As/%	0.0002	0.002	—	—
Mn/%	—	0.001	0.001	0.001
Cu/%	—	0.001	0.001	0.001
比表面积/$m^2 \cdot g^{-1}$	15~35	21.00	40~80	40.00
结晶形状	棒状	棒状	球状	棒状

（撰稿 陈为亮 审稿 冯桂林）

参考文献

[1] 张琳．中国再生铅产业格局生变[J]．有色金属再生和资源，2008(2)：7~15.

[2]《铅锌行业准入条件》是中华人民共和国国家发展和改革委员会公告附件．北京：2007.

[3] David Wilson. 全球铅回收发展趋势（上）[J]．有色金属再生与资源，2006(12)：32~34.

[4] David Wilson. 全球铅回收发展趋势（下）[J]．有色金属再生与资源，2007(1)：54~55.

[5] 尚辉良．引进来走出去是中国再生铅产业健康发展的必由之路[J]．有色金属再生与资源，2007，47~48.

[6] 尚辉良．正在崛起的安徽界首田营再生铅产业[J]．有色金属再生与资源，2007(3).

[7] 王长安．界首再生铅产业的科学发展之路[J]．中国有色金属报，2007.

[8] 杨进欣，杨微．《铅锌行业准入条件》将提高严格控制铅锌开工项目[J]．有色金属再生和资源，2007(43).

[9] 冉俊铭，伍永田，易健宏．锌再生利用及发展对策探讨[J]．有色金属再生和资源，2007(3)：24~27.

[10] 蒋继穆．我国再生锌面临的问题与建议[J]．有色金属再生和资源，2007(7)：45~48.

[11] 尚辉良．我国再生铅锌产业的回顾和发展[J]．有色金属再生和资源，2007(9)：11~14.

[12] 顾正海，郑华均．以工业废渣中湿法回收锌的研究进展[J]．有色金属再生和资源，2007(7)：37~40.

[13] Aya Yoshid. 日本废旧汽车电池再生状况调查[J]．有色金属再生和资源，2007(2)：50~52.

[14] 赵曦．再生金属产业繁荣背后的隐忧[J]．有色金属再生和资源，2007(7)：13~16.

[15] 安德雷·斯特加塞克，等．铅冶炼厂环境修复的整体解决方案[J]．有色金属再生与资源，2007(3):40~42.

[16] 林河成．在铅冶炼中治理“三废”保护环境[J]．有色金属再生与资源，2007(3)：62~65.

[17] 邱定蕃，徐传华．有色资源循环利用[M]．北京：冶金工业出版社，2006.

[18] 达尼埃尔·米络特．在循环利用铅酸蓄电池工业中使用斜回转炉的好处．见中国物资再生协会主编．欧洲铅电池再生事业发展和新技术应用报告会论文集．北京：2006.

[19] 史爱萍．上海再生企业遭遇原料饥荒[J]．有色金属再生与资源，2006(11)：14.

[20] 张顺应．采用水口山炼铅法处理废铅酸蓄电池生产再生铅工艺探讨[J]．有色金属再生与资源，2006(11)：21~23.

[21] 周根树．铅酸蓄电池板栅材料的发展概况．见中国有色工业协会主编．中国国际铅锌年会论文集．北京：2004.

[22] 左维书．我国再生铅产业应专与原生铅产业相结合之路．见第四届再生金属国际论坛会议文集．苏州：2004.

[23] 屠海灵．有色金属冶金、材料、再生和环境[M]．北京：化学工业出版社，2003.

[24] 李富元，等．国内外再生铅生产现状和发展趋势[J]．世界有色金属，1999(5)：26~30.

[25] 冯君从．锌价期待需求旺季到来——2007 年 1~2 月锌市场分析和展望[J]．中国铅锌锡锑，2007(3)：11~20.

[26] 戴永年主编．有色金属及矿产品深加工[M]．北京：冶金工业出版社，2006.

[27] 朱启安，谭仪文，石荣恺．无汞碱性锌锰电池用锌粉的制备[J]．电池，2005，35(1)：61~62.

[28] 戴自希，张家睿．世界铅锌资源和开发利用现状[J]．世界有色金属，2004(3)：22~29.

[29] 朱启安，杨立新，谭仪文．无汞碱锰电池用锌粉综述[J]．电池工业，2004，9(5)：260~263.

[30] 郭广生，顾福博，王志华，等．激光蒸凝法制备不同形貌的锌纳米晶[J]．中国有色金属学报，2004，14(10)：1747~1751.

[31] 王吉坤，周廷熙，冯桂林．ISA-YMG 粗铅冶炼新工艺．中国工程科学，2004，6(4)：61~66.

[32] 彭容秋主编．铅锌冶金学[M]．北京：科学出版社，2003.

[33] 叶红齐，王锦良．过氧化氢氧化铜锌合金粉的研究[J]．河南化工，2003(4)：17~18.

[34] 周锦鑫，马紫峰，廖小珍，等．超细铜金粉生产制造工艺优化及改造研究[J]．新新技术工艺，2003(3)：31~33.

[35] 马进，王积瑶．我国铅蓄电池合金的生产现状及改进建议[J]．世界有色金属，2003(8)：4~6.

[36] 陈智和．我国氧化锌工业现状及发展方向[J]．湖南有色金属，2002，18(2)：14~16.

[37] 陈智和．采用精馏法提高氧化锌产品档次[J]．有色冶炼，2002(2)：9~13.

[38] 梅梅贵，王德润，周敬元，等．湿法炼锌学[M]．长沙：中南工业大学出版社，2001.

[39] M. Sibony 等．德国诺丁汉铅熔池熔炼工业实践．TMS 出版：铅-锌 2000 学术会议文集．319~330.

[40] 池克．无汞锌粉的现状及展望[J]．电池工业，2000，5(2)：85~87.

[41] 朱晓云．铜锌合金粉在凹版印刷中的应用[J]．云南冶金，2000，29(6)：34~36.

[42] 宋清山．铅酸蓄电池的发展及用途．实用电子[J]．1999(7)：37~38.

[43] 徐鑫坤，魏昶．锌冶金学[M]．昆明：云南科技出版社，1996.
[44] 黄可龙．重有色金属精细化工产品生产技术[M]．长沙：中南工业大学出版社，1996.
[45] 李松瑞．铅及铅合金[M]．北京：冶金工业出版社，1996.
[46] 范福康．功能陶瓷现状和发展动向．硅酸盐通报[J]．1995(4)：29～36.
[47] 张放．对发展铅锌延伸合金加工产品的建议[J]．有色金属工业，1995(9)：31～35.

铅锌冶金生产过程的环境治理与保护

30 铅锌冶金生产环境保护概论

30.1 铅锌冶金生产环保法规和标准

30.1.1 铅锌冶金废物排放法规

根据《中华人民共和国环境保护法》等有关法律法规，铅锌冶炼及矿山采选污染物排放要符合国家《工业炉窑大气污染物排放标准》（GB 9078—1996）、《大气污染物综合排放标准》（GB 16297—1996）、《污水综合排放标准》（GB 8978—1996）、固体废物污染防治法律法规、危险废物处理处置的有关要求和有关地方标准的规定。防止铅冶炼二氧化硫及含铅粉尘污染以及锌冶炼热酸浸出锌渣中汞、镉、砷等有害重金属离子随意堆放造成的污染，确保二氧化硫、粉尘达标排放。严禁铅锌冶炼厂废水中重金属离子、苯和酚等有害物质超标排放。待《有色金属工业污染物排放标准——铅锌工业》发布后按新标准执行。

国家规定所有新、改、扩建项目必须严格执行环境影响评价制度，持证排污（尚未实行排污许可证制度的地区除外），达标排放。现有铅锌采、选、冶炼企业必须依法实施强制性清洁生产审核，环保部门对现有铅锌冶炼企业执行环保标准情况进行监督检查，定期发布环保达标生产企业名单，对达不到排放标准或超过排污总量的企业决定限期治理，治理不合格的，应由地方人民政府依法决定给予停产或关闭处理。

“十一五”期间全国 SO_2、COD 等主要污染物排放总量减少 10% 是《国民经济和社会发展第十一个五年规划纲要》确定的约束性指标，铅锌工业也应执行此指标。

30.1.2 铅锌冶金废物排放标准

自 1985 年首次制订《重有色金属工业污染物排放标准》（GB 4913—1985）、《有色金属工业固体废物污染控制标准》（GB 5085—1985）、《有色金属工业固体废物浸出毒性试验方法标准》（GB 5086—1985）、《有色金属工业固体废物腐蚀性试验方法标准》（GB 5087—1985）和《有色金属工业固体废物急性初筛试验方法标准》（GB 5088—1985）以来，直至 1996 年我国有色金属工业一直执行上述标准。1996 年对标准进行修订后，原有色金属行业标准被废止，综合为《大气污染物综合排放标准》（GB 16297—1996）、《工业炉窑大气污染物排放标准》（GB 9078—1996）、《污水综合排放标准》（GB 8978—1996）和《危险废物鉴别标准》（GB 5085. 1 ~ 5085. 3—1996），于 2001 年又制定了《危险废物填埋污染控制标准》（GB 18598—2001）、《危险废物贮存污染控制标准》（GB 18597—2001）和《一般工业固体废物贮存、处置场污染控制标准》（GB 18599—2001），有色金属工业改执行上述新的标准。由于现行标准适用范围广，对行业特点考虑不够充分，不能完全符合有色行业污染特征。特别是随着我国有色金属工业生产工艺的改进和污染治理技术的进步，以及国家对环境保护工作要求日趋严格，现行的排放标准也已明显不能适应有色金属行业污染防治的要求。国家环保总局已经下达了制定《有色金属工业污染物排放标准》的任务。

30. 1. 2. 1 制定新标准的法律依据

《中华人民共和国环境保护法》第十条规定："国务院环境保护行政主管部门根据国家环境质量标准和国家经济、技术条件，制定国家污染物排放标准。"

《中华人民共和国大气污染防治法》第七条规定："国务院环境保护行政主管部门根据国家大气环境质量标准和国家经济、技术条件制定国家大气污染物排放标准。"

《中华人民共和国水污染防治法》第七条规定："国务院环境保护部门根据国家水环境质量标准和国家经济、技术条件，制定国家污染物排放标准。"第八条规定："国务院环境保护部门和省、自治区、直辖市人民政府，应当根据水污染防治的要求和国家经济、技术条件，适时修订水环境质量标准和污染物排放标准。"

《中华人民共和国海洋环境保护法》第十条规定："国家和地方水污染物排放标准的制定，应当将国家和地方海洋环境质量标准作为重要依据之一。在国家建立并实施排污总量控制制度的重点海域，水污染物排放标准的制定，还应当将主要污染物排海总量控制指标作为重要依据。"

国家环境保护部于 2007 年 3 月 1 日以 2007 年第 17 号公告发布的《加强国家污染物排放标准制修订工作的指导意见》的总则中规定："国家污染物排放标准根据国家环境质量标准和国家技术、经济条件制定"、"承担国家污染物排放标准制修订计划项目的单位，应按本文件的规定开展相关的工作"；国家污染物排放标准的体系结构和设置要求第七条规定："行业型污染物排放标准原则上按生产工艺特点设置，确定排放标准的合理适用范围，应全面考虑本标准与相关排放标准的关系，避免适用范围的重叠，要严格控制行业型排放标准的数量。"

国家环境保护部 2007 年 2 月 27 日发布的第 17 号公告规定："排放标准中规定的污染物排放方式、排放限值是判定排污行为是否超标的技术依据，在任何时间、任何情况下，排污单位的排污行为均不得违反排放标准中的有关规定"；"环保部门在排污单位进行监督性检查时，可以环保工作人员现场即时采样或监测的结果作为判断排污行为是否超标以及实施相关环境保护管理措施的依据"。

国家环境保护部1999年1月5日以第3号令发布的《环境标准管理办法》的第五条规定："环境质量标准、污染物排放标准、行政法规规定必须执行的其他环境标准属于强制性环境标准，强制性环境标准必须执行"；第七条（二）规定："为实现环境质量标准，结合技术经济条件和环境特点，限制排入环境中的污染物或对环境造成危害的其他因素，制定污染物排放标准（或控制标准）"。

国家环境保护部2005年9月19日以第28号令发布的《污染源自动监控管理办法》第十条规定："列入污染源自动监控计划的排污单位，应当按照规定的时限建设、安装自动监控设备及其配套设施，配合自动监控系统的联网"；第十一条规定："新建、改建、扩建和技术改造项目应当根据批准的环境影响评价文件的要求建设、安装自动监控设备及其配套设施，作为环境保护设施的组成部分，与主体工程同时设计、同时施工、同时投入使用"。

30.1.2.2 铅锌工业主要大气污染物及其排放标准

铅锌工业主要大气污染物及其排放标准见表30-1。

表30-1 铅锌工业废气排放标准值（GB 16297—1996）

污染物	粗铅冶炼	铅精炼	锌冶炼	干燥窑	制　酸
颗粒物/mg·m^{-3}	100	100	100	200	—
SO_2/mg·m^{-3}	二级850，三级1430				960
硫酸雾/mg·m^{-3}	—	—	—	—	45

30.1.2.3 铅锌工业主要废水污染物排放限值

铅锌工业主要废水污染物排放限值见表30-2。

表30-2 铅锌工业主要废水污染物排放限值（GB 8978—1996）

污染物	标准值	污染物	标准值
pH值	6～9	总　砷	0.5
COD	100	总　铜	0.5
SS	70	总　镍	1.0
总　铅	1.0	硫化物	1.0
总　锌	2.0	氟化物	10
总　镉	0.1	总α放射性	1
总　汞	0.05	总β放射性	10

30.2 铅锌冶炼原材料及生产过程行为与分布

30.2.1 铅锌冶炼原材料化学成分及物理形态

30.2.1.1 铅冶炼原材料物理化学组成

铅矿石是铅冶炼主要原材料，可分为硫化矿和氧化矿两大类。前者属原生矿，分布极广，目前，世界矿产铅大部分是从硫化矿提炼的；氧化矿系由原生矿物经风化作用及含有碳酸盐的地下水的作用形成的，又称为次生矿物。原生矿物主要是方铅矿，次生矿物主要是白铅矿（碳酸铅）和铅矾（硫酸铅）。目前，铅冶炼的主要原料硫化铅精矿、铅锌混合精矿和其他含铅锌物料。

硫化铅精矿主要化学组成：Pb 60% ~ 72%，S 13% ~ 16%，Zn 2% ~ 6%，Fe 3% ~ 14%，H_2O < 12%，还含有少量的 Cu、Sn、Sb、As、CaO 和 SiO_2。不同的硫化铅精矿其化学成分大致相同，各组分含量有略微差别，典型硫化铅精矿物理化学成分见表 30-3。

表 30-3 硫化铅精矿的化学组成实例

	产 地	化学成分(质量分数)/%										
		Pb	Zn	Cu	Sn	Sb	As	S	Fe	CaO	SiO_2	H_2O
硫化铅精矿	黄沙坪	71.63	2.14	0.33	0.083	0.042	0.24	15.89	4.02	0.67	1.03	8.0
	桃 林	72.29	3.12	0.68	0.007	0.015	0.065	13.89	3.29	0.43	4.16	7.8
	宝 山	59.10	6.34	0.46	0.15	0.81	0.91	18.51	7.37	0.7	1.53	8.0
	凡 口	51.22	4.66	≤0.2	0.007	0.038	0.37	25.39	13.69	0.25	1.4	11.87
	东 波	61.02	4.94	0.54	0.077	0.21	0.49	17.35	6.17	1.33	1.4	8.62
	银 山	70.0	3.7	1.2	0.015	0.173	0.5	15.5	4.0	0.6	2.0	—
	河 三	68.3	4.54	0.54	0.007	0.015	0.14	15.97	5.33	0.25	2.1	8.88
	衡 东	67.66	4.27	1.64	0.01	0.019	0.15	15.98	3.66	0.45	2.8	8.39
	乔 口	67.14	6.26	0.78	0.029	0.053	0.63	15.67	4.18	0.13	2.16	8.96
	香花岭	61.49	6.0	0.72	0.05	0.21	1.09	18.03	6.17	0.94	0.8	8.89
	清水塘	66.66	4.72	1.76	0.007	0.7	0.29	17.52	4.49	0.56	2.10	7.37
	普 安	70.27	4.54	≤0.2	0.001	0.053	0.29	16.05	30.34	1.33	1.66	8.03
	青城子	66.0	1.0	0.2	0.05	0.09	0.45	17.5	8.0	0.7	2.0	8.99
	柴 河	57.0	11.0	0.2	0.006	0.10	0.04	16.5	4.0	1.0	1.0	8.45
	西 林	54.0	6.0	0.3	0.02	0.06	0.15	18.5	13.5	0.6	0.2	5.79
	水口山	65.7	5.82	1.13	—	1.19	0.49	17.82	4.47	0.13	1.02	—
	温 州	63.14	8.4	0.5	—	—	—	15.3	2.97	—	6.03	—
	元 阳	60.4	1.97	1.29	0.37	—	微	13.9	4.76	4.06	13.08	—

铅锌混合精矿主要化学组成：Pb、Zn、Fe、S，还含有少量的 Cu、Sn、As、Sb、CaO 和 SiO_2。表 30-4 列举出了几类铅锌混合精矿的具体化学成分及其含量。其他含铅锌物料主要包括氧化铅矿和锌厂铅渣。其化学组成类似铅锌混合精矿。表 30-5 简单列举出了几类氧化铅矿和锌厂铅渣的具体化学成分及其含量。

表 30-4 铅锌混合精矿化学成分实例

产 地	化学成分(质量分数)/%									
	Pb	Zn	Cu	Sn	Sb	As	S	Fe	CaO	SiO_2
凡 口	15.95	37.05	0.8	0.07	0.044	0.156	30.5	9.0	0.7	4.0
小铁山	13.8	26	0.84		0.1	0.1	32.45	16.4	0.34	4.32
潭 山	17.1	31.1	0.4	0.01	0.1	0.2	29.1	10.15	4	4.5

表 30-5　其他含铅锌物料的化学成分实例　（质量分数/%）

种类	产地	Pb	Zn	Cu	Fe	SiO_2	CaO	S	As	Sb	Sn
氧化铅矿	老厂	33.59	2.28	0.27	1.75		5.88	0.61	27.25	0.51	0.12
	卡房	35.13	2.99	0.13	2.64		2.2	0.3	25.54	1.25	0.5
	建水	43.03	2.09	微	0.49		微	3.08	1.9	12.3	3.66
	石屏	39.93	微	0.1	0.61		微	4.94	1.9	4.1	33.6
	柴达木	35	4.5	0.3	15.0	18.0	3.3	2.5	0.15	0.01	0.03
	渤海湾	20	1.0	0.04	20.0	23.0	0.7	0.7	0.076	0.03	0.025
锌厂铅渣	株冶	25.85 ~ 34.1	13.07 ~ 15.71	0.26 ~ 1.2	6.18 ~ 11.0	2.42 ~ 3.07	0.66	7.88 ~ 8.89	0.26	0.2	2.07
	甲厂	38.42	9.54	0.08	5.51	3.43	0.69	9.02	1.43	0.45	1.62
	乙厂	26 ~ 31	11 ~ 17	0.4 ~ 0.6	8 ~ 14.5	6.7 ~ 9.2	1 ~ 7	1.9 ~ 7			

30.2.1.2　锌冶炼原材料物理化学组成

锌主要以硫化物形态存在于自然界，氧化物形态其次。我国的锌矿除西南地区大部分是工业价值较高、类型独特的氧化矿外，其余都是硫化矿。在硫化矿物中，锌主要矿物是闪锌矿，氧化矿中主要为菱锌矿和异极矿。目前，约 90% 的锌是从硫化矿产出的，从氧化矿中产出的锌不多，再生锌的产量约占 5%。

大部分锌与铅共生。最常见的是铅锌硫化矿，除含锌、铅外，一般还含有铜、镉、贵金属和稀有金属。以株洲冶炼厂硫化锌精矿为例，其详细化学组成：Zn，S，Fe，SiO_2，还含有少量的 Cu，Pb，As，CaO，F，Cd 和 Ge。具体化学组分及含量见表 30-6。

表 30-6　株洲冶炼厂硫化锌精矿成分实例　（质量分数/%）

矿　类	Zn	S	Fe	SiO_2	Cu	Pb	As	CaO	F	Cd	Ge
桃林矿	49.30 ~ 59.02	28.57 ~ 32.92	1.59 ~ 13.08	0.35 ~ 18.05	0.20 ~ 1.05	0.32 ~ 5.50	0.20 ~ 0.82	0.13 ~ 0.80	0.005 ~ 2.00	0.075 ~ 0.67	0.0003 ~ 0.0065
凡口矿	49.24 ~ 56.74	31.8 ~ 33.18	1.20 ~ 13.20	0.41 ~ 15.53	0.20 ~ 3.30	0.55 ~ 4.50	0.20 ~ 0.50	0.60 ~ 3.00	0.004 ~ 0.05	0.11 ~ 0.40	0.0043 ~ 0.047
黄沙坪矿	40.93 ~ 45.92	29.73 ~ 32.06	1.24 ~ 18.81	0.37 ~ 18.80	0.20 ~ 4.50	0.20 ~ 7.00	0.20 ~ 1.05	0.5 ~ 1.80	0.0085 ~ 0.98	0.12 ~ 0.64	0.00017 ~ 0.0052
高砷矿	43.64 ~ 48.48	29.00 ~ 32.00	6.23 ~ 15.58	0.97 ~ 10.95	0.20 ~ 1.50	1.15 ~ 2.70	0.3 ~ 1.40	0.50 ~ 3.26	0.0063 ~ 0.36	0.15 ~ 0.47	0.00025 ~ 0.0092

根据上几表所列举的各冶炼矿石各组分的实例，铅锌矿石主要组分成分相同，只有一些微量元素如 Sb，Sn 和 Cd，Ge 不同。

30.2.2 有毒有害组分在生产过程中的分布及存在形态

30.2.2.1 铅冶炼

铅冶炼包括铅粗炼和铅精炼，粗铅冶炼主要有火法和湿法。湿法冶炼虽然已经进行了长期实验研究工作，但还未能广泛地应用于工业。目前，世界上粗铅冶炼有95%是用烧结焙烧-鼓风炉还原熔炼工艺。粗铅精炼的方法有火法和电解两种，国外以火法精炼为主，我国、日本及加拿大等少数国家采用电解精炼。电解精炼法的特点是能更好地回收金、银、铋等有价金属，并得到高纯铅。火法精炼的特点是工艺较灵活，金属占压周期短、周转快，可根据粗铅中杂质情况和市场的需求组织生产，投资也省。

我国铅冶金工业中，除大型骨干企业近年来积极采用先进工艺技术进行现代化改造外，还有相当数量中小炼铅厂沿用烧结-鼓风炉还原熔炼工艺。此法即硫化铅精矿经烧结焙烧后得到烧结块，然后在鼓风炉中进行还原熔炼产出粗铅，粗铅经火法与电解精炼得精铅。其原则流程如图 30-1 所示。

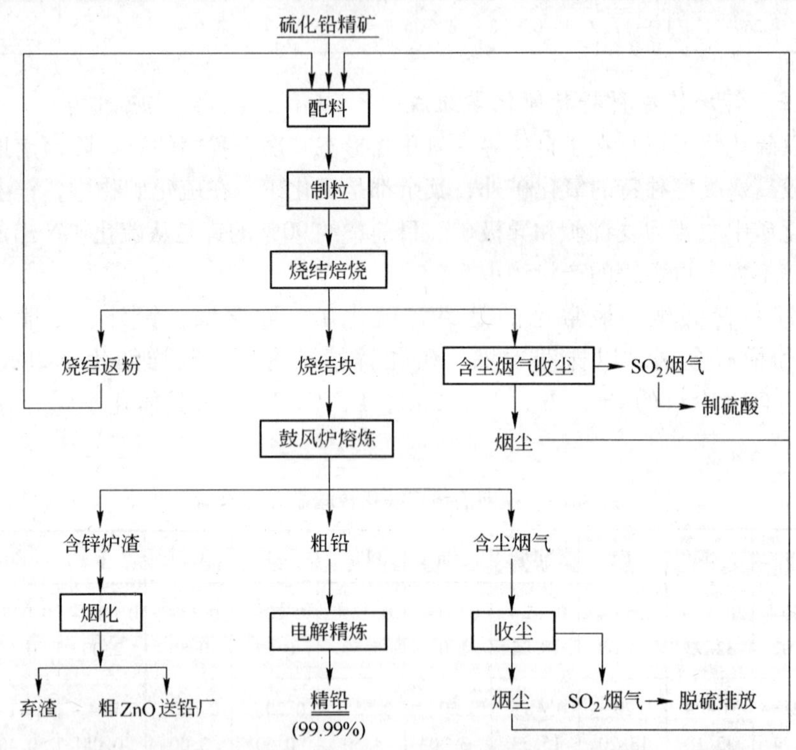

图 30-1 烧结-鼓风炉还原熔炼-电解精炼工艺流程

由表 30-3 可知，我国铅精矿含有较高的铜、铋、镉、银等。鼓风炉熔炼冶炼粗铅，镉和铊富集在烧结与鼓风炉熔炼的烟尘中，锌富集在鼓风炉熔炼的炉渣中，然后在炉渣烟化过程中使锌呈氧化锌尘回收，部分铟也富集在这种产物中。铜、锡、锑、硒、碲以及大部分铟在火法精炼时进入铜浮渣及氧化精炼渣中，在随后的铜浮渣熔炼过程中铜、硒、碲进入锍，最后从粗铜精炼的阳极泥中回收。锑、锡进入粗氧化精炼渣或在阴极铅重熔的氧化渣中，再从其中回收锑、锡，大部分锑将进入电解精炼的阳极泥中回收，铟在铜浮渣熔炼过程中富集在烟尘中，再回收。金、银、铋及大部分硒在电解精炼过程中进入阳极泥，从中回收。

由图 30-1 可知，烧结焙烧过程中产生烟气和粉尘污染，烟气主要污染物有 SO_2、NO_x、Pb、Cd 和 Te 等。烧结块经过鼓风炉熔炼产生炉渣、粗铅和烟气，其中主要污染物：烟气中主要污染物有 SO_2、NO、In、Cd、Se 和 Ti 粉尘颗粒；炉渣经过烟化炉吹炼得到的弃渣含有的主要有毒有害物质有 Pb、Zn 和 In 粉尘颗粒。粗铅经火法除杂产生烟气（SO_2、NO_x、In 和 Pb），粗铅经电解精炼产生阳极泥（Au、Ag、Bi、Se 和 Te）和精铅，此过程产生的污染物主要是电解废液。

30.2.2.2 锌冶炼

炼锌方法可分火法和湿法两大类。目前，世界主要炼锌方法是湿法，我国锌金属产量中 65% 以上采用湿法生产工艺。传统的湿法和火法炼锌锌精矿都要经过干燥和焙烧两个过程。火法得到的焙烧产物经火法还原得到锌蒸气，锌蒸气经冷凝得到粗锌，粗锌经精馏得到精锌。传统的湿法是焙烧产物经湿法浸出得到浸出液，浸出液经净化、电积得到电锌。锌冶炼原则工艺流程如图 30-2 所示。

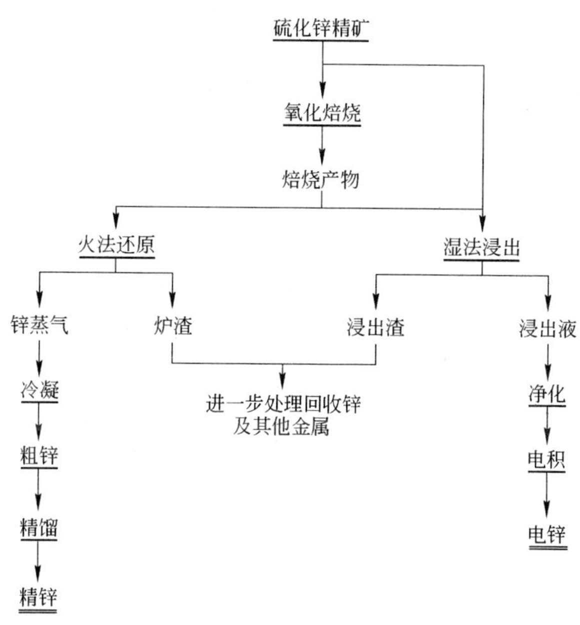

图 30-2 锌冶炼原则工艺流程

由表 30-6 可知，锌精矿主要化学组成是 Zn、S、Fe、SiO_2，还含有少量的 Cu、Pb、As、CaO、F、Cd、Ge 等多种元素。在湿法炼锌生产过程中，精矿这些伴生元素富集在各种烟尘和残渣中。

传统的湿法炼锌过程中，硫化锌精矿焙烧产生含有大量 SO_2 和汞蒸气的烟气、烟煤灰和锌焙砂，锌焙砂经浸出产生浸出液和浸出渣，浸出渣中含有大量的 Pb、Ag、Ge 等稀有金属。浸出液经净化产生渣和硫酸锌新液，渣中含有大量的 Cu、Cd 和微量 Co 等，浸出和电解过程会产生大量的废水，废水中含有大量的重金属如铜、铅、锌、镉、砷、汞，还含有大量的氟化物和氯化物等污染因子。

火法炼锌原料预处理的干燥和焙烧过程与湿法相同，硫化锌精矿焙烧也产生含有大量 SO_2 和汞蒸气的烟气，含有大量铅、镉和铊的烟尘和烧结块。烧结块经鼓风炉处理产生炉渣（含有铅锌锗镉）、铜锍（含有铜铋锑金银）、炉气（含有铅镉铟锗颗粒）和粗铅（含有微量金银铜锑锡铋）。炉气经冷凝得到粗铅（含镉铟锗杂质），并且产生废气和浮渣。98% 的汞存在烧结烟气中。

30.2.3 有毒有害组分的危害途径

铅锌冶炼过程中产生的有毒有害组分基本相同，都主要以废气、废水和废渣的方式污染环境，且其污染物基本相同。大量的废气、废水和废渣排入环境，引起大气、水体和土壤的污染，严重危害人类身体健康，造成巨大的经济损失。

30.2.3.1 铅锌冶炼烟气

铅锌火法冶炼过程中有大量废气排放。即使是湿法炼锌，原料干燥、焙烧以及浸出渣的挥发处理，同样也产生大量烟尘和废气。铅锌冶炼的许多工序都是废气的污染源。烟气中最主要的污染物是 SO_2、NO_x、烟尘等。根据烟尘的产生原因，可分为机械尘和挥发尘。凡是在生产过程中由于气流的运动所直接带走，或由于机械振动而飞扬等原因所产生的粉尘，都属于机械粉尘，其粒度为 5 ~ 100μm 之间，称为“粗粉尘”。凡是在生产过程中由于热过程而挥发形成蒸气状态，随气流逸出后因冷却而凝结形成的烟尘或固体粒子或液体粒子，称为挥发尘。这类尘粒度较细，在 0.01 ~ 0.05μm 之间，是净化烟气作业中较难捕集的“细尘粒”。

铅锌冶炼烟气中的污染物在大气中可呈气态、液态和固态。各种矿物原料粉尘、未燃烧的煤粒等为固态；硫酸、焦油物质等为液态或蒸气状态；汞、铅等在高温下为气态；二氧化硫、硫化氢、一氧化碳、二氧化碳等为气态。大量冶炼废气排入大气，造成的危害主要表现在以下方面：（1）人体健康危害。废气污染对人体健康危害包括急性和慢性两种情况：急性危害一般出现在工业区内及周边地区。主要表现为当二氧化硫和硫化氢气体浓度过高时，人群在短时间内出现呼吸困难，呼吸道干涩等症状。慢性危害是大气污染物直接或间接的长期作用下对人体健康机能造成的危害。在工业重污染区，呼吸道疾病的患病率和检出率为 30% ~70%。（2）物质材料破坏。（3）农业森林水产损失。（4）全球大气环境影响。

30.2.3.2 铅锌冶炼废水

铅锌冶炼废水主要来自湿法冶炼浸出、液固分离、电解等车间的跑、冒、滴、漏和地面冲洗；烟气制酸过程中的烟气洗涤（稀污酸）和地面冲洗；制备锅炉用水和化验用水过程中排除的酸、碱污水等；厂区内前期排水等。

由于进入冶炼的精矿所含成分不一，各冶炼厂排出的污水所含成分不一样。湿法冶炼过程中排除的污水一般含酸和重金属较低，烟气制酸过程中排除的污水一般含酸和重金属较高。

铅锌冶炼废水排入环境，造成其中重金属如铅、锌、汞、镉、钴等进入水体、土壤中，引起严重的环境污染。以各种化学状态或化学形态存在的重金属，在进入环境或生态系统后会存留、积累和迁移，造成远期危害。例如，废水中的重金属离子，即使浓度很小，也可在藻类和底泥中积累，被鱼和贝的体表吸附和摄入，产生食物链浓缩，从而造成公害。当年日本的“水俣病”，就是因为烧碱制造工业排放的废水中含有汞，在经生物作用变成有机汞后造成的。“痛痛病”，是由炼锌工业和电镀工业所排放的镉所致。汽车尾气排放的铅经大气扩散等过程进入环境中，造成目前地表铅的浓度已有显著提高，致使近代人体内铅的吸收量比原始人增加了约100倍，损害了人体健康。

30.2.3.3 铅锌冶炼废渣

铅锌冶炼废渣中大多含有各种伴生矿金属，该废渣露天堆放过程中，其中的重金属通过雨水淋洗、冲刷，随水进入土壤和表面水体流域中，严重污染土壤和水体。危害表现在：进入土壤和水体中的重金属通过植物和动物富集，以食物的形式进入人体对人体产生巨大的危害。

30.3 火法冶金高温烟气及烟尘

铅锌火法冶炼过程（如干燥、焙烧、熔炼、挥发等）产生的烟气和烟尘的性质与冶炼工艺、设备及其相关的操作条件都有较大的关系。

30.3.1 高温烟气及烟尘的产生

30.3.1.1 铅锌冶炼过程中烟气的产生

铅锌冶炼烟气主要是冶炼炉窑产生的含污染物质的气体产物，如含硫燃料燃烧时产生的二氧化硫、高温状况下具有高蒸气压的某些元素和氧化物也会以烟气形式放出。

30.3.1.2 铅锌冶炼过程中烟尘的产生原因

A 机械作用

炉料的细微颗粒被流动的烟气带走而形成烟尘。此类烟尘的颗粒一般较大（大于10μm），其成分与原料相近，易于为普通收尘器所收集。

B 挥发作用

在火法冶金过程中，铅锌等熔点较低的金属常挥发逸出进入烟气，遇冷以元素或化合物状态形成细的烟尘。此类烟尘的颗粒很小（一般达到千分之几微米），不易于在收尘器中捕集回收。

30.3.2 高温烟气的成分及特性

30.3.2.1 铅锌冶炼烟气的成分

铅锌冶炼过程出炉的烟气主要成分见表30-7。

表30-7 铅锌冶炼过程出炉的烟气主要成分

冶金炉	烟气温度/℃	烟气成分(体积分数)/%	说明
(1) 铅冶金：			
吸风烧结机	150~200	SO_2 0.5~1.0	
鼓风返烟烧结机	250~300	SO_2 3~5，O_2 <10	
敞开鼓风炉			
烧结矿熔炼	150~350	SO_2 <0.5	炉门漏风后

续表 30-7

冶金炉	烟气温度/℃	烟气成分(体积分数)/%	说明
氧化矿熔炼	150~350	SO_2 <0.2，CO 1~4	炉门漏风后
密闭鼓风炉	150~350	SO_2 <0.2，CO 3~4	炉料为氧化矿
铅锌密闭鼓风炉	400~450	CO 17~25	冷凝口出口
烟化炉	1100~1200	O_2 1.5~2，CO 5~9	
浮渣反射炉	900~1000	SO_2 <1	
铅渣回转窑	650~750	O_2 1.5~2，CO 0.2~1	
(2) 锌冶金:			
氧化焙烧沸腾炉	1000~1070	SO_2 >10，SO_3 0.1，O_2 5~6	
酸化焙烧沸腾炉	850~950	SO_2 8~9	
脱氟多膛炉	400~500	O_2 11~12，CO 0~0.2	窑尾漏风后
浸出渣回转窑	700~750	SO_2 <1，O_2 2~4	

30.3.2.2 烟气特性

A 烟气温度

在焙烧、烧结、吹炼和精炼等过程中产生的烟气温度较高，有时需先经过冷却后再送入收尘设备。

B 波动范围大

由于冶金炉处理的原料困难、操作制度或设备条件不同，产出的烟气量、温度、成分等均有较大的波动。

C 含尘量高

铅锌冶炼过程产生的烟气一般含尘量较高，如沸腾炉焙烧烟气中烟尘浓度（标态）可达 100~300g/m^3。

D 腐蚀性和有害性

铅锌冶炼过程中通常会产生腐蚀性有害气体，如二氧化硫、三氧化硫、铅蒸气、三氧化二砷、氟和氯等。

E 爆炸性

铅锌冶炼的某些冶金过程（如还原熔炼等），烟气中含有浓度较高的可燃性气体（如 CO 或 H_2），当烟气中（残留或吸入）的氧气浓度达到一定程度时，条件具备时可能发生“燃爆”，此等情况应予重视。

30.4 铅锌冶金废渣

30.4.1 火法冶金炉渣分类及成分

铅锌冶炼的鼓风炉熔炼、炉渣烟化、锌浸出渣回转窑挥发等火法冶金过程，都有大量冶金炉渣产出，其中含有的有价金属必须进行处理与利用，减少其对环境的危害，充分利用资源。表 30-8 列出了部分炼铅工厂鼓风炉渣主要成分，表 30-9 为烟化炉烟尘化学成分实例。挥发窑渣的一般化学成分及其主要金属的物相组成见表 30-10 和表 30-11。

表 30-8 部分炼铅工厂鼓风炉渣主要成分 （质量分数/%）

工厂（国家）	Pb	Zn	Fe	SiO_2	CaO	MgO	Al_2O_3
Glover（美）	3.8	10.8	24.6	23.5	12.1	5.0	4.4
Buick（美）	3.5	11.5	24.1	22.9	18	3.5	5.8
Leadville 厂（美）	0.7	7~8	27.2	22	19	—	—
Trail 厂（加）	4	18	27	20	11	—	—
Brunswick 厂（加）	2~5	9~11	26.4~29.5	20~21	15~16	—	—
Torreon 厂（墨）	1.3	12~12.5	24.4	19.9	20.5	—	—
La Oroya 厂（秘）	1.4	9.9	26.5	27	16.7	—	—
Plovdiv 厂（保）	1.2~1.6	12.5~14	28~29.5	21~23	10~12	1.5	5~6
韶关冶炼厂（中）	0.7~1	6~7	28~30.3	19~23	18~21	—	4~6
株洲冶炼厂（中）	2.5~3.5	10~13	23~25	18~20	19~21	1	4.5~5.5
沈阳冶炼厂（中）	1.7~2.1	8~9	20~22	25~28	19~22	—	—
豫光金铅公司（中）	2.8	5~7	29.6	30	12.4	—	1~3
水口山矿务局三厂（中）	1.3	12.3	28.1	28.1	17.5	—	5.5
鸡街冶炼厂（中）	1.5	3.3	29.2	24.7	17.3	—	6.3
江西有色冶炼加工厂（中）	2.5	9.4	35.4	17.7	14.3	—	—
会泽铅锌矿（中）	2.9	9.9	21.5	31	8.3	3.2	7.7
南宁冶炼厂（中）	2	4	20	23	16~18	—	—

表 30-9 烟化炉烟尘化学成分实例

厂名（国家）	ZnO 粉尘类别	化学成分（质量分数）/%							
		Pb	Zn	Ge	Fe	SiO_2	CaO	Al_2O_3	S
会泽铅锌矿（中）	滤袋尘	11~14	61~63	0.03~0.04	4.2	1.55	0.1	0.4	2.84
	水套烟道尘	15~22	30~40	0.023~0.024	10~20	7.0	1.5	1.5	
	喷水冷却器尘	27~31	42~50	0.016~0.028	5~10	2~3.8	0.1~0.6	1.0	2.77
	冷却烟道尘	28~32	44~46	0.03~0.035	4.2~5.1	0.1~1.7	0.15	0.35~0.55	3~3.5
株洲冶炼厂（中）	滤袋尘	11~12	61~62	0.008	0.4~0.8	0.8~1.0	0.3~0.5	0.2~0.75	1.8~2
	冷却烟道尘	12~13	55~57	0.005	1~1.5	2.5~3.0	0.5~0.8	1.5~3.3	1.3~2
Trail 厂（加）	滤袋尘	9.8	63		0.2	0.5	0.2		1.8
	余热锅炉尘	10.5	59.6		2.3	1.8			0.7
	余热锅炉尘	14.0	42.8		8.0	6.5			1.0

表 30-10 窑渣化学成分 （质量分数/%）

成 分	Zn	Pb	SiO_2	$Fe_{总}$	Fe^0	Al_2O_3	CaO + MgO
含 量	1.1~1.7	0.5~0.7	20~28	25~33	18~20	5~6	4~6

表 30-11 窑渣物相组成 （质量分数/%）

物相	Pb					Zn					Fe		
	$PbSO_4$	$PbO + xPbO + ySiO_2$	PbO	PbS	$PbO \cdot Fe_2O_3$	$ZnSO_4$	ZnO	$xZnO \cdot ySiO_2$	ZnS	$ZnO \cdot Fe_2O_3$	FeO	FeS	FeO
含量	10	20	30	30	10	1	4	5	50	40	59	4	37

30.4.2 湿法冶金废渣分类及成分

湿法冶金废渣是指在湿法冶炼过程中产生的废渣，主要包括锌浸出渣，铁矾渣以及锌净化产生的铜镉渣、黄酸钴渣等。

锌浸出渣、铁矾渣、铜镉渣及黄酸钴渣的主要化学成分分别见表 30-12~表 30-15。

表 30-12 锌浸出渣成分 （质量分数/%）

厂 别	Zn	Pb	Cu	Fe	MgO + CaO	Al_2O_3	SiO_2	S	Au + Ag
1	20~22	3~4	0.3~0.6	25~27	3~4	3~5	10~13	5	200~300g/t
2	17~18	2~4	1.0	19~21	<8	—	<12	5	250~300g/t
3	14~28	0.6~0.7	0.35~2.7	18~45	—	—	—	5	8~1200g/t
4	10~16	25~30	0.5~1	8~10	—	—	6~10	—	—

表 30-13 铁矾渣成分 （质量分数/%）

Zn	Pb	SiO_2	Fe	Ag（g/t）	In
4~6	0.6~1.6	1.2~4.4	25~32	80~150	0.1~0.2

表 30-14 铜镉渣成分 （质量分数/%）

厂别	Cu	Cd	Zn	Pb	Ni	Co	As	In	Ge	Ga	Fe
1	5.64	14.31	40.26	1.27	0.076	0.0212	0.278	0.0075	0.021	0.0029	4.07
2	1.5~4.5	6~10	30~50	—	0.05~0.08	0.02~0.06	0.002~0.01	—	—	—	1~2
3	4~5	3~5	40~48	—	—	0.1~0.2	0.1~0.5	—	—	—	0.8~1.0

表 30-15 黄酸钴渣成分 （质量分数/%）

Co	Zn	Cd	Cu	Mn	Fe	CaO	SiO_2
0.5~1.5	25~28	0.6~1.2	0.6~1.1	0.2~0.3	0.15~0.35	3~3.9	0.2~0.3

30.5 铅锌冶金生产废水

由于进入冶炼系统的精矿成分各异，各冶炼厂排出的污水所含成分也不一样。表30-16及表30-17中所列为近几年来设计采用的湿法冶炼和烟气制酸污水数据。

表 30-16 湿法冶炼排出污水成分

冶炼厂名称	生产规模/万 t	排水量/kg	pH 值	排水成分/mg · L^{-1}								设计年份
				Zn	Pb	As	Cd	Fe	Cu	Hg	Sb	
株洲冶炼厂(电锌)	100	714	4 ~ 6	50 ~ 100	1 ~ 3	1 ~ 3	1 ~ 3		1 ~ 3			1994
西北铅锌冶炼厂(电锌)	100	705	2.5 ~ 5.4	50 ~ 100	1 ~ 3	1 ~ 3	1 ~ 3		1 ~ 3			1987
温州冶炼厂(电锌)	10	381	2 ~ 5	344	8	0.71	3.8		4			1989
云南曲靖冶炼厂	100	538	2 ~ 5	5 ~ 50	5 ~ 7	1 ~ 2	1 ~ 2					2001
伊朗 Yazd 锌厂	30	183	2	159	8.7	47	1.34			1.65	42	1992

表 30-17 烟气制酸排出污水成分

冶炼厂名称	制酸规模/万 t	排水量/kg	含酸量/%	污水成分/mg · L^{-1}										设计年份
				Zn	Cu	Cd	Hg	Pb	As	F	Fe	Sb	Cl	
株洲冶炼厂(电锌)	20	480	5 ~ 6	990	7.1	8.1	117	34	716	320	2.12		208	1994
西北铅锌冶炼厂(电锌)	20	480 ~ 840	3	700	2	5 ~ 11	20 ~ 50	50 ~ 150	0.5	200 ~ 300				1987
云南曲靖冶炼厂	20	230	15						2246	604			343	2001
伊朗 Yazd 锌厂	4.875	120	7	1200	2	3.9	20	65	86		99	77		1992

31 铅锌冶金烟气的治理

31.1 高温烟气的冷却及余热利用

31.1.1 高温烟气的冷却及余热回收方式

铅锌冶炼过程中产生的烟气温度较高，一般都超过收尘器、排风机等设备所能承受的最高允许工作温度。所以，收尘之前必须要进行冷却降温。烟气冷却方式可分为直接冷却和间接冷却两种。间接冷却方式烟气不与冷却介质直接接触，一般不改变烟气性质。直接冷却时烟气与冷却介质直接接触，烟气量及其成分可能改变。

烟气冷却方式及降温要求要根据实际情况进行选择，通常要考虑以下3个因素：

（1）烟气出炉温度与收尘器及排风机的最高允许工作温度。

（2）余热的利用。当烟气温度高于700℃时，可根据供水、供电的具体条件分别选用风套、水套、汽化冷却或余热锅炉冷却烟气并产生热风、热水或蒸汽。

（3）冷却方式的特性。

31.1.2 余热锅炉

火法冶炼工艺的冶金炉窑在生产运行中、消耗大量的能源获取必要的高温以完成冶金反应过程，过程产生的高温烟气携带着大量余热从炉内排出。通过设置余热锅炉生产蒸气，可有效回收随烟气排出的“废热”加以利用，有利于提高过程的热利用率，大幅度降低工艺能耗指标和减轻环境污染。鉴于采用不同的冶金炉窑和工艺流程及操作控制条件、冶炼不同的金属品种和所处理原料的性质、组成等的不同，冶炼烟气性质及工况条件差异很大。余热锅炉的设计和运行需要综合考虑各种有关因素。

20世纪20年代末期余热锅炉出现以来，技术发展经历了3个阶段。最初，余热锅炉是作为冷却“流程气体”的一种装置发展起来的，当时一般将余热锅炉称之为“急冷器”或“激冷器”；随着人们对其应用价值的发现，通过不断的技术改进，实现了从低压“流程气体”及高温高压“过程气体”中回收余热并加以利用；20世纪60年代后期的世界能源危机，节约能源、回收余热资源已成为缓解能源紧张的重要对策之一，促成了余热锅炉技术的空前发展。当前，余热锅炉发展的动向是：（1）大型化以适应“流程工业”经济规模及装备向大型化发展的需要；（2）向动力锅炉方向发展，实现余热锅炉的高参数化，以提高能源利用的效率和合理性；（3）采用计算机控制技术保证锅炉安全、稳定、连续可靠地运行；（4）余热锅炉产品趋于规范化和定型化。

积灰、腐蚀与磨损是余热锅炉的三大主要问题。冶金余热锅炉的设计及使用过程中要深入了解认识积灰、腐蚀和磨损的机理，有针对性地采取有效措施，改进锅炉结构、提高运行安全性，以延长锅炉的使用寿命。

31.1.3 汽化冷却器

冶金炉的汽化冷却作为一种有效的节能手段，曾有过辉煌的历史功绩。

汽化冷却优点主要在节能效益和生产安全两个方面体现。汽化冷却装置的循环方式有两种：一是自然循环，二是强制循环。其中自然循环不需要循环水泵，也不要设置备用水冷却装置，不但具有系统简单、维护方便，消耗电能少，工作安全可靠等优点，而且在遇到突然停电时，也比较容易实现安全停炉。目前，我国基本上都已采用自然循环系统。汽化冷却装置由如下几部分组成：装置本体（循环系统）；给水及除氧系统；软化系统；加药系统；其他管道系统。

31.1.4 间接冷却方式

间接冷却主要包括下面3个部分：

(1) 冷却水套：水套是用金属做成的水夹套，用以冷却烟气的一种设备。常用的有单筒型、多筒型和平板型三种。水套设计要确定下面几个因素：夹层厚度；加固钉；膨胀器；翅片；灰斗；清灰孔；用水量。

(2) 风套：风套是在夹套内引进空气以冷却烟气的设备。其夹层厚度主要考虑风温、风速和传热的关系，使管内壁最高温度小于400℃。对自然通风的风套，一般采用轴向进风，夹层厚度取150~200mm，强制通风的风套，通常采用切向进风，夹层厚度可适当减小。其他因素与水套同样考虑。

(3) 表面淋水冷却器：表面淋水冷却器是在设备或管道外表淋水进行冷却烟道的设备，其设计应考虑以下问题：分水均匀；喷水管；铁锈的清理；用水量。

31.1.5 直接冷却设备

31.1.5.1 喷雾冷却

喷雾冷却是将水喷成雾状与热烟气直接接触，利用烟气的热量蒸发水分而降低烟气温度。其常用形式有喷雾烟道及喷雾塔，前者用于高温烟气和出炉管道。

喷雾冷却的操作形式分干式运行和湿式运行两种：前者喷入水完全蒸发，没有泥浆及其引起的腐蚀；但要求雾化效果好，水压一般为15~20kg/cm^2，维护严格；通常用于干式收尘之前，其出口温度应高于150℃。后者喷入水不完全蒸发，产出部分泥浆。

A 喷雾冷却喷水量的计算

a 干式运行

喷水量等于蒸发量，可计算为：

$$W = \frac{Q}{395 + 0.47t_2 - t_s}$$

式中 W——喷水量，kg/h；

Q——需要冷却的热量，MJ/h；

t_2——烟气出口温度，℃；

t_s——喷入的水温，℃。

b 湿式运行

喷水量等于蒸发量之和，可计算为：

$$Q = W_1(595 + 0.47t_2 - t_s) + W_2(t_{s2} - t_s)$$

$$W = W_1 + W_2$$

$$W_1/W_2 = \varphi$$

式中 W_1——蒸发水量，kg/h；

W_2——泥浆水量，kg/h；

t_{s2}——泥浆水温度,℃，通常比烟气出口温度低 5 ~10℃；

φ——汽化系数,%，按表 31-1 所列同类型生产数据选取。

表 31-1 不同类型烟气的特征

气体名称	气体温度		喷雾			容积传热系数 /kJ·(m³·h·℃)⁻¹	汽化系数
	进口	出口	形式	孔径 /mm	水压 /MPa·cm⁻²		
高炉煤气	250	90	球形	6	0.49 ~0.59	418.59	0.5
发生炉煤气	600	90	螺旋形	4	0.39 ~0.49	523.23	—
烟黑熏制炉烟气	1150	320	螺旋形	4	0.2 ~0.3	1423.19	1.0
水套炉烟气	240	120	T形、格波形	1	1.96	920.89	1.0
反射炉烟气	300	60	格波形	2	1.47	—	0.75
硫黄燃烧炉烟气	900 ~1000	210 ~250	螺旋形	4	—	238.6 ~368.4	—
硫酸碱液除水时的气体	123 ~172	41 ~52	离心力	—	—	690 ~816	0.18 ~0.3
鼓风炉烟气	570	130	螺旋形	2.5	1.47 ~1.96	67	0.88

当烟气含尘量很高时，应考虑泥浆的浓度，以不致堵塞排出口为宜。

B 喷雾塔

a 喷雾塔主要尺寸的确定

喷雾塔容积按下式计算：

$$V = \frac{W_1(595 + 0.47t_2 - t_s)}{\Delta t K_0}$$

式中 V——喷雾塔的容积，m³；

K_0——容积传热系数，kJ/(m³·h·℃)，一般为 50 ~2000，按同类型生产数据或参照表 31-1 选取；

Δt——烟气在热交换时的温度差,℃，

$$\Delta t = \frac{(t_1 - t_B) - (t_2 - t_B)}{2.31g\dfrac{t_1 - t_B}{t_2 - t_B}}$$

t_B——饱和烟气的温度,℃。

筒体直径和有效高度应根据求得的容积，按照 $H/D = 2.5 \sim 1.8$ 的比例关系，可计算为：

$$D = (0.8 \sim 0.9)\sqrt[3]{V}$$

$$H = (2.0 \sim 1.6)\sqrt[3]{V}$$

式中 D——筒体直径，m；

H——筒体的有效高度，m。

上述比例的喷雾塔，在结构上和喷嘴的布置上都比较好，但没有考虑塔内的气流速度。对出口温度接近饱和烟气温度时求得的塔直径，用出塔速度0.7～1.5m/s进行校核，如不在此范围内，可适当调整直径和高度的比例，使之满足出塔速度的要求。

b 喷雾塔的喷嘴布置

喷雾塔的喷嘴布置应考虑下列两点：

(1) 按喷雾范围在塔内均匀布置，对多层喷嘴中每层喷嘴的平面和立面布置均要错开，使其能有效利用整个蒸发空间。

(2) 每层喷嘴设单独的给水管和阀门以便调节水量，如每层喷嘴数较多，可设多条给水管，每条设若干个喷嘴，调节时可关掉某一条水管。

31.1.5.2 吸风冷却

吸风冷却主要应用在滤袋收尘之前的烟气冷却。它是在烟道系统上装设一个带有普通节气阀的支管，一端与大气相通。节气阀可用人工或自动操纵，控制吸入烟道系统的空气量，使烟气温度降低，并调节在一定值。

吸风支管与烟道相交处的负压应不小于49～98Pa，否则就要用风机供给空气。吸入的空气应与烟气有良好的混合，然后进入滤袋收尘器。

A 吸收空气量

需要吸入的空气量按下式计算：

$$V_k = V_1 \frac{C_1 t_1 - C_2 t_2}{C_2 t_2 - C_k t_k}$$

式中 V_k——吸入空气量（标态），m^3/h；

V_1——烟气量（标态），m^3/h；

t_1——烟气冷却前的温度，℃；

t_2——烟气冷却后的温度，℃；

t_k——被吸入空气的温度，℃，按夏季最高温度考虑；

C_1，C_2，C_k——分别为冷却前、后的烟气和空气的平均比热，$MJ/(m^3 \cdot ℃)$。

B 吸风支管截面积

吸风支管的截面积可计算为：

$$F_k = \frac{V_k}{16000\sqrt{\frac{\Delta P}{\xi}}}$$

式中 F_k——吸风支管截面积，m^2；

V_k——计算的吸入空气的最大量，m^3/h；

ξ——吸入空气支管的局部阻力系数；

ΔP——吸入空气点的负压，Pa，

$$\Delta P = \zeta_2 \frac{v_k^2 \gamma_k}{2 \times 9.81}$$

v_k——吸收空气支管的空气速度，m/s；

γ_k——空气重度，kg/m^3。

（撰稿 柴立元 彭 兵 闵小波 王云燕 等 审稿 冯桂林）

31.2 铅锌冶炼烟气的处理

在炼铅工业中应用最普遍的是烧结焙烧-鼓风炉熔炼工艺。锌冶炼则有火法和湿法两种流程。铅锌混合精矿的冶炼一般都采用鼓风炉炼锌。铅锌冶炼烟气来源于精矿干燥、烧结、焙烧、熔炼等作业过程中，烟气中的污染物主要是硫的氧化物。据1990年统计，我国铅锌冶炼厂全年产生的工艺烟气量约1864274m^3，经收尘处理的约1783482m^3，处理率为95.67%，每年回收的烟尘量158508t，硫的利用率81.04%，排放的SO_2量为97976t。烟气的净化主要采用旋涡除尘器、布袋除尘器、电除尘器、湿式除尘器等。由于采用了新型滤料和宽极距电收尘器，布袋除尘器和电收尘器的技术性能和使用寿命都有了一定的提高。铅锌冶炼烟气治理目前主要的问题是：（1）因资金不足，老企业不少污染源治理设施不配套，低浓度二氧化硫烟气未能很好利用，直接放空，污染大气环境；（2）因管理不善，原材料供应不足等原因，烟气处理装置功能没有充分发挥；（3）对有些烟气的处理还缺乏经济有效的方法。

31.2.1 铅锌冶炼烟气的性质（温度、成分、含尘量）

铅锌冶金炉烟气成分主要是指二氧化硫、三氧化硫、一氧化碳、水蒸气和砷、氟、汞（在高温下为气态）等。这些组分含量的高低不仅对收尘流程选择、收尘设备及操作条件的确定有关，而且对烟气净化和综合回收也有影响。对于含二氧化硫和三氧化硫的烟气，应考虑其对管道及设备的腐蚀；对于含有一氧化碳的烟气，则应采取相应的防爆措施；烟气中的水蒸气会使烟气的露点升高，引起烟尘对管道和设备的黏结。但当采用电除尘器处理含高比电阻烟尘的烟气时，烟气中的水蒸气可起到调质的作用，降低烟尘的比电阻，提高收尘效率；对于含砷、氟、汞的烟气，则采用高温收尘，低温除砷、氟、汞的流程。

烟尘性质主要包括烟尘成分、烟尘粒径、烟尘密度、烟尘摩擦角、烟尘比电阻、烟尘润湿性及烟尘的黏结性等。烟尘的这些性质对收尘流程的确定及收尘设备的选择起到决定性的作用。

烟尘粒径是确定收尘设备的基本条件，铅锌冶炼的烟尘分布很不均匀，机械尘一般大烟尘，而袋式除尘器和电除尘器则可捕集小于0.1μm的烟尘。

烟尘密度对沉尘室和旋风除尘器的收尘效率影响很大，烟尘堆积密度对烟尘的贮存和再飞扬有较大关系，当烟尘密度和堆积密度之比大于10时，烟尘的二次飞扬将十分严重。烟尘的摩擦角与烟尘的种类、粒径、形状和含水率有关，对设计收尘灰斗角度影响很大。

烟尘的比电阻对电除尘器的性能影响很大，电除尘器捕集烟尘的最佳比电阻为$10^4 \sim 10^{10} \Omega \cdot cm$。对于高比电阻烟尘应采取相应措施，设法降低烟尘的比电阻，采用宽极距或三电极电除尘器。

粒度较粗和球状烟尘的润湿性比粒度小和形状不规则的烟尘为好，采用湿法流程时应考虑烟尘的润湿性。烟尘的黏结性强，易使烟道、冷却设备和除尘器内壁黏结而堵塞，降低冷却效果，致使电除尘器极板和极线上烟尘不易清掉，造成反电晕，影响收尘效率。袋式除尘器滤布上的烟尘清除不尽，会增加过滤阻力，使能耗增加。

当烟气温度低于烟气露点时，将产生水和稀酸的冷凝液，对管道和设备造成腐蚀。含二氧化硫和三氧化硫的烟气，其露点比较高，收尘系统应采取保温措施，以防止烟气结露。

焙烧炉和铅熔炼炉烟气露点一般为200℃左右，而干燥窑烟气露点一般为40～60℃。

31.2.2 烟气处理的原则流程

把固体粒子从气体中分离出来并加以捕集的设备称为除尘器。按收尘机制的不同可分为机械式除尘器、过滤式除尘器、湿式除尘器和静电除尘器。

收尘流程可分为干式流程、湿式流程和干湿混合流程三类。干式流程主要收尘设备有沉降室、旋风除尘器、滤袋除尘器和电除尘器。铅锌冶炼厂的收尘系统大部分采用干式流程，其特点是烟尘容易处理，但投资较大，烟尘飞扬，劳动条件差。湿式流程主要设备有文氏管除尘器、冲击除尘器、泡沫除尘器、湍球塔等，回收的烟尘呈泥浆状，处理泥浆存在污水处理、设备腐蚀与堵塞等问题。在北方寒冷地区湿式流程的采用受到一定限制。干湿混合流程是在湿式除尘器前加一段或几段干式除尘器，以减少泥浆量，此种流程多用于干燥作业的收尘。制造硫酸的烟气要求具有一定的二氧化硫浓度，选择流程时，应采用漏风率低的除尘设备。对于含一氧化碳较高的烟气，应采用密闭性能好的除尘设备捕集烟尘，选择干或湿式收尘流程则不限。干式电收尘器要求烟尘比电阻为10^4～$10^{10}\Omega\cdot cm$，如不在此范围，须采取特殊措施。烟气中含有二氧化硫、三氧化硫等成分时，对除尘设备均有腐蚀作用，尤其当烟气含水较高时腐蚀更为严重，选择流程时应充分考虑设备的防腐问题。

铅烧结机烟气治理流程烧结机烟气中含有一定的二氧化硫和水，烟气温度250～350℃，烟气含尘量25～40g/m^3。由于这种烟尘的比电阻比较高，以往多采用袋式除尘器，但因其存在着腐蚀和劳动条件差等问题，现已多改用电除尘器。烧结机烟气中的二氧化硫浓度为3%～7%，为保证进入酸厂的二氧化硫浓度，应采用密闭性能好的收尘设备。电除尘器可采用宽极距，电场风速及驱进速度应控制在适当的范围内。铅烧结机收尘流程如下：

烧结机烟气 → 沉尘室 → 电除尘器 → 风机 → 制酸

有些工厂铅烧结机烟气中的SO_2浓度往往达不到标准法生产硫酸的3%以上的要求，便直接排放会污染环境。法国一铅厂则采用湿式硫酸法（WSA法）处理低SO_2浓度的铅烧结烟气，取得了很好的效果。

湿法炼锌中流态化焙烧炉的出炉烟气温度为800～900℃，锌精矿氧化焙烧的烟气温度可达1100℃，含尘量为200～300g/m^3，烟气含二氧化硫8%～10%，一般采用电除尘流程。开停炉的烟气一般温度较低，二氧化硫浓度低，常在进酸厂之前放空。风机的位置可在电除尘器之前，也可在电除尘器之后。风机在电除尘器之前时，可减少电除尘器的漏风，但电除尘器为正压操作，易造成电除尘器的石英管“爬电”。而且处理的烟气含尘浓度较高，易造成风机叶轮的黏结。新型的电除尘器均为钢外壳，在制造和安装质量有保证

的条件下,漏风率应小于5%,故风机最好配置在电除尘器之后。焙烧炉烟气收尘流程如下:

焙烧炉烟气→余热锅炉→一级旋风除尘器→二级旋风除尘器→电除尘器→风机→制酸厂

焙烧炉烟气→余热锅炉→一级旋风除尘器→二级旋风除尘器→风机→电除尘器→制酸厂

焙烧炉烟气→水套冷却器→旋风除尘器→电除尘器→风机→制酸厂

焙烧或烧结烟气中往往还含有汞，达到每立方米几十至几百毫克，在治理这种烟气时，还需增设除汞工序。

31.2.3 各种适用的除尘装置

按照除尘机制的不同，除尘装置可分成五大类：机械除尘器、洗涤式除尘器、过滤式除尘器、静电除尘器、声波除尘器。应该指出，除尘装置一般是按其主要作用机制而分类命名的，实际上在一种除尘系统中往往同时利用了几种除尘装置，常用除尘装置有：

(1) 机械除尘器是利用重力、惯性和离心力等来达到去除尘粒。其中利用烟气通过突然放大断面的烟道时其速度下降，在重力作用下烟气中的尘粒会自然下沉而与气流分离以达到除尘目的叫重力除尘器，为避免气流旋涡将已沉降尘粒带起，常在沉降室加挡板。为提高除尘效率，可降低沉降室高度或设置多层沉降室。在重力除尘设备中，气体流动的速度越低，越有利于沉降细小的粉尘，越有利于提高除尘效率。因此，一般控制气体的流动速度为1~2m/s，倘若速度太低，则设备相对庞大，投资费用增高，也是不可取的。在气体流速基本固定的情况下，重力除尘器设计得越长，越有利于提高除尘效率，但通常不宜超过10m长。其压力损失一般为100~200Pa，能捕集粒径大于50μm的尘粒。重力除尘器有干式和湿式之分，干式除尘效率为40%~60%，湿式除尘效率为60%~80%。

使烟气成旋转运动，产生离心力作用，把尘粒甩到器壁上碰撞下落以达到除尘目的的称离心力除尘器或旋风除尘器。离心力除尘器于1885年开始使用，已发展成多种形式，如气流轴向引入，灰尘出口轴向配置或周边配置。其压力损失一般为400~1500Pa。

机械除尘器适用于处理含尘浓度高及粉尘颗粒较大（粒径在5~10μm以上）的烟气，其特点是结构简单，造价低，没有运动部件，经济耐用，压力损失一般为400~1500Pa，除尘效率约70%~90%，并且除不掉微细粉尘。它是国内常用的一种除尘设备。在排尘量比较大或除尘要求比较严格的地方，这类设备可作为预处理用，这样可以减轻第二级除尘器的负担。

(2) 洗涤式除尘器是利用含尘气体与水或其他液体密切接触来去除尘粒和有害气体的。常用的有喷淋洗涤除尘器、文丘里除尘器、自击式除尘器和水膜除尘器。

使含尘气体通过喷淋洗涤液体所形成的液滴空间，靠尘粒和液滴之间的碰撞、拦截和凝聚等作用，使较大较重的尘粒靠重力作用沉降下来与洗涤液一起排走以达到除尘目的的称喷淋洗涤除尘器。

靠含尘气体通过喉管形成高速气流使由喉管处注入的水雾化成细小液滴来加强尘粒与液滴之间的有效碰撞，并在扩散管中凝聚成较大粒径含尘液滴再用离心分离器截留以达到除尘目的的称文丘里除尘器。文氏管除尘器适用于去除粒径0.1~100μm的尘粒，除尘效率为80%~95%，压力损失达2500~8000Pa。文氏管如带有调节喉管直径的装置，在处理的气体流量变化时，除尘效率不会降低。文氏管构造有多种形式，按断面形状分为圆形和方形两种；按喉管构造分为喉管直径可调的和喉管直径固定的两种；按液体雾化方式可分为预雾化和不预雾化的。从70年代初开始，有的工厂用蒸汽和热水湿式除尘器，除尘效率可提高到99.9%，而且可以利用工厂的余热。

让含尘气体直接冲击于洗涤液表面，使一定量的较粗的尘粒附在水中而被分离，而较细尘粒的烟气带着水进入弯曲通道在通道内形成喷雾，使气液充分接触来捕获尘粒以达到除尘目的的称自击式（或冲击式）除尘器。其除尘效率可达80%~95%。压力损失约为1000~1500Pa。

利用含尘气体对水冲击带出水分在旋风除尘器的内壁形成水膜，将沉降到其上的尘粒捕获以达到除尘目的的称为水膜除尘器。

应该指出，在洗涤式除尘气中净化的气体从洗涤器排出时一般都带有水滴，为了除去这部分水滴，在洗涤器后都附有脱水装置。洗涤式除尘器的结构简单，造价低，兼备吸收有害气体的功能，可以处理高温废气及黏性的尘粒和液滴。其缺点是能耗比较大，洗涤后的污水和污泥需再处理。

（3）过滤式除尘器是一种使含尘气体通过过滤材料，将尘粒分离捕集的除尘装置，可分为内部过滤式和外部过滤式两种类型。把松散的过滤材料以一定体积填充在框架等处，作为过滤层，当含尘气体通过过滤层时，在过滤材料内部捕集尘粒的称为内部过滤式。在这种除尘装置中，当黏附的尘粒达到一定量时，要更换新的过滤材料。如果用一定厚度的固体颗粒作为过滤层，也称颗粒层除尘器，它适用于冲天炉和一般工业炉窑，其最大特点是耐高温（可达400℃），耐腐蚀，过滤材料可长期使用。用滤布或滤纸等较薄的过滤材料将最初黏附在表面的尘粒层（初层）作为过滤层捕集尘粒的称为外部过滤式。在这种除尘方式中，当尘粒的黏附达到一定量而影响烟气通过时，可利用清灰结构进行清灰后继续使用。按照从滤布上清灰方法的不同，可分为三种形式：间歇清洁型是暂时停止工作，用敲打或用振荡器清除积灰，也可用压缩空气反向吹洗；周期清洁型是几组袋式除尘器，按顺序每隔一定时间停止一组的工作，然后进行清理；连续清洁型是用不断移动的气环反吹或用脉冲反吹空气方法清除积尘。用脉冲方式清除积尘的称为脉冲式除尘器。袋式除尘器是一种应用最广泛的过滤除尘装置。袋式除尘器可清除粒径0.1μm以上的尘粒，除尘效率可达99%。气流压力损失1000~3000Pa。近年来随着清灰技术和新型过滤材料的发展，过滤式除尘器在烟气净化中得到了广泛的应用。

（4）静电除尘器是1906年F·G·科特雷尔首先研制成功的，因此，也称科特雷尔静电除尘器。它是利用强电场使气体发生电离，气体中的粉尘也带有电荷，并在电场作用下与气体分离。除尘器的电极形式有平板式和管式两种，通常负极称放电极，正极称集尘极（或沉降极）。如管式静电除尘器把220V（或380V）的交流电经过升压整流装置，变为3万~6万V左右的高压直流电，绝缘进入电晕线，圆筒壁为集尘极，由导线接地，电晕线和圆筒壁之间形成静电场，电晕线周围空气产生电离，形成大量负离子和电子，向集尘极运动。含尘气体从除尘器进口处进入除尘器，不带电的尘粒和负离子结合，带上负电，运动到集尘极后失去电荷成中性，通过振动等沿集尘极落入灰斗。净化后的气体，从除尘器出口处排出。

电除尘（雾）器内有正、负两种电极，正极（通常接地）一般制成管状或板状，负极为导线或平行导线组。当两电极上施加数万伏的高压直流电时，电极间便产生不均匀电场。在导线附近的强电场区中，气体因电离而发出微光，此区称为电晕区；在距导线稍远处，电场强度减弱，不发生气体电离，因而两极间不致产生电弧，从而节省了电能。电离产生的正离子向负极导线移动，沿途使很小一部分尘雾带上正电荷，也向负极导线移动。电离产生的负离子被正极吸引，使电晕区外空间充斥了负离子，在它向正极移动的过程中，使大部分尘雾带上负电荷而向正极集结，故正极又称沉淀极。

根据沉淀极的形状，电除尘（雾）器可分为两种类型：（1）板式电除尘（雾）器。它以平板（或金属丝网）和平行导线组为电极，其结构紧凑，处理能力较大，是目前应用最广的一种形式。（2）管式电除尘（雾）器。它以金属管和导线为电极，一般用以除去酸雾或其他雾沫。沉积于沉淀极的尘粒可定期通过锤击等机械方法除去，或用水冲走。

静电除尘器消耗的能量比其他除尘器少，气流压力损失一般为 100 ~ 500Pa，除尘效率高达 90% ~ 99.9%，适用于去除粒径 0.05 ~ 50μm 的尘粒，可用于高温、高压的场合，能连续操作。缺点是电除尘器需要高压直流电，设备复杂，占地大，投资额大，且不宜用于易爆炸的气体。

表 31-2 列出了各类除尘器的基本性能。表中压力损失一项是指含尘气体在排放过程中所遇的阻力。当阻力大时，含尘气体的排放要借助风机来实现，因此一般阻力愈大，除尘气体在运行中的动力消耗也愈大。

表 31-2　各类除尘器的基本性能及优缺点比较

除尘器类别	类型	适用粒度 /μm	压力损失 /Pa	除尘效率 /%	优　点	缺　点
重力	沉降室	100 ~ 50	100 ~ 200	40 ~ 60	价廉，易维护	不能处理微粒
惯性	通风型	100 ~ 50	100 ~ 700	50 ~ 70	价廉，易维护，可处理高温气体	不能处理微粒
离心	旋风	小型 5 ~ 3 大型 5 以上	400 ~ 1500	10 ~ 40 50 ~ 80	占地少，可处理高温气体，适用含尘较高的气体	压力损失大，不适用于湿尘、黏性大和腐蚀性大的气体
洗涤	文丘里洗涤器	小型 1 以下 大型 1 以上	2500 ~ 8000	80 ~ 90 90 ~ 99	除尘效率高，占地少，在含尘率低时效率也高	需大量水，烟囱需防腐
过滤	袋式除尘器	20 ~ 0.1	1000 ~ 3000	90 ~ 99	除尘效率高，操作简单，在含尘率低时效率也高	占地大，布袋消耗大，不适用于高温气体
静电	科特雷尔型	20 ~ 0.1	100 ~ 500	80 ~ 99.9	除尘效率高，可处理高温气体，在含尘率低时效率也高	占地大，投资大，受粉尘比电阻影响（最佳比电阻为 $10^4 \sim 10^{10}\Omega \cdot cm$）

（撰稿　陈军辉　肖　康　审稿　冯桂林）

31.2.4　常用除尘设备的基本原理及选择计算

31.2.4.1　重力除尘设备

A　除尘基本原理

利用粉尘与气体的密度不同，使粉尘靠自身的重力从气流中自然沉降下来，达到分离或捕集含尘气流中粒子的目的。为使粉尘从气流中自然沉降，采用的一般方法是在输送气体的管道中加入一扩大部分，在此扩大部分气体流动速度降低，一定粒径的粒子即可从气流中沉降下来。

B　常用设备及性能

重力沉降室结构简单、阻力小、投资省，可处理高温气体；但除尘效率低，只对50μm以上的尘粒具有较好的捕集作用，占地面积大，因此只能作为初级除尘手段。

C　沉尘室的类型

a　烟道式沉尘室

图31-1所示为烟道式沉尘室（普通沉尘室）示意图。室中装有垂直挡板，使气流改变走向，增加烟气停留时间。此时，烟气速度可达1m/s，因具有输送烟气作用，所以停留时间可增加到120s。

b　瀑布式沉尘室

图31-2所示为瀑布式沉尘室，其挡板由室顶下垂而不达室底，挡板在烟道出口端短些，这种沉尘室可用于捕集较细的机械尘粒，其收尘效率也较前者高。

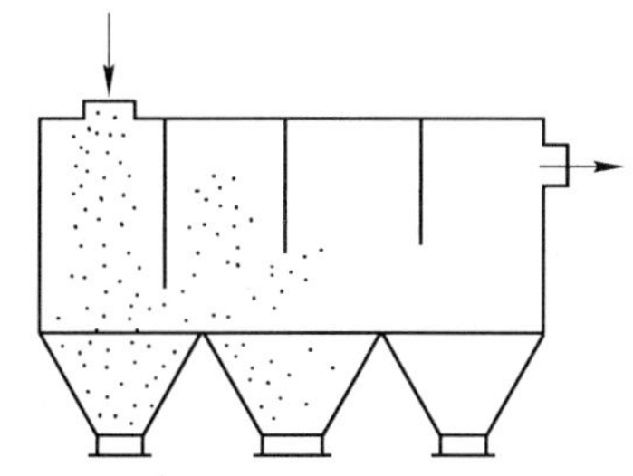

图31-1　烟道式重力沉降室

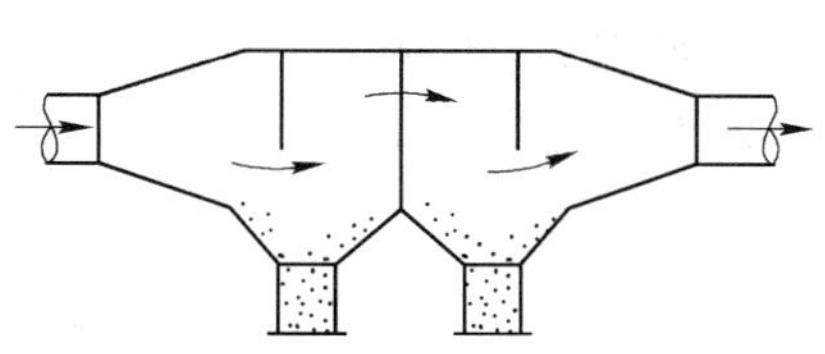

图31-2　瀑布式沉尘室

c　隔板式沉尘室

隔板式沉尘室又分为水平隔板（见图31-3）和斜隔板（见图31-4）两种形式。

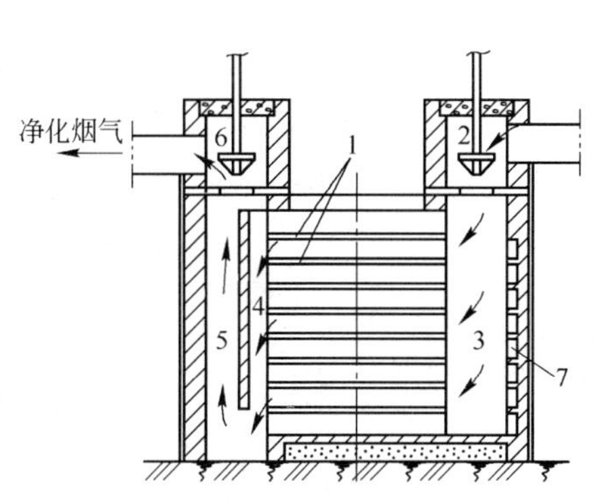

图31-3　水平隔板沉尘室

1—隔板；2，6—调节阀；3—分配道；4—气体汇集道；5—气道；7—除尘口

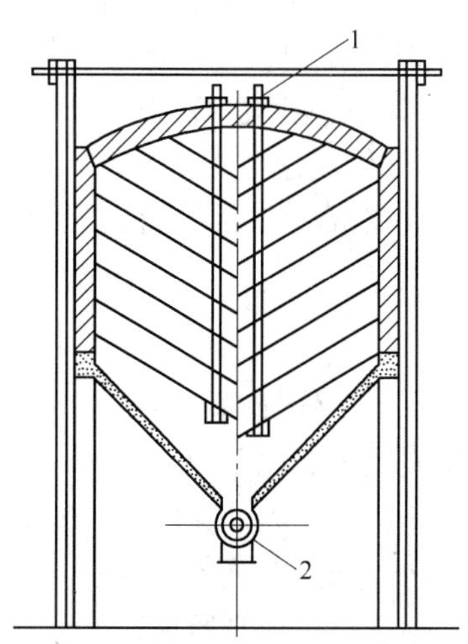

图31-4　斜隔板沉尘室

1—固定隔板的螺杆；2—螺旋输送机

为了缩短烟尘在沉尘室中沉降的时间，沉尘室中设置许多钢隔板，将气流分为若干层流动。其作用相当于形成许多平行的、气流层等于隔板间距离的沉尘室。与普通沉尘室比较，隔板沉尘室的强度大。隔板间距离一般为100~200mm。

（1）水平隔板沉尘室：如图31-3所示，需要净化的烟气经调节阀进入分配道。然后按隔板中的空间分开，悬浮的尘粒即沉降于隔板上。净化后的烟气进入汇集道，经垂直烟道，再通过调节阀流入烟气管道。沉降于隔板上的烟尘，经除尘口用特制的耙子定期地扒出。一般将此种沉尘室做成两个独立的部分，交替使用。

（2）斜隔板沉尘室：此种沉尘室的隔板做成倾斜的，使烟尘易于排除。其作用和水平隔板沉尘室一样。

D 沉尘室计算

沉尘室是以普通沉尘室为基础进行计算，其他形式的沉尘室则按此计算结果修正各项指标。

a 沉降速度

在沉尘室中，烟尘沉降属于滞流沉降，即 $R_e<1$，可计算为：

$$v_0 = \frac{d^2(\gamma_1 - \gamma_2)}{18\mu} \tag{31-1}$$

式31-1适用于直径为3~100μm的尘粒。

尘粒在气体介质中沉降时，由于气体的密度很小，可以忽略不计，因此式31-1可写成：

$$v_0 = \frac{d^2\gamma_1}{18\mu} \tag{31-2}$$

式中 v_0——操作状态下烟尘沉降速度，m/s；

d——尘粒的直径，m；

γ_1——尘粒的密度，kg/m^3；

γ_2——操作状态下烟气介质的重度，kg/m^3，可忽略不计；

μ——操作状态下烟气介质的黏度，kg·s/m^2。

式31-2是根据光滑球形尘粒导出的，但实际上悬浮在烟气中的尘粒多非球形，且不一定光滑，故实际沉降速度较理论计算值为低。

b 气体流速

烟气在沉尘室断面上的流速依烟气的临界速度来确定，可计算为：

$$v_c = \sqrt{\frac{kgr\gamma_1}{3\gamma_2}}$$

式中 v_c——烟气的临界速度，m/s；

k——流线系数，取10~20，k随着微粒粒径减少而递增到20；

g——重力加速度，m/s^2；

r——尘粒直径，mm；

γ_1——尘粒真密度，t/m^3；

γ_2——操作状态下烟气介质的重度，t/m^3。

烟气在沉尘室断面上的流速为临界速度的1/2或3/4。

即
$$v = (0.5 \sim 0.75)u$$

式中　v——沉尘室断面烟气流速，m/s，通常为0.2～0.5。

c　结构尺寸

当烟气进入沉尘室时，烟气中的尘粒一方面在重力作用下以 v_0 的沉降速度向下沉降，另一方面又随气流运动，因此沉尘室应有足够的长度，以使在烟气离开沉尘室以前，使尘粒较充分地沉降。

（1）沉尘室有效断面积：

$$F = \frac{Q}{v}$$

式中　F——沉尘室的有效断面积，m^2；

Q——操作状态下沉尘室进口的烟气量，m^2/s；

v——操作状态下沉尘室断面烟气流速，m/s。

沉尘室的高度按有效断面积决定：

$$H = 0.5\sqrt{F} \sim \sqrt{F}$$

式中　H——沉尘室有效高度，m。

圆拱形结构的沉尘室的高度计算：对于60°拱形结构，其值为从室底（或集尘斗顶端）到拱顶的有效高度；对于180°拱形，则为垂直壁面高度与拱形半径1/2之和作为计算高度。

（2）沉尘室的处理能力：

$$Q = Fv = bHv = bHL/t \tag{31-3}$$

式中　Q——沉尘室处理能力，m^3/s；

b——沉尘室宽度，m；

L——沉尘室长度，m。

由式31-3得知，沉尘室的处理能力与其底面积及尘粒的沉降速度有关。因此当要增加沉尘室的处理能力时，只需增大沉尘室的底面积，而不需增加其高度。

（3）沉尘室长度：

烟尘沉降至室底所需要的时间为 t，烟气通过沉尘室所需时间为：

$$t_0 = \frac{H}{v_0} \quad (s)$$

$$t = \frac{L}{v}$$

为了使尘粒能在沉尘室中沉降下来，则 $t \geqslant t_0$，故得沉尘室长度：

$$L \geqslant \frac{vH}{v_0}$$

31.2.4.2　旋风收尘器

A　旋风收尘器的性能

旋风收尘器是利用离心力的作用，使烟尘从烟气中分离出来。其特点是结构简单、管理方便、造价和运行费用均较低，对较粗的烟尘具有较高的收尘效率。旋风收尘器的技术性能和常用旋风收尘器的类型和结构特点分别见表31-3和表31-4。

表 31-3 旋风收尘器技术性能

捕集烟尘粒度/μm	>5	阻力损失/Pa	588~1960
允许最高含尘量(标态)/g·m^{-3}	100~200	净化程度	粗、中等净化
进口流速/m·s^{-1}	15~25	收尘效率/%	80~95
允许最高温度/℃	450		

表 31-4 有色冶金工厂常用旋风收尘器的类型和结构特点

气流导入	结构形式	类 型	结 构 特 点
切流反转式旋风收尘器	CLT型旋风除尘器的改进型	CLT/A	具有下倾8°~20°螺旋切线气体入口，锥体和筒体较长，阻力损失和收尘效率适中
	螺旋线型	LIH-15	结构与CLT/A型大致相似，顶板下倾角15°，只是钢板较厚，适用于温度400~450℃以下的烟气，效率较好
	螺旋线型	LIH-24	具有下倾24°螺旋切线气体入口，锥体和筒体较短，适用于温度400~450℃的烟气，效果较好
	旁路式	XLP/A XLP/B	具有半螺旋线、螺旋线型旁路分离室，属高效旋风收尘器，对5μm以下的颗粒捕集率可达到80%，进口含尘量小于20g/m^3 为宜
	扩散型	CLK	筒体下部呈筒体倒锥形，并在锥体的底部都有反射屏，防止烟尘重新被带走，进一步增加收尘效率
	长锥式	CZT	具有较长的锥体和较长的筒体，体积小，成本少，收尘效率高，适用于捕集非黏性金属、矿物、纤维等粉尘
	旋流式		又称龙卷风收尘器，是一种新型收尘器，特点是产生二次风。有切向和轴向布置的多嘴喷型、切向喷嘴型、导向叶片型和反射型。对5μm收尘效率达到100%
轴流式旋风收尘器	多管式		由若干个旋风收尘器单元（旋风体）组成，气流从轴向进入，通过设在圆筒和排气管之间的螺旋叶片，使气流获得离心运动，在离心力的作用下，收尘效率较高

旋风收尘器可以分离捕集烟尘的粒径为5μm，在参数选择合适和操作条件良好时，收尘效率可达80%~95%；但烟尘的粒级组成大部分为10μm以下时，采用旋风收尘器捕集是不适宜的。在实际生产中，由于结构不良，选用操作参数不当及管理不完善等因素，往往引起收尘效率剧烈下降，一般仅为50%~80%，甚至更低。

旋风收尘器的进口速度取决于阻力降和收尘效率。其阻力损失一般为588~1960Pa，其中主要用于产生离心力，也有一部分消耗于气流的摩擦损失。

旋风收尘器在有色冶炼工厂使用很广泛，几乎所有火法冶炼烟气的第一、二级收尘都采用，并收到良好效果。一般认为，当三级串联时总收尘效率可接近电收尘器。

使用旋风收尘器要选型适宜。当用于处理含湿量（如干燥机尾气）较大的烟气时，要注意器体的保温，并使高于露点20~50℃；用于黏性烟尘时要使器体清理方便或选用较大直径，以免堵塞，烟气中含有结晶析出的烟尘时，不宜采用。

旋风收尘器的理论解析还很不完善，研制新型旋风收尘器的主要途径，一般都是通过模拟实验获得特定条件的最佳几何形体。随着工业的发展，收尘器的使用更为广泛，发展较快，结构上也有很大改进。出现了具有旁路分离室的C型、CLP型收尘器，平面旋风收尘器，扩散锥型收尘器和具有二次风的旋流（龙卷风）收尘器。这些收尘器对细颗粒烟尘均有较高的收尘效率，是高效旋风收尘器的主要形式。一般旋风收尘器也在不断地改进，以提高对5μm以下尘粒的收尘效率。结构上的显著改进是锥体与筒体的比例愈来愈大，即筒体愈来愈短，而锥体愈来愈长，实践证明，这种形体具有较高的收尘效率。

B 旋风收尘器的结构及其对性能的影响

普通形式的旋风收尘器见图31-5。

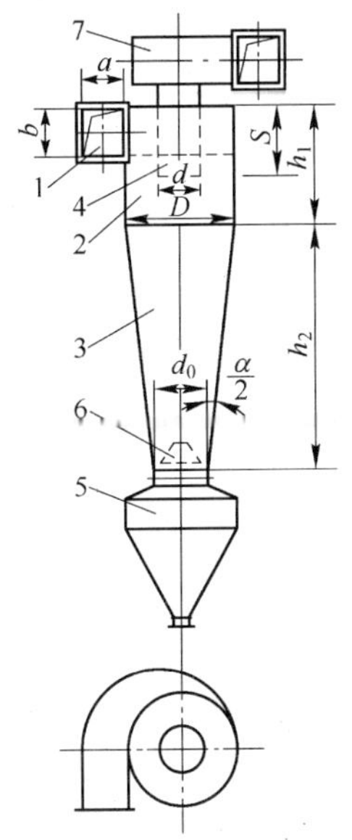

图31-5 旋风收尘器结构

1—气体进口；2—筒体；3—锥体；4—气体出口；5—集尘斗；6—隔离锥；7—出口蜗壳

(1) 气体进口：旋风收尘器的气体进口对收尘效率和阻力损失十分重要，常用形式见表31-5。

进口面积：$A_i = a \times b$，一般以进口速度 $v_i = 15\mathrm{m/s}$ 左右计算进口面积，这时效率较好而压力损失适中。

进口宽高比（a/b）：一般 $a/b = 0.3 \sim 1.0$，切线进口多采用狭长形式；而渐开线蜗壳型进口则多采用方形。

(2) 筒体：筒体直径 $D = \sqrt{A_i/K}$，其中 K 为系数，可在 0.015～0.30 的范围内选取。同一类型的收尘器，直径愈小则离心力愈大，收尘效率愈高。

对复式旋风收尘器为防止堵塞，旋风子直径应不小于150～250mm。一般收尘器单体最大直径应不超过800～1100mm。当含尘量很高时，也可以使用直径更大的收尘器。

(3) 锥体：多数旋风收尘器具有下部缩小的锥体，以便逐渐缩小外旋流的旋转直径，使离心力逐渐增加，提高收尘效率。但是全圆筒收尘器，甚至带有倒锥体的收尘器（即为扩散锥型收尘器）具有更高的效率。

锥体高度取决于圆锥角 α 和排尘孔直径 d_0，一般 $h_2 = (1.5 \sim 3.5)D_0$。

当锥体高度 h_2 一定时，排尘孔直径较小的收尘器具有较大的圆锥角。在这种收尘器中，由于旋转直径很快变小，切线速度骤增，使沿圆锥壁面旋转的尘粒下落较困难，并使锥体遭受剧烈的磨损。当锥体高度一定，排尘孔较大的收尘器具有较小的圆锥角，这时，会有较多的气体流入集尘斗中，形成激烈的旋转，易将捕集的尘粒重新卷起，夹杂到已净化的上升气流中去，使效率降低。目前较好的收尘器都有较大的排尘孔，但必须采取有效措施防止捕集的尘粒被重新带走。

(4) 筒体与锥体的关系：旋风收尘器筒体部分与锥体部分之间比例关系，是决定收尘器形式的主要特征，一般 $h_1 = 0.25 \sim 1.5D$。实践证明，当收尘器的外径不变，增加锥体高度至 $h_2 = (2.5 \sim 3.2)D$ 时，收尘效率会提高。当 $h_1 = 1.5D$，$h_2 = 2.5D$ 时，即可获得较好的收尘效率。

(5) 气体出口部分：气体出口管有两种常见的形式，一种是圆筒形的，另一种是锥形（上大下小），锥形排气管虽可减少压力损失，但不显著，故可采用最简单的圆筒形气体出口管。

气体出口管直径 $d = (0.25 \sim 0.6)D$。当 d/D 值小时效率略有增高，压力损失较大，反之亦然。

气体出口的插入深度 S 等于出口管直径低或稍低于气体进口，即 $S = b + (0.1 \sim 0.2)D$。插入部分短，则压力损失小，如没有插入部分，则压力损失最小，但收尘效率明显下降。

当收尘器配置在排风机的吸入侧时，常在气体出口管上方装设出口蜗壳，以减少出口管排出的旋转气流变为直线运动气流时的压力损失。

（6）集尘斗和隔离锥：集尘斗和隔离锥配合使用于不同形式的旋风收尘器中，取得良好收尘效果。

1）集尘斗：旋风收尘器的内旋流一直延伸至尘斗内，在其中造成负压，并具有强烈的卷吸作用，很容易将已经收下的尘粒重新卷起。所以集尘斗应有足够大的尺寸，使气流可以在尘斗内自由旋转，不致使内旋流触及已捕集的烟尘层。集尘斗内积存一定高度的烟尘，可以减少排尘阀所产生的漏风，有助于提高收尘效率。

2）隔离锥：它是安装在旋风收尘器排尘孔上的空心锥体。锥体下大上小，锥顶开一小孔，锥底直径略小于排尘孔直径，使排尘孔与锥底之间形成一圆环缝隙。

隔离锥的作用是从外旋流分离出来的尘粒可以通过环形缝隙顺利地进入集尘斗，随同尘粒进入集尘斗的少量气体最后通过锥顶小孔回到收尘器的内旋流中。这就避免了从尘斗返回大量气体时带出正在下落的烟尘的现象。另外由于隔离锥的阻隔作用，使内旋流不能达到集尘斗中，避免了内旋流对已收下烟尘的卷吸，并使集尘斗内负压值降低，集尘斗内外压差减小，漏风量也就减少，有助于提高收尘效率。

隔离锥的圆锥角约为90°，锥顶小孔直径一般为 $0.1D$，环形缝隙宽度一般为 30 ~ 50mm。

C 旋风收尘的型号选择与阻力损失计算

常用CLT/A型旋风收尘器型号，可根据需要处理的烟气量表选择。所选型号能否满足气量要求，尚可验算。

（1）CLT/A型旋风收尘器处理烟气量 Q 的计算：

$$Q = 2820 n v_j D^2 \quad (\mathrm{m^3/h})$$

式中 n——旋风筒个数；

v_j——进口速度，m/s；

D——筒体直径，m。

（2）阻力损失 ΔP 的确定：

$$\Delta P = \xi \frac{v_j^2}{2} \rho_t$$

式中 ρ_t——温度 t 时含尘气流的密度，$\mathrm{kg/m^3}$；

ξ——阻力系数，X型 = 5.5，Y型 = 5.0。

31.2.4.3 过滤式收尘器

过滤式收尘器是将含尘气体通过过滤介质（滤袋、颗粒层），将尘粒截留在过滤介质表面，以达到收尘作用的设备。一般能捕集小于1μm的烟尘，性能较好的滤袋可捕集的烟尘细度达0.1μm，收尘效率可达90% ~99%，属高效收尘设备。过滤式收尘器之所以能捕集很细的烟尘，其原理与液固分离的过滤过程相似。当含尘气体通过过滤介质时，较粗的尘粒首先被截留沉降在介质表面的空隙间。随着沉积在介质表面的烟尘层逐渐增厚，尘粒之间形成了孔径远小于过滤介质孔隙的弯曲迂回的通道，提高了截留更小粒径尘粒的能力，大大提高了收尘的效果。但由烟尘形成的“过滤层”不能无限增厚，否则过滤阻力过度增大将使其不能正常运行。因此，过滤式收尘器必须定期振打使烟尘脱落，然后重新建立尘粒滤层。袋式收尘的阻力较大，维护管理费用较高，近年来各单位在滤袋材质和清灰装置等方面做了很多改进，使这种收尘方式目前仍在广泛使用。

A 过滤式收尘器的分类及主要特性

过滤式收尘器按过滤介质不同，可分为滤袋收尘器和颗粒层收尘器。

过滤收尘器分类方法较多，有按滤袋形式、外壳结构、工作压力、气流走向以及收尘方式等分类，其中较为常见的是按清灰方式分类。颗粒层收尘器分为水平式和垂直式两种。过滤式收尘器分类及主要特性列于表31-5。

表31-5 过滤式收尘器分类及主要特性

过滤式收尘器类型		优 点	缺 点
滤袋收尘器	自然振灰和人工清打	结构简单，易操作	过滤速度低，滤袋面积大，占地面积大
	机械振打	比自然落灰和人工振打效果好，改善了清灰条件，提高了处理能力，简化了操作	滤袋受到机械力作用，损失较快，对于自动循环振打，维修工作量较大
	压缩空气振打	维修量比机械振打小，投资和漏气量也比机械振打小	工作受压缩空气气源的限制
	反吸风循环清灰	可用玻璃滤布处理温度较高的烟气，烟尘较易集中，并能自动操作	烟气部分循环，动力消耗稍大
	脉冲喷吹清灰	可用玻璃滤布处理温度较高的烟气，烟气流速较大，可实现自动操作	要求较高管理水平
	气环移动反吹清灰	与其他清灰方式的滤袋相比，单位面积的处理能力大	滤袋和气环摩擦影响滤布的寿命，气环箱传动结构和软管耐高温等问题尚需进一步解决
颗粒层收尘器	水平颗粒层收尘器	根据处理烟气量大小进行多个并联组合，结构简单，颗粒料来源广泛，耐高温，耐腐蚀，磨损轻微，收尘效率高，比垂直颗粒层收尘器应用广泛	颗粒层容量有限，不适用于进口气体含尘浓度太大的系统。对极细粉尘的捕集率，不如滤袋收尘器
	垂直颗粒层收尘器	根据处理烟气量的大小进行多个并联组合，收尘效率高，颗粒料来源广，耐高温、耐腐蚀	结构比水平式颗粒层收尘器复杂。颗粒层是由多个上下叠置的百叶叶片栅面支托，其维修、使用不如水平式颗粒层收尘器方便，故目前应用较少

B 选用原则

过滤式收尘器的选用应主要考虑烟气和烟尘性质的影响。

关于烟气和烟尘的影响，应考虑下面几个问题：

(1) 防腐：烟气中如含有腐蚀性介质，如SO_2、SO_3、Cl_2、F、HF等，必须考虑其含量，含湿量和露点务必选用具有一定抗腐能力的滤袋。

(2) 温度和湿度：滤袋的工作温度，应在滤布的允许范围内，同时必须高出烟气露点温度15～20℃。含湿量大的烟气，应考虑滤袋箱的保温。

(3) 劳动条件：对于无毒无刺激性烟气、烟尘，可考虑正压操作；有毒、有刺激性烟气、烟尘，应采用负压操作；剧毒、强刺激性烟气、烟尘，应避免采用滤袋收尘。

(4) 漏风：负压操作的滤袋收尘漏风较大，一般为20%～40%，对于入孔门开在低负压侧的脉冲滤袋收尘器，漏风一般在10%左右，严重时可达50%～80%，甚至超过100%。如果烟气在收尘后需要利用（如SO_2，CO，CO_2等），对浓度有一定要求或不允许漏风，一般不宜采用滤袋收尘，若采用时，其结构要作特殊处理。

(5) 烟尘的物理性质：

1) 颗粒愈大，收尘效率愈高，阻力愈低；反之颗粒愈小，收尘效率越低，阻力愈高。

2) 球状和粒状的烟尘，收尘效果比针状、杆状或放射状的低，但后者烟尘黏结现象也较严重，增加滤袋清洗的困难。

3) 孔隙度愈大，阻力愈小，反之亦然。

(6) 烟尘经济价值的影响：采用滤袋收尘成本较高，因而在选用滤袋收尘时，应考虑烟尘的经济价值。与其他收尘方式进行经济比较。

(7) 烟气中烟尘浓度的影响：烟尘浓度与滤袋的过滤速度有较大的关系，浓度愈大，过滤速度应愈小。如含尘浓度（标态）超过$20g/m^3$，应预先进行粗收尘。

C 脉冲喷吹滤袋收尘器

a 脉冲喷吹滤袋收尘器结构尺寸与技术特性

脉冲喷吹滤袋收尘器是一种周期性地向滤袋内或滤袋外喷吹压缩空气以清除积灰的滤袋收尘器。其优点是自动化程度和处理能力均较高，已广泛应用于生产。

脉冲喷吹滤袋收尘器构造如图31-6所示。含尘气体经过一定的过滤周期，进行脉冲喷吹清灰。喷吹时在文氏管喉管口形成瞬时抽力，将周围气体大量吸入滤袋，又振落滤袋上的积尘。

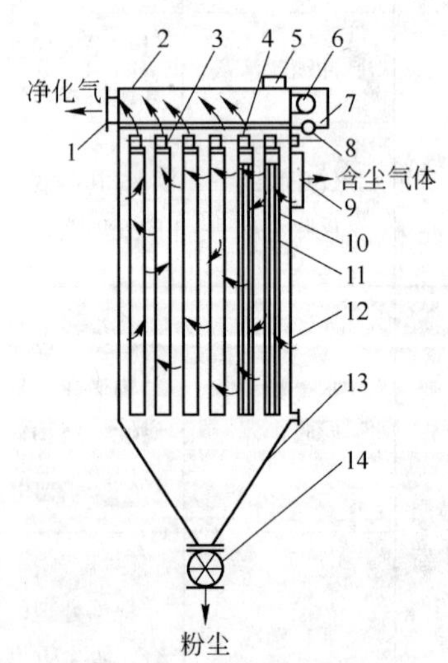

图31-6 脉冲喷吹滤袋收尘器结构

1—排气口；2—上部箱体；3—喷射管；4—文氏管；5—控制器；6—气包；7—控制阀；8—脉冲阀；9—进气口；10—滤袋；11—框架；12—中部箱体；13—灰斗；14—排灰阀

脉冲喷吹滤袋收尘器的脉冲控制仪有气动、电动和机械三种。因此脉冲喷吹滤袋收尘器可分为气动控制脉冲喷吹滤袋收尘器（QMC型）、电动控制脉冲喷吹滤袋收尘器（DMC型）和机枪控制脉冲喷吹滤袋收尘器（JMC型）。

b 脉冲喷吹滤袋收尘器选择计算

脉冲喷吹滤袋收尘器选择计算按下列步骤进行，确定过滤速度，根据收尘系统处理的烟气量和选定的过滤速度计算过滤面积，再根据求得过滤面积选择过滤面积相近的滤袋收尘器型号。

脉冲喷吹滤袋收尘器的计算方法与步骤也适用于其他滤袋收尘器。

（1）总烟气量。

当收尘器在负压状态下工作时，应考虑收尘器的附加吸风量，总烟气量按下式计算：

$$Q = \beta Q_1 \quad (m^3/h)$$

式中 Q——处理烟气量，m^3/h；

β——气量附加系数（MC 脉冲喷吹滤袋收尘器 $\beta = 1.15$）。

（2）总过滤面积。

$$F = \frac{Q}{q} m^2$$

式中 q——过滤比负荷，$m^2/(m^2 \cdot h)$，$q = 60v$；

v——过滤速度，m/min。

（3）所需总的滤袋数量 N。

$$N = \frac{F}{f} \quad (条)$$

式中 f——每条滤袋的有效面积，m^2。

正确选择滤袋材料是设计滤袋收尘器的关键。有色冶金工厂的滤袋材料要求收尘性能高（效率高、阻力小）、强度高、有良好的弹性，并具有高的耐热和耐酸性能。常用的滤袋材料有天然纤维（棉、柞丝、羊毛），玻璃纤维，化学纤维（涤纶、聚酯纤维、恶二唑、芳纶等）。玻璃纤维滤袋一般使用温度为 150～200℃，经石墨及有机硅树脂处理后，使用温度可达 250℃以上。由于玻璃纤维的原料广泛、价格低、耐温性好、强度大，是有色冶金工厂常用的滤袋材料。近年来，随着高分子材料合成技术的飞速发展，耐温、耐蚀合成纤维的织物不断推出，新型滤袋已逐渐推广应用于工业生产。

31.2.4.4 电除尘器

电气收尘是在置于烟气通道中的阴阳两极之间施加高压直流电，形成一个足以使气体电离的静电场。通过电场的含尘烟气，由于气体电离产生的阴离子与阳离子的作用使尘粒表面带电。在电场力推动下，荷电尘粒向电性相反的电极移动而沉积到电极上，从而将尘粒从气体中分离出来。

电收尘器是一种精细净化的收尘设备，在适宜条件下具有很高的收尘效率，广泛应用于有色冶金及其他工业部门。

A 除尘基本原理

电除尘时利用高压电场产生的静电力作用将固体粒子或液体粒子与气流分离。这种电场应是高压直流不均匀电场，构成电场的放电极是表面曲率很大的线状电极，集尘极则是面积较大的板状电极或管状电极。

在放电极与集尘极之间施以很高的直流电压时，两极间所形成的不均匀电场使放电极附近电场强度很大，当电压加到一定值时，放电极产生电晕放电，生成的大量电子及阴离子在电场力作用下，快速向集尘极迁移。中性气体分子很容易捕获这些电子或阴离子形成负离子。当这些带负电荷的粒子与气流中的粉尘相撞并附着其上时，就使尘粒带上了负电荷。荷电粉尘在电场中受库仑力的作用被驱往集尘极，在集尘极表面尘粒放出电荷后沉积其上，当粉尘积到一定厚度时，用机械振打等方法将其清除。

B 烟尘比电阻对电收尘器性能的影响

烟尘的比电阻是烟尘导电性能的标志。它与烟尘成分、烟气温度和烟气成分有关。烟尘导电性对电收尘器性能的影响极大。电收尘器电晕电流的大小是衡量收尘效率的重要因素，电晕电流使尘粒带电并迁移到集尘极上后，必须通过烟尘层才能放出电荷，烟尘层的电阻是电晕电流能否迅速通过烟尘层的重要因素。由于烟尘颗粒的电阻很难进行测定，工业实践中采用单位面积上单位厚度烟尘层的电阻值-比电阻来作为衡量烟尘导电性的标尺。铅锌烟尘的比电阻见表31-6。

表31-6 铅锌烟尘的比电阻

粉尘种类	烟气温度/℃	相对湿度/%	比电阻/Ω·cm
铅烧结机烟尘	144	10	1×10^{12}
	52	9	2×10^{10}
	40	7.5	1×10^{6}
铅鼓风炉烟尘	204	5	4×10^{12}
	149	5	2×10^{13}
含锌渣烟化炉烟尘	204	1.3	4×10^{9}
	149	1.3	2×10^{10}
锌精矿沸腾炉酸化焙烧	250		1.9×10^{9}
	350		5.3×10^{7}
锌精矿沸腾炉氧化焙烧	250		3.43×10^{11}
	300		2.5×10^{10}
铅烟尘	250	5	1×10^{10}
	300	5	7.5×10^{8}
	250	10	1×10^{10}
	300	10	7.5×10^{8}
	250	15	1×10^{10}
	300	15	7.5×10^{8}
锌烟尘	50	1.3	$>10^{12}$
	100		2×10^{10}
	150		5×10^{7}
氧化锌烟尘	150		8×10^{8}
	200		2.5×10^{8}
	250		1×10^{8}

资料来源：《重有色金属冶炼设计手册》。

电收尘器捕集烟尘的最佳比电阻为$10^4\sim10^{10}\Omega\cdot cm$，氧化铅、氧化锌、三氧化二砷、二氧化硅等的比电阻大于$10^{10}\Omega\cdot cm$，属于高比电阻烟尘；金属粉末、煤粉的比电阻小于$10^4\Omega\cdot cm$，属于低比电阻烟尘。

C　电收尘器的分类与特点

电收尘器可按下列方法分类：清灰方法；烟气流向；收尘电极形式以及工作电压。电收尘器分类与特点详见表31-7。

表31-7　电收尘器的分类和特点

分类方法	名　称	特　性	使 用 特 点
按清灰方式	干式电收尘器	收下的烟尘呈干燥状态	(1) 操作温度一般为350～450℃或高于露点20～30℃； (2) 振打方式可用机械振打、电磁振打、压缩空气振打等
	湿式电收尘器	收下的烟尘呈泥浆状	(1) 操作温度较低，烟气预先冷却使温度降至40～70℃，然后进入电收尘器； (2) 设备须防腐； (3) 清洗收尘电极采用连续供水方式，清洗电晕电极采用定期供水方式
	电除雾器	用于烟气制酸过程捕集酸雾，收下的物料为硫酸和泥浆	(1) 操作温度在50℃以下； (2) 收尘电极和电晕电极需防腐蚀； (3) 清洗收尘电极和电晕电极都采用定期供水方式
按烟气流向	立式电收尘器	烟气流动方向与地面垂直	(1) 烟气分布不均匀； (2) 占地面积小； (3) 烟气出口设在顶部，可节约管道
	卧式电收尘器	烟气流动方向与地面平行	(1) 可按生产需要适当增加电场数； (2) 便于分别回收不同成分、不同粒度的烟尘，达到分类富集的目的； (3) 烟气分布比较均匀； (4) 适用于负压操作，有利于风机的寿命和劳动条件有利； (5) 占地面积较大
按电收尘器形式	管式电收尘器	收尘电极为圆管或蜂窝管； 电晕电极和收尘电极间距离相等，电场强度比较均匀，有较高的电场强度	(1) 清灰比较困难，易于湿式电收尘器； (2) 通常为立式电收尘器
	板式电收尘器	收尘电极为板式，如网、棒帏、槽形、波形等；电场强度不够均匀	(1) 清灰比较容易； (2) 制造安装比较方便
按操作电压	高压电收尘器	供电电压一般为45～60kV	(1) 同极间距较小，一般为200～350mm，安装、检修、清灰比较困难； (2) 适用于捕集比电阻小于10^5～$10^{10}\Omega\cdot cm$的烟尘； (3) 使用比较成熟，实践经验较丰富
	超高压电收尘器	供电电压一般为100～300kV	(1) 同极间距一般为500～1500mm，安装、维修、清灰比较方便； (2) 适用于捕集10～$10^{14}\Omega\cdot cm$的烟尘

D 常用电收尘器结构尺寸与技术性能

电收尘器结构包括壳体、烟气分布板、收尘电极、电晕电极、收尘电极和分布板的振打装置、电晕电极振打装置、电晕电极的悬挂装置、保护网和漏斗。其中收尘电极和电晕电极是保证收尘效率的主要部件。

收尘电极有多种形式（如管式和板式收尘电极），对于铅锌火法冶金过程的干式收尘，使用较多的是板式收尘电极，其形式较多，有网状、棒帏式、C形、Z形以及袋式收尘电极等。棒帏式曾是国内应用较为普遍的电除尘器，3电场—30m² 电收尘器结构（见图31-7）。由于设备笨重、返尘率高，近年来棒帏式电极已很少采用。

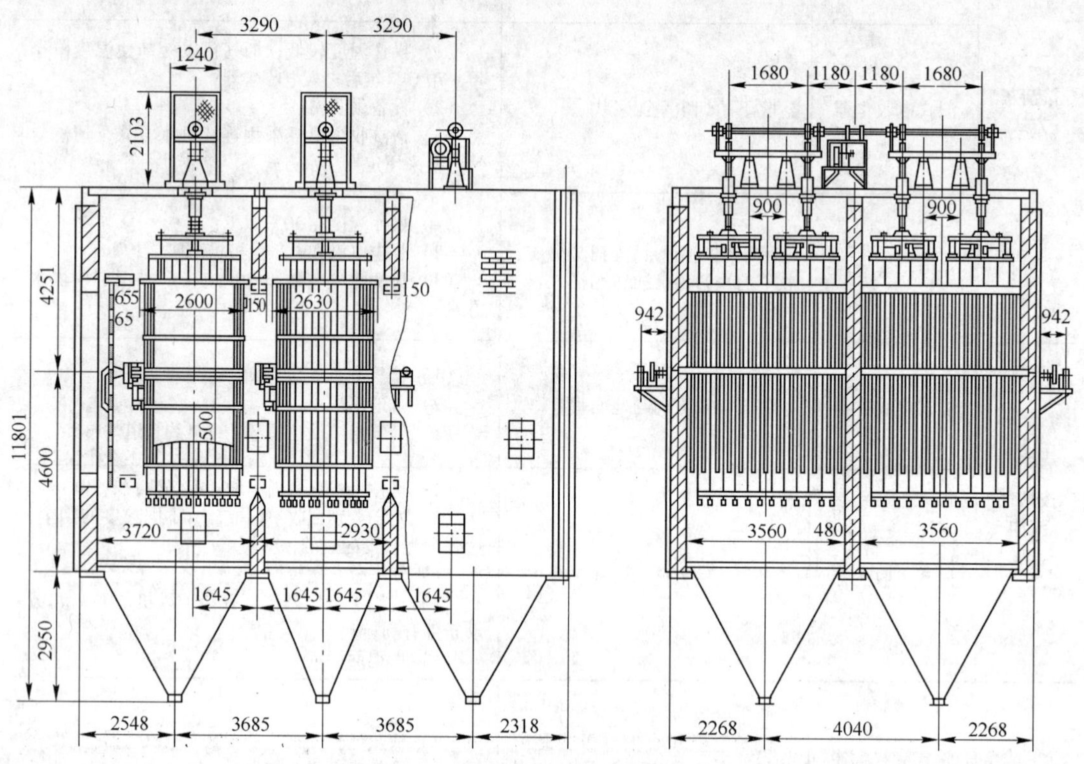

图31-7 有色3电场—30m² 电收尘器结构

为保证最好的放电性能，电晕电极形式有圆线、绞线、核形线、螺旋线、芒刺状电晕线等。其中使用较多的是螺旋线和芒刺状电晕线。

为进一步提高收尘效率，减少二次扬尘，新型的宽极距超高压电收尘器（收尘电极、电晕电极的间距500～1500mm，工作电压100～300kV）使电收尘器适宜捕集的烟尘范围扩大（烟尘比电阻由 10^5～$10^{10}\Omega \cdot cm$ 扩大到 10～$10^{14}\Omega \cdot cm$），因而引起人们重视，在国内外有色冶金工厂得到较为广泛的应用。

E 电收尘器选择计算

当已知某种形式电收尘器在生产实践中能满足所要求的收尘效率，形式选定后，通过计算确定设备规格、数量。

（1）电收尘器所需有效面积：

$$F = \frac{Q_t}{3600v_t} \quad (m^2)$$

式中 Q_t——进入电收尘器的实际温度下总烟气量，m^3/h；

v_t——烟气在电收尘器内有效截面上的实际流速，m/s。

（2）电收尘器的台数：

$$n = \frac{F}{F'}$$

式中 F'——每台电收尘器的有效面积，m^2。

31.2.4.5 湿式收尘

使含尘气流与水或其他液体直接接触，利用液滴或液膜和尘粒的惯性碰撞及其他作用，将尘粒润湿并从气流中分离出来的设备，称为湿式收尘器。湿式除尘也称为洗涤式除尘。

湿式收尘器的优点是投资少，结构简单，操作及维修方便，占地面积小等，且能同时进行对有害气体的净化、烟气冷却和增湿等过程。在清除0.1μm以下的粉尘粒子时，仍能保持很高的除尘效率。特别适用于处理高温、高湿和有爆炸危险的气体。但收尘过程产生污水、污泥需进行处理，否则会造成污染。当气体中含有腐蚀介质时，应考虑防腐措施。

A 湿式除尘的基本原理

湿式除尘是用液体（一般为水）洗涤含尘气体，其基本原理是利用在除尘器中形成的液膜、液滴或气泡，通过尘粒与水膜或水滴之间的惯性碰撞，水汽向细小尘粒表面的扩散渗透等，使尘粒润湿、粒子（与水滴结合）质点变大和重量增加，以及水膜表面对尘粒的黏附作用，达到捕获废气中粉尘的目的。

B 湿式收尘器的类型与特征

在湿式收尘器中气流与液体的接触方式有两种：一种是气流与水膜或已被雾化了的水滴接触，如快速收尘器、旋风水膜收尘器以及喷淋式收尘器等。另一种是气流冲击水层时鼓泡，形成细小的水滴或水膜，如泡沫收尘器、冲击式收尘器。各种湿式收尘器的类型及特性见表31-8。

表31-8 各种湿式收尘器的特点和类型

形 式	设备类型	收尘效率/%	入口允许含尘量/g·m^{-3}	阻力损失/Pa	温度/℃
离心式	CLS/A型立式旋风水膜收尘器	80~90	<20	600~800	<200
	卧式旋风水膜收尘器	80~90	<20	1000~1150	<200
文氏管式	快速收尘器	94~99	<10	1000~6000	约400
冲击式	冲击式收尘器	>90	<20	2000~4000	<400
	自激式收尘器	93~98	<20	1000~1600	<400
	水浴收尘器	90~98	<20	990~1060	<400
筛板式	泡沫收尘器	90~95	<10	每层筛板600~800	<200
	湍球塔	90	<10	1500~3000	<80

根据各种收尘器的收尘效率、特点，以及在有色冶炼厂中的使用情况，这里只对快速收尘器做介绍。

C 快速收尘器结构

快速收尘器又称文氏管收尘器，由文氏管和旋风收尘器或其他收尘器组成。属高效湿式收尘设备之一，具有较好的收尘、降温、吸收等作用，故在有色冶金工厂常用于烟气降温和收尘。在有色冶金工厂可用的快速收尘器形式有文氏管—旋风收尘器、文氏管—沉降室、文氏管—泡沫收尘器和文氏管冲击洗涤器等。快速收尘器设备见图31-8。

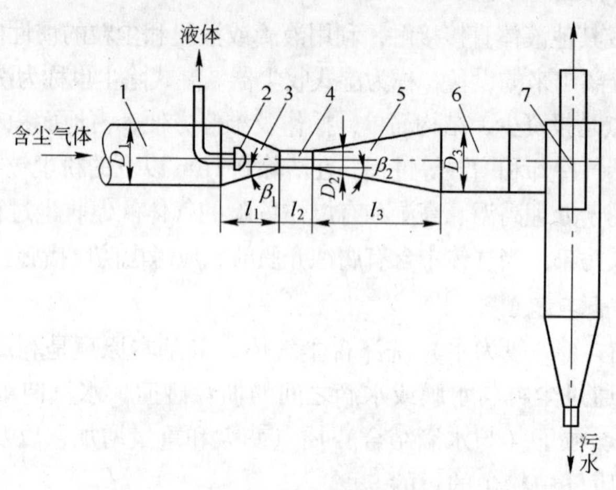

图31-8 快速收尘器

1—进气管；2—喷水装置；3—收缩管；4—喉管；5—扩散管；6—连接风管；7—除雾器

D 动力波除尘器

动力波除尘是近年来快速发展的除尘新技术。动力波除尘器由筒体，含尘气体进口管，净化后气体出口管，喷水管，喷头，污水泵，集液箱组成。水喷头由上、下两个锥体组成，上锥体顶角大于下锥体顶角，以构成环形加速通道，有利于水流向外喷射，形成锥形水层，并与含尘气体相互作用形成稳定的泡沫区，有效地吸附粉尘，而后随水落入集液箱内，达到净化气体的目的。动力波除尘器结构简单，除尘效率高，阻力小，含尘泥浆经沉降过滤、分离浓泥后返回循环使用，耗水量小。动力波除尘器的应用见下面章节铅锌冶炼含 SO_2 烟气制造硫酸的生产工艺中有关部分。

E 湿式收尘器的防腐

火法冶金产生的烟气均含有不同程度的腐蚀介质，如 SO_2、SO_3、F_2、Cl_2 等，与水接触后生成酸性溶液。同时，烟尘中部分金属呈可溶性盐溶于水中，也具有腐蚀性。因此，采用湿式收尘时，应注意设备和系统的防腐。湿式收尘的防腐蚀材料有金属和非金属之分，可以根据具体情况进行选择。

（撰稿 柴立元 彭 兵 闵小波 王云燕 等 审稿 冯桂林）

31.3 铅锌冶炼含 SO_2 烟气制造硫酸的生产工艺

31.3.1 铅锌冶炼含 SO_2 烟气是硫酸制造的重要原料来源

我国硫酸生产的原料主要有硫铁矿、硫黄和冶炼烟气。硫铁矿及有色矿山副产的浮选硫精矿是我国相当一段时期内最主要的制酸原料，20 世纪 90 年代以前，硫铁矿制酸的比重一直在 70% 以上，工艺技术发展十分成熟。随着硫酸需求的迅猛增长和硫铁矿资源的逐渐消失，目前硫铁矿对全国硫酸制造的贡献率已下降到 20% 以下；硫黄是硫酸制造的优质原料，工艺技术先进、流程简洁，单位产品的投资远小于硫铁矿制酸流程。近年来已成为我国硫酸制造最主要的原料，对硫酸生产的贡献率已从 20 世纪 80 年代末的 15% 左右上升到目前的 70% 多。但是，我国缺少天然硫黄资源，主要依靠从国外进口，近几年硫黄进口年均增长 34% 左右，进口量达到 500 多万吨，进口依赖率高达 90% 以上。2003 年，我国进口的硫黄占世界硫黄贸易量的 21%；我国的冶炼烟气制酸，是从 20 世纪 70 年代开始逐渐发展起来的。冶炼烟气制酸最初是作为防止 SO_2 污染环境采取的措施，随着人们对保护生态环境与综合利用资源重要性意识的提高，冶炼烟气制酸已成为发展有色金属生产必须配套的国策之一。1970 年，烟气制酸产量不到 15 万吨，仅占全国硫酸产量的 5%。1979 年烟气制酸产量 91.67 万吨，占全国总产量的 13.1%。2005 年我国烟气制酸产量 830 万吨，对全国硫酸生产的贡献率为 18.8%。

锌精矿含硫 30% 左右，铅精矿含硫 20% 左右，铅锌混合精矿含硫波动在 22% ~26% 之间。铅锌冶炼烟气中的 SO_2 来自多种工艺过程，包括硫化锌精矿的沸腾炉硫酸化焙烧和氧化焙烧、硫化铅锌混合精矿及硫化铅精矿的烧结焙烧、各种硫化铅矿直接炼铅工艺的氧化熔炼阶段等，过程化学都属于硫化物氧化脱硫的高温过程。作为硫酸制造的原料气，与硫黄制酸和硫铁矿制酸比较，冶炼烟气具有不同的特点：(1) 气量和气浓波动大。接触法制酸工艺要求气量稳定和 SO_2 浓度适中，但冶炼烟气的产出状态受制于冶炼工艺过程，冶金过程必须按工艺过程的要求进行，某些工艺产出烟气的气量和气浓难于保证均衡稳定；(2) 不同冶炼工艺产出的烟气 SO_2 浓度差异极大。锌精矿沸腾焙烧炉烟气 SO_2 浓度随焙烧制度不同变化，氧化焙烧为 10% ~12%，硫酸化焙烧为 7% ~9%。可以采用标准的接触法生产 98% 的浓硫酸。每焙烧 1t 锌精矿，约产浓硫酸 0.9t；硫化铅矿吸风烧结，尤其是在小型烧结机的烟气 SO_2 浓度仅 1% ~2%，达不到标准接触法生产硫酸的要求，某些炼铅厂将这种低浓度 SO_2 烟气直接排放，造成对环境大气的严重污染。有的工厂将烟囱的高度增加到 300m，也只能在周边一定范围内减轻 SO_2 对生物的危害，对全球范围大气总的污染程度并没有得到改善；鼓风返烟烧结可达 7% ~8%（国内仅能达到 3.5% ~4.5%）。铅锌混合矿烧结烟气 SO_2 6% 左右，可达到标准接触法制酸的要求。每烧结 1t 铅锌混合精矿（烧结脱硫率一般 70% 左右）约可产浓硫酸 0.5t；富氧顶吹炼铅炉烟气 SO_2 浓度 8% ~15%，氧气底吹炼铅炉气浓 8% ~12%，卡尔多炉 16% 左右，基夫赛特工艺的烟气 SO_2 浓度可达 40% ~48%，奥托昆普闪速炉炼铅（半工业试验）烟气 SO_2 浓度高达 90%；(3) 冶炼烟气含尘量高、成分复杂。铅锌冶炼烟气烟尘含量一般都比较高，炉子出口烟气含尘最高可达（标态）$100g/m^3$（沸腾炉出口达 $200 \sim 300g/m^3$）以上，经多段收尘到进入制酸系统前一般控制小于 $100mg/m^3$；烟尘成分多为金属氧化物类的化学尘，包括铅、锌、锑、铋、镉、硒、碲、砷等，需要采用较复杂的烟气净化流程才能除去；烟气中 SO_3 的含量随冶炼工艺不同而不同，除此之外还有氟化氢、CO、CO_2 和大量水蒸气等杂质，这些组分都会对制酸工艺产生影响。需要强调指出，近年来研究开发成功并投入工业应用的直接炼铅工艺，由于采用富氧或工业纯氧熔炼，并充分利用矿石原料中硫化物氧化的热量替代外加燃料来为熔炼过程供热，烟气量大幅度减少，使烟气中的 SO_2 得到富集，成为烟气制酸的优质气源。各种冶炼工艺所产含硫烟气特点的详细资料可在有关章节中查阅，充分了解铅锌冶炼烟气的特点，有利于选择适合的制酸工艺流程或脱硫工艺。

目前，我国有色金属行业的烟气制酸已经形成以大型骨干企业为主体，用先进、成熟的技术体系构成的规模化的产业。2007 年，全国有色金属企业烟气制酸产量 1107 万吨，有效地控制了环境污染和回收利用了大量硫资源并在全国硫酸生产中占据一定比重。产量超过 50 万 t/a 的省区有 8 个：甘肃（164.4 万 t），云南（159.0 万 t），安徽（140.7 万 t），江西（117.9 万 t），湖南（79.9 万 t），辽宁（72.7 万 t），河南（64.4 万 t），湖北（58.1 万 t），都是有色金属大型骨干企业的所在省区。

31.3.2 铅锌冶炼烟气制酸工艺的设备流程

根据我国有色金属冶炼生产 Pb、Zn 等金属所产生冶炼烟气的组成不同，选用的生产工艺技术及设备有所差别。从总体上看，目前我国利用冶炼烟气生产 H_2SO_4 的工艺有下列几种：

31.3.2.1 传统接触法生产硫酸

A 一转一吸接触法硫酸生产工艺

该流程是烟气制酸发展过程应用最成熟和最多的工艺。由于 SO_2 转化率难以提高，不能适应国家对制酸尾气浓度及总量日愈严格的要求，原有采用一转一吸工艺的制酸系统必须增加尾气吸收工序才能达标，使生产成本上升。有关企业大多都改造为两转两吸。新建系统已不再采用该流程。

B 两转两吸接触法硫酸生产工艺

封闭酸洗两转两吸工艺二氧化硫转化率可达到 99.5%，尾气 SO_2 浓度可达 0.05% 以下。与一转一吸加尾吸工艺比较，投资省 5%，生产成本低 3%，劳动生产率高 7%，是当前我国烟气制酸的主流工艺。葫芦岛锌业股份公司、株洲冶炼集团、韶关冶炼厂、西北铅锌冶炼厂、云南驰宏锌锗公司等铅锌冶炼厂均采用两转两吸法生产硫酸。葫芦岛锌业股份的两转两吸接触法生产硫酸的设备连接图如图 31-9 所示。该厂采用这一工艺流程对原有制酸系统进行技术改造后，尾气 SO_2 浓度降到了 0.05% 以下，达到排放标准。

31.3.2.2 湿式硫酸法低浓度 SO_2 烟气制酸工艺（WSA 法）

20 世纪 80 年代中期，Haldor Topsoe A/S 开发了一种处理含低浓度 SO_2 烟气生产硫酸的方法，即 WSA 法（Wet gas Suiphuric Acid）或称为湿式硫酸法。这也是一种接触法生产浓硫酸的方法，该法没有烟气干燥过程。该工艺的显著特点是能有效处理含 SO_2 2% 左右的低浓度烟气，并产出 93% ~98% 的硫酸，尾气 SO_2 浓度低于 300×10^{-6}。

法国 Hoyelles-Godault 炼铅厂的铅烧结烟气采用本法生产硫酸，典型生产数据如下：

铅烧结烟气量(标态)/$m^3\cdot h^{-1}$	100000
进入制酸的烟气温度/℃	30 ~50

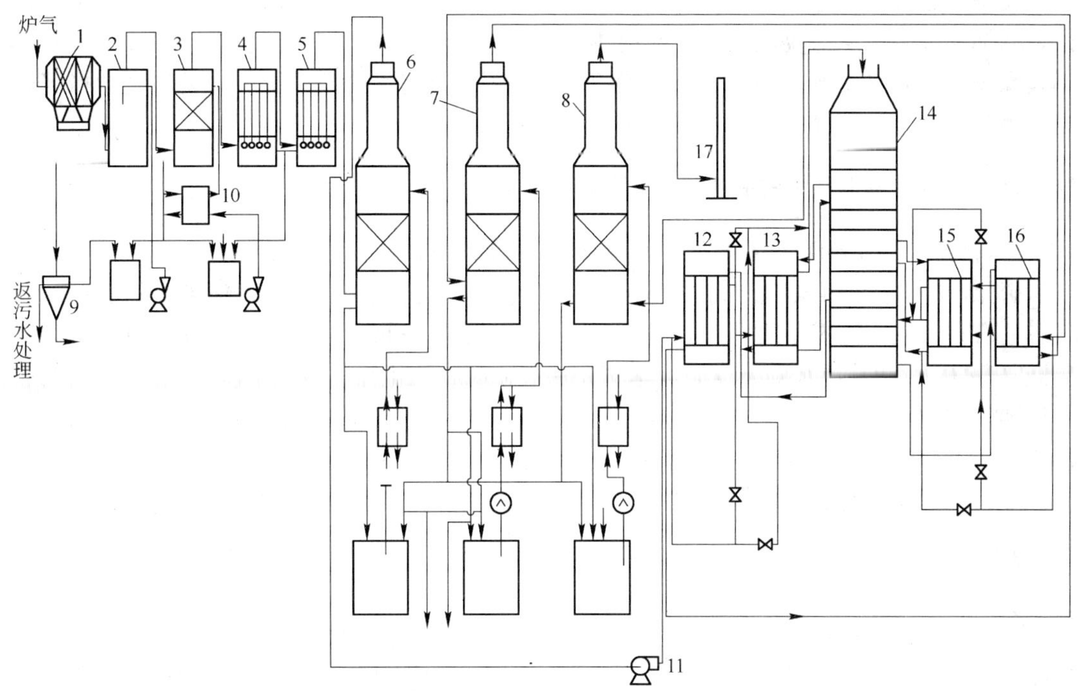

图 31-9 两转两吸接触法生产硫酸工艺设备连接

1—电收尘；2—空塔；3—填料塔；4，5—电除雾器；6—干燥塔；7——吸塔；8—二吸塔；9—沉降槽；10—换热器；11—鼓风机；12，13，15，16—转化换热器；14—转化器；17—烟筒

预热后烟气温度/℃	105
进入制酸的气含 H_2O（体积分数）/%	5.5
进入制酸的烟气含 O_2（体积分数）/%	14.2
进入制酸的烟气含 SO_2（体积分数）/%	2.0～3.5
转化率/%	99
尾气中 SO_3 含量	$<10\times10^{-6}$
硫酸纯度（质量分数）/%	97.5
硫酸温度/℃	21
硫酸产量/$t\cdot d^{-1}$	约 290（最大 380）
能耗（烟气含 2.7% SO_2 时）/$kW\cdot h\cdot h^{-1}$	850

国内株洲冶炼集团引进该工艺用于改造与铅烧结配套的烟气制酸系统。

关于 WSA 法的有关资料，见本篇 31.4.6WSA 法。

31.3.2.3 非稳态转化法制酸工艺

非稳态转化是利用高温钒触媒自身负载的热量直接加热冷 SO_2 气体，使其被加温到催化起燃温度（450℃左右）实现接触转化。转化过程为冷气体进入转化器后，沿触媒柱向出口端流动，流动过程中被进口端的过热触媒层加热起燃，起燃后的反应热反过来加热触媒使其过热至 600℃左右，进口端的触媒层则被逐渐冷却。加热过程形成的“热波”在触媒的整个断面上沿气体流动移动至出口端时，通过换向阀改变气体流向。原出口变为进口，使整个过程反向进行，如此循环反复。该制酸工艺对烟气 SO_2 浓度低，气量波动大的铅烧结烟气等有一定适应性。由于不用热交换器，投资较传统制酸工艺低。但该工艺转化率最高仅达到89%，尾气 SO_2 浓度达0.2%，必须设置尾气处理系统。详见后文中豫光金铅集团公司铅烧结烟气非稳态制酸案例。

31.3.3 铅锌冶炼烟气中的有害杂质及除杂

31.3.3.1 铅锌冶炼烟气中杂质组分的性质及对制酸工艺的影响

硫化矿焙烧产出的烟气，除含有大量的氮气、二氧化硫和氧气外，还含有一些固态和气态的有害杂质。固态杂质有氧化锌（ZnO）、氧化铅（PbO）、氧化铁（Fe_2O_3）、四氧化三铁（Fe_3O_4）和其他有色金属的氧化物——氧化铜、氧化镍、氧化钴、氧化镁、氧化钙、氧化锑、氧化锡以及汞的化合物或这些金属的硫酸盐及脉石粉粒，通称矿尘。气态杂质通常有三氧化二砷（As_2O_3）、氮化物、二氧化硒（SeO_2）、三氧化硫（SO_3）、水蒸气（H_2O），还可能含有二氧化碳（CO_2）、一氧化碳（CO）。烟气净化的目的就是除掉这些有害杂质。

A 矿尘

焙烧炉出口炉气含尘量差别很大，有的高达（标态）300g/m^3 以上，有的只有0.5g/m^3，它主要随炉型和原料而定。当沸腾炉焙烧含硫30%左右的硫精矿时，炉气中矿尘含量一般在200~320g/m^3。

矿尘的主要危害：

（1）沉积在烟气管道内，增加系统阻力，堵塞管道设备，严重者会使生产无法进行。

（2）截留在触媒表面，少数还扩散到触媒的毛细管内，使触媒结疤，活性下降，气体压降增加，转化率降低。

（3）进入成品酸使酸中杂质量增高，颜色变红或变黑，影响成品酸质量。

B 砷

砷在炉气中以三氧化二砷（As_2O_3）和二聚物（As_4O_6）形态存在。炉气含砷量的多少与原料含砷量和焙烧的工艺条件有关。三氧化二砷是危害触媒最严重的毒物，也影响成品酸质量。

炉气在冷却过程中，一般是酸雾形成在先，As_2O_3 结晶在后。由于酸雾数量多，表面积大，可能有一部分 As_2O_3 结晶会溶解在酸雾中（也有少数 As_2O_3 粒子直接被洗涤液所捕集），其余的 As_2O_3 为悬浮于气体中的极细小的固体粒子，始终未与酸雾结合，最终在电除雾器中被捕集。但还有极少数未被捕集的 As_2O_3 粒子进入干燥塔，部分溶解在干燥酸中。未能在干燥塔捕集的 As_2O_3，最后就到达钒触媒上，使钒触媒中毒。

三氧化二砷能在触媒表面生成不挥发的五氧化二砷（As_2O_5），覆盖触媒表面使转化率降低。在温度低于550℃时，触媒被砷饱和后，转化率下降到某一水平时继续通入含砷的炉气，转化率不再继续下降。而当温度高于550℃时，砷的氧化物则与五氧化二钒生成挥发性的 $V_2O_5 \cdot As_2O_3$ 化合物，使触媒中的钒含量降低。挥发物在后面几段触媒层中凝结下来，形成黑色硬壳，使阻力增大，转化率显著下降。

砷进入成品酸会使硫酸在工业上的应用范围受到限制，若用此酸制成磷肥施入土壤中，时间长了会导致农作物砷含量增高，原粮中砷含量不允许超过 1×10^{-6}，如土壤中砷

含量大于 20×10^{-6}，原粮中砷就可能超标。所以，炉气中的砷必须除净。

C 氟

原料中的氟化物经焙烧后一部分进入炉气中。进入炉气中的氟大部分以氟化氢的形态存在，小部分以四氟化硅的形态存在。氟化氢与二氧化硅（SiO_2）会起化学反应生成四氟化硅（SiF_4）：

$$4HF(g) + SiO_2(s) = SiF_4(g) + H_2O(g)$$

这是一个可逆反应，四氟化硅遇水后又会反应放出氟化氢。低温和干燥有利于平衡向右方进行。反之，高温和气体中水分含量高，有利于反应向左方进行。

烟气中的氟是一种危害性极大的成分，不仅腐蚀塔内瓷砖、瓷环；对泵、管道、板式换热器、风机叶轮、干燥捕沫器、干燥塔和填料塔分散管等金属材质腐蚀严重；还破坏触媒载体，使触媒粉化，从而增加转化器阻力，降低转化率，缩短触媒使用寿命。此外，氟进入成品酸也会影响硫酸的用途。

目前制酸厂家防止氟腐蚀的途径及措施如下：（1）控制净化洗涤酸中的氟浓度；（2）使净化洗涤酸中的 HF 尽可能转变为络合物，如氟硅酸或氟硅酸盐等；（3）采用不含硅质的非金属材料及耐氟的金属材料。措施（2）最大的优点是在不降低总氟浓度（同时也是不降低酸浓度的情况下）降低液体表面氟的蒸气压，从而保证得到较好的净化指标。

国内目前采用的办法有：（1）投加活性硅藻土、石英粉；（2）投加一定的钠盐和铝盐；（3）单独建一个陶瓷填料循环系统或在洗涤塔出口加填一些陶瓷填料，让其与氟化氢反应；（4）投加水玻璃。以上各种办法中最方便的是投加水玻璃。

某锌冶炼厂从 20 世纪 90 年代初进行了这方面的试验，结果表明，加入适量的水玻璃 30min 就能使其中 90% 的氟化氢转变为 SiF_6^{2-}，污酸中游离氟降到 0.1g/L 左右。后来在工业生产上作了尝试，稀酸中游离氟含量也能达到 0.3g/L 以下，风机出口气体（标态）含氟在 $0.004g/m^3$ 下，效果非常好。

D 水分

制酸过程中炉气一般都经干燥脱水后进入转化系统，并严格控制炉气中的水分含量。

烟气含水的危害：（1）水平衡是硫酸生产中最重要的平衡之一，干燥吸收的水分需要与产出成品酸需要的水分相匹配，吸收的水分过少，则需要在系统中补水，吸收的水分过多，则产不出符合要求的成品酸，严重时需要补充母酸来维持酸的平衡，更严重时生产将无法维持。（2）水分会稀释进入转化系统之前的酸沫和酸雾，会稀释沉积在设备和管道表面的硫酸，造成腐蚀。（3）水分含量增高，会使转化后的三氧化硫气体的露点温度升高，在低于三氧化硫气体露点温度的设备内，都会有硫酸冷凝出来，温度高和浓度不定（接近 100% 或含有游离 SO_3）的硫酸对设备有强烈的腐蚀作用。（4）三氧化硫会与水蒸气结合生成硫酸蒸气，在换热降温过程中以及在吸收塔的下部有可能生成酸雾，酸雾不易被捕集，绝大部分随尾气排出，排气筒会逸出白烟，不但使硫的损失增大，更重要的是污染了环境。因此，在实际生产中控制水分指标比控制酸雾指标更加重要。而水分的控制主要通过调节净化的温度来实现。

E 二氧化硒

进入净化工序之前，炉气中 SeO_2 为气态。因为在炉气中含量低，气体洗涤降温，达

到析出固态 SeO_2 微粒的饱和温度相对低一些。在洗涤过程中 SeO_2 基本上都变成固态，分散于气体中。由于炉气中 SeO_2 含量低，气体中酸雾的总面积又很大，因此有相当大的部分 SeO_2 溶于酸雾中。SeO_2 极易溶于水或稀酸中而生成亚硒酸 H_2SeO_3，随即被溶解在洗涤酸中的 SO_2 还原为无定形硒。其反应如下：

$$SeO_2 + H_2O = H_2SeO_3$$

$$H_2SeO_3 + 2SO_2 + H_2O = Se\downarrow + 2H_2SO_4$$

原料气带来的硒，约有一半进入电除雾器的凝集酸中。无定形硒呈猩红色。熔点217℃。SeO_2 的熔点340℃。无论 SeO_2 或 Se，在转化器操作温度下都呈气态，它们对钒触媒的毒害目前未有定论。但是硒作为一种不纯物，溶解于干燥酸中使酸着色，影响了酸的品质。

F 硫

硫蒸气进入洗涤设备后即冷凝为元素硫，俗称升华硫。这种硫黄微粒由于粒径很小，且为憎水性的，所以在净化工序中很难捕集，它会黏结在电除雾器的电极上造成除尘效率下降。元素硫被带到干燥塔，会附着于填料上和堵塞除沫器，导致干燥塔压降增大。

G 汞

汞蒸气进入洗涤设备后，几乎全部冷凝为液态金属汞。但金属汞在常温下有较大的蒸气压，所以气相中存在微量汞蒸气。在干燥塔中汞蒸气与浓硫酸反应生成硫酸汞。常规净化流程无法除去微量汞蒸气。汞的存在影响成品酸质量。

H 三氧化硫

炉气中的三氧化硫含量一般在0.03%～0.3%之间。随着炉气温度降低，三氧化硫会与水蒸气结合生成硫酸蒸气，继而冷凝生成酸雾。酸雾的危害：（1）受机械力（惯性力和离心力等）的作用，沉积于分管道及设备壁上或凝聚成较大颗粒——酸沫，酸沫更易聚集于管道和设备壁上，从而产生腐蚀。（2）三氧化二砷、二氧化硒、矿尘等杂质常成为酸雾雾滴的核心，与酸雾一起进入触媒层中，引起触媒中毒或覆盖触媒表面，使触媒层结疤、阻力增大，转化率下降。所以，在湿法净化过程中应当尽可能把酸雾除净。如果改变工艺条件，使三氧化硫不形成酸雾或少形成酸雾更好。

根据各种流程的具体特点和条件规定了净化指标，并不断修改完善，总的趋势是要求愈来愈严格。目前，各国执行的指标如下（在二氧化硫鼓风机出口测定点）：

		中国	德国、日本	某厂
水分（标态）/g·m^{-3}		<0.1	0.05～0.1	0.05
酸雾	一级电除雾/g·m^{-3}	<0.03	<0.005	0.005
	二级电除雾/g·m^{-3}	<0.003		
尘/g·m^{-3}		<0.005	<0.001	痕量
砷/g·m^{-3}		<0.001		
氟/g·m^{-3}		<0.003		

由于净化指标的改善，设备使用寿命增长，工艺管道堵塞现象减轻，触媒活性下降速率和钒的损失减小，系统设备、管道阻力上升的速度减慢，系统大修间隔期逐步由过去的一年延长到四年至五年，显著地提高了硫酸生产的经济效益，减轻了污染。

31.3.3.2 烟气中杂质组分清除的原理及方法

A 矿尘的清除

工业上对炉气矿尘的清除，依尘粒大小，可相应采取不同的净化方法。对于尘粒较大的（10μm 以上）可采用自由沉降室或旋风分离器等机械除尘设备；对于尘粒较小的（0.1～10μm）可采用电除尘器；对于更小颗粒的矿尘（0.05μm 以下）可采用液相洗涤法。

B 砷和硒的清除

焙烧后产生的 As_2O_3 和 SeO_2，当温度下降时，在气体中的饱和含量迅速下降，因此可采用水或稀硫酸降温洗涤炉气。当温度降至 50℃时，气体的砷、硒氧化物已降至规定指标以下。凝固成固相的砷、硒氧化物一部分被洗涤液带走，其余呈固体微粒悬浮在气相中成为酸雾冷凝中心。

C 酸雾的形成与清除

炉气净化时，由于采用硫酸溶液或水洗涤炉气，洗涤液中有相当数量的水蒸气进入气相，当水蒸气与炉气中的三氧化硫接触时，则可生成硫酸蒸气。当温度降到一定程度，硫酸蒸气达到饱和，直至过饱和的临界值时，硫酸蒸气就会在气相中冷凝，形成在气相中悬浮的酸雾。

当用水或稀酸洗涤炉气时，由于炉气温度迅速降低，酸雾的形成不可避免。实践证明，气体的冷却速度越快，蒸气的过饱和度越高，越易形成酸雾。为防止酸雾形成，必须控制一定的冷却速度，使整个过程硫酸蒸气的过饱和度低于临界值。

通常采用电除雾器清除酸雾。电除雾器的除雾效率与酸雾微粒的直径有关。酸雾直径越大，除雾效率越高。实际生产中采取逐级增大酸雾粒径，逐级分离的方法，以提高除雾效率。增大酸雾粒径的方法：（1）逐级降低洗涤酸浓度，使气体中水蒸气含量增大，酸雾吸收水分被稀释，使粒径增大；（2）气体被逐级冷却，酸雾也同时被冷却，气体中水蒸气在酸雾微粒表面冷凝而增大粒径。

此外，为了提高除雾效率，还可采取增加电除雾器的段数，在两级电除雾器中间设置增湿塔，降低气体在电除雾器的流速等措施。

D 汞的除去

锌精矿含汞一般高于其他硫化矿，所以用锌精矿焙烧的烟气制酸，酸中含汞高于其他原料的产品。在焙烧过程中，汞挥发随烟气进入制酸系统。烟气中的汞约 50% 在净化过程被除去，剩余汞被干燥塔和吸收塔的循环酸吸收，生成含汞硫酸。

由于硫酸被广泛应用于食品、医药、饲料和化肥等工业，因此酸中的汞必须设法除去。目前除汞方法很多，都能使成品酸中含汞降到 0.0001% 以下。除汞方法可分两大类：

（1）从含汞硫酸中除汞（简称酸中除汞）。

（2）从烟气中除汞，然后用不含汞烟气制酸。此法又包括三种方法：一是冷凝法——将汞冷凝后从烟气中分离出来。二是吸附法——用于含汞量低的烟气。三是吸收法。

目前，应用比较多的方法主要如下：

（1）碘化钾溶液洗涤法。这是我国自行开发的方法，含汞烟气进入脱汞塔，与塔内碘化钾溶液接触，汞被氧化并与循环溶液中的碘发生反应生成碘汞络合物，从而将烟气中的汞除掉。韶关冶炼厂采用此方法，可达到脱汞率 97%。流程如图 31-10 所示。

（2）氯化法除汞：该方法是由挪威诺辛克锌厂开发的，也称为玻立顿—诺辛克工艺，

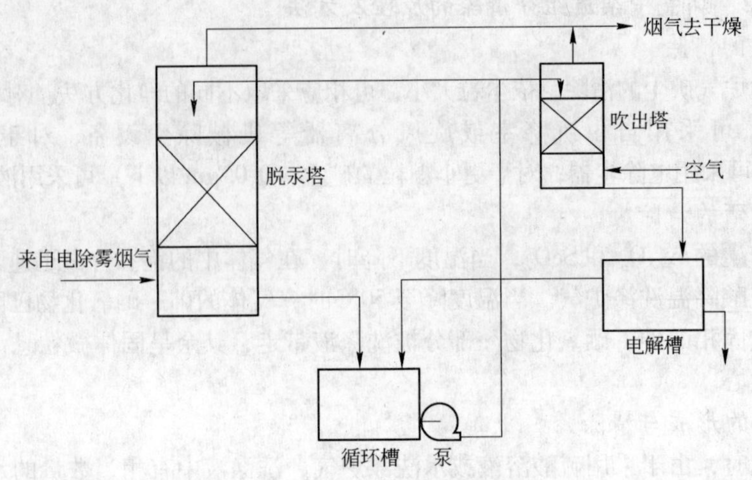

图31-10 碘化钾溶液洗涤法除汞流程

从1973年起用于挪威Odda市的诺辛克锌厂，工作一直良好。现在世界上大多数炼锌企业都用这种技术除汞。该法已成为炼锌工业的标准方法。此外，该法还用在焙烧硫铁矿制酸时除汞，也用于某些铜和铅冶炼厂，还用于净化普通的含汞废气。使用该工艺，绝大多数汞被除去，生产的硫酸汞含量符合市场要求，并大大改善了生产环境。

玻立顿—诺辛克工艺是一个连续的气体洗涤过程。冶炼烟气经初步净化降温后，烟气经绝热蒸发降温除尘、稀酸洗涤冷却后，在电场力作用下将酸雾除去，送往玻立顿除汞装置。含二氧化硫烟气（30～40℃条件下）被氯化汞络合物溶液洗涤时，溶液中的汞离子将与烟气中的金属汞蒸气进行快速而完全的反应，生成不溶于水的氯化亚汞晶体，一部分氯化亚汞用氯气重新氯化成溶于水的氯化汞，加入洗涤液中继续循环，多余部分经处理后成为甘汞产品。其化学反应如式。

回收部分：

$$Hg + HgCl_n^{(2-n)-} = Hg_2Cl_2 + nCl^- \quad (n \geqslant 4)$$

$$SO_2 + 2HgCl_2 + 2H_2O = Hg_2Cl_2 + 2HCl + H_2SO_4 \quad (边界量)$$

氯化过程：

$$Hg_2Cl_2 + Cl_2 = 2HgCl_2$$

$$HgCl_2 + nCl^- = HgCl_n^{(2-n)-}$$

玻立顿—诺辛克烟气脱汞工艺流程见图31-11。

该工艺系统具有以下特点：

1）能满足Hg含量（标态）在0～30mg/m^{3}的烟气脱汞要求。

2）设备结构紧凑，占地面积小。

3）只需要一次性投入，其产品甘汞可作为该工艺的主要原料。

4）系统密闭性好，无泄漏，无污染，生产环境好。

5）除汞效率好，一般能达到96%～99%。

（3）硫化钠法：该方法为日本东邦公司开发的技术。烟气进入喷淋塔，在洗涤塔内喷入硫化钠溶液，此时，烟气中95% ~98%的汞与硫化钠溶液生成硫化汞沉淀而得以分离，从而除去汞。

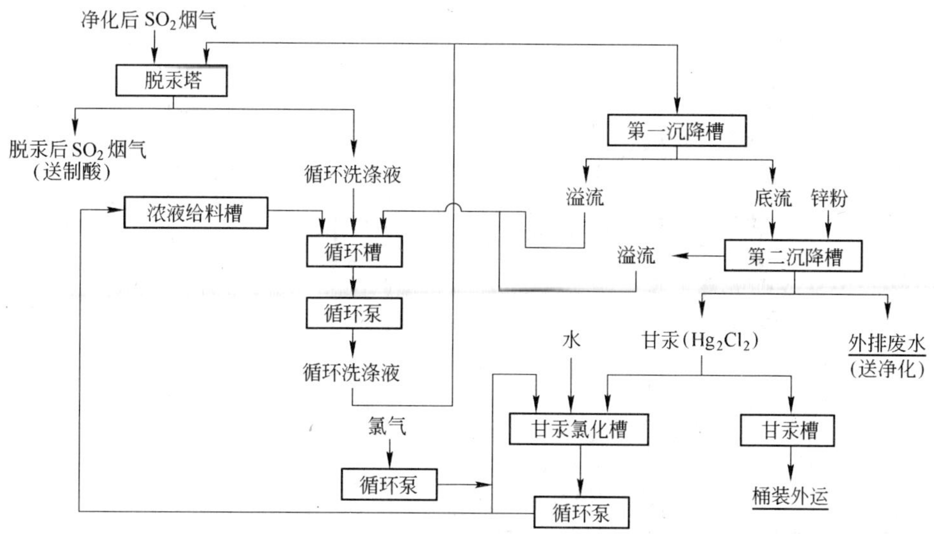

图31-11 玻立顿—诺辛克烟气脱汞工艺流程

31.3.4 含SO_2烟气的净化工艺及设备流程

接触法制酸装置的冶炼烟气净化流程有许多种。20世纪50年代以前，国内外普遍采用被称为“标准酸洗流程”的鲁奇式三塔两电酸洗流程和经过改进的孟山都式两塔两电酸洗流程。随着沸腾焙烧的应用，入炉矿料粒径小、水分含量大，炉气中三氧化硫含量低，湿含量及矿尘杂质含量增加，而干式除尘系统的效率未能相应提高，大量矿尘及杂质进入净化系统，使净化系统无法维持原来的工艺条件。20世纪50年代后期至60年代初期，国内外采用了水洗净化流程。有些工厂将原塔式酸洗改为塔式水洗。当时，由于新开发成功一些体积小、效率高的洗涤设备（如文氏管等）应用于净化工艺，取代了庞大的塔设备，从而出现了多种水洗净化流程。但由于水洗流程有大量污水排放，造成严重的环境污染。到20世纪70年代强调环境保护后，炉气湿法净化朝着封闭型稀酸洗涤方向转变。水洗流程，特别是耗水量大的一次通过式水洗流程已经淘汰。近年来，新兴的高效动力波净化工艺，已在制酸工业中广泛应用。

31.3.4.1 酸洗流程

比较典型的酸洗流程有“三塔两电”标准酸洗流程、“两塔两电”酸洗流程、“两塔一器两电”酸洗流程及“文泡冷电”酸洗流程。

标准酸洗流程是以硫化矿为原料的经典酸洗流程，由两个洗涤塔、一个增湿塔和两级电除雾器组成，故也称为“三塔两电”酸洗流程。

“两塔两电”酸洗流程与标准酸洗流程相似，省去了增湿塔，但所用洗涤酸的浓度较低。“两塔一器两电”酸洗流程，也是在标准酸洗流程基础上发展起来的，其中的增湿塔用间接冷凝器代替，故称“两塔一器两电”酸洗流程。

"文泡冷电"酸洗流程是我国自行设计将水洗改为酸洗的相对先进的净化流程，流程如图31-12所示。

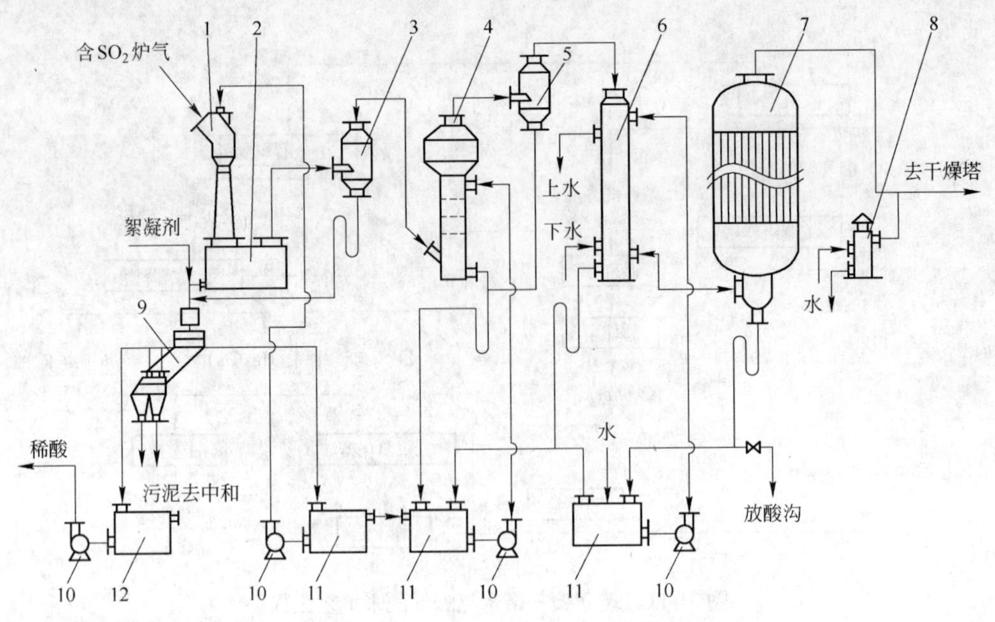

图31-12 "文泡冷电"酸洗流程

1—文氏管；2—文氏管受槽；3，5—复挡除沫器；4—泡沫塔；6—间接冷却塔；7—电除雾器；8—安全水封；9—斜板沉降槽；10—泵；11—循环箱；12—稀酸槽

来自冶炼系统的SO_2炉气，首先进入文丘里洗涤器（文氏管），用15%～20%的稀酸进行第一级洗涤，洗涤后的气体经复挡除沫器除沫后进入泡沫塔，用1%～3%的稀酸进行第二级洗涤。经两级稀酸洗涤之后，矿尘、杂质被除去，炉气中部分As_2O_3、SeO_2凝固为颗粒被除掉，部分成为酸雾的凝聚中心，炉气中的SO_3也与水蒸气形成酸雾，在凝聚中心形成酸雾颗粒。两级稀酸洗涤之后的炉气，经复挡除沫器除沫，进入列管间接冷却塔，使炉气进一步冷却，同时，使水蒸气进一步冷凝，并且使酸雾粒径进一步增大。由间接冷却塔出来的炉气进入管束式电除雾器，借助于直流电场，使炉气中的酸雾被除去，净化后的炉气去干燥塔进行干燥。

泡沫塔型洗涤器外形与普通有固定挡板的板式塔相同，但塔板开孔率及操作气速相对较大，运行中，在两塔板间的开孔区形成泡沫区。泡沫区中气液接触非常密切，可有效地脱除尘埃细粒、冷却气体和多级吸收气体。

文丘里洗涤器的洗涤酸经斜板沉降槽，沉降循环酸中的污泥；经沉降后的清液循环使用；污泥自斜板底部放出，用石灰粉中和，与渣一起外运。

该流程用絮凝剂（聚丙烯酰胺）沉淀洗涤酸中的矿尘杂质，大大地减少了排污量（每吨酸的排污量仅为25L），达到封闭循环的要求，故此流程也称"封闭酸洗流程"。

31.3.4.2 水洗流程

比较常用的水洗流程有如下几种。

(1)"文泡文"水洗流程。由文氏管、泡沫塔、文氏管组成，它具有设备小、操作方便、投资少的优点，但系统压降高。

（2）“文泡电”水洗流程。用电除雾器代替上述“文泡文”流程中的第二级文丘里，提高了对酸雾杂质的净化效率，系统压降也比“文泡文”流程要小。

（3）“文文冷电”水洗流程。由两个文氏管、冷凝器、电除雾器组成，技术性能和适应能力都较好。

与酸洗流程相比，水洗流程设备少、投资省、净化效果较好，适用于砷、氟和矿尘含量高的炉气净化。缺点是排放大量酸性污水，污水中含砷、硒、氟和硫酸等有害物质，如不经妥善处理会造成严重的公害。此外，炉气中的三氧化硫全部损失，二氧化硫也不能保全，故硫的利用率低。因此，水洗流程已被逐渐淘汰。

31.3.4.3　动力波净化工艺

动力波净化工艺是目前比较先进的净化流程，它主要采用动力波洗涤器进行洗涤净化，其净化效率较高，该工艺常见的流程是动力波三级洗涤器净化流程。

动力波净化工艺的关键设备是动力波洗涤器。它是美国杜邦公司开发的气体洗涤设备，1987年孟山都环境化学公司获得使用此技术的许可，开始应用于制造硫酸过程中的气体净化。

动力波洗涤器有多种形式，已成为一个系列。其中有逆喷型和泡沫塔型两种洗涤器应用于制酸的净化。逆喷型洗涤器的装置简图如图31-13所示。洗涤液通过一个非节流的圆管，逆着气流喷入一直立的圆筒中。在圆筒中，工艺气体与洗涤液相撞击，动能达到平衡。此时生成的气液混合物形成稳定的泡沫区，该泡沫区浮在气流中，为一强烈的湍动区域，其液体表面积很大且不断更新，当气体经过该区域时，便发生尘粒捕集、气体吸收和气体急冷等过程。

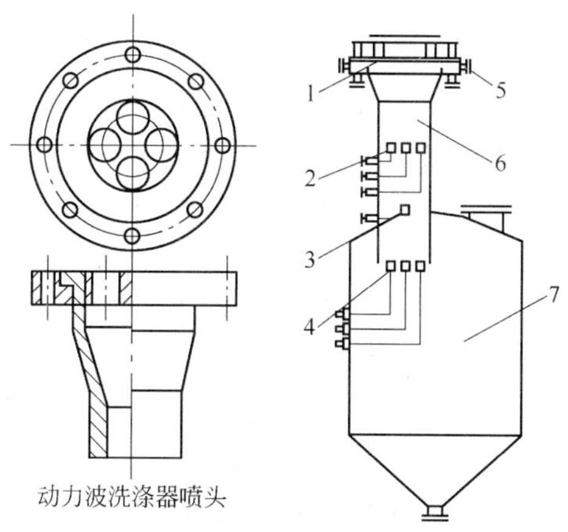

图31-13　逆喷型洗涤器

1—溢流槽；2，4——、二段喷嘴；3—应急水喷嘴；5—过渡管；6—逆喷管；7—集液槽

图31-14所示为动力波三级洗涤器流程简图。首先，含尘炉气进入一个初级逆喷型洗

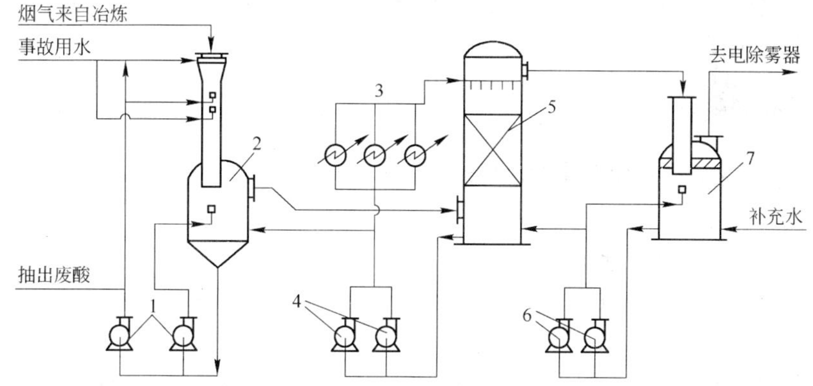

图31-14　动力波三级洗涤器净化流程

1，6——级和二级动力波洗涤器泵；2，7——级和二级动力波洗涤器；3—板式冷却器；4—气体冷却塔泵；5—气体冷却塔

涤器，气体在此急冷降温，酸雾等冷凝，同时除尘，除尘效率可达90%左右。气体离开初级逆喷型洗涤器后，进入泡沫塔进一步冷却（也可用填充塔代替泡沫塔），同时除尘以及去除砷、硒、氟和酸雾等杂质。在泡沫塔后设一台最终逆喷型洗涤器，以脱除残余的不溶性颗粒尘埃及大部分残余酸雾。在该工艺中，只要设置单级电除雾器，就能达到净化要求。

动力波洗涤器的主要优点是没有雾化喷头及活动件，所以运行可靠、维修费用少，逆喷型洗涤器通常可以替代文氏管或空塔。多级动力波洗涤器组成的净化装置不仅降温和除氟的效率高，而且除雾效率也高于传统气体净化系统，还可减小电除雾器尺寸。

31.3.5 净化原料气的干燥

含二氧化硫烟气在经过酸洗或水洗后，已清除了矿尘、砷、硒、氟和酸雾等杂质，但炉气中尚含一定量的水蒸气，如不除去，在转化工序会与三氧化硫生成酸雾而影响触媒的活性。而且酸雾难以吸收，造成硫的损失。炉气干燥的任务就是除去炉气中的水分，使炉气中的水蒸气小于0.1g/m³。

浓硫酸具有强烈的吸水性，故用作干燥剂。在同一温度下，硫酸的浓度愈高，其液面上水蒸气的平衡分压愈小。当炉气中的水蒸气分压大于硫酸液面上的水蒸气分压时，炉气即被干燥。炉气干燥的流程较为简单，如图31-15所示。

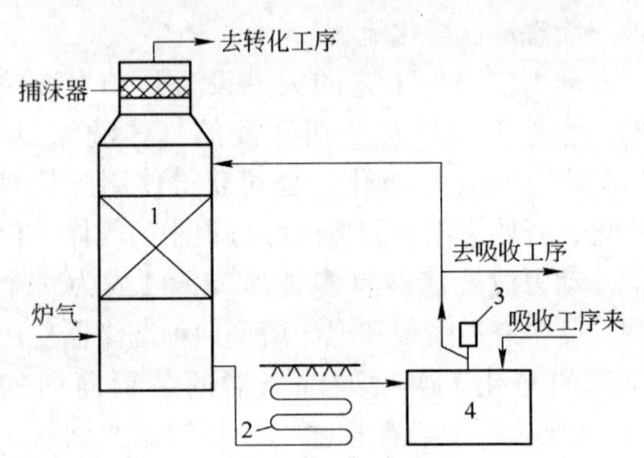

图31-15 炉气干燥流程示意

1—干燥塔；2—酸冷却器；3—酸泵；4—循环槽

炉气经净化后进入干燥塔，与塔顶喷淋下来的浓硫酸逆流接触，塔内装有填料以使气液接触均匀，炉气中的水分被硫酸吸收。干燥后的炉气经干燥塔顶部的捕沫器除去夹带的酸沫，送去转化工序。

喷淋酸吸收水分后温度升高，出塔后经淋洒式酸冷却器降温，再进循环槽由酸泵送干燥塔顶进行喷淋。喷淋酸吸收炉气中的水分后被稀释，为维持一定的浓度，需由吸收工序引来98.3%硫酸在循环槽与出干燥塔的酸混合。混合后酸量增多，多余的酸送回吸收工序或作为成品酸送入酸库。

31.3.6 二氧化硫转化

31.3.6.1 二氧化硫催化氧化的基本原理

A 二氧化硫催化氧化反应的化学平衡

二氧化硫氧化为三氧化硫的反应为：

$$SO_2 + \frac{1}{2}O_2 \Longrightarrow SO_3 \qquad \Delta H_{298}^{\ominus} = -96.24\text{kJ/mol}$$

此反应是可逆放热，体积缩小的反应。同时，此反应只有在触媒存在下，才能实现工业生产。

其平衡常数可表示为：

$$K_p = p_{SO_3}/(p_{SO_2} \times p_{O_2}^{0.5})$$

式中 p_{SO_2}，p_{O_2}，p_{SO_3}——分别为 SO_2、O_2 及 SO_3 的平衡分压。

当混合气体中 SO_2、O_2 的初始体积为7.5%和10.5%时，平衡转化率与温度、压力的关系见表31-9。而在常压下平衡转化率与起始组成、温度的关系如表31-10。

表31-9 平衡转化率（%）与温度、压力的关系

T/℃	p/MPa					
	0.1	0.5	1.0	2.5	5.0	10.0
400	99.20	99.60	99.70	99.87	99.88	99.90
450	97.50	98.20	99.20	99.50	99.60	99.70
500	93.50	96.90	97.80	98.60	99.00	99.30
550	85.60	92.90	94.90	96.70	97.70	98.30
600	73.70	85.80	89.50	93.30	95.00	96.40

表31-10 平衡转化率与炉气起始组成、温度的关系

温度/℃	$a=7$，$b=11$	$a=7.5$，$b=10.5$	$a=8$，$b=9$	$a=9$，$b=8.1$	$a=10$，$b=6.7$
400	0.992	0.991	0.990	0.988	0.984
450	0.975	0.973	0.969	0.964	0.952
500	0.934	0.931	0.921	0.910	0.886
550	0.855	0.849	0.833	0.815	0.779

注：a—SO_2；b—O_2。

由表31-9和表31-10可见，影响平衡转化率的主要因素是温度、压力和炉气起始组成：

（1）温度：当压力、炉气的起始组成一定时，降低温度，平衡转化率可得到提高，这是二氧化硫氧化反应系放热反应所致。温度越低，则平衡转化率越高。

（2）压力：二氧化硫氧化反应是体积缩小的反应，故压力增大可提高平衡转化率。其他条件不变时，增大压力，平衡转化率也随之增大，但压力对平衡转化率的影响没有温度对平衡转化率的影响显著。

（3）炉气的起始组成：当温度、压力一定时，烟气中游离氧的含量和与二氧化硫的比值不同，平衡转化率也不同。气体的起始组成中，$SO_2(a)$越小或$O_2(b)$越大，平衡转化率越大，反之亦然。

B 二氧化硫氧化的反应速率

二氧化硫在钒触媒上氧化是一个比较复杂的过程，其机理尚无定论。

由于平衡转化率与平衡温度对温度的要求是矛盾的，为达到既有较高转化率，又有较快反应速度的目的来选择转化反应的温度，所确定的温度称为最适宜温度。应该指出，在整个转化反应的过程中，每一瞬间、每一转化率条件下，都有一个相应的最适宜温度。因此，最适宜温度不是一个常数，而是随平衡转化率变化而变化的（温度）变数。表31-11是在一定起始气体组成条件下，对应于不同转化率，该反应的最适宜温度。

表31-11 在钒触媒上二氧化硫氧化的最适宜温度

（原始气体成分二氧化硫7%、氧11%、压力101.3kPa）

转化率/%	60	65	70	75	80	85	90	94	96	97
最适宜温度/℃	604	589	574	558	540	520	494	466	446	434

从表31-11的数据中可以看出，转化率越低，最适宜温度越高，也就是说，对应一定的起始组成，反应刚开始时，其最适宜温度最高，随着反应的进行，其最适宜温度越来越低。

炉气的起始浓度对反应速率也有影响，炉气中SO_2起始浓度增大，氧的起始浓度则相应地降低，反应速率则随之减慢。为保持一定的反应速率，则希望炉气中SO_2起始浓度不要太高。

该反应是一个气固相催化反应，扩散过程对反应速率也有一定影响，特别当温度较高，表面反应速率较大时，扩散的影响就更不可忽视。

扩散的影响又分外扩散的影响和内扩散的影响。外扩散主要由气流速度所决定，实际生产中，二氧化硫气体通过触媒床层的气流速度是相当大的，故外扩散的影响可忽略不计。内扩散主要取决于触媒的内表面结构（或称触媒的孔隙结构），触媒的孔道愈细愈长，则扩散阻力愈大，内扩散的影响也愈大。如果触媒的颗粒较小，反应温度比较低时，阻力主要来自表面反应，内扩散的影响可以不考虑。

C 二氧化硫氧化过程的催化剂——触媒

许多金属氧化物均对SO_2氧化过程有催化作用，但仅有氧化铁、铂和钒三种固体催化剂在工业上应用。

铁触媒的活性组分是Fe_2O_3，在640℃以上的高温下才具有催化活性，低于600℃，铁以硫酸盐形态存在，无催化活性。但在高于640℃以上的温度区操作，平衡转化率很低（60%以下），限制了最终转化率。尽管铁触媒的价格低廉，也未被普遍采用。

铂触媒在360~380℃就有良好活性，在20世纪30年代以前，曾被广泛采用。其缺点是价格昂贵，并且对砷、硒和碲等化合物中毒反应很敏感，铂触媒经常因永久性中毒失活而重新更换，使硫酸生产成本过高，最终被钒触媒取代。

钒触媒于20世纪初被发现，钒触媒价格远较铂触媒低廉，且耐砷、硒等毒物的能力比铂触媒强。使用寿命长。钒触媒的出现，使接触法硫酸生产得以迅速发展，同时带动触媒化学、触媒工程、催化反应工程等学科的发展，又进一步促进钒催化氧化二氧化硫技术的发展和完善。因此，从20世纪30年代起，逐步取代铂触媒，使接触法硫酸生产得以迅速发展。20世纪60年代以后，某些工业国家又掌握了低温钒触媒的生产技术，近代低温钒触媒在360℃即有明显活性，钒触媒的低温活性向铂触媒靠近了一大步。

钒触媒是以V_2O_5作为活性组分，以碱金属（主要是钾）的硫酸盐作为助催化剂。以硅藻土等作载体的多组分触媒。

钒触媒的化学组成一般含V_2O_5 5%~9%，K_2O 9%~13%，Na_2O 1%~5%，SiO_2 50%~70%，并含有少量PbO、Fe_2O_3、Al_2O_3、CaO、MgO及水分等。产品一般呈圆柱状，直径4.5~5.5mm，长5~15mm。或环状，外径9mm，内径4mm，长10~15mm。也有做成片状和球状的。

钒触媒是载液相触媒，起催化作用的是熔融态的碱金属硫代钒酸盐（如 $K_2O\cdot 2SO_3\cdot V_2O_5$），即熔点约为430℃的低共熔混合物。关于碱金属的助触媒作用，有人曾在 V_2O_5 中加入 K_2SO_4、K_2O、NaO、TiO、SnO_2、MoO_3 等金属氧化物，研究了物性的各种变化，发现有效的助触媒能使触媒中钒与氧的双键（V═O）的红外吸收光谱带向波长增大方向移位，认为该双键减弱，导致钒酸盐熔点降低，从而触媒的活性增大。

载体的作用是承载催化活性物质，使与气相组分的接触面积增大。因此，要求载体要有化学稳定性、耐热性，还具有煅烧时赋予颗粒一定机械强度。硅胶、硅藻土或它们的混合物具有这种性能。但工业上采用硅藻土居多。硅藻土是以 SiO_2 为主要成分的天然产物，含有黏土和其他杂质。优质硅藻土为白色的微细粉末，含有80%～90%的 SiO_2。

钒触媒发展的趋势是研制低温起活，活性高、温区宽、耐毒性的触媒。在品种、规格等方面趋向多样化，以满足不同条件下使用的要求。

在四段转化器里，转化率97%，触媒定额一般吨酸是220～240L/d（100%硫酸）。对于五段转化器，一、二段间采用炉气冷激，最终转化率97%，触媒定额一般吨酸是230～250L/d。冶炼烟气制酸工厂，因二氧化硫浓度波动大，考虑到热稳定性，触媒定额一般吨酸是290～310L/d；也有以通气量来决定触媒定额的，对二氧化硫浓度为4%的烟气，一般是1.63～1.75m^3/(km^3(气体)·h)。日本直岛制炼厂，当二氧化硫浓度为2.1%～9.8%时，采用触媒量为1.54～2.04m^3/(km^3(气体)·h)。

有些厂欲提高转化率，过多地增加触媒量，使触媒定额高达到吨酸350L/d。使相当一部分触媒长期处于操作条件下却不能发挥作用，转化率提高不了多少，却增加了转化系统阻力（触媒层的阻力通常占整个转化系统阻力的50%左右），很不经济。

此外，世界硫酸工业的一个新趋势就是要求硫酸生产达到99.85%的转化率，同时废气中 SO_2 的含量仅为传统标准的50%（1kg/t）。在某些情况下甚至要求99.9%的转化率，废气中 SO_2 的含量要减少到0.01%～0.015%。更严格的限制是规定排气管道中 SO_2 的含量低到0.004%。

现有的技术如尾气清洗、三次吸收工艺的缺点是3+2的配置需要5层转换器，对现有的4层转换器配置的硫酸厂不适用。

20世纪80年代后期铯增强钒触媒技术的工业化，使硫酸工业在减少废气的排放方面取得了较大的进展。高效的铯触媒工艺使传统的3+1转换工艺的废气排放量减少了50%或更多。铯增强触媒可以降低底层入口的温度（点火温度），从而得到比使用传统触媒工艺更高的转换率。

为了减少硫酸生产排放废气中 SO_2 的含量，1996年，丹麦Topsoe公司采用了一种新的VK69铯增强钒触媒，用于双吸装置的末端。在该工艺中，中间吸收塔中几乎所有的 SO_3 都被除去，仅剩下少量 SO_2。这些工艺条件经过优化以后，VK69的活性比普通的钾触媒和先前的铯增强触媒高得多。

与传统的标准钾钒触媒工艺相比，Monsanto Enviro-Chem公司的铯触媒工艺能大幅度降低硫酸生产对环境的污染。在1998年美国亚利桑那州图森举行的世界硫工业大会上该公司介绍了采用该项工艺的硫酸厂降低 SO_2 污染的实例。

31.3.6.2 二氧化硫氧化的工艺条件

A 反应温度

SO_2 催化氧化的反应是可逆放热反应。其反应温度与 SO_2 的起始浓度有关系，且受到触媒活化温度的限制。在使用钒触媒的条件下，反应温度应在420～580℃的范围。各段温度的分布，随催化氧化流程的不同有所不同。

B 二氧化硫的起始浓度

若增加炉气中 SO_2 的浓度，就相应降低了炉气中氧的浓度，反应速度会相应降低。为达到一定的最终转化率所需要的触媒量也随之增加。因此从减少触媒用量来看，采用低二氧化硫浓度是有利的。但是，降低炉气中二氧化硫浓度，将会使生产每吨硫酸所需要处理的炉气量增大。在其他条件一定时，就要增大设备的尺寸，或者降低使系统的生产能力，从而增加设备的折旧费用。因此，应当根据硫酸生产总费用最低的原则确定二氧化硫的起始浓度。根据经济核算得知，若采用普通硫化矿为原料，对一转一吸流程，当转化率为97.5%时，SO_2 浓度为7%～7.5%最适宜。若以硫黄为原料，SO_2 最佳浓度为8.5%左右；以含煤硫化矿为原料，SO_2 最佳浓度小于7%；以硫化矿为原料的两转两吸流程，SO_2 最佳浓度可提高到9%～10%，最终转化率99.5%。

C 最终转化率

最终转化率是硫酸生产的主要指标之一。提高最终转化率可以减少尾气 SO_2 的含量，减轻环境污染，提高硫的利用率；但却要求增加触媒用量和导致流体阻力增加。所以最终转化率也有个最佳值。最终转化率的最佳值与所采用的工艺流程、设备和操作条件有关。一次转化一次吸收流程，在尾气不回收的情况下，当最终转化率为97.5%～98%时，硫酸的生产成本最低。如采用 SO_2 回收装置，最终转化率可以取低些。如采用两次转化两次吸收流程，最终转化率则应控制在99.5%以上。

31.3.6.3 二氧化硫催化氧化的工艺流程

二氧化硫氧化的工艺流程，根据转化次数分有一次转化、一次吸收流程（简称“一转一吸”流程）和二次转化、二次吸收流程（简称“两转两吸”流程）。

“一转一吸”流程主要的缺点是，SO_2 的最终转化率一般最高为97%，若操作稳定和完善时，最终转化率也只有98.5%，硫利用率不够高，排放尾气含 SO_2 较高，若不回收利用，则污染严重。如采用氨吸收法回收，不仅需要增加设备，同时产生不少困难，如氨的来源、运输、腐蚀问题，以及消耗产品酸等问题。为此，人们在提高 SO_2 转化率方面，从催化转化反应热力学及动力学寻找答案，先后开发出“加压工艺”、“低温高活性触媒”及“两转两吸”工艺等技术。但以“两转两吸”最为有效，该工艺基本上消除了尾气烟害。

采用两次转化工艺时，触媒装填段数及其在前后两次转化的分配与最终转化率、换热面积大小有很大关系。流程的特征，可用第一、第二次转化段数和含 SO_2 气体通过换热器的次序来表示。例如3+1，Ⅲ、Ⅱ-Ⅳ、Ⅰ流程：指第一次转化用三段触媒，第二次转化用一段触媒；第一次转化前，含 SO_2 气体通过换热器的次序为第Ⅲ换热器（指冷却从第Ⅲ段触媒床出来的转化气用的换热器），第Ⅱ换热器；第二次转化前，含 SO_2 气体通过换热器的次序为第Ⅳ换热器，第Ⅰ换热器，如图31-16所示。此外，常见的还有3+1，Ⅳ、Ⅰ-Ⅲ、Ⅱ及3+1，Ⅲ、Ⅰ-Ⅳ、Ⅱ和2+2，Ⅱ、Ⅲ-Ⅳ、Ⅰ等流程。

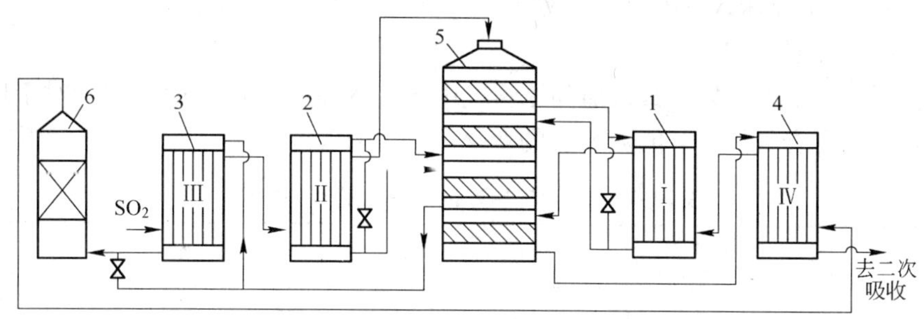

图 31-16 3+1，Ⅲ、Ⅱ-Ⅳ、Ⅰ两次转化流程

1—第一换热器；2—第二换热器；3—第三换热器；4—第四换热器；5—转化器；6—第一吸收塔

Ⅳ、Ⅰ-Ⅲ、Ⅱ这种换热组合流程的优点是：当第一段触媒活性降低，反应后移，则Ⅱ、Ⅲ换热器能保证一次转化达到反应温度。

“两转两吸”流程与“一转一吸”流程比较，具有下述优点：

(1) 最终转化率比一次转化高，可达 99.5%。因此，尾气中二氧化硫含量可低达 0.01%～0.02%，比“一转一吸”尾气中二氧化硫含量降低 5～10 倍，减少了尾气烟害。

(2) 能够处理 SO_2 含量高的炉气。以焙烧硫化矿为例，SO_2 起始浓度可提高到 9.5%～10%，与一次转化的 7%～7.5% 对比，同样设备可以增产 30%～40%。

(3) “两转两吸”流程多了一次转化和吸收，虽然投资比一次转化高 10% 左右，但与“一转一吸”再加上尾气回收的流程相比，实际投资可降低 5% 左右，生产成本降低 3%。由于少了尾气回收工序，劳动生产率可以提高 7%。

“两转两吸”流程的缺点：

(1) 由于增设中间吸收塔，转化气温度由高到低，再到高，整个系统热量损失较大。气体两次从 70℃ 左右升高到 420℃，换热面积较一次转化大。而且炉气中 SO_2 含量越低，换热面积增加得越多。

(2) 两次转化较一次转化增加了一台中间吸收塔及几台换热器，阻力比一次转化流程增大 3.9～4.9kPa。

31.3.6.4 二氧化硫转化器

二氧化硫催化转化器，通常采用多段换热的形式，其特点是气体的反应过程和降温过程分开进行。即气体在催化床层进行绝热反应，气体温度升高到一定时，离开催化床层，经冷却到一定温度后，再进入下一段催化床层，仍在绝热条件下进行反应。为了达到较高的最终转化率，必须采用多段反应，段数愈多，最终转化率愈高，在其他条件一定时，触媒的利用率愈高。但段数过多，管道阀门也多，不仅增加系统的阻力，也使操作复杂。我国目前普遍采用的是四至五段式固定床转化器。

A 绝热操作方程式

对于反应器的绝热操作，操作温度与转化率的关系可由催化床的热量衡算确定。它们之间的关系可表示为：

$$T = T_0 + \lambda(x - x_0)$$

式中 T_0，T——气体混合物在催化床入口及某截面处的温度，K；

x_0，x——催化床入口及某截面处的 SO_2 转化率，%；

λ——绝热温升，K。

一般情况下，λ 为常数，其数值随原料气中 SO_2 的原始含量 a 而变化。对于用空气焙烧硫化矿得到的混合气体，λ 值随 SO_2 的变化见表31-12。

表31-12 λ 值与 SO_2 的原始含量 a 的关系

a/%	4	5	6	7	8	9	10	11	12
λ	116	144	171	199	225	252	279	302	324

B 中间冷却方式

为有效地移去多段转化器每一段产生的热量，在段间多采用间接换热和冷激式两种冷却方式。参见图31-17。

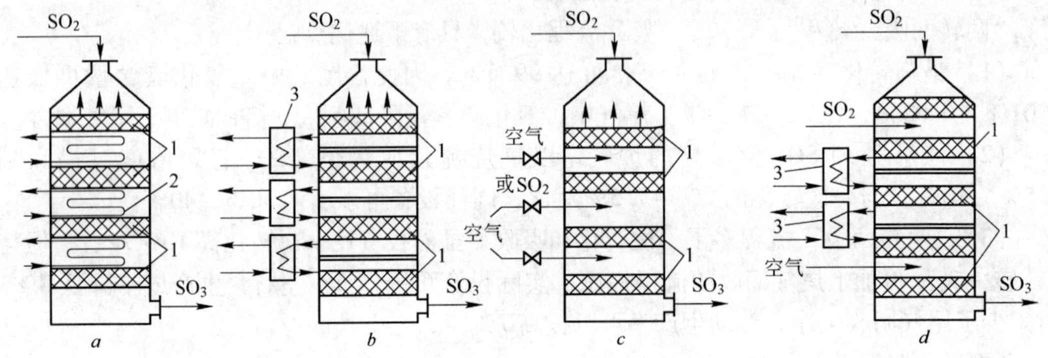

图31-17 多段中间换热式转化器

a—内部间接换热式；b—外部间接换热式；c—冷激式；d—部分冷激式

1—触媒床层；2—内部换热器；3—外部换热器

a 间接换热式

使反应前后的冷热气体在换热器中进行间接接触，使反应后气体冷却，依换热器安装位置不同，又分为内部间接换热和外部间接换热两种形式。见图31-17a，图31-17b。

内部间接换热式转化器，结构紧凑，系统阻力小，热损失少，但结构复杂，不利于检修。尤其不利于生产的大型化。而外部换热式转化器结构简单，虽然系统管线长，阻力及热损失都会增加，但易于大型化。目前在大中型硫酸厂得到广泛应用。

b 冷激式

据冷激所用的冷却气体不同，分为炉气冷激和空气冷激，见图31-17c：

(1) 炉气冷激。进入转化系统的新鲜炉气，一部分进入第一段催化床，其余的炉气作冷激用。与间接换热不同，炉气被冷激后，所加入的部分新鲜炉气，使二氧化硫转化率有所下降，要达到相同的转化率，触媒用量要有所增加，且最终转化率越高，触媒用量增加越多。

(2) 空气冷激：是指在转化器段间补充预先经硫酸干燥塔干燥的空气，通过直接换热以降低反应气体的温度。进入转化器的新鲜混合气体全部进入第一段催化床，冷空气是外加的，其冷激量视需要调节。采用空气冷激，可达到更高的转化率。但空气冷激只有当进入转化器的气体不需预热且含有较高 SO_2 浓度时才适用。对于以冶炼烟气为原料的转化工艺，因原料气的温度低，需预热，若采用空气冷激，只能采用部分空气冷激。见图31-17*d*。

C 转化器异常现象的分析与处理

影响制酸生产的因素很多，随着生产时间的推移，有可能出现一些非正常现象，要求技术人员和操作人员综合考虑各方面因素，分析判断原因，及时处理。

a 一段反应后移的分析与处理

一段出口温度大幅降低，甚至低于进口，同时二、三段出口温度升高，表明一段已不发生转化反应。这种反应后移的现象对于冶炼烟气制酸、特别是烟气浓度波动很大的情况下（如转炉烟气）时常发生，主要原因可能是：

（1）当气浓波动时，旁路阀开度过大或调节不当，造成一段触媒进气温度过低；

（2）触媒因中毒使活性下降、或触媒含钒量降低等。

如系因温度降低引起的反应后移，应采取以下措施：

（1）适度关闭旁路阀门，减小冷烟气直接进入转化器的量，将入口气体温度提高到起燃温度，使一段触媒恢复正常反应。

（2）如上述措施无效，可将转化器暂时孤立，只通入很少量烟气，降低烟气通过触媒的速度、延长停留时间。同时，由于气量减少，相当于增加了参与转化反应的触媒量，从而加速反应使热量得到补偿，有可能使一段很快恢复反应。在一段出口温度回升后，逐渐增大通气量，直至正常工作。

如系触媒中毒引起的反应后移，应分析中毒原因，消除根源，并采取措施尽量恢复触媒活性。实在不能恢复，则应停车更换触媒。

b 各段温度全部下降，转化反应终止的事故分析及补救措施

上述现象显示转化器各段都不发生反应。产生的原因与 a 相同，当一段出现不转化时没有及时采取补救措施或措施不当，通过气量过大使一段反应停止后，继续向后移动，最后造成全部停止转化。

补救措施有：

（1）当制酸车间有多套装置同时运行，又有可能的条件下，从其他转化系统引入高温烟气，提高转化器温度使其重新起燃反应，当一、二段都开始反应时停止外系统高温烟气，开启本系统阀门并逐渐加大正线气量，直至恢复正常；

（2）对于单系列运行的制酸系统，发现事故端倪后，及时做好预热器加热烟气的准备，尽早开动预热器升温。

c 压力突变的分析与处理

压力突变原因的分析与处理见表31-13。

d 转化率降低的原因及处理

转化率降低的原因及处理：

（1）触媒中毒，当确认转化率降低为触媒中毒所致，首先应采取措施恢复活性。如无效果应及时停车更换触媒；

（2）触媒层温度过高、过低或波动过大造成转化率下降，应加强操作、稳定工况，将

温度控制在工艺规定范围内；

(3) 经确认转化率降低的原因为换热管穿孔漏气所致，应停车将穿孔列管两段堵死，避免气体短路；

(4) 重新取样进行分析化验，排除分析误差的误导。

表 31-13 压力突变原因分析及处理方法

现 象	原 因	处理办法
正压增大，负压减小	(1) 触媒粉化或结块，使阻力增加； (2) 吸收塔窝酸或 SO_3 冷却器积酸过多，捕沫层（器）堵塞； (3) 干燥塔水封无水	(1) 必要时停车，筛触媒； (2) 通知干吸岗位检查处理； (3) 通知干吸岗位补加水封水
负压增大，正压减小	(1) 冶炼系统排烟风机停车； (2) 净化系统各塔、器或烟道堵塞； (3) 洗涤塔或干燥塔窝酸	及时联系有关岗位，排除原因
负压减小，正压不变。或负压不变，个别正压减小	压力计或压力传感器故障	通知仪表检修人员检查处理
测压仪表正常，但某段触媒压力突变	该段触媒通过筛板漏掉过多，局部穿孔，造成气体短路	停车处理

31.3.7 三氧化硫吸收

炉气中的二氧化硫经催化氧化生成三氧化硫后，用浓硫酸吸收，吸收过程以 SO_3 溶解于浓硫酸中（物理吸收）和 SO_3 与吸收酸中的 H_2O 发生水合反应生成硫酸（化学吸收）两种方式同时进行。反应过程的化学表达式如下：

$$nSO_3 + H_2O = H_2SO_4 + (n-1)SO_3$$

式中，当 $n<1$ 时，生成含水硫酸；当 $n=1$ 时，生成无水硫酸；当 $n>1$ 时，生成发烟硫酸。

按照我国的标准，成品硫酸分浓硫酸和发烟硫酸两个品种。

浓硫酸的规格为：92.5%浓硫酸和98%浓硫酸。

发烟硫酸的规格为含游离 SO_3 20%的发烟硫酸和含游离 SO_3 65%的发烟硫酸。

鉴于冶炼烟气制酸的原料气特性及发烟硫酸的市场需求相对较小，烟气制酸系统的产品方案一般都是93酸或98酸，很少生产发烟硫酸。下面，主要针对浓硫酸吸收的单元操作进行讨论。

31.3.7.1 吸收作业的工艺条件

A 吸收酸浓度

SO_3 能很好地溶解于任何浓度的硫酸水溶液中，为保证硫酸生产过程中最快、最完全地吸收 SO_3，吸收酸的浓度选择为98.3% H_2SO_4。从图31-18可以看出，吸收酸的浓度高于或低于98.3%，吸收 SO_3 的效果都会恶化。

吸收酸浓度低于98.3%时，酸液面上SO_3的平衡分压较低（趋于零），但随着酸浓度的降低，水蒸气分压却逐渐增大。当气体中SO_3分子向酸液表面扩散时，绝大部分被酸液吸收，其中有一部分与从酸液表面蒸发并扩散到气相主体中的水分子相遇，形成硫酸蒸气，然后在空间冷凝产生细小的硫酸液滴即酸雾。酸雾很难穿过喷淋酸表面的气膜进入液相，大部分被气流携带随尾气排入大气。吸收酸浓度愈低，温度愈高，酸液表面上蒸发出的水蒸气量愈多，酸雾形成量愈大，相应的SO_3的损失也就愈多。

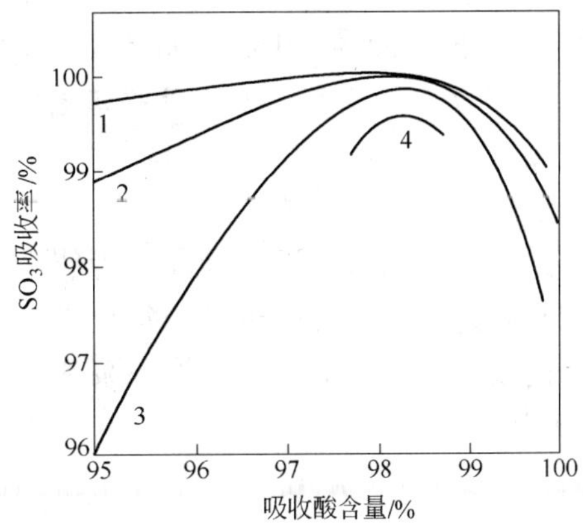

图31-18 吸收酸浓度、温度对吸收率的影响
1—60℃；2—80℃；3—100℃；4—120℃

吸收酸浓度高于98.3%时，液面上水蒸气平衡分压接近于零，而SO_3的平衡分压较高。吸收酸浓度愈大，温度愈高，SO_3平衡分压愈大，气相中的SO_3不能完全被吸收，使吸收塔排出气体中的SO_3含量增加，随后亦在大气中形成酸雾。

上述两种情况都会恶化吸收过程，降低SO_3的吸收率，使酸雾随尾气排放到大气中，这就是尾气烟囱冒白烟的原因。但两种情况的特征各异，前者（酸浓度低于98.3%）是在吸收过程中产生的酸雾，因而尾气烟筒出口处可见白色酸雾；而后者是在尾气离开烟筒后，尾气中的SO_3与大气中的水蒸气结合才形成酸雾，因此，只有尾气离开烟筒一段距离后，才逐渐形成白色酸雾。

B 吸收酸温度

吸收酸温度对SO_3吸收率的影响很明显。在其他条件相同的情况下，吸收酸温度升高，由于酸液自身的蒸发加剧，使液面上总的蒸汽压明显增加，从而降低吸收率。从图31-19可以看出，温度愈低，吸收率愈高，因此，从吸收率角度考虑，酸温度低好。

但是，酸温度也不是越低越好，主要有两个原因：(1) 进塔气体一般含有水分规定小于0.1g/m^3，尽管进塔气温较高，如酸温度很低，在传热传质过程中，不可避免地出现局部温度低于硫酸蒸气的露点温度，此时会产生相当数量的酸雾。(2) 由于气体温度较高以及吸收反应热，会导致吸收酸有较大温升，为保持较低酸温度，需大量冷却水冷却并需增加酸冷却器面积，导致硫酸成本不必要的升高。

在酸液吸收SO_3时，如用喷淋式冷却器来冷却吸收酸，酸温度应控制在60～75℃左右。近20年来，随两转两吸工艺的广泛应用，以及低温余热利用技术的成熟，采用较高酸温和进塔气温的高温吸收工艺，既可避免酸雾的生成，减小酸冷器的换热面积，又可提高吸收酸余热利用的价值。但要考虑设备和管道的防腐技术，因为酸温度过高，会加剧硫酸对铁制设备和管道的腐蚀，即使采用新型防腐酸冷器也会出现腐蚀加剧的情况。

C 吸收塔进口气体的温度

在一般的吸收操作中，进塔气体温度较低有利于吸收。但在吸收SO_3时，并不是气体温度越低越好。因为转化气温度过低，更容易生成酸雾，尤其是炉气干燥不佳时。当炉气中水分含量为0.1g/m^3（标态）时，其露点为112℃，故一般控制入塔气体温度不低于120℃，以减少酸雾的生成。如炉气干燥程度较差，则气体温度还应适当提高。

31.3.7.2 三氧化硫的吸收工艺

A 吸收流程的配置

浓酸吸收三氧化硫气体，一般在塔中进行。吸收三氧化硫系放热过程，随着吸收过程的进行，吸收酸的温度增高，为使循环酸的温度保持一定，必须通过冷却设备，以除去在吸收过程中增加的热量。每个吸收塔应配备循环酸贮槽，输送酸的泵。因此，吸收工序的设备由吸收塔，酸贮槽、泵和冷却器等组成。通常可组成以下三种不同流程，见图31-19。

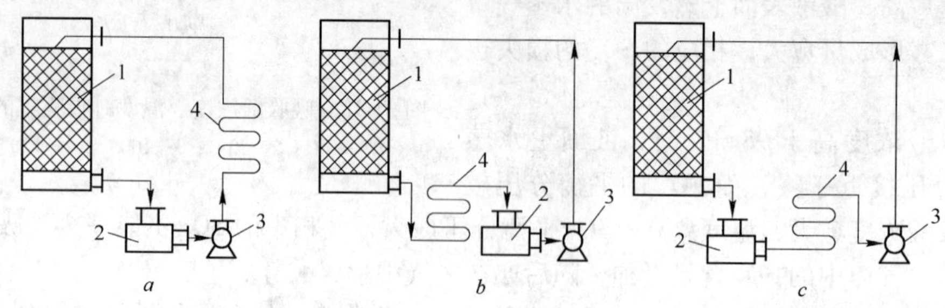

图31-19 塔、槽、泵、酸冷却器的连接方式

1—塔；2—循环槽；3—酸泵；4—酸冷却器

图31-19中流程a的特点：酸冷却器设在泵后，酸流速较大，传热系数大，所需的换热面积较小；干吸塔基础高度相对较小，可节省基建费用；冷却管内酸的压力高，流速大，温度较高，腐蚀较严重；酸泵输送的酸是冷却前的热浓酸，酸泵的腐蚀较严重。流程b的特点：酸冷却器管内酸液流速小，需较大传热面积；塔出口到酸槽的液位差较小，可能会因酸液流动不畅而造成事故；冷却管内酸的压力小，流速小，酸对换热管的腐蚀较小。流程c的特点：酸的流速介于以上两种流程之间，传热较好；冷却器配置在泵前，酸在冷却器管内流动一方面靠液位差，另一方面靠泵的抽吸，管内受压较小，比较安全。

B 吸收的典型工艺流程

该流程如图31-20所示。转化气经冷却器冷却后，送发烟硫酸吸收塔，再经98.3%浓硫酸吸收塔。气体经捕集器吸收后通过尾气烟囱放空，或者送入尾气回收工序。吸收塔用含18.6%或20%游离SO_3的发烟硫酸喷淋，吸收SO_3后其浓度和温度均有升高。吸收塔流出的发烟硫酸，在循环槽中与98.3%硫酸混合，以保持发烟硫酸的浓度。混合后的发烟硫酸，经过酸冷却器冷却后，其中一部分作为标准发烟硫酸送入发烟酸库，大部分送入吸收塔循环使用。吸收塔用98.3%硫酸喷淋，塔底排出酸的浓度和温度也均上升，吸收塔流出的酸在循环槽中与来自干燥塔的93%硫酸混合，以保持98.3%硫酸的浓度，经冷却器冷却后的98.3%硫酸一部分送往发烟硫酸循环槽以稀释发烟硫酸。另一部分送往干燥酸循环槽以保持干燥酸的浓度，大部分送入吸收塔循环使用，同时可抽出部分作为成品酸。

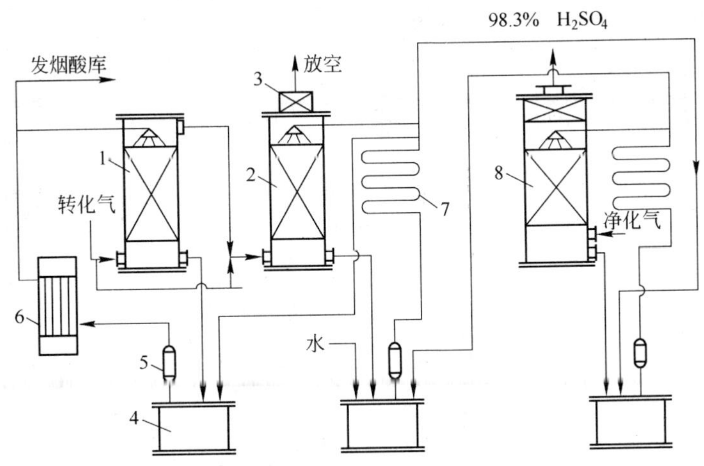

图 31-20　生产发烟硫酸时的干燥-吸收流程

1—发烟硫酸吸收塔；2—浓硫酸吸收塔；3—捕沫器；4—循环槽；
5—泵；6，7—酸冷却器；8—干燥塔

31.3.8　尾气处理

硫酸厂尾气中的有害物，主要是 SO_2（约 0.3%～0.8%）及微量的 SO_3 和酸雾，提高 SO_2 的转化率是减少尾气中 SO_2 含量的根本方法，生产中采用"两转两吸"流程，可使 SO_2 转化率达 99.5% 以上，不必处理即可排放，而未采用"两转两吸"流程的工厂尾气仍需处理。目前，国内大多数工厂普遍采用氨-酸法处理尾气。此外，还有碱法、金属氧化物法、活性炭法等。

冶炼烟气接触法制酸系统的尾气处理，属于低浓度二氧化硫烟气治理范畴。有关技术在下面章节中讨论。

（撰稿　陈军辉　肖　康　审稿　冯桂林）

31.3.9　烟气制酸案例

31.3.9.1　葫芦岛锌厂的锌精矿沸腾炉氧化焙烧及烟气制酸

A　氧化焙烧

a　工艺流程

葫芦岛锌业股份公司竖罐炼锌系统团矿制备所用氧化矿采用沸腾炉氧化焙烧工艺。氧化焙烧所得矿尘（锅炉尘、旋涡尘）经过二次焙烧后送制团，含铅、镉较高的电收尘烟尘送综合回收工序处理。沸腾焙烧所得的二氧化硫烟气送制酸系统。氧化焙烧工艺流程见图 31-21。

b　主要技术条件及经济技术指标

沸腾炉氧化焙烧的主要技术条件见表 31-14。

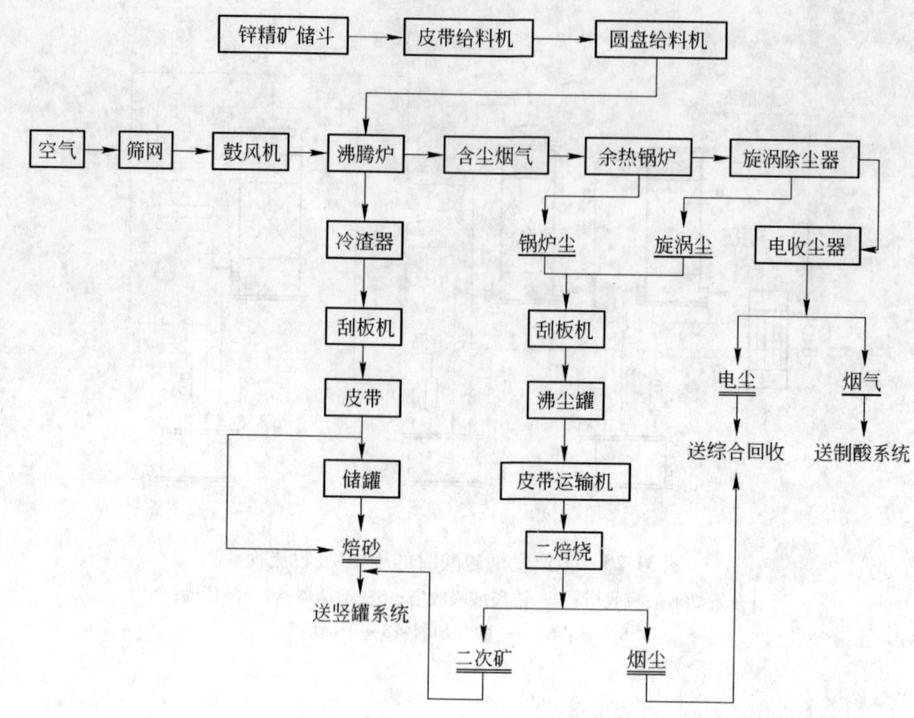

图31-21 锌精矿氧化焙烧原则流程

表31-14 沸腾焙烧主要技术条件

焙烧强度 $/t\cdot(m^2\cdot d)^{-1}$	过剩空气系数/%	沸腾层温度/℃	炉出口二氧化硫浓度/%	炉顶压力/Pa	炉顶温度/℃
6.5~7.5	5~12	1070~1110	10~12	0~-20	1000~1050

沸腾炉氧化焙烧的技术经济指标见表31-15。

表31-15 沸腾焙烧技术经济指标

锌回收率/%	脱镉率/%	脱铅率/%	脱硫率/%
≥99.5	≥90	≥60	≥95
焙砂直产率/%	烧成率/%	烟尘率/%	电收尘出口含尘（标态）$/g\cdot m^{-3}$
>65	>87	≤20	≤0.6

c 焙烧系统的主要设备

焙烧系统的主要设备见表31-16。

表31-16 焙烧系统主要设备

序号	设备名称	规格型号
1	沸腾炉	本床面积45m²，前室面积3.6m²
2	余热锅炉	QC23/1070-10-30，换热面积900m²
3	旋涡除尘器	截面积1.2473m²，入口截面积0.6236m²
4	电收尘器	有效截面积25m²，三电场，一电场极间距为400mm，二、三电场极间距为300mm
5	焙砂冷却器	DSL-W

d 原料及产品质量标准

锌精矿主要元素成分见表31-17。

表31-17 锌精矿的主要元素成分

成 分	Zn	S	Pb	Fe	Cu	Sn	水 分
含量（质量分数）/%	>48	>28	<1.6	<10	<0.65	<0.025	7~9

锌精矿氧化焙烧产物的主要元素成分见表31-18。

表31-18 氧化焙烧产物主要元素成分

成 分	Zn	Pb	Cd	S	备 注
焙砂/%	56	<1.49	<0.054	<0.6	粒度<20mm
矿尘（锅炉尘、旋涡尘）/%	>45	<5	<2	<5	水分<5
电收尘烟尘/%	<35	>10	>4		

B 烟尘的二次焙烧

锌精矿氧化焙烧所产生的矿尘（锅炉尘、旋涡尘），经回转窑二次焙烧脱除其中的Pb、Cd、S等杂质，得到适合炼锌的二次焙烧矿及含镉烟尘。烟尘作为提镉原料；二次焙烧产生的低浓度SO_2烟气经净化后用纯碱吸收生产$Na_2SO_3 \cdot 7H_2O$，将其中的SO_2浓度降至500×10^{-6}后经风机排空。

a 二次焙烧原料的成分

二次焙烧原料的成分见表31-19。

表31-19 二次焙烧的原料成分

元 素	Zn	Pb	Cd	S	粒 度
矿尘（质量分数）/%	>40	<3	<2	<5	<50mm

b 二次焙烧的主要技术条件

二次焙烧的主要技术条件见表31-20。

表31-20 二次焙烧主要技术条件

窑头温度/℃	窑尾温度/℃	加料量/$t \cdot (h \cdot 台)^{-1}$
750~950	250~450	3~3.5

c 二次焙烧的主要技术经济指标

二次焙烧的主要技术经济指标见表31-21。

表31-21 二次焙烧的技术经济指标

锌回收率/%	脱镉率/%	脱铅率/%	脱硫率/%	产出率/%	烟尘率/%
≥99.95	>90	>50	>80	>85	8~10

d 二次焙烧产品的主要成分

二次焙烧产品的主要成分如下：

二次焙烧矿：Zn>50% Pb<3.49% Cd<0.149% S<1.05%

旋涡尘：Cd 4%~5%

电收尘烟尘：Cd 1%~2%

e 低浓度 SO_2 烟气的回收

二次焙烧回转窑烟气的成分见表31-22。

表31-22 二次焙烧烟气的成分

烟气成分	SO_2	SO_3	CO	CO_2	O_2	N_2	Σ
体积分数/%	0.79	0.02	1.8	10.8	10.5	76.09	100

二次焙烧烟气处理系统的主要设备如下：

电收尘：面积 $16m^2$/台，立式超宽极距电收尘器

中和槽：$\phi3000mm \times 2500mm$

结晶槽：$\phi3000mm \times 2500mm$

主要技术条件见表31-23。

表31-23 二次焙烧烟气处理的主要技术条件

电收尘器	中和槽	结晶槽
入口烟气含尘（标态）：$<15g/m^3$ 出口烟气含尘（标态）：$<0.08g/m^3$	pH值：5.6~6.0 温度：90℃	温度：40℃

烟气吸收产物的质量为：$w(Na_2SO_3 \cdot 7H_2O)=80\% \sim 85\%$，水不溶物小于0.2%~0.3%。

C 沸腾炉烟气处理及回收

胡芦岛锌业股份公司锌精矿氧化焙烧产生的烟气采用两转两吸工艺生产工业硫酸，净化工序采用绝热、蒸发封闭稀酸洗，接触转化工序采用两转两吸（3+1，Ⅳ、Ⅰ-Ⅲ、Ⅱ）的工艺流程。简要流程见图31-22。

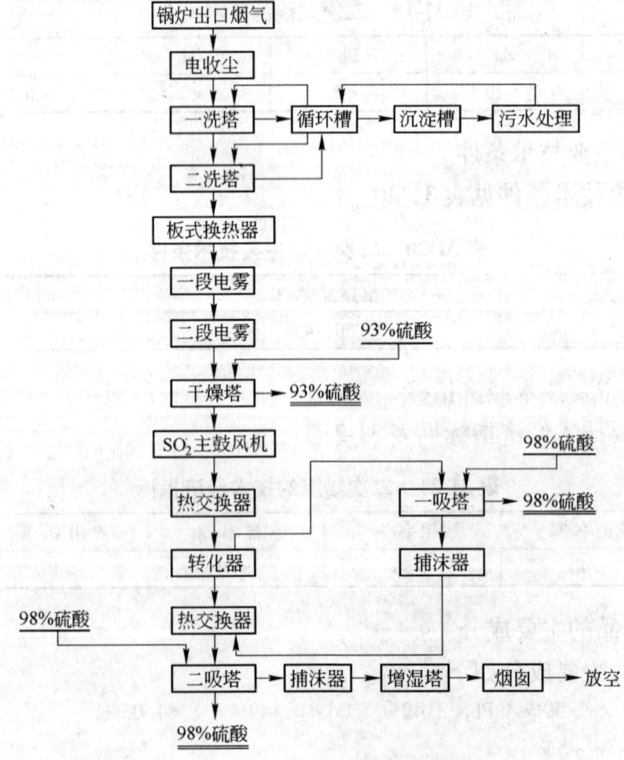

图31-22 沸腾炉烟气制酸工艺流程

a 进入制酸系统的沸腾炉烟气工况

进入制酸系统的沸腾炉烟气工况见表 31-24。

表 31-24 电收尘出口的烟气工况

烟气温度/℃	烟气含尘(标态)/$g \cdot m^{-3}$	SO_2 浓度/%
≥230	≤0.6	（以转化器入口计）6.5~7.5

b 烟气制酸系统的主要设备

烟气制酸系统的主要设备见表 31-25。

表 31-25 制酸系统主要设备

序 号	设备名称	规格型号	备 注
1	电收尘器	单台 $25m^2$，三电场	
2	一洗塔	$\phi_{内}$ 5000×11000 内衬玻璃钢和陶瓷砖	塔内无填料
3	二洗塔	$\phi_{内}$ 5500×11000 整体玻璃钢	填料 $100m^3$
4	板式换热器	BR1.20W-1.0-120-E-1	
5	电雾器	塔式 M174 一段阳极管 ϕ273m×10PVC 二段阳极管 ϕ273m×3 铅	
6	干吸塔	ϕ5260×12356 钢壳内衬瓷砖	内填 ϕ76m 异鞍环
7	SO_2 主鼓风机	型号：S1000	
8	转化器	3+1 型、外部换热	
9	换热器	ϕ6800 四层触媒，外部换热	
10	预热器	ϕ3650	

c 沸腾炉烟气制酸的主要技术条件

沸腾炉烟气制酸的主要技术条件见表 31-26。

表 31-26 主要技术条件

净化工序	（1）SO_2 回收率大于 99%； （2）洗涤塔一、二塔喷淋密度 12~15$m^3/(m^2 \cdot h)$； （3）漏气率≤15%
干燥工序	（1）入口气体含酸雾（标态）≤0.005g/m^3，含尘≤0.001g/m^3； （2）循环酸浓度 93%~94.5%，循环酸入塔温度≤45℃； （3）入塔气体温度≤43℃，喷淋密度≥12$m^3/(m^2 \cdot h)$； （4）出塔气体含水（标态）≤0.1g/m^3
转化工序	（1）转化率：一转≥93%，二转≥93%，总转化率≥99.5%； （2）转化器温度控制：一层入口 430~440℃，一层出口 590~610℃，二层入口 445~455℃，二层出口 490~510℃，三层入口 440~450℃，三层出口 460~470℃，四层入口 435~445℃，四层出口 450~460℃； （3）去一次吸收塔 SO_3 温度>160℃，去二次吸收塔 SO_3 温度>150℃
吸收工序	（1）入塔气体温度 160~170℃； （2）循环酸浓度 98.0%~98.7%，循环酸温度≤65℃； （3）喷淋密度≥12$m^3/(m^2 \cdot h)$； （4）废气 SO_3 含量≤0.0035%； （5）尾气 SO_2 含量（标态）≤800mg/m^3； （6）吸收率≥99.95%

d 烟气制酸系统的主要技术经济指标

烟气制酸系统的主要技术经济指标见表31-27。

表31-27 主要技术经济指标

转化率/%	吸收率/%	净化 SO_2 收率/%	二段出口含酸雾(标态)/g·m^{-3}	干燥塔出口气体含水(标态)/g·m^{-3}
≥99.5	≥99.95	≥99	≤0.005	≤0.1

e 成品酸的品种规格及质量

浓硫酸的规格及质量见表31-28。

表31-28 浓硫酸规格及质量

品种等级	硫酸含量(不小于)/%	灰分(不大于)/%	铁(不大于)/%	砷(不大于)/%	铅(不大于)/%	透明度(不小于)/mm	色度(不大于)/mL
优等品	92.5或98.0	0.03	0.010	0.0001	0.01	50	2.0
一等品	92.5或98.0	0.04	0.015	0.005			

f 发烟硫酸的规格及质量

发烟硫酸的规格及质量见表31-29。

表31-29 发烟硫酸规格及质量

品种等级	游离 SO_3	灰分(不大于)/%	铁(不大于)/%	砷(不大于)/%	铅(不大于)/%
优等品	22.0	0.03	0.010	0.00008	0.001
一等品	21.0	0.03	0.010	0.0001	0.01

(撰稿 郭天立 未立清)

31.3.9.2 韶关冶炼厂制酸工艺简介

韶关冶炼厂制酸目前有两个生产系统，主要以处理烧结机烟气为主，烟气浓度在3%~5%，两个系统风量约110000m^3/h，日产100%硫酸1100多吨，两个系统总年生产能力约为35万吨硫酸。

两个系统的工艺流程主要由净化、干吸、转化和尾气吸收工序组成，净化工序均采用稀酸洗流程，由空、动、填、二级间冷器外加二级电除雾器的模式，其中二系统制酸净化采用换热效率较高，占地面积小的板式换热器代替流程中的二级间冷器，冷却填料塔循环稀酸。转化工序为两转两吸工艺，采用Ⅵ、Ⅰ-Ⅲ、Ⅱ（3+1）两次转化，经过两次吸收后的烟气通过氨酸法回收尾气中的 SO_2，最后经120m烟囱把合格的烟气排放进大气。

A 净化工序

一制酸目前有四组电收尘器，其中3台老式W2/4-30-C型电收尘器，阴极为管状芒刺线，阳极板为C型，单台的有效收尘面积为30m^2，设计收尘效率大于90%。另有一单台型号为LD1002的电收尘器，采用卧式单室四电场，有效收尘面积为31.2m^2，设计收尘效率不小于99%。二制酸的电收尘有三组电收尘器，有两组老式WZ-RS45-2/4，卧式双室四电场的电收尘器，有效收尘面积为45m²，设计收尘效率为98.5%。另一组电收尘器则是LD45m²-4-6型，有效收尘面积为45m²，设计收尘效率不小于99%。两个系统电收尘器出口含尘控制在0.50g/m³以下。

经过电收尘除尘之后的烟气进入净化系统。净化系统主要采用稀酸封闭循环洗涤流程，净化的主要目的是除去烟气中对制酸系统有害的杂质。烟气进入净化工序的温度一般为250℃，经过空塔、动力波洗涤器、填料塔3个塔绝热蒸发后，温度降到60℃左右，大部分的尘被洗涤下来，再经过两级铅间冷却器降温到38℃以下，同时通过二级电除雾器将酸雾控制在（标态）5mg/m³以下。二系统制酸2007年底改造，将其中的石墨间冷却器取消，改用板式冷却器，将填料塔循环液中的热量带走，从而达到冷却烟气的目的。

净化工序设备明细见表31-30。

表31-30 制酸系统净化工序设备明细

序 号	设备名称	型号规格及技术性能
一系统制酸各项设备		
1	空 塔	$\phi_{内}$ 6000×12000，顶部喷嘴54个，材质为CD_4MCU，钢壳内衬玻璃钢，衬胶泥，衬瓷砖，衬石墨砖
2	动力波洗涤器	管ϕ1800，槽ϕ4500，钢结构内衬PO材质
3	填料塔	ϕ6000×13000，FRP，槽式分酸
4	一段铅间冷器	QJL2-1200A型，$\phi_{内}$ 2850，换热面积$F=1200m^2$，内六翅换热管，2台
5	一级电除雾器	M330型，钢壳衬铅，再砌耐酸瓷砖，2台
6	二段铅间冷器	ϕ2800×12，换热面积$F=600m^2$，4台
7	二级电除雾器	M330型，钢壳衬铅，再砌耐酸瓷砖，2台
二系统制酸各项设备		
1	空 塔	$\phi_{内}$ 6000×11000，A_3+Pb+瓷砖+石墨砖，顶部硬铅（$PbSb_6$）喷嘴48个
2	动力波洗涤器	管ϕ1800，槽ϕ4800×17500，FRP
3	填料塔	ϕ6000×13000，FRP，槽式分酸
4	板式冷却器	型号：MX25-MFMS，$F=245.70m^2$，3台，开2备1
5	一级电除雾器	M330型，$\phi_{内}$ 5952×12570，A_3+Pb+耐酸砖，2台
6	二级电除雾器	M330型，$\phi_{内}$ 5952×12570，A_3+Pb+耐酸砖，2台

B 干吸工序

干吸工序包括烟气的干燥和SO_3吸收两个过程，烟气的干燥是将净化后气体中的水分除去，使烟气中的水分含量达到规定指标。烟气经干燥后的水分含量是转化系统设备腐蚀快慢的决定因素。吸收是将转化后烟气中的SO_3通过浓硫酸吸收，将SO_3吸收在浓硫酸中，从而制得成品硫酸。

烟气干燥在干燥塔内进行，制酸采用93%的浓硫酸作为干燥剂，烟气在干燥塔内与自上而下淋洒的浓硫酸逆流接触。分酸器采用阳极保护静压槽管式分酸器，其有效喷淋密度达到40点/m²以上，严格控制93%酸浓度指标，确保风机出口水分含量（标态）为0.10g/m³。

烟气经过转化出来的SO_3要求尽可能被完全吸收，以提高硫利用率，减少污染。为了达到较高的吸收率，一吸塔内的分酸器均采用SX合金管槽式分酸器，二吸采用阳极保护静压槽管式分酸器，这两种设备的喷淋密度都较为理想，效果较好，目前制酸系统的吸收效率已经达到99.99%。

干吸工序设备明细见表31-31。

表31-31 制酸系统干吸工序设备明细

序号	设备名称	型号规格及技术性能
		一系统制酸各项设备
1	ϕ6000干燥塔	$\phi6000/\phi4000$，$H=17041$mm，$H_{填}=3000$mm
2	一次吸收塔	$\phi6600$，$H_{总}=20910$
3	ϕ6000二吸塔	$\phi6000$，$H=16141$mm，$H_{填}=3000$mm
4	SX合金管槽式分酸器	DN6600
5	干燥酸冷却器	$A=360m^2$，$L=8400$，$\phi1100$
6	一吸酸冷却器	$F=250m^2$，$L=7300$，$\phi900$
7	二吸酸冷却器	$A=250m^2$，$L=7800$，$\phi1000$
		二系统制酸各项设备
1	干燥塔	$\phi_{内}$ 6600×16530，$H_{瓷环}=5415$，球拱，钢外壳，内砌瓷砖
2	干燥酸冷却器	$F=371m^2$，设计压力：管程0.5MPa，壳程0.5MPa； 工作最大压力：管程0.3MPa，壳程0.4MPa，设计温度100℃，2台
3	一吸塔	ϕ6600×18639，$H_{瓷环}=3700$，球拱，钢结构，内砌瓷砖
4	一吸酸冷却器	$F=235m^2$，设计压力：管程0.4MPa，壳程0.6MPa； 工作最大压力：管程0.75MPa，壳程0.75MPa； 设计温度：管程95℃，壳程120℃
5	二吸塔	$\phi_{内}$ 6600×19740，$H_{瓷环}=6415$，球拱，钢结构，内砌瓷砖； 丝网捕沫层：ϕ4200×3400，两层丝网； 丝网材料：316型不锈钢
6	二吸酸冷却器	$F=177m^2$，技术条件同干燥酸冷却器，2台

C 转化工序

制酸系统转化工序采用的是两转两吸的工艺流程。两转两吸工艺是一种成熟的制酸工艺，选择该工艺的合适条件必须是烟气中SO_2浓度≥5%。而烧结机烟气中SO_2浓度为3%~5%，两个系统制酸在该低浓度下都成功实现两转两吸，采用Ⅵ、Ⅰ-Ⅲ、Ⅱ（3+1）两次转化，同时采取了以下措施：

（1）采用蓄热量大的球拱转化器：转化器内壁全部衬耐火砖，层间采用耐火砖球拱支撑结构，因此具有良好的蓄热能力和热稳定性。

（2）采用丹麦普托索公司生产的型号为VK38环状催化剂，该催化剂能够保证二次转化率为92%~95%。

（3）采用华南理工大学研制的传热系数高，具有国内外先进水平的空心环管网支撑缩放管换热器。该换热器具有传热系数高、换热效果好的优点，与普通型换热器相比，可节约换热面积20% ~30%。

(4) 一吸系统采用高温酸吸收，减少了热量在酸冷却系统的流失，提高了进二次转化的烟气温度，从而保证了系统的热平衡。

(5) 加强系统保温：对 SO_2 风机出口管、二吸塔出口管等进行保温，进一步减少系统中热量的损失。

目前，两个系统转化率都大于99.50%。

D 尾吸工序

为确保工艺异常情况下的环保排放达标，尾吸采用氨吸收 SO_2—氨酸法处理制酸尾气，处理后合格的烟气经过120m烟囱排放。目前两个系统都采用两转两吸的，烟气的排放100%达标，其中 SO_2 排放浓度远小于960mg/m^3，酸雾小于40mg/m^3。

(撰稿 王远文 李 衡)

31.3.9.3 豫光公司的铅精矿烧结烟气非稳态制酸

河南豫光金铅集团有限责任公司是以铅锌冶炼及深加工为主的国有大型企业，年产铅锌40万吨。公司铅系统现有一套烧结-鼓风炉系统以及两套富氧底吹炉熔炼系统，其中烧结-鼓风炉系统烧结烟气采用非稳态制酸工艺处理，是国内第一家对烧结烟气进行治理的厂家。工艺由华东理工大学开发。该系统于1997年建成投产，设计烟气处理量33500m^3/h，产能3万t/a，实际生产烟气量约30000m^3/h，产能约2.7万t/a，硫转化率约84%。1999年、2006年该冶炼系统烧结和制酸生产规模改扩完善后，现实际烟气处理量约45000 m^3/h,产能约4万t/a，硫转化率提高到89%左右。是国内目前运行最成功的一套非稳态制酸工艺。

A 非稳态制酸基本原理

非稳态制酸工艺包括净化、转化、干吸几个主要工序。净化、干吸等工艺和传统制酸工艺相同，与稳态制酸工艺的主要区别是转化过程采用不同的转化器。

非稳态制酸的转化原理是利用催化剂有很大热容这一特性，“热催化剂冷进气”，正常生产时进气不需要预热。生产时，先用电炉将催化剂床层加热到“起燃”温度，然后直接通入经过净化和干燥的烟气。烟气中的 SO_2 经过初段催化剂床层时立即反应放热，使催化剂床层温度升高。由于烟气与催化剂之间的气固传热作用，热区将沿气流方向向下游移动(即热波移动)，进口端由于冷烟气的冷却而逐渐降温。当热区到达出口时，变换气流方向，热区又反方向移动，周而复始，维持转化过程的自热平衡。

实际生产中，三氧化硫不可能百分之百吸收，三氧化硫量影响吸收速度及吸收率，这也是非稳态制酸转化率不高的一个因素。

B 非稳态制酸工艺的原则流程

非稳态制酸工艺的原则流程见图31-23。

收尘后的烧结烟气（温度约200℃左右）首先进行净化：烟气经洗涤塔、填料塔的稀酸洗涤，从而降低烟气温度并洗涤除去气体中的粉尘及有害气体（如砷、氟等），洗涤后的烟气再经过板式换热器、一级、二级电除雾器，将其降温至26℃左右，并进一步除去其中的酸雾及酸雾中的尘、砷、氟等杂质。

经净化后的烟气在干燥塔中用93%浓硫酸除去烟气中的水分，使原料气干燥后的水分小于0.1g/m³，以避免水蒸气与转化后的三氧化硫一起，在吸收过程中形成酸雾且很难被吸收，导致尾气冒烟，同时酸雾与水分综合作用，造成干吸及转化工序中管道设备的腐蚀，甚至造成催化剂结块、活性降低等问题。

经净化和干燥后的烟气进入非稳态SO_2转化器，通过触媒（V_2O_5）催化与氧气反应，转化成SO_3，由下部进入到SO_3吸收塔，利用98%硫酸对烟气中的SO_3有强烈的亲和力，通过填料瓷环扩大液气接触面积以吸收SO_3，产出合格硫酸。

生产中利用串酸以保持93%、98%酸都满足工艺操作要求，即93%酸串98%酸，98%酸串93%酸，循环酸量的增加部分即为产品硫酸93%酸或98%酸。

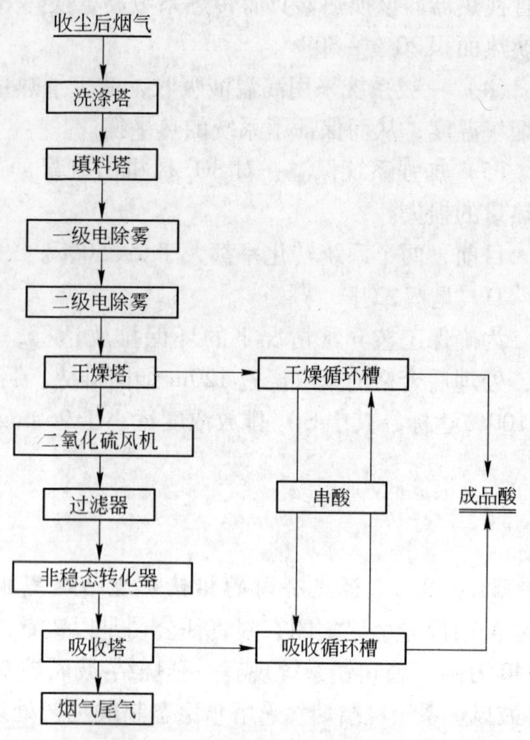

图31-23 非稳态制酸工艺流程

C 豫光公司非稳态制酸系统的主要设备

制酸系统的主要设备见表31-32。

表31-32 制酸系统主要设备

编 号	设备名称	规格型号	主 要 结 构
1	非稳态转化塔（冷激式）	ϕ7200	壳体、触媒、催化剂床层、气体均匀管、气体进出接口、入孔、热电偶接管及换向阀等
2	洗涤器	XDQ/DN1100	壳体、溢流堰、逆喷塔、喷头、高位槽等
3	填料塔	ϕ4500	壳体、玻璃钢分酸装置、填充料、格栅
4	电除雾器	DWQG-330	壳体、玻璃钢蜂窝阳极管、高效型芒刺电晕极、上下气室及供电系统等
5	干吸塔	ϕ4000	壳体、玻璃钢分酸装置、磁环填料等
6	SO_2风机	S1000-12	电机、液力耦合器、增速器、风机及供油装置

非稳态转化器是该工艺的核心关键设备。转化器有三层催化剂，公司最初采用两点移热式非稳态转化器，1999年改为冷激式，管路的配置也由共管式改为异管式。改造后较两点移热式转化器，冷激异管式具有以下优点：

（1）无内部换热器和层间隔板，转化器的气体阻力降低40%左右，同时有利于气体的均匀分布；

（2）有效避免催化剂的超温，能够适应较高的SO_2浓度；

（3）避免换向阀和烟气管道内介质的变化和温度的大幅波动，减少了冷凝酸的生成，延缓设备和管道的腐蚀；

（4）换向初始阶段，转化器管路内没有残存烟气，因此，转化率较高。

非稳态转化器结构及管线连接示意图见图31-24。

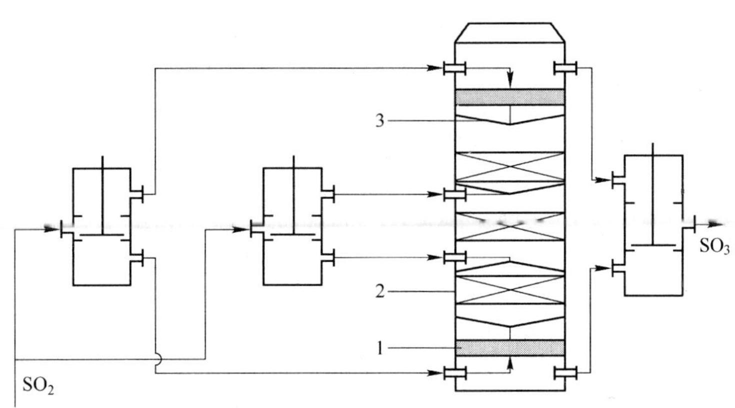

图31-24 冷激异管式非稳态转化器

1—出口气体温度稳定器；2—催化剂床层；3—气体均匀管

D 主要技术指标及操作条件

a 主要技术指标

烟气量：	45000m^3/h
SO_2 浓度：	2%
净化后烟气：	
水分：	<0.1g/m^3
含酸雾（标态）：	<0.005g/m^3
含尘：	<0.002g/m^3
含砷：	<0.001g/m^3
含氟（标态）：	<0.003mg/m^3
干燥塔出口气体含水：	≤0.1g/m^3
吸收率：	≥99.95%
转化率：	89%
成品酸浓度：	93%～94%
尾气中 SO_2 浓度：	<0.2%

b 操作条件

（1）气体温度。

洗涤器进口：	150～220℃
洗涤器出口：	≤60℃
填料塔出口：	≤57℃
一级电雾入口：	≤40℃
二级电雾出口：	≤26℃

（2）气体压力。

洗涤塔入口负压：<2000Pa
压差：<500Pa
填料塔压差：<1500Pa
一级电雾压差：<500Pa
二级电雾压差：<500Pa
二级电除雾出口负压：<10000Pa

（3）循环酸温度、浓度。

洗涤器入口：≤58℃
洗涤器出口：<60℃
填料塔入口：≤54℃
循环酸浓度：5%～8%
冲洗酸浓度：5%～10%

（4）淋洒量及淋洒密度。

洗涤器：$220m^3$
$12\sim14m^3/(m^2\cdot h)$
填料塔：$220m^3$
$12\sim14m^3/(m^2\cdot h)$

（5）整流机组电压与电流。

一级电除雾器二次电压：35～50kV
二次电流：80～200mA
二级电除雾器二次电压：40～50kV
二次电流：100～200mA

（6）填料塔循环酸含氟。

填料塔循环酸含氟 <200mg/t

E 非稳态制酸的特点

a 非稳态制酸优点

对于采用烧结—鼓风工艺的冶炼企业来说，SO_2 烟气浓度低，波动大，与传统制酸相比，有以下优点：

（1）投资少，生产成本低：由于烧结烟气浓度低，采用非稳态制酸与配气后采用传统制酸工艺，省去投资配料房、沸腾炉等投资，节省原料费用等，生产成本也相应降低。

（2）操作简便：非稳态制酸生产过程，只需根据转化器内温度分布、气浓、气量变化等因素操作换向阀调控气流换向周期即可，操作相对简便，易于掌握。

（3）操作弹性大，稳定性好：烧结生产中烟气浓度低，气量波动大，且开停车频繁，不适宜传统制酸工艺。而非稳态制酸可很好适应，且转化率不会有明显波动。

b 非稳态制酸的不足

（1）转化率低：据资料介绍，即使在实验室中，非稳态转化的转化率也不超过96%。该厂硫酸系统在开车前两年，转化率只能达到84%左右。经几次大修后，转化率提高到89%左右，尾气中仍残留0.15%～0.17% SO_2，还需进一步处理。

（2）催化剂用量大：正常生产时，两端催化剂床层中始终存在着一个周期性移动的冷区，约占催化剂总量的1/6左右，其不参与催化反应。再加上烧结烟气浓度低，烟气量大，使催化剂用量上升，吨酸达到500L/d左右，与传统制酸相比，用量增加近1倍。

(3) 催化剂易粉化、中毒：由于催化剂床层的温度波动大，同时，催化剂在气体换向过程不断受到“热胀冷缩”的影响，降低了催化剂强度；其次因通入烟气方向不断交变，床层时松时紧，加剧催化剂之间的机械摩擦和损耗。

在非稳态转化器工作过程中，随着“冷区”、“热区”的交替移动，催化剂床层也不间断地经受“高温”、“低温”的周期变化，使催化剂对水分、酸雾、砷、氟等毒物的侵蚀更敏感。与传统稳态转化工艺比较，催化剂中毒的可能性更大。

（撰稿 李 贵 杨 明）

31.4 低浓度二氧化硫烟气的治理

低浓度二氧化硫烟气是指烟气中二氧化硫的浓度低于3%的烟气。在铅锌冶炼过程中这种烟气的产量也是比较大的，所以寻找合适的处理低浓度二氧化硫烟气的方法也是困扰有色行业多年的问题。

低浓度二氧化硫烟气的处理也称为排烟脱硫。根据所采取的工艺技术路线，可分为抛弃法和回收法两类。工艺技术路线确定的原则，首先是环境保护，同时要尽可能考虑硫资源综合回收利用。目前在大中型铅锌企业中，一般都是采用回收法工艺。这里介绍几种典型的低浓度二氧化硫的处理方法。

31.4.1 氨-酸法

氨-酸法是应用最普遍的低浓度含 SO_2 烟气处理工艺，属于典型的回收法。在诸多尾气处理工艺中，技术最成熟，副产的硫酸铵可作为肥料，回收的二氧化硫浓度可达100%（体积分数），经压缩和冷冻，可制造液体二氧化硫，也可用空气混合后送到（或返回）制酸系统，以提高制酸烟气的二氧化硫浓度。

31.4.1.1 氨-酸法的基础流程

在回收烧结烟气中低浓度二氧化硫时，常采用此法。其工艺流程如图31-25所示。其

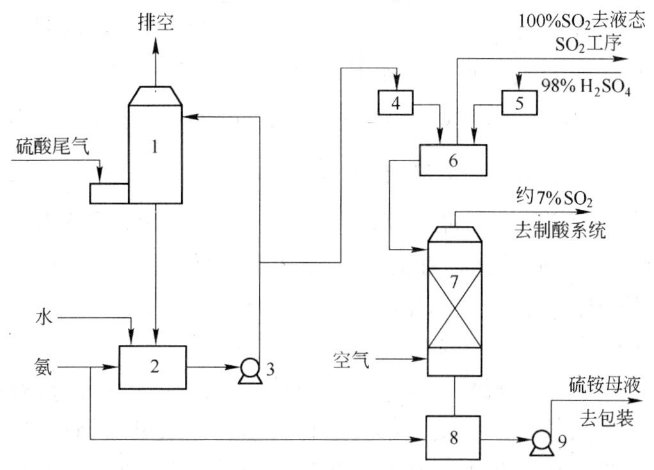

图31-25 氨-酸法回收低浓度二氧化硫流程

1—吸收塔；2—母液循环槽；3—母液循环泵；4—母液高位槽；5—硫酸高位槽；6—混合槽；7—分解塔；8—中和槽；9—硫酸铵母液泵

特点是用低浓度的氨液循环吸收二氧化硫，再在低浓度下用蒸汽间接加热使亚硫酸铵分解，以减少硫酸铵溶液的产量，从而降低了氨、酸的消耗。此法的主要生产工序包括吸收、热分解和中和。

A 吸收

吸收系统又称洗涤系统，净化后的低浓度二氧化硫烟气通过泡沫塔或填料洗涤塔，与亚硫酸铵-硫酸铵吸收液接触，吸收二氧化硫，吸收后的气体排空。反应如下：

$$NH_3 + H_2O + SO_2 \xlongequal{} NH_4HSO_3$$

$$2NH_3 + H_2O + SO_2 \xlongequal{} (NH_4)_2SO_3$$

$$(NH_4)_2SO_3 + SO_2 + H_2O \xlongequal{} 2NH_4HSO_3$$

烟气中的三氧化硫与吸收液中的亚硫酸铵反应：

$$2(NH_4)_2SO_3 + SO_3 + H_2O \xlongequal{} 2NH_4HSO_3 + (NH_4)_2SO_4$$

吸收过程需要在常温下才能保证效率，但上述反应是放热过程。对于烟气制酸，由于来自干吸系统的尾气是完全干燥的，当其进入尾气吸收塔时，塔内循环液中的水分蒸发消耗了这部分热量。因而，塔内循环液不需要另外进行冷却即能保持常温，使氨吸收过程的操作能在恒温条件下进行。

吸收液吸收二氧化硫后，一部分送分解处理；一部分进入母液循环槽，补加氨后作循环吸收液用。

B 分解

一部分吸收液与浓硫酸在混合槽和分解槽中加热分解，其反应为：

$$(NH_4)_2SO_3 + H_2SO_4 \xlongequal{} (NH_4)_2SO_4 + H_2O + SO_2$$

$$2NH_4HSO_3 + SO_3 + H_2SO_4 \xlongequal{} (NH_4)_2SO_4 + 2H_2O + 2SO_2$$

分解出的高浓度二氧化硫，送去液化或制酸，用硫酸铵母液提取硫酸铵结晶。

C 中和

为提高分解效率，在分解过程加入过量硫酸，加酸量通常是理论量的1.5倍。分解后的酸性溶液需在循环槽中通氨中和。中和工序主要发生如下反应：

$$H_2SO_4 + 2NH_4OH \xlongequal{} (NH_4)_2SO_4 + 2H_2O$$

$$H_2SO_4 + 2NH_3 \xlongequal{} (NH_4)_2SO_4$$

含有 SO_2 的废气进入吸收塔的下部，含氨母液或氨水由循环泵送到塔顶喷淋吸收 SO_2。吸收母液由塔底流入循环槽，在此补充氨和水以维持循环液原有的浓度，使吸收液得到部分再生，并保持吸收液中 $(NH_4)_2SO_3/NH_4HSO_3$ 一定的比例。然后由循环槽泵入塔内继续吸收 SO_2，净化后的尾气经除沫器由烟囱排空。

循环母液吸收 SO_2 生成亚硫酸氢铵，由于氧化作用还生成一部分硫酸铵。当母液中亚硫酸氢铵含量达到一定数值时需引出一部分进行分解，即从母液循环泵出口引出一部分母液至高位槽流入混合槽，在此与由硫酸高位槽来的硫酸混合，在中和槽内母液与硫酸作用可以分解出100% SO_2 气体送去制备液态 SO_2。混合液从混合槽出来后，进入分解塔，在此继续分解出 SO_2 气体。因分解塔底通入空气以吹出 SO_3，故其浓度只有约7%，可送往制酸系统。

经分解塔分解后的母液呈酸性，从塔底流入中和槽，向槽内通入氨气以中和其酸性，中和后母液呈中性，相对密度约1.2。用母液泵送至蒸发结晶工序生产固体硫酸铵。

有的工厂氨吸收低浓度二氧化硫，生产出硫酸铵-亚硫酸铵溶液，直接作为产品供给农业施肥。这样就可以不消耗硫酸，并降低氨消耗。

31.4.1.2 氨吸收工艺的衍生流程

在氨吸收工艺基础上，由于采用不同的酸进行亚硫酸盐的分解及分解产物的不同，氨-酸法衍生出几种不同的工艺：

A 氨-磷酸法

本法的特点是用氨吸收 SO_2，用磷酸分解亚硫酸铵盐，产品为 SO_2 和磷酸铵。后者是比硫酸铵更为有效的肥料。

本法的主要化学反应为：

$$SO_2 + NH_3 + H_2O = NH_4HSO_3$$

$$NH_4HSO_3 + H_3PO_4 = NH_4H_2PO_4 + H_2O + SO_2$$

$$2NH_4HSO_3 + H_3PO_4 = (NH_4)_2HPO_4 + 2H_2O + 2SO_2$$

B 氨-硝酸法

用硝酸分解亚硫酸铵溶液，得到硝酸铵溶液和100%的 SO_2。如果在有磷矿的地区，将磷酸分解、硝酸分解和硫酸分解亚硫酸铵溶液结合进行，则可得硝酸铵、磷酸铵和硫酸铵的混合物。其主要反应为：

$$Ca_3(PO_4)_2 + 6HNO_3 = 3Ca(NO_3)_2 + 2H_3PO_4$$

$$3Ca(NO_3)_2 + 2H_3PO_4 + 3(NH_4)_2SO_4 + 2NH_4OH = 3CaSO_4 + 6NH_4NO_3 + 2NH_4H_2PO_4 + 2H_2O$$

C 氨-硅氟酸法

在磷肥生产中使用的磷矿石含氟量高时，水洗过磷酸钙所产生的氟气能制得硅氟酸，用以分解氨水吸收 SO_2 所得的亚硫酸铵，得到100%的 SO_2 和硅氟酸铵，后者是木材防腐剂。

31.4.2 石灰/石膏法

石灰石膏法是采用 $Ca(OH)_2$ 或 $CaCO_3$ 粉末的浆料来去除 SO_2，首先生成亚硫酸钙，然后将亚硫酸钙氧化生成石膏，并回收石膏副产品。此法日本的应用比较多，各种资料上对一些日本的工艺介绍比较详细。

该反应的机理实际上是比较复杂的，目前还没有完全了解清楚，一般认为主要发生吸收和氧化两个步骤，发生的反应如下：

31.4.2.1 吸收

$$CaO + H_2O = Ca(OH)_2$$

$$Ca(OH)_2 + SO_2 = CaSO_3 \cdot \frac{1}{2}H_2O + \frac{1}{2}H_2O$$

$$CaCO_3 + SO_2 + \frac{1}{2}H_2O = CaSO_3 \cdot \frac{1}{2}H_2O + CO_2$$

$$CaSO_3 \cdot \frac{1}{2}H_2O + SO_2 + \frac{1}{2}H_2O = Ca(HSO_3)_2$$

由于烟气中含有 O_2，因此在吸收过程中会有氧化副反应发生。

31.4.2.2 氧化

在氧化过程中，主要是将吸收过程中所生成的 $CaSO_3 \cdot \frac{1}{2}H_2O$ 氧化成 $CaSO_4 \cdot 2H_2O$：

$$2CaSO_3 \cdot \frac{1}{2}H_2O + O_2 + 3H_2O = 2CaSO_4 \cdot 2H_2O$$

由于在吸收过程中生成了部分 $Ca(HSO_3)_2$，在氧化过程中，亚硫酸氢钙也被氧化，分解出少量的二氧化硫。

$$Ca(HSO_3)_2 + \frac{1}{2}O_2 + H_2O = CaSO_4 \cdot 2H_2O + SO_2$$

31.4.3 碱式硫酸铝—石膏法

碱式硫酸铝溶液是一种良好的 SO_2 吸收液，早在20世纪30年代就有英国公司用碱式硫酸铝溶液吸收 SO_2，此时生成复杂的络合物，然后用蒸汽加热分解 SO_2。应用该法，必须预先将烟气中的 SO_3 去除，因吸收液不稳定，在蒸汽解吸过程中更易产生沉淀物，同时在吸收塔特别是烟气入口处易生成硫酸钙结垢，尽管吸收剂的效率较高，仍然阻碍它在工业上的应用。

近年来日本同和矿业公司创造了碱式硫酸铝—石膏法。该公司冈山冶炼厂第一硫酸系统放弃了已使用18年的采用亚硫酸钠溶液处理尾气的装置，与第二硫酸系统（每一系统的气量均为（标态）14万 m^3/h）都采用本法来处理尾气，20个月的平均脱硫效率为99%。

31.4.3.1 碱式硫酸铝—石膏法脱硫原理

该法用碱式硫酸铝溶液吸收烟气中的 SO_2，然后将此吸收液氧化，再用石灰石再生为碱式硫酸铝循环使用，同时可副产石膏。该工艺过程由3个基本步骤组成，即吸收、氧化、中和（再生）。

吸收：碱式硫酸铝（BAS）溶液对 SO_2 具有良好的吸附能力，化学反应如下：

$$Al_2(SO_4)_3 \cdot Al_2O_3 + 3SO_2 = Al_2(SO_4)_3 \cdot Al_2(SO_3)_3$$

由反应式可知，溶液中吸收 SO_2 的有效成分是 Al_2O_3，Al_2O_3 含量的多少，将决定对 SO_2 的吸收能力，它在溶液中的含量通常用碱度表示，碱式硫酸铝表示为：$(1-x)Al_2(SO_4)_3 \cdot xAl_2O_3$，则碱度为 $x\%$。

在本法中常用碱度在10%~40%范围内进行操作。关于碱式硫酸铝溶液的吸收性能，一般说来浓度愈高，碱度愈高，温度愈低则吸收效果愈好。甚至在较低的浓度和碱度时，溶液的吸收能力也远较水为优。

氧化：吸收 SO_2 后的溶液用空气中的氧将 $Al_2(SO_3)_3$ 氧化为 $Al_2(SO_4)_3$：

$$2Al_2(SO_4)_3 \cdot Al_2(SO_3)_3 + 3O_2 = 4Al_2(SO_4)_3$$

吸收SO_2后的碱式硫酸铝在氧化塔中用空气进行氧化，氧化速度快，停留时间仅需几分钟，反应是在气液两相中进行，因此与空气量（为理论量的2倍）、气液接触表面积以及氧的吸收率有关。

中和（再生）：用石灰或石灰石粉中和使吸收液再生，其反应如下：

$$2Al_2(SO_4)_3 + 3CaCO_3 + 6H_2O = Al_2(SO_4)_3 \cdot Al_2O_3 + 3CaSO_4 \cdot 2H_2O + 3CO_2 \uparrow$$

石灰石的粒度要求不小于200目的在80%以上，而在其他方法中则要求不小于325目，这是本法的优点之一。

碱式硫酸铝溶液的制备反应式与上式相同，可用工业液体矾（含Al_2O_3 8%）或粉末硫酸铝[$Al_2(SO_4)_3 \cdot 16 \sim 18H_2O$]溶于水，然后添加石灰或石灰石粉中和，沉淀出石膏，以除去一部分硫酸根，即得到所需碱度的碱式硫酸铝，根据需要的碱度控制石灰或石灰石粉的添加量。通常控制碱度在10%~40%，在碱度大于50%时容易形成絮凝状沉淀。

在整个工艺中，作为吸收媒介物的铝是以水溶液中的离子状态存在的，从理论上讲，$Al_2(SO_4)_3$的补充量是没有必要的。但在实际上因为被石膏所吸附的那部分不可能完全冲洗干净，会造成Al的损失，所以需要定期补充铝。

图31-26所示为碱式硫酸铝—石膏法工艺流程。该工艺过程主要由吸收剂的制备系统、吸收系统、氧化系统、中和再生系统组成。烟气经过滤除尘后从吸收塔下部进入，在塔内经吸收剂洗涤除沫后排入空气。

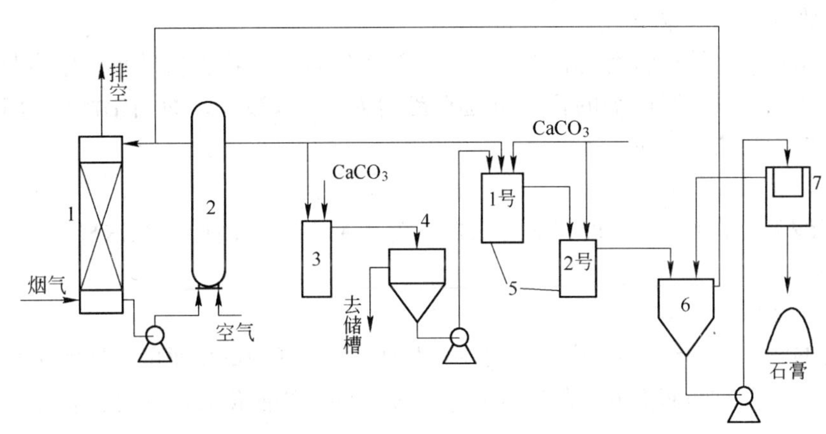

图31-26 碱式硫酸铝—石膏法工艺流程

1—吸收塔；2—氧化塔；3—除镁中和槽；4—沉淀槽；5—中和槽；6—增稠器；7—离心机

吸收后的溶液送至氧化塔用空气进行氧化，氧化后的吸收液大部分返回吸收塔，从循环吸收液中引出一部分去中和。其中一部分先除去镁离子以保持镁离子的浓度在一定水平之下。其余部分在1号、2号槽中和至要求的碱度，然后送至增稠器，上层清液返回吸收塔，底流经分离机分离后得到石膏产品。

用石灰石中和沉淀石膏，不可避免要带入镁粒子（白云石），吸收液中镁离子浓度过高对作业会产生不良影响，必须从系统中排出。排出镁离子的方法是分流部分吸收液，中和沉淀铝离子，使镁留在溶液中排出。当碱式硫酸铝溶液碱度达到40%以上时，铝便呈固相氢氧化铝析出。因此，只要将排出液中和至碱度 100%，铝便完全析出而加以回收。其反应如下：

$$2Al_2(SO_4)_3 + 6CaCO_3 \xlongequal{} 2Al_2O_3 + 6CaSO_4 + 6CO_2 \uparrow$$

自氧化塔来的排放液进入除镁中和槽内，在此用 $CaCO_3$ 中和，然后在沉淀槽内沉降。经中和处理后镁离子留在溶液内，弃掉沉淀槽的溢流液，即可保持吸收液中镁离子浓度在一定的水平以下。含有三氧化二铝沉淀的沉淀槽底流，用泵送入主中和槽内，即可将铝回收。

铝回收系统的流程见图 31-27。

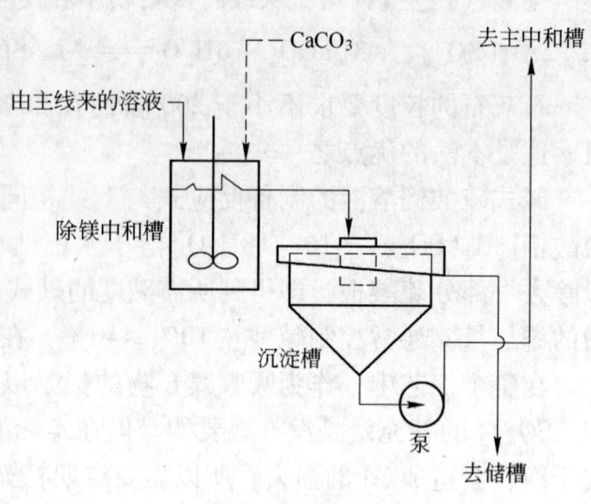

图 31-27 铝回收系统流程

31.4.3.2 碱式硫酸铝—石膏法的工艺要点

A 吸收液碱度

吸收液碱度越高，吸收效率越高，但碱度大于 50% 时，容易生成絮状沉淀物。吸收剂的碱度一般在 10% ~20% 之间，如烟气中 SO_2 浓度波动大时，碱度可以高一些。中和后的吸收剂碱度控制为 25% ~40%。

B 吸收液中的铝含量

铝量是指每升溶液中含有总铝的克数。溶液中铝含量影响脱硫效率，铝含量高低也影响到石膏中铝的损失。吸收剂的含铝量通常控制为 18 ~ 22g/L，而当铝浓度为 15 ~ 20g/L 时，石膏中的铝损失量最少。

C 吸收液的 pH 值

碱式硫酸铝溶液的 pH 值较其他方法低，为 2.4 ~4.0。因此，在这样低的 pH 值下设备不易堵塞。

D 氧化触媒

氧化时的触媒是 Mn^{2+} 和 Fe^{3+}。一般用 $MnSO_4$ 0.2 ~ 0.4g/L 即可；但实际生产中，因为锰离子浓度随着时间而降低，故需要经常补充，Fe^{3+} 的催化效应及加入数量有待进一步研究确定。

E 铝补充量

由于处理的烟气及石灰石中镁含量的不同，铝补充量也不同，1t 石膏约补充 0.5 ~ 2g/L。

31.4.4 亚硫酸钠法

31.4.4.1 亚硫酸钠法的基本原理

该法是用 Na_2CO_3 或 NaOH 作起始吸收剂吸收烟气中的 SO_2，其吸收反应式为：

$$2NaHSO_3 + Na_2CO_3 \xlongequal{} 2Na_2SO_3 + H_2O + CO_2$$

$$NaHSO_3 + NaOH \xlongequal{} Na_2SO_3 + H_2O$$

将吸收后得到的高浓度的 $NaHSO_3$ 吸收液用 NaOH 或 Na_2CO_3 中和，使 $NaHSO_3$ 转变为 Na_2SO_3。

由于 Na_2SO_3 溶解度较 $NaHSO_3$ 低，中和后生成的 Na_2SO_3 因过饱和而从溶液中析出。在结晶温度低于33℃时，结晶出 $Na_2SO_3 \cdot 7H_2O$，温度较高时可结晶出无水亚硫酸钠。

中和母液经固—液分离后，可得 Na_2SO_3 结晶产品。主要副反应仍为氧化反应。生成的 Na_2SO_4 混在产品中影响产品质量，为减少氧化问题，在吸收液中应加入一定量的阻氧剂，常用的有对苯二胺及对苯二酚等。

31.4.4.2 亚硫酸钠法的工艺流程与设备

亚硫酸钠法的工艺过程主要分为4个步骤，即吸收、中和、浓缩结晶及干燥。工艺流程简图见图31-28。

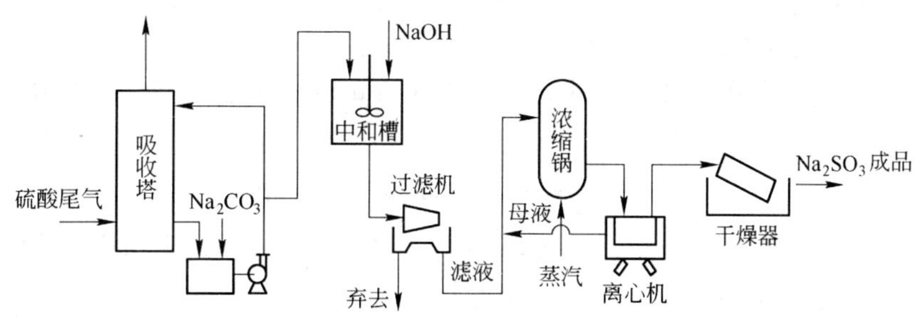

图31-28 亚硫酸钠法工艺流程

A 吸收

在配碱槽中配成20～22°Be（波美度）的 Na_2CO_3 水溶液，加入纯碱用量的十二万分之一的对苯二胺作为阻氧剂，再加入纯碱用量5%左右的24°Be的烧碱液，以沉降铁离子及其他重金属离子。将配好的溶液送入吸收塔，与含 SO_2 气体逆流接触，循环吸收，至吸收液的pH值达5.6～6.0时，即得亚硫酸氢钠溶液，将此溶液送去中和，吸收后尾气排空。

B 中和

将吸收后的 $NaHSO_3$ 溶液送至中和槽，加入24°Be烧碱溶液进行中和反应至pH值约为7，然后以4kg/cm^2 的蒸汽间接加热至沸腾，以驱尽其中的 CO_2。加入适量的硫化钠溶液以除去铁和重金属离子，继续加烧碱将溶液中和至pH值为12，再加入少量活性炭脱色，过滤后即得含量约为21%的无色亚硫酸钠清液。

C 浓缩结晶

将亚硫酸钠溶液送入浓缩锅，用蒸汽加热并不断加进新鲜的亚硫酸钠溶液以保持一定的液位，防止锅壁结出“锅巴”。经不断加热浓缩至析出一定量的无水亚硫酸钠结晶时，将其放入离心机甩干，得到含水2%～3%的结晶。母液回到浓缩锅循环使用。

D 干燥

用电热烘干或气流干燥等方法，将甩干后的结晶进行干燥，干燥后的结晶即可包装成产品。

每吨无水亚硫酸钠成品消耗纯碱800kg，烧碱（100%）100kg，产品质量可符合国家标准。

国内的一些中小型工厂的硫酸尾气及一些有色冶炼厂的冶炼尾气，采用了亚硫酸钠法进行治理，与其他烟气脱硫方法比较，具有吸收效率很高，工艺流程简单，操作方便，可靠，基建投资及脱硫费用较低等优点。产出的亚硫酸钠产品纯度很高，可用于织物、化纤、造纸工业的漂白剂及脱氯剂，国内还用作某些农药生产的脱氯剂等。但这些应用的需求量有限，大规模生产产品销路将产生问题，且该法碱耗较高，因而限制了该法应用，只能适用于中小气量烟气的脱硫。

用亚硫酸钠作为吸收剂处理低浓度二氧化硫烟气的另一种工艺为亚硫酸钠循环法，此法又称维格尔曼洛德法，该法在国外应用的发展较快，适于处理大气量烟气。在美、日、德等国均有大型处理装置，国内也进行过工业规模试验，简要介绍如下。

该法用 Na_2SO_3 作为吸收剂，与烟气中的 SO_2 反应生成 $NaHSO_3$，当 $NaHSO_3$ 的浓度含量达到一定值时，吸收液送去进行再生处理。

该法的再生主要是进行热解吸的方法，由于 $NaHSO_3$ 不稳定，受热可分解具体反应如下：

$$2NaHSO_3 = Na_2SO_3 + SO_2 + H_2O$$

在热解过程中，产生的高浓度的 SO_2 气体，可进行进一步处理，而得到的 Na_2SO_3 晶体则返回吸收系统循环使用。

31.4.5　金属氧化物法

某些金属氧化物，如 MgO、ZnO、MnO_2、CuO 等，对 SO_2 具有较好的吸收能力，因此可用金属氧化物对含 SO_2 废气进行治理。金属氧化物吸收工艺有干法和湿法两种，干法是用金属氧化物固体颗粒或将相应金属盐类负载于多孔载体后对 SO_2 进行吸附，但因脱硫效率较低，应用较少；湿法一般是将氧化物制成浆液洗涤气体，因其吸收效率较高，吸收液也较易于再生，工业上应用较多。本节主要介绍氧化镁法、氧化锌法和氧化锰法的湿式方法。

31.4.5.1　氧化镁法

氧化镁法是以氧化镁作为吸收剂吸收烟气中的 SO_2，其中以氧化镁浆洗—再生法工业应用较多，其脱硫效率可达 90% 以上。

A　方法原理

将氧化镁制成浆液，用此浆液对 SO_2 进行吸收，可生成含结晶水的亚硫酸镁和硫酸镁。然后将此反应物从吸收液中分离出来并进行干燥，最后将干燥后的亚硫酸镁和硫酸镁进行煅烧分解，再生成氧化镁。因此该方法的主要过程为吸收、分离干燥和分解三部分。

（1）吸收：吸收中发生如下化学反应：

$$MgO + H_2O = Mg(OH)_2\text{（浆液）}$$

$$Mg(OH)_2 + SO_2 + 5H_2O = MgSO_3 \cdot 6H_2O$$

$$MgSO_3 \cdot 6H_2O + SO_2 = Mg(HSO_3)_2 + 5H_2O$$

$$Mg(HSO_3)_2 + Mg(OH)_2 + 10H_2O \longequal 2MgSO_3 \cdot 6H_2O$$

吸收过程中的主要副反应为氧化反应：

$$Mg(HSO_3)_2 + \frac{1}{2}O_2 + 6H_2O \longequal MgSO_4 \cdot 7H_2O + SO_2$$

$$MgSO_3 + \frac{1}{2}O_2 + 7H_2O \longequal MgSO_4 \cdot 7H_2O$$

$$Mg(OH)_2 + SO_2 + 6H_2O \longequal MgSO_4 + 7H_2O$$

由以上反应可知，吸收液中的主要成分为 $MgSO_3$、$Mg(HSO_3)_2$ 和 $MgSO_4$。

（2）分离、干燥：将吸收液中的亚硫酸镁与硫酸镁分离出来并进行干燥，主要目的是通过加热除去这些盐中的结晶水。

$$MgSO_3 \cdot 6H_2O \longequal MgSO_3 + 6H_2O$$

$$MgSO_4 \cdot 7H_2O \longequal MgSO_4 + 7H_2O$$

（3）分解：将干燥后的 $MgSO_3$ 和 $MgSO_4$ 煅烧，再生氧化镁，副产 SO_2。在煅烧中，为了还原硫酸盐，要添加焦炭或煤，发生如下反应：

$$C + \frac{1}{2}O_2 \longequal CO$$

$$CO + MgSO_4 \longequal CO_2 + MgO + SO_2$$

$$MgSO_3 \longequal MgO + SO_2$$

$MgSO_4$ 在吸收液中的存在虽然不利于吸收，但通过煅烧还原，仍可将其再生为 MgO 而不会在系统中积累。

B 工艺流程与设备

锅炉燃烧排出的烟气在文氏管洗涤器内用氧化镁浆液进行洗涤脱去 SO_2，洗涤后的气体排空。部分吸收液引出吸收系统送去分离，用离心机将 $MgSO_3$、$MgSO_4$ 结晶分出后送转鼓干燥器干燥，滤出母液返回吸收系统。干燥的 $MgSO_3$、$MgSO_4$ 在回转窑煅烧，煅烧时窑内要加入焦炭和煤以还原 $MgSO_4$。煅烧后的 MgO 重新制成浆液在吸收中循环使用。煅烧气中含有 10%～16% 的 SO_2，可送去制酸。

吸收中主要设备为开米柯文氏管洗涤器，其结构如图 31-29 所示。

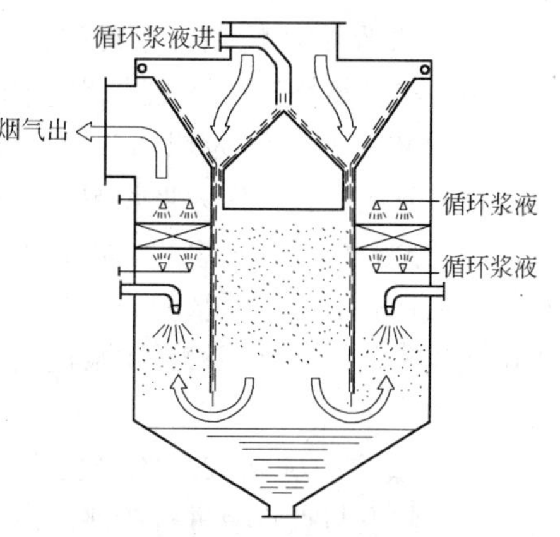

图 31-29 开米柯文氏管洗涤器

烟气由洗涤器顶器引入，在文氏管喉颈与循环浆液发生强烈雾化作用，强化了气液接触，能得到较好的脱硫效果。吸收后气体在排出前经除沫器除去雾沫。因除沫器定期进行清洗，洗涤器内壁因循环液的不断冲刷，因而不会结垢和堵塞，可连续长期运行。该洗涤器处理气量大，可达 90 万 $m^3/$

(h·台)的水平，且能适应气量波动较大的工况。

C 主要影响因素与指标

(1) 吸收液的pH值：吸收液的pH值决定于吸收液的组成，当吸收液中$Mg(HSO_3)_2/MgSO_3$的值增大时，溶液的pH值降低；当吸收液中的$MgSO_4$量增大时，溶液的pH值降低。

(2) 煅烧温度：煅烧时的分解产物与煅烧温度有关，在300~500℃时，产物除MgO及SO_2外，还有硫酸盐、硫代硫酸盐、元素S等，其中以硫酸盐为主。随煅烧温度的升高，硫代硫酸盐逐渐减少，而以分解出SO_2为主。当温度超过900℃时，所有副产物均不稳定，并为SO_2所代替。所以煅烧温度一般控制为800~1100℃。

(3) 阻氧剂的加入：为了抑制$MgSO_3$的氧化，可在吸收系统中加入氧化抑制剂（阻氧剂）。苯酚、对苯二胺及各种α型醇、酮和酯均可作为抑制剂，较常用的为对苯二胺。

31.4.5.2 氧化锌法

氧化锌法是用氧化锌料浆吸收烟气中SO_2的方法，它适用于治理锌冶炼烟气制酸系统排出的含SO_2尾气。由于氧化锌浆液可用锌精矿沸腾焙烧炉的旋风除尘器烟尘配制，而所得的SO_2产物又可送去制酸，因而很好地解决了吸收剂的原料来源及吸收产物的处理问题。

A 方法原理

(1) 吸收：吸收的化学反应如下：

$$ZnO + SO_2 + 2.5H_2O = ZnSO_3 \cdot 0.5H_2O$$

$$ZnO + 2SO_2 + H_2O = Zn(HSO_3)_2$$

$$ZnSO_3 + SO_2 + H_2O = Zn(HSO_3)_2$$

$$Zn(HSO_3)_2 + ZnO + 4H_2O = 2ZnSO_3 \cdot 2.5H_2O$$

(2) 再生：吸收后溶液经过滤得到亚硫酸锌渣，将其加热再生氧化锌。

$$ZnSO_3 \cdot 2.5H_2O = ZnO + SO_2 + 2.5H_2O$$

B 工艺过程及流程

氧化锌法工艺流程见图31-30所示。其工艺过程可分为如下步骤。

(1) 吸收浆液配制：用旋风除尘器将从锌精矿沸腾焙烧炉中排出的烟气中的氧化锌颗粒收集起来，作为配制吸收浆液的原料。这些氧化锌颗粒作为吸收剂，其化学成分及粒径分布均是较理想的。将此氧化锌颗粒加入流程后部过滤器来的滤液，在浆化槽中调配成浆，注入循环槽，用泵送入吸收室进行吸收。

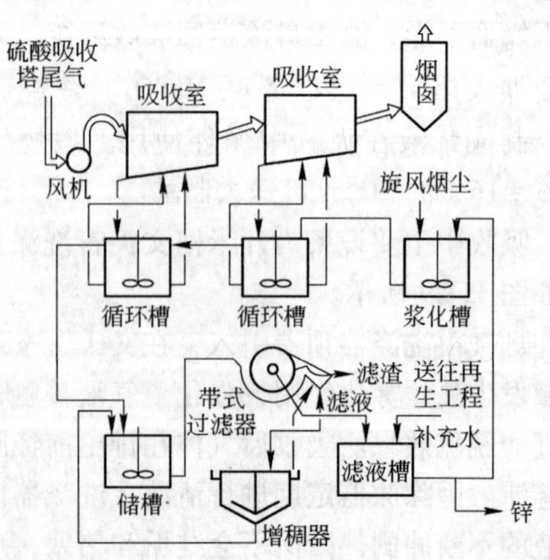

图31-30 氧化锌法吸收、过滤工序的工艺流程

(2) 吸收：从制酸系统来的含SO_2尾气送入吸收室与吸收液进行接触。由于采用浆液吸收，为避免设备内结垢，在日本吸收

设备采用错流吸收器，而国内采用湍球塔。脱硫后气体经除沫后排空。吸收浆液 pH 值控制在 4.5 ~5.0 时，送入过滤器，脱硫效率可达 95%。

采用氧化锌浆液吸收 SO_2，必须注意控制浆液的 pH 值。当酸度过高时（pH 值约为 1 ~2），将加速 $ZnSO_3$ 氧化为 $ZnSO_4$，对吸收作业不利。

（3）过滤：吸收后浆液用过滤器过滤，滤液返回配浆槽，为避免循环吸收液中锌离子浓度过大，滤液的一部分送往锌电解车间生产电解锌。控制滤渣含水量为 20% ~30% 送往沸腾焙烧炉。

（4）再生：将含水约 30% 的滤渣送入沸腾焙烧炉中与锌精矿一起加热焙烧，焙烧分解所得氧化锌颗粒经旋风捕集器捕集后，作为吸收剂使用，所得 SO_2 与锌精矿焙烧尾气（可提高锌精矿焙烧尾气中的 SO_2 浓度）一起送去制酸。

31.4.5.3 氧化锰法

氧化锰法是采用氧化锰浆液吸收烟气中 SO_2 的方法。同氧化锌等方法一样，该法对 SO_2 废气的治理不具有普遍应用的价值，只有在有丰富的吸收剂来源和存在着适宜的配套生产工艺的情况下，这些方法才具有应用价值。因此当某些生产企业由于其生产规模及工艺的特殊性和所处地域等条件的限制，无条件采用比较成熟的其他方法（如氨法、钙法等）时，则依据自身条件所实行的这些方法的作用也就不能忽视。

我国南宁铝厂 20 世纪 80 年代曾利用本地区来源丰富的、使用价值不大的低品位软锰矿作为吸收剂，用湍球塔处理硫化铜矿硫酸化焙烧烟气，并通过电解的方法生产金属锰。

A 方法原理

软锰矿的主要成分为 MnO_2，将其粉碎制成 MnO_2 浆液吸收 SO_2。该吸收反应易于进行，反应过程机理复杂，其总反应方程式可视为：

$$2MnO_2 + 3SO_2 = MnSO_4 + MnS_2O_6$$

B 反应结果

生成硫酸锰和连二硫酸锰（MnS_2O_6），连二硫酸锰不稳定，长期放置或在受热条件下，易产生分解：

$$MnS_2O_6 = MnSO_4 + SO_2$$

在有 SO_2 存在条件下（SO_2 不参与反应），MnS_2O_6 可与 MnO_2 反应生成 $MnSO_4$：

$$MnS_2O_6 + MnO_2 = 2MnSO_4$$

$MnSO_4$ 溶液则可通过电解生产金属锰。

31.4.6 WSA 法

20 世纪 80 年代中期以来，丹麦托普索公司开发了一种湿式气体催化转化、冷凝成酸的新工艺（简称“托普索 WSA 湿气制酸法”），用来回收冶炼气中的硫氧化物取得成功。近 10 年来，这一新工艺先后在瑞典、比利时、智利和法国有色金属企业里获得推广应用。着重介绍该法在法国鲁耶勒斯-戈得尔特 Metaleurop 公司铅厂的应用情况。该法的显著特点是能有效地回收低浓度 SO_2 烟气，产出 93% ~98% 的浓硫酸，硫的回收率可达 99%。反应过程释放出的热量可以充分回收利用，系统中未出现水平衡问题，不需消耗化学药剂或其他吸收剂，不产生任何废物、废水，冷却用水量较少，装置紧凑，占地面积较小，运行和维护费用较低，排气中 SO_2 含量很低（约 300×10^{-6}）。

31.4.6.1　WSA 工艺原理

由于 SO_2 的转化起燃温度约为400℃，因此净化后的洁净烟气靠 WSA 系统内部产生的热加热，通过触媒层的反应如下：

$$SO_2+\frac{1}{2}O_2 = SO_3+99kJ/mol$$

反应后的气体通过气/气换热器时，部分冷却反应如下：

$$SO_3+H_2O = H_2SO_4(g)+101kJ/mol$$

然后，气体经过 WSA 冷凝器冷凝成硫酸，反应如下：

$$H_2SO_4(g)+0.17H_2O(g) = H_2SO_4(l)+69kJ/mol$$

WSA 工艺与传统的带干燥的工艺相比具有许多不同之处，反应热、水合热及硫酸的部分冷凝热在系统内部全部被利用，在这种情况下，WSA 酸厂仅需很少的补充热即可维持生产。WSA 工艺采取的是湿式催化转化，因此对触媒要求非常严格，TOPSE 公司采用的是自制的 VK-WSA 触媒，实践证明非常耐用。该触媒是采用钠、钾作为助触媒的钒触媒，规格一般为 10mm 和 20mm，形状为环状。采用两段转化其转化率即可达到 99% 以上。

WSA 流程采用的主要设备材料均为碳钢或低合金钢，只有转化器和高温管段采用不锈钢，对于如来自净化工段湿气体的第一台换热器来说，管子采用一些特殊材料如玻璃等，与湿气接触的表面用聚四氟乙烯衬里作为保护层。WSA 冷凝器为壳式冷却器，管子采用特殊的耐热、耐酸玻璃，进口气室采用乙烯基树脂衬里，管板衬聚四氟乙烯作为保护层。

TOPSE 公司在 1993 年分别为智利和法国设计了 WSA 湿式硫酸装置，自投产以来，装置运行平稳，各项指标均在设计保证值内。

31.4.6.2　WSA（湿气制酸）的技术特点

WSA（湿气制酸）的技术特点：

（1）气体中的硫回收率可达 99% 以上，尾气可达标排放；

（2）产品为工业用浓硫酸，具有一定的经济效益；

（3）具有很高的热利用率，可副产蒸汽；

（4）没有废产品需要进一步处理和堆存；

（5）整个系统不需要水而且也不产生工业废水；

（6）硫酸冷却器的冷却水用量非常少；

（7）不需要任何化工产品。

31.4.6.3　工艺过程

托普索 WSA 湿气制酸法工艺流程见图 31-31。主要工序包括：含 SO_2 烟气湿式洗涤净化脱除烟尘和 Hg、As、HF 等杂质。温度约 25℃ 的湿的饱和气体经过三段加热，使其达 SO_2 催化转化的作业温度（约 415℃）。第一段是在烟气-空气（gas-air）热交换器内，用来自 WSA 冷凝器的热空气进行预热；第二段在气体-熔盐热交换器内，用来自转化器内熔盐吸取的转化热量进行加热；第三段是用安置在管线上的预热器补充必需的热量，使之达

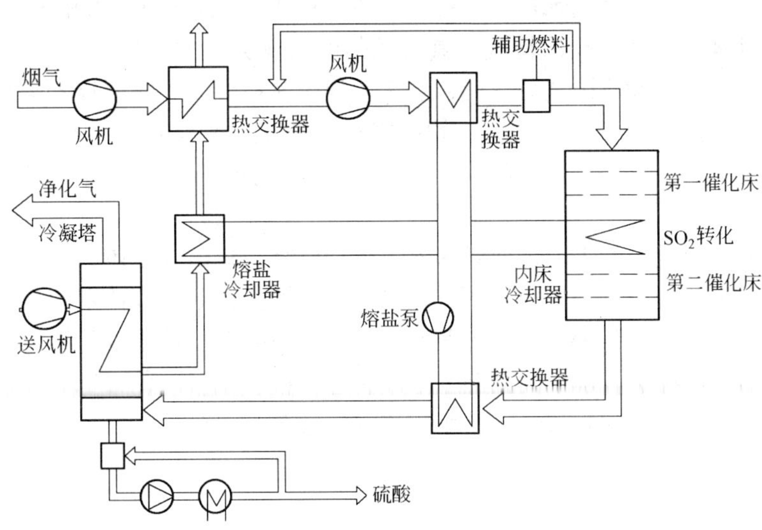

图 31-31 WSA 法处理铅烧结烟气生产硫酸工艺设备连接

到反应温度。如果烟气 SO_2 浓度超过 2.5% 时，则不需外加补充热量。热的二氧化硫气体在系统中进行循环，它作为一种保护措施，以确保主鼓风机在湿气体中酸沫增多也能工作，不受腐蚀。在两段绝热催化转化反应器内 99% 的 SO_2 被氧化成 SO_3，此转化气体随后在气体-熔盐热交换器内冷却到 260℃，其中 SO_3 与气体中水反应生成硫酸，进一步在冷凝器内冷却至 100℃ 以下，产出浓度为 97% 的硫酸产品。

由冷凝器底部放出的热浓硫酸，在用泵输送到储酸库以前，需要在板式冷却器内进行冷却。如要生产 96% 的硫酸时，则需往酸冷却旁路加入稀释水。在冷凝器出口的冷却空气温度大约 210℃，经过熔盐冷却器，吸取 SO_2 烟气转化反应释放出的过多热量，以这种办法来均衡熔盐温度。由熔盐冷却器放出的热空气供做第一段烟气预热用。净化冶炼气在冷凝器顶部出口温度大约 100℃，可直接排入烟囱。熔盐冷却器所用的传热流质是一种由 KNO_3、$NaNO_2$ 和 $NaNO_3$ 组成的易熔混合物熔点为 140℃。这种熔盐工业上容易获得，性质稳定，使用多年也不会降解，在作业温度下，它的黏度低，可用泵输送。整个车间（装置）是通过数字程序控制系统来控制和操纵的。WSA 法过程反应如下：

步骤反应式反应放热（kJ/mol）：

氧化反应： $SO_2 + \frac{1}{2}O_2 = SO_3(g) + 99kJ/mol$

水合作用： $SO_3 + H_2O = H_2SO_4(g) + 101kJ/mol$

冷凝浓缩： $H_2SO_4 + 0.17H_2O \longrightarrow H_2SO_4(l) + 69kJ/mol$

由以上数据可以看出，WSA 法能回收三项反应热量共 269kJ/mol，而传统制酸法只能利用 SO_2 转化反应放出的热量 99kJ/mol。

31.4.6.4 WSA 工艺在工业中的应用

应用于烧结烟气的主要代表是法国的 Noyelles Godult 铅锌冶炼厂及我国的株洲冶炼厂。

据丹麦方面介绍，WSA 湿气制酸法不论烟气 SO_2 浓度高低，均可回收制取浓度

93%～98%硫酸，且外排尾气 SO_2 含量可低于 300×10^{-6}。从资源利用和环境保护角度看，这一工艺用于处理低浓度 SO_2 冶炼气，具有较强的商业竞争力。自90年代以来，此项技术先后在比利时、智利和法国获得应用，且工程规模愈益增大。此项技术与其他回收硫工艺相比，建设和生产费用一般低20%，效果较好。据法国 Noyelles Godult 铅锌冶炼厂的生产数据：烟气处理量（标态）10万 m^3/h，SO_2 浓度2.0%～3.5%，转化率达99%，产品酸浓度97.5%。

目前，在我国对这一新工艺还缺乏深入了解和研究，移植应用还有一定难度。不仅技术转让和工程服务等费用昂贵，而且要有相当工程规模，否则引进技术的经济与社会效益难以发挥出来。当前，有色金属冶炼工业面临着要求削减 SO_2 排放量的压力越来越大。在完善和提高现有回收硫工艺水平的基础上，本着“积极、慎重”的原则，经过调查研究科学论证，继续探寻冶炼气回收硫最佳适用工艺很有必要。

32 铅锌冶金固体废物的处理

32.1 铅锌冶金固体废物的类型及成分

32.1.1 高温冶金炉渣

铅锌精矿的火法冶炼工艺，不论是传统的烧结-鼓风炉熔炼、铅锌炉渣烟化、各种直接炼铅新工艺、竖罐蒸馏以及回转窑挥发等高温过程都产生大量炉渣。高温炉渣中还含有一定数量的 Zn、Cu、Pb、Ge、In、Cd、Sn 和一些贵金属。表 32-1 列出了某些炼铅厂所产鼓风炉渣的主要化学成分。

表 32-1 鼓风炉渣的主要化学成分 （质量分数/%）

渣别	Pb	Cu	ZnO	SiO_2	CaO	FeO	Al_2O_3	备 注
1	1.8	0.5	15.8	22.0	16.24	31.80	—	MgO + CaO
2	1.96	0.27	13.7	21.76	18.05	30.80	—	MgO + CaO
3	1.5	0.5	12 ~ 15	26	17	28.6	—	—
4	—	—	12.5 ~ 17.5	21 ~ 24	14 ~ 17	33.5 ~ 38.6	—	—
5	2.3	—	23	21.0	14.7	25.6	5.7	MnO_2 4.3
6	2.0	0.007	13.4	23.0	21.3	34.1	5.3	—
7	3.6	—	22.65	20.5	17.1	31.0	—	MgO 3 ~ 5
8	3.5	0.25	18.7	20	9.0	28.8	—	—
9	2.1	0.9	15.3	18 ~ 20	7.5	39.4	—	—
10	2.5	0.15	21.2	20.8	10.3	33.0	—	—

对于有价金属含量高的炉渣，其综合利用途径为：直接返回流程，或适当处理后，经重新配料后返回流程，以提高金属的循环利用率；当其中某一种或某几种有价金属含量富集到一定程度时，则分别处理回收其中的有价金属，使之再资源化。以下的章节中会针对几种炉渣的回收利用途径进行阐述。有价金属回收后的弃渣，可作为其他行业的原料，如制砖、制水泥混合材料等建筑材料。

32.1.2 铅锌冶金粉尘

在铅锌冶金过程中产生的粉尘按其作用原理的不同，可把粉尘分为机械粉尘和挥发性烟尘两大类。由于这两类烟尘的性质及成分各有其特点，其处理方法也有所不同。

在对金属矿石进行破碎、筛分、运输、干燥、加料过程中所产生并被干式除尘器捕集到的粉尘成为机械粉尘。挥发性烟尘多是在高温作业过程中，由于氧化、还原、升华、蒸发和凝固等过程而形成的。表 30-9 为典型的挥发型烟尘——铅冶炼烟化炉烟尘的主要化学成分。

机械粉尘由机械作用产生，在产生过程中不发生化学的或物理化学的变化，其成分基本上与成尘前物料成分相同，其多作为返料，返回主体熔炼流程以回收其中有价金属。而挥发性烟尘因其在生成过程中发生物理的或化学的变化，其成分与成尘前的物料成分不一定相同。在成尘过程中进入烟尘中的伴生有价金属都能富集到相当多的数量，必须予以回收。而且有的稀有金属特别是稀散金属，在自然界没有可供提取该金属的单独矿物，只能从富集有该种金属的烟尘或其他物料提取。因此，挥发性烟尘的资源化具有特别重要意义，以下的章节会详细讨论挥发性烟尘的资源化途径。

32.1.3 湿法浸出渣

湿法浸出渣是指在湿法冶炼过程中产生的废渣，主要包括锌浸出渣、铁矾渣以及锌净化产生的铜镉渣、黄酸钴渣等。表30-12是锌浸出渣的主要化学成分。

湿法浸出渣的处理与利用方法与高温冶金炉渣及冶炼粉尘的方法相似，即先对其中富集的有价金属进行回收，再对其进行处置或用作建材等。

32.2 锌浸出渣的处理与综合利用

在湿法炼锌生产过程中所得浸出渣，含有锌、铅、铜、镉、铟、锗、金、银等有价金属，需进行回收。锌浸出渣的成分大致为：Zn 18%～20%，Fe 28%～30%，Cu 0.75%～2.7%，Pb 0.7%～6.0%，Cd 0.06%～0.5%。此外，还含有Au、Ag等。因此，锌浸出渣的处理具有非常重要的经济意义。

32.2.1 锌浸出渣的化学成分及物理特性

锌浸出渣的主要化学成分见表30-12。

锌浸出渣中有一部分含铅较高，经干燥后可直接送铅冶炼系统作为原料。

32.2.2 锌浸出渣的处理方法概述

锌浸出渣的处理有火法和湿法。火法处理是将浸出渣与炭（焦粉）相混合，用回转窑、蒸馏炉、竖炉（竖炉处理时浸出渣需经烧结或制团）来处理。浸出渣中的铅、锌还原挥发出来氧化成次级氧化锌而后回收。以下为几个工厂的实例。

日本会津锌厂用回转窑处理浸出渣。首先将浸出渣干燥，然后装入回转窑中使锌还原挥发，产出氧化锌烟尘。回转窑渣经磨碎后进行磁选，非磁性部分送鼓风炉进行熔炼，产出冰铜，铜进入冰铜的回收率为74%。磁性部分含有金、银和镓，铸成阳极电解，从阳极泥中回收镓，或用硫酸浸出，从浸出液和浸出渣中回收有色金属。

德国哈茨冶炼厂用矮竖炉烟化锌渣。干渣中加入10%～14%的石灰、21%的焦粉和10%～12%的沥青混合制成10～15mm的小球，然后在矮竖炉中进行烟化，铅、锌和镉被还原挥发，产出氧化物烟尘，熔炼渣和冰铜从矮竖炉内放入坩埚炉内进行沉淀分离。

日本暗中炼锌厂采用电热蒸馏炉从浸出渣中回收锌、镉和铁，其中锌以ZnO形式回收，铁以含铜生铁和电解铁的形式产出。

日本神岗锌厂用电炉从含锌16%～18%、铅3.5%的炉渣中回收金属锌和金属铅，铅和锌的回收率分别为89%和77%。

火法处理的缺点是产生的烟气中含有由燃料带来的硫以及由浸出渣中挥发出来的铅和镉，氧化锌也会有逸散，这样则造成金属损失和环境污染，此外，需要另外设置一套与湿法完全不同的设备，增加了投资。湿法处理则可以充分利用湿法厂原有设备和适当增加同类设备。浸出渣经湿法处理，可使锌的总回收率提高到96% ~98%。

湿法处理有四种方法，即黄钾铁钒法、针铁矿法、赤铁矿法和转化法。

这四种方法原理的共同点都是用热的浓酸（温度90 ~95℃，$H_2SO_4$300 ~350g/L）浸出，使渣中铁酸锌溶解。再用各自不同的方法，使已浸出的铁生成易于过滤的沉淀物。

（1）黄钾铁钒法：

$$3Fe_2(SO_4)_3 + 2(A)OH + 10H_2O \longequal 2(A)Fe_3(SO_4)_2(OH)_6 + 5H_2SO_4$$

（2）转化法：

$$3Fe_2(SO_4)_3 + xA_2SO_4 + (14 - 2x)H_2O \longequal 2A_x(H_3O)_{1-x}Fe_3(SO_4)_2(OH)_6 + (5 + x)H_2SO_4$$

（3）针铁矿法：

$$2FeSO_4 + 2ZnO + \frac{1}{2}O_2 + H_2O \longequal 2ZnSO_4 + Fe_2O_3 \cdot H_2O$$

（4）赤铁矿法：

$$Fe_2(SO_4)_3 + 3H_2O \longequal Fe_2O_3 + 3H_2SO_4$$

式中　A——K^+，Na^+，Rb^+，NH_4^+或H_3O^+等阳离子。

以上反应表明，铁分别生成黄铁矾、混合型黄铁矾、针铁矿和赤铁矿形态的沉淀物。

这四种方法均具有锌回收率高（96% ~98%），铁溶过滤性能好的优点。几种方法的技术经济效果综合比较见表32-2。

表32-2　锌浸出渣几种处理方法的比较

方　法	黄钾铁钒法	转化法	针铁矿法	赤铁矿法
pH值	<1.5	热酸浸出时加废电解液	2.0 ~2.5	H_2SO_4 达2%
温度/℃	90 ~100	90 ~100	70 ~90	约200
作业时间/h	4 ~5	—	3 ~4	—
添加剂	NH_4^+ 或 Na^+，K^+	NH_4^+ 或 Na^+，K^+	无	无
铁渣量	较大	大	少	很少
渣含铁/%	30左右	<30	40 ~50	60 ~67
铁渣过滤性能	很好	很好	很好	很好
锌回收率/%	97.3	96.5	97.7	较高
基建投资	中等	最低	较高	很高
技术操作要求	较容易	简单	较难	较难
生产过程中 H_2SO_4 的平衡情况	能分离出积累的硫酸	能分离出积累的硫酸	不易达到 H_2SO_4 的平衡	需加石灰中和分离出的硫酸
应用本法的工厂实例	埃德海姆锌厂（挪威）布德尔锌厂（荷兰）	奥托昆普公司（芬兰）	巴伦锌厂（比利时）	饭岛锌厂（日本）

这四种方法中目前我国以黄钾铁钒法应用最广，采用的工厂约有20家，转化法1家，针铁矿法3家，赤铁矿法1家。

黄钾铁钒法应用最早，比较成熟，但目前防止黄铁矾废渣堆放造成环境污染已引起注意。对此已提出若干措施。

针铁矿法的滤渣不含 SO_4^{2-}，又极难水合，渣含铁高，可作为一种红色颜料的原料。

转化法在沉铁时原需另外的反应剂，但原料含铅，银高则不太适合。

赤铁矿法产出的铁渣含硫3%，可作为提硫的原料送去焙烧，有时可按一定比例配入铁矿粉矿，经烧结后作为高炉炼铁原料。以上各种方法的选用在一定程度上决定于最终残渣的用途。

以下分别就火法处理锌浸出渣的回转窑挥发法与湿法处理的热酸浸出-黄钾铁钒法与热酸浸出-针铁矿沉淀法加以具体论述。

32.2.3　回转窑挥发法

我国各厂均用回转窑挥发法处理浸出渣。即将干燥后的浸出渣配以40%～50%的焦粉加入回转窑内在高温下使锌、铅等金属还原挥发，而后以氧化物回收。此法适用于处理含铅小于6%，铅、锌总含量小于26%的浸出渣。

图32-1所示为回转窑挥发法处理焙烧矿浸出渣设备连接。

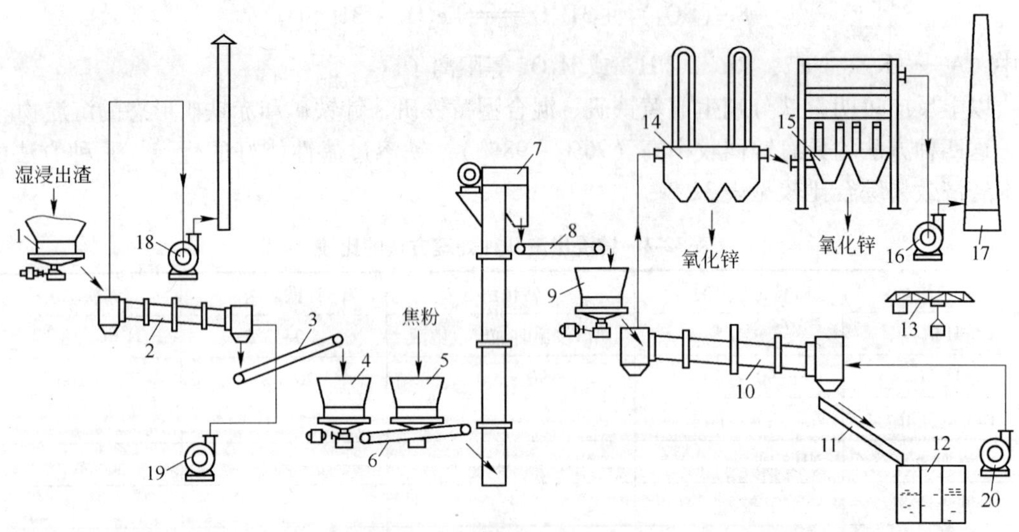

图32-1　焙烧矿浸出渣回转窑挥发处理工艺设备连接

1—ϕ1500湿式圆盘给料机；2—ϕ2200×12000干燥窑；3，6，8—B=500胶带输送机；4，5，9—ϕ1500敞开式圆盘给料机；7—D250型斗式提升机；10—ϕ2400×44000回转窑；11—排渣流槽；12—沉淀池；13—5t桥式电动抓斗起重机；14—900m^2 U形冷却管；15—2100m^2 滤袋收尘器；16—Y9-3T-1型锅炉引风机；17—烟囱；18—9-57-11型8号离心通风机；19—8-18-11型8号离心式通风机；20—D-100-31型高压离心鼓风机

32.2.3.1　原料和燃料要求

A　干燥后浸出渣

(1) 水分：要求水分为12%～18%。水分过高，窑温难以提高，物料易成球，预热带易结圈，窑尾温度下降，炉气量及炉气中的水分增加，影响收尘效率及滤袋和窑的寿

命。水分过低，大量浸出渣粉尘随烟气带走，影响氧化锌烟尘质量。

（2）粒度：以 5 ~ 15mm 为宜。粒度太粗，虽透气性好，但与还原剂的接触表面小，影响金属氧化物的还原速度。粒度太细，透气性不良，也影响其还原速度，同时部分粉尘易带至收尘系统，影响烟尘质量。

（3）铅锌含量：渣含锌在 20% 左右为宜，含铅应低于 6%，总铅、锌含量应在 26% 以下。铅、锌总含量过高，铅、锌挥发不完全。锌含量过高时，易产生局部高温。铅高则使炉料熔点降低，易于软化，影响挥发。

B 燃料

浸出渣回转窑挥发，一般采用焦粉作燃料（且为还原剂）。正常情况下，窑温主要靠焦粉、锌蒸气的燃烧来维持。只有当开窑升温或窑内热量不足时，才使用煤气、重油或粉煤等辅助燃料。

焦粉中挥发物过高，不利于反应带的延长。焦粉的灰分也不宜太高，一般要求焦粉中含固定碳 65% ~75%、挥发物 6% ~10%、灰分 10% ~12%。表 32-3 为焦粉粒度对窑况的影响。

表 32-3 焦粉粒度对窑况的影响

焦粉粒度	窑况
大于 20mm 的占 20% 以上时	炉料软化，粒度大，容易形成球状；窑尾温度升高；渣含锌平均 2.56%
大于 5mm 的占 30% 以上时	炉料与焦粉产生分层现象；炉料翻动不好；透气性差；渣含锌平均 2.18%
大于 15mm 的占 20% 以下，小于 5mm 的占 30% 以下，5 ~ 15mm 的占 50% 以上时	炉料翻动良好，透气性好；炉料不宜软化；渣含锌平均 1.68%

合适的焦粉粒度组成为：<5mm 30%，5 ~ 15mm 50%，>15mm 20%。

32.2.3.2 技术操作条件选择

A 焦率

焦率是指加入焦粉量为干燥浸出渣量之百分比。加入焦粉是为保证产生高温以及使锌、铅还原，并使炉料具有一定的松散性。焦率一般为 40% ~50%。如焦率过高，使窑内温度太高，还原性气氛太强，随渣排出的剩余焦粉增多；过低则炉料失去松散性，透气性差，并可能产生黏结，致使炉料反应不完全，降低金属回收率。

B 温度

窑内温度分为 4 个带，即干燥带，预热带，反应带，冷却带。其中反应带最长，温度最高。

炉料的温度愈高，锌、铅氧化物还原的速度愈快，挥发得愈完全。但炉料的温度过高，对窑衬腐蚀加剧，使窑衬寿命大大缩短；且可能产生炉料熔化、形成炉结、恶化操作过程，降低金属回收率。因此，应根据炉料的熔点及性质保持适宜的料温，一般反应带炉料温度控制在 1100 ~ 1200℃，窑尾烟气温度在 650 ~ 750℃。

C 窑内负压

负压过大，进入窑内的冷空气增多，反应带后移，窑尾温度升高，进料溜子易损坏，燃料燃烧不完全，部分未被氧化的细颗粒被带进烟道，影响氧化锌质量。负压过小，窑内空气量不足，反应带前移，减弱氧化性气氛，增强还原性气氛，影响产品质量，窑渣含锌增高，甚至窑前部分有可能出现冒火的危险。因此，窑内负压必须适当，以控制在50~80Pa为宜。

D 强制鼓风

强制鼓风是改善窑况的主要因素之一，可使窑温均匀，反应带延长，并能将炉料吹起造成良好的翻动，加速反应过程。生产实践证明，强制鼓风可提高生产能力10%~25%，铅、锌的回收率分别提高4%~5%及2%~3%，并可延长窑寿命。强制鼓风压力一般为1.8~3kg/cm^2（表压）。

E 窑身转速

窑身转速对于炉料在窑内停留时间、反应速度及反应的完全程度有很大影响。转速太大，炉料在窑内停留时间短，虽然翻动良好，但反应不完全，渣含锌升高。转速太慢，炉料在窑内停留时间长，焦粉燃烧完全，但处理量降低。一般来说，对于长44m的回转窑，炉料在窑内停留时间为2~3h，窑身的回转速度以控制在60~140r/min为宜。

表32-4为挥发窑技术操作条件实例。

表32-4 挥发窑技术操作条件实例

项目			厂别 1	厂别 2
焦率/%			45~50	50~55
温度/℃	炉料	干燥带	600~700	>600
		预热带	700~1000	—
		反应带	1100~1250	1200~1260
		冷却带	800~1000	—
	炉气	干燥带	700~750	600~700
		预热带	1000~1100	800~900
		反应带	1200~1300	1250~1300
		冷却带	650~750	650~750
窑尾负压（毫米水柱）			3~5	5~10
强制鼓风压力（表压）/kg·cm^{-2}			1.5~3.0	>1.8

某厂挥发窑各带范围分布如图32-2所示。

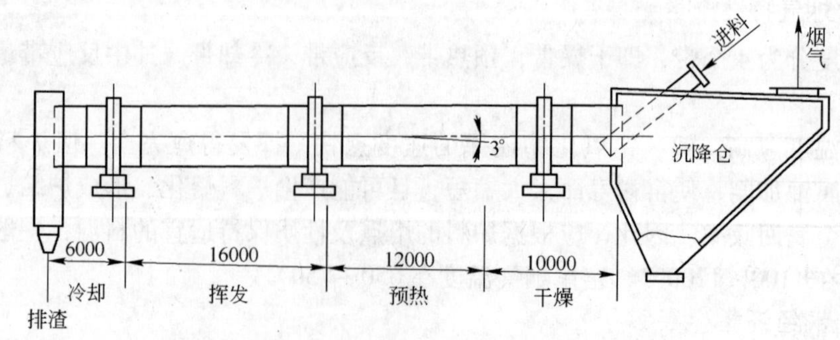

图32-2 某厂挥发窑各带范围分布

32.2.3.3 回转窑挥发产物

A 氧化锌烟尘

氧化锌烟尘化学成分、物相组成、烟尘比例见表 32-5 和表 32-6。

表 32-5 氧化锌化学成分 （质量分数/%）

氧化锌种类	锌	铅	氟	氯	铟	锗	锌可溶率	烟尘产出比例
冷却烟道氧化锌	50～55	9～12	0.07～0.1	0.05～0.15	0.04～0.07	0.002～0.005	>96	48
滤袋氧化锌	65～68	8～11	0.05～0.1	0.05～0.1	0.03～0.07	0.003～0.005	>98	52

表 32-6 氧化锌物相组成 （质量分数/%）

氧化锌种类	锌				铅	
	ZnO	$ZnSO_4$	ZnS	$ZnO\cdot Fe_2O_3$	PbO	$PbSO_4$
冷却烟道氧化锌	96.8	0.3	1.70	0.60	96.3	3.7
滤袋氧化锌	96.4	0.5	1.70	0.60	96.5	3.5

B 窑渣

挥发窑渣一般化学成分及其主要金属的物相组成见表 32-7 和表 32-8。

表 32-7 窑渣化学成分 （质量分数/%）

成　分	Zn	Pb	SiO_2	$Fe_总$	Fe^0	Al_2O_3	CaO + MgO
含　量	1.1～1.7	0.5～0.7	20～28	25～33	18～20	5～6	4～6

表 32-8 窑渣物相组成 （质量分数/%）

物相	铅					锌					铁		
	$PbSO_4$	$PbO + xPbO + ySiO_2$	PbO	PbS	$PbO\cdot Fe_2O_3$	$ZnSO_4$	ZnO	$xZnO\cdot ySiO_2$	ZnS	$ZnO\cdot Fe_2O_3$	FeO	FeS	Fe^0
成分	10	20	30	30	10	1	4	5	50	40	59	4	37

窑渣堆密度：湿渣 1.35g/cm^3，干渣 1.3g/cm^3。

C 烟气

挥发窑烟气特性见表 32-9。

表 32-9 挥发窑烟气特性

烟气温度/℃	烟气成分（质量分数/%）					含尘量/g · m^{-3}
	CO_2	CO	O_2	SO_2	H_2O	
600～650	18～20	0.3～0.6	1～3	0.5～1	9～11	21～25

32.2.3.4 回转窑挥发的技术经济指标

A 技术经济指标实例

表 32-10 为挥发窑技术经济指标实例。

表 32-10 挥发窑技术经济指标实例

项 目	厂 别	
	1	2
锌直接回收率/%	90~92	95
铅直接回收率/%	75~80	97~98
窑生产能力/$t_{混合料}\cdot(m^3\cdot d)^{-1}$	1.15~1.2	1.2~1.3
窑渣含锌/%	1.3~1.7	1.1~1.3
窑渣含铅/%	0.5~0.7	0.1~0.2
窑渣率（以混合料计）/%	约67	60~65
收尘效率/%	99	96
滤袋尘锌可溶率/%	98	96
烟道尘锌可溶率/%	96	94
焦粉单耗/$kg\cdot t_{氧化锌}^{-1}$	1900	1950
滤袋单耗/$m^2\cdot t_{氧化锌}^{-1}$	0.66	0.25~0.3

B 挥发窑寿命

挥发窑寿命随着使用耐火材料的不同差异很大。表32-11为不同耐火材料对窑寿命的影响。根据实践，挥发窑年工作日可取220~240d。

表 32-11 不同耐火材料对窑寿命的影响

耐火材料名称	耐火材料性能	窑寿命/月
黏土砖	Al_2O_3 40%~42%，SiO_2 50%~55%，耐火度大于1790℃	8~14
高铝砖（二级）	Al_2O_3 71%~73%，SiO_2 20%~25%，耐火度大于1790℃	12~25
蛇纹石砖	MgO 45.82%，Al_2O_3 1.76%，Fe_2O_3 8.37%，SiO_2 34.2%，耐火度1800℃	20~30
铝镁砖	MgO 84%~85%，Al_2O_3 7.3%~8.6%，耐火度大于1940℃	32~45
烧结镁砖		60~90

注：处理干燥浸出渣成分为（%）：Zn 20~24，Pb 2.3~3.5，Fe<25，SiO_2 7~10，Al_2O_3 3~5。

32.2.3.5 主要设备选择

A 回转窑

湿法炼锌厂挥发用回转窑，一般直径为2~2.5m，长30~35m。窑壳直径与长度之比约为1:（12 ~ 15）。

窑外壳是由16~20mm的锅炉钢板制成的圆筒体，窑倾角一般为3°~5°，窑内衬耐火材料，通常采用镁质砖、高铝砖及铝镁砖等。

回转窑容积可计算为：

$$V = \frac{Q \times 360}{qm}$$

式中 V——回转窑容积，m^3；

Q——日处理混合料量，t/d；

q——窑生产能力，$t_{混合料}/(m^3 \cdot d)$，一般取 1.2；

m——窑实际生产日数，一般取 220～240d。

因窑实际生产日数中已考虑窑的检修期，设计中不需另外考虑备用。表 32-12 为挥发窑技术性能实例。

表 32-12 挥发窑技术性能实例

项 目	厂 别	
	1	2
窑规格/m	ϕ2.84×44	ϕ2.3×32
有效直径/m	2.4	1.68～1.92
容积/m^3	200	91
反应带内衬	铝镁砖或高铝砖	镁质耐火砖
窑倾角/(°)	3	3
转速/$r \cdot min^{-1}$	60～120	60
挥发能力（按金属锌、铅计算）/$kg \cdot (m^3 \cdot d)^{-1}$	160～170	150
处理量（混合料量）/$t \cdot (d \cdot 台)^{-1}$	230～240	105

B 圆盘给料机

由于物料水分较高，粉尘少，故回转窑的加料设备可采用敞开式圆盘给料机。

C 窑渣运输设备

窑渣通常经水淬后送出。

D 空气压缩机

空气压缩机的确定，可按处理一吨混合料消耗总空气量（标态）1800～2000m^3，其中要求鼓风压力 0.18～0.3MPa/cm^2（表压）的压缩空气占 13%～15% 计算。

E 水渣池

窑渣按水：渣 =8：1 水淬入渣池。水渣池大小可按 8h 贮存渣量计算。渣池有效容积利用系数取 0.55～0.6，水淬渣堆密度为 1.35g/cm^3。

32.2.3.6 配置说明及参考图

本工段配置应与浸出渣干燥窑相邻。

生产与检修中有大量物料（如焦粉、窑渣、耐火材料等）运输，配置时应充分考虑交通运输的方便。

配置可分回转窑、原料运输与储备、窑渣输送三部分考虑。

A 回转窑

回转窑挥发是高温（1100～1300℃）过程，窑筒体表面温度可达 180～280℃，且窑身较长（一般在 35m 以上），因此，除窑头操作部位及窑尾进料部位应设厂房外，窑身可置于露天。

相邻两台窑之间的净空间距宜为 7～8m。

窑头一端应设置操作平台、仪表间及高压鼓风机房等。还应考虑停窑检修时耐火材料等的堆放场地。

B 原料运输与贮备

该部分包括胶带输送机，中间储料仓，圆盘给料机，斗式提升机等设备的配置。其相互位置及标高的确定，主要依回转窑的定位而定，再结合设计时选取的配置方案综合考虑。

胶带输送机倾斜角可取6°~7°；

中间料仓以4~6h贮料量为宜；

焦粒堆场按16h贮量考虑。堆场应有房盖及设备运输设备。

C 窑渣输送

窑渣输送包括冲渣流槽、渣池及捞渣设备等，均集中配置在窑头一端。冲渣流槽置于窑头操作平台层下，倾斜角为7°~8°。

水渣池置于地下，可露天配置，并配以捞渣设施。

图32-3所示为10万t/a电锌厂挥发窑配置实例。

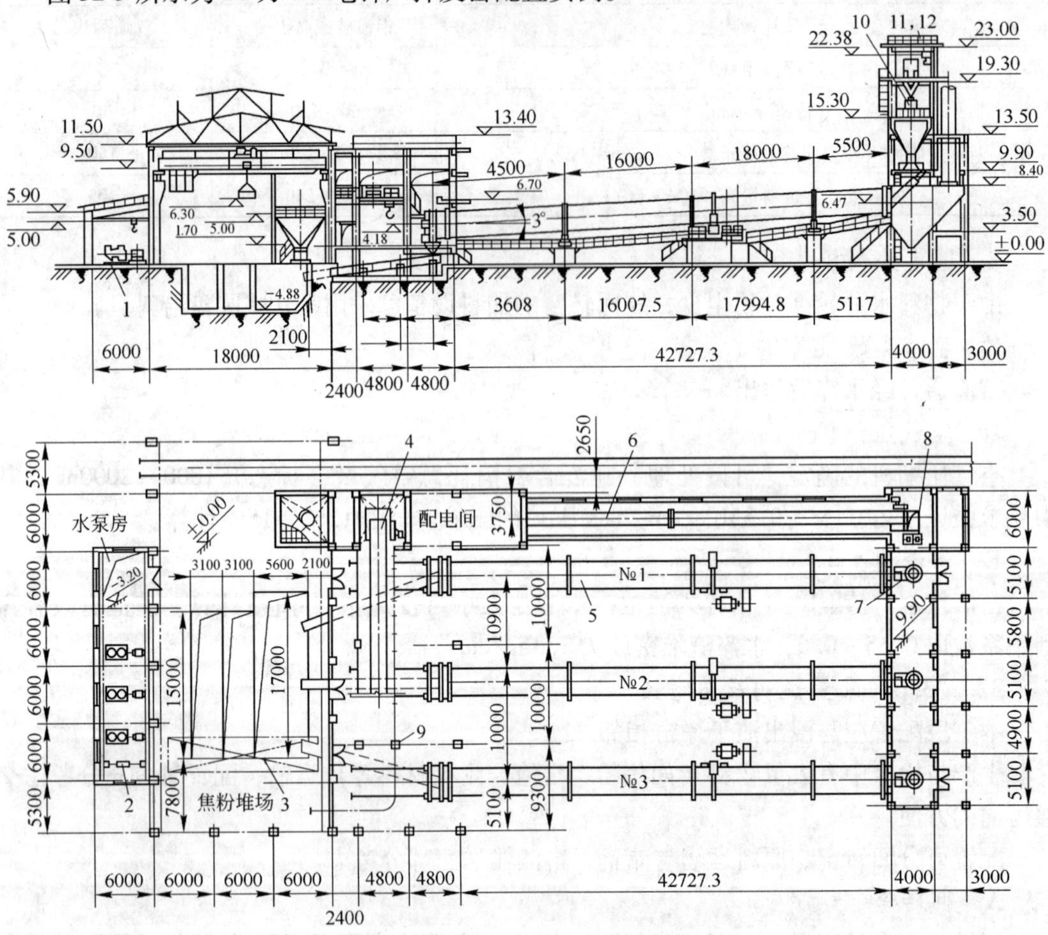

图32-3 10万t/a电锌厂挥发窑配置实例

1—D-100-31型高压离心鼓风机；2—2t悬挂式手动平移起重机；3—5t抓斗桥式起重机；4，6，10—$B=500$胶带输送机；5—$\phi2.4m\times44m$回转窑；7—$\phi1500$敞开式圆盘给料机；8—D250型斗式提升机；9—1t电动葫芦；11—1t手拉链式葫芦；12—1t起重滑车

32.2.4 热酸浸出-黄钾铁钒法与热酸浸出-针铁矿沉淀法

目前，黄铁矾法在国外已广泛用于处理浸出渣。有的工厂则将此法结合到一般湿法炼锌生产流程中去，使锌的回收率由原来的85% ~93%，提高到96% ~98%。铜、镉回收率亦有所提高。

黄铁矾法是在高酸、高温下使渣中难溶的铁酸锌（以铁酸锌形态存在的锌占渣中总锌量的55% ~60%）溶解，而后使铁以黄铁矾化合物（$AFe_3(SO_4)_2(OH)_6$，A 可以是 Na、K、NH_4、H_3O 等）沉淀除去。

热酸浸出-黄钾铁钒法与热酸浸出-针铁矿沉淀法在我国湿法炼锌厂均已有工业化应用，应用情况详见第4篇有关章节。

32.3 铜镉渣的处理与回收

从铜镉渣中提取镉，国内均采用湿法冶炼，具有产品质量高（得1号或精1号镉），回收率高（87% ~89%），其他有价金属（铜、钴、铊）能富集回收等优点。其主要工序包括：铜镉渣浸出，置换沉淀海绵镉，海绵镉溶解（造液），镉溶液净化，镉的电解沉积和阴极镉熔化铸锭等。其一般流程如图32-4所示。

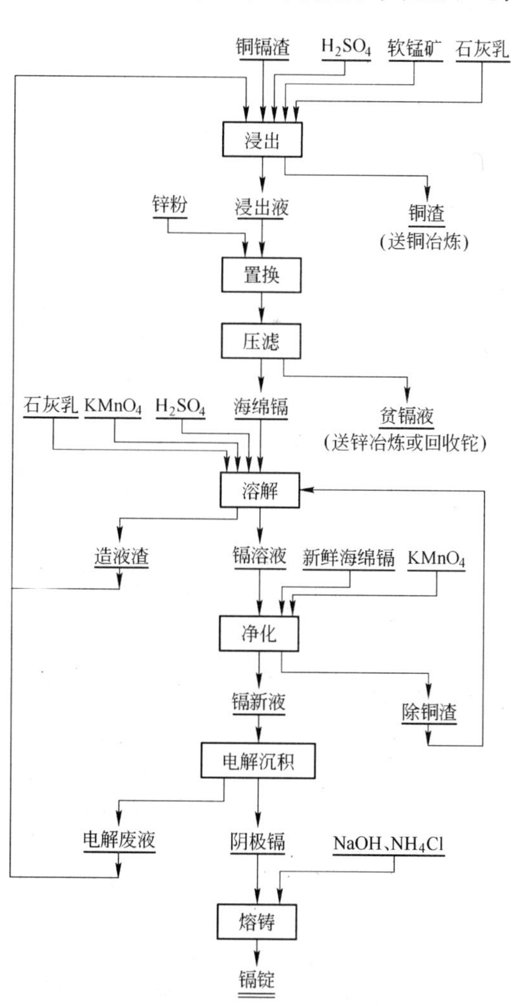

图32-4 从铜镉渣中提取镉一般流程

国内湿法炼锌厂镉生产设备连接见图32-5和图32-6。

图32-5和图32-6流程特点如下：

（1）铜镉渣浸出时，加氧化剂（软锰矿）除将二价铁氧化水解沉淀外，也促使镉氧化，使镉尽可能地溶解（同时也有部分铜溶解）。得到浸出残渣（铜渣）含镉较低（某厂约0.35%，有的厂约0.6% ~0.8%），因此，镉的浸出率比较高，相应提高了镉的冶炼回收率。

（2）海绵镉溶解（造液）不用镉电解废液，而用硫酸溶解，可得到较高纯度的镉新液，避免杂质于电积过程中循环，有利于电积作业。

32.3.1 铜镉渣的化学成分及物理性质

在湿法炼锌过程中，硫酸锌溶液净化产出铜镉渣。一般铜镉渣成分为：Cd 4% ~12%，Cu 3% ~8%，Zn 35% ~45%。它是提取镉的主要原料之一，目前，国外生产的镉大部分是由铜镉渣中提取的。

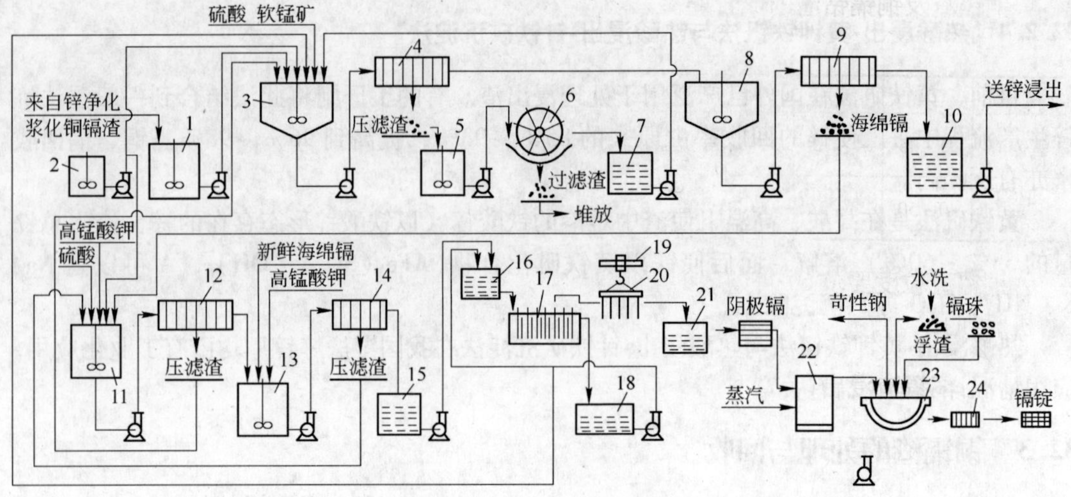

图32-5 镉生产设备连接实例之一

1—ϕ3500×3000 铜镉渣矿浆储槽；2—ϕ1500×1200 石灰乳搅拌槽；3—ϕ4750×3500 铜镉渣一次浸出槽；4，9，12—30m^2 胶质压滤机；5—ϕ2800×2800 浸出后铜镉渣水洗槽；6—34m^2 圆盘过滤机；7—过滤液储槽；8—ϕ4750×3500 海绵镉置换槽；10—ϕ3600×1880 置换后液储槽；11—11m^2 海绵镉溶解槽；13—ϕ2800×2800 净化除铜槽；14—15m^2 胶质压滤机；15—镉新液储槽；16—电解液高位槽；17—2800×850×1250 电解槽；18—电解废液储槽；19—2t 电动葫芦；20—阴极吊架；21—阴极镉新液；22—阴极镉干燥箱；23—ϕ2200×1104 镉熔铸锅；24—铸锭机

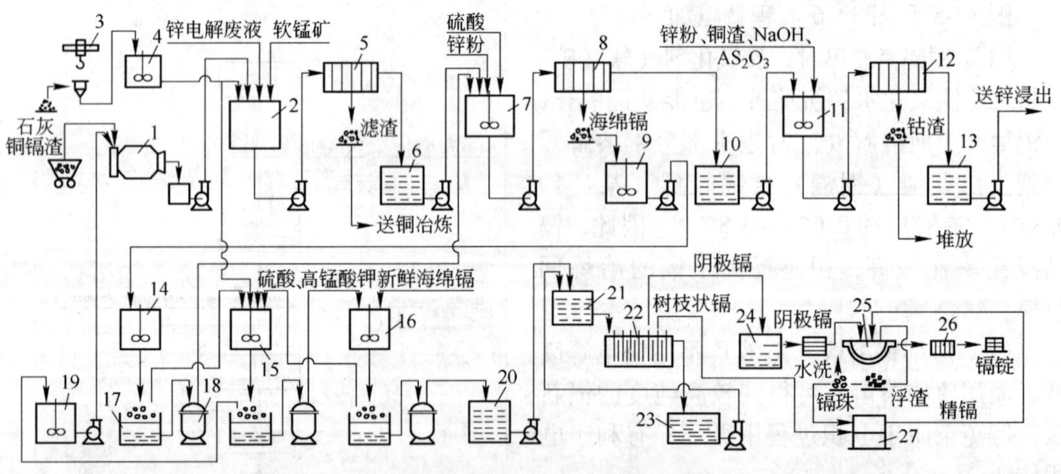

图32-6 镉生产设备连接实例之二

1—ϕ900×1500 球磨机；2—ϕ3500×4000 铜镉渣浸出槽；3—单筒卷扬机；4—ϕ1200×1100 石灰乳制备槽；5，8，12—900×900 木质压滤机；6—浸出液储槽；7—ϕ3500×4000 海绵镉置换槽；9—海绵镉捣和槽；10—储液槽；11—ϕ3500×4000 净化除钴槽；13—储液槽；14—ϕ1000×1600 海绵镉水洗槽；15—ϕ2150×1850 海绵镉溶解槽；16—ϕ2150×1850 净化除铜槽；17—ϕ1000 吸滤器；18—扬液器；19—ϕ1600×1500 造液渣捣和槽；20—镉新液储槽；21—1600×1600×2000 镉新液高位槽；22—3000×900×1000 镉电解槽；23—1500×2000×700 电解废液储槽；24—阴极镉洗槽；25—镉熔铸锅；26—铸锭机；27—镉蒸馏炉

铜镉渣及铜镉钴渣的成分实例见表32-13。

表32-13　铜镉渣及铜镉钴渣化学成分　（质量分数/%）

物料	Zn	Cd	Cu	Co	Fe	Mn	As	Sb	Tl	Ni	SiO_2
铜镉渣	35 ~ 45	4 ~ 12	3 ~ 6	0.02 ~ 0.04	1 ~ 2	0.2 ~ 0.8	0.1 ~ 0.3	0.1 ~ 0.2	0.02 ~ 0.03	0.1 ~ 0.7	0.2 ~ 1
铜镉钴渣	40 ~ 50	3 ~ 5	4 ~ 5	0.1 ~ 0.2	0.8 ~ 1.0	—	0.1 ~ 0.5	0.05	—	—	—

铜镉渣粒度要求60目以上的应小于5%，故硫酸锌溶液净化产出的铜镉渣通常先经球磨机磨细。

32.3.2　铜镉渣浸出

铜镉渣浸出要考虑：

(1) 浸出液固比：浸出矿浆液固比大，固体颗粒易于扩散，可提高浸出率并缩短浸出时间，但液固比过大，对处理一定量的铜镉渣，需要较大容积或较多数量的设备。通常液固比以 (5 ~ 6) : 1 为宜。

(2) 浸出温度：一般保持60 ~ 70℃。为加快反应速度，缩短浸出时间，有的工厂浸出温度达80℃或更高。

(3) 浸出时间：一般应不少于5h。通常浸出6h以后浸出液和浸出渣中含镉趋于稳定，故以6 ~ 7h为适宜。

(4) 酸度：浸出始酸与浸出加料制度（铜镉渣与加酸的先后程序）有关，无特殊要求。当酸度降到约1g/L时，镉的溶解几乎终止。此后加石灰乳中和除铁，终点pH值控制在5.2 ~ 5.4。

(5) 浸出渣（铜渣）水洗：铜渣水洗是为了降低渣中水溶镉，水洗温度应高于75℃。表32-14为铜镉渣浸出技术操作条件实例；表32-15为铜镉渣浸出液成分实例。

表32-14　铜镉渣浸出技术操作条件

项目		厂别 1	厂别 2
铜镉渣湿磨	湿磨液固比	(4 ~ 5) : 1①	(2 ~ 3) : 1
	矿浆中固体粒度（+60目）/%	—	<5
浸出	液固比	(6 ~ 7) : 1	(5 ~ 6) : 1
	浸出最高酸度/$g \cdot L^{-1}$	10 ~ 15②	70 ~ 80
	加软锰矿时酸度/$g \cdot L^{-1}$	4 ~ 6	2 ~ 3
	加石灰乳时酸度/$g \cdot L^{-1}$	0.5 ~ 1	0.5 ~ 1
	终点pH值	5.2 ~ 5.4	5.1 ~ 5.3
	温度/℃	80 ~ 90	70 ~ 80③
	操作周期/h	8 ~ 9	10 ~ 14
	搅拌方式	机械搅拌	空气搅拌
铜渣水洗	温度/℃	80 ~ 90	>75
	搅拌时间/h	1 ~ 2	1 ~ 1.5

①铜镉渣为浆化输送，要求液固比大；

②硫酸加入铜镉渣中，此为加酸终止酸度；

③浸出前配液温度。

表 32-15 铜镉渣浸出液成分 (g/L)

厂别	Cd	Cu	Zn	Fe	As	Sb	Co	Tl
1	10~20	约0.05	80~130	1~2	0.00006~0.0015	0.012~0.03	0.02~0.04	0.017~0.024
2	3~10	0.1~0.5	130~150	0.1~0.5	<0.1	0.001~0.005	0.2~0.5	—

32.3.3 置换沉淀海绵镉

置换沉淀海绵镉要考虑：

(1) 锌粉粒度及用量：锌粉粒度愈小，活度愈大，加速置换反应。一般以100~120目为宜。锌粉实际用量为理论计算量1.2~1.3倍。

(2) 溶液酸度：为活化锌粉，使其表面覆盖的盐基性硫酸锌薄膜溶解，可加少量硫酸酸化溶液，调至pH值为3~4。

(3) 温度：锌粉置换镉的操作温度要求低于60℃，温度过高促使镉复溶。

(4) 时间：加锌粉置换时间60~90min。对于含镉低的溶液可采用两段置换：第一段用锌粉量80%进行置换，得品位较高的海绵镉，剩余锌粉作第二段置换，所得含过量锌粉的低品位海绵镉再返回到第一段置换。

(5) 搅拌方式：为防止锌粉氧化不宜用空气搅拌。表32-16为锌粉置换沉淀海绵镉技术操作条件。表32-17为海绵镉成分实例。

表 32-16 锌粉置换沉淀海绵镉技术操作条件

项 目	厂 别	
	1	2
温度/℃	40~50	<60
酸度/$g \cdot L^{-1}$	pH值3~4	0.3~0.5
锌粉粒度（目）	100左右	100~120
锌粉用量为理论量倍数	1.2~1.3	1.5
操作周期①/h	7	4~5
置换后液含镉/$g \cdot L^{-1}$	0.02~0.05	0.1~0.3
海绵镉水洗温度/℃	常温	75~80

①加锌粉时间为1~1.5h。

表 32-17 海绵镉成分实例 (质量分数/%)

厂 别	Cd	Zn	Cu	Ni	Tl	H_2O
1	>80	<4	约0.2	约0.5	0.0066	<40
2	>55	<10	0.5~1	0.1~0.2	—	30~35

注：厂1浸出液含镉高，故海绵镉品位高；厂2海绵镉中含Co 0.2%~0.4%。

32.3.4 置换后液净化除钴

铜镉渣提镉过程中，置换后液不需除钴，可直接返回锌湿法系统。如硫酸锌溶液净化采用锌粉-砒霜法时，钴富集在铜镉渣中，铜镉渣浸出与置换沉淀海绵镉时，钴仍残留在置换后液中，因此置换后液需净化除钴。除钴仍采用锌粉-砒霜法，在机械搅拌槽中进行，其技术操作条件如下：

（1）除钴温度60℃以上；

（2）净化剂加入量（$kg/m^3_{溶液}$）：砒霜0.14～0.17，苛性钠0.085，锌粉4～5；

（3）钴除至合格后，加入硫酸溶解过量锌粉；

（4）净化后液含钴小于40mg/L。

32.3.5 海绵镉溶解（造液）

海绵镉的溶解是为镉电解准备电解液。海绵镉的氧化程度对溶解过程的影响很大，氧化程度高的海绵镉，溶解快，渣量少，渣含镉低。海绵镉一般采用自然氧化，即在潮湿空气中堆放，堆放时间愈长（一般在7天以上），氧化效果愈好。

溶解过程中加入高锰酸钾使低价铁氧化，然后加石灰乳中和水解，以进一步除铁。

过程采用机械搅拌。实践表明，加完海绵镉后用机械和空气同时搅拌，可促使其溶解。表32-18为海绵镉溶解过程技术操作条件。

表32-18 海绵镉溶解技术操作条件

项 目	厂 别	
	1	2
过程中酸度控制/$g \cdot L^{-1}$		
始 酸	400～600	260～300
加高锰酸钾时	0.5～1.0	5
加石灰乳时	0.5	0.5～1
终点（pH值）	5.2～5.4	5.2～5.4
终了溶液含镉/$g \cdot L^{-1}$	200～250	180～220
温度/℃	85～90	80～85
操作周期/h	5～6	6～7
搅拌方式	机械搅拌和空气搅拌	机械搅拌
造液渣含镉/%	<30	<18

32.3.6 净化除铜

为保证溶液含镉浓度，硫酸镉溶液采用未经氧化的新鲜海绵镉净化除铜。过程技术操作条件见表32-19。

表32-19 硫酸镉溶液净化除铜技术操作条件

项 目	厂 别	
	1	2
反应温度/℃	50	55～65
搅拌时间/min	30	30～40
操作周期/h	3～4	3～4
除铜后液含铜/$g \cdot L^{-1}$	<0.0004	<0.0001

32.3.7 镉电解沉积

工业实践中有两种电积方法。连续法：镉新液连续加入和电解废液连续放出，电解槽中溶液含镉和硫酸浓度大致保持一定；间断法：加入镉新液电积进行到电解废液含镉和硫酸到一定浓度后放出，再更换新液。连续法比较合理，适于较高电流密度（超过100 A/m²）和回转阴极；但间断法比较简单，适用于低电流密度，故应用比较普遍。目前国内工厂采用间断法，严格控制电解条件可保证获得高质量的阴极镉和较低的电力消耗。

镉电解沉积技术操作条件如下。

（1）电解液成分。

1）锌：电解液含锌不应超过30~40g/L。含锌高促使树枝状镉剧增。

2）镉：间断法电解进行到电解液含镉低于一定浓度时，电流效率下降较快，故含镉浓度不应低于40~50g/L。

3）酸度：酸度过低过高都会使电流效率显著下降。过低溶液导电性差，槽电压升高；过高，使氢的过电压下降，电流效率也低。工厂实际酸度控制在100~160g/L范围。

4）铁：铁的存在显著降低电流效率，不宜超过0.05g/L。

5）锰：电积过程锰沉积在阳极表面，对保护阳极有一定好处。但锰离子过高则影响电流效率。一般要求锰控制在2~3g/L。

6）铜、砷、锑：含量高时显著降低电流效率，且在阴极上析出而降低阴极镉质量，有时甚至出现阴极镉脱离和析出物成粉末状态。因此铜含量应低于0.0005g/L，砷加锑低于0.001~0.002g/L。

7）钴：钴在电积过程的影响较小，当含量达0.1g/L，对电流效率稍有降低。

8）氯、铊：使阳极腐蚀和阴极镉含铅高。电解液中允许含氯0.03g/L，含铊0.05g/L。

（2）电流密度。镉电解沉积一般都在低电流密度下进行。这是由阴极镉的结晶特性决定的，因在硫酸溶液中电积镉时，结晶核心生成速度很慢，而晶粒的增长速度又比较快，随着电流密度的增大，在阴极上生成树枝状结构的可能性增大，产生短路现象，并使阴极镉质量降低。国内工厂实际采用电流密度为65~100A/m²。

（3）电解液温度。一般控制在25~30℃。温度过低使电解液电阻增大。过高使氢的过电压降低，尤其当电解液酸度愈大时，电流效率随温度升高而下降愈剧烈；此外，温度升高加速了阴极镉的溶解。

（4）析出周期。析出周期与电流密度和电解方法有关。通常间断法低电流密度电积析出周期为24h。

（5）槽电压、同极中心距。槽电压通常为2.4~2.5V。同极中心距为100mm。镉电解沉积溶液成分及技术操作条件见表32-20~表32-22。

表32-20 镉新液成分 (g/L)

厂别	Cd	Cu	Zn	Mn	Co	Fe	As	Sb	Ni
1	200~250	<0.0004	20~30	2~3	<0.03	<0.05	<0.001		0.5~1.5
2	180~220	0.0001	<30	1~1.5	<0.6	0.005	0.00006	0.001	<0.2

表 32-21　镉电解废液成分　(g/L)

厂　别	Cd	Cu	Zn	Mn	Co	Fe	As	Sb	H_2SO_4
1	55 ~ 65	<0.0005	20 ~ 25	0.8 ~ 2.7	0.01 ~ 0.03	<0.05	<0.001		120 ~ 160
2	50 ~ 60	<0.0002	<30	1 ~ 1.5	0.3 ~ 0.5	0.015	0.0001	0.0015	100 ~ 120

表 32-22　镉电解沉积技术操作条件

项　目	厂　别	
	1	2
电流强度/A	2000 ~ 2750	800 ~ 1000
电流密度/A · m^{-2}	65 ~ 80	90 ~ 100
同极中心距/mm	100	100
槽温/℃	28 ~ 32	<30
槽电压/V	2.4 ~ 2.5	2.5
析出周期/h	24	24

32.3.8　阴极镉熔铸

阴极镉熔铸用苛性钠作覆盖剂以防止熔融镉的氧化，同时还能除去镉中少量杂质锌。如阴极镉含铊高可加氯化铵除去。

熔铸过程应严格控制温度。温度过高镉锭表面产生缩孔，且镉大量挥发损失。熔铸温度不宜超过 550℃，适宜温度为 400 ~ 550℃。浇铸时，可采用低温（略高于熔点），也可采用高温（450 ~ 550℃）浇铸。有的厂采用 400 ~ 450℃，有的厂为 480 ~ 520℃。

32.3.9　真空蒸馏制取精镉

某厂采用真空蒸馏处理电解产出的树枝状阴极镉和熔铸浮渣经过水洗后得到的镉球，蒸馏得到精镉熔铸成锭。技术操作条件控制如下：

蒸馏精 1 号镉温度	400 ~ 420℃
蒸馏精 2 号镉温度	350 ~ 380℃
蒸馏高纯镉温度	300 ~ 350℃
蒸馏真空度	(600 ~ 650) × 133.322Pa
蒸馏周期	8 ~ 12h

32.4　铁矾渣的处理与回收

我国广西大厂矿区产出的锌精矿富含铟，用黄钾铁矾法处理这种锌精矿时，锌焙砂中 95% 的铟进入铁矾法炼锌流程的热酸浸出液中，热酸浸出液中含铟约 100mg/L，铁约为铟的 150 倍。以黄钾铁矾沉淀铁时，铟和铁共沉淀，得到含铟铁矾渣。铟可以从沉铁以前的热酸浸出液中回收，也可以从含铟铁矾渣中回收。

32.4.1　P-M 法回收铟、锗、镓

最早从湿法炼锌系统中回收铟、锗、镓的是意大利玛格海拉港（Porto-Marghera）电锌

厂与都灵冶金中心（Torino Metallurgy Centre）于1969年联合采用火法和湿法冶金方法从含Ga 0.02%～0.04%、In 0.04%～0.09%、Ge 0.06%～0.09%的锌浸出渣中同时回收铟、锗、镓三种金属，这种用火法和湿法冶金工艺从锌浸出渣中分别提取铟、锗、镓的过程，称为P-M法。

所采用的工艺流程包括预处理、提取锗、提取铟镓。

32.4.1.1 预处理

锌浸出渣配入炭粒和石灰后装入回转窑内，在1250℃下进行烟化处理，使大部分铟、锗、镓以及锌、镉、铅进入挥发烟尘，窑渣回收铜、银、铅。挥发烟尘用Na_2CO_3水溶液洗涤脱去其中的氯，获得脱氯烟尘。脱氯烟尘用添加少量K_2SO_4、$FeSO_4$的锌电解废液进行中性浸出脱锌、镉，浸出液回收锌、镉，铟、锗、镓则留在中性浸出渣中，实现了铟、锗、镓与锌、镉的分离。中性浸出渣用含$CaSO_3$的稀H_2SO_4进行还原浸出，$CaSO_3$使高价铁还原成低价铁，控制浸出液的pH值为1，以促使铟、锗、镓进入还原浸出液，铅留在浸出渣中，经过滤获得含铅40%左右的铅渣，作为回收铅的原料，酸浸液作为提取铟、锗、镓的原料。

32.4.1.2 提取锗

还原酸浸液中加入单宁，便生成单宁锗沉淀物，铟、镓将在单宁沉锗母液中，作为提取铟、镓的原料。过滤得到的单宁锗沉淀物在600℃下进行氧化焙烧，得到锗精矿。锗精矿经氯化法提锗处理，再经过区域熔炼提纯后可用于拉制锗单晶。

32.4.1.3 铟、镓的分离与提取

单宁沉锗母液用NaOH中和得到含铟0.6%～1.2%、含镓0.5%～2.5%的中和渣。在70～80℃下用含$CaSO_3$的稀H_2SO_4溶液溶解中和渣，过滤所得酸性溶液用氨水再中和溶液至pH值为4.2，此时铟、镓水解进入富集渣中。再用NaOH分解富集渣，镓转入溶液，铟残留在富铟渣中，实现铟、镓分离。富铟渣经碱性熔炼-酸性浸出-锌置换制得海绵铟，海绵铟可经碱性熔炼后电解精炼制取纯铟。含镓碱浸液再次用硫酸中和到pH值为6.5～7.0，便以$Ga(OH)_3$形态进入三次中和渣$Ga(OH)_3$渣中。$Ga(OH)_3$经酸溶解、醚萃取镓，所得镓反萃液，经碱化造液、电解制得金属镓。

此法由于多次中和工艺流程长，液固分离频繁，镓、铟的回收率不高，因而综合回收效果不如综合法回收铟锗镓、全萃取法回收铟锗镓。

32.4.2 综合法回收铟、锗、镓

此法是以锌浸出渣为原料，经浸出、单宁沉淀锗和溶剂萃取得铟、锗、镓的过程。主要包括预处理、提取铟和提取镓等作业，此法于1975年在我国研究开发成功，回收铟这部分工艺已用于工业生产，工艺流程如图32-7所示。

32.4.2.1 预处理

锌浸出渣中的大部分锌和铁形成铁酸锌（nZnO · $m$$Fe_2O_3$），而95%左右的铟、锗、镓以类质同象存在于铁酸锌中。用锌电解废液浸出含铟、锗、镓的锌浸出渣时，铟、锗、镓转入到浸出液中。过滤所得的滤液加锌粉置换，获得富含铟、锗、镓置换渣。置换渣用硫酸逆流浸出，控制浸出液最终酸度含游离酸0.6mol/L左右，便可使置换渣中96%以上的铟、锗、镓转入溶液。

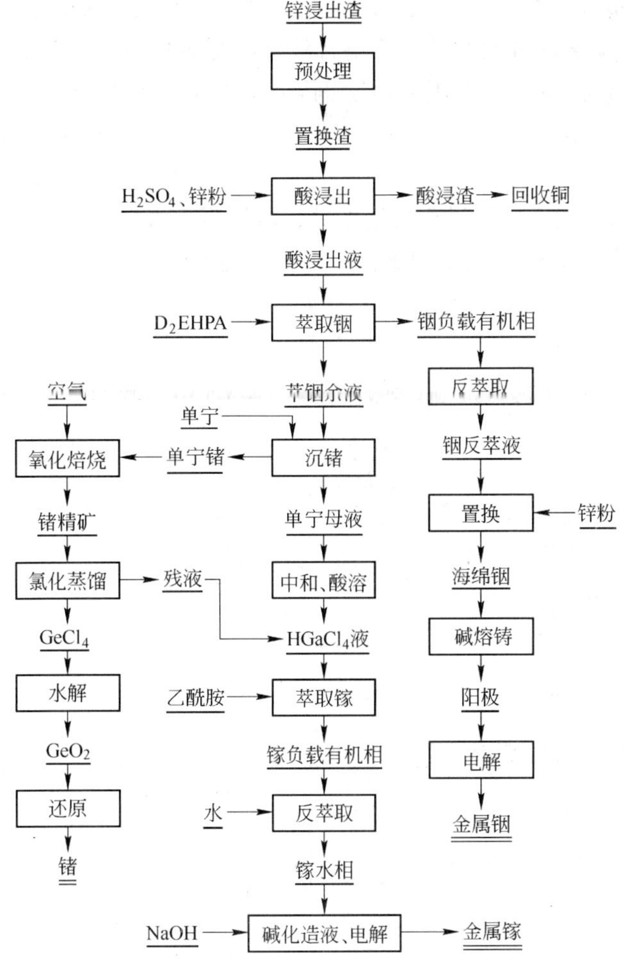

图 32-7 综合法回收铟锗镓的工艺流程

32.4.2.2 提取铟

用 P204（以 H_2A_2 表示）萃取液中的铟，用盐酸反萃取铟负载有机相，得含铟 67～84g/L 的反萃液。反萃液加锌粉置换得海绵铟。海绵铟经压团和碱熔后送电解，得纯度 99.99% 的铟。铟的回收率超过 90%。

32.4.2.3 提取锗

萃铟余液调整酸度到 pH 值为 1.2～2.0 时，加入单宁沉淀出单宁锗。单宁锗经氧化焙烧得含锗大于 15% 的锗精矿。锗精矿再按经典氯化法提锗。锗的回收率约为 60%。

32.4.2.4 提取镓

单宁母液经中和沉淀出镓。用盐酸分解镓沉淀物，将过滤后所得溶液和氯化蒸馏锗的残液合并，用乙酸铵萃取镓。用水反萃得含镓 14g/L 左右的反萃液。反萃液经 NaOH 碱化造液、电解，得纯度 99.99% 的镓。镓的回收率约为 60%。

32.4.3 赤铁矿萃取回收镓、铟、银

此法在日本已获得工业应用。所产赤铁矿渣可作炼铁原料，副产石膏供作建材原料，

若有销路，则可形成无渣排放的清洁生产工艺。处理原料为含 Ga 与 In 微量，Zn 18.2%，Ag 0.064% 及 Fe 29.2% 的锌浸出渣与废电解液在高压 SO_2 下，于温度 95～100℃时进行反应，结果使 Fe^{3+} 还原成 Fe^{2+}。在用 H_2S 除铜后，溶液经过两段用石灰中和控制 pH 值为 2 及 4.5，产出石膏可供销售用。由于铁以 $FeSO_4$ 存在，它在中和时保留在浸液中，最后通过加热升温至 180～200℃，经 3h 在 1.3～2.0MPa 压力下，铁以 α-Fe_2O_3 沉出。沉铁后溶液含铁只有 1～2g/L，加上洗涤过程反溶的铁，脱铁后溶液含铁只有 4g/L 左右，沉铁率达 90%。沉铁过程是在衬钛的高压釜中进行。工艺流程如图 32-8 所示。

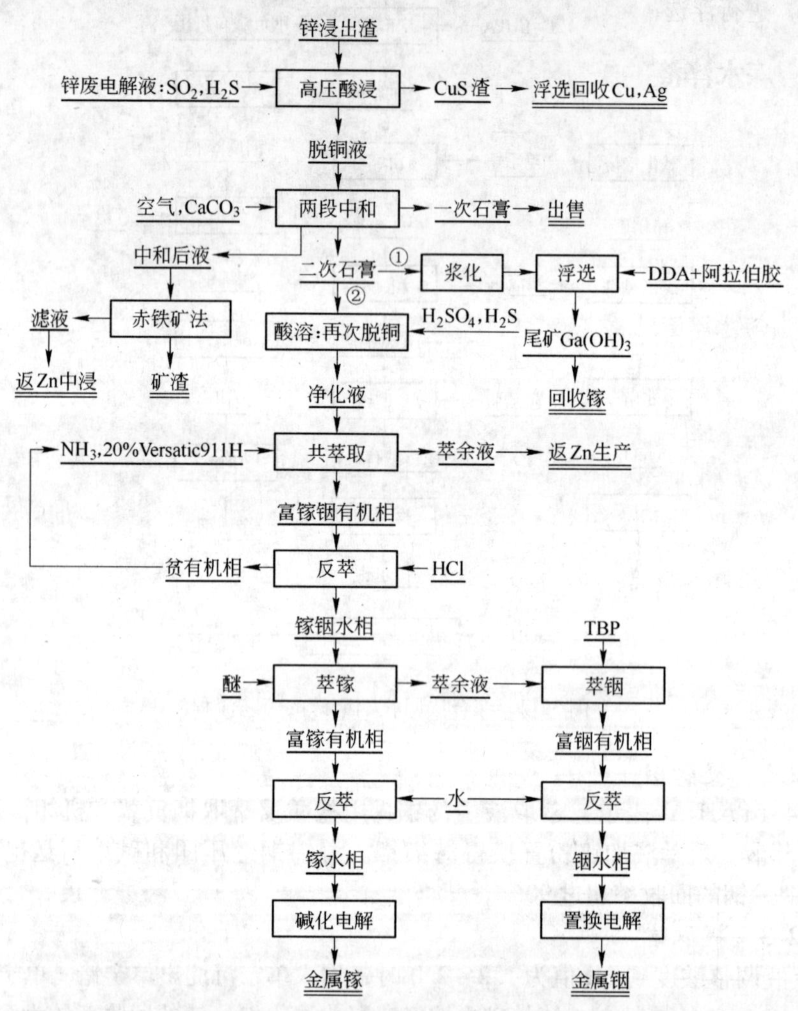

图 32-8　赤铁矿萃取法提镓、铟流程

注：图中①、②表示“二次石膏”的两种走向，当其中铊含量高时采取①流程回收铊，铊含量不高时采取②流程

赤铁矿法的优点是：（1）赤铁矿渣含 Zn 0.5%、S 3%、Fe 58%，经焙烧脱硫后可作炼铁原料；（2）渣过滤性能好；（3）二次石膏渣富含 Ga 0.05%～0.10% 及 In 0.05%～0.20%，可综合利用镓和铟。缺点是：（1）由于需要昂贵的衬钛高压设备和附设液体 SO_2 工厂，投资费用高；（2）需要一个用 SO_2 单独还原 Fe^{3+} 的阶段；（3）酸平衡问题用石灰中和解决，需要解决石膏渣的市场问题。

20世纪80年代日本的赤铁矿法在德国Datteln电锌厂推广时做了改进：还原采用锌精矿（不需建造SO_2液化工厂）；预中和采用焙烧矿作中和剂，不存在石膏的销售问题。

第一次中和得纯石膏渣；第二次中和所得含Ga及In的石膏渣按方法（2）经硫酸溶解，H_2S两次脱铜后，净化液采用20% Versatic911H（叔碳羰酸）在用NH_3严格控制pH值为2.5~3.5条件下共萃镓与铟，然后采用醚萃镓后再用TBP分离萃取铟，此后均各用水反萃，从所得相应的镓与铟的水相中分别制取镓与铟。以后日本又报道了可将二次石膏按方法（1）浆化：在pH值为4与70℃下用阿拉伯胶作抑制剂，以十二烷基醋酸铵（DAA）为捕收剂（各29mg/L）进行浮选，可将91%以上的Ga富集到尾矿中，再回收镓。

32.5 铅冶炼水淬渣的处理与利用

在火法炼铅过程中，除了粗铅以外，一般还同时得到另一种熔体，这种熔体主要由炼铅原料中的脉石氧化物和冶金过程中生成的铁、锌氧化物组成，这种熔体就是炉渣。高温液态炉渣经水急骤冷却，形成水淬渣。铅冶炼水淬渣含有0.5%~5%的铅、3%~20%的锌，既对环境构成污染，也是对宝贵的金属资源的浪费，因此，对炼铅炉渣进行处理是必要的。

32.5.1 铅冶炼水淬渣的化学成分与物理性质

铅冶炼水淬渣是一种非常复杂的高温熔体体系，它由FeO、SiO_2、CaO、Al_2O_3、ZnO、MgO等多种氧化物组成，它们相互结合而形成化合物、固溶体、共晶混合物，还含有一些硫化物、氟化物等。虽然存在各种炼铅方法（如传统的烧结-鼓风炉炼铅法、ISP法、Kivcet法、QSL法、Kaldo法、Ausmelt法等）及不同工厂的炉渣成分也不同，但基本成分见表32-23。

表32-23 铅冶炼水淬渣基本成分 （质量分数/%）

Zn	SiO_2	Fe	CaO	Pb	Cu	Al_2O_3	MgO
3~20	13~30	17~31	10~25	0.5~5	0.5~1.5	3~7	1~5

炉渣含有Pb、Zn、Cd、Hg、As、F等有害元素，如果溶解在水中将对水体造成污染。表32-24是一组炼铅炉渣用蒸馏水浸泡后的水质分析资料。

表32-24 部分炉渣用蒸馏水浸泡后的水质分析 （mg/L）

项　目	Pb	Zn	As	Cd	Hg	F	备　注
鼓风炉水淬渣	0.64	4.29	0.12	0.0035	0.001	0.51	国内
烟化炉水淬渣	0.02	0.20	0.057	0.005	0.0008		国内
鼓风炉水淬渣	0.55		<0.02	0.82	0.001		美国

表32-25是部分水淬炉渣的沉降池废水分析结果。

表32-25 水淬炉渣的沉降池废水分析实例 （mg/L）

项　目	悬浮固体	硫酸盐	As	Cd	Cr	Pb	Zn	Hg	Ni	Cu	pH值
美国某铅厂	15	112	<0.02	0.08	<0.01	0.85	1.2	0.0024	0.05		7.6
国内某铅厂	76.25		0.16	0.32		1.45	76.5			0.033	7

这些废水直接外排将污染环境并浪费水资源，一般工厂都循环使用，再用于水淬炉渣。

炼铅炉渣密度通常为3200～3500kg/m^3，高温熔渣密度值宜多作测定，积累数据。

黏度是熔渣的重要性质之一，它有时会成为火法冶金过程能否顺利进行的关键。大多数火法冶金都是多相反应过程，在高温下，物质的扩散往往是过程的控制环节。液相中的传质速率大约与熔体黏度成反比，因此，黏度将直接影响过程的反应速率。另外，流动性好的渣，有利于熔池内的传热过程，因而有利于熔池内温度的均匀分布，也有利于金属和渣的澄清分离。但是，黏度过小的渣将会严重腐蚀炉衬耐火材料，降低冶金炉的使用寿命。因此，在选择渣型时应考虑渣的黏度。

32. 5. 2 铅冶炼水淬渣的综合利用

铅冶炼水淬渣中含有0.5%～5%的铅、4%～20%的锌，既对环境构成污染，也是对宝贵的金属资源的浪费，因此对铅冶炼水淬渣进行处理是必要的。其中的锌、铟可以氧化物烟尘的形式回收后送湿法炼锌厂回收，铅进入浸出渣返回炼铅。另外，高温熔渣含有大量的显热，也可以以蒸汽的形式回收部分。铅冶炼水淬渣可用回转窑、电炉和烟化炉等火法冶金设备进行处理。

32. 5. 2. 1 回转窑烟化法

回转窑烟化法即 Waeltz 法，该法早在1926 年就在波兰被首次采用，主要用来处理低锌氧化矿、采矿废石。后来，人们又用此法处理湿法炼锌厂的浸出渣和铅鼓风炉的高锌炉渣。此法实质就是将物料混以焦粉，在长32～90m、直径1.9～3.5m的回转窑中加热，使铅、锌、铟、锗等有价金属还原而挥发，呈氧化物状态而回收。

回转窑处理铅水淬渣，渣含锌以大于8%为宜，低于8%时则锌的回收率小于80%，且产出的氧化锌质量差。水淬渣粒度小于3mm者，通常占65%～81%。焦粉要求粒级分布在一定区间，以适应窑中各带的需要，一般要求粒度9～15mm者少于10%，3～9mm者大于50%，3mm以下者少于40%，对于较长的回转窑，粗粒焦粉比例可增至20%，水淬渣与焦粉比例一般为100:（35～45）。

窑内焦粉燃烧所需空气，除靠排风机造成的炉内负压吸入供给外，还常在窑头导入压缩空气和高压风，喷吹炉料强化反应，以延长反应带，使锌铅充分挥发。生产中高压风的风压为14.7MPa以上，压缩空气的压力为0.18～0.25MPa。混合料消耗鼓风量约为450m^3/t，其中压缩空气量约占1/3以上。炉料中焦粉燃烧发热不够时，需补充煤气或重油供热。窑内气氛为氧化性气氛，常控制烟气中含CO_2 15%～20%，O_2 >5%。回转窑内可分为预热带、反应带和冷却带，表32-26为ϕ1.9m×32m回转窑各带温度实例。

表 32-26 ϕ1.9m×32m 回转窑各带温度实例

项 目	预热带	反应带	冷却带
长度/m	8～9	21～23	1～2
温度/℃	650～800	1100～1250	950

回转窑产物有氧化锌、窑渣和烟气。氧化锌分烟道氧化锌（一般含38.2% Zn，约13.5% Pb）和滤袋氧化锌（一般含70% Zn，约8% Pb），其产出率取决于铅水淬渣含锌，一般为渣量的10%～16%。烟道氧化锌与滤袋氧化锌的比率约为1:3。窑渣产出率为炉

料量的65% ~ 70%，其典型成分为：1.45% Zn、0.3% ~ 0.5% Pb、22.8% Fe、26.6% SiO_2、12.6% CaO、3.3% MgO、7.8% Al_2O_3、15% ~ 20% C。表32-27是ϕ1.9m × 32m回转窑处理堆存炉渣的技术经济指标实例。

表32-27 ϕ1.9m × 32m回转窑技术经济指标实例

项目	单位生产率 /t·$(m^3·d)^{-1}$	锌回收率 /%	铅回收率 /%	焦粉率 /%	年生产天数/d	焦粉单耗 /t·t_{ZnO}^{-1}	重油单耗 /kg·t_{ZnO}^{-1}	高铝砖单耗 /kg·t_{ZnO}^{-1}	电力单耗 /kW·h·t_{ZnO}^{-1}
指标	1.5 ~ 2	80 ~ 85	75 ~ 82	35 ~ 45	250	3.5 ~ 4	60 ~ 110	100 ~ 140	150 ~ 300

回转窑的最大缺点是窑壁黏结造成窑龄短，耐火材料消耗大。因处理冷的固体原料，燃料消耗也大，成本高。随着烟化炉在炉渣烟化中的广泛应用，使用回转窑处理炼铅炉渣的工厂不多。

32.5.2.2 电热烟化法

电热烟化法实质上是在电炉内往熔渣中加入焦炭使ZnO还原成金属并挥发出来，随后锌蒸气冷凝成金属锌，而使部分铜进入铜锍中回收。此法1942年最先在美国Herculaneμm炼铅厂采用。

日本神冈铅冶炼厂曾用电热蒸馏法回收鼓风炉渣（3% Pb、16.2% Zn）中的锌和铅，其生产流程见图32-9。

铅鼓风炉渣以液态加入1650kV·A电炉内加焦炭还原蒸馏。蒸馏气体含锌50%，其余大部分为一氧化碳，进入飞溅冷凝器中冷凝，产出液态金属锌。冷凝器出来的废气用洗涤塔回收蓝粉后燃烧排放。

电热蒸馏炉是矩形电炉，规格为2.6m × 6.7m × 1.0m。有6根电极（ϕ406mm），共2台，总的电力容量为3300kV·A。炉底、炉壁为炭砖，炉壁下部设水套。每吨渣加35kg焦炭（粒度15mm），渣层厚250mm，渣面覆盖一层焦炭。

冷凝锌蒸气用的飞溅冷凝器内有两个石墨制作的转子，用螺丝与传动轴相接，便于更换。转子直径为200mm，转速1000r/min，转子功率为7.355kW。

冷凝产的粗锌（91.6% Zn，6.2% Pb）送溶析炉（炉床1.2m × 3.8m × 0.6m）降温分离铅后得到蒸馏锌（98.7% Zn，1.1% Pb）。溶析分离产出的粗铅与还原蒸馏炉产出的粗铅一同送去电解精炼。电炉蒸馏后产出的炉渣含锌降至5%，铅降至3%。

该厂电热法处理炉渣能力为33000t/a。铅回收率为83.5%，锌回收率70%，每产1t锌消耗电力6500kW·h、焦炭304kg。

该法所使用的焦炭必须干燥且电炉应严格密封，以免锌氧化。炉渣锌含量越高处理越经济，该法电能消耗较高，适宜于电价便宜的地方。

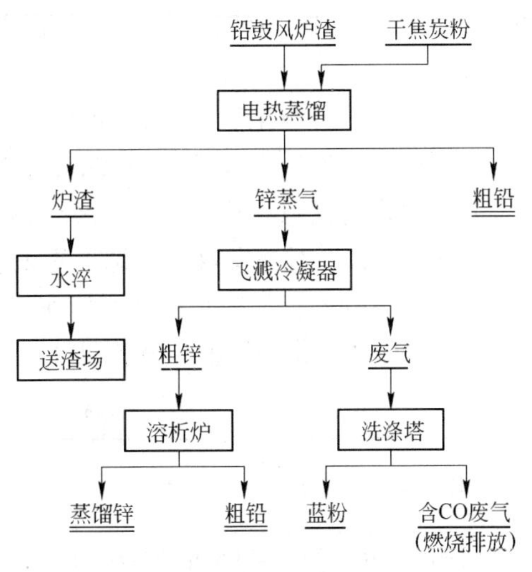

图32-9 电热法处理铅鼓风炉渣流程

日本的契岛铅冶炼厂也使用电热烟化法处

理含锌 18.2% 的炉渣使其含锌降为 6.5%。

加拿大 Noranda 公司 Belledune 冶炼厂采用直流电弧炉对高锌炉渣（16% Zn）进行了试验，采用 CaO : SiO_2 比较高的炉渣，在 1400 ~ 1500℃的操作温度下，弃渣含锌很易降至 3% 以下。在较高的功率密度即 900kW/m^2 时，烟化速度为 150kg_{Zn}/(h · m^2)。第一阶段试验的成功为该厂处理积压的 3.7 × 10^4t 渣指引了方向。

32.5.2.3 烟化炉烟化法

此法是将含有粉煤的空气以一定的压力通过特殊的风口鼓入称为烟化炉的水套竖炉内的液体炉渣中，使化合的或游离的 ZnO 和 PbO 还原成铅锌蒸气，上升到炉子的上部空间，遇到从三次风口吸入的空气再度氧化成 ZnO 和 PbO 在收尘设备中以烟尘形态被收集。1927 年第一座工业烟化炉在美国 East Helena 炼铅厂投入生产。这种方法具有金属回收率高、生产能力大、可用廉价的煤作为发热剂和还原剂且耗量低、过程易于控制、余热利用率较高等优点，目前被广泛应用于处理炼铅炉渣，下节将重点介绍。

32.5.3 铅冶炼水淬渣烟化炉处理的生产工艺

32.5.3.1 炉渣烟化的原料和燃料

烟化炉处理的含 Pb、Zn 原料通常有两类：一类是来自铅鼓风炉或铅锌密闭鼓风炉（ISF）电热前床的熔融渣；另一类是水淬渣及渣包结壳、烟道结壳和富锌氧化矿（Zn 15% ~ 30%）及其他含锌物料，如锌浸出渣和炼钢电弧炉烟尘等。熔融炉渣通常用渣包由吊车通过烟化炉前端墙上溜槽加入炉内。除热渣外，有时还加入冷料。通常是先将熔渣加入炉内，再加入冷料。冷料的处理有利于综合回收，但冷料加入量不宜多，否则会过多地增加燃料消耗，延长吹炼时间和降低炉子的生产能力，使作业不经济。工厂实践表明，冷料加入量一般不超过 30%。

美国 East Halena 铅厂曾进行过冷料量对烟化炉生产能力影响的试验，其结果如图 32-10所示。

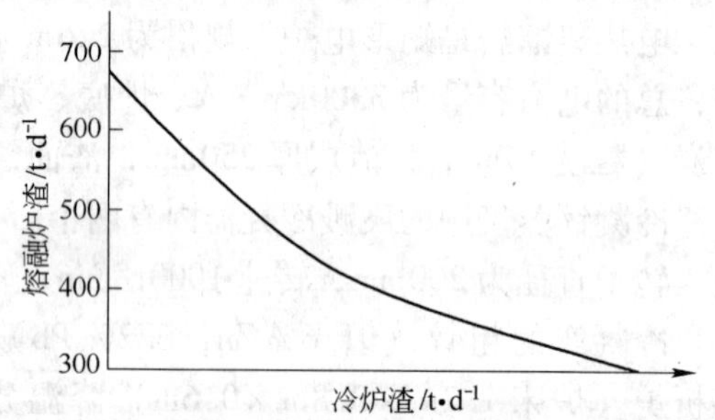

图 32-10 冷料加入量对烟化炉生产能力影响（炉渣加入量为熔融炉渣与冷炉渣量之和）

大多数工厂的烟化炉通常用粉煤来作还原剂和燃料，对煤质没有严格的要求，这也是烟化炉吹炼的优点。粉煤中挥发分高对烟化过程有利；粒度对挥发效果及烟尘质量有较大影响，因此一般要求粉煤颗粒 80% ~ 86% 以上小于 0.074mm，其中 0.020 ~ 0.050mm 粒级应占多数，同时粉煤水分不超过 1%，以利输送和储存。烟化炉用粉煤实例见表 32-28。

表 32-28 烟化炉用粉煤实例

厂名（国家）	粒 度	水分/%	发热量/MJ · kg^{-1}	成分（质量分数）/%		
				固定碳	挥发分	灰 分
会泽铅锌矿（中）	85% 为 0.074mm	1	23.0	49.4	17.4	33.2
株洲冶炼厂（中）	85% 为 0.074mm	1	27.2	52 ~ 56	7 ~ 24	23 ~ 25

续表 32-28

厂名（国家）	粒　度	水分/%	发热量/MJ·kg^{-1}	成分（质量分数）/%		
				固定碳	挥发分	灰　分
韶关冶炼厂（中）	85%为0.074mm	1	25.5	53.06	19.82	27.12
Trail厂（加）	85%为0.074mm		28.9	57.5	22	20.5
El Paso（美）			30.1	49	38	12
East Halena（美）			30.5	50	30	10~12

32.5.3.2 技术操作条件选择

用烟化炉处理炉渣，分进料、吹炼和放渣3个步骤进行。在前一炉吹炼完并放完渣后，用黄泥堵住渣口，插好水冷堵枪，打开进料闸门，由吊车将电热床前盛满熔渣的渣包吊至烟化炉进料溜槽，将液体炉渣缓慢倒入炉内。待装到一定高度（一般渣深为1~1.5m），关闭进料闸门，转入正常吹炼。

烟化炉的正常操作，一般是控制炉内的气氛，使单位时间内锌蒸气的分压达到最大限度值，因为锌从炉渣中还原挥发的速度取决于风口区炉气中的一氧化碳的含量和炉渣温度的高低。实践证明：在同等温度下，当一氧化碳含量升高时，锌的挥发速度加快；在同等气氛下，当炉内温度提高时，锌的挥发速度也随之增大。

为此，必须控制加煤量或过剩空气系数α值。α值以0.6~0.8为好。当过剩空气系数$\alpha=0.5$时，风煤混合物具有最大的还原能力；当过剩空气系数$\alpha=1$时，炉内有足够热量，此时粉煤燃烧成二氧化碳。实际上在吹炼初期，要求将入炉炉渣升温，因此所需空气量接近于粉煤燃烧所需的理论空气量；进入还原期后，此时应控制空气和粉煤的比值，以使碳不完全燃烧生成一氧化碳。为了保证鼓风机在最大的生产力下不断工作，必须通过控制螺旋给煤机的转数来调节给煤量以保证吹炼过程的稳定。有经验的三次风口操作工可以从三次风口观察炉内火焰颜色和炉顶温度来调给煤量。若火焰黄白色透明，温度继续上升，说明煤量不够；火焰不透明，有强烈蓝白色，说明给煤适当；火焰不透明，暗红色，且有断续蓝白色，三次风口有火星冒出，用冷钢钎插进三次风口时附有黑色斑点，表明给煤量过大，当吹炼90~140min后，从三次风口观察，炉内明亮，可看见对面水套壁，说明锌已基本挥发完毕，可打开放渣口放渣。放渣时不需停风、停煤和停水，渣放完后，用泥塞堵住渣口，插好水冷堵枪，重复前述作业。

某厂烟化炉技术条件控制如下：

作业温度：1200~1250℃

作业周期：70~110min/炉

空气过剩系数（α）：加热期0.75~1.0，还原期0.55~0.7

燃料率：处理液体渣15%~25%，处理固体渣30%~50%

鼓风压力：吹炼期为50~70kPa，进料时为40~42kPa

风比：一次风/二次风=4/6~3/7

粉煤消耗量：加热期为0.6~1.6kg/($t_{渣}$·min)，还原期为0.9~2.0kg/($t_{渣}$·min)

空气消耗：加热期为5~8$m^3/kg_{煤}$，还原期为3.8~6.8$m^3/kg_{煤}$

水套出水温度：炉体水套为60~80℃，烟道水套为50~60℃，炉底水套为40~50℃

冲渣水压：2~3kg/cm^2

冷料率：正常情况10%~75%

32.5.3.3 烟化炉产物

炉渣烟化的产物包括氧化锌粉尘、高温烟气和弃渣。氧化锌粉尘主要成分为铅、锌氧化物及少量稀有元素，应当合理回收其有价金属。对于烟气和弃渣，也应变废为利，实现综合利用。

氧化锌烟尘是炉渣烟化的主要产物，受原料成分、烟化炉和配套收尘设施的工艺参数控制等影响，不同集尘点捕集到的 ZnO 尘不仅化学成分差异较大，而且外观颜色差异也较明显。滤袋 ZnO 尘通常比冷却烟道 ZnO 尘含锌高，颜色也更白。ZnO 粉可以直接外销或按一定比例与锌浸出渣挥发窑产出的 ZnO 混合，经脱氟氯后送往湿法炼锌工厂生产金属锌。烟化炉烟尘化学成分实例见表 30-9，表 32-29 为会泽铅锌矿烟化炉 ZnO 粉尘金属分布实例。

表 32-29 烟化炉烟尘金属分布实例

ZnO 粉尘类别	烟尘总量		Pb		Zn		Ge	
	t	质量分数/%	t	质量分数/%	t	质量分数/%	t	质量分数/%
滤袋和冷却烟道尘	11.5	76.6	2.3	70.8	5.98	83	0.03	60
其他尘	3.5	23.4	0.95	29.2	1.23	17	0.02	40
合　计	15	100	3.25	100	7.21	100	0.05	100

烟化炉烟气温度高达 1100℃以上，余热利用有很大价值。国内外工厂生产实践大多是将高温烟气经余热锅炉和 U 形表面冷却器后温度降至 80～100℃后再送入布袋收尘器。烟化炉吹炼由于冷凝系统庞大，漏风严重，布袋室出口的废气量常达理论量的 3 倍左右。表 32-30 为烟化炉烟气成分实例。废气中含尘浓度（标态）一般小于 50mg/m^3，SO_2 约为（标态）1154mg/m^3，符合国家环保规定，可直接放空。

表 32-30 烟化炉烟气成分实例

厂　名	烟化炉面积 /m^2	烟气温度 /℃	烟气量（标态）/$m^3 \cdot h^{-1}$	烟气含尘（标态）/$g \cdot m^{-3}$	烟气成分（质量分数）/%			
					CO_2	CO	O_2	N_2
会泽铅锌矿	9.3	1100	21500	96～160	16～16.5	4～4.5	0.3～0.6	78～79
株洲冶炼厂	7.0	1100	15200	97	12～16	1～3	1～2	78～79

烟化炉弃渣化学成分实例见表 32-31。从表 32-31 中可知，经烟化炉吹炼，熔渣中的铅、锌和锗分别降至 0.1%～0.2%、1%～2%和 0.0007%～0.001%，随着国家环保法规日益严格，必须对炉渣进行无害化处理。铅烟化炉水淬渣含 Fe_2O_3 28%～35%，SiO_2 21%～24%，Al_2O_3 5%～7%。此外，烟化炉渣温度高达 1100～1200℃，含有大量显热，有回收利用的价值。目前国内烟化炉放渣均采用水淬方式，冲渣水可用于取暖，但这种利用方式效率很低，仅仅利用了炉渣显热的 10%左右，而且在夏季不好利用。日本钢管公司福山厂的转炉炉渣风淬系统的经验可资借鉴。用渣罐将炉渣运到风淬处理间，熔渣经过流槽落下，并由设置在流槽下部的空气喷嘴以高速空气流（80～300m/s）击碎并落下，使其变成 3mm 以下的小球，然后进入罩式锅炉内。通过锅炉回收渣粒的辐射热、传导热以及高温烟气对流传热，使锅炉管内的水变成蒸汽。凝固冷却的渣，可进一步利用。由于

铜和贵金属金、银等不挥发而留在渣中，此外仍含有一定量的铅、锌等有毒金属，因此，为了回收铜和金、银等贵金属，有必要在挥发锌之后对炉渣进行深度还原回收金、银，生产含铜铸铁和作生产高标号水泥的原料（或添加剂）。

表 32-31 烟化炉弃渣化学成分实例 （质量分数/%）

厂 名	Pb	Zn	Ge	Fe	SiO_2	CaO	Al_2O_3	MgO
会泽铅锌矿	0.09	1.49	0.00062	24.7	34	16.4	8.2	5.36
株洲冶炼厂	0.12	1.92	0.00070	28.67	27	20.8	7.0	1.09
韶关冶炼厂	0.15	1.35	<0.001	29.0	26	21.22	6~7	
Trail（加）	0.05	2.5						
Pirie（澳）	0.03	2.8		27.69	28	18.2		
Kellogg 厂（美）	0.05	1.4		34.2	28			

普通硅酸盐水泥的原料成分约含 60%~65% CaO、20% SiO_2、6% Al_2O_3、3% Fe_2O_3 及少量其他氧化物，水泥生产过程中原料在 1500℃ 左右的高温下经固相反应生成$3CaO \cdot SiO_2$、β-$2CaO \cdot SiO_2$、$3CaO \cdot Al_2O_3$ 和 $4CaO \cdot Al_2O_3 \cdot Fe_2O_3$ 等矿物，$3CaO \cdot SiO_2$ 和 $2CaO \cdot SiO_2$，具有水硬胶凝性是影响水泥强度的主要成分。经烟化后的铅炉渣含有水泥熟料所需多种组分，可作为外掺料替代部分水泥原料，也能够作为矿化剂促进 $3CaO \cdot SiO_2$ 的形成，降低熟料的熔融温度，降低烧成温度，改善生料易烧性和熟料易磨性，降低能耗。但由于炼铅炉渣的水化活性较差，数量上应有所控制，配料时的加入量通常为 3%~5%。水淬渣代替铁矿石来制造水泥，不仅消除渣害，减少环境污染，而且可降低生产成本。

32.5.3.4 技术经济指标

烟化过程锌铅等金属的挥发率（%）：Zn 85~94，Pb 98~100，Cd 约 100，Ge 75，In 75，Tl 75，Se 95.2，Te 95.2。铜与贵金属（金银等）不挥发而留在渣中。挥发物含锌 60%~70%，含铅 5%~20%。废渣含锌小于 2%，含铅小于 0.2%。烟化炉的熔炼单位处理量为 30~50t/($m^2 \cdot d$)，锌的单位挥发量 4~6t/($m^2 \cdot d$)。国内外某些工厂烟化炉技术指标见表 32-32。

表 32-32 国内外工厂烟化炉技术经济指标

指 标	沈阳冶炼厂	株洲冶炼厂	Trail 厂（加）	Kellogg（美）	East Halena（美）	Chihuahua（美）	直岛厂（日）
烟化炉风口区面积/m^2	6.0	7.0	22.3	11	8.9	15.4	2.0
长/m	2.985	3.44	7.3	4.6	3.66	6.4	
宽/m	1.992	2.116	3.05	2.4	2.44	2.4	
高/m	7.415	6.85	3.05	1.6	4.57	10	
风口直径/mm	38	40	38	37	38	38	
风口个数/个	24	24	72	28	22	42	
烟化炉生产率 /t·($m^2 \cdot d)^{-1}$	33.3	30~35	22~26	45.5	37.7	41	28

续表 32-32

指　标	沈阳冶炼厂	株洲冶炼厂	Trail 厂（加）	Kellogg（美）	East Halena（美）	Chihuahua（美）	直岛厂（日）
每周期处理渣量/t	19 ~ 22	22 ~ 27	60	38	35	45	35
燃料率/%	15 ~ 20	20 ~ 23	29	17.5	20	17.2	
烟尘率/%	12	10 ~ 15	29	23	18.5		
空气消耗/$m^3 \cdot t_{渣}^{-1}$	750 ~ 1000	1100 ~ 1200	1300	0.20		560	81
挥发率/%							
Zn	>72	75 ~ 85	86.5	92.8 ~ 93.5	86 ~ 90	90 ~ 92	90
Pb	>80	85 ~ 95	99	98	约 100		97
初渣含率/%							
Zn	7.43	11.7	18	15 ~ 22	15.0		
Pb	1.47	2.02	2.5	1.8	1.0		
终渣含率/%							
Zn	<2.5	1.92	2.9	1.4	1.2	2	2.12
Pb	<0.7	0.12	0.03	0.05	微		1.19
ZnO 产品含量/%							
Zn	46 ~ 51	55 ~ 62	60 ~ 70	63			
Pb	15 ~ 25	11 ~ 13	9	10	70 ~ 75	16	

32.6 铅锌冶炼烟尘的处理与综合利用

32.6.1 铅锌冶炼烟尘的化学成分及物理性质

在铅、锌硫化矿的焙烧和熔炼过程中所收集的烟尘富集了大量有价金属，必须对其进行处理与综合利用。铅锌冶炼烟尘包括锌焙烧烟尘、锌烧结烟尘及铅鼓风炉烟尘，表32-33、表32-34 列出了铅锌烟尘的主要成分。

表 32-33　铅锌冶炼烟尘的成分　　（质量分数/%）

烟尘来源	Cd	Zn	Pb	As	Sb	Cu	Fe	Tl	In	Cl	S
锌焙烧烟尘	0.8	37.5	20	0.4	—	5.2			—	2.0	1.4
铅烧结烟尘	0.36	2.85	58.3	0.34	—	0.38	5.6	0.004	0.0006	1.4	6.2
铅鼓风炉烟尘	2.3	21.7	49.1	4.0	0.12	0.1	—	0.028	0.002	1.5	7.2

表 32-34　锌焙烧烟尘的成分　　（质量分数/%）

锌焙烧烟尘	Zn	Cd	Pb	Cu	As	Fe	S(s)	S(SO_4)
双旋灰	47 ~ 52	0.8 ~ 1.1	6 ~ 12	0.4 ~ 0.7	0.2 ~ 0.8	11 ~ 13	1 ~ 2	2 ~ 4
电　尘	35 ~ 40	2 ~ 4	15 ~ 25	0.2 ~ 0.3	0.3 ~ 1	0.3 ~ 1.2	1.2 ~ 3	2 ~ 4
高温尘	40	5 ~ 6	4 ~ 5	—	—	—	—	—

32.6.2 烟尘的输送与堆存

收尘设备、冷却设备与烟道中收下的烟尘均需集中贮存，以便处理。将烟尘输送到要求的地点，是收尘作业中不可缺少的部分。

烟尘输送的方法和设备较多，常用的有胶带输送机、螺旋输送机、埋刮板输送机、斗式提升机及气力输送，亦有采用小车、密封料罐等。以上设备可单独使用或组合使用。由于烟尘输送条件变化较大，一般应根据烟尘特性、输送烟尘量及地点等具体条件选择和布置输送设备。

32.6.2.1 烟尘输送设计原则

烟尘输送设计原则：

（1）输送过程要求密闭以减小烟尘飞扬损失。

（2）根据烟尘的温度、粒度、流动性、吸水性、输送烟尘量及地点等因素合理选择输送设备。

（3）要求设备简单，操作维修方便。

（4）要求占地面积小，配置方便灵活。

（5）考虑铅锌冶炼烟尘的特点，对要求分类富集的烟尘，能分别输送。

（6）考虑大修时烟道积尘的输送。

（7）尽量提高烟尘输送的机械化水平，以减轻或消除笨重的体力劳动。

（8）在满足生产和操作条件的前提下尽量节约投资。

32.6.2.2 气力输送特点

气力输送具有以下优点：

（1）机械化水平高，减轻体力劳动，减少烟尘飞扬损失改善环境卫生。

（2）设备简单，制造和安装方便，投资少，节约占地面积，不受产房结构和车间配置的限制，对旧车间的改造有利。

（3）当输送完一种物料后一般情况下管道内不积存物料，即使有少量积存也易于清扫。

（4）输送的物料在输送过程中不污损或混入其他杂物，可以保证物料的质量。

（5）维修方便，费用低。

（6）在输送过程中对物料能起混合，粉碎，干燥和冷却的作用。

（7）根据条件可采用手动控制，远距离控制或自动控制。

（8）输送比较灵活，可由几个出灰点输送到一点，也可由一个出灰点输送到几点。

（9）输送距离较远，可达2500m。

气力输送的缺点如下：

（1）动力消耗大，需要单独的压缩空气源或真空泵。

（2）不适宜输送结块和黏结性大的烟尘。

（3）水平输送距离过长易形成脉动流，输送不稳定。

表32-35为气力输送与其他输送装置特性比较。气力输送是一种较好的输送装置，目前国内有色冶金工厂已广泛使用。

表 32-35 气力输送与其他输送装置特性比较

设备名称	气力输送	胶带输送机	螺旋输送机	埋刮板输送机	斗式提升机	小 车
输送物料分散	无	有可能	有可能	有可能	有可能	有可能
混入杂物或污损	无	有可能	无	无	无	无
积存料	无	无	有	有	有	无
布 置	自由	直线	直线	直线	直线	自由
倾斜和垂直输送	自由	斜度受限制	可能	构造复杂	可能	斜度受限制
维修量	小	较小	大	大	大	较小
输送量/$m^3 \cdot h^{-1}$	100~200	300	100	—	100	1~2
输送距离/m	25~2500	8000	50	150	—	—
输送高度/m	50	30	6	—	30	—
物料最高温度/℃	450	50	150	300	150	450
物料最大粒度/mm	30	300	50	50	50	—
物料流动性	不限	不限	不限	不适用流动性好的	不限	不限
物料吸水性	不适用吸水性强的	不限	不限	不限	不限	不限

注：小车输送的适应性好，但劳动强度大，操作条件差，故很少使用。

32.6.2.3 气力输送分类

气力输送可分为吸送式和压送式两类，见表32-36，其特点比较见表32-37。

表 32-36 气力输送分类

类 别		型 式	空气压力/$kg \cdot cm^{-2}$
吸送式	低真空式	—	< -0.1
	高真空式	—	$-0.1 \sim -0.5$
压送式	低压式	—	<0.5
	高压式	船型	1~2.5
		弯型	1~2.5
		螺旋泵	1~5
		仓式泵	1~7

表 32-37 吸送式输送与压送式输送特点比较

输送方式	吸 送 式	压 送 式
输送量	小	大
输送距离	短	长
输送方式	适于多点向一点输送	适于多点向一点或多点输送
受料装置	简单	复杂
操作条件	好	较差
对物料含水较高时	水分容易蒸发，故容易输送	较难输送
输送制度	连续	间断或连续
集料装置	复杂	简单
气源设备的油和水	不易进入物料	易进入物料
气源设备的磨损	有	无

32.6.3 烟尘中铊的回收

32.6.3.1 从铅烧结烟尘中回收铊

铅精矿中的铊是以 Tl_2S_3、Tl_2S 和 TlCl 的形态存在，在铅精矿高温（800 ~ 900℃）烧结焙烧过程中，约有 75% ~80% 的铊挥发进入烧结烟尘中，烟尘的化学成分见表 32-38。

表 32-38 铅烧结烟尘化学成分

元 素		Tl	Pb	Zn	Cd	As	S	Se	Te
含量（质量分数）/%	例 1	0.05 ~ 0.2	65 ~ 70	1.0 ~ 1.5	1.0 ~ 2.7	2.0 ~ 4.0	6.0 ~ 7.0	0.1 ~ 0.25	0.02 ~ 0.08
	例 2	0.018	57.97	1.72	0.65	1.37	11.17	0.08	—

水口山矿务局第三冶炼厂从铅烧结烟尘中回收铊的生产工艺流程如图 32-11 所示。

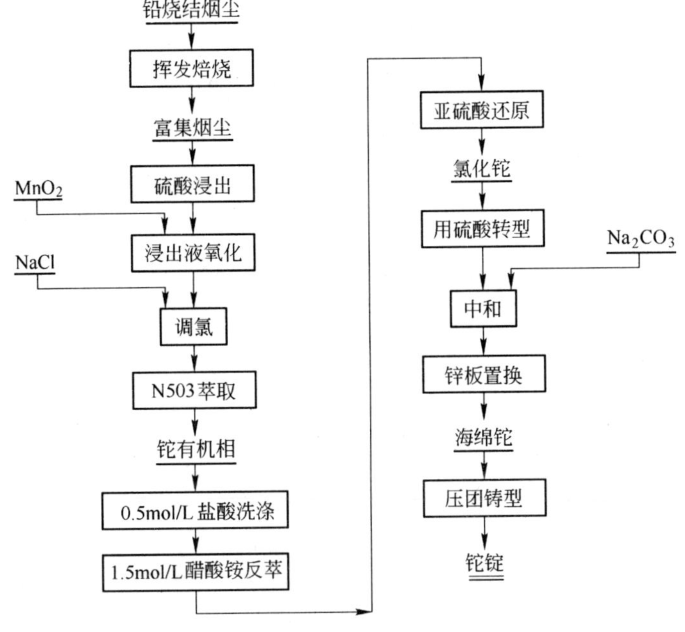

图 32-11 从铅烧结烟尘中回收铊的工艺流程

按图 32-11 流程生产铊的回收率达 55.51%，铊锭成分（%）为：Tl 99.99，Pb 0.0018，Cu 0.0006，Zn 0.0012，Fe 0.0004，Cd 0.0004。

株洲冶炼厂从烧结烟尘中富集铊的方法是，将烟尘和锯木屑按 3∶1 混匀，然后加入润湿剂，使烟尘与锯木屑的混合料含水达 5% ~8%，然后送去配料。配料比如下：

料尘∶石英石∶石灰石∶水淬渣∶返粉 = 2∶0.02∶0.02∶0.30∶7

配好的料经混合制粒，送至铅烧结机上进行烧结焙烧，其中的铊挥发进入布袋收尘器中。铊被富集 8 ~ 10 倍。烧结块送鼓风炉还原熔炼回收铅。株冶富集烟尘的化学成分见表 32-39。

表32-39 株冶铊富集烟尘成分

元 素	Pb	Tl	Cd	Zn	As	Se	Te	S	Cl
含量(质量分数)/%	54.21	0.31	1.81	0.45	0.85	0.075	0.10	8.74	5.63

将这种富集烟尘拌入浓硫酸，在250～350℃下进行硫酸盐化焙烧，然后将热焙砂用水浸出，在浸出液中加入氯化钠使铊呈难溶的氯化物沉淀。过滤分离后，再将沉淀物进行第二次硫酸盐化焙烧和浸出。浸出液加碳酸钠中和，通硫化氢除杂后，用锌片置换铊后产出海绵铊。海绵铊经洗涤、压团、烘干、熔化铸锭，产出铊锭的品位达99.99%以上。

哈萨克斯坦奇姆肯特铅厂用离子交换法从铅烧结烟尘中提取铊，其工艺流程如图32-12所示。

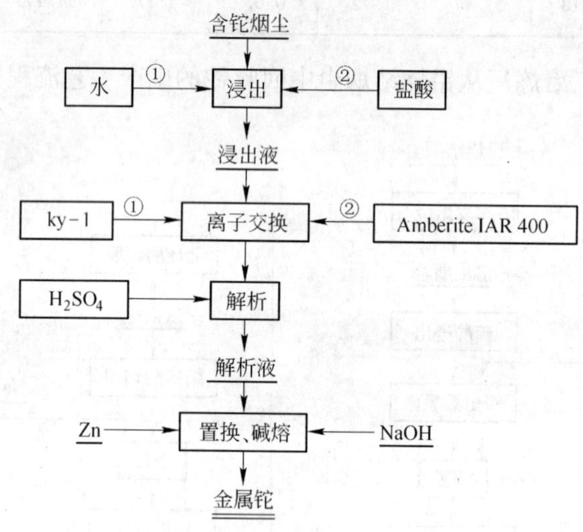

图32-12 离子交换法提铊工艺流程

①含铊烟尘用水浸出，浸出液含Tl 0.10～0.18g/L，控制pH值为8，在室温下用ky-1强酸性阳离子交换树脂吸附铊，饱和后用5%～10% H_2SO_4 解析，获得含铊达5～15g/L的解析液，锌置换得海绵铊，加碱熔化得金属铊；

②若用HCl浸出含铊烟尘，则可在1～4mol/L条件下采用强碱性阴离子树脂，如Amberite IAR 400等吸附，解析最好仍用 H_2SO_4。解析液仍可用锌置换，海绵铊加碱熔化铸型获得铊锭

此工艺是继萃取法提铊的又一种有前途的工艺。

32.6.3.2 从焙烧粗氧化锌粉的烟尘中回收铊

回转窑处理锌浸出渣和铅炉渣烟化产出的氧化锌粉含有大量的氟、氯，需在浸出前进行焙烧脱去。当用多膛炉焙烧氧化锌粉脱氟氯时，铊也挥发进入烟气中，然后富集在布袋尘中。这种布袋尘含有0.01%～0.25% Tl，40%～50% Zn，13%～15% Pb，以及F、Cl等。

从多膛炉布袋尘提铊的工艺是：烟尘用水直接浸出；浸出液用硫酸调整酸度，用高锰酸钾氧化，再用烧碱中和沉淀出铊；铊的沉淀物用硫酸浸出后，用亚硫酸钠还原，加氯化钠使铊以氯化铊（$TlCl_2$）的形态析出。氯化铊沉淀拌硫酸进行焙烧后再用水浸，然后加硫化钠中和除镉，通硫化氢沉出重金属，便可得到较纯的铊溶液，再用锌片置换得海绵

铊，将海绵铊压团、熔铸成金属铊。铊的直收率约为40%，产品铊的品位为99.99%以上。由于这一流程处理布袋尘铊的回收率低，后改用萃取法。

32.6.4　烟气中汞的回收

当锌精矿中含有较多的汞时，在高温氧化焙烧时，汞以元素形态随烟气一道进入烟气冷却净化系统，最终还有一些汞进入硫酸生产车间，从而污染产品硫酸。因此，从锌焙烧烟气中回收汞，不仅可减少汞对生产环境的污染，也可提高硫酸的质量。

葫芦岛锌厂处理含汞0.1%左右的锌精矿时，焙烧烟气中含汞量为300~400mg/m^3。韶关冶炼厂处理凡口矿时，有60%的汞进入焙烧后的制酸烟气中，烟气含汞量为20~60mg/m^3。科科拉电锌厂被烧含汞量为0.001%~0.02%的锌精矿时，烟气中含有：42mg/m^3 Hg，10mg/m^3 Se，215mg/m^3 Cl，4700mg/m^3 SO_3，必须从烟气中回收这部分汞，否则将污染硫酸及环境。

32.6.4.1　直接冷却法

葫芦岛锌厂采用直接冷凝法回收汞。流态化炉烟气经电收尘后，进入第一洗涤增湿塔，洗去大部分尘埃并将烟气温度降到58~60℃，送入石墨气液间冷器，80%的汞蒸气在此冷凝成液汞和汞炱，烟气温度降到30℃以下，然后进入充填洗涤塔，进一步脱去金属汞和汞炱后，送入制酸烟气系统。金属汞和汞炱用火法精炼制得高纯汞（99.999% Hg）。汞的回收率已达到41%。

32.6.4.2　碘络合-电解法

韶关冶炼厂曾采用碘络合-电解法回收汞，其流程见图32-13。

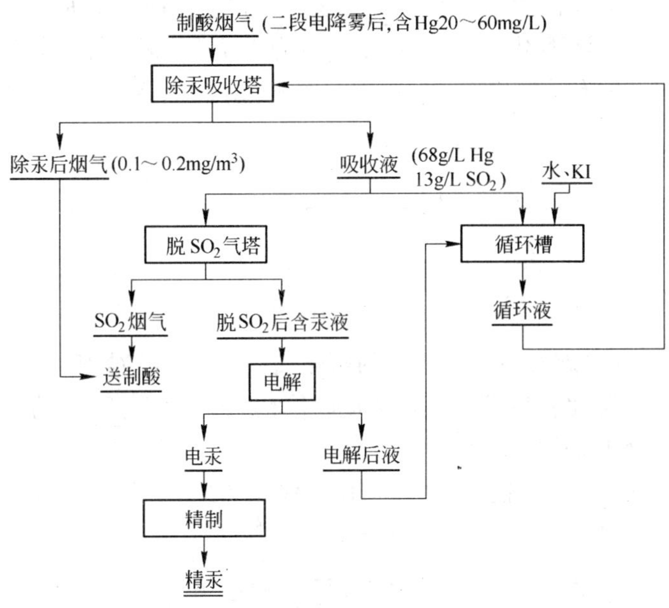

图32-13　碘络合-电解法回收汞工艺流程

采用上述流程回收汞，从烟气中除汞效率为99%，精制汞的纯度为99.99%。由除汞后的烟气制得的硫酸含汞可由原来的0.010%~0.017%（100~170μg/g）降到0.0001%

(1μg/g) 以下。汞的总回收率达到45.3%。

32.6.4.3 硫酸洗涤法

科科拉电锌厂采用 H_2SO_4 洗涤法处理含汞的流态化焙烧炉烟气，可以回收烟气中99%的汞和90%的硒。此外，还可以生产40%~50%的稀硫酸。这样净化后的烟气，产出的浓硫酸含汞从原来的0.006% (60μg/g) 降到0.00005% (0.05μg/g)。本法的工艺流程见图32-14。

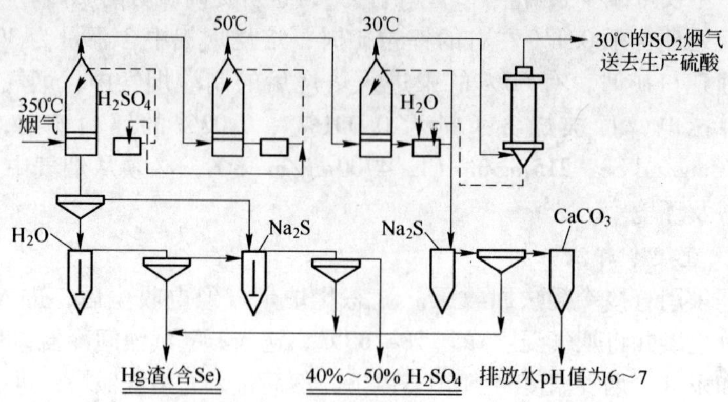

图32-14 硫酸洗涤法从烟气中回收Hg、Se和SO_2

32.6.4.4 玻立顿-罗尔锌法

挪威阿达 (Odda) 电锌厂处理的锌精矿常含有0.0005%~0.035% (5~350μg/g) 的汞，在焙烧时95%~98%的汞随烟气带走。该厂研究了各种除汞的方法，1973年建立了以卤化物 ($HgCl_2$) 溶液净化系统的方法，称为玻立顿-罗尔锌 (Boliden-Norzinc) 法。Hg^{2+}-Cl^- 体系是 Hg^0 的有效氧化剂，并以 Hg_2Cl_2 形态沉淀下来：

$$Hg^{2+} + Hg^0 = Hg_2^{2+} \tag{32-1}$$

$$Hg^{2+} + 2Cl^- = Hg_2Cl_2 \tag{32-2}$$

$$Hg^{2+} + nCl^- = Hg_2Cl_n^{2-n} \tag{32-3}$$

$$Hg_2Cl_n^{2-n} + Hg^0 = Hg_2Cl_2 + (n-2)Cl^- \tag{32-4}$$

反应式32-1与式32-4是烟气中元素 Hg^0 的氧化反应，即 Hg^0 被 Hg^{2+}-Cl^- 体系溶液氧化。反应式32-2是 Hg^0 被氧化后与 Cl^- 作用被沉淀下来。而反应式32-3的平衡可以阻碍体系中的 Hg^{2+} 被烟气中 SO_2 还原。

Hg^{2+} 作为氧化剂而消耗，使体系中的 Hg^{2+} 不断减少，必须补充以满足氧化反应的需要。将沉淀下来的 Hg_2Cl_2 用 Cl_2 氧化再生来补充，其反应为：

$$Hg_2Cl_2 + Cl_2 = 2HgCl_2$$

挪威阿达电锌厂用焙烧烟气净化与回收汞的生产设备连接如图32-15所示。

焙烧烟气先经冷却洗涤塔及间冷器后，冷至30~38℃，约有60%~80%的汞是在间冷器中被捕集，再经电收尘收集后，进入 Hg^{2+}-Cl^- 溶液洗涤塔，净化后气体含汞降到0.05~0.1mg/m³，总的净化效率为99.9%。这样净化后烟气制得的硫酸含汞低于

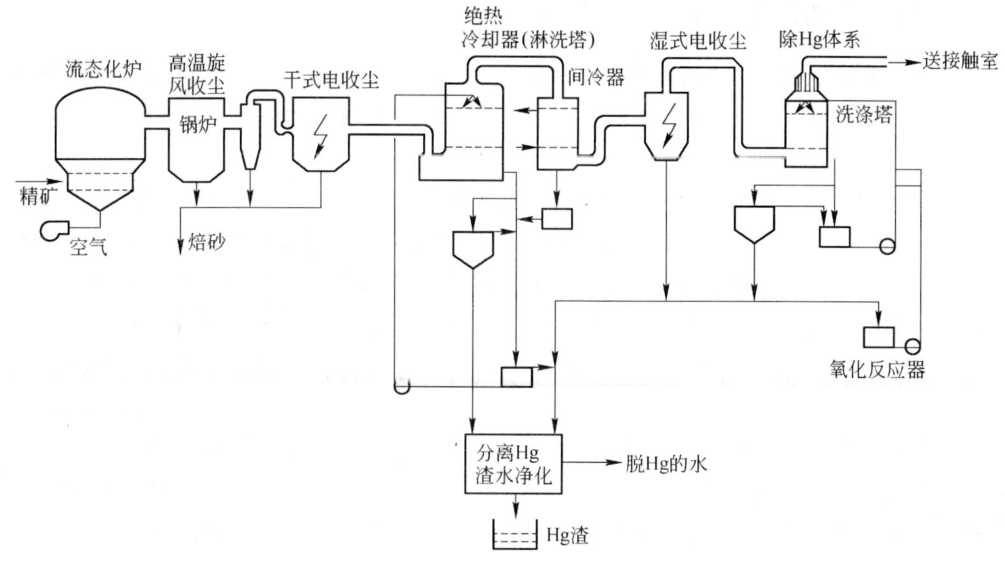

图 32-15　锌焙烧烟气净化回收汞的生产设备连接

0.00003% (0.3μg/g)。

加拿大特瑞尔锌冶炼厂处理的精矿平均含汞 0.0035% (35μg/g)。为了满足环保要求，也采用玻立顿-罗尔锌法来回收焙烧烟气中的汞。该厂采用的除汞洗涤塔如图 32-16 所示。

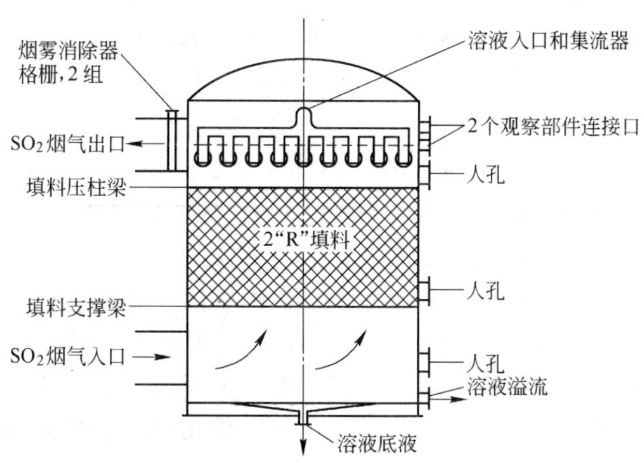

图 32-16　除汞洗涤塔结构示意图

Hg^{2+}-Cl^-溶液体系中汞离子含量维持在 1.0 ~ 2.0g/L，氯离子含量为 2.0 ~ 3.0g/L，溶液变换速度为 6500L/min。

该厂采用本法每年约生产氯化汞 500kg，硫酸含汞量控制在 0.00005% ~ 0.00007% (0.5 ~ 0.7μg/g)，相当于进入焙烧炉总汞量的 1.5%。

意大利威斯麦港冶炼厂的锌焙烧烟气和基夫赛特法炼铅的烟气也采用玻立顿-罗尔锌法脱汞。

32.6.5 烟尘中砷的回收与利用

伴生砷在有色金属生产过程中富集在烟尘中，需要进行回收与处理。含砷烟气可产出经冷凝收尘系统捕集的含砷烟尘和 SO_2 烟气，制酸处理系统副产的含砷污酸。

各种含砷烟尘的处理，目前可概括为三类方法：

(1) 挥发法：利用 As_2O_3 与其他成分挥发性的差异，使砷与其他难挥发的成分相分离。目前国内各有色冶炼厂大都采用挥发法来处理含砷烟尘或高砷物料以生产 As_2O_3。如云锡第一冶炼厂用电热回转窑处理锡烟尘（白砷品位可达 99%，但挥发率小于 60%）；赣州钴冶炼厂用电炉处理砷钴矿、用流态化炉焙烧砷冰铜黄渣（白砷品位平均 97%）；湖南平江黄金洞金矿用直接加热回转窑处理高砷金精矿（白砷品位 98%，直收率 93%）；柳州冶炼厂采用固定式蒸馏炉处理锡烟尘（白砷品位 96%，挥发率 80% ~85%，蒸馏时间长达 8h）；原湖南石门雄黄矿采用流态化炉焙烧雄黄矿。曾经一度是世界主要的 As_2O_3 精炼厂之一的美国熔炼与精炼公司的塔科马炼铜厂也是将粗 As_2O_3 烟尘在反射炉内精炼，设在炉后的前几个冷凝室产出的低砷烟尘再返回精炼，后几个冷凝室产出纯度 99.9% 的白砷作商品出售。火法挥发法简单，但很多装置生产过程不够强化，作业周期长，挥发率不高，通常在 85% 以下，挥发装置的收尘系统往往没有高温收尘部分，因而高沸点难挥发物质污染白砷，产品质量不高，又无粗白砷精炼系统。值得强调的是强化的火法挥发法的代表是日本古河矿业公司足尾冶炼厂开发并采用的古河法。

(2) 水浸法：利用 As_2O_3 在水或稀酸中的溶解度与温度成正比的特性，使物料中的 As_2O_3 在高温下溶于水而与其他不溶于水的成分相分离，再在低温下从水溶液中析出 As_2O_3。此法以比较先进的瑞典波立顿公司的水浸法和日本小名滨冶炼厂烟气洗涤为代表；

(3) 湿法冶金法：利用烟尘中砷化合物与酸、碱、盐的作用，使砷化合物溶浸，而与其他不溶物相分离，再使其从溶液中析出。较先进的以日本东予法为代表。

如今，由于环保和产品质量的要求，没有烟尘发生的湿法工艺是选择的基本工艺。处理含砷烟尘的湿法工艺有氨浸法（CCA 木材防腐剂的主要制造厂——Kopper 公司安装了一套氨浸装置用以处理从加拿大进口的含 70% ~90% As_2O_3 的低品位含砷烟尘产生高纯 As_2O_3）、加压硫酸浸出-萃取法（威廉战略金属公司处理含砷 10% 的铅厂烟尘）、常压硫酸浸出-SO_2 还原-冷却结晶法或常压硫酸浸出-萃取法以及常压水浸-净化-浓缩结晶法。这些湿法工艺方法中，不少过程利用了亚砷酸溶解度较小，通入 SO_2 还原 H_3AsO_4，进而冷却结晶析出纯度高于 99% 的洁白色 As_2O_3 晶粒。以下将重点介绍下列 As_2O_3 湿法生产工艺。

32.6.5.1 硫酸铜液置换浸出—氧化浸出—二氧化硫还原冷却结晶法

这是日本住友金属矿山株式会社研究开发的新工艺，已在东予冶炼厂建成生产能力为 60t/月 As_2O_3 的车间，1983 年 6 月正式投产。该工艺主要特点是：(1) 湿法生产，克服了火法生产的弊病，保持无砷污染的良好工作环境；(2) 生产过程通风收尘系统完备，且实行无人操作；(3) 产品质量高。我国贵溪冶炼厂为处理含砷废酸中回收硫砷渣（每年达 2300t），采用和引进了住友株式会社东予冶炼厂这一工艺技术及部分关键设备，建成年产 1000t As_2O_3 的生产系统。

其主要工艺过程及反应原理为：

(1) 置换浸出：硫化砷渣用硫酸铜溶液浆化后在 65 ~70℃下进行置换反应：

$$As_2S_3 + 3CuSO_4 + 4H_2O = 2HAsO_2 + 3CuS\downarrow + 3H_2SO_4$$

砷渣中锌也溶出：

$$ZnS + CuSO_4 = ZnSO_4 + CuS\downarrow$$

亚砷酸溶液在冷却槽内冷至25℃以下析出 As_2O_3 沉淀：

$$2HAsO_2 = As_2O_3 + H_2O$$

压滤后滤饼（CuS 和 As_2O_3）送氧化浸出，滤液送硫酸铜制备工序和废酸处理工序。

（2）氧化浸出：在75℃下通空气使残渣中砷由溶解度小的三价砷变成溶解度大的五价砷：

$$As_2O_3 + H_2O = 2HAsO_2$$

$$HAsO_2 + \frac{1}{2}O_2 + H_2O = H_3AsO_4$$

为促进反应，需 CuS、Cu^{2+} 共存起触媒作用。反应结束后经压滤，滤液送还原结晶工序，滤渣洗涤后送铜系统回收铜。

（3）二氧化硫还原冷却结晶：在氧化浸出液中吹入浓度为6%的 SO_2 气体，使溶液中的砷由 As^{5+} 还原为 As^{3+}：

$$H_3AsO_4 + SO_2 = HAsO_2 + H_2SO_4$$

当 $HAsO_2$ 超过溶解度后呈 As_2O_3 晶粒析出：

$$2HAsO_2 = As_2O_3 + H_2O$$

还原结束后，向还原槽中通入适量空气，以驱除残留在溶液中的 SO_2。还原结晶过程的温度维持在20℃左右。生成的 As_2O_3 晶粒经洗涤离心脱水后含水2%～3%，在用热水间接加热的干燥机干至含水0.1%以下，由全自动计量包装机进行包装。离心机排除的滤液返回浸出。此外，还有辅助的硫酸铜制备和氧化铜制备系统，生产本工艺所需的辅助原料。其工艺流程见图32-17。

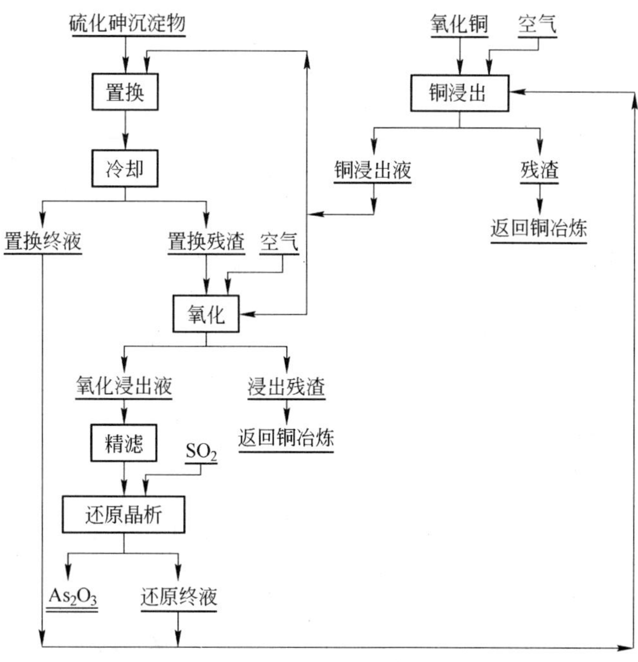

图32-17　置换—氧化浸出—还原结晶法工艺流程

其主要工艺条件（根据贵溪冶炼厂设计条件）残渣成分（%）：As 16.47，Cu 4.46，Si 5.87，H_2SO_4 5.5，其他7.7，H_2O 50。

（1）置换浸出：所需 Cu^{2+} 量由反应式确定，置换残渣含 Cu 16.3%（湿基），含水52%，置换终液 Cu 1g/L，As 18g/L，H_2SO_4 130g/L，置换效率95%左右。

（2）氧化浸出：残渣含 Cu 20.5%（湿基），H_2O 47%，洗后残渣含 Cu 19.3%（湿基），含水50%，氧化效率75%左右。

（3）还原结晶：所需 SO_2 用量由实验确定，还原效率100%；亚砷酸含 As 73.8%，（湿基），水分2.5%，成品亚砷酸含 As 75.6%（相当于 As_2O_3 99.8%），水分0.1%，砷直收率72%左右。

（4）硫酸铜制备：铜浸出率90%以上，所需硫酸（相对浸出铜）由实践确定。其主要消耗指标（贵溪冶炼厂指标）为：

1）硫化砷滤饼：23～24t/d；

2）辅助原料消耗（kg/d）：氧化铜粉（Cu 70%）8400，SO_2 2400，H_2SO_4 400，活性炭2.7，NaOH 23；

3）单耗：电 2930kW·h/$t_{As_2O_3}$，蒸汽 11t/$t_{As_2O_3}$，净化水 1150t/$t_{As_2O_3}$。

32.6.5.2 高砷烟尘常压热水浸出—净化—浓缩结晶法

在广西冶金研究所开发研究的基础上，1987年11月在广西来宾冶炼厂完成了“含锡高砷烟尘湿法提取优质白砷”的半工业性试验，随后建立了工业生产装置。其原则流程如图32-18所示。

烟尘含 As 24.31%，砷浸出率85.57%，白砷直收率73.26%，总回收率80.03%（当时成本2222元/$t_{As_2O_3}$），浸出渣含 As 5%左右。

产品：As_2O_3 含量大于 99.5% 的占 78.70%，99% ～99.5% 的占 21.30%，白度80%～100%。

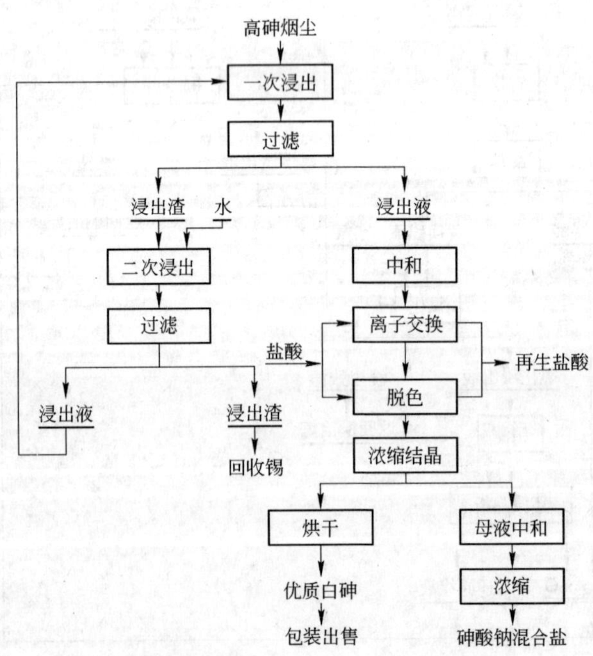

图32-18 常压热水浸出—净化—浓缩结晶法工艺流程

33　铅锌冶金废水处理

33.1　铅锌冶金废水处理方法

33.1.1　中和法

在含重金属的废水中加入碱进行中和反应，使重金属生成不溶于水的氢氧化物沉淀形式加以分离。中和沉淀法操作简单，是常用的处理废水方法。实践证明，在操作中需要注意以下几点：

（1）中和沉淀后，废水中若 pH 值高，需要加酸中和处理后才可排放；

（2）废水中常常有多种金属离子共存，当废水中含有 Zn，Pb，Sn，Al 等两性金属时，pH 值偏高，可能有再溶解倾向；

（3）废水中有些阴离子，如卤素、氰根、腐殖质等，有可能与重金属形成络合物，因此在中和之前需经过预处理；

（4）有些颗粒小，不易沉淀，则须加入絮凝剂辅助沉淀生成。

33.1.2　化学沉淀法

投加化学剂，使水中需要去除的溶解物质转化为难溶物质而析出的水处理方法。在给水处理中，用以去除钙、镁、铁、锰等。在废水处理中，用以去除有害金属或磷等。废水中的有机磷经生物处理后转化为磷酸盐，含钙、镁较高的水称硬水。降低钙、镁的浓度称软化。硬水软化可用化学沉淀法。

化学沉淀现象可以用溶度积来说明。在微溶性盐类的饱和溶液中，在一定温度下，其离子浓度（$g_{离子}/L$）的乘积是一个常数，称溶度积。例如，氢氧化镁的溶度积（$[Mg^{2+}]\cdot[OH^-]_2$）在 18℃时是 1.2×10^{-11}。根据同离子效应，水中的镁离子和氢氧根离子，不论它们来自同一化合物或不同的化合物，只要离子浓度的乘积超过氢氧化镁的溶度积，它们就结合为氢氧化镁沉淀。水中的铁、锰盐类，可用空气或其他氧化剂氧化为难溶的氢氧化物或氧化物，而从水中析出。

废水中对健康有害的金属离子（如汞、镉、铬、铅、铜和锌）的氢氧化物都是难溶或微溶的物质。用石灰提高废水的 pH 值，就可使它们从水中析出。废水中的铬酸根离子（CrO^{3+}）通常先还原为三价铬离子，然后用石灰沉淀。废水中的有机磷经生物处理后转化为磷酸盐，将使承接废水的水体富营养化。可用铝盐或铁盐把它转化为难溶的磷酸铝或磷酸铁从水中析出。

例如锌是一种两性元素，其氢氧化物的化学式可分为碱式和酸式两种，即碱式 $Zn(OH)_2$，酸式 H_2ZnO_2，锌的氢氧化物不溶于水，可溶于强酸或强碱，一般认为 pH 值大于 10 时锌主要以 ZnO_2^{2-} 存在，当调整 pH 值到 8～10 时主要以 $Zn(OH)_2$ 存在。上述原理是化学法处理含锌废水的依据，化学法处理含锌废水的工艺流程见图33-1。

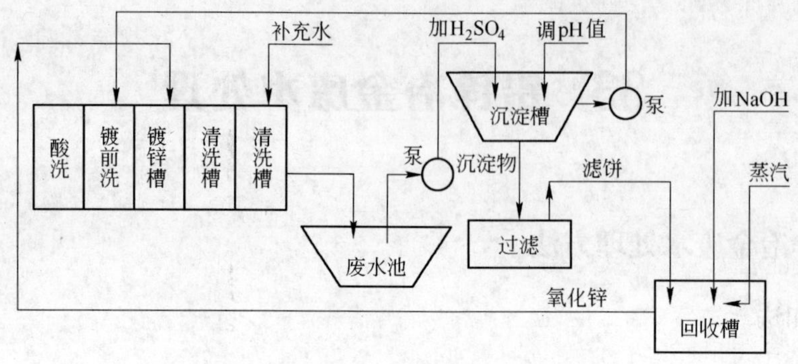

图33-1 化学法处理含锌废水工艺流程

33.1.3 生物法

利用微生物或微生物产生的代谢物进行絮凝沉淀的一种除污方法。微生物絮凝剂是由微生物自身产生的、具有高效絮凝作用的天然高分子物质，它的主要成分是糖蛋白、黏多糖、纤维素、蛋白质和核酸等。一般来讲，相对分子质量越大，絮凝活性越高，线性结构的大分子絮凝效果较好，而支链或交联结构的大分子絮凝效果较差；处于培养后期的絮凝剂产生菌，细胞表面疏水性增强，产生的絮凝剂活性也越高。对微生物絮凝剂引起絮凝的机理目前较为普遍接受的是“架桥作用”。该机理认为絮凝剂大分子表面具有较高电荷或较强的亲水性和疏水性，能与颗粒通过离子键、氢键和范德华力同时吸附多个胶体颗粒，在颗粒间产生“架桥”现象，形成一种网状三维结构而沉淀下来，从而表现出絮凝能力。目前，已开发出对重金属有絮凝作用的微生物有12种。利用壳聚糖为絮凝剂回收模拟工业废水中Pb^{2+}，Cr^{3+}，Cu^{2+}，废水中各离子重量的浓度在100×10^{-6}mg/L以内，加入10mg/L壳聚糖，处理后溶液中Cr^{3+}，Cu^{2+}浓度都小于1×10^{-6}mg/L，Pb^{2+}浓度小于1×10^{-6}mg/L，能得到令人满意的结果。用微生物絮凝法处理废水安全方便无毒，不产生二次污染，絮凝范围广，絮凝活性高，生长快，絮凝作用条件粗放，大多不受离子强度、pH值及温度的影响，易于实现工业化等特点。此外，微生物可以通过遗传工程，驯化或构造出具有特殊功能的菌株，因而微生物絮凝法具有广阔的应用前景。

由于生物法是通过生物有机体或其代谢产物与金属离子之间的相互作用达到净化废水的目的，具有低成本、环境友好等优点，日趋成为世界各国研究的焦点。生物处理方法根据其原理不同大致可以分为两类：生物吸附法和生物沉淀法。

33.1.3.1 生物吸附法

由于许多微生物具有一定的线性结构，有的表面具有较高的电荷和较强的亲水性或疏水性，能与颗粒通过各种作用（比如离子键、吸附等）相结合，如同高分子聚合物一样起着吸附剂的作用。生物吸附法的开发虽然不到20年，却已发现有17种以上的微生物具有较好的絮凝吸附功能，如霉菌、细菌、放线菌和酵母菌等，其中12种微生物可以用于重金属处理。生物吸附法具有其他吸附法所无法比拟的优点，如价廉节能、安全无毒、不产生二次污染、吸附效率高和吸附物易于分离等，此外还可通过遗传工程、驯化或构造出具有特殊功能的菌株，因此生物吸附法有着十分美好的发展前景。

国内外关于用生物吸附技术处理含锌废水的研究很多，主要集中在纯菌种的分离提取、基因工程菌的构造、混合菌的培养等方面。

Pingheyin 等人从淀粉废水中培养得到真菌团用于处理含锌废水的处理实验中，发现 R. alrltizus 对 Zn^{2+} 的吸附量为 34.45mg/g。

Vinta V Pacnhanadiakr 等人从大自然中分离得到 P. aeruginoas 菌种，并用于处理含锌工业废水，实验证明 P. aerugmosa 菌种对 Zn^{2+} 的吸附量为 30mg/g。

Aiktnson. B. W. 等人研究了剩余活性污泥处理电镀废水，电镀废水主要含有锌，其浓度达到 110mg/L，同时还含有少量的 Cu^{2+}，Cd^{2+}，Ni^{2+}，Cr^{3+} 和 Cr^{6+}，其研究结果表明活性污泥对锌的去除率高达 96%，其他金属的浓度均在 50mg/L 以上，其平均去除率为 80%。

生物吸附法由于其吸附容量一定、选择性高等特点，应用范围限制在低浓度（1～100mg/L）、单组分的含锌废水的处理。

33.1.3.2 生物沉淀法

生物沉淀法主要是利用微生物代谢活动将废水中的重金属转化为水不溶物而去除。生物沉淀法中所使用的微生物主要以硫酸盐还原菌（SRB）为代表。厌氧条件下的 SRB 能还原硫酸盐将硫酸根转化为硫离子，从而使重金属离子生成不溶的金属硫化物沉淀而去除。由于多数重金属都以硫酸盐的形式存在于废水中，可以达到“以废制废”目的，另外，它还具有处理重金属种类多、处理彻底、处理潜力大等特点。SRB 在处理高硫酸盐的有机废水、矿山酸性废水（AMD）、电镀废水处理等方面研究取得了较大进展。

马晓航等人研究了用硫酸盐还原菌处理含锌废水的厌氧污泥床工艺及影响运行的主要因素。结果表明，该工艺可在进水 COD 和锌浓度分别为 320mg/L 与 100mg/L 时有效运行，有机物和 Zn^{2+} 的去除率分别达到 73.8% 和 99.63%。在水力滞留时间降至 6h 时，Zn^{2+} 的去除率仍可达 94.55%。进水 Zn^{2+} 浓度低于 500mg/L 时装置可以稳定运行，而当浓度达到 600mg/L 时，硫酸盐还原菌受到 Zn^{2+} 的明显毒害。当进水 COD 1500mg/L、Zn^{2+} 500mg/L，水力滞留时间为 9h 时，装置的 Zn^{2+} 容积去除率可达 1329mg/(L·d)。

华尧煦等人研究了 SRB 厌氧污泥床处理含锌废水的处理，锌的去除率可达 99%。但废水中锌的最高允许浓度为 500mg/L，超过这一浓度后，虽然反应器中有一定的缓冲作用，SBR 受到毒害，影响处理效果。

Jong Tony 考察了上流式厌氧序批式反应器在 25℃ 条件下，运行了 14 天，SRB 混合细菌群对含有 Cu、Zn、Ni、Fe、Al、Mg、As 的硫酸盐废水的处理。随着 pH 值从 4.5 上升到 7.0，SRB 活性增强，相应的硫酸根、重金属离子的去除率得到提高。在硫酸根离子浓度为 7.43kg/(d·m^3) 和 3.71kg/(d·m^3)，硫酸根的去除率均大于 82%，而溶液中 Al、Zn、Ni 的去除率大于 97.5%，As 为 7.5%，Fe 为 82%，而溶液中 Al、Mg 的浓度不变。

矿山重金属硫酸盐废水的去除分为两个过程：硫酸盐还原菌将硫酸根离子还原为硫化氢来沉淀重金属离子；氧化硫杆菌将过量的硫化氢转变为单质硫。1992 年 5 月，Devegt A. L. 为荷兰 Budelco 锌精炼厂设计完成了一个日处理量为 5000m^3 Paques 水处理系统，并投入运行，用以处理重金属和硫酸根离子，并进一步研究了生物反应过程和金属的选择性回收。利用冲洗技术和 SRB 生物处理技术相结合能处理燃料气的二氧化硫，最终产物是硫化物。并于 1994 年 7 月建成了处理（标态）5000 ~ 50000m^3/h 的燃气的硫酸根离子去除工厂，矿山废水和厌氧湿地生成的硫化物可用 THIOPAQ 硫化物氧化反应器回收。

以硫酸盐还原菌为代表的生物沉淀法处理含锌废水具有处理费用低、去除率高的优点。在研究取得进展的同时，也暴露了营养源不能被生物充分利用，导致出水的 COD 值高、金属离子的毒害作用影响处理效果等缺陷。

33.1.4 新型膜法

对于重金属废水的处理，国内外均进行了广泛的研究，膜处理技术应用于重金属废水的处理已经引起了各国学者的高度重视。对于含重金属离子废水的处理，仅将废水处理达标排放是不够的，最理想的结果是水与重金属离子两者都回收利用，下面分别对一些新方法进行介绍。

33.1.4.1 电渗析法

电渗析（Electrodialysis，简称 ED）是在直流电场的作用下，溶液中的带电离子选择性地透过离子交换膜的过程。

电渗析膜装置同时包含有一个阳离子交换膜和一个阴离子交换膜。电渗析过程中金属离子通过膜而水仍保留在进料侧，依靠金属离子与膜之间的相互作用而实现分离。电渗析法是一种较成熟的膜分离技术，已广泛应用于废水处理，主要用于金属类废水、放射性废水、造纸废水等的处理。

近年来，随着对离子交换膜和传统电渗析装置的不断革新和改进，电渗析技术进入了一个新的发展阶段。改进后的电渗析技术包括：无极水电渗析技术、无隔板电渗析器、卷式电渗析器、填充床电渗析技术、液膜电渗析和双极膜电渗析技术等。尤其是双极膜电渗析技术和填充床电渗析技术的发展，使电渗析技术成为新的热门研究领域。

33.1.4.2 液膜法

液膜是以浓度差或 pH 值差为推动力的膜，由萃取与反萃取两个步骤界面膜构成。液膜过程的萃取与反萃取分别发生在膜的两侧界面，溶质从料液相萃入膜相并扩散到膜相另一侧，再被反萃入接收相，由此实现萃取与反萃取的“内耦合”（Inner-coupling），液膜过程是一种非平衡传质过程。

一般而言，液膜可分为 Bulk Liquid Membrane（简称 BLM）、Supported Liquid Membrane（简称 SLM）和 Emulsion Liquid Membrane（简称 ELM）等几种。Szpakowska 等人在严格遵守动力学规律的条件下考察了用 BLM 分离水中的 Cu^{2+}，得出铜离子和载体分子间的化学反应影响着离子的传递速率，即金属离子和载体间的浓度比严重影响膜的传递效率，故对于给定液膜只要严格控制其操作的物理化学条件就能获得理想的传递效率。SLM 的出现为重金属废水的处理提供了一个很好的方法，它只需少量的增溶性有机载体就可以达到很高的阳离子分离效率。Yang 等人用 SLM 分离电镀洗水中的铜、锌和铬离子，分别采用了特定的载体来回收每种重金属，结果表明可得到高纯度的渗透液，然而该方法也有一些局限性，比如，流速较低、机械稳定性差和载体的存在限制了膜长时间的稳定等，这些问题的存在限制了 SLM 在工业上大规模的应用。但和固膜相比，液膜表现出高选择性、高定向性（高浓度到低浓度）、极大的渗透性、更大的膜表面积、成膜简单等优点，加上液膜体系中载体浓度和相比的降低，使液膜过程中的试剂夹带损失减少，对于需要昂贵试剂或者处理量较大的场合具有显著的经济意义。

33.1.4.3　纳滤法

纳滤膜（Nanofiltration，简称 NF）表面由一层非对称性结构的高分子与微孔支撑体结合而成，纳滤与电渗析显著的不同点是通过膜的物质不是离子而是水。纳滤膜能用于从溶剂中分离高化合价离子和有机分子。纳滤膜分为多孔膜和致密膜，多孔膜主要是无机膜，而致密膜主要是聚合物膜，现已工业化的纳滤膜主要是聚合物膜。已有的复合陶瓷纳滤膜，其孔径在 0.5 ~ 2nm 之间，对于相对分子质量在 500Da 以上的有机物和二价以上离子都具有较高的截留率，而对于一价离子却只有中等截留率。

纳滤膜在分离过程中溶质损失少，是一种很好的分离废水的方法。但纳滤膜的传质机理还需进一步研究和完善，以进一步提高分离精度。

33.1.4.4　超低压反渗透法

采用超低压反渗透膜（ULPROM）不仅可以克服传统反渗透膜所面临的经济方面的压力，而且还能获得高的金属离子截留率。

Ozaki 等人采用 Aromaticpolyamide（ES20）超低压反渗透膜分离稀溶液中的 Cu^{2+}、Ni^{2+} 和 Cr^{6+} 离子，结果表明截留率随进料压力的增大而增加，当 Cu^{2+}、Ni^{2+} 和 Cr^{6+} 离子浓度均为 50mg/L、压差从 100kPa 上升到 500kPa 时，Cu^{2+} 的截留率从 97.3% 增大到 99.6%，Ni^{2+} 的截留率从 97.2% 增大到 99.5%，Cr^{6+} 的截留率从 98.2% 增大到 99.9%。离子价态也能影响截留率，当压力为 500kPa 时，Cr^{6+} 截留率为 99.9%，比 Cu^{2+} 和 Ni^{2+} 的截留率要高（两者都为 99.5%），这与 Ujang 等人的结论是一致的；Ujang 等人还得出通量随进料液浓度的降低有增加的趋势，但截留率则随进料液浓度的增加而增加；截留率也随进料 pH 值的增大而升高，且在电位差为零时截留率是最低的，获得高截留率的最佳 pH 值范围是 7 ~ 9。

采用超低压反渗透膜处理工业重金属废水不仅降低了操作压力、大幅度降低了操作费用，而且截留率较高、装置简便、不改变溶液的物理化学性质，可以回收透过液和浓溶液，组成封闭循环无排放系统。此工艺尚处于实验室研究阶段，还需做大量的研究开发工作。

33.1.4.5　胶束增强超滤法

胶束增强超滤法（Micellar-enhanced Ultrafiltra-tion，简称 MEUF）是一种将表面活性剂和超滤膜耦合起来的新技术。当表面活性剂浓度超过其临界胶束浓度（CMC）时，大的两性聚合物胶束就形成了。当溶液以超滤膜过滤时，吸附有大部分金属离子和有机溶质的胶束就被截留下来了，透过液中仅含有极少量的金属离子、有机溶质和表面活性剂单体而达到了重新利用或直接排放的标准。

目前，胶束增强超滤法所使用的表面活性剂主要有阴离子表面活性剂，如十二烷基磺酸钠（SDS）、十六烷基氯化吡啶（CpCl）、十二烷基三甲基溴化铵（CTABr）、十六烷基三甲基溴化铵（CTAB）和聚苯乙烯磺酸钠（PSS）等；非离子型表面活性剂，如聚氧乙烯壬基苯基醚（PONPEs）和三硝基甲苯等。Juang 等人采用 SDS 表面活性剂分离稀溶液中的金属离子并回收了表面活性剂，实验测得除 Cr^{3+} 以外，当 SDS 浓度增大到一定程度以后，其他离子截留率几乎达到一个极值；由于 H^{+} 在胶束表面竞争的原因，当 pH 值小于 3 时，金属离子的截留率下降了 3% ~6%。

某些离子型的表面活性剂与非离子型表面活性剂混合后具有协同作用，能形成较大的胶束，增强对金属离子的去除效果。Tung 等人采用纯度为 99% 的 SDS 和纯度为 97% 的三硝基甲苯混合物作为表面活性剂去除水溶液中的铜离子和苯酚，测得混合液的 CMC 值比纯 SDS 溶液有大幅度降低；同时发现 SDS 和三硝基甲苯混合溶液的胶束尺寸介于这两者之间，且随 SDS 摩尔分率的增大而减小。

胶束增强超滤处理重金属废水工艺简单、处理效率高，适用于处理浓度较低的重金属废水，处理后的水可以回用，还可从浓缩液中回收重金属，尤其是采用混合型的表面活性剂能增强对金属离子的去除效果，是一种很有前景的方法。

33.1.4.6 水溶性聚合物络合超滤法

含氮、硫、磷和羰基功能基团的聚合物及它们的衍生物能与大多数的重金属离子络合，当这些聚合物的相对分子质量大于超滤膜的切割相对分子质量时，这部分聚合物就被截留下来，故被络合的重金属离子也就获得了分离，从而实现了离子的选择性分离。

影响水溶性聚合物超滤耦合工艺络合反应的主要因素有 pH 值、金属离子/聚合物浓度比 L、离子强度和同时络合多种金属离子等。pH 值是影响金属离子截留率的主要因素之一。一般而言，pH 值增大，截留率有增大的趋势，但 pH 值增大到一定程度后，金属离子会产生氢氧化物沉淀。影响金属离子截留率的另一重要影响因素就是金属离子与聚合物的浓度比 L，当 L 值超过一定范围后，截留率随 L 值的增大而迅速下降。影响超滤过程的主要因素有温度、压差、料液流速和聚电解质浓度等。温度改变料液的黏度，对膜过滤过程的通量有一定的影响，同时使络合平衡发生移动，进而影响着金属离子的截留率。压差和料液流速也对膜过滤通量有着重要的影响，而对截留率的作用相对较弱，故对这两个参数进行优化，可提高膜通量、节约投资成本。金属离子的截留率还与金属离子和聚合物的浓度比 L 有关，通常膜通量随聚电解质浓度的增大而下降。

影响聚合物再生过程的因素因聚电解质再生方法的不同而不同，聚电解质再生主要有两种方法，一种是酸化法，即改变 pH 值使络合物释放出游离金属离子，一般 pH 值控制在 2 ~3 之间有利于解络合的进行。一种是电解法，络合的金属被沉积在电极上，而聚合物则留在溶液中，影响电解再生的主要因素是电流密度和重金属浓度，分别针对不同种类的重金属优化这两个参数，可以获得最佳的重金属回收和聚电解质再生效果。

聚合物增强超滤工艺的主要优点有：由于使用了有选择性的聚电解质使得该技术能高度选择地分离金属离子，在低能耗下可获得高的透过速率。就目前而言，这类耦合技术大都处于实验室研究阶段。

33.2 铅锌冶金废水处理设备及工艺

33.2.1 常用铅锌冶金废水处理设备

由于铅锌冶炼厂废水主要为重金属废水，国内外污水处理技术以中和法与硫化法为主，部分企业已采用生物法处理；我国株洲冶炼厂采用的硫化中和法流程如图 33-2 所示。

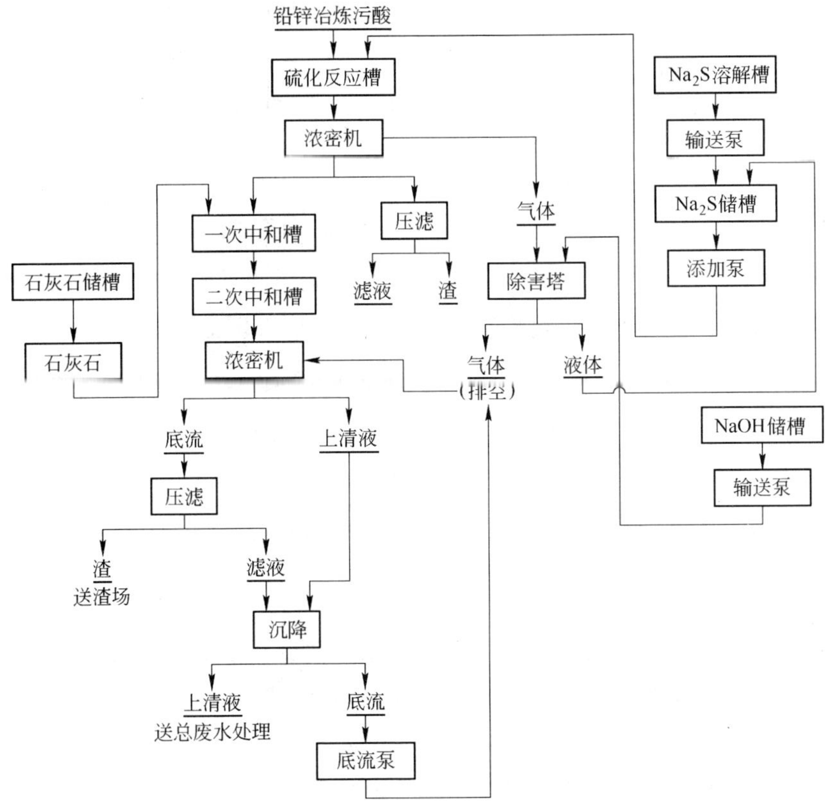

图 33-2 硫化中和法工艺流程

33.2.2 铅锌冶金废水处理工艺配置

目前，铅锌冶炼厂采用较多的方法是化学沉淀法处理重金属废水，其原理是废水中某些金属离子与石灰等作用可形成沉淀而从水中分离出去。但由于石灰引入了钙离子造成不能回用含低浓度金属的废水。改进的方法有硫化物沉淀法、铁氧体共沉淀法。由于硫化物是比氢氧化物更为难溶的沉淀，除去水中重金属离子的效果比石灰乳更好的沉淀剂有：H_2S、NaHS、Na_2S、S、FeS 等。硫化沉淀法同样存在不足之处：由于沉淀反应生成的硫化物粒子很细，沉淀困难，一般需投加凝聚剂才能保证去除效果。所以，处理费用较高。图 33-3 所示为某工厂采用硫化物沉淀法处理流程。

33.3 典型铅锌冶金废水处理

33.3.1 重金属废水处理

工业废水中的重金属离子是污染环境的重要污染物，主要产生于电镀、纺织印染、金属采选、电解、医药、合金、造纸、陶瓷与无机颜料制造等行业。此类污水的处理方法很多，常用的有氢氧化物沉淀法、硫化物沉淀法、铁氧体法。

33.3.1.1 氢氧化物沉淀法

向重金属污水中投加碱性中和剂，使重金属离子与羟基反应，生成难溶的金属氢氧化

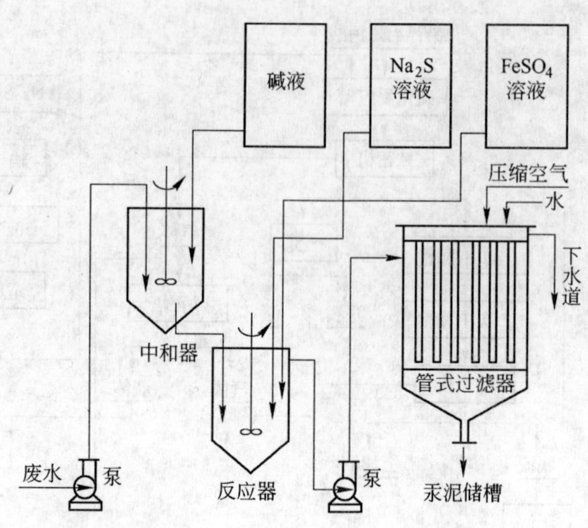

图 33-3 硫化沉淀法废水处理流程

物沉淀、分离。

沉淀工艺有分步沉淀和一次沉淀两种。分步沉淀为分段投加石灰乳，利用不同金属氢氧化物在不同 pH 值下沉淀析出的特性，依次进行沉淀回收各种金属离子同时以氢氧化物沉淀析出，采用沉淀法处理含重金属污水比较多，处理效果见表 33-1。

表 33-1 沉淀法处理效果比较

项 目	污水中重金属含量/$mg \cdot L^{-1}$					
	pH 值	Zn	Pb	Cu	Cd	As
处理前污水	7.14	342	36.5	28	7.12	2.41
处理后出水	10.4	1.61	0.6	0.05	0.06	0.024

33.3.1.2 硫化物沉淀法

硫化物沉淀法是指向污水中投加硫化钠或硫化氢等硫化剂，使重金属离子与硫离子反应，生成难溶的金属硫化物沉淀，予以分离除去。由于重金属离子与硫离子有很强的亲和力，能生成溶度积小的硫化物。因此，用硫化物沉淀法除去污水中的重金属是很好的方法，各硫化物的 K_s 见表 33-2。

表 33-2 金属硫化物的 K_s

金属硫化物	K_s	pK_s	金属硫化物	K_s	pK_s
Ag_2S	6.3×10^{-50}	49.20	HgS	4.0×10^{-53}	52.40
CdS	7.9×10^{-27}	26.10	MnS	2.5×10^{-13}	12.60
CoS	4.0×10^{-21}	20.40	NiS	32×10^{-19}	18.50
CuS	6.3×10^{-36}	35.20	PbS	8×10^{-28}	27.00
FeS	3.2×10^{-18}	17.50	SnS	1×10^{-25}	25.00
Hg_2S	1.0×10^{-45}	45.00	ZnS	1.6×10^{-24}	23.80

33.3.1.3 铁氧体法

含重金属离子废水处理的几种主要方法（化学沉淀法、离子交换法、吸附法、膜分离法等）处理成本较高，且易引起二次污染。采用常温铁氧体法处理重金属离子废水，既能去除废水中的重金属离子，又能生成有用的磁性产物——铁氧体，该法具有较好的应用前景。但常温铁氧体法一般要用 NaOH 来调节废水的 pH 值，而废水中添加石灰后则很难生成铁氧体。

铁氧体法适宜处理含有密度大于 3.8g/cm^3 的重金属离子的污水。原则流程见图 33-4。

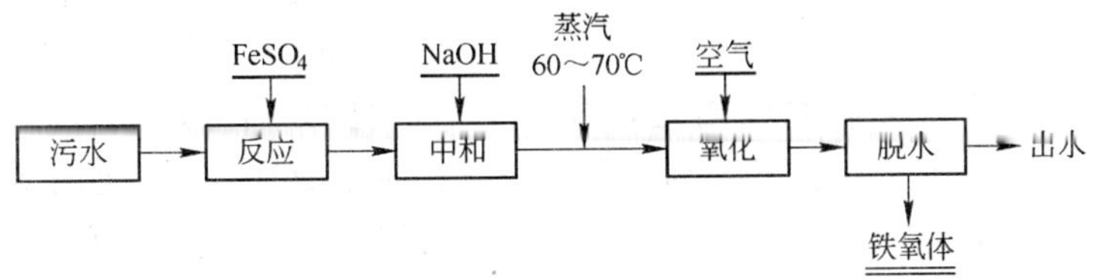

图 33-4 铁氧体法的工艺流程

铁氧体法处理重金属污水效果好，投资少，设备简单，沉渣量少，且产物的化学性质比较稳定。在自然条件下，一般不易造成二次污染。该法的主要缺点是铁氧体沉淀颗粒的成长及其反应过程需要通空气氧化。反应温度要在 60 ~ 80℃，这对大量污水处理，升温是很大的困难，消耗能量比较大。

33.3.1.4 高分子重金属捕集剂法

高分子重金属捕集剂是水溶性高分子的一种，高分子基体具有亲水性的螯合形成基，它与水中的重金属离子选择性地反应生成不溶于水的金属络合物，此法在电镀废水处理中得到广泛应用。

33.3.1.5 化学还原法

利用重金属的多种价态，在废水中加入一定的氧化剂或还原剂，使重金属获得人们所需价态的方法。常用的还原剂有铁屑、铜屑、硫酸亚铁、亚硫酸氢钠、硼氢化钠等，常用的氧化剂有液氯、空气、臭氧等。在实际操作中，应当考虑选择适当的氧化剂或还原剂，使生成物低毒或无毒，避免二次污染；同时价格便宜，易于取得；反应所需的 pH 值不必太高或太低。目前化学氧化还原法一般用作废水处理的预处理方法使用。

33.3.1.6 电化学还原法

电化学还原法是溶液与电源的正负极接触并发生氧化还原反应的方法。当对重金属废水进行电解时，废水中的重金属离子在阴极得到电子而被还原。这些重金属或沉淀在电极表面或沉淀到反应槽底部，从而降低废水中重金属含量。这种方法消耗能量大，适合于重金属浓度较高的废水。

33.3.1.7 电解法

电解法是利用直流电进行氧化还原反应的过程来达到去除工业废水中重金属离子的一种方法。利用阴极上还原反应析出金属的反应原理，可以回收到纯净的金属，尤其对贵金属金的回收，更是常采用的方法。利用电解法可以在阴极回收铬、铜、铅、银、金等。另外通过控制电极电位，可以把同一溶液中的多种金属离子逐一分离开，分别回收、提纯，得到纯度比较高的某单一金属。在处理电镀废水时，常采用电解法。

33.3.1.8 溶剂萃取法

溶剂萃取法是分离和净化物质常用的方法。由于液-液接触，可连续操作，分离效果较好。使用这种方法时，要选择有较高选择性的萃取剂，废水中重金属一般以阳离子或阴离子形式存在，例如在酸性条件下，与萃取剂发生络合反应，从水相（W）被萃取到有机相（O），然后在碱性条件下被反萃取到水相，使溶剂再生以循环利用。这就要求在萃取操作时注意选择水相酸度。尽管萃取法有较大优越性，然而溶剂在萃取过程中的流失和再生过程中能源消耗大，使这种方法存在一定局限性，应用受到很大的限制。

33.3.1.9 吸附法

吸附法是应用多孔吸附材料吸附处理废水中重金属的一种方法。传统吸附剂是活性炭。活性炭有很强吸附能力，去除率高，但价格贵，应用受到限制。近年来，逐渐开发出有吸附能力的多种吸附材料，有凹凸棒、沸石、整合树脂、麦饭石、蛇纹石、大洋多金属结核矿、硅藻土等。目前，有些已经应用到工业生产中。因此吸附法吸附废水中重金属离子的效果好，不仅吸附量大、速度快、效率高（最高去除率可达99%以上），而且操作简单，可以循环利用。吸附法有腐殖酸树脂吸附法、沸石吸附法、麦饭石吸附法、硅藻土吸附法、膨润土吸附法、活性炭吸附法等。

A 腐殖酸树脂吸附法

腐殖酸树脂对重金属离子的吸附，包括离子交换、螯合、表面吸附、聚集等作用，既有化学吸附，又有物理吸附。当金属离子浓度低时，以螯合作用为主；当金属离子浓度高时，离子交换占主导地位。

B 斜发沸石吸附法

斜发沸石吸附法是利用斜发沸石对重金属离子良好的吸附性能，来达到去除工业废水中的重金属的方法。天然斜发沸石产于河北省赤城县、黑龙江省牡丹江地区，其化学组成可用（M^{2+}，M^{+}）O · Al_2O_3 · $MSiO_2$ · nH_2O 表示，M^{2+} 和 M^{+} 分别代表二价和一价金属离子，主要是Ca和Na。这种沸石有多种几何构型，形成狭窄、均匀、连续的孔腔，孔径约为0.4nm，直径小的分子可以自由进入孔腔被吸附或交换，对各种金属离子有良好的吸附性能。国内利用斜发沸石吸附法处理重金属废水已有成功的经验和定型的设备。

C 麦饭石吸附法

麦饭石的组成主要有石英、长石、黑云母、赤铁矿、高岭石和蒙脱石等，主要化学组成为 SiO_2 63.14%、Al_2O_3 13.82%、Fe_2O_3 4.69%、CaO 2.24%、MgO 2.02%、K_2O 5.08%、Na_2O 2.24%。麦饭石对重金属离子的吸附作用主要表现为离子交换和表面络合吸附。

D 活性炭吸附法

活性炭吸附法处理重金属废水效果与金属存在形式、废水的pH值有很大关系。目前已经应用且比较成熟的方面是在电镀工业上处理含铬、镉、铜废水。

33.3.1.10 离子交换法

离子交换法是利用离子交换剂分离废水中有害物质的方法。已应用的离子交换剂有离子交换树脂、沸石等。离子交换是靠交换剂自身所带的能自由移动的离子与被处理的溶液中的离子通过离子交换来实现的。推动离子交换的动力是离子间浓度差和交换剂上的功能基对离子的亲和能力。多数情况下离子是先被吸附，再被交换，具有吸附、交换双重作用。目前这种材料的应用越来越多，如膨润土、天然沸石等。但天然沸石在对重金属废水的处理方面比膨润土具有更大的优点。离子交换树脂法是利用离子交换树脂，可将溶液中一些低浓度微量物质进行富集浓缩，再将其脱洗下来的方法。例如，软化水时去除天然水中含有的钙、镁、锰、钦等离子，处理含重金属离子废水中的铬、铜、镍、锰等，回收废水中的贵金属等都可以采用离子交换树脂法。离子交换树脂法处理废水的优点是处理效果好、出水质量高，尤其是处理污染物浓度低、水量小、出水质量要求高的废水时，最宜采用。其缺点是操作费用和原材料成本高，对处理大量的工业废水，采用该方法在经济上不合算。

33.3.1.11　膜分离技术

膜分离技术是利用一种特殊的半透膜，在外界压力的作用下，在不改变溶液中化学形态的基础上，将溶剂和溶质进行分离或浓缩的方法。包括隔膜电解和电渗析。电渗析是在直流电场作用下，利用阴阳离子交换膜对溶液阴阳离子选择透过性使水溶液中重金属离子与水分离。隔膜电解是以膜隔开电解装置的阳极和阴极而进行电解的方法，实际上是把电渗析与电解组合起来的一种方法。

膜分离技术主要有电渗析、反渗透、液膜分离技术等。

A　电渗析

电渗析是在直流电场的作用下，利用阴、阳离子交换膜对溶液中阴、阳离子的选择透过性（阳膜只允许阳离子通过，阴膜只允许阴离子通过），而使溶液中的溶质与水分离的一种物理化学过程。电渗析只能除去水中的盐分，而对水中有机物不能除去，某些高价离子和有机物还会污染膜。电渗析运行过程中易发生浓差极化而产生结垢，因而使电渗析技术较难掌握与应用。

B　反渗透法

反渗透法是用一张半透膜（半透膜只能让水通过，而不让溶质通过）将淡水和某种污染隔开，在废水一侧施加大于渗透压的压力，则溶液中的水就会透过半透膜流向淡水一侧，而达到浓缩废水的目的。随着反渗透膜材料的发展，高效膜组件的出现，反渗透的应用领域不断扩大。采用反渗透法处理电镀废水，可以实现闭路循环。逆流漂洗槽的浓缩液用高压泵打入反渗透器，浓缩液返回电镀槽重新使用，处理水则补充入最后的漂洗槽。对不加温的电镀槽，为实现水量平衡，反渗透浓缩液还需蒸发后才能返回电镀槽。

C　液膜分离法

液膜分离法处理重金属废水是选择合适的液膜载体，重金属离子经液膜处理后浓度降低，从而达到去除有害的重金属离子，同时也能回收重金属作为工业原料，达到化害为利综合利用的目的。只要能选择合适的载体，用液膜法处理重金属废水是非常有效的，如电镀废水中含有六价铬、镍、锌、铜、镉等离子都可以用液膜法处理。

33.3.1.12　蒸发浓缩法

蒸发浓缩法的实质是加热废水，由于水分子大量气化，使溶质得到浓缩，浓缩后的溶液回收利用，浓缩过程中产生的蒸汽冷却、凝结为蒸馏水。故进行蒸发浓缩的必要条件是不断供给热能，以及汽化出来的二次蒸汽必须不断排出，否则溶液与二次蒸汽达到平衡，使汽化不能继续进行。电镀工业上应用蒸发浓缩处理重金属废水常常是与其他方法联合使用，常用的是逆流漂洗—蒸发回收和离子交换树脂—蒸发回收。

33.3.1.13 生物絮凝法

利用微生物或微生物产生的代谢物进行絮凝沉淀的一种除污方法。微生物絮凝剂是由微生物自身产生的、具有高效絮凝作用的天然高分子物质，它的主要成分是糖蛋白、黏多糖、纤维素、蛋白质和核酸等。一般来讲，相对分子质量越大，絮凝活性越高。线性结构的大分子絮凝效果较好，而支链或交联结构的大分子絮凝效果较差；处于培养后期凝剂产生菌，细胞表面疏水性增强，产生的絮凝剂活性也越高。对微生物絮凝剂引起絮凝的机理目前较为普遍接受的是"架桥作用"。该机理认为絮凝剂大分子表面具有较高电荷或较强的亲水性和疏水性，能与颗粒通过离子键、氢键和范德华力同时吸附多个胶体颗粒，在颗粒间产生"架桥"现象，形成一种网状三维结构而沉淀下来，从而表现出絮凝能力。目前已开发出对重金属有絮凝作用的微生物12种。用微生物絮凝法处理废水安全方便无毒，不产生二次污染，絮凝范围广，絮凝活性高，生长快，絮凝作用条件粗放，大多不受离子强度、pH值及温度的影响，易于实现工业化等特点。此外，微生物可以通过遗传工程、驯化或构造出具有特殊功能的菌株，因而微生物絮凝法具有广阔的应用前景。

33.3.1.14 植物整治法

利用植物处理重金属，主要由三部分组成：一是利用金属积累植物或超积累植物从废水中吸取、沉淀或富集有毒金属；二是利用金属积累植物或超积累植物降低金属活性，从而可减少重金属被淋滤到地下或通过空气载体扩散；三是利用金属积累植物或超积累植物将土壤中或水中的重金属萃取出来，富集并搬运到植物根部可收割部分和植物地上枝条部分。通过收获或移去已积累和富集了重金属的植物的枝条，降低土壤或水体中的重金属浓度，达到治理污染、修复环境的目的。在植物整治技术中能利用的植物有草本植物、木本植物等。草本植物净化重金属废水的应用很多，凤眼莲（Eichhornia Crassipes Somis）是一种常用水生漂浮植物，它生长快、耐低温又耐高温、能迅速大量地富集废水中Cd^{2+}，Pb^{2+}，Hg^{2+}，Ni^{2+}，Ag^{+}，Co^{2+}，Sr^{2+}等多种重金属。我国韶关凡口铅锌矿废水香蒲植物净化塘系统的最新研究发现，该废水净化系统对铅、锌、铜、镉的去除率分别为93.98%、97.02%、96.87%、96.39%，净化后的废水其重金属含量达到国家排放标准。

木本植物由于处理量大，净化效果好，受气候影响小，也越来越引起人们的注意。旱柳（Salix matsudana Koidz）幼苗在50mg/kg镉污染土壤中生长，生物量未受影响；木本植物对Hg也有一定的消减作用。当年生加拿大杨幼苗在15kg 50mg/kg$_{汞}$处理土中的消减效率为0.9%，最高富集浓度为233.77mg/kg。红树（Rhizophora Piculata BL.）植物能将大量的汞吸收贮藏在植物体内，汞浓度为1mg/kg时仍未受害。木本植物具有高大的基干、茂密的树叶及发达的根系，不与食物链相连，同时对土壤中镉、汞等有较强的吸收积累作用，吸入重金属的植物可作为工业用材及建筑用材，达到消减稀释重金属的目的。用植物处理污水的优点是成本低，不产生二次污染，可以定向栽培，在治污的同时，还可以美化环境，获得一定的经济效益，尽管植物整治法也有一定的局限性，但有显著的优点。此技术有广阔的前景，也是未来的发展方向。

33.3.1.15 生物吸附法

生物体借助化学作用吸附金属离子称为生物吸附。凡具有从溶液中分离金属能力的生物体或生物体制备的衍生物称为生物吸附剂。生物吸附剂主要是菌体、藻类及一些细胞提取物。生物吸附剂吸附机理十分复杂，按是否消耗能量可分为活细胞吸附和死细胞吸附。

为了开发环保型、高效、无二次污染的废水治理技术，人们逐渐将研究重点转向重金属的生物吸附技术。生物吸附技术是利用廉价的生物细胞体吸附重金属离子，从而达到去除水体中有害重金属离子的目的。生物吸附概念最早是由 Ruchhoft 在 1949 年提出来的，他利用活性污泥去除水中的放射性元素钚（Pu），并认为 Pu 的去除是由于微生物的繁殖形成具有较大面积的凝胶网，而使微生物具有吸附能力的结果。从此人们陆续发现，藻类和一些水生动、植物在水体净化中起着独特的作用，它们对一些重金属有相当强的富集能力。1978 年 Shμmate 采用酵母菌吸附水体中的重金属离子。从广义上讲，生物吸附就是用生物材料吸附水溶液中的金属或非金属物质。生物吸附重金属研究的真正兴起还是在 20 世纪 80 年代，1982 年 Teszos 的研究结果表明少根根酶（Rhizopus Arrhizus）对 Pu 和铀有很高的吸附量；1984 年 Hosea 等人发现普通小球藻（Chlorella Vulgaris）对金有很高的亲和力；1986 年 Norbeng 等人发现动胶菌对 Cu^{2+} 具有较高的选择性吸附能力；研究发现，其他生物如细菌、放线菌、霉菌、酵母菌、藻类等都能有效地从水溶液中富集微量的重金属离子。生物吸附重金属是一个新兴的对环境友好的、不引入二次污染的水处理技术。利用生物体作为吸附剂进行废水处理回收金属，其主要优点是能够高效处理低浓度的重金属废水，而且生物吸附剂的来源非常广泛，例如用发酵工业中产生的废弃生物菌体作为吸附剂，不仅可以降低生物吸附剂的生产成本，而且还可以减少发酵工业废生物菌体的处理费用，具有良好的经济效益。

从 20 世纪 90 年代到现在，国内外有关这个领域的研究发展很快。首先是生物吸附材料不断涌现，Holan Z. R. 等人用褐藻吸附 Co^{2+}；Huang Chinpin 用米曲霉吸附 Zn^{2+}；Volesky 用酵母菌吸附 Cd^{2+}；牛慧等人利用非生长产黄青霉素对重金属离子进行了吸附试验；Tounley 等人认为真菌对金属的吸附非常迅速，通常可以在 10min 内达到 90% 的吸附量。细胞的吸附能力与其生长阶段有关。通常在延滞期和对数生长期初期细胞的吸附能力较强。Shμmate 和 Strandberg 曾将生物吸附定义为“金属与生物细胞成分的间接的物理化学作用”。可见，这一过程是细胞的成分对金属的被动吸收。Tobin 等人指出金属吸附受到离子半径的影响，与离子电荷和静电作用力无关。磷酸盐或羧酸盐配体与羟基或胺基共存时会表现出较强的配位能力，因为羟基和羧基与金属的配位能力较弱。Treen-Sears 认为微生物对金属的吸附与其细胞壁含有的磷酸基和羧基的比例有关，并认为在快速吸附过程中，离子交换起主要作用。真菌细胞壁上含有几丁质和脱乙酰壳聚糖，这两种物质具有吸附金属离子的能力。随着网状菌丝体的生长，真菌细胞壁上的几丁质和壳聚糖量会有所变化，这就足以解释细胞生长期中金属吸附量的变化。李明春等人利用活性和非活性假丝酵母菌（Candida SP.）对 Cu^{2+}，Cd^{2+}，Ni^{2+} 的吸附能力进行研究，实验表明，30min 时吸附量已达到总吸附量的 90% 以上。

生物吸附剂具有来源广、价格低、吸附能力强、易于分离回收重金属等特点，目前已经被广泛应用。

33.3.1.16 活性污泥法

活性污泥法普遍应用于有机废水、城市生活废水等的处理，近年来人们发现活性污泥对重金属有很好的去除效果，能同时处理多种重金属，加上其廉价易得，逐渐成为人们的研究热点。不同的活性污泥体系对重金属的去除效果都不尽相同，选择一个适应能力广、抵抗重金属能力强的污泥体系是当前研究的重点之一。

活性污泥可分为厌氧污泥和好氧污泥，两种污泥去除重金属的机制是不同的。好氧污泥主要利用生物絮凝和细菌分泌的胞外聚合物吸附和螯合重金属。好氧污泥含有的胞外聚合物和所带负电荷均高于厌氧污泥，所以，好氧污泥比厌氧污泥更易形成生物絮凝体，有利于吸附低浓度重金属。厌氧时，污泥中细菌主要利用其分解产物或酶作用沉淀重金属，在处理高浓度重金属废水时占优势。

Bux F. 等人对剩余活性污泥和消化污泥吸附锌作了对比研究。当处理含锌 1200mg/L 的废水时，剩余活性污泥与消化污泥各自的最大吸附量为 22.65mg/L 和 16.8mg/L，剩余污泥吸附锌的能力要强于消化污泥。随着锌浓度的提高，剩余污泥的吸附总量也提高了，这是因为剩余污泥比消化污泥具有更高电负性。

Atkinson B. W. 等人研究了剩余活性污泥处理电镀废水，电镀废水主要含有 Hg，其浓度达到 110mg/L，同时还含有少量的 Zn^{2+}，Cu^{2+}，Cd^{2+}，Ni^{2+}，Cr^{3+} 和 Cr^{6+}，其研究结果表明活性污泥对汞的去除率高达 96%，其他金属的浓度均在 50mg/L 以上，其平均去除率为 80%。

33.3.2 硫酸废水处理

在硫酸制备过程中，要净化 SO_2 气体，除对大颗粒采用旋风分离、电除尘等方法来去除外，对细小微粒就必须用洗涤来去除。洗涤法常用的洗涤液有浓硫酸、稀硫酸和水。洗涤冲洗厂房之后难免要产生废水而排放。由焙烧炉逸出的 SO_2 气体中含有 As_2O_3、SeO_2 和 HF 等杂质，这些杂质在洗涤 SO_2 时就产生含砷、含氟、含硒等酸性废水。这种废水若直接排入水体均为超标排放，故需处理达标后方可排放。

投加碱中和剂，使废水中重金属离子形成溶解度较小的氢氧化物或碳酸盐沉淀而去除，特点是在去除重金属离子的同时能中和各种酸及其混合液。通常采用碱石灰（CaO）、消石灰、飞灰（石灰粉，CaO）、白云石等石灰类中和剂，价格低廉，可去除汞以外的重金属离子，工艺简单，处理成本低。沉淀的渣脱水性能较好，但有反应速度较慢、沉渣量大、含水率高、出水硬度高等缺点。

目前，采用较多的方法是石灰法处理硫酸废水。当向硫酸含砷、含氟酸性废水中加入足量石灰时，同时加入适量混凝剂 $FeSO_4$，控制 pH 值在 6 ~ 9 范围内，废水中各种金属离子（以 Me 表示）与氢氧化钙作用生成氢氧化物沉淀，从而使废水得到净化。

砷在酸性废水中有两种形态：溶解性亚砷酸和固体三氧化二砷。当废水用石灰中和时，因石灰与砷化合物作用较慢，生成的偏亚砷酸钙颗粒较小，所以，反应不易完全。生成物不易沉降，除砷效果较差。然而，当向水中加入适当 Fe^{2+} 时，在氧的作用下，石灰中和过程中就会有大量氢氧化铁絮状物生核。这样，通过絮体的作用降低废水中氟离子浓度。

根据硫酸废水中所含有害物成分，主要以降低砷、氟含量，中和酸性同时去除悬浮固体为目的。较为合理的方法为化学沉淀法，而石灰又是最为经济的沉淀剂，故称为石灰法。石灰沉淀法有三种，一种是单级澄清法，一种为三段逆流法，另外一种即二次反应二次沉淀法。单级澄清法出水水质不稳定，易受冲击。三段逆流法构筑物繁多，造价较高，见图 33-5。

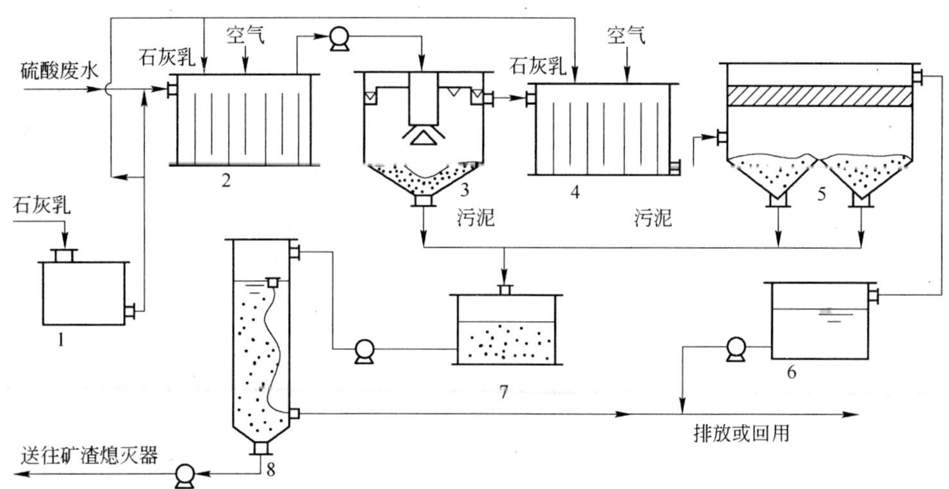

图 33-5 石灰法硫酸废水处理工艺流程

1—石灰乳储槽；2—一次反应池；3—第一沉淀池；4—二次反应池；5—第二沉淀池；6—清水池；7—集泥池；8—污泥浓缩池

33.3.3 含汞废水处理

汞由于其形态特殊多样，性质多样。污水中的汞分为无机汞和有机汞两大类。有机汞通常先氧化为无机汞，然后按无机汞的处理方法进行处理。通常采用硫化物沉淀法、化学凝聚法、活性炭吸附法、金属还原法、离子交换法等。一般偏碱性的含汞污水用硫化物沉淀法或化学凝聚法进行处理；偏酸性的含汞污水用金属还原法进行处理；低浓度的含汞污水用吸附法或化学凝聚法处理。

吸附法是利用吸附剂的比表面积比较大来吸附水中的有害重金属，常见的吸附剂有活性炭、膨润土、玉米芯粉等。研究者在对玉米芯的研究中发现作为废弃物的玉米芯经过活化处理后，可以成为汞的良好吸附剂，利用它处理含汞废水既可降低成本费用，又可回收有用资源，使用环境、经济、社会等三大效益同步协调。活化后的玉米芯粉对汞的吸附平衡时间为 100min；在静态条件下，最大吸附量为 0.985mg/g；在动态条件下，工作吸附量为 0.400mg/g。用 CBP 对含汞废水进行二级吸附，汞的去除率可高达 99.75%，出水浓度为 0.025mg/L，低于国家排放标准（0.05mg/L），见图 33-6。

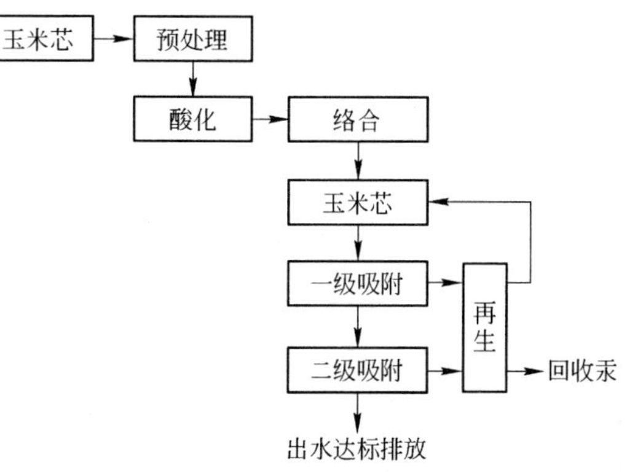

图 33-6 玉米芯吸附法处理含汞废水流程

33.3.4 含砷废水处理

含砷废水由于其毒性大、影响范围广、污染时间长，并且可以在生物体内积累，国外很多学者、机构在饮用水含砷处理方面研究较多，大多在10^{-9}级别研究。对于大量的工业含砷废水的研究，原来多集中在石灰中和法的研究上，对于硫酸生产过程产生的含砷废水的研究已经有了大量的报道。总的看来，含砷废水的处理技术可以分为物化类、生化类这两个大类。每类都有自己的特点和使用范围，在处理含砷废水的实际中，应当根据具体含砷废水的特点使用适当的处理技术。综合各种处理技术，目前，直接从含砷废水中提取金属砷的技术还不成熟，往往由于处理试剂种类多、处理流程长、产生的副产物含砷高、成本高等等原因致使直接回收砷技术的应用受到一定程度的限制。目前，处理大量工业含砷废水国内外通行的办法多采用化学的方法，对于含砷地下水处理多采用廉价吸附剂吸附的方法。

吸附法的原理是废水中的砷与吸附材料有较强的亲和力，砷通过物理吸附和化学吸附的作用从废水中去除。一般认为，吸附材料的表面积越大、单位表面积上的有效吸附位点越多吸附效果就越好。可用的吸附材料有：活性氧化铝、活性铁粉、针铁矿、赤铁矿、硫铁矿、贵州红土、海泡石、活性炭、磺化煤等。

33.3.5 含酚废水处理

煤气发生站排出的含酚废水成分随采用的燃料种类不同而变化。当采用烟煤、焦炭作气化燃料的时候，污水中含酚量要低得多。目前，国内大多以焦炭作为气化燃料，产出的污水一般经处理后循环使用。处理方法一般为生物化学法或与生活污水合并处理。目前，国内新建铅锌冶炼厂煤气发生站排出的含酚污水经沉淀池沉淀后循环使用。

在树脂车间排放的含酚废水中，除含有挥发酚和不挥发酚外，还含有低分子量树脂、甲醛和悬浮物。酚类物质具有毒性，有使蛋白质变性的作用。其水溶液易被皮肤吸收，引起中毒。酚是主要水污染物质，低浓度水即可影响鱼类繁殖，浓度较高时可引起鱼类死亡，酚浓度大于100mg/L时，可引起农作物枯萎坏死。由于其毒性较强，环保部门对含酚废水的排放指标控制比较严格。

目前，对含酚废水的处理大致包括以下几种方法：（1）溶剂萃取法。（2）吸附法：包括磺化煤吸附、大孔径树脂吸附、活性炭吸附。（3）生物氧化法：包括活性污泥法、氧化塘法等。因为树脂车间的日排放废水量较少，所以大多数采用二次缩聚（称为一级处理）、活性炭吸附（二级处理）。采用活性炭吸附存在着一个较难解决的问题，如活性炭使用周期短、再生频繁和再生困难等。

而近年来，将声、光等技术应用到含酚废水的处理上，如光催化技术、超声氧化技术、超临界水氧化技术等，由于其具有常规方法无法比拟的优势：氧化能力强、反应无选择性、反应速度快、氧化彻底、不产生二次污染等，是个具有广阔发展前景的废水处理技术。

33.3.5.1 光催化技术

光催化氧化法是以半导体粉末为光触媒，在光照条件下产生电子-空穴对，表面羟基或水吸附后形成氧化能力极强的羟基自由基，通过一系列的氧化反应分解有机物。目前研究的主要是非均相光催化氧化法和均相光氧化法两大类。对于非均相光催化氧化法，目前研究较多的是半导体光催化氧化法，该法几乎可使水中所有的有机物降解。TiO_2 由于具有化学性质稳定、无毒、价廉易得等优点，成为研究最多的半导体触媒。

33.3.5.2 超声降解技术

超声波氧化的动力来源是声空化，当足够强度的超声波（15kHz~20MHz）通过水溶液，在声波负压半周期，声压幅值超过液体内部静压，液体中的空化核迅速膨胀。在声波正压半周期，气泡又因绝热压缩而破裂，持续时间约 0.1μs。破裂瞬间产生约 5000K 和 100MPa 的局部高温高压环境，并产生速率为 110m/s 的强冲击微射流。超声波氧化技术采用的设备是磁电式或压电式超声波换能器，通过电磁换能产生超声波。超声波氧化反应条件温和，通常在常温下进行，对设备要求低，是应用前景广阔的无公害绿色化处理技术。

33.3.5.3 临界水氧化技术（SCWO）

超临界水氧化技术利用有机物和氧化剂在超临界水（温度大于 374℃，压力大于 22MPa）中完全互溶的特性，使有机物质发生类似于焚烧的完全氧化，且由于不存在相间传质的限制，使反应具有彻底、迅速等优点。

常用的 SCWO 反应器有管式反应器、箱式反应器和漂洗壁式反应器等，其中设备管材的防腐是工业应用亟待解决的问题，而寻找高效的触媒则是化学家们亟待解决的问题。

33.4 污泥的堆存与利用

33.4.1 污泥特点

铅锌冶炼厂排出的含重金属离子污水一般呈酸性，首先须进行中和处理，其次根据实验报告，加入除去各种重金属离子所需要的药剂，在投加药剂时，会产生大量的渣，其中的主要原因则是其廉价，易就地取材，易脱水，但产生的渣量大。

一般投药量 Gz 等于中和剂消耗量 Gs(kg) 与中和剂的过量系数 α 和反应不均衡系数 k 的乘积除以中和剂的纯度 m，即：

$$Gz = \frac{100 \times Gs \times \alpha \times k}{m}$$

中和渣计算公式如下：

$$G = Gz(B + e) + Q(s - c - d)$$

式中 G——中和渣总量，kg/h；

Gz——总的耗药剂量，kg/h；

Q——污水量，m^3/h；

B——消耗单位药剂所产盐量；

e——单位药剂中杂质含量；

s——中和前污水中悬浮物含量，kg/m^3；

c——中和后溶于污水中的盐量，kg/m^3；

d——中和后出水带走的悬浮物含量，kg/m^3。

以上计算所得系干基质量。根据沉淀后排泥的含水量，可推算出沉淀池排泥的质量（及其体积）；如需要机械脱水或者干化，可根据脱水后含水量推算出脱水沉渣的质量，并根据其容量算出其体积。

33.4.2 污泥脱水方法与设备

污泥脱水可以分为沉淀池自然沉淀脱水和机械脱水等。采用沉淀池来沉淀以石灰中和含硫酸的混合酸性重金属废水，一般沉淀时间是1～2h，污泥体积约为处理污水体积的10%～15%，污泥含水率约为95%；为提高脱水效率，减少脱水设备的面积，设计再进行二次沉淀或者浓缩，使得污泥含水率为85%～90%进行脱水。

使用比较广泛的是机械脱水，机械脱水的方法常用的有离心法、压滤法和真空吸滤法三种。

（1）离心法脱水。用于离心脱水的离心机很多，其中以筒式的离心机应用比较普遍，它的优点是结构紧凑，附属设备比较少，适用于分离含有固体粒径大于5μm的悬浮液，更加适用分离过滤布再生有困难的物料以及浓度、颗粒变化范围较大的悬浮液。含水率可由90%～95%降至25%～30%。

（2）压滤法脱水。加压过滤一般为间歇操作，其设备投资较高，脱水效率较低，但脱水效果比较好，常用设备为板框压滤机，目前国内板框压滤机的每台过滤面积为20～120m^2，其滤饼的含水率可降至70%～75%左右。

（3）真空吸滤法脱水。真空过滤机是使用较为广泛的一种泥渣脱水机械，但由于脱水后的泥饼含水率比较高，一般为80%左右，而且辅助设备比较多，所以目前铅锌冶炼厂使用不多，真空过滤机可以分为外滤面和内滤面两大类。一般来说，外滤面的真空过滤机适用于粒度小、密度小、沉淀速度慢的泥渣；内滤面的真空过滤机适用于粒度大、密度大、沉速快的泥渣。

污泥干化床由于其占地面积大，受气候影响，不利于环保，目前很少使用。

33.4.3 污泥的堆存

在确认泥（渣）没有利用价值或无法利用时，必须找地方堆存，堆存方式有固化堆存和非固化堆存。

固化堆存，即进行不溶化处理，将污泥中容易溶出重金属的废物与一些重金属固定剂混合，在一定条件下使废物中的重金属转变成具有一定规则形状的、耐压强度大和重金属浸出率很低的固体。一般采用水泥固化、烧结固化、沥青固化等。由于此方法成本高、工艺复杂，目前使用较少。

非固化堆存，将污泥（渣）直接送入指定的库内。一般与冶炼渣库一起堆存（俗称尾矿库），但库内必须有防渗措施，避免地下水系的污染和雨季地表水系的污染。这种堆存办法在我国铅锌冶炼厂中使用较为普遍。

处理后的酸性污水和含重金属离子污水一般pH值在8～9之间，偏碱性，含钙离子高，易结垢，可用于冶炼厂中的冲渣补充用水和污水处理站自身用水以及湿法废渣调浆用水，如作为其他用水，还需进一步处理。

33.4.4 污泥的综合利用

重金属污泥主要来自重金属废水的处理过程。对重金属污泥的处理应首先考虑回收利用，经回收处理后的污泥必须进行稳定化/固化处理，达到无害化条件后填埋处置。当前国内对于工业污泥稳定化/固化处理处置的研究还相对较少，缺乏成熟技术和运行经验，远远不能满足我国工业化高速发展和环境保护标准日益提高的要求。

在铅锌冶炼污水处理中，产生的污泥与加入的中和剂有关。产生的污泥一般有两种，一种是硫酸钙（$CaSO_4$），另一种是金属氢氧化物和金属硫化物。当用消石灰作中和剂时，产出硫酸钙污泥，即：

$$H_2SO_4 + Ca(OH)_2 \xlongequal{} CaSO_4 + 2H_2O$$

$$MSO_4 + Ca(OH)_2 \xlongequal{} CaSO_4 + M(OH)_2$$

当用硫化钠作中和剂时，产出硫化物污泥，即：

$$M^{2+} + S^{2-} \xlongequal{} MS$$

式中，M^{2+}代表Pb^{2+}，Cd^{2+}，Hg^{2+}，As^{2+}等。

33.4.4.1 硫酸钙的利用

烟气制酸洗涤过程中排出的污酸（含酸约5%～15%）与碳酸钙（$CaCO_3$）或氧化钙（CaO）中和（pH值控制在2～3左右）后，产生大量的硫酸钙（$CaSO_4$）渣，俗称石膏，这些渣比较纯，不带有害金属，可用于生产水泥和其他建筑材料。

33.4.4.2 金属氢氧化物和金属硫化物的利用

当大量的酸被中和后，在一定的金属离子溶度积或pH值下，重金属离子与氢氧化钙或硫化钠作用形成较难溶的金属氢氧化物或金属硫化物渣，这种渣量少，含金属量高，在有条件回收的情况下尽量回收，一般经干燥后可返回工艺继续冶炼，提高回收率。

（撰稿 柴立元 彭 兵 闵小波 王云燕 等 审稿 冯桂林
（中南大学研究生刘云超、汪莉、彭小玉、刘立强、
蒋国民、陈润华、钟振宇、李二平、张金龙、
万斯、苏长青等人参加了第8篇的编写工作）

参 考 文 献

[1] 中国标准第二编辑室．环境质量与污染物排放国家标准汇编[M]．北京：中国标准出版社，1997.

[2] 中国有色金属学会重有色冶金学术委员会组织编．铅冶金[M]．长沙：中南大学出版社，2004.

[3] 中国有色金属学会重有色冶金学术委员会组织编．锌冶金[M]．长沙：中南大学出版社，2005.

[4] 加热炉汽化冷却装置设计参考资料[M]．北京：冶金工业出版社，1980.

[5] 陈文修，梅炽．有色金属提取冶金手册——现代化设备[M]．北京：冶金工业出版社，1993.

[6] 南京化学工业公司研究院．低浓度二氧化硫烟气脱硫[M]．上海：上海科学技术出版社，1981.

[7] 刘天齐，等．三废治理工程技术手册废气卷[M]．北京：化学工业出版社，1999.

[8] 殷德洪，陶遵华，贾海波．丹麦托普索WSA法回收硫技术进展[J]．有色金属（冶炼部分），1998(1).

[9] 编写组．冶炼烟气制酸．北京：冶金工业出版社，1977.

[10] A V 斯莱克（美）．废气脱硫．上海市轻工业设计院情报组，上海同济大学供热通风教研室译．北

京：中国建筑工业出版社，1977.
[11] 黄祥华. 采用WSA工艺处理低浓度二氧化硫烟气[J]. 有色冶炼，2001(2)：28～31.
[12] 陈维东. 国外有色冶金工厂铅锌（下册）[M]. 北京：冶金工业出版社，1985.
[13] 彭容秋. 重金属冶金工厂原料的综合利用[M]. 长沙：中南大学出版社，2006.
[14] 林世英. 有色冶金环境工程学[M]. 长沙：中南工业大学出版社，1992.
[15] 唐宁，柴立元，闵小波. 含汞废水处理技术的研究进展[J]. 工业水处理，2004，24(8)：5～8.
[16] 朱又春，林建民，林美强，等. 电池厂含汞废水的微电解处理[J]. 环境保护，1999，3：12～14.
[17] 于瑞莲. 改性膨润土处理含汞废水[J]. 中国非金属矿工业导刊，2005，6：53～55.
[18] 任新贵，余克平，高寿泉，等. 硫酸废水处理的研究[J]. 给水排水，1997，23(12)：31～33.
[19] 刘满英. 玉米扶质去除废水中汞的研究[J]. 环境科学，1988，9(5)：47～48.
[20] 史长林，李俊，姚宏伟，刘存英. 含酚废水处理方法的研究[J]. 河北煤炭建筑工程学院学报，1995，12(4)：10～13.
[21] 邹凯旋，刘辉利，朱义年. 工业重金属污泥的稳定化试验[J]. 桂林工学院学报，2007，27(2)：231～232.

附录　铅锌及主要伴生元素的热力学性质

附录1　铅锌及主要伴生元素的溶度积

附表1　难溶电解质的溶度积

难溶电解质	溶度积 K_{sp}	难溶电解质	溶度积 K_{sp}
AgBr	5.0×10^{-13}	Hg_2CO_3	8.9×10^{-17}
AgCN	1.2×10^{-16}	$Hg_2(CN)_2$	5.0×10^{-40}
AgSCN	1.0×10^{-12}	Hg_2Cl_2	1.3×10^{-18}
Ag_2CO_3	8.1×10^{-12}	Hg_2CrO_4	2.0×10^{-9}
$Ag_2C_2O_4$	3.4×10^{-11}	Hg_2S	1.0×10^{-47}
AgCl	1.8×10^{-10}	HgS（红）	4.0×10^{-53}
AgI	8.3×10^{-17}	HgS（黑）	1.6×10^{-52}
AgOH	2.0×10^{-18}	Hg_2SO_4	7.4×10^{-7}
Ag_2S	6.3×10^{-50}	$Hg_2(OH)_2$	2.0×10^{-24}
Ag_2CrO_4	1.1×10^{-12}	$Hg(OH)_2$	3.0×10^{-26}
$Ag_2Cr_2O_7$	2.0×10^{-7}	$PbCO_3$	7.4×10^{-14}
Ag_3PO_4	1.4×10^{-16}	PbS	8.0×10^{-28}
$Ag_4[Fe(CN)_6]$	1.6×10^{-41}	$PbSO_4$	1.6×10^{-8}
$AgIO_3$	3.0×10^{-8}	$PbCl_2$	1.6×10^{-5}
Ag_2MoO_4	2.8×10^{-12}	$PbCrO_4$	2.8×10^{-13}
Ag_2SO_4	1.4×10^{-5}	PbC_2O_4	4.8×10^{-16}
Ag_2SO_3	1.5×10^{-14}	PbI_2	7.1×10^{-9}
AuCl	2.0×10^{-13}	$Pb(OH)_2$	1.2×10^{-15}
$AuCl_3$	3.2×10^{-25}	$Pb(OH)_4$	3.2×10^{-66}
AuI	1.6×10^{-23}	$Pb_3(PO_4)_2$	8.0×10^{-43}
AuI_3	1.0×10^{-46}	$Sn(OH)_2$	1.4×10^{-28}
$Bi(OH)_3$	4.0×10^{-31}	SnS	1.0×10^{-25}
BiI_3	8.1×10^{-19}	$Sn(OH)_4$	1.0×10^{-56}
Bi_2S_3	1.0×10^{-97}	ZnS(α)	1.6×10^{-24}
BiOBr	3.0×10^{-7}	ZnS(β)	2.5×10^{-22}
$BiONO_3$	2.82×10^{-3}	$Zn(OH)_2$	1.2×10^{-17}
TlCl	1.7×10^{-4}	$ZnCO_3$	1.4×10^{-11}
TlI	2.0×10^{-24}	CdS	8.0×10^{-27}
Tl_2S	5.0×10^{-21}	$CdCO_3$	5.2×10^{-12}
$Tl(OH)_3$	6.3×10^{-46}	$Cd(OH)_2$	2.5×10^{-14}

附录2 铅锌及主要伴生元素的氢氧化物和氧化物的活度积

附表2 氢氧化物和氧化物的活度积 $\lg k_{sp}$

溶解反应	T/K				
	298	323	373	423	473
$\frac{1}{2}Ag_2O+\frac{1}{2}H_2O=OH^-+Ag$	-7.7	-7.26	-6.65	-6.21	-6.09
$CdO+H_2O=Cd^{2+}+2OH^-$	-128	-12.73	-12.9	-13.38	-14.04
$ZnO+H_2O=Zn^{2+}+2OH^-$	-16.84	-11.56	-16.88	-16.56	-17.00
$Tl(OH)_3=Tl^{3+}+3OH^-$	-43.83				
$Sb(OH)_3=Sb^{3+}+3OH^-$	-38.48				
$Sn(OH)_3=Sn^{3+}+3OH^-$	-25.31				
$Zn(OH)_2=Zn^{2+}+2OH^-$	-15.78				
$Cd(OH)_2=Cd^{2+}+2OH^-$	-13.62				

附录3 铅锌及主要伴生元素的水溶液体系的标准电极电势

附表3 水溶液体系的标准电极电势（298.15K）

体系	$\varphi^{\ominus}$/V	体系	$\varphi^{\ominus}$/V
$Ac^{3+}+3e=Ac(s)$	-2.6	$2AgO(s)+H_2O+2e=Ag_2O(s)+2OH^-$	0.607
$Ag_2S(\alpha)+2e=2Ag(s)+S^{2-}$	-0.691	$Ag_2SO_4(s)+2e=2Ag(s)+SO_4^{2-}$	0.654
$[Ag(CN)_2]^-+e=Ag(s)+2CN^-$	-0.31	$AgClO_4(s)+e=2Ag(s)+ClO_4^-$	0.787
$AgI(s)+e=Ag(s)+I^-$	-0.1524	$Ag^++e=Ag(s)$	0.7991
$AgCN(s)+e=Ag(s)+CN^-$	-0.017	$Ag^{2+}+e=Ag^+$	1.980
$[Ag(S_2O_3)_2]^{3+}+e=Ag(s)+2S_2O_3^{2-}$	-0.017	$Al(OH)_3+3e=Al(s)+3OH^-$	-2.30
$AgBr(s)+e=Ag(s)+Br^-$	0.0711	$AlF_6^{3-}+3e=Al(s)+6F^-$	-2.069
$Ag_4Fe(CN)_6(s)+4e=4Ag(s)+Fe(CN)_6^{4-}$	0.1478	$Al^{3+}+3e=Al(s)$	-1.68
$AgCl(s)+e=Ag(s)+Cl^-$	0.2224	$Am(OH)_3+3e=Am(s)+3OH^-$	-2.71
$Ag_3PO_4(s)+3e=3Ag(s)+PO_4^{3-}$	0.3402	$Am^{3+}+3e=Am(s)$	-2.06
$Ag_2O(s)+H_2O+2e=2Ag(s)+2OH^-$	0.342	$AmO_2^++4H^++2e=Am^{3+}+2H_2O$	1.83
$AgIO_3(s)+e=Ag(s)+IO_3^-$	0.354	$AsO_2^-+2H_2O+3e=As(\alpha)+4OH^-$	-0.68
$Ag_2SeO_3(s)+2e=2Ag(s)+SeO_3^{2-}$	0.3626	$AsO_4^{3-}+2H_2O+2e=AsO_2^-+4OH^-$	-0.67
$Ag(NH_3)_2^++e=Ag(s)+2NH_3(aq)$	0.373	$As(s)+3H^++3e=AsH_3(g)$	-0.24
$Ag_2CrO_4(s)+2e=2Ag(s)+CrO_4^{2-}$	0.464	$As(\alpha)+3H^++3e=AsH_3(g)$	-0.19
$Ag_2C_2O_4(s)+2e=2Ag(s)+C_2O_4^{2-}$	0.4647	$As_2O_3(s)+6H^++6e=2As(\alpha)+3H_2O$	0.234
$AgBrO_3+e=Ag(s)+BrO^{3-}$	0.548	$H_3AsO_4(aq)+2H^++2e=HAsO_2+2H_2O$	0.559
$[Au(CN)_2]^-+e=Au(s)+2CN^-$	-0.611	$BrO_4+2H^++2e=BrO_3^-+H_2O$	1.763

续附表3

体　系	$\varphi^{\ominus}$/V	体　系	$\varphi^{\ominus}$/V
$AuI_2^- + e = Au(s) + 2CN^-$	0.578	$2CO_2(g) + 2H^+ + 2e = H_2C_2O_4(aq)$	−0.49
$[Au(SCN)_2]^- + e = Au(s) + 2SCN^-$	0.689	$CO_2(g) + 2H^+ + 2e = HCOOH\ (aq)$	−0.114
$[AuCl_2]^- + e = Au(s) + 2Cl^-$	1.154	$CO_2(g) + 2H^+ + 2e = CO(g) + H_2O$	−0.103
$Au(OH)_3(s) + 3H^+ + 3e = Au(s) + 3H_2O$	1.362	$H_2CO_3(aq) + 6H^+ + 6e = CH_3OH(aq) + 2H_2O$	0.044
$Au^{3+} + 3e = Au(s)$	1.50		
$Au^+ + e = Au(s)$	1.68	$HCOOH(aq) + 2H^+ + 2e = HCHO(aq) + H_2O$	0.056
$Ba^{2+} + 2e = Ba(s)$	−2.91	$C + 4H^+ + 4e = CH_4(g)$	0.132
$BeO(s) + H_2O + 2e = Be(s) + 2OH^-$	−2.61	$CO_2(g) + 4H^+ + 4e = C(s) + 2H_2O$	0.207
$Be^{2+} + 2e = Be(s)$	−1.968	$CO(g) + 6H^+ + 6e = CH_4(g) + H_2O$	0.260
$BeO_2^{2-} + 4H^+ + 2e = Be(s) + 2H_2O$	−0.859	$1/2(CN)_2(g) + H^+ + e = HCN(aq)$	0.373
$BiO^+ + 2H^+ + 3e = Bi(s) + H_2O$	0.314	$C_2H_4(g) + 2H^+ + 2e = C_2H_6(g)$	0.52
$BrO_3^- + 3H_2O + 6e = Br^- + 6OH^-$	0.61	$CH_3OH(aq) + 2H^+ + 2e = CH_4(g) + H_2O$	0.588
$BrO^- + H_2O + 2e = Br^- + 2OH^-$	0.761	$C_6H_4O_2(s) + 2H^+ + 2e = C_6H_4(OH)_2(s)$	0.699
$Br_3^-(aq) + 2e = 3Br^-$	1.0503	$Ca^{2+} + 2e = Ca(s)$	−2.87
$Br_2(l) + 2e = 2Br^-$	1.0652	$CdS(s) + 2e = Cd(s) + S^{2-}$	−1.175
$Br_2(aq) + 2e = 2Br^-$	1.0874	$[Cd(CN)_4]^{2-} + 2e = Cd(s) + 4CN^-$	−1.028
$BrO_3^- + 6H^+ + 5e = 1/2Br_2(l) + 3H_2O$	1.52	$Cd(OH)_2(s) + 2e = Cd(s) + 2OH^-$	−0.825
$HBrO + H^+ + e = 1/2Br_2(l) + H_2O$	1.595	$[Cd(NH_3)_4]^{2-} + 2e = Cd(s) + 4NH_3(aq)$	−0.621
$Cd^{2+} + 2e + Hg = Cd(Hg)$	−0.3516	$Cd^{2+} + 2e = Cd(s)$	−0.4029
$Ce^{3+} + 3e = Ce(s)$	−2.322	$Co(OH)_2(s) + 2e = Co(s) + 2OH^-$	−0.73
$Ce^{4+} + e = Ce^{3+}$	1.74	$Co^{2+} + 2e = Co(s)$	−0.287
$ClO_3^- + H_2O + 2e = ClO_2^- + 2OH^-$	0.27	$[Co(edta)]^- + e = [Co(edta)]^{2-}$	0.06
$ClO_4^- + H_2O + 2e = ClO_3^- + 2OH^-$	0.40	$[Co(NH_3)_6]^{3+} + e = [Co(NH_3)_6]^{2+}$	0.06
$ClO_2 + H_2O + 2e = ClO^- + 2OH^-$	0.68	$CoO(s) + 2H^+ + 2e = Co(s) + H_2O$	0.119
$ClO^- + H_2O + 2e = Cl^- + 2OH^-$	0.89	$[Co(dpy)_3]^{3+} + e = [Co(dpy)_3]^{2+}$	0.34
$ClO_2(g) + e = ClO_2^-$	1.07	$Co_3O_4(s) + 2H^+ + 2e = 3CoO(s) + H_2O$	0.548
$ClO_3^- + 2H^+ + e = ClO_2(g) + H_2O$	1.13	$3Co_2O_3(s) + 2H^+ + 2e = 2Co_3O_4(s) + H_2O$	1.018
$ClO_3^- + 3H^+ + 2e = HClO_2(aq) + H_2O$	1.16	$Co^{3+} + e = Co^{2+}$	1.95
$ClO_2(g) + H^+ + e = HClO_2(aq)$	1.19	$[Cr(CN)_6]^{3-} + e = [Cr(CN)_6]^{4-}$	−1.28
$ClO_4^- + 2H^+ + 2e = ClO_3^-(g) + H_2O$	1.23	$Cr(OH)_3(hyd) + 3e = Cr(s) + 3OH^-$	−1.26
$Cl_2(g) + 2e = 2Cl^-$	1.3683	$Cr^{2+} + 2e = Cr(s)$	−0.79
$Cl_2(aq) + 2e = 2Cl^-$	1.3961	$Cr^{3+} + e = Cr^{2+}$	−0.424
$Cl_3^-(aq) + 2e = 3Cl^-$	1.3961	$CrO_4^{2-} + 4H_2O + 3e = [Cr(OH)_4]^- + 4OH^-$	−0.17
$ClO_3 + 6H^+ + 6e = Cl^- + 3H_2O$	1.44	$Cr^{6+} + e = Cr^{5+}$	0.55

续附表3

体 系	$\varphi^{\ominus}$/V	体 系	$\varphi^{\ominus}$/V
$HClO(aq) + H^{+} + 2e = Cl^{-} + H_2O$	1.50	$Cr_2O_7^{2-} + 14H^{+} + 6e = 2Cr^{3+} + 7H_2O$	1.29
$HClO(aq) + H^{+} + e = 1/2Cl_2(g) + H_2O$	1.63	$Cr^{5+} + e = Cr^{4+}$	1.34
$HClO_2(aq) + 2H^{+} + 2e = HClO(aq) + H_2O$	1.645	$Cr^{4+} + e = Cr^{3+}$	2.10
$CoS(\alpha) + 2e = Co(s) + S^{2-}$	-0.90	$Cs^{+} + e = Cs(s)$	-3.027
$[Cu(CN)_2]^{-} + e = Cu(s) + 2CN^{-}$	-0.43	$Cu_2S(s) + 2e = 2Cu(s) + S^{2-}$	-0.89
$CuI(s) + e = Cu(s) + I^{-}$	-0.1852	$Fe^{2+} + 2e = Fe(s)$	-0.440
$[Cu(NH_3)_2] + e = Cu(s) + 2NH_3(aq)$	-0.12	$[Fe(CN)_6]^{3-} + e = [Fe(CN)_6]^{4-}$	0.36
$CuBr(s) + e = Cu(s) + Br^{-}$	0.033	$Fe^{3+} + e = Fe^{2+}$	0.771
$CuCl(s) + e = Cu(s) + Cl^{-}$	0.137	$H_2GaO_3^{-} + H_2O + 3e = Ga(s) + 4OH^{-}$	-1.22
$Cu^{2+} + e = Cu^{+}$	0.153	$Ga^{3+} + 3e = Ga(s)$	-0.53
$Cu^{2+} + 2e = Cu(s)$	0.337	$Ga^{2+} + 2e = Ga(s)$	-0.45
$Cu_2O(s) + 2H^{+} + 2e = 2Cu(s) + H_2O$	0.471	$HGeO_3^{-} + 2H_2O + 4e = Ge(s) + 5OH^{-}$	-1.084
$Cu^{+} + e = Cu(s)$	0.521	$GeO_2 + 4H^{+} + 4e = Ge(s) + 2H_2O$	-0.235
$CuO(s) + 2H^{+} + 2e = Cu(s) + H_2O$	0.558	$Ge^{2+} + 2e = Ge(s)$	0.000
$Cu^{+} + Cl^{-} + e = CuCl(s)$	0.562	$1/2H_2 + e = H^{-}$	-2.25
$Eu^{3+} + 3e = Eu(s)$	-2.2	$H^{+} + e = H(g)$	-2.107
$Eu^{3+} + e = Eu^{2+}$	-0.35	$2H^{+} + 2e = H_2(g)$	0.000
$F_2O(g) + 4H^{+} + 4e = 2HF(aq) + H_2O$	2.246	$Hf^{4+} + 4e = Hf(s)$	-1.70
$F_2(g) + 2e = 2F^{-}$	2.89	HgS(黑色)$+ 2e = Hg(l) + S^{2-}$	-0.69
$F_2(g) + 2H^{+} + 2e = 2HF(aq)$	3.076	$Hg_2I_2(s) + 2e = 2Hg(l) + 2I^{-}$	-0.0405
$FeS(\alpha) + 2e = Fe(s) + 2OH^{-}$	-0.965	$HgI_4^{2-} + 2e = Hg(l) + 4I^{-}$	-0.028
$Fe(OH)_2(s) + 2e = Fe(s) + 2OH^{-}$	-0.892	HgO(红色)$+ H_2O + 2e = 2Hg(l) + 2OH^{-}$	0.098
$Fe_2S_3(s) + 2e = 2FeS(\alpha) + S^{2-}$	-0.715	$Hg_2Br_2(s) + 2e = 2Hg(l) + 2Br^{-}$	0.1392
$Fe(OH)_3(s) + e = Fe(OH)_2(s) + OH^{-}$	-0.56	$HgBr_4^{2-} + 2e = Hg(l) + 4Br^{-}$	0.232
$Hg_2C_2O_4(s) + 2e = 2Hg(l) + C_2O_4^{2-}$	0.4166	$Hg_2Cl_2(s) + 2e = 2Hg(l) + 2Cl^{-}$	0.2680
$Hg_2SO_4(s) + 2e = 2Hg(l) + SO_4^{2-}$	0.6125	$Mg^{2+} + e = Mg^{+}$	-2.659
$Hg_2^{2+} + 2e = 2Hg(l)$	0.796	$Mg^{2+} + 2e = Mg(s)$	-2.37
$2Hg^{2+} + 2e = Hg_2^{2+}$	0.911	$Mn(OH)_2(s) + 2e = Mn(s) + 2OH^{-}$	-1.56
$IO_3^{-} + 3H_2O + 6e = I^{-} + 6OH^{-}$	-0.269	$Mn^{2+} + 2e = Mn(s)$	-1.18
$IO^{-} + H_2O + 2e = I^{-} + 2OH^{-}$	0.468	$Mn_2O_3(s) + 3H_2O + 2e = 2Mn(OH)_2 + 2OH^{-}$	-0.25
$I_2(s) + 2e = 2I^{-}$	0.5346	$MnO_4^{-}(aq) + e = MnO_4^{2-}(aq)$	0.558
$I_3^{-}(s) + 2e = 3I^{-}$	0.5356	$MnO_4^{-} + 2H_2O + 3e = MnO_2(s) + 4OH^{-}$	0.596
$HIO(aq) + H^{+} + 2e = I^{-} + H_2O$	0.987	$2MnO_2(s) + 2H^{+} + 2e = Mn_2O_3(s) + H_2O$	0.98
$IO_3^{-} + 6H^{+} + 5e = 1/2I_2(s) + 3H_2O$	1.210	$MnO_2(s) + 4H^{+} + 2e = Mn^{2+} + 2H_2O$	1.23
		$Mn^{3+} + e = Mn^{2+}$	1.51

续附表3

体 系	$\varphi^{\ominus}$/V	体 系	$\varphi^{\ominus}$/V
$2HIO(aq) + 2H^+ + 2e = I_2(s) + 2H_2O$	1.431	$MnO_4^- + 4H^+ + 3e = MnO_2(s) + 2H_2O$	1.695
$IO_4^- + 2H^+ + 2e = IO_3 + H_2O$	1.589	$Mo^{3+} + 3e = Mo(s)$	-0.200
$In^{3+} + 3e = In(s)$	-0.3382	$MoO_2(s) + 4H^+ + e = Mo^{3+} + 2H_2O$	0.311
$In_2O_3(s) + 6H^+ + 6e = 2In(s) + 3H_2O$	0.206	$MoO_3 + 2H^+ + 2e = MoO_2(s) + H_2O$	0.320
$Ir_2O_3(s) + 3H_2O + 6e = 2Ir(s) + 6OH^-$	0.098	$MoO_4^{2-} + 4H^+ + 2e = MoO_2(s) + 2H_2O$	0.606
$IrCl_6^{3-}(s) + 3e = Ir(s) + 6Cl^-$	0.86	$[Mo(CN)_8]^{3-} + e = [Mo(CN)_8]^{4-}$	0.725
$Ir^{3+} + 3e = Ir(s)$	1.16	$MoO_4(s) + 4H^+ + 4e = MoO_2(s) + 2H_2O$	0.861
$K^+ + e = K(s)$	-2.936	$MoO_4(s) + 2H^+ + 2e = MoO_3(s) + H_2O$	1.402
$Li^+ + e = Li(s)$	-3.040	$NO_3^- + H_2O + 2e = NO_2^- + 2OH^-$	0.01
$Mg(OH)_2(s) + 2e = Mg(s) + 2OH^-$	-2.689	$N_2(g) + 6H^+ + 6e = 2NH_3(aq)$	0.092
$N_2H_4(aq) + 4H_2O + 2e =$ $2NH_4OH(aq) + 2OH^-$	0.1	$Nb_2O_5(s) + 2H^+ + 2e = 2NbO_2(s) + H_2O$	-0.248
$NH_2OH(aq) + H_2O + 2e = NH_3(aq) + 2OH^-$	0.1	$Nd^{3+} + 3e = Nd(s)$	-2.32
$2NH_2OH(aq) + 2e = N_2H_4(aq) + 2OH^-$	0.73	$NiS(\gamma) + 2e = Ni(s) + S^{2-}$	-1.04
$2NO_3^- + 4H^+ + 2e = N_2O_4(g) + 2H_2O$	0.824	$NiS(\alpha) + 2e = Ni(s) + S^{2-}$	-0.83
$NO_3^- + 2H^+ + 2e = NO_2^- + H_2O$	0.832	$[Ni(CN)_4]^{2-} + e = [Ni(CN)_4]^{3-}$	-0.82
$NO_3^- + 3H^+ + 2e = HNO_2(aq) + H_2O$	0.928	$Ni(OH)_2(s) + 2e = Ni(s) + 2OH^-$	-0.72
$NO_3^- + 4H^+ + 3e = NO(g) + 2H_2O$	0.964	$Ni_3O_4(s) + 4H_2O + 8e = 3Ni(s) + 8OH^-$	-0.505
$N_2O_4(g) + 4H^+ + 4e = 2NO(g) + 2H_2O$	1.03	$[Ni(NH_3)_6]^{2+} + 2e = Ni(s) + 6NH_3(aq)$	-0.49
$N_2O_4(g) + 2H^+ + 2e = 2HNO_2(aq)$	1.03	$3NiOOH(s) + H^+ + e = Ni_3O_2(OH)_4(s)$	-0.478
$HNO_2(aq) + H^+ + e = NO(g) + H_2O$	1.04	$Ni_2O_3(s) + 3H_2O + 6e = 2Ni(s) + 6OH^-$	-0.450
$N_2O_4(g) + 8H^+ + 8e = N_2(g) + 4H_2O$	1.357	$Ni^{2+} + 2e = Ni(s)$	-0.236
$2NO_2(g) + 8H^+ + 8e = N_2(g) + 4H_2O$	1.363	$NiO(s) + 2H^+ + 2e = Ni(s) + H_2O$	0.132
$2NO(g) + 4H^+ + 4e = N_2(g) + 2H_2O$	1.495	$NiO_2(s) + 2H_2O + 2e = Ni(OH)_2(s) + 2OH^-$	0.49
$N_2O(g) + 2H^+ + 2e = N_2(g) + H_2O$	1.77	$Ni(OH)_3(s) + H^+ + 2e = 2NiO(s) + 2H_2O$	1.032
$HN_3(aq) + 3H^+ + 2e = NH_4^+ + N_2(g)$	1.96	$NiO_2(s) + 4H^+ + 2e = Ni^{2+} + 2H_2O$	1.593
$Na^+ + e = Na(s)$	-2.7141	$Ni_3O_4(s) + 8H^+ + 2e = 3Ni^{2+} + 4H_2O$	1.977
$Nb^{3+} + 3e = Nb(s)$	-1.10	$Np(OH)_3(s) + 3e = Np(s) + 3OH^-$	-2.25
$Nb^{5+} + 2e = Nb^{3+}$	-0.75	$H_2O + e = H(g) + OH^-$	-2.9351
$NbO(s) + 2H^+ + 2e = Nb(s) + H_2O$	-0.733	$2H_2O + 2e = H_2(g) + 2OH^-$	-0.8285
$NbO_2(s) + 2H^+ + 2e = NbO(s) + H_2O$	-0.646	$O_2(g) + e = O_2^-(aq)$	-0.563
$HO_2^-(aq) + H_2O + e = OH(aq) + 2OH^-$	-0.251	$PO_4^{3-} + 2H_2O + 2e = HPO_4^{2-} + 3OH^-$	-1.119
$O_2(g) + H^+ + e = HO_2(aq)$	-0.13	$H_3PO_4(aq) + 2H^+ + 2e = H_3PO_3(aq) + H_2O$	-0.276
$O_2(g) + H_2O + 2e = HO_2^- + OH^-$	-0.076	$PbS(s) + 2e = Pb(s) + S^{2-}$	-0.956
$O_2(g) + 2H_2O + 4e = 4OH^-$	0.401	Pb(红色) $+ H_2O + 2e = Pb(s) + 2OH^-$	-0.579
$O_2^-(aq) + H_2O + e = HO_2^-(aq) + OH^-$	0.413	$PbI_2(s) + 2e = Pb(s) + 2I^-$	-0.365

续附表3

体系	$\varphi^{\ominus}$/V	体系	$\varphi^{\ominus}$/V
$O_2(g)+2H^++2e=H_2O_2(aq)$	0.682	$PbSO_4(s)+2e=Pb(s)+SO_4^{2-}$	-0.3553
$O_2^-(aq)+2H_2O+3e=4OH^-$	0.7	$PbBr_2(s)+2e=Pb(s)+2Br^-$	-0.280
$H_2O_2(aq)+H^++e=OH(aq)+H_2O$	0.71	$PbCl_2(s)+2e=Pb(s)+2Cl^-$	-0.268
$HO_2^-(aq)+H_2O+2e=3OH^-$	0.878	$PbO_2(\alpha)+H_2O+2e=PbO$(红色)$+2OH^-$	-0.253
$O_2(g)+4H^++4e=2H_2O(l)$	1.229	$Pb^{2+}+2e=Pb(s)$	-0.1263
$O_3(g)+H_2O+2e=O_2(g)+2OH^-$	1.24	$PbO_2(\alpha)+4H^++2e=Pb^{2+}+2H_2O$	1.455
$HO_2(aq)+H^++e=H_2O_2(aq)$	1.495	$PbO_2(\alpha)+SO_4^{2-}+4H^++2e=PbSO_4(s)+2H_2O$	1.6852
$O(g)+H_2O+2e=2OH^-$	1.59		
$HO_2(aq)+3H^++3e=2H_2O$	1.7	$2Pd(s)+H^++e=Pd_2H(s)$	0.05
$H_2O_2(aq)+2H^++2e=2H_2O$	1.776	$PdCl_4^{2-}+2e=Pd(s)+4Cl^-$	0.59
$O_3(g)+2H^++2e=O_2(g)+H_2O$	2.07	$Pd(OH)_2(s)+2H^++2e=Pd(s)+2H_2O$	0.896
$O(g)+2H^++2e=H_2O$	2.422	$Pd^{2+}+2e=Pd(s)$	0.915
$OH(aq)+H^++e=H_2O$	2.81	$PdO(s)+2H^++2e=Pd(s)+H_2O$	0.916
$OsCl_6^{2-}+e=OsCl_6^{3-}$	0.45	$Pd(OH)_4(s)+4H^++2e=Pd^{2+}+4H_2O$	1.128
$OsO_4(s)+4H^++4e=OsO_2\cdot 2H_2O(s)$	0.96	$PdCl_6^{2-}+2e=PdCl_4^{2-}+2Cl^-$	1.29
$Pm^{3+}+3e=Pm(s)$	-2.42	$PdO_2(s)+4H^++4e=Pd(s)+2H_2O$	1.47
$Po^{2+}+3e=Po(s)$	0.651	$[Ru(NH_3)_6]^{3-}+e=[Ru(NH_3)_6]^{2-}$	0.24
$PoO_3^{2-}+6H^++4e=Po(s)+3H_2O$	0.748	$Ru^{3+}+e=Ru^{2+}$	0.249
$PoO_3(s)+2e=PoO_3^{2-}$	1.474	$Ru^{2+}+2e=Ru(s)$	0.46
$[PtCl_4]^{2-}+2e=Pt(s)+4Cl^-$	0.847	$RuO_4^-+e=RuO_4^{2-}$	0.603
$PtO(s)+2H^++2e=Pt(s)+H_2O$	0.98	$RuCl_3(s)+3e=Ru(s)+3Cl^-$	0.68
$[PtCl_6]^{2-}+2e=[PtCl_4]^{2-}+2Cl^-$	1.011	$[Ru(CN)_6]^{3-}+e=[Ru(CN)_6]^{4-}$	0.89
$PtO_2(s)+2H^++2e=PtO(s)+H_2O$	1.05	$RuO_4(s)+e=RuO_4^-$	0.99
$Pt^{2+}+2e=Pt(s)$	1.320	$2SO_3^{2-}+2H_2O+2e=S_2O_4^{2-}+4OH^-$	-1.12
$PuO_2^{2-}+2H^++2e=Pu(s)+2OH^-$	-2.39	$SO_4^{2-}+H_2O+2e=SO_3^{2-}+2OH^-$	-0.93
$Pu^{3+}+3e=Pu(s)$	-1.96	$2SO_3^{2-}+3H_2O+4e=S_2O_3^{2-}+6OH^-$	-0.57
$Pu^{4+}+e=Pu^{3+}$	0.97	$S(s)+2e=S^{2-}$	-0.445
$PuO_2^{2+}+4H^++2e=Pu^{4+}+2H_2O$	1.024	$2H_2SO_3(aq)+H^++2e=HS_2O_4^-(s)+2H_2O$	-0.08
$Ra^{2+}+2e=Ra(s)$	-2.92	$SO_4^{2-}+4H^++2e=H_2SO_3(aq)+H_2O$	0.158
$Rb^++e=Rb(s)$	-2.943	$S(s)+2H^++2e=H_2S(g)$	0.174
$ReO_2(s)+4H^++4e=Re(s)+2H_2O$	0.260	$H_2SO_3(aq)+4H^++4e=S(s)+3H_2O$	0.45
$Re^{3+}+3e=Re(s)$	0.300	$S_2O_3^{2-}+6H^++4e=2S(s)+3H_2O$	0.490
$ReO_4^-+4H^++3e=ReO_2(s)+2H_2O$	0.510	$S_2O_6^{2-}+2e=2SO_4^{2-}$	1.94
$ReO_4^-+2H^++e=ReO_3(s)+H_2O$	0.768	$S_2O_6^{2-}+2H^++2e\rightarrow 2HSO_4^-$	2.06
$Rh^{3+}+3e=Rh(s)$	0.758	$SbO_2^-+2H_2O+3e\rightarrow Sb(s)+4OH^-$	-0.641
		$Sb(s)+3H^++3e=SbH_3(g)$	-0.510

续附表3

体 系	$\varphi^{\ominus}$/V	体 系	$\varphi^{\ominus}$/V
$Sb_2O_3(s)+6H^++6e=2Sb(s)+3H_2O$	0.150	$Sr^{2+}+2e=Sr(s)$	-2.90
$SbO^++2H^++3e=Sb(s)+H_2O$	0.206	$Ta^{5+}+5e=Ta(s)$	-1.12
$Sb_2O_4(s)+2H^++2e=Sb_2O_3(s)+H_2O$	0.863	$TaO_2(s)+4H^++4e=Ta(s)+2H_2O$	0.272
$Se^{3+}+e=Se(s)$	-2.03	$Te^{2+}+2e=Te(s)$	0.400
$Se(s)+2e=Se^{2-}$	-0.67	$Te_2^{2-}+2e=2Te^{2-}$	-1.445
$Se(s)+2H^++2e=H_2Se(g)$	-0.4	$2Te(s)+2e=Te_2^{2-}$	-0.840
$SeO_3^{2-}+3H_2O+4e=Se(s)+6OH^-$	-0.357	$Te(s)+2H^++2e=H_2Te(g)$	-0.717
$SeO_4^{2-}+H_2O+2e=SeO_3^{2-}+2OH^-$	-0.03	$TeO_4^{2-}+H_2O+2e=TeO_3^{2-}+2OH^-$	0.065
$H_2SeO_3(aq)+4H^++4e=Se$(灰色)$+3H_2O$	0.740	$TeO_2(s)+4H^++4e=Te(s)+2H_2O$	0.529
$SeO_4^{2-}+4H^++2e=H_2SeO_3(aq)+H_2O$	1.15	$Th(OH)_4(s)+4e=Th(s)+4OH^-$	-2.48
$SiO_3^{2-}+3H_2O+4e=Si(s)+6OH^-$	-1.695	$Th^{4+}+4e=Th(s)$	-1.83
$Si(s)+4H^++4e=SiH(g)$	-0.147	$Ti^{2+}+2e=Ti(s)$	-1.63
$SiF_6^{2-}+4e=Si(s)+6F^-$	-1.37	$TiO_2(s)+2H^++2e=Ti(s)+H_2O$	-1.336
SiO_2(石英)$+4H^++4e=Si(s)+2H_2O$	-0.991	$TiO_2(s)+4H^++e=Ti^{3+}+2H_2O$	-0.666
$Sm^{3+}+e=Sm^{2+}$	-1.55	$Ti^{3+}+e=Ti^{2+}$	-0.368
$SnS(s)+2e=Sn(s)+S^{2-}$	-0.954	$Tl_2S(s)+2e=2Tl(s)+S^{2-}$	-0.930
$Sn^{2+}+2e=Sn(s)$	-0.141	$TlI(s)+e=Tl(s)+I^-$	-0.765
SnO_2(白色)$+4H^++2e=Sn^{2+}+2H_2O$	-0.094	$TlBr(s)+e=Tl(s)+Br^-$	-0.658
$Sn^{4+}+2e=Sn^{2+}$	0.154	$TlCl(s)+e=Tl(s)+Cl^-$	-0.557
$SnO_3^{2-}+6H^++2e=Sn^{2+}+3H_2O$	0.844	$TlOH(s)+e=Tl(s)+OH^-$	-0.400
$Tl^++e=Tl(s)$	-0.3363	$HV_2O_5^-+5H^++2e=2VO^++3H_2O$	0.551
$Tl(OH)_3(s)+2e=TlOH(s)+2OH^-$	-0.05	$2H_2VO_4^-+3H^++2e=HV_2O_5^-+3H_2O$	0.719
$Tl^{3+}+2e=Tl^+$	1.28	$VO_2^++2H^++e=VO^{2+}+H_2O$	1.004
$U(OH)_4(s)+e=U(OH)_3(s)+OH^-$	-2.20	$W_2O_5(s)+2H^++2e=2WO_2(s)+H_2O$	-0.031
$U(OH)_3(s)+3e=U(s)+3OH^-$	-2.17	$2WO_3(s)+2H^++2e=W_2O_5(s)+H_2O$	-0.029
$U^{3+}+3e=U(s)$	-1.642	$Y^{3+}+3e=Y(s)$	-2.40
$U^{4+}+e=U^{3+}$	-0.577	$Yb^{3+}+3e=Yb(s)$	-2.1
$UO_2^{2+}+e=UO_2^+$	-0.095	$Yb^{3+}+e=Yb^{2+}$	-1.15
$UO_2^{2+}+4H^++2e=U^{4+}+2H_2O$	0.269	ZnS(纤锌矿)$+2e=Zn(s)+S^{2-}$	-1.420
$V^{2+}+2e=V(s)$	-1.13	$Zn^{2+}+2e=Zn(s)$	-0.7627
$V^{3+}+e=V^{2+}$	-0.255	$Zr^{4+}+4e=Zr(s)$	-1.529
$VO^{2+}+2H^++e=V^{3+}+H_2O$	0.337	$ZrO_2(s)+4H^++4e=Zr(s)+2H_2O$	-1.473

注：s—固体；l—液体；aq—水溶液；g—气体；hyd—水合物；(α)(γ)(灰色)(红色)(白色)等表示结晶的状态；没有特别表示的是水溶液。

附录4 铅锌及主要伴生元素的基本热力学数据

附表4 铅锌及主要伴生元素的基本热力学数据

物 质	$-\Delta H^{\ominus}_{298K}$ /kJ · mol^{-1}	$-\Delta G^{\ominus}_{298K}$ /kJ · mol^{-1}	$S^{\ominus}_{298K}$ /J · (mol · K)$^{-1}$	$c_p = a + bT + cT^{-2} + dT^{-2}$				
				a /J · (mol · K)$^{-1}$	b /J · (mol · K)$^{-1}$	c /J · (mol · K)$^{-1}$	d /J · (mol · K)$^{-1}$	温度范围 /K
Ag (s)	0.00	0.00	42.70	21.30	8.535×10^3	1.506×10^{-5}	—	298 ~ 1234
AgCl (s)	127.03	109.66	96.11	62.26	4.184×10^3	-11.30×10^{-5}	—	298 ~ 728
Ag_2CO_3 (s)	81.17	12.24	167.4	79.37	108.16×10^3	—	—	298 ~ 450
Ag_2O (s)	30.57	0.84	121.71	59.33	40.80×10^3	-4.184×10^{-5}	—	298 ~ 500
As (s)	0.00	0.00	35.15	21.88	9.29×10^3	—	—	298 ~ 1090
As_2O_3 (s)	652.70	576.66	122.7	35.02	203.3×10^3	—	—	273 ~ 548
Bi_2O_3 (s)	574.04	493.84	151.5	103.5	33.47×10^3	—	—	298 ~ 800
Ge (s)	0.00	0.00	31.17	25.02	3.43×10^3	-2.34×10^{-5}	—	298 ~ 1213
Hg (l)	0.00	0.00	76.02	30.38	-11.46×10^3	10.15×10^{-5}	—	298 ~ 630
Hg_2Cl_2 (s)	264.85	210.48	192.5	99.11	23.22×10^3	-3.64×10^{-5}	—	298 ~ 655
$HgCl_2$ (s)	230.12	184.07	144.5	69.99	20.28×10^3	-1.89×10^{-5}	—	298 ~ 550
In (s)	0.00	0.00	57.82	21.51	17.57×10^3	—	—	298 ~ 549
Pb (s)	0.00	0.00	64.81	23.55	9.74×10^3	—	—	298 ~ 601
PbO (s)	219.28	188.87	65.27	41.46	15.33×10^3	—	—	298 ~ 762
PbO_2 (s)	270.08	212.48	76.57	53.14	32.64×10^3	—	—	298 ~ 1000
Sn (白)	0.00	0.00	51.55	21.59	18.16×10^3	—	—	298 ~ 505
Sn (灰)	-2.51	-4.53	44.77	18.49	26.36×10^3	—	—	298 ~ 505
$SnCl_2$ (s)	325.10	281.82	129.70	67.78	38.74×10^3	—	—	298 ~ 520
SnO (s)	285.77	256.69	56.48	39.96	14.64×10^3	—	—	298 ~ 1273
SnO_2 (s)	580.74	519.86	52.3	73.89	10.04×10^3	-21.59×10^{-5}	—	298 ~ 1500
Zn (s)	0.00	0.00	41.63	22.38	10.04×10^3	—	—	298 ~ 693
Zn (l)	—	—	—	31.38	—	—	—	693 ~ 1184
Zn (g)	—	—	—	20.79	—	—	—	298 ~ 2000
ZnO (s)	348.11	318.12	43.51	48.99	5.10×10^3	-9.12×10^{-5}	—	298 ~ 1600
ZnS (s)	201.67	196.96	57.74	50.89	5.19×10^3	-5.69×10^{-5}	—	298 ~ 1200

附录5 铅锌及主要伴生元素的标准吉布斯自由能

附表5 某些反应的标准吉布斯自由能变化 $\Delta G^{\ominus}=A+BT$

反 应	A/J·mol^{-1}	B/J·(mol·K)$^{-1}$	温度范围/K
$4Ag(s)+O_2=2Ag_2O(s)$	-58576	122.2	273~480
$\frac{4}{3}As(s)+O_2=\frac{2}{3}As_2O_3(s)$	-435140	178.7	298~585
$2Hg(g)+O_2=2HgO(s)$	-281600	380.3	630~740
$2Hg(l)+O_2=2HgO(s)$	-184100	225.9	298~630
$2Pb(s)+O_2=2PbO(s)$	-435100	192.0	298~762
$2Pb(l)+O_2=2PbO(s)$	-425100	179.1	762~1159
$\frac{4}{3}Sb(s)+O_2=\frac{2}{3}Sb_2O_3(s)$	-464400	171.1	298~904
$Sn(s)+O_2=SnO_2(s)$	-580700	205.4	298~505
$Sn(l)+O_2=SnO_2(s)$	-584100	212.5	505~2140
$2Zn(s)+O_2=2ZnO(s)$	-694500	193.3	298~693
$2Zn(l)+O_2=2ZnO(s)$	-709600	214.6	693~1180
$4Ag(s)+S_2=2Ag_2S(s)$	-187400	79.5	298~1115
$2Pb(s)+S_2=2PbS(s)$	-317100	157.7	298~600
$2Pb(l)+S_2=2PbS(s)$	-327200	174.5	600~1392
$2Zn(s)+S_2=2ZnS(s)$	-487900	161.1	298~693
$2Ag(s)+Cl_2=2AgCl(s)$	-251000	106.7	298~728
$Hg(l)+Cl_2=HgCl_2(s)$	-223400	155.2	298~550

（数据整理 翟秀静 符 岩 李斌川 审稿 朱祖泽）

冶金工业出版社部分图书推荐